钢的成分、组织与性能

（第三版）

上　册

崔　崑　编著

科 学 出 版 社

北　京

内 容 简 介

本书全面介绍常用钢类的成分、组织与性能，以及它们之间的关系，同时介绍各钢类相关标准及工程应用。本书分上下册，上册包括绪论，钢的生产工艺与冶金质量，铁基二元相图与钢的相组成，合金元素对钢中相变的影响，合金元素对钢的性能的影响，非合金钢、低合金钢和微合金钢，机械制造用结构钢等；下册包括专门用途的机械制造用结构钢、工模具钢、不锈钢、耐热钢与高温合金等。

本书适合从事钢材研究、应用的科研人员、工程技术人员阅读，也适合高等院校材料类专业的师生阅读。

图书在版编目(CIP)数据

钢的成分、组织与性能 ：全 2 册 / 崔崑编著. 3 版. -- 北京 ：科学出版社，2024. 11. -- ISBN 978-7-03-079519-9

Ⅰ. TG142

中国国家版本馆 CIP 数据核字第 2024ZS9672 号

责任编辑：牛宇锋 / 责任校对：任苗苗
责任印制：肖　兴 / 封面设计：蓝　正

科学出版社出版
北京东黄城根北街 16 号
邮政编码：100717
http://www.sciencep.com
北京建宏印刷有限公司印刷
科学出版社发行　各地新华书店经销
*
2013 年 10 月第 一 版　开本：787×1092　1/16
2019 年 1 月第 二 版　印张：102 1/2
2024 年 11 月第 三 版　字数：2 424 000
2024 年 11 月第一次印刷
定价：999. 00 元(上下册)
(如有印装质量问题，我社负责调换)

第三版前言

据世界钢铁协会发布的《2023年世界钢铁统计数据》，2022年世界粗钢产量达18.85亿t，其中中国为10.18亿t(未包含港澳台地区数据)。从2022年全球主要钢铁生产企业粗钢产量排名来看，前10名中6家企业为中国钢企。2022年我国出口钢材6732.3万t，进口钢材1056.6万t。目前我国不仅是钢铁大国，而且已进入钢铁强国之列。我国钢材质量总体上已达到国际先进水平。

近年来，我国钢铁行业致力于淘汰落后产能，进行了企业重组，发挥各自优势，并致力于高性能高质量钢材的开发和应用。我国汽车(包括新能源汽车)年产量、大型船舶的年交货量、高速铁路的年铺轨里程、每年大型基建工程的规模和数量均居世界首位，这些大量使用钢材的行业为提高市场的竞争力，对钢材的品种、规格、质量不断提出新的要求，促使我国钢铁企业向高质量发展。

大量研究表明，在钢中加入微量稀土可显著提高钢的强韧性等性能，但由于稀土金属极为活泼，在其电解制备时容易形成大尺寸稀土夹杂物，这些稀土夹杂物随稀土金属或合金进入钢液中，带入的大尺寸稀土夹杂物难以上浮去除，导致稀土钢性能波动并与耐火材料反应堵塞浇口。我国学者经过深入研究，开发出了钢液低氧和稀土金属低氧的控制技术，即“双低氧稀土钢”技术，在成本基本不增加、工艺流程基本不变的情况下，可显著提高钢的疲劳寿命，并已取得专利。

大型电站(包括核电站)的建设及装机容量的不断提高，需要生产出重量越来越大的锻件，必须增大钢锭的尺寸，随之而来的是其成分偏析越加严重，因而影响钢的使用性能。为解决上述矛盾，我国学者提出了制造大型锻件的全新技术，即“金属构筑成形方法”，现已在生产实际中获得了应用，并在2018年取得了发明专利。

我国是不锈钢的生产大国，生产的不锈钢种类比较齐全，但也有短板，如厚度只有0.02mm的不锈钢箔很长时间无法生产，只能进口，价格昂贵，国外对我国还进行技术封锁。有关企业通过技术攻关，历时3年，于2018年自主突破了一系列核心技术，开发出厚度0.02mm，宽度高于国外的不锈精密钢箔，并取得了多项专利，2020年又将不锈钢箔轧制至0.015mm，创造了世界纪录。随之，我国于2022年制定了国家标准GB/T 41608—2022《不锈钢精密箔材》。

近年来，钢材制造领域出现了许多新的技术，首先是增材制造。增材制造技术是采用材料累加的方法制造零件。1987年美国生产出第一台增材制造设备，之后10年中涌现出10余种新工艺和相应的成形设备。同时欧洲和日本也相继进行了这方面研究。20世纪90年代开始，我国一些高校和研究单位也开始了增材制造技术的研发，目前，国内已建立了数十个增材制造服务中心，用户遍布航空航天、汽车、船舶、生物医疗等行业，改进和提升了我国的传统制造业。本书只介绍增材制造在钢材(包括高温合金)中的应用。

我国科技工作者还发明了利用工具头以每秒上万次的频率冲击和滚压金属零件表面，从而获得镜面零件及表面改性的一种新型加工技术，并取得了专利。该技术可称为

"能量加工技术",利用该技术还能消除焊接后的残余应力,该技术在许多工业领域获得了应用。

上述新技术和其他一些新技术在钢中的应用,可参阅本书有关章节。

我国重视国家标准化的发展,2021年10月中共中央和国务院联合印发《国家标准化发展纲要》,纲要中要求"提升标准国际化水平,加快构建推动高质量发展的标准体系,助力高技术创新,促进高水平开放,引领高质量发展"。

本书比较系统地介绍了我国主要用钢标准的发展历程及最新的标准版本。因为各类钢的国家标准反映国家这类钢的发展水平和质量,是钢材使用者选材和用材的重要依据,也是钢材国际贸易中不可或缺的一环,它对于保障贸易产品的质量和合规性起着重要的作用。多年来我国钢铁企业的科技工作者以及从事钢材研究的科研院所和高校的科研团队,从全面引进到结合我国国情不断发展和创新,并借鉴相关国际标准,已经建立了完整的国家钢材标准体系,标准所反映的钢材质量总体上已达到国际先进水平。

本书第二版引入了204个有关钢材的标准,主要是国家标准,少部分是部级标准和企业标准,其中1个标准已公告作废。本书第三版保留的原有标准中有44个已更新,新引入的标准有24个。第三版引入的标准共227个。

已更新的国家标准大多是使用量比较大的,如《船舶及海洋工程用结构钢》、《汽车用高强度热连轧钢板及钢带》系列标准、《汽车用高强度冷连轧钢板及钢带》系列标准等。《汽车用高强度热连轧钢板及钢带》系列标准共有7个标准,最近更新了5个,其中4个是2022年更新的,《汽车用高强度冷连轧钢板及钢带》系列标准"共有12个标准,2022年更新了4个,另有1个是2019年制定的。

新引入的标准中大部分因其社会使用比较广泛,这次将其引入,如《冷弯钢板桩》《热轧钢板桩》《热轧H型钢和剖分T型钢》《航空用合金结构钢》等标准。这使本书引入的钢材标准更加全面。新引入的也有全新的国家标准,如"高温轴承钢""不锈钢精密箔材"等。

本书第三版的第1章至第9章由崔崑负责修订,第10章由谢长生负责修订。在撰写和修订本书的过程中,编著者引用了大量的国内外发表的学术论文、报告、专著和网络报道,引入了各类标准227个,作者均在引用处注明出处。在此,谨向各类文献的作者和各标准的制定者、刊物的出版者表示诚挚的感谢!

由于编著者学识有限,书中有不妥和疏漏之处,恳请读者不吝指正。

崔 崑

2024年3月

第二版前言

钢铁工业是我国国民经济的重要支柱产业，在经济建设、社会发展、国防建设等方面发挥着重要作用，为保障国民经济稳定快速发展做出了重要贡献。1996 年我国粗钢产量达 1.0002 亿 t(未包含港澳台数据)，跃居世界第一产钢大国，2010 年达到 6.3 亿 t(当年世界钢产量为 14.1 亿 t)。近年我国的钢产量增长趋缓，主要任务是研发高技术水平品种，淘汰落后产能。目前，我国大型钢铁企业和一些技术先进的钢铁企业的吨钢综合能耗已接近国际先进水平。2017 年我国粗钢产量达到 8.317 亿 t(当年世界钢产量为 16.912 亿 t)。

近年来，我国钢铁工业在大型化和现代化方面有了很大的进展，许多企业优化了工艺流程，建立了高效率、低成本的洁净钢生产体系，提高了钢的冶金质量。此外，控制轧制和控制冷却技术已广泛应用，以强化冷却技术为特征的新一代控冷技术有了较快的发展和应用。我国近年兴建的中厚钢板厂已引进和自主开发了一些具有国际先进水平的轧后控冷系统，可以生产出高强度并具有良好韧性的中厚钢板，提高了众多品种的低合金钢和微合金钢的使用性能，提高了产品的规格。

建筑、机械、汽车等领域是推动钢材需求的主要部门。为节约资源，国家积极引导和促进高效钢材的应用，提倡在建筑领域使用 400MPa 及以上高强螺纹钢取代 335MPa 螺纹钢。在新修订的国家标准中，取消了 335MPa 级的螺纹钢牌号。2007 年我国成立了汽车轻量化技术创新战略联盟，努力发展高强汽车用钢以实现商用汽车减重 300kg 的目标。2006～2017 年，我国陆续制定了《汽车用高强度热连轧钢板及钢带》系列国家标准，包括 7 个部分；还制定了《汽车用高强度冷连轧钢板及钢带》系列国家标准，包括 11 个部分，其中包括双相钢、相变诱导塑性钢、复相钢、液压成形用钢、淬火配分钢、马氏体钢、孪晶诱导塑性钢等，并已成功开发出 1200MPa、1500MPa 高强钢，为汽车轻量化提供了支持。

机械、汽车、航空工业的发展促进了机械制造用钢(包括弹簧钢和轴承钢)的发展。新修订的国家标准中，对这类钢的硫、磷和其他杂质元素的含量有了更为严格的要求，对低倍组织和非金属夹杂物的要求也更为严格。为满足航空发动机、直升机等高技术领域的需求，国内外开发出高性能的轴承齿轮钢。用这些钢制成的零部件，有更好的耐磨性、韧性，以及更长的机械疲劳和接触疲劳寿命，因此，具有更高的使用寿命和安全性。

模具钢是工具钢中的一种。由于用模具生产零件具有材料利用率高、制品尺寸精度高等优点，能极大地提高生产率，在工具钢中，模具钢产量的比例日益增加。因此，最近在修订国家标准《合金工具钢》(GB/T 1299—2000)时，将其名称更改为《工模具钢》(GB/T 1299—2014)，新纳入的模具钢牌号有 46 个。

为节约战略资源镍，国内外加速了现代铁素体不锈钢的研究和发展，开发出一些新的铁素体不锈钢和超级铁素体不锈钢。我国高铬铁素体不锈钢产量份额(包括高铬马氏体不锈钢)在 20 世纪 80 年代仅占我国不锈钢产量的 10%左右，近年已接近 20%。

耐热钢主要应用于大型火电机组和内燃机。在新修订的这种钢的国家标准或行业标准中,都加严了对成分、组织和质量的控制,并引进了国内外一些使用性能良好的钢种。高温合金的发展不仅推动了航空/航天发动机等国防尖端武器装备的技术进步,而且促进了交通运输、能源动力等国民经济相关产业的技术发展。金属材料领域中许多基础概念、新技术、新工艺都曾率先在高温合金研究领域中出现。进入 21 世纪以来,世界各国在高性能高温合金材料研究方面的步伐明显加快,需要对高温合金发展的新进展作一简单评述,主要包括:成分设计方法,组织结构等的定量表征,以及变形、强化与损伤过程的研究。

《钢的成分、组织与性能》一书的上、下册于 2013 年出版,距今已 5 年有余。在此期间,我国钢铁的生产技术不断进步,产品质量和性能持续提升,开发出一些高技术产品,更新了大部分国家标准并制定出一些新的标准。因此有必要对原书进行修订,再版发行。

在《钢的成分、组织与性能》第二版中更新了 58 个与钢种有关的国家标准或行业标准,还列入了 27 个新制定的与钢种有关的国家标准或行业标准。

为便于读者查阅,本书由原来的上、下册,更改为第二版的六个分册。其中,第一分册:合金钢基础,包括原书的第 1 章至第 4 章,第二分册:非合金钢、低合金钢和微合金钢,以原书的第 5 章为主干,第三分册:合金结构钢,包括原书的第 6 章和第 7 章,第四分册:工模具钢,以原书的第 8 章为主干,第五分册:不锈钢,以原书的第 9 章为主干,第六分册:耐热钢与高温合金,以原书的第 10 章为主干。

由于编著者学识有限,书中难免存在不妥和疏漏之处,尚祈读者不吝指正。

崔　崑

2018 年 9 月

第一版前言

人类现代文明与钢材的大量生产和使用密不可分。高技术在钢铁工业上的应用使钢铁工业成为世界上最高产、最高效和技术最先进的工业之一，因而钢材价格也比较低。钢材具有良好的综合性能，是世界上最为常见的多用途制造材料。钢材制成的产品服役报废后，绝大部分可以回收利用，具有良好的循环再生能力。环保技术与钢铁生产工艺的结合，使得钢铁生产中空气排尘与污泥外排正在减少，产生的固体废弃物已近全部回收利用，因此钢铁材料是与环境协调、友好的材料。与其他基础材料相比，钢铁材料，特别是作为基础结构材料，在21世纪仍将占据主导地位。

近年来国内陆续出版了不少有关各类专用钢的书籍，也出版了一些有关钢铁材料工程的大型工具书。作者撰写本书的目的是想在一部作品中对工程上常用的钢类(不包括电工用钢)作较全面的介绍，着重阐明合金元素在钢中的作用，钢的成分与其热处理特点、组织、性能之间的关系及其工程应用。

2005年，国家标准化管理委员会召开了全国标准化工作会议，要求加大采用国际标准和国外先进标准的力度，进一步促进提高我国产品、企业和产业的国际竞争力。之后有关部门加快了钢标准的修订和制定工作，我国国家标准与国际标准一致性水平大幅提升，我国钢标准体系更加科学、技术更加先进、市场更加适应、贸易更加便利。本书尽量采用最新制定的国家标准和行业标准，对国内常引进的国外钢号和各类材料的发展方向亦作了适当的介绍。

本书重视钢种的热处理工艺、性能和应用，特别是国家标准中列入的钢号，使从事钢铁材料工程的科技人员能依据部件或构件的服役条件合理选用钢材。

全书共10章。第1章简要介绍钢的生产过程及其对钢的冶金质量的影响。自20世纪中叶以来，世界钢铁生产工业装备技术快速发展，普遍采用了炉外精炼、连铸等新技术。1978年我国钢铁工业进入了稳定快速发展时期。近年通过大量引进国外先进的工业设备和技术创新，我国一些大中型钢铁企业的装备和生产工艺已进入世界钢铁生产企业的先进行列，大大促进了我国钢质量的提高和新钢种的开发。第2章介绍常用的铁基二元相图与钢的相组成，这是各类钢的成分设计基础。第3章介绍合金元素对钢中相变的影响，主要分析钢中加入合金元素后对各种热处理相变所产生的影响，以及各类组织的特征和性能，对各种相变的不同理论不作过多的分析，因为这方面已有许多专著。第4章介绍合金元素对钢的性能的影响，这些性能包括力学性能(强度、塑性、韧性、硬度、疲劳和磨损)、钢的淬透性、热变形成形性(控制轧制和控制冷却、锻造性能)、冷变形成形性(拉伸、胀形、弯曲)、焊接性、切削加工性。对于钢的热处理性能及表面处理，除淬透性外，未专门作介绍，同样因为这方面已有许多专著和大型手册。第5～10章为各大类钢的介绍，在各章中又将各大类钢分为若干小类。钢的分类方法有多种：按化学成分、按质量等级、按组织、按用途等。本书的分类不拘一格，第5章大体上是按化学成分分类，后面各章是按用途分类，而且也不是很严格。例如，第5章中在论述TRIP钢时，既有低合金钢又有合金钢,这是为了论述的系统性。

本书第 1～9 章由崔崑撰写,并经华中科技大学谢长生教授和张同俊教授审阅,第 10 章由谢长生教授撰写,经崔崑审阅。全书最后由崔崑统一定稿。

本书对钢材领域的科学研究人员、材料科学专业的师生、广大的钢材应用部门和材料选用者均有参考价值。读者如果具有物理冶金(金属学)和金属热处理的基本知识,阅读本书不会有困难。

在撰写本书过程中,引用了大量的专著、论文,以及标准中的图、表和数据,作者均注明出处,并尽可能引用原始文献,在此谨向文献作者、标准制定者和刊物的出版者表示诚挚的感谢!

本书的撰写得到华中科技大学材料科学与工程学院和华中科技大学材料成形与模具技术国家重点实验室的支持和资助,作者表示衷心的感谢!

由于作者学识有限,书中必有不妥之处,恳请读者不吝指正。

崔　崑

目　　录

第三版前言

第二版前言

第一版前言

第 0 章　绪论 …… 1

参考文献 …… 7

第 1 章　钢的生产工艺与冶金质量 …… 8

1.1　钢的冶炼 …… 8

1.1.1　普通铁水预处理 …… 8

1.1.2　氧气转炉炼钢 …… 9

1.1.3　电弧炉炼钢 …… 10

1.1.4　感应炉炼钢 …… 13

1.1.5　炉外精炼 …… 13

1.1.6　特种冶炼 …… 18

1.2　钢的浇注 …… 20

1.2.1　模铸钢锭 …… 20

1.2.2　连续铸钢 …… 23

1.3　钢的压力加工 …… 26

1.3.1　轧制 …… 26

1.3.2　锻造 …… 28

1.3.3　薄板坯连铸连轧 …… 35

1.3.4　冷轧薄钢板和钢带 …… 36

1.4　钢的增材制造 …… 38

1.4.1　增材制造技术 …… 38

1.4.2　粉末制备技术 …… 41

1.4.3　增材制造的应用 …… 42

1.5　钢的冶金质量和质量检验 …… 43

1.5.1　偏析 …… 44

1.5.2　低倍缺陷 …… 45

1.5.3　高倍缺陷 …… 52

1.5.4　断口检验 …… 59

1.6　钢的分类 …… 62

1.6.1　按化学成分分类 …… 62

1.6.2　按主要质量等级和主要性能或使用特性的分类 …… 63

1.6.3　其他分类方法 …… 66

1.6.4 编号方法 …… 67
参考文献 …… 82
第 2 章　铁基二元相图与钢的相组成 …… 84
2.1 钢中常见元素与铁的相图 …… 84
2.1.1 铁碳合金相图 …… 84
2.1.2 合金元素对铁同素异构转变的影响 …… 85
2.1.3 二元铁合金相图 …… 86
2.2 铁基固溶体和钢中的碳化物 …… 97
2.2.1 铁基固溶体 …… 97
2.2.2 钢中的碳化物 …… 100
2.2.3 合金元素在铁素体和渗碳体间的分配 …… 105
2.3 钢中的氮化物和硼化物 …… 107
2.3.1 氮化物 …… 107
2.3.2 硼化物 …… 108
2.4 钢中的金属间化合物 …… 108
2.4.1 σ 相 …… 109
2.4.2 拉弗斯相 …… 110
2.4.3 有序相 …… 110
2.5 合金元素对铁碳合金状态图的影响 …… 111
2.5.1 合金元素对钢的共析成分的影响 …… 111
2.5.2 合金元素对钢临界点的影响 …… 113
2.6 溶质原子在晶粒中的分布 …… 115
2.6.1 溶质原子与晶体缺陷的交互作用 …… 115
2.6.2 晶界的平衡偏聚 …… 116
2.6.3 晶界的非平衡偏聚 …… 117
参考文献 …… 119
第 3 章　合金元素对钢中相变的影响 …… 121
3.1 钢中的扩散问题 …… 121
3.2 碳在铁中的热力学活度 …… 124
3.3 合金元素对钢在加热时转变的影响 …… 127
3.3.1 奥氏体的形成 …… 127
3.3.2 合金元素对奥氏体形成及其成分不均匀性的影响 …… 128
3.3.3 非平衡组织加热时奥氏体的形成 …… 129
3.3.4 碳化物和氮化物溶解于奥氏体中的规律 …… 132
3.3.5 合金元素对奥氏体晶粒长大的影响 …… 134
3.3.6 热变形对奥氏体组织状态的影响 …… 138
3.4 合金元素对珠光体转变的影响 …… 140
3.4.1 珠光体转变 …… 140
3.4.2 亚共析钢或过共析钢的珠光体转变 …… 143

3.4.3　影响珠光体转变的动力学因素 …… 146
3.4.4　钢中的相间析出 …… 148
3.5　合金元素对马氏体转变的影响 …… 150
3.5.1　马氏体转变的特点 …… 150
3.5.2　马氏体的组织形态 …… 152
3.5.3　影响马氏体组织形态的因素及奥氏体稳定化 …… 153
3.5.4　马氏体的力学性能 …… 157
3.6　合金元素对贝氏体转变的影响 …… 159
3.6.1　贝氏体转变特点和转变机制 …… 159
3.6.2　贝氏体的组织形态 …… 160
3.6.3　合金元素对贝氏体转变动力学的影响 …… 166
3.6.4　贝氏体的力学性能 …… 168
3.7　合金元素对过冷奥氏体转变曲线的影响 …… 171
3.8　合金元素对淬火钢回火转变的影响 …… 178
3.8.1　碳钢的回火过程 …… 178
3.8.2　合金元素对马氏体分解的影响 …… 182
3.8.3　合金元素对残余奥氏体转变的影响 …… 183
3.8.4　合金元素对铁素体组织的影响 …… 184
3.8.5　合金元素对碳化物转变的影响 …… 185
3.8.6　合金元素对回火稳定性的影响 …… 189
3.8.7　回火脆性 …… 192
3.9　固溶处理与时效 …… 203
3.9.1　脱溶过程 …… 204
3.9.2　脱溶相粒子的粗化 …… 207
3.9.3　低碳钢的时效 …… 208
参考文献 …… 214
第 4 章　合金元素对钢的性能的影响 …… 219
4.1　钢的强度 …… 220
4.1.1　静拉伸试验 …… 220
4.1.2　决定断裂类型的因素和力学状态图 …… 226
4.1.3　在其他静加载下的力学性能 …… 227
4.1.4　强化机理 …… 234
4.2　钢的韧性 …… 245
4.2.1　冲击试验 …… 245
4.2.2　低温脆性和韧脆转变温度 …… 248
4.2.3　几种接近实际服役条件的冲击试验 …… 250
4.2.4　断裂韧度 …… 254
4.2.5　影响断裂韧度的因素 …… 258
4.2.6　断裂韧度与其他性能的关系 …… 259

4.3　疲劳性能与磨损 …… 261
4.3.1　疲劳极限 …… 261
4.3.2　低周疲劳 …… 263
4.3.3　疲劳裂纹的萌生与扩展 …… 264
4.3.4　影响疲劳强度的因素 …… 266
4.3.5　冲击疲劳 …… 269
4.3.6　磨损 …… 270
4.4　合金元素对钢的力学性能的影响 …… 276
4.4.1　合金元素对铁素体力学性能的影响 …… 276
4.4.2　合金元素对退火和正火结构钢力学性能的影响 …… 283
4.4.3　合金元素对淬火和回火结构钢力学性能的影响 …… 285
4.5　钢的淬透性 …… 289
4.5.1　淬透性 …… 289
4.5.2　淬透性的测定 …… 290
4.5.3　合金元素对淬透性的影响 …… 294
4.5.4　硼对淬透性的影响 …… 297
4.6　热变形成形性 …… 299
4.6.1　控制轧制与控制冷却 …… 299
4.6.2　锻造性能 …… 307
4.7　冷变形成形性 …… 309
4.7.1　拉深成形性 …… 309
4.7.2　胀形成形性 …… 311
4.7.3　弯曲成形性 …… 313
4.7.4　钢板冲压性能的试验方法 …… 314
4.8　焊接性 …… 315
4.8.1　焊接方法与焊接缺陷 …… 316
4.8.2　影响钢材焊接性的因素 …… 317
4.8.3　熔焊后钢的组织 …… 320
4.8.4　钢的焊接性判据 …… 322
4.8.5　焊接裂纹试验方法 …… 323
4.9　切削加工性和能量加工技术 …… 325
4.9.1　评定切削加工性的标准 …… 325
4.9.2　影响钢材切削性能的因素 …… 327
4.9.3　钢中夹杂物热加工时的变形性能 …… 329
4.9.4　易切削元素和易切削机理 …… 329
4.9.5　能量加工技术 …… 338
参考文献 …… 340
第5章　非合金钢、低合金钢和微合金钢 …… 345
5.1　非合金钢 …… 345

5.1.1　普通质量非合金钢 345
5.1.2　优质非合金钢 349
5.2　低合金钢及微合金钢 355
5.2.1　低合金钢的发展 355
5.2.2　低合金高强度钢的性能要求和分类 367
5.2.3　低合金高强度钢的合金化 369
5.2.4　低合金高强度钢的组织与性能 375
5.3　可焊接低合金高强度钢 386
5.3.1　一般结构用钢 386
5.3.2　桥梁用钢 387
5.3.3　锅炉和压力容器用钢 395
5.3.4　造船和海上采油平台用钢 403
5.3.5　工程机械用钢 416
5.3.6　钢结构建筑用钢 420
5.3.7　钢板桩用钢 428
5.3.8　油气输送管线用钢 430
5.3.9　连续油管用钢 455
5.4　低合金高强度冲压钢 457
5.4.1　低合金高强度冲压钢板对性能的要求 458
5.4.2　低合金高强度热轧冲压钢板 462
5.4.3　双相钢 472
5.4.4　相变诱导塑性钢(TRIP 钢)和孪生诱导塑性钢(TWIP 钢) 482
5.4.5　低合金高强度冷轧薄钢板 493
5.5　耐候钢与耐海水腐蚀钢 506
5.5.1　金属的电化学腐蚀 506
5.5.2　大气腐蚀 508
5.5.3　合金元素对耐候性的影响 509
5.5.4　耐候钢的成分、性能与应用 511
5.5.5　耐海水腐蚀钢 517
5.6　低合金耐磨钢 521
5.6.1　矿山用低合金耐磨钢 522
5.6.2　工程机械用低合金耐磨钢板 527
5.6.3　系泊链钢 533
5.6.4　低合金钢轨钢 535
5.7　低合金钢筋 545
5.7.1　低合金钢筋概述 545
5.7.2　钢筋的基本性能要求 546
5.7.3　我国低合金钢筋的发展和钢种系列 547
5.7.4　低合金钢筋的合金化 554

5.8　碳素钢及低合金钢钢丝 …… 555
5.8.1　钢丝的生产 …… 556
5.8.2　钢丝的热处理 …… 557
5.8.3　碳素钢丝 …… 559
5.8.4　冷镦钢丝 …… 566
参考文献 …… 579
第 6 章　机械制造用结构钢 …… 589
6.1　调质钢对基本性能的要求 …… 589
6.1.1　调质钢的淬透性 …… 589
6.1.2　调质钢对综合力学性能的要求 …… 591
6.1.3　调质钢的切削加工性 …… 597
6.2　渗碳钢对基本性能的要求 …… 598
6.2.1　渗碳齿轮的主要失效形式 …… 598
6.2.2　渗碳钢对力学性能的要求 …… 600
6.2.3　渗碳钢的淬透性 …… 603
6.2.4　渗碳钢的耐磨性和显微组织 …… 604
6.2.5　渗碳钢的工艺性能 …… 609
6.2.6　渗碳零件的工艺路线和热处理方案选择 …… 612
6.3　机械制造用合金结构钢的发展 …… 613
6.3.1　合金结构钢 …… 614
6.3.2　保证淬透性钢 …… 619
6.3.3　航空航天用优质结构钢 …… 625
6.4　合金结构钢系列 …… 632
6.4.1　锰系(锰钢、锰钒钢) …… 632
6.4.2　铬系(铬钢、铬硅钢、铬钒钢、铬钼钢) …… 634
6.4.3　铬锰系(铬锰钢、铬锰硅钢、铬锰钛钢、铬锰钼钢) …… 640
6.4.4　铬镍系(铬镍钢、铬镍钼钢、铬镍钨钢、铬镍锰钼钢、铬镍锰钒钢) …… 647
6.4.5　硅锰系(硅锰钢、硅锰钼钒钢) …… 659
6.4.6　渗氮钢 …… 661
6.4.7　含硼钢和含稀土元素的钢 …… 665
6.4.8　低淬透性钢 …… 673
6.4.9　低碳马氏体钢 …… 676
6.4.10　机械零件的钢材选用 …… 680
6.5　易切削结构钢 …… 681
6.5.1　硫系易切削钢 …… 682
6.5.2　铅系、锡系易切削钢 …… 685
6.5.3　钙系、钙硫系及含稀土易切削钢 …… 688
6.6　非调质机械结构钢 …… 690
6.6.1　非调质机械结构钢的发展 …… 690

6.6.2 非调质机械结构钢的合金化与热加工 …… 693
6.6.3 非调质机械结构钢的设计 …… 697
6.6.4 非调质机械结构钢的应用 …… 702
6.7 超高强度钢 …… 708
6.7.1 超高强度钢的性能要求和分类 …… 709
6.7.2 低合金超高强度钢 …… 710
6.7.3 二次硬化型中合金超高强度钢 …… 719
6.7.4 二次硬化型高合金超高强度钢 …… 722
6.7.5 马氏体时效钢 …… 728
6.7.6 超高强度钢的增材制造 …… 732
6.8 铸造结构钢 …… 734
6.8.1 铸钢的铸造性能和生产工艺 …… 734
6.8.2 铸造碳钢 …… 736
6.8.3 铸造低合金钢 …… 737
6.8.4 铸造耐磨钢 …… 745
6.9 大锻件用结构钢 …… 760
6.9.1 大型锻件的生产工艺特点 …… 760
6.9.2 大型锻件用钢的选用 …… 770
6.9.3 大型锻件的第一热处理 …… 790
6.9.4 大型锻件的第二热处理 …… 793
参考文献 …… 796

第0章　绪　　论

人类最早发现和使用的铁是陨铁。陨铁的基本成分是Fe，一般含有大约10%*的Ni（含Ni4%～26%）[1]。最早的陨铁器是约公元前4000年的铁珠和匕首（含Ni 7.5%～10.9%），出土于尼罗河和幼发拉底河流域[2]。1972年，在我国河北省藁城县台西村出土了一把商代铁刃青铜钺，其年代在公元前14世纪前后。在青铜钺上嵌有铁刃，该铁刃就是将陨铁经加热锻打后，和钺体嵌锻在一起的[3]。不过，自然界存在的陨铁数量非常有限。

冶铁术的发源地可能在土耳其，起源于公元前1200年前后，当时铁器在土耳其被视为珍品，用于制作匕首、剑柄等。公元前1000年前后，土耳其铁工具已比青铜工具更为普遍，铁制工具、农具、武器已普遍使用，这标志着该地区已进入铁器时代。当时采用的是块炼铁法，这是一种低温固态还原法，用木柴或木炭做燃料和还原剂，与铁矿石一起置于较小的炉体（地炉和竖炉）内，在较低温度（约1000℃）下使氧化铁还原成固态的海绵铁。这种铁的结构疏松，需经过锤打挤出渣滓，或者将渣铁混合物破碎后，拣选出其中的铁粒再加热锻打，才能得到质地较紧密但仍含较多夹杂物的纯铁料块。纯铁比较软，可以通过渗碳而获得钢，经过快冷或淬火而变硬。后来制铁技术传入了欧洲。公元前8～前7世纪，北非、欧洲相继进入铁器时代。一直到14世纪后期，这些地区都以这种方法作为重要的炼铁方法。

公元前800年以后，印度北方已能生产出少量铁制品，其冶铁术是由伊朗向东传入的，并得到发展[1]。大约在公元前350年，在制钢技术上，发展出用坩埚冶炼高碳钢的方法。这种方法是把纯铁料块或不均质钢锻成小片，再与木屑和树叶一起装入坩埚，然后把坩埚封闭，在敞开的炉子内强制通风加热数小时，通过渗碳，可以得到均质的高碳钢（含碳1%～1.6%），被称为乌兹（Wootz）钢[4]。大约在公元前300年，在印度的德里，用块炼铁锻焊出的铁柱，其碳含量为0.08%，磷含量为0.11%，硫含量为0.006%，高7.2m，重达6t[1]。

公元300年前后，在叙利亚的大马士革开始采用另外的方法制成用于制造刀剑用的钢，被称为大马士革钢[4]。将经过渗碳的薄钢带与熟铁薄带交互叠层，然后整体焊接、扭转、锻造，制成扁钢，再反复对折、重叠、焊接，直至把薄带锤锻成一体，然后加工成刀剑，经过淬火获得硬的刀刃，这种剑被称为大马士革剑。由于原有材料碳含量不同，其具有波纹状、条带状的外观。

我国在冶铁技术上走了不同的技术道路，可能是从当时高度先进的青铜技术发展而来[1,5]。冶铁术在我国可能始于西周时期（公元前1046～前771年）[6]，开始时也是使用块炼铁法。在春秋末期（公元前500年前后），我国冶铁技术有了很大突破，发明了生铁冶铸技术，使用较高大的炉体，用木炭做燃料和还原剂，在较高温度（约1200℃）下使氧化铁

---

* 本书所指含量，如无特别说明，均为质量分数。

还原并充分吸收碳,成为碳含量达 3%～4%的液态生铁,生铁的熔点为 1148℃。这是一种高温液态还原法。熔融的低硅生铁从炉中放出,直接浇铸成器或铸成锭块后供重熔使用。由于冶炼生铁时,炼炉可以半连续操作,生产效率和经济效益比块炼铁法要高得多。在生铁中,碳全部以 Fe_3C 的形式存在,所以生铁很脆,影响了对生铁的使用。

在战国时期(公元前 475～前 221 年)发明了热处理方法,使生铁坯件中的 Fe_3C 部分或全部分解为石墨,或者对生铁坯件进行脱碳热处理,使生铁变为韧性铸铁。从此,铸铁得以大量生产,广泛用于农业生产、军事等。到汉代已有大炼铁炉,容积达 $50m^3$,积铁每块重 20t 以上。

在汉代(公元前 206～公元 220 年),先后发明了几种生铁炼钢的方法。一种是铸铁脱碳法,将碳含量为 3%～4%的低硅铸铁在氧化气氛中加热,在厚度不大的情况下,可以使铸铁脱碳成钢,这种钢称为铸铁脱碳钢;另一种是称为炒钢的生铁炼钢法,向熔化的生铁鼓风,同时进行搅拌促使生铁中的碳氧化,可以得到钢或纯铁,然后锻制成钢制品。炒钢技术始于西汉末年,到东汉已相当普及。当时还发明了利用液态生铁对熟铁进行扩散渗碳的炼钢方法,后世称为灌钢。这种方法解决了中高碳钢制备的难题。这些炼钢技术的发明对当时和以后的农业、经济、军事的发展起了重大作用,到明代中叶(1500 年前后),我国的炼钢技术一直处于世界领先水平。

15 世纪初期,炼铁高炉在欧洲迅速发展,主要特点是加强鼓风、加大炉身、增大燃料比。17 世纪初,欧洲北部和西部开始用生铁炒炼熟铁。1709 年用焦炭代替木炭炼铁成功,1857 年发明了蓄热式热风炉后,风温急剧升高,强化了高炉冶炼过程,使铁的产量迅速增长。

1742 年英国人洪兹曼(B. Huntsman)发明了一种可以熔炼液体钢的方法——坩埚法,该方法是将切成小块的渗碳铁料装入石墨和黏土制成的坩埚内,再将坩埚置于反射炉中,火焰加热熔化炉料,之后将熔化的炉料铸成钢锭。坩埚法产量小,主要生产一些作为工具使用的高碳钢[4,7]。

18 世纪中叶在欧洲开始的工业革命促进了现代炼钢技术的发展。1856 年英国人贝塞麦(H. Bessemer)发明了酸性底吹转炉炼钢法,首次解决了大规模生产液态钢的问题,标志着现代炼钢法的开始,这种冶炼方法也称为贝塞麦法。贝塞麦法采用酸性炉衬,炉渣为酸性,不能脱除磷和硫。1856 年,英国人马希特(R. F. Mushet)研究了加入锰铁脱氧的方法,消除了硫含量高带来的热脆,并防止浇注后凝固的钢锭产生蜂窝气泡,使钢锭能顺利地进行热加工,保证了钢质。欧洲西部许多铁矿为高磷铁矿,1879 年英国人托马斯(S. G. Thomas)发明了碱性底吹转炉炼钢法,解决了酸性转炉不能冶炼高磷生铁的问题。1856 年英籍德国人西门子(W. Siemens)取得蓄热法专利。1864 年法国人马丁(P. E. Martin)发明了平炉炼钢法(Siemens-Martin 法)。最早的平炉也用酸性炉衬,同样不能去除原料中的磷和硫。在托马斯发明碱性法之后,平炉也改用碱性炉衬。碱性平炉炼钢法能适应各种原料配比(从 100%生铁到 100%废钢),所炼的钢品种多且质量优于空气底吹转炉钢,因而迅速成为世界上最主要的炼钢方法。1899 年法国人埃鲁(P. L. Héroult)发明了电弧炉炼钢法,这种方法主要作为合金钢和特殊钢的生产方法。1927 年诺思拉普(J. K. Northrop)发明了高频感应炉炼钢,成为高合金钢生产的普遍方法,并使真空冶炼成为可能。

19世纪中叶起，高炉炼铁发展速度加快，新技术不断涌现，如采用精料、高炉向大型化和自动化方向发展、采用喷吹燃料技术等。

现代炼钢技术的进步，使钢的产量迅速增加，生产成本显著降低。1900年世界钢产量已达到2850万t，1950年世界钢产量增加到2.1亿t。钢的应用遍及工农业和国防的各个部门，在国民经济和社会生活中起着重要的作用。

人们对钢的生产和使用，在很长的时间内，限于不同碳含量的碳钢。直到1820年，人们才了解熟铁、钢和生铁的差异主要是碳含量的不同。英国的物理学家法拉第(Faraday)同时也是一位冶金学家，他在1820～1822年研究了钢中加入镍、铬、铜等合金元素(含量达10%)，以及加入一些贵金属对钢的某些性能的影响，是合金钢研究的先驱[8]。

现代炼钢技术的发展，促进了机械制造和机械加工工业的大发展。原来使用的碳素工具钢刀具的车削速率比较低，刀具受热温度不能超过200℃。在这种需求下，马希特在1868年发明出高钨自淬工具钢，当时称之为"R. Mushet特殊钢"(2%C、7%W、2.5%Mn)，这是一种实用的高合金工具钢。1900年美国人泰勒(Taylor)和怀特(White)提出了成分为1.85%C、3.80%Cr、8.00%W的钢，并以用该钢制成的刀具成功地进行了高速切削试验，标志着高速钢的诞生。1903年他们又将钢的成分调整为0.70%C、14%W、4%Cr，这是近代高速钢的原型。1910年，具有18%W、4%Cr、1%V成分的高速钢问世。1920年制造出钴高速钢。截至1920年，主要类别的工具钢，包括冷作模具钢和热作模具钢大都已生产出来[4]。

1882年，英国的冶金学家哈德菲尔德(R. A. Hadfield)曾分别研究了硅和锰对钢的影响。1884年，他发明了制作硅钢片的硅钢。他还试制成功高锰耐磨钢，成分为1.35%C、0.69%Si、12.76%Mn。该钢的特点是在淬火后不但不硬，反而有良好的韧性，可是在高应力接触磨损条件下却越磨越硬。之后，高锰耐磨钢得到了日益广泛的应用，时至今日，其基本成分仍没有变化，这在合金钢史上是少见的。硅钢的优良电磁性能是在1900年被发现的，随之受到人们的重视，当时的成分是0.20%C、2.5%Si[8]。

随着社会经济的发展，各种工程结构，如桥梁、船舶等，需要使用大量的钢材，因而开始使用加工成形性比较好的低碳结构钢。由于结构物尺寸的增大，低碳结构钢的性能已远不能满足设计建造的要求，迫切需要提高钢的强度，减小截面，降低自重而又不降低承载能力，从而促进高强度低合金钢的开发。早期高强度低合金钢的设计是以抗拉强度为基础的，碳含量较高，在0.30%左右。人们企图通过加入少量合金元素提高钢的强度，合金元素都是单独采用的，如铬、镍、硅、锰等，每一种元素的含量相对较高，钢材通常以轧制状态供应使用。1870年，美国在密西西比河上建造了一座桥梁，其拱形桁架的跨度为158.5m，采用了含铬1.5%～2.0%的低合金钢。1895年，俄国曾用3.5%Ni钢建造了"鹰"号驱逐舰，之后这类3.5%Ni钢还用于建造大跨度桥梁。20世纪20年代以后，焊接技术广泛应用于制造金属结构，这给高强度低合金钢的发展带来深远的影响，焊接性能成为评价这类钢的重要性能指标。因此，降低碳含量，采用少量多元素合金化是发展焊接性能好的高强度低合金钢的必然要求。由于这类钢的用途越来越广，用量越来越大，钢种的经济性也必须予以考虑。第二次世界大战期间，发生了许多起全焊接结构的船舶断裂的事故，这种破坏往往是脆性的。经过研究认为，这种破坏是由于船舶结构用钢的缺口敏感性引起的。之后，研究开发了一些缺口韧性更好的材料，出现了一些经过调质处理的高强度低合金钢,如美国的 HY-80,苏联的 AK-25 等。20 世纪 60 年代以后,一些重要的钢生产国均致力于微合金钢的开发和生产工艺的革新,并取得重要进展。

合金结构钢是合金钢中用量大、用途广、对机械制造工业极为重要的一类。19 世纪末首先开始了对镍钢的研究。英国和法国的一些钢厂开始生产镍含量低于 7%的合金结构钢。1889 年,Riley 在英国钢铁学会报告了他对镍钢力学性能的系统研究,并指出镍钢的军工意义。他的预言很快就得到证实,镍钢装甲板首先在法国和德国使用,继而开发出具有高淬透性的中碳镍铬钢。第二次世界大战期间,合金钢的需求量迅速增加,由于合金元素的短缺,交战国双方都不得不采取节约措施,减少镍钢及镍铬钢的产量,开发出镍铬钼钢、铬钼钢、铬锰钢等较经济的钢种。随着合金结构钢的出现和发展,热处理工艺也有很大改进,气相表面渗碳(1892 年)及表面淬火(1890 年)方法相继研发成功。

20 世纪初,法国的吉耶(L. B. Guillet)于 1904～1906 年对高铬马氏体及铁素体钢和镍铬奥氏体钢进行了系统的研究。蒙纳尔茨(P. Monnartz)于 1908～1911 年在德国系统地研究了铬钢的耐蚀性,提出了不锈性与钝化理论的许多观点。上述两位学者的试验研究为不锈钢的发展奠定了理论基础。

1913 年布里尔利(H. Brearley)在英国开发出 13Cr 系马氏体不锈钢。1911～1914 年丹齐曾(C. Dantsizen)在美国开发了铁素体不锈钢。镍铬奥氏体不锈钢主要是德国克虏伯公司的毛雷尔(E. Maurer)和施特劳斯(B. Strauss)在 1912～1930 年陆续发展出来并加以完善的。1930 年左右在法国的 Unieux 实验室发现奥氏体不锈钢中含有铁素体时,钢的耐晶间腐蚀性能会得到明显改善,从而开发了 $\gamma+\alpha$ 双相不锈钢。1946 年美国的史密斯埃塔尔(R. Smithetal)开发出沉淀硬化型不锈钢。不锈钢的主要钢类已基本齐全。

耐热钢的发展与能源、动力机械的发展有密切的关系。13Cr 系不锈钢由于具有比较好的高温强度和抗氧化性,可以用于制作内燃机的排气阀、汽轮机的叶片和转子。随着汽轮机特别是喷气技术的发展,耐热钢的使用温度不断增高,人们发现奥氏体钢的高温强度比铁素体钢高,从而发展出一系列镍铬奥氏体耐热钢。到了 20 世纪 30 年代前后,一些学者系统地研究了各种合金元素对钢的高温强度的影响。在 20 世纪 30～40 年代开发出 Mo 钢、Cr-Mo 钢、Cr-Mo-V 钢等低合金耐热钢,主要用于锅炉、蒸汽轮机、化学工业装置等方面。同时,在原有镍铬奥氏体的基础上加钼、钨、铌等元素提高其耐热性,用做航空喷气发动机的涡轮叶片材料。后来一方面增加镍含量,另一方面添加铝、钛以生成微小的 $Ni_3(Al,Ti)$ 粒子产生沉淀强化,逐渐发展成铁基高温合金。再进一步的发展就是用镍取代铁作为基体而成为镍基合金。1939 年英国 Mond 镍公司首先研制出镍基合金 Nimonic 75,1942 年 Nimonic 80 成功地被用做涡轮喷气发动机的叶片材料,是最早以 $Ni_3(Al,Ti)$ 强化的镍基合金。

在此期间,由于物理冶金学(金属学)的进展,以及新的分析和测试技术的不断出现和发展,使人们对金属与合金的组成和结构,以及其与性能之间的内在联系和在各种条件下的变化规律有了基本的了解。人们可以根据服役条件的要求,开发出能满足特定性能要求的新的合金钢钢种。到 20 世纪中叶,主要类别的合金钢已建立了较完整的体系,对合金元素在钢中的作用已进行了比较系统的研究,对于合金元素对钢中相变、组织结构和性能的影响已有了比较深入的了解。钢铁材料的发展由凭借经验转为依靠科学。

20 世纪中叶,世界钢铁工业进入新的发展时期,钢铁生产工艺装备技术得到了快速发展,2000年世界钢产量增至8.43亿t。

1952年和1953年在奥地利的林茨(Linz)和多纳维茨(Donawitz)先后建成氧气顶吹转炉,因而亦称LD转炉。由于它的生产率高、能量和耐火材料消耗低,在世界范围内迅速推广,取代空气转炉法和平炉炼钢法,成为现代炼钢的主要方法。之后,氧气底吹转炉炼钢方法和氧气顶底复吹转炉炼钢方法亦相继开发成功。目前世界上较大容量的炼钢转炉多数采用氧气顶底复吹转炉炼钢工艺。20世纪90年代,世界氧气转炉钢的年产量已超过钢总产量的50%[7]。

20世纪50年代,连续铸钢在钢铁工业中开始得到应用,这是钢铁工业发展过程中又一项革命性技术。60年代连铸技术进入工业性推广阶段。与传统模铸工艺相比,连续铸钢工艺简化了工艺,缩短了流程,降低了能耗,提高了金属收得率(提高10%~14%)和产品质量,同时提高了生产过程的机械化和自动化水平。1989年一种近终形的薄板坯连铸连轧生产线投产。目前钢铁主要生产国的连铸比均超过了90%[9]。

传统电弧炼钢炉炼钢时间长,采用连铸后,必须缩短冶炼时间以保证与连铸节奏相匹配。1964年美国首先开发出超高功率电弧炉,大大缩短了冶炼时间,其经济效益显著。20世纪70年代以后,超高功率电弧炉得到很快的发展,电弧炉不再仅用于冶炼特殊钢,而成为一种高速熔化炉料的容器。2001年,世界电弧炉钢的产量占钢总产量的36%[10]。

20世纪50年代中后期,钢液真空提升脱气法、钢液真空循环脱气法等钢水炉外精炼方法开发成功。之后,真空吹氧脱碳炉、氩氧脱碳炉、钢包精炼炉、喂线法、钢包喷粉法等先后出现,到90年代已有几十种炉外精炼方法用于工业生产。原来由转炉和电弧炉炼钢承担的脱硫、深度脱碳、脱氧、合金化、夹杂物控制等功能,多数转为由炉外精炼工序承担。在先进的钢铁生产国家,钢水炉外精炼比超过90%,其中真空精炼比超过50%。

目前,采用废钢—电弧炉—精炼—连铸—连轧的钢铁生产工艺,从废钢入炉开始到轧出钢材为止,一般只需3h左右。这种以电弧炉炼钢工艺为中心的生产流程称为短流程。采用短流程的小型钢厂投资少、建设快、效益高,近年发展很快,但受到废钢资源的制约。以氧气转炉炼钢工艺为中心的钢铁联合企业的生产流程为:球团或烧结矿—高炉—转炉—(精炼)—连铸—轧制。这种工艺流程生产单元多、规模庞大、生产周期长,但钢产量大,称为钢铁生产的长流程。在21世纪,上述两种钢铁生产工艺流程将会在互相竞争、互相渗透的情况下并存发展。

钢铁生产技术的进步不仅提高了现有钢种的质量,也为研制和开发新型高性能的钢材提供了新的技术途径。

首先是生产纯净钢和高纯净钢变得较为易行。一般认为,纯净钢是指钢中五大杂质元素(S、P、H、N、O)含量较低,有时还包括碳,且对非金属夹杂物(主要是氧化物和硫化物)进行严格控制的钢种。理论和实践证明,钢的纯净度越高,其产品性能越好,使用寿命越长。轴承钢中氧含量从大气下熔炼钢的40ppm* 降低到二次精炼钢的10ppm,其接触疲劳寿命可提高10倍。氧含量降到5ppm,其接触疲劳寿命可提高30倍。钢中碳含量从0.004%降低到0.002%时,深冲钢的伸长率可提高7%。提高钢的洁净度还可提高其耐磨和耐腐蚀等性能。管线钢、抗 H_2S 腐蚀用钢、石化用抗氢Cr-Mo钢、抗层状撕裂钢等

---

* 1ppm=10^{-6}。

均要求钢质极为纯净。

连续铸钢工艺代替传统模铸工艺,显著提高了钢质的均匀性。在杂质总量不变的情况下,提高钢质的均匀性,相当于提高钢的纯净度。模铸工艺的凝固过程缓慢,难于控制,钢锭中的成分偏析严重。这种偏析在以后的轧制和热处理过程中无法消除,造成钢的性能上的各向异性。连铸工艺过程连续可控、树枝状晶间距小、元素偏析小、铸坯质量好,显著提高了钢的等向性。

细化组织是可以同时提高钢的强度和韧性的唯一工艺手段。热变形的目的已不仅要获得所期望的形状和表面质量,而且要通过工艺控制组织结构。近年来国内外众多学者和生产企业通过控制钢中微合金元素的加入、控制轧制和控制冷却,可以获得超细晶组织,从而大幅度提高钢的性能。许多国家都启动了开发超细晶钢重大研究项目。

我国近代钢铁工业起步较晚。1890 年张之洞创办了汉阳铁厂,这是我国第一个近代钢铁企业。到 1949 年中华人民共和国成立时,全国年钢产量仅 15.8 万 t(指粗钢,余同)。经过三年经济恢复时期,到 1952 年钢产量达到 135 万 t,超过历史最高水平。1953 年开始进行大规模经济建设,新建了一大批钢铁厂,到 1957 年钢产量达到 535 万 t。

在中华人民共和国成立前,我国没有自己的钢铁标准,大都是沿用外国的编号。世界各国大都有自己本国的钢铁标准,因此各国的钢号表示方法也是多种多样的。1952 年,当时的重工业部颁布了我国第一套钢铁标准(重标),规定当时国产钢种采用一套注音字母的钢号表示方法,参照当时苏联国家标准,制定并颁发了 7 个合金钢部颁标准,包括 159 个钢号,这对于当时掌握合金钢的生产,促进品种产量增加,满足工业的发展需要,起了很大的作用。但是这些钢种大都含有镍、铬元素,和我国当时的资源条件不相符合,这种矛盾随着工业的发展而日益明显,因此提出来代用镍、铬的问题。1956 年国家制定《1956—1967 年科学技术发展远景规划》时,把建立我国的合金钢系统作为重要任务之一。以后,很多工厂、科学研究机关、高等学校广泛开展了不含镍、少含铬的新钢种研究工作。1958 年上半年至 1959 年下半年曾陆续召开了许多会议,在总结经验的基础上,吸收了国外适合我国资源的钢种,提出了 9 项新合金钢标准草案,涉及的 9 种合金钢分别为合金结构钢、低合金高强度钢、合金工具钢、高速工具钢、不锈耐酸钢、耐热不起皮钢、弹簧钢、滚珠及滚柱轴承钢、低合金钢轨钢。以后,经冶金部审核,作为部颁标准于 1960 年 4 月实施,初步建立了我国的合金钢系统。新标准包括 249 个钢种,其中有 107 个是保留原来的钢种,钢种的数量大为增加,指标有所提高,并适合我国当时的技术条件。1959 年 11 月,冶金部颁布了一套以汉字和汉语拼音字母并用的《钢铁产品牌号表示方法》(YB),代替“重标”的表示方法。1963 年又对普通碳素钢、硅钢和纯铁钢号的表示方法进行了修订。在此基础上,国家科学技术委员会于 1964 年 4 月实施了 GB 221—63《钢铁产品牌号表示方法》的国家标准,后经多次修改。

1978 年以后,我国钢铁工业进入了稳定快速发展时期。之后通过大量引进国外先进的工艺设备和技术创新,加速了钢铁企业生产流程的现代化,淘汰了平炉,发展了氧气转炉和连铸。1996 年,我国钢产量达 10002 万 t(未包含港澳台数据,下同),跃居世界第一产钢大国。以后,我国钢产量持续增长,2000 年为 12760 万 t,连铸比由 1996 年的 22.7% 提高到 2001 年的 88.8%[11]。2002 年我国人均年钢产量达到 141kg,首次超过了世界人均年钢产量 138kg 的水平。同时,加快了产品结构的调整,增加了低(微)合金钢和板带材等高附加值产品的产量，新品种增多。例如，管线钢和船板钢的升级，不锈钢的产量迅速增加，以提高纯净度和钢质均匀性为基础的新一代钢铁材料正加速研发并开始进入工业生产和应用。2004年我国的钢产量达到2.73亿t(世界钢产量为10.55亿t)，2010年达到了6.3亿t(世界钢产量为14.1亿t)。近年我国的钢产量增长趋缓，主要任务是研发高技术水平品种，淘汰落后产能。我国大型钢铁企业吨钢的综合能耗已经基本上接近国际先进水平。2017年我国钢产量达到8.317亿t(世界钢产量为16.912亿t)。

据世界钢铁协会发布的《2023年世界钢铁统计数据》[12]，2022年世界粗钢产量达18.85亿t其中中国为10.18亿t(不包括港澳台地区数据，以下同)。从2022年全球主要钢铁生产企业粗钢产量排名来看，前10名中6家企业为中国钢企。2022年我国出口钢材6732.3万t，进口钢材1056.6万t。目前我国不仅是钢铁大国，而且已进入钢铁强国之列。我国钢材质量总体上已达到世界先进水平。

参考文献

[1] Tylecote R F. A History of Metallurgy[M]. London: The Metal Society, 1976.

[2] 柯俊. 冶金史[M]//中国大百科全书总编辑委员会. 中国大百科全书：矿冶. 北京：中国大百科全书出版社，1984：751～759.

[3] 韩汝芬，柯俊. 中国科学技术史：矿冶卷[M]. 北京：科学出版社，2007.

[4] Roberts G, Krauss G, Kennedy R. Tool Steels[M]. 5th ed. Russell: American Society for Metals, 1998.

[5] 陆达. 中国古代的冶铁技术[J]. 钢铁，1966，10(2)：12.

[6] 华觉民. 中国古代金属技术：铜和铁造就的文明[M]. 郑州：大象出版社，1999.

[7] 全钰嘉. 中国冶金百科全书：钢铁冶金卷[M]. 北京：冶金工业出版社，2001.

[8] 郭可信. 金相史话(4)：合金钢的早期发展史[J]. 材料科学与工程，2001，19(3)：2.

[9] 朱苗勇. 现代冶金学：钢铁冶金卷[M]. 北京：冶金工业出版社，2005.

[10] 周建男. 钢铁生产工艺装备新技术[M]. 北京：冶金工业出版社，2004.

[11] 干勇，田志凌，董瀚，等. 中国材料工程大典：第二卷 钢铁材料工程(上)[M]. 北京：化学工业出版社，2006.

[12] 世界钢铁协会. 2023年世界钢铁统计数据[N]. 中国冶金报，2023-06-16(2).

第 1 章　钢的生产工艺与冶金质量

20 世纪下半叶以来，世界钢铁工业生产技术发展迅速，大型高炉、氧气转炉、超高功率电弧炉、连续铸钢、二次精炼、连续轧制、控轧控冷等一系列新技术的开发、应用，使钢的生产效率大为提高、质量显著改善、性能进一步提升。钢的质量和性能与其生产工艺是密不可分的。

1.1　钢的冶炼

炼钢是将生铁、废钢、海绵铁等原材料炼制成钢的冶金方法和过程。炼钢的基本任务是去除杂质、调整成分和钢液温度。去除杂质，一般是指去除钢中的硫、磷、氧、氢、氮和夹杂物。炼钢过程中应将其成分调整到规定的范围内，以保证获得所要求的物理和化学性能。铁水温度一般只有 1300℃左右，而钢水温度必须高于 1500℃才不至于凝固，才能进行一系列冶金反应过程。为了顺利进行浇注，出钢温度应在 1600℃以上。

炼钢生产中广泛使用各种脱氧剂和用于合金化的铁合金。炼钢过程中使用的辅助材料有造渣材料、氧化剂、冷却剂等。造渣材料有石灰(CaO)、萤石(CaF_2)、白云石($CaCO_3 \cdot MgCO_3$)等。氧化剂除氧气外还使用铁矿石和氧化铁皮。用做冷却剂的有废钢、富铁矿等。

生铁主要由高炉生产。高炉生产的生铁 90％以上用做炼钢原料，通常含铁 94％左右，含碳 4％左右，其余为硅、锰、磷、硫等元素。

废钢有多种来源，如钢铁厂内的“返回废钢”、钢铁制品的制造工业中产生的“加工废钢”、来自报废设备和结构等的“折旧废钢”等。世界钢产量接近一半来自废钢。废钢的来源复杂，用做炼钢的原料，必须进行合理分类、加强管理和进行必要的处理[1]。

海绵铁，亦称直接还原铁(directly reduced iron，DRI)，它主要是用还原性气体还原精铁矿而得，故名。刚产出的海绵铁趁热加压成形的高体积密度的产品称为热压块铁(hot briquetted iron，HBI)。高炉炼铁法强烈依赖冶金焦，而冶金焦的资源日益短缺，因而 20 世纪 70 年代以后，许多国家致力于开发直接还原铁，2000 年世界直接还原铁的产量达到 4320 万 t[1]，2008 年达到 7000 万 t，2018 年达到 8410 万 t。

1.1.1　普通铁水预处理[2,3]

普通铁水预处理是指铁水兑入炼钢炉之前对其进行脱除杂质元素的铁水处理工艺，包括铁水脱硅、脱硫和脱磷(即“三脱”)。铁水预处理和钢水炉外精炼已成为近 50 年来钢铁工业迅速发展起来的两项重要工艺技术。三脱处理是提高钢材材质，实现少渣炼钢的重要措施。有些工业发达国家，铁水预处理量在 70％～80％。铁水预处理是在原则上不外加热源的情况下，利用处理剂中活性物质和铁水中待脱除元素进行快速反应，形成稳定的渣相而和铁水分离的过程。

1）铁水预脱硅

硅与氧的结合能力远大于磷与氧的结合能力，所以硅比磷优先氧化。脱磷前必须优先将铁水中的硅氧化到远低于高炉铁水硅含量的 0.15%以下，磷才能被氧化去除。

常用的铁水脱硅剂均为氧化剂，主要有两种：一是固体氧化剂，如氧化铁皮、铁矿石等；二是气体氧化剂，如氧气、空气。

铁水预脱硅方法有高炉出铁沟脱硅、铁水罐中喷射脱硅剂脱硅，以及“两段式”脱硅，即前两种方法的结合。使用两段式脱硅操作可使硅含量下降到 0.15%以下，同时脱磷、脱硫的程度也明显提高。

2）铁水预脱硫

在铁水预处理温度下，硫在铁液中的溶解度很高。各种脱硫方法的实质都是将溶解在金属液中的硫转变为在金属液中不溶解的相，进入熔渣或经熔渣，再以气相逸出。

热力学计算表明，碳化钙（CaC_2）、苏打（Na_2CO_3）、金属镁等及由它们组成的各种复合脱硫剂有比较强的脱硫能力，这些脱硫剂已被广泛地应用于铁水脱硫。近年来，在铁水预脱硫中，越来越多地使用金属镁。目前已经开发的铁水预脱硫的方法很多，其中用耐火材料制成搅拌器对铁水进行搅拌，使铁水与脱硫剂紧密混合的机械搅拌法和以镁为主的喷吹法应用最普遍，脱硫率可达 80%以上。通过这些方法可使铁水预脱硫达到硫含量不大于 0.005%的深脱硫能力。

3）铁水预脱磷

随着对一些高性能钢质量日益严格的要求，除要求极低的硫含量外，也要求磷含量小于 0.01%，甚至在 0.005%以下。因此许多冶金工作者开发出一些铁水预脱磷的方法。

在铁水的温度下，可以将铁水中的磷氧化成 P_2O_5，然后与强碱性氧化物结合成稳定的磷酸盐而从铁水中去除。各种碱性氧化物中 Na_2O 的脱磷能力最强，其次是 CaO。铁水预脱磷的方法有三种：一是在高炉出铁沟内进行脱磷；二是在铁水包中进行预脱磷；三是在专用转炉内进行预脱磷。

目前铁水同时脱磷脱硫的工艺已在工业上得到较广泛的应用。

1.1.2　氧气转炉炼钢

氧气转炉炼钢的原料主要是铁水，废钢则占 0%～30%。氧气转炉炼钢是在转炉内向铁水吹入氧气以氧化其中的碳、硅、锰、磷等元素而炼制成钢水，靠铁水的物理热和氧化反应的化学热，不用外加热源。

硅是重要的发热元素，铁水中硅含量高，会增加炉内的化学热，硅含量每增加 0.1%，废钢加入量可提高 1.3%～1.5%。铁水硅含量高，渣量增加，有利于脱磷、脱硫，但会使渣料和消耗增加，吹炼时间延长。铁水中的硅含量通常为 0.30%～0.60%。锰也是发热元素，含量为 0.20%～0.80%。磷是高发热元素，但对一般钢种是有害元素，铁水中磷含量越少越好，一般要求磷含量不大于 0.20%。除了含硫易切削钢外，硫在钢中均为有害元素，要求铁水的硫含量不超过 0.05%。铁水物理热占转炉热收入的 50%，入炉铁水的温度应大于 1250℃。

氧气转炉炼钢有氧气顶吹法、氧气底吹法和顶底复吹法等炼钢方法，如图 1.1 所示[4]。转炉炉衬已全部使用碱性耐火材料（主要是 MgO 和 CaO）。氧气顶吹法是目前的主要方法(图 1.1(a))。国外一般称氧气顶吹转炉为 LD(Linz-Donawitz)转炉,美国称为 BOF(basic oxygen furnace,碱性氧气转炉)。世界上最大的转炉容量为 380t,我国最大的转炉容量为 300t。20 世纪 90 年代,世界氧气转炉的产量已超过总产钢量的 50%[3]。在我国,主要采用氧气顶吹法(小转炉)与顶底复吹法(大中型转炉)。

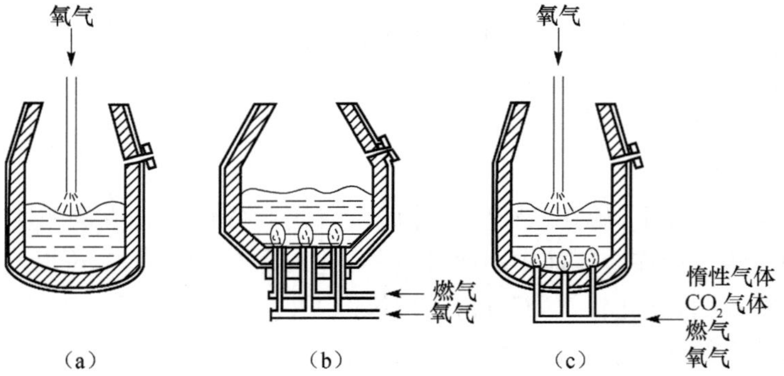

图 1.1 氧气转炉炼钢方法示意图[4]
(a) 氧气顶吹法;(b) 氧气底吹法;(c) 顶底复吹法

氧气顶吹转炉炼钢的过程如下:转炉在完成上一炉炼钢任务后,兑入铁水和加入废钢,降枪供氧,开始吹炼;加入渣料,通过造渣进行脱磷和脱硫。在吹炼过程中,Si、Mn、C、P 等元素氧化放热。吹炼后期的钢水温度可达到 1600～1680℃,取决于所炼钢种。当吹炼达到所炼钢种要求的终点碳范围时,倒炉取样并测定钢水的温度。当钢水成分和温度合乎要求时,即可以倾动转炉出钢,并向钢包加脱氧剂和合金,进行钢水脱氧和合金化,同时进行溅渣护炉和倒渣,至此完成了一炉钢的冶炼。一炉钢的吹氧时间通常为 12～18min,冶炼周期为 30～45min[4,5]。这与高炉炼铁和连续铸钢生产过程容易相互匹配。

转炉钢的主要产品是低碳钢。因为转炉脱碳快,钢中的气体含量低,所以钢的塑性好,有良好的深冲性和焊接性能。转炉钢冶炼中高碳钢虽然有一些困难,但也能保证钢的质量。转炉冶炼制造的各种结构钢、轴承钢都已广泛使用。转炉冶炼低合金钢没有特殊困难。冶炼合金钢时,应与炉外精炼相结合,用钢包炉完成合金化,避免因加入钢包的铁合金数量大,使钢水的温度降低。氧气顶吹转炉冶炼超低碳钢(<0.03%)尚有困难,这需要采用炉外精炼的方法完成[1]。

1.1.3 电弧炉炼钢

电弧炉炼钢自诞生以来,随着科学技术的进步,其钢产量及其在世界钢产量所占比例始终在稳步增长。由于对合金钢和高质量钢材的需求增加,大型超高功率(ultra high power,UHP)电弧炉技术的发展和炉外精炼技术的采用,使电弧炉炼钢技术有了很大的进步。2001 年世界电弧炉钢产量比例达到 35%。

目前电弧炉的发展趋于超高功率化和大型化,较多的电弧炉容量为 60～120t,世界最大的电弧炉容量达到 420t。我国最大的电弧炉容量为 150t,30t 以下容量的小炉子还占有一定的比例。

炼钢电弧炉的炉体结构如图 1.2 所示。电弧炉炼钢以废钢为主要原料,根据炉衬材质和造渣材料不同，有碱性法和酸性法之分，最常用的是碱性法。

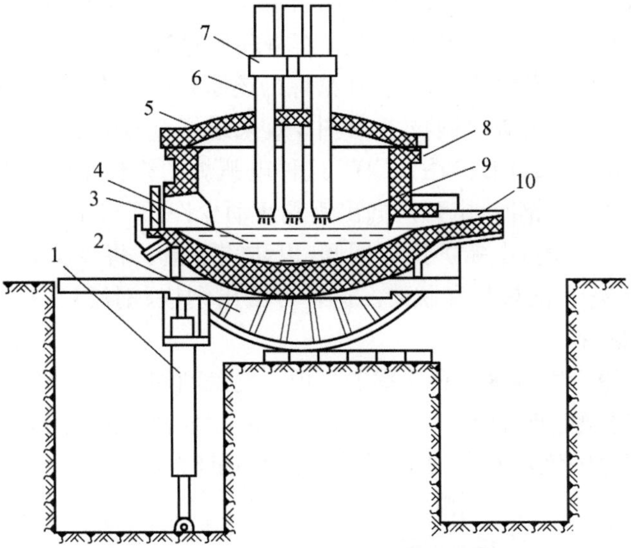

图 1.2　炼钢电弧炉炉体结构示意图[6]

1—倾炉用液压缸；2—倾炉摇架；3—炉门；4—熔池；5—炉盖；
6—电极；7—电极夹持器(连接电极升降装置)；8—炉体；9—电弧；10—出钢槽

传统碱性电弧炉炼钢方法较多，其中氧化法是最基本的冶炼方法，可分为补炉、装料、熔化、氧化、还原与出钢等六个阶段。电弧炉以废钢为原料，一般用炉顶料筐装料，碱性炉先用料重 1%～2%的石灰垫底，再装入废钢，并随炉料装入难熔的铁合金和使用量大而与氧亲和力小于铁的元素，如镍、钴。然后起弧熔化，并及时吹氧助熔，熔化期占整个冶炼时间的 50%左右。在熔化期生成的初期渣有一定的氧化性和较高的碱性，可脱除一部分磷。氧化期的主要任务是继续脱磷到符合要求，脱碳至规格下限，利用 C-O 反应，去气和去夹杂，提高钢液的温度，扒除氧化渣，造稀薄渣，然后进入还原期。还原期的主要任务是脱氧、脱硫、调整钢液成分进行合金化、调整钢液温度，然后出钢。出钢温度应比钢的熔点高出 120℃左右。传统电弧炉冶炼周期很长，每炉冶炼需 3～4h。这既难以保障对钢材越来越严格的质量需求，又限制了电弧炉生产率[3]。

现代电弧炉炼钢冶炼工艺的主要特点是将电弧炉与炉外精炼相结合生产出成品钢液，电弧炉只是一个高效熔化和氧化精炼器，还原期任务在炉外精炼过程中完成。合金化一般是出钢过程中在钢包内完成，那些不易氧化、熔点又较高的合金，如 Ni、W、Mo 等铁合金可在熔化后加入炉内。出钢时钢包中合金化为预合金化，精确的合金成分调整最终是在精炼炉内完成的。现代电弧炉炼钢技术通过强化电弧炉本身的冶炼能力和发展炉外精炼技术，使冶炼周期缩短，使之与连铸匹配成为可能。

强化电弧炉本身的冶炼能力，使冶炼周期缩短的主要措施：发展超高功率(UHP)电弧炉、无渣出钢技术、泡沫渣埋弧技术、氧燃烧嘴技术、电弧炉底吹搅拌技术、二次燃烧技术、铁水热装技术、废钢预热技术等[1,3]。

1964 年美国开发出了超高功率电弧炉。超高功率电弧炉是指电弧炉所匹配的炉用变压器功率比较大，容量一般在 700～1000kV · A/t，而普通功率电弧炉小于 400kV · A/t。超高功率电弧炉主要优点是可以缩短熔化时间、提高生产率、提高电热效率、经济效益显著。20 世纪 70 年代,全世界都大力发展超高功率电弧炉,几乎不再建普通功率电弧炉。

超高功率电弧炉的功能是熔化和氧化,而将还原过程转移到炉外精炼炉中进行,因此,氧化渣就不能进入精炼炉,以满足炉外精炼的还原条件。为了避免氧化性炉渣进入钢包精炼过程,出现了一些无渣出钢技术,其中,效果最好、应用最广泛的是偏心炉底出钢(eccentric bottom tapping,EBT)法。EBT 这种电弧炉的结构是将传统电弧炉的出钢槽改成出钢箱(图 1.3)。出钢时,电弧炉向出钢侧倾动少许,开启出钢机构,钢液流入钢包。当钢液出至要求的 95%时,电弧炉迅速回倾,以防止下渣。将少量钢水同钢渣一同留在炉中,有利于下一步炉料的熔化和脱磷。这种方法出钢快、钢流短、降温少、吸气少,可缩短出钢时间、降低能耗。

泡沫渣技术适用于大容量超高功率电弧炉。它是利用向渣中喷入的碳粉和吹入的氧气产生的一氧化碳气泡,通过渣层而使炉渣泡沫化,生成很厚的泡沫渣,实现埋弧操作,从而提高了电弧对熔池的传热效率,加速反应,缩短冶炼时间。

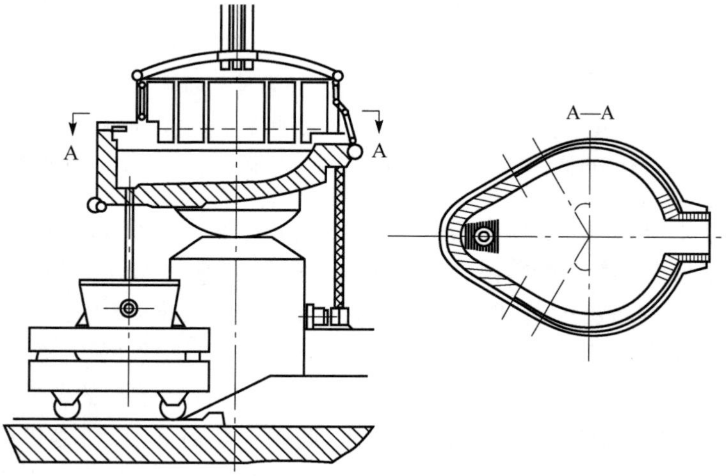

图 1.3 偏心炉底出钢电弧炉简图[3]

为了强化冶炼过程,还广泛采用氧燃烧嘴助熔技术,所用燃料有煤、石油或天然气。为了改善电弧炉熔池搅拌状况,研究出电弧炉底吹搅拌技术,在电弧炉炉底安装供气元件,向炉内熔池吹 Ar、N_2 搅拌钢液。

在现代电弧炉炼钢过程中,由于钢水脱碳和采用泡沫渣操作,电弧炉内产生大量高温的 CO,其总量的 60%～70%未经炉内燃烧而直接进入除尘系统。二次燃烧技术是使用二次燃烧氧枪,将氧气吹送到熔池上方,将炉气中大部分的 CO 燃烧成 CO_2,放出大量的热量返回熔池,使炉气中潜在的化学能得到有效的利用。

铁水热装技术可以大幅度降低热耗,提高钢水的纯净度,降低废钢带入的有害元素含量,缩短冶炼周期。铁水加入量一般为炉料的 30%～40%。

电弧炉采用超高功率化与强化用氧技术,使废气量增加,废气温度高达 1200℃以上。利用电弧炉排出的高温废气将废钢在熔炼前预热,可以提高炉料带入的物理热。

现代超高功率电弧炉由于综合采用各种强化冶炼和节能技术,每炉钢的冶炼周期已缩短到 45～60min,同时降低了成本。早期,特殊钢要用电弧炉生产,这是由于电弧炉可以利用废钢中的合金元素，冶炼过程中钢水温度可以长时间地精确控制。随着社会废钢的积累、直接还原技术的开发、电力工业的发展、电弧炉炼钢技术和炉外精炼技术的迅速发展，电弧炉钢厂越来越多地生产普通钢，而转炉钢厂越来越多地生产特殊钢。电弧炉炼钢、转炉炼钢两种方法，无论是冶炼特殊钢还是普通钢，从质量上、经济上均越来越接近。

1.1.4　感应炉炼钢

感应炉炼钢是利用感应电热效应加热、熔化金属的炼钢方法，它特别适合于用优质原料(优质废钢、铁合金等)冶炼少量优质钢和合金。炼钢使用无芯感应炉，按电源频率的不同，可以分为高频(>10^4Hz)、中频(>50～10^4Hz)和工频(50～60Hz)三种，以中频炉为主。图 1.4 为坩埚式感应炉炉体结构示意图。坩埚材质常用碱性的氧化镁或氧化镁含量高的铝镁坩埚，能承受碱性渣侵蚀，适于熔炼各种钢种和合金。感应炉一般不进行脱碳、脱磷，需选用好的原料。熔炼时没有氧化期，元素烧损很少，可精确配料[4]。

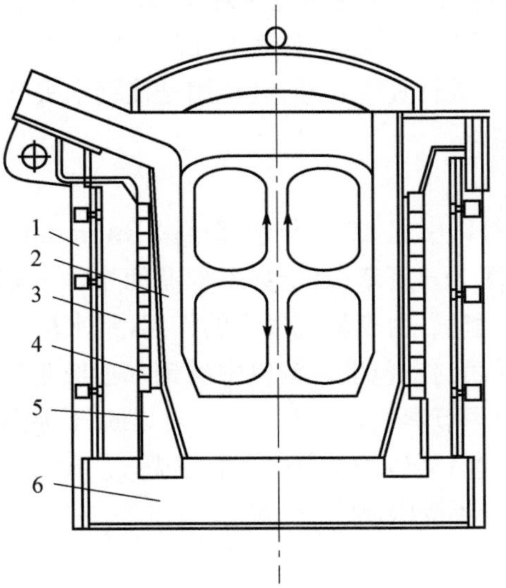

图 1.4　坩埚式感应炉炉体结构示意图[2]

1—炉架；2—坩埚；3—磁轭；4—感应圈；5—托环；6—炉底

1.1.5　炉外精炼

现代炼钢技术把传统的炼钢过程分为初炼和精炼两步进行。初炼时，炉料在氧化性气氛的炉内进行熔化、脱磷、脱碳、去除夹杂和主合金化，获得初炼钢液；精炼则是将初炼的钢液在真空、惰性气体或还原性气氛的容器中进行脱气、脱氧、脱硫、去除夹杂物和成分微调等。实行炉外精炼可提高钢的质量，缩短冶炼时间，优化工艺过程并降低生产成本。20 世纪 80 年代以来，炉外精炼已成为现代钢铁生产流程水平和产品高质量的标志。炉外精炼也称“钢包冶金”或二次冶金。

炉外精炼的方法很多，可分为钢包处理型和钢包精炼型两类。

钢包处理型的特点是任务单一，操作简单，没有补偿加热装置，精炼时间较短(10～30min)。属于此类的有真空脱气法、循环真空脱气法、真空提升脱气法、钢包真空吹氩法、钢包喷粉处理法、喂线法等。

钢包精炼型具有多种精炼功能,有补偿钢水温度降低的加热装置,适合于各类高合金钢和有特殊性能要求钢种的精炼。ASEA-SKF 精炼炉、钢包精炼炉、真空吹氧脱碳炉、真空电弧加热脱气炉等属于此类。钢包精炼的时间较长(60～180min),类似的还有氩氧脱碳炉。下面介绍几种常用的炉外精炼方法[2,3,7]。

1) 真空脱气法[7]

最早的真空脱气设备即为现在人们称为 VD(vacuum degassing)的炉外精炼设备,由钢包、真空室、真空系统组成,基本功能是使钢水脱气。由于没有加热功能,出钢时要使钢水过热。另外一个问题是钢水没有搅拌,当钢水容量较大时,钢包底部的钢水难以自下而上地完全发生脱气反应,向钢包内加入合金,会产生较大的温降,合金也难以均匀。以后不断改进,采用钢包底部吹氩的方法对钢水进行搅拌,采用电磁搅拌技术。现在的电磁搅拌精炼设备上都同时安装了气体搅拌装置,但仍没有加热设备。

VD 设备一般不单独使用,而是与钢包精炼炉(LF 炉,见后面图 1.9)配合使用,形成 LF-VD 炉外精炼组合。LF 炉在常压下对钢水进行电弧加热、吹氩搅拌、合金化等精炼工艺,再在 VD 设备的真空室进行真空处理,其作用是使钢水去气、脱氧、脱硫、去除夹杂物,促使钢水温度和成分均匀化。

2) 循环真空脱气法

循环真空脱气法即 RH 法,是 1957 年联邦德国 Ruhrstahl 公司与 Heraeus 公司首先使用的,因此而得名。如图 1.5 所示,真空室下部有两个深入钢水的管,即上升管和下降管。通过上升管侧壁吹入氩气,由于氩气气泡的作用,钢水被带动,上升到真空室以除气,除气后的钢水由下降管返回到钢包里。钢包中的钢水连续地通过真空室进行循环,达到除气的目的。这种方法处理节奏快,只需 20min,可以脱气、脱碳,使钢水中氢含量不超过 1ppm,碳含量不超过 0.0015%,全部氧含量不超过 10ppm,使钢水的硫含量降到 0.0015%以下,处理的钢种不受限制。

3) 钢包喷粉法

钢包喷粉法是一种利用惰性气体(主要是氩气、氮气)做载体将合金粉末或精炼粉剂(Ca-Si 或 Mg 粉)喷入钢包内的钢水中进行的炉外精炼技术(图 1.6),其主要作用是脱硫、成分调整和均匀化、调整温度、排出夹杂物和进行夹杂物形态控制等。钢包喷粉(powder injection in ladles)是 1974 年由德国 Thyssen-Niederrhein 钢铁公司开发成功的,因而也称为 TN 法。这种方法可以解决活性元素(如钙)的加入问题。

4) 喂线法

喂线(wire feeding,WF)法是将密度较小、容易氧化的精炼添加剂制成线材,通过机械的方法加入钢包中钢液的深处,对钢水进行炉外精炼的方法。对铝含量的要求比较苛刻的低碳铝镇静钢采用喂线法加铝,可精确地控制加铝量,提高铝的收得率。某些精炼添加剂,如 Si、Ca、C、CaSi、SiCaAl 等,无法直接做成线材用喂线法加入钢水,可将它们的精炼粉剂作为芯,外包一层薄而软的钢皮成为包芯线,硅钙包芯线是最常用的。

5) ASEA-SKF 精炼法

1965 年,瑞典 SKF(滚珠轴承)公司为了在钢包中精炼钢液,与瑞典 ASEA 公司合作建成 ASEA-SKF 精炼炉,用该炉精炼钢水的方法称为 ASEA-SKF 精炼法。

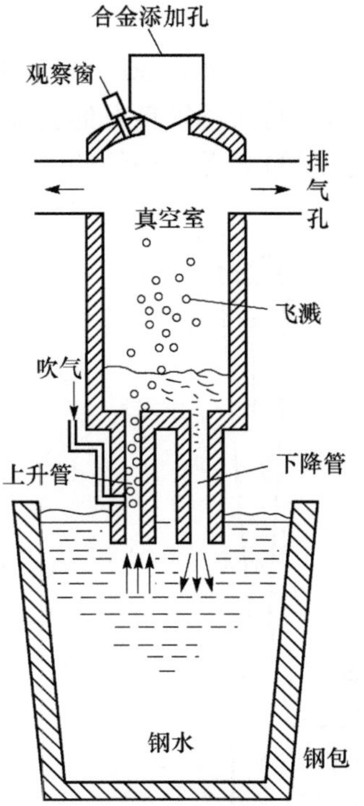

图 1.5　RH 法原理示意图[7]

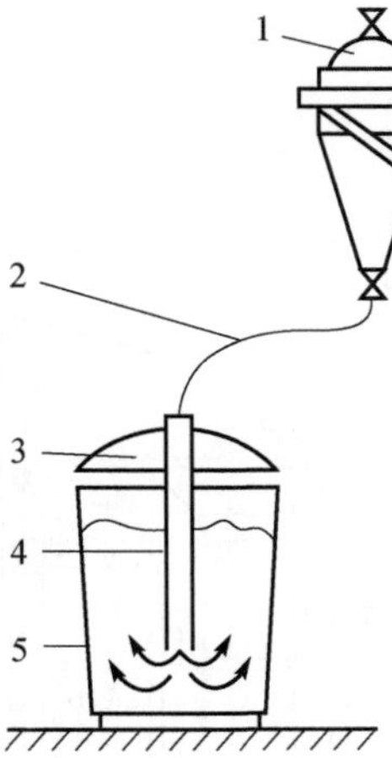

图 1.6　钢包喷粉工艺示意图[7]

1—喷粉罐；2—喷吹管；3—钢包盖；4—工作喷枪；5—钢包

该法将初炼炉炼出的钢水倾入钢包中，然后将钢包吊至配备有电磁搅拌器的小车上，除去初炼炉熔渣，换新渣，并经电弧加热至所需温度进行脱硫。小车运行至脱气工位，盖上真空盖进行真空脱气 15～20min，同时对钢液进行电磁搅拌，真空吹氧脱碳和去除夹杂物，脱气后经过斜槽漏斗加入合金(包括脱氧剂)，调整钢液成分。最后再将钢液加热到合适温度，将钢包吊出并进行浇注。图 1.7 为 ASEA-SKF 钢包精炼法的一般工艺流程，精炼时间一般为 1～2h，精炼炉的容量一般为 20～150t。

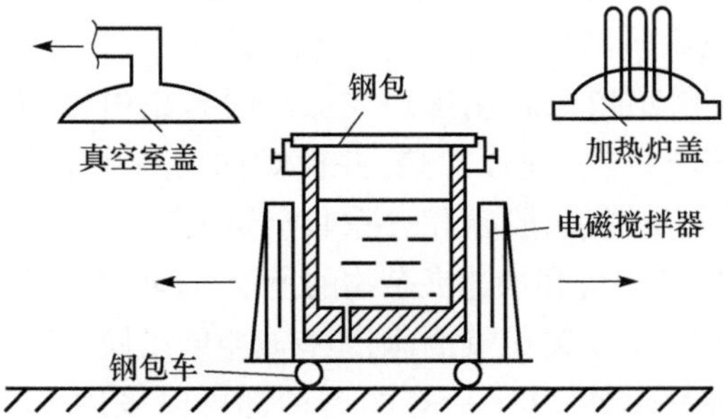

图 1.7　ASEA-SKF 钢包精炼法工艺流程图[7]

(a) 真空脱气工位；(b) 电弧加热工位

ASEA-SKF 精炼炉适用于处理碳钢、合金结构钢、轴承钢和工具钢，精炼后可以显著提高钢的质量，使氧含量降低 40%～60%，使轴承钢的高倍夹杂物降低约 40%，使钢的疲劳强度、冲击功和断面收缩率提高 10%～20%[7]。

6) 真空电弧脱气法

真空电弧脱气(vacuum arc degassing,VAD)法是1967年美国Finkl公司发明的,该法是在真空条件下用电弧加热,并由钢包底部吹氩搅拌,因此它兼备了良好的脱硫、脱气、包内造渣、合金化等多种精炼手段,适于精炼合金钢。但VAD炉盖与炉体的密封及电极的真空动密封难以解决,图1.8为VAD精炼炉示意图。

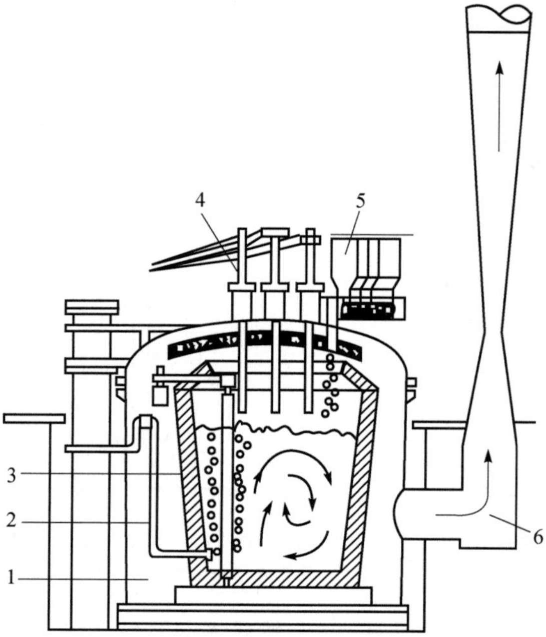

图1.8　VAD精炼炉示意图[7]

1—真空室;2—底吹氩系统;3—钢包;4—电弧加热系统;5—合金加料系统;6—抽真空装置

7) 钢包炉精炼法

钢包炉(ladle furnace,LF)精炼法是日本大同特殊钢公司于1971年开发的,它是由钢包炉体、包底吹氩透气砖及滑动水口(钢水从钢包底部流出的通道称为水口)、附带合金加料器的炉盖、电极加热系统和真空脱气装置等组成(图1.9)。LF精炼炉一般具有电弧加热、真空脱气、吹氩搅拌功能。LF精炼炉在加热时石墨电极与渣中FeO、MnO等反应生成CO气体,造成泡沫渣,进行埋弧加热,并使炉内气氛中氧含量减至0.5%。钢液在还原条件下精炼可以进一步脱氧、脱硫和去除非金属夹杂。氩气搅拌加速钢-渣间的物质传递,有利于钢液脱氧、脱硫反应和加速夹杂物的上浮。LF精炼炉附有真空脱气装置后,被称为LFV精炼炉,如在真空盖上装设氧枪,则还有真空吹氧脱碳功能。

除超低碳、氮等超纯净钢外,几乎所有的钢种都可以采用LF精炼法精炼,特别适合轴承钢、合金结构钢、工具钢、弹簧钢的精炼。LF精炼炉设备简单,精炼效果好,得到了广泛的应用。LF精炼炉的容量为20～300t,精炼时间为1h左右。

8) 真空吹氧脱碳法

真空吹氧脱碳(vacuum oxygen decarburization,VOD)法是1965年由德国维腾(Witten)公司开发出的技术,图1.10为VOD设备示意图。VOD法是在真空室内由炉顶向钢液吹氧,同时由钢包底部吹氩搅拌钢水,当精炼达到脱碳要求时,停止吹氧,然后提

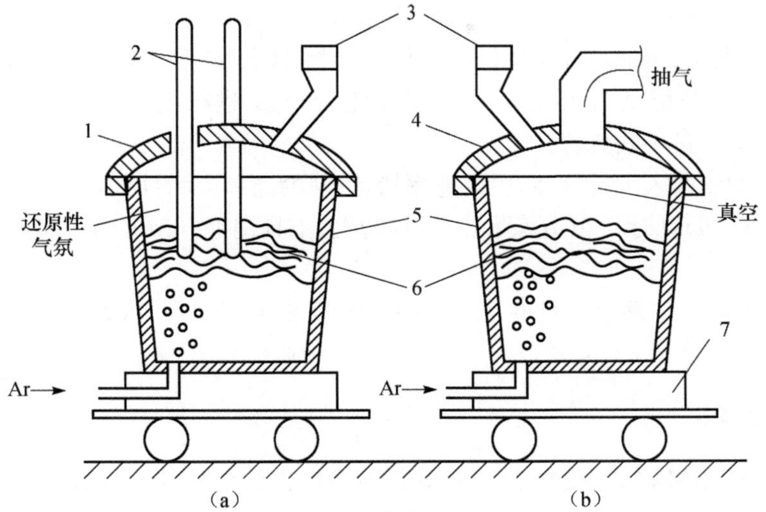

图 1.9　LF 精炼法示意图[8]

(a) 埋弧加热；(b) 真空处理

1—加热盖；2—电极；3—加料器；4—真空盖；5—钢包；6—碱性还原炉；7—钢包车

高真空度进行脱氧，最后加 Fe-Si 脱氧。VOD 法可以在真空下加合金、取样和测温。VOD 法具有脱碳、脱氧、脱硫及合金化等功能，主要用于生产不锈钢和 C、N、O 极低的特殊钢，精炼时间约为 90min。

9) 氩氧脱碳法

氩氧脱碳(argon oxygen decarburization，AOD)法的主要设备为 AOD 炉(图 1.11)。1968 年建成第一台 AOD 炉，其原理是通过吹入熔池的氩氧气体(Ar、O_2)，降低碳-氧反应产物 CO 的分压，使冶炼平衡从 Cr 氧化移到碳氧化精炼法，从而达到降碳保铬的目的。AOD 炉主要用于不锈钢的炉外精炼上。

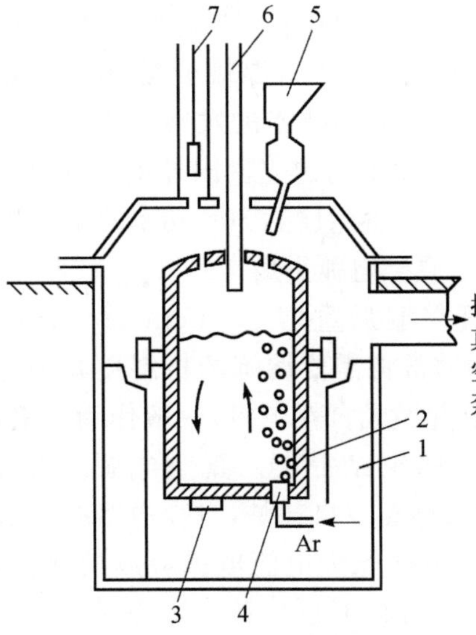

图 1.10　VOD 设备示意图[7]

1—真空室；2—钢包；3—闸阀；4—多孔塞；5—供料槽；6—氧枪；7—取样和测温装置

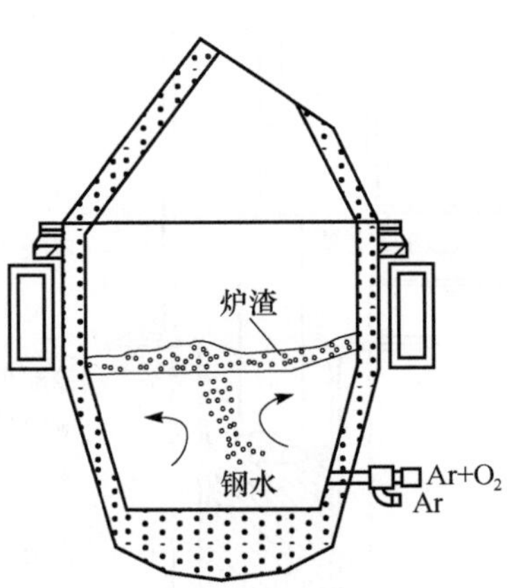

图 1.11　AOD 炉简图[7]

AOD 炉主要和电弧炉双联操作,炉料先在电弧炉中熔化,可使用 100%废不锈钢或廉价的高碳铬铁及普通碳钢来配料,成本低,同时将 Cr、Ni 等元素含量调整到钢的控制规格内,碳含量一般配至 1.0%以下。炉料熔化后升温,进行换渣脱硫,然后将钢液通过钢包移送到 AOD 炉中吹炼。

在 AOD 炉中吹入大量气体,脱碳速率快,炉料的选择灵活性大,生产率高,精炼时间约为 65min。AOD 法还可以冶炼耐热钢、结构钢、工具钢等。AOD 炉的容量为 3～175t,多数为 50～100t。

目前,全世界不锈钢总产量的 70%是由 AOD 法生产的,其次是 VOD 法,占总产量的 15%。

1.1.6　特种冶炼

特种冶炼泛指转炉、电弧炉、感应炉等普通熔炼方法以外的熔炼方法,主要有真空感应熔炼、真空电弧重熔、电渣重熔、等离子熔炼、电子束熔炼等,用于制备那些以普通熔炼方法不能或难以熔炼的特殊金属材料。特种冶金产品总量不到钢总产量的 1%,但在高新技术、国防尖端科技领域有着重要的地位[2,9]。

1) 真空感应熔炼

真空感应熔炼(vacuum induction melting,VIM)是指在真空条件下利用电磁感应在导体内产生涡流来加热物料的熔炼技术。真空感应炉的炉体结构包括熔炼室、铸锭室、合金加料器、合金液取样器、测温装置等。在真空下熔炼容易将溶于钢和合金中的氮、氢、氧和碳去除到远比常压下熔炼低的水平,同时对于在熔炼温度下蒸气压比基体金属高的杂质元素,如铜、锌、铅、锑、铋、锡、砷等,可通过蒸发去除,而合金中需要加入的铝、钛、硼、锆等活性元素的成分易于控制。因此经真空感应熔炼的金属材料可明显地提高韧性、疲劳强度、耐腐蚀、抗高温蠕变等多种性能。航空、航天等尖端技术的发展促进了大型真空感应熔炼设备的建立。国外最大的真空感应熔炼炉的炉容量已达 30t,功率 6000kW。

2) 真空电弧重熔

真空电弧重熔(vacuum arc remelting,VAR)通常将需要熔炼的材料用其他方法预先冶炼并做成自耗电极,一般作为负极,正极是水冷的铜结晶器。真空电弧重熔炉(图 1.12)又称真空自耗炉,自耗电极被两极之间形成的低电压大电流电弧释放的热量熔化,并在结晶器内凝固成锭。熔炼时一般不再加其他炉料,电极本身熔化到水冷结晶器中凝结成锭。在真空电弧重熔过程中,没有耐火材料的沾污,杜绝了外界空气对钢及合金的

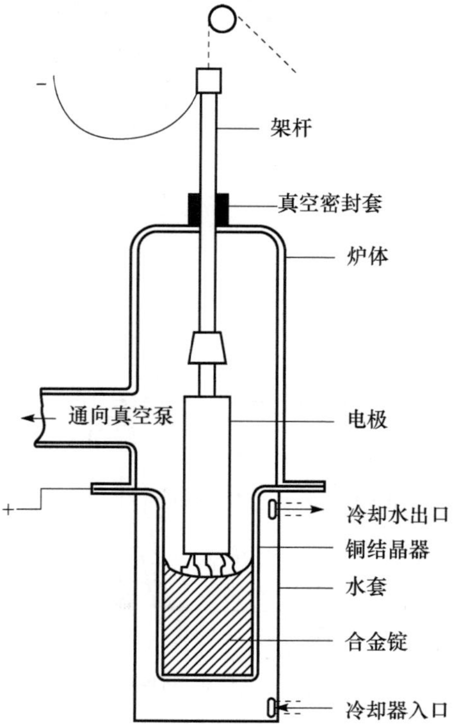

图 1.12　真空电弧重熔炉简图[10]

污染。高温、高真空还可以使原有的氧化物和氮化物分解，气体成分和挥发性杂质也大为减少。由于熔炼室内氧分压很低，重熔过程中 Al、Ti 等活泼元素烧损少，合金的化学成分控制较为稳定，但易挥发元素如 Mg、Mn 等有一定烧损。同时，在重熔过程中，电极熔化成熔滴落入熔池，金属液自下而上顺序凝固并快速冷却，原有夹杂物易于上浮去除，凝固过程中再生夹杂物尺寸细小、分布均匀，合金元素偏析小，没有缩孔和中心疏松现象，铸锭结晶均匀，致密度高，低倍组织良好。真空电弧重熔可以熔炼重达 100t 的钢锭。

真空电弧重熔炉设备复杂，维护费用高，在生产成本和品种多样性方面不及电渣重熔。它主要用于重熔对力学性能要求严格的钢与合金，如航空发动机的叶片、发动机的主轴材料等。

3) 电渣重熔

电渣重熔(electroslag remelting，ESR)(图 1.13)是一种把用一般冶炼方法炼成的钢或合金进行再精炼以提高其质量的工艺，该工艺的设备称为电渣炉。需要精炼的钢或合金制成的电极称为自耗电极。在铜制水冷结晶器中注入熔融的碱性渣，自耗电极的一端插入渣池。自耗电极、渣池、金属熔池、钢锭和底水箱通过短网电缆和变压器形成回路，通过电极下降速率的控制，保持电流的恒定。当电流通过时，由于炉渣产生的电阻热，使炉渣处于高温熔融状态，形成渣池。自耗电极的端头在渣中逐渐熔化，聚成熔滴下落，穿过渣池进入金属熔池。由于结晶器的强制冷却，液态金属逐渐凝固成电渣锭。电渣大多采用以 CaF_2 为基的渣系，最主要的是 CaF_2-Al_2O_3(70 ∶ 30)二元渣系，它的熔点较低、稳定性好、吸附夹杂物能力强。渣池温度高达 1650～1750℃，钢渣充分接触，由于电磁效应，渣池强烈搅拌，反应动力学条件良好，可以进一步去除其中的杂质。钢锭由下而上逐渐凝固，金属熔池和渣池就不断向上移动。铸锭凝固收缩及时得到补充，不存在一般铸锭常见的疏松、缩孔等缺陷，因此金属较致密。由于水冷结晶器的强制冷却作用，电渣重熔凝固速率比普通模铸、连铸、真空电弧重熔均快。

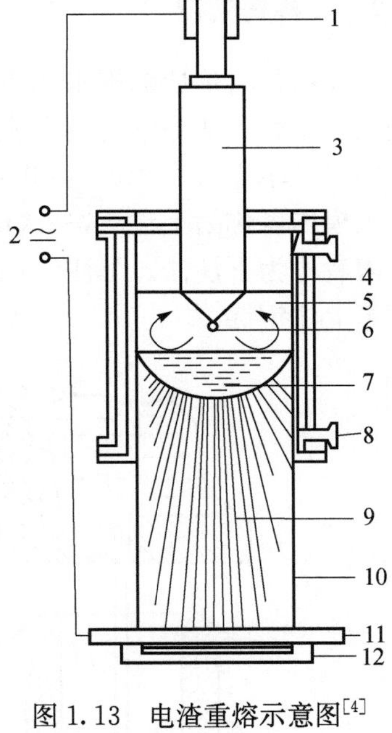

图 1.13　电渣重熔示意图[4]

1—电极把持器；2—电源；3—电极；4—移动式结晶器；5—渣池；6—熔滴；7—熔池；8—冷却水入口；9—钢锭；10—渣壳；11—引锭板；12—底盘

上升的渣池使结晶器内壁生成一薄层渣壳，它不仅使铸锭表面平滑光洁，而且能降低其径向导热，使大部分热量由钢锭传导给底水箱的冷却水而被带走，有利于结晶自下而上进行，从而改善钢锭内部的结晶组织。电渣重熔产品由于金属纯净、组织致密、表面光洁，其使用性能和工作寿命与电弧炉生产的同钢种或同牌号高温合金相比有大幅度提高，主要用于生产超高强度钢、轴承钢、工模具钢、不锈钢、耐热钢和高温合金。1971 年，德国萨尔钢厂建成 165t 电渣炉。1981 年，我国上海重型机器厂建成 200t 电渣炉。为了能冶炼高氮奥氏体钢，保证过饱和的氮溶解入钢中并防止凝固过程中析出，1980 年德国建立了第一台高压电渣炉，熔炼室氮压力高达 4.2MPa，可以生产直径 1m，重 16t 的铸锭。大气中冶炼发电机护环用奥氏体钢(12%Cr，18%Mn)含氮仅

0.1%,性能无法达到要求,采用高压电渣重熔炉,氮含量提高到 1.05%,可满足工程需求。近年来,各国正致力于开发新技术制备大钢锭[11]。

1.2 钢的浇注

钢的浇注是把在炼钢炉中熔炼和炉外精炼所得到的合格钢水,经过钢包及中间包等浇注设备,注入一定形状和尺寸的钢锭模或结晶器中使之凝固成为钢锭或钢坯。钢锭(坯)是炼钢生产的最终产品,其质量好坏与冶炼和浇注有直接关系。目前使用的浇注方法有模铸法和连续铸钢法两种。模铸法是传统的铸锭方法,产品为钢锭。连续铸钢法是20世纪50年代发展起来的浇注方法,它能直接得到一定断面形状的铸坯,大大简化了由钢液到钢坯的生产工艺,并为炼钢生产的连续化、自动化创造了条件。

1.2.1 模铸钢锭

模铸是将炼成的钢水浇注到铸铁制成的钢锭模内,凝固后形成钢锭的过程。钢锭需经轧制或锻压成为钢材后方能使用。用于轧制的钢锭单重可从几百千克到30t。用于锻造的钢锭单重最大者可达600t,模铸法可分为上注法和下注法。钢液由钢锭模上口直接注入模内者称为上注法,一次浇注一根钢锭(图 1.14)。钢液经中注管、汤道从模底进入模内者称为下注法。下注法可以同时浇注许多根钢锭(图 1.15)。下注钢锭的表面质量优于上注钢锭。

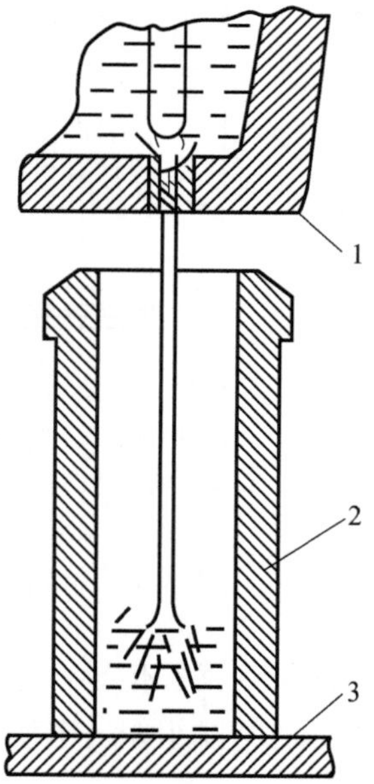

图 1.14 上注法[8]

1—钢包;2—钢锭模(沸腾钢用);3—底盘

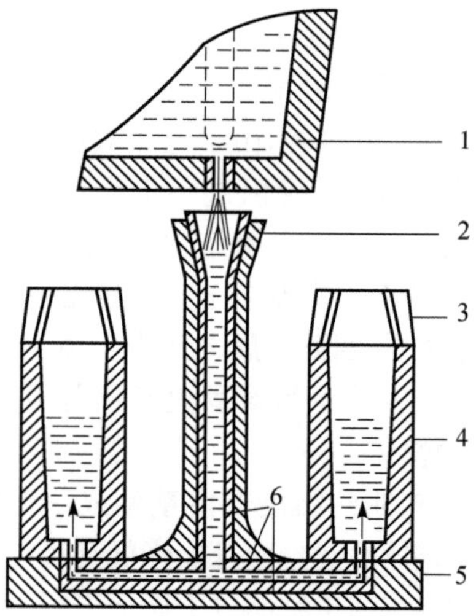

图 1.15 下注法[8]

1—钢包;2—中注管铁壳;3—保温帽;4—钢锭模(镇静钢用);5—底盘;6—汤道砖

钢锭的宏观组织，大体上可以分为三个区域，与锭模接触的最外区为细晶粒区，其次为柱状晶区，中心是晶粒粗大的等轴晶区。浇注钢锭时，钢液与锭模接触的表面层具有较大的过冷度，短时间内生成大量晶核，因而凝固成等轴细晶粒的表面层，称为激冷层。激冷层形成后，锭模温度升高，散热困难，钢液过冷度减小，晶粒从激冷层开始，沿着与模壁垂直而与散热方向相反的方向生长，形成柱状晶区。随着柱状晶向中心推进，散热速率减慢，特别是当凝固层与锭模之间出现间隙之后，传热速率更慢，此时温度梯度逐渐平坦，柱状晶生成速率减慢，钢锭在中心区域差不多达到同一过冷度而同时迅速凝固，形成粗大的等轴晶区。

钢液最终脱氧程度对钢锭宏观组织的形貌产生显著影响。一般按钢液的最终脱氧程度和钢锭宏观组织的不同，分为镇静钢钢锭、沸腾钢钢锭和半镇静钢钢锭三种。

镇静钢在浇注之前，用锰铁、硅铁以及铝等脱氧剂进行充分脱氧，钢液的氧含量很低。脱氧元素 Al 的加入，使凝固过程中碳氧之间的反应受到抑制，镇静钢在结晶时没有沸腾现象，由此而得名。

镇静钢钢锭从表面向内几到十几毫米为激冷层，由细小的等轴晶组成。然后为柱状晶区，柱状晶的主轴位置大致与模的冷却面垂直，但略向钢锭头部倾斜。这一层的厚薄与钢锭尺寸、浇注温度等因素有关，一般此区的厚度为几十或上百毫米。随着凝固过程的推进，钢锭截面上的温度差越来越小，柱状晶的生长越来越慢，随后就生成粗大的等轴晶区。在等轴晶形成时，由于密度较大(密度比钢液大 4%)，将往下沉。大量等轴树枝晶的下沉形成所谓“结晶雨”。等轴树枝晶沉积在钢锭底部形成锥形细晶粒沉积锥，并阻止了底部的柱状晶向钢锭心部发展，而处在钢锭上部的树枝晶仍能缓慢生成，因此柱状晶区的宽度在底部最小，越往上宽度越大。图 1.16 为一镇静钢钢锭的宏观结构示意图。在正常操作情况下，镇静钢中没有气泡，但在钢锭头部的中心由于收缩将形成很大的集中缩孔，必须切除。生产上希望减少集中缩孔的高度，使其尽量集中在上部保温帽内，以减少切除量。

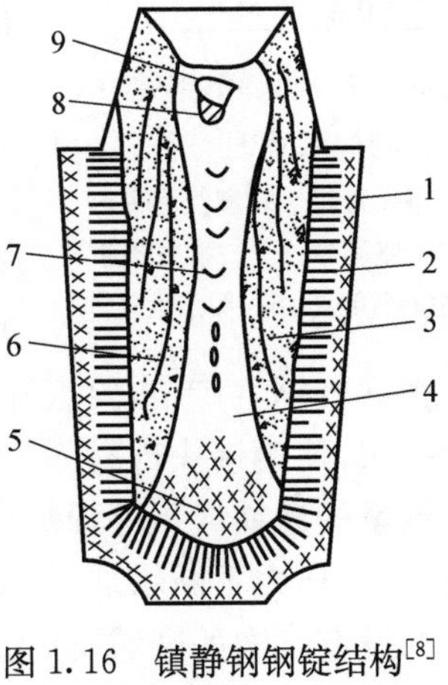

图 1.16　镇静钢钢锭结构[8]

1—激冷层；2—柱状晶区；3—过渡晶区；4—等轴晶区；5—沉积锥；6—倒 V 形偏析；7—V 形偏析；8—冒口疏松；9—冒口缩孔

钢锭内部化学成分不均匀的现象称为偏析。高于钢锭平均成分时，称为正偏析；而低于钢锭平均成分时，称为负偏析。偏析可分为宏观偏析和显微偏析。宏观偏析可通过硫印、酸浸等低倍检验判断，故又称低倍偏析或区域偏析。显微偏析是指树枝状晶体的枝干与树枝晶间成分的不均匀性，又称为树枝状偏析。

镇静钢锭有三个明显的偏析带：沉积锥负偏析带、V 形偏析带和倒 V(∧)形偏析带。沉积锥负偏析带分布在钢锭下部 1/3 区域内，由先期结晶的、成分较纯的碎断树枝晶沉积而成。V 形偏析带，是硫、磷的正偏析，分布在钢锭上半部轴心部位，通常与中心疏松伴生。倒 V 形偏析带分布在等轴晶带的过渡晶带，其中的 C、S、P 含量可比平均含量高 2～3 倍。选择合适的锭形和锭重、减少钢中偏析元素和气体的含量，以及控制合适的注温、注速是减少偏析的主要措施。

镇静钢的氧含量低，与沸腾钢相比，纯净度较高，含气体少。镇静钢的偏析不像沸腾钢那样严重，钢材性能的均匀性较高。高级优质的或优质的碳钢及全部合金钢都是镇静钢。镇静钢的缺点是轧或锻成钢坯后的切头率高，成坯率为 84%～88%，成本较高。

沸腾钢是用一定量的弱脱氧剂锰铁对钢液脱氧的，因此钢液的氧含量高于与碳平衡的含量。由于不用硅铁脱氧，硅含量很低。在沸腾钢的凝固过程中，钢液中的碳和氧发生反应产生大量 CO 气体造成钢液沸腾。剧烈运动着的钢流冲刷着正在生长着的结晶前沿，把气泡带走，结晶出没有气泡的、比较纯净的、由致密的细晶粒组成的坚壳带。生产沸腾钢一般采用上小下大的锭模，有利于液流对结晶前沿的冲刷。坚壳带的厚度：小钢锭大于 8mm，大钢锭大于 15mm。随着冷却速率的降低，沸腾的强度减弱到某种程度时，在钢锭下部液流已经不足以把某些尺寸不大的气泡带走，这就引起了气泡和凝固层一起向前生长的现象，由此产生了最终保留在钢锭中的、垂直于模壁、由柱状晶体包围的长形气泡，形成蜂窝气泡带。此带的厚度为 30～100mm。在正常情况下，蜂窝气泡只在钢锭下半部出现。沿着沸腾钢锭的高度，越往上，放出气体的强度越大，液流对结晶前沿的冲刷越厉害，所以沸腾钢的上半部没有蜂窝气泡。图 1.17 为沸腾钢钢锭结构示意图。

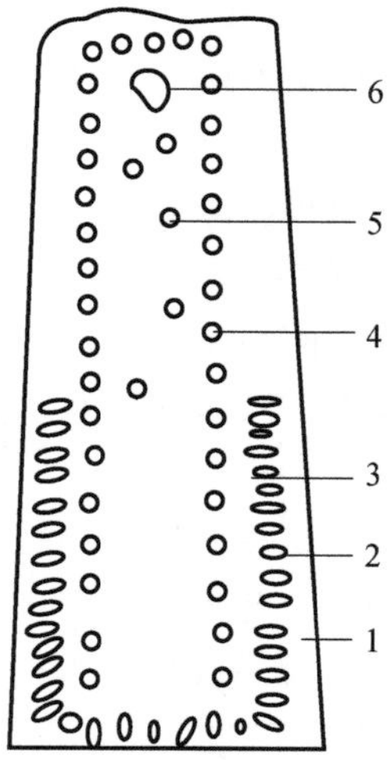

图 1.17　沸腾钢钢锭结构示意图[8]

1—坚壳带；2—蜂窝气泡带；3—中间坚固带；4—二次气泡带；5—中心气泡带；6—头部大气泡

沸腾钢钢锭的坚壳带在浇注完毕时已基本形成，延长钢水在模内的沸腾时间并不能增加坚壳带的厚度。相反，沸腾时间越长，蜂窝气泡带越宽，二次气泡直径越大，偏析也越严重。在沸腾钢生产中，要很好地控制模内沸腾的时间。为停止沸腾，通常采取在锭模上加盖的办法，使钢锭头部凝固(封顶)。也可以采用化学封顶，即通过向钢锭顶部钢水面加入一定数量的硅铁或铝等强氧化剂，以抑制沸腾，加速头部凝固的方法。由于封顶，随着气泡的长大，压力不断增加，气体停止析出，蜂窝气泡停止长大。从蜂窝气泡往里又是一层不厚的没有气泡的区域，称为中间坚固带，由细小等轴晶粒组成。凝固引起碳和氧在结晶前沿的钢液中富集，这个因素有利于气泡析出。因此中间坚固带没有凝固很厚就又重新开始析出气体，于是形成二次气泡带。二次气泡析出时引起的压力增加限制了气泡的成长，导致二次气泡的成长迅速停止，这种气泡陷入凝固层时大体保持着球形，并成串地分布于钢锭的整个高度。以后，即发生锭心的凝固。锭心区是致密的、较粗的等轴晶粒。锭心区凝固时，发生体积收缩，使内部压力减小，因而有少数气泡在其间生成。在钢锭上部最后凝固区形成不规则的大气泡和中心疏松区。

沸腾钢有许多优点。由于沸腾钢锭内部分布着许多气泡，其体积差不多抵偿了钢液收缩的体积，所以钢锭上部一般不会出现集中缩孔，轧制时端部的切除量很小，成坯率高达 90%～92%，钢的成本较低。沸腾钢钢锭有纯净的外壳层，使这种钢制成的钢板和钢丝具有满意的表面质量，故沸腾钢最宜用于轧制薄钢板。由于钢液脱氧不完全，钢中的碳在锭模中被大量氧化，故沸腾钢主要用于低碳钢。加之不用硅脱氧，钢中硅含量也很低，故沸腾钢具有良好的塑性和冲压性能。沸腾钢的缺点是钢锭偏析较严重，性能较不均匀，低温冲击性能不好，时效倾向大。

半镇静钢的最终脱氧程度介于沸腾钢和镇静钢之间，即除了用锰铁脱氧之外，也加入硅铁和少量的铝，钢液的硅含量通常在0.06%～0.15%，铝的用量比镇静钢少得多。在钢液结晶过程中，仍然要放出CO气体，并形成钢锭中的分散气泡，像沸腾钢那样，能部分补偿钢液的凝固收缩，故集中缩孔的体积比镇静钢小得多，切头率一般为3%～5%。半镇静钢的化学成分比沸腾钢均匀，由于气泡较少，组织也致密些。半镇静钢允许钢中含有一定量的合金元素，可以用于生产低合金钢，这也是这种方法的一个优点。

由于连续铸钢的迅速推广和应用，模铸锭所占比例已逐年减小。预计，模铸与连铸产量比最终将减小到约10%，其中合金钢将减少到20%，工具钢将减小到40%。这是由于连铸坯可以多炉连浇、收得率高(达到95%～96%)、不需初轧或开坯、能耗低、质量不亚于甚至优于模铸锭。在模铸锭中，沸腾钢和半镇静钢将完全被淘汰，但模铸镇静钢还有它的应用范围，锻造用钢、某些高合金钢、小批量生产的真空电弧重熔和电渣重熔用的坯料仍需用模铸镇静钢来生产。

1.2.2 连续铸钢

连续铸钢，简称连铸，是将钢水用连铸机浇注、冷凝、切割而直接得到铸坯的工艺。连续铸钢与模铸相比，节省了整模、脱模和初轧设备，大大精简了钢水到钢坯的工艺流程，降低了切头切尾损失，可提高金属收得率10%～14%，并提高了铸坯质量。采用连铸方法可以实现比较合理的冷却速率，使铸坯结晶过程稳定，内部组织稳定，非金属夹杂总量比同钢种的钢锭低20%左右，化学成分偏析及低倍组织缺陷都减少。

连铸机可按多种形式分类。按其结构外形，可分为立式、立弯式、弧形、水平式等。按所浇铸坯断面的大小和外形，又可分为小方坯连铸机、大方坯连铸机、板坯连铸机、圆坯连铸机、薄板坯连铸机等。铸坯断面尺寸在70mm×70mm～220mm×220mm时为小方坯，大于上述尺寸者为大方坯，宽厚比大于3的矩形坯称为板坯。圆坯的直径为80～450mm。薄板坯坯厚为20～80mm。按连铸机的一个机组同时能浇注的钢坯流数可分为单流、双流或多流连铸机。

弧形连铸机具有弧形结晶器和弧形二次冷却段，它具有高度低、拉速快的优点，这种机型目前应用最广。图1.18为弧形连铸机结构简图。钢包内的钢水通过中间包注入结晶器内，迅速冷却成具有一定厚度的凝固壳而内部仍为液态的铸坯。钢坯的下部与伸入结晶器底部的引锭杆衔接，浇注开始后，开动拉坯机，通过引锭杆把结晶器内的铸坯以一定的速率拉出。铸坯通过二次冷却装置时，进一步受到喷水冷却直到完全凝固。完全凝固后的铸坯通过拉矫机矫直后，切割成规定的长度，然后由输送辊道运出。

钢包的容量应与炼钢炉的最大出钢量相匹配。为保证铸坯的质量和稳定操作，连铸工艺要求严格控制钢水温度。为此，采用向钢包内吹氩气搅拌钢液的操作方法使钢水温度均匀。

中间包位于钢包与结晶器之间，有储存钢水、降低钢水静压力、分流和净化钢水的作用。中间包的容量是钢包容量的20%～40%。在通常浇注条件下，钢水在中间包内停留时间应为8～10min，能起到上浮夹杂物和稳定铸流的作用。中间包设有包盖，用于保温和保护钢包包底不致过分受烤而变形。钢水从中间包注入结晶器一般采用浸入式水口，以

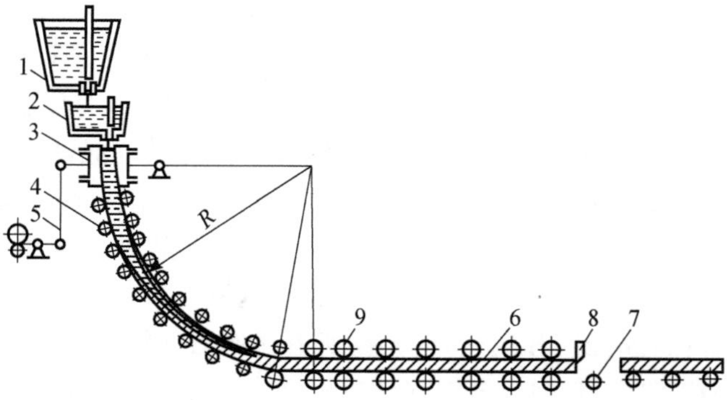

图 1.18　弧形连铸机结构简图[12]

1—钢包;2—中间包;3—结晶器;4—二次冷却装置;5—振动装置;
6—铸坯;7—输送辊道;8—切割设备;9—拉坯矫直机

保护钢水不被再次氧化。图 1.19 为保护浇注示意图。

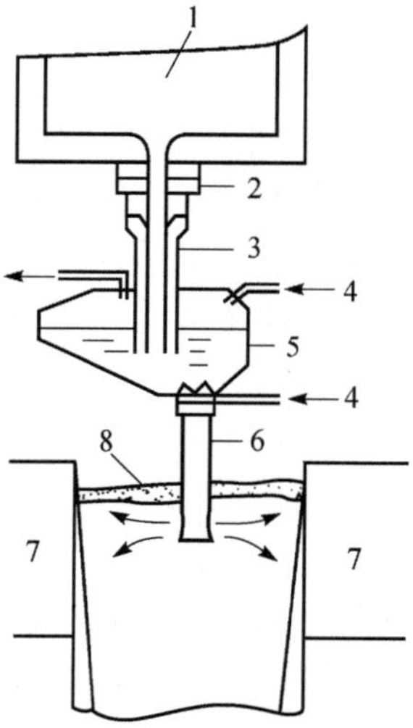

图 1.19　保护浇注示意图[3]

1—钢包;2—滑动水口;3—长水口;4—氩气;5—中间包;6—浸入式水口;7—结晶器;8—保护渣

结晶器是个无底水冷套,其主要作用是规定铸坯形状,强制钢液迅速冷却。

拉坯速率要控制适当。提高拉坯速率可以提高连铸机的生产能力,但拉坯速率过高会造成结晶器出口处坯壳厚度不足,不足以承受拉坯力和钢水的静压力,以致坯壳被拉裂而发生漏钢事故。通常在一定工艺条件下,拉坯速率有一最佳值。

结晶器的冷却亦称为一次冷却。结晶器的长度一般为 700～900mm,一般由导热系数高的铜合金制作,在结晶器内壁往往镀铬、镍等,可以防止铜合金被磨损,并阻止铜渗入铸坯而引起表面裂纹。为避免铸坯坯壳与结晶器内壁黏结和提高铸坯表面质量,结晶器必须润滑,可以采用润滑油润滑。近年多采用保护渣保护浇注,保护渣一方面起着保温、防止液面氧化和吸收上浮夹杂物的作用;另一方面,流进结晶器壁与坯壳之间的液态保护渣,还可起到润滑作用。结晶器通过振动装置能按一定轨道做上下往复运动,实际上起到了“脱模”作用,避免初生坯壳与结晶器粘连而造成坯壳拉裂。当结晶器向下运动时因为“负滑脱”的作用,可“愈合”坯壳表面裂纹,有利于获得理想的表面质量。

钢液在结晶器进行初步凝固,铸坯从结晶器内拉出后,坯壳厚度仅 10～25mm,而中心仍是高温液体。为使铸坯继续凝固,在结晶器下口到拉矫机之间,设置较长一段喷水冷却区,称为二次冷却区。二次冷却区包括一组喷嘴及按曲线排列的一系列夹辊。目前,普遍采用气雾冷却,即喷嘴上有水孔和气孔,用压缩空气把水打碎进行雾化,水呈雾状向铸坯表面冲击,使冷却强度均匀可调。夹辊是用来防止铸坯因内部钢液静压力的作用而产生的“鼓肚”现象,同时对铸坯、引锭杆起导向及承托部分重量的作用。二次冷却后,铸坯进入矫直点的温度应大于 900℃。这是因为在 900～700℃温度区间,钢的延性最低,极易产生裂纹。

连铸坯在连铸机内边运行边凝固，形成了很长的液相穴。铸坯的凝固过程分以下三个阶段[6,13]：第一阶段，在结晶器内形成初生坯壳。进入结晶器的钢水形成坯壳，随着温度的下降，已凝固的高温坯壳发生 $\delta \rightarrow \gamma$ 的相变，引起坯壳收缩离开铜壁，气隙开始形成，传热减慢，坯壳温度回升，强度降低。在钢水的静压力下使坯壳向外鼓胀，再次贴紧铜壁，传热条件改善，坯壳增厚。于是又产生冷凝收缩，坯壳再次离开铜壁。这样周期性地离合 2～3 次，坯壳达到一定厚度并完全离开铜壁，气隙稳定生成，坯壳生长速率减慢。第二阶段，在二次冷却区内坯壳稳定生长。结晶器内约有 20% 的钢水凝固，带有很长液相穴的铸坯从结晶器拉出来进入二次冷却区接受喷雾冷却，垂直于铸坯的表面散热最快，使树枝晶平行于生长面而形成了柱状晶。由于冷却的不均匀，铸坯在传热快的局部区域柱状晶优先发展。当两边的柱状晶相连时，或由于等轴晶下落被柱状晶捕捉，就会出现“搭桥”现象，如图 1.20 所示。这时液相穴的钢水被“凝固桥”隔开，桥下残余钢液因凝固产生收缩，得不到桥上钢液的补充，形成疏松和缩孔，并伴随有严重的偏析。这种“搭桥”是有规律的，每隔 5～10cm 就会出现一个“凝固桥”及伴随的疏松和缩孔，称为“小钢锭结构”。第三阶段为液相穴末端的加速凝固。液相穴固液交界面的树枝晶被钢液的对流运动折断，树枝晶片一部分可能重新熔化，另一部分可能下落到液相穴底部，作为等轴晶的核心。生长的柱状晶与沉积在液相穴底部的等轴晶相连接，液芯完全凝固，构成了连铸坯的低倍结构。

连铸钢水在冷凝过程中，低熔点的物质被推向铸坯中心部位，形成了 C、S、P、Mn 等元素的偏析带，该偏析带在液相穴终端存在于底部。在凝固过程中，夹辊之间可能产生的鼓肚会引起坯壳内容积变化和补偿凝固收缩，导致中心偏析和中心裂纹。铸坯进入二次冷却区会出现“搭桥”现象，形成中心偏析和中心疏松缺陷。基于此，开发出“轻压下”(soft press)技术，即在凝固终端附近，对铸坯施加一定的压下量，破坏凝固终端形成的搭桥及封闭的液相穴，抑制浓缩钢水在晶间的充填，以消除或减少中心偏析和中心疏松。该项技术更适用于高碳铬轴承钢和其他易产生中心偏析的特殊钢连铸[1,2]。

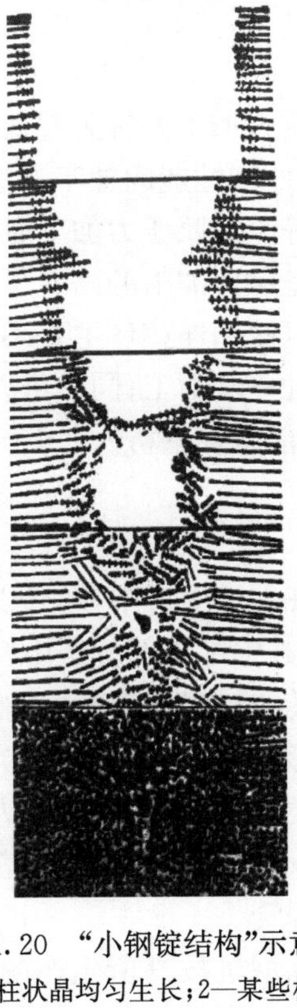

图 1.20 “小钢锭结构”示意图[3]
1—柱状晶均匀生长；2—某些柱状晶优先生长；3—柱状晶“搭桥”；4—“小钢锭”凝固并产生缩孔；5—铸坯的实际宏观结构

连铸坯的宏观组织由三个区域组成。表面为细小等轴晶，厚度为 2～5mm，亦称为激冷层。下面是柱状晶区，柱状晶并不完全垂直于表面，而是向上倾斜约 10°，这说明液相穴内在凝固前沿有向上的液体流动。中心为等轴晶区，树枝状晶较粗大，呈无规则排列，中心区有可见的、不致密的缩孔和疏松。虽然连铸坯的宏观结构与钢锭无本质上的区别，但亦有差别。由于连铸坯液相穴很长，钢水补缩不好易产生中心疏松和缩孔；铸坯在二次冷却区接受喷雾冷却，坯壳温度梯度大，柱状晶发达，由于冷却速率快，树枝晶较细。图 1.21 为硅钢连铸坯经冷酸蚀后显示的三个结晶区：表面细等

图 1.21　连续铸钢的铸坯组织[14]
铸坯尺寸 100mm×160mm

轴晶区、柱状晶区和较粗的中心等轴晶区。

等轴晶组织致密，成分、结构均匀，无明显的各向异性，强度较高，塑性和韧性较好，加工性能良好。柱状晶的枝干较纯，而枝晶间偏析严重，在柱状晶交界面构成了薄弱环面，加工时易开裂。柱状晶充分发展时形成穿晶结构，出现中心疏松，降低了钢的致密度。因此，在一般情况下，都应尽量控制柱状晶的发展，扩大等轴晶宽度。为扩大等轴晶区，可采取一些措施[13]：①控制浇注温度，保持钢水在一定过热度(20～30℃)下浇注，过热度增加将促使柱状晶区加宽；②适当降低二次冷却水量可使柱状晶区宽度减小；③采用电磁搅拌，使钢水产生强制对流循环流动，将凝固前沿的树枝晶熔断或折断，树枝晶碎片作为等轴晶核心长大而使等轴晶区扩大。电磁搅拌器可以安装在结晶器、二次冷却区和凝固末端，根据对质量要求的不同，可以单独搅拌，也可以联合搅拌。

1.3　钢的压力加工

压力加工亦称为塑性加工，是利用金属的塑性，在外力(主要是压力)作用下改变其形状、尺寸和性能的加工方法。工业上常用的金属压力加工方法有轧制、锻造、挤压、拉拔、冲压等。按照压力加工时是否完全消除加工硬化，分为热加工和冷加工。对于钢来说，热加工是压力加工的第一步。

钢锭和连铸坯主要采用轧制和锻造的热加工方法使之成为所需形状的钢材或坯料，以便进一步加工；同时可以消除和减轻钢锭和连铸坯铸态组织中的粗晶、空洞和疏松等缺陷，并能减轻偏析。

1.3.1　轧制

在钢的生产中，90%以上是用轧制方法成材的，某些钢质零件，虽然不是直接轧制成形，但其中绝大部分是由轧材改制而成。实现钢的轧制的主要设备是轧钢机，轧制是借助于旋转的轧辊与钢料接触摩擦，将其咬入轧辊缝隙间，再在轧辊的压力下，使钢料完成塑性变形的过程。用轧制方法生产钢材，生产效率高、损耗小、产品质量高、生产成本低；钢材种类繁多，可将其归纳为长材、扁平材、管材和其他钢材四大类。长材包括钢轨、大型型钢、中小型型钢、棒材、钢筋和盘条；扁平材包括厚钢板、薄钢板、钢带等；管材包括无缝钢管和焊管。

轧钢机按其所生产的产品可分为开坯机、型钢轧机、钢板轧机、冷轧板带轧机、钢管轧机和特种轧机。开坯机和型钢轧机通常以轧辊名义直径表示轧机的大小(即轧机传动齿轮箱齿轮节圆直径尺寸)，钢板轧机以轧辊辊身长度来命名。钢管轧机以所轧钢管外径尺寸来表示，如 1150 初轧机，表示其轧辊直径为 1150mm[15]。

开坯机是将钢锭或连铸坯轧成半成品的轧机。其中初轧机是将钢锭轧成方坯，辊径尺寸为 800～1450mm；板坯机是将钢锭轧成板坯，轧辊直径为 1100～1200mm；钢坯轧机是将方坯轧成 50mm×50mm～150mm×150mm 钢坯，轧辊直径为 450～750mm。

型钢轧机可分为轨梁轧机、大型轧机、中型轧机、小型轧机和线材轧机。轨梁轧机的轧辊直径为 750～900mm，可以轧制 43～50kg/m 标准钢轨和高度 240～600mm 钢梁。大型轧机、中型轧机和小型轧机的轧辊直径分别为 500～750mm、350～500mm 和 250～350mm。线材轧机的轧辊直径为 250～300mm，可以轧制 5～9mm 线材。

钢板轧机可分为厚板轧机、热带钢轧机和薄板轧机。厚板轧机的辊身长度为 2000～5000mm，轧制厚 4～50mm 或更厚钢板。热带钢轧机的辊身长度为 500～2500mm，轧制 400～2300mm 宽热带钢卷。薄板轧机的辊身长度为 700～1300mm，热轧厚度为 0.2～4mm、宽度为 500～1200mm 的薄板。

冷轧板带轧机主要有冷轧钢板轧机和冷轧带钢轧机。前者辊身长度为 700～2800mm，轧制宽度为 600～2500mm 的冷轧板或板卷；后者辊身长度为 150～700mm，轧制厚度为 0.2～4mm、宽度为 20～600mm 的带钢卷。

钢管轧机可以轧制直径达 650mm 或更大的无缝钢管。特种轧机有车轮轧机、轮箍轧机等。

轧钢机还可以按轧辊的数目及其在工作机座中的配置可分为二辊式、三辊式、四辊式、十二辊式、二十辊式、立辊式、斜辊式等。

钢锭一般是在均热炉中加热，达到始轧温度后，送往初轧机开坯；如采用连铸连轧，则无须加热而直接轧制。热轧基本工艺流程如图 1.22 所示。

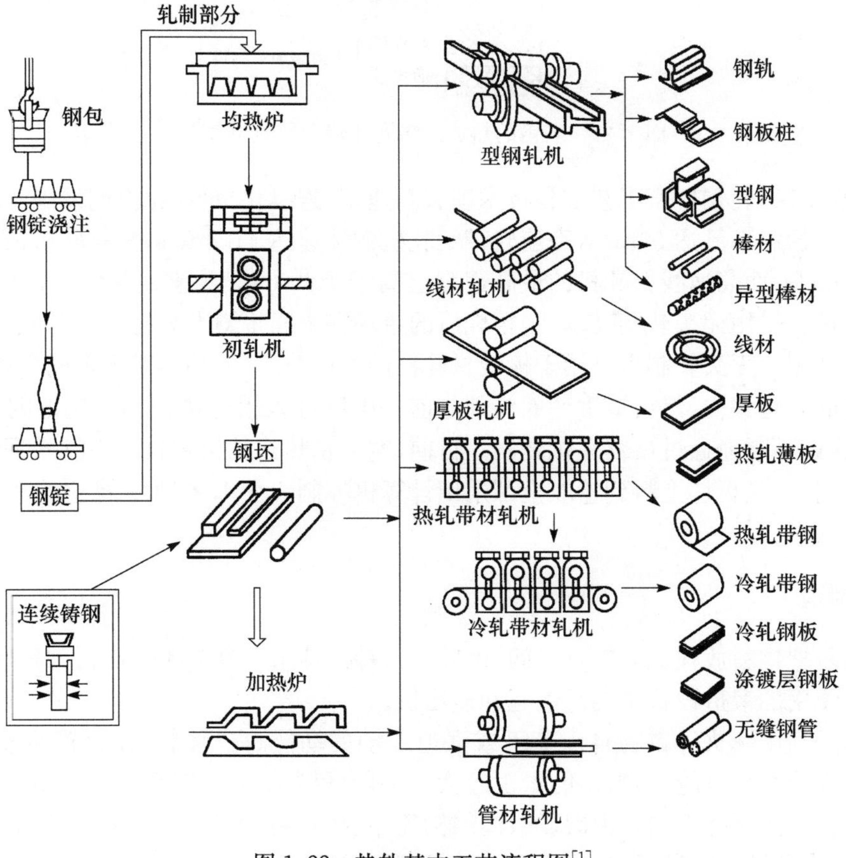

图 1.22　热轧基本工艺流程图[1]

热加工的温度范围主要取决于钢的化学成分,其次还要考虑生产条件和控制温度的水平。图 1.23 为碳钢的热加工温度和碳含量的关系[16]。加入合金元素后,需考虑合金元素对铁-碳状态图中相变温度的影响,但仍可参考图 1.23 初步确定合适的热加工温度范围。

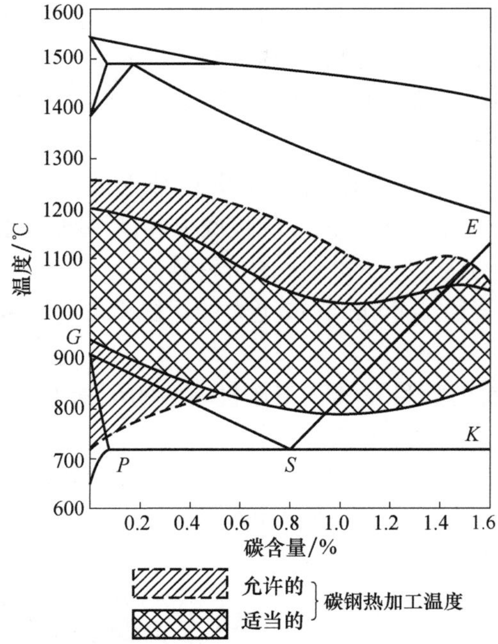

图 1.23　碳钢的热加工温度和碳含量的关系[16]

近 30 年来,轧钢生产工艺装备技术朝着高速率、连续化、自动化方向发展。目前宽带钢热连轧机的速率已达 30m/s,冷连轧带钢轧机的轧速达 41.5m/s,棒材轧机最高轧制速率已达 36m/s,而高速线材轧机的最高速率已高于 100m/s。为满足轧钢生产的连续化,在热轧板带上采用无头轧制技术,将粗轧后的带坯在中间辊道上焊合起来,并连续不断地通过精轧轧制。无头轧制也已用于棒线材轧机的生产技术,从加热炉出来的钢坯,经除鳞机去除表面氧化铁皮,然后该钢坯的头部与前一根已进入粗轧机的钢坯尾部闪光对焊成一体,并连续不断地通过后续轧机轧制。目前,宽带钢热连轧机的自动控制水平在各类轧机中是最高的,从板坯上料到卷取全部采用计算机控制。图 1.24 为一条全自动化钢板热轧流水线。

1.3.2 锻造

锻造是把钢料放在成对工具之间,由冲击或静压使工件高度缩短而得到预期的形状。在冶金厂使用的锻造设备主要是锻锤和液压机。

锻锤是利用锤头等重物自由落下或强迫运动的动能打击坯料,使之产生塑性变形。锻锤落下部分的质量越大,打击能量也越大。一般锻锤的打击速率为 6~9m/s。锻锤主要用于坯料在热状态下的自由锻。锻锤结构简单、操作方便、适用性强,但振动和噪声严重,基础庞大。锻锤的种类多,使用最多的是蒸汽-空气锤和空气锤[17]。

蒸汽-空气锤以压力为 0.6~0.9MPa 的蒸汽或压缩空气作为工作介质,当具有一定

图1.24　2250热连轧流水线(武汉钢铁集团公司)

压力的蒸汽或压缩空气进入气缸上腔或下腔时,推动锤头下行打击或上行回程。蒸汽和压缩空气一般由动力站集中供给。蒸汽-空气自由锻锤的落下部分质量一般为1～5t,小于1t的可用相应的空气锤,比5t大的锻锤被水压机代替。蒸汽-空气自由锻锤(图1.25)可锻最大锻件质量,成形锻件为75kg,光轴类锻件为1500kg。蒸汽-空气自由锻锤常用于小型合金钢锭,特别是高合金钢锭的开坯和成形。直径在150mm以上的棒材一般采用锻造成形。

空气锤有一个工作缸和压缩缸,两者经空气分配阀联通,工作介质为空气,电动机通过曲轴带动压缩活塞,产生压缩空气驱动工作活塞和锤头上下运动。空气锤的落下部分质量一般为40～1000kg,主要用于小件的自由锻。

液压机用液体作为工作介质传递压强以产生巨大工作力。液压机包括水压机和油压机,以水基液体为工作介质的称为水压机,以油为工作介质的称为油压机。液压机的优点是容易获得较大的压力和大的工作行程,工作压力可以调整,操作方便、工作平稳、振动和噪声都较小。液压机的工作速率较其他锻压设备低,随着高速泵的出现,行程速率已可达60～120mm/s。

标称压力不大于10000kN的液压机常采用油液作为工作介质。标称压力大于10000kN液压机多采用水基液体作为工作介质。锻造用液压机多是水压机。2011年洛阳中信重工建成世界最大的185MN自由锻油压机(图1.26),可锻造600t的钢锭、单重400t的锻件,锻件正负误差不超过2mm,标志着我国大型自由锻件的锻造能力达到世界先进水平。

大中型钢锭常在加热炉中按指定的升温曲线加热,然后送往液压机或径向锻机开坯。特大型钢锭一般在台车式加热炉中按指定升温曲线加热,然后将钢锭和台车拉出炉外,用吊车送往重型液压机上锻成大型锻件。

锻造的操作速率较轧制慢,全锭锻打一遍需较长时间,因而有充分的时间完成再结晶,因此锻造对合金钢的塑性恢复有利。有些合金钢,如高速钢和高碳高铬工具钢,在其铸造组织中碳化物分布是很不均匀的,存在鱼骨状的莱氏体,严重影响钢的工艺性能和使用性能。钢材截面越大,碳化物偏析越严重。因此对于尺寸较大,要求碳化物均匀性比较高的刀具,必须使用锻造加工或对热轧材进行改锻,以改善钢的碳化物不均匀性。

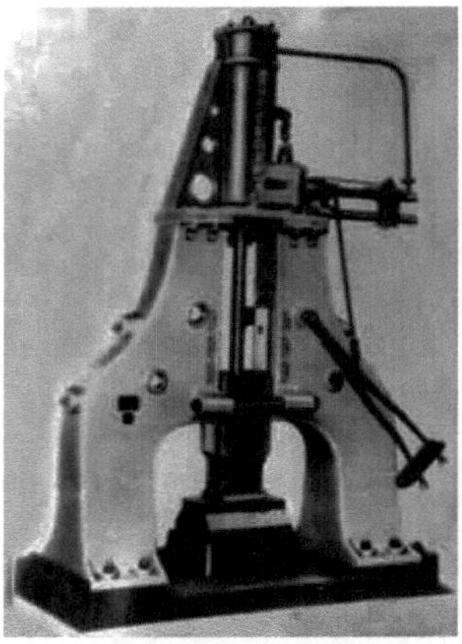

图 1.25 蒸汽-空气自由锻锤[18]

图 1.26 185MN 自由锻油压机

快锻液压机(high-speed forging press),简称快锻机,是在 20 世纪 50 年代开始研制的。当时,新型合金材料不断出现,这些材料塑性差、变形抗力大、热加工温度范围窄,要求锻压设备能力大、速率快,对自由锻件尺寸精度的要求越来越高,一般的锻压水压机和锻锤都不能同时满足这两个条件。于是快锻机应运而生,在 60～70 年代得到很大发展,几乎代替了 3000t 以下的锻压水压机。快锻机的锻压速率接近于蒸汽-空气锤,公称压力一般为 8～45MN,以 10～20MN 为多。快锻机以油作为工作介质,液压系统部件的动作灵敏、快速,每分钟锻压次数可达 80～120 次。液压机通过计算机控制活动横梁的压下量与行程,同时也将液压机与操作车连锁操纵。现在已发展到锻压过程自动控制,生产坯料尺寸精度可达±(1～2)mm。为了扩大品种、提高质量,快锻机已成为现代化特殊钢厂的必备装备,对耐热合金、不锈钢、高速钢、模具钢等材料都能加工,它可生产较大规格的方、圆、扁坯锻材和盘件、环件、炮筒、炮尾座及各种自由锻件,适宜用于多品种小批量的生产。

精锻机是一种快速精密锻压设备。锻件由夹头夹持边旋转边送进到几副(最多可达 8 个)对称布置的锤头之间,由几个对称锤头对坯料进行高频率锻打,是一种新型的多锤头径向锻造工艺。径向锻造具有脉冲锻打和多向锻打的特点,而且脉冲锻打频率高(一般为 180～1800 次/min),速率快,每次变形量很小,沿径向从多个方向锻打使金属处于三向应力状态,有利于提高金属的塑性。精锻机锤击次数高,坯料形变产生的热量可抵偿坯料散失到环境中的热量,因此加工过程中温度变化较小,这对加工温度范围窄的高合金钢和高温合金非常合适,提高了成材率。精锻机的公称压力为 0.8～25MN,可锻坯料直径为 20～850mm。精锻机自动化程度高,生产的锻件精度高,尺寸公差达±1mm,减少了后续工序的加工余量。精锻机经常与快锻机配合进行高合金钢和高温合金的开坯和锻材的生产。精锻工艺又发展为精锻-轧制工艺,并创造了精锻-轧机组,它由一台多锤头的连续式精锻机后带若干架轧机组成,主要用在合金钢厂生产小型棒材。精锻机不足之处是设备复杂、生产成本高。另外,锻造时工件表面变形大于中心部位变形,如果锻比控制不当会出现心部锻不透的现象。

精锻机锻造时,热加工工艺参数的选用对锻坯成形后的质量非常重要。主要的热加工工艺参数是:始锻温度、加热工艺、终锻温度、变形程度和冷却制度[19]。

始锻温度是指钢坯在加热炉内允许的最高加热温度。钢坯从加热炉中取出送到锻压设备上开始锻造之前，毛坯温度会有所下降，应尽量减少钢坯的温降。钢坯的始锻温度主要受过热和过烧的限制。钢材的加热温度过高，致使晶粒过分长大，超过了技术标准所规定的晶粒尺寸的现象，称为过热。一般来说，碳钢及低、中合金钢发生过热后，可再次加热使之产生 $\alpha\rightarrow\gamma$ 相变，通过重结晶使晶粒细化。但严重过热的钢材，常需多次重结晶正火，或高温回火加正火的方法才能将晶粒细化下来。过热时钢中的 MnS 夹杂可能溶入奥氏体并富集于晶界，重结晶后也不能改变其分布状况，致使降低了的塑性及严重下降的冲击韧性无法恢复，并常伴随有粗大石状断口。单相奥氏体或铁素体组织的高合金钢，因为没有同素异构转变，所以无法通过重结晶来细化晶粒，只能通过冷变形再结晶的方法获得较细的新的晶粒组织。当钢的加热温度接近状态图的固相线温度(熔点)时，晶界发生氧化或部分熔化的现象称为过烧。过烧首先发生在晶界处是由于晶界处原子排列不规则，能量高于晶粒内部，因而易于氧化和熔化。过烧使钢材性能严重恶化，强度极低，无塑性，在随后的热变形时，极易产生开裂。过烧的钢材不能用热加工的方法恢复，只能报废。钢的过烧温度比熔点低 100～150℃，过热温度又比过烧温度约低 50℃。始锻温度随碳含量的增加而降低(图 1.23)。钢中加入合金元素后，其始锻温度随碳含量的增加降低更多。冶炼方法对钢的过热度有明显的影响，提高钢的纯洁度，由于非金属夹杂物的减少，将使钢的过热温度降低，过热起始温度降低的程度在 15℃以上。重要用途的高强度钢，经特种熔炼的相比空气熔炼的同种钢，其过热起始温度低 30～40℃。

钢锭和钢坯一般采用以油、煤气或天然气作为燃料的火焰炉加热，对加热质量要求较高时也可采用电阻炉加热。在大批量生产同类锻件时，可使用感应电加热。随着先进的锻造工艺的发展，有时需要采用无氧化或少氧化的加热方法。为此，可在有保护气氛的电阻炉加热或使用快速感应加热；也可以采用燃料不完全燃烧而产生保护性炉气的火焰炉加热，用这种方法可以加热任意尺寸和形状的坯料而不产生氧化皮。在生产中粗略规定：加热时钢料的烧损在 0.1%以下为无氧化加热，烧损在 0.5%以下为少氧化加热。钢锭和钢坯的加热时间应保证将其中心加热到始锻温度。加热时间过长会造成严重脱碳、氧化、晶粒粗大甚至过烧。生产厂为便于计算，常依据钢种及坯料尺寸不同，规定出每毫米直径或每毫米截面厚度所需的加热时间。对于直径或截面厚度小于 75mm 的合金结构钢和工具钢坯料，加热时间为 0.3min/mm；对于直径或截面厚度为 75～230mm 的钢料，加热时间不得超过 0.8min/mm；对于钢锭、高碳钢和高合金钢则需要低温装炉，先在 650～850℃进行预热，以避免加热速率过快而产生开裂，然后加热至始锻温度。

终锻温度主要应保证在结束锻造之前钢料仍有足够的塑性，锻件在锻后应获得再结晶组织。钢料在高温单相区(图 1.23 *GSE* 线以上的高温区)具有良好的塑性。对于亚共析钢一般应在 A_3 以上 15～50℃结束锻造，终锻温度过高，停锻之后，锻件内部晶粒会继续长大，形成粗晶组织。低碳亚共析钢在 *GS* 线(A_3)以下的两相区也有足够的塑性，因此终锻温度可取在 *GS* 线以下。亚共析钢在 A_3 和 A_1 温度区间锻造时，由于温度低于 A_3，铁素体将从奥氏体中析出，在铁素体和奥氏体两相共存情况下继续锻造变形时，将形成铁素体与奥氏体的带状组织，进一步冷却时在温度低于 A_1 的情况下，奥氏体将转变为珠光体。室温下将获得铁素体与珠光体沿主要伸长方向呈带状交替分布的组织(见后面图 1.49)，这种带状组织可以通过重结晶退火或正火予以消除。对于过共析钢，当温度降至 *SE* 线(A_{cm})以下即开始沿晶界析出二次碳化物，并呈网状分布。为了打碎网状碳化物,使之成为粒状或断续网状分布,应在 A_{cm} 以下两相区继续锻打。当温度下降至一定程度时,由于塑性的降低而必须终止锻造。过共析钢的终锻温度一般应在 A_1(SK 线)以上 50~100℃。锻造时还应了解各种钢的临界变形区域随温度的变化,避免因临界变形度和随后再结晶而引起的晶粒异常长大。

钢料锻造时的变形程度可用锻造比表示。锻造比是影响锻件质量的一个重要的因素。对于用铸锭锻制的大型锻件和一些高合金钢,正确选取锻造比有重要的实际意义。锻造比以锻件变形前后的横截面积的比值来表示。不同的锻造工序,锻造比的计算方法各不相同。拔长时,锻造比 $y=F_0/F_1=L_1/L_0$(F_0、F_1 为拔长前后钢料的横截面积,L_0、L_1 为拔长前后的钢料的长度);镦粗时的锻造比 $y=F_1/F_0=H_0/H_1$(F_0、F_1 为镦粗前后钢料的横截面积,H_0、H_1 为镦粗前后的高度)。当只用拔长或只用镦粗进行几次锻造时,总锻造比等于各次锻造比的乘积;如两次拔长中间镦粗或两次镦粗中间拔长时,总锻造比规定为两次锻造比之和,不将中间镦粗或中间拔长的锻造比计算在总锻造比之内。

铸锭在高温下延伸变形时,等轴晶沿变形方向拉长,树枝晶主干逐渐向变形方向偏转且伸长变细。钢中的非金属夹杂物和一些在高温时稳定的碳化物、氮化物等也沿此方向被拉长或者沿此方向排列,树枝晶及存在的偏析区也被拉长了,但偏析并未能消除,这样便形成纤维组织,亦称为流线。当锻造比为 6~8 时,钢的低倍组织为完全变形组织,纤维结构明显,组织的致密性与均匀性得到提高。用酸浸试验的方法可以显示出钢中的纤维组织(图 1.27)。纤维组织中的明亮带是树枝晶主干与枝干改变了位向的结果,而暗带则是树枝晶晶轴之间部分沿变形方向伸长形成的。随锻造比的增加,钢的纵向和横向的力学性能都有改善,当锻造比增加到一定程度后,纵向的性能改善不多,而横向的塑性和韧性将有所降低;强度指标屈服强度 σ_s 或抗拉强度 σ_b 在纵横方向的数值相差不大。这是由于在横向上一些被拉长了的非金属夹杂具有较低的强度并引起应力集中,从而降低了横向的断裂强度 S_K,使过早地断裂,致使横向的塑性没有得到充分的利用,所以塑韧性指标都降低。相反,纵向的塑性由于组织排列方向比较有利,不利于裂纹的传布,故塑韧性指标都有些提高。σ_s 和 σ_b 代表对塑性变形的抗力,所以在纵向和横向上没有多少差别。热塑性变形后钢材纵向和横向力学性能的差异称之为钢材的各向异性,通常以各向异性

(a)　　(b)　　(c)　　(d)

图 1.27　热加工对流线形成的影响(沿金属流动方向形成的宏观组织)[20]

(a) 钢锭的树枝状组织;(b) 压下量为 5mm 时,形成的流线;

(c) 同(b),压下量为 30mm;(d) 同(b),压下量为 138mm

系数 α 表示，它表示纵向性能与横向(或者切向)性能之比。因此有一个适宜的锻造比，此值为 3～5，视钢的成分、冶炼情况、工件的使用条件和钢锭大小而定。在拔长之前进行镦粗可以得到更为均匀的性能。合金结构钢钢锭比碳素结构钢钢锭的铸造缺陷严重，所需的锻造比要大一些。电渣钢比一般冶炼钢的质量好，所需锻造比可小些。当锻件受力方向与纤维方向不一致时，为了保证横向性能，避免明显的各向异性，可取锻造比 2.0～2.5；当锻件受力方向与纤维方向完全一致时，为提高纵向性能，可取锻造比为 4 或更高。

锻件冷却时，由于表层与中心的冷却速率不同，在锻件内部将产生热应力。有相变重结晶的钢制锻件以较快速率冷却时，由于表层与中心的组织转变时间有先后，转变的组织也可能不同，使锻件内部可能产生很大的组织应力。在变形残余应力、热应力和组织应力的联合作用下，锻件容易在表面形成裂纹。若采用缓冷，可以减少表面与中心的温度差和由此引起的热应力，同时可以减小表层与中心的组织差异，防止裂纹的产生。具体的冷却制度因钢种而异。碳钢和低合金结构钢锻后一般均在空气中冷却。合金结构钢中型锻件、合金工具钢小型锻件常置于坑中或箱中冷却，坑和箱中可以放入沙子、石灰等填料，以进一步降低冷却速率。对于过共析钢，在锻后冷却时为了避免因碳化物的析出而形成碳化物网，锻件锻后应快冷至 600～700℃，然后缓冷。锻件在锻后一般均需进行软化退火或正火。锻后冷却时易产生裂纹的钢应及时退火。大型锻件一般采用炉冷，而且常把炉冷和退火结合在一起。锻后冷却的另一个任务是防止白点的产生。

我国经济的快速发展对电能的需求日益增加，这就要求我们加快电站的建设，电站发电方式主要有火电、核电、风电、水电等几种形式。电站的建设需要许多大型和特大型钢制的部件，如汽轮机低压转子的重量有的达到 350t(图 1.28)，核电的压力容器的直径 5m，长度 20 多米，重达五六百吨，它是核反应堆的安全屏障(图 1.29)。

图 1.28　重量达到 350t 的汽轮机的低压转子[21]

图 1.29　2018 年我国自主研发的三代核电反应堆压力容器“华龙一号” 在引入 16.5m 平台[22]

生产大锻件按传统工艺必须使用大尺寸的钢锭，随之带来的问题是钢锭的尺寸越大，铸锭的冷却速率越慢，其成分偏析越严重，因而影响钢的使用性能。这种矛盾是生产大型和特大型钢锭的主要障碍。

为解决上述矛盾，中国科学院金属研究所提出了一种制造大型锻件的全新技术，称之为“金属构筑成形方法”，并成功地应用于生产，并于 2018 年取得了发明专利[23]。该专利适用于制备多种大型金属材料或复合材料的锻件成形。此处仅介绍其在大型钢制锻件上的应用。以铸坯、锻坯、轧坯等为基元，通过表面加工和清洁后，将多个基元封装在一起，并使界面内部保持高真空状态,然后施加以镦粗变形、锻间保温、多向锻造为特点的锻焊工艺,最终制备优质大型锻件。其中锻焊工艺是指在高温锻造过程中,通过不同基元间的原子扩散使界面充分焊合而实现冶金连接的过程[23]。

金属构筑成形方法的技术方案为:首先将多块小规格钢坯(可为铸坯、锻坯或轧坯)下料为指定尺寸,通过机械加工方式将表面加工平整,露出新鲜金属,并采用有机溶剂清洗洁净。处理后的坯料称之为基元。然后将多块基元按照使用需求进行排列组合,堆垛成大规格长方体或圆柱体,采用廉价金属板将构筑后的坯料整体封装在箱内,并对箱内进行抽真空处理,或采用真空焊接方式分别将各基元间的界面封装。封装后的坯料称之为预制坯。其后将封装后的预制坯加热到指定温度后出炉,在液压机上进行锻造,实施镦粗变形、锻间保温的措施,使界面充分焊合,实现冶金连接,成为一体化的毛坯。最后将毛坯采用锻造等压力加工方式进一步成形,采用机加工方式精确成形为最终规格尺寸。

裁切钢坯时,将坯料裁切成板型。准备合适数量裁切后的板坯,使其叠加之后总高度或宽度∶厚度不超过 3∶1,便于实施镦粗变形。然后采用角磨、钢刷打磨钢坯表面,去除氧化皮,必要时采用铣床加工表面。其后采用丙酮、酒精等有机溶剂清洗表面,保障表面高度清洁,露出新鲜金属。按照使用需求,将多块钢坯排列组合、堆垛成大规格长方体,使边缘对齐。排列方式可为堆垛成多层,每层包括一个基元,也可堆垛成多层,每层包括多个基元。

将构筑后的坯料整体封装成箱,箱体预留抽真空接口,对箱内抽真空处理后再封堵接口,或将堆垛后的坯料整体放入真空室内,再采用真空焊接方式分别将各基元间的界面封装,封装界面的焊接深度为 10～50mm。将焊接完成的坯料送入加热炉加热,加热温度为 $0.8\sim0.9T_m$,T_m 为材料的熔点。优选温度为 $0.85T_m$。

将加热后的坯料水平放置于锻压机操作平台上,使首次变形方向垂直于坯料内界面最多的方向,采用镦粗板对坯料进行镦粗,首先压下坯料总高度的 10%～20%,重复此变形动作于长方体坯料的三个法线方向,直至各接触界面均产生变形。将镦粗后的坯料送回加热炉加热,实施高温扩散,加热温度 $0.85T_m$,坯料温度均匀后保温时间为 3～8h,优选时间为 5h。将锻焊成一体的坯料通过锻造、轧制等压力加工方式进一步成形,采用机加工方式精确成形为最终规格尺寸[23]。

在钢坯叠加、封焊边缘之后,虽然在宏观上界面两侧的板面接触在一起,实际上由于板坯表面存在一定的粗糙度,微观上两块板之间是多点接触,在接触点之间存在大量空隙,这种空隙可以等效为孔洞。在坯料镦粗锻造过程中,闭合表面在一定温度、接触压力及保温时间的条件下通过扩散、再结晶等方式实现冶金结合,并使界面上残留的氧化膜尽可能地分散到基体当中,降低其对力学性能的危害。

金属构筑成形技术具有如下优点:①实现大型钢制件的均质化制造。采用多块体积更小的金属坯作为构筑基元,在此基础上构筑而成的大尺寸钢制件不存在显著的宏观偏析。②坯料内部集中的缩孔疏松少,致密性高于传统整体铸坯制成的锻件。③大型锻件的纯净度高于传统整体铸坯制成的锻件,可提升材料利用率,实现大型锻件的低成本制造,产品质量将更加稳定。目前,这项技术已经在核电、水电、风电等领域初步获得了应用,取得了较好的效果。下面介绍一个应用实例。

第四代核电技术的堆容器中有一个关键的部件,即巨型的不锈钢支承环,如图 1.30

所示，其直径达到15.6m，重量是150t，支承环要支承堆容器超过7000t的重量，而且它本身也是压力边界的一部分，还要承受着中子辐照、疲劳载荷，以及液态金属钠的腐蚀。以往国外是把它做成6瓣或者8瓣分别制造，然后再组焊在一起。但是，焊缝位置存在着安全隐患。

中国科学院金属研究所在济南伊莱特能源装备股份有限公司采用了上述新的制作工艺，将58块优质的连铸坯作为构筑的基元，先把它表面加工、打磨干净，露出新鲜金属，层层地叠起来，叠到四层楼那么高。然后将其推到真空室里面进行电子束封焊，使层与层之间处于一个高真空的状态，再将其加热到1250℃的高温，进行大的变形，使层与层之间的界面结合在一起，随后进行多向锻造，使内部的组织更加均匀。最后是成形工序，进行冲孔，随后在一个超大型的轧环机上进行轧环成形。最终轧制成直径15.6m的大环，如图1.30所示[21,24]。

图1.30　2019年用金属构筑成形方法制造的150t重不锈钢支承环[21,24]

1.3.3　薄板坯连铸连轧

传统热轧板材和带材的生产工艺如图1.22所示。原料是连铸板坯或初轧板坯，厚度为130～300mm。一部分通过热轧生产成各种规格的钢板，亦称平板；一部分在带钢热轧机上生产厚度1.2～8mm的成卷热轧钢带，亦称卷板。宽度600mm以下称为窄带钢，超过600mm的称为宽带钢，最大卷重为30～35t。20世纪70年代热轧带钢已占钢材总产量的50%左右。

近年来，一种近终形薄板坯连续铸钢技术得到了快速的发展。这种技术的实质是在保证钢材质量的前提下，尽量缩小铸坯的断面来取代压力加工。1989年德国西马克(Siemag)公司在美国建成采用薄板坯连铸连轧技术的紧凑式带钢生产线(compact strip production，CSP)，之后许多公司开发出了不同类型的薄板坯连铸连轧技术。截至2013年底，全球已建薄板坯连铸连轧生产线63条97流，年生产能力11008万t，我国已建或在建15条30流，年生产能力约3724万t，居全球之首[25]。图1.31为薄板坯连铸连轧CSP工艺过程示意图[26]。薄板坯的厚度一般为50～110mm，宽度一般为850～1600mm，单流的年生产能力达到120万～150万t。薄板坯连铸连轧生产的热轧带钢和板材厚度为0.8～25mm。

由于连铸薄板坯薄，经过冷却器和二次冷却区的快速冷却后，铸坯中的柱状晶短，等轴晶区宽，晶粒细小，组织致密。CSP工艺连铸坯在奥氏体区直接轧制，取消了传统连铸坯$\gamma \to \alpha$相变区的中间冷却和轧制前加热升温过程中又发生的$\alpha \to \gamma$转变，节能降

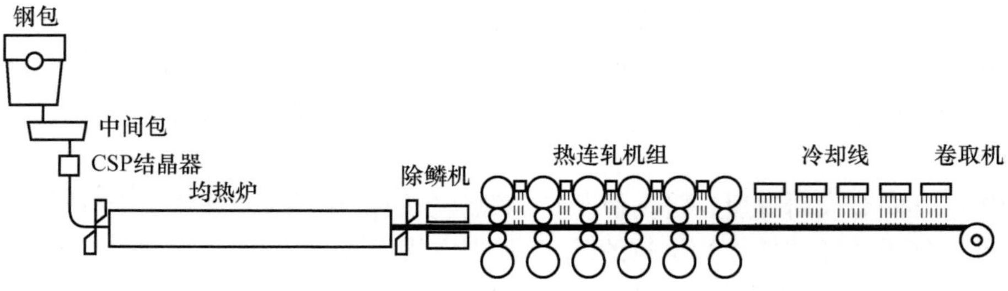

图 1.31 薄板坯连铸连轧 CSP 工艺过程示意图[26]

耗明显。

薄板坯连铸连轧简化了生产工艺,减少了设备,缩短了生产线,从冶炼钢水至热轧板卷输出,仅需 1.5h,缩短了生产周期,提高了成材率,降低了生产成本,预计能耗降低幅度最高可达 80%。2015 年宝钢自主研制成功的薄带连铸连轧生产线,在技术上处于国际先进水平[27]。

与传统工艺相比,薄板坯连铸连轧工艺具有独特的微合金化行为。薄板坯连铸后直接奥氏体化,在热轧开始前,微合金元素在奥氏体中几乎完全溶解,具有全部微合金化优势,可用于奥氏体晶粒细化和最终组织的析出强化,有利于生产高强度钢材。终轧温度不可过低,以免 AlN 的析出。

热卷取的温度应控制在 550~650℃。温度过高会增加氧化皮和引起晶粒长大,温度过低则钢材变硬、弹性增加,不利于卷取。对用铝脱氧的镇静钢应控制卷取温度及冷却速率,卷取的温度要尽量低一些,以避免 AlN 过早地析出。

薄板坯连铸连轧的产品一部分用于生产冷轧带钢的原料(冷轧基板),一部分薄规格的热轧带钢直接供应市场。后者主要应用于对钢带的表面质量、尺寸精度、力学性能要求低的领域和构件,如建筑业用的钢带、冷弯型钢、集装箱、车厢等。近年来由于技术的进步,一些厚度大于 1.0mm 的热轧带钢已可取代冷轧带钢。

1.3.4 冷轧薄钢板和钢带[28,29]

现代热连轧机在轧制厚度小而长度大的薄板带产品时,由于轧件在轧制过程中温降剧烈,引起轧件首尾温差,使产品尺寸超出公差范围,性能出现显著差异。因此,实际生产中很少生产 1.8mm 以下的热轧板卷。而冷轧则不存在热轧温降和温度不均匀的问题,可以得到厚度更薄、精度更高的冷轧薄板和钢带[28]。

冷轧薄钢板和钢带一般厚度为 0.1~3.5mm,宽度为 100~2080mm。冷轧均以热轧带钢为原料,在常温下经冷轧机轧制成材。冷轧生产产品的质量与热轧带钢的质量密切相关。影响热轧带钢的组织和性能的因素主要有:钢坯加热温度、保温时间、终轧温度、末道次压下率和卷取温度。

热轧带钢的显微组织特征会保持到冷轧薄带上,冷轧不能消除热轧变形时得到的粗大晶粒、过细晶粒及不均匀晶粒。对于低碳带钢,当其有高的终轧温度和卷取温度,并缓慢冷却下来时,将得到粗大的晶粒并析出大的渗碳体。冷轧时粗大的晶粒和大的渗碳体被轧碎,渗碳体呈条状分布,这将引起在冲压时裂纹的产生。最好的热轧轧制条件是:终轧温度应略高于 Ar_3,轧后要尽可能快速冷却,保证卷取温度低于 Ar_1,这样可以得到均匀晶粒及细小分散的渗碳体。

冷轧带钢和薄板具有表面光洁、平整、尺寸精度高和力学性能好等优点。热轧板热轧状态表面粗糙度为 20μm，酸洗后为 25μm。冷轧板可以根据不同用途制造不同表面粗糙度的钢板。光亮板的表面粗糙度不大于 0.9μm，作为冲压部件用的无光泽钢板的表面粗糙度为 3～10μm。冷轧板带钢的产品品种很多，如金属镀层薄板（镀锌板、镀锡板等）、深冲钢板（以汽车板为最多）、涂层钢板、不锈钢板等，成品供应有板、卷或纵剪带的形式。成卷冷轧薄板生产效率高，使用方便，有利于后续加工，因此应用广泛。冷轧带钢单卷质量已达 40t，个别达到 60t。冷轧带钢和薄板的产量已占轧材总产量的 20%左右。

冷轧带钢的生产流程如下：酸洗—冷轧—工艺润滑—退火—平整—镀层、剪切和包装。冷轧生产方法不断进步，已从单张生产方法发展到完全连续式生产方法。图 1.32 是最新的冷轧生产工艺流程——全联合式全连续轧制。

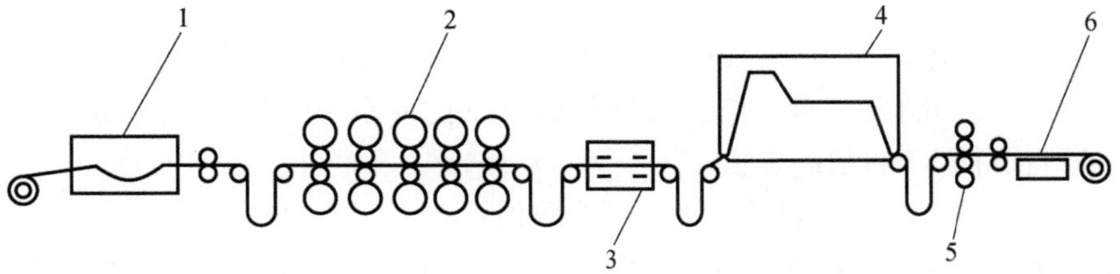

图 1.32　全联合式全连续轧制[28]

1—酸洗机组；2—冷连轧机；3—清洗机组；4—连续式退火炉；5—平整机；6—表面检查横切分卷机组

作为冷轧薄板和钢带原料的热轧带钢，是在高温下轧制和卷取的，其表面的氧化铁皮能牢固地覆盖在带钢的表面上，其清除需通过酸洗工序来完成。酸洗在连续酸洗机组上用硫酸或盐酸去除钢带表面上的氧化铁皮，酸洗前先焊接开卷，酸洗后进行清洗、烘干、剪边和分卷。

酸洗后的带坯在冷连轧机上轧制到成品厚度。冷轧是冷轧带钢生产中最重要的工序。现在大批量的低碳与结构冷轧带钢和涂层加工用带钢都是由四辊式冷连轧机生产的。轧制厚度 0.3～3mm 的汽车板、镀锌板采用五机架连轧机，冷轧总压缩率一般为 60%～80%。轧制厚度 0.15～0.5mm 的镀锡薄板采用六机架连轧机，冷轧总压缩率一般为 70%～90%。采用刚性很大的二十辊轧机可以轧制 0.002～0.2mm 的极薄带钢和变形困难的高强度钢材。

退火的目的是消除冷轧加工硬化，使钢板具有标准所要求的力学性能、工艺性能及显微组织结构，一般采用再结晶退火。根据钢种和性能要求也可进行其他相应的热处理。退火方式有罩式炉成卷退火和连续炉退火。使用罩式炉成卷退火时，先将退火钢卷吊放在炉台底部上，一般垛放 4 卷，然后把保护罩扣在钢卷垛上，在保护罩外面再扣上加热罩。连续炉退火采用立式的连续炉代替间歇式的罩式炉，可以与其他生产工序联结成一套生产机组，实现连续化生产，如图 1.32 所示。采用罩式炉成卷退火周期长，但炉子数量多、使用灵活、投资少。连续炉退火产量大、时间短，生产出成品的时间由成批退火的 10 天缩短为 10min。连续炉退火技术复杂，一次投资费用高，带钢厚度受到限制。

冷轧带钢的退火工艺必须保证在退火过程中钢卷层间不黏结，表面不出现氧化，中高碳钢、合金钢不脱碳,汽车板能获得深冲性能等。再结晶温度根据产品及其内部组织状态来确定,一般为570～720℃。要使带钢不脱碳、不氧化,必须进行光亮退火,应向炉内通入保护气体。

平整的目的在于避免退火后的钢板在冲压时产生塑性失稳,以及提高钢板的平整度及表面质量,平整压缩率为0.5%～1.5%。

薄钢板的需求量增长很快,尤其是冷轧薄板,但薄板的腐蚀是相当严重的,所造成的经济损失也是惊人的。一些冷轧厂的后工序都设有各种的镀涂层生产线。钢板的镀涂层生产分为两大类:一类是金属镀层,如镀锌、镀锡、镀铬等;另一类是非金属涂层,如涂漆、覆膜等,其具体工艺可参阅有关著作[28～30]。

1.4 钢的增材制造

增材制造(additive manufacturing,AM)技术是采用材料逐层累加的方法制造实体零件的技术,与传统的制造技术不同。增材制造可以代替原来的铸造、压力加工和切削加工,是一种"自下而上"的制造方法。

增材制造的工作过程可以分为如下两个阶段:

(1) 数据处理过程。对计算机辅助设计(CAD)的三维模型进行平面或曲面分层"切片"处理,将三维CAD数据分解为若干二维数据。

(2) 叠层制作过程。采用某种工艺将离散材料(液体、粉末、丝等)制作出与数据分层厚度相同的薄片实体,将每层薄片叠加起来,构成三维实体,从而实现从二维薄层到三维实体的制造。

由于增材制造工艺将三维复杂结构降为二维结构进行叠层制造,降低了制造难度,在制造复杂结构(如自由曲面叶片、复杂内流道等)时在无须刀具、模具的条件下快速地将设计变为现实,这是传统制造方法无法比拟的。增材制造在航空航天、汽车、模具及生物医疗等领域有广阔的应用和发展前景[31,32]。

美国是增材制造技术的发源地,也是对此技术研究和应用最广泛的国家。早在1892年,美国的一项专利中就提出了分层制造法,1987年美国一家公司生产出第一台基于光固化的立体光造型(stereo lithography apparatus,SLA)的增材制造装备。之后10年中,涌现出10余种新工艺和相应的成形设备。另外,欧洲和日本也相继进行了相关技术研究和装备研制。随着材料工艺和装备的日趋成熟,增材制造技术的应用范围越来越广泛,价值越来明显。自20世纪90年代开始,以清华大学、华中科技大学、西安交通大学、西北工业大学和北京隆源公司为代表的几家单位,在国内率先开展增材制造技术的研发,随后又有一批高校和研究机构参与到该技术的研究之中。目前,全国已建立了数十个增材制造服务中心,用户遍布航空航天、汽车、船舶、生物医疗等行业,改进和提升了我国的传统制造业[31,32]。

1.4.1 增材制造技术

增材制造技术综合了材料、机械、控制及软件等多学科知识,因此其工艺也是多种多样的。这里只介绍与钢(包括高温合金)有关的主要增材制造工艺,如激光选区熔化(selective laser melting，SLM)、激光近净成形(laser engineered net shaping，LENS)和激光沉积制造(laser deposition manufacturing，LDM)。其他增材制造工艺，如电子束选区熔化(EBSM)、电弧熔丝增材制造(WAAM)等可参阅有关专著[31,32]。

在激光选区熔化工艺中，激光选区熔化以激光为热源，激光器的功率为 200～500W。根据分层切片离散化零件三维数据逐点扫描熔化粉床上的金属粉末，逐层凝固叠加，实现零件成形，具体过程如图 1.33 所示。聚焦激光束在振镜作用下，根据分层切片离散化的零件二维数字模型，逐点扫描粉床上的金属粉层，扫描后熔化凝固的金属粉末形成单层成形面及轮廓。随后基板下降，送粉仓上升，粉末在刮刀作用下平铺到粉床上，激光继续开始扫描，熔化下一层，与上一层熔为一体。如此重复，层层叠加，得到与三维实体模型相同的金属零件，完成三维实体的成形。为保证铺粉顺利和粉床的稳定，一般情况下，激光选区熔化的成形平台均为水平面，而在竖直方向通过逐层叠加累积成形。

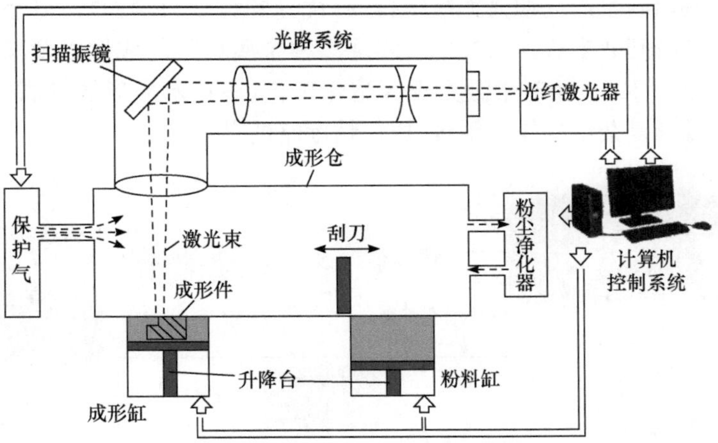

图 1.33　典型双缸激光选区熔化工艺成形过程示意图[32]

激光选区熔化技术采用的粉末主要为气雾化球形粉，粒径 10～50μm，加工的层厚为 20～50μm。激光聚焦直径小，熔池特征尺寸约为 100μm，其成形精度为 0.05～0.10mm，表面粗糙度 10～20μm，可以满足大多数无装配表面要求的金属零件的高精度快速制造，也是目前精度最高的金属增材制造工艺之一。较高的成形精度使得激光选区熔化工艺适用于加工形状复杂的零件，尤其是具有复杂内腔结构和具有个性化需求的零件。目前，国内的一些企业生产的激光选区熔化设备已成功为航空航天、汽车、医学生物等领域定制生产个性化零部件。

激光选区熔化技术的主要不足：一是成形效率较低，一般只有 5～20cm^3/h；二是单光束激光成形尺寸偏小，常用设备的成形尺寸为 250mm×250mm×300mm，因此在应用中受到限制。近年来采用多光束进行成形可以在维持现有成形精度的情况下，成形效率有数倍提高，最大尺寸达到米级，能够满足中型金属零部件的精密成形要求。但对大尺寸金属构件而言，成形效率仍然偏低，成本较高[33,34]。

激光近净成形技术是由美国桑迪亚国家实验室于 1995 年最先提出的一种同轴送粉式的激光增材制造技术，其成形原理如图 1.34 所示。激光近净成形是把粉末状或丝状金属材料同步地送到激光辐照在基材上形成的移动熔池中，随着熔池移出高能束辐照区而凝固,把所送进的金属材料以冶金结合的方式添加到基材上,实现增材制造的过程。

高功率激光束(通常数百瓦至数万瓦)聚焦成很小的焦斑,通常为 0.1～5mm,辐照在金属基板上,形成一个液态熔池。一个与激光束保持同步移动的喷嘴将金属粉末或丝材连续地送进熔池中,金属粉末或丝材在熔池中熔化,当激光辐照区域移出后,原熔池中液态金属将快速地凝固,而与下方的金属基板以冶金结合的方式牢固地结合在一起。点状的熔池在基板上移动,把金属成线状堆积在基板上,下一道熔覆线与前一道熔覆线之间保持一定宽度的搭接,如此逐线叠加熔覆而覆盖一个选定的二维平面区域,完成一层金属的熔覆之后,成形工件相对于激光焦斑下移一层的高度。重复以上过程进行构件第二层截面形状的熔覆制造。如此逐层熔覆制造,形成一个在三维空间中完全以冶金方式牢固结合的金属构件。激光束相对于成形工件的移动,一般通过数控机床或机械手来实现[31]。

采用激光近净成形可以直接成形出全致密的金属零件和精坯,相比较传统切削方法,材料利用率大幅提高,生产周期大大缩短,具有优异的综合力学性能,可制造构件的尺寸极宽,可以从毫米级到数米级。该技术可实现多种金属材料的成形以及梯度材料金属零件的快速制造(图 1.34)。相对于激光选区熔化工艺,该技术成形效率高,但由于没有粉床的支撑功能,成形复杂结构较为困难,成形精度略低[31]。

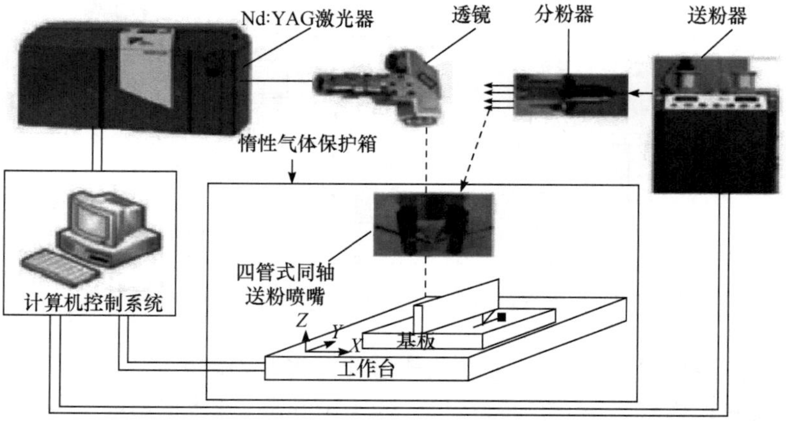

图 1.34 激光近净成形技术原理示意图[35]

激光近净成形工艺可直接近净成形高性能金属零件,配合少量机加工可形成复杂零件,成形效率高,在直接制造航天、船舶、机械、动力领域大型复杂整体构件方面具有突出优势;也可用于局部损坏金属零件的快速修复与再制造。由于采用的激光光斑较粗,一般加工余量为 3～6mm,但也可以实现精密成形,尺寸精度达到±0.05mm,表面粗糙度达到 $R_a4.2$[31,32]。

激光沉积制造技术是利用高能量激光束作为热源,通过送粉系统将金属粉末送入熔池,控制系统及软件将三维实体模型按一定厚度分层切片,并在数控系统的控制下按照规定的运动轨迹及工艺参数来控制伺服系统运动,伺服系统带动激光头或是工作台运动。根据沉积材料的不同,整个成形过程通常需要在氩气等惰性气体氛围内进行,对于活性较高的合金材料,需要动态惰性密封箱体保护的方式持续性地提供惰性气体保护氛围。同样,通过逐层沉积的方式,最终形成三维实体零件,如图 1.35 所示,原则上也可以采用同步丝材送进的方式来成形零件[31]。

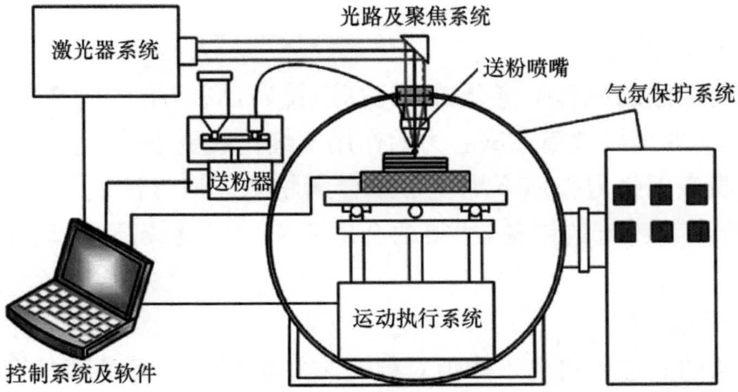

图 1.35　激光沉积制造系统整体构成和布局示意图[32]

激光沉积制造技术的主要特点为：成形尺寸不受限制，可实现大尺寸零件的直接成形；灵活性较高，无须支撑即可加工复杂零件；可用于受损零件的直接修复及梯度零件的制造；成形件的综合力学性能优异，热处理后的零件力学性能可达到同质锻件水平。但其成形后零件依然需要少量的机械加工，成形精度较激光选区熔化工艺低。目前，一些企业及院校已经在航空、航天、船舶、能源等领域就激光沉积制造技术进行了大量的成功应用及示范推广。

目前，激光选区熔化和激光沉积制造技术已成为金属增材制造的两种主要方式。

1.4.2　粉末制备技术

上述三种金属增材制造工艺均需使用金属粉末为原料。金属粉末的制备过程是将经过冶炼的合金原料（锭、棒或丝等）高温熔融，再雾化形成粉末。金属增材制造对于金属粉材的要求相当苛刻，要满足球形度好，粒径处在一定范围（应小于 1mm，一般在微米级）且粒径分布窄、球形度高、氧含量低、流动性好、纯净度高等条件[36,37]。

目前主流的制备技术根据制粉原理可以分为三大类：气雾化法、等离子旋转电极法（plasma rotating electrode process，PREP）和等离子雾化法（plasma atomization，PA）[36]。其他方法可参考有关文献[37]。

1）气雾化法[36]

气雾化制粉技术可以分为有坩埚的真空感应熔炼雾化法（vacuum induction melting gas atomization，VIGA）和无坩埚的电极感应熔炼气雾化法（electrode induction melting gas atomization，EIGA），前者适用于熔点低于 1700℃的金属粉末的制备，如铁基合金、镍基合金、钴基合金等粉末，而后者适用于高熔点（熔点超过 1700℃）金属，如钛基合金。前者制粉技术的优点是细粉收得率高，适用的合金范围广，缺点是使用陶瓷坩埚，会影响金属粉末的纯净度，需要必要的后处理对金属粉末进行纯化。

无坩埚的电极感应熔炼气雾化法是将金属棒作为电极，使其在感应熔炼线圈中以一定的垂直送料速度熔化，熔化的金属液流经雾化器中心孔，在高速惰性气流冲击后形成金属粉末颗粒。这种制粉技术细粉收得率一般，但在制备活性金属方面有优势，在制备高熔点金属粉末时比等离子旋转电极法节省成本，不使用陶瓷坩埚也保证了金属粉末的纯净度。该方法的缺点主要是金属棒材熔化速率较难控制，控制不当容易造成断棒或者液流断流,使得导流管阻塞。

2) 等离子旋转电极法[36]

等离子旋转电极法的原理是将金属棒材高速旋转,同时将金属棒材的一端通过等离子体加热,受热熔化的金属液滴在离心力的作用下细化成更小的液滴,在惰性气体环境中凝固的同时在自身表面张力作用下球化形成金属粉末。该方法适用于熔点高于1700℃的钛合金、高温合金等粉末的制备,所得的金属粉末球形度较高,流动性好,但细粉(0～45μm)收得率低。

3) 等离子雾化法[36]

等离子雾化法的原理是将离子体炬对称安装在金属熔炼室的顶端,形成高温等离子体焦点,然后通过送料装置将金属材料(一般为丝材)送入等离子体焦点。由于焦点处的温度极高,甚至可以高达10000K,原材料在这里会被迅速熔化或气化,然后被等离子体高速冲散雾化成超细液滴或气雾状,再然后液滴在雾化塔中飞行沉积,同时与通入雾化塔中的冷却氩气进行热交换,冷却凝固成超细粉末。该方法制得的金属粉末呈近球形,流动性好,粉末整体粒径偏细且细粉空心率低。该方法热源温度极高,理论上可以制备所有高熔点金属粉末,但因为使用该方法要将金属先制备成丝材,而许多合金材料难以制成丝材或者制成丝材成本较高,所以实际操作中,许多金属粉末难以通过该方法制备。

表1.1为以上几种技术的对比。

表1.1　几种增材制造用金属粉末制备技术的对比[36]

制粉技术	制粉能耗	细粉收得率	原材料	原材料成本
VIGA	适中	较高	配料或母合金	较低
EIGA	适中	一般	常规金属棒材	较低
PREP	高	低	特质金属棒材	较高
PA	高	一般	金属丝材	较高

下面简要介绍增材制造技术在生产钢制部件中的应用。

1.4.3　增材制造的应用

采用增材制造生产零部件具有材料利用率高、制品尺寸精度高等优点,能极大地提高生产率,应用日益广泛。但是目前用于增材制造金属模具的材料种类还比较单一,主要是一些模具钢、不锈钢等,远不能满足未来生产和发展的需要。

在广泛使用的注塑模具中,冷却系统是其核心,其冷却阶段在整个成形周期中占比高达70%以上。在注塑工艺中,一个有效的冷却系统将会极大地提高生产率。此外,熔融的塑料材料会冲蚀型腔,一些塑料材料在较高高温下容易产生酸性物质,注塑机的进料管和模具受到较高温度下的磨损和腐蚀。SLM技术可以利用三维CAD模型直接制造出随形冷却水道模具,可以显著缩短冷却时间,大大提高产品合格率,显示出非常强大的潜力。常用的模具材料有中碳Cr13型马氏体不锈钢(见下册第8章表8.131)、热作模具钢4Cr5MoSiV1(H13钢,见8.5.3节)等。

增材制造在汽车领域的应用发展迅速,国内外知名汽车厂商都已经在采用增材制造技术加强自身的发展。首先在汽车造型设计上,按传统方式需要花费高额资金和大量时间来开模出样，一旦测试发现设计需要改动，再次测试就需要重复开模。使用增材制造来完成样件制作及验证，就可以实现一体化直接成型，而再次调整只需要直接调整三维设计稿，然后再次增材制造即可。增材制造的复杂设计、镂空、中空工艺的水平是传统制造业无法比拟的，其对汽车行业轻量化的发展贡献巨大。增材制造技术可以提供车身外覆盖件、汽车内外饰，如保险杠、扰流板、座椅、仪表盘等多个零件的个性化定制[38]。

美国在20世纪90年代首先开发出激光近净成形技术，并针对镍基高温合金、奥氏体不锈钢、工具钢等多种金属材料开展了大量成形工艺研究。随着激光技术的发展，国内外金属激光选区熔化增材制造技术发展迅速，许多国家开发出以镍基高温合金为材料，用于制造航空航天、武器装备金属零件的复杂结构的激光选区熔化增材制造设备[39]。我国北京航空学院等单位攻克了使用超高强度钢、钛合金等制作大型构件的增材制造关键技术，并在大飞机、歼击机、运载火箭等重大装备中获得了应用，制作了AerMet100（见表6.64）超高强度钢飞机起落架、航空发动机高温合金整体叶轮和航空发动机涡轮叶片、合金钢超大锻件等[40]。

1.5　钢的冶金质量和质量检验

钢材在生产过程中，要经过冶炼、浇注、轧制（或锻造）等工序，最后成材。由这些过程所控制的质量，称为冶金质量。钢的冶金质量对钢的使用性能和工艺性能有相当大的影响。如果钢的冶金质量差，钢中存在有较严重的缺陷，则即使其成分适合，热处理工艺正确，产品性能仍达不到要求，在使用时会早期失效甚至引起严重事故。

合金钢比碳素钢更容易形成一些冶金缺陷。这是因为加入合金元素以后常会增加钢的稠度，流动性降低，因而非金属夹杂和气体不易去除，容易造成偏析。合金钢的液固线间距离较大，更容易生成粗大的初生组织和树枝状偏析，由于合金元素扩散能力较差，高温扩散退火（1000～1200℃）也无法完全消除。合金钢的淬透性较高，冷却时较易产生组织的不均匀性，导热性也差，这些都会增加钢中的残余应力，易引起裂纹的生成。

为了鉴定钢材的冶金质量，我国已建立了宏观检验、显微检验、力学性能检验、工艺性能检验、物理性能检验、化学性能检验、表面缺陷检验、无损检验及热处理检验等各方面的检验方法标准[41,42]。每种检验方法都有相应的国家标准或行业标准，有些企业还就有关试验方法制定了自己的企业标准。不同检验方法之间应配合使用，方能得出正确的结论。各种钢材根据其使用要求确定其需检验的项目，规定其合格级别。

宏观检验亦称低倍检验，是用肉眼或在不高于十倍的放大镜检查钢材的纵横断面上的宏观组织和缺陷的方法，能在较大面积上检验钢材质量。宏观检验包括酸浸试验、断口试验、塔形试验和硫印试验。

酸浸试验一般采用热酸浸蚀法，对于截面比较大的试件，常用冷酸浸蚀法。检验的项目包括一般疏松、中心疏松、残余缩孔、锭型偏析、斑点状偏析、气泡、白点、低倍夹杂等。断口试验是将横截面切取的试样折断，检验其断口质量，可以核实酸浸试验发现的缺陷，有时比酸浸试验更敏感。塔形试验是将钢材试样加工为不同尺寸的阶梯状，进行酸洗或磁力探伤，检查裂纹程度，衡量钢中夹杂物、气泡存在的多少。硫印试验是将钢锭或钢坯断面刨光后，在印相纸上显影，可以明显地看出硫化物在钢中的分布情况及钢材的低倍缺陷。

显微检验也常称为金相检验或高倍检验，所使用的仪器最常见的是光学显微镜。为了研究和解决检验中所遇到的难题，也使用电子显微镜等现代微观分析测试仪器。

表面缺陷检验是检验钢材表面及其皮下的缺陷，如裂纹、折叠、耳子、重皮、结疤等。为使钢材表面缺陷显露出来，应将钢材进行酸洗以除掉氧化铁皮，或者用砂轮沿钢材全长进行螺旋磨光。供热加工用的钢材，必须清除其表面所有缺陷。供冷加工用的钢材，如果其表面缺陷深度未超过加工余量，可不必清除。

本节简要论述钢中偏析的形成过程，介绍钢中常见的低倍、高倍和断口缺陷[42]。钢中许多缺陷的生成与钢中偏析的形成过程有关。

1.5.1　偏析

由于凝固或固态相变而导致的钢中化学成分的不均匀分布称为偏析(segregation)。在1.2节已述及偏析按其分布的范围大小分为微观偏析和宏观偏析。微观偏析指显微组织中成分的不均匀分布，是由凝固或固态相变产生的，或凝固与固态相变共同产生的；宏观偏析针对整个铸件范围而言，即铸件不同区域之间的成分差异，只能由凝固过程产生。

1.5.1.1　微观偏析

微观偏析又称显微偏析，一般指枝晶偏析。枝晶偏析是选择结晶的结果。由于选择结晶和溶质元素扩散不充分，构成了树枝晶晶轴与晶间成分的不均匀。先结晶的枝干比较纯，碳浓度较低，后结晶的枝间碳浓度较高。硫、磷及其他合金元素在枝干和枝间的偏析情况大体与碳相仿。枝晶偏析还包括其他杂质元素和气体元素的偏析。一般说来，氧化物析出较早，多处于枝干，硫化物析出较晚，多处于枝间。脱氧用铝较多的情况下，在钢液温度降低时所形成的固态夹杂物，如Al_2O_3、MnO等，可以作为非自发形核，树枝状晶以其为核心进行生长，或者由于表面张力的关系，氧化物也倾向于靠在枝干上。氢的枝晶偏析将促使在枝间形成气泡。

在树枝晶内，晶轴上的溶质元素浓度最低，且各处几乎相同，枝间的溶质元素浓度最高，且不同部位上的差别亦大。可用显微偏析度A表示元素枝晶偏析的程度：$A=C_{max}/C_{min}$，其中C_{max}为枝间元素的最高浓度，C_{min}为枝干上元素的浓度。溶质的显微偏析度由钢锭或铸坯的表面向中心逐渐增大，最大偏析度出现在钢锭或铸坯的轴心区。随钢锭或铸坯断面尺寸的加大，最大的显微偏析度亦随之增大。随着钢中碳含量的增加，元素S、Cr、Mn等的显微偏析度亦增大[2]。

枝晶偏析可以通过钢锭的高温扩散退火(均匀化退火)予以减轻，一般需要较长的时间。扩散退火目的，不只是要达到碳的均匀化，更主要的是取得合金元素分布的相对均匀，没有合金元素的相对均匀化，就不会有碳的均匀化。由于碳原子的尺寸和扩散系数与合金元素有显著差别，通过高温扩散容易使碳的分布趋于均匀，而合金元素的均匀化要困难得多。残留下的合金元素的枝晶偏析将影响相变，从而影响碳的再分布，促使带状组织的形成。

在生产上，钢锭的质量越小，冷却速率越快，枝晶偏析程度就越小，这对随后用扩散退火消除枝晶偏析是很有利的。消除枝晶偏析最有效的办法是采用炉外精炼技术等手段，最大限度地降低钢液中有害杂质(S、P、O、H、N)的含量，生产纯净钢[2]或洁净钢(clean steel)。

1.5.1.2　宏观偏析

宏观偏析又称区域偏析，是指钢锭或铸坯不同区域之间的成分差异。在凝固速率不是很高的情况下，由于液相可以流动，原树枝晶近旁的杂质元素在液相中有可能被转移到很远的地方。随着凝固的进展，杂质元素在最后剩余的钢液中富集，结果，各种元素在钢锭范围内发生了长距离的重新分布，产生了宏观偏析。宏观偏析大小常用偏析量 $\Delta C=C-C_0$、偏析度 $A=C/C_0$、偏析差别 $\Delta A=(C_{max}-C_{min})/C_0$ 等来量度，式中 C 为测定点某元素含量，C_0 为该元素在钢中的平均含量。$\Delta C>0$ 或 $A>1$ 为正偏析，$\Delta C<0$ 或 $A<1$ 为负偏析。

镇静钢的外壳层凝固速率很快，杂质和合金元素来不及向内转移，其成分与钢的平均成分相同。在柱状晶形成期间，杂质与合金元素富集在柱状晶间隧道中。由于靠近柱状晶前沿较冷的钢液密度较大，有下沉的趋势，而锭心部分温度较高，钢液密度较小，有上浮的趋势，于是就产生了钢液的循环流动。循环流动的钢液沿柱状晶前沿向下流动时，把柱状晶间隧道中富集杂质和合金元素的钢液带走，钢液达到接近钢锭底部凝固区时，再向内流动，然后沿钢锭轴心区域上升，杂质和合金元素就会被带到钢锭的心部和头部。硫、磷等元素减小钢液的密度，促使钢液向上流动，故较多地富集在钢锭的中上部。

在中心等轴晶带结晶期间，钢液中 Al_2O_3 粒子和半固态硅酸盐或铝酸盐夹杂物能够成为初生晶体结晶的靠背。晶体附在这些夹杂物上生长时，这些夹杂物将不能继续上浮，而是被密度较大的树枝晶拉向下方，造成钢锭中下部较高的氧化物夹杂含量。因此，除氧以外，其他元素包括碳、硫、磷和合金元素均富集于钢锭的中上部。镇静钢凝固时钢锭上部温度高，保温帽部分最后凝固，该处的正偏析最大。在使用大钢锭制造大型锻件时，这种情况必须予以考虑。

宏观偏析可使由钢锭不同部位轧制出来的钢材在力学性能和物理性能上产生很大的差异。宏观偏析只能通过控制和改善浇注工艺来解决。

1.5.2　低倍缺陷

钢的低倍缺陷种类很多，有些是比较普遍的，也有一些仅在某些特殊钢中才能见到。检验低倍缺陷时，先将制备好的试片进行酸浸试验(GB/T 226—2015《钢的低倍组织及缺陷酸蚀检验法》)。由于发生选择性腐蚀，在试面上出现明显可见的浸蚀特征，将其作为评定的依据，然后与相应的标准图片进行比较后做出评定。我国的相应标准为 GB/T 1979—2001《结构钢低倍组织缺陷评级图》。评级图中各缺陷级别根据缺陷存在严重程度，划分为若干等级。该标准适用于评定碳素结构钢、合金结构钢、弹簧钢钢材横截面酸浸低倍组织中允许和不允许的缺陷。经供需双方协议，也可用做评定其他钢类的低倍组织缺陷。

为检查一些连铸坯的质量和低倍缺陷，钢铁行业还制定了有关行业标准，如 YB/T 4002—2013《连铸钢方坯低倍组织缺陷评级图》、YB/T 4003—2016《连铸钢板坯低倍组织缺陷评级图》。钢材低倍组织缺陷允许与否及合格级别在相应产品标准中规定。

1.5.2.1　残余缩孔

镇静钢钢锭头部中心部位的缩孔应控制在钢锭冒口线以上，以便在开坯或轧制后切除。有时因浇注工艺不当会使缩孔尖细的底部深入锭身，在加工成材后的该部位横向低倍试片上，呈现出形状不规则的中心小孔洞，成为残余缩孔。连铸坯液相穴很长，如果钢水补缩不足，也会产生中心疏松和缩孔。GB/T 1979—2001 按裂缝或空洞大小将残余缩孔分为三级评定。缩孔和残余缩孔都是钢材技术标准中所不允许存在的缺陷，生产中必须切除干净。缩孔，特别是深入锭身的缩孔，必然降低钢锭成材率。

1.5.2.2　疏松

钢的组织不致密性称为疏松。根据疏松在断面上的分布位置，可分为一般疏松和中心疏松。GB/T 1979—2001 按钢材的尺寸为 40～150mm、150～250mm 和>250mm 分别制定评级图片，各分为四级。

一般疏松的特点：在经热酸浸蚀的横向试片上，疏松呈现分散的空隙和暗点。空隙多为不规则的空洞或圆形针孔，暗点多为圆形或椭圆形。这些暗点和空隙一般出现在粗大的树枝晶主轴和各次轴之间，疏松区发暗而轴部发亮，见图 1.36。产生的原因是钢液在凝固时，在树枝晶主轴和次轴之间存在着钢液凝固时产生的微空隙和析集一些低熔点组元、气体和非金属夹杂物，腐蚀后呈现组织疏松。

一般疏松的评级图片的评定原则：根据整个截面上暗点和空隙的数量、大小及其分布状态，并考虑树枝晶的粗细程度而定。

中心疏松和一般疏松的主要区别是其空隙和暗点仅存在于试样的中心部位，而不是分散在整个截面上，见图 1.37。产生的原因是钢液凝固时体积收缩而引起组织疏松及钢锭中心部位因最后凝固使气体析集和夹杂物聚集较为严重，中心疏松通常出现在缩孔下面。

图 1.36　一般疏松，3 级
GB/T 1979—2001 评级图二，评级图实际尺寸为 100mm，适用于直径或边长为 40～150mm 的钢材

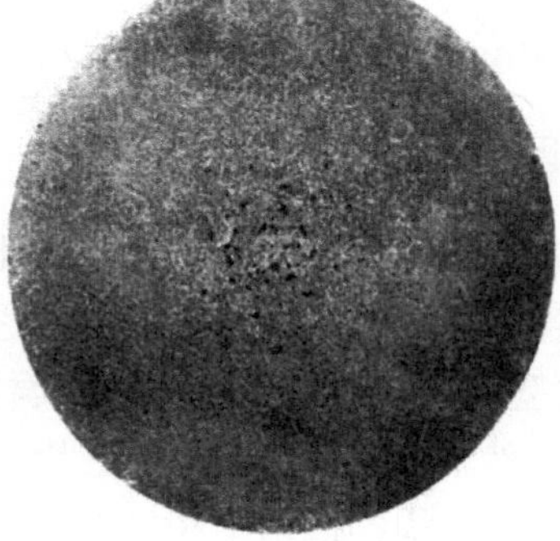

图 1.37　中心疏松，3 级
GB/T 1979—2001 评级图二，评级图实际尺寸为 100mm，适用于直径或边长为 40～150mm 的钢材

中心疏松的评级图片的评定原则:依暗点和空隙的数量、大小及密集程度而定。

一般疏松不太严重时,对钢材的力学性能及使用寿命均无大的影响;但严重时,将降低钢的横向塑性和韧性,对制品的加工光洁度也有一定的影响。对于制造重要用途制品的钢材,限制一般疏松不大于 2 级、中心疏松不大于 2 级。防止或减少疏松的措施主要是控制冶炼和浇注质量,以减少钢中的杂质和气体,轧制或锻造时加大钢材的压缩比。

1.5.2.3　气泡

气泡可分为皮下气泡、蜂窝气泡和镇静钢的内部气泡。

在钢锭表面附近的气泡,称为皮下气泡,这种气泡通常是由于钢锭锭模生锈或涂料不当等而产生的。在钢材横向酸浸试片上,皮下气泡分布在表皮下十几毫米以内的区域,经常是在距表皮几毫米的区域最多。有时皮下气泡穿过钢材表皮而呈现为垂直于表面的小裂缝,裂缝的末端是圆角(图 1.38),与其他原因形成的裂纹有区别。皮下气泡距表面很近,热加工用钢不允许有皮下气泡,冷加工用钢如果皮下气泡存在于表皮不深的区域,在机械加工时能被清除掉,如果存在于较深的区域,加工后留在工件内会在使用时造成事故。

在沸腾钢钢锭中,通常有蜂窝气泡和二次气泡存在,这种正常的气泡在热加工时能焊合,故允许存在。如果沸腾过分剧烈,以致这种气泡数量过多,体积过大,甚至分布至锭心,在热加工时将无法焊合,这往往是形成裂纹的根源。

镇静钢的内部气泡是因为钢液中含有大量气体而造成的。因钢液中含有大量气体,在钢锭结晶过程中,气体的溶解度降低,故有大量气体析出,形成气泡。随着结晶的进行,在树枝晶之间形成的气泡不能很好上浮,只能沿水平方向往锭心部分尚未凝固的钢液中转移而后浮出。这类气泡转移后留下的空位由后凝固的富集有低熔点元素的钢液填充。因此,在热酸浸时,这些部位不耐腐蚀,表现为暗黑色斑点,斑点内组织疏松凹陷(图 1.39)。某些未及时浮出而残留于钢中的气泡,周围吸附了偏析组元,在轧制时成为径向

图 1.38　皮下气泡
GB/T 1979—2001 评级图六,
评级图实际尺寸直径 100mm

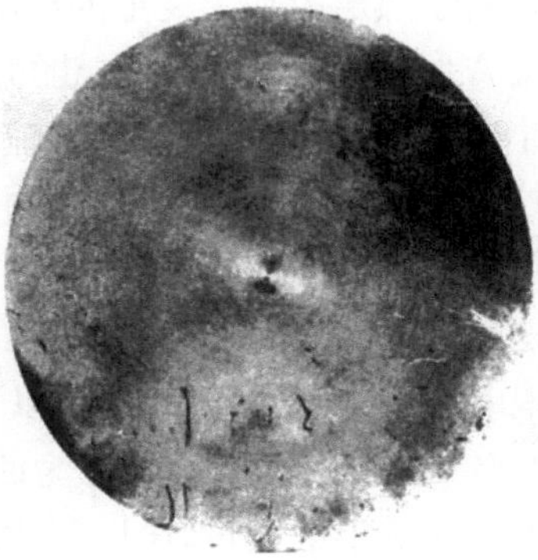

图 1.39　内部气泡
GB/T 1979—2001 评级图六,
评级图实际尺寸直径 100mm

裂纹。内部气泡是镇静钢中不允许存在的缺陷,有内部气泡的钢应报废。

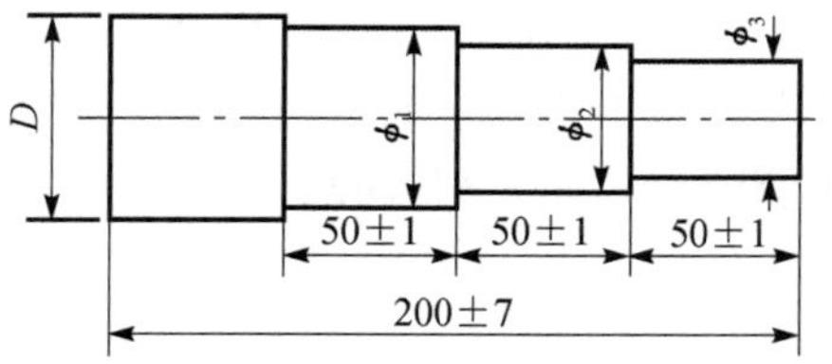

图 1.40 方钢和圆钢塔形试样(单位:mm)
(GB/T 15711—2018)
$\phi_1=0.90D$,$\phi_2=0.75D$,$\phi_3=0.60D$

1.5.2.4 发纹

在热酸浸后的塔形试样(图 1.40)上,沿轧制方向分布有一定长度和深度的小裂纹称为发纹。由于发纹较窄而深,观察时呈黑色,与热酸浸时出现的流线不同,流线的线条较宽,深度很浅。

发纹是由于钢中的非金属夹杂物和气体形成的,因为钢中的夹杂物在压力加工后变形,经过浸蚀后夹杂物剥落就形成了细长发纹。钢中夹杂物对发纹形成起主要作用。不同钢种对发纹的敏感性也不同,对发纹敏感的钢用电渣重熔法冶炼可以改善发纹。重要用途的结构钢、不锈钢及耐热钢均需做塔形检验,检验方法按 GB/T 15711—2018《钢中非金属夹杂物的检验 塔形发纹酸浸法》执行。

1.5.2.5 低倍夹杂

低倍夹杂是指酸浸试片上肉眼可见尺寸在 1mm 以上的夹杂物,如炉渣及其他非金属夹杂物。夹杂物细小时可用放大镜观察。它们在试片上以镶嵌形式存在,并保持其固有的各种颜色。它们在钢中的分布没有一定规律,当夹杂物在表皮附近时评为皮下夹杂,分布在整个试片上者评为断面夹杂。低倍夹杂在纵向断口上将造成夹层或断口夹杂。低倍夹杂主要是外来夹杂,这些夹杂物主要是氧化物类夹杂。

1.5.2.6 锭形偏析

在经过酸浸的钢坯横向试片上,有时会出现和钢锭横截面形状相似的深腐蚀框带(图 1.41),称为锭形偏析。因一般钢锭截面是方形的,故这种偏析一般是方框形,常称为方框形偏析。由于热压力加工变形的影响,方框并不规整,有时呈十字形。钢坯上的锭形偏析是钢锭上∧形偏析带的横截面,也可能包括∨形偏析带在内。锭形偏析的腐蚀带本身由很多细小密集的小点组成,其组织疏松,带内有 C、S、P 的富集,夹杂物的含量较高。在偏析区取拉伸和冲击试样做试验,表明其塑性和韧性较偏析区外的显著降低。方框形经常出现在钢材横截面半径 1/2 处,但由于结晶过程的变化,也可能出现在靠近中心部或靠近边缘。这种锭形偏析,有时在钢锭加工成细棒或线材之后,仍然保留着原来的形状。锭形偏析设有四个评级图,各适用于以下的尺寸范围:直径或边长<40mm、40~150mm、>150~250mm、>250mm,各分为四级,可根据钢材的用途确定合格级别。严重的锭形偏析强烈地降低钢的质量,给以后的加工造成困难。

1.5.2.7 斑点状偏析

在钢坯酸浸试片上有时还发现点状的深腐蚀区,称为斑点状偏析。这种偏析一般多发生在铸锭上 1/2~1/3 高度处。斑点的直径有时可大到几个毫米。斑点状偏析处 C、P、S 含量较高,同时夹杂物也较多。斑点状偏析的产生可能与气体的析出有关。大部分结构钢、工具钢会产生这种缺陷。斑点状偏析对钢材力学性能的影响,还研究得不够充分。

斑点状偏析根据存在部位不同，分为一般斑点状偏析（分布在整个断面）和边缘斑点状偏析（仅存在于边缘处），根据其出现点的多少及严重程度评定级别。GB/T 1979—2001 设有一般斑点状偏析和边缘斑点状偏析的两类评级图，每类均有两个评级图，适应于钢材直径或边长为 40～150mm 和＞150～250mm 的尺寸范围。图 1.42 为一般斑点状偏析（2 级）。

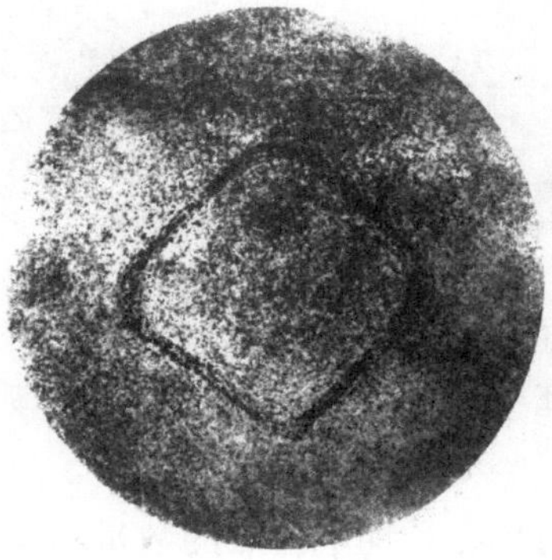

图 1.41　锭形偏析，3 级
GB/T 1979—2001 评级图二，评级图实际尺寸直径 100mm，适用于直径或边长为 40～150mm 的钢材

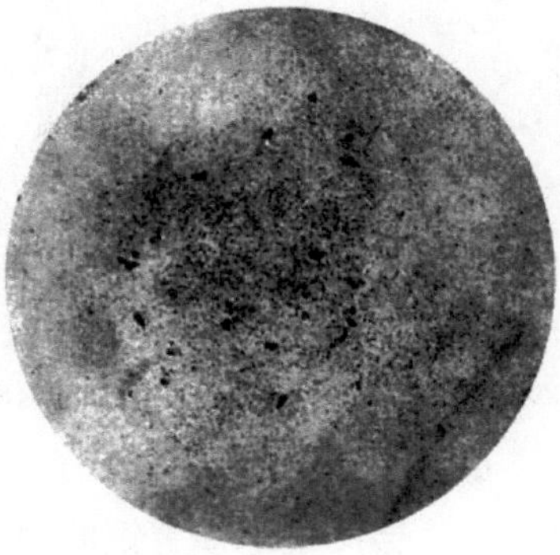

图 1.42　一般斑点状偏析，2 级
GB/T 1979—2001 评级图二，评级图实际尺寸直径 100mm，适用于直径或边长为 40～150mm 的钢材

1.5.2.8　中心偏析

中心偏析是连续铸钢过程中连铸坯中心部位的钢液凝固时冷却较慢而造成的成分偏析，这是连铸坯常见的缺陷，这一缺陷在成材后仍保留。中心偏析往往伴有中心裂纹和中心疏松，这进一步降低铸坯的内部致密性和轧材的力学性能。中心偏析分为 4 级，评定原则：根据中心暗斑的面积大小和数量来评定。图 1.43 为连铸钢材中心偏析（3 级）。

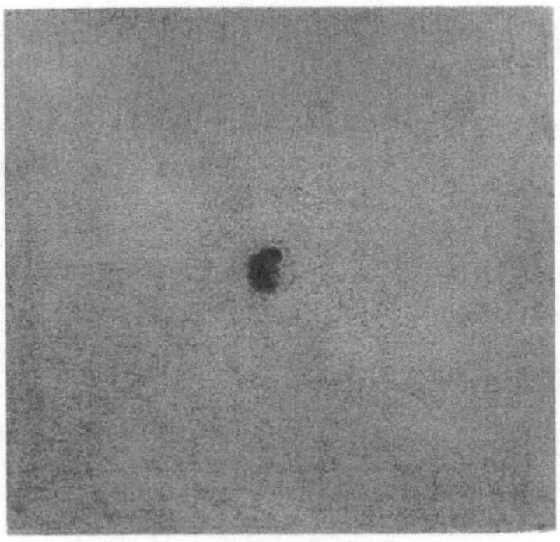

图 1.43　连铸方坯中心偏析，3 级
YB/T 4002—2013 第 2 评级图 A.3
评级图实际边长尺寸 100mm

1.5.2.9　白点

白点在横向低倍组织上表现为细小的发裂，呈放射状或不规则的排列，在纵向断口上则表现为圆形或椭圆形的银白色的斑点或细小裂缝（图 1.44），在裂缝附近没有塑性变形的痕迹，是一种脆性断裂的结果。检验白点应将试片在淬火状态下折断，以免试片折断时由于塑性变形而使白点失真，白点分为 3 级。白点多见于尺寸大于 30mm 的锻件、轧材中，与表面有一定距离，并平行于流线，很少出现在铸件中。白点发生的温度范围为 100～250℃，有时达到 300℃，视钢的成分和冷却速率而定。白点的出现有一定的孕育期，开始时出现一些细小的裂纹，并随时间而增长，同时出现新的裂纹。热压力加工以后的冷却速率与白点的发生有密切的关系。极缓慢的冷却可以防止白点的发生或者大大减少发生的机会。在防止了白点发生以后，重新加热将不会再产生白点，即白点发生的过程

具有不可逆的性质。白点主要发生在一些合金结构钢和珠光体类工具钢中,不同种类的钢对白点的敏感性不同,但一些高合金钢,如高速钢、铁素体钢、半铁素体钢、奥氏体钢中都不会发生白点。一般地说,碳钢较合金钢不易产生白点,但碳钢大型锻件锻后冷却不当时也常出现白点。

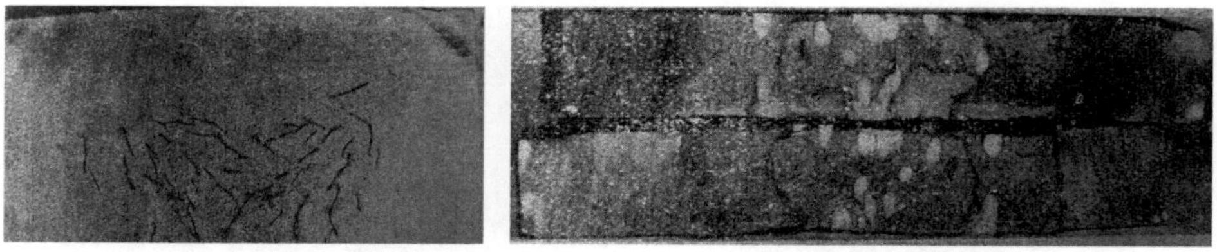
(a)　　(b)

图 1.44　钢中的白点[43]

(a) 20Cr2Ni4 钢中的白点(横截面的一半,80mm×80mm 方坯);(b) 5CrMnMo 钢中的白点(纵向断口)

白点的发生会严重地损害钢的力学性能,损害的程度和钢中白点的数量和大小有关,也和白点在切取的试样中的位置有关。白点是一种内部的裂纹,会引起体积应力,阻止塑性变形。在工作时,如果零件内部有白点,在这种裂纹的端部产生应力集中,常常引起零件过早地破坏。因此白点是一种不允许的缺陷。

白点的生成主要是钢中的氢及组织应力共同作用的结果[44,45]。氢在钢中有一定的溶解度,钢液凝固时,一部分氢将留在钢中。氢在钢中的溶解度随温度的下降而迅速降低(图 1.45),过饱和部分的氢将析出,因其原子半径最小,故氢是在铁中扩散最快的元素。表 1.2 比较了碳、氮、氢在铁中的扩散系数。由此可以看出,氢在低温时仍有很大的扩散能力。如果冷却时有足够的时间使氢逸出表面,则白点将不发生;如果冷却速率不够慢或者断面尺寸比较大,靠中心部分的氢来不及逸出,过剩的氢将进入钢中的一些缺陷,如枝晶间隙、气孔内,在一定温度以下可以结合成分子,不断聚集,结果会产生很高的压力。留在固溶体中的氢又增加了钢的脆性,称为氢脆。当压力超过钢的正断抗力时将生成裂纹(白点)。氢的存在是发生白点的必要条件,但还不足以解释不同成分和不同组织对白点生成的影响,白点的生成还需要一些附加的条件。较为普遍的看法认为,应力的存在起着重要的作用。这种应力可能来自组织的转变、组织的不均匀性,而热应力、变形应力及外加应力也都是有作用的。

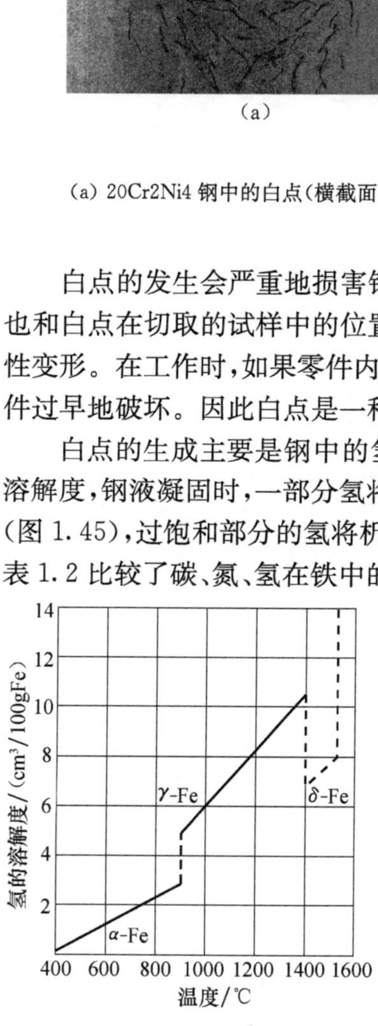

图 1.45　氢在铁中的溶解度,压力为一个大气压[44]

本图原作者为 A. Sievert,发表于 1943 年

表 1.2　碳、氮、氢在铁中的扩散系数[46]

温度/℃	扩散系数/(cm^2/s)		
	碳	氮	氢
20	2.0×10^{-17}	8.8×10^{-17}	1.5×10^{-5}
100	3.3×10^{-14}	8.3×10^{-14}	4.4×10^{-5}
500	4.1×10^{-8}	3.6×10^{-8}	3.3×10^{-4}
900	3.6×10^{-6}	2.3×10^{-6}	6.3×10^{-4}
950(α)	5.1×10^{-6}	3.1×10^{-6}	6.7×10^{-4}
950(γ)	1.3×10^{-7}	6.5×10^{-8}	1.8×10^{-4}

除了碳含量小于 0.2%的碳钢不发生白点以外，其他一般钢中都可能产生白点，但敏感程度不同。当合金元素增加钢中奥氏体稳定性时，将增加白点敏感性，因为奥氏体的分解将移向较低的温度，这对氢的扩散是不利的。如果钢的珠光体转变进行很快，则钢的转变结束温度很高，氢在铁素体中很容易逸出，不易产生白点。对于马氏体钢，降低马氏体点的元素将增加白点敏感性。在高合金钢中一般都不生成白点，如在铁素体和半铁素体钢中，氢在 α-Fe 中极易扩散，故不发生白点。在高速钢中不产生白点，可能是由于钢中含有较多的铬和钒能与氢结合的缘故。在奥氏体钢中亦不发生白点，这可能是由于氢在奥氏体中有较大的溶解度，奥氏体钢一般都含有大量的铬，能生成氢化物而不生成白点。

热压力加工后必须采取防止白点生成的措施。以前多采用的措施是在热压力加工后放在缓冷坑中，缓慢冷却至 100～150℃。这种方法需要很长的冷却时间，缓冷坑需占用很大面积。现在工厂一般采用专门防止白点的热处理工艺，其原则是使锻件锻后尽快地冷却至过冷奥氏体易分解的温度，使之分解为铁素体和碳化物的混合物，然后加热至比 Ac_1 略低的温度下保温，这样就形成了氢逸出的最好条件，同时使钢软化，便于以后的切削加工。

为了防止白点的生成，应当首先从冶炼和浇注条件考虑减少钢中氢的含量。一般认为钢中氢含量低于 $2\sim3cm^3/100g$ 时，锻件没有白点敏感性。为了有效地减少钢中的氢含量，尤其在生产大锻件时，现在广泛采用了钢液真空处理和炉外精炼技术从而减少钢的白点敏感性，可以大大缩短消除白点的热处理工艺周期。

1.5.2.10　连续坯裂纹

在连铸坯中常出现不同类型的表面裂纹和内部裂纹[2,47]。表面裂纹有表面纵裂、表面横裂、角部纵裂、角部横裂和星状裂纹。内部裂纹有中心裂纹、中间裂纹、对角线裂纹等。图 1.46 是各种内部裂纹的示意图。

中间裂纹多发生在方坯厚度的 1/4 处，并垂直于铸坯表面。产生的原因主要是由于在二次冷却下段，铸坯中心热量向外传递，使铸坯表面温度回升，坯壳受热膨胀。当某一处的张力应变超过该处的极限应变值时，就会产生中间裂纹，因此应控制二次冷却区冷却制度，减缓铸坯表面温升速率。

角部裂纹和对角线裂纹多出现在方坯中。当铸坯的四个面冷却不均时会引起方坯的歪扭变形，即脱方。在两个钝角之间靠近凝固前沿的地方，会形成角部裂纹和对角

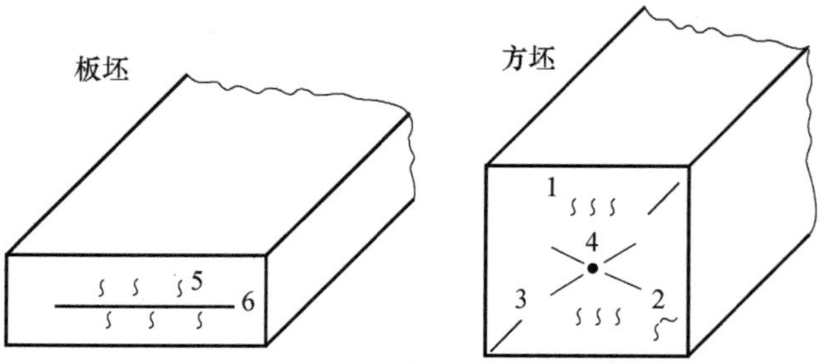

图 1.46　连铸坯内部裂纹示意图[47]

1—中间裂纹;2—角部裂纹;3—对角线裂纹;4,6—中心线裂纹;5—矫直弯曲裂纹

线裂纹。

中心线裂纹出现在铸坯横断面的中心区,并靠近凝固末端,是连铸板坯中较常见的缺陷。其形成一般认为是由凝固末期铸坯心部收缩造成的。二次冷却不当、板坯鼓肚、中心偏析严重都会促使中心线裂纹的产生。

矫直与弯曲裂纹产生的原因:当连铸坯带有液心进行弯曲或矫直时,或者铸坯已完全凝固,但内部温度在固相线温度附近进行弯曲矫直时,即使受到很小的拉应力,也会导致晶界开裂。

通常在压缩比够大的情况下,内部裂纹可以在轧制过程中焊合,对一般用途的钢不会带来危害;但在压缩比小时,或者对于对心部质量有严格要求的铸坯,内部裂纹会影响轧材的性能并降低成材率。

1.5.3　高倍缺陷

高倍检验是评定钢的质量的重要方法之一,主要检查正常组织和缺陷组织。检验的项目很多,如脱碳层深度、珠光体组织、非金属夹杂物、带状组织、碳化物不均匀度、石墨碳测定、α 相等。

在绝大多数情况下,脱碳对钢的性能产生有害影响。大多数工业用钢对其脱碳层均有严格的限制,对允许的脱碳层深度作出明确的规定,其测定方法见 GB/T 224—2019《钢的脱碳层深度测定法》。

碳素工具钢、合金工具钢、铬轴承钢经过球化退火形成球状珠光体组织,其目的是软化钢的组织,以便于切削加工,并为钢材热处理准备良好的金相组织。球化不好,仍存在片状珠光体,不但钢的硬度高,加工困难,而且在成品热处理时易开裂和出现软点等缺陷。因此在碳素工具钢、合金工具钢和铬轴承钢的技术条件中均制定了珠光体组织级别的检验标准。

GB/T 13299—2022《钢的游离渗碳体、珠光体和魏氏组织的评定方法》规定了钢的游离渗碳体、珠光体和魏氏组织试样的切取与制备以及评定方法,适用于低碳、中碳钢的钢板、钢带和钢棒(坯)的游离渗碳体、珠光体和魏氏组织的评定,其他钢种可参照使用。有关钢的带状组织的评定另见 GB/T 34474.1—2017《钢中带状组织的评定　第 1 部分:标准评级图法》和 GB/T 34474.2—2018《钢中带状组织的评定　第 2 部分:定量法》。

α 相的测定是用金相法测定奥氏体不锈钢和铁素体-奥氏体型双相不锈钢中 α 相的面积占总面积的百分数。因为在这些钢中,α 相的含量对钢的性能有很大的影响,需对其含量有一定的限制。在 GB/T 13305—2008《不锈钢中 α-相面积含量金相测定法》中规定将检验面上 α 相含量最多处与标准评级图进行比较，作出评定。

1.5.3.1　非金属夹杂物

钢中含有氧、氮、硫等元素，它们在钢中的溶解度随温度下降而降低，在钢冷却和凝固时析出并与铁和其他金属等结合成为各种化合物，称为非金属夹杂物。非金属夹杂物按照化学成分可分为氧化物夹杂、硫化物夹杂、硅酸盐夹杂、钙铝酸盐夹杂和氮化物夹杂等；按照夹杂物的塑性可分为塑性夹杂、脆性夹杂和不变形夹杂。夹杂物的性质和形态和它的成分有关。

氧化物是常见的夹杂，有简单的氧化物，如 FeO、MnO、Al_2O_3、SiO_2、TiO_2 等，也有复杂的氧化物，如 MgO · Al_2O_3、MnO · Al_2O_3 等。氧化物夹杂的特点是性脆易断裂，热压力加工后，沿加工方向呈链状分布。

硫化物夹杂主要是 MnS、FeS、CaS 等。MnS 的熔点为 1655℃，在钢液中不能生成，是在钢凝固时由于硫的偏析而析出于树枝晶间的。硫化物夹杂大多塑性良好，压力加工时沿压延方向延伸成条状或片状。FeS 具有低的熔点（1190℃），能与 γ-Fe 生成低熔点（988℃）共晶体，并沿晶界分布，引起热脆性。在钢中加入锰会减弱硫的有害作用，因为锰与硫比铁与硫有更大的亲和力，生成高熔点的 MnS，并改善其分布，消除了热脆性。为防止 FeS 的生成，锰与硫的比值应大于 5。

硅酸盐夹杂成分复杂，是钢中最常见的一类非金属夹杂物。硅酸盐夹杂物有易变形的，如 2MnO · SiO_2、MnO · SiO_2，它们与硫化物相似，沿加工方向伸延，呈线段状；也有不易变形的，如各种不同配比的 Al_2O_3、SiO_2 和 FeO 等，与氧化物相似。还有一类硅酸盐夹杂，经加工后不变形，以点（球）状形式存在，称为点状不变形夹杂物，如 CaO · SiO_2、玻璃质 SiO_2 等。

钙铝酸盐夹杂多见于用钙处理的铝脱氧钢以及合成渣洗的轴承钢中。钙铝酸盐随 CaO 与 Al_2O_3 两者的比例不同，可以形成不同的化合物：3CaO · Al_2O_3（C_3A）、12CaO · 7Al_2O_3（$C_{12}A_7$）、CaO · Al_2O_3（CA）、CaO · 2Al_2O_3（CA_2）、CaO · 6Al_2O_3（CA_6）。大多数钙铝酸盐为球形，经压力加工后不变形。

在钢中加入与氮亲和力大的元素 Al、V、Ti、Zr、Nb 等时，有可能在铸坯凝固时形成尺寸在 1μm 以上的大块状的碳氮化物。它的出现降低了微合金元素的有效利用率，是有害的，可视为夹杂物，形态为方形或多边形，性脆，压力加工时不变形。

非金属夹杂物对钢的性能影响很大。夹杂物的存在破坏了基体金属的连续性，起到相当于钢中空穴和裂纹的危害作用，影响钢的力学性能。夹杂物对钢的静强度影响不大，但却降低钢的塑性，特别是对横向的塑性和韧性影响较大。夹杂物使钢的疲劳强度下降，横向试样的疲劳强度降低更大。在夹杂物的含量、种类、大小因素中，以夹杂物大小的影响最大，其平均直径越大，材料的疲劳强度越低。夹杂物还降低钢的耐腐蚀性、焊接性和切削加工性（易切削钢除外）。

钢的夹杂物，在淬火时可能导致工件开裂，因为夹杂物和基体的热膨胀系数不同，会在两者之间形成空隙，有些夹杂物在加热和冷却时可能产生相变，这样在淬火过程中引起的热应力和组织应力会引起应力集中而发生淬裂。

因此,为保证钢的质量,必须对钢中的非金属夹杂物进行显微评定。新制定的 GB/T 10561—2023《钢中非金属夹杂物含量的测定　标准评级图显微检验法》采用国际标准 ISO4967:2013《钢中非金属夹杂物含量的测定　标准评级图显微测定法》,代替了原用的 GB/T 10561—2005《钢中非金属夹杂物含量的测定　标准评级图显微检验法》,并做了一些结构调整,与国际标准 ISO4967:2013 相比,存在较多技术差异。

夹杂物的形态在很大程度上取决于钢材压缩程度,因此,只有在经过相似程度变形的试样坯制备的截面上才可能进行测量结果的比较。

GB/T 10561—2023 规定用于测量夹杂物含量试样的抛光面积约为 $200mm^2$(20mm×10mm),并平行于钢材纵轴,位于钢材外表面到中心的中间位置。

GB/T 10561—2023 规定将抛光后未浸蚀的试样在放大 100 倍的显微镜下与标准评级图谱比较。夹杂物评定的视场应为边长为 0.71mm(实际面积为 $0.50mm^2$)的正方形视场。根据夹杂物的形态和分布,标准图谱分为 A、B、C、D 和 DS 五大类。这五大类夹杂物代表最常观察到的类型和形态。

A 类(硫化物类):具有高的延展性,有较宽范围形态比(长度/宽度)的单个灰色夹杂物,一般端部呈圆角。

B 类(氧化铝类):大多数没有变形,带角,形态比小(一般小于 3),黑色或带蓝色的颗粒,沿轧制方向排成一行(至少有 3 个颗粒)。

C 类(硅酸盐类):具有高的延展性,有较宽范围形态比(一般不小于 3)的单个黑色或深灰色夹杂物,一般端部呈锐角。

D 类(球状氧化物类):不变形,带角或圆形,形态比小(一般小于 3),黑色或带蓝色无规则分布的颗粒。

DS 类(单颗粒球状类):圆形或近似圆形,直径不小于 13μm 的单颗粒夹杂物。

非传统类型夹杂物也可通过将其形状与上述五类夹杂物进行比较评定,并注明其化学特征,如 D_{CaS} 表示球状硫化钙。

沉淀相如硼化物、碳化物、碳氮化物、氮化物等,也可以根据它们的形态与上述五类夹杂物进行比较评定,并按上述方法表示它们的化学特征。

GB/T 10561—2023 只设一套标准图谱,共 54 张图片。五大类夹杂物中的前四类标准还分为细、粗两个系列,图谱中,每个系列分 6 级,由 0.5～3 级图片组成;DS 类分 6 级,不设细、粗系列,由 0.5～3 级图片组成。这些级别随着夹杂物的长度或串(条)状夹杂物(stringer)的长度(A、B、C 类),或夹杂物的数量(D 类),或夹杂物的直径(DS 类)的增加而递增,具体划分界线见表 1.3。GB/T 10561—2023 规定其标准图谱适用于评定压缩比不小于 3 或等于 3 的轧制或锻制钢材,可能不适用于评定易切削钢之类的钢材。图 1.47 和图 1.48 分别为 A、B、C、D 和 DS 类夹杂物评级图示例。

表 1.3　夹杂物评级界限(最小值)(GB/T 10561—2023)

评级图级别	夹杂物类别				
	A 类总长/μm	B 类总长/μm	C 类总长/μm	D 类数量/个	DS 类直径/μm
0.5	37	17	18	1	13
1	127	37	76	4	19

续表

评级图级别	夹杂物类别				
	A 类总长/μm	B 类总长/μm	C 类总长/μm	D 类数量/个	DS 类直径/μm
1.5	261	184	176	9	27
2	436	343	320	16	38
2.5	649	555	510	25	53
3	898	822	746	36	76
3.5	1181	1147	1029	49	107
4	1496	1530	1359	64	151
4.5	1848	1973	1737	81	214
5	2230	2476	2163	100	303

注：在 GB/T 10561—2023 中，五大类夹杂物评级图级别均分为十级，与 GB/T 10561—2005 比较，增加了 3.5、4、4.5 和 5 四个级别，但未给出相应的标准图谱。

GB/T 10561—2023 规定表 1.3 中各类夹杂物的尺寸小于 0.2μm 不予以评级。如果一个视场处于两相邻图片之间时，应记为较低的一级。这表明标准中的评级图谱为下限图谱。

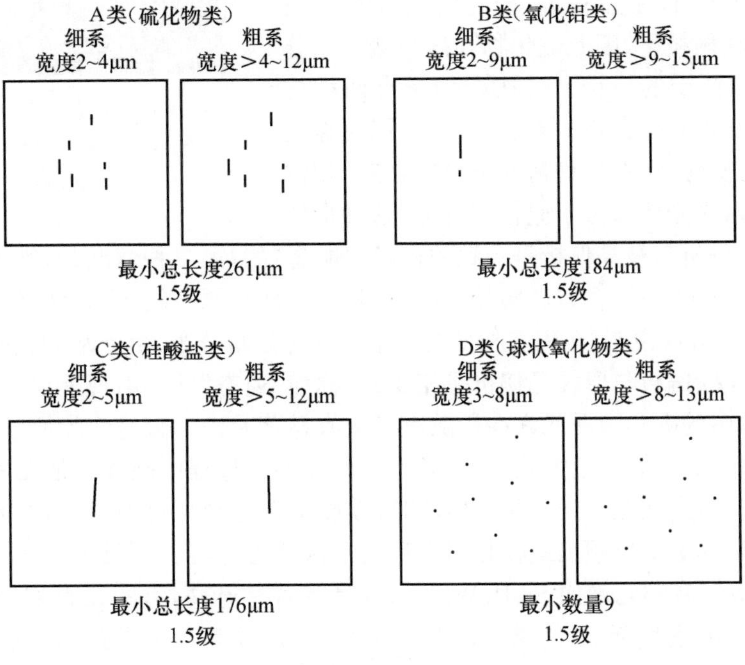

图 1.47　A、B、C、D 类夹杂物评级图示例(GB/T 10561—2023)

视场边长原为 0.71mm

纯净钢即指钢中非金属夹杂物和气体很少的钢，主要特点：钢中的总氧含量低，非金属夹杂物数量少、尺寸小、分布均匀、形状合适。研究证明，钢材中发现的非金属夹杂物大多是在钢液凝固时有害杂质元素偏析浓缩而与金属元素结合形成的。因此，非金属夹杂物的数量与 S、P、O、H、N 这五种有害元素的含量水平都可以代表钢的纯净度[2]。

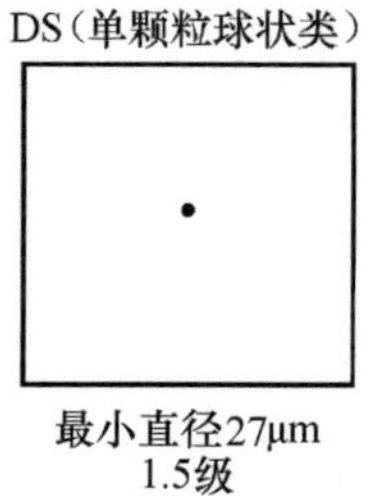

图 1.48　DS 类夹杂物评级图示例(GB/T 10561—2023)
视场边长原为 0.71mm

纯净钢是针对特定的钢材和特定的服役环境而言的，不同钢种、不同用途钢材的纯净度要求是不同的。在某些情况下，具有一定性能的夹杂物对钢材无害，不必去除，某些微细夹杂物可以被用来强化钢的性能。

1.5.3.2　带状组织

低中碳钢和低合金结构钢热压力加工过程后，容易出现带状组织。带状组织表现为沿纵向铁素体和珠光体交替成层(图 1.49)。在亚共析钢中形成带状组织的原因是由于自奥氏体状态缓慢冷却经过 A_3 和 A_1 的温度范围时，被拉长了的各种非金属夹杂物对铁素体的析出起形核作用，形成带状铁素体，铁素体的形成促使碳向未转变的区域扩散至共析浓度后转变为珠光体，结果形成了带状组织。

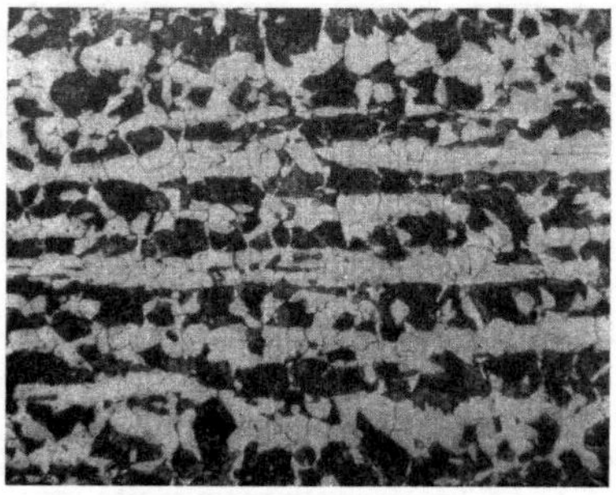

图 1.49　25 钢的带状组织[48]　70×
成分：0.22%～0.29% C、0.17%～0.37% Si、0.5%～0.8% Mn

拉长了的树枝状偏析区也促进带状组织的生成。生成铁素体/珠光体带状组织时发生了碳的偏析，这种偏析是固态相变时形成的，所以也叫二次碳偏析。前面曾指出，一般来说，硫化物应处在树枝间，硅酸盐处在树枝干，因此硫化物和硅酸盐可以分别作为枝间和枝干的标记。二次碳偏析有两种情况：第一种是在铁素体条带中含有硅酸盐，同时珠光体条带中含有硫化物，在这种情况下，铁素体条带位于原枝干部分，珠光体带位于原枝间部分，这种带状组织的二次碳偏析与枝晶偏析是一致的，称为“顺态”的；第二种情况是，铁素体条带中含有硫化物，同时珠光体中含有硅酸盐，表明铁素体出现在原枝间部分，珠光体出现在原枝干部分(图 1.49)，这说明，在固态相变时发生了碳的重新分布，由原来的枝间处扩散到枝干上，这种二次碳偏析与原枝晶偏析是相反的，称为“逆态”的。出现上述情况的原因是，溶解在奥氏体中的碳和溶质元素在扩散速率上有显著差别。碳是间隙原子，它的扩散系数比置换式原子的扩散系数大几个数量级，因此在凝固过程中碳和其他元素一起发生偏析富集在枝间，但当钢在奥氏体相区停留时，碳能优先达到相对均匀，而置换式原子的均匀化却很困难，其偏析仍顽强地在相当大程度上保持着。溶于奥氏体的这些溶质元素影响奥氏体的 Ar_3，有的元素如 Si、P、W、Mo、B 等使 Ar_3 升高，有的元素如 Mn、Ni、Cr(含量较低时)使 Ar_3 温度降低，结果原枝干和枝间的 Ar_3 温度出现了差别。于是，当热变形钢从奥氏体相区冷却通过 Ar_3～Ar_1 温度范围时，铁素体优先在奥氏体的 Ar_3 温度较高的区域产生，碳不断向 Ar_3 温度较低的区域扩散，并在其中富集，当温度达到 Ar_1 温度时，保留到最后的奥氏体转变成珠光体。因此在枝干的 Ar_3 温度较枝间的 Ar_3 温度高的情况下，如当碳钢中含有较高的 Mn，而含 S 又不是很高，出现“顺态”二次碳偏析；反之，在枝间的 Ar_3 温度较枝干的 Ar_3 温度高的情况下，如当碳钢中含 Si、P 较高时，则出现“逆态”的二次碳偏析。

带状组织严重时，影响到钢的切削加工性，加工时表面光洁度差，渗碳时引起渗层不均匀，热处理时易变形且硬度不均匀。带状组织一般通过正火可以改善。合金元素偏析引起的带状组织要通过高温扩散退火进行改善。根据 GB/T 34474.1—2017《钢中带状组织的评定　第 1 部分：标准评级图法》，带状组织评级时，试样的磨面应为纵向，实际视场直径为 0.80mm，放大倍数为 100 倍，与标准评级图比较。带状组织评级图由两类组织组成，白色是铁素体，黑色是第二类组织（即除铁素体以外的其他组织，包括珠光体、贝氏体及其他非平衡组织，单一或者混合在一起所组成的带）。带状组织评级图按碳含量划分为 A～E 五个系列。A 系列为碳含量小于 0.10%钢的带状组织评级；B 系列为碳含量为 0.10%～0.19%的带状组织评级；C 系列为碳含量为 0.20%～0.29% 钢的带状组织评级；D 系列为碳含量为 0.30%～0.39%钢的带状组织评级；E 系列为碳含量为 0.40%～0.60% 钢的带状组织评级。每个系列的图片的级别从 0 级到 5 级，按照铁素体带的数量、贯穿视场的程度、连续性和宽度增加而递增。此外，还制定了 GB/T 34474.2—2018《钢中带状组织的评定　第 2 部分：定量法》，适用于钢中带状组织，包括取向度、各向异性指数、单位长度上带状组织数目、带状组织之间的距离等参数的测定。其他有取向的组织可参考使用。一般情况下，试样应在交货状态的产品上截取，试样的检测面积约为 $200mm^2$（10mm×20mm）。

1.5.3.3　网状碳化物

过共析钢在热加工后的冷却过程中，其过剩的碳化物在晶粒边界上析出所构成的网络，称为网状碳化物。网状碳化物严重时，在随后的正常退火和淬火、回火后，不能把它完全消除，加工过程中易开裂。保留在工件中的残余网状碳化物降低了钢的力学性能和使用寿命。网状碳化物的级别的评定是在 500 倍金相显微镜下进行的，取正常温度淬火-回火后试样，与标准评级图比较。

在 GB/T 1299—2014《工模具钢》中，非合金工具钢和合金工具钢退火状态的碳化物网状级别均分为 4 级。1 级最轻，晶界只有少量短条状碳化物；2 级中的短条状碳化物增多；3 级中的晶界碳化物已形成半网状；4 级中的碳化物已连成封闭网状。网状碳化物达到 2 级以上时，毛坯和成品都容易脆裂。在 GB/T 18254—2016《高碳铬轴承钢》中，球化退火碳化物网状分为 1、2、2.5、3 级，共四个级别。有关网状碳化物级别及其评级图将在有关章节进一步论述。

1.5.3.4　带状碳化物

高碳铬轴承钢中的碳化物带状组织是由于钢锭结晶时所发生的树枝状偏析引起的，热变形后偏析区域被拉长，一些富有铬和碳的偏析区将析出较多的碳化物，因而在钢材纵断面的显微磨片下呈现为碳化物带状组织。为了观察带状碳化物，取纵向试样经过淬火和低温回火，经深度浸蚀后，整个基体（回火马氏体）是暗黑的，其上分布着碳化物颗粒所构成的“银河”带。高碳铬轴承钢的带状碳化物分为 1、2、2.5、3、3.5、4 六个级别，取其最严重处在 100 倍金相显微镜下根据碳化物偏析带的宽度和碳化物聚集程度评定。在放大 500 倍下可以观察碳化物颗粒的大小、分布和形状。

1.5.3.5 碳化物液析

在高碳铬轴承钢中也可能出现个别的粗大碳化物沿热变形方向排列，称为碳化物液析。铸锭凝固时，在树枝状偏析严重的情况下，局部地区钢液中的碳和铬含量很高，具备了形成共晶的条件。当共晶液体的数量很少时，共晶中的奥氏体相附加在原来的奥氏体树枝晶上生成，而将其中的碳化物剩留在两个相邻的树枝晶体之间，热变形后液析碳化物沿着钢的延伸方向拉长呈条带状，因此，液析碳化物是一次碳化物。碳化物带状与碳化物液析产生的原因都是由于树枝状偏析，但碳化物形成的过程不同。当偏析程度较低时，只出现碳化物带状，而在偏析严重时，会同时出现碳化物液析和碳化物带状。

碳化物具有高的硬度和脆性，暴露在零件工作面上的粗大液析碳化物容易剥落。粗大的碳化物内部的晶界或者微裂纹是薄弱地带，往往成为疲劳裂纹的发源地。显著的碳化物液析急剧地增加零件的磨损。碳化物液析和碳化物带状一样引起轴承零件硬度的不均匀和力学性能的方向性，增大零件淬火时的开裂倾向。因此，对碳化物液析也必须严格控制。在 GB/T 18254—2016 中将碳化物液析分为条状和链状两个系列，每个系列分为 4 级，在 100 倍下检查试片的纵截面。碳化物液析通过扩散退火能够被消除。

有关高碳铬轴承钢中的碳化物带状组织和碳化物液析的评级及评级图将在有关章节进一步介绍。

合金工具钢中也可能出现较严重的碳化物液析，目前我国有关标准对其液析的检查尚未作规定。

1.5.3.6 碳化物不均匀度

一些高碳高合金钢钢锭在浇注后的冷凝过程中，由于实际的冷却速率不可能很快，在温度继续下降时，剩余的钢液发生共晶反应，形成呈网络分布的鱼骨状莱氏体。经过热加工使共晶碳化物破碎，在显微组织中碳化物不同程度地聚集成条带，这种聚集程度称为碳化物不均匀度。

碳化物不均匀度的存在，将使这些钢的工艺性能变坏，降低钢的使用性能。碳化物严重不均匀时，碳化物呈网状堆积，破坏钢的连续性，导致钢材使用时易脆断。GB/T 14979—94《钢的共晶碳化物不均匀度评定法》规定了这类钢的碳化物不均匀度的评定方法，采用了六套评级图。第一评级图适用于变形钨系高速钢，第二评级图适用于变形钨钼系高速钢和高温不锈轴承钢，第一和第二评级图按共晶碳化物形态分为网状和带状两个系列，有 8 个级别。第三评级图适用于直径不小于 120mm 的高速钢锻材，有 5～8 四个级别。第四评级图适用于变形合金工具钢钢材。第五评级图适用于变形高碳铬不锈轴承钢钢材。第六评级图适用于高温轴承钢钢材。后面三个评级图均有 8 个级别，其中的部分级别又按形态分为网状和带状。共晶碳化物呈网状或带状主要是受锭型和加工过程的影响。

碳化物不均匀度在 100 倍金相显微镜下评定。检验用试样取自距钢材直径或方钢对角线 1/4 处，并选择不均匀最严重的视场。试样经淬火和回火后沿锻轧延伸方向磨制。使用时，根据用途和截面尺寸确定钢材的合格级别。图 1.50 为合金工具钢碳化物不均匀度图片(5 级)。

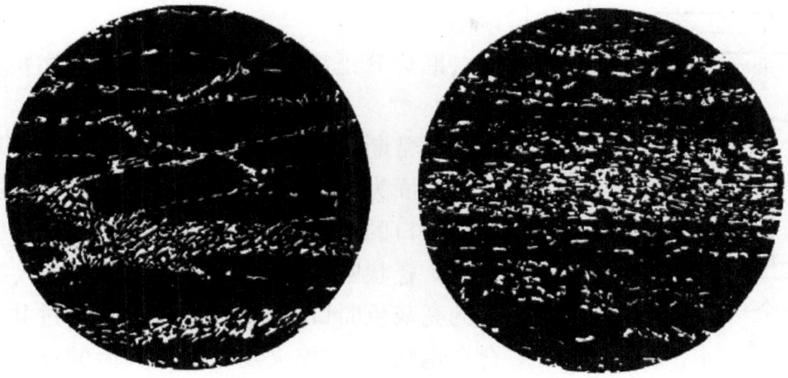

图 1.50　合金工具钢的碳化物不均匀度　100×
网状和带状，5 级(GB/T 14979—94)

1.5.3.7　*石墨碳测定*

在一定条件下，某些钢中的固溶碳和化合碳能以游离状态析出。高碳工具钢反复加工和热处理时，易出现石墨碳。硅弹簧钢，由于加入的硅能加速和促使石墨化过程，在长时期退火后易出现石墨碳。钢中含有钨和钼、脱氧时用铝过多、终轧温度太低、在低于 Ac_1 不多的温度过长时间地停留、冷变形后进行退火等均能促进石墨碳的析出。钢中出现石墨后，由于石墨破坏金属的连续性，钢的强度显著降低，脆性增加。

根据 GB/T 13302—91《钢中石墨碳显微评定方法》，制好的不腐蚀试样用金相显微镜放大 250 倍进行观察，将石墨碳数量较多处与标准评级图对比加以评定。根据钢中石墨碳的常见形态，标准评级图分为两类：团絮状类和条片状类，其中团絮状类石墨碳按直径不同分为细系(≤6μm)和粗系两个系列，各类均分为 0.5、1.0、1.5、2.0 四个级别。

1.5.4　断口检验

检验钢材的断口是检查钢材宏观缺陷的重要方法之一。在很多情况下，断口检验与酸浸试验可以同时并用，相互补充。例如，钢的过热和过烧在断口处最易发现，钢中的白点在横向酸浸试样中虽然可以显示出来，但如做纵向断口检验，则显现得更为清楚。

我国制定了两个断口检验法标准，即 GB 1814—79《钢材断口检验法》和 GB 2971—82《碳素钢和低合金钢断口检验方法》。前者适用于优质碳素结构钢、合金结构钢、合金工具钢、高速工具钢、弹簧钢等，断口在淬火或调质状态下折断。后者适用于碳素结构钢和低合金结构钢轧制的钢板、条钢、型钢，断口在轧制状态下折断。这两个标准不能互相代替。

这些标准规定，凡直径(或边长)大于 40mm 的钢材，做纵向断口检验，直径(或边长)不大于 40mm 的钢材可考虑做横向断口检验，试样如图 1.51 所示。由于一般缺陷，如偏析、非金属夹杂物等随热加工方向延伸，在纵向断口上易于发现，应当尽可能地制取纵向断口。根据钢材种类和检验要求的不同，断口检验试样在折断以前要经过热处理，可使其处于脆性状态(淬火断口)或韧性状态(调质断口)，其目的在于使真实的缺陷容易显露。淬火断口可以发现白点、夹杂、气孔、萘状、石状等断口缺陷，调质断口可以检查层状断口

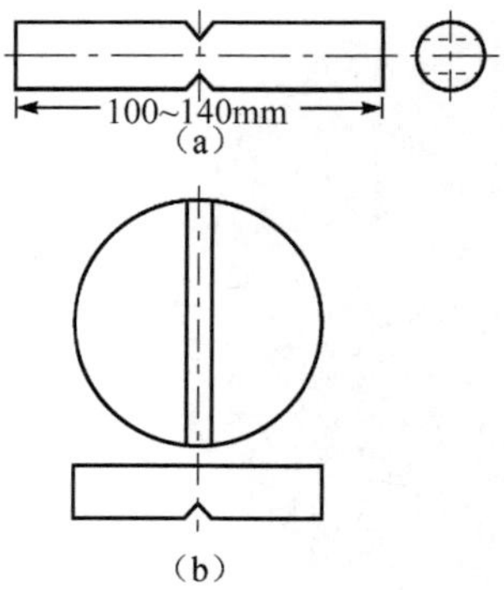

图 1.51　断口试样(GB 1814—79)
(a) 用于直径不大于 40mm 钢材；
(b) 用于直径大于 40mm 钢材

缺陷。

断口分正常断口、允许缺陷断口和报废缺陷断口三种。

正常断口有纤维状、瓷状和结晶状三种。纤维状断口表面为暗灰色、无光泽、无结晶颗粒的均匀组织，这种断口的边缘通常有显著的塑性变形，为穿晶韧性断裂。瓷状断口具有绸缎光泽、很致密、类似细瓷碎片的亮灰色断口，这种断口常出现在过共析钢和某些合金钢轧制的、淬火及低温回火后的钢材上。结晶状断口具有强烈金属光泽、明显结晶颗粒、断口平齐的银灰色，这种断口常出现在热轧或退火的钢材上。

允许缺陷断口有台状和撕痕状两种。台状断口的宏观特征是纵向断口上呈宽窄不同的平台状组织，颜色比金属基体稍浅，多分布在偏析区，这种缺陷一般出现在树枝晶发达的钢锭头部和中部，是钢沿其粗大树枝晶断裂的结果，属允许缺陷。大量试验研究结果表明，台状断口对纵向力学性能无影响，对横向强度指标也无影响，对塑性、韧性指标有一定影响，但绝大部分情况下都能满足技术条件的要求。撕痕状断口特征是在纵向断口上出现比基体颜色较浅、灰白色而致密的沿热加工方向的光滑条带。其分布无一定规律，可在柱状晶区，也可在等轴晶区。出现撕痕状断口的主要原因是钢中残留铝过多，造成氮化铝沿铸造晶界析出而形成脆性薄膜，薄膜断裂便产生撕痕状缺陷，随钢中残余铝含量的增加，这种缺陷出现的概率和严重程度也增加。轻微的或不严重的撕痕状缺陷对钢的纵、横向力学性能的影响不大，是允许的缺陷。如对上述两种缺陷评定存在困难时，可对试样做横向力学性能试验，以进行综合判定。

报废缺陷断口有层状、残余缩孔、白点、气泡、内裂、低倍夹杂、黑脆、石状、萘状等。下面分析层状断口、石状断口、萘状断口、黑脆断口等缺陷。

1.5.4.1　层状断口

产生层状缺陷时，结构钢的断口呈劈裂的朽木状或高低不平的台阶状，外形似许多薄板顺压延方向焊合而成，见图 1.52。层状断口只发生在热压力加工以后。为了显示钢的层状断口，需使整个断口处于韧性状态。如果整个断口是脆性的(淬火或低温回火后)，则检查不出层状断口。为了使断口呈韧性状态，可以事先进行调质或者预热至 60～150℃时再做断口试验。

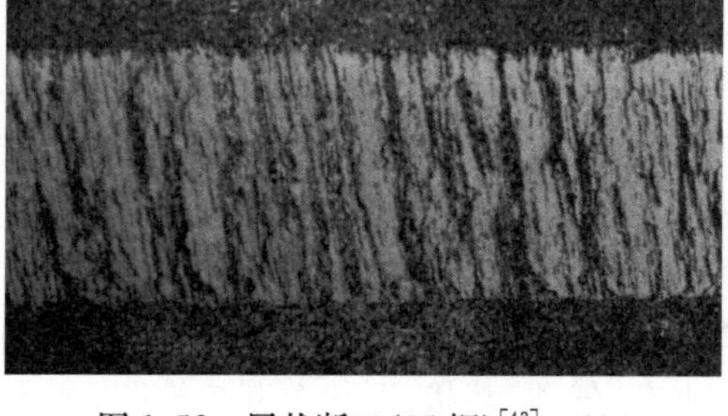

图 1.52　层状断口(35 钢)[43]　1×

层状断口严重地影响钢的横(切)向的力学性能，主要是降低塑性，特别是断面收缩率和冲击韧性，对强度的影响较小，对纵向性能则没有什么影响。这种缺陷对横(切)向力学性能的损害程度与层状断口发展的程度有关。

断口产生的原因有以下几方面：①钢中的非金属夹杂沿压延方向被拉长；②树枝状偏析区被拉长；③一些气孔被拉长；④带状组织。各个因素的作用大小视具体情况而不同，总之有层状断口说明钢的质量是非常差的。在板材中由于压延程度很大，这种缺陷更容易出现。层状断口是无法用热处理的方法来消除的。层状断口是不允许的缺陷，因此必须注意在冶炼过程中提高钢的纯度，减小有害夹杂和气体含量。

1.5.4.2　石状断口

石状断口是一种粗晶粒状晶间断口，断口凹凸不平无金属光泽。这种缺陷严重时可以分布在整个断口上，主要是严重过热的结果。产生的原因可能是过热后缓冷时引起已溶入的硫化物沿晶界重新析出。出现石状断口后采用一般的热处理方法很难消除。图 1.53 为 18Cr2Ni4W 钢因过热引起的石状断口，类似打碎的水泥和石子组成的混凝土块。

图 1.53　18Cr2Ni4W 钢的石状断口[14]

1.5.4.3　萘状断口

萘状断口的特点是在断口上有具反射能力的光亮点。萘状断口是一种穿晶断口。在结构钢中，萘状断口是一种过热断口，是钢材的加热温度过高或高温区保温时间太长使晶粒粗大而引起的，因此可以用热处理重结晶的方法予以消除。较严重的粗的萘状断口至少需要二次重结晶才能消除。

高速钢中的萘状断口形成的原因与结构钢不同，在有关章节中再作分析。

1.5.4.4　黑脆断口

黑脆断口上局部或全部为灰黑色，严重时可看到石墨颗粒，一般多在中心区，有时也会出现在边缘地带。这种缺陷多出现在退火后的共析和过共析工具钢、含硅的弹簧钢以及含钼 0.5%左右的珠光体热强钢的断口上。它是在一定条件下，钢中的渗碳体分解产生石墨的结果。除进行断口检查外，还可在显微镜下进行缺陷的检查和评级。由于析出了石墨,钢的脆性增大,用热处理和热加工的方法不能消除黑脆断口,所以这种缺陷是不允许存在的。

1.6 钢的分类

碳素钢是以铁为基础的铁碳合金。由于冶炼时所用原材料及冶炼方法和工艺操作等的影响,钢中总不免有少量的其他元素存在,如 Si、Mn、S、P、Cu、Cr、Ni 等。这些元素一般作为杂质或残余元素看待,它们的存在有时起到一些有益的作用(如残存的镍、铬可以提高钢的淬透性),还可以利用天然存在于某些矿石中的元素以提高钢的性能。但在某些情况下这些元素亦会产生不利的影响,如残余元素镍、铬、铜等的存在会对钢的焊接性和冷变形加工性等产生不良的影响,所以在优质碳素钢中,都规定出它们的最高许可量。在冶炼过程中,钢液不可避免地含有微量的气体元素——O、N、H。这些元素在钢中的含量虽然很少,但在一定条件下或超过一定含量后,却能对钢的性能产生重要影响,因而不能不加以考虑。

为了提高钢的性能或得到某种特殊的性能,有目的地加入钢中的元素,称为合金元素。目前钢中常用的合金元素有 Cr、Mn、Si、Ni、Mo、W、V、Ti、Ta、Nb、Zr、Co、Al、Cu、N、B 等。合金元素在钢中含量各不相同,例如,结构钢中 B 的含量为 0.0005%～0.0035%,V 在钢中的含量大约为 0.1%～5%,Cr 在钢中的含量可以达到 30%。

当钢中合金元素总含量小于或等于 5%时,称为低合金钢;合金元素总含量为 5%～10%时,称为中合金钢;合金元素总含量超过 10%时,称为高合金钢。不过这种划分并没有严格的规定。

当合金元素含量足够高时,决定点阵结构的不是铁而是合金元素,因此称之为某合金元素为基的合金。

钢的种类很多,为了便于管理、熟悉、选用和比较,根据某些特性,从不同角度出发,可以把它们分成若干具有共同特点的类别。这些分类方法主要为了方便和实际需要,因此同一种钢,可以根据其不同特点划为不同类型。

GB/T 13304—91《钢分类》于 1992 年实施。为了增强与 ISO(国际化标准组织)标准的一致性,2008 年将原标准修改为 GB/T 13304—2008《钢分类》,新的标准分为两部分,即

第 1 部分:按化学成分分类;

第 2 部分:按主要质量等级和主要性能或使用特性的分类。

在标准中提出:①按照化学成分对钢进行分类的基本准则,并规定了非合金钢、低合金钢与合金钢中合金元素含量的基本界限值;②非合金钢、低合金钢和合金钢按主要质量等级和主要性能或使用特性分类的基本原则和要求。

1.6.1 按化学成分分类

钢按化学成分分为非合金钢、低合金钢和合金钢。合金元素含量的确定应符合下列规定:当技术条件对钢的熔炼分析化学成分规定最低值或范围时,应以最低值作为规定含量进行分类;当技术条件规定最高值时,应以最高值的 0.7 倍作为规定含量进行分类;不

作为合金化元素有意加入钢中的残余元素含量，不应作为规定含量对钢进行分类。表1.4为非合金钢、低合金钢和合金钢合金元素规定含量界限值。

表1.4　非合金钢、低合金钢和合金钢合金元素规定含量界限值(GB/T 13304—2008)

合金元素	合金元素规定含量界限值(质量分数)/%		
	非合金钢	低合金钢	合金钢
Al	<0.10	—	≥0.10
B	<0.0005	—	≥0.0005
Bi	<0.10	—	≥0.10
Cr	<0.30	0.30～<0.50	≥0.50
Co	<0.10	—	≥0.10
Cu	<0.10	0.10～<0.50	≥0.50
Mn	<1.00	1.00～<1.40	≥1.40
Mo	<0.05	0.05～<0.10	≥0.10
Ni	<0.30	0.30～<0.50	≥0.50
Nb	<0.02	0.02～<0.06	≥0.06
Pb	<0.40	—	≥0.40
Se	<0.10	—	≥0.10
Si	<0.50	0.50～<0.90	≥0.90
Te	<0.10	—	≥0.10
Ti	<0.05	0.05～<0.13	≥0.13
W	<0.10	—	≥0.10
V	<0.04	0.04～<0.12	≥0.12
Zr	<0.05	0.05～<0.12	≥0.12
La系(每一种元素)	<0.02	0.02～<0.05	≥0.05
其他合金元素(C、N、S、P除外)	<0.05	—	≥0.05

注：La系元素含量，也可作为混合稀土含量总量。表中"—"表示不规定，不作为划分依据。

当Cr、Cu、Mo、Ni四种元素，有其中两种、三种或四种元素同时规定在钢中时，对于低合金钢，应同时考虑这些元素中每种元素的规定含量；所有这些元素的规定含量总和，应不大于规定的两种、三种或四种元素中每种元素最高界限值总和的70%。如果这些元素的规定含量总和大于规定的元素中每种元素最高界限值总和的70%，即使这些元素每种元素的规定含量低于规定的最高界限值，也应划入合金钢。上述原则也适用于Nb、Ti、V、Zr四种元素。

1.6.2　按主要质量等级和主要性能或使用特性的分类

非合金钢、低合金钢和合金钢按主要质量等级和主要性能或使用特性的分类。

1) 非合金钢

非合金钢按主要质量等级分为普通质量非合金钢、优质非合金钢和特殊质量非合金钢。

(1) 普通质量非合金钢是指不规定生产过程中需要特别控制质量要求的，并应同时满足下列四种条件的所有钢种。

① 钢为非合金化的。

② 不规定热处理(退火、正火、消除应力及软化处理不作为热处理对待)。

③ 如技术条件有规定,其特性值应符合下列条件:碳含量最高值不小于0.10%,硫或磷含量最高值不小于0.045%,氮含量最高值不小于0.007%,抗拉强度最低值不大于690MPa,屈服强度最低值不大于360MPa,弯心直径最低值不小于0.5×试件厚度,伸长率最低值不大于33%,冲击功最低值(20℃,V型,纵向)不大于27J,洛氏硬度最高值(HRB)不小于60。

④ 未规定其他质量要求。

普通质量非合金钢主要包括:一般用途碳素结构钢、碳素钢筋钢、铁道用一般碳素钢、一般钢板桩型钢。

(2) 优质非合金钢是指普通质量和特殊质量非合金钢以外的非合金钢。在生产过程中需特别控制质量(如控制晶粒度,降低硫、磷含量,改善表面质量或增加工艺控制等),以达到比普通质量非合金钢特殊的质量要求(良好的抗脆断性、良好的冷成形性等),但其生产控制不如特殊质量非合金钢严格。

优质非合金钢主要包括:机械结构用优质碳素钢,工程结构用碳素钢,冲压薄板的低碳结构钢,镀层板、带用的碳素钢,锅炉和压力容器用碳素钢,造船用碳素钢,铁道用优质碳素钢,焊条用碳素钢,用于冷锻、冷挤压、冷冲击、冷拔的对表面质量有特殊要求的非合金钢棒料和线材,非合金易切削结构钢,优质铸造碳素钢等。

(3) 特殊质量非合金钢是指需要特别严格质量和性能(如淬透性和纯净度)的非合金钢,应符合下列条件。

① 钢材要经热处理并至少具有下列一种特殊要求的非合金钢(包括易切削钢和工具钢):a. 要求淬火和回火或模拟表面硬化状态下的冲击性能;b. 要求淬火或淬火和回火后的淬硬层深度或表面硬度;c. 要求限制表面缺陷;d. 要求限制非金属夹杂物含量和(或)要求内部材质均匀性。

② 钢材不进行热处理并至少应具有下述一种特殊要求的非合金钢:a. 要求限制非金属夹杂物含量和(或)内部材质均匀性,如钢板抗层状撕裂性能;b. 要求限制磷含量和(或)硫含量最高值(成品含量不大于0.025%);c. 要求残余元素的含量同时作如下限制(熔炼分析):$w_{Cu} \leqslant 0.10\%$、$w_{Co} \leqslant 0.05\%$、$w_{V} \leqslant 0.05\%$;d. 表面质量的要求比冷镦和冷挤压用钢的规定更严格。

特殊质量非合金钢主要包括:保证淬透性非合金钢,保证厚度方向性能非合金钢,铁道用特殊非合金钢(车轴坯、车轮、轮箍钢),航空、兵器等专用非合金结构钢,核能用非合金钢,特殊焊条用非合金钢,碳素弹簧钢,特殊盘条钢及钢丝,特殊易切削钢,碳素工具钢,中空钢等。

非合金钢按其基本性能及使用特性分类如下:

(1) 以规定最高强度(或硬度)为主要特性的非合金钢,如冷成形用薄钢板。

(2) 以规定最低强度为主要特性的非合金钢,如造船、压力容器、管道等用的结构钢。

(3) 以限制碳含量为主要特性的非合金钢(但下述(4)、(5)两项包括的钢除外),如线材、调质用钢等。

(4) 非合金易切削钢,钢中硫含量最低值、熔炼分析值不小于0.070%,并(或)加入

Pb、Bi、Te、Se或P等元素。

(5) 其他非合金钢,如原料纯铁等。

2) 低合金钢

低合金钢按主要质量等级分为普通质量低合金钢、优质低合金钢和特殊质量低合金钢。

(1) 普通质量低合金钢是指不规定生产过程中需要特别控制质量要求的,供一般用途的低合金钢,并应同时满足下列条件。

① 合金含量较低(符合表1.4规定)。

② 不规定热处理(退火、正火、消除应力及软化处理不作为热处理对待)。

③ 如技术条件中有规定,其特性值应符合下列条件:硫或磷含量最高值不小于0.045%,抗拉强度最低值不大于690MPa,屈服点或屈服强度最低值不大于360MPa,伸长率最低值不大于26%,弯心直径最低值不小于2×试件厚度,冲击功最低值(20℃,V型,纵向标准试样)不大于27J。

④ 未规定其他质量要求。

普通质量低合金钢主要包括:一般用途低合金结构钢(规定的屈服强度不大于360MPa),低合金钢筋钢,铁道用一般低合金钢,矿用一般低合金钢。

(2) 优质低合金钢是指除普通质量低合金钢和特殊质量低合金钢以外的低合金钢,在生产过程中需要特别控制质量(如降低硫、磷含量,控制晶粒度,改善表面质量,增加工艺控制等),以达到比普通质量低合金钢特殊的质量要求(如良好的抗脆断性能、良好的冷成形性等),但这种钢的生产控制和质量要求不如特殊质量低合金钢严格。

优质低合金钢主要包括:可焊接的高强度结构钢(规定的屈服强度大于360MPa而小于420MPa),锅炉和压力容器用低合金钢,造船用低合金钢,汽车用低合金钢,桥梁用低合金钢,自行车用低合金钢,低合金耐候钢,铁道用低合金钢,矿用低合金钢,输油、输气管线用低合金钢。

(3) 特殊质量低合金钢是指在生产过程中需要特别严格控制质量和性能(特别是严格控制硫、磷等杂质含量和纯洁度)的低合金钢,应至少符合下列一种条件。

① 规定限制非金属夹杂物含量和(或)内部材质均匀性,如钢板抗层状撕裂性能。

② 规定严格限制磷含量和(或)硫含量最高值,成品分析值不大于0.025%。

③ 规定限制残余元素含量,并符合下列规定(熔炼分析):$w_{Cu}\leqslant 0.10\%$、$w_{Co}\leqslant 0.05\%$、$w_V\leqslant 0.05\%$。

④ 规定低温(低于−40℃,V型)冲击性能。

⑤ 可焊接的高强度钢,规定的屈服强度最低值不小于420MPa。

特殊质量低合金钢主要包括:核能用低合金钢,保证厚度方向性能低合金钢,铁道用特殊低合金钢,低温用低合金钢,舰船、兵器等专用特殊低合金钢。

低合金钢按其基本性能或使用特性分类如下:

① 可焊接的低合金高强度结构钢;

② 低合金耐候钢;

③ 低合金钢筋钢;

④ 铁道用低合金钢;

⑤ 矿用低合金钢;

⑥ 其他低合金钢。

3) 合金钢

合金钢按其主要质量等级分为优质合金钢和特殊质量合金钢。

(1) 优质合金钢是指在生产过程中需要特别控制质量和性能,但其生产控制和质量要求不如特殊质量合金钢严格的合金钢。

优质合金钢主要包括:一般工程结构用合金钢,合金钢筋钢,电工用硅(铝)钢(无磁导率要求),铁道用合金钢,地质、石油钻探用合金钢,硫、磷含量大于0.035%的耐磨钢和硅锰弹簧钢。

(2) 特殊质量合金钢是指在生产过程中需要特别严格控制质量和性能的合金钢。除优质合金钢以外的所有其他合金钢都为特殊质量合金钢。

特殊质量合金钢主要包括:锅炉和压力容器用合金钢,热处理合金钢筋钢,经热处理的地质石油钻探用合金钢,合金结构钢,合金弹簧钢,不锈钢,耐热钢,合金工具钢,高速工具钢,轴承钢,高电阻电热钢和合金,无磁钢,永磁钢。

合金钢按其基本性能及使用特性分类如下:

① 工程结构用合金钢,包括一般工程结构用合金钢、合金钢筋钢、压力容器用合金钢、地质石油钻探用钢、高锰耐磨钢等。

② 机械结构用合金钢,包括调质处理合金结构钢、表面硬化合金结构钢、冷塑性成型(冷顶锻、冷挤压)合金结构钢、合金弹簧钢等,但不锈、耐蚀和耐热钢,轴承钢除外。

③ 不锈、耐蚀和耐热钢,包括不锈钢、耐酸钢、抗氧化钢和热强钢等。

④ 工具钢,包括合金工具钢、高速工具钢。

⑤ 轴承钢。

⑥ 特殊物理性能钢,包括软磁钢、永磁钢、无磁钢及高电阻钢和合金等。

⑦ 其他,如铁道用合金钢等。

1.6.3 其他分类方法

1) 按冶炼方法分类

钢按冶炼方法可分为平炉钢、转炉钢、电炉钢和炉外精炼钢。平炉钢过去主要冶炼非合金钢、低合金钢和部分合金钢,现在平炉已被淘汰。转炉钢的主要品种为非合金钢、低合金钢和少量合金钢,配以炉外精炼,现代转炉主要是顶底复吹转炉,可以生产几乎所有的钢类。电炉钢包括电弧炉钢、感应炉钢、电渣炉钢、真空感应炉钢、真空自耗炉钢等。电弧炉钢冶炼的主要品种为优质非合金钢、低合金钢和合金钢。

将精料、电炉和炉外精炼配合,主要生产特殊质量非合金钢、低合金钢和合金钢。

按照冶炼时采用的脱氧方法和脱氧程度,又可以把钢分为沸腾钢、镇静钢和半镇静钢。

2) 按组织分类

(1) 按平衡状态或退火状态的组织分类,其中包括:

① 亚共析钢,组织为珠光体和自由铁素体。

② 共析钢,组织为珠光体。

③ 过共析钢，组织内有二次碳化物，如高碳工具钢。

④ 莱氏体钢，组织内有一次碳化物，如高速钢和高铬工具钢。

⑤ 铁素体钢，当钢中加入较多的能稳定铁素体的元素时，能使钢在高温和室温时铁素体都是稳定的，这类钢在加热和冷却时铁素体不进行转变。

⑥ 奥氏体钢，当钢中加入较多的能稳定奥氏体的元素时，能使钢在高温和室温时奥氏体都是稳定的，加热和冷却时奥氏体的组织不变。

⑦ 半铁素体钢，此类钢在加热和冷却时，有一部分铁素体能发生铁素体和奥氏体的相互转变。

(2) 按正火组织分类。这种方法是根据直径为 25mm 的钢材加热至 900℃后，在空气中冷却时所得到的组织分类的，这种分类方法自然不是严格的，但接近某些生产条件下(如轧制后空气中冷却)所得到的组织。

① 珠光体类，冷却时奥氏体进行珠光体分解，合金元素含量不高者属于这一类。

② 贝氏体类，冷却时奥氏体进行贝氏体转变，室温时基本上是贝氏体组织。

③ 马氏体类，冷却时奥氏体能过冷至马氏体点以下，则室温时将是马氏体组织。

④ 奥氏体类，冷却时奥氏体尚来不及分解，而马氏体点在室温以下，因此室温时将是奥氏体组织。

3) 按使用加工方法分类

按照在钢材使用时的制造加工方式可以将钢分为压力加工用钢、切削加工用钢和冷顶锻用钢。

压力加工用钢是供用户经塑性变形制作零件和产品用的钢。按加工前钢是否经过加热，又分为热压力加工用钢和冷压力加工用钢。

切削加工用钢是供切削机床(如车、铣、刨、磨等)在常温下切削加工成零件用的钢。

冷顶锻用钢是将钢材在常温下进行锻粗，做成零件或零件毛坯，如铆钉、螺栓及带凸缘的毛坯等，这种钢也称为冷锻钢。

在实际工作中，上述各种钢的分类方法差不多都能碰到，并且常常几种方法重叠使用。

4) 按用途分类

按照用途不同可以把钢分为碳素结构钢、优质碳素结构钢、碳素工具钢、低合金高强度结构钢、合金结构钢、弹簧钢、合金工具钢、高速工具钢、轴承钢、不锈耐酸钢、耐热钢和电工用硅钢等十二大类。

为了满足专门用途的需要，由上述钢类又派生出一些专门用途的钢，简称为专门钢。它们包括：焊接用钢、钢轨钢、铆螺钢、锚链钢、地质钻探管用钢、船用钢、汽车大梁用钢、矿用钢、压力容器用钢、桥梁用钢、锅炉用钢、焊接气瓶用钢、车辆车轴用钢、机车车轴用钢、耐候钢和管线钢等。

1.6.4　编号方法

钢的种类很多，需要进行编号。编号的原则是：简短醒目，便于书写、打印和识别而不易混淆，又要能表示其主要成分及用途以及其主要性能和相应的状态。目前还很少有哪种编号方法能满足一切要求。

世界各国都有自己的钢的编号方法,本节主要介绍我国钢的编号方法,同时简要介绍美国、俄罗斯、日本、德国和国际标准化组织(ISO)等相关标准中的钢的编号方法[48]。

1.6.4.1 中国

新中国成立初期曾采用过苏联的钢的编号方法,1952 年决定用注音字母代替苏联编号中的俄文字母。1959 年原冶金部批准颁布了我国的钢铁产品编号方法,1963 年改为国家标准 GB 221—63《钢铁产品牌号表示方法》,采用了汉字和拉丁字母同时并举的原则。之后又陆续修改为 GB 221—79、GB/T 221—2000 和 GB/T 221—2008,名称未变。

为了适应钢铁产品的发展、便于国际交流和贸易的需要,最新修订的 GB/T 221—2008 与修订前的标准比较,内容有了适当的修改。钢铁牌号的表示,通常采用大写汉语拼音字母、化学元素符号和阿拉伯数字相结合的方法表示,也可采用大写英文字母或国际惯例表示符号。

产品牌号中的元素用化学元素符号表示,混合稀土元素符号用“RE”表示,元素含量用质量分数表示。

采用汉语拼音字母或英文字母表示产品名称、用途、特性和工艺方法时,一般从产品名称中选取有代表性的汉字的汉语拼音的首位字母或英文单词的首位字母。当和另一产品所取字母重复时,改取第二个字母或第三个字母,或同时选取两个(或多个)汉字或英文单词的首位字母。采用汉语拼音字母或英文字母,原则上只取一个,一般不超过三个。

下面将依序介绍按钢的用途所分的除电工用硅钢以外的各大类钢的牌号表示方法。

1) 碳素结构钢和低合金结构钢

碳素结构钢和低合金结构钢的牌号通常由四部分组成。

第一部分:前缀符号+强度值(MPa),其中通用结构钢前缀符号为代表屈服强度的拼音字母“Q”,专用结构钢的前缀符号见表 1.5。

表 1.5 专用结构钢的前缀符号(GB/T 221—2008)

成品名称	采用的汉字及汉语拼音或英文单词			采用字母
	汉字	汉语拼音	英文单词	
热轧光圆钢筋	热轧光圆钢筋	—	hot rolled plain bars	HPB
热轧带肋钢筋	热轧带肋钢筋	—	hot rolled ribbed bars	HRB
细晶粒热轧带肋钢筋	热轧带肋钢筋+细	—	hot rolled ribbed bars+fine	HRBF
冷轧带肋钢筋	冷轧带肋钢筋	—	cold rolled ribbed bars	CRB
预应力混凝土用螺纹钢筋	预应力、螺纹、钢筋	—	prestressing, screw, bars	PSB
焊接气瓶用钢	焊瓶	HAN PING	—	HP
管线用钢	管线	—	line	L
船用锚链钢	船锚	CHUAN MAO	—	CM
煤机用钢	煤	MEI	—	M

第二部分(必要时):钢的质量等级,用英文字母 A、B、C、D、E、F…表示。

第三部分(必要时):脱氧方式表示符号,即沸腾钢、半镇静钢、镇静钢、特殊镇静钢分别以 F、b、Z、TZ 表示。镇静钢、特殊镇静钢表示符号通常可以省略。

第四部分(必要时)：产品用途、特性、工艺方法表示符号，见表 1.6。

表 1.6　碳素结构钢和低合金结构钢产品用途、特性、工艺方法表示符号(GB/T 221—2008)

成品名称	采用的汉字及汉语拼音或英文单词			采用字母	位置
	汉字	汉语拼音	英文单词		
锅炉和压力容器用钢	容	RONG	—	R	牌号尾
锅炉用钢(管)	锅	GUO	—	G	牌号尾
低温压力容器用钢	低容	DI RONG	—	DR	牌号尾
桥梁用钢	桥	QIAO	—	Q	牌号尾
耐候钢	耐候	NAI HOU	—	NH	牌号尾
高耐候钢	高耐候	GAO NAI HOU	—	GNH	牌号尾
汽车大梁用钢	梁	LIANG	—	L	牌号尾
高性能建筑结构用钢	高建	GAO JIAN	—	GJ	牌号尾
低焊接裂纹敏感性钢	低焊接裂纹敏感性	—	crack free	CF	牌号尾
保证淬透性钢	淬透性	—	hardenability	H	牌号尾
矿用钢	矿	KUANG	—	K	牌号尾
船用钢	采用国际符号				

示例：Q235AF 表示最小屈服强度为 235MPa 的碳素结构钢，质量 A 级，沸腾钢；Q345D 表示最小屈服强度为 345MPa 的低合金高强度结构钢，质量 D 级，特殊镇静钢；CRB550 表示最小抗拉强度为 550MPa 的冷轧带肋钢筋；Q345R 表示最小屈服强度为 345MPa 的锅炉和压力容器用钢，特殊镇静钢。

根据需要，低合金高强度结构钢的牌号也可以两位阿拉伯数字(表示以万分之几计的平均碳含量)加元素符号及必要时加代表产品用途、特性和工艺方法的表示符号，按顺序表示。

示例：碳含量 0.15%～0.26%、锰含量 1.20%～1.60%的矿用钢牌号为 20MnK。

2) 优质碳素结构钢和优质碳素弹簧钢

优质碳素结构钢牌号通常由五部分组成。

第一部分：以两位阿拉伯数字表示平均碳含量(以万分之几计)。

第二部分(必要时)：较高锰含量的优质碳素钢，加锰元素符号 Mn。

第三部分(必要时)：钢材冶金质量，即高级优质钢、特级优质钢分别以 A、E 表示，优质钢不用字母表示。

第四部分(必要时)：脱氧方式表示符号，即沸腾钢、半镇静钢、镇静钢分别以 F、b、Z 表示，但镇静钢表示符号通常可以省略。

第五部分(必要时)：产品用途、特性、工艺方法表示符号，见表 1.6。

优质碳素弹簧钢的牌号表示方法与优质碳素结构钢相同。

示例：08F 表示碳含量 0.05%～0.11%、锰含量 0.25%～0.50%的优质碳素结构钢，沸腾钢；50MnE 表示碳含量 0.48%～0.56%、锰含量 0.70%～1.00%的特级优质碳素钢,镇静钢;65Mn 表示碳含量 0.62%～0.70%、锰含量 0.90%～1.20%的优质碳素弹簧钢,镇静钢。

3) 易切削钢

易切削钢钢号通常由三部分组成。

第一部分:易切削钢表示符号“Y”。

第二部分:以两位阿拉伯数字表示平均碳含量(以万分之几计)。

第三部分:易切削元素符号,如含钙、铅、锡等易切削元素的易切削钢分别以 Ca、Pb、Sn 表示。加硫和加硫磷易切削钢,通常不加易切削元素符号 S、P。较高锰含量的加硫或加硫磷易切削钢,本部分为锰元素符号 Mn。为区分牌号,对较高硫含量的易切削钢,在牌号尾部加硫元素符号 S。

示例:碳含量 0.42%～0.50%、钙含量 0.002%～0.006%的易切削钢,其牌号表示为 Y45Ca;碳含量 0.40%～0.48%、锰含量 1.35%～1.65%、硫含量 0.16%～0.24%的易切削钢,其牌号表示为 Y45Mn;碳含量 0.40%～0.48%、锰含量 1.35%～1.65%、硫含量 0.24%～0.32%的易切削钢,其牌号表示为 Y45MnS。

4) 车辆车轴及机车车辆用钢

车辆车轴及机车车辆用钢牌号通常由两部分组成。

第一部分:车辆车轴用钢表示符号“LZ”(辆轴)或机车车辆用钢表示符号“JZ”(机轴)。

第二部分:以两位阿拉伯数字表示平均碳含量(以万分之几计)。

示例:JZ45 表示碳含量 0.40%～0.48%的机车车辆用钢。

5) 合金结构钢和合金弹簧钢

合金结构钢牌号通常由四部分组成。

第一部分:以两位阿拉伯数字表示平均碳含量(以万分之几计)。

第二部分:合金元素含量以化学元素符号及阿拉伯数字表示。具体表示方法为:平均含量小于 1.50%时,牌号仅标明元素,一般不标明含量;平均元素含量为 1.50%～2.49%、2.50%～3.49%…时,在合金元素后相应地加上 2、3…化学元素符号的排列顺序推荐按含量值递减排列。如果两个或多个元素的含量相等时,相应符号位置按英文字母顺序排列。

第三部分:钢材冶金质量,即高级优质钢、特级优质钢分别以 A、E 表示,优质钢不用字母表示。

第四部分(必要时):产品用途、特性、工艺方法表示符号,见表 1.6。

合金弹簧钢的表示方法与合金结构钢相同。

示例:见表 1.7。

表 1.7　合金结构钢和合金弹簧钢牌号表示方法示例(GB/T 221—2008)

产品名称	第一部分	第二部分	第三部分	第四部分	牌号示例
合金结构钢	碳含量 0.22%～0.29%	铬含量 1.50%～1.80% 钼含量 0.25%～0.35% 钒含量 0.15%～0.30%	高级优质钢	—	25Cr2MoVA

续表

产品名称	第一部分	第二部分	第三部分	第四部分	牌号示例
锅炉和压力容器用钢	碳含量 ≤0.22%	锰含量1.20%～1.60% 钼含量0.45%～0.65% 铌含量0.025%～0.050%	特级优质钢	锅炉和压力容器用钢	18MnMoNbER
优质弹簧钢	碳含量 0.56%～0.64%	硅含量1.60%～2.00% 锰含量:0.70%～1.00%	优质钢	—	60Si2Mn

6）非调质机械结构钢

非调质机械结构钢牌号通常由四部分组成。

第一部分:非调质机械结构钢表示符号“F”。

第二部分:以两位阿拉伯数字表示平均碳含量(以万分之几计)。

第三部分:合金元素含量,以化学元素符号及阿拉伯数字表示,表示方法同合金结构钢第二部分。

第四部分(必要时):改善切削性能的非调质机械结构钢加硫元素符号S。

示例:F35VS表示碳含量0.32%～0.39%、钒含量0.06%～0.13%、硫含量0.035%～0.075%的非调质机械结构钢。

7）工具钢

工具钢通常分为碳素工具钢(非合金工具钢)、合金工具钢、高速工具钢三类。

(1) 碳素工具钢。碳素工具钢牌号通常由四部分组成。

第一部分:碳素工具钢表示符号“T”。

第二部分:以两位阿拉伯数字表示平均碳含量(以千分之几计)。

第三部分(必要时):较高锰含量碳素工具钢,加锰元素符号Mn。

第四部分(必要时):钢材冶金质量,即高级优质碳素工具钢以A表示,优质钢不用字母表示。

示例:T8MnA表示碳含量0.80%～0.90%、锰含量0.40%～0.60%的高级优质碳素工具钢。

(2) 合金工具钢。合金工具钢牌号通常由两部分组成。

第一部分:平均碳含量小于1.00%时,采用一位数字表示碳含量(以千分之几计),平均碳含量不小于1.00%时,不标明碳含量数字。

第二部分:合金元素含量,以化学元素符号及阿拉伯数字表示,表示方法同合金结构钢第二部分,低铬(平均铬含量小于1%)合金工具钢,在铬含量(以千分之几计)前加数字“0”。

示例:9SiCr表示碳含量0.85%～0.95%、硅含量1.20%～1.60%、铬含量0.95%～1.25%的合金工具钢。Cr06为平均含铬量小于0.6%的合金工具钢。

(3) 高速工具钢。高速工具钢牌号表示方法与合金结构钢相同,但在牌号头部一般不标明碳含量的阿拉伯数字。为了区别牌号,在牌号头部可以加“C”表示高碳高速钢。

示例:W6Mo5Cr4V2表示碳含量0.80%～0.90%、钨含量5.50%～6.75%、钼含量4.50%～5.50%、铬含量3.80%～4.40%、钒含量1.75%～2.20%的高速工具钢,但其碳含量提高至0.86%～0.94%,而其他成分基本相同时,其表示符号为CW6Mo5Cr4V2。

8) 轴承钢

轴承钢按化学成分和使用特性分为高碳铬轴承钢、渗碳轴承钢、高碳铬不锈轴承钢和高温轴承钢四大类。

(1) 高碳铬轴承钢。高碳铬轴承钢牌号通常由两部分组成。

第一部分:滚动轴承钢表示符号“G”,但不标明碳含量。

第二部分:合金元素“Cr”符号及其含量(以千分之几计),其他合金元素含量以化学元素符号及阿拉伯数字表示,表示方法与合金结构钢第二部分相同。

示例:GCr15SiMn 表示铬含量 1.40%~1.65%、硅含量 0.45%~0.75%、锰含量 0.95%~1.25%的高碳铬轴承钢。

(2) 渗碳轴承钢。在牌号头部加符号“G”,采用合金结构钢的牌号表示方法,高级优质渗碳轴承钢在牌号尾部加“A”。

示例:G20CrNiMoA 表示碳含量 0.17%~0.23%、铬含量 0.35%~0.65%、镍含量 0.40%~0.70%、钼含量 0.15%~0.30%的高级优质渗碳轴承钢。

(3) 高碳铬不锈轴承钢和高温轴承钢。在牌号头部加符号“G”,采用不锈钢和耐热钢的牌号表示方法。

示例:G95Cr18 表示碳含量 0.90%~1.00%、铬含量 17.0%~19.0%的高碳铬轴承钢;G80Cr4Mo4V 表示碳含量 0.75%~0.85%、铬含量 3.75%~4.25%、钼含量 4.00%~4.50%的高温轴承钢。

9) 钢轨钢和冷镦钢

钢轨钢和冷镦钢牌号通常由三部分组成:

第一部分:钢轨钢表示符号“U”、冷镦钢(铆螺钢)表示符号“ML”。

第二部分:以阿拉伯数字表示平均碳含量,优质碳素结构钢同优质碳素结构钢第一部分,合金结构钢同合金结构钢第一部分。

第三部分:合金元素含量,以化学元素符号及阿拉伯数字表示,表示方法同合金结构钢第二部分。

示例:U70MnSi 表示碳含量 0.66%~0.74%、硅含量 0.85%~1.15%、锰含量 0.85%~1.15%的钢轨钢;ML30CrMo 表示碳含量 0.26%~0.34%、铬含量 0.80%~1.10%、钼含量 0.15%~0.25%的冷镦钢。

10) 不锈钢和耐热钢

不锈钢和耐热钢牌号采用化学元素符号和表示各元素含量的阿拉伯数字表示。各元素含量的阿拉伯数字表示应符合以下规定。

(1) 碳含量。用两位或三位阿拉伯数字表示碳含量最佳控制值(以万分之几计或十万分之几计)。只规定碳含量上限者,当碳含量上限不大于 0.10%时,以其上限的 3/4 表示碳含量;当碳含量上限大于 0.10%时,以其上限的 4/5 表示碳含量。例如,碳含量上限为 0.08%,以 06 表示;碳含量上限为 0.20%,以 16 表示;碳含量上限为 0.15%,以 12 表示。

对超低碳不锈钢(即碳含量不大于 0.030%),用三位阿拉伯数字表示碳含量最佳控制值(以十万分之几计)。例如,碳含量上限为 0.030%时,其牌号中的碳含量以 022 表示;碳含量上限为 0.025%时,其牌号中的碳含量以 019 表示;碳含量上限为 0.020%时,其牌号中的碳含量以 015 表示；碳含量上限为 0.01%时，其牌号中的碳含量以 008 表示。

规定上下限者，以平均碳含量×100 表示。例如，碳含量为 0.16%～0.25%时，其牌号中的碳含量以 20 表示。

(2) 合金元素含量。合金元素含量以化学元素符号及阿拉伯数字表示，表示方法同合金结构钢第二部分。钢中有意加入铌、钛、锆、氮等合金元素，虽然含量很低，也应在牌号中标出。例如，碳含量不大于 0.08%，铬含量 18%～20%，镍含量 8%～11%的不锈钢，牌号为 06Cr19Ni10；碳含量不大于 0.030%，铬含量 16%～19%，钛含量 0.1%～1%的不锈钢，牌号为 022Cr18Ti；碳含量 0.15%～0.25%，铬含量 14%～16%，锰含量 14%～16%，镍含量 1.50%～3.00%，氮含量 0.15%～0.30%的不锈钢，牌号为 20Cr15Mn15Ni2N；碳含量不大于 0.25%，铬含量 24%～26%，镍含量 19%～22%的耐热钢，牌号为 20Cr25Ni20。

11) 焊接用钢

焊接用钢包括焊接用碳素钢、焊接用合金钢、焊接用不锈钢等类。焊接用钢牌号通常由两部分组成：第一部分，焊接用钢表示符号"H"；第二部分，各类焊接用钢牌号表示方法。应符合各类钢的规定。

1.6.4.2　美国

美国的钢铁产品牌号通常采用美国各团体标准的牌号表示方法，主要的标准化机构有美国材料与试验协会(ASTM)、美国汽车工程师协会(SAE)、美国金属学会(ASM)、美国钢铁学会(AISI)等。

对于碳素和合金结构钢，AISI 标准与 SAE 标准大致相同，都采用四个数字(少部分用五个数字)。四个数字中，前两个表示钢的种类，后两个表示钢的平均碳含量(以万分之一为单位)。AISI 标准的有些钢号带有前缀字母或后缀字母，如前缀"E"表示电炉钢，前缀"C"表示碳素钢，后缀"F"表示易切削钢。在四位数中间插入字母"L"，表示含铅钢种，在最后标以字母"L"表示超低碳钢种。表 1.8 为 SAE 标准的碳素和合金结构钢钢号系统示例。

表 1.8　SAE 标准的碳素和合金结构钢钢号系统示例[49]

数字系统	钢类	合金元素含量范围或平均值/%
10××	碳素钢	≤1.0Mn
11××	含硫易切削钢	—
12××	含硫和含硫磷易切削钢	—
13××	锰钢	1.75Mn
15××	较高锰含量碳素钢	—
23××	镍钢	3.5Ni
25××	镍钢	5Ni
31××	镍铬钢	1.25Ni,0.65～0.8Cr
32××	镍铬钢	1.75Ni,1.07Cr
33××	镍铬钢	3.5Ni,1.50～1.57Cr
34××	镍铬钢	3.0Ni,0.77Cr

续表

数字系统	钢类	合金元素含量范围或平均值/%
40××	钼钢	0.2～0.30Mo
41××	铬钼钢	0.5/0.8/0.95Cr,0.12/0.2/0.30Mo
43××	镍铬钼钢	1.82Ni,0.5/0.8Cr,0.25Mo
43BV××	镍铬钼钢	含硼和钒
44××	钼钢	0.4/0.52Mo
46××	镍钼钢	0.85/1.82Ni,0.2/0.25Mo
46××	铬镍钼钢	1.05Ni,0.45Cr,0.2/0.35Mo
48××	镍钼钢	3.5Ni,0.25Mo
50××	铬钢	0.27～0.65Cr
51××	铬钢	0.8～1.05Cr
61××	铬钒钢	—
81××	镍铬钼钢	0.3Ni,0.4Cr,0.12Mo
86××	镍铬钼钢	0.5Ni,0.5Cr,0.20Mo
87××	镍铬钼钢	0.55Ni,0.5Cr,0.25Mo
88××	镍铬钼钢	0.55Ni,0.5Cr,0.35Mo
92××	硅锰钢	—

AISI和SAE标准的保证淬透性钢,则在钢号后面附字母“H”,如“4140H”表示有一定淬透性要求的铬钼钢。

AISI和SAE标准的高碳铬轴承钢的钢号由五位数字组成,第一位数字“5”表示铬钢,第二位数字表示铬含量:0表示0.5%、1表示1.0%、2表示1.45%,后三位数字表示平均碳含量×100。例如,52100表示含0.95%～1.05%C、1.30%～1.60%Cr的高碳铬轴承钢。

美国工具钢,根据AISI和SAE编号,按其用途和所含合金元素,分为十三类,各类分别用字母和顺序数字表示,这种编号方法不能表示出钢的化学成分。具体编号见表1.9。

表1.9 AISI和SAE标准工具钢钢号系列[49]

钢号	钢类	钢号	钢类	钢号	钢类
W×	水淬工具钢,一般系碳素工具钢或含少量Cr、V的钢。×为顺序数字(下同),如W1	A×	空冷硬化冷作模具钢	L×	低合金特种用途工具钢
		D×	高碳高铬型冷作模具钢	F×	碳钨工具钢
		H1×	中碳中铬型热作模具钢	P×	塑料模具钢
S×	耐冲击工具钢	H2×	钨系热作模具钢	T×	钨系高速工具钢
O×	油冷冷作工具钢	H4×	钼系热作模具钢	M×	钼系高速工具钢

不锈钢和耐热钢一般用“AISI”的编号,钢号由三个数字组成,第一个表示钢类,第二、三位数字表示序号,具体编号如下:

2××——铬锰镍氮奥氏体钢;

3××——铬镍奥氏体钢，如“302”，相当于我国的 1Cr18Ni9；
4××——高铬不锈钢，如“403”和“430”，相当于我国的 1Cr13 和 Cr17；
5××——低铬马氏体钢，如“501”，相当于我国的 Cr5Mo 耐热钢。

1.6.4.3　俄罗斯

ГОСТ 是苏联的标准代号，现俄罗斯仍沿用这个代号作为国家标准代号。ГОСТ 标准中钢铁牌号的表示方法和我国钢铁标准的牌号表示方法基本相同，只是钢号中的化学元素用俄文字母表示，其表示方法见表 1.10。

表 1.10　合金钢钢号中表示各合金元素的俄文字母代号[49]

代号	汉字及俄文	代号	汉字及俄文	代号	汉字及俄文	代号	汉字及俄文
А	氮 Азот	К	钴 Кобальт	С	硅 Кремний	Ю	铝 Алюминий
Б	铌 Ниобий	М	钼 Мольбден	Т	钛 Титан	Ч	稀土元素 Редкоземельные элементы
В	钨 Вольфрам	Н	镍 Никель	Ф	钒 Ванадий		
Г	锰 Марганец	П	磷 фосфор	Х	铬 Хром		
Д	铜 Медь	Р	硼 Бор	Ц	锆 Цирконий		

钢号中常用的前缀或后缀字母代号及其含义见表 1.11。

表 1.11　钢号中部分常用的前缀或后缀字母代号[49]

代号	含义	前缀或后缀	代号	含义	前缀或后缀	代号	含义	前缀或后缀
Ст	钢(普通碳素钢)	前	А	高级优质钢	后	Ш	滚动轴承钢	前
кп	沸腾钢	后	У	碳素工具钢	前	Л	铸钢	后
пс	半镇静钢	后	А	含硫易切削钢	前	К	锅炉用钢	后
сп	镇静钢	后	АС	含铅易切削钢	前	Р	高速钢	前

此外，还有些非标准的钢，其表示方法各异，ЭИ 表示电炉钢厂试验研究钢种，ЭП 表示工业试验钢种，后面附有号数，如 ЭИ958、ЭП658 等。

普通碳素钢在新的 ГОСТ 标准中，已采用屈服强度值下限表示，以便和 ISO 国际标准的钢号接轨，如表示为 С235 的钢号，其 $\sigma_s \geqslant 235$MPa。

优质碳素钢和碳素工具钢表示方法与我国标准相同，如 10、20F 表示为 10、20кп；T10、T12A 表示为 У10、У12А。

合金钢的表示方法，除高速钢不同外，均与我国标准相同。高速钢以 Р 表示，后面数字表示钨含量。有时在俄文书刊中可以看到一些代号，如 Я 表示镍铬不锈钢，Ж 表示铬不锈钢和耐热钢。例如，Ж3 表示 3Х13，Я1Т 表示 1Х18Н9Т。

表 1.12 为俄罗斯合金钢钢号表示方法与我国合金钢钢号表示方法对照。

表 1.12　俄罗斯合金钢钢号表示方法与我国合金钢钢号表示方法对照

合金钢名称	俄罗斯钢号表示方法	我国钢号表示方法
低合金钢	15ГС	15MnSi
合金结构钢	38XMЮA,30XГC,18XГT	30CrMoAlA,30CrMnSi,18CrMnTi
易切削钢	A40Г	Y40Mn
弹簧钢	60C2,50XΦA	60Si2Mn,60Si2,50CrV
滚珠轴承钢	ШX15,ШX15CГ	GCr15,GCr15SiMn
合金工具钢	5XHM,X12,X06,9XC(极个别情况)	5CrNiMo,Cr12,Cr06,9SiCr
高速钢	P18,P6M5	W18Cr4V,W6Mo5Cr4V2
耐热钢,不锈钢	1X18H9T,3X13,1X14H14B2MT	1Cr18Ni9Ti,3Cr13,1Cr14Ni14W2MoTi

1.6.4.4　日本

JIS是日本工业标准的代号。日本JIS标准钢号系统的编号方法的主体结构基本上由三部分组成。

第一部分:采用前缀字母,表示材料分类,以"S"表示钢。

第二部分:采用英文字母或假名拼音的罗马字,表示用途、钢材种类等;对于合金结构钢,第二部分为主要合金元素符号。

第三部分:数字,表示钢类或钢材的序号或强度值下限。钢号序号有一位、二位或三位数。有的钢号在数字序号后还附加后缀A、B、C等字母,表示不同质量等级、种类或厚度。在钢号主体之后,根据情况需要,可附加表示形状、制造方法及热处理的后缀符号。

表1.13为JIS标准钢号表示第二部分的表示符号和后缀符号的含义。

表 1.13　JIS标准中一些表示钢的用途、种类、钢类的符号和各类后缀符号[49]

钢号表示第二部分		钢号后缀		
表示用途、钢材种类	表示钢组	表示形状	表示制造方法	表示热处理
K—工具	锰钢—Mn	CP—冷轧板	R—沸腾钢	A—退火
U—特殊用途	铬钢—Cr	HP—热轧板	K—镇静钢	N—正火
W—线材、钢丝	锰铬钢—MnC	CS—冷轧带	A—铝镇静钢	Q—淬火回火
P—钢板	铬钼钢—CM	HS—热轧带	S-C—冷拔无缝钢管	S—固溶处理
T—钢管	镍铬钢—NC	TP—管道用钢材	D9—冷拔,精度9级	SR—消除应力处理
C—铸件	镍铬钼钢—NCM	WR—线材		
F—锻件	铝铬钼钢—ACM	B—棒材		

普通碳素结构钢的钢号组成为SS×××,前缀S代表钢,中间的S代表结构用,后面的三位数代表抗拉强度的最低值(MPa),如SS400。

机械制造用结构钢包括优质碳素结构钢和合金结构钢。

优质碳素钢钢号组成为S××C或S××CK,中间数字代表平均碳含量的万分之几,后缀C代表优质钢,后缀CK代表渗碳钢。

在合金结构钢标准中的钢号组成为:S○○○◎××○,其中○○○代表钢组或主要元素符号(见表1.13),◎为主要元素含量数字代号,根据元素含量的高低采用四个偶数代号表示(见表1.14),其后的两位数字××原则上采用平均碳含量的万分之几来表示,取其整数,其值小于10时,数值前加0,如09。如果主合金元素符号、元素和碳含量的数字代号均相同时,则对合金元素含量较高的钢种采取××+1,后缀符号采用英文字母,用于基本钢种添加微量元素或特殊元素时;或用于保证某种特性,如“H”表示保证淬透性钢。

表1.14 主要合金元素含量、数字代号与元素含量范围[49] (单位:%)

<table>
<tr><th rowspan="2">主要合金元素含量数字代号</th><th>锰钢</th><th colspan="2">锰铬钢</th><th>铬钢</th><th colspan="2">铬钼钢</th><th colspan="2">镍铬钢</th><th colspan="3">镍铬钼钢</th></tr>
<tr><th>Mn</th><th>Mn</th><th>Cr</th><th>Cr</th><th>Cr</th><th>Mo</th><th>Ni</th><th>Cr</th><th>Ni</th><th>Cr</th><th>Mo</th></tr>
<tr><td rowspan="2">2</td><td>＞1.00</td><td>＞1.00</td><td>＞0.30</td><td>＞0.30</td><td>＞0.30</td><td>＞0.15</td><td>＞1.00</td><td>＞0.25</td><td>＞0.20</td><td>＞0.20</td><td>＞0.15</td></tr>
<tr><td>＜1.30</td><td>＜1.30</td><td>＜0.90</td><td>＜0.80</td><td>＜0.80</td><td>＜0.30</td><td>＜2.00</td><td>＜1.25</td><td>＜0.70</td><td>＜1.00</td><td>＜0.40</td></tr>
<tr><td rowspan="2">4</td><td>＞1.30</td><td>＞1.30</td><td>＞0.30</td><td>＞0.80</td><td>＞0.80</td><td>＞0.15</td><td>＞2.00</td><td>＞0.25</td><td>＞0.70</td><td>＞0.40</td><td>＞0.15</td></tr>
<tr><td>＜1.60</td><td>＜1.60</td><td>＜0.90</td><td>＜1.40</td><td>＜1.40</td><td>＜0.30</td><td>＜2.50</td><td>＜1.25</td><td>＜2.00</td><td>＜1.50</td><td>＜0.40</td></tr>
<tr><td rowspan="2">6</td><td rowspan="2">＞1.60</td><td rowspan="2">＞1.60</td><td>＞0.30</td><td>＞1.40</td><td rowspan="2">＞1.40</td><td>＞0.15</td><td>＞2.50</td><td>＞0.25</td><td>＞2.00</td><td rowspan="2">＞1.00</td><td>＞0.15</td></tr>
<tr><td>＜0.90</td><td>＜2.00</td><td>＜0.30</td><td>＜3.00</td><td>＜1.25</td><td>＜3.50</td><td>＜1.00</td></tr>
<tr><td rowspan="2">8</td><td rowspan="2">—</td><td rowspan="2">—</td><td rowspan="2">—</td><td rowspan="2">—</td><td>＞0.80</td><td>＞0.30</td><td rowspan="2">＞3.00</td><td>＞0.25</td><td rowspan="2">＞3.50</td><td>＞0.70</td><td>＞0.15</td></tr>
<tr><td>＜1.40</td><td>＜0.60</td><td>＜1.25</td><td>＜1.50</td><td>＜0.40</td></tr>
</table>

弹簧钢钢号用SUP×表示,×为一位或二位数字的序号,如SUP3。

滚动轴承钢用SUJ×表示,×为数字序号,钢号有SUJ1、SUJ2、SUJ3等。

碳素工具钢的钢号有SK1～SK7,其中碳含量随序号的增加而降低,如SK1的碳含量为1.30%～1.50%,SK7的碳含量为0.60%～0.70%。

合金工具钢的钢号有SKS×、SKD×、SKT×三类,字母后用一位或两位数字表示序号。

SKS类主要用于表示切削工具、耐冲击工具和一部分冷作模具。

SKD类主要用于表示一部分冷作模具和一部分热作模具。

SKT类主要用于表示一部分热作模具。

高速工具钢钢号用SKH加数字序号表示。

不锈钢钢号用SUS×××表示,×××为三位数字编号,基本上参照美国AISI不锈钢标准的编号系统。例如,SUS301可与美国AISI301对照。超低碳不锈钢在数字后加L;添加Ti、Se、N的钢种在数字后分别加Ti、Se、N。对于不锈钢钢材不同品种,则在主体牌号后再附加后缀代号,经常用“-”号隔开,如SUS×××-CP表示冷轧不锈钢板。

耐热钢钢号用SUH加数字编号表示,有一部分已参照美国AISI的三位数字编号系列。

1.6.4.5 德国

DIN是德国工业标准的代号。根据DIN 17006系统的编号法,钢号由三部分组成,以材料强度或化学成分作为编号的核心,前面冠以冶炼方法和原始特性的缩写字母,后面附有代表保证范围的数字和处理状态的缩写字母,不过这两部分在非必需时应加以省略。因此,在大部分情况下,只使用编号的核心部分。表1.15为DIN系统采用的部分字母和数字的含义。

表 1.15　DIN 系统冠在主体部分前和附在主体部分后的字母和数字的含义[49]

冶炼方法(代表字母)	原始特征(代表字母)	保证范围(代表字母)	处理状态(代表字母)
E—电炉钢	A—抗时效的	1—屈服点	A—经回火
W—转炉钢	G—含较高的磷和(或)硫	2—弯曲和顶锻试验	B—经处理获得最佳可切削性
Y—氧气转炉钢		3—冲击韧性	E—经渗碳淬火
I—感应电炉钢	K—含较低的磷和(或)硫	4—屈服点和弯曲顶锻或顶锻试验	G—经软化退火
SS—焊接用钢		5—弯曲或顶锻试验及冲击韧性	H—经淬火
	R—镇静钢	6—屈服点及冲击韧性	N—经正火
	Q—可冷镦的	7—屈服点和弯曲或顶锻试验及冲击韧性	U—未经处理
	S—可熔焊的	8—高温强度或蠕变试验	V—经调质

德国是欧洲标准化委员会(CEN)的成员,按规定,各会员国的标准必须等同采用欧洲标准(EN)。因此,20 世纪 90 年代起,德国所制订或修订的一大批标准已等同采用欧洲标准(EN),其标准号为 DIN EN××××(加年份)。由于德国 DIN 标准和钢号使用历史很久,习惯影响很深,在很多场合下新旧两种钢号还处在交替过程,并存使用[49]。

新的 DIN 17006 系统把钢号表示方法分为两类,即按材料力学性能和用途表示和按化学成分表示。分述如下[49]。

1) 按材料力学性能和用途表示的钢号

这种表示方法常用于结构和工程用非合金钢、耐候钢、细晶粒结构钢等。

(1) 结构和工程用非合金钢。

这类钢的钢号大部分表示为 S×××,字母"S"表示结构用钢,"S"后的三位数字表示屈服强度下限值(MPa),通常加后缀符号表示质量等级和状态。用于表示保证冲击性能范围的后缀字母见表 1.16。

表 1.16　表示保证冲击性能范围的后缀字母[49]

试验温度/℃	后缀字母		
	冲击吸收功 27J	冲击吸收功 40J	冲击吸收功 60J
+20	JR	KR	LR
0	J0	K0	L0
−20	J2	K2	L2
−30	J3	K3	L3
−40	J4	K4	L4
−50	J5	K5	L5
−60	J6	K6	L6

例如,钢号 S235JR,表示屈服强度 $\sigma_{0.2}\geqslant 235\text{MPa}$,冲击吸收功 $A_{\text{kV}}\geqslant 27\text{J}$(+20℃)的钢材。

还有一部分钢号表示为E×××，字母“E”表示工程（或机械制造）用钢，“E”后缀的三个数字也表示屈服极限的下限值（MPa），加后缀字母“C”表示冷拉钢材。

旧的DIN 17006系统对于非合金钢，钢号的主体由“St”字母和随后的抗拉强度下限数值（kgf/mm^2）组成。一般不再进行热处理，必要时再在主体部分前后标以如表1.15列举的各种字母或数字。例如，RSt37表示抗拉强度下限值为360MPa的镇静钢，QSt37-3U表示可冷镦的、保证冲击韧性和未经处理的钢。

（2）耐候钢。

耐候钢的钢号是参照上述工程用非合金钢钢号，加后缀字母W或WP。其中，W表示耐候钢，P表示磷含量较高的钢。

以S355J2G1W为例，为DIN EN标准钢号，有时标以S355J2W，其中有的钢号出现G1、G2，是为了区别略有不同的钢种。DIN标准旧钢号表示为WTSt52-3，前缀字母WT表示耐候钢。

（3）细晶粒结构钢。

细晶粒结构钢的钢号采用S×××或P×××，加后缀符号，S表示工程用钢，P表示压力容器用钢。字母S或P后的三位数字，表示屈服强度下限值（MPa）。后缀字母：N表示正火处理，Q表示调质处理，H表示高温用，L表示低温用，R表示室温用。这类钢的新旧钢号变化情况，可用下例说明：DIN EN标准钢号P420N、P420NH、P420HL对应的DIN标准旧钢号分别为StE420、WStE420、TStE420。

2）按化学成分的表示方法

这种表示方法可以区分为非合金钢、合金钢和高合金钢三种类型。

（1）非合金钢。

对碳素钢来说，只有在使用时，当钢的其他性能比力学性能更突出或钢材需进行热处理（如渗碳钢、调质钢）时，其钢号才采用按化学成分的表示方法。

非合金钢的钢号采用C××，字母“C”后的两位数字表示平均碳含量的万分之几，必要时可加前缀或后缀符号。常见的后缀字母：E表示要求控制硫含量上限，R表示要求控制硫含量范围。例如，C30E表示平均碳含量0.30%的调质钢，其硫含量不大于0.035%。

这类钢的新旧钢号表示方法变化较大，在旧钢号（DIN）中，对碳素钢的不同质量要求（硫、磷含量的限制）及不同用途要求，是用前缀字母表示的，如Ck表示控制硫、磷含量的优质碳素钢，Cf表示表面淬火用钢，Cq表示冷镦用钢。

（2）合金钢。

按DIN标准规定，当钢中$w_{Si}\geq0.50\%$，$w_{Mn}\geq0.80\%$，$w_{Cu}\geq0.25\%$，$w_{Al}\geq0.10\%$，$w_{Ti}\geq0.10\%$时，这些元素才称为合金元素。

合金钢的钢号由表示碳含量的数字（平均含量的万分之几）、合金元素符号及含量数字组成。合金元素的符号是采用国际化学符号，并按其含量的多少依次排列；当含量相同时则按字母顺序排列。钢号中合金元素含量的表示方法，采用合金元素平均含量的百分数（%）乘以表1.17中的系数来表示。

表 1.17　钢号中合金元素的系数[49]

合金元素	含量的系数(平均含量的百分数(%)乘以)
Cr、Co、Mn、Ni、Si、W	4
Al、Be、Cu、Mo、Pb、Nb、Ta、Ti、V、Zr	10
Ce、N、P、S	100
B	1000

因此,在查阅合金钢钢号时,欲求该钢号中的化学成分时,应除以表 1.17 中的系数。

示例:15Cr3E 为含 0.15%C、0.75%Cr 的铬钢,经渗碳淬火使用;E13CrV53.8 为含 0.13%C、1.25%Cr、0.3%V 的电炉钢(前冠以“E”代表电炉钢),“8”为代表保证一定的高温强度的数字。

(3) 高合金钢。

钢中有一种合金元素含量在 5%以上者,称为高合金钢。编号之前冠以字母 X 以示区别;接着是表示平均碳含量的数字,以万分之几表示;然后是合金元素符号,按含量高低排列;最后标明各主要合金元素含量的平均值,按四舍五入化为整数。例如,X10CrNi188 为含 0.1%C、18%Cr、8%Ni 的不锈钢。如果由于碳含量无关紧要而不必注明时,则字母“X”也可省略。

(4) 工具钢。

德国自 21 世纪初,其非合金工具钢的钢号执行与 EN 标准及 ISO 标准相一致的表示方法。其钢号由 C××U 组成,××为两位数字,表示钢的平均碳含量(万分之几),后缀字母 U 表示工具钢专用钢种。例如,C90U 表示碳含量不大于 0.90%的非合金工具钢(碳素工具钢)。

按 DIN 标准,碳素工具钢的钢号由 C××W×组成,C××表示平均碳含量万分之几的数字,W 表示工具钢。其中,W1 表示一级质量,W2 表示二级质量,W3 表示三级质量,WS 表示特殊质量和用途。

目前常见到新旧钢号并用的情况,如 C70U 相当于 C70W1,C85U 相当于 C85W 等。

合金工具钢的大部分钢号表示与合金结构钢相同,但有两个特点:一是对平均碳含量超过 1%的钢号,用三位数字表示碳含量;二是钢中有一种合金元素超过 5%的,按高合金钢的钢号表示方法表示,即所表示的含量数字是表示平均含量的百分数(不必乘以系数)。例如,X165CrCoMo12 即是按照高合金钢号表示的合金工具钢。

近年来,德国高速工具钢也采用与 EN 标准及 ISO 标准相一致的钢号表示方法,其钢号由 HS×-×-×组成。HS(high speed)表示高速钢,后面由表示合金元素平均含量的三组或四组数字组成,每组之间加短线相隔。各组数字按 W-Mo-V-Co 次序排列,Cr 不必表示。用数字表示的合金元素含量以平均含量的百分数表示。不含 Mo 的高速钢用数字“0”表示,而不含 Co 的高速钢,则只用前三组数字表示即可。

DIN 标准的高速工具钢钢号,由 S×-×-×组成。S 表示高速钢,其余表示方法与上述相同,目前两者通用。

示例:S12-1-4-5(HS12-1-4-5)表示平均含 12%W、1%Mo、4%V、5%Co(4%Cr)的高速钢;HS12-1-4-5(S12-1-4-5)表示平均含 12%W、1%Mo、4%V、5%Co、4%Cr 的高速钢。

1.6.4.6 国际标准化组织

ISO 是国际标准化组织（International Organization for Standardization）的标准代号。该组织在 1985 年以前颁布的 ISO 标准，大部分钢铁牌号采用序号或以强度表示，没有形成一套较系统的钢号表示方法。因此各国都不直接采用它的牌号命名，而采用本国牌号系统。自从欧洲标准建立以后，ISO 在 1986 年以后颁布的 ISO 标准，其钢号主要采用欧洲标准（EN）的牌号系统，而 EN 牌号系统基本上是在德国 DIN 标准的牌号系统的基础上制定的，并作了改进。例如，钢号的前缀和附加符号由德文字母改为英文字母，其含义亦为英文含义，这样更有利于交流。同时 ISO 标准的钢铁牌号也有了很大变化。1989 年 ISO 组织又颁发了《以字母符号为基础的钢号（表示方法）》技术文件，作为建立统一的国际钢号系统的建议，以后颁布的 ISO 标准均采用该钢号系统表示方法。

1）ISO 标准中主要以力学强度表示的钢号

非合金结构用钢钢号由前缀字母“S”和后面的数字组成，后面的数字为最低屈服强度，如 S235（指厚度不大于 16mm 的钢材）。非合金工程用钢的前缀字母为 E，随后的数字为最低屈服强度。以上两类钢常采用附加的后缀字母 A、B、C、D、E 来表示不同的等级，并表示不同温度下的冲击功（A_{kV}），见表 1.18。

低合金高强度钢的钢号表示方法与非合金工程用钢相同，为了区别质量等级，采用附加的后缀字母 CC、DD，如 E355CC。

表 1.18 ISO 标准中表示不同质量等级的后缀字母[49]

质量等级符号	A	B	C	D	E	CC	DD
温度/℃	—	20	0	−20	−50	0	−20
A_{kV}/J（不小于）	不规定	27	27	27	27	40	40

注：E、CC、DD 主要用于高强度钢钢号的后缀。

钢板、钢管、钢筋等牌号采用前缀字母＋力学强度值，必要时再附加后缀字母。前缀字母如 P 表示钢板，PL 表示低温用钢板，PH 表示高温用钢板，T 表示钢管，B 表示钢筋，RB 表示钢筋混凝土钢筋，PB 表示光圆钢筋；后缀字母如 N 表示正火或正火＋回火，Q 表示淬火＋回火。这些钢材的钢号表示方法与非合金工程用钢基本相同。

2）ISO 标准中主要以化学成分表示的钢号

适用于热处理的非合金钢相当于我国的优质碳素钢，其前缀字母为“C”，后面数字为碳含量平均值的万分之几（即碳含量乘以 100），如 C25 表示平均碳含量为 0.25％的钢。这类钢按硫、磷含量分为优质钢和高级优质钢，分别采用附加的后缀“E”和“M”来表示。

合金结构钢和弹簧钢等标准中所列钢号的表示方法均与德国 DIN 17006 系统的表示方法相同。例如，钢号为 34CrNiMo4，其平均碳含量为 0.34％，平均铬含量为 1％。

这些钢的产品，必要时采用附加后缀字母表示热处理状态等，但这些后缀字母与德国钢号中代表热处理的后缀字母含义完全不同，见表 1.19。

表 1.19 ISO 标准中表示热处理状态等的后缀字母及其含义[49]

代表字母	含义	代表字母	含义	代表字母	含义
TU	未处理	TQW	水淬	TT	回火
TA	退火(软化退火)	TQO	油淬	TSR	消除应力处理
TAC	球化退火	TQA	空冷淬火	TS	改善冷剪切性能处理
TM	热力学处理	TQS	盐浴淬火	H	保证淬透性
TN	正火(或控轧)	TQF	形变热处理	E	用于冷镦
TS	经固溶处理	TQB	等温淬火	TC	冷加工
TQ	淬火	TP	沉淀硬化	THC	热/冷加工

非合金工具钢也称碳素工具钢,其钢号前缀字母“C”,后缀字母“U”,中间的数字表示平均碳含量的万分之几。例如,C90U 表示平均碳含量为 0.9%的非合金工具钢。

合金工具钢的钢号表示方法与合金结构钢相同,平均碳含量不小于 1%的钢种用三位数字表示平均碳含量。

高速工具钢钢号前缀字母“HS”,后面由表示合金元素平均含量的三组或四组数字组成,每组数字之间加短线相隔。各组数字按 W-Mo-V-Co 次序排列,Cr 不予表示。不含 Mo 的高速钢用数字“0”表示,不含 Co 的高速钢不必加“0”,只用前三组数字表示。

参考文献

[1] 周建男.钢铁生产工艺装备新技术[M].北京:冶金工业出版社,2004.
[2] 全钰嘉.中国冶金百科全书:钢铁冶金卷[M].北京:冶金工业出版社,2001.
[3] 朱苗勇.现代冶金学:钢铁冶金卷[M].北京:冶金工业出版社,2005.
[4] 高泽平.炼钢工艺学[M].北京:冶金工业出版社,2006.
[5] 戴云阁,李文秀,龙腾春.现代转炉炼钢[M].沈阳:东北大学出版社,1998.
[6] 李慧.钢铁冶金概论[M].北京:冶金工业出版社,1993.
[7] 高泽平,贺道中.炉外精炼[M].北京:冶金工业出版社,2005.
[8] 郑沛然.炼钢学[M].北京:冶金工业出版社,2005.
[9] 傅杰.特种熔炼与冶金质量控制[M].北京:冶金工业出版社,1999.
[10] 黄乾尧,李汉康,等.高温合金[M].北京:冶金工业出版社,2002.
[11] 李正邦.21 世纪电渣冶金的新进展[J].特殊钢,2004,25(4):1.
[12] 王庆义.冶金技术概论[M].北京:冶金工业出版社,2006.
[13] 蔡开科,程士富.连续铸钢原理与工艺[M].北京:冶金工业出版社,1994.
[14] 冶金工业部钢铁研究院.钢的金相图谱:钢的宏观组织与缺陷[M].北京:冶金工业出版社,1975.
[15] 熊及滋.压力加工设备[M].北京:冶金工业出版社,1995.
[16] 中国大百科全书总编辑委员会.中国大百科全书:矿冶[M].北京:中国大百科全书出版社,1984.
[17] 李培武,杨文成.塑性成形设备[M].北京:机械工业出版社,1995.
[18] 中国大百科全书总编辑委员会.中国大百科全书:机械工程Ⅰ、Ⅱ[M].北京:中国大百科全书出版社,1987.
[19] 郭鸿镇.合金钢与有色合金锻造[M].西安:西北工业大学出版社,1999.
[20] 华中工学院金相教研组.合金钢及其热处理[M].武汉:华中工学院出版社,1976.
[21] 孙明月. 国之重器,构筑成形[Z].人民资讯,2021-05-02.

[22] 郑海彬,周国烨. 刚刚,“华龙一号”全球首堆压力容器引入反应堆[Z]. 搜狐号系信息发布平台,2018-01-17.

[23] 李殿中,孙明月,徐斌,等. 金属构筑成形方法:CN105618506A[P]. 2018-06-01.

[24] 伊莱特能源装备股份有限公司. 锻造未来,永不止步[Z]. 济南,2023-10-18.

[25] 毛新平,高吉祥,柴毅忠. 中国薄板坯连铸连轧技术的发展[J]. 钢铁,2014,49(7):49.

[26] 康永林,傅杰,柳得橹,等. 薄板坯连铸连轧钢的组织性能控制[M]. 北京:冶金工业出版社,2006.

[27] 杨光辉,张杰,李洪波,等. 薄板坯连铸连轧和薄带连铸关键工艺技术[M]. 北京:冶金工业出版社,2023.

[28] 傅作宝. 冷轧薄钢板生产[M]. 2 版. 北京:冶金工业出版社,2006.

[29] Llewellyn D T, Hudd R C. Steels: Metallurgy and Applications[M]. 3rd ed. Oxford: Butterworth-Heinemann, 1998.

[30] 马鸣图. 先进汽车用钢[M]. 北京:化学工业出版社,2008.

[31] 史玉升,等. 增材制造技术[M]. 北京:清华大学出版社,2022.

[32] 吴玉厚,陈关龙,张珂,等. 智能制造装备基础[M]. 北京:清华大学出版社,2022.

[33] 曾晓雁. 金属零部件激光增材制造技术与装备的发展现状与展望[J]. 现代制造,2021,(3):10.

[34] 王泽敏,黄文普,曾晓雁. 激光选区熔化成形装备的发展现状与趋势[J]. 精密成形工程,2019,11(4):21.

[35] 葛江波,张安峰,李涤尘,等. 激光金属直接成形 DZ125L 高温合金零件工艺的研究[J]. 中国激光,2011,38(7):1.

[36] 重庆增隆新材料科技. 3D 打印用金属粉材的制备工艺有哪些[Z]. 重庆,2022-09-07.

[37] 姚妮娜,彭雄厚. 3D 打印金属粉末的制备方法[J]. 四川有色金属,2013,(4):48.

[38] 上海云铸三维科技有限公司. 增材制造在汽车领域的应用[Z]. 上海,2019-06-01.

[39] 巩水利,锁红波,李怀学. 金属增材制造技术在航空领域的发展与应用[J]. 航空制造技术,2013,(13):66.

[40] 王华明. 高性能大型关键金属构件增材制作技术对重大装备材料-制造-结构的影响[C]. 第 13 次全国热处理大会暨热处理学会成立 60 周年报告会,合肥,2023.

[41] 朱学仪,陈训浩. 钢的检验[M]. 北京:冶金工业出版社,1992.

[42] 刘天佑. 钢的质量检验[M]. 2 版. 北京:冶金工业出版社,2008.

[43] 上海市金属学会. 金属材料缺陷金相图谱[M]. 上海:上海科学技术出版社,1975.

[44] Меськин В С. Основы Легирования Стали[M]. Москва: Металлурдиздаг, 1959.

[45] 陈德和. 钢的缺陷[M]. 修订本. 北京:机械工业出版社,1977.

[46] Fast J D, Verrijp M B. Diffusion of nitrogen in iron[J]. Journal of the Iron and Steel Institute, 1954, 176: 24.

[47] 陈雷. 连续铸钢[M]. 北京:冶金工业出版社,1994.

[48] 李炯辉,施友方,高汉文. 钢铁材料金相图谱[M]. 上海:上海科技出版社,1981:366.

[49] 林慧国,瞿志豪,茅益明. 袖珍世界钢号手册[M]. 4 版. 北京:机械工业出版社,2009.

第 2 章　铁基二元相图与钢的相组成

碳素钢中加入合金元素能改善钢的使用性能和工艺性能，这主要是由于合金元素加入后，与铁、碳及合金元素之间相互作用，改变了钢的相组成，影响钢的相变过程，从而使钢的内部组织与结构发生了变化。

2.1　钢中常见元素与铁的相图

2.1.1　铁碳合金相图

纯铁在固态下具有两种同素异形体，在 1536℃凝固为具有体心立方晶体结构的 δ-Fe；继续冷却，在 1392℃(A_4)转变为具有面心立方晶体结构的 γ-Fe；然后在 911℃(A_3)，又转变为具有体心立方晶体结构的 α-Fe。δ-Fe 的性能值都位于 α-Fe 的性能-温度曲线的外延线上，因此通常把 α-Fe 和 δ-Fe 看做是同一个相。体心立方晶体结构的 α-Fe 在 20℃时的点阵常数为 0.2866nm，面心立方晶体结构的 γ-Fe 在 950℃时的点阵常数为 0.3656nm。

碳的原子半径较小，在 α-Fe 和 γ-Fe 中均可进入点阵中的间隙而形成间隙固溶体。碳在 α-Fe 中形成的间隙固溶体叫做铁素体(F 或 α)，碳在 γ-Fe 中形成的间隙固溶体叫做奥氏体(A 或 γ)。在铁碳合金中，碳含量超过它在铁中的溶解度之后，在不同的条件下将分别以介稳定相 Fe_3C(渗碳体)或稳定相石墨(C)两种形式存在。图 2.1 为铁碳合金相图，由实线(Fe-Fe_3C)和虚线(Fe-C)两部分组成。

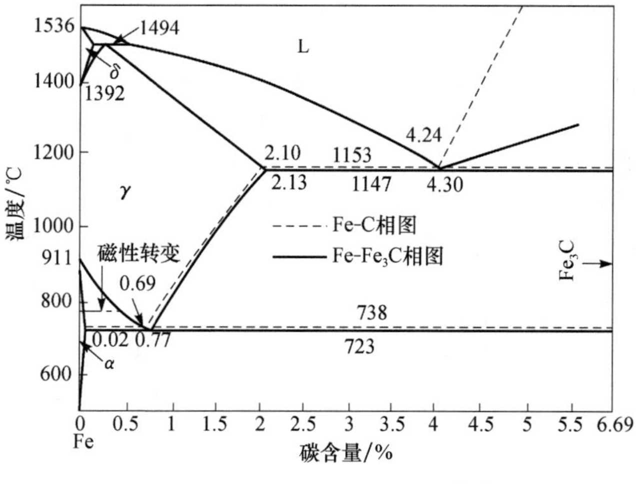

图 2.1　Fe-Fe_3C 及 Fe-C 相图[1,2]

L 表示液相；α、γ 表示固溶体相，以下同

渗碳体属于正交晶系，是一种间隙化合物，晶胞内含有 12 个铁原子和 4 个碳原子(含碳 6.69%)，熔点为 1252℃，有高的硬度值 950～1050HV，塑性几乎为零。在铁碳合金中

石墨是稳定的相，石墨具有成层的六方晶体结构，硬度很低，塑性近于零。由于石墨的表面能很大，形核需要克服很高的能垒，在一般条件下，碳含量小于 2.13%的铁碳合金(钢)中，大部分碳总是和铁化合成渗碳体的。

2.1.2　合金元素对铁同素异构转变的影响

钢中的合金元素对 α-Fe、γ-Fe 及 δ-Fe 的相对稳定性和同素异形转变温度 A_3 和 A_4 有很大的影响。合金元素溶于 α-Fe 或 γ-Fe 中形成以 α-Fe 或 γ-Fe 为基的固溶体。对于那些在 γ-Fe 中有较大溶解度并稳定 γ-固溶体的合金元素，称为奥氏体形成元素；在 α-Fe 中有较大溶解度，使 γ-Fe 不稳定的合金元素，称为铁素体形成元素。合金元素可以按其对铁的同素异构转变温度 A_3 和 A_4 的不同影响分为两大类，每类又分为两组。

第一类合金元素能扩大与铁生成的合金中的 γ 相区，因此合金元素量越多，A_3 和 A_4 的距离越大，即 A_3 下降而 A_4 上升(但有例外)。还可以进一步按照它们扩大 γ 相区的情况分为两组：

(1) 与铁生成无限互溶的 γ 相区(图 2.2(a))，属于这类的合金元素有锰、镍、钴、钌、铂、铱等。

(2) 与铁生成有限溶解的 γ 相区(图 2.2(b))，属于这类的合金元素有碳、氮、铜、金等。

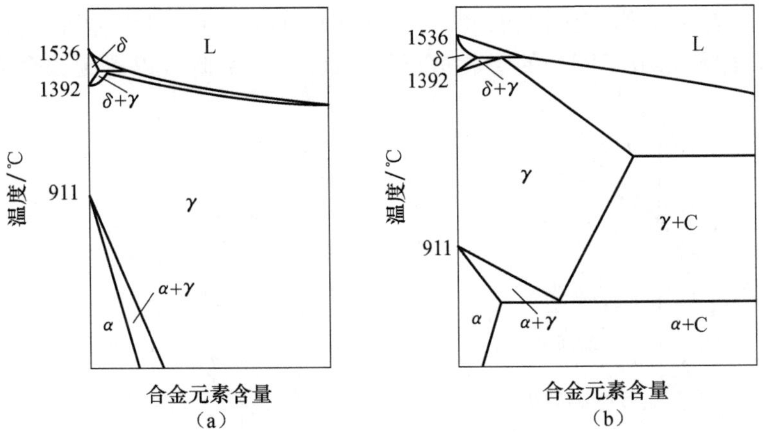

图 2.2　扩大 γ 相区的铁-合金元素状态示意图[3]

C 表示化合物相，以下同

第二类合金元素能缩小与铁生成的合金中的 γ 相区，随着合金元素加入量的增加，A_3 将上升而 A_4 将下降(但有例外)。按照它们是否能使 γ 相区封闭，又可以分为两组：

(1) 能完全封闭 γ 相区(图 2.3(a))，此时与 α 区之间为 $\alpha+\gamma$ 的二相区，属于这类的合金元素有铬、铍、铝、硅、磷、钛、钒、钼、钨、砷、锡等。

(2) 随合金元素含量的增加，γ 区在缩小，但不能完全被 $\alpha+\gamma$ 相区封闭而出现$\gamma+$新相的两相区(图 2.3(b))，属于这类的合金元素有铌、钽、锆、铪等。

合金元素对铁的二元状态图的不同影响，可以用热力学加以描述[4]。用 C_α 和 C_γ 分别表示在温度 T 时某元素在 α 相和 γ 相的平衡浓度，若 α 相和 γ 相处于平衡状态，则

$$\ln(C_\gamma/C_\alpha) = -(\Delta H/RT) + A \tag{2.1}$$

式中,ΔH 是热焓变化,是每单位溶质原子溶于 γ 相和 α 相中吸收的热量的差值,即 $\Delta H = H_\gamma - H_\alpha$;$A$ 为常数。

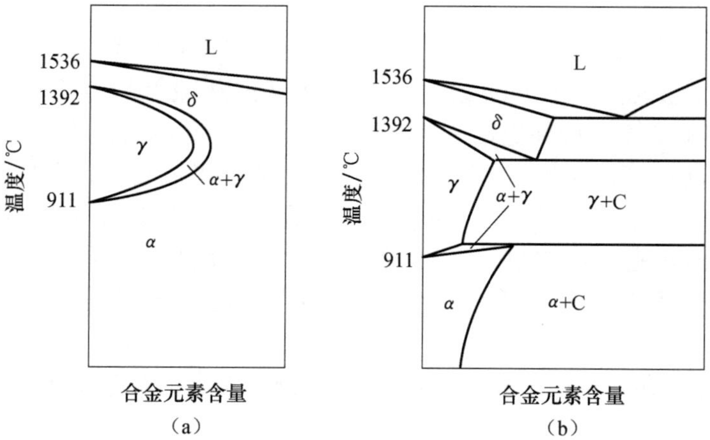

图 2.3 缩小 γ 相区的铁-合金元素状态示意图[3]

对于奥氏体形成元素,$H_\gamma < H_\alpha$,ΔH 为负值,相图上形成了开放的 γ 相区,溶质原子的增加,使下转变温度下降,上转变温度上升(图 2.4(a))。对于铁素体形成元素,ΔH 为正值,情况正好相反,形成了闭合的 γ 相区(图 2.4(b))。由此可以得到铁合金的两种基本类型。

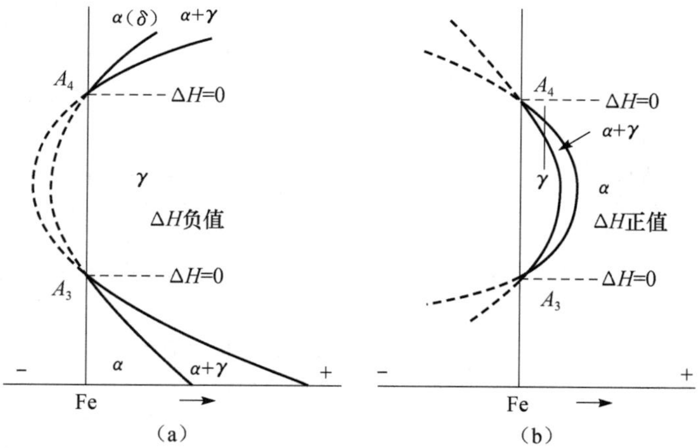

图 2.4 两类基本相图[5]

2.1.3 二元铁合金相图

首先介绍能与铁生成无限互溶的 γ 相区的二元合金相图,属于这类合金的有:铁-锰、铁-镍、铁-钴。

1) 铁-锰平衡图(图 2.5)

锰具有四种同素异形形式:α、β、γ 和 δ。γ-Mn 为面心立方点阵,其点阵常数与 γ-Fe 相差很小,故可以形成无限固溶体。锰扩大 γ 相区,使 A_3 下降,A_4 上升。由于锰在 α-Fe 和 γ-Fe 中形成置换固溶体,其扩散速率比碳要慢得多,所以很难准确地确定 $\alpha+\gamma$ 两相区的平衡边界(尤其温度较低时)。因此即使在极缓慢的加热与冷却条件下也可以看到冷却时 $\gamma\rightarrow\alpha$ 的转变线与加热时 $\alpha\rightarrow\gamma$ 的转变线(图 2.6)与平衡条件下比较有明显的迟滞现象。当锰含量大于 5%时,在一般冷却速率下 $\gamma\rightarrow\alpha'$ 转变将以马氏体转变方式进行;而当锰含量大于 12%时,γ-Fe 将以马氏体转变方式转变为具有密集六方点阵的 ε 相,一般加热条件下这些转变是可逆的。

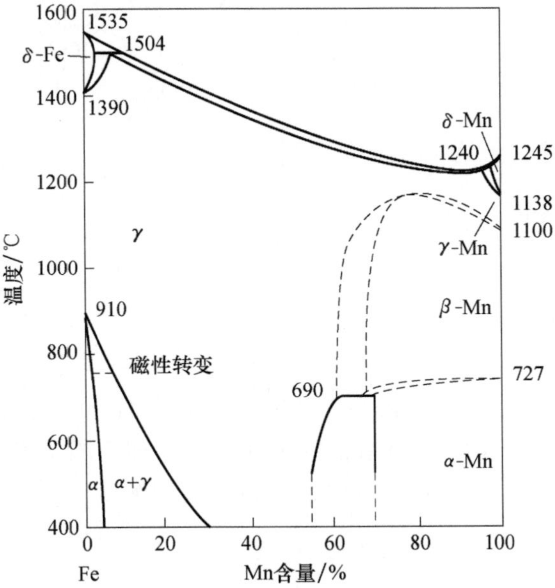

图 2.5　Fe-Mn 平衡图[6]

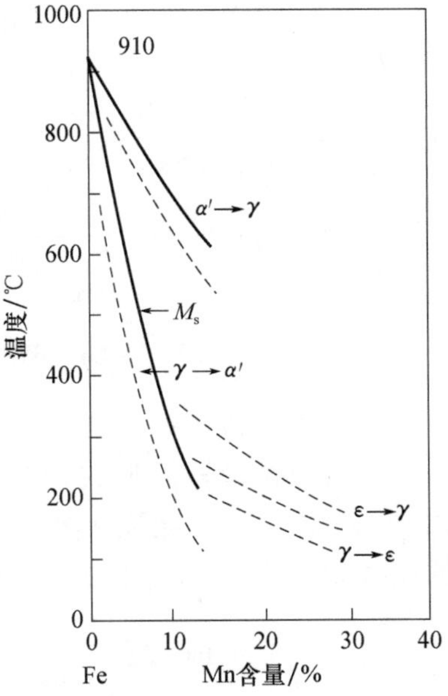

图 2.6　锰对 $\gamma\leftrightarrow\alpha'$ 和 $\gamma\leftrightarrow\varepsilon$ 转变的影响[6]

2) 铁-镍平衡图(图 2.7)

镍具有面心立方点阵,点阵常数为 0.351nm,与 γ-Fe 相近,故能与之生成无限固溶体。镍扩大 γ 相区,使 A_3 下降,A_4 上升,当镍含量大于 6%时,$\gamma\rightarrow\alpha$ 转变温度已比较低。镍与锰相同,在铁中形成置换固溶体。镍在 α-Fe 和 γ-Fe 中的扩散激活能很高,此时原子的扩散异常缓慢,$\gamma\rightarrow\alpha$ 转变将以马氏体的方式进行,生成过饱和的 α 固溶体,或称之为 α'' 相。在一般加热条件下,这种转变是可逆的,加热和冷却时同样有明显的迟滞现象(图 2.8)。镍含量大于 28%时,室温可以保持 γ 相。当镍含量超过 36%时,即使在 -196℃的液体氮中也不再发生 $\gamma\rightarrow\alpha$ 转变。

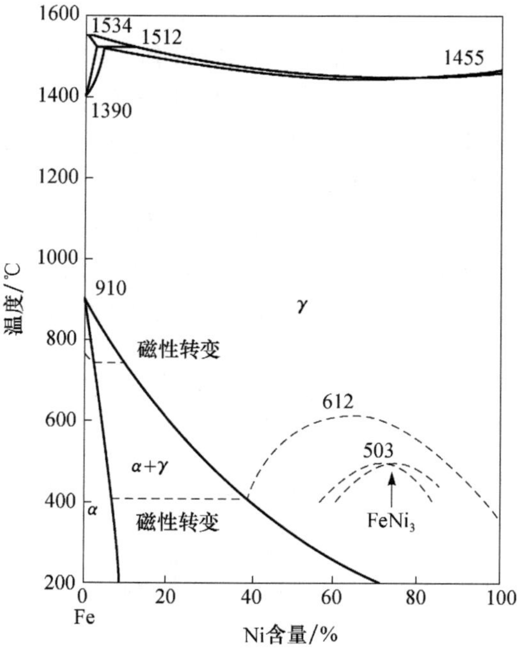

图 2.7　Fe-Ni 平衡图[2,6]

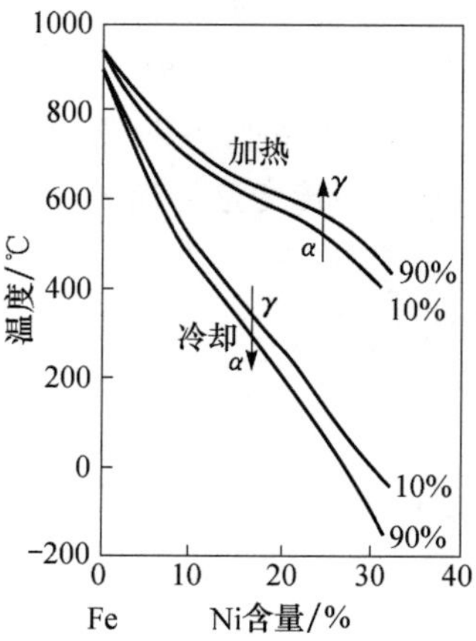

图 2.8　Ni 对 $\gamma \leftrightarrow \alpha$ 的影响[6]

3) 铁-钴平衡图(图 2.9)

钴有两种同素异晶形式，400℃以下为六方点阵(α)，400℃以上为面心立方点阵(β)。β-Co 能与 γ-Fe 无限互溶。钴使 A_4 上升，但当钴含量增加时，A_3 却不断上升，至大约超过 50%后下降。由图 2.9 可以看出，Co 在 α-Fe 中也有很大的溶解度。

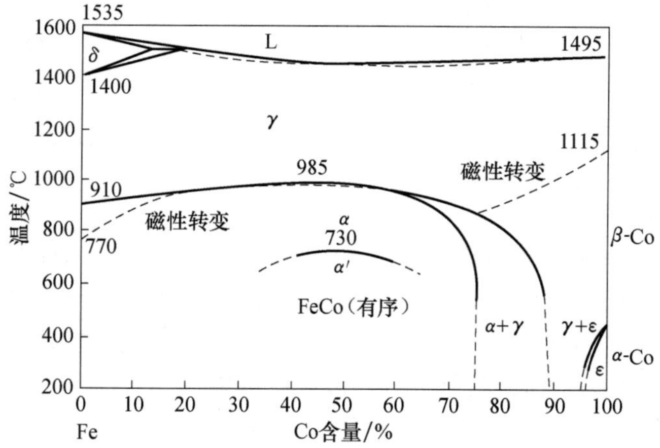

图 2.9　Fe-Co 平衡图[2,6]

下面介绍能与铁生成有限溶解 γ 相区的二元合金相图，属于这类的合金有：铁-碳(图 2.1)、铁-铜、铁-氮等。

1) 铁-铜平衡图(图 2.10)

铜具有面心立方点阵，能扩大 γ 相区，使 A_3 下降，A_4 上升。铜在 γ-Fe 中的溶解度有限，在 1094℃时，有最大的溶解度，约 8%，但比在 α-Fe 中的溶解度要大得多。Fe-Cu

平衡图与 Fe-C 平衡图有些相似，但铁与铜不生成金属化合物。在 850℃时，铜在 α-Fe 中有最大溶解度，约 1.4%。温度下降，溶解迅速减少，800℃时为 0.9%，750℃时为 0.5%，室温时少于 0.2%[6]。

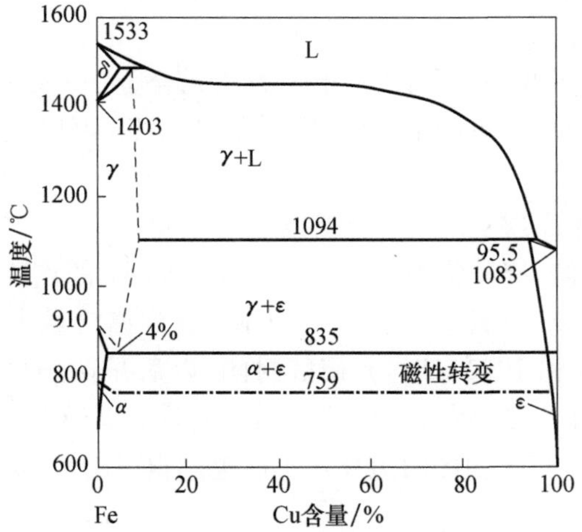

图 2.10　Fe-Cu 平衡图[6]

2) 铁-氮平衡图(图 2.11)

氮固溶于铁，与 α-Fe 和 γ-Fe 形成间隙固溶体。铁-氮平衡图与铁-碳平衡图的富铁端相似。氮提高其 A_4，使 A_3 和 A_1 降低。氮是一种很强的稳定奥氏体的元素，其效应约为镍的 20 倍，在一定限度内，可代替一部分镍用于钢中。

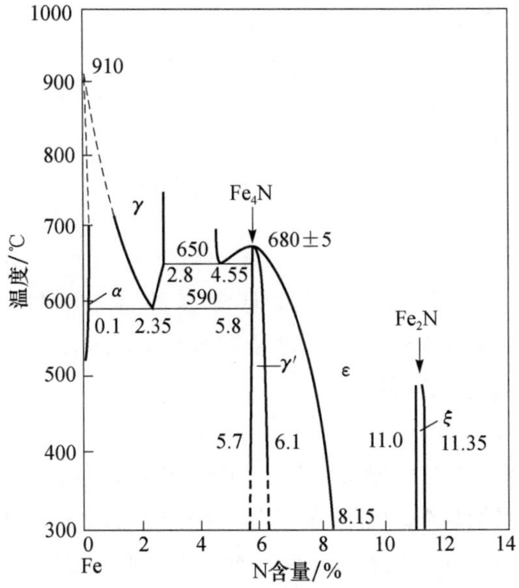

图 2.11　Fe-N 平衡图[6]

在铁-氮平衡图中，铁和氮可以形成五种相：α、γ、γ'、ε 和 ξ。α 相是氮在 α-Fe 中的间隙固溶体，在 590℃时氮的最大溶解度约为 0.1%。γ 相是氮在 γ-Fe 中的间隙固溶体，在

650℃的最大溶解度为 2.8%。γ'相是以 Fe_4N 为基的固溶体,面心立方点阵,在 680℃以上,γ'相转变为 ε 相。ε 相是以 Fe_3N 为基的固溶体,密排六方点阵,其氮含量变化范围很宽。ξ 相是以 Fe_2N 为基的固溶体,斜方点阵,在约 500℃以上转变成 ε 相。钢中加入合金元素能改变氮在 α 相中的溶解度。一些强氮化物形成元素可提高氮在 α 相中的溶解度。

下面举出一些与铁形成完全封闭 γ 相区的二元合金——铁-铬、铁-钒、铁-钨、铁-钼、铁-钛、铁-铝、铁-硅、铁-磷——的相图,其中铬和钒与 α-Fe 可以无限互溶,其余都与 α-Fe 有限溶解。

1) 铁-铬平衡图(图 2.12)

铬具有体心立方点阵,点阵常数 a=0.288nm,与 α-Fe 的点阵常数相近,能与 α-Fe 无限互溶。铬加入铁中使 A_4 下降,但也使 A_3 下降,直到铬含量大于 7%以后,A_3 开始上升。约在铬含量为 12%和 1000℃时,γ 相区封闭,以后是两相区 $\alpha+\gamma$。当铬含量超过 14%时,将得到 α 固溶体。当铬含量为 42%~48%,且温度较低(<820℃)时,将出现以 σ 相(FeCr)为基的固溶体,在 σ 相区两边存在扩展范围很广的 $\alpha+\sigma$ 两相区。

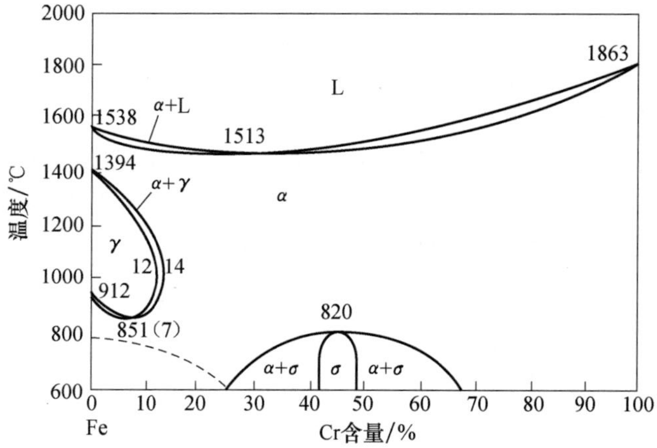

图 2.12　Fe-Cr 平衡图[1]

2) 铁-钒平衡图

铁-钒平衡图与铁-铬平衡图极相似,但含钒约 1.5%时,即使 γ 相区封闭(约 1115℃),两相区 $\alpha+\gamma$ 范围也很窄。当钒含量增至 0.2%时,A_3 下降至 896℃,以后上升。铁与钒同样可以生成 σ 相(FeV)[6]。

3) 铁-钨平衡图(图 2.13)

钨具有体心立方点阵,点阵常数 a=0.315nm,与 α-Fe 的点阵常数相差甚远,因此只能有限地溶于 α-Fe 中。钨使 A_3 上升,A_4 下降,相当于 3.2%(1160℃)时使 γ 相区封闭,而两相区扩展至钨含量 6.6%。钨在 α-Fe 中的最大溶解度为 32.5%(1540℃),而 700℃时约为 4.5%,因此钨含量为 6%~32%时,合金具有弥散硬化的能力。钨与铁能生成两种金属间化合物,Fe_2W(ε 相)或 Fe_7W_3 和 Fe_3W_2(ξ 相)或 Fe_7W_6。

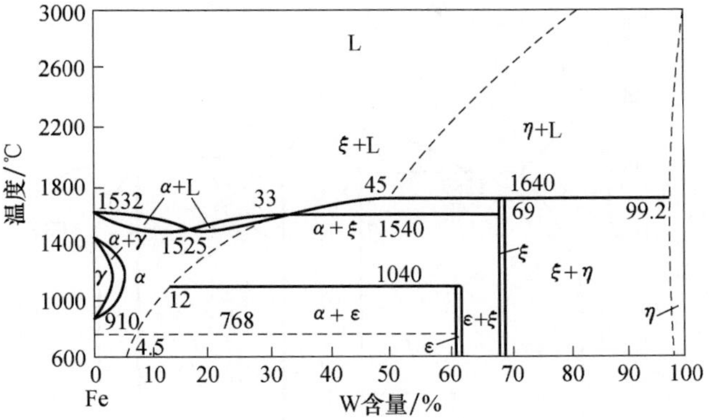

图 2.13　Fe-W 平衡图[6]

4）铁-钼平衡图(图 2.14)

钼具有体心立方点阵，点阵常数 $a=0.314\mathrm{nm}$。铁-钼平衡图与铁-钨平衡图相似，钼提高 A_3 点，降低 A_4 点，当钼含量约 3%时，可以形成封闭的 γ 相圈(1130℃)，$\alpha+\gamma$ 范围很窄；钼含量超过 4%时，为 α 相区。钼在 α-Fe 中的溶解度在共晶温度 1450℃时为 37.5%，在室温时减至约 4%。钼与铁可形成四种金属间化合物相：$\lambda(Fe_2Mo)$、R、$\sigma(FeMo)$和 $\mu(Fe_3Mo_2$ 或 $Fe_7Mo_6)$。

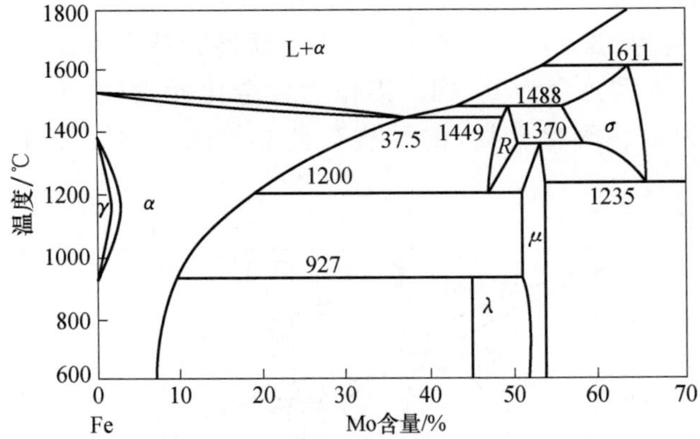

图 2.14　Fe-Mo 平衡图[1]

5）铁-钛平衡图(图 2.15)

钛有两种同素异构体：在 882.5℃以下为 α 相，具有密排六方结构；在 882.5℃以上为 β 相，具有体心立方结构，点阵常数 $a=0.328\mathrm{nm}$。从铁-钛平衡图可以看出，钛提高 A_3，降低 A_4，缩小铁的 γ 相区，约在 1100℃及钛含量为 0.75%时，γ 相圈封闭，相邻的 $\alpha+\gamma$ 相区延伸至钛含量为 1.3%时。钛在 α-Fe 中的最大溶解度是在 1289℃时的约 9%，随着温度的降低，其溶解度降低，至 600℃时约为 2.5%。

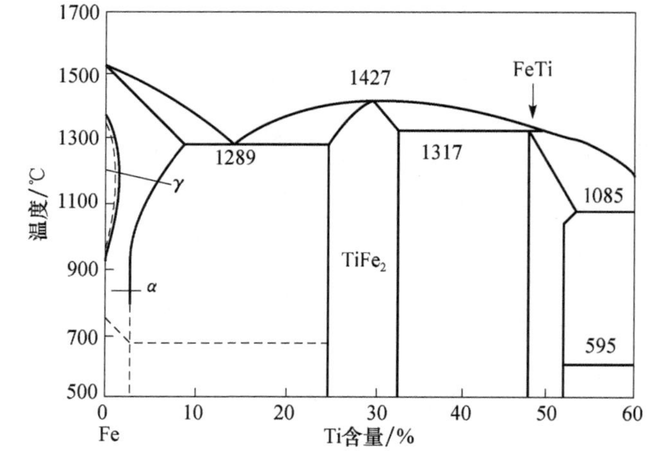

图 2.15　Fe-Ti 平衡图[1,2]

6) 铁-铝平衡图(图 2.16)

铝具有面心立方点阵,与 γ-Fe 的晶体点阵相似,但它溶于铁中,却使其 A_4 下降,A_3 上升,使 γ 相区强烈缩小,形成 γ 相圈。γ/(α+γ)和(α+γ)/α 相区边界的最大铝含量在 1150℃时分别为 0.65%和 0.95%,铝含量在 0%～36%的范围内可以形成一系列的固溶体,存在着有序-无序转变。β_1(Fe_3Al)相具有有序面心立方点阵,β_2(FeAl)相具有有序体心立方点阵。铝含量为 13.9%～20%的铁铝合金缓冷后转变为 β_1 相;铝含量为 20%～36%的铁铝合金冷却后转变为 β_2 相。铝作为合金化元素,在钢中的加入量不高,但 Fe_3Al 和 FeAl 作为金属间化合物,由于具有良好的抗氧化性能和耐蚀性能,而受到重视[7]。

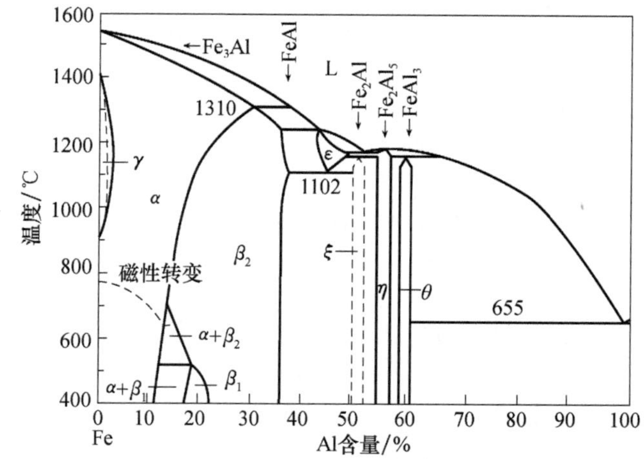

图 2.16　Fe-Al 平衡图[1,2]

7) 铁-硅平衡图

硅是封闭 γ 相区的元素。硅提高 A_3,降低 A_4。图 2.17 是富铁端的铁-硅平衡图。γ/(α+γ)和(α+γ)/α 相区边界的最大硅含量在 1120℃时分别为 1.62%和 1.94%。硅在一般结构钢中的含量不超过 3%，但在耐热不起皮钢和硅钢片中的含量分别可以达到 4.3%和 4.5%。

8）铁-磷平衡图

磷也是封闭 γ 相区的元素。磷提高 A_3，降低 A_4。图 2.18 是富铁端的铁-磷平衡图。$\gamma/(\alpha+\gamma)$和$(\alpha+\gamma)/\alpha$ 相区边界的最大磷含量在 1150℃时分别为 0.3%和 0.7%。

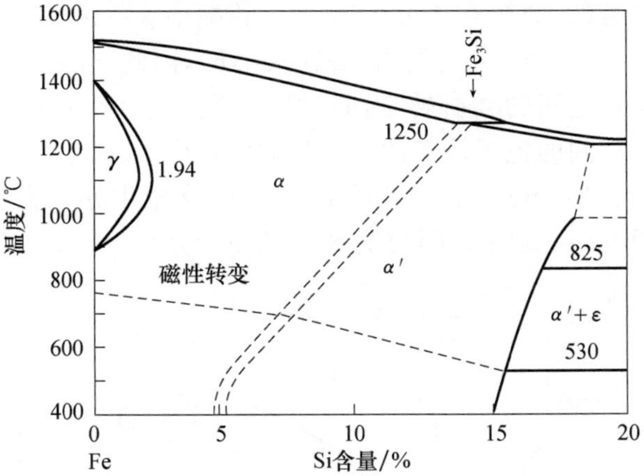

图 2.17　Fe-Si 平衡图[1,2]

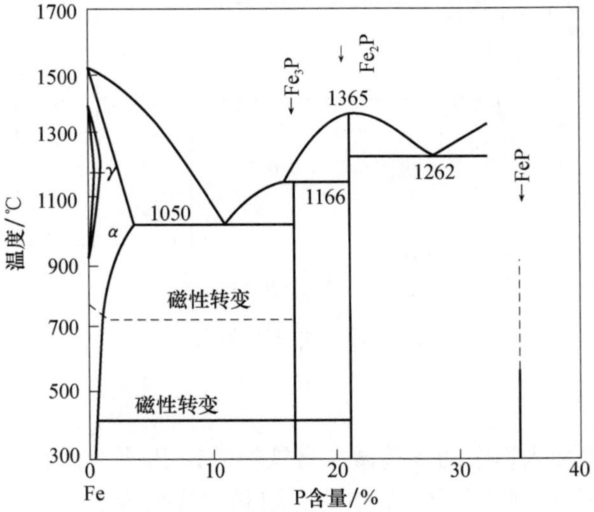

图 2.18　Fe-P 平衡图[1,2]

磷在 α-Fe 中的最大溶解度是在 1050℃时的 2.8%，在此温度下可以发生 α 与 Fe_3P 的共晶转变。随着温度的降低，磷在 α-Fe 中的溶解度急剧减小，室温时的溶解度尚无确切的数据，可以认为为零[1]。

由于磷加入铁扩大了液相线和固相线间的距离，含磷的铁合金凝固时从液态至固态需要通过较宽的温度间隔，因而增大了磷的偏析程度。磷在铁中的扩散速率慢，必须通过长时间的扩散退火才能改善磷在钢中的偏析。

砷、锑与磷属于元素周期表中同一族的元素，它们与铁的平衡图很相似，都使 γ 相区封闭,对钢性能的影响亦有类似的作用。锡和锌与铁的平衡图亦具有封闭的 γ 相区,温度较高时,在 α-Fe 中有较高的溶解度,但随温度的下降而迅速减小。

能缩小 γ 相区但不能与铁形成完全封闭 γ 相区的二元合金相图有:铁-铌、铁-钽、铁-锆、铁-硼、铁-硫等。

1) 铁-铌平衡图(图 2.19)

铌具有体心立方点阵,点阵常数为 0.33nm。铌缩小 γ 相区,使 A_3 上升,A_4 下降,但随铌含量的增加,在 1210～961℃将析出 ε 相(Fe_2Nb),因此不能使 γ 相区完全封闭。在 1210℃发生 $\delta \rightleftharpoons \gamma+\varepsilon$ 之间的共析转变,1210℃时铌在 γ-Fe 中的溶解度为 1.5%。在 961℃发生 $\gamma+\varepsilon \rightleftharpoons \alpha$ 之间的包析转变,961℃时铌在 α-Fe 中的溶解度为 1.2%,并随着温度的下降而迅速降低。Fe_2Nb 相有较宽的成分范围,文献中亦记为 Fe_3Nb_2。铁-铌平衡图还存在 μ 相(FeNb)。铁-钽平衡图与铁-铌平衡图十分相似。

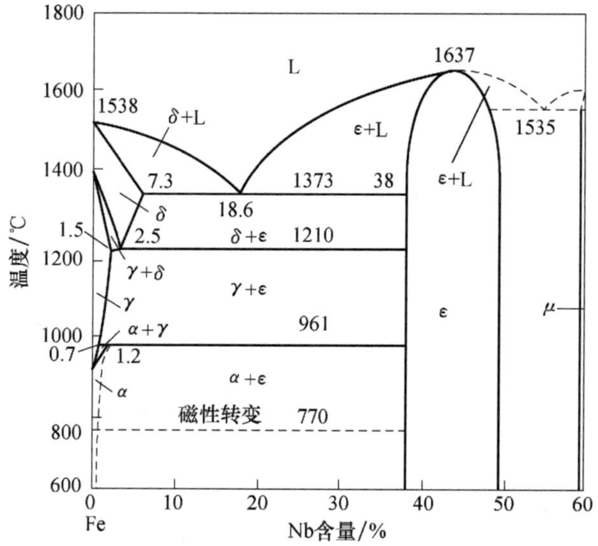

图 2.19　铁-铌平衡图[1]

2) 铁-硼平衡图

硼作为合金元素加入钢中的量甚微。富铁端的铁-硼平衡图至今尚未完全确定。图 2.20 是微量硼含量的铁-硼平衡图,图中的实线和虚线代表不同作者的测定结果。硼降低 A_4,提高 A_3,属于缩小 γ 相区的元素。在 911℃时发生 $\gamma \rightleftharpoons \alpha+Fe_2B$ 之间包析转变。911℃下,硼在 α-Fe 中的溶解度比在 γ-Fe 中要大。根据一些研究,硼在 α-Fe 中形成置换固溶体,而在 γ-Fe 中形成间隙固溶体。由于硼的原子半径(0.097nm)和碳、氮比较起来要大些,而 α-Fe 的间隙较小,不能与之形成间隙固溶体。在 γ-Fe 中,由于硼的原子尺寸较大,硼主要是分布在晶界等点阵缺陷处。

3) 铁-硫平衡图

一般认为硫是残存在钢中的有害元素,只是在含硫易切削钢中,可以适当提高硫含量,使形成 MnS 等易切削相,以改善钢的切削加工性,加入量不超过 0.30%。图 2.21 为富铁端的铁-硫平衡图。硫使 A_3 升高,A_4 下降,但由于在 988℃出现共晶反应 $L \rightleftharpoons \gamma+$

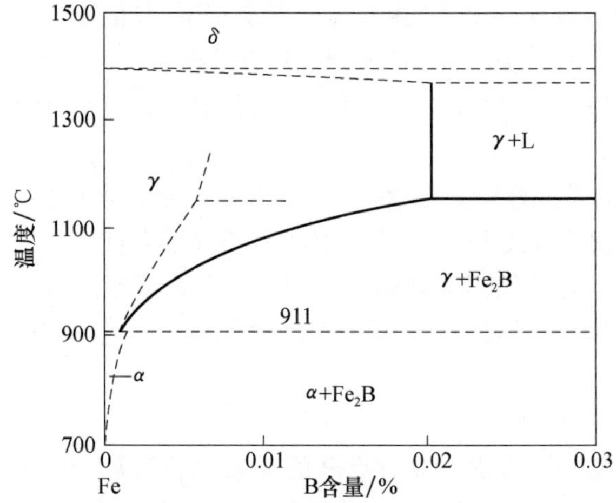

图 2.20　微量硼含量的 Fe-B 平衡图[1,6]

FeS,未能形成封闭的 γ 圈。硫与铁可以形成 FeS 和 FeS_2 两种化合物,前者在钢中较为常见。由于液相与固相共存的温度范围很宽,硫在钢凝固时产生严重的偏析。硫在 γ-Fe 和 α-Fe 中溶解度都很小,当两者共存时,硫在α-Fe 中的溶解度略大。

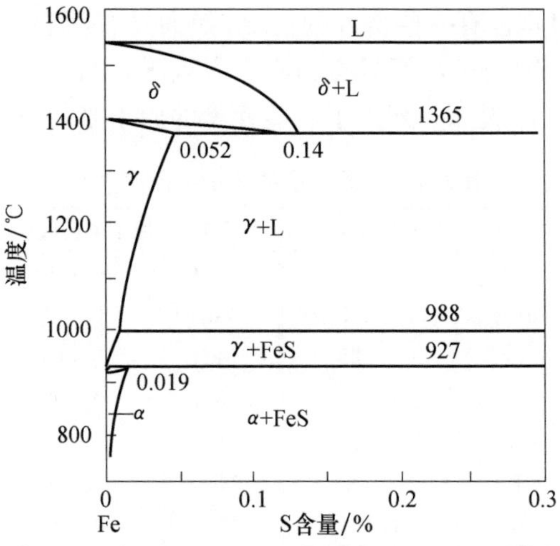

图 2.21　Fe-S 平衡图[1]

4) 铁-稀土元素的平衡图

稀土元素一般指周期表中原子序数为 57～71 的镧系元素,即镧、铈等 15 个元素和ⅢB 族的钪和钇。由于稀土元素不易分离,稀土金属又很活泼,铁与各种稀土元素的平衡相图难以准确地测定。20 世纪 60 年代以后,随着稀土的分离、提纯问题逐步解决,稀土元素相图的研究日臻完备。铁-稀土二元系相图大都已系统地作了研究,对其中的铁-铈平衡图研究得较为详细。

在铁-铈平衡图中,铈提高 A 和 A_3 点,使 γ 相区缩小[1],由于在 920℃发生包析反应 $\gamma+Ce_2Fe_{17} \rightleftharpoons \alpha$,限制了 γ 圈的形成[8]。在铁-铈系中有两种金属间化合物相:Ce_2Fe_{17} 和

$CeFe_2$。铈在 α-Fe 中溶解度都很小,在室温准平衡态下,其值不大于 0.048%[9]。

铁与其他稀土元素的平衡图大都与铁-铈平衡图相似。除铁-镧系不形成金属间化合物外,铁与其他稀土元素均能生成 1～4 种金属间化合物。这些稀土元素在 α-Fe 中的溶解度都很小。

生产中通常加入的是混合稀土元素(RE),较常见的稀土合金中各元素的含量大致为铈 40%～50%,镧 20%～25%,钕 15%～20%,其他稀土元素合计 10%～15%。

关于合金元素何以对铁的同素异构转变和铁与合金元素形成的二元相图产生许多不同的影响,曾有过许多理论,但还没有哪一种理论能给出满意的解释[10]。下面的一些因素显然是起作用的。

1) 合金元素的点阵类型

属于第一类的只能是具有面心立方点阵的元素,而且具有密集点阵的元素大部分也属于第一类,具有体心立方点阵的元素都属于第二类。形成有限固溶体,且溶质与溶剂元素具有相同点阵类型时,其溶解度通常也较不同结构时大。

2) 尺寸因素

尺寸因素是指合金元素与铁的原子半径之比。在生成置换固溶体时,原子半径相差越大,则溶解度越小,这在同一周期内看得比较明显,如从钼到铌到锆。但当原子半径很小时则将生成间隙固溶体,如氮、碳等。它们在 γ-Fe 中的溶解度大于在 α-Fe 中,因为 γ-Fe 中间隙尺寸较大。但是也有一些例外的情况,如铜具有面心立方点阵,原子半径与 γ-Fe 相近,却不能无限溶解于 γ-Fe;铝具有面心立方点阵,但在 α-Fe 中的溶解度比在 γ-Fe 中大得多,能封闭 γ 相区。表 2.1 列出了一些元素的原子半径值。

表 2.1　一些元素的原子半径值[6,11]

元素	原子半径值/nm	元素	原子半径值/nm	元素	原子半径值/nm	元素	原子半径值/nm
H	(0.046)	Ni	0.125	V	0.136	α-Ti	0.147
O	(0.060)	α-Fe	0.127	Zn	0.137	Sn	0.158
N	(0.071)	Cr	0.128	Mo	0.140	α-Zr	0.159
C	(0.077)	Cu	0.128	W	0.141	Sb	0.161
B	(0.097)	α-Mn	0.130	Al	0.143	Pb	0.175
S	0.104	P	0.13	Nb	0.147	Ce	0.182
α-Co	0.125	Si	0.134	Ta	0.147	Ca	0.197

注:金属原子半径按配位数 12 计算(室温下);非金属原子的半径系以其间隙位置计算的,写在括号内。

3) 原子的电子结构及其相互作用,即电化学作用

合金元素对铁的同素异构转变的不同影响与其原子中的电子结构有着深刻的联系,如当未填满的 d 层电子层与最外层 s 层电子数目之和不少于 7 时,合金元素将扩大 γ 相区,否则将缩小 γ 相区,这里不包括原子半径很大和很小的元素。同时要考虑到电子层在合金中的分布与在孤立原子中也是不同的。

按照对铁的同素异构转变的影响,把合金元素分成两类,有重要的实际意义。时常利用合金元素缩小或扩大 γ 相区的影响而得到铁素体钢(或合金)或奥氏体钢(或合金),这些钢因其常具有各种特殊性能而获得工业和技术上的应用。在复杂的合金中,往往也可以利用这一点判断合金元素对 α 相或 γ 相区域的稳定性和对其扩大或收缩的影响;但由

于合金元素的相互影响，在多元合金中也可能出现和二元合金中完全相反的情况，如在 Fe-Cr-Ni 合金中有时铬不但不阻碍反而可能促进 γ 相的生成。

合金元素对 A_3 的影响常常决定着对钢中临界点的影响，而临界点的位置对各种热处理工艺规程（淬火、退火）的确定有直接的关系。

2.2　铁基固溶体和钢中的碳化物

2.2.1　铁基固溶体

铁与其他元素形成的二元合金中，可以生成两类铁基固溶体：置换固溶体和间隙固溶体。只有极少数的元素在铁中的溶解度很低，可以认为这些元素实际上不溶于铁，如 Pb、Zr、Ta、Bi 等。Pb 在 1450℃时在 γ-Fe 中的溶解度为 0.02%，850℃时在 α-Fe 中的溶解度仅为 0.001%。

铁基置换固溶体的形成规律，遵循 Hume-Rothery 等总结的形成置换固溶体的一般经验规律[4,12]。决定组元在置换固溶体中溶解度的条件是：溶剂与溶质的点阵是否相同；原子的尺寸因素；组元的电子结构，即组元在周期表中的相对位置。运用上述条件分析合金元素在铁中的溶解度时，必须考虑纯铁具有的两种同素异构体：体心立方晶体结构的 α-Fe 和面心立方晶体结构的 γ-Fe。

Ni、Co、Mn 可以生成以 γ-Fe 为基的无限固溶体，而 Cr、V 可以生成以 α-Fe 为基的无限固溶体，这里符合溶剂与溶质点阵相同的条件。如果组元的点阵不同，则不能形成无限固溶体。但对形成无限固溶体来说，这一条件是必要的，但不是充分的，即不是所有具有相同点阵的元素都能形成无限固溶体。例如，α-Fe-Mo、α-Fe-W 均系体心立方点阵，γ-Fe-Cu、γ-Fe-Al 均系面心立方点阵，但在这些合金系中只能形成有限固溶体。

形成固溶体的第二个必要的条件是原子的尺寸因素。当形成无限或有限固溶体时，溶质与溶剂的原子半径差应不超过±15%，否则固溶度很小。铁基与难溶金属形成无限固溶体时，两者原子半径之差应不超过±8%。

Ni、Co、Mn、Cr 和 V 的原子尺寸与相同点阵的 Fe 的同素异构体的原子尺寸之差不超过 8%，因此这些元素与 Fe 可以形成无限固溶体。这些元素与具有不同点阵的 Fe 的同素异构体生成的有限固溶体也有很宽的溶解度。Mo 和 W 的原子尺寸因素超过 8%（分别为 10%和 11%），因此，它们与铁的两个同素异构体只能形成具有较宽溶解度的有限固溶体。原子尺寸处于尺寸因素边界的元素，如 Ti、Nb、Ta，只能生成溶解度很小的固溶体或者几乎不溶于铁中。尺寸因素超过 15%的一些元素，如 Zr、Hf、Pb，在铁中只有极小的溶解度。

尺寸因素虽然是形成置换式固溶体的必要的条件，但还不是充分的条件。合金元素在铁中的溶解度极限还取决于这些元素在周期表中的相互排列的位置。元素与铁在同一周期，并且位于最接近Ⅴ～Ⅷ族的位置时，将在铁中有最大的溶解度。离铁越远的过渡族金属，d 层和 s 层的电子结构的差异越大，金属的原子价和电化学性能的差异也越大，即其化学亲和力越大，在铁中的溶解度越小，而两者形成稳定的化合物的倾向越大。

上述铁基固溶体的形成规律是对铁与合金元素二元系而言的，在实际的钢中可能形成多元固溶体，其形成规律将根据具体的钢类进行分析。

铁与原子尺寸较小的元素生成间隙固溶体，这些元素有 H、N、C 等，其原子半径值见表 2.1。

间隙固溶体总是有限固溶体，其溶解度取决于溶剂金属的晶体结构和间隙原子的原子尺寸。在间隙固溶体中，溶剂金属保持原来的点阵，间隙原子仅占据溶剂金属中的八面体或四面体间隙，而且总是有一部分间隙位置未被填满。

图 2.22 和图 2.23 分别示出了面心立方和体心立方点阵中八面体和四面体间隙的位置，利用几何关系可以求出间隙的数目和大小，计算结果见表 2.2。体心立方结构的四面体和八面体间隙是不对称的，其棱边长度不全相等。

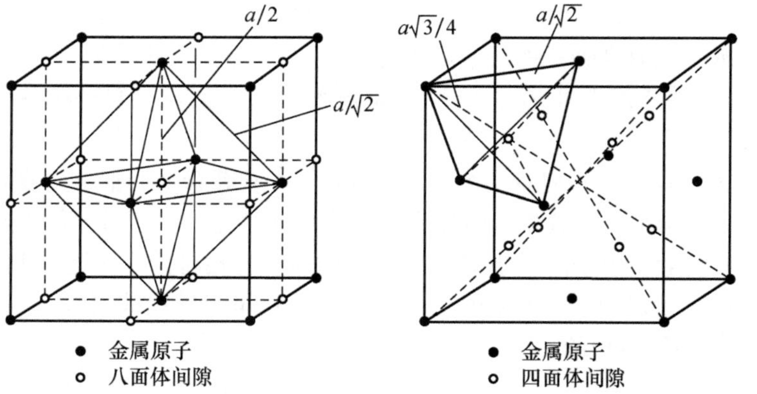

图 2.22　面心立方点阵中的间隙[11]

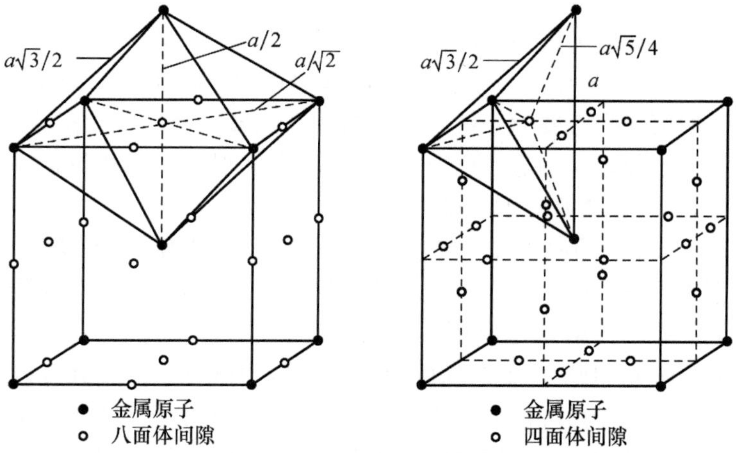

图 2.23　体心立方点阵中的间隙[11]

表 2.2　面心立方和体心立方点阵的间隙

晶体结构	间隙类型	间隙数目	间隙大小(r_B/r_A)
面心立方	四面体间隙	8	0.225
	八面体间隙	4	0.414
体心立方	四面体间隙	12	0.154
	八面体间隙	6	0.291

注：r_A 为溶剂原子半径尺寸；r_B 为可放入间隙的小球最大半径。

比较C、N原子尺寸与上述点阵中存在的间隙大小后可以看出，C、N原子进入到铁的点阵中必将引起点阵的畸变。γ-Fe中的八面体间隙大于其四面体间隙，C在γ-Fe中形成间隙固溶体时，是进入八面体间隙的。γ-Fe的点阵间隙较大，因此C在γ-Fe中的溶解度也比较大，最大溶解度在1147℃时为2.13%，以原子分数表示，大约为9%。这表明即便是达到最大溶解度时，也并非所有八面体间隙都含有C原子，而是平均每2.5个晶胞中才有一个八面体间隙被C原子占据。C在α-Fe中是处于不对称的八面体间隙中，这是由于间隙原子溶入后，相邻两个铁原子移动引起的应变比较轻微。对四面体间隙来说，有四个相邻铁原子，移动这四个原子需要更高的应变能。体心立方结构的排列虽不像密排的面心立方结构那样紧密，但由于空隙位置的数目较多，每一间隙位置的大小反而比密排结构要小，间隙原子的填入要产生较大的畸变。C在α-Fe中最大溶解度在723℃时为0.02%，相当于每600个晶胞中有一个八面体间隙被C原子占据。

间隙原子的溶解度随其原子尺寸的减小而增加。N原子半径小于C，因此它在α-Fe中的溶解度较大，见图2.24。N在γ-Fe中的溶解度为2.8%，也高于C。

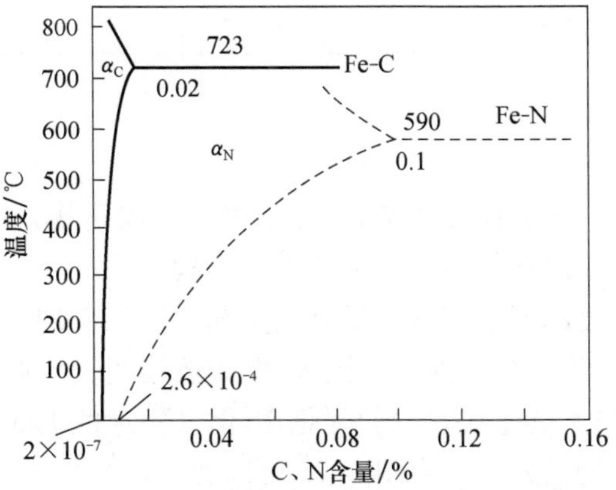

图 2.24　C(实线)和N(虚线)在α-Fe中溶解度和温度的关系[13]

硼原子的尺寸因素无论对于铁形成置换固溶体或间隙固溶体都极不合适，都会引起大的点阵畸变。如形成置换固溶体时点阵有很大的收缩，而形成间隙固溶体将引起点阵有很大的膨胀，故硼不论在γ-Fe还是α-Fe中都只有比较小的溶解度。

表2.3列出一些元素在γ-Fe和α-Fe中的溶解度。

表 2.3　一些元素在γ-Fe和α-Fe中的溶解度[14,15]　　(单位：%)

元素	结构类型	在γ-Fe中的最大溶解度	在α-Fe中的最大溶解度	室温时在α-Fe中的溶解度
Al	面心立方	0.78(1197℃)	～36	～35
B	正交	0.015(1176℃)	～0.008	<0.001
C	石墨、金刚石型	2.11(1148℃)	0.02(723℃)	<0.00005
Co	β-Co面心立方，α-Co密排六方	无限	80.4(162℃)	76
Cr	体心立方	11.5(986℃)	无限	无限
Cu	面心立方	7.23(1098℃)	1.80(843℃)	0.2

续表

元素	结构类型	在 γ-Fe 中的最大溶解度	在 α-Fe 中的最大溶解度	室温时在 α-Fe 中的溶解度
Mn	γ-Mn 面心立方,α-Mn 和 β-Mn 复杂立方	无限	3.27(248℃)	～3
Mo	体心立方	2.82(1141℃)	36.4(1453℃)	1.4
N	简单立方	2.64(650℃)	0.1(590℃)	<0.001
Nb	体心立方	1.61(1184℃)	1.23(957℃)	0.1～0.2
Ni	面心立方	无限	4.81(492℃)	—
P	正交	0.31(1146℃)	2.55	～1.2
S	—	0.62(1366℃)	0.022(914℃)	—
Si	金刚石型	1.73(1164℃)	14.8(963℃)	～14
Ti	β-Ti 体心立方,α-Ti 密排六方	0.69(1157℃)	8.39(1287℃)	～2.5(600℃)
V	体心立方	1.26(1156℃)	无限	无限
W	体心立方	4.33(1119℃)	34.6(1547℃)	4.5(700℃)
Zr	β-Zr 体心立方,α-Zr 密排六方	～0.7	～0.3	0.3(385℃)

2.2.2 钢中的碳化物

在钢中的合金元素一部分能与碳结合,在钢中生成碳化物,一部分不能生成碳化物。合金元素在钢中能否生成碳化物与其原子的电子结构有关。

在钢中能生成碳化物的元素都属于过渡族金属,并且其 d 层电子的未填满程度比铁为高,在周期表中它们都位于铁的左边。图 2.25 为按周期表位置排列的过渡族金属的二元碳化物,其中钴和镍虽然能生成独立的碳化物,但其稳定性很低,在钢中不会出现,所以它们仍属于不生成碳化物的元素。由图 2.25 可以看出,碳化物的结构与金属元素在周期表中的位置有密切的联系。表 2.4 列出了在钢中常见的与碳化物的结构和性能有关的一些数据,其结合强度可用生成热焓 ΔH_{298K}、熔点等来表征。可以看出,合金元素中 d 层未填满的电子数目越多,其生成碳化物倾向越强,而生成的碳化物越稳定。这在第四周期内看得很明显,生成碳化物的稳定性按以下的顺序增加:Fe、Mn、Cr、V、Ti。在第五和第六周期内这种变化也同样存在,如自 Mo 到 Zr,自 W 到 Hf。在同一族中这种稳定性的变化不甚明显。

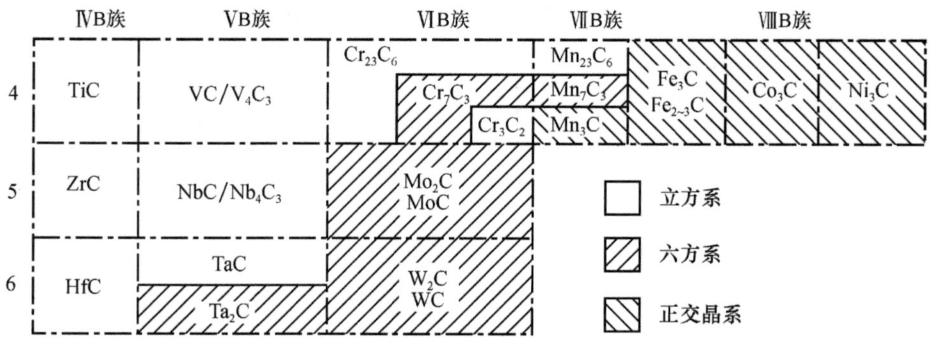

图 2.25　过渡族金属的二元碳化物[13,16]

表 2.4　钢中常见的碳化物的结构与性能[13,17]

金属	原子半径比 r_C/r_M	碳化物	金属原子排列类型	室温点阵常数/nm	单位晶胞中含有的原子数	熔点/℃	ΔH_{298K}/(kJ/mol)	显微硬度 HV(50g)
Fe	0.61	Fe_3C	正交	a=0.4535 b=0.5089 c=0.6743	16(12M+4C)	1227	+8.3	~860(HB)
Mn	0.6	Mn_3C	同上	a=0.4545 b=0.5103 c=0.6778	16(12M+4C)	1520	−5.0	—
Cr	0.6	Cr_7C_3	复杂六方	a=1.398 c=0.4523	80(56M+42C)	1665	−26.4	2100
		$Cr_{23}C_6$	复杂立方	a=1.065	116(92M+24C)	1580	−17.6	1650
V	0.57	VC	面心立方	a=0.4182	8(4M+4C)	2830	−83.7	2100
Mo	0.56	Mo_2C	密排六方	a=0.3023 c=0.4734	3(2M+1C)	2430*	−22.8	1600
		MoC	简单六方	a=0.2898 c=0.2809	2(1M+1C)	2700*	−10.0	~1500
		Fe_3Mo_3C	复杂立方	a=1.111	112(96M+16C)	~1400*		1350
W	0.55	W_2C	密排六方	a=0.2985 c=0.4716	3(2M+1C)	2795*	−23.0	3000
		WC	简单六方	a=0.2906 c=0.2837	2(1M+1C)	2785*	−35.2	1730
		Fe_3W_3C	复杂立方	a=1.109	112(96M+16C)	~1400*	—	~1000
Ti	0.53	TiC	面心立方	a=0.4318	8(4M+4C)	3140	−183.4	3200
Nb	0.53	NbC	面心立方	a=0.4470	8(4M+4C)	3480	−140.6	2055
Ta	0.52	TaC	面心立方	a=0.4441	8(4M+4C)	3880	−161.2	1800
Zr	0.48	ZrC	面心立方	a=0.4696	8(4M+4C)	3550	−184.6	2700

* 表示分解。

我们大致可以按合金元素生成碳化物稳定性程度，把它们排成下列顺序(自弱到强)：Fe、Mn、Cr、Mo、W、V、Ta、Nb、Hf、Zr、Ti。碳化物的稳定性取决于其原子键力，在生成碳化物时，碳原子的价电子填入金属未填满的 d 层生成强的金属键，有些情况下也可能由碳和金属的部分电子生成部分共价键。可以近似地根据熔点的高低或生成热 ΔH_{298K} 的变化比较它们的相对稳定性。熔点越高，生成热的负值越大，其稳定性也越高。合金元素生成的碳化物的稳定性有重要的实际意义，它影响着这些碳化物加热时在钢中开始分解的温度和速率，以及回火时碳化物析出聚集的条件等。分析二元碳化物的点阵结构可以看出以下的规律(Hägg 规则)，并以此把它们分为两类：

(1) 当 $r_C/r_M \leqslant 0.59$ 时，这些元素生成间隙相。在间隙相中，金属的原子生成与纯金属不同的点阵，但一般都是简单的、密排的点阵结构，其间隙大于碳原子直径，故可以容纳碳原子。第ⅣB 族和第ⅤB 族的 Ti、Zr、Hf、V、Nb、Ta 等过渡金属生成具有面心立方点阵的碳化物，如 TiC、ZrC、HfC、VC、NbC、TaC 等。第ⅥB 族的 W、Mo 则生成具有六方点阵的碳化物，如 Mo_2C、W_2C、MoC、WC。这些碳化物熔点都比较高，稳定性也高，不易在加热时溶解于奥氏体中。

(2) 当 $r_C/r_M>0.59$ 时，则不能生成间隙相而生成具有复杂点阵的碳化物，如铬、锰、铁生成的碳化物 $Cr_{23}C_6$(复杂立方)、Cr_7C_3(复杂六方)、Fe_3C(正交晶系)。由于碳原子也位于点阵的间隙中，故称之为间隙化合物。它们的熔点较低，稳定性较低，在加热时较易溶解于奥氏体中。

钨和钼在钢中时可以生成复杂的三元碳化物 Fe_3W_3C、Fe_3Mo_3C、$Fe_{21}W_2C_6$、$Fe_{21}Mo_2C_6$。Fe_3W_3C 和 Fe_3Mo_3C 具有复杂的立方点阵结构。$Fe_{21}W_2C_6$ 和 $Fe_{21}Mo_2C_6$ 与 $Cr_{23}C_6$ 有相同的点阵结构[16]。文献中常用 M 代表金属原子，上述碳化物可用 M_6C、$M_{23}C_6$ 表示。

碳化物常常具有一定范围的溶解度或者溶入其他的合金元素。Fe_3C 和 Mn_3C 可以无限互溶，在室温时，Fe_3C 可以溶入 18%～20%Cr、1%～2%Mo 或 W、0.4%～0.5%V、0.15%～0.25%Ti，碳原子还可以被氮、氧等原子置换，因此当渗碳体溶入其他元素时可以写成 $(Fe、Mn、Cr\cdots)_3(C、N、O\cdots)$。许多有相同点阵的间隙相可以生成无限固溶体，如 TiC-VC、TiC-ZrC 等。

MC 型碳化物中的处于间隙位置的碳原子常常缺位，因此，这种碳化物相不具备严格的化学成分和化学式。一般形式是 MC_x，其中 $x\leqslant 1$。一些碳化物的浓度范围如下：$TiC_{1.0\sim0.28}$ $ZrC_{1.0\sim0.28}$、$HfC_{1.0\sim0.56}$ $VC_{0.95\sim0.75}$、$NbC_{1.0\sim0.7}$ $TaC_{0.91\sim0.58}$[13]。文献中常遇到的钢中的 V_4C_3 或 Nb_4C_3 等碳化物，应视为 MC_x 的形式，其中 $x=0.75$。

三元碳化物 Fe_3W_3C 只是代表平均成分，实际成分可以在 Fe_2W_4C 与 Fe_4W_2C 范围内变动，并且可以溶入其他元素，可写成 M_6C。$Fe_{21}W_2C_6$ 可以 $M_{23}C_6$ 表示，其中 W、Mo 可以互相代替，钨含量在 5%～15%，能溶解 60%Cr。在有限溶解时，溶解度将随温度变化。Cr_7C_3 室温时可以溶入 38%Fe，而在 1300℃时可以溶入 60%Fe。

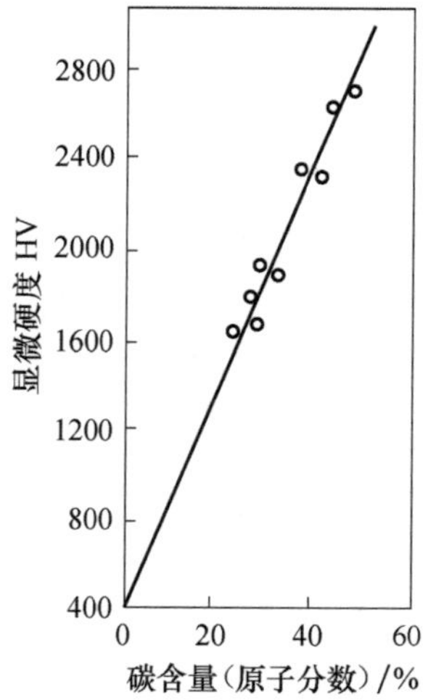

图 2.26　TiC 的显微硬度与碳含量的关系[10]

碳化物中能溶入其他元素对其性能可能有重要影响。图 2.26 表示 TiC 的显微硬度与碳含量的关系曲线，可以部分地说明不同研究者测出的碳化物硬度值何以会有相当大的差异。溶入的合金元素对碳化物的稳定性也有很大的影响，一般说来，当溶入碳化物的元素能生成更为稳定的碳化物时，将提高前者的稳定性，而当溶入的合金元素不能生成碳化物或生成碳化物的稳定性较弱时，将降低其稳定性。例如，合金钢的渗碳体中常常溶入一些强的碳化物生成元素，故在热处理时其分解温度比在碳钢中要高。在碳钢中加入 Ti、V、Zr、Nb 等元素所生成的碳化物很稳定，加热至 900～1000℃时完全不溶解于奥氏体，因此它们将加速过冷奥氏体的分解。但当钢中加入 1.5%～2.5%的锰时，锰部分地溶于这些碳化物中降低了它们的原子键力，因此加热至 900～1000℃时，这些碳化物将部分地溶解于奥氏体中。此时将增加奥氏体的稳定性，铬也有此作用，但影响程度不如锰[18,19]。

当加入的一种合金元素如 Cr、W、Mo 等，能在钢中生成几种碳化物时，在钢中出现的碳化物类型取决于合金元素与碳原子数量的比值(平衡条件下)，而在介稳定状态时还与热处理的规程有关。

图 2.27 为 Fe-Cr-C 三元系在 700℃时的平衡图[16]。可以看出，当 Cr：C 原子比增加时，钢中先后生成(Fe,Cr)$_3$C、(Cr,Fe)$_7$C$_3$ 和(Cr,Fe)$_{23}$C$_6$。在一些中间成分时将生成有两种碳化物的混合组织。以含 1%C 的钢为例说明当铬含量变化时对钢中碳化物生成的影响。在含 1%C 的钢中，当 Cr 含量不超过 3%时，钢中的相组成不变，为铁素体(Cr 溶解量低于 1%)和合金渗碳体(Fe,Cr)$_3$C，在合金渗碳体中最多可以溶解 18%Cr；Cr 含量超过 3%后将出现合金碳化物，如含 Cr 为 4%时钢中除了含有合金渗碳体外还含有(Cr,Fe)$_7$C$_3$；Cr 含量超过 5%时，(Fe,Cr)$_3$C 就变得不稳定了，因此只有一种碳化物存在；在 Cr 含量自 5%增至 11%时，钢中仍只含有一种碳化物(Cr,Fe)$_7$C$_3$，而铁素体中溶解的 Cr 含量自约 1%增至 5%。在钢中含 Cr 更高时将出现含 Cr 更高的碳化物相(Cr,Fe)$_{23}$C$_6$。

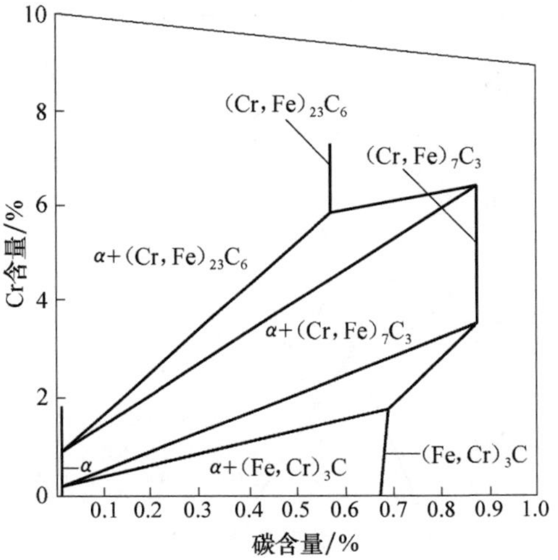

图 2.27　Fe-Cr-C 三元系在 700℃的等温截面平衡图[16]

Fe-W-C 三元系中的稳定碳化物有 Fe$_3$C、WC 和 M$_6$C，这需要在 700℃长期保温后才可以达到。由表 2.5 可以看出，当 W：C 原子比增加时，钢在长期保温后生成的稳定碳化物类型依次为 Fe$_3$C、WC、M$_6$C。M$_{23}$C$_6$(Fe$_{21}$W$_2$C$_6$)是一个亚稳碳化物，它常常在奥氏体恒温转变情况下暂时出现。图 2.28 是 Fe-W-C 三元系在 700℃时的亚稳平衡图[16]，由图可以看出，当钢中 W：C 原子比增加时，恒温转变中生成的碳化物中的 W：C 原子比也随之增加，碳化物出现的次序是(Fe,W)$_3$C、M$_{23}$C$_6$、M$_6$C。可以根据图 2.28 判断含钨钢在退火状态下的碳化物类型。Fe-Mo-C 三元系中碳化物的形成规律与 Fe-W-C 三元系很相似。

表 2.5　钨、碳原子比不同的钢在 700℃恒温保持后析出的亚稳和稳定碳化物的相成分[20,21]

(预先在 1300℃奥氏体化 10min，使碳化物全部溶入)

序号	C 含量/%	W 含量/%	W：C 原子比	析出的碳化物相(X 射线分析)	
				700℃等温保持 10h(介稳定)	700℃等温 2000h(稳定)
1	0.98	0.49	0.033	Fe$_3$C	Fe$_3$C+WC
2	1.16	1.16	0.065	Fe$_3$C	Fe$_3$C+WC
3	0.65	1.50	0.15	M$_{23}$C$_6$	Fe$_3$C+WC

续表

序号	C含量/%	W含量/%	W∶C原子比	析出的碳化物相(X射线分析)	
				700℃等温保持10h(介稳定)	700℃等温2000h(稳定)
4	0.89	2.62	0.19	$M_{23}C_6$	Fe_3C+WC
5	0.55	1.96	0.23	$M_{23}C_6+M_6C$	Fe_3C+WC
6	0.59	3.62	0.40	$M_{23}C_6+M_6C$	$WC+Fe_3C$
7	0.60	6.12	0.67	$M_{23}C_6+M_6C$	$WC+Fe_3C$
8	0.27	5.45	1.32	$M_6C+M_{23}C_6$	$WC+M_6C$
9	0.34	8.15	1.57	$M_6C+M_{23}C$	$WC+M_6C$
10	0.32	9.56	1.96	M_6C	M_6C+WC

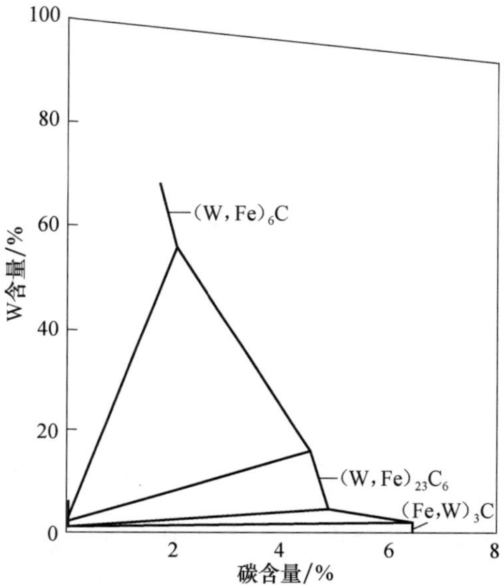

图2.28　Fe-W-C三元系在700℃时的亚稳平衡图[16]

图2.29为Fe-V-C三元系的等温截面(20℃)亚稳平衡图。可以看出,V在$(Fe,V)_3C$中的溶解度很小,钒含量不高时便可以在钢中生成碳化物VC。使钢中出现VC的钒含量界限还不清楚,可能在0.1%以下。Fe-Ti-C、Fe-Nb-C等三元系的等温截面与Fe-V-C三元系相似。

当钢中同时含有几种能生成碳化物的合金元素时,其生成的规律如下:当碳含量比较低时,强的碳化物生成元素将优先与碳结合,而当碳含量逐渐增加时,弱的碳化物生成元素也将成碳化物。例如,当钢中含有Mo、W和Cr时,随碳含量的增加将依次生成M_6C、$Cr_{23}C_6$、Cr_7C_3、Fe_3C。如果钢中已经含有几种碳化物,当加入更强的生成碳化物元素时,它将首先自弱碳化物生成元素生成的碳化物中取去碳。例如,钢中含有M_6C和Cr_7C_3时,加入V之后,将首先自Cr_7C_3中,然后自M_6C中取去碳。此时首先驱使铬然后是钨或钼进入固溶体中。

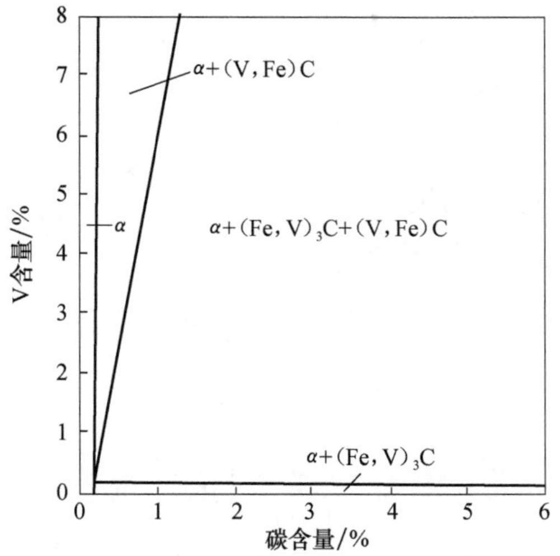

图 2.29　Fe-V-C 三元系在 20℃时的亚稳平衡图[20]

了解钢中碳化物的生成规律对于阐明钢的合金化原理有重要作用。

有些合金元素在钢中不能与碳结合，如 Cu、Si、Al、Ni、Co 等，它们几乎完全溶于固溶体中，这些元素有促进石墨化的作用。硅和铝的石墨化作用最强，Cu、Ni、Co 也有促进石墨化的作用。

钢在石墨化时首先有石墨化核心生成，石墨化的生成核心可以是碳化物的分解，也可能是由碳直接从固溶体析出在已有的其他核心上，但是石墨化核心生成的机理目前还不完全清楚。因此，对于合金元素的影响也常常有不同的解释。

还应当指出，生成碳化物的元素也可能有促进石墨化的作用，如钨和钼使钢略有石墨化倾向，可能是这些元素的原子半径与铁的原子半径相差太大（r_W 比 r_{Fe} 大 12%），当其溶入 Fe_3C 中时，变得不稳定。钢中有少量的锆或钛时，也有促进石墨化的作用，有人用这些元素生成的特殊碳化物的核心作用来解释。

2.2.3　合金元素在铁素体和渗碳体间的分配

了解合金元素在钢中各相之间的分布规律，对于明确合金元素在钢中的作用及其作用发挥的程度是很重要的。首先探讨合金元素在铁素体和渗碳体之间的分配问题。

合金元素在铁素体和渗碳体之间的分配受热处理过程的影响。在平衡状态下，这种分配取决于钢中的合金元素和碳的含量。

合金钢淬火后低温回火时，只有扩散较快的碳原子能做长距离的移动，因此生成的渗碳体和基体中的金属组成成分基本上相同。当回火温度超过 400℃后，合金元素原子的扩散比较显著，因此发生了合金元素在渗碳体和铁素体间的重新分配。与碳有较大亲和力的元素，如 Mn、Cr、Mo 等，部分地脱离了铁素体，扩散到渗碳体中去。而在周期表中位于铁右边的与碳亲和力弱或没有亲和力的元素，如 Co、Ni、Cu、Si、Al、P，部分或全部脱离了渗碳体，扩散到铁素体中去。温度越高，扩散进行得越快。图 2.30 显示了含有 0.50%C、4.97%Ni、0.26%Mn 的镍钢渗碳体中的 Ni、Mn 含量随回火时间增加的改变。Mn 向渗碳体中富集，Ni 向铁素体中富集，最后达到平衡分配。

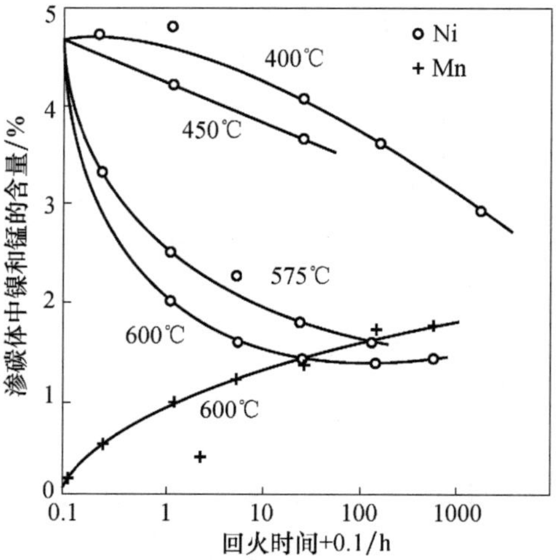

图 2.30　0.50%C-0.26%Mn-4.97Ni 钢在不同温度回火时渗碳体成分的改变[16]

图 2.31 显示在低合金钢中，Cr、Mn、Co 三元素在渗碳体和铁素体间的平衡分配，由这些直线关系可以得到这三个元素的平衡分配常数。根据试验，同样可以求出其他元素的平衡分配常数，这些数值见表 2.6。这些钢中的合金元素含量不会引起特殊碳化物的生成。有的研究工作者采用合金元素在渗碳体中含量和在钢中含量的比值作为研究对象，但这一比值随钢中碳含量的改变而改变，不是一个常数，缺乏物理意义。

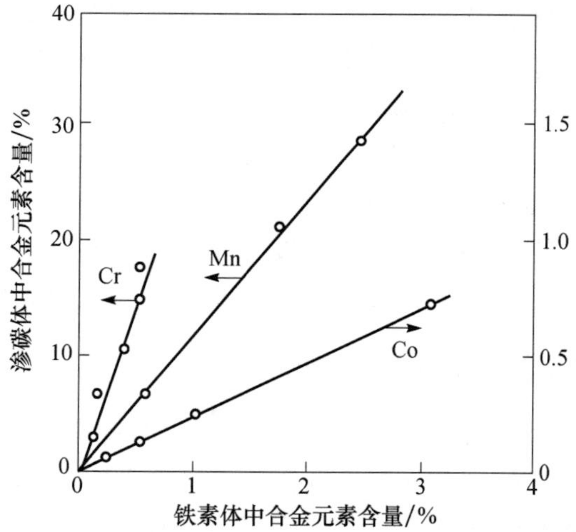

图 2.31　在 700℃时 Cr、Mn、Co 在渗碳体铁素体间的平衡分配[16]

表 2.6　一些合金元素在渗碳体和铁素体之间的平衡分配[16]

元素	钢中的含量/%	分配	元素	钢中的含量/%	分配
Cr	0.5～3.0	28.0∶1.0	Al	0.5～1.0	不溶于 Fe_3C
Mn	0.2～3.2	11.4∶1.0	Si	1.7	不溶于 Fe_3C
Co	0.25～3.0	0.23∶1.0	P	0.28	不溶于 Fe_3C
Ni	3.0～5.0	0.3∶1.0	Mo	0.17～0.25	8.0∶1.0
Cu	0.25～1.0	不溶于 Fe_3C	W	0.45	2.0∶1.0

注：热处理采用 1100～1300℃淬火，然后在 600～700℃保温，直至合金元素在各相中的含量不变为止。

2.3　钢中的氮化物和硼化物

2.3.1　氮化物

钢在冶炼时多少要吸收大气中的氮，另外，氮还可以作为合金元素加入钢中，因此钢中会形成铁或其他合金元素的氮化物。氮原子的原子半径比碳原子小(表 2.1)，并且氮原子半径与过渡族金属原子半径之比 r_N/r_M 均小于 0.59，故它们之间只能生成具有简单密排结构的间隙相，金属原子处于点阵结点上，而尺寸较小的氮原子处于点阵的间隙位置。与碳化物相似，这类化合物同样具有高的熔点、高的生成热、高的硬度和脆性。表 2.7 列出了在钢中可能出现的氮化物的结构和性能的有关数据。

表 2.7　钢中氮化物的结构与性能[13,15,22]

金属	原子半径比 r_C/r_M	氮化物	金属原子排列类型	室温点阵常数/nm	单位晶胞中含有的原子数	熔点/℃	ΔH_{298K}/(kJ/mol)	显微硬度 HV
Fe	0.56	γ'-Fe_4N	面心立方	a=0.3797	—	—	−11.1	1340
Cr	0.56	Cr_2N	密排六方	a=0.4805 c=0.4479	—	1650	—	1571
		CrN	面心立方	0.414	8(4M+4N)	1500(分解)	−123.0	1090
V	0.52	VN	面心立方	0.4136	8(4M+4N)	2050	−217.2	1520
Mo	0.52	Mo_2N	面心立方	0.4163	6(4M+2C)	—	−69.5	630
		MoN	简单六方	a=0.2866 c=0.2810	2(1M+1N)	—	—	—
W	0.51	W_2N	面心立方	a=0.4126	6(4M+2C)	—	−35.6	—
		WN	简单六方	a=0.2893 c=0.2826	2(1M+1N)	800(分解)	—	—
Ti	0.50	TiN	面心立方	a=0.4239	8(4M+4N)	2950	−337.9	2450
Nb	0.49	NbN	面心立方	a=0.4394	8(4M+4N)	2050	−236.4	1400
Ta	0.49	TaN	密排六方	a=0.2910 c=0.5176	—	3090	−252.3	1060
Zr	0.43	ZrN	面心立方	a=0.4585	8(4M+4N)	2952	−365.3	1520
Al	—	AlN	密排六方	a=0.311 c=0.498	4(2M+2N)	2517	−318	1230

氮化物中金属元素排列属于面心立方点阵的有 TiN、NbN、ZrN、VN、Mo_2N、W_2N、CrN、γ'-Fe_4N 等。氮化物的含量是在一定的范围内变化的，这是因为有氮原子的缺位存在。一些氮化物的浓度变化范围如下：$TiN_{1.2\sim0.38}$、$ZrN_{1.0\sim0.55}$、$HfN_{1.1\sim0.74}$、$VN_{1.0\sim0.72}$[13]。在若干氮化物中可能出现 $x>1$，这可能是氮的原子半径较碳为小，以及氮可能分布于金属点阵的四面体间隙的缘故。属于密排六方点阵的氮化物有 TaN、Nb_2N 等，属于简单六方点阵的氮化物有 WN、MoN、Cr_2N 等。

与碳化物一样，凡是 d 层电子越少的过渡族金属，与氮的亲和力越大。Ti、Zr、Nb、V 是强氮化物形成元素，在钢中形成稳定的氮化物，几乎不溶于基体。W、Mo 是中强氮化物形成元素，其氮化物有较大的稳定性和较小的溶解度，一般在钢中含这些元素较高时才容易出现。Cr、Mn、Fe 是较弱的氮化物形成元素，在高温下它们的氮化物可以溶于基体，在低温下又可以重新析出。

各种氮化物之间根据点阵类型的差别、尺寸因素和电化学因素也会完全互溶或有限溶解。氮化物和碳化物之间也可以相互溶解，形成碳氮化物，如 TiN 中的氮可以被碳部分地置换，形成 Ti(N,C)。在含氮的 Cr-Ni 或 Cr-Mn 不锈钢中，氮原子可以置换 $(Cr,Fe)_{23}C_6$ 中的部分碳原子，形成 $(Cr,Fe)_{23}(C,N)_6$ 的碳氮化物。

钢中还会出现氮化物 AlN，为密排六方点阵，不属于间隙相，氮原子并不处于铝原子的间隙位置，它具有与 ZnS 相同的点阵，属于正常价非金属化合物。AlN 与其他间隙相氮化物之间完全不互溶。AlN 在钢中有比较高的稳定性，只有在 1100℃以上才大量溶于 γ-Fe，在较低温度下又重新析出。

2.3.2 硼化物

用硼进行合金化的钢中存在硼化物。硼与过渡族金属的原子半径比值 $r_B/r_M>0.59$，因此，所形成的硼化物属于具有复杂结构的间隙化合物，具有高的硬度和熔点(表 2.8)、正的电阻温度系数，这是具有金属键的特征。但金属与硼原子之间还是有存在共价键的可能。

表 2.8 硼化物的硬度及其熔点[15]

性能	TiB_2	TiB	W_2B	WB	Mo_2B	Cr_2B	CrB	Fe_2B	FeB
显微硬度 HV	2700	—	2420	3700	2500	1350	1250	1500	1900
熔点/℃	2920	2230	2770	2400	2140	1890	1550	1389	1650

硼化物 TiB_2 具有六方晶系，$c/a=1.065$[6]。W_2B、Mo_2B、Cr_2B、Fe_2B、Co_2B、Ni_2B 等具有四方晶系，$c/a<1$，单位晶胞中原子数为 12，即 8 个金属原子，4 个硼原子。在钢中硼含量较高时形成 Fe_2B 相，点阵常数 $a=0.5109$nm，$c=0.4249$nm，$c/a=0.842$。由于硼吸收中子能力很强，在反应堆中常使用含硼 0.1%～4.5%的高硼钢，Fe_2B 是其主要相之一。当钢中存在硼化物形成元素 Cr、Mo、Mn 时，能溶于 Fe_2B，形成复合的硼化物 $(Fe,M)_2B$。

TiB、MnB、FeB 等硼化物具有正交晶系，单位晶胞中有 8 个原子，金属原子和硼原子各 4 个，其中硼原子呈链状排列。钢渗硼时，表面可生成 FeB 相，其点阵常数 $a=0.5506$nm、$b=0.2952$nm、$c=0.4061$nm，硬度为 1800～2000HV，有较大的脆性。

钢中还存在有类似 Fe_3C 的 Fe_3B 相。硼原子可以置换 Fe_3C 中的碳原子，其置换率可达 80%，形成 $Fe_3B_{0.8}C_{0.2}$ 类型的化合物。

在钢中加入微量硼时，还会出现铁的硼碳化物 $Fe_{23}(C,B)_6$ 或者 $Fe_{23}B_3C_3$，属于 $Cr_{23}C_6$ 型的立方晶系，其中铁原子可被其他过渡族金属元素所置换。$Fe_{23}(C,B)_6$ 一般在钢基体组织的晶界上析出。

2.4 钢中的金属间化合物

合金钢中由于合金元素之间及合金元素与铁之间产生相互作用，可能形成各种金属间化合物。金属间化合物保持着金属的特点，说明各组元之间仍保持有金属键的结合。当能生成金属间化合物的元素属于碳化物形成元素时，在钢中存在碳的条件下，一般先生成碳化物（热力学上更有利），只是当合金元素的含量超过生成碳化物所需要的量以后，才能生成金属间化合物。许多金属间化合物属于拓扑密堆相。

分析各种实际晶体后发现，如果将金属的原子看做是半径相等的刚球，它们有两种密排方式，即几何密排和拓扑密排。

由表 2.2 可以看出，在晶体点阵中四面体间隙最小。如果使晶体点阵中的间隙全部成为四面体间隙，就会得到最致密的排列。但等径刚球不可能堆成完全由四面体组成的点阵，而是存在着四面体和八面体两种类型的间隙，能够得到的最高配位数为 12，即面心立方或密排六方晶体点阵，具有这种结构的相称为几何密堆相（geometrical close-packed phase），简称 GCP 相。

1956 年 Kasper 首先指出，由两种大小不同的刚球可以得到空间利用率更高，全部或主要由四面体间隙组织的晶体点阵，每个四面体的四个顶点均被同一种原子占据，各四面体按一定方式相互连接，配位数可达 12、14、15、16，以 CN12、CN14、CN15 和 CN16 表示。由于这类结构具有拓扑特征，故称之为拓扑密堆相（topological close-packed phase），简称 TCP 相[23]。合金钢中可能出现的拓扑密堆相种类很多，如 σ 相、χ 相、μ 相（A_6B_7 相）、Laves 相（拉弗斯相或 AB_2 相）等。

在钢和合金中还经常出现一些 AB_3 相，又称有序相，是一种 GCP 相。

2.4.1　σ 相

σ 相具有较复杂的正方结构，其轴比 $c/a \approx 0.52$，每个晶胞中有 30 个原子。周期表中的第一长周期的第ⅦB 族和第ⅧB 族过渡金属与周期表中的第ⅤB 族和第ⅥB 组金属能形成 σ 相，如 FeCr、FeMo、FeV 等。FeCr 是最早发现的 σ 相。σ 相的分子式可写做 AB 或 A_xB_y，σ 相的成分在一定的范围内变化，是以化合物为基的固溶体。A、B 原子呈一定程度的有序排列，尺寸较大的原子占据高配位数的位置，尺寸较小的原子分布在配位数为 12 的位置上。

在二元系中形成 σ 相与下面的条件有关：

(1) 原子尺寸相差很大不利于形成 σ 相，一般不超过 8%。已知差别最大的 W-Co 系中的 σ 相，其原子半径差为 12%。

(2) 必定有一个组元具有体心立方点阵（配位数为 8），另一个组元为面心立方或密排立方点阵。

(3) σ 相出现在 s+d 层电子浓度在 6.5～7.4 时。电子浓度是指化合物中每个原子拥有的 s+d 层电子数。

第三种元素的加入会影响 σ 相形成的浓度范围和温度范围。若第三种元素与铁或另一种元素能形成 σ 相，则在三元相图上有相当宽广的 σ 相成分范围。例如，在 Fe-Cr-Mn 三元系中，Fe-Cr 和 Cr-Mn 都能形成 σ 相，当 Mn 加入不锈钢中会加速形成 σ 相，并使 σ 相稳定的温度范围加宽。

σ 相在常温下硬而脆，它的存在通常对合金性能有害。不锈钢中出现 σ 相会引起晶间腐蚀和脆性，在镍基高温合金和耐热钢中，如果成分或热处理控制不当，会发生片状的

硬而脆的 σ 相沉淀,使材料变脆,故应避免。

在形成 σ 相的合金系中还存在 χ 相,χ 相主要出现在含钼的 Fe-Cr-Mo 不锈钢中,其组成为 $Fe_{36}Cr_{12}Mo_{10}$,后来又在 Fe-Cr-Ti 钢中被发现。χ 相具有与 α-Mn 相同的复杂立方点阵,单位晶胞中有 58 个原子,点阵常数 $a=0.892$mm。在 Cr-Mn-Mo 不锈钢中,由于锰的存在,χ 相更容易形成,其化学式为 $(Fe,Mn)_{36}Cr_{12}Mo_{10}$。$\chi$ 相同样会引起钢的韧性和塑性下降。目前 χ 相在某些沉淀硬化不锈钢中已用做沉淀硬化相。

在一些复杂的高合金钢中还出现 μ 相(A_6B_7)。μ 相类似于 σ 相,出现在高 Mo、W 和 Nb 量的高温合金中,如 W_6Fe_7、Mo_6Co_7 等,其成分在一定的范围内变化,是以化合物为基的固溶体。μ 相具有菱方点阵,单位晶胞内有 13 个原子。A、B 原子呈一定程度的有序排列,尺寸较大的 A 原子占据高配位数的位置,尺寸较小的 B 原子分布在配位数为 12 的位置上。在一些非化学计量的 μ 相中,较小的 B 原子占据了一部分 A 原子的位置。μ 相常沿基体的{111}面呈片状析出,降低合金的塑性和韧性,但可以改善合金的高温持久塑性。

2.4.2 拉弗斯相

拉弗斯相大部分是由过渡族金属组成,可用分子式 AB_2 表示。

A 原子的半径 r_A 大于 B 原子的半径 r_B。理论计算 $r_A/r_B=1.225$,实际上大多数拉弗斯相的 $r_A/r_B=1.1\sim1.6$,A 原子的配位数为 16,B 原子的配位数为 12。AB_2 相是尺寸因素起主导作用的化合物。AB_2 相的晶体结构有三种点阵类型,但它具有哪一种点阵则受电子浓度的影响。

在钢中出现的拉弗斯相 $MoFe_2$、WFe_2、$NbFe_2$、$TiFe_2$ 等具有复杂六方点阵,电子浓度的范围为 1.80~2.00。在多元合金钢中还出现复合的 AB_2 相,尺寸大的合金元素处于 A 组元的位置,尺寸较小的合金元素 Mn、Ni、Cr 可置换 Fe 的位置,形成化学式为 $(W,Mo,Nb)(Fe,Ni,Mn,Co)_2$ 的复合 AB_2 相。在耐热钢中广泛应用 AB_2 相作为强化相。

2.4.3 有序相

有序(AB_3)相是很多钢及合金中的沉淀硬化相,如 Ni_3Al、Ni_3Ti、N_3Nb、Fe_3Al 等。有序相中组元之间电化学性的差别还不够形成稳定的化合物的条件,它们是介于无序固溶体与化合物之间的过渡状态。在有序固溶体中,有一些接近无序固溶体,如 Ni_3Fe、Fe_3Al 等,当温度升高到临界温度时,它们便变成无序固溶体。另一些则与化合物接近,如 Ni_3Al、Ni_3Ti、Ni_3Nb,其有序原子排列一直可保持到熔点。有序相都具有密排的有序结构,晶体结构都是由密排面按不同方式堆垛而成,只是由于密排面上 A 原子和 B 原子的有序排列方式不同和密排面的堆垛方式不同而产生不同的结构。

在高温合金中常见的 γ'-Ni_3Al 具有面心立方有序结构,η-Ni_3Ti 具有密排六方有序结构,δ-Ni_3Nb 具有正交有序结构,配位数都是 12。在复杂的耐热钢和耐热合金中,γ'-Ni_3Al 是重要的强化相,其中可溶解多种合金元素。通过合金化和适当的热处理,可使 AB_3 相以细微粒子均匀地析出,显示有效的沉淀强化作用。

2.5　合金元素对铁碳合金状态图的影响

了解合金元素对铁碳状态图的影响对于分析钢在热处理过程中的组织变化和确定其热处理工艺是很重要的。由于三元或多元状态图较为复杂，人们通常以铁碳状态图为出发点，分析合金元素的影响，以粗略地了解合金元素的作用。

2.5.1　合金元素对钢的共析成分的影响

在钢中加入另外一种合金元素后，将对其共析成分产生影响。能溶解于铁中，并且不生成碳化物的元素，如镍、硅、钴等，将减少共析体中的碳含量，并且原子量越小，影响程度越大，如图 2.32(a)所示[10]。能生成碳化物的合金元素，如果大部分是溶于铁素体中，少部分生成碳化物（溶于渗碳体中或者生成特殊碳化物），而生成的碳化物能参与共析体的生成，则其影响与上一类相同，如铬、锰，如图 2.32(b)所示。一些能生成很稳定的碳化物的元素，在铁素体中的溶解量很小，它们生成的碳化物在一般加热条件下很少溶解，也不参与共析体的生成。它们结合了一部分碳，因此为了生成共析体，钢中便需要更多的碳，钛、铌、钒都属于这类元素（图 2.32(c)）。钼和钨的作用与这些元素相似。

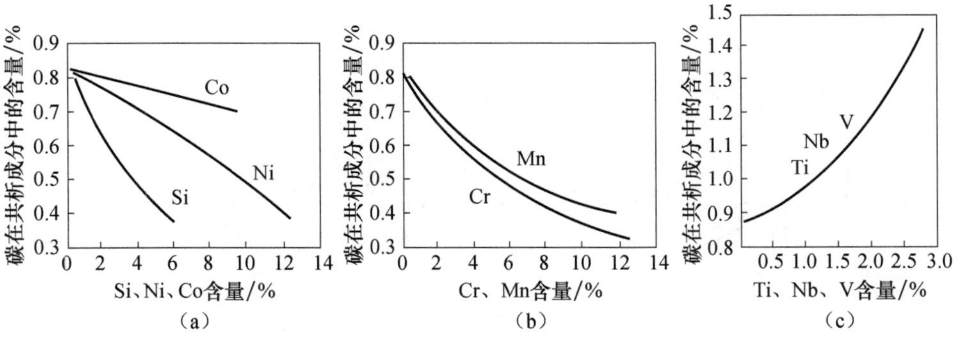

图 2.32　合金元素对钢的共析成分中碳含量的影响[10]

在文献中也有完全不同的论述，主要是关于强碳化物生成元素对共析成分的影响问题。有的作者认为钛、钒等元素可以大大降低共析成分中的碳含量（图 2.33(a)），而另外一些作者却认为这些元素能明显地增加共析成分中的碳含量。我们认为，共析成分的碳含量应当根据生成共析组织或进行共析转变 $\alpha + Fe_3C \leftrightarrow \gamma$ 时的成分来确定这些元素的影响，而不能只根据生成单一奥氏体区域的最低温度时的碳含量来确定，如图 2.34 所示。比较图 2.34(d)和图 2.35 可以看出，对于不生成碳化物的元素(Si)，二者是一致的，弱碳化物生成元素的情况也如此，但对于强碳化物的生成元素，如钛，则不能根据图 2.34(c)所示的单一奥氏体区域，而应当根据图 2.36 所示的共析转变 $\gamma \leftrightarrow \alpha + Fe_3C$ 发生的温度来决定。由图 2.36 可以看出，在加热时进行了共析转变后，特殊碳化物(TiC)还不能溶解，只有加热至较高温度时才能部分或完全溶解；而当这些元素的含量高时，甚至得不到单相的奥氏体区域（图 2.36(b)）。还要考虑到钢中加入一种合金元素后实际是三元合金，共析转变将在一个温度间隔中进行。除此以外还可能在恒温下进行包析转变 $\gamma + K_1 \rightarrow \alpha + K_2$（K 为碳化物)或生成三元共析体。在含合金元素量很高时,转变进行很慢,动力学因素也是很重要的。

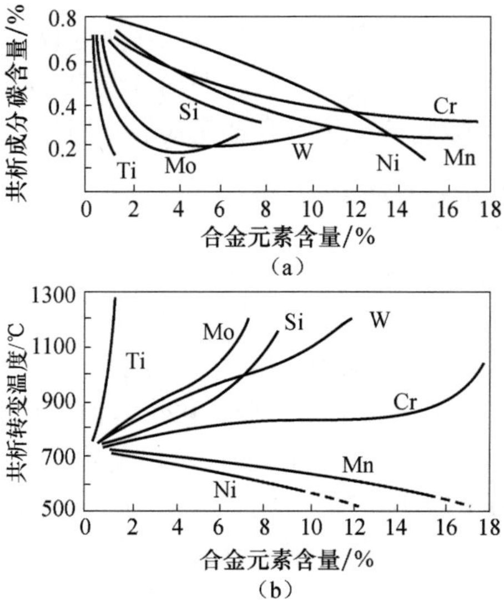

图 2.33 合金元素对钢的共析成分中碳含量和共析转变温度(Ac_1)的影响[24]

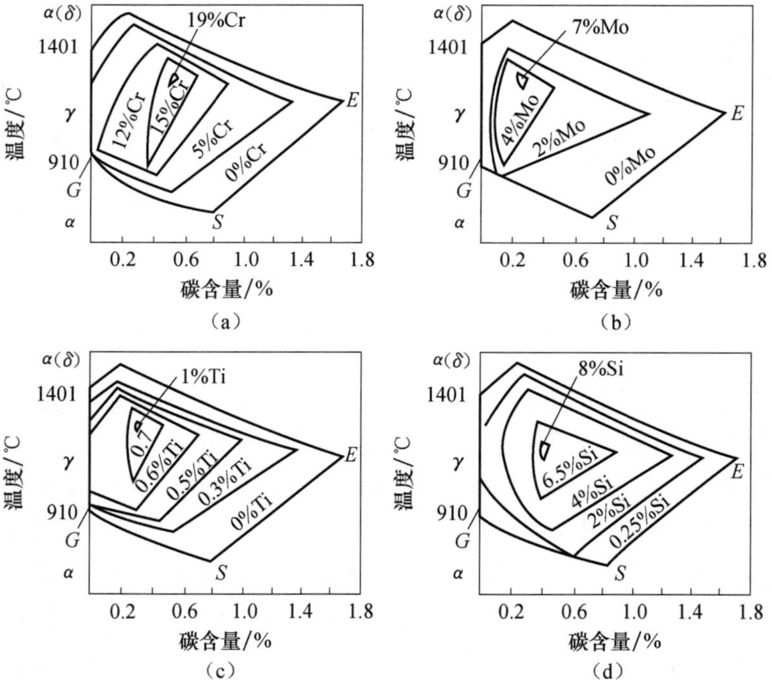

图 2.34 铬、钼、钛、硅等合金元素对铁碳合金奥氏体区域范围的影响[24]

合金元素对共析成分(平衡图上 S 点)的影响是很重要的。一般碳钢中共析成分的碳含量约为 0.8%,而当加入 4%Mn 时,共析成分只需 0.6%的碳含量。在一些高合金钢中,甚至含碳 0.4%左右时已经是过共析钢。合金元素对平衡图上的 E 点也同样会产生影响。当 E 点左移时，出现莱氏体的碳含量降低，因此在一些高合金钢中，在碳含量不超过 1%时也可能出现莱氏体组织，如高速钢的铸态组织。

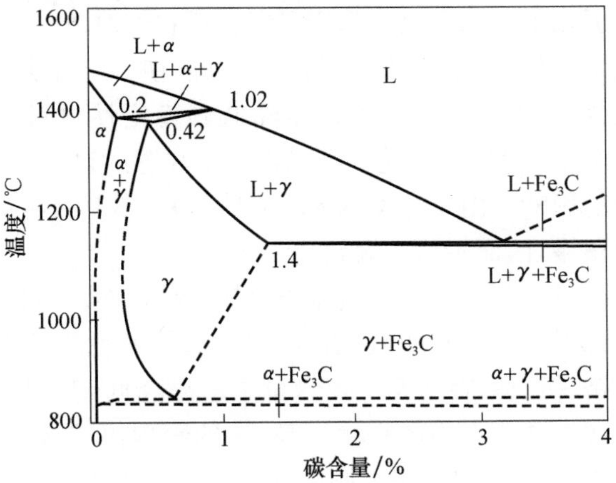

图 2.35　Fe-C-Si(3.5%)三元系的垂直截面图[25]

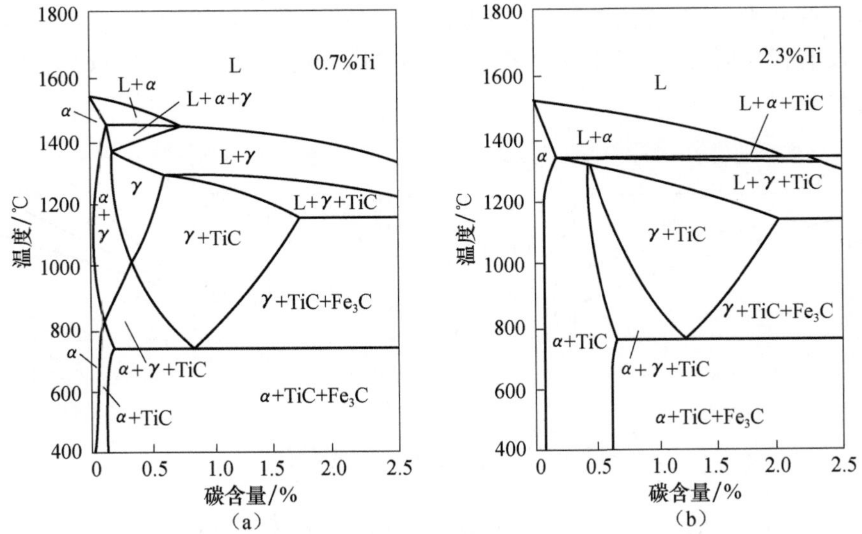

图 2.36　Fe-C-Ti(0.7%及 2.3%Ti)三元系的垂直截面图[25]

2.5.2　合金元素对钢临界点的影响

共析成分的碳钢在加热至 Ac_1 时，珠光体中的铁素体首先在其与渗碳体分界处生成奥氏体核心，进行 $\alpha \rightarrow \gamma$ 的点阵改组。在分界处由于可以供给较多的碳，这些生成的核心容易达到稳定的尺寸，以后则进行扩散长大，即依靠渗碳体的分解继续吞并铁素体，直至铁素体全部消失，然后残余的渗碳体继续溶解。最后在奥氏体中，碳达到均匀一致的共析成分。继续加热时，在亚共析钢中，自由铁素体不断地进行点阵改组并提高碳含量，奥氏体的碳浓度相应地下降，直至加热至 Ac_3 可以得到单一的奥氏体；在过共析钢中，则过剩渗碳体不断溶解，奥氏体中碳浓度不断增加，直到加热至 A_{cm}，可以得到单一的奥氏体。

在合金钢中,合金元素可以溶于铁素体中影响 $\alpha \rightarrow \gamma$ 转变;另外,合金元素还可以影响碳化物相(包括渗碳体)的稳定性,可以使它更为稳定而难以在加热时分解,也可能降低它的稳定性。从合金元素的这两方面的作用可以分析它们对 Ac_1 的不同影响。

锰和镍都较明显地降低 $\alpha \rightarrow \gamma$ 转变的温度,所以能使 Ac_1 下降。考虑到锰能够增加渗碳体的稳定性,而镍可以少量溶于渗碳体降低其稳定性,所以镍的影响比锰甚,如图 2.37(a)所示。铜、铂、氮等也属于这一类元素。锰和镍的这一作用对含锰和镍较高的钢的退火工艺有很大的影响。由于这类钢的临界点比较低,其过冷奥氏体在分解时,碳及合金元素的扩散速率很慢,因而不易退火软化。

碳化物生成元素,如铬,部分溶于渗碳体能增加其稳定性。但也有一些元素在渗碳体中溶解很少,而生成特殊的碳化物,如钛、钒等,对渗碳体的稳定性影响很小。对于 $\alpha \rightarrow \gamma$ 转变,有一些元素,如铬、钒、钛,在增至一定含量之前略降低转变温度,而钨、钼则提高转变温度。所以这些元素提高 Ac_1 点的程度不高,铬的影响比较显著(图 2.37(b)),钼、钨略能提高 Ac_1 点,钛、钒等则影响很小。图 2.33(b)中所示钛对 Ac_1 点的影响是不正确的,是由于把图 2.34(c)中获得完全奥氏体组织的最低温度当做了 Ac_1 点,而不是发生共析转变 $\gamma \leftrightarrow \alpha + Fe_3C$ 的温度。

还有一些元素,如铝、硅、磷等,它们提高 $\alpha \rightarrow \gamma$ 转变温度,不溶解于渗碳体,对渗碳体的稳定性没有什么影响,所以能提高 Ac_1 点,钴也属于这一类。图 2.37(c)为硅、铝、钴对 Ac_1 点的影响。

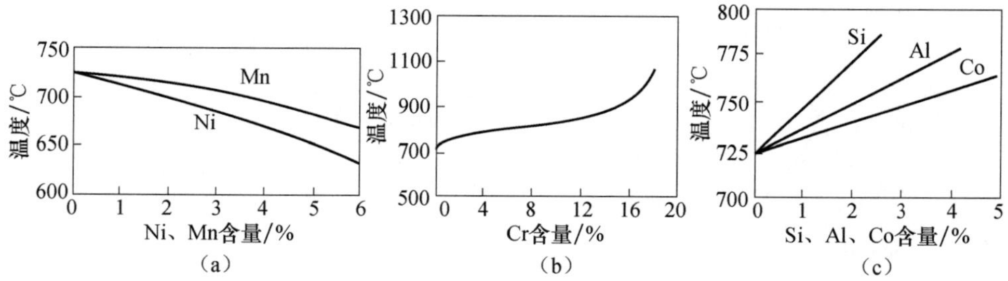

图 2.37　合金元素对 Ac_1 的影响[10]

合金钢中 Ac_3 点的位置一方面和合金元素对 $\alpha \rightarrow \gamma$ 转变的影响有关,另一方面和碳含量有关。在亚共析钢中,奥氏体形成元素锰和镍促进 $\alpha \rightarrow \gamma$ 转变,因而使 Ac_3 降低,含这些元素的钢热处理时的加热温度较低。而对于含铝、硅等铁素体形成元素的亚共析钢,这些元素能稳定铁素体,使 $\alpha \rightarrow \gamma$ 转变较困难,因而提高了 Ac_3 点,这些钢热处理时的加热温度较高。

在过共析合金钢中,A_{cm} 点取决于相应碳化物完全分解的温度,但过共析钢一般均进行不完全淬火或不完全退火(球化退火),A_{cm} 点的实际意义不大,只是在需要进行正火时(为了消除网状碳化物),A_{cm} 点的位置才有实际意义。当钢中含有几个合金元素时,各个元素对临界点的影响仍然存在。

Ac_1 点和 Ac_3 点在加热速率增加时将升高。动力学因素对于冷却时的临界点 Ar_3 和 Ar_1 的位置影响尤其明显,对于易于过冷的合金钢要用很缓慢的速率冷却才能接近平衡时的条件。这在一般情况下是很少实现的,所以 Ar_3 和 Ar_1 点的位置的数据尤其不一致。合金钢的临界点一般是用膨胀仪测出的，加热与冷却速率约为 2～5℃/min。

了解到合金元素对共析成分和临界点的影响以后，我们对于合金元素对铁碳平衡图的影响可以有一个初步的概念，但是如果要有确切的了解，需要参考铁-碳-合金元素三元状态图。

2.6　溶质原子在晶粒中的分布

2.6.1　溶质原子与晶体缺陷的交互作用

在置换固溶体和间隙固溶体中，溶质原子的分布在宏观上是均匀的，但在微观尺度上，它们的分布并不均匀。当同类原子（即 A-A、B-B）间的结合能 E_{AA} 与 E_{BB} 和异类原子（即 A-B）间结合能 E_{AB} 相近时，即 $E_{AA} \approx E_{BB} \approx E_{AB}$，则溶质原子倾向于呈无序状态。如同类原子间的结合能大于异类原子间的结合能，则溶质原子易呈偏聚状态。当异类原子间结合能较同类原子间结合能大时，溶质原子就会呈部分有序排列。对某些成分接近一定原子比（如 AB 或 A_3B）的合金，当它从高温缓冷到某一临界温度以下时，溶质原子会从统计随机分布过渡到占据一定位置的规则排列状态，即发生有序化过程，形成有序固溶体。

许多实验已经证实，晶粒中晶内和晶界的成分也会有很大的差异，钢中某些重要现象与元素的这种不均匀分布状态有密切关系。

钢中存在晶体缺陷，如空位、位错、晶界、亚晶界、相界及层错等。这些晶体缺陷附近的原子排列规则性受到破坏，发生点阵的畸变。与完整的晶体比较，这些缺陷区具有较高的畸变能。元素溶于基体后，与晶体缺陷产生相互作用。这种相互作用主要有两个方面：溶质原子在位错的偏聚和溶质原子在晶界缺陷区的晶界偏聚。

位错周围有弹性畸变存在。对一个刃型位错，滑移面上边受压应力，下边受张应力。比铁原子小的置换式溶质原子趋向于刃型位错上边的压应力区的点阵上，而比铁原子大的置换式溶质原子和间隙式溶质原子趋于刃型位错下边受张应力的点阵区，形成溶质原子气团，而使总的畸变能减小，如图 2.38 所示。溶质原子松弛位错应力引起的在位错的偏聚称为科氏气团。在平衡状态下，位错附近溶质原子的浓度可以表示为

$$C = C_0 \exp(-U/kT) \tag{2.2}$$

式中，C_0 为晶体中溶质原子的平均浓度；U 为位错与溶质原子的相互作用能[4]。像亚晶界等小角度晶界，是由位错构成的，溶质原子在这些区域的偏聚与对位错的作用相同。溶质原子的这

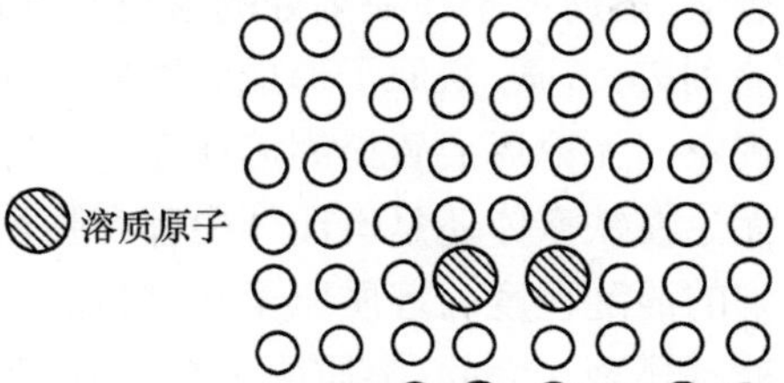

图 2.38　溶质原子与位错的弹性作用

种偏聚能使畸变能降低，故可以自发地进行，以达到热力学上的平衡态。溶质原子在层错附近形成的溶质原子的偏聚称为铃木（Suzuki）气团。在体心立方结构中，间隙原子可与螺型位错发生交互作用而形成斯诺克（Snoek）气团[4]。

根据溶液表面吸附热力学理论并把它应用在固溶体中，可以得出如下的结论：在金属及合金（包括钢）的晶粒中当合金元素能降低表面能量时，这些元素将在晶粒边界富集，产

生内吸收,现一般称为晶界偏聚,这类元素称为表面活性元素。图 2.39 为晶界结构的示意图,原子排列由一个晶粒取向位置过渡到另一个晶粒取同位置时,出现不同大小尺寸的空洞,不同尺寸的溶质原子占据不同大小的空洞以减少晶界的畸变能。这种偏聚的溶质局限于晶界结构混乱范围内,即 2~3 个原子层的厚度。

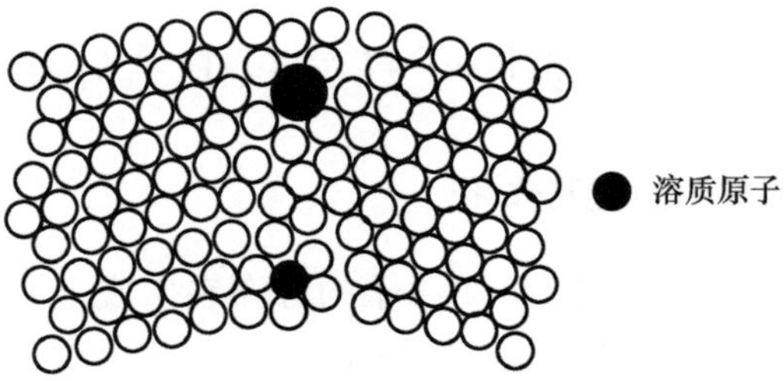

图 2.39 溶质原子在晶界偏聚示意图

2.6.2 晶界的平衡偏聚

McLean 应用热力学方法,导出了溶质原子的晶界平衡偏聚量的表达式[26]

$$C_g = \frac{C_0 \exp(Q/RT)}{1 - C_0 + C_0 \exp(Q/RT)} \tag{2.3}$$

式中,C_g 为晶体缺陷区的溶质浓度;C_0 为溶质在基体内的平均浓度;Q 为溶质原子在晶内和晶界区引起的畸变能的差值,$Q=0\sim20$kJ/mol。

当 $C_0 \ll 1$ 时

$$C_g = C_0 e^{Q/RT} \tag{2.4}$$

Q 值随温度的升高而下降,C_g/C_0 表示晶界偏聚的富集系数。这种偏聚称为平衡偏聚[4,26]。此公式说明以下几点:

(1) 随着 Q 值增大,偏聚浓度 C_g 也增大。溶质原子与基体原子半径差越大,Q 值就越大,溶质原子在缺陷处的富集也越显著。锆、钛、铌、钼、稀土元素等原子与铁原子尺寸差别较大,碳、氮原子形成间隙固溶体,但原子容积都比间隙容积大,故都有较强烈的偏聚现象。无论形成置换固溶体还是间隙固溶体,硼原子都使基体点阵产生很大的畸变,所以无论在铁素体还是奥氏体中都有强烈的偏聚现象。畸变能还取决于基体中缺陷处原子排列的混乱程度。溶质原子在完整晶体与在缺陷处的畸变能差越大,在晶体缺陷处的偏聚就越显著。因此,溶质原子在晶界、亚晶界等不同地方的偏聚程度是不相等的。溶质原子的偏聚现象使这些缺陷处成为新相形核的优先位置。

(2) 随着温度的降低,晶界等缺陷处的偏聚浓度增高。随着温度升高,偏聚现象减弱,在一定温度以上,晶界和晶内溶质原子浓度差几乎消失。结构钢中加入微量的硼以后,因其在奥氏体中产生偏聚,从而提高了钢的淬透性,但当淬火温度过高时,由于偏聚现象减弱,淬透性反而下降。

(3) 溶质原子尺寸与基体原子尺寸相差较大时,Q 值较大,即使在较高的温度下也可以产生偏聚现象。两者相差较小时,由于 Q 值小,只有在较低的温度下才能较明显地出现偏聚现象。但偏聚是一个扩散过程,溶质原子只有在能够扩散的温度范围才能产生偏聚现象。例如,氢原子扩散激活能很小,在 0℃ 以下仍能显著地扩散,能偏聚于位错形成气团,碳、氮等原子需要在室温附近才能在钢中有明显的偏聚现象;磷原子在 350℃以上温度即可产生偏聚;钼、铌、钒等高熔点的溶质元素,只有在 500℃以上才有明显的偏聚现象发生。

第一种溶质元素的晶界偏聚还要受到第二种溶质元素的影响。由于元素的相互竞争,晶界偏聚倾向强烈的元素可以减弱另一种元素在晶界的偏聚。有些溶质元素之间在晶界发生强烈的交互作用,形成共偏聚(见 3.8.7.2 节)。

另外,基体的点阵类型对于置换溶质原子的偏聚并不发生影响,但对间隙溶质原子则有影响。这是由于在面心立方或密排六方点阵中原子间隙位置的容积大于体心立方点阵中间隙位置的容积。因此,间隙溶质原子在体心立方点阵中所造成的畸变比在面心立方和密排六方点阵中为大,故在体心方立点阵中间隙原子将产生强烈的偏聚,如碳、氮在铁素体中的偏聚比在奥氏体中更显著。有实验证明,在铁素体的亚晶界,碳含量可达到 0.25%。

溶质元素在晶界的富集程度超过该元素的化合物在该温度下的固溶度后,将产生晶界沉淀。硼钢的硼在高温下是均匀分布于奥氏体中的,在随后的冷却过程中发生硼在晶界的偏聚,如果钢中的硼含量较高,在适当的温度下保温一段时间,将发生硼化物的晶界沉淀和晶内沉淀。

2.6.3　晶界的非平衡偏聚

上述晶界偏聚是一种热力学平衡现象,此外,还存在晶界的非平衡偏聚现象[27,28]。非平衡偏聚是一种动力学过程,是指由于一些外界因素(温度、应力、辐照等)的变化引起溶质原子在晶界化学位的变化,从而引起元素再分布的现象。这时,溶质原子将富集到晶界及其邻近区域,其聚集量明显超过该温度下的平衡偏聚量,但随保温时间的延长,这种偏聚会消失,也可能转化为析出。偏聚原子的分布向晶内延伸到几十、几百甚至更多的原子层范围。

非平衡偏聚的机理可用空位-原子模型解释[27,28]。空位是点缺陷一种形式,热力学平衡状态下的空位浓度 $c=A\mathrm{e}^{-U/kT}$,式中,A 为一常数,U 为空位形成能,k 为玻尔兹曼常量。平衡浓度随温度的上升而迅速增加,在接近于熔点的温度时,平衡空位浓度可高达 $10^{-3}\sim10^{-4}$;自高温淬火可将过饱和的空位冻结,保留到室温或低温。

空位-原子模型认为,在高温热处理时,晶内存在较多数量的空位。有些溶质元素(I)能与空位(V)生成复合体(C),并处于热力学平衡状态:$\mathrm{I}+\mathrm{V}\longleftrightarrow\mathrm{C}$。合金,包括钢,经高温固溶处理,然后在较低温度保持,在保持过程中,由于晶界是良好的空位阱,过饱和的空位将消失于晶界,以达到在此较低温度下的平衡浓度。空位浓度的降低引起晶界附近复合体解体为空位和溶质原子,使晶界附近复合体浓度降低,空位消失在晶界,过量的溶质原子留在晶界及晶界附近区域。同时,在远离晶界的区域,没有其他空位阱的情况下,空位将与溶质原子结合成复合体,使复合体浓度增加,使空位浓度降低。晶内与晶界之间的复合体浓度梯度驱使复合体自晶内向晶界扩散,使超过晶界平衡浓度的溶质原子继续在晶界上富集,形成了溶质原子的非平衡偏聚。由于超过平衡浓度的溶质原子存在于晶界上,又引起溶质原子的自晶界向晶内扩散(图 2.40)。当这两个方向相反的扩散流在该温度下保持的某一时刻相互平衡时,晶界偏聚将达到极大值。超过此时间,偏聚浓度将随在该温度下保持时间的延长而降低,这一恒温下的保持时间称为临界时间,这是非平衡晶界偏聚的最基本特征之一。当恒温保持时间小于临界时间时,复合体从晶内向晶界的偏聚占主导地位,此过程称为偏聚过程;恒温保持时间大于临界时间时,溶质原子从晶界向晶内扩散占主导地位,此过程称为反偏聚过程。因此,非平衡偏聚动力学曲线呈现晶界偏聚量随时间延长出现一个超过平衡晶界偏聚量的浓度极大值。图 2.41 为含微量硼的 Fe-30Ni 合金中硼晶界偏聚量随在 1050℃条件下恒温时间的变化曲线,表明临界时间的存在[29,30]。现已发现,P、S、Sn、Ti、Mn、Cr、Mg 等多种元素存在临界时间现象。

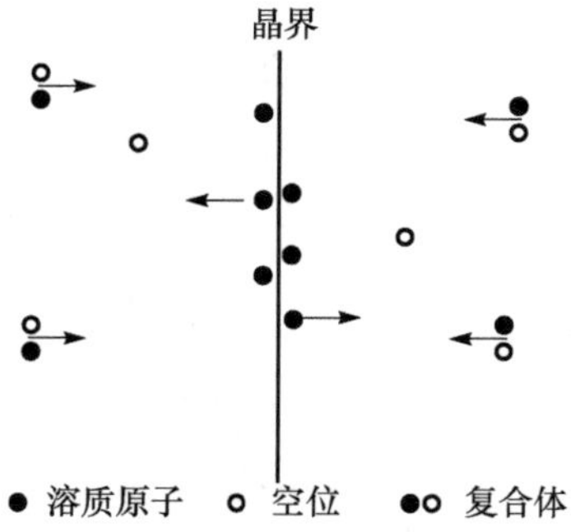

图 2.40　溶质-空位复合体向晶界扩散和溶质原子向晶内反向扩散的远离示意图[29]

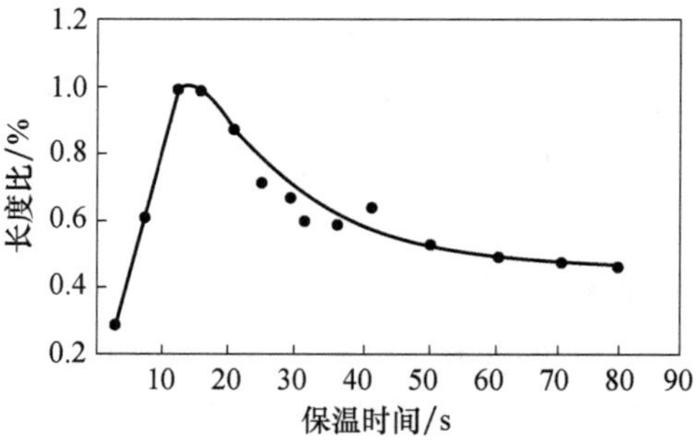

图 2.41　Fe-30Ni 合金中硼晶界偏聚量随在 1050℃条件下恒温时间的变化[29,30]

纵坐标表示视区内硼偏聚的晶界总长 L 与同一视区内晶界总长度 L_0 之比

当溶质发生平衡偏聚时,由于这是一种热力学平衡状态,其偏聚动力学曲线呈现偏聚量随时间延长逐渐增大,最后出现一个平衡值的状态。若溶质最大偏聚量小于或等于该条件下的平衡偏聚量时,溶质原子将会按照平衡偏聚机制进行,也就观察不到临界时间现象了。

在连续冷却过程中也可以发生非平衡晶界偏聚,不同的冷却速率产生不同的非平衡晶界偏聚浓度。充分快的冷却速率可以完全抑制非平衡晶界偏聚,充分慢的冷却速率也会完全消除非平衡晶界偏聚,因此,必然存在一个临界冷却速率。实验证实了临界冷却速率的存在,含硼的奥氏体不锈钢的样品从 1250℃以中间速率 13℃/s 冷却,钢中的硼获得最大的晶界偏聚浓度[31]。

当钢中存在多种溶质时,要考虑到它们之间的相互作用;如果它们之间相互作用尚不足以在基体中生成析出物时,就会发生共聚现象。有些元素在钢中只有平衡偏聚特征,如 Ni 和 Sb,而 Ti 在钢中有非平衡偏聚特征。但当 Ti、Ni、Sb 同时存在于钢中时,由于 Ti 和 Ni、Sb 的相互吸引作用,当 Ti 偏聚到晶界上时,Ti 也将 Ni 和 Sb 拖曳到晶界上,使 Ti、Ni、Sb 三种元素的晶界浓度均超过它们的平衡晶界浓度,出现三种元素在恒温过程中的晶界的极大值和其后的反偏聚。这说明一些具有非平衡偏聚特征的溶质元素,可以诱发本来没有非平衡共偏聚特征的溶质元素发生非平衡晶界偏聚和反偏聚。这种相互协同的偏聚现象称为非平衡共偏聚[27]。1997 年此模型提出后[32]获得一些实验结果的支持。例如,在 Fe-2%Mn-Sb 结构钢中,Mn 的非平衡偏聚诱发 Sb 的非平衡偏聚[33],在 NiCrMoV 钢中 Cr 的非平衡偏聚诱发 N 的非平衡偏聚[34]。

平衡偏聚和非平衡偏聚的关系可以用图 2.42 表示[27]。金属材料先在高温进行均匀化处理，然后以确定的冷却速率冷至室温。在均匀化阶段可以发生溶质原子的平衡晶界偏聚，且随恒温温度的降低，偏聚浓度增加，如图 2.42 曲线 A 所示。在冷却至室温的阶段，溶质原子会发生以非平衡偏聚为主的晶界偏聚，且随恒温温度的降低，偏聚浓度亦降低，如图 2.42 曲线 B 所示。有些溶质元素既发生平衡偏聚又发生非平衡偏聚，此时晶界偏聚应是这两个过程发生偏聚的复合，如图 2.42 曲线 C 所示。

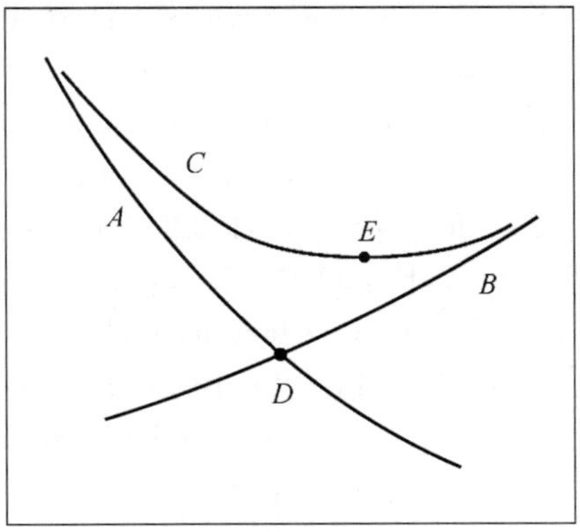

图 2.42　平衡偏聚和非平衡偏聚引起的晶界偏聚量随淬火时均匀化温度变化的示意图[27]
A—平衡偏聚；B—非平衡偏聚；C—晶界复合偏聚量；A/A_0—同一区域偏聚晶界长度与晶界总长度之比

D 点对应的温度称为转换温度，在此温度下均匀化处理后，以确定的冷却速率冷却至室温的非平衡偏聚量等于在该温度下的平衡偏聚量。高于此温度冷却，偏聚以非平衡偏聚为主，低于此温度冷却，以平衡偏聚为主。因此，存在一个复合偏聚量最小的均匀化温度，称为最小偏聚温度(图 2.42 中 E 点对应的温度)。钢中的硼是一个既可以发生平衡偏聚，又可以进行非平衡偏聚的元素。实验证实了在一些含微量硼的钢中存在着平衡偏聚和非平衡偏聚之间的转换温度和最小偏聚温度。

参 考 文 献

[1]　Okamoto H. Phase Diagrams of Binary Iron Alloys[M]. Ohio：ASM International，1993.
[2]　长崎诚三，平林真. 二元合金状态图集[M]. 刘安生译. 北京：冶金工业出版社，2004.
[3]　Wever F. Arch Eisenhuttenw[J]. 1928/1929，2：739.
[4]　冯端，丘第荣. 金属物理学，第一卷：结构与缺陷[M]. 北京：科学出版社，1987.
[5]　Oelsen W，Wever F. Arch Eisenhuttenw[J]. 1948，19：97.
[6]　Hamson M. Constitution of Binary Alloys[M]. 2nd ed. New York：McGraw-Hill Book Company，1958.
[7]　陈国良，林均品. 有序金属间化合物结构材料物理金属学基础[M]. 北京：冶金工业出版社，1999.
[8]　章复中，谷力军. 铁-稀土二元系相图[J]. 稀土，1981，(1)：68.
[9]　章复中，谷力军，瞿柳兴，等. 铁-稀土二元系相图[J]. 金属学报，1987，23(6)：A503.
[10]　Меськин В С. Основы Легирования Стали[M]. Москва：Металлургиздат，1959.
[11]　Barrett C S，Massalski T B. Structure of Metals[M]. 3rd ed. Oxford：Pergamon Press，1980.
[12]　Hume-Rothery W，Raynor G V. The Structure of Metals and Alloys[M]. Russell：Institute of Metals，1954.
[13]　Гольдштейн М И，Грачев С В，Векслер Ю Г. Специальные стали [M]. Москва：Металлургия，1985.
[14]　胡赓祥，蔡珣. 材料科学基础[M]. 上海：上海交通大学出版社，2000.
[15]　干勇，田志凌，董瀚，等. 中国材料工程大典 第 2 卷 钢铁材料工程(上)；第 3 卷 钢铁材料工程(下)[M]. 北京：化学工业出版社，2006.
[16]　郭可信. 合金钢中的碳化物[J]. 金属学报，1957，2(3)：303.
[17]　Самсонов Г В，Уманский Я С. Твердые Соединения Тугоплавких Металлов [M]. Москва：

Металлурги-здат, 1957.

[18] Коган Л И и, Энтин Р И. Проблемы Металловедения и Физики Металлов[M]. Москва: Металлурги-здат, 1955: 251.

[19] Вяшняков Д Я и, Лэй Тин-цюань(雷廷权). Известия высших учебных заведенийй[J]. Черная Металлургия, 1960, (11): 97.

[20] Houdremont E. Handbuch der Sonderstahlkunde[M]. Berlin: Springer-Verlag, 1956.

[21] Kuo K(郭可信). Carbide precipitation, secondary hardening, and red hardness of high speed steel[J]. Journal of the Iron and Steel Institute, 1953, 173: 363.

[22] 雍歧龙. 钢铁材料中的第二相[M]. 北京: 冶金工业出版社, 2006.

[23] Sinha A K. Topologically Close-packed Structures of Transition Metal and Alloys[M]. Oxford: Pergamon Press, 1972.

[24] Bain E C, Paxton H W. Alloying Elements in Steel[M]. 2nd ed. Russell: American Society for Metals, 1961.

[25] Металловедение и термическая обработка стали. Справочник Том Ⅰ(издание второе)[M]. Под редакцией Бернштейна М Л и Рахштадта А Г. Металлургиздат, 1961.

[26] Mclean D. Grain Boundaries in Metals[M]. Oxford: Oxford University Press, 1957.

[27] 徐庭栋. 非平衡晶界偏聚和晶间脆性断裂的研究[J]. 自然科学进展, 2006, 16(2): 160.

[28] 吴平, 贺信莱. 晶界非平衡偏聚研究的回顾与展望[J]. 金属学报, 1999, 35(10): 1009.

[29] 王民庆, 郑磊, 邓群, 等. 溶质非平衡晶界偏聚的临界时间[J]. 自然科学进展, 2007, 17(4): 506.

[30] Xu T D. The critical time and critical cooling rate of non-equilibrium grain boundary segregation[J]. Journal of Materials Science, 1988, 7(3): 241～242.

[31] Karlsson L, Norden H. Non-equilibrium grain boundary segregation of boron in austenitic steel[J]. Acta Metallurgica, 1988, 36(1): 13.

[32] Xu T. Non-equilibrium cosegregation to grain boundaries[J]. Scripta Materialia, 1997, 37: 1643.

[33] Guo A W, Yuan Z X, Shen D D, et al. Overaging phenomenon of Fe-2%Mn-Sb-Ce structural steels during tempering[J]. Journal of Rare Earths, 2003, 21: 210～214.

[34] Misra R D K, Balubramanian T V. Cooperative and site-competitive interaction processes at grain boundaries of a Ni-Cr-Mo-V steel[J]. Acta Metallurgica, 1989, 37: 1475～1480.

第 3 章 合金元素对钢中相变的影响

合金钢中的转变过程大都涉及原子的扩散，其中包括碳原子的扩散、合金元素的扩散和铁原子的自扩散。因此在讨论合金元素对钢的转变过程的影响以前，应当了解合金元素对这些扩散过程的影响。

3.1 钢中的扩散问题

扩散系数 D 是反映扩散速率的量。影响扩散系数最主要的因素是温度和扩散激活能 Q，它们之间的关系可以下式表示：

$$D = D_0 e^{-Q/RT} \tag{3.1}$$

式中，D_0 和 Q 取决于晶体的成分、结构和扩散机制，与温度无关，称 D_0 为扩散常数或频率因子；T 表示热力学温度；R 为摩尔气体常数；Q 为扩散激活能(kJ/mol)；D 为扩散系数(cm^2/s)。扩散激活能表示为了进行扩散，原子必须具备的最小能量。因为原子处于结点位置时比较稳定，能量比较低，在脱离原来位置迁移到新的位置时，要克服周围原子对它的牵制或阻碍。因此，扩散激活能的大小表示扩散原子在点阵内结合的牢固程度。

1) 铁原子的自扩散[1,2]

有关铁原子自扩散的研究较少，由于实验方法不同，研究结果亦有所不同。下面为一组 D_γ^{Fe} 和 D_α^{Fe} 的自扩散系数方程：

$$D_\gamma^{Fe} = 5.8e^{-310.5/RT} \tag{3.2}$$

$$D_\alpha^{Fe} = 2.3 \times 10^3 e^{-306.3/RT} \tag{3.3}$$

在所有温度下，$D_\alpha^{Fe} > D_\gamma^{Fe}$，其数值相差两个数量级。这是由于 γ-Fe 的点阵具有密排结构，原子结合力较强。

有关碳及合金元素对铁原子的自扩散影响的研究表明，碳及合金元素会显著影响铁的自扩散系数。

合金元素，如铬、锰、钼、钛、铌均减慢 γ-Fe 中铁原子的自扩散速率，使扩散激活能 Q_γ^{Fe} 增加，因为这些合金均能增加原子间的结合力。在 γ-Fe 中，铬含量增至 4%和 8%时，Q_γ^{Fe} 自 285kJ/mol 增至 314kJ/mol 和 377kJ/mol。硅、镍、钴和碳加速 γ-Fe 中铁原子的自扩散速率。碳削弱 γ-Fe 原子的结合力，因而降低了 Q_γ^{Fe}，其关系式如下(式中 C 表示碳原子的原子分数，%，下同)：

$$Q_\gamma^{Fe} = 10^{-C} e^{-(288-29C)/RT} \tag{3.4}$$

以上是没有区分晶界与界内铁的自扩散系数。由于晶界处缺陷较多，扩散容易进行，特别是碳在晶界的偏聚，使晶界处铁的自扩散系数增大，其关系式如下：

$$Q_{\gamma\,晶界}^{Fe} = 2.3e^{-128/RT} \tag{3.5}$$

其他一些元素的影响，尚缺乏可靠的数据，如钒，有的人认为它可以加速 γ-Fe 的自扩散,而另外也有完全相反的结果。

2) 碳原子的扩散[1]

碳在 γ-Fe 中的扩散系数与钢中的碳含量有关,随着钢中碳含量的提高,碳在钢中的扩散系数也增大。下面列出的是一个通过实验导出的公式:

$$D_{\gamma}^{C}=(0.04+0.08\%C)e^{-131/RT} \tag{3.6}$$

研究工作表明,不仅是 D_0,扩散激活能 Q 也与 γ-Fe 中的碳含量有关。γ-Fe 中的碳含量由 1%增至 6%(原子分数),Q 由 150.7kJ/mol 降至 119.3kJ/mol。

合金元素对碳在 γ-Fe 中的扩散激活能和扩散常数的影响见表 3.1。图 3.1 为 1200℃时合金元素对碳在奥氏体中扩散系数的影响(0.4%C)[1]。碳化物形成元素含量增高时使点阵原子结合力增加,碳在 γ-Fe 中的扩散激活能也增高,碳在 γ-Fe 中的扩散常数降低。弱碳化物形成元素锰对扩散激活能与扩散常数的影响都不大,只是在含量很高时才增加碳在 γ-Fe 中的扩散激活能,降低扩散常数。镍和钴使碳在 γ-Fe 中的扩散激活能降低,使扩散常数增加,镍的影响弱于钴。硅虽是非碳化物形成元素,却使碳在 γ-Fe 中的扩散激活能稍增大,使其扩散常数降低。

表 3.1　合金元素对碳在 γ-Fe 中的扩散激活能和扩散常数的影响[1]

合金元素	含量/%	Q/(kJ/mol)	D_0/($\times10^2$cm²/s)			合金元素	含量/%	Q/(kJ/mol)	D_0/($\times10^2$cm²/s)		
			0.2%C	0.4%C	0.7%C				0.2%C	0.4%C	0.7%C
Mo	0.9	141	13	20	29	Mn	1	132	7	8	11
	1.55	144	14	19	25		12	142	15	19	25
W	0.5	131	5	7	10		18	151	33	41	46
	1.05	134	6	8	10	Si	1.6	134	6	8	11
	1.95	139	7	10	14		2.55	134.3	5	8	10
Cr	1	144	8	11	13	Ni	4	130	5	7	10
	2.5	155	9	14	13		9.5	128	5	7	10
	7.0	163	12	18	25		18.0	125	4	6	8
Al	0.7	130	6	7	—	Co	6	128	6	8	10
	1.0	133	6	8	—		11.0	125	5	7	10
	2.45	134	6	8	—		21.0	121	—	5	7

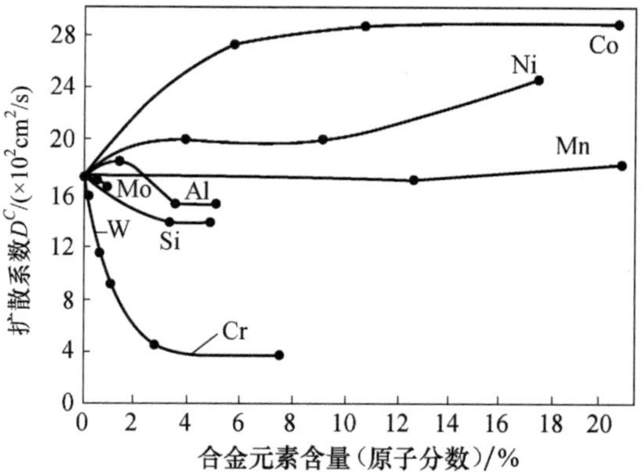

图 3.1　1200℃时合金元素对碳在奥氏体中扩散系数的影响(0.4%C)[1]

对于碳在 α-Fe 中的扩散系数，不同研究者采用不同的方法，得出了不同的计算公式。下面是用内耗法测出的碳和氮在 α-Fe 中的扩散系数方程式[3]：

$$D_{\alpha}^{C}=6.2\times10^{-3}e^{-80/RT} \tag{3.7}$$

$$D_{\alpha}^{N}=3\times10^{-3}e^{-76/RT} \tag{3.8}$$

碳在铁素体中的扩散激活能为 71.6～84kJ/mol，此数值显著低于碳在奥氏体中的扩散激活能(约 131kJ/mol)，这表明碳在铁素体中的移动要容易得多。根据式(3.7)和式(3.8)，在 250℃以下，氮在 α-Fe 中的扩散系数 D_{α}^{N} 要大于碳在 α-Fe 中的扩散系数 D_{α}^{C}，这是由于氮原子的尺寸小于碳原子的尺寸(表 2.1)。

3) 合金元素的扩散[2,3]

合金元素的扩散速率比碳要慢得多，因为这些元素大多都与铁生成置换固溶体，而碳、氮生成间隙固溶体，其扩散过程容易得多。下面举出几个元素在奥氏体中的扩散系数方程式：

$$D_{\gamma}^{Mo}=0.068e^{-247/RT} \tag{3.9}$$

$$D_{\gamma}^{Cr}=1.8\times10^{4}e^{-406/RT} \tag{3.10}$$

$$D_{\gamma}^{Co}=3.0\times10^{2}e^{-354/RT} \tag{3.11}$$

$$D_{\gamma}^{W}=10^{3}e^{-377/RT} \tag{3.12}$$

$$D_{\gamma}^{Ni}=(0.34+0.012w_{Ni})e^{-282/RT} \tag{3.13}$$

$$D_{\gamma}^{Mn}=(0.48+0.011w_{Mn})e^{-278/RT} \tag{3.14}$$

$$D_{\gamma}^{P}=28.3e^{-293/RT} \tag{3.15}$$

$$D_{\gamma}^{S}=1.35e^{-202/RT} \tag{3.16}$$

上式中，w_{Ni}、w_{Mn} 分别表示 Ni、Mn 含量(%)。

当钢中含有碳时可以加速合金元素的扩散，因为碳可以降低原子间的结合力。例如，当含有 0.6%C 时，镍和锰的扩散系数将增加 2～3 倍。比较碳的扩散系数可以看出，这些元素的扩散系数要比碳低 4～5 个数量级。这样，需要通过合金元素的扩散而进行的相变，其过程要比碳钢慢得多。

合金元素在 α-Fe 中的扩散系数高于其在 γ-Fe 中的扩散系数，下面列出几个元素在 α-Fe 中的扩散系数方程式：

$$D_{\alpha}^{Mo}=3.467e^{-242/RT} \tag{3.17}$$

$$D_{\alpha}^{Cr}=3\times10^{4}e^{-343/RT} \tag{3.18}$$

$$D_{\alpha}^{Co}=0.4e^{-226/RT} \tag{3.19}$$

$$D_{\alpha}^{W}=3.8\times10^{2}e^{-293/RT} \tag{3.20}$$

$$D_{\alpha}^{Si}=0.44e^{-201/RT} \tag{3.21}$$

$$D_{\alpha}^{Mn}=0.35e^{-220/RT} \tag{3.22}$$

$$D_{\alpha}^{Ni}=9.7e^{-258/RT} \tag{3.23}$$

$$D_{\alpha}^{P}=2.9e^{-230/RT} \tag{3.24}$$

4) 快速通道扩散

多晶体中的扩散除了在晶粒的点阵内部进行以外，还会沿金属自由表面及内界面和缺陷(晶粒界、相间界、亚结构界和位错中心)进行扩散。在这些地方,原子运动的阻力相对较小,原子的迁移率要大些,扩散激活能远较在点阵中的要小,其扩散系数也要比点阵内的大得多,是扩散的快速通道(high-diffusivity path),或称短路扩散(short circuit diffusion)。若以 Q_i、Q_s 和 Q_b 分别表示晶内、表面和晶界的扩散激活能,D_i、D_s 和 D_b 分别表示晶内、表面和晶界的扩散系数,则一般规律是 $D_s>D_b>D_i$,其扩散激活能则 $Q_s<Q_b<Q_i$。

表面扩散在诸如金属粉末的烧结等冶金过程中有重要作用,但在一般整体试件中,内界面的总面积远较表面为大,因此晶界的扩散要重要得多。图 3.2 是 A、B 两种金属焊合后的扩散偶经加热扩散后原子迁移路径的示意图,表明 A 原子沿晶界渗入的深度比在晶内大。在晶界处积累的 A 原子还会从晶界向晶内扩散。因此,沿晶界的快速扩散使平均扩散速率增加。在高温下晶界扩散与晶内扩散的差异较小,但在低温下当温度小于(0.75～0.8)T_m(T_m 为金属的熔点,热力学温度)时,晶界扩散就显得重要了。

原子沿晶界的扩散速率与晶界的结构有关,而晶界的结构又与相邻晶粒的位向和晶界面的取向有关。添加元素可以促进或抑制晶界扩散,这与加入元素在晶界的偏析有关。

位错中心也是扩散的快速通道,一些研究工作表明,不同的位错结构对扩散的影响也不同,但其激活能 Q_d 均远低于体扩散激活能 Q_L。在温度比较高时,体扩散的速率快,沿位错中心的扩散可以忽略不计,但在温度低于 $0.5T_m$ 时,位错中心的扩散对整体的影响就比较显著了。

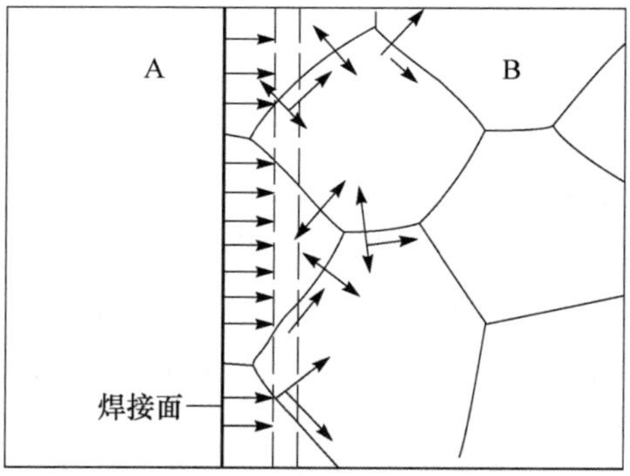

图 3.2　晶界扩散与体扩散的复合效果[4]

3.2　碳在铁中的热力学活度

如上节所述,铁素体或奥氏体中加入的各种合金元素将对碳的行为产生重要影响。决定碳在固溶体中行为的最主要的特性是其热力学活度。组元 i 的活度 a_i 与其摩尔浓度 N_i 有关:

$$a_i=\gamma_i N_i \tag{3.25}$$

式中,γ_i 为 i 组元的活度系数。活度 a_i 表示组元的活泼程度,组元的活度越大,则组元越活泼,因而其化学位越高,越易发生化学变化。钢中许多相变过程与碳及合金元素的热力学活度有关。

根据菲克(Fick)扩散第一定律,扩散通量 J_i 取决于浓度梯度($\partial C_i/\partial x$):

$$J_i = -D_i(\partial C_i/\partial x) \tag{3.26}$$

式中，D_i 称为扩散系数；C_i 为体积浓度。

实际中常常观察到"上坡扩散"，即扩散物质流从溶质较低浓度区域向较高浓度的区域流动。从根本上来说，扩散过程的动力不是浓度梯度而是化学位或自由能梯度($\partial G_i/\partial x$)：

$$J_i = -D_i(\partial G_i/\partial x) \tag{3.27}$$

式中，D_i 为真实扩散系数。

由化学热力学可知，在恒温恒压条件下，系统总是趋向于自由能的最小状态。系统中某组元一摩尔的自由能是用其偏摩尔自由能，也称化学位来表示的，组元 i 的化学位 μ_i 定义为

$$\mu_i = (\partial G/\partial n_i)_{T,P,n_j} \tag{3.28}$$

式中，G 为系统的自由能；n_i 为 i 组元的物质的量；n_j 为除 i 以外其他组元的物质的量。可知，μ_i 是溶液中 i 组元的偏摩尔自由能。

化学位相当于重力场中的势能，势能函数对距离的微分便是力函数。由于化学成分的不同，出现了化学位随距离 x 的变化，此时组元 i 在 x 方向上便会感受一化学力。x 方向摩尔 i 组元所受的化学力 F_i 为

$$F_i = -\partial\mu_i/\partial x \tag{3.29}$$

因此，只要在合金中存在有化学位梯度，原子便经受一化学力的作用，这就是驱使原子扩散的力。

定义迁移率 B 为单位作用力下的原子运动速率。组元 i 的扩散流量可以写成体积浓度 C_i 与运动速率 v_i 的乘积，$J_i = C_i v_i$。根据迁移率的定义 $v_i = B_i F_i$，F_i 为作用在 i 原子上的力，其数值为 $-\partial\mu_i/\partial x$。因此 $J_i = -C_i B_i(\partial\mu_i/\partial x)$。由热力学知，$\mathrm{d}\mu_i = RT\mathrm{dln}a_i$，$a_i$ 为 i 原子的活度。结合菲克第一定律，可以得出

$$J_i = -C_i B_i(\partial\mu_i/\partial x) = -D_i(\partial C_i/\partial x) \tag{3.30}$$

化简后得到

$$D_i = B_i RT\ \mathrm{dln}a_i/\mathrm{dln}C_i \tag{3.31}$$

代入 $a_i = \gamma_i N_i$，在恒摩尔密度的条件下，得到

$$D_i = B_i RT(1 + \mathrm{dln}\gamma_i/\mathrm{dln}N_i) \tag{3.32}$$

式中，$1+\mathrm{dln}\gamma_i/\mathrm{dln}N_i$ 称为热力学因子。在理想溶液与稀薄溶液中，γ_i 为常数，则

$$D_i = B_i RT \tag{3.33}$$

此方程表明，原子迁移率与扩散系数间存在有直接关系。原子的迁移率高，其扩散系数也大。当 $1+\mathrm{dln}\gamma_i/\mathrm{dln}N_i$ 为负值时，D_i 为负值。

现在讨论合金元素对碳在奥氏体和铁素体中活度的影响。碳固溶于奥氏体或铁素体中时的自由能 G 与其活度 a_{C} 有关：$G=RT\ln a_{\mathrm{C}}$。

若合金元素溶入后，影响固溶体中碳的活度为 $a_{\mathrm{C}}^{\mathrm{M}}$，则引起的自由能的变化为

$$\Delta G = RT\ln(a_{\mathrm{C}}^{\mathrm{M}}/a_{\mathrm{C}}) = RT\ln(\gamma_{\mathrm{C}}^{\mathrm{M}}N_{\mathrm{C}}/\gamma_{\mathrm{C}}N_{\mathrm{C}}) = RT\ln(\gamma_{\mathrm{C}}^{\mathrm{M}}/\gamma_{\mathrm{C}}) = RT\ln(f_{\mathrm{C}}) \tag{3.34}$$

碳在加入合金和未加入合金的铁中的活度系数比值 $\gamma_{\mathrm{C}}^{\mathrm{M}}/\gamma_{\mathrm{C}}$ 即碳的相对活性系数 f_{C}，它表征合金元素在 Fe-C 合金中对碳的活度的影响。如果 $f_{\mathrm{C}}>1$，则 $\ln f_{\mathrm{C}}$ 为正值，合金元素提高碳在奥氏体和铁素体中的活度；如果 $f_{\mathrm{C}}<1$，$\ln f_{\mathrm{C}}$ 为负值，即合金元素降低碳

在奥氏体和铁素体中的活度。

因此,碳在奥氏体或铁素体中扩散通量

$$J_C = -D_C(\partial G_C/\partial x) = -D_C RT \partial \ln f_C/\partial x \tag{3.35}$$

关于合金元素对碳在奥氏体中活度的影响,已积累了大量的实验资料,而碳在合金铁素体中的活度的数据相对较少。这是由于碳在铁素体中的溶解度很小,实验难以确定碳在铁素体中的相对活性系数 f_C。系数 f_C 变化的物理本质,不论是在铁素体还是在奥氏体中都是相同的。在固溶体中的合金元素改变了金属原子与碳的结合力或结合强度。碳化物形成元素增加固溶体中碳与合金元素间的结合强度,使处于间隙位置的碳原子出现在占据点阵结点位置的合金元素附近的概率增加,将碳原子"吸引"过来,从而使碳在固溶体中的活动性降低,即降低其热力学活度。非碳化物形成元素置换固溶体中的铁原子,相反将"推开"碳原子,提高其活动性,即增加其活度,同时将出现碳从固溶体中析出的倾向[5]。

图 3.3 是综合了不同研究者关于合金元素对碳在奥氏体中的相对活度系数影响的数据。由图可见,合金元素形成碳化物的能力越强,即在周期表中处于铁的越左边的过渡族元素,将越使 f_C 小于 1。在奥氏体中的非碳化物形成元素 Co、Ni 和 Si 使 f_C 大于 1。关于合金元素对碳在铁素体中相对活度系数的影响,只有关于 Si 的报道。

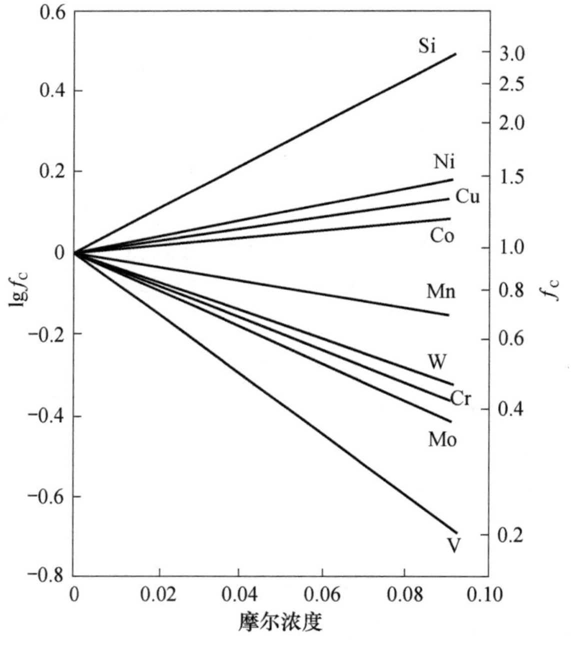

图 3.3　不同元素的摩尔浓度对 1000℃时碳在奥氏体中的相对活度系数 f_C 的影响[5]

必须指出,合金元素对固溶体中碳的活度的影响,只是发生在它们溶于固溶体中时,这里考虑的是固溶体中合金元素的含量,而不是它们在钢中的总含量。

3.3　合金元素对钢在加热时转变的影响

3.3.1　奥氏体的形成

首先讨论共析成分的碳钢由平衡态组织转变为奥氏体的过程。共析成分碳钢的平衡态组织是珠光体，亚共析碳钢的平衡态组织为先共析铁素体＋珠光体，过共析碳钢的平衡态组织为渗碳体＋珠光体。珠光体的典型形态是层片状的铁素体与渗碳体的混合物。但亚共析碳钢预先经过调质处理，共析和过共析碳钢预先经过球化退火后，其平衡组织将是铁素体基体上分布着粒状渗碳体的组织，称为粒状珠光体。

从 Fe-Fe_3C 状态图可知，珠光体加热到 A_1(723℃)以上时将转变为奥氏体。加热转变是通过形核与长大进行的。一般认为，珠光体转变为奥氏体时，奥氏体的晶核是在铁素体与渗碳体的交界面上通过扩散机制形成的。这是因为铁素体的碳含量仅为 0.02%，而渗碳体的碳含量高达 6.67%，当转变温度略高于 A_1 时奥氏体的碳含量为 0.77%。因此，从成分上考虑，奥氏体晶核只能在铁素体与渗碳体的交界面上，通过碳原子的扩散和铁素体中的碳浓度起伏，使铁素体局部地区的碳含量达到形成奥氏体所需的碳含量时才能形成。从能量上考虑，由于界面可以提供形核所需的能量，奥氏体晶核最易在铁素体与渗碳体交界面上形成。晶核一旦形成，可以依靠渗碳体不断地溶解所提供的碳原子而使奥氏体晶核继续长大。

在一般情况下，奥氏体晶核的长大是通过渗碳体的溶解，碳原子在奥氏体中的扩散和奥氏体两侧的界面向铁素体及渗碳体推移来进行的。奥氏体晶核的长大过程是受碳在奥氏体中的扩散所控制的。

在珠光体转变为奥氏体的过程中，珠光体中的铁素体全部消失时，渗碳体还未完全溶解。从 Fe-Fe_3C 状态图可以看出，ES 线的斜率较大，GS 线的斜率较小，奥氏体的平均碳浓度低于共析成分。而且随着加热温度的升高，刚刚形成的奥氏体的平均碳含量降低。实际热处理时加热速率越大，钢中残留的渗碳体越多。只有继续加热或保温时残留的渗碳体才能逐渐溶解。

珠光体转变为奥氏体时，在残余渗碳体刚刚完全溶入奥氏体的情况下，碳在奥氏体内的分布是不均匀的。原来是渗碳体的区域，碳含量较高；原来的铁素体的区域，碳含量较低。随着加热速率的增大，这种碳浓度分布的不均匀性越加严重。只有继续加热或保温，通过碳原子的扩散，才能使整个奥氏体中的碳分布趋于均匀。图 3.4 为共析碳钢奥氏体等温形成图，图中曲线 1 表示形成一定量的能测定的奥氏体所需时间与温度的关系，曲线 2 表示铁素体完全消失时所需的时间与温度的关系，曲线 3 和曲线 4 分别为渗碳体完全溶解和奥氏体均匀化所需时间与温度的关系。

亚共析碳钢经普通退火后的组织为珠光体加先共析铁素体，其中珠光体的数量随钢中碳含量的降低而减少。对这类钢，加热温度超过 Ac_1 时首先进入两相区，珠光体转变为奥氏体后，仍有部分铁素体未转变。如果保温时间不太长，还会有部分渗碳体残留下来。加热至 Ac_3 以上，在铁素体全部转变为奥氏体后不久，如果是碳含量较高的亚共析钢，可能仍有部分渗碳体残留。再继续保温才能使残留渗碳体全部溶解和使奥氏体均匀化。

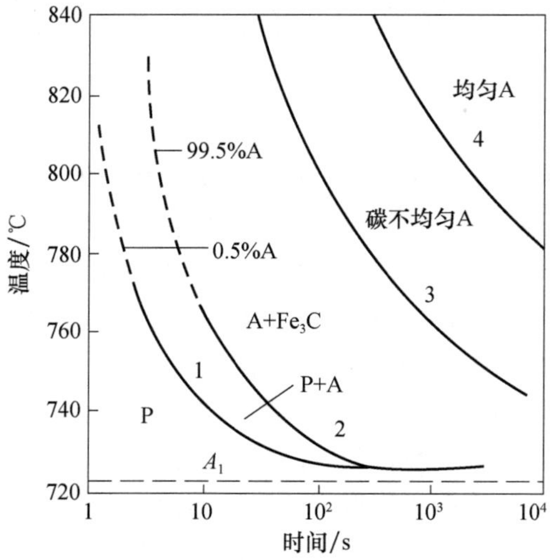

图 3.4　共析碳钢奥氏体等温形成图[6]

过共析碳钢经球化退火的组织是粒状珠光体，钢中的渗碳体数量比共析碳钢多。当加热温度在 Ac_1 和 A_{cm} 之间，珠光体刚刚转变为奥氏体时，钢中仍有大部分先共析渗碳体和部分共析渗碳体未溶解，只有在温度超过 A_{cm} 并经相当时间的保温后，渗碳体才能完全溶解。同样，在渗碳体溶解以后，需延长时间才能使碳在奥氏体中均匀分布。

3.3.2　合金元素对奥氏体形成及其成分不均匀性的影响

奥氏体的形成是靠晶核形成及长大完成的。一切影响加热时奥氏体晶核的形成和长大速率的因素都会影响奥氏体的形成速率。这些因素主要有加热温度、钢中的碳含量、原始组织、合金元素的加入。

奥氏体的形成温度越高，其形成速率越快。钢中的碳含量增加，奥氏体的形成速率也加快。因为碳含量增加，碳化物的数量也增多，因而增加了铁素体与渗碳体的相界面，减小了碳的扩散距离，从而提高了奥氏体的形核率和长大速率。同时，碳含量的增加使碳和铁原子的扩散系数增大，也加速了奥氏体的形成。

在钢的成分相同时，原始组织中碳化物分散度越大，相界面越多，形核率也越高。碳化物分散度增大，珠光体片层间距减小，奥氏体的碳浓度梯度加大而扩散距离缩短，奥氏体长大速率加快。所以，原始组织越细，奥氏体的形成速率也越快。原始组织中碳化物的形状对奥氏体形成速率也有影响。粒状珠光体的相界面比片状珠光体小，片状珠光体中的渗碳体较薄，易于溶解，加热时奥氏体易于形成。通常，粒状珠光体组织与片状珠光体比，残余碳化物的溶解和奥氏体均匀化都比较慢。

钢中加入合金元素并未改变奥氏体的形成机理，其对奥氏体形成过程的影响主要有以下几方面：

(1) 奥氏体的形成速率主要受碳在奥氏体中的扩散速率所控制，因此合金元素对碳在奥氏体中扩散速率的影响，对钢中奥氏体形成速率有重要意义。强碳化物形成元素 Cr、Mo、W 等，溶于奥氏体中，能减慢碳的扩散，对奥氏体的形成起减缓作用。非碳化物形成元素，如 Ni、Co 能加快碳的扩散，对奥氏体的形成有加速作用。Si、Al 对碳在奥氏体中的扩散系数影响不大，因此对奥氏体形成速率没有多大影响。

(2) 奥氏体相的增长依赖于渗碳体的溶解。合金元素对渗碳体稳定性的影响直接关系到渗碳体向奥氏体中溶解的难易程度。奥氏体形成后，在组织中尚存在残余的未溶渗碳体，这种现象虽然在碳钢中也有，但在钢中加入某些碳化物形成元素后，就更为显著。有时需要加热至较高的温度才能溶解或部分溶解。渗碳体刚溶解于形成的奥氏体中时，原来渗碳体的位置处，碳化物形成元素和碳的浓度都高于奥氏体的平均浓度，而不溶于渗碳体的非碳化物形成元素(Al、Si、P)或很少溶于渗碳体的非碳化物形成元素(Co、Ni)的浓度则低于奥氏体的平均浓度。随着保温时间的延长，碳化物形成和非形成元素以及碳都趋于在晶内扩散并均匀分布。由于合金元素扩散较慢，这种均匀化过程进行缓慢，而且由于碳化物形成元素对奥氏体中碳的亲和力强，在碳化物元素富集区，碳的浓度也偏高，故在碳化物形成元素均匀化之前，碳的分布也是不均匀的。如果加入钢中的碳化物形成元素在钢中生成稳定性更高的特殊碳化物，它们将更难溶入于奥氏体中。因此，对于含较强的碳化物形成元素的合金钢，为了得到比较均匀的奥氏体，必须适当地提高加热温度，采用较长的保温时间，这是在热处理操作时，提高钢的淬透性的有效方法。

在合金钢的加热相变中，对于亚共析钢，即使在组织中有过剩铁素体存在，奥氏体形成后，仍有若干稳定的碳化物残留下来。这些碳化物的溶解，取决于其本身所需要的溶解温度。碳化物越稳定，所需要的溶解温度也越高。最稳定的碳化物(如 TiC、NbC)在一般情况下是很难溶入奥氏体中的。在某些情况下，组织中有若干未溶的碳化物是有利的，如可以阻止奥氏体晶粒的长大。

(3) 亚共析钢中在加热转变过程中，当其中的珠光体转变为奥氏体后，铁素体与奥氏体两相共存(可能还有残存的未溶碳化物)。此时还将进行合金元素的重新分配，进而影响奥氏体的长大。例如，成分为 0.06%C-1.5%Mn 的钢在 740℃保温 1h 后，Mn 在铁素体与奥氏体中的含量如图 3.5 所示。由图可见，界面上两相的 Mn 含量有明显的差别，分别达到各自的平衡浓度，$Mn_{\gamma}^{\gamma-\alpha}$ 高达 3%，较平均 Mn 含量高出一倍。因此有合金元素重新分配时，奥氏体的长大将受合金元素的扩散所控制。

(4) 合金元素的加入改变了钢的临界点的位置，并使它们变成一个温度范围。转变温度一定时，改变临界点也就是改变了过热度，因而影响转变速率。Ni、Mn、Co 降低 A_1 点，相对来说增加了过热度，也就增加了奥氏体形成速率，Cr、Mo、Si、Al 等升高了 A_1 点，相对地减慢了奥氏体的形成速率。

3.3.3　非平衡组织加热时奥氏体的形成

非平衡组织指的是淬火组织及淬火并不充分回火的组织，其中包括马氏体、贝氏体及回火马氏体等。生产中有时会遇到淬火工艺不当，致使组织不合格的情况，如晶粒粗大，或者经过热处理后，被处理零件的性能不合要求。这时需考虑重新处理的问题。因此，有必要研究非平衡组织奥氏体化的规律。

非平衡组织的加热转变较平衡组织的加热转变复杂。因为钢的化学成分、预先热处理规程和所获得的不平衡组织类型、最终加热时的加热速率等均影响加热时奥氏体的形

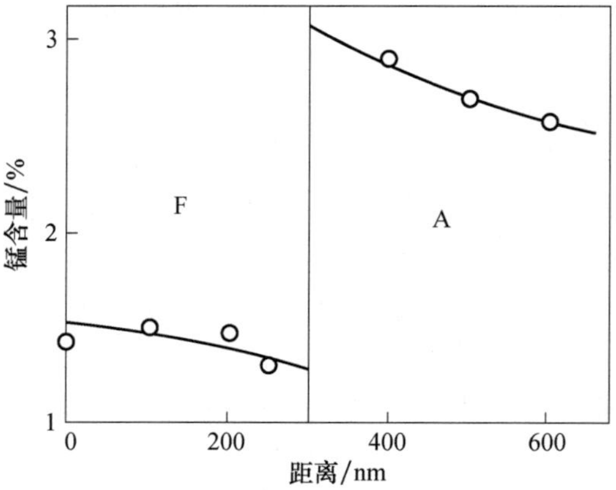

图 3.5　0.06%C-1.5%Mn 钢在 740℃保温 1h 后奥氏体(A)与铁素体(F)中的 Mn 含量[7]

成过程。

首先分析加热速率对非平衡组织加热转变的影响。以淬火中碳结构钢为例，可按加热转变及机制的不同将加热速率分为慢速、快速和中速三类[8]。

1) 慢速加热(1～2℃/min)时的加热转变

慢速加热时，从室温加热到 700℃需 6～12h。对碳钢而言，不管原始组织如何，在加热至奥氏体转变前，其组织已是平衡组织了。但对一些合金钢而言，经过 6～12h 的加热过程，可能 α 相中的碳已充分析出，但 α 相的再结晶尚未发生，板条马氏体的特征依然存在。当加热到略高于临界点的温度时，将首先在板条的条界上有碳化物的地方形成奥氏体的晶核，并沿条界长大成针状奥氏体，其大小与板条马氏体的尺寸相当，与 α 相保持 K-S(Курдюмов-Sachs)关系：$\{111\}_\gamma /\!/ \{110\}_\alpha$，$\langle 110\rangle_\gamma /\!/ \langle 111\rangle_\alpha$，而且在同一板条束内形成的针状奥氏体具有相同的空间取向，在彼此相遇时，将合并成一个粗大的与板条束相同的颗粒状奥氏体，其尺寸与原奥氏体晶粒的尺寸大致相当。这一现象被称为组织遗传，即第二次加热至略高于上临界点的温度，并未获得细晶粒奥氏体组织，而仍然得到了与第一次加热时所得到的相同的粗大的奥氏体晶粒(图 3.6)。

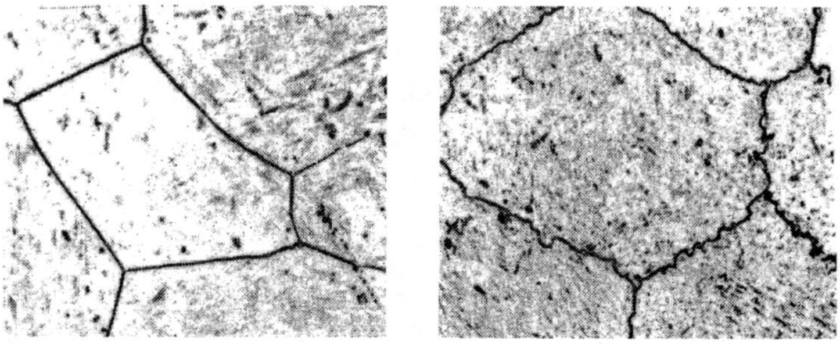

(a)　　(b)

图 3.6　37XH3T(37CrNi3Ti)钢的组织遗传性[9]　300×

(a) 原始组织马氏体；(b) 慢速加热(2℃/min)至 Ac_3 后恢复原来粗大的奥氏体晶粒

如进一步提高温度，奥氏体的晶粒将进行再结晶，晶粒又将重新变细。这是由于在 α

$\rightarrow\gamma$ 转变过程中伴随的体积变化引起了新生成的奥氏体晶粒的加工硬化，奥氏体晶粒不断进行着多次塑性变形，虽每次变形量甚微，但总变形量可达到 10%～15%。这种相内的加工硬化使塑性变形进行得很均匀，所以再结晶过程不易进行。再结晶温度取决于钢的成分、组织和加工硬化的程度，它可能低于或者和 Ac_3 一致。此时，再结晶过程将与 $\alpha\rightarrow\gamma$ 相变过程同时进行而无法区分。再结晶温度也可能高出 Ac_3 甚多，常常要加热到 Ac_3 以上 100～150℃（或者进行多次退火）。温度进一步升高时，奥氏体晶粒又开始长大。

生产上也遇到这样的情况：有些毛坯的原始组织十分粗大，而经过正常的一次完全退火或正火，并不能消除粗大的组织。因此需要考虑采用二次或者多次的退火或正火才能细化晶粒，或者要加热到高出一般退火或正火温度很多时才能达到细化晶粒的目的。这在一些大截面用合金钢的预先热处理中是常常遇到的。这些现象与上述理论是符合的。

因此，加热至 Ac_3 以上时，奥氏体晶粒的长大常常不是单纯地随温度升高而不断增大，而常常呈现复杂的方式。使用高温金相显微镜可以直接观察到这种复杂的奥氏体晶粒长大方式。

2）快速加热（每秒几百摄氏度）时的加热转变

一些中碳合金结构钢进行快速加热时，可使原奥氏体晶粒得到完全恢复（图 3.7）。用金相和 X 射线结构分析等方法证实奥氏体晶粒的大小、形状及取向均得到恢复。钢中所含能提高奥氏体稳定性的合金元素越多，预淬火后所保留的残余奥氏体越多，或等温淬火成贝氏体时，这一现象越易出现。

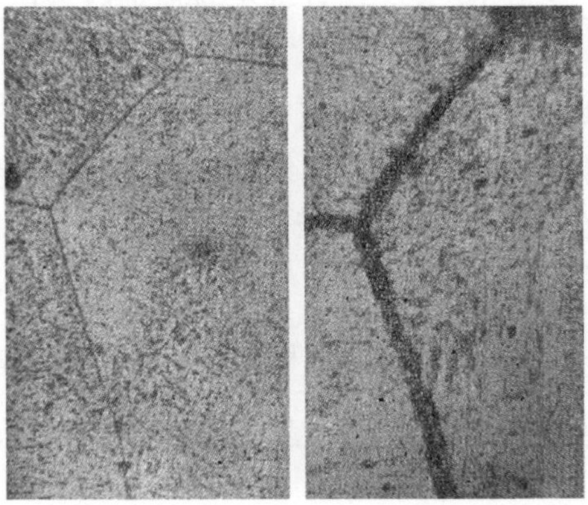

（a）　　　　（b）

图 3.7　37XH3(37CrNi3)钢快速加热时的组织遗传[9]　100×

(a) 1300℃油淬；(b) 1300℃油淬后，快速(500～1000℃/s)加热至 Ac_3

快速加热所恢复的粗大奥氏体晶粒，在进一步加热时也将通过再结晶而使奥氏体晶粒变细。

3）中速加热（100～150℃/min）时的加热转变

加热速率介于慢速与快速之间时称为中速加热。在发生 $\alpha\rightarrow\gamma$ 转变前马氏体已分解，将不会出现组织遗传性。这时，$\alpha\rightarrow\gamma$ 转变与再结晶过程重合，晶粒立即得到细化。

加热速率介于慢速与中速或中速与快速之间时，将出现过渡现象。此时，将在原奥氏体晶界形成奥氏体晶核，长成细小奥氏体晶粒，在原奥氏体晶粒内部则将按慢速或快速加热转变方式转变成粗大的奥氏体晶粒。沿原奥氏体晶界出现细小颗粒状奥氏体晶粒的现象称为晶粒边界效应。

上述加热速率对非平衡态钢加热转变的影响可概括为图 3.8。应当指出,上述加热速率是相对的,视钢的成分而变化。

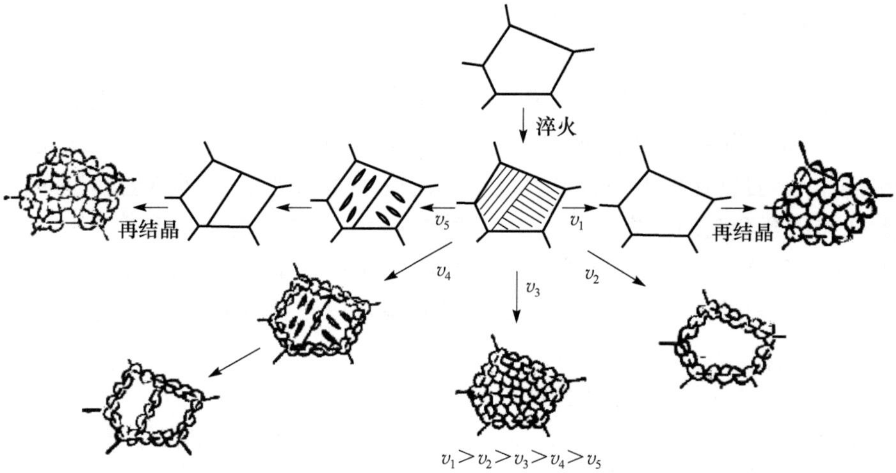

图 3.8　加热速率对非平衡态钢加热转变所得组织影响示意图[8]

在某些合金结构钢中容易出现组织遗传性,如 30CrMnSiA、37CrNi3A、20Cr2Ni4A 等。含有强碳化物生成元素 Ti、V、Nb,而且预先热处理时发生过热的钢中,最易出现组织遗传性。

在高速钢、马氏体时效钢、马氏体不锈钢等高合金钢中,组织遗传性可以在比较宽的加热速率范围内出现。因此,在这些钢中,组织遗传性可以在通常的加热条件下观察到。

加热速率和钢的合金化程度对出现组织遗传性的影响可以归纳为表 3.2,表中“+”表示在钢中出现组织遗传,“—”表示不出现。

表 3.2　加热速率和钢的合金化程度对出现组织遗传性的影响[5]

钢类	快速加热	中速加热	慢速加热
高合金钢	+	+	+
合金钢	+	—	+
低合金钢和碳钢	—*	—	—

*加热速率相当于 1000℃/s 时可能出现组织遗传性。

3.3.4　碳化物和氮化物溶解于奥氏体中的规律

热处理时,碳、氮化物溶入奥氏体的情况影响钢的许多性能,如过冷奥氏体的稳定性、淬透性和淬硬性、回火时软化、析出强化等。

碳、氮化物在钢中的溶解和析出过程是一个可逆的化学反应过程,任一温度下,当反应时间足够长之后就将达到动态平衡,其反应平衡常数主要取决于溶解于钢中有关元素的活度。在一般结构钢中,碳、氮化物在奥氏体中的溶解度都很小。由热力学有关理论可知,此时溶体可以看做是符合拉乌尔定律的理想固溶体,可以近似地认为活度等于浓度。

另一方面,当温度变化时,钢中第二相的溶解析出反应的平衡常数将随温度而按指数型的关系变化。因此,当固溶的合金元素很少时,第二相 MX_n 在固溶体中的固溶度积可用下述形式的公式表述:

$$\lg([M][X]^n) = A - B/T \tag{3.36}$$

式中,[ ]表示某元素处于固溶态的质量分数(%);M 表示合金元素;X 表示 C、N;T 为热力学温度;A、B 为常数,且 B 为正值(固溶反应为放热反应)。

由目前已有的热力学数据可以直接推导出各种微合金碳、氮化物在奥氏体中或铁素体中的固溶度积公式,定出其中的常数 A、B。也可以用试验方法获得碳、氮化物在奥氏体中的固溶度积公式。但由于它们在铁素体中溶解度过于微小,用试验方法难以测定它们在铁素体中的固溶度积公式。

目前用各种方法得到的固溶度积公式很多,表 3.3 列出了部分公式。由于获得固溶度积的方法不同,不同研究者得到的固溶度积之间有明显的差别。根据表中的公式,当碳、氮化物形成元素的含量已知时,可以大致计算其形成的碳化物或氮化物溶入奥氏体的温度,但它们溶入奥氏体的温度不仅与该相的成分有关,也与钢的奥氏体成分有关。已存在于钢中奥氏体的碳、氮化物形成元素 Mn、Cr、Mo 等减少 C 和 N 的热力学活度系数(图 3.3),从而增加碳化物和氮化物的固溶度积,促进这些相溶入奥氏体。钢中奥氏体含有非碳化物形成元素 Si、Ni、Co 将增加碳和氮的热力学活度系数,使碳化物和氮化物难以溶入奥氏体。

表 3.3 碳化物和氮化物在低碳(0.1%C)**钢奥氏体中的固溶度积公式**[5]

相	固溶度积公式
$VC_{0.75}$	$\lg[V][C]^{0.75} = -7600/T + 5.76$
VN	$\lg[V][N] = -8330/T + 3.40$
$NbC_{0.87}$	$\lg[Nb][C]^{0.87} = -7700/T + 3.18$
NbN	$\lg[Nb][N] = -10230/T + 4.04$
TiC	$\lg[Ti][C] = -10475/T + 5.33$
TiN	$\lg[Ti][N] = -15660/T + 4.25$
ZrC	$\lg[Zr][C] = -8464/T + 4.23$
ZrN	$\lg[Zr][N] = -14900/T + 3.68$
AlN	$\lg[Al][N] = -7300/T + 1.50$

因此,当钢中存在有几种碳化物或氮化物时,在加热过程中先溶入奥氏体的是稳定性较弱的碳化物或氮化物。例如,在钢中存在含有锰、铬和钒的碳化物时,在奥氏体化过程中,首先是含有锰和铬的碳化物溶解,已溶于奥氏体的锰和铬将增加 VC 的固溶度积,促进 VC 的溶解。

实际的微合金钢中,通常得到的是微合金碳氮化物,若不考虑 C、N 原子的间隙缺位,其分子式可写为 MC_xN_{1-x}。可以通过有关的试验方法或理论计算得出 MC_xN_{1-x} 的固溶度积公式。下面列出的是一个碳氮化铌的固溶度积计算公式[10]:

$$\lg([Nb][C]^{0.7}[N]^{0.2}) = -9450/T + 4.12 \tag{3.37}$$

对于其他微合金碳氮化物,也可以得到类似的计算公式。固溶度积公式可以用于微合金碳化物、氮化物、碳氮化物的溶解量及析出量的计算。

图 3.9 为钢中几种微合金元素碳氮化物固溶度积随温度的变化曲线，可见这些微合金元素碳氮化物固溶度积大致按下列顺序递增：TiN、BN、AlN、NbN、VN、Nb(C,N)、TiC、NbC、VC。VC 具有最大的固溶度积，比其他碳化物的固溶度积要大两个数量级。TiN 具有最小的固溶度积，远小于其他氮化物的固溶度积。

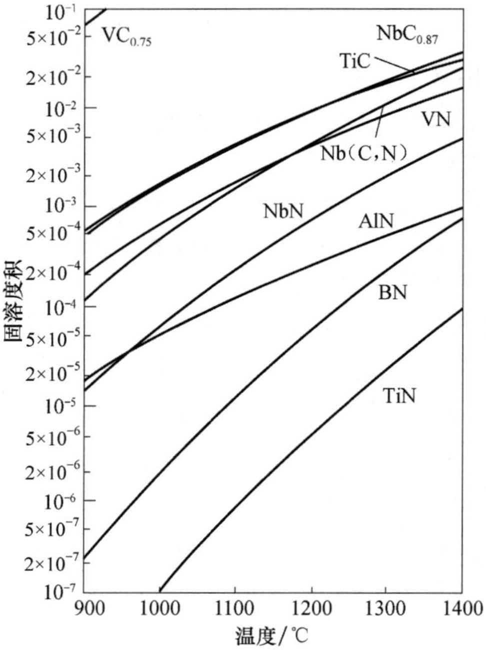

图 3.9　微合金元素碳氮化物的固溶度积[10,11]

3.3.5　合金元素对奥氏体晶粒长大的影响

钢件加热进行奥氏体化时要求获得一定大小的晶粒。加热转变终了时所获得的奥氏体晶粒称为奥氏体起始晶粒，奥氏体晶粒形成后在高温停留期间将继续长大，长大到冷却开始时的奥氏体晶粒大小，称为实际晶粒度。在(930±10)℃保温 3～8h 后测定的钢中晶粒大小称为本质晶粒度。经上述试验，晶粒尺寸按 8 级评定标准为：1～4 级者称为本质粗晶粒钢，5～8 级者称为本质细晶粒钢，晶粒尺寸超过 8 级者称为超细晶粒钢。

奥氏体晶粒度按 GB/T 6394—2017《金属平均晶粒度测定方法》进行评定。显微晶粒度级别 G 与晶粒个数 N 的关系为

$$N = 2^{G-1} \tag{3.38}$$

式中，N 为在金相显微镜下放大 100 倍时，每 645.16mm^2(1in^2)视野中包含的平均晶粒数。可以与标准评级图对比，也可以用直接测量的方法确定奥氏体晶粒级别。表 3.4 为显微晶粒度级别与每平方毫米和晶粒平均直径对照表。

表 3.4　显微晶粒度级别对照表(GB/T 6394—2017)

显微晶粒度(级别数 G)	654.16mm² 内晶粒数 $N/(\times100)$	每平方毫米内晶粒数/$(1/mm^2)(\times1)$	平均截距 $\bar{l}/\mu m$
1	1	15.5	226.3
2	2	31	160.0
3	4	62	113.1
4	8	124	80.0
5	16	248	56.6
6	32	496	40.0
7	64	992	28.3
8	128	1984	20.0
9	256	3968	14.1
10	512	7936	10.0

加热转变终了后，随着温度的升高和时间的继续延长，奥氏体晶粒通过晶界的迁移而长大。推动晶界迁移的驱动力来自奥氏体晶界的界面能。奥氏体晶粒的长大导致界面的减少，使能量降低。

可以证明[4]，对于曲率半径为 r 的球形晶界，其处于凹侧的晶粒较处于凸侧的晶粒具有较高的化学位，因而驱使原子由凹侧移向凸侧，使晶界趋于平直。晶粒以晶界能为主要驱动力造成的晶粒长大称为晶粒的正常长大。设晶界能 γ 为常数，D_0 是时间为零时的晶粒直径，D_t 是时间为 t 时的晶粒直径，可以求得奥氏体晶粒恒温长大公式：

$$D_t^2 - D_0^2 = Kt \tag{3.39}$$

式中，K 为常数。当 $D_t \gg D_0$ 时，$D_t = (Kt)^{1/2}$。在对许多实验的观察中发现，D_t 与 t 之间更符合以下关系式：

$$D_t = (Kt)^n \tag{3.40}$$

而常数 K 可表示为

$$K = K_0 e^{-Q_g/RT} \tag{3.41}$$

式中，K_0 与 n 均为常数；Q_g 为 Fe 原子自扩散激活能；R 为摩尔气体常数；T 为热力学温度。

恒温下奥氏体晶粒的正常长大往往在不长的时间后便停止，这是由于晶界上经常存在着阻止晶粒长大的因素。此时晶粒的直径变为温度的函数，温度越高，晶粒尺寸越大。

不同合金元素对奥氏体晶粒长大的倾向有不同的影响和不同的机制。

存在于奥氏体中的弥散的、稳定的第二相颗粒可以阻碍奥氏体晶粒的长大。例如，合金元素能形成细小、弥散的碳化物或氮化物微粒，它们存在于奥氏体中时，对晶界起了钉扎作用，从而阻碍了晶界的迁移。只有当这些弥散相溶入奥氏体或聚集之后，消除了它们的阻碍作用，晶粒才能继续长大。根据齐纳(Zener)质点钉扎理论，奥氏体晶粒的平均半径 R 与钉扎粒子半径 r 及其体积分数 f 有如下关系[10]：

$$R = \frac{4r}{3f} \tag{3.42}$$

可见粒子尺寸越小，其体积分数越大，奥氏体的实际晶粒越细小。

后来，Gladman 导出一个临界钉扎质点半径 r_c，大于它时，晶粒边界称为非钉扎的，由此晶粒发生长大。此临界质点半径在很大程度上取决于质点的体积分数及晶粒尺寸的不均匀性：

$$r_c = \frac{6Rf}{\pi}\left(\frac{3}{2} - \frac{2}{Z}\right)^{-1} \tag{3.43}$$

式中，R 为基体晶粒半径；f 为钉扎粒子的体积分数；Z 为晶粒尺寸不均匀系数[11,12]，$Z = D_M/D_0$，D_M 为最大晶粒直径，D_0 为平均晶粒直径。晶粒正常长大时 Z 值约为 1.7。假设 $Z=1.5$，由式(3.43)可得图 3.10，可见最有效的晶粒边界钉扎和最小的晶粒尺寸需要最小的质点尺寸和钉扎质点的最大体积分数，而质点尺寸是最重要的。因此，能在较低温度从奥氏体中析出的质点将是最有效的，而在液态或凝固时产生的质点将大得多，所以对一定体积分数的质点来说，其晶粒细化效果要差一些。在实际的钢中，质点能够钉扎的最小晶粒尺寸位于图中下方的阴影区域，上方的阴影区域是能被大夹杂物固定的最小晶粒尺寸。

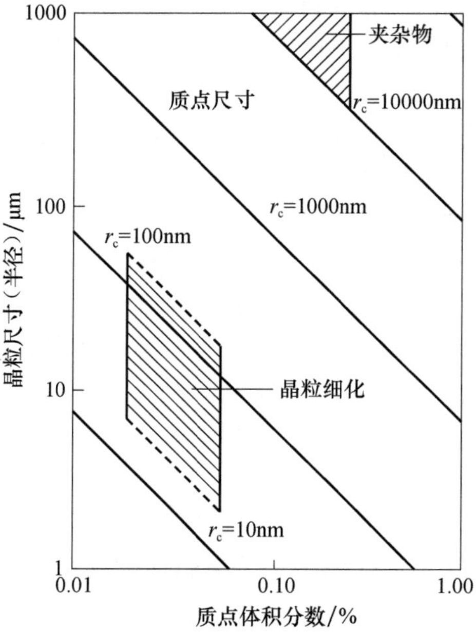

图 3.10　晶界钉扎质点体积分数和尺寸对晶粒尺寸的影响[12,13]

一种理论认为溶质的拖曳作用可以阻碍晶粒粗化。钢中加入表面活性元素时，这种元素较多地偏聚在晶界区域，降低界面能，特别当固溶元素的电负性、原子尺寸和扩散速率与基体相差很大时，溶质的拖曳作用十分显著，因此将减弱晶粒长大的趋势或者升高奥氏体晶粒开始长大的温度。固溶的铌具有强烈的溶质拖曳作用，而固溶钛和钒的溶质拖曳作用要小一些，这已为实验所证实(图 4.85)。

还有一种理论认为，晶粒长大是通过晶界的扩散移动实现的，即通过铁原子的扩散进行的。晶粒长大的激活能和晶界铁原子自扩散的激活能都取决于原子间的结合力。加入合金元素后，合金元素影响着奥氏体的原子结合力，从而影响着奥氏体晶粒的长大速率。根据一些研究，γ-Fe 的晶粒长大激活能约为 117kJ/mol，晶界铁原子扩散的激活能约为 128kJ/mol，和晶界长大的激活能很相近，也有利于说明这种理论。γ-Fe 的原子结合力高

于 α-Fe，所以高温时单相的铁素体钢晶粒长大的趋向比奥氏体钢大得多。

下面分析各种元素对晶粒长大的影响。

Ti、Zr、Nb、V 等强碳氮化物形成元素，在钢生成碳氮化物粒子时显著地阻止奥氏体晶粒粗化。这些碳氮化物粒子在铸坯冷却过程的较高温度下析出，再加热时未溶入，起钉扎晶界的作用，尺寸为 0.1～0.5μm。在多种微合金碳氮化物中，以 TiN 的作用最为显著。图 3.11 为一些微合金元素在 C-Mn 低合金高强度钢中对奥氏体晶粒长大及晶粒粗化的影响。

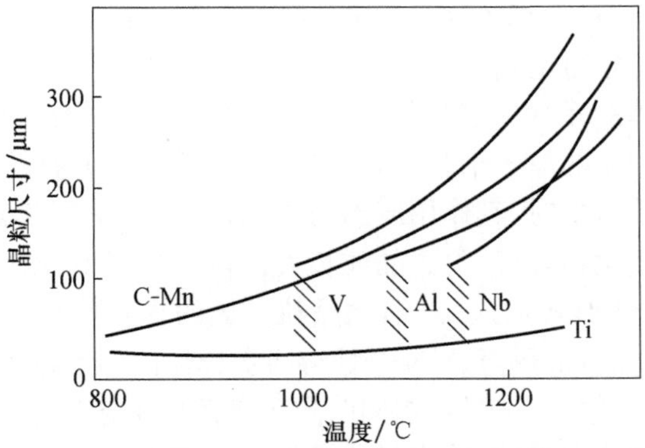

图 3.11　微合金元素对奥氏体晶粒长大及晶粒粗化的影响[14]

重新加热时已溶入奥氏体的微合金碳氮化物在轧制过程应变能驱动力作用下会重新析出于先存在的晶界和位错线或应变带上，从而推迟形变奥氏体的再结晶，析出粒子的尺寸为 30～80nm。粒子对奥氏体晶界的钉扎力 F_P 为[15]

$$F_P = 6\gamma fl/(\pi d^2) \tag{3.44}$$

式中，γ 为基体的晶界能；f 为析出物的体积分数；l 为亚晶尺寸；d 为析出物的平均直径。由式(3.44)可知，析出物体积分数越大平均尺寸越小，对基体的钉扎力越大，阻碍奥氏体再结晶发生的效果越好。图 3.12 为微合金溶质加入量对 0.07%C-0.225%Si-1.40%Mn 钢的再结晶终止温度的影响。在几种微合金元素中，铌阻碍奥氏体再结晶的作用最明显，其次是钛，钒的作用最小。铌是提高再结晶终轧温度、细化铁素体晶粒最重要的微合金元素。

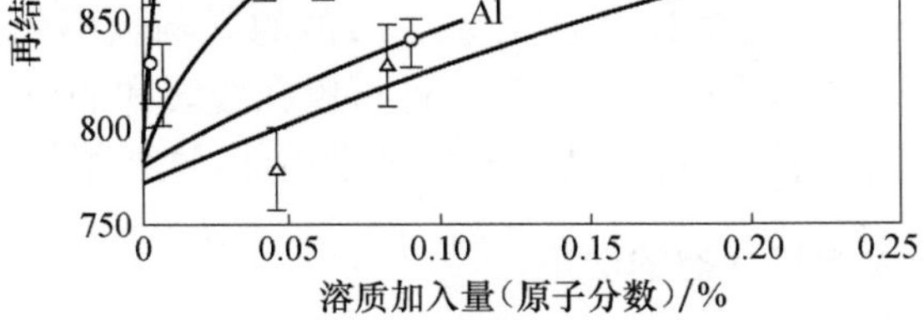

图 3.12　微合金溶质加入量对再结晶终止温度的影响[16]

还有一些生成碳化物的合金元素，如钼、钨、铬等，也能起阻碍晶粒长大的作用。当它们溶于奥氏体中时，能提高其原子结合力，也能起延缓晶粒长大的作用。

Al 作为脱氧剂加入钢水中时，由于钢水中含有残余的氮，将生成 AlN。实验证明，生成的 AlN(化学分析时和溶于固溶体中的铝一起溶于酸)起着阻碍晶粒长大的作用(图 3.12)，而不是 Al_2O_3(化学分析时不溶于酸)。加入的铝量使酸溶部分达到 0.03%时，对阻止晶粒长大最有效，继续增加时，晶粒开始长大的温度又开始降低，这可能是由于一部分铝开始溶入奥氏体中，能降低原子结合力并促使晶粒的长大。不溶于酸的 Al_2O_3 在用铝脱气时一般含量总在 0.008%左右。为了得到细晶粒钢，最少要加入 500g/t 的铝(随钢的成分而定)。

当形成间隙固溶体的元素(C、N、B)溶于奥氏体时，能促使奥氏体晶粒长大粗化。例如，碳显著地降低了 γ-Fe 的原子结合力，增加了铁原子的自扩散系数，故能强烈地促进晶粒长大。氮在溶于奥氏体中时，其作用应当与碳相同，但在一般加热温度下，氮由于与一些元素结合成稳定的氮化物，反而阻碍晶粒长大。在一些钢中(如铁素体钢等)，常常有意增加氮含量(以氮化铬铁形式加入)以细化晶粒。氮的这种作用也可解释大家熟知的事情，即以铝细化晶粒的钢在加热至 AlN 开始溶入奥氏体的温度以上时，晶粒长大很迅速，甚至超过了不含铝的钢，这是由于氮、铝同时溶于奥氏体中起作用的结果。

不生成碳化物的合金元素中，镍和钴都能阻止晶粒长大。铜含量在 0.6%以下没有什么影响，但铜含量超过 0.6%时，将使钢容易过热。磷促进晶粒长大，它们的影响只有从它们对原子结合力的影响来考虑。

关于锰和硅的影响，已有的数据常常有矛盾。一般认为含硅较少(<1.5%)时能阻止晶粒长大，继续增加其含量时将能促使晶粒长大。锰则被认为最能促使晶粒长大，含锰的钢容易过热。锰的这种作用可能是由于锰对碳钢中碳促进奥氏体晶粒长大的作用有某种加强，但锰在低碳钢中并不促进奥氏体晶粒长大，因此在一些普通低合金结构钢中，常用锰来合金化。

锰在钢中与硫生成的 MnS 夹杂物，通常被认为是有害的，但在生产冷轧硅钢片时却常常将 MnS 作为有利夹杂，能稳定地抑制一次晶粒长大，其尺寸控制在 0.5μm 左右[17]。在以后的高温退火中，采用高纯度氢保护，可使 MnS 分解，使硫从钢中逸出；也可以采用氮化物和碳化物抑制一次晶粒长大。

研究合金元素对奥氏体晶粒长大的影响，有很重要的现实意义，因为奥氏体晶粒的大小决定着冷却时转变生成组织的粗细。粗大的晶粒有时是有利的，如能提高淬透性，一定条件下可以提高高温蠕变性能，改善切削性等，有时却是有害的，也可能影响不大，这要看钢的用途和对钢的性能要求来决定。在大多数情况下，对钢的力学性能有不良的影响，对热处理工艺性能也常常是不利的。

晶粒粗大对力学性能的影响表现在降低塑性，尤其能降低冲击韧性，对低温冲击韧性的不良影响更为显著。晶粒粗大对于强度(σ_s、σ_b)值的影响较不明显，但提高加热温度，由于能使奥氏体均匀化，或者提高淬透性使工件可以在较缓和的介质中冷却，有时也可以允许有较粗大的晶粒存在而不致过多地降低其力学性能，这要根据具体的情况进行分析。

3.3.6　热变形对奥氏体组织状态的影响

在热变形过程中，与形变硬化同时发生的回复、再结晶过程称为动态回复和动态再结晶。钢的奥氏体在热变形时的真应力-真应变曲线的形状与热变形时的应变速率有关，如图 3.13 所示。

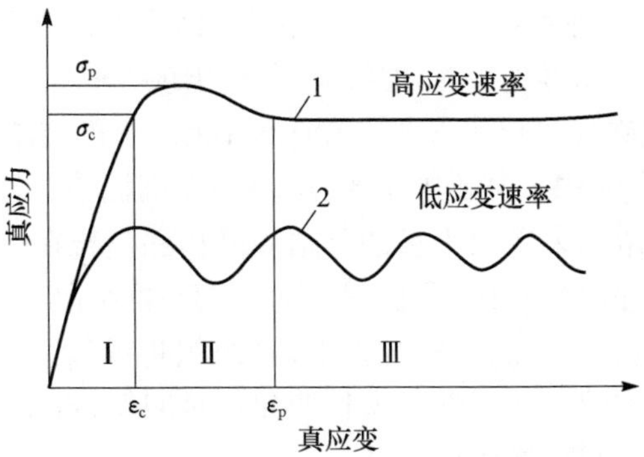

图 3.13　发生动态再结晶时的真应力-真应变曲线[18,19]

在高的应变速率下，真应力-真应变曲线有三个阶段(图 3.13 曲线 1)。

第一阶段为加工硬化阶段。当塑性变形小时，随着变形量的增加，位错密度不断增加，变形抗力也增加，发生材料的加工硬化。由于材料在高温下变形，变形中产生的位错能够在热加工过程中通过交滑移和攀移等方式运动，使部分位错消失，部分重新排列，奥氏体出现回复。当位错的重新排列发展到一定程度，形成清晰的亚晶界，称为动态多边形化。奥氏体的动态回复和动态多边形化都使材料软化，但总的趋势在第一阶段加工硬化还是超过动态软化，因此随变形量的增加，变形应力还是不断增加的。

第二阶段为开始再结晶阶段。发生动态再结晶所必需的最低变形量称为动态再结晶的临界变形量，以 ε_c 表示。ε_c 接近于真应力-真应变曲线上应力峰值所对应的应变量 ε_p，精确地讲，$\varepsilon_c \approx 0.83\varepsilon_p$[18]。曲线的应变峰值 σ_p、形变速率 $\dot{\varepsilon}$、变形温度 T 之间符合以下关系：

$$\dot{\varepsilon} = A\sigma_p^n \exp(-Q/RT) \tag{3.45}$$

式中，A 为常数；n 为应力指数，一般为 6；R 为摩尔气体常数；T 为热力学温度；Q 为过程激活能，大体等于自扩散激活能。当 Q 不依赖于应力、温度时，σ_p 可用 Zener-Hollomon 参数 Z 表示

$$Z = \dot{\varepsilon}\exp(Q/RT) = A\sigma_p^n \tag{3.46}$$

式中，Z 称为温度校正过的应变率，可表示为 $\dot{\varepsilon}$ 和 T 的各种组合。当变形速率 $\dot{\varepsilon}$ 越大，变形温度越低时，Z 值越大，即 σ_p 越大，动态再结晶开始的变形量 ε_c 也越大，表示需要一个较大的变形量才能发生动态再结晶。

在第二阶段，变形量超过临界变形量 ε_c 时发生动态再结晶，当应力小于 σ_p 时，硬化效应仍大于软化效应，只是曲线斜率减小，但当应力达到 σ_p 后，再结晶加快，软化效应为主，曲线下降。随着变形的继续进行，奥氏体中不断形成再结晶核心并继续成长直到完成一轮再结晶，变形应力降到最低值。从动态再结晶开始，直至一轮再结晶全部完成并与加工硬化相平衡，变形应力不再下降为止，形成了真应力-真应变曲线的第二阶段。

第三阶段为稳态流变阶段。此阶段，变形引起的硬化和再结晶引起的软化达到平衡，出现稳态流变，真应力-真应变曲线呈水平线，这种情况称为连续动态再结晶。

在低的应变速率下，真应力-真应变曲线上有较多的峰值出现。在第一阶段，即加工

硬化阶段,曲线斜率,即加工硬化率随应变速率的降低而减小。在第二阶段出现动态再结晶软化之后,由于应变速率低,加工硬化与动态软化达不到平衡,位错密度的增长尚不足以引起新一轮再结晶过程,重新出现以硬化为主的曲线上升。之后当加工硬化导致的位错密度积累,使动态再结晶占主导地位时,曲线又下降,出现另一峰值。如此反复进行,应力出现波浪式变化,这种情况称为间断动态再结晶或不连续动态再结晶(图 3.13 曲线 2)。

在动态再结晶进行过程中,中断热变形,材料处在高温下,此时动态再结晶仍可继续进行。动态再结晶中遗留下来尚未生长的再结晶晶核和生长在中途的再结晶晶粒可不经孕育期来完成未尽的过程,这种再结晶过程称为亚动态再结晶。

热变形终止后,在奥氏体区的缓冷过程中,其组织将继续发生变化,力图消除加工硬化所造成奥氏体组织结构的不稳定性。这种变化仍是回复、再结晶,它们不是发生在热加工过程中,所以称为静态回复、静态再结晶。

动态再结晶只能在一定条件下发生,可用 Z 讨论其发生的条件。当 Z 一定时,随着加工程度或变形量 ε 的增大,材料微观组织发生由动态回复→部分动态再结晶→完全动态再结晶的变化。当 ε 一定时,随着 Z 的增大,材料组织发生由完全动态再结晶→部分动态再结晶→动态回复的变化。这表明,ε 一定时,在某一 Z 值以上得不到动态再结晶组织,这个 Z 称为 Z 的上临界值 Z_c。Z_c 随加工程度 ε 而变,ε 越大,Z_c 越大,因此动态再结晶能否发生要由 Z 和 ε 共同决定。

热变形后发生静态再结晶需要一定的条件。在一定的变形温度和变形速率下,为了使静态再结晶发生,给以某一个临界值以上的变形量是必要的,这一临界值称为静态再结晶的临界变形量。

3.4 合金元素对珠光体转变的影响

3.4.1 珠光体转变

共析成分的碳钢在其过冷奥氏体进行珠光体分解时,一般认为首先在已有的界面上析出片状渗碳体,并沿长度方向和侧向长大。在旁边的奥氏体区域,碳含量的降低导致铁素体核心的生长和长大,接着又引起相邻奥氏体区域内生成新的片状渗碳体,这样不断进行,生成珠光体领域(pearlite colony)或珠光体团(pearlite group)。在一个奥氏体晶粒内,可以形成几个珠光体领域。珠光体领域内相邻两片渗碳体(或铁素体)中心之间的距离称为珠光体的片间距(图 3.14)。片间距的大小主要取决于珠光体的形成温度。碳钢中珠光体的片间距与过冷度的关系,可用下列经验公式表述[20]:

$$S_0 = C/\Delta T \tag{3.47}$$

式中,$C=8.02\times10^3\,\text{nm}\cdot\text{K}$;$S_0$ 为珠光体的片间距(nm);ΔT 为过冷度(K)。

片状珠光体一般指在普通光学显微镜下能明显分辨出片层的珠光体,其片间距约为 150~450nm,片间距更小时,光学显微镜难以分辨,需用电子显微镜观察。片间距约为 80~150nm 的细片珠光体被称为索氏体。在更低温度下形成的片间距为 30~80nm 的极细片状珠光体被称为屈氏体[21]。

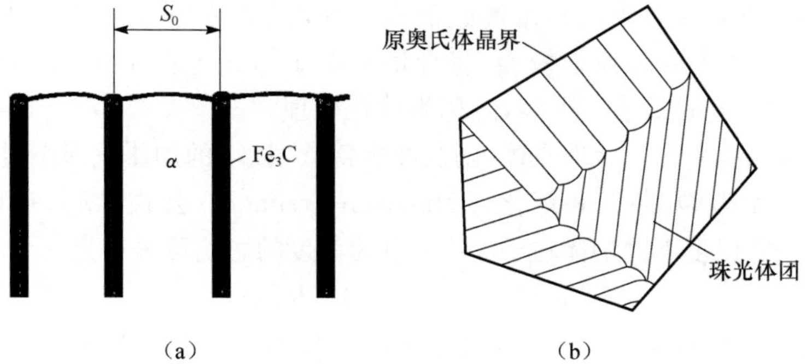

图 3.14　片状珠光体的片间距(a)及珠光体团(b)示意图[21]

珠光体的形成是通过形核和长大进行的。珠光体是由两个相组成的,因此首先成核的是铁素体还是渗碳体?目前尚无定论。一般认为,共析钢和过共析钢中珠光体形成时的领先相是渗碳体,亚共析钢的领先相是铁素体[22]。

珠光体形成时,新相(渗碳体和铁素体)与母相有一定的晶体学位向关系,使新相和母相原子在界面上能够较好地匹配,形成不易移动的共格晶面。在铁素体与奥氏体之间为K-S 关系$\{110\}_\alpha /\!/ \{111\}_\gamma$,$\langle 111\rangle_\alpha /\!/ \langle 110\rangle_\gamma$。渗碳体($\theta$)与奥氏体之间存在 Pitsch 关系,该关系接近于$(100)_\theta /\!/ (1\bar{1}1)_\gamma$,$(010)_\theta /\!/ (110)_\gamma$,$(001)_\theta /\!/ (\bar{1}12)_\gamma$[23]。此时珠光体内的铁素体与渗碳体之间也存在着一定的位向关系。珠光体团中的铁素体及渗碳体与被长入的奥氏体晶粒之间不存在位向关系,形成可动的非共格晶面,如图 3.15 所示。

如果在奥氏体晶界上有先共析渗碳体存在,珠光体是在先共析渗碳体上形核长成的,则珠光体团中的铁素体与渗碳体之间存在 Богаряцкий 位向关系[8],即$(001)_\theta /\!/ (2\bar{1}1)_\alpha$,$[100]_\theta /\!/ [01\bar{1}]_\alpha$,$[010]_\theta /\!/ [111]_\alpha$,而珠光体团与被长入的奥氏体晶粒之间没有位向关系。

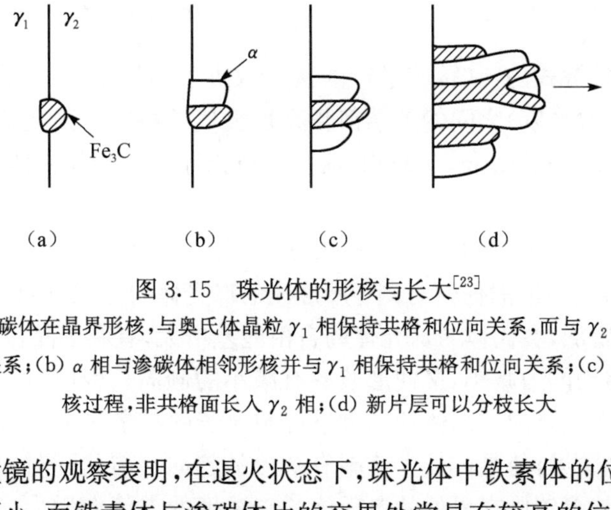

图 3.15　珠光体的形核与长大[23]

(a) 渗碳体在晶界形核,与奥氏体晶粒 γ_1 相保持共格和位向关系,而与 γ_2 相没有共格关系;(b) α 相与渗碳体相邻形核并与 γ_1 相保持共格和位向关系;(c) 重复形核过程,非共格面长入 γ_2 相;(d) 新片层可以分枝长大

透射电子显微镜的观察表明,在退火状态下,珠光体中铁素体的位错密度较小,渗碳体中的位错密度更小,而铁素体与渗碳体片的交界处常具有较高的位错密度。在同一珠光体团中,存在有亚晶界,构成许多亚晶粒。

在一般情况下,共析成分的过冷奥氏体在 A_1 温度以下,总是转变为片状珠光体。但当奥氏体化温度较低、保温时间较短、加热转变未充分进行时,在奥氏体中有许多未溶的残留碳化物或许多微小的高浓度碳的富集区，或者转变为珠光体的等温温度高、等温时间足够长，或者冷却速率极慢，将会使得渗碳体成为颗粒状，获得粒状珠光体。可以获得粒状珠光体的工艺有很多，统称为球化处理。

如果钢的原始组织是片状珠光体，则在加热到 A_1 以下的加热或保温过程中，片状渗碳体将自发地发生破裂、断开和球化。Thomson-Freundish 公式(或称 Gibbs-Thomson 公式)指出，在一定温度下固溶体粒子大小对其溶解度的影响可表示为

$$\ln(C_r/C_\infty)=2M\gamma/RT\rho r \tag{3.48}$$

式中，C_r 和 C_∞ 分别为粒子半径为 r 和无限大时的溶解度；γ 为相界面的表面能；M 为粒子的物质的量；ρ 为密度[24]。

式(3.48)表明，粒子半径越小，其溶解度越大。因此，片状渗碳体的尖角处的溶解度高于平面处的溶解度。与渗碳体尖角接壤处铁素体中的碳浓度大于与平面接壤处铁素体的碳浓度，引起碳的扩散。为了恢复平衡，渗碳体的平面处将向外长大，尖角处将不断溶解。此过程继续进行，最后形成了各处曲率半径相近的粒状渗碳体。图 3.16 和图 3.17 分别为共析碳钢的片状珠光体组织和球化组织。

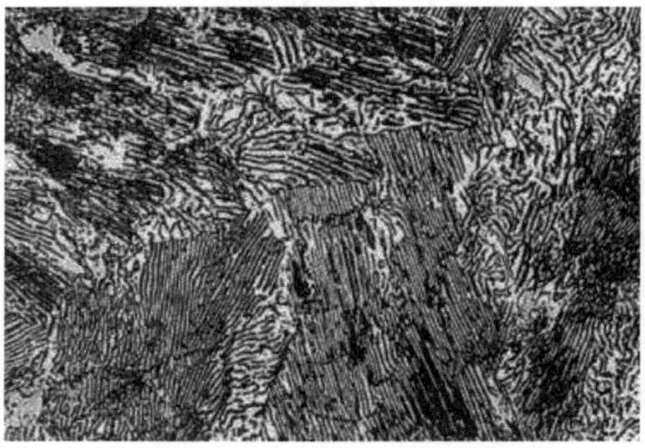

图 3.16　共析碳钢热轧退火组织[25]　600×

全部为片状珠光体

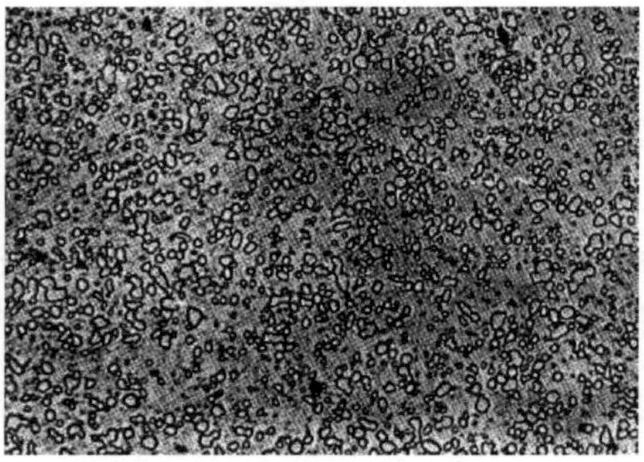

图 3.17　共析碳钢的球化退火组织[25]　500×

渗碳体颗粒分布在铁素体基体上

珠光体转变是扩散式的，其转变进行的速率取决于形核率 N 和晶体的长大速率 G，这两者与转变温度(过冷度)之间的关系都具有极大值的特征。因此，珠光体转变动力学可用结晶规律来分析。Johnson 与 Mehl 证实了奥氏体转变为珠光体的等温动力学曲线可用下式表示[11]：

$$f(t)=1-\exp(-\pi NG^3t^4/3) \tag{3.49}$$

式中，$f(t)$是在某转变温度的任何时刻 t 所形成的珠光体的体积分数。

随着过冷度的增加，奥氏体与珠光体的自由能差增大，有利于晶核的生成。但随着过冷度的增大，原子活动能力减小，又使形核率有减小的倾向。因此，形核率与转变温度的关系具有极大值的变化趋向。晶体的长大过程与原子的扩散过程密切相关，转变温度降低时，原子扩散速率减慢，使晶体长大速率有减慢的趋向。与此同时，与铁素体交界处的奥氏体的碳浓度和与渗碳体交界处的奥氏体的碳浓度的差值亦增大，这就增大了碳的扩散速率。综合这些因素的影响，长大速率与转变温度的关系曲线也具有极大值的特征，所以珠光体转变速率随过冷度的增加也将出现一个最大值。

通常使用实验方法测定在不同过冷度下珠光体的转变量与时间的关系。一般取转

变量为 1%或 5%时(视实验方法的灵敏性而定)所需的时间为转变开始时间,取转变量为 99%或 95%时所需的时间为转变终了时间。然后以时间为横坐标,以等温转变温度为纵坐标,将各温度下转变一定量的点连接成曲线,即可得到珠光体等温转变动力学曲线,亦称为 C 曲线,或 TTT 曲线(图 3.18 中的实线所示)。

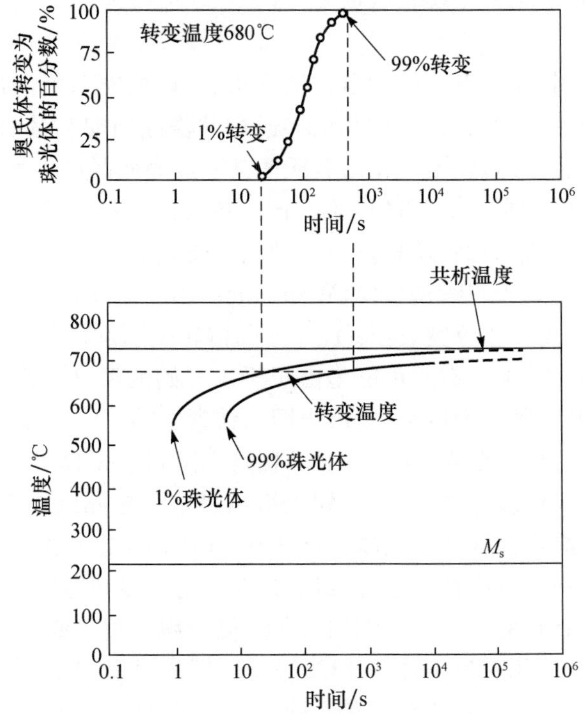

图 3.18　共析钢的珠光体等温转变动力学曲线[11]

3.4.2　亚共析钢或过共析钢的珠光体转变

亚共析钢或过共析钢的珠光体转变基本上与共析钢相似,但需考虑先共析铁素体或先共析渗碳体的析出。

亚共析钢奥氏体化后被冷却到 Ar_3 线以下时,将有先共析铁素体析出。先共析铁素体的析出量取决于奥氏体碳含量、冷却速率和析出温度。碳含量越高,冷却速率越大,析出温度越低,先共析铁素体的析出量越少。先共析铁素体有三种不同的形态:等轴状、片状和块状。

先共析铁素体的析出也是一个形核和长大的过程。先共析铁素体的晶核大都是在奥氏体晶界上形成的。晶核与一侧的奥氏体晶粒存在 K-S 关系,两者之间为不易移动的共格界面,与另一侧面的奥氏体晶粒是可动的非共格界面。晶核形成后,与铁素体晶核交界的奥氏体的碳浓度将增加,在奥氏体内形成碳的浓度梯度,引起碳的扩散。为保持相界面碳浓度的平衡,恢复界面奥氏体碳的高浓度,奥氏体将继续析出低碳的铁素体,使铁素体晶核不断长大。在铁素体长大过程中,部分铁原子将进行扩散,使晶体点阵从面心立方结构转变为体心立方结构。如果原奥氏体碳含量较高,则当奥氏体晶界上的铁素体晶核长大并相互接触成网时,剩余奥氏体的碳浓度已接近共析成分,将通过共析转变,转变为珠光体。其组织形态将是先共析铁素体呈网状分布加珠光体。此时先共析铁素体的析出量较少,其分布勾画出母相奥氏体晶界的轮廓,有时称之为仿晶界型铁素体(allotriomorphic ferrite)。如果原奥氏体碳含量较低,先共析铁素体的析出量较多,先共析铁素体可以长入奥氏体内部,最后形成了等轴状铁素体,亦称多边铁素体(polygonal ferrite,PF)加珠光体的组织形态。

当转变温度较低时,由于铁原子的自扩散变得困难,使非共格界面不易迁移,共格界面的迁移将成为主要的。此时,铁素体晶核将通过共格晶面向与其有位向关系的奥氏体晶粒内长大。为减少弹性能,铁素体将沿奥氏体某一晶面向晶粒内伸长,通常将这类晶面称为惯析面。铁素体的惯析面为$\{111\}_\gamma$面。同一奥氏体晶粒内的{111}界面或是相互平行,或是相交一定角度,所以片状铁素体常常呈现为彼此平行,或互成60°、90°。这种先共析片状铁素体通常称为魏氏组织铁素体(Widmannstätten ferrite)。魏氏组织铁素体形成时,还会在磨光的表面上产生浮突(relief),与马氏体转变引起的浮突呈"N"形不同,魏氏体组织引起的浮突呈"∧"形。有时可能是由于析出开始的温度较高,最先析出的铁素体沿奥氏体晶界形成网状,随后温度降低,再由网状铁素体的一侧以片状向晶粒内长大。图3.19为45钢的近乎正火后的显微组织,可以观察到网状铁素体和从网状铁素体的一侧长出的轻度过热的魏氏组织。需要指出,魏氏组织是常与粗晶组织伴生的。奥氏体晶粒越粗大,晶界越少,使晶界铁素体含量越少,剩余的奥氏体所富集的碳也越少,有利于魏氏组织铁素体的形成。在连续冷却时,魏氏组织只在一定的冷却速率下才会形成,过缓或过快的冷却速率都会抑制它的生成。钢中加入Mn促进魏氏组织铁素体的形成;加入Mo、Cr、Si会阻碍其形成。国家标准GB/T 13299—91《钢的显微组织评定方法》中规定了亚共析钢中魏氏组织的评级标准,按碳含量不同分为A、B两个系列,A系列指定作为碳含量0.15%～0.30%钢的魏氏组织,B系列指定作为碳含量0.31%～0.50%钢的魏氏组织,每个系列各由6个级别组成,0级表示无魏氏组织特征,从1级到5级,按魏氏组织出现的程度递增。魏氏组织及其伴生的粗晶组织会降低钢的韧性。

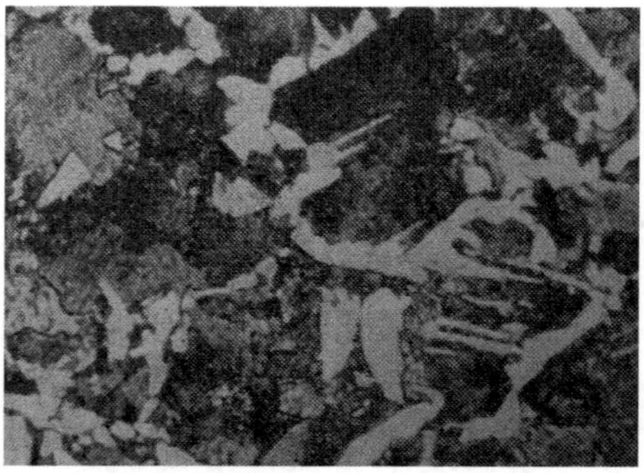

图3.19　45钢的显微组织[26]　500×

块状铁素体(massive ferrite,MF)也是先共析铁素体的相变产物,含碳很低的碳钢在快速冷却时有可能通过块状转变(massive transformation)形成块状铁素体,亦称为准多边铁素体(quasi-polygonal ferrite,QP)。块状转变的特点是新相和母相的成分相同,因此只要把合金过冷至新、母相自由能相同的温度下，就能发生这类相变。块状相变显示出成核生长的特征。由于新、母相成分相同，相变过程涉及几个原子间距的热激活迁移，是短程扩散，而不需要原子的长程扩散，只要母相原子越过界面即可生长。母相与新相的界面在所有方向都是非共格的大角度晶界，所以转变速率很快，晶粒尺寸呈高度的不规则，界面粗糙（图 3.20）。因此，要产生块状相变，一方面冷却速率必须足够快，以阻止母相由于长程扩散而分解为平衡相；另一方面又不能太快，以防热激活生长变得不可能。

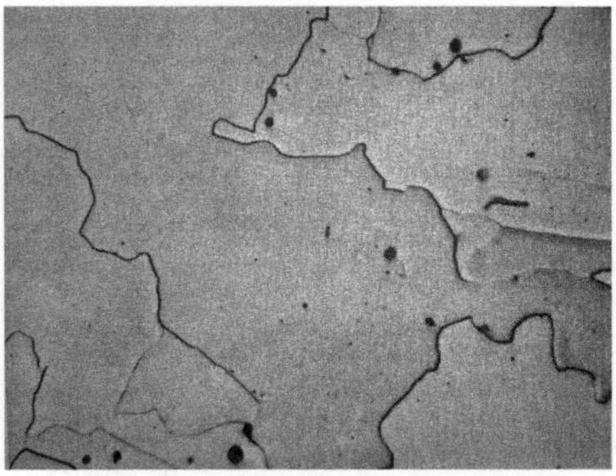

图 3.20　Fe-0.002%C 中的块状组织[23]
自 1000℃淬入冰盐水中

先共析铁素体的形态取决于钢中的碳含量和形成温度。图 3.21 为钢中先共析铁素体（或先共析渗碳体）的形态与等温温度和碳含量的关系，图中 G、W、M 分别代表网状铁素体（或网状渗碳体）、魏氏组织铁素体（或魏氏组织渗碳体）、块状铁素体，P 和 B 分别代表珠光体和贝氏体。

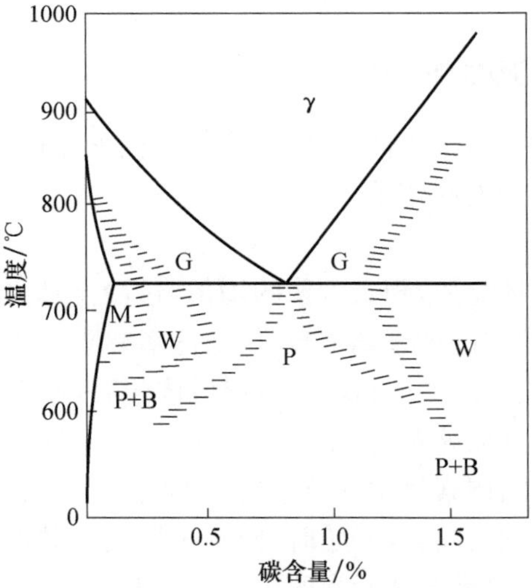

图 3.21　钢中先共析铁素体的形态与转变温度和碳含量的关系[8]
奥氏体晶粒度为 0～1

对于过共析钢，奥氏体过冷到 A_{cm} 线以下、A_1 线以上的区域，将析出先共析渗碳体。先共析渗碳体的形态有两种，即网状和片状。先共析片状渗碳体亦可称为魏氏组织渗碳体，并与奥氏体之间有一定的位向关系。

如将亚共析或过共析钢（成分为 C_1 或 C_2）自奥氏体区域以较快速率冷却时，使先共析铁素体或先共析渗碳体来不及析出，奥氏体将被过冷到 GS 和 ES 的延长线 $E'SG'$ 以下（图 3.22），保持一定时间后，将自奥氏体中同时析出铁素体与渗碳体。这一转变被称为伪共析转变，转变产物被称为伪共析组织（图 3.22 中 $E'SG'$ 区域），一般仍称为珠光体。

过共析钢中的网状或片状渗碳体，显著增大钢的脆性。为了消除过共析钢中出现的网状或片状渗碳体，必须将其加热到 A_{cm} 以上，使渗碳体充分溶入奥氏体中，然后快速冷却,使先共析渗碳体来不及析出,形成伪共析或其他组织,再进行球化退火。

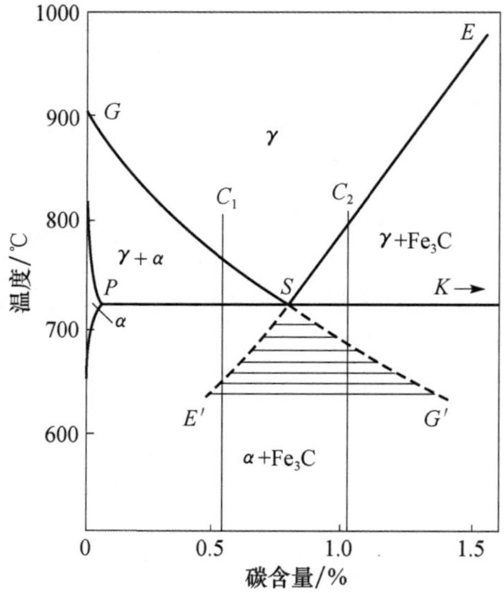

图 3.22　过冷亚共析钢和过共析钢生成伪共析组织[27]

3.4.3　影响珠光体转变的动力学因素

根据转变的热力学和动力学条件,影响珠光体转变速率的主要因素有以下几点。合金元素通过对这些因素的影响起作用。

1) 碳含量及碳的扩散

亚共析钢经完全奥氏体化后,随碳含量的增加,过冷至珠光体转变区时,铁素体的形核率下降,析出先共析铁素体的孕育期增长,析出速率减慢。珠光体形成的孕育期亦随之增长,形成速率也随之减慢。过共析钢经完全奥氏体化后,过冷奥氏体析出先共析渗碳体的孕育期则随碳含量的增加而缩短,析出速率加快,与此同时,珠光体转变孕育期也随之缩短,形成速率增大。因此,碳素钢中共析钢过冷奥氏体最稳定。

珠光体转变是扩散式的,在转变开始时,碳的扩散是必要的,碳在奥氏体中的扩散速率不但与碳含量有关,而且更受合金元素的影响。由于合金元素(Co 除外)能降低碳的扩散速率,从而使转变速率下降(表 3.1)。

2) 合金元素

钢中加入合金元素可以显著改变珠光体转变动力学图。大多数合金元素,如 Mn、Ni、Mo 等,都使钢的 C 曲线右移。这是因为大多数合金元素的加入可以降低形核率和长大速率,但 Co 的加入却显著增加形核率和长大速率。

合金元素加入钢中后影响珠光体转变速率的原因涉及珠光体转变过程,除了需要碳在铁素体和渗碳体之间的再分配,是否也需要合金元素的再分配?在最初析出碳化物相的时候,是只有碳原子的扩散,还是同时也需要合金元素的重新分布?在加入碳化物生成元素时,最先析出的碳化物相是渗碳体(其中合金元素含量等于钢的平均含量)或是有合金元素富集的渗碳体,还是特殊碳化物?当加入不生成碳化物的元素时,是否在珠光体转变开始时有合金元素在铁素体中的富集?这个问题有过较多的争论[1,28]。许多学者进行过这方面的研究工作。

综合这些研究的结果，可以认为：

（1）当钢中加入不生成碳化物的合金元素（如 Ni、Co 等）时，最初析出渗碳体，不一定需要合金元素事先在奥氏体中的重新分配。此时渗碳体中的合金元素含量与奥氏体中的合金元素量相同。随着转变过程的进行，渗碳体中合金元素逐渐向铁素体中转移，这一过程在珠光体转变完成之后，还会继续进行。

（2）在加入生成碳化物的合金元素时，可能最初析出合金元素含量与奥氏体相同的渗碳体，也可能直接析出合金元素富集的渗碳体或者直接析出特殊碳化物。如果最初析出的是合金元素含量与奥氏体相同的合金渗碳体，此时没有合金元素的再分配，不需要合金元素的扩散。随着珠光体转变的进行，碳化物形成元素逐渐向渗碳体富集，直至达到饱和，此时合金渗碳体将转变为热力学更加稳定的特殊碳化物。如果珠光体开始转变时，最初析出的是合金元素富集的渗碳体或者直接析出特殊碳化物，此时碳化物中的合金元素含量既可能是在珠光体形成之后重新分配，也可能是与珠光体形成的同时，在奥氏体中进行预先再分配。在随后的珠光体转变过程中及转变结束后，碳化物形成元素可以继续通过扩散向已生成的碳化物中富集，达到饱和后，转变为热力学更稳定的碳化物。

奥氏体化后的钢在进行珠光体转变时，最初析出的碳化物类型以及是否需要预先进行合金元素的再分配与钢中合金元素的含量、奥氏体中合金元素与碳的比值、转变温度等因素有关。

Razik 等[29]研究了 Fe-Mn-C 和 Fe-Cr-C 合金在珠光体转变时合金元素在铁素体和渗碳体间的分配问题。研究工作表明，在较高转变温度下，珠光体形成时，在奥氏体-珠光体界面上，合金元素要重新分配。转变温度升高，开始转变时，重新分配的合金元素的数量增多。在较低的转变温度下，合金元素不发生重新分配。存在一个合金元素不重新分配的最高温度 T_p。Mn 含量为 1.08% 和 1.8% 时，T_p 分别为 683℃ 和 649℃，而含 1.29%Cr 的钢，T_p 为 703℃。在珠光体转变完成之后，合金元素的重新分配还会继续进行，这种情况可以在 T_p 以上发生，也可以在 T_p 以下发生，直至达到平衡浓度。

张沛霖等的研究[30]表明，含铬钢奥氏体化后进行珠光体转变时，初期形成的碳化物的类型与奥氏体中铬与碳的比值有关。铬和碳原子的亲和力较大，在奥氏体中碳原子倾向于铬原子附近位置，同时铬在奥氏体中的分布也是不均匀的，因此在铬与碳的比值小的时候，在贫铬区域尚有足够的碳原子使形成渗碳体晶核的概率大，所以先析出渗碳体型的碳化物，但当此比值较大的时候，奥氏体中的碳原子大部分处于铬的附近，贫铬区域的碳原子很少。因此富铬区域形成特殊碳化物的概率要大得多，将直接析出特殊碳化物。

在珠光体转变开始时，如果有合金元素的重新分配，由于碳化物形成元素在奥氏体中扩散速率远低于碳原子，因而延长了过冷奥氏体转变为珠光体的孕育期，并减缓形成速率。

（3）铁原子的自扩散。珠光体转变是扩散式的，因此在长大时奥氏体中的铁原子将以扩散方式转移到生成的 α-Fe 和碳化物相中。合金元素的加入将影响铁原子的自扩散。

（4）$\gamma \to \alpha$ 相变自由能的变化。这个数值的大小决定着 α 相临界尺寸晶核生成的难易，在一定条件下，可能决定着转变的速率。加入合金元素后相变自由能之差 ΔG 可能有不同方向和数值的变化。直接的计算还很难，但是我们根据合金元素对 γ-Fe 和 α-Fe 相对稳定性的影响,还可以作大致的判断。因此 C、Mn、Ni 使 γ-Fe 稳定,因而都减少 ΔG,可能使 $\gamma\rightarrow\alpha$ 转变减慢。Cr 在开始时也减少 ΔG,而 Co、Al、Mo、W 等将增加 ΔG,使 $\gamma\rightarrow\alpha$ 转变加速进行。

上面我们分析了影响珠光体转变速率的几个因素,不同合金元素可能起不同的作用。随着钢的成分和转变的条件不同,可能某个因素或某几个因素是最主要的,成为影响转变过程的主要环节。

除了上述影响因素以外,其他影响珠光体转变的因素还有:奥氏体化温度和保温时间、原始组织和塑性变形等。奥氏体化温度和保温时间可以影响第二相的溶解和奥氏体的均匀性,从而改变奥氏体的成分和状态。原始组织粗大,奥氏体化时,碳化物溶解较慢,奥氏体均匀化也较慢,这将加快珠光体的形成速率。在奥氏体状态下进行塑性变形,增加了晶内的缺陷密度,提高了形核率,加快了原子扩散速率,因此加速了珠光体的转变。

3.4.4 钢中的相间析出

加入少量 V、Ti、Nb 等强碳化物形成元素的低碳微合金钢经奥氏体化后,迅速冷却至 A_1 以下珠光体转变区域等温停留,会在移动的奥氏体-铁素体相界面上周期地析出细小特殊碳(氮)化物,而且比较规则地一个面接一个面地成排分布,这种转变称为"相间析出"(interphase precipitation),以后在亚共析碳钢中也观察到了相间析出。

将低碳微合金钢的奥氏体冷至低于 A_1,如果温度较高,将不断析出先共析铁素体,未转变的奥氏体的碳浓度将增至共析成分,并转变为片状珠光体。但当转变温度较低时,碳原子在奥氏体中的扩散不充分,将在 γ/α 界面的奥氏体一侧增高至 $C_\gamma^{\gamma\text{-}\alpha}$(图 3.23(a)),使铁素体的长大受到抑制。当界面奥氏体一侧的碳浓度高于 ESE'线(图 3.22)时,将在界面碳浓度最高处析出碳化物,使界面奥氏体一侧碳化物和奥氏体交界处的碳浓度降低至 $C_\gamma^{\gamma\text{-P}}$(图 3.23(b)),图中的 P 代表析出的碳化物颗粒。由于碳化物的析出增大了奥氏体析出铁素体的驱动力,使铁素体转变继续进行,相界面向奥氏体中推移,这又提高了界面上奥氏体的浓度(图 3.23(c))。上述过程反复进行,从而使铁素体与细粒状的特殊碳化物交替析出。因为转变温度较低,合金元素扩散的距离可能很小,所以在相界面上从奥氏体中析出一系列平行排列的细小碳化物。

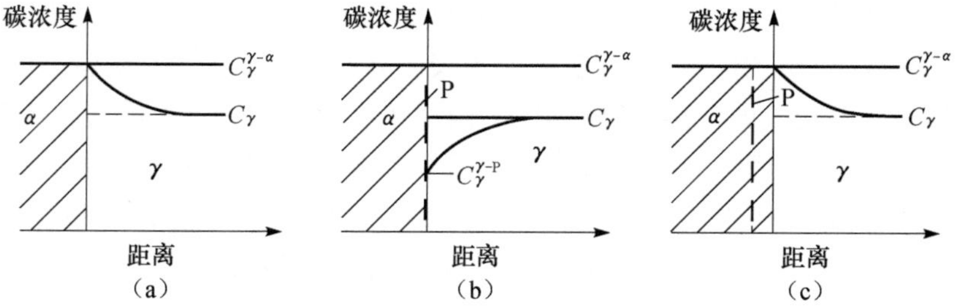

图 3.23 伴随碳化物相间析出的奥氏体向铁素体转变示意图[31]

(a) 析出铁素体后奥氏体中碳浓度分布;(b) 碳化物 P 析出后奥氏体中碳浓度分布;(c) 同(a)

图 3.24 为低碳微合金钢中相间析出的立体模型。从图中的 A 的方向观察,可以看到析出的碳化物呈点列状排列,从 B 方向观察,看到的析出物呈不规则分布。图 3.25 为含 0.02%C、0.032%Nb 的钢经 1175~900℃轧制并于 600℃等温 40min 处理后的显微组

织。从图 3.25(a)可以看到平行排列的 NbC 颗粒，从图 3.25(b)中可以看到不规则排列的 NbC 颗粒。

相间析出的碳化物，总是与原 γ/α 界面平行，并与铁素体有一定的位向关系。例如，钒钢中的 V_4C_3 与 α 的位向关系为[31]

$$(100)_{V_4C_3} /\!/ (100)_\alpha$$

$$[010]_{V_4C_3} /\!/ [011]_\alpha$$

在低碳铌钢中，铁素体与相间析出的 Nb(CN)间存在着和 V_4C_3 相同的晶体学位向关系。

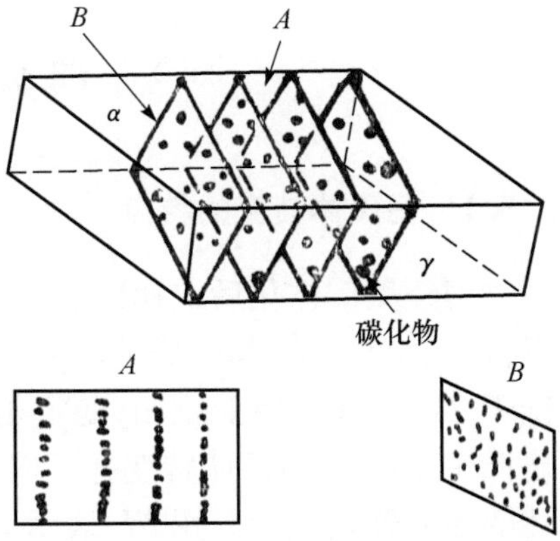

图 3.24　碳化物相间析出的立体模型[31]

相间析出能否发生，主要取决于 $\gamma\to\alpha$ 转变进行的温度。含碳低的钢的相间析出温度区间较宽，为 700～540℃；含碳高的钢较窄。在连续冷却条件下，能否发生相间沉淀主要取决于冷却速率。例如，亚共析钢在冷却速率过慢时，在较高温度下通过的时间过长，将得到先共析铁素体和珠光体；冷却速率过快时，碳化物来不及析出，过冷奥氏体将转变为铁素体、珠光体和贝氏体组织。

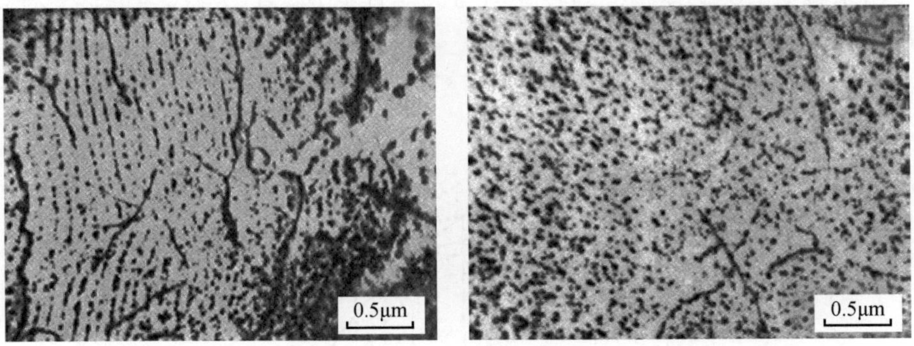

(a)　(b)

图 3.25　0.02%C、0.032%Nb 钢相间析出的显微组织形态[32]

(a) 平行分布的碳化物颗粒；(b) 不规则分布的碳化物颗粒

相间析出的碳(氮)化物颗粒极细，仅有几个纳米。例如，在含 V 或 Nb 的钢中，颗粒直径可以小到仅 5nm，在光学显微镜下无法分辨，只有在高分辨电子显微镜下才能显示出来，其强化效果显著。微合金元素 Ti 的析出强化作用较小。析出相颗粒的大小和间距主要取决于奥氏体的化学成分和析出时的温度。随着析出温度的降低，碳(氮)化物的尺寸变细，列间距减小。通常含特殊碳化物生成元素越多，形成的碳化物颗粒越细，列间距越小。在相同转变温度下，随着钢中碳含量的增高，析出碳化物的数量增多，列间距也有所减小。碳(氮)化物的细化和列间距的减小均可使钢的强度增高。碳(氮)化物的相间析出现象已获得较广泛的工业应用。

3.5　合金元素对马氏体转变的影响

3.5.1　马氏体转变的特点

钢经奥氏体化后快速冷却,抑制其扩散性分解,将在较低温度下发生马氏体转变。根据合金热力学,相同成分的奥氏体和马氏体的自由能随温度的变化如图 3.26 所示。低于 T_0,马氏体为亚稳相(稳定相为分解产物铁素体+渗碳体)。但当奥氏体被过冷到略低于 T_0 时,马氏体转变并不能发生,必须过冷到低于 T_0 的某一温度以下时,马氏体转变才能开始进行。用 M_s 表示马氏体转变开始温度,当奥氏体被过冷到 M_s 以下任一温度时,无须经过孕育,转变立即以极快的速率进行,但转变很快停止,不能进行到终了。在一般钢中,马氏体不能等温形成。为使转变继续进行,必须降低温度。当温度降低至某一温度以下时,马氏体转变量虽尚未达到 100%,转变已不再进行。该温度称为马氏体转变终了温度,以 M_f 表示。如果某一钢的 M_s 高于室温,而 M_f 低于室温,则冷至室温后,钢中将保留一定量的奥氏体,称为残余奥氏体。如继续冷至室温以下,称为冷处理,未转变的奥氏体将继续转变为马氏体直至 M_f 点。马氏体的这一特性称为非恒温性。

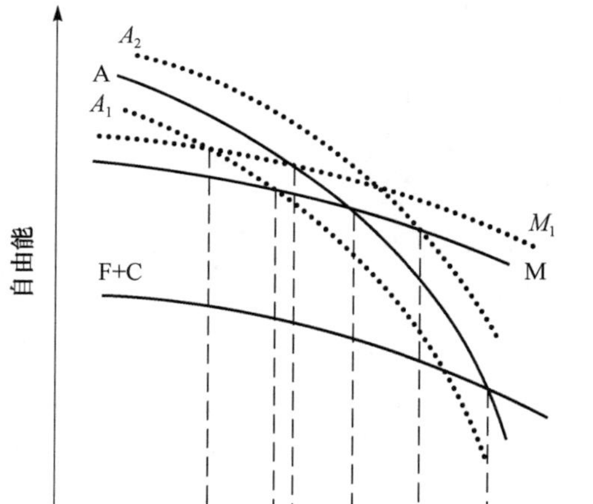

图 3.26　奥氏体(A)、马氏体(M)和分解产物(F+C)的自由能随温度的变化示意图

马氏体转变时能在预先磨光的表面上出现倾动,形成表面浮突(图 3.27),如在原先抛光表面($EFGH$)上画直线 STS',则马氏体(α')形成时,和它相交的试样表面发生倾动,一边凹陷,一边凸起,并牵动着奥氏体表面(图 3.27(a))。相变前抛光面上的直线划痕 STS' 在表面倾动之后被折成 $S''T'TS'$(图 3.27(b))。这表明马氏体的形成是以切变方式实现的,界面上的原子为马氏体和奥氏体共有,称之为"切变共格"界面,新相长大时,原子只做有规则的迁动而不改变界面的共格情况。因此,奥氏体转变为马氏体时,是以共格切变的方式进行的。

碳钢中马氏体转变前后碳的浓度没有变化,奥氏体与马氏体的成分一致,仅发生晶体

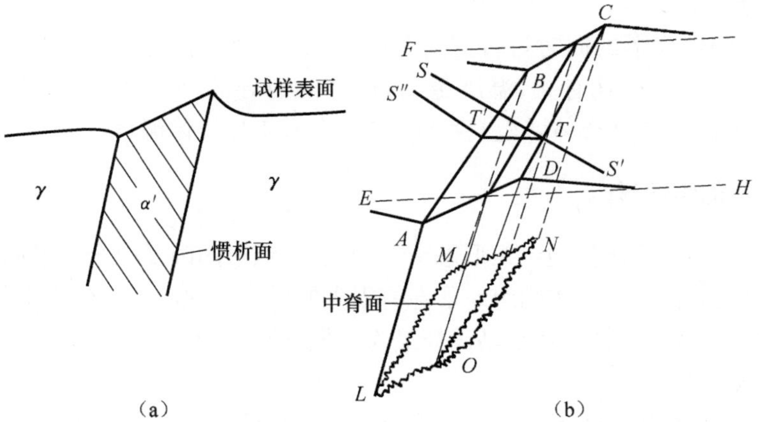

图 3.27　马氏体片形成时引起的表面倾动("N"形浮突)[21]

点阵的改变,即由面心立方结构的奥氏体(γ)转变为体心正方结构的马氏体(α')。母相点阵上的原子以协作方式通过界面转变成新相,每一个原子的移动距离不超过原子间距,移动后仍保持原有的近邻关系,这一特征称为马氏体转变的无扩散性。图 3.27(b)显示,马氏体相变时,直线划痕在界面不折断,在新形成的马氏体片内的线段 TT' 仍保持直线,只是长度有改变。这表明,原奥氏体中的任一平面在转变成马氏体后仍为一平面。因此,转变时所发生的应变只能是均匀应变。这种在不变平面上产生的均匀应变被称为不变平面应变。马氏体的界面平面是一个不变平面,被称为马氏体的惯析面,常常和母相点阵的某一晶面接近平行。钢中马氏体的惯析面随碳含量及形成温度而异。

在碳钢中形成的马氏体是碳在 α-Fe 中的过饱和固溶体,奥氏体中固溶的碳全部保留在马氏体点阵之中。α-Fe 是体心立方点阵,在马氏体中,碳原子处于铁原子组成的扁八面体间隙之中,在间隙的短轴方向上的半径仅 0.019nm,而碳原子的有效半径为 0.077nm,这势必使点阵发生畸变。在体心立方的 3 个晶轴方向,碳原子优先占据沿 c 轴方向的间隙位置,这必将使体心立方晶胞沿 c 轴方向伸长,沿 a 轴和 b 轴方向缩短,体心立方点阵变成体心正方点阵,点阵常数 $a=b$,c/a 称为马氏体的正方度。马氏体中碳含量越高,c 越大,a 与 b 越小,正方度 c/a 也就越大。马氏体的正方度 c/a 与碳含量 w_C(%)的关系可用下式表示:

$$c/a = 1.000 + 0.045 w_C \tag{3.50}$$

在钢的各种组织中,马氏体的比容最大,奥氏体的比容最小。20℃时,马氏体的比容(cm^3/g)为 $0.1271+0.00265w_C$,奥氏体的比容为 $0.1212+0.0033w_C$,两者比容之差为 $0.0059-0.00065w_C$。两者比容之差可能导致淬火工件的变形与开裂,但也可以利用比容之差在淬火工件的表面造成残余压应力以提高疲劳强度。

通过均匀切变所得到的马氏体与原奥氏体之间存在严格的晶体学位向关系。对于碳含量低于 1.4%的碳钢马氏体转变,新、旧相之间存在 K-S 关系:

$$\{110\}_{\alpha'} /\!/ \{111\}_\gamma \quad \langle 111\rangle_{\alpha'} /\!/ \langle 110\rangle_\gamma$$

碳含量高于 1.4%的钢或含高镍的钢则有西山(Nishiyama)关系:

$$\{110\}_{\alpha'} /\!/ \{111\}_\gamma \quad \langle 110\rangle_{\alpha'} /\!/ \langle 211\rangle_\gamma$$

奥氏体冷却至 T_0 与 M_s 之间不会转变为马氏体,但如对奥氏体进行塑性变形,则奥氏体在发生塑性变形的同时将转变为马氏体,这一现象被称为形变诱导马氏体。马氏体的转变量与形变温度有关,温度越高,形变能诱导的马氏体量越少。高于某一温度时,形变不再能诱导马氏体,该温度 M_d 被称为形变马氏体温度。

3.5.2 马氏体的组织形态

马氏体的性能与马氏体的组织形态密切相关,而钢中的碳及合金元素的含量,以及马氏体的形成温度等都对马氏体的组织形态有很大的影响。现已观察到钢中马氏体的形态有五种,其中板条状马氏体和片状马氏体最为常见、最为重要。

1) 板条状马氏体

低中碳钢及不锈钢等中形成一种马氏体,其显微组织是由许多成群的板条组成的,称为板条状马氏体或板条马氏体。马氏体板条的立体形态可以是扁条状,也可以是薄板状。碳钢中板条马氏体与母相奥氏体的晶体学位向关系是 K-S 关系,惯析面为 $\{111\}_\gamma$。

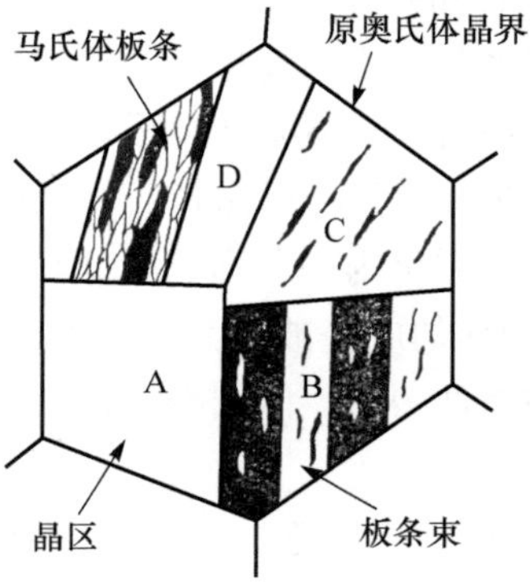

图 3.28 板条马氏体显微组织示意图[22,33]

图 3.28 为板条马氏体显微组织示意图。一个原始奥氏体晶粒可以形成几个位向不同的晶区(bundle),一个晶区有时又可被几个马氏体板条束(lath packet)所分割,每个马氏体板条束由排列成束状的细长的板条组成。晶区可以由两种板条束组成(如 B 区),也可由一种板条束组成(如 C 区),实际上后者的晶区大小等于板条束大小。

每一种板条束是由惯析面相同且相互平行的马氏体板条群集在一起所组成。一个晶区内的两种板条束之间由大角度晶界分开,而一个板条束内包括很多近于平行排列的细长的马氏体板条晶之间,以小角度晶界分开。每一板条晶为一单晶体,宽度为 0.025~2.25μm,多数板条宽度为 0.1~0.2μm。密集的板条之间通常由残余奥氏体薄膜(约 20nm)分隔开。残余奥氏体的碳含量较高,也很稳定。板条内有大量的位错,其密度高达 $(0.3\sim0.9)\times10^{12}\text{cm}^{-2}$。这些位错分布不均匀,形成胞状亚结构,称为位错胞。因此,板条马氏体又称位错马氏体。图 3.29 为板条马氏体的金相组织图。

2) 片状马氏体

片状马氏体常见于淬火中高碳钢及高镍的 Fe-Ni 合金中。这种马氏体的空间形状呈双凸透镜片状,所以也称为透镜片状马氏体;与试样磨面相截时,在显微镜下呈现为针状或竹叶状,故又称为针状马氏体。片状马氏体的显微组织特征是马氏体片相互不平行,在一个奥氏体晶粒内,先形成的马氏体往往贯穿整个奥氏体晶粒,使以后形成的马氏体长度受到限制,所以片状马氏体大小不一,越是后形成的马氏体片,其尺寸越小。片的大小几乎完全取决于奥氏体晶粒的大小。如果晶界两侧的晶

图 3.29 板条马氏体[25] 500×
15 钢,940℃加热,淬盐水

粒取向很接近时，马氏体片也可能穿过奥氏体晶界贯穿两个奥氏体晶粒。马氏体周围往往存在残余奥氏体，图 3.30 为片状马氏体的金相组织图。片状马氏体的亚结构主要为孪晶，因此又称其为孪晶马氏体，孪晶的厚度约为 5nm。在片状马氏体中常能见到有明显的中脊，从空间看中脊是一个平面。孪晶一般不扩展到马氏体的边界上，在片的边际存在着高密度的位错。孪晶区所占比例与马氏体形成温度有关，形成温度越低，孪晶区所占比例越大。

片状马氏体的惯析面是$(225)_\gamma$或$(259)_\gamma$，与母相的位向关系是 K-S 关系或西山关系。

图 3.30　片状马氏体[25]　800×
1.8%C 钢，1100℃加热，淬盐水

3）其他类型的马氏体

在 Fe-Ni 合金或 Fe-Ni-C 合金中，当马氏体在某一温度形成时，会生成一种立体形状为细长杆状、断面呈蝴蝶状的马氏体，称为蝶状马氏体。蝶状马氏体的内部亚结构为高密度位错，与母相的位向关系大体上符合 K-S 关系。

在 M_s 低于 −100℃ 的 Fe-Ni-C 合金中观察到一种厚约 3～10μm 的薄板状马氏体。这种马氏体的立体形态呈薄板状，是全孪晶型马氏体，无中脊，与奥氏体的位向关系为 K-S 关系。

在层错能较低的高锰 Fe-Mn-C 合金中，会形成具有密排六方点阵的薄片状马氏体，称为 ε′马氏体。这种马氏体片极薄，仅 100～300nm，惯析面为$\{111\}_\gamma$。ε′马氏体沿$\{111\}_\gamma$呈魏氏组织分布，其内部的亚结构为大量的层错。

3.5.3　影响马氏体组织形态的因素及奥氏体稳定化

母相奥氏体中的化学成分对马氏体形态及其亚结构有显著的影响，其中碳含量的影响最为重要。碳钢中，碳含量在 0.3%以下为板条状，碳含量在 1%以上为片状，碳含量在 0.3%～1.0%C 时两者共存。淬火速率对马氏体的形态也有一定的影响，淬火速率增加，形成孪晶马氏体的最小碳浓度降低。

在 Fe 系二元合金中，缩小 γ 相区的合金元素，均形成板条马氏体，如 Fe-Cr、Fe-Mo 合金。扩大 γ 相区的合金元素，随碳含量的增加，一般 M_s 点显著降低，马氏体形态由板条状变为片状，如 Fe-C、Fe-N、Fe-Ni 合金。Mn 显著降低奥氏体的层错能，因此在 Fe-Mn 合金中随 Mn 含量的增加，马氏体的形态从板条状转变为薄板状。Cu 和 Co 是扩大 γ 相区元素的两个例外情况，Cu 虽是扩大 γ 相区元素，但由于在 Fe 中的溶解度低，M_s 降低不多，表现出与缩小 γ 相区元素相同的倾向。在 Fe-Co 合金中，随 Co 含量增加，M_s 反而上升，因此亦表现出与缩小 γ 相区元素相同的倾向。在 Fe-C 或 Fe-Ni 合金中加入第三元素，当加入量很少时，可以认为马氏体形态与二元合金时基本相同。

在 Fe-Ni-C 合金中可以形成四种形态的马氏体，这四种形态马氏体的形成温度与碳含量和 M_s 的关系示于图 3.31。碳含量相同时，随镍含量的增加，M_s 下降。随形成温度的降低，马氏体的形态可以形成板条状、片状、蝶状和薄片状。片状和薄片状马氏体的形成温度均随碳含量的增加而升高。

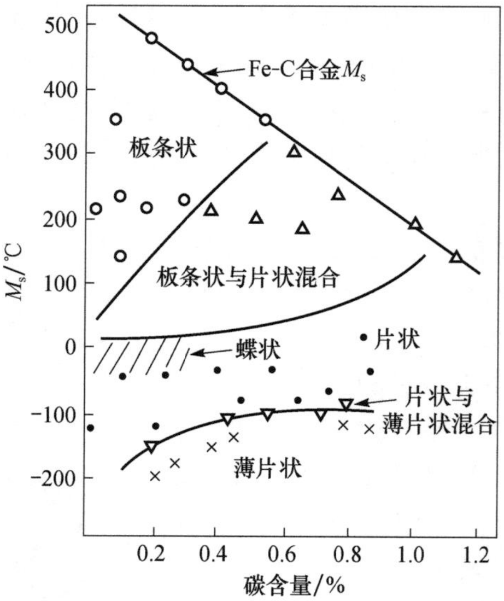

图 3.31　Fe-Ni-C 合金的马氏体形态、碳含量和 M_s 的关系[33]

M_s 的高低决定了钢中奥氏体从高温冷却时发生马氏体转变的温度范围及冷到室温时所得到的组织状态。

奥氏体的化学成分是影响 M_s 的最主要因素。在奥氏体的化学成分中，碳对 M_s 的影响最为显著。图 3.32 是综合了许多研究工作者的实验结果绘制出的，这些研究结果表明，随碳含量的增加，M_s 及 M_f 均下降。碳含量大于 0.6%时，M_f 已低于室温，奥氏体冷却至室温时，将保留较多的残余奥氏体。氮也能强烈降低奥氏体的 M_f。

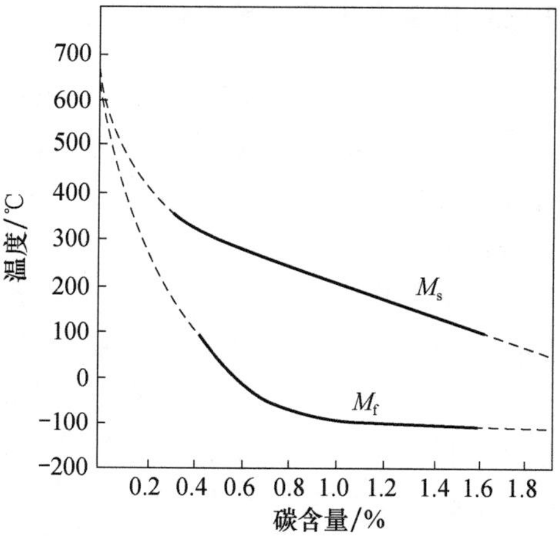

图 3.32　碳对马氏体转变温度位置的影响[34]

钢中的合金元素，除 Al 和 Co 外，均使 M_s 及 M_f 下降(图 3.33)。如将各元素对奥氏体的 M_s 的影响近似地看成直线关系，且假定几个元素同时存在时对 M_s 的影响可以叠加，则可以根据奥氏体的成分近似地计算出 M_s。这样的经验公式有很多，如对于预先完全奥氏体化的低中碳结构钢[21]：

$$M_s = 550 - 361w_C - 39w_{Mn} - 35w_V - 20w_{Cr} - 17w_{Ni}$$

$$-10w_{Cu}-5(w_{Mo}+w_{W})+15w_{Co}+30w_{Al}(℃) \quad (3.51)$$

式中，w 表示各化学元素符号的质量分数(%)。除用经验公式计算 M_s 外，主要还是用实验方法测定 M_s。

M_f 的位置更不容易准确地测定。初步认为，凡降低 M_s 的元素也同样降低 M_f，只是降低的程度不同，大多比降低 M_s 的程度弱些。合金元素中锰、镍、铬使 M_f 下降较多。

可以从热力学的概念解释碳及合金元素对 M_s 的影响。图 3.26 表示奥氏体 A、铁素体 F 和碳化物 C(分解产物)和马氏体 M 的自由能随温度的变化。T 表示奥氏体分解时的平衡温度，T_0 表示马氏体和奥氏体的平衡温度，它略高于 M_s。加入合金元素后，引起奥氏体和马氏体自由能的相对变化，改变了 T_0 的位置，如 T_1、T_2、T_3、T_4。可以看出，当元素降低奥氏体的自由能(A_1)时，T_0 移至 T_1，马氏体转变温度下降，锰、铬属于这一类元素。如果元素能增加马氏体的自由能(M_1)，同时降低奥氏体的自由能(A_1)，T_0 移至 T_4，马氏体转变温度下降很多，碳可能属于这种情况。当合金元素可以相对地提高奥氏体的自由能(A_2)时，T_0 移至 T_2，马氏体转变温度升高，如钴、铝。

淬火后钢中残余奥氏体量 A_R 和马氏体转变温度有直接的关系。根据实验，无论碳钢还是合金钢，其马氏体随温度的转变动力学曲线很相似。因此，如果 M_f 位于室温下，则 M_s 的位置越低，钢中残余奥氏体量越多。表 3.5 为碳及合金元素对 A_R 影响的对应关系。所以我们可以直接从合金元素对 M_s 位置的影响程度近似地看出它们对残余奥氏体量的影响程度。在增加残余奥氏体量的元素中，碳的影响最大，其次是锰、铬、镍等；而提高 M_s 的元素，如钴、铝，可以减少残余奥氏体量，硅则几乎没有影响。

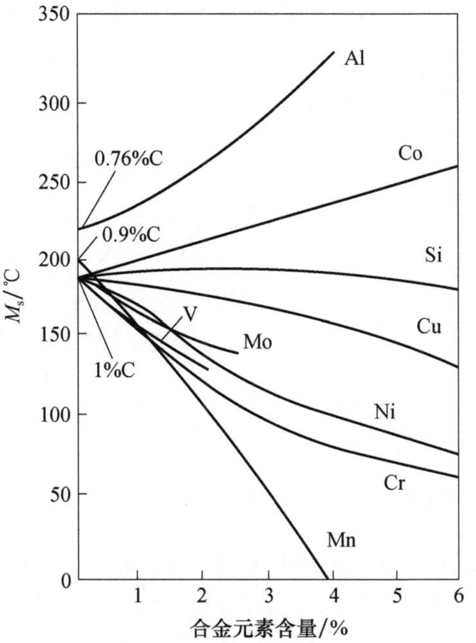

图 3.33　合金元素对钢的 M_s 的影响(碳含量 1%)[34]

表 3.5　碳及合金元素每加 1%对 A_R 的影响[21]

元素	A_R	元素	A_R
C	+50	W	+8
Mn	+20	Si	+6
Cr	+11	Co	−3
Ni	+10	Al	−4
Mo	+9		

碳及合金元素对钢中马氏体转变温度范围的影响在选择合金元素时要加以考虑。马氏体转变温度位置影响着淬火后钢中残余奥氏体量，在确定一些工艺过程，如采用分级、等温或双液淬火时，要知道 M_s 的位置。M_s 位置高时，由于马氏体生成时的温度较高，淬火时不易开裂，变形可能小些。有时在选择合金元素以增加钢的淬透性时，由于它使 M_s 下降甚多，而不得不选用另外能增加淬透性，但不怎么影响 M_s 的元素。

在奥氏体向马氏体转变过程中，由于外界因素的作用下，其内部结构发生的某种变化会使转变呈现迟滞现象，称为奥氏体稳定化。奥氏体稳定化分为热稳定化和力学(机械)稳定化。

图 3.34 为奥氏体热稳定化现象示意图。在 M_s 以下的 T_A 温度停留 τ 时间后再继续冷却，则需要冷至 M_s'，即滞后 θ 温度才重新形成马氏体。与正常情况比，冷至同样温度 T_R，转变量减少了 $\delta(\delta=M_1-M_2)$。在相同温度下，停留的时间越长，冷却后马氏体的转变量越少。热稳定化有一个温度上限，以 M_c 表示，只有在 M_c 以下停留才会引起热稳定化。对于不同的钢，M_c 可以低于 M_s，也可以高于 M_s。在 M_c 以下的缓慢冷却也能引起奥氏体的热稳定化，因为缓冷相当于一连串温度下的短暂停留。

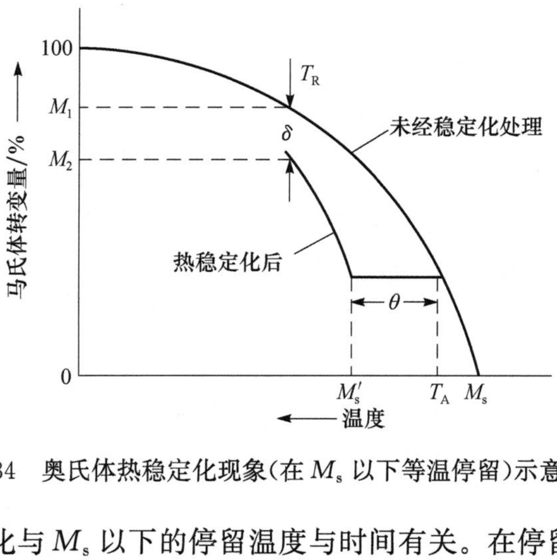

图 3.34　奥氏体热稳定化现象(在 M_s 以下等温停留)示意图[21]

奥氏体的热稳定化与 M_s 以下的停留温度与时间有关。在停留时间相同时，停留的温度越低，奥氏体的稳定化程度越大，冷却后得到的马氏体总量也越少。实验证明，已转变的马氏体量越多，等温停留所产生的热稳定化程度越大。

钢中 C、N 间隙原子的存在是奥氏体热稳定化的必要条件，而含 C、N 的铁基合金都会出现奥氏体的热稳定化现象。碳化物形成元素 Cr、Mo、V 等能促进热稳定化，而非碳化物形成元素 Ni、Si 等的影响不大[8]。

淬火后钢中的残余奥氏体经加热至一定温度回火并保持一定时间，在随后的冷却过程中将转变为马氏体。一定温度下的加热具有促使残余奥氏体转变的作用称为催化作用。催化作用的效果，以冷却过程中转变为马氏体的开始温度 M'_s 表示，M'_s 提高得越多，催化作用的效果越大。

残余奥氏体的催化作用机制尚未获定论。这些理论主要有：

(1) 碳化物析出。这种理论认为高温回火时从残留奥氏体中析出了碳化物，因而提高了 M'_s，促进残余奥氏体在冷却时转变为马氏体。实际上只有回火温度较高(600℃以上)或保温时间较长时，奥氏体内析出碳化物才是主要的。

(2) 位错气团理论。碳、氮原子在等温停留过程中进入位错形成科氏气团，强化了奥氏体，使马氏体相变的切变阻力增大，引起了奥氏体的稳定化。要使奥氏体继续转变，要求提供附加的化学驱动力以克服溶质原子的钉扎力，为获得附加的化学驱动力所需的过冷度，即为 θ 值。若将稳定化的奥氏体加热至一定温度以上时，由于原子的热运动增强，溶质原子又会扩散离去，使稳定化作用下降甚至逐渐消失。如重新冷却，随温度下降，原子热运动减弱，热稳定化现象会再次出现。实验证明，高速钢和高铬工具钢中的热稳定化现象是可逆的。

(3) 相硬化消除。淬火时马氏体形成过程中引起的残余奥氏体的加工硬化现象，即相硬化，它提高了残余奥氏体的稳定性。高温回火可以消除相硬化现象，恢复残余奥氏体转变为马氏体的能力。

上述理论都有一定的实验依据，很可能是不同钢种在不同的处理条件下有不同的催化机制。

在 M_d 以上的温度对奥氏体进行塑性变形，当变形量足够大时，可以使随后的马氏体转变难以进行，M_s 降低，残余奥氏体量增多，这种现象称为力学稳定化。低于 M_d 的塑性变形可以诱导马氏体相变，但也使未转变的奥氏体变得稳定，使未转变的奥氏体产生力学稳定化。还应指出，马氏体相变时，因体积膨胀引起周围未转变奥氏体的加工硬化也能引起奥氏体的力学稳定化。实际上，只要等温停留是在 M_s 以下进行，奥氏体的热稳定化必然和由相变引起的力学稳定化同时存在。

力学稳定化的原因可能是塑性变形引入奥氏体的各种缺陷阻止马氏体的形成。塑性变形后的高温回火可以消除力学稳定化。

3.5.4　马氏体的力学性能

不同形貌的马氏体的力学性能不同。具有高位错密度的板条状马氏体具有良好的塑性和韧性。低碳的马氏体钢、微碳的高镍马氏体时效钢之所以具有较好的强度和韧性配合，与这种板条状马氏体的组织密切相关。碳含量高的马氏体具有高的硬度和强度，但脆性较大，片状马氏体中孪晶交界处往往有利于裂纹的发生。

实验证明，马氏体的硬度取决于马氏体的碳含量，而与马氏体的合金元素含量关系不大。图 3.35 是用不同成分的钢料得到的淬火钢的硬度与碳含量的关系。图中的曲线 1 为完全淬火时的硬度曲线，碳含量低时，淬火后的硬度随碳含量的增加而增加；但碳含量高时，由于淬火后残余奥氏体的增多，硬度随碳含量的增加而有所下降。图中的曲线 2 对于过共析钢采用的是不完全淬火，淬火后马氏体的碳含量均相同，故硬度不随碳含量而变。为获得真正的马氏体硬度与碳含量的关系，必须采用完全淬火并立即进行冷处理，使奥氏体完全转变为马氏体。由图中曲线3可见,马氏体的硬度在碳含量小于0.6%时,随碳含量的增加而显著增加,但当碳含量大于0.6%以后,硬度增长趋势明显下降。

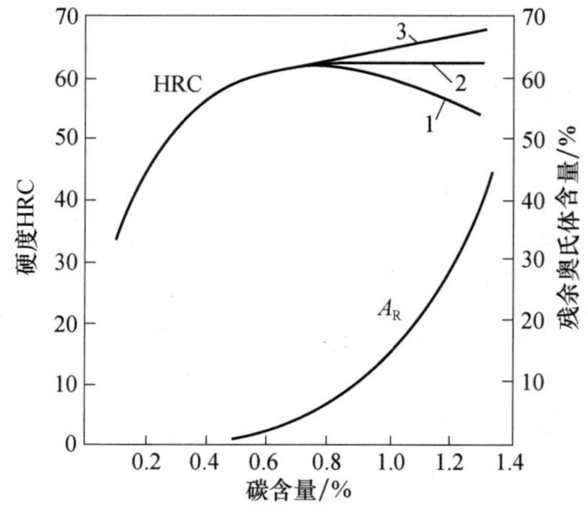

图3.35　不同碳含量钢经淬火后的硬度[35]

1—高于Ac_3淬火;2—高于Ac_1淬火;3—马氏体硬度

马氏体何以能具有高的强度?科技工作者对此进行了大量的研究。引起马氏体高强度的主要原因是多方面的,主要是碳原子的固溶强化、时效强化和相变强化。

固溶于马氏体中的碳原子处于扁八面体的中心,使短轴伸长,两个长轴略有缩短,这将使点阵发生不对称畸变,在点阵内造成强烈的应力场,阻止位错运动,从而使马氏体的硬度与强度显著提高。当碳含量超过0.4%后,由于碳原子靠得太近,使相邻碳原子造成的应力场抵消而降低了强化效应,强度不再增加。在碳含量小于0.4%时,马氏体的屈服强度与碳含量的关系可以近似地表示为[36]

$$\sigma_s = 284 + 1784 \times w_C{}^{1/3}\ (\mathrm{MPa}) \tag{3.52}$$

合金元素一般与铁形成置换固溶体,因此溶于马氏体中引起的强化作用是很小的。实验表明,在高碳马氏体中,加入合金元素铬和锰以后并不改变由碳含量决定的c/a值;如果马氏体中碳原子引起的静畸变是决定其强化的主要因素,合金元素的作用肯定要小得多。虽然如此,合金元素含量增加时又进一步促进铁素体淬火时的强化,多少可以影响到淬火钢中马氏体的硬度(图3.36)。

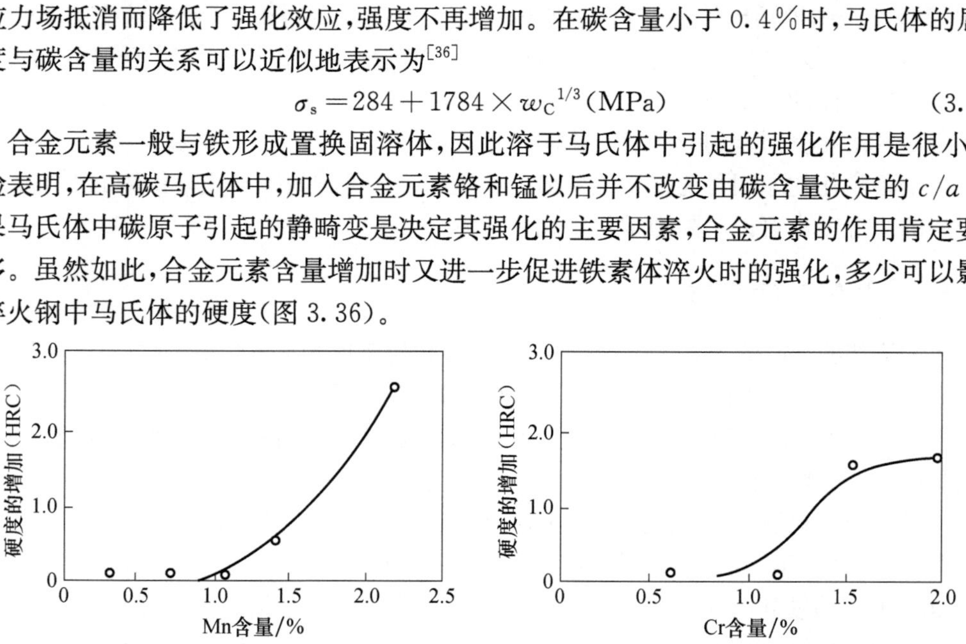

图3.36　锰和铬对0.35%C钢的最大硬度的影响[37]

时效强化对马氏体强度的贡献也是不可忽视的。由于碳原子在室温仍有一定的扩散能力，淬火后固溶于钢中的碳原子还可以通过扩散产生偏聚而引起时效强化。实际上，生产中得到的马氏体的强度包括了碳的时效强化效应。

相变强化是指马氏体相变的切变特性造成在晶内产生大量的微观缺陷，如位错、孪晶、层错等，从而使得马氏体得到强化。实验证明，相变强化对强度提高的贡献为147～186MPa[21]。

除上述因素外，原始奥氏体晶粒的大小和板条状马氏体板条束的大小也有一些影响。奥氏体晶粒及马氏体板条束越细小，马氏体的强度越高。

马氏体的韧性受到碳含量和亚结构的影响。低碳的位错马氏体（<0.4%C）具有较好的韧性，随钢中碳含量的增加，韧性显著下降。碳含量为 0.6%的马氏体主要具有孪晶亚结构，即使经过低温回火，冲击韧性仍然很低。因此，马氏体的韧性主要取决于其亚结构。图 3.37 显示在相同的屈服强度条件下，位错马氏体的断裂韧性比孪晶马氏体高得多。位错马氏体不仅具有良好的韧性，而且还具有低的韧脆转变温度、低的缺口敏感性等。孪晶马氏体的韧性低原因如下：片状马氏体瞬时生成时产生的片间撞击常造成显微裂纹，孪晶马氏体滑移系统少，位错不易运动，容易造成应力集中，使韧性下降。

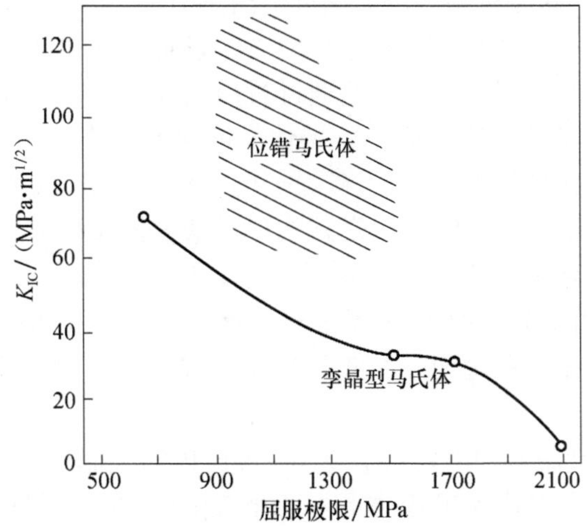

图 3.37　含 0.17%C 及 0.35%Cr 的钢经淬火及回火后的性能[38]

3.6　合金元素对贝氏体转变的影响

3.6.1　贝氏体转变特点和转变机制

在珠光体转变和马氏体转变温度范围之间，过冷奥氏体将按另一种转变机制转变，称为贝氏体转变或中温转变。贝氏体转变兼有珠光体转变和马氏体转变的某些特征。

贝氏体转变有一定的温度范围。贝氏体转变有一个上限温度 B_s，奥氏体必须过冷到 B_s 以下才能进行贝氏体转变。在靠近上限温度，转变不进行到底，表现出转变不完全性；在碳钢和低合金钢中，当其转变速率变慢后，可能奥氏体又按珠光体方式进行转变，称为二次珠光体反应。此时,无法观察到转变不完全现象。贝氏体转变也有一个下限温度 B_f,在该温度附近等温,所有奥氏体均分解形成贝氏体。

贝氏体转变产物一般是由 α 相与碳化物组成的两相混合物,但与珠光体不同,贝氏体不是层片状组织。贝氏体的组织形态与成分和转变温度密切相关。在较高温度范围内转变产物中只有 α 相,没有碳化物,但从转变机制考虑,仍被称为贝氏体。

贝氏体转变有一定的孕育期,在此期间有碳原子的重新分配,出现低碳区和高碳区。贝氏体转变是通过形核与长大进行的,贝氏体等温转变动力学曲线也呈C形。

贝氏体转变时,α 相是领先相,首先在低碳区形成。开始生成的碳化物是渗碳体,其合金元素的含量相当于钢的平均成分,在转变开始以后,可能进行合金元素的重新分配,但不生成特殊碳化物。这是由于温度较低时,合金元素在奥氏体中很难扩散,只是在转变以后生成的铁素体中,扩散尚可以进行。

贝氏体中的铁素体在形成时,能在抛光面上产生浮突,但与马氏体转变不同,马氏体的浮突呈N形(图3.27),而贝氏体的浮突呈∧形(帐篷形)或V形(倒帐篷形)[39],转变速率比马氏体要慢得多。

贝氏体的转变机制应当能够完善地解释上述转变特征,但迄今为止贝氏体转变机制仍是一个有争议问题。转变机制理论大体可归纳为两种,即切变机制与台阶机制。

柯俊等最先(1952年)发现贝氏体转变时产生表面浮突和新相与母相间的晶体学关系与马氏体转变相似,认为贝氏体转变是通过过冷奥氏体点阵的切变和碳原子的扩散而实现的,其长大受碳原子扩散的控制[40]。持切变机制理论的国内外学者[3,41~44]进一步发展了该理论,认为在贝氏体转变前,经过碳原子的重新分配,形成贫碳区和富碳区,在贫碳区由于 M_s 的升高,可按低碳马氏体切变方式形成铁素体晶核。贝氏体铁素体是由亚基元组成的,其生长速率取决于亚基元的形成速率。在铁素体生长时,碳原子要进行再分配,对于上贝氏体,随着铁素体的生长,碳原子向奥氏体中扩散,使条间奥氏体中的碳不断增高,碳化物最终析出于板条之间。在低温转变时,碳原子扩散较困难,碳化物析出于过饱和铁素体内。

Aaronson[45](20世纪60年代末)认为,在贝氏体转变温度下,相变驱动力不能满足切变所需能量水平。他们认为贝氏体是扩散相变的产物,是非层片共析体,是以扩散控制的台阶机制生长的。支持扩散机制的国内外学者[39,46]继续在这方面开展了研究。台阶机制研究者认为,片状 α 相从过冷奥氏体析出后,其宽面上存在可长大的台阶,称为生长台阶(生长台阶有宽面(台面)和端面(阶面));台面与母相间维持共格或部分共格,这样的界面很难移动;台阶的侧面为阶面,具有非共格属性;这样的界面活动能力高,其移动的速率受碳原子的扩散所控制;非共格界面通过热激活进行侧向的扩散迁移,实现台阶增厚;在原有的台阶消失后,需有新的台阶形成,长大才能继续进行。已观察到有多种生长台阶的来源[39]。

上述切变机制和台阶机制两种争议在理论上和实验上都不断取得进展,但仍未能作出定论。

3.6.2　贝氏体的组织形态

由于贝氏体形成温度范围宽,钢的化学成分对组织形态的影响复杂,使得贝氏体的组织形态多样化。贝氏体主要的组织形态有上贝氏体、下贝氏体、无碳化物贝氏体、粒状贝氏体、贝氏体铁素体、针状铁素体等。目前对贝氏体组织形态的划分尚无统一的标准。

1）上贝氏体

在贝氏体转变的较高温度区域内形成的贝氏体被称为上贝氏体（upper bainite，UB）。对于中高碳钢，上贝氏体大约在 350～550℃温度之间形成，随碳含量的降低，形成上贝氏体的温度上升。上贝氏体的典型组织为成束的、大致平行的铁素体板条在原奥氏体晶界形核，然后自奥氏体的一侧或两侧向奥氏体晶粒内部长大，渗碳体在铁素体板条之间析出，整体呈现为羽毛状，故又称为羽毛状贝氏体（图 3.38）。上贝氏体中铁素体板条束与马氏体板条束很相近，束内相邻板条之间的位向差很小，束与束之间则有较大的位向差。板条宽度比同一温度下形成的珠光体铁素体片的厚度要大。随奥氏体中碳含量的增加，铁素体板条变薄，随转变温度下降，铁素体变细小。上贝氏体铁素体的碳含量接近平衡浓度，小于 0.03%，铁素体的亚结构是位错。上贝氏体铁素体与奥氏体的位向关系接近于 K-S 关系，惯析面为$\{111\}_\gamma$。

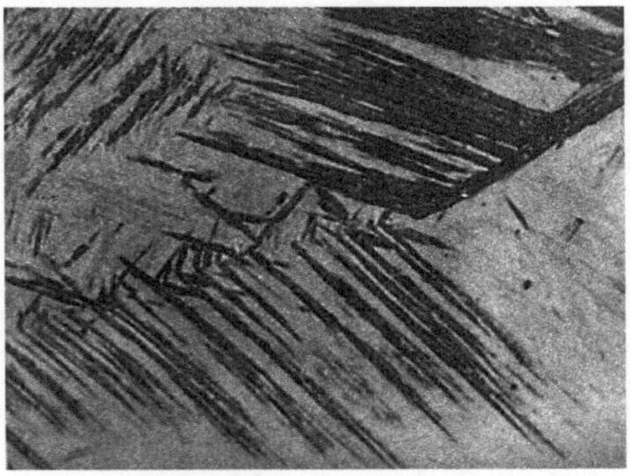

图 3.38　上贝氏体组织＋马氏体（基体）[25]　800×

40Cr 钢，1000℃加热 10min，420℃等温 30s，水淬

上贝氏体中的碳化物分布在铁素体板条之间，为渗碳碳化物。碳含量低时，碳化物沿板条间呈不连续的粒状分布；碳含量高时呈杆状，呈连续状分布。碳化物与奥氏体之间存在有 Pitsch 位向关系，一般认为上贝氏体中的碳化物是从奥氏体中析出的。

用电子显微镜可以观察到上贝氏体组织的精细结构。在一些钢中，贝氏体铁素体片可以分为亚片条，在亚片条之间存在残余奥氏体膜，而在亚片条内部也存在奥氏体膜，将亚片条分为亚单元（subunit）[47]。利用扫描隧道显微镜（STM）还可以观察到贝氏体的超精细结构，发现亚单元内部存在尺寸更小的超亚单元[39]。

2）下贝氏体

在贝氏体转变区域的低温范围内形成的贝氏体被称为下贝氏体（lower bainite，LB）。下贝氏体大约在 350℃以下形成，碳含量低时，其形成温度高于 350℃。下贝氏体铁素体的形态与马氏体相似，碳含量低时呈板条状，碳含量高时呈透镜片状（图 3.39(a)）。与马氏体不同的是，下贝氏体铁素体的亚结构为位错，位错密度比上贝氏体铁素体中更高，但不存在孪晶。下贝氏体铁素体与奥氏体之间的位向关系为 K-S 关系，其惯析面较复杂，与转变温度有关。下贝氏体铁素体的碳含量远高于平衡碳含量,铁素体形成后,通过析出碳化物而使碳含量下降。下贝氏体中的碳化物比较均匀地分布于铁素体内。碳化物极细,在电子显微镜下,可以观察到碳化物呈短杆状,沿铁素体长轴成 55°～60°的方向整齐地排列着(图 3.39(b))。下贝氏体铁素体与 θ 碳化物的位向关系为 Багаряцкий 关系或 Исайчев 关系：$(010)_\theta//(1\bar{1}1)_\alpha$,$[103]_\theta//[011]_\alpha$。

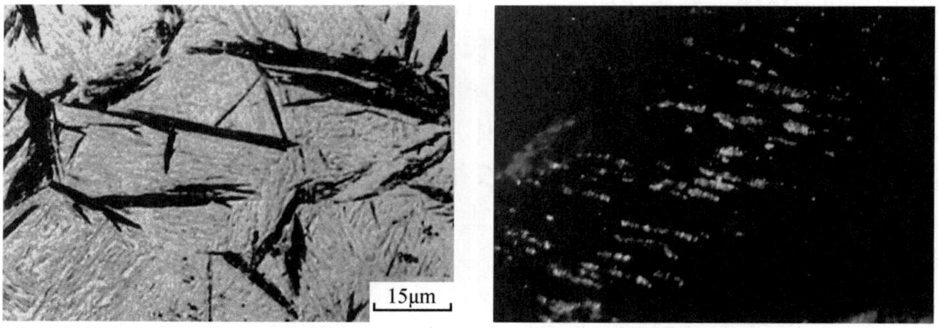

(a)　　(b)

图 3.39　下贝氏体组织＋马氏体(基体)[39]

Fe-0.4C-2.5Mn 钢 300℃等温。(a) 光学显微镜;(b) TEM 暗场

下贝氏体中的碳化物也是渗碳型的,但温度低时,初形成的是 ε 碳化物,随时间的延长,也将转变为 θ 碳化物。在含 Si 的钢中,由于 Si 能阻止 θ 碳化物的析出,贝氏体转变时只析出 ε 碳化物。由于碳化物与下贝氏体铁素体之间存在一定的位向关系,一般认为碳化物是从过饱和铁素体析出的。

下贝氏体铁素体片条一般也是由亚片条组成,亚片条由亚单元组成[44],但利用 STM 技术发现,在一些钢的下贝氏体亚单元中也存在超亚单元[39]。

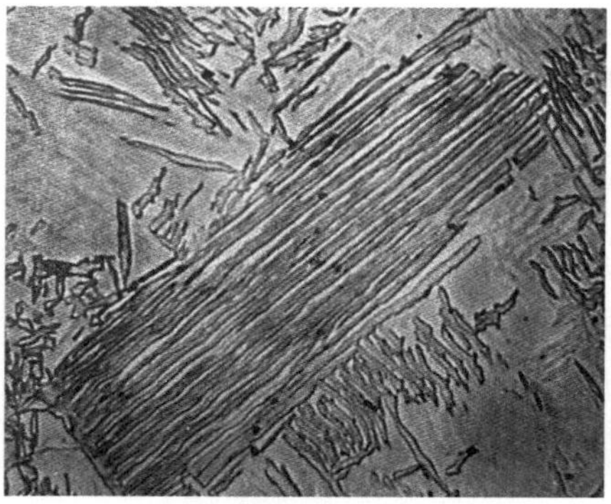

图 3.40　无碳化物贝氏体,60Si2MnA 钢[25]　800×

880℃加热 15min,450℃等温 45s,水冷

3) 无碳化物贝氏体

无碳化物贝氏体(carbide-free bainite)一般出现于含有一定量 Si 或 Al 的钢中,其形成温度在贝氏体形成温度范围的上限。这种贝氏体组织由铁素体和富碳残余奥氏体组成。无碳化物贝氏体由大致平行的板条铁素体组成,板条较宽,板条之间的距离也较大,与奥氏体之间的位向关系与上贝氏体相同。板条之间为富碳的奥氏体转变而来的马氏体。在某些情况下,板条之间亦可为奥氏体的其他转变产物,甚至于全部残留下来(图 3.40)。

含 Si 或 Al 的钢(特别是含 Si 的钢)中,由于 Al 和 Si 是非碳化物形成元素,在形成碳化物时,需要 Si 和 Al 扩散开,故可以抑制渗碳体的形成。在形成板条铁素体时,虽然板条间的奥氏体富碳,但难以析出碳化物。

由于魏氏体铁素体的形成特征与无碳化物贝氏体铁素体极为相似，一些学者认为魏氏组织铁素体即无碳化物贝氏体。

4）粒状贝氏体

粒状贝氏体(granular bainite，GB)主要是在低碳和中碳合金钢中，以一定的速率连续冷却后获得，如在正火后、热轧空冷后或在焊缝热影响区中，都可以发现这种组织，在等温冷却时也可以形成。这种贝氏体的形成温度稍高于上贝氏体的形成温度。

粒状贝氏体由铁素体基体以及分布在基体上的岛状组成物组成，小岛呈颗粒形态且不连续分布，平行排列在铁素体基体中(图 3.41)。用透射电子显微镜观察，基体铁素体呈针片状，在抛光表面可以引起针状浮突。小岛分布在针片界面。铁素体的碳含量很低，接近于平衡浓度，而小岛的碳含量比较高，铁素体与小岛的合金元素含量则与平均浓度相同，这表明粒状贝氏体形成过程中有碳的扩散而无合金元素的扩散。

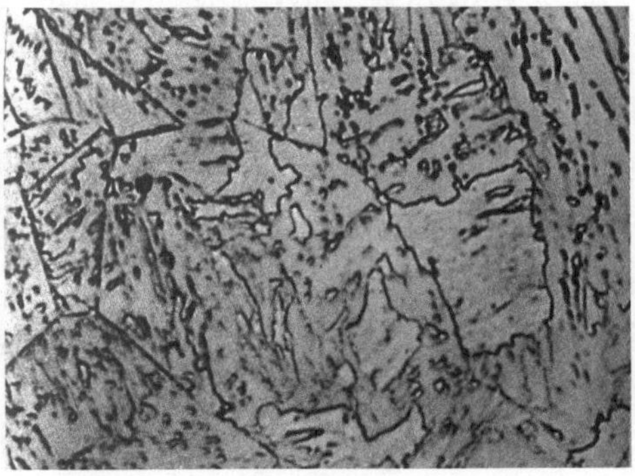

图 3.41　粒状贝氏体[25]　450×

18Cr2Ni4W 钢，1100℃加热，350℃等温

富碳的奥氏体小岛在随后的冷却过程中有可能分解为铁素体与碳化物，也可能转变为马氏体，还可能以奥氏体的状态保留到室温。最可能的情况是部分奥氏体转变为马氏体，部分奥氏体保留到室温，得到两相混合物，称为 M-A 组织。

在低碳合金钢中还出现一种粒状组织(granular structure)，它由边界不规则的块状铁素体且无规则分布于其中的岛状富碳奥氏体组成，块状铁素体不具有表面浮突效应。这种粒状组织的形成温度较高，形成机制不同于上述的粒状贝氏体，不属于贝氏体转变。这种粒状组织往往比较粗大，对强度和韧性有不利影响，而粒状贝氏体有较好的性能。粒状贝氏体和这种粒状组织可以同时出现。

5）贝氏体铁素体

贝氏体铁素体(bainitic ferrite，BF)通常是在低碳(碳含量小于 0.15%)低合金钢冷却过程中，并在稍高于上贝氏体转变开始温度的范围内形成的低碳贝氏体组织，由带有高位错密度的板条铁素体组成，若干铁素体板条平行排列构成板条束，板条间为小角度晶界，一个奥氏体晶粒可形成很多板条束，板条形成后在束界面为大角度晶界。图 3.42 为贝氏体铁素体的显微组织图，由相可见，板条之间可能有条状分布的 M+A 岛。由于形成温度较高，有些板条界在形成后会发生回复，以致常能观察到板条界不连续的现象。贝氏体铁素体又称为板条铁素体。

6）针状铁素体

针状铁素体(acicular ferrite，AF)的概念是 20 世纪 70 年代初 Smith 等开发低碳 Mn-Mo-Nb 针状铁素体钢时提出的。这种钢因具有针状铁素体组织而具有高的强度和韧性，焊接性能优良，适于做天然气管线。针状铁素体被定义为“连续冷却时通过扩散和切变混合机制在稍高于上贝氏体转变温度形成的、亚结构高度发展的非等轴铁素体”[48]。应当指出，虽然文献[48]中所研究的低碳 Mn-Mo-Nb 钢在经过控轧控冷后获得了主要由针状铁素体组成的组织,但文献作者对针状铁素体的形成机制和控制原理并不十分清晰,因此,对针状铁素体的定义和理解有很大差异。总结许多学者的实验研究,一般认为,针状铁素体组织是高于贝氏体铁素体相变温度形成的具有贝氏体转变特征的针片状组织。

针状铁素体可以两类形核方式出现。其中一类是可以独立形核的针状铁素体。在一些经过控制轧制的管线钢中,针状铁素体容易在形变产生的晶内缺陷处形核,相对独立生长,而不是成束生成。对一种成分为 Fe-0.05%C-024%Si-1.79%Mn-0.05%(Nb+Ti)-0.25%Ni-Mo-Ca 的钢,经 1200℃加热,迅速冷却至 850℃,然后以 30℃/s 的速率冷却,获得的组织为贝氏体铁素体(图 3.42),转变开始温度为 608℃。如果将该钢冷却至 850℃时,施以 55%的热变形,然后以 10～30℃/s 的速率冷却,所获得的组织中,90%为针状铁素体(图 3.43),转变开始温度为 665～640℃。经过在奥氏体非再结晶区热变形之后,针状铁素体首先在奥氏体晶内已存在的位错、层错等缺陷处以切变方式形核,没有碳的扩散,生成速率很快,然后在已生成的针状铁素体的界面上继续形核长大。由于形核位置多,生成的针状铁素体尺寸远小于奥氏体晶粒。电子显微镜观察针状铁素体的精细结构,发现针状铁素体亦由许多尺寸小于 1μm 的亚单元组成(图 3.44),亚单元的位向差为 1°～2°。一组相邻的针状铁素体间的位向差小于 15°[49]。由于针状铁素体的形成温度较高,在其形成之后,其中的过饱和碳原子将扩散至邻近的奥氏体中。

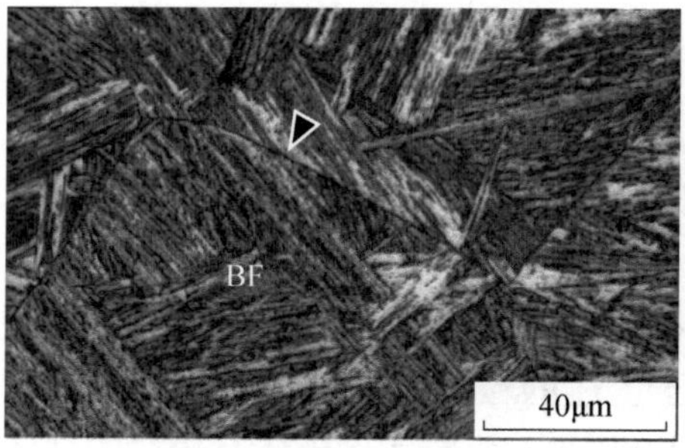

图 3.42　贝氏体铁素体(BF)显微组织[49]

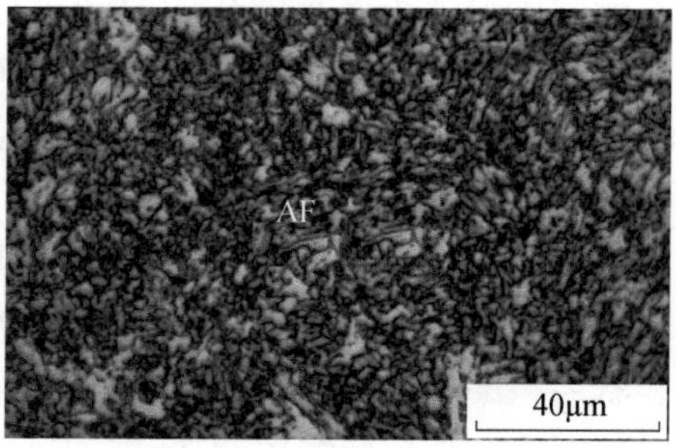

图 3.43　针状铁素体(AF)显微组织[49]

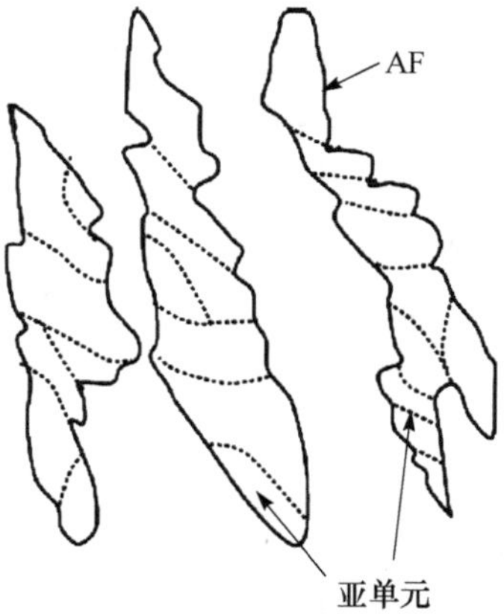

图 3.44　针状铁素体内的亚单元[49]

研究工作表明,低碳微合金化的 Mn-Mo-Nb 钢,经非再结晶区(850℃)热变形后,显著提高了针状铁素体的生成温度,连续冷却时,可以在很宽的冷却速率范围内生成针状铁素体组织[50]。

另一类是在夹杂物上形核的针状铁素体。此类铁素体经常出现在低碳低合金钢焊接接头的焊缝中。焊缝常有很多点状夹杂物,夹杂物界面为针状铁素体提供了有力的形核位置。由于是在尺寸小的夹杂物上形核,在某个方向上只能长出一个核心,构成独立生长的特征。由于焊缝中有很多点状夹杂物,使得到的针状铁素体尺寸明显小于奥氏体晶粒。在已形成的初生针状铁素体的界面上可以生成二次针状铁素体。图 3.45 显示在夹杂物形核的初生针状铁素体和在初生针状铁素体边界上生成的二次针状铁素体[3]。

将低碳微合金钢(含 0.09%C、1.48%Mn、0.01%S、0.05%V)高温奥氏体化后迅速冷至 650～500℃等温转变,发现针状铁素体的长短轴之比随其形成温度的降低而显著增加[51]。

这种利用钢中细小非金属夹杂物诱导晶内铁素体形核细化晶粒的技术称为氧化物冶金(oxides metallurgy)。许多学者研究了夹杂物诱导晶内针状铁素体形核的机理,认为[3,52～54]:①存在一种惰性界面能机制,使得夹杂物作为惰性界面能降低形核能垒,促进针状铁素体的形核;②夹杂物与铁素体有良好的点阵配合,可以减少界面上的畸变能和形核的激活能;③夹杂物能贫化相邻奥氏体区域的某些元素,如 Mn、C 或 Si,从而增加夹杂物表面奥氏体向铁素体转变的驱动力;④夹杂物与奥氏体热膨胀系数的差异导致在界面处出现应力-应变场,减少了铁素体形核的激活能。

图 3.45 晶内夹杂物形核的针状铁素体的 TEM 组织[3]

Ti_2O_3 是非常有效的形核剂,可能是由于能吸收相邻基体中的 Mn,使其形成贫 Mn 区,并使临界点升高,促进针状铁素体在奥氏体此处形核。TiO_2、MnO_2 也是很有效的针状铁素体形核剂,可能是由于它们能提供氧使相邻基体脱碳。TiO 与铁素体之间有良好的点阵配合[3]。MnS、CuS 也是有效形核剂。

不论是独立形核的针状铁素体,还是在夹杂物上形核的针状铁素体,它们的尺寸显著小于奥氏体晶粒,并且交织分布,使断裂途径十分曲折。由于针状铁素体分割了原奥氏体晶粒,也使以后转变的组织,如贝氏体铁素体等更为细小,因此,显著改善了焊接金属的强度和韧性。

20 世纪 70 年代以后,冶金工业采用控轧控冷技术取代常规的热轧及正火,发展了低碳、超低碳(碳含量小于 0.03%)微合金钢,显著提高了钢的综合性能。对于这类含碳很低的钢种,其贝氏体的类型及形态与碳含量大于 0.15%的常用钢种有很大的差异。

大森在 20 世纪 70 年代初研究了含 0.22%C 低碳低合金钢中的贝氏体形貌,提出按沉淀渗碳体形态,可将贝氏体分为 B_{I}、B_{II}、B_{III} 三种基本类型:B_{I} 是在 600～500℃时形成的无碳化物沉淀贝氏体;B_{II} 是在 500～450℃时或以中等速率连续冷却时继 B_{I} 之后形成的,主要由板条状铁素体与板条间渗碳体片组成,呈典型上贝氏体形貌;B_{III} 是在温度继续降低至 M_s 并以接近临界冷却速率冷却时形成的,其渗碳体形貌与高碳下贝氏体相似。上述三种贝氏体铁素体均呈板条状,因此,建议把低碳低合金钢的贝氏体 B_{I}、B_{II}、B_{III} 均视为上贝氏体[55]。

1994 年国际上召开过"现代低碳高强度钢显微组织新特点"专题研讨会,但有关低碳贝氏体的分类及各种术语仍未能统一。

日本钢铁协会(Iron and Steel Institute of Japan,ISIJ)贝氏体钢研究组研究了含碳很低的钢在不同冷却速率下的显微组织,认为现有的贝氏体术语不能反映它们的特征,于 1995 年提出了另一套组织术语来描述低碳贝氏体组织。Krauss 等在高强度低合金钢的显微组织研究中,采用的术语与 ISIJ 接近。表 3.6 为 ISIJ 及 Krauss 采用的低碳奥氏体转变产物的术语及符号。在表 3.6 中，不同形态的显微组织均命名为 F，有些 F 本质已属贝氏体，少量第二相都是残留的富碳奥氏体在冷却时的转变产物。从上述术语的使用中可以看出，他们均将可能出现的贝氏体组织分为两类：粒状贝氏体和贝氏体铁素体(针状 F 或板条 F)。在细晶粒的控轧微合金钢中，较少观察到魏氏组织铁素体。

表 3.6　ISIJ 及 Krauss 等采用的低碳奥氏体转变产物术语及符号[52]

ISIJ 术语	符号	Krauss 术语	符号
Ⅰ主要基体相			
多边 F	α_P	多边 F	PF
准多边 F	α_Q	准多边 F 或块状 F	QF、MF
魏氏组织	α_W	魏氏组织 F	WF
粒状贝氏体 F	α_B	粒状贝氏体	GF 或 GBF
贝氏体 F	α_B°	针状 F 或板条 F	AF 或 LF、LBF
位错立方马氏体	α'_m		
Ⅱ少量第二相			
残余奥氏体	γ_r		
马氏体-奥氏体	M-A		
上、下贝氏体	B_U、B_L		
退化珠光体及珠光体	P′、P		
渗碳体	θ		

对组织判定的不同见解源于组织本身的复杂性。控轧控冷得到的铁素体晶粒十分细小，区分其类别有一定的难度。针状铁素体组织的含义尚不统一，AF 与 LF 是两种组织还是一种组织？只是由于转变温度的差别或形变的影响造成形态上的不同？这些问题还有待讨论。因此，一些学者为便于工程研究和检验，支持表 3.6 提出的简化组织区分的建议[52]。

3.6.3　合金元素对贝氏体转变动力学的影响

在贝氏体转变温度范围内，随过冷度的增加，相变自由能也增加，使转变加速，但过冷度很大时，碳的扩散将很难进行，所以贝氏体转变与珠光体转变相似。随过冷度的增加也会出现一个最不稳定的温度，贝氏体等温转变动力学曲线也呈 C 形。进一步的研究表明，贝氏体转变的 C 曲线是由两个独立的 C 曲线合并而成，即由上贝氏体转变 C 曲线及下贝氏体转变 C 曲线合并而成。一些研究工作还表明，在某些低碳微合金钢过冷奥氏体等温转变时，不同的组织 PF、MF、BF、AF 都可能显示各自的 C 曲线[50,51]。

影响贝氏体转变动力学的因素主要有以下几方面。

1）碳的扩散

已经知道在进行贝氏体转变之前，碳的重新分布是必要的，但是没有合金元素的重新分配。曾经测定贝氏体转变的激活能，结果得出上、下贝氏体转变的激活能分别为 126kJ/mol 和 75kJ/mol[56]，与碳在奥氏体及铁素体中的扩散激活能很接近，说明上、下贝氏体转变分别受碳在奥氏体及铁素体中的扩散所控制。

由于合金元素影响碳原子的扩散，必将影响贝氏体的转变速率。

2) $\gamma \to \alpha$ 相变自由能的变化 ΔG

在贝氏体转变温度范围内，铁原子的自扩散很难进行，相变时铁原子点阵以共格切变方式进行改组，所需要的激活能大约 4.18kJ/mol。比较起来，这个数值很小，不成为影响转变速率的因素。此时 $\gamma \to \alpha$ 转变的速率取决于 ΔG 的大小，而合金元素对 ΔG 的影响必须考虑。在进行共格式转变时，介质的弹性能也是需要考虑的。

上面两个因素哪个可能是主要因素，要看钢的成分和转变条件。例如，加入镍、锰和增加碳含量时，可能是由于使 ΔG 减少，而使贝氏体转变缓慢；而加入生成碳化物的元素，如铬，会减慢碳的扩散速率而使转变不易进行；钨、钼可能由于对两方面的影响相反，其影响比较弱；钴、铝不生成碳化物，能加速碳的扩散，同时降低奥氏体的稳定性(增加 ΔG)，故使得转变加速；硅能强烈地阻止贝氏体转变时碳化物的形成，促使残余奥氏体富集碳，因而使贝氏体转变进行缓慢。

3) 奥氏体晶粒大小和奥氏体化温度的影响

提高奥氏体化温度，将促进奥氏体晶粒的长大，并使贝氏体转变孕育期加长，转变速率减慢。

钢中加入两种或更多的合金元素时，由于合金元素的相互作用，它们对奥氏体转变速率的影响将不是简单的相加，而是要复杂得多。

合金元素的加入对贝氏体转变的温度范围也有影响。贝氏体转变开始和终了的温度分别用 B_s 和 B_f 表示。目前，对于合金元素对 B_s 的影响了解得还不多，一些数据还很不一致。下面是一种计算 B_s、B_f，以及对应于 50%转变量 B_{50} 的经验公式[57]：

$$B_s = 830 - 270w_C - 90w_{Mn} - 37w_{Ni} - 70w_{Cr} - 83w_{Mo}(℃) \tag{3.53}$$

$$B_f = B_s - 120(℃),B_{50} = B_s - 60(℃) \tag{3.54}$$

式中，w 代表各元素的质量分数(%)。式(3.53)和式(3.54)适用于以下成分范围的钢：0.1%～0.55%C、0.1%～0.35%Si、0.2%～1.7%Mn、0.0%～5.0%Ni、0.0%～3.5%Cr、0.0%～1.0%Mo。将式(3.53)与 M_s 的经验方程(3.51)比较，可以看出碳对 M_s 的降低程度大于 B_s，而合金元素的影响则相反。因此，在低碳合金钢中，由于碳含量低，M_s 降低少，而合金元素对 B_s 的降低比较显著，结果使过冷奥氏体等温转变曲线的贝氏体转变温度范围变得窄而扁平。

合金元素对连续冷却条件下 B_s 的影响更有实际意义。式(3.55)为在 Fe-Ni-Cr-Mo-C 钢中测得的连续冷却时的 B_s 温度与成分的关系式[58]：

$$B_s = 844 - 597w_C - 63w_{Mn} - w_{Ni} - 78w_{Cr}(℃) \tag{3.55}$$

式(3.55)适用于以下成分范围为：0.15%～0.29%C、0.01%～0.23%Si、0.02%～0.77%Mn、0.21%～3.61%Ni、1.13%～2.33%Cr、0.44%～1.37%Mo。式(3.55)只适用于在一定的连续冷却速率下贝氏体开始形成的温度。如果冷却速率较慢，由于在高温区域先共析铁素体的析出，使随后冷却时母相的成分发生变化，所测得的贝氏体开始形成温度并不反映母相真正成分的 B_s。

实际应用中另一个重要的温度点是下贝氏体的形成温度 L_s。通常下贝氏体的强韧性优于上贝氏体，因此需要根据 L_s 确定合理的工艺，以得到所需要的组织和性能。很多实验工作发现，不同成分的钢中，L_s 并不固定，它与钢中的碳含量有关。图 3.46

表示下贝氏体存在的最高温度与钢中碳含量的关系[59]。图中的虚线是 $Fe\text{-}Fe_3C$ 系相图中 A_{cm} 线的延长线。当钢中的碳含量约大于 0.6%时,下贝氏体存在的最高温度约为 350℃;随着碳含量的减少,此温度急剧上升,当碳含量约为 0.5%时,此温度达最高值;随碳含量的继续减少,此温度开始降低。形成下贝氏体的最高温度 L_s 应是碳原子可以通过扩散从铁素体迁入铁素体-奥氏体相界面并以碳化物的形式析出于铁素体板条之间的最低温度。当钢中的碳含量等于 0.1%时,此温度约为 450℃。碳含量增加时,由于奥氏体中的碳浓度梯度变小,扩散速率随之降低,这意味着此温度应有所提高。当碳含量超过 0.5%时,曲线已超过 A_{cm} 的延长线,先共析渗碳体可以从奥氏体中直接析出,先共析渗碳体周围的贫碳奥氏体可以转变为铁素体,这样可以在较低的温度下形成上贝氏体。

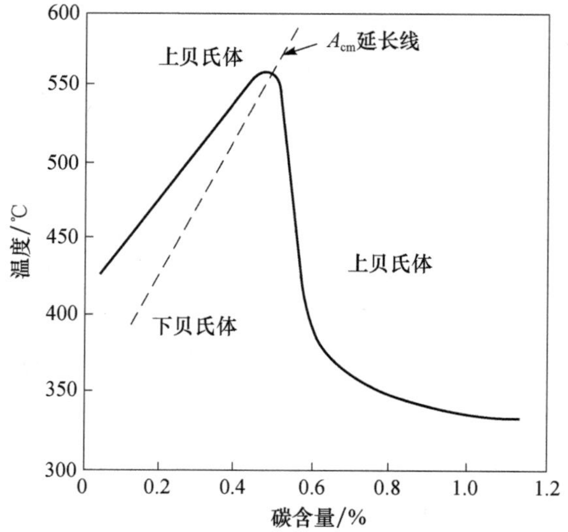

图 3.46　下贝氏体存在的最高温度与碳含量的关系[59]

合金元素的加入一般会降低 L_s。在有些钢中,如 Fe-1.1%C-7.9%Cr 钢,B_s 为 300℃,钢中不出现上贝氏体,而仅出现下贝氏体,此时 $L_s=B_s$。

关于 B_f,有的研究工作认为碳和合金元素对 B_f 和对 B_s 的影响相同,B_f 始终比 B_s 低 120℃。有的资料则认为碳和合金元素对 B_f 无显著影响,高合金钢因 B_s 降低较多,而 B_f 降低较少,使贝氏体不完全转变区温度范围变窄。

3.6.4　贝氏体的力学性能

贝氏体的力学性能取决于其成分和组织形态。一般说来,下贝氏体的强度较高,韧性也较好,上贝氏体的强度低,韧性也差。图 3.47 为 30CrMnSi 钢等温淬火后等温转变温度与力学性能的关系,随着贝氏体形成温度的降低,强度与硬度逐步提高,塑性与韧性也得到提高。

影响贝氏体强度的因素主要有:

1) 贝氏体中铁素体晶粒的大小

贝氏体的晶粒越细小,强度越高,而贝氏体中铁素体晶粒的大小与钢的化学成分、奥

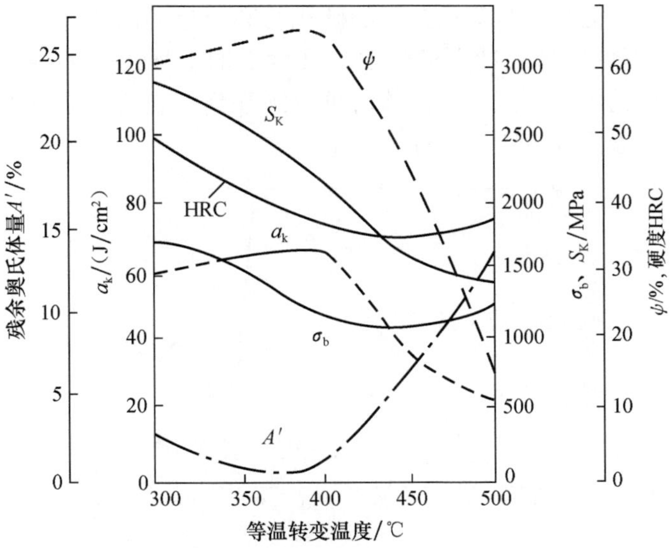

图3.47　30CrMnSi钢等温转变温度与力学性能的关系[60]

氏体化温度和贝氏体形成温度有关，尤其是后者。贝氏体铁素体晶粒尺寸随形成温度的降低而减小。在上贝氏体中应把板条束的平均尺寸作为其“有效晶粒尺寸”。

2）碳化物质点

根据弥散强化的机理，碳化物颗粒的直径越小，数量越多，对强度的贡献越大。下贝氏体中碳化物颗粒较细小，对下贝氏体的强度贡献也较大，而上贝氏体中的碳化物颗粒较粗，分布在铁素体之间，且分布不均匀，所以对上贝氏体强度的贡献比下贝氏体低得多。碳化物的大小、数量主要取决于贝氏体的形成温度和奥氏体的碳含量。奥氏体碳含量越高，碳化物的数量越多；贝氏体形成温度越低，碳化物颗粒越细小。

3）固溶强化

随着贝氏体形成温度的降低，贝氏体铁素体中碳的过饱和度增加，碳的固溶强化的作用越来越显著。但与同一种钢的马氏体相比，贝氏体铁素体中的碳含量要低得多，其对强度的贡献也小得多。

溶于贝氏体铁素体中的合金元素，如硅、锰，尚有置换固溶强化的作用，但一般都不大。

4）位错密度

与一般铁素体相比，无碳化物贝氏体、上贝氏体和下贝氏体中铁素体的位错密度都比较高，尤以下贝氏体为甚。位错对贝氏体的强度是有一定贡献的。

在一般情况下，上述各因素中，前两者是主要的。

下贝氏体和上贝氏体相比，不但强度高，而且韧性好。由图3.47可以看出，当钢中的组织为下贝氏体时，其冲击韧性显著高于上贝氏体。这是由于上贝氏体组织存在较粗大的碳化物颗粒或断续的条状碳化物，也可能存在由未转变的奥氏体在冷却时形成的高碳马氏体区，塑性变形时容易形成大于临界尺寸的裂纹，在外力的作用下，裂纹的扩展不会受到小角度铁素体板条界面的阻挡，所以裂纹得以迅速长大。在下贝氏体中，细小的碳化物不易形成裂纹，即使出现裂纹，其长度也小于失稳扩展的临界尺寸。

而在裂纹扩展时亦会受到大量弥散分布的碳化物和位错的阻止,产生断裂便要求重新激发裂纹。所以,下贝氏体的冲击韧性要比强度低的上贝氏体大得多。在低碳钢中,当钢的组织从上贝氏体过渡到下贝氏体时可以观察到韧脆转变温度的突然下降,如图3.48所示[59],转变温度在550℃左右。

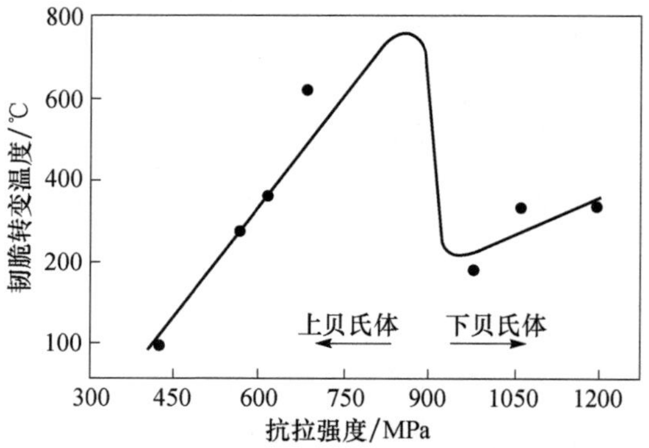

图 3.48　低碳贝氏体钢的抗拉强度与贝氏体形态变化对韧脆转变温度的影响[59]

综上所述,钢的组织为下贝氏体时具有良好的综合力学性能。

在硬度相同时,比较下贝氏体组织和回火马氏体的韧性时,根据一些学者的研究,有如下的结果:在下贝氏体形成温度的上、中区域形成的韧性优于相同强度马氏体的韧性;在有回火脆性的钢中,贝氏体的韧性高于回火马氏体的韧性(图3.49)[61];若钢的碳含量或合金元素含量较高,其M_s较低,淬火后得到孪晶马氏体,再经低温回火获得回火马氏体,其冲击韧度和断裂韧性低于经等温淬火获得的下贝氏体。实验证明,经等温淬火的钢具有较高的韧性和塑性,这与等温淬火组织中含有较多的残余奥氏体有一定的联系。

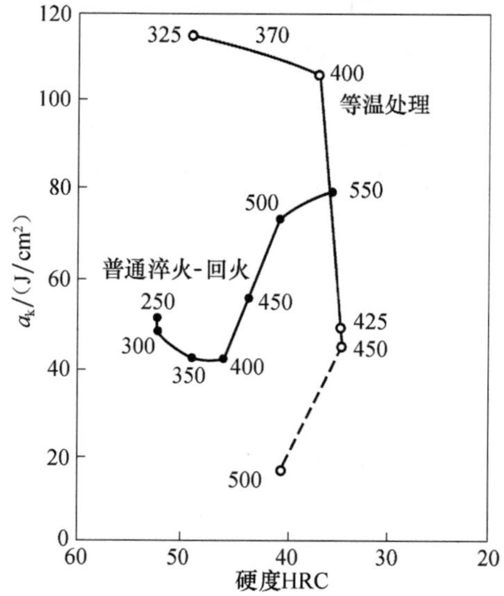

图 3.49　30CrMnSi 钢经等温处理和普通淬火-回火处理后,
硬度相同时的冲击韧度比较[61]

图中数字为等温处理或回火温度(℃);本图原作者 Певзнер Л М,发表于 1955 年上述贝氏体的力学性能主要是指传统的结构钢中的上贝氏体和下贝氏体的力学性能。20 世纪 50 年代 Pickering[59]发现，在低碳钢中加入适量的 Mo 和 B 可以推迟铁素体和珠光体的开始析出线，而对贝氏体的析出线影响不大，因而可以在很宽的冷却速率范围内获得贝氏体组织，促进了不同类型新型贝氏体钢的开发。以后，控轧控冷和微合金化技术的发展则促进了低碳和超低碳高性能贝氏体的研究与应用。

3.7　合金元素对过冷奥氏体转变曲线的影响

钢的成分及奥氏体化条件是决定其过冷奥氏体转变曲线类型和形状的最主要因素，因为这两者能够确定转变前奥氏体的化学成分、组织状态及未溶相存在的数量和分布。

过冷奥氏体等温转变动力学曲线(TTT 曲线)的制作比较简便，可以帮助了解过冷奥氏体转变的实质，能够定性地、近似地反映连续冷却奥氏体的转变趋势，而且在等温退火、分级和等温淬火以及预冷淬火等热处理工艺方面有着重要的指导意义，所以得到广泛的应用。

连续冷却转变动力学曲线(CCT 曲线)能定性和定量地显示出不同冷却速率下所获得的显微组织，这对于制订工件的淬火冷却工艺是很有用的，它更能符合实际情况，尤其对于制定大截面工件的热处理工艺，有着重要的作用。在钢的 CCT 曲线中，代表不同冷却速率的连续冷却曲线与各种转变终止线相交处的数字代表以该速率冷却后该组织在室温组织中的体积分数，冷却曲线下端的数字代表转变产物的硬度值。在相同的原始组织状态和加热条件下，CCT 曲线位于 TTT 曲线的右下方。

已经测定了大量的过冷奥氏体等温转变动力学图和连续转变动力学图，可参考有关著作[62]～[67]。

珠光体转变和贝氏体转变是两种不同的转变，珠光体、上贝氏体和下贝氏体各有独立的 C 曲线。不同合金元素对几种转变的速率和进行的温度范围有不同的影响，珠光体转变的下限温度可能高于也可能低于贝氏体转变的上限温度。因此，钢的过冷奥氏体转变曲线具有也有不同的形状。

下面分别分析碳及一些合金元素对钢的过冷奥氏体转变曲线形状的影响。

(1) 碳钢的 TTT 曲线具有简单的形状。图 3.50(a)、(b)、(c)分别为亚共析、接近共析和过共析碳钢的 TTT 曲线。在珠光体转变区域，碳含量增加至共析成分时，转变变慢，超过共析成分后，转变加速；贝氏体转变速率将随碳含量的增加而减少。在 550℃时过冷奥氏体转变最快，在共析成分时，孕育期约 1s。

碳钢中加入钴，不改变 TTT 曲线的形状，并且在各温度范围内都加速奥氏体的分解。

铜也不改变 TTT 曲线的形状，能提高过冷奥氏体的稳定性，并使转变区域的温度下降。

(2) 锰、镍、硅、铝等在钢中都是不形成特殊碳化物的元素。当这些元素含量较少时都不改变 TTT 曲线的形状，但含量超过一定量时，在过冷奥氏体分解的后阶段可以看出珠光体和贝氏体区的分离。

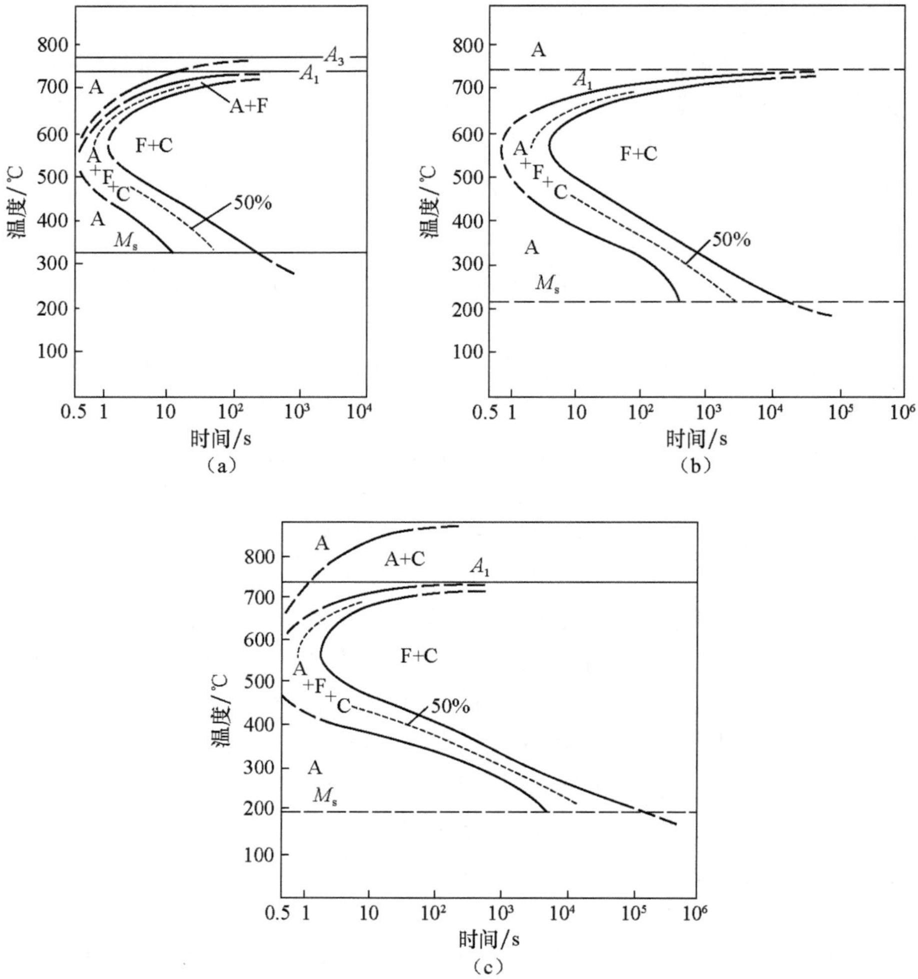

图 3.50　碳钢的过冷奥氏体 TTT 曲线[62]

(a) 0.54%C、0.46%Mn,奥氏体化温度 900℃,晶粒度 7～8 级; (b) 0.89%C、0.29%Mn,奥氏体化温度 850℃,晶粒度 4～5 级; (c)1.13%C、0.30%Mn,奥氏体化温度 900℃,晶粒度 7～8 级

钢中含锰大约 2.0%时已明显地看出珠光体和贝氏体区的分离,见图 3.51。锰有力地推迟了珠光体和贝氏体转变的速率,并使转变区域,尤其是贝氏体转变区域温度下降。随锰含量的增加,转变曲线向右移动,当锰含量达到一定量时,曲线上开始出现“河湾”形状,即由原来的一个 C 曲线分离为两个 C 曲线,出现中温转变 C 曲线[39]。锰含量进一步增加,可使珠光体和贝氏体区完全分离[28]。

镍略增加过冷奥氏体的稳定性,使转变温度范围下降。钢中加入少量的镍,不改变过冷奥氏体 TTT 曲线的形状。镍的加入量达到 4%～4.5%时才显示出贝氏体转变区域(图 3.52)。当含 7.5%～10%Ni 时,珠光体转变将不进行(Ac_1 降至约 640℃),只有贝氏体转变,如图 3.53 所示。

硅延缓珠光体转变的作用较弱,而对贝氏体转变的影响较大。硅能提高珠光体转变的温度范围。硅含量在 1.7%～2%时可以观察到分离的贝氏体区与珠光体区,见图 3.54。

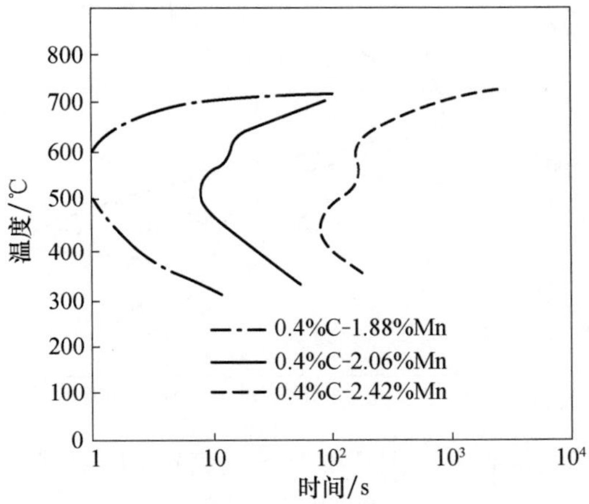

图 3.51　Mn 对 0.4%C 钢转变动力学影响[39]

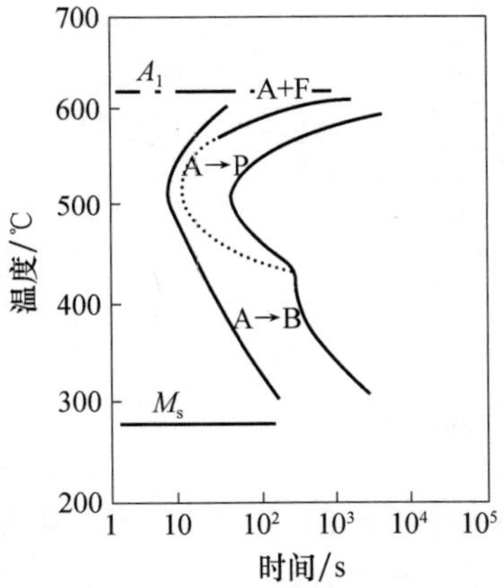

图 3.52　含 0.51%C、5.26%Ni 钢的 TTT 曲线[63]

奥氏体化温度 1000℃

铝对钢的过冷奥氏体转变曲线形状没有显著的影响。铝含量为 3%时，也会出现贝氏体转变区，在含 0.76%C 的钢中，当含铝自 0.55%增至 2.3%时略增加过冷奥氏的稳定性，含铝增至 4.9%时则加速过冷奥氏体的分解。

(3) 铬是碳化物生成的元素。钢中加入少量铬，如 0.5%Cr 时，已可以明显将珠光体和贝氏体转变区域分离。铬能较显著地提高珠光体转变区域温度，但降低贝氏体转变区域温度，在 TTT 曲线上出现明显的河湾区，并在贝氏体转变区域的上部显示出转变的不完整性。图 3.55 为不同铬含量(1.2%和 3.5%)对含 0.4%C 中碳钢 TTT 曲线的影响，可以看出，铬明显地增加过冷奥氏体在珠光体和贝氏体转变区的稳定性。

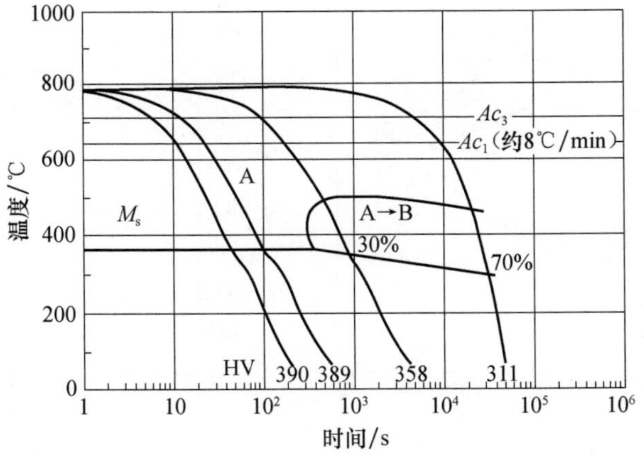

图 3.53　镍钢 CCT 曲线[64]

成分：0.09%C、8.9%Ni、0.21%Si、0.61%Mn；奥氏体化温度 790℃

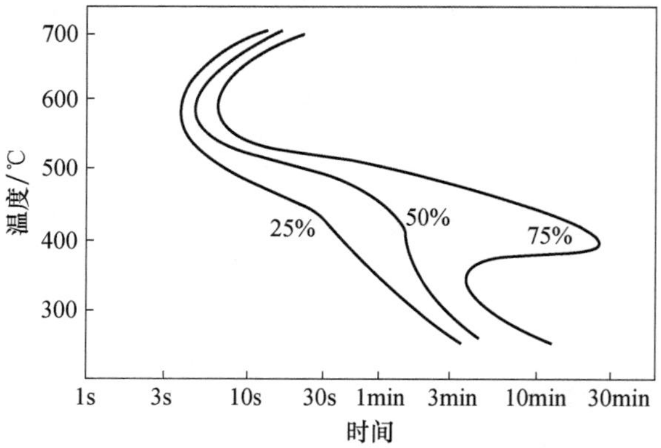

图 3.54　含 0.6%C 和 2%Si 的钢的 TTT 曲线[28]

奥氏体化温度 950℃

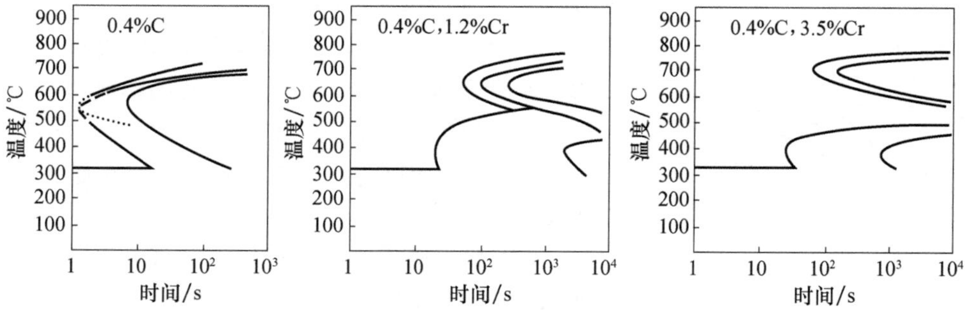

图 3.55　不同铬含量对 0.4%C 钢 TTT 曲线的影响[68]

图 3.56 为碳含量分别约为 0.1%和 2.0%的高铬钢(12%Cr)的 TTT 曲线。从图 3.56(a)可以看出,Cr 显著提高珠光体转变最快处的温度;由于贝氏体转变温度下移和高的 M_s,贝氏体转变实际上已不能进行。高碳高铬钢属于莱氏体钢,在奥氏体化温度下,钢中存在大量的未溶共晶和过共析碳化物,等温转变之前,难以观察到过共析碳化物的析出,但由于 M_s 的降低,可以观察到中温转变区。

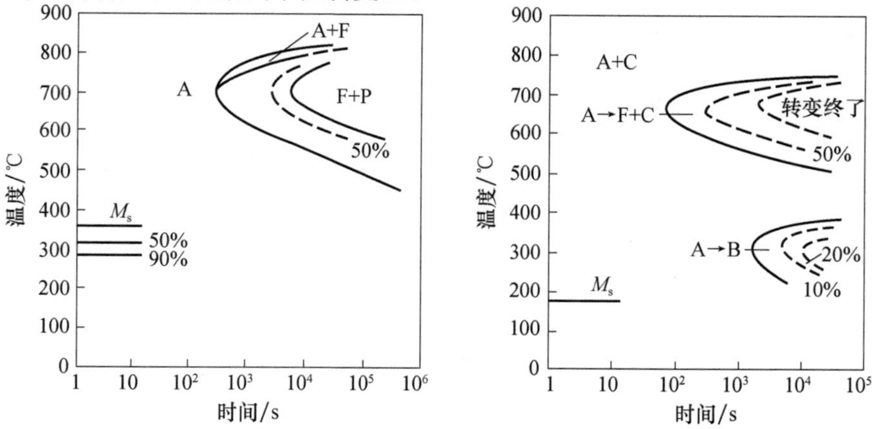

图 3.56　不同碳含量高铬钢(12%Cr)的 TTT 曲线[62,68]

(a) 0.11%C-0.44%Mn-0.37%Si-12.18%Cr,奥氏体化温度 982℃;

(b) 2.02%C-0.39%Mn-12.39%Cr,奥氏体化温度 970℃

钼能有效地推迟珠光体的转变，但在亚共析钢中对铁素体析出速率影响较小，如含 0.4%C 的钢，在 600℃时析出 5%铁素体的时间，当含钼自 0.14%增至 0.35%和 0.6%时，其比例为 1∶2∶4，而开始珠光体转变的时间比例为 1∶6∶360[28]。钼对贝氏体转变影响较小，参见图 3.57 和图 3.58。钼含量的增加还使贝氏体转变速率最快时的温度移向更低的温度，如钢中碳含量为 0.5%时，贝氏体转变最快时的温度分别为 500～450℃（0.66%Mo）、400～350℃（1%Mo）和 350～300℃（2.12%Mo）[28]。随着钼含量增加，将出现河湾区并逐渐变深。

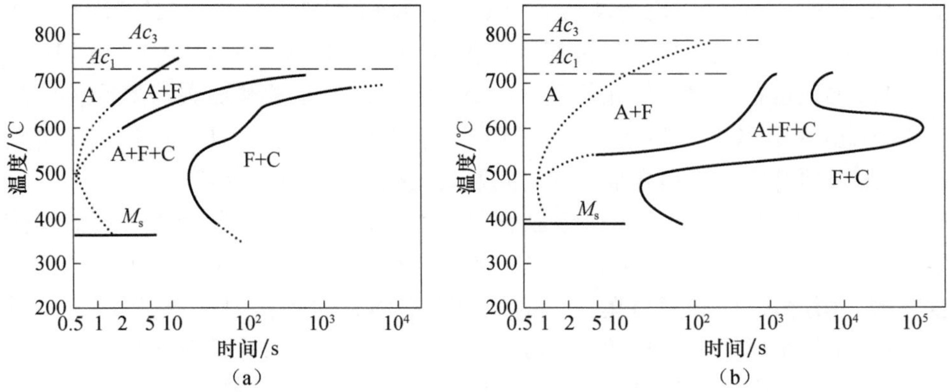

图 3.57　钼钢的 TTT 曲线[62]

(a) 0.42%C-0.20%Mn-0.21%Mo，奥氏体化温度 870℃，晶粒度 5～6；

(b) 0.36%C-0.17%Mn-0.82%Mo，奥氏体化温度 870℃，晶粒度 6～7

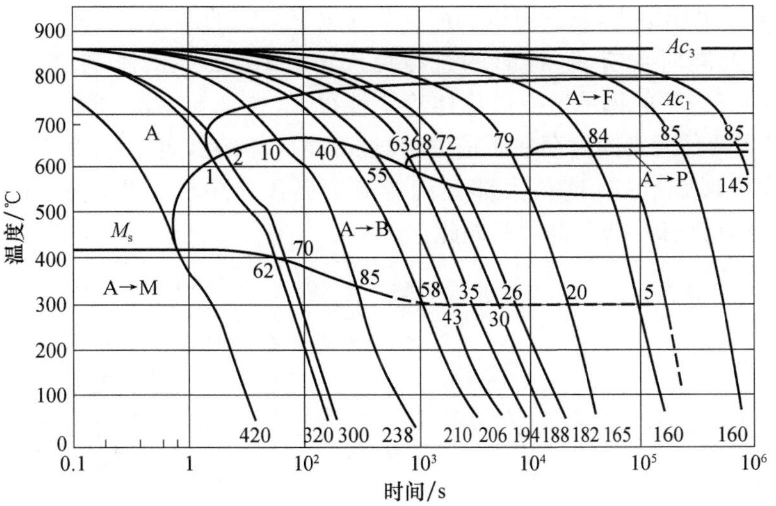

图 3.58　16Mo 钢的 CCT 曲线[67]

化学成分：0.17%C、0.27%Si、0.79%Mn、0.41%Mo、0.02%V；奥氏体化温度 910℃

钨的影响与钼相似。

含 Cr、Mo、Mn 等元素的一些合金钢中的过冷奥氏体 TTT 曲线中存在有明显的河湾形态，在河湾区以下贝氏体转变区 B_s 以下出现转变不完全区。对此现象，有不同的理论解释。一些学者（如 Aaronson 等）认为，上述现象是溶质类拖曳效应（solute drag-like effects,SDLE)[39]。溶质拖曳效应(solute drag effects,SDE)是指在晶界的扩散迁移过程中,部分合金元素在晶界上偏聚,导致界面能下降,晶界迁移驱动力降低的现象。SDLE与SDE不同,当转变温度较低或原子的扩散速率较低时,一些置换型合金元素,如Cr、Mo,难以实现向γ/α相变前沿界面迁移,引起SDE所必需的溶质原子在前沿界面的偏聚几乎不可能;但是Cr、Mo等元素显著降低碳在γ相中的活度(图3.3)。在转变温度较低的中温(500～600℃)下,在扩散式推进的γ/α前沿界面上,可以富集高于平衡成分的少量Cr、Mo,强烈降低了碳在γ相中的活度,从而减慢了铁素体界面的迁移,此即溶质类拖曳效应。当相变前沿界面附近的碳活度降至一定水平时,铁素体长大发生"停滞",因而在Fe-C-Cr和Fe-C-Mo合金中,出现转变不完全现象。在Fe-C-Mn合金中,当Mn含量足够高时,也会出现这种现象。与此相反,Cu、Ni、Si等合金元素增加碳在奥氏体中的活度(图3.3),因此,在Fe-C-Cu、Fe-C-Ni和Fe-C-Si合金中未出现SDLE现象。在更复杂的合金系中,则必须考虑置换型合金元素之间及其与碳原子间的交互作用[39]。

(4) 钒、钛、锆、铌等元素在钢中生成稳定的碳化物,在一般加热温度下很难溶解于奥氏体中。含0.3%～0.4%C和1%～2%V的钢,要在加热至1200～1250℃时,碳化物才能完全溶解。因此,这些元素对奥氏体的稳定性有两方面的作用:当它们溶于奥氏体中时,和其他碳化物生成元素一样,能增加过冷奥氏体的稳定性,并且对于珠光体的转变的影响要大一些;当它们生成的碳化物没有溶解时,能起结晶核心的作用,反而降低过冷奥氏体的稳定性。在一般加热温度时,后面的因素是主要的。这一点有时被用以降低某些钢的淬透性。如果钢中加入生成碳化物能力较弱的合金元素,则有可能降低这些碳化物的稳定性。例如,钢中加入1.5%～2.5%Mn时,则在一般加热条件下,也可能使相当一部分碳化物溶于奥氏体中,从而可以利用这些元素提高钢的淬透性。图3.59所示为钢中只含有钒或锰及同时含有钒、锰时的过冷奥氏体TTT曲线的影响,奥氏体化温度为950℃。只含1.6%V的钢的过冷奥氏体稳定性很低,含2.5%Mn的钢的过冷奥氏体稳定性较高,但当两种元素同时存在于钢中时,过冷奥氏体的稳定性,尤其是在珠光体区域的稳定性,大为增加,显然这是大部分钒能溶于奥氏体中的结果,相分析证实了这一点[28]。钢中含有钛、铌、锆时也同样如此。

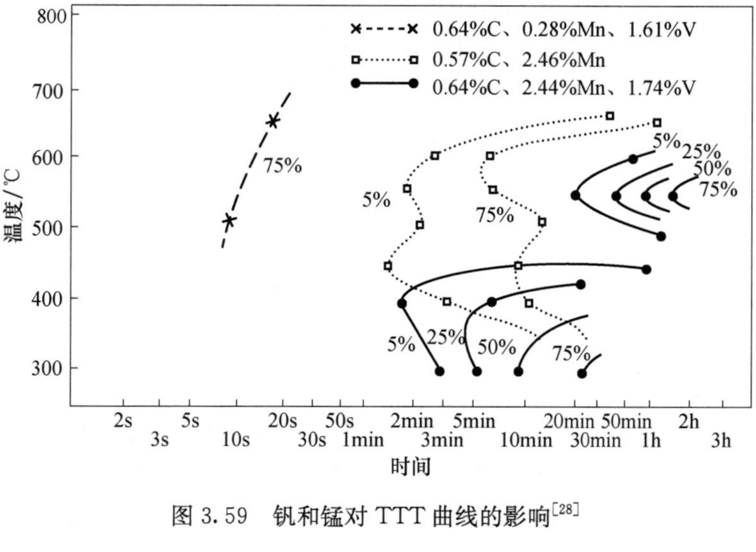

图3.59　钒和锰对TTT曲线的影响[28]

(5) 钢中含有极少量硼(0.0005%～0.005%)能有效地提高奥氏体的稳定性。这是由于硼可以偏聚于奥氏体晶界,降低晶界的表面能,阻碍 α 相和碳化物在奥氏体晶界的形核。硼使亚共析钢中先共析铁素体析出时的形核率下降,孕育期显著增长,但对其长大速率没有什么影响。硼显著推迟铁素体开始析出和珠光体开始转变的时间,而对于转变终了时间的影响较小(图 3.60)。在低碳和中碳钢中,硼的这种作用很明显,这一特点已被广泛应用。硼产生这种作用的机理将在讨论含硼钢时进一步分析。

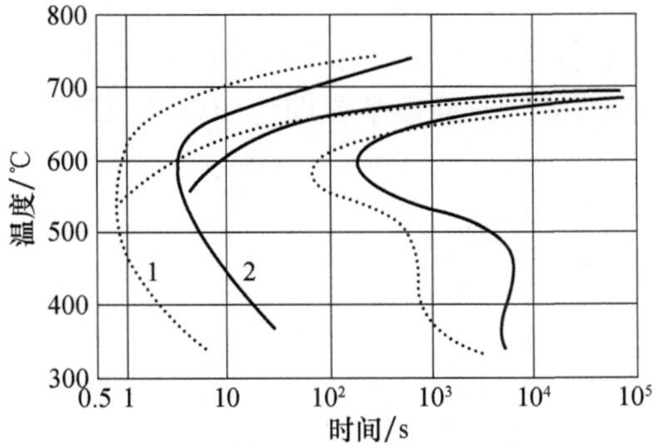

图 3.60　含硼和不含硼的钢(0.43%C-1.6%Mn)的 TTT 曲线[69]

1—不含硼;2—含 0.0038%硼

(6) 用多种合金元素进行综合合金化时,能够大大提高过冷奥氏体的稳定性。合金元素的综合作用不是单个元素作用的简单相加,而是各元素之间的相互加强。下面举几个例子。

焊接用钢的碳含量应控制在 0.10%～0.15%,但简单的低碳钢在加热后连续空冷的过程中,由于等轴状铁素体的迅速形成,无法得到大量强度较高的贝氏体组织。加入 0.5%Mo 后便可以使这种钢在正火后获得等轴状铁素体与贝氏体的混合组织,因为 Mo 明显推迟珠光体转变,而对铁素体析出和贝氏体转变的影响不大。Mo 下移贝氏体形成温度区域位置,亦使珠光体转变区域温度上移。在上述钢中加入微量的 B(0.002%～0.005%)便可以显著抑制铁素体的析出,而对贝氏体转变的作用甚小。图 3.61 为硼对低碳 1/2Mo-B 钢 TTT 曲线位置作用的示意图。可以看出,加入硼后,虽然钢的马氏体的淬透性仍比较低,但大大提高了钢的贝氏体淬透性,可以在很大的冷却速率范围内获得全贝氏体组织。在此基础上开发了 1/2Mo-B 型的低碳贝氏体钢[59]。

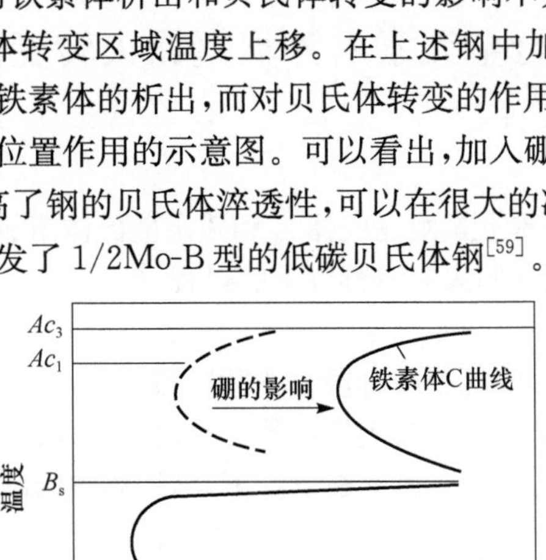

图 3.61　硼对低碳 1/2Mo-B 钢 TTT 曲线影响示意图

例如,采用 Cr+Ni 合金化时,由于 Ni 使 γ-Fe 稳定,减少 $\gamma \rightarrow \alpha$ 相变自由能的变化 ΔG,而铬提高碳和铁原子的扩散激活能,故综合效果比单纯加入一种元素有效。钼单独加入时,对先共析铁素体的析出影响较小,但若与铬、镍同时加入,则钼的作用就非常显著,这说明钼能进一步增加含有铬和镍的 γ 固溶体的原子间结合力,提高原子扩散的激活能,因而使转变显著减慢。图 3.62 比较了 35Cr2(0.36%C、1.54%Cr、0.21%Ni)、35CrMo(0.35%C、1.15%Cr、0.25%Mo)和 35Cr2NiMo(0.38%C、1.56%Cr、1.45%Ni、0.24%Mo)三种钢的过冷奥氏体 TTT 曲线。可以看出,单独加入或两种元素一起加入对推迟珠光体和先共析铁素体转变的作用远不及三种元素共同的作用来得大。35Cr2 钢在铁素体-珠光体转变温度范围内的最短孕育期为 20s,而 35CrMo 为 35s,35Cr2NiMo 约为 500s。

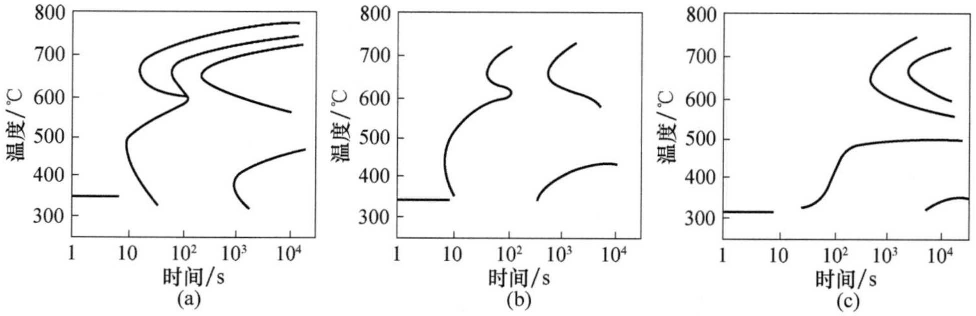

图 3.62　35Cr2、35CrMo、35Cr2NiMo 钢的过冷奥氏体 TTT 曲线[63]

(a) 35Cr2;(b) 35CrMo;(c) 35Cr2NiMo

当含有大量合金元素的钢,如一些含镍和铬很高的耐热钢,M_s 降至室温以下时具有奥氏体组织,在其 TTT 曲线和 CCT 曲线上,将不会出现珠光体和贝氏体转变;如果钢中的碳含量较高时,过冷可能有过剩碳化物析出,其析出动力学曲线亦呈 C 形。

3.8　合金元素对淬火钢回火转变的影响

3.8.1　碳钢的回火过程

碳钢淬火后的组织基本上是由马氏体 α' 和残余奥氏体组成的,在含碳低于 0.4%时,残余奥氏体量甚微。碳钢在回火时进行以下的过程。

1) 马氏体的分解

150℃以下为马氏体分解的第一阶段。在此阶段,由于温度低,碳原子尚不能做长距离扩散,此时碳首先向大量存在于马氏体中的位错及孪晶界面偏聚。一般认为,钢中间隙碳原子开始扩散的温度为−40℃,因此在室温下,马氏体中的碳原子已有可能发生偏聚。

对于板条马氏体,其亚结构为大量位错,碳原子倾向于在位错线附近偏聚,偏聚的碳含量达到 0.2%时,已接近饱和状态。因此,碳含量小于 0.2%时,马氏体不呈现正方度。碳含量高于 0.2%时,再增加的碳原子只能处于扁八面体的间隙位置,即处于非偏聚状态,此时才可能测出马氏体正方度。

对于片状马氏体,其亚结构主要是孪晶,碳原子在片状马氏体的孪晶界面上偏聚,形成厚度和直径均小于 1nm 的小片状富碳区，随着马氏体中的碳含量增加，富碳区的数量也增多。但是碳原子在界面上偏聚的稳定性比在位错线附近偏聚的稳定性要小。

高碳马氏体在 150℃以下回火时，在马氏体的富碳区析出高度分散的 ε 相（Fe_xC），其成分相当于 $Fe_{2.4}C$，为具有密集六方点阵的间隙相。马氏体中围绕析出碳化物部分的碳浓度迅速降低，而远离碳化物处马氏体的碳浓度不变，这种分解方式称为双相分解。双相分解过程是以不断生成新的碳化物并伴有新的贫碳区的方式进行的，在分解过程中同时存在着两种正方度 c/a 的马氏体。随着回火时间的延长，高碳区越来越少。当高碳区完全消失时，双相分解即结束。在回火第一阶段结束时，马氏体分解为 ε 相和含 0.25%～030%C 的马氏体。

150～300℃为马氏体分解的第二阶段。在此阶段，马氏体将以单相分解，即连续分解方式进行。此时碳原子可做远距离扩散，由于析出的碳化物有可能从较远地区获得碳原子而长大，马氏体内部碳浓度梯度可通过碳原子的扩散而消除，碳化物开始缓慢地聚集，马氏体的碳浓度迅速下降，当回火温度达 300℃左右，马氏体中的碳从过饱和下降到接近于饱和成分，正方度 c/a 接近 1，马氏体分解也就基本结束。

含碳小于 0.25%的低碳钢淬火后，在 150℃以下回火时，钢中未发现有 ε 相的析出，但在位错周围有碳的聚集。当回火温度高于 200℃时，才通过单相分解析出碳化物，使马氏体的碳含量下降。低碳钢的 M_s 比较高，在淬成马氏体的过程中，除可能发生碳原子向位错的偏聚外，在最先形成的马氏体中还有可能发生自回火而析出碳化物。钢的 M_s 越高，淬火时的冷却速率越慢，自回火析出的碳化物越多。

中碳钢在正常淬火时得到的是板条位错马氏体与片状孪晶马氏体的混合组织，故回火时也兼具低碳马氏体与高碳马氏体的分解特征。

综上所述，不同碳含量的马氏体随回火温度的升高，将不断析出细小的碳化物，其碳含量不断下降。原始碳含量不同的马氏体（碳含量大于 0.5%），随着碳化物的不断析出，在高于 150℃后，其碳含量趋于一致（图 3.63）[34,70]。马氏体经过分解后获得的是仍有一定碳过饱和度的 α 固溶体与 ε 碳化物的混合组织，称为回火马氏体。

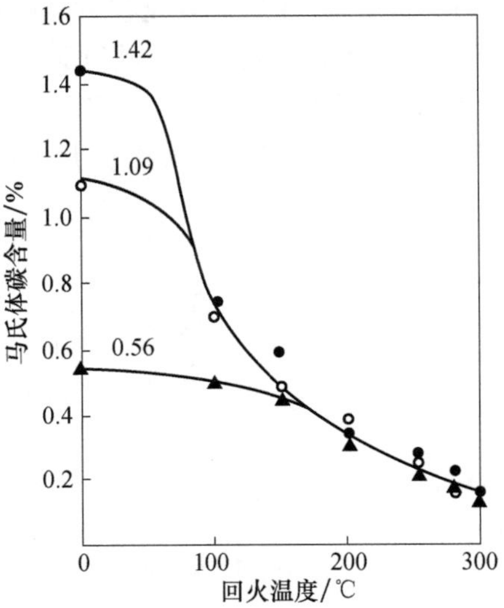

图 3.63　不同碳含量马氏体回火时，马氏体中碳浓度的变化[70]
回火时间 1h

2）残余奥氏体的分解

中高碳钢在缓慢的加热条件下，在 200～300℃可以观察到钢中残余奥氏体的转变。含 0.40%C 的中碳钢淬火后的残余奥氏体含量约为 4%，回火时在 200℃附近开始转变，在 300℃时已转变完全。在 M_s 以下，残余奥氏体分解为回火马氏体，在 M_s 以上分解为下贝氏体。在精确测定的情况下，发现残余奥氏体在 100℃甚至更低的温度下，就已经开始分解。因此，残余奥氏体的转变可以在一个很宽的温度范围内进行。碳钢中的残余奥氏体在回火加热过程中极易分解，故难以加热至比较高的温度观察其等温转变。

3) 碳化物的转变

高碳马氏体在回火的第一阶段中最先析出的是亚稳的 ε 碳化物(Fe_xC),具有密排六方点阵,惯析面为$\{100\}_{\alpha'}$,与基体保持 Jack 位向关系[71]:

$$(10\bar{1}1)_\varepsilon /\!/ (110)_{\alpha'},(0001)_\varepsilon /\!/ (011)_{\alpha'},[1\bar{2}10]_\varepsilon /\!/ [11\bar{1}]_{\alpha'}$$

上述结构是在 1.3%C 钢中测出的,析出的碳化物很细小,不能用光学显微镜分辨;用电子显微镜观察可以看到,ε 碳化物呈杆状或片状,外形平直,平行于$\{100\}_{\alpha'}$。

回火温度高于 250℃时,ε 碳化物将转变为较为稳定的χ 碳化物。χ 碳化物具有复杂斜方点阵,其组成为 Fe_5C_2。χ 碳化物呈薄片状,惯析面为$\{112\}_{\alpha'}$,即片状马氏体中的孪晶界面。片状χ 碳化物的间距与马氏体中孪晶界面片间距相当,可以认为χ 碳化物是在孪晶界面析出的。随着回火温度的升高,χ 碳化物质点大小可以从 5nm 增大到 90nm。χ 碳化物与 α′之间保持一定的位向关系:

$$(100)_\chi /\!/ (\bar{1}\bar{2}1)_{\alpha'},(010)_\chi /\!/ (101)_{\alpha'},[001]_\chi /\!/ [\bar{1}11]_{\alpha'}$$

回火温度进一步升高时,ε 与 χ 碳化物将转变为稳定的 θ 碳化物,即渗碳体 Fe_3C。θ 碳化物具有正交点阵(表 2.4),惯析面为$\{112\}_{\alpha'}$或$\{110\}_{\alpha'}$,与 α′之间保持 Богаряцкий 位向关系(3.4.1 节)。

图 3.64 为含 1.34%C 高碳马氏体回火时三种碳化物的析出范围。

碳化物转变时的形核与长大可以通过两种方式进行:一种是在原碳化物的基础上通过成分改变及点阵改组逐渐转变为新的碳化物,称为原位(in situ)转变;另一种是新的碳化物在其他部分重新形核和长大,与此同时,原碳化物逐渐重新溶入,称为独立(separate)转变。按第一种方式转变时,新旧碳化物具有相同的析出位置与惯析面。$\{112\}_{\alpha'}$孪晶面上的 θ 碳化物就是通过这一方式由 χ 碳化物转变来的。由亚稳的 ε 碳化物转变为 χ 碳化物及 θ 碳化物则是通过第二种方式进行的。对于 χ 碳化物和 θ 碳化物,它们的惯析面和位向关系可能相同,也可能不同,所以 χ 碳化物转变为 θ 碳化物时可能是原位转变,也可能是独立形核长大转变。

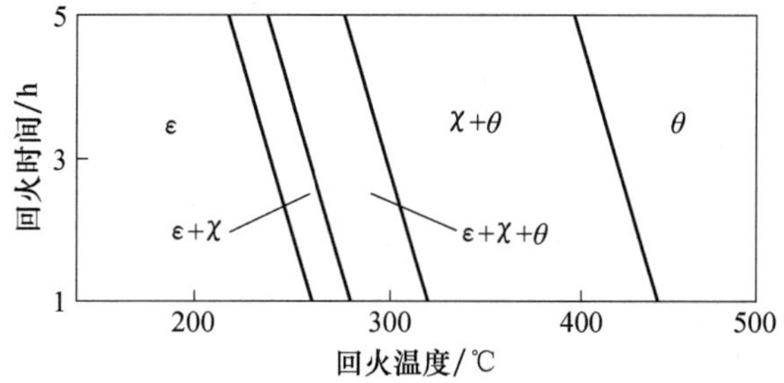

图 3.64　含 1.34%C 高碳马氏体回火时三种碳化物的析出范围[72]

在更高的温度回火时,形成的碳化物将全部转变为 θ 碳化物。初期形成的 θ 碳化物常呈条片状。

马氏体中的碳含量低于 0.2%时,在 200℃以下,碳原子仅偏聚于位错而不析出碳化物。前面已经提到,由于马氏体的 M_s 比较高,在淬成马氏体的过程中,温度降至 200℃以前已形成的马氏体可能因发生自回火而析出 θ 碳化物。自回火析出的碳化物均在马氏体板条内缠结位错区形核长成，一般呈长 50～200nm、直径 3.5～12nm 细针状。除针状碳化物外，自回火时还将析出一些直径 3～8nm 的细颗粒状 θ 碳化物。

在 200℃以上回火时，未发生自回火的低碳马氏体将在碳偏聚区通过单相分解直接析出细针状的 θ 碳化物。此外，还将沿板条马氏体条界析出薄片状 θ 碳化物。进一步提高回火温度，板条界的 θ 碳化物薄片在长大的同时将发生破碎而成为长 200～300nm、宽约 100nm 的短粗针状碳化物。随条界碳化物的长大，细针状及细颗粒状碳化物将重新溶入 α 相。回火到 500～550℃，条内碳化物已消失，只剩下分布在晶界上的且较粗大的直径为 200～300nm 的碳化物。

马氏体碳含量介于 0.2%～0.6%时，有可能在 200℃以下回火时先析出亚稳定的 ε 碳化物。钢中超过 0.2%的碳将分布在扁八面体中心，能量较高，很不稳定，故将以 ε 碳化物形式析出，随回火温度的升高，将转变为稳定的 θ 碳化物，但不出现 χ 碳化物。由板条马氏体析出的碳化物大部分呈薄片状分布于板条界上。中碳钢淬火后所得板条马氏体边界上存在高碳残余奥氏体，条界上的碳化物大部分由残余奥氏体分解所得。中碳钢淬火后可能得到部分孪晶马氏体，由孪晶马氏体析出碳化物的过程与高碳马氏体相同。

总之，这一阶段转变完成后，钢的组织由饱和的 α 相加片状（或细小粒状）的渗碳体组成，这种组织称为回火屈氏体。回火屈氏体仍保持原马氏体的形态，但已模糊不清。

随着回火温度的升高，碳化物与 α 相的共格将逐渐破坏，碳化物将聚集长大，形状由片状逐渐变为颗粒状。碳含量越高，聚集过程进行越快，因为碳化物数量多了，聚集时的扩散路程就缩短了。

4）铁素体状态的变化和内应力的消除

低中碳钢淬火后得到的板条马氏体中存在大量的位错，密度可达 $0.3\times10^{12}\sim0.9\times10^{12}\text{cm}^{-2}$，与冷变形后相似，而且马氏体晶粒的形状为非等轴状，故在回火过程中将发生回复与再结晶。回复初期，部分位错，其中包括板条界上的位错将通过滑移和攀移而逐渐消失，使位错密度下降，相邻板条合并成宽的板条，剩下的位错将重新排列成二维位错网络，逐渐形成亚晶粒。回火温度高于 400℃后，α 相的回复已十分明显。回复后 α 相的形态仍呈板条状，只是板条宽度由于相邻板条合并而增加。回复温度高于 600℃时，由于 Fe 原子明显的自扩散，回复后的 α 相开始发生再结晶。一些位错密度低的亚晶将长大成等轴 α 相晶粒，逐步取代板条状 α 相晶粒。颗粒状渗碳体均匀分布在等轴 α 相晶粒内。经过再结晶，α 相板条特征完全消失，这种组织称为回火索氏体。

高碳钢淬火后得到的片状马氏体的亚结构主要是孪晶。回火温度高于 250℃时，孪晶开始消失，但沿孪晶界面析出的碳化物仍显示出孪晶特征。回火温度达到 400℃时，孪晶全部消失，逐渐形成亚晶粒，但片状马氏体的特征依然存在。回火温度高于 600℃时也将发生再结晶而使片状特征消失。渗碳体能钉扎晶界，阻止再结晶的进行，故高碳马氏体 α 相的再结晶温度高于低中碳钢。

淬火时，由于热应力和组织应力的作用，钢件在冷却到室温后，内部仍残留有较大应力。钢件的内应力按其作用的范围分为三类：第一类为宏观区域性的内应力；第二类为在几个晶粒微观区域性的内应力；第三类为在一个原子集团范围内处于平衡的内应力。

第一类内应力的存在将引起零件变形，这种宏观应力使晶粒中晶面间距发生变化。如果零件在服役过程中，所受外力与第一类内应力叠加，将使零件提早破坏，而在外力与内应力方向相反时,第一类内应力的存在是有利的。通常淬火后必须通过回火降低第一类内应力。在回火开始时,内应力较迅速地下降,以后逐渐缓慢,达到一定值后不再继续下降,下降的程度取决于回火温度,它的变化情况见图 3.65。由图可知,经 550℃回火,第一类内应力接近完全消除。

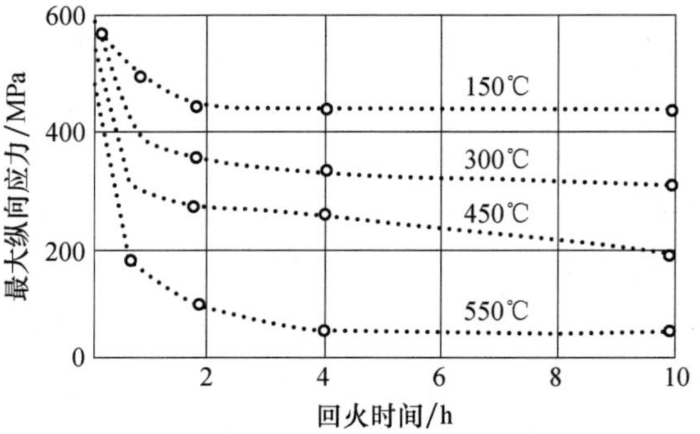

图 3.65　30 钢回火后内应力变化[60]

第二类内应力是微观区域性的残余内应力,这种应力将使几个晶粒范围内的点阵中原子排列规律性受到破坏,晶面产生弯曲及歪扭,晶面间距改变,如马氏体相变引起的点阵畸变等。这种微观区域的点阵变形在各个晶粒内的程度及方式均不尽相同,因而造成 X 射线衍射线条的宽化。第二类内应力在大约 150℃以上开始减小,并随温度的升高而逐渐减小,350℃以上则迅速减小,在 500℃时已消失。

第三类内应力亦称为点阵静畸变应力,如碳原子过饱和固溶度引起的点阵畸变,这种畸变引起 X 射线的散射,使衍射线条强度降低。对碳钢而言,将随马氏体中碳原子的析出而减小。当碳原子自 α 相中完全析出时,这种畸变引起的内应力也就完全消除。

钢中加入合金元素后,将对其回火时的各个过程产生影响,但不同元素的影响在程度和性质上常常有很大的差异,因此,对回火后性能的变化也有不同影响。下面分别介绍合金元素对回火时各个过程的影响。

3.8.2　合金元素对马氏体分解的影响

在碳钢中加入少量合金元素对回火时碳化物的析出及转变的性质没有影响,但可以改变碳化物转变的温度范围。

马氏体分解的第一阶段形成 ε 碳化物时,并不需要碳原子做长距离的扩散,也不发生合金元素原子本身的扩散。因此,所有合金元素对马氏体分解的第一阶段几乎没有影响。

合金元素对马氏体分解的第二阶段有比较明显的影响。当钢中加入不生成碳化物的合金元素时,马氏体回火的第二阶段没有变化,对低温时碳化物的析出也没有影响。弱碳化物生成元素 Mn 的作用也相同,只有 Si 是例外,它能阻碍碳化物的析出,这种影响在低温时尤为显著。由表 3.7 可以看出,合金钢中加入 Mn、Ni 对马氏体的分解的影响和碳钢几乎相同,而 Si 的影响则很显著,而且含 Si 越多这种作用越大。

表 3.7　含 0.4%C 的合金钢在 200℃回火时，延续时间对马氏体中碳含量的影响[73]

回火延续时间/(h-min)	含以下元素时，钢中马氏体中的碳含量/%								
	0.4%C	3.0%Ni	2.43%Mn	1.75%Si	2.75%Si	2.1%Cr	3.6%Cr	0.52%V	1.37%V
00-01	0.28	0.275	—	—	—	—	—	—	—
00-05	—	0.275	—	—	—	0.30	0.33	0.32	0.33
00-30	0.26	0.255	0.23	0.30	0.35	0.27	0.29	0.27	0.31
01-00	0.25	0.235	0.22	0.30	0.35	0.25	0.29	0.26	0.30
02-00	0.23	0.235	—	—	—	—	—	—	—
06-00	0.21	0.205	0.21	0.28	0.35	0.24	0.26	0.25	0.30
25-00	0.18	0.19	0.18	0.28	0.35	0.24	0.25	0.22	0.25

当钢中含有碳化物生成元素时，这些元素能阻碍马氏体分解第二阶段中碳自马氏体中的析出，如 Cr、V 等元素(表 3.7)，其他如 Mo、W、Ti 等也有相似的作用。碳原子在固溶体中并不是均匀分布的，由于这些元素和碳有较大的亲和力，碳较多地分布在这些合金元素的周围，增大了碳原子在马氏体中扩散的激活能，较不容易从马氏体中析出，所以减慢了马氏体分解的速率。非碳化物形成元素 Si 和 Co 能溶于 ε 相，使之稳定，减缓了碳化物聚集，推迟了马氏体的分解。这种阻碍马氏体分解的作用在低温时还不很强，而在较高温度回火时就更显著了，因此当钢中含有某些强碳化物生成元素时，马氏体的正方度可以维持到 450～500℃，而在碳钢中，正方度在 300℃以上时便测量不出了。钢中加入这些元素还使 θ 碳化物的粗化温度提高。

硅虽是一个非碳化物形成元素，却能有效地阻止马氏体回火第二阶段的分解，这可能是由于在含硅的钢中，渗碳体的形成较困难，它不仅取决于碳的扩散，而且主要取决于硅的扩散。因为在渗碳体中硅难于溶解，必须扩散出去，渗碳体才能形核和长大。硅要比碳在更高的温度才能开始扩散，故硅成为马氏体分解的控制因素。硅在低温回火阶段能有效地增加钢的回火抗力(400℃以上则效果微弱)，因此在生产上得到广泛的利用，如要求在较高温度下回火而又能保持足够高的强度和硬度时(一些高强度钢和工模具钢等)，便可以在钢中加入一定量的硅，以增加其在 400℃以下的回火稳定性。钢中的铝对马氏体分解的作用与硅相似。

3.8.3　合金元素对残余奥氏体转变的影响

钢中残余奥氏体的转变引起零件尺寸的变化和某些性能的改变。这些改变虽然很微小，但在一些精密仪器中却是不能容许的，如一些精密量具、轴承及精密仪器的零件。钢中的残余奥氏体在室温下如果保持很长的时间也可能转变，如成分为 1%C、1.5%Cr、0.2%V 的钢淬火后的残余奥氏体量为 4%，1000h 以后，约有 0.9%的残余奥氏体转变为马氏体。

碳钢回火至 200～300℃时，残余奥氏体将迅速完全分解。在合金钢中，残余奥氏体往往要在更高的回火温度下进行分解，但其影响的规律不易确定，因为当加入的合金元素能增加残余奥氏体量时，它们也增加回火时的稳定性，但残余奥氏体量增加，又加快其分解速率。这里存在着两个相反的影响因素，不过前者往往是主要的，所以大致上还是可以这样排列，即锰对回火时残余奥氏体的稳定性影响最大，其次是铬、镍等。硅有些例外，在含硅的钢中,尤其含硅超过一定量后,残余奥氏体在回火时极稳定,如在35CrMnSi中,要回火至500°左右,残余奥氏体才完全分解。

合金钢在 M_s 以下回火时,残余奥氏体将转变为马氏体。若 M_s 大于100℃,则随后还将发生马氏体的分解,形成回火马氏体。在 M_s 以上回火时,残余奥氏体可以发生三种转变:①在贝氏体形成区内转变为贝氏体;②在珠光体形成区内转变为珠光体;③如果钢中加入很多使残余奥氏体稳定的合金元素时,它可能在回火温度下完全不分解,只是在回火后冷却时由于马氏体温度的升高而转变为马氏体,此时称之为"二次淬火"。

回火时二次淬火的马氏体温度 M_s' 高于原来的 M_s,促使生成更多马氏体的去稳定化现象称为催化作用(3.5.3节)。在高速钢和高铬工具钢的热处理过程中都可以看到二次淬火的实例。

当过冷奥氏体有两个不稳定的温度区域时,残余奥氏体也会有两个转变最快的温度范围,实验证实了这一点,如图3.66所示。回火时用快速加热的方法加热至一定温度进行等温回火,残余奥氏体的分解动力学曲线上将出现两个最大值,但其温度低于过冷奥氏体分解最快时的相应温度,这可能是由于残余奥氏体处于不同的应力状态,同时迅速加热时,马氏体中可能已析出的碳化物有核心作用。在一般回火条件下,残余奥氏体随温度的升高而逐渐分解。

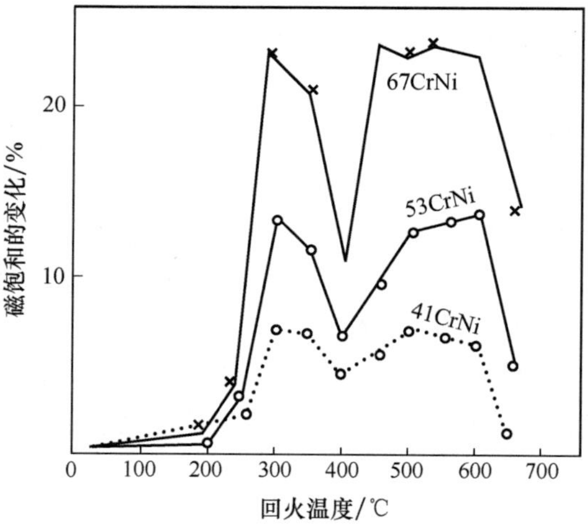

图3.66　含碳不同的铬镍钢(约1.4%Cr和3.5%Ni)等温回火时,磁饱和的变化[37]

3.8.4　合金元素对铁素体组织的影响

淬火钢回火时铁素体基体的回复和再结晶的进行将消除淬火时马氏体转变引起的强化,而且也使马氏体针状形态逐渐被多边形的晶粒所代替。这一过程类似于冷变形钢加热时所发生的变化。

合金元素对这一过程的影响可以通过下面的例子作间接的判断。将各种铁合金施以90%的冷加工变形,观察合金元素对其再结晶温度的影响,每加入1%(原子分数)的元素时,其再结晶温度的提高如表3.8所示。虽然马氏体转变引起的相的加工硬化程度(即再结晶温度提高)比表3.8所示的要低,但也可以作近似的估计。

表 3.8　合金元素对铁合金压缩 90%之后再结晶温度提高的影响[37]

温度	合金元素 1%(原子分数)						
	Al	Ni	Si	Cr	V	Mo	W
再结晶温度提高/℃	20	20	40	45	50	115	240

注:电解纯铁压缩 90%之后的再结晶温度为 520℃。本表原作者 Tammann。

可以看出,合金元素都可以提高 α 相的再结晶温度,因为一般合金元素都能提高铁原子的扩散激活能,但非碳化物形成元素影响的程度低于碳化物形成元素。钨、钼等元素对 α 相中第二类应力的消失和亚晶的长大起着显著的阻碍作用,使 α-Fe 的马氏体形态保持到更高的温度。几种合金元素综合作用的结果,提高 α-Fe 再结晶温度更显著。

钢在回火析出的碳化物颗粒将钉扎住晶界,也将阻碍 α 相的再结晶。所以钢中碳含量增高,α 相的再结晶趋于困难。碳化物形成元素如果溶入渗碳体而形成合金渗碳体时,将提高渗碳体的稳定性,如果能形成特殊碳化物,由于特殊碳化物生成时颗粒细小,又与 α 相保持共格,使 α 相保持较高的碳过饱和度,这将显著延迟 α 相的回复与再结晶,使 α 相处于较大的畸变状态。在这种状态下,钢的硬度、强度经过高温回火后仍可以保持较高的数值,即具有高的回火稳定性或回火抗力。

3.8.5　合金元素对碳化物转变的影响

非碳化物形成元素与碳不形成特殊碳化物,它们只是提高 ε 碳化物向 θ 碳化物转变的温度范围。而强碳化物生成元素(V、Mo、W、Ti 等)不但强烈推迟 ε 碳化物向 θ 碳化物的转变,而且还发生渗碳体向特殊碳化物的转变。

钢中加入合金元素后,随着回火温度的升高或回火时间的延长,将发生合金元素在渗碳体和 α 相之间的重新分配。碳在 α-Fe 中的扩散激活能远小于合金元素,扩散系数远大于合金元素。因此,在较低的温度下,合金元素原子尚不能扩散,只能形成仅需碳原子扩散的 ε 及 θ 碳化物。随温度的升高,合金元素原子活动能力的增加,碳化物形成元素不断向渗碳体中富集形成合金渗碳体$(FeM)_3C$,而非碳化物形成元素逐渐向 α 相中扩散。高于 500℃时,合金元素已具有足够的活动能力,故可以形成合金碳化物,从而可能发生渗碳体向特殊碳化物的转变。

特殊碳化物是怎样由渗碳体转变的?借助电子显微镜的观察,这种转变既可以是原位转变,即在铁素体和渗碳体边界生成特殊碳化物相,并且依靠渗碳体的消耗而长大,也可以独立形核长大,即特殊碳化物直接由基体中析出,同时渗碳体不断溶入基体中。独立形核的位置可以在晶内位错处,也可以在晶界和亚晶界处。独立形核长大转变的直接影响便是引起弥散强化,使硬度增高,如果这种效果超过了回火时马氏体分解引起的硬度的降低,则钢的硬度反而会上升,这种现象称为“二次硬化”。

钢中能否形成特殊碳化物,取决于所含合金元素的性质和含量、碳或氮的含量及回火温度和时间等条件。许多情况下,在回火过程中,都是渗碳体先生成亚稳碳化物,再转变为稳定的特殊碳化物。

含铬小于 4%的低铬钢淬火后回火过程中的碳化物转变属于原位转变。图 3.67 是一种含有 0.45%C 和 3.34%Cr 的钢在 700℃等温条件下,渗碳体原位转变为 Cr_7C_3 的情况。等温转变时首先得到铁素体和渗碳体组成的珠光体,继而发生有同一取向,呈短柱状

的 Cr_7C_3 直接在一片渗碳体中生成，新生成的 Cr_7C_3 短柱的直径为 40nm，长度为 120nm。

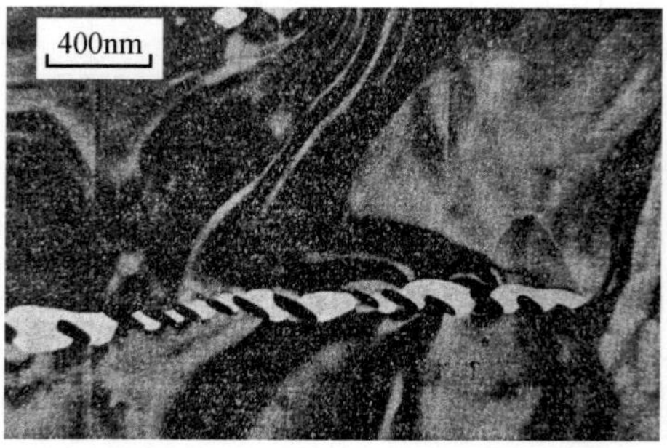

图 3.67　一排有相同取向的 Cr_7C_3 短柱在一片渗碳体中生成[74]

1050℃加热，油冷至 700℃，30min

图 3.68 为含 0.51%C、3.13Cr%钢的马氏体在 560℃回火过程中，碳化物成分和结构的变化。可以看出，回火过程中首先形成合金渗碳体，随着回火时间的延长，Cr 逐渐向合金渗碳体中富集，并趋于缓慢，达到饱和值(18%)，以后含量很快增加，这是渗碳体直接转变成 Cr_7C_3 的结果。有实验证明，铬在新生成的 Cr_7C_3 中的含量可以少到 28%，之后，Cr_7C_3 中的铬含量增加到 40%[75]。在含铬的钢中，这种碳化物转变在 500℃以上便开始，生成之后很容易长大，因此不能产生二次硬化，只是延缓硬度的下降，在 600℃时碳化物的直径约为 20nm，长度约为 50nm。在铬含量不超过 9%时，在回火曲线上不出现二次硬度峰值。

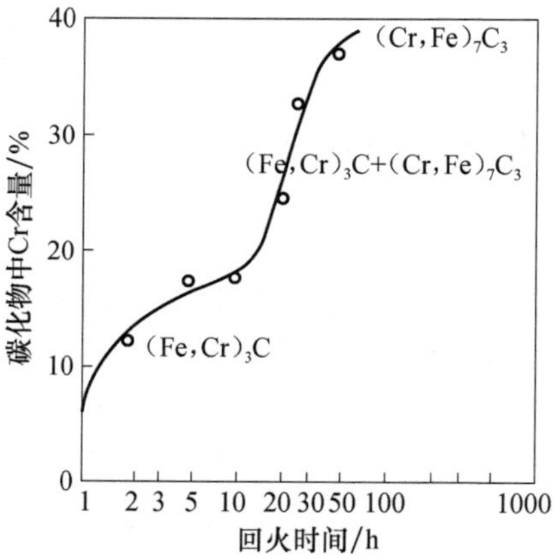

图 3.68　0.51%C、3.13%Cr 钢在 560℃回火时，与碳化物转变同时发生的成分转变[75]

在含铬较高的钢中，如含 0.14%C 和 12%Cr 的钢，曾观察到在回火时 Cr_7C_3 由渗碳体原位转变生成的同时也可能自基体中独立析出。这种单独生成的 Cr_7C_3 由于在成长初始阶段与基体保持部分共格关系，使钢在 600℃长时间回火时呈现微弱的二次硬化倾向[76]。延长在 500℃的回火时间，由于 Cr_7C_3 的粗化和含铬的 $M_{23}C_6$ 在原奥氏体晶界或铁素体晶界的生成，钢迅速软化。在更高温度回火时，Cr_7C_3 重新溶入，钢中最后只剩下稳定的 $M_{23}C_6$ 型碳化物。含铬钢经高温回火后剩下的稳定碳化物类型，取决于钢中 Cr 与 C 的原子比值(图 2.27)。而成分为 0.21%C 和 9.09%Cr 的钢，经高温淬火后在 400～550℃回火时，观察到同时存在 Cr_7C_3 的独立形核和渗碳体向 Cr_7C_3 原位转变。与此同时，渗碳体不断回溶。在 250～500℃范围回火 1h，硬度没有变化，但不出现二次硬化；回火温度超过 500℃后，钢迅速软化[77]。经高温淬火的 0.35%C-12%Cr 钢，在 500℃左右回火出现明显的二次硬化现象，可能主要是由于残余奥氏体的转变[78]。

钒是强碳化物生成元素，钢中含 0.1%V 即可生成 VC(实际成分接近 V_4C_3)。VC 在基体晶内的位错处形核，形成温度为 550～650℃。初形成的 VC 为薄片状，直径小于 5nm，厚度不超过 1nm，并产生显著的二次硬化峰。VC 与铁素体基体保持 Baker-Nutting 位向关系：

$$\{100\}_{VC}/\!/\{100\}_{\alpha},\quad \langle 100\rangle_{VC}/\!/\langle 110\rangle_{\alpha}$$

VC 与基体共格，$[011]_{VC}$ 和 $[010]_{\alpha}$ 的错配度仅为 3%，因而有比较高的稳定性。达到 700℃后，薄片状的 VC 迅速粗化并开始转变为球形。图 3.69 为含 0.3%C、2.1%V 的钢经 1250℃淬火后，在回火过程中，碳化物的成分和结构变化的情况。回火温度低于 500℃时析出的是合金渗碳体，钒含量很低。固溶的钒强烈阻止 α 相的继续分解，约有 60%的碳仍保留在 α 相中。在回火温度高于 500℃时，VC 才从 α 相中直接析出。回火温度进一步升高，VC 大量析出，渗碳体大量溶解。回火温度升高至 700℃时，渗碳体全部溶解，碳化物全部转变为 VC。在含钒钢中，高温回火后的碳化物是否全是 VC，应视钢中碳与钒的含量而定(图 2.29)。

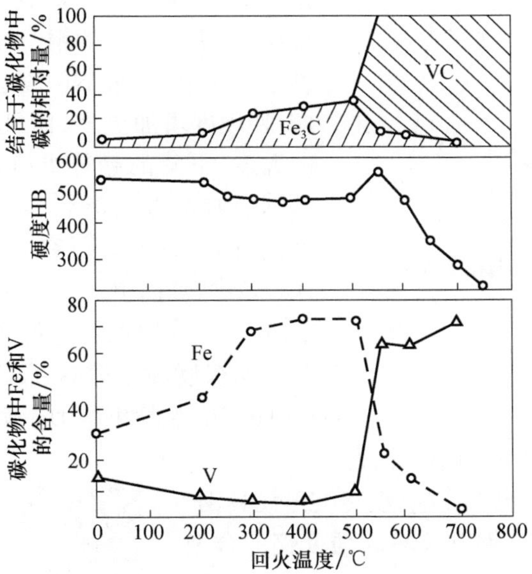

图 3.69　含 0.3%C、2.1%V 的钢回火温度对碳化物成分和结构的影响[68]

1250℃水淬，回火 2h

Mo、W 碳化物的稳定性介于 Cr、V 碳化物之间。钢中 Mo、W 含量不高(0.5%～2%)时，在淬火后回火的过程中，将发生如下的碳化物转变：

$$(Fe、M)_3C \rightarrow M_2C \rightarrow M_{23}C_6 \rightarrow M_aC_b \rightarrow M_6C$$

M_2C 在 550℃最先在基体中位错处形核，析出时沿 $\langle 100\rangle_{\alpha}$ 呈细杆状，长 10～20nm，直径 1～2nm，与基体保持如下共格关系：

$$(0001)_{M_2C}/\!/(011)_{\alpha},\quad [11\bar{2}0]_{M_2C}/\!/[100]_{\alpha}$$

这种碳化物的析出产生显著的二次硬化，M_2C 比较稳定，不容易长大，直到 600℃以上，才开始较快地长大。M_2C 还可以在原奥氏体晶界和板条界形核。在 700℃长时间回火时，将在晶界析出具有面心立方点阵的 M_6C，M_6C 形成后很快长成大颗粒，M_2C 重新溶入基体。在 M_2C 向 M_6C 转变过程中还会出现两种亚稳的过渡析出物 $M_{23}C_6$ 和 M_aC_b(可能

为 Fe_2MC)[3]。

Mo、W 含量为 4%～6%时,在淬火后回火过程中将由 M_2C 直接转变为 M_6C,不再出现 $M_{23}C_6$ 和 M_aC_b。

图 3.70 比较了回火时含铬、钼、钒的钢的硬度的变化。由于这些钢的碳含量低,淬火后在液体空气中处理,便免除了残余奥氏体分解的影响。由图可以看出,钼、钒都可以在 500～600℃产生明显的二次硬化现象,只是在更高的温度下,硬度才明显下降,而铬未能引起二次硬化,只是在 300～500℃,延缓硬度的下降,500℃以上,硬度急剧下降。这种不同的影响显然和本节前面所述碳化物转变的方式和析出的碳化物的本质有关。

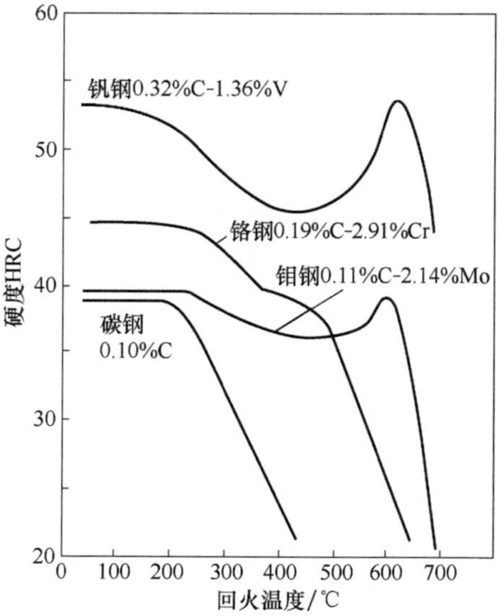

图 3.70　钒钢、钼钢、铬钢在回火时硬度的改变[75]
回火时间 1h

其他如钽、铌、钛的碳化物也是由基体中直接析出的,但是在更高的温度下,尺寸更小。如果在含 Mo、W、V 的钢中加入少量的更强的碳化物生成元素 Ta 或 Nb,则进一步加强二次硬化效应,使硬度增加更多,而最大的硬度出现在更高的温度,下降的趋势更缓慢[77]。例如,含 1%V 的钢中加入约 0.05%Ta,则最高硬度出现的温度提高至 650℃。研究工作表明,微量的 Ta 溶入 VC 中,提高了 VC 的稳定性,加强了二次硬化效应。Ta 的加入量增加至 0.25%,在高温回火时发现有痕迹极细的 TaC 析出[77]。图 3.71 为含 0.2%C、4%Mo、0.1%Nb 的钢经 700℃回火 6h 的薄膜透射电镜组织,粗的杆状碳化物为 Mo_2C,在位错上析出的细小颗粒为 NbC[3]。

二次硬化效应目前已在高速钢、冷变形模具钢、某些铁素体-珠光体耐热钢以及超高强度钢的合金化方面得到了广泛的应用。

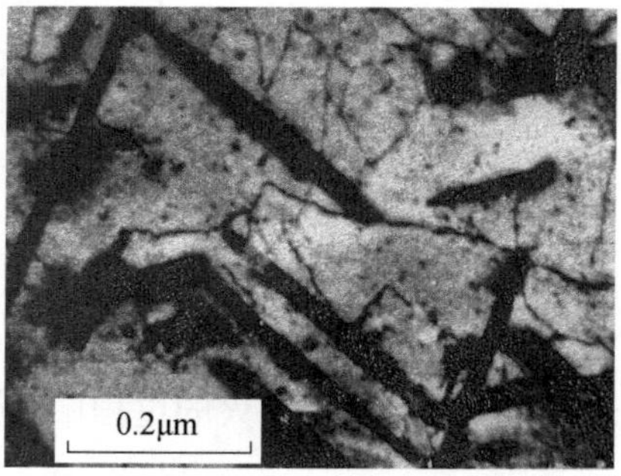

图 3.71　Fe-0.2%C-4%Mo-0.1%Nb 钢 700℃回火 6h 后获得的电镜组织[3]
本图原作者 Irani

如果钢中生成几种特殊碳化物,则回火时生成哪种碳化物取决于钢中的合金元素和碳的原子比(M/C),比值高则析出碳化物中的 M/C 也高。表 3.9 为含有不同 W/C 原子比的钢在回火过程中碳化物的析出和转变过程。含钨的钢中 M/C 增高时,析出的碳化物将依次为 $Fe_{21}W_2C_6$、WC、Fe_4W_2C、W_2C。在析出了第一种特殊碳化物以后,基体中的 M/C 降低,如果析出第二种特殊碳化物时,则此碳化物中的 M/C 要低些。例如,$Fe_{21}W_2C_6$ 出现在 Fe_4W_2C 之后,Fe_4W_2C 出现在 W_2C 之后,在长期回火之后将转变为在该温度下稳定的碳化物(由状态图决定),同时还进行碳化物的聚集。在钨钢和钼钢中能产生二次硬化的碳化物是 M_2C 型的,其他类型的碳化物不能引起二次硬化。还要注意回火时所生成的特殊碳化物往往与奥氏体等温转变时所生成的碳化物不同。例如，含有 0.54%C 及 0.82%Mo 的钢，700℃回火时生在的碳化物是 Fe_3C 和 Mo_2C，而 700℃等温分解时生成 $Fe_{21}Mo_2C_6$。这是因为 700℃奥氏体等温分解时，铁、钼原子有相当大的扩散速率能够聚集在一起生成 $M_{23}C_6$，但回火时经过低温先析出了 Fe_3C，使基体中碳原子减少，增加了基体中的 Mo/C 原子比，所以 700℃时可以析出含钼高的 Mo_2C。

表 3.9　钨钢中碳化物的析出和转变过程(1300℃淬火，700℃回火)[79]

序号	C含量/%	W含量/%	W/C原子比	不同回火时间析出碳化物的 X 射线分析						
				3min	10min	1h	5h	25h	500h	2000h
1	0.98	0.49	0.033	Fe_3C	—	—	Fe_3C	$Fe_3C+M_{23}C_6$	—	Fe_3C+WC
2	1.16	1.16	0.065	Fe_3C	—	Fe_3C	Fe_3C+WC	Fe_3C+WC	—	Fe_3C+WC
3	0.65	1.50	0.15	Fe_3C	—	Fe_3C	Fe_3C+WC	Fe_3C+WC	—	Fe_3C+WC
4	0.89	2.62	0.19	Fe_3C	—	Fe_3C+M_6C	Fe_3C+M_6C+WC	Fe_3C+WC	—	Fe_3C+WC
5	0.55	1.96	0.23	Fe_3C	—	Fe_3C+M_6C	Fe_3C+M_6C+WC	Fe_3C+WC	—	Fe_3C+WC
6	0.59	3.62	0.40	Fe_3C	—	Fe_3C+M_6C	$M_6C+Fe_3C+M_{23}C_6+WC$	$M_{23}C_6+M_6C+WC$	$WC+M_{23}C_6$	$WC+Fe_3C$
7	0.60	6.12	0.67	Fe_3C	—	Fe_3C+M_6C	$M_6C+Fe_3C+M_{23}C_6+WC$	$M_{23}C_6+M_6C+WC$	$WC+M_{23}C_6$	$WC+Fe_3C$
8	0.27	5.45	1.32	W_2C*	W_2C+M_6C	M_6C	$M_6C+M_{23}C$	M_6C+WC	$WC+M_6C$	$WC+M_6C$
9	0.34	8.15	1.57	W_2C*	W_2C+M_6C	M_6C	$M_6C+M_{23}C$	M_6C+WC	$WC+M_6C$	$WC+M_6C$
10	0.32	9.56	1.96	W_2C*	W_2C+M_6C	M_6C	M_6C	M_6C+WC	M_6C+WC	M_6C+WC

* 低温回火时，Fe_3C 先于 W_2C 生成。

上面已经指出，碳钢中碳化物的聚集在 400℃已开始，加入合金元素后对碳化物开始聚集的温度和进行的速率有很大的影响，因为碳化物的聚集速率取决于析出相的稳定性、基体间的原子结合力、碳原子和合金元素的扩散速率。加入铬、钼、钨等都会提高碳化物开始聚集的温度。图 3.72 所示为一些合金元素在高温回火时对碳化物聚集速率的影响。非碳化物形成元素镍和钴都有促进碳化物长大的倾向，而硅与碳化物形成元素则有阻碍碳化物长大的倾向。在碳化物形成元素中，锰的作用最弱。

3.8.6　合金元素对回火稳定性的影响

由于不同合金元素对回火过程的影响很不相同，它们对回火稳定性的影响也有很大的差异。

在低温回火时非碳化物形成元素(除硅外)对淬火碳钢的硬度影响比较小。图 3.73 所示为在碳含量相同时，不生成碳化物的元素对淬火钢回火稳定性影响的示意图。图中的曲线 1 表示碳钢，曲线 2 为硅对回火稳定性的影响。在低温回火时，硅因为比其他元

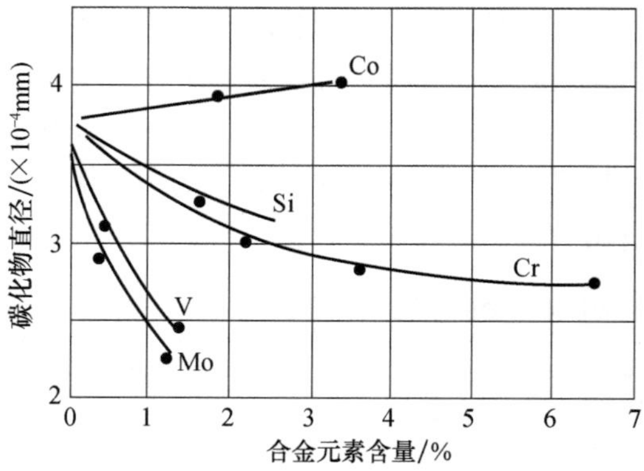

图 3.72　高温回火(700℃,1h)时,合金元素含量对碳化物尺寸的影响[73]

素更能阻止碳的析出(表 3.7),所以能增加回火稳定性,温度继续增加时,除了这种影响依然存在外,还要考虑对碳化物弥散度的影响,硅能阻碍碳化物的聚集。高温回火时,马氏体分解已结束,硅几乎完全进入铁素体,所以这时硬度的提高是由于铁素体的强化和碳化物弥散程度的增加。其他不生成碳化物的元素,如镍,对于马氏体的分解几乎没有影响,因此不能增加低温回火稳定性(曲线 3)。在中温和高温时的稳定性取决于它们强化铁素体的程度和对碳化物弥散度的影响。弱碳化物生成元素,如锰,或加入少量的铬时,影响与此相似。

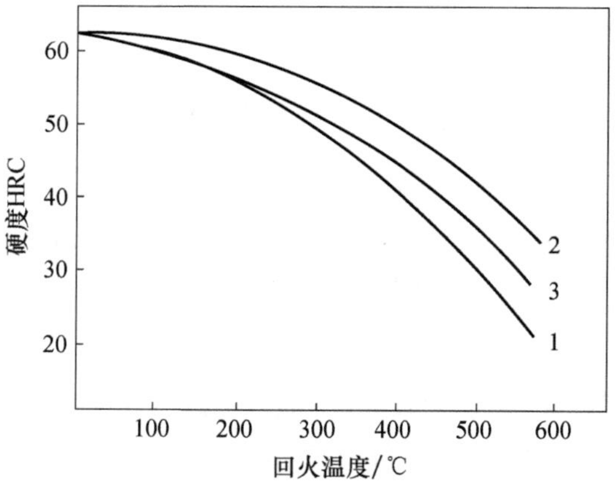

图 3.73　加入不生成碳化物元素时,淬火钢在回火时的硬度变化[37]

钢中加入生成碳化物的合金元素时,能略增加低温回火稳定性,因为这些元素虽然延缓碳的析出,但同时也减少了析出碳化物的数量。提高回火温度时,回火稳定性的增加不仅是由于延缓了马氏体的分解,而且还要考虑到特殊碳化物的析出和碳化物的聚集速率比较慢的影响。如果析出较多的细小碳化物还可能引起二次硬化,如图 3.74 中曲线 2 所示,图中曲线 1 表示碳钢。加入合金元素的作用如果足够强或者加入几种此类合金元素时,则二次硬化的作用可能很强,使硬度接近或超过淬火后马氏体的硬度,如曲线 3 所示。高温回火时,还要考虑合金元素的固溶强化作用。

从以上所述可以看出,当钢中综合加入多种合金元素以后,有可能使钢的回火稳定性大大提高。当钢中残余奥氏体不多时,它在回火时的分解不致影响上述硬度变化。

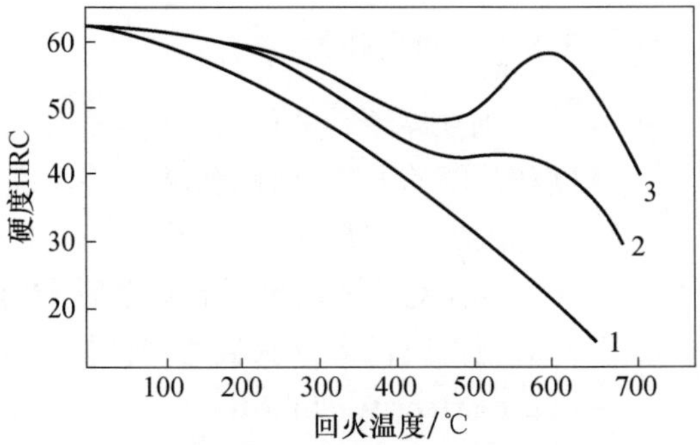

图 3.74　加入碳化物形成元素时,淬火钢在回火时的硬度变化[37]

钢的回火过程既与温度有关,又与回火温度下的保持时间有关。Holloman 和 Jaffe 在 1945 年确立了在回火过程中时间和温度的相关性,认为可以采用主回火曲线(master tempering curves),利用参数 M 显示任何温度时间的结合与获得的硬度之间的关系[80]。M 表示为

$$M = T(c + \log t) \tag{3.56}$$

式中,T 为热力学温度;c 为一常数;t 为时间,以小时计算。对于不同的钢种,c 的数值介于 12 至 25 之间。对于多种钢,c 值可取 20。采用单一常数,便于比较不同钢种的主回火曲线。可以用图 3.75 说明主回火曲线的应用[81],图中对一种高碳高铬钢,在每一奥氏体化温度条件下,用硬度与回火参数 M 分别作为纵横坐标绘出一条主回火曲线。可以看出,在奥氏体化温度比较低(954℃)时,随回火温度的升高只出现硬度的延缓下降,而在奥氏体化温度比较高(1010℃)时,将出现二次硬化现象。这一方面是由于回火时的催化作用使大量残余奥氏体在回火后冷却时转变为马氏体,另一方面是由于特殊碳化物的析出。

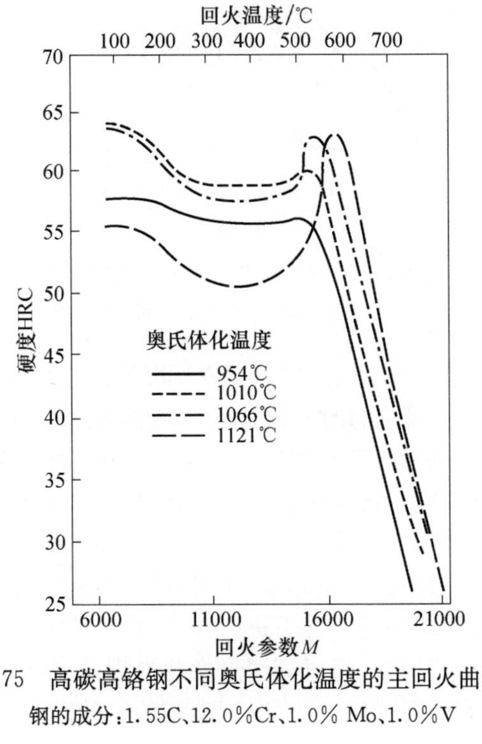

图 3.75　高碳高铬钢不同奥氏体化温度的主回火曲线[81]

钢的成分:1.55C、12.0%Cr、1.0% Mo、1.0%V

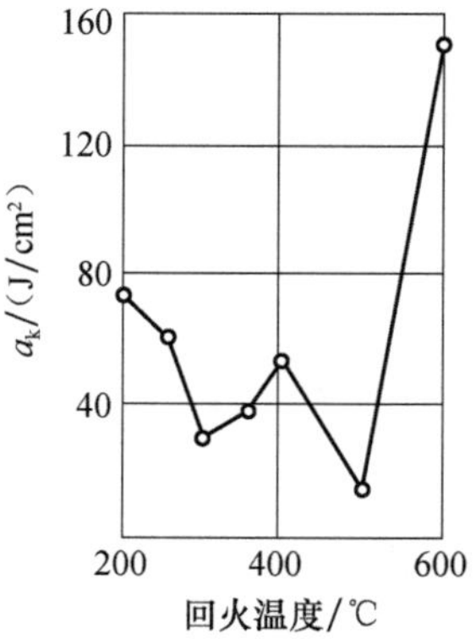

图 3.76　铬锰钢的回火脆性[68]
在 830℃淬火，回火 10h 后在水中冷却；成分：0.21%C、0.45%Si、1.50%Mn、1.58%Cr
本图原作者 Schrader 等，发表于 1950 年

3.8.7　回火脆性

钢在淬硬后进行回火时，随着回火温度的升高，以及硬度和强度的下降，韧性和塑性将不断提高，但在两个回火温度范围内却出现了脆性(图 3.76)。一个温度范围是 250～400℃，在此范围内出现的脆性叫做第一类回火脆性、不可逆回火脆性或低温回火脆性，亦称为回火马氏体脆性(tempering martensite embrittlement，TME)。另一个温度范围是 400～650℃，在此温度范围内出现的脆性一般称之为第二类回火脆性、可逆回火脆性或高温回火脆性，或简称为回火脆性(tempering embrittlement，TE)。

3.8.7.1　不可逆回火脆性

不可逆回火脆性主要表现在回火温度为 250～400℃时，室温冲击韧度(a_k)下降，断裂韧度降低，塑性也可能略有降低，断口大多为晶间断裂，但也可穿过马氏体板条断裂，或沿板条边界断裂。韧性的降低实际上是由于提高了韧脆转变温度(图 3.77)，并且这种冲击韧度的降低与韧脆转变温度的升高与最大晶间断裂的比例同步。回火后的冷却速率对这种回火脆性没有影响。

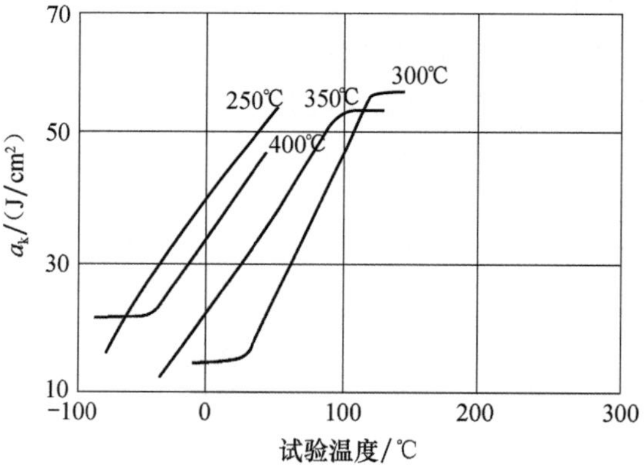

图 3.77　20CrMn 钢的冲击韧度随回火温度的变化[82]
1100℃在油中淬火，图中数值为回火温度

这种回火脆性在回火至 400℃以上时将消失，除非经过再次淬火，因此是不可逆的。在 250～400℃温度范围增加保持的时间同样可以看到脆性的发生，图 3.78 表示出不可逆回火脆性发展的动力学，随回火延续时间的增加，冲击韧性达到一个最小值，以后又开始增加。不可逆回火脆性只有在淬火得到了马氏体或下贝氏体时才会发生，不过在下贝氏体组织中脆性过程的发展比在淬火后得到马氏体组织中要慢得多。

奥氏体晶粒越粗大，残余奥氏体量越多，不可逆回火脆性越严重。将高温时的奥氏体进行塑性变形并在来不及再结晶的条件下进行淬火(称之为高温形变热处理)可以减弱不可逆回火脆性、降低韧脆转变温度，经过高温形变热处理后，组织显著细化。

所有钢，包括碳钢都有不可逆回火脆性，但碳钢的这种回火脆性只有用扭转冲击试验

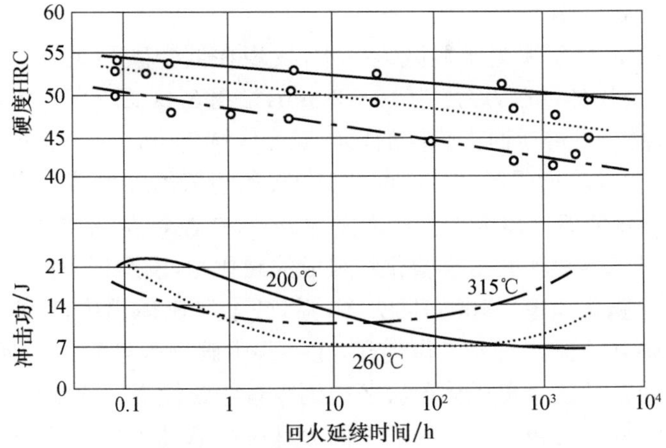

图 3.78　不可逆回火脆性发展的动力学[37]

本图原作者 Klingler 等，发表于 1954 年，图中数值为回火温度

钢的成分：0.41%C、0.91%Mn、0.32%Si、0.48%Cr、3.31%Ni，815℃淬水

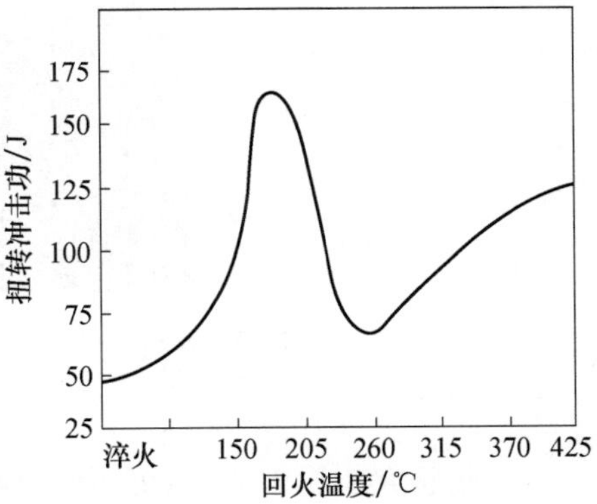

图 3.79　碳钢(1.10%C)的扭转冲击功与回火温度的关系[81]

淬火温度 788℃，盐水，700r/min 冲击试验

本图原作者 Palmer 等，发表于 1948 年

才能显示出来(图 3.79)。在合金钢中，碳含量的增加将加强不可逆回火脆性；Cr、Mn、Ni 都增加不可逆回火脆性；Si 也是增加不可逆回火脆性的元素；Mo、W、V、Ti 等由于可使晶粒细化，可以减小冲击韧性降低的程度；加入少量的铝(约 0.1%)也由于同样原因减弱回火脆性；S、P、As、Cu、N 等都是有害的杂质元素，易在晶间偏析，促进不可逆回火脆性的发生。

合金元素对不可逆回火脆性的温度范围也有不同的影响。在碳钢中，回火脆性的温度范围为 250～300℃，锰、镍、铜、钒等对温度范围的影响不大(250～400℃)；硅的影响最为显著，加入 1%～1.5%Si 可以使不可逆回火脆性的温度提高，在 300～320℃开始延迟至 400～450℃；铬、钼、钨的影响次之，使回火脆性的温度范围移至 300～400℃；同时加入硅和铬可以使不可逆回火脆性的开始温度提高至 350～375℃。

对于不可逆回火脆性的本质，有许多不同的理论[83]，目前，还没有统一的理论可以说明不同钢种的回火马氏体脆性问题。

最初曾把不可逆回火脆性产生的原因归之为残余奥氏体的分解。因为第一类回火脆性发生的温度范围正好是回火时残余奥氏体转变比较剧烈的温度区间。这一理论可以解释 Cr、Si 等元素将不可逆回火脆性推向高温的现象。但是实验证实，某些碳含量比较低(0.15%C)的合金结构钢淬火后，钢中的残余奥氏体量少，或者淬火后用冷处理的方法消除了残余奥氏体，经 200～350℃回火，仍然出现冲击韧性急剧下降的现象。

很早就有人把不可逆回火脆性和碳化物的沉淀相联系。在不可逆回火脆性的温度范围内，碳化物薄层优先在奥氏体晶界或马氏晶界上沉淀，并发生 ε 碳化物向 θ 碳化物的转变,促使裂纹容易在这些地方形核。

Thomas 等利用高分辨率电子显微镜技术,发现在低中碳马氏体板条间普遍存在着富含碳原子的残余奥氏体薄膜,厚度为 10～20nm,如图 3.80 所示[84],其分解温度范围一般为 200～400℃,恰与不可逆回火脆性的发生温度区域重合。对一些低中碳合金结构钢进行的试验表明[84～86],淬火后经 200℃回火 1h,板条间依然保持残余奥氏体薄膜,300～400℃回火 1h,部分残余奥氏体因热失稳而发生分解,在板条界、束界(或片状马氏体的孪晶界)出现连续的呈二维片状并由 θ 碳化物组成的硬化相,以及板条内分布的 ε 和 θ 相的共同作用,导致出现脆化现象。400℃回火 1h 后,残余奥氏体消失,θ 碳化物开始球化和变粗,回火脆性亦随之消失。研究工作发现,在一些中碳高强度钢中,300～350℃回火一定时间后,板条间尚存的残余奥氏体薄膜还会因少量的塑性变形而出现力学失稳,发生形变诱导马氏体转变,构成沿板条间分布的未回火马氏体薄膜,它与已析出的 θ 碳化物均处于板条间的位置,导致钢的脆化[87]。因此,残余奥氏体薄膜的分解与转变是引起不可逆回火脆性的机理之一。残余奥氏体薄膜理论实际上包括了薄层碳化物沉淀理论。

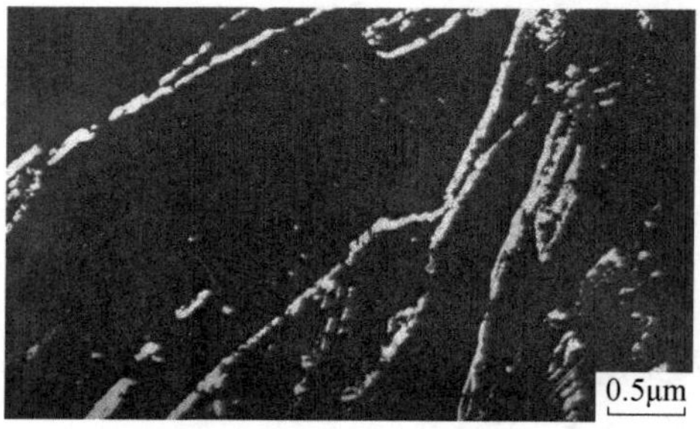

图 3.80　0.3%C-1%Cr-1%Mo 钢 870℃淬火后的 TEM 暗场像[84]

板条间残余奥氏体呈白色

一些研究工作表明,不可逆回火脆性的发生与杂质元素在原奥氏体晶界上的偏聚有关[87]。高纯度的实验用钢不出现回火马氏体脆性,250～400℃回火后断裂时仍以穿晶断裂为主;而同样成分的商业用钢却出现明显的回火脆性,沿晶断裂量随钢中杂质总含量的增加而增加。这只能用杂质在原奥氏体晶界上的偏聚来解释。因此,奥氏体化时杂质元素 P、S 等在晶界、亚晶界的偏聚导致晶界结合强度的降低,是引起不可逆回火脆性的原因。Si 不偏聚于晶界,但促进 P、S 向晶界偏聚。Mn 伴随 P、S 偏聚,促进它们偏聚于晶界。Mo、W、Ti 等元素能阻止杂质元素在晶界的偏聚,可以减弱不可逆回火脆性的发展。

上述不同的理论都有其实验依据。不少学者认为,不同钢种的不可逆回火脆性问题只能具体分析,各自解说,其机制很可能是几种因素综合作用的结果[83,86]。Ritchie 等研究低合金超高强度钢的不可逆回火脆性时,根据出现不可逆回火脆性时的断裂方式,用不同的脆化机制,予以解说,如图 3.81 所示。当残余奥氏体和杂质元素含量均较小时,在回火过程中沿晶界和板条间析出渗碳体,其中板条间碳化物为板条间残余奥氏体热失稳分解产物,主要断裂是渗碳体受拉伸作用而发生的穿晶断裂(图 3.81(a))。当钢中存在有较多残余奥氏体时,在板条间将出现应变诱导的未回火马氏体层和 θ 碳化物的析出进而导致脆化,出现沿板条间界的断裂(图 3.81(b))。当钢中含有较多的杂质元素或晶粒粗大,杂质元素,特别是磷易于向晶界偏聚,晶界渗碳体沉淀和杂质元素偏聚的共同作用导致沿晶界的断裂(图 3.81(c))[86]。

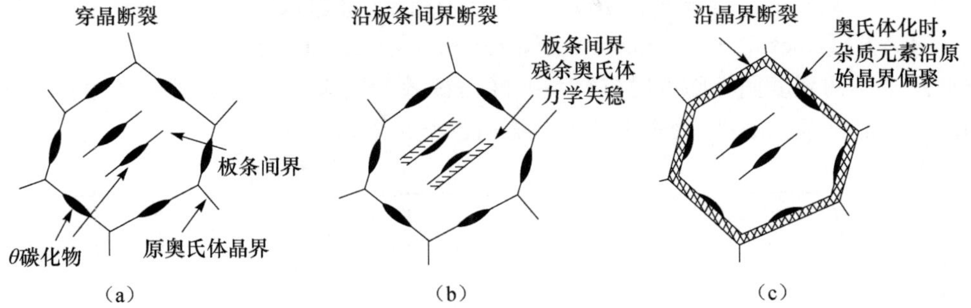

图 3.81 不可逆回火脆性断裂机制示意图[86]

目前还没有有效的方法消除不可逆回火脆性，常常不得不避免在此温度范围内回火。因此，结构钢淬火后或者在低温下回火以得到高的强度特性，或者在高温回火以得到高韧性和塑性的索氏体，因而得不到较好的强度和塑性的配合。

由于钢的力学性能指标对这类回火脆性的敏感程度不同，工件的服役条件千差万别，对于应力集中不大，承受的应力状态对回火脆性不敏感的工件可以在不可逆回火脆性温度区域回火使用，如某些冷冲、冷挤用的模具[88]。中间回火温度(300～400℃)也用于要求高的弹性极限的弹簧钢。

为了减弱不可逆回火脆性的影响，可以采取一些措施：冶炼上采用炉外精炼、真空冶炼、电渣重熔等技术以减少钢中的有害杂质；加入铝(0.1%)或钛等以细化晶粒；提高其发生的温度范围(如铬硅钢)；工艺可采用形变热处理、亚温淬火以减小晶粒度，进行完全的等温淬火以得到下贝氏体组织或回火时进行快速加热短、时保温使引起脆性的热扩散过程来不及发展。

3.8.7.2 可逆回火脆性

1885 年，可逆回火脆性(回火脆性)首先在铬镍钢中被发现。在调质过程中，发现高温回火后如果冷却得缓慢，室温冲击韧性比在回火后迅速冷却条件时要低得多。除了冲击韧性降低以外，其他重要的物理和力学性能看不出什么变化。此后一百多年来对回火脆性进行了广泛而大量的研究。回火脆性的一些基本特征如下。

回火脆性发生的温度范围为 400～650℃。对回火脆性敏感的钢在此温度范围内等温停留或者自较高温度缓慢冷却经过此温度范围时都可以引起回火脆性的发展。然而在此温度范围内，除了可能发生回火脆性以外，还会由于回火过程本身而引起性能的变化。为了把回火过程本身与回火脆性过程区别开来，可以先将试样在 650℃以上温度回火后然后迅速冷却(韧性状态)，此时回火过程本身已进行得比较充分。然后将处于韧性状态的试样置于 400～600℃中间温度进行不同时间的停留(脆性状态)，这种处理方式称之为脆化。此时可以比较清晰地单独研究回火脆性的发展过程，而将回火过程本身的影响分离开。回火脆性发展的程度过去常根据室温下冲击韧度的降低程度来衡量，以回火脆性敏感性系数 α 表示，$\alpha=(a_k)_{快}/(a_k)_{慢}$。后来的许多研究工作指出，应当进行系列冲击试验，根据从韧性状态变为脆性状态时，韧脆转变温度 T_c 的移动程度 ΔT_c 来判断回火脆性的发展程度。由图 3.82 可以看出，根据室温冲击韧度判断回火脆性只是在第一种情况下才是正确的,而在其他两种情况下会给出错误的论断。现在在研究回火脆性时都采用 ΔT_c 作为判断的标准。韧脆转变温度 T_c 通常采用 50%脆性断口对应的断口形貌转变温度 50% FATT(fracture appearance transition temperature)表示。图 3.83 表示某种成分的钢在发生不同程度回火脆性时进行系列冲击试验的结果。当出现回火脆性时,冲击试样的断口呈晶间脆性断裂,处理成韧性状态时的脆性断口为穿晶的。

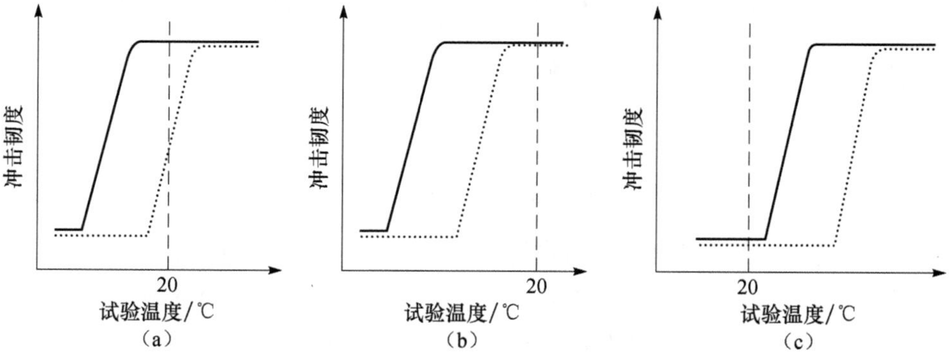

图 3.82　发生回火脆性时冲击韧度随试验温度变化的几种可能性

——韧性状态;……脆性状态

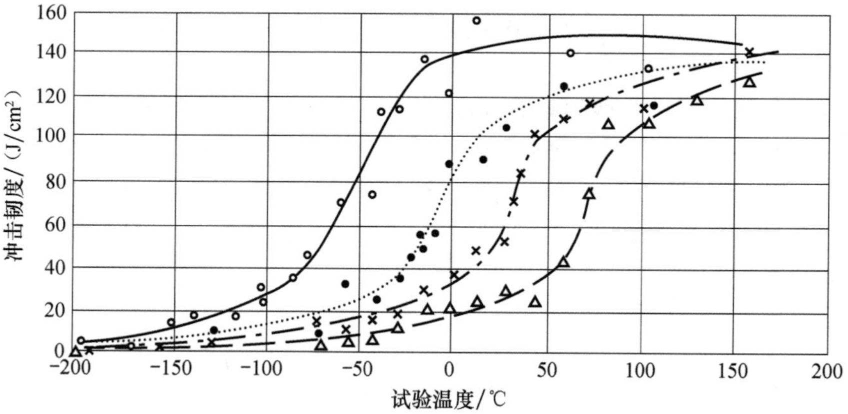

图 3.83　不同冷却速率对冲击韧度的影响[68]

热处理:850℃油冷,625℃回火 1h,不同冷却速率:∘水;

• 660℃/h;× 100℃/h;△ 9℃/h

本图原作者 Baeyertz 等,发表于 1949 年

在图 3.84 中,根据脆化与未经脆化的样品的韧脆转变温度的移动程度 ΔT_c,亦称为脆化度,表示回火脆性发展的动力学。由图可以看出,脆化过程在 525℃附近进行得最剧烈,发展的速率在最初阶段进行得比较快,但随时间的增长而逐渐减低,575℃时虽然脆化过程进行得很快,但迅速达到最大值,以后又开始减小。这种随保温时间的延长,脆化程度减小的现象称为过时效(overaging)。图 3.85 表示几种对回火脆性比较敏感的钢淬火后在 500℃等温保持不同时间后冲击韧度的变化,可以看出,经若干时间以后冲击韧度值又开始增加。各种钢的回火脆性动力学曲线虽不完全相同,但基本情况是类似的。

这类回火脆性的一个重要特征是它的可逆性,即经过脆化处理的钢在 600℃以上进行高温回火并迅速冷却可以恢复其韧性,重新又在 400~600℃长时间停留又引起回火脆

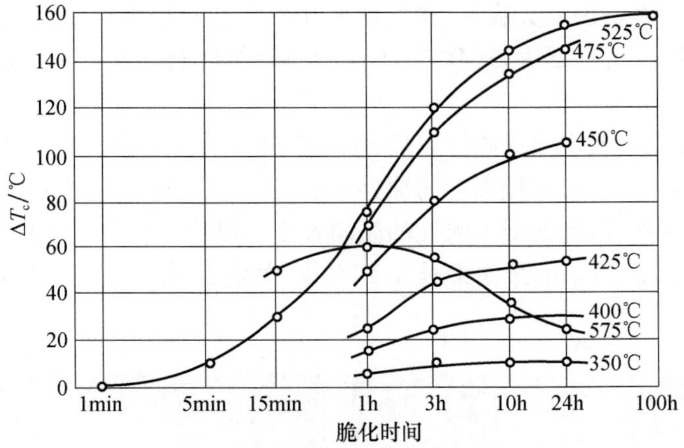

图 3.84　铬钢在不同温度下脆性过程发展的动力学曲线[68]

钢的成分：0.25%C、0.32%Si、0.30%Mn、0.016%S、0.044%P、1.38%Cr

热处理方式：875℃油冷，650℃回火 1h 水冷（韧性状态），此时的韧脆转变温度为−5℃

本图原作者 Vidal，发表于 1945 年

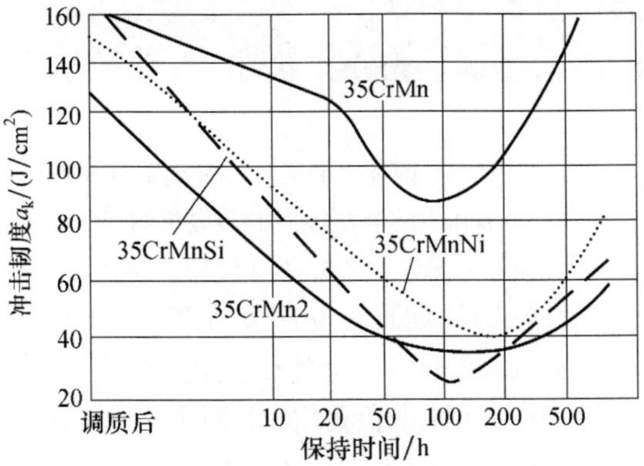

图 3.85　500℃回火不同时间对冲击韧度的影响[89]

性，可以如此重复多次，但脆性的发展程度逐渐减少。

回火脆性不仅在淬火钢中出现，在组织为其他奥氏体转变产物时也可以发生，而且也是可逆的。表 3.10 比较了 35CrNi3 钢经 850℃奥氏体化后不同转变产物对回火脆性的敏感性。由此可见，回火脆性在非淬火钢中也可以发生，但程度较小。

表 3.10　35CrNi3 钢经 850℃奥氏体化后不同转变产物对回火脆性的敏感性[90]

处理条件	硬度 HV	T_c/℃	ΔT_c/℃
860℃奥氏体化，移至 620℃分解 24h，水冷＋650℃，30min，水冷	214	＋70	—
同上＋500℃，32h	210	＋121	51
850℃奥氏体化，移至 350℃分解 24h，水冷＋650℃，30min，水冷	257	＋53	—
同上＋500℃，32h	253	＋162	109
850℃奥氏体化，油淬＋650℃，1h，油冷	280	−59	—
同上＋500℃，32h	—	＋137	196

注：钢的成分：0.33%C、0.59%Mn、0.037%P、0.031%S、0.27%Si、2.92%Ni、0.87%Cr。

提高淬火温度将增加回火脆性，显然回火脆性的加剧是由于晶粒增大引起的。高温形变热处理可以减少可逆回火脆性的敏感程度、降低韧脆转变温度和提高室温下的冲击韧性。

很早已经观察到，发生回火脆性以后，原奥氏体晶界对许多苦味酸溶液(最简单的是苦味酸的饱和水溶液)显示出较高的腐蚀性(图 3.86)[91]。因此，常常使用这类腐蚀剂比较脆化及未脆化的钢，以判断回火脆性的倾向大小。以后的研究工作指出，在有些钢中出现回火脆性时，断裂可以沿着铁素体组织中的大角度晶界进行，而非沿原始奥氏体晶界[92]。

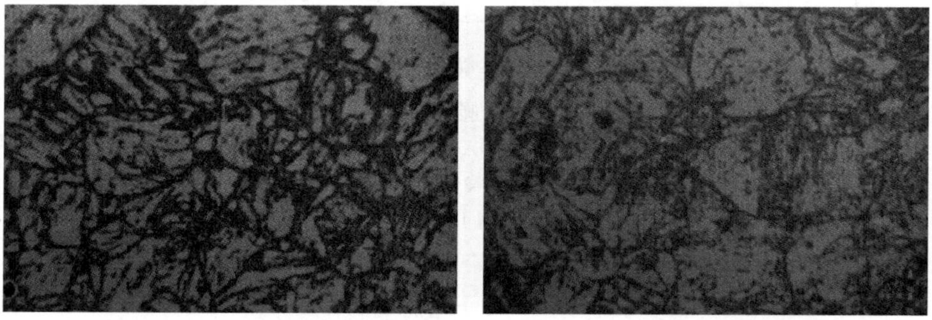

(a)　　(b)

图 3.86　20CrMn2 钢发生回火脆性和消除回头脆性后，经苦味酸的饱和水溶液浸蚀后的显微组织[91]　200×

(a) 淬火后 650℃回火后快冷+500℃，300h；(b) 同(a)+650℃，1h，水冷

前面已经指出，回火脆性使钢的韧脆转变温度提高，即增加了钢的脆断倾向，而室温下的其他力学性能指标 σ_s、σ_b、ψ 及 δ 并没有什么变化。但是许多研究工作指出，在塑性变形不易进行的条件(缺口、低温和冲击负荷等)下便可以看到回火脆性降低塑性和强度的现象。回火脆性的力学本质是由于削弱了晶界的联系使正断抗力 S_k 降低，因而增加了脆断倾向。对 30CrMnSiA 钢的光滑试样在液氮(−196℃)中进行了静拉伸试验，经过脆化的试样的断裂完全为脆性的，$S_k=\sigma_b=1330\sim1420$MPa，$\psi=0$；而韧性状态试样在同样试验条件下尚显示有较大的塑性 $\psi=35\%\sim40\%$和 $S_k=2100\sim2350$MPa[93]。

不同的钢具有不同的回火脆性倾向，这主要取决于钢的化学成分，而且微量的杂质往往会有显著的影响。

很纯的碳钢不显示回火脆性。在合金钢中，微量碳的存在是产生回火脆性的必要条件，碳含量大约在 0.003%(相当于 500℃时碳在 α-Fe 中的溶解度)以上才有可能产生回火脆性。碳的影响和钢中的磷含量有密切关系，但仅含有碳和磷(指很纯的钢)还不足引起回火脆性，如含有 0.12%C 和 0.036%P 的钢不显示回火脆性。一些学者认为一定数量的碳化物形成元素的存在是产生回火脆性的必要条件[91]。在一般方法冶炼的合金钢中提高碳含量时将略增加回火脆性。

单独的铬不会引起回火脆性，如磷含量极微，仅为约 0.002%时，含铬 5%甚至 10%都不会引起回火脆性，但含有杂质(尤其是磷)时，含 1%Cr 的钢也可能出现回火脆性。因此有时 40Cr 钢也会有回火脆性。

在很纯的碳钢中，Mn 含量超过 1.5%时便增加回火脆性，但是这种影响仍与钢中的磷

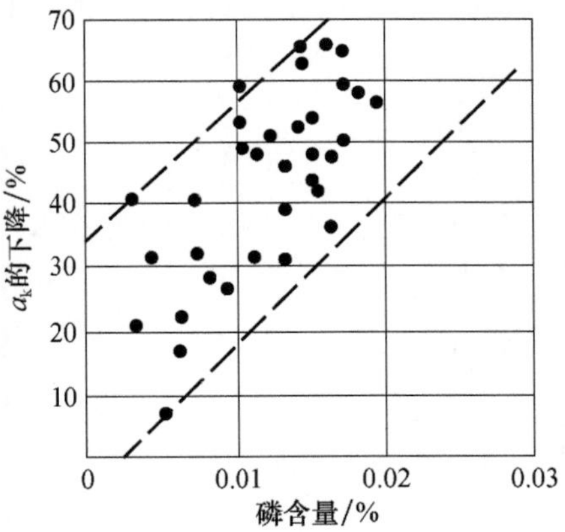

图 3.87 不同磷含量对锰钢(0.45%C，1.7%Mn)500℃回火 120h 后冲击韧度下降的影响[91]

预先经过调质(800℃淬火，600℃回火后油冷)本图为 35 个炉次统计结果，原作者 Bennek，发表于 1935 年

含量有关。图 3.87 所示为磷含量对锰钢经过脆化处理的冲击韧度下降的影响。钢中同时含有锰和铬可以加剧回火脆性。

很早已经注意到，钢中磷含量的变动对合金结构钢的回火脆性有显著影响。例如，在含有锰、铬、锰铬、铬镍、铬镍钼等的钢中，磷含量的增加都强烈地增加回火脆性。磷含量增加时，这些钢中合金元素不多时都会出现回火脆性，因为磷及合金元素一起存在时会增强偏析现象。不含磷或含磷极微的铬锰钢(2%Cr、1%Mn)没有回火脆性，因此，一定的磷含量也是产生回火脆性的必要条件，这个界限低于 0.001%。磷的同族元素砷、锑及锡与其有相似的效果。图 3.88 为磷族杂质元素对 Ni-Cr 钢回火脆性的影响[94]，其中 Sb 的作用最大。杂质元素的作用还与钢的成分有关，在 Cr-Mn 钢中 P 的作用最大，Sb、Sn 次之。

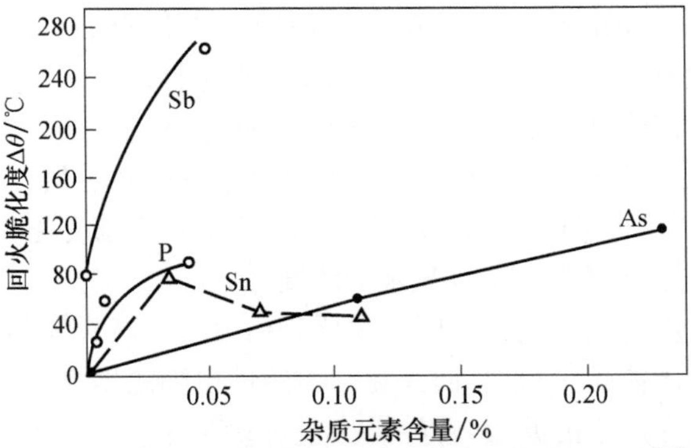

图 3.88 磷族杂质元素对 Ni-Cr 钢回火脆性的影响[94]

经 450℃等温保持 168h 脆化处理

很纯净的镍钢，即使仅含镍 3%～4%，磷含量达 0.1%或更高，也没有回火脆性[91]。钢中含有单独的元素，如 Si、Al 和 Cu，都不会引起回火脆性[37]。许多合金元素同时加入钢中常常和它们单独加入钢中时不同，会加剧回火脆性。例如，在 Cr 钢、Mn 钢或 Cr-Mn 钢中加入 Ni，会加剧其回火脆性倾向[87]。另外像 Si、Al 和 Cu 对 Cr 钢、Cr-Ni 钢及 Cr-Mn 钢的影响都是这样。

S、N、O、H 等元素对回火脆性没有明显的影响。

很早已经发现，对回火脆性敏感的合金钢中加入钼或钨可以减弱回火脆性倾向。为了实际消除回火脆性，加入约 0.5%Mo 或约 1%W。在一般情况下加入约 0.2%～0.3% Mo 或 0.6%～0.8%W 便足以使回火脆性减弱。现在已经清楚地知道，Mo 或 W 并不能真正消除回火脆性，而是改变了回火脆性过程的动力学，使其发展大为缓慢。因此在一般实际使用的回火条件下，脆性过程尚来不及发展，但经长时间回火时便显示出回火脆性，不过脆性发展最剧烈的温度范围略向上移(图 3.89)。应当指出，Mo 或 W 含量有一个最佳值，超过最佳值以后，影响反而减弱，即出现了过时效现象。这个最佳值视成分而异，对于钼来说约为 0.4%～0.6%，对于钨约为 1.5%。

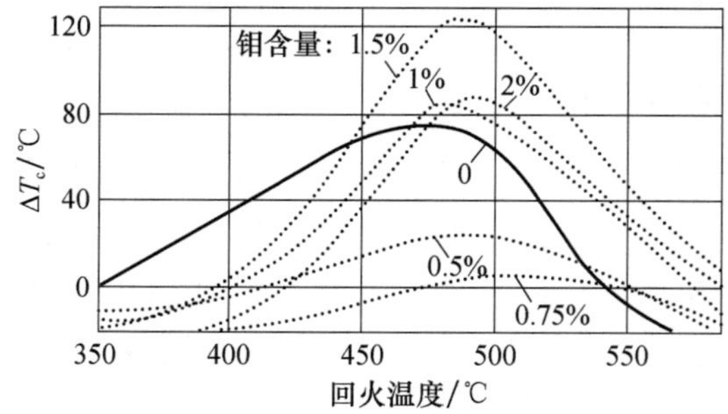

图 3.89 不同钼含量对 25CrMn 钢回火脆性发展的影响[95]
回火时间 1000h

钒在含量少于 0.3%时对回火脆性敏感度不产生大的影响，在含量大于 0.3%时，急剧增加钢的回火脆性倾向。钛、铌、锆这些强碳化物生成元素对回火脆性的影响还不完全清楚。在铬钢(0.40%C，2%Cr)中加入铌(1%以下)和锆(0.50%以下)，当它们可溶入固溶体中时可以减弱回火脆性，而当以碳化物形式存在时对回火脆性没有显著的影响。在锰钼钢(0.41%C，1.8%Mn，0.3%～0.6%Mo)中加入 Ti、Nb、Zr(0.50%以下)，由于在淬火时可以使部分碳化物溶解，这些元素可以减弱回火脆性。

有许多稀土元素能降低钢的可逆回火脆性的研究报道。加入 0.10%混合稀土可将经脆化处理的锰磷低合金钢在−100℃至室温的冲击值提高一倍以上[96]。添加 0.4%La 可显著降低含 0.045%P 的 35CrMnSi、37CrNi3 钢的韧脆转变温度，抑制钢的回火脆性，这是由于 La 能够减少相同状态下磷在晶界偏聚的浓度[97]。

钢的奥氏体化温度对回火脆性的影响主要是由改变了奥氏体晶粒的大小引起的。提高奥氏体化温度使奥氏体晶粒粗大，回火脆性敏感性也随之增大。

为了解释回火脆性产生的原因，曾经提出过许多种理论，主要有析出理论、平衡偏聚理论和非平衡偏聚理论。不过，迄今还没有哪一种理论能满意地解释所有现象。

1) 析出理论

不少学者认为回火脆性是由于碳化物沿晶界析出引起的。碳在 α-Fe 中的溶解度随温度而变化，在 450～650℃溶解度变化比较大，在此范围内回火后缓慢冷却时渗碳体沿晶界或板条界以片状形式析出，阻碍位错的运动，易在该处产生应力集中而沿晶断裂。迅速冷却可以将碳固定在 α-Fe 中。长时间回火，片状渗碳体逐渐转变为球状，这可以说明回火脆性的动力学曲线。脆化的试样在 650℃以上回火可以使碳化物重新溶入，迅速冷却之后可以恢复韧性。钼的良好作用在于能延缓碳自 α-Fe 中的析出。这种理论也可以解释不同原始组织对回火脆性倾向的影响，但不能解释许多元素(如 P 等)对回火脆性的重要影响和等温脆化现象。

有的学者认为应将可逆回火脆性分为缓冷脆化和等温脆化，缓冷脆化的产生是由冷却过程中碳化物在 α 相内位错线上的析出引起的，由于位错被细小的碳化物钉扎，使钢变脆，而等温脆化则可能是 P 等杂质元素偏聚引起的[98]。

早年曾提出回火脆性是由氧化物、磷化物等脆性相沿晶界析出引起的，但未能发现与脆性相对应的脆性相。

2) 平衡偏聚理论

许多实验证明，回火脆性和晶界的某些变化有关，因此有人认为回火脆性与晶界发生的某些合金元素及杂质元素的偏聚有关。由于俄歇电子能谱(AES)等表面分析技术的发展，可以分析距试样(断口)表面 1nm 深处，即几个原子层的成分。再配上溅射离子枪，可对试样进行逐层分析，其深度分辨率达到 5～10nm[99]。

在 2.6.2 节已简要介绍了溶质元素在晶界的平衡偏聚理论。这一理论可以解释杂质元素(如 P)在晶界的偏聚引起的回火脆性，但未考虑杂质与合金元素之间的交互作用。长期以来人们已认识到合金元素的存在是出现回火脆性的必要条件。

Guttmann 考虑了钢中的合金元素 M 与杂质元素 I 同时存在于 α-Fe 中所形成的三元固溶体 Fe-M-I 的平衡偏聚问题，导出了 n 组元溶质系统中溶质元素 i 在晶界处平衡偏聚浓度公式[100]：

$$C_i^{\mathrm{g}}=\frac{C_i^0\exp\left(\dfrac{\Delta G_i}{RT}\right)}{1+\sum\limits_{j=1}^{n-1}C_j^{\mathrm{g}}\left[\exp\left(\dfrac{\Delta G_j}{RT}\right)-1\right]} \tag{3.57}$$

式中，C_i^{g}、C_i^0 分别为 i 溶质元素在晶界处的平衡偏聚浓度和在基体中的平衡浓度；ΔG_i 和 ΔG_j 为分别为 i、j 溶质元素在基体中的晶界偏聚自由能。式(3.57)考虑到基体中有 n 个溶质原子，可以处理第 i 个杂质元素以外的 $n-1$ 个合金元素对其晶界偏聚程度的影响。在其平衡偏聚计算公式中引入了交互作用系数，从而考虑了合金元素与杂质之间的吸引或排斥作用，具体的计算方法可参考有关文献[100]、[101]。

上述平衡偏聚模型可以解释三元体系中一些复杂的偏聚行为，并已扩展应用于多元合金系。例如，杂质元素 Sn 在没有足够 Ni(或 Mn)的钢中是不偏聚的，不会引起回火脆性。在钢中，Sn 和 Ni(或 Mn)有较强的交互作用。钢中含有一定量的在晶界平衡偏聚的 Ni(或 Mn)时，这些元素促进与 Sn 在晶界的共偏聚，产生了回火脆性。Cr 和 P 有强的吸引力和相互作用产生的共偏聚，而使回火脆性敏感性增强[101]。图 3.90 为一种含 Sb 的 NiCr 钢出现回火脆性时，Ni、Cr、Sb 在原奥氏体晶界上偏聚程度与回火脆性的对应关系。上述平衡偏聚模型可以很好地解释在含锰、铬、锰铬、铬镍、铬镍钼等的钢中磷含量增加时强烈地增加回火脆性的原因。Si 在 α-Fe 中与 P 相互排斥使更多的 P 偏聚于晶界而增加钢的脆性。

Mo 在钢中可以阻止回火脆性，但 Mo 必须固溶于 α-Fe 中才能起抑制回火脆性的作用。对 Mo 的作用机理，还有不同的解释。有人认为钢中加入 0.5%Mo 时使 P 等杂质元素的扩散激活能增加，扩散系数下降，致使脆化速率减缓。有实验表明，加入 Mo 的钢，其脆化倾向与 Mo 含量的关系和杂质元素扩散系数与 Mo 含量的关系的对应性很好。加入 0.25%～0.50%Mo 时，扩散系数最小，而 Mo 抑制回火脆性的效果也最佳。有的学者认为，Mo 是晶界偏聚元素，Mo 与 P 有较强的结合力，可以与 P 产生晶界共偏聚，但可以阻止 P 对晶界的脆化作用。W 的作用与 Mo 相同，但上述平衡偏聚的理论不能解释 Mo 和 W 在钢的恒温脆化过程的过时效现象(图 3.89)。

Ni-Sb、Ni-Sn 何以在晶界的共偏聚导致晶界的弱化，产生回火脆性，而 Mo-P 在晶界

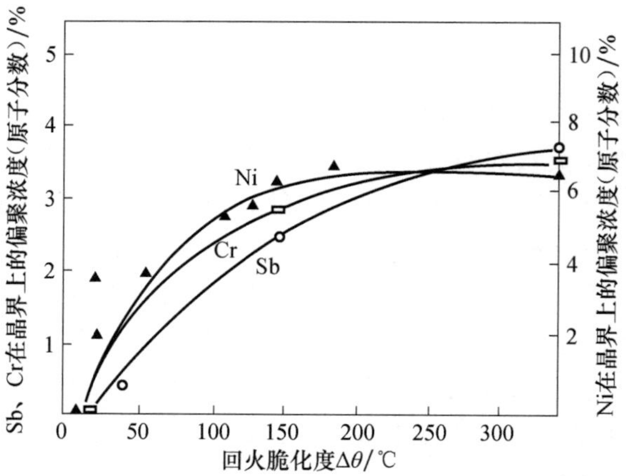

图 3.90 在 0.4%C-1.7%Cr-3.5%Ni-0.02%Sb 钢中,Ni、Cr、Sb 在原奥氏体晶界上偏聚程度与回火脆性的对应关系[94]

的共偏聚何以阻止 P 对晶界的弱化作用? 这可能是由于它们之间相互结合(如 Ni-Sb、Ni-Sn)时,基于电子之间的相互作用,加强了平面内的结合能,但减弱了穿过平面的结合能,从而降低了晶界强度,促进了回火脆性;而 Mo-P 相互结合时,电子之间的相互作用不仅加强了平面内的结合,还可以加强穿过平面的结合,从而提高了晶界强度,阻止了回火脆性的发展[102,103]。钢中加入少量的 Ti,当其溶于 α-Fe 中时,晶界上 Ti 的偏聚可以减小 Ni、Sb 脆化晶界的作用也是基于同样道理[104]。

稀土元素可以降低或消除回火脆性可能是由于稀土元素能与钢中一部分 P 等杂质元素形成稳定的夹杂物或化合物,降低了它们在晶界的偏聚量。稀土元素似乎还能减慢等温回火过程中 P 向晶界偏聚的扩散过程[105]。

有的学者认为,在高温回火时,沿晶界比在晶内较快地生成渗碳体或者特殊碳化物,此时碳化物生成元素逐渐向碳化物中富集而引起晶界区域 α-Fe 内碳化物生成元素的贫化。碳化物生成元素影响着磷及其他元素在 α-Fe 中的热力学活度随温度的变化系数,在约 600℃以下缓慢冷却时或者等温停留时,碳化物贫化的区域将发生磷等元素的偏聚(温度太低时,这种扩散过程将不能进行),因此引起晶界联系的削弱而产生脆性。在约 600℃以上时,重新分布的过程将停止,甚至向相反方向进行,因此加热至 600℃以上后可以消除这些元素在晶界区域的偏聚,随后迅速冷却将避免重新发生偏聚现象,因此恢复了韧性[91]。

3) 非平衡偏聚理论

一些研究工作发现,不只是晶界平衡偏聚可以引起回火脆性,晶界非平衡偏聚(2.6.3 节)也是引起回火脆性的重要原因。

平衡偏聚的理论不能解释 Mo 和 W 在钢的恒温脆化过程的过时效现象,但用非平衡晶界偏聚理论却能给予合理的解释。图 3.89 显示 6 种钼含量的钢淬火后在不同温度恒温回火 1000h 时的脆化程度,在 482℃温度下达到脆化极大值。在高于和低于此温度时,脆性都急剧下降。晶界的非平衡偏聚理论认为,上述现象是由于 P 的非平衡偏聚引起的,并用非平衡偏聚公式计算了溶质元素 P 在钢中各个温度下的临界时间[106]。计算结果表明,P 在 477℃的临界时间为 1008h,很接近图 3.89 中所采用的 1000h 的恒温时间。

恒温温度降低时，临界时间急剧增加，P 的晶界偏聚量和相应的脆化程度也急剧降低；恒温温度升高时，保持时间仍为 1000h，P 处于非平衡偏聚的反偏聚阶段，其晶界偏聚量和脆化程度将随恒温温度的升高而急剧降低。因此，图 3.89 的试验结果是由于 P 的恒温回火脆化临界时间引起的。研究 Ti 对含 Sb 的低碳 Ni-Cr 钢晶界偏聚和回火脆性时发现，不加 Ti 的钢，Sb 和 Ni 的晶界偏聚量随恒温时间的延长而增加，最后趋近一个稳定的平衡浓度；加 Ti 的钢，Sb、Ni 和 Ti 的晶界偏聚量随恒温时间的延长而增加，三个元素的偏聚量达到一个最大值，然后随恒温时间的延长发生这三个元素的反偏聚，其晶界偏聚量逐渐降低[104]。这一现象也可以用非平衡晶界共偏聚模型解释[107]。

Mo 必须固溶于 α-Fe 中才能起抑制回火脆性的作用。当 Mo 向碳化物转移时，固溶于 α-Fe 中的 Mo 的浓度逐渐降低，Mo 阻止回火脆性的作用逐渐消失。

不同成分的钢经不同工艺处理后出现回火脆性的原因会有所不同，可能同时存在几种不同的回火脆性机制。

为了防止合金钢的回火脆性，应注意在冶炼时，尽可能地减少 P 等有害元素，提高钢的纯度。工件在高温回火时，应在回火后快冷。对大截面的工件，难以做到在回火后快冷，可以采用含有适当的钼或钨的钢。钼的加入量一般为 0.25％～0.4％，钨的加入量一般为 0.8％～1.2％。可以加入能细化奥氏体晶粒的元素 Nb、V、Ti 等，增加晶界面积，降低晶界单位面积杂质元素偏聚量。对某些亚共析钢可采用亚温淬火的方法减轻或抑制不可逆回火脆性。亚温淬火是将亚共析钢加热至 Ac_1 至 Ac_3 温度之间的淬火，故又称为两相区淬火或临界区淬火。亚温淬火可以细化晶粒，使 P 等有害的杂质集中于少量游离分散的铁素体晶粒中，提高钢的韧性，减少回火脆性。一般在亚温淬火前均需一次完全淬火或调质处理[108]。

3.9　固溶处理与时效

固溶处理(solution treatment)是将固溶度随温度升高而增大的合金，加热到单相固溶体相区内的适当温度，保温适当时间，以使原组织内的析出相溶入固溶体。有时把此工序与随后的急冷处理合并在一起，统称为固溶处理，得到的组织是过饱和固溶体。由于这种过饱和固溶体处于非平衡状态，有自发地析出溶质元素的趋势。在一定温度条件下，它将发生分解并析出第二相质点，这一过程称为时效(aging)。如果时效在室温下可以进行，称为自然时效；在高于室温下进行，称为人工时效。图 3.91 为固溶处理与时效的示意图。

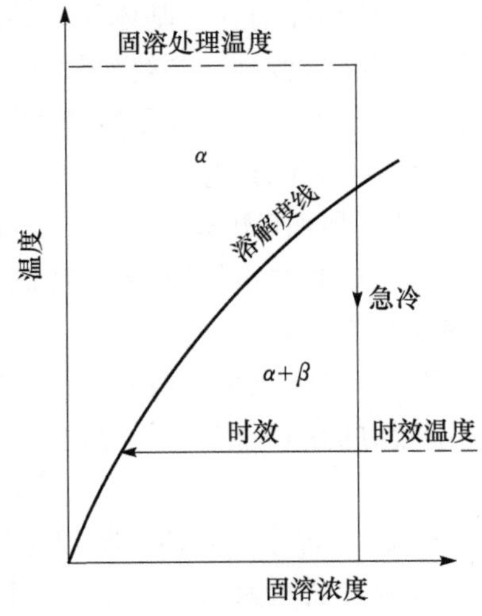

图 3.91　固溶处理与时效示意图

不同类型钢固溶处理的目的有所不同。一些奥氏体不锈钢固溶处理目的是使原组织中沿晶界析出的铬的碳化物溶入固溶体以提高钢的耐蚀性。对高锰耐磨钢，一般在 1050～1100℃加热以得到单一的奥氏体组织，然后迅速在水中冷却，称为水韧处理，这也是固溶处理,主要是消除铸态组织中在晶界上存在的碳化物相。对这类钢,固溶处理是其最终热处理,但大部分钢或铁基合金固溶处理的主要目的是为了在随后的时效过程中析出均匀细小的强化相作准备,析出过程又称为沉淀或脱溶。

在钢和铁基合金中过饱和固溶体进行时效的例子是很多的,如淬火钢中马氏体的分解过程,低碳钢的淬火时效和应变时效。

在铁基合金中,无论是以铁素体或奥氏体为基,还是以马氏体为基,常常利用时效引起的沉淀硬化作为强化的重要手段,析出相常常不止一个。

在铁素体为基的合金中,如 Fe-W 和 Fe-Mo 系,时效时析出拉弗斯相 Fe_2W 或 Fe_2Mo 作为强化相。

在奥氏体钢和许多耐热合金中,常以利用第二相引起的沉淀硬化作为提高热强性的最有效的方法,强化相可以是碳化物或一些金属间化合物。

3.9.1　脱溶过程

根据合金析出过程机理的不同,脱溶可以分为两类:成核与长大型、调幅分解(spinodal decomposition)型。后者不是按照成核与长大的机理析出的。成核与长大型脱溶可分为连续脱溶(连续沉淀)和不连续脱溶(不连续沉淀)两类。

1) 连续脱溶

连续脱溶时,新相的成核与长大在母相(基体)中各处同时发生、随机形成。母相的浓度随之连续变化。脱溶相均匀分布于基体时,称为均匀脱溶;如果脱溶相优先析出于局部区域,如晶界、孪晶界、滑移带等处,则称为不均匀脱溶。

脱溶是一个复杂的过程。最初阶段称为孕育期,此时溶质原子按一定方式集中,形成偏聚区。然后在这些地方进行自发分解过程,析出高度弥散的超显微的新相细粒,新相常常是亚稳相,一般与基体保持共格或半共格。

从过饱和固溶体母相脱溶析出新相时,析出相取何种形状?这取决于形核时的界面能和弹性应变能。当脱溶新相与基体的结构和点阵常数都很相近,即错配度甚小时,新相形核和生长在界面处与基体保持共格关系,新相和基体界面上的原子同属于两相点阵共有,形成连续过渡,此时共格界面的界面能低,但在界面处存在应变能,应变能的大小主要取决于错配度的大小,错配度越大则应变能也越大(图 3.92(a))。若错配度继续增大,界面处的弹性应变能增大到一定程度,此时界面将包括一些位错来调节错配以降低应变能,形成半共格界面(图 3.92(b))。如新相与基体在界面处的原子排列相差甚远,错配度很大时,则形成非共格界面,界面能高,母相与脱溶相两者也会因比体积不同而产生弹性应变(图 3.92(c))。

相界面共格或半共格时,母相和脱溶相之间存在确定的取向关系,两相在界面处以彼此匹配较好的晶面相互平行排列,使界面能降低;而相界面非共格时,两相之间不存在取向关系。

Nabarro 曾假设基体与析出相均为各向同性,两者无共格关系,析出相是不可压缩的椭球体,两者之间因比容不同而引起弹性应变能,在析出物体积不变的条件下,计算出应变能与析出物形状函数(c/a)之间的定量关系,图 3.93 为其关系曲线[109]。从图中可以看出,在给定体积的情况下,球状($c/a=1$)的应变能最高,针状($c/a\gg1$)的次之,而薄的盘状或板状($c/a \ll 1$)的应变能最低。

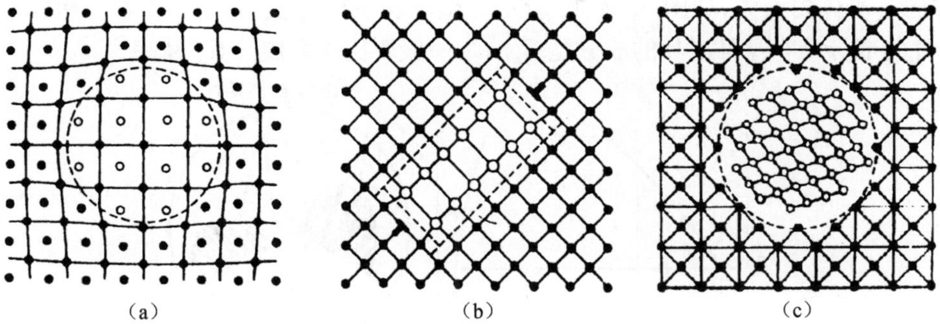

图 3.92　脱溶相与基体界面的关系示意图[109]

(a) 与基体完全共格;(b) 半共格;(c) 非共格

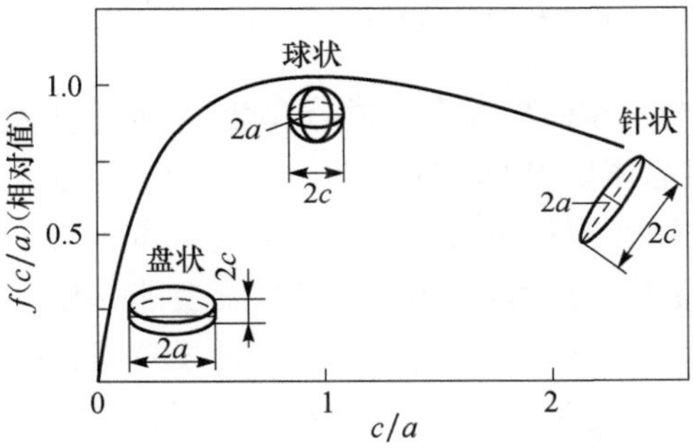

图 3.93　形状函数 c/a 与应变能函数 $f(c/a)$ 的关系曲线[10]

本图原作者 Nabarro,发表于 1940 年

由以上的分析可知,脱溶相为共格或半共格,形状为圆盘状(片状)时的应变能比较小,但表面能较高;形状呈球状时的表面能最小,而应变能最高;脱溶相呈针状时的表面能和应变能均居中。因此,脱溶相表面能小者倾向于盘状,表面能大者倾向于球状。有时脱溶相以立方体形状分布于基体,使错配度最小的晶面相匹配,以进一步减少应变能。

脱溶相析出后,固溶体的浓度下降,但不能达到平衡浓度。由于析出相的尺寸很小,根据热力学的原理,与细小晶体相平衡的固溶体饱和浓度也较高,这一状态称为胶态平衡或准态平衡。根据 Thomson-Freundish 公式(3.48),粒子半径越小,其溶解度越大。在温度不够高时,原子扩散困难,胶态平衡可以保持很长的时间。如果时效的温度足够高,保持的时间比较充分,使扩散能充分进行,在最后阶段,亚稳相转变为稳定相,共格性破坏,稳定相开始聚集长大(粗化),以降低总界面能,固溶体的浓度下降到平衡浓度。

2) 不连续脱溶

发生不连续脱溶时,从过饱和的基体相 α 中以胞状形式同时析出包含有 α' 相与 β 相两相的产物,其中 α' 相是成分有所改变的基体相,β 相是脱溶新相,两者以层片状相间地分布,通常形核于晶界并向某侧晶粒生长,转变区形成的胞状领域与未转变基体有明晰的分解面。这种脱溶亦称为胞状脱溶。胞状脱溶可表示为 $\alpha \to \alpha' + \beta$,式中 α 为过饱和的基体,α' 与 α 具有相同的晶体结构,但溶质的浓度较低,β 为平衡相。图 3.94 为不连续脱溶的示意图。成分为$C_{\alpha 0}$的α相经固溶处理后在T_1温度时效，晶界上形成细小的胞状析出物，并向α基体内长大，如图3.94(b)所示。胞状析出物由交替的α'相和β相的片层组成，β片的成分是C_β，而α'片的成分是$C_{\alpha'}$，$C_{\alpha'}$一般要比平衡成分C_α稍高。

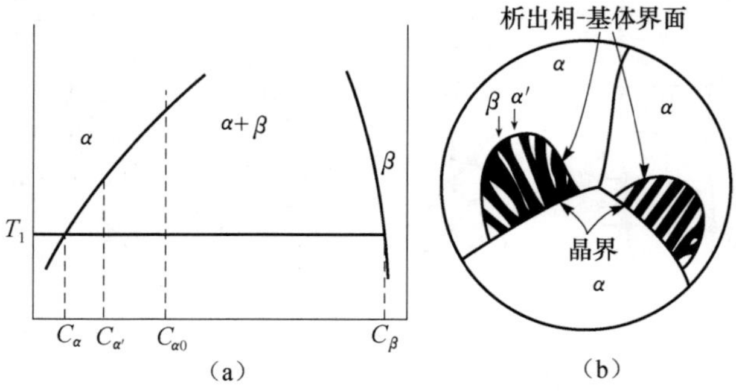

图3.94　不连续脱溶[110]

(a) α与β固溶线的相图；(b) 两个胞状领域的示意图

胞状脱溶前沿α'相与α相的界面上有成分突变，因此这类脱溶称为不连续脱溶。除成分的不连续外，还存在晶体位向的不连续性，在析出相-基体界面上，α'片与β片都与母相α形成非共格界面。显然，胞状析出物的晶核和相邻晶粒之一形成共格界面，因此，胞状析出物只能向另一个晶粒中长大，因为它的长大需要非共格界面。

在发生不连续脱溶时，基体中需要进行扩散的溶质总是置换型溶质。因此，过饱和固溶体(基体)以不连续方式沉淀时，溶质原子的扩散距离只是在析出相-基体界面附近的短距离内，其长大受晶界扩散控制，而不是像在钢中珠光体长大的情况那样，受体扩散控制，这已被许多实验证实。

不连续脱溶已在许多铁基时效型合金钢中发现，这些铁基时效型合金钢包括沉淀硬化型奥氏体钢、沉淀硬化型铁素体钢等。

在同一合金内，可同时有连续脱溶和不连续脱溶存在，但两者的脱溶相往往不相同，通常先发生连续脱溶，沉淀析出的均匀弥散相是亚稳相。进一步发生不连续脱溶时，胞状领域的亚稳相随着稳定的不连续脱溶相的生长而重新溶入基体中，此时基体相因析出新相而贫化，故能重新溶入原先析出的亚稳相。发生不连续脱溶可使体系的自由能下降，但其形成需要克服一定的能垒，因此往往先形成连续脱溶的亚稳相，在一定温度下经过一段时间后再发生不连续脱溶。

连续脱溶和不连续脱溶的过程是一种扩散型相变，其等温脱溶或析出的动力学也可用C曲线表示。无论是过渡相，还是平衡相，其析出都要先经过一定的孕育期才能开始。其析出速率是受两个互相矛盾的影响的结果：随着时效温度的升高，原子扩散的速率增大，析出速率加快；但由于固溶体过饱和度的减小需形成的临界晶核尺寸增大(式(3.48))，使析出速率减慢。因此，其析出速率随时效温度增加而变化的曲线上也出现一个最大值。

3) 不成核方式分解——调幅分解

调幅分解与成核与长大型分解不同，不需要越过成核能垒。

过饱和固溶体脱溶时，按经典的析出相成核与长大理论，其成分分布如图3.95(a)所示，晶核与固溶体基体间的界面上具有明显的结构不连续性，析出相晶核的成分突然升高至 C'_{α}，溶质朝着析出相向浓度梯度的下方，沿 C_0 到 C_{α} 的方向传输。在调幅分解（图 3.95(b)）中，不需成核，开始时的成分增长要小得多，溶质必须进行上坡扩散才能移向析出相区域，并形成成分呈周期波动的、尺度约为 5～10nm 的微区。上坡扩散之所以能进行是组元的扩散降低了化学位的缘故。调幅分解时，微区之间不存在明显的相界面，只有浓度梯度，随后逐步增加调幅波长，形成亚稳态的调幅结构。在条件充分时，最终可形成平衡成分的脱溶相。

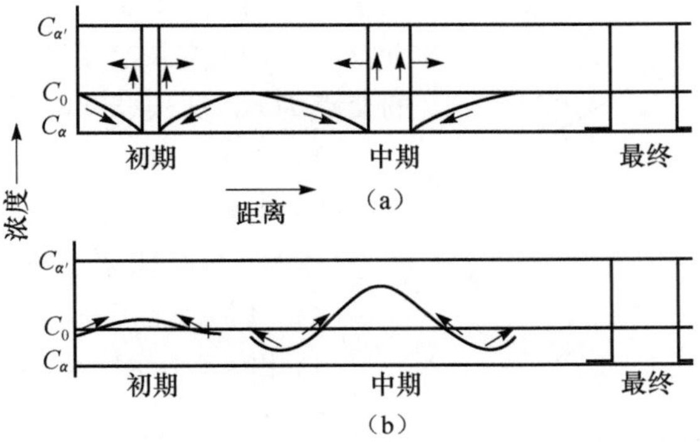

图 3.95　经典成核(a)与调幅分解(b)中的成分变化[110]

调幅分解的产物是一种由溶质原子组成的共格贫富区域，在一般情况下，调幅分解后的调幅组织的弥散度是非常大的，分布也很均匀，特别在形成的初期，因而可以提高合金的强度和矫顽力。

一些实验结果表明，高碳马氏体和 Fe-Ni-C 马氏体在低温回火（时效）的最初阶段亦发生调幅分解，调幅波长在 0.8～2.5nm 范围内。碳原子的偏聚可能是以调幅分解方式来进行的，碳偏聚区相应地为调幅结构的富碳区。回火温度升至 100℃，调幅结构消失，并演变为 ε 相的析出[83]。此外，在 Fe-Cr、Fe-Mo 等铁基合金和马氏体时效钢中也发现调幅分解。

3.9.2　脱溶相粒子的粗化

在时效过程中，析出相的稳定性（取决于结合力的大小）和其聚集的速率对于获得稳定的组织和性能是很重要的，聚集速率取决于析出相的稳定性、基体的原子结合力和组成析出相的原子在基体中的扩散速率。

人们发现，在一定温度下通过持续时效，当脱溶相的量接近相图中的平衡数量之后，脱溶相的生长并没有停止，大的颗粒将继续长大，小的颗粒将溶解消失，从而降低了总的界面能，这一过程称为颗粒粗化过程。Ostwald 首先研究了这一问题，因此将该问题称之为 Ostwald 熟化（Ostwald ripening）。

根据 Thomson-Freundish 公式：$\ln(C_r/C_\infty)=2M\gamma/RT\rho r$，又由于 $2M\gamma \ll RT\rho r$，则

$$C_r = C_\infty(1 + 2M\gamma/RT\rho r) \tag{3.58}$$

式中，C_r 和 C_∞ 分别代表颗粒半径为 r 和无限大时的溶解度；γ 为相界面的表面能；M 代表颗粒物质的摩尔质量；ρ 为密度。

由于摩尔体积 $V_M=M/\rho$,式(3.58)可写为

$$C_r=C_\infty(1+2V_M\gamma/RTr) \tag{3.59}$$

颗粒粗化过程是溶质原子从小颗粒溶解到基体中,并通过基体向大颗粒扩散的过程。通过分析溶质原子在基体中的扩散,可以求出颗粒长大(粗化)速率 dr/dt。假定 dr/dt 为常数,颗粒分布中的平均颗粒半径为 $\bar{r}$,可得到

$$\frac{dr}{dt}=\frac{2D\gamma V_M^2C_\infty}{RTr}\left(\frac{1}{\bar{r}}-\frac{1}{r}\right) \tag{3.60}$$

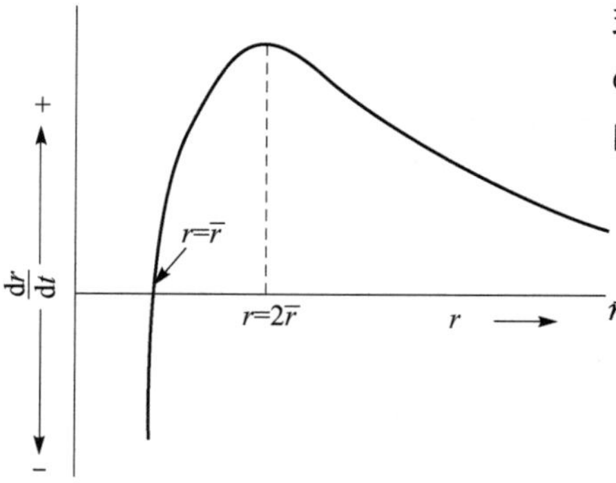

图 3.96　颗粒长大速率随其半径的变化[110]

式中,D 为溶质元素在基体中的扩散系数[110,111]。dr/dt 与 r 的关系绘于图 3.96 中,曲线与横坐标的交点为 $\bar{r}$。从式(3.60)可以看出:

(1) 当 $r=\bar{r}$ 时,$dr/dt=0$,颗粒停止长大。

(2) 当 $r<\bar{r}$ 时,$dr/dt<0$,小颗粒溶解,当 $r/\bar{r}$ 趋于零时,溶解速率迅速增加。

(3) 当 $r>\bar{r}$ 时,$dr/dt>0$,大颗粒长大。

(4) 当 $r=2\bar{r}$ 时,dr/dt 为最大值,长大最快。

(5) 在长大过程中,由于小颗粒溶解,大颗粒长大,颗粒总数减少,$\bar{r}$ 会增加。当 $r>2\bar{r}$ 时,长大速率会逐步下降。实际上 $r>2\bar{r}$ 的颗粒是很少的。

(6) 颗粒的平均半径 $\bar{r}$ 将随时间的延长而增大。$\bar{r}$ 增加时,各种尺寸颗粒的生长速率都相应地降低。

为了降低 dr/dt,应设法降低扩散系数 D、界面能 γ 及沉淀相的平衡溶解度 C_∞,这些措施已应用于耐热钢和高温合金的成分设计。

为了获得颗粒平均直径与时间的关系,Lifshitz-Slyozov 与 Wagner 在考虑颗粒尺寸分布基础上经过严密处理后,得出[110,111]

$$\bar{r}^3-\bar{r}_0^3=\frac{8}{9}\frac{D\gamma V_M^2C_\infty}{RT}t \tag{3.61}$$

相关理论通常被称为 LSW 理论。

之后,Greenwood 近似地假定 $d\bar{r}/dt$ 等于 dr/dt 的最大值($r=2\bar{r}$),即

$$d\bar{r}/dt=(dr/dt)_{max}=D\gamma V_M^2C_\infty/2RT\bar{r}^2 \tag{3.62}$$

积分后得到

$$\bar{r}^3-\bar{r}_0^3=\frac{3}{2}\frac{D\gamma V_M^2C_\infty}{RT}t \tag{3.63}$$

式(3.63)与式(3.61)的结果相似,只是系数有些差异[111]。

由式(3.63)可知,脱溶相的平均直径随 $t^{1/3}$ 的增长而增长,并与 γ 及 C_∞ 的立方根成比例。因此,共格脱溶相比非共格脱溶相粗化得慢些,降低溶质在基体中的溶解度也会使粗化颗粒减小。

3.9.3 低碳钢的时效

从图 2.24 可知,低碳钢在 A_1 以下可以发生少量碳、氮原子引起的时效过程。低碳

钢的时效有两种：一种叫淬火时效，也叫热时效，即钢由高温（A_1 以上或以下）快速冷却后，其性能随时间而变化；另一种叫应变时效，也叫机械时效，即冷加工变形后的性能随时间而变化。

在含碳 0.3%～0.4%的低碳钢，如各种建筑用钢、冲压用薄钢板及船舶、桥梁用钢中都有时效现象。在时效过程中，其力学和物理性能随时间而发生变化，这种变化可以在室温或稍高于室温的较低温度下进行。

时效的一个重要影响是增加了钢的脆性倾向，提高了钢的韧脆转变温度。许多用低碳钢制作的容器、锅炉等在制造过程中受到弯曲、卷边、扩径等冷变形，将引起应变时效。焊接广泛用于制造各种结构，焊后的冷却将引起淬火时效。有时两种时效可以同时进行，下面的例子可以说明这种影响。一种锅炉用钢板，在刚刚变形后，其冲击韧度（a_k）为 118J/cm^2，而放置 10 天后降至 34J/cm^2。用优质焊条焊接的钢板焊缝，在三个月以后，其 a_k 由 89J/cm^2 降至 32J/cm^2。当这些结构在较低的温度下工作时，这种影响就更严重了，尤其广泛应用焊接结构以后，一些船舶和桥梁因发生时效过程而引起突然断裂的事故是屡见不鲜的。图 3.97 为第二次世界大战期间国外一全焊接油船发生脆性断裂的照片。经过广泛的研究，目前对于引起时效的原因已经有了基本的了解。

图 3.97　国外一油船发生脆性断裂[112]

3.9.3.1　淬火时效

淬火时效（quench aging）是由钢中存在的微量的碳和氮原子引起的。很纯的铁没有时效现象。碳和氮在 α-Fe 中的溶解度随温度而变（图 2.24），在共析温度时碳的溶解度约为 0.02%（723℃），氮的溶解度约为 0.10%（585℃），而在室温下分别为 0.00002‰和 0.026‰。因此在钢中有微量的碳和氮时，在加热以后迅速冷却，将得到 α-Fe 的过饱和固溶体。图 3.98 为含 0.06%的碳钢在淬火后在不同温度下进行时效过程时的硬度变化。时效在室温时已可以较快的速率进行。根据碳、氮在 α-Fe 中扩散系数的方程式（$D_\alpha^C = 6.2\times10^{-3}e^{-80/RT}cm^2/s$，$D_\alpha^N = 3\times10^{-3}e^{-76/RT}cm^2/s$）可以看出，碳和氮的原子在室温时仍具有相当的扩散速率（250℃以下时，氮的扩散速率大于碳的扩散速率）。若在室温相近的温度范围内放置（自然时效），随着时间的延长，碳、氮原子将在晶界或晶内的缺陷处，主要是位错处，发生偏聚，形成科氏气团，阻碍了位错的运动，使钢的强度、硬度增高，而塑韧性降低。稍提高时效（人工时效）温度时，碳、氮原子将以亚稳定的 ε 碳化物（$Fe_{2.4}C$）和 α'' 氮化物（$Fe_{16}N_2$）形式析出，这些析出物与母相成共格关系，因而也使硬度、强度提高，使塑、韧性降低，并且还可能使性能变化出现峰值。图 3.99 显示低碳钢（0.05%C-0.9%Mn）淬火时效时基体上的位错与析出的细小沉淀物。

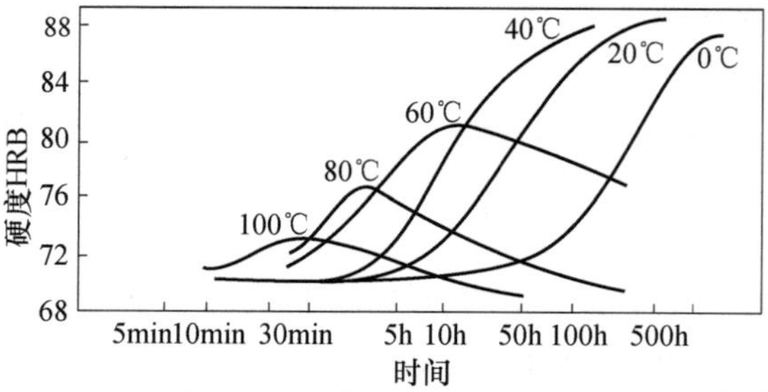

图 3.98　低碳钢(0.06%C)淬火时效时的硬度变化[113]

本图原作者 Davenport 和 Bain,发表于 1935 年

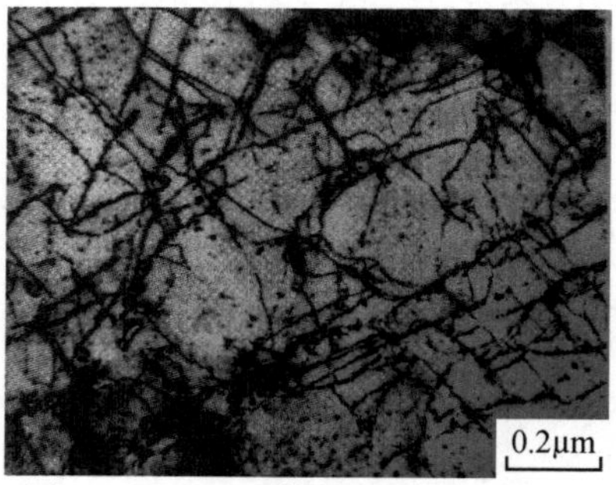

图 3.99　0.05%C-0.9%Mn 钢自 770℃淬火,97℃时效 20min 的 TEM 图[11]

若时效温度进一步提高,则亚稳定的碳化物、氮化物消失而形成稳定的渗碳体(Fe_3C)和 γ' 氮化物(Fe_4N),此时硬度显著下降。

Fast 等[114]研究了碳、氮、氧对淬火时效的作用和锰的影响,并和很纯的铁(杂质含量小于 0.001%)进行了比较。很纯的铁没有时效现象。碳的影响最大,氮次之。钢的脱氧程度对低碳钢的淬火时效也有较大的影响,脱氧不充分的钢发生淬火时效比较显著,沸腾钢由于淬火时效而使硬度增加的现象比镇静钢显著得多,而镇静钢中用硅脱氧比用铝脱氧的又显著些。氧的作用尚不完全清楚,可能是间接的,即降低碳、氮在 α-Fe 中的溶解度,促使碳氮较多较快地析出。加入 0.5%Mn 时可以完全消除氮的影响,但对碳没有作用。因为钢中总是有一些锰,所以氮的作用比较小,因此在低碳钢中,淬火时效主要是碳引起的。加铝、钛、锆时,可以完全消除氮的作用。碳含量在 0.02%～0.04%时,淬火时效倾向最大,碳增加时,淬火时效倾向减少。淬火正火后都有时效现象,但淬火温度为 A_1(723℃)时,效果最大,高温回火可以消除时效倾向[108,109]。

3.9.3.2　应变时效

图 3.100 表示碳钢的应变时效(strain aging)。碳和氮都引起应变时效,但氮的作用更重要些。由图 3.101 可以看出,应变时效时,在只含有氮的情况下,50℃时经过 2h,硬度达到最大值,在 300°以上,硬度才开始下降;只含有碳时,在 50℃经过 2h,硬度增加还很少,只是在 200℃时才达到最大硬度值。含 0.03%O 时,同样不引起应变时效。所以影响应变时效最大的是氮。

应变时效的原因是冷加工形变降低了碳和氮原子在 α-Fe 中的溶解度,室温时氮的溶解度比碳要高得多,因此冷加工形变对氮的影响比较大,同时氮原子的扩散速率也比较快。不同元素对应变时效的影响各异。加入铝能生成 AlN,可以减少时效倾向;加入少量的钒、铬、钛、铌、钼都能减少应变时效倾向,这几种元素加入量比较多时,可以使应变时效完全消失;加入铜、镍则可以增加时效倾向;加入磷促进应变时效。

比较图 3.98 和图 3.100 还可以看出应变时效与淬火时效不同之处,应变时效进行的速率比较快,而且硬度到最大值以后不容易下降。根据位错理论,形变时位错数目大量增

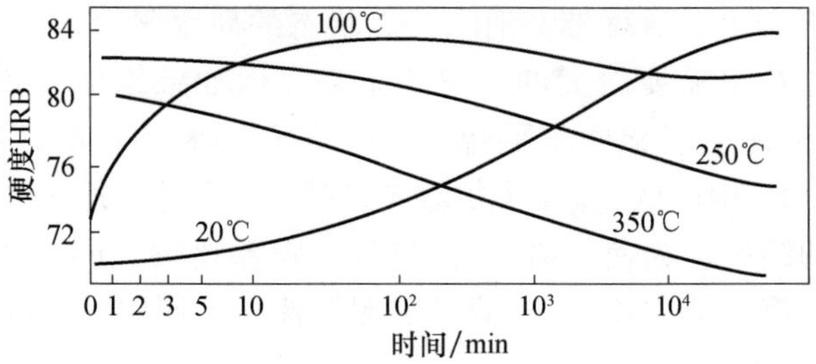

图 3.100　低碳钢(0.04%C)经过 5%变形后在不同温度下时效时的硬度变化
本图原作者 Davenport 和 Bain,发表于 1935 年

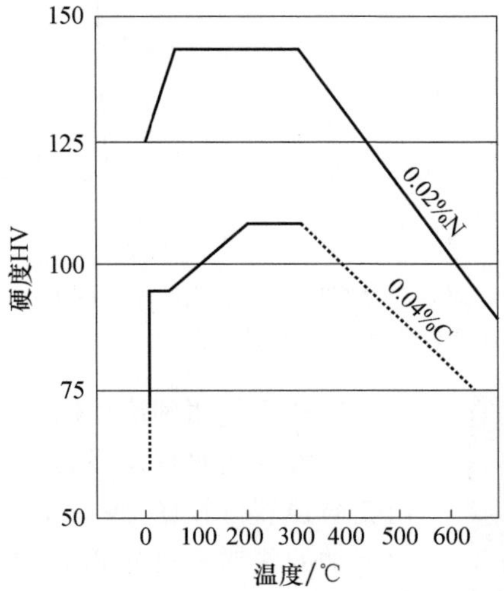

图 3.101　纯铁含有 0.04%C 或 0.02%N 时,在拉伸变形 10%和不同温度下时效 2h 后的硬度变化[113]

加(形变量为 23%时,位错密度自 $10^8/cm^2$ 增至 $10^{12}/cm^2$),所以碳和氮原子能经过较短的距离移至位错附近,形成气团,因而硬度增加的速率很快。同时由于分配在每个位错的碳、氮原子数目少,与之结合较紧,没有碳化物、氮化物的析出。

退火后的低碳钢板,如 08F,在拉伸时会在拉伸曲线上出现明显的屈服极限(大的屈服平台),如图 3.102(a)所示。这一现象可以用科氏气团理论予以解释。退火后位错被偏聚在其周围的溶解的碳、氮原子钉扎住,因此开始时需要相对大的应力,相当于上屈服点,才能使位错从溶解的碳、氮原子的钉扎效应中释放出来。在这种情况下,变形在应力集中处开始,变形开始后,在接近恒定应力下(下屈服应力)应变区域向其他部分扩散。但在离变形区较远的地方仍未发生变形,呈现不均匀屈服。在拉伸试样的这些狭窄的局部应变区域通常可见到应变线痕,称之为吕德斯带(Lüder's band)。这种钢板在冷冲时会出现粗大的滑移带(图 3.103),使表面凹凸不平(像橘皮),拉应力时滑移带形成下凹部分,这对某些表面质量要求高的冷冲零件,如轿车壳体,是不容许的。变形量达到 5%~10%后将不会出现滑移带。为了防止这种缺陷,应在退火后进行少量(0.8%~1.5%)冷轧,可产生轻微的均匀变形,使被固溶于 α-Fe 中的碳、氮原子钉扎住的位错释放出来,并强烈增加点阵中的位错数目,这将使屈服平台消失(图 3.102

(b)),在冷冲时将不会出现滑移带。消除退火状态的屈服平台所需的最小平整压下率与晶粒度有关,细晶粒钢需要较大的平整压下率。但如果钢板放置时间过长(一周或更短些),又将在拉伸图上引起屈服平台(图 3.102(c))和冷冲时产生滑移带。因为经过一段时间,溶于 α-Fe 中的碳、氮原子扩散至位错处,又能形成气团以降低系统的自由能,此即应变时效的结果。为使位错由气团移出,需要比较大的应力,而当位错离开气团后继续移动时,所需的应力将减小,故又引起拉伸图上屈服平台的出现。

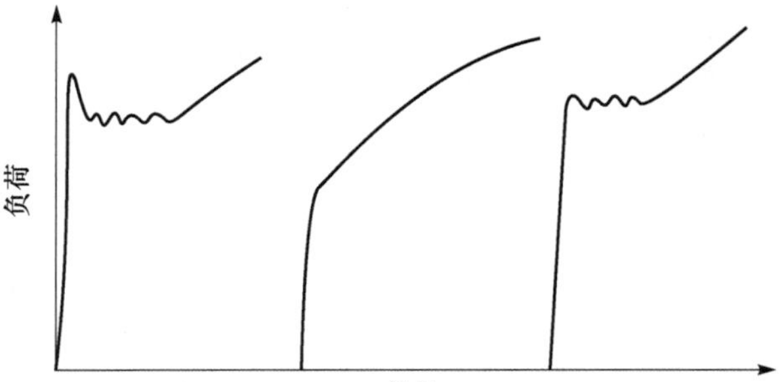

图 3.102 时效和冷变形对 08F 钢的拉伸图的影响(示意)
(a) 退火后;(b) 经过精轧(平整);(c) 应变时效

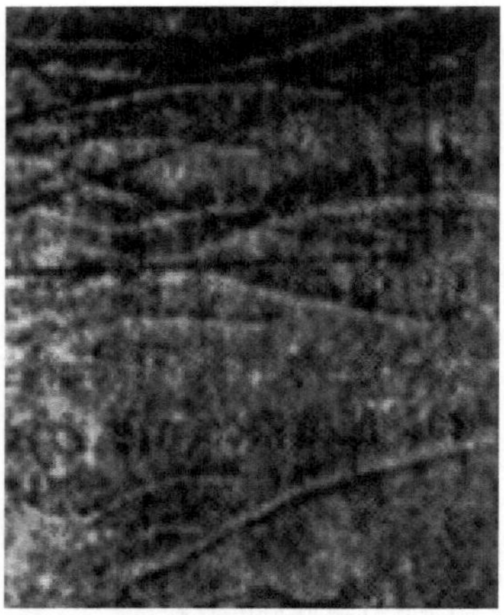

图 3.103 低碳钢冷冲在表面出现了粗的滑移带

用科氏气团理论可以成功地解释明显屈服点现象,但全面解释屈服现象尚显不足。一些实验证明,钢中的位错被强烈钉扎住,脱钉实际是不容易的。退火钢中自由运动的位错密度很低,在应力达到上屈服点之后,要保持拉伸时总的形变速率不变,需要增加大量的自由位错。弱的钉扎作用可以发生脱钉,但还需要某种位错增殖机制,这可以通过晶粒间界处的应力集中来实现。这样在应力-应变曲线上可以得到上、下屈服点[3,115]。

在机械制造厂,一般在冷冲以前先将薄钢板进行一次平整加工,给以轻微的均匀变形。平整加工以后不允许放置过久,否则再次平整加工也无法消除滑移带的产生。在深冲时,各种冲压工序也应连续进行,以防止因应变时效引起滑移带的出现。

沸腾钢都有时效倾向,在使用时必须注意。为了减少时效倾向,可以加入少量的铝或钛(将氮结合成氮化物),此时将得到镇静钢,尤其用铝脱氧的钢,时效倾向最小。这是由于铝能细化晶粒,使析出的质点分散,同时脱氧去氮的效果较强,使钢中残存的氮、氧大大降低。这种钢经过精轧之后,可以长期放置,不会出现应变时效,不致在冷冲时产生滑移带。如果要得到耐时效的沸腾钢可以加入大约 0.05%的钒,钒和氧的作用较弱,可以与氮结合。加入微量的硼也是比较有效的。近年来广泛采用了顶吹氧气转炉炼钢法,有效地提高了钢的质量,减少了时效倾向。

为了检查钢的时效倾向,规定了评定的方法。对于应变时效,GB/T 4160—2004《钢的应变时效敏感性试验方法(夏比冲击法)》规定试料一般应先进行 10%(非合金钢)或

5%(合金钢)的预变形(在拉力试验机上进行),然后将其制成冲击试样,在 250℃时效 1h,测其冲击值的下降百分数(与未经时效者比较)。对于淬火时效,目前还没有一定的试验方法。

在中碳和高碳钢中,由于碳化物数量比较多,碳化物的存在可以促进过饱和 α-Fe 的分解,而且铁素体和碳化物相界处的缺陷可以容纳较多的碳与氮的原子,所以时效过程进行得较弱。

与应变时效有关是一种称为"蓝脆"(blue brittle)的现象。金属材料的塑性变形抗力一般随温度的升高而减小,但低碳钢在 160～400℃却出现强度性能指标升高、塑性性能指标下降的情况,如图 3.104 所示,即在钢呈蓝色的回火温度范围内出现脆性,故称为蓝脆。应变速率增加时,蓝脆温度向高温转移,因此,钢的冲击韧度在 500℃左右出现谷值[116]。

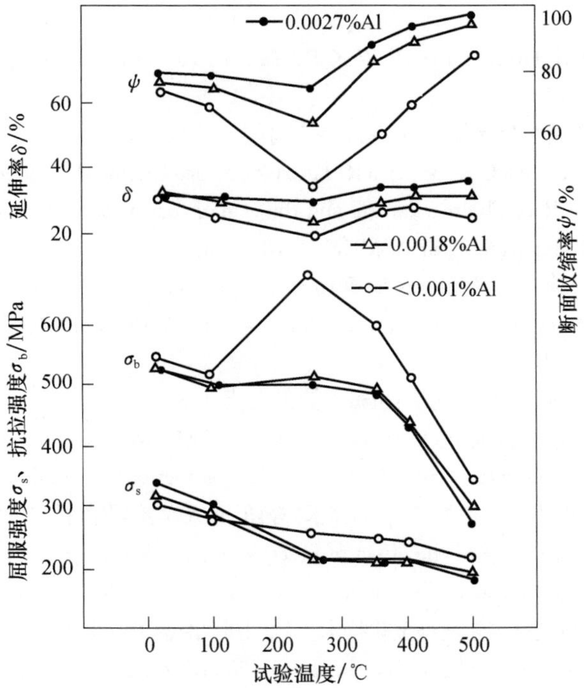

图 3.104　正火的铁素体-珠光体组织的普通碳素钢的高温拉伸曲线和添加铝的影响[11]

钢的成分:0.25%C、0.25%Si、1.0%Mn、0.010%N,900℃正火

上述蓝脆现象是一种动力应变时效,即在该温度范围内进行形变的过程中就同时发生时效。应变后的时效被称为静态应变时效。在蓝脆温度范围进行拉伸试验,可以观察到锯齿状屈服,这是由于位错一会儿被气团或沉淀粒子锁住,一会儿又被释放所引起的。蓝脆效应的温度对形变速率很敏感,因为时效要与形变过程同时发生,那么原子的扩散速率也要和形变速率相配合,这样能把位错钉扎住[115]。

蓝脆现象在低碳钢中比较明显,但在一些中高碳钢和合金钢中也可以观察到蓝脆现象。

一般说来,蓝脆是一种不利现象,中厚钢板进行热冲裁,加热温度要避开蓝脆区域;热作模具钢的工作温度也要尽可能避开蓝脆温度。但在某些情况下钢的蓝脆现象可以加以利用。生产中利用钢在蓝脆温度区域脆而硬、易于折断、断口平整的特点进行下料的方法称为蓝脆折断下料工艺。蓝脆落料则是利用蓝脆特性,提高落料时钢材的脆性,进行脆性剪断,以提高落料件分离面的质量。涂过漆的冲压零件在 150～250℃(通常为 170℃)加热约 15～20min 进行烘烤。如果钢中含有 0.001%的固溶碳和氮,烘烤处理时产生的应变时效导致强化,这被称为烘烤硬化(bake hardening)。烘烤中屈服强度的增加,定义为烘烤硬化指数 BH,其值可增至 50MPa 或更高。

参考文献

[1] Блантер М Е. Фазовые превращения при термической обработке стали [M]. Москва: Металлургиздат,1962.

[2] Миркин И Л и,Криштал М А. Диффузия в металлических сплавах[M]. Москва:Металлургиздат,1959.

[3] Bhadeshia H K D H,Honeycombe R W K. Steels-Microstructure and Properties[M]. 3rd Ed. Amsterdam:Elsevier,2006.

[4] 卢光熙,侯增寿. 金属学教程[M]. 上海:上海科学技术出版社,1985.

[5] Гольдштейн М И,Грачев С В,Векслер Ю Г. Специальные Стали[M]. Москва:Металлургия,1985.

[6] Roberts G A,Mehl R F. The mechanism and the rate of formation of austenite from ferritecementite aggregates[J]. Transactions of ASME,1943,31:613.

[7] Speich G R,Demarest V A,Miller R L. Formation of austenite during intercritical annealing of dual-phase steels[J]. Metallurgical and Materials Transactions A:Physical Metallurgy and Materials Science,1981,12(8):1419.

[8] 戚正风. 金属热处理原理[M]. 北京:机械工业出版社,1987.

[9] Садовский В Д. Структурний наследственность в стали[M]. Москва:Металлургия,1973.

[10] Zener C. Private communication to Smith C S[J]. Transactions of AIME,1949,175:15.

[11] Pickering F B. 钢的组织与性能[M]. 刘嘉禾,等译. 北京:科学出版社,1999.

[12] Gladman T. On the theory of the effect of precipitate particles on grain growth in metals[C]. Proceedings of the Royal Society of London Series A,1966,294:298.

[13] 毛新平,等. 薄板坯连铸连轧微合金化技术[M]. 北京:冶金工业出版社,2008.

[14] Speich G R,Cuddy L J,Gordan G R,et al. Formation of ferrite from control-rolled austenite[C]//Marder A R,et al. Phase Transformation in Ferrous Alloys. Warrendale:TMS-AIME,1984:341.

[15] Hansen S S,Vander Sande J B,Cohen M,et al. Niobium carbonitride precipitation and austenite recrystallization in hot-rolled microalloyed steels[J]. Metallurgical Transactions A,1980,11(3):87.

[16] Cuddy L J. The effect of microalloying concentration on the recrystallization of austenite during hot deformation[C]//Deardo A J,et al. Thermomechanical Processing of Austenite. Pittsburgh: TMS-AIME,1882:129.

[17] 雍歧龙. 钢铁材料中的第二相[M]. 北京:冶金工业出版社,2006.

[18] 王有铭,李曼云,韦光. 钢材的控制轧制和控制冷却[M]. 北京:冶金工业出版社,1995.

[19] 潘金生,仝建民,田民波. 材料科学基础[M]. 北京:清华大学出版社,1998.

[20] Marder A R,Bramfitt B L. Effect of continuous cooling on the morphology and kinetics of pearlite[J]. Metallurgical Transactions A,1975,6(11):2009.

[21] 刘云旭. 金属热处理原理[M]. 北京:机械工业出版社,1981.

[22] 俞德刚,谈育煦. 钢的组织强度学:组织与强韧性[M]. 上海:上海科学技术出版社,1983.
[23] Porter D A, Easterling K E. Phase Transformation in Metals[M]. 2nd ed. New Jersey: Chapman & Hall, 1993.
[24] 徐祖耀,李麟. 材料热力学[M]. 北京:科学出版社,2001:147.
[25] 杨桂英,石德珂,王秀苓,等. 金相图谱[M]. 西安:陕西科学技术出版社,1988.
[26] 李炯辉,施友方,高汉文. 钢铁材料金相图谱[M]. 上海:上海科学技术出版社,1981:366.
[27] Бочвар А А. Исследование Кинетики и Механизма Кристаллизации Сплавов Эвтектического Типа[M]. ОНТИ, 1935.
[28] Энтин Р И. Превращения Аустннита в Стали[M]. Москва: Металлургиздат, 1960.
[29] Razik N A, Lorimer G W, Ridley N. Investigation of manganese partitioning during the austenite-pearlite transformation using analytical electron microscopy [J]. Acta Metallurgica, 1974, 22(10): 1247.
[30] 张沛霖,梁志德. 铬钢在珠光体转变时的碳化物形成过程[J]. 金属学报,1955,2(4):367.
[31] 大森靖也. 钢铁的碳氮化合物相界面沉淀[J]. 日本金属学会会报,1976,15(2):93.
[32] 林栋梁. Fe-0.04Nb-0.02C 合金的强化[J]. 上海交通大学学报,1978,(1):134.
[33] 牧正志,田村今男. 铁系合金马氏体形态和亚组织[J]. 日本金属学会会报,1974,13(5):329.
[34] Гуляев А П. Термичесая Обработка Стали[M]. Москва: МАШГИЗ, 1960.
[35] 徐祖耀. 马氏体相变与马氏体[M]. 2版. 北京:科学出版社,1999:213.
[36] Winchell P G, Cohen M. The strength of martensite[J]. Transactions of ASM, 1962, 55: 347.
[37] Меськин В С. Основы Легирования Стали[M]. Москва: Металлургиздат, 1959.
[38] McMahon J, Thomas G. Microstructure and design of alloys[C]//Third International Conference on the Strength of Metals and Alloys. Cambridge, England, 20-25 August, 1973: 180.
[39] 方鸿生,王家军,杨志刚,等. 贝氏体相变[M]. 北京:科学出版社,1999.
[40] Ko T(柯俊), Cottrell S A. The formation of bainite[J]. Journal of the Iron and Steel Institute, 1952, 172: 307.
[41] Christian J W. The Decomposition of Austenite by Diffusional Processes[M]. New York: Interscience Publisher, 1962: 371.
[42] Hehemann R F, Troiano A R. Transactions of ASME[J]. 1954, 200: 895, 1272.
[43] 康沫狂,杨思品,管敦惠. 钢中贝氏体[M]. 上海:上海科学技术出版社,1990.
[44] 俞德刚,王世道. 贝氏体相变理论[M]. 上海:上海交通大学出版社,1997.
[45] Aaronson H I. The Decomposition of Austenite by Diffusional Processes[M]. New York: Interscience Publisher, 1962: 387.
[46] 徐祖耀,刘世楷. 贝氏体相变与贝氏体[M]. 北京:科学出版社,1991.
[47] Hehemann R F. Transformation and Hardenability in Steel[M]. Michigan: Climax Molybdenum Company, 1967.
[48] Smith Y E, Colden A P, Cryderman R L. Mn-Mo-Nb acicular ferrite steels with high strength and toughness[C]. Toward Improved Ductility and Toughness. Kyoto: Climax Molybdenum Company, 1971: 119.
[49] Kim Y M, Lee H, Kim N J. Transformation behavior and microstructural characteristics of acicular ferrite im linepipe steels[J]. Material Science and Engineering A, 2008, 478: 361.
[50] Xiao F R, Liao B, Ren D L, et al. Acicular ferrite microstructure of a low-carbon Mn-Mo-Nb microalloyed pipeline steel[J]. Material Characterization, 2005, 54: 305.
[51] Pan T, Yang Z G, Zhang C, et al. Kinetics and mechanisms of intragranular ferrite nucleation on

non-metallic inclusions in low carbon steels[J]. Material Science and engineering A, 2006, 478-440:1128.
[52] 李鹤林,冯耀荣,柴慧芬,等. 低碳、超低碳微合金化管线钢的显微组织[M]//中国石油天然气集团公司管材研究所. 石油管工程应用基础研究论文集. 北京:石油工业出版社,2001:77.
[53] Babu S S. The mechanism of acicular ferrite in weld deposits[J]. Current Opinion in Solid States and Material Science, 2004, 8:268.
[54] 余圣甫,雷毅,谢明立,等. 晶内铁素体的形核机理[J]. 钢铁研究学报,2005,17(1):47.
[55] 大森靖也,大谷泰夫,邦武立郎. 低碳低合金高强度钢中的贝氏体[J]. 钢と铁,1971,57(10):1690.
[56] Hehemann R F. Phase Transformations[M]. Columbus: American Society for Metals, Metals Park, 1970:397.
[57] Steven W, Haynes A G. The temperature of formation of martensite and bainite in low alloy steels[J]. Journal of the Iron and Steel Institute, 1956, 183:349.
[58] Bodler R L, Ohhashi T, Jaffe R I. Effects of Mn, Si, and purity on the design of 3.5NiCrMoV, 1CrMoV, and 2.25Cr-1Mo bainitic alloy steels[C]. Metallurgical and Materials Transactions A, 1989, 20:1445.
[59] Pickering F B. Physical Metallurgy and the Design of Steels[M]. London: Applied Science Publisher Ltd, 1978.
[60] 机械工程手册、电机工程手册编辑委员会. 机械工程手册第 44 篇:热处理[M]. 北京:机械工业出版社,1979:24,29.
[61] 刘云旭. 钢的等温热处理[M]. 北京:机械工业出版社,1973:137.
[62] United States Steel Company Research Laboratory. Atlas of isothermal transformation diagrams[R]. Pittsburgh: United States Steel Company, 1951.
[63] Попов А А, Попова А А. Изотермические и Термокинетические Диаграммы Распада Переохлажденного Аустента(Справочник термиста)[М]. Издательство: Металлур-гия, 1965.
[64] 本溪钢铁公司第一炼钢厂,清华大学机械系金属材料教研组. 钢的过冷奥氏体转变曲线:第一图册[R]. 1978.
[65] 中国机械工程学会热处理专业分会《热处理手册》编委会. 热处理手册第 4 卷(3 版):热处理质量与检验[M]. 北京:机械工业出版社,2001:590~661.
[66] 薄鑫涛,郭海祥,袁风松. 实用热处理手册[M]. 上海:上海科学技术出版社,2009:343~363.
[67] 金属热处理技术便览编辑委员会. S 曲线:组织写真集[M]. 东京:日刊工业新闻社,1961.
[68] Houdremont E. Handbuch der Sonderstahlkunde[M]. Berlin: Springer-Verlag, 1956.
[69] Бор. Кальций, Ниобий и Цирконий в Чугуне и Стали[М]. Москва: Металлургиздат, 1960(译自英文).
[70] Каминский Э З, Стеллецкая Т И. Кинетика Распада Мартенсита в Углеродистой Стали. Проблемы Металловения и Физики Металлов, Сб. Первый[М]. Москва: Металлургиздат, 1949.
[71] 今井勇之进. 淬火、回火和钢中的相[J]. 日本金属学会会报,1975,14(6):405.
[72] Jack K H. Journal of the Iron and Steel Institute[J]. 1950, 166:17; 1951, 169:248.
[73] Бокштейн С З. Структура и и Механические Свойства Легированной Стали[М]. Москва: Металлургиздат, 1954.
[74] Wever F U. Koch W. Versuche zur Klärung des Umwandlungverhaltens eines Sonderkarbidbildenden Chromistahles[J]. Staht und Eisen, 1954, 74:989.
[75] 郭可信. 合金钢中的碳化物[J]. 金属学报,1957,2(3):303.

[76] Pickering F B. Precipitation processes during the tempering of martensitic alloys steels[R]. Precitation processes in steels, Special report No. 64, The Iron and Steel Institute, London, 1959: 23.
[77] Honeycombe R W K, Seal A K. The effect of some minor elements on the carbides precipited during tempering[R]. Precitation processes in steels, Special report No. 64, The Iron and Steel Institute, London, 1959: 44.
[78] Bain E C, Paxton H W. Alloying Elements in Steel[M]. 2nd ed. Russell: American Society for Metals, Metals Park, 1961: 195.
[79] Kuo K(郭可信). Carbides in chromium, molybdenum and tungsten steels[J]. Journal of the Iron Steel Institute, 1953, 173(4): 376; 1953, 174(3): 223.
[80] Holloman J H, Jaffe LD. Time-temperature relation in tempering high carbon steels[J]. Transactions of ASME, 1945, 162: 223.
[81] Roberts G A, Hamaker J C, Johnson A R. Tool Steels[M]. 3rd ed. Russell: American Society for Metals, Metals Park, 1962: 511.
[82] Саррак В И, Энтин Р И. МиТОМ[J]. 1960, (10): 14.
[83] 俞德刚. 铁基马氏体时效——回火转变理论及其强韧性[M]. 上海：上海交通大学出版社，2008.
[84] Thomas G. Retained austenite and tempered martensite embrittlement[J]. Metallurgical and Materials Transactions A, 1978, 9: 439.
[85] Sarikaya M, Jhingan A K, Thomas G. Retained austenite and tempered martensite embrittlement in medium carbon steels[J]. Metallurgical and Materials Transactions A, 1983, 14: 1121.
[86] Horn R M, Ritchie R O. Mechanisms of tempered martensite embrittlement in low alloy steels[J]. Metallurgical and Materials Transactions A, 1978, 9: 1039.
[87] Bandyopadhyay N, McMahon Jr C J. The micromechanisms of tempered martensite embrittlement in 4340-type steels[J]. Metallurgical and Materials Transactions A, 1983, 14: 1313.
[88] 周敬恩，涂铭旌. 钢的第一类回火脆性[J]. 兵器材料科学与工程，1988, (3): 1.
[89] Просвирин В И, Квашнина Е И. Влияние карбидобразующих элементов на отпускную хрупкость стали[J]. Вестник Машиностроения, 1955, (2): 58.
[90] Woodfine B C. Some aspects of temper brittleness[J]. Journal of the Iron and Steel Institute, 1953, 173(3): 240.
[91] Утевский Л М. Отпускная Хрупкость Стали[M]. Москва: Металлургиздат, 1961.
[92] Ohtani H, McMahon Jr C J. Modes of fracture in temper embrittled steels[J]. Acta Metallurgical, 1975, 23(3): 377.
[93] Штейнберг М М, Попов А А. Выявление отпускной хрупкостьпри статической растяжении[J]. Заводская Лаборатория, 1952, (11): 1377.
[94] Temper embrittlement of alloy steels. ASTM Special Technical Publication[R]. 499, 1972.
[95] Powers A E. A study of temper brittleness in Cr-Mn steel containing large amounts of Mo, W and V[J]. Journal of the Iron and Steel Institute, 1957, 186(6): 323.
[96] 戢景文，肖莲芳，高怀荪. 稀土对两种锰磷低合金钢回火脆化的影响[J]. 金属学报，1980, 16(1): 115.
[97] 杨亦石，邹惠良. 含磷 Cr-Mn-S 和 Ni-Cr 钢回火脆性的研究：磷在晶界偏聚和添加 La 的作用[J]. 金属学报，1983, 19(2): A118.
[98] 雷廷权，等. 结构钢高温回火脆性的内耗法研究[C]. 全国首届低温脆性学术讨论会，1982.
[99] 郦振声，杨明安. 现代表面工程技术[M]. 北京：机械工业出版社，2007.
[100] Guttmann M. Equilibrium segregation in a ternary solution: A model for temper embritment[J].

Surface Science,1975,53(1):213.

[101] McMahon Jr C J. Solute segregation and intergranular fracture in steels:A status report[J]. Materials Science and Engineering,1980,42:215.

[102] Kameda J,McMahon Jr C J. Effectof Sb,Sn and P on the strength and grain boundaries in a Ni-Cr steel[J]. Metallurgical and Materials Transactions A,1981,12(1):31.

[103] Dumoulin P,Guttmann M,Foucault M,et al. Role of molybdenum in phosphorus-induced temper embrittlement[J]. Metal Science,1980,14(6):1.

[104] Ohtani H,Feng H C,McMahon Jr C J. Temper embrittlement of Ni-Cr steel by antimony: Ⅱ. Effects of addition of Ti[J]. Metallurgical and Materials Transactions A,1976,7(8):1123.

[105] 邱巨峰. 稀土在晶界存在形式及对晶界状态的影响[M]//《稀土在钢铁中的应用》编委会. 稀土在钢铁中的应用. 北京:冶金工业出版社,1987:251.

[106] Xu T(徐庭栋). Critical time in temper embrittlement isotherms of phosphorus in steels[J]. Journal of Materials Science,1999,34:3177.

[107] 徐庭栋. 非平衡晶界偏聚和晶间脆性断裂的研究[J]. 自然科学进展,2006,16(2):160.

[108] 王传雅,丁志敏,徐翔. 亚温淬火抑制钢的可逆回火脆性的研究[M]//王传雅. 钢的亚温处理. 大连:大连铁道学院,1990:141.

[109] Martin J W. Micromechanisms in particle-hardened alloys[M]. London:Cambridge University Press,1980.

[110] Verhoven J D. Fundamentals of Physical Metallurgy[M]. New York:John Wiley & Sons,1975;物理冶金学基础. 卢光熙,赵子伟译. 上海:上海科学技术出版社,1980.

[111] 雍歧龙,马鸣图,吴宝榕. 微合金钢:物理和力学冶金[M]. 北京:机械工业出版社,1989.

[112] Campbell F C. Elements of Metallurgy and Engineering Alloys[M]. Russell:ASM International,2008.

[113] Погодин-Алексеева К М. Термическое и Деформационное Старение Углеродистых Сталей[M]. Москва:Профизлат,1960.

[114] Fast J D,Dijkstra R J. Stahl und Eisen[J]. 1953,73:1484

[115] 赖祖涵. 金属的晶体缺陷与力学性质[M]. 北京:冶金工业出版社,1988:204.

[116] Nabarro F R N. Mechanical effects of carbon in iron[R]. Report of a conference on strength of solids. London:The Physical Society,1948.

第 4 章 合金元素对钢的性能的影响

钢材是使用最广泛的金属材料。钢材由于原材料价格比较低廉,可以进行大量生产。钢材一般具有良好的工艺性能,易于成形。特别重要的是,钢材可以通过加入合金元素改善其工艺性能并能大幅度提高其综合力学性能,满足各种工程结构和机械部件的需要,并能确保其在规定使用期限内的可靠性。

钢的力学性能应能保证机件或构件有效地工作,防止过量变形或断裂。过量变形可能是弹性变形,但绝大多数情况是要防止机件或构件在使用中出现过量塑性变形和断裂。断裂的性质可能是韧性的,也可能是脆性的。韧性断裂时,在断裂前有宏观塑性变形,吸收的能量大,断口无光泽,呈灰暗色,表面上是经过变形的一层,称为纤维状断口。脆性断裂时,在断裂前不产生明显的宏观塑性变形,即断裂发生在弹性变形阶段,吸收的能量小,断口齐平,有光泽,称为结晶状断口(穿晶或沿晶)。脆性断裂是突然的,会带来重大的事故和危害。

对钢的力学性能的要求主要是应具有需要的强度和韧性(包括塑性)。钢的强度与其韧性是一对矛盾,提高强度常常意味着要牺牲其韧性和塑性。随着科学技术的发展和对产品高性能的不断追求,人们要求开发出的钢种既具有高的或者超高的强度,而同时又具有良好的韧性,即具有高的强韧性。从事钢铁研究的科技工作者不断地探索强化机理和韧化途径,并在理论上和工程应用上取得了长足的进展。

钢的工艺性能是指在各种冷热加工工艺过程中表现出来的性能,这些性能涉及铸造性能、热加工性能、冷变形成形性、焊接性能、热处理工艺性、切削加工性等。

钢的铸造性能主要由铸造时钢液的流动性、收缩特点、偏析倾向等来综合评定。它们与钢的固相线和液相线温度的高低及结晶温度区间的大小有关。固、液相线的温度越低及结晶温度区间越窄,铸造性能越好。因此,合金元素的作用主要取决于其对状态图的影响。另外,一些元素在钢中形成高熔点碳化物或氧化物质点,增大了钢液的黏度,降低其流动性,也会使铸造性能恶化。

钢的热加工性能在第 1 章中已述及。传统的热加工工艺,加工温度都在再结晶温度以上,主要任务是改善铸态组织,并得到形状、尺寸合格的钢材,而钢材的力学性能则主要靠热加工后的热处理来得到。20 世纪 60 年代以后迅速发展的控制轧制与控制冷却工艺,通过加热、轧制和冷却的合理控制,使塑性变形和固态相变过程相结合,可以获得细小的晶粒和良好的组织,使钢材具有优异的综合性能。

钢的冷变形成形性系指薄板钢材经冷变形而制成各类不同服役条件的构件的成形性能。冷变形的塑性变形方式有多种,对薄板钢材的强塑性配合有着不同的要求。

热处理工艺性能是指钢的淬硬性、淬透性、淬火变形及开裂趋势、表面氧化及脱碳趋势过热敏感趋势等。

钢材的焊接性是指钢对焊接加工的适应性,即在一定的焊接工艺条件下,获得优质焊接接头的难易程度。焊接结构用钢在钢的总产量中占有比较大的比重,而自动焊和半自动焊的比例日益增加,因此,对焊接结构用钢的焊接性能提出了高的要求。

钢的切削性是指钢材切削加工的难易程度。

工艺性能的优劣有时可以决定一种使用性能优越的钢材能否实际应用,因此,有必要探讨各种影响工艺性能的因素,如何控制钢的成分和组织,使之获得良好的工艺性能。

4.1 钢的强度

强度是指材料在达到允许的变形程度或断裂前所能承受的最大应力。按材料所受外应力的种类,强度又分为拉伸强度、抗压强度、抗弯强度、剪切强度、疲劳强度等。

4.1.1 静拉伸试验

1) 光滑试样轴向拉伸试验

常温下,光滑试样轴向拉伸时的强度指标和塑性指标具有重要的工程实用意义。典型的静拉伸试样采用光滑圆柱试棒(标长为 l_0,截面积为 A_0)进行轴向拉伸试验。测出载荷 F 与变形 Δl 的关系,从而得出应力 σ($\sigma=F/A_0$)和应变 e 或伸长率 δ($\delta=\Delta l/l_0$)的关系曲线。应力 σ 和应变 e 亦称为工程应力和工程应变,这种应力-应变曲线通常称为工程应力-应变曲线,它与载荷-变形曲线相似,只是坐标不同。

钢材的应力-应变曲线可以有几种不同的类型。

低碳钢或低碳低合金钢的应力-应变曲线一般如图 4.1 所示。图中的 a 点对应的应力为比例极限 σ_p,是保证弹性变形按线性变化的最大抗力指标;b 点对应的应力为弹性极限 σ_e,是最大弹性变形(不产生残留的永久变形)的抗力指标。在图 4.1 所示的应力-应变曲线上呈现出物理屈服(降落)现象,出现上下屈服点和屈服平台。在拉伸过程中载荷不增加或下降而试样继续变形的最小载荷所对应的应力称为屈服点 σ_s 或下屈服点 σ_{sL}(d 点)。由于上屈服点 σ_{sU}(c 点)易受试验条件的影响,而 σ_s 的再现性较好,故不采用上屈服点 σ_{sU}。

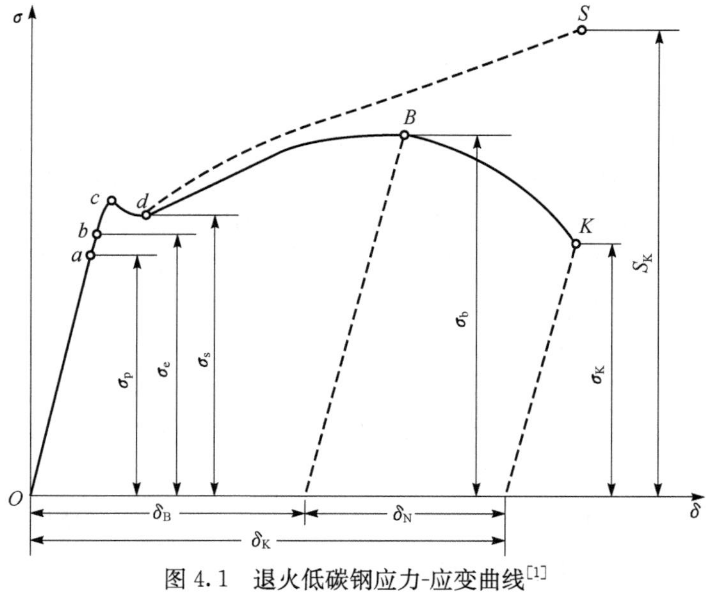

图 4.1　退火低碳钢应力-应变曲线[1]

由于完全准确地检测出偏离直线和偏离弹性的点是比较困难的，工程上都采用规定一定量的塑性变形的办法。从这个意义上来讲，比例极限 σ_p、弹性极限 σ_e 和屈服极限 σ_s 没有本质上的差别，只是规定的允许产生的微量塑性变形量的大小不同。一般规定，材料的残余变形小于 $1\times10^{-8}\sim2\times10^{-8}$ 所对应的应力值就是材料的比例极限 σ_p，也叫绝对弹性极限。在静拉伸载荷条件下材料允许的残余变形量为 0.005%、0.01%或 0.05%时的应力值称为工程条件弹性极限，并分别用 $\sigma_{0.005}$、$\sigma_{0.01}$ 及 $\sigma_{0.05}$ 表示。通常以 0.2%残余变形的应力 $\sigma_{0.2}$ 作为条件屈服强度。

图 4.1 中应对 B 点的应力为最大应力 σ_b，称为抗拉强度，又称强度极限。在 B 点之前，试样发生均匀变形，B 点之后，试样出现颈缩，发生局部集中收缩变形。颈缩均匀变形阶段的最大相对伸长率为 δ_B（或 δ_u），局部集中变形阶段的相对伸长率为 δ_N，总伸长率为 δ_K（或 δ_T），$\delta_K=\delta_B+\delta_N$。断面收缩率 ψ 表示试样横截面在试验前后的相对减缩量。同样，断面收缩率也可以看成由两部分组成，即 $\psi_K=\psi_B+\psi_N$。σ_K 为断裂抗力。对于塑性材料，试样产生颈缩后，颈缩部分的截面积在拉伸过程中逐渐变小，σ_K 并不能代表断裂时真实瞬间应力的大小。如果以瞬时截面积除以相对应的负荷，可以得到瞬时真实应力 S，如图 4.1 中 dS 线所示。S_K 为真实的断裂强度，相当于 B 点的真实应力为 S_B（或 S_b）。

屈服强度 $\sigma_{0.2}$、抗拉强度 σ_b 是静载强度设计的主要依据。对塑性材料，强度设计以屈服强度为标准，规定许用应力$[\sigma]=\sigma_s/n$，n 为安全系数，一般取 2 或更大，伸长率 δ 和断面收缩率 ψ 表示材料塑性变形的能力，是表征材料塑性的重要性能指标，是选材时的重要依据。

伸长率一般用 δ 表示，但伸长率不仅与试样标距长度 l_0 有关，还与试样的截面积 A_0 有关。国际规定，$l_0/A_0{}^{0.5}$ 的比例为一常数时，测得的伸长率才可以相互比较。我国规定 $l_0/A_0{}^{0.5}$ 等于 5.65 或 11.3，它们分别表示使用的是 $l_0=5d_0$ 和 $l_0=10d_0$ 两种圆形试样（d_0 为试样直径），求出的伸长率分别由 δ_5 和 δ_{10} 表示。试样局部集中变形的程度远大于均匀变形，因此总伸长率随着标距长度缩短，局部集中变形引起相对伸长率 δ_N 所占比例增大，一般 δ_5 大于 δ_{10}。

由于在拉伸试验过程中，试样的截面积逐渐变小，图 4.1 所表示的应力-应变曲线并不反映真实的瞬间的应力和应变，特别是断裂抗力 σ_K 与实际的断裂强度 S_K 相差甚远。图 4.2 表示真实应力-应变曲线。真实应力 S 为瞬时截面积除以相对应的负荷，真实应变或真实伸长率 ε 的定义为：长度为 l_0 的试样受力 F 作用后伸长到 l，当 F 有一增量 dF 时，试样长度相应的增量为 dl，$\mathrm{d}\varepsilon=\mathrm{d}l/l$，因此

$$\varepsilon=\int_{l_0}^{l}\frac{\mathrm{d}l}{l}=\ln\frac{l}{l_0} \tag{4.1}$$

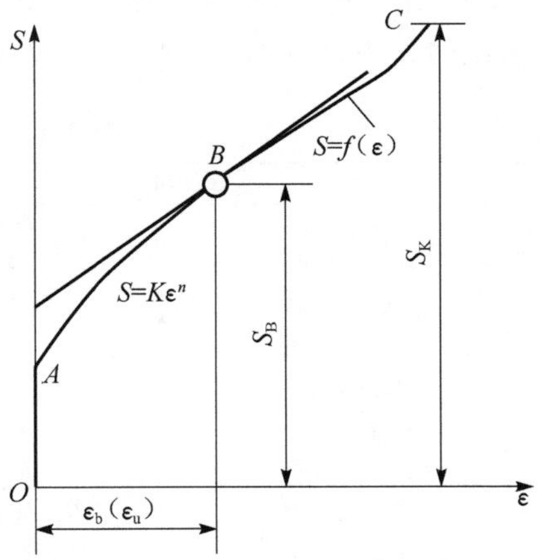

图 4.2　真实应力-应变曲线（S-ε 曲线）

图 4.2 中，OA 段是弹性变形部分，由于金属材料的弹性变形极小，OA 几乎与纵轴重合，AB 段是产生颈缩前的均匀变形部分，可由 Hollomon 关系式

表达：

$$S = K\varepsilon^n \tag{4.2}$$

式中，n 为形变强化指数(或应变硬化指数)；K 为 $\varepsilon=1$ 时的真实应力，称为强度系数。B 点以后开始产生颈缩，C 点为拉断点。

形变强化指数 n 表征在均匀变形阶段材料的形变强化能力，是一个常用的材料性能指标。n 值大，通过形变提高材料强度的效果好；n 值小，通过形变提高材料强度的效果就很有限。在极端情况下，当 $n=1$ 时，材料为完全的弹性体；当 $n=0$ 时，材料为理想的塑性体，完全没有形变强化能力。大多数金属材料的 n 值为 0.1～0.5。奥氏体不锈钢和高锰钢的 n 值在 0.45 左右，退火纯铁为 0.237，退火低碳钢为 0.22 左右，而淬火回火态的高碳钢仅为 0.1。一般地说，随着材料强度的增加，n 值减少。

钢材的应力-应变曲线，除图 4.1 所示的类型外，还有其他的类型。一些强化程度较高的钢，如低中温回火的结构钢、高温回火或退火的高碳钢，在其应力-应变曲线上不出现屈服现象，即在试样出现颈缩之前，随应力的增加，应变亦随之增加。对于典型的脆性材料，如淬火高碳钢，在其试样的拉伸过程中不产生明显的塑性变形，弹性变形后立即断裂。因此，对于这类钢一般不采用拉伸试验的方法测定其强度。对于形变强化能力很强的钢，如高锰耐磨钢，其试样在拉伸过程中在断裂前不形成颈缩，此时，$S_B=S_K$。

有关钢材室温拉伸性能的测定方法，见 GB/T 228—2002《金属材料　室温拉伸试验方法》，等效采用国际标准 ISO 6892:1998[2]。此标准代替了 GB 228—87《金属拉伸试验方法》。新旧标准中的性能名称和符号有很大差异，表 4.1 为新旧标准性能名称和符号对照表。由于金属材料的力学及工艺性能试验方法方面的标准都是推荐性的，原用标准仍可使用。GB/T 228—2002 后为 GB/T 228.1—2010 代替。GB/T 228.1—2010 是对 GB/T 228—2002 的修订，该版标准修改采用国际标准 ISO 6892-1:2009《金属材料　拉伸试验　第 1 部分:室温试验方法》，较 2002 版增加了试验速率的控制方法:方法 A 应变速率控制方法;修改了试验结果的数值修约方法等。GB/T 228.1—2010 现已为 GB/T 228.1—2021《金属材料　拉伸试验　第 1 部分:室温试验方法》所代替，标准修改时借鉴了 ISO 6892-1:2019。GB/T 228 系列标准还发布了以下部分:GB/T 228.2—2015《金属材料　拉伸试验　第 2 部分:高温试验方法》，GB/T 228.3—2019《金属材料　拉伸试验　第 3 部分:低温试验方法》和 GB/T 228.4—2019《金属材料　拉伸试验　第 4 部分:液氮试验方法》。

表 4.1　新旧标准性能名称和符号对照[2]

新标准		旧标准	
性能名称	符号	性能名称	符号
断面收缩率	Z	断面收缩率	ψ
断后伸长率	A、$A_{11.3}$	断后伸长率	δ_5、δ_{10}
屈服点伸长率	A_e	屈服点伸长率	δ_e
屈服强度	—	屈服点	σ_s
上屈服强度	R_{eH}	上屈服点	σ_{sU}
下屈服强度	R_{eL}	下屈服点	σ_{sL}
规定塑性延伸强度	R_p，如 $R_{p0.2}$	规定非比例伸长应力	σ_p，如 $\sigma_{p0.2}$
规定总延伸强度	R_t，如 $R_{t0.5}$	规定总伸长应力	σ_t，如 $\sigma_{t0.5}$
规定残余延伸强度	R_r，如 $R_{r0.2}$	规定残余伸长应力	σ_r，如 $\sigma_{r0.2}$
抗拉强度	R_m	抗拉强度	σ_b

静拉伸试验除采用光滑圆柱试样外，根据被试验钢材产品的形状和尺寸，还可以使用板材试样、管材试样、线材试样等，其具体规定和要求见 GB/T 228.1—2021。

2) 弹性的不完整性和包辛格效应

完整的弹性应该是加载后立即变形，卸载后立即恢复原状，在应力-应变曲线上，加载线与卸载线应该重合。但是实际上，弹性变形时加载线与卸载线并不重合，应变落后于应力，存在着弹性后效、弹性滞后、包辛格(Bauschinger)效应等，这些现象均称为弹性的不完整性[3,4]。

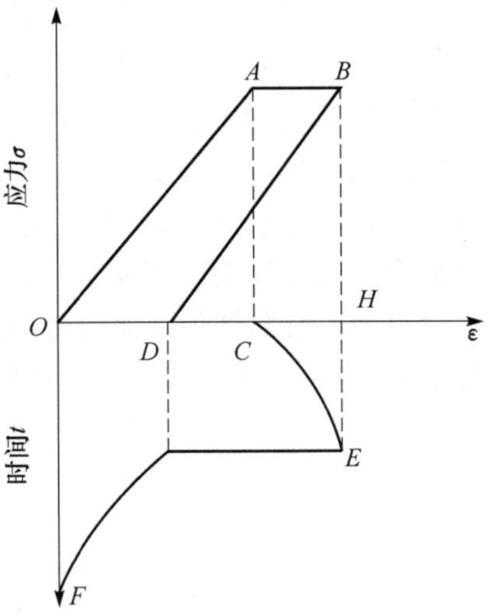

图 4.3　弹性后效示意图

图 4.3 为弹性后效示意图。将超过绝对弹性极限的应力快速施加到多晶体的试样上，试样立即产生的弹性应变仅是该应力应该引起的总应变 OH 的一部分 OC，其余部分的应变 CH 是在该应力大小不变的条件下产生的，此现象称为正弹性后效。外力迅速去除后，弹性应变也不是全部立即消失，而是先消失一部分(DH)，其余部分(OD)逐渐消失，此现象称为反弹性后效，并在应力-应变曲线上出现一个封闭的滞后回线 $OABDO$，称为弹性滞后环。这种在应力作用下应变不断随时间而发展的行为，以及应力去除后应变逐渐恢复的现象，工程上统称为弹性后效。当外加应力高于某一应力时，将引起永久塑性变形而过渡到宏观屈服，此应力称为滞弹性极限，此时应力卸载后弹性滞后环不再封闭。

弹性后效现象在仪表、精密机械制造业极为重要，在材料的使用和确定处理工艺时必须予以考虑。应力状态强烈影响弹性后效，应力状态越软(见 4.1.2 节)，亦即切应力越大，弹性后效越显著。

在弹性变形范围内，因应变落后于应力而出现的弹性滞后环说明加载时消耗在变形上的功大于卸载时金属恢复变形所做的功。这个环的面积大小相当于被金属吸收的那部分变形功的大小，如果施加载荷是交变的循环载荷且加载卸载速率比较快，则可以得到如图 4.4 所示的弹性滞后环，环的面积相当于在交变载荷下不可逆能量的消耗，即内耗，也称循环韧性。循环韧性的大小代表金属在循环应力作用下，能以不可逆方式吸收能量而不破坏的能力，也可以代表金属靠自身来消耗机械振动能力的大小，即消振性的好坏，这在生产上有很重要的意义。

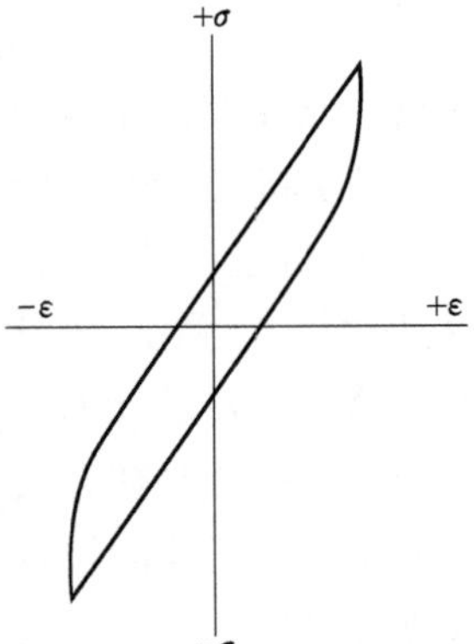

图 4.4　弹性滞后环

引起弹性后效和弹性滞后环的原因是多方面的，如位错的运动、溶质原子在应力作用下的有序分布、宏观或微观范围内变形的不均匀性等[5]。

金属经过预先加载产生少量塑性变形，然后再同向加载，其规定残余伸长应力增加，反向加载，其规定残余伸长应力减小的现象称之为包辛格效应。图 4.5 为高碳钢 T10 经淬火和 350℃回火后的试样经不同加载顺序后，其比例极限

σ_p 和屈服强度 $\sigma_{0.2}$ 的变化[6]。曲线1为该试样的拉伸曲线,其 $\sigma_{0.2}$ 约为1130MPa。曲线2为另一根同样的试样但事先经过微预压缩变形后再拉伸的情况,此时 $\sigma_{0.2}$ 明显降低,只有约880MPa。值得注意的是,反向加载时,σ_p 几乎下降到零的变化,说明反向变形时原来的正比弹性性质改变了,立即出现塑性变形。实验表明,不论是单晶或多晶都存在这种现象,即此效应是晶内现象。此现象通常在1%～4%预塑性变形后即可发现。图4.6为某低合金高强度钢经不同程度的预拉伸应变后在压缩加载时的包辛格效应的表现。图4.6(a)表明反向加载时的载荷形变曲线均无弹性直线段,图4.6(b)表明 $\sigma_{0.2}$ 随预应变量增加而下降,在1%预应变时下降剧烈,2%以上预应变时已下降至原 $\sigma_{0.2}$ 值的一半。

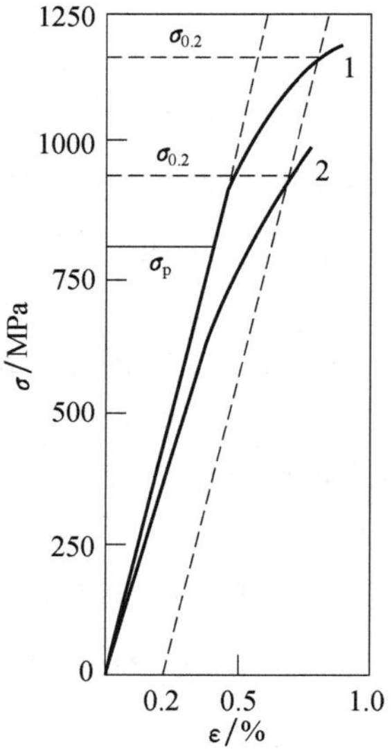

图4.5　T10钢(淬火、350℃回火)的包辛格效应[6]

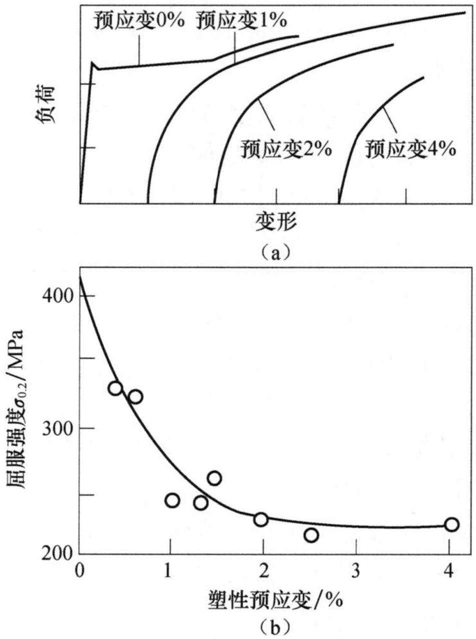

图4.6　某低合金高强度钢的包辛格效应的表现[4]

包辛格效应在工程上有重要的实际意义,经过轻微冷作变形的材料,当使其用于与原来加工过程加载方向相反的载荷下工作时,就应考虑弹性极限和屈服强度将会降低的问题。例如,油气管道用钢在制管过程中经受弯曲成形过程,其外层由拉应力进入塑性区,而其内层由压应力进入塑性区。对于承受内压的钢管,使用状态为拉应力。经测试,钢管在加工前的抗拉屈服极限为500MPa,制成管后其抗拉屈服极限为460MPa,制成管前后屈服值的差异为40MPa,此值称为包辛格效应值VBE。因此对于这类管线用钢,在订货和供货时应考虑其包辛格效应值[7]。生产上也可以利用这一特征,在板材加工轧制过程中,设法使其在通过各道轧辊时交替地承受反向弯曲应力,从而降低屈服强度,增加其延展性。

通过予以较大残余塑性变形或是引起金属回复或再结晶的温度下退火的办法可以消除包辛格效应。

关于包辛格效应的起因可能是塑性变形的不均匀性产生的内应力引起的。这种内应力有方向性，在正向流变时出现硬化，而在反向流变时产生包辛格效应。另一种可能的原因是预应变造成的位错结构分布特点，如位错塞积，使得这些位错在反向受力时容易运动，并且在反向变形时位错可能发生湮灭，导致出现包辛格效应。关于包辛格效应的详细讨论可参考有关文献[8]。

3) 缺口效应

拉伸试验时一般采用表面光滑、截面均匀的试样，但实际使用的绝大多数机件或构件都不是截面均匀的，存在着截面变化，如键槽、油孔、台阶、螺纹等，这种截面变化可以简称为缺口。缺口的存在使试样在拉伸时引起应力集中，使缺口顶端的最大应力大于该截面上的平均应力；缺口的存在还引起多轴应力状态，使在拉伸时，不仅存在轴向应力 σ_l，还存在切向应力 σ_t 和径向应力 σ_r，其中最大的是缺口处的轴向应力 σ_l(图 4.7)。为了描述应力集中情况，采用了缺口截面上的最大轴向应力 σ_{lmax} 与该截面积的平均应力 σ_m 之比，即 σ_{lmax}/σ_m，称为应力集中系数 K_l。

为了测定钢材在静拉力下对缺口的敏感程度，需要进行缺口拉伸试验。常用的缺口拉伸试样是带缺口的圆柱试样，如图 4.8 所示，缺口直径 d_N 为 7～20mm，缺口张角 ω 为 45°～60°，根部半径 $\rho \leqslant 0.2$mm，缺口处截面面积为试样横截面积的一半，所用光滑试样的直径应等于缺口试样的直径 d_0[3]。通常用缺口强度比 NSR(notch strength ratio)衡量静拉伸下的缺口敏感度，NSR$=\sigma_{bN}/\sigma_b$，式中 σ_{bN} 表示缺口拉伸试样的抗拉强度。

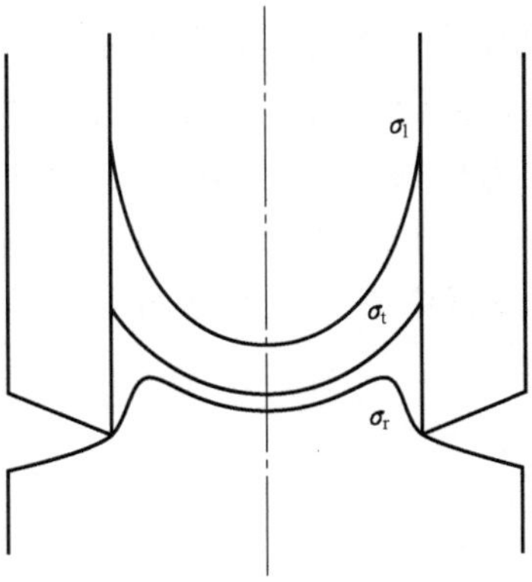

图 4.7　缺口试样拉伸时最小截面上的应力分布[1]

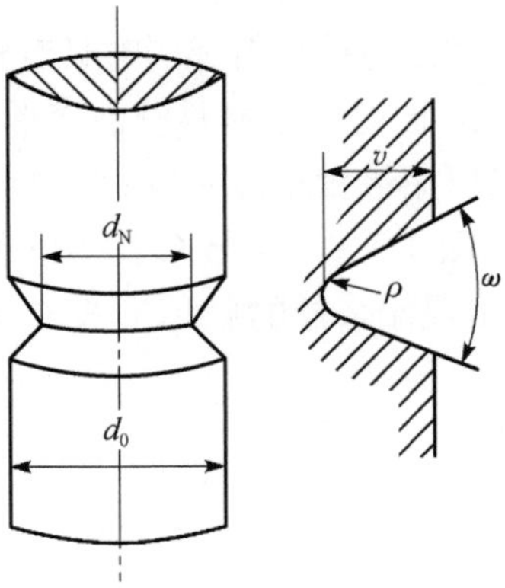

图 4.8　缺口的形状[1]

对于脆性材料，如低温回火的高碳钢，NSR<1，即 $\sigma_{bN}<\sigma_b$，说明材料对缺口敏感。对于塑性较高的结构钢，一般均表现为 NSR>1，这是由于只要缺口处发生少量的塑性变形，就会在缺口处产生三向应力状态，阻碍塑性变形的发展，只有在更高的拉伸载荷下才发生断裂。因此这类材料的缺口抗拉强度比强度极限高，说明材料对给定的缺口不敏感，可以在具有相同应力集中的状态下使用[4]。

对于某些零件，如一些重要的承载螺钉，在制造安装和使用过程中，不可避免地存在因偏斜影响带来的附加弯曲。因此，对用于制造这类零件的钢材，还需进行缺口偏斜拉伸试验。进行偏斜拉伸试验时，是在带有缺口的试样的螺纹夹头下面加上一个具有一定倾斜角的垫圈。常用的倾斜角为 4°或 8°，相应的缺口拉伸强度以 σ_{bN}^4、σ_{bN}^8 标识[3]。

4.1.2　决定断裂类型的因素和力学状态图

在压缩、扭转、弯曲及其他静载荷条件下,和静拉伸一样,也都存在弹性变形、塑性变形和断裂三个阶段和标志着各种失效抗力的性能指标。由于加载方式不同,即应力状态不同,这些性能指标存在着各自的特点。

为了使机件或构件在使用中不出现极为危险的脆性断裂,总是要求它们能处于韧性状态下工作。实际上,任何金属材料,包括钢材,既可能韧性断裂,也可能脆性断裂。实验和研究表明,决定材料断裂类型的因素主要是:材料本质、应力状态、温度和加载速率。

任何应力状态都可用切应力和正应力表示。垂直于最大正应力 S_{max} 方向发生的断裂称为正断,沿着最大切应力 t_{max} 方向发生的断裂称为切断。只有切应力才可以引起塑性变形,因为切应力是位错运动的推动力。在受力部件的某处能否发生塑性变形,取决于在该处外加载荷的数值和切应力的分量,即应力状态软性系数 α($=t_{max}/S_{max}$)的大小。侧压应力状态(如做布氏硬度试验)的软性系数大($\alpha>2$),可以在灰铸铁这样典型的脆性材料上面压出压痕窝,表现出比较好的塑性,但在作单向拉伸($\alpha=1/2$)时,却表现出正断式脆性断裂。

为了能确定一种材料在某个应力状态下能承受多大载荷而不至于失效(过量变形或断裂),曾提出过一些强度理论。后来由 Фридман 提出,经 Давиденков 进一步发展,在过去的强度理论基础上,建立了联合强度理论。

该理论假定每种材料都同时具有塑性变形、切断和正断三种不同的抗力,分别以 t_s、t_k 和 S_k 表示,同时假定材料塑性变形和切断破坏是符合最大切应力理论的,而材料的正断破坏是可以用最大正应变理论检验的。图 4.9 为材料在不同加载方式下的力学状态图[3,6,9]。在图 4.9 中,A、B、C 代表三种性能不同的材料,其 t_s、t_k 和 S_k 各不相同。当加载时,材料出现什么样的破坏形式取决于在加载过程中下列三个条件哪一个最先得到满足:

塑性变形　$$t_s=t_{max} \tag{4.3}$$

切断　$$t_k=t_{max} \tag{4.4}$$

正断　$$S_k=S_{max} \tag{4.5}$$

式中,t_{max} 为最大切应力;S_{max} 为按照最大正应变条件计算出的最大正应力。随着载荷的增加,某点的应力状态首先满足式(4.3),之后满足式(4.4),则材料先经过塑料变形后被切断,如果首先满足的是式(4.5),就会出现正断式脆性断裂。

图 4.9 的纵坐标表示切应力,横坐标表示正应力。假定各种材料的三种抗力 t_s、t_k 和 S_k 在变形过程中保持为定值,它们在力学状态图中分别表现为平行和垂直的直线(S_k 上端是倾斜的,这是由于产生塑性变形后,应变强化能略微提高正断抗力)。对于每一种简单的加载过程,其应力状态中各主应力的比值是恒定的,因而其最大切应力与最大正应力之比 t_{max}/S_{max} 也是恒定的。因此,载荷增加时,一种应力状态的变化可以用通过原点的一条射线来表示,其斜率即是应力状态软性系数 α。利用状态图我们可以确定任何一种材料在任何一种加载过程中所表现的行为和可能产生的破坏形式。图 4.9 说明大多数材料在应力状态变化时,脆性和韧性状态是可以相互转化的。

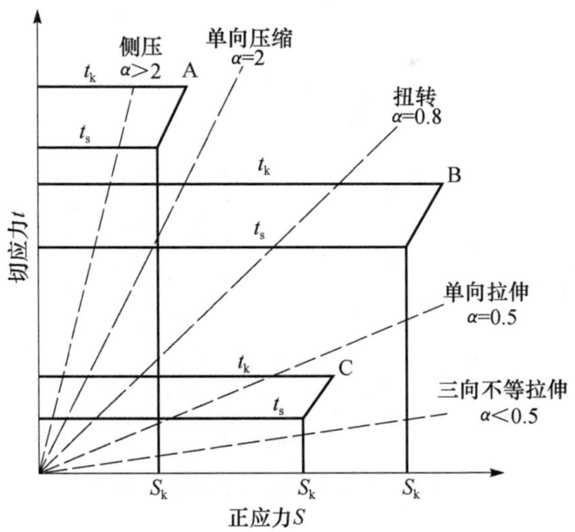

图 4.9　三种材料的力学状态示意图[3,6,9]

扭转时，$\alpha=0.8$ 是取材料的泊松比为 0.25 时所得

联合强度理论在设计上直接应用尚有困难，因为一些材料的三种抗力（t_s、t_k 和 S_k）不容易测定，金属的 t_s、t_k 值实际上不是常数，会随应力状态的改变而有些变化，但联合强度理论对我们定性地分析和讨论一些材料强度问题还是很有用处的。

为了分析材料由韧性状态向脆性状态转变的条件，一些学者还提出了其他形式的力学状态图[6]。

温度和加载速率也是影响材料断裂类型的重要因素。随温度的降低和加载速率的增加，屈服强度 σ_s 明显升高，但温度和加载速率对断裂抗力 S_k 的影响却比较小。从后面将要讨论的理论断裂强度公式中可以看到，弹性模量和表面能是决定断裂抗力的主要因素，而温度对弹性模量和表面能的影响都比较小。图 4.10 为温度变化对韧脆转变影响的示意图[5]。图中示意地表示了 σ_s 随温度的降低而升高，而 S_k 对温度较不敏感，因此，随温度的下降，两条曲线将相交，交点的温度 T_c 即韧脆转变温度。温度高于 T_c 时，试样要经历一定量的塑性变形才断裂，表现为韧性断裂，而在温度低于 T_c 时，在塑性变形之前就断裂，表现为脆性断裂。根据上述论述，也可以解释加载速率或者形变速率的影响。屈服应力对形变速率比较敏感，而断裂强度则不敏感。因此，加载速率的增加将提高韧脆转变温度。

有缺口的试样在拉伸时，在缺口的截面上产生三轴应力状态。这种应力状态阻碍了塑性变形的进行，使试样整体的屈服应力提高了 q 倍，$q\sigma_s$ 的曲线将和 S_k 相交于更高的温度（图 4.10）。这表明缺口增加在拉伸应力条件下钢的脆断倾向。

4.1.3　在其他静加载下的力学性能

4.1.3.1　压缩试验

钢材的压缩试验一般采用单向静压缩试验，其应力状态软性系数 $\alpha=2$。原则上讲，压缩和拉伸仅仅是受力方向不同，因此，拉伸试验所确定的力学性能指标的定义和公式基本上在压缩试验中都能适用，所不同的是压缩试样的变形不是伸长而是缩短，截面积不是

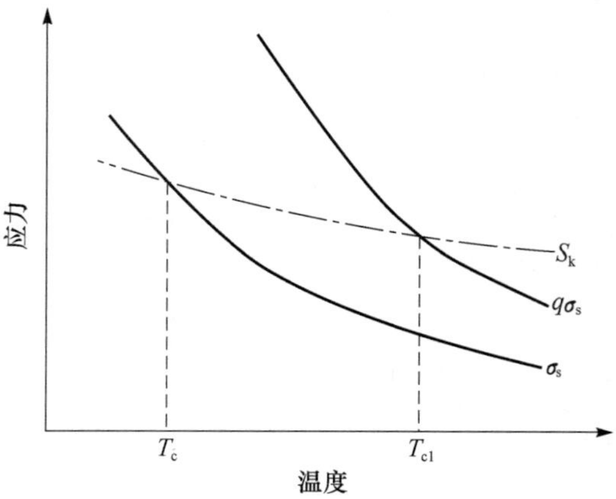

图 4.10　温度对韧脆转变影响的示意图[5]

缩小而是横向增大。

压缩试验时的应力-应变曲线有两种情况,如图 4.11 所示[3],图中的 σ_{pc}、σ_{ec}、σ_{sc}、σ_{bc} 分别为压缩比例极限、压缩弹性极限、压缩屈服极限和压缩强度。曲线 1 表示压缩载荷时,塑性材料试样的应力-应变曲线,试样可以压缩得很扁而不破坏,最后部分一直上升,所测得的比例极限、屈服极限、弹性模量和拉伸试验中测得的相同,但不能测得压缩强度 σ_{bc},因此对塑性材料很少做压缩试验。压缩试验主要用于脆性材料和低塑性材料。在静拉伸、弯曲、扭转试验中尚不能显示其塑性时,采用压缩试验有可能使其转为韧性状态,较好地显示其塑性,如曲线 2 所示。高碳工具钢、铸铁等的试样受到压缩时,稍有缩短,略呈桶形,表示有很小的塑性变形存在。当载荷加大时,试样即破坏,并在其表面上出现一些约成 45°角的裂缝,这是由于切应力所致,此时变形仍很小。由于破坏是突然发生的,载荷达到最大值后就急剧下降。

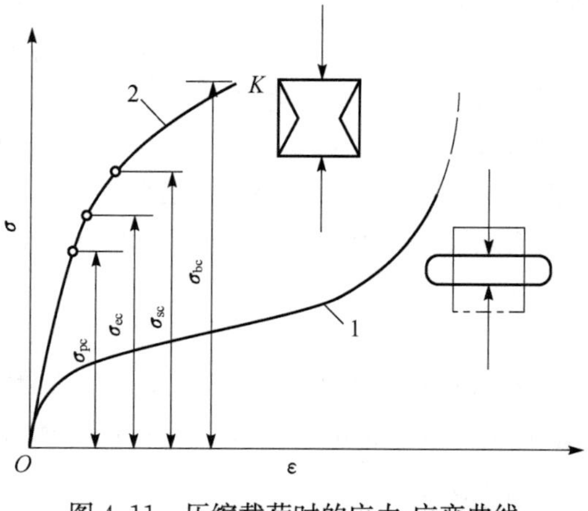

图 4.11　压缩载荷时的应力-应变曲线

1—塑性材料;2—脆性材料

压缩试验时,试样通常为圆柱形,按高度与长度之比,可分为短、中、长三种。短试样采用 $h_0/d_0=1\sim2$,可用于测定压缩变形和断裂过程中的全部性能参数,但端面摩擦力影响较大,测定的性能参数精度稍差。因此压缩试验结果只有在试样的形状大小和 h_0/d_0

相同的情况下才具有可比性。金属压缩试验方法在 GB/T 7314—2005 中有详细规定[2]，该标准已为 GB/T 7314—2017《金属材料　室温压缩试验方法》代替。

4.1.3.2　弯曲试验

弯曲试验可以稳定地测量低塑性和脆性材料的抗弯强度和挠度。挠度 f 为试样弯曲时，其中性线偏离原始位置的最大距离可以表示塑性。因此，这种试验方法很适用于评定低塑性和脆性材料，如铸铁、工具钢、渗碳钢、硬质合金等的力学性能。

弯曲试验用的试样有圆形、方形和矩形。弯曲试验依其加载方式可分为集中加载（三点弯曲）和等弯矩弯曲（四点弯曲）两种。三点弯曲时，由于是在支座中部施加集中载荷 F，故中央处的弯矩最大，总是在施载处发生破断。四点弯曲时，因为弯矩均匀分布在全部工作长度 L 上，能较好地反映全局的品质，一般可以得到比较准确的结果。

弯曲试样的截面为圆形（直径 d_0）或矩形（高 h，宽 b），其截面系数 W 分别为 $\pi d_0^3/32$（mm^3）和 $bh^2/6$（mm^3）。M_B 为断裂时的弯矩。根据断裂时对应的载荷计算出的应力称为抗弯强度 σ_{bb}，$\sigma_{bb}=M_B/W$，f_{bb} 表示断裂时的挠度。

对经过退火、正火、调质处理的碳结构钢或合金结构钢进行弯曲试验时，通常达不到破坏程度，其载荷 F 与挠度 f 的关系曲线如图 4.12 所示。对这类塑性较好的钢通常不进行弯曲试验，而采用拉伸试验。对于低塑性的材料，静弯曲试验不存在静拉伸时试样偏斜对试验性能结果的影响，因此目前在铸铁和部分工具钢的性能鉴定上常采用这种试验方法。图 4.13 是这类材料的 F-f 曲线。

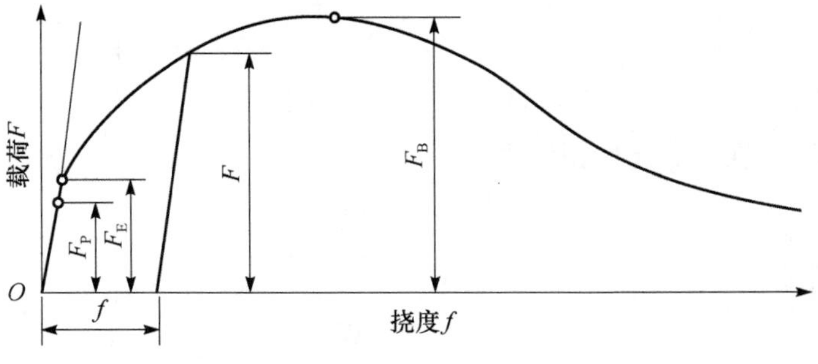

图 4.12　塑性材料的 F-f 曲线[1]

弯曲试验时因表面应力最大，故对表面缺陷比较敏感，也常用于比较和鉴定渗碳等表面化学热处理、高频淬火等表面热处理等零件的材料质量和表层强度等性能的差异。金属弯曲力学性能试验方法在 GB/T 14452—93 中有详细规定[2]，后为 YB/T 5349—2006 代替，现修订为 YB/T 5349—2014。

4.1.3.3　扭转试验

扭转时应力状态较软，软性系数 $\alpha=0.8$，可以测定那些在拉伸时表现为脆性的金属材料的塑性，如淬火低温回火的工具钢和某些结构钢，使它们有可能处于韧性状态，便于进行各种力学性能指标的测定和比较。扭转试样一般采用圆柱试样，推荐采用直径为 10mm，标距长度为 50mm 或 100mm 的试样。用圆柱试样进行扭转试验时，从试验开始直到试样

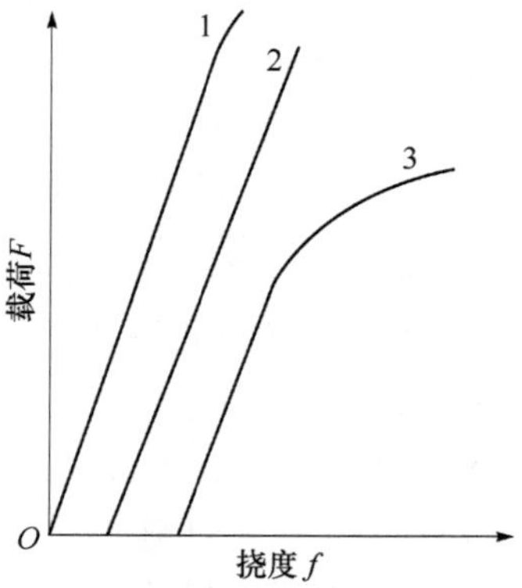

图 4.13　某些低塑性材料的 F-f 曲线[1]
1—工具钢;2—轴承钢;3—铸钢

破坏为止,试样整个长度上的塑性变形在宏观上始终是均匀的,其截面及试样工作长度上基本上保持原有大小不变。这样便有可能很好地测定高塑性材料直至断裂前的形变抗力和变形能力。图 4.14 为低碳钢的扭矩 T 和扭角 φ 的关系曲线。图中 T_p、T_s、T_b 分别代表规定非比例扭矩、屈服扭矩、最大扭矩。

扭转时的力学性能指标可以根据圆柱试样(直径 d_0、标距长度 l_0)上测得的T-φ 曲线求出。扭转载荷下的切应力 τ 和切应变 γ 分别为

$$\tau = T/W, \quad \gamma = \varphi d_0/2l_0 \tag{4.6}$$

式中,T 为扭矩;W 为截面系数。对于实心圆柱,$W = \pi d_0^3/16$。

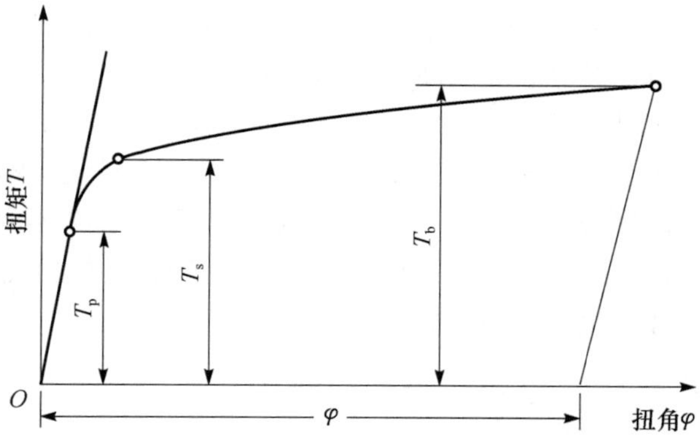

图 4.14　扭转载荷变形曲线[1]

扭转比例极限(规定非比例扭转力):

$$\tau_p = T_p/W \tag{4.7}$$

扭转屈服强度:

$$\tau_s = T_s/W \tag{4.8}$$

抗扭强度:

$$\tau_b = T_b/W \tag{4.9}$$

扭转试验采用实心圆柱试样时,其断面上的应力分布是不均匀的,影响真实切应力的测定。为此可采用薄壁空心圆筒试样,以减少内外壁之间的应力变化差别。

对于低塑性材料,扭转试验可以比较敏感地反映其表面缺陷,也可用于检验渗碳淬火低温回火后的表面渗碳质量、淬火低温回火工具钢的表面微裂纹等。

金属室温扭转试验方法在 GB/T 10128—2007《金属材料　室温扭转　试验方法》中有详细规定。

4.1.3.4　*硬度试验*

硬度是金属材料常用的力学性能指标之一,表征金属在表面局部体积内抵抗变形或破裂的能力。压力法硬度试验表征金属抵抗变形的能力,刻画法硬度试验表征金属抵抗

破裂的能力。

压入法硬度试验的应力状态最软，属于侧压加载方式下的应力状态，不论是塑性材料还是脆性材料均可应用。压入法主要有布氏硬度、洛氏硬度、维氏硬度、显微硬度及努氏硬度。

1）布氏硬度试验

布氏硬度试验法在 GB/T 231—2002(现为 GB/T 231.1—2018《金属材料　布氏硬度试验　第 1 部分：试验方法》)中有详细规定。新的标准取消了过去标准(GB 231—84)规定使用的钢球压头，而采用硬质合金压头。将硬质合金压头(直径为 D)加载(F)后压入试样表面，根据单位表面积上所受载荷大小确定布氏硬度值，以符号 HBW(旧标准为 HBS)表示：

$$\mathrm{HBW}=F/A_{凹}=F/\pi Dh=2F/\pi D[D-(D^2-d^2)^{1/2}] \tag{4.10}$$

式中，$A_{凹}$ 为表面压痕的凹陷面积；h 为压痕凹陷深度；d 为压痕凹痕直径；HBW 的单位为 $\mathrm{kgf/mm^2}$。试验时只要量出 d，即可算出 HB 值或查表即得 HB 值，若单位采用 MPa 时，则式(4.10)的右边应乘以 0.102。

布氏硬度试验的基本条件是载荷 F 和压头直径 D 必须事先确定。由于金属的软硬程度有很大的差异，所试工件厚薄亦有很大的不同，因此，规定球的直径 D 可以是 10mm、5mm、2.5mm、1mm，载荷 F 可以是 3000kgf、1500kgf、750kgf、…、1kgf。在生产上根据被测试工件的实际情况，采用不同 F 和 D 的搭配。这里存在一个问题：对同一材料，如何保证选定的 F 和 D 能得到同样的 HBW 值？为了解决这一问题，可以利用几何相似原理，即只要保证压痕几何相似，就认为 HBW 值相等。因此可以推导出，必须使 F/D^2 为一常数，才能保证对同一材料得到相同的 HBW 值。生产上常用的 F/D^2 值规定有 $30\mathrm{kgf/mm^2}$、$10\mathrm{kgf/mm^2}$、$5\mathrm{kgf/mm^2}$、$2.5\mathrm{kgf/mm^2}$、$1\mathrm{kgf/mm^2}$ 五种。对钢材一般取 F/D^2 值为 $30\mathrm{kgf/mm^2}$。测试硬度时，由于压头压入后引起的塑性变形需要一段时间，故对载荷保持的时间亦作出规定：从加力开始至施加完全部试验力的时间应在 2～8s，保持时间为 10～15s。布氏硬度的表示方法是在符号 HBW 前面为硬度值，后面依次为球直径、试验力数字，如果试验力保持时间与规定不同时，还在后面注明保持时间(s)。例如，600HBW1/30/20 表示用直径 1mm 硬质合金球在 30kgf 试验力下保持 20s 测定的布氏硬度值为 600。

国家标准 GB/T 231.1—2018 规定，只有满足 $d=(0.24\sim0.6)D$ 时，试验结果才有效，此比值不能太大或太小，否则所得的 HBW 值会失真。布氏硬度试验用于高硬度材料时，由于压头本身的变形会使测量结果不准确，因此采用硬质合金压头时，最高的测试硬度应不大于 650HBW，采用钢球压头时，应不大于 450HBS。

经验表明，与压入硬度对应比较好的力学性能指标是金属的强度极限 σ_b。对于很多拉伸时能形成颈缩的材料，存在着 $\sigma_b=K\,\mathrm{HB}$ 的关系。比例系数 K 视不同材料通过实验确定，对于低碳钢，$K=0.36$，对于高强度钢，$K=0.33$，对于奥氏体钢，$K=0.45$[6]，计算时，应采用相同的单位。

2）洛氏硬度试验

洛氏硬度试验是目前应用最广的硬度试验方法。洛氏硬度的试验方法在 GB/T

230.1—2018《金属材料　洛氏硬度试验　第1部分:试验方法》中有详细规定。

洛氏硬度计的压头为金刚石圆锥、钢球或硬质合金球。金刚石圆锥压头的锥角为120°,钢球或硬质合金压头的直径为1.5875mm(1/16in)或3.175mm(1/8in)。洛氏硬度的标尺有多种,常用的标尺有A、B、C、15N、30N、45N,其适用范围见表4.2。

表4.2　洛氏硬度标尺(GB/T 230.1—2018)

标尺	硬度符号	压头类型	初试验力/kgf	总试验力/kgf	适用范围	应用范围
A	HRA	金刚石圆锥	10	60	20～88	碳化物、硬质合金、淬火工具钢、浅层硬化钢
B	HRB	1/16in球	10	100	20～100	退火钢、软钢
C	HRC	金刚石圆锥	10	150	20～70	淬火钢、调质钢、深层表面硬化钢
15N	HRC15N	金刚石圆锥	3	15	70～94	渗氮层、渗碳层、金属镀层及各种薄片材料
30N	HRC30N	金刚石圆锥	3	30	42～86	
45N	HRC45N	金刚石圆锥	3	45	20～77	

注:① 总试验力=初试验力(10kgf)+主试验力。② A、C标尺洛氏硬度用硬度值、符号HR和使用的标尺字母表示。例如,59HRC表示用C标尺测得的洛氏硬度值为59。③ 压头为钢球时以S表示,为硬质合金球时,以W表示。例如,60HRBW表示硬质合金压头在B标尺上测得的洛氏硬度值为60。

洛氏硬度试验的原理是将压头分两个步骤压入试样表面,先加初试验力,使压头紧密接触试件表面,然后加主试验力,经规定保持时间后,卸除主试验力,测量在初试验力下的残余压痕深度 h,以压痕的深度值 t 的大小作为表示材料的硬度指标,金属越硬则 t 越小,反之则 t 越大。但是如果直接以 t 的大小作为硬度指标,将与人们对硬度大小的概念相矛盾。为此,选定一个常数减去所得 t 值,以其差值来表示洛氏硬度值。此常数值规定为0.2mm(用于HRA、HRC)和0.26mm(用于HRB)。在读数上规定0.002mm为一度,这样前一常数为100度,在试验机刻度盘上为100格,正好是刻度盘上的一圈;后一常数为130度,在表盘上为一圈再加30格,为130格。由此获得的硬度值HR只表示硬度高低而没有单位。因此

$$\text{HRC 和 HRA} = 100 - h/0.002 \tag{4.11}$$

$$\text{HRB} = 130 - h/0.002 \tag{4.12}$$

表4.2中的HRC15N、HRC30N、HRC45N称为洛氏表面硬度,是用于测定表面渗层用的,读数上规定以0.001mm为一度。因此

$$\text{HRN} = 100 - h/0.001 \tag{4.13}$$

洛氏硬度试验法的优点是压痕小,操作迅速,可以立即得出数据,适于大量生产中的成品检验。其缺点是压痕较小,对组织比较粗大且不均匀的材料,测得的硬度不够准确。

3) 维氏硬度试验

维氏硬度的测试原理(GB/T 4340.1—2009《金属材料　维氏硬度试验　第1部分:试验方法》)基本上和布氏硬度试验相同,也是根据单位压痕凹陷面积上所受的载荷,即应力值作为硬度值的计量指标。所不同的是维氏硬度采用相对面夹角为136°的金刚石正

四棱锥体压头，使压入角恒定不变，从而使得载荷改变时，压痕的几何形状相似。相对面夹角之所以选取 136°，是为了使所测数据与 HB 值能得到最好的配合。因为一般布氏硬度试验时压痕直径 d 多半在(0.25～0.5)D，取平均值为 0.375D 时，通过压痕直径作钢球的切线，切线的夹角正好等于 136°。所以在中低硬度范围内，维氏硬度与布氏硬度值很接近(图 4.15)。

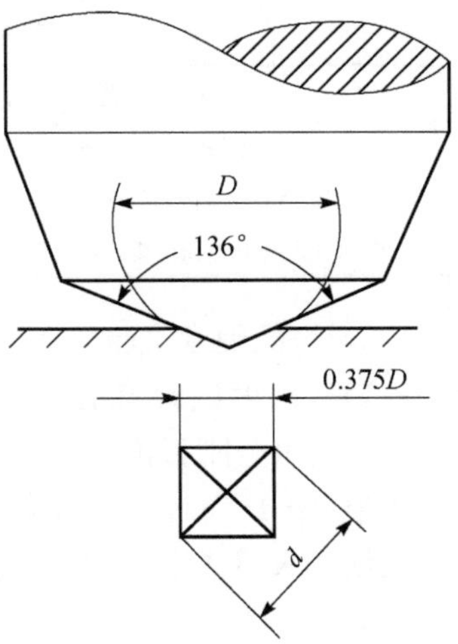

图 4.15　维氏硬度压头锥面夹角的测定[1]

维氏硬度试验是将金刚石压头用试验力 F 压入被测金属的表面，保持规定时间后，卸除试验力，测量压痕的两对角线长度的平均值 d，进而计算出压痕的表面积 S，最后求出压痕上的平均压力(F/S)，以此作为被测金属的硬度值，称为维氏硬度，用符号 HV 表示，即

$$\mathrm{HV}=F/S=1.8544F/d^2 \tag{4.14}$$

HV 的单位为 $\mathrm{kgf/mm^2}$。如果试验力的单位取 N，则式(4.14)的右边应乘以 0.102，为 $\mathrm{HV}=F/S=0.1891F/d^2$。在硬度符号 HV 之前的数字为硬度值，HV 之后的数值依次表示试验力和试验力保持时间(保持时间为 10～15s 时不标注)，例如，640HV30/20 表示在试验力为 30kgf(294.2N)下保持 20s 测定的维氏硬度值为 640。维氏硬度试验常用的试验力有 5kgf、10kgf、20kgf、30kgf、50kgf、100kgf、120kgf 等几种。试验时试验力 F 应根据试样的预期硬度与厚度来选择。一般在试样厚度允许的情况下，尽可能选用较大的试验力，以获得较大压痕，提高测量精度。试验薄件时，所加试验力应使工件厚度大于 1.5d。

维氏硬度试验法的优点是所加载荷小，压入深度浅，适于测试零件表面淬硬层及化学热处理渗层的硬度。维氏硬度是一个连续一致的标尺，试验时试验力可以任意选择，不影响其硬度值的大小，因此可以测定从极软到极硬的各种金属材料的硬度。维氏硬度试验法的缺点是硬度值的测定较麻烦，需通过测量压痕的对角线后才能通过查表或计算得出，工作效率不如测洛氏硬度试验法高。

维氏硬度试验时试验力可以任意选择而不影响所测定的硬度值，因此，若将维氏硬度试验的试验力的单位由 kgf(或 N)改为 gf(或 mN)，便可将硬度的测定控制在一个极小的范围内，如个别夹杂物或其他组织组成物，这种试验可称为显微硬度试验，测得的硬度值为显微硬度值。

显微硬度的测定原理和维氏硬度一样，故

$$\mathrm{HV}=1854F/d^2 \tag{4.15}$$

与式(4.14)不同，这里 F 的单位不是 kgf，而是 gf，d 的单位是 μm，HV 的单位仍不变。由于显微硬度的试验力与压痕很小，故对测量的精度要求很高。

显微硬度试验方法在 GB/T 4342—91《金属显微维氏硬度试验方法》中有详细规定。现在，显微硬度试验方法已统一在国家标准(GB/T 4340.1—2009)中，在新的标准中按三个试验力范围规定了金属维氏硬度的试验方法(表 4.3)。

表 4.3　测定金属维氏硬度的三个试验力范围

试验力范围	硬度符号	试验名称
$F \geqslant 49.03$N(5kgf)	≥HV5	维氏硬度试验
1.961N(0.2kgf)$\leqslant F <$49.04N(5kgf)	HV0.2～<HV5	小负荷维氏硬度试验
0.09807N(0.01gf)$\leqslant F <$1.961N(0.2gf)	HV0.01～<HV0.2	显微维氏硬度试验

4) 努氏硬度试验

努氏硬度试验与维氏硬度试验一样，但采用的压头为顶部两相对面具有 172.5°和 130°的四角金刚石锥，在被测试样表面得到长对角线长度是短对角线长度的 7.11 倍的菱形压痕(图 4.16)，压痕深度约为其长对角线长度的 1/30。努氏硬度测定时，只需测量长对角线的长度 l，便可按下式计算努氏硬度值：

$$\mathrm{HK}=14.22F/l^2 \tag{4.16}$$

HK 的单位为 $\mathrm{kgf/mm^2}$。努氏硬度使用较轻的负荷就能压印出一个能清晰测量的菱形压痕，因此，不管是硬质材料还是易碎材料的硬度试验，均可采用努氏压头。试验力 F 在 0.01～1kgf 选取。若 F 的单位为 N，则努氏硬度的计算公式为

$$\mathrm{HK}=14.22F/9.8l^2 \approx 1.451F/l^2 \tag{4.17}$$

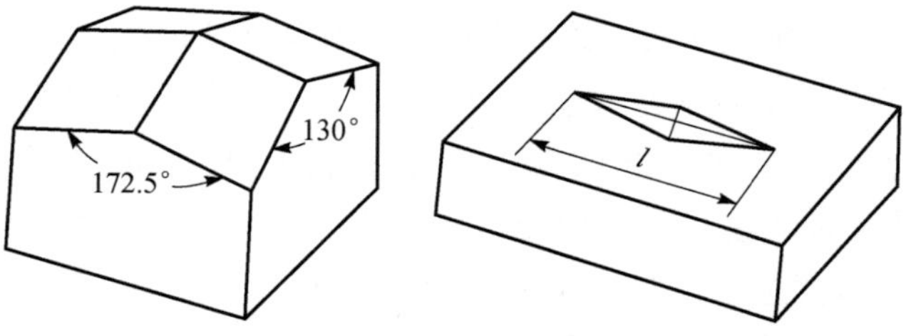

图 4.16　努氏硬度压头及压痕示意图[1]

(a) 压头；(b) 压痕

努氏硬度由于压痕细长，只需测量长对角线 l，因而精度高。努氏硬度值与维氏硬度值大致相等，但试验力小于 1000mN 时，两者会出现较大的差距。

努氏硬度试验一般用于薄层(表层淬火或化学渗镀层)和合金中组成相的性能。努氏硬度试验的详细规定见 GB/T 18449.1—2009《金属材料　努氏硬度试验　第 1 部分：试验方法》。

4.1.4　强化机理

材料的强度对结构非常敏感，材料的成分、微观结构等微小变化都显著地影响材料的强度。

4.1.4.1　纯铁的理论强度

强度是材料抵抗变形的能力。晶体材料塑性变形的方式有滑移和孪生，以滑移为主。滑移是通过晶体内的位错运动实现的，如果能尽可能地减少晶体中的位错和其他缺陷，使其接近于完整晶体，则材料的变形不能借助于位错的运动，滑移面上所有原子将同时滑移。近似的计算表明，使完整晶体滑移面上所有原子同时滑移的临界切应力，即理论剪切

强度 τ_c 为

$$\tau_c \approx \mu/2\pi \tag{4.18}$$

式中，μ 为切变模量[10]。可见，完整晶体的切变抗力即理论剪切强度，与晶体的切变模量 μ 至多相差一个数量级。α-Fe 的 μ=80.65GPa，其理论剪切强度可达 11GPa[11]。

假定断裂产生在与拉应力垂直的平面上，并且此平面原子键合同时断裂，可以得出理论断裂强度 σ_c 为

$$\sigma_c \approx (E\gamma_s/a_0)^{1/2} \tag{4.19}$$

式中，E 为弹性模量；γ_s 为断裂后产生的两个新的表面的表面能；a_0 为与外加作用力相垂直晶面原子间距[10]。α-Fe 的 E=208.2GPa，其理论断裂强度 σ_c 可达 21GPa[11]。

尺寸很小的 α-Fe 晶需接近无缺陷的完整晶体，其强度可以达到很高的水平，接近其理论计算值。随着晶须尺寸的增大，其抗拉强度急剧下降，如图 4.17 所示。这是由于晶须尺寸的增大，不可避免地在其内部出现晶体缺陷，如位错、空位等，从而导致强度显著降低。因此在工程上常采用在晶体中引入大量缺陷及阻止位错运动的方法来提高强度，这些手段有固溶强化、加工硬化、晶界强化、第二相沉淀、弥散强化及相变强化等。

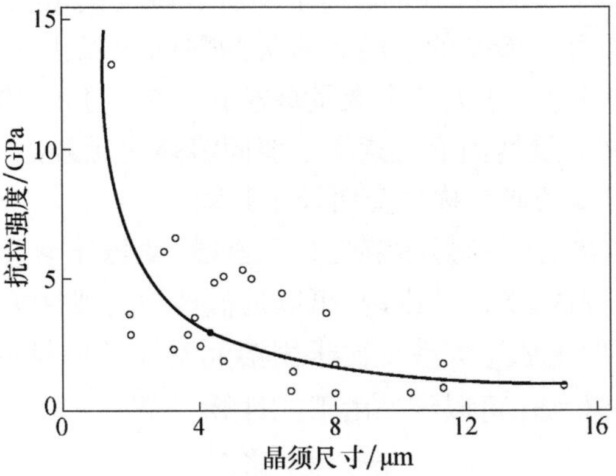

图 4.17　α-Fe 晶须尺寸与抗拉强度的关系[12]

4.1.4.2　固溶强化

固溶强化是利用点缺陷对金属基体进行强化，固溶强化包括间隙固溶强化和置换固溶强化。

固溶强化的主要微观作用机制是弹性交互作用。溶质原子进入基本晶体点阵中，使晶体点阵发生畸变，产生一弹性应力场。对称畸变产生的应力场仅包括正应力分量，而非对称畸变产生的应力场既有正应力分量，也有切应力分量。该弹性应力场与位错周围的弹性应力场将发生交互作用。由于刃型位错的弹性应力场既有正应力分量也有切应力分量，而螺型位错的弹性应力场只有切应力分量，使得产生对称畸变的溶质原子仅与刃型位错有较大的交互作用，而与螺型位错的交互作用甚小；而产生非对称畸变的溶质原子与刃型位错和螺型位错均有较大的交互作用。在弹性交互作用下，为了减少系统的相互作用能，溶质原子将移向位错线附近。小于基体原子的置换溶质原子倾向于移向刃型位错线附近的受压位置，而间隙溶质原子和大于基体原子的置换溶质原子倾向于移向刃型位错

线附近的受张位置,由此形成科氏气团。科氏气团是间隙固溶原子或置换固溶原子在刃型位错线附近的偏聚。

非对称畸变的间隙溶质原子与螺型位错的切应力场的交互作用使其移动到应变能较低的间隙位置产生局部的有序化分布,形成斯诺克气团,气团的溶质原子浓度即是固溶体的平均浓度。

溶质原子在位错周围形成稳定的气团后,在一定的温度范围内,间隙原子可具有足够的扩散速率,滑移的位错可以拖着气团运动。若间隙原子的扩散速率落后于刃型位错的移动速率,该位错要运动就必须首先挣脱气团的钉扎,引起系统弹性畸变能的升高,表现出强化效应,产生非均匀强化。

位错在固溶原子均匀分布的晶体点阵中运动时还要克服溶质原子的摩擦阻力,因而引起强化效应,产生均匀强化。

碳原子的间隙固溶强化是钢铁材料中最经济、最有效的强化方式。一些结构钢通过淬火低温回火的热处理可以获得高的强度和硬度,主要是基于碳原子的间隙固溶强化。碳、氮等溶质原子嵌入 α-Fe 点阵的不对称的八面体间隙中,使点阵产生不对称正方性畸变(图 2.23),引起强化效应。引起基体点阵非对称性畸变的溶质元素被称为强固溶强化元素,而将仅引起点阵对称性畸变的溶质元素称为弱固溶强化元素。强固溶强化元素的固溶强化效果比弱固溶强化元素大两个数量级左右。在 α-Fe 中的固溶 C、N 原子属于强固溶强化元素,而绝大多数置换固溶元素属于弱固溶强化元素,个别特殊的元素,如 B、P、Si,固溶后会产生一定程度的非对称畸变而处于其间。

α-Fe 屈服强度的增量 $\Delta\sigma_s$ 和强固溶强化元素碳、氮原子含量的平方根成直线关系,但在一定的化学成分范围内(低碳范围内)可以近似地视为线性关系。弱固溶强化元素固溶强化引起的屈服强度增量 $\Delta\sigma_s$ 大致正比于固溶元素原子质量的一次方。因此,固溶强化引起的屈服强度的增量 $\Delta\sigma_s$ 可以统一由下式计算[13]:

$$\Delta\sigma_s = k[X] \tag{4.20}$$

式中,X 为溶质元素的质量分数(%);k 比例系数。k 表示每 1%质量分数的固溶元素在 α-Fe 中产生的屈服强度增量。表 4.4 为每 1%质量分数的固溶元素在 α-Fe 中产生的屈服强度增量,图 4.18 为 α-Fe 中固溶元素质量与其屈服强度增量的关系曲线。

表 4.4 每 1%质量分数的固溶元素在 α-Fe 中产生的屈服强度增量[13] (单位:MPa)

C	N	P	Si	Ti	Cu	Mn	Mo	V	Cr	Sn
4570	4570	470	83	80	38	37	11	3	−30	113

注:C 和 N 的固溶量均小于 0.2%,不同研究者得出的屈服强度增量有一定差异,本表为文献[13]的推荐值。

前面已经指出,间隙固溶原子的强化效果仅在一定化学成分范围内可以近似地视为线性关系,对于中高碳钢仍需采用二分之一次方的关系。例如,根据表 4.4 可以计算出碳含量为 0.2%的钢中若碳全部处于间隙固溶状态可使其屈服强度提高约 917MPa;但在碳含量为 0.8%的钢中,即使碳全部处于间隙状态也只能使其屈服强度提高约 1828MPa。

置换固溶属于弱强化,置换固溶强化效应增值与溶质原子和溶剂原子半径差值及化学性质等因素有关。当两者之间的原子半径差值小,化学性质又相近时,强化效应不大。例如,Co 和 α-Fe 的原子半径相近,其化学性质相似,因此 Co 在 α-Fe 中虽有高的溶解度,

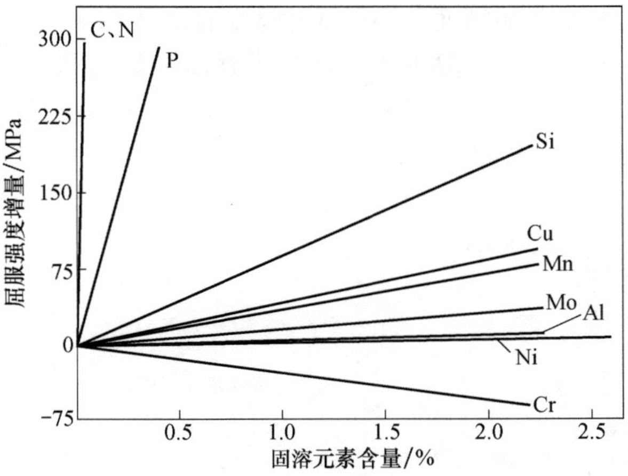

图 4.18　α-Fe 中固溶元素含量与其屈服强度增量的关系[14]

但并不产生明显的强化。

P 和 Si 固溶于 α-Fe 中引起点阵常数的缩小，虽然其点阵常数缩小的绝对值也不算很大，但这两个元素引起的强化作用却远高于其他置换固溶元素。这表明使点阵缩小的固溶元素具有更为有效的强化作用。Mn、Ni 与 Cr 对 α-Fe 点阵常数变化的影响相近，但它们的置换固溶强化作用有明显的差别，Mn、Ni 的作用远大于 Cr。由此可见，现有的固溶强化理论尚不足以解释一些异常的强化效应。

在 α-Fe 中还存在着间隙原子间的交互作用。在 α-Fe 中间隙原子的固溶造成非对称性点阵畸变，这种非对称畸变可称为畸变偶极子(dipole)，即四方对称的弹性偶极子。每个间隙原子都诱发一个弹性偶极子，弹性偶极子之间有交互作用，引起间隙原子的短程有序化，增大位错滑移所需能量，增大强化效应。在 α-Fe 中还存在着置换固溶原子与间隙固溶原子之间的交互作用。实验证实，置换固溶于α-Fe 中的 Mn、Cr、Mo、Si 等合金元素可以把 C 或 N 吸引到其周围而构成原子对，形成置换固溶偶极子。这种置换固溶偶极子可以与位错产生强烈的交互作用；与单个间隙原子的强化作用相比较，这种交互作用可以保持到很宽的温度范围内。这种强化作用被称为“交互固溶强化”[15]。

碳、氮原子在 γ-Fe 的间隙固溶引起点阵的球面对称畸变，具有正应力分量，可与刃型位错产生交互作用，造成科氏气团，但不与螺型位错产生交互作用，没有阻碍螺型位错滑移的作用，所以其强化作用属于弱强化。

置换固溶合金元素原子在奥氏体中的固溶强化作用比碳原子更小，但可以影响奥氏体的层错能。奥氏体层错能低，位错容易扩展。层错和溶质的交互作用使某些溶质原子偏聚在层错附近，形成铃木气团，同样可以钉扎位错，使奥氏体得到强化。各类元素对 18Cr-8N 奥氏体不锈钢屈服强度的影响，如图 4.19 所示。图中，间隙原子强化效应最大，铁素体形成元素次之，奥氏体形成元素最弱。Ni 的加入使这种钢的屈服强度降低，是一种固溶软化现象。

4.1.4.3　位错强化

金属晶体缺陷理论指出，增加晶体中的位错密度，可以有效地提高金属强度。通过热处理和冷塑性变形以提高位错密度是提高钢材强度的重要手段。纯铁多晶体在退火状态下位错密度 ρ 约为 $1\times10^7\text{cm}^{-2}$,塑性变形为 10%时,$\rho$ 可以达到 $5\times10^{10}\text{cm}^{-2}$。目前,工业生产的冷拉钢丝中的位错密度最高可以达到 $5\times10^{10}\text{mm}^{-2}$,由位错提供的强度增量为 4500MPa,钢丝的强度超过 5000MPa。

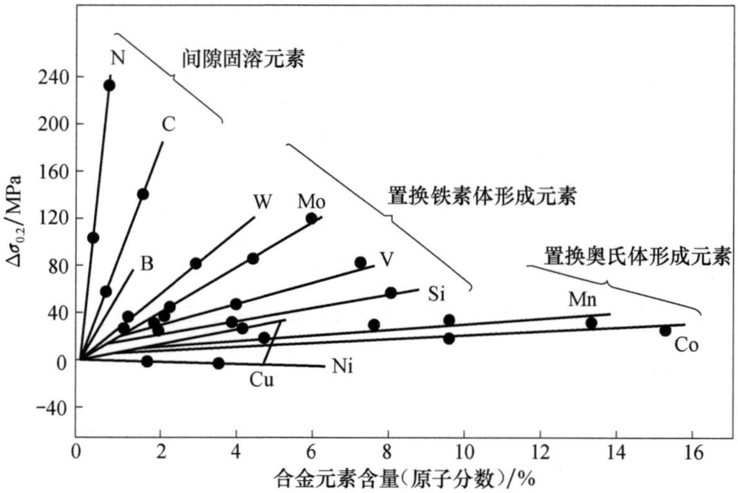

图 4.19 18Cr-8Ni 奥氏体不锈钢中的固溶强化效应[16]

当晶体中位错分布比较均匀时,流变应力 τ(多晶体开始塑性变形的应力)和位错密度 ρ 之间存在下面的 Bailey-Hirsch 关系式:

$$\tau=\tau_0+a\mu\boldsymbol{b}\rho^{1/2} \tag{4.21}$$

式中,τ_0 表示位错交互作用以外的因素对位错运动造成的阻力;μ 为切变模量;$\boldsymbol{b}$ 为伯格斯矢量;a 为系数,多晶体铁素体的 $a=0.4$。式(4.21)对体心立方和面心立方点阵金属都是适用的,只是 τ_0 值有差异。在面心立方点阵金属中,位错在完整的晶体中运动的阻力很小,τ_0 值近于零,而在体心立方点阵金属中的 τ_0 值不可忽略。式(4.21)可以写成

$$\Delta\tau=\tau-\tau_0=a\mu\boldsymbol{b}\rho^{1/2} \tag{4.22}$$

式中,$\Delta\tau$ 表示位错密度引起的流变应力的增量。式(4.22)表明,当 ρ 升高,$\Delta\tau$ 升高。纯铁的位错密度与形变应力之间的关系与 Bailey-Hirsch 关系式符合得很好。塑性形变时,α-Fe 的平均位错密度随塑性形变量的增大而提高,在应变硬化早期阶段,平均位错密度的提高与应变量成正比的变化关系,而且细晶粒具有更高的位错增殖效应;在应变量相等时,细晶粒将获得更高的位错密度。

在室温下,当形变量小于 1%时,α-Fe 的位错线还是平直的;形变量大于 1%时,位错线变得不很规则,在个别晶粒中位错开始集聚,以致相互连接起来开始构成胞状结构;形变量为 3.5%时,可以见到胞状结构;大约达到 9%形变量时,大部晶粒均由胞状结构组成,胞壁为缠结的位错,晶胞间的位向差约为 3.5°。在形变早期,晶胞的平均尺寸随应变量的增大而有所减小,约减小到 1.5μm 便保持稳定而不改变。

已经提出的一些理论解释了位错强化的机制,如林位错理论、位错塞积理论、位错交截理论、割阶理论等,这些理论均可以得到如式(4.22)所示的表达式。

塑性形变过程中位错密度的准确测量比较困难,而塑性变形量的测定较为容易。可

以通过建立应变量与位错密度之间的关系，对位错密度进行粗略的估算。根据 Hollomon 关系式 $S=K\varepsilon^n$ 和式(4.21)，可以得到位错密度与应变量之间的关系式：

$$\rho=\frac{K^2\varepsilon^{2n}}{\alpha^2G^2\boldsymbol{b}^2} \tag{4.23}$$

在很多情况下可以由式(4.23)估算钢材经过均匀塑性变形后的位错密度。

4.1.4.4　细晶强化

晶界阻碍位错运动。通过细化晶粒使晶界增加，阻碍位错滑移，从而产生强化的方式称为细晶强化。细晶强化是各种强化机制中唯一在材料强化的同时使之韧化的方式，因而受到人们的广泛重视。

霍尔(Hall)和佩奇(Petch)最早独立根据对低碳钢的试验结果确立了材料强度与晶粒尺寸之间的关系式，即霍尔-佩奇(Hall-Petch)关系式：

$$\sigma_y=\sigma_0+k_yd^{-1/2} \tag{4.24}$$

式中，σ_y 为下屈服点；σ_0 和 k_y 为常数；d 为晶粒直径。σ_0 表示位错在单晶体内运动时的摩擦力(即点阵结构对位错的阻力)，不受晶粒大小影响。k_y 称为佩奇斜率，k_y 值的大小与位错被溶质原子 C、N 钉扎程度有关，钉扎作用强，k_y 值大。另一个影响 k_y 值的因素为塑性变形时可以参加滑移的滑移系数目，数目少，则 k_y 值大。精确计算 σ_0 比较困难，具体材料的 σ_0 值可以通过试验求得。测出屈服应力 σ_y 随 $d^{-1/2}$ 的变化曲线，曲线图中的纵轴截距即为 σ_0，曲线的斜率即为 k_y。图 4.20 为低碳钢的下屈服点与晶粒大小的关系曲线，可以看出，k_y 对温度不敏感[11]。

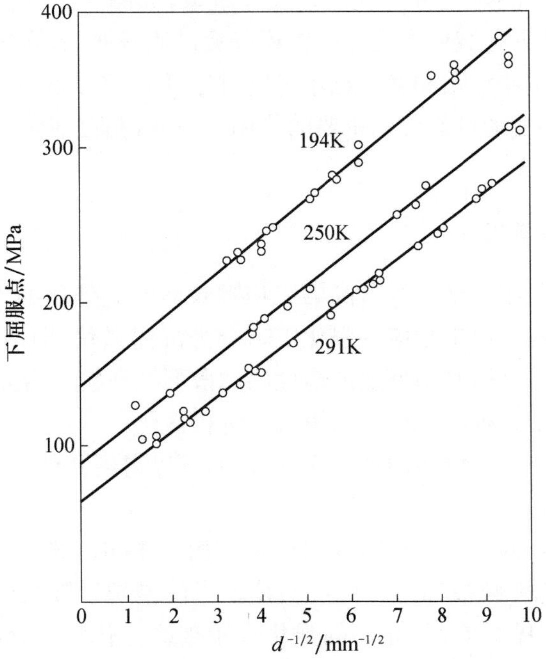

图 4.20　晶粒大小对低碳钢下屈服点的影响[11]

晶粒直径 d 为有效晶粒尺寸，即对位错滑移起阻碍作用使之产生塞积的界面所构成的最小晶粒尺寸。亚晶界附近一般不会产生位错的塞积,因而不能成为有效晶粒尺寸。对低碳马氏体钢,有效晶粒尺寸为板条马氏体束的尺寸;对铁素体-珠光体钢,有效晶粒尺寸为铁素体晶粒尺寸;对珠光体是其片层间距;对高碳钢为奥氏体晶粒尺寸。

霍尔-佩奇关系式不仅适用于下屈服点,也适用于流变应力、断裂应力。霍尔-佩奇关系式也可用于许多有色金属与合金。

根据位错塞积模型可以推导出霍尔-佩奇关系式[5]。多晶体中相邻晶界一般为大角度晶界,滑移至晶界前的位错为晶界所阻挡,无法直接传播到相邻晶粒中去。位错源在外力作用下继续增殖,增殖的位错塞积在晶界上,引起应力集中,应力场的强度为塞积位错数目和外加应力值的乘积,而塞积位错的数目正比于晶粒尺寸。当应力场作用于相邻晶粒位错源的作用力等于位错开动的临界应力时,相邻晶内的位错源才能开动起来,产生位错的滑移与增殖,进行塑性形变。当材料的晶粒变细时,必须增大外加作用力才能激活相邻晶粒内的位错源。因此,细晶粒金属产生塑性变形要求更高的外加作用力,此即细晶强化的机制。除上述位错塞积理论外,霍尔-佩奇关系式还可以通过其他方式导出。

由于细晶强化有显著的强化效果,近 40 年来,在钢铁材料领域,人们不断通过微合金化和采取各种工艺措施,如控制热加工时的温度、压下量、冷却速率等,以细化最终获得的铁素体晶粒。目前,在工业规模生产上已可以达到的晶粒尺寸为 3～5μm[17],在实验室的条件下,已可以获得 0.5～1μm 的有效晶粒尺寸[13]。

霍尔-佩奇关系式适用的晶粒尺寸是有界限的,上限不超过 400μm,比 400μm 更大的晶粒,再增多塞积位错数目,对应力集中应力场强度的影响也不大。晶粒尺寸小于 0.3μm 时,晶粒内不能提供足够数目的位错用以构成足够强度的应力集中。晶粒细化到一定程度时,钢在发生屈服后,将出现塑性失稳现象,如图 4.21 所示[18]。这是由于晶粒尺寸达到纳米级时,晶界区域所占晶体的体积分数迅速增加,晶界在空间上相互已非常接近,在形变时,通常的位错增殖和塞积已不可能进行,因而不会发生形变硬化,塑性变形的机理将有所改变,晶界滑动可能会起重要的作用。另外,晶粒细化对材料的高温强度是不利的。

4.1.4.5　第二相强化

材料通过基体中分布有细小弥散的第二相颗粒而产生强化的方法称为第二相强化。根据第二相形成的机理可以把相应的强化工艺分为沉淀强化(即通过脱溶沉淀产生第二相)和弥散强化,弥散强化即利用外加的惰性的弥散颗粒和粉末冶金工艺产生第二相。钢铁材料生产中广泛采用各种沉淀析出的第二相进行强化。

根据第二相颗粒与滑移位错的交互作用机制,可以得到两种不同的强化机制:位错切过机制与位错绕过机制。

当沉淀相的尺寸较小(<15nm)且与母相共格时,滑移位错可以切过颗粒(图 4.22),这种第二相颗粒被称为可变形颗粒。当位错切过颗粒时,在颗粒与基体间产生新的表面积 A,增加界面能,所导致的强化作用被称为化学强化。颗粒具有不同于基体的点阵结构和点阵常数,位错切过颗粒时,在滑移面上造成错配的原子排列,增大位错运动的阻力。如果第二相颗粒是有序相,当位错切过颗粒时,在滑移面上将形成反相畴界。反相畴界能远高于颗粒与基体间的界面能,因此需额外支付这份界面能差值。沉淀

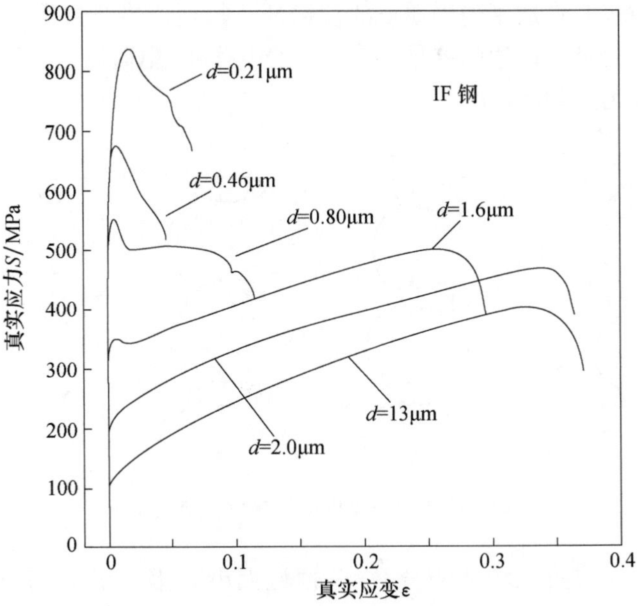

图 4.21　晶粒急剧减小时，强度和韧性的关系[18]
试验用钢为 IF 钢

颗粒的共格应变场与位错的应变场之间产生弹性交互作用，亦产生一定的强化效应。上述各种强化因素所引起的强度增量 $\Delta\sigma_c$ 与第二相的体积分数 f 和颗粒尺寸之间存在下述关系：

$$\Delta\sigma_c = af^{1/2}d^{1/2} \tag{4.25}$$

式中，a 为系数；d 为颗粒的直径。在钢铁材料中主要的强化效应来自表面能强化和共格应变强化。

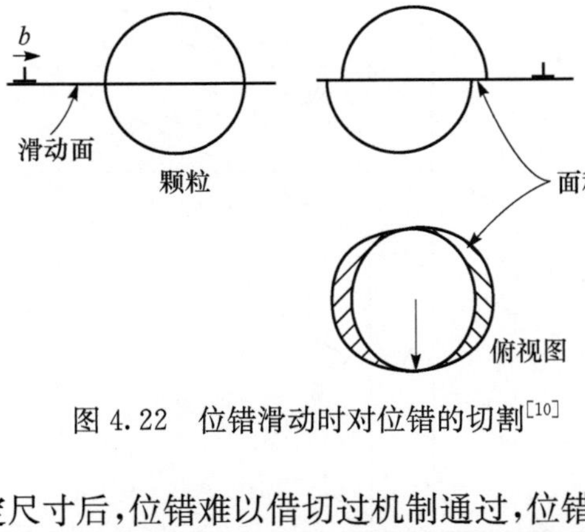

图 4.22　位错滑动时对位错的切割[10]

当颗粒增大到一定尺寸后，位错难以借切过机制通过，位错将以绕过第二相颗粒并留下环绕颗粒的位错环的方式进行，如图 4.23 所示。此时的第二相颗粒被称为不可变形颗粒。不可变形颗粒具有较高硬度，并与母相部分共格或非共格。这种位错绕过机制被称为奥罗万机制，1948 年由奥罗万首先提出，后经 Ashby 改进。位错在切应力的作用下，向第二相移动时，受到第二相的应力场作用而弯曲，随着切应力的增大，位错线的弯曲程度增大。当位错线的弯曲程度进一步增大时，将相遇于 A、B 等位置，由于相遇处的位错符号相反,正负位错抵消,形成了包围质点的位错环。每当位错绕过第二相颗粒时,总是留下这种位错环。位错环对后边的同号位错发生交互作用,阻碍后边位错的运动,提高了位错滑移所需的切应力,引起强化。

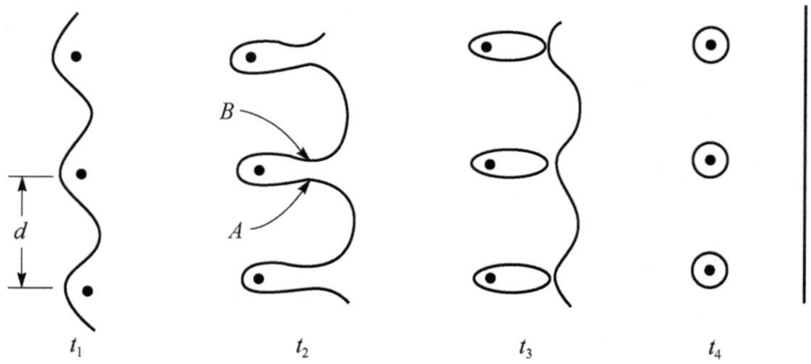

图 4.23　位错与一排析出相颗粒的交互作用[10]

强化效果的大小与第二相体积分数 f、颗粒大小 d 及其分布情况有关。强度增量 $\Delta\sigma_o$ 可用下式表示:

$$\Delta\sigma_o = \beta f^{1/2} d^{-1} \ln d \tag{4.26}$$

式中,β 为系数,与基体的切变模量及滑动位错的伯格斯矢量有关。由式(4.26)可知,第二相颗粒小,强化效应显著;第二相颗粒粗大,强化效果不显著。图 4.24 为 C-Mn 微合金钢中第二相颗粒尺寸不同时,第二相体积分数与屈服强度增量的关系,与式(4.26)相符。工业生产条件下,在一般微合金元素添加范围内,通过适当控制微合金碳氮化物的沉淀析出过程,可以获得 200～400MPa 的屈服强度增量。可见沉淀强化是一种非常有效的强化方式。

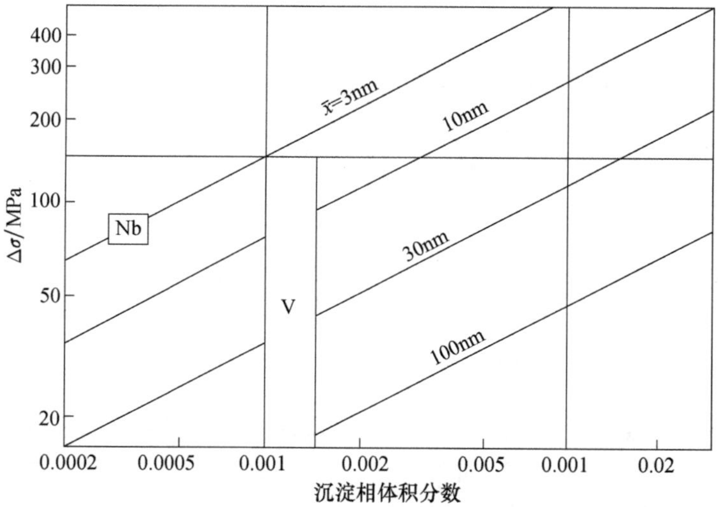

图 4.24　C-Mn 钢中 NbC 和 V_4C_3 的沉淀强化效果[14]

第二相颗粒被分为可变形和不可变形,并非指某一特定的第二相。实际上同一种第二相在尺寸很小而与基体保持较好的共格关系时属于可变形颗粒,而当其尺寸增大,与基体的共格关系受到部分破坏甚至完全破坏时，就变成了不可变形颗粒。

上述两种机制的强化能力可以用图 4.25 定性地表示出来。根据式(4.25)和式(4.26)，第二相体积含量一定，材料的强化按切过机制产生时，沉淀强化效果随第二相颗粒尺寸的变化如曲线 A 所示，而按绕过机制产生时，沉淀强化效果随第二相颗粒尺寸的变化如曲线 B 所示。当第二相颗粒尺寸从零开始增大时，强度变化先按 A 线上升至两曲线相交后再沿 B 线下降，这里存在一个临界转换尺寸 d_c。可见只有位错不能按切过机制进行时，绕过机制才能发生。在 d_c 尺寸附近可以得到最大的第二相强化效果。

理论分析和计算表明[13]，在钢铁材料中临界转换尺寸 d_c 大致反比于第二相与基体的界面能，界面能越高，d_c 越小，界面能越低，d_c 越大。当第二相与铁基体的界面能在 0.5～1.1J/m^2 的范围时，d_c 为 1.5～6nm。Nb(C,N)与铁素体的界面能较高，d_c 约为 1.6nm，VN 与铁素体的界面能较低，d_c 较大，约为 5.4nm。目前在微合金钢中通过最佳沉淀工艺已可获得 2～5nm 的微合金碳氮化物颗粒尺寸，这已接近或达到临界转换尺寸 d_c。但大多数钢铁材料中的第二相的尺寸均大于或远大于临界转换尺寸，其强化机制均为绕过机制。

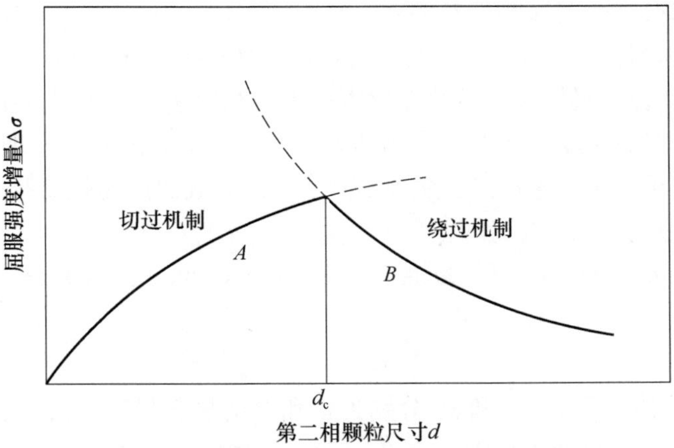

图 4.25　沉淀强化效果随第二相颗粒尺寸的变化示意图

上面两种位错运动的方式已经在电子显微镜中通过薄膜观察得到证实。

产生弥散强化的第二相一般是高熔点的氧化物，它们都是稳定的化合物。弥散相和基体没有共格关系，两相相互溶解的能力也很差，分散细小的第二相颗粒大大阻碍了基体的再结晶和晶粒长大过程，有利于使合金获得高的高温强度。惰性弥散颗粒的强化作用一般用位错绕过机制来说明。

4.1.4.6　各种强化方式强化效果的叠加[13,15]

大多数钢铁材料在实际生产中都同时采用多种强化方式，因为单一强化方式的效果有限，或者达到一定程度后将具有饱和性，或者在生产成本上受到限制。同时采用多种的强化方式，便存在各种强化方式强化作用的叠加问题。

大量的实验研究结果表明，钢铁材料中大多数固溶原子对位错运动的阻碍作用基本上是相互独立的，而晶界或第二相对位错的阻碍运动也是基本独立的，因而这些不同强化方式的强化效果可以直接线性叠加。特别是在强化方式较少且各种强化方式的强化效果较差时,采用强化效果直接线性叠加,计算的结果比较准确,因为在这种情况下不同强化方式之间的相互作用较小。当某一强化方式的强化效果远大于其他强化方式时,也可以直接线性叠加,此时带来的误差较小。

当涉及的强化方式较多或各种强化方式的强化效果均比较大时,直接叠加将可能高估总的强化效果,在这种情况下,可以采用均方根叠加方法。例如,含多种合金碳化物形成元素的二次硬化钢,各碳化物形成元素独自的强化效果均较大,若单独计算其强化效果,则各自引起的屈服强度增量为 $\Delta\sigma_{spi}=k_y f_i^{1/2} d_i^{-1}\ln d_i$($i=1,2,\cdots$,代表不同的第二相),式中 k_y 为基本相同的常数,f_i 和 d_i 分别代表各种碳化物的体积分数和颗粒尺寸。由此可以得到总的强化效果:

$$\Delta\sigma_{sp}\approx\sqrt{(\Delta\sigma_{sp1})^2+(\Delta\sigma_{sp2})^2+\cdots} \tag{4.27}$$

即均方根叠加关系。

处理不同强化方式所产生的强化效果的叠加问题比较复杂,每一种强化方式均涉及多种微观机制,有些强化作用之间具有线性叠加作用,而有些强化作用之间不具有线性叠加性,已有的计算公式主要还是经验关系。

在用做结构材料的钢材中,其组织常常是铁素体(α)、珠光体(P)、贝氏体(B)和马氏体(M)等组织的复合。根据以上各种强化方式的分析及各种强化之间的相互影响,可以进一步研究钢的组织-强度关系式。在这方面,一些研究工作者通过理论分析或试验研究,得到了许多定量的半经验或经验关系式[13,19],较为成熟的是铁素体-珠光体钢和微合金钢的组织-性能关系的研究工作。

对铁素体-珠光体钢(α+P)的混合组织,Pickering 提出,其屈服强度可用下式表示[20]:

$$\sigma_s=f_\alpha^{1/3}\sigma_s^\alpha+(1-f_\alpha^{1/3})\sigma_s^P \tag{4.28}$$

式中,f_α 为铁素体体积分数;σ_s^α 和 σ_s^P 分别为 α 和 P 的屈服强度。式中的 σ_s^α 和 σ_s^P 不是恒定的,σ_s^α 与铁素体晶粒尺寸服从霍尔-佩奇关系,σ_s^P 与珠光体片间距 S(mm)具有霍尔-佩奇关系:

$$\sigma_s^P=\sigma_i+kS^{-1/2}\ (\mathrm{MPa}) \tag{4.29}$$

式中,σ_i 为摩擦阻力;k 为常数。

图 4.26 为珠光体体积分数对正火碳锰钢(钢中含 0.9%Mn、0.3%Si、0.007%N)屈服强度 σ_s 的影响,并显示各种强化机制的贡献。此图可用下式定量表示:

$$\begin{aligned}\sigma_s=&f_\alpha^{1/3}(35+58w_{Mn}+17.4d^{-1/2})+(1-f_\alpha^{1/3})\cdot(178+3.8S^{-1/2})\\&+63w_{Si}+425w_N^{1/2}\ (\mathrm{MPa})\end{aligned} \tag{4.30}$$

式中,w_{Mn}、w_{Si}、w_N 为各元素的质量分数;f_α 为铁素体体积分数;d 为铁素体晶粒平均直径;S 为珠光体片平均间距(在本式中为常数)。由式(4.30)可知,N 和 Si 既强化铁素体,又强化珠光体,而 Mn 一方面强化铁素体,另一方面还通过增加珠光体量而增加钢的屈服强度。随珠光体量的增加,对屈服强度的影响增大。在这方面还有其他一些关系式。

对于微合金钢,一般是在上述关系式的基础上直接加上沉淀强化项 σ_p,对于位错密度较高的钢,再加上位错强化项 σ_d[21]。例如,对于含碳 0.05%～0.25%的锰钢,未经变形而直接从奥氏体区冷却，其屈服强度可用下式表示：

$$\sigma_s = \sigma_o + 37w_{Mn} + 83w_{Si} + 2900w_N + 15.1d_L^{-1/2} + \sigma_p + \sigma_d \quad (4.31)$$

式中，w_{Mn}、w_{Si}、w_N 为各元素的质量分数；d_L 是 α 相的晶粒尺寸，或贝氏体片的板条尺寸；σ_p 为沉淀颗粒的绕过机制强化项；σ_d 是位错强化项；常数 σ_o 因冷却方式不同而不同，空冷时取 88，炉冷时取 62。

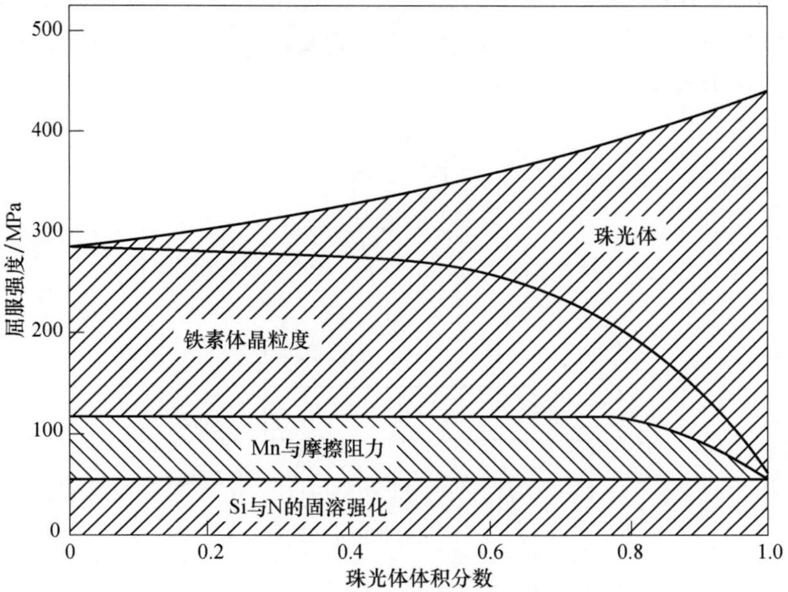

图 4.26　珠光体体积分数对正火碳锰钢屈服强度的影响及各种强化机制的贡献[20]

4.2　钢的韧性

4.2.1　冲击试验

冲击试验是将具有一定质量的摆锤举至一定的高度，使其获得一定的势能，然后将其释放，在摆锤下落到最低位置处将试样冲断。摆锤冲断试样失去的能量，被称为冲击吸收功（冲击值）A_k，单位为焦耳(J)。标准打击能量为 300J 和 150J，打击瞬间的冲击速率应为 5～5.5m/s，应变速率约为 $10^3 s^{-1}$。工程上常用一次摆锤冲击弯曲试验来测定材料抵抗冲击载荷的能力。

冲击试样的标准尺寸，长度为 55mm，横截面为 10mm×10mm 的方形。在试样长度中间有 V 型或 U 型缺口。如不够制备标准尺寸试样，可使用宽度 7.5mm、5mm 或 2.5mm 的小尺寸试样。摆锤刀刃半径为 2mm 和 8mm 两种。对于低能量的冲击试验，一些材料用 2mm 和 8mm 摆锤刀刃试验测定的结果有明显不同，2mm 摆锤刀刃的结果可能高于 8mm 摆锤刀刃的结果。如果没有规定，室温摆锤实验应在 23℃±5℃范围进行。

用试样缺口处的截面积 S 去除 A_k，可得到材料的冲击韧度指标，即 $a_k = A_k/S$，其单位为 kJ/m^2 或 J/cm^2。由于冲击吸收功并不是沿缺口处的截面积均匀地消耗，而是被缺口截面附近的体积吸收,体积的大小及体积内各点所吸收的能量相差悬殊,无规律可循。因此冲击韧度这一指标并没有明确的物理意义,只是因为多年来工程界的应用习惯,而且已积累了大量的数据,所以目前还继续沿用。

一次摆锤冲击弯曲试验有两种加载方式:横梁式和悬臂梁式。图 4.27 为横梁式冲击弯曲试验试样放置示意图。横梁式试样装夹方便,可进行改变试样温度的系列冲击试验,应用较广。悬臂梁式冲击试验,亦称为艾氏(Izod)冲击试验,冲击时试样垂直夹紧,缺口底部和定位块顶面处于同一平面内,试样装夹不方便,只能进行室温性能试验。我国很少使用悬臂梁式冲击试验。

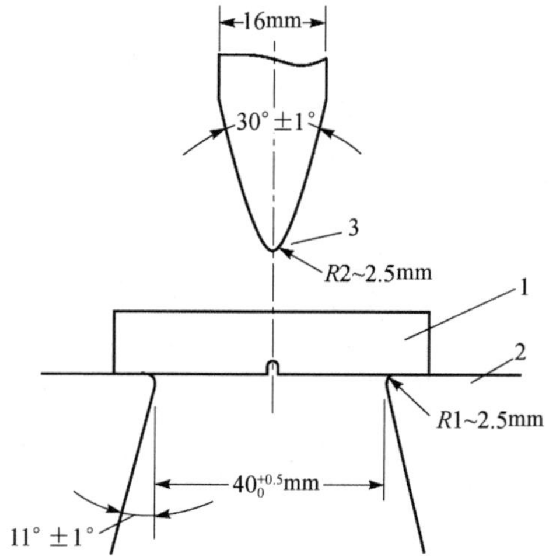

图 4.27　横梁式冲击弯曲试验试样放置示意图

1—试样;2—试样支持面;3—摆锤刀刃

GB/T 229—2020《金属材料　夏比摆锤冲击试验方法》(代替 GB/T 229—2007)借鉴了 ISO148.1:2016《金属材料　夏比摆锤冲击试验　第 1 部分:试验方法》,根据 GB/T 229—2020,我国采用的横梁式冲击弯曲试样为夏比(Charpy)U 型缺口和夏比 V 型缺口(图 4.28)。国际上采用夏比 V 型试样居多,简称 CVN(Charpy V notch)。夏比 U 型缺口深度原有 2mm 和 5mm 两种,在 GB/T 229—2020 中已不再推荐 5mm 深度的缺口,还增加了无缺口试样,以适应我国国情,并用字母 W 代表无缺口试样。缺口深度同为 2mm 的 V 型和 U 型缺口的冲击试样,其缺口底部半径不同,分别为 0.25mm 和 1mm,因此,V 型缺口应力相对集中,对冲击载荷更为敏感。过去我国主要采用缺口深度为 2mm 的 U 型试样,或称梅氏试样。GB/T 229—1994 规定使用上述三种试样得到的冲击吸收功分别以 A_{kV}、A_{kU2} 和 A_{kU5} 表示,下角标 2 和 5 表示缺口深度为 2mm、5mm。GB/T 229—2020 用 K 表示吸收能量,V 和 U 表示缺口几何形状,缺口深度一般为 2mm,下标数字表示摆锤刀刃半径,例如,KV_2,冲击韧度指标 a_k(a_{kV}、a_{kU})未再采用。KV_2 有时标为 K_{V2}。

各国家标准中,对试样和缺口部分的尺寸以及试验机摆锤刀刃的参数都有明确规定;尺寸和参数不同,所得试验结果会有差异,不能相互比较。

通过冲击试验时测出的载荷-位移关系曲线可以更好地理解冲击吸收功的物理意义。冲断试样时,试样经历弹性变形、塑性变形和断裂三个阶段。这三个阶段消耗的能量分别

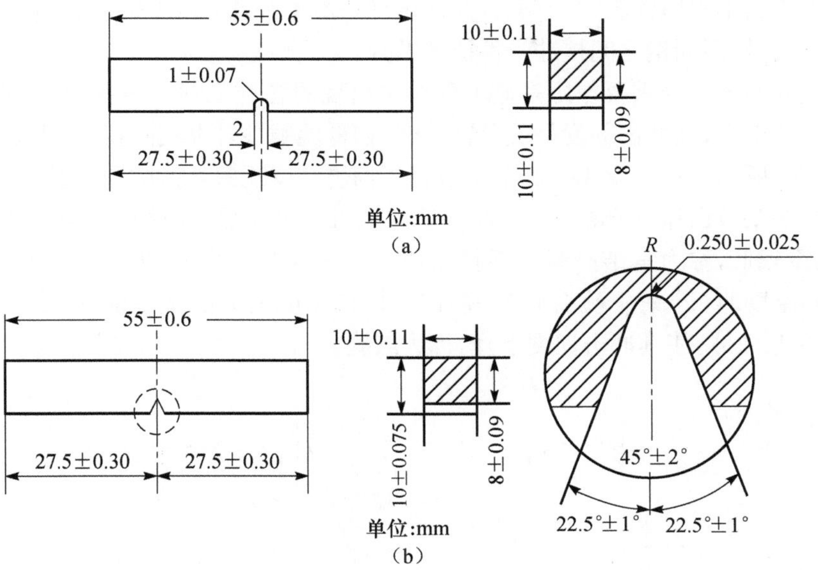

图 4.28　冲击试验试样(GB/T 229—2020)

(a) 夏比 U 型缺口试样;(b) 夏比 V 型缺口试样

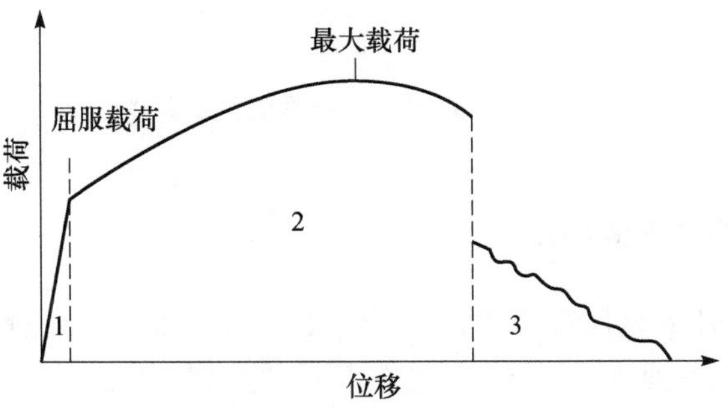

图 4.29　缺口试样冲击弯曲时的载荷-位移曲线示意图

1—弹性变形功;2—塑性变形功;3—断裂扩展功

称为弹性变形功、塑性变形功和断裂扩展功,见图 4.29。对于不同的材料,其冲击吸收功可以相同,但弹性变形功、塑性变形功和断裂扩展功却可能相差很大。如果弹性变形功占的比例很大,而其余两者占的比例很小,表明材料断裂前塑性变形小,裂纹一旦形成将迅速扩展直至断裂,显示比较大的脆性。只有塑性功,特别是撕裂功的大小才真正显示材料韧性的性质。因此,由冲击试验得到的韧性指标有很大的条件性,不能用于定量计算,具有明显的经验性质。

由于冲击试验在检验材料的品质、内部缺陷、工艺质量等方面很敏感,使它在生产和材料研究工作中都得到广泛的应用。冶炼和各种热加工工艺的质量,如疏松、夹杂、白点、发纹、过热、过烧以及变形时效、回火脆性等,都可以从冲击试验获得的冲击韧度的大小明显地反映出来,可以此判断钢材和部件是否判废,并分析原因,提出改进冶炼和加工工艺的措施。

冲击试验还可以在高温和低温(−192℃)下进行,允许使用各种方法加热和冷却试样。对于工模具钢等脆性较大的钢类,冲击试样一般不开缺口,因为若开缺口则冲击吸收功太低,难以比较不同钢之间抗冲击性能的差异。

冲击试验的另一个重要作用是显示钢材中出现的各种脆性。随着温度的变化,钢材在某些温度范围内,其冲击韧度呈现急剧下降,如低温脆性,即冷脆、蓝脆、重结晶脆、红脆等,如图 4.30 所示。在本章 4.1.2 节中解释了韧脆转变现象。蓝脆现象及其形成机制在第 3 章 3.9.3.2 节已作过介绍。在 $Ac_1 \sim Ac_3$ 温度区间,钢的组织为 $\alpha+\gamma$ 两相混合组织,冲击韧度较低,称为重结晶脆。钢材过热时因晶粒粗大引起的冲击韧度下降称为热脆。在更高温度时,若钢中硫含量较高而钢中的 Mn/S 质量比过低时,会在晶界产生 FeS-Fe 的共晶液体,使其冲击韧度下降,称为红脆。

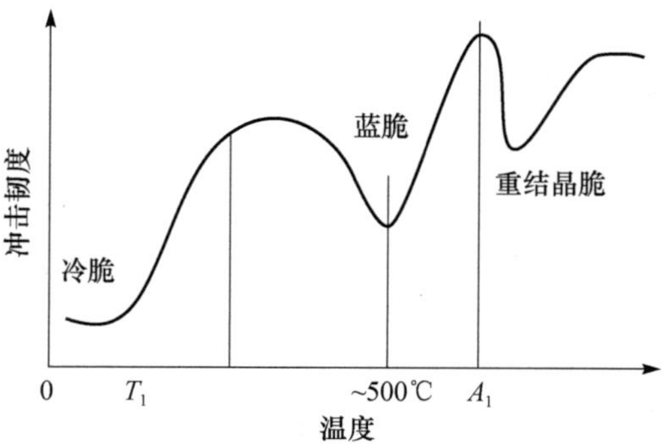

图 4.30 钢的几个脆性温区示意图

4.2.2 低温脆性和韧脆转变温度

面心立方点阵以外的金属随温度的下降均会发生由韧性向脆性的转变,这种现象被称为低温脆性或冷脆,最明显的是体心立方点阵的金属,如 α-Fe。因此,以 α-Fe 为基体的钢均出现低温脆性。冷脆现象对许多结构件和部件,如车辆、桥梁、舰船、低温工作的容器、管道、大型汽轮机转子等相当重要。对这类构件和部件用钢,常提出对其低温韧性的要求,有时还规定了韧脆转变温度 FATT 的指标,其使用温度应高于韧脆转变温度,以避免使用过程中的脆性断裂。图 4.31 为韧脆转变曲线及韧脆转变温度示意图。

根据系列冲击试验所得韧脆转变曲线确定韧脆转变温度的方法有下面几种。

1) 能量准则

能量准则也有几种不同的表示方法:

(1) 用上平台与下平台能量区间一定的百分数 n 的相当温度,即 ETT_n 表示(例如,冲击吸收功上下平台区间 50%所对应的温度记为 ETT_{50} 或 $T_{t50\%US}$),如图 4.31 所示。

(2) 用 $0.4A_{kmax}$ 所对应的温度表示,A_{kmax} 为最大冲击吸收力。

(3) 用完全塑性撕裂的韧性开裂最低温度表示。此温度称为塑性断裂转变温度 FTP (fracture transition plastic),低于此温度,开始出现脆性破坏。采用 FTP 进行设计过于保守。还有用完全脆断的最高温度表示,称此温度为无塑性温度 NDT(nil ductility temperature)。

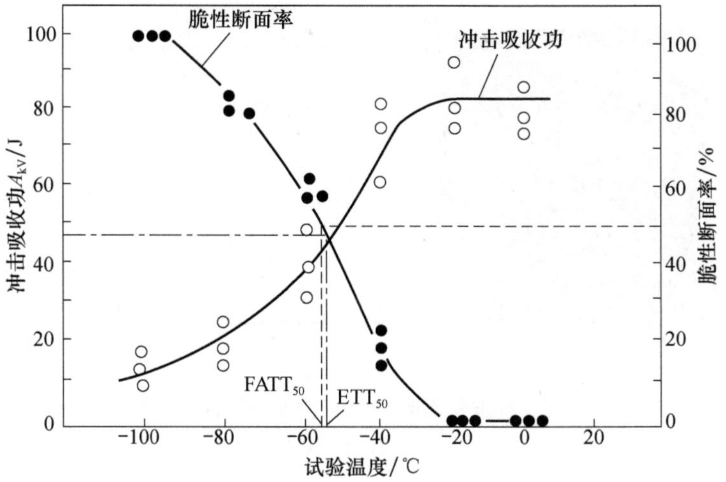

图 4.31　韧脆转变曲线及韧脆转变温度示意图[2]

2）断口特征准则

夏比试样的断口表面常用剪切断面率(SFA)来评定，剪切断面率越高，材料缺口处的韧性越好。大多数夏比冲击试样的断口形貌为剪切断口(纤维断口)和脆性断口(解理断口)的混合状态。测定剪切断面率可用测量各部分面积的方法，也可以将试样断口与标准断口形貌图进行比较的方法。详见 GB/T 229—2020 附录 C 剪切断面率。

一些钢制件、大型锻件及焊接件用断口上的剪切断面率所对应的温度表示。常用剪切断面率为 50%(面积分数)时的相应温度作为韧脆转变温度，称为断口形貌转变温度 FATT$_{50}$(fracture appearance transition temperature)或 $T_{t50\%SFA}$。

还有一种断口特征准则，是依据试样冲断后受压一面变宽的情况来确定韧脆转变温度的，其宽度增加量称之为侧膨胀值。依据侧膨胀值与温度曲线的上平台与下平台区间规定侧膨胀值所对应的温度，称之为侧膨胀值转变温度 LETT(lateral expansion transition temperature)。侧膨胀值 3.8%相当于 10mm 宽的试样在宽度上增加了 0.38mm。由指定侧膨胀值(如 0.9mm)确定的转变温度表示为 $T_{t0.9}$。

GB/T 229—2020《金属材料　夏比摆锤冲击试验方法》附录中规定了冲击吸收功 ETT$_n$、脆断面率 FATT$_n$ 和侧膨胀值 LETT 三种方式表征韧脆转变温度。在 GB/T 12778—2008《金属夏比冲击断口测定方法》中也规定了脆性断面率和侧膨胀值的测定方法。可以将冲击试样断口与冲击试样断口纤维断面率图谱或其示意图进行比较，估算出纤维断面率。图 4.32 为纤维断面率 50%时的冲击试样纤维断面图谱及示意图，也可以用游标卡尺直接测出晶状区的面积。

3）经验准则

对于某些类型的产品，依据大量的使用经验和统计资料得出：当其冲击韧度达到某一数值时，将不会发生某种脆性断裂事故。例如，第二次世界大战期间，多次出现焊接油轮脆性断裂事故。统计表明，如果船板使用温度高于以 20.5J(约 15ft · lb)夏比冲击功 CVN 为准则的韧脆转变温度时，将不发生脆断事故，因此在当时造船工业中广泛使用 20.5J 准则。随着造船工业的发展，需要使用更高强度级别的钢板，上述准则已不能可靠地保证安

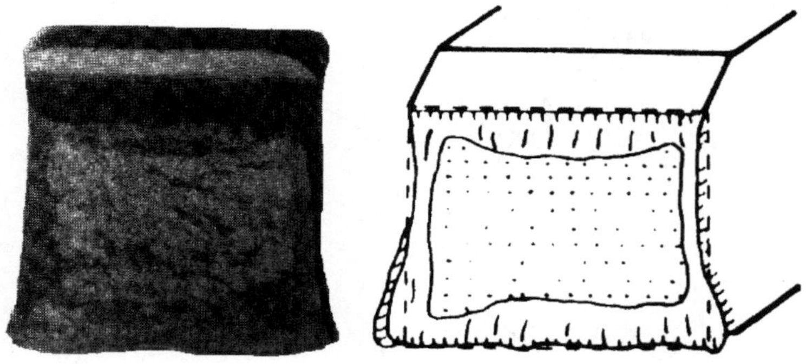

(a) (b)

图 4.32 纤维断面率为 50%的冲击试样纤维断面

(a) 图谱;(b) 示意图

全。这时,为了防止脆断,就要求钢板应具有更高的 CVN 值,如 27J 准则,由吸收能量值 27J 确定的转变温度表示为 T_{t27}。

需要说明的是,用标准夏比 V 型缺口测定的韧脆转变温度与实际结构的转变温度并不相同。有多种因素影响韧脆转变温度的高低,其中几何结构尺寸的影响是很大的。现以板厚的影响为例,标准夏比 V 型缺口试样的横截面积为 10mm×10mm,而厚板结构的尺寸常常远高于这一尺寸。因此,标准夏比 V 型缺口的几何约束小于实际结构的几何约束,因而用它测出的韧脆转变温度较低,在这种情况下,用标准夏比 V 型缺口试样往往过高地估计了材料在实际结构中的韧性[4]。

4.2.3 几种接近实际服役条件的冲击试验

为了使实验室的试验结果更符合实际使用情况,人们发展了不少新的试验方法,其中主要有落锤试验(drop weight test,DWT)、动态撕裂试验(dynamic tear test,DTT)、落锤撕裂试验(drop weight tear test,DWTT)。这些试验均使用较大尺寸的试样,主要用于舰船、管道、桥梁、容器等构件或部件用钢的韧脆转变温度的评定。

1) 落锤试验

落锤试验法在 1953 年成功应用,1963 年列入美国 ASTM 标准。我国国家标准 GB/T 6803—2008《铁素体钢的无塑性转变温度落锤试验方法》对落锤试验的方法有详细的规定。图 4.33(a)为落锤试验进行示意图。标准试样的型号有三种:P-1、P-2 和 P-3,尺寸分别为 25mm×90mm×360mm、20mm×50mm×130mm、16mm×50mm×130mm。如有需要,允许采用不同于上述厚度的试样。支承台的跨距 S 为 305mm(P-1)和 100mm(P-2、P-3),高度为 50mm。在试样宽度的中线,沿试样长度方向堆焊一脆性焊珠,焊道长度为 60~65mm,宽度为 12~16mm,高度为 3.5~5.5mm(图 4.33(b))。在焊道中部的垂直方向开一缺口以诱发裂纹(图 4.33(c))。试样在低温下的保持时间按试样厚度 1.5min/mm 计算,但不少于 30min。

选择的冲击能量应保证试样的受拉面与所匹配的砧座终止台相接触,试验时应根据试样型号及钢的实际屈服强度选择。试样置于图 4.33(a)所示砧座的支承台上进行落锤冲击,三种试样的终止挠度分别为 7.6mm、1.5mm 和 1.9mm。沿终止台方向的中间开

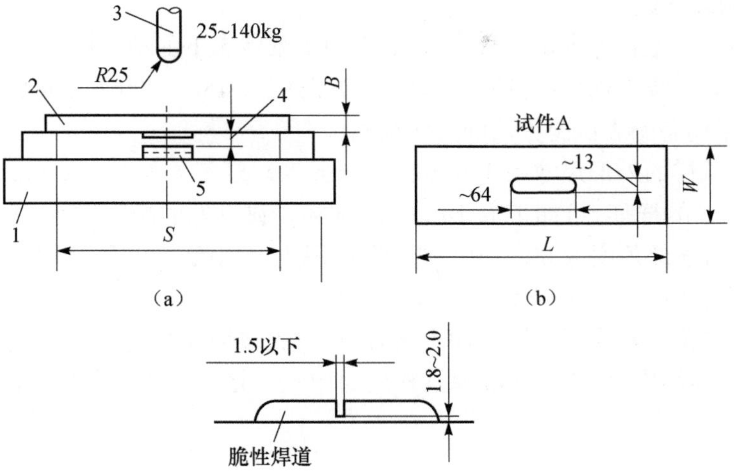

(a)　(b)　(c)

单位：mm

图 4.33　落锤试验(DWT)

(a) 试验进行示意图；(b) 试件图；(c) 焊道

1—砧座；2—试件；3—重锤；4—终止挠度；5—终止台

出一个宽度为 22mm、深度不小于 10mm 的槽。在受冲击后，试样变形，其挠度受终止块的限制，但足以使试样上产生一个相当于材料屈服强度的应力。

落锤试验时改变试验温度，可以求得试验完全脆断的最高温度，此时材料的屈服强度高，断裂时的应力尚不能使材料产生屈服，即无塑性转变温度(NDT)。

温度高于 NDT 时，起裂部位先经过塑性变形，然后解理起裂，裂纹可以延伸到未经塑性变形的弹性区，即可以在应力低于屈服点的弹性区中传播，这种破裂形式的最高温度称之为“弹性断裂转变温度”(fracture transition elastic，FTE)。

当温度高于 FTE 时，试验板先发生塑性变形，然后解理起裂，裂纹只在经过塑性变形的区域中传播，不扩展到周围的弹性区域中，即不发生低于屈服应力的脆性开裂。发生这种断裂形式的最高温度称为“塑性断裂转变温度”(FTP)。高于此温度，在出现塑性开裂后，只出现纤维撕裂的裂口，裂口上无解理开裂形貌。

经验表明，对一般厚度在 50mm 以下的钢板，NDT 与 FTE、FTP 有简单的关系：

$$FTE = NDT + 33℃ \tag{4.32}$$

$$FTP = NDT + 67℃ \tag{4.33}$$

因此，用落锤试验测定 NDT 后，即可推知 FTE、FTP。对于厚度大于 75mm 的钢板，采用以下关系式：

$$FTE = NDT + 72℃ \tag{4.34}$$

$$FTP = NDT + 94℃ \tag{4.35}$$

在设计中可根据构件的工作应力、容许的最大缺陷及要求的安全可靠性程度来要求钢材的 NDT 值。

2）动态撕裂试验

动态撕裂试验是在冲击试验机上，将处于简支梁状态下的动态撕裂试样一次冲断，测量其吸收能量和纤维断面率的试验。国家标准 GB/T 5482—2007《金属材料动态撕裂试验方法》规定了动态撕裂试验方法的具体细则。

动态撕裂试样的外形尺寸为 180mm×40mm×t，厚度 t 为 5～16mm(图 4.34(a))。厚度大于 16mm 的样坯，可加工成 16mm 的试样。缺口处的净宽度为 28.5mm，机加工宽度为 1.6mm，根部角度为 60°。缺口根部要用硬度不小于 60HRC 的压刀压制缺口，压刀顶端的角度为 40°，刃部半径不大于 0.025mm。

动态撕裂试验通常采用摆锤式冲击试验机，对大多数钢材进行动态撕裂试验所需能量：16mm 厚试样约为 3000J，5mm 厚试样约为 500J。图 4.34(b)为动态撕裂试验机的支座和冲击刀。

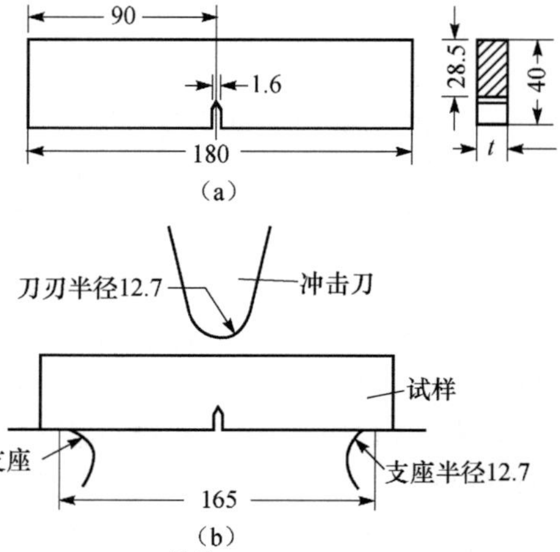

图 4.34　动态撕裂试验

(a) 动态撕裂试样；(b) 动态撕裂试验机的支座和冲击刀

对动态撕裂试样进行系列温度试验，记录试验温度与冲击能量，并根据动态撕裂试样断口的形貌测算其纤维断面率。根据钢材动态撕裂试验绘出的冲击能量与温度关系曲线，其数据集中，韧脆转变温度明确。

GB/T 5482—2007 中还规定了焊接接头的动态撕裂试验方法和板厚不小于 25mm 的钢板动态撕裂试验方法。

3）落锤撕裂试验

落锤撕裂试验方法是用一定尺寸的、一边有尖锐缺口的板状试样，在摆锤式或落锤式试验机上一次冲断。落锤撕裂试验方法 1968 年被收入美国石油协会 API 标准，现已被广泛用于抗脆性断裂扩展性能的评价。我国的相应标准为 GB/T 8363—2007《铁素体钢落锤撕裂试验方法》，该标准规定缺口几何形状可采用压制缺口或人字形缺口。低韧性管线钢与其他钢材应选用压制缺口，高韧性管线钢优先选用人字形缺口。人字形缺口可降低 DWTT 吸收能量。GB/T 8363—2007《铁素体钢落锤撕裂试验方法》现已为 GB/T 8363—2018《钢材　落锤撕裂试验方法》代替。

图 4.35 为落锤撕裂试验的试样、支座及冲击刀刃。制作压制缺口时应用刃口角度为 45°的特制工具钢压头在试样上压制出图中所示的缺口。人字形缺口采用线切割制作，一般取原板厚作为试样厚度 t。试验是在－75～＋100℃的温度范围内，在落锤式或摆锤式试验机上将试样一次冲断，测量断口上剪切断口（韧性断口）所占面积的百分比 SA%。

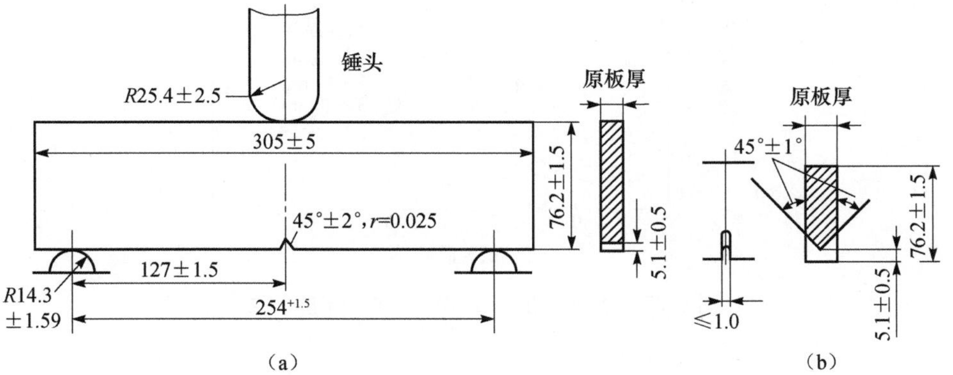

图 4.35　落锤撕裂试验的压制缺口试样、支座及冲击刀刃(a)和人字形缺口试样(b)（GB/T 8363—2018）(单位：mm)

评定断口时，应从试样横截面上扣除一个试样厚度和从锤头打击边缘起一个试样厚度的截面，此即断口的净截面，如图 4.36 所示（GB/T 8363—2018）。在断口的净截面内确定韧性断裂区和脆性断裂区，断裂面上呈暗灰色纤维状的区域为韧性断裂区，呈发亮的结晶状的区域为脆性断裂区。将 SA%与试验温度的关系绘成曲线，得出 DWTT 转变温度曲线。图 4.37 表示一种管道用钢不同厚度试样的 DWTT 转变温度曲线。DWTT 转变温区明确，曲线很陡，且偏于安全。试验表明，50%剪切面积转变温度约相当于材料的 FTE。

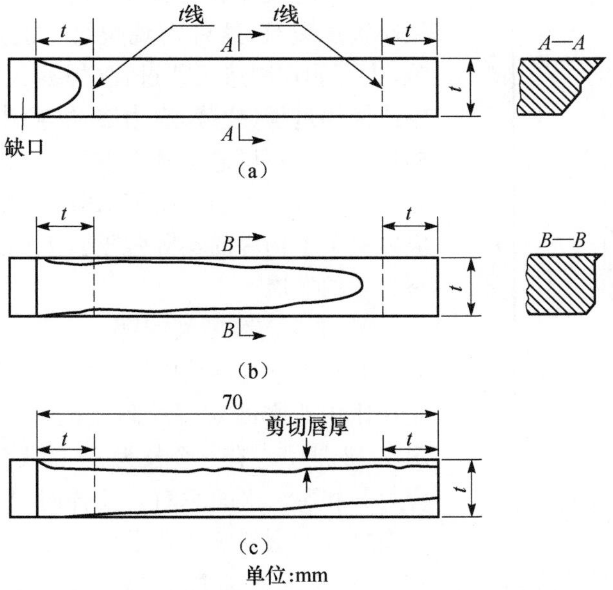

图 4.36　落锤撕裂试样典型断口（GB/T 8363—2018）

(a) SA%＝100%；(b) SA%≈45%；(c)脆性断裂区纵贯全断面

DWTT 试样远比夏比试样宽,可以显示结构裂纹长程扩展的韧脆转变行为,这是其他试验方法所不具备的。

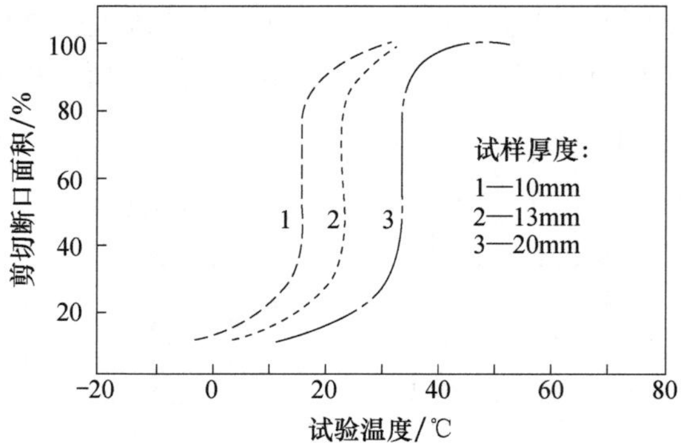

图 4.37 某种管道钢的 DWTT 转变温度曲线[1]

4.2.4 断裂韧度

1) 断裂力学的一般概念

在使用低合金超高强度钢做高压容器、飞机结构、壳体等时,曾发现在应力低于钢材的屈服强度和许用应力的情况下,发生突然的脆性断裂。这些钢材经过传统的韧性检验被认为是合格的。这些低应力脆性破断的事故分析表明,传统的设计理论不适应高强度材料的设计要求。传统的设计理论考虑到应力、材料强度和构件在圆角、凸角和孔附近的应力集中系数,规定了强度储备的安全系数 n,使许用应力 $\sigma=\sigma_b/n$(或 σ_s/n),还要求材料必须具有一定大小的塑性 δ、ψ 和吸收功 A_k,其具体数值只能依据经验估计。

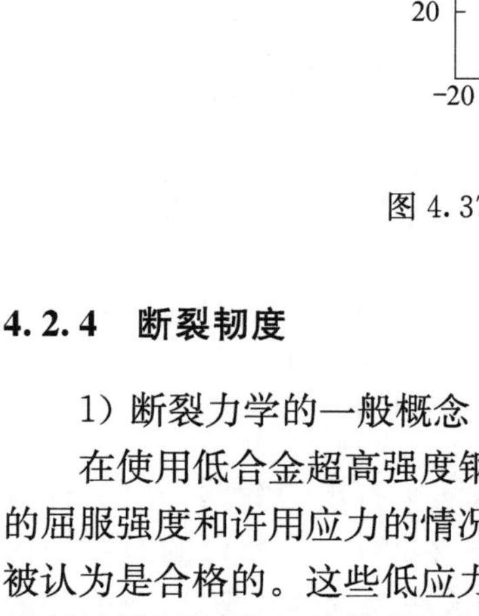

图 4.38 张开型裂纹前端应力场

传统的设计理论没有考虑到一般材料中都存在的微小宏观裂纹,这种宏观裂纹可能是原材料的冶金缺陷,也可能在制造工艺过程(焊缝区的裂纹、未焊透等)中或使用过程(疲劳、应力腐蚀等)中产生,因而在实际构件中总是不可避免地存在着。高强度钢的脆性破坏总是由宏观尺寸的裂纹扩张引起,因此裂纹扩张的临界应力决定了构件的实际强度。上面这种情况促进了断裂力学的发展[1,4,22]。

2) 平面应变断裂韧度

断裂力学与传统的防止脆断的设计方法不同,是建立在比较严密的对裂纹附近的力学分析基础之上的。图 4.38 是中心有一个长为 $2a$ 的贯穿裂纹试样,外加拉应力 σ 和裂纹平面垂直。拉伸时,裂纹张开,称为张开型裂纹或Ⅰ型裂纹。利用弹性力学的方法,可以求出裂纹前端内应力场的具体表达式。在裂纹延长线 x 轴上距裂纹尖端 r 处,沿 y 方向的正应力 σ_y 为

$$\sigma_y=K_{\mathrm{I}}/(2\pi r)^{1/2} \tag{4.36}$$

$$K_{\mathrm{I}}=Y\cdot\sigma a^{1/2} \tag{4.37}$$

式中，Y 为裂纹形状因子，是一个无量纲的系数。对于具有穿透裂纹受均匀拉应力作用的“无限大”平板，$Y=\pi^{1/2}$。此时裂纹尖端处于平面应变状态。

裂纹尖端任意一点的坐标是已知的，由式(4.36)可知，该点的内应力场 σ_y 的大小完全由 K_{I} 来决定。K_{I} 被称为应力场强度因子。由式(4.37)可知，K_{I} 与外加应力及裂纹长度有关。当外加应力 σ 或裂纹长度增加时，裂纹前端 K_{I} 增大；当 K_{I} 达到临界值 K_{IC} 时，裂纹失稳扩展，试样断裂，此时的临界应力场强度因子 K_{IC} 被称为断裂韧度，代表材料抵抗裂纹突然扩张的能力，是材料的一个力学性能指标，即

$$K_{\mathrm{IC}}=Y\sigma_{\mathrm{c}}a_{\mathrm{c}}^{1/2} \tag{4.38}$$

式中，σ_{c} 和 a_{c} 是临界状态的应力及裂纹尺寸。K_{IC} 的单位是 $\mathrm{MPa}\cdot\mathrm{m}^{1/2}$($\mathrm{MN/m}^{2/3}$)。根据式(4.38)，当知道了钢的断裂韧性和工件中的实际裂纹尺寸之后，便可以计算出工件将在多大的应力下发生因裂纹扩大而引起的脆断，故 K_{IC} 用来作为高强度钢结构的设计依据。在平面应变条件下脆性断裂的判据是 $K_{\mathrm{I}}>K_{\mathrm{IC}}$，此时将发生裂纹的失稳扩展；当 $K_{\mathrm{I}}<K_{\mathrm{IC}}$ 时，构件或部件是安全的；而在 $K_{\mathrm{I}}=K_{\mathrm{IC}}$ 时，构件或部件处于危险的临界状态。要使裂纹尖端处于平面应变状态，试件应有足够的厚度以限制裂纹尖端的塑性变形，促使材料脆化。估计试件的厚度 B 是否达到平面应变状态，可采用如下的经验公式：

$$B\geqslant 2.5\left(\frac{K_{\mathrm{IC}}}{\sigma_{\mathrm{s}}}\right)^2 \tag{4.39}$$

当试样厚度较薄时，裂纹尖端是平面应力状态，裂纹尖端变形比较容易，此时测得的断裂韧性是平面应力断裂韧性，常用 K_{C} 表示，其值随试样厚度而变化，数值高于 K_{IC}，而 K_{IC} 是一个稳定的材料参数。

典型的裂纹变形与扩展有三种类型，即张开型、滑移型和撕开型。应力强度因子相应地有三种，即 K_{I}——张开型，K_{II}——滑移型，K_{III}——撕开型，材料的断裂韧性指标也相应地有 K_{IC}、K_{IIC} 和 K_{IIIC}。由于张开型危险性最大，通常断裂韧性试验都采用张开型试验方法。

前面从线弹性理论分析了 K_{I} 的临界值 K_{IC}，实际上纯弹性是没有的，即使是高强度钢，也均具有不同程度的塑性，在裂纹尖端难免要发生塑性变形。实验证明，只要在脆性断裂前，裂纹尖端的屈服区域小(小范围屈服)的情况下，对平面应变应力强度因子做适当校正，线弹性理论仍然适用。此时，在式(4.37)中可以用有效裂纹长度为 $a+\Delta a$ 代替 a、Δa(或 r_y)，恰好是裂纹尖端塑性区的一半。可以证明，对于平面应变：

$$\Delta a=\frac{1}{4\sqrt{2}\,\pi}\left(\frac{K_{\mathrm{I}}}{\sigma_{\mathrm{s}}}\right) \tag{4.40}$$

3) 裂纹尖端张开位移

当裂纹尖端塑性变形区域范围较大时，线弹性处理问题的办法已不适用。现在应用比较广泛的弹塑性力学参量是裂纹尖端张开位移 CTOD(crack tip opening displacement)或简写 COD 和 J 积分。裂纹尖端张开位移方法主要用于压力容器和焊接结构一类产品的安全分析上。

中低强度钢，由于韧性好，测定其 K_{IC} 的试样必须很大才能满足平面应变的条件，这在一般条件下是难以进行试验的，从而发展了 CTOD 法作为这类材料的断裂判据。

图 4.39 表示在外载荷作用下,裂纹尖端产生的张开位形式 δ。CTOD 法就是用裂纹扩展之前测得的最大张开位移(临界张开位移)δ_c 作为材料的断裂韧性的指标。材料的韧性越好,δ_c 就越大。前面已经提到,在小范围屈服时,可将屈服区加以修正,使有效裂纹尺寸比实际裂纹尺寸有所增长,便可以将小范围屈服变成一个纯线性问题。此时由于原裂纹的尖端已从 O 处移至新的尖端 O' 处,原来的裂纹顶端就要张开,其张开位移 δ 可根据线弹性力学求得,平面应变时

$$\delta = \frac{4K_{\mathrm{I}}^2}{\pi E \sigma_s}(1-2\nu)(1-\nu^2) \tag{4.41}$$

式中,ν 为泊松比[4]。式(4.41)建立了 δ 与 K_{I} 的关系,表明两个参量是一致的。当裂纹尖端张开位移达到某一临界值时,裂纹开始扩张,断裂判据可写为

$$\delta \geqslant \delta_c \tag{4.42}$$

式中,δ 为实际裂纹张开位移;δ_c 为临界裂纹张开位移,是一个材料参数,可由试验确定。

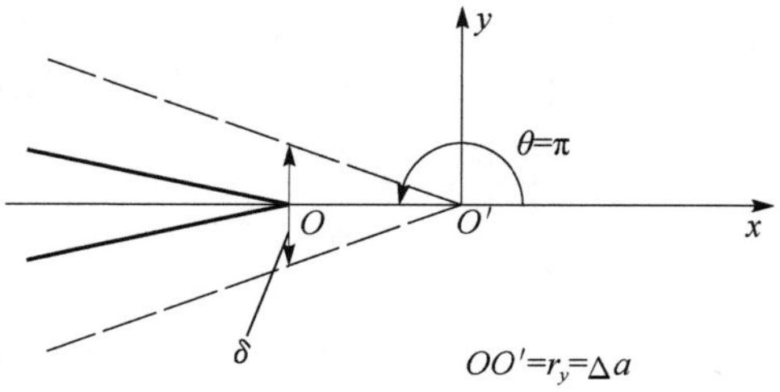

图 4.39 裂纹尖端的张开位移

在大范围屈服条件下,塑性区修正的办法已不适用。现在通用的是 Dugdale 依据 Muskhelishvili 所建立的方法提出的 D-M 模型的近似解。该模型假设含长度为 $2a$ 中心裂纹的无限大平板,在无限远处受单向均匀拉伸应力 σ 的作用,在平面应力条件下,不发生形变硬化时,裂纹尖端张开位移为

$$\delta = \frac{8\alpha\sigma_s}{\pi E}\ln\sec\frac{\pi\sigma}{2\sigma_s} \tag{4.43}$$

一般认为 $\sigma/\sigma_s \leqslant 0.8$ 时,计算结果与试验结果符合较好。

临界张开位移 δ_c 既然可以作为低应力脆断的判据,那么在一定条件下,如断裂应力小于 $0.6\sigma_s$(线弹性阶段)时,式(4.43)经过适当的变换,可以得到下式:

$$\delta = \frac{K_{\mathrm{I}}^2}{E\sigma_s} \tag{4.44}$$

在临界状态下得到

$$\delta_c = \frac{K_{\mathrm{IC}}^2}{E\sigma_s} \tag{4.45}$$

这表明应力较小($\sigma < 0.6\sigma_s$)时,用 δ_c 作为断裂判据和利用 K_{IC} 作断裂判据是相同的。

许多试验，尤其 CTOD 在压力容器的应力业已证明，CTOD 判据可以推广到屈服强度比较大的弹塑性断裂问题中去，而且也已证明，对于尺寸大小不同的各种试件，裂纹张开位移的临界值 δ_c 大致相同，可以看做一个材料常数。这是使用小试件作裂纹张开位移的测试，可以间接地测定中低强度钢材料的平面应变断裂韧性 K_{IC} 的依据。

4) J 积分

J 积分的定义：受Ⅰ型载荷的裂纹体，在裂纹尖端沿任意指定的路径从裂纹下表面逆时针方向到裂纹上表面对给定函数所进行的积分。可以证明，J 积分数值与积分回路所取路径无关，J 积分决定了裂纹尖端地区的应力应变场强度，可作为裂纹尖端应力应变场参量，从而可作为断裂判据。有关 J 积分的论证和物理意义可参考有关著作[4]、[9]、[22]。

应力强度因子 K_I 和平面应变断裂韧性 K_{IC} 只适合于线弹性，而 J 积分既适合线弹性，也适合于弹塑性，故可用线弹性测定的 J_{IC} 换算线弹性下的 K_{IC}。因此可以用很小尺寸的试样取得 J_{IC} 值，以换算需要很大尺寸试样才可满足平面应变直接测试的 K_{IC} 值。在平面应变条件下，换算公式为

$$K_{IC}=\sqrt{\frac{E}{1-\nu^2}J_{IC}} \tag{4.46}$$

对于钢，$E=2\times10^5$MPa，$\nu=0.3$，则 $K_{IC}=470(J_{IC})^{1/2}$，K_{IC} 的单位为 MPa · $m^{1/2}$ 或 MN/$m^{3/2}$，J_{IC} 的单位为 MN/m。表 4.5 为 J_{IC} 换算 K_{IC} 与实测结果的比较。

表 4.5　用 J_{IC} 换算 K_{IC} 与实测结果的比较[1]

材料	状态	J_{IC}/(MN/m)	换算 K_{IC} /(MN/$m^{3/2}$)	实测 K_{IC} /(MN/$m^{3/2}$)
45 钢	余热淬火，600℃回火	0.0425～0.0465	95.6～100	97～104
30CrMnA	—	0.035～0.041	86.8～94	83.7～96.7
14MnMoNbB	920℃淬火，620℃回火	0.11～0.114	154～156.6	156～166

5) 断裂韧度的测试

断裂韧度的测定在 GB/T 4161—2007《金属材料　平面应变断裂韧度 K_{IC} 试验方法》中有具体的规定。目前，主要使用的试样是三点弯曲和紧凑拉伸两种，图 4.40 为试样的尺寸简图。确定试样种类后，依照平面应变的条件(见式(4.39))，并预估试样的 K_{IC}，确定试样的厚度 B。

在选取试样时需能模拟最危险的裂纹扩展的倾向。试样需要一个预制裂纹，先用线切割机切出宽为 0.12～0.14mm 的缝隙，再预制疲劳裂纹。然后把试样加载，加载过程中连续记载载荷 P 与相应的裂纹嘴张开位移 V。裂纹尖端应力强度因子 K 的表达式已事先确定，可按规定的步骤求出材料的 K_{IC}。

CTOD 和 J 积分测试主要采用三点弯曲加载的带裂纹试样，加载时测出 P-V(对 CTOD)或载荷 P-载荷作用点垂直位移 Δ(对 J 积分)曲线，然后对曲线进行分析，以求出 CTOD 或 J。具体测试方法见 GB/T 2358—94 和 GB/T 2038—91。上述标准被 GB/T 21143—2007《金属材料　准静态断裂韧度的统一试验方法》取代，并对其内容作了比较大的修改和补充，目前该标准又被 GB/T 21143—2014《金属材料　准静态断裂韧度的统一试验方法》代替。

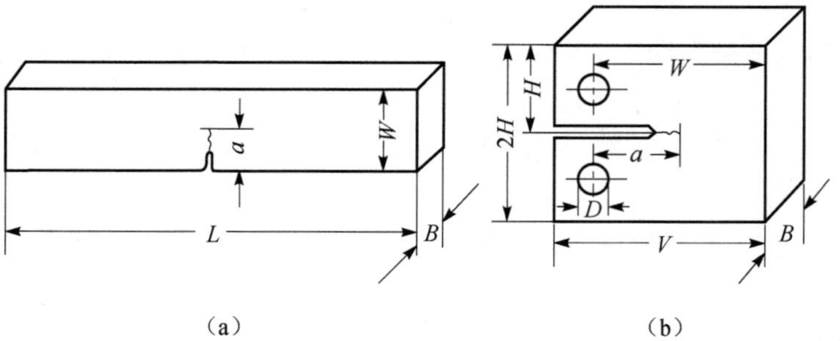

图 4.40 平面应变断裂韧性试样的标准尺寸

(a) 三点弯曲试样：$a=0.5W$、$B=0.5W$、$L=4.2W$；

(b) 紧凑拉伸试样：$a=B$、$V=1.25W$、$D=0.5B$、$H/W=0.6$、$W=2B$

4.2.5 影响断裂韧度的因素

断裂韧度是材料本身固有的力学性能，由材料的成分、组织和结构所决定。通过适宜的成分配置，控制好冶金过程、加工过程和热处理工艺，获得适宜的组织结构，可以显著提高钢的断裂韧度。

碳对断裂韧度的影响很大。低碳和中碳合金结构钢处理成相同的强度水平时，前者的 K_{IC} 值显著高于后者(表 4.6)，这是由于低碳马氏体具有位错马氏体组织，随着碳含量的增高，组织中的孪晶马氏体将逐渐增加，从而使断裂韧度降低。镍是最有效的韧化元素，可以改善钢的断裂韧度，有效地降低韧脆转变温度。钢中的合金元素对断裂韧度的影响是复杂的，与其对钢的淬透性、晶粒度、组织状态有关。

表 4.6 强度水平相当的低碳和中碳合金结构钢的 K_{IC} 值对比

钢号	处理工艺	$\sigma_{0.2}$/MPa	σ_b/MPa	ψ/%	δ/%	K_{IC} /(MPa · $m^{1/2}$)
20SiMn2MoV	900℃淬火，250℃回火	1215	1480	59	13.4	113
40CrNiMo	850℃淬火，430℃回火	1333	1392	52	12.3	～78

钢中的 P、S 对断裂韧度十分有害；钢中的 N、H 等气体元素也使断裂韧度降低，随着钢的强度水平的提高，其危害性更为突出；钢中的 Sn、Sb、As 等杂质元素增加钢的回火脆性，使其断裂韧性显著降低。因此，钢的纯净度对其断裂韧度有很大的影响，对有重要用途的钢，可以采用精炼、真空除气等措施提高钢的纯净度，以提高钢的断裂韧度。

钢中的硫化物、氧化物等夹杂物以及一些脆性的第二相，如碳化物等的存在，一般均使钢的断裂韧度下降。随着夹杂物和这类第二相体积分数的增加，钢的断裂韧性下降更明显。这些夹杂物和第二相的形状和大小对断裂韧度也有影响。渗碳体呈球状比呈片状时钢的断裂韧度要高些。硫化锰夹杂在钢中一般呈长条状分布，对钢的韧性，特别是横向的韧性是十分有害的，加入适量的 Ca、RE、Zr 等元素使硫化物变性，呈纺锤形，可以显著提高钢的韧性。

细化晶粒既可以提高强度，又可以改善韧性、降低韧脆转变温度。可以通过合金化、冷热加工、热处理等方法细化晶粒，提高钢的断裂韧度。

钢的组织结构不同，其断裂韧度也有很大的差异。上面已经述及，位错马氏体的断裂韧度优于孪晶马氏体；上贝氏体由于在铁素体片层间有碳化物析出，其断裂韧度比回火马氏体要低得多；下贝氏体中的碳化物在铁素体内部析出，尺寸细小，下贝氏体的形貌类似回火板条马氏体，其断裂韧度高于上贝氏体，和板条马氏体相近；等温淬火是改善断裂韧度的有效措施之一。一些试验表明，与淬火回火状态的断裂韧度比较，下贝氏体组织的断裂韧度最佳。奥氏体的韧性比马氏体高，因此在马氏体基体上有少量残余奥氏体，相当于存在一些韧性相，从而提高钢的断裂韧度。对于合金结构钢，少量残余奥氏体的存在可以提高其断裂韧度，如在马氏体片之间存在厚度为 10～20nm 的残余奥氏体薄膜，可使钢的断裂韧度提高。若在 400℃回火使残余奥氏体消失，将导致断裂韧度下降。

对有些合金结构钢进行超高温淬火，即把淬火温度提高到 1200～1250℃（比正常淬火温度约高 300℃），然后快速冷却，晶粒度从 7～8 级长大到 0～1 级，钢的断裂韧度能提高约一倍；但是，其冲击韧度却大幅度下降。随淬火后回火温度的提高，超高温淬火和正常淬火时断裂韧度的差异逐渐缩小。提高淬火温度使断裂韧度提高的原因可能是杂质和致脆元素的溶入净化了晶界。超高温淬火很少使用，一般来说，还是要致力于细化晶粒，这对改善钢的强度和韧性都有利。

一些奥氏体钢可以在应力诱导下产生马氏体相变。钢中存在裂纹时，在应力作用下，裂纹尖端附近处于高应力区，促使裂纹尖端处的奥氏体向马氏体转变，这种转变需要消耗大量的能量以及比容的增加，缓解了裂纹的扩展，使断裂韧度增加。这种钢称为相变诱导塑性（transformation-induced plasticity，TRIP）钢，具有很高的断裂韧度。

4.2.6　断裂韧度与其他性能的关系

从一些断裂模型的分析可以看出，无论是韧断模型还是脆断模型，断裂韧度 K_{IC} 都与材料的强度和塑性有关，因此 K_{IC} 是材料强度与塑性的综合表现。由于断裂韧度的测试较为复杂，如果能从传统力学性能数据来确定断裂韧度，将是很有意义的。

图 4.41 是中碳合金结构钢 40CrNiMo 淬火后的各项力学性能指标（包括 K_{IC}）随回火温度变化的曲线[23]。由图可见，K_{IC} 随 σ_s、σ_b 等强度指标的降低而升高，随 δ、ψ 等塑性指标的升高而升高。这种变化趋势在中碳合金结构钢中具有代表性，但在低碳合金结构钢中，K_{IC} 与其他力学性能指标随回火温度的变化规律却有所不同。图 4.42 是一种低碳马氏体钢 20SiMn2MoV 淬火后不同温度回火时的断裂韧度和其他力学性能的关系曲线[23]。当回火温度在 400℃以下时，K_{IC} 与强度指标变化规律一致，而与塑性指标的变化规律相反。这类钢在具有高强度的同时，具有良好的断裂韧度，这是由于适当降低了钢中碳含量所致。可见，K_{IC} 并非单一地取决于强度或塑性，而应当综合考虑。从图 4.41 和图 4.42 可以看出，K_{IC} 和冲击韧度有较为密切的一致关系，不过目前还没有建立得到公认的 K_{IC} 与其他力学性能指标之间的定量关系式。还应当指出，K_{IC} 与冲击韧度虽然都是韧性指标，但两者也有明显的差异，在其裂纹和缺口前端的应力集中程度是不相同的。K_{IC} 试样能满足平面应变要求，而冲击韧度试样一般是不满足平面应变要求的，后者的应变速率要大得多。冲击韧度反映裂纹形成和扩展全过程所消耗的能量，而 K_{IC} 只反映裂纹失稳扩展过程所消耗的能量。由于上述原因，有时 K_{IC} 与冲击韧度遵循不同的变化规律。

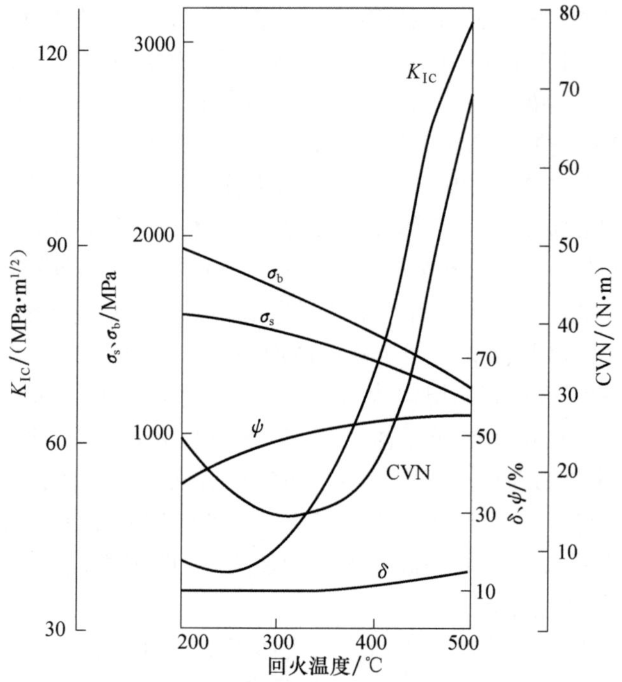

图 4.41　40CrNiMo 钢 K_{IC} 和其他力学性能指标随回火温度的变化(850℃淬油)[23]

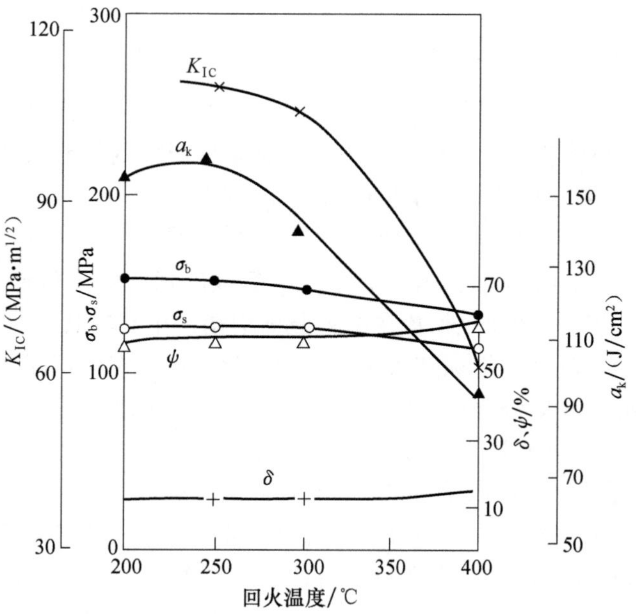

图 4.42　20SiMn2MoV 钢不同温度回火时的断裂韧度及其他力学性能(900℃淬油)[23]

4.3　疲劳性能与磨损

零件在交变应力作用下的损坏称为疲劳破坏。据统计，在机械零件失效中有很大一部分属于疲劳破坏，这种交变应力可以是弯曲应力、扭转应力、拉压应力等，或者是它们的复合。

疲劳破坏的主要特点如下：①疲劳破坏由三个阶段组成，即疲劳裂纹的萌生阶段（裂纹的形核阶段）、疲劳裂纹的稳定扩展阶段和最后断裂阶段。疲劳破坏能清晰地显示出这三个阶段。②疲劳断裂时无明显的宏观塑性变形，而是突然地破坏。从宏观断口上可以看出断口有三个部分，即疲劳源、疲劳裂纹扩展区和静断区。疲劳裂纹缓慢扩展的过程，呈现贝壳状条痕；从微观的电子断口金相中可以看出疲劳裂纹尖端有明显的塑性变形以及裂纹每周扩展的距离。静断区是在裂纹扩展到一定的深度后，剩下的面积在一次或很少几个循环中断开，形成粗糙的静断区，呈纤维状或结晶状。③引起疲劳裂纹的应力较低，常低于静载时的屈服强度。这是因为疲劳破坏对缺陷有很大的敏感性，疲劳破坏始于局部薄弱的区，如沟槽、缺口、缺陷等应力集中处，经过很多次的循环，逐渐扩展到剩余的截面不再能承受该负荷时便突然断裂。

4.3.1　疲劳极限

试样或零件承受循环载荷时，设 $\sigma_{\max}$ 为循环应力最大值，$\sigma_{\min}$ 为循环应力最小值，则应力半幅 $\sigma_a=(\sigma_{\max}-\sigma_{\min})/2=\Delta\sigma/2$，平均应力 $\sigma_m=(\sigma_{\max}+\sigma_{\min})/2$。$\sigma_{\min}/\sigma_{\max}$ 被称为对称系数，以 r 表示，如果是对称循环，$r=-1$，如果是脉动循环，$r=0$。

通常用疲劳曲线表示材料或零件的疲劳抗力性质，所加应力 σ 与断裂前循环周次疲劳寿命 N 之间的关系曲线 σ-lg$N$，称之为疲劳曲线，如图 4.43 所示。从疲劳曲线可以看出，应力水平 σ 高时，疲劳寿命 N 短，σ 低时 N 长。当应力低到某一定值时，虽经历很长的周次，也不出现疲劳断裂，如图 3.43 中曲线 a 所示。这样的应力称为疲劳极限，用 σ_r 表示，脚注 r 为对称系数；如果是对称循环，疲劳极限以 σ_{-1} 表示，经过 10^7 次应力循环不发生疲劳断裂，即认为不再断裂，故 10^7 为一般疲劳试验的基数，相应地不发生断裂的最高应力称为疲劳极限。一般低中强度钢都有疲劳极限。对于高强度钢和不锈钢，或在腐蚀介质中的钢，即使达到 10^7 周次，在 σ-lg/N 曲线上仍不出现水平的转折，即不存在一个可承受无限周次的循环而不断裂的应力，如图 4.43 曲线 b 所示。因此，对于高强度钢和不锈钢，人为地规定 10^8 周次时不出现断裂的应力作为"条件疲劳极限"或"耐久极限应力"。

通常的 σ-lg$N$ 曲线是用旋转弯曲疲劳试验的方法建立的，进行这种试验时，一般采用纯弯曲和完全对称循环，应力幅恒定，频率在 3000～10000 次/min 范围，试样截面为圆形，具体试验方法见 GB/T 4337—2015《金属材料　疲劳试验　旋转弯曲方法》。旋转弯曲疲劳极限 σ_{-1} 的测定方法比较简单，并且和拉-压疲劳极限 $(\sigma_{-1})_p$、扭转疲劳 τ_{-1} 都能建立一定关系。对于钢

$$(\sigma_{-1})_p=0.85\sigma_{-1},\quad \tau_{-1}=0.55\sigma_{-1} \tag{4.47}$$

旋转弯曲疲劳极限 σ_{-1} 和静拉伸时的抗拉强度 σ_b 之间也有较好的相关性。对 $\sigma_b<$

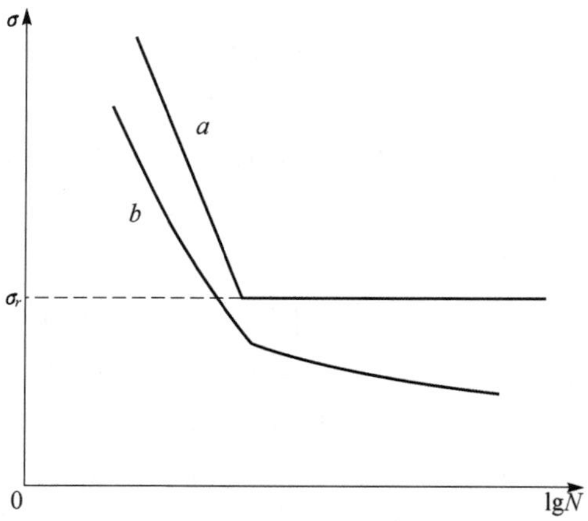

图 4.43　疲劳曲线

1400MPa 的碳钢和合金钢,可使用下面的关系式:

$$\sigma_{-1}=38+0.43\sigma_b \tag{4.48}$$

σ_{-1} 与 σ_b 的关系也可写成如下形式:

$$\sigma_{-1}=c\sigma_b \tag{4.49}$$

式中,c 称为疲劳比,对于钢,$c=0.35\sim0.60$。

当 σ_b 超过 1400MPa 时,σ_{-1} 将不再随 σ_b 的提高而增加,甚至稍有降低。

σ-lg$N$ 曲线部分称为过载持久值线,它表示对有限寿命的疲劳抗力,是对有限寿命机件的疲劳设计依据。

机器零件大都具有截面变化,如键槽、轴肩、螺纹等,会产生应力集中,使疲劳极限降低。若无缺口光滑试样的疲劳极限为 σ_{-1},有缺口试样的疲劳极限为 σ_{-1n},定义 K_f 为有效应力集中系数:

$$K_f=\sigma_{-1}/\sigma_{-1n} \tag{4.50}$$

K_f 值不仅和缺口的几何形状、应力状态有关,而且和材料的性能有关。为了能反映材料本身性能对应力集中的敏感程度,有的学者引入了疲劳缺口敏感度 q,其定义为

$$q=(K_f-1)/(K_t-1) \tag{4.51}$$

式中,K_f 为有效应力集中系数;K_t 为理论应力集中系数,它取决于缺口的几何形状,而和材料无关,在一般机械设计手册中均可查到。q 值一般在 0～1 变化。若 $\sigma_{-1}=\sigma_{-1n}$,表示材料对缺口不敏感,$q=0$;若 $q=1$,则应有 $K_f=K_t$,表示材料对缺口很敏感。但以后的研究表明,q 值也并非是与缺口形状完全无关的材料常数,只有当缺口根部的曲率半径足够大时,q 值才可以看做材料常数。在材料缺口半径相同时,材料强度越高,q 值越大。

对于缺口试样($K_t=1.6\sim2.1$),σ_{-1}/σ_b 比值在 0.24～0.30,比光滑试样小。

疲劳裂纹通常都在表面形核,而且承受弯曲或扭转应力的机件的表面工作应力也最大,因此表面状态对机件的疲劳寿命有很大的影响。粗糙的表面相当于有很多微缺口分布在表面,是疲劳裂纹形核所在地。试验表明,表面粗糙程度增加,疲劳极限下降,而且材料强度越高,这种影响越大。

试样尺寸对疲劳极限也有很大的影响,随着试样尺寸的增大,疲劳极限下降,这种现象称为疲劳极限的"尺寸效应"。这是由于尺寸的增大使试样表面出现宏观或微观缺陷的

概率增加。在承受弯曲、扭转载荷时，试件尺寸越大，应力梯度越小，增大了表面层中承受应力区域的体积，遇到缺陷的概率也增加，故其疲劳极限降低。

4.3.2　低周疲劳

低周疲劳亦称应变疲劳，其条件是疲劳应力较高，有时会接近或超过材料的屈服极限。疲劳应力的交变频率一般比较低，有时低于 10 次/min，断裂达到的循环周次较低，往往低于 10^5 次。在低周疲劳过程中，塑性应变占主要地位。上节所述的疲劳极限属于应力疲劳或高周疲劳，其条件是疲劳应力较低、频率高，断裂周次高，一般大于 10^5 次，在断裂过程中弹性应变占主要地位。有时可能是两种疲劳的混合状态。

在低周疲劳试验研究中，一般把应变选为控制变量，建立应变范围 $\Delta\varepsilon$ 和循环断裂周次 N_f 之间的曲线，称为应变-疲劳曲线或 ε-N 曲线。考虑到一个循环中包括载荷的两次“反向”，故低周疲劳中把总寿命记为 $2N_f$，即反向数。图 4.44 为典型的应变振幅 $\Delta\varepsilon/2$-循环断裂反向次数 $2N_f$ 的双对数曲线。在 ε-N 曲线上，可将总应变幅 $\Delta\varepsilon/2$ 分解为弹性与塑性两部分分量，这两种分量都可近似地表示为直线，如图 4.44 中曲线 a、b 所示。

弹性分量 $\Delta\varepsilon_e/2$ 以下式表示：

$$\frac{\Delta\varepsilon_e}{2}=\frac{\sigma_f'}{E}(2N_f)^a \tag{4.52}$$

σ_f'/E 为 $2N_f=1$ 时的截距，直线的斜率为 a。式中的 σ_f' 为疲劳强度指数，可定义为在一次载荷反向($2N_f=1$)时的断裂应力。指数 a 在 $-0.14\sim-0.06$ 的范围内变动，通常取 -0.1，而 σ_f' 与静拉伸时真实断裂应力 σ_f 有关，可以粗略地取 $\sigma_f'=\sigma_f$。

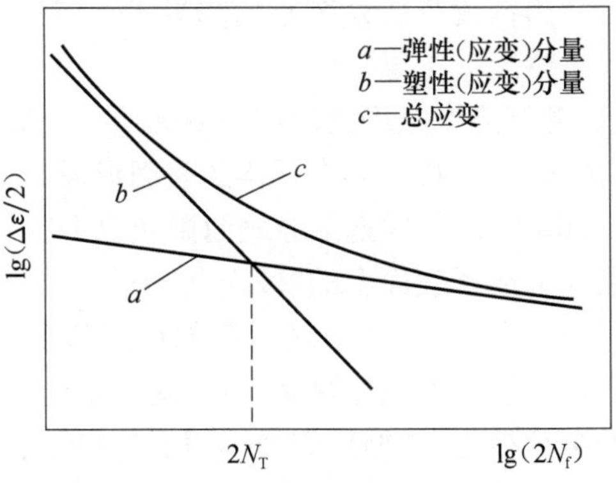

图 4.44　应变振幅与周次的关系曲线

塑性分量 $\Delta\varepsilon_p/2$ 以下式表示：

$$\frac{\Delta\varepsilon_p}{2}=\varepsilon_f'(2N_f)^b \tag{4.53}$$

ε_f' 为 $2N_f=1$ 时的截距，直线的斜度为 b。式中的 ε_f' 为疲劳塑性系数，可定义为在一次载荷反向($2N_f=1$)时的断裂应变，指数 b 在 $-0.7\sim-0.5$ 的范围，通常取 -0.6，而 ε_f' 与静拉伸时真实断裂应变 ε_f 有关，有时粗略地取 $\varepsilon_f'=\varepsilon_f$。

这样总的应变幅可用下式表达：

$$\frac{\Delta\varepsilon}{2}=\frac{\Delta\varepsilon_{e}}{2}+\frac{\Delta\varepsilon_{p}}{2}=\frac{\sigma_{f}'}{E}(2N_{f})^{a}+\varepsilon_{f}'(2N_{f})^{b} \tag{4.54}$$

此关系式被称为 Coffin-Manson 方程。上述方程是经验方程,可利用材料的基本力学性能指标来估计疲劳曲线,故有实际意义。

弹性分量和塑性分量两条直线的交点 $2N_T$(图 4.44)被称为转化疲劳寿命。在交点的左方($N<2N_T$),塑性分量占主导地位,材料的塑性对疲劳性能起决定作用;在交点的右方($N>2N_T$),弹性分量占主导地位,材料的强度对疲劳性能起决定作用。因此,在大应变时,塑性好的材料,疲劳寿命较高;在小应变时,强度高的材料,疲劳寿命较高。转化疲劳寿命 $2N_T$ 随应变幅的增加及强度的增加,向左移动。这说明材料强度越高,在高应变幅下的疲劳寿命越低。转化疲劳寿命在工程设计和材料选用中有重要意义。基于应变方法处理疲劳问题在许多构件的设计中得到应用。

4.3.3 疲劳裂纹的萌生与扩展

疲劳寿命实际上就是疲劳过程中疲劳裂纹萌生和疲劳裂纹扩展两个阶段所延续的周次。如果以 N_f 表示总的疲劳破坏周次,N_i 表示裂纹萌生期的延续周次,N_p 表示裂纹扩展期直到断裂时所延续的周次,则

$$N_f=N_i+N_p \tag{4.55}$$

N_i 和 N_p 之间的比例和应力振幅大小有关。应力振幅增大时,N_i 所占的比例减小,N_p 所占的比例增加。这表明在高应力的应变疲劳条件下,疲劳裂纹扩展期的长短对总的疲劳寿命的贡献增大,在这种情况下,降低疲劳裂纹扩展速率将具有比较重要的意义。而在低应力的应力疲劳条件下,增大 N_i 将是提高总疲劳寿命的关键。工程上一般规定把 0.05~0.08mm 数量级尺寸当做疲劳裂纹核心的临界尺寸界线,超过此尺寸后作为扩展期的开始。

实验证明,疲劳裂纹起源于应变集中的局部显微区域。当应力幅在疲劳极限以上,屈服点以下时,随循环次数的增加,滑移首先在试样的表面形成,然后逐渐扩展至内部,形成“驻留滑移带”(persistent slip band),即指虽经表面抛光也不容易去掉的那些滑移带。这些驻留滑移带的继续发展就形成了表面上的“侵入”(intrusion)与“挤出”(extrusion)。挤出和侵入处的厚度 0.2~1μm,长 2~3μm。滑移带的挤出和侵入是常见的疲劳裂纹萌生的主要方式。对于形成挤出与侵入的模型很多,目前尚无定论[5]。

具有临界尺寸的疲劳裂纹核心,在循环应力作用下就能够以一定的速率扩展,开始裂纹的扩展阶段。疲劳裂纹的形核及裂纹扩展都是在自由表面开始的,因此提高表面层的强度对提高疲劳寿命至关重要。

在大型锻件及焊接件中,缺陷不能完全避免,机器零件和结构件在运行过程中也会产生裂纹。有了缺陷和裂纹后,零件和构件的剩余寿命将取决于疲劳裂纹扩展速率 da/dN(mm/次)和极限裂纹长度 a_c。

为了能够对疲劳寿命进行定量估计,需要研究疲劳裂纹的扩展速率。以断裂力学为基础对疲劳裂纹扩展速率进行研究,已取得良好的进展,典型的 ΔK 与 da/dN 关系曲线如图 4.45 所示。

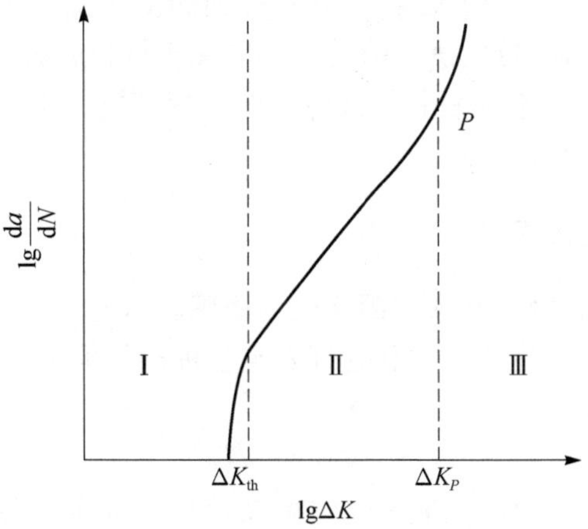

图 4.45　典型的 ΔK 与 $\mathrm{d}a/\mathrm{d}N$ 关系曲线

在图 4.45 中，ΔK-$\mathrm{d}a/\mathrm{d}N$ 曲线分为三个区域。ΔK_{th} 表示应力强度扩展速率因子幅度的“门槛值”，是疲劳裂纹不扩展的最低值。工程上把 $\mathrm{d}a/\mathrm{d}N\leqslant 10^{-7}$mm/次的应力强度因子范围定义为“门槛值”$\Delta K_{\mathrm{th}}$。在 ΔK 小于 ΔK_{th} 的第Ⅰ区段，由于疲劳裂纹核心尺寸没有达到临界尺寸，实际上裂纹不扩展。ΔK_{th} 值很小，通常只有材料 K_{IC} 的 5%～15%。对于钢，ΔK_{th} 一般小于 $9\mathrm{MPa}\cdot\mathrm{m}^{1/2}$。依据 ΔK_{th} 值，可以计算在所承受的载荷下的非扩展裂纹长度。当 $\Delta K>\Delta K_{\mathrm{th}}$ 后，裂纹扩展较快，很快进入第Ⅱ阶段。

进入第Ⅱ阶段后，$\mathrm{d}a/\mathrm{d}N$ 的增长趋于平稳。在此阶段的 $\mathrm{d}a/\mathrm{d}N$ 与 ΔK 的关系可用 Paris 经验方程表示：

$$\frac{\mathrm{d}a}{\mathrm{d}N}=c(\Delta K)^n \tag{4.56}$$

式(4.56)表示 $\lg(\mathrm{d}a/\mathrm{d}N)$ 和 $\lg\Delta K$ 的曲线是一条正斜率为 n 的直线。式中，c 和 n 为材料常数，受微观组织、屈服强度和环境的影响，对结构钢，n 值在 2～4；$\Delta K=K_{\max}-K_{\min}$，表示应力强度因子范围，单位为 $\mathrm{MPa}\cdot\mathrm{m}^{1/2}$。式(4.56)可转化成

$$N=\int_{a_0}^{a_c}\frac{\mathrm{d}a}{c(\Delta K)^n} \tag{4.57}$$

式中，a_0 为裂纹初始长度；a_c 为裂纹极限长度，可依照材料的 K_{IC} 估算出零件的残余寿命。在计算零件的疲劳寿命时，裂纹扩展的第Ⅱ阶段占有重要地位。

继续增高 ΔK 值到 ΔK_P，$\mathrm{d}a/\mathrm{d}N$ 将显著增大，P 点是 $\mathrm{d}a/\mathrm{d}N$ 加速的转折点。此时的 $K_{\max}$ 已接近材料的临界应力强度因子 K_{IC}（或 K_{C}），疲劳裂纹将失稳而高速扩展，引起最终的断裂。

实验结果表明，ΔK_P 所对应的裂纹顶端张开位移 δ 的幅度 $\Delta\delta_{\mathrm{t}}$ 值，对于各种金属材料，基本上是个常数，$\Delta\delta_{\mathrm{t}}=3.96\times10^{-2}$mm。根据断裂力学的分析，在平面应变条件下，应力强度因子与裂纹张开位移之间存在以下关系，如式(4.45)所示，可以得到

$$\frac{(\Delta K)^2}{E}=(\Delta\delta)\sigma_{\mathrm{s}} \tag{4.58}$$

将 $\Delta\delta=\Delta\delta_t=3.96\times10^{-2}$mm 代入式(4.58),得到的 P 点所对应的 ΔK_P 值与实验结果基本吻合。这表明 P 点对应的 ΔK_P 值的大小取决于材料屈服强度的高低。

在 GB/T 6398—2017《金属材料　疲劳试验　疲劳裂纹扩展方法》中,规定了所用试样、试验程序及结果的处理等。

4.3.4　影响疲劳强度的因素[4,9]

疲劳强度对多种外在因素和内在因素极为敏感。研究这些因素的影响将为零件合理的结构设计和加工,以及正确地选材和合理制定各种冷热加工工艺提供依据,以保证零件能具有高的疲劳性能。

1) 外在因素

外在因素主要是零件的尺寸、表面光洁度及使用条件等。各种钢的疲劳强度值都是用精心加工的光滑试样测得的,而实际的机械零件都不可避免地存在着不同形式的缺口,造成应力集中。有关缺口、表面粗糙度和试件尺寸大小对疲劳强度的影响在 4.3.1 节已有过论述。应当指出,由于零件表面存在不同形式的缺口而引起应力集中,常常是导致疲劳失效的首要因素。

按疲劳极限设计的零件在使用过程中会偶尔超过疲劳极限,造成“超载”,有时应力又低于疲劳极限,如空载运行和低负荷运行,造成“次载”。研究载荷变化对疲劳寿命影响的最简单的经验关系是 Miner 线性损伤积累理论。这种理论认为变幅载荷下的疲劳破坏,是不同频率、不同幅值的载荷所造成的损伤逐渐积累的结果。每一循环所造成的损伤可以认为是在此载荷幅值下循环寿命 N 的倒数 $1/N$,这种损伤是可以积累的,n 次恒幅载荷循环所造成的损伤等于 n/N,则变幅载荷循环所造成的损伤 D 为

$$D=\sum_{i=1}^{l}\frac{n_i}{N_i} \tag{4.59}$$

式中,l 为变幅载荷下应力水平级数;n_i 为第 i 级载荷的循环次数;N_i 为第 i 级载荷下的疲劳寿命。当 D 达到临界值 D_c 时,发生疲劳破坏,而 $D_c=1$。

实践证明,Miner 线性损伤积累理论在一些情况下是可取的,而在另一些情况下这个理论所估计的疲劳寿命偏于不安全。有的文献建议 D_c 值取 0.7。

过载对疲劳损伤的影响如图 4.46 所示。将试样在超过该材料疲劳极限 σ_{-1} 的某一应力 σ_i 下运转一定周次后,再将试样放回该材料疲劳极限的应力下继续运转,试样发生断裂,即超载使材料的疲劳极限降低,表明经过上述超载,试样已经受到损伤。如果在该超载应力下减少运转周次,从某一临界周次 n_i 开始,超载循环将不再使材料的疲劳极限降低,即超载不造成损伤。选择多个超载应力,重复上述试验,便可得到一条“过载损伤线”。过载损伤线与持久值线之间的区域称之为过载损伤区。

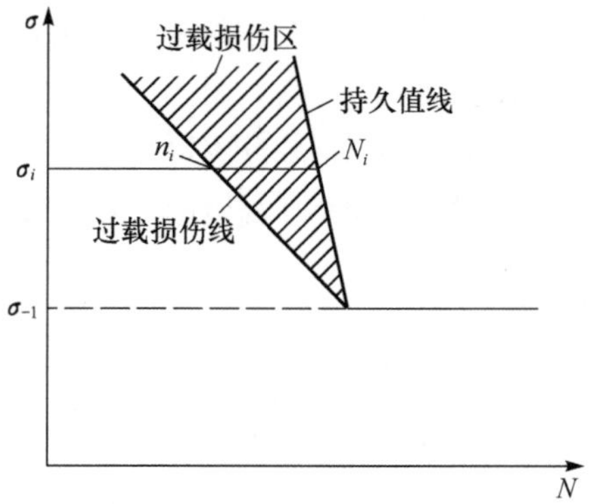

图 4.46　过载对疲劳损伤的影响[4]

如果试样在低于疲劳极限的应力振幅下循环一定周次,则可以提高疲劳极限。次载的应力水

平越接近 σ_{-1}，效果越明显；次载锻炼的周次越长，效果越好，达到一定周次后效果不再提高。这种次载强化作用称为次载锻炼。这种效应可能是由于应力-应变循环产生的硬化及局部应力集中现象松弛的结果。

次载锻炼效应可以运用于某些实际零件，在零件安装以后，可以空载或低载运行一段时间以提高疲劳寿命。

2）化学成分

一般中碳结构钢和中碳合金结构钢中，化学成分对疲劳的影响主要取决于碳含量。合金元素的主要作用是增加淬透性，保证热处理后的组织状态。在保证相同强度的同时，加入能提高钢的塑性和韧性的合金元素，对疲劳性能是有利的，特别是对高强度钢和超高强度钢有利。

3）热处理与显微组织的影响

热处理对钢的疲劳强度的影响比材料成分的影响要大得多。热处理对疲劳强度的影响，实质上是显微组织的影响。

钢材经过不同的热处理可以得到相同的静强度，但由于组织不同，其疲劳强度可以有较大的差异。例如，组织为片状珠光体和粒状珠光体的共析钢，在强度水平相同时，由于碳化物形态的差异，具有粒状珠光体的共析钢有较高的疲劳极限。同一种钢通过等温淬火得到的下贝氏体组织的疲劳极限要高于同等强度的淬火回火组织。

中碳合金结构钢经淬火和回火得到相同的硬度时，如果钢在淬火后存在非马氏体分解产物，将降低钢的疲劳极限。钢中存在 20％的非马氏体组织时，其疲劳极限要降低 10％，非马氏体组织含量进一步增加时，疲劳极限的降低程度将减少。但在疲劳极限降低的同时，钢的塑性、韧性及工艺性能却有可能得到改善。在以铁素体为基的复合组织中，马氏体的存在可在一定程度上提高钢的疲劳极限。残余奥氏体对钢的疲劳性能的影响较为复杂。一些学者根据各自的研究提出了不同的看法。有些学者认为残余奥氏体的存在有不利的影响，这是由于残余奥氏体的存在会使钢的强度和硬度降低，并可在使用过程中发生转变。因此，在钢中应限制残余奥氏体的含量。也有一些学者认为残余奥氏体的存在有利于疲劳性能的改善，认为渗碳钢的渗层中应存在一定量的残余奥氏体，残余奥氏体在钢中由于塑性变形产生加工硬化，可起到缓和外加应力的作用。还有一种看法认为，残余奥氏体在不同使用条件下有着不同的影响。高应力水平时，随残余奥氏体量的增加，可以提高钢的疲劳强度，低应力水平时则相反。

钢的晶粒度也与其疲劳性能有关。在室温下细化晶粒总会使钢的疲劳强度提高。研究表明，钢的疲劳极限 σ_f 与其晶粒平均尺寸 d 也有类似于霍尔-佩奇的关系，即

$$\sigma_f = \sigma_0 + kd^{-1/2} \tag{4.60}$$

式中，σ_0 与 k 为材料常数。晶粒细化对高周疲劳和低周疲劳都显示有利的影响，这主要是由于晶界的作用。晶界可视为裂纹的阻止者，当有裂纹起始，则细小的晶粒意味着更多的裂纹阻止者和更短的裂纹长度。

4）夹杂物的影响

钢中夹杂物的存在，会导致疲劳强度的降低。这是因为存在于钢中的夹杂物相当于内部的孔洞或缺口，在交变载荷下将产生应力、应变集中，使得在较低的应力下也引起交叉滑移和微裂纹的形成，成为疲劳断裂的裂纹源。夹杂物对疲劳强度的影响程度取决于

夹杂物的种类、性质、形貌、数量、分布以及钢的强度水平和外加应力水平等多种因素。

不同类型的夹杂物对钢的疲劳性能有不同的影响。一般而言,易变形的塑性夹杂物,如硫化物等,对钢的疲劳性能影响较小;不易变形的脆性夹杂物,如氧化物、硅酸盐等,则对钢的疲劳性能有较大的危害。膨胀系数大的夹杂物,如 MnS 等,影响小;而膨胀系数小的夹杂物,如 Al_2O_3 等,影响大。因为后者在淬火过程中易使其周围母材产生拉应力,从而降低疲劳强度。

塑性夹杂 MnS 对锻钢的纵向疲劳强度没有影响,但使其横向性能明显下降,使锻钢的疲劳性能出现方向性。夹杂物数量的增加加剧疲劳性能的方向性,这种影响随钢的强度的升高而增加。硅酸盐夹杂物的尺寸增加时,钢的疲劳极限要降低,其影响程度与钢的强度水平有关,钢的强度越高,夹杂物的影响越大。当抗拉强度 σ_b 小于 950MPa 时,夹杂物对疲劳强度的影响尚不明显,而当强度达到 1700MPa 时,钢的纵向和横向的疲劳性能均有比较大的降低[24]。

为了有效地降低钢中的夹杂物,以改善其疲劳性能,可以采用真空冶炼、电渣重熔,以及各种炉外精炼技术,以提高钢的纯净度,从而使钢的疲劳强度和各向异性得到很大的改善。表 4.7 为不同熔炼方法得到的 SAE4340 钢(相当于 40CrNiMo 钢)在相同条件下进行弯曲疲劳试验的结果[25]。研究结果表明,经过真空熔炼,由于夹杂物的含量大大降低,无论是纵向还是横向的疲劳极限都得到相当大的提高,各向异性也得到很大的改善。

表 4.7 通过熔炼工艺降低夹杂物含量对 SAE4340 钢疲劳极限的影响[25]

工艺参数	电炉冶炼(大气)	真空熔炼
纵向疲劳极限 σ_{-1L}/MPa	816	977
横向疲劳极限 σ_{-1T}/MPa	555	844
$\sigma_{-1T}/\sigma_{-1L}$	0.68	0.86
硬度 HRC	27	29

5) 表面处理与残余应力

渗碳、氮化、碳氮共渗等表面化学热处理是提高零件疲劳强度的有效手段。经渗碳或氮化后,硬化的表面层及所存在的压应力,一般可使光滑试样的弯曲和扭转疲劳极限提高 15%~100%,缺口试样的疲劳极限提高的幅度更大,氮化试样可达 300%[24]。碳氮共渗处理兼有渗碳和氮化的优点,可以得到比渗碳更高的疲劳强度[26]。大量试验表明,表面化学热处理对试样疲劳强度的影响取决于加载方式、渗层中的碳氮浓度、表面硬度及其梯度、表面硬度与心部硬度之比、渗层与试样直径之比,以及表面处理所造成的残余应力的大小和分布等因素。采用感应加热淬火、表面火焰淬火及低淬透性钢的薄壳淬火,均可获得一定深度的表面硬化层,并在表层造成有利的残余压应力,从而提高零件的疲劳强度。

钢的试件经电镀后都不同程度地降低疲劳强度,特别是镀 Cr、Ni 后,疲劳极限降低甚多,其主要原因是在镀层中产生了很大的残余拉应力。此外,镀层中的裂纹造成的缺口效应及电镀过程中 H 的浸入导致的氢脆也降低了疲劳极限。镀 Cr、Ni 的零件可以采用氮化、喷丸和表面滚压来改善疲劳强度。

用滚轮对零件表面进行滚轧的强化方法称为滚压强化。喷丸强化是用金属或玻璃丸粒高速喷击零件表面使之强化的方法。表面滚压和喷丸等处理能在试样表面形成一定深度的形变硬化层，使表层产生残余应力，是提高疲劳强度的有效途径。

一些具有超高强度的合金结构钢，对缺口试样的缺口处进行滚压后，可使其旋转弯曲疲劳极限提高一倍，这是一般热处理方法难以实现的。滚压效果与材料本身的组织状态及强度水平有关。热处理后滚丝的螺栓，其滚压效果优于热处理前滚压，硬度越高，热处理后与热处理前滚压螺栓的疲劳强度的差别也越大。滚压强化适用于形状简单的零件。

喷丸强化在生产中应用较广。喷丸强化的效果与喷丸参数、材料性能和零件的表面状态有关。零件表面有应力集中，表面粗糙或有表面缺陷时，材料的强度越高，喷丸强化的效果越佳。将零件加载使其变形，然后在变形表面进行喷丸，这种工艺方法称为应力喷丸。应力喷丸较普通喷丸有更高的表面残余压应力，因而有更高的疲劳极限。应力喷丸在弹簧生产中得到广泛的应用。

研究表明，滚压和喷丸对疲劳强度的主要贡献在于延长了裂纹的萌生期及早期裂纹扩展期。

4.3.5　冲击疲劳[4]

工程中许多机件和构件是在多次冲击载荷作用下失效的，如风动工具和锻造、冷冲压设备中的运动件（活塞、钎杆、锤杆）等。对这类机件，习惯上用一次冲击得到的冲击韧度来表明其承受冲击载荷的抗力。实际上该类机件工作时承受的载荷是小能量多次冲击，两者断裂过程不同。小能量多次冲击与疲劳相比有诸多相同之处，其破坏过程相同，有着相似的破坏机制，可认为小能量多次冲击属于疲劳范畴，称之为冲击疲劳（多次冲击）。

为了了解材料在多冲载荷下的行为，已设计出多种形式的试验机，进行不同加载方式下的试验研究，但研究最多的是多冲弯曲试验和多冲拉伸试验。多冲弯曲试验一般使用一定直径和长度的圆柱形试样，施以三点或四点冲击弯曲加载。为了使试验接近于实际服役条件或者研究试验用材料受到多次冲击时对缺口的敏感度，也可以制成缺口试样。冲击能量可以调节，每次冲击后试样转动一定的角度。用冲击能量 A 和相应的破断周次 N 绘成 A-N 曲线来表示材料抗多次冲击加载的能力。

图 4.47 是三种典型材料的多次冲击 A-N 曲线。三种材料的强度和韧性各不相同，其 A-N 曲线分别相交于 A、B、C 点。在交点的上方，即在高的冲击能量下，多冲抗力取决于材料的韧性，而在交点的下方，即在较低的冲击能量下，多冲抗力则取决于材料的强度。交点位置的破断周次在 10^2～10^3 的范围内。在 N 超过 10^3 时，强度最高韧性最低的淬火低温回火 T8 钢便具有最高的多冲抗力[27]。

同一钢经过淬火回火后，多冲破断周次 N 随回火温度而变化。对应于一定的冲击能量，其破断周次会在一定回火温度下出现峰值。冲击能量降低时，峰值向低温回火方向转移；冲击能量增加时，峰值向较高回火温度转移。峰值的转移表明，一定的冲击能量要求材料有一定的强度与塑性、韧性的配合。

对一些合金结构钢的研究表明，冲击韧度 a_k 对多次冲击抗力的影响与材料强度水平有关。在低强度水平，如 σ_b＜1000MPa 时，塑性、韧性已较高，再增加塑性、韧性对多冲抗力影响甚微；当强度水平较高，如 σ_b＞1500MPa 时，塑性、韧性较低，适当提高塑性、韧性可以显著提高其多冲抗力。

上述研究结果对依据一些钢制零件的服役条件，合理制定其热处理工艺，有一定的指

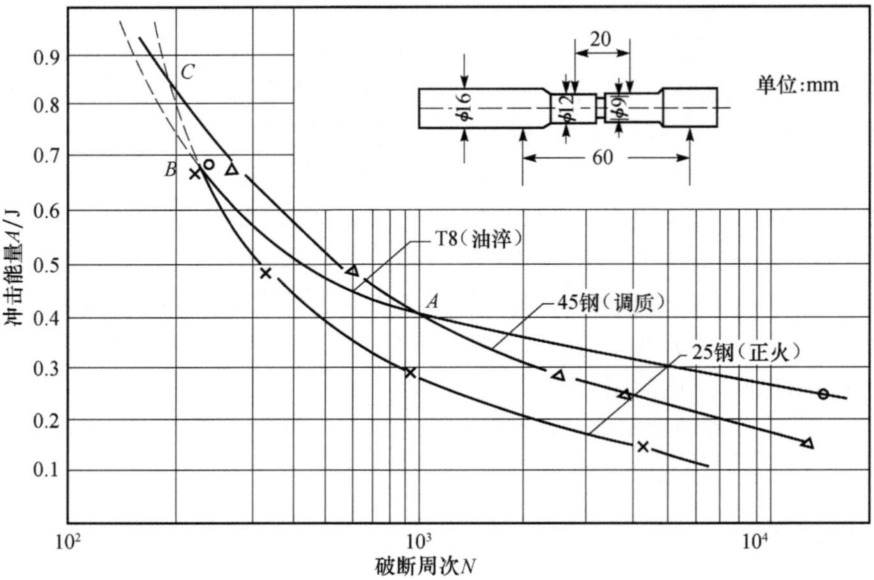

图 4.47　三种典型材料的多次冲击 A-N 曲线[27]

导作用。有些工作时受冲击的零件,由于过高地追求韧性而使用调质和局部淬火工艺,使用寿命低。采用整体淬火和低温回火后,提高了强度,寿命显著提高。又如模锻锤锤杆一般采用淬火和高温回火工艺,以保证其高的冲击韧性,但使用寿命不高,这是由于过高地追求韧性,导致强度不足所致。在不改变原用钢材的条件下,将高温回火改为中温回火,使表面硬度由原 250HB 左右提高到 40～45HRC,使寿命提高数倍到 20 倍以上。

目前的多冲试验方法尚有一些缺点,冲击能量 A 只有一部分以应变能的形式被试样吸收,尚有一部分被冲锤和支座吸收,因此冲击能量 A 不能完全代表试样吸收的冲击功。A-N 曲线无法确定可供设计计算使用的多冲抗力指标,只能提供在固定条件下的相对试验数据。有关这方面的研究可以参考有关著作[4]。

4.3.6　磨损

由于摩擦导致的磨损是机器零部件失效的主要原因之一,工程实际中约有一半左右的失效零件是由磨损引起的。

材料的磨损是物体表面相接触并做相对运动时,材料自该表面逐渐损失以致表面损伤的现象。通常磨损量随摩擦行程分为三个阶段。开始阶段称为跑合期。由于摩擦表面具有一定的粗糙度,真实接触面积较小,磨损速率很大,随着表面逐渐被磨平,真实接触面积增大,磨损速率减慢。随后进入稳定磨损阶段,在此阶段磨损稳定,磨损量低,磨损速率不变,是机件的正常工作时期。最后是剧烈磨损阶段,磨损速率急剧增加,最后导致机件失效。

目前关于磨损的分类还没有统一的看法,可以按照磨损机制分为:氧化磨损、磨料磨损、黏着磨损、接触疲劳、微动磨损和腐蚀磨损。在这些磨损形式中,磨料磨损最普遍,其次是黏着磨损。对于每一个具体工件而言,其磨损类型并非固定不变,而是随着工作条件的变化而变化,至于哪个过程优先发展,取决于确定磨损类型的三个主要因素:外在机械作用条件、周围介质和摩擦副所用材质的性质。

1）氧化磨损

实验证实，存在于大气中的许多金属表面都存在氧的吸附层，表面形成一层氧化膜。机件表面相对运动时，在发生塑性变形的同时，由于不断进行着已形成的氧化膜在摩擦接触点处遭到破坏，紧接着在该处又立即形成新的氧化膜。这样，便不断有氧化膜自金属表面脱离，使机件表面物质逐渐损耗，这样的过程称为氧化磨损。氧化磨损可以认为是腐蚀磨损的一种。

氧化磨损在各种滑动速率和比压条件下都会程度不同地发生，它是生产上最普遍存在的一种磨损形式。氧化磨损和其他类型磨损比较，具有最小的磨损速率，因此机件因氧化磨损而失效被认为是正常失效。氧化磨损过程中压碎的氧化膜夹在摩擦表面之间，可能起磨料的作用，露出的新鲜表面可能被黏着，因而氧化磨损可能转化为磨粒磨损或黏着磨损。

为减少机件的磨损，应首先在机件用材料的选择、工艺制定、结构设计和维护使用等方面创造条件，使机件的磨损形式为氧化磨损，或者将原来会出现的其他磨损类型转化为氧化磨损，然后再设法减少氧化磨损的速率。凡是能提高金属表层塑性变形抗力、降低氧扩散速率、形成非脆性氧化膜并能与基体金属牢固结合的材料及相应的工艺措施，都可以提高抗氧化磨损的能力。图 4.48 为一些正常工具钢的氧化磨损量与硬度的关系[28]。

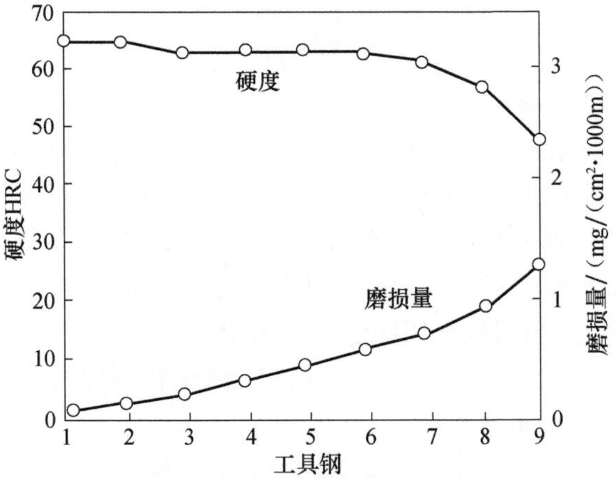

图 4.48　工具钢氧化磨损量与硬度的关系[28]

1—W18Cr4V；2—CrWMn；3—Cr12MoV；4—GCr15；5—T12；6—T10；7—T8A；8—9SiCr；9—5CrNiMo

比压为 1.47MPa；滑动速率为 1.56m/s

2）磨料磨损

磨料磨损（abrasive wear）是指由于硬质颗粒或硬质突出物沿固体表面强制运动所引起的磨损。矿山机械、农业机械、工程机械、建筑机械等零部件常与泥沙、矿石、渣滓等接触，发生的磨损大都是磨料磨损。这些硬质颗粒或者表面剥落的碎屑引起磨面发生局部塑性变形、磨粒嵌入和被磨粒切割等过程，使磨面逐渐被磨耗。磨粒磨损速率较大，能达到 0.5～5μm/h。

磨粒磨损的速率主要取决于磨粒相对于被磨金属硬度的高低、磨粒的形状和大小。当磨粒硬度远大于被磨材料时，磨损严重。当磨粒硬度小于被磨材料硬度时，磨损迅速减少。当磨粒的棱角比较尖锐且凸出较高时,将切割被磨金属。如果棱角不尖锐,凸出部分高度也小,磨粒将以较大的力沿摩擦表面滑动,造成表面较大的塑性变形。

材料自身特性也是影响磨粒磨损的重要因素。材料的硬度越高,耐磨性越好。钢中碳含量越高,硬度也越高,耐磨性也越好。以固溶状态存在的合金元素对耐磨性影响不大,形成合金碳化物时可以显著提高耐磨性。

钢的显微组织对磨料磨损的影响依铁素体、珠光体、贝氏体和马氏体的顺序递增,而片状珠光体又优于球状珠体。在相同硬度下,等温淬火得到的组织的耐磨性要好于回火马氏体。钢中残余奥氏体也影响磨损抗力,在低应力磨损条件下,残余奥氏体较多时,将降低耐磨性。在高应力冲击加载条件下,残余奥氏体因能显著加工硬化而提高耐磨性。

3) 黏着磨损

由于在相接触的固体表面之间局部黏着而造成的磨损,称为黏着磨损(adhesive wear)。当一对摩擦副两个摩擦表面的显微凸起端部相互接触时,因实际接触的面积很小,故接触应力很大。如果接触应力大到足以使凸起端部的材料发生塑性变形而且接触表面非常干净,那么在摩擦界面很可能形成黏着点。当摩擦面发生相对滑动时,黏着点在剪切应力下被切断,使材料从一个表面迁移到另一个表面,这就是黏着磨损。这些黏附物在反复滑动过程中可能由表面脱落下来,成为磨屑。

黏着磨损时的磨损体积 $V(\mathrm{mm}^3)$ 的表达式为[29]

$$V=K\frac{P}{H}L \tag{4.61}$$

式中,K 为磨损系数;P 为接触压力;H 为硬度;L 为摩擦滑动距离[11]。

K 实质上反映配对材料黏着力的大小,实验测出的 K 值变化范围很大,但对于每对材料有一特定值。根据 Hirst 的实验数据[29]:低碳钢/低碳钢,$K=7.0\times10^{-3}$;工具钢/工具钢,$K=1.3\times10^{-4}$;钨碳化物/低碳钢,$K=4.0\times10^{-6}$;铁素体钢/工具钢,$K=0.17\times10^{-4}$;聚乙烯/工具钢,$K=0.13\times10^{-6}$。但式(4.61)表示的磨损量与接触压力的关系只适合于一定载荷范围内。当摩擦面压强低于布氏硬度值的1/3(相当于材料的强度极限),K 值保持不变;压强超过布氏硬度值的1/3时,K 值将急剧增长,出现严重的磨损或"咬死",式(4.61)所示的关系便不复存在。

影响黏着磨损的因素:①金属间的互溶性。互溶性好,黏着倾向大,磨损大,同种材料互溶性好,所以磨损量大。周期表中位置靠近的元素互溶性好,较远的互溶性差。②摩擦表面的洁净程度。摩擦表面越干净,越可能发生表面的黏着,促使黏着磨损的发展。因此,应尽可能使摩擦面有吸附物质、氧化物层和润滑剂。保护性氧化膜的厚度约为1~15μm,这个厚度比金属表面自然形成的氧化膜要厚得多。③组织。单相组织比多相组织磨损倾向大,粗晶粒比细晶粒大,固溶体比化合物大,下贝氏体的耐磨性优于马氏体,碳化物增加钢的耐磨性。

4) 接触疲劳

两接触面做滚动或滚动滑动复合摩擦时,在交变接触压应力长期作用下引起的一种表面疲劳破坏现象称为接触疲劳或表面疲劳磨损。出现接触疲劳时表现在接触表面出现许多针状或痘状的凹坑,称为麻点,也叫点蚀。有的凹坑很深,呈"贝壳"状,有疲劳裂纹发展线的痕迹存在。在出现少数麻点时,机件仍能继续工作。随着工作时间的延续,麻点剥落将不断增多和扩大，此时磨损加剧，产生较大的附加冲击力，噪声增大，直至机件破坏。齿轮副、滚动轴承、钢轨与轮箍及凸轮副等都能产生接触疲劳。

若两接触物体在加载前为线接触，如圆柱与圆柱、圆柱与平面的接触，加载后发生弹性变形，接触处由线接触变为面接触。根据弹性力学推导表明，沿接触面在其法线方向的正应力呈半椭圆状分布，在原接触线处的应力最大，标以 σ_{max}；离表面往深处方向发展时，正应力逐渐减小，但接触疲劳裂纹的萌生一般都是由于切应力作用下因塑性变形引起的。在接触压应力作用下可能影响接触疲劳破坏的切应力有两个：一个切应力位于原接触线下面，距表面距离 0.786b 处（2b 为接触面的宽度），与接触面运动方向的夹角为 45°，以 τ_{45} 表示，此处的最大切应力为 $\tau_{45max}=0.3\sigma_{max}$；另一个为正交切应力，其最大值位于离表面 0.5$b$ 处，以 τ 表示，分布于对称位置的两侧一定距离处，其最大值 $\tau_{max}=0.256\sigma_{max}$，但 τ_{max} 有两个，它们的绝对值相等，符号相反。在点接触的状态下，情况亦相似。

从上面的分析可知，在滚动接触时，切应力 τ_{45} 在距表面 0.786b 处最大，脉动应力在 0～0.3σ_{max} 变化，而距表面 0.5b 处的对称循环正交切应力 τ 在 $+0.256\sigma_{max}\sim-0.256\sigma_{max}$ 变化。后者的应力幅要比前者大得多，所以疲劳裂纹应首先在该处产生。实验证实，在各种接触应力下疲劳裂纹的深度介于 0.5b 到 0.7b 之间。

裂纹萌生后在上述切应力的反复作用下，裂纹沿与滚动表面平行的方向扩展一段后，可能产生垂直于表面或倾斜于表面的分枝裂纹，当分枝裂纹发展到表面时即发生麻点剥落。这种裂纹源于次表面的麻点剥落，多发生在接近于纯滚动的情况下。

在滚动加滑动摩擦的作用下，滑动摩擦力越大，最大剪切应力的作用点越向摩擦表面推移，这时疲劳裂纹就从表面产生，裂纹沿与表面呈小于 45°的夹角方向发展，其倾角大小视摩擦力大小而定。润滑油在这种裂纹发展过程中起很大的作用，如图 4.49 所示[3]。当楔入裂纹的润滑油可自裂缝中挤出时，裂纹不发展（图 4.49(a)），但当油楔入裂纹并被封闭时，在裂纹内部将产生很大的内压力，迫使裂纹继续向前扩展（图 4.49(b)）。当裂纹发展到一定深度，裂纹上部形成悬臂梁（图 4.49(c)），在随后的加载中折断（图 4.49(d)），出现麻点剥落，这便是裂纹源于表面的麻点剥落。

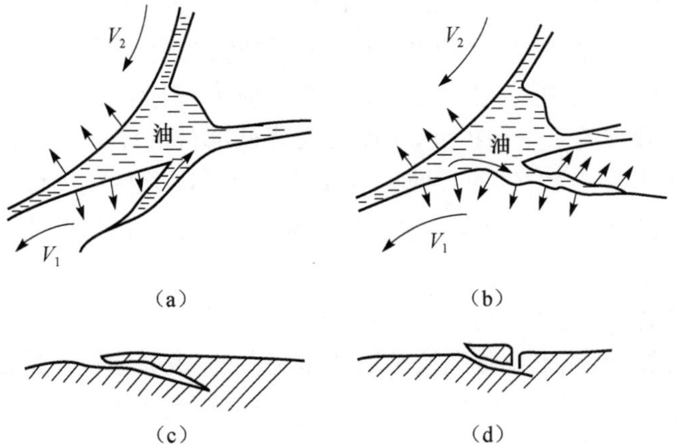

图 4.49　表面裂纹发展和润滑油的作用示意图[3]

滚动轴承基本上属纯滚动，在滚动轴承设计中采用麻点起源于次表面的观点。齿轮除节圆啮合处属于纯滚动外,在齿轮其他部位是带有一定滑动的滚动。齿面麻点剥落都出现在离节圆一定距离处,且主要出现在靠近齿根一侧。因此,在齿轮设计中大都采用麻点剥落起源于表层的观点。

影响接触疲劳寿命的因素:①加载条件,特别是载荷大小。②非金属夹杂物。塑性夹杂物对寿命的影响最小,球状夹杂物次之,危害最大的是脆性夹杂物。③马氏体碳含量。根据对轴承钢进行的研究表明,在剩余碳化物相同的条件下,马氏体碳含量为0.4%～0.5%时,接触疲劳寿命最高。④剩余碳化物颗粒大小和数量。细小并分布均匀的碳化物对疲劳寿命有利。实验观察到裂纹大都是在碳化物和马氏体界面上传播,因此,如果不是为了提高抗磨料磨损,最好是不要有碳化物。⑤硬度。一般而言,在低中硬度范围内,零件的表面硬度越高,接触疲劳抗力越大。关于影响接触疲劳寿命的因素,在本书有关齿轮钢和轴承钢部分,还将作进一步的分析。

5) 微动磨损

微动磨损(fretting wear)是指两表面间由于振幅很小(1mm以下)的相对运动所产生的磨损。这种相对运动可以有多种形式:平移微动、径向微动、滚动微动等,以及上述微动形式的复合或者上述微动形式与其他运动(如冲击)的复合,其中平移微动是较为普遍的微动形式[30]。

微动磨损一般发生在紧配合的轴颈、花键、汽轮机和压气机叶片榫槽,受振动影响的螺栓、铆钉等连接件的结合面等处。

微动磨损有时仅指接触表面的相对位移,是由于外界振动引起的微动而导致的磨损。当接触表面的相对运动是由于组元之一受到外界交变应力的作用,引起变形并导致疲劳断裂时,称为微动疲劳(fretting fatigue)。在腐蚀介质中的微动导致的磨损称为微动腐蚀(fretting corrosion)。上述三种微动形式或通称为微动损伤(fretting damage)。

微动磨损的一般过程是:在一定接触压力下,摩擦副表面的微凸体产生塑性变形和黏着。在小振幅振动作用下黏着点受剪切使黏着物脱落,同时剪切表面被氧化。对于钢铁零件,氧化物以Fe_2O_3为主,磨屑呈红褐色。由于磨损表面配合紧密,磨屑不易排出,这些磨屑往往起着磨料的作用,加速微动磨损过程,最终导致零件表面破坏。微动磨损引起的破坏形式主要是擦伤、金属黏着、凹坑、局部磨损条纹及表面微裂纹等。

机件的两接触面,由于配合组元之一受到交变应力,引起接触面的微动,并导致微动接触处表面及表层裂纹的萌生和扩展,从而大大降低部件的疲劳寿命,即发生微动疲劳,可使疲劳强度降低30%～40%,而且使σ-lg$N$曲线上不存在极限值。已有的资料表明,材料成分、组织状态可以相差很大,但对其微动疲劳强度σ^{F}_{-1}的影响不大,并且都很低,远低于其疲劳极限σ_{-1}[3]。

为了防止微动磨损,提高微动疲劳强度,主要在工艺和设计上采取措施:①表面化学热处理提高表层硬度,形成阻止微裂纹扩展的压应力;②表面涂覆保护层;③采用滚压、喷丸等表面强化工艺;④采用垫衬改变接触面的性质;⑤结构上采取减小应力集中的措施;⑥提高零部件的尺寸精度,减少微动的可能性。

6) 冲蚀磨损和气穴侵蚀

冲蚀磨损(erosion)一般是指固体表面同含有固体粒子的流体做相对运动时,其表面材料所发生的损耗。目前对冲蚀磨损的定义尚未形成一致的看法[31]。在工业和矿山生产中，存在大量冲蚀磨损现象，如物料运输管道中物料对管道的冲蚀、锅炉管道被燃烧的粉末冲蚀、泥浆泵中泥浆对泵体的冲蚀、火箭发动机尾部受燃气冲蚀等。

固体粒子的冲蚀磨损，通常是指粒径小于 1mm，冲击速率不超过 500m/s 的固体粒子冲击材料表面所造成的损伤。冲蚀磨损常以比质量损失，即每单位质量的粒子（磨料）所造成的材料迁移（磨损）质量来度量，常用 ε 表示，即 ε（冲蚀磨损率）＝材料质量损失（g）/磨料质量损失（g）。

钢的表面被固体粒子冲蚀磨损后出现大量的冲蚀凹坑，凹坑处存在有材料沿粒子冲击方向的流动，发生加工硬化，直至材料在高应变下断裂，变成磨屑。在冲蚀磨损过程中，每一个冲击粒子与被冲击表面的接触时间非常短，被冲击材料的应变速率很高，可以达到 10^4/s 的数量级，可以导致变形层在冲击过程中迅速升温，有时达到相当高的程度。

影响冲蚀磨损的主要因素有：被冲蚀材料的成分、组织与性能，磨粒的形状、尺寸与性能，磨粒的冲蚀速率、冲蚀角度，以及环境因素等。有关这方面问题的深入讨论和冲蚀磨损机理的研究，可以参考有关论著[31]。

气穴侵蚀（cavitation erosion）发生在零件与液体接触并有相对运动的条件下。液体与零件接触处的局部压力比其蒸发压低的情况下，将形成气泡，同时溶解在液体中的气体亦可能析出。当气泡流到高压区，压力超过气泡压力时使其溃灭，瞬间产生极大的冲击力。气泡形成和溃灭的反复作用，使零件表面的材料产生疲劳而逐渐脱落，呈麻点状，随后扩展呈泡沫海绵状。严重气穴侵蚀时，其扩展速率很快，深度可达 20mm。气穴侵蚀常简称为气蚀（cavitation）。

气蚀是力学因素造成的破坏，化学作用会加速气蚀破坏。气蚀破坏随时间的发展过程可分为三个阶段，即孕育期、最大气蚀率期和稳定气蚀率期，稳定气蚀率期是估计材料抗气穴侵蚀能力的主要依据。气蚀破坏一般出现在水力机械上，如阀门、热交换器管路、水冷却的柴油发动机缸套壁、泵的叶轮、水轮机的叶片、水库的溢洪道等大型设施的器件上。气蚀会给工业生产造成很大的损失，例如，有些水轮机运行 1～2 年即因气蚀而需要停机检修。

材料的抗气蚀能力与其组织结构和力学性能有关。一些研究工作表明，金属材料的极限回弹能（$\sigma_b^2/2E$，E 为弹性模量）或 $HV^2/2$（HV 为显微硬度）与其气蚀抗力有线性关系，可以作为材料抗气蚀能力的参考判据[31]。改进设计结构也是提高抗气蚀能力的有效措施。

磨损试验方法可分为两类：①实物磨损试验，即以实物零件在机器实际工作条件下或模拟机器使用条件下的试验台上进行试验；②试样磨损试验，即将欲试材料制成规定试样，在规定的试验条件下，在专门设计的试验机上进行试验。

磨损试验机的种类很多，图 4.50 为一种滚子式磨损试验机示意图。这种试验机可以进行滚动摩擦、滑动摩擦、滚动与滑动复合摩擦、接触疲劳等试验，同时附有测定摩擦力的装置，用途广泛，被称为万能磨损试验机。此外还有切入式磨损试验机、圆盘-销式磨损试验机、往复摩擦磨损试验机等，以及一些专用的磨损试验机。关于各类磨损试验机的试验条件、优缺点等可参考有关文献[32]。

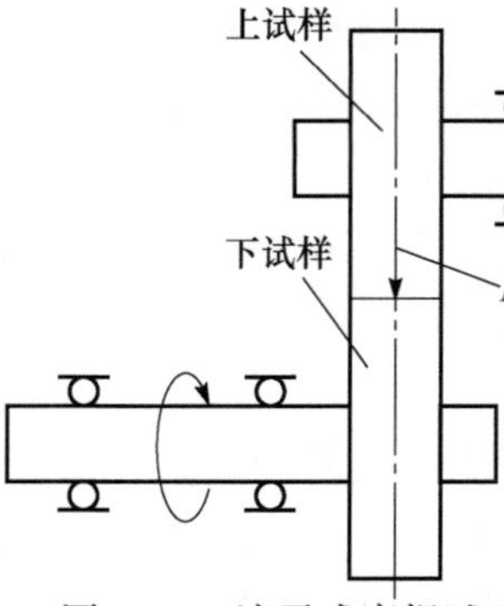

图 4.50 滚子式磨损试验机示意图[1]

4.4 合金元素对钢的力学性能的影响

合金化是提高和改变钢材各种使用性能的一个重要手段。这些使用性能包括力学性能、工艺性能和某些物理、化学性能,其中最重要的是对钢材在常温下的力学性能的要求。

4.4.1 合金元素对铁素体力学性能的影响

合金元素加入钢中后,主要分布在铁素体和碳化物之间。因此合金元素对钢的力学性能的影响与其对铁素体的影响有一定联系。在低碳钢中,碳化物数量很少,则合金元素的影响主要表现在对 α-Fe 的作用方面。

4.4.1.1 合金元素对 α-Fe 在平衡条件下力学性能的影响

溶于铁素体中的合金元素大都能提高铁素体的强度,图 4.51 表示合金元素对缓慢冷却后 α-Fe 硬度的影响,为了尽量减少残存杂质元素(特别是碳和氮)和晶粒度大小对试验结果的影响,试验时采用高纯度的纯铁,各种成分的试样的晶粒度都比较粗大[33]。合金元素置换固溶强化 α-Fe 的机制比较复杂,在本章 4.1.4.2 节已作过分析。合金元素按其在平衡条件下引起 α-Fe 固溶强化的递增顺序排列如下:Cr、Co、W、V、Mo、Ni、Cu、Al、Mn、Ti、Si、P。合金元素对强度极限的提高和对硬度的提高一样。置换固溶于 α-Fe 中的合金元素对其屈服极限和比例极限的提高特别显著,如图 4.52 所示[34],试验在晶粒度相同的条件下进行,钨的影响与硅相近,在图 4.52 中未显示。

合金元素对 α-Fe 塑性影响较小,只是略微降低塑性指标 δ 和 ψ,硅和锰降低铁素体的塑性较强烈,尤其当含量超过 2%以后(图 4.53)。

图 4.54 为合金元素对 α-Fe 冲击韧度的影响,钼、钨、硅(从 1% 开始)和锰(1%~1.5%开始)降低冲击韧性。这些元素的原子结构或原子半径与铁相差较大(锰除外),溶入 α-Fe 能使点阵产生强烈的畸变,故使韧性下降。镍的含量到 5%和铬的含量到 1%~1.5%以前能提高 α-Fe 的冲击韧度。镍与 α-Fe 点阵虽不同,但原子结构和原子半径与铁相近,故不降低韧性。但是由于冲击韧度受到许多因素的影响,并且比较敏感,如晶粒大小的变化、冶炼和脱氧方法的差异及加工过程的条件不同都能影响冲击韧度的数值,因此难以准确地测定,在文献中有关合金铁素体冲击韧度常出现相互矛盾的数据。

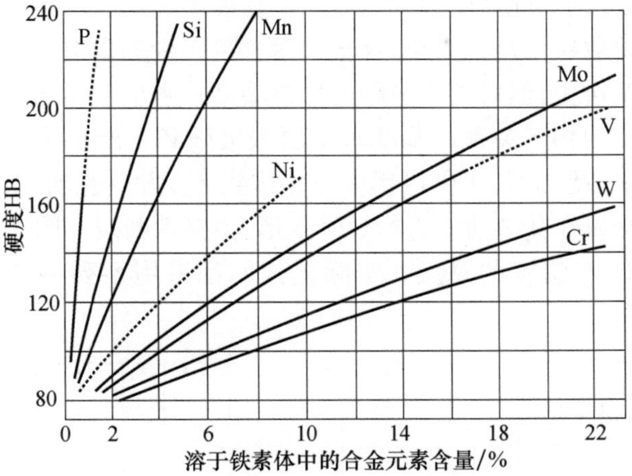

图 4.51　合金元素对 α-Fe 体固溶强化的影响(平衡条件下)[33]

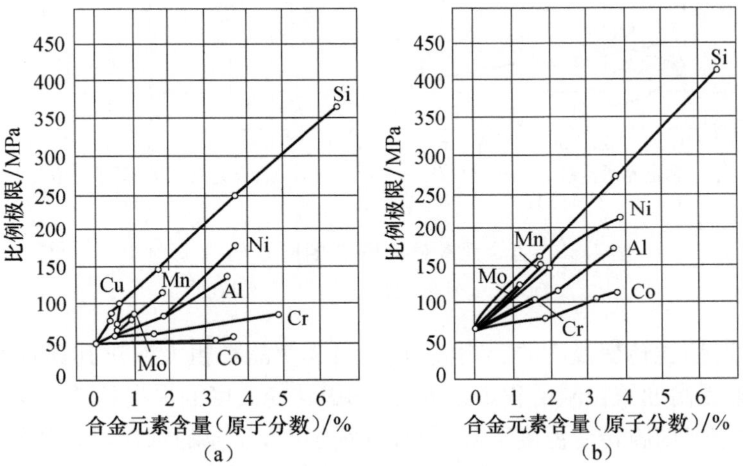

图 4.52　合金元素对 α-Fe 比例极限的影响[34]

(a) 0 号晶粒度;(b) 3 号晶粒度

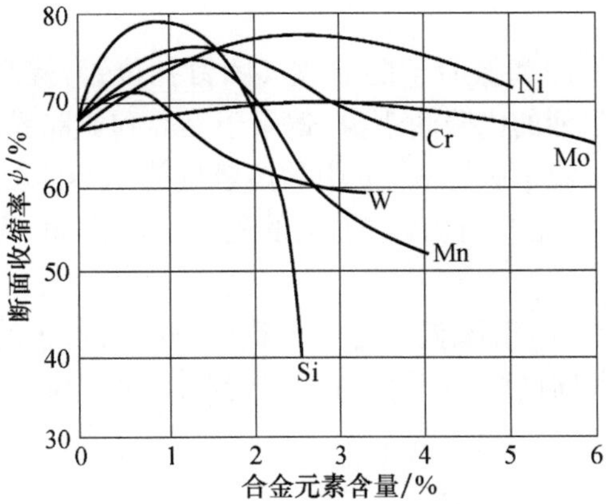

图 4.53　合金元素对 α-Fe 断面收缩率的影响[35]

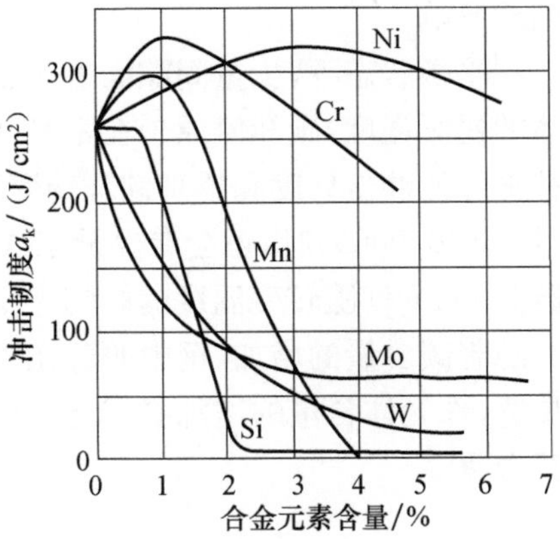

图 4.54　合金元素对 α-Fe 冲击韧度的影响[35]

合金元素对 α-Fe 的韧脆转变温度的影响不易准确确定。一些研究工作指出,合金铁素体的正断抗力主要取决于晶粒大小,合金元素含量多少的影响不大(图 4.55)。细化晶粒可以显著提高正断抗力,但对屈服极限的影响要弱一些。韧脆转变温度取决于正断抗力 S_k 和屈服极限 σ_s 的相互关系。温度对于屈服极限和正断抗力的影响见图 4.10。温度低于 T_c 时,$\sigma_s > S_k$,受力时,工件内部应力先达到 S_k,发生脆断;温度高于 T_c 时,$S_k > \sigma_s$,应力先达到 σ_s,金属在断裂前先进行塑性变形,为韧性断裂。图 4.10 只是定性地根据拉伸试验说明韧脆转变温度的意义。实际上人们都采用系列冲击试验决定韧脆转变温度。

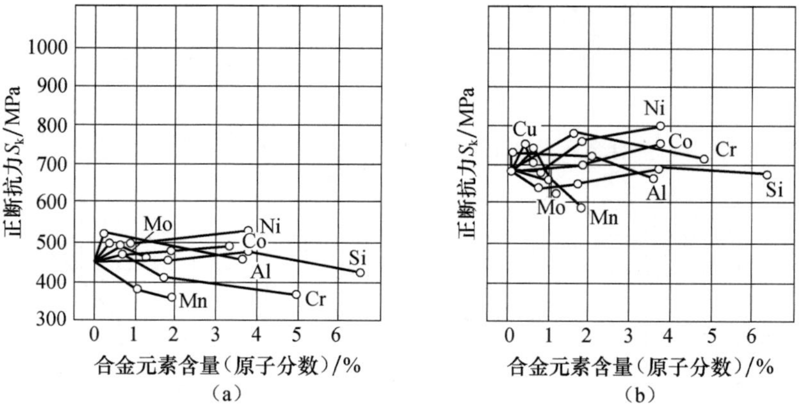

图 4.55　合金元素对 α-Fe 正断抗力 S_k 的影响[34]

(a) 0～1 号晶粒度;(b) 3～4 号晶粒度

合金元素对韧脆转变温度的影响应当是:当其使晶粒粗大或对其影响不大时将提高转变温度,元素提高屈服极限的程度越大,则韧脆转变温度的提高越甚。能使晶粒细化的元素在开始时应使韧脆转变温度下降,但继续增加时,晶粒的细化已达极限,而屈服极限不断提高,此时元素的作用将相反。此外,非金属夹杂物的数量、分布及钢的冶炼性质对冷脆倾向亦有极重要的影响。但是以上这些因素还不能解释所有合金元素对铁素体脆性倾向的影响。

在平衡状态下,少量间隙固溶于 α-Fe 中的碳和氮原子能形成气团钉扎位错,提高铁素体的屈服强度,碳和氮原子在 α-Fe 中还有强烈的内吸附现象,偏聚于晶界和亚晶界,这些都将降低冲击韧度和提高韧脆转变温度。室温下碳在 α-Fe 中的溶解度为 0.006%,碳含量大于 0.006%时,还会有少量三次渗碳体沿晶界析出,增加钢的脆性。图 4.56 为少量碳对 α-Fe 韧脆转变温度的影响[36]。

随着碳含量的增加,钢中的珠光体量增多。由于渗碳体是应力集中和裂纹形核的有利位置,珠光体含量的增加必然导致钢的冲击韧度的降低和韧脆转变温度的升高,如图 4.57 所示。

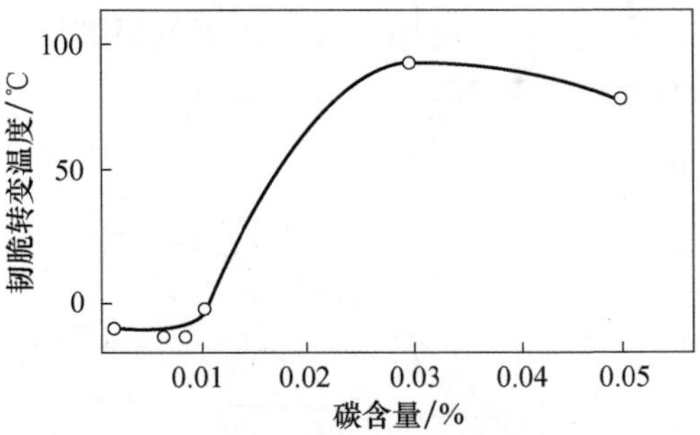

图 4.56　少量碳对 α-Fe 韧脆转变温度的影响[36]

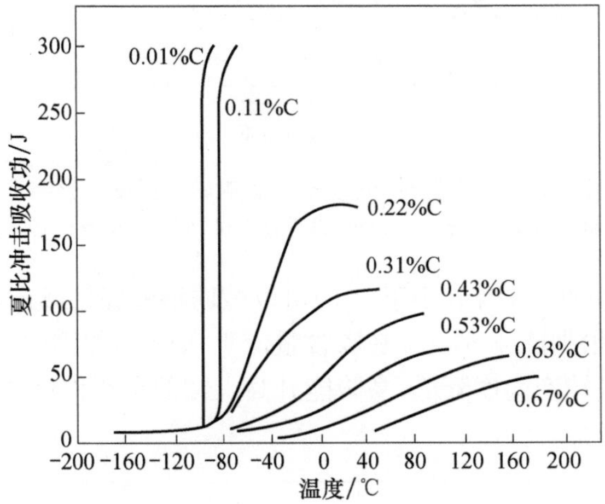

图 4.57　碳含量对正火钢（含 1%Mn、0.3%Si）冲击吸收功的影响[37]

图 4.58 为某些置换合金元素对低碳钢(0.08%～0.11%C)韧脆转变温度的影响，由于碳含量很低，可以看做合金铁素体[38]。

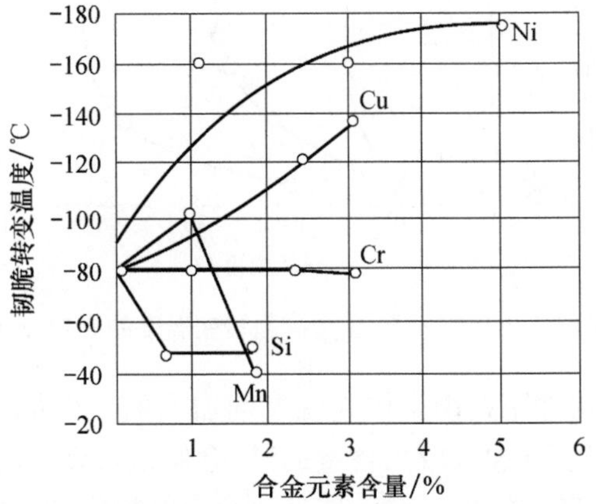

图 4.58　合金元素对低碳钢在平衡条件下韧脆转变温度的影响[38]

晶粒度为 6～8 号

根据已有的材料可以认为，镍能最显著地减弱钢的脆性倾向，是提高钢低温韧性最有效的元素。图 4.59 为镍含量对钢韧脆转变温度的影响，镍含量在 3%以下时的作用更为明显。含镍低温钢已形成系列并广泛应用。镍改善钢低温韧性的原因可能是镍能增加层错能,促进低温下螺型位错的交叉滑移,减少应力集中。

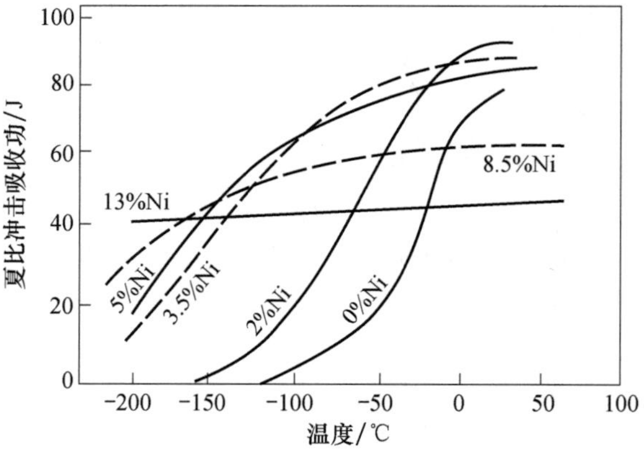

图 4.59 镍含量对 Fe-Ni 合金韧脆转变温度的影响[39]

不含镍钢的碳含量为 0.20%,含 2%Ni 钢的碳含量为 0.15%,其余为 0.10%。各钢均经正火

图 4.58 显示,加入少量的锰(小于 1%)可以减弱钢的脆性倾向,锰含量超过 1%时会提高韧脆转变温度。根据图 4.60[40],在碳含量低于 0.05%的钢中,当锰含量低于 2%时,随锰含量的增加,韧脆转变温度降低,高阶能升高。锰的主要作用是阻止沿晶界形成碳化物薄膜[39]。

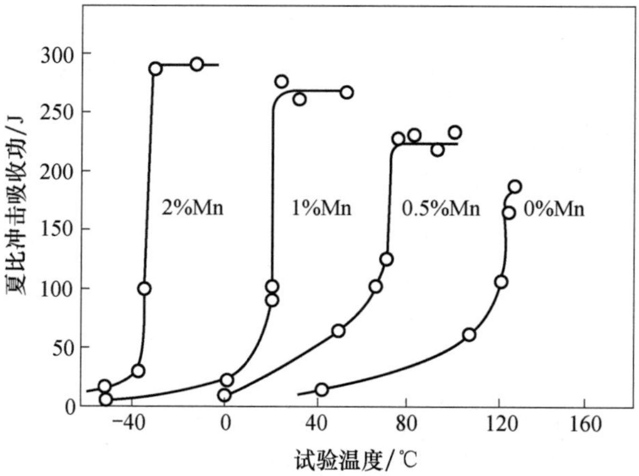

图 4.60 锰含量对正火后 Fe-Mn 合金韧脆转变温度的影响(碳含量 0.05%)[40]

硅在大多数结构和构件用钢中是作为脱氧剂加入的。少量的硅加入钢中,开始时是降低韧脆转变温度的,若继续加入较大含量的硅,会使铁素体固溶强化而降低铁素体的塑性变形能力,提高其韧脆转变温度。对一些低碳合金结构钢的研究表明,采用适量的锰与硅进行合金化,不仅可以提高钢的强度,还可以获得良好的韧性。

图 4.58 所示的铜的影响与另外许多实验结果不一致,铜的良好作用是以不超过其溶解度为限的,超过溶解度以后将有不利作用。

铝是炼钢时的强脱氧元素,同时也起有效细化晶粒的作用。铝与氧有较强的亲和力,冷却时由奥氏体中析出氮化铝，阻碍晶粒的长大。图 4.61 为铝含量对低碳钢韧脆转变温度的影响[41]。钢中铝含量在 0.038%以下时，随铝含量的增加，韧脆转变温度明显降低，但当铝含量增加至 0.083%时，钢的韧脆转变温度又将升高。钢中的碳含量对铝在这方面的作用有一定的影响，随碳含量的增加，铝的效果减弱，碳含量达 0.5%时，铝对钢在低温下的力学性能已无明显影响。

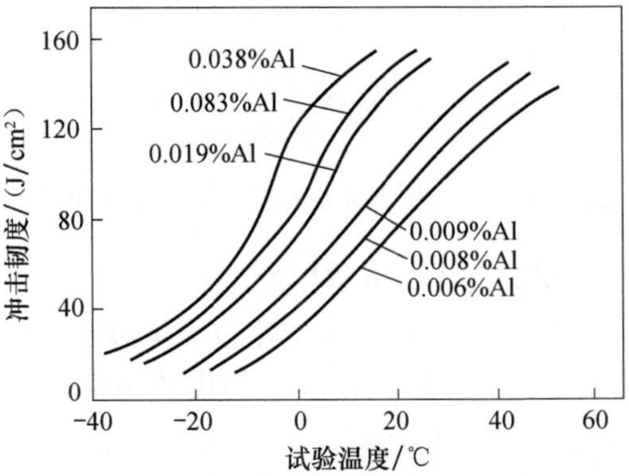

图 4.61　铝含量对低碳钢韧脆转变温度的影响[41]

铁素体中铬含量不超过 4%时不影响韧脆转变温度。钼的影响较弱，实验结果很不一致，在一般含量时，影响不大。钼的良好作用主要是能抑制钢的可逆回火脆性。

钢中加入少量钒、铌、钛、锆等有良好的作用，这是由于它们能细化晶粒，但当这些元素固溶于 α-Fe 中时，因为原子半径相差都比较大(表 2.3)，会增加脆性。

磷能强烈地增加 α-Fe 的冷脆性，随着钢中磷含量的增加，韧脆转变温度升高，同温度下的冲击韧度降低。这主要是由于磷易于在晶界上偏析，降低晶界的表面能，促进沿晶断裂。随着钢中碳含量的增加，磷的有害作用增大，这是因为钢中的碳促进磷的偏析。锑、砷等杂质元素形成严重的偏析，对铁素体的韧脆转变温度带来不利影响。

硫在钢中主要以硫化物形式存在，随着硫含量的提高，钢的冲击韧度降低，韧脆转变温度升高。

图 4.62 为氧对铁素体韧脆转变温度的影响。当氧含量小于 0.003%(约相当于氧在 γ-Fe 中的溶解度)时，对韧脆转变温度没有什么影响，但超过 0.003%时，韧脆转变温度迅速升高，这是由于此时的氧含量已远超过其在 α-Fe 中的溶解度。韧脆转变温度的升高和最高冲击值的降低是由含氧夹杂物引起的，特别是这些夹杂物分布在晶界时，其危害更大。

试验表明，合金元素对铁素体冷脆倾向的影响在复杂合金化的钢中仍可以保持其单独的影响，因此，可以加入能减少冷脆倾向的元素来抵消某一合金元素的不良影响。但这种影响并不具有相加性，如镍加入铬镍和铬镍钼铁素体或相应的钢中时，对冷脆倾向的影响比单独加入铁素体钢中时要强烈得多[42]。

4.4.1.2　合金元素对铁素体在淬火和回火状态下力学性能的影响

研究在淬火和回火状态(不平衡状态)下合金元素对铁素体性能的影响更有实际意

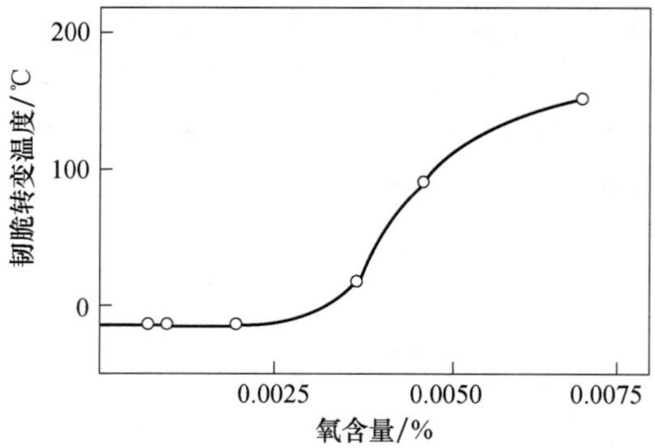

图 4.62　氧对铁素体韧脆转变温度的影响[36,42]

义,因为合金钢差不多都是在这种状态下使用的。

对二元铁合金的研究[43]表明,这些合金加热至一定温度奥氏体化之后,快速冷却,可以使 $\gamma \rightarrow \alpha$ 相变以马氏体方式进行,并获得全部马氏体组织。铁合金马氏体的形态可以是板条状,也可以是片状(针状)。在合金度不很高的情况下,M_s 尚不够低,快速冷却后形成的一般是板条马氏体组织。图 4.63 表明,快速冷却(淬火)时,用锰、镍、铬合金化的铁素体能得到强化,其硬度有显著提高。这是由于这些元素能降低相变温度 A_3 和马氏体温度,在急剧冷却时,能使铁素体过冷至马氏体温度以下,转变为合金马氏体,引起晶粒和亚晶的细化。合金元素使马氏体温度降低得越多,所得到的组织越细,强化作用越大。冷却时提高相变温度的元素或使这一温度降低很少的元素,如钴、硅、钨、钼,都不能使铁素体在淬火时得到强化。复杂合金化可以使铁素体的强度提高得多。

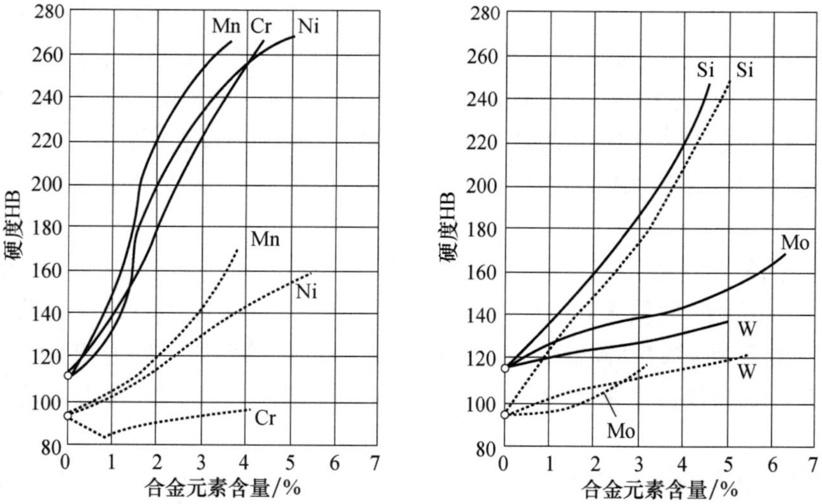

图 4.63　合金元素对淬火(实线)和缓慢冷却(虚线)时铁素体强化影响的比较[44]

淬火以后合金铁素体的其他力学性能也有变化,但这方面的数据还很少。一般来说,淬火后的合金铁素体的塑性和韧性较低,冷脆倾向较大。但是这些力学性能的降低可能不太剧烈,因为淬火后经过 $\gamma \rightarrow \alpha$ 相变,细化了组织,提高了正断抗力 S_k,见图 4.64,特别是合金元素的复合加入影响更显著,如铬和镍[45]。

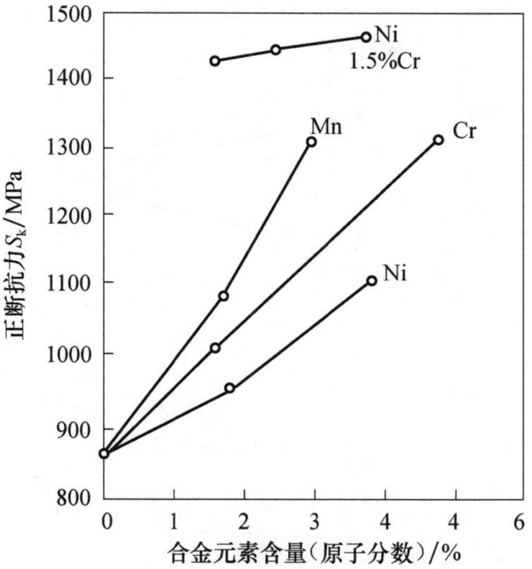

图 4.64　某些合金元素对淬火铁素体马氏体正断抗力的影响[45]

自 1200℃淬火

淬火后的合金马氏体在回火时，只有温度超过 500℃以后，硬度和屈服极限才开始降低。这是因为合金元素可以提高其回复和再结晶温度。合金元素(如钼、钨、钒等)在这方面的作用越显著，则其回火稳定性越高。因此，为了提高铁素体淬火后的强度和保证其抗回火的稳定性，应加入能急剧降低相变温度的元素和阻止回火时强度降低过程的元素，使其在回火过程中，随回火温度的增加，还保持着高的强度，但塑性和韧性由于应力的去除而迅速提高。由图 4.65 可以看出，回火到 500℃时，强度极限降低很少，而塑性和韧性显著升高。回火温度要在 650℃或以上的温度时，淬火后的合金铁素体才接近平衡条件。由上述可以看出，铁素体中加入合金元素对其性能有明显的影响，这种影响在退火和正火状态上已显示出来。经过淬火和回火以后，合金铁素体强化后所达到的绝对值还是不够高的，只有加入碳并形成一定数量的碳化物相才能得到有力的强化作用。碳化物相的结构、数量、形状和分布对其力学性能的变化起着主要的作用。但是在这种情况下，合金元素对钢的脆断倾向的影响还是基本上和其对铁素体的影响是一致的。

4.4.2　合金元素对退火和正火结构钢力学性能的影响

处于退火(平衡)状态下的钢，合金元素(不包括强碳化物形成元素，下同)通过以下几个方面影响其力学性能：

(1) 溶于铁素体中，改变铁素体的性能。

(2) 改变共析成分中的碳含量，大多数合金元素在碳含量不变的情况下增加珠光体的分量，这种作用相当于增加了钢中的碳含量。

(3) 影响晶粒的大小，这对于冲击韧度和冷脆倾向有重要影响。

(4) 合金元素一般都增加过冷奥氏体的稳定性，在冷却时将在较低的温度下分解，增加碳化物的分散度，得到细的组织。

大量的实验数据证明，虽然合金元素可以使退火状态下钢的力学性能有所提高，但这

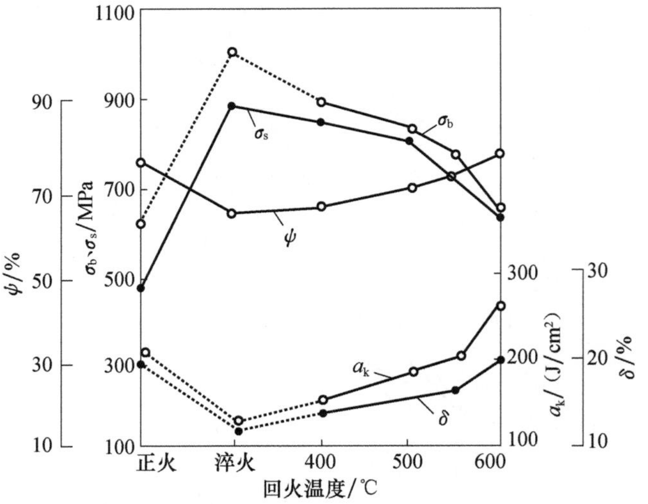

图 4.65　淬火和回火对铁素体力学性能的影响[42]

铁素体中含有 0.86%Cr、3.15%Ni 和 0.29%Mo

种提高不是十分显著，即使加入多量的元素和采用复杂的合金化也不能得到很高的力学性能，远低于调质状态下所达到的性能。从图 4.66 可以看出，单独加入 Cr 对退火钢的强度没有多大的影响，钢的组织结构没有什么变化。因此，合金结构钢差不多都是在淬火回火状态下使用的，仅在特殊情况下，如某些低碳低合金工程用钢和某些大截面用钢，才采用正火作为最后的热处理方式。

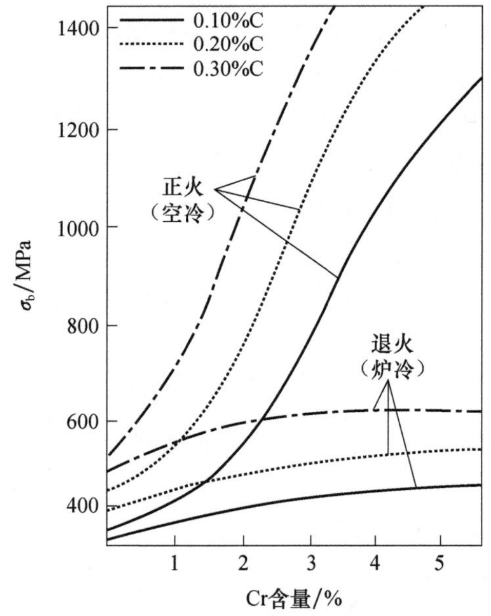

图 4.66　钢中碳含量和铬含量对正火和退火状态下强度的影响[46]

棒材直径 17.2mm

在低中碳结构钢正火时，合金元素同样通过上面提到的几方面的因素影响其力学性能，但其中影响比较大的是对过冷奥氏体稳定性的影响。合金元素增加钢的过冷奥氏体稳定性的结果，使钢在正火后有可能获得亚稳定组织，如细珠光体、贝氏体或马氏体，这样就使得正火后的合金钢的力学性能与退火状态相比，有显著的差别，并且这种差别随钢中碳含量的增加和工件尺寸的减小而更加明显。图 4.66 中上部的曲线表示铬能显著提高正火钢的强度，显示增加铬含量能通过正火改变钢的组织。

可以近似地指出，当碳含量为 0.25%，而合金元素总量约为 1.5%～1.8%时，正火后并不能显著强化，这时钢的组织接近于平衡状态的铁素体加珠光体组织。当碳含量为 0.25%～0.4%，合金元素总量为 2%～5%时，直径或有效厚度小于 50mm 的钢，正火后其强度比碳钢显著提高，这时组织上可能出现索氏体、屈氏体或贝氏体。如果碳含量为 0.25%～0.40%，但合金元素总量超过 5%时，正火后的强度接近于淬火钢，正火后的组织是马氏体。

对于合金结构钢，尽管正火后比退火状态已较能发挥合金元素的作用，力学性能有了一定的提高，但正火状态的性能水平仍比调质状态的性能低得多。因此，一般合金结构钢都不采用正火作为最终热处理的方法。

4.4.3　合金元素对淬火和回火结构钢力学性能的影响

淬火后的碳钢，当其硬度较高时，马氏体的转变在钢中产生很大的第一类内应力和第二类内应力。因此，淬火钢具有低的 σ_b 和 σ_s，以及很低的冲击韧度和塑性。碳钢的马氏体正断抗力 S_k 较低而切断抗力 t_k 却很大。碳含量 0.3%以上的淬火碳钢甚至在扭转试验时也以正断的方式破裂。随马氏体中碳含量的增加，硬度和切断抗力 t_k 不断增高，正断抗力不断下降，因此将增加脆性破坏的倾向。不难理解，碳在马氏体中使点阵产生了大的弹性畸变，好像为脆性断裂做了准备，故使正断抗力降低，但引起点阵大的畸变却阻碍着切变的产生和发展，增加了切断抗力。

合金元素基本上不影响马氏体的硬度，对于 σ_s 和 σ_b 影响也不大。合金元素对于马氏体的主要作用是剧烈地提高了马氏体的塑性。一些研究工作[47,48]证实了在碳钢马氏体中碳的分布是不均匀的，这会引起应力的不均匀分布，应力集中的地方可能在变形开始时形成显微裂纹，并转为宏观裂纹，使试样过早破裂，因此塑性很低。加入合金元素以后可以使马氏体中的碳的分布更为均匀，因此塑性大为改善，增加了钢的断裂强度 S_k。但是大多数合金元素（Cr、Mn、Si、Co）增加马氏体的塑性只是在含量不超过一定极限（1%～2%）时，超过这一极限后将降低马氏体中碳分布的均匀性，因此塑性和正断抗力将开始降低。对提高马氏体塑性有特别良好的影响的有镍、钴、铬、锰（不超过 1%）、钼、钒。合金马氏体通常具有较高的正断抗力 S_k，因此冷脆倾向较小。

在低温回火（<200℃）的情况下，马氏体分解并形成高度弥散的渗碳体型碳化物，而且弥散度很少随回火温度变化。有些合金元素可能延缓马氏体中碳的析出，但同时析出的碳化物数量也减少了，因此回火马氏体的硬度和强度（σ_s、σ_b）主要取决于碳含量。在碳含量相同的情况下，合金元素含量的影响较小（图 4.67），合金元素对低温回火时的主要作用是提高塑性。没有合金化的回火马氏体的真实延伸值很小（$\varepsilon=10\%\sim20\%$），加入 5.35%Ni 可以将真实延伸值提高到 60%，加入 1.65%Si 可以提高到 17%（稍有增加）。根据真实应力-应变曲线（图 4.2）可以近似地得出以下关系：$S_k=\sigma_s+D\varepsilon$，式中 D 为形变强化模数，ε 为真应变。试验证明，D 取决于碳含量，与合金元素含量无关。合金元素的

加入提高了钢的塑性,也就增加了钢的正断抗力 S_k[48]。由图 4.67 可以看出,镍和钼增加时,塑性不断提高,其他元素在增加到一定值以前也提高塑性,超过此限度后将使塑性下降,但仍然高于碳钢,只有硅能使塑性降低比较多。实验证明,采用复杂合金化比用单一元素合金化能有更良好的效果,由表 4.8 可以看出。

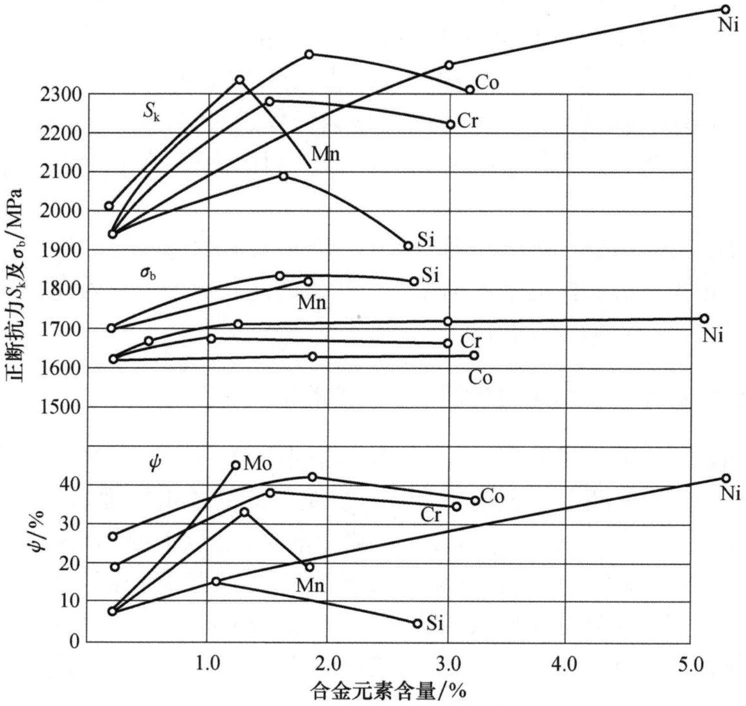

图 4.67 合金元素对低温回火(200℃)钢力学性能的影响[48]
碳含量 0.3%~0.4%

表 4.8 淬火和低温回火(200℃)时的力学性能[48]

钢类	化学成分/%						合金元素总含量/%	力学性能			
	C	Mn	Si	Cr	Ni	V		S_k/MPa	σ_b/MPa	σ_s/MPa	ψ/%
镍钢	0.33	0.49	0.13	—	3.0	—	3.62	2350	1710	1320	29
镍钢	0.32	0.40	0.13	—	5.35	—	5.88	2580	1690	1440	42
复杂合金化的钢	0.38	0.53	0.92	1.28	1.09	0.22	4.12	3180	1950	1520	48

某些合金元素(Ni、Cr、Mo)在一定浓度下能降低静载荷下的缺口敏感度,如光滑拉伸试样测定的相同强度极限 σ_b 的碳钢和合金钢,在具有缺口和缺口偏斜拉伸时,由于所含合金元素的不同,表现不同的缺口敏感度(表 4.9)。

表 4.9　合金元素对中碳钢(0.35%～0.4%)经淬火和 200℃ 回火后缺口敏感度的影响[48]

钢类	σ_b/MPa		
	光滑	缺口	缺口偏斜 8°
碳钢	1650	1250	290
Ni 钢	1750	1750	360
Ni-Cr 钢	1700	2200	530
Ni-Cr-Mo 钢	1680	2100	550
Ni-Cr-Mo-V 钢	1780	2340	680

合金元素一般都提高低温回火的正断抗力，并且降低脆性倾向。其影响原因如同对马氏体的影响原因一样，可能是马氏体晶粒和亚晶的进一步细化和原子键力的提高(溶于马氏体中时)。合金元素对回火马氏体冷脆倾向的影响基本上与对铁素体的影响一致。Ni 能强烈降低淬火回火钢的脆性断裂倾向。

与淬火钢比较，低温(200℃)回火后，硬度、强度极限变化不大，屈服极限、韧性、塑性提高了，还显著地改善了冷脆倾向。这是由于低温回火后，马氏体的正方度降低，析出的碳化物使组织细化、内应力减少，使钢的正断抗力 S_k 大大提高(图 4.68)。

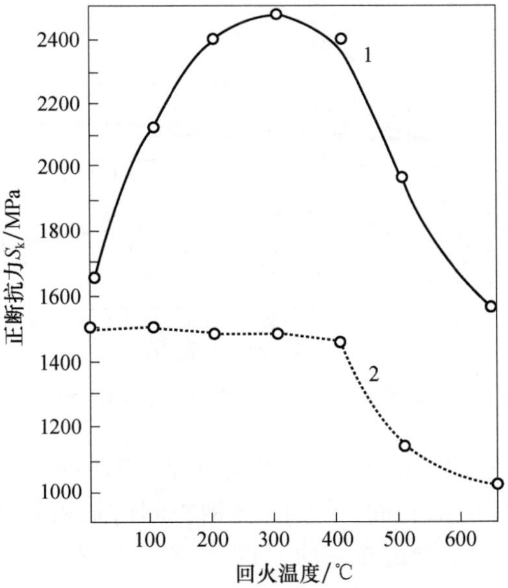

图 4.68　回火对钢和铁素体 S_k 的影响[47]

1—0.4%C-2.6%Si-2%Cr-0.6%Mn；

2—0.04%C-2.5%Si-2.1%Cr-3.8%Mn

高温(>500℃)回火时，钢的组织和低温回火时完全不同，碳几乎全部从 α-Fe 中析出形成碳化物，α-Fe 中逐渐消除了马氏体转变时加工硬化的痕迹，亚晶开始长大，碳化物相不断聚集。如果加入的是碳化物生成元素，这些元素将在渗碳体中富集或形成特殊碳化物，合金元素在铁素体和碳化物之间进行重新分配，不生成碳化物的元素差不多完全留在 α-Fe 中。高温回火后钢的力学性能基本上取决于铁素体的状态和碳化物相的本质、数量及其分散度。图 4.69 表示不同合金元素对调质钢力学性能的影响。与低温回火时不同，合金元素降低高温回火钢的塑性，只有镍的影响很小。合金元素都能提高高温回火钢的硬度和强度。形成碳化物的合金元素，尤其是当它们生成特殊碳化物时，得到高度分散的碳化物质点，并阻碍碳化物的聚集，因此能最有效地提高强度，特别是屈服极限。镍略减少渗碳体的分散度，其强化作用是由于强化铁素体的缘故。铬提高强度的原因是既能增加碳化物的分散度又能强化铁素体。硅溶于铁素体起强化作用，同时能阻碍碳的扩散，使碳化物不易聚集。钴对高温回火钢的强化影响很少。

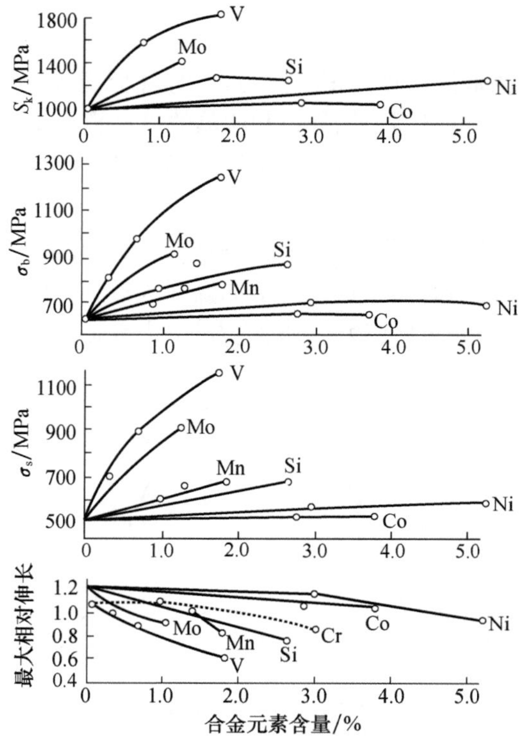

图 4.69　合金元素对调质(650℃，1h)钢力学性能的影响(0.4%C)[47,48]

当所溶解的一种元素的量相同时，则无论是淬火和回火钢中的铁素体还是在纯铁中的铁素体，其本身的性能都相同。因此，当钢中同时加入强化铁素体但很少降低其韧性和塑性的元素和对碳化物起作用的元素时，能得到高强度的调质结构钢，如铬-镍-钼钢等。

合金结构钢在高温回火时，硬度和强度比低温回火时要低，但低的程度比碳钢要少得多，韧性和塑性得到提高。虽然屈服极限降低了，但高温回火后，正断抗力比低温回火时低，所以冷脆倾向比低温回火时略有增加，此时合金元素对冷脆倾向的影响和对铁素体的影响的趋向相同。许多实验数据证明，低温回火的高强度状态比高温回火的低强度状态具有更好的低温冲击韧性。此外，在高温回火时，由于可能有回火脆性的发展、特殊碳化物的析出或者因很长时间高温(600℃以上)回火引起晶粒和碳化物相的粗化，也会增加钢的脆性和降低钢的韧性。

4.5　钢的淬透性

4.5.1　淬透性

淬透性一般是指淬火后在钢的断面上获得马氏体组织的能力。淬硬性是指钢在淬火后所能获得的最大硬度,它主要取决于马氏体中的碳含量。当我们知道了钢的碳含量时,便可以估计钢淬火后可以达到的最高硬度。当钢中不能得到全部马氏体时,则淬火后的硬度将随马氏体含量的减少而降低。图 4.70 为碳含量对不同马氏体含量的淬火组织的硬度的影响[49]。图中曲线是根据许多碳钢及低合金钢的实验数据绘制的,合金钢中在碳含量及马氏体组织含量相同时,其硬度相应要高一些,相当于图 4.70 中曲线带的上限。

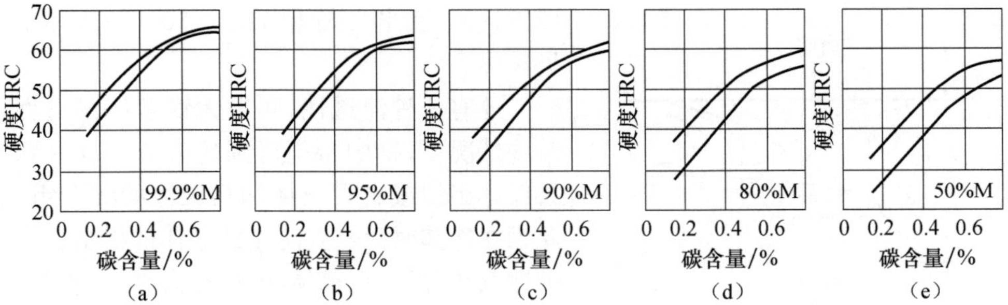

图 4.70　碳含量不同对不同马氏体含量的淬火组织硬度的影响[49]

淬透性取决于钢中过冷奥氏体的稳定性、钢材的断面尺寸及所使用的冷却介质。可以根据钢的 C 曲线比较其淬透性的高低,也可以根据淬火时的临界冷却速率或者以圆棒在某种介质中冷却时心部获得 100%马氏体组织时的最大直径来评定淬透性的大小。但目前比较方便和使用最广的评定淬透性的方法是以试样心部获得半马氏体组织,即 50%马氏体+50%屈氏体作为标准。半马氏体组织的硬度称为临界硬度,它主要取决于钢中的碳含量(图 4.70(e))。棒形试样在一定介质中冷却时心部得到半马氏体组织时的最大直径,称为临界直径 D_c。但是,临界直径的大小与冷却介质的冷却能力有关。为了能定量地比较各种介质在淬火时的冷却能力,Grossman 引入了系数 H,称为冷却强度,$H=\alpha/2\lambda$,其中 α 为试件对冷却介质的传热系数,λ 为试件的热传导系数[50]。当介质的冷却能力假定为无限大($H=\infty$),即试件在该介质中冷却时表面将瞬时达到介质的温度,则此时的临界直径称为理想临界直径,以 D_I 表示。

采用半马氏体组织作为评定淬透性的标准是出于测量的方便。例如,一个试样在淬火后,表面得到完全的马氏体,心部为珠光体,我们不容易确定在离表面多远的地方开始出现少量的珠光体,但是在相当于 50%马氏体+50%屈氏体的地方硬度急剧地下降,在浸蚀时,无论宏观和显微组织上,此处都可以看出较明显的界限(马氏体不易浸蚀,珠光体则相反)。采用半马氏体评定淬透性的概念只用于低中碳结构钢和合金结构钢,在高碳工具钢中则采用另外的标准。

合金元素对钢的 C 曲线形状有不同的影响,这种影响也反映在对淬透性的测定和计算方面。

在一般情况下,钢的淬透性均指马氏体淬透性。由于合金元素对珠光体和贝氏体转变速率有不同的影响,马氏体淬透性可能取决于珠光体分解的临界冷却速率,也可能取决于贝氏体分解的临界冷却速率。在碳钢或某些低合金钢中,其C曲线如图4.71(a)所示,马氏体淬透性取决于珠光体分解的速率。这种淬透性可以称之为珠光体淬透性,其半马氏体组织为50%马氏体+50屈氏体(或主要是屈氏体)。当钢中加入一些合金元素,特别是碳化物形成元素后,其C曲线形状如图4.71(b)所示,此时马氏体淬透性取决于贝氏体转变速率。这种淬透性可以称之为贝氏体淬透性,其半马氏体组织为50%马氏体+50%贝氏体。

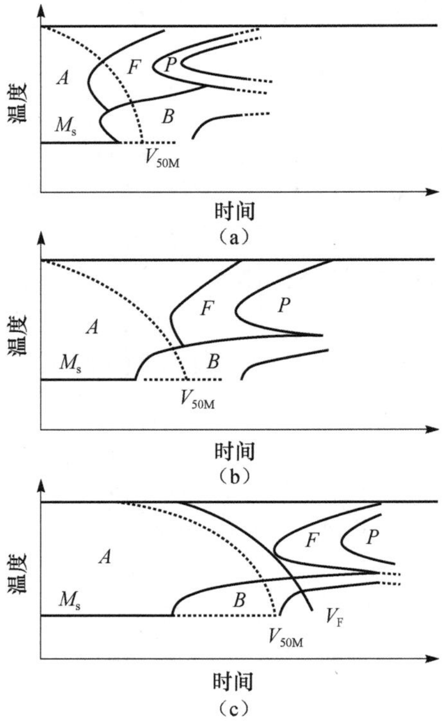

图4.71　几种典型的C曲线[51,52]

V_{50M}—半马氏体临界冷却速率;

V_F—无铁素体析出临界冷却速率

还有一种淬透性,叫做无铁素体淬透性。在某些情况下,钢中希望得到的或者允许得到的是贝氏体组织或者贝氏体和马氏体的混合组织,因此钢在冷却时只需要防止铁素体的析出。这种淬透性取决于无铁素体析出的临界冷却速率(图4.71(c))。一些中温用珠光体耐热钢和一些有较高强度的低碳低合金工程用钢希望得到贝氏体组织,而对于大截面用钢,一般冷却时要求获得贝氏体或贝氏体和马氏体的混合组织,避免在冷却时有铁素体析出就可以了,此时要求有高的无铁素体淬透性[51,52]。

4.5.2　淬透性的测定

测定钢的淬透性的方法很多,最常使用的方法是末端淬火法(简称端淬法),或Jominy法。GB/T 225—2006《钢　淬透性的末端淬火试验方法(Jominy试验)》(代替GB 225—88)规定了用端淬法测定淬透性所用试样及试验方法。标准试样的直径为25mm,长为100mm,在规定的奥氏体化温度下加热一定时间后自炉内取出喷水冷却端部,然后测硬度沿长度的变化,得出端淬曲线,如图4.72所示[53]。端淬法测出的淬透性,根据GB/T 225—2006的规定,用JHRC-d表示,J表示端淬法,d表示至水冷端的距离,HRC为距离为d(mm)处的洛氏硬度值,如J42-5,现常用JHRC=d表示。有些国家采用以下的表示方法:J15=35/45表示在距淬火端15mm处的HRC为35~45。

各钢种的成分均有一定的波动范围,因此每种钢的端淬曲线亦表现为有一定波动范围的淬透性带。端淬法简单易行,对于选用钢材和研究新合金钢种方面有重要的作用。测出端淬曲线以后,可以利用半马氏体区至端部的距离l_c,以比较各种钢的淬透性,并可以进一步求出一些很有价值的数据。

对不同碳含量与不同合金元素含量的一些钢的端淬曲线进行研究和分析,得到它们的半马氏体区距离和全马氏体区距离的关系曲线,如图4.73所示[54]。因此,利用它可以

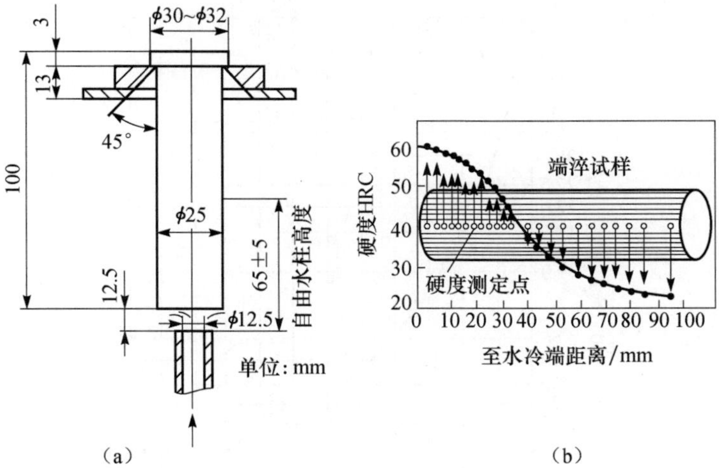

图 4.72　端淬试验试样、实验装置及端淬曲线的测定(GB/T 225—2006)

根据任意合金钢的半马氏体区距离求出全马氏体区距离。

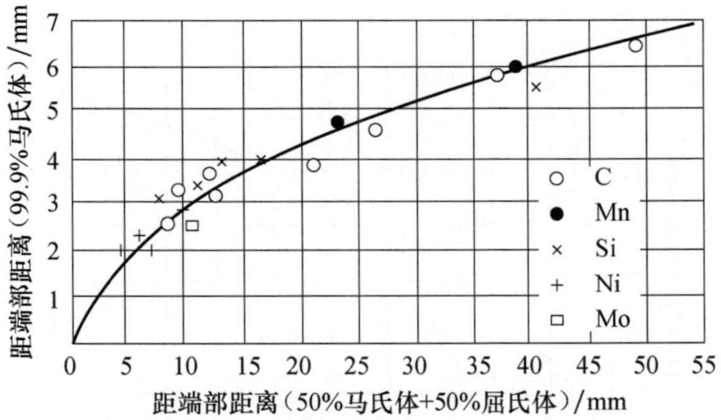

图 4.73　不同合金钢端淬曲线上半马氏体区距离和全马氏体区距离的关系[54]

利用端淬法测淬透性时，由于所用试样的尺寸及冷却条件是规定的，距端部一定距离处在 700℃以下的冷却速率是一定的，其关系如图 4.74 所示[55]，利用它可以求出半马氏体区处的冷却速率。某种成分的钢，在某一速率冷却时，会得到一定的组织和硬度。因此，根据某种钢的端淬曲线，便可以知道这种钢的冷却速率与其金相组织及硬度之间的关系。也可以根据图 4.73 进一步求出马氏体区处的冷却速率，即临界冷却速率。

如果某一种钢的端淬曲线已经知道，由此种钢做的任意形状的工件，在某一冷却条件下冷却时，其断面上任意点的冷却速率便可以知道，只需要测定其硬度值就够了；还可以以此为根据来选择某一种钢以满足该零件在此条件下冷却时所需要的淬透性。从端淬曲线上测出半马氏体区距端部距离 l_c 以后，还可以求出相当的临界直径 D_c 或 D_I，使这样直径的圆棒在冷却时其心部的冷却速率与 l_c 处相同(图 4.75)[56,57]。

在求得理想临界直径以后，如果要以 100％马氏体或介于 100％和 50％马氏体之间的其他组织作为评定淬透性的标准，则可以利用图 4.76 换算成相应的理想临界直径。得到 100％马氏体有时是困难的，可以以含 95％马氏体组织为准来计算“马氏体的理想临界直径”，它大约相当于半马氏体理想临界直径的 75％。半马氏体组织一般是指 50％马氏

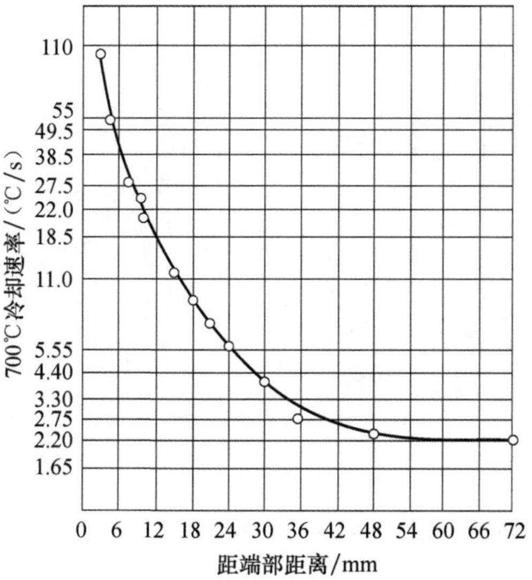

图 4.74　冷却速率与距端部距离之间的关系[55]

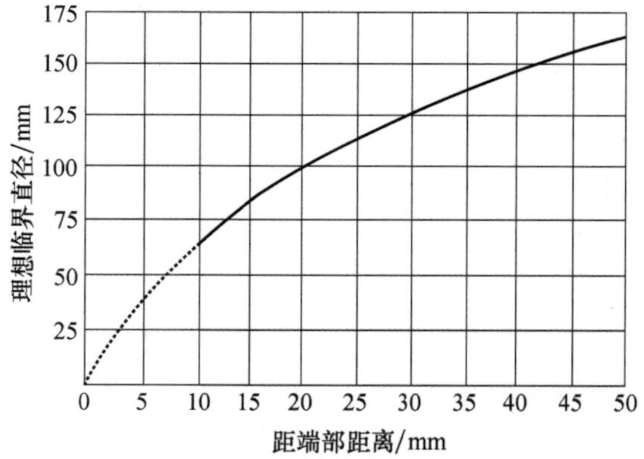

图 4.75　理想临界直径与半马氏体区距端部距离之间的关系[56]

体和 50％屈氏体。如果 50％马氏体以外是贝氏体组织，则利用上面的图确定其临界直径时会有一定的误差。此时，95％马氏体的理想临界直径大约相当于其半马氏体理想临界直径的 55％。

确定了钢的理想临界直径以后，根据各种介质在淬火时的冷却能力(H 值)，便可以利用图 4.77[50]求出在相应冷却条件上的实际临界直径。也可以反过来，根据实际的临界直径，求理想临界直径。表 4.10 为各种常用冷却介质在各种循环条件下的 H 值[57]。图 4.77 是根据传热理论的计算并用实验校验而制成的，还有其他类似的各种图表用于解决各种实际问题。这些图表便于使用，但其制作都以一定的假设为前提，要注意其运用范围，得到的结果只是近似的。

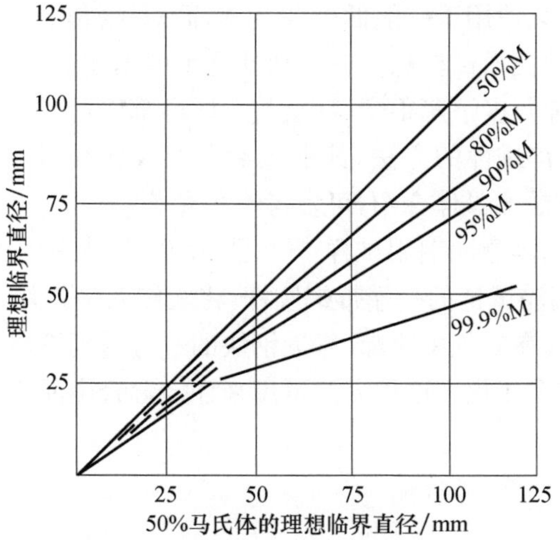

图 4.76　半马氏体的理想临界直径换算成其他马氏体量的理想临界直径[49]

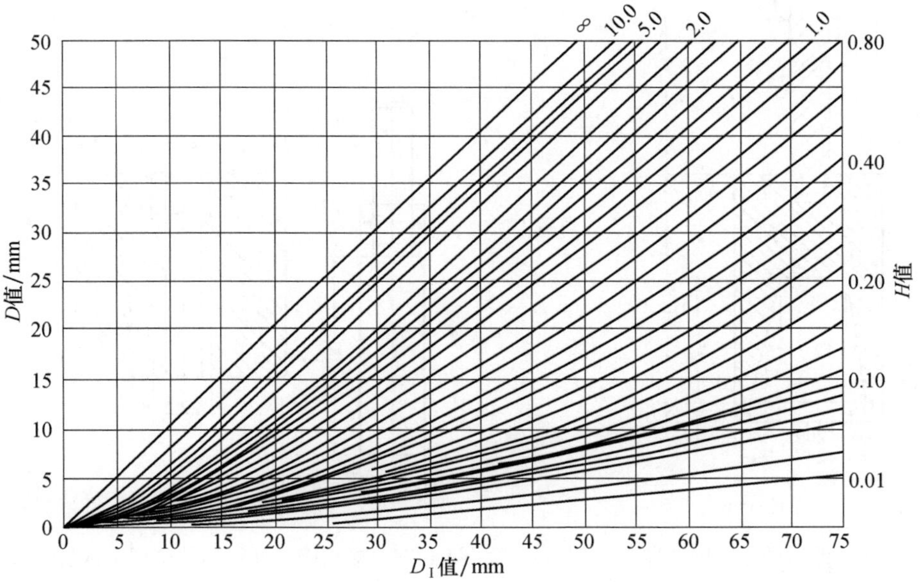

图 4.77　理想临界直径与实际临界直径之间的关系[50]

表 4.10　各种常用冷却介质的 *H* 值[57]

循环条件	空气	油	水	盐水
没有循环	0.02	0.25～0.30	0.9～1.0	2
弱的循环	—	0.30～0.35	1.0～1.1	2～2.2
适当循环	—	0.35～0.40	1.2～1.3	—
好的循环	—	0.40～0.50	1.4～1.5	—
强的循环	0.05	0.50～0.80	1.6～2.0	—
剧烈的循环	—	0.80～1.10	4.0	5.0

一般使用的端淬法只适用于一般低中合金钢，而对于淬透性很低或很高的钢都不适用。在淬透性很低时，硬度沿试样长度在最初几毫米内迅速下降，很难准确地测量。在淬透性很高时，沿整个试样硬度下降很少，甚至整个试样都淬透了。现在已经有许多应用于这些特殊情况上的测定淬透性的方法，其中包括 L 型端淬法、圆锥试验法、楔形试验法、*P-V* 试验法等。这些方法的具体介绍，可参考有关专著[57]～[59]。

图 4.78 是一种测低淬透性钢用试样[60]。图 4.79 则是一种用于测高淬透性钢用的试样和钢块[61]。标准端淬试样的一端带螺纹杆，将之旋入一钢块中。试样与钢块同时在炉中加热，然后取出一起在空气中冷却，靠近钢块的一端受到蓄热的影响，冷却很慢，然后测出沿试样长度上的硬度变化。这种方法可用来评定含合金元素较高的结构钢与工具钢的淬透性。

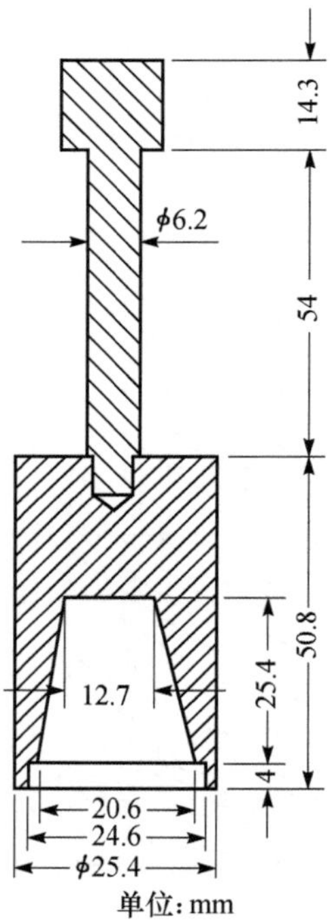

图 4.78　低淬透性钢用试样[60]

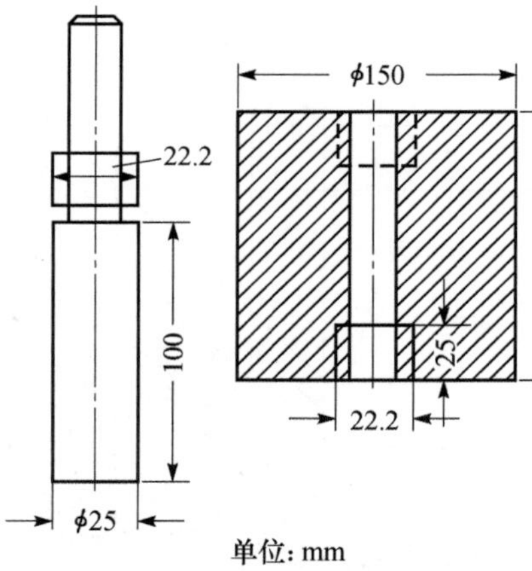

图 4.79　测高淬透性钢用的试样和钢块[61]

4.5.3　合金元素对淬透性的影响

钢的淬透性实质上取决于过冷奥氏体稳定性的大小。因此，影响淬透性的因素有：钢的化学成分、奥氏体晶粒大小及奥氏体化状态。

奥氏体晶粒度越大，钢的淬透性越高，这是由于粗大的奥氏体晶粒使奥氏体连续冷却转变曲线右移，降低了钢的临界淬火速率。通过调整奥氏体晶粒尺寸来增大钢的淬透性有一定的限度，过于粗大的晶粒会增加钢的变形开裂倾向并降低韧性。

奥氏体化温度与保温时间直接影响奥氏体成分的均匀化。原始组织为铁素体-珠光体的合金钢，当珠光体中的渗碳体溶有碳化物形成元素时，或者存在有稳定性高的碳化物时，加热也很难使它们溶入奥氏体中，因此显著影响奥氏体化学成分的均匀化。适当提高加热温度和延长奥氏体化时间将有利于碳化物的溶解及奥氏体成分的均匀化，从而有利于提高钢的淬透性。

在影响淬透性的诸多因素中，化学成分的影响最为重要。

Grossman 提出的根据钢的晶粒度和化学成分计算淬透性(D_I)的方法，目前仍广泛使用[57]。为了能根据钢的实际成分计算其淬透性，需要通过实验测定各元素的“淬透性因子”(multiplying factor)。钢中含有某一元素的理想临界直径与完全不含该元素时的理想临界直径之比称为该元素的淬透性因子，它用来表示各元素对淬透性独立的影响。计算时假设合金元素全部在奥氏体中充分扩散，碳化物都固溶于奥氏体中，并且奥氏体是均匀的。

淬透性的计算公式如下：

$$D_I = D_{IC} \times f_{Si} \times f_{Mn} \times f_{Cr} \times f_{Ni} \times \cdots \quad (4.62)$$

式中，D_{IC} 为由钢的碳含量和晶粒度决定的理想临界直径，称之为基本淬透性，可由图 4.80 查出；f_{Si}、f_{Mn} 等代表各元素的淬透性因子，其值见表 4.11[42,57]。这样求出的D_I直径的圆棒在理想的冷却介质中冷却时，其心部组织为 50%马氏体+50%屈氏体。各元素的淬透性因子的数据，不同作者得出的结果有相当差异。表 4.11 系综合比较不同研究者的结果得出的[42,57]。上述淬透性的计算均指珠光体淬透性。

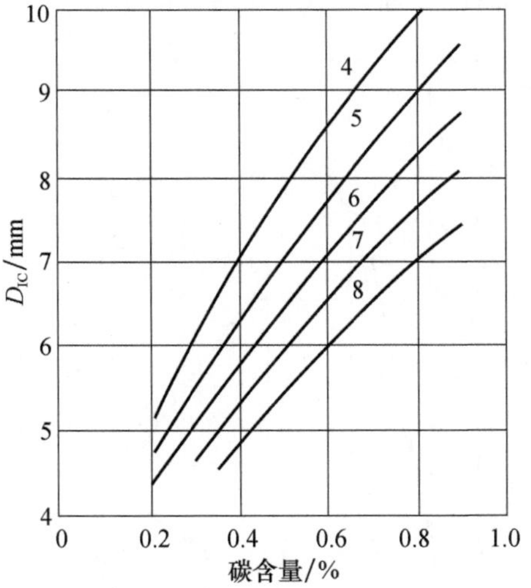

图 4.80　根据钢中碳含量与晶粒度确定 D_{IC} 的图[57]

曲线上的数字为晶粒度级别

表 4.11　一些合金元素对低中碳钢珠光体淬透性的影响[42,57]

合金元素	淬透性因子	合金元素	淬透性因子
Mn(<1.6%)	1+5.0Mn(830℃淬火)	Ni	1+0.42Ni
	1+5.5Mn(870℃淬火)	Cu	1+0.38Cu
Cr	1+2.25Cr	Co	1−0.06Co
Mo	1+2.96Mo	P	1+2.5P
W	1+1.2W	S	1−1.2S
Si	1+0.7Si	Al	1+0.9Al

注：表中元素符号代表质量分数(%)。

由表 4.11 可以看出，锰、钼、铬各元素均能有效提高钢的珠光体淬透性；钨的作用与钼相似，按质量分数计算时，其影响程度约为钼的一半。

镍单独加入钢中时，其提高淬透性的作用较弱。铜也可以提高钢的淬透性。硅是提高淬透性的元素，但硅对淬透性的影响程度与钢中的碳含量有关，随碳含量的增加，硅对淬透性的影响加大，表 4.11 中硅的淬透性因子数值相当于在中碳钢的条件下。钴是降低淬透性的元素。磷可以显著增加钢的淬透性，但在一般情况下，钢中磷的含量很小。硫在钢中与锰结合，减少了锰的有效作用，并以硫化物夹杂存在，故降低钢的淬透性。

铝对钢的淬透性的影响有三个方面。少量的铝为获得细晶粒钢而加入钢中时，将降低钢的淬透性。当因脱氧而生成的 Al_2O_3 等夹杂物未能从钢液中清除而残留在钢中时，可以成为结晶核心而促进奥氏体的分解，从而降低钢的淬透性。当钢中加入较多的铝时，固溶于钢中的铝将提高钢的淬透性[57]。

强碳化物生成元素钒、钛等的淬透性因子不易确定，抛开它们对晶粒度的影响不谈，这些元素在含量不高时，溶入奥氏体的部分的作用较大，将增加淬透性因子，当含量较高时，未溶入的碳化物量比较多，将降低淬透性因子，但淬火温度增高，使这些碳化物能溶入奥氏体中，它们仍能增加淬透性因子(图 4.81)[57]。这些元素都能细化晶粒，在一般常用的淬火加温度条件下，它们在钢中通常都使淬透性降低。

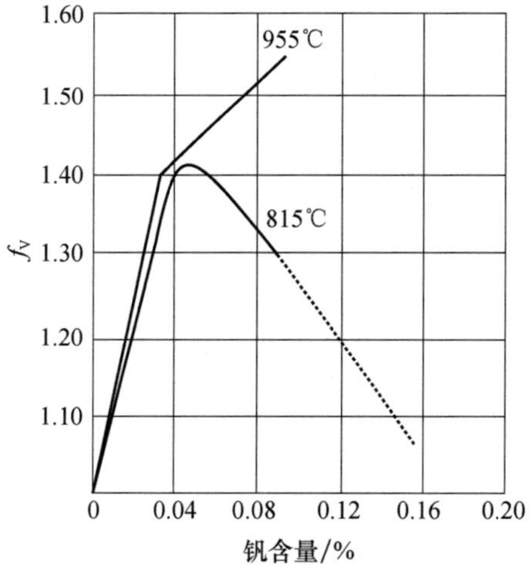

图 4.81　钒含量对淬透性因子的影响[57]

图中数值为淬火温度

现在举一个例子说明如何按上面所叙述的方法来计算钢的淬透性。设一个钢的成分为 0.36%C、0.4%Si、0.3%Mn、0.03%S、0.02%P、0.5%Cr、0.55%Ni 和 0.20%Mo，晶粒度设为 6。根据图 4.80 可以查出相应碳含量时的理想临界直径为 5.6mm，然后根据钢中各元素的含量，从表 4.11 中查出相应的淬透性因子，这样按公式即可计算出钢的理想临界直径：

$$\begin{aligned}D_I &= D_{IC}\times f_{Si}\times f_{Mn}\times f_S\times f_P\times f_{Cr}\times f_{Ni}\times f_{Mo}\\ &=5.6\times1.28\times2.5\times0.0964\times1.05\times2.1\\ &\quad\times1.23\times1.592\approx72(\text{mm})\end{aligned}$$

根据图 4.76 可以求出其他马氏体含量时的理想临界直径。根据图 4.77 可以求出在各种实际的介质中的临界直径。

当钢的 C 曲线具有图 4.71(b)所示的形状时，其半马氏体组织为 50%马氏体+50%贝氏体，钢的淬透性取决于贝氏体转变的速率，按上面的公式计算钢的理想临界直径便不正确了。此时应计算钢的贝氏体淬透性。计算贝氏体淬透性时[42]，可采用类似式(4.62)的公式，但不考虑晶粒大小的影响，因为一般认为贝氏体转变速率与晶粒大小无关。对于碳钢的半马氏体理想临界直径按 $D_{IC}=12.6{w_C}^{1/2}$(mm)计算，式中 w_C 表示碳的质量分数(%)。对于马氏体理想临界直径可按 $D_{IC}=6.9{w_C}^{1/2}$(mm)计算(不遵循图 4.76 的关系)。合金元素的淬透性因子如下：铬为 1+1.16Cr，钨、钼的淬透性因子为 1，而锰、镍、硅、铜、硫、磷的淬透性因子与表 4.11 相同。

至于合金元素对无铁素体淬透性影响的计算办法与上面的又不相同，有一些经验公式，主要用于大截面用钢的淬透性的计算上，这里不再引出。

上面列出的元素淬透性因子的数值，适用于低碳和中碳的范围，合金元素含量约在 4%～5%以下。在碳含量为过共析时，淬透性的计算方法和淬透性因子的数值又有差异，这将在合金工具钢(下册第 8 章)中讨论。

利用计算方法只能粗略地估计钢的淬透性，在这种方法中，每一种合金元素的影响均被认为与钢中存在的其他元素无关，而这常常是不正确的。许多研究工作均表明，在钢中加入多种合金元素时，由于元素间的相互作用，可以显著增加钢的淬透性。例如，在碳钢中加入强碳化物形成元素钒后，形成稳定的碳化物，淬火加热时很难溶入奥氏体中，从而降低钢的淬透性。但在钒和锰同时加入到碳钢中时，锰的存在促进含钒碳化物的溶解，因而有效地提高了钢的淬透性。又例如，镍单独加入到钢中时，增大淬透性的作用并不显著，但将镍加入到铬钢或铬钼钢中时，其增强淬透性的作用非常显著。从上面的计算中也可以看出，当一种合金元素的含量逐次增加相同数量时，后来增加的部分的影响程度将减弱。因此，对淬透性要求不高时，一般使用单一合金元素的钢，如 40Mn、40Cr 等，而对淬透性要求高时，均采用“少量多元”的合金化原则。

4.5.4　硼对淬透性的影响

1935 年，研究者发现钢中加入含有 Al、Ti 的混合脱氧剂时，由于其中混有微量的硼，而明显地增加钢的淬透性。此后，硼在钢中的作用引起了很多人的注意并进行了大量研究工作。微量的硼与铁的状态图见图 2.20，可以看出硼属于扩大 γ 相区的元素。在 906℃时硼在 α-Fe 中的溶解度比在 γ-Fe 中大得多，根据一些研究可以认为硼在 α-Fe 形成置换固溶体，而在 γ-Fe 中形成间隙固溶体。由于硼的原子半径(0.097nm)和碳、氮比较起来要大些，α-Fe 的间隙较小，故不能与之形成间隙固溶体。在 γ-Fe 中，由于硼的原子尺寸较大，主要是分布在点阵缺陷处(吸附在晶界)。硼在 γ 和 α 相中扩散系数分别为：$D_B^{\gamma}=2.10^{-3}e^{-87.9/RT}$ 和 $D_B^{\alpha}=10^6e^{-259/RT}$。激活能的差异显然和固溶体类型有关。

硼对结构钢的影响主要是能提高淬透性，只需微量加入就会有明显的影响。开始加入硼时，淬透性的提高与加入量大致成正比例，当硼含量在 0.0025%时，增加淬透性的效果最显著(不同作者的结果有差异)。当硼含量超过一定数值后，淬透性下降。图 4.82 显示硼的淬透性因子与硼含量的关系。硼增加淬透性是由于存在于固溶体中，超过一定数值后，硼将以硼化物 $M_{23}(C,B)_6$ 的形式析出，成为促进奥氏体分解的结晶核心。硼含量超过 0.007%便会生成低熔点共晶，因硼主要集中在晶粒边界，这将引起热脆性，增加热压力加工的困难。

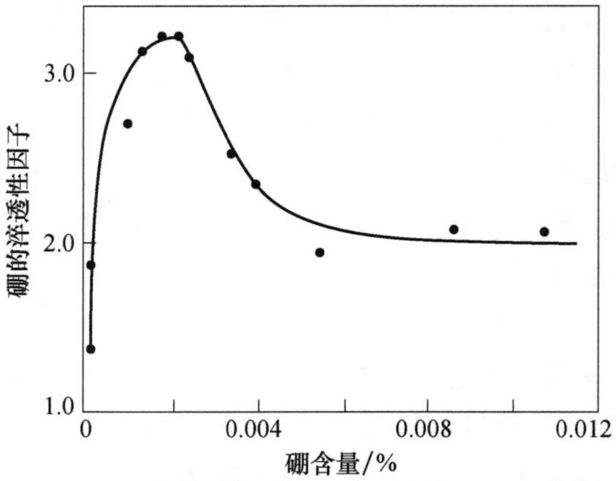

图 4.82　硼的淬透性因子与硼含量的关系[62]

钢的成分：0.2%C、0.6%～0.8%Mn、0.55%Mo

硼对淬透性的影响和钢中的碳含量有关，碳增加时，硼的作用逐渐减弱。不同的研究工作都得出相近的结果，在共析碳含量时，硼的淬透性效应为零，而且这一碳含量还受合金元素含量的影响。如果把碳的影响考虑在内，对于含 0.8%Mn 的钢，硼的淬透性因子 f_B 可用下式表示：

$$f_B = 1 + 2.7(0.85 - w_C) \tag{4.63}$$

式中，w_C 表示碳的质量分数(%)[63]。因此，硼只加入到碳含量低于 0.6%的低碳和中碳钢中。

不含硼的钢，当提高奥氏体化温度时，淬透性将增加；含硼的钢，当奥氏体化温度过高时，淬透性将降低，甚至会低于不含硼的钢(图 4.83)[64]，但将温度降低并保持足够的时间，或者重新加热，淬透性又可以恢复。

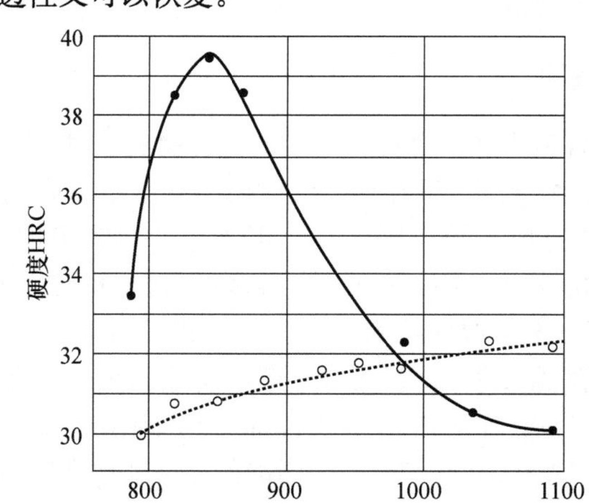

图 4.83　奥氏体化温度对正火后含硼和不含硼的钢的淬透性影响[64]

成分为含碳 0.28%的低合金钢，试样直径 15mm，奥氏体化时间 15min，

实线为含 0.0025%B 的钢，虚线为不含硼的钢

硼增加钢的淬透性的原因，有许多不同的解释。可能的原因是当奥氏体分解时，硼由间隙位置进入点阵位置，增加了体积应力，相应地需要较大的相变自由能，因此推迟了相变的时间，但对晶核的长大速率则影响很少。硼在奥氏体中主要占据晶界处缺陷的位置，当碳含量增加时，这些位置将被碳所占据，减少了硼的有效作用。当硼在奥氏体晶界的溶解度达到饱和后，继续增加硼的含量对淬透性没有什么影响。当奥氏体化温度过高时，晶粒长大，晶界处硼含量达到过饱和，此时将析出硼化物而使淬透性降低。

在冶炼含硼的钢时，需特别注意其加入的方法。硼的加入量甚微，其化学性质活泼，能与钢液中残留的氧和氮起作用，形成稳定的化合物。此时，硼对钢的淬透性的影响将消失。为了保证硼钢性能的稳定性，必须把钢中的气体尽量降低，加入足够量的与氧、氮结合力比硼更强的铝、钛等，进行脱氧和将氮固定，才能充分发挥硼的有效作用。固溶于钢中的硼和 $M_{23}(C,B)_6$ 能溶于酸，而其他硼化物难溶于酸，因此化学分析时将硼区分为酸溶硼(即有效硼)和酸不溶硼(无效硼)。只有酸溶硼才能影响钢的淬透性。

在热加工时，含硼的钢如果在高温(1200℃左右)加热，不用 Ti 或 Zr 脱氧定氮时，硼的作用很快便由于脱硼及硼和侵入钢中的氮和氧结合形成稳定的化合物而消失。加入 Ti 或 Zr 后则只有在很长时间(60～80h)加热后硼的作用才会消失。在淬火加热时，硼能促使晶粒长大，但硼钢在冶炼过程中总要加入少量的 Ti、Al 等，故实际上硼钢的过热倾向不大。

由于微量的硼在钢中能有效地增加淬透性，在结构钢中使用硼可以节约其他较贵重的合金元素，目前含硼结构钢在生产上已得到了广泛的应用。

4.6　热变形成形性

4.6.1　控制轧制与控制冷却

以前的热轧，加热温度较高，轧制温度都在再结晶温度以上，只注意得到形状、尺寸合格的钢材，而钢材的力学性能则主要靠轧制后的热处理来得到。控制轧制与控制冷却是 20 世纪 60 年代以后迅速发展的新工艺。

控制轧制(controlled rolling)是在热轧过程中，通过对金属加热制度、轧制制度和温度制度的合理控制，使塑性变形和固态相变相结合，以获得细小的晶粒和良好的组织，使钢材具有优异的综合力学性能的轧制技术。控制冷却(controlled cooling)是指在热轧后对钢材按预定的冷却速率冷却。控制轧制与控制冷却相结合能将两种强化效果相加，进一步提升钢材的综合力学性能。控制轧制与控制冷却技术常被称为控轧控冷技术或热机械控制工艺(thermo-mechanical control process，TMCP)。

控制轧制与控制冷却工艺的发展与 20 世纪 70 年代出现并迅速发展的钢的微合金化技术密切相关。钢的微合金化是在钢中添加微量(含量通常小于 0.1%)的强碳氮化物形成元素(Nb、Ti、V 等)，有时还包括 Al、B 及稀土(RE)元素，进行合金化。

近 30 年来，国内外利用高纯净度的冶炼工艺(脱气、脱硫及夹杂物形态控制)炼钢、微合金化技术和在加工过程中施以控制轧制和控制冷却等工艺，通过控制细化钢的晶粒和碳氮化物沉淀强化等物理冶金过程，不断开发出许多在热轧状态下具有高综合力学性能和良好工艺性能的新钢种。采用控轧控冷技术还可以节省能耗,降低生产成本。控轧控冷技术已广泛用于线材、带材、中厚板、钢管和型材的生产。

控制轧制的基本原理如图 4.84 所示,控制轧制工艺的特点在于分阶段进行轧制。控制轧制分三个阶段进行:奥氏体再结晶区域轧制,奥氏体未再结晶区域轧制和奥氏体-铁素体两相区轧制[65]。

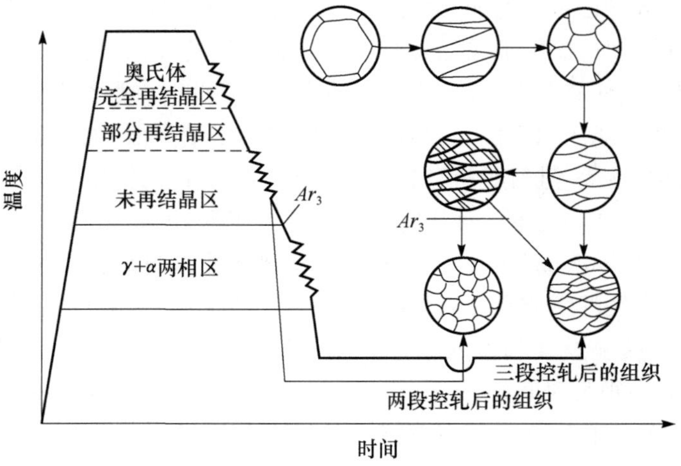

图 4.84 控制轧制原理图[65]

锯齿线表示轧制变形

1) 奥氏体再结晶区域轧制

在奥氏体再结晶温度以上的温度范围(≥950℃)内进行轧制,以达到细化奥氏体晶粒的目的。

原始晶粒尺寸对成品的晶粒度影响很大,所以从钢坯加热开始,就要对 γ 晶粒进行有效的控制。控轧前的钢坯加热温度通常控制在 1200℃以下,使 γ 晶粒的原始尺寸保持在 100μm 左右。对于某些微合金钢,还应考虑到微合金元素形成的析出相的充分回溶,钢坯的加热温度有时要高于 1200℃。

在控轧中,奥氏体晶粒的细化主要是通过多道次的高温形变再结晶来实现的。适当控制再结晶的形核与长大过程,就可以达到细化晶粒的目的。影响再结晶过程的因素主要有形变温度、形变量、原始晶粒尺寸、钢中的溶质原子及第二相粒子等。

形变温度的综合影响是形变温度越高越有利于再结晶过程的加速运行。在控轧实践中,高温轧制的道次间隔只有数秒钟。为了使再结晶过程能在道次间隔时间完成,有利于奥氏体晶粒的均匀细化,避免因部分再结晶而出现奥氏体混晶组织,在制定控制工艺中常常规定数秒内完成再结晶的最低温度为完全再结晶温度 T_{RX}。高于 T_{RX} 的区域为完全再结晶区,低于 T_{RX} 的区域为部分再结晶区。当轧制温度比较高时,奥氏体再结晶在短时间内完成并迅速长大,未见明显的晶粒细小。随着轧制温度的降低,轧制道次的增多,亦即再结晶次数的增多,晶粒细化效果明显。在制定控制工艺中,还需要掌握在某一较长时间(如 100s)内完全不发生再结晶的最高温度,将其定义为无再结晶温度 T_{NR},而 T_{RX} 与 T_{NR} 温度之间的区域,称为部分再结晶区。在此区间轧制,会使得奥氏体中出现大小不同晶粒组成的混晶组织。

形变量的增大能明显提高再结晶的形核和长大速率，使再结晶过程加速。形变量越大，在规定时间内完成同等再结晶分数时所需的形变温度越低。在轧制过程中，若形变温度足够高和形变量足够大，则会发生动态再结晶，即在形变的同时，发生再结晶。形变前的晶粒越细，形变温度越高，形变速率越低，则越有利于动态再结晶的发生。

钢中的置换式溶质原子均对奥氏体再结晶有一定的抑制作用，其作用大小与溶质原子与铁原子尺寸相差程度等因素有关。相差越大，溶质原子越易在位错线上偏聚，从而对位错攀移产生较强的拖曳效应，使再结晶形核得到抑制，即产生溶质拖曳机制。一些研究工作表明，与铁原子尺寸相差较大的 Nb 具有强烈的阻止再结晶效应，其次是 Ti、Mo、V，而与铁原子尺寸相差较小的 Mn、Cr、Ni 对再结晶的阻止效应很弱。

图 4.85 显示 Nb 对 C-Mn 钢再结晶开始时间的影响。图中，0.002%C 钢中的 Nb 是固溶的，可以看出，0.097%的固溶 Nb 能显著推迟再结晶，使再结晶开始时间增大 1～2 个数量级，显示出 Nb 对再结晶的溶质拖曳效应。但由于 C-Mn 钢在高温下大应变量形变后再结晶的速率仍然很快，仅依靠溶质原子，即使是像 Nb 这样的具有强烈阻止再结晶能力的溶质原子来阻止再结晶，仍不能满足实际生产中的要求。由图 4.85 可以看出，0.019%C-0.097%Nb 钢在 900℃以下时，由于析出了细小的 Nb(C,N)质点而使再结晶过程被进一步显著地阻止，显示出第二相质点阻止再结晶的作用。

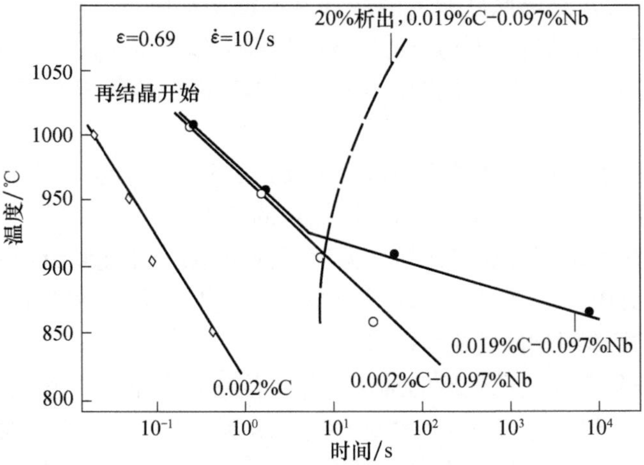

图 4.85 C-Mn 和 C-Mn-Nb 钢的再结晶-析出图[66]

成分含量为质量分数，ε 为变形量，ε̇ 为变形速率

第二相粒子对再结晶过程的阻止作用主要表现在粒子对位错的钉扎和阻止亚晶界的迁移。其阻止作用随第二相质点体积分数的增大和第二相质点尺寸的减小而增大。此外，在位错线上析出的第二相质点可通过在位错容纳一部分点阵错配而减小界面能和应变能，当位错试图运动而离开第二相质点时，必须相应地提供这一部分减小了的界面能和应变能，这相当于第二相质点对位错运动有一个阻力，阻止位错的运动。不仅是 Nb(C,N)，其他第二相质点只要尺寸足够细小并具有一定的体积分数，也能同样产生明显推迟再结晶的作用。

在钢中适当添加 Nb、Ti 等微合金化元素，通过其溶质拖曳机制和析出钉扎机制，在保证每道次间隔时间内均能实现完全再结晶的情况下，可以控制再结晶晶粒尺寸，有效地使奥氏体晶粒细化。控轧第一阶段便是利用高温形变再结晶与微合金元素溶解-析出的相互作用使奥氏体晶粒充分细化,可以使奥氏体晶粒细化到 20μm 左右。

2) 奥氏体未再结晶区轧制

第二阶段的控轧是在奥氏体冷却至无再结晶温度 T_{NR} 以下直至 $\gamma\rightarrow\alpha(Ar_3)$相变前的未再结晶区进行轧制。$Ar_3$ 取决于钢的化学成分、冷却速率、变形量等因素。

第二阶段的控制,使细化了的 γ 晶粒经多道次变形被充分压扁,并在晶内引入大量位错与形变带。变形奥氏体的晶界、变形带及位错等处是铁素体形核部位。随着变形量的增大,变形带数量增多,分布更均匀。另外奥氏体晶粒被拉长后,将阻碍铁素体晶粒的长大,为 $\gamma\rightarrow\alpha$ 相变中 α 晶粒的大量形核和充分细化创造有利条件。

在控轧中,为了充分发挥形变对 $\gamma\rightarrow\alpha$ 相变的细化晶粒效应,需要在相变前对奥氏体晶粒施加足够大的形变量。这就要求相变前的未再结晶区有较宽的温度范围,以便实现多道次的变形积累。一般的 C-Mn 钢未再结晶区的温度范围比较小,只有 100℃左右。为此可在钢中加入具有强烈抑制高温形变再结晶作用的微合金元素,将再结晶温度提高到 950℃以上,使未再结晶区加宽到 200℃左右,从而保证所需的多道次相变积累。这也可以说明控轧为什么必然要与 Nb、Ti、V 微合金化的应用以及微合金钢的发展相结合的原因。

提高在奥氏体未再结晶区轧制后的冷却速率能明显降低 Ar_3,可以抵消奥氏体晶粒细化和相变前形变提高 Ar_3 而给 $\gamma\rightarrow\alpha$ 相变晶粒细化作用带来的不利影响。轧后的加速冷却可以增大过冷度,降低铁素体临界形核功和提高形核速率,从而有效地促进铁素体晶粒的细化。

对于微合金钢,通过应变诱导析出微合金元素的碳氮化合物优先在奥氏体晶界、变形带、位错处析出,亦可以阻碍铁素体、珠光体晶粒的长大。

此外,轧后加速冷却可使珠光体转变温度降低,有助于珠光体组织的细化和钢材韧性的提高;对于低碳贝氏体钢,轧后加速冷却有利于获得良好低温韧性的贝氏体组织。

3) 奥氏体-铁素体两相区轧制(Ar_3 以下)

通过上述两个阶段控轧和轧后的加速冷却可使微合金钢中厚板铁素体晶粒细化到 5～7μm,甚至更细。但是,经过 $\gamma\rightarrow\alpha$ 相变的铁素体晶粒中的位错密度较低(约 $10^8\sim10^9/cm^2$),几乎没有亚晶。经过两阶段控轧后在奥氏体中尚有相当数量的微合金元素没有析出。

如果在 $\gamma\rightarrow\alpha$ 相变过程中继续进行轧制,则一方面通过热变形在铁素体晶粒中引入大量的位错及其亚结构,并能在尚未转变的 γ 晶粒中继续引入形变带,给 α 晶粒在相变中大量形核和细化创造更有利的条件;另一方面利用应变诱导使微合金元素碳氮化物在铁素体中弥散析出,从而进一步细化了晶粒,提高了钢中位错亚结构及析出相的强化作用;但两相区的轧制会引起织构(择优取向),增加强度的方向性。

目前,基于上述原理建立的包括 $\gamma+\alpha$ 两相区控轧的三阶段控制轧制技术已得到广泛的应用。由于 $\gamma+\alpha$ 两相区控制轧制技术的建立,使控制轧制形成了完整的工艺体系,并使钢铁材料的主要强化技术均能有效地发挥出来。表 4.12 为一种 Nb-V 微合金钢板(厚 20mm)经三阶段控轧轧制后的屈服强度实验数据和其诸强化项的理论计算值。实测的 Ar_3 和 Ar_1 分别为 780℃和 610℃。若不采用 $\gamma+\alpha$ 两相区控轧,只使用两阶段控制工艺,则位错及其亚结构强化效应较小。

表 4.12　微合金钢的屈服强度(纵向)与其有关强化项的计算值[65]　(单位:MPa)

终轧温度/℃	摩擦阻力 σ_i	固溶强化 σ_s	细晶强化 $K_y d^{-1/2}$	析出强化 σ_p	位错强化 σ_d	亚晶强化 $cK_y l^{-1/2}$	σ_y 计算	σ_y 实验
780	48	72	254	65	74	19	474	470
730	48	72	254	75	102	30	504	492
680	48	72	259	84	111	47	526	509

从上面的分析可以看出,控制轧制技术必须与控制冷却工艺相结合,才能最有效地改善钢材的性能。现代的控制冷却技术是“在线”加速冷却(on-line accelerated cooling, OLAC),控制冷却装置安置的位置取决于冷却钢材的品种和作用。控制冷却是通过控制轧后三个不同冷却阶段的工艺参数(开始冷却温度、冷却速率和终止温度)来得到所要求的相变组织。按控制冷却的温度范围和作用可分为三个阶段。

1) 第一阶段:终轧温度到 Ar_3 温度区间的冷却

此阶段目的是控制热变形后的奥氏体晶粒状态,阻止奥氏体晶粒长大和碳化物过早析出,增大过冷度,降低相变温度,为 $\gamma \rightarrow \alpha$ 相变作准备,也可以适当固定由形变产生的位错。冷却的起始温度越接近终轧温度,细化奥氏体晶粒和增大有效晶界面积的效果越明显。

2) 第二阶段:提高从相变开始温度 Ar_3 到相变结束温度的冷却速率

此阶段目的是控制相变过程,抵消奥氏体晶粒细化和相变前形变提高 Ar_3 而给 $\gamma \rightarrow \alpha$ 相变晶粒细化作用带来的不利影响。增大过冷度、降低铁素体临界形核功和提高形核速率,可以有效地促进铁素体晶粒的细化,同时使微合金元素的碳氮化合物优先在奥氏体晶界、变形带、位错处更加弥散地析出,提高析出强化效应,并阻碍铁素体、珠光体晶粒的长大。但冷却速率也不能太快,否则会使析出减弱,影响其强化效应。

对某些低碳微合金钢,当冷却速率达到一定值时,可使钢的相变组织从铁素体和珠光体组织变成更细小的铁素体和贝氏体组织。贝氏体含量随着冷却速率的加快而增加,且生成的贝氏体组织更细,从而使钢的强度进一步提高。

3) 第三阶段:相变结束后的空冷

加速冷却的终冷温度约为 500～600℃,然后空冷,主要作用是自回火和消除由前面的加速冷却产生的应力,防止马氏体转变,增加析出强化和使相变组织均匀化,保证钢的韧性。

板带钢 TMCP 技术中的控冷技术是在线加速冷却。控冷技术的发展主要有提高冷却速率、提高温度的均匀性、提高组织的均匀性、控制好板形的平直度等几个方面。

水是最常用的冷却介质。高温钢板与冷却水接触后会发生沸腾现象。依据钢板温度的不同,有三种不同的沸腾冷却方式。在钢板温度高于 500℃时,发生膜沸腾,钢板与冷却水之间存在一层蒸汽膜,大大降低钢板与冷却水之间的热交换,冷却效率低。在钢板温度处于低温阶段(100～300℃),发生核沸腾(或称泡沸腾),钢板与水之间不存在蒸汽膜,直接发生热交换,由于生成的气泡的剧烈扰动,冷却速率快。在膜沸腾和核沸腾之间存在一个过渡沸腾阶段(300～500℃),在钢板的不同部位,可以并存两种冷却速率不同的冷却方式,出现钢板不同部位的冷却条件极为不均匀的现象,造成钢板的翘曲或潜在的板形缺陷。因此,在钢板的冷却过程中应避免出现过渡沸腾。当钢板表面温度已降至冷却介质的沸点以下时,钢板的冷却主要方式是传导和对流,冷却速率又减慢。

按照冷却技术的特点,板带的冷却技术经历了以下发展进程。

第一代冷却技术以喷淋技术为代表(日本川崎制钢公司,1979 年)。该技术冷却水流密度小于 300L/(min·m^2),喷水压力以 0.20～0.50MPa 为主,倾斜喷射或垂直喷射。

20 世纪 90 年代初,出现了第二代冷却技术——层流喷射(laminar jet)冷却技术,如日本钢铁工程控股公司的在线加速冷却、柱状层流技术等,其冷却水流密度在 380～700L/(min·m^2),冷却水压力不高,但可以击破钢板表面残留的蒸汽膜,获得较强的冷却效果。

2000 年以后,以强化冷却技术为特征的第三代冷却技术逐步得到开发与应用,控冷系统通常还将轧后直接淬火(direct quenching,DQ)作为子系统集成于具有高速冷却能力的冷却系统中。

因此,新三代轧后控冷系统兼有加速冷却和直接淬火的双重功能[67～69]。强化冷却技术主要是提高供水压力、流速和水流密度,可以抑制冷却过程中的过渡沸腾和膜沸腾,尽可能实现核沸腾,提高换热效率,水流密度多为 1800～3400L/min·m^2。

直接淬火是指钢板带热轧后利用在线控冷装备进行直接淬火的方法。直接淬火较之传统的淬火回火工艺可以降低能耗、缩短工艺流程,提高淬透性 1.4～1.5 倍,可提高钢的强韧比[70]。对于中厚钢板,直接淬火存在的主要问题是钢板温度和冷却的均匀性和板型的平整度不易控制。因此,尽管直接淬火工艺的优势明显,还是不能完全取代再加热淬火工艺,后者在淬火温度的一致性和奥氏体组织的均匀性方面是直接淬火工艺难以做到的,应根据产品的用途和规格,在两种工艺中进行选择[67]。

国外已开发出适用于高强度中厚钢板的,兼有加速冷却和直接淬火的控冷装置,如西门子奥钢联(Siemens-AVI)公司的多功能间断加速(multi purpose interrupted cooling,MULPIC)装置、德国西马克德马克(SMS Demag)公司的冷却喷射＋高密度层流装置、日本钢铁工程控股公司的超级在线快速冷却(super-OLAC)装置等。我国近年兴建的中厚钢板厂已引进了一些具有国际先进水平的此类轧后控冷系统[68,69]。

国内某中厚钢板厂引进的多功能间断加速快速冷却系统全长 24m,在一个装置上可直接完成快速冷却和直接淬火两项功能。钢板的运行速率(0.2～2.0m/s)和水流量(最大流量约 11750m^3/h)在冷却过程中可自动调整,以满足不同钢种和厚度的冷却要求。在钢板的上下各有 24 个集管。冷却钢板的最大厚度为 100mm,对厚度 20mm 钢板的最大冷却速率为 40℃/s,特殊的集水管设计使最大流速和最小流速之比达到 20∶1。在直接淬火时,该装置具有头尾遮挡功能和边部遮挡功能。遮挡功能主要是为了避免钢板沿长度和宽度方向温度的不均匀导致钢板头、尾板型的翘曲及性能的差异,生产的钢板板型良好,平直度可达到小于 6mm/m[70]。

冷却过程中,从同一个开冷温度起冷却到同一个终冷温度,如果冷却路径不同,所获得的组织也不同,因而性能也不同,如图 4.86 所示。

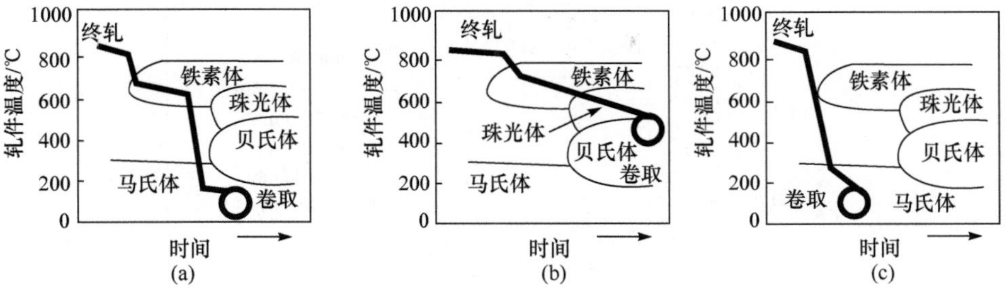

图 4.86　通过过冷路线控制获得不同组织的示意图[71]

(a) 获得双相钢的冷却路径；(b) 获得铁素体-珠光体钢的冷却路径；(c) 获得马氏体钢的冷却路径

由于超快速冷却等新技术可以迅速准确地把轧制件冷却到所希望的特定组织转变区，因而可以实现根据对钢材不同性能与组织的要求作出冷却方式的选择，实现冷却路线控制。

控轧控冷工艺复杂，各类工艺参数控制精度要求严，对所需设备及其控制均有很高的要求。具体工艺的制定，需视生产厂的实际条件、生产的钢种及所要求的性能而定。

近年来，在控轧控冷技术的基础上，提出了一些超细晶的理论和技术，以获得超细晶粒的和强韧性更高的结构钢。晶粒细化是唯一在提高强度的同时，还能提高韧性或保持韧性和塑性基本不下降的强化手段，但是采用通常使用的控轧控冷工艺只能使微合金钢中厚钢板铁素体晶粒细化到 5μm 左右。一般认为尺寸小于 5μm 的晶粒可称为超细晶粒。根据霍尔-佩奇关系式(4.24)计算，晶粒尺寸达到 1～2μm 时，屈服强度的增量可达 435MPa。1997 年以来，许多国家启动了开发超级钢或超细晶钢的项目。目前国内外研发超细晶钢(ultra fine grain steel，UFG)的目标是使低碳钢的晶粒细化到小于 5μm，使其强度由 200MPa 提高到 400MPa，使微(低)合金钢的晶粒达到 1～2μm，其强度从 400MPa 提高到 800MPa 以上[17]。这些超细晶技术主要有形变诱导(强化)铁素体技术、弛豫-析出-控制相变技术等。下面简要介绍这两种获得超细晶的技术[17]。

1) 形变诱导(强化)铁素体相变

20 世纪 80 年代以来，一些国外学者提出了形变诱导相变(deformation induced transformation，DIF)的概念[72～74]。通过大应变和轧制温度略高于 Ar_3 点，可在低碳钢中产生超细铁素体。我国的科技工作者进一步提出了形变诱导(强化)铁素体相变，并在理论和技术上开展了系统的研究[17]。

形变诱导(强化)铁素体相变(deformation induced(enhanced)ferrite transformation，DIFT(DEFT))不同于传统的控轧控冷的相变之处，是其相变(低碳钢中$\gamma \rightarrow P+\alpha$)主要发生在轧制过程中而不是轧后的冷却过程中。在现代高速轧制过程中，钢材的塑性形变必然引起体系中有部分形变能不能被热释放而保留在被变形的钢材中，这部分能量约为形变能的 5%～10%。这部分形变能将引起体系自由能的变化，使奥氏体自由能曲线上升，并转变为相变的驱动力。计算表明，若钢的 α 相与 $\alpha+\gamma$ 相平衡状态时的临界点为 Ae_3，则形变将使之上升为 Ad_3，形变时被储存的变形能越大，Ad_3 提高得越多，如图 4.87 所示[17]。因此，精轧机组在接近 Ae_3 温度时的变形过程中，可使钢材进入双向区($\gamma+\alpha$)，新生成的 α 相为形变诱导铁素体。正常产生 DIFT 的温度区域应在 Ae_3 到 Ar_3 之间。

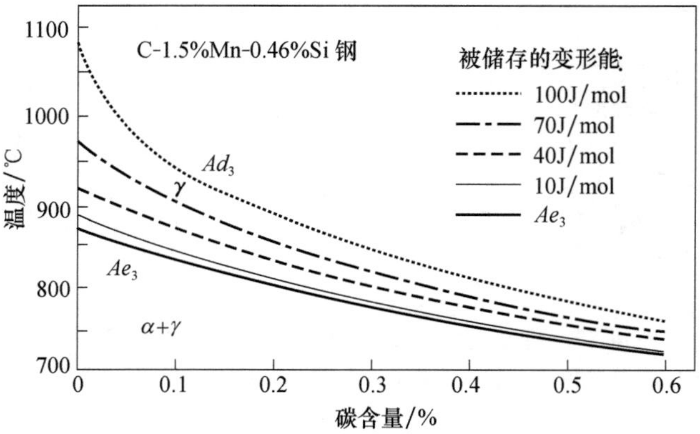

图 4.87　形变对铁-碳相图 γ 与 $\alpha+\gamma$ 平衡温度的影响[17]

DIFT 是动态形变，是由形变产生储存能提高相变驱动力诱导的相变。DIFT 是形核为主的相变。α 相形核首先产生于具有高畸变能的原有 γ 相晶界，并高速形核。当局部应变增大时，晶核也在晶内高畸变区不断形成。DIFT 具有快速相变的特征，是扩散型相变。碳主要沿晶界和位错扩散，可在毫秒级的时间内发生。计算表明，DIFT 相对于传统的相变具有更小的临界形核尺寸，另外由于它是以形核为主的相变，新形成的 α 相具有超细晶特点，尤其是在微合金钢中，由于碳氮化物析出相的存在，α 相易于在析出相上形核且不易长大，因此微合金钢得到的超细晶尺寸比低碳钢更细。DIFT 的发生还伴随着铁素体的动态再结晶，经铁素体的动态再结晶形成超细等轴的铁素体。

某些微合金钢在施以 TMCP 技术后，宜再进行一次高温(600℃左右)回火。此时高温回火的作用不仅是使组织均匀化和性能稳定化，更重要的是使 M(C，N)进一步析出，特别是所含的 V(C，N)，在 500～600℃可充分析出。

由于采用了 DIFT 技术，我国已分别将碳素钢和低碳微合金钢的铁素体晶粒尺寸细化到 3μm 和小于 1μm，屈服强度分别提高到 400MPa 和 800MPa 以上，并成功地进行工业化试制。

2) 弛豫-析出-控制相变[75]

低碳贝氏体钢可以在高强韧化后还能保持优良的焊接性能。为了充分细化这类贝氏体钢的组织及充分发挥各种合金元素的作用，可以采用 TMCP，使这种钢的贝氏体束尺寸在 10～15μm 范围内，获得良好的综合性能。

对于贝氏体这类中温转变组织，要使其组织进一步细化，除了必须在相变前在母相中为其提供尽可能多的形核位置之外，还必须有效地限制新相的长大。但低碳类型钢中的贝氏体的转变属于有扩散的切变型相变，这种相变一旦形核，其长大速率极快。如对其长大不加以约束，则由一个先形核的核心长出的一片贝氏体将会迅速吞没其邻近潜在的形核核心，最后不能得到充分细化的转变组织。

中温转变组织超细化的弛豫-析出-控制相变(relaxation-precipitation-controlling，RPC)技术工艺如图 4.88 所示。微合金钢经过两阶段的控制轧制，使变形奥氏体中产生高畸变积累，大幅度提高基体中的位错密度。一些微合金元素的加入会在变形奥氏体中发生静态和动态的界面偏聚与析出，使热变形后的再结晶过程难以进行，可以在 950℃左右进入非再结晶区。通过在非再结晶区的多道次轧制及中间停留，终轧后，变形奥氏体中有大量缠结的变形位错、形变带及微合金元素析出物。

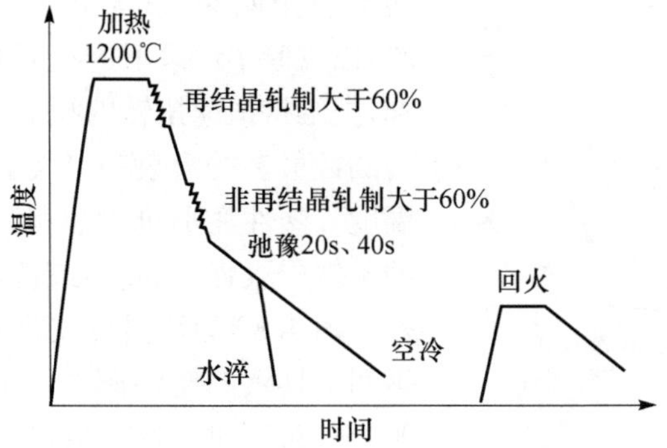

图 4.88　RPC 技术工艺示意图[75]

终轧变形后，钢板以大约 2℃/s 左右冷速空冷，在此阶段，变形奥氏体中发生高密度位错弛豫的过程，大量位错通过攀移、移动和重新分布，逐渐形成位错墙和亚晶，直径为 3～5μm。弛豫后亚晶发展到一定程度，如果有微合金析出物析出，则析出物将优先在亚晶界析出，从而进一步强化这种亚晶界。在以后加速冷却时，在亚晶界上形核的中温转变产物，主要是各类贝氏体，在其长大过程中受到前方亚晶界的阻碍，一般不会穿过晶界。在这种情况下，贝氏体形核多又不能长大，最终的中温转变组织将明显细化。这种细化效果与位错弛豫速率（亚晶形成速率）及微合金元素析出物的析出开始与终了时间有着密切的关系。两者配合适当，即析出已开始时，有一定取向差的亚晶已形成而尺寸又没有长大，可获得最佳的细化效果。

在实施 RPC 技术工艺时，要确保在控轧阶段有足够的变形量使变形奥氏体中积累足够的缺陷密度，终轧后钢板连续空冷一段时间，即弛豫时间，空冷结束温度应在 Ar_1 以上，随后将钢板加速冷却。为了使钢的性能均匀，并提高综合性能，有时钢板可以经过回火处理。

表 4.13 列出了一种低碳贝氏体钢经调质处理与采用 TMCP、RPC、RPC＋高温回火后的力学性能对比。

表 4.13　低碳贝氏体钢经四种不同工艺处理后的力学性能[17]

化学成分		0.05%C-1.6%Mn-0.3%Si-0.04%Nb-0.25%Mo-0.4%Cu-0.2%Ni		
性能		σ_s/MPa	σ_b/MPa	δ_5/%
工艺	调质	619	655	19
	TMCP	565	800	20
	RPC	690	869	18
	RPC＋高温回火	816	851	17

4.6.2　锻造性能

钢的锻造性能（或可锻性）是指钢在锻造时的难易程度和能承受塑性变形而不破裂的能力，可用其在工作状态时的塑性和变形抗力两个指标来衡量。

热扭转试验是测量钢的锻造性能的一种常用手段。它是在试验材料所可能采用的热成形温度范围内选择若干温度,用棒状试样进行热扭转直至断裂,试样必须在保护气氛中加热和试验,以试验中记录下的扭至断裂的圈数作为塑性指标,把维持恒速扭转的扭矩作为变形抗力指标。扭转圈数最多的温度被认为是该材料的最佳热成形温度。塑性变形抗力也可用高温拉伸试验时测得的条件屈服强度($\sigma_{0.2}$)或抗拉强度(σ_b)作为衡量指标。图 4.89 为热扭转试验所确定的几种合金结构钢和工具钢的塑性图[76]。由图 4.89 可以看出,在 900~1300℃时,12CrNi3A、30CrMnSiA、18CrNiWA 三种低碳合金结构钢与 15 钢的热塑性均随温度的上升而提高,但三种合金结构钢的塑性均低于碳钢。轴承钢 GCr15 和几种高碳合金工具钢的热塑性随温度的升高达到最高值后均下降,这是由于这些钢的碳含量较高,其过热和液相点较低的缘故。

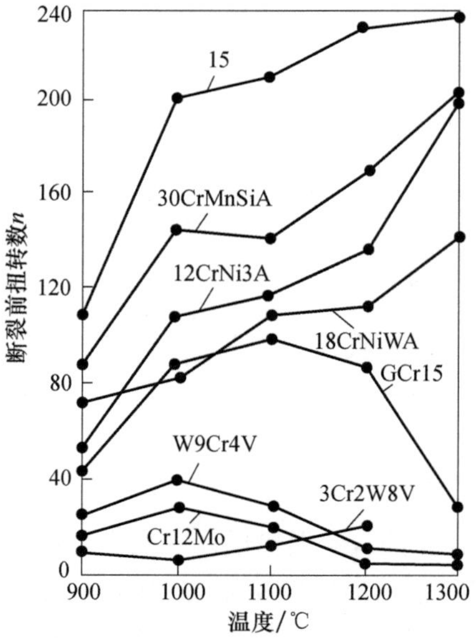

图 4.89 几种钢的试样在断裂前扭转数与温度的关系[76]

图 4.90 所示为几种钢在热扭转试验中的扭矩与温度的关系。两种合金结构钢的扭矩稍大于碳钢的扭矩,说明在常规锻造温度下所需锻造压力相差不大。但高合金的不锈钢 0Cr19Ni9 的扭矩显著高于一般合金结构钢,说明高合金的不锈钢有高的变形抗力。在计算锻压设备的吨位时,需要了解在锻造温度下锻件的变形抗力。合金结构钢终锻时的抗拉强度为 30~70MPa,不锈钢终锻温度下的抗拉强度为 100~200MPa。

不同化学成分的钢的锻造性能可以有很大的不同。钢的碳含量对钢的可锻性影响很大,对于碳含量小于 0.15%的低碳钢,主要以铁素体为主,其塑性较好。随着碳含量的增加,钢中的渗碳体含量逐渐增多,甚至出现网状渗碳体,使钢的塑性变差。当钢中碳含量比较高并加入较多的能生成合金碳化物的合金元素时,会在钢的铸造组织中形成大量的莱氏体,使钢的锻造性能变差。一些复杂合金化的高温合金在设计时即要求具有抗高温变形的能力,所以这类合金锻造变形困难、塑性低、变形抗力大是很自然的。这些难变形钢的锻造问题将在其他部分论述。

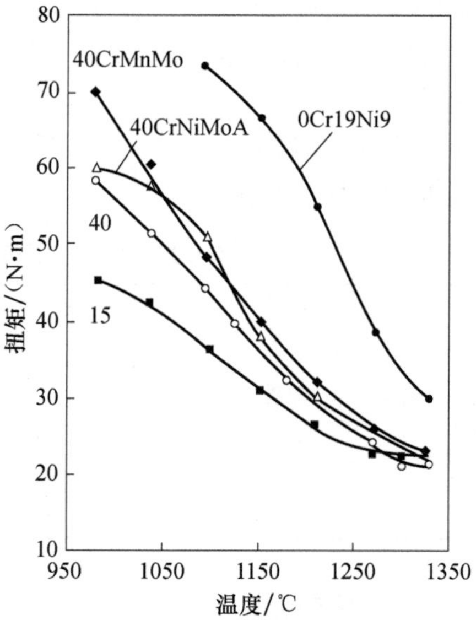

图 4.90 几种钢的变形抗力与温度的关系[76]

锻造温度范围是指始锻温度与终锻温度之间的一段温度间隔,在此温度范围内应能保证锻件具有较高的塑性和较小的变形抗力,并保证得到所要求的组织和性能。锻造温度范围应尽可能宽一些，以减少锻造火次，提高生产率。钢的始锻温度一般应低于状态图固相线温度 150～200℃，防止过热或过烧。冶炼方法对钢的过热温度有显著影响。真空自耗重熔及电渣重熔钢比具有相同成分的普通电弧炉钢的过热起始温度低，这是由于钢中非金属夹杂物极少存在，而超纯净钢容易出现晶粒长大。特种熔炼钢的过热起始温度较用空气熔炼的同种钢低 30～40℃。

应力状态对钢的热变形能力有很大的影响。不同的热加工方法在材料内部所产生的应力大小和性质（压应力和拉应力）是不同的。在三向应力状态下，压应力的数目越多，其塑性越好；拉应力的数目越多，其塑性越差。其原因是在钢材内部或多或少存在着微小的气孔或裂纹等缺陷，在拉应力作用下，缺陷处会产生应力集中，使缺陷扩展甚至达到破坏，从而丧失塑性；而压应力使缺陷不易扩展，提高了塑性和变形能力。因此，一些难变形的合金钢采用一般的锻造方法难以成形，但采用热挤压或者使用新型锻压设备，如快锻液压机或精锻机时，则易于成材。

4.7　冷变形成形性

用于冲压成形的冷轧薄钢板有广泛的用途，仅车身钢板冲压件的质量就占到轿车质量的 50%左右。冷轧薄钢板的产量在钢材生产总量中占有高的比例。冷变形成形的主要工艺有拉深、胀形、弯曲、旋压等。冷变形成形性是指这类钢板能通过冷变形制成复杂的构件和能进行各种表面装饰和镀层而不产生缺陷的能力。不同的冷变形成形方式对钢的性能有着不同的要求。

4.7.1　拉深成形性

拉深（deep drawing）是将平面板料变形为中空形状冲压件的工艺，又称拉延，成形的方式如图 4.91 所示。薄板在一个轴向上受到拉伸作用力，而在另一个轴向受压缩作用力，原始直径为 D_0 的平面板料，经拉深后变成内径为 d、高度为 H 的杯形拉深件。$(D_0-d)/D_0$ 表示拉深变形的大小，称为拉深变形程度。凸模受到外力向下移动时，薄板钢材伴随凸模的下移沿着板面向凹模内伸展，伸展时要求薄钢板沿着板面的各个方向有低的流变抗力，但在其壁厚方向上则相反地要求具有高的流变抗力，使钢板在沿板面伸展的同时，在壁厚方向上难以发生局部变薄。这就要求冷变形薄板钢材流变性能的各向异性。虽然低屈服强度和高伸长率的材料具有良好的冷变形成形性，但这些力学性能参数并非决定冷轧薄钢板冷冲成形性的根本因素。

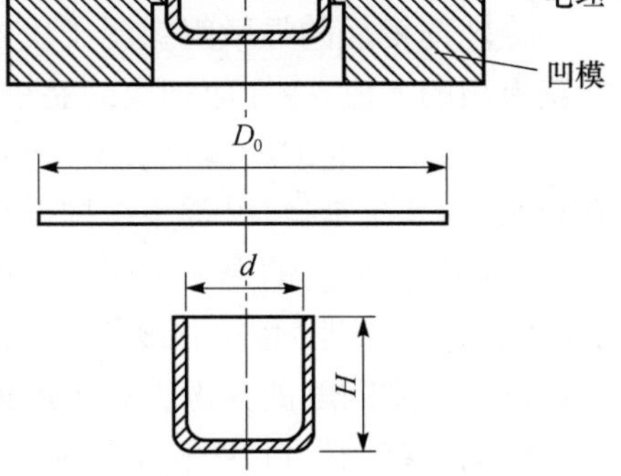

图 4.91　拉深工艺[77]

1950 年 Landford 提出控制板材深冲成形性的主要性能参数 r 值的概念。r 值代表板料试样

拉伸时在一定的工程应变值(一般为15%或20%)下,宽度方向和厚度方向真实应变的比值。其表达式为

$$r=\frac{\int_{w_0}^{w}\frac{\mathrm{d}w}{w}}{\int_{t_0}^{t}\frac{\mathrm{d}t}{t}}=\frac{\ln\frac{w}{w_0}}{\ln\frac{t}{t_0}}=\frac{\varepsilon_w}{\varepsilon_t} \tag{4.64}$$

式中,w_0、t_0 分别为试样原始宽度、厚度,变形后,它们用 w、t 表示。在实际试验中,t_0 和 t 不易测量,考虑到 $w_0t_0l_0=wtl$(l_0 和 l 分别表变形前后试样的长度),即假设体积为一常数,式(4.64)常被转改写为 $r=\ln(w/w_0)/\ln(w_0l_0/wl)$。$r$ 值被称为塑性应变比(plastic strain ratio)。

由于钢板是经过轧制生产的,沿板料不同方向的 r 值也不一样。因此一般都在平行于轧制方向呈0°、45°、90°三个方向上取样,测定各自的 r 值,然后按下式求出平均值 $\bar{r}$:

$$\bar{r}=\frac{r_0+r_{90}+2r_{45}}{4} \tag{4.65}$$

$\bar{r}$ 值越大,厚度方向上越不容易变形,深冲时也就不易出现拉穿或皱褶等缺陷。

上面已经提到,冷轧钢板沿板平面不同方向上的性能有差别,这种特性被称为板平面的方向性。在圆筒形零件拉伸时,这种板平面的方向性会导致拉伸件口部形成对称耳朵突起的制耳(earing)。

板平面的方向性用 Δr 表示,被称为塑性应变比平面各向异性度,Δr 由板材的塑性应变比在几个方向上的差值来确定,其计算公式为

$$\Delta r=\frac{r_0+r_{90}-2r_{45}}{4} \tag{4.66}$$

为了能避免冷轧薄钢板在拉深时产生制耳,需要冷轧各向同性(isotropic steel,IS)钢,即板材的 Δr 值趋向于0,$\Delta r=r_0+r_{90}-2r_{45}\to 0$,一般控制在$-0.15\sim+0.15$,从而使拉深件变形时各个方向的变形趋于一致。

理想的深冲薄钢板应具有高的平均塑性应变比 $\bar{r}$,而板面的平面各向异性度 $\Delta r=0$。$\bar{r}$ 和 Δr 两个参数是板材平面塑性各向异性的度量,如板材的塑性各向同性,则 $\Delta r=0$,$\bar{r}=1$。实践证实,$\bar{r}$ 值大,板材易于深冲成形,其他力学性能参数如屈服极限、伸长率对板材的深冲性能影响很小。所以为获得良好的深冲成形性能,$\bar{r}>1$ 是必要的,即要求板材是各向异性的。

冷轧薄钢板的显微组织属于织构组织,织构组织是一种具有各向异性的组织。为了能获得高的 $\bar{r}$ 值,冷轧薄钢板的晶粒的{111}晶面应择优平行于轧制面,这种织构称之为{111}织构。因此改善薄钢板深冲性能的关键在于获得(111)$[1\bar{1}0]$或(111)$[1\bar{1}2]$类型的有利织构,其次是{110}类型织构,应尽量减少或消除{100}织构。织构组织的冷轧钢板都要经过消除内应力的退火工序。在退火的再结晶过程中将形成再结晶织构。冷轧钢板提供的织构组织实际上并非冷轧的织构,而是冷轧后的再结晶织构。如果冷轧的织构是{111}织构,则问题的关键就在于退火的再结晶能否保持以至发展成{111}织构。

影响再结晶{111}织构的控制和 $\bar{r}$ 值的因素如下[14,15,78,79]。

1）冶金方法与轧制制度

一般沸腾钢的 $\bar{r}$ 值为 1.0～1.2，难以超过 1.3。这是因为退火后的沸腾钢钢板的{100}织构比较多，而{111}织构少。Al 脱氧镇静钢的 $\bar{r}$ 值可达 1.4～1.8，Al 含量控制在 0.02%～0.05%。

一些研究工作表明，钢中析出的 AlN 微粒可以阻止再结晶的{100}面织构在晶界上形核，从而导致再结晶的{111}织构的优先发展。经塑性变形的薄板，在不同晶体取向上储存能的分布不同，因而不同取向上再结晶形核难易不同。储存能随下列取向次序而递增：{100}〈011〉→{112}〈110〉→{111}〈112〉→{110}〈110〉。再结晶时，在冷轧薄钢板中{110}和{111}织构组分首先开始成核，但{110}织构很少，较多的是{111}织构，易于成长，在退火过程中逐渐吞并其他取向的晶粒而成为主要的再结晶织构。但 AlN 质点析出的时机和析出的位置对上述作用有很大的影响。铝镇静钢钢板的卷取温度不宜高，因为卷取温度高将导致 AlN 过早析出，在以后的再结晶过程中便不再有微细质点的析出。卷取温度可取 550℃左右，使 AlN 质点的析出控制在退火过程中回复之后与再结晶之前，AlN 质点将析出于亚晶界或在经冷轧后被拉长了的薄饼状晶粒的晶界上。不同成分钢板适宜的卷取温度不同，这是由于其析出物的析出行为有差异的缘故。

冷轧制度主要指冷轧压延率。合适的冷轧压延率因钢种而异，比较多的是在 80%附近。

退火工艺因退火方式和钢种而异。采用罩式炉成卷退火时，退火温度稍高于 700℃，退火时间需数日。采用连续炉退火时，退火时间很短，只需几分钟，退火温度相应要高一些，一般在 800℃以上。

2）钢的化学成分

一般认为低的碳含量和不高的 Mn 含量（<0.30%）搭配可以优化深冲成形性。在低碳钢中增高 N 含量对 $\bar{r}$ 值不利。

许多学者研究了微合金元素的加入对低碳薄钢板深冲性能的影响。加入 Ti 的影响与 Ti/C（或 Ti/(C+N)）有关，此值大于 4～5 时，再结晶{111}织构较强，$\bar{r}$ 值较高。Nb 含量由 0.07%提高至 0.12%，冷轧变形量 80%，经 700℃退火后，薄钢板的 $\bar{r}$ 值由 1.79 提高至 2.03。Nb 的这种作用是它在 α-Fe 中固溶的结果。加入适量的 V 也可以改善深冲性能。

适量的铜和磷可以改善薄钢板 $\bar{r}$ 值，镍对其 $\bar{r}$ 值影响不大，加入铬降低薄钢板的深冲性能。

3）铁素体晶粒尺寸

一些研究工作表明，钢的 $\bar{r}$ 值与冷轧后的薄饼状晶粒的纵横向尺寸比值并不存在依赖关系，但铁素体晶粒度 N 影响 $\bar{r}$ 值，如图 4.92 所示。$\bar{r}$ 值与铁素体晶粒度有如下关系：

$$\bar{r} = r_0 - kN \tag{4.67}$$

式中，r_0 为常数，与钢的类型有关；k 为常数。粗大晶粒有益于 $\bar{r}$ 值的原因可能是{111}织构的再结晶晶粒通过吞并其他取向晶粒而继续长大。

4.7.2　胀形成形性

胀形（stretch forming）是将板料或空心半成品的局部表面胀大的工艺，如图 4.93 所示。在胀形加工时，薄钢板紧固于冲模的边缘，当凸模向凹模内下移时，薄板与凸模端面相接触的部分首先进行塑性变形。随着凸模的下移，薄板逐步伸长而均匀地变薄，薄板是在两个轴向上受到拉伸作用力。胀形成形过程要求薄板具有好的塑性变形性能，避免过早地发生塑性变形失稳和出现颈缩，即高的形变硬化性能。

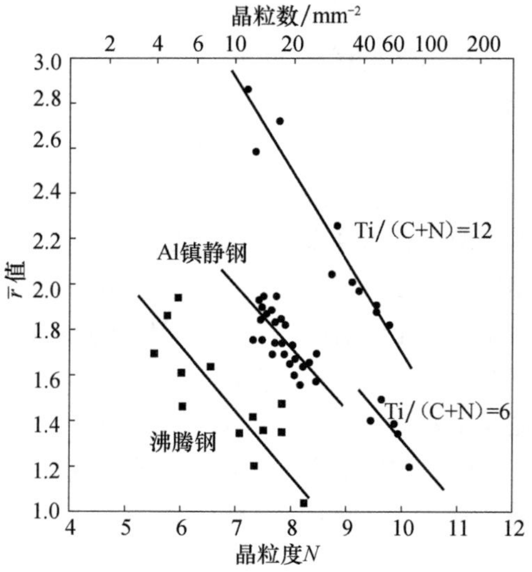

图 4.92　几种冷轧钢板铁素体晶粒尺寸与 $\bar{r}$ 值的关系[80]

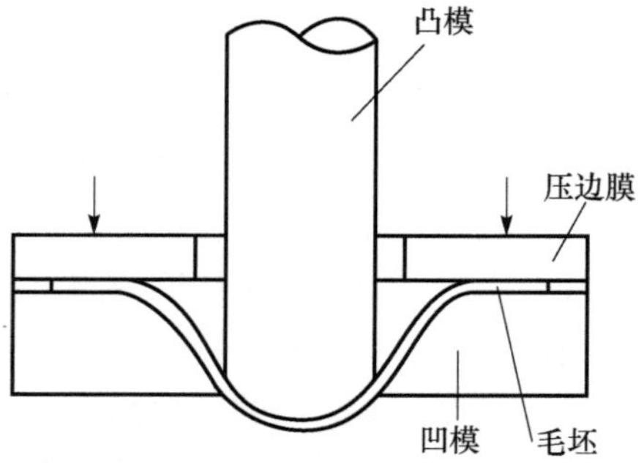

图 4.93　胀形工艺[78]

根据公式(4.2) $S=K\varepsilon^n$，n 表征在均匀变形阶段材料的形变强化能力，是一个材料性能指标。当拉伸负荷达到最大时试样开始产生颈缩，即 $d(S\cdot A)=SdA+AdS=0$，A 为对应于 S 的瞬时截面积。设 l 为试样瞬时长度，则 $A\cdot l$ 为常数，于是得出塑性失稳条件：$dS/S=-dA/A=dl/l=d\varepsilon$，从而 $dS/d\varepsilon=S$。对 $S=K\varepsilon^n$ 求导，得 $dS/d\varepsilon=nK\varepsilon^{n-1}=S=K\varepsilon^n$，于是

$$n=\varepsilon=\varepsilon_B \tag{4.68}$$

式中，ε_B(或 ε_u)为颈缩前的最大均匀应变值，即材料的均匀变形能力。因此，n 值的大小能表示材料发生颈缩前依靠硬化使材料均匀形变的能力。在数值上，n 等于 ε_B，因此，控制胀形成形的重要力学性能参量是其在塑性失稳前的均匀变形能力 ε_B 和代表因硬化而使应变均匀分配的能力 n 值。

研究关于组织和成分对 n 值的影响，可以得出以下的关系。已证明，n 值随晶粒尺寸的降低而降低[81]：

$$n=5(10+d^{-1/2})^{-1} \tag{4.69}$$

式中，d 为晶粒的平均交截尺寸。置换式固溶元素一般均略降低 n 值，见表 4.14 [80]。固溶于铁素体的间隙原子对 n 值影响不大，但它们引起的应变时效对 n 值起不良影响。

表 4.14　单位质量固溶元素对 n 值的影响[80]

合金元素	n 值的变化	合金元素	n 值的变化
Cu	−0.06	Ni	−0.04
Si	−0.06	Co	−0.04
Mo	−0.05	Cr	−0.02
Mn	−0.04		

虽然 n 值只是与单向受力而不是与双向受力有关，但业已证明，双向受力可增高非均匀形变的承载能力，因为在这种情况下颈缩不仅限于局部而是分散分布的。所以在简单拉伸试验时所测得的 n 值可以作为材料胀形成形的有效判据。高的 r 值和减少可以导致出现早期颈缩的非金属夹杂物，对于控制胀形成形性也是重要的。

4.7.3　弯曲成形性

弯曲(bending)是把钢板、钢管和型钢弯曲成一定曲率、形状和尺寸的工件的冲压成形工艺。弯曲的方式有压弯、滚弯等(图 4.94)。压弯是最常用的弯曲方法，弯曲时，横断面中间不变形的部分称为中性层，中性层以外的材料受拉应力的作用，产生伸长变形；中性层以内的材料受压应力作用，产生压缩变形。由于中性层两侧钢材的应力和应变方向相反，当载荷卸去时，两侧钢材的弹性变形回复方向相反，引起不同程度的弹性回复，会影响弯曲件的精度。

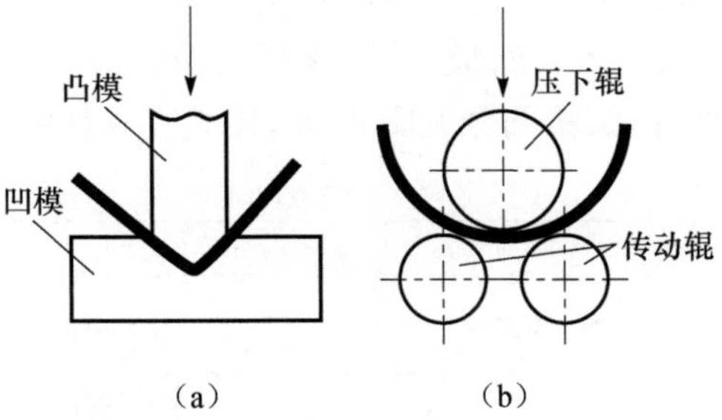

图 4.94　弯曲工艺[77]
(a) 压弯；(b) 滚弯

影响冷轧薄钢板弯曲成形性的力学性能参量为颈缩前的最大均匀应变值 ε_B 及断面收缩率 ψ。弯曲成形还要求具有低的屈强比 σ_s/σ_b，高的 r 值和 n 值。在断裂前，板材的厚度减薄性能也是很重的，它与断裂时的总应变值 ε_T 有关。

从以上的论述可知，颈缩前的最大均匀应变值 ε_B 和断裂总应变值 ε_T 对于良好的冷变形成形工艺都是很重要的。已经得到它们与钢的成分与组织之间的定量关系式[14]：

$$\varepsilon_B = 0.28 - 2.2\% w_C - 0.25\% w_{Mn} - 0.044\% w_{Si} - 0.039\% w_{Sn} - 1.2\% w_{N_f} \tag{4.70}$$

$$\varepsilon_T = 1.4 - 2.9\% w_C + 0.20\% w_{Mn} + 0.16\% w_{Si} - 2.2\% w_S - 3.9\% w_P - 0.25\% w_{Sn} + 0.017\% d^{-1/2} \tag{4.71}$$

式中，d 为晶粒尺寸；w_{N_f} 为钢中的自由氮含量(%)。在式(4.71)中，S 的影响实际上是 MnS 的影响。在式(4.70)中未反映晶粒尺寸的影响。作者的解释是由于晶粒的细化可

以使加工硬化率 $d\sigma/d\varepsilon$ 与流变应力 σ 等值增高,因此在 $d\sigma/d\varepsilon$-ε 和 σ-ε 的关系曲线上的交点所对应的 ε_B 值很相近,说明晶粒尺寸对 ε_B 值没有起作用[14]。这与式(4.69)所表示的结果不一致。

4.7.4　钢板冲压性能的试验方法

钢板冲压性能的试验研究方法可以分为间接试验和直接试验两类。间接试验是指试验条件、受力和变形特征均与冲压成形无关,但试验结果可以用来反映材料冲压成形的某些性能,拉伸试验是其中最重要的方法。GB/T 228.1—2010《金属材料　拉伸试验　第一部分:室温试验方法》及其附录 A 规定了厚度 0.1～3mm 薄板和薄带使用的标准试样及测定其各项力学性能指标的方法。金属薄板和薄带塑性应变比(r 值)和拉伸应变硬化指数(n 值)试验方法见 GB/T 5027—2016 和 GB/T 5028—2008。由于间接试验的条件与实际的冲压过程存在差别,有时需要通过接近生产实际的直接试验方法获取更为准确的板料冲压性能参数。

针对不同的类型的制品(板材、管材、线材等),有各种不同的直接试验的方法[2]。直接试验板料冲压成形性能的方法亦有多种,其原理相同,我国常用的是金属杯突试验。

金属杯突试验是用端部为球形的冲头,将夹紧的板材试样压入压模内,直至出现穿透裂纹为止,此时测得的杯突深度即为试验结果,以此来检验金属板材、带材的塑性变形性能。GB/T 4156—2007《金属材料　薄板与薄带埃里克森杯突试验》适用于厚度为 0.1～2mm、宽度等于或大于 90mm 的金属板、带。该标准现已为 GB/T 4156—2020 代替。杯突试验在杯突试验机上进行,试验部分见图 4.95,埃里克森杯突值用 IE 表示。

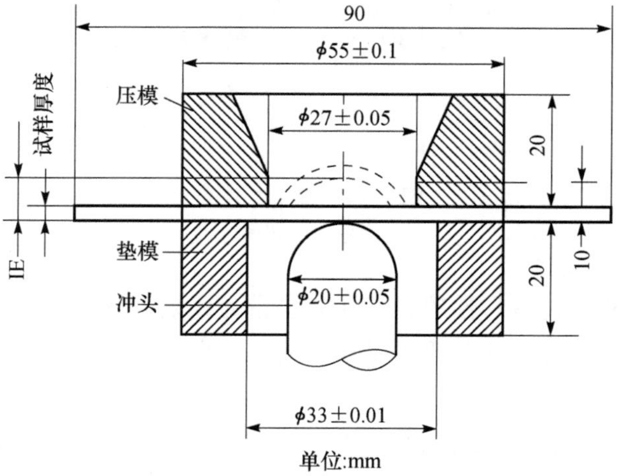

图 4.95　埃里克森杯突试验(GB/T 4156—2020)

上述直接试验法所获得的结果主要反映的是板料的总体成形极限,而板料的局部成形极限可以用通过特别试验建立的成形极限图(forming limit diagram,FLD)来确定冲压件所允许的最大应变值。成形极限图的形状一般如图 4.96 所示[78]。国家标准 GB/T 15825.8—2008《金属薄板成形性能与试验方法　第 8 部分:成形极限图(FLD)测定指南》(替代 GB/T 15825.8—1995)中制定了成形极限图的测定方法。

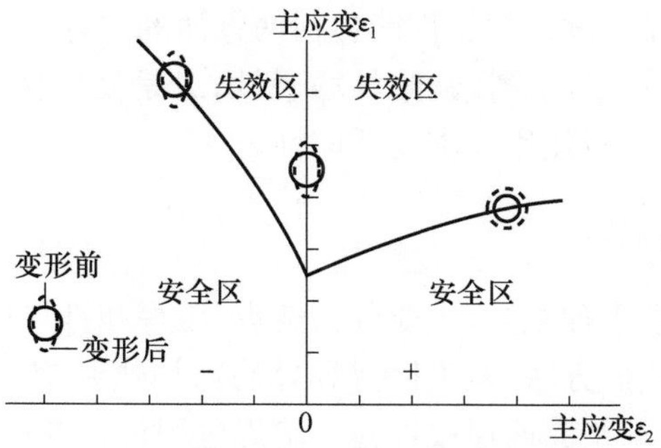

图 4.96　成形极限图[78]

通常采用刚性凸模对试样进行胀形的方法测定成形极限图，适用于厚度为 0.2～3.0mm 的薄板。试验时，首先在薄板试样表面制有直径 d_0 的网格圆图案，d_0 约为 2mm，然后将试样置于凹模与压边模之间并压紧。试样中部在凸模力的作用下胀形变形并形成凸包，其表面上的网格圆发生畸变，当凸包上某个局部产生颈缩或破裂时，停止试验，测量颈缩区或破裂区及其附近网格圆的长轴和短轴尺寸 d_1 和 d_2，按照下列公式计算金属薄板允许的局部表面极限主应变量。e_1 和 e_2 表示工程极限主应变量，ε_1 和 ε_2 表示真实极限主应变量：

$$e_1=[(d_1-d_0)/d_0]\times 100\%,\quad e_2=[(d_2-d_0)/d_0]\times 100\% \tag{4.72}$$

$$\varepsilon_1=\ln(d_1/d_0)=\ln(1+e_1),\quad \varepsilon_2=\ln(d_2/d_0)=\ln(1+e_2) \tag{4.73}$$

通过改变试样与凸模接触面间的润滑条件和采用不同宽度的试样可以获得不同的 e_1、e_2 或 ε_1、ε_2 的组合。以表面应变 e_2(或 ε_2)为横坐标、表面应变 e_1(或 ε_1)为纵坐标，将试验测得的数据标绘在表面应变坐标系中，将它们连成适当的曲线或构成条带形区域，即为成形极限图 FLD。FLD_0 是 FLD 与纵坐标轴 e_1 的交点的纵坐标值，是 FLD 上的重要特征点。

材料的性质和测试条件是影响 FLD 极限应变的主要因素。对各种低碳钢，FLD 极限应变值随材料 n 值的增加而增加。粗大的夹杂物降低 FLD 极限应变水平，加入变质剂改善夹杂物的形态可使 FLD 极限应变明显提高。板材厚度的增加将使 FLD 极限应变水平下降。

在 FLD 的右半部，两个主应变均为正值，这相当于各种胀形工艺的应变状态，而在其左半部，有一个主应变为负，这相当于各种拉深工艺的应变状态。根据 FLD 便可以确定冲压件允许的最大应变值，可用于优化成形方案。当冲压件的应变值处于 FLD 以下时，冲压工艺是可行的，可以给出满意的效果。

FLD 的测试方法在不断改进，在 FLD 的理论计算方面也开展了许多研究，这方面的论述可以参考有关文献[82]。

4.8　焊　接　性

焊接技术广泛应用于现代工业生产中，几乎涉及所有的工业部门。焊接结构的用钢量已占钢产量的 40%以上[83～85]。

焊接性(weldability)是指金属材料在一定焊接工艺条件下，焊接成符合设计要求、满足使用要求的构件的难易程度。焊接性能包括两方面的内容:一是结合性能,即金属材料在一定的焊接工艺条件下,形成焊接缺陷的敏感性;二是使用性能,即金属材料在一定焊接工艺条件下,其焊接接头对使用要求的适应性。

4.8.1　焊接方法与焊接缺陷

焊接方法已发展到数十种之多,主要分为熔焊、压焊和钎焊三大类。

熔焊是采用局部加热的方法,将工件待焊处局部加热到熔化,形成熔池,随着热源向前移去,熔池液态金属冷却结晶而形成焊缝。熔焊过程包含焊接热过程、焊接冶金过程和焊缝结晶过程。因此,熔焊过程会产生一系列影响焊接质量的问题,如焊缝化学成分的变化、焊接接头组织和性能的变化、焊接应力、焊接变形和焊接缺陷的产生。

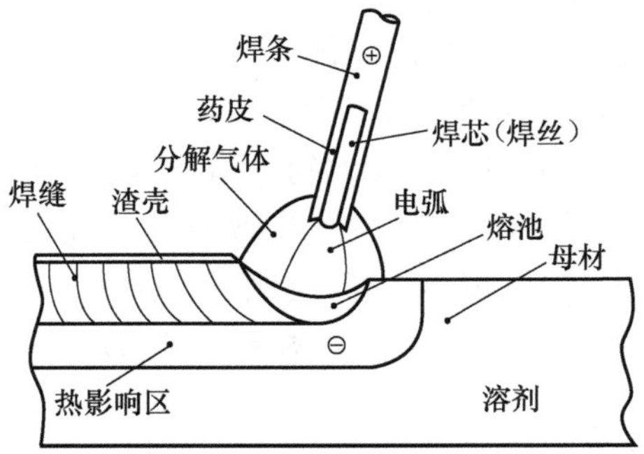

图 4.97　焊条电弧焊[83]

熔焊有气焊、电弧焊、电子束焊、激光焊等,其中电弧焊应用最广。电弧焊又分为焊条电弧焊、埋弧焊、氩弧焊、CO_2 气体保护焊等。图 4.97 为焊条电弧焊示意图。焊条由焊芯和药皮组成。焊芯为焊接专用金属丝,焊芯作为电极起导电作用,产生电弧,并作为填充金属,与熔化的母材共同组成焊缝金属。焊条药皮由矿石、铁合金、化工产品、有机物等粉剂和黏结剂组成。焊接过程中,药皮熔化形成熔渣,并产生一定的气体,保护熔池。加入的铁合金可以净化焊缝金属、渗入合金元素,使其具有合适的化学成分和性能。

压焊是在加压条件下(加热或不加热)使两工件在固态下实现原子间结合,又称固态焊接。常用的压焊工艺是电阻对焊。

钎焊是采用熔点比母材低的金属材料,使之熔化后润湿母材,填充接头间隙并与固态的母材相互扩散,从而实现连接,如锡焊、铜焊、银焊等。

熔焊是最重要的焊接工艺方法。图 4.98 为熔焊后焊接接头的构成,它由焊缝、熔合线、热影响区和邻近的母材组成。焊缝是由填充金属和母材混合熔化共同形成的铸态组织。焊缝外侧是母材受热循环作用的热影响区(heat affect zone,HAZ),这部分金属被加热到不同的峰值温度,使其组织和性能发生了不同于原始母材的变化。在焊缝与热影响区之间的过渡区被称为熔合区或熔合线。

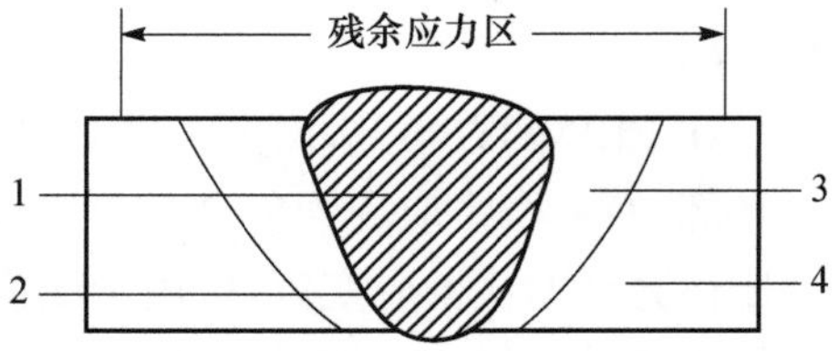

图 4.98　焊接接头的构成[84]

1—焊缝;2—熔合线;3—热影响区;4—母材

在焊接不良的情况下,会出现一些焊接缺陷。焊接缺陷可分为外部缺陷和内部缺陷。外部缺陷有:溢流、焊瘤、电弧烧伤、余高尺寸不合要求等,还会由于焊接残余应力的存在而引起焊接结构的变形。内部缺陷有:焊接裂纹、脆化、熔合不良、夹渣、气孔、偏析等,这些缺陷的存在将影响焊接结构的使用性能。

焊接缺陷中危害最大的是裂纹。焊接裂纹大致可分为两大类:由于焊接过程的作用引起的和在服役时产生的。后者与服役时的外部因素，如环境因素、振动、热疲劳等有关。前者又可分为热裂纹(又称为结晶裂纹)、冷裂纹和再热裂纹。还有一种称之为层状撕裂的缺陷，它的生成与焊接过程有关，也与服役条件有关。

热裂纹产生于焊缝形成后的冷却结晶过程中，主要发生在晶界上。热裂纹的成因与焊接时产生的偏析、冷热不均、焊条或母材中的硫含量过高等有关。

冷裂纹是在焊接完成后冷却到低温或室温时出现的裂纹，也可能是在焊接完成后经过一段时间才出现的裂纹，这种裂纹被称为延迟裂纹。冷裂纹多出现在熔合线附近的热影响区中，可以是穿晶裂纹，也可以是沿晶裂纹。冷裂纹是由于热影响区的低塑性组织承受不了冷却时的体积变化及组织转变产生的应力而开裂所致，这与母材中碳当量(见后)过高或磷含量过高等因素有关，这种裂纹基本上没有延迟现象。当焊缝中的氢原子含量高时，它们结合成分子进入细微空隙中将造成很大的压力，连同焊接应力的共同作用，也可能导致冷裂纹的出现，称为延迟裂纹或氢致裂纹。

再热裂纹是指焊接完成后，为了消除焊接应力需对焊件再次加热时(500～650℃)产生的裂纹，多发生在焊接过热区，属于沿晶裂纹。再热裂纹的发生与粗大晶粒的晶界偏析降低晶界的结合力有关，晶粒尺寸越大，偏析越严重；第二相粒子在再加热时沿晶界的析出也可能导致再热裂纹敏感性的增加。

层状撕裂是由于钢板内部沿轧制方向存在有分层的夹杂物导致厚度方向(Z 向)塑性低下的结果，裂纹出现在 HAZ 附近。钢板轧制后沿轧制方向有比较多的条状或片状塑性夹杂物。在焊接残余应力的作用下，尤其是高拘束的几何形状时，一些地方的夹杂物-母相界面破裂，断裂的最后阶段是平面间的垂直撕裂，使裂缝外表具有台阶状的特征(图 4.99)。层状撕裂还可能是延迟性的。裂缝或破坏可能在工作了几个星期甚至几年后发生，这可能与氢脆有关。层状撕裂易发生在厚壁结构的 T 形接头、十字接头和角接头处。图 4.100 为焊接部件出现层状撕裂的示意图。

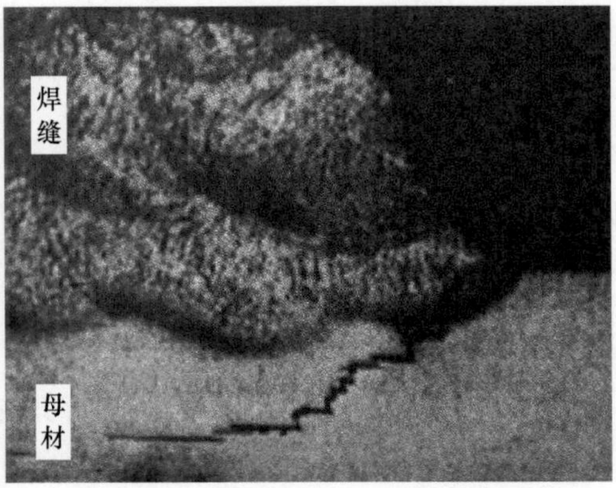

图 4.99　焊缝附近的层状撕裂[11]

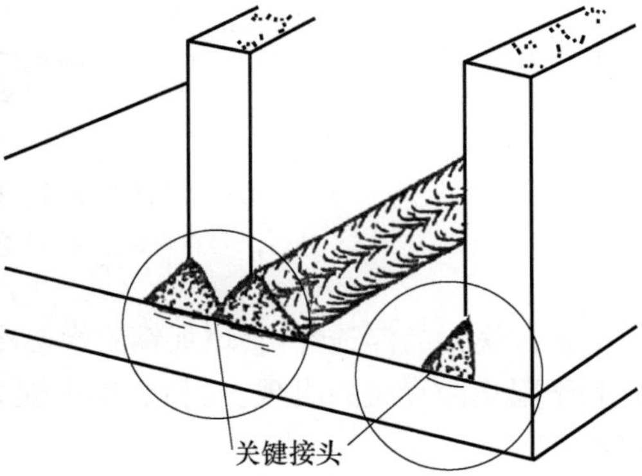

图 4.100　焊接部件出现层状撕裂的示意图[83]

4.8.2　影响钢材焊接性的因素[83～85]

影响钢材焊接性的因素有材料本身的性质、焊接方法、结构因素和使用条件。所有这些因素，对钢材的焊接性来说，都是决定性的，只要有一个不合适，就可能产生裂纹等缺陷。

1) 材料因素

熔焊时,对焊接热影响区的性能和缺陷产生影响的因素来自母材,对焊缝性能和缺陷产生影响的因素则来自母材和焊接材料,焊接材料包括焊条、焊丝和焊剂,还可能来自焊接时的环境。

碳增加焊缝的热裂敏感性,同时也增加硫的有害作用(图 4.101)。碳还是对钢的焊接冷裂纹敏感性影响最大的元素,其他元素的影响都可与碳比较而折合成碳当量。钢中碳含量在 0.25%以下时的塑性很好,淬硬倾向小,焊接性很好,焊接时无须采用特殊工艺措施。厚度小于 50mm 的钢板焊后不必进行热处理,而厚度大于 50mm 时,焊后需进行消除应力的热处理。中碳钢(0.25%~0.6%C)的焊接性较差,一般情况下,中碳钢焊接件焊前应预热。高碳钢的焊接性更差。

锰虽是能固溶强化和提高淬透性的元素,但 Mn 与 S、O 的亲和力强,在钢液和焊缝中能起到除硫的作用,减少硫的危害,防止焊缝出现热裂纹,改善钢的焊接性。在普通低合金钢中,锰含量一般控制在 1.5%~2.0%以下。为了保证锰与硫结合成 MnS,对钢中的 Mn/S 比值有一定要求。碳能降低硫在固溶体中的溶解度,促进硫的偏析,因此碳含量越高,为防止硫的有害作用所需的锰量也越高。为防止焊缝的热裂倾向,C、Mn、S 的含量之间存在着一定的关系,如图 4.101 所示。

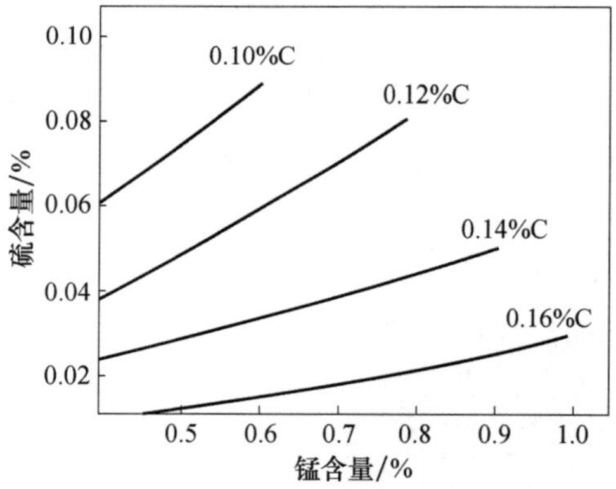

图 4.101　焊缝中碳、锰、硫含量对焊缝热裂纹的影响[86]

每条碳含量线的上面为裂纹区,下面为不裂区

镍提高钢的淬透性,会增加钢的焊接冷裂纹倾向,但镍可以改善铁素体基体的韧性,有利于阻止冷裂纹的出现。因此,钢中镍含量比较高时,应限制钢的碳含量以改善其焊接性。

硅可促进硫的偏析,增加热裂倾向。在碳含量低且有其他元素存在时,硅含量不大于 1.2%的低合金钢可以顺利地进行焊接。

铬提高钢的淬透性,增加钢的冷裂纹敏感性。碳含量较低,并有 Mn、Si 或 Mn、Ni、Cu 存在时,Cr 对焊接性没有多少影响,但 Cr 对含钼珠光体耐热钢再热裂纹敏感性有影响,当有 Mo 或 Mo-V 存在时,Cr 可增加钢的再热裂纹敏感性。

钒、钛、铌都是强碳化物与氮化物形成元素,其氮化物熔点较高,可提高晶粒粗化温度，但钒与碳和铬共存对 HAZ 的再热裂纹敏感性影响较大。钛含量较低时对 HAZ 的再热裂纹敏感性没有什么影响。TiN 可以控制晶粒尺寸，对于在大能量焊接中改善 HAZ 的韧性有贡献，但不要使钛超过固定氮所需要的量，以免生成 TiC 损害韧性。

铜室温下在铁素体中的溶解度为 0.35%，超过溶解度会引起时效强化。铜能增加 HAZ 的再热裂纹敏感性。我国生产的含铜钢的铜含量都在 0.5%以下，对焊接性没有不利影响。

磷在钢中被视为有害元素，但磷能有效地提高钢的抗大气及海水腐蚀能力，因此在低合金耐蚀钢中得到应用。磷易在焊缝金属晶界上严重偏析而促使结晶裂纹的形成，并增大近缝区的硬化倾向而增大冷裂纹的敏感性，因此在含磷低合金耐蚀钢中的碳含量需严格限制，一般应小于 0.12%，并希望碳加磷的含量不大于 0.25%。磷还增加钢的再热裂纹敏感性。

硼是强烈提高钢淬透性的元素，增加冷裂纹倾向，但由于硼为提高淬透性而加入钢中的量很小，在得到相同淬透性的情况下，添加硼比添加其他合金元素更有利于钢的焊接性。

稀土元素加入钢中可以改善塑性夹杂物 MnS 的形貌，使其以弥散形式分布，有利于改善钢的抗层状撕裂性能。

钢中的残留杂质元素易在晶界处富集，往往形成低熔点共晶，会增加钢在焊接过程中生成热裂纹的敏感性。在焊接件焊后消除应力的过程中，杂质在晶界的偏聚是促进产生热裂纹的主要原因，焊接接头的氢含量是产生冷裂纹的主要原因。氢主要来自焊接材料和焊接施工环境。

钢中的硫化物等塑性夹杂物是造成焊接件出现层状撕裂的主要原因。随着钢中硫含量的增加，钢的厚向断面收缩率迅速下降。高纯度钢的抗层状撕裂性能好，近年发展的抗层状撕裂性能良好的 Z 向钢，其主要特点就是纯净度高。

2) 焊接工艺

焊接工艺包括所采用的焊接方法和焊接工艺规程，如焊接线能量、预热、后热、焊接顺序、焊后热处理、对熔池和接头附近区域的保护方式等。

焊接线能量是指熔焊时由焊接能源输入给单位长度焊缝上的能量。焊接线能量 E 的计算公式为：$E=IU/v$。式中，I 为焊接电流(A)，U 为电弧电压(V)，v 为焊接速率(cm/s)，E 的单位为 J/cm。焊接线能量综合了焊接电流、电弧电压和焊接速率三项焊接工艺参数对焊接热循环的影响。一般情况下，焊接线能量在 10～50kJ/cm。

线能量增大时，HAZ 的宽度增大，加热到高温的区域增宽，在高温停留的时间增长，焊后冷却速率减慢，这将使 HAZ 过热，晶粒粗大，对接头塑性和韧性不利。但线能量过低会使高温停留时间过短，容易产生未熔合，焊缝冷却速率过快，使焊后焊缝的成分和组织不均匀，增加淬硬倾向。因此，在保证不焊穿和成形良好的条件下，应尽量采用较大的焊接电流，并适当提高焊接速率，以提高焊接生成率。焊接结构的日益大型化，对厚钢板的强度和韧性的要求也越来越高，同时要求提高焊接效率，因此需要开发出大焊接能量用钢。通过采用微合金化、TMCP、降低碳当量、TiN 利用等技术，现已开发出适应焊接线能量不超过 100kJ/cm 的高强度厚钢板。TiN 利用技术是根据钢中的 N 含量，适当添加 Ti 含量，形成细的弥散分布的 TiN 粒子，可以抑制焊接时奥氏体晶粒的粗大，增大针状铁素体的形核率,减轻大线能量焊接热影响区的脆化。

在各种工艺措施中,采用最多的是焊前预热和焊后热处理,这些措施对降低焊接残余应力,减缓冷却速率以防止热影响区淬硬脆化,避免焊缝热裂纹和氢致冷裂纹等都是有效的。

3) 结构因素

焊接接头的结构设计影响到结构的刚度、拘束应力的大小和方向,这些又影响到焊接接头的各种裂纹倾向。减少焊接接头的刚度和各种造成应力集中的因素是改善其焊接性的重要措施。

4) 使用条件

使用条件是指所承受载荷的性质和工作环境。焊接接头承受冲击载荷或在低温下使用时,要考虑到脆性断裂的可能性。接头如需在腐蚀介质中工作或经受交变载荷作用时,要考虑应力腐蚀或疲劳断裂的问题。使用条件越苛刻,对焊接接头的质量要求也越高,焊接性也就越难保证。

4.8.3 熔焊后钢的组织

熔焊时,在焊接接头上形成的一定几何形状和尺寸的熔池,熔池冷却凝固时形成焊缝。碳钢和普通低合金钢的熔池平均温度达到(1770±100)℃,焊接熔池体积小,周围的冷金属包围着它,冷却速率快(4~100℃/s),温差大。通常先在熔池边缘熔合区母材的晶粒上以柱状形状向焊接熔池中心生长,直到在熔池中心相互阻碍时停止,这种柱状的晶体称为柱状晶。图 4.102 显示一种不锈钢焊缝的柱状晶由熔合区母材晶粒外延生长的情况[11]。

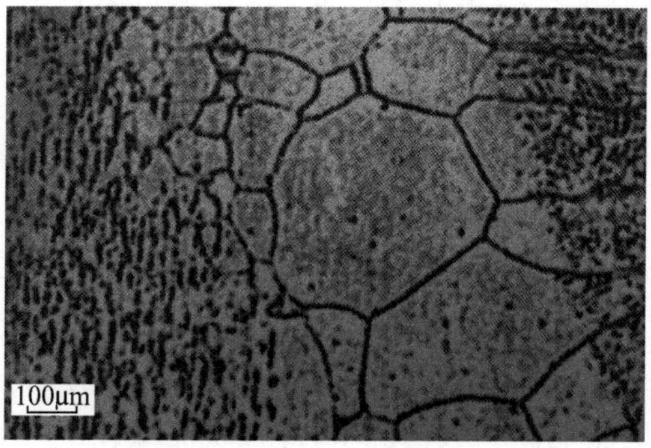

图 4.102　焊缝金属的柱状晶由母材晶粒外延生长[11]

熔池金属开始结晶时,晶粒长大的趋势各不相同,有的继续长大,可以一直长到焊缝中心,有的却只能成长到半途而停止。当晶粒最易长大的方向与散热最快的方向一致时,便优先得到成长,可以一直长大到熔池中心,形成粗大的柱状晶。有的晶粒的取向不利于成长,与散热最快的方向又不一致,这时晶粒的成长会很快停止下来。在熔池进行结晶的过程中,由于冷却速率很快,已凝固的焊缝金属中,化学成分来不及扩散,合金元素的分布是不均匀的,出现晶内和区域偏析。在熔焊过程中的保护措施不是完全有效的情况下,环境中的氧会侵入熔池,并形成氧化物残留在焊缝中。

熔焊时，在半熔化的母材边界，不同晶粒的导热方向彼此不同，其熔化程度可能有很大的不同，所以母材与焊缝的交界处并不是一条线，而是一个区。根据计算，在一般电弧焊的条件下，碳钢、低合金钢的熔合区宽度为 0.13～0.50mm。实践证明，熔合区是焊接接头中的一个薄弱环节，存在着严重的化学成分不均匀性。

低中碳钢焊接熔池由液态凝固后首先得到的组织是柱状的 δ 铁素体，随着温度的下降，γ 相在 δ 相晶界形核并成长为形貌与原始 δ 相晶粒很相似的柱状 γ 相晶粒，其尺寸可达到 100μm 宽、5000μm 长。粗大的晶粒尺寸增大了焊缝金属的淬透性。随着焊缝温度的继续降低，在 Ac_3 以下将出现 γ 相的转变，其转变产物主要有沿晶形铁素体、魏氏体铁素体和针状铁素体，有时也会有马氏体、残余奥氏体或退化珠光体出现。

粗大的结晶形态对钢的性能是很不利的，在一般情况下，构件焊好后不再进行热处理。因此，应尽可能保证结晶后就能得到良好的焊缝组织。改善焊缝金属结晶组织的一种有效方法是对焊缝进行变质处理，即向焊缝添加一些合金元素或者某些微量元素，可以大幅度地提高焊缝的强度和韧性。具体方法是通过焊条、焊丝或焊剂等向熔池中加入细化晶粒的元素。

有时焊缝需要进行多道次焊接，其焊后组织比较复杂，每一道次输入的热量会对上一道次已生成的组织进行热处理，能使其一部分区域加热转变成奥氏体，并使柱状晶组织遭到破坏，并在热循环的冷却阶段转变成不同的组织。其余部分只是进行一次回火。

熔焊时，焊接接头焊缝处的金属熔化后又快速冷却。这样剧烈的热循环使其邻近的热影响区原有的显微组织及性能发生了改变。根据被焊钢材的情况，HAZ 还可以分为几个区域。

图 4.103 为一种低碳钢的 HAZ 组织变化示意图。在焊接过程中，HAZ 各处均经历了一个加热和冷却的循环。HAZ 各处受热的峰值温度 T_p 及加热速率与焊接线能量 E 有关，并随其距熔化区(焊缝)距离的增加迅速减小，但 HAZ 各处的冷却速率的变化仅受焊接线能量 E 的影响，对其距熔化区的距离不甚敏感，冷却速率一般用自 800℃冷至 500℃的时间 Δt_{8-5} 来表述，许多焊接用钢的奥氏体分解过程在此温度范围内进行。因此，HAZ 各点的热循环特征可用两个参数 T_p 和 Δt_{8-5} 来表征，它们与焊接线能量 E 的关系为

$$T_p \propto E/r \tag{4.74}$$

$$\Delta t_{8-5} \propto E^n \tag{4.75}$$

式中，r 为该点与熔化区边界的距离；n 为定值(1 或 2)，n 值的选定取决于焊缝向 HAZ 的热流动是三维还是二维[11]。

紧邻焊缝的区域均被加热至完全奥氏体化的高温，形成粗晶粒奥氏体区，温度范围处在固相线以下至 1100℃左右。热循环过程中在 HAZ 中生成的粗大的奥氏体晶粒对钢的韧性产生不利的影响，冷却后得到粗大的组织。粗大的晶粒能提高钢的淬透性，在冷却过程中可能有一部分转变成马氏体，增加钢的冷裂纹敏感性。通过微合金化加入适量的能生成稳定碳氮化合物的 Ti、Nb、V 等元素，可有效地抑制奥氏体晶粒的长大，其中 TiN 的效果最显著。为防止生成高硬度的转变产物，需要使钢的成分具有低的碳当量。

随着离焊缝的距离的增加，峰值温度 T_p 降低，奥氏体的晶粒很快变细，此区域为重结晶区。此区域的塑性和韧性都比较好，所处的温度范围为 1000℃～A_3，然后在空气中

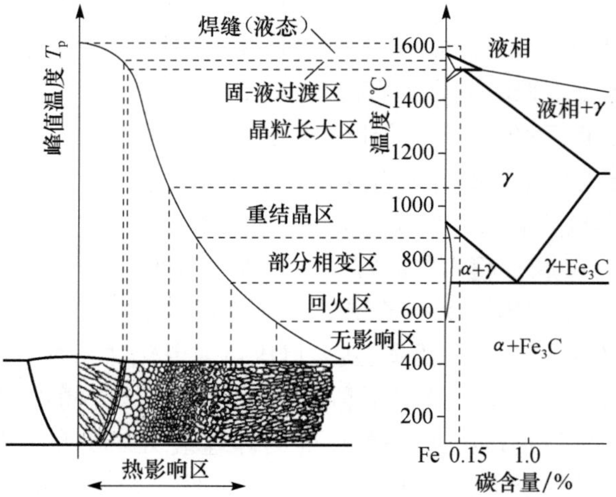

图 4.103　0.15%C 钢 HAZ 示意图[83]

冷却时得到相当于热处理时的正火组织。

当离焊缝的距离进一步增加，在热循环时的 T_p 下降至 $\alpha+\gamma$ 两相区，此区域为部分相变区，属于不完全重结晶区。生成的奥氏体晶粒细小，但有较高的碳浓度，在较快的冷却速率下，富碳奥氏体有一部分也可能转变成马氏体和残余奥氏体，另一部分未能溶入奥氏体的铁素体晶粒会长大。因此，此区域的特点是晶粒大小不一，组织不均匀，力学性能也不均匀。

受热温度 T_p 低于 Ac_1 的区域为回火区。

至于焊接淬硬倾向较大的钢种，如低碳调质高强钢、中碳调质高强钢等，焊接热影响区的组织分布还与母材焊前的热处理状态(退火、正火、调质)有关[87]。

4.8.4　钢的焊接性判据

在大量试验工作的基础上建立的许多碳当量公式就是用来间接判断某些钢的焊接性和冷裂纹敏感性的。这些碳当量公式对于解决一些工程实际问题起了良好的作用。碳是各种元素中对钢的淬硬性和冷裂倾向影响最显著的元素，把各种合金元素对淬硬性和冷裂倾向都与碳比较而折合成相当于若干碳量，而各种元素影响的总和称为这种钢的碳当量 C_{eq}。随碳当量的提高，近缝区的最高硬度增高，冷裂倾向增大。下面列举两个引用较多的公式。

国际焊接学会推荐的公式：

$$C_{eq}=w_C+\frac{1}{6}w_{Mn}+\frac{1}{15}(w_{Ni}+w_{Cu})+\frac{1}{5}(w_{Cr}+w_{Mo}+w_V) \tag{4.76}$$

此式适用于中高强度的低合金非调质钢。$C_{eq}<0.4\%$时，钢的淬硬性不大，焊接性良好；$C_{eq}=0.4\%\sim0.6\%$时，钢易于淬硬，焊接时需要预热才能防止冷裂纹；$C_{eq}>0.6$ 时，钢的淬硬倾向大，焊接性差。

日本工业标准和日本焊接学会推荐的公式：

$$C_{eq}=w_C+\frac{1}{6}w_{Mn}+\frac{1}{40}w_{Ni}+\frac{1}{5}w_{Cr}+\frac{1}{24}w_{Si}+\frac{1}{4}w_{Mo}+\frac{1}{14}w_V \tag{4.77}$$

此式适用于低合金调质钢，其化学成分范围：$w_{C}\leqslant 0.2\%$、$w_{Si}\leqslant 0.55\%$、$w_{Mn}\leqslant 1.5\%$、$w_{Cu}\leqslant 0.5\%$、$w_{Ni}\leqslant 2.5\%$、$w_{Cr}\leqslant 1.25\%$、$w_{Mo}\leqslant 0.7\%$、$w_{V}\leqslant 0.1\%$、$w_{B}\leqslant 0.006\%$。

C_{eq} 值作为评定冷裂纹敏感性判据，并未考虑接头拘束度、扩散氢等因素的影响。

20 世纪 60 年代后期，建立了钢的裂纹敏感性指数 P_{c}，综合了钢的淬硬倾向、拘束度、焊接接头氢含量三要素的影响，使计算结果更准确，是目前应用比较广泛的冷裂纹判据。P_{c} 公式如下：

$$P_{c}=P_{cm}+\frac{[H]}{60}+\frac{\delta}{600}(\%) \tag{4.78}$$

$$P_{cm}=w_{C}+\frac{1}{30}w_{Si}+\frac{1}{20}(w_{Mn}+w_{Cu}+w_{Cr})+\frac{1}{60}w_{Ni}+\frac{1}{15}w_{Mo}+\frac{1}{10}w_{V}+5w_{B} \tag{4.79}$$

式中，P_{cm} 为化学成分的冷裂纹敏感系数(%)；δ 为板厚(mm)；[H]为扩散氢含量(mL/100g)。

式(4.78)的使用范围：$w_{C}=0.07\%\sim0.22\%$，$w_{Si}=0\%\sim0.60\%$，$w_{Mn}=0.4\%\sim1.4\%$，$w_{Cu}=0\%\sim0.50\%$，$w_{Ni}=0\%\sim1.20\%$，$w_{Cr}=0\%\sim1.20\%$，$w_{Mo}=0\%\sim0.70\%$，$w_{V}=0\%\sim0.12\%$，$w_{Ti}=0\%\sim0.05\%$，$w_{Nb}=0\%\sim0.04\%$，$w_{B}=0\%\sim0.005\%$，$[H]=1.0\sim5.0$mL/100g，$\delta=19\sim50$mm，线能量 $E=17\sim30$kJ/cm，试件坡口为 Y 形。

根据实验的结果，利用 P_{c} 作为冷裂纹判据的条件是：$P_{c}<P_{cr}$，将不产生裂纹，式中 P_{cr} 为某钢产生冷裂纹的裂纹敏感性指数。在此基础上提出了避免裂纹所需的预热温度 T_{0}：

$$T_{0}=1440P_{c}-392℃ \tag{4.80}$$

影响焊接性的因素甚多，计算公式难以充分考虑。工程上，最终防止裂纹的条件必须通过直接裂纹试验或模拟试验来确定。

4.8.5　焊接裂纹试验方法

采用新的焊接用钢时，首先需进行可焊性试验，包括抗裂性试验和焊接接头使用性能试验，许多国家都制定了相关标准。通过抗裂试验可以确定母材及焊接材料的裂纹倾向，是正确选择母材、焊接材料及焊接工艺的重要方法。现行焊接性试验方法甚多，可参考有关标准和文献[87]。每一种试验方法都是从某一特定的角度来考核或说明焊接性的某一方面，因此，往往需进行一系列的试验才能较全面地说明某一种钢的焊接性。下面介绍两种常用的焊接裂纹敏感性试验方法。

1) 斜 Y 坡口对接裂纹试验(GB 4675.1—84)

这种试验方法亦称“小铁研”试验，广泛用于评价打底焊缝及其热影响区冷裂倾向，所用试样如图 4.104 所示。试样用被焊材料制成，两端各 60mm 用焊缝固定，为拘束焊缝，双面焊接并焊满坡口，中间 80mm 为试验焊缝的位置。通常以标准焊接规范在三个试件上重复试验，焊后经 48h 后才能开始进行裂纹的检测和解剖。

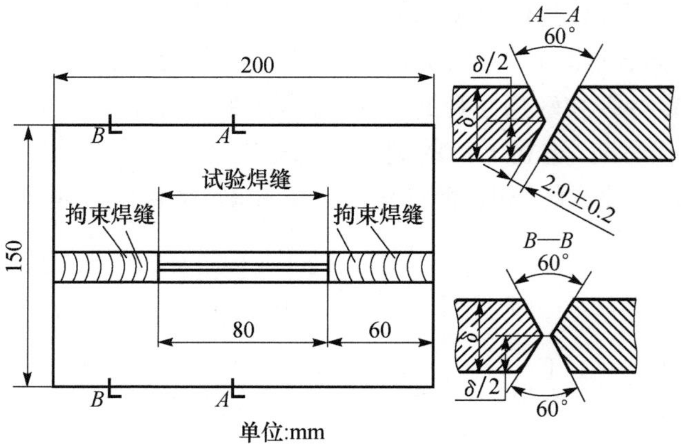

图 4.104 斜 Y 坡口对接裂纹试样(GB 4675.1—84)

采用肉眼和适当的方法检查焊接接头的表面和断面是否有裂纹,分别计算出表面裂纹率、根部裂纹率和断面裂纹率。裂纹的长度或高度按图 4.105 所示进行检测,裂纹长度为曲线形状,如图 4.105(a)所示,则按直线长度检测,裂纹重叠时不必分别计算。表面裂纹率 C_f、根部裂纹率 C_r 和断面裂纹率 C_s 的计算公式如下:

$$C_f=\sum l_f \cdot L^{-1}\times 100\% \tag{4.81}$$

$$C_r=\sum l_r \cdot L^{-1}\times 100\% \tag{4.82}$$

$$C_s=(H_c/H)\times 100\% \tag{4.83}$$

式中,$\sum l_f$、$\sum l_r$、H_c 分别为表面裂纹总长、根部裂纹总长、断面裂纹高度;L 为试验焊缝长度;H 为试验焊缝最小厚度(图 4.105)。断面裂纹率是解剖五个断面后求出每一断面的裂纹率后求出的平均值。

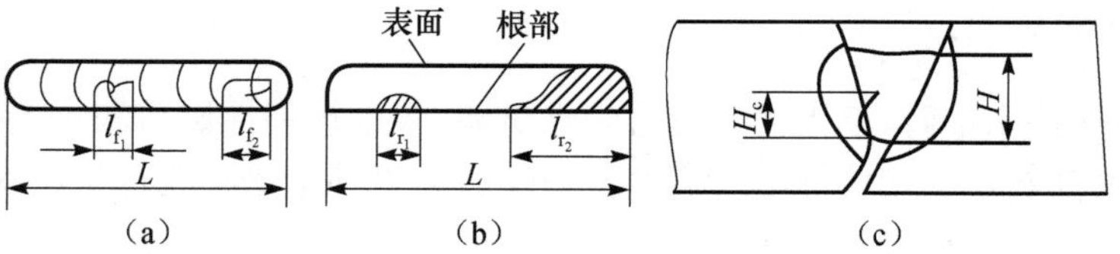

图 4.105 试样裂纹长度的计算(GB 4675.1—84)

(a) 表面裂纹;(b) 根部裂纹;(c) 断面裂纹

斜 Y 坡口对接裂纹试验的接头拘束很大,根部尖角又有应力集中,试验条件比较苛刻,用于评定焊根尖角处热影响区的抗裂性,多用于低合金钢焊接热影响区冷裂纹试验。一般认为,在这种试验中若裂纹率不超过 20%,在实际结构焊接时,不会产生裂纹。如果保持焊接规范不变,而采用不同预热温度进行试验,可获得防止冷裂纹的预热温度值,可作为实际生产中预热温度参考值。

2) 层状撕裂试验

层状撕裂的试验方法很多,工程上广泛使用的是 Z 向拉伸试验法。造船、海上采油平台、压力容器等重要焊接构件均要求在钢板的厚度方向(Z 向)有良好的抗层状撕裂性能,采用厚度方向拉伸试验的断面收缩率 ψ_z 作为层状撕裂敏感性的判据。当 $\psi_z=5\%\sim$

8%时，层状撕裂敏感性比较严重；当 $\psi_z \geqslant 15\%$时，方能较好地抵抗层状撕裂。

我国国家标准 GB/T 5313—2010《厚度方向性能钢板》(替代 GB 5313—85)将厚钢板的 *Z* 向性能分为 *Z*15、*Z*25 和 *Z*35 三个级别，其相应的断面收缩率和硫含量的要求如表 4.15 所示。上述标准适用于厚度为 15～400mm 的镇静钢钢板。厚度方向性能钢板亦称 *Z* 向钢。要求厚度方向性能钢板的牌号表示方法为在该牌号后附加 *Z* 向性能级别。

表 4.15　*Z* 向性能级别对其断面收缩率和硫含量的要求(GB/T 5313—2010)

级别	断面收缩率 ψ_z/%		硫含量/%
	三个试样平均值	单个试样值	
*Z*15	≥15	≥10	≤0.010
*Z*25	≥25	≥15	≤0.007
*Z*35	≥35	≥25	≤0.005

测定断面收缩率的拉伸试样可由整个板厚加工制成。当板厚不足时，可采用焊上夹持端的拉伸试样，如图 4.106 所示。

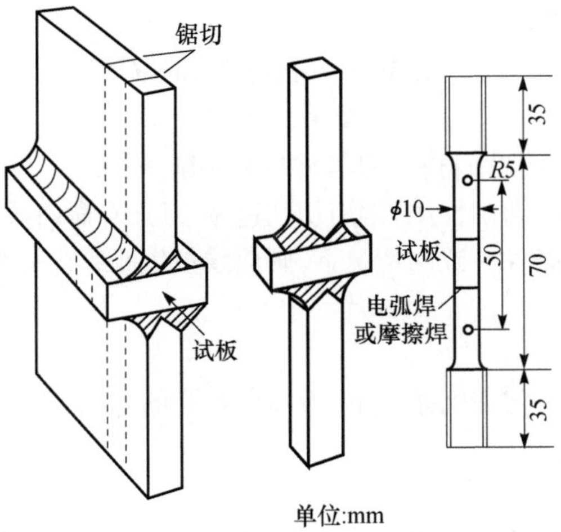

图 4.106　钢板 *Z* 向拉伸试棒及其制备过程[83,84]

4.9　切削加工性和能量加工技术

在机械制造工业中，切削加工占有最重要的地位，因此要求钢材具有良好的切削加工性(machinability)。切削加工性常常是合金结构钢选用的重要依据。

4.9.1　评定切削加工性的标准

材料的切削加工性是指在一定的切削条件下，对材料进行切削加工的难易程度。由于具体情况和要求不同，切削加工的难易程度就有不同内容。粗加工时，要求刀具的磨损慢和加工生产率高；而在精加工时，则要求工件有高的加工精度和较小的表面粗糙度。这两种情况下所指的切削加工难易程度的含义是不同的，因此切削加工性是一个相对概念，衡量切削加工性的指标就不能是唯一的。一般把切削加工性的衡量指标归纳为以下几个方面[88,89]。

1) 加工质量

精加工时,用被加工表面粗糙度评定材料的切削加工性,易于获得很小表面粗糙度的材料,其切削加工性高。

2) 刀具耐用度

比较通用的是以刀具耐用度来衡量切削加工性。刀具耐用度的定义为:由刃磨后开始切削,一直到磨损量达到刀具规定的磨钝标准所经历的总切削时间。

在保证相同的刀具耐用度(T)的前提下,考察切削这种材料所允许的切削速率(V_T)的高低,或者在保证相同的切削条件下,考察切削这种材料时刀具耐用度数值的大小。在前一种的情况下,切削这种材料所允许的切削速率 V_T 越高,其切削加工性越好。在后一种的情况下,刀具的耐用度越长,其切削加工性也就越好。V_T 的含义是:当刀具耐用度为 T 时,切削该种材料所允许的切削速率值。一般情况下可取 $T=60\text{min}$;对于一些难切削材料,可取 $T=30\text{min}$ 或 $T=15\text{min}$。如果取$T=60\text{min}$,V_T 可写成 V_{60}。

大量的试验研究表明,当其他条件一定时,刀具寿命 T(min)与切削速率 V(m/min)存在如下关系:

$$\log V=-n\log T+\log C \tag{4.84}$$

即

$$V\cdot T^n=C \tag{4.85}$$

式中,C、n 为常数,取决于切削材料、刀具材料和切削条件。

为了比较不同钢材的切削性能,常用切削速率-刀具寿命曲线(V-T 曲线)来表示。在相互比较的材料的切削条件一致的情况下,则曲线位置距纵坐标越远,该材料的切削加工性越好。

3) 切削抗力

切削抗力是钢材在一定切削条件下,刀具所承受的切削力。切削抗力越小,钢材的切削性能越好。

4) 断屑性能

在对加工材料断屑性能要求很高的机床,如自动机床、组合机床,以及自动线上进行切削加工时,或者对断屑性能要求很高的工序,如深孔、钻削等,应采用这种衡量指标。凡是切屑容易折断的材料,其切削加工性就好;反之,则切削加工性较差。

5) 相对加工性

生产上通常使用相对加工性来衡量工件材料的切削加工性。相对加工性,即以强度 $\sigma_b=637\text{MPa}$ 时处于正火状态的 45 钢的 V_{60} 为基准(写做$(V_{60})_j$),其他被切削的工件材料的 V_{60} 与之相比的数值,记做 K_v:

$$K_v=V_{60}/(V_{60})_j \tag{4.86}$$

$K_v>1$ 的材料,比 45 钢容易切削;$K_v<1$ 的材料,比 45 钢难切削。各种工件材料的相对加工性 K_v 乘以$(V_{60})_j$,即可以得出切削各种材料的可用切削速率 V_{60}。

目前常用的工件材料,按相对加工性分为 8 级,易切钢为 2 级,其 $K_v\geqslant 2.5$,正火 45 钢 $K_v=1$,其加工性为 4 级,调质 40Cr 钢($\sigma_b=1.03\text{GPa}$)$K_v\approx 0.6$,其加工性为 6 级,而镍基高温合金 $K_v<0.15$,加工性为 8 级,属于很难切削材料。

不过切削加工性是一个比较复杂的概念,同一种钢材的切削加工性还与加工方法(车、铣、钻、磨)有关。

4.9.2 影响钢材切削性能的因素

钢的切削加工性与其力学性能、物理性能、组织及化学成分有关[82,85,86]。

钢的硬度及强度过高时，切屑与刀具前刀面的接触长度减小，摩擦热集中在较小的刀-屑基础面上，促使切削温度增高，刀具的磨损加剧，甚至引起刀尖的烧损及崩刃，并且耗费动力多，使加工性能变坏。特别是材料的高温硬度和强度对材料的切削加工性的不利影响尤为显著，这也是某些耐热钢和高温合金切削性能差的主要原因。工件材料的强度越高，切削力也越大，切削温度相应增高，刀具磨损增大。

硬度太低、塑性和韧性太高时，切屑不易断开，工件和刀具接触处局部变形大，切削力增大，切削温度也较高，增加刀具的磨损，已加工表面的粗糙度也增加，在中低速切削塑性较大的材料时容易产生积屑瘤(build-up edge，BUE)，影响表面加工质量；塑性大的材料切削时不易产生断屑，切削加工性较差。

积屑瘤的形成过程如下：切削过程中，由于切屑对前刀面有很大的压力，并因摩擦作用生成大量的切削热，如果温度和压力适当，与前刀面接触的一部分切屑由于摩擦力的影响，流动速率相对减慢，在前刀面形成"滞留层"，并逐步扩大而形成积屑瘤。积屑瘤的存在，使加工后所得到的工件表面质量和尺寸精度都受到影响；但积屑瘤的硬度高，可达工件材料的硬度的 2～3.5 倍，在其稳定存在时，可代替刀刃进行切削，提高刀刃的耐磨性。因此，粗加工时设法形成积屑瘤，而在精加工时则要避免积屑瘤的产生。

材料的导热系数对切削加工性的影响是：导热系数高的材料切削加工性都比较高，而导热系数低的材料切削加工性都低。室温下呈奥氏体组织的奥氏体钢，由于韧性好，加工硬化率大，导热性差，切削加工时引起切削力和切削热的显著增加，使钢的切削性能变坏。

钢的组织明显地影响切削加工性。图 4.107 为钢的不同组织的 V-T 关系曲线。一般情况下，铁素体的塑性较高，而片状珠光体的塑性较低。含碳极低的纯铁，由于塑性太高，其切削加工性很低，切屑不易折断，切屑易粘在前刀面上，已加工表面的粗糙度很大。

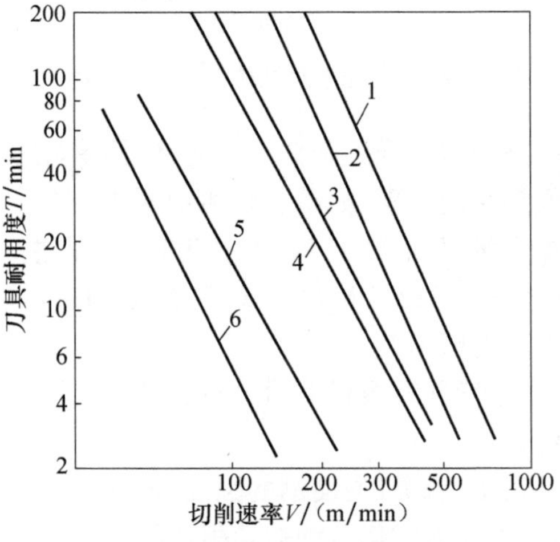

图 4.107　钢的不同组织的 V-T 曲线[88]

1—10%珠光体；2—30%珠光体；3—50%珠光体；4—100%珠光体；

5—回火马氏体，300HBS；6—回火马氏体，400HBS

适量珠光体的存在,可以改善钢的切削加工性,这是由于低碳钢中的片状珠光体可以引起应力集中,使切削力下降的缘故。经验表明,珠光体量为 15%~20%,硬度为 200HB 左右时最适宜。

对于渗碳用钢,采用高温正火得到粗大的晶粒和魏氏组织,可以改善切削加工性,此时冲击韧性降低,有利于断屑。对于中碳钢,当具有较粗大的珠光体和铁素体的混合组织时,切削加工性较好;粒状珠光体和铁素体的混合组织,韧性较高,不易加工,表面光洁度不好;严重的带状组织,使切削加工性变劣,因此在原始组织中不希望存在。

对于高碳钢,退火获得的粒状珠光体对切削加工有利,此时可以得到较低的硬度。在高碳钢中,碳化物应当均匀分布,碳化物的局部聚集将增加刀具的磨损。但硬度相同时,由于成分和组织不同,切削加工性也会有较大的差异。

马氏体钢由于硬度高,促进了刀具磨损,增大了切削力,即使是低碳马氏体,其硬度也达到 400~450HB,许用切削速率只是 45 钢的 1/3。而高碳钢马氏体的硬度大于 600HB,许用切削速率只是 45 钢的 1/10。

常用合金元素对结构钢切削加工性的影响如图 4.108 所示[88]。

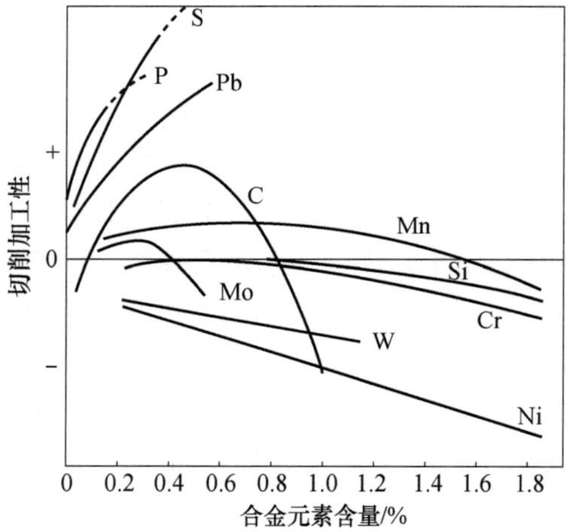

图 4.108　常用合金元素对结构钢切削加工性的影响[88]

在结构钢中加入能提高固溶体强度和韧性的元素,如镍,使切削性能下降。钢中含有能提高铁素体强度并降低韧性的元素,如磷、氮,可改善切削性。这些元素可用做低碳钢中的易切削元素。磷的加入量以 0.04%~0.08%为宜,含量过高时,硬度过高,加工性反而变坏。氮含量为 0.007%~0.012%时效果最好,过多的氮对切削性也是有害的,高硬度的氮化物质点会增加刀具的磨损。

钢中的铝、硅能形成高硬度并有磨料性质的氧化物、氮化物等夹杂,对刀具有较强的磨损作用,使刀具寿命降低。

碳化物形成元素,如铬、钼、钒等,均使钢的强度、硬度增加,如果形成特殊碳化物,这些碳化物均有高的硬度,这类元素皆降低钢的切削性能。

锰、锆、稀土等元素能在钢中形成硫化物夹杂,钛、钙与氧可形成复合夹杂物,硒、碲也可与锰形成硫化物夹杂,铅、铋则在钢中生成低熔点金属夹杂物,这些元素均可明显改善钢的切削加工性。由于锰可以强化铁素体,化合成硫化锰以外的锰含量应为 0.3%

～0.45％。

4.9.3　钢中夹杂物热加工时的变形性能

钢在热加工时，夹杂物的变形行为对于钢的性能有重要的影响[90]。

Pickering 研究过热加工对钢中夹杂物塑性变形的影响[91]。钢中的球形夹杂物热变形时，平行于轧制方向被拉长为椭圆体。设夹杂物长轴为 b，短轴为 a，夹杂物长短轴之比 $b/a=\lambda$，则热变形时，夹杂物的真实应变 ε_i 为 $\ln(b/a)$，即 $\varepsilon_i=\ln\lambda=\ln(b/a)$。对钢而言，可以证明：钢的横截面积在热变形时从原来的 F_0 减小到 F_1，钢中同样一个球形体亦将变成一个椭圆体，其长轴与短轴之比为 $F_0^{3/2}/F_1^{3/2}$，钢的真实应变 $\varepsilon_s=\ln(F_0^{3/2}/F_1^{3/2})=(3/2)\ln(F_0/F_1)=(3/2)\ln h$，$h$ 为钢的锻压比。

钢中夹杂物塑性好坏可用其变形指数 γ 描述。变形指数 γ 是指夹杂物真应变 ε_i 与钢(基体)真应变 ε_m 的比值，即 $\gamma=\varepsilon_i/\varepsilon_m$。Malkiewicz 和 Rudnik 研究了夹杂物的变形能力，并以变形指数 γ 表示其变形能力[92]：

$$\gamma=\varepsilon_i/\varepsilon_m=2/3(\ln\lambda/\ln h) \tag{4.87}$$

夹杂物的变形指数 γ 值可以从 0 开始，即钢在热加工时夹杂物完全不变形，变到 1，即夹杂物的伸长与钢的伸长相等；γ 值甚至可大于 1，即夹杂物的伸长大于钢，这样的夹杂物将使钢发生严重的各向异性。

夹杂物的变形指数 γ 与温度有关，而且不同夹杂物的变形性指数 γ 随温度变化的规律亦不相同。铝酸盐夹杂物的变形指数 γ 在不同的温度下均为零，表示这类夹杂物在热加工时不变形。硅酸盐类夹杂物在低温时的变形指数 γ 几乎为零，但当温度高于某一临界值时，变形指数急剧增加，此临界值随成分不同而在 800～1300℃变化，其 γ 值迅速增加到 1，甚至到 2。表明这类夹杂物在高温时迅速软化，极易变形。硫化锰是容易变形的夹杂物，在热加工范围内，其 γ 值接近 1，并随温度的升高而略有下降。MnS 具有面心立方结构，其变形特征与钢基体很相似，如果晶体取向合适，起源于钢中的滑移可以连续通过硫化物夹杂，并返回到钢中[93]。

Baker 等提出了钢在热加工时控制夹杂物 γ 值的基本因素[90]，认为 γ 值与夹杂物的硬度 H_i 和钢的硬度 H_m 具有如下关系：

$$\gamma\approx 2-H_i/H_m \tag{4.88}$$

由此式可知，在热加工温度下，夹杂物显微硬度为钢的 2 倍(或大于 2 倍)时，夹杂物不变形，这样易切削钢在热加工后具有高的韧性和小的各向异性。

式(4.88)表明通过改变夹杂物的化学成分或组成，可以改变夹杂物的硬度，从而改变其变形指数。

4.9.4　易切削元素和易切削机理

在钢中加入一定量的一种或一种以上的 S、P、Pb、Se、Te 等易切削元素，以改善其切削性的钢种称为易切削钢，简称易切钢。其中 S、Pb 是应用最广泛的两个元素。S、Pb 可分别添加在钢中，也可以共同加入钢中，称为复合系，还可以再附加其他元素。复合系可显著提高钢的切削性能。

1) 硫系和硫复合系

硫系易切削钢是国内外生产应用最早、用量最大、用途最广的一类易切削钢。

钢中的 MnS 为 α-MnS,具有面心立方结构,可固溶其他金属形成(Mn,Me)S 型固溶体,使硬度增高,塑性降低,从而改变热加工后硫化物夹杂形态,对钢的力学性能和切削性能产生重要影响。

MnS 在钢锭中的形态,按 Sims 和 Dahle 提出的分类法,可以分为三种,取决于炼钢工艺[90]:

Ⅰ型 MnS,呈大小不同的球状,常常与氧化物复合,多数尺寸为 10～30μm,而且是明显地无规则分布,最常见于用硅脱氧的沸腾钢及半镇静钢中。钢水中存在较高氧含量(>0.012%)是Ⅰ型硫化锰沉淀的主要原因。在这类夹杂物的 MnS 中经常固溶有不同量的其他元素。

Ⅱ型 MnS,呈扇形或链状分布于晶界,通常称为晶界硫化物,有时好像是以共晶形式凝固,常与 Al_2O_3 一起结晶。这类硫化物是在用铝脱氧而没有过剩的铝时出现的。形成Ⅱ型 MnS 的氧含量范围为 0.012%～0.008%。

Ⅲ型 MnS 常见于含氧量小于 0.008%的钢中,形状不规则,常呈角状且在钢中无规则地分布,与Ⅰ型夹杂物相似,但是Ⅲ型硫化物总是形成单相夹杂物。

Kiessling 发现,在 Al 含量小于 0.001%钢中出现Ⅰ型 MnS,在 Al 含量大约为 0.003%的钢中出现Ⅱ型 MnS,在 Al 含量为 0.038%的钢中,出现Ⅲ型 MnS。

Sims 和 Dahle 认为这三种不同类型硫化物的形成是由于硫在钢液中的溶解度随氧的溶解度的减少而增加,这种解释已被普遍承认。

Ⅰ型 MnS 在沸腾钢或半镇静钢中形成,钢中氧含量高,因而硫的溶解度低,硫化物在较高温度析出,其析出和脱氧过程同时进行,导致从液态钢中初析的硫化物和氧化物以复合形式存在(图 4.109(a))。

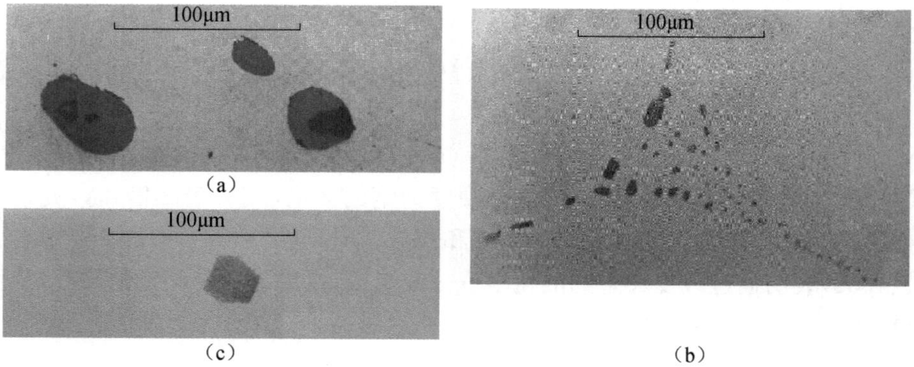

图 4.109　MnS 在钢锭中的形态[90]

(a)Ⅰ型 MnS, Si 脱氧,钢的成分:0.26%C,0.47%Si,0.84%Mn,0.022%P,0.011%S,0.001%Al,0.0074%O;(b)Ⅱ型 MnS,Al 脱氧(罐中 1000g/t),钢的成分:0.23%C,0.41%Si,1.07%Mn,0.021%P,0.022%S,0.007%Al,0.004%O;(c)Ⅲ型 MnS,Al 脱氧(模中 700g/t),钢的成分:0.26%C,0.48%Si,0.84%Mn,0.022%P,0.011%S,0.038%Al,0.0047%O

Ⅱ型 MnS 在用铝完全脱氧且无过剩的镇静钢中出现。这种钢氧含量低，因此硫在钢液中有高的固溶度，硫化物在钢锭最后凝固的部分最后析出。因此，Ⅱ型 MnS 在初次晶粒边界以树枝晶状共析方式出现(图 4.109(b))，脱氧形成的 Al_2O_3 常常对硫化物相起形核作用，但经常还是成为一个单独的相析出。

Ⅲ型 MnS 在过量铝脱氧的钢中出现。由于钢液中铝含量高，氧含量低，硫的溶解度也比形成Ⅱ型 MnS 时低，因而这类硫化物比Ⅱ型 MnS 在较高温度下先析出，而且通常无核。Ⅲ型 MnS 与Ⅰ型 MnS 更相似，由于钢中氧含量低，没有氧化物析出，Ⅲ型 MnS 通常形成单相夹杂物(图 4.109(c))。

当钢中有足够的锰时，硫在钢中完全以塑性的 MnS 非金属夹杂物的形式存在，在热加工时沿压延方向延伸，在棒材中成条状，在板材中成片状，破坏了金属的整体性，成为无数个微小的缺口，减少切削时使金属撕裂所需的能量，切削加工时易断屑。同时 MnS 本身的硬度低(160～190HV)，还可以起滑润作用，故能减少刀具磨损，提高表面质量。

硫系易切削钢在以力学性能为主、切削性能为辅时，硫含量为 0.04%～0.15%。在以切削为主的自动机钢中，硫含量为 0.15%～0.35%。硫含量过高会增加热加工的困难。

硫化物夹杂的形状与切削性能也有密切关系，粗条状的分布比细条状分布更有利切削，形状多少有点呈圆形或纺锤形时，对切削性能更有利。硫系易切削钢在低中速切削的情况下具有良好的切削性能；在高速切削时，MnS 的影响却降低。MnS 增加钢材的各向异性，显著降低横向的塑性和韧性。

钢中 MnS 的三种形态，以Ⅲ型对性能较为有利。为获得Ⅲ型 MnS，需将钢中的氧含量降低到 0.008%以下，为此，要用过量的铝脱氧，然而过量的铝会在钢中生成很多高熔点(>2050℃)、高硬度(>2000HV)的 Al_2O_3，对钢的切削性能很不利。为此，可向钢中加入适量的元素，使硫化物及 Al_2O_3 都变性，目前使用较广泛的是加入 Ca 或 RE。通过在硫系易切钢中加入 Ca、RE 或复合加入进行改性，可以进一步改善其切削性能，显著改善其各向异性。20 世纪 70 年代国内外已开发出 Ca-S 易切削结构钢[94]，80 年代我国研制出 Ca-S 易切削预硬型塑料模具钢，并对 Ca 的变性机制进行了研究[95]。

Ca 同 O、S 的亲和力很大。Ca 同 O 的亲和力大于 Al，同 S 的亲和力大于 Mn。Ca 能使高熔点的 Al_2O_3 变性为熔点较低的钙铝酸盐 C_mA_n($C=CaO$，$A=Al_2O_3$)，随着 Ca 含量的升高，钢中依次出现 CA_6、CA_2。这些钙铝酸盐可以成为硫化物的核心。Ca 还能使 MnS 变性，能避免Ⅱ型 MnS 的形成，在易切钢中形成以 MnS 为主的(Mn,Ca)S 固溶体；由于 Ca 固溶于 MnS 中，使其硬度增加，变性指数 γ 降低。在钢中可以观察到低熔点的 CA_6、CA_2 经常被(Mn,Ca)S 固溶体所包围，形成夹心硫化物。钢中 Ca 含量的增加将使夹心硫化物的个数增加。

Ca 除了使 Al_2O_3 变性外，还能使硅酸盐变性，形成钙铝酸盐 $2CaO\cdot Al_2O_3\cdot SiO_2$($C_2AS$)和 $CaO\cdot Al_2O_3\cdot 2SiO_2$($CAS_2$)玻璃质夹杂，难以结晶，有较低的熔点，其全熔温度分别为 1550℃和 1590℃[90]，它们是易切削相。

硫系易切削钢热加工后，硫化物夹杂在棒材中呈长条状，可用其长/宽(L/B)表征其形态，称之为纺锤度。研究工作表明[95～97]，Ca 对硫化物的变性作用是使一部分长条状的 MnS 变性为无核心和有核心纺锤状的(Mn,Ca)S 的固溶体。随着 Ca/S 的增加，固溶于

MnS 中的 Ca 增加,有核心的硫化物的比例增加,因而使硫化物的变形指数减小,硫化物的形态被改善。图 4.110 为 Ca/S 对三种形貌硫化物比例的影响。试验用钢的化学成分见表 4.16。图 4.111 显示 Ca 变性硫系易切钢中的硫化物形貌,它由长条状硫化物、无核心纺锤状硫化物和有核心纺锤状硫化物组成。Ca 变性硫系易切钢中由于硫化物形态的改善,钢的等向性能也得到提高。图 4.112 为 Ca/S 对钙硫易切钢等向性能的影响,该图表明 Ca/S 对钢的纵向冲击韧度影响较小,而对横向冲击韧度影响较大,并随 Ca/S 的增加而上升,提高了等向性能。为获得较好的变性效果,Ca/S 控制在 0.07～0.16 为宜。

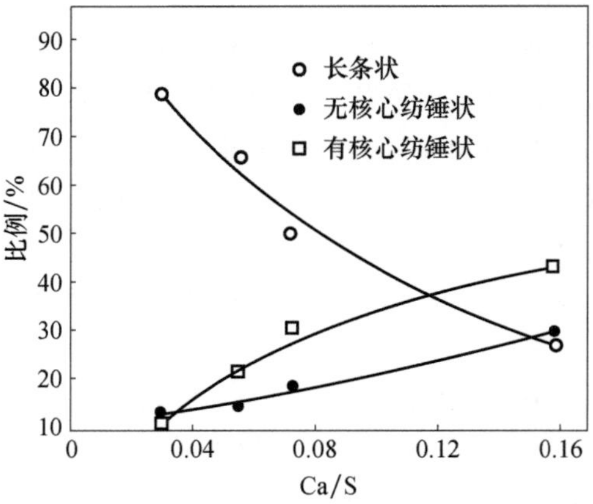

图 4.110　三种形貌硫化物比例同 Ca/S 的关系[95]

表 4.16　钙硫易切钢中 Ca/S 与硫化物纺锤度的关系[95]

编号	S 含量/%	Ca 含量/%	Ca/S	硫化物纺锤度 L/B
1	0.128	0.0036	0.028	5.0
2	0.128	0.0073	0.057	4.0
3	0.075	0.0053	0.071	3.8
4	0.070	0.011	0.157	2.9

注:试验钢为工业电弧炉冶炼,基本成分:0.55%C,1.00%Cr,1.10%Ni,1.10%Mn,0.50%Mo,0.30%V。

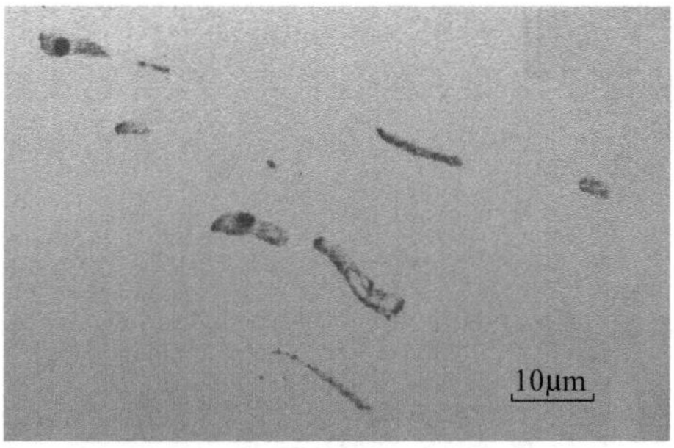

图 4.111　钙硫易切削钢中的硫化物形貌[95]

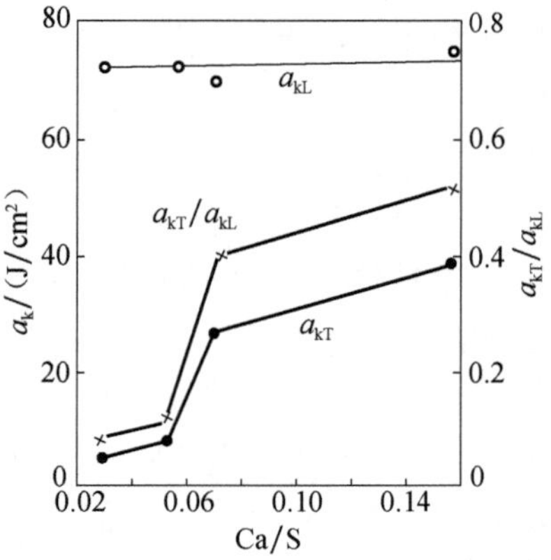

图 4.112　Ca/S 对钢的等向性能的影响[92]

a_{kL}—纵向冲击韧度;a_{kT}—横向冲击韧度

20世纪80年代以来，为改善渗碳钢20Cr、预硬型塑料模具钢P20等的切削性能，我国学者进行了S-RE复合易切削系的研究[98~100]和Ca-RE复合加入对硫易切削钢变性的研究[97]。

在20Cr钢(0.18%C，0.67%Cr，0.34%Mn)中加入0.063%S和0.11%Ce可以显著改善钢的切削加工性。未加入稀土元素之前，钢中绝大多数夹杂物为Al_2O_3和硅酸盐以及SiO_2；加入稀土元素Ce后，夹杂物变性为以稀土夹杂物Ce_2O_2S-Ce_2S_3为主的球形复合夹杂物，并将Al_2O_3硬质点包裹在内，MnS不再出现。由于这种中心硬质点的骨架作用，复合夹杂物在热加工过程中，几乎不变性或稍有变性，因而使钢具有良好的横向性能。在切削过程中，由于稀土夹杂物可以黏附刀具的前刀面，形成覆盖膜，有效地减少了刀具的磨损，包裹作用则削弱了硬质点的磨料作用，再加上应力集中源及润滑作用，使钢的切削加工性能有显著的提高[98]。

有关RE和Ca-RE对MnS及Al_2O_3的变性作用的研究，主要是针对低硫钢的，针对较高硫含量的易切钢的研究尚少。对RE及Ca-RE复合对硫系易切削钢中夹杂物变性的研究表明[100]，RE的加入使硫化物变性，生成(Mn，RE)S和RE_2S_3，两者常组成球状的MnS-RE_2S_3共晶体。除对MnS变性外，RE还使Al_2O_3变性为$REAlO_3$，它可以作为核心与RE_2O_2S及MnS复合在一起。

Ca-RE的复合加入使硫化物变性，生成(Mn，Ca)S和$(RE,Mn,Ca)_2S_3$的球状共晶体。Ca-RE复合加入与RE单独加入时一样，使Al_2O_3变性$REAlO_3$，未发现有钙铝酸盐。$REAlO_3$可与(Mn，Ca)S及$(RE,Ca)_2O_2S$复合在一起。

实验工作显示，对含硫易切钢，随RE/S增加，MnS的含量迅速下降，如图4.113所示，可见在RE/S超过0.8后，可将绝大部分的MnS变性，所剩单相的MnS已很少。

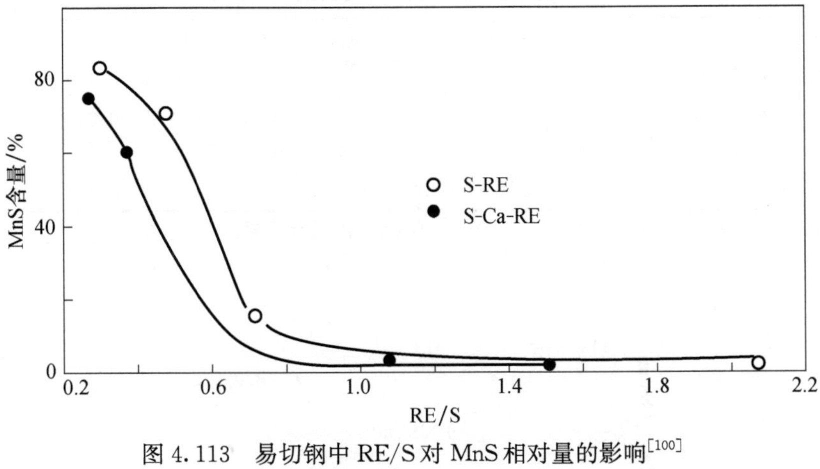

图4.113　易切钢中RE/S对MnS相对量的影响[100]

热力学计算表明[100]，用RE对硫易切钢变性，RE/S≥1.48时，钢中全为MnS-RE_2S_3球状共晶体。而用Ca-RE复合变性时，MnS完全消失所需RE/S还与Ca/S有关，此时所需RE/S=1.41−1.37Ca/S。除使MnS变性外，RE还使Al_2O_3变性为$REAlO_3$，所需RE=2.92[O]，相应地RE/S=2.92[O]/S。此时未发现Ca参与Al_2O_3变性，这可能与Ca含量较少有关。从上面的分析可知，使硫系易切削钢完全变性所需的RE/S为

$$1.48+2.92[\mathrm{O}]/\mathrm{S}\quad (\text{RE变性}) \tag{4.89}$$

$$1.41 - 1.37Ca/S + 2.92[O]/S \quad (\text{Ca-RE 变性}) \tag{4.90}$$

热力学计算与试验结果基本吻合。

在硫系易切削钢中的易切削相 MnS 在热加工(轧制)过程发生均匀变形,不断延伸直至断裂为数段。用 RE 和 Ca-RE 对硫易切钢完全变形后的易切相为球状的 MnS-RE_2S_3 和(Mn,Ca)S-RE_2S_3 共晶体,平均尺寸为 5～7μm,其硬度分别为 400～500HV 和 420～540HV。根据公式(4.88)可知,这两种复合易切削相的变形指数 γ 均很低,$\gamma<0.1$。热加工时,由于共晶体是复合相,其中的 MnS 或(Mn,Ca)S 易变形,而 RE_2S_3 几乎不变形,此时 MnS 或(Mn,Ca)S 的变形必然受到 RE_2S_3 的限制。这种变形的不协调性将导致 MnS 或(Mn,Ca)S 冲破 RE_2S_3 的束缚而发生变形,甚至脱离开而沿轧制方向继续变形。这样,复合易切削相将发生断裂和细化。由于夹杂物整体的纺锤度比较低,从而改善了钢的方向性[101]。

比较 Ca、RE 和 Ca-RE 变性硫系易切钢切削性能的研究表明[102],合理控制 S-Ca-RE 复合变性硫系易切削钢中的 Ca、RE 含量,使 MnS 部分变性,可在低高速切削速率下获得优良的切削性能。试验用钢的化学成分见表 4.17。由图 4.114 可以看出,含稀土的两种钢在低速切削(≤35m/min)时,刀具有较高的寿命,这是由于夹杂物能造成较大的应力集中系数,切削时易断屑,切削温度也较低。在用硬质合金对四种钢进行高速切削(120～160m/min)时,与低速切削时不同,切削 P20SCaRE 的刀具有最高的寿命,这是由于在高速切削时,能在前刀面形成有保护作用的覆盖膜,防止月牙洼磨损,覆盖膜的厚度约 10μm,用电子探针对该膜进行分析,可以确定覆盖膜大体由$(RE,Ca)_2S_3$-(Mn,Ca)S 共晶体和(Mn,Ca)S 组成。P20S 钢很快烧损,切削其他两种钢时,未见有覆盖膜。

表 4.17　切削性能对比试验用钢的化学成分[102]　　(单位:%)

钢号	C	Mn	Cr	Mo	V	Als	S	Ca	RE	RE/S
P20SCa	0.40	1.45	1.37	0.22	0.12	0.011	0.10	0.0030	—	—
P20SCaRE	0.40	1.43	1.37	0.22	0.12	0.020	0.10	0.0023	0.027	0.27
P20S	0.39	1.55	1.40	0.18	0.10	0.005	0.10	—	—	—
P20RE	0.39	1.50	1.40	0.18	0.10	0.013	0.10	—	0.047	0.47

注:Als 表示酸溶铝,O 含量为 0.0005%～0.0055%;RE 为钢中实际含量。

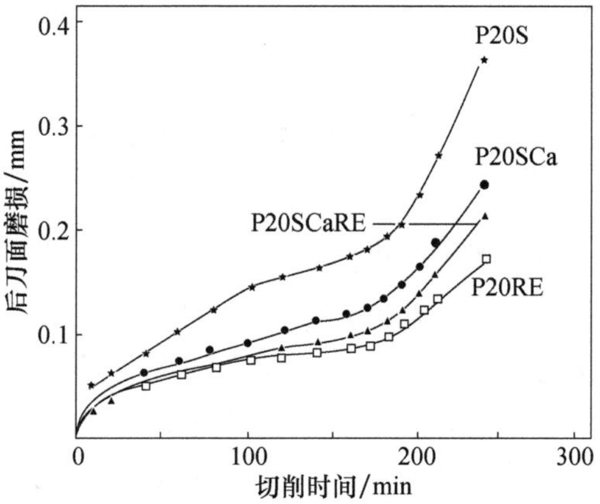

图 4.114　高速钢刀具后刀面磨损曲线[102]

使用 W18Cr4V 钢刀具,切削速率不大于 35m/min

2) 铅系和铅复合系

为了得到力学性能高的易切削钢，开发出了铅系易切削钢。铅几乎不溶解于钢中，在850℃仅溶入0.001%。在铅易切钢中，铅以极细的分散颗粒(≤2μm)存在于钢中，对钢的一些力学性能虽有不利影响，但远比硫夹杂物的影响小。

加入铅以后可能是由于在切削时受热熔化，减弱了金属的联系并使体积膨胀，增加了对周围的应力而使切屑易断裂，且显著提高了表面质量。铅同时有润滑作用，减少摩擦和切削力。铅对钢易切削性的影响主要取决于它的颗粒和分布的均匀度，过剩的铅含量会造成大颗粒和成分偏析(这种钢不能用)，因而目前认为合适的铅含量为0.1%～0.25%，最佳为0.2%。熔炼时加铅于钢中会产生有毒的铅蒸气，必须采取相应的防护措施。铅易切削钢一般适用于中速下限和低切削速率范围，这种钢的接触疲劳由于铅的存在而降低，故不宜于用来制造接触应力高的零件。

在铅易切钢中若同时含有适量的硫，其切削加工性更好，称为超易切削钢。在这种钢中铅有一部分集结在MnS周围并与之物理地结合成复合夹杂物，热轧钢材中MnS沿轧制方向延伸，铅则处于硫化物的端部，成为附着的尾巴。和硫化物不结合的单体的铅则呈微细的圆粒分布着。

由于铅易切钢在炼钢和轧制时所产生的铅蒸气有污染，必须采取适当的措施。有些国家已禁止生产企业使用铅易切钢，因此，一些钢厂已致力于开发无铅环保型易切削钢。

锡与铅在元素周期表中同属一族，锡无毒，其熔点为232℃，低于铅，国内外近年均注意开发锡硫复合系易切削钢，并已在生产中获得应用。铋的性质与铅相近，其熔点为271℃。已有国外钢厂试生产铋系易切削钢的报道，其切削性能与铅易切钢相近，铋含量约为0.03%～0.10%。有资料报道，国外开发出一种镁钙硫三元易切削钢，据称是一种切削加工性能很好的无铅易切削钢[103]。

3) 钙系

钙易切钢中的钙含量为0.005%～0.01%(一般采用25%～30%的硅钙铁进行脱氧时加入)。钙与氧的亲和力高于锰、硅等元素，在钢中主要以氧化物形式存在。这种钢的易切削夹杂物被证明是Ca、Al、Si等的氧化物复合物钙铝硅酸盐($m\mathrm{CaO}\cdot \mathrm{Al_2O_3}\cdot n\mathrm{SiO_2}$)，这类夹杂物属于脆性夹杂物，但在1000℃以上则转变为塑性夹杂物，在用硬质合金刀具高速切削时，可以熔覆在刀具前刀面上形成保护膜，可以阻碍刀具与工件之间因元素扩散而引起的热磨损，同时起润滑、减小摩擦的作用，显著延长刀具的使用寿命。因此，钢中加入钙作为易切削元素，可以在不影响钢的力学性能的情况下，大大改善高速切削情况下的切削性。

单加钙的钢只限于用在高速情况下，而复合添加的S、Pb系钢能在广泛的切削速率领域(低、中、高速)显示出良好的切削性。钙易切削钢的制造关键是在冶金过程中能得到钙铝硅酸盐夹杂物，而不生成钙铝酸盐($m\mathrm{CaO}\cdot \mathrm{Al_2O_3}$)，后者将使钢的切削性能大为变坏。

由于钙易切钢切削性能好，生产时的公害问题很少，力学性能与基础钢相近，成本也较低，因此得到较快的发展。

4) 硒和碲系

硒、碲在铁中的固溶度很小，主要以化合物形式存在。硒在钢中生成塑性的MnSe夹杂物,由于其结构与 MnS 相同,可以相互溶解形成 Mn(Se,S),有些合金元素可以溶入 MnSe 中形成(Mn,Me)Se 或(Mn,Me)(Se,S),使其硬度升高。硒化物在结晶过程中早期形成,呈球形,尺寸较大。在热加工时,其变形能力远小于硫化物夹杂,因此对钢的各向异性的影响比硫系易切削钢要轻。加硒易切削钢适用于低中切削速率范围,含量约为 0.03%~0.10%,在切削加工时,切屑易断开,表面光洁度比加硫的要好,夹杂物有适当的润滑作用,刀具寿命有显著提高,多用在高合金的不锈钢中。

碲在钢中以 FeTe、MnTe 夹杂物形式存在,TeS 与 MnS 的结构不同,碲在 MnS 中的固溶度不超过 4%。碲在提高钢的切削性能方面也具有硒的效果,其机理与硒相似,加入量为 0.03%~0.10%。

硒与碲作为易切削元素较少单独加入钢中,这是由于其价格较高,Se-S、Te-S 复合加入钢中时,对钢的力学性能和提高其切削性能更有利,成本也较低。为了获得更高的切削性能,有的钢厂开发出 S-Pb-Te 多元复合易切削钢。

5) 石墨系[104]

存在于钢中的渗碳体在一定条件下有可能部分或全部分解成游离的石墨,这个过程是自发进行的。石墨相当于钢中的孔洞或小裂纹,使钢的强度和塑韧性显著降低,在一般情况下是不希望发生的,但石墨在钢中可以起润滑作用,改善耐磨性,可以利用含石墨的高碳钢做拉丝模和一些冷模具。

要在钢中得到适当数量的石墨,必须恰当控制成分。在高碳钢中硅是有效地促进石墨化的元素,铝、镍也促进石墨的生成。硅含量小时,石墨化较困难,需要长的退火时间,尤其当有其他碳化物生成元素如锰、铬存在时,但硅过多将使石墨化程度过甚,还可能产生初生石墨,使锻造困难,故硅含量不超过 1.3%。钢中有时加入少量的 Al(0.10%~0.15%),而降低硅含量,碳和硅的总和不宜超过 2.5%,否则将使材料性能恶化。

钨、钼少量存在于钢中时稍有促进石墨化的倾向,这是因为钨、钼的原子半径与铁的原子半径相差大,少量的钨、钼溶于渗碳体会降低其稳定性。其他碳化物生成元素,特别是铬可以阻碍石墨化过程。自由石墨含量一般为 0.3%~0.6%,而结合成碳化物的部分接近于共析成分,这样在淬火加热时,有一部分碳化物溶解于奥氏体中,淬火后可以得到足够的硬度,而石墨在加热时,溶解很慢。石墨化钢还具有良好的切削加工性能。锰的存在可以增加淬透性,但是锰与铬一样是阻止石墨化的元素,从而其含量不能过高,否则石墨化困难。

加入钼、铜及镍可以提高淬透性。加入少量钛是利用其生成的碳化物对石墨化起形成核心作用,促使石墨能细小均匀地分布。

国外在 20 世纪 30 年代已有石墨工具钢的应用。根据淬透性的不同,石墨化钢可以水淬、油淬或空气中淬火。

对于石墨钢,特别重要的是恰当地控制其热加工和退火工艺,以得到必需数量的分布均匀的石墨质点和良好的球化组织。石墨钢的热加工要在 1100~900℃的温度范围内进行。若在低于 900℃的温度下进行锻造或轧制,则在以后的退火时促使石墨化不均匀,因而造成截面上硬度不均的现象。热加工后这些钢中都含有少量的石墨,在热加工中沿压延方向伸长。热加工后要进行石墨化退火,退火工艺能改变石墨的数量、大小及其分布。

为适应无铅和低硫易切钢的需要,近年国内外进行了亚共析石墨化易切削钢的开发。

国外已有钢厂提供工业用无铅害中碳易切钢。国内亦开始了实验研究，试验用钢的成分：0.43%C，1.53%Si，0.45%Mn，0.10%S，0.10%P，0.005%B。石墨是游离的碳，提高碳含量可以增加石墨数量，缩短碳原子的扩散距离。钢的强度、韧性与其碳含量密切相关。钢中的 Mn 与 S 结合成易切削相 MnS，消除 Mn 与 S 对石墨化的阻碍作用，只有过剩的 Mn 才对石墨化起阻碍作用。微量的硼用于氮结合生产 BN 粒子，由于 BN 与石墨具有相同的简单六方点阵，可以成为石墨形核核心，促进石墨粒子的形成。这种钢在 685℃进行石墨化处理，保温 15min 时，已出现细微石墨粒子，6h 后，已基本完成石墨化过程。石墨化后钢的组织为铁素体和石墨粒子，石墨粒子的尺寸为几微米。这种钢有较高的切削性能和冷成形性能[105]。

综上所述，易切削元素对易切削机制有以下几个方面的作用或影响[85]：

1）对应力集中和裂纹扩展的影响

钢在切削过程中，由于切削力的作用，尤其在钢材处于弹性变形范围时，易切削相的存在将引起应力集中。易切削相引起应力集中的效果大小，受易切削相类型、形态、尺寸、热膨胀系数等影响。易切削相与基体弹性性质的差异也影响应力集中的效果。易切削相弹性模量 E' 与钢基体弹性模量 E 的比值 $E'/E>1$ 时，球状或近似球状易切削相的应力集中效果大于长条状。易切削相尺寸越大，应力集中的效果也越大。

易切削相阻碍位错的运动，使塑性变形困难，导致裂纹的产生，在切屑根部的变形区内将出现很多显微裂纹，使抵抗切变的有效面积减小，由于裂纹尖端附加应力的作用，减小了流变应力，降低了切削力。在切削过程中，钢件中显微裂纹的扩展与合并，使材料更易断裂，改善了断屑性能。

MnS、MnSe 等易切削夹杂物的主要易切削机制是其对应力集中和裂纹扩展的影响。作为易切削相的铅颗粒，在切削过程中呈熔融状态浸润到裂纹中，促进裂纹的进一步扩展。

2）减摩作用

硫化物在切削时能覆盖在前刀面上防止刀具与切屑的黏着，从而减轻刀具与切屑的摩擦，降低刀具的磨损。切削速率增高，温度随之增高，结果导致硫化物薄膜层的消失。因此硫易切钢切削性能胜过普通钢的优点，将随切削速率的增高而逐渐不明显，直至消失。

铅易切钢中的铅微粒在切削时呈熔融状态，在刀具与切屑之间有很好的润滑效果。

3）覆盖膜的形成

易切削钢中的某些夹杂物在用硬质合金进行高速切削时，能在刀具的前后刀面形成一层覆盖膜。钙系易切削钢在用硬质合金刀具进行高速切削时，有良好的切削性能，便是由于在高速切削过程中，钢中的 C_2AS 或 CAS_2 均可在刀具的前刀面形成稳定的有一定厚度的覆盖膜，可以阻碍刀具与工件之间因元素扩散而引起的热磨损，同时起润滑、减小摩擦的作用。

已有的实验表明，在 RE-S 复合易切削钢中的稀土夹杂物 Ce_2O_2S-Ce_2S_3[98]，在 Ca-RE-S 复合易切削钢中的（RE，Ca）$_2$S$_3$-（Mn，Ca）S 共晶体和（Mn，Ca）S 都可以生成覆盖膜[102]。

4）对硬质点的包裹作用

钢中存在的一些硬度很高的氧化物质点 Al_2O_3、SiO_2 等对刀具起磨料磨损作用，严重降低刀具的使用寿命。在 S-Ca 复合易切削钢中，通过 Ca 对 Al_2O_3 改性，生成 CA_6、CA_2 等钙铝酸盐，MnS 等硬度低的塑性夹杂物将以它们为核心，将硬质点包裹起来，抑制磨料磨损，改善钢的切削性能。

易切削钢随着机械制造和冶金工业的发展，产量日益增加，品种范围不断扩大。这是由于自动车床的发展需要高速切削、高生产率成批加工零件，采用易切削钢可以显著地提高生产率和降低加工成本。一些精密仪表零件需要极高的加工表面光洁度，一些切削加工性能不好的钢材需要扩大其用途和零件产量，这些都促进了易切削钢的发展。

4.9.5　能量加工技术

我国科技工作者发明了利用专用工具头以每秒上万次的频率冲击和滚压金属零件表面，从而获得镜面零件及表面改性的新型加工技术，并取得了专利。本书将该技术称为“能量加工技术”。能量加工技术是在传统的车、铣、刨、磨、钻等机械加工工艺基础之上，添加了一种全新机械加工的新工艺[106,107]。它用非传统的机械加工思想实现了机械加工，并赋予了一次加工即可达到零件表面的镜面与改性效果；能够直接加工出镜面零件，表面粗糙度 $R_a \leqslant 0.05\mu m$，零件疲劳寿命成倍提高；可以预先布置理想可控的高值压应力；零件表面显微硬度提高 20%以上，耐腐蚀性提高 40%，耐磨性提高 50%；能够使零件表层晶粒细化，达到纳米级。能量加工技术的加工过程：先用普通刀具将工件尺寸加工到位，再用能量加工工具代替原普通刀具加工一道，利用金属在常温下冷塑性的特点，运用能量加工刀具对金属表面进行无研磨剂的研磨，便可得到改性的表面加工效果。由图 4.115 可以明显地看出加工前后表面光洁度的差异。能量加工工具可在卧车、立车、磨床、镗床、刨床、球面车床、加工中心等多种机床上使用，更有专用能量加工机床适合不同的机械加工行业。

图 4.115　利用能量加工工具头在机床上加工零件[107]

能量加工技术的机理：能量加工工具头以每秒上万次(一般为 2 万～4 万次/s)的频率冲击零件表面，能量加工刀具走机械加工轨迹，在双重能量(激活能和冲击能)的作用下，金属从高点向低点产生流动，使金属零件表面达到更理想的表面粗糙度要求，同时在零件表面产生压应力(图 4.116)，提高零件表面的显微硬度、耐磨性及耐腐蚀性，延长疲劳寿命。

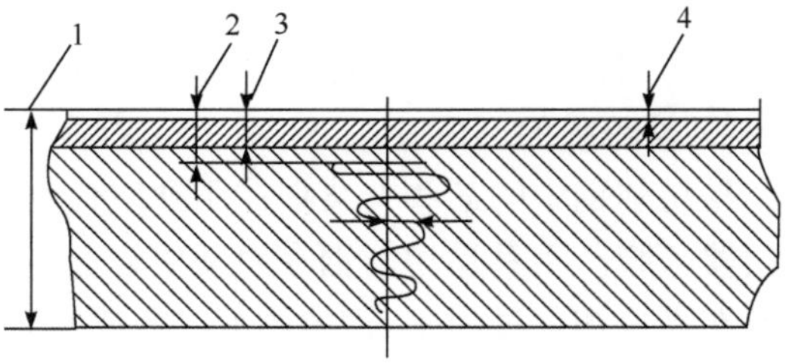

图 4.116　能量加工成形的工件表层结构[106]

1—能量加工影响层(10～16mm)；2—冲击作用层(3～6mm)；3—塑性变形层(1～2.5mm)；4—压缩层(0.002～0.05mm)

能量加工技术相当于在常规滚压基础上加入超声波振动，其工具头是球形或圆柱滚子形状，工作时相对零件发生滚动，从而大大降低摩擦阻力，减缓工具头的磨损，提高工具头的使用寿命[108]。其加工装置整体结构示意图见图 4.117[109]，主要包括超声波发生器、换能器、变幅杆和工具头。超声波发生器是将 50Hz 交流电转换成具有一定功率的超声波振动电流，提供给超声波加工装置作为电源；超声波换能器的作用是将输入的高频振荡电流转换为高频机械振动，实现电能向机械能的转换。一般超声波换能器的输出振幅为几微米，而实际应用过程需要十几甚至上百微米，所以必须利用超声变幅杆将换能器输出振幅放大。此外，超声变幅杆可充当机械阻抗变换器，在换能器跟负载之间进行阻抗匹配，从而使换能器输出的超声能量更有效地向负载传输。通过超声变幅杆放大的振幅直接作用在工具头上，工具头再对工件进行光整强化处理。

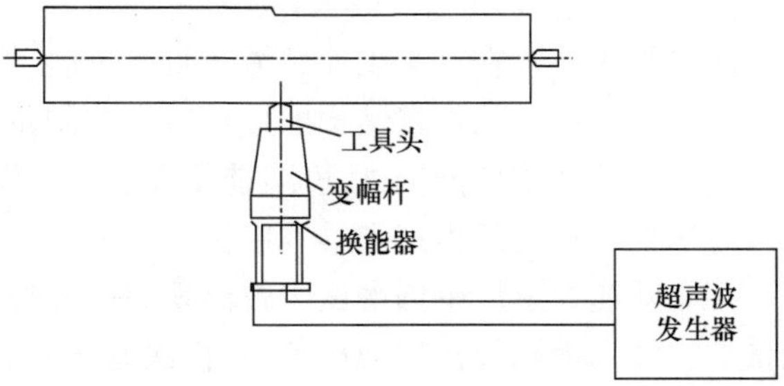

图 4.117　能量加工装置整体结构示意图[109]

影响能量加工技术的主要因素有零件材料、结构、预加工及能量加工工艺参数等。

1）材料

能量加工在提升工件表面粗糙度质量的过程中，必然经历表层金属的塑性变形过程。不同材料具有不同的力学性能，其成形过程和热处理工艺也不同。材料在能量加工处理中会具有不同的特性。

2）结构

零件结构直接影响到能量加工对表面的处理效果，特别是收尾处的应力分布，包括是否有退刀槽、越程槽或减载槽结构等。

3）预加工

如图 4.116 所示，能量加工使零件表层发生变化的压缩层厚度较小，一般在 0.02～0.05mm。因此能量加工处理前的工艺方法、表面粗糙度、形位公差及尺寸精度将较大程度地影响能量加工处理的最终结果。

4）能量加工工艺参数

能量加工工艺参数包括工具头的直径、横向和纵向移动速度、加载负荷及冲击头频率等。合理选择设备参数和配置参数是能量加工对产品内在性能影响的关键。

与传统滚压工艺相比，能量加工工艺有如下优势[106]：

(1) 在半精车的基础上一次加工即可达到镜面效果，达到 R_a0.2 以下。

(2) 对工件作用力小，为弹性力，对机床无不良影响。

(3) 产生表面强化层，强化层与材料内部是连续过渡，无剥离现象，对零件性能十分有益。

(4) 可加工细长杆、薄壁件等刚性差的零件。

能量加工技术还能消除焊接应力。焊接后的残余应力主要集中在焊缝附近，当焊接残余应力与承载的工作应力叠加，其数值超过材料的屈服强度时，工件就会在焊缝附近发生永久的塑性变形及断裂现象。在存在残余应力部位，利用能量加工技术，以大功率能量推动冲击工具，以 2 万次/s 以上的频率冲击金属物体表面，使金属表层产生较大的压缩塑性变形，改变原有的应力场，产生一定数值的压应力，使被冲击部位得到强化，可使残余应力的消除率达到80%～98%。

能量加工技术在许多工业领域获得了进展[110]，下面是一些典型案例。

航空发动机上的焊接结构的残余应力控制是非常严格的，沈阳某航空发动机公司经过十几个月的各项性能测试证明：能量加工技术消除构件焊接应力的能力完全达到要求，并可应用到发动机的生产和维修中。

某登陆艇在返厂中修海试中曾出现焊修部位多处焊缝开裂而无法交船的情况，采用能量加工技术消除焊接应力设备后，再次海试未发现一处裂纹并顺利交船。

重庆某军工厂生产的军用大马力三轮越野摩托车由于要求在恶劣地面环境下长距离无障碍运行，按现有生产方法生产的车架已无法满足军方要求。在不增加材料强度等级和用材厚度的情况下通过采用能量加工消除应力设备对车架的重要焊缝进行处理后，疲劳性能获得大幅提高，顺利达到验收要求。焊接结构式的弹药筒和弹壳常因其焊缝处产生裂纹而报废，而在弹药筒和弹壳焊接完毕后，只用能量加工消除应力设备对焊缝处理一遍，就不会再产生开裂现象。

本节前面已经提到能量加工技术可以显著提高受力构件的疲劳寿命，是一种十分有效的抗疲劳制造技术。

某型涡轮发动机机匣经能量加工后，不仅提高了该工件的表面粗糙度，减少了应力集中点，更重要的是清除了关键部位的拉应力并预置几百兆帕的压应力，使其疲劳寿命大为延长，满足了长寿命的使用要求。

机车在整备状态及运行过程中，由于机车自身的重量，车轴实际上处于弯曲状态，实测的轮对内侧与母线为直线的抱轴瓦孔相配合时结合面积相当小，造成局部的应力集中，加上机车速度变化，线路不平，弯道及主动齿轮与从动齿轮冲击的影响，抱轴瓦的工作条件是相当恶劣的。使用能量加工设备，针对机车车轴的轴瓦位置进行表面镜面加工及强化处理，可以大大提高轴瓦疲劳强度，延长车轴寿命，合金结构钢材质的机车车轴，加工效率提高2倍以上，使车轴表面粗糙度提高3级，硬度提高10%，耐磨性能提高1倍以上。

我国目前许多航空构件已使用能量加工工艺，实现了抗疲劳制造。

参考文献

[1] 邓增杰，金志浩. 力学性能试验[M]//中国机械工程学会热处理专业分会《热处理手册》编委会. 热处理手册 第4卷(第6章). 3版. 北京：机械工业出版社，2001.

[2] 钢铁研究总院，冶金工业信息标准研究院，中国标准出版社第二编辑室. 金属力学及工艺性能试验方法标准汇编[M]. 2版. 北京：中国标准出版社，2005.

[3] 黄明志，石德珂，金志浩. 金属力学性能[M]. 西安：西安交通大学出版社，1986.

[4] 周惠久，黄明志. 金属材料强度学[M]. 北京：科学出版社，1989.

[5] 冯端. 金属物理学第三卷 金属力学性质[M]. 北京：科学出版社，1999.

[6] Фридман Я Б. Механические Свойчества Металлов[M]. 1974. 束德林，等译. 金属机械性能(上下册). 北京：机械工业出版社，1982.

[7] 潘家华. 关于管材的包辛格效应[J]. 焊管，1997，20(1)：1.

[8] 马鸣图. 金属与合金中的 Bauschinger 效应[J]. 机械工程材料，1986，(2)：15.

[9] 何肇基. 金属的力学性质[M]. 北京：冶金工业出版社，1982.

[10] Френкель Я И. Zeitschrift fur Physik[J]. 1926，37：572.

[11] Bhadeshia H K D H, Honeycombe R W K. Steels-Microstructure and Properties[M]. Third Edition. Amsterdam: Elsevier, 2006.
[12] Brenner S S. The growth of whiskers by the reduction of metal salts[J]. Acta Metallurgica, 1956, 4:62.
[13] 雍歧龙. 钢铁材料中的第二相[M]. 北京:冶金工业出版社,2006.
[14] Pickering F B. Physical Metallurgy and the Design of Steels[M]. London: Applied Science Publishers Ltd, 1978.
[15] 俞德刚. 钢的强韧化理论与设计[M]. 上海:上海交通大学出版社,1990.
[16] Irving K J, Gladman T, Pickering F B. The strength of austenitic stainless steels[J]. Journal of the Iron and Steel Institute, 1969, 207:1017～1028.
[17] 翁宇庆,等. 超细晶钢:钢的组织细化理论与控制技术[M]. 北京:冶金工业出版社,2003.
[18] Tsuji N, Ito Y, Saito Y, et al. Strength and ductility of ultrafine grained aluminum and iron produced by ARB and annealing[J]. Scripta Materialia, 2002, 47:893.
[19] 雍歧龙,马鸣图,吴宝榕. 微合金钢:物理和力学冶金[M]. 北京:机械工业出版社,1989.
[20] Pickering F B. The Effect of Composition and Microstructure on Ductility and Toughness[C]// Kyoto: Toward Improved Ductility and Toughness, 1971:9.
[21] 康永林,傅杰,柳得橹,等. 薄板坯连铸连轧钢的组织性能控制[M]. 北京:冶金工业出版社,2006.
[22] 褚武扬. 断裂力学基础[M]. 北京:科学出版社,1979.
[23] 西安交通大学金属材料及强度研究所. 中低合金结构钢的断裂韧性及其与其他机械性能指标的关系[J]. 西安交通大学学报,1977,4:39.
[24] Forrest P G. Fatigue of Metals[M]. Oxford: Pergamon Press, 1962.
[25] Ranson J T. Effect of inclusions on the fatigue strength of SAE 4340 steels[J]. Transactions of ASM, 1954, 46:1254.
[26] 郦振声,杨明安. 现代表面工程技术[M]. 北京:机械工业出版社,2007.
[27] 周惠久,黄明志. 在多次重复冲击载荷下钢的断裂抗力的研究[J]. 机械工程学报,1962,10(1):1.
[28] Костецкий Б И, Носовский И Г. Износостойкость и Антифрикчионность Деталей Машин[M]. Киев, 1957.
[29] Kato K. 材料科学与技术丛书(第 6 卷)材料的塑性变形与断裂-13 摩擦与磨损[M]. 陶春虎译. 北京:科学出版社,1998.
[30] 周仲荣, Vincent L. 微动磨损[M]. 北京:科学出版社,2002.
[31] 孙家枢. 金属的磨损[M]. 北京:冶金工业出版社,1992.
[32] 材料耐磨抗蚀及其表面技术丛书编委会. 材料耐磨抗蚀及其表面技术概论[M]. 北京:机械工业出版社,1986.
[33] Wert C. Transactions of ASME[J]. 1950, 188:1242.
[34] Штейнберг М М. Механические свойства легированного феррита[C]// Проб-лемы конструкционной стали. Сборник, Машгиэ, 1949:54.
[35] Гуляев А П, Емелина В П. Влияние легирующих елементов на свойства феррита[J]. Сталь, 1947, (2):25.
[36] National Bureau of Standards. Mechanical properties of metals at low temperatures[S]. Circular, 1952, 520.
[37] Rinebolt J A, et al. Transactions of ASM[J]. 1952, 44:225.
[38] Делле В А. Легированная конструкционная сталь[M]. 1953.
[39] Hall A M. Nickel in Iron and Steel[M]. London: Chapman and Hall, 1955.

[40] Allen N P, et al. Tensile and impact properties of high purity iron-carbon and iron-carbon-manganese alloys of low carbon content[J]. Journal of the Iron and Steel Institute, 1953, 174: 108.
[41] Повогоцкий Г Я. Алюминий в Конструкционной Стали[M]. Москва: Металлургия, 1970.
[42] Меськин В С. Основы Легирования Стали[M]. Москва: Металлургиздат, 1959.
[43] Krauss G, Marder A R. The morphology of martensite in iron alloys[J]. Metallurgical Transactions, 1971, 2(9): 2343.
[44] Гуляев А П, Емелина В П. Термическая обработа легированного феррита[J]. Сталь, 1948, (12): 126.
[45] Штейнберг М М. Механические свойства сложнолегированногоферрита[C]//Термическая обработа металлов. Материалы конференции Уралнитомаш. Сборник, Машгиэ, 1950: 212.
[46] Bain E C, Paxson H W. Alloying Elements in Steel[M]. 2nd ed. Russell: American Society for Metals, 1961.
[47] Бокштейн С З. Структура и Механические Свойства Легированной Стали [M]. Москва: Металлургиздат, 1954.
[48] Под редакцией Бернштейма М Л и Рахштадта А Г. Металловедение и Термическая Обработка Стали, Справочик Том Ⅱ [M]. Москва: Металлургиздат, 1962: 1118～1136.
[49] Hodge J M, Orehoski M A. Relationship between hardenability and percentage of martensite in some low alloy steels[J]. Transactions of AIME, 1946, 167: 627.
[50] Grossmann M A, Asimov M, Urban S F. Hardenabiliy, Its Relation to Quenching and Some Quantitative Data[C]//Hardenability of Alloy Steels. Clevelad: American Society for Metals, 1939: 124.
[51] 东北重型机械学院,第一重型机械厂,第一机械工业部情报所. 大锻件热处理[M]. 北京:机械工业出版社,1974.
[52] 康大韬,叶国斌. 大型锻件材料及热处理[M]. 北京:龙门书局,1998.
[53] 安运铮,徐跃明. 热处理手册第一卷第 4 章 钢铁件的整体热处理[M]. 4 版. 北京:机械工业出版社,2008:157.
[54] Hodge J M, Orehoski M A. Metals Technology[J]. 1946: 1944.
[55] Блантер М Е. Фазовые Превращения При Термической Обработке Стали [M]. Москва: Металлургиздат, 1962.
[56] Hodge J M, Orehoski M A. Relationship between hardenability and percentage of martensite in some low alloy steels[J]. Transactions of AIME, 1946, 167: 502.
[57] Grossmann M A. Elements of Hardenabiliy[M]. Clevelad: American Society for Metals, 1952.
[58] Siebert C A, Doane D V, Breen D H. The Hardenability of Steels－Concepts, Metallurgical Influences and Industrial Applications[M]. Russell: American Society for Metals 1977;卢光熙,赵子伟译. 钢的淬透性:原理、冶金因素的影响和工业应用. 上海:上海科学技术出版社,1984.
[59] 大和久重雄. 焼入性一求ぁ方こ活用[M]. 1965. 赵之昌,才鸿年译. 淬透性(测定方法和应用). 北京:新时代出版社,1984.
[60] Jominy W E. A hardenability test for shallow hardening steels[J]. Transactions of ASM, 1939, 27: 1072.
[61] Post C B, Fetzer M C, Fenstermacher W H. Air hardenability of steel[J]. Transactions of ASM, 1945, 35: 85.
[62] Melloy G F, Slimmon P R, Podgursky P P. Optimizing the boron effect[J]. Metallurgical and Materials Transactions A, 1974, 4: 2279.
[63] Lewellyn D T, Cook W T. Metallurgy of boron treated low alloy steels[J]. Metals Technology, 1974, 517.

[64] Grange R A,Carvey T M. Transactions of ASM[J]. 1946,37:136.
[65] 孙福玉. 2·38 控轧轧制[M]//《高技术新材料要览》编辑委员会. 高技术新材料要览. 北京:中国科学技术出版社,1993.
[66] Yamamoto S,Ouchi C,Osuka T. Thermomechanlcal processing of microalloyed austenite[C]// DeArdo A J,et al. The Metallurgical Society of AIME,Pittsburgh,PA,1982:613.
[67] 余伟,唐荻,蔡庆伍,等. 控轧控冷技术发展及在中厚板生产中的应用[J]. 钢铁研究学报,2011,23(增刊 1):82.
[68] 沈继刚,李宏图. 轧后直接淬火技术在高强度中厚板生产中的应用[J]. 宽厚板,2010,16(5):14.
[69] 马连军,宋敬稳,钱振声. 中厚板冷却装置述评[C]. 第 7 届中国钢铁年会论文集,2009:8-494.
[70] 吴涛,刘宝良,武杰,等. 高强耐磨钢板直接淬火板型控制工艺研究[J]. 宽厚板,2012,18(3):1.
[71] 于庆波,刘相华,赵贤平. 控轧控冷钢的显微组织形貌及分析[M]. 北京:科学出版社,2010.
[72] Hiroshi Y,Yoshikazu M,Koe N. Ferrtie steel having ultra-fine grains and a method for producing the same[P]:US,4466842. 1984.
[73] Hodgson P D,Hickson MR,Gibbs R K. Ultrafine ferrite in low carbon steel[J]. Scripta Materialia,1999,40(10):1179.
[74] 齐俊杰,黄运华,张跃. 微合金化钢[M]. 北京:冶金工业出版社,2006.
[75] 贺信莱,尚成嘉,杨善武,等. 高性能低碳贝氏体钢:成分、工艺、组织、性能与应用[M]. 北京:冶金工业出版社,2008.
[76] 郭鸿镇. 合金钢与有色金属锻造[M]. 西安:西北工业大学出版社,1999.
[77] 中国大百科全书总编辑委员会《机械工程》编辑委员会. 中国大百科全书 机械工程 I [M]. 北京:中国大百科全书出版社,1987.
[78] Llewellyn D T,Hudd R C. Steels:Metallurgy and Applications[M]. 3rd ed. Oxford:Butterworth-Heinemann,1998.
[79] 张信钰. 薄钢板的性能与微观结构的关系[J]. 上海金属,1983,5(2):18.
[80] Blickwere D J. Transactions of ASM[J]. 1968,61:653.
[81] Morrison W B. The effect of grain size on the stress-strain relationship in low carbon steel[J]. Transactions of ASM,1966,59:824.
[82] 马鸣图,吴宝榕. 双相钢:物理和力学冶金[M]. 2 版. 北京:冶金工业出版社,2009.
[83] Easterling K E. Introduction to the Physical Metallurgy of Welding[M]. 2nd ed. London:Butterworth-Heinemann,1992.
[84] 熊腊森. 焊接工程基础[M]. 北京:机械工业出版社,2002.
[85] 项程云. 合金结构钢[M]. 北京:冶金工业出版社,1999.
[86] 周振丰. 金属熔焊原理及工艺[M]. 下册. 北京:机械工业出版社,1981.
[87] 周振丰,张文钺. 焊接冶金与金属焊接性[M]. 北京:机械工业出版社,1988.
[88] 陈日曜. 金属切削原理[M]. 2 版. 北京:机械工业出版社,1993.
[89] 陈锡渠,彭晓南. 金属切削原理与刀具[M]. 北京:北京林业出版社,北京大学出版社,2006.
[90] Kiessling R, Lange N. Non-metallic inclusions in steel [M]. 2nd ed. London: The Metals Society,1978.
[91] Pickering F B. Some effects of mechanical working on the deformation of non-metallic inclusions[J]. Journal of the Iron and Steel Institute,1958,189:148.
[92] Malkiewicz T,Rudnik S. Deformation of non-metallic inclusions during rolling of steel[J]. Journal of the Iron and Steel Institute,1963,201:33.
[93] Baker T J,Gove K B,Charles J A. Inclusion deformation and toughness anisotropy in hot-rolled

steels[J]. Metals Technology,1976,183:12.
[94] 刘乐凯. 钙-硫易切削钢的研究[J]. 钢铁,1980,15(9):36.
[95] 江来珠,孙培桢,崔崑. 易切削塑料模具钢 5CrNiMnMoVSCa 中夹杂物的组成及形貌[J]. 材料科学进展,1990,4(1):43.
[96] 孙培桢,乔学亮,崔崑. 微量元素钙在预硬型塑料模具钢中的行为及作用[J]. 华中科技大学学报,1992,20(增刊):21.
[97] Jiang L Z,Cui K. Quantitative study of modification of sulphide inclusions by calcium and its effect on the impact toughness of a resulfurised alloy steel[J]. Steel Research,1997,68(4):163.
[98] 宰相勇,刘永铨. 稀土在低合金易切削钢中的应用[J]. 东北工学院学报,1982,(1):64.
[99] 娄德春,吴晓春,崔崑,等. P20SRE 塑料模具钢的热处理及性能[J]. 金属热处理,1996,(6):27.
[100] 江来珠,崔崑. 易切钢中共晶相 MnS-RE_2S_3 和(Mn,Ca)S-RE_2S_3 形成的实验研究及热力学计算[J]. 中国稀土学报,1993,11(1):46.
[101] 江来珠,崔崑. 含 RE 易切钢相的热变形及断裂细化行为[J]. 材料科学进展,1992,6(2):129.
[102] 娄德春,崔崑,吴晓春,等. 硫复合易切钢中夹杂物与易切削机理的研究[J]. 机械工程材料,1996,20(5):27.
[103] 袁武华,王峰. 国内外易切削钢的研究现状和前景[J]. 钢铁研究,2008,36(5):56.
[104] Roberts G A,Hamaker J C,Johnson A R. Tool Steels[M]. 3rd ed. Russell:American Society for Metals,1962.
[105] 张永军,韩静涛,王全礼,等. 亚共析石墨化易切削钢的开发[J]. 钢铁,2008,43(8):73.
[106] 杨学军,肖连新,石江,等. 豪克能表面加工技术对零件表面微观结构的影响[J]. 刀具,2017,(20):46.
[107] 山东华云机电科技有限公司. 豪克能——用于机床的能量加工技术[OL]. 百度百科,2023-02-08.
[108] 赵显华. 一种超声波圆珠式加工刀头:中国,201020574062.0[P]. 2011-06-05.
[109] 高军,赵显华,王爱福,等. 机车车轮豪克能强化研究[J]. 中国铁路,2018,(5):58
[110] 国产航空发动机打破法国技术封锁——豪克能技术应用获突破[J]. 中国军转民,2021,(8):18,19.

第 5 章　非合金钢、低合金钢和微合金钢

5.1　非 合 金 钢

非合金钢按主要质量等级分为普通质量非合金钢、优质非合金钢和特殊质量非合金钢。

5.1.1　普通质量非合金钢

普通质量非合金钢是指不规定生产过程中需要特别控制质量要求的并应同时满足下列四种条件的所有钢种(GB/T 13304—2008《钢分类》):①钢为非合金化的(符合表 1.4 的规定);②除了退火、正火、消除应力及软化处理外,没有其他的热处理要求;③如对其化学成分和力学性能有规定,其值应符合下列条件:碳含量的最高值不小于 0.10%,硫和磷含量最高值不小于 0.045%,氮含量最高值不小于 0.007%,抗拉强度最低值不大于 690MPa,屈服强度最低值不大于 360MPa,伸长率 δ_5 最低值不大于 33%,弯心直径最低值不小于 0.5×试样厚度,冲击功最低值(20℃,V 型,纵向)不大于 27J,洛氏硬度最高值(HRB)不小于 60;④未规定的其他质量要求。

普通质量非合金钢主要包括:一般用途碳素结构钢、碳素钢钢筋、铁道用一般碳素钢、一般钢板桩型钢。普通质量非合金钢是以碳素结构钢为主的。

碳素结构钢(原称普通碳素钢)一般不经热处理即直接使用,多轧制成板材或型材,是工程结构用钢的主要钢材。我国首个此类钢的国家标准是 1965 年制定的 GB 700—65《普通碳素钢钢号和一般技术条件》。该标准按所保证的条件,将普通碳素钢分为三类:甲类钢是按机械性能供应的钢,乙类钢是按化学成分供应的钢,特类钢是按机械性能及化学成分供应的钢,之后该标准修改为 GB 700—79《普通碳素结构钢技术条件》。

1988 年经过修订并实施的 GB 700—88《碳素结构钢》中取消了此前规定的甲类钢、乙类钢、特类钢分类方法,改为按质量等级分为 A、B、C、D 等四个等级,与国际标准靠近,在保证力学性能的同时,放宽成分限制。根据 GB 700—88《碳素结构钢》,此类钢的化学成分应符合表 5.1 的规定,此类钢的力学性能应符合表 5.2 的规定。

表 5.1 碳素结构钢的化学成分(GB 700—88)

牌号	等级	化学成分/%					脱氧方法
		C	Mn	Si	S	P	
Q195	—	0.06~0.12	0.25~0.50	≤0.30	≤0.050	≤0.045	F、b、Z
Q215	A	0.09~0.15	0.25~0.55	≤0.30	≤0.050	≤0.045	F、b、Z
	B				≤0.045		
Q235	A	0.14~0.22	0.30~0.65	≤0.30	≤0.050	≤0.045	F、b、Z
	B	0.12~0.20	0.30~0.70		≤0.045		
	C	≤0.18	0.35~0.80		≤0.040	≤0.040	Z
	D	≤0.17			≤0.035	≤0.035	TZ
Q255	A	0.18~0.28	0.40~0.70	≤0.30	≤0.050	≤0.045	Z
	B				≤0.045		
Q275	—	0.28~0.38	0.50~0.80	≤0.35	≤0.050	0.045	Z

注:脱氧方法的 F 表示沸腾钢,Z 表示镇静钢,TZ 表示特殊镇静钢,b 表示半镇静钢。下同。钢中残余元素铬、镍、铜含量应各不大于 0.30%。Q235A、B 级沸腾钢锰含量的上限为 0.60%。

表 5.2 碳素结构钢的力学性能(GB 700—88)

牌号	等级	屈服点 σ_s/MPa,不小于						抗拉强度 σ_b/MPa	伸长率 δ_5/%,不小于						冲击试验(V 型,纵向)	
		钢材厚度(直径)/mm							钢材厚度(直径)/mm							
		≤16	>16~40	>40~60	>60~100	>100~150	>150		≤16	>16~40	>40~60	>60~100	>100~150	>150	温度/℃	冲击功/J
Q195	—	(195)	(185)	—	—	—	—	315~390	33	32	—	—	—	—	—	—
Q215	A	215	205	195	185	175	165	335~410	31	30	29	28	27	26	—	—
	B														20	27
Q235	A	235	225	215	205	195	185	375~460	26	25	24	23	22	21	—	—
	B														20	27
	C														0	
	D														−20	
Q255	A	255	245	235	225	215	205	410~510	24	23	22	21	20	19	—	—
	B														20	27
Q275	—	275	265	255	245	235	225	490~610	20	19	18	17	16	15	—	—

2006 年发布了《碳素结构钢》新的标准 GB/T 700—2006,与 GB 700—88 相比,主要变化为:"脱氧方法"取消了半镇静钢;取消了 Q255 牌号;新的 Q275 牌号分 A、B、C、D 四个质量等级;取消了各牌号的碳、锰含量下限,并提高了锰含量上限;降低了 Q195 牌号的磷、硫含量;厚度大于 100mm 的钢材,抗拉强度 R_m 可降低 20MPa;其他一些成分上的调整。表 5.3 为 GB/T 700—2006 中钢的牌号和化学成分的规定。

表 5.3　碳素结构钢的化学成分(GB/T 700—2006)

牌号	等级	厚度(或直径)/mm	脱氧方法	化学成分/%,不大于				
				C	Si	Mn	P	S
Q195	—	—	F、Z	0.12	0.30	0.50	0.035	0.040
Q215	A	—	F、Z	0.15	0.35	1.20	0.045	0.050
	B							0.045
Q235	A	—	F、Z	0.22	0.35	1.40	0.045	0.050
	B			0.20				0.045
	C		Z	0.17			0.040	0.040
	D		TZ				0.035	0.035
Q275	A	—	F、Z	0.24	0.35	1.50	0.045	0.050
	B	≤40	Z	0.21			0.045	0.045
		>40		0.22				
	C		Z	0.20			0.040	0.040
	D		TZ				0.035	0.035

注:D 级钢应有足够的细化晶粒的元素,当采用铝脱氧时,钢中酸溶铝含量应不小于 0.015%,或总铝含量应不小于 0.020%。钢中残余元素铬、镍、铜含量应各不大于 0.30%,氮含量应不大于 0.008%。

表 5.4 为这类钢的力学性能要求。

表 5.4　碳素结构钢的力学性能(GB/T 700—2006)

牌号	等级	屈服强度 R_{eH}/MPa,不小于						抗拉强度 R_m/MPa	断后伸长率 A/%,不小于					冲击试验(V 型,纵向)	
		钢材厚度(直径)/mm							钢材厚度(直径)/mm						
		≤16	>16~40	>40~60	>60~100	>100~150	>150~200		≤40	>40~60	>60~100	100~150	>150~200	温度/℃	冲击功/J,不小于
Q195	—	195	185	—	—	—	—	315~430	33	—	—	—	—	—	—
Q215	A	215	205	195	185	175	165	335~450	31	30	29	27	26	—	—
	B													+20	27
Q235	A	235	225	215	205	195	185	375~500	26	25	24	22	21	—	—
	B													+20	27
	C													0	
	D													−20	
Q275	A	275	265	255	245	225	215	410~540	22	21	20	18	17	—	—
	B													+20	27
	C													0	
	D													−20	

一般用途碳素结构钢的品种多、用途广,是当前工程结构大量使用的原材料。在我国,一般用途碳素结构钢的产量占钢铁总产量的大部分,随着冶炼水平的提高,生产工艺装备的改善,其技术标准也在不断变化,目前其化学成分与性能已与国际标准趋于一致。

随着冶炼技术的进步,铁水预处理和炉外精炼技术在钢厂普遍使用,一些大中型钢铁企业生产的普通碳素钢的杂质含量达到或接近优质钢的水平,规模化的生产使成本大幅度降低。同时由于用户需求水平的不断提高,原有的一些普通碳素钢的应用领域被优质钢代替。因此,普通碳素钢在钢铁总产量中的比重逐步降低[1]。

从 GB/T 700—2006《碳素结构钢》中规定的技术条件来看,一些钢号的成分范围和性能要求已不属于普通质量非合金钢的范围,如 Q215、Q235 和 Q275 的锰含量均超过 GB/T 13304—91《钢分类》中非合金钢的锰含量应小于 1.00%的规定,而属于低合金钢,有些级别的钢属于普通碳素结构钢,有些则属于优质碳素结构钢。

碳素结构钢是亚共析钢,钢材一般以热轧、控轧或正火状态交货,其组织由先共析铁素体和珠光体组成。碳是钢中的重要元素,各牌号的性能基本上由碳含量决定,钢的强度随碳含量的增加而提高,其塑性和韧性则降低。图 5.1 为热轧后碳素钢的力学性能随碳含量的变化。

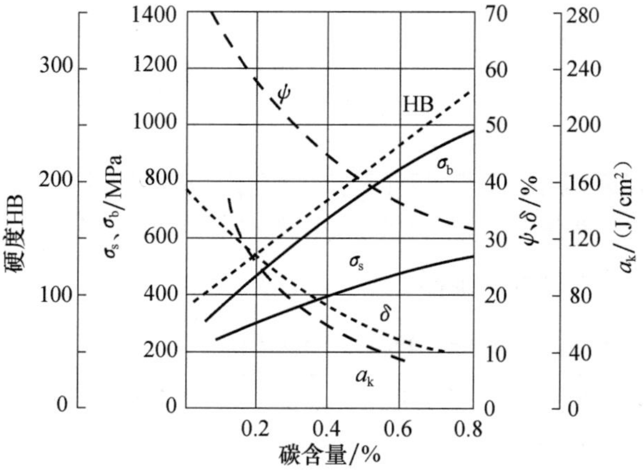

图 5.1 碳含量对钢的力学性能的影响(热轧后)[2]

炼钢过程中,硅铁是常用的脱氧剂,其脱氧能力强于锰。碳素钢中硅含量通常小于 0.35%。硅几乎全部溶于铁素体中,仅有少部分存在于硅酸盐夹杂中。少量的硅仅作为杂质存在时对碳钢的性能没有多大的影响。

锰是在炼钢时用于脱氧和脱硫而残存于钢的元素,是有益元素。锰大部分溶于铁素体,形成置换固溶体使铁素体强化,一部分溶于 Fe_3C 中,形成合金渗碳体。当锰含量较低,只作为杂质元素时,对钢的强度影响不显著。在这类钢中一般都适当增加锰的含量,锰能增加珠光体的相对量,使珠光体变细和增加淬透性。这都会使钢的强度增加,而对塑性和韧性没有不良影响。

硫、磷、氮、氧都是炼钢过程残存的有害杂质,均需严格加以限制。

碳素结构钢的绝大部分均经过热加工制成型材、板材、管材等。这类钢的热加工性能良好,其热加工的温度范围见图 1.23,终轧温度无须控制,轧后一般空冷。部分经过热加工的钢材还要进行冷加工。

冷加工的主要方式是冷轧、拉拔和挤压。冷轧可以大幅度提高强度,但其塑性也相应地大幅度降低。拉拔是将已轧制的坯料(型材、管材等)通过模孔拉拔使截面减小、长度增加的加工方法。挤压是将坯料置于密闭的挤压筒内,一端施加压力,使坯料从规定的模孔中挤出而得到相同形状和尺寸的成品,多用于生产高精度钢管、钢棒等产品。

这类钢的主要用途如下[1]:

(1) Q195 钢的碳、锰含量低,强度不高,但塑性和韧性好,具有良好的工艺性能。生产品种为薄板、线材、钢丝等,广泛用于轻工机械、运输车辆、建筑等一般结构件,以及农机配件、五金制品、机械用一般结构件。

(2) Q215 钢的碳含量较低,有比较好的塑性、韧性和工艺性能,用于厂房、桥梁等大型结构构件,以及轻工、农业、五金工具、金属制品等。

(3) Q235 钢的碳含量适中,具有良好的综合力学性能和工艺性能,是最通用工程结构钢之一,适用于受力不大,而韧性要求高的工程结构,用于建造厂房、桥梁、车辆等。生产品种为型钢、钢板、钢带、线材、钢管、钢丝等。

上述牌号均可用于受力不大,不需热处理的一般机械结构和零件。

Q275 钢的碳、锰含量稍高,具有较高的强度、硬度和耐磨性,以及一定的焊接性能和较好的切削加工性能,塑性、韧性较低,可制作承受中等应力的构件和部件,代替 30、35 优质碳素结构钢,以降低成本,用于制造齿轮、心轴、销轴、链轮、螺栓、垫圈、鱼尾板,以及农业机械用型材、机架、耙齿等。主要产品为型材、棒材、钢板、钢带。

碳素钢钢筋是指钢筋混凝土用热轧光圆钢筋(GB 13013—91《钢筋混凝土用热轧光圆钢筋》)。其直径范围为 8～20mm,使用的牌号为 Q235(强度代号 R235)。规定的化学成分范围为:0.14%～0.22%C,0.12%～0.30%Si,0.30%～0.45%Mn,≤0.045%P,≤0.050%S。其力学性能要求:$\sigma_s \geqslant 235$MPa,$\sigma_b \geqslant 370$MPa,伸长率$\delta_5 \geqslant 25\%$;冷弯 180°时,弯芯直径等于钢筋直径,试样弯曲外表面无肉眼可见的裂纹。

5.1.2　优质非合金钢

在各类优质非合金钢中,最重要的是优质碳素结构钢。优质碳素结构钢是碳素钢中的磷、硫含量较低,钢质洁净度比较高的钢类。这类钢除要求保证化学成分和力学性能外,还对酸浸低倍组织的合格级别作出了规定。

优质碳素结构钢标准首次发布于 1952 年,标准号为重 5—52,曾于 1955 年、1959 年修改过 2 次;1963 年冶金工业部发布了 YB 4—63,该标准参照苏联标准体系;1965 年此类标准升级为国家标准 GB 699—65《优质碳素结构钢钢号和一般技术条件》,1988 年对该标准进行了修订,1999 年进行了第 2 次修订,修订后该标准已逐步与国际接轨;2015 年又进行了修订,制定为 GB/T 699—2015《优质碳素结构钢》。

GB/T 699—2015 取消了沸腾钢和半镇静钢,所列钢号均为镇静钢,取消了钢棒按冶金质量分类,修改了 08Al 钢的化学成分,将屈服点明确为下屈服强度 R_{eL} 或规定塑性延伸强度 $R_{p0.2}$,增加了热处理温度允许调整范围等。

这类钢的钢号系列为 08～85,包括碳含量为 0.05%～0.90%的低碳钢、中碳钢和高碳钢。表 5.5 为优质碳素结构钢的化学成分和力学性能(GB/T 699—2015)。优质碳素结构钢中只含有铁、碳、硅、锰、硫、磷,不含其他元素,其性能主要取决于钢中的碳含量和钢的组织结构。按锰含量的不同,这类钢可以分为两组:普通锰含量钢和较高锰含量钢。前者不含有特意加入的元素,其性能基本上取决于钢中的碳含量。后者由于提高了锰含量,具有较高的淬透性,以及较高的强度、硬度,但塑性略低。

表 5.5　优质碳素结构钢的化学成分和力学性能(GB/T 699—2015)

钢号	化学成分/%		推荐热处理/℃			力学性能					交货硬度 HBW,不大于	
	C	Mn	正火	淬火	回火	R_m/MPa	R_{eL}/MPa	A/%	Z/%	KU_2/J	未热处理钢	退火钢
						不小于						
08	0.05~0.11	0.35~0.65	930	—	—	325	195	33	60	—	131	—
10	0.07~0.13	0.35~0.65	930	—	—	335	205	31	55	—	137	—
15	0.12~0.18	0.35~0.65	920	—	—	375	225	27	55	—	143	—
20	0.17~0.23	0.35~0.65	910	—	—	410	245	25	55	—	156	—
25	0.22~0.29	0.50~0.80	900	870	600	450	275	23	50	71	170	—
30	0.27~0.34	0.50~0.80	880	860	600	490	295	21	50	63	179	—
35	0.32~0.39	0.50~0.80	870	850	600	530	315	20	45	55	197	—
40	0.37~0.44	0.50~0.80	860	840	600	570	335	19	45	47	217	187
45	0.42~0.50	0.50~0.80	850	840	600	600	355	16	40	39	229	197
50	0.47~0.55	0.50~0.80	830	830	600	630	375	14	40	31	241	207
55	0.52~0.60	0.50~0.80	820	820	600	645	380	13	35	—	255	217
60	0.57~0.65	0.50~0.80	810	—	—	675	400	12	35	—	255	229
65	0.62~0.70	0.50~0.80	810	—	—	695	410	10	30	—	255	229
70	0.67~0.75	0.50~0.80	790	—	—	715	420	9	30	—	269	229
75	0.72~0.80	0.50~0.80	—	820	480	1080	880	7	30	—	285	241
80	0.77~0.85	0.50~0.80	—	820	480	1080	930	6	30	—	285	241
85	0.82~0.90	0.50~0.80	—	820	480	1130	980	6	30	—	302	255
15Mn	0.12~0.18	0.70~1.00	920	—	—	410	245	26	55	—	163	—
20Mn	0.17~0.23	0.70~1.00	910	—	—	450	275	24	50	—	197	—
25Mn	0.22~0.29	0.70~1.00	900	870	600	490	295	22	50	71	207	—
30Mn	0.27~0.34	0.70~1.00	880	860	600	540	315	20	45	63	217	187
35Mn	0.32~0.39	0.70~1.00	870	850	600	560	335	18	45	55	229	197
40Mn	0.37~0.44	0.70~1.00	860	840	600	590	355	17	45	47	229	207
45Mn	0.42~0.50	0.70~1.00	850	840	600	620	375	15	40	39	241	217
50Mn	0.48~0.56	0.70~1.00	830	830	600	645	390	13	40	31	255	217
60Mn	0.57~0.65	0.70~1.00	810	—	—	695	410	11	35	—	269	229
65Mn	0.62~0.70	0.90~1.20	830	—	—	735	430	9	30	—	285	229
70Mn	0.67~0.75	0.90~1.20	790	—	—	785	450	8	30	—	285	229

注:1) 钢中其他元素的含量规定为 0.17%~0.37%Si,≤0.30%Ni,≤0.25%Cr,≤0.25%Cu。08 钢中含≤0.10%Cr;10 钢中含≤0.15%Cr。氧气转炉钢的氮含量应不大于 0.008%。

2) 08 钢用铝脱氧的镇静钢,碳、锰含量下限不限,上限为 0.45%,硅含量不大于 0.03%,全铝含量为 0.02%~0.07%。此时钢的牌号为 08Al。

3) 表中所列牌号中的 P、S 含量不大于 0.035%。

4) 试样毛坯尺寸为 25mm,测定纵向拉伸性能。表中的力学性能指标适用于直径或厚度不大于 80mm 的钢棒。对直径或厚度大于 80mm 的钢棒,允许其断后伸长率、断面收缩率比表中规定值分别降低 2%和 5%(均指绝对值)。热处理温度允许调整范围:正火±30℃,淬火±20℃,回火±50℃。推荐保温时间,正火不小于 30min,空冷,淬火时间不小于 30min,70、80、85 钢油冷,其余钢棒水冷,600℃回火时间不小于 1h。

优质碳素结构钢钢号系列齐全，钢材品种、规格多，加工性能好，应用广泛，是国民经济各部门的重要基础材料。这类钢按其碳含量高低，适于不同用途。

1）低碳钢

这类钢碳含量在 0.25%以下，多不经热处理直接使用，或经渗碳、碳氮共渗等处理。

08 钢的强度和硬度都很低，冷变形塑性好，深冲性能高，焊接性能好，用于生产薄钢板和冷轧钢带，广泛用于制造深冲压、拉深的覆盖件及焊接件。

10 钢的塑性和韧性高，焊接性能好，在冷作状态下易于挤压成形，切削性差，经热处理或冷拉处理后，可提高切削性能，可用于制作各种负荷小、要求高韧性的零件，较小负荷的焊接件、渗碳件及焊条等。

15 钢的塑性、韧性、焊接及冷冲压性能都很好，但强度较低。该钢的切削加工性能较差，为改善其切削加工性，可在 880～900℃加热后水中淬火。20 钢的强度比 15 钢稍高。这两种钢均可用于不经受很大应力而要求高的塑性和韧性的各种机械加工件。

15、20、15Mn、20Mn 等钢常进行渗碳或碳氮共渗，用于制造摩擦片、活塞销、板簧销、不重要的齿轮和蜗杆等。这类钢渗碳(900～930℃)时，晶粒容易长大，一般不直接淬火，因淬透性低，需用水或盐水做冷却介质(15Mn、20Mn 可以在油中淬火)，变形较大，故用于形状较简单而受力不大的零件。

表 5.6 为低碳钢的典型热处理工艺。

表 5.6　低碳钢的典型热处理工艺

工艺		08,10	15	20	15Mn,20Mn	冷却介质
1	正火	900～920	890～920	890～920	900～950	空气
2	渗碳	900～920	900～920	900～920	900～920	空气
	淬火	780～800	780～800	780～800	810～830	水
	回火	150～180	150～180	150～180	180～200	空气
3	碳氮共渗	820～860	820～860	820～860	—	—
	淬火	820～860	820～860	820～860	—	水
	回火	150～180	150～180	150～180	—	空气
4	淬火	900～920	890～920	860～900	860～900	水
	回火	—	—	按硬度要求	450～650	空气

注：15Mn、20Mn 可以在油中淬火。

15 钢和 20 钢水淬时淬透的直径不超过 10mm，所以一般都不经热处理；但一些学者的研究指出，低碳钢(<0.20%C)经过淬火可以大大改善其力学性能，因此低碳钢的淬火逐渐得到应用，甚至像 05 和 08 这样含碳低的钢也可以进行淬火。表 5.7 比较了经过热处理和未经热处理的不同尺寸的 15 钢的力学性能[3]。经过淬火还可以改善这些钢的切削加工性。

表 5.7　不同尺寸的 15 钢经过热处理与未经热处理时的力学性能[3]

状态	毛坯尺寸/mm	力学性能,不大于					硬度HB	韧脆转变温度/℃
		σ_s	σ_b	δ_5	ψ	a_k/(J/cm²)		
		MPa		%				
淬火,未回火	6	1400	1450	8	3	—	300	—
	20	510	700	21	64	160	225	+20
	36	470	600	26	75	220	180	0
	55	420	550	27	73	220	175	0
淬火,400℃回火	6	1000	1030	12	66	—	225	—
	20	550	720	23	73	220	205	−40
	36	470	620	26	74	260	175	−60
	55	430	570	29	75	240	175	−20
热轧后	6	200	400	33	66	—	143	—
	20	200	420	33	66	170	143	+40
	36	310	520	33	63	130	143	+60
	55	310	480	32	61	130	143	+80

注:1) 钢的化学成分:0.19%C,0.54%～0.57%Mn,0.27%Si;900℃加热,盐水中淬火。
2) 力学性能的测定:直径为 36mm 者在 1/2 半径处,直径 55mm 者在距表面 1/3 半径处。

2) 中碳钢

中碳钢包括碳含量为 0.25%～0.55%及 0.60%的各种钢号。这类钢主要用于制造各种机械零件,要求有较好的综合力学性能,因此采用的热处理方式是调质。它们在调质状态下的力学性能如表 5.8 所示。性能要求较低时也可以用正火作为最后热处理。碳含量较低的钢强度较低,但韧性较好,而碳含量较高的钢则相反,因此这些钢的选用取决于对力学性能的要求。由于碳素钢的淬透性低,调质后的力学性能不但取决于回火温度,还与截面尺寸有很大关系。表 5.9 为 35 钢、45 钢调质后的力学性能[4]。

表 5.8　不同碳含量碳素钢经调质处理后的力学性能(综合)

钢号	热处理(ϕ25mm)	σ_b/MPa	σ_s/MPa	δ_5/%	ψ/%	a_k/(J/cm²)
30	850～900℃淬火 550～600℃回火	500	340	23	57	110
40	830～880℃淬火 560～650℃回火	620	450	20	50	90
45	820～840℃淬火 560～620℃回火	700	500	17	45	80
50	810～860℃淬火 550～650℃回火	750	550	15	40	70
55	800～850℃淬火 500～650℃回火	800	600	14	35	60

表 5.9　不同尺寸 35 钢、45 钢调质后的力学性能[4]

钢号	化学成分/%			热处理	d/mm	σ_b/MPa	σ_s/MPa	δ_5/%	ψ/%
	C	Si	Mn						
35	0.32～0.40	0.15～0.35	0.40～0.70	840～870℃淬火 水、油 530～670℃回火	<16 16～40 40～100	637～784 588～705 539～637	≥411 ≥362 ≥323	16 18 20	40 45 50
45	0.40～0.50	0.15～0.35	0.50～0.80	820～850℃淬火 水、油 530～670℃回火	<16 16～40 40～100	735～882 637～784 588～705	≥470 ≥392 ≥352	14 16 18	35 40 45

注：d<16mm，取样为成品件；d>16mm，取样为部件半径 1/3 处。

30 钢和 35 钢具有较好的塑性、韧性和适当的强度，广泛用做各种钢件、热压件、冷拉和冷顶锻钢件，以及螺钉螺帽等零件，其淬裂倾向较 45 钢小。35 钢可用做低中速大马力柴油机的曲轴、连杆等。

40 钢的强度比较高，塑性和韧性适中，故用于制造机器的运动零件，如辊子、轴、齿轮、曲柄销、传动轴、连杆、圆盘等。

45 钢具有更高一些的强度、较好的综合力学性能，在机械制造中用量最大，用做曲轴、凸轮轴、齿轮、齿条、轴、泵的活塞等。这种钢正火（830～880℃）后的硬度为 170～229HB，有良好的切削加工性。45 钢的 C 曲线如图 5.2 所示，其淬透性曲线如图 5.3 所示。45 钢水淬时的临界直径不超过 20mm（油淬时不超过 10mm），因此淬火时要使用比较激烈的冷却介质（水、盐水等）。同时，这种钢的碳含量较高，马氏体比容较大，淬火时产生较大的淬火内应力，导致变形和开裂的倾向较大，故形状复杂或截面上有剧烈过渡的零件要注意保护或淬水时采用双液淬火（先水后油），以减少内应力。45 钢淬火和回火后的力学性能如图 5.4 所示。

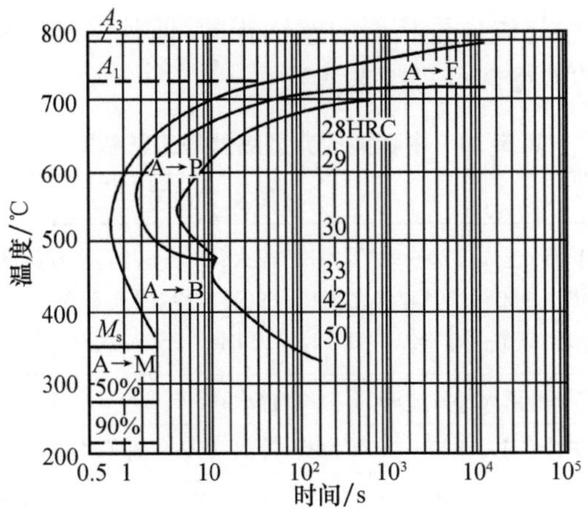

图 5.2　45 钢的 C 曲线[5]

钢的成分：0.44%C，0.22%Si，0.66%Mn，0.15%Cr，0.02%V；奥氏体化温度 880℃

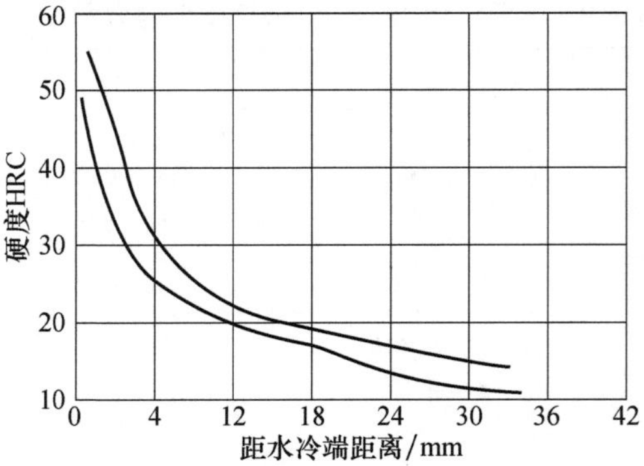

图 5.3　45 钢淬透性曲线[6]

6 炉钢的数据,奥氏体化温度 840℃,晶粒度 6～7 级

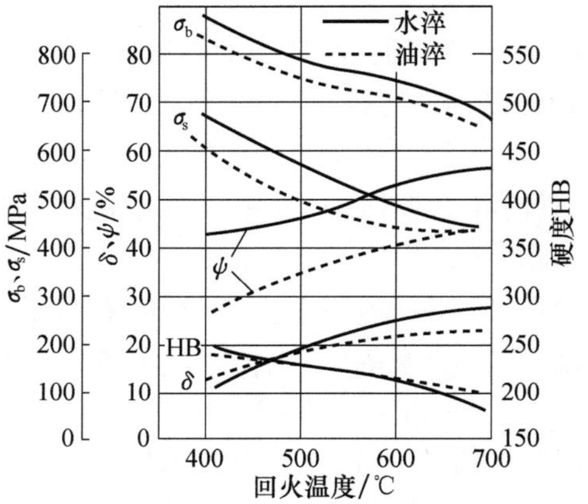

图 5.4　45 钢热处理后的力学性能[7]

水淬 800℃,油淬 830℃

50 钢和 55 钢适用于耐磨性要求较高的、动载荷下承受冲击作用不大的零件,如一些齿轮、拉杆、轧辊、犁铧等。

含锰较高的钢的用途与碳含量相似的碳钢相同,但其淬透性略高。

表 5.10 为中碳钢的典型热处理工艺参数。

表 5.10　中碳钢的典型热处理工艺参数[1]

牌号	典型热处理规程
25	退火:880～900℃炉冷;正火:870～910℃空冷;淬火:880～900℃水或盐水;回火:340～400℃空冷 渗碳及随后处理:渗碳 900～920℃,淬火 850～890℃水冷,回火 150～180℃空冷 碳氮共渗及随后处理:碳氮共渗 840～850℃,淬火 840～850℃水冷,回火 150～180℃空冷
30	退火:850～900℃炉冷;正火:850～900℃空冷;淬火:850～890℃水或油;回火随需要而定
35	退火:840～890℃炉冷;正火:840～890℃空冷;淬火:850～890℃水或油;回火随需要而定
40	退火:840～870℃炉冷;正火:840～890℃空冷;淬火:830～880℃水或油;回火随需要而定
45	退火:820～840℃炉冷;正火:840～890℃空冷;淬火:820～860℃水或油;回火随需要而定
50	退火:810～830℃炉冷;正火:820～870℃空冷;淬火:820～850℃水或油;回火随需要而定
55	退火:770～810℃炉冷;正火:810～860℃空冷;淬火:790～830℃水,820～850℃油;回火随需要而定

续表

牌号	典型热处理规程
30Mn	退火:850～900℃炉冷;正火:900～950℃空冷;淬火:850～900℃水或油;回火随需要而定
40Mn	退火:820～860℃炉冷;正火:850～900℃空冷;淬火:820～860℃水或油;回火:500～700℃
45Mn	退火:820～850℃炉冷;正火:850～870℃空冷;淬火:820～850℃水或油;回火:500～650℃
50Mn	退火:810～830℃炉冷;正火:840～870℃空冷;淬火:780～840℃水或油;回火随需要而定

为了提高表面或局部表面的耐磨性,一般碳含量较高的钢在调质或正火后还可以进行表面淬火。常使用高、中频感应加热以提高表面的硬度。40 钢和 45 钢是典型的进行表面淬火的钢,在表面淬火和低温回火之后,表面的硬度可以分别达到 53～58HRC 和 55～60HRC。使用 45 钢时,在大批量生产条件下,为了避免因碳含量过高在感应加热表面淬火时可能引起裂纹的生成,一般要求精选碳含量,如将碳含量限制在 0.42%～0.47%。

3) 高碳钢

含碳在 0.60%以上的钢主要用于制作各种弹簧,包括 60、65、70、75、80、85、60Mn、65Mn、70Mn,轻负荷的弹簧也可用 50 钢制造,这些钢的热处理、性能和应用将在弹簧钢部分讨论。

这类钢另一方面的用途是制造各种要求的耐磨零件,如 65、70、75 钢可以做犁头、耕齿、电车车轮,60Mn 可以做制动盘、制动滚筒、摩擦盘等,65Mn 用做磨床主轴、犁铧,65Mn、75Mn 可以做粉碎机的零件等。

除了优质碳素结构钢,优质非合金钢还包括冲压薄板低碳钢、不经热处理的冷顶锻和冷挤压用钢、锅炉和压力容器用钢、造船用钢、桥梁用钢、汽车用钢、锚链用钢、输油及输气管用钢、预应力及混凝土钢筋用优质钢、非合金表面硬化钢、易切削结构钢等。这些钢有专门用途,亦称为专业用非合金钢,对其成分、性能常常提出一些特殊要求,并制定有相应的技术标准。这些钢将与有相同用途的低合金钢一起论述。

在非合金钢中还有一类特殊质量非合金钢,如保证淬透性钢、保证厚度方向性能钢、航空用钢、兵器用钢、核压力容器用非合金钢、火焰及感应淬火硬化钢、特殊易切削钢等。这类钢在生产过程中需要特别严格控制质量和性能,亦将其与有相同用途的低合金钢、合金钢一起论述。

5.2　低合金钢及微合金钢

5.2.1　低合金钢的发展[1,8,9]

随着工业、交通和科学技术的发展,一般用途碳素结构钢已不能满足重要工程结构的需要。19 世纪 70 年代以后,许多国家发展了低合金高强度钢,即在碳素钢基础上,加入少量合金元素,提高强度并改善其使用性能而发展起来的一类工程结构用钢。直至 20 世纪 50 年代才逐渐形成钢类,并进行大规模工业化生产,其后应用日益广泛。

我国于 1959 年发布了第一个低合金高强度钢标准,其后经过多次修订,并由部颁标准升为国家标准。1988 年发布了国家标准 GB 1591—88《低合金结构钢》。该标准中列入了屈服强度为 295～440MPa 范围的 17 个钢号,适用于普通结构用钢板、钢带、型钢和棒材。该标准对钢号的化学成分和力学性能都作了具体的规定,见表 5.11 和表 5.12。表 5.13 为低合金结构钢各钢号用途举例。

表 5.11　我国低合金结构钢的化学成分(GB 1591—88)　　(单位:%)

钢号	C	Mn	Si	V	Ti	Nb	Cu	S≤	P≤
09MnV	≤0.12	0.80～1.20	0.20～0.55	0.04～0.12	—	—	—	0.045	0.045
09MnNb	≤0.12	0.80～1.20	0.20～0.55	—	—	0.015～0.050	—	0.045	0.045
09Mn2	≤0.12	1.40～1.80	0.20～0.55	—	—	—	—	0.045	0.045
12Mn	0.09～0.16	1.10～1.50	0.20～0.55	—	—	—	—	0.045	0.045
18Nb	0.14～0.22	0.40～0.80	0.17～0.37	—	—	0.020～0.050	—	0.045	0.045
09MnCuPTi	≤0.12	1.00～1.50	0.20～0.55	—	≤0.03	—	0.20～0.40	0.045	0.05～0.12
10MnSiCu	≤0.12	1.25～1.60	0.80～1.10	—	—	—	0.015～0.30	0.045	0.045
12MnV	≤0.15	1.00～1.40	0.20～0.55	0.04～0.12	—	—	—	0.045	0.045
14MnNb	0.12～0.18	0.80～1.20	0.20～0.55	—	—	0.015～0.050	—	0.045	0.045
16Mn	0.12～0.20	1.20～1.60	0.20～0.55	—	—	—	—	0.045	0.045
16MnRE	0.12～0.20	1.20～1.60	0.20～0.55	—	—	—	—	0.045	0.045
10MnPNbRE	≤0.14	0.80～1.20	0.20～0.55	—	—	0.015～0.050	—	0.045	0.06～0.12
15MnV	0.12～0.18	1.20～1.60	0.20～0.55	0.04～0.12	—	—	—	0.045	0.045
15MnTi	0.12～0.18	1.20～1.60	0.20～0.55	—	0.12～0.20	—	—	0.045	0.045
16MnNb	0.12～0.20	1.00～1.40	0.20～0.55	—	—	0.015～0.050	—	0.045	0.045
14MnVTiRE	≤0.18	1.30～1.60	0.20～0.55	0.04～0.10	0.09～0.16	—	—	0.045	0.045
15MnVN	0.12～0.20	1.30～1.70	0.20～0.55	0.10～0.20	—	—	—	0.045	0.045

注:15MnVN 钢中的氮含量为 0.010%～0.020%;16MnRE、10MnPNbRE、14MnVTiRE 钢中的 RE 加入量均为 0.02%～0.20%;钢中的残余元素 Cr、Ni、Cu 含量均不大于 0.30%。

表 5.12　我国低合金结构钢的力学性能(GB 1591—88)

钢号	钢板厚度或直径/mm	σ_b/MPa	σ_s/MPa (≥)	δ_5/% (≥)	180° 弯曲试验	20℃时的冲击吸收功 C_V(纵向)/J(≥)
09MnV	≤16	430～580	295	23	$d=2a$	27
	>16～25		275		$d=3a$	
09MnNb	≤16	410～560	295	24	$d=2a$	27
	>16～25	390～540	275	23	$d=3a$	
09Mn2	≤16	440～590	295	22	$d=2a$	27
	>16～25	420～570	275	22	$d=3a$	
	>30～100 方、圆钢	410～560	255	21	$d=3a$	
12Mn	≤16	440～590	295	22	$d=2a$	27
	>16～25	430～580	275	21	$d=3a$	
	>25～36	400～550	255	21	$d=3a$	
	>36～50	390～540	235	21	$d=3a$	
	>50～100 方、圆钢	390～540	235	20	$d=3a$	
18Nb	≤16	470～620	345	20	$d=2a$	27
	>16～25	450～600	325	19	$d=3a$	
09MnCuPTi	≤16	490～640	345	22	$d=2a$	27
	>16～25	490～640	335	21	$d=3a$	
10MnSiCu	4～10	490～640	345	22	$d=2a$	27
	>10～20	470～620	335	22	$d=2a$	
	>20～32	470～620	325	22	$d=3a$	
12MnV	≤16	490～640	345	22	$d=2a$	27
	>16～25		335	21	$d=3a$	
14MnNb	≤16	490～640	355	21	$d=2a$	27
	>16～25	470～620	335	20	$d=3a$	
16Mn	≤16	510～660	345	22	$d=2a$	27
	>16～25	490～640	325	21	$d=3a$	
	>25～36	470～620	315	21	$d=3a$	
	>36～50	470～620	295	21	$d=3a$	
	>50～100 方、圆钢	470～620	275	20	$d=3a$	
16MnRE	≤16	510～660	345	22	$d=2a$	27
	>16～25	490～640	325	20	$d=3a$	
10MnPNbRE	≤10	510～660	390	20	$d=2a$	27
15MnV	≤4	550～570	410	19	$d=2a$	27
	>4～16	530～680	390	18	$d=3a$	
	>16～25	510～660	375	18	$d=3a$	
	>25～36	490～640	355	18	$d=3a$	
	>36～50	490～640	335	18	$d=3a$	
15MnTi	≤25	530～680	390	20	$d=3a$	27
	>25～40	510～660	375	20	$d=3a$	

续表

钢号	钢板厚度或直径/mm	σ_b/MPa	σ_s/MPa (≥)	δ_5/% (≥)	180° 弯曲试验	20℃时的冲击吸收功 C_V(纵向)/J(≥)
16MnNb	≤16	530～680	390	20	$d=2a$	27
	>16～20	510～660	375	19	$d=3a$	
14MnVTiRE	≤12	550～700	440	19	$d=2a$	27
	>12～20	530～680	415	19	$d=3a$	
15MnVN	≤10	590～740	440	19	$d=2a$	27
	>10～25	570～720	420	19	$d=3a$	
	>25～38	550～700	410	18	$d=3a$	
	>38～50	530～680	390	18	$d=3a$	

注:180°冷弯试验时,d 为弯心直径,a 为试样厚度。根据需方要求,钢材可进行 0℃、−20℃、−40℃夏比(C_V)冲击试验,其纵向试样冲击吸收功应不小于 27J。当做−20℃或−40℃冲击试验时,钢中的 S、P 含量均不大于 0.035%,并为细晶粒钢。表中 15MnTi、14MnVTiRE、15MnVN 钢的力学性能系热处理状态的。

表 5.13　低合金结构钢各钢号用途举例(GB 1591—88)

钢号	用途举例
09MnV	建筑结构、拖拉机轮圈、管道支架等,还用来制作螺旋焊管
09MnNb	建筑结构、桥梁、铁路车辆、管道支架
09Mn2	油罐、铁路车辆、冲压件等
12Mn	低压锅炉、热冲压件等
18Nb	建筑结构、起重机结构、各种管道等
09MnCuPTi	桥梁、车辆、石油井架、电站设备等
10MnSiCu	造船用钢管、压力容器等
12MnV	桥梁、建筑结构、机车、车辆、机器零件等
14MnNb	建筑结构、桥梁、化工容器、油罐等
16Mn,16MnRE	船舶、桥梁、厂房结构、铁路货车、汽车构件、石油钻井架、广播塔、压力容器、起重运输设备等
10MnPNbRE	桥梁、船舶、车辆、石油井架、起重机架等
15MnV	桥梁、船舶、高中压容器、起重机架、车辆等
15MnTi	压力容器、船舶、桥梁、电站设备、油罐、铁道货车、汽车构件、起重机架等
16MnNb	桥梁、起重机架等
14MnVTiRE	高压容器、大型船舶、桥梁、电站设备等
15MnVN	船舶、车辆、桥梁、大型焊接结构

GB 1591—88《低合金结构钢》标准执行一段时间后,发现该标准不能适应这类钢迅速发展的状况。因为国家标准不可能把各生产厂的钢号都纳入进来,而标准制定后,在一段时间内又不能变化和发展,这样做也不利于我国产品进入国际市场。

1992 年,我国低合金结构钢标准进行了一次重大修改。主要变化如下:

(1) 参照国际上通用的叫法,标准名称更改为《低合金高强度结构钢》,反映了这类钢的共同特点,即合金含量低、强度性能高、适用于工程结构。

(2) 牌号表示方法由屈服强度汉语拼音首字母、屈服强度数值和质量等级符号三部分代号组成。例如,质量等级为 A 级的 16Mn 钢牌号为 Q345A。

(3) 新标准有五个强度等级系列和牌号:Q295、Q345、Q390、Q420、Q460。

(4) 按不同强度等级和用途对钢材韧性的要求，质量等级分五个等级：A、B、C、D、E。A 级不做冲击试验，后四个等级分别做+20℃、0℃、-20℃、-40℃冲击试验。其中 Q295 只有两个等级，而 Q460 只有 C、D、E 三个等级。

(5) 新标准按不同质量等级规定不同的化学成分，特别是对硫、磷要求不同，还规定了钒、铌、钛、铝等细化晶粒的加入条件。为改善钢的性能，可以加入 0.02%～0.20%稀土元素。

新标准 GB/T 1591—94《低合金高强度结构钢》于 1994 年发布，1995 年实施。作为过渡办法，新旧标准同时执行一段时间，1998 年全面执行新标准。表 5.14 为新标准中各钢的化学成分。表 5.15 为规定的这类钢的力学性能和工艺性能。表 5.16 为新旧低合金结构钢标准钢号的对比。

表 5.14　我国低合金高强度结构钢的化学成分(GB/T 1591—94)　(单位：%)

牌号	质量等级	C≤	Mn	Si≤	V	Nb	Ti	Al≥	Cr≤	Ni≤	S≤	P≤
Q295	A	0.16	0.80～1.50	0.55	0.02～0.15	0.015～0.060	0.02～0.20	—	—	—	0.045	0.045
	B	0.16	0.80～1.50	0.55	0.02～0.15	0.015～0.060	0.02～0.20	—	—	—	0.040	0.040
Q345	A	0.20	1.00～1.60	0.55	0.02～0.15	0.015～0.060	0.02～0.20	—	—	—	0.045	0.045
	B	0.20	1.00～1.60	0.55	0.02～0.15	0.015～0.060	0.02～0.20	—	—	—	0.040	0.040
	C	0.20	1.00～1.60	0.55	0.02～0.15	0.015～0.060	0.02～0.20	0.015	—	—	0.035	0.035
	D	0.18	1.00～1.60	0.55	0.02～0.15	0.015～0.060	0.02～0.20	0.015	—	—	0.030	0.030
	E	0.18	1.00～1.60	0.55	0.02～0.15	0.015～0.060	0.02～0.20	0.015	—	—	0.025	0.025
Q390	A	0.20	1.00～1.60	0.55	0.02～0.20	0.015～0.060	0.02～0.20	—	0.30	0.70	0.045	0.045
	B	0.20	1.00～1.60	0.55	0.02～0.20	0.015～0.060	0.02～0.20	—	0.30	0.70	0.040	0.040
	C	0.20	1.00～1.60	0.55	0.02～0.20	0.015～0.060	0.02～0.20	0.015	0.30	0.70	0.035	0.035
	D	0.20	1.00～1.60	0.55	0.02～0.20	0.015～0.060	0.02～0.20	0.015	0.30	0.70	0.030	0.030
	E	0.20	1.00～1.60	0.55	0.02～0.20	0.015～0.060	0.02～0.20	0.015	0.30	0.70	0.025	0.025
Q420	A	0.20	1.00～1.70	0.55	0.02～0.20	0.015～0.060	0.02～0.20	—	0.40	0.70	0.045	0.045
	B	0.20	1.00～1.70	0.55	0.02～0.20	0.015～0.060	0.02～0.20	—	0.40	0.70	0.040	0.040
	C	0.20	1.00～1.70	0.55	0.02～0.20	0.015～0.060	0.02～0.20	0.015	0.40	0.70	0.035	0.035
	D	0.20	1.00～1.70	0.55	0.02～0.20	0.015～0.060	0.02～0.20	0.015	0.40	0.70	0.030	0.030
	E	0.20	1.00～1.70	0.55	0.02～0.20	0.015～0.060	0.02～0.20	0.015	0.40	0.70	0.025	0.025
Q460	C	0.20	1.00～1.70	0.55	0.02～0.20	0.015～0.060	0.02～0.20	0.015	0.70	0.70	0.035	0.035
	D	0.20	1.00～1.70	0.55	0.02～0.20	0.015～0.060	0.02～0.20	0.015	0.70	0.70	0.030	0.030
	E	0.20	1.00～1.70	0.55	0.02～0.20	0.015～0.060	0.02～0.20	0.015	0.70	0.70	0.025	0.025

注：表中的 Al 为全铝含量。如化验酸溶铝时，其含量应不小于 0.010%。除各牌号 A、B 级钢外，表中的细化晶粒元素(V、Nb、Ti、Al)，钢中应至少含有其中的一种；如这些元素同时使用则至少一种元素的含量不低于规定的最小值。型钢和钢棒的 Nb 含量下限为 0.005%。

表 5.15　低合金高强度结构钢的力学性能与工艺性能(GB/T 1591—94)

牌号	质量等级	σ_s/MPa				σ_b/MPa	δ_5/%	A_{kV}/J(纵向)				180°弯曲试验(*d* 为弯心直径,*a* 为试样厚度)	
		厚度(直径,边长)/mm						+20℃	0℃	−20℃	−40℃	钢材厚度(直径)/mm	
		≤16	>16~35	>35~50	>50~100							≤16	>16~100
		不小于						不小于					
Q295	A	295	275	255	235	390~570	23	—	—	—	—	$d=2a$	$d=3a$
	B	295	275	255	235	390~570	23	34	—	—	—	$d=2a$	$d=3a$
Q345	A	345	325	295	275	470~630	21	—	—	—	—	$d=2a$	$d=3a$
	B	345	325	295	275	470~630	21	34	—	—	—	$d=2a$	$d=3a$
	C	345	325	295	275	470~630	22	—	34	—	—	$d=2a$	$d=3a$
	D	345	325	295	275	470~630	22	—	—	34	—	$d=2a$	$d=3a$
	E	345	325	295	275	470~630	22	—	—	—	27	$d=2a$	$d=3a$
Q390	A	390	370	350	330	490~650	19	—	—	—	—	$d=2a$	$d=3a$
	B	390	370	350	330	490~650	19	34	—	—	—	$d=2a$	$d=3a$
	C	390	370	350	330	490~650	20	—	34	—	—	$d=2a$	$d=3a$
	D	390	370	350	330	490~650	20	—	—	34	—	$d=2a$	$d=3a$
	E	390	370	350	330	490~650	20				27	$d=2a$	$d=3a$
Q420	A	420	400	380	360	520~680	18	—	—	—	—	$d=2a$	$d=3a$
	B	420	400	380	360	520~680	18	34	—	—	—	$d=2a$	$d=3a$
	C	420	400	380	360	520~680	19	—	34	—	—	$d=2a$	$d=3a$
	D	420	400	380	360	520~680	19	—	—	34	—	$d=2a$	$d=3a$
	E	420	400	380	360	520~680	19	—	—	—	27	$d=2a$	$d=3a$
Q460	C	460	440	420	400	550~720	17	—	34	—	—	$d=2a$	$d=3a$
	D	460	440	420	400	550~720	17	—	—	34	—	$d=2a$	$d=3a$
	E	460	440	420	400	550~720	17	—	—	—	27	$d=2a$	$d=3a$

表 5.16　新旧低合金结构钢标准牌号对照

GB/T 1591—94	GB 1591—88
Q295	09MnV,09MnNb,09Mn2,12Mn
Q345	12MnV,14MnNb,16Mn,16MnRE,18Nb
Q390	15MnV,15MnTi,16MnNb
Q420	15MnVN,14MnVTiRE
Q460	—

这一类钢在美国和欧洲称为高强度低合金钢(high strength low alloy steel,HSLA steel),日本曾称为高张力钢或高强度钢,近年来也普遍称为高强度低合金钢。我国目前广泛称这类钢为低合金高强度钢,亦采用高强度低合金钢的名称。由于名称的不同和各国经济发展阶段的差异,各国低合金高强度钢所包含的钢类也不尽相同。

关于低合金高强度钢的定义,各国的有关机构和一些学者的见解亦有一定的差异。《中国材料工程大典》将低合金高强度钢定义为:合金元素含量满足国家标准 GB/T 13304 所规定的低合金钢的界线值,屈服强度在 275MPa 以上,具有良好的焊接性、耐蚀性、耐磨性和成形性,通常以板、带、型、管等钢材形式直接供货使用的工程结构用钢[1]。

该定义明确低合金高强度钢应归属于以钢材形式直接使用的工程结构用钢，与需要机械加工后再使用的合金结构钢有明显的区别。

半个世纪以来，微合金钢得到了迅速的发展。目前普遍采用的微合金钢的严格定义为：在普通低碳钢或普通高强度低合金钢化学成分的基础上添加了微量合金元素(一般为强碳氮化物形成元素且所添加的量比传统意义的合金元素小 1～2 个数量级)，而使其一种或多种使用性能产生明显有利变化的工程结构用钢[1]。可见，微合金钢也属于低合金高强度钢。由于微合金钢优异的性价比，目前低合金高强度钢的大部分钢种都加入了微合金元素，微合金化已是低合金高强度钢最重要的发展方向。

为满足科技进步及工程设计日益向高参数、轻量化、大型化发展的要求，我国制定了国家标准 GB/T 16270—1996《高强度结构钢热处理和控轧钢板、钢带》；2009 年参考了国际标准 ISO 4950.3-2003《高屈服强度扁平钢 第 3 部分：调质钢》等，修改为 GB/T 16270—2009《高强度结构用调质钢板》，适用于厚度不大于 150mm，以调质状态交货的高强度结构用钢板，删除了 Q420 钢级，增加了 Q800、Q890 和 Q960 三个钢级，调整了各钢号的成分和性能规定。表 5.17 和表 5.18 分别为这类钢的化学成分和对其力学性能的要求。在标准中对化学成分只规定了上限，不规定最低值。从化学成分上看，由于加入的合金元素控制的差异，同一钢号可能属于低合金钢，也可能属于合金钢。同一成分的钢由于控轧和热处理工艺的不同也可以属于不同的钢级。

表 5.17　高强度结构用调质钢板的化学成分(GB/T 16270—2009)　　(单位：%)

牌号	C	Si	Mn	P	S	Cr、Ni、Mo、Cu	V、Ti、Nb、B	CEV 厚度/mm ≤50	CEV 厚度/mm >50～100	CEV 厚度/mm >100～150
Q460C、Q460D	0.20	0.80	1.70	0.025	0.015			0.47	0.48	0.50
Q460E、Q460F				0.020	0.010					
Q500C、Q500D	0.20	0.80	1.70	0.025	0.015			0.47	0.70	0.70
Q500E、Q500F				0.020	0.010					
Q550C、Q550D	0.20	0.80	1.70	0.025	0.015	0.50Cr	0.12V	0.65	0.77	0.83
Q550E、Q550F				0.020	0.010					
Q620C、Q620D	0.20	0.80	1.70	0.025	0.015	2.00Ni	0.06Nb	0.65	0.77	0.83
Q620E、Q620F				0.020	0.010					
Q690C、Q690D	0.20	0.80	1.80	0.025	0.015	0.70Mo	0.05Ti	0.65	0.77	0.83
Q690E、Q690F				0.020	0.010					
Q800C、Q800D	0.20	0.80	2.00	0.025	0.015	0.50Cu	0.0050B	0.72	0.82	—
Q800E、Q800F				0.020	0.010					
Q890C、Q890D	0.20	0.80	2.00	0.025	0.015			0.72	0.82	—
Q890E、Q890F				0.020	0.010					
Q960C、Q960D	0.20	0.80	2.00	0.025	0.015			0.82	—	—
Q960E、Q960F				0.020	0.010					

注：表中的化学成分均为最大值。根据需要，生产厂可添加一种或几种合金元素，最大值应符合表中规定。V、Nb、Ti 等细化晶粒元素至少应加一种或 Al，其中至少一种元素的最小量为 0.015%，Al 为 Als，也可用 Alt 替代 Als，此时最小量为 0.18%。钢号的后缀表示质量等级。碳当量 CEV 按式(4.76)计算。

表 5.18　高强度结构用调质钢板的力学性能(GB/T 16270—2009)

牌号	R_{eH}/MPa,不小于			R_m/MPa,不小于			A/%	冲击功 KV_2/J(纵向)			
	厚度/mm			厚度/mm				试验温度/℃			
	≤50	>50~100	>100~150	≤50	>50~100	>100~150		0 C级	−20 D级	−40 E级	−60 F级
Q460C、Q460D Q460E、Q460F	460	440	400	550~720		500~670	17	47	47	34	34
Q500C、Q500D Q500E、Q500F	500	480	440	590~770		540~720	17	47	47	34	34
Q550C、Q550D Q550E、Q550F	550	530	490	640~820		590~770	16	47	47	34	34
Q620C、Q620D Q620E、Q620F	620	580	560	700~890		650~830	15	47	47	34	34
Q690C、Q690D Q690E、Q690F	690	650	630	770~940	760~930	710~900	14	47	47	34	34
Q800C、Q800D Q800E、Q800F	800	740	—	840~1000	800~1000	—	13	34	34	27	27
Q890C、Q890D Q890E、Q890F	890	830	—	940~1100	880~1100	—	11	34	34	27	27
Q960C、Q960D Q960E、Q960F	960	—	—	980~1150	—	—	10	34	34	27	27

注:拉伸试验适用于横向试样,冲击试验适用于纵向试样。当屈服现象不明显时,采用 $R_{p0.2}$。当钢板厚度小于12mm 时,冲击试样采用辅助试样,具体要求见标准。

屈服强度在 600MPa 级以上的低合金高强度结构钢,国内外普遍采用传统的调质工艺(再加热淬火加回火)。试验研究表明,控轧后直接淬火,然后进行高温回火,其强韧性配合和耐回火稳定性优于再加热并在同一温度回火的钢[9]。

我国于 2008 年将 GB/T 1591—94 修改为 GB/T 1591—2008《低合金高强度结构钢》。与原标准相比,新标准的主要变化为:①扩大了标准的适用范围;②增加了 Q500、Q550、Q620、Q690 强度级别,取消了 Q295 强度级别;③修改了钢材化学成分的规定,加严了对磷、硫有害元素的控制;④增加了钢材碳当量及裂纹敏感系数的计算公式及规定;⑤修改了钢材的交货状态,取消了调质钢的规定;⑥修改了钢材力学性能及厚度的规定,明确了屈服强度为下屈服强度;⑦提高了冲击吸收能量值;⑧增加了各牌号钢的厚度方向性能要求。该标准已被 GB/T 1591—2018《低合金高强度结构钢》替代。

GB/T 1591—2018 中取消了 Q345 钢级,用 Q355 钢级替代。按不同交货状态规定各牌号的力学性能,将下屈服强度修改为上屈服强度,其指标相应提高 10~15MPa,修改了细化晶粒元素的含量。牌号的质量等级分为 B、C、D、E、F。钢由转炉或电弧炉冶炼,必要时加炉外精炼。钢材可以下列状态交货:热轧、正火(N)、正火轧制(+N)或热机械轧制 TMCP(M)状态交货。

低合金高强度结构钢-热轧钢的牌号及化学成分应符合表 5.19 的规定,其碳当量应符合表 5.20 的规定。

表 5.19　低合金高强度结构钢-热轧钢的牌号及化学成分(GB/T 1591—2018)　(单位:%)

<table>
<tr><th rowspan="3">牌号</th><th colspan="2">C</th><th>Si</th><th>Mn</th><th>P</th><th>S</th><th>Nb</th><th>V</th><th>Ti</th><th>Cr</th><th>Ni</th><th>Cu</th><th>Mo</th><th>N</th><th>B</th></tr>
<tr><th>厚度≤40mm</th><th>厚度>40mm</th><th colspan="13" rowspan="2">不大于</th></tr>
<tr><th colspan="2">不大于</th></tr>
<tr><td>Q355B</td><td colspan="2">0.24</td><td rowspan="3">0.55</td><td rowspan="3">1.60</td><td>0.035</td><td>0.035</td><td rowspan="3">—</td><td rowspan="3">—</td><td rowspan="3">—</td><td rowspan="3">0.30</td><td rowspan="3">0.30</td><td rowspan="3">0.40</td><td rowspan="3">—</td><td rowspan="2">0.012</td><td rowspan="3">—</td></tr>
<tr><td>Q355C</td><td>0.20</td><td>0.22</td><td>0.030</td><td>0.030</td></tr>
<tr><td>Q355D</td><td>0.20</td><td>0.22</td><td>0.025</td><td>0.025</td><td>—</td></tr>
<tr><td>Q390B</td><td colspan="2" rowspan="3">0.20</td><td rowspan="3">0.55</td><td rowspan="3">1.70</td><td>0.035</td><td>0.035</td><td rowspan="3">0.05</td><td rowspan="3">0.13</td><td rowspan="3">0.05</td><td rowspan="3">0.30</td><td rowspan="3">0.50</td><td rowspan="3">0.40</td><td rowspan="3">0.10</td><td rowspan="3">0.15</td><td rowspan="3">—</td></tr>
<tr><td>Q390C</td><td>0.030</td><td>0.030</td></tr>
<tr><td>Q390D</td><td>0.025</td><td>0.025</td></tr>
<tr><td>Q420B</td><td colspan="2" rowspan="2">0.20</td><td rowspan="2">0.55</td><td rowspan="2">1.70</td><td>0.035</td><td>0.035</td><td rowspan="2">0.05</td><td rowspan="2">0.13</td><td rowspan="2">0.05</td><td rowspan="2">0.30</td><td rowspan="2">0.80</td><td rowspan="2">0.40</td><td rowspan="2">0.20</td><td rowspan="2">0.15</td><td rowspan="2">—</td></tr>
<tr><td>Q420C</td><td>0.030</td><td>0.030</td></tr>
<tr><td>Q460C</td><td colspan="2">0.20</td><td>0.55</td><td>1.80</td><td>0.030</td><td>0.030</td><td>0.05</td><td>0.13</td><td>0.05</td><td>0.30</td><td>0.80</td><td>0.40</td><td>0.20</td><td>0.15</td><td>0.004</td></tr>
</table>

注:厚度大于 100mm 的型钢,碳含量由供需双方确定。厚度不大于 30mm 的钢材,碳含量不大于 0.22%。对于型钢和棒材,其磷和硫的上限可提高 0.005%。Q390、Q420 钢的 Nb 含量最高可到 0.07%,Q460 钢最高可到 0.11%,V 和 Ti 的最高含量可到 0.20%。Q460 钢仅适用于型钢和棒材。

表 5.20　低合金高强度结构钢-热轧钢的碳当量(GB/T 1591—2018)

<table>
<tr><th rowspan="3">牌号</th><th colspan="5">碳当量(CEV)/%,不大于</th></tr>
<tr><th colspan="5">厚度或直径/mm</th></tr>
<tr><th>≤30</th><th>>30～63</th><th>>63～150</th><th>>150～250</th><th>>250～400</th></tr>
<tr><td>Q355B</td><td rowspan="3">0.45</td><td rowspan="3">0.47</td><td rowspan="3">0.47</td><td rowspan="3">049</td><td>—</td></tr>
<tr><td>Q355C</td><td>—</td></tr>
<tr><td>Q355D</td><td>0.49</td></tr>
<tr><td>Q390B
Q390C
Q390D</td><td>0.45</td><td>0.47</td><td>0.48</td><td>—</td><td>—</td></tr>
<tr><td>Q420B
Q420C</td><td>0.45</td><td>0.47</td><td>0.48</td><td>0.49</td><td>—</td></tr>
<tr><td>Q460C</td><td>0.47</td><td>0.49</td><td>0.49</td><td>—</td><td>—</td></tr>
</table>

低合金高强度结构钢-正火、正火轧制钢的牌号及化学成分应符合表 5.21 的规定,其碳当量应符合表 5.22 的规定。正火轧制是指在一定温度范围内进行最终变形的一种轧制方法。该方法能使材料的状态与补充正火处理的相同,其力学性能的规定值也与补充正火的一样。

表 5.21　低合金高强度结构钢-正火、正火轧制钢的牌号及化学成分(GB/T 1591—2018)

(单位:%)

<table>
<tr><th rowspan="2">牌号</th><th>C</th><th>Si</th><th rowspan="2">Mn</th><th>P</th><th>S</th><th rowspan="2">Nb</th><th rowspan="2">V</th><th rowspan="2">Ti</th><th>Cr</th><th>Ni</th><th>Cu</th><th>Mo</th><th>N</th><th>Als</th></tr>
<tr><th></th><th>不大于</th><th colspan="2">不大于</th><th colspan="5">不大于</th><th>不小于</th></tr>
<tr><td>Q355NB</td><td rowspan="3">0.20</td><td rowspan="5">0.50</td><td rowspan="5">0.90～1.65</td><td>0.035</td><td>0.035</td><td rowspan="5">0.005～0.05</td><td rowspan="5">0.01～0.12</td><td rowspan="5">0.006～0.05</td><td rowspan="5">0.30</td><td rowspan="5">0.50</td><td rowspan="5">0.40</td><td rowspan="5">0.10</td><td rowspan="5">0.015</td><td rowspan="5">0.015</td></tr>
<tr><td>Q355NC</td><td>0.030</td><td>0.030</td></tr>
<tr><td>Q355ND</td><td>0.030</td><td>0.025</td></tr>
<tr><td>Q355NE</td><td>0.18</td><td>0.025</td><td>0.020</td></tr>
<tr><td>Q355NF</td><td>0.16</td><td>0.020</td><td>0.010</td></tr>
<tr><td>Q390NB</td><td rowspan="4">0.20</td><td rowspan="4">0.50</td><td rowspan="4">0.90～1.70</td><td>0.035</td><td>0.035</td><td rowspan="4">0.01～0.05</td><td rowspan="4">0.01～0.20</td><td rowspan="4">0.006～0.05</td><td rowspan="4">0.30</td><td rowspan="4">0.50</td><td rowspan="4">0.40</td><td rowspan="4">0.10</td><td rowspan="4">0.015</td><td rowspan="4">0.015</td></tr>
<tr><td>Q390NC</td><td>0.030</td><td>0.030</td></tr>
<tr><td>Q390ND</td><td>0.030</td><td>0.025</td></tr>
<tr><td>Q390NE</td><td>0.025</td><td>0.020</td></tr>
<tr><td>Q420NB</td><td rowspan="4">0.20</td><td rowspan="4">0.60</td><td rowspan="4">1.00～1.70</td><td>0.035</td><td>0.035</td><td rowspan="4">0.01～0.05</td><td rowspan="4">0.01～0.20</td><td rowspan="4">0.006～0.05</td><td rowspan="4">0.30</td><td rowspan="4">0.80</td><td rowspan="4">0.40</td><td rowspan="4">0.10</td><td rowspan="2">0.015</td><td rowspan="4">0.015</td></tr>
<tr><td>Q420NC</td><td>0.030</td><td>0.030</td></tr>
<tr><td>Q420ND</td><td>0.030</td><td>0.025</td><td rowspan="2">0.025</td></tr>
<tr><td>Q420NE</td><td>0.025</td><td>0.020</td></tr>
<tr><td>Q460NC</td><td rowspan="3">0.20</td><td rowspan="3">0.60</td><td rowspan="3">1.00～1.70</td><td>0.030</td><td>0.030</td><td rowspan="3">0.01～0.05</td><td rowspan="3">0.01～0.20</td><td rowspan="3">0.006～0.05</td><td rowspan="3">0.30</td><td rowspan="3">0.80</td><td rowspan="3">0.40</td><td rowspan="3">0.10</td><td>0.015</td><td rowspan="3">0.015</td></tr>
<tr><td>Q460ND</td><td>0.030</td><td>0.025</td><td rowspan="2">0.25</td></tr>
<tr><td>Q460NE</td><td>0.025</td><td>0.020</td></tr>
</table>

注:对于 Q460 钢,其型材和棒材的硫和磷上限值可提高 0.005%,Nb+V+Ti 含量应不大于 0.22%,Mo+Cr 含量应不大于 0.30%。各钢的 Ti 含量最高可到 0.20%。可用 Alt 替代 Als,此时全铝最小含量为 0.020%。

表 5.22　低合金高强度结构钢-正火、正火轧制钢的碳当量(GB/T 1591—2018)

<table>
<tr><th colspan="2" rowspan="2">牌号</th><th colspan="4">碳当量(CEV)/%,不大于</th></tr>
<tr><th colspan="4">厚度或直径/mm</th></tr>
<tr><th>钢级</th><th>质量等级</th><th>>63</th><th>>63～100</th><th>>100～250</th><th>>250～400</th></tr>
<tr><td>Q355N</td><td>B、C、D、E、F</td><td>0.43</td><td>0.46</td><td>0.45</td><td>协议</td></tr>
<tr><td>Q390N</td><td>B、C、D、E</td><td>0.46</td><td>0.48</td><td>0.49</td><td>协议</td></tr>
<tr><td>Q420N</td><td>B、C、D、E</td><td>0.48</td><td>0.50</td><td>0.52</td><td>协议</td></tr>
<tr><td>Q460N</td><td>C、D、E</td><td>0.53</td><td>0.54</td><td>0.55</td><td>协议</td></tr>
</table>

热机械轧制是指最终变形在某一范围内进行,使材料获得仅仅依靠热处理不能获得的特定性能的轧制工艺。热机械轧制交货状态可以包括回火或无回火状态下冷却速率提高的过程,回火也包括自回火,但不包括直接淬火及淬火加回火。

低合金高强度结构钢-热机械轧制钢的牌号及化学成分应符合表 5.23 的规定,其碳当量应符合表 5.24 规定(按式(4.76)计算),当其碳当量不大于 0.12%时,宜采用焊接裂纹敏感性指数 P_{cm} 评估钢材的可焊性(按式(4.79)计算)。当未指定时,供方可任选其一。

表 5.23　低合金高强度结构钢-热机械轧制钢的牌号及化学成分(GB/T 1591—2018)(单位:%)

牌号	C	Si	Mn	P	S	Nb	V	Ti	Cr	Ni	Cu	Mo	N	B
	不大于													
Q355MB	0.14	0.50	1.60	0.035	0.035	0.01～0.05	0.01～0.10	0.006～0.05	0.30	0.50	0.40	0.10	0.015	—
Q355MC				0.030	0.030									
Q355MD				0.030	0.025									
Q355ME				0.025	0.020									
Q355MF				0.020	0.010									
Q390MB	0.15	0.50	1.70	0.035	0.035	0.01～0.05	0.01～0.12	0.006～0.05	0.30	0.50	0.40	0.10	0.015	—
Q390MC				0.030	0.030									
Q390MD				0.030	0.025									
Q390ME				0.025	0.020									
Q420MB	0.16	0.50	1.70	0.035	0.035	0.01～0.05	0.01～0.12	0.006～0.05	0.30	0.80	0.40	0.20	0.015	—
Q420MC				0.030	0.030									
Q420MD				0.030	0.025								0.025	
Q420ME				0.025	0.020									
Q460MC	0.16	0.60	1.70	0.030	0.030	0.01～0.05	0.01～0.12	0.006～0.05	0.30	0.80	0.40	0.20	0.015	—
Q460MD				0.030	0.025								0.025	
Q460ME				0.025	0.020									
Q500MC	0.18	0.60	1.80	0.030	0.030	0.01～0.11	0.01～0.12	0.006～0.05	0.60	0.80	0.55	0.20	0.015	0.004
Q500MD				0.030	0.025								0.025	
Q500ME				0.025	0.020									
Q550MC	0.18	0.60	2.00	0.030	0.030	0.01～0.11	0.01～0.12	0.006～0.05	0.80	0.80	0.80	0.30	0.015	0.004
Q550MD				0.030	0.025								0.025	
Q550ME				0.025	0.020									
Q620MC	0.18	0.60	2.00	0.030	0.030	0.01～0.11	0.01～0.12	0.006～0.05	1.00	0.80	0.80	0.30	0.015	0.004
Q620MD				0.030	0.025								0.025	
Q620ME				0.025	0.020									
Q690MC	0.18	0.60	2.00	0.030	0.030	0.01～0.11	0.01～0.12	0.006～0.05	1.00	0.80	0.80	0.30	0.015	0.004
Q690MD				0.030	0.025								0.025	
Q690ME				0.025	0.020									

注:各钢中含 Als 不小于 0.015%。可用 Alt 替代 Als,此时全铝最小含量为 0.020%。各钢的 Ti 含量最高可到 0.20%。对于 Q355 钢、Q390 钢、Q420 钢和 Q460 钢,其型材和棒材的硫和磷上限值可提高 0.005%。

表 5.24　低合金高强度结构钢-热机械轧制钢的碳当量及焊接裂纹敏感性指数(GB/T 1591—2018)

牌号		碳当量(CEV)/%,不大于					焊接裂纹敏感性指数 P_{cm}/%,不大于
		厚度或直径/mm					
钢级	质量等级	≤16	>16～40	>40～63	>63～120	>120～150	
Q355M	B、C、D、E、F	0.39	0.39	0.40	0.45	0.45	0.20
Q390M	B、C、D、E	0.41	0.43	0.44	0.46	0.46	0.20
Q420M	B、C、D、E	0.43	0.45	0.46	0.47	0.47	0.20
Q460M	C、D、E	0.45	0.46	0.47	0.48	0.48	0.22

续表

牌号		碳当量(CEV)/%,不大于					焊接裂纹敏感性指数 P_{cm}/%,不大于
		厚度或直径/mm					
钢级	质量等级	≤16	>16~40	>40~63	>63~120	>120~150	
Q500M	C、D、E	0.47	0.47	0.47	0.48	0.48	0.25
Q550M	C、D、E	0.47	0.47	0.47	0.48	0.48	0.25
Q620M	C、D、E	0.48	0.48	0.48	0.49	0.49	0.25
Q690M	C、D、E	0.49	0.49	0.49	0.49	0.49	0.25

注:厚度或直径>120~150mm 的碳当量仅适用于棒材。

热轧钢材、正火、正火轧制钢材和热机械轧制钢材的拉伸试验的性能应符合表 5.25 的规定。当需方要求钢板具有厚度方向性能时,Z 向性能应符合 GB/T 5313—2010 的规定(表 4.15)。

表 5.25　低合金高强度结构钢拉伸试验的强度性能部分数据(GB/T 1591—2018)

牌号	质量等级	厚度或直径/mm R_{eH}/MPa			厚度或直径/mm R_m/MPa			断后伸长率 A/%		
		≤16	>63~80	>100~150	≤40	>63~80	>100~150	≤16	>63~80	>150~250
Q355	B、C、D	355	325	295	470~630	470~630	450~600	22	20	17
Q390	B、C、D	390	340	320	490~650	490~650	470~620	21	20	—
Q420	B、C	420	370	350	520~680	520~680	500~650	20	19	—
Q460	C	460	410	390	550~720	550~720	530~700	18	17	—
Q355N	B、C、D、E、F	355	325	295	470~630	470~630	450~600	22	21	21
Q390N	B、C、D、E	390	340	320	490~650	490~650	470~620	20	19	19
Q420N	B、C、D、E	420	370	340	520~680	520~680	500~650	19	18	18
Q460N	C、D、E	460	410	380	540~720	540~720	530~710	17	17	16
Q355M	B、C、D、E、F	355	325	320	470~630	440~600	430~590	22	22	—
Q390M	B、C、D、E	390	340	335	490~650	470~630	450~610	20	20	—
Q420M	B、C、D、E	420	380	365	520~680	480~640	460~620	19	19	—
Q460M	C、D、E	460	410	385	540~720	510~690	490~660	17	17	—
Q500M	C、D、E	500	460	—	610~770	590~750	—	17	17	—
Q550M	C、D、E	550	510	—	670~830	600~790	—	16	16	—
Q620M	C、D、E	620	580	—	710~880	670~860	—	15	15	—
Q690M	C、D、E	690	650	—	770~940	730~900	—	14	14	—

注:当屈服不明显时,可用规定塑性延伸确定 $R_{p0.2}$ 代替屈服强度 R_{eH}。伸长率适用于纵向试样。

钢材的夏比(V 形缺口)冲击试验的试验温度及冲击吸收能量应符合表 5.26 的规定。

表 5.26　低合金高强度结构钢冲击试验的温度和冲击吸收能量(GB/T 1591—2018)

牌号	质量等级	冲击吸收能量最小值 KV_2/J									
		20℃		0℃		−20℃		−40℃		−60℃	
		纵向	横向	纵向	横向	纵向	横向	纵向	横向	纵向	横向
Q355、Q390、Q420	B	34	27	—	—	—	—	—	—	—	—
Q355、Q390、Q420、Q460	C	—	—	34	27	—	—	—	—	—	—

续表

牌号	质量等级	冲击吸收能量最小值 KV_2/J									
		20℃		0℃		−20℃		−40℃		−60℃	
		纵向	横向	纵向	横向	纵向	横向	纵向	横向	纵向	横向
Q355、Q390	D	—	—	—	—	34	27	—	—	—	—
Q355N、Q390N、Q420N	B	34	27	—	—	—	—	—	—	—	—
Q355N、Q390N、Q420N、Q420N	C	—	—	34	27	—	—	—	—	—	—
	D	55	31	47	27	47	27	40	20		
	E	63	40	55	34	47	27	31	20	—	—
Q355N	F	63	40	55	34	47	27	31	20	27	16
Q355M、Q390M、Q420M	B	34	27	—	—	—	—	—	—	—	—
Q355M、Q390M、Q420M、Q420M	C	—	—	34	27	—	—	—	—	—	—
	D	55	31	47	27	40	20	—	—	—	—
	E	63	40	55	34	47	27	31	20	—	—
Q355M	F	63	40	55	34	47	27	31	20	27	16
Q500M、Q550M、Q620M 、Q690M	C	—	—	55	34	—	—	—	—	—	—
	D	—	—	—	—	47	27	—	—	—	—
	E	—	—	—	—	—	—	31	20	—	—

注：冲击试验取纵向试样，经供需双方协商，也可去横向试样。当需方未制定试验温度时，正火、正火轧制和热机械轧制的 C、D、E、F 级钢材分别做 0℃、−20℃、−40℃和−60℃冲击。当钢材试样不足以制取标准试样时，可采用 10mm×7.7mm×55mm 或 10mm×5mm×55mm 小尺寸试样，冲击吸收能量应分别不小于表 5.24 的 75%或 50%，应优先采用较大试样。

当需方要求做 180°弯曲试验时，弯曲试验应符合如下规定：宽度不小于 600mm 的钢板和钢带，试样取横向试样，宽度小于 600mm 的钢板和钢带、型材及棒材取纵向试样。厚度或直径不大于 16mm 时，$d=2a$，厚度或直径>16～100mm 时，$d=3a$，d 为弯心直径，a 为试样厚度或直径，试样弯曲外表面无可见裂纹。当供方保证弯曲合格时，可不做弯曲试验。

5.2.2　低合金高强度钢的性能要求和分类

作为工程结构用途的低合金高强度钢，其最主要要求的性能是力学性能，在承受各种载荷时能保持稳定的形状而不至于产生明显的变形或断裂而失效。因此，这类钢应具有足够高的强度并配以良好的塑性，以及适当的常温冲击韧性，有时还要求有适当的低温冲击韧性或者可以抵抗时效脆化的能力。此外，这类钢大部分都必须具有良好的焊接性和一定的抗大气腐蚀性能。一些特殊用途的低合金高强度钢还需要具备以下的一种或多种性能：良好的冷加工性能、良好的低温性能、耐特定介质腐蚀的能力、高的耐磨性。

1）强度与塑性

强度是低合金高强度钢最基本的性能要求。低合金高强度钢一般比相应的非合金结构钢的强度高 30%～50%或更高，因而能够承受较大的载荷，而结构材料强度的提高还可明显降低结构件的自重而使其承受其他载荷的能力进一步提高。汽车、火车、船舶所采用的钢材强度提高 10%，则其承载能力一般可提高 15%以上。

目前，大部分工程结构以屈服强度进行设计，即工程构件一旦发生明显塑性变形就判定失效。焊接结构通常是以屈服强度作为衡量材料承载和安全的主要判据，并以屈服强度进行强度设计。也有许多工程结构采用抗拉强度作为设计强度指标，并同时规定屈强比(屈服强度与抗拉强度的比值)的上限以保证冷成形性和使用安全性。汽车用钢已普遍要求具有低的屈强比，要求钢材具有较高的抗拉强度，此时高强度的含义主要是提高钢材的抗拉强度。

热轧和正火状态的铁素体-珠光体类钢的屈强比一般为 0.75～0.85，各类贝氏体钢的屈强比为 0.75～0.85，而较高强度的控轧控冷钢和淬火回火的低碳马氏体钢的屈强比比较高，可达 0.85～0.90。这三类低合金高强度钢的屈服特性的不同还表现在由物理屈服向连续屈服的过渡。较低的屈强比表明钢材具有较好的冷变形能力，局部超载失稳时不至于发生突然的破断。较高屈强比的钢表明材料有较高的利用系数。

钢结构件在制作过程中往往需经冷加工变形而得到最终形状，如弯曲、卷边、冲压等，因此这类结构材料应具有良好的塑性。钢材强度级别的提高会降低其成形性，必须把成形零件的变形减到最小；强度的提高增加了变形后的回弹，限制了在装备公差要求很严情况下的使用；强度的增加将减小冷变形时边缘变形的能力，会出现边裂。在对钢材要求具有高强度的同时，需权衡强度与塑性。

低合金高强度钢的塑性主要用拉伸试验中的伸长率 δ 来表征，规定伸长率 δ 必须大于一定的数值。《金属材料　弯曲试验方法》(GB/T 232—2010，取代 GB/T 232—1999)也是工程结构钢塑性的重要试验方法，要求钢板在一定弯心直径下弯曲 180°不裂，试验方法是取一定宽度的长试样，弯心直径 d 为板厚 a 的倍数(d 取为 a、$2a$、$3a$)，试样绕弯心弯曲 180°后观测试样外表及侧面，要求没有裂纹和起层现象为合格。对于需要进行大变形量冷加工的构件，均匀伸长率比总伸长率更为重要。

2) 韧性

为防止钢结构件在承受冲击载荷或偶然过载时不致发生快速的脆性断裂，要求所使用的钢材必须具有足够的韧性。

工程结构钢的韧性通常采用冲击试验测定，其指标主要有冲击吸收功 A_{kV} 和用不同方式表现的韧脆转变温度，如 $FATT_{50}$ 等。一般建筑结构对钢材冲击吸收功的要求是在室温时 $A_{kV} \geqslant 27J$(GB 1591—88)，而在 GB/T 1591—2008 中对高等级钢材提出了低温冲击吸收功的要求。对于可能在低温下服役的工程结构，韧脆转变温度具有很重要的作用，应根据可能的最低工作温度确定必须达到的韧脆转变温度指标。各国船级社规定：不同的钢级要求不同的冲击吸收功或者在不同温度下冲击吸收功不低于某个安全值。最低使用温度还与板厚有很大的关系，板厚增加，容许使用的温度相应地要提高。

低合金高强度钢经常承受冷加工，经冷加工后在存放期间或使用时期，可能因应变时效而变脆，表现为室温冲击吸收功的下降和韧脆转变温度的升高。为此，需检查钢的时效敏感性或采用耐时效钢(见 3.9.3 节)。

3) 焊接性

大部分低合金高强度钢在制作成工程构件时需要进行焊接，因而需要钢材具有良好的焊接性能。决定钢材焊接性能的主要因素是钢的化学成分，常采用碳当量 C_{eq}(式(4.76))或钢的裂纹敏感性指数 P_c(式(4.78))来表征钢材的可焊性。碳当量或裂纹敏感性指数越小，焊接性能越好。

由于影响焊接性能的因素甚多，计算公式难以充分考虑，采用新的焊接用钢时，还必须进行可焊性试验(见 4.8.5 节)。

4) 成形性

良好的成形性对于许多需要冷加工的低合金高强度钢是必须具有的特性。特别是汽车工业的发展对钢板的冲压性能提出了越来越高的要求。有关冷变形成形性的评价指标、控制因素和试验方法见第 4 章 4.7 节。

5) 耐腐蚀性

低合金高强度钢制作的构件都是在特定的环境中工作的,与大气、海水、盐碱、H_2S 等介质发生化学的、电化学的、物理的并兼有应力的作用而导致腐蚀破坏。

能在大气自然环境下耐腐蚀的钢称为低合金耐大气腐蚀钢,海洋开发用的低合金钢称为低合金耐海水腐蚀钢。

6) 耐磨性

矿用、农用、输运管道等使用的低合金高强度钢构件在使用过程中会发生严重的磨损,这类钢除了需具有足够的强度、硬度和韧性外,还必须具有良好的耐磨性能。低合金耐磨钢主要有农机具用低合金耐磨钢、矿用低合金耐磨钢、铁道用低合金耐磨钢、工程机械用低合金耐磨钢等。

国内外低合金高强度钢的种类繁多,由于对低合金高强度钢的定义和内涵不尽一致,各个国家,乃至各个钢厂对低合金高强度钢的分类方法都不尽相同,每一种分类方法都是根据某一方面的特性确定的。主要有以下的分类方法:

(1) 按合金成分分类。例如,锰钢、锰钼铌钢、钒钛微合金钢等。

(2) 按强度等级分类。这是低合金高强度钢标准目前广泛采用的方法。当强度等级在 500MPa 以下时,多以 30～50MPa 为一个强度等级;当强度在 500MPa 以上时,则多以 60～70MPa 为一个强度等级。

(3) 按热处理方法分类。可分为非热处理钢材(包括热轧、控轧、正火等)、调质钢、淬火低温回火钢等。

(4) 按显微组织分类。这是一种比较常用的方法,可分为铁素体-珠光体钢、微珠光体钢、针状铁素体钢、低碳贝氏体钢、低碳回火马氏体钢、双相钢等。

(5) 按使用环境和性能分类。例如,可焊性高强度钢、冲压用高强度钢、耐大气腐蚀高强度钢、耐海水腐蚀高强度钢、耐磨损高强度钢等。

(6) 按用途分类。可分为建筑用钢(包括钢筋钢)、桥梁用钢、船舶用钢、锅炉用钢、压力容器用钢、车辆用钢、石油天然气管线用钢、工程机械用钢、农业机械用钢、钢轨钢、矿用钢等。

实际上各种分类方法经常交叉使用。

5.2.3　低合金高强度钢的合金化[1,8～10]

碳　在低合金高强度钢中,碳主要是形成珠光体组织。碳溶于奥氏体,是扩大奥氏体区的元素,适当提高碳含量可使 $\gamma \rightarrow \alpha$ 相变温度降低而使相变后的铁素体晶粒尺寸细化。碳提高钢的强度的作用不大,但明显升高钢的韧脆转变温度,并损害钢的塑性和冷成形性。提高碳含量还损害钢的焊接性能。低合金高强度钢的碳含量一般不超过 0.20%。近年来在低合金高强度钢的成分设计中有逐步降低碳含量的趋势,如研制微珠光体钢、无珠光体钢及无间隙原子钢(interstitial free steel,IF steel)、超低碳贝氏体钢。

近年来,薄板坯连铸连轧技术得到了很快的发展(见 1.3.3 节)。采用薄板坯连铸连轧技术生产低碳低合金高强度钢时,碳的成分设计主要应考虑避开包晶反应区,这是因为浇注包晶钢时容易拉漏。碳含量为 0.09%~0.16%时,在凝固过程中,δ-Fe 转变为 γ-Fe 时有 0.38%的线收缩,铸坯出结晶器前要经历变形,加上高温时薄的坯壳强度低,容易破损,发生漏钢事故。为此,应使碳含量不超过 0.06%,避开包晶区。国内外薄板坯连铸连轧钢种碳含量通常小于 0.06%。

碳的一个重要作用是在钢中生成微合金碳化物。由微合金碳化物在奥氏体中的固溶度积公式(表 3.3)可知,钢中碳含量降低时,在同样温度下可溶解的微合金元素将增加;或者在同样微合金元素含量下,钢中微合金碳化物的全固溶温度将降低,这在制定相关的热变形工艺时,必须予以考虑。

氮　钢中氮含量较低,转炉钢的氮含量一般为 30~50ppm,电炉钢的氮含量一般为 50~80ppm。在以氮作为合金元素的高氮微合金钢中,其含量也大多在 20ppm 以下。

氮原子在钢中的固溶强化作用与碳相似,但间隙固溶的氮亦明显损害钢的塑性、韧性、焊接性能和冷成形性能。固溶于 α-Fe 中的氮还是引起低碳钢应变时效的主要因素。

在加入了微合金元素的低合金高强度钢中氮主要形成微合金氮化物或碳氮化物,很少以间隙固溶的状态存在。相同微合金元素的氮化物比碳化物更为稳定,氮含量较高的微合金碳氮化物,在较高温度下更为稳定且更不容易粗化,因而能更有效地阻止奥氏体晶粒的长大。

锰　锰在钢中主要固溶于基体中,产生一定的固溶强化作用。锰是弱碳化物形成元素,在钢中可溶于渗碳体,但不形成其他碳化物。在 700℃时,$(Fe,Mn)_3$ 可以溶入 30%~40% Mn。锰是扩大奥氏体区的元素,这在低碳钢中更为明显,可使 $\gamma\to\alpha$ 相变后铁素体晶粒尺寸细化。锰降低钢共析点的碳含量,与碳含量相同的碳素钢比,增加了珠光体的体积分数。锰还降低钢的 Ar_1 温度,并减缓奥氏体转变为珠光体的速率,使形成的珠光体细化。锰是低合金高强度钢中重要的合金元素,加入量一般为 1%~1.5%。锰提高珠光体钢强度,含量在 0.8%~1.0%时,几乎不降低钢的塑性和韧性,当含量超过 1.0%时,在强化钢的同时,塑性和韧性有所降低。

在微合金化的低合金高强度钢中,温度在 1250℃以下时,锰可以提高微合金碳氮化物在奥氏体中的固溶度积。

锰在钢中能与残存的硫生成 MnS。一般情况下,MnS 是一种对钢材性能有害的夹杂物,经过适当的控制和改性后可以降低其危害程度。

硅　硅主要以固溶状态存在,产生明显的固溶强化作用。早期的低合金高强度钢常含有一定量的硅以保证强度,但由于硅明显提高钢的韧脆转变温度,降低钢的均匀塑性,对钢的焊接性能也不利,低合金高强度钢已很少采用硅的固溶强化,其含量不超过 0.55%,对塑韧性要求较高的钢则控制其含量不大于 0.35%。

铬　铬在钢中溶于基体,其固溶强化的作用较弱,在低碳钢中一部分铬还溶于渗碳体,增加渗碳体的稳定性。铬对退火后钢的强度提高不大,对正火或调质后的力学性能虽有所改善,但作用不显著。因此钢中加入铬时,需同时加入其他合金元素,如锰、钼等,才能显示出较好的性能。铬还能显著提高钢的韧脆转变温度。铬是具有钝化倾向的元素,因此一定成分的铬加入钢中，可提高钢的耐大气腐蚀性，但其作用在很大程度上取决于钢中有无其他合金元素及其含量。如果能与磷、铜、硅等元素配合使用，其耐大气腐蚀的能力将显著提高。一般耐大气腐蚀的钢中铬含量为 0.4%～1.0%。一些国家常常利用含铬的铁矿资源生产含铬的低合金高强度钢。

镍　镍在钢中不生成碳化物，完全固溶于钢的基体中。镍是扩大奥氏体区的元素，降低 $\gamma\rightarrow\alpha$ 相变温度，细化 α 相的晶粒，提高钢的强度。镍在强化钢的同时，降低其韧脆转变温度，改善钢的低温韧性。镍可以提高钢的耐大气腐蚀性。由于镍是一种比较稀缺的元素，现在已很少在低合金高强度钢中使用，一般是利用含镍的铁矿资源生产含镍的低合金高强度钢。

铜　含铜铁矿中的铜不易分选，在冶炼过程中铜不能去除，因此用含铜废钢炼钢时，钢中将有残余铜含量。含铜钢一般是利用天然含铜铁矿冶炼的。

铜是扩大奥氏体区的元素，但在铁中的溶解度不大，铜在 α-Fe 中的溶解度随温度的降低而剧降(图 2.10)。铜在钢中主要以固溶态和以单质铜的形式沉淀析出状态存在。铜固溶于 α-Fe 中，大约每增加 1.0%的 Cu，屈服强度增量为 38MPa(表 4.4)。钢中含铜超过 0.5%时，在热轧后缓慢冷却的条件下将析出富铜相ε-Cu，而在空气中冷却，即使截面较大，也将得到过饱和的固溶体，在以后回火(450～550℃)时析出富铜相。若能有效控制铜的沉淀析出行为，使其尺寸细化到 10nm 以下，其屈服强度增量可大于 200MPa，但塑性和韧性却有些降低。

铜加入低合金高强度钢中还提高其抗大气腐蚀能力，最佳铜含量随大气环境而变化。为提高耐大气腐蚀性，钢中铜含量一般规定为 0.2%～0.5%。

钢中铜含量达 0.4%～0.5%时，在 950～1150℃进行热加工会引起表面裂纹的产生，称为热脆。这是由于热加工时铜不易氧化而在表面富集，其熔点较低(1084℃)，在热加工过程中的拉应力下，会浸入晶界引起表面裂纹。在 1150℃以上加热，由于铜也迅速氧化，可以避免热加工时表面裂纹的出现。适当控制炉内气氛(中性或弱氧化性)可以改善这一情况。钢中加入至少是铜含量一半以上的镍可以避免热脆的发生，因为镍不易氧化，表面同时富集有铜和镍时，其熔点将提高，但此时热加工温度超过 1200℃时仍会产生裂纹。

铝　铝是钢中常用的脱氧剂，在钢中部分氧与铝结合形成 Al_2O_3 或含有 Al_2O_3 的各种夹杂物，其余部分溶入固态铁中成为酸溶铝。后来发现酸溶铝可形成弥散细小的 AlN，能阻止奥氏体晶粒的长大，因此认为铝也是一种微合金元素。AlN 在奥氏体中的固溶度积与 NbN 相近(图 3.9)，在 1100℃左右仍能阻止奥氏体晶粒的长大。在 $\gamma\rightarrow\alpha$ 相变过程中，AlN 可促进铁素体的形核而细化铁素体晶粒。铝固定氮的作用可以提高钢的抗时效敏感性，这在低合金可焊接结构钢中是相当重要的性能。在控轧薄钢板中，细小的 AlN 沉淀析出可促使钢中有利织构的生成。低合金高强度钢中酸溶铝的含量多控制在 0.015%～0.05%。

磷　磷在一般结构钢中是有害杂质，但磷在铁素体中有强烈的固溶强化作用，每加入 0.01%的磷使屈服强度提高 4～5MPa，使钢的抗拉强度提高 7.1MPa，因而磷成为 IF 钢的重要合金元素。为了避免磷引起的脆性，其含量一般控制在 0.05%～0.12%，还应注意防止钢在凝固过程中产生的偏析，加入 0.001%的硼可以有效防止磷在晶界偏聚引起的晶界脆化。磷在钢中引起的脆性也有可利用之处，在炮弹钢(0.6%～0.9%C，0.6%～

1.0%Mn)中加入磷,可大大增加钢的脆性,使炮弹爆炸时的碎片数目增多。

磷加入钢中还有抗大气腐蚀的作用,特别是钢中还有铜时,作用更为显著。磷对钢的焊接性能不利,它能增加焊裂的敏感性。

一般低合金高强度钢中的磷含量必须控制在0.045%以下,质量等级越高,所要求控制的上限越低。

硫 硫在低合金高强度钢中是有害的杂质元素。偏聚在晶界上的硫降低钢的塑性和韧性。硫化物夹杂增加钢材热加工后在性能上的方向性,损害钢材横向的塑性和韧性,降低钢的疲劳性能。严格控制钢中硫含量和钢中硫化物的形态与分布是提高低合金高强度钢生产质量的重要措施。

低合金高强度钢中硫含量必须控制在0.045%以下,质量等级越高,所要求控制的上限越低。目前较高的控制水平可使钢中硫含量低于0.005%。

钛 在低合金高强度钢中加入微量钛可以提高钢的强度,改善钢的冷成形性能和焊接性能。钛的化学活性大,易与氮、氧、硫、碳形成化合物。钛与氧有很强的亲和力,钢液必须用铝充分脱氧后,才能加入钛铁,否则形成氧化钛将降低有效钛含量。钛可以固定钢中的碳、氮原子,提高钢的抗时效性能。

钛在钢中基本全部析出,其析出过程受到热力学和动力学因素的影响。钛含量低时,首先结合钢中的氮,几乎全部形成 TiN($w_{Ti}\approx 3.4w_N$),此时钢中的硫以 MnS 形态存在。钛含量增加并超过 $3.4w_N$ 时,开始形成 $Ti_4C_2S_2$;当钛继续增加到可将钢中的氮和硫全部固定时,即钛含量超过 $3.4w_N+3w_S$ 时,MnS 将全部被 $Ti_4C_2S_2$ 代替,此时钛的沉淀强化作用很小;钛含量进一步增加时,多余的钛结合成 TiC,细小弥散分布的 TiC 在低温时的析出起沉淀强化作用。$Ti_4C_2S_2$ 化合物较硬,在轧制中不易变形,当钢中的长条状 MnS 夹杂物因球状 $Ti_4C_2S_2$ 夹杂物的形成而减少时,钢板的纵横韧性性能和冷弯性能得到改善。

钛的加入量为0.01%~0.02%时,主要与氮结合生成 TiN。TiN 的固溶度低,高温析出的 TiN 阻止初始奥氏体晶粒的长大,可改善钢的韧性,在需要大能量焊接的钢中可明显改善热影响区的性能。更低的钛含量将不能得到足够体积分数的 TiN 来有效阻止晶粒粗化。为防止产生液析 TiN,一些钛微合金钢中只加入微量钛(0.01%~0.02%),通常被称为微钛处理钢。

TiN 与 TiC 具有相同的点阵结构且点阵常数相近,可以无限互溶形成碳氮化物 TiC_xN_{1-x},但由于两者在奥氏体中的固溶度积相差甚远,在高温下主要形成 TiN,在较低温度下主要形成 TiC。随着温度的降低,TiC_xN_{1-x} 中的 x 逐渐增大。

为了使钢中有足够的钛能形成 TiC,要求钢中的氮含量较低,导致形成 TiN 的数量较少。钢中钛含量小于0.045%时,钛主要与氮和硫结合,形成尺寸为几十纳米到几百纳米的 TiN 和 $Ti_4C_2S_2$ 颗粒,其中尺寸较小的析出物可阻碍再结晶奥氏体晶粒的长大,起到细晶强化的作用,而沉淀强化的作用较小。钛含量继续增加时,多余的钛将依次以奥氏体中应变诱导析出、$\gamma\rightarrow\alpha$ 相变过程中相间析出和铁素体中沉淀析出的方式形成尺寸从几纳米到几十纳米不等的呈球形的 TiC,它们在铁素体基体上和位错线上大量弥散分布,沉淀强化的效果显著。尤其是在铁素体中析出的 TiC 粒子,由于其析出温度低,粒子直径小,沉淀强化作用大。当钛含量大于0.045%时,随钛含量的增加,屈服强度显著增加。

由于铁素体中碳含量较低，铁素体中析出 TiC 的数量有一定限制。当钛含量超过 0.095%，屈服强度不再增加。含钛钢板的强化增量与其厚度有关，厚度减小会使细晶强化和沉淀强化的增量升高。

钒　钒是强碳化物和氮化物形成元素，难以形成氧化物和硫化物。因此，钒在钢中主要形成 VC 和 VN，它们都属于间隙相，其中的间隙原子，特别是碳原子常发生一定程度的缺位。VC 的化学式可以从 $VC_{0.5}$ 变化到 VC，而 VN 因氮原子缺位甚少，通常将其认为是完整的 VN。VC 和 VN 可以无限互溶形成碳氮化物 $V(C_x,N_{1-x})$。当钢中同时加入钛或铌时，还可以形成$(Ti_yV_{1-y})(C_xN_{1-x})$或$(Nb_yV_{1-y})(C_xN_{1-x})$这样的复合微合金碳氮化物沉淀相。

在奥氏体内，碳化钒的固溶能力比氮化钒的固溶能力要高出两个数量级(图 3.9)，比其他微合金元素的碳化物和氮化物的固溶度也高得多。碳化钒和氮化钒在铁素体中的固溶度积非常小，实验尚难以测定。

钒微合金钢在高温均热时均处于固溶态，因而不能阻止奥氏体晶粒的粗化。钒的碳氮化物在奥氏体中的固溶度积公式(表 3.3)决定了这种碳化物不能在热连轧温度范围大量应变诱导析出，固溶钒的溶质拖曳作用很小，因而钒在 800℃以上的温度对形变奥氏体再结晶的阻止作用很弱。若钢中的氮含量提高，则钒有效阻止形变奥氏体再结晶的温度将提高，但即使是钒含量达到 0.10%，其再结晶终止温度也就略高于 800℃。钒微合金钢通常采用较低的轧前均热温度或者加入微量钛或铌，以控制均热态奥氏体晶粒尺寸。

微合金碳氮化物自奥氏体中析出时，与基体奥氏体之间的位相关系为

$$(100)_{M(CN)} /\!/ (100)_{\gamma},\quad [010]_{M(CN)} /\!/ [100]_{\gamma} \tag{5.1}$$

称之为平行的位相关系(cuba-on-cuba)。VC、VN 和 V(C,N)与基体奥氏体之间存在着同样的位相关系[11]。奥氏体晶内析出的碳氮化物粒子，在 $\gamma\rightarrow\alpha$ 相变过程中可以成为晶内铁素体(IGF)析出的核心，从而细化铁素体晶粒。

钒最重要的作用是在铁素体中大量沉淀析出而产生强烈的沉淀强化效果。V(C,N)既可以在 $\gamma\rightarrow\alpha$ 转变过程中相间析出，也可以随 γ/α 界面的移动在铁素体内随机沉淀，即为一般析出。一般析出产生于较低温度区域，通常低于 700℃，而相间析出在较高温度形成。V(C,N)还可以在珠光体的铁素体中析出，这类析出物通常更细小[8]，在铁素体中沉淀时，与铁素体的位相关系为 Baker-Nutting 关系。钢中添加 0.10%的钒，能产生 250MPa 沉淀强化增量。

钒微合金钢中增氮可采用在冶炼时加入富氮锰铁或钒氮合金的方法。低合金高强度钢中钒含量多控制在 0.04%～0.20%。

铌　铌是最重要、最典型的微合金元素。NbC 和 NbN 在奥氏体中具有适当的和在一定程度上较为容易调整的固溶度积。NbC 和 NbN 具有相同的晶体结构且点阵常数相近，可以无限互溶形成 NbC_xN_{1-x}，其中 x 可在 0 到 1 之间变化。因而其在奥氏体中的固溶度积也处在 NbC 和 NbN 之间(图 3.9)。

Nb(C,N)的全固溶温度是一个重要的轧制温度参数，高于此温度并保持一定时间后，铌将完全处于固溶态并发挥相应的作用，在此温度之下适当过冷的条件下，Nb(C,N)将沉淀析出，而以 Nb(C,N)的形式发挥其相应的作用。Nb(C,N)全固溶温度可根据其固溶度积公式计算，铌微合金钢中，Nb(C,N)全固溶温度大致在 1175℃左右。连铸坯进

入均热炉时的温度为950～1050℃,而均热炉的温度较高,一般在1100～1180℃。铸坯经过均热炉后,大部分Nb(C,N)会回溶到基体中,高温未溶的Nb(C,N)能钉扎奥氏体晶界,阻止均热时奥氏体晶粒的粗化。

Nb(C,N)在奥氏体中的析出动力学曲线亦具有如图3.18所示的C曲线,其PTT(precipitation-temperature-time)曲线为典型C曲线形式。对Nb(C,N)而言,其析出最快的温度为900～950℃。Nb(C,N)的析出速率对应变非常敏感,应变显著促进析出动力学。

轧制过程中应变诱导析出的Nb(C,N)可阻止再结晶奥氏体的粗化,而固溶铌拖曳奥氏体晶界阻止再结晶的作用亦比较明显。由于铌能有效地阻止形变奥氏体的再结晶,形变后可以获得极度拉长的、形变储能很高的扁平状奥氏体晶粒,并在随后的$\gamma\rightarrow\alpha$相变后得到非常细小的铁素体晶粒。

铌还可以显著促进形变诱导铁素体相变(DIFT),并由于在铁素体中沉淀析出的Nb(C,N)阻止晶粒长大,因而得到更为细小的铁素体晶粒。因此,含铌钢更适宜于未再结晶控制轧制工艺。

铌在微合金钢中的主要作用是细化晶粒,但在轧制过程中奥氏体应变诱导析出的、$\gamma\rightarrow\alpha$相变中相间沉淀析出的和在铁素体中沉淀析出的Nb(C,N),均可产生一定的沉淀强化效果。

铌也可以固定钢中的碳、氮原子,使钢的抗时效性能提高。

低合金高强度钢中的铌含量多控制在0.02%～0.06%。

硼　硼最早用于提高钢的淬透性,特别是合金结构钢的淬透性(见4.5.4节)。在低合金高强度钢,特别是低碳可焊接结构钢中,硼主要用于获得贝氏体组织。

在含铌微合金钢中常加入硼,热变形后在奥氏体中会通过应变诱导在位错线上析出Nb(C,N,B),明显阻碍变形后再结晶晶界的运动,使含Nb+B的低碳贝氏体钢再结晶停止温度升高到950℃以上,保证了这类钢可在较宽的非再结晶区进行大量变形,从而细化了组织。固溶于奥氏体中的Nb和B原子,由于尺寸效应,都趋向于偏聚到晶界,形成(Nb,B)复合物,增加了铌对晶界的拖曳作用。Nb和B原子在晶界的偏聚极大地阻碍新相在晶界处形核,使先共析铁素体生成区明显右移,从而使这类钢能在很宽的冷速范围内得到均匀的贝氏体组织[12]。

生产实践表明,薄板坯连铸连轧流程生产的热轧带钢的屈服强度偏高,不适合冷轧工序需求,主要原因是铁素体晶粒尺寸偏细。传统流程中,经高温再加热,铸坯中AlN充分溶解,通过高温终轧、快速冷却和低温卷取等工艺措施抑制AlN的析出,可以得到粗大的铁素体晶粒和较低的屈服强度。在薄板坯连铸连轧流程中,热轧前铸坯中仍有相当数量的细小AlN析出物存在,阻碍奥氏体晶粒长大,导致屈服强度增加。

一些研究工作表明,向低碳铝镇静钢中加入微量硼能够实现晶粒粗化。BN的析出开始温度和结束温度都高于AlN析出开始温度,在奥氏体中硼原子的扩散比铝原子容易,因此硼可以优先与氮结合成BN,抑制细小AlN的析出,削弱AlN的细晶强化和沉淀强化作用,而BN析出物自身粗大,不会影响奥氏体再结晶晶粒长大,从而降低了细小AlN析出物导致屈服强度增加问题,低合金高强度钢中硼含量多控制在0.0007%～0.002%。

锆　锆主要用于固定钢中的氮或作为硫化物形态控制的手段。钢中锆含量超过固定氮所需含量时，将形成 $Zr_4C_2S_2$ 型的碳硫化物而改善硫化物形态。

稀土 稀土元素具有较为活泼的化学性质，和氧、硫有很强的亲和力。稀土可与钢液中的氧和硫形成稀土硫化物和氧化物以及稀土氧硫化物，通过上浮成渣而使钢中的硫化物和氧化物的总量明显降低，同时还可使残余的夹杂物的尺寸明显细化并使其形状趋于纺锤形甚至球形。由于稀土对硫化物的变质作用，改善钢的韧性，特别是横向冲击韧度。稀土对钢的强度的影响尚不明显。

稀土元素的原子半径比铁约大 50%，固溶的稀土量很小，室温条件下固溶量大约为 10^{-5} 数量级，主要偏聚在晶界，从而减少杂质元素在晶界的偏聚，改善晶界有关的性能，使伸长率有所提高，韧脆转变温度降低。稀土有减少磷的区域偏析的作用，使磷的分布更为均匀[13]。稀土在晶界处的偏聚降低了界面能，使晶粒长大的驱动力减小，细化了奥氏体晶粒，增加了珠光体转变时可能形核的位置，从而细化了珠光体组织。稀土还可以推迟形变奥氏体动态再结晶的进行，稀土和钒的复合有更强的抑制作用，随着稀土固溶量的增加，抑制再结晶的作用更显著。这是由于稀土和铁原子的尺寸差别很大，易在晶界偏聚，对再结晶有强的固溶拖曳作用，从而可以细化形变再结晶晶粒尺寸[13]。

稀土降低铌、钒、钛、碳、氮的活度，促进这些元素在钢中的溶解，不利于沉淀相的析出，其中稀土对钒的沉淀析出抑制作用最弱。铈与磷彼此增加活度，降低溶解度。

低合金高强度钢中稀土元素的添加量一般为 0.02%～0.20%。

5.2.4 低合金高强度钢的组织与性能

5.2.4.1 低碳铁素体-珠光体钢

许多从事新钢种研究的科技工作者一直在探索钢的成分、显微组织与力学性能之间的定量关系，这将有助于人们在开发新钢种时，在化学成分和工艺参量设计方面进行合理的控制，以得到所需要的显微组织，达到预期的工艺性能和使用性能。物理冶金的发展、各种强化理论和强度增量计算公式的建立，为钢的冶金学设计提供了理论依据。

低合金高强度钢的成分、组织与力学性能的关系相对而言是研究和应用得比较成功的，目前已可以采用其成分组织性能关系式比较准确地预测钢材的强度性能，或由所需要的性能确定应采用的强化方式及相应的显微组织参量控制。

传统的低合金高强度钢中大部分为铁素体-珠光体钢，典型组织为片层状珠光体和多边形铁素体的混合组织，珠光体量为 10%～25%，铁素体量为 90%～75%，相应于钢中碳含量为 0.08%～0.20%。

Pickering 等深入研究了低碳铁素体-珠光体类低合金高强度钢（$w_C<0.25\%$）的组织性能关系[14,15]，得到了计算其力学性能的关系式：

$$\begin{aligned}\sigma_b &= 15.4(19.1 + 1.8w_{Mn} + 5.4w_{Si} + 0.25f_p + 0.5D^{-1/2})\\ &\approx 294 + 28w_{Mn} + 83w_{Si} + 3.9f_p + 7.7D^{-1/2}\,(\text{MPa})\end{aligned} \tag{5.2}$$

$$\begin{aligned}\sigma_s &= 15.4(3.5 + 2.1w_{Mn} + 5.4w_{Si} + 23w_N + 1.13D^{-1/2})\\ &\approx 54 + 32w_{Mn} + 83w_{Si} + 354w_N + 17.4D^{-1/2}\,(\text{MPa})\end{aligned} \tag{5.3}$$

此外，为了表述各种显微组织对冷加工成形性能的影响，Pickering 等还给出了确定变形量下（真应变 $\varepsilon=0.2$）的流变应力 σ_f、加工硬化率 $d\sigma/d\varepsilon$，以及最大均匀变形量 ε_u、总塑性

应变量 ε_T 与显微组织参量的关系式：

$$\sigma_f = 15.4(16 + 29w_{Mn} + 9w_{Si} + 60w_P + 11w_{Sn} + 244w_N + 0.27f_p + 0.97D^{-1/2}) \approx 246 + 447w_{Mn} + 139w_{Si} + 924w_P + 169w_{Sn} + 3758w_N + 4.2f_p + 14.9D^{-1/2}\,(\text{MPa}) \quad (5.4)$$

$$d\sigma/d\varepsilon = 15.4(25 + 7.2w_{Si} + 30w_P + 9.9w_{Sn} + 89w_N + 0.09f_p + 1.0D^{-1/2}) \approx 385 + 111w_{Si} + 462w_P + 152w_{Sn} + 1371w_N + 1.4f_p + 15.4D^{-1/2} \quad (5.5)$$

$$\varepsilon_u = 0.27 - 0.016f_p - 0.015w_{Mn} - 0.040w_{Sn} - 0.040w_{Si} - 1.1w_N \quad (5.6)$$

$$\varepsilon_T = 1.3 - 0.02f_p + 0.30w_{Mn} + 0.20w_{Si} - 3.4w_S - 4.4w_P + 0.29w_{Sn} + 0.015D^{-1/2} \quad (5.7)$$

上述各式中，w_M 表示处于固溶态的 M 元素的质量分数(%)；f_p 为珠光体含量(体积分数)；D 为等轴状铁素体的晶粒尺寸(mm)。在低碳范围中，珠光体含量 f_p 对屈服强度影响很小，式(5.3)中没有此项。

上述公式存在一定误差范围。珠光体中的渗碳体呈粒状时，能明显降低钢的流变应力，但对加工硬化率没有影响，可使均匀应变量 ε_u 和总应变量 ε_T 增大。杂质第二相质点，特别是硫化物和氧化物，对这类钢的强度和塑性有很大的影响，硫化物以片状外形出现时对 ε_T 的削弱最大。

对这类钢的冲击转折温度 ITT(impact transition temperature)也可以类似的公式描述[15]，ITT 表示夏比 V 型缺口试样上下平台平均能量值转折温度：

$$\text{ITT} = -19 + 44w_{Si} + 700w_N^{1/2} + 2.2f_p - 11.5D^{-1/2}\,(°\text{C}) \quad (5.8)$$

利用式(5.8)可作出组织因素和钢的成分对韧性影响的矢量组合图，如图 5.5 所示。图中各矢量的方位和数字表示组织和成分因素使屈服强度每增加 15MPa 引起的冲击转折温度变化。

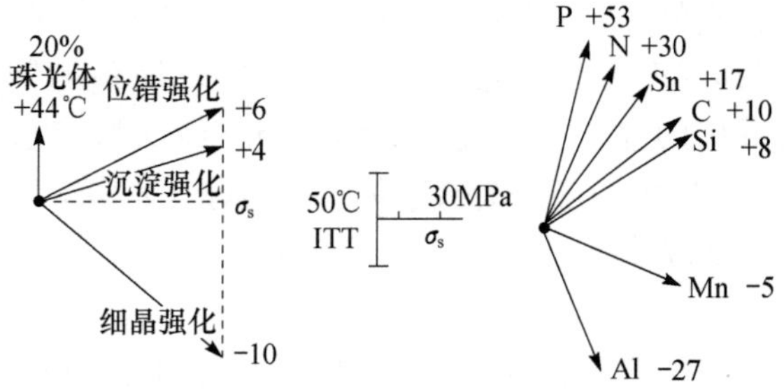

图 5.5 低碳铁素体-珠光体钢组织和成分因素使屈服强度每增加 15MPa 引起的冲击转变温度的变化[15]

由图 5.5 可知，细化晶粒可改善钢的韧性，是低合金高强度钢中最重要的强化方式，其脆性矢量，即屈服强度每提高 1MPa 使 ITT 升高的度数为负值：−0.67℃/MPa。P、Sn 是强固溶强化元素，对钢的韧性削弱很大。N 既是间隙强化元素，又可形成弥散的第二相，这都使钢的韧性降低。Al 和 N 形成化合物后可消除固溶 N 的有害影响，改善钢的韧性。

低碳钢中珠光体数量对屈服强度的影响不明显，但对韧性的影响较大。增加碳含量起两方面的作用：增加珠光体量和降低转变温度导致晶粒细化，这两方面的作用对韧性的影响是相反的，故图 5.5 中碳的影响不如珠光体本身的作用大。Nb、V 碳化物的弥散强化对韧性的削弱作用远比固溶强化小，因此低合金高强度钢常利用 Nb、V 进行强化。

由式(5.2)和式(5.3)可以看出，晶粒细化提高钢材屈服强度的作用明显大于提高抗拉强度的作用，因而显著细化晶粒后将使钢材的屈强比明显升高。为了在提高强度的同时适当地控制钢材的屈强比，还必须考虑采用其他的强化方式。加入微量元素生成细小均匀分布碳氮化物可得到明显的沉淀强化效果，而对韧性的危害相对较小，其脆化矢量为 0.27℃/MPa。

由上面的公式还可以看出，固溶的锰可微弱地提高钢材的强度而基本不损害其韧性，且固溶的锰可降低 $\gamma \rightarrow \alpha$ 相变温度，细化铁素体晶粒，因而大多数低合金高强度钢采用锰的固溶强化。

量大面广的焊接结构钢多数是铁素体-珠光体钢，屈服点在 300～400MPa，多数是在热轧状态下交付使用，部分经退火或正火使用。退火的目的是消除应力和软化以改善冷加工性；正火是为了使组织均匀化和细化。高的终轧温度和较高的正火温度会使晶粒粗化，得到粗片层状珠光体，使钢的韧性下降。

控轧控冷技术与微合金化技术的应用使低合金高强度钢的碳含量可以进一步降低，碳含量可降低到 0.10%以下，以至于 0.06%或更低，微量元素的总量小于 0.10%，属于微珠光体钢(小于 10%珠光体体积分量)和无珠光体钢(小于 5%珠光体体积分量)，其显微组织为多边形铁素体和晶界分布的少量珠光体岛，珠光体中的渗碳体长度较短，且沿不同方向取向。这类钢具有良好的成形性和焊接性，通过铁素体的细晶强化和微合金元素的细晶强化与沉淀强化，使低合金高强度钢的强韧性得到进一步的发挥。

目前工业生产碳素结构钢的最小铁素体晶粒已小于 20μm，热轧低合金高强度钢的最小铁素体晶粒尺寸也已小于 10μm，其晶粒度已接近大生产条件下的极限值。

5.2.4.2　低碳贝氏体钢

Irvine 和 Pickering 最早发明了 0.5%Mo-B 型的低碳贝氏体钢(1957 年)，其 C 曲线见图 3.61。这种钢正火时可使 5～500mm 直径的圆棒获得均匀的贝氏体组织，形成的组织是低碳上贝氏体。等温转变的试样的研究表明，在贝氏体相变区域内，随着相变温度的降低，试样的强度增加，如图 5.6 所示[14]。由于贝氏体组织形成的温度取决于 B_s，如果 B_s 点降低，同时保持低碳含量不变，结果可以得到高强度的可焊接钢。由式(3.53)可以看出，碳和许多合金元素可降低 B_s 温度，从而提高贝氏体组织的强度。通过这种方法将低碳 0.5% Mo-B 钢合金化，可达到的强度范围为：$\sigma_b = 530 \sim 1200$MPa，$\sigma_s = 450 \sim 980$MPa。这些强度可在 900～950℃奥氏体化后在很大的冷速范围内空冷下来得到。同时，相变完成的温度不能低于 290℃，否则会损害钢的可焊性，热影响区会开裂。随着相变温度的下降，贝氏体组织变得更细。当相变温度降到 550℃时，其显微组织从以上贝氏体为主转变为以下贝氏体为主。

在贝氏体相变温度范围(650～450℃)内，随转变 50%温度(B_{50})的降低，抗拉强度线性增加(图 5.6)，相变温度的降低是增加合金元素引起的(碳含量限制在 0.05%～

0.20%)。抗拉强度与成分关系的经验公式为[14]

$$\sigma_b = 154[16 + 125w_C + 15(w_{Mn} + w_{Cr}) + 12w_{Mo} + 6w_W + 8w_{Ni} + 4w_{Cu} + 25(w_V + w_{Ti})](MPa) \tag{5.9}$$

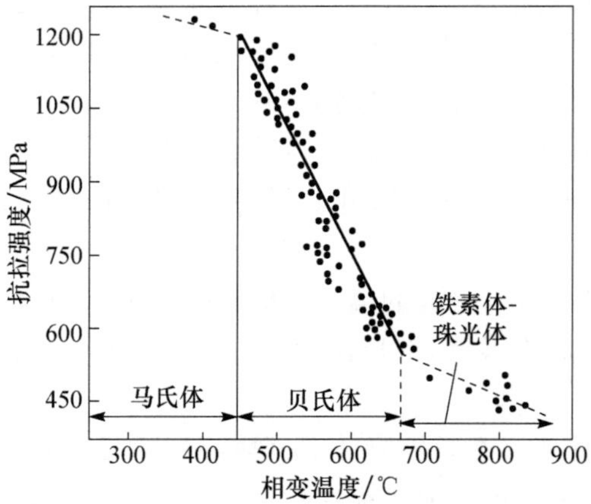

图 5.6　含 0.05%～0.15%C 的低碳贝氏体显微组织(贝氏体转变量 50%)的抗拉强度与相变温度的关系[14]

低碳贝氏体钢中合金元素的选择取决于所需的性能和经济性。性能方面最基本的要求是高的强韧性、可焊性和成形性。

为了达到良好的可焊性,应尽量降低碳含量。加入的合金元素应能使 B_s 降低尽量多,而使 M_s 降低尽量少,这样可以防止在焊接时热影响区开裂。因此,单位合金元素引起的 B_s 下降和 M_s 下降的比值应该最大。一些常用合金元素的比值列于表 5.27 中[14]。根据表 5.27 的数据,C 是不理想的元素,Mn、Cr、Mo 是可以选用的,从经济性考虑,前面两种元素具有优势。

表 5.27　合金元素对 B_s 和 M_s 点的影响[14]

元素	C	Mn	Cr	Ni	Mo
B_s 下降∶M_s 下降	0.57	2.72	4.11	2.18	3.19

低碳贝氏体钢的屈服强度亦线性地随抗拉强度的增加而增加:

$$\sigma_s = 0.67 + 0.55\sigma_b (MPa) \tag{5.10}$$

随抗拉强度的增加,屈强比从 σ_b 为 450MPa 时的 0.70～0.75 下降到 σ_b 为 1200MPa 时的约 0.65。这是由于要获得较高的强度需要较低的相变温度,从而引起了内应力。400℃回火可以消除内应力而不致引起抗拉强度的改变,可使屈强比提高到 0.75～0.80。钢的塑性指标(伸长率和断面收缩率)都随强度的增加而下降。

低碳贝氏体的强度由以下几个方面决定:①贝氏体板条宽度越小,强度越高,其与屈服强度的关系服从霍尔-佩奇关系(式(4.24))。贝氏体板条的宽度和原奥氏体晶粒及转变温度有关。板条的宽度随转变温度的降低而变小。平行排列的板条组合成一个贝氏体晶区,晶区内各板条晶由小角度晶界分隔,而晶区的交界是大角度晶界,这两类晶界对位错运动都有阻碍作用。②位错密度随转变温度的下降而增加,这是由于转变时应变量增大而引起的。碳化物的数量越多,位错密度也越大。③碳含量增加和转变温度降低将增加碳化物的弥散度,从而提高屈服强度。④贝氏体转变温度越低,固溶于基体中的碳越多,固溶强化的作用也相应地增大。上述强化机制均随转变温度的降低而加强。

下面是一些研究工作获得的经验公式[14,16]:

$$\sigma_s = 15.4(-12.6 + 1.13d^{-1/2} + 0.98n^{1/4})(\text{MPa}) \tag{5.11}$$

$$\sigma_s = 9.8(60 + 1.25\mu \boldsymbol{b} n^{1/2} + 1.2\times 10^{-4}\rho^{1/2})(\text{MPa}) \tag{5.12}$$

式中,d 为贝氏体板条尺寸(平均线截距)(mm);n 为每平方毫米截面中碳化物颗粒数;μ 为剪切模量;$\boldsymbol{b}$ 伯格斯矢量;ρ 为位错密度(mm^{-2})。

上贝氏体的韧性低于下贝氏体,把低碳贝氏体的转变温度控制在稍低于下贝氏体开始转变温度时,在增加强度的同时,钢的韧性突然升高,而韧脆转变温度突然下降(图 3.48)。因此,在生产实际中获得下贝氏体是低碳贝氏体钢韧化的一种手段。

细化原奥氏体晶粒是韧化上贝氏体的有效方法,这可以通过加入 Al 和 Ti 以及控制轧制降低终轧温度等方法来完成。对于较高强度的上贝氏体采用低的终轧温度,在生产上有一定的困难。回火对上贝氏体的韧脆转变温度没有什么影响,而过高的回火温度下,因铁素体晶粒再结晶,韧性会出现降低的趋势。

贝氏体的冲击转折温度(ITT)可用下式估算:

$$\text{ITT} = -19 + 44w_{\text{Si}} + 700w_{\text{N}}^{1/2} + 0.26(\sigma_p + \sigma_d) - 11.5D^{-1/2}(℃) \tag{5.13}$$

式中,σ_p 为第二相沉淀硬化的强化作用;σ_d 为位错的强化作用。

在适当的温度下进行回火可以提高下贝氏体的韧性,降低韧脆转变温度,此时位错密度下降、沉淀硬化程度减小,而铁素体晶粒尚未长大,但韧性上升的同时钢的强度有一定的损失。图 5.7 表示回火温度、冲击转折温度和屈服强度之间的关系。

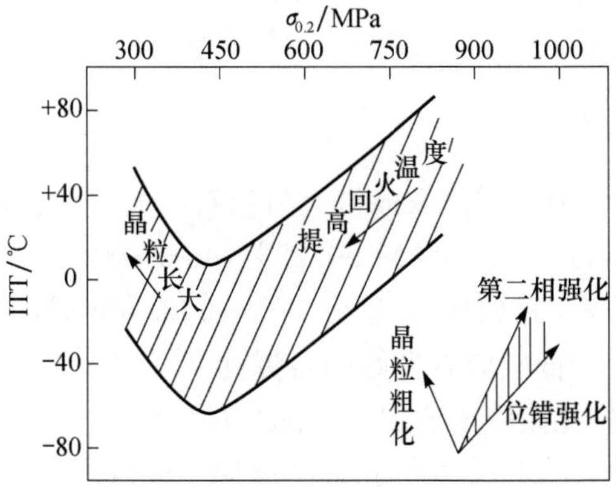

图 5.7　低碳贝氏体钢回火温度、冲击转折温度和屈服强度之间的关系[14]

在低合金高强度钢的发展过程中,人们认识到低碳对韧性的重要意义,在研制成低碳贝氏体钢之后,又发展了超低碳贝氏体钢(ULCB)。第一个开发的超低碳贝氏体钢含 0.02%C、0.7%Mn、3%Ni、3%Mo、0.05%Nb,铝镇静钢,屈服应力为 700MPa,其 ITT 为 −75℃[17]。由于这种钢的成本高,没有得到工程上的应用。20 世纪 80 年代以后,超低碳贝氏体钢有了较快的发展。这类钢可用于寒冷地带的大口径高压管线、工程机械、大型构件等领域。国际上有以美国的 Cu-Nb-B 系列和日本的 Mn-Nb-B 系列为代表的钢种。

低碳和超低碳并没有严格的界线，一般认为碳含量小于0.05%，也有人认为碳含量应小于0.03%；为了钢中能形成足够的碳化物或碳氮化物质点，碳含量不应低于0.01%。锰的加入量一般为1.5%～2.0%，锰或钼与硼结合都可使过冷奥氏体转变曲线上存在明显的“河湾”，使高温转变的孕育期显著长于中温转变，有利于在较宽的冷速范围内获得完全的贝氏体组织。锰和钼都能降低贝氏体转变温度，细化组织，提高基体中的位错密度。

铌的作用是多方面的。铌的碳氮化物可以抑制高温奥氏体的变形再结晶行为，提高再结晶温度，扩大非再结晶区，加大非再结晶区轧制时的变形积累，这些高密度畸变区在随后的冷却过程中成为相变核心，促进相变组织细化；轧制过程中产生的大量位错，在贝氏体相变过程中，一部分保留下来，提高了贝氏体的强度。铌在钢中生成的碳氮化合物在焊接时可以阻碍热影响区晶界的移动，避免晶粒长大，在回火过程中钉扎位错，阻止位错的移动，保证基体的强度。微量钛的加入是用于固定钢中的氮。

铜的加入是为了在钢中产生时效强化，加镍可防止铜的热脆性。镍还可以降低韧脆转变温度，进一步提高韧性。

超低碳贝氏体钢的显微组织与其成分、控轧控冷工艺有关。通常在连续冷却条件下，其微观组织主要为具有复杂亚结构的贝氏体铁素体(BF)和少量残留的M+A岛。根据成分的不同，组织中分布有细小的析出物，如Nb、V、Ti等的碳氮化合物，以及ε-Cu粒子。有些钢在冷却过程中可能生成针状铁素体或粒状贝氏体，也可能有极少量的多边形铁素体。经650℃时效处理后，M+A岛发生回火转变分解成回火索氏体，并有较多的ε-Cu粒子析出，碳氮化合物和ε-Cu粒子已明显粗化。

我国已开发成功屈服强度为400～800MPa的系列超低碳贝氏体钢。这类钢有优异的焊接性能，在寒冷地带无须预热和后处理即可实施焊接。钢的高强度不依赖于钢中的碳含量和合金元素总量，而是采用TMCP和微合金化等现代生产技术，使钢的组织达到超细化，同时也获得高的韧性。

5.2.4.3　针状铁素体钢

20世纪70年代初期，为适应高寒地带大口径石油天然气输送管线工程需要，研制出一种低C-Mn-Mo-Nb(0.05%C-1.6%Mn-0.25%Mo-0.05%Nb)系针状铁素体(AF)钢。这种钢采用控制轧制工艺，其屈服点可达470～530MPa，A_{kV}冲击平台能可达165J，FATT可低于−60℃，由于低碳而有良好的可焊性[18]。

这类钢通过优化的控轧控冷工艺加工后的显微组织是由高位错密度的针状铁素体、细小的多边形铁素体、少量的贝氏体和小岛状的M+A或者薄膜状残余奥氏体组成。小岛状的M+A或者薄膜状残余奥氏体分布于针状铁素体之间。针状铁素体组织是高于贝氏体铁素体相变温度形成的具有贝氏体转变特征的针片状组织。针状铁素体的尺寸显著小于奥氏体晶粒，并且交织分布，使断裂途径十分曲折，也使以后转变的贝氏体铁素体组织更为细小，从而显著改善了钢的强度与韧性。针状铁素体又由许多尺寸更小的亚单元组成，具有高密度($10^{10}cm^{-2}$)的位错。粒度极小的Nb(C,N)或(Nb,Ti)(C,N)弥散地分布于位错网络上，对钢的强化有重要作用。钢中富碳的小岛的尺寸很小，大致在0.5～3.0μm[8,19]。

由于针状铁素体钢通过微合金化和控轧控冷，综合利用钢的固溶强化、晶粒细化、微合金元素的析出强化与亚结构的强化效应，可使钢的屈服强度达到 700～800MPa，－10℃的 A_{kV} 达 400J 以上。下面是有关针状铁素体管线钢显微组织与力学性能之间的关系式：

$$\sigma_s = 88 + 27w_{Mn} + 83w_{Si} + 2900w_N + 15.1d^{-1/2} + \sigma_p + \sigma_d (\text{MPa}) \quad (5.14)$$

$$\text{FATT} = -19 + 44w_{Si} + 700w_N^{1/2} + 0.26(\sigma_p + \sigma_d) - 11.5D^{-1/2} (℃) \quad (5.15)$$

式中，d 为针状铁素体的板条尺寸(mm)；D 为针状铁素体的板条束尺寸(mm)[19]。

低碳钢贝氏体的各类组织都有各自的特征，然而在实际分析管线钢组织时，仍有不少困难。这是由于在控轧控冷条件下得到的各类组织都很细小，在连续冷却条件下，各类组织共存。现在不少研究把组织简化为铁素体和贝氏体，而不是一一区分各类组织，这对于一般的工程研究和检验是合理而可行的[20]。

5.2.4.4　低碳回火马氏体钢[8]

低合金高强度钢发展的最初阶段，在生产上获得应用的都是低碳铁素体-珠光体类钢。第二次世界大战期间，许多船舶的破损事故都是由于所用钢材的缺口敏感性比较高而引起的。之后世界各国致力于开发缺口韧性更好的结构材料。研究结果表明，淬火回火的低碳低合金钢是一种强度和韧性匹配比较理想、焊接性能良好的材料。

为了保证足够的淬透性，钢中必须含有足够的提高淬透性的元素：铬、镍，锰、钼、硼。为了避免回火脆性，需加入一定量的钼，加入钼、钒可以提高回火稳定性。例如，美国 HY80 钢，其成分为 0.13%～0.18%C、1.40%～1.80Cr、2.5%～3.5%Ni、0.35%～0.60%Mo、≤0.01%5P、≤0.008%S。这种钢经调质处理，厚度为 32～76mm 的钢板可具有如下性能：σ_s 达到 550～685MPa，－84℃下横向的 A_{kV} 达到 47J。

这类钢淬火后得到的是低碳马氏体，形态上基本是板条状，板条之间是小角度晶界，板条内有很高的位错密度。淬火可以采用淬入式或辊压喷淋式。淬火后通过回火以调整钢的强韧性匹配，回火加热可以采取罩式或连续式。轧后直接淬火后连续回火工艺可具有较高的淬硬性而且节能，被广泛用于生产中厚板。

虽然近 30 年来通过控轧控冷和微合金化技术已开发出不少屈服强度达到 700MPa 的低合金高强度钢，也开展了以控轧钢替代热处理钢的应用研究，但在以下几个领域至今仍采用淬火回火的低碳马氏体钢，如抗拉强度不小于 600MPa 级的压力容器用钢，抗拉强度不小于 800MPa 级的工程机械用钢，屈服强度不小于 500MPa 级舰艇壳体用钢和装甲车辆用钢等，都需使用低碳马氏体型中厚钢板。

5.2.4.5　双相钢

汽车构件中很大一部分是冷成形构件。为了减轻自重，20 世纪 70 年代初，美、日等国开始采用低合金高强度钢代替普通低碳钢制造这些构件，但一般低合金高强度钢难以满足冲压工艺对板材成形性的要求，冲压件难以成形。在这种情况下，一类具有良好成形性的低合金高强度钢——马氏体铁素体双相钢(dual phase steels，DP)应运而生，并不断得到发展和应用[1,21]。

双相钢是指由 10%～20%的岛状马氏体强化相(可能还包含残余奥氏体、贝氏体等)和 80%～90%铁素体基体所组成的钢。在铁素体基体上分布着高密度的位错，但不存在间隙原子 C、N 沿位错线的偏聚，不会出现不均匀应变，在铁素体与马氏体中的位错没有第二相粒子的钉扎,在较低的外力作用下,位错容易运动,宏观上表现为低的屈服强度。在形变过程中,由于位错的运动、增殖及其与晶界、马氏体岛间的频繁交互作用,导致铁素体高的加工硬化率,其加工制品能获得相当高的强度和良好的延伸性,是一种强度高、成性形好的冲压钢。

这类钢的成分设计原则是:低的碳含量,典型双相钢的碳含量为 0.05%～0.06%。加入一定量的锰(0.7%～1.9%),以提高钢的淬透性,保证热处理后能获得均匀的组织。锰还可以起固溶强化的作用。硅能扩大 $\alpha+\gamma$ 两相区,拓宽奥氏体化加热温度范围,还可以强化铁素体,但高的硅含量将恶化钢的表面质量,因此硅加入量一般为 0.5%～1.4%。在双相钢中还可以加入 Cr、Mo、V、Ti、Nb、Al 等,以改善钢的强韧性。

生产双相钢的工艺方法有两种,即热处理双相钢和热轧双相钢。①热处理双相钢。将热轧或冷轧钢材重新加热到奥氏体化温度,然后以一定速率冷却,或者加热到 $\alpha+\gamma$ 两相区,恒温保持一定时间,然后以大于钢的临界冷却速率进行冷却,保证有一部分奥氏体(10%～20%)转变为马氏体。②热轧双相钢。钢坯经奥氏体区或 $\alpha+\gamma$ 两相区终轧后,根据钢的 CCT 图特征,选择最佳冷却方式,使先共析铁素体大量析出,剩余的奥氏体过冷到更低的温度下转变为马氏体。

双相钢已大量用于制造冷冲、深拉成形的复杂构件,如汽车的大梁、轮毂、受力构件和框架,也用于做冷拔钢丝及预应力钢筋等。

5.2.4.6 低碳高强度钢

我国广泛使用屈服强度为 195～345MPa 的低碳钢或低合金钢板材和长材,其年产量超过 1 亿 t。如果能在不另外加入其他合金元素或微合金元素的情况下,使其屈服强度达到或超过 400MPa,将有重要的经济价值。

珠江钢铁公司与北京科技大学合作利用我国 1999 年建成的第一条电炉——CSP 生产线(图 1.31),在普通碳素钢 Q195、Q245 及低 C-Mn 钢 Q345 成分的基础上,研究开发出低碳高强度(high strength low carbon,HSLC)钢热轧薄板。HSLC 钢是一种低 C-Mn 系钢,不加入微合金元素 V、Nb、Ti,而屈服强度可达到 400～500MPa[22]。

表 5.28 为薄板坯连铸连轧工艺生产的 HSLC 钢的化学成分,并列入对比钢 Q195、Q235、16Mn 的化学成分。在低合金钢 16Mn 或微合金钢 Q345 成分基础上发展起来的 ZJ510L、ZJ550L 钢(参考 5.4.2.2 节)的屈服强度分别可达 400MPa 和 450MPa 以上。

表 5.28 薄板坯连铸连轧工艺生产的 HSLC 钢的化学成分[22,23] (单位:%)

牌号	标准	C	Si	Mn	P	S	Cu	Al
ZJ330	企业标准	≤0.06	≤0.10	≤0.50	≤0.025	≤0.035	≤0.20	0.025～0.040
Q195	GB 700—88	0.06～0.12	≤0.30	0.25～0.50	≤0.045	≤0.050	≤0.30	—
SS400	企业标准	0.17～0.22	≤0.15	0.25～0.40	≤0.020	≤0.008	—	0.02～0.03
Q235D	GB 700—88	≤0.17	≤0.30	0.35～0.80	≤0.035	≤0.035	—	—
ZJ510L	企业标准	0.16～0.20	≤0.50	≤1.40	≤0.020	≤0.010	≤012	≤0.040
16Mn	GB 1591—88	0.12～0.20	≤0.50	≤1.40	≤0.045	≤0.045	≤0.30	—

注:ZJ330、ZJ510L 为珠钢企业牌号,SS400 为唐钢牌号。16Mn 钢中残余 Cr、Ni 含量均不大于 0.30%。薄板坯连铸连轧生产低碳高强度钢时,应避开包晶反应区,碳含量应不大于 0.06%或不小于 0.16%(见 5.2.3 节)。

表 5.29 为 CSP 工艺生产的 HSLC 钢与 HSLA 钢性能对比。可以看出，在 HSLC 钢中，C 及 Mn 含量增加时，钢的强度升高。ZJ330（表 5.29 中 4 号钢）与 Q195 钢比较，ZJ400（表 5.29 中 7 号钢）与 Q235 钢比较，ZJ550（表 5.29 中 6 号钢）与 16Mn、Q345（表 5.29 中 2、3 号钢）比较，HSLC 钢的强度较之对比钢的标准要求提高了将近一倍，并且具有较高的伸长率，且各向同性。HSLC 钢还具有较高的冲击韧度、较低的韧脆转变温度及良好的成形性能。厚度为 8mm 的 ZJ550L 钢板在−40℃的冲击韧度 a_{kV} 达到 107.5J/cm^2，韧脆转变温度为−81℃[22]。HSLC 钢的屈强比和塑性可通过成分、轧制和冷却工艺来调整。

表 5.29　CSP 工艺生产的 HSLC 钢与 HSLA 钢性能对比[22,23]

编号	钢类	板厚/mm	化学成分/%								$d/\mu m$	σ_s/MPa	σ_b/MPa	δ/%
			C	Mn	Si	S	V	Nb	Al	N				
1	HSLA	6.3	0.05	0.76	—	0.0070	0.052	—	0.032	0.0084		361	461	30.8
2	HSLA	6.3	0.055	1.10	—	—	—	0.045	—	0.0090	—	402	486	32.7
												456	547	32.2
3	HSLA	7.0	0.074	1.42	0.32	0.0010	—	0038	0.037	0.0100	8.02	398	498	34.0
4	HSLC	2.0～6.0	0.05	0.30	0.06	0.0049	—	—	0.02～0.04	<0.0050	5～6	387	433	33.0
5	HSLC	6.0	0.06	0.61	0.17	0.0060	—	—	0.015	<0.0050	8.22	439	494	31.5
6	HSLC	6.0	0.17	1.21	0.28	0.0040	—	—	0.024	<0.0050	5.68	492	597	27.8
7	HSLC	6.0	0.16	1.22	0.30	0.0030	—	—	0.037	<0.0050	7.87	408	566	34.0

HSLC 钢和 HSLA 钢一样，同一成分的钢采用不同的控轧控冷工艺可以得到不同级别的力学性能，如表 5.29 中的 2 号钢（HSLA 类）和 6、7 号钢（HSLC 类）。HSLC 钢的基本组织是铁素体加少量珠光体，可能还有少量的贝氏体。由于薄板坯连铸连轧时的铸坯薄、拉速快、冷却速率高、偏析小，以及生产低碳钢时采取奥氏体非再结晶区终轧，使 $\gamma \to \alpha$ 相变前奥氏体晶粒细小，轧后的冷却速率快，过冷度大，铁素体在奥氏体晶界和晶粒内部大量形核，最终导致组织明显细化。HSLC 钢的铁素体晶粒尺寸通常为 4～10μm，略小于常规热轧薄板的铁素体晶粒尺寸（14μm 左右）。

薄板坯连铸连轧 HSLC 钢不含微合金 V、Nb、Ti，但具有高的强度。我国一些学者对其强化机理进行了研究，发现钢中存在大量纳米尺寸的硫化物和氧化物，一般为几十至几百纳米，并发现钢中存在大量尺寸小于 20nm 且具有尖晶石结构的沉淀粒子[24,25]。通过试验，观察到钢中存在纳米级的 AlN 粒子，尺寸为几个至几十个纳米，并进行了动力学研究[26]。在研究用 CSP 工艺生产 HSLC 钢的力学性能时，还发现钢中存在大量尺寸小于 18nm 的铁碳析出物，对钢起显著的沉淀强化作用[22]。

在普通低碳钢中，硫以 MnS 夹杂物形式存在，视为有害杂质元素。在 HSLC 钢中，通过控制 Mn、S 浓度积，可使 MnS 热力学开始析出温度低于固相线温度，甚至低于 CPS 均热温度（1100～1150℃）。关于 MnS 析出的热力学温度，不同学者给出不同的数据。式(5.16)是其中之一，根据该式可以计算 MnS 的开始析出温度[27]：

$$\lg w_{Mn} w_S = -7111/T + 2.34 \tag{5.16}$$

式中，w_{Mn}、w_S 代表元素含量（%）。

图 5.8 为按式(5.16)计算绘出的钢中 MnS 的稳定曲线。当 HSLC 钢中 $w_{Mn}\leqslant$ 0.30%、w_S=0.005%时,MnS 的开始析出温度约为 1120℃,低于均热温度。但由于硫的显微偏析,局部地区硫含量要高于 0.005%,析出温度要高一些。因此在低碳锰钢中,为了降低 MnS 的析出温度,硫含量应控制得更低一些。在上述情况下,硫的析出物尺寸小于 1μm,有的为纳米级,硫成为有利元素。试验表明,尺寸小于 1μm 的硫化物粒子的析出也可能促进细晶强化[22]。硫化物主要是(Mn_xFe_y)S。钢中纳米硫化物的析出不仅是在薄板坯连铸连轧工艺中,在一定的条件下,传统工艺中也可以有纳米级硫化物的析出。

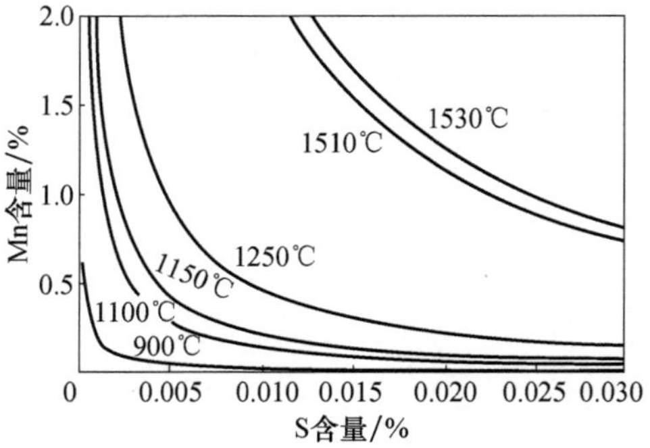

图 5.8　钢中 MnS 的稳定曲线[27]

在 HSLC 钢中均含有一定数量的 Al 和 N(表 5.29)。文献[28]研究了 Al、N 在 HSLC 钢中存在的形式,研究结果表明,钢中的 N 只有少部分被 Al 固定,在所研究的 ZJ300 钢中,N 基本上以固溶态存在,结合成 AlN 的 N 只占钢中总氮量的 20%以下。酸溶铝对钢的晶粒尺寸和力学性能影响不大,AlN 粒子尺寸主要是在热轧板卷缓慢空冷时析出的,尺寸在 20nm 以下,具有一定的沉淀强化作用,但其质量分数较相同尺寸范围铁碳析出物小很多,不是起沉淀强化作用的主要纳米析出相。

对 HSLC 钢进行化学相分析等方法,研究了电解粉末中纳米级颗粒的成分和质量分数,发现在 ZJ330、ZJ510 钢中存在铁碳化物 M_3C、硫化物、AlN 及氧化物等相,在 ZJ510 钢中还存在合金碳化物 M(C_xN_y)。计算所研究钢中小于 18nm 析出物的质量分数的结果如下[27,29]:

对于 ZJ330 热轧板,$w_{粉末}$=0.052%,$w_{硫化物}$≪0.016%,w_{AlN}<0.0020%,$w_{氧化物}$≪0.0064%,亦即 $w_{铁碳化物}$≫0.0276%。

对于 ZJ510 热轧板,$w_{粉末}$=0.091%,$w_{合金碳化物}$<0.0062%,$w_{硫化物}$≪0.0106%,w_{AlN}<0.0021%,$w_{氧化物}$≪0.0064%,亦即 $w_{铁碳化物}$≫0.0657%。$w_{合金碳化物}$是由于原材料带入 0.005%Ti 而生成的,生成量很小。硫化物按 MnS 计算。≪和≫分别表示远小于和远大于。

用高分辨电子显微镜进行观察和能谱分析表明,尺寸小于 18nm 的氧化物应为 Fe_3O_4。设钢中固溶氧为 2ppm,通过热力学计算,其开始析出温度为 776℃。

薄板坯连铸连轧生产的低碳钢的 α-Fe 中的位错密度比较大,在位错上形成溶质原子气团或沿位错析出的沉淀粒子都有钉扎位错的作用,进一步提高钢的屈服强度。

钢中小于 18nm 的硫化物、氧化物及 AlN 可能起沉淀强化作用，但其质量分数不大。因此，能起沉淀强化作用的小于 18nm 的颗粒主要应为纳米铁碳析出物。这些纳米铁碳析出物可能是在铁素体中以铁氧化物(Fe_3O_4)为核心非自发析出的。

将 ZJ330 钢进行回火快冷试验，即将原试样加热至 A_1 以下温度 600℃，保温 20min，水冷，可使屈服强度提高 70～100MPa。这是由于 600℃保温时，原保温温度以下析出的铁碳化物颗粒溶解，再冷却时，由于冷却速率比原薄板坯连铸连轧过程相应的阶段(卷取)更快，重新析出的纳米颗粒尺寸更小，使强度升高。

ZJ510 钢较之 ZJ330 钢有更高的碳含量，有更多的小于 18nm 铁碳化物析出，因而具有更大沉淀强化作用。

HSLC 钢的屈服强度可以表达为[27,30]

$$\sigma_s = 88 + 37w_{Mn} + 83w_{Si} + 2900w_{N_f} + 15.1D^{-0.5} + \sigma_P + \sigma_d + \sigma_{db}\,(\text{MPa}) \tag{5.17}$$

式中，w_M 表示处于固溶状态的 M 元素的质量分数(%)；w_{N_f} 为钢中的自由氮质量分数(%)；D 为铁素体晶粒尺寸(mm)；σ_P 为珠光体对强度的贡献；σ_d 为第二相粒子对强度的贡献；σ_{db} 为位错亚结构对强度的贡献。

表 5.30 列出了 CSP 工艺生产的 HSLC 钢的 σ_s 及其影响因素。常规热轧薄板的铁素体晶粒尺寸为 14μm 左右，晶粒尺寸对强度的贡献为 128MPa。由表 5.30 可以看出，晶粒细化至 5μm 时，屈服强度的增量为 86MPa。在 HSLC 钢中 σ_P 和 σ_{db} 较小，沉淀强化项较大，其对屈服强度的贡献为 100～140MPa，与理论计算的结果相近[6]。因此，HSLC 钢的强化机制主要是晶粒细化和沉淀强化[27]。

表 5.30　CSP 工艺生产的 HSLC 钢的强度[27]

牌号	C 含量/%	Si 含量/%	Mn 含量/%	σ_s/MPa	D/μm	$15.1D^{-0.5}$/MPa	$\sigma_p+\sigma_d+\sigma_{db}$/MPa
ZJ330	≤0.06	≤0.1	～0.3	350	～10	～150	～100
ZJ330	≤0.06	≤0.1	～0.3	390～400	5～6	～200	～100
—	0.18	0.21	0.56	437	6.86	182	128
ZJ510	0.17	0.28	1.21	492	5.68	200	140

注：D 为晶粒尺寸(μm)。

纳米铁碳析出物的强化作用不仅存在于 HSLC 钢中，而且在 HSLA 钢中也存在大量小于 36nm 的铁碳析出物[29]。在对薄板坯连铸连轧钛微合金钢(0.061%C、2.10%Mn、0.10%Si、0.081%Ti)的研究中发现，钢中尺寸小于 36nm 的粒子中除纳米 TiC 外，还存在大量的纳米 Fe_3C，其体积分数为同尺寸 TiC 体积分数的 4.4 倍，析出强化作用大于 TiC 粒子，不可忽视[30]。

5.3　可焊接低合金高强度钢

可焊接低合金高强度钢应用广泛。这类钢强度高,用于制造大型结构件,可以节约大量钢材。对于车辆、船舶等运动机械,由于减轻自重,可以节约能源并提高运载能力。使用这类钢制造的装备,壁厚减薄,重量减轻,可以减少焊接工作量。这种钢具有良好的综合性能,因而可以提高设备的耐用性和使用寿命。

可焊接低合金高强度钢的牌号多,用途广,是低合金高强度钢中重要的部分。可焊接低合金高强度钢按其用途可分为一般结构用钢、桥梁用钢、压力容器用钢、锅炉用钢、造船和海上采油平台用钢、工程机械用钢、钢结构建筑用钢、油气输送管线用钢、连续油管用钢、低合金钢筋、车辆用钢等。

5.3.1　一般结构用钢

这类钢广泛用于制作厂房、建筑、输电线塔等一般用途的焊接金属结构,主要取代低碳结构钢,以节约钢材。我国国家标准 GB/T 1591 中的大部分钢号属于此类钢。这类钢的组织多为铁素体-珠光体型,其屈服强度多为 275～450MPa,对冲击韧性的要求不太高。强度较低或厚度较薄的钢材一般以热轧状态交货,也可采用控轧控冷工艺生产,强度较高或厚度较大的钢材需进行正火处理,以使组织均匀、性能稳定。

这类钢中,295MPa 级(Q295)钢的强化主要通过锰的固溶强化和增加珠光体的相对量,并配以细化晶粒的元素 Al、V、Nb 等。

屈服极限提高到 345MPa 级(Q345)的途径一个是适当增加碳含量(16Mn、14MnNb 等),另一个是通过 Si-Mn 复合强化(10MnSiCu)。这类钢中的 16Mn 是用量最大的一种,韧性好、可焊性好,广泛用于各种大型焊接结构。16MnRE 钢因加入稀土元素,故其冲击韧性和冷弯性能比 16Mn 有显著提高。

属于 390MPa 级(Q390)的有 15MnV、15MnTi、16MnNb 等钢。这些钢因有微合金元素加入,使晶粒细化及沉淀硬化,比 16Mn 有更高的强度。15MnTi 钢的正火温度为 900℃左右。钛含量大于 0.05%时,热轧之后由于 Ti 固溶于钢中,冷却过程中不能完全析出而引起很大的脆性。正火处理使 Ti 由固溶体析出形成碳化物相,韧性及塑性显著提高。厚度大于 8mm 的钢板均需正火后使用。

15MnVN、14MnVTiRE 钢属于 420MPa 级(Q420)。15MnVN 钢是在 15MnV 钢基础上加入少量氮(<0.02%),以形成细化晶粒及沉淀强化作用的 V(C,N)而发展起来的,厚度不大于 10mm,以热轧状态供应。更厚的钢板需在 900℃以上正火以改善塑性和韧性。15MnVN 钢适用于大型桥梁、船舶、车辆等。14MnVTiRE 钢是在 15MnTi 钢基础上发展的钢种,加入了 0.04%～0.10%V,能进一步细化晶粒和沉淀硬化而比 15MnTi 钢有更高的屈服强度,加入含量不大于 0.2%的稀土元素可以提高钢的室温和低温韧性。这种钢应在 920℃进行正火,适用于大型船舶、桥梁、高压容器等。

表 5.31 为国外一般用途焊接低合金高强度钢典型钢号举例。

5.3.2　桥梁用钢

跨度较大的公路及铁路桥梁多采用钢结构。

为提高桥梁的承载能力并减轻自重，桥梁用钢首先要求有比较高的强度。我国桥梁用钢的屈服强度范围一般为 235～420MPa（GB/T 714—2000《桥梁用结构钢》），但国外桥梁用钢的强度较高，有的已达到 700MPa 或更高。桥梁用钢应具有良好的焊接性。由于桥梁结构已由铆接演变为焊接，要求桥梁用钢不断降低碳含量，改善钢的焊接性。桥梁施工时，部分结构的焊接必须在露天环境下进行，因此要求钢材具有低的焊接碳当量（C_{eq}）和低的焊接裂纹敏感系数（P_{cm}）。桥梁用钢还应具有良好的韧性和低温韧性，以保证服役时的工作温度高于钢材的韧脆转变温度。桥梁始终在露天大气环境下服役，因此要求桥梁钢具有良好的耐大气腐蚀性能，而在接近海洋的大气环境下，则对钢的耐候性要求更高。公路和铁路桥梁在服役时，经常承受交变载荷的作用，因此要求桥梁钢具有高的抗低周疲劳特性和高的裂纹止裂能力，桥梁钢还应具有低的应变时效敏感系数。

世界上一些发达国家均制定了桥梁专用钢技术标准，钢号包括低碳结构钢和一批焊接高强度钢。我国在 1965 年制定出首个国家标准 GB 714—65《桥梁建筑用热轧碳素钢技术条件》，包括用于焊接的 16q 和用于铆接的 A3q。之后，原冶金工业部制定了 YB 168—70《桥梁用碳素钢及普通低合金钢钢板技术条件》和 YB/T 10—81《桥梁用结构钢》。YB/T 10—81 包括有 225MPa 级的专用碳素结构钢 16q，345MPa 级的 16Mnq、16MnCuq，390MPa 级的 15MnVq 和 440MPa 级的 15MnVNq 五个钢号。2000 年将上述三个标准合并为 GB/T 714—2000《桥梁用结构钢》，该标准将所用钢种分为四个钢级，其中 Q235q 有 C、D 有两个质量等级。Q345q、Q370q 和 Q420q 三个钢级的每个钢级均有 C、D、E 三个质量等级。这些钢的化学成分和要求的力学性能及工艺性能见表 5.32。

桥梁用钢比一般结构用钢在生产上有更高的要求，冶炼时应控制在较低的 P、S、O 和夹杂含量。对非 V-N 钢，N 也应控制在较低含量，以减小时效倾向。

表 5.33 为美国和日本桥梁用高强度焊接结构钢举例。美国 ASTM A709 标准中列入近年开发的高性能桥梁用钢：屈服强度为 485MPa（HPS70W）和 690MPa（HPS100W）两个级别的焊接高强度钢。解决焊接性能问题的主要措施是降碳，钢的化学成分冷裂纹敏感系数 $P_{cm}<0.18$，可以在野外焊接。生产时采用 TMCP 技术和调质工艺。由于降低了钢中的 S、P 含量并进行了钙处理来控制硫化物形态，显著改善了低温韧性。日本低合金焊接高强度钢按抗拉强度分为 490MPa、520MPa、570MPa 三个强度级别。国外一些耐大气腐蚀用钢也往往用于桥梁。

表 5.31　国外一般用途焊接低合金高强度钢典型钢号举例[8]

牌号(标准)	化学成分/%						钢材厚度或直径/mm	强度/MPa		冲击吸收功或冲击韧度			
	C	Si	Mn	P	S	其他		$\sigma_s \geqslant$	σ_b	试样	单位	温度/℃	冲击功≥
St 52-3(DIN17100)	≤0.22	≤0.55	≤1.50	≤0.050	≤0.050	≤0.010N	≤16 >16～30 >30～50	355 345 335	510 ～ 610	A_{kV}	J	0	27
16ГС(ГОСТ19282)	0.12～ 0.18	0.40～ 0.70	0.90～ 1.20	≤0.035	≤0.040	—	4～9 10～20 21～32 33～40	325 315 295 285	490 480 470 460	a_{kU}	J/cm²	−40	39 29 29 29
15ГФ(ГОСТ19282)	0.12～ 0.18	0.17～ 0.37	0.90～ 1.20	≤0.035	≤0.040	0.05～0.12V	4～9 10～20 21～32	370 355 355	510 510 470	a_{kU}	J/cm²	−40	39 29 29
16Г2АФ(ГОСТ19282)	0.14～ 0.20	0.30～ 0.60	1.30～ 1.70	≤0.035	≤0.040	0.04～0.08V, 0.015～0.025N	4～9 10～32 33～50	440 440 410	590 590 570	a_{kU}	J/cm²	−40	44 39 39
A441(ASTM)	≤0.22	≤0.40	0.85～ 1.25	≤0.04	≤0.050	≥0.02Ti ≥0.20Cu	<19 19～<38 38～<102 102～203	345 315 290 275	485 460 435 415	A_{kV}	J	—	协议
A572 42 级 50 级 60 级 65 级 65 级 (ASTM)	≤0.21 ≤0.23 ≤0.26 ≤0.23 ≤0.26	≤0.40 ≤0.40 ≤0.40 ≤0.40 ≤0.40	≤1.35 ≤1.35 ≤1.35 ≤1.65 ≤1.35	≤0.04 ≤0.04 ≤0.04 ≤0.04 ≤0.04	≤0.050 ≤0.050 ≤0.050 ≤0.050 ≤0.050	可加:0.005～ 0.05Nb,0.01～ 0.15V,≤0.15N, 0.02～0.05 (Nb+V)	>51～152 >31.8～51 >31.8 12.7～31.8 12.7	290 345 415 450 450	415 450 520 550 550	A_{kV}	J		协议

注:上述各钢均以热轧或正火态交货。

表 5.32 桥梁用结构钢的化学成分和要求的力学性能及工艺性能(GB/T 714—2000)

牌号	质量等级	化学成分/%						厚度/mm	强度/MPa		伸长率 δ_5/%≥	A_{kV}(纵向)		A_{kV}(纵向,时效)/J≥	180°弯曲试验 厚度/mm	
		C	Si	Mn	P	S	Als		σ_s≥	σ_b≥		℃	J≥		≤16	>16
Q235q	C	≤0.20	≤0.30	0.40～0.70	≤0.035	≤0.035	—	≤16	235	390	26	0	—	—	$d=1.5a$	$d=2.5a$
								>16～35	225	380						
								>35～50	215	375						
								>50～100	205	375						
	D	≤0.18	≤0.30	0.50～0.80	≤0.025	≤0.025	≥0.015	≤16	235	390	26	−20	27	27		
								>16～35	225	380						
								>35～50	215	375						
								>50～100	205	375						
Q345q	C	≤0.20	≤0.60	1.00～1.60	≥0.035	≥0.035	—	≤16	345	510	21	0	—	—	$d=2a$	$d=3a$
								>16～35	325	490	20					
								>35～50	315	470	20					
								>50～100	305	470	20					
	D	≤0.18	≤0.60	1.10～1.60	≥0.025	≥0.020	≥0.015	≤16	345	510	21	−20	34	34		
								>16～35	325	490	20					
								>35～50	315	470	20					
								>50～100	305	470	20					
	E	≤0.17	≤0.50	1.20～1.60	≥0.020	≥0.015	≥0.015	≤16	345	510	21	−40	34	34		
								>16～35	325	490	20					
								>35～50	315	470	20					
								>50～100	305	470	20					

续表

牌号	质量等级	化学成分/%						厚度/mm	强度/MPa		伸长率 δ_5/%≥	A_{kV}(纵向)		A_{kV}(纵向,时效)/J≥	180°弯曲试验 厚度/mm	
		C	Si	Mn	P	S	Als		σ_s≥	σ_b≥		℃	J≥		≤16	>16
Q370q	C	≤0.18	≤0.50	1.20～1.60	≤0.035	≤0.035	—	≤16	370	530	21	0	—	—	$d=2a$	$d=3a$
								>16～35	355	510	20					
								>35～50	330	490	20					
								>50～100	330	490	20					
	D	≤0.17	≤0.50	1.20～1.60	≤0.025	≤0.020	≥0.015	≤16	370	530	21	−20	41	41		
								>16～35	355	510	20					
								>35～50	330	490	20					
								>50～100	330	490	20					
	E	≤0.17	≤0.50	1.20～1.60	≤0.020	≤0.015	≥0.015	≤16	370	530	21	−40	41	41		
								>16～35	355	510	20					
								>35～50	330	490	20					
								>50～100	330	490	20					
Q420q	C	≤0.18	≤0.50	1.20～1.60	≤0.035	≤0.035	—	≤16	420	570	20	0	47	—		
								>16～35	410	550	19					
								>35～50	400	540	19					
								>50～100	390	530	19					
	D	≤0.17	≤0.60	1.30～1.70	≤0.025	≤0.020	≥0.015	≤16	420	570	20	—	—	—		
								>16～35	410	550	19					
								>35～50	400	540	19					
								>50～100	390	530	19					
	E	≤0.17	≤0.60	1.30～1.70	≤0.020	≤0.015	≥0.015	≤16	420	570	20	−40	—	47		
								>16～35	410	550	19					
								>35～50	400	540	19					
								>50～100	390	530	19					

注:为改善钢材性能,可加入≤0.08%V,≤0.045%Nb,≤0.02%Ti,≤0.018%N等微量元素。残余元素Cr、Ni、Cu含量应各不大于0.30%。碳当量(C_{eq})按式(4.77)计算:Q345q的C_{eq}≤0.43%,Q370q的C_{eq}≤0.44%,Q420q的C_{eq}≤0.45%。

表 5.33　国外桥梁用高强度焊接结构钢举例[1,31]

牌号（标准）	化学成分/%						钢材厚度或直径/mm	强度/MPa		A_{kV}		交货状态
	C	Si	Mn	P	S	其他		σ_s	σ_b	温度/℃	冲击功/J	
HPS70W（ASTM A709）	≤0.11	0.30～0.50	1.10～1.35	≤0.020	≤0.006	0.25～0.40Cu 0.25～0.40Ni 0.45～0.70Cr 0.02～0.08Mo 0.04～0.08V 0.01～0.04Al ≤0.015N	≤101.6	≥485	585～760	−23	≥48	调质
HPS100W（ASTM A709）	≤0.08	0.15～0.35	0.95～1.50	≤0.015	≤0.006	0.90～1.20Cu 0.65～1.00Ni 0.40～0.65Cr 0.40～0.65Mo 0.04～0.08V 0.02～0.06Al 0.01～0.03Nb	>64 ≤101.6	≥690	760～895	−34	≥48	调质
CM520C（JISG3106）	≤0.20	≤0.55	≤1.50	≤0.040	≤0.040	可加入其他元素	≤16 >16～40 >40	≥365 ≥350 ≥335	520～635 520～635 520～635	0	≥47	热轧、正火
CM570（JISG3106）	≤0.18	≤0.55	≤1.50	≤0.040	≤0.040	可加入其他元素	≤16 >16～40 >40	≥460 ≥450 ≥430	570～715	−5	≥47	正火调质

2008 年参照 EN 10025：2004《结构钢热轧产品》和 ASTM A709：2005《桥梁用结构钢》，结合我国实际情况，将 GB/T 714—2000 修改为 GB/T 714—2008《桥梁用结构钢》。与原标准相比，新标准主要变化如下：①增加了 Q500q、Q550q、Q620q、Q690q 钢级，其相应的钢牌号作为推荐使用的钢牌号；②修改了钢的化学成分的规定，加严了对磷、硫有害元素的控制；③修改了碳当量计算公式；④增加了裂纹敏感系数的规定；⑤增加了炉外精炼要求；⑥修改了钢材的交货状态；⑦修改了钢材厚度效应规定；⑧提高了冲击吸收能量值，取消了时效冲击的规定；⑨增加了各牌号钢厚度方向性要求。该标准适用于厚度不大于 100mm 的桥梁用钢板、钢带和厚度不大于 40mm 的桥梁用结构型钢。

2015 年发布了 GB/T 714—2015《桥梁用结构钢》，取代了 GB/T 714—2008，主要技术变化如下：钢板厚度范围由 100mm 增至 150mm；取消了 Q235q 钢级；交货状态分为热轧或正火、热机械轧制（TMCP）和调质（含在线淬火＋高温回火）并按交货状态之不同，分别规定了各牌号钢的化学成分；对于裸露使用的具有耐大气腐蚀（耐候）性能的钢材，可采用除正火以外的上述其他任何一种状态交货；增加了 Q420q 及以上牌号钢的质量等级 F 级的技术要求；加严了化学成分中 P、S 和 N 元素含量的控制，增加 H 元素的要求；取消了对钢材进行弯曲试验的要求；推荐了钢的屈强比等。钢由转炉或电炉冶炼，并应进行炉外精炼。

不同交货状态钢的牌号及化学成分应符合表 5.34～表 5.38 的规定。

表 5.34　桥梁用结构钢热轧或正火交货状态的化学成分(GB/T 714—2015)　　(单位:%)

牌号	质量等级	C	Si	Mn	Nb	V	Ti	Als	Cr	Ni	Cu	N
		不大于							不大于			
Q345q	C D E	0.18	0.55	0.90～1.60	0.005～0.060	0.010～0.080	0.006～0.030	0.010～0.045	0.30	0.30	0.30	0.0080
Q370q				1.00～1.60								

注:钢中 Al、Nb、V、Ti 可以单独加入或组合加入。当单独加入时,其含量应符合表中规定,组合加入时,应至少保证一种合金元素含量达到表中下限规定,且 Nb+V+Ti 总含量不大于 0.12%。当采用全铝(Alt)计算钢中铝含量时,Alt 含量应为 0.015%～0.050%。正火状态交货的钢材,当采用比在空气中冷却速率快的其他介质中冷却时,应进行高温回火处理,回火温度不小于 580℃。

表 5.35　桥梁用结构钢热机械轧制交货状态的化学成分(GB/T 714—2015)　　(单位:%)

牌号	质量等级	C	Si	Mn	Nb	V	Ti	Als	Cr	Ni	Cu	Mo	N
		不大于							不大于				
Q345q	C D E	0.14	0.55	0.90～1.60	0.010～0.090	0.010～0.080	0.006～0.030	0.010～0.045	0.30	0.30	0.30	—	0.0080
Q370q	D E			1.00～1.60									
Q420q	D E F	0.11		1.00～1.70					0.50	0.30		0.20	
Q460q												0.25	
Q500q									0.80	0.70		0.30	

注:钢中 Al、Nb、V、Ti 可以单独加入或组合加入。当单独加入时,其含量应符合表中规定,组合加入时,应至少保证一种合金元素含量达到表中下限规定,且 Nb+V+T 总含量不大于 0.12%。当采用全铝(Alt)计算钢中铝含量时,Alt 含量应为 0.015%～0.050%。

表 5.36　桥梁用结构钢调质交货状态的化学成分(GB/T 714—2015)　　(单位:%)

牌号	质量等级	C	Si	Mn	Nb	V	Ti	Als	Cr	Ni	Cu	Mo
		不大于										
Q500q	D E F	0.11	0.55	0.80～1.70	0.005～0.060	0.010～0.080	0.006～0.030	0.010～0.045	≤0.80	≤0.70	≤0.30	≤0.30
Q550q		0.12										
Q620q		0.14			0.005～0.090				0.40～0.80	0.25～1.00	0.15～0.55	0.20～0.50
Q690q		0.15							0.40～1.00	0.25～1.20		0.20～0.60

注:各钢中的 N 含量不大于 0.0080%。各钢中可添加 B 元素含量为 0.0005%～0.0030%。钢中 Al、Nb、V、Ti 可以单独加入或组合加入。单独加入时,其含量应符合表中规定,组合加入时,应至少保证一种合金元素含量达到表中下限规定,且 Nb+V+T 总含量不大于 0.12%。当采用全铝(Alt)计算钢中铝含量时,Alt 含量应为 0.015%～0.050%。

表 5.37　桥梁用耐大气腐蚀结构钢交货状态的化学成分(GB/T 714—2015)　(单位:%)

<table>
<tr><th rowspan="2">牌号</th><th rowspan="2">质量等级</th><th rowspan="2">C</th><th rowspan="2">Si</th><th rowspan="2">Mn</th><th rowspan="2">Nb</th><th rowspan="2">V</th><th rowspan="2">Ti</th><th rowspan="2">Cr</th><th rowspan="2">Ni</th><th rowspan="2">Cu</th><th>Mo</th><th>N</th></tr>
<tr><th colspan="2">不大于</th></tr>
<tr><td>Q345qNH</td><td rowspan="6">D
E
F</td><td rowspan="6">≤0.11</td><td rowspan="6">0.15～0.50</td><td rowspan="6">1.10～1.50</td><td rowspan="6">0.010～0.100</td><td rowspan="6">0.010～0.100</td><td rowspan="6">0.006～0.030</td><td rowspan="4">0.040～0.070</td><td rowspan="4">0.30～0.40</td><td rowspan="4">0.25～0.50</td><td>0.10</td><td rowspan="6">0.0080</td></tr>
<tr><td>Q370qNH</td><td>0.15</td></tr>
<tr><td>Q420qNH</td><td rowspan="2">0.20</td></tr>
<tr><td>Q460qNH</td></tr>
<tr><td>Q500qNH</td><td rowspan="2">0.45～0.70</td><td rowspan="2">0.30～0.45</td><td rowspan="2">0.25～0.55</td><td rowspan="2">0.25</td></tr>
<tr><td>Q550qNH</td></tr>
</table>

注:钢中 Al、Nb、V、Ti 可以单独加入或组合加入。当单独加入时,其含量应符合上表规定,组合加入时,应至少保证一种合金元素含量达到表中下限规定,且 Nb+V+T 总含量不大于 0.12%。钢中 Als 含量为 0.015%～0.050%。当采用全铝(Alt)计算钢中铝含量时,Alt 含量应为 0.020%～0.055%。为控制硫化物形态要进行 Ca 处理。

上述各类钢中,调质钢和耐大气腐蚀钢的合金元素含量,可根据供需双方协议进行调整。桥梁用钢各牌号按其质量等级对钢中 P、S、B、H 含量的要求见表 5.38。

表 5.38　桥梁用钢各牌号按其质量等级对钢中 P、S、B、H 含量的要求(GB/T 714—2015)

(单位:%)

质量等级	P	S	B	H
	不大于			
C	0.030	0.025	0.0005	0.0002
D	0.025	0.020		
E	0.020	0.010		
F	0.015	0.006		

注:调质钢中添加 B 时,不受表中含量规定的限制。Q420 以上级别的牌号中质量级别为 D 时的 S 含量不大于 0.015%。

这类钢牌号的表示方法示例如下:Q420q 中,Q 为屈服强度的"屈"字汉语拼音首位字母,420 为规定最小屈服强度数值(单位:MPa),q 表示桥梁用钢。当要求钢板具有耐候性能或厚度方向性能时,在规定的牌号后分别加上"NH"或 *Z* 向性能级别符号,如 Q420qDNH 或 Q420qDNHZ15。对有 *Z* 向性能要求的钢板,其断面收缩率和 S 含量应符合 GB/T 5313—2010 的要求(表 4.15)。

GB/T 714—2015 对各牌号钢在各种交货状态下的碳当量(CEV 或 C_{eq})做了新的规定(表 5.39),碳当量的计算公式采用式(4.76)。

表 5.39　桥梁用结构钢的碳当量(GB/T 714—2015)

交货状态	牌号	碳当量 CEV/%		
		厚度≤50mm	50mm<厚度≤100mm	100mm<厚度≤150mm
热轧或正火	Q345q	≤0.43	≤0.45	协议
	Q370q	≤0.44	≤0.46	
热机械轧制	Q420q	≤0.38	≤0.40	—
	Q460q	≤0.38	≤0.40	

续表

交货状态	牌号	碳当量 CEV/%		
		厚度≤50mm	50mm<厚度≤100mm	100mm<厚度≤150mm
调质	Q500q	≤0.50	≤0.55	协议
	Q550q	≤0.52	≤0.57	
	Q620q	≤0.55	≤0.60	
	Q690q	≤0.60	≤0.65	

除耐候钢外的各牌号钢，当碳含量不大于 0.12%时，采用化学成分的冷裂纹敏感系数 P_{cm} 代替碳当量评估钢材的可焊性，P_{cm} 采用式(4.79)计算，其值应符合表 5.40 的规定。

表 5.40　桥梁用结构钢的化学成分的冷裂纹敏感系数 P_{cm}(GB/T 714—2015)

牌号	P_{cm}/%	牌号	P_{cm}/%
Q345q	≤0.20	Q500q	≤0.25
Q370q	≤0.20	Q550q	≤0.25
Q420q	≤0.22	Q620q	≤0.25
Q460q	≤0.23	Q690q	≤0.25

钢材的力学性能应符合表 5.41 的规定。

表 5.41　各牌号桥梁用结构钢的力学性能(GB/T 714—2015)

牌号	质量等级	拉伸试样						冲击试验	
		R_{eL}/MPa			R_m/MPa	R_{eL}/R_m	A/%	温度/℃	KV_2/J
		厚度≤50	50mm<厚度≤100mm	100mm<厚度≤150mm					
Q345q	C	345	335	305	490	20	≤0.85	0	120
	D							−20	
	E							−40	
Q370q	C	370	360	—	510	20	≤0.85	0	120
	D							−20	
	E							−40	
Q420q	D	420	410	—	540	19	≤0.85	−20	120
	E							−40	
	F							−60	47

续表

牌号	质量等级	拉伸试样						冲击试验	
		R_{eL}/MPa			R_m/MPa	R_{eL}/R_m	A/%	温度/℃	KV_2/J
		厚度≤50	50mm<厚度≤100mm	100mm<厚度≤150mm					
Q460q	D	460	450	—	570	18	协议	−20	120
	E							−40	
	F							−60	47
Q500q	D	500	500	—	630	18		−20	120
	E							−40	
	F							−60	47
Q550q	D	550	530	—	660	16	协议	−20	120
	E							−40	
	F							−60	47
Q620q	D	620	580	—	720	15		−20	120
	E							−40	
	F							−60	47
Q690q	D	690	650	—	770	14		−20	120
	E							−40	
	F							−60	47

注：拉伸试验取横向试样，冲击试验取纵向试样。屈强比为推荐值。

5.3.3 锅炉和压力容器用钢

压力容器广泛应用于石油、化工、电站、锅炉等行业。压力容器按其工作压力可分为：低压容器(0.1MPa≤p<1.6MPa)、中压容器(1.6MPa≤p<10MPa)、高压容器(10MPa≤p<100MPa)和超高压容器(p≥100MPa)；按其工作温度可分为常温容器(−20～200℃)、低温容器(−20～−253℃)和高温容器(200～650℃)三类。

由于工作条件(温度、压力、介质、结构)不同，压力容器用钢种类多、钢材规格复杂，包括低碳结构钢、低合金结构钢和中高合金钢，钢材品种包括薄板、中厚板和特厚板。工业发达国家均制定了不同类型压力容器用钢标准，还有一些企业的钢号也大量使用。

从合金化的角度分析，有如下规律：低中压和常温压力容器，一般以 C-Mn 钢为主，有时也加入少量微合金元素；低中压和中高温压力容器，以 Mo 钢、Mn-Mo 钢、Cr-Mo 钢为主；高温高压容器以 Cr-Mo 钢、Cr-Ni-Mo 钢、Mn-Ni-Mo 钢为主。低温压力容器用钢在−20℃左右时，以 C-Mn(或加微合金元素)钢或低镍钢为主；−40～−90℃用钢，以 1.5%～3.5%Ni 为主。

锅炉是一种重要的压力容器，按用途可分为工业锅炉、电站锅炉、核电站锅炉等。锅炉由于应力、温度、用途不同，用钢种类很多，而且多为中厚板、特厚板，其最大厚度可达 250mm。除低温压力容器用钢外，多数压力容器用钢均可用于不同类型锅炉，不同类别的锅炉用钢也可分别应用于相应的压力容器。许多国家压力容器和锅炉用钢是同一标准。我国过去对压力容器用和锅炉用碳素钢和低合金钢钢板分别制定了国家标准,并进行了多次修改。2008 年参照国际国外标准,将 GB 713—1997《锅炉用钢板》和 GB 6654—1996《压力容器用钢板》合并为一个标准 GB 713—2008《锅炉和压力容器用钢板》。2014 年,GB 713—2008 又被 GB 713—2014《锅炉和压力容器用钢板》代替。新标准扩大了钢板的厚度范围,纳入了三个牌号:Q420R、07Cr2AlMoR、12Cr2Mo1VR,降低了一些牌号的 S、P 含量上限,提高了各牌号的冲击吸收功等。表 5.42 为 GB 713—2014 中规定的锅炉和压力容器用钢板的化学成分,其力学性能和工艺性能应符合表 5.43 的规定。表 5.44 为锅炉和压力容器用钢新旧标准牌号对照。

表 5.42　锅炉和压力容器用钢板的化学成分(GB 713—2014)　　(单位:%)

牌号	C	Si	Mn	Ni	Cr	Mo	Cu	Nb	V	Ti	P	S
Q245R	≤0.20	≤0.35	0.50～1.00	≤0.30	≤0.30	≤0.08	≤0.30	≤0.050	≤0.050	≤0.030	≤0.025	≤0.010
Q345R	≤0.20	≤0.55	1.20～1.70	≤0.30	≤0.30	≤0.08	≤0.30	≤0.050	≤0.050	≤0.030	≤0.025	≤0.010
Q370R	≤0.18	≤0.55	1.20～1.70	≤0.30	≤0.30	≤0.08	≤0.30	0.015～0.050	≤0.050	≤0.030	≤0.020	≤0.010
Q420R	≤0.20	≤0.55	1.30～1.70	0.20～0.50	≤0.30	≤0.08	≤0.30	0.015～0.050	≤0.100	≤0.030	≤0.020	≤0.010
18MnMoNbR	≤0.22	0.15～0.50	1.20～1.60	≤0.30	≤0.30	0.45～0.65	≤0.30	0.025～0.050	—	—	≤0.020	≤0.010
13MnNiMoR	≤0.15	0.15～0.50	1.20～1.60	0.60～1.00	0.20～0.40	0.20～0.40	≤0.30	0.005～0.020	—	—	≤0.020	≤0.010
15CrMoR	0.08～0.18	0.15～0.40	0.40～0.70	≤0.30	0.80～1.20	0.45～0.60	≤0.30	—	—	—	≤0.025	≤0.010
14Cr1MoR	≤0.17	0.50～0.80	0.40～0.65	≤0.30	1.15～1.50	0.45～0.65	≤0.30	—	—	—	≤0.020	≤0.010
12Cr2Mo1R	0.08～0.15	≤0.50	0.30～0.60	≤0.30	2.00～2.50	0.90～1.10	≤0.20	—	—	—	≤0.020	≤0.010
12Cr1MoVR	0.08～0.15	0.15～0.40	0.40～0.70	≤0.30	0.90～1.20	0.25～0.35	≤0.30	—	0.15～0.30	—	≤0.025	≤0.010
12Cr2Mo1VR	0.11～0.15	≤0.10	0.30～0.60	≤0.25	2.00～2.50	0.90～1.10	≤0.20	≤0.07	0.25～0.35	≤0.030	≤0.010	≤0.005
07Cr2AlMoR	≤0.09	0.20～0.50	0.40～0.90	≤0.30	2.00～2.40	0.30～0.50	≤0.30	—	—	—	≤0.020	≤0.005

注:Q245R 和 Q345R 钢中 Alt 含量不小于 0.020%。07Cr2AlMoR 钢中含 Al 0.30%～0.50%。在 Q245R、Q345R、Q370R 钢中,作为残余元素的 Cu+Ni+Cr+Mo 总含量不大于 0.70%。在 12Cr2Mo1VR 钢中含 B 含量不大于 0.0020%、Ca 含量不大于 0.015%。

表 5.43　锅炉和压力容器用钢板的力学性能和工艺性能(GB 713—2014)

<table>
<tr><th rowspan="2">牌号</th><th rowspan="2">厚度
/mm</th><th colspan="2">强度/MPa</th><th rowspan="2">伸长率 A
/%≥</th><th colspan="2">A_{kV}</th><th rowspan="2">弯曲试验
180°, $b=2a$</th><th rowspan="2">交货
状态</th></tr>
<tr><th>R_m</th><th>R_{eL}≥</th><th>温度
/℃</th><th>冲击
功/J≥</th></tr>
<tr><td rowspan="6">Q245R</td><td>3～16</td><td rowspan="3">400～520</td><td>245</td><td rowspan="3">25</td><td rowspan="6">0</td><td rowspan="6">34</td><td rowspan="3">$d=1.5a$</td><td rowspan="12">热轧
控轧
或
正火</td></tr>
<tr><td>＞16～36</td><td>235</td></tr>
<tr><td>＞36～60</td><td>225</td></tr>
<tr><td>＞60～100</td><td>390～510</td><td>205</td><td rowspan="3">24</td><td rowspan="3">$d=2a$</td></tr>
<tr><td>＞100～150</td><td>380～500</td><td>185</td></tr>
<tr><td>＞150～250</td><td>370～490</td><td>178</td></tr>
<tr><td rowspan="6">Q345R</td><td>3～16</td><td>510～640</td><td>345</td><td rowspan="3">21</td><td rowspan="6">0</td><td rowspan="6">41</td><td>$d=2a$</td></tr>
<tr><td>＞16～36</td><td>500～630</td><td>325</td><td rowspan="5">$d=3a$</td></tr>
<tr><td>＞36～60</td><td>490～620</td><td>315</td></tr>
<tr><td>＞60～100</td><td>490～620</td><td>305</td><td rowspan="3">20</td></tr>
<tr><td>＞100～150</td><td>480～610</td><td>285</td></tr>
<tr><td>＞150～250</td><td>470～600</td><td>265</td></tr>
<tr><td rowspan="4">Q370R</td><td>10～16</td><td rowspan="2">530～630</td><td>370</td><td rowspan="4">20</td><td rowspan="4">—20</td><td rowspan="4">47</td><td>$d=2a$</td><td rowspan="6">正火</td></tr>
<tr><td>＞16～36</td><td>360</td><td rowspan="3">$d=3a$</td></tr>
<tr><td>＞36～60</td><td>520～620</td><td>340</td></tr>
<tr><td>＞60～100</td><td>510～610</td><td>330</td></tr>
<tr><td rowspan="2">Q420R</td><td>10～20</td><td>590～720</td><td>420</td><td rowspan="2">18</td><td rowspan="2">—20</td><td rowspan="2">60</td><td rowspan="2">$d=3a$</td></tr>
<tr><td>＞20～30</td><td>570～700</td><td>400</td></tr>
<tr><td rowspan="2">18MnMoNbR</td><td>30～60</td><td rowspan="2">570～720</td><td>400</td><td rowspan="2">18</td><td rowspan="2">0</td><td rowspan="2">47</td><td rowspan="2">$d=3a$</td><td rowspan="15">正火加
回火</td></tr>
<tr><td>＞60～100</td><td>390</td></tr>
<tr><td rowspan="2">13MnNiMoR</td><td>30～100</td><td rowspan="2">570～720</td><td>390</td><td rowspan="2">18</td><td rowspan="2">0</td><td rowspan="2">47</td><td rowspan="2">$d=3a$</td></tr>
<tr><td>＞100～150</td><td>380</td></tr>
<tr><td rowspan="3">15CrMoR</td><td>6～60</td><td rowspan="2">450～590</td><td>295</td><td rowspan="3">19</td><td rowspan="3">20</td><td rowspan="3">47</td><td rowspan="3">$d=3a$</td></tr>
<tr><td>＞60～100</td><td>275</td></tr>
<tr><td>＞100～200</td><td>440～580</td><td>255</td></tr>
<tr><td rowspan="2">14Cr1MoR</td><td>6～100</td><td>520～680</td><td>310</td><td rowspan="2">19</td><td rowspan="2">20</td><td rowspan="2">47</td><td rowspan="2">$d=3a$</td></tr>
<tr><td>＞100～200</td><td>510～670</td><td>300</td></tr>
<tr><td>12Cr2Mo1R</td><td>6～200</td><td>520～680</td><td>310</td><td>19</td><td>20</td><td>47</td><td>$d=3a$</td></tr>
<tr><td rowspan="2">12Cr1MoVR</td><td>6～60</td><td>440～590</td><td>245</td><td rowspan="2">19</td><td rowspan="2">20</td><td rowspan="2">47</td><td rowspan="2">$d=3a$</td></tr>
<tr><td>＞60～100</td><td>430～580</td><td>235</td></tr>
<tr><td>12Cr2Mo1VR</td><td>6～200</td><td>590～760</td><td>415</td><td>17</td><td>—20</td><td>60</td><td>$d=3a$</td></tr>
<tr><td rowspan="2">07Cr2AlMoR</td><td>6～36</td><td>420～580</td><td>260</td><td rowspan="2">21</td><td rowspan="2">20</td><td rowspan="2">47</td><td rowspan="2">$d=3a$</td></tr>
<tr><td>＞36～60</td><td>410～570</td><td>250</td></tr>
</table>

注：如屈服现象不明显，可测量 $R_{p0.2}$ 代替 R_{eL}。a 为试样厚度，d 为弯曲压头直径。18MnMoNbR、13MnNiMoR 钢板的回火温度应不低于 620℃；15CrMoR、14Cr1MoR 钢板的回火温度应不低于 650℃；12Cr2Mo1R、12Cr1MoVR、12Cr2Mo1VR 和 07Cr2AlMoR 钢板的回火温度应不低于 680℃。根据需方要求，07Cr2AlMoR 钢可添加适量稀土。

表 5.44　锅炉和压力容器用钢新旧标准牌号对照

GB 713—2014	GB 713—1997	GB 6654—1996
Q245R	20g	20R
Q345R	16Mng、19Mng	16MnR
Q370R		15MnNbR
Q420R		
	22Mng	15MnVR
18MnMoNbR		18MnMoNbR
13MnNiMoR	13MnNiCrMoNbg	13MnNiMoNbR
15CrMoR	15CrMog	15CrMoR
12Cr1MoVR	12Cr1MoVg	
14Cr1MoR		
12Cr2Mo1R		
12Cr2Mo1VR		
07Cr2AlMoR		

新标准中钢板牌号的表示方法有两种。碳素钢和不含铬钼的低合金钢用屈服强度值和“屈”字、“容”字的汉语拼音首位字母 Q、R 表示，如 Q245R。含铬、钼的钢的牌号表示方法不变，如 15CrMoR。

在新标准中，将 20g、20R 合并后改为 Q245R，将 16Mng、19Mng 和 16MnR 合并后改为 Q345R，15CrMog 和 15CrMoR 合并后改为 15CrMoR。新标准淘汰了 15MnVR、15MnVNR 和 22Mng，这是由于 15MnV 钢的强度波动较大、韧性偏低的缘故，15MnVNR 钢板以前主要用于制造氧气球形储罐，现已被强度更高、韧性和焊接性能更好的 07MnCrMo 钢板所取代。Q245R 和 Q345R 中可添加微量 Nb、V、Ti，上述三元素含量总和应分别不大于 0.050%、0.12%。

新标准中降低了一些钢的 S、P 含量，并提高了一些钢的冲击功指标。

新标准中新纳入的 Q420R 钢具有高强度、高韧性和优异的焊接性，主要应用于移动式压力容器的制造，如汽车罐车和铁路罐车。

18MnMoNbR、13MnNiMoR 和其他含 Cr-Mo 的钢号均可用于制作中温压力容器，GB 713—2014 中规定了这些钢的高温力学性能值。

18MnMoNbR 加入了少量 Nb，显著细化了晶粒，Nb 的沉淀强化作用，使屈服强度提高，同时 Mo 和 Nb 都能提高钢的热强性能。这种钢经过正火＋回火或调质后使用，正火温度为 950～980℃，回火温度为 600～650℃。调质工艺为 930℃淬火和 600～620℃回火。18MnMoNbR 适合做石油化工工业用的中温高压厚壁容器等，可在 500℃以下工作。

15CrMoR、14Cr1MoR 和 12Cr2Mo1R 均为中温抗氢钢。在氢介质环境和一定压力下，低碳钢或低合金钢在 200～600℃时发生表面脱碳和皮下鼓泡(或微裂纹)的现象，称之为氢腐蚀(氢蚀)。碳化物通常易在晶界上析出，氢与钢中碳发生反应生成甲烷，此类气泡在钢的晶界上形核、长大，聚积成裂纹，使钢材性能恶化。Cr、Mo 是稳定碳化物的合金元素，使碳化物不易分解形成甲烷，从而阻碍鼓泡或内裂的发生，提高了使用温度。正火后的回火工艺对氢蚀过程也有重要影响。适当提高回火温度，使低温析出

的 M_3C 型碳化物转变为稳定的 $M_{23}C_6$ 等型碳化物，可以提高钢的抗氢腐蚀的能力。

通常氢分压在 20MPa 下，低碳钢在 200℃以下使用是安全的；1Cr0.5Mo 钢低于 350℃、2Cr0.5Mo 钢低于 400℃、2.25Cr1Mo 钢低于 420℃使用都是安全的。

15CrMoR(武钢企业牌号 WHZ1)钢的正火温度为 910～940℃，正火后的组织为铁素体＋细珠光体＋粒状贝氏体。钢的回火温度为 650～720℃。焊后消除应力(SR)热处理工艺为 620～660℃。15CrMoR 钢用于制造各种预加氢反应器、加氢换热器等中温压力容器[32,33]。

14Cr1MoR(武钢企业牌号 WHZ2)是石油化工装置中常用的钢种，在烃化工设备中得到广泛的应用。

12Cr2Mo1R 是国际上通用的热强钢，强度高、韧性和抗氢性能好，适用于制造最高工作温度不超过 454℃的加氢精制反应器及大型化工设备[34]。

12Cr1MoVR 是一种珠光体热强钢，主要用于制作锅炉用钢管(见表 10.11)。

12Cr2Mo1VR 是改进型的制造加氢反应器用钢，与不加钒的 12Cr2Mo1R 钢相比，具有更高的强度和韧性，抗回火脆性能力强，抗氢腐蚀的能力好等优点，在国际上广泛使用[35]。该钢热轧后的组织为铁素体加贝氏体。该钢经 910～960℃正火，正火后冷却速率宜控制在 25～45℃/s，再经 710～740℃回火，钢板的强度、塑性及冲击韧性能实现较好的匹配。正火后的组织为贝氏体及在其上分部较均匀的含有 Cr、Mo、V 的合金碳化物。12Cr2Mo1VR 钢在临氢环境下使用的最高工作温度为 510℃。

07Cr2AlMoR 是我国开发的一种用于抗 H_2S 应力腐蚀开裂热交换器的专用钢。由于我国进口的原油中有一部分是高硫，有的硫含量高达 3%，湿硫化氢环境下的应力腐蚀开裂及氢腐蚀是高硫原油炼制过程中的首要腐蚀问题。07Cr2AlMoR 钢中的碳含量降低到 0.10%以下，提高了钢的 Cr/C，可以避免生成对耐氢腐蚀和硫化氢腐蚀不利的 $(Fe,Cr)_3C$。Al 的加入可以提高抗单质硫腐蚀的能力，但是 Al 降低钢的韧性，在焊接时在熔合线处易产生铁素体带，故通常把铝控制在中下限。Mo 和 V 可以提高钢在室温和高温的强度。Mo 还可以提高钢在水介质中的耐蚀性，而 V 可以提高钢的淬透性及细化钢的晶粒度。07Cr2AlMoR 钢主要用做热交换管，采用冷拔钢管，最后经 940℃正火＋700℃回火工艺，其显微组织为铁素体加珠光体。07Cr2AlMoR 钢具有良好的可焊性，但需配有专用焊接材料及焊接工艺[36]。

随着压力容器向高参数和大型化发展，压力容器用钢也向高强度发展。20 世纪 60 年代以后，屈服强度 σ_s 为 490MPa 的钢种在许多国家研制成功，有些国家还研制并使用了 σ_s 为 690MPa 的钢种，甚至还研制了 σ_s 为 880MPa 的钢种。这类钢一般均进行调质处理，可以使厚钢板得到均匀一致的、良好的综合力学性能。目前使用最广泛的是 σ_s 为 490MPa 级的调质高强度钢。

与此同时，大型压力容器的安全可靠性也越来越引起人们的关注。随着钢板强度等级的提高，防止焊接冷裂纹成为焊接的主要问题，虽然提高焊前预热温度可以防止焊接冷裂纹的产生，但会导致焊工劳动条件的恶化。20 世纪 70 年代初，为简化大型球罐焊接工艺，提高焊接安全可靠性，日本开展了 $\sigma_s \geqslant 490$MPa 的低焊接裂纹敏感性钢的研制工作，这种钢为称为 CF(crack free)钢。这种钢具有低的碳当量，$C_{eq} \leqslant 0.42\%$，低的焊接裂纹敏感性系数，$P_{cm} \leqslant 0.20\%$。采用相应的焊接材料施焊，钢板厚度达到 50mm，可不预热或稍加预热而不产生焊接冷裂纹,牌号有 WEL-TEN62CF、HK-HITEN610U2 等,这类钢统称为 HT60CF 钢。20 世纪 80 年代中期,我国武钢开发成功 CF 系列的低焊接裂纹敏感性钢(WDL 钢),包括 WDL610D(07MnCrMoVR)和 WDL610E(7MnNiCrMoVDR)两种调质高强度钢板。

工程结构和压力容器的大型化要求提高焊接效率,需要开发与高效大线能量焊接技术相适应的大线能量焊接用钢板。由于大线能量焊接恶化传统低合金钢焊接热影响区(HAZ)的组织,其强度和韧性随焊接线能量的提高而大幅下降,易产生焊接冷裂纹等缺陷。CF 钢虽有低的裂纹敏感性,但通常不能适应大线能量焊接。20 世纪 80 年代前后,日本一些钢厂首先研制成功大线能量焊接用调质钢,如 SPV490Q 等。我国武钢等企业 1996 年开展了 σ_s 为 490MPa 级的大线能量用钢 WH610D2(12MnNiV)的研制,并成功用于制造 10 万 m^3 原油储罐的建造。

07MnCrMoVR、7MnNiCrMoVDR 和 12MnNiV 三种钢均纳入 2003 年制定的国家标准 GB 19189—2003《压力容器用调质高强度钢板》,后为 GB 19189—2011《压力容器用调质高强度钢板》替代,在 GB 19189—2011 中,原标准中的牌号 07MnCrMoVR 更改为 07MnMoVR、07MnNiCrMoVDR 更改为 07MnNiMoVDR,新增加牌号 07MnNiMoDR,降低了各牌号的 P、S 含量,提高了各牌号的冲击功指标,由 47J 提高至 80J。表 5.45 为国内外一些压力容器用调质高强度钢板的化学成分。表 5.46 为国内外一些压力容器用调质高强度钢板的力学性能。

表 5.45 国内外一些压力容器用调质高强度钢板的化学成分(国内牌号根据 GB 19189—2011)

(单位:%)

牌号	C	Si	Mn	Ni	Cr	Mo	V	B	P	S	P_{cm}
07MnMoVR	≤0.09	0.15~0.40	1.20~1.60	≤0.40	≤0.30	0.10~0.30	0.02~0.06	≤0.0020	≤0.020	≤0.010	≤0.20
07MnNiMoVDR	≤0.09	0.15~0.40	1.20~1.60	0.20~0.50	≤0.30	0.10~0.30	0.02~0.06	≤0.0020	≤0.018	≤0.008	≤0.21
07MnNiMoDR	≤0.09	0.15~0.40	1.20~1.60	0.30~0.60	≤0.30	0.10~0.30	≤0.06	≤0.0020	≤0.015	≤0.005	≤0.21
12MnNiVR	≤0.15	0.15~0.40	1.20~1.60	0.15~0.45	≤0.30	≤0.30	0.02~0.06	≤0.0020	≤0.020	≤0.010	≤0.26
WEL-TEN62CF[1]	≤0.09	0.15~0.30	1.00~1.60	≤0.60	≤0.30	≤0.30	≤0.10	—	≤0.020	≤0.010	≤0.20
HK-HITEN610U2	≤0.09	0.15~0.35	1.10~1.50	≤0.50	≤0.30	≤0.30	0.02~0.06	≤0.0030	≤0.030	≤0.015	≤0.20

注:前面 4 个为列入 GB 19189—2011 中的牌号,Cu 含量均不大于 0.25%。P_{cm} 按公式(4.79)计算。

表 5.46 国内外一些压力容器用调质高强度钢板的力学性能(国内牌号根据 GB 19189—2011)

牌号	厚度/mm	拉伸试验			冲击试验		冷弯试验 $b=2a$,180°
		R_{eL}/MPa	R_m/MPa	A/%	温度/℃	KV_2/J	
07MnMoVR	10～60	≥490	610～730	≥17	−20	≥80	$d=3a$
07MnNiMoVDR	10～60	≥490	610～730	≥17	−40	≥80	$d=3a$
07MnNiMoDR	10～50	≥490	610～730	≥17	−50	≥80	$d=3a$
12MnNiVR	10～60	≥490	610～730	≥17	−20	≥80	$d=3a$
WEL-TEN62CF[8]	—	≥490	610～730	≥17($\delta_{3.5}$)	−20	≤47(纵向)	—
HK-HITEN610U2	—	≥490	610～740	≥19($\delta_{3.5}$)	−20	≤47(横向)	$d=3a$

注:各种试样的轴线方向均应垂直于钢板的轧制方向,冲击试样缺口轴线方向应垂直于钢板轧制表面。

07MnMoVR 和 07MnNiMoVDR 钢淬火后的组织为低碳马氏体和贝氏体,以适当的淬火速率冷却时,过冷奥氏体中先形成的贝氏体将奥氏体分割,过冷到 M_s 点以下,在已分割的奥氏体小块内形成不同取向的板条马氏体,细化了马氏体板条束,有利于强度和韧性的提高。回火温度不应低于 600℃,以使回火过程处于回复阶段末期或再结晶初期为宜。07MnMoVR 钢的最低使用温度为−20℃。07MnNiMoVDR 钢中含有一定数量的镍,可以提高钢的低温韧性,适宜于制作在−40℃工作的大型压力容器,如容积为 1500m³ 的低温乙烯球罐[32]。

07MnNiMoDR 是 GB 19189—2011 中新增的低温压力容器用钢,由于适当增加了镍含量,该钢可用于−50℃的低温条件下。该钢主要应用于制作大型储油罐、大型球罐和采油平台等。

高效大线能量焊接技术使用的线能量达到 90～100kJ/cm。开发大型储罐大线能量用钢的关键技术是能保证施焊后 HAZ 的强度、冲击功均能达到对母材的要求。研究结果表明,根据钢中的 N 含量,适当添加 Ti,形成弥散分布的粒子能有效地减轻大线能量焊接对 HAZ 的脆化影响。利用 TiN 的沉淀物可以抑制焊接时奥氏体晶粒的粗大,焊后冷却时,促进针状铁素体的形核,细化组织,改善 HAZ 的强韧性,Ti 的加入量在 0.018%左右时为佳。

我国开发的 12MnNiVR 钢板,能完全满足大线能量焊接的要求,厚度为 48mm 时,钢板淬火后的组织为马氏体+少量贝氏体+极少量铁素体,回火后的组织为索氏体+极少量铁素体[32]。近年,我国的舞钢、宝钢、鞍钢、济钢等企业都已开发出 σ_s 为 490MPa 级的大线能量焊接用钢板。为适应今后建造 20 万 m³ 及其以上的大型储罐,应开发抗拉强度级别为 690MPa 的大线能量焊接用钢。

由于石化工业的迅速发展,液化气体的生产、分离、储运及应用已相当普遍。低温技术的发展促进了低温压力容器用钢的发展。我国制定的 GB 3531—2008《低温压力容器用低合金钢板》包括了 3 个牌号,其化学成分和要求的力学性能及工艺性能见表 5.47。2014 年该标准更改为 GB 3531—2014《低温压力容器用钢板》,包括了 4 个低合金钢牌号和 2 个镍系低温钢牌号,其化学成分见表 7.52。

表 5.47　低温压力容器用低合金钢板的化学成分和要求的力学性能及工艺性能(GB 3531—2008)

牌号	化学成分/%					厚度/mm	R_m/MPa	R_{eL}/MPa	A/%	A_{kV}(纵向)		180°弯曲,弯心直径($b\geqslant$35mm)
	C	Si	Mn	Ni	其他			≥		温度/℃	冲击功/J≥	
16MnDR	≤0.20	0.15~0.50	1.20~1.60	—	—	6~16	490~620	315	21	−40	34	$d=2a$
						>16~36	470~600	295				$d=3a$
						>36~60	460~590	285				
						>60~100	450~580	275		−30	34	
						>100~120	440~570	265				
15MnNiDR	≤0.18	0.15~0.50	1.20~1.60	0.20~0.60	≤0.06 V	6~16	490~620	325	20	−45	34	$d=3a$
						>16~36	480~610	315				
						>36~60	470~600	305				
09MnNiDR	≤0.12	0.15~0.50	1.20~1.60	0.30~0.80	≤0.06 Nb	6~16	440~570	300	23	−70	34	$d=2a$
						>16~36	430~560	280				
						>36~60	430~560	270				
						>60~120	420~550	260				

注:牌号中的"D"表示低温。三种钢中含≤0.025%P、≤0.012%S、≥0.020%Alt。为改善钢板性能,可添加微量V、Ti、Nb、RE等元素,总含量不大于0.12%。残余元素有≤0.25%Cr、≤0.25%Cu、≤0.40%Ni、≤0.08%Mo。用酸溶铝Als代替Alt时,Als含量不小于0.015%。a 为钢材厚度。钢板以正火或正火加回火状态交货。

GB 150—1998《钢制压力容器》中明确规定,设计温度低于或等于−20℃的压力容器为低温压力容器。各国使用的低温压力容器用钢总体可分为两大系列:其一是用于−40℃(或−45℃)以上温度的C-Mn钢和调质型高强度钢。其二是用于−40℃(或−45℃)以下至−196℃的含镍系低温钢。这类钢又可分为用于−60~−70℃的含镍0.5%~2.3%的钢,用于−100℃的含镍3.5%的钢,用于−120~196℃的含镍5.5%~9%的钢。

表5.47中的16MnDR钢是使用于−40℃的低温压力容器用低合金钢,通过添加标准所允许的微合金元素,甚至少量镍,可以大幅度提高钢的韧性指标。正火处理后的组织为等轴铁素体+珠光体。这种钢的使用量比较大,可用于制造液化气球罐、氧气球罐、天然气球罐等。

15MnNiDR钢用于制造−45℃工作的低温焊接压力容器,国内外广泛使用。国内许多钢厂已可按国家标准提供。舞阳钢厂采用氧气转炉或电弧炉冶炼,并采用炉外精炼工艺,钢质纯净,夹杂物含量低,性能优良,其低温韧性远高于标准要求。该钢可按热轧、正火、回火、正火加回火、调质等不同状态交货。该钢杂质含量低,可达到:$w_P\leqslant0.01\%$、$w_S\leqslant0.005\%$、$w_N\leqslant70$ppm、$w_H\leqslant2$ppm、$w_O\leqslant15$ppm。15MnNiDR钢主要用于制造石化低温设备,如低温乙烯球罐等低温压力容器,应用前景广泛。

09MnNiDR是一种可用于制作在−45~−70℃工作的低温压力容器的低合金钢,正火处理后的组织为等轴铁素体+珠光体。

压力容器对用钢的性能要求较严,对内在质量要求较高,除各项常规性能外,还需检验时效冲击,对钢板进行全部探伤,要求良好的表面。用于中高温容器的钢种,需检验其高温持久强度和蠕变性能;用于低温容器的钢种,需检验相应低温的冲击韧性;用于中高压的厚钢板和特厚钢板,还需保证其 Z 向性能。

5.3.4　造船和海上采油平台用钢

船舶和以海上油气钻采平台为代表的海洋大型结构，处于水深、浪急、风暴、海水腐蚀，甚至严寒的恶劣环境中，对所用钢材的性能和质量有着高的要求。除对强度的要求外，对韧性、焊接性、疲劳性、耐海水腐蚀性、抗层状撕裂性、冷热加工性等均有严格的要求。为保证钢材性能，对钢的内在质量要求高，要求钢质较纯净或极纯净，钢中含有低的有害元素和气体及夹杂物，还要求钢材具有良好的表面质量。

5.3.4.1　造船用钢[1,8]

20 世纪 50 年代开始，船舶向大型化、高速化、自动化方向发展。仅以船体而言，船壳耗用钢材量占全船质量的 60%左右，其中板材约占 80%。由于船舶是在世界海域或内河流域内航行，遇有损害需就地修复，以及国际贸易的需要，目前船板有关技术要求已发展成为一个国际性标准。20 世纪 50 年代末，主要造船国家的船级社召开了国际会议，统一将船舶用钢板分为一般强度钢(A、B、D、E 四级)和高强度钢两种类别。一般强度钢为碳素钢，高强度钢为低合金高强度钢。一般民用高强度钢船板，按屈服强度分三个级别，又按冲击韧性分为 A、D、E、F 四级，即 315MPa 级(A32、D32、E32、F32)、355MPa 级(A36、D36、E36、F36)和 390MPa 级(A40、D40、E40、F40)。由于船舶主要考虑使用疲劳强度，屈服强度的提高对其疲劳强度的提高作用不大，且船舶必须有一定自重，以稳定航行，所以使用的钢板强度不需太高。

另一类船板为军用舰船用钢，这类钢不仅要求高强度，而且要求很高的韧性和很低的韧脆转变温度。

我国 2000 年制定的国家标准 GB 712—2000《船体用结构钢》代替了 1988 年制定的原标准，采用了国际船级社协会(IACS)最新的统一要求，与各国船规保持一致。表 5.48 为一般强度钢的化学成分与力学性能。

高强度钢的化学成分见表 5.49，其力学性能见表 5.50。

不同等级和不同厚度钢材的交货状态在 GB 712—2000 中都作了具体规定。强度较低、厚度较薄的钢板可热轧或控轧交货，强度较低但较厚的钢板应正火交货，强度较高或要求高的低温韧性的钢板可要求经调质处理。

第二次世界大战后，世界各军事强国为满足舰船装备的发展需求，研究开发了系列高强度舰船用钢[37]。美国已列入军用标准的海军舰船结构用高强度钢有 σ_s 为 343MPa 的铁素体-珠光体钢 HTS；σ_s 为 550MPa、690MPa、896MPa(80ksi*、100ksi、130ksi)级调质态使用的马氏体钢 HY-80、HY-100、HY-130；HSLA 系列时效硬化型低合金高强度钢。HTS 钢为低碳锰钢。20 世纪 50 年代开始建立 HY 系列高强度结构钢，发展了综合性能良好的 HY-80 钢，用于做核潜艇的全部耐压壳体。之后研制了 HY-100 钢，用于航空母舰飞行甲板。20 世纪 60 年代中期，又研制了 HY-130 钢，用于建造核潜艇，下潜深度可达 560m。80 年代后，随着超低碳、超纯净钢冶炼、微合金化及控轧控冷等冶金技术的发

---

* 英制单位，1ksi=6.89MPa。

表 5.48　一般强度船体用结构钢的化学成分和力学性能(GB 712—2000)

钢材等级	化学成分/%						σ_s/MPa	σ_b/MPa	δ_5/%	试验温度/℃	钢板的冲击功 A_{kV}/J					
											厚度/mm					
											≤50		>50～70		>70～100	
	C	Si	Mn	P	S	Als					纵向	横向	纵向	横向	纵向	横向
A	≤0.21	≤0.50	≥2.5	≤0.035	≤0.035	—	≥235	400～520	≥22	20	—	—	34	24	41	27
B	≤0.21	≤0.35	0.80～1.20	≤0.035	≤0.035	—				0	27	20				
D	≤0.21	≤0.35	0.60～1.20	≤0.035	≤0.035	≥0.015				−20						
E	≤0.18	≤0.35	0.70～1.20	≤0.035	≤0.035	≥0.015				−40						

注:所有质量等级的碳当量为 C+(1/6)Mn,不大于 0.40%。钢中的 Cu 含量不大于 0.30%,Cr、Ni 含量应各不大于 0.30%。为改善钢的性能,可添加其他微量元素,应在质量证明书上注明。

表 5.49　高强度船体用结构钢的化学成分(GB 712—2000)　(单位:%)

钢材等级	C	Si	Mn	S	P	Als	Nb	V	Ti	Cu	Cr	Ni	Mo	N
A32,D32,E32 A36,D36,E36 A40,D40,E40	≤0.18	≤0.50	0.90～1.60	≤0.035	≤0.035	≥0.015	0.02～0.05	0.05～0.10	≤0.02	≤0.35	≤0.20	≤0.40	≤0.08	—
F32,F36,F40	≤0.16	≤0.50	0.90～1.60	≤0.025	≤0.025	≥0.015	0.02～0.05	0.05～0.10	≤0.02	≤0.35	≤0.20	≤0.8	≤0.08	≤0.0009

注:表中规定的 Nb、V、Ti 等微量元素可单独加入或以任一混合形式加入。单独加入时,其含量应不小于表中规定的下限。混合加入两种或两种以上时,其总和含量不得大于 0.12%。碳当量一般不大于 0.40%,采用 TMCP 状态交货的钢,其碳当量另有规定。

表 5.50　高强度船体用结构钢的力学性能(GB 712—2000)

钢材等级	σ_s/MPa	σ_b/MPa	δ_5/%	试验温度/℃	冲击功 A_{kV}/J(不小于)					
					厚度≤50mm		厚度>50～70mm		厚度>70～100mm	
					纵向	横向	纵向	横向	纵向	横向
A32	≥315	440～570	≥22	0	31	22	38	26	46	31
D32				−20						
E32				−40						
F32				−60			—			

续表

钢材等级	σ_s/MPa	σ_b/MPa	δ_5/%	试验温度/℃	冲击功 A_{kV}/J(不小于)					
					厚度≤50mm		厚度>50～70mm		厚度>70～100mm	
					纵向	横向	纵向	横向	纵向	横向
A36	≥355	490～630	≥21	0	34	24	41	27	50	34
D36				−20						
E36				−40						
F36				−60						
A40	≥390	510～660	≥20	0	41	27	—			
D40				−20						
E40				−40						
F40				−60						

表 5.51　美国和日本的一些舰船用钢的化学成分[1,8,25]　(单位:%)

牌号	板厚/mm	C	Si	Mn	Cr	Ni	Mo	Cu	Nb	V	P	S
HY-80	≤32	0.12～0.18	0.15～0.38	0.10～0.40	1.00～1.80	2.00～3.25	0.20～0.60	—	—	≤0.03	≤0.015	≤0.008
	32～76	0.12～0.18	0.15～0.38	0.10～0.40	1.40～1.80	2.50～3.50	0.35～0.60				≤0.015	≤0.008
	>76	0.12～0.18	0.15～0.38	0.10～0.40	1.50～1.90	3.00～3.50	0.50～0.60				≤0.015	≤0.008
HY-100	≤32	0.12～0.18	0.15～0.38	0.10～0.40	1.00～1.80	2.25～3.50	0.20～0.60	—	—	≤0.03	≤0.015	≤0.008
	32～76	0.14～0.20	0.15～0.38	0.10～0.40	1.40～1.80	2.75～3.50	0.35～0.60				≤0.015	≤0.008
	>76	0.14～0.20	0.15～0.38	0.10～0.40	1.50～1.90	3.00～3.50	0.50～0.65				≤0.015	≤0.008
HY-130		≤0.12	0.15～0.35	0.40～0.90	0.40～0.70	4.75～5.25	0.30～0.65		≤0.02	0.05～0.10	≤0.010	≤0.008
HSLA-80	≤32	≤0.06	≤0.40	0.40～0.70	0.60～0.90	0.70～1.00	0.15～0.25	1.00～1.30	0.02～0.06	—	≤0.020	≤0.006
HSLA-100	≤102	≤0.06	≤0.40	0.75～1.05	0.45～0.75	3.35～3.65	0.55～0.65	1.45～1.75	0.02～0.06	—	≤0.020	≤0.006
NS46C	—	≤0.16	0.15～0.50	0.60～1.45	≤0.30	≤0.60	≤0.25	—	—	≤0.10	≤0.035	≤0.030
NS80C	—	≤0.10	0.15～0.40	0.35～0.90	0.30～1.00	3.5～4.5	0.20～0.60	—	—	≤0.10	≤0.015	≤0.010
NS90D	—	≤0.12	0.15～0.40	0.35～1.0	0.40～0.80	4.75～5.50	0.30～0.65	—	—	≤0.10	≤0.015	≤0.010

注:HY-80、HY-100、HY-130 钢均含有≤0.02%Ti。HY-130 钢中还含有 0.01%～0.05%Al、≤0.012%N。

展,美国开始研制不需预热或只需较低温度预热就能焊接的 HSLA 系列钢。开发的 HSLA-80 钢的强韧性达到了 HY-80 钢的水平,具有良好的焊接性能,合金元素含量低,从而简化了舰船的建造工艺,降低了舰船成本。随后又研制了具有优良焊接性能的 HSLA-100 钢用于代替 HY-100 钢,已部分代替了 HY-100 钢用于航空母舰。还研制了一种在 HTS 基础上通过微合金化和控轧控冷工艺提高强韧性的低碳含锰钢 HSLA-65,其 σ_s 为 446MPa,不预热就可以焊接。

除美国之外,其他一些国家也开发了系列高强度舰船用钢。日本已列入防卫厅规格的就有 NS30、NS46(B、C)、NS63(B、C、D)、NS80(B、C、D)、NS90(B、C、D)、NS110 等各级舰船用钢。

表 5.51 为一些国家典型军用舰船用钢的化学成分。这些钢除 NS46C 为低碳锰钢外,其他均为低碳 Cr-Ni-Mo-V 系合金结构钢,有些钢已不属于低合金钢类。美国还研制了 σ_s 为 1176MPa 的 10Ni-8Co-2Cr-1Mo 钢,在高强度的同时,具有高的韧性。

HSLA 系列钢降低了碳含量,提高了韧性并改善了焊接性能,使用铌微合金化,细化了晶粒,还有一定的沉淀强化作用。固溶的铜在时效时析出,发生时效强化。镍可以防止因铜的加入而可能出现的热脆并能提高韧性、降低韧脆转变温度。这类钢限制硫含量不大于 0.006%,减少了 MnS 夹杂,降低了纵横向力学性能的差异,提高了韧性。这类钢淬火后的组织为板条马氏体+粒状贝氏体,时效后的组织为回火马氏体,经过回复的铁素体和基体上弥散分布着第二相(碳化物和 ε-Cu)。

表 5.52 为一些舰船用钢的力学性能。

表 5.52 美国和日本的一些舰船用钢的力学性能[1,8,38]

牌号	σ_s/MPa	σ_b/MPa	δ/%	A_{kV}(横向)		交货状态
				温度/℃	冲击功/J	
HY-80	550~680	按规定	20	−84	≥47	调质
HY-100	690~825	按规定	18	−84	≥41	调质
HY-130	896~1034	按规定	—	−84	≥54	调质
HSLA-80	552~690	—	20	−84	≥81	淬火、时效
HSLA-100	690~862	—	18	−84	≥81	—
NS46C	450	570~680	—	−50	≥27	调质
NS80C	785~920	实际	—	−70	≥69	调质
NS90D	880~980	实际	—	−70	≥69	调质

5.3.4.2 海上采油平台用钢的开发

海上工程用钢主要种类可分为:海洋采油平台用钢、海洋风力发电用钢、海底油气管线用钢三类。本节主要介绍海上采油平台用钢。

海上采油平台(也称海洋平台)是海上油气资源勘探与开发的重要设施。海上采油平台用钢是由船用钢或压力容器用钢移植而来的。由于海洋平台所处环境恶劣,其服役期比船舶类高 50%，因此，各国对海洋平台用钢的各项性能和内在质量都有高的要求。

提高海洋平台用钢的强度有利于保证平台安全，降低海洋平台的自身重量，减少焊接工作量，并增大承载能力。此外，还应考虑平台的稳定性和可靠性。美国船级社(ABS)按屈服强度将平台用钢分为 235～303MPa 级、303～400MPa 级、400～690MPa 级三个级别。一些国家还规定了屈强比：一般强度的钢为 $R_{p0.2}/R_m \leqslant 0.7$，中高强度钢为 $R_{p0.2}/R_m \leqslant 0.85$。

每座海洋平台大约需用 1.5 万～3 万 t 钢材，大部分采用 E36(EH36)以下的牌号。海洋平台本体结构钢板厚度通常不大于 130mm，上部结构所用钢板厚度通常不大于 70mm。海洋平台的一般部位采用 E36(EH36)以下的牌号，比较重要的部位用抗拉强度 500MPa 级的正火高强度钢板。重要部位则采用调质型高强度钢制造，如自升式海洋平台桩腿、悬臂梁、齿条升降机构等关键部位。桩腿齿条钢厚度和单重大，多为 125～150mm 厚(最大可达 230mm)，使用抗拉强度为 560～800MPa 的调质型高强度钢。

20 世纪 80 年代以后，冰海地区油气田开发日益增多，寒冷地区的钢结构需要足够的低温韧性，以保证在−40～−60℃下具有足够的安全性。

海洋平台用钢区别于船板用钢的一个重要特点是要求在厚度方向有良好的抗层状撕裂，是 Z 向钢的代表品种，Z 向钢对钢中硫含量和性能的要求见表 4.15(GB/T 5313—2010)。

海洋平台为大型焊接结构设备，焊接部位多，焊接性能的优劣直接影响到焊接效率。提高焊接线能量、免除焊后热处理可以缩短海洋平台的制造周期和降低成本，有的国家已开发出具有良好焊接性能及大线能量焊接海洋平台钢板。

海洋结构物在海洋环境下不同部位受到的腐蚀状况不同，如图 5.30 所示，可根据部位所处环境选择低合金耐海水钢(5.5.5 节)。防止海洋用钢的腐蚀还可以使用增加腐蚀裕量和涂层的方法。

大型海洋结构物需用厚度为 60～70mm，甚至超过 200mm 的钢板，常需进行冷加工，因此海洋平台用钢板需要具有好的冷加工性能。

20 世纪 60 年代开始，美国、日本和欧洲一些国家开始了海洋平台用钢的研究。开始时多采用造船用钢标准，之后制定出海上海洋平台用钢标准，目前海洋平台用钢的标准主要有：欧盟的 EH10225、英国的 BS7191、挪威的 NORSOK、美国的 API(American Petroleum Institute，美国石油学会)、日本的 JISG3106 等。在海洋平台用钢品种系列化、低温强韧化、焊接热影响区强韧化等方面，日本几个主要钢铁公司进行了许多开创性的研究工作[39,40]。

日本 JFE 公司除可按各船级社标准供货外，还针对不同用途形成了自己的企业标准系列。JFE 公司用于海洋平台的钢板抗拉强度为 360～980MPa，主要有 JFE-HITEN 系列高强度钢、JFE-HITEN 系列良好焊接性能及大线能量焊接钢板、低温用钢板和耐海水腐蚀钢板。

日本 JFE 公司于 20 世纪 90 年代初在世界上首次成功在中厚板生产过程中应用在

线加速冷却系统,开发出一种用于在线快速冷却技术(OLAC)的热机械控制工艺(TMCP)。该工艺通过调整喷嘴方向、喷嘴密度及喷淋方式等实现钢板表面的高速冷却,其冷却能力较传统冷却方式提高了 2～5 倍,并且钢板表面温度分布均匀,使钢板在获得高强度的同时,具有良好的韧性。应用在线快速冷却技术可以减小钢板的碳当量,进而改进其焊接性。

JFE 公司还开发出一种利用电磁线圈产生的感应电流穿过中厚板产生的热量实现钢板的在线快速加热技术(HOP),实现快速回火,完全实现了控轧—快速冷区—热处理(回火)整套在线工艺的建立。利用在线快速加热技术可以控制析出碳化物的尺寸和分布,使其非常均匀、细小地分散于基体上,实现调质钢的高强度和高韧性。

JFE 公司在钢中加入适量的镍,并利用 TMCP 技术开发出具有高的低温韧性的低温用钢板。该公司还开发出钢中含有 Cu 和 Al 的 3 个强度级别的耐海水腐蚀钢板(JFE-MARIN 系列)。

日本新日铁公司 1983 年率先开发了连续在线控制工艺(CLC),用于生产抗拉强度级别大于 490MPa 的高强度钢板,在冷却前用热矫直机矫正钢板的形状,并控制冷却方式,用辊子将钢板夹住,在辊子之间配置冷却喷嘴实现均匀冷却。采用连续在线控制工艺可以在获得相同强度级别的同时,具有更低的碳当量及焊接裂纹敏感系数,可以改进钢板的低温韧性及焊接性,钢板厚向的硬度波动减到了最小。该公司开发出的 WEL-TEN 系列可焊接高强钢板,最大厚度可达 200mm,P_{cm} 小于 0.20%。

20 世纪 90 年代初新日铁公司开发出 HTUFF 技术,主要利用 TiN 等化合物的析出抑制奥氏体晶粒的粗化和利用在熔合线附近高温下稳定存在的 Ti_2O_3、硫化物等粒子在 HAZ 区发生 $\gamma\rightarrow\alpha$ 相变时在其上形核,形成晶内铁素体(IGF),从而细化了 HAZ 的晶粒尺寸,大幅提高了 HAZ 的韧性。在上述技术基础上开发出大焊接能量海洋平台用钢。新日铁公司还开发出 Cr-Cu 系耐海水腐蚀海洋平台用钢 Mariloy 系列。

我国开发海洋起步较晚,直到 20 世纪 80 年代才拥有自己的海上石油平台。之后,我国冶金行业加快了海洋平台用钢的研究与开发。许多试验研究表明,采用低 C、高 Mn、微合金化并添加 Ni 以改善低温韧性的合金化思路,使用奥氏体区两阶段轧制和轧后超快速冷却(UFC)至相变终了温度的 TMCP 技术,再经离线高温回火,可使厚规格的钢板在获得高强度或超高强度的同时,还具有高的韧性和低温韧性[2]。这类钢经 TMCP 技术处理后的组织多为贝氏体铁素体(BF)和粒状贝氏体的混合组织,在板条铁素体之间分布有条状碳化物,在铁素体边界处分布有不规则岛状的 M+A 组织;经高温回火后,演变为典型的回火贝氏体组织,铁素体长大,在分解的 M+A 岛中可以观察到细小粒状碳化物的析出[40]。

为了开发屈服强度在 500 MPa 以上,厚度大于 60 mm 的高韧性海洋工程用钢,我国还研究了两相区再加热技术。钢板经两阶段控轧并快速冷却后,在两相区重新加热。加热过程中,富碳的 M+A 组织逐渐分解,碳原子扩散至贝氏体铁素体两相界面和位错密集微区,使奥氏体优先在这些区域形核,碳及杂质元素在奥氏体中富集,淬火后转变为马氏体,使铁素体得到"净化"。未溶铁素体硬度低且塑性好。回火温度以

500～550℃为宜。经过回火后，马氏体中过饱和的碳以纳米级的特殊碳化物析出，铁素体基体回复形成亚晶结构，细化了晶粒，从而使钢获得高的强韧性，并改善了钢的低温韧性[41]。

我国学者还研究了海洋平台用钢近海腐蚀控制技术：钢中复合添加耐腐蚀元素 Cr、Ni、Cu 可以促进锈层中 α-FeOOH 和 Fe_3O_4 致密组织的形成，减缓腐蚀速率[42]。

5.3.4.3　船舶及海洋工程结构钢的国家标准

当前国际上船舶及海洋工程结构用钢均向高强度和超高强度方向发展，已普遍采用低碳含量(低碳当量)、微合金化、控轧控冷、热处理等工艺技术路线，能在提高钢的强度的同时，也提高钢的韧性、焊接性能及工艺性能。从目前我国钢厂装备和技术水平来看，所生产的船舶及海洋工程用结构钢已可达到高强度、高韧性、高焊接性能，以及厚度方向性能等要求。因此，对 GB 712—2000《船体用结构钢》进行修订，制定了 GB 712—2011《船舶及海洋工程用结构钢》，修改了标准的名称，加严了钢中 P、S 含量的控制，增加了超高强度 6 个钢级的 24 个牌号，增加标准中各牌号的 *Z* 向钢 Z25、Z35 两个级别。2022 年对该标准又进行了修订，新的标准 GB/T 712—2022《船舶及海洋工程用结构钢》已与国际上主要船级社的最新标准保持一致。目前，我国生产的各类海洋船体结构和海洋工程结构用钢板的质量已接近世界先进水平。

GB/T 712—2022《船舶及海洋工程用结构钢》适用于制造远洋、沿海和内河航区航行的船舶、渔船等船体结构用厚度不大于 150mm 及海洋工程结构用厚度不大于 250mm 的钢板，厚度不大于 25.4mm 的钢带及剪切板，厚度不大于 50mm 的型钢或直径不大于 50mm 的棒材。

一般强度级和高强度级船舶及海洋工程用结构钢各牌号的化学成分分别见表 5.53 和表 5.54。

表 5.53　一般强度级船舶及海洋工程用结构钢的牌号和化学成分(GB 712—2022)

(单位:%)

<table>
<tr><th>牌号</th><th>C</th><th>Si</th><th>Mn</th><th>S</th><th>P</th><th>Als</th></tr>
<tr><td>A</td><td rowspan="3">≤0.21</td><td>≤0.50</td><td>≥0.50</td><td>≤0.035</td><td>≤0.035</td><td>—</td></tr>
<tr><td>B</td><td rowspan="3">≤0.35</td><td>≥0.80</td><td>≤0.035</td><td>≤0.035</td><td>—</td></tr>
<tr><td>D</td><td>≥0.60</td><td>≤0.030</td><td>≤0.030</td><td>≥0.015</td></tr>
<tr><td>E</td><td>≤0.18</td><td>≥0.70</td><td>≤0.025</td><td>≤0.025</td><td>≥0.015</td></tr>
</table>

注：A 级钢的 C 含量最大可到 0.23%。B 级钢做冲击试验时，Mn 含量的最小值可到 0.60%。厚度大于 25mm 的 D 级、E 级钢材的 Als 含量应符合表中规定。A、B、D、E 级钢的碳当量 C_{eq}≤0.40%。碳当量的计算公式 $C_{eq}=w_C+w_{Mn}/6$。添加的任何元素，应在质量证明中证明。A 级钢的碳含量最大不超过 0.23%；B 级钢材做冲击试验时，锰含量的下限可到 0.60%；对于厚度大于 25mm 的 D 级和 E 级钢材的 Als 含量应符合表中规定。经供需双方协商，可使用其他细化晶粒元素。

表 5.54　高强度级船舶及海洋工程用结构钢的牌号和化学成分(GB/T 712—2022)

(单位:%)

<table>
<tr><th>牌号</th><th>C</th><th>Si</th><th>Mn</th><th>S</th><th>P</th><th>Ni</th><th>N</th></tr>
<tr><td>AH32、AH36、AH40</td><td rowspan="3">≤0.18</td><td rowspan="4">≤0.50</td><td rowspan="4">0.90～1.60</td><td>≤0.030</td><td>≤0.030</td><td rowspan="3">≤0.40</td><td rowspan="3">—</td></tr>
<tr><td>DH32、DH36、DH40</td><td rowspan="2">≤0.025</td><td rowspan="2">≤0.025</td></tr>
<tr><td>EH32、EH36、EH40</td></tr>
<tr><td>FH32、FH36、FH40</td><td>≤0.16</td><td>≤0.020</td><td>≤0.020</td><td>≤0.80</td><td>≤0.009</td></tr>
</table>

注:各钢中含有≤0.35%Cu、≤0.20%Cr、≤0.08%Mo、0.02%～0.05%Nb、0.05%～0.10%V、≤0.02%Ti、≥0.015%Als。表中规定的 Nb、V、Ti 等微量元素可单独加入或以任一混合形式加入。单独加入时,其含量应符合表中规定;混合加入两种或两种以上时,其总和含量不得大于 0.12%,各元素含量下限的规定不适用。牌号中的 H 表示高强度或超高强度。

以 TMCP 状态交货的高强度级钢材的碳当量最大值应符合表 5.55 的规定。标准中超高强度钢级船舶及海洋工程用结构钢的化学成分见表 5.56。

表 5.55　高强度级船舶及海洋工程用结构钢的碳当量(GB/T 712—2022)

牌号	碳当量/%		
	钢材厚度≤50mm	50mm<钢材厚度≤100mm	100mm<钢材厚度≤150mm
AH32、DH32、EH32、FH32	≤0.36	≤0.38	≤0.40
AH36、DH36、EH36、FH36	≤0.38	≤0.40	≤0.42
AH40、DH40、EH40、FH40	≤0.40	≤0.42	≤0.45

注:碳当量按式(4.76)计算。根据需要可用裂纹敏感系数 P_{cm}(式(4.79))代替碳当量。

在 GB/T 712—2022 中一般强度船舶及海洋工程用结构钢的力学性能要求与 GB 712—2011 相同,见表 5.48。规定拉伸试验取横向试样,屈服强度取上屈服强度 R_{eH}。经船级社同意,A 级型钢的抗拉强度可超上限。V 型冲击试验时钢材厚度(mm)将原来的(表 5.48)"＞70～100"改为"＞70～150",冲击试验取纵向试样,但应保证横向冲击性能。厚度不大于 25mm 的 B 级钢,经供需双方协商,可不做冲击试验。A 级钢以细化晶粒处理并以正火状态交货时,可不做冲击试验,以 TMCP 状态交货时,经供需双方协商可不做冲击试验。

高强度船舶及海洋工程用结构钢的力学性能要求见表 5.57。

超高强度船舶及海洋工程用结构钢的力学性能要求见表 5.58。

GB/T 712—2022 中各牌号的 Z 向钢 Z25、Z35 两个级别的断面收缩率和硫含量均应符合 GB/T 5313—2010《厚度方向性能钢板》的规定(表 4.15)。

舞阳钢厂在国内率先开展了板厚为 140～215mm 的高强韧性海洋平台用齿条钢的研制开发,产品可满足使用要求[43]。表 5.59 为该厂生产的 A514GrQ(Modified)(ASTM 牌号)的化学成分,钢板的厚度为 140～150mm,其力学性能达到 EH690 的要求。该钢采用钢锭成材,主要工艺流程如下:电弧炉冶炼→LF 炉精炼→VD/VOD→模铸→加热→轧板→表面扒皮→调质。采用两阶段轧制工艺。调质工艺为:淬火温度(930±5)℃,回火温度 640～650℃。

表 5.56　超高强度级船舶及海洋工程用结构钢的牌号和化学成分(GB/T 712—2022)　(单位:%)

牌号	交货状态	化学成分													
		C	Si	Mn	P	S	Cu	Cr	Ni	Mo	Nb	V	Ti	N	Als
AH420、DH420 AH460、DH460	N/NR	≤0.20	≤0.60	1.00～1.70	≤0.030	≤0.025	≤0.55	≤0.30	≤0.80	≤0.10	≤0.05	≤0.20	≤0.05	≤0.025	≥0.020
EH420、EH460		≤0.18			≤0.025	≤0.020									
AH420、DH420 AH460、DH460 AH500、AH550 DH550、AH620 DH620、AH690 DH690、AH790 DH790、AH890	TM	≤0.16	≤0.60	1.00～1.70	≤0.025	≤0.015	≤0.55	≤0.50	≤2.00	≤0.50	≤0.05	≤0.12	≤0.05	≤0.025	≥0.020
EH420、FH420 EH460、FH460 EH500、FH500 EH550、FH550 EH620、FH620 EH690、FH690 EH790、FH790 DH890、EH890		≤0.14			≤0.020	≤0.010									

续表

牌号	交货状态	化学成分													
		C	Si	Mn	P	S	Cu	Cr	Ni	Mo	Nb	V	Ti	N	Als
AH420、DH420 AH460、DH460 AH500、DH500 AH550、DH550 AH620、DH620 AH690、DH690 AH790、DH790 AH890、AH960	QT	≤0.18	≤0.80	≤1.70	≤0.025	≤0.015	≤0.50	≤1.50	≤2.00	≤0.70	≤0.06	≤0.12	≤0.05	≤0.015	≥0.018
EH420、FH420 EH460、FH460 EH500、FH500 EH550、FH550 EH620、FH620 EH690、FH690 EH790、FH790 DH890、EH890 DH960、EH960					≤0.020	≤0.010									

注:交货状态:N 表示正火;NR 表示正火轧制;TM 表示热机械控制轧制(TMCP);QT 表示淬火和回火。型钢的 P、S 含量允许比表中规定高 0.005%。除淬火和回火钢外,Nb+V+Ti 总含量不大于 0.26%,Mo+Cr 总含量不大于 0.65%。淬火和回火钢经供需双方协商,可适当提高 Ni 含量。总 Al 和 N 的比量最小应为 2∶1,当采用其他固氮元素时,可不作此要求。当硼作为强化钢的淬透性而有意加入时,硼含量应不大于 0.005%。

表 5.57 高强度船舶及海洋工程用结构钢的力学性能(GB/T 712—2022)

钢材等级	R_{eH}/MPa	R_m/MPa	A/%	试验温度/℃	冲击功 KV_2/J,不小于					
					厚度≤50mm		厚度>50～70mm		厚度>70～150mm	
					纵向	横向	纵向	横向	纵向	横向
AH32	≥315	440～570	≥22	0	31	22	38	26	46	31
DH32				−20						
EH32				−40						
FH32				−60						
AH36	≥355	490～630	≥21	0	34	24	41	27	50	34
DH36				−20						
EH36				−40						
FH36				−60						
AH40	≥390	510～660	≥20	0	41	27	46	31	55	37
DH40				−20						
EH40				−40						
FH40				−60						

注:拉伸试验取横向试样。冲击试验取纵向试样,但供方应保证横向冲击性能。

表 5.58　超高强度船舶及海洋工程用结构钢的力学性能(GB/T 712—2022)　(单位:%)

牌号	交货状态	拉伸试验 R_{eH}/MPa 厚度/mm 3～50	R_{eH}/MPa ＞50～100	R_{eH}/MPa ＞100～250	R_m/MPa 3～100	R_m/MPa ＞100～250	夏比(V 型缺口)冲击试验 断后伸长率 A/% 横向	断后伸长率 A/% 纵向	试验温度/℃	冲击吸收能量 KV_2/J 纵向	冲击吸收能量 KV_2/J 横向
AH420	N、NR、TM、QT	≥420	≥390	≥365	520～680	470～650	≥19	≥21	0	≥42	≥28
DH420									−20		
EH420									−40		
FH420									−60		
AH460	N、NR、TM、QT	≥460	≥430	≥390	540～720	500～710	≥17	≥19	0	≥46	≥31
DH460									−20		
EH460									−40		
FH460									−60		
AH500	TM、QT	≥500	≥480	≥440	590～770	540～720	≥17	≥19	0	≥50	≥33
DH500									−20		
EH500									−40		
FH500									−60		
AH550	TM、QT	≥550	≥530	≥490	640～820	590～770	≥16	≥18	0	≥55	≥37
DH550									−20		
EH550									−40		
FH550									−60		

续表

牌号	交货状态	拉伸试验					夏比(V 型缺口)冲击试验				
		R_{eH}/MPa			R_m/MPa		断后伸长率 A/%		试验温度 /℃	冲击吸收能量 KV_2/J	
		厚度/mm									
		3～50	>50～100	>100～250	3～100	>100～250	横向	纵向		纵向	横向
AH620	TM、QT	≥620	≥580	≥560	700～890	650～830	≥15	≥17	0	62	≥41
DH620									−20		
EH620									−40		
FH620									−60		
AH690	TM、QT	≥690	≥650	≥630	770～940	710～900	≥14	≥16	0	≥69	≥46
DH690									−20		
EH690									−40		
FH690									−60		
AH790	TM、QT	≥790	≥740	—	840～1000	800～1000	≥13	≥15	0	≥69	≥46
DH790									−20		
EH790									−40		
FH790									−60		
AH890	TM、QT	≥890	≥830		940～1100	—	≥11	≥13	0	≥69	≥46
DH890									−20		
EH890									−40		
AH960	QT	≥960	—	—	980～1150	—	≥10	≥12	0	≥69	≥46
DH960									−20		
EH960									−40		

注：板材拉伸和冲击试验取横向试样，型材和棒材拉伸和冲击试验取纵向试样。

表 5.59 A514GrQ(Modified)钢的化学成分 (单位:%)

C	Si	Mn	P	S	Ni	Cr	Mo	Nb	V	Ti	B	C_{eq}
≤0.18	0.15~0.35	0.95~1.30	≤0.020	≤0.006	1.20~1.50	1.00~1.50	0.40~0.60	0.015~0.050	0.03~0.08	≤0.02	≤0.005	≤0.76

注:C_{eq} 按式(4.76)计算。

随着中国海洋经济的迅速发展,海洋工程用钢的需求增多,市场需求量大。目前海洋工程用钢的生产厂家众多,鞍钢、宝武、首钢、舞钢等单位均可以大量生产海上平台用钢。

从目前的情况分析,宜加强低温、耐腐蚀中厚度钢板的研发,提高厚钢板的耐大气腐蚀性和耐海水腐蚀的能力,开发厚度达 600~800mm 的特厚板坯,提高厚钢板的压力淬火能力。

5.3.5 工程机械用钢

工程机械是指矿山和各类工程施工用的机械设备,如钻机、电铲、矿用汽车、挖掘机、推土机、各种起重机、煤矿液压支架等。由于种类多,工作条件各异,对性能的要求是多方面的,除强度、韧性、焊接性能、冷热加工性能外,有的还要求耐磨性、耐蚀性、抗疲劳等性能。20 世纪 70 年代以来,工程建设规模不断扩大,各类工程机械均向高参数化、轻量化、大型化方向发展,促进了工程机械用钢向高强韧性焊接结构钢发展。

普通工程机械可采用前述的一般结构用高强度焊接结构钢,但大型工程机械已逐步采用抗拉强度为 590~950MPa 级各类高强度焊接结构钢和抗拉强度为 1080MPa 级、1270MPa 级耐磨钢。表 5.60 为工程机械用焊接高强度钢钢号举例,表中列入美国 ASTM-A514 系列钢、德国 DIN 中 STE 系列钢、日本新日铁 WEL-TEN 系列钢中的部分钢号,还列入我国自 20 世纪 80 年代以来一些钢厂开发成功的 σ_b 为 590~950MPa 级的工程结构用焊接高强度钢。表 5.61 为这些钢的力学性能。这类钢均是在低碳锰钢的基础上加适量 Cr、Ni、Mo、Cu 等元素而成,有的还加入 V、Nb、Ti、B 等微合金元素。这类钢的合金化特点类似于同强度级别的压力容器用钢,并有相近的性能要求。

表 5.60 工程机械用焊接高强度钢钢号举例[1,8] (单位:%)

钢号	标准或生产厂	C	Si	Mn	Cr	Ni	Mo	V	P	S	其他
A514Q(T1)	ASTM	0.14~0.21	0.15~0.35	0.95~1.30	1.00~1.50	1.20~1.50	0.40~0.60	0.03~0.08	≤0.035	≤0.040	—
A514B	ASTM	0.12~0.21	0.20~0.35	0.70~1.00	0.40~0.65	—	0.15~0.25	0.03~0.08	≤0.035	≤0.040	0.0005~0.005B,0.01~0.03Ti
WEL-TEN60RC	日本新日铁	≤0.18	0.15~0.55	0.90~1.50	—	—	—	—	≤0.030	≤0.030	≤0.15 V+Nb
WEL-TEN60	日本新日铁	≤0.16	0.15~0.55	0.90~1.50	≤0.30	≤0.60	≤0.30	—	≤0.030	≤0.030	—

续表

钢号	标准或生产厂	C	Si	Mn	Cr	Ni	Mo	V	P	S	其他
WEL-TEN70	日本新日铁	≤0.16	0.15～0.35	0.60～1.20	≤0.60	0.30～1.00	≤0.40	—	≤0.030	≤0.030	≤0.15 V+Nb，≤0.50Cu，≤0.006B
WEL-TEN80	日本新日铁	≤0.16	0.15～0.35	0.60～1.20	0.40～0.80	0.40～1.50	0.30～0.60	≤0.10	≤0.030	≤0.030	0.15～0.50Cu，≤0.006B
WEL-TEN100N	日本新日铁	≤0.18	0.15～0.35	0.60～1.20	0.40～0.80	0.70～1.50	0.30～0.60	≤0.10	≤0.030	≤0.030	0.15～0.50Cu
STE460FG47	DIN	≤0.20	0.10～0.50	1.20～1.70	—	0.40～0.70	0.30～0.60	0.10～0.13	≤0.035	≤0.035	≤0.02N
STE690N-A-XTRA56	DIN	≤0.20	0.40～0.80	0.70～1.20	0.50～1.00	—	0.20～0.60	—	≤0.025	≤0.025	≤0.04～0.12Zr
STE885	DIN	≤0.18	≤0.45	≤1.00	≤0.80	≤1.40	0.20～0.60	≤0.10	≤0.035	≤0.035	—
HG60	武钢	≤0.16	0.15～0.40	≤1.70	—	—	—	0.03～0.08	≤0.030	≤0.025	0.02～0.06Nb，加 RE
14MnMo	武钢	≤0.16	0.20～0.50	1.20～1.60	—	—	0.40～0.60	—	≤0.040	≤0.040	—
15MnMoVN	重钢	≤0.18	≤0.60	≤1.70	—	—	0.35～0.60	0.03～0.08	≤0.035	≤0.030	0.02～0.03N，0.10～0.20RE
HQ60A	鞍钢	0.09～0.16	0.15～0.50	1.10～1.60	≤0.30	0.30～0.60	0.08～0.20	0.03～0.08	≤0.030	≤0.030	—
HQ70A	鞍钢	0.09～0.16	0.15～0.40	0.60～1.20	0.30～0.60	0.30～1.00	0.20～0.40	—	≤0.030	≤0.030	≤0.15 V+Nb，≤0.50Cu，≤0.006B
HQ80C	鞍钢	0.09～0.16	0.15～0.35	0.60～1.20	0.60～1.20	—	0.30～0.60	0.03～0.08	≤0.030	≤0.025	0.15～0.50Cu 0.0005～0.005B
HQ 100	鞍钢	0.09～0.18	0.15～0.35	0.80～1.40	0.40～0.80	0.70～1.50	0.30～0.60	0.03～0.08	≤0.030	≤0.030	0.15～0.50Cu，0.0005～0.005B
BHW60A	宝钢	0.10～0.13	0.35～0.45	1.35～1.45	—	—	—	0.035～0.055	≤0.025	≤0.008	0.030～0.045Nb
WQ590	舞钢	≤0.18	≤0.50	≤1.50	0.60	0.60	≤0.60	≤0.08	≤0.020	≤0.010	≤0.003B
WQ700	舞钢				0.80	1.00					≤0.06Nb、≤0.03Ti，≤0.003B
WQ960	舞钢				0.90	1.50					

注：WQ590、WQ700、WQ960 钢中的 Cr、Ni 含量均为不大于表中的数字。

表 5.61　一些工程机械用焊接高强度钢的力学性能[1,8]

钢号	标准或生产厂	钢材厚度或直径/mm	σ_s/MPa ≥	σ_b/MPa	δ_5/%	A_{kV}		交货状态
						温度/℃	冲击功/J≥	
A514Q(T1)	ASTM	≤63.5 >63.5~152	690 620	760~895 690~895	—	—	协议	调质
A514B	ASTM	≤32	690	760~895	—	—	协议	调质
WEL-TEN60RC	日本新日铁	6~20	450	590~705	—	−5	47	热轧、控轧
WEL-TEN60	日本新日铁	6~50	450	590~705	≥16	−10	47	调质
WEL-TEN70	日本新日铁	6~50	615	690~835	—	−20	39	调质
WEL-TEN80	日本新日铁	6~50 >50~100	685 665	785~930 765~910	≥22	−20	35	调质
WEL-TEN100N	日本新日铁	6~32	880	950~1125	≥16	−25	27	调质
STE460FG47	DIN	≤16 >16~35	460 450	560 550	—	−20	35	正火或加回火
STE690N-A-XTRA56	DIN	≤50	550	670~820	—	−40	≥40	调质
STE885	DIN	≤35	850	960~1130	—	−40	≥40	调质
HG60	武钢	≤25	450	570~705	—	−10	≥47	控轧
14MnMo	武钢	12~50	490	590~735	—	−40	≥27	调质
15MnMoVN	重钢	8~42	685	785	—	−40	≥21	调质
HQ60A	鞍钢	4~40	450	590	—	−10	≥47	调质、正火加回火
HQ70A	鞍钢	18~50	590	685	—	−20	≥39	调质
HQ80C	鞍钢	20~50	685	785	—	−20	≥47	调质
HQ100	鞍钢	8~50	880	950	—	−25	≥27	调质
BHW60A	宝钢	25~32	450	588~705	—	−40	≥30	调质
WQ590(E级)	舞钢	8~50	590	690	≥16	−40	≥27	调质
WQ700(E级)	舞钢	8~50	700	800	≥14	−40	≥34	调质
WQ960(E级)	舞钢	8~50	960	1000	≥11	−40	≥30	调质

这类钢板开发与生产上的主要趋势是采用先进的冶炼工艺以保证钢质的纯净度，对强度相对较低而不太厚的钢板，采用控轧控冷工艺；对强度相对较高和较厚的钢板采用调质处理或轧后直接淬火再回火的工艺生产；在许多高强度钢板的热处理中，尤其是高硬度耐磨钢板，采用中低温回火。采用这些工艺可以在保证钢板性能的同时，节省钢中的合金元素，减少能耗，并改善钢板的工艺性能。

在工程机械的主体结构中使用焊接高强度结构钢对提高装备的能力和效率、延长使用寿命、减轻设备工程自重、降低能耗、提高机械的档次均有重大作用。

由于焊接高强度钢板的使用日益广泛，钢板厚度的要求不断增加，防止焊接冷裂纹已成为焊接的主要问题。根据上述情况，我国制定了黑色冶金行业标准 YB/T 4137—2005《低焊接裂纹敏感性高强度钢板》，主要特点是具有低的 P_{cm}、低碳当量、优异的焊接性，同时具有低的碳含量、高纯洁度、高强度和高韧性。2013 年又修改为 YB/T 4137—2013。该标准与 YB/T 4137—2005 相比，主要有以下变化：调整了钢的化学成分的规定，并降低了各牌号钢的 P 含量和各牌号 C、D 级钢的 S 含量；修改了焊接裂纹敏感性指数 P_{cm}；提高了各牌号钢板的冲击吸收能量。表 5.62 为低焊接裂纹敏感性高强度钢板的化学成分。表 5.63 为各牌号钢的低焊接裂纹敏感性指数 P_{cm}。

表 5.62　低焊接裂纹敏感性高强度钢板的化学成分(YB/T 4137—2013)　(单位:%)

<table>
<tr><th rowspan="3">牌号</th><th rowspan="3">质量等级</th><th colspan="12">化学成分/%</th></tr>
<tr><th>C</th><th>Si</th><th>Mn</th><th>P</th><th>S</th><th>Cr</th><th>Ni</th><th>Mo</th><th>V</th><th>Nb</th><th>Ti</th><th>B</th></tr>
<tr><th colspan="12">不大于</th></tr>
<tr><td rowspan="3">Q460CF
Q500CF</td><td>C</td><td rowspan="9">0.09</td><td rowspan="9">0.50</td><td rowspan="3">1.80</td><td>0.020</td><td>0.010</td><td rowspan="3">0.50</td><td rowspan="3">1.50</td><td rowspan="3">0.50</td><td rowspan="3">0.080</td><td rowspan="3">0.100</td><td rowspan="3">0.050</td><td rowspan="3">0.0030</td></tr>
<tr><td>D</td><td>0.018</td><td>0.010</td></tr>
<tr><td>E</td><td>0.015</td><td>0.008</td></tr>
<tr><td rowspan="3">Q550CF
Q620CF
Q690CF</td><td>C</td><td rowspan="6">2.00</td><td>0.020</td><td>0.010</td><td rowspan="3">0.80</td><td rowspan="3">1.80</td><td rowspan="3">0.70</td><td rowspan="3">0.100</td><td rowspan="3">0.120</td><td rowspan="3">0.050</td><td rowspan="3">0.0030</td></tr>
<tr><td>D</td><td>0.018</td><td>0.010</td></tr>
<tr><td>E</td><td>0.015</td><td>0.008</td></tr>
<tr><td rowspan="3">Q800CF</td><td>C</td><td>0.020</td><td>0.010</td><td colspan="7" rowspan="3">根据需要添加,具体含量应在质量证明书中注明</td></tr>
<tr><td>D</td><td>0.018</td><td>0.010</td></tr>
<tr><td>E</td><td>0.015</td><td>0.008</td></tr>
</table>

注:采用淬火+回火状态交货时,Q460CF、Q500CF 钢的 C 含量上限可为 0.12%,Q550CF、Q620CF、Q690CF、Q800CF 钢的 C 含量上限为 0.14%。为保证钢的性能,可添加 V、Nb、Ti、Al 中的一种细化晶粒元素,其中至少一种元素的最小量为 0.015%(对于 Al 为 Als)。

表 5.63　低焊接裂纹敏感性高强度钢板的焊接裂纹敏感性指数(YB/T 4137—2013)

<table>
<tr><th rowspan="3">牌号</th><th colspan="4">焊接裂纹敏感性指数(不大于)P_{cm}/%</th></tr>
<tr><th colspan="4">厚度/mm</th></tr>
<tr><th>≤50</th><th>>50~60</th><th>>60~75</th><th>>75~100</th></tr>
<tr><td>Q460CF</td><td colspan="4">0.20</td></tr>
<tr><td>Q500CF</td><td>0.20</td><td>0.20</td><td>0.22</td><td>0.24</td></tr>
<tr><td>Q550CF</td><td rowspan="2">0.25</td><td rowspan="2">0.25</td><td rowspan="2">0.28</td><td rowspan="2">0.30</td></tr>
<tr><td>Q620CF</td></tr>
<tr><td>Q690CF</td><td>0.25</td><td>0.28</td><td>0.28</td><td>0.30</td></tr>
<tr><td>Q800CF</td><td>0.28</td><td colspan="3"></td></tr>
</table>

注:P_{cm} 按式(4.79)计算。

低焊接裂纹敏感性高强度钢板不仅适用于工程机械,也适用于水电站压力钢管、铁路车辆、桥梁、高层及大跨度建筑等对焊接性要求高的厚度为 5~100mm 的高强度钢板。

钢板的交货状态为:TMCP、TMCP+回火或淬火+回火,由供需双方商定在合同中注明。

表 5.64 为各钢号钢板的力学性能和工艺性能的规定。

表 5.64 低焊接裂纹敏感性高强度钢板的力学及工艺性能(YB/T 4137—2013)

牌号	质量等级	R_{eH}/MPa 厚度/mm ≤50	R_{eH}/MPa 厚度/mm >50～100	R_m/MPa	A/%	180°弯曲试验 d=弯心直径 a=试样厚度	冲击功 A_{kV}/J(纵向)	
Q460CF	C	≥460	≥440	550～710	≥17	$d=3a$	0℃	≥60
	D						−20℃	
	E						−40℃	
Q500CF	C	≥500	≥480	610～770	≥17	$d=3a$	0℃	≥60
	D						−20℃	
	E						−40℃	
Q550CF	C	≥550	≥530	670～830	≥16	$d=3a$	0℃	≥60
	D						−20℃	
	E						−40℃	
Q620CF	C	≥620	≥600	710～880	≥15	$d=3a$	0℃	≥60
	D						−20℃	
	E						−40℃	
Q690CF	C	≥690	≥670	770～940	≥14	$d=3a$	0℃	≥60
	D						−20℃	
	E						−40℃	
Q800CF	C	≥800	协议	880～1050	≥12	$d=3a$	0℃	≥60
	D						−20℃	
	E						−40℃	

5.3.6 钢结构建筑用钢

建筑用钢可以分为钢结构用钢及混凝土结构用钢。20 世纪 50 年代兴起钢结构建筑以来,因其具有优越的抗震性、施工效率高、空间利用率高、可以减少施工环境污染、便于拆卸和循环使用等多方面的优势,已成为世界各国建筑结构的发展方向。特别在高层和超高层建筑上,采用钢结构更能显示其上述优势。一般认为,10 层及 10 层以上的住宅和高度不小于 24m 的其他建筑为高层建筑,100m 以上的高层建筑称为超高层建筑。

用于一般钢结构,GB/T 700—2006《碳素结构钢》是最常用的钢材标准之一,主要使用 Q235 系列钢板。低合金高强度结构钢中主要使用 Q345 系列的钢板。桥梁钢、各类耐候钢也适合于用做钢结构用钢。许多国家无单独的钢结构用钢技术标准,而是借用其他标准。

近年来,随着高层建筑物的兴起和抗震防灾的需求,日本等国开发出一类抗地震用低屈强比高层建筑用焊接高强度钢。表 5.65 为日本低屈强比钢典型成分。这类钢包括抗拉强度为 490MPa、590MPa、785MPa(HT50、HT60、HT80)三个级别的 20～100mm 厚钢板。日本还开发出抗震阻尼器用屈服强度为 100MPa 和 225MPa 的低屈服点钢。

表 5.65　日本低屈强比钢典型成分[8]　（单位：%）

牌号	C	Si	Mn	P	S	Cr	Ni	Mo	V	Cu	B	Nb	Als	σ_s/σ_b
HT50	0.12	0.23	1.30	0.007	0.002	—	—	—	—	—	—	0.006	—	<80
HT60E	0.14	0.32	1.39	0.008	0.001	0.12	0.38	0.18	0.05	—	—	—	0.036	<80
HT60E	0.15	0.34	1.41	0.011	0.002	—	—	—	0.06	—	—	—	0.03	<80
HT80A	0.12	0.25	0.86	0.009	0.002	0.74	0.09	0.38	0.04	0.17	0.0006	—	—	<85
HT80B	0.14	0.25	0.99	0.016	0.003	0.59	0.06	0.43	0.05	0.16	0.0014	—	—	<85

钢结构建筑的安全性非常重要，对所用钢材的质量均有很高的要求：①要能够抵御地震力的破坏，为此要求钢板具有高的强度和韧性，还要求低的屈强比，可使钢材具有良好的冷变形能力和高塑性变形能力，即使局部超载失稳也不致突然断裂；②屈服强度的波动范围不能太大，否则会使钢部件之间强度不均衡，易发生局部变形过大，降低建筑物的防震性能；③钢板应有抗层状撕裂能力(厚度方向性能)，高层钢结构在梁柱连接和箱形柱角部焊缝等处形成高约束，焊接时容易引起沿板厚方向的层状撕裂；④良好的可焊性能，可以焊前不需预热，焊后不需热处理，以便于现场施工[44]。

为适应钢结构建筑发展要求，推广应用和发展优质建筑结构用钢，我国于 2000 年制定了行业标准 YB 4104—2000《高层建筑结构用钢板》。该标准参考了 JIS G 3136—1994《建筑结构用钢材》并结合国内实际情况制定的。

YB 4104—2000 适用于制造高层建筑结构和其他重要建筑结构用厚度为 6～100mm 的钢板，列入了两个牌号 Q235GJ 和 Q345GJ，各分为三个质量等级(C、D、E)。牌号中的 GJ 是高层建筑的汉语拼音首字母，其后附有质量等级符号，对于厚度方向性能钢板，在质量等级前加厚度方向性能级别，如 Q345GJZ25D。YB 4104—2000 标准还对钢的碳当量 C_{eq} 或焊接裂纹敏感性指数 P_{cm} 作出了规定。

2005 年对 YB 4104—2000《高层建筑结构用钢板》进行了修订，并升级为国家标准 GB/T 19879—2005《建筑结构用钢板》。该标准适用于制作高层建筑和大跨度建筑结构的钢板，钢板厚度范围为 6～100mm。在标准中列入了 5 个牌号，屈服强度级别分别为 235MPa、345MPa、390MPa、420MPa 和 460MPa。2015 年制定了 GB/T 19879—2015《建筑结构用钢板》，代替 GB/T 19879—2005。在新标准中增加了 4 个高强度钢牌号，其屈服强度分别为 500MPa、550MPa、620MPa、690MPa。新标准增加了质量等级、增加了供货钢板厚度、加严了成分控制、提高了力学性能的要求。表 5.66 为建筑结构用钢板的化学成分。钢的牌号由 Q(屈服强度)、规定的最小屈服强度数值、GJ(高性能建筑结构用钢)、质量等级符号(B、C、D、E)组成。对于厚度方向性能钢板，磷含量应不大于 0.020%，硫含量应符合 GB/T 5313—2010 的规定(表 4.15)。各牌号所有质量等级的碳当量(CEV)或焊接裂纹敏感性指数(P_{cm})应符合表 5.67 的相关规定。一般以碳当量交货。经供需双方协商并在合同中注明，钢的碳当量可用焊接裂纹敏感性指数替代。钢的碳当量或焊接裂纹敏感性指数根据式(4.76)或式(4.79)计算。

建筑结构用钢板的力学性能应符合表 5.68 和表 5.69 的规定。235MPa、345MPa、390MPa、420MPa、420MPa 级钢板分为四个质量等级：B、C、D、E 分别对应 20℃、0℃、−20℃、−40℃四个冲击试验温度。500MPa、550MPa、620MPa、690MPa 级钢板分为 C、D、E 三个级别。当厚度≥15mm 的钢板要求厚度方向性能时，其厚度方向性能级别的断面收缩率应符合表 4.15 的相应规定。

表 5.66　建筑结构用钢板的化学成分(GB/T 19879—2015)　(单位:%)

牌号	质量等级	C	Si	Mn	P	S	V	Nb	Ti	Als	Cr	Cu	Ni	Mo
		≤	≤		≤	≤	≤	≤	≤	≥	≤	≤	≤	≤
Q235GJ	B、C	0.20	0.35	0.60～1.20	0.025	0.015	—	—	—	0.015	0.30	0.30	0.30	0.08
	D、E	0.18			0.020	0.010								
Q345GJ	B、C	0.20	0.55	≤1.60	0.025	0.015	0.150	0.070	0.035	0.015	0.30	0.30	0.30	0.20
	D、E	0.18			0.020	0.010								
Q390GJ	B、C	0.20	0.55	≤1.70	0.025	0.015	0.200	0.070	0.030	0.015	0.30	0.30	0.70	0.50
	D、E	0.18			0.020	0.010								
Q420GJ	B、C	0.20	0.55	≤1.70	0.025	0.015	0.200	0.070	0.030	0.015	0.80	0.30	1.00	0.50
	D、E	0.18			0.020	0.010								
Q460GJ	B、C	0.20	0.55	≤1.70	0.025	0.015	0.200	0.110	0.030	0.015	1.20	0.50	1.20	0.50
	D、E	0.18			0.020	0.010								
Q500GJ	C	0.18	0.60	≤1.80	0.025	0.015	0.120	0.110	0.030	0.015	1.20	0.50	1.20	0.60
	D、E				0.020	0.010								
Q550GJ	C	0.18	0.60	≤2.00	0.025	0.015	0.120	0.110	0.030	0.015	1.20	0.50	2.00	0.60
	D、E				0.020	0.010								
Q620GJ	C	0.18	0.60	≤2.00	0.025	0.015	0.120	0.110	0.030	0.015	1.20	0.50	2.00	0.60
	D、E				0.020	0.010								
Q690GJ	C	0.18	0.60	≤2.20	0.025	0.015	0.120	0.110	0.030	0.015	1.20	0.50	2.00	0.60
	D、E				0.020	0.010								

注:允许用全铝含量 Alt 来代替酸溶铝 Als 的要求,此时 Alt 应不小于 0.020%,如果钢中添加 V、Nb 或 Ti 任一种元素,且其含量不低于 0.015%时,最小铝含量不适用。当 V、Nb、Ti 组合加入时,对于 Q235GJ、Q345QJ 钢,V+Nb+Ti 总含量不大于 0.15%,对于 Q390GJ、Q420QJ、Q460GJ 钢,V+Nb+Ti 总含量不大于 0.22%。当添加硼时,Q550GJ、Q620GJ、Q690GJ 钢及淬火加回火钢中的 B 含量不大于 0.003%。

表 5.67　建筑结构用钢板的碳当量和裂纹敏感性指数(GB/T 19879—2015)

牌号	交货状态	规定厚度(mm)下的碳当量(CEV)/%				规定厚度(mm)的焊接裂纹敏感性指数 P_{cm}/%			
		≤50	>50～100	>100～150	>150～200	≤50	>50～100	>100～150	>150～200
		≤				≤			
Q235GJ	WAR、WCR、N	0.34	0.36	0.38	—	0.24	0.26	0.27	—
Q345GJ	WAR、WCR、N	0.42	0.44	0.46	0.47	0.26	0.29	0.30	0.30
	TMCP	0.38	0.40	—	—	0.24	0.26	—	—
Q390GJ	WCR、N、NT	0.45	0.47	0.49	—	0.28	0.30	0.31	—
	TMCP、TMCR+T	0.40	0.43	—	—	0.26	0.27	—	—
Q420GJ	WCR、N、NT	0.48	0.50	0.52	—	0.30	0.33	0.34	—
	TMCP、TMCP+T	0.44	0.47	0.49	—	0.28	0.30	0.31	—
	AR、N、NR、N+T	0.40	双方协商	—	—	0.26	双方\协商	—	—
Q460GJ	WCR、N、NT	0.52	0.54	0.56	—	0.32	0.34	0.35	—
	QT	0.45	0.48	0.50	—	0.28	0.30	0.31	—
	TMCP、TMCP+T	0.42	双方协商	—	—	0.27	双方\协商	—	—
Q500GJ	QT	0.52	—			双方协商	—		
	TMCP、TMCP+T	0.47	—			0.28	—		
Q550GJ	QT	0.54	—			双方协商	—		
	TMCP、TMCP+T	0.47	—			0.29	—		
Q620GJ	QT	0.58	—			双方协商	—		
	TMCP、TMCP+T	0.48	—			0.30	—		
Q690GJ	QT	0.60	—			双方协商	—		
	TMCP、TMCP+T	0.50	—			0.30	—		

注：WAR—热轧，WCR—控轧，N—正火，NT—正火+回火，TMCP—热机械控制轧制，TMCP+T—热机械控制轧制+回火，QT—淬火(包括在线直接淬火)+回火。Q500GJ、Q550GJ、Q620GJ、Q690GJ 钢最大厚度为 40mm。

表 5.68　建筑结构用钢板的力学性能和工艺性能(1)(GB/T 19879—2015)

牌号	质量等级	下屈服强度 R_{eL}/MPa					R_m/MPa			屈强比≤		A/%	A_{kV}(纵向)/J		180°弯曲试验	
		钢板厚度/mm					钢板厚度/mm			钢板厚度/mm					钢板厚度/mm	
		6~16	>16~50	>50~100	>100~150	>150~200	≤100	>100~150	>150~200	6~150	>150~200		℃	≥	≤16	>16
Q235GJ	B	≥235	235~345	225~335	215~325	—	400~510	380~510	—	0.80	—	23	20	47	$d=2a$	$d=3a$
	C												0			
	D												−20			
	E												−40			
Q345GJ	B	≥345	345~455	335~445	325~435	305~415	490~610	470~610	470~610	0.80	0.80	22	20	47	$d=2a$	$d=3a$
	C												0			
	D												−20			
	E												−40			
Q390GJ	B	≥390	390~510	380~500	370~490	—	510~660	490~640	—	0.83	—	20	20	47	$d=2a$	$d=3a$
	C												0			
	D												−20			
	E												−40			
Q420GJ	B	≥420	420~550	410~540	400~530	—	530~680	540~660	—	0.83	—	20	20	47	$d=2a$	$d=3a$
	C												0			
	D												−20			
	E												−40			
Q460GJ	B	≥460	460~600	450~590	440~580	—	570~720	550~720	—	83	—	18	20	47	$d=2a$	$d=3a$
	C												0			
	D												−20			
	E												−40			

注:180°弯曲试验中,d=弯心直径,a=试样厚度。

表 5.69 建筑结构用钢板的力学性能和工艺性能(2)(GB/T 19879—2015)

牌号	质量等级	下屈服强度 R_{eL}/MPa 钢板厚度/mm 6～16	下屈服强度 R_{eL}/MPa 钢板厚度/mm 20～40	R_m/MPa	A/% ≥	屈强比 ≤	A_{kV}(纵向) 温度/℃	A_{kV}(纵向) 冲击功/J≥	180°弯曲试验
Q500GJ	C	≥500	500～640	610～770	17	0.85	0	55	$d=3a$
	D						−20	47	
	E						−40	31	
Q550GJ	C	≥550	550～690	670～830	17	0.85	0	55	$d=3a$
	D						−20	47	
	E						−40	31	
Q620GJ	C	≥620	620～770	730～900	17	0.85	0	55	$d=3a$
	D						−20	47	
	E						−40	31	
Q690G	C	≥690	690～860	770～940	17	0.85	0	55	$d=3a$
	D						−20	47	
	E						−40	31	

注:180°弯曲试验中,d=弯心直径,a=试样厚度。

要获得低的屈强比,应注意控制钢的显微组织。单一组织的钢,其屈服强度与抗拉强度的差值通常不大,屈强比相对较高。当组织中存在两种或多种不同强度的相时,在塑性变形过程中软相先发生屈服,在进一步的变形过程中硬相可提高抗拉强度,使钢的屈强比较低[45]。

低屈强比钢可采用轧后加速冷却法或两相区淬火法。前一方法是在轧后温度降至 Ar_3 以下加速冷却,然后回火,后一方法是离线再加热至奥氏体温度淬火,再重新加热至 $\gamma+\alpha$ 两相区淬火,然后回火。这两种方法最终都可以获得软的铁素体和回火索氏体的混合组织,可在具有较高强度时又可获得较低的屈强比[1,8]。

由于钢结构的建筑日益增多,保证其抗震性能的问题日益突出。ISO 于 2006 年制定出有关改善抗震性能建筑结构用型钢技术条件的标准。我国制定了 GB/T 28414—2012《抗震结构用型钢》。该标准适用于螺栓连接、铆接和焊接的结构用热轧型钢。

表 5.70 列入了我国抗震结构用型钢的牌号及其化学成分,在钢的牌号最后加上抗震汉语拼音的首字母 KZ。

表 5.70 抗震结构用型钢的牌号及其化学成分(GB/T 28414—2012) (单位:%)

牌号	厚度 t/mm	C≤	Si≤	Mn	P≤	S≤	Cu≤	Ni≤	Cr≤	Mo≤
Q235KZ	6≤t<50	0.20	0.35	0.50～1.40	0.030	0.035	0.60	0.45	0.35	0.15
	50≤t<125	0.22								
Q345KZ	6≤t<50	0.23	0.55	0.50～1.60	0.030	0.035	0.60	0.45	0.35	0.15
	50≤t<125									

续表

牌号	厚度 t/mm	化学成分							
		C≤	Si≤	Mn	P≤	S≤	Cu≤	Ni≤	Cr≤	Mo≤
Q420KZ	6≤t<50	0.18	0.55	0.50～1.60	0.030	0.035	0.60	0.45	0.35	0.15
	50≤t<125	0.20								
Q460KZ	6≤t<50	0.18	0.55	0.50～1.60	0.030	0.035	0.60	0.45	0.35	0.15
	50≤t<125	0.20								

注:Nb、V、Ti 的含量总和不应超过 0.15%。供需双方可协商降低 S 含量。

我国抗震结构用型钢的碳当量最大值和裂纹敏感系数的最大值见表 5.71。碳当量采用式(4.76)计算,经供需双方协商,碳当量亦可采用式(4.77)计算。经供需双方协商,可以使用裂纹敏感系数最大值代替碳当量最大值,裂纹敏感系数最大值,采用式(4.79)计算。

表 5.71　抗震结构用型钢的碳当量和裂纹敏感系数最大值(GB/T 28414—2012)

牌号	碳当量最大值/%		裂纹敏感系数最大值/%
	厚度≤50mm	50mm<厚度≤125mm	
Q235KZ	0.35(0.36)	0.35(0.36)	0.26
Q345KZ	0.45(0.44)	0.47(0.46)	0.28
Q420KZ	0.46(0.43)	0.48(0.45)	0.29
Q460KZ	0.47(0.45)	0.49(0.47)	0.30

注:括号内的数值是采用式(4.77)时的碳当量最大值(%)。

经热机械轧制钢材的碳当量最大值和裂纹敏感系数的最大值见表 5.72,经供需双方协商,可以使用裂纹敏感系数最大值代替碳当量最大值。

表 5.72　热机械轧制抗震结构用型钢的碳当量和裂纹敏感系数最大值(GB/T 28414—2012)

牌号	碳当量最大值/%	裂纹敏感系数最大值/%
	厚度≤50mm	厚度≤50mm
Q345KZ	0.39	0.26
Q420KZ	0.43	0.27
Q460KZ	0.44	0.28

抗震结构用型钢的力学性能应符合表 5.73 的规定。

表 5.73　抗震结构用型钢的力学性能(GB/T 28414—2012)

牌号	R_{eL}/MPa				R_m/MPa	强屈比 R_m/R_e				断后伸长率 A/%	KV_2/J (0℃)
	钢材厚度 t/mm					钢材厚度 t/mm					
	6≤t<12	12≤t<16	16≤t<40	40≤t		6≤t<12	12≤t<16	16≤t<40	40≤t		
Q235KZ	235～355	235～355	235～355	215～335	400～510	—	≥1.25	≥1.25	≥1.25	0.21	≥34
Q345KZ	345～450	345～450	335～440	325～430	490～610	≥1.20	≥1.20	≥1.20	≥1.20	0.20	
Q420KZ	420～530	420～530	400～510	380～400	520～680	≥1.18	≥1.18	≥1.18	≥1.18	0.20	
Q460KZ	460～580	460～580	440～560	420～540	550～720	≥1.10	≥1.10	≥1.10	≥1.10	0.16	

随着对抗震技术的深入研究,人们发现,消能抗震技术具有比结构抗震技术更好的抗震性能,从而成为建筑抗震技术的发展趋势。用于制作消能阻尼器的极低屈服点钢日益受到重视,与其他减震材料相比,低屈服点钢制作的消能阻尼器具有构造简单、经济耐用、震后更换方便和可靠性强等优点,既可用于新建筑物的抗震,也可用于旧建筑抗震能力的提高。我国已可生产建筑用低屈服强度钢板[46,47],并已制定出 GB/T 28905—2012《建筑用低屈服强度钢板》。2022 年又进行了修订,增加了一个屈服强度较高的牌号。各牌号的化学成分亦略有调整。表 5.74 和表 5.75 分别为我国建筑用低屈服强度钢板牌号及其化学成分和力学性能。钢的牌号的前缀 LY 为低屈服的英文"low yield"的首位英文字母。

表 5.74　建筑用低屈服强度钢板的牌号及其化学成分(GB/T 28905—2022)　(单位:%)

牌号	化学成分					
	C	Si	Mn	P	S	N
LY100	<0.01	<0.10	<0.40	<0.020	<0.015	<0.006
LY160	<0.03	<0.10	<0.50	<0.020	<0.015	<0.006
LY225	<0.05	<0.10	<0.60	<0.020	<0.015	<0.006
LY300	<0.16	<0.30	<1.50	<0.020	<0.015	<0.006

注:由供方选择,根据需要可添加 Nb、V、Ti、B 等其他合金元素,其含量应在质量证明书中注明。

表 5.75　建筑用低屈服强度钢板力学性能(GB/T 28905—2022)

牌号	R_{eL}/MPa	R_m/MPa	A_{50mm}/%	屈强比	KV_2/J
LY100	80 ～120	200～300	≥50	≤0.60	≥27
LY160	140～180	220～320	≥45	≤0.76	≥27
LY225	205～245	300～400	≥40	≤0.78	≥27
LY300	280～320	380～500	≥40	≤0.80	≥34

注:拉伸试验试样为横向,冲击试验试样为纵向。

由于钢结构的大型建筑和高层建筑日益增多,钢结构建筑的防火工艺受到重视。钢结构建筑必须喷涂很厚的防火层进行保护，而使用耐火钢可以减薄(由原来的 50mm 降低到 15mm)或省去耐火涂层，缩短建造周期，降低建造成本。耐火钢对耐火性能的要求是在 600℃的温度下，高温屈服强度不低于室温标准值的 2/3，并保持屈强比小于 0.80，耐火时间一般为 1～3h。

耐火钢除应具有高层建筑用防震钢板的性能要求外，主要要求应具有耐火性能。复合添加 Mo、Nb 是提高钢高温强度的有效途径。固溶于铁素体中的 Mo 提高钢的高温强度和抗蠕变性能，Mo 和 Nb 在 600℃时析出细小弥散的 Mo_2C 和 NbC，产生析出强化效应，提高钢的组织稳定性。V、Ti 微合金化元素的作用与 Nb 相似。Cr 可以提高钢的高温抗氧化和抗蠕变性能。Cr 常与 Ni、Cu 共同加入钢中，使耐火钢同时具有耐候性[48]。

耐火钢的概念是 20 世纪 80 年代末日本提出的，多家企业已开发出具有良好高温性能的耐火钢，品种涉及钢板、带钢、H 型钢等，包括 400MPa、490MPa、520MPa 等级别。其他一些工业发达国家亦开发出耐火钢，并已获得广泛的应用。近年来，耐火钢在国内也有较快发展，表 5.76 为国内外开发的耐火钢、耐火耐候钢示例。

表 5.76　国内外开发的建筑用耐火钢、耐火耐候钢示例[48～51]　　(单位:%)

生产厂	C	Si	Mn	Mo	Nb	Ti	V	Cr	Ni	Cu	性能
新日铁	0.14	0.10	1.0	0.5	0.02	—	—	0.5	—	—	耐火
川崎制铁	0.049	0.25	0.9	0.45	0.02	0.01	—	—	—	—	耐火
住友金属	0.11	0.16	0.79	0.36	—	—	—	0.58	—	0.32	耐火、耐候
武钢	≤0.08	≤0.55	≤1.60	≤0.80	—	适量	—	≤0.70	≤0.60	≤0.50	耐火、耐候
鞍钢	0.08	0.22	0.86	0.30	0.022	—	0.02	—	—	—	耐火
舞钢	≤0.10	≤0.40	≤1.50	≤0.60	≤0.05	≤0.025	≤0.08	≤0.50	—	—	耐火

5.3.7　钢板桩用钢

钢板桩是带有锁口的一种型钢，其截面有直板形、槽形及 Z 形等，有各种大小尺寸及联锁形式。其优点为:强度高，容易打入坚硬土层；可在深水中施工，必要时加斜支撑成为一个围笼；防水性能好；能按需要组成各种外形的围堰，并可多次重复使用，因此，它的用途广泛。

钢板桩产品按生产工艺分为热轧钢板桩和冷弯钢板桩两种类型。

5.3.7.1　热轧钢板桩

热轧钢板桩是指通过热轧工艺加工钢板而成的钢板桩。热轧钢板桩一般采用高强度钢材制造，具有较好的强度和承载能力。热轧钢板桩在轧制过程中会通过高温加热工艺使得钢材变形，从而形成成型的钢板桩。热轧钢板桩生产工艺简单，产量较高，适用于大批量生产。热轧钢板桩适用于房屋建筑的基础、夹层、基础桩和大型静力桩，特别是桥梁、码头、隧道工程、挡土墙等建筑工程中使用较多。

为了促进热轧钢板桩的应用和标准化，国家发布了一系列相关标准规范，其中包括 GB/T 20933—2014《热轧钢板桩》和中国工程建设标准化协会标准 T/CECS 720—2020《钢板桩支护技术规程》等重要规范。这些规范涵盖了热轧钢板桩的材质几何参数、强度标准、加工和检验等方面，对热轧钢板桩的定型化设计和施工提供了指导和规范，促进了行业的发展和进步。我国最近又制定了 GB/T 20933—2021《热轧钢板桩》。

热轧钢板桩包括三类，具体品种及其代号：①U 型钢板桩，代号为 PU；②Z 型钢板桩，代号为 PZ；③直线型钢板桩，代号为 PI。

上面“P”为钢板桩英文 pile 的首字母，“U”、“Z”和“I ”分别代表钢板桩形状。

热轧钢板桩牌号的表示方法：牌号中首字母“Q”表示屈服强度，其后数字为屈服强度最小值，尾字母“P” 的意义同上。示例：Q295P。

热轧钢板桩型号的表示方法如下：U 型(直线型)钢板桩，PU(PI)W(有效宽度)$\times H$(有效高度)$\times t$(腹板厚度)。示例：PU600×210×18，PI500×88×11。Z 型钢板桩，PZ$W\times$截面模数/100(取整)－W(有效宽度)。示例：PZ12-770。

图 5.9 为 U 型钢板桩、Z 型钢板桩、直线型钢板桩的截面图示及标注符号。

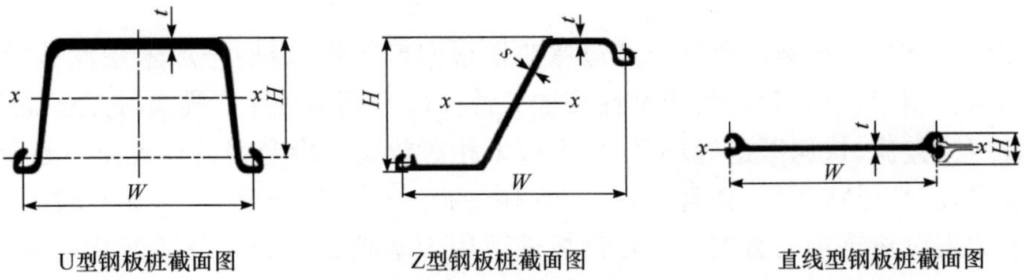

图 5.9　U 型钢板桩、Z 型钢板桩、直线型钢板桩的截面图示及标注符号(GB/T 20933—2021)

U 型钢板桩的截面尺寸型号有 45 个，Z 型钢板桩的型号有 31 个，直线型钢板桩的型号有 4 个，不一一列举。钢板桩通常定尺长度为 12000mm，也可根据需方要求，供应其他长度的产品。

钢板桩以热轧状态交货。钢的牌号及化学成分见表 5.77，其力学性能应符合表 5.78 的规定。

表 5.77　热轧钢板桩的化学成分(GB/T 20933—2021)　(单位：%)

牌号	化学成分，不大于								碳当量(CEV)
	C	Si	Mn	P	S	V	Nb	Ti	
Q295P	0.20	0.50	1.50	0.035	0.035	0.15	0.06	0.05	0.15
Q355P	0.20	0.50	1.70	0.035	0.035	0.15	0.06	0.05	0.15
Q390P	0.20	0.50	1.70	0.035	0.035	0.20	0.06	0.05	0.15
Q420P	0.20	0.50	1.70	0.035	0.035	0.20	0.06	0.05	0.15
Q460P	0.20	0.60	1.80	0.03	0.03	0.20	0.11	0.05	0.17

注：碳当量计算公式同式(4.76)。

表 5.78　热轧钢板桩的力学性能(GB/T 20933—2021)

牌号	屈服强度(R_{eH})/MPa	抗拉强度(R_m)/MPa	断后伸长率(A)/%
Q295P	≥295	≥390	≥23
Q355P	≥355	≥480	≥22
Q390P	≥390	≥490	≥20
Q420P	≥420	≥520	≥19
Q460P	≥460	≥550	≥17

热轧钢板桩的锁口形状和尺寸有严格的规定,应保证打桩时易于相互咬合,拉拔时易于脱离。

5.3.7.2　冷弯钢板桩

冷弯钢板桩是指在室温条件下通过弯曲钢板而成的钢板桩,一般采用低碳结构钢或低合金结构钢制造,有着较好的成型性和加工性。冷弯钢板桩生产需要经过多道工艺,包括切割、冷弯、整流、快速锻造等环节,生产成本相对较高。冷弯钢板桩表面一般会有明显的卷曲痕迹,成品形状各异,并且存在一定程度的变形,但是强度较高,具有较好的韧性,可以缓解地震对建筑物的影响。冷弯钢板桩适用于基础方案需要灵活变化的建筑工程,如在海上或沙漠地区需要攀爬,或需要大量固定的隔离墙、雨水收集系统等。热轧钢板桩和冷弯钢板桩有着一定的区别和特点,使用者可以根据实际需求和建筑工程要求选择最合适的钢板桩进行使用。

我国最早由冶金部制定出 YB/T 4180—2008《冷弯钢板桩》。之后国家相关部门又制定了 GB/T 29654—2013《冷弯钢板桩》,该标准适用于水利工程、交通运输工程与科学技术等领域用的由厚度不小于 2.5mm 的热轧带钢卷经由冷弯成型机组连续辊弯成型的冷弯钢板桩。其两侧的锁口或弯边可相互连接或搭接,以形成一种连续板桩墙结构。

冷弯钢板桩按照其断面形状,可分为 U 型冷弯钢板桩(CRP-U)、Z 型冷弯钢板桩(CRP-Z)、帽型冷弯钢板桩(CRP-M)、直线型冷弯钢板桩(CRP-X)和沟道板(CRP-G)5类。CRP 为 cold roll formed sheet piling 的缩写。各类冷弯钢板桩的尺寸、外形见 GB/T 29654—2013 附录 A,也可根据需方要求设计。

制造冷弯钢板桩用钢的牌号通常采用 Q235、Q295、Q345、Q390、Q420、Q355NH 等,经供需方协商,也可采用其他牌号的钢种。Q355NH 为高耐候结构钢。冷弯钢板桩一般不做力学性能试验,但冷弯钢板桩所用的材料应具有可焊性。

带有锁口的冷弯钢板桩,在交货时锁口的连接应有充分的间隙,使冷弯钢板桩间能够良好地配合。在订货时可以热浸涂锌及其他表面处理方式交货。

5.3.8　油气输送管线用钢

5.3.8.1　发展历程

随着石油和天然气工业的迅速发展,管线的输送压力不断提高,在输气管线上尤为明显,目前管线的压力已超过 10MPa,且还有升高的趋势。20 世纪 60 年代后期以来,大口径、厚壁和高强韧性管线钢的需要量日益增加，因为采用高钢级管线钢管和高压输送可以有效降低油气输送成本。60 年代一般采用 X52 钢级，70 年代普遍采用 X60～X65 钢级，以后逐渐以 X70 钢级为主，2000 年以来，X80 钢管的应用日益增加。X100 和 X120 钢级管线钢已在试用[52]。X 后面的数字表示以 ksi 为单位的屈服强度值。大口径油气输送管线采用钢板焊接而成，目前长输管线直径一般为 760～1067mm，最大直径为 1625mm，壁厚一般为 8～19mm，最厚达 25.4mm[8]或更高。

我国 2002 年兴建并于 2004 年建成的西气东输一线工程，主干线长 4167km，从新疆到上海，设计工作压力为 10MPa，管材钢级为具有针状铁素体的 X70 钢，管径 1016mm，壁厚 14.6mm，支线管材钢级为 X42～X65，管径 610～813mm，长度 4036km[53]。2008 年开工 2010 年建成的西气东输二线工程，全长 9102km，主干线全长 4843km，管道设计压力 12MPa，管径 1219mm，壁厚 18.4～27.5mm，采用 X80 管线钢[54]。

管径较大的主干线主要采用直缝埋弧焊(longitudinally submerged arc welding，LSAW)管和螺旋缝埋弧焊(spirally submerged arc welding，SSAW)管。LSAW 管以 UOE 焊管为主。UOE 焊管是将钢板在成型模内先压成 U 形，再压成 O 形，然后进行内外埋弧焊，焊后通常在端部或全长范围扩径(expanding)，达到要求尺寸，故称为 UOE。扩径可消除 O 形压力机压缩加工时所产生的包辛格效应，消除应力集中，提高屈服强度。螺旋缝埋弧焊管残余应力较大，但螺旋埋弧焊管焊缝的走向对止裂有利。经过焊接工艺改进和采用扩径工艺，可使其残余应力大幅度降低，其性能和质量已可以达到 UOE 的水平。小口径成品油管线多为电阻焊(electric resistance welding，ERW)直管。无缝钢管的价格高。ERW 直管和无缝钢管大量用于支线和管径较小的干线[55]。

许多国家都制定了管线钢标准，如我国的 GB/T 9711，美国的 ASTM A134 等，但在国际上各国都接受和执行美国石油学会(API)标准 API Spec 5L《管线钢管规范》。国际上广泛采用的焊接高强度钢的强度级别为 API 标准规定的 X42～X80 各级钢。

我国的 GB/T 9711 标准的名称为《石油天然气工业　输送钢管交货技术条件》，标准分为三部分，第 1 部分(GB/T 9711.1—1997)：A 级钢管，规定了用于输送可燃流体和非可燃流体的非合金钢和合金钢无缝钢管和焊接钢管的交货技术条件；第 2 部分(GB/T 9711.2—1999)：B 级钢管，规定了用于输送可燃流动体输送用非合金钢及合金钢的无缝和焊接钢管技术条件，这一部分包括的质量要求和试验要求在总体上高于第 1 部分；第 3 部分(GB/T 9711.3—2005)：C 级钢管，适用于在特殊恶劣条件，如海洋、低温和/或酸性环境下可燃流体输送用非合金钢及合金钢的无缝和焊接钢管，本部分的交货技术条件较上两部分更为严格。

1993 年我国制定了 GB/T 14164—93《石油天然气输送管用热轧宽钢带》，主要是在 API Spec 5L(第 39 版)、GB 9711—1988《石油天然气输送管道用螺旋缝埋弧焊钢管》、SY 5297—1991《石油天然气输送管道用直缝电阻焊钢管》等基础上制定的。新版 API Spec 5L(第 42 版)在第 41 版的基础上作了很大的变动。因此，我国对 GB/T 14164—1993 进行了修订，制定了 GB/T 14164—2005《石油天然气输送管用热轧宽钢带》。

之后，我国有关部门参考 API Spec，第 44 版《管线钢管规范》、ISO 3187：2007《石油天然气工业　管线输送系统用钢管》，并结合当前石油天然气输送管用热轧宽钢带的发展和用户使用习惯，对该标准进行了修订，制定了 GB/T 14164—2013《石油天然气输送管用热轧宽钢带》。与原标准比较,新的标准修改了分类、牌号表示方法和代号;增加了 L625/X90、L690/X100、L830/X120 三个 PSL2 牌号及其规定;调整了各牌号的化学成分、力学和工艺性能;调整了各牌号的碳当量;增加了晶粒度、非金属夹杂物和带状组织的规定等。

GB/T 14164—2013 按不同质量等级将牌号分为两类:PSL1 和 PSL2,见表 5.79。

表 5.79 石油天然气输送管用热轧宽钢带质量等级分类及其牌号(GB/T 14164—2013)

质量等级	交货状态	牌号	质量等级	交货状态	牌号
PSL1	热轧、 正火轧制	L175/A25 L175P/A25P L210/A	PSL2	热轧	L245R/BR L290R/X42R
	热轧、 正火轧制、 热机械轧制	L245/B		正火轧制	L245N/BN L290N/X42N L320N/X45N L30N/X52N L390N/X56N L415N/X60N
	热轧、 正火轧制、 热机械轧制	L290/X42 L320/X46 L360/X52 L390/X56 L415/X60 L450/X65 L485/X70		热机械轧制	L245M/BM L290M/X42M L320M/X46M L360M/X52M L390M/X56M L415M/X60M L450M/X65M L485M/X70M L555M/X80M L625M/X90M X690M/X100M L830M/X120M

注:钢的牌号由代表输送管线的“line”的首位字母 L、钢管规定的屈服强度最小值、交货状态组成,例如:L415M。对于规定的最小屈服强度为 175MPa 的牌号,其中 P 表示钢中含有规定含量的磷(L175P 比 L175 有更好的螺纹加工性能,但其弯曲性能较差)。牌号中的 A、B 表示牌号的质量等级。M 代表交货状态为热机械轧制。

PSL1 类钢牌号的化学成分见表 5.80。

表 5.80 PSL1 类钢牌号的化学成分[a](GB/T 14164—2013) (单位:%)

牌号	C[b]	Si	Mn[b]	P	S	其他[c]
L175/A25	≤0.21	≤0.35	≤0.60	≤0.030	≤0.030	—
L175P/A25P	≤0.21	≤0.35	≤0.60	0.045～0.080	≤0.030	—
L210/A	≤0.22	≤0.35	≤0.90	≤0.030	≤0.030	—
L245/B	≤0.26	≤0.35	≤1.20	≤0.030	≤0.030	d、e
L290/X42	≤0.26	≤0.35	≤1.30	≤0.030	≤0.030	e
L320/X45	≤0.26	≤0.35	≤1.40	≤0.030	≤0.030	e
L360/X52	≤0.26	≤0.35	≤1.40	≤0.030	≤0.030	e

续表

牌号	C^b	Si	Mn^b	P	S	其他[c]
L390/X56	≤0.26	≤0.40	≤1.40	≤0.030	≤0.030	e
L415/X60	≤0.26	≤0.40	≤1.40	≤0.030	≤0.030	e
L450/X65	≤0.26	≤0.40	≤1.45	≤0.030	≤0.030	e
L485/X70	≤0.26	≤0.40	≤1.65	≤0.030	≤0.030	e

注：a Cu、Ni、Cr 的含量均不大于 0.50%。b C 含量比规定最大 C 含量每降低 0.01%，则 Mn 含量允许比规定最大 Mn 含量提高 0.05%；对于 L245/B～L360/X52，最大 Mn 含量不得超过 1.65%；对于 L360/X52～L485/X70，最大 Mn 含量不得超过 1.75%；对于 L485/X70，Mn 含量不得超过 2.00%。c 除非另有规定，否则不得有意加入 B，残余 B 含量应不大于 0.001%。d Nb、V 含量之和不大于 0.06%。e Nb、V、Ti 含量之和不大于 0.15%。

PSL2 类钢牌号的化学成分见表 5.81。

表 5.81　PSL2 类钢牌号的化学成分(GB/T 14164—2013)　　(单位：%)

牌号	化学成分									碳当量	
	C^b≤	Si≤	Mn^b≤	P≤	S≤	V≤	Nb≤	Ti≤	其他	CEV^a≤	P_{cm}^a≤
L245R/BR	0.24	0.40	1.20	0.025	0.015	c	c	0.04	e	0.43	0.25
L290R/X42R	0.24	0.40	1.20	0.025	0.015	0.06	0.05	0.04	e	0.43	0.25
L245N/BN	0.24	0.40	1.20	0.025	0.015	c	c	0.04	e	0.43	0.25
L320N/X46N	0.24	0.40	1.40	0.025	0.015	0.07	0.05	0.04	d,e	0.43	0.25
L360N/X52N	0.24	0.45	1.40	0.025	0.015	0.10	0.05	0.04	d,e	0.43	0.25
L390N/X56N	0.24	0.45	1.40	0.025	0.015	0.10	0.05	0.04	d,e	0.43	0.25
L415N/X60N	0.24	0.45	1.40	0.025	0.015	0.10	0.05	0.04	d,g	协商	
L245M/BN	0.22	0.45	1.20	0.025	0.015	0.05	0.05	0.04	g	0.43	0.25
L290M/X42M	0.22	0.45	1.30	0.025	0.015	0.05	0.05	0.04	g	0.43	0.25
L320M/X45M	0.22	0.45	1.30	0.025	0.015	0.05	0.05	0.04	g	0.43	0.25
L360M/X52M	0.22	0.45	1.40	0.025	0.015	d	d	d	g	0.43	0.25
L390M/X56M	0.22	0.45	1.40	0.025	0.015	d	d	d	g	0.43	0.25
L415M/X60M	0.12	0.45	1.60	0.025	0.015	d	d	d	f	—	0.25
L450M/X65M	0.12	0.45	1.60	0.025	0.015	d	d	d	f		0.25
L485M/X70M	0.12	0.45	1.70	0.025	0.015	d	d	d	f		0.25
L555M/X80M	0.12	0.45	1.85	0.025	0.015	d	d	d	g		0.25
L625M/X90M	0.10	0.55	2.10	0.020	0.010	d	d	d	g		0.25
L690M/X100M	0.10	0.55	2.10	0.020	0.010	d	d	d	g,h		0.25
L830M/X120M	0.10	0.55	2.10	0.020	0.010	d	d	d	g,h		0.25

注：a 碳含量大于 0.12%时，CEV 适用(式(4.76))，碳含量不大于 0.12%，P_{cm} 适用(式(4.79))。b C 含量比规定最大 C 含量每降低 0.01%，Mn 含量则允许比规定最大 Mn 含量提高 0.05%；对于 L245/B～L360/X52，最大含 Mn 量不得超过 1.65%；对于 L390/X56～L450/X65，最大 Mn 含量不得超过 1.75%；对于 L485/X70～L555/X80，Mn 含量不得超过 2.00%；对于 L625/X90～L830/X120，Mn 含量最大不得超过 2.20%。c Nb、V 含量之和不大于 0.06%。d Nb、V、Ti 之和不大于 0.15%。e Cu 含量不大于 0.50%，Ni 含量不大于 0.30%，Cr 含量不大于 0.30%，Mo 含量不大于 0.15%，或供需双方协商。f Cu 含量不大于 0.50%，Ni 含量不大于 0.50%，Cr 含量不大于 0.50%，Mo 含量不大于 0.50%，或供需双方协商。g Cu 含量不大于 0.50%，Ni 含量不大于 1.00%，Cr 含量不大于 0.50%，Mo 含量不大于 0.50%，或供需双方协商。h 除非另有规定，否则不得有意加入 B，残余 B 含量应不大于 0.001%。

油气输送管线用钢应采用氧气转炉或电弧炉冶炼，PSL2 质量等级应经炉外精炼，对 L485/X70 及以上级别钢带和钢板应经真空脱气。钢带和钢板应经热轧、正火轧制、热机械轧制状态交货。

PSL1 和 PSL2 钢带和钢板的力学性能和工艺性能应符合表 5.82 和表 5.83 的规定。

表 5.82　PSL1 钢带和钢板的力学性能和工艺性能(GB/T 14164—2013)

牌号	拉伸试验				180°冷弯试验(*a* 为试样厚度,*d* 为弯心直径)
	规定总延伸强度 $R_{t0.5}$/MPa≥	抗拉强度 R_m/MPa≥	断后伸长率/%≥		
			A	A_{50mm}	
L175/A25	175	310	27	最小值按下式计算:$A_{50mm}=1940\times(S_0^{0.2}/R_m^{0.9})$	$d=2a$
L175P/A25P	175	310	27		
L210/A	210	335	25		
L245/B	245	415	21		
L290/X42	290	415	21		
L320/X45	320	435	20		
L360/X52	360	460	19		
L390/X56	390	490	18		
L415/X60	415	520	17		
L450/X65	450	535	17		
L485/X70	485	570	16		

注:拉伸试样由需方确定试样方向,一般情况下拉伸试样方向为对应钢管横向。A_{50mm} 计算公式中,A_{50mm} 为断后伸长率最小值(单位:%);S_0 为拉伸试样原始横截面积(单位:mm^2);R_m 为规定的最小抗拉强度(单位:MPa)。

表 5.83　PSL2 钢带和钢板的力学性能和工艺性能(GB/T 14164—2013)

牌号	拉伸试验					180°冷弯试验(*a* 为试样厚度,*d* 为弯心直径)
	规定总延伸强度 $R_{t0.5}$/MPa	抗拉强度 R_m/MPa	屈强比	断后伸长率/%≥		
				A	A_{50mm}	
L245R/BR、L245N/BN、L245B/BM	245～450	415～760	0.91	21	见表 5.82	$d=2a$
L290R/X42、L290N/X42N、L290M/X42M	290～495	415～760		21		
L320N/X46、L320M/X46	320～525	435～760	0.93	20		
L360N/X52N、L360M/X52M	360～530	460～760		19		
L390N/X56N、L390M/X56M	390～545	490～760		18		
L415N/X60N、L415M/X60N	415～565	520～760		17		
L450M/X65M	450～600	535～760		17		
L485M/X70M	485～635	570～760		16		
L555M/X80M	555～705	625～825		15		
L625M/X90M	625～775	695～915	0.95	协商		协商
L690M/X100M	690～840	760～990	0.97			
L830M/X120M	830～1050	915～1145	0.99			

注:拉伸试样由需方确定试样方向,一般情况下拉伸试样方向为对应钢管横向。对于 L625M/X90M 及以上级别钢带和钢板,$R_{p0.2}$ 适用。

PSL2 钢带和钢板对其微观组织也有更高的要求。在晶粒度方面,所有牌号的输油及其他类液体管道用钢,要求 7 级或更高。在输气管道用钢方面,L245/B～L360/X52 要求 8 级或更高，L360/X52 ～L450/X65 要求 9 级或更高，L485/X70～L830/X120 对晶粒度的要求经协商确定。在非金属夹杂物含量级别方面，A、B、C、D 四类夹杂物级别（细、粗），对于输油及其他类液体管道用钢，均应不大于 2.5 级，对输气管道用钢，均应不大于 2.0 级。在带状组织方面，对输气管道用钢板及钢带，L555/X80 及以下级别钢带和钢板的带状组织应不大于 3 级，对 L625/X90 及以上级别的钢带和钢板的带状组织，经供需双方协商，可另行规定。

在韧性方面需要进行落锤撕裂试验和夏比 V 型缺口冲击试验，具体要求见表 5.84。

对 L360/X52 及以上级别的钢带和钢板，落锤撕裂试验的剪切面积要求和试验温度参照表 5.84 的规定。对输气管道用钢带和钢板，落锤剪切面积单值不低于 70%，均值不低于 85%。

输油及其他类液体管道用钢带和钢板的冲击试验参照表 5.84 的规定。对输气管道用钢带和钢板，冲击吸收能量应在钢管冲击能量的基础上加 20J；对 L360/X52 及以上级别输气管道用钢带和钢板，冲击纤维断面率单值不应低于 89%，均值不应低于 90%。

表 5.84　输油及其他类液体管道用钢带和钢板的断裂韧性（GB/T 14164—2013）

<table>
<tr><th rowspan="3">牌号</th><th colspan="3">夏比 V 型缺口冲击试验，−12℃，KV_2</th><th colspan="3" rowspan="2">落锤撕裂试验(DWTT)
DWTT 最小剪切面积百分比 SA</th></tr>
<tr><th rowspan="2">冲击吸收能量/J
≥</th><th colspan="2">纤维断面率/%≥</th></tr>
<tr><th>均值</th><th>单值</th><th>试验温度/℃</th><th>均值/%</th><th>单值/%</th></tr>
<tr><td>L245/B</td><td>45</td><td rowspan="3">—</td><td rowspan="3">—</td><td rowspan="3">—</td><td rowspan="3">—</td><td rowspan="3">—</td></tr>
<tr><td>L290/X42</td><td rowspan="2">60</td></tr>
<tr><td>L320/X46</td></tr>
<tr><td>L360/X52</td><td rowspan="4">80</td><td rowspan="6">85</td><td rowspan="6">70</td><td rowspan="6">−5</td><td rowspan="6">80</td><td rowspan="6">60</td></tr>
<tr><td>L390/X56</td></tr>
<tr><td>L415/X60</td></tr>
<tr><td>L450/X65</td></tr>
<tr><td>L485/X70</td><td>100</td></tr>
<tr><td>L555/X80</td><td>120</td></tr>
<tr><td>L625/X90</td><td colspan="6" rowspan="3">协商</td></tr>
<tr><td>L690/X100</td></tr>
<tr><td>L830/X120</td></tr>
</table>

2007 年国际化标准组织（ISO）与美国石油学会（API）联合发布管线钢管标准 ISO 3183：2007/API Spec 5L 第 44 版《石油天然气工业　管线输送系统用钢管》，做到了世界范围的标准一致。该标准发布以来在国际上引起广泛关注[56～58]。

我国于 2011 年以 ISO 3183：2007/API Spec 5L（44 版）为基础，制定了 GB/T 9711—2011《石油天然气工业　管线输送系统用钢管》。该标准代替了 1997～2005 年制定的 GB/T 9711 的第 1 部分、第 2 部分和第 3 部分。GB/T 9711—2011 规定了两种产品规范水平（PSL1 和 PSL2）的无缝钢管和焊接钢管的制造要求。2012 年 API 终止了与 ISO 的合作。

随着技术的进步和各国管道工程建设的实践，ISO 的有关组织自 2010 年 4 月启动标准的修订工作,包括中国在内的相关成员国提交了大量意见和建议,新版标准 ISO 3183:2012 于 2012 年底正式批准。API 也发布了 API Spec 5L 第 45 版。我国在 2017 年制定了 GB/T 9711—2017《石油天然气工业　管线输送系统用钢管》,代替了原标准。新标准参考了 ISO 3183:2012 和 API Spec 5L,第 45 版。新标准在制造工艺、性能指标、检验方法等方面有一定的技术变化。在具体工程或具体用户的订货技术条件上往往较标准严格得多。

5.3.8.2　油气输送管线用钢的性能要求

石油、天然气输送管道通常位于环境比较恶劣的地区,管道压力大,介质复杂,因此对管线钢提出了很高的性能要求。这些要求主要如下。

1) 高强度

为提高油气输送压力,管线的设计倾向于提高工作压力和输送管径,这均要求管材进一步提高强度。管线钢的强度已由最初的 295～360MPa(X42～X52)提高到 526～703MPa(X80～X100)。新标准已将 X120 纳入其中。

管线钢的强度包括抗拉强度和屈服强度。随着钢级的提高,屈强比也增高。高屈强比表明钢的应变硬化能力降低,而应变硬化能力对于土质不稳定区及地震带铺设的管线钢是很重要的。对屈强比限制过严,制约高强度管线钢的发展。为兼顾发挥材料强度潜力和保障管线钢安全性,屈强比一般以 0.85～0.93 为宜。高钢级管线钢屈强比增高,控制屈强比相当困难,可适当提高材料韧性指标的要求,确保 K_{IC}/σ_s 达到较高水平,以弥补屈强比过高对管线安全性的不利影响[55]。

2) 高韧性

韧性是管线钢的重要性能之一。管线钢生产常常采用晶粒细化的手段,既可以提高强度,又能提高韧性。另外,降低有害元素含量并进行夹杂物变性处理是提高韧性的有效手段。

根据油气输送管运行环境和载荷性质的不同,其失效模式可以分为断裂、疲劳破坏、氢致开裂与应力腐蚀开裂等。管线钢的断裂失效形式有脆性断裂和韧性断裂。脆性断裂是一种低能量断裂,裂纹扩展速率快于声速。

高压输送天然气管线与输油管线的断裂扩展特点有很大的不同。原油减压速率为 2000m/s,管线一旦断裂,内压立即降低,断裂停止。输气管线对天然气的压缩比大,天然气的减压速率慢,为 380～440m/s,而钢管脆性断裂速率为 450～900m/s,因此输气管道脆性断裂不能止裂,很容易长距离传播。脆性断裂最长纪录是 13km[54,55]。

美国 Battelle 研究所的研究表明,当最低设计使用温度下的落锤撕裂试验(DWTT)剪切断口平均值(SA%)大于 85%时,脆性断裂是可以避免的,因此用 SA%来控制脆性断裂是可行的[59]。同时还要考虑防止管线韧性裂纹的扩展问题,管线一旦发生断裂,应在不长的范围内止裂。输气管线管材的韧性要求高于输油管线,气管一旦损坏,膨胀的气体成为裂纹扩展的驱动力。Battelle 研究所提出了防止输气管线用材韧性断裂扩展与全尺寸夏比 V 型缺口试样上平台能 CVN(J)的关系式:

$$\mathrm{CVN}=2.382\times10^{-5}\sigma_H^2(Rt)^{1/3} \tag{5.18}$$

式中,σ_H 为环向应力(MPa);R 为钢管半径(mm);t 为钢管壁厚(mm)。式(5.18)表明,

对于具有高的运行压力和较大口径、较高强度、较厚壁厚的钢管，要使发生韧性断裂时能够止裂而不发生长距离扩散，就必须具有较高的 CVN[60]。CVN 常被用于规定钢管材料抗韧性断裂扩展的参数。已有记录的韧性断裂最长是 30m。一些研究单位和学者还提出了其他一些止裂所需韧性的公式。这些公式都表明，随着钢管半径、钢管壁厚和环向应力的增加，对材料韧性提出的要求越来越高。表 5.85 列出国内外重要输气工程管道的韧性指标。

表 5.85　国内外一些重要输气工程管道的韧性指标[53]

工程名称	钢级	CVN/J	SA%
北海油田输气管线	X65	≥80(−10℃)	≥75(0℃)
澳大利亚输气管线	X65	≥82(0℃)	≥50(0℃)
美国阿拉斯加输气管线	X65	≥92(−24℃)	≥75(−24℃)
苏联输气管线	X65	≥92(−20℃)	≥60(−20℃)
加拿大-美国 Alliance 输气管线	X70	≥190(−5℃)	≥85(−5℃)
西气东输一线工程管线	X70	≥90(−20℃)	≥85(−10℃)

疲劳破坏是由于管内输送介质压力的变化，多次停输或反复进行压力试验引起的。应力比 R 多在 0～0.8。R 接近 0 时相当于多次停输和反复进行压力试验情况，R 接近 0.8 时相当于在正常输送过程中有压力波动的情况[61]。

3) 抗氢致裂纹和硫化物应力腐蚀断裂

在输送富含 H_2S 气体的管线内易发生电化学反应而从阴极析出氢原子，氢原子进入钢中导致管线钢出现两种类型的开裂，即氢致开裂(hydrogen induced cracking，HIC)和硫化物应力腐蚀开裂(stress corrosion cracking，SCC)。

HIC 是因腐蚀生成的氢原子进入钢中后，富集在 MnS/α-Fe 界面上，沿着带状珠光体和铁素体间的相界扩展，当氢原子结合成氢分子并逐渐积累时，其产生的氢压可达 300MPa 左右，于是在钢中产生平行于轧制面、沿轧制方向的裂纹。HIC 的形成不需外加的应力，它生成的驱动力是靠进入钢中的氢产生的氢气压，因此这种裂纹称为氢致裂纹。

硫化物应力腐蚀开裂是在 H_2S 和 CO_2 腐蚀介质、土壤和地下水中的碳酸，以及硝酸离子、氯离子、硫酸离子等的作用下腐蚀生成的氢原子经钢表面进入钢内后，向具有较高三向拉伸应力状态的区域富集，促使钢材脆化并沿垂直于拉伸应力方向产生裂纹，然后裂纹逐渐扩展，达到临界尺寸后发生失稳断裂。

HIC 是输气管线主要失效模式之一，国外抗 HIC 钢管已自成体系。HIC 的产生及严重程度取决于输送气体介质中 H_2S 的分压 p_{H_2S}($p_{H_2S}=p_0\times f_{H_2S}$，$p_0$ 为管线操作压力，f_{H_2S} 表示 H_2S 的体积分数(%))。国际规定：$p_{H_2S}>300$Pa 为酸气，必须对管材提出抗 HIC 要求；$p_{H_2S}\leqslant 300$Pa 为甜气，不必提出抗 HIC 要求。随着 p_0 的提高，要满足 $p_{H_2S}\leqslant 300$Pa，需要将 H_2S 的含量(体积分数)降得很低，如当 $p_0=10$MPa 时，需将 f_{H_2S} 降至 0.003%以下，这是难以做到的[55]。为达到抗 HIC 和抗 SCC 的要求，钢材应具有高的纯净度。另外对钢材的硬度也提出限制，以防硫化氢应力腐蚀开裂。

由于 HIC 和 SCC 事先没有明显征兆，易造成突发性事故，具有很大的危害性，为防止 HIC 和 SCC，可采取以下措施[55,59,62]：①钢中添加少量 Cu(0.20%～0.30%)、Cr

(0.5%～0.6%)、Ni(约 0.2%),防止氢侵入并稳定腐蚀产物;②降低钢中的 S(<0.001%)、O(≤20×10⁻⁶)、H(≤1.3×10⁻⁶),减少夹杂物数量和尺寸,进行钙处理以改善 MnS 形态;③采用较低的 C、Mn、P 含量,一般 $w_C \leqslant 0.10\%$、$w_{Mn} \leqslant 1.50\%$、$w_P \leqslant 0.010\%$,防止偏析,减少局部硬化岛状马氏体带状组织。

4) 良好的焊接性能

良好的焊接性能对保证管道的整体性、野外施焊和焊接质量至关重要。美国 Amoco 公司针对一些管道焊缝撕裂事故提出了严格的控制指标,即碳当量 C_{eq} 和焊接裂纹敏感系数 P_{cm} 的合格界限是[58]

$$C_{eq} \leqslant 0.35\% \quad (w_C \geqslant 0.12\%) \tag{5.19}$$

$$P_{cm} \leqslant 0.20\% \quad (w_C < 0.12\%) \tag{5.20}$$

影响钢材焊接性能的因素是多方面的,包括材料因素、焊接工艺、结构因素和使用条件(见 4.8.2 节)。

5.3.8.3 高钢级管线钢的成分控制

目前,高钢级管线钢主要指 X80 级以上的管线钢。为满足高钢级管线钢对性能的高要求,需要采用先进的冶金技术和合理控轧控冷工艺,还要严格控制管线钢的成分。

碳 碳是低碳钢中最有效的强化元素,但它对钢的塑性、韧性、焊接性能及抗 HIC 性能有不利的影响。对于抗 HIC 性能要求严格的输气管线,当碳含量大于 0.05%时,锰含量大于 1.10%的管线钢不具有抗 HIC 的腐蚀能力。当碳含量小于 0.05%时,锰含量的变化不影响钢的 HIC 性能。同时,抗 HIC 性能的恶化与钢中偏析带直接有关,将碳含量降低到一定程度有利于碳偏析的改善。目前管线钢的碳含量一般为 0.025%～0.12%,并趋向于向低碳或超低碳方向发展[59]。当碳含量小于 0.01%时,会使热影响区晶界脆化,这是由于间隙原子的减少和热循环后 Nb(C,N)的沉淀析出而弱化了晶界的缘故[54]。综合考虑野外可焊性、抗 HIC 性能等因素,最佳碳含量应控制在 0.01%～0.05%[59]。

锰 锰在钢中主要起固溶强化作用,还可以推迟过冷奥氏体向铁素体和珠光体转变的速率,降低向贝氏体转变的温度,有利于形成细晶组织。管线钢通常选择锰含量不小于 1.5%,以弥补碳含量降低造成的强度损失。低碳钢中锰含量小于 2.0%时,随锰含量的提高而强度增加时,不影响钢的冲击韧性,而且降低韧脆转变温度(图 4.60)。但是,锰含量过高会增加钢坯中锰的偏析,造成钢板中严重的带状组织,且随碳含量的增加,这种缺陷更为严重。锰含量在 1.6%以上时,可焊性随锰含量的增加而下降。

锰对于管线钢抗 HIC 的影响是:在碳含量为 0.05%～0.15%,钢级为 X42～X70 的热轧管线钢中,锰含量大于 1.0%时,HIC 敏感性会突然增加;经过调质的同类管线钢,锰含量达到 1.6%时,锰对钢的抗 HIC 能力没有明显影响;在轧制状态下,碳含量为 0.01%～0.05%的同类钢,由于硬度降低到低于 300HV,即使钢中锰含量超过 2.0%,仍具有良好的抗 HIC 能力[63]。

钼 钼在低碳、超低碳钢中使针状铁素体的形成优先于多边形铁素体,抑制多边形铁素体的形成并使马氏体和粗大上贝氏体的形成量减少,是针状铁素体钢的基本合金元素之一,通常被限制在 0.3%以下。进一步增加钼含量,将使钢中 M+A 组织增多,降低钢的韧性。钼含量要根据板厚和冷却装置的冷却能力确定[50],在 X80 钢级中，钼含量为 0.15%～0.22%较理想，在 X100 或厚壁 X80 管线钢中钼含量一般为 0.2%～0.3%[64,65]。

硅　硅是作为脱氧剂加入的，固溶于钢中的硅对钢的韧性不利。钢中硅含量通常限制在 0.13%～0.33%。

氮　氮在钢中含量的最大值限制在 0.009%，一般应通过真空脱气来保证。为防止时效脆化，在含钒钢中 V/N 最小值应为 4∶1。

铌、钛、钒　这三种元素是作为微合金化元素而加入到钢中。管线钢是充分运用微合金化元素综合作用的范例。

铌是管线钢中不可缺少的微合金元素，可以产生非常显著的晶粒细化和比较强的沉淀强化作用，改善低温韧性。为有效发挥铌对抑制奥氏体再结晶的作用，应尽可能采用低的碳和氮含量。一般铌含量为 0.02%～0.05%。

少量的钛加入钢中时，在高温时主要与氮结合生成 TiN，其固溶度低，高温析出时能阻止初始奥氏体晶粒的长大，可改善钢的韧性。在较低温度下，钛主要形成 TiC，细小的 TiC 可通过奥氏体应变诱导析出、$\gamma \rightarrow \alpha$ 相变过程中相间析出和铁素体中沉淀析出的方式产生沉淀强化效果。特别是在铁素体中析出的 TiC 粒子，由于析出温度低，粒子直径小，沉淀强化作用大，为了使钢中有足够的钛能形成 TiC，要求钢中的氮含量要低。钛含量一般限制在 0.025%以下。

钒在钢中主要形成 VC 和 VN，它们在奥氏体中有比较高的固溶度，在高温均热时均处于固溶态，因而不能阻止奥氏体晶粒的粗化，也不能在热连轧温度范围大量应变诱导析出。钒最重要的作用是在铁素体中大量沉淀析出而产生强烈的沉淀硬化效果。钒在管线钢中可补充铌析出强化的不足，一般不单独使用。在管线钢中 Nb＋V 含量总和不大于 0.1%。

硼　硼在钢中的主要作用是，低碳的情况下可在较大的冷却范围内获得贝氏体组织。硼的加入量限制在 0.0007%～0.002%。微量的硼加入到钢中后，在奥氏体化时偏聚于奥氏体晶界，抑制铁素体在奥氏体晶界形核。一些高钢级管线钢是以超低碳贝氏体作为主要的基体组织。

硫　硫是管线钢中影响抗 HIC 能力和抗 SCC 能力的主要元素。随着硫含量的增加，裂纹敏感率显著增加，只有硫含量小于 0.0012%时，HIC 才明显降低。随着钢强度的增加，单纯降低硫含量尚不能防止 HIC。当硫含量不大于 0.002%时，Ca 处理可以很好地控制夹杂物形态，可使裂纹敏感性明显降低。Ca/S 通常为 1.25，低硫钢中的 Ca/S 约为 2，效果更好。通过炉外精炼、钙处理等工艺已可以生产出硫含量不大于 5ppm 的管线钢。

磷　磷是一种易偏析元素。磷含量大于 0.015%时，在钢中的偏析会急剧增加，显著降低钢的低温韧性。磷还恶化管线钢的焊接性能，在炼钢整个过程中均可脱磷，但最终脱磷是通过炉外精炼来完成，可使磷含量小于 10ppm。

氧　钢中氧化物夹杂是产生 HIC 和 SCC 根源之一，并危害钢的各种性能。为减少氧化物夹杂的数量，钢中的总氧含量控制在 10～20ppm。目前已可使总氧含量降低到不大于 10ppm 的水平[59]。

氢　氢是导致白点和发裂的主要原因。管线钢中的氢含量越高，HIC 产生的概率越大,腐蚀率越高。自真空技术出现以后,钢中的氢含量已可稳定地控制在2ppm以下。

铜 铜在钢中起固溶强化作用,含量超过0.2%时,能在钢的表面形成致密保护层,有效地防止氢原子渗入钢中,改善管线钢抗HIC能力。铜加入量限制在0.30%左右。对于耐CO_2腐蚀的管线钢,添加铜会增加腐蚀速率。

镍 镍可以改善钢的低温韧性,提高钢的淬透性及抗SCC能力,还可以防止铜加入钢中引起的热脆。

铬 铬可以提高钢的淬透性,在钢中可以改善管线钢抗HIC能力,加入量不超过0.6%。

多年来,管线钢的不断进步与发展表明,钢的成分设计、冶金技术与控轧控冷三者之间的最佳结合是决定管线钢优良综合性能的关键。我国和国外的管线钢技术标准中各钢级的化学成分都有相当宽的控制范围,有的可以相互重叠。成分相似的钢,采用不同的控轧控冷工艺,其性能相当于不同的钢级,应针对不同钢厂的设备的轧制和冷却条件,制定符合实际条件的控轧控冷工艺,包括铸坯的再加热温度、开轧温度和在奥氏体再结晶区的变形量、在非再结晶区的轧制和终轧温度的确定、轧后的冷却制度等。近年来,热连轧机组的轧制力不断提高,轧后冷却能力增强和卷取能力加大,这为开发高强韧性管线钢提供了很好的条件。

5.3.8.4 管线钢的开发与应用

20世纪80年代以前,我国石油天然气输送管道大部分采用国产A3(即Q235)和16Mn钢制造,没有专用的管线钢。80年代中期,完成了X60、X65钢的研制,并在武钢实现了X60、X65钢的工业生产。2004年建成的西气东输一线工程,主干线长4167km,采用针状铁素体X70钢,需用管材约175万t,部分钢材由宝钢、武钢、鞍钢、舞钢等钢厂提供。2010年建成的西气东输二线工程,主干线全长4843km,采用X80管线钢,使用总量为278万t,螺旋焊管用钢国产化率达100%,钢管用钢总国产化率超过80%。我国宝钢、武钢、鞍钢、首钢、太钢等多家大型钢铁企业已具备批量生产X80管线钢的能力[54]。目前我国已有能力生产X120钢级的管线钢。

表5.86为几种X60、X65管线钢的化学成分和力学性能。X60、X65管线钢的成分为低C-Mn-Nb-V-(Ti)系,均采用控轧控冷工艺进行生产并以控轧控冷状态交货。最终获得的组织一般为多边形铁素体和少量的珠光体,因成分和工艺的差异,亦可能出现针状铁素体,且随轧后冷却速率的增加,针状铁素体逐渐增多。当出现针状铁素体时,可以改善钢的韧性。少量的珠光体呈岛状沿晶界分布。TMCP技术与微合金化相结合,可以有效地细化晶粒,铁素体晶粒度为12级左右。组织中有一定数量的微合金碳氮化物。

表 5.86　几种 X60、X65 管线钢化学成分和力学性能

生产厂	钢级	化学成分/%									厚度/mm	$\sigma_{t0.5}$/MPa	σ_b/MPa	A_{kV}(横向)	
		C	Si	Mn	P	S	Nb	V	Ti	其他				温度/℃	冲击功/J
武钢[1,66]	X60	0.05～0.08	0.15～0.30	1.1～1.4	0.005～0.018	0.001～0.004	0.03～0.06			0.03～0.22	7.3～11.5	500～530	570～600	−30	190～355
宝钢[67]	X60	0.076	0.24	1.33	0.014	0.003	0.04	0.04	0.019	0.0048N	7.1～8.7	516	593	−30	163
鞍钢[68]	X60	0.082	0.214	1.39	0.013	0.0046	0.042	0.042	0.014	—	5.6～12.7	525	584	−20	153
武钢[1,66]	X65	0.04～0.08	0.15～0.30	1.2～1.4	0.008～0018	0.001～0.003	0.03～0.08			0.18～0.22	14.3	505～535	580～615	−30	111～190
宝钢[67]	X65	0.074	0.24	1.41	0.015	0.0033	0.038	0.051	0.018	0.0038N	7.1～8.7	517	594	−40	145
唐钢[69]	X65	0.07	0.24	1.36	0.010	0.003	0.030	0.035	0.023	0.032Als	7.0～7.9	500	595	−40	79～154

X70～X120 钢级管线钢的化学成分示例见表 5.87。表 5.88 为一些 X70～X120 钢级管线钢的力学性能。由于高钢级的管线钢有比较广阔的发展前景，市场竞争剧烈，管线钢生产厂将钢的成分配方和生产工艺视为企业机密，一些公开的资料对成分和工艺的报道常常语焉不详。

表 5.87　X70～X120 钢级管线钢的化学成分示例　　（单位：%）

生产厂	钢级	C	Si	Mn	P	S	Mo	Ni	Cr	Cu	Nb	V	Ti	N	Al
宝钢[70]	X70	0.06	0.26	1.39	0.015	0.004	0.18	0.14	0.03	0.28	0.07	0.03	0.02	—	—
鞍钢[71]	X70	0.066	0.20	1.56	0.014	0.0012	0.22	0.19	—	0.18	0.047	0.027	0.021	0.0076	0.052
武钢[70]	X70	0.04	0.21	1.50	0.01	0.002	0.23	0.20	0.03	0.27	0.05	0.01	0.02	—	—
新日铁[72]a	X70	0.07	0.11	1.53	0.008	0.001	0.11	0.017	0.03	0.27	0.027	0.05	0.015	0.0029	0.019
欧洲钢管[72]	X70	0.05	0.25	1.67	0.011	0.001	0.03	0.07	0.05	0.02	0.08	—	0.022	0.004	0.04
武钢[73]	X80	0.039	0.27	1.82	0.013	0.0005	适量	适量	—	适量	Nb+V+Ti≤0.08			0.0035	0.034
南钢[74]	X80	0.044	0.20	1.83	0.009	0.0009	适量	—	—	—	Nb+Ti=0.116			—	0.027
日本钢管[72]	X80	0.05	—	1.85	—	—	0.03	—	—	—	0.04	0.08	—	—	—
欧洲钢管[72]	X80	0.085	0.38	1.85	0.014	0.0017	0.01	0.03	0.05	0.03	0.044	—	0.019	0.006	0.030
鞍钢[75]	X100	0.06	0.24	2.0	0.010	0.003	适量	Ni+Cr+Cu≤1.5			Nb+V+Ti≤0.1			—	—
欧洲钢管[72]	X100	0.06	0.35	1.90	—	—	0.28	0.25	—	—	0.05	—	0.018	0.004	—
新日铁[1]	X100	0.05	0.26	1.74	0.014	0.001	—	0.46	—	0.26	0.038	0.04	—	—	—
宝钢[76]b	X120	0.06	0.25	1.90	0.004	0.0004	适量	Ni+Cr+Cu≤1.5			Nb+Ti≤0.08			—	—
新日铁[77]c	X120	0.041	—	1.93	—	—	0.32	适量			适量	—	0.020	—	—

注：a 含 0.0001%B；b 含 0.0012%B；c 含 0.0012%B。

表 5.88　一些 X70～X120 钢级管线钢的力学性能

生产厂	钢级	$R_{t0.5}$/MPa	R_m/MPa	$R_{t0.5}/R_m$	A_{50mm}/%	A_{kV}			DWTT	
						温度/℃	冲击功/J	SA%	温度/℃	SA%
鞍钢[68]	X70	535	660	0.85	39.5	−20	280	100	−10	100
新日铁[72]	X70	539	661	0.82	48.2	−20	240	98	—	—
欧洲钢管[72]	X70	548	629	0.87	49	−20	470	100	−5	93
武钢[73]	X80	615	680	0.90	40	−20	330	100	−15	100
南钢[74]	X80	601	683	0.88	41	−20	295	—	−15	95
日本钢管[72]	X80	575	684	0.84	—	−5	302(HAZ)	—	−32	85
欧洲钢管[72]	X80	607	716	0.85	23	−20	183	—	—	—

续表

生产厂	钢级	$R_{t0.5}$/MPa	R_m/MPa	$R_{t0.5}/R_m$	A_{50mm}/%	A_{kV}			DWTT	
						温度/℃	冲击功/J	SA%	温度/℃	SA%
鞍钢[75]	X100	768	916	0.84	28	−20	268	90	−5	95
欧洲钢管[72]	X100	752	816	0.92	18	−20	270	—	−50	85
宝钢[76]	X120	925	1000	0.925	26	−30	265	96	−20	90
新日铁[77]	X120	865	945	0.90	31	−30	335	—	−5	74

注:拉伸性能一般指横向。

X70～X120 钢级管线钢的成分为低 C-Mn-Mo-Nb(Ti,V)系,或加入 Cr、Ni、Cu、B 等,大多具有针状铁素体(AF)加贝氏体铁素体(BF 或 LF)的混合组织,并可能含有多边形铁素体(PF)、准铁素体(QF 或 MF)、粒状贝氏体(GB、GF 或 GBF)、残余奥氏体(γ_r)、M+A、珠光体(P)、退化珠光体(P′)、上贝氏体(UB)、下贝氏体(LB)等其他组织,以及在其上分布的微合金碳氮化物,这些组织的形成与钢的成分和 TMCP 技术密切相关。

图 5.10 为一种管线钢的 CCT 曲线,钢的基本成分:Fe-0.043%C-0.212%Si-1.64%Mn-0.26%Mo-0.022%Nb-0.016%Ti,钢料在 1100℃下产生 30%的压下量,然后以 2℃/s 的速率冷却到 875℃,在该温度下产生 46.7%的压下量,接着以不同的冷却速率进行冷却。由图可见,在冷却速率较慢时,得到的是 PF,随冷却速率的加快,PF 逐渐被 MF、GF 及 AF 取代,钢的硬度随之提高。研究工作表明,随着钢中加入 Mo、B 等元素,可以在相同的冷却速率下得到更多的 AF 和 GF;另外奥氏体的应变历史对组织转变也有很大影响[78]。

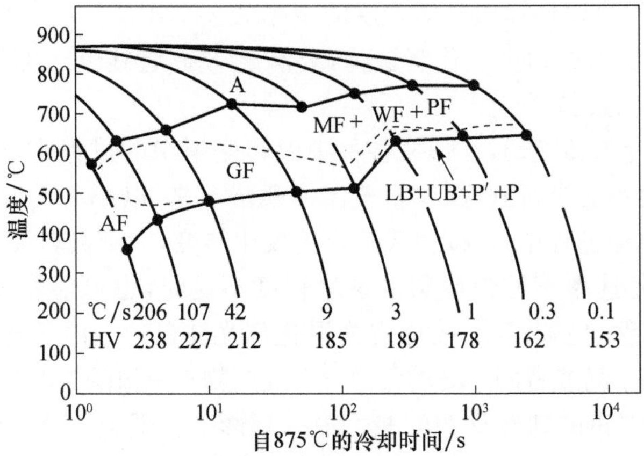

图 5.10　低 C-Mn-Mo-Nb-Ti 的钢的 CCT 曲线

本图原作者 Muddle,发表于 1994 年

图 5.11 为一种低 C-Mn-Mo 钢(含有 Cr、Ni、Cu)的 CCT 曲线[77]。该图把中温转变产物分为粒状贝氏体(α_B)和针状铁素体两类,在较低温度析出的称为针状铁素体(AF),并把 AF 等同于贝氏体铁素体(α°_B)。20 世纪 90 年代初期,日本一些学者提出针状铁素体是指光学显微镜下观察到的各种不规则形状铁素体的混合组织,标以“Z_W”。但 Z_W 所

指的范围,各学者之间也不统一。总之,国内外学者对贝氏体术语的理解还很不一致。由于在生产中,管线钢的组织很细、很复杂,各种组织的准确判定常常是比较困难的。

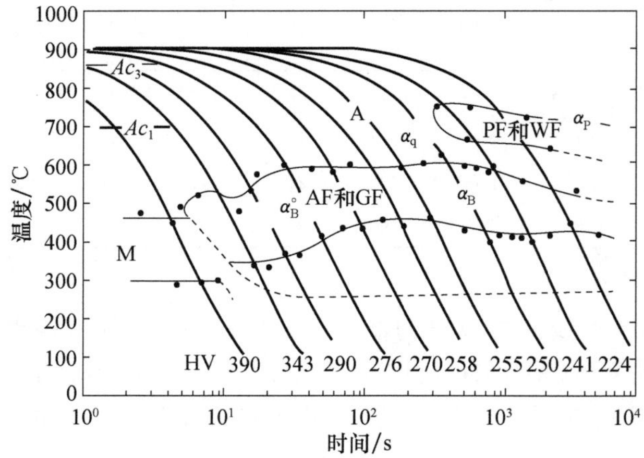

图 5.11　Fe-0.06%C-1.45%Mn-0.42%Mo-1.25%Cu-0.97%Ni-0.72%Cr 钢的 CCT 曲线[78]

图中符号的含义见表 3.6

目前对 X70、X80 的微观组织已有大量的研究。一般认为,较高含量的针状铁素体对钢的强韧性有利。在非结晶区(850℃),热变形可以显著提高针状铁素体的生成温度,连续冷却时,可在很宽的冷却速率范围生成针状铁素体[79]。提高热变形后的冷却速率和降低终冷温度有助于针状铁素体比例的提高[71,80]。针状铁素体板条束尺寸可以作为晶粒的有效尺寸。根据细晶强化项公式 $k_y \cdot d^{-1/2}$,针状铁素体板条束尺寸为 5μm,比例系数 k_y 取 17N · mm$^{-3/2}$,可以估算出其对强度的贡献为 240MPa。可见针状铁素体组织强化的作用十分突出[71]。有的研究工作者认为,要满足 X80 管线钢对力学性能的要求,必须有 80%左右的针状铁素体[81]。

这类钢在连续冷却转变时,在形成各种中温转变组织的过程中,由于相变温度较高,相变驱动力小,转变不能进行到底,少量奥氏体残留下来,以小岛的形式分布于板条间或大角度晶界上,在冷却过程中,富碳奥氏体可能发生转变,大部分转变为马氏体,最后形成 M+A 组织。当冷却速率不够快或碳的富集程度不足时,也可能转变为珠光体,但其中 Fe_3C 片往往很不完整,呈破碎状,故称之为退化珠光体(P′)。由于各奥氏体岛的碳富集程度不一,常出现各个岛或者同一岛的各部分转变产物不一致的情况。M+A 岛的数量、大小、形态及分布对管线钢的韧性及 HIC 抗力有一定影响。理想的情况应该是数量少、尺寸小、分布均匀、形状趋于球形,而长条状的或带有尖角的 M+A 岛对性能不利[77]。弥散的、线尺寸小于 2～3μm 且其中有 10%～20%残余奥氏体的 M+A 岛对钢的强度和韧性都是有利的。通过控制热变形工艺和冷却速率,可以得到较为理想的 M+A 岛的形状、尺寸和分布状况[82,83]。

在微合金化高强度管线钢的组织中,能观察到不同尺寸的碳氮化物,它们是在不同温度下析出的,主要碳氮化物如下[78]。

1）大块状碳氮化物

这类碳氮化物是在凝固时形成的，其尺寸在 1μm 以上，它的出现降低了微合金元素的有效利用率，可视为夹杂物。经常出现的是 TiN，在钢中氮含量高时，TiN 易在高温析出，并引起 Nb(C,N)依附在立方形的 TiN 外延生长。复合析出的(Nb,Ti)(C,N)的全固溶温度高，难于回溶到钢中，这种尺寸大的碳氮化物无法抑制再结晶奥氏体的粗化。这部分铌无法在未结晶区控制阶段发挥作用，成为无效铌，其含量可达 0.02%左右[10]。只有提高均热炉的温度，才可能使之重新溶解。

2）尺寸为 0.1～0.5μm 的碳氮化物

这类碳氮化物是在连铸板坯冷却过程的较高温度下析出的，再加热未溶解，主要是 TiN，因为 TiN 在奥氏体中的溶解度最低。这类碳氧化物主要作用是阻止奥氏体晶粒的长大，其数量少，十分分散，一般难以鉴别。

3）尺寸为 30～80nm 的碳氮化物

这类碳氮化物是热加工时应变诱导析出的，析出于位错线或应变带上，可以推迟形变奥氏体的再结晶，还可以增加未再结晶区的轧制变形量，得到薄饼形晶粒，在奥氏体冷却转变时，得到很细的铁素体晶粒。

4）尺寸小于 15nm 的碳氮化物

这类碳氮化物是在 $\gamma \rightarrow \alpha$ 转变过程中或从过饱和的铁素体中析出的，起到有效的强化作用，特别当尺寸为 2～5nm 时强化效果十分显著。这类析出物主要是 TiC 和 Nb、V 的碳氮化物。

近年来，国外开发了一种高铌管线钢的高温轧制工艺(high temperature processing，HTP)技术[84]。铌是现代微合金钢中最主要的元素之一，它提高非再结晶温度的作用十分明显。随着奥氏体状态下固溶铌含量的增加，再结晶温度将升高，并可在比传统管线钢 TMCP 工艺高的轧制温度下进行精轧，有助于减少精轧阶段的轧机负荷。为了提高铌在奥氏体中的固溶度，需降低钢中的碳含量。将碳含量降低到 0.03%左右，在 1100～1150℃温度范围可固溶 0.08%～0.12%的铌，从而形成管线钢的 HTP 技术[77]。一般认为，HTP 管线钢中 C 和 Nb 的含量应分别为 0.03%～0.04%和 0.08%～0.11%。传统的微合金化管线钢中的铌加入量为 0.03%～0.06%。由于铌有促进针状铁素体形成的作用，并采用超低碳的成分设计，使得这类管线钢有高的冲击韧性、良好的焊接性能及抗 HIC 能力。早期由于厚板生产厂的加速冷却能力不强，常加入钼以保证相变强化的效果。随着 TMCP 技术的发展，轧后冷却能力增加，因此可用铬代钼以保证强度，降低钢的成本。

HTP 技术已成功应用于超低碳高铌无钼 X80 管线钢的开发。2005 年建成投产的美国第一条 X80 输气管线中使用了 HTP 技术生产高铌 X80 管线钢，管线全长 616km，其化学成分和部分性能见表 5.89。该钢具有 X80 钢的高强度和高韧性。由于采用了超低碳设计，P_{cm} 低，具有好的焊管性能和现场环焊性能[85]。我国已开发出 HTP 技术生产的高铌 X80 管线钢，并已用于西气东输二线工程[83]。实际应用中，高铌管线钢在焊接过程中的组织恶化和韧性损伤等问题尚存在质疑。研究工作表明，焊接时热输入线能量在 30kJ/cm 以下时，HAZ 表现出最好的韧性，热输入线能量增加到 40kJ/cm 以上，冲击韧性会急剧下降。这是由于较大线能量输入时，HAZ 焊后冷却速率慢，出现粗大的粒状贝氏体组织，其中的 M+A 组织也相应粗化。因此焊接热能量不应超过 30kJ/cm，这样可以获得良好的使用性能[54]。

表 5.89 采用 HTP 技术生产美国第一条 X80 管线钢的化学成分与部分性能[77]

焊管	成分体系	化学成分/%								P_{cm}/%	$R_{t0.5}$/MPa	R_m/MPa	屈强比	DWTT		A_{kV}	
		C	Mn	Si	Nb	Cr	Mo	Ni	Ti					温度/℃	SA %	温度/℃	冲击功/J
UOE	新 HTP	0.04	1.58	0.13	0.098	0.24	—	0.14	0.011	0.15	605	703	0.86	−7	100	−7	292
SSAW	传统 HTP	0.03	1.68	0.27	0.095	—	0.30	—	0.019	0.16	585	707	0.83	—	—	—	—

随着输送管线网的发展,在地质环境恶劣或不稳定地区(地震、滑坡、冻土沉降等)敷设管道是不可避免的。为了提高在地质条件恶劣条件下管线的抗变形性能,提出了按“应变设计”的原则设计管线。

从设计管线角度考虑,为提高抗变形性能,可采取降低管线钢管的 D/t(D 为管外径,t 为管壁厚),使 $D/t \leqslant 45$,选用具有圆屋顶形的应力-应变曲线和具有高应变硬化指数 n 的管线钢。有明显物理屈服现象的管线钢,如铁素体-珠光体型钢,具有低的应变硬化指数($n<0.07$),其钢管承受轴向压缩产生局部皱曲的临界应变值非常小。不出现物理屈服、具有连续上升的所谓“圆屋顶形”应力-应变曲线的管线钢,其钢管承受轴向压缩产生局部皱曲的临界应变值则高得多,且随这种钢的应变硬化指数 n 的增高而升高。

这种具有较高抗变形性能的管线钢可以通过新的 TMCP 技术得到相对软硬两相的显微组织来实现,其中 X65～X80 钢级管线钢的显微组织由铁素体、贝氏体两相组成,X100 钢级的高抗变形性能管线钢的显微组织是被弥散的 M+A 组织强化的下贝氏体组织。这类钢与常规管线钢不同的特征是其屈强比低,一般小于 0.85,没有明显的物理屈服点,应变硬化指数 n 较高,可达 0.21[86]。表 5.90 为日本 JFE 公司开发的 X65～X100 级的高抗变形性能管线钢的力学性能,其中拉伸性能为焊管的纵向值,低的屈强比可以较好地抵抗因地面运动产生的大应变,其冲击韧性与常规 TMCP 钢在同一水平。JFE 公司开发的管线钢通过加速冷却工艺之后,立即感应加热至一定温度,然后空冷,以控制其显微组织。这一工艺的原理是在贝氏体完全转变温度之上停止加速冷却,此时保留了未转变的奥氏体相,其显微组织由贝氏体和未转变的奥氏体组成;然后立即利用在线加热设备加热,在加热过程中,贝氏体中的碳扩散到奥氏体中。加热后由于奥氏体含有高浓度的碳,可在空冷时形成 M+A 组织。钢的组织为在贝氏体上分布着弥散细小的 M+A 组织,将 M+A 组织体积分数控制在 5%以上时,屈强比可低于 0.80[77]。

表 5.90 JFE 公司开发的高抗变形性能管线钢的力学性能[77]

钢级	尺寸			$R_{t0.5}$/MPa	R_m/MPa	屈强比	n	冲击性能	
	外径 D /mm	壁厚 t /mm	D/t					冲击功/J	温度/℃
X65	762	19.1	40	463	590	0.78	0.16	271	−98
X80	610	12.7	48	553	752	0.74	0.21	264	−105
X100	914.4	15.0	61	651	886	0.73	0.18	210	−143

注:JFE 钢铁公司是由日本钢管(NKK)和川崎制铁于 2002 年合并而成。

1993 年,美国埃克森美孚石油公司预见到了天然气区域性需求的增长并研究了低造价管线所能带来的经济效益，开始致力于超高强度X120管线钢的研究开发，并于1996年分别与日本新日铁公司和住友金属公司签订了X120管线钢的联合开发协议，包括X120管线钢板和焊接材料的开发、直缝埋弧焊接和现场环缝焊接工艺、X120管线钢的止裂性能等多方面的深入研究。韩国浦项制铁公司也于同期开展了X120管线钢的研制工作。2004年2月，在加拿大艾伯塔省北部的皮尔利斯湖项目中，TransCanada公司采用日本新日铁公司生产的外径914mm、壁厚16mm的X120钢管建设了世界上首条X120管线示范段。

2005年以后，随着冀宁联络线X80管线钢的成功开发，武钢、鞍钢等大型钢企相继开始了X100/X120管线钢的研究开发。2006年3月和6月，鞍钢、南钢与华北石油钢管有限公司合作，分别成功开发出了ϕ813mm×14.3mm和ϕ813mm×12.5mm的X100直缝埋弧焊管。2006年10月，宝钢在新投产的5000mm宽厚板轧机上成功试制出超高强度X120管线钢板，其各项力学性能指标达到新日铁、住友金属等国际先进钢企所试制X120管线钢板的实物性能。2007年8月，武钢成功开发出X100板卷，填补了该领域的空白。2008年3月，太钢在2250mm热连轧生产线上成功试制出X120板卷，成为全球首家实现X120管线钢卷板试生产的企业。此外，武钢、鞍钢、南钢、舞钢等大型钢企均在开展超高强度X120管线钢的研制工作，并已取得显著进展。

目前已报道多种生产工艺可以实现X120级管线钢的开发，包括直接淬火+回火工艺(DQ-T)、间断式直接淬火工艺(IDQ)等。采用IDQ工艺可以获得以下贝氏体为主体的精细组织，生产效率比较高。从已有的研究结果看，在一定的工况条件下，X100级管线钢能够自行止裂，X120级管线钢依靠自身的韧性止裂还有困难。因此，要实现超高强度X120管线钢的大规模工程应用，还需要对X120级管线钢的韧性、焊接工艺、止裂能力预测模型等多方面进行更深入的研究[87]。

5.3.8.5 石油天然气工业管线输送系统用钢管标准

我国制定的GB/T 9711—2017《石油天然气工业　管线输送系统用钢管》中仍将钢管按质量等级分为PSL1和PSL2两类。PSL1类为一般钢管质量水平，PSL2具有较高质量等级。

钢管厚度$t \leqslant 25.0$mm的PSL1石油天然气输送用钢管(无缝管和焊的化学成分)的化学成分与表5.80略有差异，这里不再列入。

钢管厚度$t \leqslant 25.0$mm的PLS2钢管，其标准钢级的化学成分应符合表5.91的要求。表中钢名的前缀L表示输送管线(line)，后面的数字表示最小屈服强度。后缀R、N、Q、M分别表示交货状态：轧制、正火、淬火加回火、热机械轧制。

表5.91 $t \leqslant 25.0$mm PSL2石油天然气输送用钢管的化学成分(GB/T 9711—2017)

(单位：%)

钢级(钢名)	化学成分(最大)									碳含量(最大)	
	C^b	Si	Mn^b	P	S	V	Nb	Ti	其他	CE_{IIw} [a]	CE_{pcm} [a]
无缝和焊接钢管											
L245R/BR	0.24	0.40	1.20	0.025	0.015	c	c	0.04	e,l	0.43	0.25
L290R/X42R	0.24	0.40	1.20	0.025	0.015	0.06	0.05	0.04	e,l	0.43	0.25

续表

钢级(钢名)	化学成分(最大)									碳含量(最大)	
	C[b]	Si	Mn[b]	P	S	V	Nb	Ti	其他	CE_{IIw}[a]	CE_{pcm}[a]
无缝和焊接钢管											
L245N/BN	0.24	0.40	1.20	0.025	0.015	c	c	0.04	e,l	0.43	0.25
L290N/X42N	0.24	0.40	1.20	0.025	0.015	0.06	0.05	0.04	e,l	0.43	0.25
L320N/X46N	0.24	0.40	1.40	0.025	0.015	0.07	0.05	0.04	d,e,l	0.43	0.25
L360N/X52N	0.24	0.45	1.40	0.025	0.015	0.10	0.05	0.04	d,e,l	0.43	0.25
L390N/X56N	0.24	0.45	1.40	0.025	0.015	0.10	0.05	0.04	d,e,l	0.43	0.25
L415N/X60N	0.24[f]	0.45[f]	1.40[f]	0.025	0.015	0.10[f]	0.05[f]	0.04[f]	d,g,l	协商	
L245Q/BQ	0.18	0.45	1.20	0.025	0.015	0.05	0.05	0.04	e,l	0.43	0.25
L290Q/X42Q	0.18	0.45	1.40	0.025	0.015	0.05	0.05	0.04	e,l	0.43	0.25
L320Q/X45Q	0.18	0.45	1.40	0.025	0.015	0.05	0.05	0.04	e,l	0.43	0.25
L360Q/X52Q	0.18	0.45	1.50	0.025	0.015	0.05	0.05	0.04	e,l	0.43	0.25
L390Q/X56Q	0.18	0.45	1.50	0.025	0.015	0.07	0.05	0.04	d,e,l	0.43	0.25
L415Q/X60Q	0.18[f]	0.45[f]	1.70[f]	0.025	0.015	g	g	g	h,l	0.43	0.25
L450Q/X65Q	0.18[f]	0.45[f]	1.70[f]	0.025	0.015	g	g	g	h,l	0.43	0.25
L485Q/X70Q	0.18[f]	0.45[f]	1.80[f]	0.025	0.015	g	g	g	h,l	0.43	0.25
L555Q/X80Q	0.18[f]	0.45[f]	1.90[f]	0.025	0.015	g	g	g	i,j	协议	
L625Q/X90Q	0.16[f]	0.55[f]	1.90	0.020	0.010	g	g	g	j,k	协议	
L690Q/X100Q	0.16f	0.55[f]	1.90	0.020	0.010	g	g		j,k	协议	
焊接钢管											
L245M/BM	0.22	0.45	1.20	0.025	0.015	0.05	0.05	0.04	e,l	0.43	0.25
L290M/X42M	0.22	0.45	1.30	0.025	0.015	0.05	0.05	0.04	e,l	0.43	0.25
L320M/X46M	0.22	0.45	1.30	0.025	0.015	0.05	0.05	0.04	e,l	0.43	0.25
L360M/X52M	0.22	0.45	1.40	0.025	0.015	d	d	d	e,l	0.43	0.25
L390M/X56M	0.22	0.45	1.40	0.025	0.05	d	d	d	e,l	0.43	0.25
L415M/X60M	0.12[f]	0.45[f]	1.60[f]	0.025	0.015	g	g	g	h,l	0.43	0.25
L450M/X65M	0.12[f]	0.12[f]	1.60[f]	0.025	0.015	g	g	g	h,l	0.43	0.25
L485M/X70M	0.12[f]	0.45[f]	1.70[f]	0.025	0.015	g	g	g	h,l	0.43	0.25
L555M/X80M	0.12[f]	0.45[f]	1.85[f]	0.025	0.015	g	g	g	i,l	0.43	0.25
L625M/X90M	0.10	0.55[f]	2.10[f]	0.025	0.010	g	g	g	i,l		0.25
L690M/X100M	0.10	0.55[f]	2.10[f]	0.025	0.010	g	g	g	i,j	—	0.25
L830M/X120M	0.10	0.55[f]	2.10[f]	0.025	0.010	g	g	g	i,j		0.25

注：a 依据产品分析结果，$t>20.0$mm(0.787in)无缝管，碳当量的极限值应协商确定。碳含量大于 0.12%使用 CE_{IIw}，碳含量小于等于 0.12%使用 CE_{pcm}。CE_{IIw} 按式(4.76)计算，CE_{pcm} 按式(4.79)计算。b 碳含量比规定最大碳含量每减少 0.01%，则允许锰含量比规定最大锰含量高 0.05%。钢级不小于 L245/B，但不大于 L360/X52 时，最大锰含量不得超过 1.65%；钢级大于 L360/X52，但小于 L485/X70 时，最大锰含量不得超过 1.75%；钢级不小于 L485/X70，但不大于 L555/X80 时，最大锰含量不得超过 2.00%；钢级大于 L555/X80 时，最大锰含量不得超过 2.20%。c 除另有协议外，Nb+V 总含量不大于 0.06%。d Nb+V+Ti 总含量不大于 0.15%。e 除另有协议外，Cu 含量不大于 0.50%，Ni 含量不大于 0.30%，Cr 含量不大于 0.30%，Mo 含量不大于 0.15%。f 除另有协议外。g 除另有协议外，Nb+V+Ti 总含量不大于 0.15%。h 除另有协议外，Cu 含量不大于 0.50%，Ni 含量不大于 0.50%，Cr 含量不大于 0.50%，Mo 含量不大于 0.50%。i 除另有协议外，Cu 含量不大于 0.50%，Ni 含量不大于 1.00%，Cr 含量不大于 0.50%，Mo 含量不大于 0.50%。j B 含量不大于 0.004%。k 除另有协议外，Cu 含量不大于 0.50%，Ni 含量不大于 1.00%，Cr 含量不大于 0.55%，Mo 含量不大于 0.80%。l 除适用脚注 j 外的所有 PSL2 钢级适用上列内容。除另有协议外，不允许有意添加 B，残余 B 含量不大于 0.001%。

化学成分合格的 PSL2 石油天然气工业管线输送系统用钢管在验收时需经过一系列检验，主要有：拉伸试验、静水压试验、弯曲试验、压扁试验、CVN 冲击试验、DWT 试验及尺寸和外观缺陷等。

表 5.92 为 PSL2 钢管的拉伸试验要求。表 5.93 为 PSL2 钢管管体的 CVN 吸收功要求。DWT 试验在 0℃进行，每个试验为一组两个试样，平均剪切面积不小于 85%，如另有协议，可在较低温度下试验，这样的剪切面积保证在试验温度或高于试验温度时有足够的延性断裂。足够的剪切面积和足够的 CVN 吸收功是管体的一个基本特性，在输气管线中它能避免脆性开裂，并控制延性断裂的扩展。

表 5.92　PSL2 石油天然气输送用钢管的拉伸试验要求(GB/T 14164—2017)

钢管等级	无缝管和焊管管体						HFW、SAW 和 COW 管焊缝[i]
	屈服强度[a] $R_{t0.2}$/MPa		抗拉强度[a] R_m/MPa		屈强比[a,c] $R_{t0.2}/R_m$	伸长率(50mm) A_t/%	抗拉强度[d] R_m/MPa
	最小	最大	最小	最大	最大	最小	最小
L245R/BR、L245N/BN L245Q/BQ、L245M/BM	245	450[e]	415	655	0.93	f	415
L290R/X42R、L290N/X42N L290Q/X42Q、L290M/X42M	290	495	415	655	0.93	f	415
L320N/X46N L320Q/X46Q L320M/X46M	320	525	435	655	0.93	f	435
L360N/X52N L360Q/X52Q L360M/X52M	360	530	460	760	0.93	f	460
L390N/X56N L390Q/X56Q L360M/X56M	390	545	490	70	0.93	f	490
L415N/X60N L415Q/X60Q L415M/X60M	415	565	520	70	0.93	f	520
L450Q/X65Q L450M/X65M	450	600	535	760	0.93	f	535
L485Q/X70M L485M/X70M	485	635	570	760	0.93	f	570
L555Q/X80Q L555M/X80M	555	705	625	835	0.93	f	625
L625M/X90M	625	775	695	915	0.95	f	695

续表

钢管等级	无缝管和焊管管体						HFW、SAW 和 COW 管焊缝[i]
	屈服强度[a] $R_{t0.2}$/MPa		抗拉强度[a] R_m/MPa		屈强比[a,c] $R_{t0.2}/R_m$	伸长率 (50mm) A_t/%	抗拉强度[d] R_m/MPa
	最小	最大	最小	最大	最大	最小	最小
L625Q/X90Q	625	775	695	915	0.97[g]	f	—
L690M/X100M	690[b]	840[b]	760	990	0.97[h]	f	760
L690Q/X100Q	690[b]	840[b]	760	990	0.97[h]	f	—
L830M/X120M	830[b]	1050[b]	915	1145	0.99[h]	f	915

注：a 对于中间钢级，其规定最大屈服强度和规定最小屈服强度之差应与列表中邻近较高钢级强度之差相同，规定最小抗拉强度和规定最小屈服强度之差应与列表中邻近较高钢级强度之差相同。b 钢级大于 L625/X90 时，采用 $R_{p0.2}$。c 此限制适用于规定外径 $D>327.9$mm。d 对于中间钢级，其焊缝的规定最小抗拉强度与按 a 确定的管体抗拉强度相同。e 对于要求纵向检验的钢管，其最大屈服强度不大于 495MPa。f 规定最小伸长率 A_t 采用表 5.82 所示公式计算。g 经协商可规定较低的 $R_{t0.2}/R_m$ 比值。h 对于钢级大于 L625/X90 的钢管，$R_{p0.2}/R_m$ 适用，经协商可规定较低的 $R_{t0.2}/R_m$ 比值。i HFW 为高频焊，SAW 为埋弧焊，COW 为组合焊。

表 5.93　PSL2 石油天然气输送用钢管管体的 CVN 吸收功要求(GB/T 9711—2017)

规定外径/mm	全尺寸最小 CVN 吸收功 K_V/J						
	钢级						
	L415/X60	>L415/X60 ~L450/X65	>L450/X65 ~L485/X70	>L485/X70 ~L555/X80	>L555/X80 ~L625/X90	>L625/X90 ~L690/X100	>L690/X100 ~L830/X120
≤508	27	27	27	40	40	40	40
>508~762	27	27	27	40	40	40	40
>762~914	40	40	40	40	40	54	54
>914~1219	40	40	40	40	40	54	68
>1219~1422	40	54	54	54	54	68	81
>1422~2134	40	54	68	68	81	95	108

GB/T 9711—2017 的附录 H 对用于酸性条件下的 PSL2 钢管的技术要求规定了补充条款。

PSL1 钢管被认为不适合酸性服役。使用于酸性条件下的 PSL2 钢管的钢级有 8 个牌号：B、X42、X46、X52、X56、X60、X65、X70，后缀为交货状态：N(正火)、Q(淬火加回火)、M(热机械轧制)和 S(用于酸性条件下)。表 5.94 列出了在酸性条件下使用的 PSL2 钢管部分钢级的化学成分(B、X42、X46、X52 等钢级未列入)。

表 5.94　酸性条件下使用的 PSL2 钢管($t \leqslant 25.0$mm)部分钢级的化学成分(GB/T 9711—2017)

(单位:%)

钢级(钢名)	化学成分(最大)									碳含量[a](最大)	
	C[b]	Si	Mn[b]	P	S	V	Nb	Ti	其他	CE_{IIw}	CE_{pcm}
无缝和焊接钢管											
L390QS/X56QS	0.16	0.45	1.65	0.020	0.003[e]	0.07	0.05	0.04	c	0.50	0.21[d]
L415QS/X60QS	0.16[f]	0.45[f]	1.65[f]	0.020	0.003[e]	0.08	0.05	0.04	c,e,f	0.42	0.22[d]
L450QS/X65QS	0.16[f]	0.45[f]	1.65[f]	0.020	0.003[e]	0.09	0.05	0.06	c,e,f	0.42	0.22[d]
L485QS/X70QS	0.16[f]	0.45[f]	1.65[f]	0.020	0.003[e]	0.09	0.05	0.06	c,e,f	0.42	0.22[d]
焊接钢管											
L390MS/X56MS	0.10	0.45	1.45	0.020	0.002	0.06	0.08	0.04	c	0.43	0.21
L415MS/X60MS	0.10	0.45	1.45	0.020	0.002	0.08	0.08	0.06	c,e	0.43	0.21
L450MS/X65MS	0.10	0.45	1.60	0.020	0.002	0.10	0.08	0.06	c,e. g	0.43	0.22
L485MS/X70MS	0.10	0.45	1.60	0.020	0.002	0.10	0.08	0.06	c,e. g	0.43	0.22

注:a 碳含量大于 0.12%时使用 CE_{IIw},碳含量小于或等于 0.12%时使用 CE_{pcm},CE_{IIw} 按式(4.76)计算,CE_{pcm} 按式(4.79)计算。b 最大碳含量减小时,最大锰含量可增加,具体规定见标准。c Nb、V 和 Ti 含量之和应不大于 0.15%。d 对无缝钢管,列表值可增加 0.03。e 除另有协议,Mo 含量不大于 0.35%。f 除另有协议,Cr 含量不大于 0.45%,Ni 含量不大于 0.50%。g 除另有协议,Cr 含量不大于 0.45%。

酸性条件下工作的 PSL2 钢管应进行一系列力学和工艺试验:拉伸试验、CVN 冲击试验、DWT 试验、压扁试验、硬度试验、HIC 试验、SSC 试验等。

酸性条件下工作的 PSL2 钢管的拉伸试验要求与表 5.92 相同。

HIC 对钢材的常规强度指标影响不大,但对韧性指标影响较大,会使钢的脆性倾向加大,导致在内部产生阶梯型裂纹(stepwise cracking,SWC)。因此规定在酸性条件下工作的 PSL2 钢管需做 HIC/SWC 试验。我国制定了 GB 8650—88《管线钢抗阶梯型破裂试验方法》,后修改为 GB/T 8650—2006《管线钢和压力容器钢抗氢致开裂评定方法》。以后又修改为 GB/T 8650—2015《管线钢和压力容器钢抗氢致开裂评定方法》。

HIC 试验方法如下:按规定制备试样,试样的长度 L 为 100mm,宽度 W 为 20mm,厚度 T(mm)为管的整个厚度,最大为 30mm,每个试验钢管取三组试验试样,取样的长度方向应平行于轧制方向。试验在密闭的容器中进行,试验方法是将无应力的试样浸泡在下面两种标准溶液中的任一种中。溶液 A:常温常压下,含饱和硫化氢(H_2S)、氯化钠(NaCl)和乙酸(冰醋酸 CH_3COOH)的蒸馏水或去离子水溶液;溶液 B:常温常压下,含饱和硫化氢的人工海水。浸泡规定的时间后,取出试样并进行评定。温度保持(25±3)℃,时间 96h。试验后,对每个管线钢试样,垂直于轧制方向切取三个检查面,然后按图 5.12 进行测量。在测量裂纹的长度和宽度时,应把距离小于 0.5mm 的两条或两条以上的裂纹均看作一条裂纹。除了那些全部在试样内表面和外表面 1.0mm 以内的裂纹外,所有在放大 100 倍能识别的裂纹均应计算在内。然后计算出裂纹敏感率 CSR、裂纹长度率

CLR 和裂纹宽度率 CTR,计算公式如下:

$$\mathrm{CSR}=\frac{\sum(a+b)}{W\times T}\times 100\%$$

$$\mathrm{CLR}=\frac{\sum a}{W}\times 100\%$$

$$\mathrm{CTR}=\frac{\sum b}{T}\times 100\%$$

式中,a 为裂纹长度(mm);b 为裂纹宽度(mm);W 为试样宽度(mm);T 为试样厚度(mm)。抗 HIC 的评定要求为 CSR≤2%,CLR≤15%,CTR≤5%。

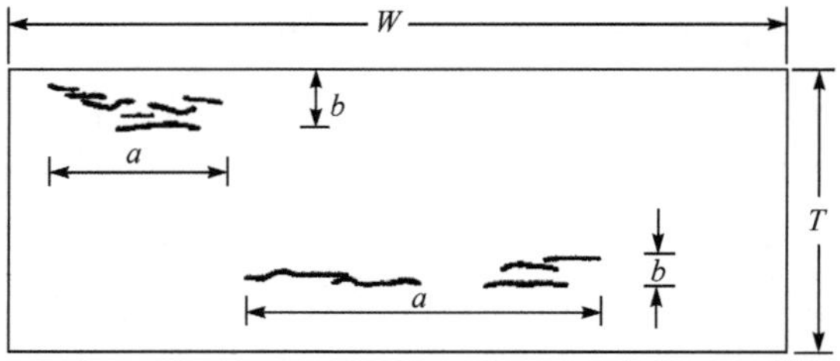

图 5.12　裂纹长度和宽度测量图

GB/T 9711—2017 附录 J 对在海上服役条件下的 PSL2 钢管的技术条件作了附加规定。使用于酸性条件下的 PSL2 钢管的钢级有 11 个牌号:B、X42、X46、X52、X56、X60、X65、X70,X80、X90、X100,后缀为交货状态(Q、M)和 O(表示服役情况)。

表 5.95 为海上服役条件下使用的 PSL2 钢管($t\leqslant 25.0$mm)部分钢级的化学成分(GB/T 9711—2017)。

表 5.95　海上服役条件的 PSL2 钢管($t\leqslant 25.0$mm)部分钢级的化学成分(GB/T 9711—2017)

(单位:%)

钢级(钢名)	化学成分(最大值)									碳含量(最大值)	
	C^{b}	Si	Mn^{b}	P	S	V	Nb	Ti	其他	CE_{IIw} [a]	CE_{pcm} [a]
无缝和焊接钢管											
L360QO/X52QO	0.16	0.45	1.65	0.020	0.010	0.10	0.05	0.04	c,e	0.43	0.20[d]
L390QO/X56QO	0.16	0.45	1.65	0.020	0.010	0.07	0.05	0.04	c,e	0.43	0.25[d]
L415QO/X60QO	0.16	0.45	1.65	0.020	0.010	0.08	0.05	0.04	c,e	0.41	0.22[d]
L450QO/X65QO	0.16	0.45	1.65	0.020	0.010	0.09	0.05	0.06	c,e	0.42	0.22[d]
L485QO/X70QO	0.17	0.45	1.75	0.020	0.010	0.10	0.05	0.06	c,e	0.43	0.25[d]
L555QO/X80QO	0.17	0.45	1.85	0.020	0.010	0.10	0.06	0.06	c,e	协议	
L625QO/X90QO	0.14	0.45	1.85	0.020	0.010	0.10	0.06	0.06	c,f	协议	
L690QO/X100QO	0.14	0.45	1.85	0.020	0.010	0.10	0.06	0.06	c,f	协议	

续表

钢级（钢名）	化学成分（最大值）								碳含量（最大值）	
	C^b	Si	Mn^b	P	S	V	Nb	Ti	其他	CE_{IIw} [a]	CE_{pcm} [a]
焊接钢管											
L360MO/X52MO	0.12	0.45	1.65	0.020	0.010	0.05	0.05	0.04	c,e	—	0.20
L390MO/X56MO	0.12	0.45	1.50	0.020	0.010	0.06	0.08	0.04	c,e	—	0.21
L415MO/X60MO	0.12	0.45	1.65	0.020	0.015	0.08	0.08	0.06	c,e	—	0.21
L450MO/X65MO	0.12	0.45	1.65	0.020	0.010	0.10	0.08	0.06	c,e	—	0.22
L485MO/X70MO	0.12	0.45	1.75	0.020	0.010	0.10	0.08	0.08	c,e	—	0.22
L555MO/X80MO	0.12	0.65	1.85	0.020	0.010	0.10	0.08	0.08	c,e	—	0.24

注：a 如碳含量大于 0.12%则使用 CE_{IIw}，如碳含量不大于 0.12%则使用 CE_{pcm}。b 碳含量比规定最大碳含量每减少 0.01%，则允许锰含量比规定最大锰含量高 0.05%，最大增加 0.20%。但钢级不小于 L625/X90 时，最大至 2.20%。c Nb+V+Ti 含量不大于 0.15%。d 对于无缝(SMLS)管，将表列值增加 0.03%，最大至 0.25%。e Cu 含量不大于 0.50%；Ni 含量不大于 0.50%；Cr 含量不大于 0.50%；Mo 含量不大于 0.50%；B 含量不大于 0.0005%。f Cu 含量不大于 0.50%；Ni 含量不大于 0.60%；Cr 含量不大于 0.55%；Mo 含量不大于 0.80%；B 含量不大于 0.0005%。

海上服役条件下工作的 PSL2 钢管应进行一系列力学和工艺试验：拉伸试验、CVN 冲击试验、硬度试验、钢管焊缝试验和 CTOD 试验等。

5.3.8.6　油气输送管线钢的包辛格效应

油气输送钢管的强度级别，如 X65、X70、X80，X 后的数字是指管体上材料屈服强度的最低值。由于由板到管的加工过程中屈服强度的损失，需在订购钢板时预先予以考虑，强度裕量的大小必须适当，太小会使成品管不合格，太大了则使成本增加，导致不必要的浪费。

油气管道用钢的卷板和钢管的强度测定方法国际上均采用美国石油学会(API)标准的规定：从卷板或者成品钢管上按确定的位置切割下一块毛坯料，将其矫平后加工成标准尺寸试样(通常试样工作部分宽 38.1mm，标距长度 50mm，全板厚)，然后做轴向拉伸试验。行业规定其屈服强度为弹、塑性总应变为 0.5%时所对应的应力定义为屈服强度，以 $R_{t0.5}$(或 $\sigma_{t0.5}$)表示[88]。我国也沿用此标准。

大口径输油气管线钢采用 UOE 方法制造时，由于先压成 U 形，再压成 O 形，这种方法生产的钢管不够圆，焊后必须用液压或机械方法进行扩管，扩径率一般为 0.5%～1.5%。这相当于产生 0.5%～1.5%变形的冷加工，可以消除应力集中和成形过程中产生的包辛格效应，提高屈服极限[89]。

具有铁素体-珠光体组织和具有高比例针状铁素体组织的钢板，一般具有明显不同的应力-应变行为，如图 5.13 所示。具有铁素体-珠光体类型组织的管线钢具有不连续的屈服行为，如图 5.13(a)所示，屈服极限为 σ_y。由这样的钢板进行纵向焊接的管道，在成形和扩管时，其屈服强度只稍有增加，其增加量为 $\sigma_{ap}-\sigma_y$，但此强度的增值通常比测试钢管屈服强度时因测试前由于展平钢管而引起的包辛格效应导致的强度损失 $\sigma_{ap}-\sigma_p$ 要小，即 $(\sigma_{ap}-\sigma_y)<(\sigma_{ap}-\sigma_p)$，亦即 $\sigma_p<\sigma_y$。因此这类钢板的屈服强度必须高于钢管规范要求的

强度。例如,工程需要 X65 级的管线钢,钢管规范强度应为 448MPa,必须用屈服强度至少为 469MPa 的钢板制造。与此相反,具有高比例针状铁素体组织的管线钢钢板,具有连续的应力-应变曲线,如图 5.13(b)所示,在纵向焊接管道和扩管时,屈服强度显著增加,包辛格效应较小,这将造成钢管的最终屈服强度 σ_p 比用来制作钢管的钢板的屈服强度 σ_y 高一些。这表示着可用屈服强度稍低的钢板来制作规范强度稍高的钢管,如可用屈服强度为 469MPa 的钢板制作 X70 钢管[90]。

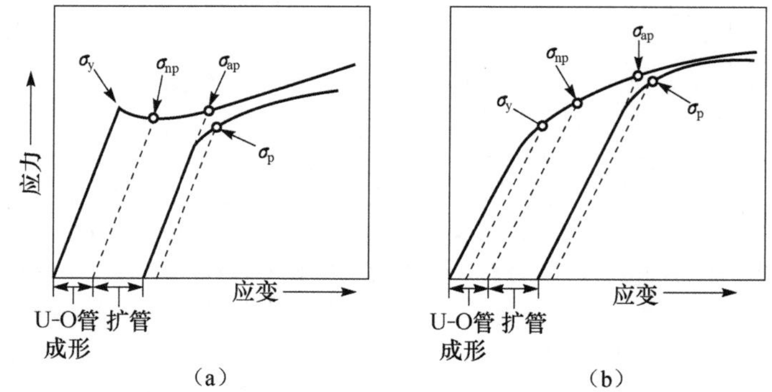

图 5.13　UOE 管屈服行为示意图[90]

(a) 普通铁素体-珠光体管线钢;(b) 高比例针状铁素体管线钢

σ_y—管线钢钢板的屈服强度;σ_{np}—未扩孔钢管的真实屈服强度;

σ_{ap}—扩孔钢管的真实屈服强度;σ_p—扩孔钢管取样并展平的拉伸试样屈服强度

螺旋焊管的情况与上面的情况不同。螺旋焊管的制作工艺是:成卷的热轧钢板首先开卷、展平、铣边,钢板按规定的成形角,进入成形机组成形、焊接,制成钢管[91]。在制作过程中,首先展平板卷,使钢板一面受拉,一面受压;卷管时,原受拉面卷制成钢管的内表面,即受压,而原受压面卷制成钢板的外表面,即受拉。最后做水压试验时,钢管内外表面均受拉,最大总变形量不超过 2%。根据以上分析,钢板在制管过程中,内表面经受拉-压-拉变形过程,产生反复两次包辛格效应,而外表面经受了压-拉-拉变形,最后的两次拉伸使材料强化。因此,外表面的形变抗力高于内表面[92]。

在弯曲变形时,横截面距表面不同距离处的应变量不同,反向应变时的包辛格效应不同,对整个试验所表现的包辛格效应的贡献也不同,这表明板厚对包辛格效应有比较大的影响。由于沿板厚方向应变分布不均匀,表层进入塑性变形,而心部仍为弹性变形,这导致卸载后,产生了宏观残余应力。因此,由管体取样、展平后再做拉伸试验,其包辛格效应大于从板卷取样,更大于原材料。一般情况下,强度越高,塑性变形卸载后,残余应力越大,包辛格效应越大;呈现屈服平台的钢的包辛格效应大于没有物理屈服平台的钢。增大卷板在成形过程中的塑性变形量可以减小包辛格效应。材料因素、加载方式、加载历史、钢管成形时的变形量及试样几何形状都对包辛格效应产生影响[93,94]。

制造螺旋焊管时,由于制管过程中形变强化作用较小和包辛格效应,管体的屈服强度一般低于板卷的屈服强度。热轧板卷材料为铁素体-珠光体组织时,制成钢管后因包辛格效应引起的屈服强度损失为 30~50MPa,壁厚越大,此数值越高。针状铁素体组织的钢管的包辛格效应为 10~20MPa,有时甚至为负值[91]。在设计和制造油气输送管道时,选取板卷屈服强度时，应考虑留有必需的裕量。

5.3.9　连续油管用钢

连续油管(coiled tubing，CT)是由长度在百米以上的钢管焊接而成的无接头连续管，长度可达几千米(最大长度已达 9000m 左右)，缠绕在直径 1m 以上的卷筒上。连续油管主要用于油田修井、测井、钻井、采油等作业。连续油管及其操纵设备称为连续油管作业机(coiled tubing unit，CTU)。1962 年美国制造了首台连续油管作业机，用于油井作业。油管外径为 15.2mm，长度为 4573m。经过几十年的发展，连续油管技术有了很大的进展，对连续油管用材料的性能也有了更高的要求，已从普通碳素钢发展成高强度低合金钢，钢级已从最初的 CT55 发展到 CT110，还根据特殊的服役要求，开发出了 16Cr、钛合金等抗腐蚀性能的连续油管。

连续油管的制造工艺如下：将板卷按管径所要求的宽度进行纵剪，将纵剪好的钢带的头部和尾部按一定角度剪齐对焊起来，并对钢带焊缝施以形变热处理，以消除焊缝应力。然后在成型机中能将钢带弯曲成形为管坯，用高频电流将带钢边部加热至 1400℃，通过机械辊将其挤压焊接在一起，通过定径辊实现成品管定径。对连续油管的焊缝进行消除应力的退火，并对全管体进行退火处理以消除加工应力。最后将钢管缠绕到卷筒上[95]。

连续油管用钢的主要性能要求[95]：

(1) 高强度。连续油管井下作业的深度可达 6000m 以上，要求强度较高，不同作业时，在井下需要承受拉、压、扭、弯复合载荷，管内要承受高达 20～70MPa 的液体或气体压力。因此，连续油管的屈服强度一般应大于 485MPa，抗拉强度大于 552MPa，屈强比不大于 0.85。

(2) 高塑性。连续油管缠绕在卷筒上，每次作业时从卷筒上打开矫直，经过导向拱弯曲后进入注入头，经过注入头矫直并在夹持力作用下注入井下。每次下井过程中连续油管需要塑性变形 3 次，作业完毕卷曲时再变形 3 次，并且都达到了塑性变形。每卷连续油管大约需重复使用 15～25 次，这对产品的塑性提出了较高的要求。

(3) 低周疲劳。连续油管的循环加载卸载会导致低周疲劳，因此，要求有高的低周疲劳性能。由于连续油管的作业情况不同，不宜对连续油管的低周疲劳性能进行标准化，目前多采用接近实际工作条件的模拟试验以检测连续油管的低周疲劳性能。

(4) 连续油管在井下作业时，油气可能含有 H_2S、CO_2、Cl^- 等腐蚀介质，在应力和腐蚀介质的共同作用下，对连续油管的抗腐蚀性能也提出了一定的要求。

2010 年 4 月美国石油学会出版了第一版 API SPEC 5ST《连续油管规范》，这是目前国际上唯一公开发行的连续油管产品制造标准[96]。该规范规定的连续油管用钢的化学成分和力学性能要求见表 5.96，连续油管用钢均需经过炉外精炼和采用控轧控冷工艺，钢管直径为 19.1～88.9mm，壁厚为 1.8～7.6mm。

表 5.96　连续油管的化学成分和力学性能[96]

钢级	化学成分/%					屈服强度/MPa	抗拉强度/MPa	最小伸长率/%	硬度(管体和焊缝)HRC
	C	Mn	Si	P	S				
CT70	≤0.16	≤1.20	≤0.50	≤0.025	≤0.005	483~552	≥552	30	≤22
CT80	≤0.16	≤1.20	≤0.50	≤0.020	≤0.005	552~621	≥621	28	≤22
CT90	≤0.16	≤1.20	≤0.50	≤0.020	≤0.005	621~689	≥689	25	≤22
CT100	≤0.16	≤1.65	≤0.50	≤0.025	≤0.005	≥689	≥758	22	≤28
CT110	≤0.16	≤1.65	≤0.50	≤0.025	≤0.005	≥758	≥793	18	≤30

注:钢中可加入 V、Nb、Ti 或它们的组合。其他元素 Cr、Mo、Ni、Cu、B 的加入由供需双方协商,加入量应谨慎确定,应考虑对管材焊接性能的影响。连续油管一般不要求做冲击试验。最小伸长率的数据来源于文献[97],或按表 5.92 注中的公式计算。

由于包辛格效应,卷曲后的连续油管比未卷曲的连续油管屈服强度下降 5%~10%,因此,应根据第一道卷取工序之前进行的拉伸试验结果确定连续油管的钢级。用户对卷取的钢管进行拉伸试验复检时,允许钢管的屈服强度比制造商测定的未卷取钢管的屈服强度低 5%~10%。在实际服役过程中,连续油管在经过数次卷取后,其屈服强度会下降到某个稳定数值。

我国于 1972 年引进了第一台 CTU,以后陆续引进多台,分布于许多油田。20 世纪 90 年代初,我国开展了 CT 技术与装备的研究工作,一些企业和研究单位相继开展了连续油管用钢的试验研究。

我国于 2012 年制定了石油天然气行业标准 SY/T 6895—2012《连续油管》,该标准等同采用 2010 年第一版 API SPEC 5ST《连续油管规范》。SY/T 6895—2012 规定了长度不小于 61m(200ft)油气用非合金钢和低合金连续油管的材料、制造、技术要求、试验等,该标准连续油管的钢级包括 CT70、CT80、CT90、CT100、CT110,其化学成分与力学性能要求与 API SPEC 5ST《连续油管规范》一致,见表 5.96。根据购方协议要求,可进行夏比 V 型缺口冲击韧性试验,采用全尺寸横向试样,在 0℃下进行,其最低吸收能量平均值是 41J,单个试验的最小值应不小于 27J。

应在钢带对焊和钢管对焊的每个焊缝、热影响区及管体(靠近内径和外径及壁厚中间)上进行硬度测试,作为焊接工艺评定的一部分。当用户有要求时,晶粒度应为 8 级或 8 级以上。各类夹杂物分别不超过 1.5 级,总和不超过 4.5 级。对连续油管还应进行压扁试验、扩口试验、静水压试验、连续油管疲劳寿命检测等。

表 5.97 为一些连续油管试验用钢的化学成分,各元素在连续油管用钢中的作用与这些元素在油气输送管线用钢中相同,表中所列各钢级均采用纯净钢冶炼技术。

表 5.97　一些连续油管试验用钢的化学成分　　(单位:%)

序号	钢级	C	Si	Mn	P	S	Cr	Mo	Ni	Cu	Nb	V	Ti
1[98]	CT80	0.12	0.35	0.85	0.012	0.003	Cr+Mo+Ni+Cu+Nb=1.01					—	—
2[99]	CT80	0.05~0.12	≤0.45	0.70~1.20	≤0.015	≤0.002	0.45~0.65	0.24	≤0.25	≤0.30	0.049	0.015~0.04	0.015~0.04
3[100]	CT90	0.12	0.36	0.90	—	<0.005	0.50	0.15	0.15	0.25	Nb+ V+ Ti≤0.06		
4[101]	CT100	0.04~0.10	0.12~0.20	0.90~1.60	0.012	0.0009	适量				适量	—	适量

序号为 1 的 CT80 钢用于制作 ϕ31.8mm×3.18mm 的连续油管，经过控轧控冷工艺制备出板卷，其组织以粒状贝氏体为主，含有少量细小珠光体，晶粒度为 12 级。将板卷在钢管成型装置上成形，通过高频感应加热至 1200℃以上，在挤压力作用下使其焊合成管体，再加热至两相区(700～800℃)进行处理。对制成的连续油管进行测试，其纵向屈服强度为 583MPa，抗拉强度为 703MPa，伸长率为 29.3%，屈强比为 0.83，经过对比试验，连续油管的低周疲劳寿命比进口油管高出 27%。连续油管的其他工艺性能均达到 API SPEC 5ST 的要求。钢的显微组织以多边形铁素体为主，含有针状铁素体、细小的珠光体和 M+A 岛等。试验表明，管材具有良好的抗氢致开裂和抗硫化物应力腐蚀开裂的性能。

序号为 2 为非调质 CT80 连续油管用钢。通过控制轧制和冷却工艺参数，可以获得针状铁素体和贝氏体的复相组织，在针状铁素体基体上弥散分布有约 4%的细小 M+A 岛，其性能可以满足强韧性的要求[99]。

序号为 3 的 CT90 钢用于制作 ϕ38.1mm×3.18mm 的连续油管，该钢的热轧板卷经过成型、焊接制管后，再经整管热处理。CT90 钢连续管的组织以多边形铁素体为主，占 70%左右，在铁素体晶界位置分布粒状贝氏体，而粒状贝氏体由细小的不同位相的铁素体和 M+A 岛(2%～3%)组成，晶粒度为 13 级。对 CT90 连续油管进行整管拉伸试验，其力学性能如下：抗拉强度为 735MPa，屈服强度为 670MPa，伸长率为 23.7%，屈强比为 0.91。连续管焊缝、热影响区、母材的硬度均小于 238$HV_{0.5}$，且波动较小。CT90 钢具有良好的抗氢致开裂和抗硫化物应力腐蚀开裂的能力。CT90 钢级连续管低周弯曲疲劳试验较之 CT80 钢级连续管在相同条件下的寿命提高 10%。

序号为 4 的 CT100 钢在热轧控制上采用两阶段轧制和控制冷却工艺。CT100 钢卷的典型显微组织为铁素体+贝氏体+少量珠光体组织，组织均匀，无明显的带状组织，晶粒度为 12～13 级，各类夹杂物的级别均小于 1.0 级。CT100 钢卷的力学性能：屈服强度不小于 552MPa，抗拉强度不小于 719MPa，伸长率不小于 16.7%，屈强比为 0.77，硬度小于 19.7HRC。采用上述钢卷在高频电阻连续直缝焊管机组上制成连续油管，再经焊缝热处理和整管热处理、冷却和缠绕，制成 ϕ31.8mm×2.87mm 的小口径连续油管。对成品连续油管进行拉伸和硬度检验，其强度明显提高，屈服强度达到 745MPa，而抗拉强度达到 800MPa，硬度略有上升，达到 24HRC，其疲劳寿命优于进口产品。

5.4　低合金高强度冲压钢

低合金高强度冲压钢是一类具有较高的强度、塑性，同时又具有良好冷成形性能的钢，其中应用最多的是汽车用高强度冲压钢板，特别是薄钢板，一直是随着汽车工业的发展而发展。通常一辆轿车使用 600～800kg 薄钢板，由薄板冲压成形的零件达 500～600 件，发达国家约 50%以上的薄钢板用于汽车工业。由于能源危机、环保和安全意识的增强，节能、环保、安全已是全球汽车行业今后发展的主要趋势，解决上述问题的有效手段是汽车轻量化，而轻量化的有效措施是采用高强度钢板。一系列的试验表明，对于一般乘用车，如自重减少 10%，则油耗可降 8%，排放可降 5%。采用高强度钢板还可在减少面板厚度的情况下，改进汽车的安全性[1,102]。

汽车用低合金高强度冲压钢板可分为两类：一类是高强度热轧板，如大梁、车轮、桥壳等，这类钢要求强度高、韧性好，同时具备良好的冲压成形性，即弯曲性能和翻边性能。另一类为高强度冷轧钢板，这类钢除要求强度高外，更重要的是具有良好的深冲性能。

我国在 2007 年开始制定《汽车用高强度热连轧钢板及钢带》的系列标准，至 2023 年，陆续发布了 7 个部分，其中部分标准还进行了修订，这 7 个部分是：GB/T 20887.1—2017《汽车用高强度热连轧钢板及钢带　第 1 部分：冷成形用高屈服强度钢》，GB/T 20887.2—2022《汽车用高强度热连轧钢板及钢带　第 2 部分：高扩孔钢》，GB/T 20887.3—2022《汽车用高强度热连轧钢板及钢带　第 3 部分：双相钢》，GB/T 20887.4—2022《汽车用高强度热连轧钢板及钢带　第 4 部分：相变诱导塑性钢》，GB/T 20887.5—2022《汽车用高强度热连轧钢板及钢带　第 5 部分：马氏体钢》，GB/T 20887.6—2017《汽车用高强度热连轧钢板及钢带　第 6 部分：复相钢》，GB/T 20887.7—2017《汽车用高强度热连轧钢板及钢带　第 7 部分：液压成形用钢》。我国于 2006 年开始制定的《汽车用高强度冷连轧钢板及钢带》系列标准分为 12 个部分，其中部分标准还进行了修订，这 12 个部分是：GB/T 20564.1—2017《汽车用高强度冷连轧钢板及钢带　第 1 部分：烘烤硬化钢》，GB/T 20564.2—2017《汽车用高强度冷连轧钢板及钢带　第 2 部分：双相钢》，GB/T 20564.3—2017《汽车用高强度冷连轧钢板及钢带　第 3 部分：高强度无间隙原子钢》，GB/T 20564.4—2022《汽车用高强度冷连轧钢板及钢带　第 4 部分：低合金高强度钢》，GB/T 20564.5—2022《汽车用高强度冷连轧钢板及钢带　第 5 部分：各向同性钢》，GB/T 20564.6—2022《汽车用高强度冷连轧钢板及钢带　第 6 部分：相变诱导塑性钢》，GB/T 20564.7—2022《汽车用高强度冷连轧钢板及钢带　第 7 部分：马氏体钢》，GB/T 20564.8—2015《汽车用高强度冷连轧钢板及钢带　第 8 部分：复相钢》，GB/T 20564.9—2016《汽车用高强度冷连轧钢板及钢带　第 9 部分：淬火配分钢》，GB/T 20564.10—2017《汽车用高强度冷连轧钢板及钢带　第 10 部分：孪晶诱导塑性钢》，GB/T 20564.11—2017《汽车用高强度冷连轧钢板及钢带　第 11 部分：碳锰钢》，GB/T 20564.12—2019《汽车用高强度冷连轧钢板及钢带　第 12 部分：增强成形性双相钢》。有关这类钢的详细论述，可参阅有关专著[103]。

5.4.1　低合金高强度冲压钢板对性能的要求

钢质冲压件所要求的形状都是通过对钢板的塑性变形来完成的，对低合金高强度冲压钢板除要求规定的强度、塑性等常规性能外，主要要求具备良好的成形性能(formability)。

在冲压工艺中，最基本的成形方式有四种：拉深、胀形、翻边和弯曲。钢板各种成形方式的能力称为成形性能，各种成形性能参数称为成形参数。拉伸试验是评价钢材强度、塑性最基本的试验方法，可以通过拉伸试验开发一些用来评价钢板成形性能的参数。由于冲压过程的应力、应变千差万别，有时难以用几个成形参数加以评价，有些成形参数是用模拟试验测得的。

5.4.1.1　拉伸试验测定的基本成形参数

用简单的拉伸试验得到的试验值有：屈服点 σ_s、抗拉强度 σ_b、屈强比 σ_s/σ_b、最大均匀应变量 ε_u、总伸长率 δ、形变强化指数 n、塑性应变比 r、塑性应变比加权平均值 $\bar{r}$、塑性应变比平面各向异性度 Δr 等。上述各参数的意义在有关章节中已有论述(4.1.1 节、4.7.1 节)。

一般情况下可以认为，当屈强比 σ_s/σ_b 较小时，板材的屈服点低，进行冲压变形的范围大，而且在曲面零件冲压成形时，容易获得加大的拉应力，减小回弹，使成形的形状得以稳定。均匀应变量 ε_u 较大时，板材具有较大的变形稳定性，不易产生局部的过大变形而导致破裂，因此板材均匀变形量大对拉深类成形有利。

形变强化指数 n 和塑性应变比 r 是两个最重要的成形性评定参数。

形变强化指数 n 大的板材，在冲压成形时加工硬化剧烈，亦即变形抗力增加较快，以致变形区内各部分的变形程度趋于均匀，使总体变形程度增加，这对拉深类冲压有利。考虑到板材的方向性，一般都在与板材纤维方向呈 0°、45°、90°三个方向取样，进行拉伸。最后，按式(5.21)计算其平均值：

$$\bar{n} = \frac{n_0 + 2n_{45} + n_{90}}{4} \tag{5.21}$$

$\bar{r}$ 反映的是板材垂直方向的各向异性。$\bar{r}$ 大时，表明板材在厚度方向上的变形比较困难，比板平面方向上的变形小，在拉深类变形中，板材的变薄量小，有利于这类冲压件的成形。$\bar{r}$ 与深冲成形结果的好坏有一定的关系，并与极限拉伸比(limiting draw relation, LDR)的变化十分一致。$\bar{r}$ 与钢板的织构、晶粒度等因素有关(4.7.1 节)，亦和板材的生产工艺有关。

冷轧压下率提高，将明显提高 r_{45}，该值对 $\bar{r}$ 影响较大，通常在压下率为 75%～80% 时，r_{45} 呈现最佳值，进一步提高压下率，将使 r_{45} 下降；通常板厚为 0.7～1.0mm 时，r 呈现 $r_{90}>r_{45}>r_0$ 的情况，在板厚为 1.2～1.5mm 时，$r_{90}>r_0>r_{45}$，这表明，$\bar{r}$ 随板厚的增加而下降[102]。

Δr 表示板厚方向性系数在板平面不同方向上的差异。Δr 大时，板材的方向性强，结果引起塑性变形分布的不均，造成圆筒形拉深件的厚度不均和制耳现象严重。深冲用钢板希望 Δr 越小越好。

应当注意，不少冲压变形的板厚方向性系数 r 越大，其平面各向异性度 Δr 也越大。因此，在选择 r 时，需考虑它对拉深成形具有有利影响和不利影响两个方面[102]。

薄钢板在冲压变形过程中，由于冲压速率的改变，其成形性能会发生变化。已证明，材料在塑性变形时，施加在材料上的应力与应变速率之间存在如下关系：

$$\sigma = k\dot{\varepsilon}^m \tag{5.22}$$

式中，m 为应变速率敏感系数，表示材料随应变速率改变的硬化指数。m 越大，表明材料在冲压速率发生变化时，均匀变形的能力越强，成形性越好[8]。

5.4.1.2　模拟试验测定的成形参数

模拟试验亦称直接试验。试验时，试件所受到的应力状态和所产生的变形都和真实的冲压加工工艺相同，这样，不仅可以评定板材的冲压性能，还可以得到某些可供制定冲压工艺用的工艺参数。

在 4.7.4 节中介绍了我国常用的金属杯突试验方法和测定的杯突值 IE。下面介绍其他一些试验方法和可获得的成形参数[104]。

1) 拉深性能试验和极限拉伸比(LDR)

利用 Swift 试验装置可以确定最大拉深强度。我国采用类似的方法,制定了国家标准 GB/T 15825.3—2008《金属薄板成形性能与试验方法　第 3 部分:拉深与拉深载荷试验》(代替 GB/T 15825.3—1995)。试验方法是用不同直径的圆片试样,在规定的装置中进行拉深成形,以 1.25mm 为直径级差改变试样外径,取试件侧壁不致破裂时可能拉深成功的最大试样直径 $D_{0\max}$ 与凸模直径 d_p 之比,即

$$LDR = D_{0\max}/d_p \tag{5.23}$$

LDR 越大,板材的拉深性能越好。

2) 球底锥形件拉深试验

判断板材对于球面形状零件成形及一些大型覆盖件加工成形的适应能力,可以采用一种模拟这种变形特点的试验方法,即球底锥形件的拉深试验方法。日本于 1963 年已把它作为一种标准,其试验装置如图 5.14 所示。用顶部为半球形的冲头和锥角 θ 为 60℃ 的凹模,在不用压边的条件下进行拉深成形,并取冲头直径 d_p 与试件外径 D_0 比值 $d_p/D_0=0.35$。当拉深试样出现破裂时,取出试样测量其口部直径,称此值为 CCV(锥杯值),其计算方法如下:

$$CCV=(D_{\max}+D_{\min})/2$$

或

$$CCV=(D_0+D_{90}+2D_{45})/4$$

式中,$D_{\max}$ 与 $D_{\min}$ 分别为拉深试样破裂时口部的最大直径与最小直径;D_0、D_{90} 与 D_{45} 分别为板材的轧制方向、横向与 45°方向处口部直径。

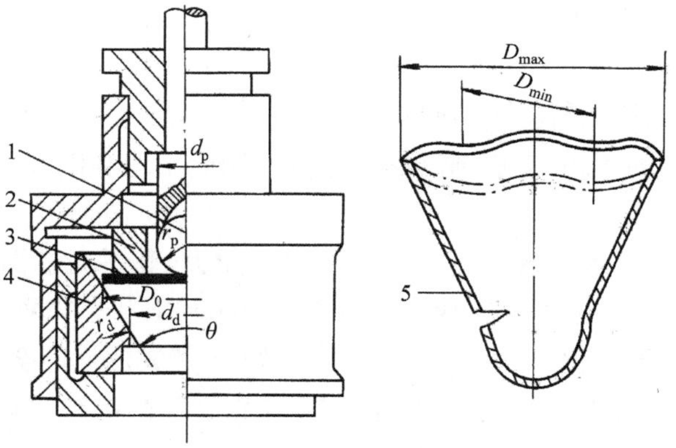

图 5.14　球底锥形件拉深试验装置

1—球冲头;2—压料板;3—试件;4—凹模;5—破裂后的球底锥形件

该试验装置根据板料厚度分为四种型式:

13 型:冲头直径 12.70mm,试件直径 36mm,适应板厚 0.5～0.8mm;

17 型:冲头直径 17.46mm,试件直径 50mm,适应板厚 0.8～1.0mm;

21 型:冲头直径 20.64mm,试件直径 60mm,适应板厚 1.0～1.3mm;

27 型:冲头直径 26.99mm,试件直径 78mm,适应板厚 1.3～1.6mm。

试验结果表明,CCV 越小,即试件破裂时口部直径越小,反映板材可能产生的变形越大,即表明板材成形的冲压性能越好。CCV 用作拉深+胀形复合成形性能的判据。

3）翻边性能试验与极限扩孔率 λ

翻边与胀形一样，都是拉深类冲压成形中的最基本工序。作为翻边性能的工艺试验方法，主要采用扩孔试验。德国的 KWI 研究所首先提出的一种扩孔试验方法，称为 KWI 扩孔试验。我国采用类似的方法并制定了国家标准 GB/T 15825.4—2008《金属薄板成形性能与试验方法　第 4 部分：扩孔试验》(代替 GB/T 15825.4—1995)。

试验时，将中心带有预制圆孔(在试样的中心部位冲制直径为 10mm 的圆孔)的试样置于凹模与压边圈之间压紧，通过头部锥度为 60°的凸模将试样材料压入凹模，迫使预制圆孔直径不断扩大，直至孔口边缘出现裂纹为止。用极限扩孔率 λ 作为鉴定板材翻边性能的材料特征值。极限扩孔率 λ 按下式计算：

$$\lambda = (d_f - d_0) / d_0 \times 100\% \tag{5.24}$$

式中，d_f 为开始出现裂缝时的孔口直径；d_0 为预加工小孔直径。λ 越大，板材的翻边性能越好。

随着现代汽车对外观的要求日益严格和造型趋于复杂，对冲压成形性能的要求也有了更高的要求。随着冶金技术的进步，先后开发出不同冲压级别的冲压钢板，如一般商用级(CQ)、普通冲压级(DQ)、深冲级(DDQ)、超深冲级(EDDQ)和特超深冲级(SEDDQ)，其相对应的 r、n(10%～20%应变下)和总伸长率 δ(标距 L＝50mm)列于表 5.98。

表 5.98　不同冲压级别的汽车板的 r、n 和总伸长率 δ 范围[102]

板材冲压级别	CQ	DQ	DDQ	EDDQ	SEDDQ
r	0.8～1.35	1.35～1.60	1.60～1.90	1.90～2.25	2.20～2.60
n	0.18～0.21	0.19～0.22	0.20～0.23	0.225～0.26	0.25～0.28
δ 范围(L＝50mm)	36～43	42～46	44～48	46～52.5	51～57.5

冲压钢板根据其工作条件的不同，对工艺性能要求也不相同，因而对除冲压性能以外的其他性能的要求也有很大的差异。

对于汽车车身外板，要求具有低的回弹、良好的形状保持能力，要求成形构件具有高的抗凹陷性，还要求构件有良好的耐蚀性。对于轿车内板零件，由于形状比较复杂，对其成形性要求较高，这类零件是胀形和深拉延性相结合的成形，要求板材具有低的屈服强度和高的成形极限曲线(FLC)，以使成形时具有较大的成形安全区。有些结构件则要求有高的撞击吸收性能。大部分汽车构件均承受循环载荷，在钢材选用时，还应注意其疲劳特性。

回弹是指当冲压构件脱离模具后，构件形状发生的变化。回弹是一个比较复杂的现象，影响因素有：板材的力学性能，如屈服强度、初始加工硬化速率、抗拉强度等，屈服强度增加，回弹量也增加；模具参数，如弯曲半径、模具间隙等；成形构件的形状等。生产中可采取措施补偿回弹所产生的误差，增加构件的刚度，采用屈服强度小、力学性能稳定的材料等[104]。计算机模拟是进行回弹分析、回弹预测和回弹补偿的有力工具[102]。

汽车面板，如发动机的盖板、车门外板等经常遇到静载荷或动载荷压力，零件可以承受外加载荷而不产生压痕大小的能力，称为零件的压痕抗力或抗凹陷性。冲压构件的抗凹陷性可用下式表示：

$$P_t = t(\sigma_p)^b \tag{5.25}$$

式中，P_t 为压痕抗力(抗凹陷性指标)；t 为板厚；σ_p 为成形应变下的构件上取样所测得的流变应力;b 为常数,在抗凹痕性试验条件下,b 取 0.4[102]。

由式(5.25)可以看出,为使成形零件轻量化,即减薄厚度,并保持零件有足够高的压痕抗力,必须大量提高其流变应力 σ_p,这可以通过增大外加应变,从而使冲压构件在成形操作中获得大的加工硬化量。另一种途径是使成形零件经时效处理。烘烤硬化钢的出现有助于获得良好的成形性、低的回弹和高的抗凹陷性的统一。为了比较不同材料的凹痕抗力,现已提出了一些通用方法[102]。

人们不仅要求汽车的高性能,同时还要求汽车的耐用性和使用中能保持美观,这与车身用板材的耐蚀性、制造工艺和涂层技术密切相关。提高汽车耐蚀性的主要方法是采用镀层板,目前使用的多为镀锌板和合金镀层板(热镀锌和电镀锌),并要求镀层板具有良好的镀层结合力、成形性、点焊性能及涂漆相容性。

车身纵梁、保险杠、加强板等构件要求有高的撞击吸能和高的压溃强度。一些试验研究表明,用 $(\sigma_s+\sigma_b)/2\cdot\delta_u$ 和 $E_{10\%}$ 表征的吸能参量(J/mm^3),可以用于比较各钢类的碰撞性能,$E_{10\%}$ 是应力-应变曲线在应变不大于10%时所包围的面积[102]。

压溃吸能可以通过一种落锤试验的方法来测定。该试验方法采用一种截面为帽形的槽状结构试样,试样高300mm,落锤置于试样的上方,以不同的速率进行冲击,将帽形试样压溃至150mm高度,测定不同钢种经不同工艺制成的试样的压溃吸能,进行比较。试验表明其吸能与抗拉强度呈线性关系,吸能随强度升高而上升,而和屈服强度的关系则线性相关性较差[102]。

5.4.2　低合金高强度热轧冲压钢板

高强度热轧钢板要求有良好的强度与塑性的匹配,以保证可以得到满意的冲压成形性能。这类钢按组织大致可分为铁素体-珠光体钢、双相钢(铁素体+马氏体、铁素体+贝氏体)、复相组织钢(铁素体+马氏体+贝氏体)和TRIP钢(铁素体+残余奥氏体)。

5.4.2.1　高屈服强度钢

高强度热轧钢板在载重汽车和轻型汽车中用得较多,主要用于制造汽车的大梁、车架横梁、车厢纵横梁、保险杠、发动机悬挂梁等。国外在20世纪80年代已有这类钢的系列。我国在2007年制定了国家标准GB/T 20887.1—2007《汽车用高强度热连轧钢板及钢带　第1部分:冷成形用高屈服强度钢》,适用于厚度不大于20mm热连轧钢板和钢带。该标准以后又修改为GB/T 20887.1—2017。

这类钢在较低强度要求时,主要为Si、Mn固溶强化的铁素体-珠光体钢,随着对强度要求的提高,特别是含Mo、B的钢,其组织主要为铁素体+贝氏体,并发展了不同微合金化钢类。表5.99和表5.100分别为汽车用热连轧高强度钢板及钢带的化学成分、力学性能和工艺性能。钢板及钢带均以热轧状态交货,钢的牌号由热轧的英文“hot rolled”的首位字母HR、规定的最小屈服强度和成形的英文“forming”的首位字母“F”组成。

表 5.99　汽车用高强度热连轧钢板及钢带　第 1 部分:冷成形用高屈服强度钢的化学成分

(GB/T 20887.1—2017)　(单位:%)

牌号	化学成分											
	C	Si	Mn	P	S	Alt	Nb	V	Ti	Mo	B	Nb+Ti+V
	不大于					不小于	不大于					
HR315F	0.12	0.50	1.30	0.025	0.020	0.015	0.09	0.20	0.15	—	—	0.22
HR355F	0.12	0.50	1.50	0.025	0.015	0.015	0.09	0.20	0.15	—	—	0.22
HR380F	0.12	0.50	1.50	0.025	0.015	0.015	0.09	0.20	0.15	—	—	0.22
HR420F	0.12	0.50	1.60	0.025	0.015	0.015	0.09	0.20	0.15	—	—	0.22
HR460F	0.12	0.50	1.60	0.025	0.015	0.015	0.09	0.20	0.15	—	—	0.22
HR500F	0.12	0.50	1.70	0.025	0.015	0.015	0.09	0.20	0.15	—	—	0.22
HR550F	0.12	0.50	1.80	0.025	0.015	0.015	0.09	0.20	0.15	—	—	0.22
HR600F	0.12	0.50	1.90	0.025	0.015	0.015	0.09	0.20	0.22	0.50	0.005	0.22
HR650F	0.12	0.60	2.00	0.025	0.015	0.015	0.09	0.20	0.22	0.50	0.005	
HR700F	0.12	0.60	2.10	0.025	0.015	0.015	0.09	0.20	0.22	0.50	0.005	
TR900F	0.20	0.60	2.20	0.025	0.010	0.015	0.09	0.20	0.25	1.00	0.005	—
TR960F	0.20	0.60	2.50	0.025	0.010	0.015	0.09	0.20	0.25	1.00	0.005	—

注:当化验酸溶铝 Als 时,其含量应不小于 0.010%。

表 5.100　汽车用高强度热连轧钢板及钢带　第 1 部分:冷成形用高屈服强度钢的力学性能和工艺性能(GB/T 20887.1—2017)

牌号	拉伸试验[a]				弯曲试验[c]
	R_{eH}[b]/MPa 不小于	R_m/MPa	断后伸长率/%,不小于		
			A_{80mm}	A	
			厚度<3.0mm	厚度≥3.0mm	
HR315F	315	390～510	20	26	180°,$D=0a$
HR355F	355	430～550	19	25	180°,$D=0.5a$
HR380F	380	450～590	18	23	180°,$D=0.5a$
HR420F	420	480～620	16	21	180°,$D=0.5a$
HR460F	460	520～670	14	19	180°,$D=1.0a$
HR500F	500	550～700	12	16	180°,$D=1.0a$
HR550F	550	600～760	12	16	180°,$D=1.5a$
HR600F	600	650～820	11	15	180°,$D=1.5a$
HR650F[d]	650	700～880	10	14	180°,$D=2.0a$
HR700F[d]	700	750～950	10	13	180°,$D=2.0a$
HR900F	900	930～1200	8	9	90°,$D=8a$
HR960F	960	980～1250	7	8	90°,$D=9a$

注:a 拉伸试验试样方向为纵向。试样为 GB/T 228.1—2010 中的 P6 试样($L_0=80$mm,$b_0=20$mm)。b 当屈服现象不明显时,可采用规定塑性延伸强度 $R_{p0.2}$ 代替。c 弯曲试验适用于横向试样,弯曲试样宽度 $b\geqslant35$mm,仲裁试验时试样宽度为 35mm。D 为弯曲压头直径,a 为试样厚度。d 厚度大于 8.0mm 的钢板及钢带,其屈服强度下限允许降低 20MPa。

汽车用高强度钢板要求有优良的成形性。沿轧制方向排列的细长条形 MnS 严重影响钢板的横向冷弯性能，在冷成形时易开裂。为了使钢质纯净，采用铁水预处理、钢包喷粉和炉外精炼等技术，使钢中的硫、磷含量分别降到 0.01%以下。还可以采用喂稀土丝、喷吹硅-钙粉、加入钛等方法，控制硫化物的形态，使 MnS 夹杂变成颗粒状，从而改善钢的冷弯性能和延伸凸缘等性能。

这类 Nb、Ti、V 微合金钢，普遍采用控轧控冷技术。这类钢含合金元素的总量低，以热轧状态交货，不需进行调质处理即可具有高的强韧性，不存在因热处理引起的残余应力、变形与开裂问题，在价格和节能方面具有优势，因而在汽车和其他装备制造行业日益受到青睐。

钛微合金化具有较低的成本，但含钛钢的强度对化学成分和热加工工艺参数敏感，容易造成性能不均。

文献[105]研究了不同钛含量对 Ti、V 微合金化低碳锰钢力学性能的影响，研究结果如图 5.15 所示。微量钛(<0.04%)对强度的影响较小；钛含量为 0.04%～0.08%时，随钛含量的增加，屈服强度与抗拉强度显著升高；更高钛含量(0.08%～0.15%)时，强度随碳含量的增加趋于平缓。这是由于含微量钛时，钛首先与氮结合，几乎全部形成 TiN ($w_{Ti}\approx 3.4w_N$)。高温析出的 TiN 可以阻止初始奥氏体晶粒的长大。继续增加钛含量，钛将与硫结合，生成 $Ti_4C_2S_2$，取代长条状 MnS。钛含量超过 $3.4w_N+3w_S$ 时，MnS 将全部被 $Ti_4C_2S_2$ 代替。$Ti_4C_2S_2$ 化合物较硬，轧制中不易变形，从而改善钢的冷成形性能，减少其纵横向性能的差异。当钛含量大于 0.045%时，随钛含量的增加，多余的钛将依次以奥氏体应变诱导析出、$\gamma\rightarrow\alpha$ 相变过程中相间析出和铁素体中沉淀析出的方式形成从几纳米到几十纳米不等的呈球形的 TiC。应变诱导析出的 TiC 颗粒尺寸较大，其作用是抑制奥氏体晶粒的再结晶过程，细化晶粒。在铁素体中析出的 TiC 粒子，由于析出温度低，粒子直径小，沉淀强化作用大。当钛含量大于 0.045%时，随钛含量的增加，钢的强度显著增加。由于铁素体中碳的溶解量低，从其中析出的 TiC 量有一定限制，因此钛含量超过约 0.08%后，钢的强度增加趋于平缓。

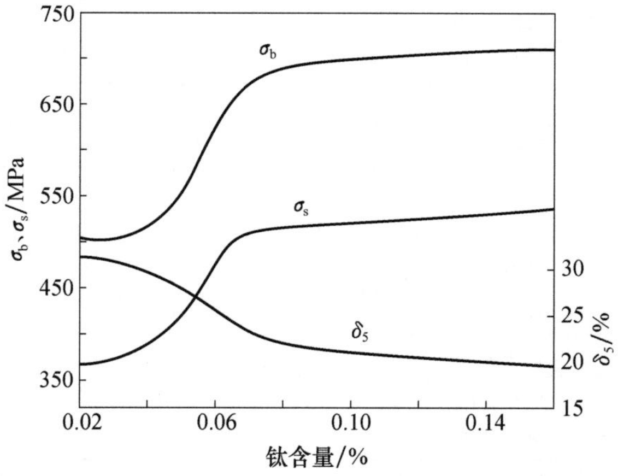

图 5.15　钛含量对低碳锰钢力学性能的影响[105]

钢的成分：0.14%C，1.0%Mn，0.05%V，0.005%～0.024%S，0.007%N

含钛钢的力学性能对热轧参数非常敏感。为使 TiN 充分溶解，板坯加热温度应高于正常的加热温度，约 1250℃。由于含钛钢的力学性能对轧制后的冷却速率和卷取温度的敏感性，应根据钢中的钛含量严格控制终轧温度、冷却工艺和卷取温度。卷取温度一般控制在 580～680℃。

近年来，国外研究了屈服强度为 770MPa 的热轧高强度钢[106]，以低碳锰钢为基础(0.05%C，1.5%Mn)，加入适量的 Mo(0.1%～0.2%)、B(0.0005%～0.0010%)、Nb(0.07%～0.09%)、Ti(0.065%～0.085%)。板坯加热、终轧和卷取温度分别为 1350℃、900℃和 650℃。通过适当的控轧控冷工艺可以获得铁素体+10%贝氏体的基体组织，细的晶粒(3～5μm)在晶内和亚晶界分布有应变诱导析出的(Nb，Ti)C(10～120nm)，其作用是阻碍变形奥氏体的再结晶，在铁素体内主要沿位错线分布有球状或针状的(Nb，Ti)C(3～5nm)，主要起沉淀强化作用。在厚度为 3mm 的钢板上可获得如下的力学性能：屈服强度为 798MPa、抗拉强度为 882MPa、伸长率为 16%、−40℃时的 A_{kV} 达到 50J。

我国太钢联合钢铁研究院开发出新一代高屈服强度的热连轧钢板。研究者利用中锰系合金钢通过逆相变处理后可获得高强度、高塑性的力学性能。通过传统工业流程(冶炼—连铸—热轧—退火)成功生产出厚度规格为 2～14mm 的热轧产品。通过工艺和成分的调整，发现在抗拉强度为 650～850MPa 时可获得 30%～40%的伸长率，强塑积达到 30GPa%。经过化学成分、轧制工艺及热处理工艺的调整后，可形成系列强度级别的热轧产品及相关技术，获得 650MPa、780MPa、880MPa 和 980MPa 级的热轧钢板，可用于制作汽车的保险杠、梁类、柱类零件[107]。

5.4.2.2 汽车大梁和车轮用热轧钢板和钢带

应用热轧低合金高强度钢的典型汽车结构件是汽车大梁和滚型车轮。

汽车大梁用钢主要用于制造汽车的横梁和纵梁，要求良好的冷弯性能和较小的回弹量。国外汽车大梁钢种有的以抗拉强度表示，如日本的 NSH 52T 钢等，有的以屈服强度分级，如德国的 QStE380 钢等。

我国从 1956 年起开始研制和生产汽车大梁用钢[8]，鞍钢试制成功 16MnL、16MnREL 和 09MnREL 等钢。为解决车架横梁问题，1974 年之后又试制成功不同强度级别的 06Ti、08Ti、10Ti 等钢[108]。20 世纪 70 年代，上钢三厂研制生产了 09SiV 钢，利用硅强化铁素体，加入少量钒提高晶粒粗化温度，细化钢的组织，提高了钢的强度和韧性。武钢在 1983 年研制成功含 Ti 的 T52L、T52、T40 等钢[109]。

上述部分钢种纳入 1989 年制定的国家标准 GB 3273—89《汽车大梁用热轧钢板》中。近年来，许多钢厂研制了汽车大梁用新钢种。宝钢试制了 B510L，钢中加入微合金元素 Nb；本钢研制了 BG510L，钢中复合加入微合金元素 Nb 和 Ti[110]；攀钢研制了含微合金元素钒的 P510L[111]。表 5.101 为国内生产的有代表性的汽车大梁用钢的化学成分及其力学性能和工艺性能，L 代表汽车纵、横梁用钢。

表 5.101　汽车大梁用热轧钢板和钢带的化学成分、力学性能和工艺性能

牌号	化学成分/%				厚度/mm	σ_s/MPa	σ_b/MPa	δ^d/%	冷弯 180°，b=35mm[e]
	C	Si	Mn	其他					
09MnREL[a]	≤0.12	0.20～0.60	0.70～1.00	0.02～0.20RE	2.50～12.0	≥245	375～470	≥32	$d=0.5a$
06TiL[a]	≤0.08	≤0.20	0.20～0.50	0.07～0.20Ti	2.50～12.0	≥245	375～480	≥26	$d=0$
08TiA[a]	≤0.12	0.10～0.40	0.30～0.60	0.07～0.20Ti	2.50～12.0	≥295	390～510	≥24	$d=0.5a$
10TiL[a]	≤0.14	0.10～0.30	0.50～0.90	0.07～0.20Ti	2.50～12.0	≥355	510～630	≥22	$d=0.5a$
09SiVL[a]	0.08～0.15	0.70～1.00	0.45～0.75	0.04～0.10V	5.0～7.0	≥355	510～610	≥24	$d=a$
16MnL[a]	0.12～0.20	0.20～0.60	1.20～1.60	—	2.5～7.0	≥355	510～610	≥24	$d=a$
					>7.0～12.0	≥345	510～610	≥24	$d=a$
16MnREL[a]	0.12～0.20	0.20～0.60	1.20～1.60	0.02～0.20RE	2.5～7.0 >7.0～12.0	≥355 ≥345	510～610 510～610	≥24 ≥24	$d=a$ $d=a$
T52L[b]	0.05～0.12	≤0.20	0.40～0.80	0.07～0.14Ti	3.0～10	≥355	510～625	≥24	$d=0$
B510L[c]	≤0.16	≤0.50	≤1.6	≤0.06	≤8	≥355	510～610	≥24	$d=0.5a$

注：a 根据 GB/T 3273—1989，各牌号中的 P、S 含量均不大于 0.035%；b 钢中 P、S 含量均不大于 0.030%[8]；c 钢中含≤0.030%P、≤0.025%S；d 表中 δ 为断后伸长率；e 表中 b 为试样宽度，d 为弯心直径，a 为试样厚度。钢板和钢带应在热轧状态或热处理状态交货。

我国于 2005 年修改原标准，发布了新的标准 GB/T 3273—2005《汽车大梁用热轧钢板和钢带》，适用于制造汽车大梁用厚度为 1.6～14.0mm 的低合金钢热轧钢板和钢带，该标准列入了 370L、420L、440L、510L、550L 共 5 个牌号。发达国家的商用车大多采用厚 8mm、屈服强度不小于 650MPa 的钢板[112]。2015 年制定了 GB/T 3273—2015《汽车大梁用热轧钢板和钢带》，代替了原标准。新标准增加了 5 个牌号：600L、650L、700L、750L、800L，扩大钢板和钢带的厚度范围至 16mm，调整了牌号的化学成分范围，降低了 C、Si、S、P 含量，调整了微合金含量要求，降低了 Nb、V、Ti 总含量。各牌号的化学成分、力学性能和工艺性能的要求见表 5.102。

汽车车轮一类旋转件使用高强度钢，在减轻重量和节能效果方面，相当于非旋转件的 1.2～1.3 倍，而且车轮能以单个部件的形式进行试验和评价。滚型车轮由轮辋和轮辐焊接而成，轮辋和轮辐分别采用钢板滚压成形和拉延成形，装配后经二氧化碳气体保护焊接组成车轮。轮辋用钢要求良好的闪光焊接性、冲压成形性；轮辐用钢要求延伸凸缘性能。为了汽车的减重和节能，汽车车轮趋向于使用高强度钢。轮辐用钢和轮辋用钢都要求有好的疲劳性能，新研制的钢制车轮经过完整加工后都必须在试验台上进行动态弯曲疲劳试验和动态径向疲劳试验，并应达到规定的最低循环次数后方可投入使用。

表 5.102　汽车大梁用热轧钢板和钢带的化学成分、力学性能和工艺性能(GB/T 3273—2015)

牌号	化学成分/%,不大于					R_{eL}/MPa	R_m/MPa	厚度		180°冷弯试验 b=35mm	
								<3mm	≥3mm		
	C	Si	Mn	P、S	Als			A_{80mm}/%	A/%	厚度 ≤12.0mm	厚度 >12.0mm
370L	0.12	245	0.60	0.025	0.015	≥245	370～480	≥23	≥28	d=0.5a	d=a
420L	0.12	280	1.50	0.025	0.015	≥305	420～540	≥21	≥26	d=0.5a	d=a
440L	0.18	305	1.50	0.025	0.015	≥330	440～570	≥21	≥26	d=0.5a	d=a
510L	0.20	355	1.60	0.025	0.015	≥355	510～650	≥20	≥24	d=a	d=2a
550L	0.20	400	1.70	0.025	0.005	≥400	550～700	≥19	≥23	d=a	d=2a
600L	0.12	0.50	1.80	0.025	0.015	≥500	600～760	≥15	≥18	d=1.5a	d=2a
650L	0.12	0.50	1.90	0.025	0.015	≥550	650～820	≥13	≥16	d=1.5a	d=2a
700L	0.12	0.60	2.00	0.025	0.015	≥600	700～880	≥11	≥14	d=2a	d=2.5a
750L	0.12	0.60	2.10	0.025	0.015	≥650	750～950	≥11	≥13	d=2a	d=2.5a
800L	0.12	0.60	2.20	0.025	0.005	≥700	800～1000	≥10	≥12	d=2a	d=2.5a

注:在保证性能的前提下,为改善钢的性能,可加入 Ti、V、Nb 和 RE,可有选择地加入一种或同时加入几种,但 Ti+V+Nb 总含量不大于 0.22%,RE 加入量不大于 0.20%。各牌号钢的 Ni、Cr、Cu 残余元素含量,均不大于 0.30%。表中 b 为试样宽度,d 为弯心直径,a 为试样厚度。拉伸试验和弯曲试验采用横向试验。700L、750L、800L 三个牌号,当厚度大于 8mm 时,规定的最小屈服球底允许下降 20MPa。

日本在车轮用钢开发研制中进展比较突出,表 5.103 为各种组织类型车轮钢的化学成分和力学性能。日本现已大量使用抗拉强度为 500～600MPa 级别的热轧高强度钢板制造车轮[113]。表 5.103 中的 F+P 钢是一种新型铁素体-珠光体钢,属 C-Mn 系热轧高强度钢,加入适量钙控制夹杂物形态,热轧后低温卷取,得到铁素体和细珠光体组织,使抗拉强度达到 550MPa,屈强比降至约 0.7,因而具有优良的成形性,特别是扩孔性、形状固定性和焊接性,可以制作轮辋和轮辐。表 5.103 中列出了两种已开发的 PH 钢,为在低碳锰钢中加入 Ti 或 Nb 进行析出强化的钢,其含硫量低,显微组织为铁素体和珠光体,强度分别为 550MPa 和 600MPa,弯曲成形性好,600MPa 级钢已用来制作轮辋。

表 5.103　各种组织类型车轮钢的化学成分和力学性能[102]

类别	化学成分/%							σ_s/MPa	σ_b/MPa	δ_5/%	扩孔率 λ/%	屈强比
	C	Si	Mn	P	S	Al	其他					
F+P	0.14	0.10	1.08	0.017	0.001	0.020	0.0062N	—	550	—	—	0.70
PH(500 级)	0.12	0.15	1.39	0.017	0.001	—	0.035Ti	480	570	29	—	—
PH(600 级)	0.09	0.21	1.42	0.017	0.003	—	0.046Nb	560	640	26	—	—
F+B(50B)	≤0.10	≤0.1	≤1.4	≤0.1	≤0.01	—	添加 Nb、Ti	427	514	34.4	105	—
F+B(55B)	≤0.15	≤0.5	≤1.6	≤0.1	≤0.01	—	添加 Nb、Ti	479	569	30.5	96	—
F+B(60B)	≤0.15	≤0.5	≤1.6	≤0.1	≤0.01	—	添加 Nb、Ti	526	618	28.5	82	—
F+B+M	0.08	1.0	1.2	0.011	0.002	0.033	0.69Cr	383	637	32.5	—	0.60

注:F+P 为铁素体-珠光体钢。PH 为析出强化钢。F+B 为铁素体-贝氏体钢,贝氏体含量为 10%～20%。F+B+M 为铁素体-贝氏体-马氏体多相钢,其中马氏体含量小于 10%。

表 5.103 中的 C-Mn 系铁素体-贝氏体热轧高强度钢(F+B)是在比较低的温度区(300～500℃)卷取,当贝氏体含量为 10%～20%时具有非常好的力学性能和扩孔性,以

及良好的焊接性。这种钢被认为很适合制作轮辐和轮辋。F+B+M 为一种三相组织的热轧钢，控轧后经 450℃卷取，可得到多边形铁素体加贝氏体及马氏体的三相组织，其力学性能如表 5.103 所示。如欲使 λ 大于 70%，则应使马氏体含量小于 10%。

近年来，日本住友金属公司试用相同化学成分的板坯来生产 780MPa 级 2.9mm 厚的轮辐用钢和轮辋用钢[114]。表 5.104 列出了板坯的化学成分和热轧工艺。这种钢为低碳锰系，选择低的 Si 含量，因为在车轮钢中，Si 的加入是不利的，易产生氧化皮表面缺陷，影响产品的外观质量。控轧后采用较高的卷取温度时，得到的组织为铁素体+珠光体，可以获得较好的伸长率(16%～20%)，用于制造轮辋；而卷取温度较低时，得到的组织为铁素体+贝氏体，可以获得更好的扩孔率(大约 50%～80%)，适合于制造轮辐。

表 5.104　既用于轮辐又用于轮辋的钢的化学成分、热轧工艺及性能[114]

化学成分/%						σ_b/MPa	应用	终轧温度/℃	卷取温度/℃	伸长率/%	扩孔率λ/%
C	Si	Mn	P	S	其他						
0.09	0.02	1.5	<0.02	<0.001	Ti、Nb、Cr	780	轮辋	840～900	>500	16～20	—
							轮辐		<500	—	50～80

为满足国产轿车滚型车轮生产需要，宝钢、武钢、本钢等厂均已可生产强度级别为 330MPa、380MPa、420MPa、490MPa 的热轧车轮用钢板或钢卷，有的钢厂已可提供强度级别为 550MPa 的车轮用钢。表 5.105 是我国生产的部分车轮钢的成分和性能示例。这些钢大部分为铁素体-珠光体型钢，强度级别高的钢的组织为铁素体、珠光体加少量贝氏体[1,115,116]。

表 5.105　我国生产的部分车轮钢的成分和性能示例[1,115,116]

牌号	生产厂	化学成分/%							σ_s/MPa	σ_b/MPa	δ_5/%	冷弯 180°，B=35mm
		C	Si	Mn	P	S	Al	Nb				
RCL330	武钢	≤0.10	≤0.20	≤0.50	≤0.030	≤0.030	≥0.015	—	≤310	330～430	≥28	d=0.5a
RCL370	武钢	≤0.10	≤0.20	≤1.0	≤0.030	≤0.030	≥0.015	—	≥275	370～470	≥30	d=0.5a
B380CL	宝钢	≤0.10	—	0.4～1.0	≤0.030	≤0.025	≥0.020	—	≥260	380～480	≥32	d=0.5a
BG380CL	本钢	≤0.12	≤0.05	0.50～1.20	≤0.030	≤0.015	≥0.015	—	≥260	380～480	≥32	d=0.5a
BG420CL	本钢	≤0.12	≤0.30	0.50～1.20	≤0.030	≤0.015	≥0.015	≤0.03	≥290	420～520	≥28	d=0.5a
BG490CL	本钢	≤0.16	≤0.30	≤1.60	≤0.030	≤0.015	≥0.015	≤0.04	≥290	420～520	≥28	d=0.5a

为适应制作有较高厚度且翻边性能良好的部件以及要求较高扩孔性能的部件，我国制定了《汽车用高强度热连轧钢板及钢带》国家标准，其第 2 部分为高扩孔钢，即 GB/T 20887.2—2010，之后又修改为 GB/T 20887.2—2022《汽车用高强度热连轧钢板及钢带　第 2 部分：高扩孔钢》，该标准适用于厚度不大于 6mm 的具有高扩孔性能的钢板和钢带，其化学成分和性能见表 5.106。

表 5.106　汽车用高强度热连轧高扩孔率钢板及钢带的牌号、化学成分、力学性能和工艺性能(GB/T 20887.2—2022)

牌号	化学成分/%,不大于					R_{eL}/MPa	R_m/MPa	A_{80mm}/% L_0=80mm, b=20mm	A_{50mm}/% L_0=50mm, b=25mm	扩孔率 λ/%
	C	Si	Mn	P	S					
HR300/450HE	0.18	1.00	2.00	0.050	0.010	300～400	450～500	≥24	≥27	≥80
HR380/540HE	0.18	1.20	2.00	0.050	0.010	380～540	540～600	≥17	≥19	≥80
HR440/580HE	0.18	1.20	2.00	0.050	0.010	440～600	580～700	≥15	≥17	≥75
HR520/680HE	0.18	1.20	2.00	0.050	0.010	520～700	680～800	≥13	≥16	≥60
HR600/780HE	0.18	1.20	2.00	0.050	0.010	600～800	780～900	≥12	≥15	≥55
HR780/980HE	0.18	1.60	2.20	0.050	0.010	780～1000	980～1120	≥7	≥10	≥30

注:经协商 Si 含量可不大于 0.20%。允许添加其他合金元素,但 Cr+Mo 含量不大于 1.00%,Ni+Cr+Mo 含量不大于 1.50%,Nb+Ti 含量不大于 0.15%,V 含量不大于 0.15%,HR300/450HE 钢的 B 含量不大于 0.005%,其余钢的 B 含量不大于 0.010%。Alt 含量不小于 0.015%,当检验酸溶铝时,其 Als 含量应不小于 0.010%。拉伸试验试样方向为纵向。HR 为 hot rolled 的首字母,HE 为 hole expansion 的首字母。

高扩孔钢要求具有较高的强度、较高的成形性能和良好的凸缘翻边成形性能。钢的显微组织主要为铁素体加贝氏体组织,或主要为强化的铁素体单相组织或贝氏体单相组织。这种组织使钢具有良好的扩孔性能,是制作车轮、底盘和悬臂的理想材料。高扩孔钢有时也称为高凸缘翻边(high stretch-flange ability)高强钢或 SF 钢。

5.4.2.3　热连轧高强度马氏体钢

为满足日益苛刻的汽车抗碰撞安全性能和车体减重的需要,要求进一步提高车体部件强度。但随着强度的提高,钢板的成形性能降低,需要提高冲压设备能力。钢板冲压时易出现开裂、回弹大、形状稳定差等缺陷。在强度超过 1000MPa 时,一些形状复杂的零件,使用常规的冷冲压工艺几乎无法成形。

热成形技术是一项专门用于成形高强度钢板冲压件的新技术,可以成形强度高达 1500MPa 的冲压件,而且高温下成形几乎没有回弹,具有成形精度高、成形性能好等优点[117]。

2005 年以来,国外很多企业开始研究高强度钢板热冲压成形技术,开发出多种热成形工艺,有些工艺已比较成熟,并已建成热成形技术商品化生产线,为高档汽车提供零部件。我国也对热冲压技术进行研究和应用[118]。下面介绍一种直接热成形工艺。首先将下料后的钢板送入加热装置内加热至合适的奥氏体化温度,使钢板均匀奥氏体化。加热前在钢板表面涂覆保护层防止钢板表面被氧化。钢板加热好后,迅速放入带有冷却管道的冲压模具上,液压机快速下行实现冲压成形,模具完全闭合后保持一定时间,使成形后的钢板在模具内被充分冷却,其冷却速率应超过钢的临界冷却速率,可以获得低碳马氏体组织。

曾使用宝钢生产的高强度马氏体钢 BR1500HS(相当于国外牌号 22MnB5)在快速液压机上用热成形技术生产车门防撞梁,成分为:0.21%C、1.35%Mn、0.28%Si、0.0033%B、0.23%Cr、0.004%S、0.0055%P,钢板厚度 2mm。钢板在加热炉中快速升温到 930℃,保温 4.5min,高温板料必须在 5~8s 内快速由加热炉移至模具内,以 75mm/s 的冲压速率快速成形。模具内的冷却速率控制在 25℃/s 以上,保压 15s 后开模。从实物取样,进行微观组织分析和力学性能测试。钢的组织为均匀板条马氏体组织,钢的力学性能:硬度平均 49HRC,抗拉强度 1550MPa,伸长率 6.6%,最大残余应力 264MPa,后者可以通过合理的喷砂工艺反向抵消,使防撞梁在使用过程中更加稳固[119]。

我国制定了汽车用高强度热连轧钢板及钢带的国家标准,其第 5 部分为马氏体钢,该标准在 2022 年进行了修订,即 GB/T 20887.5— 2022,适用于厚度不大于 6mm 的钢板和钢带,其化学成分和力学性能见表 5.107。钢板及钢带以热轧或控轧状态交货。由于时效的影响,钢板及钢带的力学性能会随着贮存时间的延长而变化,如屈服强度和抗拉强度的上升、断后伸长率的下降、成形性能变差、出现拉伸应变痕等,购货后应尽早使用。

表 5.107 汽车用高强度热连轧马氏体钢板及钢带的牌号、化学成分、力学性能和工艺性能(GB/T 20887.5—2022)

牌号	化学成分/%,不大于					R_{eL}/MPa	R_m/MPa	A_{80mm}/% L_0=80mm, b=20mm	180°弯曲试验
	C	Si	Mn	P	S				
HR900/1180MS	0.25	0.80	2.50	0.060	0.015	900~1200	≥1180	≥5	$D=8a$
HR1050/1400MS	0.30	1.50	3.00	0.050	0.015	1050~1400	≥1400	≥4	$D=8a$

注:经协商 Si 含量可不大于 0.20%。允许添加其他合金元素,但 Cr+Mo 含量不大于 1.20%,Ni+Cr+Mo 含量不大于 1.50%,Nb+Ti 含量不大于 0.25%,V 含量不大于 0.22%,Cu 含量不大于 0.20%。Alt 含量不小于 0.015%,B 含量不大于 0.005%。当检验酸溶铝时,其 Als 含量应不小于 0.010%。拉伸试验试样方向为纵向。弯曲试验规定值适用于横向试样,D 为弯曲压头直径,a 为试样厚度。HR 为 hot rolled 的首字母,MS 为 martensitic steel 的首字母。

5.4.2.4 热连轧高强度液压成形用钢板和钢带

液压成形采用液体作为传力介质,在液体压力和模具型腔的共同作用下,将标准的管材或板材制成结构复杂的单一整体构件,用于代替传统的焊接或铸造工艺。液压成形工艺能成形复杂零件,提高零件质量,并能减少成形工序,降低加工成本,因此在汽车领域获得较广泛的应用。液压成形工艺于 20 世纪 90 年代在德国率先得到应用,并迅速在国际上得到推广。我国在 20 世纪末开始对该工艺进行研究并逐步应用于汽车工业。

用于液压成形的钢板和钢带,其特点是钢质纯净、性能均匀,具有较高的伸长率和 n。我国制定了液压成形用钢的国家标准 GB/T 20887.7—2017《汽车用高强度热连轧钢板

及钢带　第 7 部分：液压成形用钢》。表 5.108 为汽车用高强度热连轧液压成形用钢板及钢带的牌号、化学成分和力学性能。表中所列牌号适用于制造汽车副车架、仪表盘支架等结构件用厚度不大于 6mm 的钢板和钢带。

表 5.108　汽车用高强度热连轧液压成形用钢板及钢带的牌号、化学成分和力学性能(GB/T 20887.7—2017)

牌号	化学成分/%						R_{eL}/MPa	R_m/MPa	A_{50mm}/% L_0=50mm,b=25mm	n
	C	Si	Mn	P	S	Als				
	不大于					不小于			不小于	
HR270HF	0.10	0.35	0.50	0.020	0.015	0.015	170～260	270～370	40	0.18
HR370HF	0.12	0.50	1.20	0.020	0.015	0.015	225～305	370～470	38	0.16
HR400HF	0.18	0.60	1.50	0.020	0.015	0.015	250～330	400～500	34	0.15
HR440HF	0.21	0.60	1.50	0.020	0.015	0.015	285～385	440～540	32	0.14

注：为了改善钢的性能，可添加 Nb、V、Ti 等细化晶粒元素，并在质量证明书中注明。可用 Alt 替代 Als，此时 Alt 含量应不小于 0.020%。拉伸试验试样方向为纵向。当用于电阻焊(ERW)直管时，碳含量应不小于 0.01%。HF 为 hydraulic forming 的首字母。

目前国外一些汽车企业已将板材液压成形技术视为解决复杂薄壁件的精确、高效、整体成形的关键技术，主要集中在车身覆盖件领域，例如，使用 DP500 双相钢成形出车顶外板。该技术已使用超高强钢，例如，使用 DP780、DP980 双相钢液压成形汽车的车门防撞杆[120]。

5.4.2.5　热连轧高强度复相钢

复相钢(complex phase steel, CP)是指其显微组织是铁素体或贝氏体上分布有少量马氏体、残余奥氏体或珠光体，并通过微合金元素细晶强化或析出强化的一类低合金高强度钢。

依靠合金成分设计、微合金化、控轧控冷技术可以获得所要求的复相组织。钢的强度可以从 500MPa 提高到 1000MPa 以上，甚至可以达到 1200MPa，表 5.103 中列入的一些牌号可以归入复相钢之列。德国蒂森公司开发的热轧高强度带钢 CP-W800 和 CP-W1000 的抗拉强度分别为 800MPa 和 1000MPa 级，厚度最薄可以达到 1.8mm，已在汽车安全部件上获得应用。CP-W1000 钢连铸坯的典型化学成分为：0.14%C、0.60%Si、1.75Mn、0.35%Cr、0.10%Mo、0.15%Ti。这类钢中钛和铌含量较高，在非再结晶区控轧时的变形抗力大，使轧机的负荷增大。微合金元素，尤其是钛，在控轧控冷过程中对加热温度和轧后卷取温度的波动比较敏感，导致抗拉强度和屈服强度出现明显的波动。加入钒时，需要的板坯加热温度相对较低，热轧时的终轧温度相对较高，生产的稳定性较好[121]。表 5.109 为汽车用高强度热连轧复相钢钢板及钢带的牌号、化学成分参考值和力学性能。

表 5.109 汽车用高强度热连轧复相钢钢板及钢带的牌号、化学成分参考值和力学性能(GB/T 20887.6—2017)

牌号	化学成分/%										拉伸试验			
	C	Si	Mn	P	S	Alt	Cr+Mo	Nb+Ti	V	B	R_{eL}/MPa	R_m/MPa	A_{80mm}/% L_0=80mm,b=20mm	
	不大于												t<3mm	t≥3mm
HR660/760CP	0.15	0.80	2.20	0.040	0.015	2.00	1.00	0.20	0.20	0.005	660~820	≥760	≥9	≥10
HR720/950CP	0.20	1.50	2.50	0.040	0.015	2.00	1.20	0.20	0.20	0.005	720~920	≥950	≥8	≥9

注:允许添加其他合金元素,Ni+Cu 含量不大于 1.50%。可用 Als 替代 Alt,其含量应不大于 2.00%。拉伸试样为纵向。t 代表板厚。

复相钢与同等抗拉强度的双相相比,有较高的屈服强度和较好的翻边扩孔性能。复相钢具有铁素体+贝氏体+马氏体的组织,保留了双相钢(铁素体+马氏体)的一些优良特征,同时贝氏体的加入,大大提高了总断后伸长率,降低了两相硬度比,使其具有更好的延伸凸缘性能[122]。

5.4.3 双相钢

20 世纪 70 年代初,国外汽车制造厂开始采用低合金高强度钢代替普通低碳钢制造汽车上一些安全零件,如保险杠、横梁等,以减轻汽车自重。但一般低合金高强度钢板的成形性难以满足冲压工艺的要求,特别是屈服强度大于 450MPa 的低合金高强度钢的成形问题难以解决。从而,一类高强度、高成形性、具有复合显微组织的马氏体铁素体双相钢应运而生。

双相钢(dual-phase steels,DP)的第一个专利是 1968 年在美国提出的,1975 年一些学者对这类钢的化学成分、显微组织、力学性能和成形性作了比较完整的描述之后,双相钢在物理冶金原理、材料工艺和应用技术等方面都取得了很大的进展[21]。

双相钢的组织主要由铁素体基体和体积分数为 10%~20%或更多的马氏体分散相组成。获得双相钢的工艺方法主要有两种:第一种工艺是通过热处理制度,将热轧或冷轧钢材重新加热至 $\alpha+\gamma$ 两相区,并以一定的速率冷却,这种工艺称之为两相区退火。用这种方法生产的双相钢,称为热处理双相钢。另一种工艺是采用控制轧制的方法,将钢坯经奥氏体区高温粗轧后,在 $\alpha+\gamma$ 两相区精轧,根据钢的 CCT 曲线特征,选择适当的冷却方式,使先共析体大量析出,剩余的奥氏体过冷到更低的温度下转变成马氏体。用这种方法生产的双相钢,称为热轧双相钢。

5.4.3.1 双相钢的成分与组织特征

热处理双相钢的主要成分为 C、Mn、Si 及少量的 V 或 Nb,在热轧双相钢中还含有 Cr 和 Mo。

双相钢中的碳含量以小于 0.1%为宜,典型双相钢的碳含量为 0.05%~0.06%。在平衡条件下,形成奥氏体的体积分数可根据相图和加热温度来确定。碳含量升高或临界区加热温度升高,则奥氏体体积分数增加。

锰扩大 γ 相区,降低 A_1 和 A_3,并使共析点左移,因此在碳含量相同时,锰含量增加,奥氏体量增加,比在相同的处理条件下的碳钢得到更高的马氏体体积分数(图 5.16(a)、 (b))。碳含量升高或临界区加热温度升高，则奥氏体体积分数增加。锰在奥氏体中的扩散速率远小于在铁素体中的扩散速率，受锰扩散控制的奥氏体长大时间较长，而锰在奥氏体内达到均匀分布的时间更长(图 3.5)。在临界区加热时，由于保温时间较短，锰在奥氏体中达不到均匀分布，随后冷却不足时，可能得不到均一的马氏体岛组织。提高锰含量使奥氏体生成后即具有较高的锰含量，可以保证奥氏体的淬透性。冷却后，得到均一的马氏体岛组织和较均匀的性能。锰还可以起固溶强化作用，在双相钢中约含有 0.7%～2.2%Mn。

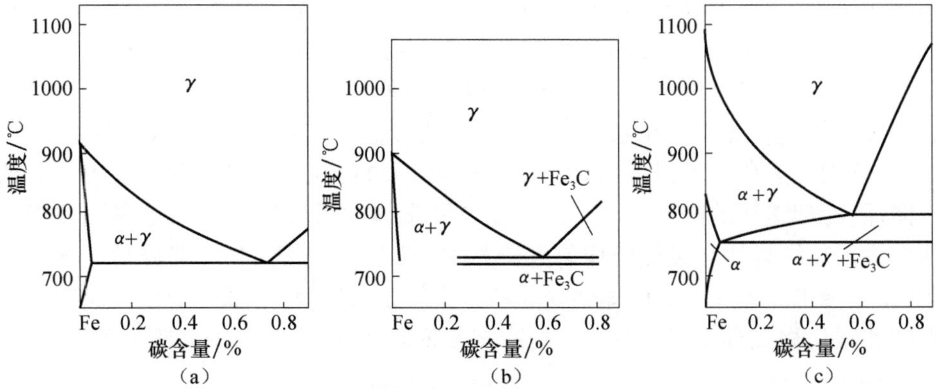

图 5.16　双相钢中加入 Mn 和 Si 对铁碳平衡图富铁端的影响[21,123]

(a) Fe-C 合金；(b) Fe-C-1.5%Mn-0.01%Si；(c) Fe-C-2.4%Si

硅缩小 γ 区，扩大 $\alpha+\gamma$ 两相区，拓宽奥氏体加热温度范围，提高 A_1 和 A_3，使共析点左移，并使 A_3 曲线变陡(图 5.16(c))，后者有利于通过热处理控制两相的体积分数。含硅较高的钢，在临界区处理时，为得到给定的马氏体体积分数，应适当提高加热温度。硅对奥氏体长大速率没有明显的影响。硅可以有效地强化铁素体，但高的硅含量将恶化钢的表面质量，因此应适当地加以限制，即硅含量应小于 1.5%。铝对临界区加热时奥氏体形态的影响与硅相似，但对含铝双相钢的研究比较少。

铬和钼可增加钢的淬透性，使奥氏体稳定化，推迟珠光体转变，降低临界区加热后为获得双相组织所必需的冷却速率。

微量的碳化物形成元素 V、Nb、Ti 等对奥氏体形成过程影响不大，但这些元素对奥氏体形成之后冷却时的淬透性及铁素体的形态和铁素体的沉淀相有明显的影响。

双相钢的显微组织可以通过临界区处理或控制轧制产生。图 5.17 为典型的双相钢组织，在铁素体基体上分布着分散的马氏体岛。

钢中的合金元素和原始组织的变化，以及不同的热处理工艺和控制轧制工艺，都可以明显影响双相钢的组织形态。

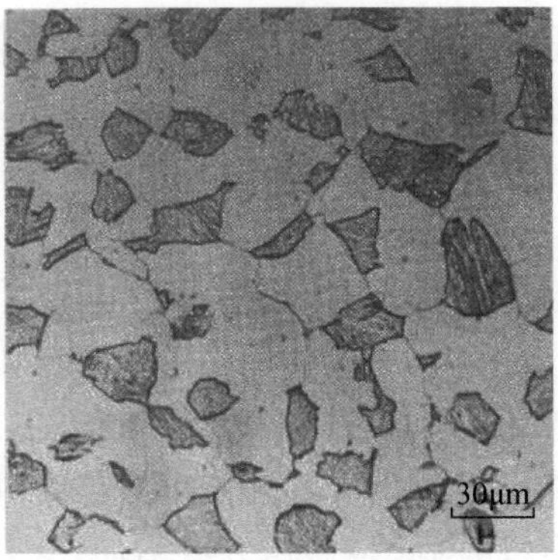

图 5.17　典型的双相钢组织[124]

由铁素体和马氏体(暗)组成

在临界区加热时，随加热温度的升高，一方面，碳和锰等元素易于向奥氏体富集，使其淬透性升高；另一方面，由于奥氏体的体积分数增加，奥氏体中的碳和锰等元素的平均含量下降，这又使其淬透性降低。如冷却速率超过临界冷却速率,则临界区加热形成的奥氏体均转变为马氏体,使加热后钢中马氏体体积分数增加。由于加热温度升高时,奥氏体中碳含量的减少,淬火后马氏体的形态将从孪晶马氏体向板条马氏体转化。同时,由于低碳马氏体的生成温度较高,马氏体相变诱导的铁素体中的位错可能发生部分回复。

如果临界区加热温度升高,但冷却方式不能保证奥氏体转变成马氏体,则冷却后将会得到不同的组织形态。图 5.18 为冷却速率对经 810℃加热的钢(0.08%C-1.47%Mn-0.34%Si-0.003%V-0.053%Nb-0.050%Al-0.01%N)的显微组织的影响,试样厚度为 1.91mm,加热时间为 4min。图 5.18(a)、(b)、(c)分别对应加热后冷却速率为 1000℃/s(水淬)、135℃/s、12℃/s 时的显微组织,经腐蚀着色后,图中冷却前已存在的铁素体,称为老铁素体,呈灰色;冷却时在老铁素体上外延生成的新铁素体,称为取向附生铁素体,呈白色;马氏体则呈黑色。可以看出,冷却速率高(1000℃/s)时,钢的组织主要是老铁素体和马氏体,随冷却速率的降低(135℃/s),在老铁素体的周边生成越来越多的环绕马氏体的新铁素体。新铁素体或以外延均匀生长方式,或以针状形貌取代部分马氏体。冷却速率很低(12℃/s)时,大部分奥氏体转变为新铁素体,仅其少量心部转变成马氏体或者分解为铁素体和碳化物混合组织。在一定的冷却速率时,钢中还会有少量残余奥氏体。

(a) (b) (c)

图 5.18 不同冷却速率对双相钢显微组织的影响[125]

(a) 1000℃/s;(b) 135℃/s;(c) 12℃/s

用透射电镜可以观察双相钢中马氏体和铁素体的精细结构。双相钢内马氏体岛和一般钢中一样可分为板条马氏体和片状马氏体,其精细结构分别为位错和孪晶。当临界区加热温度较高,奥氏体中的碳含量较低时,将试样迅速淬火到室温,可以得到板条马氏体。钢中碳含量较高和临界区加热温度较低时,试样迅速冷却至室温,将得到孪晶马氏体,马氏体岛中还可能有残余奥氏体,即 M+A 组织。在热轧双相钢中,其"硬质相"的组成有时较为复杂,如 0.04%C-0.48%Si-1.54%Mn-0.51%Cr 钢,热轧后以 30℃/s 和 45℃/s 的速率冷却后,可得到孪晶马氏体、含有碳化物的贝氏体等多种形态的"硬质相"[21]。

在紧靠马氏体周围的铁素体中,有马氏体相变诱导的高密度位错,这是由于马氏体相变产生的体积膨胀和相变以切变方式进行引起的体积形状变化,使铁素体发生塑性变形的结果。临界区加热温度较低时,马氏体量较少,铁素体中位错密度较低;临界区加热温度升高,马氏体体积分数增加,铁素体中位错密度增加。

当双相钢中存在 V、Nb、Ti 等微合金化元素时,将形成的碳氮化物的沉淀相。在老的铁素体和新生成的铁素体中均可以观察到这些碳氮化物的细小析出相。其中部分细小的碳氮化物是在临界区加热后的冷却过程中析出的。在残余的奥氏体中很难发现细小的碳氮化物,这些细小的碳氮化物在临界区加热时可能已溶于奥氏体。特别是钒的碳化物,在钢中含有锰时，在临界区加热时，很容易溶入奥氏体。双相钢中沉淀相的形态、结构及其对性能的影响，尚需进一步研究[21]。

热轧工艺对双相钢的显微组织和性能有重要的影响。基于对热轧双相钢中铁素体形态的观察，认为要得到良好的双相钢组织，即细小的多边形铁素体加分散的马氏体岛，终轧温度应略高于 Ar_3；如终轧温度低于 Ar_3，会引起铁素体的加工硬化，生成拉长的铁素体晶粒。

卷取温度对热轧双相钢的显微组织也有重要的影响，合理的卷取温度与钢的成分有关。根据卷取温度对热轧双相钢 0.05%C-1.30%Mn-1.0%Si-1.0%Cr 显微组织影响的研究，当卷取温度高于 540℃时，有非马氏体组织出现，在 500℃卷取时，其组织由多边形铁素体和马氏体组成，在 400℃卷取时，组织中有大量贝氏体。因此，该钢较合理的卷取温度为 500℃左右。在卷取温度相同时，终轧后至卷取前的冷却方式对钢的显微组织亦有明显的影响。

5.4.3.2　双相钢的性能

双相钢的屈服特点是低的屈服强度和无屈服点伸长，即表现为连续的屈服特性。图 5.19 为双相钢和低碳钢及其他两种低合金高强度钢工程应力-应变曲线对比，该图显示出双相钢的屈服特点。图 5.20 为双相钢与其他钢类 FLD 的比较，表 5.110 为图 5.19、图 5.20 中双相钢和几种对比钢的化学成分和性能。

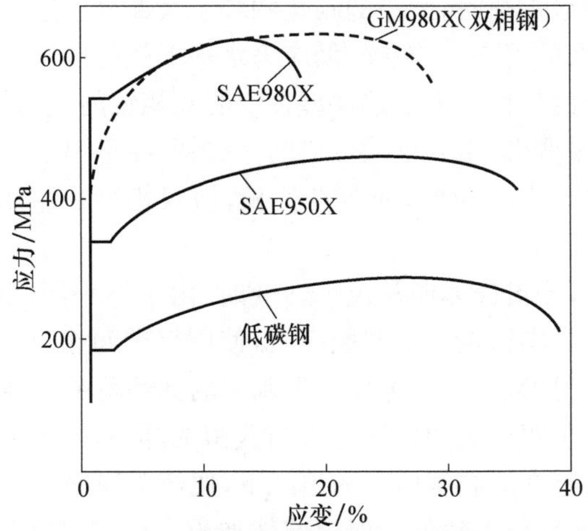

图 5.19　双相钢和其他钢应力-应变曲线对比[126]

表 5.110　双相钢与对比钢（低碳钢和低合金高强度钢 SAE950X、SAE980X）的化学成分和性能[21,126]

钢号	化学成分/%								$\sigma_{0.2}$ /MPa	σ_b /MPa	$\sigma_{0.2}/\sigma_b$	n	e_u	e_t
	C	Mn	Si	V	Cr	Mo	N	Al						
低碳钢	0.05	0.32	0.02	—	—	—	—	—	232	284	0.82	0.20	0.20	0.38
SAE950X	0.09	0.83	0.12	0.05	—	0.011	0.011	—	380	462	0.82	0.14	0.14	0.27
SAE980X	0.12	1.46	0.51	0.11	—	—	—	0.11	548	682	0.80	0.12	0.12	0.22
GM980X	0.11	1.43	0.61	0.04	0.12	0.08	0.007	0.04	364	659	0.55	0.18	0.18	0.28

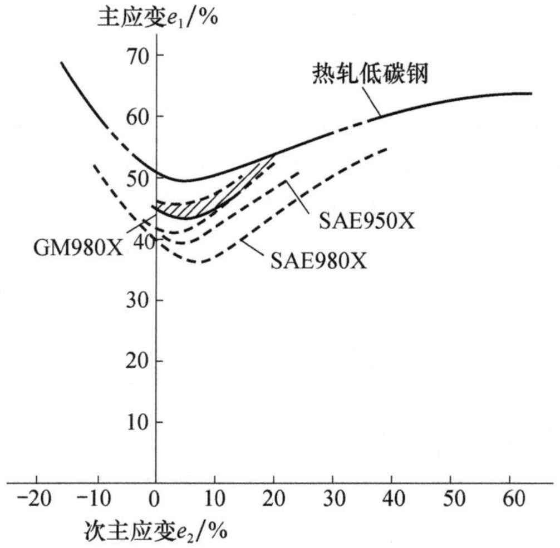

图 5.20　双相钢和其他钢类 FLD 的比较[126]

说明上述屈服特性的模型有两个:可动位错模型和残留应力模型[21]。

钢材产生连续屈服必须具有足够的可动位错密度。前面提到,在双相钢中奥氏体向马氏体转变时产生的体积膨胀和切变,会在紧靠马氏体岛周围的铁素体中产生高密度位错。马氏体转变是在较低温度下发生的,铁素体中的位错不会被碳、氮原子钉扎,因此是可动的。同时由于临界区加热时,细小的碳化物粒子大部分已经溶解,位错滑移的障碍已大为减少,大量均匀分布的可动位错在较低应力水平下就可以运动,因而使双相钢有较低的屈服强度和连续屈服的特性。但上述模型在说明双相钢的室温抗时效稳定性时遇到了困难。经精整轧制(少量变形)引入可动位错的低碳钢,在室温下长期放置后,可动位错会被碳、氮原子钉扎,即出现自然时效,屈服点伸长,但双相钢在室温下一般并不出现时效现象。

残留应力模型认为,当奥氏体向马氏体转变时,由于体积膨胀,使基体周围受力。这一内应力超过马氏体岛周围铁素体的屈服应力,使围绕着每个马氏体的铁素体中产生一塑性变形层。离开塑性变形层,内应力便处于基体的弹性范围,并随离开马氏体岛的距离增加而迅速衰减。当施于双相钢的外加应力与残留的弹性内应力叠加,使得双相钢在外加应力小于无残留应力存在原屈服应力的情况下,便产生屈服。这样,由于残留应力的存在,导致双相钢的初始流变应力较低。但随着外加应力增加,残留应力迅速消除,流变应力迅速升高。当马氏体体积分数较低时,铁素体中的残留应力低,在低温(<200℃)回火时即可消除。回火会使不连续屈服重现,屈服强度增加较大。在适当的马氏体体积分数下,铁素体中的残留应力较高,回火只能使一部分残留应力消除,因此双相钢保持连续屈服行为,屈服强度增加也较少。室温时效对双相钢中残留应力的大小和分布无明显的影响,不会改变其屈服特性,因此双相钢具有室温抗时效稳定性。

双相钢具有良好的成形性,图 5.20 为双相钢 GM980X、热轧低碳钢和低合金高强度钢 SAE950X、SAE980X 的成形极限图(FLD)的对比。可以看出,在各种应力状态下,双相钢 GM980X 的成形性均优于两种低合金高强度钢,而略逊于热轧低碳钢。但当次主应变 e_2 较高时,其极限应变曲线可与热轧低碳钢相比。在工业上,冲压构件的变形方式是以延展为主，双相钢可以较好地承受这类变形过程，而加工同样强度的 SAE980X 钢则要困难得多。在 FLD 的伸展-收缩区，相当于深冲拉延操作，双相钢的成形性逊于 r 较高的低碳钢。但和同样强度的 SAE980X 钢相比，双相钢的深冲拉延性能还相当好，这可能与双相钢具有较高的 n（表 5.110）有关，因而具有较高的颈缩抗力。双相钢的极限应变水平随板厚的增加而增加[21]。

提高双相钢板的抗拉强度对双相钢 FLD 的极限应变水平有不利影响。不同热轧双相钢板卷中成分的变化均会引起抗拉强度的变化，从而引起双相钢成形性的差异。因此，为使同一牌号双相钢的成形性变化较小，应严格控制双相钢的化学成分。

双相钢和其他新型高强度钢（TRIP 钢等）具有较低的屈强比、较高的应变硬化特性和较好的应变分布能力，其强度与延性有良好的匹配，其力学性能更加均匀，因而其回弹量的波动小。这类钢有很好的成形性，以及高的碰撞吸收能和高的疲劳寿命，因此采用这类钢具有更多降低板厚、减薄规格的可能。

有关双相钢性能的详细评述，可参阅有关专著[21]。

5.4.3.3　双相钢的生产与应用

1）热处理双相钢

日本在双相钢研究和应用方面居世界领先地位。日本的双相钢多采用临界区退火生产，采用计算机控制的水淬连续退火生产线；所采用的钢种多为普通低碳钢或低碳锰钢，经严格控制退火工艺和水淬处理后进行回火，以改善延性并使组织稳定。生产热处理双相钢亦可在批量退火炉中进行，但连续退火与批量退火相比，有如下优点：①温度控制比批量回火好，沿钢卷长度上钢板性能较均匀；②加热和保温时间短，冷却速率快，生产效率高，合金元素含量不高，生产成本低；③钢板的表面质量好，平整性得到改善。但采用快速冷却时，在时效温度下终止冷却有一定的困难，需补充回火，以保证抗时效的稳定性。

日本一种水淬连续退火生产线生产热处理双相钢的具体工艺为[21]：将冷轧钢带加热到 800℃左右，保温很短时间后，在水淬设备中以 2000℃/s 的速率冷却到室温。由于冷却速率很高，即使钢中不含合金元素，也可以进行马氏体转变。但冷却后，铁素体中保留了较高的固溶碳，为减少铁素体中的固溶碳，水淬后的钢板应在 200℃左右进行非常短时间的回火处理，通常为 1min。此时，铁素体中有相当一部分固溶碳析出，但仍保留烘烤硬化所必需的固溶碳量（约 0.003%）。

钢中的合金元素应保证临界区加热后为获得双相组织所需的临界冷却速率。当化学成分一定时，则应在保证获得双相组织的前提下，尽可能采用较低的冷却速率，使铁素体中的碳有充分时间扩散到奥氏体中，从而降低钢的屈服强度，提高钢的塑性。

当钢中合金元素含量较低时，冷却速率较低会得到铁素体加珠光体组织，冷却速率快时，则铁素体中保留的固溶碳较高。可以采用两阶段冷却工艺以改善双相钢的性能，即从临界区加热温度缓冷到某一温度，使铁素体中的碳向未转变的奥氏体富集；然后快冷，以避免未转变的奥氏体分解，以保证获得所需的双相组织和性能。

表 5.111 为一些国外钢铁公司生产的热处理双相钢的牌号、化学成分和性能示例。新日铁生产热轧和冷轧系列热处理双相钢，表 5.111 中所列 SAFC 为冷轧系列。该公司生产的强度级别较低的双相钢用于制造车门外板和内板、车身后盖板、车顶面板等，

强度中等的用于车身各种框架和其他结构零件，强度级别较高的用于制造汽车中各类安全零件，如抗撞击横梁、座位方框架等。川崎制铁冷轧连续退火的热处理双相钢CHLY，即冷轧高强度低屈服点双相钢，用于较薄规格(0.8mm)，制作车门外部面板、车身面板等。美国通用公司使用双相钢GM980X制造某些汽车零件，如保险杠，其弯角处的屈服强度达到550MPa，质量减轻30%，用于制造轮盘、轮辐时，成形工艺方便，扩孔和焊接工艺未引起开裂。

表5.111　国外一些钢铁公司生产的热处理双相钢的牌号、化学成分和性能示例[21]

编号	牌号	化学成分/%										$\sigma_{0.2}$/MPa	σ_b/MPa	$\sigma_{0.2}/\sigma_b$	n	e_u/%	e_t/%	r
		C	Mn	Si	Cr	Mo	V	Al	S	P	RE							
1	SAFC-50D	0.11	1.90	痕量	—	—	—	0.05	0.01	0.025	RE	314	539	0.58	0.23	—	32	1.0
2	SAFC-55D	0.11	2.00	痕量	—	—	—	0.05	0.01	0.025	RE	333	569	0.59	0.22	—	30	1.0
3	SAFC-60D	0.11	2.20	痕量	—	—	—	0.05	0.01	0.025	RE	363	647	0.56	0.22	—	27	1.0
4	SAFC-80D	0.11	2.20	0.30	—	—	—	0.05	0.01	0.025	Ti 0.10	451	834	0.54	—	—	20	1.0
5	SAFC-100D	0.11	2.22	0.30	—	—	—	0.05	0.01	0.025	Ti 0.10	755	1079	0.70	—	—	12	1.0
6	CHLY-40	0.10	1.30	0.50	1.00	—	—	0.08	0.02	0.020	—	190	412	0.48	0.24	—	41	1.1
7	CHLY-50	0.10	1.30	0.50	1.00	—	—	0.08	0.02	0.020	—	226	510	0.44	0.24	—	33	1.1
8	CHLY-60	0.13	1.80	1.00	1.00	—	—	0.08	0.02	0.020	—	333	608	0.55	0.24	—	29	1.1
9	CHLY-100	0.13	2.20	1.50	1.00	—	—	0.08	0.02	0.11	RE	657	1010	0.65	—	—	14	1.1
10	VAN-QN50	0.12	1.25	0.30	—	—	0.10	0.10	0.03	0.03	RE	310	518	0.60	0.23	26	32	—
11	VAN-QN80	0.16	1.60	0.60	—	—	≥0.04	0.02	0.015	0.04	RE	345	620	0.55	0.20	21	27	—
12	VAN-QN100	0.18	1.60	0.60	—	—	0.15	0.01	0.03	0.03	RE	380	760	0.50	0.17	18	24	—
13	GM 980X	0.11	1.43	0.61	0.12	0.08	0.04	0.04	0.012	0.015	—	364	659	0.55	0.18	18	28	—

注：SAFC系列为日本新日铁生产，CHLY系列为日本川崎制铁生产，表中所列上述钢的化学成分均为最大值。VAN-QN系列为美国Jones and Laughlin钢公司生产，GM980X为美国通用汽车公司生产，含0.007%N。

热处理双相钢多用于较薄规格的冷轧板材，对其工艺研究得较多，钢板性能比较稳定；但这种生产方法需要热处理设备和能量消耗，增加了钢材的成本。

热处理双相钢亦可以在经过适当改造的热镀锌生产线上进行，并与镀锌工艺结合，生产出镀层双相钢板[127]。

2）热轧双相钢

热轧双相钢的生产工艺流程大体可分为两种。其中一种是以美国 Climax 钼公司开发的 Mn-Si-Cr-Mo(0.065%C_{max}、1.2%Mn、0.9%Si、0.6%Cr、0.4%Mo)热轧双相钢为代表，其热处理工艺见图 5.21[128]。板坯在 1150～1315℃加热后，以大压下量短时间进行轧制，终轧温度为 870～925℃，轧材在冷床上以 28℃/s 的冷却速率冷至卷取窗口，即钢的等温转变曲线上的亚稳奥氏体稳定区，进行卷取。在冷床上冷却时析出部分铁素体，卷取冷却后获得双相钢。这种工艺容易进行，板卷性能也比较均匀。该公司开发的 ARDP 钢的化学成分和性能见表 5.112。利用这种工艺生产的热轧双相钢，在板厚为 3.4mm 时，FLD_0 为 0.42，成形性良好，用于制造小汽车轮盘，可使质量减少 5%～20%，疲劳强度比普通 HSLA 钢提高。

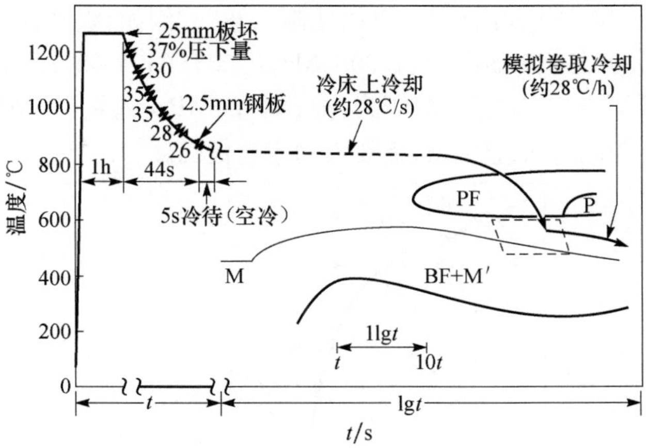

图 5.21　Mn-Si-Cr-Mo 热轧双相钢热处理工艺[128]

表 5.112　国外一些钢铁公司生产的热轧双相钢的牌号、化学成分和性能示例[21]

编号	牌号	化学成分/%										$\sigma_{0.2}$/MPa	σ_b/MPa	$\sigma_{0.2}/\sigma_b$	n	e_u/%	e_t/%	r
		C	Mn	Si	Cr	Mo	Al	N	S	P	RE							
1	SAFH-50D	0.15	2.00	1.50	0.50	—	0.08	—	0.01	0.020	RE	363	588	0.62	—	—	30	—
2	SAFH-60D	0.15	2.00	1.50	0.50	—	0.08	—	0.01	0.020	RE	402	637	0.63	—	—	29	—
3	SAFH-80D	0.15	2.20	1.50	0.50	—	0.08	—	0.01	0.020	RE	539	834	0.64	—	—	22	—
4	SHXD-60	0.12	2.00	1.00	—	—	0.08	—	0.01	0.025	—	365	621	0.59	0.20	—	27	0.86
5	SHXD-80	0.12	2.00	1.00	—	—	0.08	—	0.01	0.025	—	476	738	0.64	0.19	—	23	0.81
6	SHXD-100	0.12	2.50	1.50	—	—	0.08	—	0.01	0.025	—	510	917	0.56	0.18	—	18	0.73
7	HHLY-50	0.15	2.00	1.50	1.00	—	0.08	—	0.01	0.020	—	323	529	0.61	—	—	36	—

续表

编号	牌号	化学成分/%										$\sigma_{0.2}$/MPa	σ_b/MPa	$\sigma_{0.2}/\sigma_b$	n	e_u/%	e_t/%	r
		C	Mn	Si	Cr	Mo	Al	N	S	P	RE							
8	HHLY-60	0.15	2.00	1.50	1.00	—	0.08	—	0.01	0.020	—	343	598	0.58	—	—	33	—
9	HHLY-80	0.15	2.20	1.50	1.00	—	0.08	—	0.01	0.020	—	461	804	0.57	—	—	27	—
10	ARDP	0.06	1.35	0.90	0.50	0.35	0.03	0.008	0.10	0.10	RE	368	653	0.57	—	—	28.5	0.70

注：SAFH系列为日本新日铁生产，SHXD系列为日本住友金属生产，HHLY系列为日本川崎制铁生产，表中所列上述钢的化学成分均为最大值。ARDP为美国Climax钼公司生产。

另一种热轧双相钢的生产工艺是在热轧或热轧后的冷却过程中使铁素体从奥氏体中析出，然后快速冷却到 M_s 点以下卷取，最终获得双相组织。用这种工艺生产的双相钢有Mn钢、Si-Mn钢、Mn-Cr钢等。日本新日铁用低合金Si-Mn钢生产热轧双相钢的工艺过程示意图见图5.22，将这种方法称为“双相轧制工艺”。例如，板厚为2.47～3.31mm的Si-Mn钢(成分为0.07%C、0.50%Si、1.30%Mn、0.03%Al、0.02%P)，终轧温度为780～800℃，卷取温度低于375℃，钢的性能为：$\sigma_{0.2}\leqslant$380MPa、$\sigma_b\geqslant$600MPa、屈强比不大于0.57、$e_t\geqslant$28%[21]。由于卷取温度低，需要大功率卷板机。

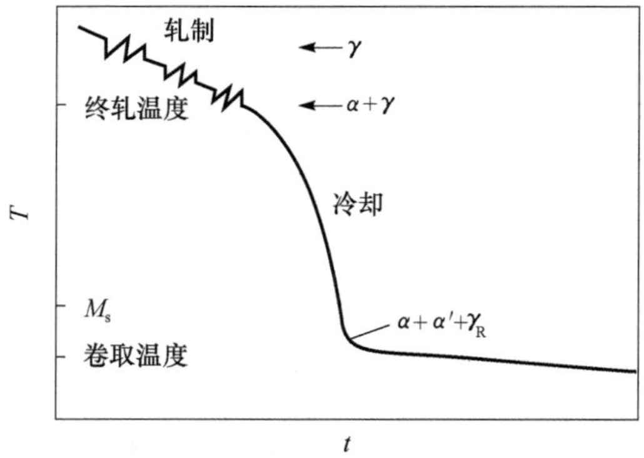

图5.22　双相钢轧制工艺过程示意图[21]

热轧双相钢用于较厚规格的钢材(3mm以上)，其生产工艺方法不需要附加的热处理和退火设备，一般轧钢厂都可以进行生产，但工艺过程较复杂，钢板卷取后不同部位的冷却速率不同，会影响性能的均匀性。

表5.112为国外一些钢铁公司生产的热轧双相钢的牌号、成分和性能示例。

3) 我国双相钢的生产

我国从20世纪70年代后期开始研究双相钢，除对双相钢的组织、性能、变形特性、强化机制等应用基础研究外，一些钢厂如武钢、鞍钢、宝钢等已试制了一些热轧和热处理双相钢，供有关汽车厂家试用于冲压构件。表5.113为我国一些钢厂试生产的热轧双相钢的牌号、成分和性能示例[8]。RS55双相钢的显微组织为铁素体和10%左右的马氏体，韧脆转变温度为－100℃，扩孔率为96.8%，具有优良的成形性、烘烤硬化性、疲劳性能及良好的焊接性。RS50系铁素体-贝氏体钢，抗拉强度大于490MPa，韧脆转变温度低于－132℃，扩孔率为134%，适用于制作高强度深槽式车轮轮辋、轮辐等。该钢具有良好的成形性、闪光焊接性和疲劳寿命。

表 5.113 国内试生产的热轧双相钢的牌号、成分和性能[8]

牌号	厚度/mm	化学成分/%							$\sigma_{0.2}$/MPa	σ_b/MPa	$\sigma_{0.2}/\sigma_b$	n	e_t/%	r	冷弯
		C	Mn	Si	Cr	Mo	S	P							
RS55(武钢)	3.0	≤0.12	≤1.5	≤1.20	≤1.2	—	≤0.020	≤0.035	383	586	0.65	0.196～0.221	31.8	0.84	$d=0.5a$
RS50(武钢)	3.0	≤0.12	0.9～1.5	≤0.20	0.1～0.4	—	≤0.015	≤0.030	470～570	530～630	—	—	24～35	—	$d=0.5a$
DP1(本钢)	3.5～6.0	0.04～0.09	0.8～1.0	1.1～1.5	0.4～0.6	0.35～0.50	≤0.015	≤0.015	350	647	0.54	0.206	26	1.34	$d=0$
SX65(鞍钢)	2.75～4.0	≤0.12	0.8～1.3	0.8～1.3	0.3～0.5	0.3～0.5	≤0.035	≤0.035	≤460	640～730	≤0.67	0.201	24～31	0.88	$d=a$

注：RS55 钢中加入 RE，RS50 钢中的 Nb 含量为 0.01%～0.06%。

表 5.114 汽车用高强度冷连轧双相钢钢板及钢带的牌号、化学成分参考值及力学性能(GB/T 20564.2—2017)

牌号	化学成分/%						拉伸试验			
	C	Si	Mn	P	S	Alt	R_{eL}/MPa	R_m/MPa	A_{80mm}/%	n
	不大于					不小于		不小于		
CR260/450DP	0.15	0.60	2.50	0.040	0.015	0.010	260～340	450	27	0.16
CR290/490DP	0.15	0.60	2.50	0.040	0.015	0.010	290～390	490	24	0.15
CR340/590DP	0.15	0.60	2.50	0.040	0.015	0.010	340～440	590	21	0.14
CR420/780DP	0.18	0.60	2.50	0.040	0.015	0.010	420～550	780	15	—
CR500/780DP	0.18	0.60	2.50	0.040	0.015	0.010	500～650	780	10	—
CR550/980DP	0.23	0.60	3.00	0.040	0.015	0.010	550～760	980	10	—
CR700/980DP	0.23	0.60	3.00	0.040	0.015	0.010	700～950	980	8	—
CR820/1180DP	0.23	0.50	3.00	0.040	0.015	0.010	820～1150	1180	5	—

注：根据需要可添加 Cr、Mo、B 等合金元素。测断后伸长率试样：$L_0=80$mm，$b=20$mm，试样方向为纵向。

我国制定了汽车用双相钢的国家标准。表 5.114 为《汽车用高强度冷连轧钢板及钢带　第 2 部分:双相钢》(GB/T 20564.2—2017)中所列牌号、化学成分参考值及规定的力学性能。双相钢的新标准较之 2006 年的标准增加了 CR500/780DP、CR700/980DP、CR820/1180DP 三个牌号,修改了各牌号的力学性能指标,定义双相钢为"显微组织主要为铁素体和马氏体,也可能有少部分贝氏体组织的一种低合金高强度钢",所列 8 个牌号的前 4 个推荐用做结构件和加强件,后 4 个推荐用作加强件和防撞件。该标准适用于厚度为 0.50～3.00mm 的钢板和钢带。表 5.115 为《汽车用高强度热连轧钢板及钢带　第 3 部分:双相钢》(GB/T 20887.3—2022)中所列牌号、化学成分参考值及规定的力学性能。该标准适用于厚度不大于 6mm 的钢板和钢带。该标准取代了原标准 GB/T 20887.3—2010。

表 5.115　汽车用高强度热连轧双相钢钢板及钢带的牌号、化学成分及力学性能(GB/T 20887.3—2022)

牌号	化学成分/%						拉伸试验			
	C	Si	Mn	P	S	Cu	R_{eL}/MPa	R_m/MPa	A_{80mm}/%	A_{50mm}/%
HR300/540DP	≤0.23	≤2.00	≤3.30	≤0.090	≤0.015	≤0.40	300～450	540～660	≥21	≥24
HR330/580DP							330～450	580～700	≥19	≥22
HR380/680DP							380～500	680～800	≥17	≥19
HR450/780DP							450～610	780～900	≥14	≥16

注:允许添加其他合金元素,但 Ni+Cr+Mo 含量不大于 1.50%,Cr+Mo 含量不大于 1.00%,Nb+Ti 含量不大于 0.15%,V 含量不大于 0.15%,B 含量不大于 0.006%,Alt 含量不小于 0.015%。可用 Als 替代 Alt,此时 Als 含量不小于 0.01%。拉伸试验试样方向为纵向。测断后伸长率 A_{80mm} 时,试样 L_0=80mm,b_0=20mm。测定测断后伸长率 A_{50mm} 时,试样 L_0=50mm,b_0=25mm。

对国产 780MPa 和 980MPa 级的冷轧双相钢的金相组织研究、力学性能、工艺性能进行了分析研究,CR500/780DP 的马氏体含量约为 50%,CR700/980DP 的马氏体含量约为 70%,保证了钢的力学性能的要求,钢的弯曲和焊接性能良好。这两种钢的化学成分和力学性能见表 5.116,用于制作乘用车的前保险杠横梁、车门防撞梁和中立柱加强板等安全零件,均通过了安全验证[129]。

表 5.116　国产两种冷连轧双相钢的牌号、化学成分及力学性能[129]

牌号	化学成分/%							拉伸试验		
	C	Si	Mn	P	S	Nb	Alt	R_{eL}/MPa	R_m/MPa	A_{80mm}/%
CR500/780DP	0.16	0.20	1.50	0.008	<0.005	0.013	0.033	513	830	19
CR700/980DP	0.18	0.53	1.56	0.009	<0.005	0.017	0.042	777	1100	10.7

注:CR500/780DP 钢板的厚度为 1.5mm,CR700/980DP 钢板的厚度为 1.8mm。

5.4.4　相变诱导塑性钢(TRIP 钢)和孪生诱导塑性钢(TWIP 钢)

在钢中存在一定数量的残余奥氏体时,可以利用应力和应变诱导钢中的马氏体转变,使其在具有较高强度的基础上提高塑性和韧性。施加应力和应变的温度必须在这种钢的 M_d 点以下。这种现象称为相变诱导塑性。

应力促进马氏体有一个最高温度 M_d^{σ},形成温度越低,越接近 M_s,马氏体越多。应变诱导的马氏体可以在 M_d^σ 点以上产生，其形成上限温度为 M_d 点，接近 T_0 点。如果在 $M_s \sim M_d^\sigma$ 温度范围内进行应力、应变加工，形成的将是应力促发马氏体和应变诱导马氏体的混合物，两者都会诱导相变塑性，一般将这两类马氏体统称为诱导马氏体。

马氏体相变诱导塑性，可从以下两方面解释：①由于塑性变形而引起的局部区域应力集中，将由于马氏体的形成而得到松弛，因而能够防止微裂纹的形成，即使微裂纹已经形成，裂纹尖端的应力集中亦会因马氏体的形成而得到松弛，从而使塑性和断裂韧性得到提高。②在发生塑性变形的区域，随形变马氏体量的增加，形变强化指数不断提高，从而使已发生塑性变形的区域继续发生变形变得困难，促进变形趋于均匀，故能抑制颈缩的形成。

5.4.4.1　TRIP 钢的发展

Zackay 等应用马氏体的相变塑性，于 1967 年发明了相变诱导塑性钢（transformation induced plasticity steel），简称 TRIP 钢[130]。从相变诱导塑性考虑，希望钢的 M_d 与 M_s 之间的温度范围宽，M_d 应高于室温，而 M_s 应低于室温。这样，当使用温度在室温上下波动时，也能保证钢材具有优异的塑性。同时希望钢的层错能尽量低些，以使诱导马氏体相变易于进行，而获得比较高的马氏体相变诱导塑性。

最早研究成功的 TRIP 钢的化学成分、变形和热处理工艺示例及其力学性能见表 5.117[130,131]。在这些钢中，C、Si、Mo 起奥氏体固溶强化作用，C、Cr、Mn、Ni 用以调整 M_d 和 M_s，C、Mn 起马氏体固溶强化作用。A 系列钢中含 Cr 和 Mn，层错能低，使 M_d 与 M_s 之间的范围宽，可以在一个较宽的温度内获得良好的塑性，便于使用；但层错能低，奥氏体的形变硬化较高，对获得高塑性又有抑制作用。代号为 B、C、D 的钢，由于层错能高，M_d 与 M_s 之间的范围较窄，如控制不好 M_d 点和 M_s 点，室温下将得不到良好的塑性。

表 5.117　几种 TRIP 钢的主要化学成分、变形和热处理条件及其力学性能[130,131]

钢的代号	化学成分/%						奥氏体变形		最低冷却温度/℃	第一次回火参数		第二次变形		最低冷却温度/℃	第二次回火参数		$\sigma_{0.2}$/MPa	σ_b/MPa	伸长率/%
	C	Si	Mn	Ni	Cr	Mo	%	℃		℃	min	%	℃		℃	min			
A1	0.31	1.92	2.02	8.31	8.89	3.80	—	—	—	—	—	—	—	—	—	—	379	551.2	35
A1	0.31	1.92	2.02	8.31	8.89	3.80	80	450	−196	—	—	15	27	—	249	30	1881	1881	26
A2	0.25	1.96	2.08	7.60	8.88	4.04	27	249	—	450	30	—		—	—	—	833.7	1288.4	75
A2	0.25	1.96	2.08	7.60	8.88	4.04	60	450	−196	—	—	10	−196	—	—	—	1784.5	2115.2	19
A3	0.25	1.90	0.92	7.80	8.80	4.00	83	500	21	—	—	—	—	—	—	—	1433.1	1943.2	27
B	0.25	—	—	24.40	—	4.10	80	500	—	500	10	—	—	−70	500	10	1081.7	1164.4	48
B	0.25	—	—	24.40	—	4.10	80	21	—	—	—	—	—	—	500	30	2067	2067	27
C	0.23	—	1.48	22.0	—	4.00	80	500	−70	500	10	—	—	−110	500	30	971.5	1005.9	46
D	0.24	—	1.48	20.97	—	3.57	80	500	−196	500	30	—	—	−110	500	30	1074.8	1143.7	30

上述钢的处理方法如下：首先经 1120℃固溶处理，冷至室温时，钢的组织仍为奥氏体，因为钢的 M_s 点低于室温；然后在 250～550℃进行较大的塑性变形（约 80%），使奥氏体发生加工硬化，当钢中有碳化物形成元素时，还会有碳化物沉淀析出；而后进行冷处理（−196℃），使其发生马氏体转变。由于这类钢的 M_s 点较低，冷处理只能形成少量马氏

体。为了增加马氏体含量而提高钢的强度,可将钢材在室温附近进行小量塑性变形(10%～15%),可以诱导生成部分马氏体,达到调整钢的强度和塑性的目的。之后,一般还需要进行一次补充回火。

从表 5.117 可以看出不同变形和热处理条件对 TRIP 钢性能的影响。TRIP 钢的强度可以达到 2100MPa,伸长率可以达到 20%以上,同时还具有高的断裂韧性。

尽管这种钢具有高的强度和良好的塑性,但由于使用了大量的合金元素,成本高,其抗蚀能力也不如 17%Cr 不锈钢。将这种钢的成分控制达到正好需要的相变行为较为困难。这种钢的加工过程费用高。上述原因大大限制了这种钢的发展。

之后,一些学者在研究双相钢时,发现钢中的残余奥氏体具有 TRIP 效应[132],于是人们开始研究和发展低碳低合金 TRIP 钢。这类 TRIP 钢的组织主要是具有一定比例的铁素体、贝氏体和残余奥氏体的三相组织,其中残余奥氏体体积占 5%～15%,贝氏体体积占 25%～40%,铁素体体积占 50%～60%[133,134]。由于这类钢具有一系列优异的性能,特别是在具有高强度的同时还具有高的断后伸长率,其强塑积,即抗拉强度 R_m 和伸长率 A 的乘积,可达 21000MPa%,被公认为是新一代汽车用高强度钢板,已越来越多地应用于汽车构件的制造。

国外文献中常将含有大量稳定奥氏体元素,因应力和应变而发生马氏体相变的钢称为 TRIP 钢。当钢中的奥氏体量比较少,只在应变时发生马氏体相变的钢,则称之为具有 TRIP 效应的钢(TRIP assisted steel)。国内文献将两者均称为 TRIP 钢。

5.4.4.2　TRIP 钢的微观组织及其形成机制

在典型的 TRIP 钢中,铁素体一般作为基体,呈等轴晶状分布;贝氏体呈条状或粒状分布于晶界处;残余奥氏体主要分布于三个位置:呈岛状分布于铁素体晶粒内或晶界处、呈岛状分布于贝氏体铁素体晶界处、呈膜状或针状分布于贝氏体铁素体条间。岛状残余奥氏体尺寸较大。膜状或针状的残余奥氏体的尺寸小于 1μm,由于被贝氏体包围,形成贝氏体时两侧的贝氏体同时向残余奥氏体排碳,使碳浓度富集,M_s 点下降,其稳定性大为提高。钢中还可能存在极少量的马氏体,主要是在淬火冷却到室温过程中由稳定性较差的奥氏体转变而来,一般呈岛状分布[112]。图 5.23 为 TRIP 钢的典型组织。

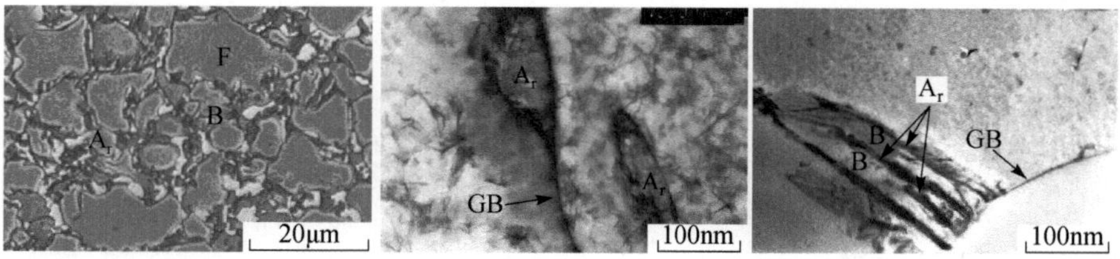

(a)　(b)　(c)

图 5.23　TRIP 钢的典型显微组织[135]

(a) 显微组织;(b) 晶界和晶内残余奥氏体的 TEM 明场像;(c) 贝氏体及其条间膜状残余奥氏体的 TEM 明场像

图中:F 表示铁素体,B 表示贝氏体,A_r 表示残余奥氏体,GB 表示晶界

生产 TRIP 钢的工艺路线主要有三种[133,135]:

1）热轧 TRIP 钢

用高温形变热处理工艺生产时，钢板在单相区终轧后，快速冷却至 $Ar_3 \sim Ar_1$ 温度等温，形成一定体积分数的多边形铁素体＋奥氏体，保持温度和时间以不形成珠光体为准；然后快速冷却至 $B_s \sim B_f$ 温度区间卷取，进行贝氏体转变。卷取温度控制在 500℃以下以抑制珠光体的形成，从卷取温度自然冷却到室温。图 5.24 为热轧 TRIP 钢的转变过程示意图[21]。

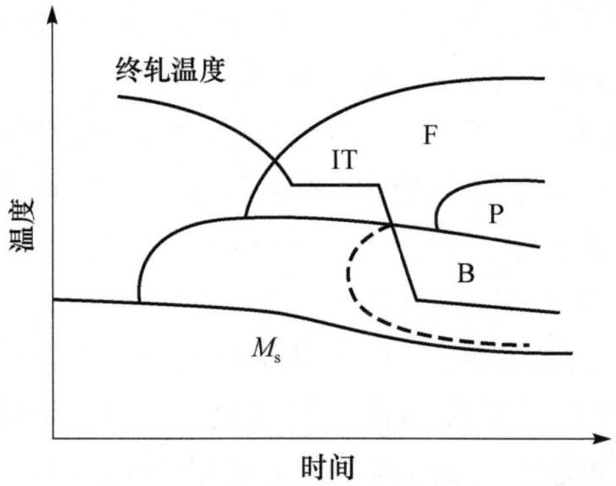

图 5.24　热轧 TRIP 钢的转变过程示意图[21]

2）冷轧 TRIP 钢

冷轧 TRIP 钢的工艺路线如下：钢坯在 1200℃左右均匀化退火 1h，在 1150℃轧制，终轧温度 850℃左右，中间经过 3～4 道轧制，于 600℃卷取并空冷到室温，随后冷轧到所要求的钢板厚度；然后重新加热至两相区保温，进行临界区退火。在此期间，控制奥氏体和铁素体的体积分数，一般选择铁素体和奥氏体含量相等的温度进行保温，随后快冷至贝氏体转变区（400℃左右）进行贝氏体转变，防止渗碳体及珠光体的形成。在贝氏体转变区进行贝氏体等温转变时，碳和合金元素富集到未转变的奥氏体中，使残余奥氏体室温稳定化。等温时应避免因形成碳化物而降低残余奥氏体中碳和合金元素，而影响其稳定性。

3）改进的热处理生产工艺

以上两种方法均需钢中含有较高的硅以抑制渗碳体的析出。近年国外发展了一种新的生产 TRIP 钢的工艺：采用无硅的化学成分，在热轧之后采用罩式炉退火，其作用是促进 Mn 在铁素体基体的扩散和在渗碳体的富集。冷轧之后，钢板在连续退火过程中，Mn 富集的渗碳体转变成稳定的残余奥氏体。使用这种工艺可以生产各种类型的无硅 TRIP 钢。

5.4.4.3　TRIP 钢的性能特点及影响因素

TRIP 钢的组织特点决定了其优异的力学性能，即在具有高强度的同时还具有优异的塑性，其均匀延伸部分占总伸长率的 65%～80%。钢中的铁素体是软相，在拉伸过程中能协调硬相贝氏体的变形。贝氏体能提高钢的强度，残余奥氏体在室温拉伸时可以转化成马氏体，马氏体相变产生应力松弛，使塑性增加，生成的马氏体又有强化作用。因此在 TRIP 钢中获得适量的稳定的残余奥氏体是生产 TRIP 钢的关键。

影响 TRIP 钢性能的因素主要有：

1）化学成分

通常认为碳、锰、硅是低合金 TRIP 中的基本元素。

碳是扩大 γ 区的元素，固溶于奥氏体中可提高奥氏体的稳定性，推迟铁素体和贝氏体的转变，降低 M_s。在 TRIP 钢中，碳主要富集在残余奥氏体中，增加残余奥氏体数量，提高其稳定性，其次才是提高钢的强度。在低碳硅锰钢中，残余奥氏体中的碳含量可达 1%左右[134]。对于 R_m＝600～800MPa 级的 TRIP 钢，合适的碳含量为 0.10%～0.20%。碳含量太低会使残余奥氏体的稳定性大为降低，以致没有 TRIP 效应出现，碳含量太高会恶化钢板的焊接性能。

锰在钢中起固溶强化作用并降低 M_s 点，M_s 点的下降可提高残余奥氏体的稳定性。锰通过降低 $\gamma \rightarrow \alpha$ 相变温度促使晶粒细化，和其他固溶元素相比，锰对塑性、韧性和焊接性的不利影响较小。

镍加入 TRIP 钢中，可以扩大奥氏体稳定区，降低 M_s，有利于获得残余奥氏体，其作用与锰相似，但影响程度仅为锰的一半。镍是比较稀缺的元素，不宜大量使用。

硅是铁素体形成元素，固溶于铁素体起强化作用。硅是非碳化物形成元素，在碳化物中的溶解度极低，在热处理等温过程中，能强烈抑制渗碳体的形成，使未转变的奥氏体中富碳，提高了残余奥氏体的稳定性，使其在室温保留下来。对含 0.10%～0.20%C 的 Si-Mn 系 TRIP 钢，硅、锰含量应在 1%～2%，而且均以 1.5%为最佳[136]。

较高的硅含量能够有效地抑制渗碳体的析出，但其含量超过 1%时，会在钢板表面形成稳定的 Mn_2SiO_4 氧化膜，不易酸洗，恶化钢的热轧性能和表面涂覆性能，不利于热镀锌。因此，开始了低硅(0.3%～0.8%)TRIP 钢的研制[137]和硅的替代元素的研究。典型的替代元素是铝和磷。铝和磷的作用与硅相似，主要是固溶强化和抑制渗碳体的形成，提高残余奥氏体的稳定性。

铝代替硅能够获得较好的 TRIP 效应，能有效抑制渗碳体的析出，于是研制出含铝 TRIP 钢，解决了 TRIP 钢表面氧化铁皮问题，而且使 TRIP 钢能够进行热镀锌。铝的固溶强化效果弱于硅，需要添加其他合金元素以弥补强度上的损失。磷虽然有强化效果，但易在晶界偏聚使晶界脆化，使用磷代替硅尚有困难。生产中还发现，TRIP 钢中铝含量较高时，连铸结晶器水口容易堵塞，进而研制成功无硅无铝 TRIP 钢[138]。

铬、钼、铜等合金元素主要起固溶强化作用，弥补用铝替代硅导致 TRIP 钢强度的损失。微合金元素 Nb、V、Ti 的加入主要起析出强化和细晶强化的作用。一些元素的复合加入往往取得比单个元素加入时更好的效果[139]。这方面的研究，可参考一些综述文献[135]、[136]、[140]。

2) 显微组织

钢的性能取决于钢中显微组织的合理配比，以及各种相组织体积分数、形态、分布及晶粒大小，而加工工艺最终也是通过改变钢的组织来获得所要求的性能。

TRIP 钢中铁素体的含量一般占 50%以上，作为基体组织，在应变诱导相变过程中，铁素体易于吸收残余奥氏体转变为马氏体引起的体积膨胀，使铁素体基体中的位错密度大大增加，产生位错强化。同时，变形的铁素体包围着残余奥氏体，产生静水压力，使残余奥氏体的稳定性增加，在随后的变形过程中发生渐进式相变，使 TRIP 钢的强度和塑性均得到提高。随铁素体量的增加，残余奥氏体量出现一个最大值，随后下降。为取得好的 TRIP 效应，应优化铁素体量。

TRIP 钢中的贝氏体，不同于一般的上贝氏体和下贝氏体，在等温过程中，由于 Si 或 Al 等合金元素的存在能强烈抑制碳化物析出，使残余奥氏体中的固溶碳含量增加，稳定性提高。这种贝氏体是无碳化物贝氏体，亦称为贝氏体铁素体，其形态呈板条状，有时也呈粒状，有表面浮突效应。TRIP 钢中，贝氏体主要作用是提高钢的强度；贝氏体铁素体条片间或条片内的残余奥氏体取代了渗碳体，消除了渗碳体的有害作用。这些残余奥氏体薄膜具有高的热稳定性和力学稳定性，并细化了钢的有效晶粒尺寸。在拉伸应力和裂纹尖端应力场作用下，可以承受较大的变形，且可发生薄膜状残余奥氏体的 TRIP 效应。

残余奥氏体在 TRIP 钢中主要对钢的塑性产生影响，同时在应变诱导马氏体相变过程中对钢的强度也有贡献。残余奥氏体对 TRIP 性能的影响取决于其在钢中所占的体积分数及稳定性。研究表明，要在形变过程中产生 TRIP 效应，残余奥氏体量须大于 8%；为使强度与塑性同步增加，残余奥氏体必须有足够的稳定性，以实现渐进式转变，一方面强化基体，另一方面提高均匀的断后伸长率。若其稳定性不够，则亚稳态奥氏体在很低的应力下就会发生马氏体相变，钢的塑性下降。若其稳定性太高，当形变量很大时仍不发生应变诱导马氏体相变，则无法释放局部的应力集中，导致裂纹萌生和扩展，TRIP 效应减弱。残余奥氏体的稳定性主要取决于奥氏体中的碳含量、合金元素、奥氏体晶粒大小、奥氏体周围相等因素。残余奥氏体的稳定性随着碳的富集、晶粒尺寸的减小和周围硬相的存在而增大。

5.4.4.4　TRIP 钢的应用

TRIP 钢具有高的强塑积，一般均大于 20000MPa%，其屈强比略高于双相钢，约为 0.6～0.8，容易加工。TRIP 钢加工硬化指数较高，均在 0.2 以上，其平面各向异性较低，深冲时制耳很小，具有高的成形极限高度和拉胀性能，特别适合于胀形的零件，成型后表现出高的烘烤硬化性能。TRIP 钢冲击时吸收能量高，提高了安全性。

我国制定了汽车用高强度冷连轧和热连轧相变诱导塑性钢板及钢带的国家标准 GB/T 20564.6—2010 和 GB/T 20887.4—2010。最近又进行了修订。

最近修改为 GB/T 20564.6—2022 和 GB/T 20887.4—2022，分别见表 5.118 和表 5.119。表 5.120 为一些 TRIP 钢的化学成分及性能实例。

表 5.118　汽车用高强度冷连轧相变诱导塑性钢钢板及钢带的牌号、化学成分及力学性能
(GB/T 20564.6—2022)

牌号	化学成分/%						拉伸性能			
	C	Si	Mn	P	S	Alt	R_{eL}/MPa	R_m/MPa	A_{80mm}/%	n_{90}
	≤								≥	≥
CR380/590TR	0.23	1.8	2.0	0.05	0.015	0.015～2.0	380～480	590	26	0.20
CR400/690TR	0.24	2.0	2.2	0.05	0.015		400～520	690	24	0.19
CR420/780TR CR450/780TR	0.25	2.2	2.5	0.08	1.015		420～580	780	20	0.15
CR450/980TR	0.30	2.2	2.5	0.10	0.015		450～700	980	14	0.14

注：允许添加其他合金元素，如 Ni、Cr、Mo、Cu 等，但 Ni+Cr+Mo 含量不大于 1.5%，Cu 含量不大于 0.20%。钢板及钢带的厚度为 0.50～2.5mm。拉伸试验的方向为横向，L_0=80mm，b_0=20mm。对于 CR400/690TR 和 CR450/780TR 两种钢还有纵向拉伸性能要求见该标准。由于时效的影响，钢板和钢带的力学性能会随储存时间的延长而变差，用户应尽早使用。

表 5.119 汽车用高强度热连轧相变诱导塑性钢板及钢带的牌号、化学成分及力学性能

(GB/T 20887.4—2022)

牌号	化学成分/%						拉伸性能			
	C	Si	Mn	P	S	Alt	R_{eL}/MPa	R_m/MPa	A_{80mm}/%	A_{50mm}/%
	≤					≥			≥	≥
HR400/590TR	0.30	2.2	2.5	0.090	0.015	0.015	400～550	590	23	0.26
HR450/780TR							450～580	780	19	0.21

注:允许添加其他合金元素,如 Ni、Cr、Mo、Cu 等,但 Ni+Cr+Mo 含量不大于 1.5%,Cu 含量不大于 0.20%。当检验酸溶铝 Als 时,其含量应不小于 0.010%。钢板及钢带的厚度不大于 6mm。拉伸试验的方向为纵向,试样尺寸:A_{80mm} 为 L_0=80mm,b_0=20mm;A_{50mm} 为 L_0=50mm,b_0=25mm。由于时效的影响,钢板和钢带的力学性能会随储存时间的延长而变差,用户应尽早使用。

表 5.120 热轧及冷轧 TRIP 钢板的化学成分及力学性能实例

类别	级别	板厚/mm	化学成分/%			R_{eL}/MPa	R_m/MPa	A_{80mm}/%	n_{90}	r
			C	Si	Mn					
			≤				≥			
冷轧[141]	TRIP600	1.0	0.11	1.18	1.55	339	614	37	—	—
冷轧[141]	TRIP700	1.2	0.14	1.74	1.49	411	695	33	—	—
冷轧[141]	TRIP800	0.8	0.15	1.98	1.64	460	833	29	—	—
热轧[141]	TRIP600	1.4	0.11	1.45	1.47	470	647	36	—	—
热轧[141]	TRIP700	2.3	0.14	1.74	1.49	536	753	34	—	—
热轧[141]	TRIP800	2.3	0.15	1.98	1.64	571	806	30	—	—
热轧[141]	TRIP1000	1.6	0.21	2.06	2.21	855	1088	22	—	—
冷轧[142]	TRIP600	—	0.11	1.19	1.67	408	670	34	0.23	0.91
冷轧[143]	TRIP600	1.4	0.10	2.07	1.04	471	690	30	0.20	1.0

这类冷连轧钢板及钢带以退火+平整状态交货。国外已将 600MPa 和 800MPa 级别的 TRIP 钢投入批量生产,可以制造各种汽车结构件,如汽车车门防护杆、保险杠、底盘结构件等。国内已可工业规模地生产 780MPa 级别的 TRIP 钢。一些汽车制造厂应用 600MPa 级别的 TRIP 钢代替深冲用 08Al-HF,零件可减重 10%～20%[143],用于制作侧梁、前侧梁上的多种构件,代替原用强度为 340MPa 级的深冲低碳钢钢板,可减重 26%,并提高安全性[144～146]。

我国东北大学轧制技术及连轧自动化国家重点实验室与河钢集团合作开发出 1180MPa 级别热轧 TRIP 钢。采用 C-Si-Mn 系,复合添加 Cr、Mo 和 Ti 元素的化学成分设计,通过 TMCP 工艺与贝氏体相变区间卷取的工艺获得了残余奥氏体+贝氏体的显微组织,在热轧生产线上成功试制了 1.5～6.0mm 厚的 1180MPa 级热轧 TRIP 钢薄带。钢的屈服强度 700～900MPa,抗拉强度大于 1180MPa,伸长率大于 13%,扩孔率达 28%,弯曲满足 $D=3a$ 不断裂,10%～15%的残余奥氏体在变形过程中因 TRIP 效应显著改善了钢的塑性和成形性能,激光焊接性能也很优异。试制薄带已在一些汽车生产厂得到认证。成功用于商用车下部防护横梁,较之采用 700MPa 级汽车防护横梁,可减重 29%[146]。

表 5.121 为各种冲压用钢的力学性能比较。可以看出，TRIP 钢具有最大的强塑积，高的形变硬化率，其均匀伸长率与断后伸长率的比值最高。油漆后烘干时，烘烤(加热 170℃，20min)使得 TRIP 钢的屈服强度有很大提高，其烘烤硬化值 BH_2 = 97MPa，用它制成构件后，强度会有大幅度提高，从而有良好的使用性能。

表 5.121　各种冲压用钢板的力学性能(横向)比较[143,144]

钢种	$\sigma_{0.2}$/MPa	σ_b/MPa	δ_t/%	δ_u/%	r	n	BH_2/MPa
DDQ 软钢	181	296	42.4	21.4	2.60	0.208	—
加磷钢板	292	427	31.8	18.7	1.99	0.191	—
HSLA360	421	502	24.8	14.3	1.01	0.136	—
DP450	266	494	29.6	20.1	1.06	0.211	55
DP500	285	599	26.5	19.3	0.99	0.198	49
DP600	321	627	25.7	19.4	0.96	0.182	47
DP600(2%平整)	471	667	23.6	14.5	0.99	0.138	—
DP750	390	766	17.4	13.0	0.88	0.138	101
TRIP800	503	831	27.6	21.5	0.93	0.236	97

注：DDQ 为深冲级，δ_t 为断后伸长率，δ_u 为均匀伸长率，BH_2 为应变量 2%时的烘烤硬化值。

5.4.4.5　孪生诱导塑性钢(TWIP 钢)

1997 年，Grässel 等在试验研究加入不同量 Si、Al(各 2%～4%)后奥氏体钢(Fe-(15%～30%)Mn-(0.01%～0.06%)C)的性能时发现，当锰含量达到 25%，铝含量和硅含量各为 3%时，呈现出最大的总伸长率(>90%)，其强塑积在 50000MPa%以上，是高强韧性 TRIP 钢的两倍。这类钢具有稳定的奥氏体组织，其高强韧性来自形变过程中孪晶的形成，而不是 TRIP 钢中的相变，故被命名为孪生诱导塑性钢(twining induced plasticity steel)，简称 TWIP 钢[147]。TWIP 钢具有中等的抗拉强度(约 600MPa)和很高的伸长率(>80%)，具有高的能量吸收能力，而且没有低温韧脆转变温度，可以增强车体抵抗撞击能力，提高汽车的安全性。

TWIP 钢具有稳定的奥氏体组织和低的层错能。层错能越低，扩展位错宽度越大，位错束集越困难，越不易进行交滑移，因而其变形机制以孪生为主。在孪生变形过程中产生大量孪晶，且随变形量的增加，孪晶越来越多。孪晶阻止了滑移变形，促成了应变诱导孪晶，即 TWIP 效应。应变诱导孪晶优先在局部变形区域形成，孪晶界强烈阻碍位错运动，这种阻碍不断在 TWIP 钢内部扩展，并呈均匀延伸，显著推迟拉伸试验时颈缩的产生，因而 TWIP 钢在具有高的强度的同时，还具有很高的伸长率。图 5.25(a)为 TWIP 钢(Fe-25Mn-3Si-3Al)的真应力-真应变曲线，图 5.25(b)为该钢在 50℃时经过真应变 ε 为 68%之后的显微组织[148]。

合适的奥氏体层错能范围是 TWIP 的一个重要特性。过低的层错能(<20mJ/m^2)可能诱导马氏体相变，而过高的层错能(>80mJ/m^2)也不利于孪晶的形成。TWIP 钢的设计要求是在其形变过程中诱导孪晶，抑制马氏体相变，从而产生 TWIP 效应。

Grässel 等发现，当层错能低于 16mJ/m^2 时，在应力作用下，在高应变区会诱导马氏体相变 $\gamma_{fcc}\rightarrow\varepsilon_{hcp}$ 和 $\gamma_{fcc}\rightarrow\varepsilon_{hcp}\rightarrow\alpha_{bcc}$，发生 TRIP 效应。层错能大约为 25mJ/m^2 时，在应力作

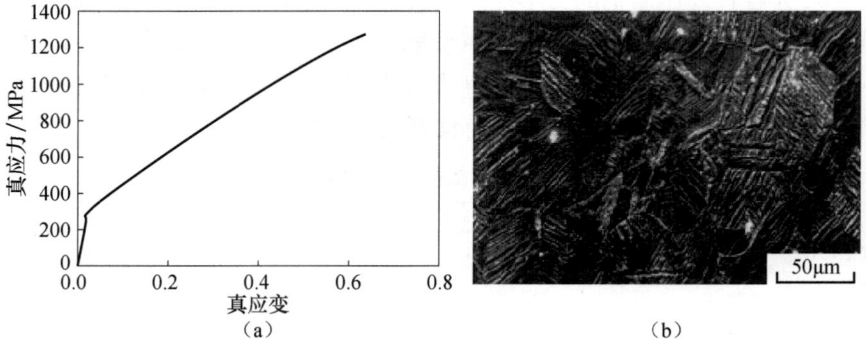

图 5.25　TWIP 钢的真应力-真应变曲线和显微组织[148]

(a) 真应力-真应变曲线;(b) 显微组织

用下发生 TWIP 效应。由于奥氏体本身的塑性很好,大量的形变孪晶的形成又产生一定的塑性变形,因此 TWIP 钢具有极好的塑性。当层错能大于 80mJ/m^2 时,变形机制主要为全位错滑移[149]。

碳是扩大奥氏体区域的元素,随着碳含量的增加,高锰钢的强度、硬度和耐磨性均提高。锰是 TWIP 钢的主要成分,不仅扩大奥氏体相区,稳定奥氏体组织,还显著降低马氏体转变温度 M_s。锰的主要作用是提高 TWIP 钢的层错能。一些研究表明,在锰含量为 10%～20%时,Fe-Mn 合金的层错能达到最低值(<15mJ/m^2)[149]。随锰含量增加,层错能提高,抑制马氏体相变,呈现出 TWIP 效应。

TWIP 钢中加入硅可以减少层错能,有利于马氏体相变。锰含量一定时,硅含量的增加可提高钢的抗拉强度。在 TWIP 钢中加入铝会增加层错能,从而抑制 $\gamma_{fcc}\rightarrow\varepsilon_{hcp}$ 相变,稳定奥氏体,但铝含量较高时,影响钢水的浇注。

在传统 TWIP 钢成分的基础上添加铌,可显著细化奥氏体晶粒,提高钢的屈服强度[149]。铌还可以提高钢的层错能,有利于形变过程中发生 TWIP 效应,从而获得优良的塑性[150]。

目前,Fe-Mn-Si-Al 系 TWIP 钢一般采用轧制和热处理加工工艺。经过轧制达到要求的尺寸后,要经过 1000℃的固溶处理,然后在水中冷却,即水韧处理。

TWIP 钢在生产加工中还存在一些问题:由于钢中含有大量锰元素,热导率低,钢液凝固缓慢,连铸时应控制好速率。钢的自由线收缩比碳素钢大得多,铸坯易产生热裂纹。钢中的成分偏析较大。

表 5.122 为一些高锰 TRIP/TWIP 钢的化学成分与力学性能实例,从表中可以看出,TWIP 钢主要有 Fe-Al-Mn-Si 系、Fe-Mn-C 系和 Fe-Mn-Al-C 系[151]。Fe-20Mn-3Al-3Si 和 Fe-15Mn-3Al-3Si 钢中由于锰含量较低,变形过程中主要呈现 TRIP 效应;而含锰较高的 Fe-25Mn-3Al-3Si 钢则呈完全的 TWIP 效应,抗拉强度为 650MPa,其断后伸长率达到 95%。钢中铝含量较高时,浇注易氧化,会堵塞浇注的水口,而高含量的硅会影响冷轧板的镀锌质量,因此开发了低硅低铝的 Fe-Mn-C 系 TWIP 钢[152～154]。通过热轧、冷轧和热处理工艺可以得到抗拉强度为 1160MPa,伸长率达到 55%的力学性能。热处理工艺以在 750℃退火,保温 10～20min,然后空冷为最佳。拉伸试验时,钢板试样没有明显的屈服平

台，断口处不出现颈缩现象。欧洲 Arcelor 公司将新开发的 Fe-Mn-C 系 TWIP 钢命名为 X-IP(xtremely formable and xtremely high strength steels with induced plasticity)，并已可提供 X-IP1000 TWIP 钢，用于制作汽车安全构件。表 5.123 为 X-IP1000 TWIP 钢和其他汽车用钢的力学性能对比[152]。

表 5.122　一些高锰 TRIP/TWIP 钢的化学成分及力学性能实例[151]

名义成分	室温力学性能			文献
	$\sigma_{0.2}$/MPa	σ_b/MPa	e_t/%	
Fe-15Mn-3Al-3Si	450	950	45	[148]
Fe-20Mn-3Al-3Si	300	850	75	[148]
Fe-25Mn-3Al-3Si	280	650	95	[148]
Fe-23Mn-0.6C	450	1160	55	[153]
Fe-30Mn-5Al-0.3C	—	855	70	[154]
Fe-34Mn-10Al-0.76C	—	750	70	[154]
Fe-26Mn-11Al-1.1C	700	850	65	[154]

表 5.123　X-IP1000 TWIP 钢和其他汽车用钢的力学性能对比[152]

钢种	$\sigma_{0.2}$/MPa	σ_b/MPa	δ_u/%	δ_t/%	n(4%～断裂)	r(4%～断裂)
HSLA320	342	428	16.0	24.0	0.17	1.27
DP590	345	629	15.6	25.9	0.15	2.05
TRIP800	478	825	21.1	27.3	0.22	0.93
DP980	644	1009	10.2	15.0	0.11	1.06
X-IP1000	599	1162	52.8	52.8	0.36	1.08

注：δ_u 为均匀伸长率，δ_t 为总伸长率，“4%～断裂”表示试验条件为变形量从 4%至断裂。

我国制定了 GB/T 20564.10—2017《汽车用高强度冷连轧钢板及钢带　第 10 部分：孪晶诱导塑性钢》，标准中列入了 1 个牌号 CR400/950TW(TW 为 twinning induced plasticity 的特征字母)。表 5.124 中列出了 CR400/950TW 钢的化学成分参考值和规定的力学性能。该标准适用于厚度为 0.50～3.00mm 的钢板和钢带。钢板以退火后平整状态交货。有关 TWIP 钢的性能、组织与生产工艺的进一步论述，可参考有关著作[155]。

表 5.124　汽车用高强度冷连轧孪晶诱导塑性钢钢板及钢带的牌号、化学成分参考值和力学性能(GB/T 20564.10—2017)

牌号	化学成分/%						拉伸试验		
	C	Si	Mn	P	S	Alt	R_{eL}/MPa	R_m/MPa	A_{80mm}/%
	不大于							不小于	
CR400/950TW	1.00	2.00	32.00	0.080	0.015	4.00	400～650	980	45

注：试样尺寸为 L_0=80mm，b=20mm，试样方向为纵向。当屈服现象不明显时，可用 $R_{p0.2}$ 代替 R_{eL}。

5.4.4.6　淬火配分钢

为了使钢在获得高强度或超高强度的同时能保持较好的韧性，美国 Speer 等提出了一种热处理新工艺，即将中碳含硅钢(含 0.35%C、1.3Mn、0.74%Si)淬火至 M_s～M_f 温度区间,等温保持较短时间,获得一定数量的马氏体,然后继续冷却(一步处理),或加热至高于等温温度,再在一定温度等温(两步处理),等温温度可在 M_s 之上或之下,然后快冷至室温。在等温过程中,使碳由过饱和的马氏体分配至未转变的奥氏体,使一定量的富碳的奥氏体稳定到室温,以提高钢的塑性和韧性。他们将这种热处理新工艺称为淬火(quenching)-配分(partitioning)工艺,简称 Q-P 工艺[156,157]。为防止碳分配过程中碳化物的析出,钢中加入一定数量的抑制碳化物形成元素 Si 或 Al。该钢经 920℃奥氏体化 510s,然后冷至 300℃在热浴中保温约 400s 或经 320℃保温约 200s 进行碳分配后淬火冷却,可得到含碳 0.97%～1.47%或 1.23%～1.58%的残余奥氏体,其含量约 6%。该工艺较之一般淬火-回火处理、双相钢热处理及 TRIP 钢热处理可以获得更好的强韧性综合性能。调整钢中所含元素的数量和 Q-P 工艺参数,可调整残余奥氏体的量及其中的碳含量。用此工艺生产出的富碳残余奥氏体的钢种称为 Q-P 钢,即淬火配分钢或淬火延性钢,抗拉强度可达到 800～1500MPa,伸长率可达到 13%～40%。

Q-P 工艺是受 TRIP 钢启发提出的,对 TRIP 钢进行 Q-P 处理最有可能成功,因此 TRIP 钢最先被应用于 Q-P 工艺的研究。这类钢成分的特点是低碳、加入一定量的 Si 或 Al,如 0.19C-1.96Al-1.46Mn、0.19C-1.16Mn-0.35Si-1.10Al-0.09P、0.17C-1.41Si-1.48Mn-0.25Al 等。经 Q-P 工艺处理后,TRIP 钢可以获得比传统处理更优异的强度与韧性的结合[158]。

宝钢已生产出汽车用 Q-P 钢板,从 2012 年起一些汽车厂商就开始批量使用宝钢的 Q-P 钢。我国已制定出 GB/T 20564.9—2016《汽车用高强度冷连轧钢板及钢带 第 9 部分:淬火配分钢》。表 5.125 为汽车用高强度冷连轧淬火配分钢钢板及钢带的牌号、化学成分参考值和力学性能。标准中列入了 3 个牌号。

表 5.125 汽车用高强度冷连轧淬火配分钢钢板及钢带的牌号、化学成分参考值和力学性能(GB/T 20564.9—2016)

牌号	化学成分/%						拉伸试验		
	C	Si	Mn	P	S	Alt	R_{eL}/MPa	R_m/MPa	A_{80mm}/%
	不大于							不小于	
CR550/980QP	0.30	2.00	3.00	0.10	0.015	0.015～2.00	550～750	980	18
CR650/980QP							650～850	980	15
CR770/1180QP							700～1000	1180	13

注:允许添加其他合金元素,如 Ni、Cr、Mo、Nb、Cu 等。拉伸试样方向为横向,试样 L_0=80mm、b=20mm。

5.4.4.7 增强成形性双相钢

随着汽车结构设计的日益复杂,对材料的延伸性能要求越来越高,传统 DP 钢的应用受到限制。2014 年德国汽车工业协会提出希望获得一种综合性能好且成本明显低于 TWIP 钢等的新材料,并命名为增强成形性双相钢(dual phase steel with high formability),简称 DH 钢。国外钢企开发的 DH 钢虽然断后伸长率较 DP 钢提高 20%～30%,但存在大变形零件开裂率 5%～10%,扩孔性能下降、焊接性能不足等问题。

2015 年首钢与有关单位合作,在传统 DP 钢的基础上,针对传统的 DP 钢和国外开发的 DH 钢存在的问题，经过多年的攻关，研发了 590～1180MPa 级别 DH 钢系列产品，作为传统 DP 钢的升级版[159,160]；提出了“在铁素体、马氏体双相基础上引入 4%～7%残余奥氏体，基于 Si、Al 成分设计实现对残余奥氏体的精确调控。利用残余奥氏体相变诱导塑性的 TRIP 效应，利用相变强化及塑性增长机制提高材料的强度和韧性”；断后伸长率较同级别的传统 DP 钢提高了 35%以上；采用新的热处理工艺可将扩孔率提高 50%以上；提出了递进脉冲电阻点焊技术，降低了楔形区残余应力，实现了 DH 钢焊点静载力和碰撞吸收能提高 20%以上，焊点疲劳性能提高 40%以上。国内各大汽车企业及研究院亦竞相开展 DH 钢的开发和研究。我国制定了 GB/T 20564.12—2019《汽车用高强度冷连轧钢板及钢带　第 12 部分：增强成形性双相钢》。该标准定义增强成形性双相钢为显微组织为铁素体、马氏体，以及少量残余奥氏体和贝氏体的钢。有关这类钢的具体加工热处理工艺和微观组织的研究可参考有关文献[161～164]。

表 5.126 为 DH 钢的化学成分和力学性能。

表 5.126　汽车用高强度冷连轧钢板及钢带　第 12 部分：增强成形性双相钢的牌号、化学成分及力学性能（GB/T 20564.12—2019）

<table>
<tr><th rowspan="3">牌号</th><th colspan="6">化学成分/%</th><th colspan="5">拉伸试验</th></tr>
<tr><th>C</th><th>Si</th><th>Mn</th><th>P</th><th>S</th><th>Alt</th><th>R_{el}/MPa</th><th>R_m/MPa</th><th>A_{80mm}/%</th><th>n</th><th>BH_2/MPa</th></tr>
<tr><th colspan="6">不大于</th><th colspan="5">不小于</th></tr>
<tr><td>CR330/590DH</td><td>0.15</td><td>0.80</td><td>2.50</td><td>0.080</td><td>0.015</td><td>1.00</td><td>330～430</td><td>590</td><td>26</td><td>0.16</td><td>30</td></tr>
<tr><td>CR440/780DH</td><td>0.18</td><td>0.80</td><td>2.50</td><td>0.080</td><td>0.015</td><td>1.00</td><td>440～550</td><td>780</td><td>18</td><td>0.13</td><td>30</td></tr>
<tr><td>CR550/980DH</td><td rowspan="2">0.23</td><td rowspan="2">1.80</td><td rowspan="2">2.90</td><td rowspan="2">0.080</td><td rowspan="2">0.015</td><td rowspan="2">1.00</td><td>550～700</td><td>980</td><td>15</td><td>—</td><td>30</td></tr>
<tr><td>CR700/980DH</td><td>700～900</td><td>980</td><td>13</td><td>—</td><td>30</td></tr>
</table>

注：允许添加其他合金元素，如 Nb、Ti、Cr、Mo、B 等；Nb＋Ti 含量不大于 0.15%，Cr＋Mo 含量不大于 1.3%，B 含量不大于 0.005%。本标准适用于制造成形复杂的汽车结构、加强件用厚度为 0.50～3.00mm 的钢板及钢带。拉伸试验的方向为纵向，A_{80mm} 试样尺寸为 L_0＝80mm，b_0＝20mm。由于时效的影响，钢板和钢带的力学性能会随储存时间的延长而变差，用户应尽早使用。

5.4.5　低合金高强度冷轧薄钢板

一般用途和结构较简单的冲压件，可以选用优质碳素结构钢板及钢带，见 GB/T 13237—2013《优质碳素结构钢冷轧钢板和钢带》（代替 GB 13237—91）。GB/T 13237—2013 列入了 08Al、08、10、15、20～70，共 15 个牌号，其化学成分与 GB/T 699—2015《优质碳素结构钢》（表 5.5）中所列的相同牌号的一致。该标准适用于厚度不大于 4mm、宽度不小于 600mm 的优质碳素结构钢冷轧钢板和钢带，以退火后平整状态交货。最近又制定了 GB/T 20564.11—2017《汽车用高强度冷连轧钢板及钢带　第 11 部分：碳锰钢》，适用于制造汽车结构件用厚度为 0.50～3.00mm 的钢板和钢带，列入了 5 个牌号（CR205S

等5个牌号,CR表示冷轧,数字表示最小屈服强度值,S表示固溶强化)。该系列钢种是在16Mn钢(表5.11)的基础上发展而成,以Mn为主要固溶元素;退火后以平整状态交货,由于存在应变时效问题,不宜长期储存。

表5.127为GB/T 20564.11—2017《汽车用高强度冷连轧钢板及钢带　第11部分:碳锰钢》的化学成分参考值及力学性能。

表5.127　汽车用高强度冷连轧钢板及钢带　第11部分:碳锰钢的化学成分及力学性能(GB/T 20564.11—2017)

牌号	化学成分/%					拉伸试验		
	C	Mn	P	S	Alt	R_{El}/MPa	R_m/MPa	A_{80mm}/%
	不大于				不小于	不小于		
CR205S	0.15	1.50	0.035	0.035	0.015	205	370～490	28
CR235S	0.17	2.00	0.035	0.035	0.015	235	390～510	26
CR265S	0.20	2.00	0.035	0.035	0.015	265	440～560	23
CR295S	0.20	2.00	0.035	0.035	0.015	295	490～610	20
CR325S	0.20	2.00	0.035	0.035	0.015	325	540～680	18

注:拉伸试验的方向为纵向,A_{80mm}试样尺寸为L_0=80mm,b_0=20mm。厚度不大于0.7mm时,A_{80mm}最小值可降低2%(绝对值)。

5.4.5.1　冲压用冷轧薄钢板的发展

冲压用冷轧薄钢板(即冷轧冲压薄钢板)广泛应用于国民经济各部门,其中应用最多的是汽车工业。钢铁工业生产的板、带产品,特别是薄钢板一直随着汽车工业的发展而发展。冷轧冲压薄钢板在汽车制造工业的地位十分重要。冷轧冲压薄钢板的发展是围绕着深冲性能的提高而展开的,可将其分为三代产品[165]。

第一代冷轧冲压薄钢板以沸腾钢为代表,如08F(曾列入GB/T 699—1999,GB/T 699—2015未再列入)。由于沸腾钢有一个比较纯净的外层,加热和轧制后表面缺陷较少。但由于沸腾钢心部偏析和时效倾向较大等原因,会引起较高的废品率,r不高,仅1.0～1.2,目前世界各国几乎不用沸腾钢做汽车冲压件。

第二代冷轧冲压薄钢板以铝镇静钢为代表,如08Al(表5.5注2)(列入GB/T 699—2015)。通过向钢中加铝脱氧且控制AlN的固溶和析出,获得强烈的{111}织构,其深冲性能良好,r为1.4～1.8。由于氮被固定成AlN,罩式炉退火或连续炉退火加上过时效处理中,绝大部分碳以Fe_3C形式析出,所以平整后性能稳定。

第三代冷轧冲压薄钢板为20世纪70年代以来开发的超低碳无间隙原子钢(interstitial-free steels,IF)。当今世界的深冲铝镇静钢均向微碳、低锰、低硫方向发展,碳含量大都通过真空处理降到不大于0.04%,硅几乎为痕量。这种趋势反映在制定的国家标准GB/T 5213—2001《深冲压用冷轧薄板及钢带》(代替GB/T 5213—85)中。原标准中只列入08Al一个牌号,新标准将原标准中的牌号08Al修改为SC1,并新增了两个超深冲牌号SC2、SC3,以满足汽车不同部位对冲压深度不同的要求。SC为“深冲”的汉语拼音的第一个字母。对牌号SC1,按用途将拉延级别分为:F代表用于冲制拉延复杂的零件,HF代表用于冲制拉延很复杂的零件，ZF 代表用于冲制拉延最复杂的零件。SC2、SC3（表 5.128）应属于超低碳无间隙原子钢。

表 5.128 为深冲用冷轧薄钢板及钢带的化学成分及力学性能。对于冲压性能，旧标准采用杯突值指标来衡量深冲压用钢板的冲压性能，但生产、试验中发现，杯突值不能很好判断冲压性能，因为测定杯突值的影响因素较多，测定结果的重现性差。目前国际标准均不要求杯突值，而用 n、r 取代杯突值，n、r 能真实反映金属材料的冲压性能[166]。

表 5.128　深冲用冷轧薄钢板及钢带的化学成分及力学性能（GB/T 5213—2001）

牌号	化学成分/%						公称厚度/mm	$\sigma_{0.2}$/MPa	σ_b/MPa	δ/%	n	r
	C	Mn	P	S	Als	Ti						
SC1	≤0.08	≤0.40	≤0.020	≤0.025	0.02～0.07	—	≤0.50	≤240	270～350	≥34	n_{90}≥0.18	r_{90}≥1.6
							>0.50～≤0.70	≤230		≥36		
							>0.70	≤210		≥38		
SC2	≤0.01	≤0.40	≤0.020	≤0.020	—	≤0.20	0.70～1.50	≤180	270～330	≥40	n_{90}≥0.20	r_{90}≥1.9
SC3	≤0.008	≤0.30	≤0.020	≤0.020	—	≤0.20	0.70～1.50	≤180	270～350	≥38	n≥0.22	r≥1.8

注：三种钢的 Si 含量均不大于 0.03%。钢中的残余元素含量：≤0.08%Cr、≤0.10%Ni、≤0.15%Cu。拉伸试样取横向试样，试样的宽度为 20mm，试样标距为 80mm。钢板及钢带需经退火和平整后交货。SC1 钢板及钢带在出厂后 6 个月内应保证冲压时不产生滑移线。SC1 钢的晶粒度级别应不小于 6 级或以薄饼形晶粒交货。SC2、SC3 钢可适当添加 Nb 等合金元素，为非时效钢。

汽车工业使用的各系列冲压用钢板大都是由铝镇静钢所衍生并发展的，这类钢在汽车覆盖件上的用量最多。影响这类钢的性能的主要因素是对其化学成分和加工工艺过程的控制[167]。

08Al 钢中的碳含量一般控制在 0.03%～0.06%。碳含量从普通深冲钢的 0.07%减小到超深冲的 0.003%时，n 从 0.22 提高到 0.26，所以碳控制在下限为好。碳含量高时，变形后形成不均匀的变形区，在再结晶过程中，这些变形区促进了随机取向再结晶晶粒的形核，有利织构{111}相应减小，r 下降。氮的作用与碳相似，固溶氮含量是造成成品板时效的主要原因，因此氮含量应尽量低。锰含量增加时，r 下降，这可以用杂质拖曳模型解释。再结晶初期，{111}晶粒成长中的晶界受到溶质原子拖曳时，一些杂乱方向的晶粒将有时间形核，从而削弱了{111}织构。一般认为，酸溶铝 Als 的最佳含量为 0.03%～0.06%，Als 包括固溶铝和 AlN，过高的铝含量将起细化晶粒、提高强度的副作用而不利于深冲。

热轧工艺对 08Al 钢冷轧薄钢板性能的影响很大，最显著的是终轧温度和卷取温度。热轧工艺主要是控制 AlN 的溶解和析出，高温加热有利于 AlN 的溶解，热轧温度大于 850℃即可。在以后的冷却过程中 AlN 又会重新析出。热轧后急冷，则 AlN 来不及析出，而在冷轧后退火加热过程中析出，平行排列在冷轧纤维结构之间。当退火再结晶时，沿轧制方向平行排列的 AlN 阻碍了晶粒沿厚度方向长大，因而形成了伸长的饼形晶粒。AlN 很快析出的温度区域为 600～800℃，600℃以下 AlN 几乎不析出，因此要求热轧后的卷取温度小于 600℃。

08Al 钢的冷轧工艺要求采用大的压下量和良好的润滑条件,产生强有力的变形织构,为下一步退火产生高退火织构的深冲用钢板创造条件。研究工作表明,08Al 钢的 r 随冷轧压下率的增加而提高,当压下率为 75%时,r 出现峰值。因此冷轧工艺的压下率应大于 65%。

08Al 钢冷轧后需进行再结晶退火。深冲所需的 n 和 r 是通过再结晶退火取得的。退火后只要晶粒足够大,n 就可以足够高,一般要求晶粒度级别不小于 6 级或以薄饼形晶粒交货。r 则与晶粒直径成正比,晶粒长大过程中,常伴随较大的{111}晶粒吞并较小的{100}晶粒,所以晶粒长大是有利织构强化的一个表征,但晶粒太大,深冲时易引起裂纹。低碳铝镇静钢退火时,析出的细小 AlN 质点对再结晶形核有阻碍作用,使驱动力较小的晶粒形核受到制止,驱动力大的{111}晶粒在形核竞争中占优势,从而有利于得到更强的{111}织构。退火工艺有两种,即罩式炉退火和连续退火生产线退火。

罩式炉退火发展较早,其加热方式有两种:一种是连续升温,以 50℃/h 左右的速率加热至 720℃,保温 25～30h;另一种是两段加热方式,先将钢卷加热到再结晶开始温度(约 540℃)保温 5～8h,然后再加热到 720℃保温 15～20h,给脱溶相 AlN 足够的时间析出后再进行再结晶,才可以起到择优成核的目的。

连续退火生产线生产冷轧深冲薄板是后来发展起来的一种高效的退火方式,将各种工序合并在一个机组,整卷带材在很短的时间就可以穿过生产线直接处于发货状态,钢材具有更均匀的性能和更好的平整度。退火工艺为在 $\alpha+\gamma$ 两相区加热,温度在 850℃左右,加热时间仅 1～3min,{111}取向晶粒就可吞并其他晶粒而长大,形成有力的{111}织构。

经长时间退火的钢板,仍有部分游离的 C、N 原子存在,会产生拉伸屈服平台。为消除屈服平台,需进行平整。在平整过程中,对钢板施以 0.8%～1.2%的变形量,就可以产生不被锚住的新位错,将屈服平台消除。一般 08Al 钢经最佳平整后应保证有 6 个月以上的非时效期,在此期间冲压时不产生滑移线。

对 08Al 钢板成品,还应检查游离渗碳体。游离渗碳体最好是细小均匀地分布,粗大连续分布的渗碳体在冲压时会引起裂纹。游离渗碳体按 GB/T 13299 进行检验,应不大于 2 级。

为提高深冲性能,国内外一些钢厂降低了铝镇静钢的碳含量(≤0.03%),并通过真空处理使钢质净化,生产出微碳铝镇静钢。这方面有代表性的钢号有日本的 SPCC、SPCD、SPCE,德国的 St12、St13、St14,其中 SPCE 和 St14 是深冲性能最好的。宝钢已可生 SPCE、St14 等冷轧深冲钢板。武钢进行了微碳深冲板 03Al 的研制。表 5.129 为这类微碳铝镇静钢的化学成分及力学性能。

表 5.129 一些微碳铝镇静钢的化学成分及力学性能[165,168]

牌号	化学成分/%						σ_s/	σ_b/	δ_{10}/	n	r
	C	Si	Mn	P	S	Als	MPa	MPa	%		
SPCE	0.02	0.014	0.188	0.013	0.008	0.043	182	324	49.6	0.231	1.8
St14	≤0.04	≤0.04	0.15～0.25	≤0.013	≤0.020	0.03～0.05	176	307	49.9	0.219	1.754
03Al	0.02	<0.01	0.13	0.009	<0.008	0.04	178	293	48.5	0.213	1.86

注:SPCE 数据为 25 批进口板复验的统计值。St14 数据为 DIN 标准要求,还规定 Mn/S 大于 10。03Al 数据来自文献[165]、[168],还规定氧含量小于 0.004%,以减少成品钢板的时效性。

5.4.5.2 超低碳无间隙原子钢[169,170]

超低碳无间隙原子钢具有强烈的{111}织构、纯净的钢质和较粗大的铁素体晶粒，从而获得超深冲性，其 r 可达 1.8～2.8，n 达 0.23～0.28。

冶金技术的进步，可使钢中的 C、N 含量大大降低，在此基础上加入 Ti 和 Nb，使 C、N 原子形成 Ti 和 Nb 的 C、N 化合物而完全被固定，以得到无间隙原子的纯净铁素体，从而具有优越的深冲性能，这种钢称为无间隙原子钢(IF 钢)。

成分是获得 IF 钢性能的先决因素。与铝镇静钢相比，IF 钢的成分特点是超低碳、微合金化和钢质纯净。研究工作证实，固溶碳由 3ppm 增至 50ppm 时，再结晶织构中，[111]组分急剧减少，严重损害 r。固溶氮具有与固溶碳相似的作用，生产中通过真空脱气，使钢中 C、N 含量尽量降低，一方面可以提高 r，另一方面可以减少 Ti、Nb 合金消耗。现代 IF 钢中，C 含量和 N 含量通常均可降低到 0.003%以下。

钢中添加 Ti、Nb 的目的是清除固溶体中的间隙原子 C、N，得到洁净的铁素体基体，以消除间隙原子的不利影响，使钢具有高 r，改善钢板的深冲成形性。目前工业生产的 IF 钢有 Ti-IF 钢、Nb-IF 钢和(Nb+Ti)-IF 钢。

在 Ti 处理的 IF 钢中，Ti 和 N、S 优先结合，然后再和 C 结合。随温度降低，其析出顺序是 TiN、TiS、$Ti_4C_2S_2$ 和 TiC。在 Ti-IF 钢中，使 IF 钢完全稳定所需的 Ti 量用下式表示：

$$w_{Ti}=(48/14)w_N+(48/32)w_S+(48/12)w_C=3.43w_N+1.5w_S+4w_C \quad (5.26)$$

Ti-IF 钢的特点是，力学性能优异且对成分和生产工艺参数的变化不敏感，即性能稳定，但平面各向异性 Δr 大。用这类 IF 钢生产的镀锌板易产生粉状剥落，影响其抗腐性能。

在 Nb-IF 钢中，C 与 Nb 结合成 NbC，N 与 Al 结合成 AlN，S 与 Mn 结合成 MnS。Nb-IF 钢的性能特点是，平面各向异性 Δr 较小，镀锌层抗粉化能力好，但 r 不如 Ti-IF 钢好，其力学性能对工艺较敏感，高温卷取后，板卷头尾性能较差。

在(Nb+Ti)-IF 钢中，Ti 与 N、S 结合，分别形成 TiN、TiS、$Ti_4C_2S_2$，Nb 与 C 结合，形成 NbC，此时使 IF 钢完全稳定所需的 Ti、Nb 量分别用下式表示：

$$w_{Ti}=3.43w_N+1.5w_S \quad (5.27)$$

$$w_{Nb}=(93/12)w_C=7.75w_C \quad (5.28)$$

(Nb+Ti)-IF 钢兼有 Ti-IF 钢和 Nb-IF 钢两者的优点，其特点是，力学性能比 Nb-IF 钢要好，而且对工艺不敏感，整卷性能均匀，镀锌层具有良好的抗粉化能力。

IF 钢中的其他杂质元素 S、O 等也应控制在尽可能低的水平，使 IF 钢质保持纯净。

Mn 对深冲钢的 r 不利，特别在钢中含有较多固溶 C 时，这是 Mn 与间隙原子交互作用所致。在 IF 钢中，由于间隙原子被固定，Mn 的不良影响较小。Mn 和 P、Si 都是强化铁素体的元素，在生产高强度 IF 钢时，可以适当添加。但这些元素在提高其强度的同时使成形性受到损害，所以超深冲 IF 钢中的 Mn、P、Si 的含量都不宜高。

表 5.130 为 IF 钢的化学成分及其力学性能示例。

表 5.130 IF 钢的化学成分及其力学性能示例

文献	化学成分/%									σ_s/MPa	σ_b/MPa	δ/%	n	r	Δr
	C	Si	Mn	P	S	Als	N	Ti	Nb						
[165]	0.0035	0.01	0.16	0.010	0.009	0.035	0.0025	0.010	0.015	165	310	49	0.24～0.25	2.10	—
[102]	0.0035	0.020	0.14	0.009	0.008	0.045	0.0031	0.054	0.010	143	276	51.6	0.268	3.25	0.86

热轧钢板的微观组织和析出物的形态对 IF 钢的最终性能有很大影响。热轧后得到细小均匀的铁素体晶粒和粗大的析出物,有利于 r 和塑性。细小弥散的析出物阻碍再结晶和晶粒长大,对 r 不利。对板坯采用低温加热容易得到粗大的析出物,特别是对 Ti-IF 钢。这种粗大的析出物将有利于降低再结晶温度,从而有利于提高 r 和塑性。在保证终轧温度的前提下,加热温度应尽量低,一般为 1050～1200℃。终轧温度一般都选用不小于 Ar_3,终轧温度提高,则 r 下降。卷取温度升高,有利于碳氮化物的析出和粗化,r 提高,但不宜太高,IF 钢的卷取温度为 650～700℃。对 IF 钢,r 随冷轧压下率增加而增加,直至压下率高达 90%,在实际生产中普遍采用不小于 75%的冷轧压下率。

IF 钢在退火过程中要完成铁素体再结晶、晶粒长大和发展再结晶织构。冷轧后的 IF 钢可采用三种方式退火:罩式炉退火、连续退火和经过连续热镀锌生产线退火。虽然 IF 钢具有非时效性,但为了保证板形和表面形貌,IF 钢板退火后都要经过平整。

IF 钢板无时效性,储运方便,性能稳定性好,可冲压制造难冲的零件,废品率低。冲压件回弹小,零件几何形状精确。冲压工艺可简化,生产率提高。由于以上原因,IF 钢发展迅速,已在汽车工业得到广泛的应用,尤其是汽车外板、内板,因其需要很好的深冲成形性能。

根据国内冷轧低碳钢板及钢带的生产和使用情况,并参考欧洲标准 EN 10130:2006《冷成形用冷轧低碳扁平钢材——交货技术条件》(英文版),我国制定了国家标准 GB/T 5213—2008《冷轧低碳钢板及钢带》,代替了 GB/T 5213—2001《深冲压用冷轧薄钢板及钢带》。

GB/T 5213—2008 适用于汽车、家电等行业使用的厚度为 0.30～3.5mm 冷轧低碳钢板及钢带。该标准修改了牌号命名方法,增加了一般用和冲压用钢级 DC01、DC03 及特超深冲用钢级 DC07,调整了对化学成分的规定,目前该标准已更新为 GB/T 5213—2019《冷轧低碳钢板及钢带》。新标准适用于冷成形用厚度不大于 3.5mm 的冷轧低碳钢板及钢带,取消了 SC1 钢按拉延级别分为 F、HF 和 ZF 三个级别的规定及杯突、弯曲和金相的规定。表 5.131 为冷轧低碳钢板及钢带牌号、化学成分参考值及其规定的力学性能,牌号由三部分组成,字母“D”代表冷成形用钢板及钢带,字母“C”代表冷轧,数字代表序列号。新标准中列入的牌号名称不变,仍为 6 个,用途亦不变,但钢质更为纯净。

产品退火后,为避免在后续成形过程中出现拉伸应变痕,制造厂通常要进行适度平整,由于受时效的影响,形成拉伸应变痕的趋势会重新出现,用户应尽快使用。标准规定冷轧低碳钢板及钢带在室温储存条件下不应出现拉伸应变痕的期限:DC01 为 3 个月,DC3、DC4、DC5 为 6 个月,对 DC06、DC07 不设期限。

表 5.131　冷轧低碳钢板及钢带的牌号、化学成分参考值及力学性能(GB/T 5213—2019)

牌号	用途	化学成分/%						$R_{p0.2}$/MPa	R_m/MPa	A_{80mm}/%,不小于			r_{90}	n_{90}
		C	Mn	P	S	Ti	Alt			厚度/mm				
		不大于					不小于			0.30～0.50	>0.50～0.70	>0.70	不小于	
DC01	一般用	0.12	0.60	0.030	0.030	—	0.020	280	270～410	24	26	28	—	—
DC03	冲压用	0.10	0.45	0.025	0.025	—	0.020	240	270～370	30	32	34	1.3	—
DC04	深冲用	0.08	0.40	0.025	0.025	—	0.020	210	270～350	34	36	38	1.6	0.18
DC05	特深冲用	0.06	0.35	0.020	0.020	—	0.015	180	270～330	35	38	40	1.9	0.20
DC06	超深冲用	0.02	0.30	0.020	0.020	0.20	0.015	170	260～330	37	39	41	2.1	0.22
DC07	特超深冲用	0.01	0.25	0.020	0.020	0.20	0.015	150	250～310	40	42	4R	2.5	0.23

注:1) DC01、DC03、DC04 和 DC05 也可添加 Nb 或 Ti,或其他合金元素。可用 Nb 代替部分 Ti,但其总含量不应大于 0.20%。

2) 试样方向为横向,长度为 80mm,宽度为 20mm。无明显屈服时,采用 $R_{p0.2}$,否则采用 R_{eL}。当厚度大于 0.50mm 且不大于 0.70mm 时,屈服强度上限值可以增加 20MPa;当厚度不大于 0.50mm 时,屈服强度上限值可以增加 40MPa。

3) r_{90} 值和 n_{90} 值的要求仅适用于厚度不小于 0.50mm 的产品,当厚度大于 2.0mm 时,r_{90} 值可以降低 0.2。

4) DC01 的屈服强度上限值的有效期限仅为从生产完成之日起 8 天内。

表 5.132　含磷高强度铝镇静钢的化学成分及力学性能[8,102]

牌号	化学成分/%						σ_s/MPa	σ_b/MPa	δ_{10}/%	冷弯 180° $d=0$
	C	Si	Mn	P	S	Als				
WP340(武钢)	≤0.08	≤0.05	≤0.50	≤0.10	≤0.03	≥0.08	≥175	≥340	≥34	完好
WP370(武钢)	≤0.08	≤0.05	≤0.50	≤0.12	≤0.03	≥0.08	≥225	≥370	≥32	完好
WP390(武钢)	≤0.08	≤0.05	≤0.50	≤0.12	≤0.03	≥0.08	≥235	≥390	≥30	完好
06AlP(鞍钢)	≤0.06	≤0.04	≤0.35	0.05～0.08	≤0.025	0.02～0.07	≥210	340～420	≥37	完好
08AlP(鞍钢)	≤0.08	≤0.06	≤0.70	0.06～0.12	≤0.025	0.02～0.07	≥250	380～470	≥32	完好
10AlP(鞍钢)	≤0.14	0.20～0.40	1.00	0.08～0.14	≤0.025	0.02～0.07	≥290	440～560	≥24	完好
BP340(宝钢)	≤0.08	≤0.10	≤0.80	≤0.12	≤0.025	≥0.02	200	340～420	30	完好
BP380(宝钢)	≤0.10	≤0.10	≤1.00	≤0.12	≤0.025	≥0.02	240	380～460	28	完好
SPFC340(日本)	0.045	0.02	0.34	0.080	0.015	0.06	175	340	35	—
SPFC370(日本)	0.058	0.02	0.39	0.085	0.012	0.05	205	370	33	—
SPFC390(日本)	0.080	0.02	0.59	0.089	0.013	0.05	235	390	31	—

5.4.5.3　冷连轧高强度钢板和钢带

近年来,世界各国对汽车安全和环保法规的控制越来越严格,促进各大汽车公司更多地采用高强度钢板。在冷连轧高强度薄钢板方面除发展了 DP 钢、TRIP 钢外,还开发出冷连轧高强度含磷钢、低合金高强度钢和马氏体钢。

1) 冷连轧高强度含磷钢[8,102,169]

在低碳钢中,磷固溶到基体可以起固溶强化的作用,每加入 0.01%的磷,屈服强度提高 4～5MPa。磷在退火再结晶时以第二相 FeTiP 的形式起着促进{111}织构发展的作用。因此含磷高强度钢不但具有高的强度,还具有良好的成形性,其 r 可达 1.6 左右,n 可达 0.20 以上。通过调整磷、锰含量可以得到不同强度级别的高强度钢。含磷钢是 20 世纪 70 年代发展的钢种,表 5.132 为我国一些含磷高强度铝镇静钢的化学成分及力学性能。用含磷钢板比用 08Al 钢板冲制零件一般可减薄 10%以上。考虑到磷对焊接性能和低温脆性有不良影响,这类钢中的磷含量应在 0.1%以下。几种固溶强化元素对罩式炉退火的冷轧板的抗拉强度的影响为

$$\sigma_b = 275 + 450w_C + 65w_{Mn} + 100w_{Si} + 949w_P \text{(MPa)} \quad (5.29)$$

可见,磷的强化系数相当大,是冷轧深冲板的很有效的强化元素。

最初含磷钢多用于低碳铝镇静钢,以后用于超低碳微合金化的 IF 钢,即在 IF 钢的基础上加入 P、Si、Mn 等固溶强化元素而开发的一类具有良好成形性能的高强度钢,称之为高强度 IF 钢(HSIF 钢),主要用于车身外板。这类钢与 IF 钢相同,按加入的微合金化元素,可分为 Ti-HSIF 钢、(Nb+Ti)-HSIF 钢和 Nb-HSIF 钢等,目前最高强度级别已达到 440MPa。

为了获得综合性能良好的 HSIF 钢,通常加入 P、Mn 和 B 进行综合合金化,同时用 Ti 定 N,保证 B 的有效作用和收得率。B 的加入有利于 IF 钢的晶粒粗化和改善成形性。含 P 较高的超低碳钢,在深冲后有发生脆断的倾向,这是由于当钢中碳含量极低时 P 易在晶界偏聚使晶界脆化。有两种方法可以抑制 P 偏聚引起的低温脆性:一是加入适量的 B,优先偏聚于晶界,抑制 P 的偏聚,微量 B 可以使韧脆转变温度大大降低;二是设法使钢中存在少量固溶 C,极少量的固溶 C(1ppm)便可以减少 P 在晶界的偏聚。在连续退火时采用高的退火温度和快的冷却速率可以使碳化物分解而得到少量固溶 C,尤其对于含铌钢,这是由于 NbC 分解温度较低的缘故。

退火工艺对 HSIF 钢也有明显的影响,采用罩式炉退火工艺比连续退火可以得到更高的强度。对成分为 0.002%C、0.0026%N、0.030%Mn、0.045%P、0.008%B、0.03%Nb、0.015%Ti 的(Nb+Ti)-HSIF 钢,罩式炉退火与连续退火的力学性能对比列于表 5.133。连续退火时,在 850℃保温 2min,析出的化合物 FeTiP 相的粒度为 40～150nm,尺寸大,析出相发生在再结晶之后,晶粒较粗,并可以发展有利的织构组织,r 较高。罩式炉退火时,在 700℃保温 10h,FeTiP 相的析出发生在钢板的再结晶过程中,析出相弥散细小,尺寸为 5～100nm,阻碍了冷轧板退火过程中有利织构的发展和晶粒长大,因此,其强度高于连续退火钢板。

表 5.133　(Nb+Ti)-HSIF 钢罩式炉退火与连续退火的力学性能对比[102]

退火工艺	σ_s/MPa	σ_b/MPa	δ/%	n	r
罩式炉退火	240	385	35	0.20	1.89
连续退火	224	352	40	0.21	2.05

表 5.134 为国家标准 GB/T 20564.3—2017《汽车用高强度冷连轧钢板及钢带第 3 部分:高强度无间隙原子钢》的牌号、化学成分参考值和规定的力学性能(代替 GB/T 20564.3—2007)。

表 5.134　汽车用冷连轧高强度无间隙原子钢钢板及钢带的牌号、化学成分参考值和力学性能(GB/T 20564.3—2017)

牌号	化学成分/%								拉伸试验				
	C	Si	Mn	P	S	Ti	Nb	Alt	R_{eL}/MPa	R_m/MPa	A_{80mm}/%	r_{90}	n_{90}
	不大于							不小于		不小于			
CR180IF	0.01	0.30	0.80	0.08	0.025	0.12	0.09	0.010	180～240	340	34	1.7	0.19
CR220IF	0.01	0.50	1.40	0.10	0.025	0.12	0.09	0.010	220～280	360	32	1.5	0.17
CR260IF	0.01	0.80	2.00	0.12	0.025	0.12	0.09	0.010	260～320	380	28	—	—

注:Nb、Ti 可单独或组合添加,V 和 B 也可以添加,但这 4 种元素总和不得超过 0.22% 。当屈服现象不明显时,可用 $R_{p0.2}$ 代替 R_{eL}。

2) 冷连轧低合金高强度钢

冷连轧低合金高强度钢板及钢带是在低碳钢中通过单一或复合添加铌、钛、钒等微合金元素,形成碳氮化合物粒子析出进行强化,同时通过微合金元素的细化晶粒的作用,以获得较高强度。

为了改善钢板的可成形性和可焊接性,严格限制碳的最大含量不超过 0.13%,严格限制磷的最大含量不超过 0.06%,铌、钛、钒的最小含量为 0.005%,同时严格限制硫的最大含量不超过 0.015%[102]。

表 5.135 列入我国制定的《汽车用高强度冷连轧钢板及钢带　第 4 部分:低合金高强度钢》(GB/T 20564.4—2022)的牌号、化学成分参考值和规定的力学性能(代替了 GB/T20564.4—2010)。该标准适用于厚度不大于 3.0mm 的钢板和钢带,主要用于制作汽车结构件和加强件。

3) 冷连轧马氏体钢

马氏体钢的显微组织几乎全部为低碳马氏体组织,是通过高温奥氏体组织快速淬火转变为板条马氏体组织的,其延性受到一定的限制。这种钢具有高的强度和一定的成形性能。钢板及钢带冷轧后经淬火、回火及平整后交货。马氏体钢通常需进行回火处理以改善其塑性,使其在具有高强度的同时,仍具有足够的成形性能。

表 5.135 列入我国制定的《汽车用高强度冷连轧钢板及钢带　第 7 部分:马氏体钢》(GB/T 20564.7—2022)的牌号、化学成分参考值和规定的力学性能(代替了 GB/T 20564.7—2010)。该标准适用于厚度为 0.50～2.1mm 的钢板和钢带,主要用于制作成型要求不高的汽车结构件、加强件、防冲撞件。此类钢中有些已属于超高强度钢。这些钢板的焊接较为困难。

表 5.135 还列入了我国制定的 GB/T 20564.8—2015《汽车用高强度冷连轧钢板及钢带　第 8 部分:复相钢》的牌号、化学成分参考值和规定的力学性能。该标准适用于厚度为 0.60～2.50mm 的钢板及钢带。与同等抗拉强度的双相钢相比,复相钢具有较高的屈服强度和良好的抗弯性能。

表 5.135　汽车用高强度冷连轧钢板及钢带化学成分参考值及规定的力学性能

牌号	化学成分/%								拉伸性能			
	C	Si	Mn	P	S	Ti	Nb	Alt	R_{eL}/MPa	R_m/MPa	A_{80mm}/%	n_{90}
	不大于							不小于			不小于	
低合金高强度钢(GB/T 20564.4—2022)												
CR210LA	0.10	0.50	1.00	0.025	0.025	0.15	—	0.015	—	—	—	—
CR260LA	0.10	0.50	1.00	0.025	0.025	0.15	—	0.015	260～330	350～430	26	0.14
CR300LA	0.10	0.50	1.00	0.025	0.025	0.15	0.09	0.015	300～380	380～480	23	0.14
CR340LA	0.10	0.50	1.10	0.025	0.025	0.15	0.09	0.015	340～420	410～510	21	0.12
CR380LA	0.10	0.50	1.60	0.025	0.025	0.15	0.09	0.015	380～480	440～580	19	0.12
CR420LA	0.10	0.50	1.60	0.025	0.025	0.15	0.09	0.015	420～520	470～600	17	0.11
CR460LA	0.12	0.60	1.70	0.025	0.025	0.15	0.09	0.015	460～580	510～660	13	0.10
CR500LA	0.14	0.60	1.80	0.025	0.025	0.15	0.09	0.015	500～620	550～710	12	—
CR550LA	0.15	0.60	1.80	0.025	0.025	0.15	0.09	0.015	550～720	≥620	11	—
马氏体钢(GB/T 20564.7—2022)												
CR700/900MS	0.13	0.6	2.0	0.020	0.015	—	—	0.010	700～900	900	3	—
CR700/980MS	0.13	0.6	3.0	0.020	0.015	—	—	0.010	700～960	980	3	—
CR860/1100MS	0.20	0.6	3.0	0.020	0.015	—	—	0.010	860～1100	1100	3	—
CR950/1180MS	0.25	1.0	3.0	0.020	0.015	—	—	0.010	950～1200	1180	3	—
CR1030/1300MS	0.28	1.0	3.0	0,020	0.015	—	—	0.010	1030～1300	1300	3	—
CR1150/1400MS	0.28	1.0	3.0	0.020	0.015	—	—	0.010	1150～1400	1400	3	—
CR1200/1500MS	0.30	1.0	3.0	0.020	0.015	—	—	0.010	1200～1500	1500	3	—
CR1350/1700MS	0.35	1.0	3.0	0.020	0.015	—	—	0.010	1350～1700	1700	3	—
复相钢(GB/T 20564.8—2015)												
CR350/590CP	0.18	1.80	2.20	0.080	0.015	—	—	2.00	350～500	590	16	—
CR500/780CP	0.21	1.80	2.20	0.080	0.015	—	—	2.00	500～700	780	10	—
CR700/980CP	0.28	1.80	2.20	0.080	0.015	—	—	2.00	700～900	980	—	—

注:1) 低合金高强度钢牌号中的 LA 为 low alloy 的首位字母。试样方向为横向,长度为 80mm,宽度为 20mm。当屈服现象不明显时,可采用规定塑性延伸强度($R_{p0.2}$)代替。

2) n_{90} 值仅适用于厚度不小于 0.50mm 的产品。

3) 低合金高强度钢中可以添加 V 和 B,也可用 Nb 或 B 代替 Ti,但 Ti+Nb+V+B 含量不大于 0.22%。

4) 马氏体钢牌号中的 MS 为 martensitic steel 的首位字母。钢中允许添加其他合金元素,如 Ni、Cr、Mo、Cu 等,但 Ni+Cr+Mo 含量不大于 1.5%,Cu 含量不大于 0.20%。

5) 复相钢中允许添加其他合金元素 ,如 Nb、V、Ti、Cr、Mo、B。复相钢的 3 个牌号的烘烤硬化值(BH_2) 均不小于 30MPa。

目前高强度钢和超高强度钢板在汽车上的应用日益扩大。我国一些大型钢铁企业已可生产这类钢板。

5.4.5.4　冷轧各向同性钢[102]

冷轧各向同性钢(isotropic steel,IS)是用于汽车外板的普通高强度钢,这种钢在冲压汽车外板时不产生皱褶制耳,且零件具有高的抗凹陷性。各向同性是指板材的 Δr 趋向于 0,即 $\Delta r = r_0 + r_{90} - 2r_{45} \to 0$,一般控制在 −0.15～+0.15,从而使深冲件变形时各个方向的变形趋向一致。

生产 IS 钢的关键技术在于控制各个方向 r 变化的关系,r 的变化是受再结晶织构控制的。在低碳钢中,其主要织构对不同方向的 r 的影响是不同的,{111}〈100〉织构促使 r_{90} 高于 r_0 和 r_{45},{111}〈112〉织构则促使 r_0 高于 r_{45} 和 r_{90},如果这两种织构的任何一种的强度提高,将促使 $\Delta r > 0$,而{112}〈100〉和{001}〈110〉织构均促使 r_{45} 高于 r_0 和 r_{90},如果提高这两种织构的强度,则促使 $\Delta r < 0$。可以测出各种织构对不同方向 r 影响的具体数字,作为轧制工艺控制的参考依据。在低碳铝镇静钢中,{111}〈110〉织构强度一般很高,其他类型的织构强度相对较弱,可以得到高的 r 和 $\Delta r > 0$。但钢中加入微合金元素后,再结晶织构中{111}〈110〉织构强度将显著下降,而{112}〈110〉织构强度将显著上升,这将导致 r 下降,而 Δr 则由正值向零和负值变化,各向同性钢正是利用微合金元素的这一作用,通过合理而准确地控制微合金元素的含量,配以适当的轧制和退火工艺,而得到 Δr 趋于 0 的各向同性钢。

Ti 含量对 Δr 有明显影响,当 Ti 含量低于 0.015%时,Δr 为正值,而当 Ti 含量大于 0.03%时,Δr 为负值,当 Ti 含量处于 0.015%～0.03%时,Δr 处于+0.18～−0.15。利用 Ti 的合理加入即可以有效地控制 Δr。加入微合金元素还有利于获得细小的铁素体晶粒和产生弥散强化的效果。表 5.136 为我国制定的《高强度冷连轧钢板及钢带　第 5 部分:各向同性钢》(GB/T 20564.5—2022)的牌号、化学成分参考值和规定的力学性能(替代了 GB/T 20564.5—2010)。该标准适用于厚度不大于 2.5mm 的钢板及钢带,主要用于制作汽车外覆盖件。IS 钢与其他钢种深冲件成形形状的对比见图 5.26。

表 5.136　汽车用高强度 IS 钢化学成分参考值和规定的力学性能(GB/T 20564.5—2022)

牌号	化学成分/%							拉伸性能				
	C	Si	Mn	P	S	Ti	Alt	R_{eL}/MPa	R_m/MPa	A_{80mm}/%	n_{90}	r_{90}
	不大于						不小于			不小于		不大于
CR220IS	0.07	0.50	0.60	0.05	0.025	0.05	0.015	220～270	300～400	34	0.18	1.4
CR260IS	0.07	0.50	1.20	0.05	0.025	0.05	0.015	260～310	320～420	32	0.17	1.4
CR300IS	0.08	0.50	0.70	0.08	0.025	0.05	0.015	300～350	340～440	30	0.16	1.4

注:可以添加 V 和 B,也可用 Nb 或 B 代替 Ti,但 Ti+Nb+V+B 含量不大于 0.22%。试样方向为横向,长度为 89mm,宽度为 20mm。当屈服现象不明显时,可采用 $R_{p0.2}$ 代替。当产品公称厚度大于 0.50mm,但小于或等于 0.70mm 时,断后伸长率允许下降 2%;当产品公称厚度不大于 0.50mm 时,断后伸长率允许下降 4%。

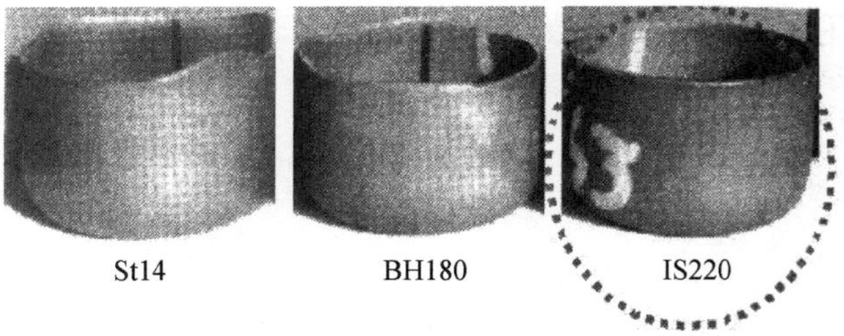

图 5.26　IS 钢与 St14、BH180 深拉件形状对比[102]

5.4.5.5　烘烤硬化钢

烘烤硬化(bake hardening,BH)钢是一种车身外板用的冲压用钢。这类钢的特点是冲压成形前具有较低的屈服强度和较好的成形性,通过冲压成形产生应变强化,随后的油漆烘烤产生烘烤硬化,从而得到冲压成形性好、汽车车身外板零件的抗凹陷性高的效果和特性[171]。

BH 钢板的烘烤硬化机制是由于钢中存在固溶 C 和 N,冲压成形时产生位错,在 170℃左右涂漆烘烤处理过程中,固溶的 C、N 原子在位错线上聚集形成科氏气团,使钢板的屈服强度上升,产生人工时效效应。由于在低碳铝镇静钢中,N 已为 Al 固定,为防止冲压前产生常温时效导致材料冲压性能下降,要严格控制钢中固溶碳量。通常碳含量应控制在 10～20ppm,在应变时效后的 BH 可达到 40～60MPa,以提高零件的抗凹陷性。BH 太高,容易引起过早的自然时效,影响冲压零件的表面质量,太低则烘烤硬化后的效果不明显。

图 5.27 表示 BH 钢板、含 P 钢板和 IF 钢板的成形件和最终处理件的形状稳定性及抗凹陷性比较。可以看出,BH 钢较好地解决了钢板成形性和成形零件抗凹陷性的矛盾。

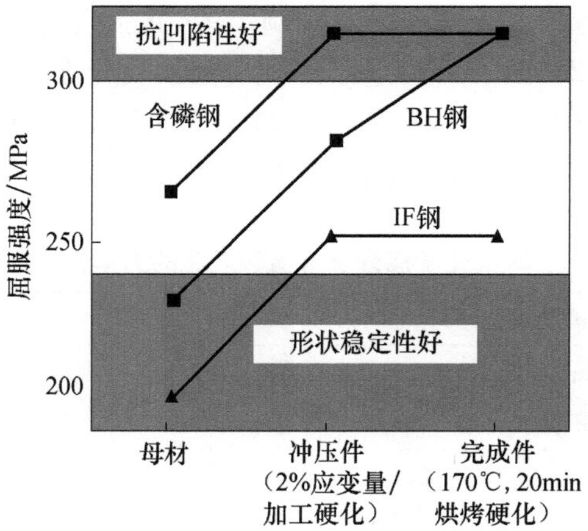

图 5.27　BH 钢板成形件和最终处理件的形状稳定性及抗凹陷性比较[102]

烘烤硬化值的测定方法在 GB/T 20564.1—2017《汽车用高强度冷连轧钢板及钢带　第 1 部分:烘烤硬化钢》中有具体规定(替代了 GB/T 20564.1—2007)。首先对试样进行总延伸为 2%的预拉伸,同时测得 $R_{t2.0}$(图 5.28 曲线 1);然后将经过 2%预应变的试样进行热处理(烘烤),烘烤工艺为 170℃×20min;再次对试样进行拉伸试验,测得 R_{eL} 或 $R_{t0.2}$(图 5.28 曲线 2)。

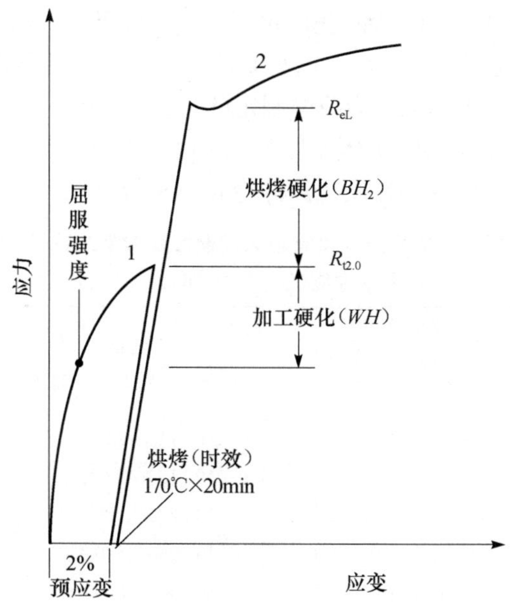

图 5.28　通过拉伸试验测定加工硬化值(WH)和烘烤硬化值(BH_2)[172]

烘烤硬化值 BH_2(一般以 BH 表示)为试样烘烤后的下屈服强度或非比例延伸 0.2%(无明显屈服时)对应的屈服强度与烘烤前同一个试样总延伸 2%对应的屈服强度的差值。BH_2 的计算公式如下:

$$BH_2 = R_{eL}(\text{或}\ R_{p0.2})(\text{烘烤后}) - R_{t2.0}(\text{烘烤前}) \quad (5.30)$$

固溶碳是产生烘烤硬化的基本条件。为避免钢中固溶碳对再结晶退火时阻碍{111}再结晶织构的发展而使 r 下降,在钢板退火时达到再结晶退火温度前,应使碳以稳定的碳化物形式固定下来,而在再结晶后的加热和均热时,使一部分碳化物溶解,通过较快冷却,使碳以固溶的形式存在。在超低碳钢中,可通过添加不同含量的铌以控制固溶碳量或称剩余碳含量 $w_{C剩余}$,可用下式表示:

$$w_{C剩余} = w_C - (12/93)w_{Nb} \quad (5.31)$$

式中,w_C、w_{Nb} 为碳和铌的含量(%)。一种典型的超低碳烘烤硬化钢(ELC-BH 钢)的成分为 0.0038% C、0.67% Mn、0.039% Al、0.019% N、0.010% Nb,固溶碳含量为 0.0025%。

目前已开发出多类 BH 钢板,如含磷铝镇静钢烘烤硬化钢板、超低碳烘烤硬化钢板(ELC-BH 钢板)等。含磷铝镇静钢烘烤硬化钢板和 ELC-BH 钢板具有良好的冲压成形性能和塑性、较高的抗凹陷性能和强度,很适合汽车车身外覆盖件的冲压成形,已在汽车工业中得到广泛的应用。但含磷铝镇静钢烘烤硬化钢板的成形性较 ELC-BH 钢板低且具有一定的常温时效性。近年,随着 IF 超低碳系列产品的开发,ELC-BH 钢板已有完全取代含磷铝镇静钢烘烤硬化钢板的趋势。

目前,以 Ti 或 Ti+Nb 处理的以 IF 钢为基础生产高强度 ELC-BH 钢板的方法主要有两种。第一种是按化学当量计算,较之 Ti、Nb 的添加量,C、N 的加入量稍多。由于固溶碳在生产工艺过程中经常存在,难以形成高 r 的织构。第二种方法是在热轧阶段用 Ti

或 Nb 将碳完全固定,之后在连续退火阶段用高温退火(≥850℃)使部分 NbC 溶解,然后急速冷却,使碳以固溶形式存在,从而获得超深冲高强度 ELC-BH 钢板。

BH 钢板的开发和应用是紧密结合汽车制造进行的。一些著名的国内外钢厂均开发出多种系列的 BH 钢板。表 5.137 为我国制定的 GB/T 20564.1—2017《汽车用高强度冷连轧钢板及钢带 第 1 部分:烘烤硬化钢》规定的化学成分参考值及其力学性能。我国已开发出屈服强度为 340MPa 的烘烤硬化深冲冷轧汽车板[173]。

表 5.137 汽车用高强度冷连轧烘烤硬化钢钢板及钢带的牌号、化学成分参考值及其力学性能(GB/T 20564.1—2017)

牌号	化学成分/%							$R_{p0.2}$/MPa	R_m/MPa	A_{80mm}/%	r_{90} ≥	n_{90} ≥	BH_2/MPa
	C	Si	Mn	P	S	Nb	Als						
	不大于						不小于			不小于			
CR140BH	0.02	0.05	0.50	0.04	0.025	0.10	0.010	140～200	270～340	36	1.8	0.20	30
CR180BH	0.04	0.10	0.80	0.08	0.025	—	0.010	180～230	290～360	32	1.6	0.18	30
CR220BH	0.06	0.30	1.00	0.10	0.025	—	0.010	220～270	320～400	30	1.4	0.16	30
CR260BH	0.08	0.50	1.20	0.12	0.025	—	0.010	260～320	360～440	29	—	—	30
CR300BH	0.10	0.50	1.50	0.12	0.025	—	0.010	300～360	390～480	26	—	—	30

注:可用 Ti 部分或全部代替 Nb,此时 Ti 和/或 Nb 的总含量不大于 0.10%。试样方向为横向,试样的宽度为 20mm,试样标距为 80mm。当屈服现象不明显时,可用 $R_{p0.2}$ 代替 R_{eL}。

5.5 耐候钢与耐海水腐蚀钢

金属与周围环境介质之间发生化学或电化学作用而引起的变质和破坏,称为金属腐蚀。金属腐蚀给人类带来巨大的经济损失。因金属腐蚀造成的事故还经常危及人身安全,金属腐蚀还污染环境、危害人体健康、破坏生态平衡。

为了减轻金属腐蚀造成的损失和危害,研究金属腐蚀的规律及其发生的原因及防护方法有着重要的意义。

耐候钢(weathering steel),即耐大气腐蚀钢,是指含少量合金元素在大气中具有良好的耐蚀性的一类低合金高强度钢。

5.5.1 金属的电化学腐蚀

腐蚀按其性质不同分为化学腐蚀和电化学腐蚀。化学腐蚀是金属与外界介质发生纯化学作用而被腐蚀。电化学腐蚀是有电流发生的腐蚀过程,如金属在电介质溶液中的腐蚀,这是极普通的一种电化学腐蚀。

两种不同的金属放在装有电解质溶液的容器中,并用导线把它们连接起来,便会有电流通过,成为最简单的原电池。这是由于两种不同的金属在电介质溶液中有不同的电位。它们的电位不同是由于不同金属的正离子进入溶液的趋向不同,金属越活泼,这种趋向越大,其电位越低。在讨论腐蚀问题时,通常规定电位较低的金属电极为阳极,电位较高的金属电极为阴极。电位较低的金属(阳极)不断失去电子,进行氧化,变成离子而移入溶液中,遭受腐蚀,即 $M \longrightarrow M^{+} + e$。电子由阳极流到阴极,在阴极,电子被溶液中能够吸收电子的物质 D 所接受,即 $e + D = [D \cdot e]$。上述三个环节构成电化学腐蚀过程,这样的电池称为腐蚀电池。

即使是一块金属，不与其他金属接触，放在电解质溶液中，也会产生与上述相类似的腐蚀电池。例如钢，其显微组织中不同相的电极电位是不同的，一般说来，化合物的电极电位比固溶体的高。当钢暴露在大气中时，表面往往会吸附一层很薄的水膜，由于大气中 CO_2 等的溶解，水膜变成为有导电能力的电解液，于是在钢中的化合物与固溶体之间构成了微电池。因为固溶体电极电位低，故成为阳极而被腐蚀，这便是钢的电化学腐蚀，在夏天潮湿天气下钢很容易生锈就是这个道理。可见，微电池腐蚀作用和一般电池的作用在本质上是相同的。可以看出，金属电化学腐蚀产生的原因是由于存在宏观腐蚀电池或微电池。

宏观电池可以有几种不同的情况。不同金属直接接触而组成的构件，在电解质溶液中由于不同金属的电位不同而遭到腐蚀。例如，在海水中，轮船的推进器是用青铜制成的，电位较高，而附近的船壳钢板电位较低，因而钢板成为阳极而受到腐蚀。同一种金属与同一种电解液接触，如果电解液的浓度不同，可以形成浓差电池。最有实际意义的是氧浓差电池，金属浸入氧含量不同的溶液中，在氧浓度较小的地方，金属的电位较低，成为阳极，因而易腐蚀，如金属的凹处，因氧不易到达，便形成浓差电池而引起腐蚀。

微电池是由金属表面的电化学不均匀引起的，其原因是多方面的。碳钢中的 Fe_3C、铸铁中的石墨、合金钢中的第二相、夹杂物等都可产生微电池。金属化学成分的不均匀性和组织的不均匀性也会引起微电池的产生，如晶界与晶粒间的电位不完全相同。金属物理状态的不均匀性，如变形及内应力的不均匀分布（宏观及微观）亦是引起腐蚀的一个重要原因，变形较大和应力较大的部分为阳极，如钢板的弯曲处及铆钉头的腐蚀，就是由于这种原因。

根据电化学腐蚀的原理不难看出，腐蚀过程中产生的电流大小是可以代表腐蚀速率的。按照欧姆定律，腐蚀电流 I 与电池的电势（即阴阳极的电位差）E 成正比，但实际的腐蚀速率都比计算出来的要小很多。在腐蚀过程中，系统的总电阻并未有多大改变，因此腐蚀电池在通电后，其电流的减小，必然是阳极与阴极的电位差发生了改变，这种改变称之为极化作用。阳极电位向正的方向移动，这种变化叫做阳极极化。阴极电位向负的方向移动，这种变化叫做阴极极化。图 5.29 表明两极在接通电路前后电位变化的情况。这种变化多是在电流接通后的短时间内完成。极化作用使腐蚀电流的强度降低，从起始的电位差 V_0 减至 V_1，从而降低金属的腐蚀速率。

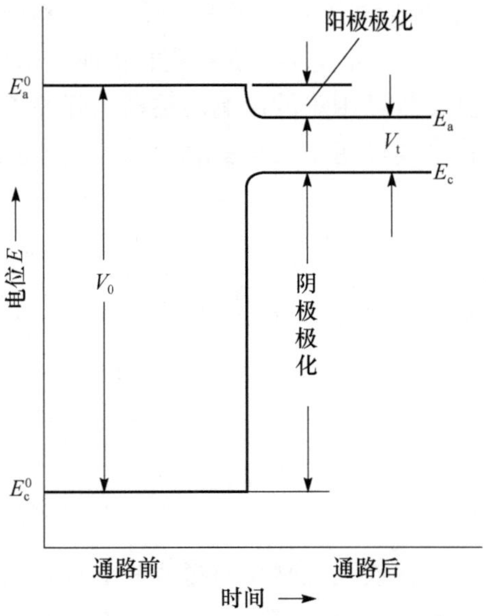

图 5.29　腐蚀电流接通电路前后阳极与阴极的电位变化示意图[174]

E_a^0—阳极的起始电位；E_c^0—阴极的起始电位；E_a—通路后的阳极电位；E_c—通路后的阴极电位

产生阳极极化的主要原因是：在腐蚀过程中，当溶液中有氧化剂时，在阳极表面产生了保护性的氧化膜，使金属钝化。此时金属变成离子的过程受到保护膜的阻碍，于是电极电位强烈地向正的方向移动,从而显著减慢金属的腐蚀。消除阳极极化,如溶液中有活性离子能破坏生成的钝化膜,便能促使阳极过程进行,急速腐蚀,这种作用叫做阳极去极化。

产生阴极极化的主要原因是:消耗电子的阴极反应速率比从阳极流来的电子速率慢,结果在阴极上造成电子的一定程度的堆积,使阴极的电位降低。消除阴极极化作用,叫做阴极去极化。最常见的阴极去极化过程有下面两种:①氢去极化腐蚀,也叫析氢腐蚀。阴极反应为:$H^+ + e \longrightarrow H$,$H + H \longrightarrow H_2$。主要是在酸性溶液中发生氢的去极化腐蚀。②氧去极化腐蚀,也叫吸氧腐蚀。在阴极上进行氧的离子化过程,即$(1/2)O_2 + H_2O + 2e \longrightarrow 2OH^-$。这是一种很普遍的腐蚀过程。结构金属在中性的电解质溶液中,在有氧存在的弱酸性溶液中,以及在潮湿空气中的腐蚀,主要都是氧去极化腐蚀。

根据以上分析,为了提高钢的抗腐蚀能力,可以从以下三个方面着手:①使钢的表面形成稳定的表面保护膜;②使钢得到单一的固溶体组织;③提高固溶体的电极电位。

5.5.2　大气腐蚀[1]

金属在大气自然环境条件下的腐蚀称为大气腐蚀。大气的主要成分为N_2(75%)、O_2(23%)、Ar(1.26%)、水汽(0.7%)、CO_2(0.04%),其中对腐蚀影响最大的是O_2和水汽。大气中的杂质有工业大气中的SO_2、H_2S、CO_2、NO_2、NH_3等和海洋大气中的NaCl等,它们能增加大气的腐蚀性,加快金属的腐蚀速率。

钢铁在大气中的腐蚀主要是水膜下的电化学腐蚀,水及氧是构成这种腐蚀的基本因素。水膜的厚度对钢铁的腐蚀速率影响很大(图5.30)。图中的Ⅰ区相当于干燥大气中的腐蚀,即空气中的氧直接与钢铁发生反应,此时钢铁表面吸附着一层不连续的,仅为单分子层的水膜,腐蚀速率较慢。Ⅱ区表示钢铁表面吸附水膜厚度已有几十或数百个分子层,即形成了连续的电解质薄膜,相当于潮湿大气中的腐蚀。由于氧的溶入,从而形成了氧的去极化效应,使钢铁的腐蚀速率加快。在Ⅲ区,因水膜的厚度增加,电化学腐蚀速率受氧扩散困难的影响而逐渐下降并趋于稳定。Ⅳ区水膜很厚,相当于全浸腐蚀,钢铁的电化学腐蚀速率完全受氧扩散控制,腐蚀速率恒定。

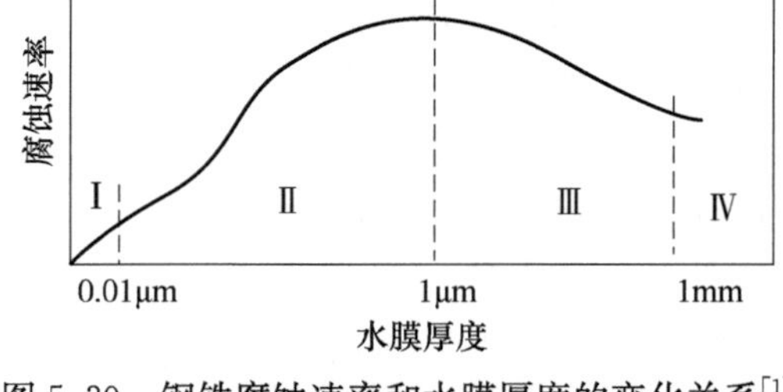

图5.30　钢铁腐蚀速率和水膜厚度的变化关系[1]

钢铁大气腐蚀的腐蚀速率除受钢铁材料本身影响外,还受气候条件和大气中污染物的影响,主要包括相对湿度、大气中SO_2及Cl^-的含量等。相对湿度主要影响钢铁表面的水膜厚度。特别有害的是煤和石油燃烧中产生的SO_2,它会与大气中的氧和水生成H_2SO_4,因此SO_2会加速钢铁的大气腐蚀。Cl^-也影响钢的腐蚀速率,可以渗透锈层破坏其完整性。

钢的大气腐蚀过程如下:在其表面形成连续的电解质薄膜后,发生电化学腐蚀,阳极

过程为 $Fe \longrightarrow Fe^{2+} + 2e$，阴极过程为 $O_2 + 2H_2O + 4e \longrightarrow 4OH^-$。$Fe^{2+}$ 与 OH^- 反应形成 $Fe(OH)_2$，$Fe(OH)_2$ 进一步被氧化为 Fe_3O_4 或 FeOOH，形成一层腐蚀产物锈层。

在大气中长期暴露的钢的腐蚀速率是逐渐减慢的，这是由于锈层的增厚导致锈层电阻的增加和氧渗入的困难，使阳极去极化作用减弱。附着性好的锈层内层将减少活性的阳极面积，增加阳极极化，使大气腐蚀减慢。腐蚀速率减慢的程度取决于锈层的结构和组成，以及锈层的致密程度和附着强度。

钢在大气腐蚀时常见的锈层相有 $Fe(OH)_2$、Fe_3O_4、α-FeOOH、γ-FeOOH 及一些中间产物。$Fe(OH)_2$ 只在中性水溶液中沉淀。在锈层所有物相中，只有 Fe_3O_4 是导电相，使电化学反应更容易发生，保护能力差。α-FeOOH 和 γ-FeOOH 是锈层的主要存在形式。α-FeOOH 比 γ-FeOOH 更稳定，其溶解度比 γ-FeOOH 小 10^5 倍。α-FeOOH 在热力学上最稳定，一旦形成不会发生转变，它与铁的其他氧化物的相对含量与材料、大气类型、暴露时间相关，决定锈层最终的保护性。

钢在大气腐蚀中的锈层结构和组成，特别是 α-FeOOH 和 γ-FeOOH 的相对含量，与钢的成分有很大关系，一些合金元素，如 Cr、Cu、P 等有利于 α-FeOOH 的形成，一些耐候钢正是基于此而开发的。耐候钢的锈层通常认为由两层组成，一层是致密、有保护性、附着性强的内锈层，另一层是疏松、有孔洞和裂纹、易脱落的外锈层。非合金钢在暴露过程中始终不能形成这种锈层结构，其锈层疏松、有孔洞和裂纹、易脱落。

对耐候钢的锈层形成及结构、耐候钢的耐候机制等，不同学者提出了不同观点，并在不断发展[175]。有的学者提出，最初的锈层组成物 γ-FeOOH 在长期的大气腐蚀过程中，可能经过非晶态的 FeOOH 物质转化为最终的稳定锈层组成物纳米颗粒的 α-FeOOH[176]。有的学者认为，可以将锈层中 α 与 γ^* 的含量比值 α/γ^* 作为锈层保护性能的一个指标，该比值越大，锈层越稳定，对基体的保护作用越强。比值 α/γ^* 中，α 指 α-FeOOH，γ^* 指其余各锈蚀相的总和，即 γ-FeOOH + Fe_3O_4 + … 当 α/γ^* 超过某一门槛值，腐蚀速率迅速降低[177]。一些学者研究了在工业大气中长期暴露的耐候钢，发现在内锈层中有 Cu、P、Cr 的富集。但是在高 Cl^- 浓度的海洋大气环境下，由于 Cl^- 对锈层的破坏作用，耐候钢表面的稳定、保护性锈层不会形成。

5.5.3　合金元素对耐候性的影响

耐候钢与普通碳钢相比具有良好的抗大气腐蚀能力，其中合金元素起了决定性的作用。这些作用主要有：降低锈层的导电性，自身能沉淀并覆盖或富集于钢表面；影响锈层中的相结构和种类；加速 Fe^{2+} 向 Fe^{3+} 的转化，并能阻碍腐蚀产物的快速生长；合金元素及其化合物阻塞裂纹和缺陷。研究结果表明，耐候钢中加入的合金元素对其耐大气腐蚀的影响不尽相同。耐候钢中耐蚀合金元素的特点是要经长期使用后才显示出明显的耐蚀效果的。

铜　铜是耐候钢中提高耐大气腐蚀性能最主要、最普遍使用的合金元素，在普通碳素钢中单独加入铜也是最早使用的耐候钢。钢中铜耐大气腐蚀的作用和最佳铜含量随大气环境的不同而不同，在我国北方干燥大气地区为 0.15％～0.20％，而在我国南方潮湿大气及中部工业大气地区为 0.30％～0.35％。

铜在钢中能增加其耐蚀性能，一般认为在大气腐蚀过程中，铁离子与铜离子同时转入腐蚀溶液，在介质中就有了铜离子。由于铜的电位较正，又析出在钢的表面上，作为有效的附加微阴极促使钢产生阳极钝化，降低钢的腐蚀速率。另一种观点认为，铜在锈层中的富集能改善对锈层的保护作用，提高钢的耐蚀性能。

铜对抵消钢中硫的有害作用有着明显的效果，钢中的硫含量越高，铜对降低腐蚀速率的相对效果越明显。铜与其他元素，如 P、Cr 等，复合使用时，提高耐大气腐蚀性能的效果更好。

为了提高耐大气腐蚀性能，在低合金钢中铜含量一般规定为 0.2%～0.5%。

磷　磷是提高钢耐大气腐蚀性能很有效的合金元素。一般磷含量在 0.08%～0.15% 时，耐蚀性最佳。当磷与铜联合加入钢中时，显示出更好的复合效应。

在大气腐蚀条件下，钢中的磷是阳极去极化剂，它在钢中能加速钢的均匀溶解和铁的氧化速率，有助于在钢表面形成均匀的 FeOOH 锈层，促进生成非晶态碱性氧化铁 $Fe_x(OH)_{3-2x}$ 致密保护膜，从而增大电阻，成为腐蚀介质进入钢基体的保护屏障。当磷形成 PO_4^{2+} 时还可以阻止 Cl^- 对锈层的渗透，在海洋性气候中有利于保护性锈层的形成。在高耐候钢中，除含铜外还含有 0.08%～0.15%的磷。

钢板较厚时，为了保证焊接性，应将磷含量控制在 0.04%以下，为提高其耐蚀性，可加入铬和镍。磷还恶化钢的低温韧性，可以通过加入铝细化晶粒，以改善和提高钢的低温韧性。

铬　铬促使钢表面形成致密的氧化膜，提高钢的钝化能力。耐候钢中铬含量一般为 0.4%～1.0%，最高达 1.3%。但是，在此范围内单独添加 Cr，有时反而会降低耐大气腐蚀性，尤其是在海洋气候下 Cl^- 含量较高的地区。Cr 的耐大气腐蚀作用在很大程度上取决于钢中有无其他耐腐蚀的合金元素及其含量。如果 Cr 与 Cu，Cr 与 P，Cr 与 Cu、P、Si 等元素配合，其耐大气腐蚀性能就显著提高。当 Cr 与 Cu 同时加入钢中时，效果尤为明显。一些研究工作指出，Cr 含量的提高有利于细化 α-FeOOH，当锈层/钢界面的 α-FeOOH 中的 Cr 含量超过 5%时，能有效抑制腐蚀性阴离子，特别是 Cl^- 的浸入。

镍　镍是对耐大气腐蚀性能有效的元素，它对耐大气腐蚀性能的作用随其含量的增加而增大。加入 Ni 能使钢的电极电位向正方向变化，增加了钢的稳定性。耐候钢中的 Ni 含量一般都在 1.00%以下，并且注意节约用 Ni。

硅　硅是改善耐大气腐蚀性能的元素。Si 与 Cu、Cr、P 等元素匹配使用，可以较好地改善耐大气腐蚀性。耐候钢中的 Si 含量一般都在 1.00%以下。

锰　锰对耐蚀性的影响还没有一致的认识，较多的学者认为 Mn 能提高钢对海洋大气的耐蚀性，但对工业大气的耐蚀性没有什么影响。也有试验表明，增加 Mn 含量会降低钢的耐大气腐蚀的能力。耐候钢中 Mn 含量一般为 0.5%～2%。

钼　钼也是能有效地提高耐大气腐蚀性能的合金元素。在 Cu-P 钢中加入 Mo 比加入 Cr 或 Ni 更有效。一般很少使用 Mo，因为 Mo 是比较稀缺的元素。

硫　硫是对耐大气腐蚀性能有害的元素。由于耐候钢中 S 含量一般不大于 0.04%，所以几乎没有影响。

稀土元素(RE)　稀土元素可以提高钢的耐大气腐蚀性，其作用可能是：RE 是很强的脱氧剂和脱硫剂，对钢起净化作用，减少了钢中有害的夹杂总量，降低了夹杂物这类腐蚀源点；RE 在晶界上的偏聚可以提高晶界部分的电位，抑制 C 和 P 在晶界的偏聚；在含

Cu、P 的耐候钢中加入 RE，可促使生成连续致密和稳定的内锈层，内锈层以锈蚀相 α-FeOOH 为主；RE 促进了 Cu 在内锈层的富集，增强了锈层的保护能力，提高了钢的耐蚀性[178]。

5.5.4　耐候钢的成分、性能与应用

根据成分特点和用途，现有的耐候钢可以分为两大类：一类着重考虑耐大气腐蚀性能，钢中的耐腐蚀合金元素以 Cu、P 为基础，含有 0.07%～0.15%P，作为一般结构用钢，称为高耐候结构钢；另一类既考虑耐大气腐蚀性能，又考虑焊接性能，与上一类钢成分相比，主要是限制了钢中的 P 含量，一般规定小于 0.04%，称为焊接结构用耐候钢。

5.5.4.1　高耐候结构钢

表 5.138、表 5.139 分别为国内外一些高耐候结构钢的化学成分示例和力学性能。美国最早研制出高耐大气腐蚀钢 Corten-A 钢，并在 1933 年作为专利和商用钢在市场上出售，其耐大气腐蚀性能为碳钢的 6～8 倍。以后世界各国相继引进美国耐大气腐蚀钢生产技术并竞相开发新的耐大气腐蚀钢。在 1960 年前后，我国武钢得益于其铁矿中含铜，首先在国内进行了耐大气腐蚀的含铜低合金钢的研究与开发。1978 年以后，根据用户要求，某些钢厂仿制了一些国外耐大气腐蚀钢号。

表 5.138　国内外一些高耐候结构钢的化学成分示例[1,179]　（单位：%）

牌号	C	Si	Mn	P	S	Cr	Ni	Cu	其他
Corten-A(美)	≤0.12	0.25～0.75	0.20～0.50	0.07～0.15	≤0.05	0.30～1.25	≤0.65	0.25～0.55	—
Mayari-R(美)	≤0.12	0.10～0.50	0.50～1.00	0.08～0.12	≤0.05	0.40～1.00	0.25～0.40	0.50～0.70	—
SPA-H(日)	≤0.12	0.25～0.75	0.20～0.50	0.07～0.15	≤0.04	0.30～1.25	≤0.65	0.25～0.60	—
SPA-C(日)	≤0.12	0.25～0.75	0.20～0.50	0.07～0.15	≤0.05	0.30～1.00	≤0.45	0.25～0.55	—
Yaw-ten50(日)	≤0.12	≤0.35	0.60～0.90	0.06～0.12	≤0.04	—	—	0.25～0.55	≤0.15Ti
Cupten-G(日)	≤0.12	≤0.60	≤0.60	0.06～0.12	≤0.04	0.40～0.80	—	0.20～0.50	0.15～0.35Mo
06CuPRE(武钢)	≤0.08	0.10～0.40	0.15～0.45	0.06～0.12	≤0.035	—	—	0.25～0.30	≤0.12RE
09CuP	≤0.12	0.20～0.40	0.20～0.50	0.07～0.12	≤0.040	—	—	0.25～0.45	—
09CuPRE(攀钢)	≤0.12	0.17～0.37	0.50～0.80	0.07～0.12	≤0.045	—	—	0.25～0.45	0.15RE
09CuPTiRE(武钢)	≤0.12	0.20～0.40	0.25～0.55	0.07～0.12	≤0.04	—	—	0.25～0.35	≤0.03Ti 0.15RE
08CuPVRE(鞍钢)	≤0.12	0.20～0.40	0.20～0.50	0.07～0.12	≤0.04	—	—	0.25～0.45	～0.05V ≤0.20RE
NFS345(武钢)	≤0.12	0.20～0.60	0.50～0.90	0.07～0.12	≤0.03	—	—	0.25～0.50	≤0.03Ti 0.12RE
NFS390(武钢)	0.06～0.14	0.30～0.70	0.90～1.40	0.07～0.12	≤0.03	—	—	0.25～0.50	≤0.05Ti 0.12RE

续表

牌号	C	Si	Mn	P	S	Cr	Ni	Cu	其他
09CuPCrNi-A	≤0.12	0.25～0.75	0.20～0.50	0.07～0.15	≤0.04	0.30～1.25	≤0.65	0.25～0.55	—
09CuPCrNi-B	≤0.12	0.10～0.40	0.20～0.50	0.07～0.12	≤0.04	0.30～0.65	0.25～0.50	0.25～0.45	—

注：09CuP、09CuPCrNi-A 与 09CuPCrNi-B 三种钢的化学成分来源于 GB 4171—84《高耐候性结构钢》，09MnP 钢板厚度大于 12mm 时，Mn 含量的上限允许到 1.00%。为改善上述三种钢的性能，可添加一种或一种以上的微合金元素，如 V、Ti、Nb、RE 等，RE 为加入量。

表 5.139　国内外一些高耐候结构钢的力学性能[1]

钢号	板厚/mm	轧材状态	σ_s/MPa	σ_b/MPa	δ_5/%	180°弯曲试验	冲击试验	
			不小于				温度/℃	冲击功/J
Corten-A(美)	≤13	—	345	485	22	—	—	—
Mayari-R(美)	≤19	—	345	485	21	—	—	—
SPA-H	>6.0	热轧	355	490	15	$d=0.5a$	—	—
SPA-C	—	冷轧	313	450	26	$d=0.5a$	—	—
Yaw-ten50(日)	6～50	热轧	390	490	22	—	—	—
Cupten-G(日)	≥4.5	热轧	345	485	20	—	—	—
06CuPRE(武钢)	1.0～2.5	冷轧	275	300	30	—	—	—
09CuP	>6.0	热轧	295	410	24	$d=2a$	0	≥28
09CuPRE(攀钢)	—	—	295	430	22	$d=2a$	—	—
09CuPTiRE(武钢)	—	—	295	430	22	$d=2a$	—	—
08CuPVRE(鞍钢)	—	—	295	430	24	$d=2a$	—	—
NFS345(武钢)	3～12	热轧	345	440	22	$d=a$(≤6mm) $d=1.5a$(>6mm)	—	—
NFS390(武钢)	4～12	热轧	390	490	21		—	—
09CuPCrNi-A	>6.0	热轧	343	480	22	$d=2a$	0	≥28
09CuPCrNi-B	>6.0	热轧	294	431	24	$d=2a$	0	≥28

注：09CuP、09CuPCrNi-A、09CuPCrNi-B 三种钢的力学性能数据来源于 GB 4171—84《高耐候性结构钢》，根据需方要求可做冲击试验，试样方向为纵向，V 型缺口。d 为弯心直径，a 为钢材厚度。

1984 年我国制定了第一个耐大气腐蚀钢标准 GB 4171—84《高耐候性结构钢》，标准中列入了三个钢号，有仿制并改进的钢号，也有国产钢号，即 09CuP、09CuPCrNi-A 和 09CuPCrNi-B。

Corten-A 钢的耐大气腐蚀性能良好。由于磷含量高，板厚大于 12.7mm 的 Corten-A 钢不应用于焊接结构。Corten 钢已广泛用于客货车辆、汽车车辆、桥梁、建筑物、矿用设备、工业机械设备、农业机械设备等设备和构件。

Yaw-ten50 属 Cu-P-Ti 系，厚度不大于 6mm 的冷轧板 σ_s≥345MPa，厚度不大于 20mm 的热轧板 σ_s≥390MPa，其耐蚀性为碳钢的 6 倍以上，有良好的焊接性能，用于制造铁路客车车体等。

我国已生产出多个牌号的高耐候性结构钢。按化学成分可分为：Cu-P 系钢、Cu-P-Cr-Ni 系钢[8]。

Cu-P 系钢按其强度(σ_s)级别分为：≥275MPa、≥295MPa、≥345MPa、≥390MPa。

σ_s≥275MPa 的钢号为 06CuPRE，产品为 1.0～2.5mm 冷轧薄板，钢的成分简单，元素含量也低。06CuPRE 钢有良好的成形性，用于制作载重汽车车厢板，其使用寿命比 Q235 钢(A3 钢)提高 1～2 倍。06CuPRE 钢还用于制造铁路棚车及 YZ 型铁路客车车厢、大客车车体等。

σ_s≥295MPa 的钢号有 09CuP、09CuPRE、09CuPTiRE、08CuPVRE 等，虽然钢号名称不同，但所含的元素及含量大同小异，强度级别相同，主要都是为铁路货车车辆配套用钢材，有共同的性能要求，都有良好的焊接性能。这些钢号都有良好的耐大气腐蚀性，经 6 年的挂片暴露试验表明，其耐蚀性与 Corden-A 钢接近。

σ_s≥345MPa 和≥390MPa 的钢号为 NFS345 和 NFS390。这两个钢号的化学成分均与 09CuPTiRE 钢属于同一体系，但由于提高了其强度级别，相应地提高了钢中 Si、Mn、Cu、Ti 的含量。

Cu-P-Cr-Ni 系钢按其强度级别主要有：

σ_s≥265MPa 的 09CuPCrNi-B 钢为铁路客车车辆用的耐大气腐蚀钢，用于轧制冷轧板，其成分与国外 Corten-A 钢属同类钢号，有好的耐大气腐蚀性和良好的焊接性能。

σ_s≥295MPa 的 09CuPCrNi-B 钢热轧板，工业大气三年暴露试验和列车车顶一年半暴露试验表明，其耐蚀性是 Q235 钢(A3 钢，含 0.12%Cu)的 2.18～3.13 倍。这种钢的焊接性能良好，具有较好的各向同性，冲压时不会出现“制耳”效应。09CuPCrNi-B 钢具有较好的低温韧性，韧脆转变温度为－70℃。

σ_s≥345MPa 的 09CuPCrNi-A 钢热轧板是一种高耐大气腐蚀钢，钢中的 Cu、P、Cr、Ni 耐大气腐蚀元素含量比 09CuPCrNi-B 钢均有所提高，这不仅提高了该钢的强度级别，也有利于提高其耐大气腐蚀性能。该钢与油漆涂层有极好的附着力。该钢热轧板供一些车辆工厂制造各种型号的客车，能满足产品对质量的要求。该钢可推广用于桥梁、建筑结构、铁塔等各种经受大气腐蚀的构件。

2000 年制定了 GB/T 4171—2000《高耐候结构钢》(代替 GB 4171—84)，还制定了 GB/T 4172—2000《焊接结构用耐候钢》(代替 GB 4172—84)。2003 年制定了 GB/T 18982—2003《集装箱用耐腐蚀钢板及钢带》。

GB/T 4171—2000 中有五个牌号：Q295GNH 相当于旧牌号的 09CuP(09CuPRE、09CuPTiRE)，Q295GNHL 相当于旧牌号的 09CuPCrNi-B，Q345GNHL 相当于旧牌号的 09CuPCrNi-A，其他两个牌号为 Q345GNH 和 Q390GNH。牌号后加代号“L”表示钢中含有 Cr、Ni 。

2008 年参考国外有关标准，结合国内耐候钢的发展和应用情况，对上述三个标准进行整合修订，制定了 GB/T 4171—2008《耐候结构钢》。该标准定义耐候钢(atmospheric corrosion resisting steel)为“通过添加少量的合金元素如 Cu、P、Cr、Ni 等，使其在金属基体表面上形成保护层，以提高耐大气腐蚀性能的钢。”

GB/T 4171—2008 将这类钢分为高耐候钢和焊接耐候钢。钢的牌号由“屈服强度”、“高耐候” 或“耐候”的汉语拼音首位字母“Q”、“GNH”或“NH”，屈服强度的下限值及质量等级(A、B、C、D、E)组成，如 Q355GNHC。

表 5.140 和表 5.141 分别为 GB/T 4171—2008 对高耐候结构钢化学成分的规定和对其力学性能及工艺性能的要求。

表 5.140　高耐候结构钢的化学成分(GB/T 4171—2008)　　(单位:%)

牌号	C	Si	Mn	P	S	Cu	Cr	Ni	其他
Q265GNH	≤0.12	0.10~0.40	0.20~0.50	0.07~0.12	≤0.020	0.20~0.45	0.30~0.65	0.25~0.50[e]	a,b
Q295GNH	≤0.12	0.10~0.40	0.20~0.50	0.07~0.12	≤0.020	0.25~0.45	0.30~0.65	0.25~0.50[e]	a,b
G310GNH	≤0.12	0.25~0.75	0.20~0.50	0.07~0.12	≤0.020	0.20~0.50	0.30~1.25	≤0.65	a,b
Q355GNH	≤0.12	0.25~0.75	≤1.00	0.07~0.15	≤0.020	0.25~0.55	0.30~1.25	≤0.65	a,b

注:a 为了改善钢的性能,可以添加一种或一种以上的微量合金元素:0.015%~0.060%Nb,0.02%~0.12%V,0.02%~0.10%Ti,≥0.020%Alt。若上述元素组合使用时,应至少保证其中一种元素含量达到上述化学成分的下限规定。b 可以添加下列合金元素:≤0.30%Mo,≤0.15%Zr。c 供需双方协商,Ni 含量的下限可不做要求。

表 5.141　高耐候结构钢对力学性能和工艺性能的要求(GB/T 4171—2008)

牌号	R_{eL}/MPa		R_m/MPa	A/%,不小于		180°弯曲试验弯心直径/mm		
	≤16	>16~40		≤16	>16~40	≤6	>6~16	>16
Q265GNH	265		≥410	27	—	a	—	—
Q295GNH	295	285	430~560	24	24	a	$2a$	$3a$
Q310GNH	310	—	≥450	26	—	a	—	—
Q355GNH	355	345	490~630	22	22	a	$2a$	$3a$

注:当屈服现象不明显时,可以采用 $R_{p0.2}$。a 为钢材厚度。不同质量等级钢材的冲击性能(纵向,V 型缺口)应符合下列规定:A 级不做冲击试验,B 级+20℃的冲击吸收能量 K_{V2}≥47J,C 级 0℃的 K_{V2}≥34J,D 级−20℃的 K_{V2}≥34J,E 级−40℃的 K_{V2}≥27J。

GB/T 4171—2008 对钢材的晶粒度要求应不小于 7 级,对钢中非金属夹杂物的检验要求亦作了规定。热轧钢材以热轧、控轧或正火状态交货,冷轧钢材一般以退火状态交货。

高耐候结构钢用于车辆、集装箱、建筑、塔架和其他结构件等结构,与焊接耐候钢相比,具有较好的耐大气腐蚀性能,产品通常在交货状态下使用,可制作螺栓连接、铆接和焊接的结构件。作为焊接结构件用钢的厚度,一般应不大于 16mm。

我国铁路货车数量多,用钢量大,钢结构使用的耐大气腐蚀钢主要是屈服强度为 295MPa 的 09CuPTiRE 钢和屈服强度为 355MPa 的 09CuPCrNi 钢。为适应铁路货车提速、重载的发展需要,要求铁道车辆减轻自重。以钢结构为主的车体结构需要采用更高强度级别耐大气腐蚀钢,即屈服强度在 400MPa、450MPa 级别及以上。一些工业发达国家的耐候钢的强度水平已达到 550MPa。近年来,我国一些钢铁企业根据铁道建设的需要,已开发出 400MPa、450MPa 和更高级别的高强度耐大气腐蚀钢的各类产品,并在新型货车上得到应用,如宝钢的 Q400NQR1、Q450NQR1、Q500NQR1、Q550NQR1,武钢的 W400QN、W450QN、W500QN,鞍钢的 ANH400、ANH450、ANH500、ANH550 等[180~182]。在开发这类钢时大都以原耐候钢 09CuPTiRE、09CuPCrNi 为基础,利用形变诱导铁素体相变(DIFT)原理(4.6.1 节),并加入微合金元素 Nb,获得细晶粒组织。试验研究发现,不加 Nb 时,施以 DIFT 工艺后,与常规工业生产相比,细化晶粒的效果不明显。加入 0.02~0.03%Nb 之后,施以 DIFT 工艺,可将常规工业生产的耐候钢晶粒尺寸(8~10μm)细化到 4μm 左右,从而大幅度提高耐候钢的力学性能,屈服强度可提高 110MPa 左右,而焊接性和耐蚀性与原来的耐候钢相当或有所提高。工业化生产时采用低温大应变量控制轧制和控制冷却技术,终轧温度不高于 800℃[181]。

5.5.4.2　焊接结构用耐候钢

焊接结构用耐候钢需考虑钢的焊接性,限制磷的含量一般小于 0.04%,以 Cu 和 Cr 为主要添加元素，还可添加一种以上的 Ni、Mo、Nb、Ti、V 等元素的，但添加量以不恶化可焊性为限。表 5.142 为国内外一些焊接结构用耐候钢的化学成分示例。

表 5.142　国内外一些焊接结构用耐候钢的化学成分示例[1,179,183,184]　（单位：%）

牌号	C	Si	Mn	P	S	Cr	Ni	Cu	其他
Corten-B(美)	0.10～0.19	0.16～0.30	0.90～1.25	≤0.04	≤0.05	0.40～0.65	—	0.25～0.40	0.02～0.1V
Triten(美)	≤0.22	≤0.30	≤1.25	≤0.045	≤0.05	0.30～0.60	0.20	—	0.02Ti
SMA41(A,B,C)(日)	≤0.20	≤0.35	≤1.40	≤0.040	≤0.04	0.20～0.85	—	0.20～0.70	—
SMA50 (A,B,C)(日)	≤0.19	≤0.75	≤1.40	≤0.040	≤0.04	0.30～1.20	—	0.20～0.60	添加其他
16CuCr	0.12～0.20	0.15～0.35	0.35～0.65	≤0.040	≤0.040	0.20～0.40	—	0.20～0.60	—
12MnCuCr	0.08～0.15	0.15～0.35	0.60～1.00	≤0.040	≤0.040	0.20～0.40	—	0.30～0.65	—
15MnCuCr	0.10～0.19	0.15～0.35	0.90～1.30	≤0.040	≤0.040	0.20～0.40	—	0.30～0.65	—
15MnCuCr-QT	0.10～0.19	0.15～0.35	0.90～1.30	≤0.040	≤0.040	0.20～0.40	—	0.30～0.65	—
NH35q(武钢)	0.12	0.35	1.20	0.02	0.0055	0.60	0.25	0.32	0.07V

注：12MnCuCr、15MnCuCr、15MnCuCr-QT 等牌号可添加一种或一种以上的下列合金元素：0.65% Ni，0.015%～0.050%Nb，0.02%～0.15%V，0.02%～0.10%Ti，<0.30%Mo，<0.15%Zr，<0.015%Al。16CuCr、12MnCuCr、15MnCuCr 以热轧或正火状态交货，15MnCuCr-QT 以淬火加回火状态交货。日本的 SMA50(A,B,C)钢中添加 Mo、Ni、Nb、Ti、V、Zr 等元素中的一种以上。

Corten-B 钢 P 含量不大于 0.04%，$\sigma_s \geqslant 345$MPa，其耐大气腐蚀性为普通钢的 4 倍。当其以调质工艺生产时，称为 Corten-B-QT，$\sigma_s \geqslant 480$MPa，都做焊接结构钢使用。这种钢的屈服强度高，在冷加工时需要较大的动力。厚度大于 18mm 的钢板，建议采用热加工。由于 Corten-B-QT 经过了回火，其热加工温度应不高于 600℃。

SMA41 和 SMA50 钢均为 $\sigma_s \geqslant 345$MPa 的焊接结构用耐候钢。由于限制了磷含量，焊接时通常不会出现高温裂纹，但应注意焊接时的低温裂纹敏感性。根据式(4.79)计算其冷裂纹敏感系数，可以看出，添加 Cu、Cr 等合金元素对低温裂纹的影响比较小，支配低温裂纹敏感性的是钢中的碳含量。为了防止低温焊接裂纹，还需要合适的焊接规范（预热、焊接线能量等）[183]。

NH35q 是武钢研制的 Cu-Cr-Ni-V 系的 $\sigma_s \geqslant 345$MPa 的焊接结构用耐候钢，可用于建造裸用耐大气腐蚀钢桥。试验表明，NH35q 钢的强韧性能、焊接性能、耐大气腐蚀性能均与国外同类钢种 Corten-B、SMA50 相当，可节约维修保养和涂装费用，这种钢亦可用于建筑、车辆、铁塔等各类耐大气腐蚀的钢结构[184]。

GB 4172—84《焊接结构用耐候钢》中列入了 16CuCr、12MnCuCr、15MnCuCr、15MnCuCr-QT 四个牌号，适用于厚度至 50mm 的钢板和型钢。2000 年制定的 GB/T 4172—2000《焊接结构用耐候钢》列入了上述牌号，相应的牌号名称分别为 Q235NH、Q295NH、Q355NH、Q460NH。2008 年经过整合，该标准并入 GB/T 4171—2008，并进行了修改。

表 5.143 和表 5.144 分别为 GB/T 4171—2008 中列入的焊接结构用耐候钢的化学成分和对其力学性能及工艺性能的要求。该标准适用于桥梁、建筑和其他结构件用具有耐候性能的热轧和冷轧钢板、钢带和型钢。钢板和型钢的厚度最高不超过 100mm,视牌号的不同而定。目前型钢多采用热轧 H 型钢和 H 型钢剖分的 T 型钢。H 型钢是一种截面面积分配更加优化、强重比更加合理的经济断面高效型材,因其断面与英文字母“H”相同而得名。H 型钢的各个部位均以直角排布,因此 H 型钢在各个方向上都具有抗弯能力强、施工简单、节约成本和结构重量轻等优点,已被广泛应用。这种型钢也适用于 GB/T 700《碳素结构钢》、GB/T 712《船舶及海洋工程用结构钢》、GB/T 714《桥梁用结构钢》、GB/T 1591《低合金高强度结构钢》、GB/T 19879《建筑结构用钢板》等。

表 5.143 焊接结构用耐候钢的化学成分(GB/T 4171—2008) (单位:%)

牌号	C	Si	Mn	P	S	Cu	Cr	Ni	其他
Q235NH	≤0.13[f]	0.10～0.40	0.20～0.60	≤0.030	≤0.030	0.25～0.55	0.40～0.80	≤0.65	a,b
Q295NH	≤0.15	0.10～0.50	0.30～1.00	≤0.030	≤0.030	0.25～0.55	0.40～0.80	≤0.65	a,b
Q355NH	≤0.16	≤0.50	0.50～1.50	≤0.030	≤0.030	0.25～0.55	0.40～0.80	≤0.65	a,b
Q415NH	≤0.12	≤0.65	≤1.10	≤0.025	≤0.030[d]	0.20～0.55	0.30～1.25	0.12～0.65[e]	a,b,c
Q460NH	≤0.12	≤0.65	≤1.50	≤0.025	≤0.030[d]	0.20～0.55	0.30～1.25	0.12～0.65[e]	a,b,c
Q500NH	≤0.12	≤0.65	≤2.0	≤0.025	≤0.030[d]	0.20～0.55	0.30～1.25	0.12～0.65[e]	a,b,c
Q550NH	≤0.16	≤0.65	≤2.0	≤0.025	≤0.030[d]	0.20～0.55	0.30～1.25	0.12～0.65[e]	a,b,c

注:a 为了改善钢的性能,可以添加一种或一种以上的微量合金元素:0.015%～0.060%Nb,0.02%～0.12%V,0.02%～0.10%Ti,≥0.020%Alt。若上述元素组合使用时,应至少保证其中一种元素含量达到上述化学成分的下限规定。b 可以添加下列合金元素:≤0.30%Mo,≤0.15%Zr。c Nb、V、Ti 三种元素的添加总量不应超过 0.22%。d 供需双方协商,S 的含量可以不大于 0.008%。e 供需双方协商,Ni 含量的下限可不做要求。f 供需双方协商,C 的含量可以不大于 0.15%。

表 5.144 焊接结构钢用耐候钢对力学性能和工艺性能的要求(GB/T 4171—2008)

牌号	R_{eL}/MPa				R_m/MPa	A/%,不小于				180°弯曲试验弯心直径/mm		
	≤16	>16～40	>40～60	>60		≤16	>16～40	>40～60	>60	≤6	>6～16	>16
Q235NH	235	225	215	215	360～510	25	25	24	23	a	a	$2a$
Q295NH	295	285	275	255	430～560	24	24	23	22	a	$2a$	$3a$
Q355NH	355	345	335	325	490～630	22	22	21	20	a	$2a$	$3a$
Q415NH	415	405	395	—	520～680	22	22	20	—	a	$2a$	$3a$
Q460NH	460	450	440	—	570～730	20	20	19	—	a	$2a$	$3a$
Q500NH	500	490	480	—	600～760	18	16	15	—	a	$2a$	$3a$
Q550NH	550	540	530	—	620～780	16	16	15	—	a	$2a$	$3a$

注:当屈服现象不明显时,可以采用 $R_{p0.2}$。a 为钢材厚度。不同质量等级钢材的冲击性能的要求与高耐候结构钢相同,见表 5.98。

5.5.4.3 耐候钢的使用方式

耐候钢的使用方式有三种:裸露使用、锈层稳定化处理和涂装使用[1,8]。

耐候钢在大气中暴露,其初期和普通钢出现同样的腐蚀,随着岁月的流逝,其腐蚀速率变慢，经过 5 年，腐蚀不再进行。这是因为耐候钢表面生成的一部分铁锈慢慢地变成紧密附着于钢基体的铁锈，成为保护膜，阻止以后腐蚀的进行。通常称变成这样状态的铁锈为稳定的铁锈。因为耐候钢在裸露状态下使用，不施行涂装，所以是最经济的使用方法，实际使用也最多。

裸露使用始于 1958 年，在美国使用 Corten 钢建筑物的外装不施行涂装取得成功以来，已成为建筑物大量使用的设计材料，并扩大到桥梁、铁塔等方面。

耐候钢在裸露状态使用，到铁锈稳定化之间，特别是最初的 2～3 年，有铁锈流出，污染周围的环境。如果条件不合适，如湿度高或海洋环境，铁锈稳定化需要更长一些时间，初期流出的铁锈量多，污染问题也就更大一些。因此在裸露使用时，必须在设计、施工上注意得到稳定化的条件，并顾及流出铁锈引起的污染问题。

国外很早便开展铁锈稳定化处理技术，通过基面处理和再涂使耐候钢的表面形成复合覆膜。基面处理具有促使钢表面均匀氧化，再涂具有抑制铁锈流出、促进向稳定铁锈转换的作用。这种复合覆膜经过 8～10 年消失，置换成稳定的铁锈，其间几乎没有铁锈的污染。

研究表明，耐候钢的涂装效果优于非合金钢，为后者的两倍以上。耐候钢在施行涂装使用时，在涂膜下发生局部的铁锈或即使涂膜受到损伤，发生铁锈，由于铁锈扩展的速率比普通钢的要慢，涂膜劣化到需要再涂装的期限延长，能够降低重新涂装维持费。

5.5.5　耐海水腐蚀钢

海洋工程结构的种类很多，除船舶外，还有海上采油平台、海底石油采掘设备、海底输油/气管道等。低合金耐海水腐蚀钢是在低合金高强度钢的基础上突出耐海水腐蚀性能而开发出来的钢类。

海水中有多种盐，含盐的总量约为 3%，其中 NaCl 含量最多，是良好的电化学腐蚀导电介质。Cl^- 有强的活性，故金属在海水中阳极极化小。海水中有溶解氧，可达 12ppm，所以海水的腐蚀属于氧的去极化的电化学腐蚀。

由于海洋的潮汐、风浪等因素的影响，钢制工程结构在海水中的不同部位有不同的腐蚀情况，在成分设计时应有所区别。通常分为以下几个区域[8,185,186]：

1）海洋大气带

海洋大气带属海洋大气腐蚀。海洋大气中有大量含盐微粒的水汽，由于 Cl^- 的腐蚀活性比较强，其腐蚀程度比其他类别的大气严重。对耐大气腐蚀有效合金元素有 Cu、P、Si、Al、Mo、Cr 等，其中效果最显著的为 Cu 和 P。

不与海水直接接触的海洋结构物部分可采用耐海洋大气腐蚀钢。

2）飞溅带

飞溅带是指平均潮位受到波浪作用的上限部分，位于水面上 0.3～1m。在这个部位，一方面受到海水交替的干湿变化，溶解的氧含量比较多，另一方面由于日光的照射使温度升高，以及较小但频繁的机械力的作用，是腐蚀速率最快的部位。复合添加适量的 Cr、Cu、Si、Al 或 Mo 具有良好的效果，Mn 和 C 则有损于耐蚀性。

3) 潮差带

潮差带位于高潮与低潮之间。结构物的这一区域涨潮时浸没,低潮时裸露,处于间浸腐蚀的情况下。由于潮差带的氧含量较全浸带高,在它们之间形成了氧浓差电池,潮差带成为该电池的阴极而受到保护,腐蚀速率较全浸带小。钢结构件经常处于海水干湿交替的部位,不宜选用含 Cr 低合金钢,用含 Cu、Ni 低合金钢能发挥较好的耐蚀效果,若 Cr 的添加量在 3%以上,也可获得好的耐蚀效果。

4) 全浸带

全浸带是指低潮位到海底泥线之间海水浸着带的部分。在平均低潮位以下附近大约 0.5m 范围内的海水全浸带,经常成为一个相对缺氧的阳极区而加速腐蚀。随着海水深度的增加,含氧渐减,温度渐低,流速也逐渐减小,故全浸带上部腐蚀速率较大,越深越小,但由于深海氧含量低,局部腐蚀则更加严重。

减少钢在全浸带腐蚀的有效元素有 Cr、P、Al、Mo、Si 等,特别是 Cr。

5) 海土带

海土带对钢的供氧量极少,所以腐蚀也最轻。部分裸露在海水中的钢结构,由于氧的浓差电池作用,加快了埋在海底那部分钢的腐蚀,特别在浅海海土中,由于陆上流入的污染土中存在大量促进腐蚀的微生物,腐蚀较为剧烈。

海洋结构物的腐蚀状态见图 5.31。

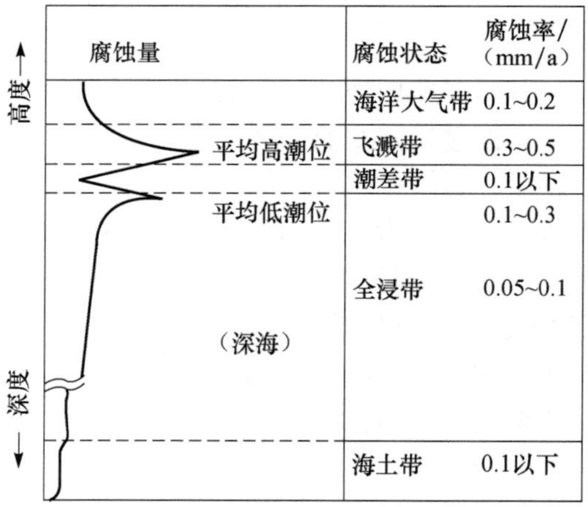

图 5.31 海洋结构物腐蚀状态图[1,185]

对于海洋工程结构用钢,应根据其不同的型式及其制造、安装和使用特点,突出以下的性能要求:

1) 耐腐蚀性能

大型海洋钢结构的腐蚀破坏形式十分复杂,最重要的表现形式是全面腐蚀、局部腐蚀和应力腐蚀。

全面腐蚀即均匀腐蚀,是海洋结构中最常见的一种腐蚀表现形式。通常用腐蚀速率,即单位面积金属在单位时间内的损失量($g/(m^2 \cdot h)$)或腐蚀率,即每年腐蚀掉的金属深度(mm/a)来表示。图 5.31 是美国对实海中暴露 5 年后的钢管桩在各部位腐蚀深度实测结果平均值。

对某些钢结构，如船类和管线，比全面腐蚀威胁更大的是局部腐蚀。引起局部腐蚀的重要原因是钢表面形成局部的阳极区（相对缺氧区）。因此，某些海生物附着物、轧制氧化铁皮剥落的地方、未经任何热处理的焊缝热影响区均有利于局部腐蚀发生。钢中含硫化物夹杂比较多，容易引起局部腐蚀。

应力腐蚀是一种十分危险的破坏形式。对于海上固定式平台，破坏事故都是在波浪超过 10m 时发生，裂纹的起源大多在焊接结点应力集中的地方。由于大型海洋工程结构采用的钢材抗拉强度大多在 600MPa 以下，故应力腐蚀与它的关系不大，但应重视其腐蚀疲劳问题。为防止应力腐蚀开裂，焊接件整个表面的最大硬度应小于 200HV。

2）焊接性能

由于大型海洋工程结构大多是管件、圆形构架状的组合，往往需要将数根组合的管子在应力集中处进行焊接。海洋设施大多在露天或海上作业条件很差的情况下进行焊接，需要有比船舶用钢有更好的焊接性能和更便于焊接操作的条件。

3）冷加工性

一般船体结构用钢板的厚度不超过 30～40mm，而像海底石油采掘设备等大型海洋结构则需要用 60～70mm 厚的钢板，而且主要是进行冷加工，因此需要钢板有更好的冷加工性。

4）韧性

海洋设施一般是厚壁管型结构居多，局部连接处经常受到波浪、大风的冲击，结构出现脆性破坏的危险远比船舶大。为此，要求钢材应具有足够的韧性，特别是在寒冷地区，更需要有足够的低温韧性。

美国 1936 年开始研制耐海水腐蚀钢，1951 年研制成功 Mariner 钢，1964 年投入市场。以后，世界各国根据自己国情和需要，相继开发了各种系列，已开发出不少钢号，但应用范围并不很广。这主要是由于影响海水腐蚀的因素很多，不仅钢在海水中不同部位的腐蚀机理各不相同，而且在不同的海域中，其腐蚀状况和规律也会有很大的差别。耐海水腐蚀钢要完全满足海洋的各个海域、海水中的不同部位的耐腐蚀性能是非常困难的。Mariner 钢也只是在飞溅带显示其极好的耐腐蚀性能，所以，目前在国内外市场上出售的耐海水腐蚀钢，在应用范围上都有其局限性。日本在耐海水腐蚀钢的研制、开发方面也投入了很大的力量。表 5.145 为一些国外耐海水腐蚀钢的化学成分示例[8,187]。

表 5.145　一些国外耐海水腐蚀钢的化学成分示例[8,187]　（单位：%）

牌号	C	Si	Mn	P	S	Cu	Cr	Al	其他
Mariner(美)	≤0.22	≤0.10	0.60～0.90	0.090～0.15	≤0.040	0.50	—	—	0.40～0.65Ni
APS20A(法)	≤0.13	≤0.50	≤0.50	≤0.030	≤0.025	—	3.90～4.3	0.7～1.1	—
Mariloy P50(日)	≤0.14	≤1.00	≤1.50	≤0.030	≤0.030	0.15～0.40	0.30～0.80	—	—
Mariloy S41(日)	≤0.14	≤0.55	≤1.50	≤0.030	≤0.030	—	0.80～1.30	—	—
Mariloy S50(日)	≤0.14	≤0.55	≤1.50	≤0.030	≤0.030	—	0.80～1.30	—	≤0.10Nb

续表

牌号	C	Si	Mn	P	S	Cu	Cr	Al	其他
Mariloy G41(日)	≤0.14	≤0.55	≤1.50	≤0.030	≤0.030	0.15～0.40	0.80～1.30	—	≤0.10Nb
Mariloy G50(日)	≤0.14	≤1.00	≤1.50	≤0.030	≤0.030	0.15～0.40	0.80～1.30	—	≤0.30Mo
Mariloy T50(日)	≤0.10	≤1.00	0.50～0.90	≤0.030	≤0.030	0.15～0.40	1.30～2.20	—	≤0.30Mo
Nep-Ten 50(日)	≤0.13	≤0.50	≤0.60	0.080～0.15	≤0.030	0.60～1.50	0.50～3.0	0.50～1.50	—
Nep-Ten 60(日)	≤0.18	≤0.50	≤0.60	0.080～0.15	≤0.030	0.60～1.50	0.50～3.0	0.50～1.50	—

Mariner 钢是美国钢铁公司产品，为 Ni-Cu-P 系钢，钢的 σ_s≥355MPa、σ_b≥490MPa。Mariner 钢的特点是在飞溅带的耐海水腐蚀性能好，为普通碳素钢的 2～3 倍，即使在没有混凝土包覆等防腐措施的情况下也可以较长期地使用，而且很少发生点蚀。如果在钢材表面涂覆涂料时使用，则可提高涂膜的寿命。这种钢的 P 含量较高，不适于较厚的钢板(厚度大于 20mm)焊接，也不适于焊接海洋工程结构，主要做护堤、筑坝等用的钢桩。

APS 系列耐海水腐蚀钢是法国 Pompey 公司产品，钢中的 Cr 和 Al 含量都比较高，为 Cr-Al 系钢。其中的 APS20A 钢，正火后的 σ_s≥310MPa、σ_b≥490MPa，其耐海水腐蚀性能为碳钢的 2.2～3.2 倍。这种钢在焊接时不需预热，焊后宜以 650℃进行消除应力退火。这类钢可用于制造船舶管道、海水制水设备、防波堤的护板、闸门、救生艇等。

Mariloy 系列钢是日本新日铁研制开发的 Cr-Cu 系耐海水腐蚀钢，有 6 个钢号。Mariloy 钢是针对 Mariner 钢含 P 高、焊接性能差以及全浸带耐腐蚀性能差的问题而研制开发的耐海水腐蚀钢，钢中的 P 含量不大于 0.03%，Cr 含量为 0.3%～2.2%，Cu 含量为 0.15%～0.40%，不含 Ni。针对不同海水部位的耐腐蚀性能要求，Cu 和 Cr 的含量有所变化，有的钢号还另外添加 Nb 或 Mo。

Mariloy P50 钢的 σ_s≥325MPa、σ_b≥490MPa，在飞溅带的耐腐蚀性能是普通碳钢的两倍左右，可用于钢桩等，使用厚度 6～25mm。Mariloy S41、Mariloy S50 钢中不含 Cu，但 Mariloy S50 钢中含有不大于 0.10%的 Nb，屈服强度分别不小于 245MPa、325MPa，抗拉强度分别不小于 400MPa、490MPa，在海水全浸带的耐腐蚀性能为普通碳钢的两倍，可用于海水中的结构物和管道，适用厚度分别为 3.2～32mm 和 6～25mm。Mariloy G41、Mariloy G50 钢的屈服强度分别不小于 245MPa、325MPa，抗拉强度分别不小于 400MPa、490MPa，在海水全浸带及飞溅带的耐腐蚀性能都是普通碳钢的两倍，适用厚度分别为 3.2～32mm 和 6～25mm。Mariloy T50 钢的屈服强度不小于 325MPa，抗拉强度不小于 490MPa，在海水全浸带和飞溅带的耐蚀性能分别为普通碳钢的 3 倍和 2 倍，在原油、海水交替接触的环境下也具有良好的耐蚀性能，可用于油轮中的油管，适用厚度为 6～25mm。

Nep-Ten 系列为日本三菱制钢的产品，为 Cu-Cr-Al 系。Nep-Ten 50 和 Nep-Ten 60 钢的屈服强度分别不小于 355MPa、390MPa，抗拉强度分别不小于 490MPa、590MPa，可用于要求飞溅带、全浸带耐蚀性的结构体。

国内从 1965 年起，陆续地对 185 种钢号进行了室外大气和海水中的腐蚀挂片试验，并从中筛选了 16 种国产钢号。从 1978 年起，在东海(厦门)、南海(湛江)和黄海(青岛)三个海域的附近海面的海洋大气带、潮差带和全浸带进行了为期 10 年的 5 个周期(1 年、2 年、4 年、7 年和 10 年)的全国海洋用钢统一评定试验。其中有 6 种钢号通过了鉴定,表 5.146 为这些钢的化学成分。

表 5.146　6 种海洋用钢的化学成分[8]　(单位:%)

牌号	C	Mn	P	Cr,Ni,V,Nb,Ti	Cu	Mo	Al	其他
12Cr2MoAlRE	0.07~0.15	—	—	1.6~2.0Cr	—	0.3~0.4	0.4~0.8	≤0.10RE
10CrMoAl	0.07~0.12	0.35~0.60	—	0.80~1.20Cr	—	0.20~0.35	0.40~0.80	—
10NiCuAs	≤0.15	—	—	0.30~0.60Ni	0.30~0.60	—	—	0.08~0.30As
08PVRE	0.06~0.12	0.40~0.70	0.07~0.13	0.04~0.12V	—	—	—	0.15~0.20RE
10MnPNbRE	≤0.16	0.80~1.20	0.06~0.12	0.015~0.050Nb	—	—	—	0.10~0.20RE
09MnCuPTi	≤0.12	0.90~1.40	0.07~0.12	≤0.10Ti	0.25~0.50	—	—	—

12Cr2MoAlRE 钢是浙江冶金研究所等单位研制的,钢的屈服强度不小于 345MPa。这种钢耐海洋大气腐蚀、耐海水间浸和全浸腐蚀都比较好,其耐腐蚀性能比 A3(Q235)钢提高 2~4 倍。

10CrMoAl 钢是上海钢铁研究所等单位研制的,钢的屈服强度不小于 325MPa。这种钢在海水全浸腐蚀条件下有良好的耐腐蚀性,可用于石油、化工企业的海水冷凝器、海水输送管线,使用寿命比 A3(Q235)钢提高 2~5 倍。

10NiCuAs 钢是钢铁研究总院等单位研制的,钢的屈服强度不小于 315MPa,其耐腐蚀性能属于中等,可用于海港设施部件等。

08PVRE 钢是鞍钢研制的,钢的屈服强度不小于 355MPa,其飞溅带和全浸带的耐蚀性能与 Mariner 钢相当,用于港口 ϕ1200mm 圆管柱,其加工性能、焊接性能和耐海水腐蚀性能良好。

10MnPNbRE 钢是包头冶金研究所研制的,钢的屈服强度不小于 390MPa,用于制作钢板桩、1300t 甲板驳船等,其耐腐蚀性能良好。

武钢研制的 09MnCuPTi 钢的屈服强度不小于 345MPa,是一种性能良好耐大气腐蚀钢,用做海运集装箱专用钢,其耐海洋大气腐蚀率为 A3(Q235)钢的 1.7 倍。

5.6　低合金耐磨钢

耐磨钢是指在各种受力状态下和不同环境下,具有高耐磨损抗力的钢种。耐磨钢根据钢中合金元素含量的多少可分类为非合金耐磨钢、低合金耐磨钢(合金元素总量小于 5%)和中高合金耐磨钢(合金元素总量大于 5%)。

最早使用的耐磨钢是 1882 年英国人 Hadfield 发明的高锰钢 Mn13,至今世界各国仍广泛使用高锰钢和改进型的高锰钢。高锰钢在使用之前的组织主要是奥氏体,在经受高冲击载荷时,工件表面发生形变诱导马氏体相变,产生高密度位错和大量细小的形变孪晶,具有很强的应变硬化能力和表面耐磨性,未直接受到冲击作用的工件心部仍保持奥氏体固有的高塑性和韧性。但在低冲击载荷或低应力磨料磨损的条件下,高锰钢无法显示其应变硬化能力和高耐磨的特性,需要采用其他类型的耐磨材料。迄今,人们已开发出种类繁多的低中合金耐磨钢,通过组织强化和多元合金强化,可以在较大的范围内调整钢的强度和韧性以适应各种不同的工况条件对耐磨性的要求。

20 世纪 70 年代以来,低合金耐磨钢的开发受到普遍重视,这主要是由于这类钢有较好的耐磨性和韧性,生产工艺较为简单且适合于规模化工业生产,综合经济指标较高,可在许多工况条件下广泛使用。

低合金耐磨钢可根据其主要用途分类为:矿山用低合金耐磨钢、农具用低合金耐磨钢、工程机械用低合金耐磨钢、铁道用低合金耐磨钢等。

5.6.1 矿山用低合金耐磨钢

矿山用低合金耐磨钢的品种较多,主要用于矿山机械设备、支护设备及输送设备等,如大型挖掘机、破碎机、球磨机、矿山卷扬设备等。

国内外已广泛使用 U 型钢(截面呈 U 形的型钢)做煤矿巷道支护,可以节约坑木,降低支护成本。U 型钢承载能力高,便于工厂成批生产、储存和运输,容易实现机械化,且可回收复用。产品规格有 25U、29U、36U、40U(数字的单位为 kg/m)等。我国于 1984 年制定了 GB 4697—84《矿用型钢》,适用于制造煤矿输送机设备和支护用热轧型钢。1991 年修改为 GB 4697—91《矿山巷道支护用热轧 U 型钢》,适用于制造矿山巷道支架用的热轧 U 型钢。2008 年修改为 GB/T 4697—2008,列入了 20MnK、25MnK、20MnVK 三个牌号。

矿柱支护对强度和耐磨性的要求更高,我国研制生产了较高碳含量的矿柱用 U、Π 型钢,主要钢号为 30MnK、34SiMnK。30MnK 主要用于矿井摩擦支柱 U 型钢,34SiMnK 主要为 Π 型钢。

表 5.147 列入我国矿山支护设备用低合金耐磨钢的化学成分与力学性能。

表 5.147 矿山支护设备用低合金耐磨钢的化学成分与力学性能

钢号	化学成分/%					板厚/mm	σ_s/MPa	σ_b/MPa	δ_5/%	冷弯 180°(d 为弯心直径,a 为钢材厚度)	交货状态
	C≤	Si	Mn	P≤	S≤						
20MnK	0.15~0.26	0.20~0.60	1.20~1.60	0.045	0.045	—	≥335	≥490	20	$d=3a$	热轧
20MnVK	0.17~0.24	0.17~0.37	1.20~1.60	0.045	0.045	—	≥390	≥570	20	$d=3a$	热轧
25MnK	0.21~0.31	0.20~0.60	1.20~1.60	0.045	0.045	—	≥335	≥530	20	$d=3a$	热轧
30MnK	0.27~0.35	0.17~0.37	0.70~1.00	0.035	0.035	—	≥315	≥540	20	—	正火
34SiMnK	0.30~0.38	0.90~1.30	1.00~1.40	0.035	0.035	—	≥440	≥610	12	—	热轧

续表

钢号	化学成分/%					板厚/mm	σ_s/MPa	σ_b/MPa	δ_5/%	冷弯 180°(*d* 为弯心直径,*a* 为钢材厚度)	交货状态
	C≤	Si	Mn	P≤	S≤						
YZ350K (武钢)	0.12～0.18	0.20～0.60	1.20～1.70	0.035	0.035	≤16	≥350	510～600	22	*d*=2*a*	热轧或正火
						17～25	≥340	490～640	21	*d*=3*a*	
						26～36	≥330	470～620	21	—	
						38～50	≥310	470～620	21	—	

注:20MnK、20MnVK、25MnK 钢的数据来自 GB/T 4697—2008《矿山巷道支护用热轧 U 型钢》,钢中的 Cr、Ni、Cu 的含量应各不大于 0.30%,20MnVK 钢中含有 0.07%～0.17%V。其他钢的数据来自文献[1]、[8],30MnK 和 34SiMnK 钢中的 Cr、Ni、Cu 的含量应各不大于 0.25%,U 型 30MnK 还要求 ψ≥45%,HB≤197。

使用热轧状态供货的 20MnK 等钢制造的 U 型钢,屈服强度不小于 335MPa,强度水平较低,在采深较大,矿压显现强烈的巷道中使用时,支架变形量大,损坏严重。试验研究表明,对 U 型钢进行热处理来提高其强度是经济有效的办法。可以对 20MnK 钢加热至 900℃奥氏体化 20～30min,以适当的方式喷水冷却,可以控制其变形在合理的范围内,获得的组织为粒状贝氏体,钢的屈服强度提高至不小于 520MPa,伸长率 δ_5>16%,屈强比不小于 0.75,热处理后仍具有良好的成形性能[188]。

为适应煤炭工业广泛采用液压支护的需要,我国还研制了屈服强度为 350MPa 的矿山液压支架用可焊接高强度耐磨钢板 YZ350K,已可生产厚度 4～50mm 的热轧中厚板,用于制造各类液压支架。

在新制定的 GB/T 4697—2017 中,标准名称更改为"矿山巷道支护用热轧型钢"。在新标准中,产品包括了热轧 U 型钢和热轧工字钢,型钢的牌号仍只包括 3 个,即 20MnK、25MnK 和 20MnVK,其化学成分和力学性能的要求与表 5.147 相同。

矿山、林业运输铁道线路采用轻轨。轻轨也是城市轨道交通线路制式的一种,是当今世界上发展比较迅速的轨道交通形式。轻轨(light rail)因机车重量和载客量要比一般列车小而得名。我国轻轨用钢材主要有两类:非合金轻轨钢 50Q、55Q 和低合金轻轨钢 45SiMnP、55SiMnP 等。非合金轻轨钢的耐磨性和耐蚀性能差,使用寿命较短,加入硅、锰可以提高强度和耐磨性,加入磷明显改进耐候抗蚀性。近年研制开发了加入铜、铬、钒等元素的更高强度级别的低合金轻轨钢 35CuPCr 和 55PV,其强度和耐磨耐蚀性能进一步提高。表 5.148 为我国轻轨钢的化学成分及力学性能。

表 5.148　我国轻轨钢的化学成分和力学性能

钢号	型号/(kg/m)	化学成分/%							σ_b/MPa	HB
		C	Si	Mn	P	S	Cu	其他		
50Q	≤12	0.35～0.60	0.15～0.35	≥0.40	≤0.045	≤0.050	≤0.40	—	—	—
55Q	≤12	0.50～0.60	0.15～0.35	0.60～0.90	≤0.045	≤0.050	≤0.40	—	—	—
	15～30								≥685	≥197
45SiMnP	≤12	0.35～0.55	0.50～0.80	0.60～1.00	≤0.12	≤0.050	≤0.40	—	—	—

续表

钢号	型号/(kg/m)	化学成分/%							σ_b/MPa	HB
		C	Si	Mn	P	S	Cu	其他		
50SiMnP	≤12	0.45～0.58	0.50～0.80	0.60～1.00	≤0.12	≤0.050	≤0.40	—	—	—
	15～30								≥685	≥197
35CuCrP	15～30	0.31～0.42	0.50～0.80	0.60～1.00	0.02～0.06	≤0.040	0.10～0.30	0.80～1.20Cr	≥785	≥220
55PV	—	0.50～0.60	0.30～0.60	0.45～0.75	0.02～0.06	≤0.040	—	0.05～0.13V	≥880	—

注:55PV 钢的数据来源于文献[1],其他钢的数据来源于 GB 11264—89《轻轨》。根据 GB 11264—89,我国轻轨钢的型号分为 9kg/m、12kg/m、15kg/m、22kg/m、30kg/m 五种。

我国制定了 GB/T 11264—2012《热轧轻轨》取代 GB/T 11264—89,共纳入 4 个牌号。轻轨型号有 7 个:9kg/m、12kg/m、15kg/m、18kg/m、22kg/m、24kg/m、30kg/m。4 个牌号的化学成分、力学性能见表 5.149。

表 5.149　热轧轻轨用钢的化学成分、力学和工艺性能(GB/T 11264—2012)

牌号	型号/(kg/m)	化学成分/%					R_m/MPa	布氏硬度 HBW
		C	Si	Mn	P	S		
50Q	≤12	0.40～0.60	0.15～0.35	≥0.40	≤0.040	≤0.040	≥569	—
55Q	≤12	0.50～0.60	0.15～0.35	0.60～0.90	≤0.040	≤0.040	≥685	—
	15～30							≥197
45SiMnP	≤12	0.35～0.55	0.50～0.80	0.60～1.00	≤0.120	≤0.040	≥569	—
50SiMnP	≤12	0.45～0.58	0.50～0.80	0.60～1.00	≤0.120	≤0.040	≥685	—
	15～30							≥197

注:Cr、Ni、Cu 为残余元素时,Cu 含量不大于 0.25%、Cr 含量不大于 0.25%、N 含量不大于 0.30%。经供需双方协商,可按其他牌号供货。

上述钢种的使用态金相组织为珠光体加少量铁素体。采用新型轻轨钢,在矿井下现场对比测试,其耐腐蚀性能比非合金钢轻轨提高 43%～65%。

矿用高强度圆环链是矿井下机械化采煤的主要设备——刮板运输机上的传动链,是设备的关键易损件,还用做挖煤机的牵引链等。矿用高强度圆环链工作环境恶劣,要求圆环链用钢应具有高强度、高韧性、耐磨损、耐腐蚀等综合力学性能。因此,对矿用高强度圆环链用钢的化学成分、力学性能及钢材交货状态下的显微组织有较严格的要求。1989 年我国制定了 GB 10560—89《矿用高强度圆环链用钢技术条件》,2008 年修改为 GB/T 10560—2008《矿用高强度圆环链用钢》。之后该标准又为 GB/T 10560—2017《矿业焊接圆环链用钢》替代。新标准适用于制造煤矿刮板输送机、刨煤机的矿用焊接圆环链用圆钢(热轧圆钢、冷拉圆钢)及盘条(或盘卷)。新标准修改了标准名称、牌号,增加了 K(矿用)后缀字母,增加了 4 个新的牌号,修改了力学性能的相关要求和末端淬透性检验要求,增加了非金属夹杂物和脱碳层检验项目。表 5.150 为矿用焊接圆环链用钢的化学成分。表 5.151 为矿用焊接圆环链用钢的力学性能和工艺性能。圆钢的供货直径为 8～65mm。

表 5.150　矿用焊接圆环链用钢的化学成分(GB/T 10560—2017)　(单位:%)

牌号	C	Si	Mn	P	S	V	Cr	Ni	Mo	Alt	B
20Mn2K	0.17～0.24	0.17～0.37	1.40～1.80	≤0.030	≤0.030	—	—	—	—	0.020～0.050	—
20Mn2VK	0.17～0.23	0.17～0.23	1.20～1.60	≤0.030	≤0.030	0.10～0.20	—	—	—	—	—
20MnVK	0.21～0.28	0.17～0.23	1.20～1.60	≤0.030	≤0.030	0.10～0.20	—	—	—	—	—
25MnVBK	0.21～0.28	0.17～0.23	1.20～1.60	≤0.030	≤0.030	0.10～0.20	—	—	—	—	0.0005～0.0035
25MnSiMoVK	0.21～0.28	0.80～1.10	1.20～1.60	≤0.020	≤0.020	0.10～0.20	—	—	0.15～0.25	—	—
25MnSiNiMoVK	0.21～0.28	0.60～0.90	1.10～1.40	≤0.020	≤0.015	—		0.80～1.10	0.10～0.20	0.020～0.050	—
20NiCrMoK	0.17～0.23	≤0.25	0.60～0.90	≤0.020	≤0.015	—	0.35～0.65	0.40～0.70	0.15～0.25	0.020～0.050	—
15CrNI6K	0.12～0.18	≤0.25	0.40～0.70	≤0.020	≤0.015	—	1.35～1.65	1.35～1.65	—	0.025～0.050	—
20MnNiCrMo32K	0.17～0.23	≤0.25	0.70～1.00	≤0.020	≤0.015	—	0.40～0.60	0.40～0.70	0.15～0.25	0.025～0.050	—
20MnNiCrMo33K	0.17～0.23	≤0.25	0.70～1.00	≤0.020	≤0.015	—	0.40～0.60	0.70～0.90	0.15～0.25	0.025～0.050	—
23MnNiCrMo52K	0.20～0.26	≤0.25	1.10～1.40	≤0.020	≤0.015	—	0.40～0.60	0.40～0.70	0.20～0.30	0.025～0.050	—
23MnNiCrMo53K	0.20～0.26	≤0.25	1.10～1.40	≤0.020	≤0.015	—	0.40～0.60	0.70～0.90	0.20～0.30	0.025～0.050	—
23MnNiMoCr54K	0.20～0.26	≤0.25	1.10～1.40	≤0.015	≤0.012	—	0.40～0.60	0.40～0.60	0.50～0.60	0.025～0.050	—

注：表中后面 6 个牌号引自德国标准 DIN 17115—2012《焊接圆环链和链条组件用钢交货技件》。钢中的铝含量供参考。25MnVK 钢中 Alt 含量在 0.020%～0.050%时，V 含量的下限可调整为 0.07%。钢中铜的残余含量应不大于 0.25%。

表 5.151　矿用焊接圆环链用钢的力学性能和工艺性能(GB/T 10560—2017)　　(单位:%)

牌号	热处理				力学性能,不小于					冷弯试验	HBW,不大于	
	淬火		回火									
	温度/℃	冷却剂	温度/℃	冷却剂	R_{eL}/MPa	R_m/MPa	A/%	Z/%	A_{KV}/J	d=弯心直径 a=钢材直径 180°	退火状态	热轧状态
20Mn2K	850	水、油	200	水、空	590	785	10	40	47	d=a(热轧材)	—	—
	880	水、油	440	水、空								
20Mn2VK	880	水	300	水、空	885	1080	9	—	—	d=a(热轧材)	—	—
			370				10					
20MnVK	880	水	370	水、空	930	1130	9	—	—	d=a(热轧材)	—	—
25MnVBK	880	水	370	水、空	930	1130	9	—	—	d=a(热轧材)	—	—
25MnSiMoVK	900	水	350	水、空	1080	1275	9	—	—	d=a(退火材)	217	260
25MnSiNiMoVK	900	水	300	水、空	1175	1470	10	50	35	d=a(退火材)	207	260
20NiCrMoK	880	水	430	水、油	980	1180	10	50	40	d=a(退火材)	220	260
15CrNi6K	880	水	430	水、油	945	1050	10	50	60	d=a(退火材)	210	260
20MnNiCrMo32K	880	水	430	水、油	—	—	—	50	60	d=a(退火材)	210	260
20MnNiCrMo33K	880	水	430	水、油	—	—	—	50	60	d=a(退火材)	210	260
23MnNiCrMo52K	880	水	430	水、油	990	1050	10	50	60	d=a(退火材)	220	260
23MnNiCrMo53K	880	水	430	水、油	1020	1130	10	50	60	d=a(退火材)	220	260
23MnNiMoCr54K	880	水	430	水、油	1060	1180	10	50	60	d=a(退火材)	220	260

注:试样毛坯尺寸为 15mm。表中热处理温度允许调整范围:淬火±20℃,回火±20℃。当屈服现象不明显时,可用规定塑性延伸强度 $R_{p0.2}$ 代替。20Mn2K 牌号冲击功试验采用 U 型缺口试样。经供需双方协商,交货时硬度指标可不作为参考依据。

矿用高强度圆环链用钢要求有较高的纯净度，交货状态下钢的组织均匀，奥氏体晶粒度应不小于 6 级。钢材应具有好的弯曲性能、焊接性、淬透性和回火稳定性。链条在热处理后应具有较高的强韧性。

我国矿用高强度圆环链用钢过去使用较多的是 25MmV 钢，主要用于制造 ϕ22mm 及其以下规格的矿用高强度圆环链产品。目前，国内外均已开发出更大规格和性能更好的钢种，部分钢种已纳入 GB/T 10560—2017[189~191]。矿用高强度圆环链用钢采用电弧炉冶炼，真空脱气，且有较高的纯净度，没有应变时效脆性，可用连铸工艺完成，压缩比至少应为 30∶1。钢的组织应均匀，碳化物颗粒应均匀细小，奥氏体晶粒度不低于 6 级[191]。有关矿用高强度圆环链的生产、制造和热处理工艺的详尽论述，可参考有关专著[191]。

许多矿山耐磨设备零件形状十分复杂或特殊，难以直接采用轧制型材制作，需用轧材改锻成形，更广泛的是采用铸造方法成形，如球磨机中的衬板、磨球，矿石破碎设备中的颚板、反击板，采掘设备中的挖掘斗齿等。这类零件对耐磨性的要求很高，消耗量相当大。高锰钢和高铬耐磨铸铁在这些领域得到较广泛的应用，但在承受中等冲击载荷又要求具有相当高的耐磨性时，低合金耐磨铸钢受到重视和应用。

5.6.2 工程机械用低合金耐磨钢板

工程机械，如矿山机械设备，以及建筑、水泥、冶金等机械产品和一些运输设备，工作过程中承受较大的应力，同时存在严重磨损，许多零件还要承受一定程度的腐蚀。要求使用的钢材可以焊接，有较高的强度和韧性以提高工件使用的安全性，同时要求具有良好的耐磨性。随着工程机械向轻型化、高参量化和长寿命的方向发展，对工程机械用焊接结构钢的强度和耐磨性的要求不断提高。国外一些钢铁企业在 20 世纪 50 年代开始已生产经过淬火回火处理的工程机械专用低合金耐磨钢板，并逐渐形成系列。主要生产厂家有瑞典钢板有限公司(SSAB)、德国的蒂森克虏伯公司(TKS)和迪林根(DILLIGER)钢厂、日本的 JFE 公司等。表 5.152 为这些厂家生产的低合金耐磨钢板的牌号及其化学成分，这类钢均按其达到的布氏硬度值分级。

表 5.152 一些国外公司生产的高硬度可焊接耐磨钢的化学成分[192~194]

厂家	牌号	C	Si	Mn	Cr	Mo	Ni	B	P	S	Ti
		不大于(不包括有成分范围者)									
奥克隆德	Hardox400	0.20	0.80	1.50	1.00	0.50	—	0.005	0.025	0.010	—
	Hardox450	0.23	0.70	1.60	1.00	0.25	0.25	0.004	0.025	0.010	—
	Hardox500	0.29	0.70	1.60	1.00	0.60	1.00	0.004	0.025	0.010	—
	Hardox550	0.35	0.70	1.60	1.50	0.80	1.20	0.004	0.025	0.010	—
	Hardox600	0.48	0.70	1.20	1.00	0.80	2.50	0.004	0.025	0.010	—

续表

厂家	牌号	C	Si	Mn	Cr	Mo	Ni	B	P	S	Ti
		不大于(不包括有成分范围者)									
蒂森克虏伯	XAR300	0.21	0.65	1.50	1.20	0.30	—	0.005	0.025	0.025	—
	XAR400	0.20	0.80	1.50	1.00	0.50	—	0.005	0.025	0.010	—
	XAR400W	0.26	0.80	1.50	1.20	0.60	—	0.005	0.025	0.025	—
	XAR450	0.22	0.80	1.50	1.30	0.50	—	0.005	0.025	0.012	—
	XAR500	0.28	0.80	1.50	1.00	0.50	—	0.005	0.025	0.010	—
	XAR600	0.40	0.80	1.50	1.50	0.50	—	0.005	0.025	0.010	—
迪林根	Dillidur400V	0.20	0.50	1.80	1.50	0.50	0.8	0.005	0.025	0.010	0.05Nb
	Dillidur450V	0.25	0.50	1.60	1.50	0.50	0.8	0.005	0.025	0.010	0.05Nb
	Dillidur500V	0.30	0.50	1.60	1.50	0.50	1.0	0.005	0.025	0.010	0.05Nb
JFE	EH360	0.20	0.55	1.60	0.40	—	—	0.004	0.030	0.030	0.005
	EH400	0.25	0.55	1.60	0.40	—	—	0.004	0.030	0.030	—
	EH500	0.35	0.55	1.60	0.40	—	—	0.004	0.030	0.030	0.020
	EH400A	0.25	0.55	1.60	0.40～1.20	0.10～0.50	0.10V	0.004	0.030	0.030	0.020
	EH-SP	0.35	0.35	1.60	0.50～1.50	—	—	—	0.030	0.030	—
	EH500LE	0.29	0.55	1.60	0.40	0.35	—	0.004	0.020	0.010	0.020

注:牌号中的数字为其布氏硬度值。奥克隆德是瑞典 SSAB 公司的成员之一。Dillidur 系列中含 V 不大于0.08%。

奥克隆德公司生产的耐磨钢板,一般情况下,厚度范围为 3～130mm,宽度达3350mm,长度为 14.5m。该公司生产的 Hardox400 和 Hardox450 钢具有高的韧性和良好的弯曲和焊接性能,是多用途耐磨钢板。Hardox500 钢用于制作可弯曲和焊接的耐磨钢板,可用于对耐磨性要求更高的场合。Hardox550 钢可在保持与 Hardox500 钢相同韧性的条件下延长钢板的耐磨性寿命。Hardox600 钢具有更高的硬度,但仍具有相当高的冲击韧性。2007 年该公司推出当时世界上最硬的淬火回火耐磨钢板 Hardox Extreme,其硬度达到 700HB,可制作矿山、水泥等行业中面临极严重磨损的耐磨构件[195]。

蒂森克虏伯公司生产的 XAR 系列具有细晶粒的显微组织,钢中通过加入 Al,有时加入 Ti 或 Nb,形成氮化物。XAR450 钢可含有不超过 0.30%的 Cu,XAR500、XAR600 钢允许有不超过 1.5%的 Ni。

XAR 系列中 XAR300 是一种正火钢,采用 880～960℃正火,用于低中磨损环境下。其余牌号以淬火+低温回火状态交货,XAR600 钢还可以退火状态交货,其硬度应不大于300HB。XAR400 是最常使用的耐磨钢板,其使用寿命可达传统结构钢板的 5 倍左右。XAR400 钢可用在 400℃以下的工作条件下。超硬级的 XAR600 钢可满足更高磨损条件下的使用要求。

XAR300 钢可在 850～1000℃进行热成型,成型及空冷后钢板的性能不会丢失。XAR300、XAR400W、XAR500、XAR550 钢可进行冷成型,必要时钢板也可以适当加热,成型后无须进行消除应力处理。

迪林根钢厂的 Dillidur 系列耐磨钢板可在高磨损环境中应用，同时它还具有优良的可加工性能，尤其是焊接性能。该系列的特点是采用 Nb、V 复合微合金化，应用实例包括装载机、挖掘机、自卸车、传送设备、破碎机、废物清理和回收设备等。

JFE 公司生产 EVERHARD(EH)系列耐磨钢板，分为标准系列、合金系列、超耐磨系列和高韧性系列，部分产品的化学成分见表 5.152。EH360 等标准系列化学成分相对简单，添加了微量的 B 并限制其他合金元素的含量，可供应钢板厚度为 6～50mm。EH400A 等系列钢中加入了一定量的其他合金元素，在保证硬度的同时，对低温韧性也予以考虑，可供应钢板厚度为 6～100mm。EH-SP 为超耐磨级钢板，可在不影响焊接和成型性能的前提下，保持比标准系 500 级钢板有更好的耐磨性。EH500LE 为高韧性耐磨钢板，可保证−40℃下的韧性，可在低温和强冲击条件下使用，还具有良好的防焊裂能力。

国外先进生产厂家主要是通过生产和热处理技术手段，获得均匀细小的组织，在获得要求的硬度的同时具有良好的韧性，特别是低温韧性。

近年来，我国耐磨钢板产品的生产技术有了长足的进步。武钢、舞钢、宝钢、鞍钢、太钢、济钢等中厚板厂均可生产耐磨钢板，以 400HB 级别及以下级别为主[195,196]。我国在 2009 年制定出国家标准 GB/T 24186—2009《工程机械用高强度耐磨钢板》，最近已为 GB/T 24186—2022《工程机械用高强度耐磨钢板和钢带》替代。该标准适用于矿山、建筑、农业等工程机械耐磨损结构部件用厚度不大于 120mm 的单轧钢板和厚度不大于 25.4mm 的钢带及剪切钢板。与原标准比较，新的标准更改了牌号的分类和牌号的表示方法，更改了化学成分中 Cr、Ni、Mo 含量上限，对低温韧性有要求的钢中碳含量和 P、S 含量上限、Als 含量的下限和碳当量的要求。钢的牌号由“耐磨”的汉语拼音首字母“NM”、规定表面布氏硬度数值两部分组成。对低温韧性有要求的钢号后缀加质量等级符号(D、E)。表 5.153 为这类钢的牌号和化学成分。表 5.154 为对低温韧性有要求的工程机械用高强度耐磨钢板及钢带钢的化学成分和碳当量。

表 5.153 工程机械用高强度耐磨钢板及钢带的化学成分(GB/T 24186—2022)

(单位:%)

牌号	C	Si	Mn	Cr	Ni	Mo	Ti	P	S	B	Als
	不大于									范围	不小于
NM300	0.23	0.70	1.60	0.80	0.50	0.40	0.050	0.025	0.015	0.0005～0.0060	0.010
NM360	0.25	0.70	1.60	0.90	0.50	0.50	0.050	0.025	0.015	0.0005～0.0060	0.010
NM400	0.30	0.70	1.60	1.20	0.70	0.50	0.050	0.025	0.010	0.0005～0.0060	0.010
NM450	0.35	0.70	1.70	1.40	0.80	0.55	0.050	0.025	0.010	0.0005～0.0060	0.010
NM500	0.38	0.70	1.70	1.50	1.00	0.65	0.050	0.020	0.010	0.0005～0.0060	0.010
NM550	0.38	0.70	1.70	1.50	1.50	0.70	0.050	0.020	0.010	0.0005～0.0060	0.010
NM600	0.45	0.70	1.90	1.60	2.00	0.80	0.050	0.020	0.010	0.0005～0.0060	0.010

表 5.154　对低温韧性有要求的工程机械用高强度耐磨钢板及钢带钢的化学成分和碳当量(GB/T 24186—2022)

牌号	C	Si	Mn	Cr	Ni	Mo	Ti	P	S	B	Als	碳当量(CEV)不大于	
	不大于									范围	不小于	厚度≤50mm	厚度≥50mm
NM300D/E	0.23	0.70	1.60	0.80	0.60	0.40	0.050	0.020	0.010	0.0005～0.0060	0.015	0.45	0.57
NM360D/E	0.25	0.70	1.60	0.90	0.70	0.50	0.050	0.020	0.010	0.0005～0.0060	0.015	0.48	0.60
NM400D/E	0.20	0.70	1.60	1.20	0.70	0.50	0.050	0.020	0.005	0.0005～0.0060	0.015	0.57	0.67
NM450D/E	0.30	0.70	1.70	1.40	1.00	0.60	0.050	0.020	0.005	0.0005～0.0060	0.015	0.59	0.74
NM500D/E	0.35	0.70	1.70	1.50	1.50	0.65	0.050	0.015	0.005	0.0005～0.0060	0.015	0.64	0.77
NM550D/E	0.38	0.70	1.70	1.50	1.50	0.70	0.050	0.015	0.005	0.0005～0.0060	0.015	0.72	0.82
NM600D/E	0.45	0.70	1.90	1.60	2.00	0.80	0.050	0.015	0.005	0.0005～0.0060	0.015	0.84	0.94

在保证钢材性能的前提下，表 5.153 和表 5.154 中规定的 Cr、Ni、Mo 元素可单独或组合加入表中规定以外的合金元素，其含量应注明。在钢中 Cu 作为残余元素时，其含量应不大于 0.30%，Als 含量应不大于 0.08%。对低温韧性有要求的钢的碳含量按式(4.76)计算。

标准中规定这类钢由转炉或电炉冶炼，并进行炉外精炼。钢材以淬火、淬火＋回火、TMCP＋回火状态交货，或以热轧状态(热处理前热轧状态钢材)。钢板的力学性能应符合表 5.155 的规定。

表 5.155　耐磨钢板及钢带的力学性能(GB/T 24186—2022)

牌号	厚度/mm	横向拉伸性能，不小于		表面布氏硬度 HBW	截面中心布氏硬度 HBW	纵向冲击吸收能量 KV_2/J，不小于
		R_m/MPa	A_{50mm}/%			
NM300 NM300D/E	≤80	1000	14	270～330	240～330	24
	＞80～120	—	—	270～340	—	21
NM360 NM360D/E	≤80	1100	12	330～400	295～400	24
	＞80～120	—	—	330～400	—	21
NM400 NM400D/E	≤80	1200	10	370～430	330～430	24
	＞80～120	—	—	360～440	—	21
NM450 NM450D/E	≤80	1250	8	420～480	375～480	24
	＞80～120	—	—	410～480	—	21
NM500 NM500D/E	≤70	1250	7	470～540	420～540	21
	＞70～100	—	—	450～540	—	18
NM550 NM550D/E	330～400	协商	协商	520～580	475～580	协商
	＞70～100	—	—	500～580	—	协商
NM600 NM600D/E	≤60	协商	协商	570～640	510～540	协商
		—	—			协商

注：只对低温韧性有要求的质量等级为 D、E 的牌号做冲击试验，D 级钢冲击试验温度为－20℃，E 级钢冲击试验温度为－40℃。NM500D/E 的冲击吸收能量分别对应的厚度为≤160mm 和＞60～100mm。有弯折要求的钢板和钢带可进行弯曲试验。

钢的硬度主要取决于钢中的碳含量和钢的淬透性。碳的加入量还要考虑到钢的焊接性、成型性、塑性和韧性。较低的碳含量可以使钢板通过淬火和低温回火后，在获得较高硬度的同时，还具有足够的塑性和韧性。采用 TMCP 技术时可适当降低钢中的碳含量。Mn 在耐磨钢板中是重要的合金元素，提高钢的淬透性，在固溶强化的同时，对塑性的影响不大，能降低相变温度 Ar_3，从而扩大加工温度范围，增加奥氏体变形区的压下道次和变形量，充分细化晶粒，由于 Ar_3 温度的降低，减少了铁素体晶粒长大的机会[197]。Ni、Cr 和 Mo 的综合作用可以显著增加钢的淬透性和钢的力学性能。微合金元素 Nb、Ti、V 的加入可以起到细化晶粒和沉淀强化的作用。B 的作用是提高钢的淬透性。Mn 与 B 以及 Mo 的配合可以扩大钢的贝氏体转变区域，在较大冷速范围内获得贝氏体或贝氏体和马氏体的混合组织。Si 的主要作用是脱氧，但在 Si 含量较高时，可以促进淬火时过冷奥氏体转变为无碳化物贝氏体和残余奥氏体的混合组织，提高钢的韧性[197]。钢中存在酸溶铝时,可形成 AlN,能细化晶粒,提高钢的韧性。P 和 S 作为有害元素,其含量应严格控制,其含量应分别不大于 0.025%和 0.015%或更低。

传统的耐磨钢板热处理工艺为:钢板经高温直接轧制到目标厚度,然后进行离线淬火再进行低温回火。

提高耐磨钢板综合力学性能的最有效和最经济的技术措施是将 TMCP 技术和微合金化相结合[198]。TMCP 技术一般采用高温奥氏体再结晶区和未再结晶区轧制,在高温条件下轧制较多道次,并适当延长轧后停留时间,增加变形奥氏体的再结晶次数,使组织细小均匀。待钢板温度降至未再结晶区时,进行未再结晶区轧制,使细化了的奥氏体晶粒经多道次变形被充分压扁,并在晶内引入大量位错与变形带,增加铁素体形核位置,被压扁的奥氏体晶粒将阻碍铁素体晶粒的长大。对于微合金钢,通过应变诱导析出微合金元素的碳氮化合物优先在奥氏体、晶界、形变带、位错处,可进一步阻碍铁素体、珠光体晶粒的长大。

耐磨钢经过直接淬火后一般均需进行低温回火。曾对 HB400(相当于 NM400)耐磨钢经热处理后的组织和性能进行过研究[199]。热轧状态 20mm 厚的钢板先经 930℃×1h 淬火,淬火后再进行不同温度的回火处理,其力学性能如表 5.156 所示。该钢淬火后的基体组织为板条马氏体,不同温度回火后组织均为回火马氏体。可以看出,该钢在淬火和 250℃回火后具有高的强度和韧性。磨损试验表明,250℃回火后有最高的耐磨性,这说明钢的耐磨性是强度和韧性综合作用的结果。

表 5.156　HB400 耐磨钢不同温度回火的力学性能[199]

热处理工艺	R_m/MPa	R_{eL}/MPa	A/%	硬度 HBW	KV_2/J(−20℃)
淬火	1340	980	12.5	388	27
淬火+250℃回火	1310	1070	13	379	40
淬火+300℃回火	1270	1050	14	370	36
淬火+350℃回火	1230	1050	14	365	31

我国研制的 20CrMn2Si2Mo 耐磨钢板是一种低碳贝氏体钢。表 5.157 为热处理工艺对该钢组织和性能的影响[200]。研究用试样取自 30mm 厚的工业生产的热轧态钢板。试验结果表明,该钢热轧后经 300℃回火可明显提高钢的韧性。轧制及 920℃奥氏体化后采用空冷+300℃回火的工艺,可获得比较好的综合力学性能。

表 5.157　热处理工艺对 20CrMn2Si2Mo 钢组织和性能的影响[200]

热处理工艺	R_{eL}/MPa	KV_2/J	硬度 HRC	组织	残余奥氏体量/%
热轧态	1290	46.8	42.6	贝氏体铁素体+残余奥氏体	—
轧制+300℃回火	1270	66.2	42.0	贝氏体铁素体+残余奥氏体	10.1
轧制+920℃空冷 300℃回火	1497	74.2	45.7	贝氏体铁素体+残余奥氏体	8.5
轧制+920℃油冷 300℃回火	1600	41.5	49.1	板条马氏体+残余奥氏体	—
轧制+920℃水冷 300℃回火	1614	34.5	49.7	板条马氏体+残余奥氏体	4.4

国内外利用已开发出的直接淬火装置不仅可生产出高性能的新型耐磨钢板,还用于生产高强度结构钢板、船体用结构钢板、管线钢、锅炉和压力容器用钢等[201]。

5.6.3　系泊链钢

系泊链(mooring chain)是指用链环和附件连接成的用于海洋工程结构物(石油钻井平台、舰船、浮式生产储油卸油装置等)定位和系泊的组件。制造系泊链所用的钢称为系泊链钢。

目前,越来越多的国家把发展目光转向海洋。随着海洋资源开发的深入发展,海洋采油、海洋勘探、国防建设等海洋设施需要使用大量的系泊链。

系泊链长期服役于恶劣的海洋,其失效模形式为磨损、应力腐蚀、塑性破断、脆性破断、疲劳断裂等。脆性断裂是其主要失效形式,故要求系泊链用钢应具有高的强度、高的韧性、耐腐蚀等优良的综合性能。随着海洋工程装备本身的大型化和集成化和海洋工程向深海(3000m 或更深)的发展,对系泊链用钢提出了更为苛刻的要求,系泊链用钢的级别也逐步提高。

系泊链分为无挡和有挡两种,系泊链及其附件如图 5.32 所示。有挡系泊链的横挡可能导致链环发生局部疲劳,因此无挡系泊链使用较多[202]。

目前国际上主要使用的系泊链用钢有 R3、R3S、R4、R4S、R5 五个等级。表 5.158 为国际上通用的系泊链用钢强度级别的划分及标识。

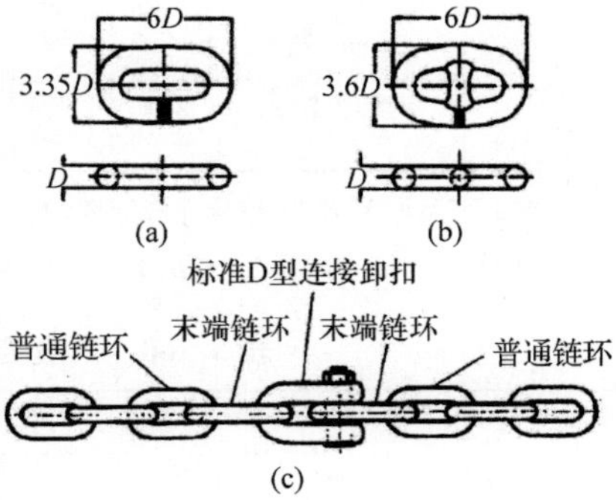

图 5.32　系泊链及其附件[202]
(a) 无挡系泊链;(b) 有挡系泊链;
(c) 标准无挡链及其附件

表 5.158　系泊链钢强度级别划分及标识

抗拉强度/MPa	级别	标识
≥690	三级系泊链钢	R3
≥770	三级半系泊链钢	R3S
≥860	四级系泊链钢	R4
≥960	四级半系泊链钢	R4S
≥1000	五级系泊链钢	R5

我国已制定出系泊链钢的国家标准 GB/T 32969—2016《系泊链钢》,系泊链钢的牌号和化学成分见表 5.159。这类钢按化学成分大多属于合金钢。这类钢的力学性能要求见表 5.160。该标准适用于海洋石油工程结构物及其他海洋开发设施使用的 ϕ30～200mm 的系泊链钢材,亦可用于船用锚链的制造。这类钢要求有高的冶金质量,生产时应采用真空脱气处理,热加工时,钢材的压缩比不应小于 5。

表 5.159　系泊链钢的牌号和化学成分(GB/T 32969—2016)

等级	钢号	化学成分/%										
		C	Si	Mn	P	S	Cr	Mo	Ni	Nb	Cu	Alt
R3	30Mn2	0.25～0.35	0.15～0.35	1.40～1.90	≤0.025	≤0.025	≤0.60	≤0.20	≤0.30	≤0.05	≤0.20	0.020～0.050

续表

等级	钢号	化学成分/%										
		C	Si	Mn	P	S	Cr	Mo	Ni	Nb	Cu	Alt
R3S	25MnCrMo	0.20~0.30	0.15~0.30	1.20~1.75	≤0.025	≤0.025	≤0.80	≤0.50	≤0.70	≤0.06	≤0.20	0.020~0.050
R4	23MnCrNiMo	0.18~0.28	0.15~0.30	1.20~1.75	≤0.025	≤0.025	0.40~1.30	0.20~0.60	0.40~1.40	≤0.06	≤0.20	0.020~0.050
R4S	21MnCrNiMo	0.16~0.26	0.15~0.30	1.20~1.75	≤0.025	≤0.025	0.40~1.30	0.20~0.60	0.40~1.40	≤0.06	≤0.20	0.020~0.050
R5	21Cr2NiMo	0.16~0.26	0.15~0.30	1.70~1.75	≤0.025	≤0.025	1.20~2.00	0.20~0.60	0.50~1.40	≤0.06	≤0.20	0.020~0.050

注:钢中可添加 V、Ti 等细化晶粒元素,其含量由供需双方协商确定。钢中的残余及有害元素含量:≤0.030%Sn、≤0.010%Sb、≤0.040%As、≤0.002%Pb、≤0.0001%Bi、≤0.0002%H、≤0.0090%N、≤0.0020%O。

表 5.160 系泊链钢的力学性能(GB/T 32969—2016)

等级	钢号	力学性能								推荐的热处理工艺
		$R_{p0.2}$/MPa	R_m/MPa	$R_{p0.2}/R_m$	A/%	Z/%	$Z1/Z2$	KV_2/J −20℃	表面硬度HBW	
R3	30Mn2	≥410	≥690	≤0.92	≥17	≥50	—	≥80	—	880~920℃淬火 570~640℃回火
R3S	25MnCrMo	≥490	≥770	≤0.92	≥15	≥50	≥0.85	≥80	—	
R4	23MnCrNiMo	≥580	≥860	≤0.92	≥12	≥50	≥0.85	≥80	—	
R4S	21MnCrNiMo	≥700	≥960	≤0.92	≥12	≥50	≥0.85	≥80	≤330	
R5	21Cr2NiMo	≥760	≥1000	≤0.92	≥12	≥50	≥0.85	≥80	≤340	

注:$Z1$ 为未经缓冷处理的断面收缩率,$Z2$ 为经过缓冷处理(250℃,2h 保温)的断面收缩率。

钢材应进行氢脆试验,试料按推荐的热处理工艺进行整体热处理以后,从中心部位取两个拉伸试样,一个试样在加工后 1.5h 以内进行拉伸试样,另一试样在 250℃进行 2h 保温后再进行拉伸试验。拉伸过程应控制在不小于 10min 拉伸至断裂。两拉伸试样断面收缩率之比($Z1/Z2$)应不小于 0.85。

钢材的交货长度为 3~12m,钢材以热轧状态交货,或热轧退火后剥皮交货。

系泊链的制链工艺如下:下料→感应加热→弯曲成链环→接头闪光对焊→去毛刺→链条整体热处理→成品链→抛丸→涂漆→检验。棒材经闪光焊接后,制成长的链条。整体链条再经淬火加回火的调质热处理工艺。整体链条对每环尺寸精度、焊接及热处理质量要求具有严格的一致性,因此系泊链钢的化学成分应能保证满足产品实际尺寸所要求的淬透性、良好的综合力学性能和焊接性能、能耐海水腐蚀、较小的回火脆性[203]。

我国已可以生产 R3、R3S、R4、R4S、R5 五个等级的系泊链钢,并已掌握了世界先进的系泊链生产技术。各种钢的具体加工工艺,特别是热处理技术,因涉及企业机密,较少发表公开资料。

5.6.4 低合金钢轨钢

铁路钢轨的质量、性能及其使用寿命直接影响到铁路运输的安全和效率。随着我国高速铁路及货运重载列车的大规模发展，对于铁路轨道的安全性和抗磨损性提出了更高的要求。

影响行车安全和钢轨使用寿命的主要损伤形式是磨损，主要是上股钢轨的侧面磨损，钢轨顶面波形磨损，下股钢轨接触点上因应力过大而造成的钢轨头部被压溃，韧塑性低导致的剥落、掉块和脆断、焊缝裂纹等。针对上述的损伤及钢轨的工作条件和环境，要求钢轨钢应具备以下的性能[1,8]。

1）耐磨性

钢轨与车轮接触，组成一对摩擦副。为了延长钢轨的寿命，钢轨需具有足够的耐磨性。钢的耐磨性与钢的硬度密切相关。图 5.33 表示出主要磨损区的典型钢轨断面。钢轨磨损可以用侧面磨损、垂直磨损或以钢轨被磨损区来表示。侧面磨损和垂直磨损的磨损量直接与累计的运输总吨位有关，特别是侧面磨损与局部轨道的弯曲程度有关，磨损速率明显受钢轨钢抗拉强度（硬度）的影响。在相同显微组织范围内，硬度是抗磨损的决定因素。试验表明，耐磨性与钢轨钢的珠光体片层间距有很大关系。珠光体组织细、片层间距小、硬度高，则耐磨性能强。

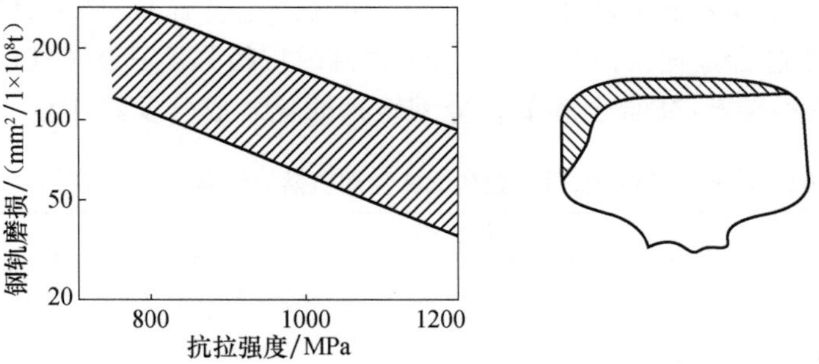

（a）　（b）

图 5.33　钢轨磨损[182]

(a) 钢轨磨损（$1mm^2/1\times10^8t$ 运输总吨位）与抗拉强度的关系；(b) 典型钢轨头部磨损断面

2）防压溃性

为了防止被压溃变形，钢轨钢应具有足够高的屈服强度。随着珠光体片间距的减小，屈服强度增加，耐压溃性也提高。

3）抗脆断性

钢轨的抗脆断性能可用钢的冲击韧性和断裂韧性来表示。冲击韧性与珠光体中渗碳体片的厚度和晶粒大小有关。渗碳体片的厚度增加，冲击吸收功的上平台下降，晶粒粗大也使冲击韧性降低。从工程安全角度考虑，希望钢材对裂纹的敏感程度越小越好，即有裂纹的材料在应力作用下，其裂纹的扩展速率越慢越好。

4）抗疲劳性

在繁重的铁路运输条件下，钢轨头部损伤日益严重，主要是上股侧磨、下股压溃、表面剥离等。这些损伤与钢中的非金属夹杂物和钢的纯净度有着密切的关系。上述疲劳或接触疲劳缺陷一般起源于钢中夹杂物处,特别是不变形的氧化物夹杂。因此钢轨钢对内部质量和纯洁度有着严格的要求。

5) 焊接性

为使车辆运行平稳、噪声小,各国普遍发展无缝线路,即通过焊接方式将定尺轨焊接成 250m 和 500m 的长轨。我国主要铁路干线已全部实现无缝化。因此,要求钢轨钢具有良好的焊接性。

此外,为了保障钢轨的使用性能,还必须尽量降低其残余应力。主要措施有:改进钢轨的矫直工艺;采用全长淬火使钢轨头部残余应力变为压应力,有利于提高其疲劳寿命;对焊接轨采用焊后回火,减小钢轨头部下颚处和腰部的拉应力。

20 世纪中期,通过大量研究钢轨在线路上发生的各种损伤,发现其大都与金属的塑性变形有关。欲克服钢轨在车轮作用下产生的塑性变形,最有效的办法是提高钢轨的屈服强度。随着人们对珠光体钢组织、成分与性能之间关系的研究的深入,发现在碳素钢基础上加入适量合金元素,可以有效地减小珠光体团尺寸、珠光体片间距和渗碳体片的厚度,从而提高钢轨钢的屈服强度和抗拉强度。70 年代初期,开发研制了微合金和低合金钢轨,其硬度可达到 300HV。70 年代后期,又采用离线热处理方法生产了高强度、高硬度钢轨钢,其硬度可达到 390HV。80 年代发展了在线热处理工艺,利用轧后余热并通过控制冷却以获得所要求的组织。这项工艺有逐渐取代离线热处理工艺的趋势。

世界各国开发的珠光体微合金和低合金钢轨钢主要有 Cr-V 系、Cr-V-Nb 系和 Cr-Mo 系。目前,通过合金化及热处理,可使钢轨钢的抗拉强度达到 1200～1300MPa。表 5.161 为国外一些碳素、微合金和低合金钢轨钢的化学成分及其性能。

表 5.161 国外一些碳素、微合金和低合金钢轨钢的化学成分及其性能[1,8,204,205]

钢号	化学成分/%						σ_b/MPa	δ/%	HB
	C	Si	Mn	S	P	其他			
AREA(美国)	0.72～0.82	0.10～0.60	0.60～1.25	≤0.037	≤0.035	—	≥960	≥9	≥300
M76(俄罗斯)	0.71～0.82	0.18～0.40	0.75～1.05	≤0.045	≤0.035	—	≥900	≥4	—
JIS60(日本)	0.63～0.75	0.15～0.30	0.70～1.10	≤0.025	≤0.030	—	≥800	≥8	—
EN260(欧洲)	0.62～0.80	0.15～0.58	0.70～1.20	≤0.025	≤0.025	—	≥880	≥10	260～300
EN260Mn(欧洲)	0.55～0.75	0.15～0.60	1.30～1.70	≤0.025	≤0.030	—	≥880	≥10	260～300
Cr(英国)	≤0.75	0.35	1.25	—	—	1.15Cr	≥1130	≥11	—
Cr-Si(德国)	≤0.70	0.75	1.05	—	—	1.00Cr	≥1140	≥12	—
Cr-V(德国)	≤0.75	1.00	1.05	—	—	1.00Cr,0.20V	≥1200	≥8	—
Si-Nb(巴西)	≤0.74	0.80	1.30	—	—	0.03Nb	≥1070	≥10	—
Cr-Mo(美国)	≤0.73	0.16	0.83	—	—	0.750Cr,0.21Mo	≥1117	—	—
Cr-Mo-V(美国)	≤0.75	—	0.60	—	—	0.60Cr,0.29Mo,0.10V	≥1250	—	—

我国在 1981 年制定的国家标准 GB 2585—81《铁路用每米 38～50 公斤钢轨技术条件》中，纳入两个普碳钢 U71、U74 和四个低合金钢 U71Cu、U71Mn、U70MnSi、U71MnSiCu。2007 年制定了新的国家标准 GB 2585—2007《铁路用热轧钢轨》，新标准取消了 U71 和 U71Cu 两个钢号，新纳入了 U75V(攀钢研制，亦称 PD3)、U76NbRE(包钢研制)和 U70Mn。

我国铁路部门还制定出 TB/T 2344—2003《43kg/m～75kg/m 热轧钢轨订货技术条件》和 TB/T 2635—2004《热处理钢轨技术条件》等行业标准。2012 年又制定了 TB/T 2344—2012《43kg/m～75kg/m 热轧钢轨订货技术条件》，该标准以 TB/T 2344—2003 为主，整合了 TB/T 2635—2004 的部分内容。TB/T 2344—2012 中列入了 5 个牌号。铁路部门还制定出 TB/T 3276—2011《高速铁路用钢轨》，该标准列入了 U71MnG、U75VG 两个牌号。表 5.162 为我国钢轨钢的化学成分。

表 5.162　我国钢轨钢的化学成分及其性能

牌号		化学成分/%						R_m/MPa	A/%	硬度 HBW 10/3000
		C≤	Si	Mn	P	S	其他	≥	≥	
U74	GB 2585—2007	0.68～0.79	0.13～0.28	0.70～1.00	—	—	—	780	10	—
U71Mn	GB 2585—2007	0.65～0.76	0.15～0.35	1.10～1.40	≤0.030	≤0.030	—	880	9	—
	TB/T 2344—2012	0.65～0.76	0.15～0.58	0.70～1.20	≤0.030	≤0.025	—	880 (1080)	10 (10)	260～300 (320～380)
U71MnG	TB/T 3276—2011	0.65～0.75	0.15～0.58	0.70～1.20	≤0.025	≤0.025	≤0.030V	880	10	260～300
U70MnSi	GB 2585—2007	0.64～0.74	0.85～1.15	0.85～1.15	≤0.030	≤0.030	—	880	9	—
U71MnSiCu	GB 2585—2007	0.64～0.76	0.70～1.10	0.80～1.20	≤0.030	≤0.030	0.10～0.40Cu	880	9	—
U75V	GB 2585—2007	0.71～0.80	0.50～0.80	0.70～1.05	≤0.030	≤0.030	0.04～0.12V	980	9	—
	TB/T 2344—2012	0.71～0.80	0.50～0.80	0.70～1.05	≤0.030	≤0.025	0.04～0.12V	980 (1180)	10 (10)	280～320 (340～400)
U75VG	TB/T 3276—2011	0.71～0.80	0.50～0.70	0.75～1.05	≤0.025	≤0.025	0.04～0.08V	980	10	280～320
U76NbRE	GB 2585—2007	0.72～0.80	0.60～0.90	1.00～1.30	≤0.030	≤0.030	0.02～0.05Nb 0.02～0.05RE	980	9	—
U70Mn	GB 2585—2007	0.61～0.79	0.10～0.50	0.85～1.25	≤0.030	≤0.030	—	880	9	—
U77MnCr	TB/T 2344—2012	0.72～0.82	0.10～0.50	0.80～1.10	≤0.025	≤0.025	0.25～0.40Cr	980 (1280)	9 (12)	290～330 (≥370)

续表

<table>
<tr><th colspan="2" rowspan="2">牌号</th><th colspan="6">化学成分/%</th><th>R_m/MPa</th><th>A/%</th><th rowspan="2">硬度 HBW
10/3000</th></tr>
<tr><th>C≤</th><th>Si</th><th>Mn</th><th>P</th><th>S</th><th>其他</th><th>≥</th><th>≥</th></tr>
<tr><td>U78CrV</td><td>TB/T
2344—2012</td><td>0.72～
0.82</td><td>0.50～
0.80</td><td>0.70～
1.05</td><td>≤
0.025</td><td>≤
0.025</td><td>0.30～0.50Cr
0.04～0.12V</td><td>1080
(1280)</td><td>9
(10)</td><td>310～360
(370～420)</td></tr>
<tr><td>U76CrRE</td><td>TB/T 2344
—2012</td><td>0.71～
0.81</td><td>0.50～
0.80</td><td>0.80～
1.10</td><td>≤
0.025</td><td>≤
0.025</td><td>0.25～0.35Cr
0.04～0.08V
≥0.02RE</td><td>1080</td><td>9</td><td>310～360</td></tr>
<tr><td>AB1</td><td>贝氏体钢轨</td><td>0.20～
0.40</td><td>1.50～
2.00</td><td>1.50～
2.00</td><td>—</td><td>—</td><td>≤1.0Cr
≤0.50Mo</td><td>1240</td><td>12</td><td>360～400</td></tr>
</table>

注：除 U75V 中的 V 和 U76NbRE 中的 Nb 为加入元素外，其他牌号中的 Nb、V 为残余元素，并要求 Nb 含量不大于 0.010%、V 含量不大于 0.030%。U76NbRE 和 U76CrRE 中的 RE 为加入量。U71MnSiCu 中的 Cu 为加入量。各钢中的残留元素：Cr 含量不大于 0.15%、Mo 含量不大于 0.02%、Ni 含量不大于 0.10%、Cu 含量不大于 0.15%、Sn 含量不大于 0.040、Sb 含量不大于 0.020%、Ti 含量不大于 0.025%、Cu+10Sn 含量不大于 0.35%、Cr+Mn+Ni+Cu 含量不大于 0.35%(Cr 为加入元素时无此要求)。TB/T 3276—2011 要求 Al 含量不大于 0.004%，Sn 含量不大于 0.030%。TB/T 2344—2012 要求 Al 含量不大于 0.010%。力学性能为热轧钢轨的数据，括号内为在线热处理钢轨的力学性能，在线热处理是利用轧后余热直接加速冷却，得到细片状的珠光体组织。硬度为轨头顶面中心线的硬度。U77MnCr 热处理后的性能数据来自文献[206]。AB1 的数据来自文献[207]。

国家标准 GB 2585—2007《铁路用热轧钢轨》适用于铺设最高时速 160km/h 以下的普通铁路用钢轨，不适用于全长热处理钢轨。标准列入了目前生产和使用的所有钢轨的断面图，包括 38kg/m、43kg/m、50kg/m、60kg/m、75kg/m，50kg/m 及以上的钢轨，均称之为重轨。标准钢轨的定尺长度为 12.5m、25m、50m 和 100m。标准对钢中的杂质含量有了比较严格的限制，如钢水中氢含量应不大于 2.5ppm，成品钢轨中的氢含量应不大于 2.0ppm。

TB/T 2344—2012 适用于最高运行速度为 160km/h 铁路用热轧和在线热处理钢轨，高速铁路用热处理钢轨可参照执行。

TB/T 3276—2011 适用于运行速度为 200km/h 及以上高速铁路用 60kg/m 热轧钢轨，运行速度小于 200km/h 并大于 160km/h 铁路用钢轨可参照执行。该标准规定了两个牌号：U71MnG 适用于 250km/h 以上高速铁路、200～250km/h 高速客运铁路；U75VG 适用于 200～250km/h 高速客货混运铁路。

上述两个标准规定，钢轨钢经碱性氧气转炉或电弧炉冶炼后需经炉外精炼和真空脱气处理。钢轨均采用连铸坯铸造，轧制压缩比不应小于 9。钢轨中的氢含量不应大于 2.0ppm，总氧含量不应大于 30(20)ppm，氮含量不应大于 90(80)ppm(括号内为 TB/T 3276—2011 的要求)。钢轨全断面的显微组织为珠光体组织，允许有少量铁素体，不应有马氏体、贝氏体和晶界渗碳体。应检验非金属夹杂物的级别：A 类的粗系和细系均不大于 2.5 级，B、C、D 类的粗系和细系均不大于 1.5 级。轨底的最大纵向残余应力应小于 250MPa。还应测定－20℃下的断裂韧性 K_{IC}，其单个最小值和最小平均值(每个样轨至少取 5 个)应分别不小于 26MPa · $m^{1/2}$ 和 29MPa · $m^{1/2}$。还规定了疲劳裂纹扩展速率的上限。

最早的钢轨碳含量仅为 0.3%～0.4%，随着耐磨性能要求的提高，现在普碳钢轨的碳含量已达 0.8%。此外，在普碳钢轨中还加入比一般脱氧要求高的 Mn，达到 1.0%～1.5%。Mn 的作用是固溶强化、降低碳在铁中的共析浓度、推迟珠光体转变和细化珠光体。

为了提高钢轨钢的性能，还加入其他合金元素。Si、Cr、Mo 等合金元素都有固溶强化的作用，并可以使 CCT 曲线向右移动，可在相同冷速下获得片间距更加细小的珠光体组织。V 和 Nb 的作用是细化晶粒和沉淀硬化，提高钢的强度，特别是屈服强度。V 在淬火温度下，可以固溶于奥氏体，提高钢的淬透性。在普碳钢轨钢中加入 0.05%Nb 可以明显提高钢的冲击韧性和疲劳强度极限，Nb 还可以改善普碳钢轨钢的可焊性[8]。加入 RE 可以改善夹杂物的形态、大小、分布并净化钢液。在含 Nb(约 0.05%)的钢轨钢中加入 RE，可使 NbC 尺寸减小并改善 NbC 的分布[208]。

合金化和热处理都是提高钢轨钢强度和综合性能的有效途径。多年的研究和使用结果表明，热处理强化具有明显的优点。热处理强化可以节省合金化费用，可以使钢轨头部强化、钢轨腰部和底部韧化，符合钢轨要求，对于合金轨，整体强化不利于矫直，热处理轨的焊接性能明显优于合金轨。因此，钢轨热处理技术受到各国钢轨生产厂家的重视。

在未采用无缝线路上的铁轨之间留有膨胀缝。铺设后行驶的车轮对接缝的不断冲击将引起接头处出现塌陷等缺陷，影响行车安全。因此，钢轨出厂前其两端需进行热处理，提高端头的硬度。在 GB 2585—2007《铁路用热轧钢轨》中，对轨端热处理提出如下的技术要求：钢轨横断面及纵断面的硬化层形状、尺寸应符合图 5.34 的规定。U74 和 U71Mn 钢轨踏面(即与车轮接触面)稳定硬化区(即硬化层深度大致相同的部分)的表面硬度为 302～388HBW(32.5～42.0HRC)。钢轨稳定硬化区内层，在距踏面中心深 7mm 处，其硬度值应大于等于 280HB(28.0HRC)。硬化层金相组织应为细片状珠光体，允许有少量的铁素体，不得有马氏体、贝氏体组织。

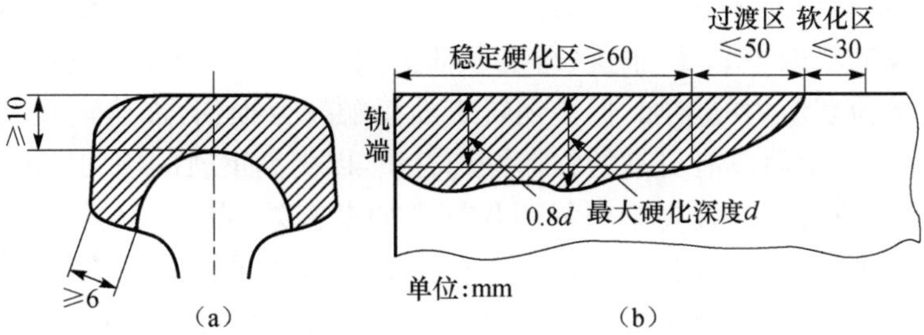

图 5.34　硬化层形状及尺寸(GB 2585—2007)
(a) 横断面硬化层；(b) 纵断面硬化层

U71Mn 钢轨端部热处理工艺：通过感应加热方式将钢轨头部加热至 950℃，然后空冷，在 800～550℃将冷却速率控制在 3～10℃/s 内，可采用高压风冷，当钢轨冷至约 520℃，再利用钢轨的余热进行自回火[209]。

焊接轨不进行轨端热处理。

钢轨全长淬火工艺已有半个多世纪的历史。钢轨全长淬火工艺按淬火速率可分为完全淬火，即淬火加回火(quenching tempering，QT)工艺和欠速淬火(slack quenching，SQ)工艺；按淬火部位又可分为整体淬火和轨头全长淬火两种不同的方法。

钢轨热处理常按其在轧制后热处理前是否需要重新加热分为离线热处理和在线热处理[1,8]：

1) 离线热处理

离线热处理是指将钢轨重新加热到奥氏体化状态后加速冷却的热处理。

较早的钢轨热处理工艺采用整体加热整体淬火工艺。利用煤气对钢轨加热,然后在油中或温水中进行整体淬火,淬火后的钢轨要在450～500℃进行回火,即QT工艺。这种方法在20世纪80年代以前,主要是在苏联得到应用。经热处理后,在钢轨轨头表层得到回火马氏体,内层为贝氏体和珠光体,在随后的回火过程中贝氏体软化,软化层恰好处在钢轨最大接触应力区,使钢轨的接触疲劳性能变差。另外,这种工艺处理的钢轨变形较大,增加了矫直的困难。

为改善和提高钢轨的使用性能还发展了欠速淬火工艺,即SQ工艺,它是把钢轨加热到奥氏体化温度后,用淬火介质缓慢冷却进行淬火,使在钢轨轨头表层得到细片状珠光体,其力学性能、抗疲劳性能、耐磨耗性能均比QT工艺得到的回火马氏体好。这种欠速淬火工艺按加热方法又可分为:

(1) 感应加热欠速淬火工艺。利用感应加热方法,将轨头加热到奥氏体化温度,然后喷压缩空气淬火,在钢轨头部得到细片状珠光体。

(2) 煤气加热欠速淬火工艺。利用煤气将轨头加热到奥氏体化温度,然后喷压缩空气淬火,在钢轨头部得到细片状珠光体。

2) 在线热处理

在线热处理是利用钢轨在轧制后800～900℃的高温,直接将钢轨在专门的冷床上通过控制冷却(水雾冷却、压缩空气冷却等)来获得所要求的组织。这是目前最先进的钢轨热处理工艺,但增加了生产技术管理的难度和存在淬火质量均匀性的问题。

由于高速、重载铁路在世界各国的兴起和发展,对钢轨的性能提出了更高的要求。速度的提高要求高的轨面平顺度,轴重(每根车轴负担的重量)的增加必然引起轮轨间接触应力和轨头内部剪切应力的增加,促使钢轨表面接触疲劳损伤,加速钢轨的侧磨、垂直磨耗和波浪磨耗,要求钢轨具有更高的强韧性和材质,以提高钢轨的使用性能。各国铁路实践表明,钢轨全长热处理是提高钢轨材质强韧性的最有效、最经济的措施。我国在1966年即开始了钢轨全长热处理技术的研究,在有关部门的共同努力下,经过反复研究,多次在线路上铺设使用,使钢轨全长热处理技术和质量步入世界先进行列[210]。

表5.163为国外一些工厂采用的钢轨采用的全长热处理生产工艺与性能。

表5.163 国外一些工厂钢轨采用的全长热处理生产工艺与性能[1,8]

国别	厂家	钢种	热处理工艺特征	σ_b/MPa	σ_s/MPa	δ_5/%	ψ/%
俄罗斯	下塔吉尔	M74	煤气加热,油冷却	1170	≥825	≥9	≥36
俄罗斯	亚速钢厂	M74	电感应加热,水雾冷却	1170	≥780	≥10	≥25
美国	伯利恒	共析碳钢	煤气加热,油冷却	≥1200	≥800	—	40
日本	日本钢管	共析碳钢	煤气加热,压缩空气冷却	≥1200	≥825	12	33
日本	新日铁	共析碳钢	电感应加热,压缩空气冷却	≥1200	≥825	12	33
日本	新日铁	共析碳钢	轧后余热,(压缩空气)淬火	≥1200	≥825	11	—
英国	沃金顿	共析碳钢	轧后余热,(水雾)淬火	≥1200	≥800	≥10	—

注:M74钢的化学成分为0.69%～0.80%C,0.18%～0.40%Si,0.75%～1.05%Mn。

我国在钢轨全长热处理技术上主要是采用中频电源对钢轨轨头进行连续加热，加热温度在 900～1000℃时，奥氏体晶粒可保持在 10～12μm(9.5～10 级)，此时可使冲击韧度保持在较高水平。冷却可以采用喷雾冷却或喷风冷却，可以实现钢轨的 SQ 工艺，完成 250m 和 500m 焊接长轨的全长热处理，使全长轨头得到均匀的硬化层，从而消除焊缝软带造成的马鞍形磨耗。强韧性的提高，增加了钢轨耐磨、抗压和抗疲劳性能。我国铁路部门规定：正线 60kg/m 以上钢轨均应在进行全长热处理后才能上道铺设使用，现已在许多地区建立了钢轨全长热处理生产线。攀钢已建成 100m 长尺的钢轨连续式在线热处理生产线。我国热处理钢轨的广泛使用，证明其使用寿命可比普通钢轨提高 1～3 倍[210]。

我国铁路部门在 2004 年发布了铁道行业标准 TB/T 2635—2004(代替 TB/T 2635—1995)《热处理钢轨技术条件》。标准中列入了 U71MnC(即 U71Mn，C 代表淬火轨)、U75V 和 U76NbRE 三个牌号，其成分见表 5.149，U71MnC 的碳含量范围较窄，为 0.70%～0.76%。图 5.35 为离线热处理钢轨轨头硬化层的形状和深度，深度是指加热到奥氏体化温度的层深，经浸蚀后呈黑色的区域。轨头硬化层为帽形，踏面中心的硬化层深不小于 15mm，轨下颚硬化层深不小于 10mm。硬化层的显微组织应为细片状珠光体，不允许有马氏体及贝氏体组织，但允许有少量细散分布的铁素体。

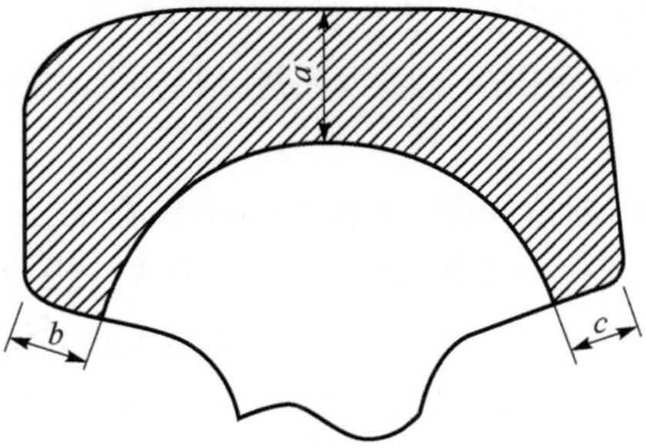

图 5.35　轨头硬化层形状和深度(TB/T 2635—2004)

$a \geqslant 15$mm，b 和 $c \geqslant 10$mm

U71MnC 钢轨热处理后，轨头硬化层的强度 $\sigma_b \geqslant 1180$MPa，微合金钢轨热处理后轨头硬化层的强度 $\sigma_b \geqslant 1230$MPa，伸长率均不小于 10%，硬度分别为 332～391HB 和 332～401HB。

我国早期使用的钢轨钢为碳素钢 U74，强度级别为 780MPa。随着铁路运输轴重的不断加大，以及运行速度和密度的不断提高，微合金化和在线热处理技术不断得到发展。

我国目前铁路线路上使用的钢轨钢种主要有 880MPa 级的 U71Mn 钢、980MPa 级的 U75V 钢和 1180～1280MPa 级的重载铁路用 U77MnCr、U78CrV(PG4)等高强耐磨钢轨[206,211]。

U71Mn 钢由鞍钢研制，是我国使用时间最长的碳素钢轨钢。钢中碳含量较低，用 Mn 提高强度，有较好的韧性、塑性和焊接性。为适应不同的运输条件，在优化 U71Mn 钢化学成分的基础上，形成了高速铁路用 U71MnG 钢、钢轨热处理用 U71MnC 钢和高原铁路用低碳 U71Mn 钢[211]。

U71MnG 钢的化学成分与欧洲高速铁路使用的 UIC(欧洲标准为 EN260)钢相近。为优化性能，U71MnG 钢减少了碳含量，调整了锰含量，降低了有害元素 S、P 含量等。

U71MnC 钢为满足热处理的需要,采用了 C、Mn 上限成分。为满足青藏铁路地理、气候环境等对钢轨的特殊要求,开发出低碳 U71Mn 钢。碳含量为中下限时,U71Mn 钢的冲击韧性、断裂韧性明显高于碳含量为上限的 U71Mn 钢,韧脆转变温度低,在−60℃的温度下仍能保持较高的塑性,断后伸长率平均值达到 11%[211]。

U75V 钢的碳、硅含量相对较高,锰含量较低并添加了合金元素钒,热轧后的强度达到 980MPa,使用于繁忙干线和重载铁路,性能表现良好,但在小半径曲线上,耐磨性明显不足。在 U75VG 钢中,减少了碳含量的波动范围,减少了有害元素 S、P 含量等,对断后伸长率等指标提出了更高要求。

U77MnCr 是中国铁道科学研究院(铁科院)和鞍钢近年合作研发的高强耐磨钢轨钢。该钢热处理后的性能见表 5.162,有良好的焊接性能。U77MnCr 钢在重载铁路使用的情况表明其综合性能良好[211]。

U78CrV(PG4)钢轨钢是由铁科院与攀钢近年开发的高强耐磨钢,在重载铁路上使用,耐磨性能优良。

U76NbRE 和 U76CrRE 钢是包钢先后开发研制出钢轨钢,其性能见表 5.162。这两种钢的抗拉强度、耐磨性能、耐剥离性能明显高于 U74 和 U71Mn 钢,焊接性能良好,因而其使用性能明显优于 U74 钢。这两种钢有更高的强度,用于高强耐磨钢轨[211,212]。

2014 年国内钢厂向我国铁路供应钢轨钢超过 300 万 t,其中高速钢轨约占 1/3,还有部分钢轨钢出口[206]。

我国已建成 350km/h 的高速铁路,并加快高速铁路的建设。高速铁路由于轴重轻、运行速度快,钢轨磨损轻微,但要求钢轨钢具有良好的抗疲劳性能。国外高速铁路多采用强度等级为 880MPa 的热轧碳素钢轨,要求轨钢材质纯净,有害元素 P、S 及残留元素含量低,H、O、N 气体含量少,非金属夹杂,尤其是 B 类氧化物夹杂要求控制在 1.0~1.5 级;在钢轨表面质量、平直度和几何尺寸等方面有严格的要求,需采用万能轧机轧制,使用钢轨长尺生产,以减少钢轨焊接接头[213]。

我国铁路部门在 2020 年修改了 TB/T 2344—2012《43kg/m ~75 kg/m 钢轨订货技术条件》,新的标准命名为《钢轨》,分为 3 个部分,即 TB/T 2344—2020《钢轨　第 1 部分:43kg/m~75kg/m 钢轨》、TB/T 2344.2—2020《钢轨　第 2 部分:道岔用非对称断面钢轨》、TB/T 2344.3—2018《钢轨　第 3 部分:异型钢轨》。TB/T 2344—2020 以 TB/T 2344—2012 为主,整合了 TB/T 3276—2011《高速铁路用钢轨》和 TB/T 2635—2004《热处理钢轨技术条件》的内容,并在主要技术上做了一些更动。2021 年我国又制定了新的国家标准 GB/T 2585—2021《铁路用热轧钢轨》,代替了 GB/T 2585—2007。这两个新的标准均纳入了相同的 5 个牌号。

表 5.164 为 GB/T 2585—2021《铁路用热轧钢轨》中列入的钢的牌号及其化学成分,表 5.165 为对残余元素上限的要求。

表 5.164　我国铁路用热轧钢轨用钢的化学成分(GB/T 2585—2021)　(单位:%)

牌号	化学成分								
	C	Si	Mn	P	S	Cr	Alt	V	RE(加入量)
U77MnCr U77MnCrH	0.71～0.82	0.10～0.50	0.80～1.10	≤0.025	≤0.025	0.25～0.40	≤0.010	—	—
U78CrV U78CrVH	0.72～0.82	0.50～0.80	0.70～1.05	≤0.025	≤0.025	0.30～0.50	≤0.010	0.04～0.12	—
U76CrRE U76CrREH	0.71～0.81	0.50～0.80	0.80～1.10	≤0.025	≤0.025	0.25～0.35	≤0.010	0.04～0.08	≤0.020
U71Mn U71MnH	0.60～0.80	0.15～0.58	0.70～1.20	≤0.025	≤0.025	—	≤0.004	≤0.030	—
U75V U75VH	0.71～0.80	0.50～0.80	0.70～1.05	≤0.025	≤0.025	—	≤0.004	0.04～0.12	—

注:对于运营速度 200km/h 以下的牌号的 Alt 含量可不大于 0.010%。

表 5.165　我国铁路用热轧钢轨用钢的残余元素上限(GB/T 2585—2021)

(单位:%)

Cr	Mo	Ni	Cu	Sn	Sb	Ti	Nb	V	Ni+Cu	Cu+10Sn	Cr+Mo+Ni+Cu
0.15	0.02	0.10	0.15	0.030	0.020	0.025	0.01	0.030	0.20	0.35	0.35

钢水氢含量应不大于 2.5ppm。钢水氢含量大于 2.5ppm 时应对钢坯或钢轨进行缓冷处理。成品钢的氢含量应不大于 2.0ppm。钢水或成品钢轨总氧含量应不大于 30ppm。对于 200km/h 及以上级别钢轨总氧含量应不大于 20ppm。对于 200km/h 以下钢轨,钢水或成品钢轨总氮含量应不大于 90ppm;对于 200km/h 及以上级别钢轨,钢水或钢轨的氮含量应不大于 80ppm。

这类钢采用氧气转炉或电弧炉冶炼,并应经炉外精炼和真空脱气处理。在轧制过程中应采用高压喷射方法去除氧化铁皮。钢轨的轧制压缩比不小于 9∶1。GB/T 2585—2021 适用于 38～75kg/m 对称断面热轧钢轨和在线热处理钢轨(后缀为 H)。钢轨应以热轧或在线热处理状态交货。按运营速度分为 200km/h 以下钢轨和 200km/h 及以上钢轨。对不同运营速度,钢轨的断面及外形尺寸的允许偏差、组织和性能均有不同的要求。焊接钢轨不加工螺栓孔。

钢轨的力学性能应符合表 5.166 的规定。在同一根钢轨上,其硬度变化范围不应大于 30HBW。

表 5.166　钢轨的力学性能(GB/T 2585—2021)

牌号	热轧钢轨			牌号	热处理钢轨		
	R_m/MPa ≥	A/% ≥	轨头顶面中心线硬度/(HBW10/3000)		R_m/MPa ≥	A/%	轨头顶面中心线硬度/(HBW10/3000)
U71Mn	880	10	260～300	U71MnH	1080	10	320～380
U75V	980	10	280～320	U75VH	1180	10	340～400
U77MnCr	980	9	290～330	U77MnCrH	1280	10	370～420
U78CrV	1080	9	310～360	U78CrVH	1280	10	370～420
U76CrRE	1080	9	310～360	U76CrREH	1180	10	350～410

注:热轧钢轨若在热锯样轨上取样,断后伸长率 A 的试验结果可比规定值降低 1%(绝对值)。热处理钢轨还应在横断面的规定的检测点测量硬度,并应符合相关规定(见 GB/T 2585—2021)。

钢轨的显微组织应为珠光体,可有少量沿晶界分布的铁素体,但不应有马氏体、贝氏体及沿晶界分布的铁素体。钢轨应在规定的上表面和侧面检验脱碳层,从表面到连续、封闭铁素体网处的深度不大于 0.5mm。钢轨的非金属夹杂物级别应符合表 5.167 的规定。

表 5.167　钢轨用钢的非金属夹杂物级别(GB/T 2568—2021)

夹杂物类型		A类(硫化物)		B类(氧化铝)		C类(硅酸盐)		D类(球状氧化物)		DS类(单颗粒球状类)
		粗系	细系	粗系	细系	粗系	细系	粗系		
级别	≥200km/h	≤2.0	≤2.0	≤1.0	≤1.0	≤1.0	≤1.0	≤1.0	≤1.0	≤1.0
	<200km/h	≤2.5	≤2.5	≤1.5	≤2.0	≤1.5	≤2.0	≤1.5	≤2.0	≤1.5

钢轨应逐支进行全长超声波探伤检查,并应符合 YB/T 951《钢轨超声波探伤方法》的要求。钢轨要做横断面酸浸试片的低倍检查,钢轨分成轨头、轨腰、轨底 3 个部分。GB/T 2585—2021 列入了 12 种低倍组织不合格的条件,有标准图片做对比。钢轨还要做表面质量检查,表面不应有裂纹。在冷、热状态下形成的某些缺陷应符合相应规定。

钢轨除了要满足常规力学性能的要求外,还有其他力学性能的要求:钢轨的轨底最大纵向残余应力应不大于 250MPa。在疲劳性能方面,总应变幅为 1350$\mu\varepsilon$ 时,每个试样的疲劳寿命(即试样完全断裂时的循环次数)应大于 5×10^6 次。应变幅中的 $\varepsilon=\Delta L/L$,其中,ε 表示应变,ΔL 表示材料在受力作用下的长度变化量,L 表示材料的初始长度。疲劳裂纹扩展速率 $\mathrm{d}a/\mathrm{d}N$ 的要求是:应力强度因子范围 ΔK 为 $10\text{MPa}\cdot\text{m}^{1/2}$ 时,$\mathrm{d}a/\mathrm{d}N\leqslant 17\text{m/Gc}$(c 为 cycle 首字母,代表循环);应力强因子范围 ΔK 为 $13.5\text{MPa}\cdot\text{m}^{1/2}$ 时,$\mathrm{d}a/\mathrm{d}N\leqslant 55\text{m/Gc}$。根据该标准的要求,在 −20℃ 测得的断裂韧性(K_{IC})单个最小值及平均值应符合如下规定:U71MnH 的 K_{IC} 的单个最小值及平均值应分别 $\geqslant 30\text{MPa}\cdot\text{m}^{1/2}$ 和 $\geqslant 32\text{MPa}^{1/2}\cdot\text{m}^{1/2}$,其他牌号单个最小值及平均值应分别 $\geqslant 26\text{MPa}\cdot\text{m}^{1/2}$ 和 $\geqslant 29\text{MPa}\cdot\text{m}^{1/2}$。

在 TB/T 2344.2—2020《钢轨　第 2 部分:道岔用非对称断面钢轨》中推荐使用的 5 个牌号与 GB/T 2585—2021《铁路用热轧钢轨》相同。

由于珠光体钢轨已接近研发极限,国内外一些研究单位和生产企业目前研发的重点主要集中在贝氏体钢轨上,希望能进一步提高钢轨,特别是道岔的耐磨性或者提高钢轨的抗接触疲劳性能。高强韧性的中低碳贝氏体钢由于碳含量低,具有较好的焊接性能,同时还易于与珠光体钢轨焊接,是当前研发的重点。表 5.168 为国外研制的空冷贝氏体钢轨的化学成分及其力学性能[214]。

表 5.168　国外研制的空冷贝氏体钢轨的化学成分及其力学性能[214]

国别	化学成分/%							状态	σ_b/MPa	δ_5/%	HV
	C	Si	Mn	Cr	Mo	V	B				
德国	0.40	1.50	0.70	1.10	0.80	0.10	—	热轧,回火	1455	13	440
美国 J6	0.26	1.84	2.00	1.94	0.44	—	0.003	热轧	≥1440	≥4~15	—

铁科院与鞍钢合作,2003 年率先试制成功无碳化物贝氏体钢轨:Si-Cr-Mn-Mo 系贝氏体钢轨(AB1),其化学成分见表 5.162。该钢的抗拉强度达到 1300MPa,伸长率约

15%，室温冲击功约 100J，全断面硬度达到 38～43HRC，目前已在线路上使用，其抗接触疲劳性能、耐磨性能明显优于珠光体钢轨[207]。

目前普遍采用的珠光体钢轨一般经热轧或在线热处理后交货，特别适合大批量工业性生产，但随着既有铁路向高速重载方向发展，珠光体钢轨耐滚动接触疲劳性能不足的弱点逐渐显现，需要通过定期打磨来消除表面剥离掉块等滚动接触疲劳损伤。贝氏体钢轨近年在铁路辙叉及道岔尖轨上的应用已经取得了成功。贝氏体钢轨因具有耐磨及耐滚动接触疲劳等特性为生产优异的钢轨带来希望，但其优异的性能是通过离线回火热处理实现的，还不适合大批量工业性生产，因此需要摸索能够提高在线生产的贝氏体钢轨性能的技术。

鞍钢与有关单位合作研究了 Nb＋V＋Ti 复合微合金化贝氏体钢的组织与性能[215]，试验用钢采用 C-Si-Mn-Cr-Mo 方案，加入 Nb＋V＋Ti 复合微合金化，并与不加入 Nb＋V＋Ti 的钢做对比。复合微合金化试验用钢的化学成分为：0.24%C、1.54%Si、2.81%(Mn＋Cr＋Mo)、0.108%(Nb＋V＋Ti)；对比钢的化学成分为：0.26%C、1.55%Si、2.91%(Mn＋Cr＋Mo)。研究结果表明，微合金化使贝氏体钢轨的组织得到细化，降低约 12%，大角度晶界的比例提高约 10%，板条贝氏体铁素体所占比例没有明显变化，但 M＋A 岛及块状铁素体得到细化。组织的细化有利于韧塑性的提高。热轧态及回火态微合金化钢轨的强度均有提高，屈服强度达到 1200MPa 以上，抗拉强度达到 1350MPa 以上，轨顶硬度达到 400HBW。微合金化后钢的抗回火稳定性提高，强韧匹配最好的回火温度提高至 400℃。热轧态和回火态的断裂韧性分别达到 55.0MPa · $m^{1/2}$ 和 72.6MPa · $m^{1/2}$，热轧微合金化贝氏体钢轨基本能够达到未微合金化回火处理的钢轨的裂纹扩展速率水平[215]。

5.7　低合金钢筋

5.7.1　低合金钢筋概述

钢筋混凝土是当今世界用量最大的建筑材料。钢筋是钢筋混凝土及预应力混凝土的主要增强材料，它与混凝土结合成为整体，主要承受混凝土难以承受的拉力作用。2014 年我国钢产量为 8.2270 亿 t，其中钢筋产量达 2.1528 亿 t，可见，钢筋品种在我国国民经济建设中起着重要的作用。

钢筋是用钢坯经压力加工而制成的长条形钢材，直径在 10mm 以上的一般以直条状态供应，直径在 6～9mm(有时可达 13mm)的钢筋一般以盘条状态供应。将盘条拔制减径到直径为 2.5～5mm，称为钢丝。将数根钢丝围绕一根芯轴钢丝绞合在一起，称为钢绞线。

钢筋按使用要求分为钢筋混凝土结构用钢筋和预应力混凝土结构用钢筋。一般而言，强度较低的钢筋用于钢筋混凝土结构，预应力钢筋则要求有较高的强度。有些钢筋虽然强度不太高，但经冷拉、冷拔、冷轧提高强度后，也可用做预应力钢筋。

钢筋按化学成分分为碳素钢筋和低合金钢筋。目前碳素钢筋的牌号主要是低碳钢 Q235，其强度较低，但塑性和焊接性能好，其直条钢筋一般用做中小钢筋混凝土结构构件中的受力钢筋和构造钢筋。低合金钢筋是当前钢筋的主要品种,广泛用于各种钢筋混凝土结构中,作为主要受力钢筋使用。

钢筋强度过去曾按强度级别分为Ⅰ、Ⅱ、Ⅲ、Ⅳ级,其强度随级别的提高而相应提高,现规定用屈服强度最小值表示钢筋的强度级别。

钢筋按加工工艺分为热轧钢筋、冷加工(冷拉、冷拔、冷轧等)钢筋、热处理(调质热处理、轧后余热处理)钢筋。同一牌号和化学成分的钢筋,由于加工工艺不同,其性能也不一样,可以有不同的用途。

钢筋按其表面形状又分为光圆钢筋和带肋钢筋。带肋钢筋外形有纵肋、横肋和月牙肋。由于使用中钢筋与混凝土共同作用的需要,除强度较低的钢筋为光圆外形外,其他钢筋均为带肋钢筋。

5.7.2　钢筋的基本性能要求[1,8]

根据钢筋在结构中的受力特点和使用条件的不同,对其提出了不同的性能要求。

1) 强度

钢筋强度是指钢筋在受拉状态下的屈服强度和抗拉强度。对于拉伸变形曲线上有明显屈服台阶的钢筋,屈服强度相当于下屈服点应力值 σ_s,对于无屈服台阶的钢筋,其屈服强度以 $\sigma_{0.2}$ 来表示。钢筋混凝土结构中的受力钢筋一般要求有明显的屈服台阶,以保证结构破坏前有明显的变形预兆。

钢筋的屈服强度是结构强度设计的主要依据。提高钢筋屈服强度,可以提高结构的承载能力,或在相同承载能力时减少钢筋用量。但屈服强度的提高有一定的限制,因为结构除应满足强度要求外,还受正常使用条件下结构变形和裂缝的控制,屈服强度过高往往不能充分发挥其强度的作用,而且强度过高往往降低钢筋的塑性和其他性能。国内目前在工程中普遍使用的钢筋强度级别偏低,主要受力钢筋是屈服强度为 335MPa 的钢筋。世界各国设计规范要求的钢筋屈服强度在 350～460MPa,随着建筑技术的进步,将越来越多地使用 500～550MPa 级的钢筋。在欧洲的一些国家已广泛使用屈服强度为 500MPa 的钢筋。将钢筋强度级别自 335MPa 提高至 400MPa,可节约用钢量约 14%。

钢筋的抗拉强度相当于拉伸变形曲线上最大负荷时的应力,设计时虽不直接使用抗拉强度,但仍要求它高于屈服强度某一数值,使结构具有足够的强度储备和变形能力。

2) 塑性

塑性表示钢筋受力后塑性变形的能力,通常以钢筋拉伸试件的断裂伸长率 δ_5 或 δ_{10} 作为衡量塑性的指标。钢筋具有足够的伸长率是保证混凝土结构不被延性破坏的必要条件。

为追求钢筋的延性,要求强屈比 $\sigma_b/\sigma_s=1.10\sim1.15$,最大力下的总伸长率 $\delta_{gt}>6.0\%$。对抗震设计要求的钢筋,强屈比 σ_b/σ_s 必须大于 1.25,最大力下的总伸长率 $\delta_{gt}>9.0\%$。

钢筋的冷弯性能也是反映钢筋塑性的重要指标。冷弯时由于钢筋内外纤维产生不均匀的塑性变形,其变形条件比单向拉伸更为苛刻。冷弯性能不但反映钢筋塑性变形能力,同时显示钢筋表面缺陷,表示对裂纹扩展的抵抗能力。

3）焊接性

钢筋的焊接性能是指被焊钢筋在采用一定焊接材料、焊接方法及工艺规范参数条件下，获得接头性能相当于被焊钢筋性能的难易程度。对于某一牌号的钢筋，在确定采用某种焊接方法的焊接工艺时，必须同时满足结合性能和使用性能的要求。

钢筋的焊接性能一般可用碳当量来评估，式(4.76)是常用的低合金钢筋碳当量计算公式。碳当量是影响钢筋焊接性的主要因素。在低合金及微合金钢筋中，锰以外的其他合金元素含量很少，故碳当量公式可简化为 $C_{eq}=w_C+w_{Mn}/6$。经验表明，对于钢筋，当 $C_{eq}<0.4\%$时，钢材的淬硬倾向不大，焊接性能优良，易于焊接；当 $C_{eq}=0.4\%\sim0.6\%$时，钢材淬硬倾向增加，采取必要的工艺措施仍可焊接；当 $C_{eq}>0.6\%$时，钢材的淬硬倾向强，属于难焊接钢材，需要采取较高的预热温度、焊后的热处理和严格的工艺措施。上述评估钢筋焊接性能的方法仅适用于热轧钢筋。

4）疲劳性能

钢筋配置于需做疲劳验算的构件中，如铁路桥梁、吊车梁等，必须具有足够的疲劳强度。钢筋的疲劳性能通常用疲劳强度来衡量。钢材的疲劳曲线在 $N=2\times10^6$ 次后渐趋平缓，通常钢筋的疲劳试验采用 $N=2\times10^6$ 次反复加载，求出此时最大应力作为钢筋的疲劳强度。钢筋的疲劳试验技术要求和试验方法由供需双方协商确定。

5）应力松弛性能

钢筋受力后，如其长度保持不变，钢筋中的应力随时间降低的现象称为钢筋的应力松弛，它是预应力钢筋的一项重要性能。预应力混凝土结构是依靠对预应力钢筋施加拉应力，待钢筋放松后给予混凝土一定的预压应力，以提高结构的抗裂性和变形能力，预先施加的初始拉应力达 $0.6\sigma_b\sim0.7\sigma_b$。如不充分考虑钢筋的应力松弛，将导致结构抗裂性降低、变形增大，甚至影响结构的耐久性。

钢筋的应力松弛随时间的增长而增加，它与施加的初始应力、钢材类别、残余应力和环境温度有关。

6）与混凝土之间的黏结性能

钢筋与混凝土之间的黏结使两者之间互相传递应力、协调变形，是由两者组成的复合构件能够共同工作的基本前提。黏结力由三部分组成：钢筋与混凝土接触面间的摩擦力，钢筋表面与混凝土中水泥胶体的化学胶凝力，钢筋表面肋的突起与混凝土的机械咬合作用。光圆钢筋的黏结力主要是前两者的作用。试验表明，带肋钢筋比光圆钢筋的黏结力高 2～3 倍。

5.7.3　我国低合金钢筋的发展和钢种系列

1949 年至 20 世纪 60 年代中期，我国钢筋标准基本上是参照苏联的同类产品制定的，主要是碳素钢筋，如 A3(Q235)。1963 年原冶金部制定了部颁标准 YB 171—63《钢筋混凝土结构用热轧钢筋》(试行)，列入 16Mn 钢。60 年代开始，我国先后研制成功若干低合金钢种系列的钢筋新品种。YB 171—69 标准纳入 7 个钢筋的牌号：A3、16Mn、25MnSi、44Mn2Si、45Si2Ti、40Si2V、45MnSiV，包括了从 Ⅰ 级(A3)、Ⅱ 级(16Mn)、Ⅲ 级(25MnSi)至Ⅳ级(45SiMnV)不同强度级别的钢筋。16Mn 钢由于强度不足，对原成分作了调整。1979 年升级为国家标准 GB 1499—79《热轧钢筋》，增加了一些牌号，将调整成分后的16Mn命名为20MnSi,20MnSi至今仍是钢筋混凝土用钢筋的主导产品。该标准为强制性标准。

GB 1499—79在1984年又修改为GB 1499—84,在经过多年生产使用、筛选的基础上,将比较成熟的牌号保留下来,初步形成了有我国特色的牌号体系。1991年修订中,参照国际标准和某些先进国家标准,按实际生产使用的需要,将热轧光圆钢筋(hot-rolled plain bar,HPB)、热轧带肋钢筋(hot-rolled ribbed bar,HRB)分为两个部分分别制定标准,即GB 13013—91《钢筋混凝土用热轧光圆钢筋》和GB 1499—91《钢筋混凝土用热轧带肋钢筋》,并将Ⅲ级余热处理钢筋也单独制定了标准GB 13014—91《钢筋混凝土用余热处理钢筋》。表5.169为这些钢的牌号、化学成分和性能[216]。

表5.169　钢筋混凝土用钢筋的牌号、化学成分和性能

钢号	强度级别	化学成分/%						直径/mm	σ_s/MPa	σ_b/MPa	δ_5/%	冷弯
		C	Si	Mn	P≤	S≤	其他		≥			
钢筋混凝土用热轧光圆钢筋(GB 13013—91)												
Q235 (R235)	Ⅰ	0.14~0.22	0.12~0.30	0.30~0.65	0.045	0.050	—	8~20	235	370	25	180°, $d=a$
钢筋混凝土用热轧带肋钢筋(GB 1499—91)												
20MnSi (RL335)	Ⅱ	0.17~0.25	0.40~0.80	1.20~1.60	0.045	0.045	—	8~25	335	510	16	180°, $d=3a$
20MnNb (RL335)	Ⅱ	0.17~0.25	≤0.17	1.00~1.50	0.045	0.045	≤0.05 Nb	28~40		490		180°, $d=4a$
20MnSiV (RL400)	Ⅲ	0.17~0.25	0.20~0.80	1.20~1.60	0.045	0.045	0.04~0.12V	8~25	400	570	14	90°, $d=3a$
20MnTi (RL400)	Ⅲ	0.17~0.25	0.17~0.37	1.20~1.60	0.045	0.045	0.02~0.05Ti					
25MnSi (RL400)	Ⅲ	0.20~0.30	0.60~1.00	1.20~1.60	0.045	0.045	—	28~40				90°, $d=4a$
40Si2MnV (RL540)	Ⅳ	0.36~0.48	1.40~1.80	0.70~1.00	0.045	0.045	0.08~0.15V	8~25	540	835	10	90°, $d=5a$
45SiMnV (RL540)	Ⅳ	0.40~0.50	1.10~1.50	1.00~1.40	0.045	0.045	0.05~0.12V					
45Si2MnTi (RL540)	Ⅳ	0.40~0.48	1.40~1.80	0.80~1.20	0.045	0.045	0.02~0.08Ti	28~40				90°, $d=6a$
钢筋混凝土用余热处理钢筋(GB 13014—91)												
K20MnSi (KL400)	Ⅲ	0.17~0.25	0.40~0.80	1.20~1.60	0.045	0.045	—	8~25 28~40	440	600	14	90°, $d=3a$ 90°, $d=4a$

注:钢中残余元素Cr、Ni、Cu含量均不大于0.30%。各钢号后的括号为强度代号R、RL、K分别为热轧、热肋、控制的汉语拼音首字母。

1998年我国颁布了GB 1499—1998《钢筋混凝土用热轧带肋钢筋》新标准,代替了GB 1499—91。新标准基本上与国际标准接轨。在GB 1499—1998中,取消了没有物理意义的罗马数字表示的强度级别,钢筋牌号由HRB+屈服强度下限值构成,并将HRB500牌号纳入了标准,取消了原Ⅳ级RL540钢筋。表5.170为该标准中列入的钢筋混凝土用热轧带肋钢筋的牌号、化学成分。

表 5.170　钢筋混凝土用热轧带肋钢筋的牌号、化学成分及其性能(GB 1499—1998)

牌号	化学成分/%						公称直径/mm	σ_s/MPa	σ_b/MPa	δ_5/%	180°弯曲试验弯心直径	原牌号
	C	Si	Mn	S	P	C_{eq}						
HRB335	≤0.25	≤0.80	≤1.60	≤0.045	≤0.045	≤0.52	6～25 28～50	≥335	≥490	≥16	3a 4a	20MnSi
HRB400	≤0.25	≤0.80	≤1.60	≤0.045	≤0.045	≤0.54	6～25 28～50	≥400	≥570	≥14	4a 5a	20MnSiV 20MnSiNb 20MnTi
HRB500	≤0.25	≤0.80	≤1.60	≤0.045	≤0.045	≤0.55	6～25 28～50	≥500	≥630	≥12	6a 7a	—

注：根据需要，钢中可加入 V、Nb、Ti 等元素。C_{eq} 可按式(4.76)计算。钢中的 N 含量应不大于 0.012%，如钢中有足够数量的 N 结合元素，N 含量的限制可适当放宽。钢筋在最大力下的总伸长率 δ_{gt}≥2.5%。

在 GB 1499—1998 中未规定钢筋牌号的化学成分范围，只规定与钢筋各牌号相应的钢的主要化学元素的上限值及碳当量最大值。仅规定主要化学元素的上限值是为了满足强度性能的条件下，改善钢筋的综合性能和焊接性能，生产企业可根据钢筋规格大小，调节生产工艺和 C、Si、Mn 的含量。对于大规格的钢筋，在 C、Si、Mn 元素强化不足时，可适当添加一种或一种以上的微合金元素。生产实践证明，当生产 HRB400 及更高强度钢筋时，一般都应在钢中添加适量的微合金元素才能满足规定的性能要求[217]。

在过去的标准中，一直视 Ni、Cr、Cu 为残余元素，并对其含量加以限制。经过多年实践，人们认识到这些元素在提高强度和耐腐蚀性方面都具有积极作用。综合考虑各方面的因素，标准取消了 Ni、Cr、Cu 上限规定，并从其对碳当量的影响和力学性能的塑性指标来限制[217]。为了满足用户的不同需要，标准将公称直径范围由 8～40mm 扩大到 6～50mm。

2008 年我国实施钢筋混凝土用钢标准：GB 1499.1—2008《钢筋混凝土用钢　第 1 部分：热轧光圆钢筋》(代替 GB 13013—91)、GB 1499.2—2007《钢筋混凝土用钢　第 2 部分：热轧带肋钢筋》(代替 GB 1499—1998)。在 GB 1499.2—2007 中纳入抗震钢筋和细晶粒钢筋，完善了钢筋混凝土用钢的标准体系。

鉴于地震对建筑物破坏带来严重的灾难，世界各国都在标准中对建筑钢筋的抗震性能提出了更严格的要求。GB 1499.2—2007 提高了各钢筋级别伸长率以及最大力下的总伸长率 A_{gt} 指标要求。有较高要求的抗震结构用热轧钢筋能够满足标准规定的力学性能和以下条件时，在规定的钢筋牌号后加 E(如 HRB400E 或 HRBF400E)。这些条件是，钢筋实测抗拉强度与实测屈服强度之比 $R^{\circ}_{m}/R^{\circ}_{eL}$≥1.25，钢筋的实测屈服强度与规定的屈服强度之比 R°_{eL}/R_{eL}≤1.30，钢筋的最大力总伸长率 A_{gt}≥9%。

最近发布了 GB/T 1499.1—2017《钢筋混凝土用钢　第 1 部分：热轧光圆钢筋》和 GB/T 1499.2—2018《钢筋混凝土用钢　第 2 部分：热轧带肋钢筋》，代替了原标准。新的标准删去了低强度光圆钢筋牌号 HPB235，降低了 S 含量最低上限，取消了 335MPa 级带肋钢筋牌号，增加了 660MPa 级的带肋钢筋牌号和带 E 的钢筋牌号。表 5.171 为新标准中钢筋混凝土用钢的牌号、化学成分和性能。

表 5.171　钢筋混凝土用钢的牌号、化学成分和性能

钢号	化学成分/%,不大于						公称直径/mm	R_{eL}/MPa	R_m/MPa	A/%	A_{gt}/%	弯曲压头直径
	C≤	Si	Mn	P	S	C_{eq}		≥				
热轧光圆钢筋(GB 1499.1—2017)												
HPB300	0.25	0.55	1.50	0.045	0.045	—	6～20	300	420	25	10.0	d
HRB400 HRBF400 HRB400E HRBF400E	0.25	0.80	1.60	0.045	0.045	0.54	6～25 28～40 >40～50	400	540	16 —	7.5 9.0	3d 4d 6d
HRB500 HRBF500 HRB500E HRBF500E	0.25	0.80	1.60	0.045	0.045	0.55	6～25 28～40 >40～50	500	630	15 —	7.5 9.0	6d 7d 8d
HRB600	0.28	0.80	1.60	0.045	0.045	0.58	6～25 28～40 >40～50	600	730	14	7.5	6d 7d 8d

注:热轧带肋钢筋根据需要,可加入 V、Nb、Ti 元素。没有明显屈服时,可用 $R_{p0.2}$ 代替 R_{eL}。按规定的弯曲压头弯曲 180°后,钢筋受弯部位不得产生裂纹。牌号带 E 的钢筋应进行反向弯曲试验,试验后,钢筋受弯曲部位不得产生裂纹。碳当量按式(4.76)计算。

热轧光圆钢筋和热轧带肋钢筋应采用转炉或电弧炉冶炼,必要时热轧带肋钢筋可采用炉外精炼。HRB600 钢筋推荐采用机械连接的方式进行连接。

新标准采用微合金强化与工艺强化并举的技术路线。受到资源和成本的制约,今后工艺强化可能受到青睐,标准中列入细晶粒热轧钢筋,在热轧中,通过控轧和控冷工艺形成的细晶粒钢筋,要求其金相组织主要是铁素体加珠光体,不得有影响其使用性能的其他组织存在,晶粒度不粗于 9 级,其牌号表示方法为在 HRB 后加“细”的英文 fine 的首位字母 F。

预应力混凝土结构用钢筋要求比钢筋混凝土结构用钢筋有更高的强度。预应力混凝土结构用钢筋可采用热处理钢筋和冷加工钢筋。

热处理钢筋亦称调质钢筋,由热轧钢筋经调质处理后组织为回火索氏体,具有强度高、韧性好等特点,是比较好的预应力钢材。由于处理费用高,调质钢筋只用于有特殊要求的高强钢筋。调质钢筋一般采用中碳低合金钢。表 5.172 为我国热处理钢筋的化学成分及其力学性能。

表 5.172　我国热处理钢筋的化学成分和力学性能(GB 4463—84)

牌号	化学成分/%						σ_s/MPa	σ_b/MPa	δ_{10}/%
	C	Si	Mn	Cr	P	S			
40Si2Mn	0.36～0.45	1.40～1.90	0.80～1.20	—	≤0.045	≤0.045	≥1325	≥1470	≥6
48Si2Mn	0.44～0.53	1.40～1.90	0.80～1.20	—	≤0.045	≤0.045			
45Si2Cr	0.41～0.51	1.55～1.95	0.40～0.70	0.30～0.60	≤0.045	≤0.045			

注:40Si2Mn、48Si2Mn 钢中 Cr、Ni 残余含量各不得大于 0.20%,Cu 残余含量不得大于 0.30%。45Si2Cr 钢中 Ni、Cu 残余含量各不得大于 0.30%。热处理钢筋是用热轧螺纹钢筋经调质处理而成。

2005 年，我国发布了国家标准 GB/T 5223.3—2005《预应力混凝土用钢棒》代替了 GB 4463—84《预应力混凝土热处理钢筋》，现又为 GB/T 5223.3—2017 代替。预应力混凝土用钢棒(steel bar for prestressed concrete)简称 PC 钢棒。GB/T 5223.3—2017 要求制造钢棒用钢的牌号和化学成分应符合 GB/T 24587—2009《预应力混凝土用钢棒用热轧盘条》的规定，也可用其他牌号制造，但对原材料有害杂质含量有更为严格的要求：$w_P \leqslant 0.025\%$、$w_S \leqslant 0.025\%$、$w_{Cu} \leqslant 0.25\%$。原材料可经冷加工(或不经冷加工)，然后进行淬火和回火。钢棒表面形状有：光圆(尺寸范围为 6～16mm)、带螺旋槽(7.1～14mm)、带螺旋肋(6～22mm)或带肋(6～16mm)。表 5.173 为预应力混凝土钢棒的力学性能(GB/T 5223.3—2017)，抗拉强度有四个级别：1080MPa、1230MPa、1420MPa、1570MPa，延性有两个级别：延性 35、延性 25，钢棒均要求进行初始应力为 $0.7R_m$ 时 1000h 的松弛试验，取消了普通松弛品种预应力钢棒。如需方有要求，应测定 $0.6R_m$ 和 $0.8R_m$ 时 1000h 的松弛试验。表 5.174 为 GB/T 24587—2009 中盘条的牌号及化学成分。

表 5.173　预应力混凝土钢棒的力学性能(GB/T 5223.3—2017)

<table>
<tr><th rowspan="2">R_m/MPa,≥</th><th rowspan="2">$R_{p0.2}$/MPa,≥</th><th colspan="2">弯曲性能(GB/T 238)</th><th rowspan="2">弯曲性能(GB/T 232)</th><th colspan="3">延性/%</th><th colspan="2">1000h 最大松弛值/%</th></tr>
<tr><th>性能要求</th><th>弯曲半径/mm</th><th>级别</th><th>A_{gt}</th><th>A</th><th>初始应力</th><th>松弛值</th></tr>
<tr><td>1080</td><td>930</td><td rowspan="4">反复弯曲不小于4 次/180°</td><td>15</td><td rowspan="4">弯曲 160°～180°后，弯曲处无裂纹(弯芯直径为钢棒直径的 10 倍)</td><td rowspan="2">35</td><td rowspan="2">3.5</td><td rowspan="2">7.0</td><td>$0.6R_m$</td><td>1.0</td></tr>
<tr><td>1230</td><td>1080</td><td>20</td><td>$0.7R_m$</td><td>2.0</td></tr>
<tr><td>1420</td><td>1230</td><td>20</td><td rowspan="2">25</td><td rowspan="2">2.5</td><td rowspan="2">5.0</td><td rowspan="2">$0.8R_m$</td><td rowspan="2">4.5</td></tr>
<tr><td>1570</td><td>1420</td><td>25</td></tr>
</table>

注：带螺旋槽钢棒和带肋钢棒不做弯曲试验。直径不大于 10mm 的钢棒的弯曲试验按 GB/T 238 进行，直径大于 10mm 的钢棒的弯曲试验按(GB/T 232)进行。A_{gt} 为钢筋的最大力总伸长率。

表 5.174　预应力混凝土用钢棒所用热轧盘条的牌号及化学成分(GB/T 24587—2009)

(单位：%)

牌号	C	Si	Mn	P	S	Ni	Cr	Cu
30MnSi	0.28～0.33	0.70～1.10	0.90～1.30	≤0.025	≤0.025	≤0.25	≤0.25	≤0.20
30Si2Mn	0.28～0.33	1.55～1.85	0.60～0.90	≤0.025	≤0.025	≤0.25	≤0.25	≤0.20
35Si2Mn	0.34～0.38	1.55～1.85	0.60～0.90	≤0.025	≤0.025	≤0.25	≤0.25	≤0.20
35Si2Cr	0.34～0.38	1.55～1.85	0.40～0.70	≤0.025	≤0.025	≤0.25	0.30～0.60	≤0.20
40Si2Mn	0.38～0.43	1.45～1.85	0.80～1.20	≤0.025	≤0.025	≤0.25	≤0.25	≤0.20
48Si2Mn	0.45～0.51	1.45～1.85	0.80～1.20	≤0.025	≤0.025	≤0.25	≤0.25	≤0.20
45Si2Cr	0.43～0.48	1.55～1.95	0.40～0.70	≤0.025	≤0.025	≤0.25	0.30～0.60	≤0.20

预应力混凝土用钢棒有高的强度、适当的延性、低松弛性，与混凝土黏结力强，节省材料(ϕ11mmPC 钢棒可代替 ϕ20mm 热轧钢筋)等特点，在国外已被广泛应用于高强的预应力混凝土离心管桩、电杆、高架桥墩、铁路轨枕等预应力构件中。

钢筋的冷加工是提高钢筋强度的另一途径。常用的冷加工工艺有冷拉、冷拔、冷轧等。

冷拉指在金属材料的两端施加拉力，使材料产生拉伸变形的方法。钢筋冷拉是在常温条件下,以超过原来钢筋屈服点强度的拉应力强行拉伸钢筋,使钢筋产生塑性变形,达到提高钢筋屈服点强度和节约钢材的目的。这种工艺一般用于施工企业,借以提高低合金钢筋的屈服点以作为预应力钢筋使用。

冷拔是指在材料的一端施加拔力,使材料通过一个模具孔而拔出的方法。钢筋冷拔时,采用光面盘条钢筋,钢筋同时经受张拉和挤压而发生塑性变形,拔出的钢筋截面积减小,产生冷作强化,抗拉强度可提高 40%～90%。经冷拔加工的材料要比经冷拉加工的材料性能更好些。可采用不同的性能的原始材料:低碳钢盘条、低碳低合金钢盘条、优质高碳钢或中高碳低合金钢,可获得不同强度的冷拔预应力钢丝。

钢筋(盘条)的冷轧是通过轧辊产生压缩变形。与冷拔工艺比较,同一原材料,在同一压缩比下,冷轧钢筋的强度与冷拔相当,但塑性较好,并且冷轧钢筋带肋,可显著提高与混凝土的黏结力。

我国制定了 GB/T 13788—2017《冷轧带肋钢筋》(代替 GB 13788—2008)。在 GB/T 13788—2017 中要求制造钢筋的原料应符合 GB/T 28899—2012《冷轧带肋钢筋用热轧盘条》的规定,也可采用其他标准生产的盘条。表 5.175 为冷轧带肋钢筋用热轧盘条的牌号、化学成分和力学性能。表 5.176 为我国冷轧带肋钢筋的牌号、力学性能工艺性能。CRB550、CRB600H、CRB680H 钢筋的直径范围为 4～12mm,CRB650、CRB800、CRB800H 的直径为 4mm、5mm、6mm。钢筋的强屈比 $R_m/R_{p0.2}$ 应不小于 1.05。对 CRB680H、CRB650、CRB800、CRB800H 和 CRB970 钢筋,需做应力松弛试验,初始应力为 $0.7R_m$,要求 1000h 的松弛率不大于规定的数值,松弛试验的环境温度应保持在(20±2)℃,允许用 120h 的测试数据推算 1000h 的松弛率值。

表 5.175　冷轧带肋钢筋用热轧盘条的牌号、化学成分和力学性能(GB/T 28899—2012)

盘条牌号	钢筋牌号	化学成分/%						R_m/MPa	A/%	冷弯试验 180°
		C	Si	Mn	V、Ti	S	P			
CRW·Q235	CRB550	0.14～0.22	≤0.30	0.30～0.65	—	≤0.045	≤0.045	≥440	≥26	$d=0.5a$
	CRB650									
CRW·24MnTi	CRB800	0.19～0.27	0.17～0.37	1.20～1.60	0.01～0.05Ti	≤0.045	≤0.045	≥510	≥17	$d=3a$
CRW·20MnSi		0.17～0.25	0.40～0.80	1.20～1.60	—	≤0.045	≤0.045			
CRW·41MnSiV	CRB970	0.37～0.45	0.60～1.10	1.00～1.40	0.05～0.12V	≤0.045	≤0.045	≥700	≥13	$d=4a$
CRW·60		0.57～0.65	0.17～0.37	0.50～0.80	—	≤0.035	≤0.035			
CRW·65		0.62～0.70	0.17～0.37	0.50～0.80	—	≤0.035	≤0.035			

注:CR、W、B 分别为冷轧(cold rolled)、盘条(wire rods)、钢筋(bars)的英文首字母。d 为弯心直径,a 为试样直径。

冷轧带肋钢筋虽然获得广泛的应用,但延性仍然偏低,影响其安全使用。有的产品在出厂检验时伸长率合格,出厂后到工地停放一段时间后由于时效应力的影响,伸长率出现不合格的情况。我国在 2006 年开发出高延性冷轧带肋钢筋,通过控制轧制技术、在线热处理控温技术(稳定化)等综合技术的使用,大幅度提高了钢材的强度和延性。CRB600H 钢筋将抗拉强度由 550MPa 提高到 600MPa,意味着建筑安全系数提高了,还可以节约钢材。另外,该钢将伸长率提高 50%,特别是最大力均匀伸长率提高了 1.5 倍,大大提高了钢筋的延伸性、抗震性,有效地防止了钢筋脆断,保证了抗震安全度。该钢还将强度设计值从 360MPa 提高到 415MPa,扩大了高延性冷轧钢筋的应用范围。高延性钢筋强度、延性和设计值的提高,标志着应用冷轧带肋钢筋台阶的提高,有利于促进冷轧带肋钢筋的更新换代[218]。2011 年制定了国家行业标准 YB/T 4260—2011《高延性冷轧带肋钢筋》,标准中列入了 3 个牌号:CRB600H、CRB650H、CRB800H。随后这 3 个牌号纳入了 GB/T 13788—2017,CRB650H 更改为 CRB680H,见表 5.176。

表 5.176　冷轧带肋钢筋的牌号、力学性能和工艺性能(GB/T 13788—2017)

分类	牌号	$R_{p0.2}$/MPa	R_m/MPa	$R_m/R_{p0.2}$	A/%	A_{100mm}/%	A_{gt}/%	弯曲试验 180°	反复弯曲次数	初始松弛应力 $0.7R_m$,1000h/%
		不小于								不大于
普通钢筋混凝土用	CRB550	500	550	1.05	11.0	—	2.5	$d=3a$	—	—
	CRB600H	540	600	1.05	14.0	—	5.0	$d=3a$	—	
	CRB680H	600	680	1.05	14.0	—	5.0	$d=3a$	4	5
预应力混凝土用	CRB650H	585	650	1.05	—	4.0	2.5	—	3	8
	CRB800	720	800	1.05	—	4.0	2.5	—	3	8
	CRB800H	720	800	1.05	—	7.0	4.0	—	4	5
	CRB970	875	970	—	—	—	4.0	—	3	8

注:H 为高延性(high elongation)的英文首位字母。CRB680H 也可作为预应力混凝土用钢筋。d 为弯心直径,a 为钢筋直径。CRB970 的数据来源于 GB 13788—2008,该牌号未列入 GB/T 13788—2017。

预应力混凝土用螺纹钢筋(也称精轧螺纹钢筋)是在整根钢筋上轧有不连续的外螺纹的大直径、高强度、高尺寸精度的直条钢筋。该钢筋在任意截面处都可拧上带有内螺纹的连接器进行连接或拧上带螺纹的螺帽进行锚固(GB/T 14370—2015《预应力筋用锚具、夹具和连接器》)。

我国制定了 GB/T 20065—2016《预应力混凝土用螺纹钢筋》(代替 GB/T 20065—2006)。预应力混凝土用螺纹钢筋以屈服强度划分级别,其代号为"PSB"加上规定屈服强度最小值表示。P、S、B 分别为 prestressing、screw-thread、bars 的英文首位字母。例如,PSB830 表示屈服强度标准值为 830MPa 的钢筋,钢筋的直径范围为 15～75mm,标准推荐的钢筋直径为 25mm、32mm。标准规定生产厂可决定化学成分和合金元素的选择,但硫、磷含量不大于 0.035%,并保证经过不同方法加工的成品钢筋能满足表 5.177 规定的力学性能要求。钢以氧气转炉或电弧炉冶炼。钢筋以热轧状态、轧后余热处理状态或热处理状态按直条交货。如无特殊要求,只进行初始力为 70%R_m 的松弛试验,伸长率通常选用 A。经供需双方协商,可进行疲劳试验。PSB1080 级及以上级别的钢筋可进行非金属夹杂物检验,各类夹杂物合格级别应分别不高于 2.0 级。

表 5.177 预应力混凝土用螺纹钢筋的牌号、力学性能和工艺性能(GB/T 20065—2016)

级别	R_{eL}/MPa	R_m/MPa	A/%	A_{gt}/%	应力松弛性能	
	不小于				初始应力	1000h 后应力松弛率/%
PSB785	785	980	8	3.5	$0.7R_m$	≤4.0
PSB830	830	1030	7			
PSB930	930	1080	7			
PSB1080	1080	1230	6			
PSB1200	720	1330	6			

注:无明显屈服时,用 $R_{p0.2}$ 代替 R_{eL}。

GB/T 20065—2016 规定生产厂可决定化学成分和合金元素的选择,一般采用低合金钢,并加入微合金化元素,如 28Mn2V、45SiMnV、45Si2MnV、45Si2MnTi 等。预应力混凝土用螺纹钢筋主要用于制造高强度、大跨度、钢筋用螺母连接的混凝土制品上,如核电站、水电站、桥梁、隧道、高速铁路等重点工程[219]。

5.7.4 低合金钢筋的合金化

高强度化是钢筋的重要发展趋势之一。由于钢筋使用量大、应用面广,在提高钢筋性能时,必须充分考虑经济因素。

以 Si、Mn 为主要合金元素的固溶强化型钢筋是最早发展的低合金钢筋。当碳含量相同时,添加 Si、Mn 合金元素的低合金钢筋强度比碳素钢有较大提高。但硅含量过高,会明显降级钢的塑性和韧性;锰含量过高将增加钢的晶粒粗化倾向,影响钢的焊接性能。为了保证良好的综合性能,Si、Mn 低合金钢筋的强度提高受到了限制。一般情况下,Si、Mn 低合金钢筋的强度级别约为 350MPa。我国钢筋标准中曾经有两个 Si、Mn 低合金钢筋牌号:20MnSi 和 25MnSi。20MnSi 是通过对 16Mn 的改进后形成的钢号,其屈服点不低于 335MPa,综合性能优良,仍是目前我国应用最广泛的钢筋品种。25MnSi 钢的碳含量为 0.20%~0.30%,其中的 Mn、Si 含量均已较高,但其屈服点也只达到 370MPa,而且其最大焊接碳当量已达 0.57%,使用中普遍反映,该钢筋塑性和焊接性能较差,现已不再使用。因此,要进一步提高强度,并改善其综合性能,钢的微合金化是其途径之一。

微合金化技术于 20 世纪 70 年代逐步用于高强度可焊接钢筋的生产。人们对 V、Nb、Ti 三种微合金元素在钢筋生产中的应用均开展了研究。由于生产钢筋的轧机生产效率高、速度快、终轧温度比较高,通常在 1000℃以上,国内外微合金化方法主要采用 V 和 Nb,特别是 V-N 微合金化技术,取得明显的效果。

HRB400 钢筋是国家重点推广的建筑用钢,力促取代目前仍在大量使用的强度偏低的 HRB335 钢筋。国内在开发微合金化 HRB400 热轧钢筋方面做了很多研发工作[220],大都以 20MnSi 钢为基础,加入微合金元素。文献[221]、[222]综述了 V-N 微合金化技术在低合金高强度钢中的应用,特别是在热轧钢筋中的作用。含 V 钢中增 N 后,随 N 含量增加,析出相由以 VC 为主逐渐转变成以 VN 为主。N 含量增加到 0.02%时,在整个析出温度范围内,均是析出 VN 或富 N 的 V(C,N)。含 V 钢中增加

N提高了V(C,N)的析出温度，并增加了其析出的驱动力，使V(C,N)析出相数量增加，颗粒尺寸和间距明显减小。N还改变V在相间的分布。低氮钢中，近60%的V固溶于基体，约35%的V以V(C,N)形式析出；在高氮钢中则相反，70%的V以V(C,N)形式析出，仅20%的V固溶于基体中，可以充分发挥V的沉淀强化作用。增加N还促进V(C,N)在奥氏体-铁素体相界面的析出，阻止铁素体晶粒的长大。因此，V-N微合金化可以发挥晶粒细化和沉淀强化两种强化方式的作用。表5.178表示为获得HRB400钢筋，在钢中加V和加V-N的实例。在获得相同的强度水平的条件下，加入V-N与只加入V相比，V的添加量可减少50%。由于钒铁合金价格高，这一技术显著降低了微合金化的成本。

表5.178　V和V-N微合金化400MPa级钢筋的成分和性能[221]

钢种	化学成分/%					σ_s/MPa	σ_b/MPa	δ/%	σ_s/σ_b
	C	Si	Mn	V	N				
V钢	0.18～0.22	0.45～0.60	1.25～1.45	0.07～0.09	0.004～0.005	430～540	585～680	18～31	0.70～0.80
V-N钢	0.18～0.22	0.45～0.60	1.25～1.45	0.03～0.04	0.007～0.009	425～495	575～660	22～32	0.71～0.77

当前市场上铌铁合金价格较低，且Nb对氧的亲和力要比V、Ti低，收得率相对较高。Nb微合金化HRB400热轧钢筋具有明显的经济优势，但是Nb微合金化钢易出现连铸坯裂纹和屈服点不明显等问题，对轧制工艺要求苛刻。应控制好连铸工艺，采用较低的终轧温度(低于900℃)，可以得到符合要求的Nb微合金化HRB400钢筋[223,224]。文献[225]综合国内一些钢铁企业生产Nb微合金化HRB400钢筋的实践，提出了优化生产的意见。Nb含量应控制在0.02%～0.05%，Nb的作用是抑制高温奥氏体再结晶和阻止再结晶晶粒的粗化，并降低奥氏体-铁素体转变温度，从而细化铁素体晶粒。Nb的另一个作用是通过从铁素体中析出NbC达到沉淀强化的效果。为此，高温加热时应保证Nb全部或绝大部分溶解，并在轧制过程中及轧后能充分析出。热轧钢筋的显微组织中允许有不超过10%体积分数的贝氏体组织存在，过多的贝氏体含量会导致出现屈服点不明显的现象。控制好钢坯加热和轧后的冷却条件，可以得到11级的晶粒度。为防止连铸坯出现表面裂纹，可进行微钛(0.012%～0.015%Ti)处理，在高温液态下形成细小的TiN颗粒，细化铸态晶粒，提高铸坯的热塑性，避免钢水在结晶器中包壳形成时析出过多的AlN，这是连铸坯裂纹的主要根源。

5.8　碳素钢及低合金钢钢丝

钢丝是以热轧线材为原料，经一系列加工制成的钢制品。线材通常是指直径为5.5～20mm盘成线圈状的钢线材料，大多用卷材机卷成盘卷供应，故又称为盘条(wire rod)。

钢丝用途十分广泛、种类繁多。钢丝可按不同的特征分类(GB/T 341—2008《钢丝分类及术语》)。钢丝按截面形状分为：圆形钢丝和异形钢丝；按尺寸分为：微细钢丝(直径$d\leqslant0.10$mm)、细钢丝($0.10\text{mm}<d\leqslant0.50$mm)、较细钢丝($0.50\text{mm}<d\leqslant1.50$mm)、中等尺寸钢丝($1.50\text{mm}<d\leqslant3.0$mm)、较粗钢丝($3.0\text{mm}<d\leqslant6.00$mm)、粗钢丝(6.0mm<

$d \leqslant 16.0$mm)、特粗钢丝($d > 16.0$mm);按化学成分分为:低碳钢丝($w_C \leqslant 0.25\%$)、中碳钢丝($0.25\% < w_C \leqslant 0.60\%$)、高碳钢丝($w_C > 0.60\%$)、低合金钢丝(含合金元素总量不大于5.0%)、中合金钢丝(含合金元素总量大于5.0%,但不大于10.0%)、高合金钢丝(含合金元素总量大于10.0%);按抗拉强度分为:低强度钢丝($\sigma_b \leqslant 500$MPa)、较低强度钢丝(500MPa$< \sigma_b \leqslant$800MPa)、中等强度钢丝(800MPa$< \sigma_b \leqslant$1000MPa)、较高强度钢丝(1000MPa$< \sigma_b \leqslant$2000MPa)、高强度钢丝(2000MPa$< \sigma_b \leqslant$3000MPa)、超高强度钢丝($\sigma_b >$3000MPa);按最终热处理方法分为:退火钢丝、正火钢丝、油淬火-回火钢丝、索氏体化钢丝等;按表面状态可分为:冷拉钢丝、银亮钢丝,后者是在冷拉后经磨光或抛光制成;按用途分为:一般用途钢丝、弹簧钢丝、冷顶锻(冷镦)钢丝、钢筋混凝土用钢丝、琴钢丝、制绳钢丝等。

5.8.1　钢丝的生产[226]

钢丝生产的主要工序包括钢丝用钢选择、清除氧化铁皮、烘干、涂层处理、热处理、拉丝、镀层处理等。

高质量的线材是生产高水平钢丝的基础,拉拔生产中发现的拉丝困难、断丝率高、产品性能不好,往往是线材质量不好造成的。线材的质量包括三个方面:尺寸精度、表面质量、内部组织和性能。尺寸精度是指线材断面尺寸精度和线材全长方向上尺寸的一致性,这对减少对拉丝模磨损、降低断丝概率,保证拉拔正常进行有重要影响。现代化高速线材轧机生产出的线材,盘重均在1.5t以上,线材通条尺寸变化能控制在±0.2mm以内。表面质量是指线材表面状态、脱碳层深度、表面氧化皮数量及结构,有关标准对此都有严格的规定。线材内部组织和性能是确保线材质量的最重要的内容。现在,高速线材轧机广泛采用控轧控冷技术,能很好地控制线材内部组织,晶粒大大细化,一般可达8级以上,极大地改善了线材长度方向上的一致性。

钢丝生产通常以直径为5.5~20mm的热轧线材为原料,热轧线材表面留有0.3%~0.5%的氧化铁皮,清除氧化铁皮的目的是防止拉拔时氧化铁皮损伤模具和钢丝表面,为后继的涂层或镀层处理准备良好的表面条件,以及减小拉拔时的摩擦,降低拉拔力。清除氧化铁皮的方法有化学法(酸洗)和机械法两大类。

拉拔前在钢丝表面需进行涂层处理,即在钢丝表面覆盖一层润滑剂的载体膜。有多种润滑涂层方法:石灰涂层、硼砂涂层、磷酸盐涂层、镀铜等,应根据钢丝品种等各种因素,合理选择。

钢丝拉拔一般是在钢丝再结晶温度以下,即在冷加工状态下进行的。钢丝通过拉丝模模孔多次拉拔变形,使断面尺寸不断减小而长度不断伸长。在拉拔生产中常采用下列变形程度参数来反映变形情况:

(1) 延伸系数,又称拉伸系数,常用μ表示,是指钢丝拉拔后的长度l_k与原来长度l_0之比,也可用钢丝拉拔前截面积F_0与拉拔后截面积F_k之比表示,即

$$\mu = l_k / l_0 = F_0 / F_k \tag{5.32}$$

(2) 减面率,又称截面压缩率或简称压缩率,用q表示,表示钢丝在拉拔后,截面积减小的绝对量与拉拔前钢丝截面积之比,即

$$q=[(F_0-F_k)/F_0]\times 100\% \tag{5.33}$$

(3) 总延伸系数 $\mu_{总}$

$$\mu_{总}=(F_0/F_n)=(F_0/F_1)(F_1/F_2)\cdots(F_{n-1}/F_n) \tag{5.34}$$

设 $\mu_1=F_0/F_1, \mu_2=F_1/F_2, \cdots, \mu_n=F_{n-1}/F_n$，代入式(5.34)，则有

$$\mu_{总}=\mu_1\mu_2\mu_3\cdots\mu_n \tag{5.35}$$

(4) 总减面率 Q

$$Q=(F_0-F_n)/F_0=1-F_n/F_0=1-1/\mu_{总} \tag{5.36}$$

在拉丝过程中，钢丝是通过模孔变形达到预定尺寸精度和表面质量的。模具材质、模孔几何形状、拉丝模的结构直接影响钢丝质量和生产效率。拉丝模主要有：硬质合金模、金刚石模、金属陶瓷模等，其中使用最多的是硬质合金模，其次是聚晶金刚石模。

拉拔时，钢丝表面受到很高的压力。假如它们之间没有润滑膜，模具将很快因磨损而失效，拉丝时还会产生大量的变形热和摩擦热。拉丝加工中加入润滑剂的作用是在线材和模具之间形成理想的润滑膜，降低拉丝所需的能量消耗，控制摩擦热，使塑性加工易于进行。润滑剂种类甚多，可分为干式、湿式和油质润滑剂三大类。

5.8.2　钢丝的热处理

热处理是钢丝生产过程中最重要的工序之一。钢丝热处理有以下几类。

1) 退火

退火是软化钢丝的一种手段，常被应用于钢丝生产过程中，常用的退火工艺有球化退火、再结晶退火和低温退火。

球化退火主要用于共析或过共析成分的碳钢和合金钢。球化退火工艺是把共析或过共析钢加热到 Ac_1 以上 30～50℃保持一定时间，再以一定的冷却速率随炉冷却至 600℃以下，然后出炉冷却。球化退火的目的是球化渗碳体。球化退火多用于工具、轴承、工业机针等钢丝的生产，它使钢丝的硬度下降有利于拉拔，并为钢丝后续所需的淬火做好组织准备。

再结晶退火是将冷拉过的钢丝加热到再结晶温度以上，通常略低于 Ac_1 的温度，稍经保温然后冷至室温，其目的是使冷加工造成的破碎和被拉长的晶粒，通过再结晶，重新成核并长大，成为细小的等轴晶粒，从而消除加工硬化，恢复其加工变形能力。

低温退火是将钢丝加热到 Ac_1 以下的适当温度，经保温后空冷，以消除内应力，恢复塑性，故又名去除应力退火。

2) 等温淬火

等温淬火的目的在于获得索氏体组织，又称索氏体化。1854 年英国人 James Horsfall 发明一项热处理技术——铅浴淬火，当时作为专利技术发布，又称为派登脱处理(patenting)。实质上，铅浴淬火是一种索氏体化处理方法。

索氏体化处理时，将钢丝加热到 Ac_3 或 A_{cm} 以上的温度(900℃)左右，保温一段时间，以获得均匀的奥氏体组织，随后迅速进入恒温介质中进行冷却转变以获得索氏体组织。碳素钢索氏体等温转变区间为 550～450℃，使用的恒温介质可以是熔融的铅、盐、碱，以及沸水或沸腾粒子床等。使用熔铅为淬火介质，所产生的铅烟和铅尘会污染环境，

危害人体健康。由于铅浴有良好的导热能力，温度比较均匀稳定，处理后的钢丝具有匀细的索氏体，可以达到很高的减面率，力学性能均匀稳定。时至今日，国内外大多数厂家对高性能钢丝的索氏体化仍使用熔铅作为冷却介质。

索氏体组织是钢组织中强韧性兼备，拉拔性能最好的一种组织。具有索氏体组织的碳素钢抗拉强度高，可以超过 3000MPa，有优异的深冷加工性能，能承受 98%减面率的拉拔，冷加工强化系数大于其他组织的钢丝，见表 5.179。

表 5.179　不同组织状态的碳素钢丝冷拉性能比较[226]

牌号	热处理方法	显微组织	抗拉强度/MPa	冷加工强化系数/MPa	极限减面率/%
45	索氏体化	索氏体	884	7.7	98
	正火	铁素体+片状珠光体	775	6.9	90
	再结晶退火	粒状珠光体+铁素体	554	6.6	90
	球化退火	3 级粒状珠光体	474	6.1	90
70	索氏体化	索氏体	1150	8.6	98
	正火	片状珠光体	934	8.3	90
	再结晶退火	粒状珠光体+少量片状渗碳体	661	7.3	85
	球化退火	3 级粒状珠光体	554	6.6	85

注：冷加工强化系数是指 1%减面率时的抗拉强度上升值。

具有索氏体组织的钢丝有高的疲劳寿命，对缺口的敏感性低于其他组织。具有索氏体组织的钢丝对氢脆的敏感性也低于其他组织，在高应力条件下使用，具有良好的抗延迟断裂性能。铅淬火后再经冷拉可获得纤维化的索氏体化组织，具有这种组织的钢丝退火后可获得充分弥散的细粒状珠光体，特别适合于进行冷顶锻、研磨、淬火等加工工序[227]。

钢的索氏体片间距约为 80～150nm，其中的渗碳体片的厚度约为 15～30nm，这种组织状态具有优异的冷塑性变形能力，又有较高的塑性和韧性。在拉拔的受力状态下，极细的渗碳体可以承受很大的变形而不破断。

钢丝还可以通过正火(强制风冷)获得以索氏体为主的组织，钢中可适当加入提高奥氏体稳定性的元素，如 Mn、Cr 等，可用于不承受高应力、不要求高疲劳寿命的钢丝冷拉前的索氏体化处理。

3) 淬火-回火热处理

将钢丝加热到 Ac_3 或 A_{cm} 以上适当温度，在淬火介质中急冷，然后在熔铅或其他介质中加热到低于 Ac_1 以下的某一温度进行回火，这种淬火加回火的处理也称为调质处理。调质处理常以油为淬火介质，所以又称为油淬火处理。调质处理常作为成品钢丝的最终处理。油淬火弹簧钢丝一般采用 400～500℃的回火温度，可获得回火索氏体组织，有比较高的强度和弹性。纺织用的针布钢丝采用调质处理，可以获得高的弹性和高的耐磨性。

4) 回火处理

回火处理用于钢丝热处理时，是把冷拉后的钢丝加热到 250～370℃，保温短时间后冷却。应用于预应力钢丝时，则是拉拔后回火，通常用铅加热，铅温为 400～440℃。回火处理的目的是消除残余应力，使钢丝的强度和伸长率增加，提高其抗松弛性能，稳定钢丝的性能。回火处理主要用于预应力钢丝、预应力钢绞线等成品的最终热处理。

5.8.3　碳素钢丝

碳素钢丝用途十分广泛，可分为一般用途低碳钢丝和优质碳素钢丝。

1）原材料——热轧盘条

一般用途低碳钢丝是指用于一般的捆绑、牵拉、制钉、编织及建筑等用途的圆截面低碳钢丝，常选用低碳钢热轧圆盘条（GB/T 701—2008）作为制丝的原材料，其成分和力学性能见表 5.180。用上述低碳钢热轧圆盘条制成的一般用途低碳钢，其技术要求应符合 YB/T 5294—2006《一般用途低碳钢丝》。这类钢丝可分为：普通冷拉钢丝、制钉用钢丝、建筑用钢丝、退火钢丝、镀锌钢丝。建筑用钢丝经冷拉后，其尺寸为>2.5～6mm，其力学性能要求：R_m≥550MPa、180°弯曲试验不少于 4 次、标距为 100mm 的伸长率 A_{100}≥2%。

表 5.180　低碳钢热轧圆盘条的化学成分和力学性能（GB/T 701—2008）

牌号	化学成分/%					R_m/MPa	$A_{11.3}$/%	180°冷弯试验（d 为弯心直径，a 为试样直径）
	C	Mn	Si	S	P			
Q195	≤0.12	0.25～0.50	≤0.30	≤0.040	≤0.035	410	30	$d=0$
Q215	0.09～0.15	0.25～0.60	≤0.30	≤0.045	≤0.045	435	28	$d=0$
Q235	0.12～0.20	0.30～0.70	≤0.30	≤0.045	≤0.045	500	23	$d=0.5a$
Q275	0.14～0.22	0.40～1.00	≤0.30	≤0.045	≤0.045	540	21	$d=1.5a$

优质碳素钢丝基本采用 GB/T 699—1999《优质碳素结构钢》（现为 GB/T 699—2015 代替）（表 5.181）规定的 35～85 钢热轧线材为原料，经过热处理、拉拔（冷拉或冷轧），加工成钢丝。使用的原材料为优质碳素钢热轧盘条（GB/T 4354—2008）。这类盘条常用于制作有重要用途的高性能的钢丝，因此对原材料的材质有严格的要求，在成分上有比较严格的控制。

表 5.181　优质碳素结构钢热轧盘条的化学成分（高碳钢部分）

牌号	化学成分/%				
	C	Si	Mn	P	S
摘自 GB/T 4354—2008 及 GB/T 699—1999（现为 GB/T 699—2015 代替）					
60	0.57～0.65	0.17～0.37	0.50～0.80	≤0.035	≤0.035
65	0.62～0.70	0.17～0.37	0.50～0.80	≤0.035	≤0.035
70	0.67～0.75	0.17～0.37	0.50～0.80	≤0.035	≤0.035
75	0.72～0.80	0.17～0.37	0.50～0.80	≤0.035	≤0.035
80	0.77～0.85	0.17～0.37	0.50～0.80	≤0.035	≤0.035
85	0.82～0.90	0.17～0.37	0.50～0.80	≤0.035	≤0.035
60Mn	0.57～0.65	0.17～0.37	0.70～1.00	≤0.035	≤0.035
65Mn	0.62～0.70	0.17～0.37	0.90～1.20	≤0.035	≤0.035
70Mn	0.67～0.75	0.17～0.37	0.90～1.20	≤0.035	≤0.035
摘自 JIS G 3506：2004					
SWRS62A	0.59～0.66	0.15～0.35	0.30～0.60	≤0.030	≤0.030
SWRS62B	0.59～0.66	0.15～0.35	0.60～0.90	≤0.030	≤0.030
SWRS67A	0.64～0.71	0.15～0.35	0.30～0.60	≤0.030	≤0.030

续表

牌号	化学成分/%				
	C	Si	Mn	P	S
摘自 JIS G 3506:2004					
SWRS67B	0.64~0.71	0.15~0.35	0.60~0.90	≤0.030	≤0.030
SWRS72A	0.69~0.76	0.15~0.35	0.30~0.60	≤0.030	≤0.030
SWRS72B	0.69~0.76	0.15~0.35	0.60~0.90	≤0.030	≤0.030
SWRS77A	0.74~0.81	0.15~0.35	0.30~0.60	≤0.030	≤0.030
SWRS77B	0.74~0.81	0.15~0.35	0.60~0.90	≤0.030	≤0.030
SWRS82A	0.79~0.86	0.15~0.35	0.30~0.60	≤0.030	≤0.030
SWRS82B	0.79~0.86	0.15~0.35	0.60~0.90	≤0.030	≤0.030

表5.181为我国优质碳素钢热轧盘条的化学成分(高碳钢部分)。根据GB/T 699—2015的规定,铅浴淬火用的35~85钢的化学成分有别于一般优质碳素结构钢,w_{Mn}=0.30%~0.60%、w_{Cr}≤0.10%、w_{Ni}≤0.15%、w_{Cu}≤0.20%。我国从日本进口的高碳钢热轧盘条一般是按JIS G 3506:2004标准生产的,表5.181中也列入JIS G 3506:2004《高碳钢热轧盘条》中高碳钢的化学成分,根据客户要求,其碳含量的上下限可以各缩小0.01%,w_{Cr}≤0.15%、w_{Ni}≤0.20%、w_{Cu}≤0.25%、w_{Mo}≤0.05%。国内外标准都注意严格控制钢的成分,降低钢中有害元素含量。

对于原材料还要求有良好的表面质量,表面不得有裂缝、折叠、结疤、耳子、麻面、凹坑等有害缺陷。截面不应有残余缩孔、分层和夹杂。60(60Mn)及更高碳含量的盘条需检查脱碳层。

盘条以热轧状态交货,应采取控冷措施,提高索氏体化程度,不应有淬火组织存在,以提高盘条的拉拔性能。

我国有关行业等效采用国际标准ISO/FDIS-16120:2000制定了行业标准YB/T 170《制丝用非合金钢盘条》,分四个部分:①一般要求(YB/T 170.1—2000);②一般用途盘条(YB/T 170.2—2000);③沸腾钢和沸腾钢替代品低碳钢盘条(YB/T 170.3—2002);④特殊用途盘条(YB/T 170.4—2002)。

YB/T 170标准实施多年后,随着我国钢铁工业的迅速发展,盘条领域装备和技术工艺有了明显改进和提高,该标准已不再适应当今先进的生产技术,无法满足用户对实物质量控制水平的高要求。有关单位对YB/T 170标准进行了修订,并将该标准由行业标准提升为国家标准GB/T 24242。新标准同样分为四个部分,名称未变,已陆续发布,即GB/T 24242.1—2009《制丝用非合金钢盘条　第1部分:一般要求》、GB/T 24242.2—2009《制丝用非合金钢盘条　第2部分:一般用途盘条》、GB/T 24242.3—2014《制丝用非合金钢盘条　第3部分:沸腾钢和沸腾钢替代品低碳钢盘条》和GB/T 24242.4—2014《制丝用非合金钢盘条　第4部分:特殊用途盘条》。与此同时由我国作为主要编写单位的同类国际标准ISO 16120已于2011年发布实施。

新的国家标准的是实施要点[228]:

(1) 制定了盘条心部马氏体岛和网状渗碳体的检测方法和评级图,将其检测方法写入GB/T 24242.1,规定碳含量大于0.65%的盘条应进行心部马氏体岛、晶界渗碳体检验。高碳钢盘条心部不可避免地存在马氏体岛和网状渗碳体，这对钢丝拉拔有不利影响，容易导致盘条自然断裂及拉拔过程中出现断口为“笔尖状”的断裂。

(2) 以抗拉强度命名的牌号表示方法。为适应我国国情和客户使用习惯，根据制品行业的需求，在标准的第 2 部分、第 4 部分分别增加了以抗拉强度命名的牌号表示方法。

(3) 在 GB/T 24242.1 中明确规定盘条用钢应进行炉外精炼。

(4) 在 GB/T 24242.1 中规定应进行索氏体含量检验。盘条均需拉拔生产，其组织主要为索氏体，因此拉丝厂家在拉丝前沿用铅浴淬火。而这些可在盘条生产过程中利用余热热处理＋控制冷却容易获得，为减轻热处理难度，甚至可能取消铅浴淬火热处理工序，节省能源。因此根据生产厂实际能达到的水平，提出了碳含量大于 0.65%的盘条，应进行索氏体含量检验。盘条用途不同、拉丝厂家生产工艺环节不同，对高碳钢盘条的索氏体含量要求也不同，故规定索氏体含量的要求由供需双方协商确定。

(5) 在 GB/T 24242 第 3 部分、第 4 部分纳入表面缺陷和机械损伤的相关要求。

GB/T 24242.2—2009 中规定盘条用钢的牌号通常以成分表示，牌号的代号为 CxD，其中 x 为平均含碳量，C、D 分别为 carbon、drawn 的首个英文字母。其牌号及化学成分应符合表 5.182 的规定。

表 5.182　一般用途盘条的牌号和化学成分(GB/T 24242.2—2009)　(单位：%)

牌号	C	Si	Mn	P	S	Cr	Ni	Mo	Cu	Alt
				不大于						
C4D	≤0.05	≤0.30	0.30～0.60	0.030	0.030	0.20	0.25	0.05	0.30	0.01
C7D	0.05～0.09	≤0.30	0.30～0.60	0.030	0.030	0.20	0.25	0.05	0.30	0.01
C9D	≤0.10	≤0.30	0.30～0.60	0.030	0.030	0.20	0.25	0.05	0.30	—
C10D	0.08～0.13	≤0.30	0.30～0.60	0.030	0.030	0.20	0.25	0.05	0.30	0.01
C12D	0.10～0.15	≤0.30	0.30～0.60	0.030	0.030	0.20	0.25	0.05	0.30	0.01
C15D	0.12～0.17	≤0.30	0.30～0.60	0.030	0.030	0.20	0.25	0.05	0.30	0.01
C18D	0.15～0.20	≤0.30	0.30～0.60	0.030	0.030	0.20	0.25	0.05	0.30	0.01
C20D	0.18～0.23	≤0.30	0.30～0.60	0.030	0.030	0.20	0.25	0.05	0.30	0.01
C26D	0.24～0.29	0.10～0.30	0.50～0.80	0.030	0.025	0.20	0.25	0.05	0.30	0.01
C32D	0.30～0.35	0.10～0.30	0.50～0.80	0.030	0.025	0.20	0.25	0.05	0.30	0.01
C38D	0.35～0.40	0.10～0.30	0.50～0.80	0.030	0.025	0.20	0.25	0.05	0.30	0.01
C42D	0.40～0.45	0.10～0.30	0.50～0.80	0.030	0.025	0.20	0.25	0.05	0.30	0.01
C48D	0.45～0.50	0.10～0.30	0.50～0.80	0.030	0.025	0.15	0.20	0.05	0.25	0.01
C50D	0.48～0.53	0.10～0.30	0.50～0.80	0.030	0.025	0.15	0.20	0.05	0.25	0.01
C52D	0.50～0.55	0.10～0.30	0.50～0.80	0.030	0.025	0.15	0.20	0.05	0.25	0.01
C56D	0.53～0.58	0.10～0.30	0.50～0.80	0.030	0.025	0.15	0.20	0.05	0.25	0.01
C58D	0.53～0.58	0.10～0.30	0.50～0.80	0.030	0.025	0.15	0.20	0.05	0.25	0.01
C60D	0.58～0.60	0.10～0.30	0.50～0.80	0.025	0.025	0.15	0.20	0.05	0.25	0.01
C62D	0.60～0.65	0.10～0.30	0.50～0.80	0.025	0.025	0.15	0.20	0.05	0.25	0.01
C66D	0.63～0.68	0.10～0.30	0.50～0.80	0.025	0.025	0.15	0.20	0.05	0.25	0.01

续表

牌号	C	Si	Mn	P	S	Cr	Ni	Mo	Cu	Alt
				不大于						
C68D	0.65～0.70	0.10～0.30	0.50～0.80	0.025	0.025	0.15	0.20	0.05	0.25	0.01
C70D	0.68～0.73	0.10～0.30	0.50～0.80	0.025	0.025	0.15	0.20	0.05	0.25	0.01
C72D	0.70～0.75	0.10～0.30	0.50～0.80	0.025	0.025	0.15	0.20	0.05	0.25	0.01
C76D	0.73～0.78	0.10～0.30	0.50～0.80	0.025	0.025	0.15	0.20	0.05	0.25	0.01
C78D	0.75～0.80	0.10～0.30	0.50～0.80	0.025	0.025	0.15	0.20	0.05	0.25	0.01
C80D	0.78～0.85	0.10～0.30	0.50～0.80	0.025	0.025	0.15	0.20	0.05	0.25	0.01
C82D	0.80～0.85	0.10～0.30	0.50～0.80	0.025	0.025	0.15	0.20	0.05	0.25	0.01
C86D	0.83～0.88	0.10～0.30	0.50～0.80	0.025	0.025	0.15	0.20	0.05	0.25	0.01
C88D	0.85～0.90	0.10～0.30	0.50～0.80	0.025	0.025	0.15	0.20	0.05	0.25	0.01
C92D	0.90～0.95	0.10～0.30	0.50～0.80	0.025	0.025	0.15	0.20	0.05	0.25	0.01

注：经供需双方协商，并在合同中注明，可供应其他牌号和化学成分的盘条。微合金元素的加入，可在订货时由供需双方商定。从 C26D 到 C92D 各牌号，经供需双方协商，碳含量下限值可降低 0.01%，上限值可提高 0.01%，从 C20D 到 C42D 各牌号的硅含量上限可进一步限制，从 C48D 到 C92D 各牌号 Cu+Sn 含量不大于 0.25%。根据供需双方协议，Cu 含量可不大于 0.20%，Al 含量为 0.01%～0.06%，如有需要，硅含量可不大于 0.10%。

根据需要，供方应提供抗拉强度的特征值、伸长率或断面收缩率等力学性能。通常盘条抗拉强度的波动范围应不超出表 5.183 的规定范围。

表 5.183　抗拉强度波动范围(GB/T 24242.2—2009)

含碳量范围	规格/mm	抗拉强度波动范围/MPa
≤0.20	≤0.13	120
	>0.13	150
>0.20～0.70	≤0.13	150
	>0.13	170
>0.70	≤0.13	170
	>0.13	200

在 GB/T 24242.2—2009 附录 A 中还提出了以抗拉强度命名的盘条产品的牌号及其要求，见表 5.184。牌号代号为 TXXX，其中 T 为“tensile strength”的第一个字母，XXX 表示抗拉强度范围的中值。

表 5.184　以抗拉强度命名的一般用途盘条的牌号及抗拉强度(GB/T 24242.2—2009)

牌号	抗拉强度范围，R_m/MPa
T700	600～800
T800	700～900
T900	800～1000
T1000	900～1100
T1100	1000～1200
T1200	1100～1300

注：钢中主要元素成分含量应符合如下要求，Si 0.10%～0.30%、Mn 0.10%～0.30%、P ≤ 0.030%、S ≤ 0.030%。供方应确定 C 及 Cr、Ni、Cu、Mo、Al 等元素的含量。

2）化学成分对钢丝性能的影响

碳是钢中最重要的组成元素，冷拉钢丝的抗拉强度取决于碳含量。冷拉钢丝的抗拉强度随总减面率的增加而增加，碳含量越高，抗拉强度增加越快。图 5.36 显示 ϕ3.0mm 半成品钢丝，经铅浴淬火后，在七种不同的总减面率下，钢丝抗拉强度随碳含量变化的曲线。钢丝的塑性（伸长率）则随碳含量的增加而减少。

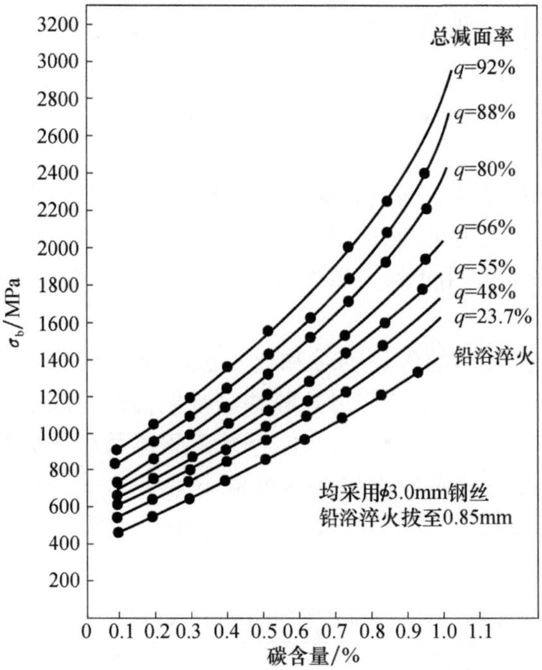

图 5.36　碳含量与钢丝抗拉强度的关系[226]

锰因固溶强化作用提高钢丝强度和硬度，锰含量在 0.9%以下时，随锰含量的增加钢丝的韧性和塑性几乎不降低。锰的增加还能显著增大钢丝冷加工硬化后的弹性极限，故在弹簧钢丝中往往加入较多的锰，如 65Mn 弹簧钢丝中锰含量达 0.9%～1.2%。

锰能增加奥氏体的稳定性，降低钢的临界冷却速率，这使某些钢丝，特别是细钢丝的铅浴淬火热处理时冷却速率过快，不能获得理想的索氏体组织，而出现脆性相。因此在优质碳素钢的标准中，对铅浴淬火热处理钢丝用钢的锰含量有一定的限制（0.3%～0.6%）。锰还能增加钢的过热敏感性，使钢在热处理时奥氏体晶粒过于粗大，降低钢丝的强度和塑性。

硅因固溶强化作用显著提高钢的弹性极限、屈服强度和屈强比，这是某些弹簧钢丝选用高硅钢或硅锰钢的原因。但是硅含量的上升会使钢的塑性相应降低，当硅酸盐以夹杂形式存在于钢中时，对拉拔不利，对靠深度冷加工强化的碳素弹簧钢丝，通常将硅含量控制在 0.2%～0.4%。

铬、镍、铜在不同程度上延缓索氏体转变，阻碍钢丝铅浴淬火处理时形成单一的索氏体组织，会产生部分马氏体，使钢丝变脆，冷拉高碳碳素钢丝对这三种元素的含量有明确的限制。

3）钢丝的索氏体化热处理

在连续索氏体化热处理中，钢丝加热温度一般为 Ac_3＋100～200℃（通常在 860～

960℃)。由于钢丝断面积都比较小,加热时间短,只能采用较高的加热温度,以获得均匀一致的奥氏体。钢丝在连续式加热炉中的最少加热时间可按下式计算:

$$T_{\min} = (0.8 + 0.18d^2) \times 60(\mathrm{s}) \tag{5.37}$$

式中,d 代表钢丝直径(mm)。

高质量要求的钢丝加热后在铅浴中进行等温淬火,铅液的温度在 450～550℃区间。奥氏体分解最短的时间约在铅温为 500～550℃区间。碳含量为 0.4%～0.9%的碳素钢丝当不含有延缓奥氏体分解的元素时,奥氏体分解完成时间约在 15s 以内,实际生产中,控制在铅液的时间不小于 20s 即可。

4) 应用

优质碳素钢丝应用广泛,如预应力混凝土钢丝、子午线轮胎用钢丝帘线、重要用途碳素弹簧钢丝、冷拉碳素弹簧钢丝、制绳钢丝、辐条用钢丝等。

预应力混凝土钢丝广泛用于铁道轨枕、桥梁、水泥电杆、核反应堆外壳、民用建筑等多种预应力构件。

生产预应力钢丝时,使用的盘条牌号和化学成分及要求的力学性能见表 5.185。盘条在冶炼时应进行炉外精炼。盘条应以热轧并经控制冷却(索氏体化处理)后交货,其显微组织主要应为索氏体组织,不应有马氏体、网状渗碳体及对性能有害的组织。盘条应具有良好的表面质量,盘条一边总脱碳层的深度应不大于 1.5%D(D 表示盘条直径)。制造预应力钢丝也可以采用其他牌号,如 YB/T 170《制丝用非合金钢盘条》中所列的牌号,成分不作为交货条件。

表 5.185　预应力钢丝及钢绞线用热轧盘条的牌号、化学成分及力学性能(YB/T 146—1998)

<table>
<tr><th rowspan="2">牌号</th><th colspan="6">化学成分/%</th><th>σ_b/MPa</th><th>ψ/%</th><th>σ_b/MPa</th><th>ψ/%</th></tr>
<tr><th>C≤</th><th>Si</th><th>Mn</th><th>S</th><th>P</th><th>Cu</th><th colspan="2">直径 8.0～10.0mm</th><th colspan="2">直径 10.5～13.0mm</th></tr>
<tr><td>72A</td><td>0.70～0.75</td><td>0.12～0.32</td><td>0.30～0.60</td><td>≤0.025</td><td>≤0.025</td><td>≤0.020</td><td>960～1080</td><td rowspan="10">≥25</td><td>940～1060</td><td rowspan="10">≥25</td></tr>
<tr><td>72MnA</td><td>0.70～0.75</td><td>0.12～0.32</td><td>0.60～0.90</td><td>≤0.025</td><td>≤0.025</td><td>≤0.020</td><td rowspan="2">990～1110</td><td rowspan="2">970～1090</td></tr>
<tr><td>75A</td><td>0.73～0.78</td><td>0.12～0.32</td><td>0.30～0.60</td><td>≤0.025</td><td>≤0.025</td><td>≤0.020</td></tr>
<tr><td>75MnA</td><td>0.73～0.78</td><td>0.12～0.32</td><td>0.60～0.90</td><td>≤0.025</td><td>≤0.025</td><td>≤0.020</td><td rowspan="2">1020～1140</td><td rowspan="2">1000～1120</td></tr>
<tr><td>77A</td><td>0.75～0.80</td><td>0.12～0.32</td><td>0.30～0.60</td><td>≤0.025</td><td>≤0.025</td><td>≤0.020</td></tr>
<tr><td>77MnA</td><td>0.75～0.80</td><td>0.12～0.32</td><td>0.60～0.90</td><td>≤0.025</td><td>≤0.025</td><td>≤0.020</td><td rowspan="2">1040～1160</td><td rowspan="2">1020～1140</td></tr>
<tr><td>80A</td><td>0.78～0.83</td><td>0.12～0.32</td><td>0.30～0.60</td><td>≤0.025</td><td>≤0.025</td><td>≤0.020</td></tr>
<tr><td>80MnA</td><td>0.78～0.83</td><td>0.12～0.32</td><td>0.60～0.90</td><td>≤0.025</td><td>≤0.025</td><td>≤0.020</td><td rowspan="2">1060～1180</td><td rowspan="2">1040～1160</td></tr>
<tr><td>82A</td><td>0.80～0.85</td><td>0.12～0.32</td><td>0.30～0.60</td><td>≤0.025</td><td>≤0.025</td><td>≤0.020</td></tr>
<tr><td>82MnA</td><td>0.80～0.85</td><td>0.12～0.32</td><td>0.60～0.90</td><td>≤0.025</td><td>≤0.025</td><td>≤0.020</td><td>1080～1200</td><td>1060～1180</td></tr>
</table>

钢丝应采用索氏体化盘条制造，经冷拉或冷拉后消除应力处理制成。制成后的钢丝性能应符合国家标准 GB/T 5223—2014《预应力混凝土用钢丝》。经消除应力处理可以提高钢的规定非比例伸长应力 $\sigma_{p0.2}$，以及各项塑性指标和松弛率，直径的范围为 4～12mm。

子午线轮胎用钢丝帘线由优质高碳钢丝制成，钢丝帘线一般由不同直径的单丝组成股线捻制而成，是轮胎主要骨架材料之一。其生产工艺过程为：盘条预处理→粗拉→热处理→中拉→(中丝)热处理→电镀(镀黄铜)→细拉→合股。

GB/T 11181—2016《子午线轮胎用钢帘线》规定钢帘线按抗拉强度等级划分为 4 级：普通强度钢帘线(NT)、高强度钢帘线(HT)、超高强度钢帘线(ST)和特高钢帘线(UT)。钢丝帘线采用 GB/T 27691—2017《钢帘线用盘条》中规定的盘条制造，有 6 个牌号，盘条直径不大于 6.5mm。盘条用钢的牌号及其化学成分见表 5.186。

表 5.186　钢帘线用盘条的牌号及化学成分(GB/T 27691—2017)　(单位：%)

牌号	C	Si	Mn	P	S	P+S	Al
LX70A	0.70～0.75	0.15～0.30	0.45～0.60	≤0.025	≤0.015	≤0.035	—
LX70B	0.70～0.75	0.15～0.30	0.45～0.60	≤0.025	≤0.010	≤0.025	≤0.005
LX80A	0.80～0.85	0.15～0.30	0.45～0.60	≤0.025	≤0.015	≤0035	—
LX80B	0.80～0.85	0.15～0.30	0.45～0.60	≤0.025	≤0.010	≤0.025	≤0.005
LX85B	0.85～0.90	0.15～0.30	0.45～0.60	≤0.025	≤0.010	≤0.025	≤0.005
LX90B	0.90～0.95	0.15～0.30	0.25～0.45	≤0.025	≤0.010	≤0.025	≤0.005
牌号	Cu	Cr	Ni	Cu+Cr+Ni	Sn	As	N
LX70A	≤0.10	≤0.10	≤0.10	≤0.25	—	—	—
LX70B	≤0.08	≤0.08	≤0.08	≤0.15	≤0.007	≤0.006	≤0.006
LX80A	≤0.10	≤0.10	≤0.10	≤0.25	—	—	—
LX80B	≤0.08	≤0.08	≤0.08	≤0.15	≤0.007	≤0.006	≤0.006
LX85B	≤0.08	≤0.08	≤0.08	≤0.15	≤0.007	≤0.006	≤0.006
LX90B	≤0.08	0.15～0.30	≤0.06	—	≤0.007	≤0.006	≤0.006

钢帘线盘条用钢由转炉或电弧炉冶炼，并进行炉外精炼。钢帘线盘条用钢对其质量有严格的要求。盘条的金相组织主要为索氏体组织，网状渗碳体应不大于 1 级，不应有马氏体等影响使用的有害组织。表 5.187 为钢帘线盘条用钢的力学性能和低倍、高倍组织等要求。

表 5.187　钢帘线用盘条规定的力学性能、低倍组织、非金属夹杂物、脱碳层和索氏体含量最小值

(GB/T 27691—2017)

牌号	拉伸性能		中心偏析	非金属夹杂物				一边总脱碳层深度/mm	索氏体含量/%
	R_m/MPa	Z/%		A、C类	B、D类	横向最大尺寸/μm	钛夹杂物宽度最大尺寸/μm		
LX70A	970～1120	≥40	≤3 级	≤1.5 级	≤1.0 级	≤35	≤10	≤1.2%D	≥80
LX70B	970～1120	≥40	≤2 级	≤1.0 级	≤0.5 级	≤25	≤5	≤1.0%D	

续表

牌号	拉伸性能		中心偏析	非金属夹杂物				一边总脱碳层深度/mm	索氏体含量/%
	R_m/MPa	Z/%		A、C类	B、D类	横向最大尺寸/μm	钛夹杂物宽度最大尺寸/μm		
LX80A	1070～1220	≥38	≤3级	≤1.5级	≤1.0级	≤35	≤10	≤1.2%D	
LX80B	1070～1220	≥38	≤2级	≤1.0级	≤0.5级	≤25	≤5	≤1.0%D	≥85
LX85B	1100～1280	≥36	≤2级	≤1.0.级	≤0.5级	≤15	≤5	≤1.0%D	
LX90B	1150～1350	≥30	≤2级	≤1.0级	≤0.5级	≤15	≤5	≤1.0%D	≥90

注：表中抗拉强度和断面收缩率为自然时效15d后数值。D为盘条直径，总脱碳层＝铁素体＋过渡层。

5.8.4　冷镦钢丝

冷镦钢丝又称为铆螺钢丝或冷顶锻钢丝，主要用于制造螺栓、螺钉、螺柱、螺母和铆钉等紧固件，常用规格为ϕ3～ϕ40mm圆钢，大部分是ϕ16mm以下的钢丝。冷镦钢的另一重要用途是制造冷挤压零部件，使用规格大都在ϕ16mm以上。

5.8.4.1　对冷镦钢丝的性能要求

GB/T 3098《紧固件机械性能》包括有22个部分，其中第1部分为GB/T 3098.1—2010《紧固件机械性能　螺栓、螺钉和螺柱》，第22部分为GB/T 3098.22—2009《紧固件机械性能　细晶非调质钢螺栓、螺钉和螺柱》。根据国家标准，螺栓、螺钉和螺柱的标记代号由两部分数字组成，中间用"·"号隔开。第1部分数字表示公称抗拉强度σ_b的1/100，第2部分数字与第1部分数字的乘积为公称屈服点(或屈服强度)σ_s的1/10。各级别螺栓、螺钉和螺柱的力学性能应符合表5.188的规定。通常称6.8级以下螺栓为普通螺栓，8.8～10.9级螺栓为高强度螺栓，12.9级螺栓为超高强度螺栓。

表5.188　螺栓、螺钉和螺柱的力学性能(GB/T 3098.1—2010)

力学性能		性能等级									
		4.6	4.8	5.6	5.8	6.8	8.8		9.8	10.9	12.9
							d≤16mm	d>16m	d≤16mm		
R_m/MPa	公称	400		500		600	800	800	900	1000	1200
	不小于	400	420	500	520	600	800	830	900	1040	1220
R_{eL}/MPa	公称	240	320	300	400	480	640	640	720	900	1080
	不小于	240	340	300	420	480	640	660	720	940	1100
A/%	不小于	22	—	20	—	—	12	12	10	9	8
Z/%	不小于	—					52	52	48	48	44
HBW，$F=30D^2$	不小于	114	124	147	152	181	245	250	286	316	380
	不大于	209				238	316	331	355	375	429
吸收能量K_V/J	不小于	—	—	27	—	—	27	27	27	27	待定

注：吸收能量K_V应在－20℃下进行。

标准件对原材料尺寸精度的要求比较严格，冷镦钢材一般以热轧状态交货，而热轧钢材规格有限，尺寸精度也难以满足要求，所以标准件几乎全部采用冷拉钢丝作为原料。

冷镦钢丝应具有如下的基本性能[226]。

1) 冷镦(冷顶锻)性能

直径5～40mm的钢材应进行冷顶锻试验,试验方法按GB/T 233—2000《金属材料顶锻试验方法》进行。冷顶锻试验不得出现裂纹。根据试样冷顶锻后与顶锻前的高度之比,钢材的冷顶锻性能分为:高级1/4,较高级1/3,普通级1/2。碳含量大于等于0.30%的牌号及含合金元素的牌号,当要求高级或较高级的冷顶锻性能时,试样需先球化退火。

一般认为,以断面收缩率和屈强比作为冷镦性能的指标比较可靠。低碳冷镦钢的断面收缩率应不低于60%,中碳及低合金钢的断面收缩率应为50%～60%,合金钢的断面收缩率不应低于50%。冷镦钢丝的屈强比小,冷镦性能相对要好,碳素钢的屈强比应不大于0.65,合金钢的屈强比应不大于0.70。

2) 显微组织

冷镦钢要求事先应进行球化退火,以得到铁素体基体上均匀分布的球状碳化物组织,球化组织硬度低、塑性好,冷镦时不易产生裂纹。

JB/T 5074—2007《低、中碳钢球化体评级》规定了低碳结构钢、低碳合金结构钢、中碳结构钢、中碳合金结构钢及易切削结构钢的球化体等级评定和技术要求。该标准适用于冷镦、冷挤压、冷弯及自动机床切削加工用钢的组织评级。标准中的术语"点状球化体"(fine spheroidite)是指珠光体中碳化物球化颗粒细小,显微镜观察(400～500倍)呈点状,高倍观察为球状。该标准按低碳和中碳各制定了球化体分级图,均分为6级。该标准规定冷镦、冷挤压用低碳钢可不检查珠光体组织,低碳合金结构钢需经供需双方协议规定评级,中碳结构钢和中碳合金结构钢,变形量不大于80%,组织4～6级合格,变形量大于80%,组织5～6级合格。

低中碳钢的球化退火有多种,一般是将钢丝加热到Ac_1以上保温一段时间,缓慢冷却到650℃出炉空冷,也可以将钢丝加热到Ac_1以下(约700℃)保温较长时间后出炉,由于加热温度较低,可以减轻脱碳。冷拉后再球化退火,可以改善球化组织。

3) 脱碳层

螺栓表面脱碳造成表面强度的降低,疲劳寿命大幅度下降。因此,对调质型的圆钢或盘条,应进行脱碳层检验。钢材每边总脱碳层深度不得大于直径的1.0%(Ⅰ组)及1.5%(Ⅱ组)。对于直径小于7mm的钢材,一边总脱碳层深度不得大于0.1mm。

4) 非金属夹杂物

钢中非金属夹杂物含量高是造成标准件冷镦开裂的一个重要因素。非金属夹杂中B类和D类夹杂危害最大。一般认为夹杂物尺寸越大,距钢丝表面越近,危害性越大。钢丝强度高、塑性低时,距表面越近的有害夹杂物允许的尺寸越小。

5) 低倍组织

低倍检查时,不应有缩孔、分层、裂纹、白点、气孔等缺陷。对中心疏松、方框偏析、中心增碳等缺陷,不同钢种都有明确的级别规定。

6) 晶粒度

冷镦钢丝的晶粒度应控制在5～7级。晶粒度太细,强度升高,变形抗力增大,对冷镦成形不利。混晶是有害缺陷,冷镦时粗晶与细晶变形能力不一致,在交界处易产生裂纹,一般规定晶粒度差不大于1.5～2级。

7) 表面质量

冷镦钢丝对表面质量要求高。根据我国一些标准件厂的统计,冷镦开裂有 80%~85%是由钢丝表面存在折叠、划伤、密集的发纹、结疤等缺陷造成的。

8) 化学成分

对碳素冷镦钢丝,硅、锰等元素及铬、镍、铜等残余元素对螺栓制造工艺有很大影响,这些元素会导致钢的硬度增加,冷加工强化系数增大,加快模具磨损。一些中碳标准件常用水淬火,如铬、镍、钼等元素含量偏高,会造成淬火时出现裂纹,必须严格控制。

9) 末端淬透性

根据需方要求,表面硬化型、调质型(包括含硼钢)冷镦和冷挤压用钢可进行末端淬透性试验。推荐的淬火温度和距 9mm 处的洛氏硬度值见 GB/T 6478—2015《冷镦和冷挤压用钢》(代替 GB/T 6478—2001)。

退火状态冷镦钢丝的强度最低,但其冷镦性能往往不如轻拉钢丝。一般认为,冷拉钢丝的减面率应控制在 16%~32%,可获得比较好的冷镦性能,具体减面率数字视钢号而定。

按冷镦钢丝生产工艺流程,可将其交货状态分为冷拉(hard drawing,HD)、冷拉+球化退火状态(spheroidizing,SA)、冷拉+球化退火+轻拉(light drawing)(SALD)、退火+冷拉+球化退火+轻拉(ASALD)。

冷镦钢丝按标准件成品生产工艺路线可分为非热处理型、表面硬化型、调质型和非调质型。

5.8.4.2 非热处理型冷镦钢丝

5.8 级以下螺栓多选用非热处理型低碳钢和中碳钢制造,成品螺栓无须淬火回火处理。根据 GB/T 6478—2015,非热处理型冷镦钢丝的牌号、化学成分及其力学性能见表 5.189。为保证良好的冶金质量,冷镦钢丝用优质线材都必须采用炉外精炼。

按 GB/T 5953.2—2009《冷镦钢丝 第 2 部分:非热处理型冷镦钢丝》规定,碳素冷镦钢丝可以 HD 工艺和 SALD 工艺生产,其抗拉强度 R_m 和断面收缩率 Z 应符合表 5.190 的规定。

表 5.189 非热处理型冷镦和冷挤压用钢的牌号、化学成分和热轧状态力学性能
(GB/T 6478—2015)

牌号	化学成分/%						R_m/ MPa	Z/%
	C	Si	Mn	P	S	Alt		
ML04Al	≤0.06	≤0.10	0.20~0.40	≤0.035	≤0.035	≥0.020	≥440	≥60
ML06Al	≤0.08	≤0.10	0.30~0.60	≤0.035	≤0.035	≥0.020	—	—
ML08Al	0.05~0.10	≤0.10	0.30~0.60	≤0.035	≤0.035	≥0.020	≥470	≥60
ML10Al	0.08~0.13	≤0.10	0.30~0.60	≤0.035	≤0.035	≥0.020	≥490	≥55
ML10	0.08~0.13	0.10~0.30	0.30~0.60	≤0.035	≤0.035	—	—	—
ML12Al	0.10~0.15	≤0.10	0.30~0.60	≤0.035	≤0.035	≥0.020	—	—
ML12	0.10~0.15	0.10~0.30	0.30~0.60	≤0.035	≤0.035	—	—	—

续表

牌号	化学成分/%						R_m/ MPa	Z/%
	C	Si	Mn	P	S	Alt		
ML15Al	0.13～0.18	≤0.10	0.30～0.60	≤0.035	≤0.035	≥0.020	≥530	≥50
ML15	0.13～0.18	0.15～0.35	0.30～0.60	≤0.035	≤0.035	—	≥530	≥50
ML20Al	0.18～0.23	≤0.10	0.30～0.60	≤0.035	≤0.035	≥0.020	≥580	≥45
ML20	0.18～0.23	0.15～0.35	0.30～0.60	≤0.035	≤0.035	—	≥580	≥45

注：Alt 表示钢中的全铝量。ML06Al、ML10、ML12Al、ML12 为 GB/T 6478—2001 修改为 GB/T 6478—2015 后新增加的牌号。力学性能数据来源于 GB/T 6478—2001。

表 5.190　碳素冷镦钢丝的力学性能(GB/T 5953.2—2009)

牌号	HD 工艺钢丝			SALD 工艺钢丝	
	钢丝直径/mm	R_m/MPa	Z/%	R_m/MPa	Z/%
ML04Al ML08Al ML10Al	≤3.00	≥460	≥50	300～450	≥70
	>3.00～4.00	≥360	≥50		
	>4.00～5.00	≥330	≥50		
	>5.00～25.00	≥280	≥50		
ML15Al ML15	≤3.00	≥590	≥50	340～500	≥65
	>3.00～4.00	≥490	≥50		
	>4.00～5.00	≥420	≥50		
	>5.00～25.00	≥400	≥50		
ML20Al ML20	≤3.00	≥850	≥35	450～570	≥65
	>3.00～4.00	≥690	≥40		
	>4.00～5.00	≥570	≥45		
	>5.00～25.00	≥480	≥45		

碳素冷镦钢丝热处理工艺简单，价格适中，大多数标准件是用碳素钢制造的。碳素钢生产的标准件最高级别为 8.8 级，低级别的标准件基本不经热处理，较高级别标准件均经热处理(见下节)。

5.8.4.3　热处理型冷镦钢丝

按紧固件和冷成形件热处理状态分类，冷镦和冷挤压用钢可分为表面硬化型和调质型(包括含硼钢)。表面硬化型：紧固件冷镦成形后需经表面渗碳(渗氮)处理，然后再进行淬火+低温回火处理。调质型：紧固件冷镦成形后，先正火然后再经淬火+高温回火处理，或直接进行淬火+高温回火处理。

表面硬化型冷镦和冷挤压用钢的牌号及化学成分见表 5.191，钢材以热轧状态交货时不做力学性能试验。

表 5.191　表面硬化型冷镦和冷挤压用钢的牌号及化学成分(GB/T 6478—2015)

牌号	化学成分/%						
	C	Si	Mn	P	S	Cr	Alt
ML18Mn	0.15～0.20	≤0.10	0.60～0.90	≤0.030	≤0.035	—	≥0.020
ML22Mn	0.18～0.23	≤0.10	0.70～1.00	≤0.030	≤0.035	—	≥0.020
ML15Cr	0.13～0.18	0.10～0.30	0.60～0.90	≤0.035	≤0.035	0.90～1.20	≥0.020
ML20Cr	0.17～0.23	0.10～0.30	0.60～0.90	≤0.035	≤0.035	0.90～1.20	≥0.020

注:表 5.189 中 ML10Al 至 ML20 八个牌号也属于表面硬化型。

调质型冷镦和冷挤压用钢的牌号及化学成分见表 5.192。含硼调质型冷镦和冷挤压用钢的牌号及化学成分见表 5.193。热处理型钢中的残余铬、镍、铜的含量均不大于 0.20%。钢材一般以热轧状态交货,不做力学性能试验,也可以退火状态交货。根据需要,可进行淬透性试验。GB/T 6478—2015《冷镦和冷挤压用钢》中列出了热处理型冷锻和冷挤压用钢对末端淬透性的性能要求和测定其力学性能时推荐的热处理制度。

表 5.192　调质型冷镦和冷挤压用钢的牌号和化学成分(GB/T 6478—2015)

牌号	化学成分/%						
	C	Si	Mn	P	S	Cr	Mo
ML25	0.23～0.28	0.10～0.30	0.30～0.60	≤0.025	≤0.025	—	—
ML30	0.28～0.33	0.10～0.30	0.60～0.90	≤0.025	≤0.025	—	—
ML35	0.33～0.38	0.10～0.30	0.60～0.90	≤0.025	≤0.025	—	—
ML40	0.38～0.43	0.10～0.30	0.60～0.90	≤0.025	≤0.025	—	—
ML45	0.43～0.48	0.10～0.30	0.60～0.90	≤0.025	≤0.025	—	—
ML15Mn	0.14～0.20	0.10～0.30	1.20～1.60	≤0.025	≤0.025	—	—
ML25Mn	0.23～0.28	0.10～0.30	0.60～0.90	≤0.025	≤0.025	—	—
ML30Cr	0.28～0.33	0.10～0.30	0.60～0.90	≤0.025	≤0.025	0.90～1.20	—
ML35Cr	0.33～0.38	0.10～0.30	0.60～0.90	≤0.025	≤0.025	0.90～1.20	—
ML40Cr	0.38～0.43	0.10～0.30	0.60～0.90	≤0.025	≤0.025	0.90～1.20	—
ML45Cr	0.43～0.48	0.10～0.30	0.60～0.90	≤0.025	≤0.025	0.90～1.20	—
ML20CrMo	0.18～0.23	0.10～0.30	0.60～0.90	≤0.025	≤0.025	0.90～1.20	0.15～0.30
ML25CrMo	0.23～0.28	0.10～0.30	0.60～0.90	≤0.025	≤0.025	0.90～1.20	0.15～0.30
ML30CrMo	0.28～0.33	0.10～0.30	0.60～0.90	≤0.025	≤0.025	0.90～1.20	0.15～0.30
ML35CrMo	0.33～0.38	0.10～0.30	0.60～0.90	≤0.025	≤0.025	0.90～1.20	0.15～0.30
ML40CrMo	0.38～0.43	0.10～0.30	0.60～0.90	≤0.025	≤0.025	0.90～1.20	0.15～0.30
ML45CrMo	0.43～0.48	0.10～0.30	0.60～0.90	≤0.025	≤0.025	0.90～1.20	0.15～0.30

注:ML30Cr、ML35Cr、ML45Cr、ML20CrMo、ML25CrMo、ML40CrMo、ML45CrMo 七个牌号为 GB/T 6478—2001 修改为 GB/T 6478—2015 后新增加的牌号,删去了 ML30Mn、ML35Mn、ML37Cr、ML42CrMo 四个牌号。

表 5.193　含硼调质型冷镦和冷挤压用钢的牌号和化学成分(GB/T 6478—2015)

牌号	化学成分/%							
	C	Si	Mn	P	S	B	Alt	其他
ML20B	0..18～0.23	0.10～0.30	0.60～0.90	≤0.025	≤0.025	0.0005～0.0035	≥0.02	—
ML25B	0..23～0.28	0.10～0.30	0.60～0.90	≤0.025	≤0.025	0.0005～0.0035	≥0.02	—
ML30B	0.28～0.33	0.10～0.30	0.60～0.90	≤0.025	≤0.025	0.0005～0.0035	≥0.02	—
ML35B	0.33～0.38	0.10～0.30	0.60～0.90	≤0.025	≤0.025	0.0005～0.0035	≥0.02	—
ML15MnB	0.14～0.20	0.10～0.30	1.20～1.60	≤0.025	≤0.025	0.0005～0.0035	≥0.02	—
ML20MnB	0.18～0.23	0.10～0.30	0.80～1.10	≤0.025	≤0.025	0.0005～0.0035	≥0.02	—
ML25MnB	0.23～0.28	0.10～0.30	0.90～1.20	≤0.025	≤0.025	0.0005～0.0035	≥0.02	—
ML30MnB	0.28～0.33	0.10～0.30	0.90～1.20	≤0.025	≤0.025	0.0005～0.0035	≥0.02	—
ML35MnB	0.33～0.38	0.10～0.30	1.10～1.40	≤0.025	≤0.025	0.0005～0.0035	≥0.02	—
ML40MnB	0.38～0.43	0.10～0.30	1.10～1.40	≤0.025	≤0.025	0.0005～0.0035	≥0.02	—
ML37CrB	0.34～0.41	0.10～0.30	0.50～0.80	≤0.025	≤0.025	0.0005～0.0035	≥0.02	0.20～0.40Cr
ML15MnVB	0.13～0.18	0.10～0.30	1.20～1.60	≤0.025	≤0.025	0.0005～0.0035	≥0.02	0.07～0.12V
ML20MnVB	0.18～0.23	0.10～0.30	1.20～1.60	≤0.025	≤0.025	0.0005～0.0035	≥0.02	0.07～0.12V
ML20MnTiB	0.18～0.23	0.10～0.30	1.30～1.60	≤0.025	≤0.025	0.0005～0.0035	≥0.02	0.04～0.10Ti

注:ML25B、ML30B、ML25MnB、ML30MnB、ML40MnB 五个牌号为 GB/T 6478—2001 修改为 GB/T 6478—2015 后新增加的牌号,删去了 ML28Mn 一个牌号。

按 GB/T 5953.1—2009《冷镦钢丝　第 1 部分:热处理型冷镦钢丝》规定,这类钢的钢丝可以有 HD、SALD、ASALD 和 SA 四种交货状态,一般由 GB/T 6478—2001(已被 GB/T 6478—2015)所列的钢号制造,通常以盘卷状交货,也可以直条状态交货。钢丝直径范围通常在 1～16mm,最大可达 45mm。表 5.194 为表面硬化型冷镦钢丝交货状态的力学性能。表 5.195、表 5.196 为某些调质型热处理钢丝交货状态的力学性能。

表 5.194　表面硬化型冷镦钢丝交货状态的力学性能(GB/T 5953.1—2009)

牌号	钢丝直径/mm	SALD			SA		
		R_m/MPa	Z/%	HRB	R_m/MPa	Z/%	HRB
ML18Mn	≤6.00	440～640	≥55	—	350～500	≥60	≤80
	>6.00～12.00	400～580	≥55	—			
	>12.00～25.00	380～530	≥50	≥50			
ML22Mn ML20Cr	≤6.00	440～640	≥55	—	370～520	≥60	≤82
	>6.00～12.00	420～600	≥55	—			
	>12.00～25.00	400～550	≥50	≤85			

表 5.195　某些调质型(碳素、合金钢)冷镦钢丝交货状态的力学性能(GB/T 5953.1—2009)

牌号	钢丝直径/mm	SALD			SA		
		R_m/MPa	Z/%	HRB	R_m/MPa	Z/%	HRB
ML25Mn ML30Mn ML35	≤6.00	490～690	≥55	—	380～560	≥60	≤86
	>6.00～12.00	470～650	≥55				
	>12.00～25.00	450～600	≥50	≤89			
ML45 ML42Mn	≤6.00	590～760	≥55		450～600	≥60	≤89
	>6.00～12.00	570～720	≥55				
	>12.00～25.00	470～620	≥50	≤96			

续表

牌号	钢丝直径/mm	SALD			SA		
		R_m/MPa	Z/%	HRB	R_m/MPa	Z/%	HRB
ML38CrA ML40Cr	≤6.00	530~730	≥50		430~600	≥55	≤89
	>6.00~12.00	500~650	≥50				
	>12.00~25.00	480~630	≥50	≤91			
ML42CrMo ML40CrNiMo	≤6.00	590~790	≥50		480~730	≥55	≤97
	>6.00~12.00	560~760	≥50				
	>12.00~25.00	540~590	≥50	≤95			

表 5.196 部分调质型含硼(碳素、合金钢)冷镦钢丝交货状态的力学性能(GB/T 5953.1—2009)

牌号	SALD			SA		
	R_m/MPa	Z/%	HRB	R_m/MPa	Z/%	HRB
ML20B	≤600	≥55	≤89	≤550	≥65	≤85
ML28B	≤620	≥55	≤90	≤570	≥65	≤87
ML35B	≤630	≥55	≤91	≤580	≥65	≤88
ML30MnB	≤660	≥44	≤93	≤610	≥65	≤90
ML35MnB	≤680	≥55	≤94	≤630	≥65	≤91
ML15MnVB	≤660	≥55	≤93	≤610	≥65	≤90
ML20MnVB	≤630	≥55	≤91	≤580	≥65	≤88
ML20MnTiB	≤630	≥44	≤91	≤580	≥65	≤88

热处理型冷镦钢丝有碳素钢和合金钢,冷镦前需进行球化处理,特别是合金钢,由于合金元素的作用,钢的硬度和变形抗力增大。与碳素钢相似,在冷拉的基础上球化,容易获得较为理想的组织。典型的球化工艺为 750℃保温一段时间后,以 20~30℃/h 速率缓慢冷却至 650℃出炉。合金冷镦钢丝多以退火状态交货,也可以轻拉状态交货,冷拉减面率较碳素钢小,一般为 5%~10%。螺栓成形后需进行热处理。

制造 9.8 级以上螺栓,为保证抗拉强度,选用中碳合金钢制造。调质处理时,随着回火温度的升高,抗拉强度下降,塑性和韧性升高。为保证螺栓有良好的疲劳性能和足够的韧性,国家标准 GB/T 3098.1—2010《紧固件机械性能 螺栓、螺钉和螺柱》中,对各级别螺栓都规定了最低回火温度,8.8 级、9.8 级、10.9 级螺栓的回火温度不应低于 425℃,12.9 级螺栓的回火温度不应低于 380℃。

这类钢的化学成分与机械制造用结构钢中相同牌号的钢没有多少区别,合金元素在钢中的作用、钢的热处理工艺和热处理后钢的性能可参阅第 6 章有关部分,此处不再论述。

5.8.4.4 非调质冷镦钢钢丝[229]

高强度螺栓主要采用碳素或低合金钢制作,并经调质处理达到要求的性能。这些年来,国内外已开发出冷作强化非调质钢,可以用较低的成本生产高强度 8.8~9.8 级汽车用螺栓、螺柱,也可用于制造 10.9 级螺栓。

用冷作强化非调质钢制造螺栓可省略螺栓冷拔前的球化退火和螺栓成形后的淬火回火,还可以减轻螺纹牙尖的脱碳倾向,提高螺栓成品率,经济效益十分明显。这从调质螺栓和非调质螺栓的生产工序中可以看出。

1) 调质螺栓

原材料→球化退火→酸洗、磷化→拔制→退火→酸洗、磷化→冷镦→螺纹轧制→淬火、回火→电镀→烘烤(去氢)。

2) 非调质螺栓

原材料→酸洗、磷化→拔制→冷镦→螺纹轧制→时效处理→电镀→烘烤(去氢)。

球化退火和调质处理都是作业周期长、能源消耗大的热处理工序。为了能做到不经球化退火和调质处理，而使成品的性能达到使用要求，而且能满足材料冷加工的要求，必须控制好原材料(热轧盘条或棒材)的组织和性能。冷作强化非调质钢热轧材可分为两类。

一类是铁素体＋珠光体组织。在保证一定塑性的前提下，其抗拉强度为 550～700MPa，经拉拔或冷镦，产生加工硬化，再经时效处理，可使其抗拉强度达到 800～980MPa，用于制造 8.8 级和 9.8 级螺栓。

另一类是低碳贝氏体组织，抗拉强度为 600～900MPa。经冷加工和消除应力退火，其强度可以进一步提高，可用于制造 10.9 级螺栓。

为适应上述要求，冷作强化非调质钢在成分设计时，均采取降低碳含量，并添加微合金元素的技术路线。对于冷作强化非调质钢，为了得到良好的冷拔、冷镦性能，并具有较高的加工硬化率，碳含量一般应低于 0.2%。增加钢中的锰含量可使强度提高，但其含量过高时，会使相变温度下降过多，并降低临界冷却速率，组织中可能出现贝氏体或马氏体，损害钢的韧性。硅有较强的固溶强化作用，并显著提高钢的加工硬化率，但含量过高，加工硬化的增量过大，会使冷拔时的形变抗力加大，一般限制其含量小于 0.8%。微量的钛具有明显细化晶粒的作用，其加入量一般为 0.01%～0.03%。微量的铌在热轧过程中，随温度的降低，以碳氮化铌的形式析出，阻止奥氏体的再结晶，冷却后可获得非常细小的铁素体晶粒。为了弥补碳含量降低引起的强度损失，常加入一定数量的钛、钒、铌，这些元素均具有析出强化作用。

9.8 级冷作强化非调质钢中已可能有少量的贝氏体组织。10.9 级冷作强化非调质钢的基体组织为贝氏体，甚至还含有少量马氏体。在设计贝氏体钢的成分时，应考虑在空冷的条件下，在相当宽的冷却速率范围内，均可获得均匀的贝氏体组织，应在保证钢具有较高强度的同时，还具有良好的塑性和韧性。在获得贝氏体组织时，不希望得到粗大的上贝氏体组织，而以粒状贝氏体组织为好，这种组织具有较高的强度和较好的韧性。细化奥氏体晶粒可以细化贝氏体中的铁素体，可以提高钢的强韧性。这种钢还应具有良好的冷塑性变形能力。因此，这类钢应为低碳贝氏体钢，有关低碳贝氏体钢的论述可参阅 5.2.4.2 节。这类钢的碳含量应控制在 0.15%以下，锰含量一般以 1.9%～2.4%为宜。硼是这类钢的主要添加元素，一般含量为 0.001%～0.005%。此外，还可以加入微合金化元素钒、钛。

不同的冷作强化非调质钢、不同的冷加工工艺(拉拔、冷镦)，其冷作强化的增量是不同的。拉拔、冷镦时，钢的减面率一般为 30%～40%，最高可达 80%。热轧原料经拉拔、冷镦，可使抗拉强度提高 200～300MPa。

螺纹紧固件在服役中不允许发生过量的变形。各国有关标准中都规定对其成品必须进行保证载荷试验。GB 3098.1—2010 中,针对不同规格螺纹紧固件,要求施加规定的保证载荷,测量由其引起的永久伸长量,并规定其永久伸长量不应大于 12.5μm。

冷作强化非调质钢制作的螺纹紧固件是在冷作强化状态下使用的,钢的微观组织中存在着高密度的位错和其他微观缺陷,使其处于不稳定状态。在螺栓加载时,这些可动位错就会攀移,引起微小屈服,影响其使用性能[230]。因此,冷加工后应进行 200～400℃的时效处理,具体温度的确定,视不同钢种而异。时效处理亦称去应力退火或回火处理。

经时效处理,使钢的微观组织发生变化,消除了内应力,使其处于稳定状态,永久伸长量符合标准的要求,并使零件的伸长率得到改善,抗拉强度也得到进一步的提高,一般为 30～50MPa。

表 5.197 为国内外开发出的一些冷作强化非调质钢的化学成分及其力学性能[229,231]。LF10MnSiTi 钢为 8.8 级的钢号,热轧后的组织全为铁素体＋珠光体,珠光体约为 15%～20%,晶粒度可控制在 11～12 级。LF20Mn2 钢的主要组织为铁素体＋珠光体,但含有少量的贝氏体。MFT8 钢热轧线材经热机械控制工艺(TMCP),其组织为铁素体＋细珠光体,可获得晶粒度为 13 级(约 5μm)的超细晶粒,有良好的冷变形性能[232]。

我国研制的 10.9 级冷作强化非调质钢 LF10Mn2VTiB 热轧状态下的组织为粒状贝氏体,并含有少量马氏体。表 5.198 为 LF10Mn2VTiB 钢热轧状态和冷作强化制成螺栓后的力学性能。目前采用 10.9 级以上的冷作强化非调质钢,还难于制作六角螺栓,但适合制造不需冷镦加工的双头螺栓和 U 形螺栓。

表 5.197 国内外开发出的冷作强化非调质钢的化学成分[229,231]

牌号	级别	化学成分/%							
		C	Si	Mn	P	S	V	Ti	其他
LF10MnSiTi	8.8	0.06～0.12	0.50～0.80	1.40～1.70	≤0.030	≤0.030	—	0.06～0.12	—
LF20Mn2	8.8	0.16～0.22	0.30～0.60	1.35～1.75	≤0.035	≤0.035	0.01～0.04	0.01～0.04	—
MFT8(马钢)	8.8	0.16～0.26	≤0.30	1.20～1.60	≤0.025	≤0.015	或添加	—	适量 Nb、Al
LF18Mn2V	9.8	0.15～0.20	0.30～0.60	1.35～1.75	≤0.030	≤0.030	0.04～0.07	0.01～0.04	—
LF10Mn2VTiB	10.9	0.09～0.13	0.17～0.37	1.90～2.40	≤0.030	≤0.030	0.08～0.12	0.01～0.08	0.001～0.005B
KNCH8(神户)	8.8	0.30	0.26	1.53	—	—	适量	适量	—
KNCH8P(神户)	8.8	0.14	0.04	1.57	—	—	0.11	0.03	0.15Cr
NHF60(新日铁)	8.8	0.13	0.25	1.35	0.025	0.015	—	—	0.04Nb

表 5.198 LF10Mn2VTiB 钢的力学性能[229]

状态	σ_b/MPa	σ_s/MPa	δ_5/%	ψ/%
热轧	820～950	711～855	≥15	≥45
冷作强化非调质钢螺栓	1000～1300	900～1200	≥9	≥40

注:螺栓规格为 φ14～φ30mm。

GB/T 3098.22—2009《紧固件机械性能 细晶非调质钢螺栓、螺钉和螺柱》规定了我国细晶非调质钢螺栓、螺钉和螺柱使用的细晶非调质钢热轧盘条的牌号、其化学成分和力学性能(表 5.199)。

表 5.199　细晶非调质热轧盘条材料牌号的化学成分和力学性能(GB/T 3098.22—2009)

牌号	化学成分/%								力学性能		
	C	Si	Mn	P	S	V	Nb	其他元素	R_m/MPa	A/%	Z/%
MFT8	0.16～0.26	≤0.30	1.20～1.60	≤0.025	≤0.015	或添加	添加	或添加	≥620	≥20	≥52
MFT9	0.18～0.26	≤0.30	1.25～1.60	≤0.025	≤0.015	或添加	添加	或添加	≥680	≥18	≥48
MFT10	0.10～0.28	≤0.60	1.30～2.20	≤0.025	≤0.05	或添加	或添加	或添加	≥800	≥16	≥48

注:盘条用钢以热轧状态交货。钢材的铁素体晶粒度不应粗于 11 级。各牌号适用于螺纹公称直径为 5～16mm 的紧固件产品。

由细晶非调质钢制造的紧固件,在性能等级代号右边的数字之后增加字母“F”,如 8.8F。MFT8 和 MFT9 钢分别用于制作性能等级为 8.8F 和 9.8F 的螺栓、螺钉、螺柱和螺杆。MTF10 钢用于制作性能等级为 10.9F 的螺柱和螺杆。非调质冷镦钢线材在酸洗、磷化之后,按 18%～35%线材减面率拉拔,然后冷镦紧固件、搓丝成型,最后进行稳定化处理(时效处理)、表面处理。稳定化处理可以在温度为 200～510℃、时间为 0.5～2.0h 内进行,推荐的工艺为 400℃×0.5h。

各级别细晶非调质钢紧固件的力学性能应符合表 5.200 的规定。

表 5.200　螺栓、螺钉和螺柱的力学性能(GB/T 3098.22—2009)

力学性能		8.8F	9.8F	10.9F
R_m/MPa	公称	800	900	1000
	不小于	800	900	1040
R_{eL}/MPa	公称	640	720	900
	不小于	640	720	940
A/%	不小于	12	10	9
Z/%	不小于	52	48	48
HBW, $F=30D^2$	不小于	238	276	304
	不大于	304	342	361
吸收能量 K_V/J	不小于	27	27	27

注:吸收能量 K_V 应在−20℃下进行。

非调质钢目前存在的问题是韧性稍差、性能波动较大,生产中要严格控制化学成分,线材的生产要实行控轧控冷,特别是控制好终轧温度(不高于 900℃),才能获得强韧性俱佳的冷镦性能。

我国制定的 GB/T 6478—2015《冷镦和冷挤压用钢》规定了我国非调质型冷墩和冷挤压用钢的牌号、化学成分。热轧交货非调质钢材的力学性能应符合表 5.201 的规定。

表 5.201　我国非调质型冷镦和冷挤压用钢的牌号、化学成分和热轧态交货的力学性能 (GB/T 6478—2015)

牌号	化学成分/%							R_m/MPa	A/%	Z/%
	C	Si	Mn	P	S	Nb	V		≥	≥
MFT8	0.16～0.26	≤0.30	1.20～1.60	≤0.025	≤0.015	≤0.10	≤0.08	630～700	20	52
MTF9	0.18～0.26	≤0.30	1.20～1.60	≤0.025	≤0.015	≤0.10	≤0.08	680～750	18	50
MTF10	0.08～0.14	0.25～0.30	1.90～2.30	≤0.025	≤0.015	≤0.20	≤0.10	≥800	16	48

注:根据不同强度级别和不同规格的要求,可添加 Cr、B 等元素。

5.8.4.5　耐延迟断裂高强度螺栓钢

目前,一些汽车、建设机械用螺栓要求的抗拉强度已大于 1400MPa,但随抗拉强度的提高,马氏体钢延迟断裂(delayed fracture)问题就变得十分突出。延迟断裂是在静止应力作用下,材料经过一定时间后突然脆性破坏的一种现象,是材料、环境、应力三者相互作用而发生的一种环境脆化。机械零部件发生延迟断裂大体可分为两种情况:①主要由外部环境侵入的氢引起的延迟断裂,如桥梁等使用的螺栓,在潮湿空气、雨水等环境中长期暴露而发生的延迟断裂;②在酸洗、电镀等生产工序中侵入钢中的氢引起的延迟断裂,如电镀螺栓等在加载后,经过几小时或几天的较短时间后发生的延迟断裂。前者是由于在长期暴露过程中发生了腐蚀反应生成的氢的侵入而引起的,称为环境氢脆;后者是由于在酸洗、电镀处理时侵入钢中的氢在应力作用下向应力集中处富集而引起的,称为内部氢脆。两者没有本质的区别,通称为氢损伤。

高强度马氏体钢的延迟断裂一般具有以下特征[1]:

(1) 在抗拉强度约大于 1200MPa、硬度不小于 38HRC 水平时,延迟断裂强度急剧降低。

(2) 延迟断裂通常在室温附近发生,低于 100℃时,温度越高,敏感性越大,在发生低温回火脆性的温度附近回火后,延迟断裂的敏感性最大。

(3) 在远低于屈服强度的静载荷下发生,断裂在宏观上没有伴随大的塑性变形。

(4) 延迟断裂裂纹往往沿原奥氏体晶界萌生、扩展。

氢在室温常压下固溶于铁中的量小于 0.001ppm,实际环境中测得的发生延迟断裂的氢量约为 0.1ppm,远高于固溶的氢量,因而实测的氢量并不是固溶状态的氢,而是钢中各种氢陷阱所捕集的氢。钢中能吸引氢原子富集的位置称为氢陷阱。依据氢与缺陷的结合能,即氢占据缺陷位置后的能量降低值,可将缺陷分为高能陷阱(强陷阱或不可逆陷阱)和低能陷阱(弱陷阱或可逆陷阱),相界面、大角度晶界等属于高能陷阱,可动位错等是低能陷阱。钢的强度越高,位错越多,吸氢量越大。在应力场的作用下,可动位错携带氢原子运动,遇到晶界、相界面一类高能缺陷时,位错受阻,并把携带的氢原子泄入高能陷阱中,因而高能陷阱中的氢不断富集,使得陷阱附近的原子结合力不断降低,氢原子相碰结合成分子。当陷阱中氢富集到一定浓度时，所产生的压力超过原子结合力，将萌生裂纹，裂纹附近高能陷阱不断捕获位错携带来的氢，不断达到萌生裂纹的条件，裂纹继续扩展、连接直至断裂。氢在高强度钢延迟断裂过程中的作用是复杂的，已提出了多种理论，目前还没有一种理论能够圆满解释各种氢致延迟断裂现象[1,233]。

低能陷阱中的氢，在 200℃以下加热可以去除，称为扩散氢。高能陷阱中的氢需要加热至 200℃以上才能去除，称为非扩散氢。一般螺栓制造工序中用 180～230℃烘烤 4h，可免除延迟断裂的危险。

研究工作表明，钢的强度越高，其吸氢能力越高，而可导致延迟断裂的临界扩散氢越低。当钢中的扩散氢达到或超过临界扩散氢时，钢材发生延迟断裂。材料研究与工程结构设计就是让钢中的吸氢量低于临界扩散氢，此种钢材和结构是安全的。

汽车、铁路桥梁、高层建筑，因使用高强度钢螺栓发生延迟断裂的事故屡屡发生，造成相当大的经济损失。近年来，研究开发耐延迟断裂的高强度螺栓钢引起了国内外的重视，已开发出一系列耐延迟断裂性能优良的高强度螺栓钢。

国内外众多的研究工作表明，设计高强度螺栓钢(特别是 1500MPa 级高强度螺栓钢)的关键是在提高强度的同时，改善钢的韧性、耐延迟断裂性和冷加工性能。为此，可以采取以下措施[234,235]：

(1) 降低钢中杂质元素，减少晶界偏聚。尽可能降低磷和硫的含量，因为磷降低晶界结合强度，硫在腐蚀环境下促进氢的吸收。降低能促进磷、硫共偏聚的锰和硅的含量，防止晶界脆化。

(2) 加入能细化晶粒的元素，如钛、钒、铌、铝。这些元素能生成弥散析出的碳氮化物以细化奥氏体晶粒，在提高强度的同时，还可以提高韧性。

(3) 提高回火稳定性。加入抗回火软化能力强的元素，如钼、钒等，可以在保持强度不变的情况下，提高回火温度使碳化物球化，分布细小均匀，避开容易引起晶界脆化的回火温度区域。回火温度可以在 600℃以上。

(4) 使侵入的氢无害化，并尽可能减少钢表面侵入的氢量。加入钼可以抑制表面腐蚀坑的生成，加入适量的钒、钛、铌等，可以作为氢的陷阱，抑制氢的扩散和使氢均匀分布。

加钒钢在通常的淬火温度(920～940℃)下，钢中有相当数量的未固溶 VC，可作为捕集氢的陷阱，VC 陷阱对氢的扩散起阻碍作用，使氢的扩散系数降低，这将延缓裂纹或缺口前端氢的富集过程，使氢致裂纹萌生所需的应力得到提高或裂纹萌生所需的时间延长，呈现较好的耐延迟断裂性能。

TiC 是目前钢中陷阱能最高的析出物，是强的不可逆陷阱，Ti 是提高钢延迟断裂抗力作用最为显著的合金元素。TiC 很稳定，淬火加热时不易溶入奥氏体中，易形成粗大的高硬度的 Ti(C,N)，对钢的耐延迟断裂性能不利，亦对钢的疲劳性能不利。Ti 含量较高时不可避免地会形成大块 Ti(C,N)夹杂，故 Ti 加入量不宜过高。

目前对铌在钢中氢陷阱行为的研究甚少，一些试验表明，NbC 的陷阱结合能低于 VC 和 TiC，钢中添加铌改善延迟断裂性能的效果不如添加钒、钛，因而细化晶粒是铌改善高强度耐延迟断裂性能的主要原因。

(5) 添加镍可以获得较高的缺口韧性。

(6) 由于下贝氏体组织在原奥氏体晶界上没有碳化物析出和有效晶粒尺寸小而具有

良好的耐延迟断裂性能。可以通过等温处理获得下贝氏体组织及适量马氏体和残余奥氏体的复相组织，利用马氏体组织的高强度和贝氏体、奥氏体组织的良好延迟断裂抗力以实现高强度下的耐延迟断裂性能。

表 5.202 为国内外开发的一些耐延迟高强度螺栓钢的化学成分[234]。ADS2 和 ADS3 是日本住友金属在 20 世纪 80 年代后期和 90 年代中期开发的耐延迟断裂螺栓钢，与对比钢 JIS SCM440(相当于我国的 42CrMo 钢)相比，减少了锰含量，提高了钼含量，并加入适当的钒、铌。ADS2 和 ADS3 钢的回火抗力明显提高，通过调整温度可以达到 1200～1500MPa 的强度，其延迟断裂临界应力明显高于 JIS SCM440。特别是钼、钒含量较高的 ADS3 钢，由于回火温度较高，其耐延迟断裂性能还明显高于 ADS2 钢。神户制钢开发的 KNDS 系列钢中加入了能十分有效提高钢的延迟断裂抗力的钛。KNDS2 钢适用于 1200MPa 级的凹头螺栓，KNDS3 和 KNDS4 钢可用于 1300～1500MPa 级的高强度汽车螺栓。大同特钢开发的 DSB 高强度螺栓钢中，降低了磷、硫和锰含量，提高钼含量并加入钒，经 580℃高温回火后，抗拉强度可达 1400MPa 以上。这种钢已实际用于 1400MPa 级的连杆螺栓。

表 5.202 国内外开发的一些耐延迟高强度螺栓钢的化学成分[234]

钢号	化学成分/%								强度水平/MPa
	C	Si	Mn	P	S	Cr	Mo	其他	
ADS2(住友)	0.34	0.22	0.36	0.011	0.009	1.26	0.40	Nb	1200～1300
ADS3(住友)	0.49	0.28	0.31	0.009	0.004	1.02	0.68	V、Nb	1300～1400
KNDS2(神户)	0.35	0.25	0.75	≤0.015	≤0.015	1.05	0.20	Al、Ti	1200～1300
KNDS3(神户)	0.40	0.05	0.50	≤0.015	≤0.015	1.00	0.60	Al、Ti、Ni	1300～1400
KNDS4(神户)	0.40	0.05	0.50	≤0.015	≤0.015	1.00	0.95	Al、Ti、Ni	1400～1500
等温处理(神户)	0.40～0.50	0.05	0.50	0.30Ni	0.30Al	1.00	0.60	Ti	1500
DSB(大同)	0.33	≤0.10	0.30	≤0.015	≤0.005	1.20	1.00	V	1300～1500
ADF1(钢研院)	0.37～0.44	≤0.20	0.20～0.50	≤0.010	≤0.010	1.00～1.30	0.40～0.60	0.10～0.30V 0.01～0.05Nb	1300～1400

钢铁研究总院在 42CrMo 钢的基础上，通过降低硫、磷、硅、锰含量，添加微合金元素钒、铌，并增加钼含量，成功地开发出一种 1500MPa 级的高强度螺栓钢 ADF1(42CrMoVNb)，其耐延迟断裂性能较 42CrMo 钢有大幅度的提高[236]。

42CrMoVNb 钢由于添加了微合金元素钒和铌，其奥氏体晶粒较细(约 7μm)，明显小于 42CrMo 钢(约 15μm)。42CrMoVNb 钢力学性能随回火温度的变化见图 5.37。随回火温度的上升，42CrMoVNb 钢的抗拉强度逐渐降低，而断面收缩率和伸长率则呈增加趋势。当回火温度超过 550℃时，42CrMoVNb 钢由于合金碳化物的析出而产生二次硬化，回火温度超过 600℃以后，强度和硬度急剧下降。表 5.203 为高强度螺栓钢 42CrMoVNb 经淬火和回火后的力学性能，可以看出，42CrMoVNb 钢的强韧性配合优于相同强度级别的 42CrMo 钢。

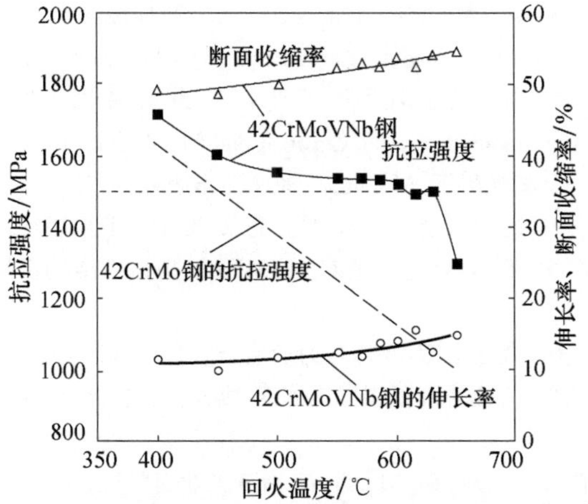

图 5.37　回火温度对 42CrMoVNb 强度和塑性的影响[236]

表 5.203　高强度螺栓钢 42CrMoVNb 钢的强韧性(42CrMo 为对比钢)[236]

钢号	淬火温度/℃	回火温度/℃	σ_b/MPa	$\sigma_{0.2}$/MPa	δ_5/%	ψ/%	A_{kV}/J	K_{IC}/(MPa/m$^{1/2}$)	σ_{bN}/MPa	NSR
42CrMo	850	430	1540	1390	9.0	40.0	8.0	71	1680	1.12
		500	1325	1205	12.2	45.0	20	89	1773	1.34
		550	1225	1140	14.0	48.0	34	100	1793	1.45
		600	1125	—	—	—	—	—	1703	1.51
42CrMoVNb	935	550	1550	1430	12.5	52.0	37	116	2270	1.46
		600	1540	1430	13.5	52.5	40	125	2267	1.47
		630	1525	1380	14.5	54.5	46	146[a]	2263	1.48
		650	1300	—	—	—	—	—	2077	1.60

注:a 试样厚度不满足平面应变要求。σ_{bN} 为缺口抗拉强度，缺口强度比 NSR=σ_{bN}/σ_b。

螺栓是多缺口零件,要求钢具有高的缺口敏感性,表 5.203 中表示出缺口敏感性试验结果,σ_b 为直径等于缺口试样缺口处直径的光滑试样的抗拉强度。用做 12.9 级螺栓的 42CrMo 钢的回火温度多为 500～550℃,而 42CrMoVNb 钢在较宽的回火温度内均具有高的 NSR,表明该钢具有较低的缺口敏感性。对 42CrMoVNb 钢和 42CrMo 钢进行耐延迟断裂性能试验的结果显示,42CrMoVNb 钢在 1500MPa 的强度水平上与 42CrMo 钢在 1200MPa 的强度水平上的耐延迟断裂性能相当,表明 42CrMoVNb 钢具有良好的耐延迟断裂性能。

某型号汽车发动机前悬挂螺栓原先使用 42CrMo 钢制作的 10.9 级螺栓,在使用中多次出现断裂,后用 42CrMoVNb 钢制作的 13.9 级螺栓,顺利通过了可靠性道路试验。一系列试验结果表明,42CrMoVNb 钢可满足 13.9 级和 14.9 级高强度螺栓的要求。

参 考 文 献

[1]　干勇,田志凌,董瀚,等.中国材料工程大典第二卷.钢铁材料工程(上)[M].北京:化学工业出版社,2006.

[2]　Спрвочник по Машиностоительным Материалам,Том 1[M].Машгиз,1959.

[3]　Стародубов К Ф и,Борковский Ю З.МиТОМ[J].1961,(5):15～18.

[4]　项程云.合金结构钢[M].北京:冶金工业出版社,1999:210.

[5] Попов А А, Попова А А. Изотермические и Термокинетические Диаграммы Распада переохлажденного Аустенита(Справочник термиста[M]). Издательство Металлургия,1965:105.

[6] 钢铁研究院,机械科学研究院. 合金钢手册(下册)[M]. 北京:中国工业出版社,1964.

[7] Автомобильные Конструкционные Стали. Справочник[M]. Машгиз,1950.

[8] 王祖宾,东涛,等. 低合金高强度钢[M]. 北京:原子能出版社,1996.

[9] 毛新平,等. 薄板坯连铸连轧微合金化技术[M]. 北京:冶金工业出版社,2008.

[10] 张云燕,陈洪伟,陆在学,等. 热处理工艺对 690MPa 级高强度结构钢性能的影响[J]. 钢铁研究,2007,35(5):29.

[11] 雍岐龙,马鸣图,吴宝榕. 微合金钢:物理和力学冶金[M]. 北京:机械工业出版社,1989.

[12] 贺信莱,尚成嘉,杨善武,等. 高性能低碳贝氏体钢:成分、工艺、组织、性能与应用[M]. 北京:冶金工业出版社,2008.

[13] 齐俊杰,黄运华,张跃. 微合金化钢[M]. 北京:冶金工业出版社,2006.

[14] Pickering F B. Physical Metallurgy and Design of Steels[M]. London: Applied Science Publishers Ltd,1978.

[15] Pickering F B. The effect of composition and microstructure on ductility and toughness[C]//Toward Improved Ductility and Toughness. Kyoto: Climax Molybdenum Company Ltd,1971:9.

[16] Bush M E, Kelly P M. Strengthening mechanisms in bainitic steels[J]. Acta Metallurgica, 1971, 19:1363.

[17] McEvily A J, Davies R G, Magee C L, et al. Transformation and hardenability in steels[C]. Ann Arbor: Climax Molybdenum Company,1967:179.

[18] Smith Y E, Colden A P, Cryderman R L. Mn-Mo-Nb acicular ferrite steels with high strength and toughness[C]//Toward Improved Ductility and Toughness. Kyoto: Climax Molybdenum Company Ltd,1971:119.

[19] 高惠临,冯耀荣,霍春勇,等. 关于管线钢中针状铁素体[M]//石油管工程应用基础研究论文集. 北京:石油工业出版社,2001:86.

[20] 李鹤林,冯耀荣,柴慧芬,等. 低碳、超低碳微合金化管线钢的显微组织[M]//中国石油天然气集团公司管材研究所,中国石油天然气集团公司石油管力学和环境行为重点实验室. 石油管工程应用基础研究论文集. 北京:石油工业出版社,2001:77.

[21] 马鸣图,吴宝榕. 双相钢:物理和力学冶金[M]. 2 版. 北京:冶金工业出版社,2009.

[22] 傅杰. 新一代低碳钢:HSLC 钢[J]. 中国有色金属学报,2004,14(S1):82.

[23] 傅杰. 现代电炉炼钢理论与应用[M]. 北京:冶金工业出版社,2009.

[24] Liu D L, Fu J, Kang Y L, et al. Oxide and sulfide dispersive precipitation and effect on microstructure properties of low carbon steel[J]. Journal of Materials Science and Technology, 2002, 18(1):7.

[25] Liu D L, Huo X D, Wang Y L, et al. Aspects of microstructure in low carbon steel produced by the CSP process[J]. Journal of University of Science and Technology Beijing,2003,10(4):1.

[26] Kang Y L, Yu H, Fu J, et al. Morphology and precipitation kinetics of AlN in hot strip of low carbon steel produced by compact strip production[J]. Materials Science and Engineering A, 2003, 351(1-2):265.

[27] 康永林,傅杰,柳得橹,等. 薄板坯连铸连轧钢的组织性能控制[M]. 北京:冶金工业出版社,2006.

[28] 傅杰,刘阳春,吴华杰. HSLC 和 HSLA 钢中纳米氮化物的析出与作用[J]. 中国科学 E 辑:技术科学,2008,38(5):797.

[29] 傅杰,康永林,吴华杰,等. HSLC 和 HSLA 钢中的纳米铁碳析出物[J]. 中国科学 E 辑:技术科学,

2007,37(1):43.

[30] 傅杰,李光强,于月光,等. 基于纳米铁碳析出物的综合强化机理[J]. 中国工程科学,2011,13(1):31.

[31] 张志勤,秦子然,何立波,等. 美国高性能桥梁用钢研发现状[J]. 鞍钢技术,2007,(5):11.

[32] 陈晓,秦晓钟. 高性能压力容器和压力钢管用钢[M]. 2 版. 北京:机械工业出版社,2007.

[33] 石油工业部器材供应制造局. 石油机械用钢手册:不锈钢及耐热钢[M]. 北京:中国工业出版社,1965.

[34] 原荣婷,魏钢. 加氢设备用材的发展[J]. 压力容器,2003,20(12):39.

[35] 王宪军,丁庆丰,刘文斌. 正火后冷却速度对 12Cr2Mo1VR 钢板的力学性能及组织的影响[C]//压力容器先进技术——第八届全国压力容器学术会议论文集. 合肥,2013.

[36] 郑文龙,吴晓白,林珑荣,等. 抗 H_2S 应力腐蚀开裂热交换器的专用钢(08Cr2AlMoR)的研究[J]. 压力容器(压力容器用低合金钢管技术交流会论文特集),2001,18(1):18.

[37] 黄晓艳,刘波. 舰船用结构材料的现状与发展[J]. 船舶,2004,(3):21.

[38] 董文卜,傅作宝. 舰艇用钢的新发展[J]. 鞍钢技术,1994,(9):16.

[39] 黄伟,张志勤,高真风,等. 日本海洋平台用厚板开发现状[J]. 轧钢,2012,29(3):38.

[40] 刘振宇,周砚磊,狄国标,等. 高强度厚规格海洋平台用钢研究进展及应用[J]. 中国工程科学,2014,16(2):31.

[41] 周砚磊,狄国标,刘振宇,等. 回火温度对 500MPa 级海洋平台钢组织性能的影响[J]. 中国工程科学,2014,16(2):31.

[42] Zhou Y L,Chen J,Xu Y,et al. Effects of Cr,Ni and Cu on the corrosion behavior of low carbon microalloying steel in a Cl-containing environment [J]. Journal of Materials and Technology,2013,29(2):168.

[43] 韦明,崔强,叶建军. 高强韧性海洋平台齿条用大厚度 A514GrQ 钢板生产工艺研究[C]//中国钢结构协会海洋钢结构分会 2010 年学术会议暨第六届理事会第三次会议论文集,2010:431.

[44] 常跃峰,赵文忠.《高层建筑结构用钢板》(YB 4104—2000)标准制定与修订的技术特点[J]. 钢结构,2004,19(6):44.

[45] 康健,周晓光,王国栋. 高强度低屈强比建筑用钢板的研究和开发[J]. 轧钢,2009,26(3):31.

[46] 宋凤明,温东辉,李自刚. 抗震用极低屈服点钢组织和性能研究[J]. 热加工工艺,2008,22(37):28.

[47] 王威,吕西林,徐崇恩. 低屈服点钢在结构震动与控制中的应用研究 [J]. 结构工程师,2007,6(23):83.

[48] 完卫国,吴结才. 耐火钢的开发与应用综述[J]. 建筑材料学报,2006,9(2):183.

[49] 刘继雄,陈晓,董汉雄,等. 耐火耐候建筑用钢与 Q235 钢耐火性能的对比研究[J]. 物理测试,2005,23(2):6.

[50] 韦明,李玉谦. 舞阳高层建筑结构用钢板的开发[J]. 钢结构,2004,19(4):59.

[51] 张志勤,张朝生. 建筑用耐火钢材的开发和应用[J]. 鞍钢技术,1997,(9):27.

[52] 江海涛,康永林,于浩,等. 国内外高钢级管线钢的开发与应用[J]. 管道技术与设备,2005,(5):21.

[53] 东涛,傅俊岩. X70 级管线钢国产化中的韧性问题[C]//2001 中国钢铁年会论文集,2001:549.

[54] 傅俊岩,尚成嘉,刘清友. 我国高等级管线用钢的研究过程及工业化实践[N]. 世界金属导报,2009,7 月 28 日,第 16 版.

[55] 李鹤林. 天然气输送钢管研究与应用中的几个热点问题[M]//石油管工程应用基础研究论文集. 北京:石油工业出版社,2001:3.

[56] 王慧. API SPEC 5L《管线钢管规范》第 44 版主要变化分析[J]. 焊管,2008,31(5):84.

[57] 李平权,罗卫国,韩勇. API Spec 5L 的发展过程及最新进展(上)[J]. 钢管标准化,2009,38(1):56.

[58] 李平权,罗卫国,韩勇. API Spec 5L 的发展过程及最新进展(下)[J]. 钢管标准化,2009,38(2):48.

[59] 李平权. 油气输送管线钢管的选材问题[M]//中国石油天然气集团公司管材研究所,中国石油天然气集团公司石油管力学和环境行为重点实验室. 石油管工程应用基础研究论文集. 北京:石油工业出版社,2001:28.

[60] 王立涛,李正邦,张乔英. 高钢级管线钢的性能要求与元素控制[J]. 钢铁研究,2004,(4):13.

[61] 冯耀荣,霍春勇,李鹤林. 天然气输送管线钢管性能要求与质量控制及管材选用探讨[M]//中国石油天然气集团公司管材研究所,中国石油天然气集团公司石油管力学和环境行为重点实验室. 石油管工程应用基础研究论文集. 北京:石油工业出版社,2001:38.

[62] 张彩军,蔡开科,袁伟霞,等. 管线钢的性能要求与炼钢生产特点[J]. 炼钢,2002,18(5):40.

[63] Taira T, Matsumoto K, Kobayashi Y, et al. Development of supertough acicular ferrite for linepipe-optimization of carbon and niobium content in low-carbon steel[C]//Conference Proceedings of International Conference on Technology and Applications of HSLA Steels, Philadelphia, PA, 1984,723.

[64] 黄开文. X80 和 X100 钢级管线钢的合金化原理和生产要点[J]. 轧钢,2004,21(6):55.

[65] 孔君华,郑琳,郭斌,等. 钼在高钢级管线钢中的作用研究[J]. 钢铁,2005,40(1):66.

[66] 贾宝军,郑琳,郭斌. 武钢管线钢生产情况及发展规划[J]. 焊管,2001,24(1):32.

[67] 郑磊,陈钰珊. 宝钢高韧性管线钢的工业性生产[J]. 宝钢技术,1998,(5):12.

[68] 黄国建,徐烽,张万山,等. 鞍钢 X60~X70 管线钢热轧卷板的开发与应用[C]//Proceedings of Second International Conference on Advanced Structural Steels. 2004, Part 1:509.

[69] 冯运莉,丁润江,万德成,等. 热轧工艺对 X65 管线钢的组织与性能的影响[C]. 金属热处理,2009,34(6):67.

[70] 王春明,鲁强,吴杏芳. 管线钢的合金设计[J]. 鞍钢技术,2004,(6):22.

[71] 王春明,吴杏芳. X70 管线钢微观组织分析[J]. 鞍钢技术,2004,(5):21.

[72] 黄开文. 国外高钢级管线钢的研究与使用情况[J]. 焊管,2003,26(3):1.

[73] 孔君华,郑琳,郭斌,等. 武钢 X80 级热轧厚板卷的试制与生产[J]. 焊管,2005,28(2):25.

[74] 康永林,牛涛,伊雨群,等. 高级别管线钢板的组织特征与析出强化[J]. 中国材料进展,2009,28(3):26.

[75] 李延丰,李志华. X100 直缝埋弧焊管制造技术研究[J]. 焊管,2007,30(2):44.

[76] 李延丰,X120 钢级 ϕ914mm×16mm 直缝埋弧焊管制造技术研究[J]. 焊管,2008,31(1):28.

[77] 郑磊,傅俊岩. 高等级管线钢的发展现状[J]. 钢铁,2006,41(10):1.

[78] 李鹤林,郭生武,冯耀荣,等. 高强度微合金管线钢显微组织分析与鉴别图谱[M]. 北京:石油工业出版社,2001.

[79] Xiao F R, Liao B, Ren D L, et al. Acicular ferrite microstructure of a low-carbon Mn-Mo-Nb microalloyed pipeline steel[J]. Material Characterization, 2005, 54:305.

[80] 蔡庆伍,刘晋珊,余伟. Mn-Nb-Mo 系 X70 级管线用钢板的相变[J]. 特殊钢,2004,25(6):27.

[81] 许洪汛,唐荻,江海涛,等. X80 管线钢组织性能研究[J]. 新技术新工艺,2008,(9):76.

[82] 杨旭宁,康永林,于浩,等. X70 针状铁素体钢中 M+A 岛的工艺控制[J]. 轧钢,2007,24(4):7.

[83] 张莉莉,张骁勇,高惠临,等. 一种高铌 X80 管线钢的组织性能分析[J]. 材料工程,2009,(5):1.

[84] Hulka K, Gray J M. High temperature processing(HTP) of line pipe steels[C]//TMS. Proceedings of the International Symposium Niobium 2001. Orlando, 2001:587.

[85] Stalheim D G. The use of high temperature processing(HTP)for high strength oil and gas transmission pipeline application[J]. Iron and Steel,2005,40(Supplement):699.

[86] 王仪康,潘家华,杨柯,等. 高性能输送管线钢[J]. 焊管,2007,30(1):11.

[87] 人人文库. 超高强度 X120 管线钢的发展现状[OL]. 2022-1-20.

[88] 朱维斗,李年,杜百平. 包申格效应对板料和成品管屈服强度与屈强比的影响[J]. 机械强度,2006,28(4):503.

[89] 吴坚. UOE 成型大直径直缝焊管生产[J]. 焊管,2000,29(5):13.

[90] Tither G,Lavite M. Beneficial stress-strain behavior of moly-columbium steel line pipe[J]. Journal of Metals,1975,27(9):15.

[91] 黄志潜. 国外油气输送管道用螺旋缝埋弧焊管制造技术的发展[M]//中国石油天然气集团公司管材研究所,中国石油天然气集团公司石油管力学和环境行为重点实验室. 石油管工程应用基础研究论文集. 北京:石油工业出版社,2001:20.

[92] 李年,朱维斗,马宝钿. 弯曲板中的包申格效应及制管工艺对屈服强度的影响[J]. 机械强度,2001,23(2):125.

[93] 杜百平,李年,朱维斗. 油(气)管用钢的包申格效应[J]. 机械工程材料,2006,30(2):13.

[94] 吴松,陈颂辉,蔡绪明. 包申格效应对螺旋焊管强度的影响[J]. 焊管,1998,21(6):25.

[95] 毕宗岳,井晓天,金时麟,等. 连续油管性能研究与开发[J]. 石油矿场机械,2010,39(6):16.

[96] 付宏强,毕宗岳. API SPEC 5ST《连续油管规范》概述[J]. 焊管,2011,34(10):67.

[97] 毕宗岳,付宏强. 高强度连续管[J]. 焊管,2007,30(6):67.

[98] 毕宗岳,井晓天,张万鹏,等. 国产 CT80 钢级连续油管的组织与力学性能[J]. 机械工程材料,2010,34(11):58.

[99] 周乐育,李明扬,刘雅政,等. 合金元素和工艺参数对非调质 CT80 钢组织性能影响[J]. 材料热处理学报,2013,34(5):80.

[100] 毕宗岳,鲜林云,张晓峰,等. 国产 CT90 连续管组织与性能[C]//陕西省焊接学术会议论文集,2013.

[101] 章传国,郑磊,李冰. CT100 高强度连续油管用钢卷的开发与应用[J]. 宝钢技术,2011,(2):74.

[102] 马鸣图. 先进汽车用钢[M]. 北京:化学工业出版社,2008.

[103] 唐荻,赵征志,米振莉,等. 汽车先进高强板带钢[M]. 北京:冶金出版社,2022.

[104] 肖祥芷,王孝培. 中国模具设计大典 第 3 卷 冲压模具设计:第 18 篇第 3 章 冲压用原材料[M]. 南昌:江西科学技术出版社,2003.

[105] 杨才富,张永权,王宇杰. 钛含量对热轧带钢力学性能的影响[J]. 钢铁,1995,30(8):48.

[106] Misra R D K,Nathani H,Hartmann J E,et al. Microstrctural evolution in a new 770MPa hot rolled Nb-Ti microalloyed steel[J]. Materials Science and Engineering,2005,A394:339.

[107] 石发才. 优良成形性能高强度第三代汽车热轧钢板的开发[J]. 山西冶金,2016,(3):52.

[108] 王霆. 优化含钛热轧汽车大梁钢板化学成分及工艺研究[J]. 鞍钢技术,1996,(9):32.

[109] 徐光华. 新型汽车结构用钢 T52L 的生产实践[J]. 武钢技术,1993,(7):22.

[110] 韩伟,王忠东. Nb、Ti 合金元素在汽车大梁用钢 BG510L 的作用机理[C]//特殊钢. 2003 年中国钢铁年会论文集,2003:757.

[111] 郑东升,朱伏先,李艳梅,等. 含钒汽车大梁 P510L 连续冷却时的组织转变[J]. 东北大学学报(自然科学版),2009,30(5):665.

[112] 马鸣图,路洪洲,李志刚. 货车对高强度热轧钢板的要求[N]. 世界金属导报,2009,12 月 1 日,第 029 版.

[113] 祖荣祥. 热轧高强度钢的研究及其在汽车车轮上的应用[J]. 汽车工业与材料,1994,(12):23.

[114] Kikuchi H,Imai N,Tomida T,et al. 690～780MPa级热轧薄板车轮钢的材料设计[N]. 世界金属导报,2007年2月27日,第013版.

[115] 黄镇如. 轿车车轮用钢的研制[J]. 宝钢技术,1993,(4):42.

[116] 王宁,李毅,杜林秀,等. 550MPa级低成本商用车车轮钢的工业试制及性能研究[J]. 钢铁,2008,43(6):74.

[117] 谷诤巍,单忠德,徐虹,等. 汽车高强度钢板冲压件热成形技术研究[J]. 模具工业,2009,35(1):27.

[118] 景财年. 相变诱发塑性钢的组织性能[M]. 北京:冶金工业出版社,2012.

[119] 姜超,单忠德,庄百亮,等. 热冲压成形22MnB5钢板的组织和性能[J]. 材料热处理学报,2012,33(3):78.

[120] 刘渊媛,叶盛薇. 液压成形技术及其在汽车工业中的应用介绍[J]. 武钢技术,2017,55(5):58.

[121] 江海涛,唐荻,米振莉. 汽车用先进高强度钢的开发和应用进展[J]. 钢铁研究学报,2007,19(8):1.

[122] 姜沪,李麟,何燕霖,等. 汽车钢近年来的发展、问题、处理和展望[J]. 上海金属,2017,39(6):76.

[123] Koo J Y,Thomas G. Design of duplex low carbon steel improved strength:Weight applications[C]//Davenport A T . Formable HSLA and Dual-phase Steels. New York:TMS/AIME,1979:40.

[124] Bhadeshia H K D H,Honeycombe R W K. Steels-Microstructure and Properties[M]. 3rd ed. Amsterdam:Elsevier,2006.

[125] Matlock D K,Krauss G,Ramos L F,et al. A correlation of processing variables with deformation behavior of dual-phase steels[C]//Kot R A,Morris J W. Struture and Properties of Dual-phase Steels. New Orleans:TMS/AIME,1979:62.

[126] Rashid M S. Relationship between steel microstructure and formability[C]//Davenport A T. Formable HSLA and Dual-Phase Steels. New York:TMS/AIME,1979:1.

[127] 程东妹,郝晓东,俞钢强. 双相钢热镀锌工艺现状[J]. 轧钢,2007,24(4):51.

[128] Goldren A P,Ticher G,Cornford A,et al. Development and mill trial of as-rolled dual-phase steel[C]//. Davenport A T. Formable HSLA and Dual-Phase Steels. New York: TMS/AIME,1979:205.

[129] 宋起峰,郑子明,王利,等. 冷轧双相钢板在汽车保安件上的应用研究[J]. 汽车工艺与材料,2013,(8):40.

[130] Zackay V F,Parker E R,Fahr D,et al. The enhancement of ductility on high strength steel[J]. Transactions of ASM,1967,(60):252.

[131] 刘云旭. 金属热处理原理[M]. 北京:机械工业出版社,1981.

[132] Rigsbee J M,vander Arend P J. Laboratory studies of microstructures and structure-property relationships in"dual-phase"HSLA steels[C]//Davenport A T. Formable HSLA and Dual-Phase Steels. New York:TMS/AIME,1979:56.

[133] 唐荻,熊自柳,江海涛. 相变诱导塑性钢的研究现状与发展方向[J]. 鞍钢技术,2008,(2):1.

[134] 邹宏辉,符仁钰,李麟,等. 低碳Si-Mn系TRIP钢的热处理工艺对组织的影响[J]. 金属热处理,2005,28(1):59.

[135] 王晓东,王莉,戎咏华. TRIP钢的现状与发展[J]. 热处理,2008,23(6):8.

[136] 唐代明. TRIP钢中合金元素的作用和处理工艺的研究进展[J]. 钢铁研究学报,2008,20(1):1.

[137] 苏钰,符仁钰,李麟. 低硅Si-Mn系TRIP钢的组织和力学性能[J]. 上海大学学报(自然科学版),2005,11(1):80.

[138] Eberle K,Cantinieaux P,Harlet P H. New family of silicon free TRIP assisted multiphase steel:

development and first experience of production at Cockerill Sambre[J]. Steel World, 1999, 3(2): 65.

[139] Wang X D, Huang B X, Wang L, et al. Microstructure and mechanical properties of microalloyed high-strength transformation-induced plasticity steels[J]. Metallurgical and Materials Transactions A, 2008, 39A: 1.

[140] 闫翠,李麟,符仁钰,等. TRIP 钢的研究进展[J]. 上海金属,2008,30(4):40.

[141] 康永林. 现代汽车板的质量控制与成形性[M]. 北京:冶金工业出版社,1999.

[142] 张梅,李麟,符仁钰,等. 低碳相变诱发塑性钢的综合性能[J]. 钢铁,2007,42(3):65.

[143] 姚贵生. 塑性变形诱导相变钢 TRIP 钢的性能和应用[J]. 汽车工艺与材料,2006,(9):13.

[144] Cornette D C, et al. High strength steels for automotive safety parts[R]. SAE Paper, 2001-01-08.

[145] 上海钢软物资有限公司. HC420/780TR: 用于更安全的、更轻汽车的 TRIP. 钢[OL]. 2023-08-16.

[146] 东北大学 RAL. 1180MPa 级热轧 TRIP 钢的开发级应用[N]. 世界金属导报,2021-11-27.

[147] Grässel O, Frommeyer G, Dercler C, et al. Phase transformation and mechanical properties of Fe-Mn-Si-Al TRIP steel[J]. Journal de Physique Ⅳ, 1997, 7(5): 383.

[148] Grässel O, Krüger L, Frommeyer G, et al. High strength Fe-Mn-(Al, Si) TRIP/TWIP steels development-properties-application[J]. International Journal of Plasticity, 2000, 16: 1391.

[149] 李海昭,王瑞珍,代建清,等. 孪生诱发塑性(TWIP)钢的研究进展[J]. 物理测试,2010,28(1):1.

[150] 黄宝旭. 氮、铌合金化孪生诱发塑性(TWIP)钢的研究[D]. 上海:上海交通大学,2007.

[151] 马凤仓,冯伟骏,王利,等. TWIP 钢的研究现状[J]. 宝钢技术,2008,(6):62.

[152] Scott C, Allain S, Faral M, et al. The development of a new Fe-Mn-C austenitic steel for automotive applications[J]. La Revue de Metallurggie-CIT, 2006, 103(6): 293.

[153] Frommeyer G, Brux U, Peter N. Super-ductile and high-strength manganese-TRIP/TWIP steels for high energy absorption purposes[J]. ISIJ International 2003, 43(3): 438.

[154] 米振莉,代永娟,唐荻,等. 汽车用 Fe-Mn-C 系 TWIP 钢的性能研究[J]. 汽车工程,2009,31(5):426.

[155] 李大赵. 孪晶诱导塑性(TWIP)钢的性能、组织及生产工艺[M]. 北京:国防工业出版社, 2014.

[156] Speer J, Matlock D K, de Cooman B C, et al. Carbon partintioning into austenite after martensite transformation[J]. Acta Materials, 2003, 51: 2611.

[157] Edmonds D V, He K, Rizzo F C, et al. Quenching and partitioning martensite: A novel steel heat treatment[J]. Material Science and Engineering, 2006, A438-440: 25.

[158] 李阳,吕宇鹏,李士同,等. 钢的淬火 分配(Q-P)处理研究现状与进展[J]. 金属热处理,35(4):65.

[159] 朱国森,韩资,蒋光锐,等. 汽车车身用新型冷轧薄板研发进展[J]. 工程科学学报, 2022,44(9):1585.

[160] 中国金属学会. 增强成形性双相钢制造关键技术及应用[OL]. 首钢集团有限公司,2022-12-29, 2023-05-18.

[161] 王俊峰,何煜天. DH780 钢的热变形行为及热加工图[J]. 金属热处理,2020-07-10.

[162] 王保磊,王俊峰,王华,等. 退火工艺对新型 DH 钢显微组织和力学性能的影响[J]. 上海金属, 2022,44(6):48.

[163] 于晓飞,曹晓恩,薛仁杰,等. 1.0GPa 级冷轧增强成形性双相钢的组织性能[J]. 材料热处理学报,2022,43(12):116.

[164] 周莉,薛仁杰,曹晓恩,等. 高铝增强成形性双相钢 980DH 组织性能研究[J]. 钢铁钒钛,2022,

43(2):186

[165] 田德新,凤佩华.冷轧冲压用汽车薄钢板的发展[J].钢铁研究,1994,(6):53.

[166] 黄颖,李玉光,施鸿雁.GB/T 5213—2001 深冲压用冷轧薄钢板及钢带标准评述[J].冶金标准化与质量,2004,42(1):14.

[167] 田德新,凤佩华.深冲 08Al 钢的成分工艺对成品成形性的影响[J].钢铁研究,1995,(1):54.

[168] 田德新,凤佩华,刘慧.微碳冷轧深冲汽车板的研制[J].钢铁研究,1997,(6):23.

[169] 崔德理,王先进,金山同.超低碳钢的历史与发展[J].钢铁研究,1994,(5):50.

[170] 郭小龙,郑之旺,孙力军.超深冲 IF 钢的生产技术与发展概况[J].上海金属,2008,30(1):39.

[171] 江海涛,康永林,于浩.烘烤硬化汽车钢板的开发与研究进展[J].汽车工艺与材料,2005,(3):1.

[172] Llewellyn D T, Hudd R C. Steel: Metallurgy and Applications[M]. 3rd ed. Amsterdam: Butterworth-Heinemann, 1998.

[173] 郝森,于宁,张万山,等.烘烤硬化高强度深冲冷轧汽车板 BH340 的研制开发[J].鞍钢技术,2002,(5):38.

[174] 于福洲,蒋次雪,等.金属腐蚀与保护[M].北京:中国工业出版社,1961.

[175] 刘国超,董俊华,韩恩厚,等.耐候钢锈层研究进展[J].腐蚀科学与防护技术,2006,18(4):268.

[176] Yamashita M, Muyuki H, Matsuda Y, et al. The long term growth of the protective rust layer formed on weathering steel by atmospheric corrosion during a quarter of a century[J]. Corrosion Science, 1994, 36: 283.

[177] Kamimura T, Hara S, Miyuki H, et al. Composition and protective ability of rust layer formed on weathering steel exposed to various environments[J]. Corrosion Science, 2006, 48: 2799.

[178] 岳丽杰,王龙妹,陈蕴博.稀土对耐候钢耐蚀性能的影响研究[J].材料工程,2009,(3):74.

[179] 王传雅,戚正风.耐候钢的化学成分与性能[J].特殊钢,1997,18(1):13.

[180] 侯豁然,付俊岩.我国铁道车辆用高强度耐大气腐蚀钢的进展[J].钢铁,2004,39(6):71.

[181] 刘清友,董瀚,翁宇,等.450MPa 级超细组织耐大气腐蚀钢板的开发与研制[J].钢铁,2004,39(4):45.

[182] 宋凤明,温东辉,李自刚,等.铁道车辆用耐大气腐蚀钢的现状及研究方向[J].世界钢铁,2009,(5):11.

[183] 渡边正.耐大气腐蚀钢[J].溶接学会志,1978,47(12):19.

[184] 董桂媛.NH35q 焊接结构耐大气腐蚀钢的研制与应用[J].武钢技术,1995,33(9):21.

[185] Fink F W, Boyd W K. Corrosion of metals in marine environments[R]. MCIC Report(Metals and Ceramics Information Center). 1975.

[186] 张明洋.国外耐大气、海水腐蚀用钢概述[J].上海金属,1982,4(3):15.

[187] 松岛岩.低合金耐蚀钢:开发、发展及研究[M].靳裕康译.北京:冶金工业出版社,2004.

[188] 江利,孙智,曹炜,等.提高巷道支护用钢强度的有效途径:U 型钢的热处理[J].中国矿业大学学报,1990,19(4):94.

[189] 武兴旺,王维喜,马瑞勇,等.矿用高强度圆环链用钢的研究进展[J].金属热处理,2008,33(2):34.

[190] 王维喜,马瑞勇,武兴旺,等.矿用高强度圆环链及其热处理的研究进展[J].金属热处理,2009,34(8):102.

[191] 王维喜,张亚龙,王东风.高强度圆环链实用技术[M].北京:冶金工业出版社,2018.

[192] 标准编写组.工程机械用高强度耐磨钢板[OL].中国耐磨网,2010.

[193] 罗丽军.国外高强度耐磨钢生产概述[J].宽厚板,2008,14(3):46.

[194] 李文斌,费静,曹忠孝,等.我国低合金高强度耐磨钢的生产现状及发展方向[J].机械工程材料,

2012,36(2):6.
[195] 苏奋伟.瑞钢悍达 HARDOX 高强耐磨钢板和耐磨管在采矿设备的应用和发展[J].中国矿业,2012,21(增刊):554.
[196] 张宇斌,秦洁.高强度耐磨钢板的生产现状及发展[J].世界钢铁,2009,(6):24.
[197] 张亚丽,赵志毅,张西忠.通过 TMCP 工艺改善准贝氏体耐磨钢板的性能[J].宽厚板,2006,12,(1):24.
[198] 余伟,唐荻,蔡庆伍,等.控轧控冷技术发展及在中厚板生产中的应用[J].钢铁研究学报,2011,23(增刊 1):82.
[199] 李晓霞,胡水平,武会宾.热处理对 HB400 耐磨钢组织和性能的影响[J].热加工工艺,2009,38(2):116.
[200] 刘志学,程巨强.热处理工艺对 20CrMn2Si2Mo 耐磨钢板组织和性能的影响[J].热加工工艺,2008,37(24):94.
[201] 田锡亮,余伟,宋庆吉.MULPIC 冷却装置在品种钢研发中的生产实践[J].钢铁,2009,44(5):88.
[202] 林风梅.海洋石油平台系泊索研究及应用[J].金属制品,2014,40(2):1.
[203] 姚良.新型海洋工程用系泊链钢组织与性能研究[D].镇江:江苏科技大学,2009.
[204] Gladman T.材料科学与技术丛书(第 7 卷)钢的组织与性能-9 钢轨、棒材、型材及锻件用中高碳钢[M].祖荣祥译.北京:科学出版社,1998.
[205] 周清跃,张银花,陈朝阳,等.国内外钢轨钢研究及进展[J].中国铁道科学,2002,23(6):120.
[206] 周清跃,张银花,梁旭,等.国内外铁路用金属材料的现状及进展(上)[J].铁道技术与监督,2016,44(2):1.
[207] 周清跃,陈朝阳.钢轨用空冷贝氏体钢性能及组织研究[J].中国铁道科学,2012,23(1):101.
[208] 王宝峰,杨丽颖,李春龙.重轨钢中稀土与铌的交互作用规律的研究[J].包头钢铁学院学报,2006,25(2):129.
[209] 李德虹,王权.U71Mn 钢钢轨轨端热处理工艺改进[J].金属热处理,2004,29(12):65.
[210] 周镇国,邵扬道,王树青,等.中国钢轨全长热处理技术的发展与展望[J].中国铁道科学,1999,20(4):61.
[211] 周清跃,张银花,陈朝阳,等.我国铁路钢轨钢的研究及选用[J].中国铁路,2011,(11):47.
[212] 张银花.国产钢轨性能对比研究[C]//铁科院金属及化学研究所 2002 年学术活动周研讨会论文集,2002:53.
[213] 周清跃,张银花,陈朝阳.高速铁路用钢轨的若干问题[J].铁道建筑技术,2004,(2):54.
[214] 劳丽君,王超会.铁路钢轨用钢及其热处理的研究进展[J].热加工工艺,2009,38(10):162.
[215] 陈昕,金纪勇,王冬,等.复合微合金化贝氏体钢轨组织性能研究[J].鞍钢技术,2022(5):30.
[216] 王丽敏.钢筋混凝土用热轧带肋钢筋标准历次修订情况介绍[J].冶金标准化与质量,1999,37(3):15.
[217] 王丽敏.钢筋混凝土用热轧带肋钢筋新标准修订的主要内容[J]//冶金标准化与质量,1999,37(3):18.
[218] 武保民,翟武.高延性冷轧带肋钢筋生产的新设备和新工艺[C]//全国金属制品信息网 22 届年会论文集:设备研制与应用,2010:159.
[219] 刘宝超,刘桂华,苏玲.预应力混凝土用螺纹钢筋的研制开发[J].天津冶金,2011,(4):7.
[220] 王厚昕,李正邦.我国热轧钢筋的发展和现状[J].材料与冶金学报,2006,5(2):141.
[221] 杨才福,张永权.钒氮微合金化技术在 HSLA 钢中的应用[J].钢铁,2002,37(11):42.
[222] 张永权,杨才福,柳书平.经济型建筑用Ⅲ级钢筋的研究[J].钢铁,2000,35(1):43.

[223] 郭云峰,李学勤,黄振晖,等. Nb 微合金化 HRB400 钢筋的开发[J]. 冶金丛刊,2006,(1):8.
[224] 周世峰,刘龙梅. 铌铁微合金化 HRB400 钢筋的试制[J]. 连铸,2007,(1):4.
[225] 中信微合金化技术中心. 微合金化 HRB400 热轧带肋钢筋生产指导意见[N]. 世界金属导报,2005 年 7 月 2 日,第 8 版.
[226] 徐效谦,阴绍芬. 特殊钢钢丝[M]. 北京:冶金工业出版社,2005.
[227] 徐效谦. 钢丝索氏体化工艺探讨[C]//第十届中国科协年会论文集,郑州,2008:1035.
[228] 李晓波,黄正玉,诸葛宇明,等. 钢丝用非合金钢盘条系列标准的演变与发展[C]//标准与检测第 23 届年会,2013:305.
[229] 董成瑞,任海鹏,金同哲,等. 微合金钢[M]. 北京:冶金工业出版社,2000.
[230] 蔡璐,王章忠,赵秀明,等. 冷作硬化非调质钢的形变强化效应[J]. 材料工程,2010,(4):69.
[231] 赵玉生,陈新安. 国内螺栓用非调质钢现状[J]. 钢铁钒钛,1992,13(5):59.
[232] 于同仁,惠卫军,曹军,等. 冷作强化非调质冷镦钢的研究开发[J]. 安徽冶金,2008,(4):1.
[233] 邓增杰,周敬恩. 工程材料的断裂与疲劳[M]. 北京:机械工业出版社,1995.
[234] 惠卫军,董瀚,翁宇庆. 耐延迟断裂高强度螺栓钢的研究开发[J]. 钢铁,2001,36(3):69.
[235] 翁宇庆,等. 超细晶钢:钢的组织细化理论与控制技术[M]. 北京:冶金工业出版社,2003.
[236] 惠卫军,董瀚,翁宇庆,等. 高强度螺栓钢的合金设计和性能[J]. 钢铁研究学报,2003,15(2):30.

第 6 章　机械制造用结构钢

机械制造用结构钢用于加工成机械和机械零件。机械制造用结构钢按化学成分可分为碳素结构钢与合金结构钢。机械制造用结构钢按其碳含量可分为低碳钢(碳含量在0.25%以下)和中碳钢(碳含量 0.25%～0.55%,以及 0.60%)。中碳钢最常用的热处理方式是调质(淬火+高温回火),故这类钢常称为调质钢。低碳钢常用渗碳,故这类钢常称为渗碳钢。当然这类钢的热处理方式并不限于此,这种分类也不是严格的,有些牌号的钢既可采用渗碳(或其他化学热处理)也可采用调质。

6.1　调质钢对基本性能的要求

调质钢对基本性能的要求是:要有足够的淬透性和良好的综合力学性能。调质钢在制造过程中的机械加工量很大,因此钢的切削加工性也必须考虑,尤其在大量生产的条件下更显得重要。

6.1.1　调质钢的淬透性

调质钢制作的零件断面尺寸变化很大,淬透性是调质钢选材的重要依据。在4.4.3 节中已经讨论过淬火和高温回火(调质)能显著改善钢的力学性能。碳素结构钢的一个重要缺点是淬透性低,如 40 钢在水中淬火时,如果整个截面要求得到马氏体,其直径不得超过 10mm,心部得到半马氏体时,其直径不超过 20mm,直径超过 100mm 时,即使在水中淬火,表层也得不到马氏体组织。因此在截面较大时,碳素结构钢不能通过调质使力学性能得到改善。钢中加入合金元素后,可以使钢的淬透性得到很大改变。

当钢的淬透性不足时,淬火冷却后,会得到各种过冷奥氏体转变产物。这些非马氏体组织对钢的力学性能影响如何?这是应当了解清楚的。下面的采用两种不同的方法研究过冷奥氏体转变产物对淬火钢力学性能的影响。

一种方法是使钢的过冷奥氏体在不同温度下进行不同程度的分解,然后淬火,可以得到一定量的非马氏体组织,使用的钢的成分为 0.25%～0.30%C、3.06%～3.25%Cr、0.52%～0.56%Mo。用等温分解的方法得到不同的组织,然后将其回火以得到相同的抗拉强度(700MPa),进行比较,晶粒度均为 7,其力学性能的结果见表 6.1。为了更接近实际情况,还对同一种钢以非等温的方法得到各种过冷奥氏体转变产物,并回火以得到相同的强度(700MPa),奥氏体晶粒度为 7～8,所得到的回火组织、回火规程和性能见表 6.2。

表 6.1 珠光体、贝氏体和马氏体热处理得到抗拉强度为 700MPa 后的力学性能[1]

奥氏体等温转变产物	σ_b/MPa	σ_s/MPa	σ_p/MPa	S_K/MPa	δ/%	ψ/%	韧脆转变温度/℃		
							T_{c1}	T_{c2}	平均
珠光体(700℃分解,700℃回火 1.5h)	706	347	300	1275	30.5	62.0	43	50	47
贝氏体(380℃分解,650℃回火 48h)	704	552	442	1570	32.0	75.5	−82	−79	−81
马氏体(720℃回火 4h)	696	542	490	1765	35.2	78.5	−114	−109	−112

注:使用有尖缺口的夏氏冲击试样。T_{c1} 表示根据平均冲击功决定的韧脆转变温度,T_{c2} 表示以得到 50%脆性断口为标准决定的韧脆转变温度。在 900℃奥氏体化 0.5h。

表 6.2 各种过冷奥氏体转变产物的力学性能[1]

过冷奥氏体转变产物	回火规程(空冷)		σ_b/MPa	σ_s/MPa	σ_p/MPa	S_K/MPa	δ/%	ψ/%	韧脆转变温度/℃		
	温度/℃	保温/h							T_{c1}	T_{c2}	平均
上珠光体	700	0.5	707	315	126	1190	28.5	54.5	60	56	58
下珠光体	650	0.25	775	433	315	1390	28.5	65.5	40	42	41
下珠光体+贝氏体	650	48	722	465	340	1495	32.0	71.0	−9	−7	−8
贝氏体	650	48	713	546	473	1495	30.0	73.0	−64	−64	−65
贝氏体+马氏体	650	48	729	565	457	1560	32.0	74.0	−87	−81	−84
马氏体	720	4	765	612	520	1665	32.0	75.0	−105	−107	−106

注:同表 6.1。

由表 6.1 和表 6.2 试验结果可以看出,过冷奥氏体转变产物生成的温度越低,其韧脆转变温度也越低,并且在回火后获得相同的抗拉强度时,其他的力学性能指标也越高。并不难得出这样的结论,即淬火-回火钢只有淬火后获得完全的马氏体组织时,才能达到良好的综合力学性能。回火贝氏体组织的力学性能略差,上珠光体组织的力学性能最差,混合组织的性能属于中间。

另一种方法是将试样做成直径为 70mm、长为 170mm 的尺寸试块,连接在一直径为 150mm、高为 150mm 的钢块上,在炉中一起加热后取出。试块的一端用水冷却,冷却后沿长度测硬度,然后进行回火,并在至水冷端不同距离处切取横向试样,做拉伸和冲击试验。图 6.1 所示为 35CrNi3Mo 钢的试验结果。在至水冷端的距离增加时,σ_b 和 σ_s 下降,但只在距离大于 35mm 后下降才比较明显。观察显微组织可以看出,此处相当于含有 10%~15%贝氏体组织。−40℃时冲击韧性也差不多在此距离处开始下降。高一些温度时的冲击值和塑性(δ、ψ)只在距离水冷端 60mm 处才开始下降。

根据对不同钢进行的试验和一些其他的研究工作,可以得出如下的结论:

(1) 对于调质用钢,在淬火后存在 10%~15%贝氏体,尤其存在下贝氏体时,对钢的力学性能没有明显的不良影响。

(2) 分解产物的生成温度越高,对性能越不利,对于重要用途的零件,不希望在淬火后有珠光体组织;对于比较重要的零件,希望淬火后珠光体含量不超过 10%。

(3) 实际经验证明,淬火后存在少量自由铁素体,尤其沿晶界分布,对力学性能是很有害的。无论是静负荷、动负荷还是交变负荷下,破坏总是首先在铁素体内进行。这是由于铁素体的正断抗力较低,强度也低,在受到其他强度较高的组织组成物的作用下将产生

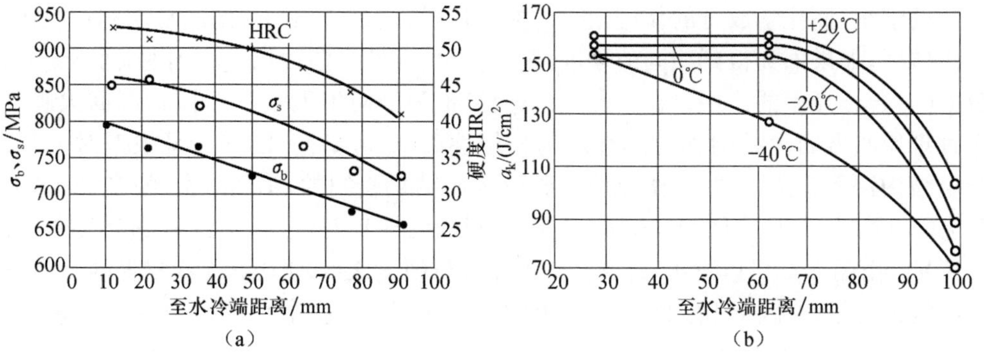

图 6.1　35CrNi3Mo 钢的性能随至水冷端距离的变化[2]

淬火及 600℃回火

体积应力，加剧脆性断裂的倾向。

对于一些重要零件，尤其是其受到强的动负荷和在低温下工作时，为了防止在淬火时生成非马氏体组织，使用的钢必须保证具有足够的淬透性。

在生产实践中，应根据具体零件的工作条件和失效分析，确定它对淬透性的要求，并根据制成零件后零件的服役情况进行检验。

对重要零件，淬透性的一般要求是：在承受危险应力部位保证获得 90％以上的马氏体。具体说来，单向均匀受拉、压或剪切应力的重要零件(连杆、重要螺栓等)，要求淬火后心部获得 90％以上的马氏体。承受扭转或弯曲的重要零件(传动轴)，因弯、扭时应力由表面至中心逐渐减小，要求淬火后离表面 1/4R(半径)处保证获得 80％马氏体，或者心部得到 50％马氏体。这样可以大大提高可用断面的尺寸，并且利用内外比容变化，使表面产生残余压应力，有利于提高疲劳强度。不很重要的零件，或者零件虽然重要但因考虑刚度设计尺寸较大，单位面积受力较小，对马氏体量与淬硬层深度的要求还可以进一步降低。

对于截面尺寸较大的低合金钢调质零件以及某些超过一定尺寸的碳素钢调质零件，由于尺寸超过该材料的可淬透淬硬的尺寸范围，故这类零件“调质”时，不仅不可能得到全部回火索氏体组织，甚至淬火后表层硬度也不高。然而在淬火过程中，沿工件截面各点的冷却速率毕竟较正火或退火快，“调质”处理所得的组织较正火或退火细，力学性能相对来说比较好。因此，一些尺寸较大的零件的最终热处理根据零件大小及不同的性能要求选用调质、正火或正火＋高温回火(目的是去应力)。一般在保证得到零件所要求的力学性能条件下宜采用正火，尺寸很大时正火后还进行高温回火。这种方法所产生的应力较调质小，但当性能要求较高、零件尺寸又较大时，为了避免或减少铁素体的析出，则采用“调质”工艺较合适，处理时为了防止开裂一般以油淬为宜。

6.1.2　调质钢对综合力学性能的要求

从上面的讨论中可以看出，钢中加入合金元素以后，由于提高了淬透性，较大截面的零件有可能进行整体淬火或回火，得到完全的淬火组织，从而有可能利用调质以改善钢的综合力学性能。合金元素对调质钢力学性能的影响是直接的作用还是间接的作用，曾是一个有争论的问题。

一些研究工作者认为[3,4]，结构钢在完全淬透的情况下，决定其力学性能的基本上是回火后的组织,而化学成分的作用很小。换句话说,碳含量相同的细晶粒结构钢在淬火得到马氏体后,如果回火得到相同的硬度,则其强度、韧性和塑性也是相同的,而不论其化学成分如何,合金元素的作用只在于影响淬透性和马氏体的回火稳定性,抑制回火脆性等,把这种现象叫做回火结构钢力学性能的相似性(similarity)。图 6.2 是根据对一系列中碳合金结构钢经完全淬透后,做拉伸试验测定的结果绘制的,钢的成分范围[5]:0.25%～0.50%C,0.30%～1.65%Mn,0%～3.75%Ni,0%～1.25%Cr,0%～0.40%Mo,0%～0.15%V。由图 6.2 可以看出,σ_b、σ_s、ψ、δ 等值与硬度之间的关系有着较强的规律性,从回火结构钢力学性能相似的观点出发,人们在选择钢材时就采用淬火-回火后的硬度值作为指标。但是根据实践经验,要求淬火-回火后得到一定硬度值时,为了保证能获得较高的综合力学性能,钢材淬火后的硬度值不得低于某一允许值,其关系如图 6.2 所示。例如,淬火-回火后的硬度值要求 30～35HRC,那么钢在淬火后的硬度值应尽量选得低一些,较低碳含量的钢在回火至同一硬度时,有较高的塑性、韧性,而且在热处理过程中变形、开裂现象较少和残余奥氏体的含量都较低。在实际工作中,常常根据钢材的淬透性和有关图表进行综合分析,从而选择合乎要求的钢种也是基于上述观点。例如,某发动机轴直径为 45mm、长为 192mm,在交变的弯曲和扭转应力下工作,根据工程力学分析,要求最大弯曲应力为 560MPa,最大扭转剪应力为 175MPa,可以按下述步骤选用适用的钢材。

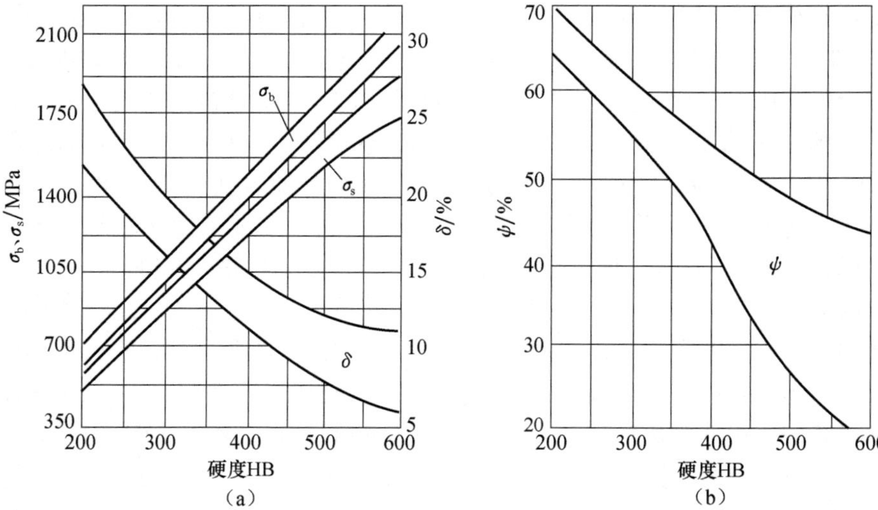

图 6.2 不同成分的中碳合金结构钢淬火-回火后的硬度值与其他力学性能的关系[3,4]

因为扭转剪应力尚不及弯曲应力的一半,所以按最大弯曲应力来考虑。因零件承受交变应力,其主要破坏形式是疲劳破坏,所以要求材料的疲劳极限高于最大弯曲应力[6]。

图 6.3 是根据一些合金结构钢的疲劳试验结果绘制的钢的疲劳极限和硬度的关系曲线,在硬度不超过 40HRC 时,两者之间呈线形关系,符合式(4.49)。

由图 6.3 可知,要达到这一疲劳极限,调质的硬度应不低于 36HRC。又根据图 6.4,要达到此调质硬度,淬火硬度应不低于 45HRC,这样对于 0.4%C 的钢来说,在组织上应不少于 80%的马氏体。如前所述,承受弯扭的重要零件,表面至 1/4 半径处能获得 80%以上的马氏体即可满足要求。直径 45mm 的轴,在油中淬火时,其距表面 1/4 半径处的冷却速率与端淬试样上 11mm 处的冷却速率相同,因而所选择的钢材其端淬试样上距顶端 11mm 处能

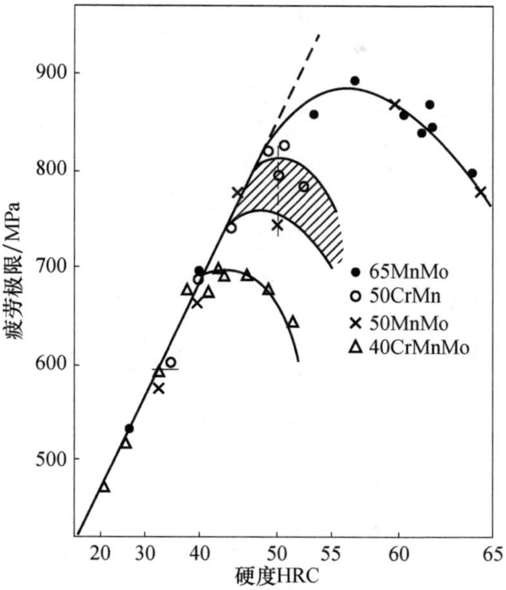

图 6.3　一些合金结构钢的疲劳极限与硬度的关系[7]

否达到 45HRC 是钢材是否合格的标准。根据 40Cr、35CrMo、40CrMnMo 钢的端淬曲线，查出距顶端 11mm 处的硬度分别是 32HRC、37HRC、49HRC。因此应选 40CrMnMo 钢来制造这根轴，其距轴表层 1/4 半径处能够达到 49HRC，超过了规定数值 45HRC，保证淬透性有一定的储备，以保证使用的可靠性。图 6.5 中 Ⅰ、Ⅱ、Ⅲ、Ⅳ 表示使用的步骤。

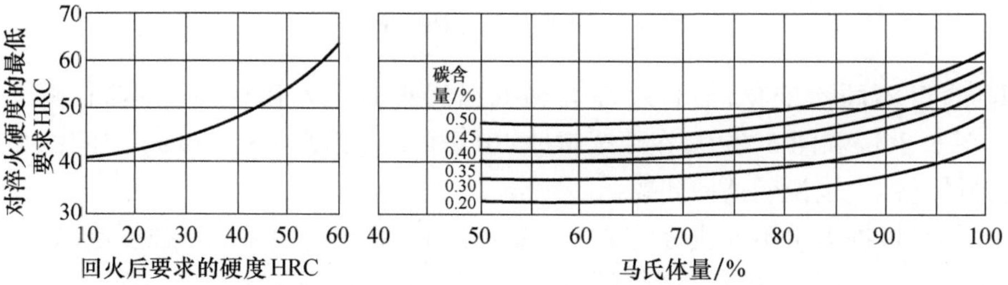

图 6.4　根据淬火-回火后要求的硬度选择合适的淬火硬度值和钢中合适的碳含量[6]

因此，回火结构钢力学性能相似性的观点在生产实践中获得一定的应用。一些国家还制定了按淬透性供应的钢种，淬透性相似的钢种可以相互替代使用，这简化了寻找代用钢的方法，显著减少了试验研究的工作量[8]。

然而，上述回火结构钢力学性能相似性的观点有其局限性，它是用通常的拉伸和室温冲击试验建立起来的。随着科学研究工作的进展，发现这种观点没有能揭示合金元素对钢材综合力学性能的全面作用。因此，现在很多人认为合金元素除增加淬透性外，对钢的力学性能有直接影响，这种现象叫做回火结构钢力学性能的非相似性[2]。

合金元素的这种直接影响至少表现在以下几个方面：

(1) 由于合金元素能提高回火稳定性，在得到相同的强度时，允许回火至更高的温度，因此可以得到更好的塑性和韧性。不同合金元素对塑性、韧性均有独立的作用，而这

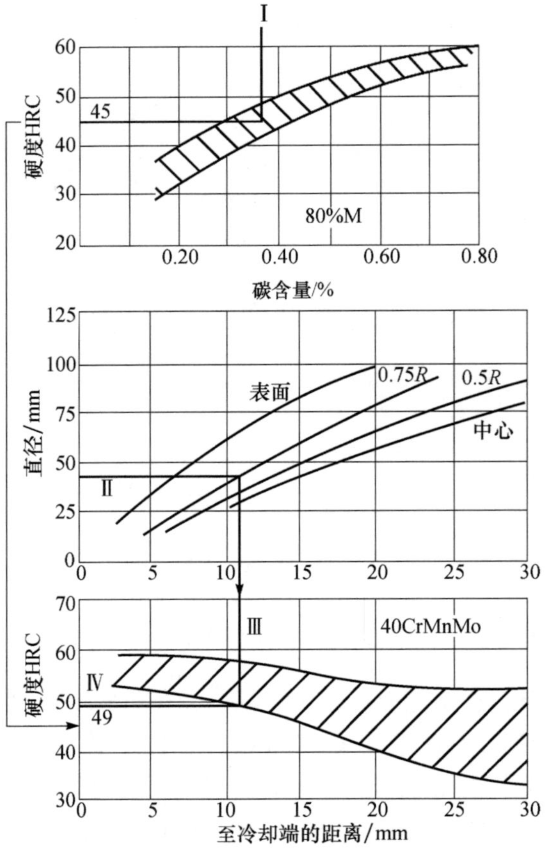

图 6.5　根据淬透性选择钢材[6]

种作用随含量不同而变化，而且在高温和低温回火时的作用也可能不同(图 4.67、图 4.69)。图 6.2(b)和图 6.3 中，在硬度超过 40HRC 后，硬度与 σ_{-1} 和 a_k 之间的关系曲线上数值的散乱性大也说明这一问题。

图 6.6 是根据大量不同成分的炉号试验得出的，该图说明在一定强度范围里，合金元素提高抗拉强度的同时，也提高断面收缩率。图 6.7 为 Cr-Mo 钢和 Mn-V 钢在相同淬透性和抗拉强度下冲击韧度的变化，该图说明两种钢在相同淬透性条件下，一定抗拉强度范围(900～1050MPa)内，两者的冲击值差一倍以上。

(2) 合金元素影响钢的韧脆转变温度和缺口效应。应该指出，标准力学性能(静拉伸下测定的强度及塑性参数和室温冲击韧度，即通常所说力学性能的五项指标)并不能全面表征结构钢的服役性能。通常，实际结构零件总是具有复杂形状或存在各种形式的缺口，并常常在冲击载荷或交变载荷的应力状态下工作，因此研究合金元素对钢的力学性能的影响，必须考虑韧脆转变温度和缺口效应。

不同合金元素对韧脆转变温度的影响不同，像前面已指出的，合金元素对铁素体韧脆转变温度影响的规律在淬火-回火钢中仍然保持着。各元素中，镍有特别良好的作用。

在室温下对合金钢进行缺口拉伸试验，已能明显地显示出化学成分对缺口抗拉强度的直接影响(图 6.8)。图中直线表示缺口抗拉强度开始时随抗拉强度的 1.5 倍而增加。而达到一定值以后，缺口强度开始缓慢变化。研究指出，高于分离点以后，缺口强度受缺

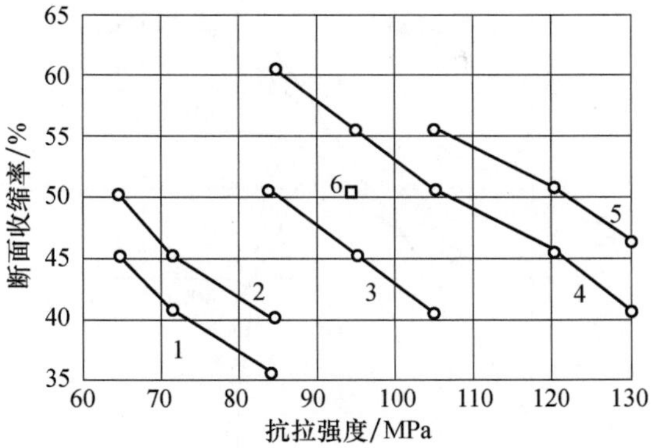

图 6.6　不同结构钢的塑性和抗拉强度间的关系[9]

1—C 钢(优质)；2—C 钢(高级优质)；3—Mn 钢；4—Cr-Mo 钢；5—Cr-Ni-Mo 钢；6—Cr 钢

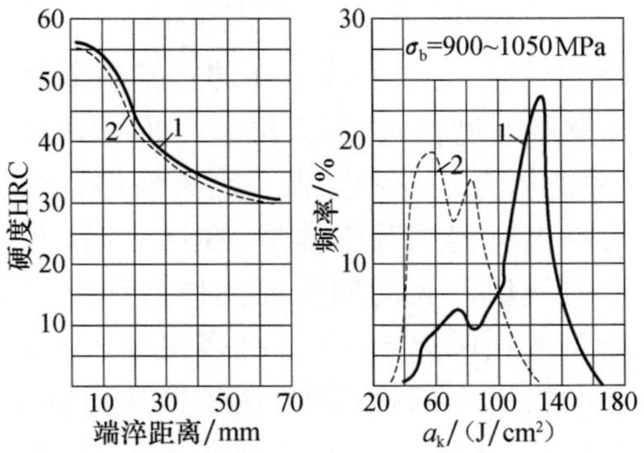

图 6.7　Cr-Mo 和 Mn-V 钢在相同淬透性和抗拉强度下冲击值的变化[9]

1—Cr-Mo；2—Mn-V

口塑性的控制。因此反过来，这个区域的缺口强度是缺口塑性的一种度量。实验表明，在高强度范围内，40Mn2 钢的缺口塑性最低，而 40Cr、40Ni3 和 40CrNiMo 钢缺口塑性逐渐增加，显示出镍改善缺口塑性的良好作用。

因此，对完全淬透的回火合金结构钢力学性能的评价，应该看到其标准力学性能有相似性的一面，这样就能把合金结构钢按强度分类，从而根据合金元素提高淬透性的作用，考虑结合国家资源特点，选择正确的合金化方向和指导一般机械零件的选材问题。与此同时，还要看到其力学性能的非相似性的一面，对服役条件复杂的机械零件进行钢材选择和考虑合金化方向就不得不考虑合金元素的直接作用。在这种情况下，必须对具体零件的服役条件和失效原因进行具体分析，考虑合金元素的直接作用，从而有针对性地选择钢材，制订工艺，才能做到有的放矢地解决问题。

长期以来，人们把标准力学性能指标的良好配合作为衡量材料是否具备良好综合力学性能的标准，认为调质钢经过调质处理后具有良好的综合力学性能。

近年来对冲击疲劳的研究表明[11]，采用一次冲击试验得出的 a_k 值作为衡量材料对冲击载荷抗力的指标不完全符合生产实际，因为绝大多数承受冲击的机器零件是在

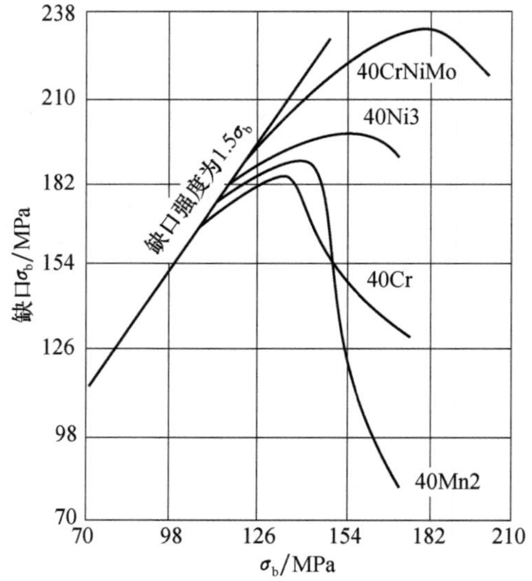

图 6.8　四种钢抗拉强度与缺口抗拉强度的比较[10]

小能量多次冲击下工作,很少是一次冲击就损坏的。其破断过程是由于多次冲击损伤积累所导致裂纹的发生和发展的过程,这与大能量一次冲击破断的过程是不同的。多次冲击的试验表明,多次冲击抗力是一个要求一定塑性但以强度为主导因素的韧性问题。因此碳素及合金结构钢淬火得到马氏体后,在回火时,其最好的综合力学性能不是高温回火的索氏体而是中低温回火的回火屈氏体或回火马氏体,冲击能量越小,最佳回火温度越低。温度低于最佳回火温度时,抗多次冲击的能力又降低,这说明不同冲击能量对材料塑性的下限提出不同的要求,在较低冲击能量时要求的塑性较低,而在较高冲击能量时则要求的塑性较高。只要能满足对塑性的这一最低要求,则钢的强度越高,其抗多次冲击的能力越高。

下面给出试验的结果[12]:在冲击能量较高时(从冲击几百次破断到数万次破断),40钢在 320℃回火时多次冲击抗力最高,40MnB 钢 200℃回火时最高,40CrNiMo 钢 400℃回火时最高,当能量降低到冲击数万次以上破断时,三种钢都表现为 200℃低温回火时多次冲击抗力最高。500℃回火时的调质状态,无论在较高或较低能量下都不具有高的多次冲抗力。

我国一些工厂目前使用低温回火的高碳钢代替了过去使用的低碳合金钢 12Cr2Ni4A、20CrMnMo 等制造受剧烈冲击载荷的凿岩机活塞,使用寿命反而延长一倍以上,这也说明 a_k 值在这种工作条件下不能代表材料的服役抗力指标。过去习惯对一般机件提出相当高的 a_k 值要求,有些是承袭过去的经验数字,有的是为了控制和保证钢材冶金质量的,这在许多情况下并不能表征机件服役的抗力要求。为了充分发挥钢材的潜力,应该根据机械零件的服役条件和失效分析,有针对性地制订最佳的回火规范。

某厂一吨模锻锤的锤杆直径为 120mm,长为 2360mm,每分钟冲击 80 次。锤杆用 45Cr 钢制造,850℃加热后淬油,然后经 650℃回火 3h,硬度为 227～238HB,a_k=130J/cm^2,使用中常折断,寿命一个月左右,后采用 3%NaCl 水溶液强烈淬火,使锤杆表面获得一定深度的马氏体层,最后 450℃中温回火,硬度提高到 45HRC 左右,a_k 值下降到 40J/cm^2,使用寿命提高到 8 个月以上[13]。

6.1.3　调质钢的切削加工性

在机械制造工业中，切削加工占有很重要的地位，因此要求钢材具有良好的切削加工性。切削加工性常常是合金结构钢选用的重要依据。

切削加工性一般是指允许的切削速率（它决定着机床的生产率）、切削力和表面光洁度。切削加工性好的钢材应该是足够软的且同时又是足够脆的，保证切屑易于脱落，这样切削过程中所产生的热量可以被切屑带走，从而提高切削稳定性和增加切削速率。切削速率的提高和切屑韧性的降低，除了可以获得高的生产率外还能保证获得高的表面光洁度。不过切削加工性是一个比较复杂的概念，同一种钢材的切削加工性还与加工方法（车、铣、钻、磨）有关，在粗加工或者精加工时也可能不同。

钢的切削加工性与其力学性能、组织及化学成分有关。

力学性能方面，硬度及强度过高，将过量地磨损刀具，降低切削速率，并多耗费动力，使加工性能变坏。但硬度太低、塑性和韧性太高时，切屑不易断开，工件和刀具接触处局部变形大，形成所谓“黏刀子”现象，这样容易磨损刀具，表面光洁度较差。一般硬度在 200HB 左右时，切削加工性能较好，但硬度相同时，由于成分和组织不同，切削加工性也会有较大的差异。

钢的组织明显地影响切削加工性。对于渗碳用钢，采用高温正火，得到粗大的晶粒和魏氏组织，可以改善切削加工性，此时冲击韧度降低，有利于断屑。当中碳钢具有较粗大的珠光体和铁素体的混合组织时，切削加工性较好；粒状珠光体和铁素体的混合组织，韧性较高，不易加工，表面光洁度不好。严重的带状组织使切削加工性变劣，会产生“黏刀子”现象，因此在原始组织中不希望有。

关于各种元素对钢的切削加工性的影响在 4.3.5 节中已有论述。

调质钢的切削加工性能常常决定着零件的生产工艺路线。下面叙述调质零件几种生产工艺路线的确定原则。

1）先调质后机械加工

零件硬度要求较低者（一般为 170～230HB，最高平均硬度不超过 285HB）可采用这种方案。大量生产的工厂，调质工序在毛坯车间完成，毛坯在热加工后就进行调质，即采用锻造→调质→机加工的工艺路线。带孔的零件，钻孔时若硬度高易折断钻头，如采用此方案，要求调质后的硬度更低些，一般不应超过 250HB。

此种方案中调质工序与热加工紧紧相连，大量生产的工厂对调质碳素钢与合金度不高的结构钢，逐渐推广利用锻后余热进行淬火。在锻造时控制停锻温度。油淬后立即高温回火以防开裂。实践证明，利用锻后余热淬火不仅简化工序，节约工时，降低设备费用，还可以提高淬透性，在晶界上不易析出铁素体与屈氏体，回火后容易得到均匀的回火索氏体。锻造淬火-回火后因组织和硬度均匀，故切削性良好，刀具寿命可提高。利用锻后余热淬火还可以提高回火稳定性，要回火到普通淬火零件相同的硬度，需适当提高回火温度，故回火后韧性较高。

2）粗加工后进行调质

零件硬度要求较高时，如平均硬度大于 285HB，为便于机械加工，应在预先热处理后先进行粗加工，然后调质，调质后再进行精加工，工艺路线为：热加工（锻造）→预先热处理→

机加工→调质→机加工。一般碳素结构钢(w_C<0.50%)锻件预先热处理采用正火,低合金中碳结构钢采用退火,高合金结构钢的预先热处理采用正火加高温回火。如采用型材直接下料加工零件,则不再进行预先热处理(已在冶金厂进行)。

当零件尺寸较大,受材料淬透性限制,表层能淬硬时,若采用这种工艺路线,调质后加工裕量较小,可获得较深的淬透层。截面差较大的一些零件,如一些轴类,为保证小截面有深的淬透层,亦可采用此方案。

采用此工艺路线时,零件表面经过机械加工,热处理后进行质量检验比较方便。

3) 整体调质或正火,局部表面淬火

整体调质获得回火索氏体组织,一方面可提高心部综合力学性能,另一方面可为表面淬火做组织准备。表面淬火可使表层获得高的硬度与耐磨性,提高疲劳强度,工艺路线为:锻造→调质(228～269HB)→机加工→中频淬火自行回火。

有些零件截面或心部所受应力不很高时,为操作方便,预先热处理可采用正火,制造工艺路线为:锻造→正火(163～197HB)→机加工→中频淬火自行回火。有些受力不大的机床齿轮,预先热处理采用正火,齿轮表面加工光洁度较调质者为好。

在工艺路线安排时,为了防止某些高精度零件的变形和尺寸不稳定,还应当考虑根据情况在机加工工序后增加去应力退火工序。加热温度一般为400～650℃,要根据钢种、工件尺寸和工件形状来决定。经过热处理的零件,当终冷冷却速率较快,特别是当零件尺寸较大时,也会有内应力存在,可以考虑进行一次去应力退火(即高温回火)。

6.2 渗碳钢对基本性能的要求

渗碳是目前广泛使用的一种化学热处理方法,它主要用于要求表面硬而心部韧的零件,如航空发动机、汽车、拖拉机上的许多传动齿轮、活塞销、凸轮轴等。渗碳一般都采用低碳钢加工成形后进行渗碳,随后进行淬火、低温回火等热处理。

齿轮用渗碳钢占渗碳钢用量很大一部分,而汽车齿轮用钢消耗齿轮钢用量的一半以上,对用钢的质量要求最高。

汽车、拖拉机变速箱和后桥齿轮在工作时主要载荷分布在轮齿上。齿根承受交变的弯曲应力,换挡齿轮的齿端承受着小能量的多次冲击。齿轮在啮合传动过程中,两齿面互成线接触并有滑动,齿面承受磨损,接触处受交变接触压应力。行车中突然接合离合器或紧急刹车时,齿轮还会受到很大的冲击力。齿轮受力情形是很复杂的。

6.2.1 渗碳齿轮的主要失效形式

渗碳齿轮是渗碳钢应用中最具代表性的零件。分析渗碳齿轮的失效形式有助于了解渗碳钢对性能和渗碳组织的要求,而渗碳钢的性能和渗层组织取决于钢中的碳含量、加入的元素、钢的冶金质量和渗碳工艺。

齿轮的失效形式主要有以下几种:齿面磨损和刮伤、轮齿断裂、轮齿端部损坏、齿面剥落(浅层剥落或称麻点、深层剥落、表层压碎)[14]。

1) 齿面磨损和刮伤

不少齿轮失效是由于齿面磨损造成的。一般认为,造成齿面磨损的主要原因是齿轮表层硬度低和残余奥氏体量过高,因而使齿面易于发生塑性变形,引起齿轮扭曲,产生不正常的啮合,以致增加磨损的程度。

刮伤则是在高负荷作用下,由于润滑油膜破坏,在相当大的滑动速率下,两个啮合齿轮接触区相碰,使齿面产生咬合,咬合发生后,滑动力从一个表面撕下金属,结果一个表面产生微小的凹坑,而另一表面产生一个突出部分,从而引起进一步的刮伤。

2) 轮齿断裂

齿轮轮齿断裂是齿轮最严重的损坏形式。

一种情况是轮齿的疲劳断裂,主要发生在低速挡高负荷齿轮(如后桥齿轮)。断裂原因主要是由于在交变弯曲应力的长期作用下,轮齿根部产生疲劳裂纹,随后裂纹扩展,直到断裂。轮齿的疲劳断裂主要是由于齿形、加工痕迹、热处理时的变形和装配不当等因素造成的应力集中而引起的。网状碳化物和大量残余奥氏体的存在等,对疲劳裂纹的发生和发展也有很大的影响。

另一种轮齿断裂的情况是由于短时间的过负荷引起应力大于轮齿渗碳层的强度极限时,会造成渗碳层的破裂,随后扩展到整个轮齿,发生断裂。如果心部硬度过低,静强度不够,再加上表面碳化物过多并呈网状分布和有大量残余奥氏体存在时,容易导致轮齿断裂,断口表面向外凸(韧性断裂)。如果心部硬度过高,脆性过大,会在过负荷冲击作用下,造成轮齿的脆性断裂,断口为凹面。

3) 轮齿端部损坏

这种破坏形式往往是由于换挡时轮齿端部受冲击负荷,致使渗碳层压陷、压裂或撞碎而引起破坏。轮齿心部硬度对端部损坏有很大影响,低的心部硬度将促使渗碳层的压碎和压陷。另外,渗碳层中有网状碳化物和大量残余奥氏体存在时,将使渗碳层的强度降低,而促使轮齿端部破坏。

4) 齿面剥落(浅层剥落或称麻点、深层剥落、表层压碎)

这是汽车、拖拉机齿轮经常产生的一种破坏形式,是在交变应力作用下发生的一种接触疲劳破坏。

根据接触疲劳理论,在纯滚动条件下最大切应力发生在略低于每个滚动元件的表面,但在齿轮中,由于齿廓具有复杂的形状,纯粹滚动仅发生在其运动的节圆上。在一个轮齿上,高于或低于这个位置,将产生滑动,并随着与节圆距离的增大,滑动呈比例增加,因而当摩擦或滑动力加在接触面上正常的压应力之上时,最大切应力移向工作表面。因此疲劳裂纹有可能由表面发生。在切应力作用下,第一次裂纹与表面成 45°角,在两个接触面接触时,润滑油被压入裂纹内并被封闭,在高的压应力作用下,高压油向内部渗透,扩大了裂纹,在应力反复作用下裂纹逐渐扩大,在一个冲击弯曲应力作用下,裂纹处的小片金属就会折断,在表面形成孔洞(麻点),它一般分布在节圆附近。

按引起疲劳剥落初始裂纹的位置,可将接触疲劳破坏分为疲劳麻点剥落和表层压碎剥落两类,如表 6.3 所示。

由于表面层脱碳,淬火冷却不足(或淬透性不足)引起表层组织的缺陷使表面强度降低,疲劳裂纹很容易从表面产生。如果心部强度较高,则裂纹在浅层发展,形成浅层剥落,即麻点,深度为 0.1～0.4mm。如果心部强度较低,则裂纹向深处发展,可能直接造成深层剥落,深度为 0.4～2mm。

齿轮工作时,在其表层(强化层)与心部交界处,“应力/强度”比值最高,此时若心部硬度过低,渗碳层浓度梯度变化较突然,渗碳层较薄,则在强化层与心部交界处产生裂纹,从而引起表面层压碎,表现为深层剥落,在 0.6mm 以上。实验发现,当“应力/强度”比值大于 0.55 时,便会出现表层压碎现象。浅层剥落出现以后,由于接触面曲率半径变小,使“应力/强度”比值增高,超过 0.55 临界值后,在剥落后的表面下面将产生与表面平行的裂纹,在这种情况下浅层剥落就有可能引起深的表层压碎现象。

表 6.3　渗碳齿面剥落过程不同类型的示意图[15]

剥落过程	疲劳麻点剥落		表层压碎剥落	
	浅层剥落	深层剥落		
初始裂纹位置	表面	表面	内部	
剥落发生	表面逐渐发生	表面逐渐发生	剥落前无迹象,突然发生	
剥落形状	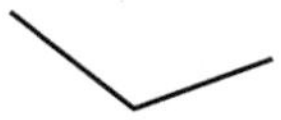	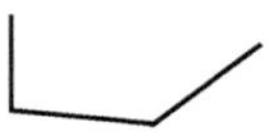	 (浅层剥落)	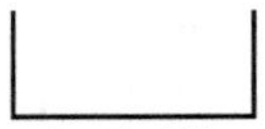 (深层剥落)
剥落深度	0.1～0.4mm	0.4～2mm	0.5b(b 为接触面半宽)	约硬化层深度
表面裂纹方向	与表面成锐角	与表面成锐角和垂直	与表面成倾斜角	与表面垂直

通过上述对一些渗碳齿轮的失效分析可以看出,渗碳钢的强度问题是十分重要的,同时对耐磨性的要求也是比较高的,而这些性能又主要取决于钢的化学成分与热处理后的显微组织。在工艺性能方面,主要是要有足够的淬透性和良好的切削加工性。随着汽车行驶速度的变化,齿轮噪声也成了一个重要的问题,因此控制热处理变形也是很必要的。最后还应当指出,齿轮的失效形式还与设计、装配及操作等一系列因素有关。

6.2.2　渗碳钢对力学性能的要求

汽车、拖拉机的变速箱、后桥齿轮及绝大多数渗碳零件都在交换负荷下工作,因此要求有高的疲劳强度。影响其疲劳寿命的主要因素有渗碳层表面碳浓度、渗碳层深度与心部的强度或硬度。

渗碳可以提高疲劳强度,因为渗碳层可以产生有益的压应力。但当表面层碳浓度超过一定数值后,增加了表层的残余奥氏体量,而奥氏体的比容较小,反而使表层的压应力减小,同时还可能恶化表层的显微组织,因此表层碳浓度要控制在一定范围内才能得到最高的疲劳强度。从表 6.4 可以看出,18CrMnTi 钢渗碳试样的疲劳极限在渗层表面碳浓度为 0.93%时具有最高值。在表面层碳含量和渗碳层组织相同的条件下,增加渗碳层的厚度会提高疲劳极限。但由于在一般条件下增加渗碳层厚度都会增加表面层碳含量,使组织恶化(增加残余奥氏体等),渗碳层超过一定厚度时,疲劳极限将降低(图 6.9)。因此在增加渗碳层厚度时,只有控制渗碳层的碳浓度才是有意义的。

表 6.4　表面碳含量对 18CrMnTi 钢渗碳淬火后疲劳极限的影响(试样直径 6.3mm)[16]

参数	渗碳层表面碳含量/%			
	0.8	0.93	1.15	1.42
疲劳极限/MPa	870	940	840	680

在表面没有应力集中或虽有应力集中(缺口、断面变化等)但集中的应力不超过渗碳层的疲劳强度时,疲劳破坏常在渗碳层下开始(图 6.10(a)),因此心部的强度越高,渗碳钢的疲劳极限也越高。但心部强度亦不能太高,否则会阻碍表面压应力的形成,试验证实心部抗拉强度为 1200～1500MPa 时,其疲劳极限最大(图 6.11),此时心部硬度应为 30～40HRC。当应力集中很严重,超过了硬化层的疲劳极限时,破坏自表面开始,疲劳极限决定于渗碳层的性能,缺口将降低疲劳极限(图 6.10(b))。

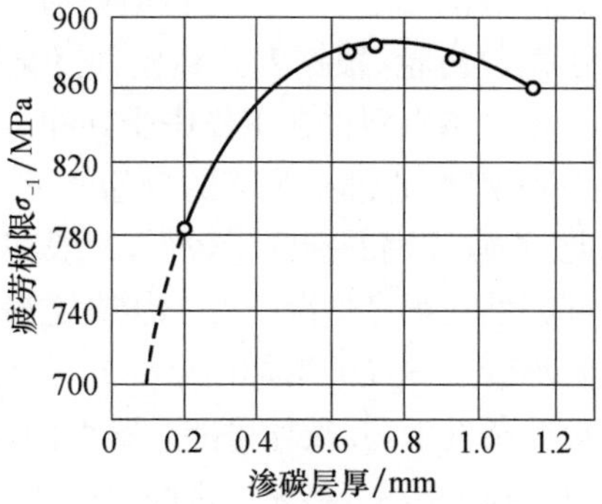

图 6.9　渗碳层厚度对 18CrMnTi 钢一次淬火后疲劳极限的影响[16]

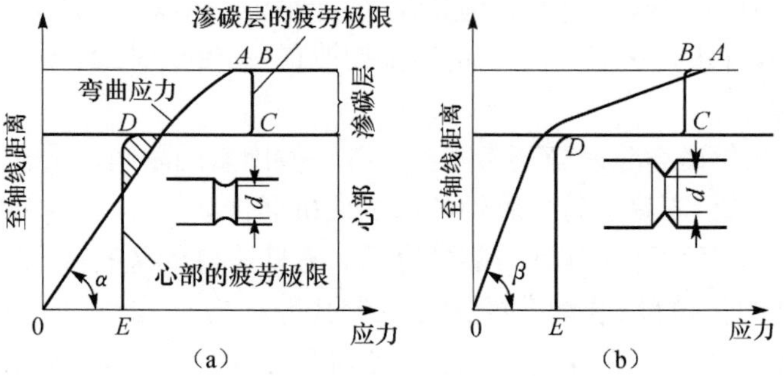

图 6.10　不同缺口形状的渗碳试样断面上的应力分布[14]

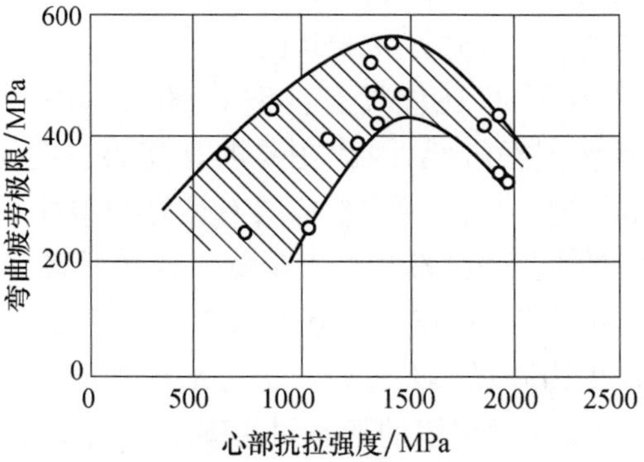

图 6.11　齿轮疲劳强度和心部抗拉强度之间的关系[17]
碳素和合金渗碳钢齿轮模数 3

渗碳零件的渗碳层厚度通常是由零件的尺寸和工作条件决定的。经验证明,对于提高零件疲劳强度的表面强化层厚度(相当于渗碳层总深度)和零件截面尺寸之间的关系有一个适宜的比例范围,即

$$\delta = (0.1 \sim 0.2)R \tag{6.1}$$

式中,δ 为强化层厚度;R 为零件截面半径。

一般机器零件渗碳层厚度为 0.5～2.0mm,在重载大齿轮上,渗碳层深可达 5～8mm。对于齿轮,有资料介绍,渗碳层的深度(指硬度达到 50HRC 的最小深度)应为齿轮模数的15%～20%，希望疲劳强度高者用15%，希望深层剥落抗力高者用20%。对于小模数齿轮，根据实践经验，此值偏低。

不少渗碳零件在工作中受到冲击负荷。过去曾认为渗碳零件的强度主要决定于心部的韧性和塑性，心部有足够的韧塑性才能使零件在被认为最有危险的冲击负荷下不致断裂。因此，渗碳用钢的碳含量较低，一般在0.17%以下。但是使用经验和以后的一些试验证明，心部韧性在很多情况下并不能决定渗碳零件的使用寿命。一般来说，渗碳钢材的冲击值是随着渗碳层深度的增加而减少的，因此渗碳层深度必须控制在一定范围内。渗碳零件在冲击负荷条件下，其破坏可能是脆性的，也可能是韧性的。心部硬度过高，增加了钢材的脆性，在过负荷冲击下，容易出现脆性破坏。例如，某一后桥从动齿轮，用30CrMnTi钢制造，短期行驶后，在一次猛挂挡起步时发生轮齿折断，断口为凹面。经分析，认为齿心硬度过高(50～52HRC)是齿牙折断的原因。在韧性破坏时，渗层形成裂纹后被韧性的心部所阻，此时，心部冲击值越高，渗碳件的冲击值也越高。但是在这种情况下，渗碳层形成裂纹与零件断裂是同样危险的。因此，在冲击负荷下，对心部的冲击韧性有一定的要求，但要求并不很高，可以适当提高心部碳含量。

但是，提高渗碳钢碳含量时还要考虑到另外一些因素的限制。碳含量增高后，使某些零件生产工艺(如矫直)不易进行。脆性的增加使机器传动部分的一些断面尺寸较小和形状复杂的零件在恶劣条件下工作的可靠性降低。有些零件的某些部位需要在渗碳和淬火后进行精加工(轴的精拉削、装配孔的钻孔及铰孔等)，当$w_C \geqslant 0.25\%$时，虽在渗碳时加以保护，但淬火后硬度仍太高，难以加工。当心部碳含量增加时，淬火后表面层与心部的比容差会减少，使表面层有利的残余压应力降低，不利于表层的疲劳强度。因此，渗碳钢的最佳碳含量受到许多因素的影响，要根据零件的形状、尺寸和服役条件来考虑，最后经过实践来确定。一般都选择在0.15%～0.25%。

渗碳层在具有高强度的同时，还应具有良好的塑性。渗碳层的硬度值一般不低于58HRC，脆性较大，对表面情况很敏感，因此在要求有高的强度的同时，应具有消除应力集中的能力，而为了能消除应力集中，渗碳层应具有良好的塑性。表面层的碳含量不宜超过1.1%，超过此数值后，塑性及强度都会显著降低。合金元素对渗碳层的塑性及强度的影响尚缺乏系统的研究。镍含量增加时，不但提高渗碳层的强度，而且提高其塑性，因而使渗碳层对缺口的敏感性大为降低(表6.5)。铬含量增加能提高渗碳层的强度，但降低了塑性。还应当指出，渗碳层显微组织的形态对渗碳层的强度和塑性有很大的影响。

表 6.5 镍含量对渗碳层强度和缺口敏感性的影响[2,18]

钢的化学成分/%			渗碳层生成裂纹时的平均力 P/kgf[a]		缺口对 P 降低的影响/%
Mn	Cr	Ni	光滑试样	缺口试样	
0.56	1.45	0.50	4330	1965	54.0
0.63	1.31	3.28	6200	3750	39.5
0.62	1.33	5.18	6500	4870	21.1

注：a 1kgf≈9.81N。

近年来的研究工作表明，钢中的氧含量反映了钢中氧化物夹杂物含量，对齿轮的疲劳性能，特别是接触疲劳性能有明显的危害。我国对引进的20MnCr5等钢种进行过脱气和不脱气的对比试验证实，脱气齿轮钢疲劳寿命可提高50%以上。目前齿轮行业标准已将汽车用齿轮钢的氧含量规定为不大于 20ppm[19]。

6.2.3　渗碳钢的淬透性

保证渗碳钢心部组织和性能的核心是淬透性，一般用途渗碳件的心部组织为 50%左右的马氏体加其他非马氏体组织，而对于重要用途和承受大负荷的重要零件，则要求零件在热处理时淬透，心部组织为马氏体或马氏体加少量贝氏体，这一点与调质钢相同。

一些研究工作表明，在低碳钢（相当于渗碳钢的心部）[20]和高碳钢（相当于中渗碳钢的表层）[21]中，合金元素对淬透性的影响不同于中碳钢。

文献[20]确定了合金元素对低碳钢（心部）淬透性的影响，将碳的淬透性因子 D_{IC} 作为基数，采用多种渗碳钢的端淬淬透性数据，导出图 6.12 所示的 Mn、Si、Ni、Cr、Mo 各元素的平均淬透性因子。将图 6.12 与由中碳钢得出的淬透性因子（表 4.11）加以比较，表明低碳钢需要一组不同的淬透性因子。图 6.12 中 Mn 的淬透性因子低于表 4.11 给出的数值。图 6.12 中 Si 的淬透性因子低于表 4.11 中的数值，低碳钢中的 Si，当其含量大约低于 0.6%时就不起作用。表 4.11 中给出的 Ni、Cr、Mo 的淬透性因子均稍高于图 6.12 中的数值。

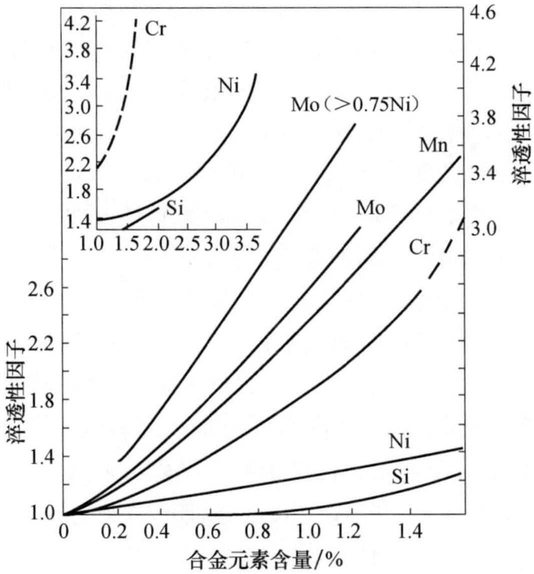

图 6.12　含 0.15%～0.25%C 的合金钢中几种合金元素的淬透性因子[20]

文献[21]研究了高碳钢中碳及合金元素对淬透性的影响，作者确定了不同奥氏体化温度对高碳钢淬透性因子的影响，用理想临界直径 D_{IC} 来表示，并与不同晶粒度级别的中碳钢得到的结果绘制在一起，如图 6.13 所示。图 6.14 为合金元素对渗碳层材料淬透性的影响。由图 6.12 和图 6.14 可见，不论在低碳（心部）和高碳（渗层），Mo 对淬透性的贡献均居诸元素之首，在高碳情况下尤为显著。Si 对心部材料淬透性的影响甚微，而对渗碳层淬透性的影响却超过 Cr 和 Mn。Cr、Mn、Ni 等元素对心部和渗层都有较明显的作用。应当注意，上述的淬透性是以获得不小于体积分数 90%马氏体为判据。因此在选择渗碳钢时，不但要考虑心部淬透性，而且也要考虑渗层的淬透性[22]。

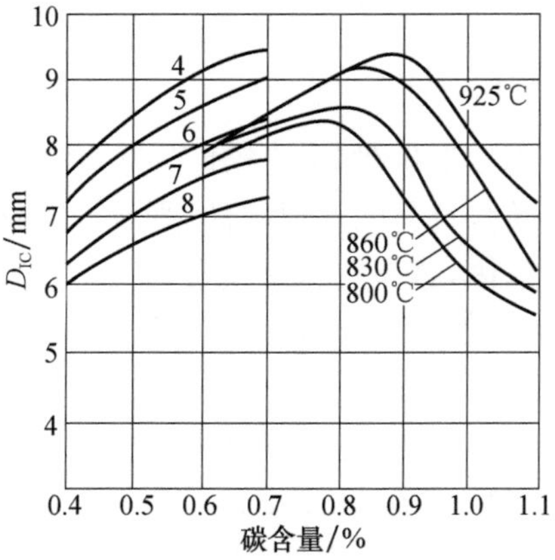

图 6.13　奥氏体化温度对高碳钢碳的淬透性因子的影响[21]
数据与不同晶粒度级别的中碳钢得到的结果绘制在一起

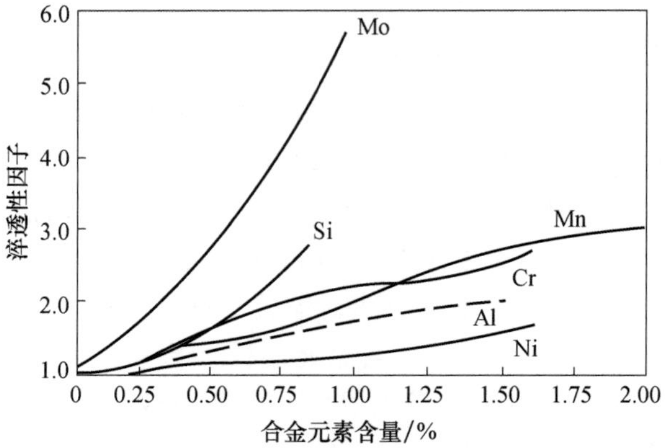

图 6.14　含 0.90%～1.10%C 的高碳钢中合金元素含量与淬透性因子的关系[21]

当表面层的碳含量超过 0.90%时,有时会出现表面层淬透性降低的现象,用电子显微镜可以观察到在晶界出现极细的网状碳化物,并证明贝氏体转变也已开始,这是细碳化物的周围碳局部贫化所致[23]。渗层组织中如果出现贝氏体会降低冲击断裂强度和疲劳抗力。Kern 建议用 DFB(distance to first appearance of bainite)表示渗碳后的端淬试样中从淬火末端到贝氏体开始出现的距离,DFB 值大表示抑制贝氏体生成的能力较强[24]。在文献[25]中,研究了 81 种不同 Mn、Mo、Ni、Cr 含量对表面层碳含量为 0.90%的直接渗碳钢中开始出现贝氏体的端淬距离的影响,端淬试样在 925℃进行气体渗碳,而后冷却到 845℃进行端淬。图 6.15 显示出各种合金元素对 DFB 的影响,可见 Mo 和 Cr 比 Mn 和 Ni 具有更大的抑制渗层中出现贝氏体的作用。图 6.16 表明,Cr 和 Mo 有显著的交互作用。由图 6.16 可以明显看出,单独加入 0.5%Cr 使 DFB 的增大小于 1.6mm,单独加入 0.25%Mo 使 DFB 增大类似的量,而两者同时加入时将使 DFB 增大到 9mm。根据试验结果可得出将 DFB 值作为合金元素含量函数的经验关系式:

$$\begin{aligned}\mathrm{DFB}=&54.7w_{\mathrm{Mo}}^2+6.4w_{\mathrm{Cr}}^2-76.1w_{\mathrm{Mo}}w_{\mathrm{Ni}}+119w_{\mathrm{Mn}}w_{\mathrm{Mo}}w_{\mathrm{Ni}}\\&+106.1w_{\mathrm{Mn}}w_{\mathrm{Mo}}w_{\mathrm{Cr}}+15.5w_{\mathrm{Mn}}w_{\mathrm{Ni}}w_{\mathrm{Cr}}+52.9w_{\mathrm{Mo}}w_{\mathrm{Ni}}w_{\mathrm{Cr}}+1.18(\mathrm{mm})\end{aligned}\tag{6.2}$$

6.2.4　渗碳钢的耐磨性和显微组织

渗碳零件的耐磨性基本上决定于表面层的成分和组织。

如果碳化物以细小均匀的形式分布时,渗碳层的碳含量增多,碳化物的量亦增多,钢的耐磨性也增加,如图 6.17 所示。12Cr2Ni4A 钢和其他钢的试验也有相同的结果。从图 6.18 可以看出,合金元素能促使耐磨性增加,镍对增加耐磨性有良好的效果。合金元素的这种影响可能与碳化物本身的硬度提高有关,也可能与渗碳层塑性和韧性的提高有关。

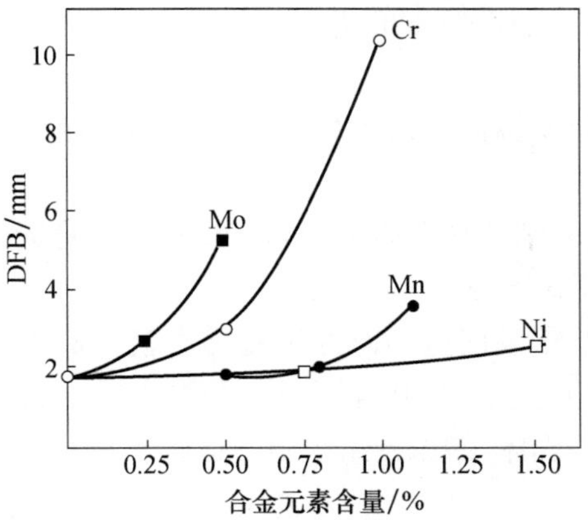

图 6.15　各种元素对 DFB 的影响[25]

当标出的元素含量变化时，其他元素的含量均为零

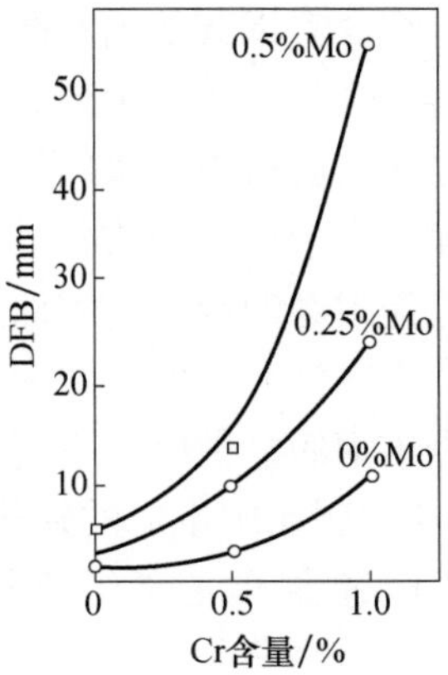

图 6.16　Cr、Mo 共同抑制渗碳层中出现贝氏体的能力[25]

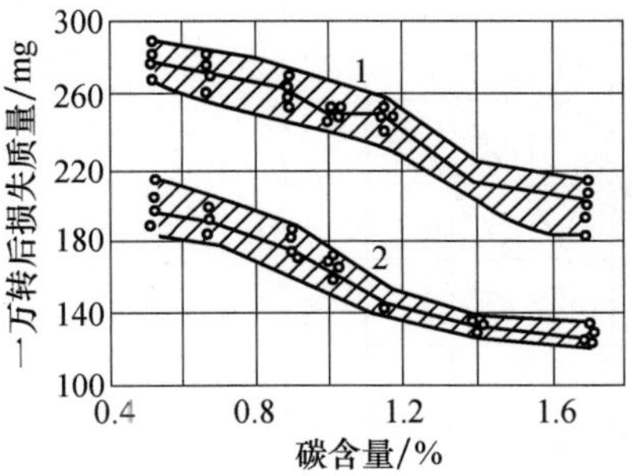

图 6.17　18CrMnTi 钢渗碳层表面碳含量和耐磨性能的关系[26]

1—上样品；2—下样品

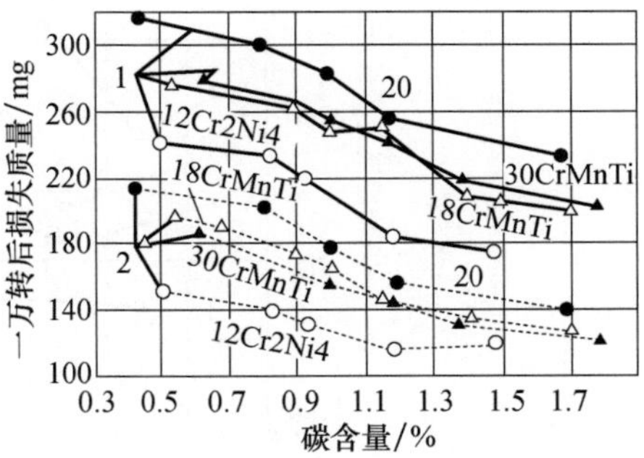

图 6.18　合金元素和表面层碳含量对耐磨性能的影响[26]

1—上样品；2—下样品

一般认为，硬度越高渗碳层的耐磨性越好。当渗碳层表面硬度较低时，在正常工作压力下，较软的表面层受着摩擦力的作用而发生塑性变形，引起表面的压陷或扭曲，产生不正确的啮合，这就加强了摩擦，因而更加强了工作表面的磨损。但是硬度的这种影响只在 58HRC 以下时表现得比较明显，当硬度在 58HRC 以上时，就会出现这样的情况：不同渗碳层虽然硬度上大体相近，但耐磨性却有很大差别。这说明组织对于渗碳层耐磨性有很大的影响。

经过渗碳及最终热处理后，渗碳层的表面层组织一般都包括马氏体、残余奥氏体和碳化物三种组成物。其中对耐磨性影响显著的，主要是碳化物和残余奥氏体。统计分析齿轮缺陷的原因后证明，一定量均匀分布的碳化物确实对齿轮的耐磨性起有利的影响，而渗碳层中没有碳化物的齿轮产生了早期磨损。组织中的残余奥氏体量增加将促使耐磨性能降低，会在摩擦部位形成麻点，特别是当压应力较大时；经过适当的热处理减少残余奥氏体量可以提高耐磨性能，但是一些研究指出，少量残余奥氏体对耐磨性有有利的影响，对于每一种钢都有一个适宜的残余奥氏体量，在该含量时耐磨性能最好。这个含量对于 20 钢为 12%～17%，对于 18CrMnTi 钢为 20%～30%，大于或小于此值时，耐磨性能均降低(图 6.19)。这种说法与工厂目前检验残余奥氏体的标准所体现的指导思想有些违背，同时也没有综合考虑其他因素的影响(如碳化物、马氏体中的碳含量等)。目前一般的看法还是认为残余奥氏体越少越好。

低温回火能略提高渗碳层的耐磨性,未经低温回火的零件,易产生麻点,这显然与应力的消除和疲劳性能的改善有直接关系。

因此最耐磨的渗碳钢表面层的组织应当是细的马氏体中均匀分布有细小的碳化物和少量残余奥氏体并经低温回火,这种组织的平均硬度为58～63HRC。

对渗碳钢的显微组织主要有以下的要求:①表面至心部的过渡层中碳含量的变化要平缓;②在渗碳层中生成的碳化物应当细小,避免生成网状碳化物;③渗碳层中的残余奥氏体量不应过多;④心部组织最好的是低碳马氏体;⑤原始组织中不适宜于有严重的带状组织。

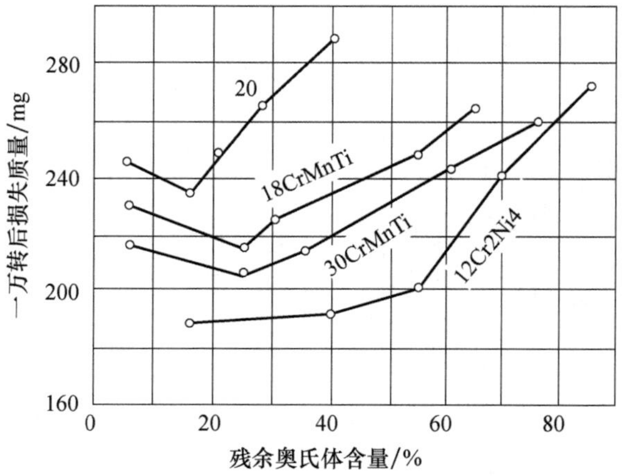

图 6.19　残余奥氏体含量和耐磨性的关系[26]

过渡层中碳含量的变化要平缓是为了使淬火后表面层和心部体积变化不会过于急剧而产生很大的应力。渗碳温度越高,扩散的速率越快,这种变化便越缓慢。推荐的碳浓度梯度是每0.25mm的深度降低0.1%C。

渗碳层表面碳浓度适宜量的确定,应全面考虑它对零件使用性能的影响。对大部分齿轮来说,表面层适宜的碳浓度为0.85%～1.05%。渗碳层中的碳化物最好是细小均匀地分布。当表面层碳含量超过1%时,可能在渗碳时或者在渗碳后缓慢冷却时沿晶界生成渗碳体网或大块状碳化物。细的、不连续的渗碳体网是允许的,如生成了厚的、连续的渗碳体网,则会严重地降低表层的力学性能,磨削时容易出现裂纹,工作时渗碳层容易剥落,降低零件使用寿命。轻的渗碳体网可通过正火来消除,也可以在 A_1 温度附近长时间退火以得到粒状渗碳体。工厂常在渗碳后的热处理工序中,采用上限温度或更高的温度淬火,使碳化物大部分溶入奥氏体中,可以消除渗碳体网,但会使渗碳层中的残余奥氏体量增加,故必须增加冷处理工序。在渗碳层很深,尤其当钢中含有较多的碳化物生成元素如铬、钼的时候,表面层碳含量可能很高,沿晶界易生成粗大的渗碳体网,必须采用均匀化退火才能消除或部分消除它。

表面渗碳层由于碳含量较高,再加上合金元素的影响,往往生成较多的残余奥氏体。固然残余奥氏体由于比容较小,可以减少淬火后表面层和心部体积变化的差异和所引起的变形，但过量残余奥氏体的存在会降低表面层的硬度和抗磨损的能力，并降低疲劳极限，因此是有害的。表 6.6 为 18CrMnTi 钢和 12Cr2Ni4A 钢经过渗碳和淬火后渗碳层中残余奥氏体分布的例子。

表 6.6　渗碳层中残余奥氏体的分布[26]

18CrMnTi 钢	至表面距离/mm	0.07	0.19	0.29	0.38	0.48	0.58	0.68	0.86
	残余奥氏体量/%	2	85	83	80	65	55	45	20
12Cr2Ni4A 钢	至表面距离/mm	0.07	0.17	0.30	0.41	0.54	0.65	0.75	0.99
	残余奥氏体量/%	2.5	98	85	85	65	60	58	20

在 0.1～0.15mm 厚的最外层的组织为高碳马氏体及碳化物，残余奥氏体量很少，这一层的耐磨性能最好。在 0.15～0.45mm 深的一层中，残余奥氏体量最多(＞80%)，尚有细的碳化物和高碳马氏体，耐磨性能差，硬度也最低。在更深的层内，残余奥氏体逐渐减少，马氏体逐渐增多。在一些合金渗碳钢渗碳层中，残余奥氏体的分布与在碳钢中不同。以低碳钢为例，在渗碳时，表面层最外边碳含量最高，向里去，碳含量一直下降。在一般渗碳条件下，碳均处于奥氏体中，渗碳后快冷时碳全部固定在固溶体中，因此最外层残余奥氏体最多，向里逐渐减少(图 6.20(a))。在 18CrMnTi 等合金渗碳钢中观察到碳的另一种分布，渗碳层中向里去，总的碳含量逐渐减少，但淬火中固溶体中最大碳含量不在表面，而是在至表面一定距离处(图 6.20(b))，此处残余奥氏体量最多，硬度较低，并且没有过剩碳化物。此处向外出现过剩碳化物，在渗碳温度下由于形成碳化物引起邻近奥氏体区域铬和碳的贫化，而碳化物的形成比固溶体为碳饱和到极限含量更快，故最外层中奥氏体的碳含量减少。

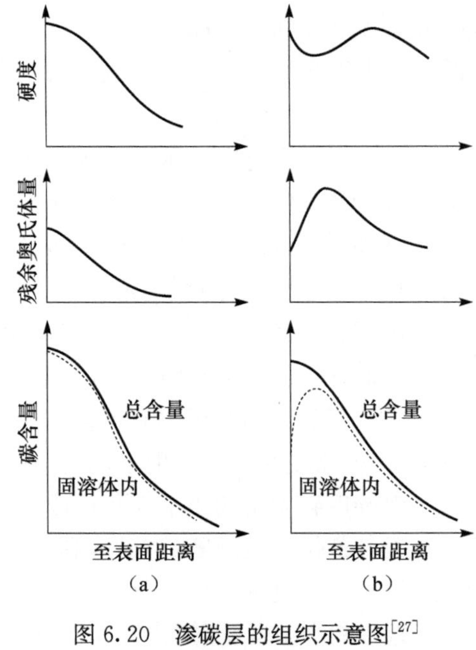

图 6.20　渗碳层的组织示意图[27]
渗碳后立即淬火
(a)低碳钢；(b)18CrMnTi 钢

为了减少一些渗碳用合金钢中的残余奥氏体量,可以采取以下的措施:

(1) 渗碳后直接降温淬火。降温越多,残余奥氏体的量越少,因而耐磨性也越好,表6.7为降温温度和渗碳层中残余奥氏体量的关系。

表 6.7　降温温度和渗碳层中残余奥氏体量的关系[26]

钢号	降温到下列温度时,残余奥氏体量/%				
	1050℃	950℃	875℃	820℃	775℃
18CrMnTi	65	55	35	25	痕量
30CrMnTi	75	60	35	25	痕量
12Cr2Ni4A	85	79	55	40	15
20	—	40	20	15	痕量

(2) 二次淬火,即先加热到 Ac_3 以上(心部)淬火,此时改善了心部的组织,但对于表面层却是过热,然后再加热至 Ac_1 以上但低于 A_{cm}(表面层),进行淬火。

(3) 渗碳以后在600～640℃进行长期高温回火,可以使碳化物生成元素在碳化物中聚集,这样由于在加热时来不及溶入奥氏体,使奥氏体中的碳和合金元素含量减少,因而淬火时减少了残余奥氏体量。回火的时间为三到十多小时(一次或二次)。像18Cr2Ni4WA和20Cr2NiA等钢在渗碳后残余奥氏体量很多,常常采用高温回火的方法以减少残余奥氏体量。

(4) 在淬火以后采用冷处理(冷至−70～−75℃)的方法可以非常有效地减少钢中的残余奥氏体量。由图6.21可以看出,经过冷处理以后渗碳层中的残余奥氏体量最少。但是一些研究工作指出,虽然冷处理可以比预先进行高温回火能更有效地减少渗碳层的残余奥氏体量,但其耐磨性能、疲劳强度及韧性等都较经过高温回火的差。这是因为经过预先的高温回火能使淬火后的残余奥氏体的分布更为分散和均匀,使在渗碳层中有最小的拉应力。

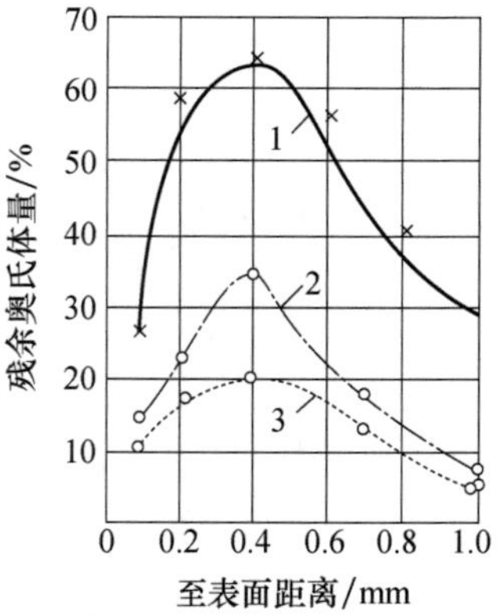

图 6.21　18Cr2Ni4WA 钢渗碳层中残余奥氏体量的分布[28]
1—800℃淬火;2—800℃淬火以前进行高温回火(650℃);3—800℃淬火,−120℃冷处理

(5) 采用喷丸强化的办法也可以有效地使渗碳层中的残余奥氏体转变为马氏体。至于心部组织,对强度要求较高的零件(如重要的齿轮)应该是低碳马氏体或低碳马氏体加少量铁素体组织,必须避免大块铁素体的出现,这样可以保证渗碳层下面区域具有较高的屈服强度和韧性,从而保证齿轮受冲击负荷时,能量可以被弹性地吸收。

钢的原始组织中有严重的带状组织(图1.49)是不适宜的,会使渗碳层厚度不均匀,在带状组织的铁素体区域,渗碳后碳含量相当于亚共析成分,因此造成渗碳层零件表面各部位显微硬度的差异,影响齿轮的疲劳寿命。带状组织还增加钢的变形,不利于切削加工。钢种不同,带状组织级别的严重程度也不同,CrMo、CrNiMo钢带状组织较其他钢种严重。由于带状组织不易消除,齿轮厂一般要求带状组织不大于3级,国外有些生产厂要求不大于2级[19]。

对于重要的渗碳零件,显微组织的检查(金相检验)是控制渗碳淬火质量的重要方法。我国制定了汽车行业标准 QC/T 262—1999《汽车渗碳齿轮金相检验》,用于齿轮在完成所有热处理工序后的金相组织质量检查。该标准推荐的表面层碳含量为 0.8%～1.0%,规定了渗层中碳化物、残余奥氏体含量和马氏体针的组织等级分级标准和级别确定的原则(表 6.8),均在放大 400 倍下检查。对表面层中的碳化物按其大小、形状、含量和分布情况分为 8 级,检查部位以齿顶角及工作面为准,对常啮合齿轮要求碳化物 1～5 级合格,对换挡齿轮则要求 1～4 级合格。残余奥氏体和马氏体的评级共用一套级别图,分别按残余奥氏体含量的多少和马氏体针体大小分为 8 级,检查部位以节圆附近表面及齿根处为准,以 1～5 级为合格。

表 6.8　汽车渗碳齿轮金相组织评级标准(QC/T 262—1999)

级别	汽车渗碳齿轮碳化物等级(按形态、含量、大小、分布)	残余奥氏体等级(按含量多少)	马氏体等级/mm(按针体大小)
1	无明显或极少量	<5	<0.0030
2	呈颗粒状分布,含量极少	10	0.0050
3	呈小块状,含量较多	18	0.0080
4	呈小块状,个别处出现细条状,含量多,分布较深	23	0.0125
5	呈块状,个别处呈断续网状分布	30	0.0200
6	呈大块状,断续网状分布	37	0.0380
7	呈块状,连续网状分布	42	0.0600
8	呈粗大块,连续网状分布	50	0.0880

渗碳齿轮渗碳淬硬层的有效深度规定为,从轮齿表面起,在 9.81N(1kgf)载荷下测至 550HV 处的垂直距离,与用金相法渗碳层深(过共析层+共析层+0.5 过渡层)相当,对应渗碳层中碳含量为 0.35%～0.38%。为了防止渗碳淬火齿轮出现剥落,提高齿轮承载能力,要求渗碳层渗碳浓度从表面至心部应保持平滑的梯度。

齿轮经高温渗碳工艺处理,在高温下长时间保温,因此渗碳钢必须是本质细晶粒钢。细小均匀的奥氏体晶粒度对稳定钢的末端淬透性、减少齿轮热处理后的变形量、提高渗碳钢的脆断抗力具有重要意义。20Cr2Ni4A 钢的晶粒度由 8 级变为 5 级时,其抗弯强度从 3000MPa 降到 2330MPa,破断功从 580J 降到 460J。目前我国齿轮钢的晶粒度级别一般要求 5～8 级。现在一致的看法是,控制 Al 含量为 0.020%～0.055%,并配以一定的氮含量 0.010%～0018%,使之形成 AlN,起钉扎作用,阻止晶粒长大[19]。

QC/T 262—1999 规定齿轮表面硬度为 58～63HRC,心部硬度未作具体规定。从疲劳强度来看,心部最佳硬度为 35～42HRC[19]。各汽车公司对心部硬度或强度的推荐值也不一致,这与各公司对汽车齿轮的设计应力不同和工况不同有关,一般在 32～42HRC[19]。

6.2.5　渗碳钢的工艺性能

对于渗碳钢,还要求有良好的渗碳工艺性能。良好的渗碳工艺性能是指来自渗碳剂的碳能以足够的速率进行扩散,同时表面层的碳含量能达到适宜的浓度。表面层的碳含量要适当,过低达不到要求的硬度,而过高(>1.1%)则对力学性能和显微组织都有极不良的影响。生成碳化物的合金元素一般都增加表面层的碳含量,使渗碳层碳的浓度分布较陡,如 Cr、Mo、W、Ti、V、Mn 等,其中 Cr 的作用最强,而 Mn 最弱。由于碳化物形成元素和碳亲和力强,在渗碳保温时它们和碳形成合金碳化物,降低了奥氏体中的碳含量,促使更多的碳不断地溶解到奥氏体中,结果使表面层中的碳含量增加。不生成碳化物的合金元素会减少表面层的碳浓度,使渗碳层碳的浓度分布比较平缓,如 Si、Ni、Co、Cu、S、P、Al 等,因为这些元素都能减少碳在奥氏体中的溶解度。

至于合金元素对渗碳层深度的影响则决定于它们对表面层的碳浓度和碳的扩散速率这两个因素的影响。像 Cr、Mo、Mn 这些元素因为能增加表面层碳浓度,所以在一般渗碳条件下都可以增加渗碳层的深度;Ni 和 Co 主要是由于降低表面碳浓度,虽然可以加速碳的扩散,但减少渗碳层的厚度。Si 由于既阻止碳的扩散又降低表面层碳浓度,能显著地减少渗碳层的厚度。当渗碳温度增高,延续时间增加时,合金元素都有减少渗碳层厚度的倾向。实际上合金元素彼此之间有相当的影响,如当钢中同时含有铬和镍时,镍可以减弱铬强烈增加表面碳含量的作用,在 30CrMnSi 钢中虽然硅含量大于 1%,渗碳性能仍然良好。因此各种钢的渗碳性能应在具体条件下进行实验才能最后确定。

渗碳淬火后常常要求零件有最小的变形,因为很多零件在渗碳淬火后不再经任何加工或者只能进行轻微的磨削,所以对变形的要求非常严格。对于汽车齿轮,要求变形小、精度高,因而噪声低。末端淬透性的稳定与否对齿轮热处理后的变形量影响很大,淬透性带的宽度越窄,离散度越小,越有利于齿轮的加工及提高其啮合精度。即使同一钢种,因为化学成分变动范围很大,所以钢的淬透性亦大幅度变动。结果即使在同一条件下处理,齿轮内部硬度也要有所变动,对热处理变形也有很大影响,这种变动非常之大,有时比不同钢种之间的差别还要大。因此,即使钢种指定了,也不能使变形一定。国内外已提出限制淬透性幅度的要求并制定了标准。我国制定的 GB/T 5216—2004《保证淬透性用钢》标准中淬透性"带宽水平"与美国、德国的 H 钢标准水平基本上是相当的。实际上国内外一些企业标准"带宽"的水平比相应的国家标准严格得多。

对汽车、拖拉机行业的齿轮用钢,为了减少变形,渗碳钢本身应当能够适宜于降温直接淬火。为此,要求在渗碳温度下长期保持时晶粒不长大,在渗碳淬火后渗碳层组织中残余奥氏体不过多。还应注意到金属纤维组织的流向问题,如果金属纤维流向不对称,会产生不均衡的变形。钢中有带状组织时,沿带状组织的方向上变形较大。

在渗碳(包括碳氮共渗)时,钢中的合金元素可能发生内氧化,影响渗碳层的性能。内氧化的产生与炉内气氛中各气体组元的组成及含量有关,尤其与氧气组元的含量关系密切。渗碳时,炉内气氛中氧气总是存在的,控制炉内气氛中氧分压的范围是减少发生内氧化的关键。

根据热力学分析,渗碳时钢中发生内氧化的先决条件是在炉内气氛中一定的氧分压下,气氛与所处理的钢基体中的 Fe 不发生外氧化,但可以向渗层中渗入活性[O],渗入的活性[O]可以与钢中固溶的某些合金元素结合成氧化物,即内氧化。在该条件下,Fe、Mo 为还原性元素,而 Al、Si、Mn、Cr 为氧化性元素,其氧化物稳定的程度依次由强到弱,即 Al、Si 在更低的氧分压条件下也能被氧化,致使在更深的内部产生氧化物。Al 在钢中大部分以热力学更稳定的 AlN 形式被固定下来,Al 的绝对量少,可以认为没有明显的影响[29]。Si、Mn、Cr 等是与氧亲和力强的元素,优先在晶界形核生成氧化物,氧化物也可以在晶内生成。在内氧化时,[O]原子的浓度呈现外高里低梯度分布,同时能内氧化的合金元素呈现里高外低梯度分布，内氧化不断向内推进。可以用金相显微镜观察到表面层的内氧化层深度和形态。

内氧化的产生将降低钢的疲劳性能，这是由于氧化的晶界成为裂纹的萌生位置，在基体中由于优先氧化的合金元素的消耗降低了淬透性，导致非马氏体组织（非马氏体网）的形成，降低了表面处的残余压应力。非马氏体组织主要是贝氏体，在金相显微镜下观察呈断续的黑色网，常称之为“黑色组织”。

图 6.22 为内氧化层深与疲劳强度之间定量关系的研究结果。该图表明，如果非马氏体网深不大于 13μm，在大于 100 万次循环下的疲劳寿命还是比较高的，而内氧化层深度大于 13μm 时，疲劳强度将有较大下降。该图还表明，如果表面碳含量较高，对疲劳强度也是不利的。

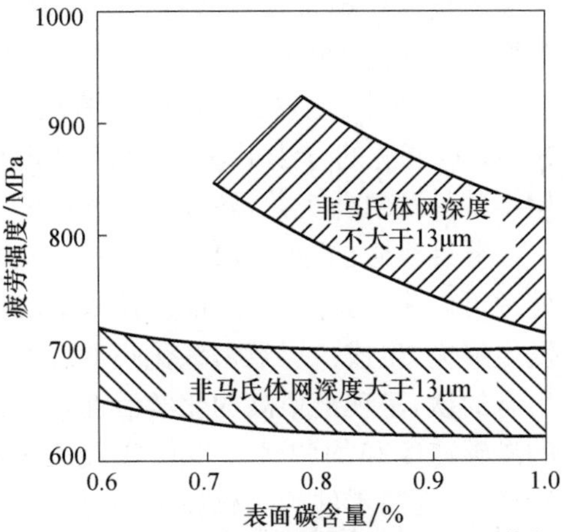

图 6.22　内氧化层深度与疲劳强度的关系[30]
循环 100 万次

为了减小内氧化层，除控制炉内气氛中氧分压外，应降低能导致形成内氧化层的元素含量。由于 Si 与 O 的亲和力比 Cr、Mn 高得多，Si 在渗层中最易导致内氧化形成“黑色组织”。因此，对齿轮钢中 Si 含量有降低的趋势，如德国大众 MnCr5 系列齿轮钢中要求 Si 含量不大于 0.12%。还可以添加 Ni、Mo 等非氧化性且可提高淬透性的元素[19,31]。

试验表明，当渗碳温度由常用的 930℃提高到 1000℃时就能大幅缩短渗碳时间，近年来在解决了高温真空渗碳设备及渗碳质量之后，在更高温度下的渗碳在国外已经实际使用。为了得到 0.9～1.0mm 的有效硬化层，在 1050℃温度下渗碳时，整个处理时间比常规的渗碳可缩短 44%（渗碳时间缩短 72%），有效硬化层精度控制在±0.1mm[31]。真空渗碳不会因产生内氧化而降低钢的强度和韧性。高温真空渗碳是一种有前途的渗碳处理方法。高温真空渗碳的温度为 970～1050℃，仅用 Al 固定 N 形成 AlN 已不能抑制晶粒长大，所以要添加 Nb、V、Ti 等元素，利用这些元素形成的碳氮化合物来防止晶粒粗化[32]。表 6.9 是国外开发的高温渗碳齿轮钢的化学成分及工艺特点。

表 6.9　高温渗碳齿轮钢的化学成分及工艺特点[32]

钢种	主要化学成分/%							工艺技术	特点
	C	Si	Mn	Cr	Mo	Nb	其他		
SAE8620NB	0.20	0.20	0.80	0.50	0.20	0.10	—	控制 O、P、S 含量，利用控轧技术	晶粒细化
SAE4320	0.20	0.20	0.55	0.50	0.25	—	—	多次再加热奥氏体化及喷丸处理	控制晶间氧化，提高疲劳强度
SCr420Nb	0.21	0.25	0.80	1.04	—	0.02	Al、N	热轧-正火-高温渗碳或热轧-冷拔-渗碳	1050～1070℃高温渗碳晶粒不粗化
SCM418Nb	0.17	0.20	0.81	0.11	0.16	0.04	—	高温渗碳(980℃)	时间缩短一半，疲劳强度提高 50MPa
AISI5115Nb	0.18	0.23	0.95	0.83	0.03	0.04	Ti	热轧-喷丸-高温渗碳	抑制晶粒粗化

渗碳钢对切削加工性的要求与调质钢基本上是一致的。由于汽车齿轮的产量很大，切削性能稍有改善即可产生显著的经济效益。在德国和法国的齿轮钢的技术条件中有许多要求硫下限的钢号，其硫含量一般为0.020%～0.035%，以改善钢的切削性能，这改变了原先概念中硫含量越低越好的认识。这比传统硫系易切削结构钢中的硫含量低得多，需要通过合适的冶炼工艺以改善硫化物的形态及分布，以达到改善切削性能的要求。

渗碳零件在热处理前必须清洗，以去除零件表面的油脂等残留物。传统的采用 Na_2CO_3 清洗的方法不理想，使得渗碳层深度不均，影响零件质量。近年来国内外普遍采用渗碳件预氧化工艺，解决了渗碳层的不均匀问题。

零件渗碳前预处理采用在空气中加热，温度500℃，30～90min，效果较好。渗碳前预处理可以作为预热工序，能烧掉未清洗掉的油脂等残留物，不会形成炭灰。此时氧气与铁发生反应，生成一层致密氧化膜 Fe_4O_3。随后在渗碳初期被渗碳气氛还原，生成洁净的初生态的铁，呈现出很高的化学活性，产生大量能够吸附渗剂的活性位置，有效地提高零件的渗碳速度和均匀性。生产实践表明，采用预氧化处理的零件渗碳层可提高10%～20%，并提高零件的接触疲劳寿命。

6.2.6 渗碳零件的工艺路线和热处理方案选择

渗碳零件一般按下列工艺路线进行加工：锻造→预先热处理→机加工→最后热处理→精磨。局部渗碳零件在锻造和预先热处理后的工艺路线决定于防止渗碳的方法。在大量大批生产中采用镀铜法，其工艺路线为：机加工→镀铜→最后热处理→去铜。大零件或没有电镀条件的工厂，采用渗碳后缓冷(有些钢还需再进行高温回火)，车去渗碳层的方法，其工艺路线为：机加工→渗碳→机加工→淬火及回火。有些渗碳零件在渗碳后淬火前需机械加工，其工艺路线与上面的相同。

渗碳钢的预先热处理，根据钢种的不同，可采用以下的几种方案。

1) 正火

对于碳素及低合金钢，如15、20、20Cr、20CrMnTi等一般采用正火，可以消除锻造应力和缺陷，并使其具有良好的切削加工性能。

2) 正火+高温回火

主要用于马氏体合金渗碳钢。这种钢淬透性高，正火后可以得到马氏体组织，硬度高，故必须再进行640～670℃的高温回火，使之软化，如18Cr2Ni4W钢采用920～980℃正火和640～670℃高温回火。

3) 调质

主要用于一些合金渗碳钢，调质可以提高机加工时的表面光洁度并为以后热处理做组织准备，如12CrNi3A钢齿轮毛坯可采用860℃淬油，再进行460℃回火(油冷或水冷)。

渗碳钢最后热处理的目的是达到零件的性能要求，包括渗碳及随后的热处理。有以下各种方案。

1) 渗碳及随后降温直接淬火+低温回火

此方法适用于本质细晶粒钢的渗碳零件，如20CrMnTi、20Mn2TiB等钢。渗碳后降温至800～850℃(一般高于心部 Ar_3 点)直接淬火，适用于细晶粒钢和气体及液体渗碳时，这种方法淬火后的变形较少，应用较广。对于尺寸不太大的零件还可以采取分级淬火的方法进一步使变形减到最小，但略增加残余奥氏体量。

2）渗碳冷却后进行二次淬火＋低温回火

第一次淬火（860～900℃）的目的是消除网状渗碳体和细化心部组织，但渗碳层的晶粒仍然是粗大的。第二次淬火的温度大概在 760～850℃（心部的 Ac_3 点以下或以上），这要看钢的成分和对心部性能的要求而定，目的是得到良好的渗碳层组织（细化晶粒、减少残余奥氏体量）。这种热处理方法主要用于由本质粗晶粒钢制造的和经过固体渗碳的一些重要零件，能提高钢的力学性能，但多次加热，不仅生产周期长、成本高，而且会增加热处理时的氧化脱碳及变形等缺陷，以正火代替第一次淬火可以减少变形，但有时不能保证消除表层的网状渗碳体。这种方法目前已较少采用。

3）渗碳冷却后进行一次淬火＋低温回火

渗碳后的冷却速率可以快些（在空气中）也可以慢些（在冷却坑内冷至 500～600℃），迅速冷却可以防止渗碳体网的生成，但变形大一些。一次淬火温度的选择要兼顾表面和心部的要求。如果零件以要求表面性能为主，淬火温度应低一些；反之，要求心部为主的零件，淬火温度应该高一些。一般对于碳钢的一次淬火温度在渗碳层的 Ac_1 到 A_{cm} 之间，通常为 760～780℃，而对于合金钢一次淬火温度略高于心部 Ac_3。20CrMnTi 钢汽车渗碳齿轮的一次淬火温度一般选择在 840～860℃（20CrMnTi 钢的 Ac_3 为 825℃）。为了减少变形也可以采用分级淬火。这种方法常用于固体渗碳或在井式炉中气体渗碳以后，是生产上广泛采用的方法。

4）渗碳冷却后进行高温回火＋淬火＋低温回火

合金元素含量较高的渗碳钢（18Cr2Ni4WA、20Cr2Ni4A 等），渗碳后降温直接淬火时，其渗碳层组织中往往含有大量的残余奥氏体，致使硬度不足。为了减少残余奥氏体量，如前所述，一般在渗碳后采用一次或多次高温回火的方法，然后进行淬火和低温回火。为了更好地消除残余奥氏体，在淬火后或低温回火前可进行一次冷处理。

渗碳零件在淬火后都必须经过低温回火，以消除零件中的残余内应力并保持其硬度。低温回火可以显著提高渗碳层的强度及塑性，温度一般为 160～200℃，时间一般为 1～2h。

6.3　机械制造用合金结构钢的发展

合金结构钢是合金钢中用量大、用途广、对机械制造工业十分重要的一类。19 世纪末，英、法、美等国最先开始了镍钢的研究和生产，继而开发出具有高淬透性的中碳镍铬钢。苏联由于富产镍、铬，使用的合金结构钢很多是含有镍和铬的钢种。两次世界大战期间，由于合金资源的紧缺，减少了镍的使用，逐渐在合金结构钢中加入 Cr、Mn、Mo、Si、V 等元素。由于当时对合金化理论认识的不断深入，使用了少量多种合金元素的组合，以增加钢的淬透性，而不是大量地使用单一合金元素，同时也有利于充分回收废钢中合金元素。20 世纪 30 年代末生产了按淬透性供货的合金结构钢（H 钢）。50 年代开发和应用了含硼钢。1947 年美国制定了第一个按淬透性供应钢材的（试行）标准；40 年代中期，工业发达国家均已建立了比较完整的合金结构钢体系和相应的标准，并不断充实和完善；50 年代末期，许多工业发达国家先后都建立了保证淬透性钢标准。

1949年以前,我国尚没有自己的钢铁标准,之后借鉴了苏联标准。1952年,当时的重工业部颁布了我国第一套7个合金钢部颁标准(重标),其中包括重7—52《合金结构钢钢号及一般技术条件》,1955年修改为重7—55。1959年在原冶金部组织下将重7—55修订为YB 6—59《合金结构钢技术条件》,并按照少用或不用镍、铬的原则,确定了新的钢种系列。1971年将YB 6—59修订为YB 6—71,仍按节约使用镍、铬的原则,推荐了我国自己研制的无镍铬代用钢种并恢复了原含镍铬的钢种。1982年将YB 6—71修订并升为国家标准GB 3077—82《合金结构钢技术条件》,修订时结合生产、使用的实际情况,对钢种作了删减和补充。1988年参照国外先进标准对该标准又进行了修订,使修订后的GB 3077—88的标准水平达到了国际同类产品标准的一般水平。标准中在冶金质量方面增加了特级优质钢,其硫、磷含量有所降低。1999年对GB 3077—88又进行了修订,改为GB/T 3077—1999,标准名称改为《合金结构钢》,删除了不常用的5个牌号,增加了我国自行研制的1个钢号,增加了规定残余钼含量的上限,列入了77个牌号。最近发布了GB/T 3077—2015《合金结构钢》,代替GB/T 3077—1999,主要技术内容修改如下:删除所有带字母“A”的牌号的“A”字,同一牌号的化学成分不变;增加了25MnB、35MnB、25CrMo、50CrMo、34CrNi2、15CrNiMo、30CrNiMo、30Cr2Ni2Mo、30Cr2Ni4Mo、34Cr2Ni2Mo、35Cr2Ni4Mo、40CrNi2Mo共12个牌号及相关技术要求;钢种的硫、磷含量有了更严格的限制;修改了“非金属夹杂物”的要求;增加了“晶粒度”的要求;含硼钢的B含量下限由0.0005%调整为0.0008%。GB/T 3077—2015中删去了去掉“A”字后重复的3个牌号后,列入的牌号有86个。

我国制定了结构钢标准后,均按力学性能供货。随着我国汽车及机床工业向自动化流水线方向发展,对齿轮用钢的淬透性提出了严格的要求,而按力学性能供货的钢材在进行机加工时,经常出现硬度不均、加工有困难、热处理变形不稳定、成批零件淬裂、组装时尺寸公差不一致等问题。这些现象是因为淬透性不稳定引起的。从1970年开始,我国汽车制造厂陆续与一些钢厂签订了按淬透性供应钢材的协议。在不断积累试验数据的基础上,我国于1985年制定了国家标准GB 5216—85《保证淬透性结构钢技术条件》[33],2004年修订为GB/T 5216—2004《保证淬透性结构钢》[34],2014年又为GB/T 5216—2014《保证淬透性结构钢》代替。

为满足兵器制造的特殊需要,我国还制定了一些合金结构钢军用标准,如GJB 1220A—2008《火炮零件用合金结构钢棒规范》、GJB 1951A—2020《航空航天用优质结构钢棒规范》等。

6.3.1 合金结构钢

国家标准GB/T 3077—2015《合金结构钢》适用于直径或厚度不大于250mm的热轧和锻制合金结构钢棒材,经供需双方协商也可供应直径或厚度大于250mm的热轧和锻制合金结构钢棒材。冶炼方法未作规定,由生产商自行选择。表6.10为GB/T 3077—2015中列入的钢号的化学成分。

表 6.10　合金结构钢的化学成分(GB/T 3077—2015)　(单位:%)

钢组	序号	牌号	C	Si	Mn	Cr	Ni	Mo、W	Al、Ti、V
Mn	1	20Mn2	0.17～0.24	0.17～0.37	1.40～1.80	—	—	—	—
	2	30Mn2	0.27～0.34	0.17～0.37	1.40～1.80	—	—	—	—
	3	35Mn2	0.32～0.39	0.17～0.37	1.40～1.80	—	—	—	—
	4	40Mn2	0.37～0.44	0.17～0.37	1.40～1.80	—	—	—	—
	5	45Mn2	0.42～0.49	0.17～0.37	1.40～1.80	—	—	—	—
	6	50Mn2	0.47～0.55	0.17～0.37	1.40～1.80	—	—	—	—
MnV	7	20MnV	0.17～0.24	0.17～0.37	1.30～1.60	—	—	—	—
SiMn	8	27SiMn	0.24～0.32	1.10～1.40	1.10～1.40	—	—	—	—
	9	35SiMn	0.32～0.40	1.10～1.40	1.10～1.40	—	—	—	—
	10	42SiMn	0.39～0.45	1.10～1.40	1.10～1.40	—	—	—	—
SiMnMoV	11	20SiMn2MoV	0.17～0.23	0.90～1.20	2.20～2.60	—	—	0.30～0.40	0.05～0.12V
	12	25SiMn2MoV	0.22～0.28	0.90～1.20	2.20～2.60	—	—	0.30～0.40	0.05～0.12V
	13	37SiMn2MoV	0.33～0.39	0.90～1.20	2.20～2.60	—	—	0.40～0.50	0.05～0.12V
B	14	40B	0.37～0.44	0.17～0.37	0.60～0.90	—	—	—	—
	15	45B	0.42～0.49	0.17～0.37	0.60～0.90	—	—	—	—
	16	50B	0.47～0.55	0.17～0.37	0.60～0.90	—	—	—	—
MnB	17	25MnB	0.23～0.28	0.17～0.37	1.00～1.40	—	—	—	—
	18	35MnB	0.32～0.38	0.17～0.37	1.10～1.40	—	—	—	—
	19	40MnB	0.37～0.44	0.17～0.37	1.10～1.40	—	—	—	—
	20	45MnB	0.42～0.49	0.17～0.37	1.10～1.40	—	—	—	—
MnMoB	21	20MnMoB	0.16～0.22	0.17～0.37	0.90～1.20	—	—	0.20～0.30	—
MnVB	22	15MnVB	0.12～0.18	0.17～0.37	1.20～1.60	—	—	—	0.07～0.12V
	23	20MnVB	0.17～0.23	0.17～0.37	1.20～1.60	—	—	—	0.07～0.12V
	24	40MnVB	0.37～0.44	0.17～0.37	1.10～1.40	—	—	—	0.05～0.10V

续表

钢组	序号	牌号	C	Si	Mn	Cr	Ni	Mo、W	Al、Ti、V
MnTiB	25	20MnTiB	0.17～0.24	0.17～0.37	1.30～1.60	—	—	—	0.04～0.10Ti
	26	25MnTiBRE	0.22～0.28	0.20～0.45	1.30～1.60	—	—	—	0.04～0.10Ti
Cr	27	15Cr	0.12～0.17	0.17～0.37	0.40～0.70	0.70～1.00	—	—	—
	28	20Cr	0.18～0.24	0.17～0.37	0.50～0.80	0.70～1.00	—	—	—
	29	30Cr	0.27～0.34	0.17～0.37	0.50～0.80	0.80～1.10	—	—	—
	30	35Cr	0.32～0.39	0.17～0.37	0.50～0.80	0.80～1.10	—	—	—
	31	40Cr	0.37～0.44	0.17～0.37	0.50～0.80	0.80～1.10	—	—	—
	32	45Cr	0.42～0.49	0.17～0.37	0.50～0.80	0.80～1.10	—	—	—
	33	50Cr	0.47～0.54	0.17～0.37	0.50～0.80	0.80～1.10	—	—	—
CrSi	34	38CrSi	0.35～0.43	1.00～1.30	0.30～0.60	1.30～1.60	—	—	—
CrMo	35	12CrMo	0.08～0.15	0.17～0.37	0.40～0.70	0.40～0.70	—	0.40～0.55	—
	36	15CrMo	0.12～0.18	0.17～0.37	0.40～0.70	0.80～1.10	—	0.40～0.55	—
	37	20CrMo	0.17～0.24	0.17～0.37	0.40～0.70	0.80～1.10	—	0.15～0.25	—
	38	25CrMo	0.22～0.29	0.17～0.37	0.40～0.70	0.80～1.10	—	0.15～0.30	—
	39	30CrMo	0.26～0.34	0.17～0.37	0.40～0.70	0.80～1.10	—	0.15～0.25	—
	40	35CrMo	0.32～0.40	0.17～0.37	0.40～0.70	0.80～1.10	—	0.15～0.25	—
	41	42CrMo	0.38～0.45	0.17～0.37	0.50～0.80	0.90～1.20	—	0.15～0.25	—
	42	50CrMo	0.46～0.54	0.17～0.37	0.50～0.80	0.90～1.20	—	0.15～0.30	—
CrMoV	43	12CrMoV	0.08～0.15	0.17～0.37	0.40～0.70	0.30～0.60	—	0.25～0.35	0.15～0.30V
	44	35CrMoV	0.30～0.38	0.17～0.37	0.40～0.70	1.00～1.30	—	0.20～0.30	0.10～0.20V
	45	12Cr1MoV	0.08～0.15	0.17～0.37	0.40～0.70	0.90～1.20	—	0.25～0.35	0.15～0.30V
	46	25Cr2MoV	0.22～0.29	0.17～0.37	0.40～0.70	1.50～1.80	—	0.25～0.35	0.15～0.30V
	47	25Cr2Mo1V	0.22～0.29	0.17～0.37	0.50～0.80	2.10～2.50	—	0.90～1.10	0.30～0.50V

续表

钢组	序号	牌号	C	Si	Mn	Cr	Ni	Mo、W	Al、Ti、V
CrMoAl	48	38CrMoAl	0.35～0.42	0.20～0.45	0.30～0.60	1.35～1.65	—	0.15～0.25	0.70～1.10Al
CrV	49	40CrV	0.37～0.44	0.17～0.37	0.50～0.80	0.80～1.10	—	—	0.10～0.20V
	50	50CrV	0.47～0.54	0.17～0.37	0.50～0.80	0.80～1.10	—	—	0.10～0.20V
CrMn	51	15CrMn	0.12～0.18	0.17～0.37	1.10～1.40	0.40～0.70	—	—	—
	52	20CrMn	0.17～0.23	0.17～0.37	0.90～1.20	0.90～1.20	—	—	—
	53	40CrMn	0.37～0.45	0.17～0.37	0.90～1.20	0.90～1.20	—	—	—
CrMnSi	54	20CrMnSi	0.17～0.23	0.90～1.20	0.80～1.10	0.80～1.10	—	—	—
	55	25CrMnSi	0.22～0.28	0.90～1.20	0.80～1.10	0.80～1.10	—	—	—
	56	30CrMnSi	0.28～0.34	0.90～1.20	0.80～1.10	0.80～1.10	—	—	—
	57	35CrMnSi	0.32～0.39	1.10～1.40	0.80～1.10	1.10～1.40	—	—	—
CrMnMo	58	20CrMnMo	0.17～0.23	0.17～0.37	0.90～1.20	1.10～1.40	—	0.20～0.30	—
	59	40CrMnMo	0.37～0.45	0.17～0.37	0.90～1.20	0.90～1.20	—	0.20～0.30	—
CrMnTi	60	20CrMnTi	0.17～0.23	0.17～0.37	0.80～1.10	1.10～1.30	—	—	0.04～0.10Ti
	61	30CrMnTi	0.24～0.32	0.17～0.37	0.80～1.10	1.10～1.30	—	—	0.40～0.10Ti
CrNi	62	20CrNi	0.17～0.23	0.17～0.37	0.40～0.70	0.45～0.75	1.00～1.40	—	—
	63	40CrNi	0.37～0.44	0.17～0.37	0.50～0.80	0.45～0.75	1.00～1.40	—	—
	64	45CrNi	0.42～0.49	0.17～0.37	0.50～0.80	0.45～0.75	1.00～1.40	—	—
	65	50CrNi	0.47～0.54	0.17～0.37	0.50～0.80	0.45～0.75	1.00～1.40	—	—
	66	12CrNi2	0.10～0.17	0.17～0.37	0.30～0.60	0.60～0.90	1.50～1.90	—	—
	67	34CrNi2	0.30～0.37	0.17～0.37	0.60～0.90	0.80～1.10	1.20～1.60	—	—
	68	12CrNi3	0.10～0.17	0.17～0.37	0.30～0.60	0.60～0.90	2.75～3.15	—	—
	69	20CrNi3	0.17～0.24	0.17～0.37	0.30～0.60	0.60～0.90	2.75～3.15	—	—
	70	30CrNi3	0.27～0.33	0.17～0.37	0.30～0.60	0.60～0.90	2.75～3.15	—	—
	71	37CrNi3	0.34～0.41	0.17～0.37	0.30～0.60	1.20～1.60	3.00～3.50	—	—
	72	12Cr2Ni4	0.10～0.16	0.17～0.37	0.30～0.60	1.25～1.65	3.25～3.65	—	—
	73	20Cr2Ni4	0.17～0.23	0.17～0.37	0.30～0.60	1.25～1.65	3.25～3.65	—	—

续表

钢组	序号	牌号	C	Si	Mn	Cr	Ni	Mo、W	Al、Ti、V
CrNiMo	74	15CrNiMo	0.13～0.18	0.17～0.37	0.70～0.90	0.45～0.65	0.70～1.00	0.45～0.60	—
	75	20CrNiMo	0.17～0.23	0.17～0.37	0.60～0.95	0.40～0.70	0.35～0.75	0.20～0.30	—
	76	30CrNiMo	0.28～0.33	0.17～0.37	0.60～0.90	0.70～1.00	0.60～0.80	0.25～0.45	—
	77	30Cr2Ni2Mo	0.26～0.34	0.17～0.37	0.50～0.80	1.80～2.20	1.80～2.20	0.30～0.50	—
	78	30Cr2Ni4Mo	0.26～0.33	0.17～0.37	0.50～0.80	1.20～1.50	3.30～4.30	0.30～0.60	—
	79	34Cr2Ni2Mo	0.30～0.38	0.17～0.37	0.50～0.80	1.30～1.70	1.30～1.70	0.15～0.30	—
	80	35Cr2Ni4Mo	0.32～0.39	0.17～0.37	0.50～0.80	1.60～2.00	3.60～4.10	0.25～0.45	—
	81	40CrNiMo	0.37～0.44	0.17～0.37	0.50～0.80	0.60～0.90	1.25～1.65	0.15～0.25	—
	82	40CrNi2Mo	0.38～0.43	0.17～0.37	0.60～0.80	0.70～0.90	1.65～2.00	0.20～0.30	—
CrMnNiMo	83	18CrNiMnMo	0.15～0.21	0.17～0.37	1.10～1.40	1.00～1.30	1.00～1.30	0.20～0.30	—
CrNiMoV	84	45CrNiMoV	0.42～0.49	0.17～0.37	0.50～0.80	0.80～1.10	1.30～1.80	0.20～0.30	0.10～0.20
CrNiW	85	18Cr2Ni4W	0.13～0.19	0.17～0.37	0.30～0.60	1.35～1.65	4.00～4.50	0.80～1.20	—
	86	25Cr2Ni4W	0.21～0.28	0.17～0.37	0.30～0.60	1.35～1.65	4.00～4.50	0.80～1.20	—

注:表中各牌号可按高级优质钢或特级优质钢订货,但应在牌号后加字母“A”或“E”。硼钢中的硼含量均为 0.0008%～0.0035%,稀土成分按 0.05%计算量加入。根据需方要求,硫含量可控制在 0.015%～0.035%。

表 6.10 中的合金结构钢按冶金质量不同分为三类：优质钢、高级优质钢(A)和特级优质钢(E)，钢中的 S、P 及残余 Cu、Cr、Ni、Mo 应符合表 6.11 的规定。合金结构钢按使用加工方法不同分为两类：压力加工用钢、切削加工用钢，未在合同注明者，按切削加工用钢供货。高级优质钢和特级优质钢应进行非金属夹杂物检验。特级优质钢应检验奥氏体晶粒度，其合格级别应不大于 5 级或更小。

表 6.11　合金结构钢 P、S、残余元素含量及酸浸低倍组织级别的要求(GB/T 3077—2015)

钢类	P	S	Cu	Cr	Ni	Mo	锭型偏析	中心疏松	一般疏松	一般点状偏析	边缘点状偏析
	含量不大于/%						级别不大于				
优质钢	0.030	0.030	0.30	0.30	0.30	0.10	3	3	3	1	1
高级优质钢(A)	0.020	0.020	0.25	0.30	0.30	0.10	2	2	2	不允许有	
特级优质钢(E)	0.020	0.010	0.25	0.30	0.30	0.10	1	1	1		

注：热压力加工用钢的铜含量不大于 0.20%。根据需方要求，可对残余钨、钒、钛含量加以限制。

6.3.2　保证淬透性钢

我国于 1985 年制定了国家标准 GB 5216—85《保证淬透性结构钢技术条件》，标准中列入了 15 个牌号，数量较国外同类标准少。美国钢号最多，有 87 个，德国有 29 个，日本有 23 个[19]。2004 年修订的 GB/T 5216—2004《保证淬透性结构钢》中删去了两个旧牌号 20MnMoBH 和 22MnVBH 及其相应的淬透性曲线，增加了 11 个新牌号，使保证淬透性结构钢牌号变为 24 个。2014 年发布了 GB/T 5216—2014《保证淬透性结构钢》，替代 GB/T 5216—2004，又增加了 8 个牌号。表 6.12 为 GB/T 5216—2014 列入的保证淬透性用钢的化学成分。新增加的牌号参考了日本、欧洲和美国的有关标准，与国外相应牌号的对应关系见表 6.13。

GB/T 5216—2014 在适用范围中删除了直径或厚度不小于 30mm 的限制。钢材通常以热轧或热锻状态供货，如需方要求，也可以正火、退火或高温回火状态交货，退火或高温回火后的硬度应符合表 6.12 的规定。

标准中规定了末端淬透性确定的方法以及淬透性曲线的划分。标准规定，钢的末端淬透性可以采用实测和公式计算两种方法。

采用实测时，应按 GB/T 225—2006《钢　淬透性的末端淬火试验方法(Jominy 试验)》的规定进行测定。标准将淬透性带分为三个带，分别称为基准带(H)、上 2/3 带(HH)和下 2/3 带(HL)，供选材时使用。这三个带在标准给出的淬透性曲线图上有明确的划分，如图 6.23 所示。基准带即上下两淬透性曲线之间的范围，上 2/3 带则指距上面一条淬透性曲线 2/3 的范围，下 2/3 带则指距下一条淬透性曲线 2/3 的范围。

表 6.12　我国保证淬透性用钢的化学成分和退火或高温回火后硬度(GB/T 5216—2014)　(单位:%)

序号	牌号	C	Si	Mn	Cr	Ni	Mo	Ti或V	硬度 HBW
1	45H	0.42～0.50	0.17～0.37	0.50～0.85	—	—	—	—	≤197
2	15CrH	0.12～0.18	0.17～0.37	0.55～0.90	0.85～1.25	—	—	—	—
3	20CrH	0.17～0.23	0.17～0.37	0.50～0.85	0.70～1.10	—	—	—	≤179
4	20Cr1H	0.17～0.23	0.17～0.37	0.55～0.90	0.85～1.25	—	—	—	—
5	25CrH	0.23～0.28	≤0.37	0.60～0.90	0.90～1.20	—	—	—	—
6	28CrH	0.24～0.31	≤0.37	0.60～0.90	0.90～1.20	—	—	—	≤217
7	40CrH	0.37～0.44	0.17～0.37	0.50～0.85	0.70～1.10	—	—	—	≤207
8	45CrH	0.42～0.49	0.17～0.37	0.50～0.85	0.70～1.10	—	—	—	≤217
9	16CrMnH	0.14～0.19	≤0.37	1.00～1.30	0.80～1.10	—	—	—	—
10	20CrMnH	0.17～0.22	≤0.37	1.10～1.40	1.00～1.30	—	—	—	—
11	15CrMnBH	0.13～0.18	≤0.37	1.00～1.30	0.80～1.10	—	—	—	—
12	17CrMnBH	0.15～0.20	≤0.37	1.00～1.40	1.00～1.30	—	—	—	—
13	40MnBH	0.37～0.44	0.17～0.37	1.00～1.40	—	—	—	—	≤207
14	45MnBH	0.42～0.49	0.17～0.37	1.00～1.40	—	—	—	—	≤217
15	20MnVBH	0.17～0.23	0.17～0.37	1.05～1.45	—	—	—	0.07～0.12V	≤207
16	20MnTiBH	0.17～0.23	0.17～0.37	1.20～1.55	—	—	—	0.04～0.10Ti	≤187
17	15CrMoH	0.12～0.18	0.17～0.37	0.55～0.90	0.85～1.25	—	0.15～0.25	—	≤207
18	20CrMoH	0.17～0.23	0.17～0.37	0.55～0.90	0.85～1.25	—	0.15～0.25	—	≤217

续表

序号	牌号	C	Si	Mn	Cr	Ni	Mo	Ti 或 V	硬度 HBW
19	22CrMoH	0.19～0.25	0.17～0.37	0.55～0.90	0.85～1.25	—	0.35～0.45	—	—
20	35CrMoH	0.32～0.39	0.17～0.37	0.55～0.95	0.85～1.25	—	0.15～0.25	—	—
21	42CrMoH	0.37～0.44	0.17～0.37	0.55～0.90	0.85～1.25	—	0.15～0.25	—	—
22	20CrMnMoH	0.17～0.23	0.17～0.37	0.85～1.20	1.05～1.40	—	0.20～0.30	—	≤217
23	20CrMnTiH	0.17～0.23	0.17～0.37	0.80～1.20	1.00～1.45	—	—	0.04～0.10Ti	≤217
24	17Cr2Ni2H	0.14～0.20	0.17～0.37	0.50～0.90	1.40～1.70	1.40～1.70	—	—	≤229
25	20CrNi3H	0.17～0.23	0.17～0.37	0.30～0.65	0.60～0.95	2.70～3.35	—	—	≤241
26	12Cr2Ni4H	0.10～0.17	0.17～0.37	0.30～0.65	1.20～1.75	3.20～3.75	—	—	≤269
27	20CrNiMoH	0.17～0.23	0.17～0.37	0.60～0.95	0.35～0.65	0.35～0.75	0.15～0.25	—	≤197
28	22CrNiMoH	0.19～0.25	0.17～0.37	0.60～0.95	0.35～0.65	0.35～0.75	0.15～0.25	—	—
29	27CrNiMoH	0.24～0.30	0.17～0.37	0.60～0.95	0.35～0.65	0.35～0.75	0.15～0.25	—	—
30	20CrNi2MoH	0.17～0.23	0.17～0.37	0.40～0.70	0.35～0.65	1.55～2.00	0.20～0.30	—	—
31	40CrNi2MoH	0.37～0.44	0.17～0.37	0.55～0.90	0.65～0.95	1.55～2.00	0.20～0.30	—	—
32	18Cr2Ni2MoH	0.15～0.21	0.17～0.37	0.50～0.90	1.50～1.80	1.40～1.70	0.25～0.35	—	≤229

注:保证淬透性钢的代号为“H”。25CrH、28Cr1H、35CrMoH、17Cr2Ni2H、22CrNiMoH、27CrNiMoH、40CrNi2MoH、18Cr2Ni2MoH 系 GB/T 5216—2014 中新增加的牌号。根据需方要求,16CrMnH、20CrMnH、25CrH 和 28CrH 钢中的 Si 含量允许不大于 0.12%。硼钢中的硼含量均为 0.0008%～0.0035%。各牌号的磷含量不大于 0.030%、硫含量不大于 0.025%,根据需方要求,硫含量可控制在 0.020%～0.35%。对含硫保证淬透性钢在“H”之前加“S”,如 16CrMnSH。各钢中残余元素,Cu 含量不大于 0.25%、Cr 含量不大于 0.30%、Ni 含量不大于 0.30%,热压力加工用钢 Cu 含量不大于 0.20%。各钢中 O 含量不大于 0.0020%。

表 6.13 GB/T 5216—2014 中部分牌号与国外牌号的对照表

序号	GB/T 5216—2014	日本 JIS G4052-2008	欧洲 EN 10084:2008	美国 ASTM A304-2011
2	15CrH	SCr415H	JIS G4052-1979	
4	20Cr1H	SCr420H	DINEN 10084-1998	
6	28Cr1H		德国 ZF 公司	
9	16CrMnH		JIS G4052-1979	
10	20CrMnH		JIS G4052-1979	
17	15CrMoH	SCM415H		
18	20CrMoH	SCM420H		
19	22CrMoH	SCM822H		
20	35CrMoH	SCM345H		4135H
21	42CrMoH	SCM440H		4140H
24	17Cr2Ni2H		17CrNi6-6H	
27	20CrNiMoH			8620H
28	22CrNiMoH			8622H
29	27CrNiMoH			8627H
30	20CrNi2MoH			4320H
31	40CrNi2MoH			4340H
32	18Cr2Ni2MoH		18CrNiMo7-6H	

可以按下列方法规定淬透性:J35/48-15 表示在距淬火端 15mm 处的硬度值为 35～48HRC;或者 J45-6/18 表示在距淬火端 6～18mm 处的硬度值达到 45HRC。

保证淬透性钢订货时可按下列方式中的任一种。

A 法:距淬火端某一距离的最大和最小硬度值,如图 6.23 中的 H 带 $A'\sim A$,用 J34/45-9 表示。再如,HH 带 $a\sim A$,用 J38/45-9 表示。

B 法:距淬火端某一距离的最大和最小硬度值及另一距离的一个最大硬度值或最小硬度值,如图 6.23 中的 H 带 $A'\sim A+B$(或 B'),用 J34/45-9+J≤39-15(或 J≥28-15)表示。再如,HH 带 $a\sim A+B$(或 b),用 J38/45-9+J≤39-15(或 J≥32-15)表示。

C 法:距淬火端两个距离的最大和最小硬度值,如图 6.23 中 H 带 $A'\sim A+B'\sim B$(或 $C'\sim C$),用 J34/45-9+J28/39-15(或 J23/34-25);再如,H 和 HH 带 $A'\sim A+b\sim B$(或 $c\sim C$),可用 J34/45-9+J32/39-15(或 J26/34-25)。

D 法:按淬透性订货,即按 GB/T 5216—2014 中相应淬透性带图及附表中所列对应带的硬度值供应。

B 法是基本的订货方法,若无注明,以 B 法供货。

GB/T 5216—2014 规定末端淬透性也可用公式计算方法确定。计算方法主要参考 ASTM A255-10《钢的淬透性测量方法标准》。标准给出的淬透性计算方法基于理想临界直径 D_I,并根据钢的化学成分进行计算。适用于钢的化学成分范围和计算因子的计算方法见表 6.14。

非含硼钢淬透性的计算方法和步骤:根据钢的化学成分计算碳和合金元素因子,见表 6.14。根据碳和合金元素因子,按式(6.3)计算理想临界直径 D_I 值(mm)。

$$D_I=25.4\times f_C\times f_{Mn}\times f_{Si}\times f_{Ni}\times f_{Cr}\times f_{Mo}\times f_{Cu}\times f_V\times f_{Zr} \tag{6.3}$$

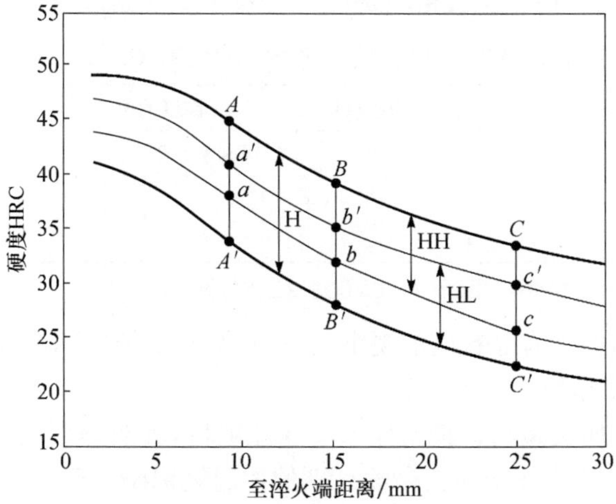

图 6.23　按淬透性订钢材方法示意图(GB/T 5216—2014)

表 6.14　根据化学成分计算碳和合金元素因子(GB/T 5216—2014)

化学元素	适用范围/%	计算因子
C	≤0.39	$f_C=0.540\times w_C$
	>0.39～0.55	$f_C=0.171+0.001\times w_C+0.265w_C^2$
	>0.55～0.65	$f_C=0.115+0.286\times w_C-0.038w_C^2$
	>0.65～0.75	$f_C=0.143+0.200\times w_C^2-0.135w_C^2$
	>0.75～0.90	$f_C=0.062+0.409\times w_C$
Mn	≤1.2	$f_{Mn}=1.000+3.333\times w_{Mn}$
	1.2～1.95	$f_{Mn}=-1.120+5.100\times w_{Mn}$
Si	≤2	$f_{Si}=1.000+0.700\times w_{Si}$
Ni	≤1.50	$f_{Ni}=1.00+0.363w_{Ni}$
	>1.50～3.50	$f_{Ni}=0.321+1.450w_{Ni}-0.612\times w_{Ni}^2+0.125w_{Ni}^3$
Cr	≤2.50	$f_{Cr}=1.000+2.160\times w_{Cr}$
Mo	≤0.55	$f_{Mo}=1.000+3.000\times w_{Mo}$
Cu	≤0.55	$f_{Cu}=1.000+0.365w_{Cu}$
V	≤0.20	$f_V=1.000+1.730w_V$
Zr	≤0.25	$f_{Zr}=1.000+2.500w_{Zr}$

考虑到含硼钢中硼与碳和其他合金元素的相互作用,其淬透性曲线的计算方法稍有不同,可查阅 GB/T 5216—2014。

用末端淬透性代替以往的力学性能检验是评价齿轮钢的重大技术进步。末端淬透性的稳定与否对齿轮钢热处理后变形量的影响很大。淬透性"带宽"越窄离散度越小,越有利于齿轮的加工及提高其啮合精度。我国标准 GB/T 5216—2014 的淬透性"带宽"水平与美国、德国 H 钢的标准水平基本上相当,如在 J9 处,一般都限制在 10～12HRC 范围内波动,而 HH 和 HL 钢的"带宽"一般都限制在 7～8HRC 范围内[19]。

这类钢的横截面酸浸低倍组织试片上不应有目视可见的锁孔、气泡、裂纹、夹杂、分层、翻皮和白点。酸浸低倍组织合格级别应符合表 6.15 规定。

表 6.15　保淬透性结构钢低倍组织的合格级别(GB/T 5216—2014)

组别	一般疏松	中心疏松	锭型偏析	中心偏析
	级别不大于			
Ⅰ	2	2	2	2
Ⅱ	3	3	3	3

注:锭型偏析检查仅适用于模铸钢,中心偏析检查仅适用于连铸钢。

对保证淬透性结构钢有晶粒度的要求,这一点与其他结构钢标准不同,GB/T 5216—2014 规定钢的奥氏体晶粒度为不小于 5 级。

标准将钢中非金属夹杂物含量列为基本保证项目,其非金属夹杂物合格级别的规定见表 6.16。一些生产厂对非金属夹杂物级别的控制级别要严于国家标准的要求。

表 6.16　保淬透性结构钢非金属夹杂物合格级别(GB/T 5216—2014)

组别	夹杂物级别	A	B	C	D	DS
		不大于,级				
Ⅰ	细系	2.5	2.5	1.5	1.5	2.0
	粗系	2.0	1.5	1.0	1.0	
Ⅱ	细系	3.0	3.0	2.0	2.0	—
	粗系	2.5	2.0	1.5	1.5	

注:如需方有不同级别要求或需要含硫钢,其合格级别由供需双方协商确定。

为便于选用,机械制造用结构钢常按其淬透性和强度分类,这种分类比较粗略,各类之间没有严格的界线。

渗碳钢按其淬透性和强度分为三类:

(1) 低淬透性渗碳钢,如 15、20、20Mn2、20Cr、20MnV 等钢。这类钢为低强度钢,主要用来制造受力较小而不需要高强度的耐磨件,如小齿轮、活塞销、小轴等。这类钢经热处理后其抗拉强度 $\sigma_b=500\sim850$MPa。

(2) 中淬透性渗碳钢,如 20CrMnTi、20CrMnMo、20Mn2TiB、12CrNi3、12Cr2Ni4 等。这类钢为中强度钢,用来制造中级负荷的齿轮、活塞销等。这类钢经热处理后其抗拉强度 $\sigma_b=900\sim1100$MPa。

(3) 高淬透性渗碳钢,如 18Cr2Ni4WA、20Cr2Ni4A 等。这类钢为高强度钢,用来制造大马力发动机轴和受载大、磨损大的齿轮等。经热处理后,这类钢的抗拉强度 $\sigma_b>1200$MPa。

调质钢亦可按其淬透性分为三类:

(1) 低淬透性调质钢。这类钢油淬临界直径最大为 40mm,相对来说,合金元素种类较少、含量较低。这类钢有碳钢、40B、45B、40MnB、40Cr、45Cr、40CrV、40CrSi、42SiMn 等。

(2) 中淬透性调质钢。这类钢油淬临界直径最大为 60mm,有 40CrMn、30CrMnSi、35CrMo、42CrMo、40CrNi 等。

(3) 高淬透性调质钢。这类钢油淬临界直径为 100mm。属于这类钢的均为多元复杂合金化的钢种,含合金元素总量也比前两类为多。这类钢有 37CrNi3、40CrNiMo、40CrMnMo 等。

6.3.3 航空航天用优质结构钢

GJB 1951A—2020《航空航天用优质结构钢棒规范》适用于航空航天用直径、边长及对边距离不大于 300mm 的热轧、锻制、冷拉和银亮优质结构钢棒。与原标准 GJB 1951—94 比较,取消了电弧炉单独冶炼方法,增加了电弧炉+真空冶炼+电渣重熔、非真空感应炉+电渣重熔冶炼方法;增加了 18CrMn2MoBA 和 20Cr3WMoVA 两个牌号及相应技术要求;修改了电渣重熔钢的低倍组织检验方法和合格级别;修改了非金属夹杂物检验方法及合格级别。表 6.17 为 GJB 1951A—2020 中列入的钢号的化学成分。

表 6.17 航空航天用优质结构钢的牌号及化学成分(GJB 1951A—2020)(单位:%)

序号	牌号	C	Mn	Si	Cr	Ni	V	Mo	W	其他
1	10A	0.07~0.15	0.35~0.65	0.17~0.37	≤0.15	≤0.30	—	—	—	—
2	15A	0.12~0.19	0.35~0.65	0.17~0.37	≤0.30	≤0.30	—	—	—	—
3	20A	0.17~0.24	0.35~0.65	0.17~0.37	≤0.30	≤0.30	—	—	—	—
4	25A	0.22~0.30	0.50~0.80	0.17~0.37	≤0.30	≤0.30	—			
5	45A	0.42~0.50	0.50~0.80	0.17~0.37	≤0.30	≤0.30	—	—	—	—
6	50A	0.47~0.55	0.50~0.80	0.17~0.37	≤0.30	≤0.30	—	—	—	—
7	12CrNi3A	0.10~0.16	0.30~0.60	0.17~0.37	0.60~0.90	2.75~3.25	—	—	—	—
8	12Cr2Ni4A	0.10~0.15	0.30~0.60	0.17~0.37	1.25~1.75	3.25~3.75	—	—	—	—
9	14CrMnSiNi2MoA	0.11~0.17	0.65~0.95	0.35~0.65	1.20~1.60	1.40~2.00	—	0.20~0.40	—	—
10	15CrA	0.12~0.17	0.30~0.60	0.17~0.37	0.70~1.00		—	—	—	允许添加 Mo≤0.15
11	15Cr2MnNi2TiA	0.12~0.18	0.70~1.00	0.17~0.37	1.40~1.90	1.40~1.80	—	—	—	Ti:0.06~0.12
12	16Cr2MnTiA	0.13~0.18	1.00~1.30	0.17~0.37	1.50~1.80	≤0.50				Ti:0.06~0.12

续表

序号	牌号	C	Mn	Si	Cr	Ni	V	Mo	W	其他
13	18CrMn2MoBA	0.16～0.21	1.60～1.90	≤0.35	1.00～1.30	—	—	0.45～0.60	—	B:0.0005～0.0030
14	18Cr2Ni4WA	0.13～0.19	0.25～0.55	0.17～0.37	1.35～1.65	4.00～4.50	—	—	0.80～1.20	—
15	20CrA	0.18～0.24	0.50～0.80	0.17～0.37	0.70～1.00	≤0.30	—	—	—	—
16	20Mn2A	0.17～0.24	1.40～1.80	0.17～0.37	≤0.30	≤0.30	—	—	—	—
17	30CrNi3A	0.17～0.25	0.30～0.60	0.17～0.37	0.60～0.90	2.75～3.25	—	—	—	—
18	20Cr3WMoVA	0.16～0.24	0.20～0.60	≤0.40	2.40～3.30	—	0.60～0.85	0.35～0.55	0.30 0.50	—
19	25CrMnNiTiA	0.22～0.29	0.80～1.20	0.20～0.50	1.20～1.70	0.90～1.40	—	—	—	Ti：0.06～0.12
20	30CrMoA	0.26～0.33	0.26～0.33	0.26～0.33	0.26～0.33	≤0.30	—	0.15～0.25	—	—
21	30CrMnSiA	0.28～0.35	0.80～1.10	0.90～1.20	0.90～1.10	≤0.40	—	—	—	—
22	30CrMnSiNi2A	0.27～0.34	1.00～1.30	0.90～1.20	0.90～1.20	1.40～1.80	—	—	—	—
23	30Cr2Ni2WA	0.27～0.34	0.30～0.60	0.17～0.37	1.60～2.00	1.40～1.80			1.20～1.60	—
24	30Cr2Ni2WVA	0.27～0.34	0.30～0.60	0.17～0.37	1.60～2.00	1.40～1.80	0.18～0.28	—	1.20～1.60	—
25	37CrNi3A	0.33～0.41	0.25～0.55	0.17～0.37	1.20～1.60	3.00～3.50	—	—	—	—
26	38CrA	0.34～0.42	0.50～0.80	0.17～0.37	0.80～1.10	≤0.40	—	—	—	—
27	38CrMoAlA	0.35～0.42	0.30～0.60	0.17～0.37	1.35～1.65	≤0.40	—	0.15～0.25	—	Al:0.70～1.10
28	40CrNiMoA	0.36～0.44	0.50～0.80	0.17～0.37	0.60～0.90	1.25～1.75	—	0.15～0.25	—	—
29	40CrNiWA	0.37～0.44	0.40～0.80	0.17 0.37	0.60～0.90	1.25～1.75	—	—	0.80～1.20	—
30	40CrVA	0.37～0.45	0.50～0.80	0.17～0.37	0.80～1.10	≤0.40	0.10～0.20	—	—	—

续表

序号	牌号	C	Mn	Si	Cr	Ni	V	Mo	W	其他
31	50CrVA	0.46～0.54	0.50～0.80	0.17～0.37	0.80～1.10	≤0.40	0.10～0.20	—	—	—

注：尺寸大于 40mm 需要进行热处理的 38CrMoAlA 钢棒，允许 Mo 含量为 0.25%～0.35%。

表 6.17 各钢中 S、P 及残余 Cu、W、Mo、V、Ti 含量应符合表 6.18 的规定。

表 6.18　钢中 S、P 及残余 Cu、W、Mo、V、Ti 含量　(单位：%)

冶炼方法	S	P	Cu	W	Mo	V	Ti
电弧炉＋真空精炼	≤0.020	≤0.025	≤0.25	≤0.20	≤0.15	≤0.05	≤0.03
电弧炉＋电渣重熔 电弧炉＋真空精炼＋电渣重熔 非真空感应炉＋电渣重熔	≤0.015	≤0.025	≤0.25	≤0.20	≤0.15	≤0.05	≤0.03

注：用作大梁、起落架、涡轮轴、压气机盘和紧固件的 18Cr2Ni4WA、30CrMnSiA、30CrMnSiNi2A 及 40CrNiMoA 电渣重熔钢磷含量不得大于 0.020%。热压力加工用钢的 Cu 含量不得大于 0.30%。

钢棒一般以热轧、锻制、热轧加热处理、轧制加热处理、冷拉加热处理、银亮、粗加工或冷拉、冷拉磨光状态交货。

表 6.17 中列出的牌号中，前面 6 个牌号为优质碳素结构钢，后面的 25 个牌号属于机械制造用合金结构钢。6 个优质碳素结构钢的牌号与表 5.5 中列入的相同，25 个机械制造用合金结构钢的牌号有 15 个与表 6.10 中列入的相同，但对其成分、性能的要求不尽相同，其余 10 个是新的牌号为：14CrMnSiNi2MoA(序号 9)、15Cr2MnNi2TiA(序号 11)、16Cr2MnTiA（序号 12）、18CrMn2MoBA（序号 13)、20Cr3WMoVA（序号 18)、25CrMnNiTiA(序号 19)、30CrMnSiNi2A(序号 22)、30Cr2Ni2WA(序号 23)、38CrA(序号 26)、40CrNiWA(序号 29)。其中 30CrMnSiNi2A 已属于超高强度钢，其化学成分、力学性能和应用另见表 6.58、表 6.59 及其说明，此处不做介绍。这些钢的具体热处理工艺可参阅 HB/Z 136—2000《航空结构钢热处理工艺》。

尺寸不大于 200mm 钢棒的力学性能应符合表 6.19 的规定，尺寸大于 200mm 钢棒的力学性能应符合表 6.20 的规定，表中未列入的牌号的力学性能由供需双方协商规定。

在热轧或锻制状态交货的 10A、15A 钢棒及热处理状态交货的 20A、25A、45A、50A 钢棒上切取试样毛坯，不再经热处理，直接制成试样测试力学性能；在热轧加热处理、锻制加热处理、冷拉加热处理状态交货的合金结构钢钢棒上切取试样毛坯，经热处理后制成试样测试力学性能；冷拉及冷拉磨光状态交货的碳素结构钢钢棒，直接采用原材或试样进行测试拉伸性能，不再经热处理；在冷拉及冷拉磨光状态交货的合金结构钢钢棒上切取试样毛坯，经热处理后制成试样测试力学性能。

表 6.19　尺寸不大于 200mm 的钢棒的力学性能(GJB 1951A—2020)

序号	牌号	试样毛坯尺寸/mm	热处理制度					取样方向	力学性能						
			淬火			回火			组别	R_m/MPa	R_{eL}/MPa	A/%	Z/%	KU_2/%	布氏硬度 HBW
			温度/℃		冷却剂	温度/℃	冷却剂			不小于					
			一次	二次											
1	10A	—	交货状态(热轧或锻制)					纵向	—	315	177	30	55	—	95.5～143
2	15A	—	交货状态(热轧或锻制)					纵向	—	345	19	26	55	—	95.5～143
3	20A	—	交货状态(正火)					纵向	—	380	215	22	50	—	103～156
4	25A	—	交货状态(正火或退火)					纵向	—	420	235	19	50	—	121～170
5	45A	—	交货状态 (正火或退火)					纵向	—	590	315	13	40	—	170～229
6	50A	—	交货状态(正火或退火)					纵向	—	620	335	13	40	—	179～255
7	12CrNi3A	16	860	780～810	油	150～170	空气	纵向	Ⅰ组	980	685	11	55	86	269～388
									Ⅱ组	885	635	12	55	94	262～363
8	12Cr2Ni4A	16	780～810	—	油	150～170	空气	纵向	—	1030	785	12	55	78	293～388
9	14CrMnSiNi2MoA	16	820～860	—	油	180～220	空气	纵向	—	1080	885	15	50	78	321～415
10	15CrA	16	860	780～810	油	150～170	空气	纵向	—	590	390	15	50	71	170～302
11	15Cr2MnNi2TiA	16	800～850	—	油	150～170	空气	纵向	—	1080	885	12	55	86	321～388
12	16Cr2MnTiA	16	900～950	790～860	油或空气、油	160～180	空气	纵向	Ⅰ组	1030	785	12	55	86	321～388
									Ⅱ组	1130	930	11	50	78	331～401
13	18CrMn2MoBA	25	920	—	空气	300～400	空气	纵向	—	1080	835	10	45	55	—

续表

序号	牌号	试样毛坯尺寸/mm	热处理制度					取样方向	力学性能						
			淬火			回火			组别	R_m/MPa	R_{eL}/MPa	A/%	Z/%	KU_2/%	布氏硬度HBW
			温度/℃		冷却剂	温度/℃	冷却剂			不小于					
			一次	二次											
14	18Cr2Ni4WA	16	950	860～870	空气、油	525～575	空气	纵向	Ⅰ组	1030	785	12	50	94	321～388
								横向		925	705	6	30	47	—
			950	850～860	空气	150～170	空气	纵向	Ⅱ组	1130	835	11	45	78	341～401
								横向		1020	750	5.5	27	39	—
	18Cr2Ni4WA（供锻件用）	16	950	850～860	空气	150～170	空气	纵向	—	1180	885	10	45	78	352～401
								横向	—	1060	790	5	27	39	—
15	20CrA	16	880	780～820	水或油	170～230	水或空气	纵向	—	835	540	10	40	47	—
16	20Mn2A	16	850	—	水或油	170～230	水或空气	纵向	—	785	590	10	40	47	—
			880	—		390～490									
17	20CrNi3A	25	820～840	—	油或温水	400～500	油或水	纵向	—	980	835	10	55	78	293～341
18	20Cr3WMoVA	25	1030～1080	—	油	600～700	空气	纵向		885	735	12	40	—	285～341
19	25CrMnNiTiA	25	880～920	820～850	空气、油	60～200	空气	纵向	—	1470	1180	10	45	55	385～514
20	30CrMoA	16	880	—	油	490～590	水或油	纵向	—	930	735	12	50	71	—
21	30CrMnSiA	25	880～900	—	油	500～550	油	纵向	—	1080	835	10	45	39	302～363
								横向	—	980	735	6	27	16	—
22	30CrMnSiNi2A	试样	890～900，油冷或 890～900 加热于 210～280 硝盐等温 1h，空冷			200～300	空气	纵向	—	1570	—	9	45	47	≥444
								横向	—	1520	—	3	25	16	—
23	30Cr2Ni2WA	25	850～870	—	油	540～620	油	纵向	Ⅰ组	980	835	12	55	94	302～341
									Ⅱ组	1180	980	10	45	63	341～388

续表

序号	牌号	试样毛坯尺寸/mm	热处理制度					取样方向	力学性能						
			淬火			回火			组别	R_m/MPa	R_{eL}/MPa	A/%	Z/%	KU_2/%	布氏硬度HBW
			温度/℃		冷却剂	温度/℃	冷却剂			不小于					
			一次	二次											
24	30Cr2Ni2WVA	25	890～910	—	油	580～650	油	纵向	Ⅰ组	1030	835	12	55	78	
									Ⅱ组	1180	980	10	45	55	
25	37CrNi3A	25	820	—	油	525～575	油或水	纵向	—	1080	930	10	50	55	321～388
26	38CrA	25	860	—	油	500～590	油或水	纵向	Ⅰ组	885	785	12	50	78	269～321
									Ⅱ组	930	785	12	50	71	285～341
27	38CrMoAlA	30	930～950	—	油或温水	600～670	油或水	纵向	Ⅰ组	930	785	15	50	78	285～321
									Ⅱ组	980	835	15	50	71	302～341
28	40CrNiMoA	25	850	—	油	550～650	水或空气	纵向	Ⅰ组	1080	930	12	50	63	321～375
								横向		970	840	6	30	31	—
			840～860					纵向	Ⅱ组	980	835	12	55	78	293～341
								横向		880	750	6	33	39	—
29	40CrNiWA	25	850	—	油	550～650	水或空气	纵向	Ⅰ组	980	835	12	55	78	293～341
									Ⅱ组	1080	930	12	50	63	321～375
30	40CrVA	25	880	—	油	620～680	水	纵向	—	885	735	10	50	71	269～321
31	50CrVA	25	860	—	油	460～520	油	纵向	Ⅰ组	1270	1080	10	45	—	≥363
		试样				400～500			Ⅱ组	270	1080	10	45	—	≥363

注:热处理淬火温度允许偏差±10℃。淬火冷却剂中列入两种时,前面的是第一次冷却剂。

有两组性能的牌号,如无须要求,按Ⅰ组执行。屈服强度 R_{eL} 无法检出时,按 $R_{p0.2}$ 报出。

供锻件用的 12Cr2Ni4A、15Cr2MnNi2TiA 钢棒的试样毛坯可预先正火。

根据需方要求 30CrMnSiNi2A 可供应抗拉强度上限不超过 1770MPa 的钢棒。

表 6.20　尺寸大于 200mm 的钢棒的力学性能(GJB 1951A—2020)

序号	牌号	试样毛坯尺寸/mm	热处理制度					取样方向	力学性能						
			淬火			回火			组别	R_m/MPa	R_{eL}/MPa	A/%	Z/%	KU_2/%	布氏硬度 HBW
			温度/℃ 一次	温度/℃ 二次	冷却剂	温度/℃	冷却剂			不小于					
1	45A	—	交货状态（正火或退火）					纵向	—	590	315	11	30	31	170～229
2	12CrNi3A	16	860	780～810	油	150～170	水或空气	纵向	—	885	635	10	45	86	262～383
3	12Cr2Ni4A	16	780～810	—	油	150～170	空气	纵向	—	980	785	12	45	78	293～388
4	18Cr2Ni4WA	16	950	850～860	空气	150～170	空气	纵向	Ⅰ组	1180	885	9	35	71	321～388
									Ⅱ组	1130	835	10	40	86	341～388
5	30CrMnSiA		880～900	—	油	500～560	油	纵向	—	1080	835	8	35	35	302～363
6	30CrMnSiNi2A	试样	890～900，油冷或 890～900 加热后置于 210～280 硝酸盐中等温 1h，空冷			200～300	空气	纵向	—	1570	—	8	35	31	≥444
7	37CrNi3A	25	820	—	油	520～575	油或水	纵向	—	1080	930	9	40	51	321～388
8	38CrA	25	860	—	油	500～590	油或水	纵向	—	885	785	10	40	71	269～321
9	40CrNiMoA	25	850	—	油	550～650	水或空气	纵向	—	980	835	11	45	71	293～341

注：有两组性能的牌号，如无需方要求，按Ⅰ组执行。屈服强度 R_{eL} 无法检出时，按 $R_{p0.2}$ 报出。

淬火前可预先进行正火，热处理淬火温度允许偏差±10℃。

航空航天用优质结构钢钢棒对低倍组织有严格的要求:钢棒的横截面酸浸低倍试片上不允许有目视可见的缩孔、气泡、裂纹、空洞、夹杂、翻皮、白点及点状偏析。电弧炉+真空精炼钢棒酸浸低倍组织合格级别:一般疏松、中心疏松、锭型偏析均不得大于2级。其他冶炼方法的要求见有关标准。

非金属夹杂物的合格级别见表6.21。航空航天用合金结构钢钢棒应检查奥氏体晶粒度,其合格级别应为5级或更细。

表6.21　非金属夹杂物的合格级别(GJB 1951A—2020)

冶炼方法	夹杂物类型							
	A		B		C		D	
	细系	粗系	细系	粗系	细系	粗系	细系	粗系
	不大于,级							
电弧炉+真空精炼	2.0	1.5	2.0	1.5	1.5	1.0	1.5	1.0
电弧炉+电渣重熔 电弧炉+真空精炼+电渣重熔 非真空感应炉+电渣重熔	1.5	1.5	1.5	1.5	1.0	1.0	1.5	1.0

机械制造用钢还可以按钢中加入的合金元素分类,如锰钢、铬钢、铬锰钢等。按合金元素分类便于阐明合金元素在钢中的作用。下节将按钢中所含的合金元素,将机械制造用钢分类叙述。

6.4　合金结构钢系列

6.4.1　锰系(锰钢、锰钒钢)

锰在钢中一部分溶于铁素体,一部分溶于渗碳体,二者之间有一定的比例(表2.6),当渗碳体含量少时,锰基本上溶于铁素体中,当碳含量较高时,可以有相当部分溶于渗碳体中。锰是扩大γ区的元素,使A_4上升和A_3下降。在钢中,锰使共析点左移和下降,每1%Mn可以使共析成分的碳减少0.05%~0.06%。锰使马氏体点下降从而增加残余奥氏体量,含1%C和5%Mn时,自1150°淬火可以在室温得到100%奥氏体组织。

锰可以显著地推迟珠光体和贝氏体转变。当含碳少时,锰对珠光体的转变影响大些,含碳多时锰对贝氏体转变的影响较大,并使两者的转变区域温度下降,但对贝氏体的转变影响更甚,故在含锰较高时可以出现中间稳定的区域。图6.24为50Mn2钢的等温转变曲线。

在合金结构钢中锰含量一般在1%~2%,最高可达2.5%。钢中加入锰可以较强烈地提高淬透性,在端淬曲线上硬度下降平缓(图6.25),在较大截面上可以显示其强化效果。在退火状态下,锰可以提高强度,因为锰可以强化铁素体,使共析点左移,增加珠光体区域并使钢易于过冷从而生成较细的组织。经过淬火-回火以后,锰的强化作用更明显。锰增加时,塑性略降低。锰对冲击韧性的影响和碳含量有关,在低碳钢中含锰在2%以下时对冲击韧性无不良影响,而且可以使韧脆转变温度降低,对中碳钢则降低冲击韧性。锰

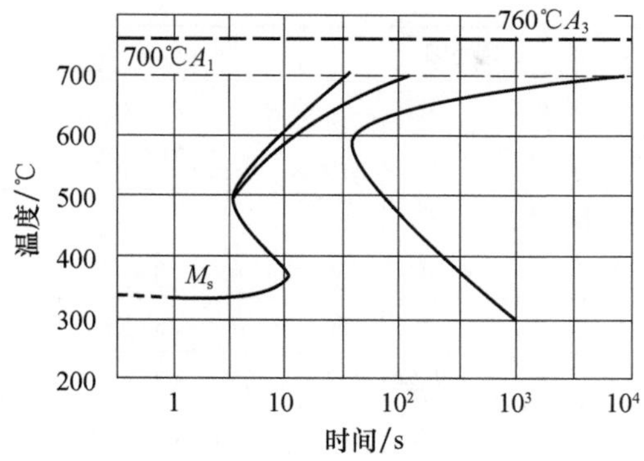

图 6.24　50Mn2 钢的等温转变曲线[35]

成分：0.51%C、1.56%Mn、0.04%Si，奥氏体化温度 900℃，晶粒度 6 级

钢有明显的过热倾向，因此加热时应严格控制温度，时间不可过长，最好采用本质细晶粒钢，这样在正常温度淬火时晶粒不致粗大。由于晶粒易粗大，淬火时宜在油中冷却以防裂纹的生成，形状简单者可在水中淬火。锰增加钢的偏析和氧化物夹杂数量，生成塑性的硫化物，因此锰钢易于生成带状组织并促进各向异性。锰钢有回火脆性，尤其当磷含量增高时。锰钢有白点敏感性。

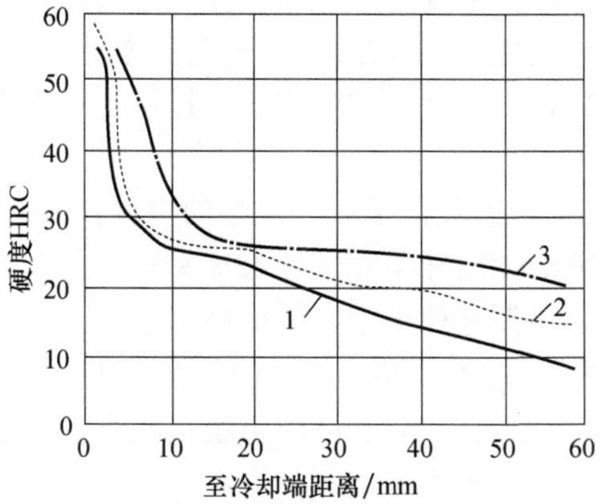

图 6.25　锰对端淬曲线硬度变化的影响[36]

1—0.54%C，0.46%Mn；2—0.50%C，0.91%Mn；3—0.43%C，1.58%Mn

锰合金结构钢的化学成分见表 6.10，表 6.22 为锰结构钢的力学性能。

表 6.22　锰和锰钒合金结构钢的力学性能(GB/T 3077—2015)

牌号	试样毛坯尺寸/mm	热处理					力学性能					退火或高温回火供应状态布氏硬度HBW，不大于
		淬火			回火		R_m/MPa	R_{eL}/MPa	A/%	Z/%	KU_2/J	
		加热温度/℃		冷却剂	加热温度/℃	冷却剂	不小于					
		第一次淬火	第二次淬火									
20Mn2	15	850	—	水、油	200	水、空	785	590	10	40	47	187
		880	—	水、油	440	水、空						

续表

牌号	试样毛坯尺寸/mm	热处理					力学性能					退火或高温回火供应状态布氏硬度HBW，不大于
		淬火			回火		R_m/MPa	R_{eL}/MPa	A/%	Z/%	KU_2/J	
		加热温度/℃		冷却剂	加热温度/℃	冷却剂	不小于					
		第一次淬火	第二次淬火									
30Mn2	25	840	—	水	500	水	785	635	12	45	63	207
35Mn2	25	840	—	水	500	水	835	685	12	45	55	207
40Mn2	25	840	—	水、油	540	水	885	735	12	45	55	207
45Mn2	25	840	—	油	550	水、油	885	735	10	45	47	217
50Mn2	25	820	—	油	550	水、油	930	785	9	40	39	229
20MnV	15	880	—	水、油	200	水、空	785	590	10	40	55	187

20Mn2 钢属于渗碳钢，与相同碳含量的碳钢比较，可用于较大的截面，渗碳和淬火后表面软点较少。锰对渗碳时表层的碳浓度和渗碳层厚度影响很少。锰钢易过热，渗碳温度不宜过高。渗碳后在最终淬火之前，宜先进行一次淬火(或正火)以消除心部的过热组织。20Mn2 钢制作较小截面渗碳零件，一般与 20Cr 钢相当，可做渗碳小齿轮、小轴、钢套、活塞销、柴油机套筒、气门顶杆等。

其余锰钢用于调质，因有回火脆性，高温回火后应迅速冷却(油或水)。30Mn2 钢可用于制造轴、变速箱齿轮、冷镦螺栓及较大截面的调质零件。35Mn2 钢在制造小截面零件时与 40Cr 钢相当。35Mn2 钢可做载重汽车和拖拉机上的许多重要冷镦螺栓(直径在15mm)、连杆、心轴、曲轴等。

40Mn2 钢可用来制造在较重负荷条件下工作的零件，如轴、半轴、车轴、曲轴、蜗杆、连杆、有载荷的螺栓。40Mn2 钢用做 40mm 小截面重要零件时，其静强度与疲劳性能与 40Cr 钢相当。45Mn2 钢在零件直径小于 60mm 时，性能与 40Cr 钢相当，可用做在较高应力和磨损条件下工件的零件：万向接头轴、车轴、摩擦盘、蜗杆、齿轮、重载荷机架等。50Mn2 钢可以用来制造汽车上的传动花键轴、重型机械上的大型齿轮、齿轮轴及一些其他承受高应力的耐磨零件，制造直径在 80mm 左右的零件时，性能与 45Cr 钢相似，其等温转变曲线见图 6.24。图 6.26 为 50Mn2 钢在不同温度回火后的力学性能。

锰是一种价格较低的合金元素，锰结构钢的使用较多。为了防止过热和进一步改善其性能，在锰钢中常加入少量碳化物生成元素，如钒等。在锰钢中加入少量的钒可以防止过热、细化晶粒、提高强度与韧性，表 6.10 和表 6.22 中列出了 20MnV 钢的成分和力学性能。20MnV 钢用于渗碳，少量的钒对渗碳过程没有什么影响，但可以阻止晶粒长大，因而在渗碳后可以直接淬火。

6.4.2　铬系(铬钢、铬硅钢、铬钒钢、铬钼钢)

铬在钢中可以生成多种碳化物，但在一般合金结构钢中只部分地溶于渗碳体中，而大部分溶于铁素体中。铬使共析点左移和上升，含 12%Cr 时，共析碳含量约 0.2%。铬使钢的等温分解曲线右移，但不如锰的作用强烈。加入不高含量的铬可使珠光体转变温度范围上升，贝氏体转变温度范围下降，因而出现中间稳定区域。

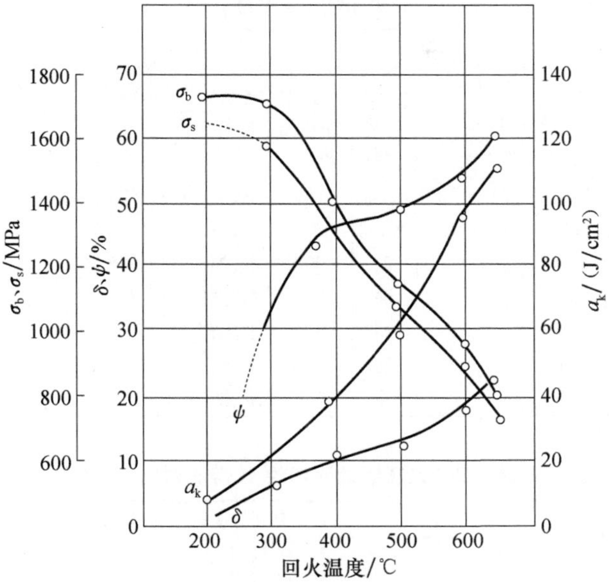

图 6.26　50Mn2 钢在不同温度回火后的力学性能[37]
成分：0.51%C、1.46%Mn、0.20%Si

铬和锰一样能提高退火和淬火、回火后钢的强度，铬含量不多时对钢的塑性、韧性影响很小或者略有提高，含量超过 1.0%～1.5%时，对塑性影响不大，但略使冲击韧性下降。铬能增加低温及高温的回火稳定性。铬钢有回火脆性，但其程度与钢中的杂质磷含量有关。

铬结构钢的化学成分见表 6.10，其力学性能见表 6.23。15Cr 和 20Cr 是渗碳钢，渗碳时，钢中铬能强烈地促使表面碳浓度升高，易形成网状碳化物，最好选择较缓和的渗碳剂。铬钢渗碳后比碳钢具有较高的心部强度，表面具有较好耐磨性。15Cr 和 20Cr 钢用于制造需要较高强度和耐磨损的零件，如活塞销、凸轮轴、气门推杆及工作速率较高的齿轮等。铬钢渗碳时心部晶粒会长大，除了形状简单、性能要求不高的零件可以直接淬火外，一般采用二次淬火，第一次温度采用 860～880℃（油淬），亦可以使用温度为 800～820℃的一次淬火，回火温度为 180～200℃。选用 15Cr 钢时，应控制碳含量在 0.14%～0.17%、铬含量在 0.87%～1.05%，以免钢的屈服强度达不到要求，可以采用 15CrH 钢。15CrH 钢较 15Cr 钢有较高的锰和铬含量，15Cr 含 0.40%～0.70%Mn、0.70%～1.00%Cr，15CrH 含 0.55%～0.90%Mn、0.85%～1.25%Cr，因而有更高的淬透性和强度；20CrH 钢的 Mn、Cr 含量上限较 20Cr 钢稍有提高。20Cr1H 钢的 Mn、Cr 含量范围均较 20CrH 钢宽（表 6.12），因此有更高的淬透性。20Cr1H 钢用于制作微型车的变速箱齿轮。表 6.24 为 20CrH 钢和 20Cr1H 钢的淬透性带宽对比。15CrH 和 20Cr1H 与国外对应的牌号为 SCr415H 和 SCr420H（日本 JIS G4052-2008）。

表 6.23　铬合金结构钢的力学性能(GB/T 3077—2015)

牌号	试样毛坯尺寸/mm	热处理					力学性能					退火或高温回火供应状态布氏硬度HBW,不大于
		淬火			回火		R_m/MPa	R_{eL}/MPa	A/%	Z/%	KU_2/J	
		加热温度/℃		冷却剂	加热温度/℃	冷却剂	不小于					
		第一次淬火	第二次淬火									
15Cr	15	880	770～820	水、油	180	油、空	685	490	12	45	55	179
20Cr	15	880	780～820	水、油	200	水、空	835	540	10	40	47	179
30Cr	25	860	—	油	500	水、油	885	685	11	45	47	187
35Cr	25	860	—	油	500	水、油	930	735	11	45	47	207
40Cr	25	850	—	油	520	水、油	980	785	9	45	47	207
45Cr	25	840	—	油	520	水、油	1030	835	9	40	39	217
50Cr	25	830	—	油	550	水、油	1080	930	9	40	39	229

表 6.24　20CrH 钢和 20Cr1H 钢的淬透性 H 带宽对比(GB/T 5216—2014)

牌号	处理工艺	离开淬火端下列距离(mm)处的 HRC										
		$J_{1.5}$	J_3	J_5	J_7	J_9	J_{11}	J_{13}	J_{15}	J_{20}	J_{25}	J_{30}
20CrH	正火温度 880～900℃	48	47	44	37	32	29	26	25	22	—	—
	端淬温度(870±5)℃	40	36	28	21	—	—	—	—	—	—	—
20Cr1H	正火温度 915～935℃	48	48	46	40	36	34	32	31	29	27	26
	端淬温度(925±5)℃	40	37	32	28	25	22	20	—	—	—	—

30Cr 钢用于制造螺栓、小轴、连杆等尺寸不大的较重要的调质件,40Cr 钢是机械制造部门使用最广泛的钢种之一,调质后具有良好的综合力学性能、良好的低温韧性和低的缺口敏感性。40Cr 钢有较好的淬透性,水淬时可淬透到 ϕ28～ϕ60mm,油淬时可淬透到 ϕ15～ϕ40mm。40Cr 钢用于制造曲轴、连杆螺栓和螺帽、进气阀、齿轮、轴等较重要的调质零件。40Cr 钢亦适于进行碳氮共渗处理(830～850℃油淬,180～200℃回火)做齿轮等传动机件。40Cr 钢进行高频淬火时,碳含量上限不宜超过 0.42%,大批量生产时应采用精选的 40Cr 钢(含 0.37%～0.42%C),处理时先经过调质。图 6.27 为 40Cr 钢的过冷奥氏

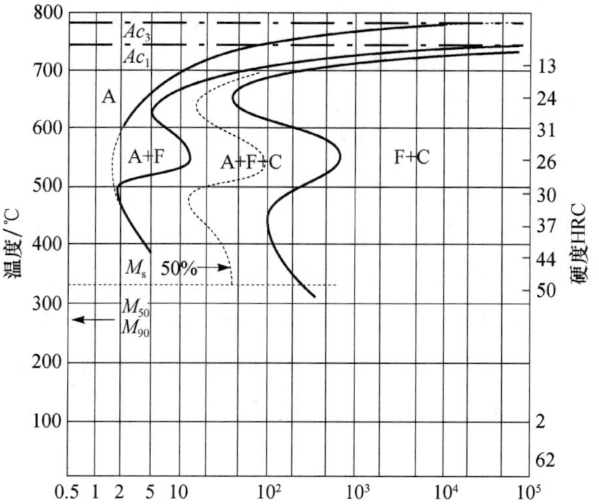

图 6.27　40Cr 钢的过冷奥氏体等温转变曲线[38]

成分:0.42%C、0.68%Mn、0.93%Cr,奥氏体化温度 840℃,晶粒度 6～7

体等温转变曲线。图 6.28 为 40Cr 钢的淬透性带。图 6.29 为 40Cr 钢回火温度与力学性能之间的关系，调质后具有良好的综合力学性能。

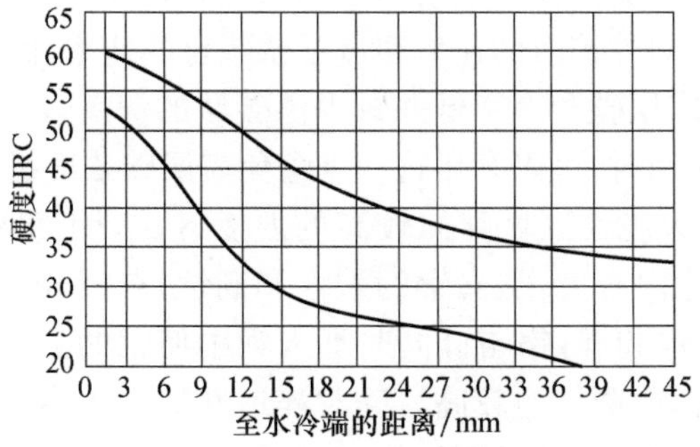

图 6.28 40Cr 钢的淬透性带[39]

成分：0.37%～0.44%C、0.20%～0.35%Si、0.6%～1.0%Mn、0.60%～1.0%Cr，奥氏体化温度 845℃

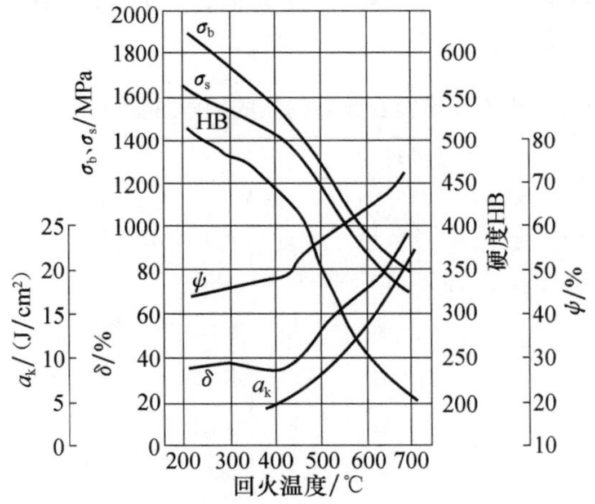

图 6.29 40Cr 钢在不同温度回火后的力学性能[37]

成分：0.40%C、0.66%Mn、0.97%Cr，850℃油淬，热处理毛坯 ϕ12mm

38CrA 钢是调质钢，热处理工艺为 860℃油淬加 500～590℃回火，油或水冷，经调质处理后，有良好的综合力学性能，好的低温冲击韧性，低的缺口敏感性和较好的切削加工性能，冷变形塑性和焊接性能较差。38CrA 钢一般用于制造承受低负荷的零件。38CrA 钢已在航空发动机上长期用于制造螺栓、连接件、套筒、轴等低负荷零件。

45Cr 钢和 50Cr 钢的强度较高，用于制造要求高强度或耐磨但冲击负荷不很大的轴、齿轮等，常被用于制造表面淬火的零件。

硅是一种价格比较低的合金元素，在结构钢中硅含量超过 0.4%时便算作合金元素。硅减少共析成分中的碳含量，明显提高共析点的温度，因此含硅钢的热处理加热温度都比较高。硅在钢中全部溶于铁素体，不溶于碳化物。硅推迟奥氏体的等温分解时间，对贝氏体转变的影响更大一些，但在结构钢中，硅提高淬透性的能力比 Mn、Cr、Mo 等元素要弱一些。硅对马氏体点的位置影响很少，故不增加淬火后的残余奥氏体量，但增加其稳定性。硅能增加钢的回火稳定性，尤其是低温回火稳定性，含硅 0.4%以上，这种影响已比较明显，硅的这种作用和硅能阻止碳的扩散有关，因而延缓渗碳体的析出和聚集。

硅能显著地强化铁素体(图 4.51),故含硅的钢退火后的硬度比较高。淬火、回火后硅能提高钢的屈服极限(弹性极限)和抗拉强度,含硅超过 2%以后会较多地降低塑性和韧性。值得注意的是,含硅的钢在热压力加工和热处理时表面容易脱碳,这是因为含硅的钢表面不易氧化,表层碳向外扩散的速率超过了铁氧化的速率,因而显示出脱碳层。渗碳时,硅阻碍碳的扩散,使表层碳含量降低并减少渗碳层的深度,因此含硅的钢较少用于渗碳,但和其他元素一起使用时,可以利用这一点避免表层碳浓度过高。

硅还使钢的低温回火脆性区域移向较高的温度区域,因而含硅的钢可以提高低温回火的温度,有利于消除内应力,提高钢的塑性和韧性,获得较好的综合力学性能。

38CrSi 钢含有较多铬和硅,铬与硅同时加入钢中使钢的强度大为提高,回火稳定性也较高,并有适当的韧性,耐磨性也较高。硅对淬透性提高不多,加入铬钢中可以进一步改善淬透性。铬硅钢不易过热,但长期加热,晶粒仍有长大倾向。铬硅钢对回火脆性比较敏感。38CrSi 钢用于调质,一般用于制造直径为 30~40mm,强度和耐磨性较高的零件,如汽车、拖拉机和其他机器上的小轴、螺栓、拨叉轴、履带销、起重勾及模数不大的齿轮等。38CrSi 钢的力学性能见表 6.25。

表 6.25 铬硅、铬钒和铬钼合金结构钢的力学性能(GB/T 3077—2015)

牌号	试样毛坯尺寸/mm	热处理					力学性能					退火或高温回火供应状态布氏硬度HBW,不大于
		淬火			回火		R_m/MPa	R_{eL}/MPa	A/%	Z/%	KU_2/J	
		加热温度/℃		冷却剂	加热温度/℃	冷却剂	不小于					
		第一次淬火	第二次淬火									
38CrSi	25	900	—	油	600	水、油	980	835	12	50	55	255
40CrV	25	880	—	油	650	水、油	885	735	10	50	71	241
50CrV	25	850	—	油	500	水、油	1280	1130	10	40	—	255
12CrMo	30	900	—	空	650	空	410	265	24	60	110	179
15CrMo	30	900	—	空	650	空	440	295	22	60	94	179
20CrMo	15	880	—	水、油	500	水、油	885	685	12	50	78	197
25CrMo	25	870		水、油	600	水、油	900	600	14	55	68	229
30CrMo	15	880	—	油	540	水、油	930	735	12	50	71	229
35CrMo	25	850	—	油	550	水、油	980	835	12	45	63	229
42CrMo	25	850	—	油	560	水、油	1080	930	12	45	63	217
50CrMo	25	840	—	油	560	水、油	1130	930	11	45	48	248

有时在铬钢中加入少量(0.1%~0.2%)的钒,其作用与锰钢中相似。40CrV 钢的用途与铬钢相似,但强度、韧性、塑性都较高(表 6.25)。40CrV 钢用于做重要的调质零件,如曲轴、齿轮、高负荷双头螺栓、机车连杆等。钒不能消除回火脆性,故回火仍应快冷。少量的钒便可以在钢中生成稳定的碳化物 VC,正常淬火温度下 VC 基本上不溶解,铬钒钢的淬火温度相应地可以提高一些(约 15℃)。铬钒钢的淬透性与铬钢相近,故用于做截面不大的零件。只有在比较高的淬火温度下加热才可以使 VC 溶解,此时晶粒开始长大,淬透性可以提高,而在回火至 500℃以上时有 VC 的析出,增加高温回火稳定性。50CrVA 钢主要用于制造弹簧(见弹簧钢部分)。

铬钢中加入少量的钼(0.15%～0.25%)可以减少铬钢的回火脆性倾向并提高淬透性，特别对珠光体转变有强烈的抑制作用，钼还可以提高回火稳定性。铬钼钢的成分和力学性能见表 6.10 和表 6.25。

15CrMo、20CrMo、25CrMo，以及 15CrMoH、20CrMoH、22CrMoH 等钢主要用做渗碳齿轮钢。20CrMo、20CrMoH 钢经渗碳和热处理后具有较高的强度、良好的韧性和耐磨性，使用较广泛。20CrMoH 钢用于制作中、高速，中载，有冲击载荷的机床变速器齿轮、拖拉机传动齿轮、汽车后桥齿轮和变速箱齿轮等。22CrMoH 钢用于制作中型车后桥齿轮。15CrMoH、20CrMoH、22CrMoH 等钢与国外对应的牌号为 SCM415H、SCM420H、SCM822H(日本 JIS G4052-1979)。

我国一汽集团和东风汽车公司对使用的 20CrMoH 钢要求其淬透性 $J_{15}=28\sim34$HRC，对非金属夹杂物、低倍组织等均有具体要求。

德国一般轿车传动齿轮用 20CrMo5 钢(与我国 20CrMo 钢相当)，晶粒度 6～8 级，920℃渗碳后直接淬火的硬度为(60±2)HRC。

25CrMo 钢(相当于德国的 25CrMo4 钢)淬透性较高，无回火脆性，焊接性相当好，形成冷裂的倾向很小，可切削性及冷应变塑性良好，一般在调质或渗碳淬火状态下使用。该钢用于制造在非腐蚀性介质及工作温度低于 250℃、含有氮氢混合物的介质中工作的高压管及各种紧固件、较高级的渗碳零件，如齿轮、轴等。

30CrMo、35CrMo、42CrMo 钢用于调质，有较高的淬透性，较好的强度、韧性，并且没有回火脆性倾向。30CrMo 和 35CrMo 钢可以代替部分铬镍钢做截面较大和受高负荷的零件，如轴、主轴、齿轮、紧固零件等，42CrMo 钢具有更高的淬透性与强度(图 6.30 和图 6.31)，可以做截面更大与强度更高的锻件，如机车牵引用的大齿轮、后轴、受负荷极大的连杆及弹簧夹、石油深井钻接头等。

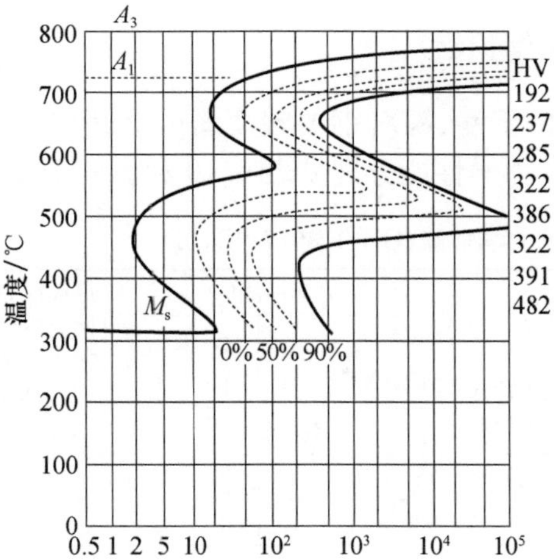

图 6.30　42CrMo 钢的过冷奥氏体等温转变曲线[40]

成分：0.41%C、0.23%Si、0.67%Mn、1.01%Cr、0.23%Mo，奥氏体化温度 860℃

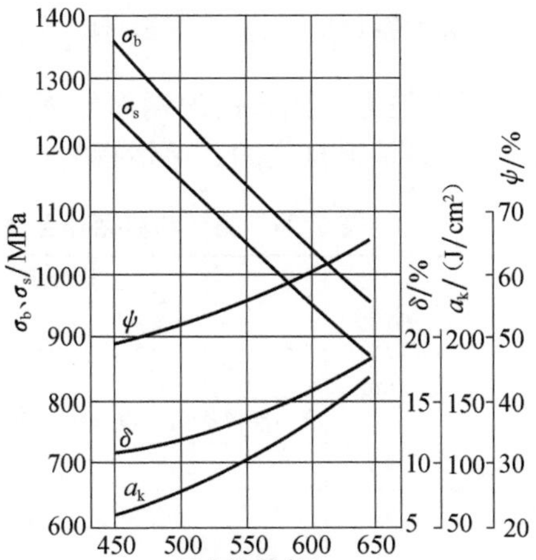

图 6.31　42CrMo 钢在不同温度回火后的力学性能[37]

成分：0.39%C、0.21Si、0.59%Mn、1.00%Cr、0.20%Mo，840℃油淬

50CrMo 钢用做比 42CrMo 钢要求强度更高或断面更大的锻件，如机车牵引用大齿轮、增压器传动齿轮、后轴、发动机气缸，可代替含镍较高的调质钢。

钼的一个重要特点是可以提高钢的热强性，耐热钢中大部分都加入一定含量的钼。铬钼钢常用于做耐热构件。12CrMo 钢和 15CrMo 钢用于制作锅炉过热器管、蒸汽导管等。30CrMo 钢和 35CrMo 钢可以用于做锅炉用温度小于 480℃的紧固件和 500℃以下受高压的法兰和螺栓，35CrMo 钢还可以做温度低于 480℃的汽轮发电机转子等。专门用做耐热钢的还有一些其他成分的铬钼钢及铬钼钒钢，将在下册耐热钢与高温合金中叙及。

20Cr3WMoVA 是一个老的牌号，最先列入 GB 3077—88，之后冶金行业又制定了该钢的专门标准 YB/T 5246—1993，再后该钢又纳入 GJB 1951A—94，直至 GJB 1951A—2020。

20Cr3WMoVA 钢含有较高的 Cr 和一定数量的 W、Mo、V，是一种中合金耐热结构钢，具有较好的热强性、耐蚀性和良好的综合力学性能。YB/T 5246—1993 规定该钢用于制作直径不大于 500mm、高度不大于 150mm 的锻制圆饼，用作航空及其他工业用模锻件坯料。圆饼经锤锻或水压机锻制而成，总变形比应不小于 6，镦粗比不小于 2.2，圆饼不经热处理交货。圆饼用热处理的试样测定其力学性能和高温力学性能，其力学性能应符合表 6.19 的规定，其高温持久性能应符合下述要求，即在试验温度为 650℃，应力为 343MPa 时，保持时间应不小于 100h。

20Cr3WMoVA 钢可以进行渗碳、碳氮共渗或氮化。经 850～950℃渗碳或碳氮共渗后，淬火并在低温回火(约 200℃)状态下使用。该钢经氮化处理(480～580℃)后，可直接使用，不再经淬火与回火处理。该钢经过表面强化后可以达到高硬度、高耐磨性、耐热性好等优良性能，满足航空发动机燃油调节器产品长期使用的要求。

20Cr3WMoVA 钢常用于制造承受较大载荷的轴、连杆等，还在化工行业中广泛应用于容器、管道、阀门和泵等设备的制造，能够有效地抵抗酸、碱、盐等液体介质的腐蚀，延长设备的使用寿命。

6.4.3　铬锰系(铬锰钢、铬锰硅钢、铬锰钛钢、铬锰钼钢)

铬锰钢是为了代替铬镍钢而发展起来的，由于锰、镍对钢的转变影响有诸多相似之处，以锰代镍是很自然的。铬锰钢的化学成分和力学性能分别见表 6.10 和表 6.26。

表 6.26　铬锰和铬锰硅合金结构钢的力学性能(GB/T 3077－2015)

牌号	试样毛坯尺寸/mm	热处理					力学性能					退火或高温回火供应状态布氏硬度HBW，不大于
		淬火			回火		R_m/MPa	R_{eL}/MPa	A/%	Z/%	KU_2/J	
		加热温度/℃		冷却剂	加热温度/℃	冷却剂	不小于					
		第一次淬火	第二次淬火									
15CrMn	15	880	—	油	200	水、空	785	590	12	50	47	179
20CrMn	25	850	—	油	200	水、空	930	735	10	45	47	187
40CrMn	25	840	—	油	550	水、油	980	835	9	45	47	229
20CrMnSi	25	880	—	油	480	水、油	785	635	12	45	55	207
25CrMnSi	25	880	—	油	480	水、油	1080	885	10	40	39	217
30CrMnSi	25	880	—	油	540	水、油	1080	835	10	45	39	229
35CrMnSi	试样	加热到 880℃，于 280～310℃等温淬火					1620	1280	9	40	31	241
	试样	950	890	油	230	空、油						

由于铬和锰都能比较有效地提高钢的淬透性，铬锰钢的淬透性较高，如 CrMn 钢在油中的淬透直径达 50mm 左右，铬、锰的适当配合可以得到良好的力学性能。在低碳钢中改变铬和锰的含量(均至 3%)证明，当铬含量达 1.5%，锰含量达 1.7%时，可以使强度提高很多，而塑性降低不多，韧性还有些提高，超过上述含量，尤其是锰含量会使韧性下降。

15CrMn 钢和 20CrMn 钢用于渗碳。20CrMn 钢可做尺寸较大的渗碳零件，性能相当于 20CrNi 钢，可制造承受较高应力的齿轮、涡轮、无级变速装置的摩擦轮、轴等。铬促使表面增碳而锰可以稍微减弱这一作用，渗碳后表面层的硬度和耐磨性可以满足较高的要求。铬锰钢不适宜渗碳后直接淬火，因为它不是细晶粒钢并且倾向于形成较多的残余奥氏体，渗碳后进行二次淬火(840～870℃及 810～840℃)，亦可进行一次淬火(810～840℃)，回火温度为 180～200℃。20CrMn 钢亦可进行调质。

德国中小型载重车的传动齿轮渗碳钢用 20MnCr5，德国大众公司的轿车齿轮多用 Cr-Mo 钢，不同齿轮有不同的要求。在 Cr-Mn 钢中分为 5 个钢号，其成分和技术要求列于表 6.27。该公司的奥迪轿车变速器中五挡主动齿轮、五挡从动齿轮和三挡主动齿轮分别用 16MnCr5、28MnCr5 和 25MnCr5 三个钢号，以使钢的淬透性和工艺性能更能接近不同零件的要求。钢材的淬透性范围窄，而且要求同一批投料在 4HRC 以内，这对控制齿轮热处理后的变形有利。为改善钢材的切削性能，硫含量规定在一定范围内。该类钢用铝脱氧，规定硅含量不大于 0.12%，可以最大限度地防止热处理时发生内氧化。

表 6.27　德国大众公司轿车用 Cr-Mn 齿轮渗碳钢的技术要求

<table>
<tr><th>序号</th><th>牌号</th><th>C</th><th>Si</th><th>Mn</th><th>Cr</th><th>P</th><th>S</th><th>Al</th><th>夹杂物 K_4 值</th><th>淬透性 J_{10}</th></tr>
<tr><td>TLV14221</td><td>16MnCr5</td><td>0.14～0.19</td><td>≤0.12</td><td>1.0～1.40</td><td>0.8～1.2</td><td>≤0.035</td><td>0.02～0.035</td><td>0.02～0.055</td><td rowspan="5">ϕ ≤50mm，K_4≤30；ϕ=51～130mm，K_4≤40</td><td>29～35</td></tr>
<tr><td>TLV14220</td><td>20MnCr5</td><td>0.17～0.22</td><td>≤0.12</td><td>1.10～1.15</td><td>1.0～1.3</td><td>≤0.035</td><td>0.02～0.035</td><td>0.02～0.055</td><td>33～39</td></tr>
<tr><td>TLV14124</td><td>—</td><td>0.20～0.25</td><td>≤0.12</td><td>0.60～0.80</td><td>0.8～1.2</td><td>≤0.035</td><td>0.02～0.035</td><td>0.02～0.055</td><td>22～28</td></tr>
<tr><td>TLV14125</td><td>25MnCr5</td><td>0.23～0.28</td><td>≤0.12</td><td>0.60～0.80</td><td>0.8～1.2</td><td>≤0.035</td><td>0.02～0.035</td><td>0.02～0.055</td><td>24～31</td></tr>
<tr><td>TLV14129</td><td>28MnCr5</td><td>0.25～0.30</td><td>≤0.12</td><td>0.60～0.80</td><td>0.8～1.2</td><td>≤0.035</td><td>0.02～0.035</td><td>0.02～0.055</td><td>28～35</td></tr>
</table>

注：夹杂物评定是根据德国标准 DIN50602 高倍检验非金属夹杂物的一种方法“K 法”，该法将夹杂物分类，并基于夹杂物类型、尺寸、形态的分布不同对钢材质量的影响也不同的原理，引入“有害因子”的概念，运用统计方法得出综合指数 K，下标 4 表示夹杂物的起评级别为 4，ϕ 为样品尺寸[41]。

中碳钢经过调质以后，增加锰含量在使强度提高的同时，韧性下降，常用的铬锰钢中铬含量在 1.2%以下，锰含量一般低于 1.7%。铬可略减轻锰钢的过热倾向。铬锰钢的各向异性较大，回火脆性倾向很大，韧脆转变温度较高。40CrMn 钢具有高的强度和较高的耐磨性，用于制造截面较大的调质零件，如齿轮、轴、连杆等，在截面不太大和使用温度不高时可以代替 42CrMo 钢。

铬锰硅是在寻求具有高的强度和可焊性的钢种时(可用于做飞机结构)在铬锰钢的基础上发展起来的。钢中加入 Cr、Mn、Si 的含量均约 1%，因而具有高的强度并有适当的韧性和淬透性，当截面不大时其性能和铬镍钼钢相似，但价格要低得多。这类钢广泛地用于制造重要的薄型焊接构件，焊接时仍需特别小心(因有适当的淬透性，对焊接不利)，焊后有可能仍应进行热处理，尤其在碳含量较高时。这类钢有良好的耐磨性，可以做耐磨损的零件。这类钢都不用于渗碳。铬锰硅钢的缺点是有回火脆性、各向异性及脱碳倾向。

20CrMnSi 钢和 25CrMnSi 钢主要用于轧制成钢板、钢管等，可做焊接结构或进行冲压，焊接后可以不经热处理使用。这些钢亦可进行淬火和回火，不论是高温或低温回火都可以得到强度、塑性和韧性三者的良好配合，20CrMnSi 钢的塑性、韧性及冲压性较高，而 25CrMnSi 钢的强度较高。

30CrMnSi 钢和 35CrMnSi 钢为高强度调质钢。30CrMnSi 钢是一种使用很广泛的钢种，用于制造重要用途的零件，如高压鼓风机的叶片、阀板，高速高负荷的砂轮轴、齿轮、链轮、轴、离合器、螺栓、螺帽等。30CrMnSi 钢还是目前飞机结构中应用广泛的钢种，如制造机翼大梁、发动机架、起落架动作筒、减震器筒、重要螺栓及航空发动机上的一些零件，飞机上许多钢制零件均用这种钢制造。这种钢得到广泛应用的原因首先是它不含较稀缺的元素镍而力学性能又很好，且价格便宜；其次是它具有较好的焊接性，这对飞机上许多焊接构件也是很宝贵的。虽然 30CrMnSi 钢的淬透性并不高(在油中的淬透性不超过 30～40mm)，但由于飞机上截面很大的零件不多，这个问题并不尖锐。这种钢的冲击韧性相对说来低一点，但对于一般的飞机结构而言，并不要求在高速运转中传递巨大的载荷，所以冲击韧性可以要求低一些。30CrMnSi 钢可以制成板材、管材、型材、棒材供航空工厂使用，并以高级优质钢 30CrMnSiA 供应。制作航空用途重要零件时，30CrMnSi 钢应采用电炉加电渣重熔或真空冶炼的方法冶炼。

30CrMnSi 钢的过冷奥氏体等温转变曲线如图 6.32 所示。由此图可看出，30CrMnSi 钢的淬透性并不很高。30CrMnSi 钢的预先热处理可以采用完全退火，即加热至 880～900℃保温后炉冷，或保温后移入 650℃等温炉中保温 20min 后取出空冷以缩短退火周期。当零件尺寸很大时，也可用 900℃加热后正火代替退火。

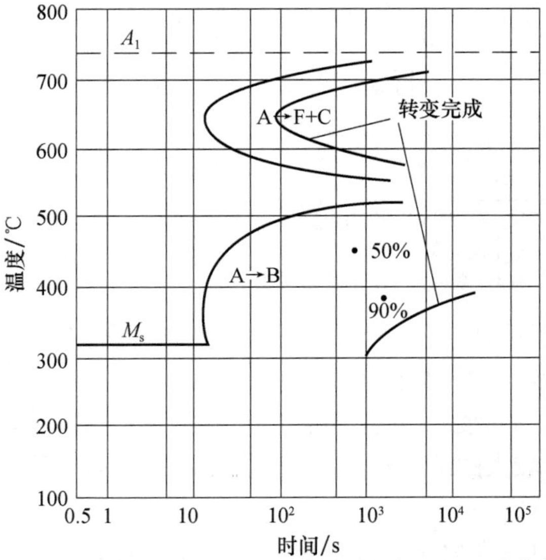

图 6.32　30CrMnSi 钢的过冷奥氏体等温转变曲线[40]

成分：0.29%C、1.05%Si、0.98%Mn、0.91%Cr、0.13%Ni，A_1=740℃、A_3=830℃、M_s=320℃，加热温度 900℃

30CrMnSi 钢的最终热处理通常是调质，淬火加热温度为 880～900℃，油淬后高温回火，如果要求具有较高的冲击韧性，应该在 550℃以上回火，高温回火后要水冷或油冷。回火温度的选择决定于所需要的强度值。图 6.33 为 30CrMnSi 钢在不同温度回火后的力学性能。形状不复杂而截面较大的零件可以在水中淬火。由图 6.33 还可以看出，30CrMnSi 钢可以在淬火和低温回火状态下使用，此时冲击韧度反而比中温区要高。

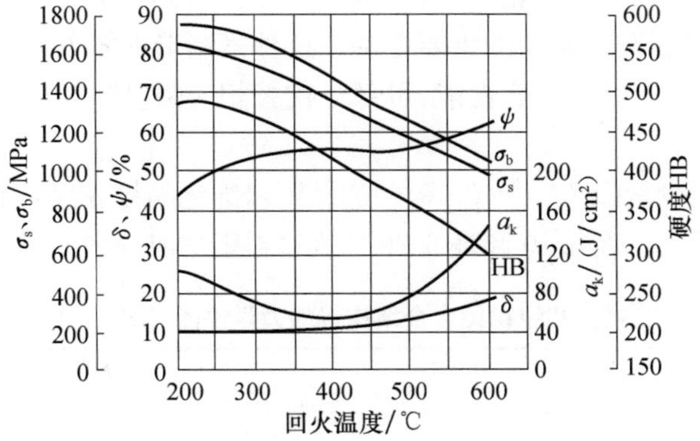

图 6.33　30CrMnSi 钢在不同温度回火后的力学性能[42]

880℃油淬

30CrMnSi 钢在截面不大(小于 25mm)时可以进行等温淬火以得到下贝氏体组织，使强度与塑性得到更好的配合，使冲击韧度提高甚多，并减少缺口敏感性，零件的变形也小。表 6.28 为 30CrMnSi 钢经过等温淬火和一般淬火、回火后力学性能的比较。由表 6.28 可以看出，在保持相同抗拉强度的条件下，等温淬火后的塑性，尤其冲击韧度都比较高，缺口敏感性较小，但屈服强度，特别是比例极限却有些降低。进行等温淬火时要注意选取恰当的等温温度和保持时间，而这与钢的成分有关并由实验确定。

表 6.28　30CrMnSi 钢等温淬火和一般淬火、回火后力学性能的比较[42]

热处理制度	σ_b/MPa	σ_s/MPa	σ_p/MPa	S_K/MPa	ψ/%	缺口试样		a_k/(J/cm^2)	
						σ_8/MPa	f/mm	纵向	横向
370℃等温淬火，15min	1357	1073	701	2435	57.0	1098	0.8	110	67
油淬，450℃回火 2h	1367	1279	1083	2112	51.0	691	0.45	54	—
油淬，500℃回火 2h	1205	1124	995	2097	54.0	715	0.44	72	32

注：①钢的化学成分为 0.31%C、0.9%Mn、1.46%Si、1.61%Cr；②σ_8 为环形缺口(根部半径为 0.1mm)倾斜为 8°时的抗拉强度，f 为缺口试样静弯曲时的挠度。

等温淬火可以减弱不可逆回火脆性，但保持时间过长，回火脆性过程仍可进行，因而降低韧性。对于 30CrMnSi 钢，等温淬火温度为 325～400℃，硬度为 35～48HRC 时，其综合力学性能最好，等温时间为 15～20min。根据强度要求在 180～290℃等温的零件，等温时间为 15min，等温后必须在 200～250℃下进行回火以减少应力。等温淬火时要防止奥氏体在珠光体区域分解，故零件尺寸受到一定限制，30CrMnSi 钢进行等温淬火的最大尺寸为 25mm。含硅的钢适于等温淬火的原因是在下贝氏体区域进行等温转变时，未分解的奥氏体部分的碳含量增加比较多，提高了它的稳定性，因此冷却后可以得到组织高度分散的下贝氏体(但碳化物量有些减少)和稍高含量的残余奥氏体(弹性和屈服强度的降低与此有关)的混合组织，故能得到强度与韧性的良好配合。从表 6.28 还可以看出，30CrMnSi 钢横向冲击值与纵向冲击值相差约一倍。

30CrMnSi 钢的焊接性能在厚度不大于 3mm 时良好，在厚度大于 3mm 时为中等(焊接时要预热至 150℃)。经过焊接后，零件必须进行热处理。

35CrMnSi 钢具有更高的强度和适当的韧性，用来制造重负荷、中等圆周速度及要求高强度的零件，如高压鼓风机叶轮、飞机上高强度零件等，在机器制造业中可部分代替相应的铬钼或铬镍钢来制造小截面的重要零件。这种钢制造的零件适宜于等温淬火或淬火及低温回火后使用，有较好的综合性能，可部分代替相应强度或相应淬透性的镍铬钼钢制作中小截面零件。

在铬锰钢中加入少量(0.04%～0.10%)的钛可以细化晶粒、提高韧性并减少冷脆倾向，加热时能阻止晶粒长大。表 6.10 和表 6.29 列入这类钢的成分和力学性能。

表 6.29　铬锰钛和铬锰钼合金结构钢的力学性能(GB/T 3077—2015)

牌号	试样毛坯尺寸/mm	热处理					力学性能					退火或高温回火供应状态布氏硬度HBW，不大于
		淬火			回火		R_m/MPa	R_{eL}/MPa	A/%	Z/%	KU_2/J	
		加热温度/℃		冷却剂	加热温度/℃	冷却剂	不小于					
		第一次淬火	第二次淬火									
20CrMnTi	15	880	870	油	200	水、空	1080	850	10	45	55	217
30CrMnTi	15	880	850	油	200	水、空	1470	—	9	40	47	229
20CrMnMo	15	850	—	油	200	水、空	1180	885	10	45	55	217
40CrMnMo	25	850	—	油	600	水、油	980	785	10	45	63	217

20CrMnTi 钢和 30CrMnTi 钢属于渗碳钢，由于加入了钛，这些钢都是本质细晶粒钢(晶粒度 6～8 级)，渗碳后经过预冷可以直接淬火，预冷可以减少淬火变形和表层的残余奥氏体量，但温度的降低应不致心部析出铁素体为适当。20CrMnTi 钢的预冷温度最低为 825℃，而 30CrMnTi 钢可以低至 780～800℃。

20CrMnTi 钢常用于制造汽车、拖拉机上的重要齿轮以及对强度、韧性要求均高的减速器齿轮。20CrMnTi 钢在油中的淬透直径为 25～35mm，图 6.34 为 20CrMnTi 钢的过冷奥氏体等温转变曲线。

20CrMnTi(即 18XГT)钢是 20 世纪 50 年代我国从苏联引进的钢号，用于制作载重汽车齿轮。目前 20CrMnTi 钢主要用于我国自主品牌的汽车变速箱轴齿类零件、中轻型载重汽车驱动桥的主被动齿轮等，其使用量占我国齿轮钢总产量的一半左右，是我国齿轮用钢的主导品种[43]。

在 1980 年以前，我国的渗碳合金钢，包括 20CrMnTi 钢，在钢材出厂时只保证钢材的化学成分和用样品测定的力学性能，但是在汽车生产时常常发现合格的钢材由于淬透性能的波动范围过大而影响产品质量的情况。图 6.35 为 20CrMnTi 钢的淬透性带(根据 10 炉统计的数据)。1985 年以后我国制定了保证淬透性结构钢技术条件。对 20CrMnTi 钢的淬透性指标为 J_9=30～42HRC 或 J30/42-9，但是不管齿轮模数大小和截面的粗细差异，采用同一钢号是不合理的。近年来由于我国冶炼技术水平的提高，已有条件把齿轮钢的淬透性带进一步缩窄。我国一些汽车厂已与钢材供应厂协商将 20CrMnTi 钢按淬透

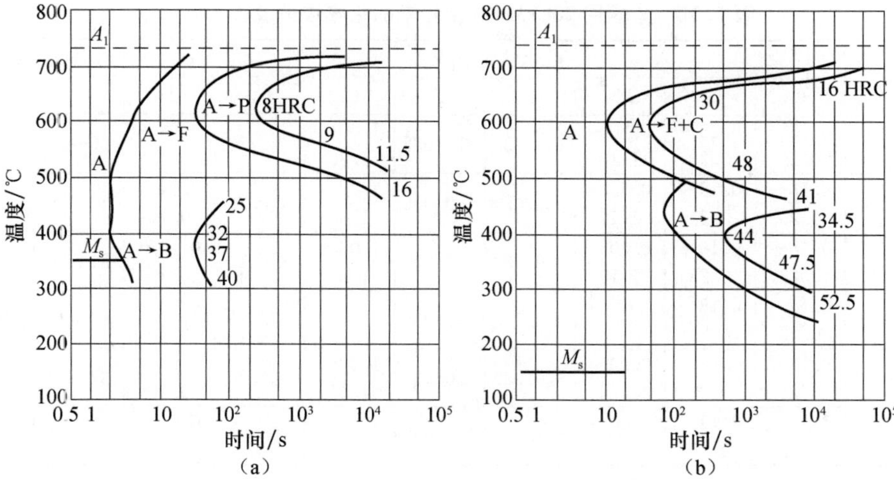

图 6.34　20CrMnTi 钢的过冷奥氏体等温转变曲线[40]

(a)渗碳前;(b)渗碳后(加热温度 900℃)

性分档供应。表 6.30 为 20CrMnTiH 钢淬透性分档标准。大冶特钢对 20CrMnTiH 钢的淬透性问题进行了比较深入的研究,他们将 20CrMnTiH 钢按淬透性分为 6 级,化学成分也有所不同,见表 6.31。

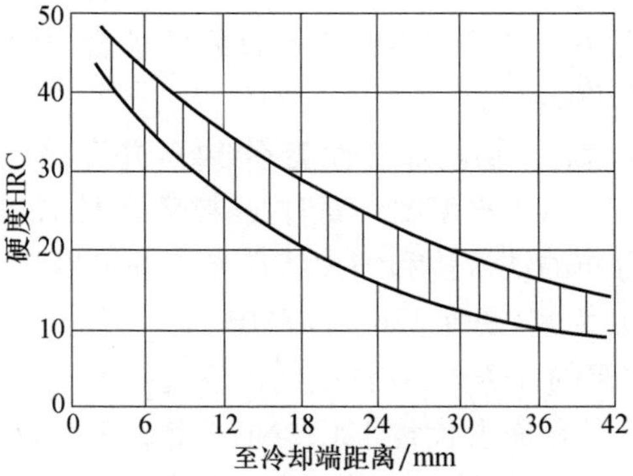

图 6.35　20CrMnTi 钢的淬透性带[42]

成分:0.18%～0.24%C、0.18%～0.24%Si、0.87%～1.1%Mn、0.98%～1.29%Cr、0.07%～0.14%Ti,900℃淬火,根据 10 炉统计的数据

表 6.30　20CrMnTiH 钢淬透性分档标准[44]

钢号	末端淬透性(HRC)		适用范围
	J_9	J_{15}	
20CrMnTiH1	30～36	≤35	小模数、易变形齿轮
20CrMnTiH2	35～42	≤37	大模数从动齿轮
20CrMnTiH3	32～39	≤35	半轴齿轮、行星齿轮
20CrMnTiH4	37～43	≤38	大模数主动齿轮

表 6.31 车辆用 20CrMnTi 齿轮钢的化学成分及淬透性[45]

牌号	化学成分/%								淬透性(HRC)	
	C	Si	Mn	P	S	Cr	Cu	Ti	J_9	J_{15}
H1	0.18~0.23	0.18~0.23	0.80~1.10	≤0.030	≤0.035	1.00~1.30	≤0.20	0.04~0.10	26~32	22~29
H2	0.18~0.23	0.18~0.23	0.80~1.10	≤0.030	≤0.035	1.00~1.30	≤0.20	0.04~0.10	30~36	24~31
H3	0.18~0.23	0.18~0.23	0.80~1.10	≤0.030	≤0.035	1.00~1.30	≤0.20	0.04~0.10	32~38	26~33
H4	0.18~0.23	0.18~0.23	—	≤0.030	≤0.035	—	≤0.20	0.04~0.10	35~41	28~35
H5	0.18~0.23	0.18~0.23	0.90~1.25	≤0.030	≤0.035	1.10~1.45	≤0.20	0.04~0.10	37~43	32~38
H6	0.18~0.23	0.18~0.23	0.80~1.25	≤0.030	≤0.035	1.00~1.45	≤0.20	0.04~0.10	39~45	35~41

除苏联外，国外许多重要用途的齿轮钢对钢中钛含量都有限制，如要求钛含量不大于0.10%。这是因为在齿轮钢中加钛，在炼钢过程中易与氮结合形成 TiN。TiN 是形状呈尖角形的硬质点，影响加工精度，在齿轮交变切应力作用下，易因应力集中而解理，萌生早期裂纹，形成疲劳源，影响齿轮接触疲劳寿命。也有人认为，20CrMnTi 钢晶粒长大倾向小，加工性能好，淬透后过渡层较均匀，表面较耐磨，在冶炼中控制好 TiN 的形状或使其变性，该钢仍具有广阔前景[45]。

在保证淬透性的情况下，20CrMnTiH 钢有良好的综合力学性能和较高的低温冲击韧度(在−60℃时，a_k≈70J/cm^2)。

20CrMnTi 钢在退火状态下切削加工性能不够好，并容易生成带状组织。为了改善切削加工性，应进行高温正火，正火温度升高时，晶粒略长大，冷却(可以采用风冷)后得到有清晰晶粒界线成等轴分布的铁素体和细片状珠光体并可以消除带状组织。20CrMnTi 钢的正火温度 950~960℃为宜，硬度 156~207HB。

30CrMnTi 钢具有较高的淬透性，在油中的淬透直径为 34~45mm，接近 12Cr2Ni4A 钢，强度较高，可以在较大的截面上代替 12Cr2Ni4A 钢。30CrMnTi 钢用于制造汽车、拖拉机用截面较大和心部强度高的重要齿轮。和 20CrMnTi 钢比较，30CrMnTi 钢需要的渗层较薄，如汽车用的齿轮当采用 20CrMnTi 钢的渗碳层厚度为 1.0~1.2mm 或 1.2~1.5mm 时，使用 30CrMnTi 钢后可以减至 0.5~0.8mm 或 0.9~1.2mm，这样可以缩短渗碳时间 20%~25%，表层的碳浓度可以降低，因而所含的残余奥氏体量较少。由于30CrMnTi 钢的淬透性较好，有利于采用等温淬火进一步减少齿轮的变形。30CrMnTi 钢为了得到好的切削加工性需进行 970℃的正火，硬度为 170~207HB，亦可利用锻后余热冷至 900℃保持 1h，然后冷至 650~700℃进行等温退火 1.5~2h。30CrMnTi 钢的缺点是冲击韧度较低，因此以 30CrMnTi 钢代替 20CrMnTi 钢，尤其铬镍钢时要仔细研究和分析使用的条件并经过一定的生产试验，并不是在任何情况下都可以代用的。

20CrMnTi 钢含 1.0%~1.3%Cr，在汽车、拖拉机齿轮方面使用量很大。在 20 世纪70 年代，为了节约 Cr，我国开展了 20CrMnTi 钢的代用工作，取得成效，一些工厂已采用不含铬的渗碳钢，如 20Mn2TiB、20MnVB 钢代替 20CrMnTi 钢制造汽车、拖拉机和其他方面的齿轮。

16Cr2MnTiA 为航空航天用优质结构钢，采用渗碳、淬火的方法使其表面具有高硬度和耐磨性，心部具有一定的强度和韧性。其热处理工艺流程为气体渗碳 930℃，空冷，然后进行 660℃的高温回火处理，经机械加工后再进行 820℃淬火和低温回火；也可以通过正火、淬火-回火等方式进行热处理，提高其硬度、强度和韧性。在正火处理过程中，可以获得适度的硬度和较高的韧性；而在淬火-回火处理过程中，可以获得良好的综合力学性能。

16Cr2MnTiA 钢在航空航天、汽车制造、工程机械等领域有着较广泛的应用，如在航空发动机零部件、汽车传动轴、重型机械齿轮等领域均有应用。

铬锰中加入少量的钼(0.2%～0.3%)可以防止过热，减小对回火脆性的敏感性，提高韧性并能增加淬透性。铬锰钼钢性能优于铬锰钛钢，在许多情况下可以代替铬镍或铬镍钼钢，只有在要求低温冲击韧性时铬镍类的钢才显示其优越性，表 6.10 和表 6.29 分别列入铬锰钼钢的成分和力学性能。

铬锰钼钢具有较高的力学性能，淬透性也较高，20CrMnMo 钢的淬透性接近 12Cr2Ni4A 钢(图 6.36)。

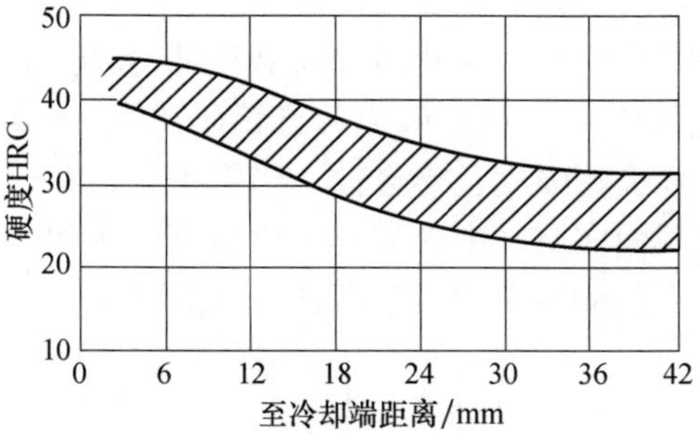

图 6.36　20CrMnMo 钢的淬透性带[42]

成分：18%～0.24%C、0.10%～0.22%Si、0.86%～1.2%Mn、0.9%～1.2%Cr、0.2%～0.3%Mo，900℃淬火，根据 15 炉统计的数据

低碳铬锰钼钢在渗碳以后表面耐磨性高，因此这类钢用于制造心部强度、韧性及表面硬度和耐磨性都要求很高的零件，如大型拖拉机后传动齿轮、活塞销、石油钻机牙轮钻头及风动工具中的活塞等。20CrMnMo 钢用于中型和较大截面的零件。铬锰钼渗碳钢在小、中截面上可以分别代替 12CrNi3A、12Cr2Ni4A 等钢。铬锰钼钢在渗碳时由于渗碳层中的碳容易过饱和，宜采用较缓和的渗碳剂。铬锰钼钢渗碳后在空气中冷却时表面容易生成裂纹，这是因为在空气中冷却时，在 690～600℃温度内停留的时间不足，渗碳层的最外部分分解为屈氏体，但渗碳层中间部分却比较稳定而来不及分解，在冷却后转变为马氏体，因此容易引起裂纹的生成。为了避免这一点可以使用细晶粒的钢或者改变冷却速率(比在空气中冷得更慢或在油中冷却)。

40CrMnMo 钢为调质钢，淬透性很高，性能与 40CrNiMo 相当，直径在 100mm 以下时，油中可以淬透，用于制造重负荷的轴、偏心轴、齿轮、连杆等。

6.4.4　铬镍系(铬镍钢、铬镍钼钢、铬镍钨钢、铬镍锰钼钢、铬镍锰钒钢)

镍是不生成碳化物的合金元素，在平衡条件下镍几乎完全溶入铁素体中。镍的许多作用和锰相似,如使共析成分的碳含量减少,使共析温度下降,降低马氏体点等。镍使钢的奥氏体等温转变曲线右移,但影响比较弱,只有在含量较高(3%～5%)时才有显著的影响。镍钢在加热时晶粒不易长大。镍的良好作用主要在于含量增高时,能在适当提高强度的同时,对塑性、韧性有良好的影响,尤其是低温冲击韧性值较高。渗碳时镍略降低表面碳的浓度和渗碳速率,但因能提高塑性,故可以减弱渗碳层的缺口敏感性,而心部又有良好的韧性,故一些国家曾使用镍钢(含 1.5%～5.0%Ni)做要求性能很高的渗碳零件。但镍几乎在所有国家都是设法节约的合金元素,故目前单独含镍的钢(13Ni5A、21Ni5A等)已很少使用,因为镍与其他合金元素适当配合一起加入钢中时更能充分发挥作用,得到更为优越的性能。

在钢中同时加入铬和镍,除了铬的强化作用外,还可以保持镍的良好作用,从而得到高的综合力学性能,同时由于铬、镍的相互作用,使钢的淬透性提高很多,远超过单独元素的作用。试验表明,在调质用铬镍钢中加入铬镍的比例在 1∶3 时,效果最好,其特点是既强烈增大淬透性(图 6.37),又提高强度、塑性和韧性,这对力学性能要求较高而且均匀的大截面钢件特别有用。

铬镍钢对白点的生成比较敏感,因此大锻件在锻造后必须采取防止白点生成的措施。另外一个缺点是回火脆性倾向很大,为此回火后必须油冷,但当零件截面很大时,这种方法便没有效果。加入少量的钼(0.2%～0.4%)或钨(0.8%～1.2%)可以有效减弱回火脆性倾向,同时还可以进一步提高强度及淬透性。当钢中铬、镍含量较高,这些钢具有很高的淬透性,甚至任意大的截面在空气中冷却都可以得到淬火组织。这些钢都属于马氏体类,为了软化只能采用正火(880～900℃)随后进行高温回火(650～700℃)的方法。

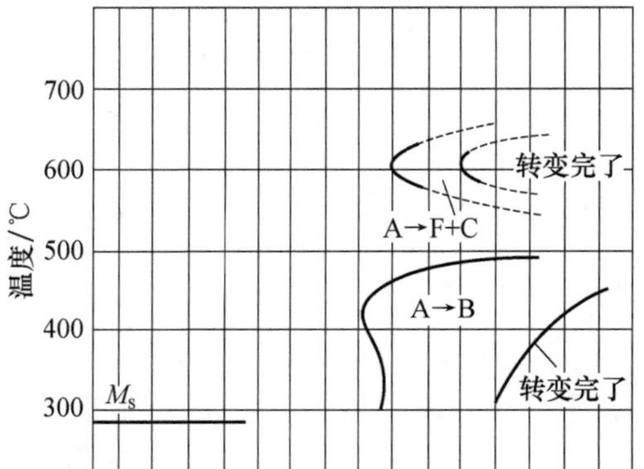

图 6.37　37CrNi3 钢的过冷奥氏体等温转变曲线[40]

成分:0.35%C、1.5%Cr、3.5%Ni,奥氏体化温度 950℃

表 6.32 列入了铬镍系合金结构钢的力学性能。

表 6.32　铬镍系合金结构钢的力学性能(GB/T 3077—2015)

牌号	试样毛坯尺寸/mm	热处理					力学性能					退火或高温回火供应状态布氏硬度HBW，不大于
		淬火			回火		R_m/MPa	R_{eL}/MPa	A/%	Z/%	KU_2/J	
		加热温度/℃		冷却剂	加热温度/℃	冷却剂	不小于					
		第一次淬火	第二次淬火									
20CrNi	25	850	—	水、油	460	水、油	785	590	10	50	63	197
40CrNi	25	820	—	油	500	水、油	980	785	10	45	55	241
45CrNi	25	820	—	油	530	水、油	980	785	10	45	55	255
50CrNi	25	820	—	油	530	水、油	1080	835	8	40	39	255
12CrNi2	15	860	780	水、油	200	水、空	785	590	12	50	63	207
34CrNi2	25	840	—	水、油	530	水、油	930	735	11	45	71	241
12CrNi3	15	860	780	油	200	水、空	930	685	11	50	71	217
20CrNi3	25	830	—	水、油	480	水、油	930	735	11	55	78	241
30CrNi3	25	820	—	油	500	水、油	980	785	9	45	63	241
37CrNi3	25	820	—	油	500	水、油	1130	980	10	50	47	269
12Cr2Ni4	15	860	780	油	200	水、空	1080	835	10	50	71	269
20Cr2Ni4	15	880	780	油	200	水、空	1180	1080	10	45	63	269
15CrNiMo	15	850	—	油	200	空	930	750	10	40	46	197
20CrNiMo	15	850	—	油	200	空	980	785	9	40	47	197
30CrNiMo	25	850	—	油	500	水、油	980	785	10	50	63	269
30Cr2Ni2Mo	25	850	—	油	520	水、油	980	835	10	50	71	269
30Cr2Ni4Mo	25	850	—	油	560	水、油	1080	930	10	50	71	269
34Cr2Ni2Mo	25	850	—	油	540	水、油	1080	930	10	50	71	269
35Cr2Ni4Mo	25	850	—	油	560	水、油	1130	980	10	50	71	269
40CrNiMo	25	850	—	油	600	水、油	980	835	12	55	78	269
40CrNi2Mo	25	正火 890	850	油	560～580	空	1050	980	12	45	48	269
	试样	正火 890	850	油	220 两次回火	空	1790	1500	6	25	—	
18CrMnNiMo	15	830	—	油	200	空	1180	885	10	45	71	269
45CrNiMoV	试样	860	—	油	460	油	1470	1330	7	35	31	269
18Cr2Ni4W	15	950	850	空	200	水、空	1180	835	10	45	78	269
25Cr2Ni4W	25	850	—	油	550	水、油	1080	930	11	45	71	269

注：当钢棒尺寸小于试样毛坯尺寸时，用原尺寸钢棒进行热处理。表中所列热处理温度允许调整范围：淬火±15℃，低温回火±20℃，高温回火±50℃。

20CrNi 钢用于制造要求有较高强度和韧性的零件，在油中的淬透直径为25～30mm，可用做渗碳钢，亦可调质后用做齿轮、活塞销、紧固件等。40CrNi、45CrNi 等钢都具有较高的强度、韧性和淬透性，用于制造截面尺寸较大和比较重要的调质零件，如轴、齿轮，40CrNi 钢还用做较重要的连杆和重要螺栓等。50CrNi 钢经过调质后具有高的强度、高的塑性和好的韧性，热处理后可得到均匀一致的显微组织和力学性能，用于制造截面较大和重要的调质零件，如内燃机曲轴，重型机床中的主轴、齿轮、螺栓等。

12CrNi2、12CrNi3 等钢可用于制造较重要的渗碳零件，如齿轮、活塞销、凸轮轴、花键轴及其他轴类，渗碳后可以采用二次淬火，也可以只进行一次淬火，因为这些钢在渗碳时晶粒长大倾向较小。12CrNi3 钢在航空上使用得比较多，属于珠光体类钢，由于所含合金元素量还不够高，只有尺寸不太大的零件采用油淬才能淬透。12CrNi3 钢的过冷奥氏体等温转变曲线如图 6.38 所示。

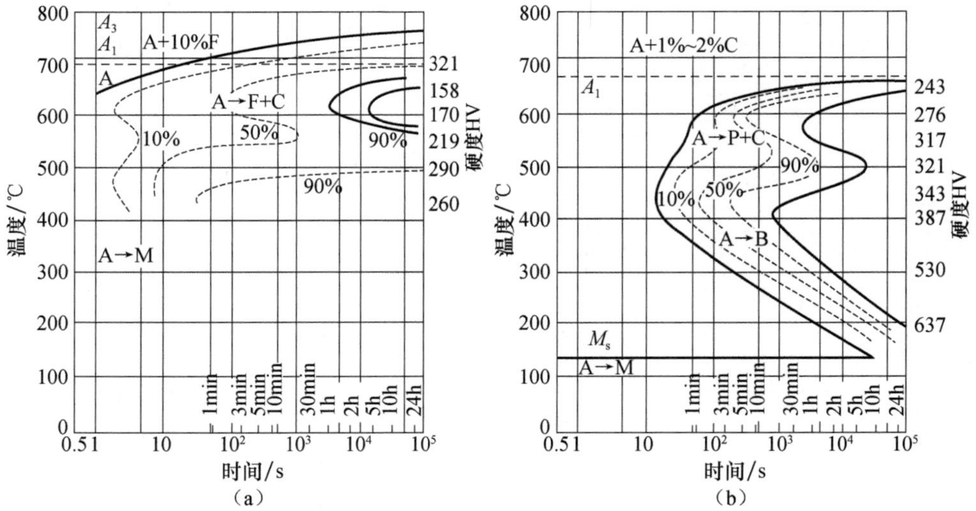

图 6.38　12CrNi3 钢的过冷奥氏体等温转变曲线[40]

(a)渗碳前(0.11%C、0.13%Si、0.38%Mn、0.87%Cr、3.26%Ni，A_1=695℃，A_3=800℃，加热温度 770℃)；

(b)渗碳后(1.0%C、0.12%Si、0.30%Mn、0.90%Cr、3.27%Ni，A_1=680℃，M_s=150℃，加热温度 770℃)

12CrNi3 钢的热处理工艺如下：毛坯在锻造后进行退火，退火温度为 870～900℃，退火后硬度不大于 217HB。亦可采用正火及高温回火，正火温度为 920℃，高温回火温度为 670～680℃，此时硬度不大于 229HB。如正火后能满足要求，可不进行高温回火。

为了改善组织，为随后的渗碳作好组织准备，在渗碳之前可以增加一道调质工序。调质工艺为(860±10)℃淬油，(460±30)℃回火。调质还可以保证插齿时的表面光洁度。图 6.39 为 12CrNi3 钢淬火后力学性能随回火温度的变化。12CrNi3 钢气体渗碳温度为 900～920℃，渗碳时间按零件所要求的渗碳层深度选择，渗碳后空冷。当进行二次淬火时，第一次淬火温度为 850～870℃，油冷，第二次淬火温度为 780～810℃，油冷，然后进行低温回火(150～200℃)。由于二次淬火有一系列缺点(氧化、脱碳、变形严重、生产周期长等)，故目前大多数工厂都进行一次淬火(780～800℃)，亦有工厂将淬火温度提高到 800～820℃，以克服心部铁素体过多的缺点。在渗碳后和淬火前还需进行一次高温回火(640～650℃，3h 左右)。

20CrNi3 钢可做调质钢使用，热处理工艺如下：退火温度为 840～860℃，退火后硬度不大于 241HB；亦可采用正火(860～900℃)及高温回火(670～690℃)。调质时的淬火温度为 820～840℃，油冷，回火温度为 500～650℃，视零件对性能的要求而定。回火后应快冷(油或水)，因这类钢的回火脆性倾向很大。20CrNi3 钢可做航空发动机的连杆等。20CrNi3 钢亦可渗碳，制造较重要的齿轮，如某型号重型载重车的后桥主动圆锥齿轮使用 20CrNi3H 钢制作，有效硬化层深度在 1.8～2.2mm，心部硬度 38～45HRC，齿轮表面硬度 60～64HRC，使用效果良好。

34CrNi2、30CrNi3、37CrNi3 钢用做重要的调质零件。这类钢有高的淬透性(图

6.37)，但因有回火脆性，用做大截面零件受到限制。为了克服这类钢的回火脆性倾向，可以加入钨或钼，如 35CrNi3W 钢（0.34%～0.42% C、0.25%～0.50% Mn、0.8%～1.2% Cr、2.75%～3.25%Ni、0.5%～0.8%W）。这类钢的力学性能如下：经 850℃油淬和 590℃回火空冷后，$\sigma_b \geqslant$ 1100MPa、$\sigma_s \geqslant$1000MPa、$\delta_5 \geqslant$12%、$\psi \geqslant$50%、$a_k \geqslant$ 80J/cm^2。这类钢可做更重要的零件，如中速大马力柴油机的贯穿螺栓便使用 35CrNi3W 钢制造。

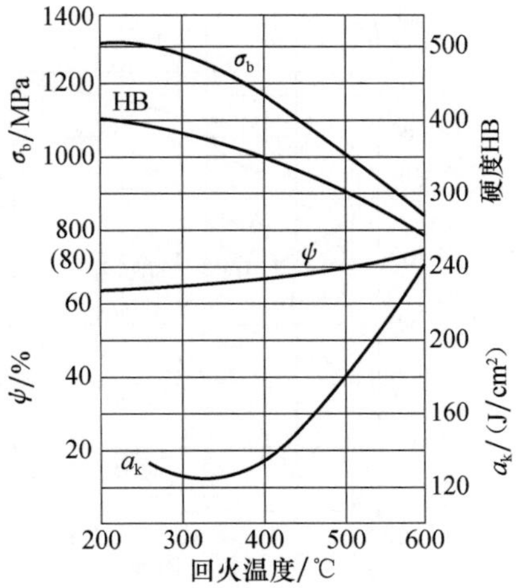

图 6.39 回火温度对 12CrNi3 钢 900℃油淬后力学性能的影响[46]
420℃以上回火后水冷

12Cr2Ni4 钢和 20Cr2Ni4 钢具有高的强度、韧性和淬透性，用做尺寸比较大的重要渗碳零件。12Cr2Ni4 钢中的 Cr、Ni 含量比 12CrNi3 钢进一步提高，过冷奥氏体更稳定，属于半马氏体钢。其过冷奥氏体等温转变曲线见图 6.40。这种钢的预先热处理工艺与 12CrNi3 钢相同，处理后要求硬度不大于 269HB。从图 6.40 可以看出，12Cr2Ni4 钢渗碳前的临界点 Ac_1＝670℃、Ac_3＝780℃(奥氏体化温度 770℃)，Ac_1 与 Ac_3 之间的温度范围较窄。这个条件使得在心部完全淬火的同时，渗碳层仍保持有较细的马氏体基体并均匀分布有颗粒细小的碳化物，故有利于进行一次淬火，淬火温度一般可取 780～810℃，随后进行低温回火。12Cr2Ni4 钢的淬透性、强度、韧性均比 12CrNi3 钢高(图 6.41)，热处理工艺性能也比 12CrNi3 钢好，生产中没有 12CrNi3 钢出现的问题多(热处理后表面碳化物不够、心部铁素体多及硬度不足等)。这种钢用做重要齿轮、轴、活塞销等。20Cr2Ni4 钢则用于制造重负荷的齿轮。20Cr2Ni4 钢亦属于半马氏体钢。其预先热处理方式为正火(900℃左右)及高温回火(640℃，4h)，处理后的硬度不大于 269HB，渗碳温度为 920～950℃，渗碳后空冷。12Cr2Ni4 钢和 20Cr2Ni4 钢渗碳后空冷时表面层的组织为马氏体和大量的残余奥氏体(因表面层的 M_s 点很低)，这种组织对以后的淬火不利，在重新加热淬火时，容易恢复渗碳时所形成的较粗大的奥氏体晶粒(组织遗传性)，而且淬火后的残余奥氏体较多。因此在淬火加热之前，先进行一次高温回火(640～650℃，4～5h，然后空冷)，高温回火使马氏体分解为回火索氏体，同时残余奥氏体中将析出含有铬的碳化物，使残余奥氏体的马氏体点升高，因此在回火后的冷却过程中，残余奥氏体将全部分解。这种高温回火称为催化处理或促变处理。由于高温回火能使碳化物生成元素 Cr 在碳化物中富集并使碳化物聚集，在淬火重新加热时，含铬的碳化物溶解较慢，奥氏体中的碳和铬的含量较少，淬火冷却后的组织较细而残余奥氏量较少。高温回火还可以使零件能进行机械加工。20Cr2Ni4 钢的淬火加热温度范围为 790～810℃，在油中冷却，此时渗碳组织为细针状马氏体、粒状碳化物及少量的残余奥氏体，而心部组织为马氏体和屈氏体。淬火后进行低温回火(150～200℃)，此时表层硬度大于 58HRC，而心部硬度范围为 35～49HRC。

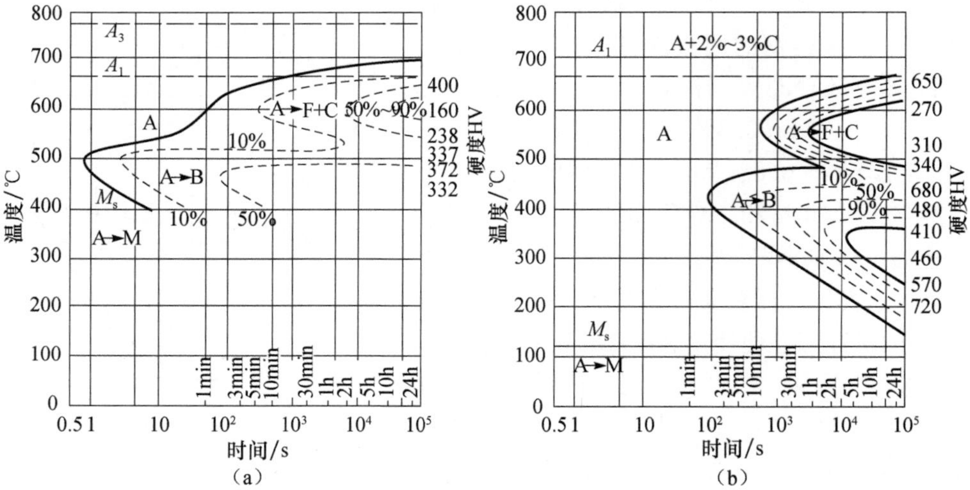

图 6.40　12CrNi4 钢的过冷奥氏体等温转变曲线[40]

(a)渗碳前(0.11%C、0.09%Si、0.38%Mn、1.33%Cr、4.15%Ni,A_1=670℃,A_3=780℃,M_s=400℃,加热温度 770℃);(b)渗碳后(1.02%C、0.27%Si、0.47%Mn、1.22%Cr、4.15%Ni,A_1=670℃,M_s=125℃,加热温度 770℃)

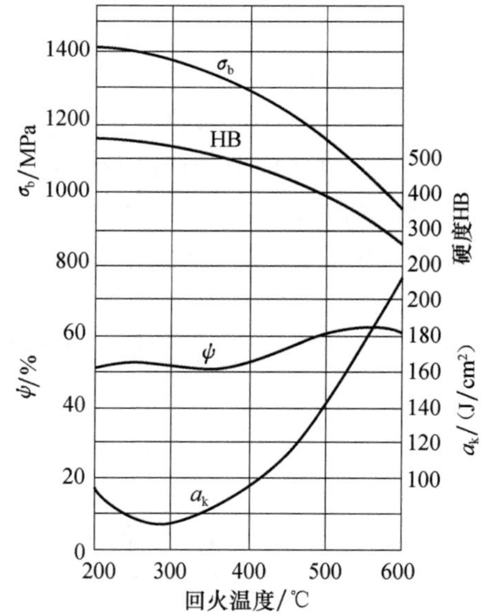

图 6.41　回火温度对 12Cr2Ni4 钢 900℃油淬后力学性能的影响[46]

440℃以上回火后水冷

重型汽车后桥主动圆锥齿轮常采用 Cr-Ni 或 Cr-Ni-Mo 系列渗碳钢制作。Cr、Ni、Mo 均有利于提高淬透性。Mo 在 925℃时,对提高渗层硬化性能特别有利。Ni 可提高渗层的韧性。Ni 和 Mo 的匹配使钢在高碳时具有良好的淬硬层均匀性,有利于渗层韧性的改善,但含镍的钢价格高,热处理工艺较复杂。

15CrNiMo、20CrNiMo、20CrNiMoH 钢用于渗碳。20CrNiMo 钢与美国 AISI、SAE 标准中的 8720 钢相同。虽然 20CrNiMo 钢中的镍含量为 0.35%~0.75%,为 20CrNi 钢中镍

含量 1.00%～1.40%的一半，但由于加入了 0.20%～0.30%Mo，又适当提高了 Mn 含量，故钢的淬透性仍然很好，强度也比 20CrNi 钢高。这种钢可以用做中小型汽车、拖拉机发动机和传动系统的齿轮，亦可代替 12CrNi3 钢制造要求心部性能较高的渗碳件，如钻探用牙轮钻头的牙爪和牙轮体。

20CrNi2MoH 钢是一种新型含镍渗碳钢，淬透性能较高，热轧成材后，组织为贝氏体，硬度约为 240HB，可在 640～660℃进行等温退火，能有效地降低硬度并获得铁素体＋珠光体的平衡组织。20CrNi2MoH 钢最终热处理工艺为渗碳(920～930℃)后降温至 820～840℃直接淬火(油冷)，然后低温回火，硬度为 59～60HRC。热处理后表层和次表层的残余奥氏体含量较理想，在 13%以下，而且分布较平缓。与 20Cr2Ni4 钢对比，20CrNi2MoH 钢的热处理工艺简便，热处理变形小，渗碳后的组织较理想，抗黏着磨损性能好，整体强度略低于 20Cr2Ni4 钢，但塑韧性优于 20Cr2Ni4 钢，因此 20CrNi2MoH 钢可以全部或部分替代 20Cr2Ni4 钢生产重载齿轮[47～49]。

随着国外先进车型的引进，国产载重汽车齿轮有的采用国外牌号，如 SAE8822H、SAE8620H、17CrNiMo6 等，其化学成分见表 6.33。

表 6.33　部分国外汽车齿轮用 Cr-Ni-Mo 钢的牌号和化学成分[19,43]　(单位：%)

牌号	化学成分								
	C	Si	Mn	Cr	Ni	Mo	P	S	Al
SAE8620H	0.18～0.23	0.15～0.35	0.70～0.90	0.40～0.60	0.40～0.70	0.15～0.25	≤0.03	0.017～0.032	0.010～0.045
SAE8822H	0.19～0.25	0.15～0.35	0.70～1.05	0.35～0.65	0.35～0.75	0.30～0.40	—	—	—
17CrNiMo6	0.15～0.20	≤0.40	0.50～0.90	1.50～1.80	1.40～1.70	0.25～0.35	0.035	≤0.035	—

30CrNiMo 是一种综合性能良好的调质结构钢。该钢具有较高的淬透性，可用于制造较大尺寸的重要用途的机构件。

30Cr2Ni2Mo 钢的化学成分与法国和德国的 30CrNiMo8 钢相同，有高的强度、韧性及淬透性，主要用于重型机械中承受高负荷及大尺寸的部件，如汽轮机转子、高负荷的传动件、紧固件、曲轴、齿轮等。

30Cr2Ni4Mo 钢的化学成分与法国的 30NiCrMo16-6 钢相同。

34Cr2Ni2Mo 钢的化学成分与德国的 34CrNiMo6 钢相同，其特性是有高的强度、韧度和良好的淬透性以及抗过热的稳定性，淬透深度在 100mm 以上。该钢白点敏感性高，有回火脆性，焊接性较差，焊前需经高温预热，焊后需消除应力，经调质后使用。该钢一般制作强度高、塑性好的重要零部件，氮化处理后制作特殊性能要求的重要零件，如轴类、齿轮、紧固件等。

35Cr2Ni4Mo 钢的化学成分与法国的 36NiCrMo16 钢(旧牌号 35CND16)相同，是航空工业常用的钢。该钢有很高的淬透性，截面较大时，空冷也可以得到马氏体加下贝氏体的组织以及极少量的残余奥氏体，淬火加高温回火或低温回火，可获得高强度或超高强度两个级别，可在大截面上获得均匀的高强度和高韧塑性配合，具有低的韧脆转变温度和高的疲劳强度。35Cr2Ni4Mo 钢适宜的淬火温度为(875±10)℃，高温回火时适宜的回火温度为 550℃[50]。

40CrNiMo 是一种性能优良的铬镍系调质钢。该钢中铬和镍的绝对量虽然不大，但由于铬与镍的配合(铬含量∶镍含量=1∶2)，可以使钢的淬透性大大提高，油淬时截面尺寸小于 80mm 就可以淬透。图 6.42 为 40CrNiMo 钢的过冷奥氏体等温转变曲线。这种钢的强度比较高，综合力学性能比较好，低温冲击韧性也很强，淬火后低温回火或高温回火都有较高的疲劳强度和低的缺口敏感度，用于制造承受冲击及循环载荷的重要零件，如喷气发动机的涡轮轴、压气机轴，活塞发动机的曲轴、连杆等重要零件。

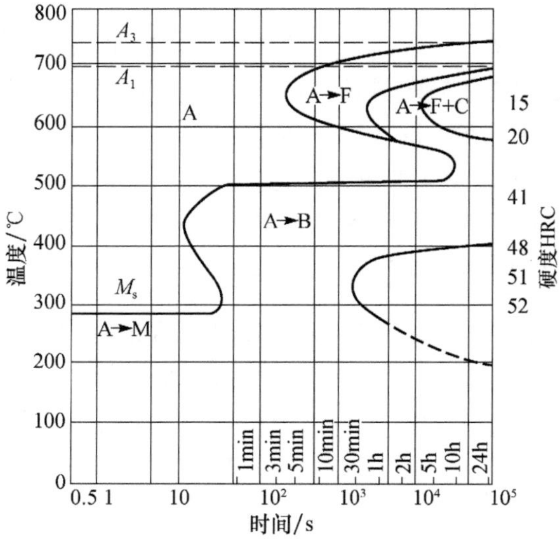

图 6.42　40CrNiMo 钢的过冷奥氏体等温转变曲线[40]

成分：0.42%C、0.8%Cr、1.8Ni、0.3%Mo，A_1=705℃、A_3=745℃、M_s=295℃，加热温度 845℃

40CrNiMo 钢的预先热处理通常采用完全退火，860℃加热后缓冷，退火后的硬度不大于 229HB。预先热处理也可以采用调质处理。对于大尺寸的零件也可以用 870℃正火，或是正火后再高温回火(650～700℃)来代替调质或退火。

40CrNiMo 钢的最终热处理是调质，以保证获得需要的力学性能。图 6.43 是 40CrNiMo 钢经 850℃油冷后，经不同温度回火后所得到的力学性能。淬火温度的选择与淬火方式有关，水淬时可选用较低的温度 820～840℃，而一般油淬时则选较高温度，即 840～860℃。40CrNiMo 钢的回火温度范围为 520～650℃。钢中虽然加入了 0.15%～0.25%Mo，以消除对回火脆性的敏感性，但由于加入量不太大，高温回火还是要求在水中或油中冷却。

40CrNi2Mo 钢具有高的强度和良好的强度与塑韧性配比，是一种超高强度钢，与美国的 AISI4340 钢相当，其性能和应用见 6.7.2 节。

18Cr2Ni4W 钢是一种合金元素含量比较高的渗碳钢，大量铬、镍、钨等元素抑制了过冷奥氏体的珠光体转变。图 6.44 为 18Cr2Ni4W 钢渗碳前后的过冷奥氏体等温转变曲线。这种钢的淬透性很高，任何截面都可以在空气中淬火，属于马氏体钢。18Cr2Ni4W 钢常简写为 18CrNiW。

18Cr2Ni4W 钢的预先热处理采用 920～980℃正火及 640～670℃回火的规范，处理

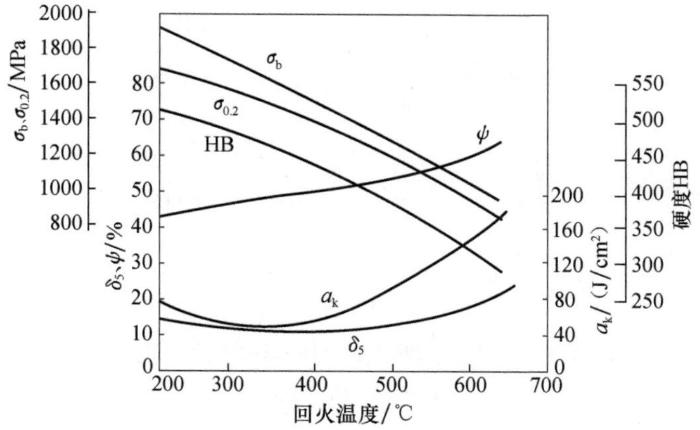

图 6.43 回火温度对 40CrNiMo 钢力学性能的影响[30]

成分：0.38%C、0.29%Si、0.63%Mn、0.75%Cr、1.44%Ni、0.28%Mo，淬火温度 850℃，油冷

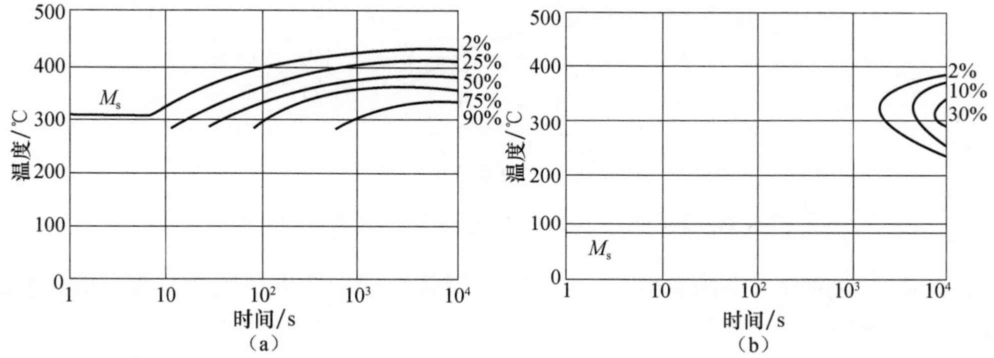

图 6.44 18Cr2Ni4W 钢的过冷奥氏体等温转变曲线[40]

(a)渗碳前；(b)渗碳后

成分：0.16%C、1.5%Cr、4.3%Ni、0.8%W，加热温度 900℃

后的硬度不大于 269HB，渗碳温度为 930℃左右，渗碳后空冷。渗碳后的热处理一般应使渗碳层的硬度范围为 58～62HRC，中心的硬度范围为 35～45HRC。为了减少表层的残余奥氏体量，渗碳后应在 640～660℃进行多次高温回火（一般为三次），每次回火时间在 3h 以上(图 6.21)，高温回火亦有利于改善切削加工性。该钢淬火温度为 780～800℃，提高淬火温度会增加表层的残余奥氏体量，降低硬度值(图 6.45)。淬火可以空冷或油冷。淬火后进行低温回火。为了减少表层残余奥氏体量，在淬火后可以立即进行－70℃、30～60min 的冷处理。不过目前一般认为有少量残余奥氏体存在(20%左右)对硬度及耐磨性影响不大，对韧性有好处，故除非对零件精度要求很严格，一般不采用冷处理。

18Cr2Ni4W 钢具有很高的力学性能，是一种重要的渗碳钢，用于制造航空发动机和高速柴油机上重负荷和耐磨零件，如齿轮、活塞销、花键轴、曲轴等。该钢还常用做柴油机喷油嘴的针阀体。

18Cr2Ni4W 钢可以经过调质后使用，此时具有高的综合力学性能，用于制造重负荷的连杆、螺栓、废气涡轮轴等。其热处理规范为 860～880℃油淬或空冷，根据不同使用要求，选择回火温度(图 6.46)。

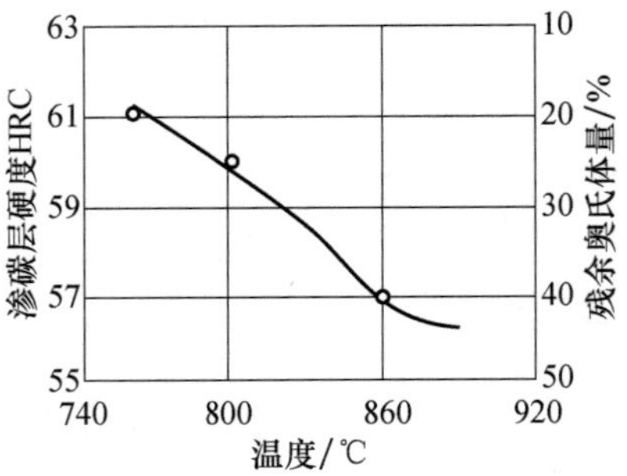

图 6.45　18Cr2Ni4W 钢淬火加热温度与表面层淬火硬度及残余奥氏体量的关系[46]

20～50℃油中淬火

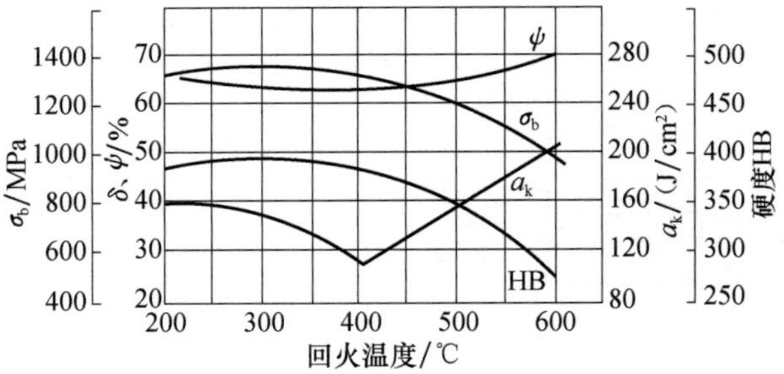

图 6.46　18Cr2Ni4W 钢的力学性能与回火温度的关系[51]

对于要求耐磨性很高的零件，18Cr2Ni4W 钢常在调质后进行氮化处理，如高速柴油机的曲轴、某些齿轮、花键轴等。

25Cr2Ni4W 钢是调质用钢，这种钢具有很高的淬透性和优良的综合力学性能，以及低的韧脆转变温度和缺口敏感性。该钢只能采用高温回火的方法进行软化处理，温度不应低于 630℃，不得高于 680℃，保温时间不少于 20h。淬火温度为 830～870℃，油冷。在淬火低温回火状态，其抗拉强度超过 1500MPa，而冲击韧度不低于 60J/cm^2。在淬火和 560℃高温回火后，其抗拉强度达到 1100MPa，而冲击韧度超过 100J/cm^2。这种钢用于制作重要用途的零件。

40CrNiWA 钢经过适当的热处理后，可以获得较高的屈服强度和抗拉强度，同时保持良好的韧性，能够适应较大的受力环境。该钢易于加工和热处理，在热处理过程中容易调节其组织和性能，可根据具体要求进行淬火、回火和正火等处理。由于该钢具有较高的强度和韧性，广泛应用于制造各种机械零部件，如轴承、齿轮、链条等。

30Cr2Ni2WA 具有较高的抗拉强度和屈服强度，适用于高负荷场景。该钢还具有较好的冲击韧性和伸长率，能够承受较大的冲击载荷，热处理可调性好，通过适当的热处理工艺，可以进一步优化其性能。该钢广泛应用于工程领域，如高温高压阀门、高压管道连接件、高强度螺栓和螺母、高强度连接杆等。

第二次世界大战以来，各国的重载荷齿轮用钢都向节约铬镍方向发展，如美国的低铬镍钼的 SAE8620H、SAE8822H 等钢(表 6.33)，苏联的 15Х2Г2СВА、25Х2ГНТА 等钢。18CrMnNiMo 钢是我国于 20 世纪 80 年代初自行研制的多元少量铬锰镍钼系的重负荷齿轮用钢，适用于碳氮共渗工艺[30,52]。图 6.47 为 18CrMnNiMo 钢的过冷奥氏体等温转变曲线。这种钢的淬透性与 20Cr2Ni4 钢相当，直径 80mm 的大截面试样在油中淬火，中心硬度在 37HRC 以上，可满足重载荷齿轮要求。这种钢适于较低温度的碳氮共渗工艺的要求，从而可减少晶粒长大倾向和齿轮热处理变形，共渗温度为 800～830℃，共渗后直接淬火，回火温度为 180～200℃，一般均可达到齿轮表面硬度要求（≥58HRC）。渗层组织一般为细马氏体、粒状碳氮化合物和少量残余奥氏体，心部组织为低碳马氏体，心部硬度为 40～45HRC，可满足齿轮心部硬度要求（35～45HRC）。图 6.48 为 18CrMnNiMo 钢 830℃油淬后不同温度回火后的力学性能，与 20Cr2Ni4 钢相当，其缺口疲劳敏感性和低温冲击韧度都比较好。这种钢热加工性能和切削加工性能良好，气体碳氮共渗工艺的适应性较强，适于制造大模数重负荷齿轮、齿轮轴和其他零件[30]。

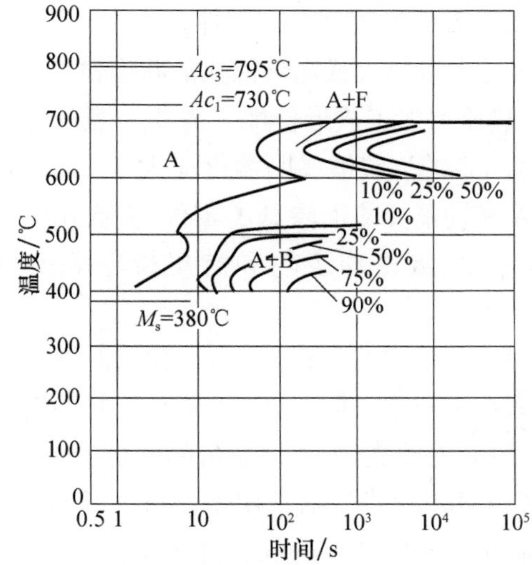

图 6.47　18CrMnNiMo 钢的过冷奥氏体等温转变曲线[30,52]

成分：0.17%C、0.28%Si、1.35%Mn、1.18%Cr、1.18%Ni、0.25%Mo，奥氏体化温度 850℃、20min

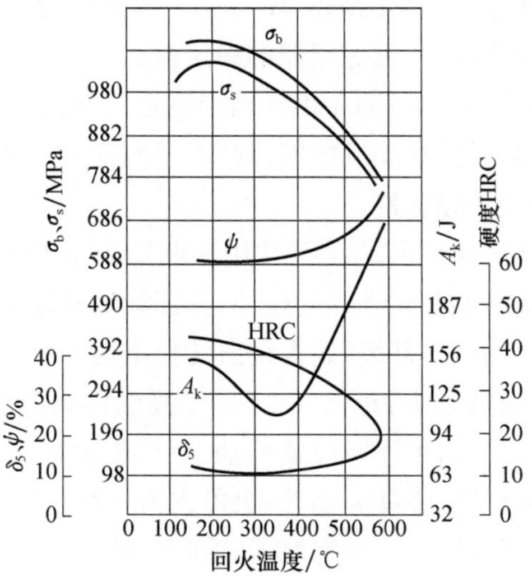

图 6.48　18CrMnNiMo 钢不同温度回火后的力学性能[30]

成分同图 6.47，830℃油淬

45CrNiMoV 钢具有高的抗拉强度、屈服强度、弹性极限、疲劳强度及扭转强度(表 6.27)。这种钢在油中的淬透深度大于 60mm(95%马氏体)。由于钢中加入了钒,降低了钢的过热敏感性,为了改善钢的淬透性,应使钒在加热过程中尽量多固溶于奥氏体中,因此宜提高淬火加热温度,即选在 850～870℃。这种钢用做弹性元件时,回火温度选用 430～470℃,回火后油冷。45CrNiMoV 钢主要用做重要用途的弹性零件,如扭力轴、大型气阀弹簧等。这种钢在轻型汽车上用做扭杆弹簧,代替传统的叠板弹簧,显著减轻重量,具有结构简单、占据空间小、平震性能好等优点,已在生产中获得应用[53]。

14CrMnSiNi2MoA 是一种性能优异的渗碳钢,具有良好的淬透性,以及高的强度和冲击韧性,弯曲疲劳强度高,对缺口敏感性较小,也具备优异的热稳定性,适用于制造高负荷、高速传动零件及其他需要表面渗碳处理的部件。

14CrMnSiNi2MoA 钢通常以退火或高温回火的状态供应。该钢成形性能良好,具备中等冷变形塑性和优秀的热压力加工成形性能。需要注意的是,在热加工过程中要避免晶粒长大,始锻(轧)温度为 1120℃,终锻(轧)温度应大于 850℃,它适用于制造截面较大的重载高速传动齿轮、轴及其他需要表面渗碳的零件,主要用于航空工业,特别适用于制造涡桨发动机减速器的一、二级主动齿轮和游尾齿轮等高负荷零件。该钢也列入 HB 5024—89《航空用钢锻件》。

15Cr2MnNi2TiA 钢可视为低碳马氏钢,经淬火和低温回火后使用,具有较高的强度和硬度,能够承受较大的载荷和压力。同时,它还具有良好的韧性和可焊性,方便加工和制造。这种钢还具有较好的耐蚀性能,能够在恶劣的环境下长期使用而不受损。

在航空航天领域,15Cr2MnNi2TiA 钢常用于制造飞机的机身、发动机零部件、起落架等关键部件,其高强度和耐蚀性能能够确保飞机在高速飞行、复杂气候条件下的安全性和可靠性。

在船舶制造领域,15Cr2MnNi2TiA 钢广泛应用于制造船体结构和船舶设备,其高强度和耐蚀性能能够保证船舶在恶劣的海洋环境中长期使用而不受损,同时还能够承受船舶在航行过程中的各种力和振动,确保船舶的稳定性和安全性。

在汽车工业领域,15Cr2MnNi2TiA 钢常用于制造汽车的车身结构、发动机零部件和悬挂系统等关键部件,其高强度和硬度能够提高汽车的安全性和稳定性,同时也能够减轻车身的重量,提高汽车的燃油经济性。

在石油化工领域,15Cr2MnNi2TiA 钢常用于制造石油和天然气管道、储罐等设备,其抗耐腐蚀性能能够抵抗石油和化学品的侵蚀,保证管道和储罐的安全运行,同时其高强度能够承受高压力和高温的工作环境,确保设备的稳定性和可靠性。

25CrMnNiTiA 一般交货状态:正火(920℃)+高温回火(650～680℃)。加工后的产品的淬火温度为(820～850℃),可以空冷或冷油,然后低温回火(160～200℃),也可以等温淬火(200～260℃),具有高的强度和韧性,也可视为一种高性能的低碳马氏体钢。该钢还具有比较高的耐磨性和耐蚀性,在航空航天、重型机械、矿山机械、石油化工等领域中得到应用。

6.4.5　硅锰系(硅锰钢、硅锰钼钒钢)

硅、锰同时加入钢中可以结合各元素的良好作用,减弱其不良影响,硅锰钢不如锰钢那样容易过热,脱碳倾向小。硅锰钢有适当的淬透性,在提高强度的同时,如果硅锰加入量不很高,不致显著降低其塑性和韧性。硅锰钢有良好的耐磨性。硅锰钢的主要缺点是对回火脆性很敏感,高温回火后必须快冷。硅锰钢的白点敏感性大。由于硅、锰强化铁素体的作用,硅锰钢正火后的硬度稍高,切削性能稍差。由于硅、锰是价格较低的元素,我国不少工厂用硅锰钢代替铬钢做某些零件。由于硅使钢的增碳困难,并使渗碳速率降低,这类钢不进行渗碳。

硅锰钢的化学成分和力学性能见表 6.10 和表 6.34。

表 6.34　硅锰合金结构钢的力学性能(GB/T 3077—2015)

牌号	试样毛坯尺寸/mm	热处理				力学性能					退火或高温回火供应状态布氏硬度HBW,不大于
		淬火		回火		R_m/MPa	R_{eL}/MPa	A/%	Z/%	KU_2/J	
		加热温度/℃	冷却剂	加热温度/℃	冷却剂	不小于					
27SiMn	25	920	水	450	水、油	980	835	12	40	39	217
35SiMn	25	900	水	570	水、油	885	735	15	45	47	229
42SiMn	25	880	水	590	水	885	735	15	40	47	229

27SiMn 钢的性能优于相应的 30Mn2 钢,其特点是韧性降低不多却有较高的强度和耐磨性,这种钢经 860℃退火后硬度不大于 217HB,930℃正火后硬度不大于 229HB,淬火温度为 900～920℃,可以油淬或水淬。27SiMn 钢经调质后使用或在正火状态下应用,如拖拉机的履带销等。

35SiMn 钢除了低温(−20℃以下)冲击韧性稍差外,其他的力学性能与 40Cr 钢相当(但淬透性比之略低些),耐磨及耐疲劳性能均佳,用于制造中等速率、中等负荷或高负荷而冲击不大的零件,如传动齿轮、轴、连杆、连杆螺栓、筑路机械的零件等,农业机械上用以制造锄铲柄、犁辕等。35SiMn 钢的退火温度为 860℃,退火后硬度不大于 229HB,淬火温度为 840～900℃,可在油或水中冷却。回火温度视要求的性能而定,回火后应快冷。

42SiMn 钢的化学成分与力学性能基本上与 35SiMn 钢相同,只是碳含量稍高些,可以用来制造截面较大及表面淬火的零件。该钢的切削加工性较差,如将硅含量控制在 0.6%左右,可改善其切削加工性。

为了节约镍和铬,在 20 世纪 70 年代,我国发展了以硅锰钢为基础,加入其他元素的无镍铬高性能的 Si-Mn-Mo-V、Si-Mn-Mo 系结构钢,部分钢种被纳入 GB/T 3077—2015《合金结构钢》,其化学成分和力学性能列于表 6.10 和表 6.35。

表 6.35　硅锰钼钒合金结构钢的力学性能(GB/T 3077—2015)

牌号	试样毛坯尺寸/mm	热处理					力学性能					退火或高温回火供应状态布氏硬度HBW,不大于
		淬火			回火		R_m/MPa	R_{eL}/MPa	A/%	Z/%	KU_2/J	
		加热温度/℃		冷却剂	加热温度/℃	冷却剂	不小于					
		第一次淬火	第二次淬火									
20SiMn2MoV	试样	900	—	油	200	水、空	1380	—	10	45	55	269
25SiMn2MoV	试样	900	—	油	200	水、空	1470	—	10	40	47	269
37SiMn2MoV	25	870	—	水、油	650	水、空	980	835	12	50	63	269

20SiMn2MoV 钢和 25SiMn2MoV 钢使用于淬火的低温回火状态,是一种低碳马氏体钢,这在后面还要介绍。35Si2Mn2MoV 是我国自行研制的不含镍铬的超高强度钢,具有良好的综合力学性能,其特点、性能和用途见后面超高强度钢一节。37SiMn2MoV 钢是一种高级的调质结构钢,具有高的淬透性,其中马氏体的油冷临界淬火直径大于80mm。这种钢的热处理工艺性能良好,淬裂敏感性小,回火脆性倾向小,可用于制造大截面、承受重负荷的轴、连杆、齿轮、转子及高压无缝钢管等零件,以代替 40CrNiMo、34CrMo1、34CrNi1Mo 等钢。这种钢经低温回火可做超高强度钢使用。37SiMn2MoV 钢的切削性能稍差。

15SiMn3Mo 钢(0.12%～0.18%C、0.90%～1.20%Si、3.00%～3.40%Mn、0.50%～0.60%Mo)为 Si-Mn-Mo 系钢,用于代替 18Cr2Ni4W 钢制造大功率高速柴油机曲轴、连杆及部分齿轮、螺栓等零件,这些零件承载大、应力状态复杂。该钢试样经 950℃正火、870℃淬火、200℃回火后的力学性能指标如下:$R_m \geqslant 1176$MPa、$R_{eL} \geqslant 882$MPa、$A \geqslant 10\%$、$Z \geqslant 45\%$、$KU_2 \geqslant 78$J,不低于 18Cr2Ni4W 钢。15SiMn3Mo 钢具有高的淬透性,图 6.49 为该钢的过冷奥氏体等温转变曲线。这种钢的完全淬火温度以 860～880℃为宜。该钢具有良好的空淬能力,空淬时,其强度、韧性较水淬、油淬稍低。该钢可以在淬火后经低温

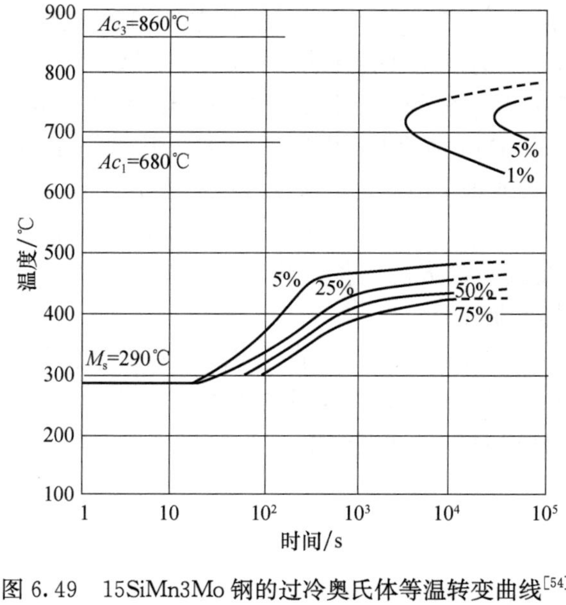

图 6.49　15SiMn3Mo 钢的过冷奥氏体等温转变曲线[54]

成分:0.16%C、3.29%Mn、1.10%Si、0.63%Mo,奥氏体温度 890℃,5min,晶粒度 7 级

回火使用。该钢有良好的渗碳性能，渗碳速率比 18Cr2Ni4W 钢稍低。该钢可以进行氮化，氮化前先经过调质，870℃空淬和 570℃高温回火空冷，其氮化性能优于 18Cr2Ni4W 钢，制成的零件使用性能良好。该钢的缺点是冷加工性能较差，影响钢的应用。

6.4.6 渗氮钢

38CrMoAl 钢是一种典型的渗氮钢，目前世界工业先进国家大都有这个钢号，并已列入国家标准。我国列入国家标准的渗氮钢只有这一个钢号（表 6.10），其力学性能见表 6.36。

表 6.36 38CrMoAl 钢的力学性能（GB/T 3077—2015）

牌号	试样毛坯尺寸/mm	热处理				力学性能					退火或高温回火供应状态布氏硬度HBW，不大于
		淬火		回火		R_m/MPa	R_{eL}/MPa	A/%	Z/%	KU_2/J	
		加热温度/℃	冷却剂	加热温度/℃	冷却剂	不小于					
38CrMoAl	30	940	水、油	640	水、油	980	835	14	50	71	229

渗氮钢用于制造要求特别耐磨的机器零件。用碳素钢氮化不能获得足够高的硬度，因铁与氮形成的氮化物（Fe_2N、Fe_4N 等）较不稳定，在温度升高的情况下容易聚集粗化并且分解。当钢中加入一些能生成氮化物的合金元素时，在低温氮化过程中能在表面层生成细小分散的本身硬度也很高的氮化物，因而得到硬度很高的氮化层。各种氮化物的稳定性按下列次序逐渐降低：Ti 及 Al 的氮化物→V 的氮化物→W、Mo 及 Cr 的氮化物→Mn 的氮化物→Fe 的氮化物。越是稳定的氮化物，在氮化层中析出越弥散，氮化层的硬度也越高。由图 6.50 可以看出，铝对于提高氮化层硬度的作用最为突出，而且这种氮化物（AlN）在 600℃以下不会聚集粗化，使氮化层具有较高的红硬性，但由于氮化铝质点较脆，氮化后表层容易剥落，加入量不宜过多，一般为 0.7%～1.2%。铝的加入还使钢的冶炼、热加工和热处理过程复杂化。铝使钢液黏度增大，容易产生夹杂和铝分布不均匀而出现的点状偏析，造成钢锭表面质量变差和产生发纹，因此含铝的钢材要求检查发纹、夹灰、晶粒度，并对钢的低倍组织要求严格。含铝钢加热脱碳倾向大，所以锻造余量要留得大并

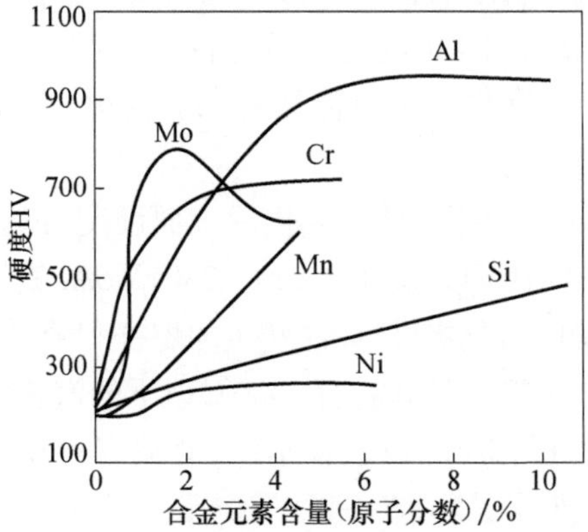

图 6.50 合金元素含量对渗氮层表面硬度的影响[55]

渗氮在 550℃进行，24h

且热处理(调质)后须把脱碳层全部车去。铬和钒的氮化物(Cr_2N、CrN、VN)硬度要低一些,但氮化层的稳定性较好。铬在钢中的重要作用是提高淬透性和强度,钒可以细化晶粒、提高韧性。加入钼和钨可以防止在氮化温度长时间停留时在钢中引起的回火脆性,并进一步提高钢的淬透性和增加回火稳定性,铬、钒、钼、钨还可以消除铝钢特有的粗晶粒组织。当锰、硅等元素在钢中的含量不高时对氮化层的深度和硬度影响不大。镍对氮化层没有什么好处,相反可以降低氮化的作用,影响表层的硬度和深度,主要影响心部的力学性能。

所有合金元素(包括铝)都降低氮的扩散系数,降低渗氮速率,从而降低渗氮层总的深度(图 6.51)。合金氮化物在表层的析出阻碍了氮原子的进一步扩散,所以要求深层渗氮的零件采用低铝和不含铝的渗氮钢。碳是不利于渗氮的元素,它降低氮的扩散系数,减慢渗氮速率。

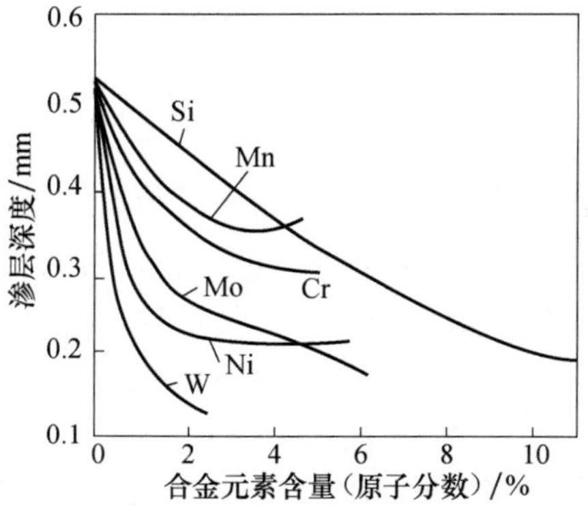

图 6.51　合金元素含量对渗氮层深度的影响[55]

渗层深度指含氮 0.06%处的深度,550℃渗氮 24h

良好的渗氮钢除了要求表面层的性能外,还要求心部也具有良好的力学性能。只有在心部有满意的力学性能时,比较薄的氮化层才能更好地抵抗压陷,承受各种应力并充分发挥硬化层的作用,为此氮化钢中的碳含量一般在 0.25%~0.45%,并加入一些合金元素。氮化钢的氮化层硬度较高,耐磨性远比渗碳层要高;由于氮化是在调质后进行,氮化后缓冷即可获得高的表面硬度,因此热处理后零件的尺寸变化极小,但氮化处理费用较高。因此,氮化钢主要用于对零件质量有特殊要求的情况下,而且其氮化层较薄,在承受高载荷或较大冲击时不宜采用。

38CrMoAl 钢是使用最广泛的渗氮钢,氮化后表面硬度可达到 1100~1200HV,而且有高的热稳定性,其淬透性在油中可以达到 50mm。38CrMoAl 钢用于制造具有高耐磨性、高疲劳强度和处理后尺寸精确的氮化零件,如注塑机的螺杆和套筒、镗床的镗杆、蜗杆、磨床和自动车床的主轴、汽缸套筒、齿轮,工作温度在 450℃以下的汽轮机的阀门杆、仿模等。

38CrMoAl 钢在锻造后进行退火,以改善组织、消除应力和改善切削加工性,退火温度范围为 840~900℃,正火温度范围为 930~970℃。正火后如果硬度太高,加工困难,可进行高温回火(700~720℃)。采用较高的退火或正火温度有利于消除铁素体的方向性,但增加脱碳层的深度。退火或正火后进行粗加工,然后进行调质。粗加工亦可在调质后进行。锻件和调质前的毛坯都应规定合理的加工余量,以保证在其后的切削加工过程中,完全除去锻造与调质加热时产生的脱碳层和贫碳层。

渗氮钢在渗氮前应进行调质，其目的是使钢具有良好的综合力学性能，并为渗氮提供良好的基体组织。在淬火加热时，由于铝铁素体的稳定性高，不易溶入奥氏体中，所以钢的淬火温度稍高，为 930～950℃，并保证足够的透热时间，使得游离铁素体量降低到 5%～15%，其余为回火索氏体。

38CrMoAl 钢在调质过程中要防止出现粗大的铁素体和粗大的索氏体组织。淬火温度太低，铁素体溶解不完，调质后含有大块铁素体存在，氮化时这些地方氮的浓度增高、硬度增加、脆性增大、容易剥落。淬火温度太高时，除加剧脱碳倾向外，由于奥氏体晶粒粗大，氮化后出现网状氮化物，也增加脆性。淬火一般采用油冷，最好是用 60～70℃的热油冷却，直径 50mm 的零件需要采用水淬油冷等淬火方法。GB/T 11354—2005《钢铁零件 渗氮层深度测定和金相组织检验》规定：渗氮前原始组织级别按索氏体中游离铁素体含量分为 5 级，一般零件 1～3 级为合格（<15%），重要零件 1～2 级合格（<5%）。

回火温度一般在 600～680℃，回火时间可以长些（2～4h 以上）以充分去除应力，减少氮化时的变形，一般在调质后进行精加工。对于要求变形很小的零件，在加工后要去除在加工中产生的内应力和回火中尚未完全去除的残余应力，以保证在氮化时钢材组织稳定不变和不致引起变形。为此可进行一次除应力处理，温度比回火的温度要低 20～30℃，时间为 3～10h。以后进行粗磨以修整到最后尺寸，因为氮化后的表面硬度极高，除了精磨以外不能再加工。

38CrMoAl 钢除以优质钢供应外，还以高级优质钢 38CrMoAlA 和特级优质钢 38CrMoAlE 供应，后者经电渣重熔精炼，纯洁度高，硫、磷及气体含量低，残余元素铜、镍等控制严格。我国机床行业制作高精密零件，如高精密坐标镗床的主轴、套筒等零件，要求采用 38CrMoAlE。

如果氮化的主要目的不是提高硬度及耐磨性能，而是提高疲劳强度，如柴油机曲轴，则可以不必使用上述专门的氮化钢 38CrMoAl，而使用其他含有氮化物形成元素的合金结构钢，如 40Cr、35CrMo、42CrMo、35CrNi3W、18Cr2Ni4W 等。氮化后硬度不太高（一般为 600～750HV），但疲劳强度可提高 25%～30%，氮化工艺与 38CrMoAl 相似。

含铝渗氮钢至今仍是渗氮钢的主要品种，尤以高铝（约 1%Al）的铬钼铝钢为典型代表。为了改善钢中铝含量高带来的不利影响，并适应技术发展的需要，国内外发展了低铝的渗氮钢、不含铝渗氮钢，部分这类钢的牌号和化学成分见表 6.37。

低铝渗氮钢由于铝含量低，改善了冶炼和被切削加工性，加快了渗氮速率，但渗氮后渗氮层的硬度也稍低。

25Cr2MoAl 钢是一种低碳少铝的氮化钢，研制该钢的目的是用于制作内燃机车用大功率柴油机针阀体[56]。该钢选用较低的碳含量，降低碳含量可增加渗氮层厚度，但必须保证心部基体的强度，碳含量过低，钢中的铁素体含量增加，易出现针状碳化物。降低铝含量可以减小渗氮层的脆性，改善切削性能。30CrMoAl 钢是一种成分简单的低铝渗氮钢，适用于制作机床主轴、丝杠等零件[55]。38CrMoAlV 是一种低铝加钒的渗氮钢，可使钢渗氮表面硬度大于 1000HV，力学性能符合原 38CrMoAl 钢的技术条件[56]。日本大同特殊钢的 RDK401 钢适用于气体软氮化工艺（620℃，5h，油冷），可以得到有效渗层深度（513HV）超过 0.3mm。

表 6.37　几种低铝、不含铝渗氮钢的牌号和化学成分

类别	钢号或代号	化学成分/%					
		C	Mn	Cr	Mo	Al	其他
低铝渗氮钢	25Cr2MoAl(中)[56]	0.23～0.30	0.50～0.80	2.00～2.40	0.15～0.25	0.20～0.70	—
	30CrMoAl(中)[57]	0.27～0.34	0.52～0.80	0.8～1.1	0.15～0.25	0.30～0.70	—
	38CrMoAlV(中)[58]	0.35～0.42	0.30～0.60	1.35～1.65	0.15～0.25	0.50～0.70	0.20～0.45Si,0.20～0.30V
	30CAD6.03(法)[57]	0.26～0.32	0.40～0.80	1.50～1.70	0.25～0.45	0.20～0.40	—
	30CAD6.06(法)[57]	0.26～0.32	0.40～0.80	1.50～1.70	0.25～0.45	0.45～0.75	—
	RDK401(日)[57]	0.15	0.60	1.00	—	0.20	—
不含铝渗氮钢	25Cr3MoA(中)[59,60]	0.20～0.28	0.45～0.70	3.00～3.50	0.45～0.65	—	—
	25Cr5MoA(中)[61]	0.23～0.27	0.40～0.60	4.50～4.80	0.40～0.60	—	0.30～0.40Si
	28Cr3MoV(中)[62]	0.27	0.64	2.55	0.50	—	0.66V
	32Cr3MoVE(中)[63]	0.34	0.60	3.07	0.99	—	0.38Si,0.26V
	30X3MΦC(俄)[57]	0.30～0.35	0.65～0.90	2.90～3.20	0.36～0.52	—	0.65～1.00Si,0.60～1.00V
	31CrMo12(德)[57]	0.28～0.35	0.40～0.70	2.80～3.30	0.30～0.50	—	—
	39CrMoV139(德)[57]	0.35～0.42	0.40～0.70	3.00～3.50	0.80～1.10	—	0.15～0.25V

25Cr3MoA 是一种不含铝的渗氮钢，电炉冶炼后经电渣重熔生产。钢的淬透性好，在油中淬火，其淬透性直径超过 60mm，高于 38CrMoAl 钢，淬火加热时不易产生脱碳和晶粒长大，调质后的金相组织为均匀细小的索氏体，具有良好的渗氮性能。25Cr3MoA 钢综合力学性能比较好，与 38CrMoAl 钢相当，钢的成材率高，生产成本较低。这种钢适合制造形状复杂、截面尺寸较大、要求韧性高的渗氮零件[59,60]。

25Cr5MoA 钢中含有较多的 Cr、Mo 等，加热时它们溶入奥氏体，提高了奥氏体的稳定性，使钢具有高的淬透性。这种钢电炉冶炼经电渣重熔生产。25Cr5MoA 钢的调质工艺为淬火温度 930℃，油冷，回火温度 600℃，经表面渗氮处理后具有高的硬度，同时基体又具有高的强韧性，可用于制作柴油机上的柱塞套等精密零件[61]。

28Cr3MoV 氮化钢的淬透性优于 38CrMoAl 钢，加热时晶粒长大倾向小，奥氏体晶粒细小，调质后具有良好的综合力学性能。气体渗氮时，与 38CrMoAl 钢对比，最高硬度要低一些，达到≥820～850HV10，但高于同样工艺处理的 18Cr2Ni4W 钢，硬化层深，硬度过渡平缓，具有良好的渗氮工艺性能。28Cr3MoV 钢适用于承受较高接触应力的滑动摩擦和一定冲击载荷的零件，已用于制造船用和内燃机车用高速大功率柴油机的喷油嘴针阀体和柱塞副精密偶件[62]。

32Cr3MoVE 钢与德国的 31CrMo12 钢相似，是一种不含铝的渗氮钢。文献[63]对 32Cr3MoVE 钢进行了深氮化硬化工艺研究，用于制作高性能齿轮。一般渗氮处理的硬化层深度只有 0.5mm 左右，在承受高接触应力时容易在过渡层萌生疲劳裂纹，目前对重载齿轮，不采用渗氮处理[64]。为克服渗氮处理渗层浅的缺点，国内外均开展了深层渗氮工艺的研究。对 32Cr3MoVE 钢深层渗氮工艺采用常规气体渗氮和低压脉冲渗氮相结合的方式。试验研究表明，常规渗氮试件的有效渗层深度不到 0.4mm(≥435HV)，在 0.25～0.3mm 处形成性能陡降的硬度层界面，而深层渗氮试件的渗层深度达到 0.65mm 左右，渗层硬度梯度平缓，提高了渗层韧性，在较大层深范围内保持较高的残余压应力，因而具有高的接触疲劳性能。

国外还研究了快速渗氮钢、易切削渗氮钢、沉淀硬化渗氮钢等[30,57]。

6.4.7　含硼钢和含稀土元素的钢

1935 年发现钢中加入含有 Al、Ti 的混合脱氧剂时，由于其中混有微量的硼而明显地增加钢的淬透性。此后，硼在钢中的作用引起了很多人的注意并进行了大量研究工作。

微量的硼与铁的状态图见图 6.52，可以看出，硼属于扩大 γ 区的元素。910℃时硼在 α-Fe 中的溶解度比在 γ-Fe 中大得多。根据硼在 α-Fe 和 γ-Fe 中的溶解度和扩散激活能推断，硼在 α-Fe 形成置换固溶体，这是由于硼的原子半径和碳、氮比较起来要大些，α-Fe 的间隙较小，故不能与之形成间隙式固溶体。硼在 γ-Fe 中形成间隙固溶体，在 γ-Fe 中，由于原子尺寸较大，硼主要是分布在点阵缺陷处(吸附在晶界)。这是目前已知同一元素在铁中可以形成间隙和置换两种固溶体的唯一元素。

硼对钢的影响主要是能提高淬透性，只需加入极微量就会有明显的影响。开始加入硼时，淬透性的提高与加入量大致正比例，在硼含量大约为 0.0025%时，效果最显著(不同研究者的结果有差异)，当硼含量超过一定数值后，淬透性下降(图 4.82)。硼增加淬透性是由于其存在于固溶体中，超过一定数值后，硼将以 $M_{23}(C,B)_6$ 的形式析出，成为促进

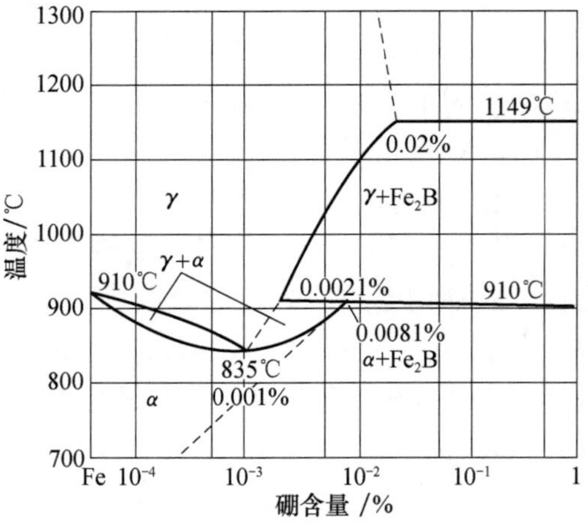

图 6.52　微量硼含量的铁-硼状态图[65]

奥氏体分解的结晶核心。硼含量超过 0.007%便会生成低熔点共晶,因硼主要集中在晶粒边界,这将引起热脆性,增加热压力加工的困难。在工业生产中,只要把酸溶硼含量稳定地保持在 0.001%～0.003%,就能保证得到最佳的硼淬透性效果[66]。

硼对淬透性的影响和钢中的碳含量有关,碳增加时,硼的作用逐渐减少,如式(4.63)所示,因此硼只加入于含碳低于 0.6%的中碳钢和低碳钢中。

不含硼的钢,当提高奥氏体化温度时,淬透性将增加;含硼的钢,当奥氏体化温度过高时,淬透性将降低,甚至会低于不含硼的钢(图 4.83),但将温度降低并保持足够的时间,或者重新加热,淬透性又会恢复。

在亚共析钢中,硼显著推迟铁素体开始析出和珠光体开始转变的时间,而对于转变终了时间的影响较少。硼推迟贝氏体转变的时间(图 3.60),但在低碳钢中,硼对贝氏体转变的影响远较对铁素体析出的影响弱(图 3.61)。

在冶炼含硼钢时,为了保证含硼钢性能的稳定性,必须把钢中的气体含量尽量降低,加入足够量的铝、钛,进行脱氮和将氮固定,才能充分发挥硼的有效作用。

在淬火加热时,硼能促使晶粒长大,但含硼钢在冶炼过程中总要加入少量的 Ti、Al 等,故实际上含硼钢的过热倾向不大。淬火温度的变化影响含硼钢的淬透性(图 4.83),硼含量不同,出现最高淬透性能的温度也不完全一致,硼含量为 0.0003%时,860～870℃淬透性能较高,硼含量为 0.0006%时,900℃左右淬透性能较高。硼对 Ac_1 和 Ac_3 没有明显的影响,硼不降低 M_s 点,不会增加淬火时形成裂纹的倾向。

硼对钢的回火稳定性没有什么影响,因此与不含硼但淬透性大小相近的合金钢相比,为了得到相同的强度,含硼钢的回火温度应较低,回火时间应较短。含硼钢若不能完全淬透时,其力学性能如强度、塑性、韧性等,将较淬透性与之相同而不含硼的其他钢种低。因此在用淬透性相同的含硼和无硼合金钢制造零件时,未淬透部分的性能,特别是冲击韧性,总是含硼钢比较差。因此含硼钢做的零件在淬火时应使其承受较高应力的部分得到 90%以上的马氏体。在 400℃以下回火时,含硼钢有稍高的塑性和韧性。400℃以上回火时则差别不大,硼稍增加回火脆性倾向。

由于微量的硼在钢中能有效地增加淬透性,在结构钢中使用硼可以节约其他合金元素，国内外广泛开展了含硼结构钢的研究和应用，在许多国家的合金结构钢标准中都列入了含硼钢。表 6.10 中列入了我国 13 个含硼结构钢的牌号及其化学成分，表 6.38 为这些含硼结构钢的力学性能。在表 6.12 中列入了 6 个含硼的保证淬透性结构钢牌号及其化学成分，这 6 个钢的牌号为 15CrMnBH、17CrMnBH、40MnBH、45MnBH、20MnVBH 和 20MnTiBH。

表 6.38　我国含硼结构钢的力学性能(GB/T 3077—2015)

牌号	试样毛坯尺寸/mm	热处理					力学性能					退火或高温回火供应状态布氏硬度 HBW，不大于
		淬火			回火		R_m/MPa	R_{eL}/MPa	A/%	Z/%	KU_2/J	
		加热温度/℃		冷却剂	加热温度/℃	冷却剂	不小于					
		第一次淬火	第二次淬火									
40B	25	840	—	水	550	水	785	635	12	45	55	207
45B	25	840	—	水	550	水	835	685	12	45	47	217
50B	25	840	—	油	600	空	785	540	10	45	39	207
25MnB	25	850	—	油	500	水、油	835	635	10	45	47	207
35MnB	25	840	—	油	500	水、油	930	735	10	45	47	207
40MnB	25	850	—	油	500	水、油	980	785	10	45	47	207
45MnB	25	840	—	油	500	水、油	1030	835	9	40	39	217
20MnMoB	15	880	—	油	200	油、空	1080	885	10	50	55	207
15MnVB	15	860	—	油	200	水、空	885	635	10	45	55	207
20MnVB	15	860	—	油	200	水、空	1080	885	10	45	55	207
40MnVB	25	850	—	油	520	水、油	980	785	10	45	47	207
20MnTiB	15	860	—	油	200	水、空	1130	930	10	45	55	187
25MnTiBRE	试样	860	—	油	200	水、空	1380	—	10	40	47	229

含硼钢的广泛应用节约了大量的铬、镍等合金元素，许多工厂在含硼钢使用过程中积累了不少经验。

在含硼钢的使用过程中，存在两个问题：渗碳含硼钢零件热处理变形较大和调质含硼钢性能不稳定问题。

在大批量流水生产时，因含硼钢变形较大，给装配带来一些麻烦。一些工厂的实验研究表明，含硼钢因淬透性不稳定，而成为影响变形的一个重要原因。由于冶金技术的进步，目前已能较好地控制含硼钢的淬透性，并以“H”钢供货。

冲击韧性偏低的原因经许多单位的研究，证实是由于硼相的析出引起的“硼脆”。当钢中硼含量不当或因工艺条件不适宜时，在含硼钢的晶界上就会形成一种含硼的析出物，即硼相。试验指出，硼相随钢中硼含量的增加而成比例地增加，当硼含量小时，硼相沿晶界是个别粒状或点线状，当硼含量大时，呈片状连续出现。较多的硼相沿晶界沉淀使含硼钢的冲击韧性降低到技术标准规定值以下的现象叫“硼脆”。例如，50B 钢的冲击韧度波动在 9～130J/cm^2，它严重影响着产品质量。

国内外学者对硼相的组成、硼相的溶解与析出及其对性能的影响做了不少研究工作。文献[67]对 40MnB 钢中碳硼化物进行鉴定，硼含量的变化范围为 0.001%～0.01%。用 X 射线结构分析、电子探针分析等方法确定：钢中可能出现的碳硼化物有 $M_{23}(C,B)_6$ 型和 $Fe_3(C,B)$ 型两种，M 中除 Fe 外尚有少量的 Mn。当钢中硼含量为 0.001%时，只有分

散的 $Fe_3(C,B)$ 小颗粒留在晶界上,当钢中硼含量大于 0.003%时,会有断续的 $M_{23}(C,B)_6$ 网留在晶界上,网状析出物的形态为片状。

$Fe_3(C,B)$ 是硼原子部分置换碳原子的渗碳体,$M_{23}(C,B)_6$ 的晶体结构与 $M_{23}C_6$ 相同。低于 900℃,$M_{23}(C,B)_6$ 是稳定的,从这个温度到 1050℃,$Fe_3(C,B)$ 是稳定的。

$M_{23}(C,B)_6$ 和 $Fe_3(C,B)$ 可以互相转变,但转变速率缓慢,当原始状态中有 $Fe_3(C,B)$ 时,在 850℃保温 6h 还未完全转变为 $M_{23}(C,B)_6$;当原始状态中有 $M_{23}(C,B)_6$ 时,在 900℃也要保温几小时才转变为 $Fe_3(C,B)$。

在 850℃淬火后,碳硼化物无固溶现象,随着奥氏体化温度升高到 900℃以上,碳硼化物逐渐固溶到基体中,并转变为颗粒状。因此,在 850℃左右进行淬火调质处理前,先进行 900～950℃预正火,可以破坏 $M_{23}(C,B)_6$ 网,改善钢的韧性。

在高于 1100℃奥氏体化可使全部碳硼化物溶解,之后快速冷却(水淬),无碳硼化物析出,而在较缓慢的冷却条件下,碳硼化物又重新析出,$M_{23}(C,B)_6$ 很快在 900～550℃区间沿奥氏体晶界呈网状析出。在等温转变试验中,碳硼化物的析出呈 C 曲线特征,在 750℃时析出最快,而 $Fe_3(C,B)$ 在 1050～900℃区间析出很慢。因此在 1100℃以上热轧或热锻后空冷,常有 $M_{23}(C,B)_6$ 网沿奥氏体晶界生成,降低钢的韧性(图 6.53)。

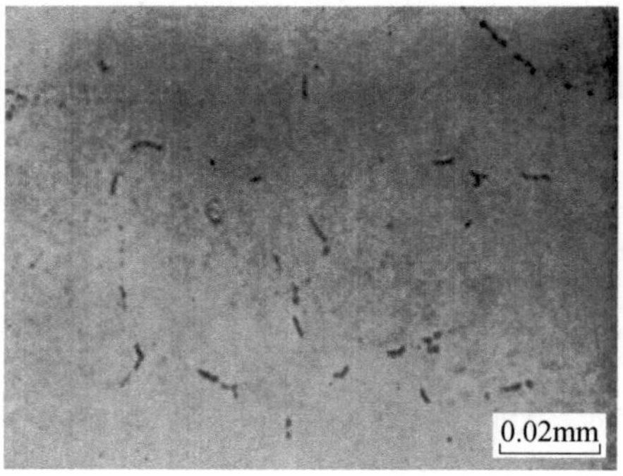

图 6.53　40MnB 钢热锻后空冷过程中析出的 $Fe_{23}(C,B)_6$ 网[67]

成分:0.41%C、1.22%Mn、0.0096%B,碱性苦味酸钠热蚀

1050℃奥氏体化后炉冷,晶间的碳硼化物全部是 $Fe_3(C,B)$ 类型,这是因为 1050℃固溶后还有一些 $Fe_3(C,B)$ 残留在奥氏体晶界上,在随后的冷却过程中碳硼化物的析出不再重新形核,而使在原有的 $Fe_3(C,B)$ 上长大成大颗粒的 $Fe_3(C,B)$(图 6.54)。

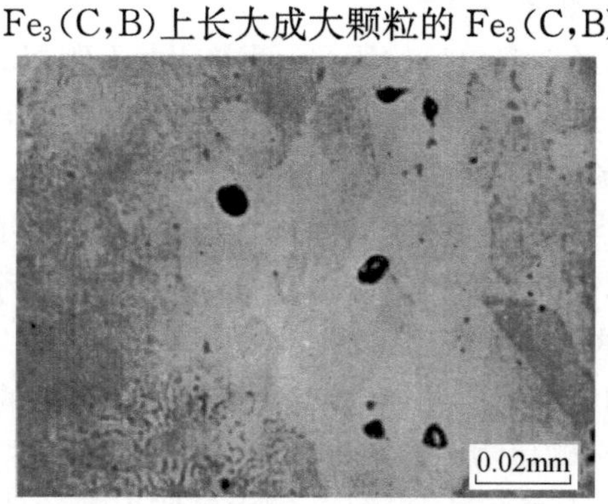

图 6.54　40MnB 钢 1050℃奥氏体化后炉冷过程中析出的 $Fe_3(C,B)$ 颗粒[67]

化学成分同图 6.53,碱性苦味酸钠热蚀

文献[68]研究了 40MnB 钢中硼相的溶解、析出及其对性能的影响。试验钢的硼含量变化范围为 0.0010%～0.0054%，当加热至 1050℃时全部硼已溶入奥氏体中，并均匀分布，已经没有沿晶界吸附的特征，这表明晶界硼的偏聚和硼相的析出都是在冷却中发生的。冷却时硼原子向晶界迁移，这种移动可能是借助于空位的扩散，速率极快，晶界能容纳的硼量又很小，故硼相很容易析出，析出速率极快。硼相析出量随冷却速率变慢而增加，当冷却速率慢到晶粒中心的硼原子也能迁移到晶界时，析出量达到最大值，冷却速率更慢时，硼相的量不再增加，但粒度明显粗化。硼相析出越多，颗粒越大，对韧性的危害也越大。在重新加热时，已降低的韧性随硼相的回溶而重新回升。

一些试验还表明，淬火含硼钢在充分时间的高温回火过程中，也有硼相沿晶界沉淀。

"硼脆"是由硼相沿晶界沉淀引起的，知道了硼相形成的原因和过程我们有可能解决硼脆的问题。首先应控制钢中的硼含量，这是内因；其次是控制含硼钢的生产工艺因素(加热温度和冷却方式)，这是外因。许多工厂的生产和使用经验证实，通过适当地控制硼含量(不超过 0.003%)可以防止硼脆产生。图 6.55 为某钢厂对 40MnVB 钢的生产情况进行大量统计分析的结果：中碳硼钢的 a_k 随硼含量的提高而降低(50B 钢和 40MnB 钢也有同样倾向)，当钢中硼含量(酸溶硼)超过 0.003%时，甚至在正常热处理条件下也往往会有硼脆现象产生。可见，为防止中碳硼钢脆化，首要的一点，应将硼含量控制在 0.003%以下。低碳硼钢也有与中碳硼钢相似的倾向。图 6.56 为某钢厂对 20MnVB 钢的统计分析结果。可以看出，增加硼含量对 20MnVB 钢的 a_k 值也有不良影响，虽然不像中碳硼钢那样强烈，但是如果考虑到钢材截面尺寸和工艺等因素的影响，为了防止硼脆，在低碳钢中也应控制硼含量在 0.003%以下。

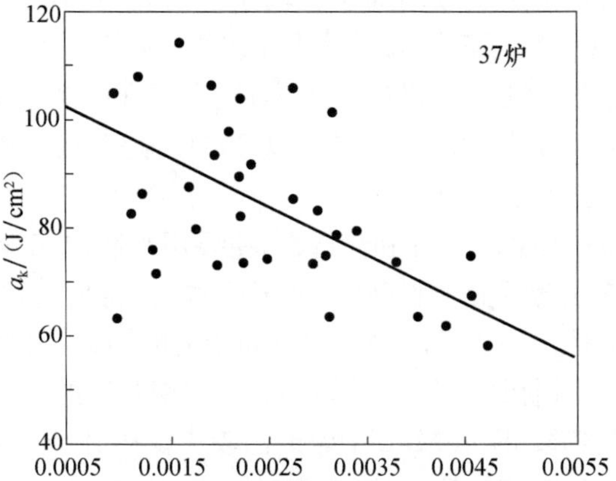

图 6.55　某钢厂 40MnVB 钢 a_k 值与硼含量的关系

前面已经提到，通过一定的热处理方法可以使已经沉淀的硼相回溶。因此，对已经产生硼脆的含硼钢可以采用适当的热处理手段消除。一些工厂的实践表明，采用高温(>930℃)正火或淬火处理可以减轻或消除已产生的硼脆倾向。

下面介绍一些含硼钢的性能、热处理工艺特点和用途。

40B、45B 和 50B 等钢系在碳素结构钢基础上加入微量硼，以改善钢的淬透性。因此可以在稍大些的截面上得到比 40 和 45 钢稍高的综合力学性能。有时碳素结构钢，如

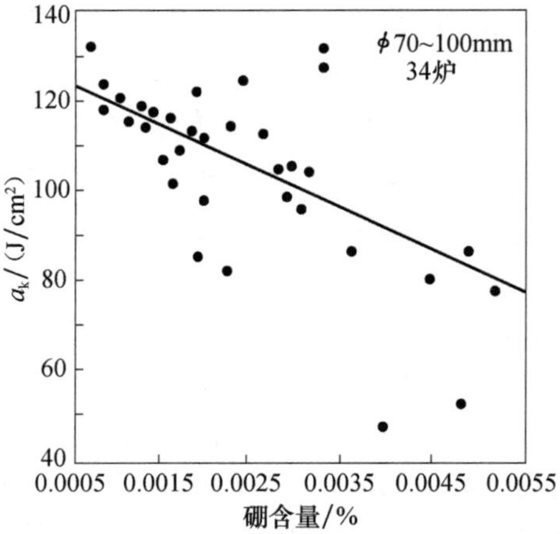

图 6.56 某钢厂 20MnVB 钢 a_k 值与硼含量的关系

40、45、50 等钢作重要用途时,为了改善其淬透性,可要求钢中有一定数量的残余元素铬(0.15%~0.35%)和镍(0.15%~0.40%),这类钢称为 40Z、45Z 和 50Z。40B、45B 和 50B 钢可以代替这些钢,用于制造齿轮、转向轴、拉杆、凸轮及其他相应的零件。50B 钢正火时硬度偏低,加工光洁度不高,用较高的温度加热,出炉后用散开空冷进行正火,可以获得满意的切削性能,这种钢的淬透性和淬硬性较好。50B 钢和含有一定量残余 Cr、Ni 元素的 50Z 钢相比,抗回火稳定性要低些。为了得到相同的力学性能,调质时回火温度应降低 50℃左右。在中低温回火时,应降低 20~30℃。50BA 钢热处理变形较大,为减少变形可在 280~320℃进行等温淬火。

25MnB 钢和 35MnB 钢由于硼的加入提高了淬透性,因而改善了热处理工艺性能。25MnB 钢淬火和低温回火后可获得低碳马氏体组织,具有较高的强度和韧性,并具有较好的耐磨性,可以用做工程机械的履带板等零件。25MnB 钢适宜的淬火温度为 830~900℃,淬火后的硬度大于 45HRC,回火温度以 200℃为宜,也可以依靠淬火过程中的自回火现象,以消除淬火应力。

35MnB 钢具有较高的强度、塑性和淬透性,主要用于制作工程机械上的履带链轨节。链轨节是履带中用于连接的部分,因其使用环境恶劣,又经常受到细小沙粒的摩擦,所以要求其具有较高的耐磨性。为了解决淬透性波动较大的问题,用户常要求以 35MnBH 供货。该钢亦常以 35MnBM 标识(M 表示锚链钢)。该钢常用的热处理方式为调质。

40MnB、40MnBH、45MnB、45MnBH 等钢比较广泛地用于代替 40Cr、45Cr 钢,做汽车、拖拉机和机床零件,如变速箱第二轴、左右转向节、左右转向臂、半轴、螺栓、转向蜗杆等。根据一些工厂的经验,40MnB 钢的淬火温度较 40Cr 钢应提高 10~20℃,可以得到与 40Cr 钢相当的硬度 54~56HRC。40MnB 钢的回火温度较 40Cr 钢应降低 30~60℃以得到相近的硬度,在相同温度下回火时,40MnB 钢的硬度比 40Cr 钢低 3~4HRC,可见 40MnB 钢抗回火稳定性较 40Cr 钢差些。这类钢又有回火脆性倾向,回火后应快冷。

40MnVB 钢的淬透性比 40Cr 钢略好,力学性能与 40Cr 钢相近。淬火低温回火后的耐磨性比 40Cr 钢好,中温回火后的耐磨性与 38CrSi 钢相似。钢的晶粒长大倾向和过热敏感性小,切削性能与 40Cr 钢相近。40MnVB 钢常用于代替 40Cr、45Cr 和 38CrSi 等钢制作低温回火、中温回火和高温回火的零件。

20MnMoB 钢的淬透性与 12CrNi3 钢相近，低温回火后具有良好的综合力学性能。该钢的渗碳速率中等，表面不宜过多富集碳，渗碳层变化平缓，渗碳前和渗碳后的疲劳强度和静弯曲强度都比较高，正火后硬度为 170～217HB，其切削性能与 20CrMnTi 钢相同。20MnMoB 钢适宜代替 20CrMnTi 钢和 12CrNi3 钢制作心部强度要求较高的中等负荷的汽车、拖拉机使用的齿轮、负荷大的机床齿轮和活塞销等零件[30,69]。

ZF6 和 ZF7 两种钢是德国 ZF 公司制造变速器齿轮的专用钢，钢的工艺性能好、淬透性带窄、实际晶粒小、纯净度要求合理。为适应引进的变速箱国产化，国内开发生产了 15CrMnBH 和 17CrMnBH 钢，可以满足 ZF 变速器齿轮的技术要求[70]。

20MnVB 钢和 20MnVBH 钢的主要性能与 20CrMnTi 钢及 20CrNi 钢相近。20MnVB 钢的淬透性稍低于 20CrMnTi 钢，但相近。这种钢的渗碳及工艺性能良好，在常用渗碳温度下长期加热，晶粒长大倾向很小，渗碳后可采用降温直接淬火。这种钢的渗碳速率比 20CrMnTi 钢略低（10％～15％），渗层表面碳浓度也较低，因此渗层表面无粗大的碳化物，同时渗层碳浓度的变化比较平缓，不会引起组织和性能的突然变化，淬火后渗层中的残余奥氏体也较少，但心部组织较 20CrMnTi 钢粗大，具有高的强度和耐磨性。这种钢的切削加工性良好，但在有些工序上断屑稍差，880～900℃正火后的硬度为 149～179HB。20MnVB 钢常用于制造模数较大的齿轮、负荷较大的中小渗碳件。

20MnTiB 钢和 20MnTiBH 钢具有良好的力学性能与工艺性能。20MnTiB 钢的淬透性略优于 20CrMnTi 钢，当锰含量为上限时，端淬试样半马氏体硬度区可达到 12mm 处。经计算，当锰含量在下限（1. 30％）时，其半马氏体硬度区远大于 9mm。这种钢渗碳热处理后的强度（包括疲劳强度）和在弯曲负荷下的缺口敏感性与 20CrMnTi 钢相近。

20MnTiB 钢的渗碳性能优于 20CrMnTi 钢。20MnTiB 钢的表面碳浓度较 20CrMnTi 钢低，因而在渗层表面过剩碳化物少。但是，20MnTiB 钢的碳浓度梯度变化小，因此过渡层较深。这是由于 20CrMnTi 钢中含有 Cr，容易吸收碳原子，并使碳原子扩散较困难之故。20MnTiB 钢是细晶粒钢，渗碳后可降低温度直接淬火，但温度不能低于 800℃，以免心部析出游离铁素体，渗碳后也可采用一次加热淬火。20MnTiB 钢用于制造尺寸不大、中等负荷的渗碳零件，如中模数齿轮、小轴、销子等。

20SiMnVB 钢（0. 17％～0. 24％C、0. 50％～0. 80％Si、1. 30％～1. 60％Mn、0. 07％～0. 12％V、0. 0005％～0. 0035％B）曾列入 GB 3077—88《合金结构钢技术条件》，但在 GB/T 3077—1999 中未再列入。20SiMnVB 钢是我国渗碳钢中唯一以硅作为合金元素的钢号。

由于合金元素的综合作用，20SiMnVB 钢具有较 20CrMnTi 钢为高而接近于 20CrMnMo 钢的淬透性，其端淬半马氏体深度为 16～30mm（图 6. 57）。20SiMnVB 钢的正火工艺比较简单，在 920～930℃正火就可以达到要求。由于 20SiMnVB 钢正火后硬度适中，组织是片状珠光体和铁素体，适合于机械加工，故其切削性能比 20CrMnTi 钢和 20CrMnMo 钢要好。20SiMnVB 钢的综合力学性能比较好，低温冲击韧性也较好。试验表明，20SiMnVB 钢比 20CrMnTi 钢有更高的缺口弯曲强度，这主要是硅强化了铁素体，并起到和镍能提高缺口强度一样的作用。

20SiMnVB 钢渗碳后适于直接淬火，预冷淬火温度以不低于 840℃为宜，渗碳后重新淬火时，加热温度不应低于 870℃（20SiMnVB 钢的临界点为：Ac_1＝726℃、Ac_3＝860℃、Ar_3＝779℃、Ar_1＝609℃）。20SiMnVB 钢在渗碳后缓冷并重新加热淬火时，表面容易贫

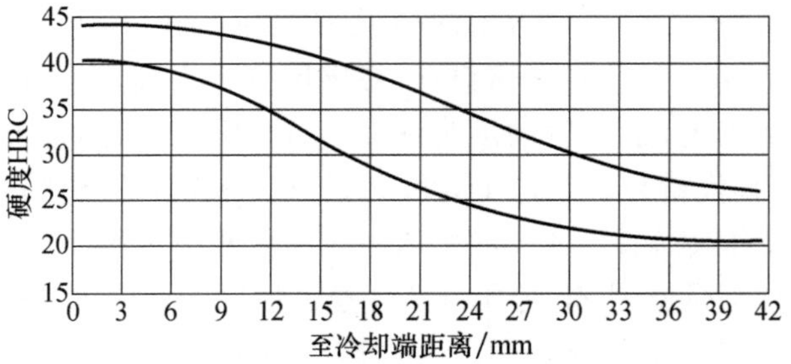

图 6.57　20SiMnVB 钢的淬透性带[30]

成分:0.18%～0.24%C、0.41%～0.71%Si、1.18%～1.52%Mn、0.08%～0.14%V、0.0017%～0.0044%B,920℃正火,920℃×40min 端淬淬火,8 炉钢的数据

碳。在渗碳时,20SiMnVB 钢的表面碳含量低于 20CrMnTi 钢,前者为 0.65%～0.85%,而后者为 0.8%～1.0%。因此,20SiMnVB 钢渗碳后表面无粗大碳化物,碳浓度梯度较缓和,直接淬火后表面残余奥氏体量较少。这主要是由于 20SiMnVB 钢中有稍高的硅含量,硅减少了表面吸收碳的能力,并阻碍了碳的扩散。20SiMnVB 钢渗碳热处理后变形比 20CrMnTi 钢和 20CrMnMo 钢大一些,但一般有规律性。

20SiMnVB 钢用于制造拖拉机上的多种齿轮,其使用寿命高于 20CrMnTi 钢,齿面剥落磨损情况小于 20CrMnTi 钢。该钢还可以部分代替 20CrMnMo 钢。

18CrMn2MoBA 是 GJB 1951A—2020 中唯一的一种含硼钢(表 6.17),为高强度贝氏体合金结构钢。该钢有高的淬透性,尺寸不是很大时,可采用空淬,空淬回火后具有与 30CrMnSiA 相当的综合力学性能(表 6.19),不但简化了热处理工艺而且减少了零件的变形,有良好的冲压性能和焊接性能。该钢曾列入 GJB 2151—94《航空用合金结构钢冷轧钢板规范》。该钢适用于航空用厚度 1～70mm 的热轧钢板,供冲压用的钢板厚度不大于 10mm。该钢可制造任何复杂的结构件,尤其适合制造钣金冲压件,航空上用于制造各种飞机钣金冲压焊接件、大型焊接组合件,如框架、座窗口框架和天窗框架等。

25MnTiBRE 是 GB/T 3077—2015《合金结构钢》中唯一含有稀土元素的钢。稀土元素在钢中的良好作用主要是能够减轻氧、氢、硫的有害作用,减少夹杂物并改善残留在钢中夹杂物的形状。稀土元素减少了钢中的气体、夹杂物及改善了钢液的流动性等,因而减少了偏析,减少低倍缺陷。稀土元素对钢的力学性能的影响主要是能降低韧脆转变温度,提高横向的塑性和韧性,减小各向异性系数。稀土元素对淬透性的影响并无一致结论。稀土元素能减弱回火脆性。目前由于稀土的加入方法及分析检验方法尚不能很好地掌握,以致使用效果波动较大,因此比较成熟的含稀土的结构钢还不多。

在钢中,稀土元素常以混合稀土(由 Ce、La、Pr 等组成)的形式加入,在出钢前或出钢过程中加入最适宜。加稀土的同时最好加入一些硅铁或硅钙,可以使稀土夹杂物成为易于上浮的硅酸盐。在一般钢中,稀土元素的加入量为 0.05%～0.2%,其在钢中的残余量应不超过稀土在钢中的溶解度(室温时 Ce 在 α-Fe 中的溶解度不大于 0.048%)。25MnTiBRE 钢具有较高的碳含量,以及锰和硼的作用,使钢具有较高的淬透性,其淬透性比 20CrMnTi 高(图 6.58)。25MnTiBRE 钢具有良好的综合力学性能,和不加稀土的 25MnTiB 钢比较,稀土元素对其力学性能没有明显影响,但能降低钢的韧脆转变温度,因而改善了低温冲击韧性。25MnTiBRE 钢的正火温度为(960±10)℃,硬度为 156～

207HB，切削加工时切屑易断，切削性能与 20CrMnTi 钢相似。25MnTiBRE 钢有良好的热处理工艺性能。在常用渗碳温度下进行长时间的渗碳，晶粒无明显长大倾向，渗碳后可降温(约 850℃)直接淬火。对于渗碳后缓冷、重新加热淬火的 25MnTiBRE 钢齿轮，重新加热淬火温度为 850℃。25MnTiBRE 钢的渗碳速率与 20CrMnTi 钢的相当，但吸碳能力较 20CrMnTi 钢弱，在同样渗碳气氛中，其表面碳浓度比 20CrMnTi 钢大约低 0.1%C，渗碳层中的碳浓度梯度较 20CrMnTi 钢平缓，表面碳化物少，不易出现严重的和网状的碳化物。25MnTiBRE 钢渗碳淬火后，齿轮心部容易得到低碳马氏体，心部硬度较高(一般 42～46HRC)，经 180℃回火 2h，表面硬度值一般为 59～62HRC。25MnTiBRE 钢渗碳淬火后，其耐磨性、多冲抗力、静弯强度、弯曲疲劳强度均高于 20CrMnTi 钢，缺口敏感性低于 20CrMnTi 钢。试验表明，稀土元素能提高 25MnTiBRE 钢的多冲抗力及齿轮的接触疲劳强度和弯曲疲劳强度，并降低渗碳层对缺口的敏感性。

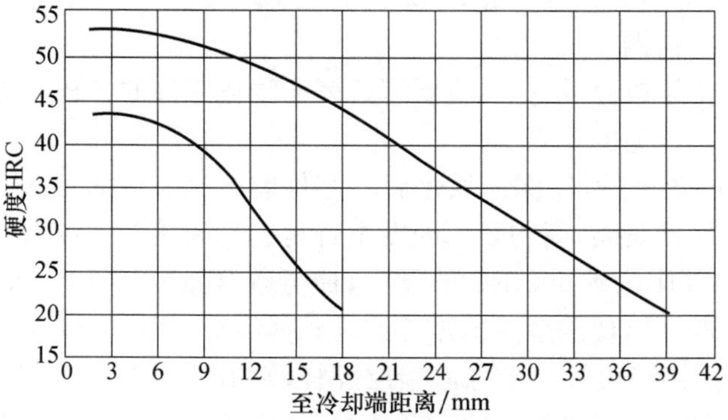

图 6.58　25MnTiBRE 钢的淬透性带[71]

据 22 炉统计

一些工厂用 25MnTiBRE 钢在中小型拖拉机和部分汽车上做承受中等负荷的齿轮，以代替 20CrMo、20CrMnTi 及 20CrMnMo 钢，效果较好。25MnTiBRE 钢齿轮经渗碳淬火后，变形量较 20CrMnTi 钢稍大，这对有花键的齿轮增加了装配时的困难。采用热油淬火(淬火油温为～160℃)比冷油淬火能使齿轮花键孔的变形量(一般为收缩)和变形幅度减小。此外，还要注意控制原材料和锻坯的正火质量，使钢中不含严重的带状组织，晶粒度均匀，这对减少变形也是有利的。碳氮共渗工艺处理温度(830～860℃)比渗碳低，能减少工件的变形，是减少渗碳硼钢变形的一个有效途径，而且碳氮共渗还能提高齿轮的疲劳强度和耐磨性。

6.4.8　低淬透性钢

20 世纪 50 年代末至 60 年代初，苏联研制出一种称为低淬透性钢(стали пониженной прокаливаемости，ПП 钢)的新钢类[72]。这类钢实质上是一类具有较低淬透性的本质细晶粒优质低合金钢，通过感应加热淬火生产表面硬化零件。这类钢相继在汽车、拖拉机、机床等工业部门得到了较广泛的应用。

感应热处理具有一系列的优点，它的应用和推广，使得碳钢齿轮经感应加热淬火后可能代替渗碳齿轮。目前，世界各国使用碳钢齿轮的比重日趋增长，一些机械结构中的轻载荷齿轮,逐渐改用 40、45、40Cr 钢感应加热淬火。但由于这些钢号的淬透性还稍高,在感应热处理时,受着频率和功率条件的限制,不能得到合适的轮廓淬硬层,齿心部的硬度一般大于 54～56HRC。在像汽车、拖拉机这样的工作条件下,齿轮常发生断齿、崩角等现象。在国外,采用双频淬火法虽可得到满意的轮廓淬硬层,但设备投资大,工艺比较复杂,目前没有得到普遍应用。因此,迄今模数为 3～8 的汽车、拖拉机齿轮仍多采用合金渗碳钢制造。

如果把碳钢的淬透性降低,使得齿轮在感应热处理时不必要求实现轮廓加热。而在穿透加热的情况下,由于钢本身的淬透性低,淬火时,只能使大于临界淬火速率的表层形成马氏体组织,获得合适的淬硬层,齿心部又得到适当的强化,就有可能采用这样的低淬透性钢代替汽车、拖拉机齿轮目前所沿用的合金渗碳钢。这样将大大简化齿轮的热处理工艺并便于实现自动化生产。

我国较早开展了低淬透性钢的开发与应用,在 20 世纪 70 年代末,已在拖拉机、采煤机、机车车辆等工业部门获得应用。1981 年冶金部制定了相关标准 YB 2009—81《低淬透性含钛优质碳素结构钢》。

低淬透性钢在化学成分设计上,既要考虑表面强化零件的各种性能要求,也要能满足感应加热淬火的工艺性能的要求[57]:

(1) 钢应有高的淬硬性,以保证强化后的零件能得到高的表面硬度(≥57HRC)。决定钢淬硬性的主要元素是碳,高的表面硬度主要是通过调整碳含量来实现。从图 4.70 可知,欲得到不小于 57HRC 或 60HRC 的硬度,最低碳含量应不小于 0.45%或 0.50%,由于淬火时不可避免地会出现残余奥氏体等非马氏体组织,相应的碳含量应更高一些。

(2) 为了通过直接淬火能得到像渗碳层那样薄的高硬层,必须进一步降低一般优质钢的淬透性。不仅要降低其中规定的硅锰含量,还必须严格限制其中能提高淬透性的残余合金元素,如 Cr、Ni、Mo、Cu 等。这样,钢的临界淬火冷却速率(在 500～700℃区间)就能大大提高,约为 250～600℃/s(45 钢和 50 钢为 60～150℃/s),实现了低淬透性的要求。

(3) 为了使钢具有本质细晶粒,炼钢时多加铝脱氧。可加入强碳化物形成元素 Ti、Nb、V、Zr 等,细化晶粒以提高强度和韧性。淬火加热时,碳化物不易溶入奥氏体,可阻止晶粒长大,扩大淬火加热温度范围,有利于感应加热淬火,冷却时碳化物成为珠光体形成核心,降低钢的淬透性。加入钛还可以避免钢中锰含量过低而出现的热脆现象。锰和钛的总含量必须超过硫含量的 4～5 倍。过多的钛会使 TiN 聚集而形成低倍夹杂。

表 6.39 为 YB 2009—81 中列入的低淬透性钢牌号、化学成分及其力学性能。

表 6.39　低淬透性钢的牌号、化学成分及其力学性能(YB 2009—81)

钢号	化学成分/%						正火温度/℃	试样毛坯尺寸/mm	σ_b/MPa	σ_s/MPa	δ_5/%	ψ/%
	C	Si	Mn	Ti	P	S						
55Ti	0.51～0.59	≤0.25	≤0.23	0.03～0.10	≤0.04	≤0.04	830±10	25	≥539	≥294	≥16	≥35
60Ti	0.57～0.65	≤0.30	≤0.23	0.03～0.10	≤0.04	≤0.04	825±10	25	≥588	≥343	≥14	≥30
70Ti	0.64～0.73	≤0.35	≤0.28	0.04～0.12	≤0.04	≤0.04	815±10	25	≥686	≥392	≥12	≥25

注:钢中残余 Cr、Ni、Cu 含量均不大于 0.20%,三者之和不大于 0.50%。表中所列力学性能适用于直径不大于 100mm 的钢材,钢材直径大于 100mm 时,其伸长率和断面收缩率可以降低。

碳不但影响着钢的淬硬性和淬透性，而且影响着钢的淬火裂纹敏感性。合适的碳含量在 0.50%～0.65%。碳含量太低（≤0.50%），淬火后硬度偏低，耐磨性不好，满足不了拖拉机齿轮要求，碳含量过高（≥0.65%），感应加热淬火时易裂，而且钢的脆性增高。拖拉机的小模数齿轮（$M\leqslant5$）可选用 55Ti 钢，负荷大、模数大的齿轮（$M=5\sim8$）含碳应取上限，故选用 60Ti 钢。含碳更高的 70Ti 钢有高的耐磨性和低温回火稳定性，经感应加热淬火（840℃）和 180℃回火，硬度为 62～63HRC，适用于要求高耐磨性而形状简单的零件，如推土机履带销套，其主要失效形式是销套外圆的强烈磨损[73]。

做端淬试验时，取 53HRC 代表半马氏体。由图 6.59(a)可见，55Ti 钢的淬透性为 $J_{53}=1.5\sim2.0$mm，60Ti 钢的淬透性为 $J_{53}=2.0\sim2.6$mm。这类钢的淬透性低，用标准端淬法很难准确测量，改用中空内锥试样（图 4.78），可以扩大试样硬度下降的区间（图 6.59(b)）。低淬透性钢的临界淬火直径如下：55Ti 钢为 8～10mm，60Ti 钢为 10～12.5mm，而 45 钢为 21mm。

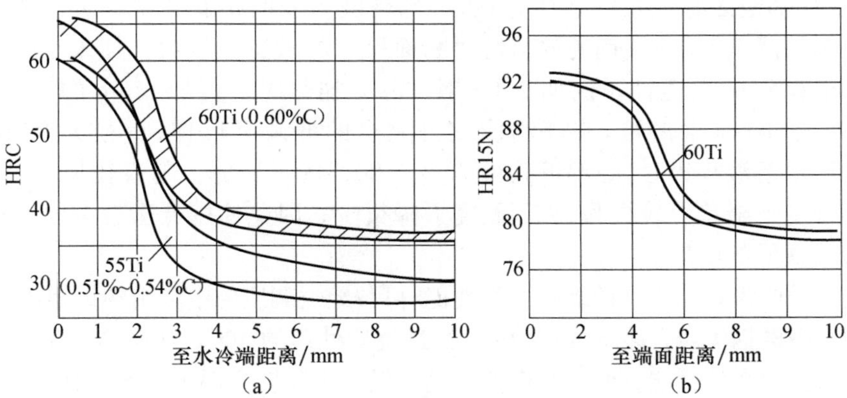

图 6.59 低淬透性钢的端淬曲线[46,74]

低淬透性钢齿轮要获得良好的综合力学性能，必须采用合理的热处理工艺。齿轮的原始组织应是小块的铁素体和珠光体组织，因此必须采用合适的齿轮毛坯正火工艺，正火温度应尽量选取下限，可采用表 6.39 中所列正火温度。正火后的冷却速率要适宜，正火后齿坯的合适硬度应为 156～229HB，其实际晶粒度最好高于 6 级[75]。

低淬透性钢齿轮除小模数齿轮使用高频加热外，基本上采用中频感应加热淬火。低淬透性钢的 $Ac_3=770\sim776$℃，比较低。高中频淬火加热的温度以 850℃左右为宜，要求穿透加热，即把整个齿牙和齿沟表层加热到要求的温度，然后淬火。过高的加热温度会使齿顶过热，引起淬火裂纹。为避免出现这种现象，而又使齿心部能热透，温度分布较均匀，可用较小的功率加热，冷却时要保证足够大的水压和水量，给以较大的冷却速率。要掌握好自回火的工艺，实现感应加热淬火后的自回火，可以简化工艺，并能防止淬火裂纹。自回火温度不宜高于 220℃，不然影响硬度。

经过合适的感应热处理后，可以得到轮廓形淬火。低淬透性钢的各项性能，如冲击韧性、抗弯强度、扭转强度及耐磨性等均高于常用的合金渗碳钢。从齿轮的台架试验、弯断试验及脉动疲劳试验，均证明低淬透性钢齿轮具有较 20CrMnTi、20CrMo 等钢的渗碳齿轮为高的数据。从生产使用的情况来看，效果也比较好。

目前,由于国产低淬透性钢的淬透性不够稳定,淬火后的组织有时达不到细晶粒的要求,影响了低淬透性钢的扩大应用。

6.4.9 低碳马氏体钢

低碳钢和低碳合金钢经过淬火和低温回火(150～200℃)的处理,可以得到高强度、高韧性的回火马氏体组织,称为低碳马氏体。低碳马氏体为具有高位错密度的板条状马氏体,碳化物分布比较均匀,具有良好的塑性和韧性。低碳马氏体的优良性能日益为人们所了解,并且在生产上的应用也在不断扩大。

碳是影响淬透性的一个重要元素,但是低碳钢在截面很小并在剧烈冷却的介质中淬火时仍能获得完全的马氏体组织。例如,15 钢在 940℃加热时,厚度为 3mm 的试样在 10%NaOH 水溶液中淬火可以完全淬透,获得纯马氏体,硬度为 40HRC,完全符合碳含量与马氏体硬度的关系(图 4.70)。ϕ6mm 试样在同样条件淬火时,心部几乎为纯马氏体,仅局部地区有微量铁素体存在,心部硬度与表面相差甚微。试样断面加大时心部硬度很快降低,反映碳钢的淬透性对断面尺寸的敏感性较大。加入合金元素可以显著改善低碳钢的淬透性。例如 20Cr 钢,850℃加热时,直径 10mm 的试样,淬水和 10%NaOH 或 NaCl 水溶液,心部均能获得完全的低碳马氏体;直径为 25mm 时,在 10%NaOH 水溶液淬火时,心部可获得 70%～80%的马氏体。随直径加大,20Cr 钢淬火后心部硬度下降趋势较缓和,表面硬度下降很少。因此使用低碳合金钢可以解决低碳钢淬透性很低的问题。

低碳马氏体钢具有优良的综合力学性能,可与经过调质的中碳结构钢相比拟,某些性能要比调质中碳钢优越。表 6.40 比较了经过调质处理的 40Cr、40MnVB 钢与 20MnVB 低碳马氏体钢的力学性能。低碳马氏体还具有低的韧脆转变温度。为了作比较,图 6.60 表示出 15、20Cr 钢低温回火状态和 40Cr 钢调质状态的系列冲击试验结果。如果取 a_k 值降低到室温的 0.4 倍时的温度作为韧脆转变温度 T_c(℃),则 20Cr 钢的 $T_c=-70$℃,15 钢的 $T_c=-60$℃,而 40Cr 钢的 $T_c=-50$℃。还应指出,15 钢的试样(截面尺寸为 10mm ×10mm)心部已出现一定量的铁素体,但 T_c 仍很低。由图 6.60 还可以看出,20MnVB 钢的 $T_c<-80$℃。

表 6.40 低碳马氏体钢与中碳回火索氏体钢的力学性能比较(GB/T 3077—2015)

牌号	淬火		回火		力学性能(不小于)				
	温度/℃	冷却剂	温度/℃	冷却剂	R_m/MPa	R_{eL}/MPa	A/%	Z/%	KU_2/J
40Cr	850	油	520	水、油	980	785	9	45	47
40MnVB	850	油	500	水、油	980	785	10	45	47
20MnVB	860	油	200	水、空	1080	885	10	45	55

低碳马氏体钢还具有较高的疲劳极限和低的疲劳缺口敏感度,表 6.41 列出试验结果并与中碳调质结构钢比较。光滑试棒直径与缺口试棒缺口处最小直径为 6mm,15 钢和 20 钢在 10%NaOH 水溶液中淬火。K_t 为缺口的理论应力集中系数,根据计算,$K_t=1.72$。低碳马氏体有高的多次冲击抗力,其多次冲击抗力优于中碳调质钢。

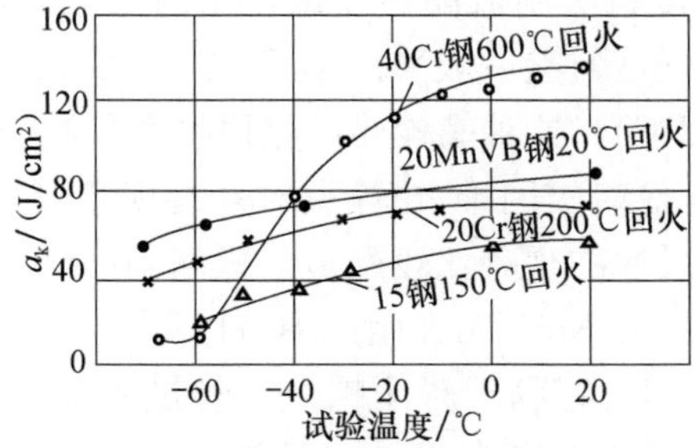

图 6.60 15、20Cr、20MnVB 和 40Cr 钢的低温 a_k 变化曲线[76]

表 6.41 低碳马氏体钢与中碳调质钢疲劳缺口敏感系数的比较[76]

钢号	热处理工艺	疲劳极限/MPa		$K_f=\sigma_{-1}/\sigma_{-1N}$	$q=(K_f-1)/(K_t-1)$
		光滑 σ_{-1}	缺口 σ_{-1N}		
15	940℃淬火，150℃回火	495	397	1.25	0.35
20Cr	880℃淬火，200℃回火	564	454	1.24	0.33
40Cr	840℃淬火，600℃回火	486	333	1.46	0.64

注：K_f 为有效应力集中系数，K_t 为理论应力集中系数，q 为疲劳缺口敏感系数，见式(4.51)。

低碳马氏体钢有良好的工艺性能，冷变形能力良好，焊接性能优良，淬火变形和开裂倾向小。低碳钢中加入合金元素，不仅可以解决其淬透性不足的问题，而且也影响钢的力学性能。低碳马氏体的强度和硬度主要取决于碳含量，但不同元素对钢的回火稳定性的影响不同。合金元素一般都可以改善低碳马氏体的塑性(图 4.67)，它们对韧脆转变温度的影响与对铁素体的影响一致。低碳钢的马氏体点很高，因而在淬火时容易产生自回火现象，即是在冷却过程中先生成的马氏体在冷却到室温前便因温度的影响进行了部分的分解。加入的合金元素最好能适当降低 M_s，但亦不宜过分降低以免增加淬裂倾向。总的说来，低碳马氏体合金化的方向应该是在保证淬透性的前提下，加入具有高的低温回火抗力和稍降低 M_s 点的元素及能改善力学性能的元素，可考虑加入 Mn、Si、Mo、B 等元素，一些渗碳钢和普通低合金结构钢也可以考虑作为低碳马氏体钢使用。例如，开启石油井出油孔的射孔器是一种承受瞬时高温和冲击的工具，过去按国外资料，选用高级调质钢 37CrNi3Mo 制造，进行调质处理，平均使用寿命为 15 次左右，改用低廉的 15CrMo 钢(0.12%～0.18%C、0.8%～1.1%Cr、0.40%～0.55%Mo)，经 950℃加热，在 10%NaOH 水溶液中淬火和 150℃回火得到低碳马氏体，使用寿命达到 37CrNi3Mo 钢的水平。

对于截面大，要求高强度、高韧性的重要零件，可以采用合金化程度高的低碳马氏体钢，如 18Cr2Ni4W 钢。18Cr2Ni4W 钢在截面尺寸不超过 150mm 时，其低碳马氏体与经调质处理后的力学性能比较(试样在距表面 1/3 半径处切取)见表 6.42。

表 6.42 18Cr2Ni4W 钢低碳马氏体与调质处理后的力学性能比较[71]

热处理工艺	σ_b/MPa	σ_s/MPa	δ/%	ψ/%	a_k/(J/cm²)	硬度 HB
860～870℃油淬，550～570℃回火	1078	784	12	50	120	321～387
860～870℃淬火，150～170℃回火	1127	833	11	50	120	332～387

我国研制的两种不含铬镍的低碳马氏体钢 15MnVB 和 20SiMn2MoV(表 6.10)在生产上得到了成功的应用。

15MnVB 钢是一种以冷镦法制造高强度螺栓用的低碳马氏体钢。汽车用的重要螺栓(连杆螺栓、缸盖螺栓、半轴螺栓)一般采用 40Cr(或 38Cr)钢制造,经过调质处理,硬度为 255～321HB(26～35HRC)。这种螺栓要用热顶锻锻出螺栓头,锻件表面质量差,由于钢退火后的强度高,辊压螺纹时较困难,在淬火时开裂现象较多。特别是在使用中,反映钢的强度不足,拉长、变形及脱扣现象比较严重。提高 40Cr 钢调质处理后的硬度会使韧性降低。采用低碳马氏体钢 15MnVB,在生产中可以采用冷镦法制造螺栓,尺寸精度高、表面质量好、低碳钢的强度低、有利于辊压螺纹。经过淬火、低温回火(880℃淬入 10% NaCl 水溶液,200℃回火),硬度范围为 38～41HRC,可以获得高的力学性能。

实际零件的拉力和剪切试验表明,15MnVB 钢的低碳马氏体的拉力强度与抗剪强度均较具有索氏体组织的 40Cr 钢高出 1/3 以上。当硬度为 40HRC 时,15MnVB 钢的 a_k 值达到 90～120J/cm^2,而 40Cr 钢具有此硬度时的 a_k 值只有 25J/cm^2,这说明 40Cr 钢如果提高硬度,韧性会降低。15MnVB 钢的低温冲击韧性在－60℃时,可保持 80～90J/cm^2,这说明在严寒地区使用时,低碳马氏体钢比中碳调质钢有更大的优越性。15MnVB 钢低碳马氏体的静强度缺口敏感性(包括 8°偏斜拉伸条件下)和缺口疲劳强度均优于调质状态的 40Cr 钢,由于螺栓本身是个多缺口的零件,这些试验结果是很有意义的。15MnVB 钢在 880℃淬火时要采用 10%NaCl 水溶液作为冷却介质,其临界淬火直径只有 12～18mm,在使用的截面尺寸上受到限制。

20SiMn2MoV 钢的化学成分和力学性能已列于表 6.10 和表 6.35 中。硅能提高低温回火抗力并将不可逆回火脆性温度范围移向较高回火温度,1%以上的硅即有显著效果,但硅含量增加会增加钢的脱碳敏感性,故硅含量不宜过高。锰可以有效地提高淬透性。钼能抑制珠光体转变和改善力学性能。少量的钒可以细化晶粒,改善韧性。合金元素的综合作用使 20SiMn2MoV 钢具有比较高的淬透性,其过冷奥氏体等温转变曲线见图 6.61。这种钢在油中淬火时,ϕ80mm 截面可基本淬透,心部只有少量贝氏体,ϕ100mm 截面的心部能保证 85%以上的马氏体。在水中淬火时,ϕ120mm 截面可基本淬透,ϕ160mm 截面上心部能保证 85%以上的马氏体。这种钢的预先热处理工艺为 920～

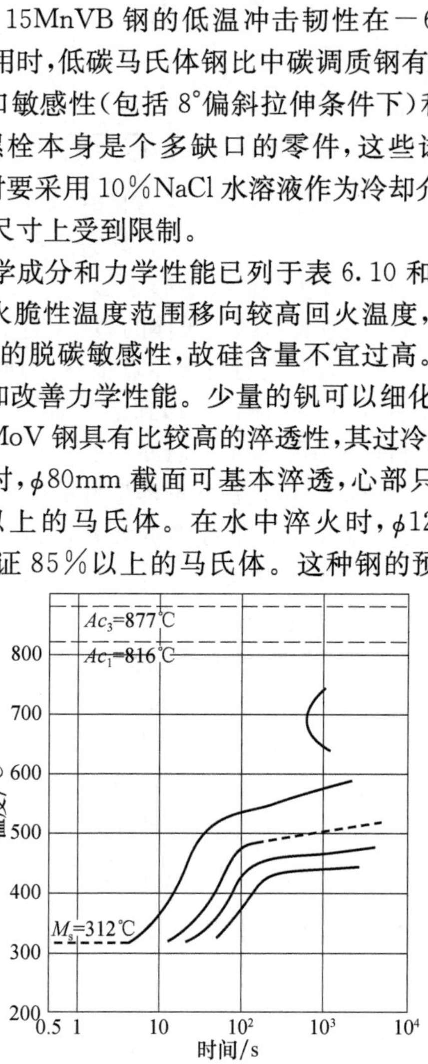

图 6.61　20SiMn2MoV 钢的过冷奥氏体等温转变曲线[46]

奥氏体化温度 900℃

940℃正火，690～720℃高温回火（不少于 5h）空冷，硬度不大于 269HB，其切削加工性稍差。最终热处理时的淬火温度为 890～910℃，在水或油中冷却，此时硬度不小于 45HRC，低温回火温度为 240～260℃（2h 以上），此时硬度不小于 44HRC，仍可能进行切削加工。这种钢因碳含量低、形成马氏体时的体积效应小、马氏体转变温度高，故淬火时变形开裂倾向小。

20SiMn2MoV 钢的低碳马氏体具有优良的综合力学性能（表 6.35）。表 6.43 为 20SiMn2MoV 与几种高强度钢（30CrMnSi、37CrNi3Mo、40CrNi3Mo）和调质钢（35CrMo）的力学性能比较。可以看出，20SiMn2MoV 钢的低碳马氏体具有高强度与大的塑性、韧性相结合的特点，并且在静载、动载下均有低的缺口敏感度。这种钢有高的断裂韧性和低的冷脆倾向（图 6.62）。在同样具有低碳马氏体组织的情况下，20SiMn2MoV 钢具有比 15、20Cr、20MnVB 等钢更好的力学性能，这是合金元素综合作用的结果。

表 6.43　低碳马氏体钢 20SiMn2MoV 与三种高强度钢和调质钢 35CrMo 的力学性能对比[46]

钢号	热处理工艺	硬度 HRC	σ_b/MPa	σ_s/MPa	δ/%	ψ/%	a_k/(J/cm²)	σ_{-1}/MPa	q	K_{IC}/(MN/m$^{3/2}$)
20SiMn2MoV	900℃淬油，250℃回火	45	1470	1216	13.4	69	161	520	0.35	112.5
30CrMnSi	880℃加热，320℃等温	46	1333	1010	12.2	49.5	100	569	0.40	—
37CrNi3Mo	860℃淬油，380℃回火	43	1392	1294	13.3	59.3	57	588	0.66	101
40CrNi3Mo	850℃淬油，200℃回火	54	1931	1569	10.0	40.0	43	—	—	41
35CrMo	860℃淬油，600℃回火	32.5	1059	1010	17.5	61.2	126	—	—	41.5

注：q 代表疲劳缺口敏感系数（应力集中系数 K_t=1.65），K_{IC} 为平面应变断裂韧性。

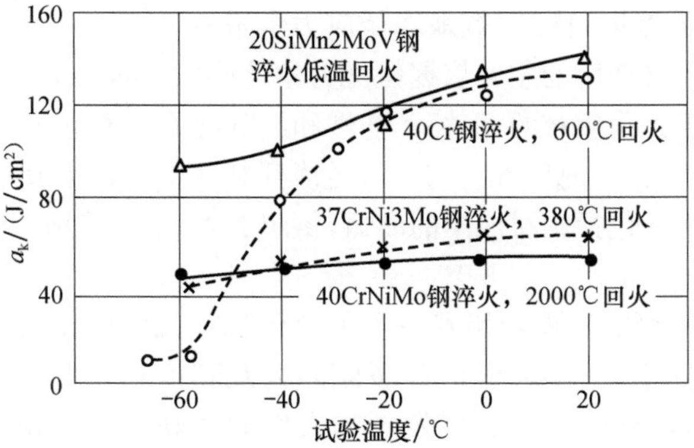

图 6.62　几种钢的低温系列冲击试验[46]

20SiMn2MoV 钢是一种高强度的机械制造用钢，目前已正式用于石油机械产品，用这种钢制造钻机的吊环和吊卡，代替过去及国外常使用的调质中碳钢，能大幅度减轻重量，改善工人劳动条件并保证安全可靠。例如，20SiMn2MoV 低碳马氏体钢制成的吊卡比同类型用 40CrNi（或 35CrMo）调质钢制成的吊卡的重量要轻一半以上。20SiMn2MoV 钢制成的射孔器的使用寿命在 28 次以上，为 37CrNi3Mo 钢的二倍。

25SiMn2MoV 钢的用途与 20SiMn2MoV 钢基本相同。用该钢制成的石油钻机吊环等零件使用性能良好，较 35CrNi3Mo 钢和 40CrNiMo 钢制成的同类零件更安全可靠，且重量轻，节省材料。

低碳马氏体钢的应用日益引起重视，并在矿山、汽车、石油、机车车辆、起重机械等制造工业中得到了广泛的应用，在提高产品质量、减轻零件重量及降低成本等方面有良好的效果。

6.4.10 机械零件的钢材选用

由于机械制造工业的不断发展，在机械设计和制造过程中，常常遇到钢材的选用问题：①设计新产品时，由于没有成熟的资料可供参考，产品中的主要零件都需要根据其服役条件和工艺要求进行选材；②在旧产品的改进时，常要求在提高产品性能的同时，减轻重量，延长零件使用寿命，因此对零件的某些服役性能提出更高的指标，此时可参考旧产品的资料，分析旧零件的服役情况和失效原因，提出新的选材方案；③由于生产或工艺上的某些问题，需要改变使用的钢材。例如，原材料供应有困难，此时需要选用其他钢材代用。工艺由渗碳改为高频淬火，零件亦需改用钢材。

对于一般机械零件，可以根据回火结构钢力学性能相似的原则，并根据所要求的力学性能指标，参考钢材淬透性带和有关图表进行分析，初步选择所用钢种。但是在复杂工作条件下的零件，还应当对零件的服役条件作具体分析，考虑合金元素的不同作用，有针对性地选择钢材。在现有钢种不能满足使用要求时，还需着手研制新的钢种。当选用的材料制成零件之后，还要了解这些零件在工作时是否能满足使用要求，达到预期的目的。钢材的选用不仅是材料工作者的事，常常需要与设计人员、工艺人员共同协作，有时设计人员通过外形的改变来提高零件的服役性能或降低工作应力，往往比材料工作人员通过材料和热处理工艺的改变更有效果。例如，适当地加大转角、台肩的曲率半径或截面厚度可以有效地降低应力水平。

对机械零件的钢材选用的主要依据是对力学性能的要求，同时还要考虑到钢材的工艺性和经济性。对于大量生产的零件，工艺性和经济性更不可忽视。工艺性方面，要求切削加工性较好、热处理工艺简单等。前面已经谈到某些结构钢因其切削加工性不良而影响其推广使用。经济性包括钢材成本的高低，供应是否充分，特别是所含合金元素是否符合我国资源条件。

机械制造用结构钢的发展经历着一个由简到繁，再由繁到简的过程，即由于碳素和低合金钢存在淬透性不足、淬火变形开裂倾向大及其他工艺性能方面的矛盾，向高合金钢方面发展；但是随着科学技术的发展和人们对客观事物认识的深化，又有一个从高合金钢向低合金钢演变的倾向。目前许多国家结合本国资源情况研究在结构钢中少用镍铬或不用镍铬，含硼钢的生产和使用是一个典型的例子，也有不少用碳素结构钢强烈淬火代替合金调质钢的例子。尺寸较大的轴类零件，用合金钢制造的优越性是：①能够保证淬透性，有较高的疲劳抗力；②淬火用油，减少了变形开裂的危险。然而，合金钢淬油虽然减少了变形开裂的倾向，但淬火后的表面残余压应力较小，不利于疲劳寿命的提高。碳素结构钢如采用激烈淬火的方法，能够在零件表层生成硬化层，能使其表层有很高的残余压应力，从而使其疲劳强度超过一些合金钢。碳素结构钢激烈淬火，虽然变形倾向大，但变形主要是由于冷却不均匀造成的，如果能实现均匀冷却，仍然可以得到很小的变形。某厂对碳钢轴类零件，用逐渐入水代替整根轴迅速入水，实现了比较均匀的冷却，使其变形大大减少。国外一拖拉机厂曾进行了碳钢激烈淬火实现均匀冷却的实验，即以很高的速率向工件喷射大量的水，使之迅速冷却，使在距表面相同深度的每一部分都经历了相同的温度变化和组织转变，使淬火应力分配均匀，大大减少了变形。中型履带式拖拉机上的花键离合器轴(直径 20mm，长度 125mm)过去用 45CrNiMo 钢(0.45%C、0.5%Cr、0.55%Ni、0.2%Mo)制造，淬油后回火至 40～45HRC，使用时常在键槽部分发生断裂。其原因是拖拉机手突然将离合器啮合时，产生很大的扭力峰值，造成了低频率高应力的扭转疲劳破坏。后改用 45 钢制造这根轴，在一专用夹具上进行激烈喷射淬火，使硬化层延伸至轴的整个长度，像中频淬火的硬化层那样，平均疲劳寿命比原用合金钢轴大 13 倍。

人们根据钢种的服役的条件和主要用途将它们分为结构钢(调质钢、渗碳钢、弹簧钢、轴承钢)、工模具钢等，对于了解钢种的性能、制定热处理工艺和进行选材带来了方便。但这种分类只是粗略的，由于零件的工作条件的多样性和复杂性，我们在选材时不要被这种分类束缚思路。表 6.44 为若干工模具钢用做结构零件的例子，它说明某些轴类零件和齿轮不是一般结构钢能胜任的；相反，使用工模具钢却收到了较好的效果。同样，某些工具模具也可以选用一些结构钢制造能得到好的结果。因此在钢材选用时，一定要对服役零件的性能有比较清楚的了解才能有针对性地选择钢材，制订合理的工艺，达到提高效能、延长寿命、降低成本的目的。

表 6.44 若干工模具钢用做结构零件的例子

钢号	用途说明
T10V 低合金工具钢	凿岩机活塞原用 12CrNi3A、20CrMnMo 钢渗碳淬火，寿命不高，改用 T10V 钢淬火，效果良好
7CrMn2Mo(A6)空冷微变形冷模具钢	飞机控制机构的自动变速马达精密齿轮，要求速比由 3：1 顺利地变化到 10640：1，原用 40CrMo 钢调质使用时经常损坏，改用 7CrMn2Mo 模具钢，使用良好
W18Cr4V 高速钢	喷油嘴的针阀
CrWMn、9Mn2V、GCr15	用于制造精密磨床主轴

在钢材的应用中，我们应当注意采用各种强化手段，发挥材料的强度潜力。目前常用的钢材性能指标常常不能完全反映实际零件的性能要求，生产实践中提出的许多问题促使人们进一步研究钢材成分、组织(通过热处理可以改变)和性能之间的关系，提出了新的评价钢材性能的指标，发展了新的合金化和强度理论，找出了一些新的强化手段。例如，对低碳马氏体性能的了解提高了我们的强度使用水平。这些在前面都已论述过。

6.5 易切削结构钢

易切削结构钢是指因添加较高含量的硫、铅、钙、锡及其他易切削元素而具有良好切削加工性能的结构钢。

易切削钢随着机械制造和冶金工业的发展，产量日益增加，品种范围不断扩大。这是由于自动车床的发展需要高速切削、高生产率地成批加工零件，采用易切削钢可以显著地提高生产率、降低加工成本。一些精密仪表零件需要极高的加工表面光洁度,一些切削加工性能不好的钢材需要扩大其用途和零件产量,这些都促进了易切削钢的发展。

美国自1920年开始正式生产硫系易切削钢,1937年提出铅易切钢专利,并生产出Ledloy铅易切钢,之后许多国家相继生产和使用硫系和铅系易切钢;同时开发出硫磷复合、硫铅复合等复合易切削钢,硒、碲也作为易切削元素应用于易切削钢中,主要与硫、铅复合加入钢中。1964年联邦德国首先提出钙脱氧的钙易切削钢专利,实现了在不降低或少降低钢的力学性能的情况下,大幅度提高钢材高速切削情况下的切削性能。三年后引入日本并正式生产。1972年日本申请了钛脱氧调整的钛-硫复合易切钢专利。近年来,世界各国都在积极开发代替铅易切削钢的无铅环保型易切削钢。目前各主要工业国家均已制定了易切削钢的相关标准。

我国于1953年开始批量生产硫系易切削钢,1963制定了易切削钢标准YB 191—63(代替重91—55),列入了Y12、Y20、Y30、Y40Mn共四个钢号。1975年修订为YB 191—75,增加了一个钢号Y15,这期间相继试制了硫-磷系、铅系和硒系易切削钢,20世纪70年代后开始试生产钙系及钛脱氧调整型易切削钢。1988年制定了国家标准GB 8731—88《易切削结构钢技术条件》,对原有的五个钢号的化学成分、力学性能与热处理制度等进行了调整,增加了Y35和我国多年研制、生产与应用的比较成熟的Pb-S系列易切钢(Y12Pb、Y15Pb)及Ca-S系列易切钢(Y45Ca)。

2008年发布了国家标准GB/T 8731—2008《易切削结构钢》代替GB 8731—88。新标准修改了原标准中Y12Pb钢的成分范围,增加了Y08、Y45、Y15Mn、Y45MnS、Y08Pb等国外常用钢号,并添加了我国专利ZL03122768.6中的部分牌号Y08、Y15Sn、Y45Sn、Y45MnSn和国内其他厂家正在生产使用的牌号Y08MnS、Y35Mn、Y45Mn、Y45MnSPb,新标准中共列入22个钢号。

6.5.1 硫系易切削钢

硫系易切削钢是国内外生产应用最早、用量最大、用途最广的一类易切削钢,通常是硫、硫-磷易切削钢的总称。

当钢中有足够的锰时,硫在钢中完全以塑性的MnS非金属夹杂物的形式存在,在热加工时沿压延方向排列,在棒材中成条状(图6.63),在板材中成片状,破坏了金属的整体性,成为无数个微小的缺口,降低切削时使金属撕裂所需的能量,切削加工时易断屑,同时MnS本身的硬度低(160～190HV),还可以有润滑作用,故能减少刀具磨损,提高表面质量。

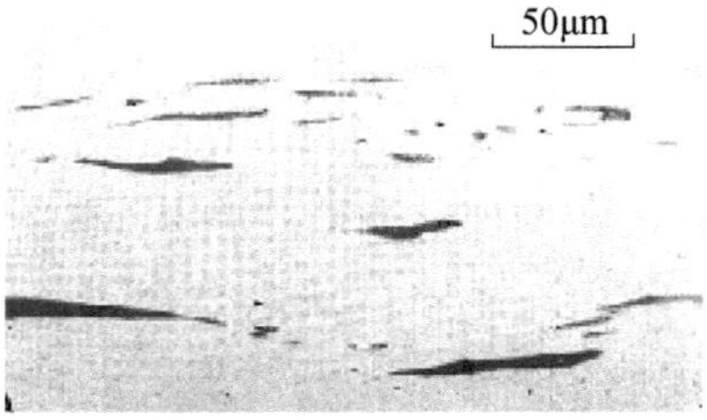

(a)

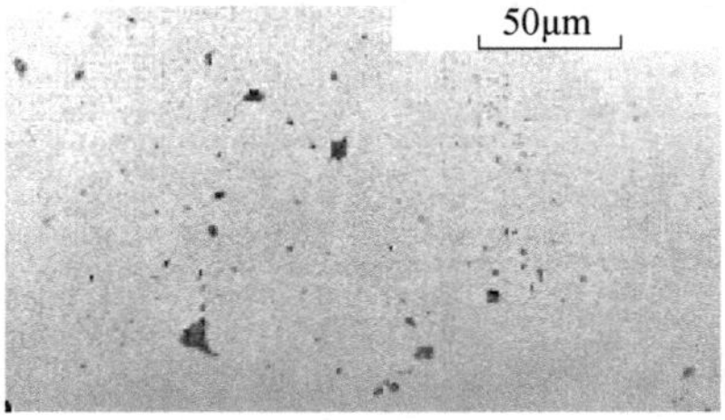

(b)

图6.63　硫系易切钢中的MnS[77]

成分:0.45%C、0.18%Si、0.82%Mn、0.071%P、0.15%S

(a)棒材取样,纵断面;(b)与(a)同一试样,横断面在 4.9.4 节中已述及 MnS 在钢锭中有三种形态。Ⅰ型 MnS 在热轧时变形小于钢的基体，900℃时的变形指数 γ 为 0.64，在 1200℃轧制时，γ 值小于 0.5，使其不能与钢基体同样延伸，所以在该温度下复相的Ⅰ型 MnS 与钢的界面上产生应力，从而导致裂纹发生，裂纹基本垂直于钢的流动方向。由于钢的流动在界面处形成一个锥形间隙，在轧制过程中压力垂直于流动方向，锥形间隙被钢充满，而只剩下裂纹。Ⅲ型 MnS 的变形能力好于Ⅰ型，800℃时 $\gamma=1$，热轧变形时，能与基体一同延伸。

含硫自动机钢的切削性能与硫化物尺寸有密切关系。高度弥散尺寸较小的Ⅱ型硫化物的切削性能最差，粗大的Ⅰ型、Ⅲ型硫化物对改善切削性能最有利。图 6.64 为低碳(<0.07%)高硫(约 0.30%)易切削钢硫化物尺寸与积屑瘤尺寸及加工面粗糙度间的关系。可见，夹杂物尺寸有一最佳范围，当 MnS 尺寸为 130～170μm^2 时，积屑瘤最小，加工面粗糙度也最小[57]。

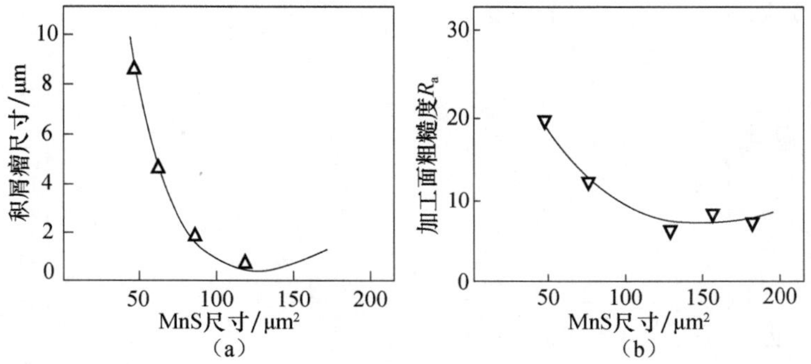

图 6.64　低碳高硫易切削钢硫化物尺寸与积屑瘤尺寸(a)及加工面粗糙度(b)的关系[57]

硫化物夹杂的形状与切削性能也有密切关系，粗条状的分布比细条状更有利，形状多少有点呈圆形或纺锤形，对切削性能更有利。

硫系易切削钢主要用于低速和中速切削加工，此时效果较好，在高速切削时，MnS 的有利作用降低。

硫系易切削钢中在以力学性能为主、切削性能为辅时，硫含量为 0.04%～0.15%。在以切削为主的自动机钢中，硫含量为 0.15%～0.35%，硫含量过高会增加热加工的困难。

硫对易切削钢的纵、横向抗拉强度和屈服强度基本上无影响，但随硫含量的增加，塑性和韧性降低，断面收缩率降低更显著，增加了钢材的各向异性，并降低钢材的耐腐蚀性。

GB/T 8731—2008《易切削结构钢》中列入了 13 个硫系易切削钢的牌号，其化学成分及热轧或冷拉状态下交货的条钢和盘条的力学性能见表 6.45。在部分钢中提高了磷的含量，属于硫磷复合易切削钢。磷溶入铁素体能提高其强度并降低韧性，钢被切削时切屑易脆断和排除，同时也提高切削表面的光洁度，改善低碳钢的切削性能，加入量一般为 0.04%～0.12%，含量过高时，硬度过高，加工性反而变差。含碳较低的易切削钢($w_C \leqslant 0.3\%$)在热轧后一般还要经过冷轧或冷拉，进一步提高其切削加工性。

表 6.45　硫系易切削钢的牌号、化学成分及其热轧(冷拉)状态交货的力学性能(GB/T 8731—2008)

牌号	化学成分/%					热轧(条钢和盘条)				冷拉(条钢和盘条)				
										R_m/MPa(公称尺寸)				
	C	Si	Mn	P	S	R_m/MPa	A/%	Z/%	硬度 HBW	8～20mm	>20～30mm	>30mm	A/%	硬度 HBW
Y08	≤0.09	≤0.15	0.75～1.05	0.04～0.09	0.26～0.35	360～570	≥25	≥40	≤163	480～810	460～710	360～710	≥7.0	140～217
Y12	0.08～0.16	0.15～0.35	0.70～1.00	0.08～0.15	0.10～0.20	390～540	≥22	≥36	≤170	530～750	510～735	690～685	≥7.0	152～217
Y15	0.10～0.18	≤0.15	0.80～1.20	0.05～0.10	0.23～0.33	390～540	≥22	≥36	≤170	530～750	510～735	690～685	≥7.0	152～217
Y20	0.17～0.25	0.15～0.35	0.70～1.00	≤0.06	0.08～0.15	450～600	≥20	≥30	≤175	570～785	530～745	510～705	≥7.0	169～217
Y30	0.27～0.35	0.15～0.35	0.70～1.00	≤0.06	0.08～0.15	510～655	≥15	≥25	≤187	600～825	560～765	540～735	≥6.0	174～223
Y35	0.32～0.40	0.15～0.35	0.70～1.00	≤0.06	0.08～0.15	510～655	≥14	≥22	≤187	625～845	590～785	570～765	≥6.0	176～229
Y45	0.42～0.50	≤0.40	0.70～1.10	≤0.06	0.15～0.25	560～800	≥12	≥20	≤229	695～980	655～880	580～880	≥6.0	196～255
Y08MnS	≤0.09	≤0.07	1.00～1.50	0.04～0.09	0.32～0.48	350～500	≥25	≥40	≤165	480～810	460～710	360～710	≥7.0	140～217
Y15Mn	0.14～0.20	≤0.15	1.00～1.50	0.04～0.09	0.08～0.13	390～540	≥22	≥36	≤170	530～755	510～735	490～685	≥7.0	152～217
Y35Mn	0.32～0.40	≤0.10	0.90～1.35	≤0.04	0.18～0.30	530～790	≥16	≥22	≤229	—	—	—	—	—
Y40Mn	0.37～0.45	0.15～0.35	1.20～1.55	≤0.05	0.20～0.30	590～850	≥14	≥20	≤229	590～785			≥17	179～229
Y45Mn	0.40～0.48	≤0.40	1.35～1.65	≤0.04	0.16～0.24	610～900	≥12	≥20	≤241	695～980	655～880	580～880	≥6.0	196～255
Y45MnS	0.40～0.48	≤0.40	1.35～1.65	≤0.04	0.24～0.33	610～900	≥12	≥20	≤241	695～980	655～880	580～880	≥6.0	196～255

注:根据需方要求,可检验钢材的低倍组织,其一般疏松、中心疏松和锭型偏析均应不大于 3 级;根据需方要求,可检验钢材的非金属夹杂物,其 B、C、D 类夹杂物级别均应不大于 3 级。Y40Mn 钢的冷拉力学性能为高温回火后的性能,可作为其他中碳钢热处理后的性能的参考。

Y12 钢是标准易切削钢中磷含量最高的一个，其被切削性能比优质碳素钢 15 钢有明显提高，可成倍提高切削加工生产率。其冷拉钢材纵向性能与冷拉 15 钢相近，可代替 15 钢制造力学性能要求不高的各种机器、仪器和仪表零件，如螺栓、螺帽、销钉、轴、管接头、火花塞外壳等。Y12 钢一般用在自动机床上，生产标准件，切削速率可达 48m/min，切削表面粗糙度可达 R_a6.3 以下。

Y12 钢也常被作为相对被切削性比较标准(其切削性作为 100%)，如 10 钢的加工性为 53%、20 钢为 63%、20Cr 钢为 51%、40Cr 和 40CrNi 为 32%等。

Y12 钢中磷含量较高，冷拉时易开裂或脆断，特别是气温较低或因获得所需强度而加大冷拉变形量时。为此，冷拉变形量通常控制在 14%～30%，冷拉前和冷拉中间退火温度为 640℃，退火后硬度为 135～145HB。

Y15 钢是硫磷复合高硫低硅易切削结构钢，与 Y12 钢相比，被切削性能更好。正常的切削速率可提高到 60m/min 以上，粗糙度可低于 R_a3.2，其切削生产率比 Y12 钢高 30%～50%，一般用于制造不太重要的标准零件。

Y15 钢因硫含量较高而有明显的热脆性，故应高温加热慢速轧制，加热温度为 1180～1220℃，终轧温度在 1000℃以上，轧后空冷。

Y20 钢的硫、磷含量较低，力学性能优于 Y12 钢，且被切削性能较之 20 钢也有一定改善，切削性能比 20 钢高 30%～40%，约为 Y12 钢的 80%，一般用于制造强度要求较高的标准件。经切削加工成形后进行渗碳处理，可制造表面硬中心韧的耐磨零件。

Y30 钢碳含量较高，强度和硬度也较高。Y30 钢的被切削性能比相应的碳素钢提高约 30%～40%，可用来制造工作载荷高的、难以切削加工的重要零件。加工成的零件可进行调质处理。Y30 钢的淬裂敏感性与 30 钢相当或稍逊，可根据零件形状、尺寸选择合适的淬火介质。热处理工艺与 30 钢基本相同。

Y40Mn 钢硫含量较高，但锰含量也高，Mn/S 比大于 5，所以热加工性能尚好。Y40Mn 钢磷含量不高，冷脆性也不高，冷加工比较容易，但冷变形不宜过大，控制在 14%以下较合适，以免开裂。其加工工艺为：坯料经 630～650℃回火，制成成品后于 600～610℃高温软化回火，显微组织为珠光体及少量球化组织。

Y40Mn 是以热轧或冷拉后高温回火状态交货，其他钢号以热轧或冷拉状态交货。热轧钢一般经切削加工成零件后进行热处理，而冷拉钢在加工成零件后可直接使用。

Se、Te 和 S 相似，在钢中能生成塑性的 MnSe、MnTe 等夹杂物等，在热加工时，其变形量比硫化物夹杂要小，因此对钢的各向异性的影响比硫系易切削钢要轻。加 Se 易切削钢可适用于低中切削速率范围，表面光洁度比加硫的要好，刀具寿命有显著提高，多用在高合金钢中。Te 因价格高使用较少。

6.5.2　铅系、锡系易切削钢

铅完全不溶解于钢中，也不与其他元素形成化合物，一般以小于 3μm 的极细的分散颗粒存在于钢中，对钢的纵向和横向的强度没有什么不良影响，使钢的塑性略有降低，特别是横向塑性降低较大，使钢的冲击值有一定程度的降低。这类钢的接触疲劳由于铅的存在而降低，故不宜用来制造接触应力高的零件。

加入铅以后，由于在切削时，铅的熔点低(327℃)，受热易熔化，减弱金属的联系并且体积膨胀,对周围增加了应力而使切屑易断裂。铅同时有润滑作用,减少摩擦和切削力。铅能减少积屑瘤的形成量,改善切屑处理性和表面粗糙度。

铅对钢易切削性的影响主要决定于它的颗粒和分布的均匀度,过剩的铅含量会造成大颗粒和成分偏析(这种钢不能用),因而目前认为合适的铅含量为0.1%～0.25%,最佳量为0.2%。熔炼时加铅于钢中会产生有毒的铅蒸气,必须采取相应的防护措施。

钢中同时加入硫和铅,比单独加入效果更好,称为超易切削钢。在铅硫复合易切削钢中有三种基本类型的夹杂物:①MnS;②Pb集结在MnS周围并与之物理地结合成复合夹杂物,热轧钢材中MnS沿轧制方向延伸,铅则处于硫化物的两端,成为附着的尾巴;③和硫化物不结合的单体的铅则呈微细的圆粒分布着。表6.46中列入的四个铅系易切削钢,均加入了硫或硫磷,都是复合系易切削钢。

铅易切削钢一般适用于中速下限和低切削速率范围,使用温度不宜超过300℃,当温度升高后钢中的铅粒会熔融渗出,与氧生成PbO,侵蚀硬质合金刀具中的钨,加快刀具的破坏,所以铅易切削钢不宜使用硬质合金刀具加工。

铅对钢的淬硬性、渗碳性没有明显的影响,也不影响高淬透性钢的淬透性,但使中低淬透性钢的淬透性降低,这与铅能细化奥氏体晶粒有关。铅系易切削钢有良好的切削加工性,加工表面光洁,用于制造一般机械零件,如轴、销、仪表的精密小零件等。

铅系易切削钢的产量仅次于硫系,居于第二位。由于在生产及废钢回收熔炼过程中铅会污染环境,铅易切削钢的应用受到限制,欧盟有关条例已停止回收再利用含铅的汽车零件。近年来,国内外已开始研究锡、铋等物理化学性质相近的元素替代铅生产易切削钢。

锡与铅在元素周期表中同属一族,无毒,其熔点为232℃,低于铅。近年来国内外均注意研究开发锡硫复合系易切削钢。美国在1999发布了含锡易切削钢的专利,所限定的化学成分范围为:0～0.25%C、0%～0.05%Si、0.01%～2%Mn、0.02%～0.8%S、0.04%～0.08%Sn、0.01%～0.15%P、0～0.5%Cu[78]。同年美国USS/Kobe钢厂生产了锡易切削钢[79]。我国首钢于2006年获得我国含锡易切削钢的国家专利,所限定的锡含量范围为0.09%～0.25%,较高的锡含量可保证在轧后冷却速率不够慢又无后继退火时,晶界上有较高的锡浓度。该厂已批量生产试制了含锡系列易切钢[80]。

根据Fe-Sn相图,锡可以固溶在钢基体中,具有封闭的γ区,在γ-Fe中最大溶解度为1.7%,在α-Fe中为17.7%,但随温度的下降而迅速下降至零,从770℃开始析出FeSn合金。如不考虑其他元素和实际降温过程的影响,钢的室温组织应是α-Fe和FeSn相。实际上在降温过程中,锡倾向在晶界和夹杂物附近偏聚,锡并不改变钢中夹杂物的形态,这已为实验所证实[81,82]。

一些实验研究表明,锡可以替代铅作为易切削元素提高钢的易切削性能,在一定浓度范围内,锡对钢材的力学性能无负面影响[83]。在切削温度范围内的热塑性是衡量熔融金属脆化效果的重要依据。拉伸试验表明,在切削温度范围内(200～350℃),含锡钢的断面收缩率明显下降,尤其在锡熔点附近,呈现极小值。因此,锡改善易切削的机制可能是由于切削时,低熔点锡熔融金属的脆性效果,以及锡在晶界及MnS界面处偏聚而形成的应力集中源和对塑性夹杂物MnS润滑作用的提高[79]。铅系、锡系易切钢的化学成分与力学性能见表6.46。

表 6.46 铅系、锡系、钙系易切削钢的牌号、化学成分及其热轧(冷拉)状态交货的力学性能(GB/T 8731—2008)

牌号	化学成分/%						热轧(条钢和盘条)				冷拉(条钢和盘条)				
											R_m/MPa 公称尺寸			A/%	硬度 HBW
	C	Si	Mn	P	S	其他	R_m/MPa	A/%	Z/%	硬度 HBW	8～20mm	>20～30mm	>30mm		
Y08Pb	≤0.09	≤0.15	0.75～1.05	0.04～0.09	0.26～0.35	Pb	360～570	≥25	≥40	≤165	480～810	460～710	360～710	≥7.0	140～217
Y12Pb	≤0.15	≤0.15	0.85～1.15	0.04～0.09	0.26～0.35	Pb	360～570	≥22	≥36	≤170	480～810	460～710	360～710	≥7.0	140～217
Y15Pb	0.10～0.18	≤0.15	0.80～1.20	0.05～0.10	0.23～0.33	Pb	390～540	≥22	≥36	≤170	530～755	510～735	690～685	≥7.0	152～217
Y45MnSPb	0.40～0.48	≤0.40	1.35～1.65	≤0.04	0.24～0.33	Pb	610～900	≥12	≥20	≤241	695～980	655～880	580～880	≥6.0	196～255
Y08Sn	≤0.09	≤0.15	0.75～1.20	0.04～0.09	0.26～0.40	Sn	350～500	≥25	≥40	≤163	480～705	460～685	440～635	≥7.5	140～200
Y15Sn	0.13～0.18	≤0.15	0.40～0.70	0.03～0.07	≤0.05	Sn	390～540	≥22	≥36	≤165	530～755	510～735	490～685	≥7.0	152～217
Y45Sn	0.40～0.48	≤0.40	0.60～1.00	0.03～0.07	≤0.05	Sn	600～745	≥12	≥26	≤241	695～920	655～855	635～835	≥6.0	196～255
Y45MnSn	0.40～0.48	≤0.40	1.20～1.70	≤0.06	0.20～0.35	Sn	610～850	≥12	≥26	≤241	695～920	655～855	635～835	≥6.0	196～255
Y45Ca	0.42～0.50	0.20～0.40	0.60～0.90	≤0.04	0.04～0.08	Ca	600～745	≥12	≥26	≤241	695～920	655～855	635～835	≥6.0	196～255

注:铅系易切削钢中 Pb 含量为 0.15%～0.35%;锡系易切削钢中的 Sn 含量为 0.09%～0.25%;钙系易切削钢中 Ca 含量为 0.002%～0.006%。表中锡系易切削钢为专利所有。

铋与铅的物理化学性能相近,其作用同铅在钢中的作用也近似。铋完全不溶解于钢,而以细小微粒分布在钢中,或附着于硫化物周围。在一般结构钢中加入量为 0.04%~0.10%。铋密度比铅小,故在钢中的宏观偏析明显减少。铋无毒,在人体的积蓄性比铅低得多,对健康无害。国外较早即研制出含铋易切削钢。日本神户钢铁公司对铋代铅的易切削钢进行过系统的研究,发现铋的加入量大约为铅的一半,即具有相同的切削寿命和力学性能。表 6.47 为铋易切削钢和铅易切削钢的力学性能对比[84]。

表 6.47 铋易切削钢和铅易切削钢的力学性能对比[84]

钢种	化学成分/%								R_m/MPa	A/%	Z/%	冲击功/(J/cm^2)		硬度HV10
	C	Si	Mn	P	S	Cr	Pb	Bi				纵向	横向	
基础钢	0.31	0.19	0.72	0.013	0.013	0.12	—	—	790	22.2	70.3	230	41	246
F1(Bi 钢)	0.29	0.19	0.70	0.017	0.021	0.12	—	0.03	806	20.5	68.5	218	32	256
F2(Bi 钢)	0.30	0.22	0.74	0.013	0.020	0.12	—	0.10	804	20.9	69.7	210	31	255
L1(Pb 钢)	0.30	0.19	0.74	0.011	0.021	0.13	0.06	—	798	21.0	69.3	213	35	253
L2(Pb 钢)	0.29	0.18	0.68	0.014	0.015	0.19	0.22	—	807	20.4	67.0	209	32	258

铋改善钢材的易切削机理与铅是一样的。铋易切削钢与铅易切削钢相同,不宜使用硬质合金刀具加工,其切屑去除性及材料冷锻性均优于铅易切钢。

6.5.3 钙系、钙硫系及含稀土易切削钢

含钙的易切削钢是在钢中加入 0.005%~0.01%Ca,可在不影响钢的力学性能的情况下,大大改善高速切削情况下的切削性能。这种钢的易切削夹杂物被证明是 Ca、Al、Si 等的氧化物复合物——钙铝硅酸盐(mCaO · Al_2O_3 · $n\,SiO_2$),如 C_2AS(称为钙黄长石,亦称为长石)、CAS_2(称为钙斜长石)。钙易切削钢在高速切削情况下,低熔点的 Ca-Al-Si 复合氧化物熔覆在刀具切削面上形成覆盖膜,起润滑、减小摩擦的作用,能防止刀具的磨损,使刀具寿命显著延长。我国在 20 世纪 80 年代研制成功钙易切削钢,GB/T 8731—2008《易切削结构钢》中列入了 1 个钙系易切削钢 Y45Ca(表 6.46)。在工业生产中冶炼钙易切削钢时,钙的加入有多种方法,采用浇注前在钢包中喷 CaSi 粉的方法,收得率较高而且稳定。

Y45Ca 钢热轧后有比较高的强度,σ_b 可达 600MPa 以上,并具有一定的塑性,其综合力学性能较好。Y45Ca 钢可进行热处理,可以得到很好的力学性能,可用于制造高负荷的重要零件,如机床的主轴、花键轴等热处理零件。Y45Ca 钢的加工性能良好,适合于高速切削加工,切削速率可达 150m/min,比 45 钢高一倍以上,刀具磨损减小[30]。

单加钙的钢只限于用在高速情况下,而复合添加 S、Pb 的易切削钢能在广泛的切削速率领域(低、中、高速),显示出良好的切削性。钙易切削钢的制造关键是在冶金过程中能得到钙铝硅酸盐夹杂物,而不生成钙铝酸盐(mCaO · $n\,Al_2O_3$),后者将使切削性能大为变坏。

以 45 钢和 40Cr 钢为基础,进行了 Ca-S 复合加入的对比试验,S 含量控制在 0.04%~0.10%,Ca 含量控制在 0.0018%~0.005%。钢中的夹杂物为纺锤状或链条状,皆为 CaO-Al_2O_3-SiO_2 系复合氧化物与硫化物的混合物。切削试验表明,钙硫易切削钢 Y45CaS、Y40CrCaS 具有优良的切削性能。在用硬质合金刀具高速切削加工时,Y45CaS、

Y40CrCaS 钢比相应的基础钢 45、40Cr 钢，刀具耐用度提高 3～10 倍；在中低速切削加工时，刀具耐用度提高两倍以上[85]。

图 6.65 为 TiC 硬质合金切削 40Cr、Y40CrCa 和 Y40CrCaS 钢时刀具寿命对比。Y40CrCa 为在基础钢 40Cr 的基础上加入 0.007%Ca，Y40CrCaS 钢为在 40Cr 钢的基础上加入 0.005%Ca 和 0.048%S，Ca 是在浇注前通过向钢包喷 CaSi 粉的方式加入钢中。三种钢的力学性能都符合 40Cr 钢的规格。由图 6.65 可以看出，Ca-S 复合易切削钢在各种切削速率下均具有良好的切削性能，刀具寿命比切削钙易切削钢要高得多，而钙易切削钢在切削速率低于 145m/min 时，刀具寿命比基础钢还低，只是切削速率超过 145m/min 后，其刀具切削寿命超过切削基础钢时的寿命。表面光洁度的测定结果：Y40CrCa 钢与 40Cr 钢相当，而 40CrCaS 钢的表面光洁度优于前两者。Y40CrCa 钢的切削力与 40Cr 钢相当，而 40CrCaS 钢的切削力约降低 7%。测定了切削钙易切削钢时刀具上形成覆盖膜的主要成分为 Al_2O_3、SiO_2、CaO[86]。

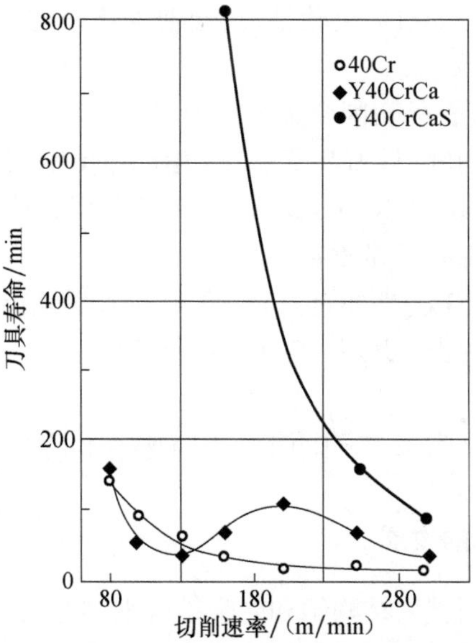

图 6.65　TiC 硬质合金切削 40Cr、Y40CrCa 和 Y40CrCaS 钢时刀具寿命对比[86]

我国学者较早开展了 RE-S 复合易切削结构钢的研究，以 20Cr 钢为基础钢，添加 0.063%S 和 0.11%Ce，制备了 20CrRES 钢。稀土的加入使夹杂物 MnS 变性为以稀土夹杂物 Ce_2O_2S-Ce_2O_3 为主的球形夹杂物，并将 Al_2O_3 硬质点包裹在内，复合夹杂物在热加工过程中，不易变形，因而使钢具有良好的横向性能。在切削过程中，稀土夹杂物可以黏附在刀具的前刀面形成覆盖膜，有效地减少刀具的磨损，再加上应力集中源及润滑作用，可显著提高钢的切削加工性，也改善了钢的断削性能。稀土的加入对钢的淬透性、奥氏体长大倾向及渗碳性能没有影响[87]。

表 6.48 为我国已得到生产使用的两种钙硫复合易切削结构钢牌号(非标准钢号)、化学成分及力学性能。

表 6.48　Y45CaS、Y40CrCaS 钢的化学成分和力学性能(非标准钢号)[30]

钢号	化学成分/%							热处理工艺	σ_b/MPa	σ_s/MPa	δ_5/%	ψ/%	a_k/(J/cm^2)
	C	Si	Mn	P	S	Cr	Ca						
Y45CaS	0.42～0.50	0.17～0.37	0.60～0.90	≤0.04	0.04～0.10	—	0.001～0.005	正火 810～830℃	>598	>353	>16.0	>40.0	—
Y40CrCaS	0.37～0.45	0.20～0.40	0.60～0.90	≤0.04	0.04～0.10	0.80～1.10	0.001～0.005	850℃油淬,500℃回火水冷	≥980	≥784	≥9.0	≥45.0	≥58.8

对比 Y45CaS 和 Y45Ca 钢的成分(表 6.46)可以看出,前者的硫含量上限稍高,硅含量稍低,钙含量也稍低。Y45CaS 钢是钙硫复合易切削钢,因而其被切削性能比 Y45Ca 钢有较大提高,适合高速切削加工,切削速率可达 150m/min 以上,生产效率可以高 1～2 倍,而在低中速率切削时也比 45 钢高约 30%。

Y45CaS 钢的热加工性能良好,冷加工性能亦好。Y45CaS 钢热处理后的力学性能好,可制造重要的机器零件,如机床齿轮轴、花键轴等热处理零件及自动机床切削加工的高强度标准件等。

Y40CrCaS 钢是钙硫复合易切削合金结构钢,具有优良的切削性能,适合高速切削加工。用硬质合金刀具高速切削时,刀具寿命比切削 40Cr 钢高 4 倍多,生产效率可提高 1～2 倍;中低速切削时也比切削 40Cr 钢时的刀具寿命高 2 倍多,生产效率提高约 30%。断屑性和加工表面光洁度都有明显改善。

Y40CrCaS 钢的热处理工艺性能良好,调质后的力学性能和与 40Cr 钢相当,只是横向塑、韧性稍低,调质后的冲击韧度比 40Cr 钢约低 20%。

6.6　非调质机械结构钢

6.6.1　非调质机械结构钢的发展

机械制造行业大量使用碳素结构钢和合金结构钢制造机械零件。为了使零件具有良好的综合力学性能,一般要经过调质处理(淬火并高温回火),而调质是能耗费用很高的工序。

1970 年德国 Thyssen 钢铁公司研制出微合金非调质钢种 49MnVS3,替代 CK45 钢并采用控锻的方法制造出曲轴,1972 年进入工业规模生产。之后,以节减能耗为特点的微合金非调质钢在欧洲和日本得到迅速的发展。

我国于 20 世纪 80 年代开始了微合金非调质钢的研究与开发,有关部门制定了发展规划,有众多科研院所、企业和高校参与,分别在热锻非调质钢、易切削非调质钢、高强高韧非调质钢、冷作强化非调质钢和非调质钢强韧化机理等几个方面开展试验研究。到 1990 年,开发出不同强度级别的微合金非调质钢 15 个,其中 9 个纳入了 GB/T 15712—1995《非调质机械结构钢》中[88],2008 年该标准修改为 GB/T 15712—2008《非调质机械结构钢》,纳入 10 个牌号。

在 GB/T 15712—2008《非调质机械结构钢》中,将其英文名称修改为“microalloyed medium carbon steels”,并将非调质机械结构钢定义为“通过微合金化、控制轧制(锻制)

和控制冷却等强韧化方法，取消了调质热处理，达到或接近调质钢力学性能的一类优质或特殊质量结构钢”；将“切削加工用钢”修改为“直接切削加工用钢”，取消切削加工用钢牌号表示方法中的“Y”，用尾部加“S”表示含硫钢；增加了 F30MnVS、F38MnVS、F49MnVS 和 F12Mn2VBS 等牌号及相关要求，将 YF45V 与 F45V 合并为 F45V，将 YF35MnV 与 F35MnVN 合并为 F35MnVS，将 YF40MnV 与 F40MnV 合并为 F40MnVS。

GB/T 15712—2008 规定：钢材按使用加工方法不同，分为直接切削加工用非调质机械结构钢和热压力加工用非调质机械结构钢。直接切削加工用非调质机械结构钢是供机械制造业仅采用机械加工即可成形的方式制作机械零件的，所加工的机械零件不再进行整体热处理，其基体的组织与性能完全取决于供货状态下钢材的组织与性能。热压力加工用非调质机械结构钢是供机械制造业采用锻造成形和机械加工的方式制作机器零件的。零件的使用性能除决定于钢的化学成分、冶炼质量外，还与零件的锻造工艺密切相关。因此，对于锻造用非调质钢，主要要求和考核钢的化学成分、成分偏析及钢的纯净度，而不必过于严格要求其轧制状态的力学性能。2016 年发布了 GB/T 15712—2016《非调质机械结构钢》代替 GB/T 15712—2008，主要变化如下：增加了 6 个牌号及相关要求；调整了部分牌号的硅和碳的含量；增加了钼含量不大于 0.05％的要求；加严了低倍和脱碳层的要求；增加了晶粒度作为协议要求等。标准中所列各牌号的化学成分见表 6.49。按显微组织区分，序号 1～14 的牌号为铁素体-珠光体类，序号 15、16 的牌号为贝氏体类。

表 6.49　非调质机械结构钢的牌号和化学成分（GB/T 15712—2016）　（单位：％）

序号	牌号	C	Si	Mn	S	P	V
1	F35VS	0.32～0.39	0.15～0.35	0.60～1.00	0.035～0.075	≤0.035	0.06～0.13
2	F40VS	0.37～0.44	0.15～0.35	0.60～1.00	0.035～0.075	≤0.035	0.06～0.13
3	F45VS	0.42～0.49	0.15～0.35	0.60～1.00	0.035～0.075	≤0.035	0.06～0.13
4	F70VS	0.67～0.73	0.15～0.35	0.40～0.70	0.035～0.075	≤0.045	0.03～0.08
5	F30MnVS	0.26～0.33	0.30～0.80	1.20～1.60	0.035～0.075	≤0.035	0.08～0.15
6	F35MnVS	0.32～0.39	0.30～0.60	1.00～1.50	0.035～0.075	≤0.035	0.06～0.13
7	F38MnVS	0.35～0.42	0.30～0.80	1.20～1.60	0.035～0.075	≤0.035	0.08～0.15
8	F40MnVS	0.37～0.44	0.30～0.60	1.00～1.50	0.035～0.075	≤0.035	0.06～0.13
9	F45MnVS	0.42～0.49	0.30～0.60	1.00～1.50	0.035～0.075	≤0.035	0.06～0.13
10	F49MnVS	0.44～0.52	0.15～0.60	0.70～1.00	0.035～0.075	≤0.035	0.08～0.15
11	F48MnV	0.45～0.51	0.15～0.35	1.00～1.30	≤0.035	≤0.035	0.06～0.13
12	F37MnSiVS	0.34～0.41	0.50～0.80	0.90～1.10	0.035～0.075	≤0.045	0.25～0.35
13	F41MnSiV	0.38～0.45	0.50～0.80	1.20～1.60	≤0.035	≤0.035	0.08～0.15
14	F38MnSiNS	0.35～0.42	0.50～0.80	1.20～1.60	0.035～0.075	≤0.035	≤0.06

续表

序号	牌号	C	Si	Mn	S	P	V
15	F12Mn2VBS	0.09～0.16	0.30～0.60	2.20～2.65	0.035～0.075	≤0.035	0.06～0.12
16	F25Mn2CrVS	0.22～0.28	0.20～0.40	1.80～2.10	0.035～0.065	≤0.030	0.10～0.15

注:1) 序号 4、11、12、13、14、16 为新增加的牌号。序号 1、2、3 牌号中的 Si 含量原为 0.20%～0.40%。序号 5、7 牌号中的 Si 含量原为不大于 0.80%。序号 7 中的 C 含量原为 0.34%～0.41%。

2) 各牌号中的 Cr、Ni、Cu 均为不大于 0.30%,但 F25Mn2CrVS 中 Cr 含量为 0.40%～0.60%,序号 1～14 中 Mo 含量不大于 0.05%。F38MnSiNS 中 N 含量为 0.010%～0.020%。F12Mn2VBS 中的 B 含量为 0.001%～0.004%。热压力加工用钢的铜含量不大于 0.20%。

3) 当含量只有上限要求时,牌号尾部不加"S"。为了保证钢材的力学性能,允许钢中添加氮,推荐氮含量为 0.0080%～0.0200%。

4) 经供需双方协商可以用铌或钛代替部分或全部钒,在部分代替情况下,钒的下限含量由双方协商。

直接切削加工用钢材,直径或边长不大于 60mm 时的力学性能应符合表 6.50 的规定。热压力加工用钢材,根据需方要求可检验力学性能及硬度,表 6.50 数据仅供参考。GB/T 15712—2016 规定了非调质机械结构钢的低倍组织及非金属夹杂物的合格级别的要求。

表 6.50　直接切削加工用非调质机械结构钢力学性能(GB/T 15712—2016)

牌号	钢材直径或边长/mm	抗拉强度 R_m/MPa	下屈服强度 R_{eL}/MPa	断后伸长率 A/%	断面收缩率 Z/%	冲击功 KU_2/J
F35VS	≤40	≥590	≥390	≥18	≥40	≥47
F40VS	≤40	≥640	≥420	≥16	≥35	≥37
F45VS	≤40	≥685	≥440	≥15	≥30	≥35
F30MnVS	≤60	≥700	≥450	≥14	≥30	实测
F35MnVS	≤40	≥735	≥460	≥17	≥35	≥37
	>40～60	≥710	≥440	≥15	≥33	≥35
F38MnVS	≤60	≥800	≥520	≥12	≥25	实测
F40MnVS	≤40	≥785	≥490	≥15	≥33	≥32
	>40～60	≥760	≥470	≥13	≥30	≥28
F45MnVS	≤40	≥835	≥510	≥13	≥28	≥28
	>40～60	≥810	≥490	≥12	≥28	≥25
F49MnVS	≤60	≥780	≥450	≥8	≥20	实测

初期开发的非调质钢的基体组织均为铁素体+珠光体,加之析出相与基体的共格关系,钢的韧性不如调质钢所具有的索氏体组织好。因此,各国在铁素体-珠光体非调质钢的研究与开发中均致力于不断提高钢的韧性,同时开发出具有良好强韧性的低碳贝氏体微合金非调质钢和具有低碳马氏体组织的高强度、高韧性微合金非调质钢。

采用非调质钢制造零件,与调质钢相比,明显地表现出如下的技术经济特点和优势[88]:

(1) 节减了能耗。热处理是耗能较高的工序,各类非调质钢均省去了调质工序,有显著的节能效果,并节省了相关工序的材料消耗,减少了污染。

(2) 避免了热处理过程中产生的废品。省去了生产效率很低的校直工序,避免了校直工序中产生的废品。

(3) 缩短了生产周期。一般可缩短 15%，提高了劳动生产率。由于省去了调质工序，可减少零件的加工余量，提高材料利用率 5%～10%。

(4) 提高了零件的质量。非调质钢的尺寸效应较小，其强度和硬度沿零件截面的分布较为均匀，克服了用调质钢制作的零件在尺寸稍大时便达不到调质性能要求的弱点，提高了零件的整体强度和使用寿命。

(5) 对于冷作强化的非调质钢，可以省去调质和冷拔前退火处理两个热处理工序，节减能耗更为显著，还可节省退火氧化的损失，进一步提高材料利用率 3%～4%(见 5.8.4.4 节)。

由于非调质钢优异的技术经济特点，其产量不断增长，应用领域也越来越广。世界上主要产钢国家都建立了非调质钢系列[88]。表 6.51 为国外生产的微合金非调质钢示例。

6.6.2 非调质机械结构钢的合金化与热加工

6.6.2.1 非调质钢的合金化[19,88,89]

C 是非调质钢中最有效的强化元素，又是明显降低钢的塑性和韧性的元素。为能获得比较好的综合力学性能，C 含量应控制在 0.55%以下，为了能显著改善韧性，C 含量应控制在 0.35%以下。

Mn 是非调质钢中常用的元素，在钢中主要以固溶形式存在，有较强的固溶强化效果(图 4.51)，其含量一般大于 0.6%。Mn 扩大 γ 区，降低钢中共析成分的碳含量，增加钢中珠光体量，并可降低相变温度而细化铁素体和珠光体团以及珠光体的片间距。Mn 降低 VC 和 VN 在奥氏体中的溶解度和溶解温度，提高其在铁素体中的析出量，降低析出物的尺寸，这既可以提高强度，又可改善韧性。在 Mn-V 非调质钢中，增加 Mn 含量可以增加珠光体量，提高强度，但会使韧性降低，这可以通过适当降低 C 来平衡珠光体含量。在铁素体-珠光体钢中，Mn 含量不宜高于 1.5%，否则，会促进钢中贝氏体的生成。Mn 在钢中的内吸附现象可以排出晶界碳化物，使之在晶内析出。Mn-N 形成结合较紧的原子团，可以起到固定 N 原子的作用。

Si 在铁素体中有高的溶解度，能促进铁素体的形成。Si 可以强化铁素体，但在铁素体-珠光体型非调质钢中，其综合强化效果低于 Mn。在非调质钢中加入 0.5%～0.7%Si 有利于改善韧性，但高于 0.7%时，则强度增加，韧性下降(图 4.53、图 4.54)。Si 增加钢的形变硬化率，对冷作强化的非调质钢，应少用 Si。

Cr、Mo 能降低相变温度、细化铁素体晶粒、减少珠光体片间距，并能细化相变过程中或相变后析出的微合金碳氮化合物，增加钢的韧性。Mo 还能有效地推迟珠光体转变，促进贝氏体的形成。Ni 是较稀缺的元素，在非调质钢中一般不使用。微量 B 常用于贝氏体型非调质钢。

表 6.51　国外生产的微合金非调质钢示例[88]

牌号	化学成分/%							σ_b/MPa	σ_s/MPa	δ/%	ψ/%	A_k/J	备注
	C	Si	Mn	S	P	V	其他						
49MnV3（德国）	0.42～0.50	≤0.60	0.60～1.00	0.045～0.065	≤0.035	0.08～0.13	—	750～900	≥450	≥8	≥20	15	热锻用
38MnSiVS5（德国）	0.35～0.40	0.50～0.80	1.20～1.50	0.040～0.070	≤0.035	0.08～0.13	Ti 适量	820～1000	≥550	≥12	≥20	—	热锻用
44MnVS6（德国）	0.42～0.47	0.50～0.80	1.30～1.60	0.02～0.035	≤0.035	0.10～0.15	—	950～1100	≥600	≥10	≥20	—	热锻用
27MnSiV6（德国）	0.25～0.30	0.50～0.80	1.30～1.60	0.03～0.05	—	0.08～0.13	—	800～950	≥500	≥14	≥30	50	热锻用
S40CVL（日本住友金属）	0.40	0.45	0.70	≤0.030	≤0.030	0.08	—	855	610	19	51	51	热锻汽车连杆用
S43CVS（日本住友金属）	0.44	0.22	1.12	0.047	0.018	0.084	—	890	580	21	47	52	热锻汽车曲轴用
S48CVSL（日本住友金属）	0.46	0.46	0.99	0.045	0.021	0.06	—	836	515	21	43	26	热锻汽车转向节用
LMIC80SL（日本住友金属）	0.24	0.25	1.55	0.046	0.015	0.13	—	824		19		71～72	热锻汽车叉节
KNR75（日本神户制钢）	0.40～0.46	0.15～0.35	1.00～1.30	≤0.035	≤0.030	0.05～0.15	—	≥735	≥490	≥17	≥40	≥47	685MPa 级易切削用
KNR85（日本神户制钢）	0.42～0.48	0.15～0.35	1.00～1.30	≤0.035	≤0.030	0.10～0.20	—	≥835	≥540	≥15	≥35	≥24	785MPa 级易切削用
KNR90（日本神户制钢）	0.47～0.50	0.15～0.35	1.00～1.30	≤0.035	≤0.030	0.10～0.20	—	≥885	≥570	≥14	≥30	≥16	885MPa 级易切削用
KNR70S（日本神户制钢）	0.27～0.33	0.15～0.35	1.00～1.40	≤0.035	≤0.030	0.08～0.12	—	≥685	≥490	≥17	≥45	≥63	高韧性型

S是非调质钢中常加入的元素，主要用于改善钢的切削加工性能，加入量一般为0.035%～0.075%。钢中加入适量的Mn，形成MnS，可以阻止奥氏体晶界移动，在锻造温度下，析出的MnS具有细化晶粒的效果。在一定的冶炼条件下，MnS和V的碳、氮化物复合系促进晶内铁素体(IGF)的生成，提高钢的韧性。

在非调质钢中均加入了微合金元素V、Nb或Ti，这些元素在非调质钢中以碳化物、氮化物、碳氮化物和固溶状态存在，在高温加热时，具有钉扎晶界、阻止晶粒长大的作用。在变形时，应变诱导析出的微合金碳、氮化物沉淀在晶界和位错上，可以钉扎位错，抑制回复、再结晶过程的进行。微合金元素固溶于钢中时，将影响奥氏体的淬透性，微合金碳、氮化物还可以沉淀强化。上述微合金元素在钢中的行为影响着钢的组织形态和性能。

V、Nb、Ti在钢中的存在形式与钢中的碳、氮含量有关，其相互关系可用固溶度积方程进行描述。在表3.3中列出的是碳化物和氮化物在低碳钢(0.1%C)中的固溶度积公式。不同研究者得到的固溶度积公式有时有明显的差别。

V单独加入时形成碳化钒，其浓度在VC与V_4C_3之间变化。其固溶度积关系式为

$$\lg\{[V][C]\}_\gamma = -9500/T + 6.72 \tag{6.4}$$

或

$$\lg\{[V]^4[C]^3\}_\gamma = -30400/T + 21.58 \tag{6.5}$$

当Mn存在时，VC的固溶温度还会降低。其固溶度积方程为

$$\lg\{[V][C]\}_\gamma = -8330/T + 3.40 + 0.12[Mn] \tag{6.6}$$

在以上各式中，[]表示某元素处于固溶态的质量分数(%)；T为热力学温度。根据以上固溶度积方程，可以计算碳化钒在奥氏体中的溶解温度。例如，在Fe-0.1%V-C钢中，当碳含量在0.3%～0.5%变化时，根据式(6.5)、式(6.6)计算VC完全溶解于奥氏体中的温度为879～911℃，V_4C_3则为846～875℃。这表明在常规锻造加热温度下，非调质钢中碳化钒可以完全，至少是绝大部分溶解到奥氏体中。这表明微合金元素V的利用率高，对沉淀强化的贡献大，成为非调质钢中最常用的添加元素[90]。

钢中有自由N存在时，N与V较之VC有更高的稳定性，将形成VN。其固溶度积方程为

$$\lg\{[V][N]\}_\gamma = -8330/T + 3.40 \tag{6.7}$$

在1.5%Mn的奥氏体中的固溶度积方程为

$$\lg\{[V][N]\}_\gamma = -8700/T + 3.64 \tag{6.8}$$

在Fe-0.1V-N的钢中，当N含量为50～200ppm时，根据式(6.8)可以计算出VN完全固溶的温度为970～1130℃，即使在常规的锻造温度下，VN可以完全固溶到奥氏体中[90]。

在珠光体-铁素体型非调质钢中，V含量一般控制在0.06%～0.15%。在含V非调质钢中增加N含量，将充分发挥V的作用，并有利于提高钢的韧性。

下面是一些有关铌的碳化物、氮化物和碳氮化物在奥氏体中的固溶度积的计算公式：

$$\lg\{[Nb][C]\}_\gamma = -7900/T + 3.42 \tag{6.9}$$

$$\lg\{[Nb][N]\}_\gamma = -8500/T + 2.89 \tag{6.10}$$

$$\lg\{[Nb][C+(12/14)N]\}_\gamma = -6770/T + 2.26 \tag{6.11}$$

$$\lg\{[Nb][C]\}_\gamma = -6770/T + 1.8 + 2.48[Mn] \tag{6.12}$$

在式(6.11)中认为 Nb 的碳化物和氮化物是相互固溶的,氮的含量以等效碳含量来表示。从式(6.12)中可以发现 Mn 元素对 Nb 溶解度的影响,即 Mn 促进 Nb 向奥氏体中的溶解。

根据式(6.9),可以算出 Fe-0.05%Nb-0.3%C 钢中完全固溶的温度约为 1234℃。在 Fe-0.1%Nb-C 钢中,碳含量在 0.3%～0.5%变化时,Nb 完全固溶的温度为 1333～1400℃。可见,Nb 比 V 的完全固溶温度高得多,因此,以热锻为目标的非调质钢通常不宜单独加入 Nb。Nb 和 V 复合添加时,既提高钢的强度,又改善钢的韧性。这是因为在锻造加热温度下,Nb 大部分都不溶解,可以起细化晶粒的作用,能完全固溶的 V 可以起沉淀强化的作用[90]。

Ti 在钢中的固溶度积可用下式表示:

$$\lg\{[Ti][C]\}_\gamma = -7000/T + 2.75 \tag{6.13}$$

$$\lg\{[Ti][N]\}_\gamma = -15790/T + 5.40 \tag{6.14}$$

根据式(6.13),可以算出 Fe-0.05%Ti-0.3%C 钢中完全固溶的温度约为 1259℃。在 Fe-0.1%Ti-C 钢中,碳含量在 0.3%～0.5%变化时,Ti 完全固溶的温度为 1428～1447℃。可见,TiC 比 NbC 完全固溶温度稍高。

当钢中含有一定量的 N 时,由于 TiN 较之 TiC 有更高的化学稳定性,在钢中将优先形成 TiN。根据式(6.14),在 0.005%N-0.05%Ti 钢中 TiN 的完全固溶温度为 1481℃。在微合金元素形成的碳氮化合物中,TiN 是最难溶解的。在 1250℃以上仍可看到稳定的 TiN 颗粒。

6.6.2.2 非调质机械结构钢的控制轧制(锻制)与控制冷却

提高轧制/锻造加热温度,可使微合金元素的碳氮化合物逐渐溶入奥氏体中;已溶入的碳氮化合物在冷却过程中的析出,可提高钢的强度和韧性;但轧制/锻造加热温度过高会使奥氏体晶粒长大、组织粗化、韧性降低。

加热温度对含有不同微合金化元素非调质钢的力学性能有不同的影响。这是由于不同微合金碳氮化物具有不同的固溶温度,室温状态下具有不同的析出量。图 6.66 为添加了 V、Nb、Ti 元素的 S45C 钢(相当于 45 钢),其加热温度对沉淀强度效果的影响。由图 6.66 可知,在通常的轧制和锻造加热温度(1000～1200℃)下,V 具有明显的强化效果,而含 Nb 和 Ti 的非调质钢需要加热到 1200℃以上才能获得较高的强度,含 V 的非调质钢加热在较低的温度,其碳氮化合物就可溶入奥氏体中。

非调质钢在加热时,如能严格控制一定含量的 Nb 不溶解,Nb 将以 Nb(C,N)质点的形式存在,起细化晶粒的作用。一定含量的固溶 Nb 在冷却时析出,产生沉淀硬化效应,这将十分有利于钢的强韧化。

热加工温度与变形量影响钢的再结晶程度、奥氏体的晶粒度,同时影响形变诱导析出的程度。

加工温度越高,越容易发生再结晶,导致再结晶后的晶粒迅速长大而粗化并且不容易发生形变诱导析出。粗大的奥氏体晶粒冷却后,珠光体量增加,强度和硬度升高,伸长率

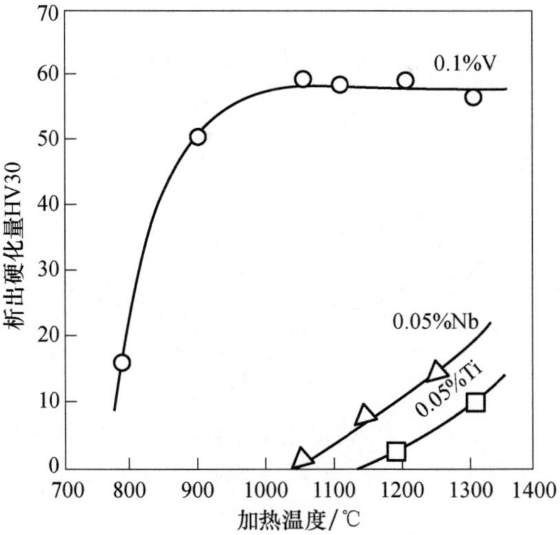

图 6.66 加热温度对沉淀硬化量的影响[88]
沉淀硬化量＝(S45C＋V、Nb、Ti 的硬度)－S45C 的硬度
加热条件：T(℃)×10min，冷却速率：50℃/min

和韧性下降。

加工温度低时，再结晶驱动力小，并能产生形变诱导析出，晶粒变细，强度上升，伸长率和韧性有很大提高。

形变量和形变速率增大能使奥氏体晶粒更加碎化或者伸长，导致铁素体含量增加，铁素体和珠光体团尺寸减小，使强度和韧性同时上升。

含 V 非调质钢在低温加热和加工后，可得到细小的铁素体晶粒和珠光体团，可提高钢的强韧性，但较低温度下的热加工要增加设备的负荷和能量消耗，只能在设备允许的条件下进行。

热加工后的冷却速率，特别是在 Ar_3 与 Ar_1 之间(大约在 800～500℃)的冷却速率，对析出物的颗粒大小和数量、珠光体的相对量和片间距等都有一定的影响，最终影响钢的强度和韧性。热加工后冷却速率过慢会使沉淀相和显微组织粗化；热加工后快冷，珠光体含量增加，同时铁素体晶粒尺寸、珠光体片间距和渗碳体片厚降低，析出物弥散程度增大，平均尺寸减小，强度和韧性均有提高；但冷却速率超过一定值后，析出不充分，反而降低析出强化的作用，还可能导致贝氏体的出现。图 6.67 为 F40MnV 钢中沉淀相 VC 尺寸分布随冷却速率的变化。几种钢的试验均表明，有一个最佳的冷却速率对应着最大的沉淀硬化效应。对于含 V 的中碳钢，最佳的冷却速率为 3℃/s[88]。

6.6.3 非调质机械结构钢的设计

微合金非调质钢的设计时，应考虑钢的使用性能、工艺性能和经济性[88]。

非调质钢是在各种受力条件下工作的，均以力学性能作为材料设计的主要指标。力学性能的指标可分为设计指标，如屈服强度、抗拉强度、疲劳强度、断裂韧性等，以及安全指标，如伸长率、断面收缩率、冲击功等。

对于非调质钢，其主要工艺性能包括热加工性能、切削加工性能、表面强化特性、焊接

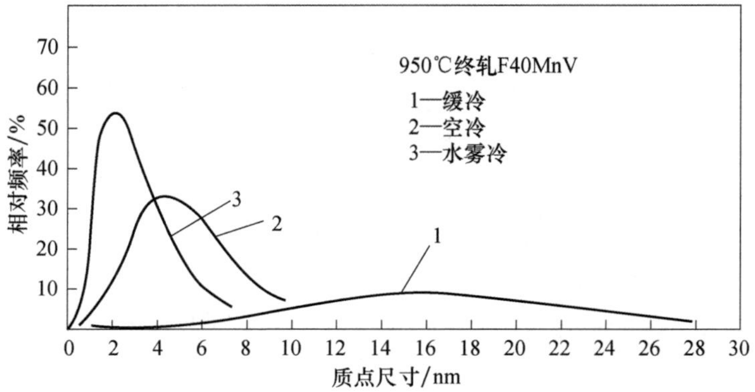

图 6.67　F40MnV 钢中沉淀相尺寸分布随冷却速率的变化[88]

性能等。

经济性对于非调质机械结构钢尤为重要。开发和生产非调质钢的目的就是要节减能耗、降低生产成本,非调质钢属于经济型钢种。为了使非调质钢能具有与调质钢相当的使用性能,必须添加合金元素,并采用适当的热加工工艺,这必然会增加成本。因此在开发新的非调质钢时,应使新钢在具有良好性能的同时,总体上具有良好的经济效益,这是微合金非调质钢设计成功与否的关键。

6.6.3.1　铁素体-珠光体型非调质钢

非调质钢中应用最多的是具有铁素体+珠光体组织的中碳微合金钢。在碳含量小于 0.25%的钢中,抗拉强度、屈服强度与珠光体体积分数之间呈线形关系(5.2.4.1 节),而在碳含量大于 0.25%的中碳钢,则表现为非线形关系,如图 4.26 所显示。钢的强度与珠光体体积分数之间具有 1/3 的指数关系,如式(4.28)所示。Pickering 等提出了适用于直到共析成分的整个珠光体含量范围的强度、显微组织、成分的关系式[91]:

$$\sigma_s = 15.4\{f_\alpha^{1/3}[2.3 + 3.8w_{Mn} + 1.1d^{-1/2}] + (1 - f_\alpha^{1/3})\cdot(11.6 + 0.25S_0^{-1/2}) + 4.2w_{Si} + 27.8{w_N}^{1/2}\}(MPa) \tag{6.15}$$

$$\sigma_b = 15.4\{f_\alpha^{1/3}[16 + 74.2{w_N}^{1/2} + 1.18d^{-1/2}] + (1 - f_\alpha^{1/3})\cdot(47.6 + 0.23S_0^{-1/2}) + 6.3w_{Si}\}(MPa) \tag{6.16}$$

式(6.15)即式(4.30)。式中,f_α 为铁素体体积分数;d 为铁素体晶粒直径(mm);S_0 为珠光体片间距(mm);w_N 为固溶体中自由 N 的质量分数(%);w_{Mn}、w_{Si} 为各元素的质量分数(%)。$f_\alpha^{1/3}$ 和 $1-f_\alpha^{1/3}$ 因子表示铁素体、珠光体含量,1/3 指数是因为强度随珠光体含量的变化是非线性的。珠光体含量较低时,如 5.2.4.1 节相应公式所表明的那样,其含量并不显著影响强度,但随珠光体含量增加直到 100%时,其影响就逐渐显著了。

由式(6.15)和式(6.16)可以看出,Mn 只提高钢的屈服强度,而对抗拉强度没有贡献,式中的 w_N 只在固溶于铁素体中时才提高其强度。

对于微合金钢,一般是在上述关系式的基础上直接加上沉淀强化项 σ_p,对于位错密度较高的钢,再加上位错强化项 σ_D。

沉淀强化增量 σ_p(MPa)的大小决定于析出物的体积分数 f(%)及其平均尺寸 D(μm),可用下式表示[92]:

$$\sigma_p = (5.9 f^{1/2}/x) \cdot \ln[x/(2.5 \times 10^{-4})] \tag{6.17}$$

式中，x 为平面所截取粒子的平均直径，$x = D(2/3)^{1/2}$。

Gladman 提出，对于铁素体-珠光体型非调质钢，冲击能为 27J 的韧脆转变温度 T_c（℃）可按下式计算[92]：

$$T_c = f_\alpha(-46 - 11.5d^{-1/2}) + (1 - f_\alpha)(-335 + 5.6S_0^{-1/2} - 13.3p^{-1/2} + 3.48 \times 10^6 t) + 48.7w_{Si} + 762w_N^{1/2} \tag{6.18}$$

式中，f_α 为铁素体体积分数；d 为铁素体晶粒直径(mm)；S_0 为珠光体片间距(mm)；p 为珠光体团尺寸(mm)；t 为渗碳体片厚度(mm)；w_{Si} 为钢中 Si 的质量分数(%)；w_N 为钢中的自由 N 质量分数(%)。

由式(6.18)可见，韧脆转变温度随珠光体体积分数的增加而升高，珠光体团的大小和铁素体晶粒大小一样，对这类钢的韧性具有重要的影响，细化珠光体团，对提高非调质钢的韧性十分有利。

Sawada 等对 V 或 V+Nb 的微合金化进行了力学性能研究，得出了如下方程[93]：

$$\sigma'_s = \sigma_s(\text{式}(6.15)) + 2030(w_V - 3.18w_{Nb}) \cdot w_C + 110300(w_V + 2.35w_{Nb}) \cdot w_N(\text{MPa}) \tag{6.19}$$

$$\sigma'_b = \sigma_b(\text{式}(6.16)) + 592(w_V - 12.42w_{Nb}) \cdot w_C + 116560(w_V + 8w_{Nb}) \cdot w_N(\text{MPa}) \tag{6.20}$$

$$T'_c = T_c(\text{式}(6.18)) + 306(w_V - 19w_{Nb}) \cdot w_C + 30200(w_V + 8w_{Nb}) \cdot w_N \tag{6.21}$$

为改善和提高微合金非调质钢的韧性，科技工作者开展了大量的研究工作。根据影响非调质钢韧性的各种因素，提高非调质钢韧性的主要措施有：①提高钢的纯净度和对夹杂物进行变性处理；②调整钢的化学成分以提高钢的韧性，如适当降低碳含量，提高 Mn 含量，适量加 Si；③采用 V-Nb 或 V-Ti 复合微合金化，可明显提高非调质钢的韧性；④适当降低热加工温度，增大变形量，可获得较高的铁素体体积分数和分布均匀的铁素体，可以提高韧性；⑤控制锻后的冷却速率，特别是在 Ar_3 与 Ar_1 之间的冷却速率；⑥形成晶内铁素体(IGF)是提高韧性的有效手段。

氧化物冶金技术是 1990 年前后由日本新日铁公司的研究人员提出的[94]。形成晶内铁素体是采用了氧化物冶金技术用以细化非调质钢晶粒，其原理是：在生产过程中利用钢中的氧化物夹杂，使晶粒中析出大量微小的 MnS 颗粒，在热加工后冷却时将以在 MnS 颗粒上析出的 VN 作为晶粒核心，促进晶粒内铁素体的形成。

当钢中的 S 含量大于 0.01%时，钢中的氧化物大多可以成为 MnS 的析出核心，VN 会在 MnS 上析出。研究工作表明，VN 和铁素体各自的(001)面相互间的错配度仅为 2.1%，点阵的共格性高，比表面能小，降低了铁素体的形核自由能。因此，VN 可以成为晶内铁素体形核之处。VN 和铁素体晶粒具有 Baker-Nutting 取向关系。增加 S 含量，使 MnS 颗粒的数量增加，而 MnS 颗粒的大小不受 S 含量的影响，可以达到增加晶内铁素体的效果。钢中终脱氧前的氧含量控制在 30～40ppm，Mn 含量控制在 0.06%，再加入一定量的 V(一般为 0.12%)和一定量的 N(0.02%)，钢中的酸溶铝为 0.01%～0.03%，可以获得理想的晶内铁素体组织，但当碳含量提高至 0.45%时，非调质钢中得不到晶内铁素体组织[19,95]。

图 6.68 为具有晶内铁素体的非调质钢(牌号 I)、Ti 微合金化的非调质钢(牌号 T)、中碳调质钢(牌号 C)三种钢的冲击功与试验温度的关系,表 6.52 为这三种钢的化学成分[96]。表 6.52 所列 I 钢便是根据上述原理,开发出的具有晶内铁素体的高强度、高韧性非调质钢。可以看出,形成晶内铁素体的钢具有明显的比较高的韧性。研究工作表明,在通常 C、N、V 含量的情况下,通过提高非调质钢中的 S 含量,能获得比 Ti 微合金化非调质钢更细的铁素体+珠光体组织,在各试验温度下,均具有更高的韧性,而且其冲击韧性比中碳调质钢还要好。

铁素体-珠光体型非调质钢大都有较高的硫含量。国内一些钢厂在实际生产中对硫的控制较差,硫含量波动较大,易形成较大的长条状的硫化物夹杂,降低了钢的韧性。研究工作表明,对含硫热锻钢采用加钙变质处理,热锻后可增加纺锤状硫化物的数量,减少细条状硫化物的数量,改善钢的各向异性和韧性[97,98]。

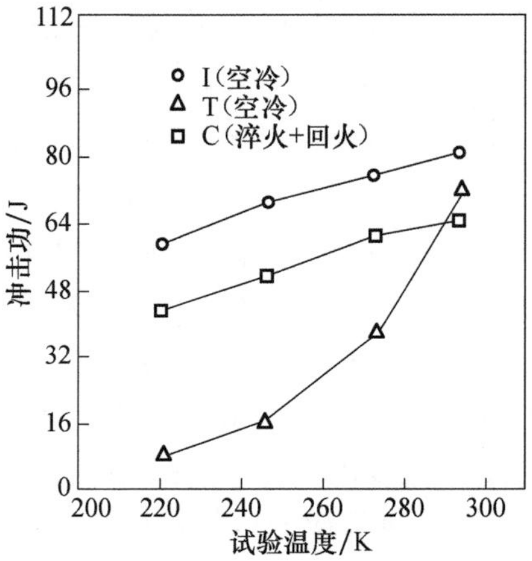

图 6.68 三种试验钢冲击功与试验温度的关系[96]

表 6.52 I、T 和 C 钢的化学成分[96] (单位:%)

牌号	C	Si	Mn	S	Cr	V	Ti	N
I	0.25	0.38	1.54	0.070	0.25	0.13	0.002	0.015
T	0.25	0.20	1.53	0.016	0.31	0.10	0.013	0.008
C	0.45	0.26	0.78	0.020	<0.01	<0.010	<0.002	0.005

6.6.3.2 贝氏体型非调质钢

在锻造状态使用的中碳含钒铁素体-珠光体型非调质钢的强度已经可以超过 900MPa,而且切削性能优良。但依靠大量珠光体和 V(C,N)的析出强化导致缺口韧性下降,影响这类钢代替有更高强韧性要求的热处理钢。借助于开发低碳贝氏体高强度钢板的经验,开发出了贝氏体型非调质钢。贝氏体型非调质钢碳含量一般较低,强度高于铁素体-珠光体型非调质钢,而韧性显著优于铁素体-珠光体型非调质钢,能很好地用于承受较大强度载荷及高耐疲劳的零部件上,如轴、连杆、油井抽油杆。

对于贝氏体型非调质钢的设计要求主要是:

(1) 热加工后可以在比较宽的冷却速率范围内获得贝氏体组织。这样，对于具有较大截面的零件，在空冷的条件下可以获得均匀的贝氏体组织；对于具有较小截面的零件，空冷也不会出现马氏体组织。

(2) 强度可高于铁素体-珠光体型非调质钢抗拉强度的极限 1000MPa，能达到约 1200MPa。

(3) 具有与上述强度水平相应的调质钢的高韧性。

(4) 用于制作冷作强化的零件时，应具有良好的成形性。

影响贝氏体非调质钢强度的主要因素[89]：

(1) 贝氏体铁素体尺寸。对于板条束状贝氏体铁素体，条束相当于控制强度的“有效晶粒”，条束尺寸对强度的贡献也遵循霍尔-佩奇关系式。对于粒状贝氏体，其中的铁素体基体的尺寸对强度的影响也遵循霍尔-佩奇关系式。贝氏体铁素体晶粒尺寸随形成温度的降低而减小。

(2) 微合金化合物的沉淀析出。微合金化合物析出的数量、弥散度影响其强化效果，析出物的弥散度随析出温度的下降而增大。对于粒状贝氏体，其在铁素体基体上的 M+A 岛的分布、尺寸和数量对铁素体基体强度也有同样的影响。

(3) 贝氏体铁素体内的位错和亚晶。贝氏体铁素体板条束内的位错是因协作切变相变和碳化物沉淀而引起的，位错密度很高时会形成亚晶界。随着形成温度的下降，会引起更大的应变，在铁素体板条内引入更多的位错。位错引起的强化增量不超过 100MPa。

(4) 固溶强化。间隙强化是以碳原子在铁素体中的固溶强化为主，因为氮原子与微合金元素的结合力比较强，很少以固溶形式存在。间隙固溶的碳原子的数目也很有限，其强化实质是气团与位错交互作用的结果。钢中含有的 Mn、Si、Cr 等元素可产生置换固溶强化。

在相同强度水平下，低碳贝氏体的韧性优于回火马氏体组织。对于板条束状贝氏体，贝氏体基体铁素体的条束尺寸是影响贝氏体组织韧性的重要因素，韧性随着条束尺寸的减小而提高。贝氏体铁素体条束尺寸又与奥氏体晶粒的大小有关，细的原始奥氏体晶粒可以得到细的贝氏体条束。

低碳贝氏体钢的典型上贝氏体组织同下贝氏体组织相比，后者具有更高的冲击韧性和更低的韧脆转变温度(图 3.48)。如能将低碳贝氏体的形成温度控制到更低的温度，得到尽可能多的下贝氏体，就能在获得高强度的同时，获得高的冲击性能。粒状贝氏体一般具有好的综合力学性能。

关于低碳贝氏体钢的屈服强度、韧脆转变温度与低碳贝氏体的化学成分、组织结构之间的关系式见式(5.11)、式(5.14)和式(5.15)。

6.6.3.3　低碳马氏体型非调质钢

非调质钢的发展经历了铁素体+珠光体组织阶段、贝氏体组织阶段之后，美国于 1988 推出了低碳马氏体型非调质钢，这类钢在热加工后直接淬火和自回火便可得到所要求的组织和性能[99]。

对低碳马氏体型非调质钢的设计要求主要是：

(1) 钢的淬火组织应为板条马氏体。钢的碳含量一般小于 0.15%，以获得高的韧性。

但过低的碳含量会使钢的强度不足，为了能得到 980MPa 级的高强度，至少应含有 0.04%的碳。为使这种钢直接淬火时发生自回火，应使钢的 M_s 点较高，且 M_f 点大于 200℃。

(2) 淬火后应具有细小的马氏体板条束。马氏体板条束可视为“有效晶粒”，条束宽度对低碳马氏体组织的屈服强度的作用符合霍尔-佩奇关系式。奥氏体晶粒粗大，马氏体晶区(包括晶区内)的板条束尺寸也较粗大；原始奥氏体晶粒细小，板条束也随之变细。

(3) 在低碳马氏体板条束间存在稳定的奥氏体薄膜。它的存在利于低碳马氏体对裂纹萌生的延缓，增强其裂纹扩展的抗力。

(4) 保证所需要的淬透性。钢中的 Mn 含量均大于 1.0%，并含有适量的 Cr、V、B 等。

低碳马氏体钢在淬火状态下的屈服强度可表述为[88]：

$$\sigma_s = \sigma_0 + \sigma_{sh} + \sigma_d + \sigma_p + kd^{-1/2}\,(\text{MPa}) \tag{6.22}$$

式中，σ_0 为点阵结构对位错的阻力，约为 88MPa；σ_{sh} 为固溶强化项(固溶强化对屈服强度的贡献)；σ_d 为位错强化项；σ_p 为沉淀强化项；k 为常数；d 为马氏体板条束尺寸(mm)。

式(6.22)又可表示为

$$\sigma_s = 158 + 34.6 \times 10^{-3}\lambda^{-1} + 1.68d^{-1/2}\,(\text{MPa}) \tag{6.23}$$

式中，λ 为第二相粒子间距(mm)。

其韧脆转变温度 ITT 可表示为[88]

$$\text{ITT} = -19 + 44w_{\text{Si}} + 700w_{\text{N}}^{1/2} + 0.26(\sigma_d + \sigma_p) - 5.6d^{-1/2}\,(℃) \tag{6.24}$$

6.6.4 非调质机械结构钢的应用

在我国，35～50 钢及 35Mn～50Mn 钢是使用最多的调质用碳素结构钢，其抗拉强度范围为 530～695MPa，冲击功的范围为 55～31J。在调质用合金结构钢中使用较多的是 40Cr、40MnB 等，其抗拉强度超过 980MPa，冲击功超过 47J。这些钢的特点是强度较高、塑韧性较好、切削加工性能优良、综合力学性能较好。这些钢常用于制作汽车、拖拉机、内燃机、机床的许多零件。非调质钢的应用和推广可在上述领域中取代相当数量传统使用的调质优质碳素钢和合金钢。

1) 590MPa 级非调质钢

F35VS、F40V 为 590MPa 级非调质钢，主要用于替代 35、40、35Mn、40Mn 等优质碳素结构钢。F35VS 钢的显微组织为铁素体＋珠光体，其中珠光体的数量稍大于铁素体的数量，在先共析铁素体和珠光体铁素体基体中，弥散分布着大量细小的 V(C，N)化合物。F35VS 钢用于制造 CA15 发动机、空气压缩机连杆及其他零件，使用效果好。F35VS 钢用于锻件也可直接加工使用。这种钢的淬透性高于 40 钢，其疲劳性能与 40 钢相当，切削性能优于正火和调质 45 钢。

2) 685MPa 级非调质钢

F45VS、F30MnVS 和 F35MnVS 钢属于 685MPa 级非调质钢，主要用于替代调质状态下使用的 45 钢，也可代替 45Mn、50 钢甚至 55 钢制造各种机器零件。这一级别非调质钢的显微组织也是铁素体＋珠光体，但珠光体的数量更多于铁素体，并在铁素体上分布着弥散细小的 V(C，N)化合物。F35MnVS 钢与正火或调质态 45 钢相比，具有相当或更好的切削加工性能。

F45VS 和 F35MnVS 钢多用于制造汽车曲轴等零件，要求其具有良好的弯曲疲劳性能。图 6.69 为采用 F45VS 钢、正火和调质 45 钢所制 CA15 型及 CA141 型载重汽车曲轴的弯曲疲劳试验，F45VS 钢所制 CA15 汽车曲轴疲劳弯矩稍高于正火 45 钢曲轴，但 F45VS 钢所制 CA141 汽车曲轴疲劳弯矩比调质 45 钢低 6.7%。F45VS 钢的弯曲疲劳性能可满足汽车设计时对其安全系数的要求。在同一应力状态下，对 F35MnVS 钢和调质 45 钢进行了旋转弯曲疲劳性能的测试，F35MnVS 钢的旋转弯曲疲劳性能与调质 45 钢相同或稍优。

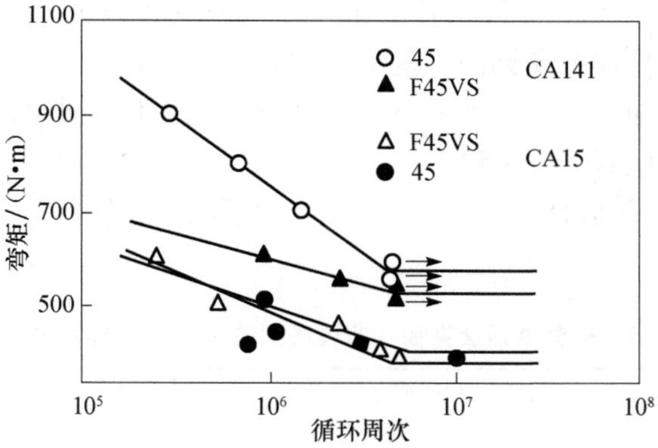

图 6.69　F45VS 和 45 钢制曲轴的弯曲疲劳试验[88]

F30MnVS 钢的成分相当于 ISO 的 30MnV6，是一种易切削非调质钢，用于制造轿车轮毂、高端轿车悬挂系统法兰壳等。

3）785MPa 级非调质钢

785MPa 级非调质钢主要用来替代 45、50、55、40Cr、40MnB 等优质碳素结构钢和合金结构钢。在国内外所研制的非调质钢中，以 785MPa 级易切削非调质钢的钢号最多，应用的数量也最大。我国机械行业已采用 785MPa 级易切削非调质钢制作汽车、拖拉机、机床的多种零件，包括连杆、半轴、倒挡轴、变速箱传动轴、齿轮、机床丝杠等。

我国的 F38MnVS[100]、F40MnVS、F45MnVS、F35MnV、F49MnVS 和 48MnV[101] 都属于 785MPa 级非调质钢，在这类钢中部分钢种已属于高强度型非调质钢。为达到较高的强度，并具有一定的韧性，一些国家和生产厂所开发的 785MPa 级非调质钢复合加入了 Mo、Cr、N 等合金元素。785MPa 级非调质钢热轧状态的显微组织仍为珠光体＋铁素体，以珠光体为主。由于这一级别的非调质钢中的合金元素含量较高，在进一步提高锻（轧）后的冷却速率时，会出现贝氏体，甚至马氏体组织。这类钢具有较好的热加工性能和切削加工性能。以 F45MnVS 钢为例，在切削速率相同的情况下加工时，其刀具耐用度与切削正火态时相当或稍好，且明显优于切削调质 45 钢时刀具的耐用度。

785MPa 级非调质钢多用于连杆和轴类零件，要求有较好的疲劳性能。试验表明，35MnVN 钢旋转弯曲疲劳性能优于调质 45 钢；做连杆的疲劳试验，35MnVN 钢制 NJ70 发动机连杆的疲劳寿命为调质态 45 钢连杆的 1.32～1.82 倍；所制 EQ140 汽车连杆寿命超过原调质态 40MnB 钢连杆的寿命。

4) 高强度高韧性微合金非调质钢

为改善和提高微合金非调质钢的韧性,科技工作者开发了铁素体-珠光体型高强度高韧性非调质钢,如表 6.51 中的 27MnSiV6(德国)、LMIC80SL(日本住友金属)、KNR70S(日本神户制钢)。

27MnSiV6 钢属于高硅型非调质钢,适当提高非调质钢中 Si 的含量,将增加组织中铁素体的比例,并使晶粒变细,有利于提高钢的韧性。我国研制的高韧性非调质钢都运用了适当提高 Si 含量的合金化手段。LMIC80SL 和 KNR70S 均属于低碳高锰型非调质钢,这类钢是在中碳含钒非调质钢的基础上,通过降低碳含量来提高韧性。采用提高钢中的 Mn 含量或者添加一定量的 Cr 来补偿强度的下降,还可以进一步改善钢的韧性。

采用复合微合金化在提高钢的强度的同时,还可以改善钢的韧性。表 6.53 中所列 30ХГФБ、KSL103、NQF33TiN 三种钢均为复合微合金化非调质钢。苏联报道了在 30ХГ 钢基础上添加 V+Nb、Nb+Ti 和 V+Ti 的研究结果,其中以 V+Nb 复合合金化的 30ХГФБ 的强韧性配合最佳。也有人认为,有发展前途的是 V+Ti 复合微合金化非调质钢。

表 6.53 一些高强度高韧性非调质钢的化学成分与力学性能[88]

牌号	化学成分/%							σ_b/MPa	σ_s/MPa	A_k/J
	C	Si	Mn	P	S	Cr	V、Ti、Nb			
30ХГФБ(苏联)	0.30	0.55	1.00	—	0.007	0.6	≤0.2V,≤0.020Nb	918	645	108
KSL103(意大利)	0.35	0.34	1.29	0.020	0.015	1.32	0.06Ti,0.073Nb	955~1050	800	30~64
NQF33TiN(新日铁)	0.32	0.30	1.52	—	0.018	—	0.05V,0.017Ti	763	516	110
NQF25OXM(新日铁)	0.25	0.50	1.60	—	0.060	0.34	0.12V	813	589	63
GF30Mn2SiV(中国)	0.29~0.35	0.30~0.60	1.50~1.80	—	—	—	0.07~0.12V,0.05Ti(加入量)	≥830	≥540	≥59
GF40SiMnVS(中国)	0.37~0.42	0.40~0.70	1.00~1.50	≤0.035	0.04~0.07	—	0.08~0.15V,0.01~0.03Ti,0.01~0.02N	≥880	≥540	≥59

表 6.53 中的 NQF25OXM 钢为日本新日铁研制的晶内铁素体微合金非调质钢。GF30Mn2SiV 钢和 GF40SiMnVS 钢在成分设计时为了能获得高强度与高韧性采用了综合措施:降低 C 含量、提高 Mn 和 Si 的含量、V+Ti 复合微合金化。

GF30Mn2SiV 钢锻后空冷时将得到铁素体+珠光体组织,这种钢有较高的室温冲击韧性,并且在−40℃的条件下还能保持一定的水平(>50J)。GF30Mn2SiV 钢具有较好的疲劳性能,其疲劳性能优于调质态 50 钢。

GF40SiMnVS 钢为铁素体-珠光体型非调质钢,其显微组织中 80%以上是珠光体,其中层片状结构较少,多呈粒状或变态珠光体,这对改善钢的韧性,提高疲劳强度是有利的。在奥氏体晶粒中还存在一定量的晶内铁素体,有利于改善钢的韧性。GF40SiMnVS 钢可用于制作锻件,更适于直接切削加工使用。在 ϕ60mm 的试样上,GF40SiMnVS 钢能达到或超过 40Cr 钢的常规力学性能。GF40SiMnVS 钢还具有良好的疲劳性能和切削加工性能，但其断裂韧度与调质态 40Cr 钢相比要低。GF40SiMnVS 钢已用于替代 40Cr 钢，制作铣床的花键轴等轴类零件。

在 GB/T 15712—2016《非调质机械结构钢》中新增加的两个牌号 F41MnSiV 和 F38MnSiNS 均为硅含量较高的高强度高韧性非调质钢。F41MnSiV 钢的化学成分与表 6.51 的 44MnVS6 钢（德国）相近，只是碳含量稍低，是一种热锻非调质钢。F38MnSiNS 钢的化学成分与表 6.53 中 GF40MnSiVS 钢相近。

5）低碳贝氏体型非调质钢

低碳贝氏体型钢既具有高的强度，又有良好的韧性，特别是在低温状态下，仍具有较高的韧性，因而可以替代 Cr-Mo 合金结构钢，制作汽车的安全部件，如汽车前梁等。

低碳贝氏体型非调质钢合金化系列较多，常用的有以下两类：低碳含硼型贝氏体型非调质钢、低碳含钒型贝氏体型非调质钢。

我国的 F12Mn2VBS 钢（表 6.49）属于低碳含硼型贝氏体钢。该钢的 $\sigma_b \geqslant 800$MPa，$a_k \geqslant 100$J/cm^2，有高的韧性，可以在很宽的冷却速率范围内得到粒状贝氏体组织，有利于在大截面零部件上的应用。该钢曾用于制作 EQ1092 汽车前轴和 Steyr 重型汽车前轴，台架疲劳试验满足使用要求。该钢还用于制作转向节，锻后空冷，从转向节上取样的力学性能为 $\sigma_b = 850$MPa、$\sigma_s \geqslant 640$MPa、$\delta_5 = 21.5\%$、$\psi = 52.5\%$、$a_k \geqslant 70.5$J/cm^2，其疲劳寿命与 40Cr 调质钢相当[19]。在表 6.49 中列入的 F25Mn2CrVS 钢的化学成分与表 6.54 中的 NQF25BAH（新日铁）相同。

表 6.54 列入了一些低碳含钒贝氏体型非调质钢的化学成分及其力学性能。日本三菱制钢公司开发的 VMC 系列低碳含钒非调质钢锻后空冷得到以贝氏体为主，并含有少量铁素体和珠光体的显微组织。为使碳含量的降低不导致钢强度的损失，可通过增加 Mn 含量并添加 Cr 来提高强度。添加 V 可使晶粒细化以保证足够的韧性。VMC 钢碳含量低，焊接性能良好。

表 6.54　一些低碳含钒贝氏体型非调质钢的化学成分及其力学性能[88,102]

牌号	化学成分/%						σ_b/MPa	σ_s/MPa	A_k/J
	C	Si	Mn	S	Cr	V			
VMC15（三菱制钢）	0.15	0.25	1.85	—	0.40	0.1	790	520	72
VMC20（三菱制钢）	0.20	0.25	1.85	—	0.40	0.1	860	575	56
VMC25（三菱制钢）	0.25	0.25	1.80	—	0.35	0.15	900	630	52
VMC30（三菱制钢）	0.30	0.25	1.75	—	0.40	0.20	960	705	36
NQF25BAH（新日铁）	0.25	0.32	1.85	0.050	0.46	0.15	910	588	72
FG20（唐钢）	0.13～0.22	0.50～1.00	1.80～2.30	≤0.04	0.50～1.00	005～0.20	1040～1070	—	48～81

注：FG20 钢中尚含有≤0.04%P、0.15%～0.25%Mo、0.01%～0.03%Ti。

我国开发的 FG20 钢利用 Mn、Cr、Mo 等合金元素，扩大贝氏体相变区域，使之在通常的冷却速率条件下，轧后即可得到贝氏体组织。钢中加入微量 Ti，形成细小的 TiN，阻止奥氏体再结晶晶粒的长大，V(C,N)的沉淀析出，提高了钢的强度。该钢在轧后具有高的强度和良好的韧性。该钢还可以进行回火处理，进一步改善其强度与韧性的匹配，以

370℃回火为宜。FG20钢成功地用于制作石油开采用抽油杆,代替调质20CrMoA、35CrMoA等钢[88]。

6) 低碳马氏体型非调质钢

1991年日本日产汽车公司最先将低碳马氏体型非调质钢应用于汽车部件。表6.55为国外一些钢厂开发的低碳马氏体型非调质钢的化学成分及其力学性能。

表6.55　低碳马氏体型非调质钢的化学成分及其力学性能[88,89]

生产厂	牌号	化学成分/%								σ_b/MPa	σ_s/MPa	A_k/J
		C	Si	Mn	S	Cr	V	Ti、Nb	其他			
新日铁	NQF10MAT	0.10	0.25	1.63	0.015	1.06	0.020	0.020Ti	B	1064	824	70
神户制钢	KNF5MC	0.05	0.25	1.50	—	—	—	—	Nb、B	1010	760	104
神户制钢	—	0.08	0.25	2.00	—	2.00	—	0.04Nb	0.25Mo、B	1100	800	
NKK(日本钢管)	B04HFG	0.04	—	2.95	—	2.03	0.05	—	B	999	704	108
日产汽车	—	0.045	0.25	1.60	—	1.0	—	0.07Nb	0.002B	980	—	78.4
美国Chaparral钢厂		0.13	0.57	1.75	—	—	适量	—	Nb	—	—	—

低碳马氏体型非调质钢在强度级别相同的钢种中,具有最好的韧性。屈服强度和疲劳强度高,可减少制件用材,切削性能也优于硬度相同的调质钢,特别适用于制造汽车的行走部件。

7) 裂解(或胀断)连杆用非调质钢

发动机连杆根据其服役条件要求具有高的强度、韧性、耐疲劳性能,以及很高的质量精度。传统的整体锻造或铸造连杆加工采用分体加工工艺。连杆裂解加工(fracture splitting)技术是20世纪90年代在汽车工业发达国家发展起来的新工艺,其具体工艺过程是:在连杆毛坯大头孔的断裂线处预先加工出两条对称V形裂解槽,形成初始裂解源;在专用设备上对连杆大头内孔侧面施加径向力,使裂纹由内孔向外不断扩展直至完全裂解(胀断),断裂时几乎不发生塑性变形;在专业设备上再将裂解分离后的连杆盖与本体精确复位,在断裂面完全啮合的条件下,完成螺栓工序和其他后续加工工序。连杆裂解工艺具有加工工序少、刀具费用少、产品质量高、生产成本低等优点。我国许多汽车制造厂已相继采用了连杆裂解工艺[103]。

目前,国外用于裂解加工的连杆材料主要有粉末冶金、球墨铸铁和锻钢。锻钢连杆尺寸精度高,组织结构和力学性能好,尤其用于负荷大、转速高的发动机及要求高疲劳强度的场合。连杆的材料决定裂解加工可裂开性和断面质量。裂解连杆要求材料塑性变形小、强度较好、脆性适中、工艺性好。国外开发了一些裂解连杆用微合金非调质钢,部分裂解连杆用非调质钢的化学成分及其力学性能见表6.56[104,105]。

表 6.56　国外开发的用于裂解连杆用非调质钢的化学成分及其力学性能[104,105]

生产厂	化学成分/%							σ_b/MPa	σ_s/MPa	A_k/J	疲劳极限/MPa
	C	Si	Mn	S	P	V	其他				
C70S6(德国大众TL1470 标准)	0.67～0.73	0.15～0.25	0.45～0.55	0.060～0.070	≤0.045	0.030～0.040	见注	900～1050	>520	—	—
德国产 C70S6 实测	0.73	0.17	0.49	0.066	0.012	0.05	见注	—	—	—	350
德国产 C70S6 连杆	—	—	—	—	—	—	—	924	580	23	—
SPLITASCO70(法国)	0.70	与 C70S6 钢相同,但有适当添加						950	545	—	310
SPLITASCO50(法国)	0.50	0.65	1.60	>0.15	0.07	—	—	954	575	—	330
SPLITASCO38(法国)	0.38	0.65	1.20	0.075	0.085	0.085	—	933	670	—	350
S53CV-FS(日本)	0.53	1.25	0.28	0.03	—	0.12	—	—	—	—	420

注:C70S6 钢中尚含有 0.10%～0.20%Cr、≤0.20%Ni、≤0.01%Al、≤0.03%Mo。实测德国产 C70S6 钢中尚含有 0.12%Cr、0.06%Ni、≤0.01%Al、≤0.03%Mo。TL1470 标准要求 C70S6 钢:δ>10%、263～310HBS。

C70S6 钢是最早在室温条件下采用裂解加工的锻钢连杆材料,其成分特点是高 C、低 Si、低 Mn,添加微合金元素 V 和易切削元素 S。钢中的 C 含量接近共析成分,使锻后空冷的金相组织基本上为珠光体,并可能有少量间断的铁素体,裂解后的塑性变形很小,保证得到清晰的断裂表面。碳含量提高后会增加钢的淬透性,如果 Mn 含量不变,连杆锻造后空冷硬度会提高,而且组织中会出现贝氏体,恶化钢的切削加工性能,所以要降低 Mn 含量,但为了改善切削加工性又必须适当提高 S 含量,Mn 含量又不能过低,至少应为 S 含量的 5 倍[106]。

C70S6 钢制连杆锻件毛坯的锻造加热温度控制在 1250℃,模锻终了温度为 900～950℃,锻后利用锻造余热和控制冷却代替锻后重新调质处理。锻件锻后置于风冷输送带上,经风冷设备控制冷却[105]。

C70S6 钢具有优良的裂解性能,但其可加工性能较差,刀具磨损较快。C70S6 钢的强度不高,不适合做大功率的发动机连杆。

法国研究开发了 SPLITASCO 系列锻钢:SPLITASCO70、SPLITASCO50 和 SPLITASCO38(表 6.56)。SPLITASCO70 钢具有与 C70S6 钢相似的化学成分,但有适当添加,以改善钢的切削加工性,可应用于与 C70S6 钢相同的场合。SPLITASCO50 钢中的 S 含量大于 0.15%,有良好的切削加工性,已用于一系列小型发动机连杆的生产上。SPLITASCO38 钢有和传统连杆材料 38MnSiVS5 钢(表 6.49)基本相同的化学成分,但提高了 P 含量以保证钢的良好的裂解性。SPLITASCO38 钢具有良好的抗疲劳性能,用于制作轻型车和货车发动机的连杆锻件。S53CV-FS 钢是日本开发的中碳微合金非调质钢,用于制作裂解连杆,具有良好的抗疲劳性能,疲劳极限达到了 10^7 周次时,C70S6 钢的疲劳极限是 350MPa,而 S53CV-FS 钢的疲劳极限大约是 420MPa,一般碳钢为 333MPa。

GB/T 15712—2016《非调质机械结构钢》已将 C70S6 钢纳入,牌号为 F70VS。近年针对 C70S6 钢的主要缺点:切削加工性较差、屈强比偏低、疲劳性能较相同强度水平的调质钢低,我国开发出一种裂解连杆用的中碳高钒非调质钢 F37MnSiVS,其化学成分见表 6.49。F37MnSiVS 为中碳钢,组织为铁素体+珠光体。铁素体的塑性和韧性较好,缺口根部的铁素体区域容易发生延性断裂,使裂解性能变差。为降低铁素体相的塑韧性,采取如下措施:适当提高硅的含量,以增强固溶强化;增加杂质元素磷的含量,利用磷的固溶强化和易于在奥氏体晶界偏聚的特点促进晶界脆化;增加微合金化元素钒的含量,控制所生成的碳氮化物相的弥散析出而强化铁素体相[107,108]。

F37MnSiVS 是一种热锻用钢,因此,锻造时的加热温度、锻造温度,特别是锻后冷却速率工艺参数的合理选择,是其成功应用的关键。合适的锻造工艺可以获得细小的铁素体+珠光体组织,并通过大量细小弥散 V(C,N)粒子的析出而得到强化,可使 F37MnSiVS 钢获得高的强度的同时,还具有高的疲劳强度和较高的屈强比,见表 6.57。模拟裂解试验结果表明,F37MnSiVS 钢的断口呈典型的脆性解理断裂,裂解前后的变形量很小,优于 C70S6 钢的裂解性能[107]。

表 6.57　F37MnSiVS 钢和几种对比钢的拉伸性能和疲劳性能对比[107]

钢种	R_m/MPa	$R_{p0.2}$/MPa	$R_{p0.2}/R_m$	σ_{-1}/MPa	σ_{-1}/R_m
C70S6	968	550	0.568	373	0.385
F37MnSiVS	920	648	0.704	497	0.540
F38MnVS	858	660	0.769	470	0.546
40Cr(调质)	876	773	0.880	440	0.501

6.7　超高强度钢

超高强度钢是自 20 世纪 40 年代以来逐渐发展起来的,其特点是具有超乎一般的高强度。超高强度钢与普通结构钢的强度区分界限目前尚无统一规定,一般认为抗拉强度 $\sigma_b>1470$MPa(150kgf/mm^2),同时兼有适当韧性的钢,可算做超高强度钢[109],或者屈服强度 $\sigma_{0.2}\geqslant1350$MPa 的钢为超高强度钢[110]。由于科学技术的进步,目前已可生产抗拉强度达到 2400MPa 的超高强度钢。

超高强度钢最先是为了满足飞机结构上用的有高比强度的材料而进行研究的。比强度(强度/密度)是飞行器具如飞机、导弹、火箭等的设计人员首先需要考虑的一个指标。为了提高飞行速度,要求飞机结构材料有更高的比强度。由于铝合金的密度比钢小,是钢的三分之一,而目前超高强度铝合金的抗拉强度已达到 700MPa 左右,这就要求钢的抗拉强度必须提高到 2000MPa 以上才能与铝合金相匹配。固体火箭发动机在工作时要求壳体能承受很高的压力,而结构重量又必须尽可能地轻。在很多情况下,还要求材料不仅有高的强度,而且能在更高的温度(如 300~500℃)下或强烈的腐蚀介质中工作(如液体燃料火箭的氧化剂储箱),或者同时要求很高的冲击韧性(如火炮或枪筒、防弹钢)。飞行器的速度超过音速后,在飞行器表面产生巨大热量,即气动力加热。当飞行器的马赫数 $M=2$(M 即飞行速度与音速之比)时,飞行器表面温度达到约 100~200℃;$M=3$ 时,约 200~300℃;$M=4$ 时,约 540℃。铝合金在温度小于 150℃时,具有最高的比强度,同时其成形性好,因此铝合金是 $M\leqslant2$ 时飞机的主要结构材料。超过 150℃以上铝合金比强度开始有很大的降低,故不能使用,而需使用钛合金。钛合金在 $M=2.5$~3.5 时(即温度 250~450℃)具有最高的比强度,但钛合金价格昂贵、工艺性较差,因此在这方面超高强度钢是有强竞争力的。

6.7.1　超高强度钢的性能要求和分类

超高强度钢现在已发展成包括很广的一个钢类，已大量应用于火箭发动机外壳、飞机的着陆部件、机身骨架和蒙皮、高压容器和常规武器的某些方面，其使用范围在不断扩大。按照成分和使用性能的不同，超高强度钢可分为以下五类。

(1) 低合金超高强度钢。这类钢主要是在室温或略高于室温（如低于 200℃）下使用的。这类钢是以调质钢为基础发展起来的，其碳含量一般为 0.3%～0.45%，合金元素含量通常不超过 5%。这类钢经淬火加低温回火或者等温淬火后使用。这类钢的生产成本较低、生产工艺较简单，是超高强度钢中用量最大的一种钢。

(2) 二次硬化型中合金超高强度钢。这类钢是一些热变形模具钢，如 4Cr5MoSiV(H11)，可用做超高强度钢。这类钢是中碳合金钢，合金度较高，具有很高的淬透性，淬火后回火时利用碳化物沉淀的二次硬化来达到所需的强度，其抗拉强度可达到 2750MPa。如果在室温下使用，这类钢不见得比低合金超高强度钢有多大的长处，但使用温度提高到 500℃左右时，它的比强度在所有超高强度钢中是最高的。

(3) 二次硬化型高合金超高强度高。这类钢是以高韧性的 Fe-Ni-Co 为基体，在正常时效状态以细小 M_2C 型碳化物强化，具有优异的强韧性配合、高的疲劳强度、高的抗应力腐蚀能力。

(4) 马氏体时效钢。这类钢是利用超低碳合金马氏体的时效强化来达到高强度的一类高合金钢，其抗拉强度接近 2200MPa。马氏体时效钢具有良好的综合力学性能和工艺性能。

(5) 沉淀硬化超高强度不锈钢。在某些工作条件下，除了要求材料具有超高强度外，还要求有良好的耐蚀性和抗氧化性，沉淀硬化不锈钢就是为了适应这些要求而发展起来的。超高强度不锈钢主要有以下两类：奥氏体马氏体沉淀硬化不锈钢（17-7PH、PH15-7Mo 等）和马氏体沉淀硬化不锈钢（AFC77 等），这些将在第 9 章论述。

超高强度钢根据其服役条件应具有以下性能要求：

(1) 高的抗拉强度。抗拉强度应在 1470MPa 以上，并应有足够的耐热性，以适应在气动力加热条件下工作。

(2) 有一定的塑性、韧性和尽可能小的缺口敏感性。零件在工作时，在外力作用下，不可避免地会出现程度不同的应力集中。因此，要求材料具有承受应力集中而不致发生脆性破坏的能力。常采用缺口试样进行拉伸试验，并将缺口试样的抗拉强度与光滑试样进行比较，以其比值衡量静拉伸下的缺口敏感度。

韧性良好的钢在缺口处易产生塑性变形，缓和了局部过载，并能在缺口处产生多向应力，故其缺口抗拉强度大于一般光滑试样的抗拉强度。钢的抗拉强度越高，引起的缺口敏感性往往越大，缺口抗拉强度会降低越多(图 6.8)。一般来说，钢的缺口敏感性增加的原因在于塑性与冲击韧性的恶化。因此，在提高抗拉强度的同时，必须兼顾其塑性与冲击韧性。使用经验要求低合金超高强度钢的冲击韧度 a_k 应大于 $50J/cm^2$（梅式试样），塑性应满足 $\delta \geqslant 8\%$、$\psi \geqslant 35\%$。

提高钢的纯净度、降低杂质元素 S、P 等的含量，对夹杂物变性等是提高塑韧性的有效方法，特别是横向的塑韧性。

早期使用低合金超高强度钢做高压容器、飞机结构、壳体等时，曾发现在应力低于钢材的屈服强度和许用应力的情况下，发生突然的脆性断裂。这表明，传统的设计理论不适应高强度材料的设计要求,从而促进了断裂力学的发展。断裂力学要求用断裂韧度 K_{IC} 作为高强度钢结构的设计依据。只有当材料有足够的断裂韧性 K_{IC} 能保证在实际上不可避免的宏观尺寸的裂纹源不发生扩张而导致脆性破坏时,材料的光滑试样拉伸强度指标才有实际意义。

(3) 高的疲劳强度。超高强度钢的疲劳强度并不总是随抗拉强度的提高而成比例地增加,有时抗拉强度越高,疲劳强度与抗拉强度的比值反而下降(图 6.3)。这种现象与高强度下缺口敏感性增加有关。在实际工作条件下,超高强度钢承受的载荷往往是交变的,因而疲劳极限是工程设计的重要指标。

一般强度钢的 σ_{-1}/σ_b 比值为 0.5,而超高强度钢的抗拉强度达到 1800～2000MPa 时,疲劳强度为 600～700MPa,σ_{-1}/σ_b 比值仅为 0.34～0.40,而横向疲劳极限还会更低。许多超高强度钢是因疲劳损伤而断裂的。

为了提高疲劳极限,一般采用提高钢的纯度,降低硫、磷含量,降低钢内非金属夹杂物的数量和级别的方法。提高零件表面的光洁度,用喷丸处理强化表面层,设计时减少缺口和截面过渡处的尖锐程度,以及提高表面的抗蚀性等,都对提高疲劳极限有显著效果。

(4) 有一定的抗蚀性。超高强度钢在腐蚀介质的作用下,抗拉强度会显著降低,即应力腐蚀的敏感性较大。超高强度钢的强度越高,应力腐蚀的敏感性越大,因此,应注意超高强度钢的表面防护问题。

(5) 有良好的工艺性,如切削加工性、成形性等。对某些零部件,如火箭发动机壳体等,还要求有适当的焊接性。超高强度钢焊后均需进行热处理,以改善焊接接头的性能。

还应指出,氢脆是超高强度钢加工和使用中的重大问题。钢的抗拉强度值越高,因含氢而使塑性及韧性下降的程度越大,即氢脆的敏感性越高,因此,超高强度钢在加工过程中不允许有导致吸氢的工序,一般电镀防锈及酸洗清理是禁止使用的。对一般钢而言,吸氢以后可采取除氢处理,即在 200～250℃保温 2～3h,可将氢排出。由于超高强度钢的塑性一般较低,不允许有吸氢现象。

6.7.2 低合金超高强度钢

低合金超高强度钢是从调质钢转化来的,不同点是最后热处理采用淬火加低温回火或者等温淬火,即在得到回火马氏体或回火马氏体加下贝氏体组织状态下使用。

具有回火马氏体组织的钢,其强度主要取决于钢的碳含量。根据大量炉次的统计,低合金超高强度钢回火马氏体抗拉强度与碳含量之间有以下的关系:

$$\sigma_b = 2880 \times w_C + 800(\text{MPa}) \tag{6.25}$$

式中,w_C 是钢中碳含量,在 0.30%～0.50%。按公式计算,碳含量为 0.30%时,钢的强度在 1664MPa 左右,碳含量为 0.40%时,强度在 1952MPa 左右,可以看出,碳含量对钢的影响是非常显著的。碳含量小于 0.25%时钢的韧性较高,但强度达不到低合金超高强度钢的要求。碳含量升高时,随着强度的增加,钢的塑性和韧性要被削弱,工艺性能(如加工性、焊接性等)也随之恶化。碳含量超过 0.50%的低合金超高强度钢尚未见有用于生产的。在热处理中应该严格防止脱碳。

合金元素在低合金超高强度钢中的作用有以下几个方面:

(1) 提高钢的淬透性。合金元素对淬透性的影响已在前面述及。提高淬透性的目的是保证零件整个截面能淬成马氏体而不含有过冷奥氏体的分解产物,这是获得超高强度的必要条件。另外,增加淬透性可使淬火所需的冷却速率减慢,因而减少钢在淬火时所引起的残余应力，使获得一定韧性所需的回火温度降低，从而减少钢在回火时的强度损失。合金元素的加入量不宜超过淬透性的需要，以免使 M_s 点显著降低，增加淬裂倾向。

(2) 增加抗回火稳定性。在所有元素中，硅是提高钢的低温回火稳定性的最有效的元素，其次是一些碳化物形成元素，由于能延缓马氏体的分解，从而提高低温回火的稳定性(见 3.8.6 节)。回火稳定性的提高能使钢在低温回火后应力得以消除，塑性和韧性得到提高，而强度损失很少。或者说，在保证强度的前提下，可适当地提高低温回火温度，改善钢的塑性和韧性。

硅还能显著地使第一类回火脆性区向较高温度移动。加入 1%～1.5%Si 可使不可逆回火脆性的开始温度由 250℃移至 300～320℃，铬、钼、钨的影响次之。加入这些元素以后，就允许把低合金超高强度钢的回火温度也相应地提高一些，以改善钢的塑性、韧性和缺口敏感性。因此，硅常常是低合金超高强度钢中的重要合金元素。

(3) 改善力学性能。低温回火(<300℃)时，在碳含量相同的情况下，合金元素对强度的影响较少，但能提高回火马氏体的韧性和塑性(图 4.67)。一些研究工作证实，马氏体中碳分布的不均匀引起了应力分布的不均匀，加入适量的合金元素可以使马氏体中碳的分布比较均匀，因此塑性大有改善，Ni、Cr、Mn(<1%)、Mo、V 都有良好的影响，Mo 的作用特别良好。复杂合金化比单一合金化有更好的效果，因此，低合金超高强度钢的化学成分总是比较复杂的。钢中加入 V、Ti、Nb 能细化晶粒，使钢中的马氏体成为细针状或隐晶(针)状马氏体，可改善回火马氏体的韧性。

钢中的杂质，如夹杂、硫、磷、气体都剧烈地降低回火马氏体的塑性和韧性，增加钢的缺口敏感性。因此，低合金超高强度钢的生产中多采用真空处理或真空冶炼工艺，以降低钢中的有害杂质和气体的含量。

不少金属材料屈服强度 σ_s 增加，K_{IC} 便有所下降。降低温度往往增加材料的强度，但 K_{IC} 却减小。断裂韧性是一个对合金成分和组织状态非常敏感的性能指标。硫、磷等杂质都降低 K_{IC}，采用真空处理、真空冶炼等工艺可以提高钢的断裂韧性。碳含量对断裂韧性影响较大，使 K_{IC} 降低。回火温度升高，K_{IC} 有明显的提高，图 4.41 所示为 40CrNiMo 钢的 K_{IC} 和其他力学性能指标随回火温度的变化曲线。

20 世纪 40 年代，首先在美国，通过降低回火温度使 AISI4130(Cr-Mo 系)和 AISI4340 (Cr-Ni-Mo 系)钢的抗拉强度分别提高到 1667MPa 和 1860MPa。50 年代在 AISI4340 钢的基础上加入 1.6%Si 和 0.1%V，研制出 300M 钢(45CrNi2Si2MoVA)，回火温度从 200℃提高到 300℃，抗拉强度提高到 2050MPa，钢的延性和韧性都有明显提高。60 年代研制出 D6AC 钢(45CrNiMo1VA)，抗拉强度达到 1600MPa，主要用于制造多种型号的固体发动机壳体。70 年代中期在 300M 钢的基础上将 Si 含量提高到 2.5%，将 V 含量提高到 0.20%，研制出超高强度钢 HP310，抗拉强度达到 1990～2150MPa。苏联研制低合金超高强度钢的时间大体上与美国同步，最具有代表性的是 30X ГСН2А。30X ГСН2А (30CrMnSiNi2A)是在调质钢 30X ГСА 钢(30CrMnSiA)基础上发展起来的。

我国在 20 世纪 50 年代使用的超高强度钢为 30CrMnSiNi2A。60～70 年代以来，结合我国资源，研制出一些节约 Cr、Ni 的超高强度钢，自行开发出一些性能良好的超高强度钢。与此同时，还引进和生产了 AISI4340(40CrNi2MoA)、300M、D6AC 等钢。

表 6.58 和表 6.59 分别列出了一些国内外应用的低合金超高强度钢的化学成分及其力学性能。

表 6.58　一些低合金超高强度钢的化学成分

牌号	化学成分/%								
	C	Si	Mn	Cr	Ni	Mo	V	S	P
AISI4340[111]	0.38～0.43	0.20～0.35	0.60～0.80	0.7～0.9	1.65～2.0	0.2～0.3	—	≤0.010	≤0.010
300M[111]	0.41～0.46	1.45～1.80	0.60～0.90	0.70～0.95	1.65～2.0	0.3～0.5	0.05～0.10	≤0.010	≤0.010
D6AC[112]	0.42～0.48	0.15～0.30	0.6～0.9	0.80～1.05	0.4～0.7	0.9～1.1	0.05～0.1	≤0.010	≤0.015
HP310[113]	0.40	2.35	0.37	0.97	1.95	0.35	0.23	0.005	0.008
HP310(改型)[113]	0.35	2.50	0.45	0.85	1.80	0.45	0.20	0.004	0.008
30CrMnSiNi2A[30]	0.27～0.33	0.90～1.20	1.00～1.20	0.90～1.20	1.40～1.80	—	—	≤0.010	≤0.015
40CrNi2MoA[30]	0.38～0.43	0.20～0.35	0.65～0.90	0.70～0.90	1.65～2.00	0.20～0.30	—	≤0.010	≤0.010
40CrNi2Si2MoVA[30]	0.38～0.43	1.45～1.80	0.60～0.90	0.70～0.95	1.65～2.00	0.30～0.50	0.05～0.10	≤0.010	≤0.010
45CrNiMo1VA[30]	0.44～0.49	0.15～0.35	0.60～0.90	0.90～1.20	0.40～0.70	0.90～1.10	0.05～0.15	≤0.015	≤0.015
40CrMnSiMoVA[114,115]	0.36～0.42	1.20～1.60	0.80～1.20	1.20～1.50	—	0.45～0.60	0.07～0.12	≤0.025	≤0.025
35Si2Mn2MoVA[111]	0.32～0.38	1.40～1.70	1.60～1.90	—	—	0.35～0.45	0.10～0.20	—	—
34Si2MnCrMoV(406)	0.33～0.37	1.40～1.70	0.70～1.0	1.0～1.30	≤0.25	0.40～0.55	0.08～0.15	≤0.010	≤0.013
30Si2MnCrMoVA (D406A)	0.27～0.32	1.40～1.70	0.70～1.0	1.0～1.30	≤0.25	0.40～0.55	0.08～0.15	≤0.01	≤0.013
AF9628[116]	0.2～0.3	1.0～1.1	0.6～0.7	2.6～2.7	0.9～1.1	0.9～1.1	0.07～0.08	Ti+Cu<0.1	—

注:406 和 D406A 钢的数据取自 QJ 2142—91《超高强度钢的热处理》(QJ 为航天行业标准的代号)。

表 6.59　一些低合金超高强度钢的力学性能

钢号	热处理工艺	σ_b/MPa	σ_s/MPa	δ/%	ψ/%	A_k/J	K_{IC}/(MPa·$m^{1/2}$)
AISI4340[111]	845℃油淬+205℃回火	1980	1850	11	39	20	57
300M[111]	860℃油淬+260℃回火	2050	1670	8	32	24.4	74
D6AC[111]	880℃油淬+315℃回火	2000	1760	8	27	—	68
D6AC	880℃油淬+550℃回火	≥1610	≥1520	≥13	≥53	≥51	≥98
HP310[113]	870℃油淬+300℃回火 2 次	2150	1850	10	30	—	60
改型 HP310,不冷处理[113]	870℃油淬+300℃回火 2 次	1920	1630	14	42	22.8	95
30CrMnSiNi2A[30]	900℃油淬+250℃回火	≥1620	≥1375	≥9	≥45	≥47	70
40CrNi2MoA[30]	840℃油淬+220℃回火 2 次	≥1790	≥1495	≥6	≥25	57	—
40CrNi2Si2MoVA[30]	870℃油淬+300℃回火 2 次	≥1860	≥1515	≥8	≥30	≥39	≥70
45CrNiMo1VA[30]	890℃油淬+530℃空冷	≥1520	≥1420	≥9	≥35	≥35	~100
40CrMnSiMoVA[74,115]	920℃油淬+200~300℃回火	≥1862	1661	≥8	≥35	≥39	≥63
35Si2Mn2MoVA[111]	920℃油淬+250℃回火	≥1700	—	≥9	≥40	≥40	—
33Si2MnCrMoV(406)	930℃油淬+280~320℃回火	≥1670	≥1372	≥8	≥35	≥39	≥74
	930℃油淬+600~650℃回火	≥1400	≥1270	≥15	≥54	≥40	≥127
30Si2MnCrMoV(D406A)	930℃油淬+280~330℃回火	≥1630	≥1400	≥9	≥38	≥50	≥88.5
	930℃油淬+630℃回火	≥1225	—	≥14	—	≥66	—
AF9628[116]	970℃油淬 +170~230℃回火	1746	1357	15	59	100	—

注:D6AC(高温回火)、406、D406A 钢数据取自 QJ 2142—91《超高强度钢的热处理》。4340、300M、D6AC、HP310 钢的冲击功为 A_{kV},其余的冲击功为 A_{kU2}。AF9628 钢的具体成分为:0.28%C、1.07%Si、0.60%Mn、2.62%Cr、1.00%Ni、1.00%Mo、0.071%V、0.03%Ti,其余为 Fe。

AISI4340 钢最早通过淬火加低温回火的方式使调质用高强度钢获得了超高强度，并用于飞机起落架等部件。这种钢由于其不可逆回火脆性的开始温度为 250℃，限制了它的回火温度要低于 250℃。

师昌绪等研究了在 AISI4340 钢中加入 1.5%Si 对超高强度钢力学性能的影响[112]。淬火后在低温回火时，加入 1.5%Si 可使 AISI4340 钢的抗拉强度提高 275MPa，对其塑性指标没有影响，室温冲击韧度略有提高而韧脆转变温度略有降低。Si 还推迟了 AISI4340 钢出现不可逆回火脆性的温度区间。此项研究为开发含硅低合金超高强度钢提供了理论依据。

20 世纪 50 年代，美国国际镍公司(INCO)先后开发初 300M 和 D6AC 钢。300M 钢中加入了 1.5%～2%Si，可使回火温度提高到 315℃而不出现不可逆回火脆性，在保持 1960MPa 左右的抗拉强度的同时，可以较好地消除淬火内应力。300M 钢中还加入了少量 V 用于细化晶粒。300M 钢凭借其优良的力学性能已广泛应用于军民用飞机的起落架用钢。

D6AC 钢可在 250～600℃回火，没有回火脆性倾向，钢的成本低，广泛用于制作各种固体发动机的壳体。固体发动机壳体在导弹发射的瞬间，温度急剧升高。在这种情况下，壳体材料的韧性关系到导弹是否能安全使用。高硅超高强度钢只能低温回火，不能高温回火，当温度进入高温回火脆性范围，韧性急剧下降，容易造成低应力爆破，而经高温回火的 D6AC 钢可以安全使用。D6AC 钢的抗应力腐蚀能力优于 4340 钢，裂纹扩展速率较 AISI4340 钢低一个数量级。D6AC 钢具有良好的冲压和强力旋压性能。用 D6AC 钢制造固体发动机壳体，采用电子束焊接技术可以获得的满意的结果[114]。

HP310 钢的主要使用目标为飞机起落架。该钢在 300M 钢的基础上提高了 Si 和 V 含量，提高 Si 含量可望在提高强度的同时改善抗应力腐蚀开裂性能。由表 6.58 可以看出，HP310 钢与 300M 钢比较，抗拉强度提高，但断裂韧性较低。改型 HP310 钢由于降低了碳含量，其强度与 300M 钢相当，但断裂韧性有显著的提高[113]。

30CrMnSiNi2A 钢是使用广泛的一种低合金超高强度钢，是在 30CrMnSiA 钢的基础上加入 1.4%～1.8%Ni 而得到的。由于镍的加入，提高了钢的强度和韧性、塑性等综合力学性能。经淬火、低温回火后抗拉强度 $\sigma_b \geqslant 1620$MPa，而冲击功 $A_k \geqslant 47$J。

与 30CrMnSiA 钢比较，30CrMnSiNi2A 钢的强度稍高，韧性高，常温特别是低温下的缺口敏感性较小。镍还提高了钢的淬透性，30CrMnSiNi2A 钢的小于 80mm 截面的零件可在油中淬透。图 6.70 为这种钢的过冷奥氏体等温转变曲线。30CrMnSiNi2A 钢用做飞机上一些负荷很大的和很重要的零件，如主起落架的支柱、轮叉、机翼主梁等。

这种钢的预备热处理除了用等温退火(900℃加热，650℃等温)外，还可以采用正火(900℃)和随后的不完全退火(780℃，炉冷至 650℃出炉空冷)来改善其切削加工性。最终热处理为 900℃淬火，油冷，然后于 200～300℃进行低温回火，可达到最高的强度。为了减少淬火应力和变形开裂，获得较好的韧性，常采用等温淬火，即在 900℃加热保温后淬入硝盐或碱浴中。等温温度越低，处理后的抗拉强度越高(表 6.60)。30CrMnSiNi2A 钢的 M_s 点为 280～290℃，因此，在 280～330℃为贝氏体等温淬火，在 180～280℃为马氏体等温淬火。等温时间是参考其过冷奥氏体等温转变曲线(图 6.70)来确定的。在 290℃以下时，最少需要 60min，然后在 250～300℃低温回火 2～3h。在最后精加工之后，还需

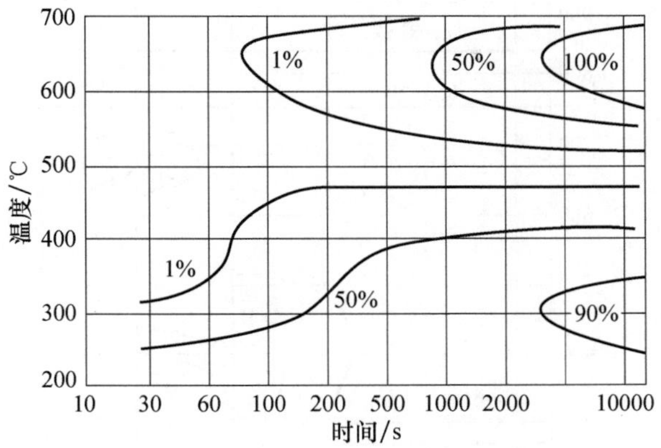

图 6.70　30CrMnSiNi2A 钢的过冷奥氏体等温转变曲线[46]

补充以 200～250℃，2～3h 的低温回火以消除切削加工应力。对于这类超高强度钢，任何复杂的未经控制的残余应力的存在都会加剧对应力集中的敏感性。

表 6.60　30CrMnSiNi2A 钢等温淬火后的力学性能(QJ 2142—91)

热处理工艺	σ_b/MPa	$\sigma_{0.2}$/MPa	δ_5/%	ψ/%	a_k/(J/cm^2)	K_{IC}/MPa	HRC
900℃加热，310～330℃等温	1372～1600	1466～1370	≥10	≥48	≥69	59.2～69.6	43～48
900℃加热，280～320℃等温	1470～1666	—	≥10	≥48	≥69	59～69	45～49
900℃加热，180～230℃等温	1568～1764	—	≥10	≥48	≥69	—	45～52
900℃淬油，200～300℃回火	1568～1764	—	9	45	≥59	70	47～52

40CrNi2MoA 钢的化学成分与 AISI4340 钢相同。该钢在调质状态具有良好的综合力学性能，直径 75mm 以下棒材在油中可以淬透；淬火后经低温回火处于超高强度水平时，氢脆敏感性增大，抗腐蚀开裂性差，易发生脆性断裂；电镀后应进行除氢处理。该钢用于制造工作条件繁重或截面较大的高强度零件，如重要的紧固件、飞机的起落装置等。

40CrNi2Si2MoVA 钢的化学成分与 300M 相同。硅的加入使钢的不可逆回火脆性区提高到 400～500℃，使钢可在较高温度回火，获得满意的综合力学性能，主要用于制造飞机起落架。

45CrNiMo1VA 钢的化学成分与 D6AC 钢相同，其过冷奥氏体等温转变曲线见图 6.71。该钢经调质后仍具有高的抗拉强度和高的屈强比，并具有良好的延性和缺口韧性。该钢的淬透性好，无回火脆性，回火温度范围宽，在高温时仍能保持较高强度。该钢在 510～610℃存在奥氏体湾，对于较薄易变形零件淬火冷却时在此温度区域停留，均温后再淬火，可以显著降低热应力，减少零件的变形。该钢用于制造飞机起落架、固体燃料发动机壳体等。

40CrMnSiMoVA(GC-4)钢是我国研制的一种无镍的低合金超高强度钢，用于代替 30CrMnSiNi2A 钢，以节约镍的使用，用于制造起落架、机翼主梁等重要零件。这种钢的预先热处理为 920℃正火和 700℃高温回火 4h，最终热处理为 920℃淬火，在 260℃回火

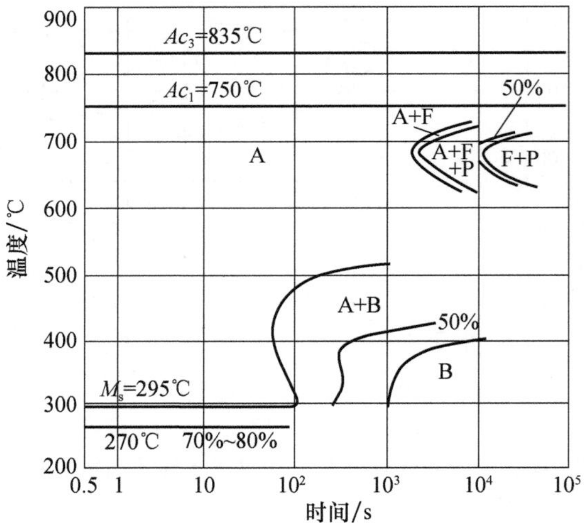

图 6.71　45CrNiMo1VA 钢的过冷奥氏体等温转变曲线[30]

奥氏体化 880℃,20min,晶粒度 8～7

4h,可获得高的抗拉强度,其抗应力腐蚀的能力也较好。这种钢的淬透性比 30CrMnSiNi2A 钢稍高,但缺口敏感性稍大,其切削加工性尚好。为改善钢的韧性,应采用电渣重熔等工艺冶炼,同时可采用 170～360℃等温淬火,等温后空冷,在 250℃以下等温后,尚需进行 260℃回火 4～6h[74]。研究工作表明,采用 300℃等温工艺较之常用的 190℃等温,强度虽略有降低,但可明显改善钢的强韧性配合和抗疲劳性能,同时降低钢对应力集中的敏感性[115]。GC-4 钢已在多种飞机上用于制作起落架、结合螺栓等重要受力结构件。

35Si2Mn2MoVA(原钢号 32Si2MnMoV)钢是我国研制成的不含镍铬的低合金超高强度钢,这种钢具有稳定的力学性能。35Si2Mn2MoVA 钢含有 1.6%～1.9%Mn。锰强烈提高淬透性,但过多的锰会使淬火后残余奥氏体量过高,而为了消除残余奥氏体,钢的热处理工艺会复杂化。加入 1.5%Si 可提高回火稳定性,增加淬透性并把第一种回火脆性的开始温度从 250℃左右增高到 350℃以上。钼有加大淬透性的作用,并能改善韧性。少量钒的加入可以抑制锰带来的过热敏感性。这种钢的淬透性可保证 40mm 厚的钢板能在油中淬透。软化退火工艺采用 680～700℃保温 8～10h,炉冷至 600℃。最终热处理采用 920℃油淬和 320℃×2h 回火空冷。

34Si2MnCrMoV(406)钢是为解决航天固体火箭发动机壳体材料而研制的超高强度钢。这种钢要求具有高的比强度、较好的塑韧性、高的断裂韧性、低的缺口敏感性,以及良好的工艺性能和低成本。这种钢通过合理的成分设计及采用适当的热处理工艺能获得良好的综合力学性能,能满足产品设计技术要求。这种钢淬火加热温度为 930℃,回火温度为 280～330℃。为改善韧性,可以进行等温淬火,等温温度在 290～310℃,等温时间 60min,然后在各对应的等温温度回火 3h,可使强韧性得到良好的配合和高的断裂韧度[117]。

为了提高材料工作时的可靠性,又开发了 D406A 钢,通过降低碳含量和采用真空感应+真空自耗冶炼技术,提高了纯净度。D406A 钢的强度较 406 钢稍有下降,但提高了韧性。D406A 钢以其良好的综合性能，已逐步取代 406、D6AC 等钢，用做固体火箭发动机壳体材料。

传统的低合金超高强度钢淬透性相对较差，而高合金超高强度钢的成本相对较高。为此国外研究人员先后开发出低成本、高性能的新钢种，2009 年设计了 Eglin 超高强度钢，该钢 Ni 含量较低，与二次硬化钢相比，成本大幅降低，有高的强韧性和淬透性。在此基础上，2016 年国外研究人员以 Mo 代 W，研发出 AF9628 钢，其热加工性能更优，适宜淬火温度为 970℃，适宜的回火温度为 204℃[116]。

超高强度钢具有很高的强度，对各种表面缺陷如裂纹、夹杂、焊缝和表面加工所造成缺陷十分敏感。如何降低超高强度钢的缺口敏感性、提高钢的韧性成为一个重要的研究方向。20 世纪 70 年代以来，各国均重视提高低合金超高强度钢的洁净度，以改善钢的性能。选用高纯度原料，广泛采用电渣重熔或真空感应熔炼＋真空自耗重熔（双真空冶炼）等冶炼工艺，可使钢中的杂质元素和气体含量大为降低，提高钢的韧性、塑性和疲劳强度，特别是横向的韧性和塑性得到显著提高，使用更加安全可靠。

为了使钢在获得高强度或超高强度的同时，能保持较好的韧性，美国 Speer 等提出了一种热处理新工艺，即将中碳含硅钢（含 0.35%C、1.3%Mn、0.74%Si）淬火至 $M_s \sim M_f$ 温度区间，再在一定温度等温使碳由马氏体分配至未转变的奥氏体，使一定量的富碳的奥氏体稳定到室温，以提高钢的塑性和韧性，并将这种热处理新工艺称为淬火（quenching）-分配（partitioning）工艺，简称 Q-P 工艺[118,119]。这种中碳含硅钢钢经 920℃奥氏体化 510s，然后冷至 300℃在热浴中保温约 400s 或经 320℃保温约 200s 进行碳分配后淬火冷却，可得到含碳 0.97%～1.47%及 1.23%～1.58%的残余奥氏体，含量约 6%。该工艺与一般淬火-回火处理、双相钢热处理及 TRIP 钢热处理（5.4.4.2 节）相比，可以获得更好的强韧性综合性能。

为进一步提高钢的强度，徐祖耀在 Q-P 工艺基础上，提出淬火-碳分配-回火（析出）工艺，简称 Q-P-T 工艺。该工艺是在含一定量 Si 的钢中加入少量强碳化物形成元素，使钢经碳分配处理后，再在一定温度保温时析出共格、弥散并能引起析出强化的碳化物[120,121]。图 6.72 为淬火-碳分配-回火（Q-P-T）工艺示意图。

根据上述工艺并总结文献中的经验，徐祖耀提出高强度钢的组织、成分和热处理设计原则[121]。较高强度并具有相当韧性的高强度钢的显微组织宜为：①具有高位错密度的细条状马氏体，条厚最好为数十纳米；②马氏体上析出细小共格的特殊碳化物以进一步增加强度，避免析出 Fe_3C；③马氏体板条间含适当数量和一定碳含量的残余奥氏体，以提高钢的塑性和韧性；④原始奥氏体应具有细晶组织。高强度钢的成分设计：碳含量小于 0.5%；为使钢能进行碳分配，宜含 1%～2%Si（或 1%Al），可以稳定 $\varepsilon(\eta)$ 碳化物，抑制 Fe_3C 的形成；含 Mn、Ni 等稳定奥氏体元素，使 M_s 点下降；含适量的强碳化物形成元素，如 Mo 或 Nb，其生成的特殊碳化物可以沉淀硬化并细化奥氏体晶粒。为得到一定的残余奥氏体以保证韧性，超高强度钢热处理工艺为：较低温度奥氏体化以得到细晶粒奥氏体组织；淬火至一定温度（QT）以获得适量的马氏体，马氏体量是决定钢最终强度的主要因素之一。在淬火至一定温度可能自马氏体析出 $\varepsilon(\eta)$ 过渡碳化物。为使更多残余奥氏体富碳，并稳定至室温，常在 M_s 点以上停留，进行碳分配。特殊碳化物的沉淀可在分配温度（PT）进行，也可在 PT 较高温度或略低温度进行，最后水淬至室温（RT）。上述即 Q-P-T

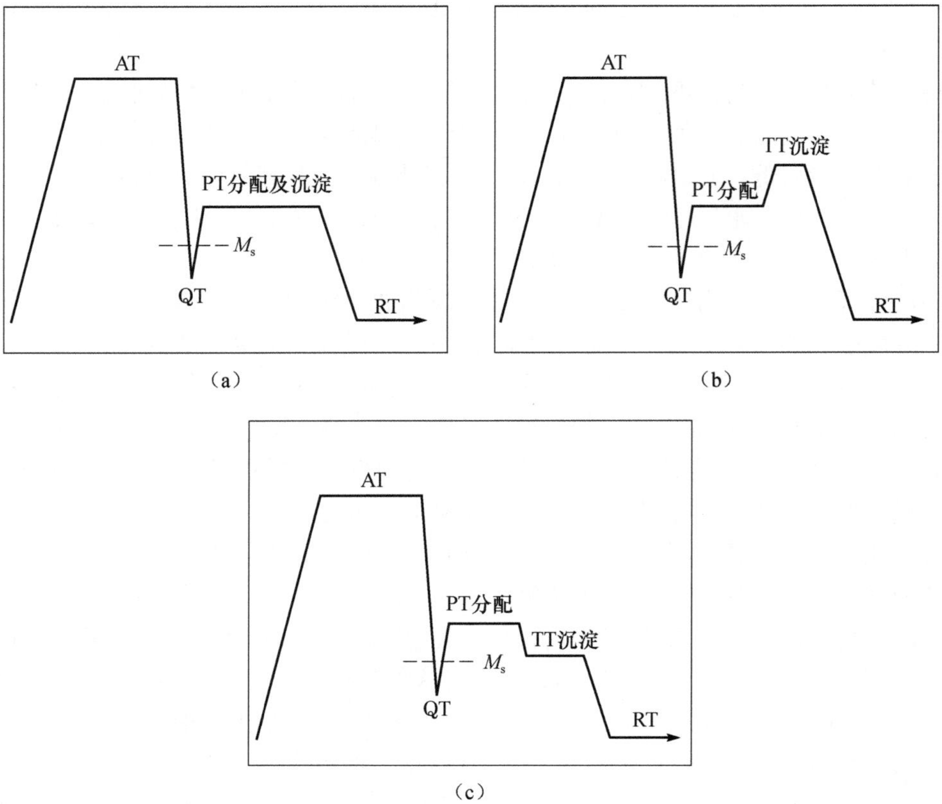

图 6.72　淬火-碳分配-回火(Q-P-T)工艺示意图[121]

AT、QT、PT、TT 和 RT 分别表示奥氏体化温度、淬火温度、碳分配温度、回火温度和室温

工艺。

依据上述原则设计了一种 Q-P-T 钢,其大致成分为:0.485%C、1.195%Mn、1.185%Si、0.98%Ni、0.21%Nb。热处理工艺为:850℃奥氏体化 300s,淬火至 95℃(盐浴),再经 400℃保温 10s,进行碳分配及碳化物沉淀后水淬至室温。残余奥氏体量为 4.1%,存在于几十纳米宽的马氏体板条间,宽度为几纳米,有含 Nb 的碳化物析出。钢的抗拉强度达到 2160MPa,并具有 10%伸长率。通过控制 Q-P-T 工艺参数可以影响马氏体量及其碳含量、残余奥氏体量及其碳含量,从而决定钢的强度、伸长率和韧性。Q-P-T 工艺的提出为发展低合金超高强度钢提供新的途径。

上海交通大学有关课题组与山东莱芜钢厂合作开发屈服强度大于 900MPa、伸长率大于 15%的中厚板(15～20mm)低碳低合金高强度钢,确定钢的化学成分(%)为:Fe-0.25C-1.5Mn-1.2Si-1.5Ni-0.05Nb,采用了 Q-P-T 工艺。为了获得大于 900MPa 的屈服强度,淬火后冷却时必须获得马氏体和贝氏体组织,并设计了能配套在生产线使用的穿水淬火设备,通过热轧板在激流中穿行实现淬火,然后通过出水后的过程实现碳的分配和碳化物析出的回火。通过试验,确定采用如下工艺:930℃奥氏体化,保温 1h,然后预冷 40s,穿水冷却 20s 后缓慢冷却(水温 30℃,夏季)。在整个工艺过程中测量了心部和次表面(1/4 厚度处)的温度变化情况。在 850～500℃的先共析铁素体易生成的温度区间里,冷却速率较快的次表面仅需 4s,平均冷却速率近 100℃/s,而冷却速率较慢的心部也只用了

12s,平均冷却速率接近 30℃/s,保证了没有先共析铁素体的生成。获得的力学性能如下:屈服强度 930MPa,抗拉强度 1380MPa,断后伸长率 15.2%,心部硬度 404HB,达到了设计要求的力学性能。微观组织分析显示由于钢板表面和心部的冷却速率的不同,其微观组织存在差异。表面组织以细长致密的马氏体为主,心部则主要由短小的针状贝氏体和板条状马氏体混合而成。薄片状残余奥氏体位于马氏体板条之间,还可以看到细小弥散的球状 NbC 微合金碳化物[122]。

Q235 钢(表 5.3)具有良好的综合力学性能和工艺性能,广泛用于需焊接的建筑及工程结构领域。其碳含量低,淬透性差,在热轧时经在线喷水冷却后,显微组织主要是铁素体和珠光体,强度低。因此,提高钢的强度,节约钢材,有重要的实际意义。研究者对 Q235 钢板厚度为 12mm 的 H 型钢进行了 Q-P-T 处理,采用了前面所述的控温控时穿水淬火冷却设备,所用 Q235 H 型钢的化学成分(%)为:Fe-0.17C-0.26Si-0.46Mn-0.007S-0.009P-0.02Cr,该钢的 A_3 和 M_s 分别为 865℃和 410℃。所用的 Q-P-T 工艺如下:将该钢加热到奥氏体化温度(930℃)并保温 1h,出炉空冷后,在穿水淬火冷却设备上淬火 12s(水温 30℃);然后出水后空冷使 H 型钢通过自回火实现碳的分配和碳化物的析出。在 H 型钢不同部位做实际测量,其冷却速率非常接近,约为 60℃/s,显示出很快的冷却速率,使得 H 型钢不同部位的性能非常接近。经 Q-P-T 处理的 Q235 钢的屈服强度、抗拉强度和伸长率分别为 435MPa、615MPa 和 17%[123]。

对 Q235 钢和经 Q-P-T 处理的 Q235 钢分别采用 J422 焊条进行相同工艺的手工电弧焊焊接,并比较了两者焊缝区力学性能。J422 焊条的化学成分(%):Fe-0.12C-≤0.3～0.6Mn-≤0.25Si-≤0.035S-≤0.040P。焊后对两者的焊接接头进行拉伸试验。Q235 钢焊接接头的抗拉强度约为 414MPa、伸长率约为 14.6%,而经 Q-P-T 处理的 Q235 钢焊接接头抗拉强度约为 532MPa、伸长率约为 16.8%。后者的强度、塑性和冲击韧性均显著提高。由于拉伸试样的断裂均在焊接热影响区,通过微观组织的分析揭示了其原因:前者的热影响区由多边铁素体和微米层片间距的珠光体组成,还存在大量不利于塑性的魏氏体组织,而后者热影响区由位错型马氏体、铁素体和贝氏体和纳米层片间距的珠光体组成[123]。

6.7.3　二次硬化型中合金超高强度钢

20 世纪 60 年代,随着航空和火箭技术的发展,需要在高温回火下得到高强度和超高强度的新材料。美国使用已有的含 5%Cr 热作模具钢 H11、H13 等,用于制造某些型号的导弹发动机壳体。其他国家亦研制出这类中碳二次硬化型中合金超高强度钢。表 6.61 为这类钢的化学成分及其力学性能。

表 6.61　中碳二次硬化型中合金超高强度钢的化学成分及其力学性能

牌号	化学成分/%					温度/℃		σ_b /MPa	σ_s /MPa	δ /%	ψ /%	A_k /J
	C	Si	Cr	Mo	V	淬火	回火					
H11(美国)[124]	0.40	0.92	5.09	1.34	0.52	1010,空冷	570,2 次	1800	1477	10.0	35.8	—
H11(美国)[124]	0.40	0.92	5.09	1.34	0.52	高温拉伸	(595)	976	721	12.8	46.2	—
H13(美国)[125]	0.40	1.0	5.0	1.30	1.0	1010	565	1810	1470	5	—	—

续表

牌号	化学成分/%					温度/℃		σ_b /MPa	σ_s /MPa	δ /%	ψ /%	A_k /J
	C	Si	Cr	Mo	V	淬火	回火					
H13(美国)[124]	0.40	1.0	5.25	1.15	1.00	高温拉伸	(593)	1189	—	15	49	—
40X5M2CФ(苏联)[125]	0.40	0.90	5.0	1.30	0.6	1025	600	1720	—	12	40	37
40X5M2CФБ(苏联)[125]	0.40	0.90	5.0	1.30	0.45	1025	600	1930	—	12	49	37
HST100(英国)[126]	0.37	0.34	3.19	0.96	0.22	930 油淬	600	1510	1250	20.2	56.7	30
HST120(英国)[127]	0.31	0.35	3.11	2.26	0.43	1050 油淬	600	1780	1360	19.3	61.0	30
HST140(英国)[127]	0.41	0.32	5.13	2.35	0.48	1050 油淬	600	2120	1610	13.3	41.6	12
38Cr2Mo2VA(中国)[128]	0.38	—	2.0	2.0	0.5	1000 油淬	600,2 次	1765	1565	12.3	55.8	49.4
38Cr2Mo2VA(中国)[128]	0.38	—	2.0	2.0	0.5	高温拉伸	(500)	1300	1110	16	70	—

注:H11 钢每次回火 2.5h。H13 钢高温拉伸试样预先经 1010℃奥氏体化,油淬,随后在 565℃回火 2h。40X5M2CФБ 钢含 0.12%Nb。38Cr2Mo2VA 钢高温拉伸试样预先经 1000℃奥氏体化,油淬,随后在 600℃回火 2h,2 次。HST 系列钢冲击功为 A_{kV},其余的冲击功为 A_{kU2}。括号内为高温拉伸温度。

含 5%Cr 的 H11 钢和 H13 钢是使用最广泛的热作模具钢。这种钢在高温回火后有高的强度和较满意的塑性和韧性,特别是抗热性好,在接近 600℃温度下仍保持比较高的强度,从而具有作为高速飞机高强度材料的可能性,20 世纪 60 年代初即应用于飞机起落架和骨架零件、火箭壳体、高应力螺杆、高速转子和轴等。

这类钢的碳含量的变化在 0.32%~0.45%,在碳含量接近下限时,虽然钢的强度有所降低,但其缺口强度、塑性、冲击韧性和断裂韧性有明显改善,从而使钢的淬裂抗力增大而改善了结构强度,提高了服役中的可靠性。这类钢一般均经电渣重熔或采用真空冶炼技术,可以明显改善钢力学性能的各向异性。

这类钢经锻造和退火后,其组织为铁素体基体、富 Cr 的 M_7C_3 与 $M_{23}C_6$ 型碳化物、富 Mo 的 M_6C 型碳化物和富 V 的 MC 型碳化物。H13 钢在退火状态含有大约 3.5%的碳化物。这些碳化物中富 Cr 的碳化物稳定性最低,其次是富 Mo 的碳化物,富 V 的碳化物的稳定性最高。H13 钢加热至 1010℃奥氏体化 1h,富 Cr 和富 Mo 的各种碳化物均先后溶入奥氏体中,只有富 V 的碳化物尚未溶入,未溶入的碳化物量约为 1%[126]。

在这类钢中,Cr、Mo 在淬火温度下基本上已溶入奥氏体,提高了钢的淬透性,一些截面比较大的零件仍可空冷淬火,因而变形较小;Cr 还可以提高钢的抗氧化性能。V 主要形成稳定的 VC,可以阻止加热时晶粒的长大,但使淬透性减低,二次硬化主要依靠 Mo 和 V 的特殊碳化物 Mo_2C 和 VC 的析出(3.8.5 节),VC 产生二次硬化峰的温度为 600~625℃,略高于 Mo_2C 的 575℃。Mo、V 复合加入时,V 可以溶解在 Mo_2C 中使 Mo_2C 更加稳定,在更高温度下形成,且不容易过时效。Cr 可溶入 Mo_2C 中,并使其稳定性下降[90]。V 的加入量超过 0.5%以后即可明显改善 600℃以上的高温硬度,当使用温度为 650℃时,以加入 1%V 为宜[122]。

大多数合金元素都增加基体的点阵常数，但 Si 降低其点阵常数。Si 提高二次硬化效果，但能加速过时效并降低产生二次硬化的回火温度，总的作用是有利的，能提高 550～650℃回火后的硬度，因此加入 1.00％Si 是有利的(图 6.73)。钢中加入适量的 Si 还可以改善钢的氧化性能。

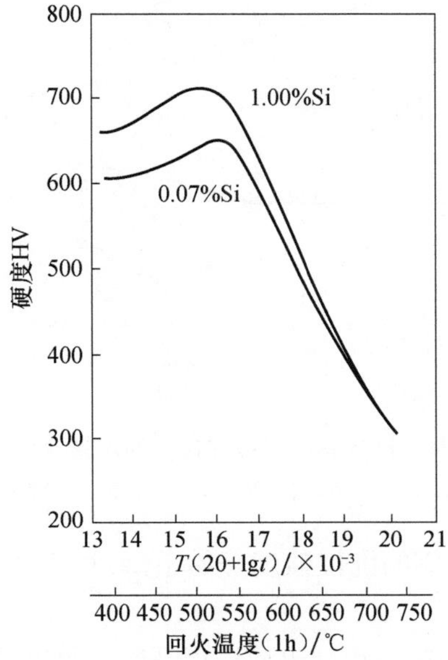

图 6.73　Si 对含 0.45％C、5％Cr、2％Mo 钢的回火特性的影响[91]

为获得最大的抗拉强度而在最大二次硬化温度下回火，则钢的冲击抗力也最小，所以总是把钢回火得略过时效一点，这样，强度略有降低，但冲击抗力却能大大提高[91]。

H11 钢是最早使用的二次硬化型中合金超高强度钢，图 6.74 为该钢的过冷奥氏体等温转变曲线，可见该钢具有高的淬透性。H11 钢在具有高强度的同时，仍有较好的塑性，在抗拉强度为 1786MPa 时，其旋转弯曲疲劳强度高达 893MPa[122]。美国曾使用 H11 钢制造导弹发动机壳体，但其韧性仍不能满足要求，后来被 D6AC 钢代替。

HST 系列二次硬化型中合金超高强度钢是在含 5％Cr 的 H 钢基础上调整 Cr、Mo、V 添加量而制成的，其主要目标是探索更高强度的钢种。HST100 钢由于添加的 Cr、Mo、V 量不足，强度不够高，400℃回火即出现硬度的显著降低。HST120 钢在 570℃左右回火时出现硬度峰值，更高温度回火出现过时效，硬度降低。含高 C、Cr、Mo 量的 HST140 钢具有比较高的回火稳定性，直到 600℃以上，硬度才有明显的下降。从表 6.61 可以看出，HST140 钢虽然强度很高，但其室温冲击功却比较低[113]。

38Cr2Mo2VA 是我国开发的中温超高强度钢[128]，该钢有较高的 Mo 含量，可以收到二次硬化的效果，能在较高的回火参数下保持组织稳定，Cr 和 Mo 可以保证钢具有足够的淬透性。V 的主要作用为细化晶粒，改善钢的塑性和韧性。该钢采用电弧-电渣重熔工艺以降低 S、P 等杂质元素含量。

38Cr2Mo2VA 钢采用 1000℃淬火后，晶粒度为 10 级，可以能得到均一的板条马氏体组织，孪晶马氏体很少，残余奥氏体量约 5％，并以薄膜状分布在马氏体板条边界上。经 570～580℃回火后，抗拉强度达到峰值，析出强化相为 Mo_2C，此时出现断裂韧度谷值。

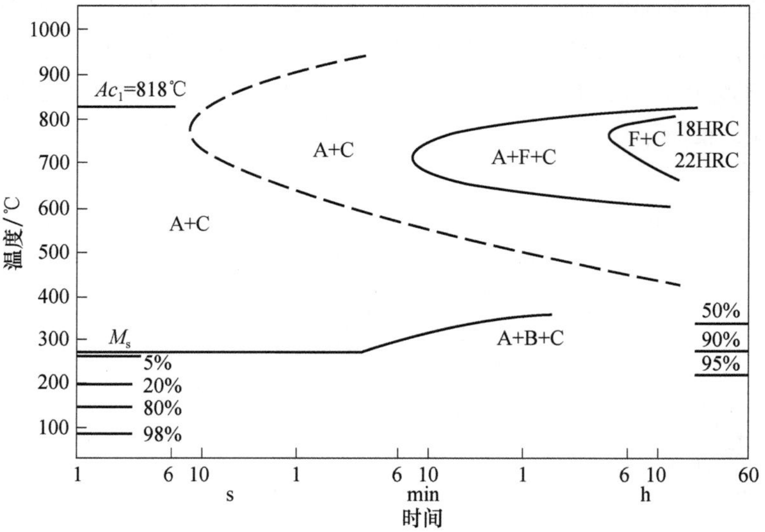

图 6.74 H11 钢的过冷奥氏体等温转变曲线[127]

成分:0.38%C、0.50%Mn、1.08%Si、5.99%Cr、1.35%Mo、0.40%V,原始状态为退火,奥氏体化温度 982℃

600℃回火,Mo_2C 有所长大,钢的抗拉强度开始下降,而屈服强度达到峰值,钢处于过时效状态。

该钢采用两次回火处理,第一次回火使淬火马氏体得以回火和残余奥氏体得以转变,第二次回火又使残余奥氏体转变产物得以回火,从而得到均匀稳定的组织,可采用 600℃或 630℃回火两次。630℃回火两次后,38Cr2Mo2VA 钢具有高的断裂韧度和优良的应力腐蚀断裂韧度。该钢在 500℃下时效 500h,性能变化甚小,表明其在 500℃以下长期工作具有足够的组织稳定性。该钢适于制作飞机中温高强度结构件[128]。

6.7.4 二次硬化型高合金超高强度钢

二次硬化型高合金超高强度钢是在 9%Ni 低温用钢的基础上发展起来的。1962 年,发现在中碳高镍钢中通过加入 Co 可以大大降低残余奥氏体量,在此基础上美国共和(Republic)钢公司开发出 HP9Ni-4Co 系列高合金超高强度钢,随后美国钢铁公司于 1965 年又研制出低碳 Fe-Ni-Co 的 HY180 钢。1978 年美国 Little 等在 HY180 钢的基础上提高碳和钴的含量,研制出 AF1410 钢[129]。1990 年出现改型的 AF1410 钢(0.20C-AF1410)和 AerMet100 钢[130]。美国 Carpenter 公司继开发出 AerMet100 钢之后,又设计出性能更好的 AerMet310 钢,最近又推出 AerMet340 钢。对这类高合金超高强度钢均已采用先进的冶炼及加工工艺进行生产。

在 HP9Ni-4Co 系列高合金超高强度钢中,Ni 显著提高钢的低温韧性,在含 0.3%C、4%Co 的钢中,将 Ni 含量从 5%提高至 9%,可使韧脆转变温度从−20℃降低到−140℃(淬火和低温回火后)和从−90℃降低到−196℃(淬火和高温回火后),大大提高了钢的低温脆断抗力。Ni 还有固溶强化效果。

为了获得高的强度,必须有充分的马氏体转变,应使钢在含有高 Ni 的情况下保留的残余奥氏体量很少,为此加入 Co,可以提高 M_s 点。在含有 0.25%C 和 9%Ni 的钢中加入 4%Co,可使 M_s 点从 246℃提高到 288℃。Co 还有固溶强化作用,并使钢具有自回火特性,所以含 0.25%C 的 9Ni-4Co-25C 钢可以在完全热处理状态下进行焊接,既不需要焊前预热,也不需要焊后再进行回火处理,焊缝和母材有较充分的强度和韧性。

碳在钢中主要起强化作用,调整不同碳含量可以达到不同的强度级别。随着碳含量的增加,热处理后的强度显著提高,但韧性却有所下降,即使在碳含量比较高的情况下,其冲击功仍有相当的数值。图 6.75 和图 6.76 分别为不同碳含量对这类钢强度和韧性的影响[10]。

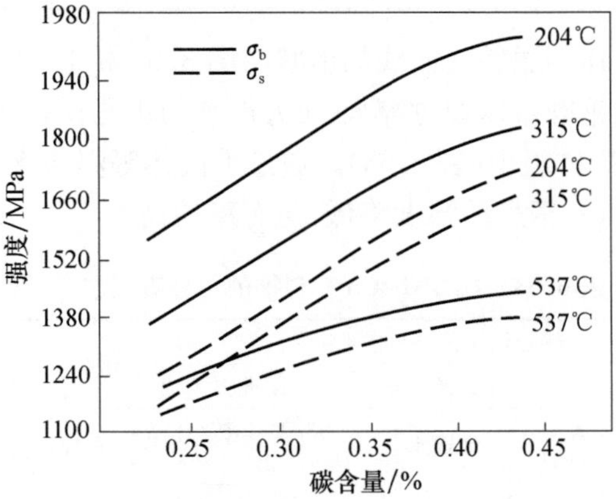

图 6.75　不同碳含量对 HP9Ni-4Co 钢强度的影响[10]

淬火后在不同温度回火

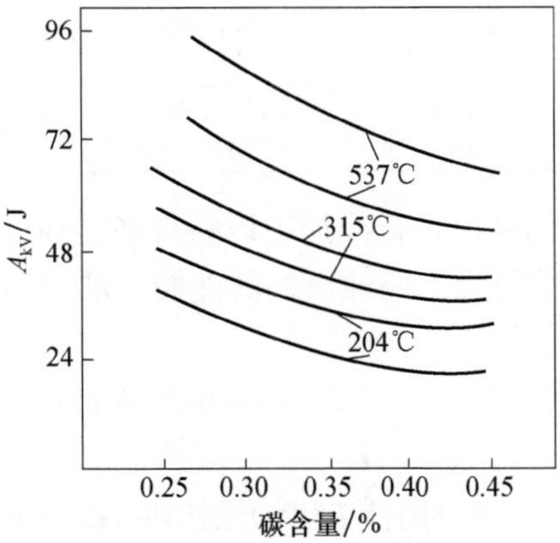

图 6.76　不同碳含量对 HP9Ni-4Co 钢冲击功的影响[10]

淬火后在不同温度回火

这类钢在生产中使用的主要牌号的化学成分见表 6.62[131]。在 HP9Ni-4Co 钢中还加入了少量碳化物形成元素 Cr、Mo、V,以增强其沉淀硬化效应。

表 6.62　工业使用的 HP9Ni-4Co 系列钢的化学成分[131]

牌号	化学成分/%							
	C	Ni	Co	Cr	Mo	V	Si	Mn
HP9-4-20	0.20	9.0	4.5	0.75	1.00	0.10	<0.10	0.30
HP9-4-25	0.25~0.30	7.00~9.00	3.50~4.50	0.35~0.55	0.35~0.55	0.06~0.12	<0.35	0.10~0.35
HP9-4-30	0.29~0.34	7.00~9.00	4.00~5.00	0.90~1.10	0.90~1.10	0.06~0.12	<0.01	0.10~0.35
HP9-4-45	0.42~0.48	7.5~9.0	3.5~4.5	0.20~0.35	0.20~0.35	0.06~0.12	<0.35	0.10~0.35

这类钢的过冷奥氏体等温转变曲线的形状与图 3.53 相似，由于 Ni 含量高，没有出现珠光体转变区域。这类钢既可以通过淬火-回火得到回火马氏体组织，也可以采用贝氏体等温淬火工艺得到下贝氏体组织(表 6.63)。通过贝氏体等温淬火可以显著提高钢的冲击韧性。低碳的 HP9Ni-4Co 钢虽然强度略低，但有高的韧性。

表 6.63　HP9Ni-4Co 系列钢的热处理工艺[57,131]

牌号	热处理工艺				组织	σ_b/MPa	K_{IC}/(MPa · $m^{1/2}$)
	正火	奥氏体化	淬火及冷却	回火			
HP9-4-25	(900±30)℃,1h	843℃±14℃,≥1h	油或水	538℃,2 次,2h	回火马氏体	1236~1442	—
HP9-4-30	927℃	828℃±14℃,1h	油,−84℃冷处理	538℃,2 次	回火马氏体	1510~1648	105~110
	927℃	828℃±14℃,1h	盐 232℃,6~8h,空冷	538℃	贝氏体	1510~1648	—
HP9-4-45	900℃,1h	815℃±13℃,1h	油,−84℃冷处理	204℃,2 次,2h	回火马氏体	1922~2062	—
	900℃,1h	815℃±13℃,1h	盐 241℃,6~8h,空冷	241℃,2h(切削后)	贝氏体	1795~1922	—

对低碳的 HP9Ni-4Co 钢可以进行冷加工以获得高的强度，但仍有高的韧性。低碳的 HP9-4-25 钢还显示出优异的耐应力腐蚀断裂的性能。这类钢在成形方面并不困难，且有优越的焊接性能[131]。

HP9-4-X 系列钢应用于火箭发动机壳体、飞机结构部件、船身与潜艇壳体、炮筒与装甲板等。

HY180 钢是在 HP9Ni-4Co 系列钢基础上研制出的深海潜艇壳体用的高 Co-Ni 高合金超高强度钢。HY180 钢的成分的主要特点是把 Co 含量增至 8%，而把 C 含量降至 0.12%[132]。这种钢的强度约为 1380MPa，而断裂韧度达到 198MPa · $m^{1/2}$，当时认为这是优良韧度与强度匹配的重要突破，但其强度水平尚不能满足大多数航空构件的要求，未能在航空航天结构上获得应用[110]。

Speich 等对 C、Cr、Mo、Co 等元素在 HY180 钢(10%Ni-2%Cr-1%Mo-8%Co-0.12%C)中的作用进行了系统的研究[133]。

图 6.77 为不同碳含量和回火温度对淬火后 10%Ni-2%Cr-1%Mo-8%Co 钢硬度的影响。由图可见，回火温度自 205℃升至 425℃，随着 Fe_3C 的析出，硬度不断下降。回火温度自 425℃升至 540℃，出现二次硬化峰，Fe_3C 不断回溶，同时细小弥散的$(Mo,Cr)_2C$

在位错线上形核和析出。540～650℃，硬度迅速下降，$(Mo,Cr)_2C$ 急剧粗化，亚结构消失并开始出现奥氏体逆转变，此时生成的奥氏体富镍，冷却时可以保留到室温变成残余奥氏体。在 650℃回火时的残余奥氏体最多(约 7%)。回火温度继续升高至 705℃，硬度开始回升，这是由于逆转变生成的奥氏体贫镍，冷却后将全部转变为马氏体。加热至 760℃时，钢又重新完全奥氏体化，硬度恢复到淬火态。实验表明，经 845℃奥氏体化和水冷后，钢中没有残余奥氏体。

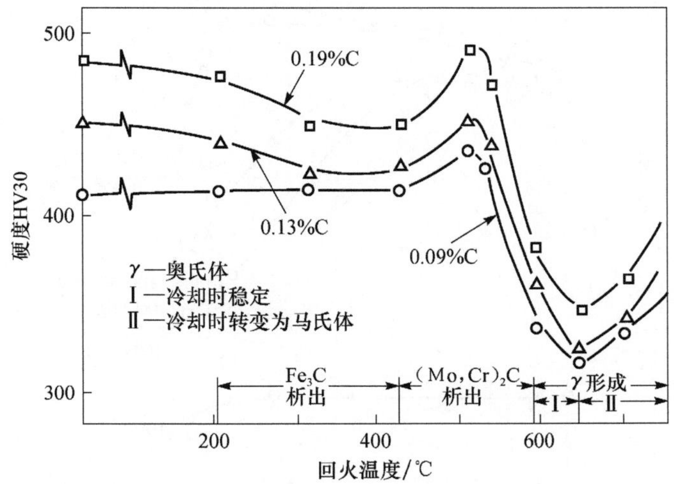

图 6.77　碳含量和回火温度对淬火后 10%Ni-2%Cr-1%Mo-8%Co 钢硬度的影响[133]
奥氏体化温度 845℃，1h，水冷，回火 1h

10%Ni-2%Cr-1%Mo-8%Co 钢中碳含量增加将在整个回火过程中提高钢的硬度和强度。在 510℃回火 1h 后，含碳 0.09%、0.13%、0.19%钢的屈服强度分别为 1180MPa、1280MPa、1340MPa，在 480～510℃适当延长回火时间，可以达到的屈服强度的峰值，分别为 1190MPa、1345MPa、1425MPa。

在 10%Ni-2%Cr-8%Co-0.12%C 钢中，由于不含钼，在淬火回火时，不出现二次硬化峰值，适宜的 Mo 加入量为 1%，析出强化相为 $(Mo,Cr)_2C$。在 10%Ni-1%Mo-8%Co-0.12%C 钢中 Cr 的适宜加入量为 2%，Cr 降低二次硬化峰值的温度，并略微提高二次硬化峰值。一部分 Cr 溶入 Mo_2C 中，形成 $(Mo,Cr)_2C$，降低其稳定性，使其在回火时较易于粗化。

在 10%Ni-2%Cr-1%Mo-0.12%C 钢中加入 Co 提高在 200℃以上温度回火后的硬度和强度，加入 8%Co 对提高二次硬化峰值的效果最为显著。Co 在钢中的主要作用：①延缓位错亚结构的回复；②保证在位错处形成细小弥散的强化相；③一定的固溶强化作用。这些作用保证了这种钢在具有高强度的同时，还具有优异的韧性。

图 6.78 显示了各加入元素对 10%Ni 钢屈服强度的贡献。虽然含 0.12%C 的各钢淬火后的屈服强度相差无几，但回火时的表现迥异。加入 8%Co 延缓强度的下降，而加入 2%Cr 加速钢的软化，加入 1%Mo 使钢出现明显的二次硬化效果。

20 世纪 70 年代，为满足快速发展的航空工业对材料的需要，提出了开发新型超高强度钢的目标：要求良好的焊接性能、抗拉强度达到 1586～1724MPa、断裂韧度达到

125MPa · $m^{1/2}$、适应大型构件的需要。之后陆续研制出一些具有高断裂韧度的超高强度钢。表 6.64 为几种高断裂韧度超高强度钢的化学成分及其力学性能。

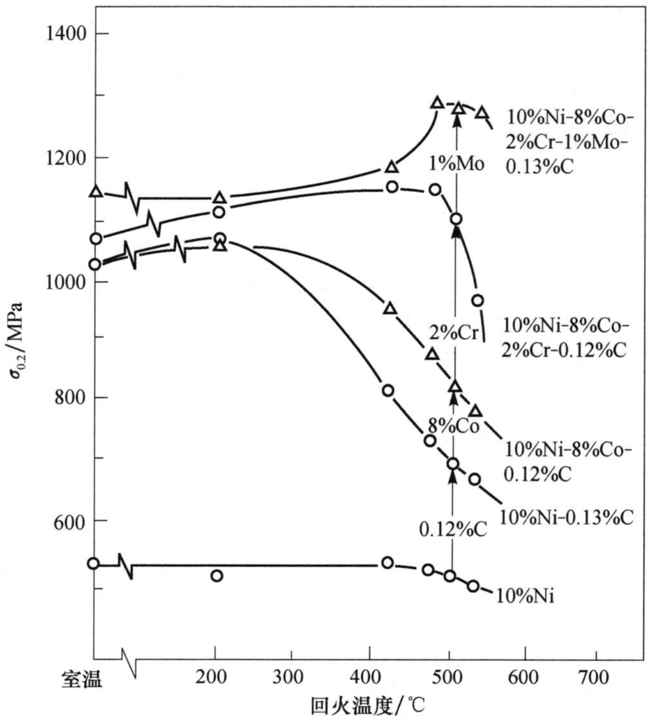

图 6.78　各加入元素对 10Ni 钢屈服强度的影响[133]

奥氏体化温度 845℃,1h,水冷,回火 1h

表 6.64　几种高断裂韧度超高强度钢的化学成分及其力学性能

牌号	化学成分/%					σ_b /MPa	σ_s /MPa	δ/%	ψ/%	HRC	K_{IC}/ (MPa · $m^{1/2}$)	A_{kV} /J
	C	Ni	Co	Cr	Mo							
HY180[110]	0.10～0.14	9.50～10.5	7.5～8.5	1.80～2.20	0.90～1.00	1413	1345	16	75	43	198	190
AF1410[134]	0.13～0.17	9.50～10.5	13.5～14.5	1.80～2.20	0.90～1.00	1690	1550	15	68	—	154	61
改型 1410[134]	0.20	10.0	14.0	2.0	1.0	1850	—	—	—	—	132	—
AerMet100[135]	0.21～0.25	11.0～12.0	13.0～14.0	2.9～3.3	1.1～1.3	1965	1724	14	65	54	126	41
AerMet310[135]	0.25	11	15	2.4	1.4	2172	1896	14	60	—	71	27
AerMet340[136]	0.33	12	15.6	2.25	1.85	2418	2157	11	55	—	35.2	14.9
G99[30,137]	0.21～0.25	9.0～10.0	9.0～10.0	1.80～2.20	0.90～1.10	1715	1520	10	45	—	124	—

注:G99 钢中尚含有 0.005%～0.015%Al、0.005%～0.02%Ti、0.02%～0.04%Nb、≤0.005%RE。各牌号钢的热处理工艺如下:HY180—900℃×1h,水冷+843℃×1h,水冷,510℃×5h,空冷;AF1410—829℃×1h,油冷+−73℃×1h,空暖+510℃×5h,空冷;AerMet100—885℃×1h,空或油冷+−73℃×1h,空暖+482℃×5h,空冷;AerMet310—912℃×1h,空或油冷+−73℃×1h,空暖+482℃×5h,空冷;AerMet340—968℃×1h,空或油冷+−73℃×1h,空暖+482℃×5h,空冷;G99—830℃×1h,油冷+−73℃×1h,空暖+480℃×5h,空冷。

AF1410 钢在 HY180 钢的基础上提高了碳和钴的含量，是一种具有良好焊接性能和断裂韧度，又具有高强度的二次硬化钢。AF1410 钢将 C 含量提高至 0.16%，Co 含量提高至 14%，使该钢经热处理后 $\sigma_{0.2}$ 达到 1550MPa，而 $K_{IC}\geqslant$154MPa · $m^{1/2}$(表 6.64)。这是由于增加 Co 的加入量使钢的再结晶温度提高，进一步延缓了位错亚结构的回复，增加了细小碳化物的形核地点。AF1410 钢有很好的抗应力腐蚀性能，其断裂韧度临界值 K_{ISCC} 高达 80MPa · $m^{1/2}$，可在海洋气候条件下应用。AF1410 钢已在航空界得到广泛的应用，主要用于制造飞机的主要受力构件。

这类高 Co-Ni 二次硬化钢的热处理工艺通常为[138]：

(1) 正火和软化处理。正火和软化处理为预备热处理，正火用来消除锻造工艺中产生的缺陷，溶解大块的析出物和细化晶粒，一般选择 900℃保温 1h，软化处理是为机加工作准备。这类钢淬火后的硬度一般大于 48HRC，为降低硬度改善机加工性能，通常进行 600～680℃保温 6h，然后空冷的软化处理，处理后的硬度为 40HRC 左右。

(2) 淬火(固溶处理)＋冷处理＋回火(时效)。这类钢淬火后有时会在马氏体基体中存在少量的残余奥氏体，为此应在回火前在－73℃进行冷处理。

AF1410 钢的最大抗拉强度尚低于 1700MPa，不能像 300M 钢那样制造高强度/质量比的高应力构件。美国海军部门要求能开发出强度与 300M 钢相当，而断裂韧度能提高一倍的高韧超高强度钢。1991 年，Carpenter 公司的研究人员沿 HY180 和 AF1410 钢的基本冶金思路，建立了 Fe-Co-Ni-Mo-Cr-C 合金系和元素间相互作用关系的计算机模型，成功地设计和实验验证了一种新型超高强度钢 AerMet100[130]，1992 年命名为 AMS6532。

AerMet100 钢与 AF1410 钢相比，C、Ni、Cr、Mo 含量均有增加。Co 和 C 的合理匹配是该钢获得高强度和高韧性的关键之一，过多的 C 对钢的断裂韧度有不利影响。Cr 主要提高强度和硬度，但含量超过 4%时易产生过时效。Mo 主要是在时效时析出 M_2C 产生二次硬化，Mo 含量超过 1.75%时对断裂韧度有不良影响。AerMet100 钢的典型热处理工艺为：885℃奥氏体化 1h 后空冷，－73℃冷处理 1h，空气中暖到室温后在 482℃回火 5h 后空冷[139]。

AerMet100 钢在固溶处理和冷处理后，钢完全转变为马氏体，显微组织主要由 30%的孪晶和非孪晶混合物组成，仅含有少量的残余奥氏体，钢中含有两种未溶解的球形碳化物：MC 和 $M_{23}C_6$。经 427℃回火 5h 后，基体尚未开始回复，但已有魏氏组织渗碳体析出，韧性显著下降。回火至 454℃，屈服强度出现峰值(约 1756MPa)，在马氏体基体中出现共格析出的棒状 M_2C 型碳化物，其有效直径为 2～6nm 时，硬度达到峰值。回火温度达到 482℃时，晶界渗碳体消失，马氏体内的棒状析出物长大，部分粒子仍与基体共格，而少数粒子已失去共格关系，并有稳定的逆转变奥氏体形成。此时钢的断裂韧性达到峰值(170MPa · $m^{1/2}$)。逆转变奥氏体沿马氏体片间按 K-S 关系通过形核长大析出，在逆转变的奥氏体中无任何位错。510℃回火时，析出物与基体已失去共格关系[140]。最近我国学者利用高分辨透射电镜观察，发现 AerMet100 钢在 482℃回火 5h 后，还析出另一种强化相 Fe_2Mo(Laves 相)，其尺寸与 Mo_2C 相当[141]。

AerMet100 钢在抗拉强度超过 1950MPa 时，其断裂韧度不小于 120MPa · $m^{1/2}$，并且具有良好的抗应力腐蚀性能和高的抗疲劳性能。在具有相同抗拉强度的钢中(AerMet100、

300M 和 H11),AerMet100 钢具有最高的断裂韧度。AerMet100 钢的性能满足美国海军部门的要求,可用于制造起落架、涡轮发动机轴和承力螺栓等,具有广阔的应用前景。

AerMet100 钢使用至今,其主要合金成分没有变化。对于 AerMet100 钢,主要是致力于减少杂质元素及其有害作用的研究,不断提高钢的纯洁度,这是提高断裂韧度的重要手段,也是发展更高强度钢的前提。另一方面的研究是微量稀土元素在钢中的作用,加入稀土元素可以改变硫夹杂物的性质、形态和分布,并能有效防止 P 在晶界的偏聚,有利于提高钢的断裂韧度[139]。

AerMet310 钢是在 AerMet100 钢的基础上提高碳含量,其他合金元素稍作调整得到的。AerMet310 钢热处理工艺为:在 912℃奥氏体化 1h 空冷,空气中回到室温后在 482℃回火 5h 后空冷。AerMet310 钢的韧性不如 AerMet100 钢,但其抗拉强度达到 2172MPa,远高于 AerMet100 钢。AerMet310 钢的抗拉强度与屈服强度的差值大,表明该钢在断裂前的塑性范围内吸收的能量更多,更能抗损伤。AerMet310 钢适用于飞机起落架及一些飞机关键零件。

新近开发成功的 AerMet340 钢具有更高强度,其抗拉强度达到 2419MPa,在各种超高强度钢中具有最高的比强度,并仍有较好的塑性。AerMet340 钢与 AerMet100 钢和 AerMet310 钢一样,其抗拉强度与屈服强度的差值大。AerMet340 钢有高的旋转弯曲疲劳强度,$\sigma_{-1}=971\text{MPa}$[136]。AerMet340 钢可制成管材、棒材、板材和丝材等,用于制作弹簧、传动轴等。

G99 钢是我国自主研发的高强高韧钢,用于航天硬回收装置,以马赫数 $M=7$ 的速度落地,要求具有良好的强韧性配合,该钢的成分见表 6.64。碳含量的确定兼顾到强度与韧性的要求。Co 的作用与在 AerMet100 钢中相同。控制 Cr/Mo 比值不大于 2,超过 2 时对断裂韧度不利。微量元素 Ti、Nb、Al 和稀土元素的加入起控制第二相粒子和夹杂物形态、间距、尺寸和细化晶粒的作用,以提高钢的韧性。采用双真空冶炼技术,降低钢中有害杂质含量。G99 钢的锻造塑性很好,通过采用大于 6 的锻压比和高于 800℃的低温锻造,可使尺寸为 280mm 的锻件的晶粒度达到 9 级以上。

对 G99 钢采用(830±14)℃奥氏体化 1h,油冷,−73℃冷处理 1h。经过冷处理后,所有残余奥氏体转变为马氏体,再经 480℃回火 5h 处理,通过析出强化,获得高的强度和韧性,析出强化相为$(Mo,Cr)_2C$和(Ti,Nb)C。G99 钢的性能能够满足工程的要求[137]。

6.7.5 马氏体时效钢

美国国际镍公司(INCO)于 1958 年研制出 25Ni 钢。这种钢先在奥氏体状态时效,降低溶解于奥氏体中合金元素的含量,M_s 温度上升,使钢在冷却过程中发生马氏体转变,然后通过马氏体时效进行强化。1959 年,通过降低镍含量,取消奥氏体时效,研制出了 20Ni 钢。25Ni 钢和 20Ni 钢是在韧性很好的 Fe-Ni 马氏体基体中加入 1.5%Ti 和少量的 Nb、Al,使其在时效时析出 Ni_3Ti 或 Ni_3Nb,达到强化的目的。25Ni 和 20Ni 马氏体时效钢在时效后的强度可达 1720MPa,但由于含 Ti 的强化相沿晶界析出,钢的韧性较差,没有得到进一步的发展。美国国际镍公司 1960 年开发了 Co-Ni 硬化的 18Ni(250)钢,首次获得商业应用,继之在 1961 年又开发出 18Ni(200)钢和 18Ni(300)钢,并将 18Ni(250)钢用于火箭发动机壳体。之后马氏体时效钢得到迅速的发展,其他一些国家亦相继进行研制和开发。美国国际镍公司与 VASCO 公司又合作研制出屈服强度达到 2400MPa 的 18Ni(350)钢，还探索了强度更高的 400 级和 500 级马氏体时效钢，屈服强度分别高达 2800MPa 和 3500MPa，但由于其韧性太低，生产工艺复杂，没有得到实际应用[30,142]。20 世纪 80 年代以来，由于战略元素钴的短缺，促使各国研制无钴马氏体时效钢。

表 6.65 和表 6.66 分别为马氏体时效钢系列的化学成分及其力学性能。

表 6.65　马氏体时效钢系列的化学成分

牌号	化学成分/%						
	C	Ni	Co	Mo	Ti	Al	Nb
25Ni[143]	0.03	25～26	—	—	1.3～1.6	0.15～0.30	0.3～0.5
20Ni[143]	0.03	19～20	—	—	1.3～1.6	0.15～0.30	0.3～0.5
C-200[144]	≤0.03	18.5	8.5	3.25	0.2	0.1	—
C-250[144]	≤0.03	18.5	7.5	4.80	0.4	0.1	—
C-300[144]	≤0.03	18.5	9.0	4.80	0.6	0.1	—
C-350[144]	≤0.03	18.5	12	4.80	1.4	0.1	—
400 Alloy[145]	<0.01	13	15	10	0.2	0.1	—
500 Alloy[145]	—	8	18	14	0.2	0.1	—

注：其他化学成分为≤0.1%Mn、≤0.1%Si、≤0.01%P、≤0.01%S、0.003%B(加入量)、0.01%Zr(加入量)。C-200、C-250、C-300、C-350 为美国 Allvac 公司生产的 18Ni 钢 C 系列，牌号前冠以 Vascomax，如 Vascomax C-200，数字为强度(ksi)。

表 6.66　马氏体时效钢系列的力学性能

牌号	热处理工艺	σ_b/MPa	σ_s/MPa	δ/%	ψ/%	HRC	A_{kV}/J	K_{IC}/($MPa \cdot m^{1/2}$)
25Ni[143]	815℃×1h+705℃×4h+冷处理+435℃×1h	1900	1800	12	53	—	—	—
20Ni[143]	815℃×1h+480℃×3h	1750	1700	10～12	45～47	—	—	—
C-200[144]	815℃×1h 空冷+(480～510℃)×3～6h 空冷	1450	1420	12	62	43～48	50	155～200
C-250[144]		1800	1760	11	58	48～52	27	120
C-300[143]		2030	2000	11	57	50～55	23	80
C-350[144]		2410	2340	7	35	55～60	14	35～50

注：K_{IC} 数据来源于文献[57]、[143]。C-200、C-250、C-300、C-350 钢的性能数据为小尺寸棒材的性能数据[144]。

下面介绍各元素在马氏体时效钢中的作用[30,145]：

马氏体时效钢是一种以 Fe-Ni 为基体的高合金钢。从图 2.8 及解释中已知，当镍含量大于 6%，从高温奥氏体状态冷却至室温时，将转变为过饱和的 α 固溶体或 α'' 相，有高密度位错而无孪晶，再加热至 500℃，此马氏体组织仍保持稳定，这种加热和冷却过程中的相变滞后现象是马氏体时效钢的组织基础。因为加热到一定温度范围内，这种马氏体仍保持不变，所以有可能进行时效强化，以进一步提高钢的强度。Ni 使螺型位错不易发生分解，使交叉滑移易于进行，保证了马氏体时效钢的良好韧性。

在 18Ni 的钢中，起时效强化作用的合金元素是 Co、Mo、Ti、Al，而在 20Ni 及 25Ni 钢中则是 Ti、Al、Nb。

在马氏体时效钢中，Co 固溶于基体中，其作用是减少 Mo 在马氏体中的固溶度，促进含 Mo 的金属间化合物 Ni_3Mo、Fe_2Mo 的析出；同时，Co 可以抑制马氏体中位错亚结构的回复,为随后的析出相提供更多的形核位置,使析出相粒子更为细小而均匀分布,减少析出相粒子间距。Co还可以提高马氏体的 M_s 温度,部分弥补了Ni的相反作用,原则上应使 M_s 点不低于150℃,保证固溶后冷却时获得全马氏体组织。

Mo对马氏体钢的强度和韧性都产生有利作用,时效初期析出均匀分布的富Mo的强化相。Mo还降低许多元素沿晶界的扩散系数,防止 Ni_3Ti 等沿晶界的析出,避免了沿晶断裂。在无Co的马氏体时效钢中,由于失去了Co、Mo的交互作用,富Mo析出物的析出量相对降低,使强化作用减弱。在钢冷凝结晶过程中Mo的偏析较大,轧制后形成带状组织,增大钢的各向异性。

Ti在含Co或无Co的马氏体时效钢中都是最有效的强化合金元素,析出相为 Ni_3Ti。在无Co的马氏体时效钢中,每添加0.1%Ti,强度增加54MPa,但在强度达到较高水平时,依靠 Ni_3Ti 强化,将严重恶化塑韧性。为防止 Ni_3Ti 沿晶界析出,引起脆性,Ti需与Mo共用。Ti形成的碳氮化物起细化晶粒的作用。Ti和Mo一样,在钢结晶时易发生偏析而增大各向异性。Ti的加入量多数在1.2%以下。

Cr是铁素体形成元素,但在Fe-Ni-Cr三元系中,Cr可能促进奥氏体的形成,因此在无Co的马氏体时效钢中Cr可以代替部分Ni。要得到良好的韧性,至少需要17%(Ni+Cr),以减少 Ni_3Ti 析出引起基体中贫Ni而造成的韧性损失。要保证得到最大强度,需要17%~21%(Ni+Cr)。

在18Ni马氏体时效钢,Mn可以部分取代Ni和Co,1%Mn可取代3%Ni,但Mn取代Ni将使钢的韧性下降,Mn取代的Ni量不能超过6%,最佳的Ni-Mn配合大约是12.5%Ni+2%Mn。

Al是作为脱氧剂加入到钢中的,在马氏体时效钢中也可以产生硬化,在无Co马氏体时效钢中也有用Al作为强化元素的,但通常只加入微量的Al以束缚残余的N和O。

C和N在钢中是有害元素,要求其含量越低越好。C与Ti生成TiC非金属夹杂物,不仅降低钢的韧性,还多消耗Ti。碳含量大于0.03%时,钢的塑韧性会明显降低,因此规定碳含量小于0.03%,更高要求时碳含量小于0.01%。

在马氏体时效钢中其他杂质元素(Si、Mn、S、P)均有严格限制,其目的是改善钢的冶金质量,降低钢中非金属夹杂物含量,加入少量B、Zr、Ca用于细化晶粒,改善组织。杂质对马氏体时效钢的性能影响相当大,这种有害影响随钢的强度增加而更显著。采用真空熔炼,钢的韧性和缺口抗拉强度可以提高。

马氏体时效钢热处理工艺包括两个基本工序:

(1) 固溶处理。加热使钢得到奥氏体组织,并使合金元素能溶入奥氏体中,又不致使晶粒长大,然后淬火成马氏体。

(2) 时效。借时效强化达到最后要求的强度,不同的钢种还有其特殊性,在热处理工艺的细节上互相区别。

25Ni马氏体时效钢的热处理工艺较复杂。由于镍含量高,固溶处理后的组织是马氏体和大量残余奥氏体,其硬度很低,为160~230HV。为促使残余奥氏体能全部转为马氏体,可采取下述两种方法:一是将奥氏体在650~750℃时效,使奥氏体中析出一部分 $(Ni、Fe)_3(Ti、Al)$,提高了 M_s 点,随后冷却时即可发生马氏体相变,然后再进行冷处理,奥氏体可以基本上转变为马氏体;二是采用冷加工变形的方法。在固溶处理以后对钢施加25%以上的冷变形，也能促使 M_s 点升高，之后进行冷处理，可使奥氏体全部转变为马氏体。经过上述两种方法得到的马氏体组织，再在 425～485℃进行 1～4h 时效，就可以达到进一步强化的效果。25Ni 钢的特点是时效前的硬度很低，适于加工制造深冲零件、冷拔管等。

20Ni 钢的最后热处理工艺是 820℃固溶处理，然后必须进行－70℃左右的冷处理使奥氏体能全部转变为马氏体。这样才能保证时效以后，钢具有足够的强度，最后进行 450～480℃时效。20％Ni 钢的优点是含合金元素稍低，不使用钴和钼，价格较便宜，但性能比 18％Ni 钢差些。

20Ni 和 25Ni 马氏体时效钢的强化相为$(Ni、Fe)_3(Ti、Al)$。

18Ni 马氏体时效钢在加热到 800℃以上时，将迅速转变为奥氏体，淬火温度一般取 815℃。这类钢的合金化程度很高，过冷奥氏体很稳定，即使冷却速率比较缓慢也能够完全转变为马氏体，一般采取空气中冷却。发生奥氏体向马氏体转变的温度范围为 155～100℃，冷却到室温时，转变已进行得相当充分，残余奥氏体量很少。转变后马氏体硬度为 28～32HRC。对马氏体进行时效的温度约为 480℃（视时效时间而稍有不同）。18％Ni 马氏体时效钢的热处理工艺比较简单，时效析出相为 $Ni_3(Mo,Ti)$（有序相）和 Fe_2Mo（拉弗斯相）。

许多学者对 18Ni 钢的时效过程进行过研究，认为时效过程可分为三个阶段：时效初期发生调幅分解，溶质原子通过上坡扩散形成 Ni-Mo-Ti 富集区；在 Ni-Mo-Ti 富集区以原位方式析出细小的沉淀相——棒状的 $Ni_3(Mo,Ti)$ 和球状的 Fe_2Mo；加热至一定温度时在马氏体板条界上形成逆转变奥氏体[145]。

我国从 20 世纪 70 年代便开始了马氏体时效钢的研究工作，先仿制国外钢号，继而开发出了综合性能优异的 CM-1、CM-2、TM210、TM210A 等马氏体时效钢。

表 6.67 为一些国家研制和开发的无钴马氏体时效钢的化学成分和力学性能。无钴马氏体时效钢与 18Ni 马氏体时效钢相比较，其成分特点是完全去掉了 Co，降低了 Mo 含量，适当增加 Ti 含量。这些钢可使生产成本降低 20％～30％，其性能也十分接近相应强度水平的含钴马氏体时效钢。无钴马氏体时效钢的析出过程较为复杂，对 T-250 钢的研究表明，在时效时的析出相为 $Ni_3(Ti,Mo)$，而在 T-300 钢中产生时效强化的是 $Ni_3(Ti,Mo)$ 和 Fe_7Mo_6[145]。

表 6.67　一些无钴马氏体时效钢的化学成分与力学性能

牌号	化学成分/％						σ_b/MPa	σ_s/MPa	δ/％	ψ/％	硬度HRC	K_{IC}/($MPa\cdot m^{1/2}$)	A_{kV}/J
	C	Ni	Mo	Ti	Al	Cr							
T-200(美国)[146]	≤0.03	18.5	3.0	0.70	0.10	—	1448	1413	14	68	43/47	135	110
T-250(美国)[146]	≤0.03	18.5	3.0	1.40	0.10	—	1793	1758	11	58	49/52	109	34
T-300(美国)[146]	≤0.03	18.5	4.0	1.85	0.10	—	2000	1965	10	51	52/55	71	20
W-250(韩国)[142]	—	19	4.5W	1.2	0.1		1800	1780	9	45	—	—	—
14Ni-3Cr-3Mo-1.5Ti(日本)[142]	—	14.31	3.25	1.52	—	2.88	1820	1750	13.5	65	—	130	—
Fe-18Ni-4Mo-1.7Ti(中国)[147]	<0.03	18	4	1.7	—	—	2000	1920	9	51	55	70	—

注：T-200、T-250、T-300 为美国 Allvac 公司生产的 18Ni 钢 T 系列，牌号前冠以 Vascomax，如 Vascomax T-200，数字为强度(ksi)；各钢的其他化学成分如下：≤0.1％Mn、≤0.1％Si、≤0.01％P、≤0.01％S；热处理工艺为 815℃×1h 空冷＋480℃×3h 空冷。

表 6.68 为我国研制成的马氏体时效钢 TM210A 和 CM-1 的化学成分和力学性能。TM210A 是一种高弹性马氏体时效钢,CM-1 是一种超高纯、高强、高韧的马氏体时效钢,用于制作高速旋转体。

表 6.68　TM210A 和 CM-1 钢的化学成分和力学性能[30]

牌号	化学成分/%						方向	σ_b/MPa	σ_s/MPa	δ/%	ψ/%	A_{kV}/J	K_{IC}/(MPa·$m^{1/2}$)
	C	Ni	Co	Mo	Ti	Al							
TM210A	≤0.008	17.5~18.5	9.5~10.5	4.2~4.8	0.82~1.02	0.05~0.15	纵向	≥2060	≥1960	≥7.50	≥45	≥28	≥62
							横向	≥2058	≥1960	≥5.50	≥35	≥22.4	—
CM-1	≤0.008	17.5~18.5	11.5~12.5	4.0~5.0	1.25~1.28	0.05~0.15	指标	≥2250	≥2150	≥7.0	≥40	≥52HRC	≥37.2
							实测	2330	2250	8.2	47.2	55HRC	154

注:其他化学成分为≤0.1%Si、≤0.1%Mn、≤0.01%P、≤0.01%S。热处理工艺为固溶处理 820~860℃×1h,空冷+时效 510℃×3h,空冷。

目前特钢厂生产马氏体时效钢均已采用双真空冶炼技术,这样才能保证高的洁净度,获得高的强韧性配合。

马氏体时效钢的热加工可以采用传统的轧制和锻造设备进行,一般应先进行均质化处理,减少合金元素的偏析,均质化温度为 1260℃左右。终轧和终锻温度为 870~820℃。

马氏体时效钢的工艺性优良,常以固溶状态供货,固溶状态的硬度为 28~32HRC,可以直接进行切削加工。马氏体时效钢可在热轧或固溶后进行冷变形,加工硬化率低,加工硬化指数为 0.02~0.03,冷变形量可达 90%以上,中间无须软化退火。

这类钢在热处理时不存在脱碳问题,热处理过程中变形很小,淬火时不需急冷,淬火开裂的危险性很小。这类钢在时效后尺寸没有变化,可在固溶处理后的软化状态进行精加工。同时,因为没有残余奥氏体,在服役过程中不会有尺寸变化。马氏体时效钢的焊接性能也比较好,焊后不必重新固溶处理,可以直接时效硬化。

马氏体时效钢在大气环境下会产生均匀腐蚀,点蚀坑深度较低合金高强度钢浅,腐蚀速率是低合金钢的一半,在海水中与低合金钢具有相同的腐蚀速率。为改善腐蚀性能,发展了马氏体时效不锈钢(见第 9 章)。

马氏体时效钢合金度高、价格昂贵、生产和加工需要严格控制,但由于其具有优异的综合力学性能和良好的工艺性能,因而在一些领域获得了较广泛的应用,主要用于要求比强度高、可靠性强、尺寸控制精确而其他超高强度钢难以满足要求的重要构件。在航空航天领域的应用主要包括起落架、机翼支架、固体火箭发动机壳体、飞船推进器抛弃件、飞机用高强度齿轮、轴承、紧固件、弹簧等。其他的应用为武器零部件、导弹挂件、铀浓缩用离心分离机的旋转筒等。马氏体时效钢还用于制作铝合金挤压模、精密模具等。

6.7.6　超高强度钢的增材制造

低合金超高强度钢具有合金元素含量少、成本低、强度和韧性兼优等优点,已大量应用于飞机起落架、连接件、襟翼滑轨、机翼主梁等关键部件。但采用整体锻造等传统方法制造,往往存在工艺和工序复杂、成形技术难度大、材料利用率低、制造成本高等问题,增材制造技术的实用化,为实现低合金超高强度钢无模具、快速、高致密度和近净成形制造创造了条件,使其在航空航天、动力和能源等领域的应用日益广泛[148]。

在 1.4.1 节中介绍了几种增材制造技术，其中应用广泛的是激光选区熔化(SLM)和激光沉积制造(LDM)。许多研究工作者对增材制造工艺、成形后及热处理态的组织状态及力学性能进行了分析总结。具有代表性的低合金超高强度钢是 300M、4340 钢等。

300M 钢已是军民用飞机广泛使用的起落架用钢。

激光沉积制造的 300M 钢的组织形态与锻件有明显的差别，激光沉积的 300M 单道单层试样，微观组织为外延生长的柱状枝晶，间距为 5～10μm，组织以板条状马氏体为主。对于单道 10 层试样，底部和顶部组织均为马氏体及少量贝氏体。但由于热积累，顶部的贝氏体比底部的贝氏体要粗大。随着沉积层数的增加，底部的组织变化较小，而沉积区顶部贝氏体的尺寸逐渐增大。当单道多层试样的高度增加到 80mm 后，由于已沉积层的再热作用使得底部为马氏体及贝氏体的回火组织。对于沉积 300M 钢多道多层试样，其沉积层的微观组织发生了明显的变化，顶部组织以贝氏体为主，中部组织为马氏体和贝氏体的混合组织，底部组织为回火马氏体。由于激光增材制造过程中所具有的高温度梯度和高凝固速率的特征，沉积态的晶内组织均存在不均匀性。对激光沉积制造的 300M 钢须进行热处理，热处理后，组织变得均匀，显微硬度也变均匀，其抗拉强度与屈服强度可以达到锻件的水平，但其塑性、韧性和疲劳性能仍较低，这是目前急需解决的问题[148,149]。

研究者曾对激光沉积制造的 300M 钢的耐腐蚀性能进行过研究，采用的工艺参数为：功率为 2.8kW，扫描速度为 480～600mm/min，光斑直径为 3mm，层厚增量为 0.3～0.5mm，其制备过程采用十字编织扫描路径。在沉积块选取小块试样进行热处理：淬火加热温度为 925℃×1h，空冷＋870℃×1h＋300℃×2h 空冷 2 次。在 3.5%的 NaCl 电解液中进行腐蚀试验，并和锻钢进行对比，结果表明，300M 钢激光沉积态和热处理态试样的耐蚀性要低于 300M 钢锻件[150]。

研究者曾对民用飞机 300M 钢制起落架主支柱(模锻件)开展了疲劳试验。起落设计寿命为 60000 次。在疲劳试验中经过 105857 周次应力循环后，发现外筒零件支柱 ϕ6mm 的排水孔孔边产生了长度约 34mm 的裂纹，是由于小孔处粗糙度不满足要求引起的。研究者使用高性能的 AerMet100 钢粉末(见表 6.64)，选择小光斑、低功率、机械手驱动的同轴送粉激光沉积增材工艺。完成试验件修复后，进行修复起落架的疲劳试验，通过 13.5 万次寿命疲劳试验循环次数的考核，内部质量和力学性能满足结构服役性能要求[151]。

AISI4340 也是一种低合金超高强度钢(表 6.59)。对采用激光选区熔化(SLM)工艺制备出该钢的试验件，分析其与基板垂直角度的试样的组织与性能。对制备出的试样与锻件进行了相同的热处理，两者的力学性能相当[152]。

高合金超高强度钢增材制造的典型牌号是 18Ni 系列马氏体时效钢、AerMet100 等。18Ni 系列马氏体时效钢大多采用 SLM 工艺制备，通用的工艺参数为：激光功率范围 200～500W，扫描间距范围 70～110μm，扫描速率范围 600～1000mm/s，层厚选取 30～50mm，热处理工艺通常采用 460～520℃温度下时效 1～6h，其力学性能与锻件相当。该钢时效后还可以进行氮化(480～500℃，4h，70%H_2＋30%N_2)，可将表面硬度提高 1000HV[152]。

对于 AerMet100 二次硬化型马氏体钢增材制造的相关研究，多数采用的是激光沉积制造(LDM)工艺进行制备。在热处理工艺选取方面，采用常规 AerMet100 钢的热处理工艺路线进行组织性能调控，部分研究匹配了热等静压前处理，LDM 工艺制备的 AerMet100 钢的力学性能与锻件相近[152]。

6.8　铸造结构钢

铸钢是冶炼后直接浇铸成形而不需锻轧的钢类。一些形状复杂、综合力学性能要求较高的大型零件,在加工时难以用锻轧方法成形,又不允许使用性能较差的铸铁制造,即可采用铸钢。铸钢广泛用于重型机械、矿山机械、水轮机制造等工业部门。铸钢件约占整个铸件生产中的14%左右[30]。

铸钢种类多,一般按化学成分和用途分类。按化学成分可分为铸造碳钢、铸造合金钢两大类。铸造碳钢按碳含量高低分为低碳钢、中碳钢和高碳钢。铸造合金钢又分为微合金化铸钢、低合金铸钢(合金总量小于5%)、中合金铸钢(合金总量5%～10%)和高合金铸钢(合金总量大于10%)。铸造高合金钢又分为高锰钢、铸造不锈钢与耐热钢。按用途可分为铸造结构钢和铸造特殊钢两类。

铸钢的力学性能通常介于铸铁和锻钢之间,和锻钢相比,铸件中的疏松、缩孔、气孔等缺陷对性能的影响较大。一般工程用铸钢在国家标准中以ZG为代号,后面的数字,第一组代表最低屈服强度值,第二组代表最低抗拉强度值。

6.8.1　铸钢的铸造性能和生产工艺

铸造性能是指合金铸造成外部尺寸正确、内部质量健全铸件的能力[109]。铸造性能的指标包括液态合金的流动性、收缩性、偏析和吸气性。

流动性是指熔融合金的流动能力,它不仅与合金本身的性质有关,而且与浇铸条件、铸型材料和铸型条件等有关。通常采用"螺旋形流动性试样"的长度来衡量,将合金液体浇入螺旋形试样铸型中,在相同的浇铸条件下,合金的流动性越好,所浇铸出的试样越长。铸钢随碳含量的增加,凝固温度范围增加,流动性得到改善。在各类铸造合金中,铸钢的流动性最差。

铸造合金从液态冷却到室温的过程中,其体积和尺寸缩减的现象称为收缩,包括液态收缩、凝固收缩和固态收缩三个阶段。液态收缩和凝固收缩是铸件产生缩孔和缩松的主要原因。固态收缩对铸件的形状和尺寸精度影响很大,是铸造应力、变形和裂纹等缺陷产生的基本原因。铸钢浇铸温度越高,过热度越大,收缩也越大。缩孔总是出现在铸件上部或最后凝固的部位。合理设计浇铸系统,可以消除缩孔、缩松。在不增加其他缺陷的前提下,应尽量降低浇铸温度和浇铸速率。铸件在凝固和冷却过程中,因热应力、固体相变应力和收缩应力会引起铸件的变形或开裂,应采取工艺措施,尽量减少铸件温差。铸件铸出后存在于不同部位的内应力称为残留应力,可采取去应力退火。

铸件的偏析分为晶内偏析、区域偏析和相对密度偏析。为减少晶内偏析,常采用缓慢冷却或孕育处理的方法。为避免区域偏析的发生,应控制浇铸温度不至太高,采取快速冷却使偏析来不及发生。为防止相对密度偏析,在浇铸时应充分搅拌或加速钢液的冷却。

合金的吸气与铸件中的气孔形成有关:①溶解在金属液中的气体,凝固时由金属液中析出而未能逸出铸件所产生的气孔称为析出性气孔,其尺寸细小,多而分散;②钢液注入砂型后,砂型与钢液界面在高温作用下产生H_2O、N_2、CO、CO_2等气体,这些气体因砂型透气性不良而未排除掉,瞬间将增高压强,产生许多小气泡,侵入强度很低、处于塑性状态的铸件表层而形成很多小气孔，属于浸入性气孔，称为微型气孔；③浇入铸型的金属液与铸型材料、型芯撑或熔渣，因化学反应产生气体而形成的气孔统称为反应气孔。气孔沿着柱状晶生长的方向与柱状晶同时长大，发展成与表面垂直的针状气孔，经常出现在铸件表面层下 1～2mm 处，孔径 1～3mm，长度 4～10mm。

铸钢钢液的流动性差，铸件壁厚不能小于 8mm。铸钢件晶粒粗大、热裂、气孔和黏砂等倾向大，应根据具体情况确定合适的浇铸温度。对一般小件、薄壁及形状复杂的铸件，采用的浇铸温度比钢的熔点高 150℃左右；对大件、厚壁铸件，采用浇铸温度比钢的熔点高 100℃左右。铸钢的收缩大，其体积收缩率为 10%～14%，线收缩率为 1.8%～2.5%。铸钢铸件易吸气氧化和黏砂。

为了细化组织、消除内应力、改善偏析、提高铸件的力学性能，需对铸件进行正火或退火处理。正火处理比退火处理可获得较高的力学性能，且生产率高、成本低，应尽量采用正火处理。但正火较退火处理时的内应力大，复杂形状的铸件易产生裂纹，应选择退火。对于小型中碳钢铸件，常用调质处理，以提高其综合力学性能。

铸钢的化学成分对钢的铸造工艺性能有很大的影响，如对熔点、流动性、收缩率、热裂和冷裂倾向等的影响[10]。

钢液填充铸型的能力主要取决于钢液的过热度，故钢液的流动性随碳含量的增加而逐渐改善。在一般铸钢中，碳含量提高，导热性随之降低，增加铸件的热应力，增大钢的冷裂倾向。合金元素对低合金铸钢的作用与碳相似，增加铸件冷裂敏感性。

Si 降低钢的熔点，改善钢液的流动性。中碳钢的硅含量由 0.25%增加到 0.45%时，由于良好的脱氧作用而使流动性明显改善。

Mn 缩小结晶范围，增加流动性，增大线收缩率与体积收缩率，并增加热裂与冷裂倾向。

Cr 降低流动性，含 Cr 钢在凝固过程中易沿散热方向形成柱状晶，有明显的枝晶偏析。

Ni 改善流动性，但枝晶偏析较严重，增加钢的热裂倾向。

Mo 含量低于 1.0%时，降低流动性，增加收缩率，略增大缩孔倾向，增大热裂与冷裂倾向。Mo 含量高于 1.0%时，增加高温强度，减少热裂倾向。

少量 V 的加入可以细化钢的铸造组织，改善热裂倾向。

P 改善流动性，易产生偏析，增大热裂和冷裂倾向。S 降低流动性，易形成严重偏析，增大热裂倾向。

Al 以适量脱氧剂加入时，有良好的脱氧作用及改善流动性，但加入量过高将使钢产生反常组织，给浇铸带来困难。若 Al 以合金元素加入时将增加钢液黏度并易形成夹杂，恶化铸件表面质量。Al 增大收缩率，增加热裂倾向。

稀土元素加入量在 0.2%以下时，降低钢液黏度而增加流动性，增大抗热裂性，降低缩松程度。稀土元素还能细化铸钢的晶粒，减小柱状晶区，使合金元素及杂质元素的偏析减少。

炼钢是铸钢生产过程的重要环节。炼钢的目的和要求是：①将固体炉料，如生铁、废钢等熔化成钢液；②将钢液中的 C、Mn、Si 及合金元素（冶炼合金钢时）的含量冶炼到规格范围以内；③去除钢中的有害元素 S 和 P，将其含量降至规格限度以下；④清除钢液中的非金属夹杂物和气体,使钢液纯净;⑤提高钢液温度,保证浇铸需要[153]。

在铸钢生产中普遍应用的是三相电弧炉,容量一般是 1～15t。电弧炉炼出的钢液质量高,炼钢周期适中,一般为 2～3h,开炉停炉都比较方便,便于组织生产。感应电炉炼钢近年逐渐发展,其炼钢工艺比较简单,钢液质量也得到保证。我国有不少工厂用感应电炉炼钢浇铸中、小铸件。

随着工业的发展,对铸钢的力学性能和工艺性能的要求也越来越高,在冶金工业中迅速发展的各种炉外精炼技术也逐步移植到铸钢生产中。同样,随着科学技术的发展,在炼钢方面有些特种冶炼工艺也逐步应用到铸钢生产上[154]。

6.8.2　铸造碳钢

以碳为主要合金元素并含有少量其他元素的铸钢称为铸造碳钢,依据碳含量分为低碳钢(＜0.25％)、中碳钢(0.25％～0.60％)和高碳钢。铸造碳钢是广泛应用的材料,占铸钢生产的大部分。

我国制定的铸造碳钢标准为 GB/T 11352—2009《一般工程用铸造碳钢件》(代替 GB/T 11352—1989),分为 5 个牌号,其化学成分和力学性能见表 6.69。各牌号的力学性能一般是从单铸试块上获得的,试块也可附铸在铸件上。由于铸造碳钢的组织和力学性能受凝固区间和共析相变区间冷却速率的影响很大,从试块加工成的试棒上测得的性能并不能完全代表形状、壁厚与试棒不同的实际铸件的性能。铸造碳钢的淬透性低,随截面尺寸的增加,心部力学性能也不断下降。

表 6.69　铸造碳钢的化学成分和力学性能(GB/T 11352—2009)

<table>
<tr><th rowspan="3">牌号</th><th colspan="6">元素最高含量</th><th colspan="6">最小值</th></tr>
<tr><th colspan="6">化学成分/%</th><th rowspan="2">$R_{eH}(R_{p0.2})$/MPa</th><th rowspan="2">R_m/MPa</th><th rowspan="2">A/%</th><th colspan="3">根据合同选择</th></tr>
<tr><th>C</th><th>Si</th><th>Mn</th><th>S</th><th>P</th><th>残余元素</th><th>Z/%</th><th>A_{kV}/J</th><th>A_{kU}/J</th></tr>
<tr><td>ZG200-400</td><td>0.20</td><td rowspan="5">0.50</td><td>0.80</td><td rowspan="5">0.035</td><td rowspan="5">0.035</td><td rowspan="5">0.40Ni,0.35Cr,0.40Cu,0.20Mo,0.05V,残余元素总量不大于 1.00</td><td>200</td><td>400</td><td>25</td><td>40</td><td>30</td><td>47</td></tr>
<tr><td>ZG230-450</td><td>0.30</td><td rowspan="4">0.90</td><td>230</td><td>450</td><td>22</td><td>32</td><td>25</td><td>35</td></tr>
<tr><td>ZG270-500</td><td>0.40</td><td>270</td><td>500</td><td>18</td><td>25</td><td>22</td><td>27</td></tr>
<tr><td>ZG310-570</td><td>0.50</td><td>310</td><td>570</td><td>15</td><td>21</td><td>15</td><td>24</td></tr>
<tr><td>ZG340-640</td><td>0.60</td><td>340</td><td>640</td><td>10</td><td>18</td><td>10</td><td>16</td></tr>
</table>

注:对上限减少 0.01％的 C,允许增加 0.04％的 Mn,对 ZG200-400 钢的 Mn 含量最高至 1.00％,其余四种钢号最高至 1.20％。除另有规定外,残余元素不作为验收依据。表中所列各牌号性能,适用于厚度为 100mm 以下的铸件,当厚度超过 100mm 时,表中规定的 $R_{eH}(R_{p0.2})$仅供设计使用。

用铸造方法成型的铸件,由于生产工序多,影响铸件力学性能的因素也多,而且有些影响因素还难以稳定地控制,因而铸件力学性能的波动范围较大,在设计铸件、选用铸造碳钢牌号时,应选用较高的安全系数。

铸造碳钢的力学性能虽然优于铸铁,但较之锻钢还是比较差的。除了可能存在的铸造缺陷(缩孔、缩松、偏析、气孔、裂纹等)以外,很重要的是由于其金相组织上存在着缺点,主要表现为晶粒粗大和魏氏组织,在铸件内部还存在着内应力。为此,需对铸造碳钢进行热处理,其目的是细化晶粒、消除魏氏组织或网状组织和消除铸造应力。热处理的方法有退火、正火或正火加回火。较普遍的是采用正火,正火处理时的冷却速率较快,能得到分散度更大的组织。正火处理的钢的力学性能,特别是韧性比退火处理的钢更高一些。在正火后还可以补充以回火，使片状的索氏体变为粒状索氏体，以进一步提高钢的性能，回火温度为550～650℃，保温时间一般为 2～3h。

低碳铸钢的强度和硬度相对较低，塑性和韧性好，韧脆转变温度低，焊接性能良好，但铸造性能差，适用于受力不大，要求冲击韧性的一些机械零件。ZG200-400 钢用于制作机座、变速箱壳等，ZG230-450 钢用于制作砧座、轴承盖、外壳、犁柱、阀体、配重块等。

中碳铸钢的强度和硬度较高，有一定的塑性和韧性，切削加工性良好，焊接性尚好，铸造性能比低碳铸钢好。ZG270-500 钢用于制作承受一定载荷，具有一定耐磨要求的一些机械零件，如轧钢机机架、轴承座、连杆箱体、横梁、缸体等。ZG310-570 钢用于制作载荷较高的耐磨零件，如辊子、缸体、制动轮、大齿轮、支承座等。

高碳铸钢的强度、硬度和耐磨性均高，但塑性和韧性低，铸造性能差，裂纹敏感性大。ZG340-640 钢适用于制作载荷高的耐磨零件，如轧辊、齿轮、车轮、棘轮、叉头等。

6.8.3　铸造低合金钢

6.8.3.1　一般工程与结构用低合金铸钢

我国制定了 GB/T 14408—1993《一般工程与结构用低合金铸钢件》，2014 年修订为 GB/T 14408—2014。根据单铸试块的屈服强度和抗拉强度，新标准分为 10 个牌号，其化学成分只规定了 S、P 含量，除非供需双方另有规定，各牌号的其他化学成分由供方确定，不作为验收依据。表 6.70 为一般工程与结构用低合金铸钢各牌号的 S、P 含量和力学性能的规定。

表 6.70　一般工程与结构用低合金铸钢各牌号的硫、磷含量和力学性能的规定

(GB/T 14408—2014)

牌号	最高含量		最小值				
	S	P	$R_{p0.2}$/MPa	R_m/MPa	A_5/%	Z/%	A_{kV}/J
ZGD270-480	0.040	0040	270	480	18	38	25
ZGD290-510			290	510	16	35	25
ZGD345-570			345	570	14	35	20
ZGD410-620			410	620	13	35	20
ZGD535-720			535	720	12	30	18
ZGD650-830			650	830	10	25	18
ZGD730-910	0.035	0.035	730	910	8	22	15
ZGD840-1030			840	1030	6	20	15
ZGD1030-1240	0.020	0020	1030	1240	5	20	22
ZGD1240-1450			1240	1450	4	15	18

注：ZGD1030-1240 和 ZGD1240-1450 系新增加的牌号。标准中规定了力学性能试块的制取方法。

一般工程与结构用低合金铸钢具有较高的强度、良好的韧性与淬透性能，且抗大气腐蚀和耐磨损性能等方面优于铸造碳钢，但只用于制作在常温下使用的一般工程与机器用的结构零件。

表 6.71 和表 6.72 分别为一般工程与结构用低合金铸钢各牌号选用的化学成分及其热处理工艺和力学性能实例。

表 6.71 一般工程与结构用低合金铸钢选用的化学成分实例[155]

(单位:%)

钢号	序号	C	Si	Mn	P	S	Cr	Ni	Mo	其他
ZGD270-480	1	0.20	0.60	0.50~0.80	0.040	0.045	1.00~1.50	0.50[a]	0.45~0.65	Cu 0.30[a] W 0.10[a]
	2	020	0.60	0.50~0.80	0.040	0.045	1.00~1.50	—	0.45~0.65	V 0.15~0.25
ZGD290-510	3	0.23	0.60	1.00~1.50	0.025	0.025	0.30[a]	0.40[a]	0.15[a]	—
	4	0.15~0.20	0.30~0.60	0.50~0.80	0.040	0.040	1.20~1.50	—	0.45~0.55	—
ZGD345-570	5	0.30~0.40	0.50~0.70	0.60~1.20	0.030	0.030	0.50~0.80	—	—	—
	6	0.25~0.35	0.60~0.80	1.10~1.40	0.040	0.040	—	—	—	Cu 0.33 Al 0.01
ZGD410-620	7	0.20	0.75	0.40~0.70	0.040	0.040	4.00~6.00	0.40[a]	0.45~0.65	Cu 0.30[a]
	8	0.22~0.30	0.50~0.80	1.30~1.60	0.035	0.035	—	—	—	Cu 0.30[a] Ti 0.02~0.05 V 0.07~0.15
ZGD535-720	9	0.25~0.35	0.30~0.60	1.20~1.60	0.040	0.040	0.30~0.70	—	0.15~0.35	—
	10	0.22	0.50	0.55~0.75	0.040	0.040	2.50~3.50	1.35~1.85	0.30~0.60	—
ZGD650-830	11	0.35~0.45	0.20~0.40	1.60~1.80	0.030	0.030	0.30[a]	0.30[a]	0.15[a]	Cu 0.25[a] V 0.05[a]
	12	0.33	0.60	1.00	0.040	0.040	0.80~1.20	1.70~2.30	0.30~0.60	—
ZGD730-910	13	0.25~0.35	0.30~0.60	0.90~1.50	0.040	0.040	0.30~0.90	1.60~2.00	0.15~0.35	—
	14	0.10~0.18	0.20~0.40	0.30~0.55	0.030	0.030	1.20~1.70	1.40~1.80	0.20~0.30	Cu 0.30[a] V 0.03~0.15
ZGD840-1030	15	0.30~0.38	—	0.70~0.90	0.040	0.040	0.40~0.60	0.60~0.80	0.17~0.25	—
	16	0.22~0.34	0.30~0.60	0.30~0.80	0.025	0.025	0.50~1.30	0.50~3.00	0.20~0.70	Cu 0.40

注:a 为残余元素。

表 6.72　表 6.71 所示一般工程与结构用低合金铸钢各牌号的热处理工艺与力学性能实例[155]

牌号	序号	热处理工艺	力学性能(不小于)					硬度 HBS
			σ_b/MPa	σ_s或$\sigma_{0.2}$/MPa	δ_5/%	ψ/%	A_{kV}/J	
ZGD270-480	1	正火+675℃回火	485	275	20	35	—	—
	2	正火+回火	483	276	18	35	—	—
ZGD290-510	3	正火+回火	510	295	14	30	39	156
	4	正火+回火	540	295	15	35	39	—
ZGD345-570	5	二次正火+回火	590	345	14	30	—	217
	6	正火+回火	590	345	14	25	—	—
ZGD410-620	7	调质	620	420	13	—	25	179～225
	8	正火+回火	622	416	22	45	44	179～241
ZGD535-720	9	正火+回火	736	539	13	30		212
	10	正火+回火	725	550	18	30	41	—
ZGD650-830	11	调质	835	685	13	45	35	269～302
	12	调质	850	680	12	25	22	260
ZGD730-910	13	调质	981	784	9	20	—	—
	14	调质	1000	750	10	20	—	—
ZGD840-1030	15	调质	1050	875	9	22	—	—
	16	退火+正火+回火	1060	880	8	30	—	262～321

为了得到良好的综合力学性能，低中合金铸钢碳含量一般在 0.45%以下，加入合金元素总量不超过 8%，通常有较高的强度、良好的韧性和淬透性，在抗大气腐蚀和耐磨损性能等方面均优于铸造碳钢。

用于轧材和锻件的钢号原则上都可以用于铸钢，为满足铸造工艺和性能要求，少数钢号在成分上应作适当调整。例如，用 ZG35SiMn 制作大型铸钢件时，应将 Si 含量从 1.1%～1.4%降至 0.6%～0.8%，以降低裂纹敏感性，因为 Si 含量在 1%～1.5%时，钢在结晶过程中将生成 γ 和 δ 两相，使流动性略有下降。

我国最早的低合金铸钢标准是在 1973 年制定的 Q/ZB 66—73《合金铸钢》，为企业标准(以 Q 表示)。1986 年修订为 JB/ZQ 4297—86《合金铸钢》，由当时的国家机械工业委员会批准发布实施。1992 年当时的机械电子工业部制定为行业标准 JB/T 6402—1992《大型低合金钢铸件》，2006 年由国家发展和改革委员会修订为 JB/T 6402—2006 并发布实施。2018 年工业和信息化部发布了新的标准 JB/T 6402—2018《大型低合金钢铸件技术条件》代替了原标准。表 6.73 为 JB/T 6402—2018 大型低合金钢铸件的钢号和化学成分，表 6.74 为这些钢的力学性能。

表 6.73 中所列铸造低合金钢可按其化学成分可分为铸造锰钢、铸造锰钼钢、铸造硅锰钼钢、铸造铬钢、铸造铬钼钢、铸造铬镍钼钢等。除表 6.73 中列入的牌号外，生产上还使用铸造铜钢、铸造铬铜钢等，如 ZGCuNi、ZG14Cr5Cu 等，这类钢具有优良的抗大气腐蚀能力[30]。

表 6.73　大型低合金钢铸件钢号及化学成分(JB/T 6402—2018)　　(单位:%)

钢号	C	Si	Mn	P	S	Cr	Ni	Mo	V	Cu
ZG20Mn	0.17～0.23	≤0.80	1.00～1.30	≤0.030	≤0.030	—	≤0.80	—	—	—
ZG25Mn	0.20～0.30	0.30～0.45	1.00～1.30	≤0.030	≤0.030	—	—	—	—	≤0.30
ZG30Mn	0.27～0.34	0.30～0.50	1.20～1.50	≤0.030	≤0.030	—	—	—	—	—
ZG35Mn	0.30～0.40	≤0.80	1.10～1.40	≤0.030	≤0.030	—	—	—	—	—
ZG40Mn	0.35～0.45	0.30～0.45	1.20～1.50	≤0.030	≤0.030	—	—	—	—	—
ZG65Mn	0.60～0.70	0.17～0.37	0.90～1.20	≤0.030	≤0.030	—	—	—	—	—
ZG40Mn2	0.35～0.45	0.20～0.40	1.60～1.80	≤0.030	≤0.030	—	—	—	—	—
ZG45Mn2	0.42～0.49	0.20～0.40	1.60～1.80	≤0.030	≤0.030	—	—	—	—	—
ZG50Mn2	0.45～0.55	0.20～0.40	1.50～1.80	≤0.030	≤0.030	—	—	—	—	—
ZG35SiMnMo	0.32～0.40	1.10～1.40	1.10～1.40	≤0.030	≤0.030	—	—	0.20～0.30	—	≤0.30
ZG35CrMnSi	0.30～0.40	0.50～0.75	0.90～1.20	≤0.030	≤0.030	0.50～0.80	—	—	—	—
ZG20MnMo	0.17～0.23	0.20～0.40	1.10～1.40	≤0.030	≤0.030	—	—	0.20～0.35	—	≤0.30
ZG30Cr1MnMo	0.25～0.35	0.17～0.45	0.90～1.20	≤0.030	≤0.030	0.90～1.20	—	0.20～0.30	—	—
ZG55CrMnMo	0.50～0.60	0.25～0.60	1.20～1.60	≤0.030	≤0.030	0.60～0.90	—	0.20～0.30	—	≤0.30
ZG40Cr1	0.35～0.45	0.20～0.40	0.50～0.80	≤0.030	≤0.030	0.80～1.10	—	—	—	—
ZG34Cr2Ni2Mo	0.30～0.37	0.30～0.60	0.60～1.00	≤0.030	≤0.030	1.40～1.70	1.40～1.70	0.15～0.35	—	—
ZG15Cr1Mo	0.12～0.20	≤0.60	0.50～0.80	≤0.030	≤0.030	1.00～1.50	—	0.45～0.65	—	—
ZG15Cr1Mo1V	0.12～0.20	0.20～0.60	0.40～0.70	≤0.030	≤0.030	1.20～1.70	≤0.30	0.90～1.20	0.25～0.40	≤0.30
ZG20CrMo	0.17～0.25	0.20～0.45	0.50～0.80	≤0.030	≤0.030	0.50～0.80	—	0.45～0.65	—	—
ZG20CrMoV	0.18～0.25	0.20～0.60	0.40～0.70	≤0.030	≤0.030	0.90～1.20	≤0.30	0.50～0.70	0.20～0.30	≤0.30
ZG35Cr1Mo	0.30～0.37	0.30～0.50	0.50～0.80	≤0.030	≤0.030	0.80～1.20	—	0.20～0.30	—	—
ZG42Cr1Mo	0.38～0.45	0.30～0.60	0.60～1.00	≤0.030	≤0.030	0.80～1.20	—	0.20～0.30	—	—
ZG50Cr1Mo	0.45～0.54	0.25～0.50	0.50～0.80	≤0.030	≤0.030	0.90～1.20	—	0.15～0.25	—	—
ZG28CrNiMo	0.25～0.30	0.30～0.80	0.60～0.90	≤0.030	≤0.030	0.35～0.85	0.40～0.80	0.35～0.55	—	—
ZG30CrNiMo	0.25～0.35	0.30～0.60	0.70～1.00	≤0.030	≤0.030	0.60～0.90	0.60～1.00	0.35～0.50	—	—
ZG35CrNiMo	0.30～0.37	0.60～0.90	0.70～1.00	≤0.030	≤0.030	0.40～0.90	0.60～0.90	0.40～0.50	—	—

注:残余元素 Ni 含量不大于 0.30%,Cr 含量不大于 0.30%,Cu 含量不大于 0.25%,Mo 含量不大于 0.15%,V 含量不大于 0.05%,残余元素总含量不大于 1.0%。当需方无要求时,残余元素不作为验收依据。

表 6.74　大型低合金钢铸件的力学性能(JB/T 6402—2018)

牌号	热处理工艺	R_{eH}/MPa	R_m/MPa	A/%	Z/%	KU_2/J	KV_2/J	A_{KDVM}/J	硬度 HBW
ZG20Mn	正火+回火	≥285	≥495	≥18	≥30	≥39	—	—	≥145
	调质	≥300	500～650	≥22	—	—	≥45	—	150～190
ZG25Mn	正火+回火	≥295	≥490	≥20	≥35	≥47	—	—	156～197
ZG30Mn	正火+回火	≥300	≥550	≥18	≥30	—	—	—	≥163
ZG35Mn	正火+回火	≥345	≥570	≥12	≥20	≥24	—	—	—
	调质	≥415	≥640	≥12	≥25	≥27	—	≥27	200～260
ZG40Mn	正火+回火	≥350	≥640	≥12	≥30		—	—	≥163
ZG65Mn	正火+回火	—	—	—	—	—	—	—	187～241
ZG40Mn2	正火+回火	≥395	≥590	≥20	≥35	≥30	—	—	≥179
	调质	≥685	≥790	≥13	≥40	≥35	—	≥35	220～270
ZG45Mn2	正火+回火	≥392	≥637	≥15	≥30	—	—	—	≥179
ZG50Mn2	正火+回火	≥445	≥785	≥18	≥37	—	—	—	—
ZG35SiMnMo	正火+回火	≥395	≥640	≥12	≥20	≥24	—	—	—
	调质	≥490	≥690	≥12	≥25	≥27	—	≥27	—
ZG35CrMnSi	正火+回火	≥345	≥690	≥14	≥30	—	—	—	≥217
ZG20MnMo	正火+回火	≥295	≥490	≥16	—	≥39	—	—	≥156
ZG30Cr1MnMo	正火+回火	≥392	≥686	≥15	≥30	—	—	—	—
ZG55CrMnMo	正火+回火	—	—	—	—	—	—	—	197～241
ZG40Cr1	正火+回火	≥345	≥630	≥18	≥26	—	—	—	≥212
ZG34Cr2Ni2Mo	调质	≥700	950～1000	≥12	—	—	≥32	—	240～290
ZG15Cr1Mo	正火+回火	≥275	≥490	≥20	≥35	≥24	—	—	140～220
ZG15Cr1Mo1V	正火+回火	≥345	≥590	≥17	≥30	≥24			140～220
ZG20CrMo	正火+回火	≥245	≥460	≥18	≥30	≥30	—	—	135～180
	调质	≥245	≥460	≥18	≥30	≥24	—	—	—
ZG20CrMoV	正火+回火	315	≥590	≥17	≥30	≥24	—	—	140～220
ZG35Cr1Mo	正火+回火	≥392	≥588	≥12	≥20	≥23.5	—	—	—
	调质	≥490	≥686	≥12	≥25	≥31	—	≥27	≥201
ZG42Cr1Mo	正火+回火	≥410	≥569	≥12	≥20	—	≥12	—	—
	调质	≥510	690～830	≥11	—	—	≥15	—	200～250
ZG50Cr1Mo	调质	≥520	740～880	≥11	—	—	—	≥34	200～260
ZG28CrNiMo	—	≥420	≥630	≥20	≥40	—	—	—	—
ZG30CrNiMo	—	≥590	≥730	≥17	≥35	—	—	—	—
ZG35CrNiMo	—	≥660	≥830	≥14	≥30	—	—	—	—

注：冲击指标由供方任选一种。A_{KDVM} 为 DVM 试样冲击功。DVM 试样为德国标准试样(DIN 50115)，试样截面 10mm×10mm，缺口深度 3mm (DIN 50115 金属缺口冲击韧性试验)。

表 6.75 为大型低合金钢铸件钢号的应用示例。

表 6.75　大型低合金钢铸件钢号的应用示例(JB/T 6402—2018)

钢号	应用	钢号	应用
ZG20Mn	焊接及流动性良好,用于水压机缸、叶片、喷嘴体、阀、弯头等	ZG55CrMnMo	有一定的红硬性,用于锻模等
		ZG40Cr1	高强齿轮
ZG35Mn	承受摩擦的零件	ZG34Cr2Ni2Mo	有特别要求的零件,如锥齿轮、小齿轮、吊车行走轮、轴等
ZG40Mn	承受摩擦和冲击的零件,如齿轮等		
ZG65Mn	球磨机衬板等	ZG15Cr1Mo	汽轮机
ZG40Mn2	承受摩擦的零件,如齿轮等	ZG20CrMo	齿轮、锥齿轮及高压缸零件
ZG45Mn2	模块、齿轮等	ZG20CrMoV	570℃下工作的高压阀门
ZG50Mn2	高强度零件,如齿轮、齿轮圈等	ZG35Cr1Mo	齿轮、电炉支承轮轴套、齿圈等
ZG35SiMnMo	承受负荷较大的零件	ZG42Cr1Mo	用于承受高负荷零件、齿轮、锥齿轮
ZG35CrMnSi	承受冲击、摩擦的零件,如齿轮、滚轮等	ZG50Cr1Mo	减速器零件、齿轮、小齿轮等
		ZG28CrNiMo	直径大于 300mm 的齿轮铸件
ZG20MnMo	受压容器,如泵的壳体等	ZG30CrNiMo	直径大于 300mm 的齿轮铸件
ZG30Cr1MnMo	拉坯和立柱等	ZG35CrNiMo	直径大于 300mm 的齿轮铸件

6.8.3.2　微合金化铸钢

微合金化铸钢在 20 世纪 70 年代开始得到应用,首先在欧洲一些国家,继而在日本、美国得到发展,我国亦进行过早期探索[156]。目前,常用的微合金化铸钢有:钒、铌、钛微合金化铸钢,稀土微合金化铸钢和硼系微合金化铸钢。表 6.76 和表 6.77 分别为国内外一些微合金化铸钢的化学成分及其力学性能。

表 6.76　国内外一些微合金化铸钢的化学成分[153,156,157] (单位:%)

生产厂家	牌号	C	Si	Mn	Nb,V,Ti,Al,Cu,RE	Mo	Ni	Cr
CTIF(法国)	12MDV 6-M	0.145	0.57	1.50	0.15V	0.32	—	—
Sambre et(法国)	10MDV 6-M	0.10	0.40	1.60	0.010Nb,0.040V	0.30	—	—
Pont-a-Mousson(法国)	Centrishore Ⅰ	≤0.08	≤0.30	1.20~2.00	—	0.25~0.40	—	—
	Centrishore Ⅱ	≤0.08	≤0.30	1.20~2.00	0.03~0.07Nb			
	Centrishore Ⅲ	≤0.08	≤0.30	1.20~2.00	0.03~0.07Nb		1.00~1.50	—
	Centrishore Ⅳ	≤0.08	≤0.30	1.20~2.00	0.03~0.07Nb		1.50~2.50	—
	Centrishore Ⅴ	≤0.10	≤0.40	1.70~2.30	0.05~0.08Nb	0.20~0.40	2.50~3.50	—
Sulzer(瑞士)	—	0.04~0.08	0.3~0.5	1.0~1.4	0.05~0.12Nb,0.05~0.1V	0.2~0.6	—	—

续表

生产厂家	牌号	C	Si	Mn	Nb,V,Ti,Al,Cu,RE	Mo	Ni	Cr
Thyssen(德国)	GS-10Mn7	0.08	0.4	1.7	0.04Nb,0.06V	—	—	—
	GS-10MnMo74	0.08	0.4	1.7	0.04Nb,0.06V	0.4	—	—
	GS-8MnMo64	0.06	0.4	1.5	0.04Nb,0.06V	0.4	—	—
	GS-15MnCrMo634	0.14	0.4	1.5	0.04Nb,0.06V	0.4	—	0.7
Sumitomo(日本)	HT80	0.14	0.3	0.9	0.04V,0.25Cu	0.5	0.85～1	0.5
锦西化工机械厂	ZG06MnNb	≤0.07	0.17～0.37	1.2～1.6	0.02～0.04Nb	—	—	—
甘肃阀门厂	06Mn2AlCuTi 铸	≤0.06	≤0.20	1.8～2.0	0.008～0.04Ti,0.05～0.12Al,0.3～0.6Cu	—	—	—
上海材料所	08MnNbAlCuN 铸	≤0.08	≤0.35	0.9～1.3	0.03～0.09Nb,0.03～0.12Al,0.064V,0.3～0.5Cu	—	—	—
四方机车车辆厂	MnMoNbVTi	≤0.2	≤0.36	≤1.39	≤0.03Nb,0.064V,≤0.019Ti	0.26	—	—
铁路车辆用[158]	ZG18MnNbVTiRE	0.18	0.29	1.18	0.027Nb,0.052V,0.040Ti,0.071RE	—	—	—

微合金化铸钢在成分上有如下特点[153,156]：

(1) C 含量一般控制在 0.18%以下，具有良好的塑韧性。这种钢还具有优良的焊接性能，适合于铸焊复合结构件。Mn 含量一般控制在 1.3%～1.8%，其作用与在低合金结构钢中相同，对强度要求较高且壁厚的铸件，可添加 Ni。Si 可强化铁素体，但对韧性不利，一般控制在 0.2%～0.6%。Mo 的主要作用是推迟过冷奥氏体的珠光体转变，扩大贝氏体形成区，提高钢的淬透性和抗回火软化性，防止回火脆性。Mo 可以延缓 Nb 的碳氮化物在奥氏体中的沉淀，导致在铁素体中细微沉淀相的增加，其沉淀强化作用也增加。

(2) 微合金元素主要是添加 V、Nb、Ti 和 Al。V、Nb、Ti 的作用是在钢中生成 C、N 化物，起细化晶粒和沉淀强化作用，国外大都使用 V 和 Nb。加入少量的 Ti 在固态钢中以弥散分布的 TiN 质点析出，可以防止奥氏体粗化。Ti 对防止焊接热影响区晶粒过分粗化，改善热影响区的韧性有益；但加入量不能太多，由于钢液中析出的 TiC 颗粒较大，分散度小，损害钢的力学性能。

(3) RE 加入钢中主要用于夹杂物的变质，以改善其形态和分布。RE 还有强脱气、脱硫、净化钢液的作用，提高钢的塑性和韧性，改善钢的流动性和抗热裂性，还能细化晶粒，并可消除枝晶组织及魏氏组织。我国稀土资源丰富，铸钢厂有采用稀土改善铸钢性能的经验，但稀土在钢中的作用机理较为复杂。采用 RE 和 Nb、V、Ti 复合微合金化处理，可使铸钢获得更好的强韧化效果[159]。

我国一些工厂还常在普通铸造碳钢中加入 RE 以改善钢的性能。

(4) B加入钢中的主要作用是提高钢的淬透性，钢中B含量应控制在0.001%～0.003%。含B钢应在淬透的情况下使用，淬透后应回火。生产上使用的铸造硼钢有ZG40B、ZG40MnB、ZG40CrB、ZG20MnMoB、ZG40MnVB、ZG40CrMnMoVB等，其化学成分与锻、轧钢相应的牌号相同，或略作调整，常用于制造汽车、拖拉机、机床的调质件。

表 6.77　国内外一些微合金化铸钢的力学性能[153,156,157]

牌号	热处理工艺	σ_s/MPa	σ_b/MPa	δ_5/%	ψ/%	A_{kV}/J		a_k/(J/cm^2)
						20℃	−40℃	
12MDV 6-M (法国)	—	447	579	21	44	40		—
10MDV 6-M (法国)	—	550	650	16	55	60	40	—
Centrishore Ⅰ (法国)	—	340～400	500～640	20	50		64	—
Centrishore Ⅱ (法国)	—	400～500	520～660	18	50		64	—
Centrishore Ⅲ (法国)	—	500～600	600～700	16	50		40	—
Centrishore Ⅳ (法国)	—	600～650	650～735	15	40		40	—
Centrishore Ⅴ (法国)	—	≥650	≥750	14	40		40	—
Sulzer(瑞士)	—	450～510	490～690	20～33	70～80	—	—	—
GS-10Mn7 (德国)	—	400～540	500～620	18～22	—	60～100	20～30	—
GS-10MnMo74 (德国)	—	400～580	500～680	16～22		60～120	20～40	—
GS-8MnMo64 (德国)	—	370～480	480～580	20～26	—	≥120	70～90	—
GS-15MnCrMo634 (德国)	—	650	750	14	—	≥30	—	—
HT80(日本)	—	750～780	800～840	—	—	—	—	—
ZG06MnNb (中国)	900℃正火＋600℃回火	262	417	28.7	69.4	—	—	250
06Mn2AlCuTi 铸 (中国)	—	453	528	31.0	68.6	—	—	170
08MnNbAlCuN 铸 (中国)	940℃水淬＋正火	≥300	400	≥21	≥60	—	—	60
MnMoNbVTi (中国)	铸态	555	755	13.4	32.6	—	—	14
	正火	372	641	22.6	51.2	—	—	110
	正火＋回火	452	631	23.0	54.0	—	—	121
ZG18MnNbVTiRE (中国)[158]	950℃正火	453	645	21.7	56.3	—	—	148

6.8.4　铸造耐磨钢

铸造耐磨钢是具有良好耐磨性能的铸钢。常用的耐磨铸钢有铸造耐磨高锰钢、铸造耐磨中锰钢、铸造耐磨中铬钢、铸造耐磨低合金钢、铸造耐磨碳钢等。

6.8.4.1　铸造耐磨高锰钢

1) Mn13 系列耐磨高锰钢

耐磨钢通常是指一种含约 1.2%C 和 13%Mn 的高锰钢，1882 年为英国的 Hadfield 所发明[160]。这种钢在高温加热后迅速冷却可以得到奥氏体状态，此时具有很高的韧性，但在受到冲击或应力作用时，表面会迅速产生加工硬化，使钢具有非常良好的耐磨性。因此高锰钢在工业上得到广泛的应用。

国内各工业部门根据产品对象不同，制定过相应的部颁标准。1985 年制定了国家标准 GB 5680—85《高锰钢铸件技术标准》，1998 年修改为 GB/T 5680—1998《高锰钢铸件》，列入了 5 个牌号：ZGMn13-1、ZGMn13-2、ZGMn13-3、ZGMn13-4、ZGMn13-5。2010 年修改为 GB/T 5680—2010《奥氏体锰钢铸件》，2023 年又修改为 GB/T 5680—2023《奥氏体锰钢铸件》，其中 8 个为高锰钢牌号，纳入了 1 个中锰钢和 2 个超高锰钢牌号。各牌号的化学成分见表 6.78。

表 6.78　铸造高锰钢的牌号及其主要化学成分(GB/T 5680—2023)　(单位：%)

牌号	C	Si	Mn	P	S	Cr	Mo	Ni	W
ZG120Mn7Mo	1.05～1.35	0.3～0.9	6～8	≤0.060	≤0.064	—	0.9～1.2	—	—
ZG110Mn13Mo	0.75～1.35	0.3～0.9	11～14	≤0.060	≤0.064	—	0.9～1.2	—	—
ZG100Mn13	0.90～1.05	0.3～0.9	11～14	≤0.060	≤0.064	—	—	—	—
ZG120Mn13	1.05～1.35	0.3～0.9	11～14	≤0.060	≤0.064	—	—	—	—
ZG120Mn13Cr2	1.05～1.35	0.3～0.9	11～14	≤0.060	≤0.064	1.5～2.5	—	—	—
ZG120Mn13W	1.05～1.35	0.3～0.9	11～14	≤0.060	≤0.064	—	—	—	0.9～1.2
ZG120Mn13CrMo	1.05～1.35	0.3～0.9	11～14	≤0.060	≤0.064	0.4～1.2	0.4～1.2	—	—
ZG120Mn13Ni3	1.05～1.35	0.3～0.9	11～14	≤0.060	≤0.064	—	—	3～4	—
ZG90Mn14Mo	0.70～1.00	0.3～0.9	13～15	≤0.060	≤0.064	—	1.0～1.8	—	—
ZG120Mn18	1.05～1.35	0.3～0.9	16～19	≤0.060	≤0.064	—	—	—	—
ZG120Mn18Cr2	1.05～1.35	0.3～0.9	16～19	≤0.060	≤0.064	1.5～2.5	—	—	—

注：ZG120Mn13CrMo 是新增加的牌号，其余部分牌号的表示方法略有变化。各牌号均可以加入微量 V、Ti、Nb、B 和 RE 等元素。除非供需双方另有规定，室温下铸件的硬度应不高于 300HBW。铸件应进行水韧处理(水淬固溶处理)，水韧处理的温度不低于 1040℃。铸件水韧处理时应均匀加热和保温，且应快速入水处理，铸件入水后水温不应超过 50℃。当铸件厚度小于 45mm 且含碳量低于 0.8%时，ZG90Mn14Mo 可不经热处理直接供货。其他所有牌号的铸件应进行水韧处理。

经水韧处理后的部分奥氏体锰钢试样的拉伸性能和冲击性能应符合表 6.79 的规定。

表 6.79　奥氏体锰钢铸件的拉伸性能和冲击性能

牌号	$R_{p0.2}$/MPa	R_m/MPa	A/%	KU_2/J
ZG120Mn13	≥370	≥700	≥25	≥118
ZG120Mn13Cr2	≥390	≥735	≥20	≥96
ZG120Mn13W	≥370	≥700	≥25	≥118
ZG120Mn13CrMo	≥390	≥735	≥20	≥96
ZG120Mn13Ni3	≥370	≥700	≥25	≥118
ZG120Mn18	≥370	≥700	≥25	≥118
ZG120Mn18Cr2	≥390	≥735	≥20	≥9

注:在室温条件下,试样向断面 13mm 厚度方向冷弯 150°而不完全断裂,如果弯曲后试样表面有裂纹,但试样仍保持在一块上,同样视为合格。除了 ZG120Mn7Mo,其他牌号的铸件或附铸试块应按 GB/T 13925—2010《铸造高锰钢金相》进行系列金相检查,该标准列出了检查的项目,分级标准和标准图谱。

图 6.79 为含 13%Mn 的 Fe-Mn-C 三元系的垂直截面图。从图 6.79 可以看出,C 和 Mn 明显扩大了 γ 区。碳含量为 1.3%的高锰钢结晶时,首先从液体金属中析出 γ 相,伴随着 γ 相枝晶的长大,γ 相与液体相的成分不断变化,开始形成的 γ 相碳含量较低,而与之相邻的液相碳含量较高。在 γ 相与液相中均产生成分的扩散,在结晶结束时得到单相的奥氏体组织。继续冷却到 ES 线时,钢中开始析出碳化物$(Fe,Mn)_3C$。碳含量不同,碳化物析出的温度也不同,碳含量越高,析出的温度也越高。碳含量为 1.3%的钢开始析出碳化物的温度约为 960℃左右,冷却速率加快,碳化物析出的温度将下降。冷却速率越慢,越接近平衡状态,碳化物析出的数量越多。随着温度的降低和碳化物的不断析出,达到共析温度时发生共析分解,γ 相分解为 $\alpha+(Fe,Mn)_3C$。Fe-Mn-C 三元合金的共析分解是在一个较宽的温度范围内进行的,存在一个 $\gamma+\alpha+(Fe,Mn)_3C$ 的三相区。在碳含量一定时,此温度范围随锰含量的增加而扩大;在锰含量一定时,此温度范围将随碳含量的增加而减小。

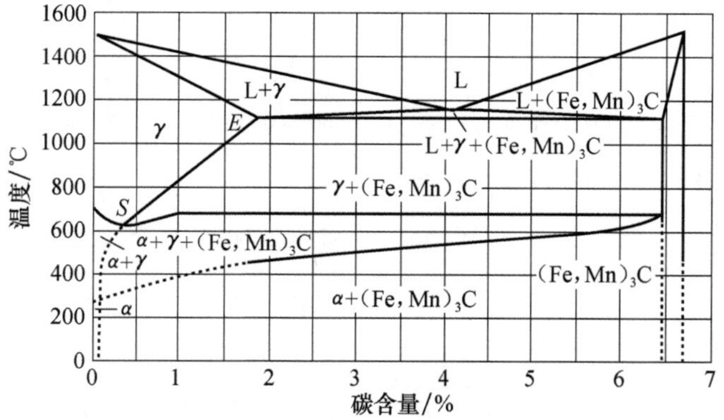

图 6.79　含 13%Mn 的 Fe-Mn-C 三元系的垂直截面图[36]

高锰钢在铸造状态下比较脆,硬度较高而塑性很低,这是由于铸件在砂型中冷却时,碳化物沿晶界析出,使塑性、韧性大为降低。图 6.80 为 ZG13Mn 钢的铸态显微组织,在奥氏体晶界上分布有碳化物和奥氏体的分解产物屈氏体。实际的铸态组织更为复杂,还可能有针状马氏体、贝氏体，晶界上可能存在鱼骨状碳化物与奥氏体构成的莱氏体等。

为了获得所需要的性能，高锰钢铸件必须进行水韧处理，即将铸件均匀地加热至不低于1040℃的温度并保温一定时间（每 25mm 壁厚保温 1h），确保铸件中的碳化物基本上都固溶于奥氏体中，然后在水中淬火，以得到单一的奥氏体组织。图 6.81 为 ZGMn13（相当于 ZG120Mn13）钢经水韧处理后的显微组织，全部为奥氏体，晶粒大小不均匀，为 3～6 级，硬度 187HB。表 6.80 为高锰钢铸态、水韧处理后的力学性能对比。

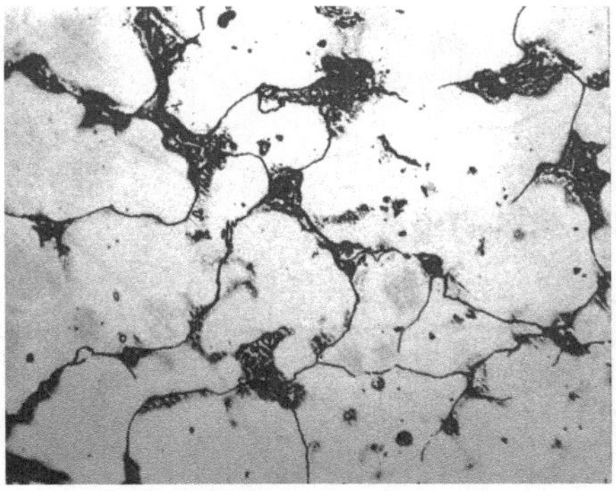

图 6.80　ZGMn13 钢的铸态组织[161]　200×
组织：奥氏体＋碳化物＋屈氏体

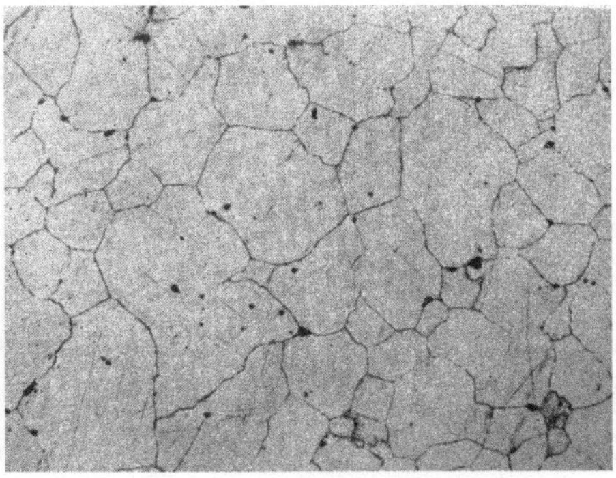

图 6.81　ZGMn13 钢水韧处理后的组织[162]　100×
1050℃加热保温 30min 后水淬，全部为奥氏体

表 6.80　高锰钢铸态、水韧处理后的力学性能对比[163]

类别	σ_b/MPa	$\sigma_{0.2}$/MPa	δ/%	ψ/%	a_k/(J/cm^2)	HB
铸态性能	343～392	294～490	0.5～5	0～2	9.8～29.4	200～300
水韧处理后性能	617～1275	343～471	15～85	15～45	196～294	180～225

2）高锰钢中所含元素对其组织和性能的影响[163～165]

碳在高锰钢中的作用，一是促使形成单相奥氏体组织，二是固溶强化，以保证所要求的力学性能。在锰含量固定时，碳含量的变化对其力学性能有显著的影响。铸态时随碳含量的增加（0.6%～1.5%），钢的强度和硬度增加，而塑性和韧性明显降低，碳含量达到 1.3%左右时，韧性降低到零。这是由于随碳含量的增加，碳化物数量增多，甚至在晶界上形成连续网状碳化物，大大削弱了晶间的强度。经过水韧处理后，得到奥氏体组织，随碳含量的增加，钢的强度增加，其塑、韧性虽有降低，但仍有较高的数值。图 6.82 为碳含量对高锰钢冲击韧度的影响，可以看出，碳含量在 0.80%～1.15%变化时对冲击韧度的影响很小，大于 1.15%后，冲击韧度明显降低，特别是低温下的冲击韧度。因此，对低温条件下工作的高锰钢铸件，碳含量的选择特别重要。

在非强冲击磨料磨损的工作条件下，提高碳含量有利于提高钢的耐磨性，这是因为碳的固溶强化可以减少磨料对钢的凿削磨损，而水韧处理后钢中残存的弥散分布的碳化物有利于增加非强冲击磨料磨损工作条件下的耐磨性。这时碳含量可以选择在 1.25%以上。但在强冲击条件下，提高碳含量并不能保证提高耐磨性。因此，这种关系只是在一定条件下是正确的[163]。

在强冲击条件下通常希望适当降低碳含量，甚至降到 0.90%～1.05%（锰含量不变）。经过热处理可以得到奥氏体单相组织，具有好的塑、韧性，在形变过程中容易强化。

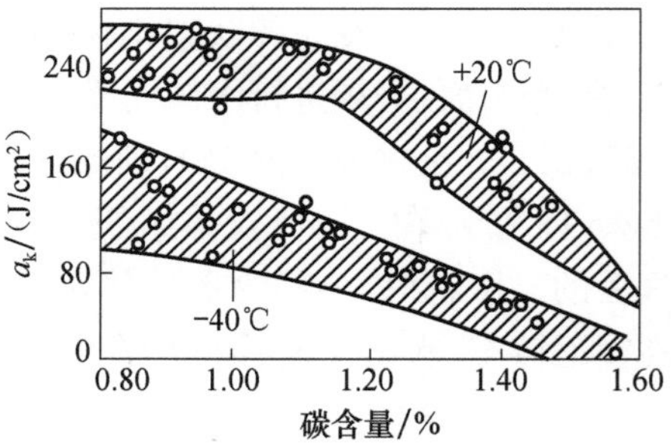

图 6.82　高锰钢碳含量与冲击韧度的关系[163]
水韧处理后

例如,铁路辙叉采用碳含量较低的高锰钢,水韧处理后的硬度为 170～210HB,使用后的硬度可以提高到 450～480HB,硬化层深度可达 18mm,使用效果很好。

为了适应以上各种工作条件的要求,高锰钢的碳含量可在较宽的范围内调整,这是国内外标准中出现许多牌号的原因。

锰扩大 γ 相区,是稳定奥氏体的主要元素。锰在钢中大部分固溶于奥氏体中,可以强化基体,另一部分存在于$(Fe,Mn)_3C$中。锰含量在 14%以内时,随锰含量的增加,强塑性提高,冲击韧性也提高,低温冲击韧性提高得更快,但锰含量的提高不利于加工硬化。锰能促进奥氏体枝晶生长,使得液态高锰钢趋于糊状凝固,在冷却收缩过程中薄壁铸件由于温度梯度高,极易产生热裂。因此,锰含量不能过高。

钢中锰含量的选择决定于工况条件、铸件结构的复杂程度、壁厚等几个方面的因素。厚壁铸件为保证热处理时不致析出碳化物,希望锰含量高一些,受力状况复杂的铸件也希望锰含量高一些,以保证钢的塑韧性,防止裂纹的出现。强冲击工况条件下工作的铸件同样要求锰含量高一些。在上述情况下,锰含量一般要求不低于 12%～12.5%。反之,则可适当降低锰含量。

为使高锰钢能获得理想的力学性能和耐磨性,除正确选定碳和锰含量外,国内外一些高锰钢标准中还规定了适宜的锰碳比(Mn/C),其值应大于 9,有的要求大于 10。实验证明,Mn/C=7.5～8.5 即可以稳定地得到单相奥氏体组织而不致有未溶的碳化物。过高的 Mn/C 值对非强冲击磨料磨损工况条件下使用的高锰钢铸件的耐磨性是不利的。近年来,由于超高锰钢和中锰钢的出现,上述 Mn/C 值已不能全面说明奥氏体锰钢的性能。现今绝大部分国外和我国高锰钢标准已不再规定 Mn/C 值,锰、碳含量的选择主要是从工况条件和铸件结构特点来考虑。

磷在高锰钢中是有害元素。由于磷在奥氏体中的溶解度很小,易偏析形成磷共晶,可以形成 $Fe+Fe_3P$ 二元磷共晶,也可以形成 $Fe+Fe_3C+Fe_3P$ 三元磷共晶,熔点分别为 1005℃和 950℃。由于共晶成分的熔点低,在结晶凝固时必然分布在枝晶之间,存在于初始晶界上。高锰钢的抗拉强度、塑性和冲击韧度都随磷含量的增加而降低。高锰钢的冷裂和热裂倾向均随着磷含量的增加而增加。目前,对一般铸件,要求磷含量不大于 0.10%,要求较高的铸件则规定磷含量不大于 0.06%。

硅通常不作为合金元素加入,而是为脱氧而加入。硅在高锰钢结晶时促使形成粗大枝晶,使晶粒粗化。硅能降低奥氏体中的碳含量,促使冷却时碳化物的析出,增加了热处理的困难，也降低冲击韧性和耐磨性，在脱氧充分的条件下，希望尽量降低硅含量。高锰钢中硅含量一般为 0.3%～0.9%。

硫在高锰钢中与锰结合生成高熔点的 MnS，并大部分进入熔渣之中，钢中残留硫含量很低。残留的硫多数以球形 MnS 夹杂形态存在，对钢的性能影响不大。

铬固溶于奥氏体后，能提高其屈服强度，但使伸长率降低。铬含量小时对抗拉强度影响不大，但含量高时，使抗拉强度有所降低。铬降低高锰钢的冲击韧度。加铬的高锰钢如果用于非强冲击磨料磨损的工作条件下，其耐磨性无明显变化，但用于强冲击磨料磨损的工作条件下，材料的耐磨性明显提高。铬的这种作用和铬对钢的加工硬化性能的影响有关。实验证明，在相同变形量条件下，含铬的锰钢硬度值的提高较不含铬的锰钢高。

铬在高锰钢中的加入量一般不超过 4%，经水韧处理后大部分都固溶于奥氏体中。铬能加快高温区内碳化物的析出速率，增加钢在铸态组织中碳化物的析出量，往往在晶界上形成连续的网状碳化物，晶内碳化物的数量也增加。铬在奥氏体中的扩散速率慢并降低碳在其中的扩散速率，使奥氏体的稳定性提高，共析转变开始较晚。铬的这些作用影响高锰钢热处理过程，如果按一般水韧处理规范进行处理，含铬的碳化物难以溶解，共析组织在加热过程中也难以转变。为了能获得单相奥氏体组织，必须将固溶处理温度提高 30～50℃。

钼在高锰钢中的含量一般小于 2%。钼在奥氏体锰钢冷凝时，部分固溶于奥氏体中，部分分布在碳化物中。钼能改善奥氏体沿树枝状发展的倾向，提高奥氏体的稳定性。钼能抑制碳化物的析出和珠光体的形成。因此，钼的加入对提高大截面铸件的抗裂纹能力和水淬质量有良好的效果。

钼对高锰钢力学性能的影响表现为在铸态时由于减少晶界碳化物从而降低脆性。经热处理后，含钼低于 2%时，高锰钢的屈服强度提高，而抗拉强度和塑性并不降低。钼与碳的结合能力较强，钢中加入少量的钼，部分钼可以溶入$(Fe,Mn)_3C$。钼含量较高时，可以形成特殊碳化物 M_2C、M_6C 等。钼在钢中的扩散速率很小，使碳化物在钢中的溶解速率减慢，在钼含量超过 0.5%时这个速率非常缓慢。因此，含钼的高锰钢在结晶凝固后碳化物的析出量少，而已出现的碳化物在热处理时又难于溶入奥氏体中。铬可促使铸态组织中析出大量碳化物，而钼的作用与此相反，因此常在含铬的高锰钢中同时加入钼，以减少大截面铸件组织中碳化物的数量，从而减少铸态组织的脆性。由于已析出的碳化物在加热过程中难于溶解，可以利用这一点，使钢中保留一定数量弥散分布的粒状碳化物，提高钢的抗磨料磨损的能力。根据研究结果，可将碳含量提高至 1.7%左右，以提高其在非强冲击磨料磨损条件下的耐磨性。钼还可以细化水韧处理后钢的显微组织。

镍固溶于高锰钢奥氏体中，增加奥氏体的稳定性，在 300～550℃温度区间能抑制针状碳化物的析出，降低高锰钢对切割、电焊及工作温度的敏感度。

镍含量增加使抗拉强度略有下降、塑性上升，而对屈服强度没有什么影响。镍使铸态组织中的奥氏体量明显增加，所以无论是常温还是低温下，铸态高锰钢的冲击韧度随镍含量的增加而提高。经水韧处理后，镍对碳含量较低(约 1%)的高锰钢的常温冲击韧度没有影响，但其低温冲击韧度随镍含量的增加而提高。而在碳含量较高(约 1.3%)的高锰钢中，其室温冲击韧度随镍含量的增加而降低。这是由于镍能减少碳在奥氏体中的溶解度，促使碳化物的析出，从而降低了钢的冲击韧度。无论是铸态还是经过水韧处理，镍均降低高锰钢的韧脆转变温度。

镍可以改善钢的加工性能,如锻压性能、焊接性能,减少铸件的裂纹。镍不影响高锰钢的加工硬化性能和耐磨性,因此不能用加镍的方法提高耐磨性能。在钢中加入 0.9%～3.25%Ni 可消除低倍组织中的穿晶,可以细化晶粒。

钛在高锰钢中能形成稳定的熔点很高的 TiN 和 TiC,可作为结晶核心,起到细化晶粒的作用,可以细化铸态组织,防止热处理脆裂。钛含量一般为 0.05%～0.10%,此时的细化作用最明显,钛含量高时作用减弱。钛含量超过 0.4%时,使高锰钢脆化,耐磨性降低。

试验表明,含 0.06%～0.12%Ti 的高锰钢与不含钛的钢相比,钢的抗拉强度、塑性和韧性均有所提高,但钛含量超过 0.4%时,则显示出明显的不利影响,抗拉强度、塑性和韧性都有下降。这是由于过高的钛含量使钢中 TiC、TiN 等夹杂物增多,这些夹杂物一般呈多角形,在载荷作用下容易产生应力集中。

钛含量对高锰钢耐磨性的影响与其使用条件有关。钛含量在 0.06%～0.12%时,在高冲击凿削型磨料磨损条件下,如矿山挖掘机的铲齿,可以提高耐磨性。而在低冲击的磨料磨损条件下,高钛含量(0.4%Ti)的钢反而有较好的效果,此时基体中存在较多的高硬度的第二相质点,可以提高其耐磨性能。

钒在高锰钢中的加入量均在 0.5%以下。钒在高锰钢中部分固溶于基体,其余以碳化物 VC 形式存在。钒能有效地细化晶粒,增加碳化物质点。高锰钢中加入适量的钒(0.2%～0.3%)可以细化晶粒,在提高强度的同时,还略能改善钢的塑性和韧性,特别是在钒、钛同时加入时更为明显。钒能提高高锰钢的屈服强度,经形变后可以得到更高的硬度,提高其耐磨性。高锰钢中加入过高含量的钒对钢的冲击韧性不利。

铝的脱氧能力很强,在高锰钢中铝是作为脱氧剂加入的,加入量一般为 0.06%～0.15%。加入过多的铝对高锰钢的铸造工艺和力学性能有不利影响。

硼是表面活性元素和稳定奥氏体的元素。高锰钢用硼微合金化,可细化组织,提高钢的耐磨性。实验证明,硼加入钢中可生成高熔点的 BN,其熔点为 2970℃,可作为非自发结晶核心,使钢的组织细化,加入量为 0.005%～0.006%即可消除枝晶组织,即使在浇铸温度较高的情况下,也可获得细晶组织。高锰钢中硼含量为 0.0072%时,钢的抗拉强度和塑、韧性变化不大,耐磨性有所增加,如硼含量继续增加则显著降低。这表明,当硼含量超过其在钢中的溶解度时,沿晶界会形成大量析出物,降低钢的力学性能。在经稀土处理的 ZGMn13Cr2 钢中硼的加入量为 0.003%～0.006%时,可获得良好的综合力学性能[166]。

稀土元素化学性质活泼,加入到高锰钢中的作用:①与钢中的硫、氧、氢及铅、锡等低熔点金属结合生成高熔点的化合物,在钢中有净化钢液的作用。②高锰钢中存在许多低熔点的非金属夹杂物 MnO、FeO,以及铁锰硅酸盐等,分布于晶界上,导致力学性能下降。加入稀土元素后可与之结合,提高这些夹杂物的熔点,在钢液凝固前已是固态,使之尺寸细小并均匀分布在钢中,改善高锰钢的力学性能和耐磨性。③可使高锰钢铸态组织中碳化物数量减少,使晶界上碳化物形状转向不连续的团块状,使晶内碳化物形状由针状转向块状。上述各种作用常统称为稀土的变质处理。

加入稀土元素后,高锰钢的强度和塑性均有提高,但过量加入稀土元素,性能也有所下降。一般加入量为 0.1%左右。

高锰钢经稀土变质处理可改变其断裂特征。未加稀土元素的高锰钢往往具有晶界断裂特征。加入稀土元素后，晶界细而干净，断裂转为晶内断裂，断口细、无裂纹。稀土元素使高锰钢的形变层韧性得到改善，提高硬化层与其下基体的结合能力，降低硬化层在冲击载荷下断裂的可能性，对提高高锰钢的抗冲击、抗磨料磨损是有益的。稀土元素与其他元素的结合使用(如 Ti、Cr 等)往往收到更好的效果。稀土元素还能明显改善高锰钢钢水的流动性。

3) 高锰钢的生产工艺及热处理工艺

高锰钢一般均在碱性电弧炉中熔炼，铸件小、产量小时，可用碱性感应电炉。高锰钢的导热性差，钢液凝固慢，故显得流动性好，能浇铸出各种厚薄不同和形状复杂的大小铸件，重者可达数吨。因此它基本上用于做铸件，但其锻造和轧制亦不太困难(温度范围为 1200～950℃)。高锰钢在浇铸时有形成粗大柱状结晶的倾向，导热性低，线收缩率大(比碳钢大两倍)，故易形成较大的应力，对热裂较敏感、冷裂倾向大，宜采用低温浇铸，但不应低于约 1420℃(液相线温度约 1370℃)，并应很好地脱氧，以防氧化物夹杂析出于晶界。

高锰钢水韧处理时的加热温度必须超过 1000℃，一般在 1050～1100℃。含有铬、钼、钒、钛等碳化物形成元素的高锰钢的加热温度要更高一些。高锰钢晶粒在 1120℃以上有明显长大趋势，而当温度高于 1150℃时组织明显粗大。高锰钢的导热性差，650℃以下加热速率要慢些，一般取 50～100℃/h，视铸件壁厚薄而定。在 650～700℃保温 1～3h 后加热可以快些(50～150℃/h)。在淬火温度下保温时间大约 25mm/h，然后水冷。加热时间延长会发生脱碳和锰的烧损，淬火后表面会出现马氏体。

高锰钢铸件在出炉后应尽快水淬，出炉至水淬的时间间隔在生产条件下要求不超过 20～30s。高锰钢在 960℃以下可能会析出碳化物，在该温度下快速冷却时，可以避开碳化物的析出曲线。水淬的冷却速率应达到 30℃/s。水温通常不超过 20℃(最高也要低于 30℃)，淬火后不超过 45～50℃。如果冷却不足，沿奥氏体晶界将析出碳化物，并引起附近区域的预先分解(生成屈氏体)，冲击韧度因而下降。

水韧处理后，可根据铸件的要求和铸件的复杂程度适当进行回火，回火温度不应超过 250℃。

高锰钢水韧处理后的显微组织应为奥氏体或奥氏体加碳化物。根据 GB/T 13925—2010《铸造高锰钢金相》，碳化物按未溶、析出和过热三类级别进行评定。评定时，选取最严重的视场，评定视场 ϕ80mm，放大倍数 500×。

未溶碳化物，按其在视场内晶界、晶内平均直径小于等于 5mm 的数量(小于 2mm 的未溶碳化物不予计算)及其在晶界的聚集程度，依从少到多的顺序，分为 W1～W7 共 7 个级别评定。以不大于 W3 级为合格，即晶界、晶内平均直径小于等于 5mm 的未溶碳化物总数应不多于三个。

析出碳化物的评定按其在视场内沿晶界和在晶内析出的形貌、数量，依其严重程度，从小到大，分为 X1～X7 共 7 个级别评定，以不大于 X3 级为合格，即只允许碳化物以细条状及颗粒状沿晶界呈断续网状分布。

过热碳化物的评定，依据在视场内共晶碳化物沿晶界分布状况，依其严重程度，从小到大，分为 G1～G4 共 4 个级别，以不大于 G2 级为合格，即只允许少量共晶碳化物沿晶界或晶内分布。

铸造高锰钢水韧处理后还应进行非金属夹杂物的检查。非金属夹杂物(氧化物 A+硫化物 B)由少到多,分为 5 级,选取最严重的视场评定,应不大于 4A 和 4B 级,且视场内超过 6mm 的夹杂物不超过 2 个。金相检查时,放大 100 倍。

高锰钢的铸态组织粗大、不均匀,经过水韧处理后也常是粗大的组织,晶粒度一般在 1 级左右,甚至还要粗,且很不均匀。为提高性能,可进行细化晶粒的热处理。细化晶粒的热处理是使铸态组织中的珠光体型组织在升温过程中进行奥氏体的重结晶,使晶粒得到细化。显微晶粒度的级别以不小于 2 为合格。

高锰钢铸态组织中珠光体量较少,为细化晶粒应使奥氏体充分分解,生成大量的珠光体,可以有更多的奥氏体形核界面。珠光体组织分散度越高,重结晶时奥氏体的核心数越多,晶粒越细。将铸态组织的高锰钢加热到 500~550℃保温一段时间,即可使铸态组织中的奥氏体分解。要使 40%的奥氏体分解,500℃需 10h,550℃只需 3h。通常有 40%~50%的奥氏体发生转变即可达到经过重结晶细化组织的目的。钢中含有形成碳化物的合金元素如铬、钼、钒等时,奥氏体的分解速率降低,达到相同转变量所需的保温时间延长。在之后的升温和保温阶段,发生奥氏体的重结晶、碳化物的不断溶解,得到成分均匀晶粒较细的单相奥氏体组织。一般加热到 1000~1050℃保温后水淬即可。细化了的奥氏体组织长大倾向明显,约在 1050℃开始有长大趋势,低于铸态组织一般固溶处理后粗大奥氏体晶粒开始长大的温度。经过细化晶粒处理可使奥氏体晶粒度细化 2 级左右。

高锰钢的另一种处理方法是沉淀强化,其目的是通过热处理使奥氏体基体中出现弥散分布的硬质第二相,强化基体,以提高钢的抗磨料磨损的能力。此时需在钢中加入强碳化物形成元素,通过沉淀强化处理能在奥氏体中析出合金元素的碳化物。常用的有钼、钒、钛,可以单独加入或复合加入。钼加入量 1.0%~2.0%,钒加入量 0.4%左右。钛一般不单独加入,往往是钛和钼、钛和钒、钛和铬等一起加入,钛的加入量一般为 0.1%~0.15%。钼、钒、钛复合加入时,钼加入量为 0.7%~0.9%,钒加入量为 0.2%~0.3%,钛加入量为 0.1%。

沉淀强化热处理的原则:①先进行固溶处理,消除铸态组织,使铸态组织中的各种碳化物以及共析组织全部溶解,成为单一的奥氏体固溶体。②随后奥氏体在冷却过程中析出含有合金元素的碳化物,奥氏体分解产生的共析组织中也有较多的合金碳化物。③此后升温的过程中进行奥氏体的重结晶,在升温和保温过程中,有部分碳化物会溶解,但仍会有相当一部分碳化物保留下来,这部分碳化物在升温和保温过程中会发生粒状化的过程。④高温水淬后的组织将是在细化的奥氏体基体上分布有弥散的粒状硬质碳化物。这种组织对提高钢的抗冲击磨料磨损是有利的,具体的热处理工艺有多种[164]。高锰钢淬火后不应当再受热,因加热至 250℃以上时将有碳化物析出而使脆性增加。

4) 高锰钢的加工硬化

高锰钢有很强的加工硬化能力(图 6.83)。铸态高锰钢经水韧处理后的硬度仅为 180~225HB,经过冷变形后,奥氏体高锰钢的形变层表现出显著的加工硬化现象,变形层的硬度可以达到 500~800HB,较低程度的冲击可以达到 300~400HB。从表面层向内,钢的变形程度逐渐减少,硬度也逐渐降低。随冲击载荷的不同,硬化层的深度可以达到 10~

20mm，甚至更多。测定硬化层的显微硬度，可以看到硬度沿硬化层的分布如图 6.84 所示，在表层附近，硬度随距离的变化较大。

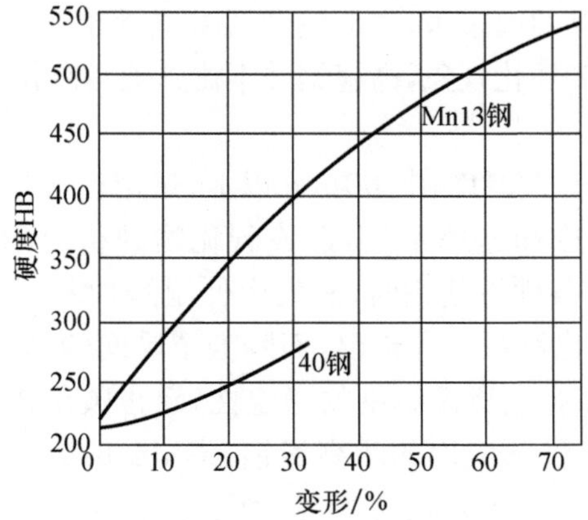

图 6.83　碳钢和高锰钢的加工硬化能力[167]

在硬化层下面是未经变形的软韧的奥氏体组织，它与硬化层结合牢固。硬化层表面有高的硬度，又有好的韧性，因而具有抗磨料的凿削磨损和较好的抗冲击疲劳的性能。在表面逐渐被磨耗的同时，在外载荷的冲击作用下，硬化层又不断向内发展，维持一个稳定的硬化层。

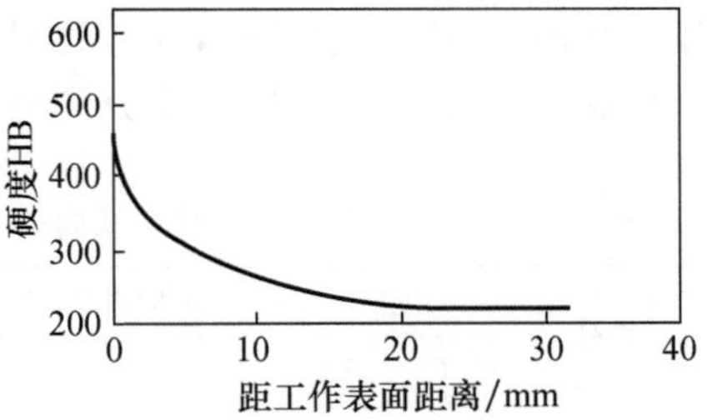

图 6.84　表面硬化层硬度随层深的变化[163]

高锰钢具有的这种高硬化能力的机制，多年来争议不断，主要有以下几种：①形变诱导马氏体相变说。认为高锰钢的加工硬化是由于形变诱导马氏体阻碍滑移引起的。高锰钢在形变过程中形成弥散分布的马氏体，造成了奥氏体的强化。②位错硬化说。认为变形时在奥氏体晶体内可产生大量位错，高密度位错区阻碍位错运动而产生强化效应，导致高锰钢的加工硬化。③孪晶硬化说。高锰钢的层错能低，受到外力时，在形变过程中会很容易出现层错。由于层错能低，扩展位错宽度大，位错的束集困难，限制了滑移的进行，导致高锰钢不得不采用孪生的方式进行塑性变形。大量细小的孪晶将晶粒分为许多部分，类似于晶粒的细化，使位错难以运动，引起较高程度的强化。④Fe-Mn-C 原子团硬化说。高锰钢中可形成 Fe-Mn-C 偏聚区，这些原子团偏聚区散乱地分布于奥氏体中，有效地阻碍滑移系的启动和位错的运动，导致高锰钢高的加工硬化能力。还有其他一些观点，由于影响高锰钢加工硬化程度的因素较多，上述不同机理的提出各有其实验依据，难以统一。近年来的大量试验，使较多的人接受高密度位错缠结和形变孪晶机制。这方面的详细论述，可参阅有关文献[164,165,168,169]。

高锰钢是一种难加工材料，其切削加工性很差。这是由于高锰钢在切削过程中产生严重的加工硬化现象；高锰钢的导热系数低，造成切削区温度高，刀具磨损严重；断削困难，尺寸精度难以保证。其相对加工性 K_r 约为 0.2～0.4。近几十年来，随着新型刀具，如陶瓷刀具、立方氮化硼刀具、金刚石刀具的应用，使得高锰钢的切削加工成为可能。

高锰钢在冲击负荷作用下,由于具有很高的表面硬化能力,而显示出极为优异的耐磨性,因此广泛应用于制造挖掘机的斗齿及履带板,破碎机的锤头、颚板及衬板,铁路和电车轨道的道岔,拖拉机及坦克的履带板、主动轮和履带支承轮,以及其他许多机件等。在无压力的条件下,由于无加工硬化现象,高锰钢并不比其他具有相同硬度的钢更为耐磨。

5)铸造超高锰钢

一些大型抗磨配件,有效厚度在100mm以上,选用标准型Mn13高锰钢时,在水韧处理的冷却过程中,心部冷却速率不足,造成碳化物的析出而影响钢的性能。标准型Mn13高锰钢在严寒气候条件下使用时,易发生低温脆性断裂,其原因主要是由于快速冷却时因冷速不够高,碳化物在晶界析出,而降低了晶间的结合力。

提高锰含量可以提高高锰奥氏体钢的稳定性,阻止碳化物的析出。基于上述原理,国外研制出一种在寒冷条件下应用的超高锰钢ZGMn18,其锰含量为17%~20%。实验证明,增加锰含量不仅提高了钢的强塑性,而且提高了低温时在变形条件下抗脆断的能力。这种超高锰钢同普通高锰钢相比,其初始硬度提高了80~150HB,加工硬化性能明显增强,有相当好的耐磨性能,可广泛用于厚大断面工件及一般工件,使用寿命有大幅提高[170]。近年来,我国也开展了超高锰钢的研究与应用。表6.81为一些国内外开发的超高锰钢的化学成分和力学性能。

表6.81　国内外一些超高锰钢的化学成分和力学性能

牌号	化学成分/%						σ_b/MPa	σ_s/MPa	δ_5/%	ψ/%	a_{kU}/(J/cm²)	硬度HBS
	C	Mn	Si	S	P	其他						
GX120Mn17	1.05~1.35	16~19	0.3~0.9	≤0.045	≤0.06	—	—	—	—	—	—	—
GX120Mn17Cr2	0.90~1.35	16~19	0.3~0.9	≤0.045	≤0.06	1.5~2.5Cr	≥750	≥430	≥30	≥30	≥100	200~240
ZGMn18Cr2-MoRE[171]	0.95~1.20	17.0~20.0	0.40~0.80	≤0.06	≤0.07	2.0~3.0Cr,0.20~0.50Mo	727~730	411~412	—	26.7~28.2	127~128	222~263
ZGMn18Cr-VTiRE[172]	>1.3	17~20	0.3~0.8	≤0.05	≤0.08	Cr、V、Ti少量,RE、Al微量	761~823	465~580	—	—	83~96	250~320
ZGMn18Cr2-BRE[173]	1.31~1.58	17.2~18.4	0.53~0.97	—	—	1.47~2.47Cr,0.01RE,0.003B	—	—	—	—	191	215

注:GX120Mn17钢和GX120Mn17Cr2钢摘自奥氏体锰钢铸件国际标准(ISO 13521:1999 E),这两种钢已纳入GB/T 5680—2010。ZGMn18Cr2MoRE中的稀土作为变质剂加入。

表6.81中的ZGMn18Cr2MoRE钢用于制作大型锤式破碎机所配90kg级锤头,普通高锰钢无法提供既不断裂又有良好耐磨性的保证。使用的超高锰钢选择0.95%~1.25%的碳含量,可保证使用中不断裂,又有较好的耐磨性。选择1100℃进行水韧处理,硬度值较高,金相组织较为理想,在奥氏体基体上保留了少量合理分布的碳化物,有利于提高耐磨性,又保持良好的强度和韧性,制成的大锤头的耐磨性较传统高锰钢提高两倍以上。

ZGMn18CrVTiRE钢是为了满足风扇磨煤机打击板的需要而研制的,要求材质的加工硬化能力强、耐磨性高,又有足够的韧性。该钢经水韧处理后的组织是奥氏体和粒状弥散的碳化物，经过使用后，在距表层 0.01mm 处的硬度可达 800HV 以上，说明该钢硬化能力强。这种钢因加入了 Cr、V 形成弥散分布的碳化物，而具有高的屈服强度，能承受较大负荷而不变形。该钢制成的风扇磨煤机打击板的使用寿命较之 ZGMn13 钢提高了两倍，而制造成本仅增加了 43%。

ZGMn18Cr2BRE 钢的特点是加入稀土元素进行变质处理并加入硼。这种钢经水韧处理后的组织为奥氏体和在其上分布的弥散细小的碳化物颗粒及球形夹杂物。

国内的一些研究工作表明[171~173]，适当提高高锰钢中的锰含量可以在经水韧处理后获得全奥氏体组织，能使厚大断面组织中碳化物析出量减少，提高钢的冲击韧度。在超高锰钢中加入铬可在钢的基体中形成含铬碳化物硬质点，提高钢的起始硬度和钢的屈服强度，但使冲击韧度略有降低。锰含量的提高可减少铬在铸态时促进碳化物析出的有害作用。铬可降低高锰奥氏体的层错能，有利于层错的形成，从而提高钢加工硬化能力。加入钼可以细化晶粒，改善碳化物在基体中的分布形态，通过固溶强化增加钢的强度，提高大截面铸件的淬透能力和抗裂纹的能力。加入稀土元素可以净化钢液，减少钢中非金属夹杂物的数量，改善钢的内在质量。加入适量的硼可使水韧处理后奥氏体中的碳化物颗粒细化，分布更加均匀弥散，硼加入量为 0.003%时，经 1100℃水韧处理后的综合性能较好。

对 ZGMn18Cr2Mo 超高锰钢加工硬化过程和机理进行的研究认为，超高锰钢的加工硬化能力比普通高锰钢高得多，在小变形情况下就可表现出很高的加工硬化能力，其加工硬化机制是位错强化、孪晶强化及弥散析出的超细微碳化物颗粒强化综合作用的结果[174]。

6）铸造耐磨中锰钢

ZGMn13 钢在非强烈冲击磨料磨损条件下，其强化力度不足，难以提高材料的耐磨性。1963 年美国 Climax 钼公司发布铸造中锰耐磨钢专利以来，国内外对亚稳奥氏体型铸造中锰钢及其应变诱导马氏体的研究不断进行开发和研究。

铸造耐磨中锰钢是指锰含量为 5%～9%的铸钢，这种钢经水韧处理后的组织为亚稳定的单相奥氏体，希望在冲击磨损作用下表面层产生应变诱导 α 马氏体，以获得高的耐磨性。表 6.82 为国内外一些铸造耐磨中锰钢的化学成分及其力学性能。

表 6.82　国内外一些铸造耐磨中锰钢的化学成分和力学性能

牌号	化学成分/%						σ_b/MPa	σ_s/MPa	δ_5/%	ψ/%	a_{kU}/(J/cm²)	硬度 HBS
	C	Mn	Si	S	P	其他						
Climax 钼公司专利	1.19	5.6	0.50	≤0.045	≤0.06	1.0Mo	510	383	12	20	—	193
ISO13521-1999(E)	1.05～1.35	6～8	0.3～0.9	≤0.045	≤0.06	0.9～1.2Mo	—	—	—	—	—	—
Mn6Mo[175]	1.2～1.4	5.5～7	0.4～0.7	—	≤0.05	0.8～1.2Mo	505	348	8	14	—	207
ZGMn8CrMo[176,177]	0.97～1.10	8～8.15	≤0.60	≤0.04	≤0.070	0.80～1.20Cr 0.80～1.20Mo	629	516	14		145.5	212
ZGMn8[178]	1.20	8.11	0.96	0.031	0.066	经变质处理	—	—	—	—	—	—
ZGMn6[179]	1.2	6.2	0.51	0.03	0.025	经变质处理	640	440	14.6	—	80	—

普通高锰钢的 M_s 和 M_d 温度均在—196℃以下，即使在—196℃进行形变，也没有发现 α 或 ε 形变马氏体产生。要使奥氏体中锰耐磨钢能通过形变诱导马氏体强化，需对钢的成分进行合理的设计。研究工作表明[175]，为使奥氏体中锰钢能通过形变诱导产生马氏体进行强化，锰碳的成分配比应使 M_s 点的温度保持在—50～0℃，M_d 点高于室温，此时冲击磨损的表面层形成大量的形变马氏体，在小能量多次冲击的条件下，其相对耐磨性高出高锰钢1倍以上。为保证中锰钢足够的韧性和过冷奥氏体的稳定性，锰含量宜大于7%，为防止在铸造和水韧处理时开裂，碳含量宜小于1%。在高锰(大于10% Mn)低碳的条件下形变，出现 ε 或 α 马氏体；而在低锰高碳成分的中锰钢中，形变出现的是 α 马氏体，正是强化所需要的。

铸造耐磨中锰钢加入钼的作用是抑制铸态组织中碳化物的析出和抑制共析转变。钼还可以提高钢的屈服强度、韧性及耐磨性。钨也可以增加铸造耐磨中锰钢水韧处理后强度和韧性及耐磨性，加入量为0.5%～1.5%。

铬增加水韧处理后钢的硬度而使韧性下降，这是由于铬增加碳化物的稳定性，热处理后残余碳化物增加所致。

Mn6Mo 钢经过水韧处理可以得到单相奥氏体组织。由于钢中含有钼，碳化物溶解较困难，水韧处理时加热至1100℃碳化物尚不能完全溶解。Mn6Mo 钢的使用条件若为凿削磨料磨损时，也可以进行沉淀强化处理[163]，可用于冲击不太大的磨损工况下的铸件，如破碎机颚板等。

ZGMn8CrMo 钢的水韧处理的温度为1100℃，用于制作重载车辆的履带板，其使用寿命为 ZGMn13 钢的2.5倍。在冲击磨料磨损试验机上对 ZGMn8CrMo 钢进行冲击磨料磨损试验，在表面层深6mm 范围内，发生了应变诱导马氏体相变。其机理为：随不断冲击而产生的应变增加，在奥氏体中产生位错、不全位错和层错，继之形成位错缠结和孪晶，随形变量的继续增加，在孪晶表面产生 α 马氏体晶核并长大[176]。将 ZGMn8CrMo 钢的力学性能与高锰钢 ZGMn13 钢对比，前者的强韧性不如后者，但 ZGMn8CrMo 钢实际使用的效果却显著优于 ZGMn13 钢。这是由于两者制作的履带板在服役条件下具有不同的强化特性。ZGMn13 钢的形变强化机制是位错缠结和孪晶强化，而 ZGMn8CrMo 钢的主要强化机制是应变诱导 α 马氏体，其次是形变孪晶强化，在疲劳裂纹扩展前沿，在应变诱导 α 马氏体相变的同时，伴有形变诱导塑性，其疲劳裂纹扩展速率较 ZGMn13 钢缓慢得多。这就是 ZGMn8CrMo 钢制履带板的耐磨性和使用寿命显著优于 ZGMn13 钢的原因[177]。

ZGMn8 钢是一种铸造中锰耐磨钢。未加变质剂的 ZGMn8 钢铸态组织晶粒粗大，存在较严重的连续网状碳化物，使韧性显著降低，热处理时易开裂。用含稀土和钛的复合变质剂加入 ZGMn8 钢中进行变质后，奥氏体晶粒明显细化，碳化物主要呈颗粒状较均匀地分布在奥氏体晶界和晶内。稀土可以促进树枝晶的发展，提高其形核率，有效地细化奥氏体晶粒。稀土和钛的加入可形成高熔点的 CeS、TiS、TiC 等质点直接从液相中析出，可作为渗碳体的非自发结晶中心，使一次渗碳体和共晶渗碳体发生粒化和细化，避免了连续网状碳化物的形成[178]。在破碎石料时，变质处理的 ZGMn8 钢制颚板的耐磨性比 ZGMn13 钢提高1.26～2.24倍，比未经变质处理的 ZGMn8 钢提高0.61～1.33倍。在破磨水泥原料时，变质处理的 Mn8 钢制衬板的耐磨性比 ZGMn13 钢提高1.41倍，比未经变质处理的 Mn8 钢提高 0.63 倍[179]。

ZGMn6 钢加入稀土、镁和钛复合变质剂后铸件的组织明显细化，其强度和塑韧性均有明显提高。该钢水韧处理时的加热温度为 1050℃。该钢用于制造过煤耐磨衬板，其使用寿命比 ZGMn13 钢提高 0.88 倍[180]。

6.8.4.2 铸造耐磨中铬钢

在一些非大冲击磨料磨损的工况下使用高锰钢是不合理的，因为在这种工况下高锰钢没能得到很好的加工硬化，而且高锰钢的屈服强度低，有时易发生变形，不便于拆卸维修。针对上述情况，国内外开发出空淬马氏体中铬耐磨钢，用做衬板和锤头等典型耐磨件，比较成功地替代了普通的 ZGMn13 高锰钢。

铸造耐磨中铬钢是指铬含量为 3.5%～7.0%的铸钢，主要元素为 C、Cr、Mo。这些元素的作用与在合金结构钢中相同。中铬钢的碳含量的范围为 0.2%～0.7%，具体的碳含量视不同的工况而定。中铬钢中有较高的铬含量及与 C、Mo 的综合作用，因而具有高的淬透性，适合于空淬，铬与碳结合形成一定数量的颗粒状碳化物，有利于提高钢的硬度和耐磨性。铬与钼均可阻碍碳化物的析出与聚集，提高钢的抗回火稳定性。

这类铸件必须具有一定的韧性，不破碎，保证运行安全，还需有较高的硬度和强度，保证运行中有较高的耐磨性、抗疲劳剥落及抗显微切割的能力。因此，这类钢的显微组织应以回火马氏体为主，可以出现一部分下贝氏体组织及残余奥氏体，残余奥氏体以薄膜状分布于马氏体或贝氏体之间为最佳。在碳含量较高的钢中还会在淬火后回火马氏体的基体上保留一定量颗粒状碳化物，这对提高耐磨性是有利的。因此，这种钢的热处理工艺采用高温空淬及低温回火，碳含量较低的钢采用较高的淬火温度，而碳含量较高的钢采用较低的淬火温度。

这类钢可用于制作球磨机衬板、锤式破碎机中小型锤头、反击式破碎机板锤、颚式破碎机中小型颚板及耐磨管道等非大冲击磨料磨损工况的耐磨件。铸造耐磨中铬钢的化学成分和力学性能见表 6.83。为改善铸造耐磨中铬钢的性能，已开发出高碳中铬耐磨铸钢、多元合金化中铬耐磨铸钢等[181～183]。

表 6.83 铸造耐磨中铬钢的化学成分和力学性能[30]

<table>
<tr><th rowspan="2">牌号</th><th colspan="6">化学成分/%</th><th rowspan="2">金相组织</th><th colspan="4">力学性能(不小于)</th></tr>
<tr><th>C</th><th>Si</th><th>Mn</th><th>Cr</th><th>Mo</th><th>Ni</th><th>σ_b/MPa</th><th>σ_s/MPa</th><th>a_{kV}/(J/cm^2)</th><th>HBC</th></tr>
<tr><td>ZG30Cr5Mo</td><td>0.20～0.35</td><td rowspan="4">0.40～1.0</td><td rowspan="4">0.5～1.2</td><td rowspan="4">3.8～6.0</td><td rowspan="4">0.2～0.8</td><td>≤0.5</td><td>M+B+A′</td><td>1200</td><td>800</td><td>100</td><td>40</td></tr>
<tr><td>ZG40Cr5Mo</td><td>0.36～0.45</td><td>≤0.5</td><td>M +A′</td><td>1500</td><td>900</td><td>25</td><td>44</td></tr>
<tr><td>ZG50Cr5Mo</td><td>0.46～0.55</td><td>—</td><td>M+A′+C</td><td>1300</td><td>—</td><td>20</td><td>45</td></tr>
<tr><td>ZG60Cr5Mo</td><td>0.56～0.70</td><td>—</td><td>M+A′+C</td><td>1200</td><td>—</td><td>15</td><td>50</td></tr>
</table>

注：M 表示回火马氏体，B 表示下贝氏体，A′表示残余奥氏体，C 表示碳化物。

6.8.4.3 铸造耐磨低合金钢[30,153]

铸造耐磨低合金钢可根据其不同的使用条件将强度、韧性和耐磨性进行综合考虑,只要不因脆性而引起断裂,其耐磨性随硬度的提高而增加。铸造耐磨低合金钢的强度和硬度通常高于铸造耐磨锰钢,在非大冲击磨损工况工作时可替代铸造耐磨锰钢。铸造耐磨低合金钢按其热处理和碳含量可分为水淬低合金马氏体耐磨铸钢、油淬或空淬低合金马氏体耐磨铸钢、正火低合金珠光体耐磨铸钢、低合金贝氏体耐磨铸钢、贝氏体-马氏体复相耐磨铸钢等。铸造耐磨低合金的钢号甚多,表 6.84 为不同类型铸造耐磨低合金钢的化学成分示例。表 6.85 为不同类型铸造耐磨低合金钢的力学性能和应用示例。

表 6.84 不同类型铸造耐磨低合金钢的化学成分示例[30] (单位:%)

钢号	C	Si	Mn	P	S	Cr	Ni	Mo	Cu	V	B	RE
水淬低合金马氏体耐磨铸钢												
ZG31Mn2SiREB	0.25~0.35	0.8~1.1	1.0~1.6	≤0.03	≤0.03	—	—	—	—	—	0.006~0.007	0.10~0.15
ZG30CrMnSiNiMoCuRE	0.30~0.35	0.8~1.2	1.0~1.5	≤0.03	≤0.03	0.8~1.2	1.0~1.2	0.2~0.5	0.2~0.5	—	—	0.1~0.2
油淬或空淬低合金马氏体耐磨铸钢												
ZG50SiMnCrCuRE	0.45~0.55	0.6~1.2	1.3~1.8	≤0.03	≤0.03	1.5~2.5	—	—	0.5~1.0	—	—	0.1~0.15
ZG50SiMnCrNiMo	0.3~0.7	0.8~1.2	1.0~1.5	≤0.04	≤0.04	1.5~2.5	0.5~1.5	0.2~1.0	—	—	—	—
正火低合金珠光体耐磨铸钢												
ZG65Cr2MnMo	0.65	0.70	0.90	—	—	2.50	0.20	0.40	—	—	—	—
ZG75Cr2MnMo	0.75	0.70	0.90	—	—	2.50	0.20	0.40	—	—	—	—
ZG85Cr2MnMo	0.85	0.70	0.90	—	—	2.50	0.20	0.40	—	—	—	—
低合金贝氏体耐磨铸钢												
ZG50SiMn2Mo	0.4~0.6	1.5~2.0	2.0~3.0	≤0.04	≤0.035	—	—	—	—	微量		
ZG70SiMn2Cr2MnBRE	0.6~0.9	≤1.0	1.2~1.8	≤0.04	≤0.04	1.5~2.0	—	0.2~0.6	—	—	0.004~0.008	0.12~0.2
低合金贝氏体-马氏体复相耐磨铸钢												
ZG50SiMn3	0.40~0.60	1.5~2.0	2.5~3.5	≤0.06	≤0.06	—	—	—	—	—	—	—
ZG60Cr2NiMo	0.40~0.80	0.7~1.3	0.7~1.1	—	—	1.5~2.5	0.4~0.6	0.5~1.0	—	—	—	—

表 6.85 不同类型铸造耐磨低合金钢的力学性能和应用示例[30]

钢号	热处理工艺	σ_b/MPa	σ_s/MPa	δ_5/%	a_k/(J/cm^2)	硬度 HRC	应用示例
水淬低合金马氏体耐磨铸钢							
ZG31Mn2SiREB	1000～1050℃水淬＋200℃回火	≥1550	≥1550	—	≥30	45～52	拖拉机履带板，颚式破碎机齿板
ZG30CrMnSiNiMoCuRE	1050℃水淬＋200℃回火	1439～1487	1186～1228	2.1～3.5	43～57	47～51	球磨机衬板
油淬或空淬低合金马氏体耐磨铸钢							
ZG50SiMnCrCuRE	880℃正火＋880℃油淬＋250℃回火	1150～1190	—	—	8～16	56～59	矿山用中小型球磨机衬板
ZG50SiMnCrNiMo	920～950℃空淬＋300～350℃回火	—	—	—	10～15	42～62	锤式破碎机小型、中型、大型锤头
正火低合金珠光体耐磨铸钢							
65Cr2MnMo	正火＋回火	—	—		9～13	325	
75Cr2MnMo	正火＋回火	—	—		8～12	363	
85Cr2MnMo	正火＋回火	—	—		6～10	400	
低合金贝氏体耐磨铸钢							
ZG50SiMn2Mo	850～900℃自然冷却＋250℃回火	1850	1485	9	18.5	50	球磨机磨球、磨板，立式破碎机锤头
ZG70SiMn2Cr2MnBRE	950℃空淬＋250～300℃回火	—	—	—	20	≥50	球磨机衬板，圆锥磨衬板
低合金贝氏体-马氏体复相耐磨铸钢							
ZG50SiMn3	800℃加热＋280℃等温淬火	1083	—	9.5	31	48	水泥、矿石研磨衬板，破碎机颚板
ZG60Cr2NiMo	916℃风冷＋350℃炉冷	—	—	—	≥16	HS＞80	

注：65Cr2MnMo、75Cr2MnMo、85Cr2MnMo 钢的硬度为 HBS 值。

水淬低合金马氏体耐磨铸钢为碳含量 0.2%～0.35%的多元低合金钢，经水淬和低温回火处理后，硬度高，耐磨性好，具有较好的强韧性配合，使用中不易变形和断裂，广泛用于挖掘机、装载机及拖拉机的斗齿、履带板，中小型颚板、板锤、锤头、球磨机衬板等。

油淬或空淬低合金马氏体耐磨铸钢为碳含量大于 0.35%的多元低合金铸钢，依合金含量的不同，这类钢可以油淬或空冷淬火，并可经回火处理，得到强韧性较好、硬度高、耐磨性好的马氏体钢，用于制作球磨机衬板、中小型颚板、锤头、板锤等。这类钢的韧度低于上述水淬低合金马氏体耐磨铸钢，使用时须考虑工况的冲击载荷。

正火处理的低合金珠光体耐磨铸钢为碳含量为 0.55%～0.90%的高碳铬锰钼钢，经正火和高温回火后可得到珠光体基体，具有好的韧度和抗冲击疲劳性能，高的加工硬化能力。这类钢只含有不多的不昂贵合金元素，热处理工艺简单，生产成本较低。这类钢用于承受一定冲击载荷的磨料磨损工况,如某些磨煤机的空心大磨球及磨球机衬板。

低合金贝氏体耐磨铸钢和贝氏体-马氏体复相耐磨铸钢是碳含量为 0.4%～0.9%的多元低合金钢,经淬火和回火热处理后可到贝氏体组织或贝氏体-马氏体复相组织,具有优良的综合力学性能和耐磨性能,常选用于冶金、矿山、水泥等行业中高抗冲击磨料磨损工况下使用的球磨机、破碎机上的磨球、锤头、衬板、颚板等耐磨件。

6.9 大锻件用结构钢

我国重型机械制造行业规定,凡是需要 1000t 以上锻造水压机生产的自由锻件,可称为大型锻件。这大致相当于单重 5t 以上的轴类锻件和单重约 2t 以上的圆盘类锻件[184]。

重型机械制造工业生产各种冶金及轧钢设备、矿山机械、大型机床、汽轮机与发电机转子等大型火力发电设备、核能发电设备、船舶制造业的大型曲轴、大型火炮等军工产品。其中许多零件具有很大的质量和尺寸,质量可达 247t,直径达 2800mm,长度可在 20m 以上,最大钢锭重达 600t,大锻件用钢是指用于制造这些零件的钢材。大截面零件可分为大型铸钢件和大型锻件。负荷不很大的大截面零件可采用铸钢件。重要的大截面零件,特别是重型机械中的一些关键性零件,性能要求高,都采用锻件生产。大锻件的生产工艺较复杂,热处理要求比较高。

6.9.1 大型锻件的生产工艺特点

大型锻件的生产工艺流程包括有冶炼、铸锭、锻造、锻后热处理(也叫第一热处理)、粗加工、最后热处理(也叫第二热处理)、半精加工和精加工,这些工序一般均在重型机械制造厂中进行。大型锻件的主要工艺特点如下。

1) 大型锻件用钢的淬透性

在普通截面结构钢的热处理中,淬透性是用心部获得 50%马氏体的临界直径来评定。对于大型锻件的淬透性通常是用心部不产生铁素体而获得贝氏体和马氏体组织时的临界直径来表示,称为无铁素体淬透性(图 4.71(c))。

连续冷却转变曲线对于大型锻件的热处理有很大的实用意义。将一定直径锻件的冷却曲线(表面、心部或截面上的任何部位的冷却曲线)叠绘在所用钢种的连续冷却转变曲线上,则根据冷却曲线同转变曲线的交截关系,可以看出每一冷却曲线在锻件上所对应的部位(即表面、心部或截面上任何部位)在冷却后所得的组织是什么。根据这一道理,也可以计算出某一钢种的淬透性。图 6.85 为 40CrNi2Mo 钢的连续冷却转变曲线。由图可知,若锻件某处的冷却速率为 8.4℃/s,则将得到马氏体组织;冷却速率介于 8.4～0.33℃/s,则得到马氏体与贝氏体的混合组织;而 0.33℃/s 为无铁素体析出的临界冷却速率。如果某一直径的工件冷却时,其心部的冷却速率为 0.33℃/s,则这一工件的直径就是这种钢在相应冷却介质中的无铁素体临界直径。

在利用连续冷却转变曲线时,应注意晶粒度对淬透性的影响。大锻件的奥氏体晶粒度比较粗大,一般为 3～4 级,而用于测定钢的 CCT 和 TTT 曲线的试样的晶粒度一般都比较小,通常为 7～8 级。晶粒度对转变曲线的位置影响较大,必须进行修正。一种钢油冷时,当晶粒度由 7～8 级长大至 3～4 级时,其无铁素体的临界直径 $D_{F,O}$ 将增大 60%,

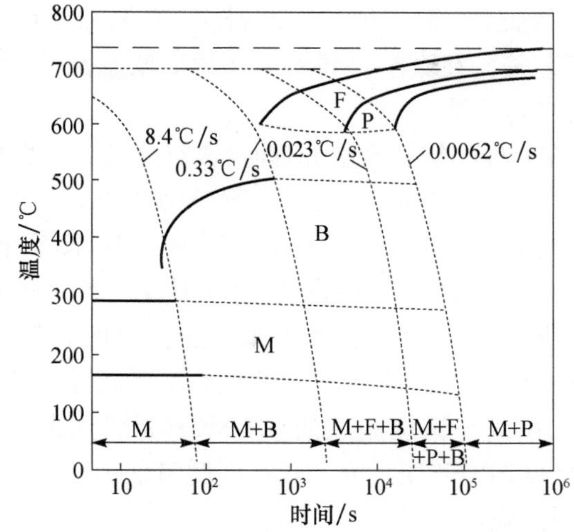

图 6.85　40CrNi2Mo 钢的连续冷却转变曲线[185]

增长至 1～2 级时，大约增 120%[186]。

有学者研究过合金元素对无铁素体淬透性的影响，并在此基础上提出了计算无铁素体淬透性的方法[186]。合金元素按提高无铁素体淬透性的次序为：Ni、Cr、Mn、Mo、C，而 Si 对淬透性无影响，这与合金元素对马氏体淬透性的影响不同，若合金元素在以下范围内：0.12%～0.76%C，0.14%～1.62%Si，0.11%～1.67%Mn，0.05%～3.38%Cr，0.01%～1.25%Mo，0.01%～4.05%Ni，0.01%～0.36%V，7～8 级奥氏体晶粒的钢油淬时的无铁素体临界直径 $D_{F,O}$ 可用下式计算：

$$\lg D_{F,O} = -0.3285 + 2.4138 \times w_C + 0.2856 \times w_{Mn}^2 + 0.6809 \times w_{Cr} + 2.1581 \times w_{Mo} - 1.5266 \times w_{Mo}^2 + 0.7803 \times w_{Ni} - 0.2157 w_{Ni}^2 + 3.5078 w_V^2 \quad (6.26)$$

由于钒钢淬火时往往不是单相奥氏体，其碳化物不易溶解，因而钒钢的计算值误差较大。

大锻件由于受到淬透性的限制，对其力学性能的要求比一般调质钢低，并且要考虑到尺寸大小与可能达到的强度之间的相互关系。

2）冶炼

大型锻件尺寸越大，所需用的钢锭也越大，冶金质量的控制也越不容易，更易于出现各种冶金缺陷，如偏析、气体、夹杂、疏松等，因此对大锻件用钢锭的冶炼、浇铸和锻造条件要特别注意。

为获得更好的冶金质量，国内外各大锻件生产厂不断改进生产设备，采用二次精炼工艺，力求将氢、氧、氮的含量控制在最低水平，尽可能地降低钢中硫、磷和微量残余元素含量，减少非金属夹杂物的数量和控制其形态，保证钢液具有良好的纯净度，以减少钢的各向异性，减少偏析，降低回火脆性，满足对大型锻件的性能要求。

目前，国内外大型锻件用钢的冶炼大都采用碱性电弧炉粗炼钢液，然后根据具体锻件的质量要求和各厂的装备条件，配以不同的炉外精炼技术来满足。这些炉外精炼技术的特点在 1.1.5 节已有介绍。

随着工业技术的发展，对某些高质量的钢种，采用单一的炉外精炼技术，已不能满足产品在质量上的要求。因此,在钢包精炼的基础上,发展与喷粉处理或者真空碳脱氧(VCD)相结合的双联工艺等。在真空浇铸时采用模底吹氩法或中间包内吹氩搅拌的方法也可以进一步提高钢水的质量。

(1) 真空碳脱氧。在一般的钢液真空处理时,真空除气工艺都是在钢液用硅、铝等进行脱氧后进行的。这时,钢液中残存的脱氧产物 Al_2O_3、SiO_2 等即使在 0.1mmHg(约13Pa)真空度下也难以分解。于是提出了真空碳脱氧工艺,即钢液在真空处理前,不用硅、铝脱氧,钢液中的氧在真空条件下同钢液中的碳形成一氧化碳而被排出,钢液中的氧含量可降低到 20ppm,非金属夹杂物也进一步减少。此时钢液中的碳含量大约降低0.05%。和普通真空除气比较,真空碳脱氧的脱氧效率要高得多[184]。

20 世纪 70 年代初,用 400t 钢锭制成的 3.5NiCrMoV 钢大型发电机转子的经验证明,真空碳脱氧能显著降低韧脆转变温度。真空碳脱氧的另一个优点是降低了钢中的硅含量,从而减轻了钢的回火脆性。

(2) 真空吹氩浇注。真空浇注时在钢锭模底同时进行吹氩搅拌的方法称为模底吹氩法。真空浇注时,同时在中间包内吹氩的方法称为 MSD(mold steam degassing)+Ar 法(真空吹氩滴流去氢法)[184]。

真空吹氩浇注可以增加真空浇注时的去气效果,有利于夹杂物的上浮,提高钢水的质量。吹氩时,吹入的氩气泡推动钢液上下循环搅动,由于氩气泡内 CO、H_2、N_2 的分压几乎为零,钢液中的这些气体迅速向气泡扩散,并随之排出。气泡的运动使钢液内分散细小的夹杂物聚集并黏附于表面,最终进入渣层。真空浇注模底吹氩较不吹氩者的脱氢效率提高近 1 倍。

MSD+Ar 法是在中间包的顶端插入吹氩的芯杆,吹入氩气,改善钢液的飞散状况,流滴的细微化提高了真空铸锭的脱氢率近 1 倍,使钢水的氢含量达到了 0.5ppm 的极低水平。

为解决大钢锭的疏松、偏析、夹杂物聚集等质量问题,国内外一些工厂建立了大型电渣重熔设备,用以生产大型电站转子、核反应堆压力容器等重要锻件用的大钢锭,取得显著的效果。上海重型机器厂 1981 年投产的 200t 级的电渣重熔炉是当时世界上最大的,使用的自耗电极是由 40t 电弧炉冶炼,经 RH 脱气之后浇注而成,使用 6 根电极呈 3 相双极串联形式,同时重熔,可以生产 240t 钢锭[187]。为满足需要,该厂于 2009 年又建成目前世界上最大的 450t 电渣重熔炉,能生产最大直径 3.6m、高度为 6m、质量为 450t 电渣锭,等效于 600t 级真空浇注钢锭(图 6.86),主要用于生产第二、三代百万千瓦核电机组的汽轮机低压转子、发电机转子、蒸发器管板等核电大锻件及大型支承辊等用电渣钢锭[188]。

电渣重熔精炼的主要优点是[184,188]:①由于强制冷却快速凝固,电渣钢锭的二次枝晶间距远小于普通钢锭,钢锭形成 A 型偏析的条件已不存在,最大限度地降低了偏析,不仅没有了宏观偏析,显微偏析也得以改善;②由于优良的结晶条件,从根本上改善了非金属夹杂物从钢液中析出及沿晶分布的特点,析出的夹杂物数量少,且细小、弥散残余的夹杂物不易聚集,夹杂物评级大多不超过一级;③电渣钢锭致密度高,钢锭利用率达到 80%以上;④电渣钢锭锻件的化学成分和力学性能比常规方法生产的锻件更为均匀,各向异性小,有更高的韧性。

图 6.86　450t 电渣重熔炉(上海重型机器厂)

3) 铸锭

大锻件均使用镇静钢,钢锭的结构基本上如图 1.16 所示。钢锭特有的凝固条件决定了钢锭的结构,存在化学成分和组织上的不均匀性及内部的疏松、气孔等缺陷。对于大型锻件,这些问题更为突出。

大锻件所用的钢锭是多棱形,棱角数有 8、16、24、32、48。多棱的钢锭,棱角较钝,凝固能比较均匀地进行,偏析形成得少。特大型钢锭多采用 24、32、48 棱。

合理地确定钢锭的锥度和高径比(锭身高度与平均对径之比)可以使夹杂物易于上浮,气体易于外逸,钢锭充分地实现自下而上的顺序凝固,利于减少疏松,达到中心致密。为尽量使偏析和疏松最严重的部分集中到冒口中去,以保证锭身质量,冒口应占钢锭的一定比例。高径比一般为 1.3～1.8,锥度为 10%～13%,冒口比例 15%左右。重要锻件用的特大型钢锭,采用的高径比为 1.0～1.3,锥度为 8%。短粗型钢锭由于增加了钢锭模的锥度,有利于造成钢水由底部向冒口部位的有向结晶,有利于补缩和减少疏松,使偏析区移向冒口部位,冒口比例 20%～25%。钢锭底部组织疏松,氧化物类的非金属夹杂物多,钢锭的切尾率一般达到 15%,这一部分与冒口部分都必须切除。采用先进的冶炼工艺,可使切尾率降至 8%～12%,钢锭利用率达到 60%以上[184]。

大锻件用钢锭的偏析情况与一般镇静钢锭相似,在纵剖面上呈现有 V 型偏析、倒 V 型偏析(Λ 型)、沉积锥负偏析。化学成分在下部分为负偏析,在中上部分为正偏析,但偏析程度更大,特别是碳、硫、磷等元素。

碳的偏析具有重要意义,因为碳是决定钢的热处理工艺参数和力学性能的主要元素。例如,一个 75t 重钢锭的剖面上,锭身下端轴心碳含量为 0.26%,上端却达到 0.51%,这样,上端有淬裂的危险,而下部则不易达到所需的强度指标。所以碳偏析是偏析问题的中心环节。碳的宏观偏析大小程度常用偏析率$(C_{max}-C_{min})/C_0$表示,式中C_{max}和C_{min}分别为锭身轴线上的最大碳含量和最小碳含量(%),C_0为钢水包中钢液的碳含量(%)。传统方法生产的钢锭,锭径越大,碳的偏析程度也越大。

化学成分对碳偏析的影响,则因元素不同而很大的差别。硫、磷、硅显著提高碳的偏析率,而钼尤其是钒则使碳的偏析率降低。镍、铬、锰、铜等对碳的偏析没有任何意义的影响。这些结果表明,为了减少钢锭的碳偏析,必须尽量降低硫、磷的含量。

有资料介绍了其他一些主要元素可能产生的偏析倍数:Ni 为 1.1～1.4,Cu 为 1.3～1.7,Cr 为 1.2～1.6,Mn 为 1.2～2.0,Mo 为 2～7,P 为 4～10,S 为 4～10,As 为 18[187]。

在制定热处理工艺时,应考虑到化学成分偏析的影响,因为大锻件各部位的成分相差较大,加热或冷却时完成转变所需要的时间也相差很大。为了减少偏析,要尽量减少钢中硫、磷等有害元素的含量。大型钢锭还常采用多炉合浇。按浇注的先后顺序使各炉碳含量(钼含量)依次减少,这样在钢锭负偏析区获得碳含量高的钢液,而正偏析区获得碳含量较低的钢液,使偏析程度减少。

夹杂物在大钢锭中的偏析情况与一般镇静钢锭相似,但在大钢锭的生产中,最成问题的还是比较粗大和比较密集的夹杂物。粗大的夹杂物对大锻件具有很大的危害性。根据断裂力学的概念,像大型锻件使用的中低强度钢的断裂韧性数值高,因而能引起低于屈服极限脆性断裂的临界裂纹尺寸数值很大(如对于发电机转子用钢,长达 100mm),实际锻件中的裂纹往往小于这个数字。但是夹杂物作为现成裂缝存在于大锻件,如果其尺寸较大,则可能在长期运转过程中,循环应力的作用下,发生缓慢的疲劳扩张以致经一定的工作时间(循环次数)后达到临界尺寸,从而发生脆性断裂。较小的夹杂物单个存在时危害性不大,但呈链状或团状的密集状态时,则危害性大大提高。所以,大锻件技术标准中对粗大夹杂物和密集夹杂物作了严格的限制。这些粗大的夹杂物,其大小往往达到几个毫米。粗大的夹杂物完全可以用超声波探伤法检查出来。这些粗大夹杂物可能是在钢液内部形成,也可能是外来夹杂物。大型钢锭的粗大夹杂物往往是大锻件报废的原因。

在冶炼过程中,经常有氢、氧、氮等气体溶入钢液,因而在成品钢中总是残存一定量的气体。氧和氮在钢中主要以各种氧化物和氮化物的形式形成非金属夹杂物,其影响如上所述。氢是钢中危害最大的气体元素,残留于固体钢中的氢是造成白点的主要原因,而且还使钢产生氢脆现象。产生氢脆现象的氢的限制含量约 0.5ppm,比产生白点的氢的极限含量 2～3ppm 要小得多。因此大锻件在锻后应特别注意在热处理中氢自钢中的排出。

钢锭中偏析区域的形成和疏松也与气体的析出过程有关。不能排出锭外又不能溶入钢的气体则以气泡缺陷形式存在于钢锭中。总之,气体对钢锭质量和锻件性能是有害的,应该尽量去除。自从广泛采用钢液真空处理技术以来,这方面的情况已得到根本改善。例如,资料介绍除气前钢液中的氢含量为 5.5～6.5ppm,真空除气后钢液含氢量为 2～3ppm,平均除氢率为 60%,并使氢在锻件中的分布较为均匀。真空除气可除氧 50%,除氮 10%～20%,可使氧化物夹杂减少 50%。真空处理的大锻件与仅大气浇注的大型锻件相比较,在有相同或稍高的屈服极限的情况下,具有较高的塑性和韧性,韧脆转变温度降低。

4) 锻造

大型锻件都是用大型钢锭在液压机上锻造成毛坯的。2011 年,我国已建成世界最大 185MN 自由锻造油压机(图 1.26),可锻造 600t 的钢锭和单重 400t 的锻件。

一些重要的受力构件的成形,需要进行整体模锻,使模锻件的纤维组织(流线)不被切断,锻件的质量比自由锻好。模锻件高应力部位上的金属流动方向应与主应力方向一致,其余部位上的金属流线方向则大致按锻件最大尺寸或按外形分布。此时需采用自由锻预先制成荒坯,对金属流线进行预安排,再在大型模锻压力机上整体模锻。

大型模锻件在航空锻件中所占比例越来越大,如飞机主承力框、梁等整体构件,国外大都采用 4.5～7.5 万 t 大型模锻压机进行加工。大型船用柴油机锻件,如曲轴、连杆、气缸盖、十字轴和齿轮等均适合在大型模锻压机上生产。

大型锻件的加热制度不仅决定着锻造操作的成败，而且对工件质量、生产效率具有重大的影响。大型钢锭脱模后最好热锭装炉。

锻造加热工艺主要参数是加热温度和保温时间。为了使毛坯获得锻造所需的塑性，必须将其在 1150～1270℃的高温下加热和保温。保温的目的是使钢锭各部分温度均匀，并通过高温扩散，消除微观偏析。加热和锻造时，钢的表面层发生氧化和脱碳，需留出适当的加工余量，在机械加工时去除。

为了破坏铸造组织、锻合内部缺陷并使组织均匀化，需要一定的锻比。适当的锻比在 2.5～4，视钢的成分、冶炼情况、工件的使用条件和钢锭大小而定，大钢锭的锻比取较大值。过大的锻比会使横向的塑性和韧性指标降低。对横向性能要求较高的锻件，可以采用一次或二次中间镦粗的拔长工艺，还可以采用表面降温的锻造法以增大钢锭内部的压缩程度。国内外大型锻件生产厂家不断研究开发出一些新的锻造方法，如 FM 法（不对称平砧锻造法）、WHF 法（宽砧大压下量锻造法）、JTS 法（中心压实锻造法）、SUS 锻造法、AVO 锻造法等，并已成功地用于生产[184]。

对于终锻温度，应在保证锻件不致产生低温锻裂的条件下尽量降低，以靠近 Ar_3 相变点为宜，保证晶粒细化。目前，普通碳素钢和低合金钢大型锻件的终锻温度一般为 750～800℃。

为了提高有重要用途大锻件的冶金质量，中国科学院金属研究所提出了一种制造大型锻件的全新技术，称之为“金属构筑成形方法”，并成功地应用于生产，并在 2018 年取得了发明专利。详见 1.3.2 节。

5）氢损伤

氢在大型锻件中是一种难以完全避免的杂质元素，数量虽然很少，但对锻件的塑性和韧性危害很大，还会导致在大型锻件中产生白点。大型锻件中的氢来自炉料与各种加入物、冶炼过程和大气湿度。

一个大气压下，氢在铁中的溶解度如图 1.45 所示。固态铁中加入其他元素对氢在其中的溶解度的影响如下：碳含量增加时，氢的溶解度减小，碳含量超过 0.5%后，氢的溶解度增大，至大约 1.5%时达到最大值。钢中常见的合金元素 Cr、Mn、Ni、Si（2%以下时）均使氢的溶解度有所增大，随着 V、Ti、Nb 等元素含量的增加，氢的溶解度显著增大[184]。

氢主要以下列四种状态存在于钢中：

（1）固溶氢。在固体钢中，氢可以原子 H 或离子 H^+ 的形式存在于铁的点阵间隙，成为固溶体。在这种状态下，氢的活动能力最强。氢在钢中的扩散主要是通过固溶氢的定向运动来完成的。

根据扩散方程 $D=D_0e^{-Q/RT}$（式(3.1)），氢在 α-Fe 中的扩散方程中的扩散激活能 $Q_\alpha^H=6.7\sim7.953$kJ/mol，扩散系数 $D_0=0.7\sim2.0\text{cm}^2/\text{s}$。上述结果是在 250℃以上时得出的，是总结了 46 位作者的数据得出的[189]。当温度低于 250℃时，由于氢陷阱的阻碍作用，扩散系数急剧下降，测量结果十分分散。在 25℃时，氢在 α-Fe 中的扩散系数实测结果为 $1.27\times10^{-5}\sim1.00\times10^{-4}\text{cm}^2/\text{s}$。将上述结果与碳、氮在 α-Fe 中的扩散方程比较（3.9.3.1 节）和根据表 1.2 的数据可以看出，氢在低温时仍有很大的扩散能力，氢是在铁中扩散最快的元素。钢中的碳和常见的合金元素均可使氢的扩散系数有所降低。

（2）分子氢。当固溶氢含量超过其在钢中的溶解度时，氢有可能从过饱和固溶体中析出并相互结合成分子氢,即氢气。分子氢存在于钢的内部缺陷处,如孔洞、疏松、微裂纹、晶界、夹杂物边界等处。分子氢的聚集会对其周围产生压力,随着氢气压力的增大,氢分子的生成逐渐减少,直至该处的氢气压力 P_{H_2} 与固溶体中的氢浓度 C_H 之间达到符合 Sievert's 定律的平衡关系 $P_{H_2}=AC_H^2$(A 为系数),氢分子的产生便完全停止。

在 α-Fe 中,氢分子的活动能力很差,一般不能参与扩散过程。在 400℃以上,随着温度的升高,逐渐有较多的氢分子分解为氢原子而重新获得扩散能力。

(3) 氢化物。氢在一般钢中不生成氢化物,但在奥氏体不锈钢中,Ni 与 H 结合成具有六方点阵的氢化物。在多种铁合金中会形成这些合金元素的氢化物,在炼钢时,随着这些铁合金的加入,会使钢水中的氢含量有所上升。

(4) 氢陷阱。钢中能吸引氢原子富集的位置称为氢陷阱。依据氢与缺陷的结合能,可将其分为高能陷阱和低能陷阱。相界面、大角度晶界等属于高能陷阱,可动位错属于低能陷阱。低能陷阱中的氢,在应力场作用下,可随位错一起运动,在 200℃以下加热可以跳出氢陷阱重新进入点阵的间隙位置,加热至 300℃时,存在于氢陷阱中的氢几乎可以全部回复到点阵间隙位置,氢陷阱的影响将全部消失。

在低碳钢中的氢含量增加时,可使钢的上屈服点上升,下屈服点下降,并使应力-应变曲线变短。氢对钢的抗拉强度没有多大的影响,但明显削弱钢的断裂强度 S_k。随着氢的进入,钢的塑性指标(δ 和 ψ)明显下降,下降的程度随钢中氢含量的增加和拉伸速率的降低而急剧增大,而当氢含量减少至某一数值以下时,氢对钢的塑性指标的影响将降至很低,以至于无法测出。

氢进入钢中之后引起的塑性降低的现象称为氢致脆化或氢脆(hydrogen embrittlement,HE),也称为氢损伤。氢脆按其与加载时应变速率的关系可分为两类[184]。

第一类氢脆的主要特征是:钢的氢脆敏感性随加载时应变速率的增加而升高。钢中的白点属于这类。加载前,氢在钢中已造成不可恢复的损伤,形成了氢脆源(1.4.2.9 节)。

第二类氢脆的主要特征是:钢的氢脆敏感性随加载时应变速率的降低而升高。钢的滞后断裂(延迟断裂,5.8.4.5 节)和大型锻件的置裂属于这一类。

还有其他一些形式的氢脆:

(1) 室温下高压氢造成的氢脆。高压储氢容器和高压输氢管道在长期工作中会因氢被所用钢材的表面吸附,氢分子分解为氢原子并随之向材料内部渗入,使钢材逐渐变脆,最终导致容器或管道破裂。如储存物质中含有少量硫化氢时,在钢容器的内表面还会发生以下反应:$Fe+H_2S \longrightarrow FeS+2[H]$,新生成的活性氢[H]为容器内表面吸收并向内部扩散,容器材料中氢含量不断增加,材料逐渐变脆,导致发生破裂。

(2) 钢的高温氢腐蚀。石油化工工业中的一些高温高压容器是在氢介质环境和一定压力下工作的。使用碳钢和一些低合金钢在 200~600℃时发生表面脱碳和皮下鼓泡现象,称为氢腐蚀(5.3.3 节)。这是由于氢与钢中的碳原子或钢中的渗碳体相互作用生成甲烷气泡引起的。此类气泡在钢的晶界上形核、长大,聚集成裂纹,使钢材性能恶化。钢中加入能形成稳定碳化物的合金元素 Cr、Mo 后,由于这些元素对碳有大的吸引力,提高了碳化物的稳定性,从而阻碍鼓泡或内裂的发生。

关于白点生成的机制、不同钢类的白点敏感性及防止措施在1.5.2.9节已作过论述。钢中的氢含量是出现白点的决定性因素，氢含量降低到什么数值，才不会出现白点？国内外一些学者对于钢的无白点极限氢含量或防止生产白点的“门槛值”进行了研究。根据多年的研究和实践经验，不同合金化结构钢的无白点极限氢含量是不同的，大约在1.8～4.8cm^3/100g[184]。

按照白点敏感性的不同，可将生产中常用的钢号分为以下四组[184]：

(1) 白点敏感性较低的碳素结构钢和低碳低合金钢，如25、15CrMo、20MnMo等，其无白点极限氢含量可取为3.6ppm；

(2) 白点敏感性中等的中碳低合金钢，如40Cr、35CrMo、34CrMo1A等，其无白点极限氢含量可取为3.2ppm；

(3) 白点敏感性较高的中、高碳Ni-Cr合金钢，如40CrNi、5CrNiMo、9Cr2Mo等，其无白点极限氢含量可取为2.7ppm；

(4) 白点敏感性很高的高镍合金钢，如18Cr2Ni4WA、34CrNi3Mo、26Cr2Ni4MoV等，其无白点极限氢含量可取为1.8ppm。

少量残余奥氏体的存在会急剧增大钢的白点敏感性，因为残余奥氏体不仅阻碍氢的扩散逸出，而且有吸引和储存氢的作用，使氢在局部区域高度富集。随后，当残余奥氏体转变为马氏体时，高度富集的氢与相变应力相结合，大大增加了形成白点的危险性。

为了防止白点的生成，最根本的措施是将钢中的氢降至其无白点极限含量之下。此外，还应尽量减少锻件中的内应力，提高钢的纯净度。将精炼后的钢水进行真空除气是降低钢中氢含量的最有效的措施，除氢率可达40%～75%。钢水中的原始氢含量不是特别高，不多于4～6cm^3/100g，经过一次真空除气，基本上可以达到防止白点的目的。对于含Ni、Mn等较多的结构钢和特大型锻件，由于严重的内部偏析和内部组织的不均匀性，在一次钢水真空除气之后还应补充进行适当时间的去氢退火，才可保证消除白点的危害。

许多工厂制定了大截面锻件防止白点的热处理工艺，其原则是使锻件锻后尽快地冷却至过冷奥氏体易分解的温度，使之分解为铁素体和碳化物的混合物，然后加热至比Ac_1略低的温度下保温，这样就造成了氢逸出的最好条件，同时使钢软化便于以后的切削加工。图6.87为工艺曲线与钢的C曲线关系示意图。碳钢与低合金钢为图6.87(a)所示类型，此类钢过冷奥氏体在珠光体转变区的稳定性最小，所以在620～660℃保温，过冷奥氏体能迅速转变为珠光体，这个温度也是氢扩散较快的温度。含合金元素较多的钢为图6.87(b)、(c)所示类型。这类钢的过冷奥氏体在珠光体转变区很稳定，而在贝氏体转变区稳定性小得多，如34CrNi3Mo钢在600～620℃下过冷奥氏体等温15min以后才分解为珠光体，完全分解在15h以上，而在280～320℃下只需16min就分解95%(贝氏体)，因而这类钢锻后要过冷到280～320℃，使过冷奥氏体较快分解，再加热至580～660℃保温。图6.87(c)所示，此类钢进行一次重结晶，其作用是改善组织和提高锻件中氢分布的均匀性，同时细化晶粒，降低奥氏体的稳定性，这就可以降低锻件的白点敏感性。

白点是锻件中不允许存在的缺陷，但由于白点一般存在于锻件心部或半径的1/3～2/3处，并未与炉气或空气接触，未被氧化和污染，可以通过适当地高温锻、轧使之焊合，恢复钢坯的使用性能。

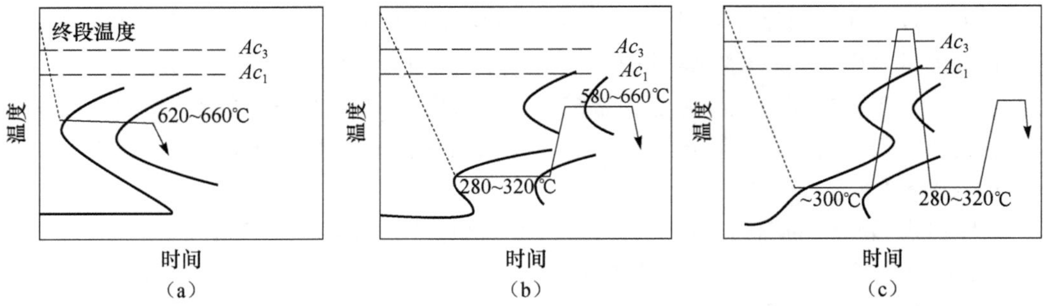

图 6.87　防止白点的热处理工艺曲线与 C 曲线关系的示意图[185]

6) 回火脆性

长期以来，采取加入钼(钨)合金元素的办法来降低回火脆性，但对大型锻件，由于在回火脆性区域停留的时间较长，这种措施的效果是有限的。大锻件回火后快冷，会产生很大的残余应力。例如，直径 700mm 的 34CrNi3Mo 钢锻件从 650℃回火温度油冷时，轴向残余应力可达 273MPa。因此，大锻件只能采取较低的回火冷却速率，不能单纯为了消除回火脆性采用油冷或水冷工艺。

如何解决高质量大截面锻件的回火脆性问题，一直困惑着大型锻件生产者和研究者。美国电力研究所(Eletric Power Research Institute，EPRI)曾系统地考察了长期处于 365～400℃运行的低压汽轮机转子钢 30Cr2Ni4MoV 可能存在的回火脆化问题，以及引起回火脆化的各种因素，于 1987 年首次提出超纯净概念，把 Si、Mn 也列为有害元素，规定其上限为 0.05%，目标值为 0.02%，明确规定了各种有害杂质的上限，要求脆性系数 J(J 系数)小于 7，$J=(w_{Si}+w_{Mn})\times(w_P+w_{Sn})\times10^4$[190]。

EPRI 制定的超纯净 30Cr2Ni4MoV 钢的超纯净规范、目标成分、实际成分和常规钢的成分见表 6.86 中的 1、2。

表 6.86　EPRI 制定的 30Cr2Ni4MoV 钢超纯净规范和韩国重工生产的超纯净钢的化学成分[190]

(单位：%)

序号		C	Si	Mn	S	P	Ni	Cr	Mo	V	Al	As	Sn	Sb	H	O	N	J
1	规范	≤0.30	≤0.05	≤0.05	≤0.005	≤0.002	≤3.75	≤2.00	≤0.50	≤0.15	≤0.005	≤0.005	≤0.005	≤0.002	≤1.5	≤35	≤80	—
2	目标	0.25	0.02	0.02	0.002	0.001	3.5	1.65	0.45	0.10	0.002	0.002	0.002	0.001	—	—	—	—
3	超纯净钢	0.25	0.02	0.03	0.002	0.0033	3.7	1.86	0.43	0.11	0.003	0.002	0.0002	0.0007	0.89	15	35	2.5
4	常规钢	0.24	0.03	0.31	0.003	0.005	3.53	1.73	0.37	0.10	0.004	0.004	0.0003	0.007	0.97	37	40	27.2

注：H、O、N 含量的单位为 ppm。常规钢的成分为 40 炉平均值。超纯净钢由韩国重工生产。

超纯净钢最突出的优点是能解决回火脆性问题。图 6.88 为超纯净 3.5NiCrMoV 钢中心孔材料在 400℃长时间加热后韧性指标 FATT 无变化的特征。更多的时效试验表明，温度即使达到 482℃，超纯净化低压转子材料也不存在 FATT 升高问题[191,192]。

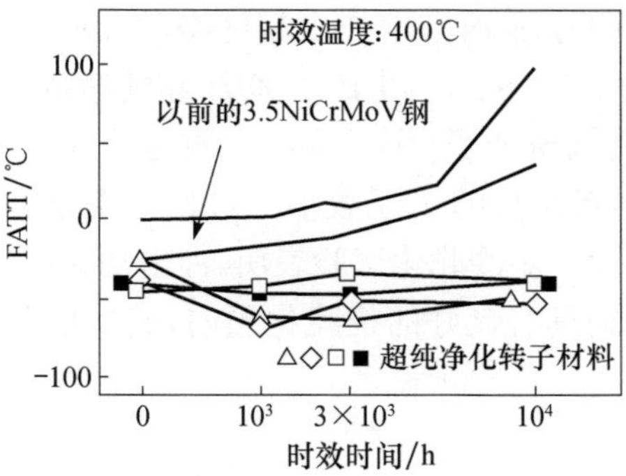

图 6.88　超纯净化钢长时间加热后韧性的变化[191,192]
中心孔材料

日本制钢所最先试制超纯净 30Cr2Ni4MoV 钢并取得成功，截至 1997 年已生产超纯净钢制整体低压转子 29 支，最大钢锭 585t，用于 1000MW 电站的整体低压转子。日本制钢所采用钢包炉精炼、VCD、二重脱气方法、最优化设计的低高径比大锥度钢锭模浇注 600t NiCrMoV 钢锭，由于钢水的超净化与钢锭模结晶条件的改善，Λ 型偏析和 V 型偏析、夹杂偏聚等基本消失。韩国重工用 30Cr2Ni4MoV 钢生产了 156t 超纯净钢锭，用于锻造 500MW 的低压转子并与常规钢对比(表 6.86 中的 3、4)，取得同样良好的效果。

超纯净要求钢中 Si、Mn、S、P、As、Sb 元素与气体含量极低，通过研究，这些问题已得到解决，如 As、Sn、Sb 等混入元素一直被认为不可能用炼钢方法去除，现在已可以通过在一定的条件下加入 2%的 CaC_2，生成 CaSn 等金属化合物的方法来去除。在最佳条件下，去除率可达 70%以上[190,192]。

有学者曾对常规生产和超纯净的 30Cr2Ni3MoV 钢的韧性进行了对比，其 *J* 系数分别为 37.4 和 3.2，同时研究了常规回火处理和脆化回火处理下对不同强度级别转子钢 30Cr2Ni3MoV 钢的 FATT 和上平台冲击功的影响情况，其结果见表 6.87[190,193]。

表 6.87　各种对比条件下 30Cr2Ni3MoV 钢的 FATT 和上平台冲击功[190,193]

强度/MPa	晶粒度	FATT/℃				上平台冲击功/J			
		常规钢		超纯净钢		常规钢		超纯净钢	
		常规处理	脆化处理	常规处理	脆化处理	常规处理	脆化处理	常规处理	脆化处理
750	粗晶贝氏体	−8	−4	−34	−54	182	194	267	250
	细晶贝氏体	−42	−23	−74	−79	171	171	238	265
1000	粗晶贝氏体	+77	+82	+38	+12	95	123	130	174
	细晶贝氏体	−5	−10	−35	−36	121	141	205	210

注：常规钢即常规生产的钢；常规处理即常规回火处理；脆化处理即步冷脆化处理。
步冷脆化处理工艺如下：加热至 593℃→593℃(1h)→538℃(15h)→524℃(24h)→496℃(60h)→468℃(100h)→冷至室温，括号内数字为保温时间。

由表 6.87 可以看出，30Cr2Ni3MoV 钢经调质处理后基本上全是贝氏体组织，此时的强度级别对 FATT 的影响很大；当强度级别高而具有粗晶(0～2 级)时，常规钢存在比较严重的回火脆性，FATT 为＋82℃；步冷脆化处理对常规钢有恶化影响，而对超纯净钢不起任何作用；贝氏体晶粒度粗细严重影响 FATT，为确保晶粒细化，有的制造厂在调质前对这类钢进行三次正火处理。

中国一重和中国二重等企业均已生产出超纯净的30Cr2Ni4MoV钢，达到EPRI标准。中国一重采用EF、LF、VCD工艺，生产了292t超纯净钢锭，锻造的150t锻件用于制作1000MW超临界汽轮机低压转子[194]。中国二重生产了149t超纯净钢锭，采用EF、LF、VCD、MSD+Ar工艺，各部位的J系数小于4.2，氢含量小于1.0ppm，具有良好的成分均匀性和力学性能均匀性。步冷脆化试验表明，冲击功无明显下降，而普通低压转子的冲击功下降显著。超纯净钢具有良好的抗脆化倾向，成功地制造了600MW超纯净低压转子[195]。

7）晶粒细化问题

大型锻件锻造后，内部晶粒十分粗大而且很不均匀。大型锻件的晶粒粗大和不均匀性是由整个生产工艺过程的特点决定的，例如，原始钢锭尺寸巨大，结晶过程缓慢，大型锻件的锻比小，而且形变不均匀，加热的温度高且时间长，某些重要大型锻件用钢的组织遗传性倾向十分强烈等。

晶粒粗大恶化了大型锻件的性能，特别是降低了钢的韧脆转变温度和缺口试样冲击功。对于大多数由碳素钢和合金元素含量较少的钢种制成的大型锻件，通过退火、正火或调质等方式的热处理，并通过重结晶可使锻件内部的粗大晶粒得到细化。但是对于含Ni、Cr等较多的高淬透性钢，锻造冷却后得到的往往是非平衡组织，而在重新加热通过临界区时又不可能获得较快的加热速率，因此，由高淬透性钢制成的大型锻件，常常需要采取比较复杂和费时的热处理工艺才能比较彻底地细化十分粗大和不均匀的原始奥氏体晶粒组织。

因此，大型锻件热处理必须注意晶粒的细化和均匀问题，保证大型锻件具有良好的力学性能。

6.9.2　大型锻件用钢的选用

6.9.2.1　一般锻件用钢

在选择大型锻件用钢时，要根据零件的重要程度、服役情况、锻件尺寸和对力学性能的要求、工艺性能等条件来考虑，并尽量结合我国资源条件。为适应重型机械产品中一般用途的大型碳素结构钢和合金结构钢锻件生产的需要，1992年我国制定了行业标准JB/T 6397—1992《大型碳素结构钢锻件》和JB/T 6396—1992《大型合金结构钢锻件》，分别列入12和28个牌号。2006年对这两个标准进行了修改，即JB/T 6397—2006《大型碳素结构钢锻件　技术条件》和JB/T 6396—2006《大型合金结构钢锻件　技术条件》。为了对碳素结构钢锻件、合金结构钢锻件进行规范化、标准化管理，我国于1997年制定出国家标准GB/T 17107—1997《锻件用结构钢牌号和力学性能》，该标准适用于冶金、矿山、船舶、工程机械等设备中经整体热处理后取样测定力学性能的一般锻件(包括大型锻件)。该标准的力学性能不适用于电站设备中高温高速转动的主轴、转子、叶轮和压力容器等锻件。该标准包括了碳素结构钢和合金结构钢。

GB/T 17107—1997中锻件用碳素结构钢包括10个钢号：Q235、15、20、25、30、35、40、45、50和55钢，其化学成分见表5.1和表5.5。表6.88为部分碳素结构钢锻件不同截面尺寸的力学性能及其应用示例。在JB/T 6397—2006中包括14个钢号：10、15、20、

25、30、35、40、45、50、55、60、40Mn、50Mn 和 60Mn。

GB/T 17107—1997 中锻件用合金结构钢包括 57 个钢号，见表 6.89，其中有 34 个钢号与 GB/T 3077—2015《合金结构钢》的钢号相同，其余各钢号的化学成分见表 6.90。合金结构钢中的硫、磷及残余铜、铬、镍含量应符合表 6.91 的规定。在 JB/T 6397—2006 中包括 28 个钢号，与 JB/T 6396—1992 相比，取消了 50SiMn 牌号，增加了大型曲轴、偏心轴常用的 28CrNi2MoV 牌号。在 JB/T 6396—2006 中只有 1 个牌号未列入 GB/T 3077—2015 和 GB/T 17107—1997 中，即 28CrNi2MoV，其化学成分亦列入表 6.90。

表 6.88　部分碳素结构钢锻件不同截面尺寸的力学性能(GB/T 17107—1997)及其应用示例

牌号	热处理状态	截面尺寸(直径厚度)/mm	试样方向	力学性能(不小于)					硬度 HB	用途示例
				σ_b/MPa	σ_s/MPa	δ_5/%	ψ/%	A_{kU}/J		
20	正火或正火+回火	≤100	纵向	340	215	24	50	43	103～156	拉杆、吊钩、横梁及经受不高应力而要求有韧性的其他零件
		100～250	纵向	330	195	23	45	39	103～156	
		250～500	纵向	320	185	22	40	39	103～156	
		500～1000	纵向	300	175	20	35	35	103～156	
40	正火+回火	≤100	纵向	550	275	17	40	24	143～207	承受应力较大的零件、曲轴、心轴、初轧机传动轴、电机轴、减速机轴、水压机立柱、工作缸、活塞杆、中负荷的齿轮
		100～250	纵向	530	265	17	36	24	143～207	
		250～500	纵向	510	255	16	32	20	143～207	
		500～1000	纵向	490	245	15	30	20	143～207	
	调质	≤100	纵向	615	340	18	40	39	196～241	
		100～250	纵向	590	295	17	35	31	189～229	
		250～500	纵向	560	275	17	—	—	163～219	
45	正火或正火+回火	≤100	纵向	590	295	15	38	23	170～217	齿轮、车轴、传动轴、轧钢机齿轮、齿条、柱塞、摩擦片等
		100～300	纵向	570	285	15	35	19	163～217	
		300～500	纵向	550	275	14	32	19	163～217	
		500～1000	纵向	530	265	13	30	15	156～217	
	调质	≤100	纵向	630	370	17	40	31	207～302	
		100～250	纵向	590	345	18	35	31	197～286	
		250～500	纵向	590	345	17	—	—	187～255	
55	正火+回火	≤100	纵向	645	320	12	35	23	187～229	热轧轧辊、偏心轴、工作辊道辊子、齿轮及经受磨损的零件
		100～300	纵向	625	310	11	28	19	187～229	
		300～500	纵向	610	305	10	22	19	187～229	

表 6.89　锻件用合金结构钢(GB/T 17107—1997)

钢系	牌号
Mn 系	30Mn2*、35Mn2*、45Mn2*
MnSi 系	20SiMn、35SiMn*、42SiMn*、50SiMn
MnMo 系	20MnMo、20MnMoNb、42MnMoV
SiMnMoV 系	50SiMnMoV、37SiMn2MoV*
Cr 系	15Cr*、20Cr*、30Cr*、35Cr*、40Cr*、50Cr*
CrMn 系	16CrMn、20CrMn*、20CrMnTi*
CrMo 系	12CrMo*、15CrMo*、25CrMo*、30CrMo*、35CrMo*、42CrMo*、50CrMo*、34CrMo1

续表

钢系	牌号
CrMnMo 系	20CrMnMo*、35CrMnMo、40CrMnMo*、20CrMnMoB、30CrMn2MoB、32Cr2MnMo
CrMnSi 系	30CrMnSi*、35CrMnSi*
CrMoV 系	12CrMoV*、12Cr1MoV*、24CrMoV、35CrMoV*、30Cr2MoV、28Cr2Mo1V
CrNi 系	40CrNi*、15Cr2Ni2、20Cr2Ni4*
CrNiMo	40CrNiMo*、34CrNi1Mo、34CrNi3Mo、17Cr2Ni2Mo、30Cr2Ni2Mo*、34Cr2Ni2Mo*
CrNiMoV	15CrNiMoV、34CrNi3MoV、37CrNi3MoV、24CrNi4MoV
CrNiW 系	18Cr2Ni4W*

注:带 * 号者 34 个钢号为 GB/T 3077—2015《合金结构钢》(表 6.10)中已列入的钢号。

表 6.90　锻件用合金结构钢牌号的化学成分(GB/T 17107—1997)　(单位:%)

牌号	C	Si	Mn	Cr	Ni	Mo	V	其他
20SiMn	0.16~0.22	0.60~0.80	1.00~1.30	—	—	—	—	—
50SiMn	046~0.54	0.80~1.10	0.80~1.10	—	—	—	—	—
20MnMo	0.17~0.23	0.17~0.37	0.90~1.30	—	—	0.15~0.25	—	—
20MnMoNb	0.16~0.23	0.17~0.37	1.20~1.50	—	—	0.45~0.60	—	0.020~0.045Nb
40MnMoV	0.38~0.45	0.17~0.37	1.20~1.50	—	—	0.20~0.30	0.10~0.20	—
50SiMnMoV	0.45~0.55	0.50~0.70	1.50~1.80	—	—	0.30~0.50	0.20~0.30	—
34CrMo1	0.30~0.38	0.17~0.37	0.40~0.70	0.70~1.20	—	0.40~0.55	—	—
16CrMn	0.14~0.19	0.17~0.37	1.00~1.30	0.80~1.10	—	—	—	—
35CrMnMo	0.30~0.40	0.17~0.37	1.10~1.40	1.10~1.40	—	0.25~0.35	—	—
20CrMnMoB	0.17~0.23	0.17~0.37	1.20~1.50	1.50~1.80	—	0.45~0.55	—	0.0010~0.0035B
30CrMn2MoB	0.27~0.35	0.17~0.37	1.40~1.80	0.90~1.20	—	0.45~0.55	—	0.0010~0.0035B
32Cr2MnMo	0.28~0.36	0.17~0.37	1.10~1.40	1.70~2.10	—	0.40~0.50	—	—
24CrMoV	0.20~0.28	0.17~0.37	0.30~0.60	1.20~1.50	—	0.50~0.60	0.15~0.30	—

续表

牌号	C	Si	Mn	Cr	Ni	Mo	V	其他
30Cr2MoV	0.26～0.34	0.17～0.37	0.40～0.70	2.30～2.70	—	0.15～0.25	0.10～0.20	—
28Cr2Mo1V	0.22～0.32	0.30～0.50	0.50～0.80	1.50～1.80	—	0.60～0.80	0.20～0.30	—
34CrNi1Mo	0.30～0.40	0.17～0.37	0.50～0.80	1.30～1.70	1.30～1.70	0.20～0.30	—	—
34CrNi3Mo	0.30～0.40	0.17～0.37	0.50～0.80	0.70～1.10	2.75～3.25	0.25～0.40	—	—
15Cr2Ni2	0.12～0.27	0.17～0.37	0.30～0.60	1.40～1.70	1.40～1.70	—	—	—
17Cr2Ni2Mo	0.14～0.19	0.17～0.37	0.30～0.60	1.50～1.80	1.40～1.70	0.25～0.35	—	—
15CrNiMoV	0.12～0.19	0.17～0.37	0.40～0.70	0.50～1.00	0.80～1.20	0.20～0.35	0.10～0.20	—
34CrNi3MoV	0.30～0.40	0.17～0.37	0.50～0.80	1.20～1.50	3.00～3.50	0.25～0.40	0.10～0.20	—
37CrNi3MoV	0.32～0.42	0.17～0.37	0.25～0.50	1.20～1.50	3.00～3.50	0.35～0.45	0.10～0.25	—
24Cr2Ni4MoV	0.22～0.28	0.17～0.37	0.30～0.60	1.50～1.80	3.30～3.80	0.40～0.55	0.05～0.15	—
28CrNi2MoV	0.24～0.32	0.17～0.37	0.40～0.70	1.00～1.50	1.80～2.10	0.35～0.55	≤0.15	—

注：本表所列除 28CrNi2MoV 外为未包括在 GB/T 3077—2015 内的牌号。28CrNi2MoV 为 JB/T 6398—2006 列入的牌号。

表 6.91　合金结构钢中的硫、磷及残余铜、铬、镍含量(GB/T 17107—1997)　(单位：%)

钢类	代号	P	S	Cu	Cr	Ni
优质钢	—	≤0.035	≤0.035	≤0.30	≤0.30	≤0.30
高级优质钢	A	≤0.025	≤0.025	≤0.25	≤0.30	≤0.30
特级优质钢	E	≤0.025	≤0.015	≤0.25	≤0.30	≤0.30

对于要求良好综合力学性能的大锻件用钢，碳含量不宜高，因为碳降低塑性和韧性、增加脆断倾向而且偏析较大，一般含量在 0.2%～0.4%为宜。对于一些耐磨零件可以把碳含量提高，如热轧辊、耐磨齿轮等，也可以采用低碳合金钢进行渗碳。在大截面用钢中有不少含有铬和镍，为了少用铬不用镍，国内在大型锻件用钢方面做了不少试验研究。研制成功一些无铬和无铬镍的大型锻件用钢，大都属于 SiMn、MnMo、MnMoV 和 SiMn-MoV 系，如表 6.89 所列 37SiMn2MoV 和 20MnMoNb 钢。此外还有 50SiMn(代替 40Cr 钢做大型齿圈及中小型轴类)、42MnMoV(代替 40CrNi、42CrMo、40CrMnMo 钢，在 300～500mm 截面上做齿轮和齿轮轴)、50SiMnMoV(是一种大截面中碳贝氏体钢，适于做 500～900mm 大截面轧钢机齿轮轴，代替 34CrNi3Mo 钢)等钢。

重型机械厂常按大型锻件用钢在某一截面上，经过热处理后所能达到的屈服强度分为若干等级，并根据锻件的毛坯截面尺寸和要求的强度，结合锻件的实际工作条件来选择钢材[184,196]。

表 6.92 为部分合金结构钢锻件不同截面尺寸的力学性能及其应用示例[71]。力学性能的试样应取自锻件本体或其加长、加大、加厚部分。利用横向、切向或径向的试样测定锻件的力学性能时，允许其力学性能低于纵向力学性能的数值，试样的取样方法和允许的降低程度见 GB/T 17107—1997 或根据双方协议执行。

表 6.92　部分合金结构钢锻件不同截面尺寸的力学性能(GB/T 17107—1997)**及其应用示例**

牌号	热处理状态	截面尺寸(直径厚度)/mm	试样方向	力学性能(不小于)					硬度 HB	用途示例
				σ_b/MPa	σ_s/MPa	δ_5/%	ψ/%	A_{kU}/J		
20SiMn	正火＋回火	≤600	纵向	470	265	15	30	29	—	水压机工作缸、水轮机转子等焊接零件
		600～900	纵向	450	255	14	30	29	—	
		900～1200	纵向	440	245	14	30	29	—	
		≤300	切向	490	275	14	30	27	—	
		300～500	切向	470	265	13	28	23	—	
		500～750	切向	440	245	11	24	19	—	
		750～1000	切向	410	225	10	22	19	—	
40Cr	调质	≤100	纵向	735	540	15	45	39	241～286	轴、齿轮、车轴、立轴、曲轴、传动轴、塞杆、曲柄等
		100～300	纵向	685	490	14	45	31	241～286	
		300～500	纵向	685	440	10	35	23	229～269	
		500～800	纵向	590	345	8	30	16	217～255	
20MnMoNb	调质	100～300	纵向	635	490	15	45	47	187～229	制造 500℃以下工作的锅炉、化工、冶金设备中的高压容器
		300～500	纵向	590	440	15	45	47	187～229	
		500～800	纵向	490	345	15	45	39	—	
		100～300	切向	610	430	12	32	31	—	
		300～500	切向	570	400	12	30	24	—	
50SiMnMoV	调质	100～300	纵向	885	635	12	40	31	269～302	大截面齿轮轴和齿轮
		300～500	纵向	885	635	12	38	31	255～286	
		500～800	纵向	835	610	12	35	23	241～286	
37SiMn2MoV	调质	100～200	纵向	865	735	12	40	31	269～302	大截面重载荷零件，如齿轮轴、连杆等
		200～400	纵向	815	635	12	38	31	255～286	
		400～600	纵向	765	610	12	35	23	241～286	
35CrMo	调质	≤100	纵向	735	540	15	45	47	207～269	大截面齿轮和重载传动轴等，表面淬火 40～45HRC
		100～300	纵向	685	490	15	40	39	207～269	
		300～500	纵向	635	440	15	35	31	207～269	
		500～800	纵向	500	390	12	30	23	—	
30CrMn2MoB	调质	100～300	纵向	880	715	12	40	31	255～302	用做大截面、高强度耐磨零件，如轧钢机齿轮轴、曲轴等
		300～500	纵向	835	665	12	40	31	255～302	
		500～800	纵向	785	615	12	40	31	241～286	

续表

牌号	热处理状态	截面尺寸(直径厚度)/mm	试样方向	力学性能(不小于)					硬度 HB	用途示例
				σ_b/MPa	σ_s/MPa	δ_5/%	ψ/%	A_{kU}/J		
40CrNi	调质	≤100	纵向	735	590	14	45	47	223～277	齿轮、轴、连接器以及其他要求韧性很大和强度很高的零件
		100～300	纵向	685	540	13	40	39	206～262	
		300～500	纵向	635	440	13	35	39	197～235	
		500～800	纵向	615	395	11	30	31	187～229	
30CrNi1Mo	调质	≤100	纵向	850	735	15	45	55	277～321	重要的高负荷零件和高强度、高韧性的零件
		100～300	纵向	765	635	14	40	47	232～311	
		300～500	纵向	685	540	14	35	39	235～277	
		500～800	纵向	635	490	14	32	31	212～248	
34CrNi3Mo	调质	≤100	纵向	900	785	14	40	55	269～341	用于高负荷的重要零件，如卷板机轴、高压反应罐、挖掘机传动轴等
		100～300	纵向	850	735	14	38	47	262～321	
		300～500	纵向	805	685	13	35	39	241～302	
		500～800	纵向	755	590	12	32	32	241～302	

6.9.2.2　汽轮机与发电机转子用钢

电站设备用大型锻件主要有汽轮机的高压转子、中压转子、低压转子、叶轮和发电机的转子、护环。大型汽轮机与发电机转子是具有代表性的大锻件，它们是电站设备中最重要的零件。汽轮机转子按工作压力不同分为高压、中压和低压三种。

发电机转子和低压转子(一般在 350℃以下工作)要承受高速旋转产生的离心力和自重产生的弯曲应力，并传递扭矩，以及工作时产生的振动与发电机突然发生短路时瞬时产生巨大扭转应力和造成的冲击载荷。转子中心孔壁、电极转子嵌线槽根部和汽轮机转子叶轮槽根部是应力集中所在，承受最大的应力，因此需在转子两端纵向、轴身切向和径向及转子的轴心部位进行力学性能检查。又因此对转子要求有高的强度、塑性和韧性，并且应力求质量均匀、残余应力最小。高压、中压转子除承受上述应力外，还要在高温高压蒸汽介质下长期工作，因此还要求有良好的高温性能。

电站汽轮机的转速决定于电频率，我国采用 50Hz，转速为 3000r/min。火电站大型汽轮机一般采用双轴结构，低压级(LP)和中高压级(HP)分别装在两根轴上，各驱动一台发电机。

机组常按过蒸汽压力分级。蒸汽的状态参数临界点为 22.115MPa、374.15℃。当蒸汽参数低于临界压力时，称为亚临界机组。亚临界火电机组蒸汽参数：压力 $P=16\sim19$MPa，主蒸汽/再热蒸汽温度 $T=538$℃/538℃，其发电效率约为 38%。当蒸汽参数超过水临界状态点时，称为超临界机组。一般超临界机组的蒸汽压力为 24～26MPa，其典型蒸汽参数：$P=24.1$MPa、$T=566$℃/566℃，发电效率提高到 41%左右。超超临界机组实际上是在超临界机组参数的基础上进一步提高蒸汽压力和温度，国际上通常把主蒸汽压力为 24.1～31MPa、主蒸汽/再热蒸汽温度为 580～600℃/580～610℃的机组定义为超超临界机组，其发电效率约为 45%。

汽轮机转子根据制造方法不同，分为套装转子和整锻转子两种。套装转子的叶轮等部件分别加工后,热套在阶梯形主轴上。各部件与主轴之间采用过盈配合,以防止叶轮等因离心力及温差作用引起的松动,并用键传递力矩。低压转子常采用套装结构。整锻转子是将叶轮等部件与主轴由一整锻件加工而成,无热套部分,解决了高温下叶轮与轴连接容易松动的问题。这种转子常用于大型汽轮机的高、中压转子,结构紧凑,宜于高温下运行,但是锻件大,加工工艺要求高。还有一种组合转子是由整锻结构和套装结构组合而成,兼有两种转子的优点。

大型汽轮发电机组整锻转子通常打有 ϕ100mm 的中心孔,其目的主要是为了便于检查锻件质量,同时也可以将锻件中心材质差的部分去掉,防止缺陷扩展,以保证转子的强度。由于冶金技术的进步和大型转子冶金质量的提高,现在已可生产高质量的无中心孔大型整体转子锻件。

由于对能源的需求越来越大,高效率、高参数、大容量的发电机组已是世界各国电力工业的主力机组。其设备容量越大,发电转子的质量和尺寸亦越大,转子所承受的离心力随之增加。因此,随着转子容量的增大,对转子性能的要求也必须提高。国外最大单机容量已达 1200～1500MW,大型超超临界汽轮机发电机转子通常重约几十甚至几百吨。

我国对汽轮机转子和发电机转子锻件的力学性能的要求有纵向和切向的屈服强度、抗拉强度、伸长率、断面收缩率、冲击值和 50%FATT。对中高压汽轮机转子和主轴还有高温性能的要求。

国外从 20 世纪 50 年代末起先后把 50%FATT 韧脆转变温度作为验收标准,其值随着钢锭质量的提高和热处理技术的改进而逐渐下降。将韧脆转变温度作为重要的检验项目是由于 1953～1956 年美国连续发生了几次灾难性的大型转子破坏事故。事故的分析表明,断裂起源于高应力部分的裂纹(白点)、非金属夹杂集结区或偏析带的应力集中处,这些转子的韧脆转变温度(50%FATT)高于转子的工作温度。这些转子的常规性能都合格,但在低于材料屈服极限的条件下突然脆性破断,说明材料抵抗脆性破坏的能力不能用常规的强度、塑性与冲击指标来评定。断裂力学的研究解决了转子的脆性断裂问题。转子中不可避免地存在宏观缺陷,其抵抗脆性断裂的能力决定于材料的断裂韧性 K_{IC}。根据断裂力学,已可以合理地制定出大锻件中所允许缺陷的标准。

试验表明,材料的断裂韧性 K_{IC} 和实际的脆性断裂强度在 50%FATT 附近急剧降低。在 50%FATT 以上温度 K_{IC} 值很高,实际的脆性断裂强度高于屈服极限 σ_s,故不会脆断。但在 50%FATT 附近,脆性断裂强度值可能降低到 σ_s 以下。可见转子在低于 50%FATT 下工作时存在着发生脆性断裂的危险性,这就是以 50%FATT 作为验收标准的理论根据。高中压转子的韧脆转变温度允许高一些(>100℃),而低压转子的使用温度应高于韧脆转变温度。大容量转子对 50%FATT 的要求更趋于严格,如 300MW 的发电机转子,径向 50%FATT≤—23℃,中心孔棒 50%FATT≤—18℃[184]。

我国在 1972 年制定了 JB 1265～1271—72《电站设备大锻件技术条件(试行)》系列标准,后修订为 JB 1265～1271—85 系列标准,再后来在引进国外大锻件制造技术基础上修订为 JB/T 1265—1993《25～200MW 汽轮机转子体和主轴锻件技术条件》等有关汽轮机转子大锻件(有中心孔)的系列标准以及 JB/T 7027—1993《300～600MW 汽轮机转子体锻件技术条件》。在 JB/T 7027—1993 中纳入 30Cr1Mo1V 和 30Cr2Ni4MoV 两个钢号。1998 年制定了 JB/T 8706—1998《25～200MW 汽轮机发电机无中心孔转子锻件 技术条件》等四个标准系列。2002 年修改了 1993 年标准，制定了 JB/T 1267—2002《50～200MW 汽轮发电机转子锻件技术条件》，并将 JB/T 7027—1993 修改为 JB/T 7027—2002《300MW 及以上汽轮机转子体锻件技术条件》。

为适应发展超临界和超超临界机组的需要，2010 年我国发布了 JB/T 11017—2010《1000MW 及以上火电机组发电机转子锻件　技术条件》和 JB/T 11019—2010《超临界及超超临界机组汽轮机用高中压转子锻件　技术条件》。

2014 年发布了新的标准系列代替 2002 年的标准系列，新的标准有：JB/T 1265—2014《25MW～200MW 汽轮机转子体和主轴锻件　技术条件》、JB/T 1267—2014《25MW～200MW 汽轮发电机转子锻件　技术条件》、JB /T 7027—2014《300MW 以上汽轮机转子体锻件　技术条件》、JB/T 8707—2014《300MW 以上汽轮机无中心孔转子锻件　技术条件》、JB/T 8708—2014《300MW～600MW 汽轮机发电机无中心孔转子锻件　技术条件》等。在 2014 年的标准系列中，推荐用钢的牌号没有变化，但对的钢的成分、组织和性能有更为严格的要求。

表 6.93 中列入了 JB/T 1265—2014、JB/T 1267—2014、JB/T 7027—2014 和 JB/T 11017—2010 四个标准中推荐钢号的化学成分。前面两个标准中都列入了五个钢号，其中均列入的 34CrMo1、34CrNi3Mo 两个钢号的化学成分已列入表 6.90，JB/T 1265—2014 另外列入的 30Cr1Mo1V、28CrMoNiV、30Cr2Ni4MoV 和 JB/T 1267—2014 另外列入的 25CrNi1MoV 和 25Cr2Ni4MoV 共五个钢号的化学成分见表 6.93。25Cr2Ni4MoV 也是 JB/T 11017—2010 中推荐使用的唯一钢号，但其成分稍有差异。30Cr1Mo1V 和 30Cr2Ni4MoV 也是 JB/T 7027—2014 中推荐使用的两个钢号。

表 6.93　汽轮发电机转子和汽轮机转子锻件用钢的化学成分　（单位：%）

牌号	C	Mn	Si	P	S	Cr	Ni	Mo	V	Cu
25CrNi1MoV	0.22～0.28	≤0.70	≤0.30	≤0.015	≤0.018	1.00～1.50	1.00～1.50	0.25～0.40	0.05～0.15	≤0.20
28CrNiMoV	0.25～0.30	0.30～0.80	≤0.30	≤0.012	≤0.012	1.00～1.40	0.50～0.75	0.80～1.00	0.2 5～0.35	≤0.20
25Cr2Ni4MoV	≤0.25	≤0.35	0.15～0.35	≤0.015	≤0.018	1.50～2.00	3.25～4.00	0.20～0.50	0.05～0.13	≤0.20
30Cr2Ni4MoV	≤0.35	0.20～0.40	≤0.10	≤0.010	≤0.010	1.50～2.00	3.25～3.75	0.25～0.60	0.07～0.15	≤0.15
30Cr1Mo1V	0.27～0.34	0.70～1.00	0.20～0.35	≤0.012	≤0.012	1.05～1.35	≤0.50	1.00～1.30	0.21～0.29	≤0.15

注：JB/T 1265—2014 要求 28CrNiMoV、30Cr2Ni4MoV 和 30Cr1Mo1V 钢中的 Al 含量不大于 0.010%。各钢在采用真空碳脱氧时，硅含量应不大于 0.10%。

25Cr2Ni4MoV 钢用于制造 1000MW 及以上火电机组发电机转子锻件时，C 含量不大于 0.28%、P 和 S 含量不大于 0.010%、V 含量为 0.09%～0.13%、H 含量不大于 1.0ppm，其他成分不变(JB/T 11017—2010)。

25Cr2Ni4MoV 钢用于制造 300～600MW 汽轮机发电机无中心孔转子锻件时，P 含量不大于 0.012%、S 含量不大于 0.010%，其他成分不变(JB/T 8708—2014)。

根据 JB/T 7027—2014，30Cr2Ni4MoV 钢在力学性能达到要求的前提下，尽量降低钢中的碳含量，两种钢中 Al 含量不大于 0.010、Sn 含量不大于 0.015%、Sb 含量不大于 0.0015%(目标值)、As 含量不大于 0.020%。在 30Cr2Ni4MoV 钢中，H 含量不大于 1.5ppm、O 含量不大于 35ppm、N 含量不大于 70ppm；在 30Cr1Mo1V 钢中，H 含量不大于 1.0ppm、O 含量不大于 30ppm、N 含量不大于 100ppm。

JB/T 8707—2014 中同样牌号 30Cr2Ni4MoV、30Cr1Mo1V 钢的化学成分与 JB/T 7027—2014 中完全相同。

表 6.94 为 25～200MW 汽轮发电机转子锻件用钢对力学性能的要求。表 6.95 为大功率汽轮发电机转子锻件用钢对力学性能的要求。表 6.96 为 50～200MW 汽轮机转子体和主轴锻件用钢对力学性能的要求(JB/T 1265—2014)。表 6.97 为 300MW 以上汽轮机转子锻件用钢对力学性能的要求。

表 6.94　25～200MW 汽轮发电机转子锻件用钢对力学性能的要求(JB/T 1267—2014)

推荐用钢	级别	取样位置	$R_{p0.2}$/MPa	R_m/MPa	A_{50mm} (d_0=12.5mm)/%	A_{50m}/%	Z/%	KU_2/J	KV_2/J	$FATT_{50}$/℃
34CrMo1A	Ⅰ	径向	≥390	≥540	—	≥15	—	—	—	—
25CrNi1MoV		纵、切向	≥440	≥585	—	≥16	≥35	≥50	—	—
34CrNi1Mo		中心孔纵向	—	—	—	—	—	—	—	—
34CrNi3Mo 25CrNi1MoV 25Cr2Ni4MoV	Ⅱ	径向	≥440	≥585	—	≥15	≥22	—	—	—
		纵、切向	≥490	≥640	—	≥16	≥35	≥60	—	—
		中心孔纵向	—	—	—	—	—	—	—	—
	Ⅲ	径向	≥490	≥640	≥17	—	≥45	—	≥90	≤0
		纵、切向	≥540	≥690	≥17	—	≥45	—	≥90	—
		中心孔纵向	≥450	≥590	≥15	—	≥40	—	—	≤+5
25Cr2Ni4MoV	Ⅳ	径向	≥540	≥665	≥18	—	≥55	—	≥80	≤−18
		纵、切向	≥585	≥715	≥18	—	≥55	—	≥80	—
		中心孔纵向	≥490	≥615	≥16	—	≥50	—	—	≤0
	Ⅴ	径向	≥585	≥690	≥18	—	≥55	—	≥80	≤−18
		纵、切向	≥585	≥735	≥18	—	≥55	—	≥80	—
		中心孔纵向	≥535	≥640	≥16	—	≥50	—	—	≤0

表 6.95　大功率汽轮发电机转子锻件用钢对力学性能的要求

(JB/T 8708—2014、JB/T 11017—2010)

功率/MW	级别	取样位置	$R_{p0.2}$/MPa	$R_{p0.02}$/MPa	R_m/MPa	A_{50mm} (d_0=12.5mm)/%	A_{50mm}/%	Z/%	KV_2/J	$FATT_{50}$/℃
300～600	Ⅰ	纵向、切向、径向	590～690	—	≥670	≥18	—	≥55	≥100	—
		径向		—	—	—	—	—	—	≤−23
		中心盲孔芯棒纵向	540～690	—	≥620	≥17	—	≥50	—	≤−10
	Ⅱ	纵向、切向、径向	660～760	—	≥740	≥17	—	≥50	≥90	—
		径向		—	—	—	—	—	—	−12
		中心盲孔芯棒纵向	610～760	—	≥690	≥16	—	≥45	—	≤−0

续表

功率/MW	级别	取样位置	$R_{p0.2}$/MPa	$R_{p0.02}$/MPa	R_m/MPa	A_{50mm} (d_0=12.5mm)/%	A_{50mm}/%	Z/%	KV_2/J	$FATT_{50}$/℃
1000及以上	Ⅲ	纵向、切向、径向	≥700	≥670	≥820	—	≥17	≥40	≥70	≤10
		中心孔芯棒(轴向)	—	≥630	≥770	—	≥15	≥35	—	≤15
	Ⅳ	纵向、切向、径向	—	≥690	≥825	—	≥17	≥45	≥78	≤−10
		中心孔芯棒(轴向)	—	≥690	≥825	—	≥15	≥35	≥78	≤−5
	Ⅴ	纵向、切向、径向	730～830	—	≤1000	—	≥15	≥50	≥100	—
		中心孔芯棒(轴向)	≥730	—	—	—	—	—	≥100	≤−10

表 6.96　50～200MW 汽轮机转子体和主轴锻件用钢对力学性能的要求(JB/T 1265—2014)

推荐用钢	强度级别	取样位置	$R_{p0.2}$/MPa	R_m/MPa	A_{50mm} (d_0=12.5mm)/%	A/%	Z/%	KU_2/J	KV_2/J	$FATT_{50}$/℃
34CrMo1A	345	轴端径向	≥345	≥570	—	≥17	≥40	≥40	—	—
		本体纵向	≥345	≥570	—	≥14	≥35	≥31	—	—
		中心孔纵向		—	—	—	≥35	—	—	—
28CrNiMoV	490	轴端径向	≥490	≥640	—	≥15	≥40	≥50	—	≤85
		本体纵向	≥490	≥640	—	≥11	≥35	≥45	—	—
		中心孔纵向	≥450	≥600	—	≥13	≥35	≥40	—	≤100
30Cr1Mo1V	590	轴端径向	590～690	≥720	≥15	—	≥40	—	≥8	≤116
		本体纵向	590～690	≥720	≥15	—	≥40	—	≥8	—
		中心孔纵向	≥540	≥690	≥15	—	≥40	—	≥7	≤121
30Cr2Ni4MoV	690	轴端径向	690～790	≥790	≥18	—	≥56	—	≥95	≤−18
		本体纵向	690～790	≥790	≥18	—	≥56	—	≥95	—
		中心孔纵向	≥660	≥760	≥16	—	≥53	—	≥61	≤10
34CrNi3Mo		轴端径向	690～790	≥790	—	≥14	≥40	≥50	—	—
		本体纵向	690～790	≥790	—	≥12	≥40	≥45	—	—
		中心孔纵向	≥660	≥760	—	≥12	≥35	≥35	—	—

续表

推荐用钢	强度级别	取样位置	$R_{p0.2}$/MPa	R_m/MPa	A_{50mm} (d_0=12.5mm)/%	A/%	Z/%	KU_2/J	KV_2/J	$FATT_{50}$/℃
30Cr2Ni4MoV	735	轴端径向	735～835	≥855	≥16	—	≥45	—	≥40	—
		本体纵向	735～835	≥855	≥16	—	≥45	—	≥40	—
		中心孔纵向	≥685	≥810	≥16	—	≥45	—	≥35	—
34CrNi3Mo		轴端径向	735～835	≥855	—	≥13	≥40	≥40	—	—
		本体纵向	735～835	≥855	—	≥11	≥35	≥40	—	—
		中心孔纵向	≥685	≥810	—	≥10	≥35	≥30	—	—
30Cr2Ni4MoV	760	轴端径向	760～860	≥860	≥17	—	≥53	—	≥81	≤−7
		本体纵向	760～860	≥860	≥17	—	≥53	—	≥81	—
		中心孔纵向	≥720	≥830	≥16	—	≥45	—	≥41	≤27

表 6.97　300MW 以上汽轮机转子锻件用钢对力学性能的要求(JB/T 7027—2014)

推荐用钢	强度级别	取样位置	$R_{p0.2}$/MPa	R_m/MPa	A_{50mm} (d_0=12.5mm)/%	Z/%	取样位置	KV_2/J	$FATT_{50}$/℃	上平台冲击功/J
30Cr2Ni4MoV	690	本体径向、轴端	690～790	≥790	≥18	≥56	本体径向	≥95	≤−18	≥95
		中心孔(纵向)	≥660	≥760	≥18	≥53	横向	≥61	≤10	≥68
	760	本体径向、轴端	760～860	≥860	≥17	≥53	本体径向	≥81	≤−7	≥81
		中心孔(纵向)	≥720	≥830	≥16	≥45	横向	≥41	≤27	≥54
30Cr1Mo1V	590	本体径向、轴端	590～690	≥720	≥15	≥40	本体径向	≥8	≤116	≥75
		中心孔(纵向)	≥550	≥690	≥15	≥40	横向	≥7	≤121	≥47

当需方有要求时,30Cr1Mo1V 钢锻件应按规定试样进行高温持久强度试验,结果应达到表 6.98 所列的要求。

表 6.98　30Cr1Mo1V 钢锻件要求的高温持久强度(JB/T 7027—2014)

温度/℃	应力/MPa	试验要求
510	365	断裂时间≥100h， 伸长率≥15%， 断口不应在 V 型缺口处
540	310	
565	260	
595	220	

大型电站用发电机转子和汽轮机低压转子，其直径达 1m 以上。为使其淬火后得到马氏体与下贝氏体(避免心部有铁素体析出)，除在淬火时采用快的冷却速率外，一般采用含镍、铬、钼的高淬透性钢种。镍、铬、钼等元素同时加入的主要作用是提高淬透性和韧性，钼还起减少回火脆性的作用，加入钒起细化晶粒和增加回火稳定性的作用。

34CrMo1A 钢用于制造强度级别低的 25～50MW 的转子，Cr-Ni-Mo 系钢则用于制造 50MW 以上的转子，我国较多使用 34CrNi3Mo 钢。图 6.89 为 34CrNi1Mo 钢和 34CrNi3Mo 钢的过冷奥氏体等温转变曲线。

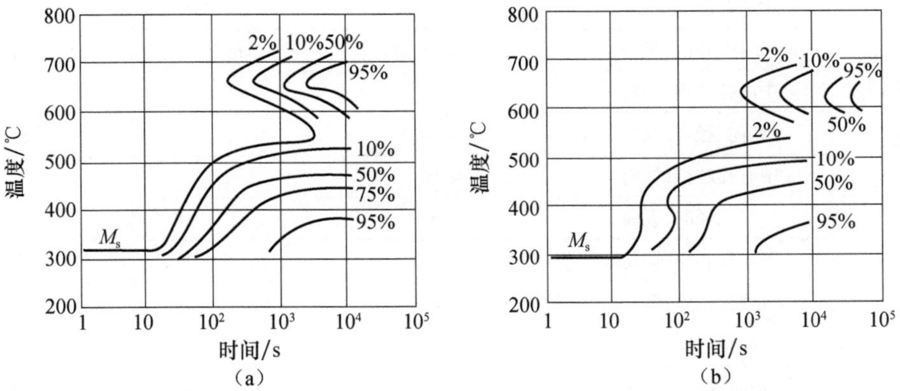

图 6.89　34CrNi1Mo 钢和 34CrNi3Mo 钢的过冷奥氏体等温转变曲线[40,184]

奥氏体化温度 870～880℃

(a)34CrNi1Mo(0.32%C、1.49%Cr、1.46%Cr、1.46Ni、0.25%Mo)；

(b)34CrNi3Mo(0.36%C、0.91%Cr、2.8%Ni、0.24%Mo)

现代化的电厂都向着高参数、大容量的机组方向发展。我国 600MW 机组已经成为主力机组，单机容量达到 1000MW 的发电机组也已经相当多了，甚至有的已经达到了 1200MW，机组越大，发电的效率越高，供电的煤耗越低。

20 世纪 70 年代中期以来，我国各重型机械厂为适应急冷、深冷淬火的需要，引进、研制了一些新的低碳加钒的钢，如 25CrNi1MoV、25Cr2Ni4MoV 等。大型转子一般采用 25Cr2Ni4MoV 钢或 30Cr2Ni4MoV 钢制造。目前国外大型发电机转子和低压转子采用碳含量为 0.20%～0.31%的 NiCrMoV 钢。其中，2%NiCrMoV 和 3.5%NiCrMoV 是两种国外常用的钢种。

2%NiCrMoV 钢(0.30%C、1.25%Cr、2%Ni、0.33%Mo、0.075%V)是欧洲广泛采用的钢种，常用于制造直径 1000mm 左右的低压汽轮机和发电机转子，具有良好的强度和韧性，其调质的最大直径为 1200mm，可以满足屈服极限要求为 540～650MPa 的条件。

我国 2021 年制定了 JB/T 11017—2021《1000MW 及以上火电机组发电机转子锻件　技术条件》代替了 JB/T 11017—2010。25Cr2Ni4MoV 是唯一列入的牌号。表 6.99 为该钢的化学成分。与原标准比较(见表 6.93 及注),限制了 Si 含量不大于 0.10%。新标准对钢的力学性能的规定与原标准(表 6.97)比较,更为完整(表 6.100)。

表 6.99　25Cr2Ni4MoV 钢的化学成分(JB/T 11017—2021)　　(单位:%)

牌号	C	Mn	Si	S	P	Cr	Ni	Mo	V	Cu	Sb
25Cr2Ni4MoV	≤0.28	≤0.35	≤0.10	≤0.010	0.010	1.50～2.00	3.25～4.00	0.20～0.50	0.09～0.13	≤0.20	报告

注:Sb 仅报告结果,不作为验收指标。钢中氢含量要求不超过 1.0ppm。

表 6.100　25Cr2Ni4MoV 钢的力学性能规定(JB/T 11017—2021)

项目	取样位置	锻件强度级别		
		Ⅰ	Ⅱ	Ⅲ
$R_{p0.2}$ /MPa	切向、径向、纵向	730～830	—	≥700
	中心孔芯棒(轴向)	≥730	—	—
$R_{p0.02}$ /MPa	切向、径向、纵向	≥690	≥690	≥670
	中心孔芯棒(轴向)	≥690	≥690	≥630
R_m /MPa	切向、径向、纵向	835～1000	≥825	≥820
	中心孔芯棒(轴向)	≥825	≥825	≥770
A /%	切向、径向、纵向	≥15	≥17	≥17
	中心孔芯棒(轴向)	≥15	≥15	≥15
Z /%	切向、径向、纵向	≥50	≥45	≥40
	中心孔芯棒(轴向)	≥35	≥35	≥35
KV_2 /J	切向、径向、纵向	≥100	≥78	≥70
	中心孔芯棒(轴向)	≥100	≥78	—
$FATT_{50}$ /℃	切向、径向、纵向	≤−12	≤−10	≤10
	中心孔芯棒(轴向)	≤−5	≤−5	≤15

注:本体径向试样规定屈服强度的波动值不应超过 41MPa,在其他指标合格时,屈服强度值允许超上限。在疲劳寿命不低于 1×10^7 周次的情况下,锻件的旋转弯曲疲劳强度应不小于 330MPa。锻件的残余应力的绝对值应不大于 60MPa。

25Cr2Ni4MoV 钢锻件径向平均晶粒度应不粗于 5.0 级,但是允许有 5%以下的 4.0 级晶粒度存在。

3.5%NiCrMoV 钢相当于我国的 30Cr2Ni4MoV 钢,1960 年以后获得广泛的使用。这种钢有优越的综合力学性能,在调质直径超过 1200mm,屈服极限超过 690MPa 时,心部仍有足够低的韧脆转变温度(在室温以下)。现在国外大多数大型汽轮机低压转子和一些发电机转子锻件都用这种钢制造。这种钢的缺点是对回火脆性敏感,即时效脆化倾向严重,较易形成粗大的奥氏体晶粒,并有晶粒遗传现象。

图 6.90 为 3.5%NiCrMoV 钢的连续冷却转变曲线,这种钢在锻后冷却时终冷温度一般在 M_s 点附近,所以粗大的奥氏体晶粒往往保留下来。转变产物主要是具有位向结

构的贝氏体，同时还有一定数量残余奥氏体保留下来，导致原奥氏体晶粒的遗传。为促使晶粒细化，首先需使残余奥氏体分解，然后采用多次奥氏体化的方法。图 6.91 为这种钢的残余奥氏体分解曲线，可以看出，300℃等温时残余奥氏体分解最快。此外，在 A_1 点以下，520℃以上保温时间足够的话，在随后冷却时残余奥氏体也将发生分解(图 6.92)。

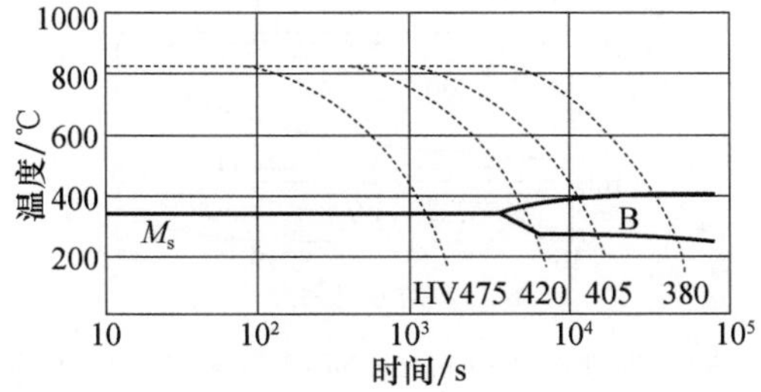

图 6.90　3.5%NiCrMoV 钢的连续冷却转变曲线[197]

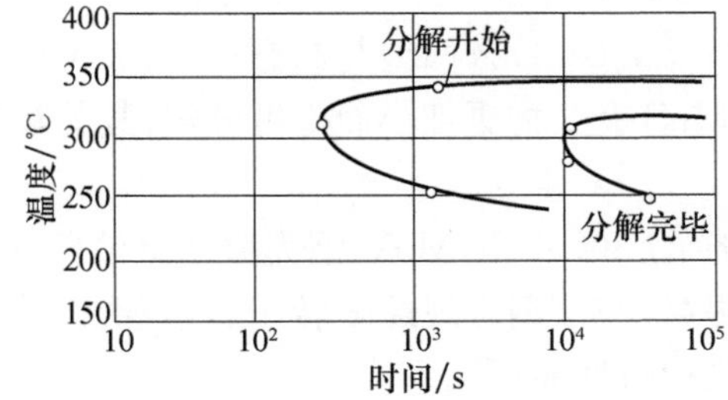

图 6.91　3.5%NiCrMoV 钢残余奥氏体分解曲线[197]

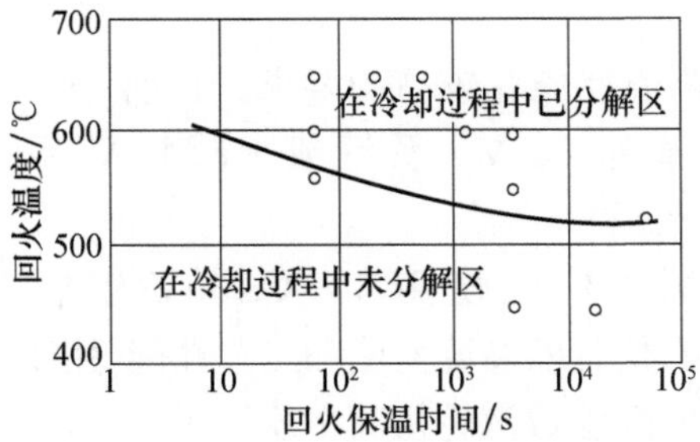

图 6.92　3.5%NiCrMoV 钢残余奥氏体分解图[197]

常规纯度的 3.5%NiCrMoV 钢的使用温度限制在 350℃以下，因为该钢在 350～575℃长期时效后，其长存杂质元素硅、锰将促使磷及有害的微量元素向晶界偏聚，导致 FATT 显著上升，使钢的韧性恶化。图 6.93 显示 Ni-Cr-Mo-V 系钢在 350℃以下时效时，钢的脆化倾向很小，而在 350℃以上时效，时效温度越高，脆化倾向越严重，这是 Ni-Cr-Mo-V 系钢均用于 350℃以下的重型锻件的原因。

研究和实践表明，减少 Si、Mn 含量是控制脆性的有效措施，而真空碳脱氧(VCD)工艺的应用提供了这种可能。日本制钢所开展了 J 系数与 ΔFATT 关系的试验工作。当用 J 系数为 3.1～3.8 的超纯净钢在 400～454℃下保持 30000h 后，ΔFATT 仍接近于零，而常规钢在同等试验条件下，其 ΔFATT 高达 100℃以上，有一

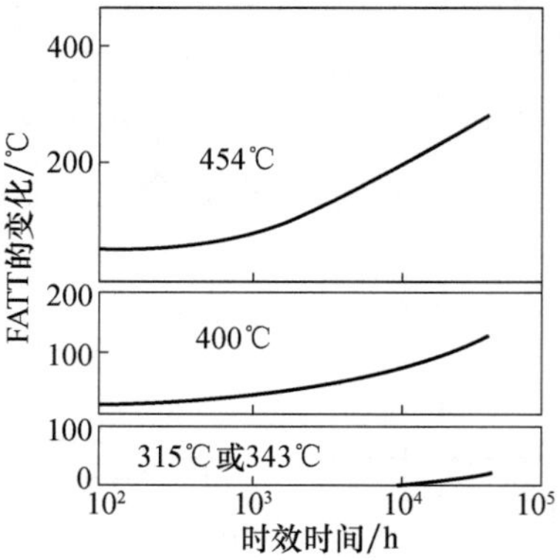

图 6.93　时效温度对常规 Ni-Cr-Mo-V 系钢 FATT 的影响[198]

组常规钢在454℃保持105h,ΔFATT超过200℃。这也表明,用超纯净钢制造整体低压转子,回火脆性基本消除,在400℃长期运行是安全可靠的[190]。

一些研究工作还表明,低锰(0.17%Mn)与高锰(0.37%Mn)的Ni-Cr-Mo-V钢相比,在光学显微镜下,钢中的MnS夹杂物更细小而不可分辨,其晶粒稍细,而力学性能几乎全面有所提高[199]。

研究数据表明,超纯净的30Cr2Ni4MoV钢克服了350℃以上长期时效后的脆化倾向,且高温持久强度有所提高,与该钢常规纯度转子材料相比,有更好的应力腐蚀与腐蚀疲劳抗力,以及良好的低周疲劳性能[200]。

超超临界机组低压转子的入口蒸汽温度达450℃。超纯净30Cr2Ni4MoV钢的研制成功,开拓了该钢作为耐350℃以上温度的低压转子应用于超临界高效率发电机组的使用前景。

高中压汽轮机转子对高温性能有较高的要求。目前,蒸汽温度在550℃以下工作的高中压转子使用珠光体基的Cr-Mo系钢或Cr-Mo-V系钢制造。我国较多使用30Cr2MoV钢。

大容量高中压转子国外广泛使用1%CrMoV钢制造。该钢相当于我国的30Cr1Mo1V钢(表6.93),有优良的高温性能和工艺性能,用于制造大于等于300MW、环境温度为525~560℃的亚临界参数汽轮机高中压转子[201]。

这类钢由于要求有高的高温强度,故其热处理的原则是力求获得上贝氏体组织,因为这种组织有最高的蠕变极限和持久强度。合金元素对珠光体钢的高温性能的影响及珠光体基耐热钢的论述见下册第10章。

在566℃工况下,超临界机组高中压转子材料采用传统的1%CrMoV钢或者采用不同元素强化的12%Cr型钢。

传统的Cr-Mo-V钢价格较低,一些生产厂通过改进冶炼工艺、降低杂质和非金属夹杂物含量等措施,提高钢的性能,以挖掘该类钢的潜力。表6.101为一些典型的超临界汽轮机用高中压转子用钢的化学成分及持久强度,为了对比,列入了一种12%Cr型钢(2Cr11NiMoVNb)。

表 6.101　一些典型的超临界汽轮机用高中压转子用钢的化学成分及持久强度[202]

牌号	化学成分/%									$\sigma_{1000000}$/MPa	
	C	Mn	Si	P	S	Cr	Ni	Mo	V	538℃	566℃
30Cr1Mo1V（中国、西屋等）	0.27～0.34	0.70～1.00	0.20～0.35	≤0.012	≤0.012	1.05～1.35	≤0.50	1.00～1.30	0.21～0.29	144	96
30Cr2MoV（中国，苏联）	0.22～0.32	0.50～0.80	0.30～0.50	≤0.018	≤0.012	1.50～1.80	≤0.30	0.60～0.80	0.20～0.30	144	108
K11E74A（东芝）	0.26～0.33	0.65～0.85	≤0.30	≤0.015	≤0.018	0.90～1.20	≤0.60	1.10～1.50	0.20～0.30	—	125
25X1M1ΦA（P2M）（苏联）	0.21～0.29	0.3～0.6	0.17～0.37	≤0.025	≤0.022	1.5～1.8	≤0.30	0.90～1.05	0.22～0.32	—	112
2Cr11NiMoVNb（GE）	0.18	0.25	0.75	0.06Nb	0.06N	10.5	0.70	1.00	0.20	—	135

到了 20 世纪 60 年代，随着蒸汽温度的提高，要求使用比 Cr-Mo-V 钢温度更高的转子材料。汽轮机设计者与材料工作者已认识到传统的 Cr-Mo-V 钢在 566℃下已达到使用极限，而 12%Cr 型转子钢有更高的强度安全裕度和向更高温度参数进军的技术储备。许多国家倾向于选择开发 12%Cr 型不锈钢材料作为 566℃下和更高温度下使用的超临界和超超临界高中压转子材料。表 6.102 为近 40 年各国研制的一些 12%Cr 型超临界及超超临界汽轮机用高中压转子用钢的化学成分示例。从表 6.102 可以看出，随着汽轮发电机组运行参数的不断提高，所用转子锻件成分更加复杂，在以 Cr、Mo、V 为主的基础上，适当加入 W、Nb、N、Co、B 等其他元素。这类钢属于马氏体不锈钢。

表 6.102　一些 12%Cr 型超临界及超超临界汽轮机用高中压转子用钢的化学成分示例[203～206]

牌号	化学成分/%												可用温度/℃
	C	Si	Mn	Ni	Cr	Mo	V	W	Nb	N	B	Ta	
TMK1(TR1100)(日)	0.14	0.05	0.50	0.60	10.20	1.50	0.17	—	0.06	0.04	—	—	593
COST F9(欧洲)	0.11	0.03	0.52	0.58	10.22	1.42	0.18	—	0.05	0.06	—	—	593
TMK2(TR1150)(日)	0.13	0.05	0.50	0.70	10.20	0.40	0.17	1.80	0.06	0.06	—	—	620
TR1200(日)	0.13	—	—	0.80	11.00	0.15	0.20	2.5	0.06	0.05	—	—	620
COST E(欧洲)	0.12	0.10	0.45	0.74	10.39	1.06	0.18	0.81	0.045	0.05	—	—	593
COST-FB2(欧洲)	0.13	0.05	0.40	0.15	9.3	1.5	0.2	—	0.05	0.02	0.01	1(Co)	625
TOS101(东芝)	0.18	0.20	0.70	0.40	11.0	1.00	0.20	—	0.07	0.05	—	—	566
TOS107(东芝)	0.14	0.05	0.60	0.70	10.00	1.00	0.20	1.00	0.07	0.05	—	—	593
TOS110(东芝)	0.11	0.08	0.10	0.20	10.00	0.65	0.20	1.80	0.05	0.02	0.010	3(Co)	≥630
HR1000(日立)	0.15	0.04	0.55	0.65	10.2	1.21	0.15	0.34	0.05	0.047	—	—	593
HR1200(日立)	0.11	—	—	0.5	11	0.15	0.2	2.6	0.08	0.025	0.015	3(Co)	650
MTR10A(日)	0.12	0.05	0.05	0.05	10.2	0.65	0.20	1.75	0.06	0.02	0.002	3.3(Co)	630

注：COST—European Cooperation in Science and Technology。

德国于 1955 年制造出首支 12%CrMoV 钢汽轮发电机组超临界转子，之后美国、日本相继制造出各自的首支 12%Cr 型超临界转子。由于转子的尺寸大，对韧性要求高，正火温度不宜过高。Nb 加入量高时会形成网状 NbC,因此将 Nb 含量限制在 0.1%以下。适当降低 Cr 含量可以抑制 δ-铁素体的形成,所以这类钢亦称之为 9%～12%Cr 型转子钢。从表 6.102 可以看出,这类钢主要有 Mo-V-Nb、W-Mo-V-Nb 和 W-Mo-Co-V-Nb 三个系列。

这类钢在合金化方面,通过适当添加 W、Co、Nb、N、B 等合金元素以提高材料的持久强度,适当降低 Cr 当量,可以减少 Cr 导致的脆性。对于 595℃使用的高温转子,Cr 当量(Cr_{eq})的表达式为

$$Cr_{eq}=w_{Cr}+6w_{Si}+4w_{Mo}+1.5w_{W}+11w_{V}+5w_{Nb}-40w_{C}-2w_{Mn}-4w_{Ni}-30w_{N} \tag{6.27}$$

Cr_{eq} 通常低于 7.5%,C 含量控制在 0.12%～0.14%,并增大 N 含量至 0.04%～0.05%。在工艺上采用先进的冶炼技术,减少 Si 及杂质元素的含量。改进热处理工艺:适当地降低淬火温度和提高回火温度。这类钢的基体组织为回火马氏体或铁素体[207,208]。

TMK1(TR1100)钢是在 1986 年开发出的,并在 1991 年得到了应用,TMK2(TR1150)钢在 1995～1996 年获得应用。COST-FB2 钢是欧洲实施 COST 522 项目(1998～2003 年)期间开发成功的,是在 COST 501 项目(1986～1997 年)的转子钢 COST E 基础上尽可能降低 Si、Mn、Ni 含量,以提高蠕变强度,添加 Co 以抑制 δ-铁素体的析出,添加 B 以稳定 $M_{23}C_6$ 型碳化物。COST-FB2 钢的使用温度可提高到 625℃。

对 625℃汽轮机转子的性能要求为:620℃/10^5h 持久强度大约为 100MPa,持久断裂的伸长率大于 10%,直径不大于 1.2m 的转子锻件能淬透,屈服强度下限不低于 680MPa。COST-FB2 钢的性能可以满足上述要求。COST-FB2 钢的热处理制度为:奥氏体化温度为 1100℃,油冷或喷水冷却,570℃预回火后空冷,700℃回火后空冷。COST-FB2 钢的 M_s 点约为 360℃,以 0.012℃/s 速率(相当于静止空气)冷却,也不会有铁素体析出,冷至室温可以得到全马氏体组织[205]。有关 9～12Cr 型马氏体钢的合金化、组织及性能的论述可参阅下册第 10 章 10.2.1.2 节。目前一些工业发达国家都制定了推动 620℃、650℃、700℃等超超临界机组材料的开发与研制计划,而耐高温材料的发展是实施这些计划的基础[206]。

进入 21 世纪,我国加快了超临界和超超临界机组的建设。2004 年 11 月第一台超临界机组投入运行,2006 年 11 月第一台超超临界机组投入运行,截至 2009 年底,已有 100 多台 600～660MW 超临界机组、15 台 600～660MW 超超临界机组、16 台 1000MW 超超临界机组投入运行,还有更多的超临界机组和超超临界机组在建。我国已成为世界上投运和在建超超临界机组最多的国家[209]。

我国各大汽轮机制造厂最初生产的 1000MW 级和 600MW 级超超临界汽轮机多利用引进技术,蒸汽参数多为 24.1～25.1MPa/566～593℃/600～610℃,高中压转子钢亦使用引进材料。目前我国各大汽轮机制造厂逐步建立了各自的自主知识产权设计,几个重型机械厂已可以制作 9%～12%Cr 型大型转子锻件。我国已制定了相关的标准 JB/T 11019—2010《超临界及超超临界机组汽轮机用高中压转子锻件 技术条件》。表 6.103 为我国一些 12%Cr 型超临界及超超临界机组汽轮机用高中压转子锻件用钢的化学成分。

表 6.103　一些 12%Cr 型超临界及超超临界机组汽轮机用高中压转子锻件用钢的化学成分 (JB/T 11019—2010)[203~205]　(单位:%)

牌号	C	Mn	Si	P	S	Cr	Ni	Mo	V	W	Nb	N
12Cr10NiMoWVNbN	0.11~0.13	0.40~0.50	≤0.12	≤0.012	≤0.008	10.20~10.60	0.70~0.80	1.00~1.10	0.15~0.25	0.95~1.05	0.04~0.07	0.040~0.060
13Cr10NiMoVNbN	0.10~0.16	≤1.00	≤0.10	≤0.015	≤0.015	10.00~11.00	≤1.00	1.30~1.60	0.12~0.22	—	0.03~0.08	0.03~0.07
14Cr10NiMoWVNbN	0.12~0.16	0.40~0.70	≤0.10	≤0.015	≤0.010	9.50~11.50	0.60~1.00	0.90~1.20	0.15~0.25	0.80~1.20	0.03~0.12	0.04~0.08
15Cr10NiMoWVNbN	0.13~0.16	0.40~0.70	≤0.07	≤0.015	≤0.010	10.00~11.00	0.40~0.70	1.15~1.35	0.15~0.20	0.25~0.40	0.04~0.07	0.03~0.07

注:各钢中 Al 含量不大于 0.010%,13Cr10NiMoVNbN 钢和 14Cr10NiMoWVNbN 钢中 H 含量不大于 2ppm、O 含量不大于 75ppm,15Cr10NiMoWVNbN 钢中 H 含量不大于 1.5ppm、O 含量不大于 35ppm。供方应提供微量元素 Cu、As、Sb 和 Sn 的含量。

表 6.104 为我国 12%Cr 型超临界及超超临界机组汽轮机用高中压转子锻件用钢的力学性能规定。JB/T 11019—2010 规定锻件应进行高温持久强度试验,表 6.105 为对各种钢高温持久强度的规定。首件产品高温持久强度试验结果应达到表 6.105 的要求,正常生产时的高温及持久强度试验条件从表 6.105 选择,原则上每件产品选择一种温度进行试验,并应达到表 6.105 中相应要求。

表 6.104　我国 12%Cr 型超临界及超超临界机组汽轮机用高中压转子锻件用钢的力学性能规定 (JB/T 11019—2010)[207]

项目	取样位置	12Cr10NiMoWVNbN	13Cr10NiMoVNbN	14Cr10NiMoWVNbN	15Cr10NiMoWVNbN
$R_{p0.2}$/MPa	轴端纵向	—	≥670(所有)	≥685($R_{p0.02}$)	≥655($R_{p0.02}$)
	本体径向	≥700		≥685	≥655($R_{p0.02}$)
	芯棒纵向	≥700	—	—	—
R_m/MPa	轴端纵向	—	≥830(所有)	≥880	≥830
	本体径向	≤1000		≥880	≥830
A/%	轴端纵向	—	≥16(所有)	≥17	≥17
	本体径向	≥13		≥15	≥15
Z/%	轴端纵向	—	≥45(所有)	≥40	≥40
	本体径向	≥35		≥35	≥35
A_{kV}/J	本体径向	≥30	≥20(所有)	≥20	≥14
	芯棒纵向	≥30	—	—	—
$FATT_{50}$/℃	本体径向	结果供参考	≤80(所有)	≥80	≥80
	芯棒纵向	结果供参考	—	—	—
上平台能/J	本体径向	—	—	—	≥81

注:13Cr10NiMoVNbN 钢未规定取样位置和方向。

表 6.105　我国 12%Cr 型超临界及超超临界汽轮机用高中压转子用钢的高温持久强度要求
(JB/T 11019—2010)[207]

牌号	试验温度/℃	应力/MPa	试验要求	
12Cr10NiMoWVNbN	600	230	断裂时间≥500h	试样位置为中心孔径向 断口不得在 V 型缺口上
	600	264	断裂时间≥100h	
13Cr10NiMoVNbN	538	363	1）断裂时间≥100h 2）首件产品试验采用 ASME 92:2001 中的联合持久试样，试样位置为本体径向 3）断口不得在 V 型缺口上	
	566	314		
	593	265		
	621	206		
14Cr10NiMoWVNbN	630	≥216	1）断裂时间≥100h 2）试样位置为本体径向 3）断口不得在 V 型缺口上	
15Cr10NiMoWVNbN	575	308	1）断裂时间≥100h 2）试样位置为本体径向 3）断口不得在 V 型缺口上	
	600	264		
	625	215		
	650	171		

这类钢的冶炼难度大，电弧炉冶炼后，需经真空除气和电渣重熔后才能获得高的纯净度和均质的钢锭。锻压时应采用镦粗＋拔长工艺，轴身总锻压比不得小于 3，使锻件整个截面锻透。

锻件完成锻造成形后，应进行锻后热处理或第一热处理。锻后热处理为等温退火或者正火＋回火工艺。

性能热处理亦称第二热处理。锻件的性能热处理为淬火＋回火处理。锻件的性能热处理应在垂直状态进行。淬火处理应先将锻件均匀加热到淬火温度并经足够长的时间的保温，使其充分奥氏体化后再采用喷雾或油冷淬火，应获得完全的马氏体组织。淬火处理后应进行二次回火处理。第一次回火处理温度为 550～590℃，第二次回火处理温度大于等于 650℃。在保证力学性能的前提下应尽可能提高第二次回火温度。锻件回火应炉冷到 250℃以下后空冷。

锻件经最终热处理后应按指定的位置检查锻件硬度的均匀性，还应测定锻件的残余应力，如果残余应力超过规定值，锻件应进行补充去除应力处理，并且重新测定残余应力和硬度值。

12Cr10NiMoWVNbN 钢的化学成分与欧洲 COST501 研发的 COST E(表 6.102)基本相同。钢中含有 1%W，Cr、Mo、V 存在于基体和析出相中，而大部分 W 则存在于基体中，由于 W 的固溶强化效应，使钢的持久性能得到显著改善，使用温度可达 593℃。12Cr10NiMoWVNbN 钢转子锻后热处理的奥氏体化温度为 1070℃，需缓慢冷却至等温温度，使碳化物均匀细小分布，以便于后续奥氏体化过程中的碳化物充分溶解，等温温度为(700±20)℃，等温时间达到 200h 左右。锻件性能热处理的奥氏体化温度为 1070℃，第一次回火温度为 570℃，第二次回火温度为 700℃。热处理后转子表面任一点的残余应力不应超过 60MPa。

13Cr10NiMoVNbN 钢的化学成分与日本制钢所研发的 TMK1 钢相同，是一种不含钨的 10% Cr 型钢，使用温度达 593℃，用于超超临界机组用高中压转子，14Cr10NiMoWVNbN 钢的化学成分与日本东芝公司研发的 TOS107 钢相同，15Cr10NiMoWVNbN 钢的化学成分与日本日立公司开发的 HR1000 钢相同，两者与 12Cr10NiMoWVNbN 钢相近，因而性能相近，均为超超临界机组用高中压转子用钢，使用温度可达 593℃。

以上四种钢的使用温度均未超过 600℃。随着我国电厂对高参数超超临界机组的需求越来越迫切，国内一些汽轮机制造企业和重型制造厂也开始研发 625℃等级汽轮机高中压转子用钢。

国外已开发的 625℃等级的转子钢有欧洲的 COST-FB2 和日本的 TOS110、MTR10A 和 HR1200 等钢(表 6.102)，其共同的特点是提高了 W 或 Mo 的含量，加入适量的 Co，同时还加入 N 和 B。欧洲钢的 Co 含量比日本钢低 2%，这是因为欧洲钢的 Cr 当量比日本钢约低 1%，从抑制 δ-铁素体形成的角度分析，2%Co 的作用与 1%Cr 的作用相当，但 Co 还有固溶强化的作用，因此，欧洲钢的蠕变持久强度低于日本钢。B 的作用是固溶于钢中并在原奥氏体晶界附近的 $M_{23}C_6$ 型碳化物聚集，抑制碳化物的粗化，从而提高材料的微观组织的稳定性和蠕变持久强度。由于 625℃等级的转子钢中都含有 B、N，而 B 和 N 会形成 BN 夹杂物，形成的 BN 夹杂物会减少氮化物的形成及固溶 B 含量，降低其高温蠕变强化作用，同时，BN 夹杂物还会降低钢的蠕变塑性。一些学者研究了钢中 B 和 N 含量对形成 BN 夹杂物的影响，如图 6.94 所示。COST-FB2、TOS110、HR1200 等钢 B、N 含量处于形成大量 BN 的区域，MTR10A 钢的 B、N 含量处于边界位置，很好地实现了 B 和 N 元素的平衡。

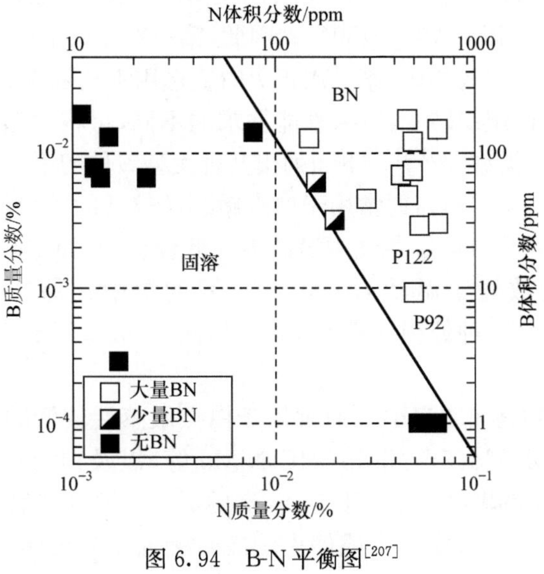

图 6.94　B-N 平衡图[207]

6.9.3 大型锻件的第一热处理

大型锻件的第一热处理工艺(锻后热处理)较复杂,工艺周期长。第一热处理除为了消除应力、降低硬度便于切削外,主要目的如下:首先是防止白点的出现;其次是提高化学成分的均匀性,细化与调整锻件在锻造过程中所形成的粗大与不均匀组织,为最终热处理创造内部组织条件,减少淬火开裂的危险性和改善最终热处理后锻件的组织和力学性能;此外,对于不进行最终热处理的锻件(大多数碳钢锻件及一些低合金钢锻件),第一热处理还要保证达到技术条件规定的力学性能要求。

由大气浇注钢锭制的锻件,防止白点出现是大型锻件第一热处理主要考虑的因素。当采用钢包精炼和多种形式的真空处理后,钢锭原始氢含量可降至 2ppm 以下,工艺周期大为缩短(缩短约 50%以上),白点缺陷虽不能完全忽视,但已居次要地位,而细化晶粒以改善锻件最终热处理后的组织与性能,成为第一热处理主要考虑因素。

为了防止白点,必须营造氢在钢中溶解度小而扩散速率大的条件:使锻件锻后尽快地由奥氏体分解为铁素体和碳化物的混合物,并在后者稳定存在的最高温度(略低于 A_1)下保温。这时氢的溶解度小,而扩散系数大。图 6.87 说明如何按照各种钢的过冷奥氏体等温转变曲线的特点,营造上述条件。

大型锻件的晶粒粗大(3~4 级以上)而且很不均匀,并存在粗大的魏氏组织。原始奥氏体越粗,奥氏体的晶粒也越粗大,这将影响最终热处理后钢的组织和性能。对于魏氏组织的影响,一般认为魏氏组织是在钢加热时形成较粗大的奥氏体晶粒后产生的,导致钢力学性能降低的是粗晶组织,而不是魏氏组织本身。调整和细化晶粒的有效措施是多次正火。第一次正火加热温度要高些。有资料介绍奥氏体化之后加热到较高的温度可以得到较均匀的奥氏体晶粒,也有资料指出重结晶之后存在一个奥氏体的再结晶温度,通过奥氏体的再结晶可以打破新旧相之间的结构联系,从而消除原始粗大组织的影响。因此,在许多情况下,要加热到 Ac_3 以上 100~150℃。因此,第一次正火采用较高的加热温度,这时奥氏体晶粒长得大一些,但较均匀;第二次正火时应选用不致发生晶粒显著长大的温度。

根据锻件所用钢种、组织转变特性、性能要求的不同,可将大型锻件生产中常用的锻后热处理工艺分为若干类型[184,196]。下面列出几种大型锻件的第一热处理的工艺曲线。

(1) 等温冷却(图 6.95(a)),通常用于白点敏感性较低的碳素结构钢及低碳合金钢,如 20Cr、20CrMo 等,以及白点敏感性中等的中碳低合金钢,如 40Cr、35CrMo 等,锻件尺寸小于 500mm。锻后放置于温度为 640~660℃ 的炉中并保持一定的时间(大约每 100mm 保温 5h 左右)。这种处理方式不经过重结晶,一般只用于锻坯及尚需要进行第二热处理的锻件。

(2) 起伏等温冷却(图 6.95(b)),通常用于白点敏感性较低的碳素结构钢及低碳合金钢,如 40CrNi、5CrMnMo、5CrNiMo、34CrNiMo 等,以及白点敏感性高的合金钢,如 20Cr2Ni4、34CrNi3Mo 等截面尺寸小于 500mm 的锻件。锻件锻后在 600~660℃待料保温后,应过冷至 280~320℃(空气中或停火炉冷),接近于马氏体点,使其进行贝氏体转变。此时奥氏体的稳定性最小,保持时间每 100mm 约 1.2~1.5h,随后加热至 640~660℃并保持足够的时间,每 100mm 约 5~15h。合金化程度越高,截面越大,每 100mm 厚度所需的保温时间越长,因为尺寸越大,偏析程度也越大,氢的去除越不易。等温保持

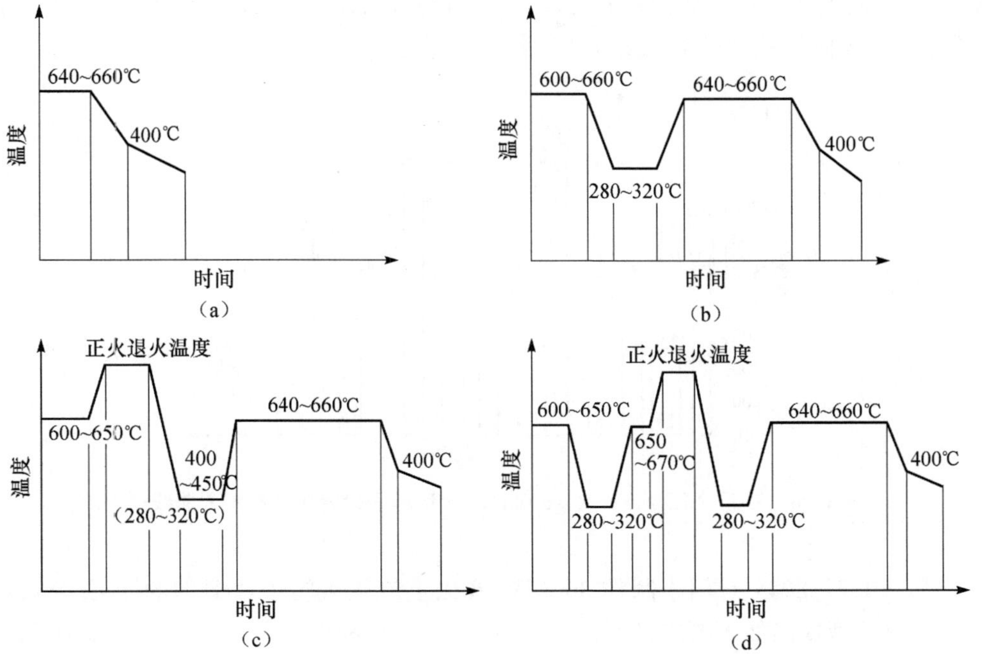

图 6.95　大型锻件第一热处理的几种不同方式[184,196]

后的缓慢冷却可以减少内应力并进一步降低氢的含量。冷却速率在 400℃以上不大于 50℃/h，400℃以下不大于 25℃/h，冷至 300～150℃可以出炉空冷，截面越小冷却可以越快些。这种处理方式亦不经过重结晶，故适用于一般锻坯及尚需进行第二热处理的锻件。

(3) 正火回火(图 6.95(c))，通常用于白点敏感性较低和中等的碳素结构钢、低碳合金钢，如 20Cr、20CrMo，和中碳低合金钢，如 40Cr、35CrMo 等，以及截面较小的白点敏感性比较高的中碳合金钢，如 40CrNi、5CrMnMo 等。重结晶后进行一次过冷，然后进行高温回火，正火或退火温度一般为 Ac_3＋(30～50℃)，保温时间每 100mm 大约需 45min。对低合金钢过冷至 400～450℃，在连续冷却过程中心部可冷至 550～600℃，较快地进行珠光体分解，34CrNiMo 等钢应过冷至 280～320℃。其余热处理规范同起伏等温冷却。

(4) 起伏等温退火(图 6.95(d))，通常用于白点敏感性较高的合金钢，如 40CrNi、50CrMnMo 等，以及白点敏感性高的合金钢，如 34CrNi3Mo、20Cr2Ni4A 等的大型或重要锻件。这种处理方式与上面的处理方式不同的地方是在重结晶前增加一次过冷。

上述(3)、(4)两种处理方式都有重结晶，对一部分碳钢和低合金钢可以正火回火作为最终热处理，以达到一定的力学性能的要求，对含合金元素较多的大型或重要锻件，则是为第二热处理提供较好的组织，也有利于防止白点产生。图 6.95(b)、(d)较图 6.95(a)、(c)各多一次过冷，主要是钢种不同、截面不同，多一次过冷有利于奥氏体尽快充分地分解。对于过热的锻件应进行二次正火，第一次正火比一般正火温度高 60～80℃，保温时间每 100mm 取 1h。

应当指出，大型锻件锻后最适宜的第一热处理规范和钢的冶炼条件、锻件形状及其重要程度等因素有关，因此不同工厂常根据自己的生产经验来确定。图 6.96 为国外某厂的 3.5%NiCrMoV 钢 ϕ1700mm 大型转子锻件的锻后热处理工艺曲线。该工艺较传统工艺主要不同之处是降低了高温正火的温度,减少了正火的次数。按图 6.96 所示工艺处理后,锻件的奥氏体晶粒度可细化至 5～6 级。

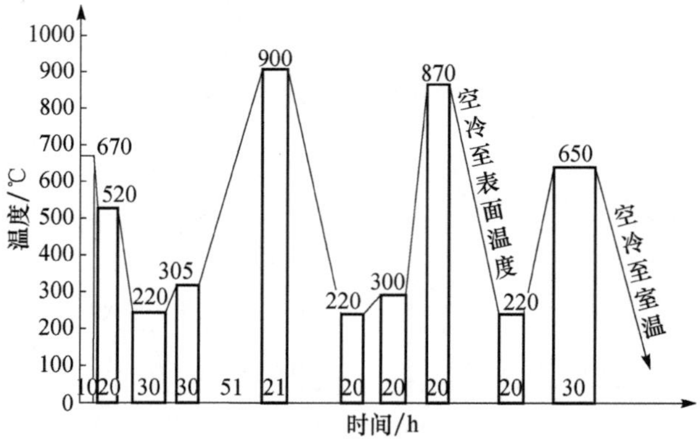

图 6.96　3.5%NiCrMoV 钢 ϕ1700mm 大型转子锻后热处理工艺曲线[184]

JB/T 7027—2014 对用于制作 300MW 及以上汽轮机转子体锻件的 30Cr2Ni4MoV 钢的锻后热处理提出如下要求:锻件应在 835～1010℃进行不少于两次不同温度的正火处理,在正火温度下保持足够的时间,以保证组织奥氏体化和均匀化,冷却到转变温度以下,随后进行回火,在回火后炉冷或空冷。

JB/T 11019—2010 规定,超临界及超超临界机组汽轮机用高中压转子锻件锻后热处理为等温退火或者正火+回火工艺。图 6.97 为某电厂 15Cr10NiMoWVNbN 钢制 1000MW 机组汽轮机高压转子锻件的锻后热处理工艺曲线。

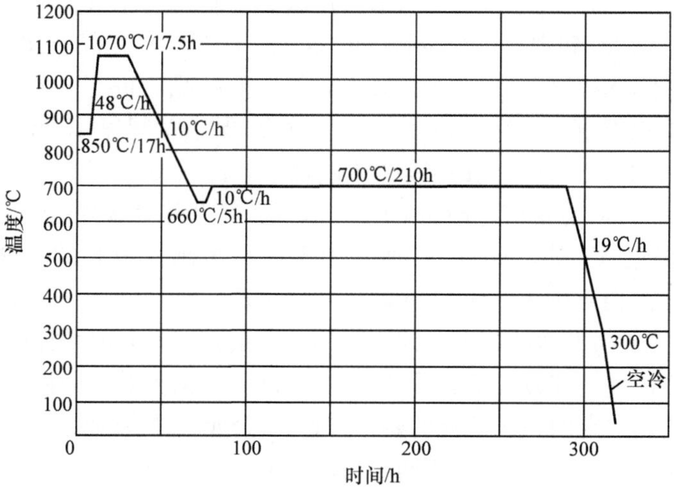

图 6.97　某电厂 15Cr10NiMoWVNbN 钢制 1000MW 机组汽轮机高压转子锻件的锻后热处理工艺曲线[207]

大型锻件在经过第一热处理后要进行粗加工、超声波探伤等检查,检查合格后进行第二热处理。

6.9.4　大型锻件的第二热处理

第二热处理就是最终热处理。第二热处理的目的是使粗加工后的大型锻件获得所需要的组织和性能，经常进行的工艺为正火加高温回火和调质。在调质或正火处理后对于某些要求高硬度、高强度、高耐磨部分(如轧制人字齿轮轴上的轮齿部分)还会再进行表面淬火及低温回火处理。

下面分别叙述大型锻件的第二热处理不同工艺的特点。

1) 正火及高温回火

碳素结构钢及低合金结构钢大型锻件的最后热处理常采用正火加高温回火。正火可以改善锻造组织，提高力学性能，正火后的高温回火可消除应力，提高韧性和塑性，形状简单，截面尺寸不大于 250mm 时可以不回火。

正火温度的选择原则上与小件一致，由于偏析在锻件中是不可避免的，故加热温度一般认为应取普通小件加热温度的上限。有些含钒钢，其正火温度比 A_3 高 80～100℃，以使钒的碳化物溶解。

当锻件尺寸大于 500mm 时，装炉温度一般在 650℃以下，视截面大小和形状复杂程度而定。合金元素含量较高和截面尺寸大于 800mm 的锻件的装炉温度为 400～450℃，保持 2～4h 后，然后按不大于 50℃/h 的速率升至 650～700℃停留 1～5h。最后加热至正火温度(升温速率 50～100℃/h)。正火保温可按每 100mm 保温 0.6～1h 计算。正火加热后锻件在空气中冷却，终冷温度为 400～450℃，此时心部已得到细小的珠光体和铁素体组织，无须继续冷却。

回火装炉温度采用正火终冷温度 250～400℃，装炉后保持 2～6h，然后热至回火温度，回火保温时间为正火时间的 1.5～2 倍。在保证所要求的力学性能的条件下，应尽量提高回火温度以使残余应力消除较完全，一般采用 590～620℃。回火后为减少内应力应随炉冷至 450℃以下(视截面大小而定)然后空冷，截面小于 400mm 时回火后可以空冷。

2) 调质

重要的零件，如轴、齿轮及轴齿轮等，要求有良好的综合力学性能，因此要求进行调质。进行调质的零件，一般均需事先在第一热处理中进行正火和高温回火做预备热处理。调质时的淬火加热情况基本上与正火加热相同。

最重要的操作是淬火时的冷却。大型锻件的淬火应使锻件在避免缺陷扩大的前提下，冷却到尽可能低的程度，以期得到深的淬透性和均匀的力学性能。为了充分发挥锻件材料性能的潜力，又不致产生过大的内应力，根据现有的生产经验，大型锻件的冷却速率和终冷温度(指停止冷却时工件心部的允许最高温度)应符合以下原则：高合金钢大型锻件心部冷却速率要能抑制铁素体、珠光体和上贝氏体组织的出现(对要求高温力学性能者例外)，要使心部奥氏体过冷到贝氏体转变终了点(B_z)与马氏体转变开始点(M_s)之间的温度，并使其在回火之前实现充分转变，一般在 200～350℃，中合金钢一般在 300～450℃。碳素钢及低合金钢大型锻件因淬透性差，有时要求得到下贝氏体也是困难的。为了不显著地影响锻件的性能，应使心部奥氏体过冷到防止出现粗大珠光体和铁素体组织的温度，一般低合金钢要求在 450℃左右，碳素钢要求在 550℃左右。

选择淬火剂的原则是在不致引起开裂的情况下尽量采用水淬，一般碳素钢及形状简单的低合金钢在最大截面不大于 250mm 时可以采用水淬(形状简单的碳素钢截面在

300～350mm 时亦可水淬)。除了水淬以外,一般都采用油淬。在油淬达不到技术条件要求时,则采用水淬油冷。

图 6.98 为采用不同冷却方式时零件在冷却剂中的停留时间,在操作过程中水温应小于 40℃,油温应小于 60℃。生产上还使用断续冷却(水油冷和空气冷却交替进行)和喷雾冷却等方法,对于提高钢的力学性能有良好的效果。淬火冷却时的终冷温度一般应控制使最小断面的表面温度不低于 150～180℃,而最大断面上的表面温度不高于 300℃。油淬锻件的表面温度不应超过 200℃,避免油槽起火。

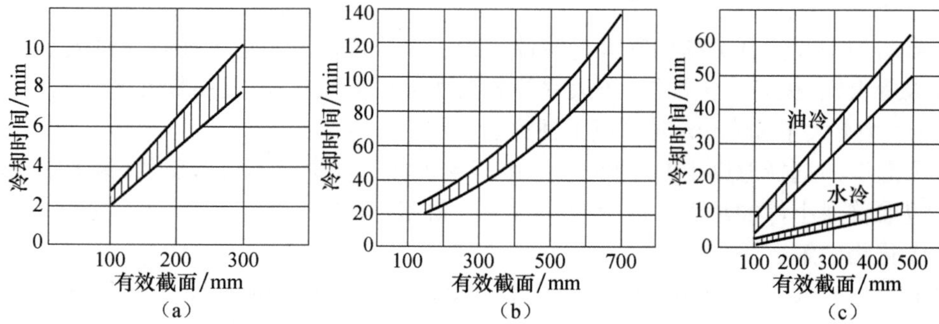

图 6.98　淬火时的冷却时间[210]

(a)水冷;(b)油冷;(c)水淬油冷

对汽轮发电机组大型转子锻件采用水冷应十分小心。大型锻件内的冶金缺陷在淬火时可能成为裂纹源,因此水淬转子的超声波探伤结果很重要,其次是转子的化学成分。国外某钢厂提出了锻件可以水淬的条件,即水冷应根据钢的碳当量选择,锻件的碳当量 CE 用下式计算[184]:

$$CE=[w_C+w_{Mn}/20+w_{Ni}/15+(w_{Cr}+w_{Mn}+w_N)/10]\% \tag{6.28}$$

当锻件中正偏析区的碳当量 $CE\leqslant 0.75\%$,正偏析区的碳含量不大于 0.31%时,锻件可以无危险地采用水淬;当锻件中正偏析区的碳当量 CE 为 0.75%～0.88%,正偏析区的碳含量为 0.32%～0.36%时,锻件可以采用水淬,但应特别小心;当锻件中正偏析区的碳当量 $CE\geqslant 0.88\%$,正偏析区的碳含量为不小于 0.36%时,若无特别指导,锻件禁止采用水淬。

在钢液真空处理工艺应用以前,锻件的冶金质量不高,故热处理时只能采用较为缓慢的冷却方式,从而限制了热处理在提高锻件力学性能方面的作用。由于真空等一系列新技术的应用,锻件的冶金质量显著提高,逐渐采用了水浸深冷等剧烈的淬火工艺并扩大其使用范围,从而发挥了热处理的作用,有效地提高了锻件的力学性能。

近年来,对于一些大截面的低压汽轮机转子及发电机转子锻件已采用了急冷的淬火方法(喷雾深冷到小于 100℃),使锻件获得尽可能多的马氏体组织,这样经过高温回火后可以具有较低的韧脆转变温度。近年来,大型锻件用钢的碳含量已逐步降低,大型锻件的冶金质量有了很大提高,因此淬火冷却时能承受较大的淬火内应力而不致产生裂纹,这为急冷、深冷创造了条件。

300MW 低压转子轴身直径达 ϕ1850mm,轴身长 3982mm,普通水淬已不能满足要求,一重、二重、上重等厂均增建了大型立式喷淬装置,可实现 1800～2000t/h 的喷水量,进行大喷水量的激冷、深冷淬火,可使 ϕ1850mm 转子心部得到下贝氏体加少量上贝氏体,喷水淬火的冷却速率可以调节。至于汽轮机高中压转子,因为它的工作温度较高,远在脆化温度以上，所以一般采用空冷或油冷以获得上贝氏体组织。

在淬火冷却后，零件应立即回火(间隔时间一般不超过 2～3h)以防止开裂。截面较大时，装炉温度不大于 350℃，并保持 2～3h。由于淬火后零件处于应力状态，回火的加热速率应比淬火加热速率缓慢，回火的保温时间为淬火时间的 1.8～2 倍。回火温度的选择根据技术条件的要求，一般为 530～660℃。回火后零件应缓慢冷却，使具有最低的残余应力。残余应力主要是产生在 400～450℃的冷却过程，通常在 400℃以上，冷却速率控制在 5～50℃/h。当温度低于 400℃时，钢已处于弹性状态，冷却速率对残余应力没有影响。截面大于 400mm 者，随炉冷至 400～450℃，再空冷，较小的零件回火后可以空冷。回火脆性倾向较大的钢可以在脆性区快冷(在水或油中冷却)至 350℃，然后空冷。

JB/T 7027—2014 规定，30Cr2Ni4MoV 钢制锻件应均匀加热至 830～860℃，充分保温后能进行水淬或喷水淬火，在得到良好的相变组织以后，应在不低于 570℃温度下回火，保温足够的时间，再炉冷至 300℃以下，而后允许出炉空冷。图 6.99 为 300MW 低压整体转子调质工艺曲线示例。

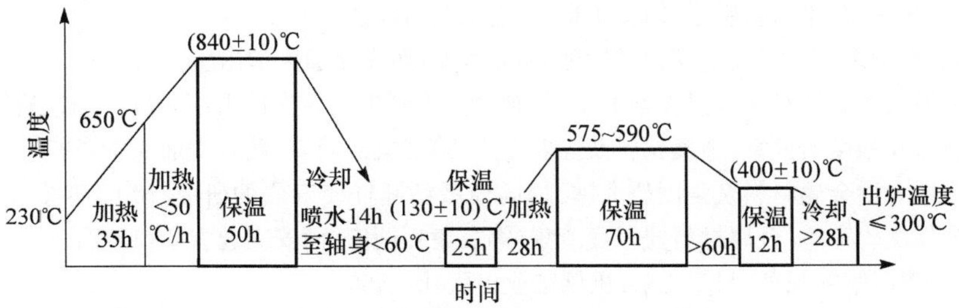

图 6.99　300MW 低压整体转子调质处理工艺曲线[184]

JB/T 11019—2010 规定，超临界及超超临界机组汽轮机用高中压转子锻件性能热处理为调质。图 6.100 为某电厂 15Cr10NiMoWVNbN 钢制 1000MW 机组汽轮机高压转子锻件的调质热处理工艺曲线。

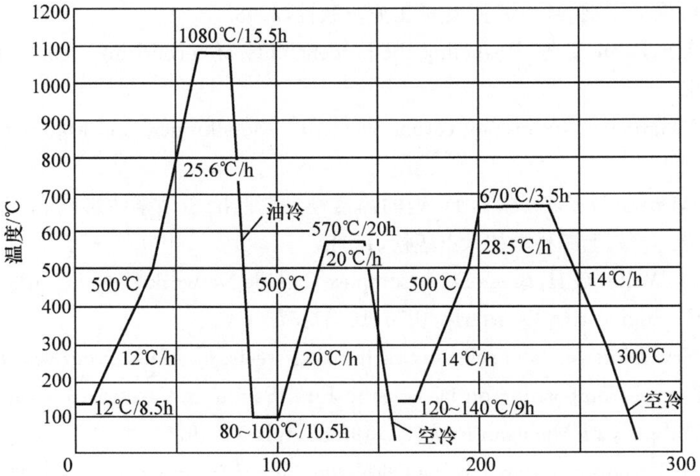

图 6.100　某电厂 15Cr10NiMoWVNbN 钢制 1000MW 机组汽轮机
高压转子锻件的调质热处理工艺曲线[207]

参 考 文 献

[1] Cina B,Jubb P. Journal of the Iron and Steel Institute[J]. 1959,193(4):329.

[2] Меськин. Основы Легировния Стаи[M]. Металлургиздат,1959.

[3] Janitzky E J,Baeyertz M. The marked similarity in tensile properties of several heat treated SAE steels[M]. Metals Handbook,1939:515.

[4] Patton W G. Mechanical properties of NE,SAE,and other hardened steels[J]. Metal Progress,1943,22:726.

[5] Bain E C,Paxton H W. Alloying Elements in Steel[M]. 2nd ed. Russell:American Society for Metals,1961.

[6] Metals Handbook Vol. 1[M]. 1961:198.

[7] 田村今男,泉久司,伊佐重辉. 钢铁材料学[M]. 东京:朝仓书店,1980.

[8] 郭可信. 世界主要产钢国家研究代替镍铬合金钢的趋势[J]. 钢铁,1958,(1):48.

[9] Bungardt K,Kiessler H,Kunze E. Stand und Entwicklung der Vergütungsstähle[J]. Stahl und Eisen,1951,71:433.

[10] 章守华,吴承建. 钢铁材料学[M]. 北京:冶金工业出版社,1992.

[11] 黄明志,石德珂,金志浩. 金属力学性能[M]. 西安:西安交通大学出版社,1986.

[12] 西安交通大学金属材料及强度研究室. 几种合金中碳钢的多次冲击弯曲抗力[M]//西安交通大学金属材料及强度研究室. 金属材料及强度专集(第二集). 西安:西安交通大学,1972:23.

[13] 西安交通大学金属材料及强度研究室. 提高模锻锤锤杆使寿命的研究[M]//西安交通大学金属材料及强度研究室. 金属材料及强度专集(第二集). 西安:西安交通大学,1972:47.

[14] 姚贵生. 渗碳钢的强度[M]. 北京:机械工业出版社,1960.

[15] 机械工程手册编辑委员会. 机械工程手册 第 20 篇 金属材料强度[M]. 北京:机械工业出版社,1979.

[16] 安运铮. 热处理工艺学[M]. 北京:机械工业出版社,1982.

[17] 电器制钢研究会. 特殊钢便览[J]. 理工学社刊,1969:2～82(日文).

[18] Мороз Л С,Шураков С С. Проблемы Прочности Цементованной Стали[M]. Изд. ЦНИИ,Л,1947.

[19] 马鸣图. 先进汽车用钢[M]. 北京:化学工业出版社,2008.

[20] de Retana A F,Doane D V. Predicting the hardenability of carburizing steels[J]. Metal Progress,1971,100:65.

[21] Jatczak C F. Hardenability in high carbon steels[J]. Metallurgical and Materials Transactions A,1974,4:2274.

[22] Siebert C A,Doane D V,Breen D H. 钢的淬透性:原理、冶金因素的影响和工业应用[M]. 卢光熙,赵子伟译. 上海:上海科学技术出版社,1984.

[23] Sponzilli J H,Walter G H,Breen D H. Complex Carbide Network Lowers Carburized Hardenability[J]. Metals Engineering Quarterly,1976,16(3):57.

[24] Kern R F. New Dimensions in selecting carburizing steels[J]. Metal Progress,October,1972:172.

[25] Eldis G. Effect of Composition on Distance to First Bainite in Carburized Steels[R]. Climax Molybdenum Company of Michigan Report L-193-85,July 14,1975.

[26] Ассонов А Д. Технология Термической Обработки Деталей Автомобили[M]. Машгизэ,1958.

[27] Гуляев А П. Термическая Обработка Стали[M]. Машгиз,1950.

[28] Балтер М А. Металловедение и Обравотка Металлов[J]. 1956,(5):33.

[29] 赵振东. 合金元素对渗碳钢内氧化生成形态的影响[J]. 国外金属热处理,1998,(4):34.

[30] 干勇,田志凌,董瀚,等. 中国材料工程大典 第3卷 钢铁材料工程(下)[M]. 北京:化学工业出版社,2006.

[31] 张英才. 汽车用齿轮钢及其应用技术的某些进展[J]. 汽车技术,2004,(10):22.

[32] 马莉,王毛球,董瀚. 微合金化渗碳齿轮钢的研究进展[J]. 特殊钢,2008,29(4):28.

[33] 栾燕,唐一凡. 保证淬透性用钢(H钢)标准评述[J]. 冶金标准化与质量,1996,(10):21.

[34] 王海文,王开远. 解析《保证淬透性结构钢》国家标准[J]. 机械工业化标准与质量,2006,(1):15.

[35] Справочник по Машиностроивочным Материалам, Том 1[M]. Машгиз,1959.

[36] Гудремон Э. Специальные Стали. Том 1[M]. Металлургиздат,1959(译自德文).

[37] 钢铁研究总院,机械科学研究院. 合金钢手册 下册[M]. 北京:中国工业出版社,1964.

[38] United States Steel Corporation. Atlas of Isothermal Transformation Diagrams[M]. Pittsbergh: United States Steel,1951.

[39] 薄鑫涛,郭海祥,袁凤松. 实用热处理手册[M]. 上海:上海科学技术出版社,2009.

[40] Попов А А, Попова Л Е. Изотермические и Термокинетические Диаграммы Распада Переохлажденного Аустенита[M]. Издательство: Металлургия,1965.

[41] 蔡璐,俞建伟. 使用K法评定非金属夹杂物[J]. 汽车工艺与材料,1965,(6):37.

[42] Автомобильные Конструкчионные Стали, Справочник[M]. Мащгиз,1951.

[43] 金荣植. 我国中重型载货汽车齿轮材料与热处理的发展概况[J]. 国外金属热处理,2005,(1):1.

[44] 贺德利. 渗碳钢淬透性与热处理变形[J]. 汽车工艺与材料,2004,(8):17.

[45] 吴树漂,刘占江,武云峰,等. 我国齿轮钢的生产与应用[J]. 特殊钢,2003,24(5):30.

[46] 华中工学院金相教研组. 合金钢及其热处理 上册[M]. 武汉:华中工学院,1976.

[47] 张进所,康韶光,翁永清,等. 20CrNi2Mo钢重载齿轮应用研究[J]. 金属热处理,2008,33(7):32.

[48] 陈云祥,途小龙,郁俐. 20CrNi2Mo材料齿轮渗碳工艺改进[J]. 热处理技术与装备,2007,28(1):32.

[49] 赵越超,付莹. 20CrNi2Mo钢代替20Cr2Ni4钢用做重载齿轮材料的研究[J]. 煤矿机械,28(9):48.

[50] 康福伟,孙汝苇,张启凤. 热处理工艺对35NCD16合金钢组织和性能的影响[J]. 哈尔滨理工大学学报, 2014,19(3):10.

[51] Машиностроение Энчиклопедический Справочник по Материалам, Том 3[M]. Машгиз,1949.

[52] 内蒙一机厂,北京钢铁研究总院,大冶钢厂,等. 18CrMnNiMoA重载荷齿轮钢的研究[J]. 金属材料与热加工工艺,1980,(1):59.

[53] 高峰,海朝,叶振华. 轻型汽车扭杆弹簧用钢45CrNiMoVA研制[J]. 特殊钢,2001,22(5):32.

[54] 本溪钢铁公司第一炼钢厂,清华大学机械系金属材料教研组. 钢的过冷奥氏体转变曲线:第一图册[M]. 1978.

[55] Лахтин Ю. Физические Основы Процесса Азотирования[M]. Мащгиз,1948.

[56] 程财鹤,糜绍中. 25Cr2MoAl钢在大功率柴油机针阀体上的应用研究[J]. 内燃机学报,1985,3(1):63.

[57] 项程云. 合金结构钢[M]. 北京:冶金工业出版社,1999.

[58] 赵西成,王大业. 低铝加钒的38CrMoAl氮化钢的试验研究[J]. 热加工工艺,1996,(2):48.

[59] 张玉琢,吴贞郭. 25Cr3MoA氮化钢的试制[J]. 特殊钢,1996,17(6):36.

[60] 单永兴,胡新华. 25Cr3MoA钢的氮化及金相分析[J]. 航空材料,1982,(1):33.

[61] 陈波,王继新. 新型氮化钢25Cr5MoA的试制[J]. 热加工工艺,2005,(2):59.

[62] 顾敬善,周红仪. 28Cr3MoV新型氮化钢的特性[J]. 上海金属,1988,10(2):34.

[63] 江志华,李志明,佟小军,等. 深氮化硬化32Cr3MoVE钢组织性能研究[J]. 航空材料学报,2010,30(2):30.

[64] 潘健生,胡明娟. 热处理工艺学[M]. 北京:高等教育出版社,2009.

[65] 冶金工业部钢铁研究总院. 合金钢手册 上册 第一分册[M]. 北京:中国工业出版社,1971.

[66] Maitrepierre P H, Rofes-Vernis J, Thivellier D. Structure-properties relationships in boron steel [C]. Boron in Steel: Proceedings of the International Symposium on Boron Steels, Metall Society of AIM, 1979.

[67] 沈鹏. 40MnB 钢中碳硼化物鉴定[J]. 金属学报,1975,(1):33.

[68] 北京钢厂,钢铁研究院硼钢专题组. 40MnB 钢硼相的溶解、析出及对性能的影响[J]. 金属热处理,1979,(08):22.

[69] 周德华. 20MnMoB 钢制造重型汽车齿轮的试验与应用[J]. 机械,1986,13(2):23.

[70] 金庆生,王锋. ZF 变速器齿轮用国产 ZF 钢渗碳热处理工艺试验研究[J]. 热加工工艺,2004,(1):61.

[71] 机械工程手册编辑委员会. 机械工程手册 第 12 篇 钢[M]. 北京:机械工业出版社,1979.

[72] Шепеляковский К З. Поверхностная Закалка Щестерен Задного Моста из Стали Пониженной Прокаливаемости[J]. Автомобильная Промышленность, 1962,(10):5.

[73] 殷志祥,张加立. 低淬透性钢的应用[J]. 工程机械,1980,(8):8.

[74] 孙珍宝,朱谱藩,林慧国,等. 合金钢钢手册 下册 第一分册[M]. 修订版. 北京:冶金工业出版社,1992.

[75] 郑新菊,张有书,黄助远. 低淬透性钢齿轮的热处理[J]. 拖拉机,1981,(3):32.

[76] 周惠久,王笑天,黄明志,等. 低碳马氏体及其综合力学性能[M]. 西安交通大学学报——金属材料及强度专辑,1964:33.

[77] Kiessling R, Lange N. Non-metallic inclusions in steel [M]. 2nd ed. London: The Metals Society, 1978.

[78] de Ardo A J, Garcia C I. Tin-bearing free-cutting steel[P]: US, 5961747. 1999-10-05.

[79] 张永军,朱辰,王立峰,等. 锡对提高材料切削性能作用的研究[J]. 金属热处理,2006,31(1):27.

[80] 张永军,朱辰,王立峰,等. 机械结构用无铅易切削钢的发展[J]. 材料导报,2005,19(12):68.

[81] 朱辰,王立峰,张永军,等. 锡在钢中分布状态的研究[C]. 冶金研究中心 2005 年"冶金工程科学论坛"论文集,2005:349.

[82] 李联生,朱荣,孙彦辉,等. 易切削钢中夹杂物及锡的形态[J]. 北京科技大学学报,2004,26(5):471.

[83] 殷浩,李联生,朱荣,等. 含锡易切削钢的初步研究[J]. 中国稀土学报,2004,22(8):323.

[84] 肖英龙. 新型无铅易切削钢. 世界金属导报[N]. 2002 年 9 月 3 日第 003 版.

[85] 刘乐凯. 钙-硫易切削钢的研究[J]. 钢铁,1980,15(9):36.

[86] 楼盛赫,蔡淑卿,知水,等. 提高钙易切削钢的切削性能[J]. 钢铁,1984,19(7):34.

[87] 宰相勇,刘永铨. 稀土在低合金易切削钢中的作用[J]. 东北工学院学报,1982,(1):63.

[88] 董成瑞,任海鹏,金同哲,等. 微合金非调质钢[M]. 北京:冶金工业出版社,2000.

[89] 齐俊杰,黄运华,张跃. 微合金化钢[M]. 北京:冶金工业出版社,2006.

[90] 陆在庆,徐国庆,崔润炯,等. 微合金中碳非调质钢的分析与综述[J]. 机械工程材料,1985,(3):10.

[91] Pickering F B. Physical Metallurgy and the Design of Steels[M]. London: Applied Science Publishers Ltd, 1978.

[92] Gladman T, Dulieu D, Mclvor I D. Structure-property relationship in high-strength microalloying steels[C]. Microalloying, 1977, 75:32.

[93] Sawada Y, Foley R P, Thompson S W, et al. Microstructure-property relationship in plain-carbon and V and V+Nb microalloyed medium carbon steels[C]. 35th MWSP Conference Proceedings

ISS-REME,1994,XXXI:26.

[94] 刘中柱,桑原守. 氧化物冶金技术的最新进展及其实践[J]. 钢铁,2007,23(3):7;2007,23(4):1.

[95] 董成瑞,金同哲. 非调质钢研究与应用的新进展[J]. 特殊钢,1996,17(4):6.

[96] Ochi T,Takahashi T,Takada H. Improvement of the toughness of hot forged products through intragranular ferrite formation[J]. Ironmaking and Steelmaking,1989,16(2):21.

[97] 陆鹏雁,吴华杰,岳峰,等. 钙处理对含硫非调质钢中夹杂物演变行为的影响[J]. 炼钢,2015,31(2):30.

[98] 闫治宇,张晗,杨瑶瑶. Ca 处理对含硫热锻微合金非调质钢组织性能改善的研究[J]. 热加工工艺,2016,45(13):127.

[99] Wright P H. Microalloyed forging steels,A new generation[J]. Advanced Materials and Processes,1988,(12):29.

[100] 刘雪娜,毕洪志,杨晓枝,等. 非调质钢 F38MnVS 生产实践[J]. 汽车工艺与材料,2014,(12):29.

[101] 苏崇涛,田玉伟. 48MnV 非调质曲轴用钢工艺及性能分析[J]. 金属世界,2014,(6):55.

[102] 张朝生,张志勤. 日本节能型非调质钢的开发[J]. 钢铁,1997,32(9):72.

[103] 邓伟辉,张永俊. 连杆涨断加工技术现状与展望[J]. 机电工程技术,2008,37(4):13.

[104] 张志强,杨慎华,寇淑清. 发动机连杆裂解材料[J]. 新技术新工艺,2005,(5):63.

[105] 曹正,史万富,王敢利,等. 高碳微合金非调质钢连杆研究[J]. 汽车工艺研究,2000,(12):24.

[106] 姚贵生. 汽车裂解连杆用钢的开发[J]. 汽车工艺与材料,2004,(1):6.

[107] 惠卫军,刘智雄,张英建,等. 一种新型胀断连杆用中碳调质钢[J]. 钢铁,2012,47(1):70.

[108] 陈思廉,惠卫军,邵成伟,等. 控制冷却对中碳高钒非调质钢的组织性能的影响[J]. 钢铁,2015,50(8):77.

[109] 师昌绪. 材料大辞典[M]. 北京:化学工业出版社,1994.

[110] 李杰,李志,颜鸣皋. 高合金超高强度钢的发展[J]. 材料工程,2007,(4):61.

[111] 范长刚,董瀚,雍岐龙,等. 低合金高强度钢的研究进展[J]. 机械工程材料,2006,30(8):1.

[112] Shih C H(师昌绪),Averbach B L,Cohen M. Some effects of silicon on the mechanical properties of high strength steels[J]. Transations of ASM,1956,48:66.

[113] 赵振业. 合金钢设计[M]. 北京:国防工业出版社,1999.

[114] 王玉庭. 固体发动机壳体材料研究分析与选择[J]. 宇航材料工艺,1984,(6):30.

[115] 钟平,张连荣. 等温淬火的 40CrMnSiMoVA 钢微观组织与性能[J]. 航空材料学报,1992,12(1):12.

[116] 伊勇. AF9628 超高强度钢热处理优化研究[D]. 昆明:昆明理工大学,2023:05～11.

[117] 付桂琴. 406 钢的强韧化热处理研究[J]. 热处理技术与装备,2009,30(4):49.

[118] Speer J,Matlock D K,de Cooman B C,et al. Carbon partitioning into austenite after martensite transformation[J]. Acta Materials,2003,51:2611.

[119] Edmonds D V,He K,Rizzo F C,et al. Quenching and partitioning martensite—A novel steel heat treatment[J]. Material Science and Engineering A,2006,438-440:25.

[120] 徐祖耀. 钢的热处理新工艺[J]. 金属热处理,2007,32(1):1.

[121] 徐祖耀. 淬火-碳分配-回火(Q-P-T)工艺浅介[J]. 金属热处理,2009,34(6):1.

[122] 戎咏华,陈乃录,金学军,等. 先进高强度钢及其工艺发展[M]. 北京:高等教育出版社,2019.

[123] 贾晓帅,左训伟,陈乃录,等. 经新型 Q-P-T 工艺处理后 Q235 钢的组织与性能[J]. 金属学报,2013,49(1):35.

[124] Roberts G A,Cary R A. Tool Steels[M]. 4th ed. Russell:American Society for Metals,1980.

[125] Гольдштейн М И,Грачев С В,Векслер Ю Г. Специальные Стали[M]. Москва:Металлургия,1985.

[126] Payson P. The Metallurgy of Tool Steels[M]. New York:John Wiley & Sons,1962.
[127] Payson P,Nehrenberg A E. The metallography and properties of high alloy hot work steels[R]. AISI Yearbook,1948:540.
[128] 赵振业,朴相俊,王素英. 中温超高强度钢 38Cr2Mo2VA 的研究[J]. 航空材料,1985,(6):11.
[129] Machmeier P M,Little C D,Horowitz M H,et al. Development of a strong(1650MPa tensile strength)martensite steel having good fracture toughness[J]. Metals Technology,1979,(8):291.
[130] Hemphill R M,Wert D E. High strength,high fracture toughness structural alloy[P]:US,5087415. 1992-04-13.
[131] 章守华. 合金钢[M]. 北京:冶金工业出版社,1981.
[132] Dobkowski D S,Konkol P J,Porter L F,et al. Nickel,cobalt,chromium steel[P]:US,3502462. 1970-03-10.
[133] Speich G R,Dobkowski D S,Porter L F. Strength and toughness of Fe-10Ni alloys containing C,Cr,Mo,and Co[J]. Material Science and Engineering A,1973,4(1):303.
[134] 黎秀球,吴静贞. 国外几种二次硬化型高断裂韧性超高强度钢[J]. 钢铁研究学报,1994,6(2):84.
[135] 石琳. 下一代飞机用超高强度钢[J]. 航空工程与维修,2003,(3):39.
[136] Novotny P M,Maurer G E. Ultra-high-strength steels[J]. The Advanced Materials and Processes,2007,165(11):37.
[137] 王黎云. 超纯航天用高强高韧钢 G99 的研制[J]. 特钢技术,2000,(2):56.
[138] 苏杰,李荣,吴宝榕. 高 Co-Ni 二次硬化马氏体钢的发展[J]. 钢铁研究学报,1995,7(4):67.
[139] 李志,赵振业. AerMet100 钢的研究与发展[J]. 航空材料,2006,26(3):265.
[140] Ayer R,Machmeier P M. Transmission electron microscopy examination of hardening and toughening phenomena in Aermet 100[J]. Material Science and Engineering A,1993,24:1943.
[141] 李杰,李春志,郭峰. 二次硬化超高强度钢中析出强化相 HRTEM 研究[J]. 航空材料学报,2008,28(4):1.
[142] 姜越. 马氏体时效不锈钢合金化设计与组织性能[M]. 哈尔滨:哈尔滨工业大学出版社,2007.
[143] Hall A M. Heat Treating of Maraging Steels[M]. 9th ed. Russell:ASM Metal Handbook,Vol. 2,1988.
[144] ATI VascoMax. C-200/C-250/C-300/C-350 Alloys Technical Data Sheet[OL]. 2010-09-17.
[145] 姜越,尹钟大,朱景川,等. 超高强度马氏体时效钢的发展[J]. 特殊钢,2004,25(2):1.
[146] Allvas VascoMax. Nickel Maraging Alloys Technical Data Sheet[OL]. 2000.
[147] 何毅,杨柯,孔凡亚,等. 超高强度 18Ni 无钴马氏体时效钢的力学性能[J]. 金属学报,2002,38(3):278.
[148] 刘丰刚,张文军,刘奋成,等. 激光增材制造低合金超高强度钢的组织与力学性能研究进展[J]. 航空制造技术,2022,65(1/2):77.
[149] Liu F G, Lin X, Song M H, et al. Microstructure and mechanical properties of laser solid formed 300M steel[J]. Journal of Alloys and Compounds, 2015, 621: 35～41.
[150] 刘丰刚,张文军,刘奋成,等. 激光增材制造 300M 钢的组织及耐腐蚀性能[J]. 特种铸造及有色合金,2022,42 (9):1071.
[151] 陶小将,陈述全,冉光喆,等. 超高强度 300M 钢起落架主支柱激光增材修理应用研究[J]. 航空维修与工程,2022(1):92.
[152] 刘雨,王长军,王春旭,等. 增材制作高强度钢的研究与应用进展[J]. 特殊钢,2023,44(5):22.
[153] 耿浩然,章希胜,陈俊华,等. 铸钢[M]. 北京:化学工业出版社,2007.
[154] 魏华胜. 铸造工程基础[M]. 北京:机械工业出版社,2002.
[155] 林慧国,林钢,马跃华. 世界钢号手册[M]. 2 版. 北京:机械工业出版社,1998.

[156]　马捷. 低碳微合金化铸钢[J]. 铸造，1990，(2)：13.

[157]　中国机械工程学会铸造专业学会. 铸造手册 第二卷 铸钢[M]. 北京：机械工业出版社，1991.

[158]　许超，韩建民，崔世海，等. 正火温度对微合金化铸钢组织和性能的影响[J]. 北方交通大学学报，2005，29(4)：96.

[159]　马捷，孙方策，陈木兰，等. 微合金化元素对低合金铸钢组织和性能影响[J]. 铸造，1997，(1)：25.

[160]　Hadfield R A. Manganese Steel[M]. Edinburgh：Oliver and Boyd，1956.

[161]　杨桂应，石德珂，王秀苓，等. 金相图谱[M]. 西安：陕西科学技术出版社，1988.

[162]　李炯辉，施友方，高汉文. 钢铁材料金相图谱[M]. 上海：上海科学技术出版社，1981.

[163]　张增志. 耐磨高锰钢[M]. 北京：冶金工业出版社，2002.

[164]　陈希杰. 高锰钢[M]. 北京：机械工业出版社，1989.

[165]　崔更生. 现代铸钢件冶金质量控制技术[M]. 北京：冶金工业出版社，2007.

[166]　何蒋爱，顾林豪，李书琴，等. 硼含量对 ZGMn13Cr2 组织和性能的影响[J]. 东北大学学报(自然科学版)，2008，29(1)：89.

[167]　Гуляев А П. Металловедение[M]. Оборонгиз，1963.

[168]　李士同，率宇鹏，朱瑞富，等. 浅论高锰钢的加工硬化机制[J]. 兵器材料科学宇工程，1999，22(5)：61.

[169]　祖方道，李小蕴，刘兰俊，等. 不同相对冲击功下高锰钢组织与加工硬化机制的研究[J]. 材料热处理学报，2006，27(2)：71.

[170]　李树素，陈希杰. 高锰钢的发展与应用[J]. 矿山机械，1998，(3)：70.

[171]　吴俊忠. 90kg 级超高锰钢大锤头的研究与应用[J]. 水利电力机械，2001，23(4)：20.

[172]　张敬澈，杨云成，胡文庆. 超高锰钢风扇磨煤机打击板的耐磨性[J]. 水利电力机械，2003，25(4)：25.

[173]　何奖爱，李书琴，辛启斌，等. 硼含量对超高锰钢组织和性能的影响[J]. 铸造，2008，57(2)：134.

[174]　袁子洲，匡毅，陈学定，等. ZGMn18Cr2Mo 超高锰钢加工硬化机理的研究[J]. 机械工程材料，2005，29(5)：9.

[175]　王明胜，樊维祥. 奥氏体中锰钢的成分设计分析[J]. 机械工程材料，1993，17(1)：17.

[176]　陈宗浩，韩文政. ZGMn8CrMo 铸钢冲击磨损表层马氏体相变研究[J]. 金属热处理，2009，34(3)：19.

[177]　韩文政，张平，张冀良，等. 中锰铸钢坦克履带板服役时的强化特性研究[J]. 兵器材料科学与工程，2000，23(4)：3.

[178]　朱瑞富，朝志强，李士同，等. 稀土和钛对奥氏体中锰钢的变质作用[J]. 中国稀土学报，1997，15(3)：234.

[179]　朱瑞富，朝志强，李士同，等. 变质中锰耐磨钢与铸态水韧节能热处理[J]. 钢铁，1997，32(2)：57.

[180]　张明，陈晓军，刘凤君，等. 变质中锰耐磨钢的性能和应用[J]. 机械工程材料，2004，28(1)：38.

[181]　李卫，林怀涛，袁军平. 中铬合金耐磨钢的研发与应用[J]. 广东有色金属学报，2004，14(1)：15.

[182]　王洪，许达. 90Cr6MoRE 耐磨铸钢的研究[J]. 钢铁，1993，5(3)：59.

[183]　戴敦才，林怀涛，赵四勇，等. 铬钼铌合金耐磨钢的研制[J]. 铸造，1996，(11)：11.

[184]　康大韬，叶国斌. 大型锻件材料及热处理[M]. 北京：龙门书局，1998.

[185]　东北重型机械学院，第一重型机器厂，第一机械工业部情报所. 大锻件热处理[M]. 北京：机械工业出版社，1974.

[186]　Bendel G，Haumer H C. Beitrag zur rechnerischen Ermittlung der Durchvergŭtlarkeit schwerer schmiedestiicke[J]. Stahl und Eisen，1964，15：932.

[187]　向大林，叶允芮. 电渣重熔的大型化发展[J]. 大型铸锻件，1991，(1-2)：55.

[188] 向大林. 关于巨型钢锭电渣技术之我见[J]. 大型铸锻件,2010,(4):38.

[189] Völkl J, Alefeld G. Hydrogen in Metals[M]//Alefeld G, Völkl J. Topics in Applied Physics, 1978,28:321.

[190] 蒋梦龙,周均禾. 超纯净钢在大型锻件上的应用与发展[J]. 大型铸锻件,1998,(3):39.

[191] 竹之内朋夫. 高品质大型锻造钢块与制造技术开发[M]. 1992.

[192] 刘显惠,林锦棠. 国外汽轮机高效化与转子锻件材料的开发[J]. 东方汽轮评论,2004,18(2):59.

[193] Grimm W, et al. The influence of microstructure on toughness properties of 3%NiCrMoV steels[C]. 13th International Forgemasters Meeting, October 12~16, 1997.

[194] 张春雨,杨森. 超纯转子钢 30Cr2Ni4MoV 的冶炼[J]. 一重技术,2008,(2):40.

[195] 崔晋娥,王涛. 3.5%NiCrMoV 钢超纯净低压转子锻件材料与工艺性能的研究[J]. 大型铸锻件, 2007,(6):7.

[196] 康大韬,廖波,杨正汉. 第 7 章 大型锻铸件的热处理[M]//中国机械工程学会热处理专业分会《热处理手册》编委会. 热处理手册第 2 卷. 3 版. 北京:机械工业出版社,2001.

[197] 川口三郎,等. 大型锻件的制造和发展[C]//北京第二通用机械厂情报室等. 第 6 次国际锻造会议文集,1972.

[198] Narayan R, Murphy M C. Review of temper embrittlement as it affects major steam turbine and generator rotor forgings[J]. Journal of the Iron and Steel Institute, 1973, 211(7):493.

[199] 陈国浩. 大锻件用 NiCrMoV 钢[J]. 机械工程材料,1990,(4):1.

[200] 刘显惠,林锦棠. 国内外汽轮机大型转子锻件材料的技术进展(二)[J]. 国外金属材料,1999,(6):5.

[201] 刘显惠,林锦棠. 国内外汽轮机大型转子锻件材料的技术进展(一)[J]. 国外金属材料,1999,(3):5.

[202] 黄蓉. 我国超临界汽轮机组选材及国产化分析[J]. 汽轮机技术,2001,43(1):9.

[203] 傅万堂,张百忠,王宝忠. 超临界与超超临界转子材料发展情况综述[J]. 大型铸锻件,2008,(5):33.

[204] 太田定雄. 铁素体系耐热钢[M]. 张善元,张绍林译. 北京:冶金工业出版社,2003.

[205] 梅林波,沈红卫,王思玉,等. 625℃汽轮机转子材料的开发及性能分析[J]. 热力透平,2012,41(3):183.

[206] 庞庆,彭建强. 625℃万等级超超临界汽轮机高中压转子材料研究[J]. 汽轮机技术,2014,56(1):75.

[207] 李益民,范长信,杨百勋,等. 大型火电机组用新型耐热钢[M]. 北京:中国电力出版社,2013.

[208] 林腾昌,王慧,王成杰,等. 超临界高中压转子用 12%Cr 钢的研究现状[J]. 铸造技术,2012,33(11):1267.

[209] 林富生,王治政,王宝忠,等. 中国电站用耐热钢及合金的研制、应用与发展[J]. 动力工程学报, 2010,30(4):235.

[210] 沈阳重型机器厂. 大型铸锻件热处理生产经验[M]. 北京:机械工业出版社,1960.

www.sciencep.com

ISBN 978-7-03-079519-9

9 787030 795199 >

定价: 999.00元(上下册)

钢的成分、组织与性能

（第三版）

下　册

崔　崑　编著

科 学 出 版 社

北　京

内 容 简 介

本书全面介绍常用钢类的成分、组织与性能，以及它们之间的关系，同时介绍各钢类相关标准及工程应用。本书分上下册，上册包括绪论，钢的生产工艺与冶金质量，铁基二元相图与钢的相组成，合金元素对钢中相变的影响，合金元素对钢的性能的影响，非合金钢、低合金钢和微合金钢，机械制造用结构钢等；下册包括专门用途的机械制造用结构钢、工模具钢、不锈钢、耐热钢与高温合金等。

本书适合从事钢材研究、应用的科研人员、工程技术人员阅读，也适合高等院校材料类专业的师生阅读。

图书在版编目(CIP)数据

钢的成分、组织与性能 ：全 2 册 / 崔崑编著. 3 版. -- 北京 ：科学出版社，2024. 11. -- ISBN 978-7-03-079519-9

Ⅰ. TG142

中国国家版本馆 CIP 数据核字第 2024ZS9672 号

责任编辑：牛宇锋 / 责任校对：任苗苗
责任印制：肖 兴 / 封面设计：蓝 正

科 学 出 版 社 出版
北京东黄城根北街 16 号
邮政编码：100717
http://www.sciencep.com
北京建宏印刷有限公司印刷
科学出版社发行 各地新华书店经销
*
2013 年 10 月第 一 版 开本：787×1092 1/16
2019 年 1 月第 二 版 印张：102 1/2
2024 年 11 月第 三 版 字数：2 424 000
2024 年 11 月第一次印刷
定价：999.00 元(上下册)
(如有印装质量问题，我社负责调换)

第三版前言

据世界钢铁协会发布的《2023年世界钢铁统计数据》，2022年世界粗钢产量达18.85亿t，其中中国为10.18亿t(未包含港澳台地区数据)。从2022年全球主要钢铁生产企业粗钢产量排名来看，前10名中6家企业为中国钢企。2022年我国出口钢材6732.3万t，进口钢材1056.6万t。目前我国不仅是钢铁大国，而且已进入钢铁强国之列。我国钢材质量总体上已达到国际先进水平。

近年来，我国钢铁行业致力于淘汰落后产能，进行了企业重组，发挥各自优势，并致力于高性能高质量钢材的开发和应用。我国汽车(包括新能源汽车)年产量、大型船舶的年交货量、高速铁路的年铺轨里程、每年大型基建工程的规模和数量均居世界首位，这些大量使用钢材的行业为提高市场的竞争力，对钢材的品种、规格、质量不断提出新的要求，促使我国钢铁企业向高质量发展。

大量研究表明，在钢中加入微量稀土可显著提高钢的强韧性等性能，但由于稀土金属极为活泼，在其电解制备时容易形成大尺寸稀土夹杂物，这些稀土夹杂物随稀土金属或合金进入钢液中，带入的大尺寸稀土夹杂物难以上浮去除，导致稀土钢性能波动并与耐火材料反应堵塞浇口。我国学者经过深入研究，开发出了钢液低氧和稀土金属低氧的控制技术，即"双低氧稀土钢" 技术，在成本基本不增加、工艺流程基本不变的情况下，可显著提高钢的疲劳寿命，并已取得专利。

大型电站(包括核电站)的建设及装机容量的不断提高，需要生产出重量越来越大的锻件，必须增大钢锭的尺寸，随之而来的是其成分偏析越加严重，因而影响钢的使用性能。为解决上述矛盾，我国学者提出了制造大型锻件的全新技术，即"金属构筑成形方法"，现已在生产实际中获得了应用，并在2018年取得了发明专利。

我国是不锈钢的生产大国，生产的不锈钢种类比较齐全，但也有短板，如厚度只有0.02mm的不锈钢箔很长时间无法生产，只能进口，价格昂贵，国外对我国还进行技术封锁。有关企业通过技术攻关，历时3年，于2018年自主突破了一系列核心技术，开发出厚度0.02mm，宽度高于国外的不锈精密钢箔，并取得了多项专利，2020年又将不锈钢箔轧制至0.015mm，创造了世界纪录。随之，我国于2022年制定了国家标准GB/T 41608—2022《不锈钢精密箔材》。

近年来，钢材制造领域出现了许多新的技术，首先是增材制造。增材制造技术是采用材料累加的方法制造零件。1987年美国生产出第一台增材制造设备，之后10年中涌现出10余种新工艺和相应的成形设备。同时欧洲和日本也相继进行了这方面研究。20世纪90年代开始，我国一些高校和研究单位也开始了增材制造技术的研发，目前，国内已建立了数十个增材制造服务中心，用户遍布航空航天、汽车、船舶、生物医疗等行业，改进和提升了我国的传统制造业。本书只介绍增材制造在钢材(包括高温合金)中的应用。

我国科技工作者还发明了利用工具头以每秒上万次的频率冲击和滚压金属零件表面，从而获得镜面零件及表面改性的一种新型加工技术，并取得了专利。该技术可称为

“能量加工技术”，利用该技术还能消除焊接后的残余应力，该技术在许多工业领域获得了应用。

上述新技术和其他一些新技术在钢中的应用，可参阅本书有关章节。

我国重视国家标准化的发展，2021 年 10 月中共中央和国务院联合印发《国家标准化发展纲要》，纲要中要求“提升标准国际化水平，加快构建推动高质量发展的标准体系，助力高技术创新，促进高水平开放，引领高质量发展”。

本书比较系统地介绍了我国主要用钢标准的发展历程及最新的标准版本。因为各类钢的国家标准反映国家这类钢的发展水平和质量，是钢材使用者选材和用材的重要依据，也是钢材国际贸易中不可或缺的一环，它对于保障贸易产品的质量和合规性起着重要的作用。多年来我国钢铁企业的科技工作者以及从事钢材研究的科研院所和高校的科研团队，从全面引进到结合我国国情不断发展和创新，并借鉴相关国际标准，已经建立了完整的国家钢材标准体系，标准所反映的钢材质量总体上已达到国际先进水平。

本书第二版引入了 204 个有关钢材的标准，主要是国家标准，少部分是部级标准和企业标准，其中 1 个标准已公告作废。本书第三版保留的原有标准中有 44 个已更新，新引入的标准有 24 个。第三版引入的标准共 227 个。

已更新的国家标准大多是使用量比较大的，如《船舶及海洋工程用结构钢》、《汽车用高强度热连轧钢板及钢带》系列标准、《汽车用高强度冷连轧钢板及钢带》系列标准等。《汽车用高强度热连轧钢板及钢带》系列标准共有 7 个标准，最近更新了 5 个，其中 4 个是 2022 年更新的，《汽车用高强度冷连轧钢板及钢带》系列标准”共有 12 个标准，2022 年更新了 4 个，另有 1 个是 2019 年制定的。

新引入的标准中大部分因其社会使用比较广泛，这次将其引入，如《冷弯钢板桩》《热轧钢板桩》《热轧 H 型钢和剖分 T 型钢》《航空用合金结构钢》等标准。这使本书引入的钢材标准更加全面。新引入的也有全新的国家标准，如“高温轴承钢”“不锈钢精密箔材”等。

本书第三版的第 1 章至第 9 章由崔崑负责修订，第 10 章由谢长生负责修订。在撰写和修订本书的过程中，编著者引用了大量的国内外发表的学术论文、报告、专著和网络报道，引入了各类标准 227 个，作者均在引用处注明出处。在此，谨向各类文献的作者和各标准的制定者、刊物的出版者表示诚挚的感谢！

由于编著者学识有限，书中有不妥和疏漏之处，恳请读者不吝指正。

崔　崑

2024 年 3 月

第二版前言

钢铁工业是我国国民经济的重要支柱产业，在经济建设、社会发展、国防建设等方面发挥着重要作用，为保障国民经济稳定快速发展做出了重要贡献。1996年我国粗钢产量达1.0002亿t(未包含港澳台数据)，跃居世界第一产钢大国，2010年达到6.3亿t(当年世界钢产量为14.1亿t)。近年我国的钢产量增长趋缓，主要任务是研发高技术水平品种，淘汰落后产能。目前，我国大型钢铁企业和一些技术先进的钢铁企业的吨钢综合能耗已接近国际先进水平。2017年我国粗钢产量达到8.317亿t(当年世界钢产量为16.912亿t)。

近年来，我国钢铁工业在大型化和现代化方面有了很大的进展，许多企业优化了工艺流程，建立了高效率、低成本的洁净钢生产体系，提高了钢的冶金质量。此外，控制轧制和控制冷却技术已广泛应用，以强化冷却技术为特征的新一代控冷技术有了较快的发展和应用。我国近年兴建的中厚钢板厂已引进和自主开发了一些具有国际先进水平的轧后控冷系统，可以生产出高强度并具有良好韧性的中厚钢板，提高了众多品种的低合金钢和微合金钢的使用性能，提高了产品的规格。

建筑、机械、汽车等领域是推动钢材需求的主要部门。为节约资源，国家积极引导和促进高效钢材的应用，提倡在建筑领域使用400MPa及以上高强螺纹钢取代335MPa螺纹钢。在新修订的国家标准中，取消了335MPa级的螺纹钢牌号。2007年我国成立了汽车轻量化技术创新战略联盟，努力发展高强汽车用钢以实现商用汽车减重300kg的目标。2006～2017年，我国陆续制定了《汽车用高强度热连轧钢板及钢带》系列国家标准，包括7个部分；还制定了《汽车用高强度冷连轧钢板及钢带》系列国家标准，包括11个部分，其中包括双相钢、相变诱导塑性钢、复相钢、液压成形用钢、淬火配分钢、马氏体钢、孪晶诱导塑性钢等，并已成功开发出1200MPa、1500MPa高强钢，为汽车轻量化提供了支持。

机械、汽车、航空工业的发展促进了机械制造用钢(包括弹簧钢和轴承钢)的发展。新修订的国家标准中，对这类钢的硫、磷和其他杂质元素的含量有了更为严格的要求，对低倍组织和非金属夹杂物的要求也更为严格。为满足航空发动机、直升机等高技术领域的需求，国内外开发出高性能的轴承齿轮钢。用这些钢制成的零部件，有更好的耐磨性、韧性，以及更长的机械疲劳和接触疲劳寿命，因此，具有更高的使用寿命和安全性。

模具钢是工具钢中的一种。由于用模具生产零件具有材料利用率高、制品尺寸精度高等优点，能极大地提高生产率，在工具钢中，模具钢产量的比例日益增加。因此，最近在修订国家标准《合金工具钢》(GB/T 1299—2000)时，将其名称更改为《工模具钢》(GB/T 1299—2014)，新纳入的模具钢牌号有46个。

为节约战略资源镍，国内外加速了现代铁素体不锈钢的研究和发展，开发出一些新的铁素体不锈钢和超级铁素体不锈钢。我国高铬铁素体不锈钢产量份额(包括高铬马氏体不锈钢)在20世纪80年代仅占我国不锈钢产量的10%左右，近年已接近20%。

耐热钢主要应用于大型火电机组和内燃机。在新修订的这种钢的国家标准或行业标准中，都加严了对成分、组织和质量的控制，并引进了国内外一些使用性能良好的钢种。高温合金的发展不仅推动了航空/航天发动机等国防尖端武器装备的技术进步，而且促进了交通运输、能源动力等国民经济相关产业的技术发展。金属材料领域中许多基础概念、新技术、新工艺都曾率先在高温合金研究领域中出现。进入 21 世纪以来，世界各国在高性能高温合金材料研究方面的步伐明显加快，需要对高温合金发展的新进展作一简单评述，主要包括：成分设计方法，组织结构等的定量表征，以及变形、强化与损伤过程的研究。

《钢的成分、组织与性能》一书的上、下册于 2013 年出版，距今已 5 年有余。在此期间，我国钢铁的生产技术不断进步，产品质量和性能持续提升，开发出一些高技术产品，更新了大部分国家标准并制定出一些新的标准。因此有必要对原书进行修订，再版发行。

在《钢的成分、组织与性能》第二版中更新了 58 个与钢种有关的国家标准或行业标准，还列入了 27 个新制定的与钢种有关的国家标准或行业标准。

为便于读者查阅，本书由原来的上、下册，更改为第二版的六个分册。其中，第一分册：合金钢基础，包括原书的第 1 章至第 4 章，第二分册：非合金钢、低合金钢和微合金钢，以原书的第 5 章为主干，第三分册：合金结构钢，包括原书的第 6 章和第 7 章，第四分册：工模具钢，以原书的第 8 章为主干，第五分册：不锈钢，以原书的第 9 章为主干，第六分册：耐热钢与高温合金，以原书的第 10 章为主干。

由于编著者学识有限，书中难免存在不妥和疏漏之处，尚祈读者不吝指正。

崔　崑

2018 年 9 月

第一版前言

人类现代文明与钢材的大量生产和使用密不可分。高技术在钢铁工业上的应用使钢铁工业成为世界上最高产、最高效和技术最先进的工业之一，因而钢材价格也比较低。钢材具有良好的综合性能，是世界上最为常见的多用途制造材料。钢材制成的产品服役报废后，绝大部分可以回收利用，具有良好的循环再生能力。环保技术与钢铁生产工艺的结合，使得钢铁生产中空气排尘与污泥外排正在减少，产生的固体废弃物已近全部回收利用，因此钢铁材料是与环境协调、友好的材料。与其他基础材料相比，钢铁材料，特别是作为基础结构材料，在21世纪仍将占据主导地位。

近年来国内陆续出版了不少有关各类专用钢的书籍，也出版了一些有关钢铁材料工程的大型工具书。作者撰写本书的目的是想在一部作品中对工程上常用的钢类(不包括电工用钢)作较全面的介绍，着重阐明合金元素在钢中的作用，钢的成分与其热处理特点、组织、性能之间的关系及其工程应用。

2005年，国家标准化管理委员会召开了全国标准化工作会议，要求加大采用国际标准和国外先进标准的力度，进一步促进提高我国产品、企业和产业的国际竞争力。之后有关部门加快了钢标准的修订和制定工作，我国国家标准与国际标准一致性水平大幅提升，我国钢标准体系更加科学、技术更加先进、市场更加适应、贸易更加便利。本书尽量采用最新制定的国家标准和行业标准，对国内常引进的国外钢号和各类材料的发展方向亦作了适当的介绍。

本书重视钢种的热处理工艺、性能和应用，特别是国家标准中列入的钢号，使从事钢铁材料工程的科技人员能依据部件或构件的服役条件合理选用钢材。

全书共10章。第1章简要介绍钢的生产过程及其对钢的冶金质量的影响。自20世纪中叶以来，世界钢铁生产工业装备技术快速发展，普遍采用了炉外精炼、连铸等新技术。1978年我国钢铁工业进入了稳定快速发展时期。近年通过大量引进国外先进的工业设备和技术创新，我国一些大中型钢铁企业的装备和生产工艺已进入世界钢铁生产企业的先进行列，大大促进了我国钢质量的提高和新钢种的开发。第2章介绍常用的铁基二元相图与钢的相组成，这是各类钢的成分设计基础。第3章介绍合金元素对钢中相变的影响，主要分析钢中加入合金元素后对各种热处理相变所产生的影响，以及各类组织的特征和性能，对各种相变的不同理论不作过多的分析，因为这方面已有许多专著。第4章介绍合金元素对钢的性能的影响，这些性能包括力学性能(强度、塑性、韧性、硬度、疲劳和磨损)、钢的淬透性、热变形成形性(控制轧制和控制冷却、锻造性能)、冷变形成形性(拉伸、胀形、弯曲)、焊接性、切削加工性。对于钢的热处理性能及表面处理，除淬透性外，未专门作介绍，同样因为这方面已有许多专著和大型手册。第5～10章为各大类钢的介绍。在各章中又将各大类钢分为若干小类。钢的分类方法有多种：按化学成分、按质量等级、按组织、按用途等。本书的分类不拘一格，第5章大体上是按化学成分分类，后面各章是按用途分类，而且也不是很严格。例如，第5章中在论述TRIP钢时，既有低合金钢又有合金钢，这是为了论述的系统性。

本书第 1～9 章由崔崑撰写，并经华中科技大学谢长生教授和张同俊教授审阅，第 10 章由谢长生教授撰写，经崔崑审阅。全书最后由崔崑统一定稿。

本书对钢材领域的科学研究人员、材料科学专业的师生、广大的钢材应用部门和材料选用者均有参考价值。读者如果具有物理冶金（金属学）和金属热处理的基本知识，阅读本书不会有困难。

在撰写本书过程中，引用了大量的专著、论文，以及标准中的图、表和数据，作者均注明出处，并尽可能引用原始文献，在此谨向文献作者、标准制定者和刊物的出版者表示诚挚的感谢！

本书的撰写得到华中科技大学材料科学与工程学院和华中科技大学材料成形与模具技术国家重点实验室的支持和资助，作者表示衷心的感谢！

由于作者学识有限，书中必有不妥之处，恳请读者不吝指正。

崔　崑

目　录

第三版前言

第二版前言

第一版前言

第7章　专门用途的机械制造用结构钢 …… 803

7.1　弹簧钢 …… 803

7.1.1　弹簧钢的工作条件和性能要求 …… 803

7.1.2　弹簧钢所含元素及其作用 …… 805

7.1.3　弹簧钢的化学成分及其性能 …… 807

7.1.4　弹簧钢的生产 …… 818

7.1.5　热成形弹簧的热处理 …… 819

7.1.6　冷成形螺旋弹簧的热处理 …… 821

7.1.7　弹簧的特殊处理 …… 830

7.2　轴承钢 …… 831

7.2.1　滚动轴承的工作条件及对滚动轴承钢的要求 …… 831

7.2.2　合金元素在轴承钢中的作用 …… 833

7.2.3　轴承钢的冶金质量及其对轴承钢性能的影响 …… 835

7.2.4　轴承钢的冷拔材、钢丝和管材的生产 …… 849

7.2.5　高碳铬轴承钢及其热处理 …… 849

7.2.6　渗碳轴承钢 …… 863

7.2.7　中碳轴承钢 …… 870

7.2.8　不锈轴承钢 …… 871

7.2.9　中温、高温、高温不锈和高温渗碳轴承钢 …… 874

7.3　低温钢 …… 882

7.3.1　低合金低温钢 …… 882

7.3.2　镍系低温钢 …… 885

7.3.3　超低温奥氏体钢 …… 891

参考文献 …… 892

第8章　工模具钢 …… 896

8.1　工具钢的分类和工具钢的基本性能 …… 896

8.2　刃具用非合金及合金工具钢 …… 906

8.2.1　非合金工具钢 …… 906

8.2.2　合金工具钢 …… 913

8.3　高速钢 …… 922

8.3.1　高速钢的化学成分 …… 922

8.3.2 高速钢的组织 …… 927
8.3.3 碳及合金元素对高速钢组织和性能的影响 …… 934
8.3.4 高速钢的生产和热加工 …… 947
8.3.5 高速钢的淬火加热 …… 954
8.3.6 高速钢的淬火冷却 …… 962
8.3.7 高速钢的回火 …… 968
8.3.8 各类高速钢的应用 …… 971
8.3.9 粉末冶金高速钢 …… 981
8.3.10 喷射成形高速钢 …… 989
8.3.11 高速钢的表面处理 …… 995
8.4 冷作模具钢 …… 1001
8.4.1 冷作模具钢对性能的要求 …… 1001
8.4.2 非合金工具钢 …… 1005
8.4.3 低合金工具钢 …… 1006
8.4.4 高铬及中铬工具钢 …… 1011
8.4.5 含锰较高的空冷微变形钢 …… 1029
8.4.6 高速钢 …… 1031
8.4.7 基体钢 …… 1035
8.4.8 钢结硬质合金 …… 1039
8.4.9 冷轧辊用钢 …… 1043
8.5 热作模具钢 …… 1050
8.5.1 热作模具钢对性能的要求 …… 1051
8.5.2 热锻模具钢 …… 1053
8.5.3 高热强性热作模具钢 …… 1064
8.5.4 奥氏体型热作模具钢 …… 1091
8.6 塑料模具钢 …… 1096
8.6.1 塑料模具钢的性能要求和分类 …… 1096
8.6.2 预硬型塑料模具钢 …… 1098
8.6.3 时效硬化型塑料模具钢 …… 1113
8.6.4 耐蚀塑料模具钢 …… 1119
8.6.5 冷挤压成型用塑料模具钢 …… 1126
8.6.6 我国塑料模具钢的行业标准 …… 1128
8.7 其他工模具用钢 …… 1132
8.7.1 量具用钢 …… 1132
8.7.2 耐冲击工具用钢 …… 1134
8.7.3 高耐磨热作模具钢 …… 1138
8.7.4 无磁模具钢 …… 1139
8.7.5 钎具用钢 …… 1140
参考文献 …… 1148

第 9 章　不锈钢 …… 1156
9.1　不锈钢的性能要求和腐蚀类型 …… 1156
9.1.1　不锈钢的性能要求 …… 1156
9.1.2　不锈钢的腐蚀类型 …… 1159
9.2　不锈钢的组织和分类 …… 1163
9.2.1　不锈钢的组织 …… 1163
9.2.2　不锈钢的分类 …… 1167
9.3　马氏体不锈钢 …… 1200
9.3.1　碳及合金元素对马氏体不锈钢组织和性能的影响 …… 1200
9.3.2　低碳及中碳 Cr13 型不锈钢 …… 1204
9.3.3　低碳含镍的 Cr17Ni2 型不锈钢 …… 1209
9.3.4　高碳 Cr18 型不锈钢 …… 1212
9.4　铁素体不锈钢 …… 1212
9.4.1　铁素体不锈钢的组织和脆性 …… 1213
9.4.2　合金元素对铁素体不锈钢组织和性能的影响 …… 1215
9.4.3　常用铁素体不锈钢的钢号、性能和应用 …… 1221
9.5　奥氏体不锈钢 …… 1233
9.5.1　奥氏体不锈钢的组织 …… 1233
9.5.2　一些元素对奥氏体不锈钢组织和性能的影响 …… 1241
9.5.3　奥氏体不锈钢的热处理和冷变形强化 …… 1251
9.5.4　常用奥氏体不锈钢的钢号、性能和应用 …… 1254
9.6　奥氏体-铁素体不锈钢 …… 1266
9.6.1　双相不锈钢的组织 …… 1266
9.6.2　双相不锈钢的性能特点 …… 1270
9.6.3　常用双相不锈钢的钢号、性能和应用 …… 1284
9.7　沉淀硬化不锈钢 …… 1296
9.7.1　马氏体沉淀硬化不锈钢 …… 1296
9.7.2　半奥氏体沉淀硬化不锈钢 …… 1307
9.7.3　奥氏体沉淀硬化不锈钢 …… 1313
9.8　其他不锈钢 …… 1314
9.8.1　高氮不锈钢 …… 1314
9.8.2　生物医用不锈钢 …… 1325
9.8.3　抗菌不锈钢 …… 1329
9.8.4　不锈钢精密箔材 …… 1333
参考文献 …… 1336
第 10 章　耐热钢与高温合金 …… 1342
10.1　对耐热钢与高温合金的要求 …… 1343
10.1.1　耐热钢与高温合金的抗氧化性能 …… 1343
10.1.2　耐热钢与高温合金的高温力学性能 …… 1357

10.1.3 耐热钢与高温合金的强化 …… 1369
10.2 热强钢 …… 1372
10.2.1 动力机组锅炉用钢管 …… 1373
10.2.2 电站机组叶轮、紧固件用钢 …… 1406
10.2.3 汽轮机叶片用钢 …… 1410
10.2.4 奥氏体热强钢 …… 1422
10.3 抗氧化钢 …… 1434
10.3.1 铁素体和马氏体抗氧化钢 …… 1434
10.3.2 奥氏体抗氧化钢 …… 1437
10.4 阀门钢 …… 1441
10.4.1 阀门钢的成分与性能 …… 1441
10.4.2 马氏体阀门钢 …… 1447
10.4.3 奥氏体阀门钢和阀门合金 …… 1454
10.4.4 发动机排气阀的技术条件 …… 1464
10.5 高温合金 …… 1467
10.5.1 铁基高温合金 …… 1469
10.5.2 镍基高温合金 …… 1476
10.5.3 钴基高温合金 …… 1510
10.5.4 Ti-Al 系金属间化合物高温结构材料 …… 1518
10.5.5 高温结构材料的增材制造 …… 1538
10.6 高温合金近期研究动态与展望 …… 1541
10.6.1 发展历程及技术难点评述 …… 1542
10.6.2 合金成分设计 …… 1556
10.6.3 变形、强化与损伤研究 …… 1567
参考文献 …… 1577
索引 …… 1587

第 7 章　专门用途的机械制造用结构钢

7.1　弹　簧　钢

弹簧是一种十分重要的机械零件，在各种机械中可以起着缓冲、减震、储能、连接、支承、传动、密封等作用，在国民经济的各个部门得到了广泛的应用。

弹簧钢是制造各类弹簧和弹性件的主要材料。虽然可用来制造弹簧的材料很多，但是钢材在目前和今后相当一段时间，仍是用量最大、用途最广、综合性能最好，而且价格最便宜的弹簧材料。汽车行业是弹簧钢的最大用户，消耗量占弹簧钢总产量的 60%以上。

弹簧钢除了用于各类弹簧外，还可用于制造弹性零件，如弹性轴，以及某些机械零件和耐冲击的工模具等。

7.1.1　弹簧钢的工作条件和性能要求

机械行业常用的弹簧，根据外形可分为螺旋弹簧（螺簧）、钢板弹簧（板簧）、扭杆弹簧（稳定杆）、碟形弹簧、平面蜗卷弹簧等。

螺旋弹簧结构简单，储能比较大，得到广泛的应用。螺旋弹簧不管是受压还是受拉，其承受的应力均主要是扭转应力，在弹簧的内表面应力值最大。因此，在动负荷的情况下，螺旋弹簧的主要破坏方式是疲劳，疲劳源一般在内表面。

钢板弹簧主要用于机车、汽车、拖拉机上，在车轮和车架之间起连接的作用。它除了承受巨大的车厢及载物的重量（静负荷）外，还要承受因地面不平所引起的冲击负荷和振动。板簧本身有棱角和中心孔，应力集中很明显。断口分析表明，汽车板簧断裂绝大多数是疲劳破坏引起的。

目前汽车使用的钢板弹簧主要采用的结构形式为多片等截面钢板弹簧和少片变截面钢板弹簧。

多片等截面钢板弹簧的片数一般多于 5，各片厚度相同，长度不同。截面为矩形的钢板弹簧结构较简单，其中性轴在截面的对称位置上工作时，钢板的上表面承受的拉应力和下面承受压应力绝对值相等，但钢的抗压能力高于抗拉能力，所以承受拉应力的上表面首先出现疲劳断裂。为改善钢板表面的应力分布，设计出单面双槽钢板弹簧，即在承压面沿纵向开出两个槽，使中性轴上移，降低了表面拉应力，可节约钢材 10%，降低了动态应力，提高了使用寿命。

少片变截面钢板弹簧的片数为 1～4，各片的长度相同，弹簧厚度延长方向不等厚。与多片钢板弹簧相比，少片变截面钢板质量可减轻 30%～50%。少片变截面钢板弹簧还可减轻片间摩擦，减少接触疲劳，降低运动噪声，改善客车行驶的平顺性，提高乘坐舒适性。虽然这种钢板的轧制工艺比较复杂，但近年来各国在汽车工业中发展变截面弹簧的趋势却有增无减。

扭杆弹簧,即一端固定而另一端与工作部件连接的杆形弹簧,在汽车、铁路机车、军事装备上得到广泛的应用。汽车使用的扭杆弹簧,其一端固定在车架上而另一端与车轮连接,车轮上下跳动时扭杆产生扭转变形,靠扭转弹力来吸收振动能量。因为扭杆弹簧单位质量储能量比钢板弹簧大许多,所以扭杆弹簧悬架质量小,目前在轻型客车和货车上得到广泛的应用。

弹簧钢按生产工艺可分为热成形弹簧用钢和冷成形弹簧用钢两种。

热成形弹簧用钢包括线材和棒材(圆钢、方钢和扁钢),其规格较大,主要用做汽车、铁路机车等行业的螺旋弹簧、扭转弹簧和钢板弹簧。热成形弹簧用钢可以热轧、热锻、冷拉或退火状态交货。由于尺寸较大,弹簧需采用热成形,然后再经淬火及中温回火处理,以形成回火屈氏体组织,可使弹簧获得优良的力学性能和疲劳性能。为了改善弹簧的耐疲劳性能,在热处理后,可再进行低温气体氮化或采用喷丸强化处理。

冷成形弹簧用钢包括钢丝、钢带,其规格小,一般加工成小型弹簧。

钢丝又分为冷拉钢丝和油淬火钢丝。冷拉钢丝一般经预先热处理并冷作强化。这类钢丝的表面质量高,强度也高,最高抗拉强度可在 3000MPa 以上。用这类钢丝冷卷成弹簧后,仅进行消除应力退火(俗称低温回火),不再经淬火-回火处理,制成的弹簧尺寸精度高,表面质量好。小型弹簧大多采用冷拉钢丝。油淬火钢丝是在钢丝生产的最后阶段进行连续淬火-回火处理,获得规定的力学性能。钢丝制成弹簧后,只进行消除应力的低温退火。油淬火钢丝是油淬火-回火钢丝的简称。

弹簧钢带有碳素钢钢带、合金钢钢带及不锈钢钢带,主要用做盘簧、弹簧挡环、碟形弹簧、垫圈等小型弹性元件。仪表中的簧片和钟表发条多是采用冷轧的高级优质碳素钢钢带制作而成。

根据弹簧钢的工作条件及其失效模式的分析,对弹簧钢提出以下的力学性能要求[1,2]。

(1) 具有高的强度,特别是弹性极限 $\sigma_e(\sigma_{0.01})$,一般在考虑一定安全系数后可采用 $\sigma_{0.2}$。对于减震弹簧,从吸收能量的角度考虑,要求有高的弹性极限,因为在弹性范围内单位体积的弹性应变能为 $\sigma_e^2/2E$,所以 σ_e 越大,能吸收的最大弹性应变能也就越大。此外,还要求有高的屈强比 σ_s/σ_b,以提高强度的利用率。目前弹簧钢生产大都采用淬火加中温回火以得到回火屈氏体组织。

(2) 具有高的疲劳极限(包括缺口疲劳强度),因为重要的弹簧大都在反复应力下工作,疲劳破坏是其失效的主要形式。一般说来,在一定硬度(500HB)之下,钢的疲劳极限和强度之间有一定的比例关系,强度极限越高,疲劳极限也相应地越高。但是疲劳性能对于零件的表面状态很敏感,因此弹簧的表面质量是非常重要的,要求不应有裂纹、折叠、斑疤、发裂、气泡、夹杂和压入的氧化铁皮等缺陷。这就要求注意冶金质量,在加热过程中,尽量预防表面缺陷和减轻表面脱碳。弹簧钢还应具有低的裂纹扩展速率,在裂纹萌生后,可以有较长的裂纹扩展过程,有利于弹簧件使用寿命的延长。

(3) 断裂韧度表征了弹簧钢韧性储备的高低,这一指标对于防止在高强度、高应力条件下工作的弹簧发生有危险性的脆断具有重要意义,因此断裂韧度也常作为弹簧钢性能的一个指标。断裂韧度还能反映弹簧钢的冶金质量、夹杂物的大小和数量。

(4) 弹簧钢的抗松弛能力(或弹性减退抗力)是保证弹簧在长期工作中具有良好形状

及尺寸稳定性的一个指标。弹性减退是指弹簧在动、静载荷下，在室温下发生塑性变形和模量降低的一种现象，弹性减退失效也是弹簧最常见的破坏形式。

目前弹性减退的试验方法有多种，如拉伸与压缩应力松弛试验法、弯曲及扭转应力松弛试验法、实物弹簧松弛试验法[3,4]。我国制定了 GB/T 10120—2013《金属材料　拉伸应力松弛试验方法》。

弹性减退实质上是材料在室温下发生塑性变形的一种现象。因此各种影响材料塑性变形的因素都会影响弹性减退抗力，可以通过以下途径提高弹簧钢的弹减抗力：固溶强化、沉淀强化和细晶强化。

弹簧钢还应具有比较好的工艺性能，包括淬透性、脱碳倾向、成形性能等。弹簧用钢在卷成以前要有一定的塑性是为了便于成形。经热处理后的成形弹簧也要有适当的塑性和韧性，但要求并不太高。下面主要讨论淬透性和脱碳倾向。

(1) 淬透性。汽车弹簧特殊的使用和受力状态，要求弹簧整个截面都具有良好的综合力学性能，尤其是变截面板簧的发展，弹簧截面的增加对淬透性提出了更高的要求。目前广泛使用的变截面板簧的最大厚度为 32mm，要求板弹簧截面中心以油淬可得到 80%的马氏体，作为弹簧钢选择钢种淬透性的依据。这一要求较原来的截面中心油淬可得到 50%马氏体作为淬透性的要求有较大的提高。

(2) 脱碳倾向。脱碳使钢的表面硬度降低，影响弹簧的疲劳寿命和弹性减退抗力，因此要求弹簧钢的脱碳敏感性越小越好。

钢中的化学元素是影响其脱碳的主要因素。碳含量越高，脱碳倾向越大，这是因为碳浓度越高，脱碳时的碳浓度梯度越大。合金元素主要是通过改变钢中的碳原子的活度，从而改变其扩散系数来影响钢的脱碳。硅明显提高碳的活度，增大碳的扩散系数，使钢的脱碳倾向增大。能降低钢中碳活度的合金元素都能降低钢的脱碳倾向，如一些强碳化物生成元素 V、Mo、Cr 等(参阅图 3.3 和式(3.31))。

影响脱碳层厚度的另外一个因素是加热时的气氛和温度。在氧化性气氛中加热时，表面脱碳与表面氧化同时发生。有些元素通过改变氧化层的性质影响脱碳。铬增加了铁氧化层的致密度，使含铬钢既不易氧化也不易脱碳。硼在钢中增加氧化层的脆性，使之易破裂而脱掉，加剧了氧化反应，脱碳层却减薄，使含硼钢易氧化而不易脱碳。

温度的影响表现在，较低温度下，脱碳层随温度的升高而逐渐增厚，高温时氧化速率快于脱碳，氧化层变得疏松易脱落，使脱碳层减薄。

上面所述是对一般弹簧用钢的性能要求，某些在特殊条件下工作的弹簧还有特殊的要求。在较高温度下工作时，需要耐热弹簧钢；在腐蚀介质中使用时，需要耐蚀弹簧钢；在精密仪表中工作时，要求在长时间内和一定温度范围内有稳定的弹性等。

7.1.2　弹簧钢所含元素及其作用

弹簧钢按化学成分可分为碳素弹簧钢、合金弹簧钢和高合金弹簧钢。其中，合金弹簧钢具有性能优良、适应性强、价格低廉等优点，因此用途广泛，是最重要的弹簧材料。常用合金弹簧钢的化学成分与合金结构钢相比，除碳含量较高外，没有其他大的差别。但随着工业的不断发展，弹簧的设计应力不断提高，弹簧尺寸不断增大，寿命要求也不断提高等，近年来国内外开发出一些新的弹簧钢。

下面分析弹簧钢中通常含有的各元素的作用[5~9]。

碳　碳在弹簧钢中是主要的强化元素，在合金弹簧钢中碳含量大多在0.45%～0.75%。较高的碳含量对强度、硬度、弹性、疲劳性能是有利的，但对塑性和韧性不利。

20世纪80年代以来，国内外均开发出碳含量较低的、适于制造汽车板簧的弹簧钢，碳含量在0.20%～0.40%。由于碳含量低，热处理后得到低碳板条马氏体组织，塑韧性好，淬火后可自行回火，加工性能好。与此相反，为了获得更高的强度、硬度，以满足提高工作应力的要求，也有增加弹簧钢碳含量的趋势。一些新研制的高强度弹簧钢的碳含量上限达到0.7%，甚至更高。

硅　硅在钢中有固溶强化作用并能提高钢在低温、中温的回火稳定性。硅虽然不是碳化物形成元素，却能影响回火时析出的碳化物粒子的形状、数量、粒度和间距。由图7.1[7]可以看出，在含0.60%C、0.90%Mn、0.20%Mo的钢中，随硅含量的提高，碳化物数量几乎直线上升，而间距则相应减小。图中还列入SAE9260(含2.2%Si)和SAE5160(含0.24%Si)两种钢有关数据进行对比。SAE9260钢中的渗碳体呈椭球状，而在SAE5160钢中的渗碳体则呈棒状。

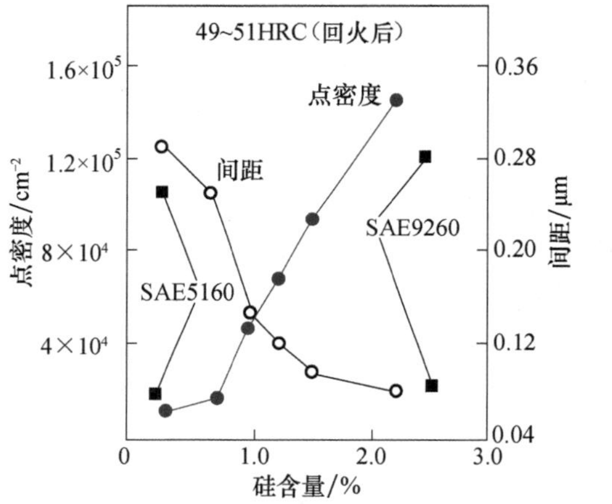

图7.1　硅对Mn-Mo钢中碳化物质点密度和间距的影响[7]

成分：0.60%C、0.90%Mn、0.20%Mo

研究表明，在所有合金元素中，硅提高弹减抗力的能力最强，所以新研制的一些弹减抗力优良的弹簧钢都含有较多的硅。硅之所以能有效地提高弹减抗力，是由于硅具有强烈的固溶强化能力，并能抑制渗碳体在回火过程中晶核的形成和长大，从而改变渗碳体的形状和间距。但迄今为止，对钢中的最佳硅含量尚无一致的看法，但基本上是1.5%～2.0%。

硅可以防止氧化，同时促进脱碳倾向，应特别注意保护，提高钢中的锰含量可以减轻脱碳倾向。当钢中硅、碳含量较高时，会出现石墨化现象，产生黑色断口。

锰　锰提高钢的淬透性，有固溶强化的作用，但锰含量较高时有粗化晶粒的倾向，故弹簧钢中锰含量的范围通常为0.60%～1.30%。

铬　铬对弹簧钢的多种性能有良好的作用。铬能显著提高淬透性和抗氧化、抗腐蚀的能力，提高回火稳定性，有利于提高钢的力学性能。加入0.5%Cr可使$\sigma_{0.2}$提高16%，脱碳层深度减小约50%。铬还能有效防止Si-Mn弹簧钢球化退火时出现石墨化。铬降低钢的抗弹减性，当其含量小于0.7%时，对抗弹减性没有什么影响。铬在弹簧钢中的含量通常为0.7%～1.0%。

钼　钼提高钢的淬透性和防止回火脆性。钼含量小于0.4%时，随钼含量的增加，钢的屈强比提高，亦即弹减抗力提高。钼还可以提高弹簧的工作温度。

钒和铌　钒和铌都是强碳化物形成元素，在钢中有沉淀强化和细化晶粒的作用。这两种元素均可生成细小弥散而且硬度高的MC型碳化物。在高强度Si-Ni-Cr-Mo钢中加入0.20%V有助于提高弹减抗力，并改善钢的塑韧性和屈强比，钒含量再提高时，效果反而不好。钒在弹簧钢中的含量一般为0.10%～0.25%。

钢中同时加入钒和铌时，因其复合作用的结果，可以收到更好的效果。

硼　弹簧钢中常加入硼，其作用与在合金结构钢中相同，主要是提高钢的淬透性。一些试验表明，添加微量的硼有利于提高中碳弹簧钢的弹减抗力，这可能是由于硼固溶于钢中时偏聚于位错，钉扎位错使其不易移动[8]。

7.1.3　弹簧钢的化学成分及其性能

我国弹簧钢的生产始于20世纪50年代初期。1952年颁布的第一个弹簧钢标准为部级标准——重9—52，所有钢号均取自苏联标准，后经历了3次修改，演变为YB 8—59、YB 13—64与GB 1222—75《弹簧钢》。20世纪60年代我国相继研制了一些以Si-Mn为基础的新型弹簧钢，部分新钢种纳入了GB 1222—75，共列入了19个钢号。20世纪80年代初参考国际标准和国外标准，制定了GB 1222—84《弹簧钢》，共列入了17个钢号，还制定了GB 3279—82《弹簧钢热轧薄钢板》，以后为GB 3279—89代替。该标准列入了7个钢号，适于厚度不大于4mm的弹簧热轧薄钢板。

GB/T 1222—84《弹簧钢》于2007年修改为GB/T 1222—2007，列入了15个钢号。2016年修改为GB/T 1222—2016，该标准主要技术变化如下：删除了所有带字母“A”的牌号的“A”字，删除了60Si2MnA牌号，将原列入附录的28MnSiB钢列入标准，增加了11个牌号及相关技术要求，共列入了26个牌号；对部分牌号的成分范围进行了调整，加严了磷、硫含量的要求，合金弹簧钢增加了氧含量的要求；加严了低倍缺陷的合格级别；非金属夹杂物的合格级别按GB/T 10561—2005《钢中非金属夹杂物含量的测定——标准评级图显微检验法》分组，增加了DS类夹杂物的要求；加严了热轧材脱碳层深度的要求。扩大了产品供货的尺寸范围。表7.1为GB/T 1222—2016中列入钢号的化学成分，表7.2为这些钢的力学性能。

表7.1　弹簧钢的化学成分(GB/T 1222—2016)　　(单位：%)

牌号	C	Si	Mn	Cr	V	W、Mo或B	Ni	Cu	P	S
							≤			
65	0.62～0.70	0.17～0.37	0.50～0.80	≤0.25	—	—	0.35	0.25	0.030	0.030
70	0.67～0.75	0.17～0.37	0.50～0.80	≤0.25	—	—	0.35	0.25	0.030	0.030
80*	0.77～0.85	0.17～0.37	0.50～0.80	≤0.25	—	—	0.35	0.25	0.030	0.030

续表

牌号	C	Si	Mn	Cr	V	W、Mo或B	Ni	Cu	P	S
							≤			
85	0.82～0.90	0.17～0.37	0.50～0.80	≤0.25	—	—	0.35	0.25	0.030	0.030
65Mn	0.62～0.70	0.17～0.37	0.90～1.20	≤0.25	—	—	0.35	0.25	0.030	0.030
70Mn*	0.67～0.75	0.17～0.37	0.90～1.20	≤0.25	—	—	0.35	0.25	0.030	0.030
28MnSiB	0.24～0.32	0.60～1.00	1.20～1.60	≤0.25	—	0.0008～0.0035B	0.35	0.25	0.025	0.020
40SiMnVBE*	0.39～0.42	0.90～1.35	1.20～1.55	—	0.09～0.12	0.0008～0.0035B	0.35	0.25	0.020	0.012
55SiMnVB	0.52～0.60	0.70～1.00	1.00～1.30	≤0.35	0.08～0.16	0.0008～0.0035B	0.35	0.25	0.025	0.020
38Si2*	0.35～0.42	1.50～1.80	0.50～0.80	≤0.25	—	—	0.35	0.25	0.025	0.020
60Si2Mn	0.56～0.64	1.50～2.00	0.70～1.00	≤0.35	—	—	0.35	0.25	0.025	0.020
55CrMn	0.52～0.60	0.17～0.37	0.65～0.95	0.65～0.95	—	—	0.35	0.25	0.025	0.020
60CrMn	0.56～0.64	0.17～0.37	0.70～1.00	0.70～1.00	—	—	0.35	0.25	0.025	0.020
60CrMnB	0.56～0.64	0.17～0.37	0.70～1.00	0.70～1.00	—	0.0008～0.0035B	0.35	0.25	0.025	0.020
60CrMnMo*	0.56～0.64	0.17～0.37	0.70～1.00	0.70～1.00	—	0.25～0.35Mo	0.35	0.25	0.025	0.020
55SiCr	0.51～0.59	1.20～1.60	0.50～0.80	0.50～0.80	—	—	0.35	0.25	0.025	0.020
60Si2Cr	0.56～0.64	1.40～1.80	0.40～0.70	0.70～1.00	—	—	0.35	0.25	0.025	0.020
56Si2MnCr*	0.52～0.60	1.60～2.00	0.70～1.00	0.20～0.45	—	—	0.35	0.25	0.025	0.020
52SiCrMnNi*	0.49～0.56	1.20～1.50	0.70～1.00	0.70～1.00	—	—	0.50～0.70	0.25	0.025	0.020
55SiCrV*	0.51～0.59	1.20～1.60	0.50～0.80	0.50～0.80	0.10～0.20	—	0.35	0.25	0.025	0.020
60Si2CrV	0.56～0.64	1.40～1.80	0.40～0.70	0.90～1.20	0.10～0.20	—	0.35	0.25	0.025	0.020
60Si2MnCrV*	0.56～0.64	1.50～2.00	0.70～1.00	0.20～0.40	0.10～0.20	—	0.35	0.25	0.025	0.020
50CrV	0.46～0.54	0.17～0.37	0.50～0.80	0.80～1.10	0.10～0.20	—	0.35	0.25	0.025	0.020

续表

牌号	C	Si	Mn	Cr	V	W、Mo或B	Ni	Cu	P	S
							≤			
51CrMnV*	0.47～0.55	0.17～0.37	0.70～1.10	0.90～1.20	0.10～0.25	—	0.35	0.25	0.025	0.020
52CrMnMoV*	0.48～0.56	0.17～0.37	0.70～1.10	0.90～1.20	0.10～0.20	0.15～0.30Mo	0.35	0.25	0.025	0.020
30W4Cr2V	0.26～0.34	0.17～0.37	≤0.40	2.00～2.50	0.50～0.80	4.00～4.50W	0.35	0.25	0.025	0.020

注：带 * 的牌号为新列入的。40SiMnVBE 为专利钢号。根据需方要求，钢中残余铜含量可不大于 0.20%。40SiMnVBE 钢中的氧含量应不大于 0.0015%，其他合金钢材中的氧含量应不大于 0.0025%。

标准中的 38Si2、60CrMnMo、56Si2MnCr、52SiCrMnNi、55SiCrV、60Si2MnCrV、51CrMnV、52CrMnMoV 8 个牌号均来自欧洲标准 EN 100089：2002《调质弹簧用热轧钢技术供货条件》(德文版本)。

表 7.2　弹簧钢的力学性能(GB/T 1222—2016)

牌号	热处理制度			力学性能(不小于)					交货状态	硬度HBW
	淬火温度/℃	淬火介质	回火温度/℃	R_m/MPa	R_{eL}/MPa	A/%	$A_{11.3}$/%	Z/%		≤
65	840	油	500	980	785	—	9.0	35	热轧	285
70	830	油	480	1030	835	—	8.0	30	热轧	285
80	820	油	480	1080	930	—	6.0	30	热轧	285
85	820	油	480	1130	980	—	6.0	30	热轧	302
65Mn	830	油	540	980	785		8.0	30	热轧	302
70Mn	推荐正火790±30	—	—	785	450	8.0	—	30	热轧	302
28SiMnB	900	水 油	320	1275	1180	—	5.0	25	热轧	302
40SiMnVBE	880	油	320	1800	1580	9.0	—	40	热轧＋去应力	321
55SiMnVB	860	油	460	1375	1225	—	5.0	30	热轧	321
38Si2	880	水	450	1300	1150	8.0	—	20	热轧	321
									去应力	280
									软化退火	217
60Si2Mn	870	油	480	1275	1180		5	25	热轧	321
55CrMn	840	油	485	1225	1080	9.0	—	20	热轧	321
60CrMn	840	油	490	1225	1080	9.0	—	20	热轧	321
60CrMnB	840	油	490	1225	1080	9.0	—	20	热轧＋去应力	321
60CrMnMo	860	油	450	1450	1300	6.0	—	30	去应力	280
55SiCr	860	油	450	1450	1300	6.0	—	25	热轧＋去应力	321
60Si2Cr	870	油	420	1765	1570	6.0	—	20	热轧＋去应力	321
56Si2MnCr	860	油	450	1500	1350	6.0	—	25	去应力	280

续表

牌号	热处理制度			力学性能(不小于)					交货状态	硬度 HBW
	淬火温度/℃	淬火介质	回火温度/℃	R_m/MPa	R_{eL}/MPa	A/%	$A_{11.3}$/%	Z/%		≤
52SiCrMnNi	860	油	450	1450	1300	6.0	—	35	去应力	280
55SiCrV	860	油	400	1650	1600	5.0	—	35	去应力	280
60Si2CrV	850	油	410	1860	1665	6.0	—	20	热轧+去应力	321
60Si2MnCrV	860	油	400	1700	1650	5.0	—	30	去应力	280
50CrV	850	油	500	1275	1130	10.0	—	40	热轧	321
51CrMnV	850	油	450	1350	1200	6.0	—	30	去应力	280
52CrMnMoV	860	油	450	1450	1300	6.0	—	35	去应力	280
30W4Cr2V	1075	油	600	1470	1325	7.0	—	40	热轧+去应力	321

注:表中热处理温度允许调整范围为:淬火±20℃;回火±30℃。当检测钢材屈服强度不明显时,可用 $R_{p0.2}$ 代替 R_{eL}。去应力指去应力退火。所有牌号冷拉+去应力退火后的硬度应不大于 321HBW。

弹簧钢常按其所含主要元素分为:C 系、Si-Mn 系、Cr-Mn 系、Cr-V 系、Si-Cr 系、Si-Cr-V 系等。

GB/T 1222—2016 适用于直径或边长不大于 120mm 的弹簧钢棒材、厚度不大于 60mm 的弹簧钢扁钢和直径不大于 40mm 的弹簧钢盘条。标准中对钢的冶炼方法未作出规定,由生产厂选择。

GB/T 1222—2016 中的两个含硼钢 55SiMnVB 和 28SiMnB 应进行末端淬透性试验。55SiMnVB 钢的正火温度为 900～930℃,端淬温度为(860±5)℃,距淬火端 9mm 处的最小硬度值为 52HRC。28SiMnB 钢的正火温度为 880～920℃,端淬温度为(900±5)℃,距淬火端 9mm 处的最小硬度值为 40HRC。根据需方要求,其他的弹簧钢也可进行淬透性试验或按 GB/T 5216—2014《保证淬透性结构钢》中规定的计算方法确定末端淬透性。

GB/T 1222—2016 对低倍组织、非金属夹杂物的合格级别和脱碳层的深度,和过去的标准比较都加严了要求。

弹簧是汽车上十分重要的零件,应用较多的形式是板簧、扭杆弹簧和螺簧。这些弹簧随汽车运动而受到复杂应力,因此弹簧尤其是悬挂弹簧是一个容易产生失效的易损件。据中国特钢企业协会统计,2014 年我国弹簧钢产量约为 286.3 万 t,其中碳素弹簧钢 106.7 万 t,合金弹簧钢 179.6 万 t[10]。我国弹簧钢消费量约 320 万 t。其中,汽车和铁路行业弹簧钢需求量最大,占弹簧钢全部消费量的 80%以上;汽车用弹簧扁钢是合金弹簧钢需求量最大的品种,约占合金弹簧钢的 70%[10]。

为适应汽车轻量化和提高可靠性的发展趋势,提高了汽车弹簧设计应力,要求弹簧有更高的松弛抗力和强韧性的匹配以及高的疲劳寿命。对弹簧钢而言,要求其具有更高的纯洁度、更细的晶粒。为此,我国于 2016 年制定出:GB/T 33164.1—2016《汽车悬架系统用弹簧钢　第 1 部分:热轧扁钢》和 GB/T 33164.2—2016《汽车悬架系统用弹簧钢　第 2 部分:热轧圆钢和盘条》。

GB/T 33164.1—2016 列入了汽车悬架系统用热轧扁钢使用的 11 个牌号:28SiMnB、

55SiMnVB、60Si2Mn、60Si2CrV、55CrMn、60CrMn、50CrV、51CrMnV、52CrMnMoV、60CrMnMo、60CrMnB。这些牌号都是 GB/T 1222—2016 中已经列入的，但这些钢须经炉外精炼处理，根据用户要求还可进行真空脱气。这些钢的成分与 GB/T 1222—2016 所列的成分基本一致，但硫、磷的含量要低一些。前面 3 个牌号中的磷含量不大于 0.025%、硫含量不大于 0.020%，其余牌号中磷含量不大于 0.020%、硫含量不大于 0.015%；28SiMnB 氧含量不大于 0.0025%，其他牌号氧含量应不大于 0.0020%。

GB/T 33164.2—2016 列入了汽车悬架系统用热轧圆钢和盘条使用的 10 个牌号：60Si2Mn、55CrMn、60CrMn、55SiCr、60Si2Cr、55SiCrV、60Si2CrV、50CrV、51CrMnV、52CrMnMoV。这些牌号也都是 GB/T 1222—2016 中已经列入的，但这些钢须经炉外精炼处理。这些钢的成分与 GB/T 1222—2016 所列的成分基本一致，但硫、磷的含量要低一些。各牌号中磷含量不大于 0.020%、硫含量不大于 0.015%；氧含量应不大于 0.0020%，氮含量应不大于 0.0100%，氢含量应不大于 0.0002%。

弹簧是重要的基础件，弹簧钢的需求量比较大，热成形弹簧在热成形后均需热处理，一般根据弹簧截面的大小选择淬透性合适的钢种，各国均形成了不同淬透性弹簧钢系列，表 7.3 为日本弹簧钢系列各钢号的化学成分及其淬透性数据。

表 7.3　日本弹簧钢系列各钢号的化学成分(JIS G4801—2005)及其淬透性[2,5]

钢系	化学成分/%						油淬淬透性/mm		
	钢号	C	Si	Mn	Cr	其他	50%M 直径	80%M 直径	80%M 厚度
C 系	SUP3	0.75～0.90	0.15～0.35	0.30～0.60	—	—	18	11	8
Si-Mn 系	SUP6	0.56～0.64	1.50～1.80	0.70～1.00	—	—	30	18	8
	SUP7	0.56～0.64	1.80～2.20	0.70～1.00			40	24	14
Cr-Mn 系	SUP9	0.52～0.60	0.15～0.35	0.65～0.95	0.65～0.95	—	55	33	18
	SUP9A	0.56～0.64	0.15～0.35	0.70～1.00	0.70～1.00		60	36	22
Cr-V 系	SUP10	0.47～0.55	0.15～0.35	0.65～0.95	0.80～1.10	0.15～0.25V	60	36	27
Cr-Mn-B 系	SUP11A	0.56～0.64	0.15～0.35	0.70～1.00	0.70～1.00	≥0.0050B	75	45	24
Cr-Si 系	SUP12	0.51～0.59	1.20～1.60	0.60～0.90	0.60～0.90		65	36	24
Cr-Mn-Mo 系	SUP13	0.56～0.64	0.15～0.35	0.70～1.00	0.70～0.90	0.25～0.35 Mo		70	47

注：P、S 含量均不大于 0.030%，Cu 含量不大于 0.30%。淬透性指心部马氏体为 50%和 80%时的最大尺寸。

表 7.1 中非合金弹簧钢号有 4 个：65、70、80 和 85。非合金弹簧钢经热处理后可以得到较高的强度和适当的塑性和韧性，但其淬透性较低，使用截面超过 12～15mm 时在油中便不能淬透，而在水中淬火则容易开裂和变形，变形难以校正。65 和 70 钢用做一般机械上的圆、方螺旋弹簧。85 钢用于制造尺寸较小的板弹簧或螺旋弹簧，用于汽车、拖拉机、机车车辆和一般机械方面。

65Mn、70Mn 为锰弹簧钢。与非合金弹簧钢比较，锰钢具有稍高的淬透性，脱碳倾向减少，但容易过热并有回火脆性倾向。与硅锰钢比较，锰钢的强度与弹性极限较低，屈强比也不高,故使用于制造截面直径小于 15mm 的中小型、低应力弹簧。

20 世纪 80 年代以来,国内外均开发出碳含量在 0.20%～0.40%范围内适于制造汽车板簧的弹簧钢,并对低碳马氏体弹簧钢进行了深入的研究[11]。研究结果表明,碳含量为 0.35%左右的低碳含量的弹簧钢淬火后的组织几乎全部是均匀细小的板条状马氏体,片状马氏体极少。传统弹簧钢的碳含量几乎都在 0.50%以上,淬火后的组织几乎全部是片状马氏体,只有少量板条状马氏体。亚结构为位错的板条状马氏体,有很好的强韧性配合,在相同屈服强度下,其断裂韧性比具有片状马氏体的钢要高得多,但为了保证足够的硬度、强度,碳含量不宜低于 0.30%。为了保证钢的弹性减退抗力,对含碳量较低的弹簧钢,Si 的作用更加重要[9]。为了弥补碳降低之后对强度、淬透性等性能的影响,可在热处理上采用低温回火和发挥合金元素的作用。钢中碳含量降低,B 提高淬透性的作用更加突出,B 还能提高钢的弹性减退抗力[8,9]。Cr 可以提高淬透性,还能减小脱碳。V、Nb 都是强碳化物生成元素,均能提高强度和弹性减退抗力。这类钢在低温回火的板条状马氏体组织下使用,有足够的强度和优良的综合力学性能。

在 GB/T 1222—2016 中增加了 3 个较低碳含量的弹簧钢 28SiMnB、40SiMnVBE 和 38Si2。

28MnSiB 是我国的专利钢号。28MnSiB 钢经 900℃加热淬火和 340℃回火后,其力学性能均达到或优于 60Si2Mn 钢,可用于制造汽车板簧。在油中淬火后,其淬透扁钢临界厚度可达 16mm,在水中淬火后,其淬透扁钢临界厚度可达 30mm,可制造厚截面钢板弹簧。在制簧生产中,因该钢的碳含量低,可使冷却加工工具的寿命提高两倍[12,13]。

40SiMnVBE(原为 38SiMnVBE)钢亦是我国的专利钢号,具有高强韧性、高淬透性的弹簧钢[14,15]。40SiMnVBE 钢具有高的淬透性,较低的碳含量有利于发挥硼提高淬透性的作用,而微量的钒则进一步显著提高钢的淬透性[16]。40SiMnVBE 钢在油中的淬透性厚度为 25mm,在一般水溶性淬火介质中可达 45mm。这种钢还具有良好的低温韧性,在−30℃和−60℃下的冲击功比 60Si2CrV 常温下冲击功还要高,这说明这种钢用于高寒地区运输车辆弹簧更能防止冷脆断。试验表明,40SiMnVBE 钢的弯曲疲劳寿命高于 55SiMnVB、50CrV 钢。这种钢的抗松弛性能也很好,可以达到试车技术要求。这种钢用于制作少片变截面板簧、铁路提速货车小直径螺旋簧、轿车高应力悬架簧等方面均取得良好的效果。

38Si2 钢源自欧洲标准 EN 100089:2002,是该标准中碳含量最低的钢号。该钢主要用于制作铁路轨道扣件用弹条,其工作条件恶劣,要承受多种形式的应力[17]。

硅锰弹簧钢在世界各国都是应用最广泛的弹簧钢。由于在硅锰弹簧钢中同时加入硅和锰,发挥了这两种合金元素的优点,减少了彼此的缺点。锰增加钢的淬透性,细化钢的组织。较高的硅含量显著提高弹性极限和屈强比,硅还能提高回火稳定性并使析出的碳化物不易聚集。硅与锰共同存在时能进一步提高淬透性,但不使 M_s 点下降,不致增加淬火开裂倾向,也不增加残余奥氏体量,后者降低弹性极限。60Si2Mn 钢的过冷奥氏体较稳定(图 7.2),采用油淬可以制造 10～12mm 厚的板簧和直径为 20～25mm 的螺旋弹簧。硅可以防止氧化,但却促进脱碳倾向,应特别注意保护。提高钢中的锰含量可以减轻脱碳倾向。当钢中硅、碳含量较高时,会出现石墨化现象,产生黑色断口。这类钢没有晶粒长大倾向。轧制后的硅锰钢还有一个特点是容易出现带状组织,具有较大的各向异性,但制造承受较大冲击负荷的钢板弹簧时，这种各向异性反而有利。在所有合金元素中，硅提高弹性减退抗力的能力最强。

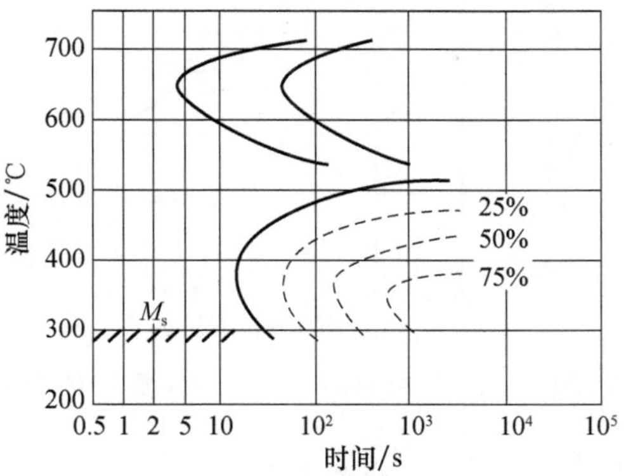

图 7.2　60Si2Mn 钢的过冷奥氏体等温转变曲线[18]

成分：0.57%C、0.67%Mn、1.73%Si、0.13%Cr，奥氏体化温度：860℃

60Si2Mn 钢的正常淬火温度为 825～880℃。取上限温度加热，奥氏体的成分更加均匀，奥氏体的屈服强度降低，使马氏体形成时的切变阻力减小，有利于板条马氏体的形成。回火温度对淬火 60Si2Mn 钢力学性能的影响见图 7.3。各种弹簧钢的回火温度一般在 400～525℃。经过正常淬火-回火后硅锰弹簧钢获得了良好的综合力学性能。

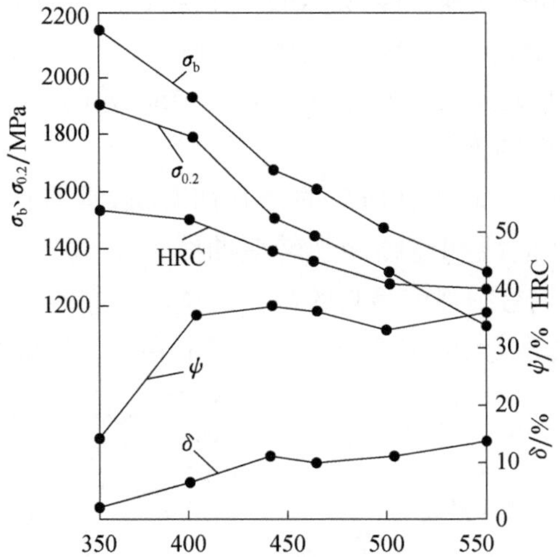

图 7.3　回火温度对淬火 60Si2Mn 钢力学性能的影响[19]

直径为 10mm 的标准试样，860℃油淬

60Si2Mn 钢价格低，原料来源方便，因而广泛用于制作汽车、拖拉机和铁路车辆上螺旋和板弹簧及其他高应力下工作的重要弹簧。

55SiMnVB 钢与 60Si2Mn 钢相比，碳含量及硅含量低，锰含量高，并加入少量的钒和微量的硼，因而淬透性提高，脱碳敏感性减小。图 7.4 为 55SiMnVB 钢的淬透性曲线，并与 60Si2Mn 钢进行对比。55SiMnVB 钢在端淬曲线上至水冷端 9mm 处的硬度不小于 52HRC。

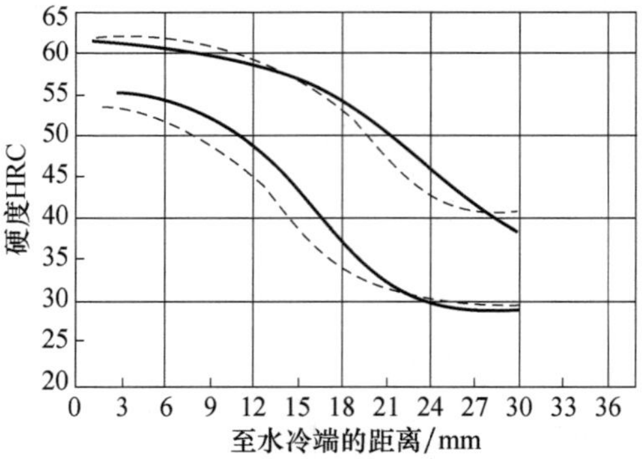

图 7.4　55SiMnVB 钢(实线)和 60Si2Mn 钢(虚线)的淬透性曲线[5]

55SiMnVB 钢的综合力学性能好,疲劳寿命长,回火稳定性也较好,过热敏感性小。在强度极限、屈服极限、伸长率基本相同时,55SiMnVB 钢的断面收缩率较 60Si2Mn 钢高,还具有较高的弯曲疲劳寿命。55SiMnVB 钢的热处理工艺以 860℃淬油,480℃回火较合适,回火后可以任意冷却,不影响冲击值。这种钢存在的主要问题是热轧后硬度偏高,范围在 241～388HB(多数在 302HB 以下),给下料、冲孔带来困难,应予以注意。55SiMnVB 钢适宜制造轻、中、重型各类汽车的板簧、圆簧及其他用途弹簧。

60Si2Cr 钢兼备硅钢和铬钢的优点,既具有良好的淬透性、抗氧化能力,又具有优良的弹性、强度、疲劳性能和抗松弛性能,是强度高且综合性能良好的优质弹簧钢。这种钢在热处理时没有晶粒长大倾向。60Si2Cr 钢用于制造大型并承受负荷的重要弹簧。这种钢制作的弹簧可以承受的最高工作温度为 300℃(60Si2Mn 为 250℃),可用做电站设备上在 200～300℃温度下工作的弹簧。

60Si2CrV 钢比 60Si2Cr 钢含有稍高的铬并加有钒,具有更好的淬透性。图 7.5 为 60Si2CrV 钢的等温转变曲线和连续冷却转变曲线[20]。60Si2CrV 钢具有高的强度,是 GB/T 1222—2016 所列钢号中强度最高的钢。为获得良好的综合力学性能,须制定适宜的热处理工艺,淬火加热温度为 860℃,保温 45min,在 430℃回火,可获得如下的力学性

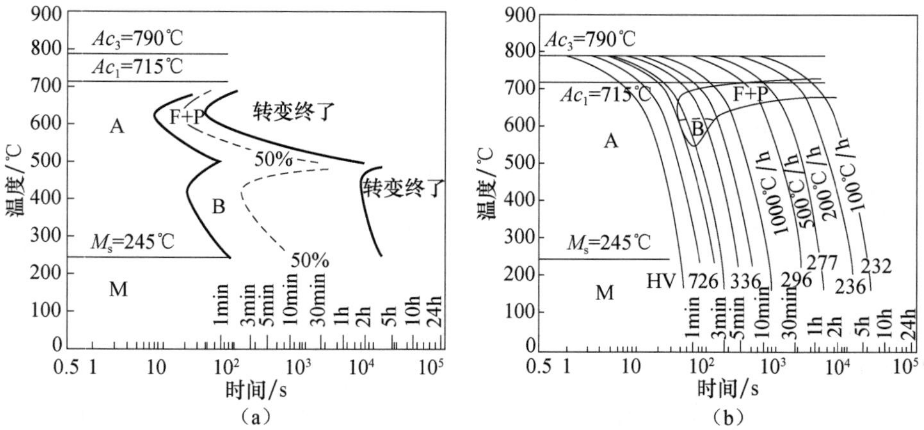

图 7.5　60Si2CrV 钢的等温转变(TTT)曲线(a)和连续冷却转变(CCT)曲线(b)[20]

成分:0.62%C、1.57%Si、0.62%Mn、1.17%Cr、0.15%V、0.12%Ni、0.15%Cu,奥氏体化:850℃×5min

能：σ_b=1910MPa、$\sigma_{0.2}$=1770MPa、δ=8%、ψ=25%[21]。60Si2CrV 钢用做重要的承受高负荷或耐热(温度不超过 350℃)耐冲击的弹簧，提速铁路机车用弹簧、汽轮机汽封弹簧、调节弹簧、冷凝器支撑簧等。

55SiCr 钢中的碳、铬、硅含量较之 60Si2Cr 钢都有所降低，因此有更好的塑性和韧性，但仍保持良好的强度、疲劳抗力、松弛抗力和淬透性等，是一种综合性能优良的弹簧钢，美国的 SAE9254 和日本的 SUP12 均为类似的钢号。这种钢可用于制造汽车悬挂螺旋弹簧、板簧，其主要用途是作为高级油淬火-回火钢丝，制造汽车发动机阀门弹簧及其他重要弹簧。

铬钒弹簧钢 50CrV 是一种国内外广泛使用的典型优质弹簧钢。50CrV 钢在加热时的过热敏感性低，容易得到细晶粒组织，这是由于少量的钒在钢中形成弥散和比较稳定的 VC，阻碍了晶粒的长大，部分碳化物溶入奥氏体中，在以后的回火过程中析出缓慢，而且析出的质点更为弥散，聚集长大速率亦较小，提高了钢的回火稳定性，经 850℃油淬和 500～550℃回火后，仍具有高的弹性极限和抗拉强度，并具有高的韧性，尤其是低温韧性，缺口敏感性也较低，热处理时不易脱碳，无石墨化倾向。50CrV 钢经 850℃油淬、500℃回火后的综合力学性能均优于 60Si2Mn、60CrMn 等钢。

50CrV 钢有较高的淬透性，在油中的淬透直径 35～40mm。图 7.6 为 50CrV 钢的过冷奥氏体等温转变曲线。

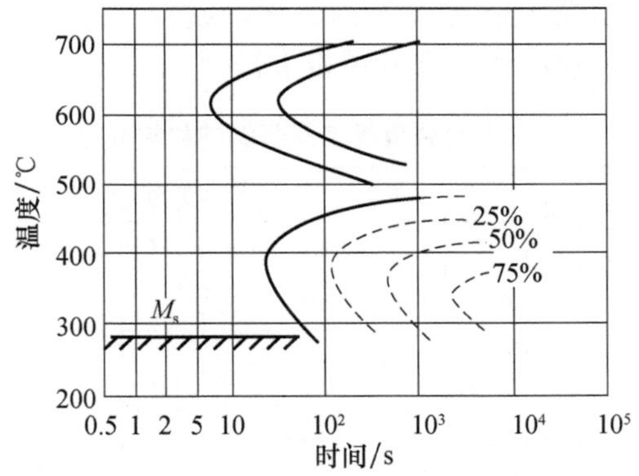

图 7.6　50CrV 钢的过冷奥氏体等温转变曲线[20]

成分：0.50%C、0.95%Mn、1.03%Cr、0.20%V，奥氏体化温度：880℃

50CrV 钢常用于制造较大截面的受应力较高的螺旋弹簧和扭杆弹簧及温度低于 300℃工作的阀门弹簧、活塞弹簧等，在汽车、拖拉机、飞机及各种压缩机中得到广泛的使用。目前制作高应力螺旋弹簧用的 50CrV 钢大都制成油淬火-回火钢丝，绕制成弹簧后只需进行去应力退火，简化了制簧工艺，提高了产品质量。

55CrMn 钢与 60CrMn 钢对比，后者的碳、铬、锰含量范围均高于前者，所以 60CrMn 钢的一些性能，特别是淬透性要高于 55CrMn 钢，可以制造尺寸更大的弹簧。这两种钢经热处理后具有较好的综合力学性能，脱碳倾向比硅锰钢小，抗氧化、腐蚀能力也高于 60Si2Mn 钢，热加工性能也很好。这类钢的过热敏感性比锰钢低，但比硅锰钢高，其回火脆性倾向也较大，回火后需快冷。

55CrMn 钢与 60CrMn 钢可用于制造截面比较大、工作应力比较高的重要弹簧，如汽车、机车的板弹簧和螺旋弹簧,特别是轿车的悬挂螺旋弹簧。

60CrMnB 钢是在 60CrMn 钢的成分基础上加入了微量硼,因此其淬透性比 60CrMn 钢好,而其他性能则相近,故可制造截面尺寸更大的弹簧,如厚度较大的变截面板簧。60CrMnB 钢的热加工与热处理工艺皆与 60CrMn 钢相似,但需注意防止脱硼和硼相的生成,对加热时间、保温时间、冷却速率等应注意控制。

60CrMnMo 钢具有优异的淬透性,心部获得 80%马氏体组织的可淬透尺寸为:直径在 70mm 以上,板厚超过 47mm,是现有各国弹簧钢标准钢号中淬透性最高的,可以制造各种超大型弹簧。从表 7.2 中可以看出该钢具有很好的综合力学性能。钼的加入可以提高钢的回火稳定性,防止回火脆性。该钢用于制作大型土木建筑、重型车辆、机械等使用的超大型弹簧。

钨铬钒钢 30W4Cr2V 是一个高强度的耐热弹簧钢。由于铬、钨、钒的作用,该钢有高的淬透性和回火稳定性。该钢因含有较多的合金元素,共析点显著左移,虽碳含量为 0.3%,但已接近共析成分。高的钨含量能增加钢的红硬性和热强性,提高钢的耐高温能力。该钢主要用于制造 500℃以下使用的弹簧,在汽轮机和电站锅炉上使用较普遍,如汽轮机的汽封弹簧片、锅炉的主安全阀弹簧和蝶形弹簧。

近年各国不断根据技术持续发展的要求,开发出一些新的弹簧钢。

汽车工业的迅速发展,要求提高悬架弹簧的设计应力,一些国家相继开发出高强度悬挂弹簧钢,表 7.4 为几种高强度悬挂弹簧钢的化学成分[21~24]。设计应力的提高,可以使弹簧钢丝直径和有效圈数减少,从而降低弹簧重量。

表 7.4　几种高强度悬挂弹簧钢的化学成分[21~24]

牌号	生产厂	年份	化学成分/%						设计应力/MPa
			C	Si	Mn	Cr	V	其他元素	
UHS1900	日本神户	—	0.40	1.80	0.25	1.00	—	Ni、Cu、Ti	1200
UHS2000	日本神户	1991	0.40	2.50	0.40	0.80	—	Mo	1300
SRS60	日本神户	1983	0.60	1.50	0.50	0.50	0.20	—	1100
NS120S	日本大同	1997	0.40	1.80	0.30	1.00	0.20	0.50Ni、0.0015B、Nb	1200
ND250S	日本大同	1991	0.40	2.50	0.80	0.85	0.20	2.00Ni、0.40Mo	1300
SAE9259-V	美国 Rockwell	1991	0.59	0.90	0.80	0.50	0.11	0.014N	1100
92V45	美国 Inland	1996	0.49	1.25	1.25	0.50	0.15	0.02Nb、0.01N	$\sigma_b \geqslant 1950$
92V54	美国 Inland	1996	0.54	1.45	0.55	0.60	0.15	0.02N	
Si-Cr-Ni-V	韩国浦项	1996	0.57	2.50	0.50	0.50	0.20	2.00Ni	1300
D701[17]	中国东北特钢	2004	0.62	1.57	0.62	1.17	0.15	—	$\sigma_b > 1950$

注:D701 钢中尚含有 0.014%P、0.003%S、0.12%Ni、0.15%Cu。

日本在 1980 年左右悬挂螺旋弹簧用 SUP7 钢,设计应力为 1000MPa。1983 年使用 SRS60 钢等,设计应力提升至 1100MPa。1991 年开发出 ND250S 钢,设计应力提高至 1300MPa,因价格高,其应用受到限制。日本又在此基础上开发出设计应力为 1200MPa 的 ND120S 钢。该钢的使用使弹簧重量减轻约 20%。可以看出,在开发高性能弹簧钢时必须兼顾高性能与经济性,才能被用户接受。

镍由于价格较高，在一般弹簧钢中很少使用。在一些超高强度弹簧钢中镍含量达到2%，这除了保证在超高强度下的韧性和提高淬透性以外，还能抑制腐蚀环境下蚀坑的萌生和扩展[24]。

为获得 1200MPa 的高设计应力，钢的硬度应达到 52～54HRC，现有的弹簧钢，如高 Si-Mn 系的钢，在此应力水平上，其疲劳强度和弹减抗力会明显下降。新的高强度弹簧钢应具有高的疲劳强度和良好的弹减抗力，还要防止腐蚀疲劳和延迟断裂等问题，并兼顾经济性。在开发高性能弹簧钢时，除了通过合金化的手段外，还可通过提高冶金质量、喷丸、表面处理等多种措施达到这一目的[21]。

为获得高强度、高韧性的弹簧钢以满足铁路提速对车辆弹簧用钢的要求，我国开发出高性能的 D701 钢。该钢是 60Si2CrV 钢改进型钢种，化学成分与 60Si2CrV 钢相同，但生产工艺不同。该钢使用炉外精炼技术获得纯净化钢液，然后采用控制轧制工艺，其终轧温度在 Ac_3(790℃)附近，即在 790～820℃区间，轧后空冷可获得单一的珠光体组织，且珠光体的片间距及珠光体团都很均匀，没有先共析铁素体的析出，这为以后的淬火-回火做好了组织准备。经 870℃、30min 加热油淬＋420℃、60min 回火，可在获得均匀细小的回火马氏体组织，在获得 $\sigma_s>1800$MPa、$\sigma_b>1950$MPa 的同时，δ 达到 9%左右，$\psi>30\%$，塑性指标较 60Si2CrVA 钢提高 30%以上，其疲劳寿命较原用 5160H 钢(相当于 60CrMn)提高一倍以上，完全满足铁路提速车辆用合金弹簧钢的性能要求，制成的弹簧装车后，车辆运行情况良好[25]。

标准弹簧钢所用合金元素种类不多，以二元系和三元系为主。为充分发挥合金元素和多元合金化的作用，使弹簧钢能具有多方面的优异性能，更好地满足需要，很多人在这方面开展了研究，并在研究的基础上开发出了一些新型弹簧钢[5]。

石油化工、合成橡胶、化纤等工业及国防工业都需使用适于各种介质的耐蚀弹簧材料，如一些阀门弹簧、耐酸泵的机械密封弹簧。目前使用较多的耐蚀弹簧材料为马氏体不锈钢 3Cr13 和 4Cr13，这些钢只适用于弱腐蚀介质中。奥氏体不锈钢 1Cr18Ni9Ti 耐蚀性较好，可用于中等腐蚀介质中，但弹性差，永久变形严重，用于强酸强碱还不行。这些钢的性能见不锈钢一章。对于要求更高耐蚀性能的弹簧则需要使用高耐蚀合金，可参考这方面的专著[19]。

在耐热弹簧钢方面，30W4Cr2V 钢使用温度达 500℃，也可选用高速钢 W18Cr4V 制作耐热弹簧，使用温度可达 550℃。

国内有些工厂使用 45CrMoV 钢(0.40%～0.50%C、1.30%～1.50%Cr、0.65%～0.75%Mo、0.25%～0.35%V、0.15%～0.35%Si、0.60%～0.80%Mn、≤0.040%P 和 S)做中压锅炉的主安全阀弹簧，在 450℃以下工作情况良好，虽然其抗蒸汽腐蚀性差一些，但不影响使用。国内还使用过一种 65W8Cr4MoV 钢做工作温度为 500～600℃的耐热弹簧，钢的成分如下：0.63%～0.68%C、8.0%～9.0%W、3.5%～4.0%Cr、0.8%～0.9%Mo、0.6%～0.9%V、≤0.3%Si 和 Mn。随着科学技术的进一步发展，弹性材料的使用温度逐渐向更高温度发展，因而研制出铁基、镍基、钴基等一系列高温高弹性合金[19]。

我国最近发布了 GB/T 3279—2023《弹簧钢热轧钢板和钢带》代替了 GB/T 3279—2009《弹簧钢热轧钢板》(GB 3279—89 的更新版)，该标准共纳入了 18 个牌号：65、70、80、

85、65Mn、70Mn、60Si2Mn、55SiCr、60Si2Cr、55CrMn、60CrMn、50CrV、55SiCrV、60Si2CrV、51CrMnV、60CrMnMo、52CrMnMoV、30W4Cr2V。这 18 个牌号的主要化学成分均与表 7.1(GB/T 1222—2016)中相同牌号的化学成分相同，但杂质元素 P、S 的控制更为严格。该标准适用于厚度不大于 15mm 的弹簧钢热轧钢板和钢带。该标准要求在冶炼方法上采用转炉或电炉冶炼，并经炉外精炼。根据需方要求，可进行力学性能的试验，其指标要求，可参阅表 7.2。对于厚度不大于 4mm 的硅合金弹簧钢板和钢带，在退火交货状态下的石墨碳应不大于 GB/T 13302—91《钢中石墨碳显微评定方法》中的 1 级。对表面脱碳层、非金属夹杂物、表面质量的要求可参阅该标准。

7.1.4 弹簧钢的生产[1,26]

近年来，汽车轻量化、机车车辆高速化促使各类悬挂弹簧提高了使用应力；另外，大幅度提高汽车发动机旋转速率对引起阀门弹簧疲劳破坏的主要因素——非金属夹杂物的要求日益严格。因此，如何降低弹簧钢中夹杂物数量，改善夹杂物形态和分布成为提高弹簧钢质量的一个关键问题。

由于多年来冶金技术的不断发展和进步，工业先进国家均采用炉内初炼钢水经炉外精炼处理和连铸钢坯的标准弹簧钢生产线，可以大批生产高质量弹簧钢。用于弹簧钢的精炼设备主要有 RH、ASEA、VAD、LD 钢包炉等，通过在这些设备上的工艺改革，可以大幅度降低钢中的氧含量，减少非金属夹杂物数量，控制夹杂物的组成、形状和分布，大大降低 Al_2O_3 等脆性夹杂物的危害，形成了“超纯弹簧钢”现代化生产线。此外，向钢中添加钙、稀土等变质剂，以控制夹杂物的组成和形态，使之对疲劳寿命无害，也是一种提高弹簧钢质量的有效方法。

采用连铸工艺时，要预防钢水的二次氧化和被渣及耐火材料的二次污染。连铸过程中，要减少连铸钢坯的偏析，在结晶器及凝固末期部位装置上使用电磁搅拌器，增加等轴晶而有效改善中心偏析。

弹簧钢的轧制多采用控制轧制，轧制时采用气氛和压力可控的加热设备，严格控制加热温度和均热时间，以减少加热对总脱碳层厚度的影响。应采用先进的轧机以及在线修整和检测技术，以保证表面质量，避免出现表面缺陷。

对于热轧、锻制、冷拉的各种弹簧钢，GB/T 1222—2016 对其低倍、非金属夹杂物和脱碳层提出了如下的要求。

钢材横截面酸浸低倍组织的合格级别为：锭形偏析≤2.0 级，中心疏松≤2.0 级，一般疏松≤2.0 级；对于连铸钢材，要求中心偏析≤2.0 级。两个汽车用悬架系统用弹簧钢标准 GB/T 33164.1—2016 和 GB/T 33164.2—2016 对钢材低倍组织有相同的规定。

非金属夹杂物按 GB/T 10561—2005 标准中的方法评定，其合格标准应符合表 7.5 的规定。在表 7.5 中还列入两个汽车悬架系统用弹簧钢标准中非金属夹杂物的合格级别作为对比。可以看出，这两个标准对非金属夹杂物的要求更为严格。这表明在其他条件相同时，用这两个标准制作的悬架系统用弹簧可以有更高的疲劳寿命。目前，GB/T 10561—2005 已为 GB/T 10561—2023 代替。

表 7.5　弹簧钢非金属夹杂物合格级别对比

非金属夹杂物类型	合格级别，不大于 (GB/T 1222—2016)				合格级别，不大于 (GB/T 33164.1—2016)				合格级别，不大于 (GB/T 33164.2—2016)			
	1 组		2 组		1 组		2 组		1 组		2 组	
	细系	粗系	细系	粗系	细系	粗系	细系	粗系	细系	粗系	细系	粗系
A	2.0	1.5	2.5	2.0	2.0	1.0	2.0	1.5	2.0	1.0	2.0	1.0
B	2.0	1.5	2.5	2.0	2.0	1.0	2.0	1.5	1.5	1.0	2.0	1.0
C	1.5	1.0	2.0	1.5	1.5	1.0	2.0	1.5	1.0	1.0	1.5	1.0
D	1.5	1.0	2.0	1.5	1.5	1.0	2.0	1.5	1.0	1.0	1.5	1.0
DS	2.0		—		2.0		—		1.5		2.0	

注：根据 GB/T 10561—2005《钢中非金属夹杂物含量的测定——标准评级图显微检验法》评定合格级别。目前，GB/T 10561—2005 已为 GB/T 10561—2023 代替。

这两类汽车用弹簧钢的奥氏体晶粒度应为 6 级或更细。

对脱碳层的评定，要求钢材的总脱碳层（全脱碳＋部分脱碳）深度每边不应大于表 7.6 的规定。

表 7.6　热轧、锻制、冷拉弹簧钢表面每边总脱碳层深度（GB/T 1222—2016）

牌号	公称直径和厚度/mm	总脱碳层深度不大于直径或厚度的百分比/%					
		热轧材				锻制材	冷拉材
		圆钢、盘条		方钢、盘条			
		1 组	2 组	1 组	2 组		
硅弹簧钢	≤8	2.0	2.5	2.5	2.8	供需双方协商	2.0
	>8～30	1.8	2.0	2.0	2.3		1.5
	>30	1.5	1.5	1.6	1.8		—
其他弹簧钢	≤8	1.8	2.0	2.0	2.3		1.5
	>8～20	1.2	1.5	1.6	1.8		1.0
	>20	1.0	1.5	1.2	1.6		1.0

在高质量弹簧钢的生产方面，国内一些钢厂使用 UHP 电炉-LF-VD-连铸工艺流程，采用一系列技术措施，生产弹簧钢钢液的洁净度可达到如下的水平：≤15ppm O、≤60ppm N、≤3ppm H、≤0.01%S、≤0.01%P，各类非金属夹杂物均可控制在 0.5 级左右[27]。

热轧弹簧钢大部分是圆钢、盘条和扁钢，用于制造各种尺寸较大的热成形螺旋弹簧、钢板弹簧、扭杆弹簧等。

7.1.5　热成形弹簧的热处理

1）热成形板簧的热处理[28]

板簧主要用于铁路车辆和汽车。首先根据板簧的厚度和设计应力的要求选择钢种，保证心部可以淬透,以获得良好的综合力学性能。板簧的主要制造工艺路线如下:切料→簧板中心钻孔→端面加工→加热→板簧弯曲及淬火→回火→表面喷丸→选配簧板装配成套。

大批量生产板簧在连续式加热炉加热。批量较小、多品种板簧宜用周期性作业炉进行生产,最好采用保护气氛生产,加热温度在900~1000℃,随钢种不同而异,之后把加热好的板簧置于淬火机上压形,弯片时允许降温30~50℃,随即入油冷却,温度在20~80℃。板簧淬入油中后,为了迅速均匀冷却,淬火夹具须不断在油中摇摆。淬火后应检查板簧的硬度,淬火后的金相组织应为较细的马氏体组织。

经淬火的板簧应立即回火,以防因淬火内应力而引起开裂。板簧的回火可在连续式加热炉或周期性作业炉中进行,回火温度根据所需的硬度值选定。回火时间不宜过短,一般除板簧整个截面达到回火温度所需时间外,保温时间不少于30min。回火组织应为回火屈氏体,硬度在42~45HRC。

为了提高板簧的质量和使用寿命,应特别注意在生产过程中减小其表面脱碳层的深度。在一般热处理条件下,板簧表面有脱碳层是不可避免的。按照技术标准规定,在板簧厚度为10mm时,脱碳层可允许的深度为0.25mm。但试验证明,同样的板簧在脱碳层为0.23mm与0.069mm时,前者的寿命不到后者的一半。因此,尽量设法减小脱碳层深度对提高板簧使用寿命是有很大意义的。

板簧受拉应力表面的质量和应力状态,对板簧的寿命有很大的影响。将板簧承受交变弯曲拉应力一面(钢板向上的一面)进行喷丸处理时,在表面上造成压应力,使板簧工作时承受的弯曲拉应力降低,并减少表面缺陷的不良影响,提高其疲劳极限,从而使工作寿命提高几倍。采用预应力状态下的喷丸处理能在表面产生更大的残余压应力,更显著地提高其疲劳极限。

2) 热成形压缩螺旋弹簧的热处理[28]

圆截面直径大于12mm、矩形截面边长大于10mm,板厚大于8mm的螺旋弹簧一般采用热成形法制造。热成形的弹簧必须进行淬火和回火才能达到所需要的力学性能。

首先根据弹簧的直径和设计应力的要求选择钢种,保证心部可以淬透,以获得良好的综合力学性能。热成形弹簧的主要制造工艺路线如下:切料→两边制扁→加热钢棒、热卷弹簧→整形→余热淬火或再加热淬火→回火→端面磨削→喷丸→冷(或热)强压。

棒料应在能控制气氛的炉内实现无氧化脱碳加热,料径不超过60mm,加热温度一般为880~950℃,保温时间按料径0.5min/mm计算。把加热好的棒料在计算机控制的热卷机上热卷成所需规格的压缩螺旋弹簧。热卷成形后弹簧的温度应在840℃以上,便于直接淬火,即淬入50~80℃的油中。弹簧出油池的温度控制在120~180℃,防止其变形,减少淬火应力。淬火后弹簧的硬度大于54HRC。淬火后的弹簧应在2h内回火,防止淬火裂纹的产生,回火温度一般在400~450℃,保温时间按料径6min/mm计算,回火后的硬度为45~50HRC。上述淬火工艺称为成形余热淬火,又叫一次淬火加热法,可省略淬火加热工序,减少氧化脱碳程度,节约能耗,生产效率高,但须严格控制温度。国内铁路工厂及弹簧厂多采用此法进行生产。

亦可将热成形和淬火分开进行,称为二次加热淬火法。其特点是淬火质量稳定,但能耗多,生产周期长,加热时如无保护气体,钢材表面氧化脱碳较严重。

此外还可采用高温形变热处理工艺，即在利用余热淬火时，在热卷簧和整形过程中不应进行奥氏体再结晶，保留一部分形变强化效果。实现此工序，必须有先进的轧制和热卷簧机。

3）扭杆弹簧的热处理

扭杆弹簧结构简单，工作时无摩擦，弹簧性能稳定，单位体积储能大，在汽车、火车、坦克及装甲车等方面广泛应用。扭杆的截面有圆形、空心圆形、方形等，圆形扭杆因结构简单而得到广泛应用。扭杆的端头需要加工成各种形状，如花键、多边形等用以装配。

应根据扭杆承载（扭转应力）的高低及扭杆尺寸所需的淬透性选用所需的钢种。表 7.7 为汽车悬架用扭杆热成形弹簧钢的选用[28,29]。

表 7.7　汽车悬架用扭杆热成形弹簧钢的选用[28,29]

调质后的抗拉强度 σ_b/MPa	1000～1300		1350～1550	1400～1600	1500～1700	
淬透性直径/mm	12	16～20	25	30～40	35～40	70
选用钢种	55 60 70	65Mn 70Mn	60Si2Mn	55CrMn 60CrMn	50CrV	45CrNiMoV

注：本表依据文献[28]，并稍作修改。55、60、70 钢的成分、性能见 GB/T 699—2015，45CrNiMoV 钢成分、性能见 GB/T 3077—2015，其余各钢的成分、性能见 GB/T 1222—2016。

扭杆弹簧的主要制造工艺路线一般为：切料（→镦锻→退火）→端部加工→淬火→回火→喷丸处理→强扭处理。

扭杆弹簧的常规热处理工艺是调质，淬火温度在 830～890℃，回火温度在 300～500℃，根据选用的钢号和所要求的硬度而定。

7.1.6　冷成形螺旋弹簧的热处理

弹簧钢丝是制造各种螺旋弹簧等用量较多的材料。弹簧钢丝按供货状态不同可分为软态和硬态两大类。

软态弹簧钢丝依退火状态或冷拉状态供货，包括碳素工具钢丝、合金钢丝。用这类材料冷成形的弹簧必须进行淬火和回火，使其组织和力学性能达到使用要求。

硬态弹簧钢丝有冷拔强化钢丝、油淬火-回火弹簧钢丝等。用这类材料冷成形的弹簧无须进行淬火，只需进行去应力退火，即低温回火。

1）软态钢丝冷成形螺旋弹簧的淬火和回火

冷成形弹簧用碳素工具钢丝按 YB/T 5322—2010《碳素工具钢丝》供货，牌号有 T7(A)、T8 (A)、T8Mn(A)、T9(A)、T10(A)等，钢丝的形状分为盘条和直条，钢丝直径不大于 16mm。该标准对交货钢丝淬火后和退火后的硬度、断口及高倍组织均有规定。

冷成形弹簧用合金钢丝按 YB/T 5318—2010《合金弹簧钢丝》供货，标准中列入 50CrVA、55CrVA 和 60Si2MnA 三个钢号。该标准是由 YB/T 5318—1999 和之后的 YB/T 5318—2006 不断调整而来，而 YB/T 5318—1999 则是由 GB 5218—85《硅锰弹簧钢丝》、GB 5219—85《铬钒弹簧钢丝》、GB 5221—85《铬硅弹簧钢丝》三个标准合并而成。根据需要，也可以提供其他牌号的钢丝。

合金弹簧钢丝的直径为0.5～14mm，直接卷簧的钢丝一般按冷拉状态交货。直径大于5mm冷拉钢丝的抗拉强度应不大于1030MPa或硬度值不大于302HB，直径不大于5mm的冷拉钢丝可检验抗拉强度，这相当于轻拉状态。生产中大规格($\phi>8$mm)成品钢丝减面率不超过25%，小规格成品钢丝($\phi\leqslant5$mm)的减面率不超过30%。以退火状态交货的钢丝太软，极易产生死弯，卷簧时往往造成簧形不好，螺距不均。冷拉减面率偏大时，钢丝太硬，卷簧时反弹大，粗簧成形困难。对于钢丝购回还要进行冷加工(如压扁或轧成异型截面等)的用户，推荐选用退火状态交货。脱碳和表面缺陷必须严格控制，需要时，还应检查非金属夹杂物的级别。疲劳寿命要求高的弹簧，须选用冷拉磨光钢丝。

对于直径一般为0.5～14mm、尺寸较小的弹簧，可采用软态弹簧钢钢条或盘卷冷卷成形，再经淬火-回火处理。形状复杂、成形手续较多的弹簧，热成形较困难，宜用软态钢材冷卷成形。

软态弹簧钢丝在冷卷中由于塑性变形会产生很大的应力，这种内应力必须消除，否则在淬火加热时弹簧尺寸将发生较大的变化。去应力回火可在320～350℃保温30～40min，或400～500℃保温10～20min，保温时间视钢丝粗细而定，处理后可任意冷却。

淬火加热可在箱式加热炉中进行，为防止表面发生氧化脱碳现象，亦可在盐浴炉中进行。当加热到800℃以上，由于弹簧丝已较软，刚度较差，稍不注意就会发生变形，所以装炉时注意平稳或用夹具使弹簧水平放在盐浴中均匀受热。

淬火后必须及时回火，以防变形和开裂。

弹簧经淬火-回火后，有时因垂直度、高度不符合技术要求，需进行人工校直。在校直中局部产生内应力，为了消除它，需进行补充回火，可在320～350℃保温30min后空冷，可实现基本上不改变性能，又消除了局部内应力。

油淬火处理的圆形50CrVA钢丝用于制造阀门弹簧，使用量大，我国曾专门制定了YB/T 5136—93《阀门用铬钒弹簧钢丝》。此标准在2017年6月2日发布的“中华人民共和国工业和信息化部公告〔2017年 第23号〕”中已宣布废止，其有关内容已为其他有关标准代替。

50CrVA钢的成分应符合GB/T 1222—2016的规定，但Ni含量应不大于0.30%，V含量为0.15%～0.25%，钢丝尺寸范围为0.5～12mm。退火状态供货钢丝的力学性能要求：抗拉强度不大于784MPa，或硬度不大于240HB；冷拉状态供货钢丝的力学性能要求：抗拉强度不大于1029MPa，或硬度不大于306HB。

50CrVA钢气阀弹簧的常用淬火温度为840～880℃，对较细钢丝绕制的弹簧取上限温度870～880℃。因自炉中取出淬入油的过程中容易冷却，对较粗者($\phi5$～$\phi6$mm)则用下限温度840～850℃。有时对于较粗的50CrVA钢丝绕制的弹簧，为了提高淬透性，也采用较高的淬火温度。由于钒有阻止晶粒粗化的作用，淬火仍得到细的马氏体组织。淬火时的加热保温时间与一般零件相同，为了能使整个截面淬透，有时采取稍长的加热保温时间，在油中淬火，淬火后的硬度为56～62HRC。

50CrVA钢的回火温度常在350～450℃，气阀弹簧的回火温度一般采用390～420℃。当在390℃回火时，硬度为45～50HRC，在420℃回火时，硬度为40～47HRC，回火时间一般为30～60min，回火后应快冷(水或油)。

气阀弹簧是在交变应力下工作的，疲劳断裂是其主要破坏形式，因而弹簧的表面质量和表面应力状态对弹簧的使用寿命有很大的影响。气阀弹簧虽使用磨光的钢丝制造，但热处理时表面脱碳常常是难以避免的(技术规定脱碳深度小于直径的 0.5%)，同时在服役时或多或少地存在着腐蚀的现象。为了提高弹簧的质量，常采用喷丸和表面发黑处理，但由于气阀弹簧的螺距较小，喷丸时常因内径表面局部喷丸不均匀而影响服役寿命。

由于油淬火-回火弹簧钢丝生产工艺的不断发展进步，已逐步取代用软态钢丝冷成形后再进行逐个淬火-回火的生产工艺，极大地提高了劳动生产率和产品质量。

2) 冷拔碳素弹簧钢丝及所制弹簧的热处理

冷拔碳素弹簧钢丝分为冷拉碳素弹簧钢丝(GB/T 4357—2022，取代 GB/T 4357—2009)、重要用途碳素弹簧钢丝(YB/T 5311—2010)、特殊用途碳素弹簧钢丝(GJB 1497—92)和非机械弹簧用碳素钢丝(YB/T 5220—2014)，都是用盘条拉拔而成的。冷拉碳素弹簧钢丝尺寸精度高、表面光洁、疲劳寿命比较稳定，是使用最广泛的弹簧钢丝。

冷拔碳素弹簧钢丝已具备了弹簧所需的力学性能，用它绕制的各种螺旋弹簧不需淬火，只进行去应力低温退火，工艺简便，成本低廉，在弹簧行业中应用极为广泛。去应力退火可以消除拉拔钢丝和冷绕簧时产生的内应力，提高钢丝的抗拉强度、屈服极限、弹性极限和塑性，减少弹簧的变形并提高其抗应力松弛性能。图 7.7 为退火温度对冷拔高碳钢丝力学性能的影响。退火温度小于 100℃时，其力学性能变化不大；退火温度在 200℃左右时，强度达到峰值，而塑性达到低谷，这是应变时效的缘故。应变时效强化程度与钢种、冷变形程度等因素有关。当退火温度接近 400℃时，强度、硬度急剧下降，而塑性急剧上升，这是钢的回复和再结晶造成的。去应力退火工艺的选择与钢的化学成分、冷变形程度及丝径等因素有关，具体工艺见表 7.8。

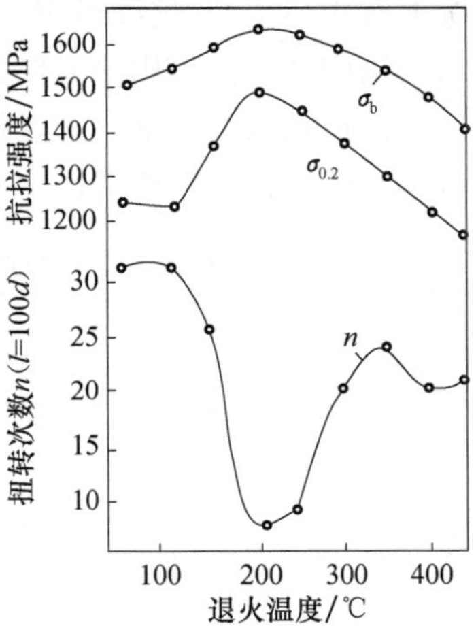

图 7.7　退火温度对冷拔高碳钢丝力学性能的影响[28]

保温时间：30min

表 7.8　冷拔碳素钢丝制弹簧的去应力退火工艺[28]

丝径/mm	退火温度/℃	保温时间/min
≤2.0	240～280	10～20
>2～4	260～300	20～30
>4～6	280～320	25～35
>6～8	300～340	30～40

注：只适用于硝盐炉加热，如在箱式炉加热，其保温时间应延长 10～20min。适当提高退火温度，可缩短加热保温时间。

GB/T 4357—2022《冷拉碳素弹簧钢丝》基本采用国际标准 ISO 8458-2:2002《机械弹簧钢丝 第 2 部分：索氏体化冷拉非合金钢丝》，但在结构上有较多调整，在技术上有较多差异，并结合我国国情作了适当修改。该标准适于制造静载荷(包括循环次数小于 10^4 次的不频繁动载荷)和动载荷用机械弹簧的圆形冷拉碳素弹簧钢丝，不适于制造高疲劳强度用钢丝，如阀门弹簧。钢丝按抗拉强度分为：低抗拉强度、中抗拉强度和高抗拉强度，分别用符号 L、M 和 H 代表。按照弹簧载荷特点又分为：静载荷和动载荷，分别用 S 和 D 代表。钢丝直径范围为0.05～13mm。钢的化学成分应符合表7.9的规定。

表7.9　冷拉碳素弹簧钢丝的化学成分(GB/T 4357—2022)

等级	化学成分/%					
	C	Si	Mn	P	S	Cu
SL、SM、SH	0.35～1.00	0.10～0.30	0.30～1.20	≤0.030	≤0.030	≤0.20
DM、DH	0.45～1.00	0.10～0.30	0.50～1.20	≤0.020	≤0.025	≤0.12

注:规定较宽的碳和锰含量范围是为了适应不同需要和不同工艺,具体应用时范围应更窄。

钢丝都是用盘条拉拔而成,盘条经过索氏体化。索氏体化是通过等温淬火以得到极细的索氏体组织,这种组织强韧性兼备,具有最好的拉拔性能,其极限减面率可达98%。目前国内外大都使用铅浴作为等温淬火的冷却介质,具体工艺见5.8.2节。

冷拉碳素弹簧钢丝按丝径不同有82个规格,表7.10为部分直径规格、不同等级的冷拉钢丝的抗拉强度要求。

表7.10　冷拉碳素弹簧钢丝对抗拉强度的要求(GB/T 4357—2022)

直径/mm	抗拉强度/MPa				
	SL型	SM型	DM型	SH型	DH型
0.05	—	—	—	—	2800～3520
0.10	—	—	2710～3020	—	2800～3380
0.20	—	—	2500～2790	—	2800～3110
0.50	—	2200～2470	2200～2470	2480～2740	2480～2740
1.00	1720～1920	1980～2220	1980～2220	2230～2470	2230～2470
2.00	1520～1750	1760～1970	1760～1970	1980～2200	1980～2200
3.00	1410～1620	1630～1830	1630～1830	1840～2040	1840～2040
5.00	1260～1450	1460～1650	1460～1650	1660～1830	1660～1830
10.00	1060～1230	1240～1400	1240～1400	1410～1570	1410～1570
13.00	—	1160～1310	1160～1300	1320～1470	1320～1470

动态载荷弹簧用钢丝(DM和DH型)必须进行表面检查,其横截面上应不出现全脱碳层,而部分脱碳层的径向深度应不大于钢丝直径的1.5%。

冷拔弹簧钢丝须具有良好的工艺性能,其工艺性能试验为:

(1) 缠绕试验。直径小于3.0mm的钢丝可采用缠绕试验。钢丝在直径等于自身直径的芯棒上紧密缠绕至少4圈,不出现任何裂纹。

(2) 扭转试验。直径为0.7～6.0mm的钢丝应进行扭转试验,按GB/T 239—1999《金属线材扭转试验方法》要求到规定的次数时应不断裂,表面不出现扭转裂纹或分层。扭转到断裂时,最初断裂面应垂直钢丝轴线而表面不应撕开。

(3) 弯曲试验。需方要求时,直径大于3.0mm的钢丝可做弯曲试验。钢丝绕一芯棒弯180°成U形时,不应有任何裂纹痕迹。直径大于3.0mm,但不大于6.5mm的钢丝,芯棒直径为钢丝直径的2倍。直径大于6.5mm的钢丝,芯棒直径为钢丝直径的3倍。

(4) 卷簧试验。直径不大于0.7mm的钢丝可进行卷簧试验,取大约500mm长的一根试样，钢丝保持较均匀的轻微拉力进行紧密缠绕，芯棒直径为钢丝直径的3～3.5倍，不小于1.0mm。然后拉开紧挨着的圈，拉伸程度应使得卸载后弹簧的静态长度约为原始长度的3倍。这时试样表面应无缺陷，应不出现撕裂或裂纹，弹簧节距应均匀，直径应一致。

YB/T 5311—2010《重要用途碳素弹簧钢丝》由YB/T 5311—2006调整而来。该标准适用于制造承受动载荷、阀门等重要用途弹簧的碳素钢丝。弹簧成形后不需进行淬火-回火处理，仅需进行低温去除应力处理。生产的钢丝直径为0.10～7.00mm，按丝径不同有40个规格，按用途分为E组、F组、G组。E组适用于制造承受中等应力动载荷弹簧；F组适用于制造承受较高应力动载荷弹簧；G组适用于制造承受振动载荷的阀门弹簧。E组、F组和G组钢丝用钢的化学成分为：0.60%～0.95%C、0.30%～1.00%Mn、≤0.37%Si、≤0.025%P、≤0.020%S、≤0.15%Cu、≤0.15%Ni、≤0.20%Cu。上述成分概括了优质碳素结构钢中的65Mn、70(GB/T 699—2015)和工模具钢中的T8Mn、T9(GB/T 1299—2014)等几个牌号。经双方协商，可选用其他牌号。钢丝的力学性能见表7.11(仅列出部分规格)。

表7.11　重要用途碳素弹簧钢丝的力学性能(YB/T 5311—2010)

直径/mm	抗拉强度/MPa			直径/mm	抗拉强度/MPa		
	E组	F组	G组		E组	F组	G组
0.10	2440～2890	2990～3380	—	2.00	1760～2090	1790～2250	1670～1910
0.20	2390～2780	2760～3110	—	3.00	1610～1890	1780～2040	1570～1810
0.30	2290～2640	2650～3000	—	4.00	1470～1730	1680～1930	1470～1710
0.40	2250～2580	2590～2940	—	5.00	1400～1650	1580～1830	1420～1660
0.60	2150～2500	2510～2850	—	6.00	1350～1580	1520～1770	1350～1590
1.00	2020～2350	2350～2650	1850～2100	7.00	1300～1530	1460～1710	1300～1540

此类钢丝须进行如下工艺试验：

(1) 扭转试验。扭转次数应符合表7.12的规定。扭转变形应均匀，表面不得有裂纹和分层，断口应垂直于轴线。

表7.12　重要用途碳素弹簧钢丝对扭转次数的规定(YB/T 5311—2010)

组距/mm	E组/次(不小于)	F组/次(不小于)	G组/次(不小于)
0.7～2.0	25	18	20
>2.0～3.0	20	13	18
>3.0～4.0	16	10	15
>4.0～5.0	12	6	10
>5.0～6.0	8	4	6

(2) 缠绕试验。直径小于4mm的钢丝，其芯棒直径等于钢丝直径；直径大于或等于4mm的钢丝，其缠绕芯棒直径为钢丝直径的两倍。缠绕五圈后钢丝不得折断和产生裂纹。

(3) 弯曲试验。根据需方要求，钢丝直径大于2.0mm的钢丝应进行弯曲试验。弯曲后的试样表面不得产生裂纹或折断。

由冷拉状态供应的经过强化的钢丝(包括钢带)制造弹簧时均经过冷卷得到所要求的形状,由于已具有很高的力学性能,冷卷后只进行温度为 250～300℃的回火以消除冷拉和冷卷时的内应力。

GJB 1497—92《特殊用途碳素弹簧钢丝规范》适用于制造直接冷缠成形而不经热处理的特殊弹簧用的圆形截面冷拉碳素弹簧钢丝。这种钢丝适用于某些特定的场合,即弹簧应具有超出常规要求的弹力,如枪械弹簧。为便于携带和使用,弹簧所占空间很小,弹力要足够大,必须选用抗拉强度特高、韧性较好的钢丝来制作弹簧[30]。

在 GJB 1497—92 中,将钢丝分为甲、乙、丙三组供货。甲组适用于超高应力的弹簧,乙组适用于高应力的弹簧,丙组适用于较高应力的弹簧。该标准推荐钢丝采用 T9A、T10A 和 T8Mn 钢制造,为改善钢丝性能,允许供方在钢中加入适量的稀土元素。钢丝按丝径不同有 23 个规格,表 7.13 列出部分直径规格钢丝的抗拉强度和扭转次数(塑性指标)的要求。钢丝还要做缠绕试验,钢丝绕直径等于其直径的芯棒缠绕 15 圈后不得折断和破裂。该类钢丝的超高强度是以牺牲部分塑性和疲劳寿命为代价的,只适用于制作形状简单,对疲劳寿命要求不很高的弹簧。

表 7.13　特殊用途碳素弹簧钢丝对抗拉强度和扭转次数的要求(GJB 1497—92)

直径/mm	抗拉强度/MPa			扭转次数/次(不小于)		
	甲组	乙组	丙组	甲组	乙组	丙组
0.20	2840～3140	2740～2950	2550～2800	63	63	63
0.30	2840～3140	2700～2950	2550～2800	34	50	50
0.40	2840～3140	2700～2950	2550～2800	34	40	50
0.50	2840～3140	2700～2950	2550～2800	34	40	50
0.70	2790～3090	2650～2850	2550～2700	34	38	44
1.00	2740～3040	2600～2800	2450～2650	15	19	22
1.20	2540～2840	2500～2700	2350～2550	15	19	22
1.50	—	2400～2600	2250～2450	—	19	22

YB/T 5220—2014《非机械弹簧用碳素弹簧钢丝》适用于家具、汽车座靠垫、室内装饰等非机械弹簧用圆形截面的冷拉碳素弹簧钢丝,钢丝的直径范围为 0.2～7.0mm。钢丝按强度分为九组:A1～A3 组用于较低应力弹簧,A4～A6 组用于一般应力弹簧,A7～A9 组用于较高应力弹簧。

钢丝应选用 GB/T 699—2015《优质碳素结构钢》或 GB/T 1299—2014《工模具钢》中规定的牌号或质量相当的其他牌号的钢制造。钢丝的直径范围和抗拉强度应符合表 7.14 的规定。工艺性能的要求为:直径不大于 4.0mm 的钢丝应进行缠绕试验,钢丝在直径相同的芯棒上缠绕两圈后,表面不得有裂纹或折断。直径大于 4.0mm 的钢丝应进行弯曲试验,弯曲后表面不得有裂纹或折断。

表 7.14　各组别钢丝的直径范围和抗拉强度(YB/T 5220—2014)

组别	直径范围	抗拉强度/MPa	应用
A1	6.00～7.00	1180～1380	用于较低应力弹簧
A2	3.20～7.00	1380～1580	
A3	1.60～6.00	1580～1780	

续表

组别	直径范围	抗拉强度/MPa	应用
A4	0.60～4.00	1780～1980	用于一般应力弹簧
A5	0.30～2.60	1980～2180	
A6	0.30～1.60	2180～2380	
A7	0.30～1.00	2380～2580	用于较高应力弹簧
A8	0.30～0.60	2580～2780	
A9	0.20～0.40	2780～2980	

3）油淬火-回火钢丝及所制弹簧的热处理

GB/T 18983—2003《油淬火-回火弹簧钢丝》基本采用国际标准 ISO/FDIS 8458-3《机械用弹簧钢丝 第 3 部分：油淬火和回火钢丝》，并结合我国国情，作了适当修改。该标准代替了 YB/T 5103—93（原 GB 4360—84）《油淬火-回火碳素弹簧钢丝》、YB/T 5102—93（原 GB 4359—84）《阀门用油淬火-回火碳素弹簧钢丝》、YB/T 5104—93（原 GB 4361—84）《油淬火-回火硅锰合金弹簧钢丝》、YB/T 5105—93（原 GB 4362—84）《阀门用油淬火-回火铬硅合金弹簧钢丝》和 YB/T 5008—93（原 GB 2271—84）《阀门用油淬火-回火铬钒合金弹簧钢丝》五个标准。最近该标准已更新为 GB/T 18983—2017。

油淬火-回火钢丝的生产过程如下：钢丝首先由盘条拉拔到成品尺寸；然后经连续炉加热，也可用感应加热或电接触加热，其共同的特点是速率快，过热度大，加热温度通常在 Ac_3 以上 50～200℃；在油中淬火，淬火油的温度应控制在 40～70℃；回火方式有铅浴、感应加热等，回火温度视钢种和要求的性能而异，合金钢丝的回火温度一般在 400～550℃。随着温度的升高，钢丝的强度、硬度下降，弯曲、扭转性能上升[30]。

钢丝按工作状态分为静态、中疲劳、高疲劳三类。钢丝按供货抗拉强度分为低强度、中强度、高强度和超高强度四类。静态级钢丝适用于一般用途弹簧，以 FD 表示；中疲劳级钢丝用于离合器、悬架弹簧等，以 TD 表示；高疲劳级弹簧适用于剧烈运动的场合，如用于阀门弹簧，以 VD 表示。钢丝的分类、代号及直径范围见表 7.15，钢丝用钢的化学成分见表 7.16。

表 7.15　油淬火-回火弹簧钢丝分类、代号及直径范围（GB/T 18983—2017）

分类		静态（FD）	中疲劳（TD）	高疲劳（VD）
抗拉强度	低强度	FDC	TDC	VDC
	中强度	FDCrV、FDSiMn	TDCrV、TDSiMn	VDCrV
	高强度	FDSiCr	TDSiCr-A	VDSiCr
	超高强度	—	TDSiCr-B、TDSiCr-C	VDSiCrV
直径范围/mm		0.50～18.00	0.50～18.00	0.50～10.00

注：TDCrSi-B 和 TDCrSi-C 直径范围为 8.0～18.0mm。

表 7.16　油淬火-回火弹簧钢丝的化学成分（GB/T 18983—2017）　　（单位：%）

代号	C	Si	Mn	P	S	Cr	V	Ni	Cu
FDC TDC VDC	0.60～0.75	0.17～0.37	0.90～1.20	≤0.030	≤0.030	≤0.25	—	≤0.35	≤0.25

续表

代号	C	Si	Mn	P	S	Cr	V	Ni	Cu
FDCrV TDCrV VDCrV	0.46～0.54	0.17～0.37	0.50～0.80	≤0.025	≤0.020	0.80～1.10	0.10～0.20	≤0.35	≤0.25
FDSiMn TDSiMn	0.56～0.64	1.50～2.00	0.70～1.00	≤0.035	≤0.035	0.50～0.80	—	≤0.35	≤0.25
FDSiCr TDSiCr VDSiCr	0.51～0.59	1.20～1.60	0.50～0.80	≤0.025	≤0.020	—	—	≤0.35	≤0.25
VDCrSiV	0.62～0.70	1.20～1.60	0.50～0.80	≤0.025	≤0.020	0.50～0.80	0.10～0.20	≤0.035	≤0.12

注：TD级和VD级钢丝铜含量应小于0.12%。

油淬火-回火碳素钢丝以回火马氏体组织交货。组织均匀性是决定油淬火-回火钢丝性能的重要指标。因碳素弹簧钢丝淬透性有限，规格太大的钢丝油淬火-回火后心部不能完全转变为马氏体，与冷拉碳素弹簧钢丝相比，直径不大于2.0mm的油淬-回火钢丝抗拉强度和弹性极限低于冷拉钢丝。但大规格钢丝($\phi \geqslant 6.0$mm)索氏体处理后，不可能采用大减面率拉拔获得高的抗拉强度，而油淬火-回火钢丝只要完全淬透，就可以获得比冷拉钢丝更高的抗拉强度，即使在抗拉强度相同条件下，油淬火-回火钢丝的弹性极限也高于冷拉钢丝。油淬火-回火碳素弹簧钢丝供货直径一般为2.0～12.0mm。

冷拉弹簧钢丝的各向异性明显，而油淬火-回火钢丝几乎各向同性。油淬火-回火钢丝的疲劳寿命及抗应力松弛性能比冷拉钢丝好得多，使用温度(150～190℃)也高于冷拉钢丝(≤120℃)。另外，油淬火-回火钢丝直条度好，打开盘卷后钢丝弹直，几乎无弯曲，缠绕弹簧时成形性能更好。大、中规格油淬火-回火碳素弹簧钢丝有取代冷拉碳素弹簧钢丝的趋势。

一般发动机阀门弹簧多选用碳素油淬火-回火钢丝，当碳含量大于0.70%时，韧性不足，疲劳寿命达不到要求；当碳含量小于0.60%时，淬火后抗拉强度偏低，不能满足应力要求，常选用65Mn钢。

60Si2Mn钢的淬透性显著高于碳素钢，油淬火-回火钢丝有较好的综合力学性能和工艺性能，主要用来制造中等截面、中等强度要求的螺旋弹簧。

50CrV钢的脱碳倾向小，淬火时过热敏感性低，回火稳定性好，热处理后组织均匀，晶粒细，主要用于对疲劳寿命有高的要求的弹簧。像飞机、轿车等重要用途的阀门钢丝，必须选用50CrV磨光钢丝，以消除表面缺陷。欧洲汽车发动机习惯用50CrV阀门钢丝。

近年来为实现节能高效的目标，发动机向小型化方向发展，阀门弹簧承受的载荷相应增大，为此开发了67SiCrVE(VDSiCrV)超纯弹簧钢(表7.16)。

由于硅提高弹性极限的效应显著，同时能提高钢的耐热性能，55CrSi钢的许用应力和使用温度均高于50CrV钢。日本和美国汽车行业主张用55CrSi钢取代50CrV钢制作高应力阀门弹簧。

钢丝由盘条经冷拉后进行淬火和回火制成。油淬火-回火钢丝对表面质量有严格的要求。超高强度的VDSiCrV钢丝应经剥皮、探伤处理。钢丝表面不得有全脱碳层，脱碳层允许深度不大于 1.0%d(d 为钢丝直径),最大不超过 0.15mm。钢丝应检查非金属夹杂物,其合格级别由双方协商。钢丝的显微组织应为回火屈氏体。

表 7.17 和表 7.18 列出了部分规格钢丝对抗拉强度和断面收缩率的要求。

表 7.17　部分规格静态级、中疲劳级油淬火-回火弹簧钢丝的力学性能(GB/T 18983—2017)

直径范围/mm	抗拉强度/MPa						断面收缩率/% ≥	
	FDC TDC	FDCrV-A TDCrV-A	FDSiMn TDSiMn	FDSiCr TDSiCr-A	TDSiCr-B	TDSiCr-C	FD	TD
0.50～0.80	1800～2100	1800～2100	1850～2100	2000～2250	—	—	—	—
>1.00～1.30	1800～2100	1750～2010	1850～2100	2000～2250	—	—	45	45
>1.40～1.60	1740～1890	1710～1950	1850～2100	2000～2250	—	—	45	45
>2.00～2.50	1670～1820	1670～1830	1800～1950	1970～2140	—	—	45	45
>3.50～4.00	1550～1700	1560～1710	1710～1860	1870～2000	—	—	40	45
>4.50～4.70	1510～1660	1510～1660	1680～1830	1840～1990	—	—	40	45
>5.60～6.00	1460～1610	1440～1590	1650～1800	1780～1930	—	—	35	40
>7.00～8.00	1400～1550	1380～1530	1620～1770	1710～1860	—	—	35	40
>10.00～12.00	1320～1470	1320～1470	1580～1730	1660～1810	1750～1850	1850～1950	30	35
>15.00～17.00	1250～1400	1270～1420	1540～1690	1580～1730	1750～1850	1850～1950	30	35

注:FDSiMn 和 TDSiMn 钢直径≤5.00mm 时,断面收缩率应≥35%;直径>5.00～14.00mm 时,断面收缩率应≥30%。

表 7.18　部分规格高疲劳级油淬火-回火弹簧钢丝的力学性能(GB/T 18983—2017)

直径范围/mm	抗拉强度/MPa				断面收缩率/% ≥
	VDC	VDCrV-A	VDSiCr	VDrSiCV	
0.50～0.80	1700～2000	1750～1950	2080～2230	2230～2380	—
>1.00～1.30	1700～1900	1700～1900	2080～2230	2230～2380	45
>2.00～2.50	1630～1780	1620～1770	1960～2060	2100～2250	45
>3.00～3.20	1570～1720	1580～1730	1920～2020	2050～2210	45
>4.70～5.00	1490～1640	1500～1650	1830～1930	1960～1930	45
>6.00～6.50	1420～1570	1440～1590	1760～1860	1910～2060	40
>7.00～8.00	1370～1520	1410～1560	1710～1810	1860～2010	40
>9.00～10.00	1340～1490	1370～1520	1670～1770	1810～1960	35

这类钢丝有如下的工艺性能要求:

(1) 缠绕试验。直径小于 3.00mm 的钢丝应进行缠绕试验,钢丝在直径等于其直径的芯棒上缠绕至少 4 周,其表面不得产生裂纹或断开。

(2) 扭转试验。直径为 0.70～6.00mm 的钢丝应进行扭转试验。试验标距为钢丝直径的 100 倍,单向扭转至少 3 次直到断裂,断口应平齐。TD 级和 VD 级钢丝也可选用双向扭转试验,具体规定见该标准。

(3) 弯曲试验。直径大于 6.00mm 的钢丝应进行弯曲试验,钢丝绕直径等于钢丝直径 2 倍的芯棒弯曲 90°后,不得出现裂纹。

(4) 卷绕试验。根据需方要求,直径不大于 0.70mm 的钢丝可进行卷绕试验。试样长约 500mm,均匀地密绕在直径为钢丝直径 3～3.5 倍的芯棒上。把绕好的线圈从芯棒上取下后拉长,使其松开后达到线圈原始长度的大约 3 倍。在此状态下线圈螺距和圈径应均匀。

油淬火-回火钢丝在冷卷簧时,在材料内部留下了残留应力,需进行去应力退火,可将残留的内应力消除到一定程度,并能稳定组织,提高弹簧尺寸的稳定性、疲劳寿命和抗应力松弛性能。生产上,油淬火-回火钢丝制弹簧的去应力退火工艺见表 7.19[28]。

表 7.19 油淬火-回火钢丝制弹簧的去应力退火工艺[28]

钢丝品种	丝径/mm	退火温度/℃	保温时间/min
碳素弹簧钢丝	—	320～400	20～30
50CrVA 钢丝	≤3	360～380	20
	>3	380～400	20
60Si2Mn 钢丝	≤3	390～410	20
	>3	410～430	30
55SiCr 钢丝	—	350～400	20～30

油淬火-回火弹簧钢丝的典型用途是制作汽车发动机的阀门弹簧和悬架弹簧。汽车工业向高效、节能和轻量化发展,要求弹簧体积缩小、质量减轻,这要求弹簧钢必须承受更高的应力,具有更好的疲劳寿命。一般国内弹簧疲劳次数要求是(2.3～5.0)×10^7,而国外先进企业的产品已普遍达到 5.0×10^8。目前提高质量的主要方向是能提高钢的纯度和改善表面质量[31]。

7.1.7 弹簧的特殊处理

弹簧生产过程中在达到成品之前,往往需进行一些特殊处理才能使弹簧有满意的使用性能,其中的喷丸和渗氮能提高弹簧的疲劳强度。渗氮还可提高耐蚀性和耐热性,而强压(弯、扭、拉等)处理则可以有效地改善弹簧的抗应力松弛性能。

1) 喷丸强化处理[28]

喷丸处理是一种表面强化技术,一般安排在弹簧成形及热处理后进行。喷丸可以减轻或消除弹簧表面缺陷的有害作用,并能在其表面产生循环的塑性变形、加工硬化和有益的残余压应力,从而有效地提高弹簧的疲劳寿命。

对弹簧进行喷丸处理所用的弹丸有下列几种:硬钢丝切断丸、铸铁丸、铸钢丸等。使用喷丸机进行喷丸,弹丸的直径为 0.3～1.7mm,不同直径的弹丸适应不同直径钢丝制成的弹簧。喷丸处理一般分为自由喷丸和应力喷丸,前者弹簧处于自由状态下喷丸,后者弹簧处于应力状态下喷丸。

压缩螺旋弹簧,特别是气阀弹簧,通过合适的喷丸处理能显著提高其疲劳极限和使用寿命,疲劳强度提高 20%～30%。

板簧通常仅对其凹面喷丸。喷丸使板簧的弧高降低,因此板簧成形时应适当增加弧高。汽车行业规定,板簧必须进行喷丸处理后才能使用,可以采用自由喷丸或应力喷丸,应力喷丸的残余压应力场比自由喷丸要大一倍。实际生产表明，经喷丸处理后可使板簧的疲劳寿命成倍提高。

根据板簧使用后破坏的调查和断口分析，板簧棱边是断裂的主要策源地，因为这些部位是应力集中的地方，又是热轧和热处理易出现缺陷的部位，其脱碳程度也很大。在一般喷丸处理时棱边强化效果往往是很小的，在一般喷丸的基础上再进行一次棱边喷丸强化，可进一步提高板簧的疲劳寿命。

2）预应力处理[28]

在生产弹簧时，广泛采用"立定"处理(setting)：对压缩弹簧，是把弹簧压缩到工作极限载荷下的高度或压并高度(拉伸弹簧拉伸到工作极限载荷下的长度，扭转弹簧扭转到工作极限扭转角)，一次或多次短暂压缩(拉伸、扭转)数小时，以达到稳定弹簧几何尺寸为主要目的的一种工艺方法。

预应力处理(prestressing)则是通过使弹簧产生微量塑性变形以提高其抗应力松弛能力的一种技术。按所施预应力的不同和加热与否分为强压处理、热强压处理、强拉处理、热强拉处理、强扭处理和热强扭处理。在螺旋弹簧中，强压处理应用最多，强扭处理次之，强拉处理则更少。

强压处理是将压缩弹簧压缩至弹簧材料表层产生有益的、与工作应力相反的残余应力，以达到提高弹簧承载能力和提高抗松弛能力的工艺方法，而热压强处理是在超过弹簧弹性极限应力的情况下，在规定的温度下保持一定时间的操作。加热时可以将弹簧放在一定温度的恒温炉中，也可将弹簧放入两极板中通电较短时间后取下快冷，还可将强压弹簧装置放入强磁场浴炉中处理。由于强压处理后产生了永久变形量，弹簧的预制高度应适当增加。

无论哪种材料制造的弹簧或弹性元件，在长期使用过程中都会发生应力松弛现象。通过适当的预应力处理可以获得最佳的抗应力松弛性能，从而有效地提高其工作稳定性，这对于弹簧和弹性元件的生产和使用具有重要意义。

7.2　轴　承　钢

滚动轴承从其结构来看，基本上由内套圈、外套圈、滚动体和保持架四个部分所组成，滚动体的类型亦很多，可分为滚柱、滚珠、滚锥、滚针等几类。图 7.8 为滚动轴承结构示意图[32]。轴承钢主要用来制造轴承的内、外套圈及滚动体。中小型轴承保持架常用 08 钢和 10 钢钢板冲制而成，大型轴承的保持架一般用 20、40、45 等钢机加工制成，其作用是保持滚动体之间有一定的距离，不至于互相碰撞、摩擦。目前，最小的轴承内径仅为 0.6mm，最大轴承的外径达 5m 以上[33]。

7.2.1　滚动轴承的工作条件及对滚动轴承钢的要求

滚动轴承在工作时，往往把内套圈紧紧地装在轴上，它与轴一起转动，而外套圈装在轴承座上是不动的。下面分析单列径向滚珠轴承运转时的受力状况。在每一瞬间，位于轴承下半圆的许多滚珠承受着轴径的负荷，这负荷不均匀地分配到各个滚珠上，通过滚珠由内套圈传递到外套圈。位于正下方的滚珠受力最大。套圈与滚珠之间只有很小的接触

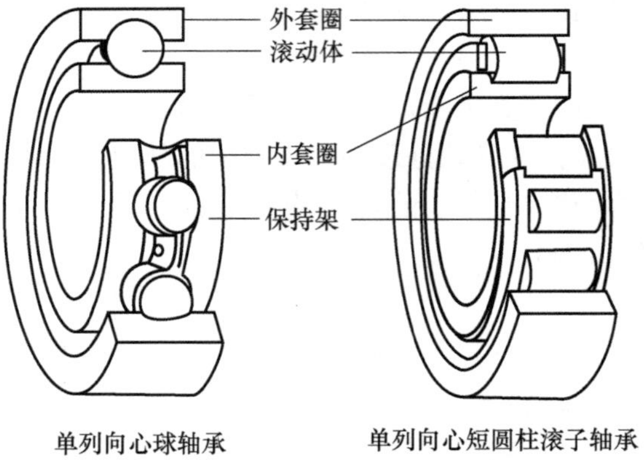

图 7.8　滚动轴承结构示意图[32]

面积,因而接触应力常常达到很高的数值。据计算,在接触面上,最大接触应力可达4900MPa,滚珠轴承可达2940MPa。当轴转动时,内套圈和滚珠发生转动和滚动,对内套圈的某一固定点和某一个滚珠来说,其上所受的载荷将反复变化,即迅速地从零增加至极大值,而后又很快地从极大值减少至零。滚珠和内套圈均受到点接触的周期性高压负荷,存在着很大的局部应力集中,在转动过程中,滚珠在套圈内滚动,不断变换位置,接触面也不断改变,滚珠各部位出现复杂的交变应力。每个滚珠除了受到外加负荷以外还受到由于离心力所引起的负荷,这个负荷随轴承转速的增大而增加。

在运转过程中,滚动体不仅是高速地转动,而且还有滑动,轴承套圈和滚动体的表面承受着摩擦。滚动体和套圈的工作面还受到含有水分或杂质的润滑油的化学浸蚀。还应当考虑到,在某些情况下,轴承零件受着复杂的扭曲力,并且负荷具有冲击的性质。

由上面分析可以看出,轴承零件是在十分复杂和严峻的条件下工作的。轴承零件经运转相当时间后发生破坏。轴承的破坏情况是各式各样的,如疲劳剥落、卡死、套圈断裂、磨损、锈蚀等,破坏的原因也是各式各样的。

滚动轴承损坏的正常形式是疲劳剥落,即接触疲劳破坏。疲劳剥落是在接触表面局部区域有小片金属剥落、形成空洞(麻点),它使工作时噪声增加、磨损加剧、发热,直至轴承损坏。滚动轴承接触疲劳破坏的发展过程与齿轮不同,在接触应力够大的情况下,由于反复应力的长期作用,在距表面一定深度切应力最大处,出现最初的疲劳裂纹。在切应力最大处塑性变形很剧烈,引起金相组织的变化,金相组织由回火马氏体转变为回火屈氏体,这样不仅引起硬度降低,同时还引起比容减小,因而在组织变化区与未变化区之间的过渡区引起附加的应力,最初的疲劳裂纹便出现在这些地方。在正常情况下,此微裂纹与表面大致呈45°的夹角。

在表面层存在的非金属夹杂物,能促使疲劳裂纹的产生。因此,切应力及由此引起的变形是引起疲劳微裂纹发生的重要条件,而材料内部组织缺陷及组织变化则是导致发生疲劳微裂的内因。微裂纹沿组织变化与未变化的过渡区扩展,也沿基体的深腐蚀区与浅腐蚀区之间的过渡区,即沿马氏体碳含量高低不同的交界处扩展。微裂纹扩展到相当尺寸后转向表面,这些裂纹露出表面,随后沿深入表层的裂纹根部断裂,形成疲劳剥落。目前,在提高轴承钢质量方面,最受重视的是如何提高轴承钢的疲劳寿命。

疲劳寿命是一个统计概念，即在一定载荷下，用破坏概率与循环次数之间的关系来表示，亦可用转动小时数表示。L_{10} 表示损坏率为 10%、L_{50} 表示损坏率为 50%时的转数。疲劳强度则指在一定转速和转数条件下，滚动体至破坏时单位面积的负荷值。

基于对轴承的工作条件和破坏情况的分析，对于轴承钢的性能提出如下要求：

(1) 高的淬硬性和需要的淬透性。借以保证在热处理后获得高且均匀的表面硬度(套圈 61～65HRC；钢球 $\phi \leqslant$45mm，62～66HRC；钢球 $\phi >$45mm，60～66HRC)以及沿横截面均匀的硬度分布，轴承要有高的耐磨性。

(2) 高的接触疲劳性能。借以保证轴承在承受大的载荷的情况下使用数千至几万小时而不致破坏，轴承所需达到的额定寿命因应用轴承的设备不同而异。

(3) 高的弹性极限和一定的冲击韧性。借以减少或避免由于高的、集中的应力所产生的永久变形，满足轴承所必须承受的静、动载荷的需要和承受偶然的冲击载荷的作用。

(4) 尺寸要精确且经久稳定。这对于精密级和超精级轴承特别重要。

(5) 一定的抗腐蚀能力。在和大气或润滑油接触时，要能抵抗化学腐蚀。

(6) 为满足大生产的需要，轴承钢必须有良好的工艺性能。

对于特殊条件下工作的轴承，还有其他方面的要求。例如，在高温下工作的轴承要求能耐高温，工作时接触到强烈腐蚀性介质的轴承要求有高的耐腐蚀性等。

为了满足对轴承钢性能所提出的要求，首先必须正确选择轴承钢的成分，其次是良好的冶金质量(纯洁度和均匀性)及正确的热加工和热处理工艺，以保证轴承钢在使用条件下具有最佳的组织状态，从而使钢具有上述综合性能。

用做滚动轴承材料的高碳铬轴承钢 GCr15 于 1901 年问世，1913 年美国最先纳入标准(相当于 SAE52100)，经过几十年的发展，形成了完整的高碳铬轴承钢系统。随着科学技术的发展，对轴承的使用性能也不断提出许多新的要求。为适应这些需要，世界各国不断开发出一系列具有特殊性能的新钢种。

国际标准化组织(ISO)将轴承钢分为全淬透型轴承钢、表面硬化型轴承钢、不锈轴承钢和高温轴承钢四大类。

7.2.2　合金元素在轴承钢中的作用[5,34]

碳　高碳铬轴承钢的碳含量范围为 0.95%～1.10%，属于过共析。轴承经淬火和低温回火后使用，希望能得到高的硬度、接触疲劳强度和耐磨等性能，碳含量是决定这些性能的主要因素。实践证明，在同样硬度的情况下，马氏体基体上有均匀细小的碳化物存在，比单纯马氏体的耐磨性要高。为形成足够数量的碳化物(3%～5%)，钢中的碳含量不能太低，故选用过共析成分，但过高的碳含量会增加碳化物分布的不均匀性及易于生成网状碳化物，使力学性能降低。

渗碳轴承钢的碳含量是决定渗碳淬火后零件心部硬度和淬透性最重要的元素之一。心部的碳含量范围为 0.08%～0.30%，以保证心部能耐冲击，又有足够的强度。心部的硬度范围以 25～45HRC 为宜。

在高温轴承钢中，碳除了保证室温有足够的硬度以外还要有足够的高温硬度、强度和耐磨性。在高温轴承钢中都含有强碳化物形成元素，保证在回火过程中能析出 M_2C、MC 型碳化物而产生二次硬化效应。

铬　在平衡状态下，高碳铬轴承钢中部分铬溶入基体，其余溶入渗碳体，形成合金渗碳体$(Fe,Cr)_3C$(图2.27)。含铬的合金渗碳体在退火时聚集的倾向变小，使高碳铬轴承钢的碳化物变得细小、分布均匀，在淬火加热时溶解较慢，减少过热倾向，经过热处理以后，可以得到较细的组织，使碳化物能以细小质点均匀分布于钢中。铬也可以提高马氏体的低温回火稳定性，因此在淬火和低温回火后能得到均匀和高的硬度，有效地提高钢的耐磨性并使钢具有高的强度。溶入奥氏体中的铬能提高钢的淬透性，减少钢的过热倾向和表面脱碳速率。高碳铬轴承钢中的铬含量范围一般在0.35%～1.65%。钢中铬含量过高(在1.65%以上)会促使残余奥氏体量增加，使钢的硬度降低，并容易形成大块碳化物，如Cr_7C_3，不易获得均匀的组织，影响钢的韧性。

铬在渗碳轴承钢中可以增加钢的淬透性，提高渗碳层的耐磨性，改善钢的力学性能。铬还可使钢的热处理工艺稳定，获得良好的渗碳性能。渗碳轴承钢中的铬含量一般在2.0%以下。

铬在高温轴承中的含量一般在4.0%左右。退火状态下铬多以$M_{23}C_6$型碳化物存在，淬火加热时，此种碳化物几乎全部固溶于奥氏体中，这对于提高钢的淬透性、抗回火稳定性和防锈性能都是有利的。铬还能起到减小淬火变形的作用。要进一步提高钢的耐腐蚀性能，必须将铬含量提高到14%以上。

锰　在高碳铬轴承钢GCr15中，锰是作为脱氧元素加入的，只有在GCr15SiMn钢中才作为合金元素加入。锰在钢中主要固溶于基体，能显著提高钢的淬透性，提高铁素体的硬度和强度。锰能固定钢中硫，形成MnS或(Fe,Mn)S，抑制FeS的生成。因此，在高铬轴承钢中含少量的锰，能提高钢的纯洁度，含量为0.10%～0.60%时对钢的性能有良好作用。在不以锰为合金元素的高碳铬轴承钢中，普遍把锰限制在0.25%～0.45%或不大于0.35%。当锰含量达1.0%～1.2%时，钢的强度随锰含量的增加而继续提高，对塑性影响不大。锰还可以增加残余奥氏体数量及其稳定性，有利于减少变形和增加工作时零件尺寸和稳定性。若锰含量过高，会使钢中残余奥氏体量增加，增强钢的过热敏感性和裂纹倾向性，降低其尺寸稳定性。在一般高碳铬轴承钢中锰含量应控制在2.0%以下。在渗碳轴承钢中，随锰含量的增加，钢的渗碳性能提高，锰含量大于1.3%时，钢的切削性能变坏，这可能是促进带状组织的生成所致。在渗碳轴承钢中锰含量应不大于1.2%。在耐高温轴承钢中，不以锰为合金元素，其含量在0.40%以下。

硅　在高碳铬轴承钢中，硅可以提高钢的淬透性，但增加钢的脱碳倾向。硅能强化铁素体，使钢在球化退火状态的切削加工性能变坏，一般应把硅控制在0.80%以下，不以硅为合金元素时，其含量应控制在0.40%以下。

在渗碳轴承钢中，硅能显著提高渗碳层的抗回火稳定性，硅含量越高，抗回火性能越好。在一般渗碳轴承钢中，硅含量的上限为2.0%。

在高温轴承钢中，一般不加入硅作为合金元素，硅含量的上限为0.50%。在一些使用温度低于316℃的高温轴承钢中，硅含量的上限规定为1.00%～1.20%。这主要是利用硅提高抗回火稳定性，从而提高使用温度，使轴承能在较高的温度下保持所需要的硬度，并能提高其接触疲劳寿命。

镍　在高碳铬轴承钢中，镍增加淬火-回火后的残余奥氏体量，降低硬度，故作为残余元素受到限制。在渗碳轴承钢中大都含有一定量的镍，以提高钢的淬透性和韧性。镍在钢中能降低表面吸收碳原子的能力，减少渗碳层中碳的浓度，使渗碳层的浓度分布比较平缓。镍在高温轴承钢和在高碳轴承钢中一样，也是一种残余元素。

钼　钼在通用高碳铬轴承钢中是作为残余元素存在的，但它不同于镍，其含量有的国家在标准中不作规定，有的国家规定了含量的上限。随着科学技术的发展，对轴承钢的淬透性提出了更高的要求，因此出现了含钼的高淬透性高碳铬轴承钢，在这类钢中加入0.20%～0.40%Mo，应用于厚壁的大型和特大型轴承中。钼在钢中存在于基体和碳化物中，当钼含量较低时，部分钼溶于渗碳体形成$(Fe,Mo)_3C$，钼含量较高时则形成自己的特殊碳化物。在这类钢中，钼还可以细化退火组织、提高回火稳定性、减小淬火变形、提高疲劳强度。

钼在渗碳轴承钢中的主要作用是提高淬透性、改善力学性能，特别是提高韧性，此外还可以改善渗碳性能、提高钢的耐磨性。钼在此类钢中的含量一般在1.0%以下。

钼在高温轴承中起着重要的作用。在国内外比较广泛使用的高温轴承钢Cr4Mo4V中含有4%的钼。钢中含钼较多时，在平衡状态下，可以形成M_6C特殊碳化物，淬火加热时大部分溶入奥氏体，提高了钢的淬透性，在随后的回火过程中析出弥散的M_2C引起二次硬化，提高了钢的回火稳定性和耐磨性。淬火加热时，未溶解的碳化物可以阻碍晶粒长大，保持钢的细晶粒，提高钢的韧性。

钨　在一般高碳铬轴承钢和渗碳轴承钢中很少加入钨。含钼的高温轴承钢Cr4Mo4V可在316℃下使用。在更高温度下使用的高温轴承多采用含钨的高速钢来制造，如W18Cr4V、W9Cr4V等钢。这类钢在550～600℃的温度下仍能保持很高的硬度(>60HRC)。这类高速钢的组织和性能见第8章。

钒　在一般高碳铬轴承钢和渗碳轴承钢中均不含钒，在高温轴承钢中均加入1.0%～1.2%的钒。钒是强碳化物形成元素，在钢中形成MC型碳化物。钒在高温轴承钢中的作用是提高晶粒粗化温度、降低钢的过热敏感性、细化钢的组织。在淬火加热时，大部分钒溶于奥氏体，可增加钢的淬透性，回火时析出弥散的VC，有显著的二次硬化效果，因此钒可提高钢的强度和韧性。但钢的磨削加工性能因钢中钒含量的增加而变坏，而轴承钢的磨削加工对于保证轴承的尺寸精度和表面粗糙度起着关键作用，因此高温轴承钢中钒的加入量不宜超过2.0%。

铜　在炼钢时，原材料所带入的铜不易去除，以残余元素保留下来。铜属于低熔点的有色金属，它的存在使钢在加热时容易形成表面裂纹，同时也会引起钢的时效硬化，影响轴承精度。在高碳铬轴承钢和渗碳轴承钢中，大多数国家规定残余铜不大于0.25%，有的国家放宽到0.35%。铜在钢中某些作用与镍相似，因此有些国家除分别规定铜与镍的限制量外，还加严了两者之和的限制范围。

7.2.3　轴承钢的冶金质量及其对轴承钢性能的影响

科学技术的进步对滚动轴承的要求越来越高，即要求轴承在各种使用条件下能具有高寿命、高稳定性和高可靠性。为满足上述要求，需要轴承钢在冶金质量方面具有高的纯洁度和均匀性，能严格控制：①钢中的气体和杂质元素的含量；②非金属夹杂物的含量、形态及分布；③碳化物分布的均匀性。

轴承钢是专用钢中质量要求最为苛刻的钢种。传统的炼钢方法，如转炉、电弧炉单独冶炼出来的钢,在气体、非金属夹杂物、化学成分的波动范围都不能满足对轴承钢质量的要求。现代炼钢技术已将集熔化、氧化和还原精炼于一炉的老三段操作技术,改为采用转炉和超高功率大容量电弧炉作为初炼炉,加上必要的装置对初炼钢液进行炉外精炼。这些装置有 LF 精炼炉、ASEA-SKF 钢包炉、RH 或 VD 真空脱气装置等(见第 1 章)。

采用炉外精炼生产轴承钢大大提高了钢的冶金质量、优化了工艺流程,并为采用炼钢→连铸→铸坯热装→轧制的短流程工艺生产轴承钢提供了保证。

轴承钢过去均采用模铸。轴承钢连铸技术始于 20 世纪 60 年代,目前均可采用连铸生产,有的国家轴承钢的连铸比在 80%以上。我国大型特钢厂已较多地采用连铸技术生产轴承钢。

轴承钢采用连铸技术后,其冶金质量比模铸材更高,原因是连铸过程采用钢包与中间包之间密封、保护渣和保护气氛下浇铸,以及电磁搅拌、轻压下工艺技术的应用,浇铸时钢液不与耐火材料接触,因而其纯洁度更高。

有些使用部门对高碳铬轴承钢有许多特殊要求,以及一些特殊条件下使用的钢种,如高温轴承钢、不锈轴承钢等,要求采用特殊的冶炼工艺进行生产。因此对轴承钢的冶炼除采用炉外精炼外,还采用电渣重熔、真空感应熔炼、真空自耗炉重熔,以及真空感应炉(VIM)+真空自耗炉重熔(VAR)的“双真空”熔炼工艺等,以生产高质量的轴承钢。电渣重熔 GCr15 钢在钢号前冠以 Z 字,如 ZGCr15。表 7.20 为不同冶炼工艺对 52100 轴承钢(相当于 GCr15)气体含量的影响[34]。

表 7.20 不同冶炼工艺对 52100 轴承钢气体含量的影响[34](美国 Latrabe Steel 公司)

熔炼工艺	气体含量/ppm		
	[O]	[N]	[H]
电弧炉	30	100	<1.6
电弧炉+真空自耗炉重熔	7	70	<1.0
真空感应炉	5	30	<1.0
“双真空”熔炼	2	30	<1.0

7.2.3.1 微量元素对轴承钢性能的影响[5,34]

氧 国内外对轴承钢中氧含量与疲劳寿命的关系做过大量的试验研究工作,结果大体一致。这些工作均表明,随钢中氧含量的减少,其疲劳寿命迅速增加。大冶特钢的试验结果表明,当钢中氧含量降至 20ppm、15ppm 和 8ppm 时,其疲劳寿命分别是电弧炉大气下熔炼钢(氧含量为 30ppm)的 1.5、2.0 和 3.0 倍(图 7.9)。我国轴承钢中氧含量基本能够管控在 6~8ppm,未来须维持在 5ppm 以下[35]。应当指出,氧含量的高低只能代表钢中氧化物夹杂的数量、大小,不能代表硫化物和氮化物的高低,也不能反映夹杂

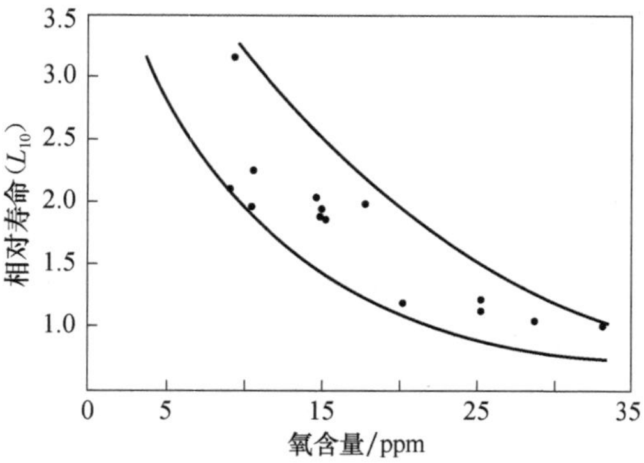

图 7.9 氧含量与疲劳寿命的关系[34]

物的尺寸和分布。通常一个轴承件的破坏，往往是由许多夹杂物中一个大型夹杂物引起的，这表明夹杂物的尺寸和分布对疲劳寿命有很大的影响。因此，不同的冶炼方法，氧含量即使相同，其疲劳寿命也会很不一样。

硫　一般认为，硫是残存在钢中的有害元素，应该严格加以限制。20 世纪 60 年代以后，国内外的一些研究发现，适当增加轴承钢中的硫含量对轴承钢接触疲劳寿命无明显的影响。也有一些研究认为，适当增加硫含量会增加疲劳寿命，并且有一最佳值，此值为 0.04%(瑞典 SKF 公司)或 0.055%(我国钢铁研究总院)，继续提高硫含量则疲劳寿命降低。日本学者提出，当硫含量满足 $(0.21w_O^{1/2}-0.003)\%\leqslant w_S\leqslant(0.21w_O^{1/2}+0.007)\%$ 时，硫对性能没有影响[34]。硫化物有益的观点认为，低熔点的硫化物在钢液凝固过程中黏附在氧化物表面上，形成硫化物包围氧化物的共生夹杂物，从而减少氧化物的有害作用。但这种理论是建立在钢中氧化物夹杂物较多的情况下。之后，由于钢中氧含量及氧化物夹杂含量的大幅度降低，硫化物的有害作用逐渐表现出来。在特殊条件下，硫化物也可作为疲劳源，应注意大颗粒硫化物的危害性。由于硫在钢中容易产生偏析，其尺寸的大小与钢锭的质量、钢液浇铸温度的关系更为密切，应尽量将浇铸温度降低，改善硫化物偏析。

磷　磷在轴承钢中，也和在其他的一般钢种中一样被视为有害元素。磷在钢中严重引起凝固时的偏析，磷溶于铁素体并富集于晶界，增加钢的冷脆性。

钛、氮　钢中的钛、氮含量与氮化钛夹杂有一定的关系，即随着钛、氮含量的降低，钢中的氮化钛夹杂相应减少。氮化钛是一种硬而脆的夹杂，对钢的疲劳寿命特别有害，在相同的尺寸条件下，比氧化物更有害。有试验表明，钛含量超过 30ppm 时，疲劳寿命开始下降。在瑞典 SKFD33 标准中规定轴承钢中的钛含量应不大于 30ppm。

关于如何降低氮化钛夹杂的问题，一般认为，由于现在普遍采用超高功率电弧炉生产轴承钢，钢中的氮含量较高，一般为 60～120ppm，因此要降低氮化钛含量，一般采用降低钢中钛含量的方法。目前轴承钢中钛含量多在 50ppm 以下，要获得低钛含量的轴承钢，应选用钛含量低的原材料和铁合金。还有一种途径是通过优化冶炼工艺降低钢中的氮含量。目前国外有的特钢企业已通过一些冶炼工艺措施，实现轴承钢中的钛含量为 5ppm 的水平，氮含量达到 30ppm 以下。

钙　钙在钢中主要以铝酸钙、硅铝酸钙、硫化钙等形式存在。这些夹杂物在热压力加工时既不变形，也不会破碎，在球状夹杂两侧经常可以看到“空穴”，此处容易造成拉应力裂纹。这种夹杂物对接触疲劳寿命非常不利，容易形成疲劳源，导致疲劳寿命降低。在氧含量低的轴承钢中，钙可部分替代硫化锰中的锰。富钙的硫化物韧性差，同氧化物相似，起裂纹源的作用。

在轴承钢中，残留钙来源于钢渣和与钢水接触的炉衬，轴承钢如果采用钙或钙-硅脱氧，钢中必将产生危害性很大的 D 类球形夹杂物，使其疲劳寿命大幅度降低。很多国家的轴承钢标准中都规定(如瑞典 SKF 公司、美国 ASTM 等)不能用钙或硅-钙脱氧。

铝　轴承钢中的铝是作为脱氧剂加入的，由于采用铝脱氧，钢中的氧含量和铝含量有直接的关系，如果要将氧含量降到 10ppm 以下，溶解铝的含量应控制在 0.02%～0.04%。由于钢中氧含量的降低，增加铝含量可以提高钢的纯洁度和使用性能。但铝含量不能过高，一般不要超过 0.05%，过高时钢在浇铸时的二次氧化严重，钢中的氧含量反而增高。铝在钢中形成的 Al_2O_3 夹杂物对疲劳寿命是有害的。

稀土　大量研究表明,在钢中添加微量稀土可显著提高钢的韧塑性、耐磨、耐热、耐蚀等性能。但由于稀土金属极为活泼,在其电解制备时容易形成大尺寸稀土氧化物,这些稀土氧化物随稀土金属或合金加入钢液中,带入的大尺寸稀土夹杂物难以上浮去除,导致稀土钢性能波动并与耐火材料反应堵塞浇口。中国科学院金属研究所的有关团队利用自主研发的夹杂物萃取三维表征技术,分析了夹杂物形貌,发现在三维尺度上进口轴承钢中夹杂物主要是氧化铝和大尺寸的硫化锰,而新开发的稀土轴承钢中夹杂物主要是细小的球状稀土氧硫化物,后者在疲劳加载过程中可能发生塑性变形,引发夹杂物周围应力集中显著减小,有效延缓疲劳裂纹的萌生。该所还研发了钢液低氧和稀土金属低氧的控制技术,即"双低氧稀土钢"技术,LaCe 轻稀土加入量只需 0.01%左右,在成本基本不增加、工艺流程基本不改变的条件下即可显著提升钢的疲劳寿命,并已取得专利[36,37]。

氢　氢在固态钢中的溶解度很小,并能在钢中形成白点。钢中的氢对轴承钢的接触疲劳寿命非常有害。电炉钢中的氢含量一般为 4～7ppm,经真空处理后可降到 1～2ppm。

砷、锡、铅、锑　这些元素在钢中的含量很少,均属低熔点有色金属,在轴承钢中的存在,会引起轴承零件表面出现软点,硬度不均,因此被视为有害元素。瑞典 SKFD33 标准中规定含量为:⩽0.04%As、⩽0.03%Sn、⩽0.002%Pb、⩽0.005%Sb。我国在 GB/T 18254—2016《高碳铬轴承钢》中已将这些元素在钢中的含量作出严格的限制。

7.2.3.2　非金属夹杂物及其对轴承钢性能的影响

轴承钢在非金属夹杂物方面要求很纯。非金属夹杂物对轴承钢的力学性能,特别是对接触疲劳性能有显著的影响,因而影响轴承零件的使用寿命。在冶金方面,长期以来,如何炼出含非金属夹杂物少、纯净度高的轴承钢一直是一项重要的研究课题。

轴承钢中的非金属夹杂物来源于原材料、脱氧产物、熔渣和耐火材料,以及出钢和浇铸过程中的二次氧化物。在轴承钢中发现的夹杂物按其来源可分为两大类,外来夹杂物和内生夹杂物。

外来夹杂物包括未被排出存在于钢中的炉渣、耐火材料、模内保护渣,以及钢液二次氧化物等。外来夹杂物颗粒尺寸较大,形状不规律,多呈多角形,成分与结构也比较复杂,与钢液成分没有关系,对轴承钢的性能危害较大,一般标准中都规定不允许存在。因此,应采取提高钢包和浇铸系统所用耐火材料的质量和砌筑质量,加强出钢槽与浇铸系统的清洁卫生环境等各项措施。

内生夹杂物在熔炼及浇铸时由下列反应形成:出钢和炉外精炼过程中向钢液加入脱氧剂时,由脱氧反应生成的产物称为一次氧化物;钢液从浇铸温度冷却到凝固温度,由于元素的脱氧反应都是放热反应,随着钢液温度的降低,平衡发生移动,使脱氧反应重新进行,这时的脱氧产物称为二次夹杂物;钢液凝固时,在钢液与晶体二相区继续进行脱碳反应,甚至包括固相线温度以下继续冷却,由于相变引起的夹杂物的重新析出,其产物称为三次产物。轴承钢的冶炼、浇铸及凝固是一个复杂的物理-化学过程,所生成的各种化合物是在钢液凝固前,未能上浮到钢锭表面而嵌入钢中的细小夹杂物,或者在高温时溶解在钢中,当钢液凝固过程因温度下降,固溶度降低,从钢液中析出,以夹杂物存在。轴承钢中的硫化物、氧化物及点状不变形夹杂物都属于内生夹杂物。

为便于用标准评级图谱对轴承钢中的夹杂物进行评定并考虑夹杂物的化学成分、性质、形状和尺寸，国际上和我国新制定的高碳铬轴承钢国家标准(GB /T 18254—2016)将轴承钢中的夹杂物分为：A 类——硫化物、B 类——Al_2O_3 夹杂物、C 类——硅酸盐和 D 类——点状不变形夹杂物。

(1) A 类——硫化物。轴承钢中硫化物夹杂与钢中的硫含量有关，硫化物夹杂的含量随钢中硫含量的增加而增加。硫在液态的钢液中溶解度很高，而在固态中的溶解度很低，1365℃时在 δ-Fe 和 γ-Fe 中的溶解度分别为 0.14%和 0.052%(图 2.21)。硫在 γ-Fe 中的溶解度随温度的降低而降低，并在 988℃出现共晶反应 $L \longrightarrow \gamma + FeS$，并沿晶界分布，引起热脆，FeS 也具有低的熔点(1188℃)。锰与硫比铁与硫有更大的亲和力，钢中加入锰，将生成高熔点(1620℃)的 MnS，并改善其分布。为防止 FeS 的生成，消除热脆，锰与硫的比值应大于 5。在轴承钢中都有足够的锰含量，一般不会产生 FeS。MnS 有较高的塑性和较强的变形能力，热加工时沿加工方向伸延呈条带状，属于塑性夹杂。

由于采用炉外精炼技术，钢中氧化物夹杂的含量大幅度降低，硫化物在轴承钢的比例相对提高。有文献表明，塑性夹杂物在精炼钢中所占夹杂物总量的比例已由非精炼钢的 30%左右提高到 90%以上。

(2) B 类——Al_2O_3 夹杂物。铝是强脱氧元素，在轴承钢冶炼时，大都在出钢或精炼初期用铝做脱氧剂，以便尽快减少钢液中的溶解氧。用铝脱氧时，往往存在一定数量的残铝，残铝量达到 0.052%时，钢中溶解的氧就很少了。

钢中用铝脱氧后，最常见的脱氧产物是 Al_2O_3，通常为 α-Al_2O_3，即刚玉。Al_2O_3 夹杂物也可以来自耐火材料，可以根据夹杂物颗粒的大小、聚集程度及其成分来确定。一般情况下，颗粒小的 Al_2O_3 夹杂物，聚集的 Al_2O_3 和含 α-Al_2O_3 很高的夹杂以及在钢的基体中的 α-Al_2O_3 夹杂物可能来源于脱氧产物。Al_2O_3 是轴承钢中稳定夹杂物的主要组成部分。用铝脱氧的轴承钢中常出现团状的 Al_2O_3 夹杂物，这种铸态下形成的 Al_2O_3 聚集体在热加工时不变形，沿热轧方向破碎成点链状。

镁尖晶石($MgO \cdot Al_2O_3$)也是轴承钢中比较常见的夹杂物，在热加工时不变形，沿加工方向破碎成链状。$MgO \cdot Al_2O_3$ 中的 MgO 可以完全被 FeO 和 MnO 所置换，成为 Fe、Mn 尖晶石，在压力加工时不变形，沿轧制方向破碎成线链状。

轴承钢中的 Al_2O_3 由于其热膨胀系数小，引起的镶嵌应力降低轴承钢的接触疲劳寿命，从而降低轴承的使用寿命。

(3) C 类——硅酸盐。在钢中最常遇到的是硅酸铁和硅酸锰，因为钢中的铁和锰最容易形成硅酸盐夹杂物。铁的硅酸盐的成分可用 $n FeO \cdot m SiO_2$ 表示，其成分取决于所加入的硅量和钢中的氧含量，此类夹杂没有塑性。锰是钢中有效脱氧剂之一，形成 MnO，而 MnO 又能强烈地与氧化硅形成硅酸盐，其中 $2MnO \cdot SiO_2$ 和 $MnO \cdot SiO_2$ 是比较普遍存在的两种硅酸盐。当用铝脱氧时，若钢中有硅存在，还可能形成更为复杂的铝硅酸盐夹杂物，因为最后加入的铝能代替部分硅而形成不同成分的铝硅酸盐，其总的化学式为 $m(FeO \cdot Al_2O_3) \cdot n SiO_2$，若有锰存在时则为 $m(FeO \cdot MnO) \cdot m(Al_2O_3) \cdot n SiO_2$。在钢的凝固过程中，一些液态的硅酸盐来不及结晶，部分或全部以玻璃态保存在钢中。但是，成分复杂的硅酸盐夹杂物熔点比较低，易于聚集，尺寸较大，在炉外精炼的条件下易于排出，因此，在炉外精炼的轴承钢中，基本不出现硅酸盐夹杂物。

(4) D 类——点状不变形夹杂物。轴承钢中球形夹杂物多为铝酸钙($m Al_2O_3 \cdot$

nCaO),热加工时不变形。用电弧炉传统方法冶炼的轴承钢中大颗粒夹杂物几乎全部都是含钙的铝酸盐,同时也有镁尖晶石 $MgO \cdot Al_2O_3$ 及其他复杂夹杂物存在,其属性随电弧炉渣或合成渣的成分而变化。轴承钢中球状夹杂物是碱性电弧炉钢特征之一。钢液中一定数量的钙是球形夹杂物生成的必要条件,溶解于钢中的 C、Si、Al 在出钢和精炼过程中还原碱性渣,而使 Ca 进入钢液。许多实验研究证明,炉外精炼前钢中钙含量与精炼后钢中钙含量均随炉渣碱度的升高而增加,如果将精炼渣的碱度控制在 2.5 以下,精炼后钢中的钙含量一般不超过 20ppm,经轧制成材后检验,不出现球状夹杂物。

轴承钢中残留于钢中的钙不是有意添加的,而是来源于钢渣与钢水接触时的炉衬。轴承钢如果用钙或钙-硅脱氧,钢中将残留较多的钙,钢中必将产生危害很大的 D 类球形夹杂物。许多国家的标准中都规定了残留钙含量的限制,并规定不能用钙或钙-硅脱氧。瑞典 SKFD33 标准规定钙含量不大于 10ppm。由于国内外轴承钢的生产采用炉外精炼和真空脱气,钢中的氧含量大幅下降,并限制了钢中的钙含量,从而降低了轴承钢中球状夹杂物的含量。

轴承钢中的非金属夹杂物破坏了金属的连续性和均匀性,在交变应力下,会引起应力集中,成为疲劳源,降低钢的疲劳寿命。

不同类型夹杂物对轴承钢疲劳寿命的影响是不同的,这与夹杂物的物理性能、形态、数量及尺寸有关。各国研究者对夹杂物的线膨胀系数、弹性模量和不同温度下的塑性进行了测定,试图说明其对轴承钢疲劳寿命的危害程度。表 7.21 为各类夹杂物的线膨胀系数。

表 7.21 非金属夹杂物和铬轴承钢的平均线膨胀系数[38]

夹杂物	α/℃$^{-1}$	温度区间/℃	夹杂物	α/℃$^{-1}$	温度区间/℃
TiN	9.4×10^{-6}	0～700	$MgO \cdot Al_2O_3$	8.4×10^{-6}	0～700
MnS	18.1×10^{-6}	0～700	$CaO \cdot 2Al_2O_3$	5.0×10^{-6}	0～850
Al_2O_3	8.0×10^{-6}	20～550	CaS	14.7×10^{-6}	0～850
Cr_2O_3	7.9×10^{-6}	0～700	$3CaO \cdot Al_2O_3$	10.0×10^{-6}	0～800
MnO	14.1×10^{-6}	0～700	$12CaO \cdot 7Al_2O_3$	7.4×10^{-6}	0～800
MgO	13.5×10^{-6}	0～700	$CaO \cdot 6Al_2O_3$	8.8×10^{-6}	0～800
CaO	13.5×10^{-6}	0～700	$CaO \cdot Al_2O_3$	6.5×10^{-6}	0～800
$MnO \cdot Al_2O_3$	8.0×10^{-6}	0～700	铬轴承钢	12.5×10^{-6}	0～850

由于夹杂物和基体钢的线膨胀系数不同,加热和冷却时,在两者之间产生应力。由于氧化物的膨胀系数小于基体,冷却时在钢的基体中形成残余拉应力;而硫化物的膨胀系数大于基体,则形成有益的残余压应力。

在热加工变形时,夹杂物与基体的变形能力的差异也将产生应力,钢中夹杂物塑性好坏可用变形指数 γ 表示(见 4.9.3 节)。γ 值可从 0 开始,即钢在热加工时夹杂物完全不变形,变到 1,即夹杂物的伸长与钢的伸长相等。变形指数 γ 值与温度有关。钢中夹杂物在钢的热变形温度范围内的塑性见图 7.10[39],图中的曲线表示各主要夹杂物的变形指数与温度的关系。除了不变形的铝酸盐外,也表示夹杂物的塑性随成分变化的趋势,这些曲线综合了不同研究者的结果,只是定性地说明夹杂物的不同的行为。由图 7.10[39] 可见,

Al_2O_3、镁铝尖晶石、铝酸钙在热加工温度下无塑性，完全不变形。这些脆性夹杂物一般沿轧制方向排列成串状或点链状，点状夹杂物在热加工时不变形。硬而脆的夹杂物在热加工时难于变形，构成应力集中，使疲劳裂纹萌生期缩短，降低疲劳寿命，有时在变形时还可以将钢的基体划伤。由于夹杂物的变形指数低，轧制时夹杂物不能与钢一起伸长，在钢与夹杂物界面上产生应力，从而导致裂纹发生。裂纹基本垂直于钢的流动方向，而裂纹方向由于钢的流动，结果在钢与夹杂物界面处形成一个锥形孔隙，锥形面落在界面上，顶端向着钢的流向。在轧制钢中点状（球状）夹杂物上可以看到此类锥形孔隙。夹杂物的 γ 值越低，出现这种情况的可能性越大（图 7.11[39]）。夹杂物的相对塑性处于中等水平时，由于钢与夹杂物界面的裂纹被黏合前，夹杂物的外层沿钢的流动方向发生变形，结果轧制后的形状呈鱼尾形，产生鱼尾状夹杂物，并在钢与夹杂物界面处形成间隙（图 7.12[39]）。有的学者提出如下的见解：对于不变形的夹杂物（$\gamma=0$），锥形孔隙与热撕裂是经常可见的；当 $\gamma=0.03\sim0.5$ 时，经常产生带有锥形间隙的鱼尾形夹杂物，γ 值越低，出现这种情况的可能性越大；为防止裂纹的产生，夹杂物的变形指数要足够高，应为 $\gamma=0.5\sim1$[40]。

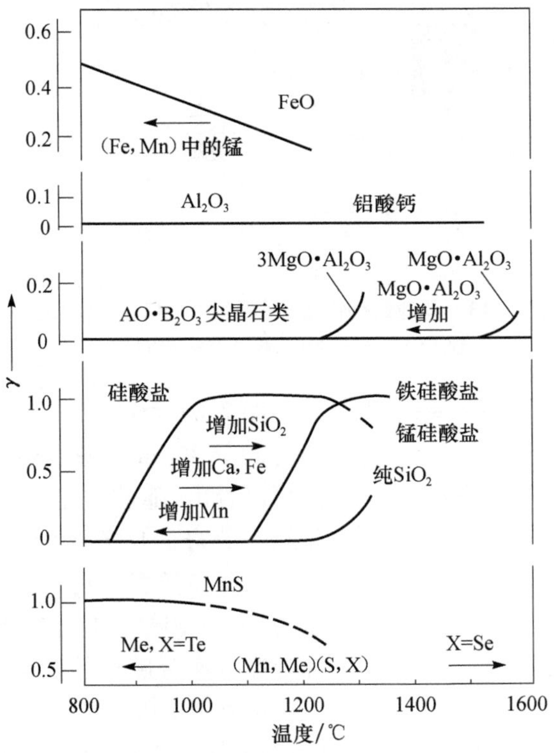

图 7.10　各种类型夹杂物在不同温度下的变形指数[39]

大量试验证实了脆硬性夹杂物的危害性，一些研究工作指出，非金属夹杂物对轴承钢疲劳寿命的影响随夹杂物的类型、形态和数量的不同而异。氧化物系夹杂对轴承零件接触疲劳寿命的有害影响是明确的。钢中存在的 Al_2O_3、球状不变形夹杂对疲劳寿命的危害最严重，其次是 TiN 和塑性硅酸盐。图 7.13 表示了各种夹杂物的相对有害程度，由图可以看出，在轴承钢中球状夹杂物铝酸钙（$CaO\cdot Al_2O_3$）对钢的危害性最大，Al_2O_3 的影响次之，而硫化物的影响较小[41]。

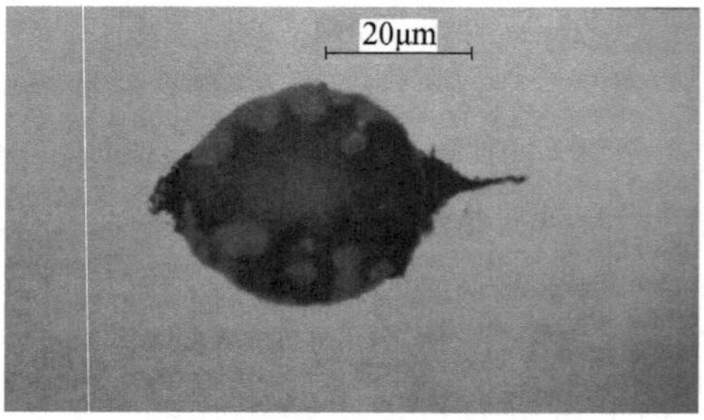

图 7.11　轧钢时不变形的夹杂物($\gamma=0$)，在钢中产生一个锥形孔隙[39]

夹杂物中的白色部分是在夹杂物表面的 MnS 沉淀物

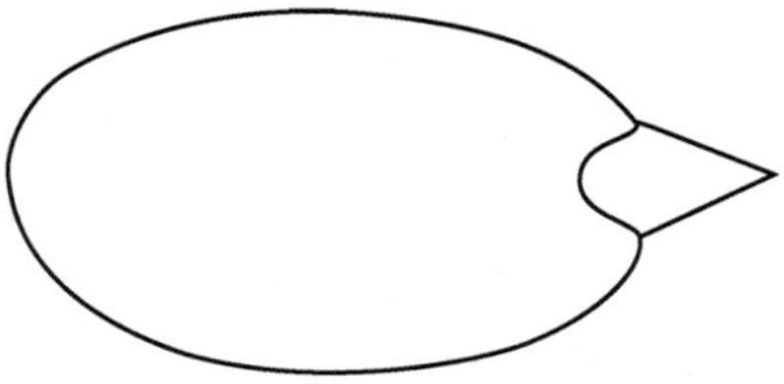

图 7.12　带有裂纹的鱼尾形夹杂物示意图[39]

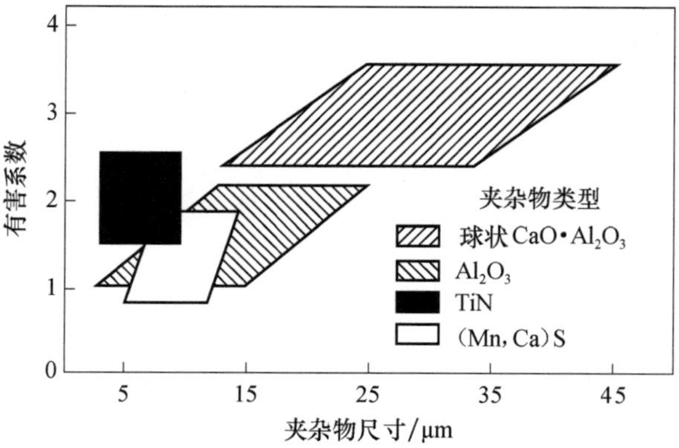

图 7.13　各种夹杂物在轴承钢中的相对有害程度[41]

轴承钢为 SAE52100，相当于我国的 GCr15

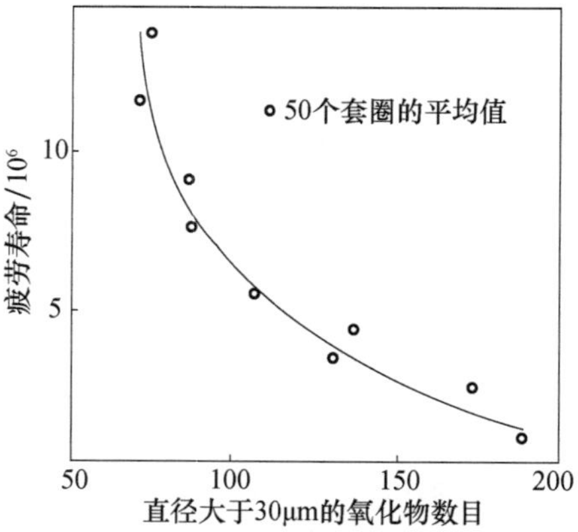

图 7.14　氧化物夹杂的数目与接触疲劳寿命(SKF 公司)[42]

图 7.14 为 GCr15 钢所制成的套圈的疲劳寿命与大于 30μm 的氧化物数目之间的关系。由图可以看出，随着大于 30μm 的氧化物的增加，接触疲劳寿命显著降低[42]。关于夹杂物大小、形状和分布的影响也有过不少研究。研究结果认为，夹杂物越大，危害越严重，而且越能够在较深处影响疲劳破坏的发生。接触疲劳是在零件表层中发生的破坏。前面曾指出，轴承零件运转时，在表层以下某个深度处，切应力值最大。对于一般的轴承来说，随载荷的不同，最大切应力出现在接触面以下 0.35～0.55mm 的某个深处。由此可见，从工作面向内 1mm 深的表面，其组织的均匀性最关键。同样的夹杂物，由于靠近表面的程度不同，危害的大小也不同。夹杂物所在的位置距表面越深，有害影响就越小。而为了能成为疲劳裂纹的起始点，夹杂物所在位置距表面越深，夹杂物要更大些才能有影响。

此外，夹杂物的形状和分布也是影响疲劳寿命的因素之一，夹杂物细小、呈细条状、分布均匀者疲劳寿命较高。由此可见，夹杂物数量对疲劳寿命的影响不是绝对的，还与夹杂物的性质、种类、大小和分布状况有关。

在 GB/T 18254—2016《高碳铬轴承钢》(代替 GB/T 18254—2002)中制定了高碳铬轴承钢非金属夹杂物的评级方法及评级标准，制作轴承套圈和滚动体用的高碳铬轴承钢应具有高的纯洁度，即非金属夹杂物应尽量少。生产厂应对每炉钢进行非金属夹杂物检验，该标准规定检查所用试样尺寸为 10mm×20mm，抛光面应与轧制方向平行，放大 100 倍观察，与标准评级图比较，并按 GB/T 10561—2005 中的 A 法进行评级(表 1.2)，非金属夹杂物的合格级别见表 7.22。现 GB/T 10561—2005 已被 GB/T 10561—2023 取代。

表 7.22　非金属夹杂物的合格级别(GB/T 18254—2016)

冶金质量	A		B		C		D		DS
	细系	粗系	细系	粗系	细系	粗系	细系	粗系	
	合格级别，不大于								
优质钢	2.5	1.5	2.0	1.0	0.5	0.5	1.0	1.0	2.0
高级优质钢	2.5	1.5	2.0	1.0	0	0	1.0	0.5	1.5
特级优质钢	2.5	1.5	1.5	0.5	0	0	1.0	0.5	1.0

注：按 GB/T 10561—2005 中的 A 法进行评级。现 GB/T 10561—2005 已被 GB/T 10561—2023 取代。

对于 TiN，应按形貌分别列入 B 类、D 类、DS 类评级，有的牌号可由供需双方协商评级。

根据 GB/T 18254—2016，检查非金属夹杂物、碳化物网状、碳化物偏析、显微孔隙的试样均按以下规定进行热处理：试样淬火加热温度 820～850℃(含 Mo 钢为 840～880℃)；淬火加热时间按直径或厚度每 1mm 保温 1.5min；淬火剂为油；回火温度 150℃左右，时间 1～2h。

7.2.3.3　碳化物不均匀性及其对轴承钢性能的影响

为了提高轴承钢的疲劳寿命，不仅需要严格控制钢中的非金属夹杂物，而且需要认真改善钢的碳化物不均匀性。钢材原始组织(退火组织)中碳化物质量将是获得良好使用组织的前提。本节主要结合高碳铬轴承钢论述。

大量的生产实践和实验研究证明，原始组织为均匀细粒状珠光体时，轴承零件在各方面都能达到满意的结果。具有粒状珠光体原始组织的钢材有较低合适的硬度，便于切削加工，加工后零件的表面质量较好。具有均匀细粒状珠光体原始组织的钢，在正常淬火温度范围内有较高的淬透性和淬硬性，具有宽的淬火加热温度范围和小的淬火开裂倾向，淬火的质量高而且稳定。原始组织为片状珠光体的钢在淬火时较易于开裂。均匀细粒状原始组织在淬火-回火后能得到最佳的综合力学性能，即一方面具有高的强度和硬度，另一方面又兼有良好的韧性和塑性，疲劳寿命和耐磨性也较高。关于碳化物粒度对接触疲劳寿命的影响，一般认为原始组织中碳化物粒度越小，寿命越高，可使疲劳寿命提高 1.5～2.5 倍。目前认为碳化物粒度对疲劳寿命的影响是通过改变基体的固溶成分起作用的。淬火后轴承钢的基体虽然有一个平均碳含量(0.50%～0.60%时比较好)，但实际上在碳化物近旁和远处碳浓度是不同的。原始组织碳化物颗粒粗大，颗粒距离远，淬火后基体碳浓度不均匀程度大,而碳化物颗粒细小,颗粒密集时,基体碳浓度差较小。若碳的浓度差大,有高碳和低碳区存在,在这些地方疲劳裂纹容易发展,结果使材料的疲劳寿命降低。基于上述理由,对轴承钢的退火组织提出了严格的要求,其显微组织应为细小、均匀、完全球化的珠光体组织。供切削加工和冷压力加工用的球化退火钢材的显微组织分为5个级别(GB/T 18254—2016附录A第5评级图),直径不大于60mm的圆钢、盘条,以及所有尺寸的钢管的球化退火显微组织的合格级别为2～4级。图7.15为GCr15钢的退火组织(3级),为均匀分布的球状珠光体和极少量点状珠光体,取横向试样,放大500倍观察。

GB/T 18254—2016附录A为高碳铬轴承钢的低倍和显微组织的标准图谱,含10种评级图,评级图直径的尺寸均为80mm。

为了获得碳化物粒度细、形状匀称、分布均匀的球化组织,不仅要严格控制退火工艺,还应当严格控制退火前的组织,否则优良的退火组织就无法得到。在轴承钢中可能出现三种碳化物分布不均匀的缺陷:碳化物液析、碳化物网状组织、碳化物带状组织。

图7.16为含1.6%Cr的Fe-Cr-C系三元状态图的垂直截面,可利用该图分析含碳约1%的钢(相当于GCr15)在缓慢加热或缓慢冷却过程中发生的组织转变。

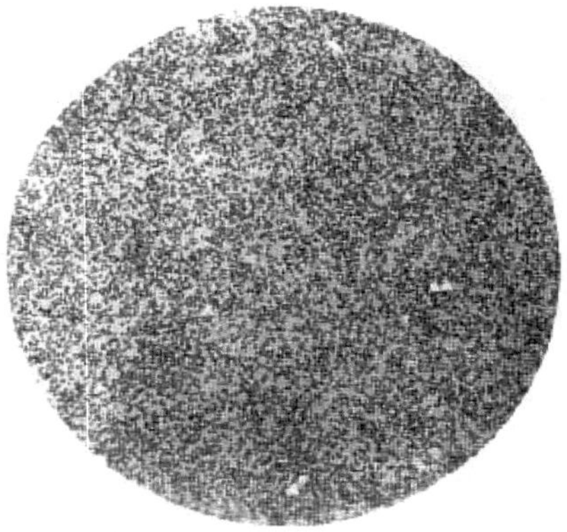

图7.15　高碳铬轴承钢的退火组织(3级)(GB/T 18254—2016)　500×

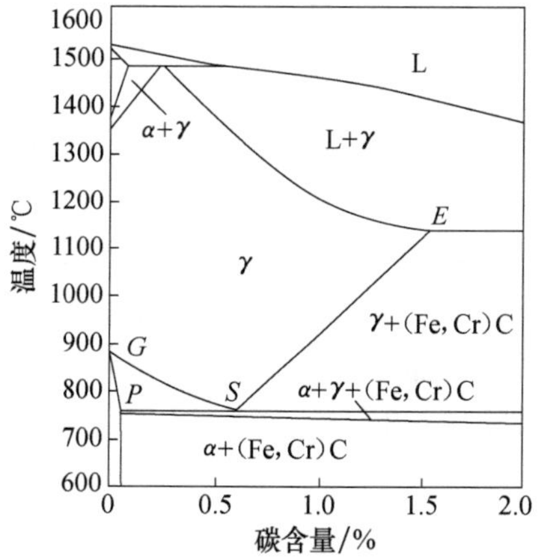

图7.16　含1.6%Cr的Fe-Cr-C系三元状态图的垂直截面[38]

由于铬含量较低,该变温截面图与$Fe\text{-}Fe_3C$平衡状态图相近似。由该图可以看出,铬降低碳在奥氏体中的溶解度,共析点S的碳含量降到0.65%左右,碳在奥氏体中的最大溶解度E点降至1.5%左右,并使共析温度由恒温变为一个温度区间[38]。

高碳铬轴承钢在浇铸后凝固时,在树枝状偏析严重的情况下,局部区域钢液中的碳和铬含量很高,具备了形成共晶的条件。当共晶液体很少时,共晶中的奥氏体相附加在原来的奥氏体枝晶上生成,而将其中的碳化物留在两个相邻的树枝晶体之间,热变形后液析碳化物沿着钢的延伸方向拉长呈条带状,称之为碳化物液析。因此,液析碳化物是一次碳化物,这种碳化物的尺寸比较大。

碳化物具有高的硬度和脆性,暴露在轴承零件工作面上的粗大液析碳化物容易剥落。此外,研究还指出,粗大的碳化物内部的晶界或者微裂纹是薄弱地带,往往成为疲劳裂纹的发源地。显著的碳化物液析急剧地增加轴承钢的磨损,使钢的耐磨性降低。碳化物液析引起轴承零件硬度的不均匀和力学性能的方向性，增大轴承零件淬火时的开裂倾向。因此，对碳化物液析也必须严格控制。碳化物液析评级在放大 100 倍下进行，检查试片的纵截面，分 1、2、3、4 共 4 个级别，分为条状和链状（GB/T 18254—2016 附录 A 第 9 级别图）。允许的级别见表 7.23，图 7.17 为碳化物液析图片。试样经过规定的热处理，抛光后进行深腐蚀，在 100 倍下检查纵截面。

表 7.23　碳化物液析的合格级别（GB/T 18254—2016）

交货状态	直径/mm	优质钢、高级优质钢	特级优质钢
		合格级别，不大于	
热轧或锻材制球化退火 热轧或锻制软化退火	≤30	0.5	0.5
	>30～60	1.0	1.0
	>60～150	2.0	1.5
轧制或锻制	≤60	2.0	1.5
	>60～150	2.5	2.0
冷拔	—	0.5	0.5

注：按 GB/T 18254—2016 附录 A 中第 9 评级图评定。碳化物液析评级图按碳化物形态分为条状和链状两个系列，各有 4 个级别。直径大于 150mm 的钢材，合格级别由供需双方协议。

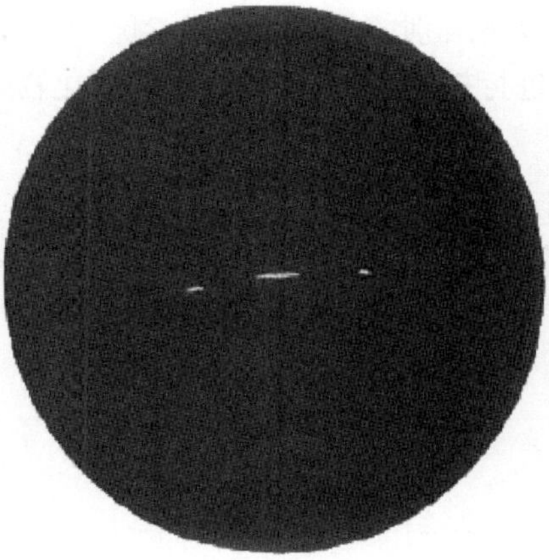

2级条状

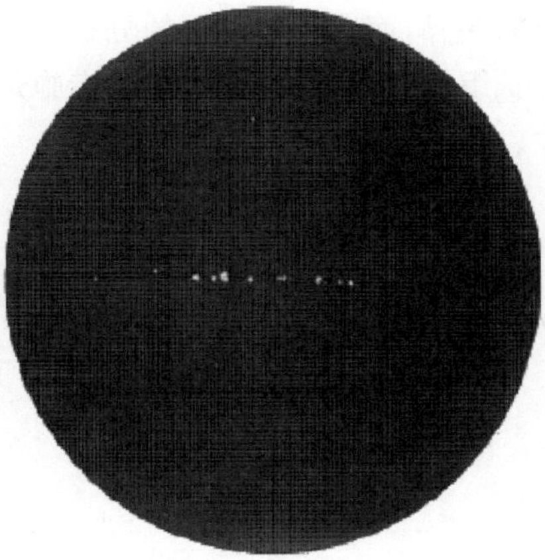

2级链状

图 7.17　高碳铬轴承钢的碳化物液析（GB/T 18254—2016）　100×

碳化物液析通过扩散退火能够被消除，扩散退火要在比较高的温度（1150～1200℃）下进行，使碳和合金元素能通过扩散而较均匀地分布。

碳化物带状组织与碳化物液析产生的原因都是树枝状偏析，但碳化物形成的过程不同。当偏析程度较低时，只出现带状碳化物，而在偏析严重时，会同时出现液析碳化物和带状碳化物。

碳化物带状组织是由钢锭结晶时所发生的树枝状偏析引起的，热变形后偏析区域被拉长，一些富含铬和碳的偏析区将析出较多的碳化物，因而在钢材纵断面的显微磨片下呈现为碳化物带状组织。为了观察带状碳化物，试样经过淬火和低温回火，经深度浸蚀后，整个基体（回火马氏体）是暗黑的，其上分布着碳化物颗粒所构成的“银河”带，在放大 500 倍下观察，每个碳化物颗粒都能很好地被分辨出来。

带状碳化物不仅本身作为一个不均匀的组织因素保留在淬火组织中，而且对退火和淬火的组织转变产生相当的影响。热加工后的钢材中存在严重的碳化物带状组织时，使退火时获得均匀一致的球化组织变得困难。经过退火后，在那些贫碳地带往往形成片层状珠光体，或者即使在贫碳地带也得到了球化珠光体，但对整体来说，碳化物颗粒在大小和分布上是不均匀的，严重的碳化物带状组织也使获得均匀的淬火组织发生困难。在淬火加热时，原来贫碳的地带容易发生过热，奥氏体晶粒比较粗大而且不均匀，马氏体是针状而不是隐晶状的。在原来的富碳地带则容易出现屈氏体组织。由于碳化物带状组织所引的淬火组织的不均匀性使得零件中的内应力增加，淬火组织中出现屈氏体时也造成轴承零件表面硬度的不均匀。此外，严重的碳化物带状组织的存在，使工件在淬火时产生较大的变形，增加热变形后钢的各向异性，带状组织还会成为形成淬火裂纹的根源。随着碳化物带状组织的减少或消除，淬火后，钢的硬度的均匀性、淬透性深度及其均匀性、弯曲强度、接触疲劳强度与耐磨性均提高。

因此，轴承钢钢材必须检查碳化物带状组织。试样经过规定的热处理，抛光后进行深腐蚀，在 100 倍下检查纵截面。碳化物带状组织分为 1、2、2.5、3、3.5、4 共 6 个级别(GB/T 18254—2016 附录 A 第 8 级别图)。评定的依据是放大 100 倍下观察，主要是带状组织的宽度、长度和条带数；放大 500 倍观察，主要是碳化物颗粒大小、数量及分布情况和与基体组织的差异，而以 100 倍下的分布特征为主。合格级别的规定见表 7.24。为了降低碳化物带状组织级别，所采取的主要措施是对钢锭进行扩散退火。图 7.18 为碳化物带状组织图片。

表 7.24　碳化物带状组织合格级别(GB/T 18254—2016)

交货状态	合格级别，不大于
钢管、冷拉材、＜30min 热轧球化或软化退火材	2.0
＞30～60min 热轧球化或软化退火材	2.5
＞60min 热轧(锻)球化或软化退火材 ≤80min 热轧不退火材	3.0
＞80～150min 热轧(锻)不退火材	3.5

注：按 GB/T 18254—2016 附录 A 中第 8 评级图评定。直径大于 150mm 的钢材，合格级别由供需双方协议。

轴承钢中的网状碳化物是在轧(锻)后的冷却过程中形成的，随后的退火和淬火、回火并不能把它完全消除。保留在轴承零件淬火、回火组织中的网状碳化物急剧地降低零件的强度和韧性。碳化物的不均匀分布、终轧(锻)温度过高和轧后冷却速率很缓慢都会促使生成网状碳化物。轴承钢轧制前的钢坯加热温度(GCr15 钢达到 1050～1100℃)远超过钢的 A_{cm} 温度(约为 900℃)，此时碳化物已几乎全部溶解。在轧后的冷却过程中，网状碳化物在 900℃左右开始析出，在 750～700℃温度范围内急剧形成。终轧温度过高时奥氏体晶粒粗大，容易生成粗的网状组织，适宜的终轧温度控制在 830～850℃，轧制后在 850～700℃温度范围内应迅速冷却(鼓风、喷雾、水冷等)。在 700℃以下，开始奥氏体向珠光体的转变，先共析碳化物沿晶界析出终了，为了防止白点的形成和减少钢中的内应力，则应当缓慢冷却(放入坑中)。锻造比轧制较易于消除网状组织。终锻温度一般控制

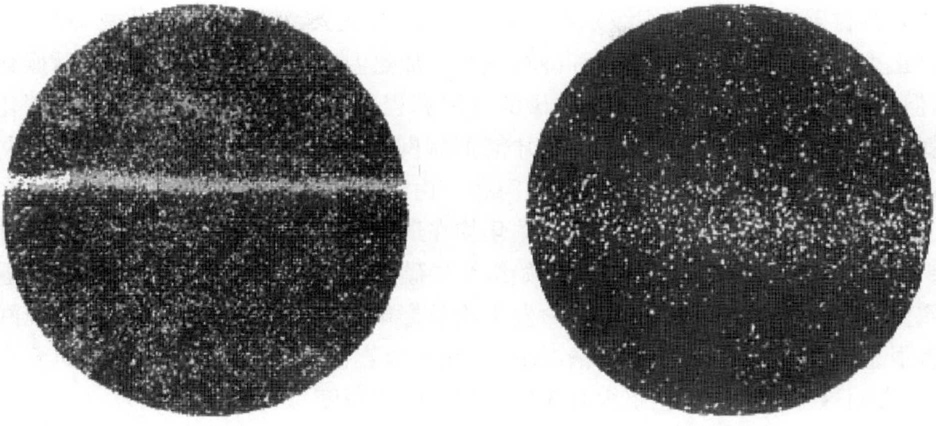

2.5级 100×　　2.5级 500×

图 7.18　高碳铬轴承钢中的碳化物带状组织(GB/T 18254—2016)

在 800～830℃，在锻造过程中使网状碳化物破碎。

GB/T 18254—2016 规定高碳铬轴承钢除供热加工者外，必须检查碳化物网状组织，按该标准附录 A 第 6 级别图和第 7 级别图进行评级，第 6 评级图分为 1、2、2.5、3 共 4 个级别，第 7 评级图只有 1 个合格界限图。试样经过规定的热处理，抛光后进行深腐蚀，分别在放大 500 倍和 200 倍下检查横截面。合格级别的规定见表 7.25。

表 7.25　碳化物网状组织合格级别(GB/T 18254—2016)

交货状态	直径/mm	合格级别/级	附录 A 中评级图
球化退火	≤60	2.5	第 6 评级图
	>60	协议	
软化退火	—	不超过附录 A 第 7 评级图	第 7 评级图
热轧或锻制	—		

图 7.19 为碳化物网状组织(3 级)的图片，断续的碳化物呈半网状趋势。图 7.20 为热轧或热锻、软化退火碳化物网状组织合格界限图片。

图 7.19　高碳铬轴承钢的碳化物网状组织(3 级)(GB/T 18254—2016)　500×

图 7.20　高碳铬轴承钢热轧或热锻、软化退火碳化物网状组织合格界限图片(GB/T 18254—2016 附录 A 第 7 评级图)　200×

如果钢材碳化物网状组织级别不合格,可先进行正火,消除网状碳化物,然后再进行退火。正火时,必须注意加热温度和冷却速率。加热温度太低,起不到破除网状碳化物的作用,但如果加热温度太高,奥氏体中碳的过饱和程度增加,冷却时再析出网状碳化物的倾向就加大,必须采取更大的冷却速率才能抑制网状碳化物的析出。出现碳化物网状组织后,采用正火方法来改善,会带来新的问题。由于正火时碳化物并未完全溶解,在某种程度上会发生未溶碳化物的聚集,这些碳化物在退火过程中进一步长大,这就成了球化退火组织中的粗大颗粒的碳化物,造成原始组织中碳化物粒度的不均匀性,降低球化退火组织的质量,进而对使用组织和疲劳寿命发生不良影响。因此,在轧、锻后避免出现网状碳化物有很重要的意义,因为在这种情况下,无须正火直接进行球化退火,一方面简化了工艺,另一方面这样得到的球化组织有较均匀的碳化物粒度。

7.2.3.4　轴承钢的热加工

高碳铬轴承钢是高碳低合金钢,高温热塑性好,变形抗力不大,其压力加工的工艺性能与碳钢差异不大。

加热是钢锭或连铸坯十分关键的一道工序,它不仅要把钢锭或铸坯加热到规定的温度,为轧制做好准备,还要在加热过程中施行扩散退火,降低钢中树枝状偏析程度,以达到消除碳化物液析、改善碳化物带状组织和碳化物网状组织不均匀性的目的。加热温度是一个关键的工艺参数,它既要保证钢锭不过烧,又要保证加热过程有良好的扩散退火效果。轧制前的均热温度为1160～1190℃。有试验表明,具有严重树枝状偏析的铸态组织的试样在1200～1210℃保温60min之后,晶界疏松、孔洞附近就开始出现熔化现象。扩散保温时间越长,扩散效果越好,但增加能量的消耗,应根据钢坯、钢材的使用要求确定不同的钢锭在高温段的保温时间。轧后的钢坯可在静止的空气中冷却。高碳铬轴承钢具有形成白点的倾向,因此轧后的钢坯在终轧后先冷却至600～250℃后,使其转变成珠光体,以利于氢的逸出,再装入退火炉升温至700℃保温16h左右,出炉空冷。

钢坯在轧制成棒材之前进行再加热,在加热过程中可以进一步降低钢中的树枝状偏析,从而进一步改善碳化物不均匀性。钢锭轧制成钢坯后,偏析带之间的距离被压拢,扩散距离缩短,扩散作用更有效。由于钢坯中的树枝状偏析程度较之钢锭已有所降低,其轧前的加热温度可达1220～1240℃,没有过烧的危险。

如果锭、坯加热过程中的扩散退火很充分,那么钢中的碳化物不均匀性将得到显著的改善,很少出现液析,碳化物带较宽,带中的碳化物颗粒细小,分布较均匀。但在强化钢坯的扩散退火时,要避免产生严重的表面脱碳。

对于以退火状态出厂供冷加工用的高碳铬轴承钢,其碳化物网状组织有严格的要求,轧制时必须采取措施降低碳化物网状组织级别。除在钢锭、钢坯的加热过程中进行扩散退火以外,还需在钢材轧制时控制终轧温度和轧后的冷却速率。

为降低轧制轴承钢的碳化物不均匀性,国内外对轴承钢棒材的控制轧制和控制冷却进行了深入的研究[5],并在此基础上开发出轴承钢GCr15控制轧制、控制冷却和在线球化退火新工艺。该工艺是将轴承钢坯加热到1150～1200℃,经多道次轧制,终轧温度不低于1000℃,终轧后可获得均匀的完全再结晶的奥氏体组织,二次碳化物尚未开始析出。轧后立即进行一次或多次快冷,冷终后钢材最高返红温度为550～600℃。在600℃进行等温转变，获得索氏体组织，随后加热到球化退火温度 780℃，保温一定时间(0.5h)，以 130℃/h 的冷却速率冷却到 650℃，出炉空冷。对 600℃等温转变后空冷到室温的试样进行金相观察，其碳化物网状组织级别降到 2 级以下，所得组织为碳化物呈点状和弥散度比较大的变态珠光体或变态索氏体，这有利于随后的快速球化。工艺过程采用全线微机控制，保证了轴承钢材性能的稳定性[34]。

7.2.4　轴承钢的冷拔材、钢丝和管材的生产[5,30,34]

轴承钢的冷拔材及钢丝主要用于制造滚动轴承的滚动体——滚珠、滚柱(滚锥)及滚针等，需求量占轴承钢总量的 10%～15%。滚动体用钢在非金属夹杂物及碳化物不均匀性等内在质量方面比套圈用料要求更严，由于冷成形工艺的要求，它对尺寸精度、粗糙度、脱碳层深度及其他表面缺陷比套圈用料苛刻得多。

为了进行拉拔，轴承钢坯料必须进行球化退火，以获得均匀细小的珠光体组织和合适的硬度。GCr15 钢的冷拔坯料的球化退火工艺为 790℃加热和 720℃等温。为了保证冷拔材和钢丝的表面质量，冷拔坯料必须酸洗、修磨和涂磷皂化。准备好的坯料在拉拔机上进行拉拔，轴承钢一般采用 1～3mm 的小拉拔量，1～2 次拔成，减面率控制在 10%～27%，过大或过小的减面率对成品材的力学性能都会有不良的影响。

钢丝尺寸较小，需经多次拔制。为消除拔制应力，使下一步拔制能顺利进行，须进行中间退火。中间退火的加热温度一般为(720±10)℃，充分保温后空冷。

冷拔材和钢丝成品最后都需经消除拔制应力而进行再结晶退火，即光亮退火。光亮退火是将成品放入通有惰性保护气体的罩式炉内加热。高碳铬轴承钢的冷拔材的加热温度可选用(720±10)℃，冷拔线材的加热温度可选用(600±10)℃。

采用上述传统拉拔工艺生产的滚动体冷拔材，常出现表面脱碳和表面缺陷(表面裂纹等)，因此还需进行磨削量为 0.2～0.4mm 的表面磨削加工。

近年来出现的棒线材连轧机组和联合拉拔机组可以生产高质量的滚动体用钢。棒线材连轧机组由棒材线和线材线组成，全线实现高速、控制轧制、控制冷却、在线激光测径等，最高轧制速率 110m/s，可生产直径为 10～80mm 的棒材和直径为 5.5～20mm 的线材。联合拉拔机组集喷丸、轧尖、拉拔、矫直、剥皮、抛光、在线检测于一体，完全可以生产无表面脱碳层、无表面缺陷的滚动体用钢。其工艺流程可以为：棒料→棒材、盘卷料→棒材、盘卷料→盘卷。

世界工业化国家已较普遍地使用轴承钢管制造轴承内、外套圈，主要是由于材料利用率比用棒材提高了 10%左右，所制套圈的使用寿命也长约 2 倍。工业化国家轴承钢管产量占轴承钢钢材的 10%～30%。我国只有不多的特钢企业生产轴承钢钢管。

7.2.5　高碳铬轴承钢及其热处理

7.2.5.1　高碳铬轴承钢标准

高碳铬轴承钢是沿用最久的全淬火型轴承钢。这种钢加工工艺性好，便于得到较稳定而均匀的组织和高而稳定的硬度，具有良好的耐磨性和抗接触疲劳性能，有比较满意的防锈性能，合适的弹性和韧性，价格也较低，因而获得广泛的应用。

我国高碳铬轴承钢标准最早制定于 1952 年，为重 10—52《铬合金滚珠与滚柱轴承钢技术条件》，基本采用苏联相应标准。冶金工业部成立后，1959 年将该标准修订为 YB 9—59《滚珠与滚柱轴承铬钢技术条件》，1968 年重新修订为 YB 9—68《铬轴承钢技术条件》。20 世纪 80 年代初，冶金工业部颁布了标准 YB(T)1—80《高碳铬轴承钢》，制定时参照了一些先进的国外标准，各方面的质量要求指标均有了大的提高。之后冶金工业部联合机械工业部又颁布了两部协议 YJZ 84《高碳铬轴承钢临时供货协议》。2000 年首次发布国家标准 GB/T 18254—2000《高碳铬轴承钢》，之后修改为 GB/T 18254—2002，最近又修改为 GB/T 18254—2016。

从重 10—52 到 YJZ 84 基本上都列入 5 个钢号，即 GCr6、GCr9、GCr9SiMn、GCr15 和 GCr15SiMn，唯 YB(T)1—80 中无 GCr6，重 10—52 中列入 GCr12。后来为节约铬，在 YB 9—59 中将 GCr12 改为 GCr9SiMn，各牌号的化学成分完全相同。在 GB/T 18254—2000 和 GB/T 18254—2002 中去掉了 GCr6、GCr9、GCr9SiMn，新增加了 GCr4、GCr15SiMo 和 GCr18Mo 三个牌号。

GB/T 18254—2002 中列入了 5 个钢号，GB/T 18254—2016 中取消了 GCr4 牌号，增加了 G8Cr15 牌号，仍保持 5 个牌号。

GB/T 18254—2016 将高碳铬轴承钢按冶金质量分为优质钢、高级优质钢(牌号后加“A”)和特级优质钢(牌号后加“E”)。该标准适用于制作轴承套圈和滚动体用高碳铬轴承钢热轧或锻制圆钢、圆盘条、冷拉圆钢(直条或盘状)。高碳铬轴承钢对冶金质量有严格的要求，应采用真空脱气处理。该标准加严了对残余元素的考核指标，提高了对钢的显微组织、非金属夹杂物和碳化物不均匀性、低倍组织、断口检查、显微孔隙检查、脱碳层检查和表面质量检查的控制指标。

表 7.26 为 GB/T 18254—2016 中列入的 5 个牌号的化学成分和对球化或软化退火钢材硬度的要求，钢中残余元素含量的要求见表 7.27。

表 7.26　高碳铬轴承钢的化学成分及退火钢材硬度(GB/T 18254—2016)

牌号	化学成分/%					球化退化硬度 HBW
	C	Si	Mn	Cr	Mo	
G8Cr15	0.75～1.05	0.15～0.30	0.20～0.40	1.30～1.65	≤0.10	179～207
GCr15	0.95～1.05	0.15～0.35	0.25～0.45	1.40～1.65	≤0.10	179～207
GCr15SiMn	0.95～1.05	0.45～0.75	0.95～1.25	1.40～1.65	≤0.10	179～217
GCr15SiMo	0.95～1.05	0.65～0.85	0.20～0.40	1.40～1.70	0.30～0.40	179～217
GCr18Mo	0.95～1.05	0.20～0.40	0.25～0.40	1.65～1.95	0.15～0.25	179～207

注：软化退化硬度不大于 245HBW。

表 7.27　高碳铬轴承钢的残余元素含量(GB/T 18254—2016)　　(单位：%)

冶金质量	Ni	Cu	P	S	Ca	O	Ti	Al	As	As+Sn+Sb	Pb
	不大于										
优质钢	0.25	0.25	0.025	0.020	—	0.0012	0.0050	0.050	0.04	0.075	0.002
高级优质钢	0.25	0.25	0.020	0.020	0.0010	0.0009	0.0030	0.050	0.04	0.075	0.002
特级优质钢	0.25	0.25	0.015	0.015	0.0010	0.0006	0.0015	0.050	0.04	0.075	0.002

注：牌号 GCr15SiMn、GCr15SiMo、GCr18Mo 中的 Ti 含量允许在三个等级基础上增加 0.0005%。

低倍组织检查规定：经酸浸的试样应无残余缩孔、裂纹、皮下气泡、过烧、白点等有害缺陷。低倍组织中的中心疏松、一般疏松、锭形偏析、中心偏析的合格级别应符合表 7.28 的规定。

表 7.28　高碳铬轴承钢低倍组织合格级别(GB/T 18254—2016)

缺陷类型	评级图	合格级别/级，不大于			
		优质钢、高级优质钢		特级优质钢	
		模铸	连铸	模铸	连铸
中心疏松	第 1 评级图(分为 3 级)	1.0	1.5	1.0	1.0
一般疏松	第 2 评级图(分为 3 级)	1.0	1.0	1.0	1.0
锭形偏析	第 3 评级图(分为 3 级)	1.0	1.0	1.0	1.0
中心偏析	第 4 评级图(分为 2 级)	—	2.0	—	1.0

注：直径大于 150mm 的钢材，由供需双方协议。中心偏析的评议只适用于制作滚动体的连铸钢材。各评级图见 GB/T 18254—2016 附录 A。

断口检查包括退火断口检查和发蓝断口检查。

直径不大于 30mm 的热轧球化和软化退火钢材及冷拉圆钢应进行退火断口检查，断口必须晶粒细致，无缩孔、裂纹和过热现象。

特级优质钢应进行发蓝断口检查。经过发蓝处理的断口表面上可观察到非金属夹杂物数量和分布情况，在产品的纵向上，夹杂物通常呈白色条纹。所用试样一般建议采用 10mm 厚度(平行于纵向测量)。在试样的厚度(垂直于长度方向)的中间开一个槽。试样经过正火处理(或淬火加回火)，然后在空气中加热，使开始试验(折断)的瞬间金属处于发蓝温度(300～350℃)，或者折断后，将两个试样加热，使断口发蓝。在一个断口上，用放大倍数不大于 10 倍的放大镜进行观察，其检验结果应不大于 2.5mm/dm^2，单条最大长度应不大于 3mm。

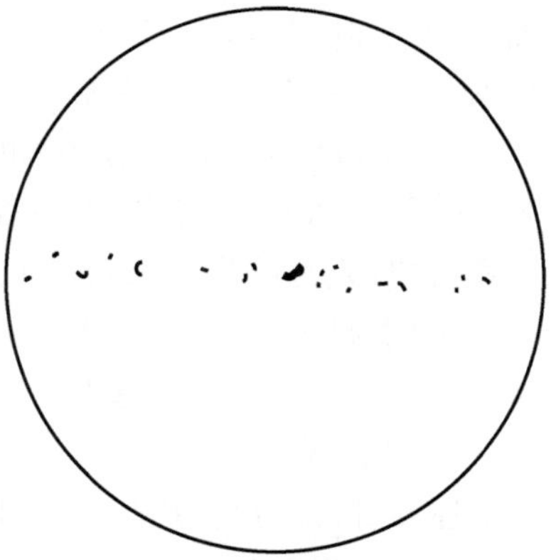

图 7.21　高碳铬轴承钢中显微孔隙的合格界限图片(GB/T 18254—2016 附录 A 第 10 评级图)　100×

显微孔隙的检查取纵向试样，按规定的热处理工艺淬火和回火后，在试样磨光面上放大 100 倍根据 GB/T 18254—2016 附录 A 第 10 评级图(图 7.21)评定。对于优质钢和高级优质钢，直径不大于 60mm 的钢材不得有显微孔隙，直径大于 60mm 的钢材，其显微孔隙不得超过评级图的规定。对于特级优质钢，不允许有显微孔隙。

表 7.29 为钢材表面每边总脱碳层深度的要求。

对表面质量的要求是：钢材应加工良好，表面不得有裂纹、折叠、拉裂、结疤和夹杂，以及其他对使用有害的缺陷。冷拉(轧)钢材表面还应洁净、无锈蚀。如有上述缺陷，供方必须清除，清除深度应符合规定。

表 7.29　高碳铬轴承钢表面脱碳层深度的要求(GB/T 18254—2016)

钢材种类	直径/mm	每边脱碳层深度,不大于
热轧圆钢	≤10	0.10mm
锻制圆钢	>10～150	直径的1%
圆盘条	>150	协商
冷拉圆钢	—	直径的1%

注:剥皮、磨光或车光交货的钢材不允许有脱碳。

我国于1992～1996年结合提高航空发动机轴承寿命与可靠性的研究,开发出双真空轴承钢,其间共开发出3种超纯净轴承钢供航空、航天、原子能等特别高要求环境下工作的轴承使用。这3种钢的牌号是HGCr15、HGCr4Mo4V和H10Cr4Mo4Ni4V(后两者为高温轴承钢),并于2000年分别为之制定了行业标准,在标准中均未再冠以H字[43,44]。双真空冶炼的GCr15钢的标准为YB 4107—2000《航空发动机用高碳铬轴承钢》。该标准与GB/T 18354—2016比较,在成分控制上与其中的特级优质钢相当。YB 4107—2000制定了自己的低倍组织、非金属夹杂物和碳化物不均匀性的检查评级图,对合格级别均有严格的要求。

试验表明,这种双真空轴承钢的氧含量为4～7ppm,夹杂物的总量是电渣钢的25%;最大氧化物颗粒直径小于10μm,而电渣钢为15～20μm;碳化物细小均匀,最大颗粒尺寸为0.9μm×1.2μm,而电渣钢为1μm×3.0μm;疲劳寿命L_{10}比电渣钢高48%～64%;断裂韧度K_{IC}比电渣钢提高19%[41,42]。

大型机械装备的制造需要提供大型和超大型轴承,有的要求用高碳铬轴承钢制造。我国2016年制定了GB/T 32959—2016《高碳铬轴承钢大型锻制钢棒》,该标准适用于制作直径400～1000mm高碳轴承钢钢棒,列入了4个牌号GCr15、GCr15SiMn、GCr15SiMo和GCr18Mo,这些钢的化学成分与表7.26中相应牌号钢的化学成分相同,其对钢的残余元素含量的要求与表7.27中的优质钢相当(除氧外)。这些钢可用真空脱气熔炼,此时氧含量应不大于0.0015%;这些钢也可用电渣重熔方法冶炼,直径不大于600mm的钢材氧含量应不大于0.0020%,直径大于600mm的钢材氧含量应不大于0.0025%。这些钢材在锻造机上锻造成形,锻造比应不小于3,钢材软化退火后的硬度应不大于245HBW。

上述各牌号的钢材均应进行低倍组织和碳化物不均匀性的检查,除非金属夹杂物外,检查均按GB/T 18254—2016附录中相关级别图评定,其合格级别由供需双方协商确定。非金属夹杂物的合格级别的要求,与表7.22中优质钢的要求相同,但对C类非金属夹杂物的要求更为严格,无论细系和粗系,其合格级别均为0级。

7.2.5.2　高碳铬轴承钢的组织与性能

高碳铬轴承钢的成分属于过共析。轴承钢经淬火和低温回火,希望能得到高的硬度、接触疲劳强度和耐磨等性能。碳含量是决定这些性能的主要因素。实践证明,在同样硬度的情况下,若马氏体基体上有均匀细小的碳化物存在,会比单纯马氏体的耐磨性要高。为形成足够数量的碳化物,钢中的碳含量就不能太低,故选用过共析的成分,但过高的碳含量会增加碳化物分布的不均匀性及易于生成网状碳化物而使力学性能降低,故碳铬轴承钢中的碳含量范围为 0.95%～1.05%。钢中的 Cr、Mn 和 Si 都可以提高淬透性。

高碳铬轴承钢中的铬含量范围为 0.75%～1.95%。铬除了增加淬透性以外，在钢中部分溶于铁素体，部分溶于渗碳体中形成较稳定的合金渗碳体$(Fe、Cr)_3C$。含铬的合金渗碳体在淬火加热时溶解较慢，减少过热倾向，经过热处理以后，可以得到较细的组织，碳化物能以细小质点均匀分布于钢中。铬还可以提高马氏体的低温回火稳定性。因此在淬火和低温回火后能得到均匀和高的硬度，有效地提高钢的耐磨性并使钢具有高的强度。如果钢中铬含量过高，会促使残余奥氏体量增加，使钢的硬度降低，并且不能获得均匀的组织，影响钢的韧性。

在钢中加入少量的钼可以进一步提高其淬透性，形成含钼的系列轴承钢，如 GCr15SiMo、GCr18Mo。

GCr15、GCr15SiMn、GCr15SiMo 和 GCr18Mo 均为全淬透型轴承钢。

在许多环境下需要心部具有良好的韧性而表面需要高的硬度、高的接触疲劳寿命和耐磨性的材料，因此出现了限制淬透性轴承钢，如 GCr4。

GCr6 和 GCr9 两个钢号过去曾用于制造尺寸较小的滚珠和滚柱，但因其含铬较低、淬透性差，淬火后容易出现屈氏体，造成轴承零件硬度不均及产生软点，已很少使用，在 GB/T 18254—2000 中未再列入。

我国在 20 世纪 70 年代曾研制过无铬轴承钢，适当增加硅、锰含量以代替铬，还加入少量钼、钒。但此类钢磨削性能较差，脱碳敏感性较强，且钢中不含铬，耐大气腐蚀性差，因此未得到推广应用。

轴承钢对于磷、硫有着严格的限制，磷在加热时会促使晶粒长大并增加钢的脆性，降低强度，增加淬火开裂倾向，硫会增加钢中的硫化物夹杂。作为残余元素的镍和铜含量亦有限制，因为镍会降低淬火层的硬度，而铜可以引起时效硬化，影响长时间使用时轴承的精度。一些气体元素，如 O、H、N，在轴承钢中也是有害的，应尽量减少。

在铬轴承钢中具有代表性的是 GCr15，国外轴承钢标准中均有与之相同的钢号，其使用量占轴承钢的绝大部分，是一种应用广泛的钢种。

GCr15 钢的淬透性适中，其等温转变曲线和连续冷却转变曲线见图 7.22[18]。GCr15 钢一般用于制作壁厚小于等于 12mm 且外径小于等于 250mm 的轴承套圈、直径小于等于 50mm 的钢球、直径小于等于 22mm 的圆柱和球面滚子及所有尺寸的滚针，还可以制造模具、精密量具、木工刀具，以及要求高耐磨性、高弹性极限和高接触疲劳寿命的机械零件。

GCr15 钢白点敏感性较大，但采用二次精炼、真空脱气后，钢中氢含量极低，白点缺陷基本消除。

在 GCr15SiMn 钢中有稍高的硅含量、锰含量，硅、锰可以提高淬透性，因此 GCr15SiMn 钢用于大型零件，而此时 GCr15 钢的淬透性已显得不足。硅、锰还可以适当增加残余奥氏体含量和其稳定性，有利于减少变形和增加工作时零件尺寸的稳定性。这种钢具有较高的强度，耐磨性也好，但是锰会增加钢的过热倾向，含量过高会使残余奥氏体含量过高并使淬火裂纹倾向增大，而硅会增加钢中氧化物夹杂的污染和影响韧性，故需加以限制。

GCr15SiMn 钢主要制作壁厚大于 12mm、外径大于 250mm 的轴承套圈。

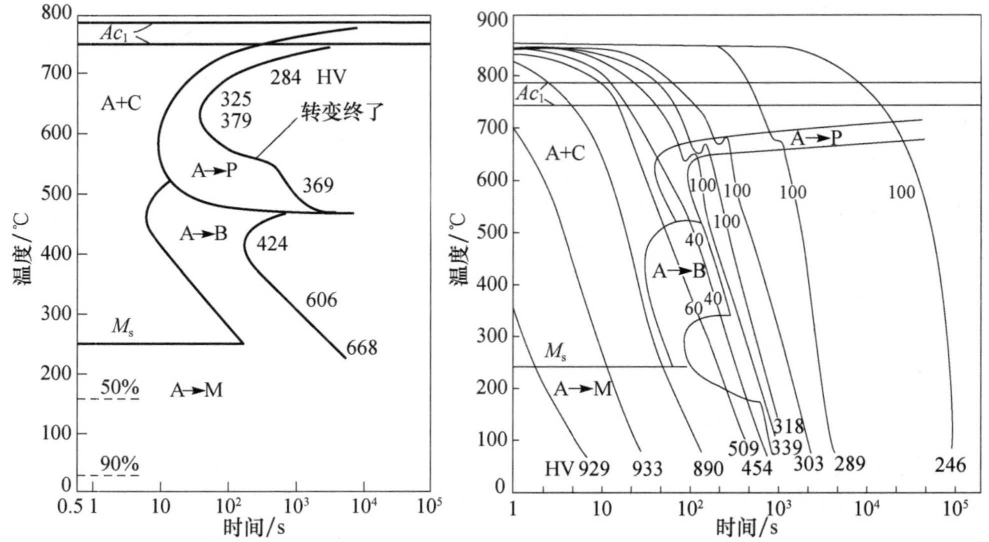

图 7.22　GCr15 钢的等温转变曲线和连续冷却转变曲线[18]

钢的成分：1.02%C、0.33%Si、0.35%Mn、1.41%Cr、0.20%Ni；

奥氏体化温度：860℃；Ac_1：750～795℃，M_s：245℃

GCr15SiMn 钢制作滚动体的适用尺寸范围比 GCr15 钢大，适于制作直径大于 50mm 的钢球、直径大于 22mm 的圆锥滚子、直径大于 22mm 的圆柱滚子和球面滚子，以及所有尺寸的滚针，其使用量较多，仅次于 GCr15 钢。GCr15SiMn 钢制轴承零件的工作温度一般不超过 180℃，其他用途与 GCr15 钢相同。GCr15SiMn 钢的切削加工性能较 GCr15 钢稍差[34]。

GCr15SiMo 钢是在 GCr15 钢的基础上提高硅含量，添加钼元素而成的新型高淬透性轴承钢，淬透性 $J_{60}=25$mm。该钢耐磨性好，接触疲劳寿命高，综合性能良好。GCr15SiMo 钢适用于制作大尺寸的轴承套圈、滚柱及滚珠等[34]。在相同使用条件下，GCr15SiMo 钢轴承寿命是 GCr15SiMn 钢的两倍。

GCr18Mo 是在 GCr15 钢的基础上加入 0.15%～0.25% Mo，并提高铬含量至 1.65%～1.95%，因而提高了钢的淬透性和耐磨性，许多国家有类似的钢号。所制轴承的壁厚可增至 20mm，扩大了使用范围[34]。这种钢可以进行下贝氏体等温淬火，能获得与马氏体淬火相似的硬度和耐磨性能，但钢的韧性和抗弯强度都得到提高，可以提高轴承的综合力学性能和使用寿命。

我国在 GCr15 钢的基础上将碳含量降低到 0.70%～0.85%，研制出 G8Cr15 钢。G8Cr15 钢也是一种全淬透性高碳铬轴承钢，由于碳含量的降低，碳化物偏析减少，碳化物不均匀性得到改善，退火后可获得细小均匀的球化组织，淬透性、耐磨性、防锈性、力学性能、回火稳定性等与 GCr15 钢相当。世界许多国家也研究了这种降碳的 GCr15 钢，其效果也是很好的，表 7.30 为中日两国研制的这类降碳 GCr15 钢的化学成分[34]。该牌号已纳入 GB/T 18254—2016。

表 7.30　中日两国一些降碳 GCr15 钢的化学成分[34]　　(单位:%)

国家	牌号	C	Si	Mn	Cr	P	S	Ni	Cu	Ni+Cr
中国	G8Cr15	0.75～0.85	0.15～0.35	0.20～0.40	1.30～1.65	≤0.027	≤0.020	≤0.30	≤0.25	≤0.50
日本	AUJ1	0.70～0.85	≤0.35	≤0.50	1.30～1.60	≤0.025	≤0.025	—	—	—
	AUJ2	0.70～0.85	1.20～1.60	≤0.50	1.30～1.60	≤0.025	≤0.025	—	—	—

我国近年开发出双低氧稀土钢技术,即钢液低氧和稀土金属低氧的控制技术,有效解决了稀土钢工业应用中的问题。在高纯净度的 GCr15 轴承钢中应用该技术后,与不加稀土的轴承钢相比,稀土轴承钢±800MPa 拉压疲劳寿命提升了 40 倍,滚动接触疲劳寿命提升了 40%,而添加现有的商业稀土金属(稀土金属中氧含量为 270ppm)的对比样品疲劳寿命出现明显波动。双低氧稀土轴承钢具有重要的工程用途,它在多个领域都发挥着重要作用。目前"双低氧稀土轴承钢"尚未列入国家标准。

7.2.5.3　全淬透型高碳铬轴承钢的热处理工艺

在轴承制造厂,轴承套圈及滚动体的制造一般按下列顺序加工。

套圈:备料→锻造→球化退火→机械加工→热处理(淬火+低温回火)→磨削加工。

滚动体:备料→热轧热压→球化退火→粗磨→热处理(淬火+低温回火)→精磨→抛光。

从以上工序可知,轴承零件一般要经过球化退火(预先热处理)、淬火及回火(最后热处理)。

我国机械行业制定了滚动轴承高碳铬轴承钢零件的热处理相关标准,经过多次修订,2014 年制定出 JB/T 1255—2014《滚动轴承　高碳铬轴承钢零件　热处理技术条件》,该标准规定了 GCr15、GCr15SiMn、GCr15SiMo、GCr18Mo 钢制轴承套圈和滚动体退火、淬火、回火后的技术要求和检验方法。之后,国家有关部门又发布了国家标准 GB/T 34891—2017《滚动轴承　高碳铬轴承钢零件　热处理技术条件》。该标准规定了 G8Cr15 和上面 4 个牌号(化学成分见表 7.26)的滚动轴承套圈和滚动体退火、淬火、回火后的技术要求和检验方法。两个标准的要求和检验方法基本上是一致的,但在技术指标上略有差异,本书以 GB/T 34891—2017 为准,对 G8Cr15 的要求与 GCr15 钢相同。

1) 高碳铬轴承钢的球化退火

轴承钢经正常的工艺规范进行锻造后,得到的是细片状珠光体,硬度较高,难以加工,故需进行一次球化退火,以降低硬度,改善其切削加工性,同时还要求能获得均匀细粒的珠光体,为最终热处理做好组织上的准备。如前所述,只有原始组织为细粒状珠光体时,经过最后热处理后,轴承零件才能具有高的强度和韧性,以及高的硬度、耐磨性和接触疲劳抗力,从而提高轴承零件的寿命。同时,原始组织为细粒状珠光体时,热处理时的一些工艺性能也比较好。

对球化退火后的零件应按 GB/T 34891—2017 进行硬度、球化退火显微组织、网状碳化物和脱碳层的检查,这个标准适用于完全淬透型高碳铬轴承钢。球化退火显微组织按第一级别图评定,共分五个级别,1 级为欠热组织,2～4 级为合格组织,为细小均匀分布的球化组织,允许有细点状球化组织,5 级的组织中碳化物不均匀,不允许有 1 级和 5 级所示的组织存在。网状碳化物按第四级别图评级,分为 1、2、2.5、3 共四级,不大于 2.5 为合格,脱碳层应不大于单边最小加工余量的 2/3。GCr15 钢的硬度应为 179～207HB,其他钢应为 179～217HB。

GCr15 钢制轴承套圈的球化退火工艺如图 7.23 所示。GCr15 钢的退火加热温度范围为 770～810℃,而 790℃被认为是最适宜的温度[45]。如果加热温度过高,奥氏体中未溶碳化物量过少,奥氏体成分进一步均匀化,冷却后得到的是粗片层珠光体,或有大块聚集碳化物,这是不合格的过热组织,同时使硬度值升高。如果加热温度不足,片状珠光体溶解得不充分,奥氏体成分很不均匀,冷却过程中碳化物沿着原片层析出,或呈细小的链状特征,这是加热不足的组织,反映在硬度值上也偏高(图 7.24)。保温时间的作用是使毛坯能热透并完成所必须进行的相变过程。具有正常锻造组织的 GCr15 钢在 780℃时,珠光体向奥氏体转变在 5～10min 即可完成,适当延长保温时间,可降低网状碳化物的级别,如果保温 30～40min,可使不大于 3 级的网状碳化物基本球化,因此从内部组织转变出发,保温 1h 就足够了。对于大批量装炉,由于炉内温度不易均匀,通常需要保温 2～6h,视装炉量的大小而定。

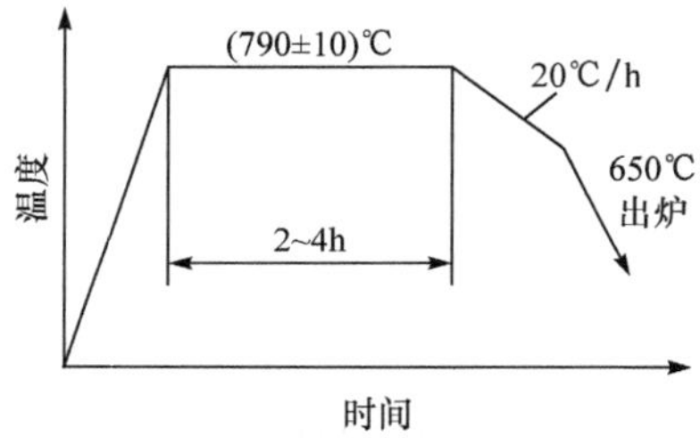

(a) 连续冷却球化退火

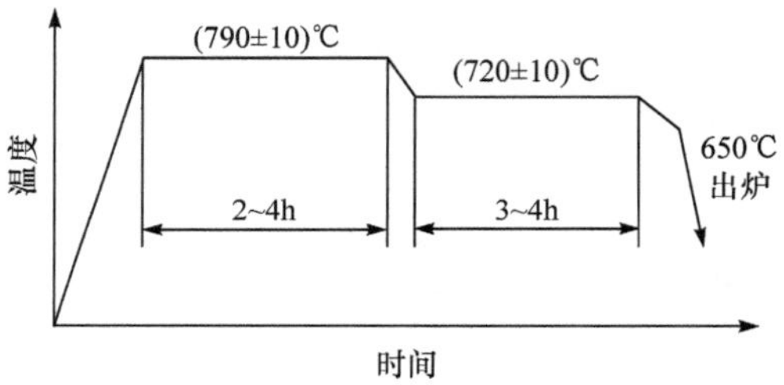

(b) 等温球化退火

图 7.23　GCr15 钢球化退火工艺[33,42]

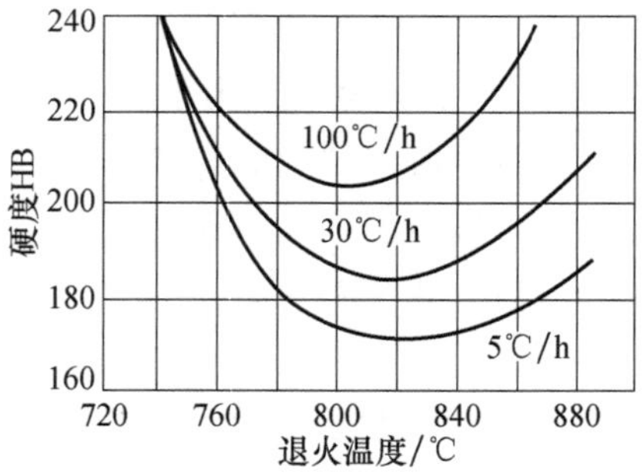

图 7.24　GCr15 钢的退火温度与在不同冷却速率下冷却后硬度的关系[45]

碳化物的形状取决于加热温度,而碳化物的弥散度取决于冷却速率。冷却速率越大,碳化物的弥散度也越大,其硬度也就越高(图 7.24[45])。冷却速率对于球化退火的合格率有很大影响。生产上,冷却速率范围控制在 10～30℃/h,冷却到 650℃以下时,可以出炉空冷。

采用等温球化退火可以缩短退火时间,在加热至(790±10)℃并保温一定时间后,尽快冷却至(720±10)℃等温保温,不超过 1h 便可以完成分解过程(图 7.22),但为了完成聚集过程和使炉料温度均匀,须保温 3～4h。等温球化退火使球化转变在一个较窄的温度范围进行,可以得到比较均匀细小的球化组织。等温温度降低,退火后的硬度升高。提高保温温度,虽可以得到更低的硬度,但需延长保温时间,故生产上亦很少使用。

按图 7.23 的退火工艺处理的 GCr15 钢可以得到合适的硬度(180～207HB)和满意的球化级别(2～3 级),碳化物含量占 18%。这样的碳化物量可在淬火-回火后仍保留一定量均匀分布的碳化物，以保证轴承具有良好的耐磨性而不影响其强度。

高温热轧或热压的滚动体在成形后必须进行球化退火。由于滚动体的加工余量都比较小，在退火时要特别注意防止严重的氧化和脱碳，应在有保护气氛的加热炉或盐浴炉中加热。

滚动体的球化退火工艺与套圈退火基本上相同，球化退火温度一般取 780～790℃，比套圈退火温度略低，保温时间略长些，为 5～7h，以避免产生过热。低温热轧以及冷镦成形的滚动体，由于成形时未超过相变温度，其原料为退火材，故成形后只需进行低温再结晶退火，退火温度一般取 680～700℃，保温 2～8h，具体时间根据装炉量多少而定。

球化退火后可能出现金相组织球化级别不合格和硬度值不合格的情况。金相组织中出现因加热温度不足而产生的链状珠光体时，硬度值偏高，为消除此缺陷，可按正常工艺再进行一次退火。如果出现因过热产生的粗片状珠光体时，硬度值也偏高，为消除这种缺陷可将钢材加热至(875±10)℃进行一次正火，钢中出现不合格的网状碳化物时也需进行一次正火处理，正火后再按正常工艺进行第二次退火。球化退火组织中往往发现球状珠光体中碳化物颗粒大小不均匀，在细球状珠光体组织中出现大颗粒的碳化物，这种大颗粒碳化物在经过正火处理的钢材中尤其显著，正火的次数越多越严重，断面尺寸大的钢材比断面尺寸小的钢材严重。生产实践证明，大颗粒碳化物的出现，主要是采用正火造成的。目前正火温度范围是在 850～870℃，正是 GCr15 钢的 $\gamma+(Fe,Cr)_3C$ 两相区，未溶碳化物在保温时将聚集长大，球化退火时，大颗粒碳化物更长大了。为了不致出现大颗粒碳化物，最好在生产中避免采用正火操作。轴承钢的使用单位希望对球化组织中的大颗粒碳化物的尺寸能加以限制。

其他高碳铬轴承钢的热处理工艺原则上与 GCr15 钢相同，只是具体工艺参数有些差异。GCr15SiMn 钢的球化退火温度为(790±10)℃，GCr15SiMo、GCr18Mo 钢的球化退火温度为(795±10)℃，保温一定时间后，以 10～30℃/h 的冷却速率冷至 600℃出炉空冷。采用等温退火时的等温温度为 710～720℃，保温一定时间后空冷。

2）高碳铬轴承钢的最后热处理

轴承钢零件马氏体淬火-回火后硬度应符合表 7.31 的规定。

表 7.31　轴承钢零件马氏体淬火-回火后的硬度(GB/T 34891—2017)

零件名称	成品尺寸/mm	淬火后硬度 HRC	常规回火后硬度 HRC	高温回火后硬度 HRC				
				200℃	250℃	300℃	350℃	400℃
	≤12	≥63	60～65	59～64	57～62	55～59		
套圈有效壁厚	12～30	≥62	59～64	57～62	56～60	54～58		
	＞30	≥60	58～63	56～61	55～59	53～57		
	≤30	≥64	61～66	60～65	58～63	56～60		
钢球直径	30～50	≥62	59～64	58～63	57～61	55～59	≥52	≥48
	＞50	≥61	58～64	57～62	56～60	54～58		
	≤20	≥64	61～66	60～65	58～63	56～60		
滚子有效直径	20～40	≥63	59～65	58～63	57～61	55～59		
	＞40	≥61	58～64	57～62	57～60	54～58		

注：对于尺寸的划分及对硬度的要求，制造厂与用户可协商确定。高温回火温度可以浮动±20℃。滚动体无特殊要求时，可不进行高温回火，硬度值按常规回火后硬度。

淬火可使零件获得高的硬度和耐磨性、高的接触疲劳寿命和可靠性、高的尺寸稳定性。淬火最佳温度应使奥氏体中含有适宜的碳并溶解大量 Cr、Mn、Mo 等合金元素，而不产生晶粒长大及出现过热组织。长期实践表明，以 GCr15 钢为例，固溶体中的碳含量为 0.5%～0.6%、铬含量为 1%、未溶碳化物为 6%～9%时，可以获得最佳的性能。GCr15 钢的适宜淬火温度为 830～860℃，GCr15SiMn 钢的适宜淬火温度为 820～850℃，GCr15SiMo、GCr18Mo 钢的适宜淬火温度为 850～870℃。零件淬火后表面不应有氧化脱碳及软点。图 7.25 和图 7.26 分别为 GCr15 钢的淬火和回火温度对 GCr15 钢力学性能的影响[46]。

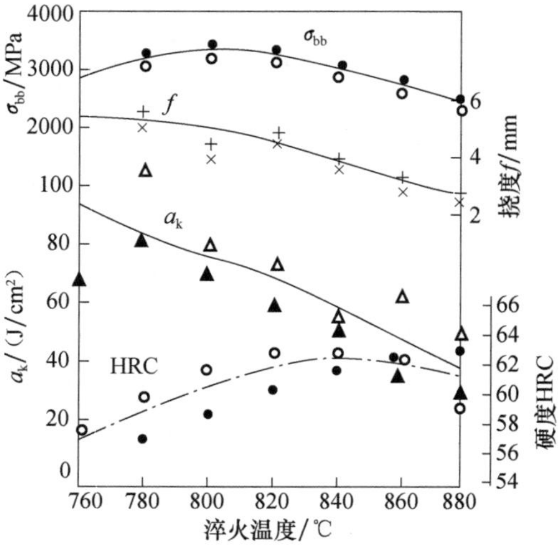

图 7.25　淬火温度对 GCr15 钢力学性能的影响[46]

淬火后经 160℃回火 2h，抗弯试样尺寸：10mm×10mm×110mm，l_0=80mm

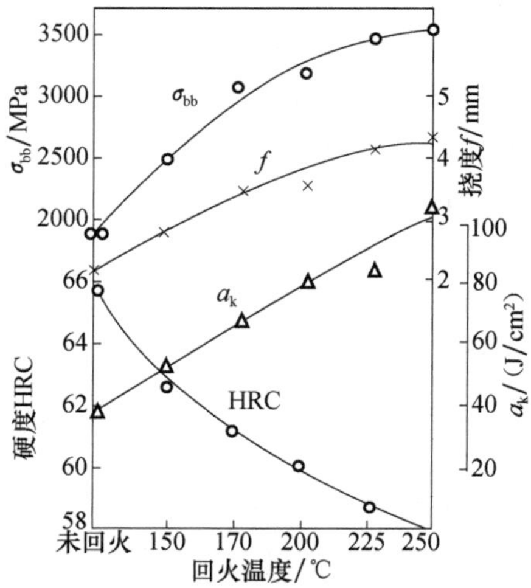

图 7.26　回火温度对 GCr15 钢力学性能的影响[46]

830℃淬火，抗弯试样尺寸与图 7.25 相同

GCr15 钢在 840℃左右淬火后，奥氏体中溶解有 0.5%～0.6%C、0.8%Cr，尚有 7%～9%未溶碳化物，这些溶解于奥氏体的铬和碳保证钢具有足够的淬透性和淬硬性。未溶解的碳化物能够阻止奥氏体晶粒长大，淬火后能得到隐晶和细针状马氏体及 10%左右的残余奥氏体，在其上分布着未溶解的碳化物，它能保证综合力学性能的要求。若淬火温度过低，碳化物溶解少，奥氏体中碳和铬少，淬透性和淬硬性均不能保证，如 GCr15 钢在 800℃淬火，奥氏体中碳含量约 0.4%，铬含量约 0.55%，淬火后硬度在 60HRC 左右，不能满足轴承钢零件要求。若淬火温度过高，碳化物溶解过多，则会引起过热，奥氏体晶粒粗大，淬火后马氏体针粗大，综合力学性能变坏，残余奥氏体量增多，变形及氧化脱碳也较严重。因此，GCr15 钢的淬火温度范围为 830～860℃。在实际生产中，根据具体工件的尺寸不同，淬火介质不同，所采用的淬火温度也略有差异。尺寸较大的轴承钢零件采用较高的淬火温度，以提高其淬透性，获得较大的淬透深度和较高的硬度。同一规格的轴承零件，箱式电炉加热时应比盐浴炉稍高(5℃左右)，淬油应比淬水的高 5～10℃。

轴承套圈在大型生产厂一般采用连续作业热处理炉进行加热淬火，而一般中小厂采用盐浴炉和箱式炉较多。滚动体的淬火加热在大型生产厂一般采用连续作业滚筒式电炉进行，一些中小厂多采用盐浴炉。淬火加热时间内应包括升温、均热和保温，加热时间和淬火加热温度与使用的加热设备有关[33]。选用的淬火冷却介质应保证在冷却过程中不发生非马氏体转变，在马氏体转变区间 $M_s \sim M_f$ 内冷却缓慢，以减少组织转变应力，从而减少零件的变形和开裂，可选用不同冷却特性的淬火油等。我国机械行业制定了 JB/T 13347—2017《滚动轴承　高碳铬轴承钢零件热处理淬火介质　技术条件》可供参考。

轴承钢零件在淬火工艺中应尽量减少其氧化脱碳，脱碳后的轴承零件，将会出现表面硬度不均匀，影响其使用寿命，在空气炉中加热时最好采用保护气氛，用涂硼酸来防止脱碳也有一定的效果。

轴承钢零件由于淬火组织中的马氏体和残余奥氏体是不稳定相，在室温下长期停留会产生组织的渐变而导致零件尺寸的变化，使轴承丧失精度。淬火应力的存在更使轴承钢的冲击韧性、疲劳强度等力学性能下降，因此高碳的轴承钢在淬火后需要及时地进行回火处理，以提高零件的组织及尺寸的稳定性，提高力学性能。GCr15 轴承钢零件为获得高硬度及较好的强度、冲击韧性和使用寿命，通常采用(160±5)℃的低温回火。由于轴承钢在较低温度下回火，内应力的消除较慢，回火时间就比较长，一般回火时间在 2.5～3h。回火可在电炉或油炉中进行，油炉因传热均匀且快，回火质量较好。一些精度要求较高的轴承钢零件常在油炉中回火，回火时间可比电炉回火的略短。GCr15 钢和 CGr15SiMn 钢回火后的硬度和回火温度及回火时间的关系见图 7.27[47]。

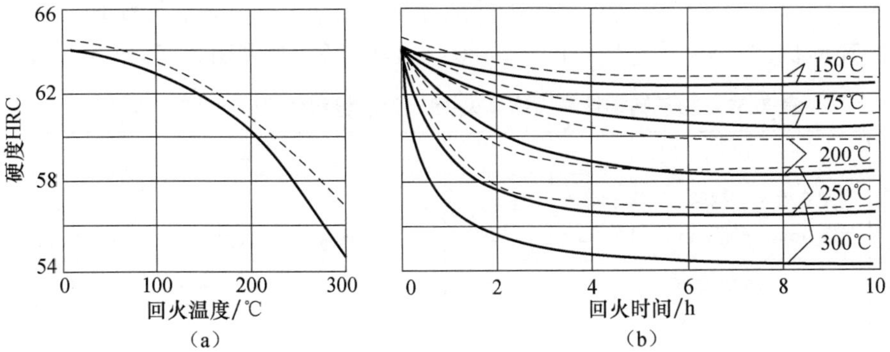

图 7.27　两种钢硬度与回火温度和回火时间的关系[47]

图中：(a)保温 3h；实线代表 GCr15 钢，虚线代表 GCr15SiMn 钢

由于钢锭结晶时产生树枝偏析，造成碳和铬在化学成分上的不均匀分布，在最终热处理时，贫碳区的马氏体点高，致形成的马氏体易接受回火，浸蚀后呈黑色，而富碳区的马氏体点较低，马氏体形成后不易回火，浸蚀后呈灰白色，故淬火后的金相组织常由黑、白相间的两种马氏体区域组成，见图 7.28[48]。

轴承零件马氏体淬火-回火后的显微组织应由隐晶状细小结晶马氏体、均匀分布的细小残留碳化物、少量残余奥氏体组成。除微型轴承外，允许存在少量的针状或块状屈氏体。淬火-回火后的金相组织应符合表 7.32 的规定。淬火-回火后马氏体组织根据马氏体粗细程度、残留碳化物颗粒大小和数量，并按 GB/T 34891—2017《滚动轴承　高碳铬轴承钢零件　热处理技术条件》第二级别图评定，分为四级。这类轴承钢马氏体形态和分布受钢的原始组织和淬火加热温度等的影响而有很大的差异。良好的原始组织经正常

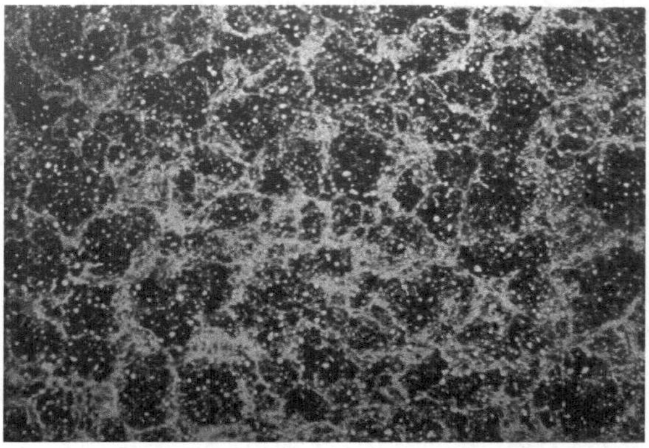

图 7.28　GCr15 钢的淬火组织[48]　500×

840℃加热,冷油冷却,硬度 66HRC;组织为隐晶马氏体、针状马氏体、碳化物及残余奥氏体

淬火后可得到隐晶马氏体及均匀分布的细小碳化物,反之将出现隐晶马氏体(暗区)和针状马氏体(亮区)及聚集分布的碳化物。随淬火加热温度的提高,上述亮区范围逐渐扩大,而暗区范围则逐渐缩小。具有亮、暗区不均匀分布的马氏体以及粗大针状马氏体组织对钢的硬度和耐磨性等有严重的影响。在淬火加热温度不足或冷却不足时,淬火工件中出现部分非马氏体组织。加热不足时常形成团状的屈氏体,而冷却不足时则常形成具有针状形态的贝氏体。这些组织的存在使工件的硬度、耐磨性和耐疲劳性能均大为降低。屈氏体根据其形状、大小和数量按 GB/T 34891—2017 第三级别图评定,分为两级。

表 7.32　轴承钢零件马氏体淬火-回火后的组织(GB/T 34891—2017)

<table>
<tr><th rowspan="3">零件材料</th><th colspan="3">成品尺寸</th><th colspan="3">组织级别</th></tr>
<tr><th rowspan="2">套圈有效壁厚/mm</th><th rowspan="2">钢球直径/mm</th><th rowspan="2">滚子有效直径/mm</th><th rowspan="2">马氏体/级</th><th colspan="2">屈氏体/级</th></tr>
<tr><th>距工作面 3mm 以内</th><th>距工作面 3mm 以外</th></tr>
<tr><td>GCr15</td><td colspan="3">微型轴承</td><td>1～3</td><td colspan="2">不允许</td></tr>
<tr><td rowspan="3">G8Cr15
GCr15</td><td>≤12</td><td>≤25.4</td><td>≤12</td><td rowspan="5">1～4</td><td colspan="2">1</td></tr>
<tr><td>12～15</td><td>25.4～50</td><td>12～26</td><td>1</td><td>2</td></tr>
<tr><td>>15</td><td>>50</td><td>>26</td><td colspan="2">2</td></tr>
<tr><td rowspan="2">其他钢种</td><td>≤30</td><td>≤50</td><td>≤26</td><td>1</td><td>2</td></tr>
<tr><td>>30</td><td>>50</td><td>>26</td><td colspan="2">2</td></tr>
</table>

注:马氏体按第二级别图(淬火-回火马氏体组织)评定。屈氏体按第三级别图(淬火-回火屈氏体组织)评定,屈氏体包括针状屈氏体和块状屈氏体。

3) 精密轴承的尺寸稳定处理

不同轴承零件按精密程度分为若干等级。工业上使用的精密或超精密轴承要求轴承零件的绝对尺寸变化量小于 1μm,因此必须保证制造和使用过程中,轴承的尺寸有很大的稳定性。

轴承零件尺寸不稳定的基本原因在于存在内应力、回火马氏体和残余奥氏体。为了解决此问题,就必须设法使淬火零件的应力和组织得到最大的稳定性。增加组织稳定性和减少应力常用的措施是附加回火和冷处理。

经淬火和低温回火的轴承零件在磨加工过程中会产生磨削应力。低温回火时未能完全消除的残留应力在磨削加工后将重新分布，这两种应力会导致轴承零件尺寸的变化，甚至产生表面龟裂。在磨加工后，立即用低于原回火温度 20～30℃的温度回火一次，一般为 120～160℃，可以及时消除应力，进一步稳定组织，提高零件的尺寸稳定性，这种回火叫做附加回火。附加回火时，保温时间在 3h 以内，应力降低最快，以后趋于缓慢。一般应按照轴承精密等级来选择不同的保温时间和次数。一般品为 3～5h 回火一次，较高等级者 15～24h 回火 2～3 次。

对于精密轴承零件，为了减少淬火后钢中的残余奥氏体量，应当进行冷处理。GCr15 钢在淬火温度为 850℃时，M_s 点约为 245℃，M_f 点约为－70℃。由于奥氏体的陈化稳定现象，冷处理应在淬火后立即进行，生产中要求淬火后到冷处理之间在室温的停留时间不得超过 4h，一般冷处理温度在－78℃左右，可以用冷冻机或用干冰、酒精。冷处理时的保持时间只要求零件温度达到均匀一致就可以了，一般常保温 1h 左右。冷处理后零件恢复到室温后立即进行低温回火。

4）高碳铬轴承钢的贝氏体淬火处理

国外在 1954 年已开始对 GCr15 钢贝氏体等温淬火进行研究并逐步在轴承生产中应用。国内在 20 世纪 80 年代开始对 GCr15 钢贝氏体淬火进行研究，并陆续应用于铁路货车轴承及轧机轴承的热处理。90 年代初在提速铁路轴承生产上得到推广，并开始使用适合于贝氏体淬火的 GCr18Mo 钢[49,50]。

毛坯需经碳化物细化处理，要求退火组织为 JB/T 1255—2014 中 1～2 级退火组织。淬火加热温度比常规马氏体淬火温度高 20～30℃，使其充分奥氏体化，相应地提高奥氏体的稳定性，降低 M_s 点，在 210～220℃。淬火加热应在可控气氛炉中进行或在盐炉中加热。大量试验结果认为，等温淬火在 220～240℃为宜，为了获得完全的下贝氏体，GCr15 钢的等温时间应不少于 3h。等温处理一般在 220～240℃的硝盐中进行。贝氏体淬火后，需经 70～80℃热清洗。

图 7.29 为 GCr15、GCr18Mo 钢的贝氏体淬火工艺[33]。对于大型轴承零件还需进行回火，回火温度为 260℃，回火时间 2.5(GCr15)～4h(GCr18Mo)。

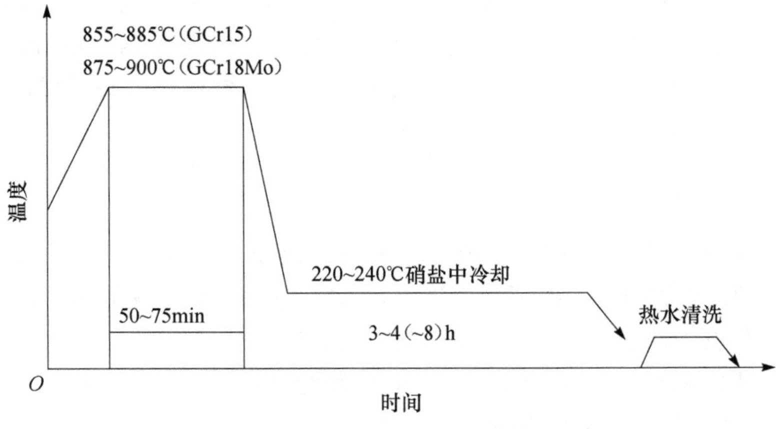

图 7.29　GCr15、GCr18Mo 钢的贝氏体淬火工艺[33]

括号内的时间(8h)适用于 GCr18Mo

贝氏体淬火后组织为下贝氏体加未溶碳化物及小于3%(体积分数)残余奥氏体所组成,在120℃使用温度下,有高的组织稳定性。零件表面呈压应力,有利于接触疲劳寿命的提高,磨削时产生磨削裂纹的倾向小。

GCr15钢经贝氏体等温淬火处理后,其冲击韧度比常规马氏体淬火低温回火(160℃×3h)处理后的冲击韧度提高3倍左右,比常规马氏体淬火相同温度回火的冲击韧度提高30%~50%。具有下贝氏体组织的GCr15钢有较高的断裂韧度K_{IC}、较高的门槛值ΔK_{th}和低的裂纹扩展速率[49,51]。

高碳铬轴承钢轴承零件贝氏体等温淬火后的技术要求(GB/T 34891—2017):显微组织应由下贝氏体、残余碳化物组成,允许存在少量的针状或块状屈氏体及少量残余奥氏体。显微组织和等温淬火后的硬度应符合表7.33的规定。

表7.33　轴承零件等温淬火后的硬度和显微组织(GB/T 34891—2017)

牌号	套圈有效厚度/mm		硬度HRC	显微组织			平均晶粒度
				贝氏体(第五级别图)	屈氏体(第三级别图)≤		
	>	≤			距工作面3mm以内	距工作面3mm以外	
GCr15	—	23	58~62	第1级	第1级	第2级	8级或更细
GCr15SiMo GCr18Mo	—	45	58~62				

贝氏体淬火处理的滚动轴承零件适用于工作条件恶劣、润滑条件差、受高冲击载荷的铁路、轧机、矿山、采煤、钻井等条件下工作。

5) G8Cr15钢的热处理[52,53]

对G8Cr15钢的试验研究表明,该钢的最佳球化退火温度为770~800℃,可获得良好的球化组织和合格的硬度。适宜的淬火温度为835~840℃,加热温度范围较窄,回火温度为160℃,与GCr15钢相同,但淬硬性一般较GCr15钢低1HRC左右。

G8Cr15钢的接触疲劳寿命高于GCr15钢,额定寿命L_{10}提高约32%,这是由于G8Cr15钢淬火-回火状态的基体碳含量较GCr15钢低,组织中的位错马氏体的比例相应增加,其残留碳化物数量减少,且颗粒细小分布较均匀。G8Cr15钢的耐磨损性能和抗锈蚀能力均不亚于GCr15钢。G8Cr15钢制的一些商用汽车轴承的实际使用寿命不低于GCr15钢。

7.2.5.4　限制淬透性轴承钢GCr4[54]

铁路车辆轴承要求具有特别好的耐磨、耐冲击、抗疲劳、高强度和高的尺寸稳定性、长寿命及高可靠性。在高速、弯道、重载情况下,车辆轴承会受到很高的轴向冲击载荷,轴承挡边冲断和零件突发断裂是引发车辆事故的重大隐患。

我国铁路车辆轴承较多地使用GCr15钢或渗碳轴承钢20CrNiMo制造,轴承寿命和可靠性不理想,经常发生轴承挡边断裂等事故。

苏联开发出一种节能、节资源、抗冲击的低淬透性轴承钢ШХ4,该钢与GCr15钢不同之处是将铬含量限制为0.35%~0.5%,采用中频穿透加热表面淬火的热处理工艺,使表面一定深度内实现马氏体硬化，而心部处于未淬硬状态，与渗碳淬火类似的组织分布，同时表层具有较理想的压应力状态。这一套技术在苏联成功地应用于铁路轴承的自动化生产线中，并列入了 ГОСТ801-78 标准中，在美国和德国的标准中也有类似的钢号。

我国洛阳轴承研究所等单位开展了限制淬透性轴承钢 GCr4 及其中频穿透加热-表面硬化成套技术用于铁路车辆轴承的研究，并取得效果。GCr4 钢已列入 GB/T 18254—2002。

GCr4 钢热加工性能良好，锻造后按轴承钢的常用球化工艺(图 7.23)可获得 2～3 级(JB/T 1255—2001)的合格组织，硬度为 184～191HB。GCr4 钢的铬含量较低，形成的$(Fe,Cr)_3C$ 中铬含量低，易于扩散均匀化和球化。

在相同条件下作 GCr4 和 GCr15 钢的端淬曲线，GCr4 钢的 J_{60}＝3.0mm，GCr15 钢的 J_{60}＝4.5mm。GCr4 钢的水淬适合的零件有效壁厚应为 10.70～21.43mm，油淬时为 5.70～11.43mm，铁路客车轴承内套的有效壁厚为 15mm，能完全满足感应透热后淬火的要求。

GCr4 钢经感应穿透加热-表面淬火后，可实现强韧性的理想配合。GCr4 钢的力学性能比正常处理的 GCr15 钢有明显提高：断裂韧度 K_{IC} 提高 67%，常温下的冲击韧度 a_k 提高 66%，在－20～－60℃条件下可提高 85%～105%，接触疲劳寿命 L_{10} 和 L_{50} 分别提高 26%和 19%。

按所开发的感应穿透加热-表面淬火技术生产的铁路客车轴承内圈的表面硬化层深度达 3.5mm，硬度分布均匀，表面硬度为 61～62HRC，心部硬度为 42～45HRC，表层组织为隐晶或细小针状马氏体，心部组织为索氏体和屈氏体，表面残余奥氏体量 6%，而心部为零，表面残余压应力达－810～－640MPa。

研究工作表明，限制淬透性轴承钢可在大型滚子制造中应用，用于替代 GCr15SiMn 钢和渗碳轴承钢 G20Cr2Ni4A。试验所用三种钢的组织和性能均符合标准相关规定。轧机轴承、矿山轴承常用滚子直径范围为 30～80mm。按机械行业标准 JB/T 8881—2001《滚动轴承　零件渗碳热处理　技术条件》(现为 JB/T 8881—2011 代替)的规定，其有效硬化层深度应为 2.5～3.5mm，表面硬度为 58～63HRC，心部硬度为 32～48HRC。G20Cr2Ni4A 钢渗碳滚子可满足此要求。因此，直径为 30～80mm 的 GCr4 钢制滚子经热处理后的有效硬化层深度和表面与心部硬度也应满足同样条件，才能获得良好的强韧性配合。GCr4 钢制滚子经优化工艺处理后完全可以能达到上述要求。制成的滚子用于轧机轴承，使用寿命与 G20Cr2Ni4A 钢制渗碳滚子寿命相当，其材料和热处理成本可大幅下降[55]。

GCr4 钢在 GB/T 18254—2016 中未再列入。

7.2.6　渗碳轴承钢

轧钢机械、矿山挖掘机械和其他一些受冲击负荷较大的机械使用的轴承，不仅要求表面硬度高、耐磨性好，具有较高的接触疲劳强度，还要求心部有一定的韧性、足够的强度和硬度，因而选用渗碳轴承钢制造。

用于制作中小型渗碳轴承零件的渗碳钢有 20Cr、20CrMo、20NiMo(0.2%C、1.7% Ni、0.25%Mo)、20CrMnMo 等，后面两种钢可用做中型轴承零件。一些小型轴承厂和农机修配厂还采用15、20、25等低碳钢渗碳制造轴承零件。这类钢经渗碳淬火后表面硬度可达60HRC以上，有一定的耐磨性和强度，基本上可以满足低速、低负荷、精度低的农机具轴承的要求。

在重型机械上使用的大型轴承(外径大于250mm)和特大型轴承(外径大于440mm)所受的载荷大，受力情况复杂，常使用有较高淬透性的20Cr2Ni4A等钢制造。我国还研制了无镍大型渗碳轴承钢20Cr2Mn2MoA钢来代替20Cr2Ni4A钢。1982年我国制定了第一个渗碳轴承钢标准GB 3203—82《渗碳轴承钢技术条件》，列入了6个牌号。该标准已为GB/T 3203—2016《渗碳轴承钢》代替。新标准增加了1个牌号(G23Cr2Ni2SiMo)，原有牌号的成分亦有变动，加严了磷、硫含量和杂质元素含量的控制；力学性能修改为协议要求，加严了高级优质钢的低倍缺陷合格级别；修改了非金属夹杂物检验标准；显微组织修改为协议要求，增加了脱碳层监测。新标准中各牌号的化学成分见表7.34。用经热处理毛坯制成的试样测定钢材的纵向力学性能应符合表7.35的规定。钢应采用真空脱气或电渣重熔冶炼，高级优质钢宜经电渣重熔冶炼。

表7.34　渗碳轴承钢的化学成分(GB/T 3203—2016)　　(单位：%)

牌号	C	Si	Mn	Cr	Ni	Mo	Cu
G20CrMo	0.17～0.23	0.20～0.35	0.65～0.95	0.35～0.65	≤0.30	0.08～0.15	≤0.25
G20CrNiMo	0.17～0.23	0.15～0.40	0.60～0.90	0.35～0.65	0.40～0.70	0.15～0.30	≤0.25
G20CrNi2Mo	0.19～0.23	0.15～0.40	0.55～0.70	0.45～0.65	1.60～2.00	0.20～0.30	≤0.25
G20Cr2Ni4	0.17～0.23	0.15～0.40	0.30～0.60	1.25～1.75	3.25～3.75	≤0.08	≤0.25
G10CrNi3Mo	0.08～0.13	0.15～0.40	0.40～0.70	1.00～1.40	3.00～3.50	0.08～0.15	≤0.25
G20Cr2Mn2Mo	0.17～0.23	0.15～0.40	1.30～1.60	1.70～2.00	≤0.30	0.20～0.30	≤0.25
G23Cr2Ni2SiMo	0.20～0.25	1.20～1.50	0.20～0.40	1.35～1.75	2.20～2.60	0.25～0.35	≤0.25

注：钢中残余元素，P含量不大于0.020%、S含量不大于0.015%、Al含量不大于0.050%、Ca含量不大于0.0010%、Ti含量不大于0.0050%、H含量不大于2ppm。

表7.35　渗碳轴承钢的力学性能(GB/T 3203—2016)

牌号	试样毛坯尺寸/mm	淬火			回火		力学性能			
		温度/℃		冷却剂	温度/℃	冷却剂	R_m/MPa	A/%	Z/%	KU_2/J
		第一次淬火	第二次淬火				不小于			
G20CrMo	15	860～900	770～810	油	150～200	空气	880	12	45	63
G20CrNiMo	15	860～900	770～810		150～200		1180	9	45	63
G20CrNi2Mo	25	860～900	780～863		150～200		980	13	45	63
G20Cr2Ni4	15	850～890	770～810		150～200		1180	10	45	63
G10CrNi3Mo	15	860～900	770～810		180～200		1080	9	45	63
G20Cr2Mn2Mo	15	860～900	790～830		180～200		1280	9	40	55
G23Cr2Ni2SiMo	15	860～900	790～830		150～200		1180	10	40	55

注：以退火状态交货的钢材，其硬度：G20Cr2Ni4钢不大于241HB，其余钢号不大于229HB。

渗碳轴承钢的末端淬透性应符合表7.36的规定。直径不大于150mm的钢材应进行酸浸低倍试验，横向酸浸试片上不得有残余缩孔、皮下气泡、裂纹、白点。其他低倍缺陷，如一般疏松、中心疏松、锭形偏析、中心偏析(仅适用于连铸钢)，对于优质钢，其合格级别应不大于 2.0 级，对于高级优质钢，其合格级别应不大于 1.0。直径为 16～150mm 的钢材应进行塔形发纹酸浸试样检验，并规定合格级别的条件，高级优质钢则不允许发纹存在。

表 7.36　渗碳轴承钢的末端淬透性(GB/T 3203—2016)

牌号	试样热处理制度		硬度 HRC	
			距末端距离/mm	
	正火	末端淬火	1.5	9.0
G20CrMo	915～935℃，60min，空气	(925±5)℃，15～30min，水	38～46	20～30
G20CrNiMo	920～940℃，60min，空气		40～48	23～38
G20CrNi2Mo	930～950℃，60min，空气		41～48	≥33
G23Cr2Ni2SiMo	910～930℃，60min，空气		47～54	≥43

注：表中未列入的牌号，如需方需要，也可进行末端淬透性试验，硬度值由供需双方协商确定。

渗碳轴承钢应具有高的纯洁度，即非金属夹杂物含量应尽量减少。每炉钢均按 GB/T 10561—2005 对非金属夹杂物进行评级，表 7.37 为评级标准规定。现 GB/T 10561—2005 已为 GB/T 10561—2023 代替，可参阅表 1.3 和有关说明。钢材的奥氏体晶粒度合格级别为 5 级或更细。热轧(锻)圆钢表面每边总脱碳层深度：圆钢直径≤10mm 时，应≤0.10mm；圆钢直径＞10～150mm 时，应小于直径的 1%；圆钢直径＞150mm 时，允许的深度需供需双方协商。

表 7.37　渗碳轴承钢的非金属夹杂物的合格级别(GB/T 3203—2016)

冶金质量	A类		B类		C类		D类		DS类
	细系	粗系	细系	粗系	细系	粗系	细系	粗系	
	合格级别，不大于								
优质钢	2.5	1.5	2.0	1.0	0.5	0.5	1.0	1.0	2.0
高级优质钢	2.0	1.5	1.5	0.5	0	0	1.0	0.5	1.0

注：非金属夹杂物按 GB/T 10561—2005 中的 A 法进行评级。

我国机械行业制定了渗碳轴承钢制滚动轴承渗碳热处理技术条件标准 JB/T 8881—2020(代替 JB/T 8881—2011)。该标准规定了符合 GB/T 3203—2016(表 7.34)和 GB/T 33161—2016(表 7.40)载入的 8 种渗碳轴承钢制滚动轴承零件渗碳前的预备热处理、渗碳一次淬回火和高温回火、二次淬回火、贝氏体等温淬火后的技术要求和检验方法。该标准规定淬硬层深度(渗碳淬火硬化层)为从零件表面到维氏硬度值为 550HV_1 处的垂直距离。轴承零件渗碳前应进行预备热处理，经预备热处理后的硬度不应大于 229HBW(压痕直径不应小于 4mm)；G20Cr2Ni4 钢制轴承零件预备热处理后的硬度不应大于 241HBW(压痕直径不应小于 3.9mm)。渗碳前轴承零件的平均晶粒度应符合 GB/T 6394—2017 规定的 5 级或更细的晶粒度级别。

经渗碳热处理后的成品零件淬硬层深度应符合表 7.38 的规定。不论工件大小，考虑到留磨量和允许的变形量，渗碳层深度相对成品要适当放大。

表 7.38　淬硬层深度(JB/T 8881—2020)

轴承零件的有效壁厚或有效直径/mm		淬硬层深度/mm
>	≤	
—	8	0.7～1.2
8	14	1.0～1.6
14	20	1.5～2.3
20	50	≥2.5
50	80	≥3.0
80	—	≥3.5

注:轴承零件的有效厚度或有效直径参见 GB/T 34981—2017《滚动轴承　高碳铬轴承钢零件　热处理技术条件》附录 A 的规定。同型号轴承内、外圈的淬硬层深度要求应一致。

渗碳轴承成品零件淬硬层深度不大于 2.5mm 时,表面碳含量应为 0.80%～1.05%。当淬硬层深度≥2.5mm 时,零件表面碳含量不应低于 0.80%。若有特殊要求,在表面硬度合格的情况下可另行规定。有效渗碳硬化层深度的测量可采用下列方法中的任一种:显微组织分析法、宏观断口法或硬度法。显微组织分析法是将试样缓冷至室温,并制成金相试样,用 4%硝酸酒精浸蚀,在 100 倍显微镜下观察。有效硬化层深度为在平衡状态下组织的过共析层加共析层,再加上二分之一过渡层。

渗碳层中有时会生成粗大碳化物或网状碳化物。粗大碳化物是指平均直径大于 6μm 的块状或条状碳化物,多存在于表层奥氏体晶界。渗碳层中存在这些组成物会增大脆性,并成为接触应力作用下的疲劳源。其形成的原因与炉气的碳势高,钢中强碳化物形成元素多,扩散不足,与出炉冷却不当等因素有关。渗碳时较大的温度波动也是一个原因,每次降温使碳化物析出,再升温时,则渗碳体不能完全溶解[42]。

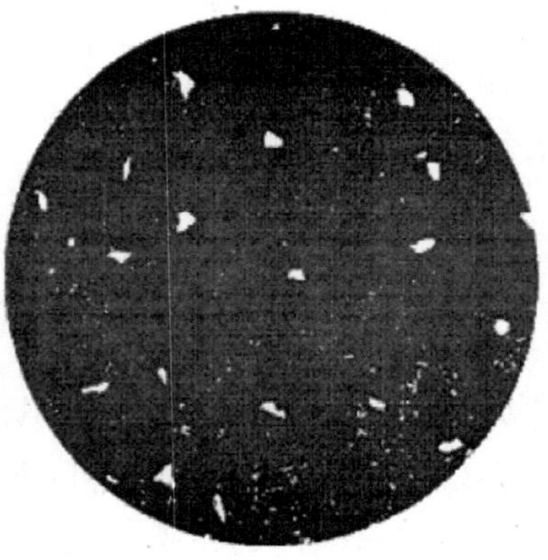

图 7.30　渗碳层中的粗大碳化物　500×
JB/T 8881—2020 第一级别图,第 3 级

JB/T 8881—2020 规定在渗碳处理后,渗碳表面层的粗大碳化物深度不得大于单边最小留磨量的 2/3。成品零件工作表面残留的粗大碳化物应根据其大小、数量和分布,按该标准第一级别图评定,第 1 级和第 2 级为合格,对于有效硬化层深度不小于 2.5mm 的深层渗碳,第 3 级也合格。图 7.30 为渗碳层中的粗大碳化物(第 3 级)。

成品零件表面的网状碳化物应根据碳化物网的大小和封闭程度按 JB/T 8881—2020 第二级别图评定,共分四个级别,第 1～3 级为合格。

渗碳轴承零件经渗碳直接淬火(或二次淬火)并回火后的表面硬度及心部硬度应符合表 7.39 的规定。当淬硬层深度小于 2.5mm 时,经渗碳处理的同一零件的表面硬度差不应大于 2HRC。

表 7.39　渗碳轴承钢的表面硬度及心部硬度(JB/T 8881—2020)

<table>
<tr><th rowspan="2">钢号</th><th rowspan="2">淬硬层深度
/mm</th><th colspan="2">表面硬度 HRC</th><th colspan="2">心部硬度 HRC</th></tr>
<tr><th>渗碳一次淬火或二次淬火后</th><th>常规回火后</th><th>≥</th><th><</th></tr>
<tr><td>G15CrMo</td><td rowspan="5"><2.5</td><td rowspan="5">61～64</td><td rowspan="5">59～64</td><td>30</td><td>32</td></tr>
<tr><td>G20CrMo</td><td rowspan="2">32</td><td rowspan="2">45</td></tr>
<tr><td>G20CrNiMo</td></tr>
<tr><td>G20CrNi2Mo</td><td>32</td><td>35</td></tr>
<tr><td>G23Cr2Ni2Si1Mo</td><td rowspan="2">35</td><td rowspan="2">48</td></tr>
<tr><td>G20Cr2Ni4</td><td><2.5</td><td>61～66</td><td>59～64</td></tr>
<tr><td>G20Cr2Ni4</td><td rowspan="4">≥2.5</td><td rowspan="4">≥61</td><td rowspan="4">58～63</td><td rowspan="4">32</td><td rowspan="4">48</td></tr>
<tr><td>G10CrNi3Mo</td></tr>
<tr><td>G20CrMn2Mo</td></tr>
<tr><td>G23Cr2Ni2Si1Mo</td></tr>
</table>

淬火-高温回火后渗碳层的显微组织应为细小、均匀分布的珠光体组织，同时允许少量残余奥氏体和一定含量的断续状的细小针状碳化物存在。可根据珠光体组织的形态、针状碳化物的大小和含量及残余奥氏体的含量，按 JB/T 8881—2020 第三级别图评定，分为五级，应符合第 1～3 级。渗碳淬火后不进行高温回火的零件，可不作此要求。

渗碳淬火或二次淬火、回火后的表面显微组织按马氏体的粗细程度和残余奥氏体的含量评定。渗碳直接淬火＋回火的零件按 JB/T 8881—2020 第四级别图评定，分为五级，第 2～4 级为合格组织。渗碳淬火(或高温回火)＋二次淬火＋回火的零件按 JB/T 8881—2020 第五级别图评定，分为五级，第 1～3 级(表 7.39 前 5 个牌号)或 4 级(表 7.39 后 5 个牌号)为合格组织。

特大型轴承的渗碳均在大型井式渗碳炉中进行，渗碳工艺为(940±10)℃保温 80～120h，检验合格后，随炉降温至 880℃(主要为了防止淬火裂纹)，然后淬油。淬油的目的是避免渗碳层析出网状碳化物，淬火后组织为粗针马氏体与大块过冷奥氏体。在成品中不允许表层有粗大碳化物存在。为了在渗碳后将含有粗大碳化物的渗层去除，采用增大加工余量的办法。一般规定渗碳后粗大碳化物存在区最深处与表面距离为≤0.25～0.50mm，视轴承零件尺寸而定。

渗碳后的高温回火使渗碳后油冷得到的针状马氏体和残余奥氏体转变为细粒状或点状索氏体，便于机械加工，并为二次淬火作组织准备。高温回火的温度为 600～650℃，保持时间为 15～20h，炉冷至 550℃，出炉空冷。

二次淬火的加热温度为 800～830℃，保温 75～135min，油淬，在油中的冷却时间为 4～15min，工件冷至 100～130℃出油空冷，套圈出油后趁热整形。低温回火温度为(160±5)℃，保温 12h，附加回火(稳定化处理)的温度为(140±5)℃，保温 12h[40]。

我国还制定了 GB/T 33161—2016《汽车轴承用渗碳钢》。在该标准中列入了 3 个牌号：G15CrMo、G20CrMo、G20CrNiMo，并按冶金质量分为优质钢和高级优质钢，其化学成分见表 7.40，其中 G15CrMo 钢的化学成分与表 6.10 中 15CrMo 钢相同，G20CrMo、G20CrNiMo 钢的化学成分与表 7.34 中的相应牌号相近，但对钢中的残余元素及低倍组织、非金属夹杂物含量有着更严格的要求。表 7.41 为汽车轴承用渗碳钢残余元素含量的要求。表 7.42 为非金属夹杂物和低倍缺陷的合格级别。钢材的奥氏体晶粒度为 5 级或更细。

表 7.40　汽车轴承用渗碳钢的化学成分(GB/T 33161—2016)　　(单位:%)

牌号	C	Si	Mn	Cr	Ni	Mo	Al
G15CrMo	0.12～0.18	0.17～0.37	0.40～0.70	0.80～1.10	≤0.30	0.45～0.55	0.010～0.050
G20CrMo	0.17～0.24	0.17～0.37	0.40～0.70	0.80～1.10	≤0.30	0.15～0.25	0.010～0.050
G20CrNiMo	0.17～0.23	0.15～0.40	0.60～0.90	0.35～0.65	0.45～0.70	0.15～0.30	0.010～0.050

表 7.41　汽车轴承用渗碳钢的残余元素含量(GB/T 33161—2016)　　(单位:%)

冶金质量	Cu	P	S	Ca	O	Ti	Sn	As	Pb	Sb
	不大于									
优质钢	0.25	0.020	0.015	0.0010	0.0015	0.0030	0.020	0.015	0.002	0.005
高级优质钢	0.25	0.020	0.015	0.0010	0.0010	0.0020	0.020	0.015	0.002	0.005

表 7.42　汽车轴承用渗碳钢非金属夹杂物和低倍缺陷的合格级别(GB/T 33161—2016)

冶金质量	A		B		C		D		DS	一般疏松	中心疏松	锭形偏析	中心偏析
	细系	粗系	细系	粗系	细系	粗系	细系	粗系					
	合格级别,不大于												
优质钢	2.5	1.5	2.0	1.0	0.5	0.5	1.0	1.0	2.0	2.0	2.0	2.0	2.0
高级优质钢	2.5	1.5	2.0	1.0	0	0	1.0	0.5	1.5	1.0	1.0	1.0	1.0

注:非金属夹杂物按 GB/T 10561—2023 中的 A 法进行评级。低倍缺陷按 GB/T 1979—2001 中的评级图进行评级。

G20CrMo 和 G20CrNiMo 钢还要求检查钢的末端淬透性,其末端淬透性的要求应符合表 7.43 的规定。

表 7.43　汽车轴承用渗碳钢的末端淬透性(GB/T 33161—2016)

牌号	试样热处理制度		硬度 HRC		
			距末端距离/mm		
	正火	末端淬火	3.0	5.0	9.0
G20CrMo	915～935℃,60min,空冷	(925±5)℃,15～30min,水冷	39～48	—	20～30
G20CrNiMo	920～940℃,60min,空冷	(925±5)℃,15～30min,水冷	—	29～42	23～38

目前渗碳轴承钢大都为低碳合金钢,为了加速渗碳速率,缩短渗碳时间,出现了快速渗碳轴承钢,其主要方法是提高钢中的碳含量。日本有关研究表明,将 SCr420 钢(0.18%～0.25%C、0.15%～0.35%Si、0.60%～0.85%Mn、0.90%～1.20%Cr)中碳含量提高到 0.49%,铬含量降至 0.55%(钢号以 SCr420C 表示),渗碳时间可以从 7h 缩短到 50min[5]。

我国高速铁路运营里程规模居世界第一,轴箱轴承是列车走行部的核心零部件,高速动车组轴箱轴承在铁路轴箱轴承中要求最为严格,其所用轴承钢材对轴承的使用性能,特别是耐久性寿命及可靠性直接相关。下面首先分析我国在用国外品牌高铁轴箱轴承材料及热处理工艺(表 7.44)。

表 7.44　我国在用国外品牌高铁轴箱轴承材料及热处理工艺[56]

国外公司	轴承类型	内圈材料/热处理	外圈材料/热处理	滚子材料/热处理
SKF（瑞典）	双列圆柱滚子轴承单元	SKF24（GCr18Mo)/贝氏体	SKF3（GCr15)/贝氏体	SKF4（GCr15SiMn)/马氏体
	双列圆锥滚子轴承单元	SKF3（GCr15)/贝氏体	SKF3（GCr15)/贝氏体	SKF3（GCr15)/马氏体
FAG（德国）	双列圆锥滚子轴承单元	100Cr6（GCr15)/贝氏体	100Cr6（GCr15)/贝氏体	100Cr6（GCr15)/马氏体
NTN（日本）	双列圆锥滚子轴承单元	SNCM420（G20CrNi2MoA)/渗碳	SNCM420（G20CrNi2MoA)/渗碳	SUJ2（GCr15)/马氏体
NSK（日本）	双列圆锥滚子轴承单元	SAE4320H（G20CrNi2MoA)/渗碳	SAE4320H（G20CrNi2MoA)/渗碳	SUJ2（GCr15)/马氏体

注:括号内为相当于我国的牌号。

国际上公认的铁路轴箱轴承权威技术标准是欧洲标准 EN 12080《铁路应用—轴箱—轴承》,最早发布于 1985 年 3 月,迄今已进行了两次修订,如今是 2017 版。日本的轴承钢标准为 JIS G 4805:2019。我国有关单位曾对表 7.44 所列 4 家轴承厂经过 120 万公里运行后进入维修的轴箱轴承进行了统计和分析[56],共检修 214808 套,存在故障者 524 套,总故障率为 0.24%。其中,与材质水平直接有关的主要零件套圈滚道及滚子疲劳剥落故障率:欧系轴承为 0.11%～0.14%,日系轴承为 0.03%～0.06%。从表 7.44 可以看出,在滚子材料及热处理上,欧系与日系轴承的解决方案是相同的,在套圈材料及热处理上,欧系与日系轴承在技术路线上则有很大的不同。

欧系轴承套圈以高碳铬轴承钢及贝氏体热处理为主。高碳铬轴承钢性价比高,采用贝氏体等温淬火及较高温度回火(200℃),在疲劳强度提高、耐磨性能略为降低的条件下,韧性与马氏体相比可显著提高,裂纹扩展呈缓慢状态。另外,贝氏体热处理对解决材料“氢脆”隐患亦有正面贡献。

日系轴承套圈则以渗碳轴承钢及渗碳热处理为主。渗碳后具有外硬里韧的梯度功能,即表面硬度高、抗疲劳、耐磨损,心部韧性好,可以有效阻止裂纹扩展,特别适用于具有冲击振动等复杂载荷工况。其热处理工艺较复杂,但材料特性非常适合于轴箱轴承的高安全性要求。

国外品牌轴箱轴承针对在我国高速动车组运行中都发生过不同程度的疲劳剥落等问题,进行过改进升级。SKF 公司的套圈由早期的马氏体淬火改为贝氏体等温淬火,并且采用的是其二部贝氏体专利技术,具有更细的晶粒、更高的强韧性、更好的尺寸稳定性、更大的表面压应力、更长的疲劳寿命(计算寿命从 300 万公里提升至 420 万公里),更适合列车长距离安全运行。FAG 公司采用比 100Cr6 更高质量等级的钢材 100CrA(加严了对 O、Cu、P 的控制),冶炼方法在原真空脱气的基础上增加了氩气保护电渣重熔工艺。改进后,套圈疲劳的比例由原设计的1.42%降低至不到0.2%。NTN与NSK公司则采用了灵敏度更高的超声波检测。

总结我国的实践和上述工作,取得了对高铁轴承钢核心技术的认识:

(1)列车高速运行时,安全性永远是第一位的。因此,要求轴承材料必须有高的强韧性。可采用渗碳钢进行渗碳处理,或采用全淬钢进行贝氏体处理。实施满足工作温度150℃尺寸稳定性的回火处理。

(2)材料应有高的抗疲劳性能。疲劳剥落是轴承的正常失效形式,疲劳寿命越长,在正常运维条件下,轴箱轴承的耐久性越好,可以满足更长的免维修周期(250km/h和350km/h的等级,和谐号动车组轴箱轴承免维护周期可由原120万公里提高至145万公里,复兴号动车组轴箱轴承免维护周期则要求可达到165万公里)。应采用提高疲劳强度的措施:使用高纯净度的钢材,采用真空脱气+电渣重熔冶炼方法,可以生产出氧含量3~5ppm,纯净度很高的高质量轴承钢。加严对H、Cu、P、Ti等杂质元素和夹杂物的控制。滚动体与滚道硬度的合理匹配,如日系轴承的滚子硬度规定58~66HRC,略高于套圈硬度55~65HRC。采用更严格的超声波探伤。

(3)材料应耐磨损。工作表面磨损与材料疲劳剥落一样,属于累积失效,也是轴承正常失效形式之一。套圈滚动道与滚动体磨损后,会导致游隙增大,载荷分布区减小,接触应力增高,疲劳寿命降低,还会使得轴承运转不平稳,高速性能降低。采取的措施:保证材料硬度处于一定范围;采用贝氏体替代马氏体。

还可以采用新的技术提高轴承寿命,如开发双低氧稀土轴承钢,采用能量加工技术等。

7.2.7 中碳轴承钢

由于炉外精炼和真空脱气技术的发展,碳素钢的纯净度已可大大提高。对某些壁厚不大而淬透性要求不高的轴承,可以采用真空脱气的高碳钢,其疲劳寿命完全能满足要求。美国用碳含量0.70%左右的1070钢制造轿车轴承,日本用碳含量0.53%左右的S53C钢制作万向节轴承,用碳含量0.48%左右的S48C钢制作汽车轮毂轴承[57]。

一些重大型轴承用于重型起重机、挖掘机,以及雷达、火炮等方面的回转支承,一般转速不高,但承受较大的轴向、径向载荷及大的弯曲力矩。由于这些性能要求和尺寸过大等原因,轴承的内外套圈多选用中碳合金钢,如5CrNiMo、50CrNi等钢制作。这些钢制的套圈先经调质,再进行表面淬火或中频淬火及回火处理,而轴承的滚动体通常仍采用GCr15SiMn钢制作。

使用5CrNiMo等钢制造重大型套圈时,套圈的毛坯必须进行预备热处理,以改善淬火前的组织。采用中频感应加热,淬火温度为830~900℃,淬火介质是从感应器中喷出的0.05%聚乙烯醇水溶液,淬冷后立即进行150℃回火。套圈的表面硬化层可达4~6mm,均匀度仅差0.5mm,表面硬度为60~62HRC[33]。

冶金、矿山用牙轮钻头上的滚动体、石油钻井涡轮钻具上的滚动轴承及要求耐大冲击负荷的其他轴承,除采用渗碳轴承钢外,也常选用弹簧钢、工具钢制造,如65Mn、50CrV等钢。这些钢经淬火-回火后具有高的屈强比、较高的弹性极限和耐磨性能、良好的抗疲劳性能和抗多次冲击性能。60Mn钢用于制造有切口的螺旋滚子轴承外套圈等,50CrV、

5CrNi 钢用于制造承受冲击载荷轴承的滚子。

55SiMoVA 是我国自行研制的一种耐冲击工具钢，多用于制造矿用牙轮钻头轴承的滚子。55SiMoVA 钢的化学成分为：0.53％～0.60％C、0.40％～0.70％Mn、0.80％～1.10％Si、0.40％～0.60％Mo、0.15％～0.205％V、≤0.30％Ni、≤0.30％Cr、≤0.020％S、≤0.025％P[34]。该钢具有较高的淬透性、高的强韧性和耐冲击及耐磨损等优点，冲击韧度比 GCr15 钢高出 3～5 倍，弯曲强度高 40％～60％。

我国机械行业制定了行业标准 JB/T 6366—2007《滚动轴承　中碳耐冲击轴承钢零件　热处理技术条件》。该标准规定了 55SiMoVA、55SiMoA、50SiMo 钢制滚动轴承零件的退火、淬火、回火及渗碳淬火、回火后的技术要求及检验方法：

（1）退火后的组织应为细小均匀分布的球化组织，硬度为 179～255HB。

（2）套圈、滚动体淬火后的硬度不应低于 58HRC，经 200～250℃回火后的硬度：套圈为 54～58HRC，滚动体为 55～59HRC。淬火-回火后的组织应由细针状马氏体、少量残余奥氏体和碳化物组成。

（3）可以进行渗碳，适宜的表面碳含量为 0.75％～0.90％。轴承零件渗碳后可直接淬火和回火，也可经高温回火后进行二次淬火和回火。淬火后表面硬度不低于 60HRC。回火后硬度为 58～62HRC，心部硬度不低于 54HRC。渗碳层组织由细针状马氏体、少量残余奥氏体及碳化物组成。

对 55SiMoV 钢的试验表明[58]，该钢的退火工艺为：先进行预处理，即采用(860～880℃)×(30～40min)加热，油冷至表面温度达 300～400℃出油空冷，然后经(730～740℃)×4h 退火，可获得细小、均匀球化组织。为了获得较好的综合力学性能，淬火温度应控制在 870℃左右，回火温度应控制在 200～220℃。淬火温度过低时淬火组织中会出现未溶铁素体，对轴承的耐磨性和接触疲劳不利。

55SiMoV 钢用做牙轮钻头的轴承用钢时，渗碳温度为 930℃，缓冷至 860℃，油冷，再经(840±10)℃×20min 淬火加热和(370±20)℃×60min 回火，表面碳含量为 0.95％，表面硬度为 59～61HRC，具有良好的耐接触疲劳性能[59]。

国际标准 ISO 683-17、美国标准 ASTM866 中均有中碳轴承钢钢号，包括 56Mn、70Mn、42CrMo 等。我国还没有专用的中碳轴承钢标准。

7.2.8　不锈轴承钢[33,42]

不锈轴承钢用于制造在腐蚀条件下工作的轴承，如化工机械、石油矿井机械、海洋船舶、原子反应堆等的某些轴承。各国的不锈轴承钢的化学成分大体相同，我国在 1982 年制定了国家标准 GB 3086—82《高碳铬不锈轴承钢技术条件》，列入了 9Cr18 和 9Cr18Mo 两个钢号。2008 年修改为 GB/T 3086—2008《高碳铬不锈轴承钢》，更改原牌号表示方法，增加了 G65Cr14Mo 牌号及相关要求。之后又为 GB/T 3086—2019《高碳铬不锈轴承钢》代替。新标准仍保留原有的 3 个牌号，但加严了化学成分中硫含量和镍含量的要求，删除了感应炉冶炼方法，在质量检测方面有很多修改。该标准适用于直径为 5～160mm 的热轧(锻)冷拉圆钢，直径为 5～40mm 的圆盘条和直径为 1～16mm 的圆钢丝。三个牌号的钢的化学成分见表 7.45。该标准规定这类钢应采用电渣重熔冶炼。

表 7.45　高碳铬不锈轴承钢的化学成分(GB/T 3086—2019)　　(单位:%)

牌号	C	Si	Mn	P	S	Cr	Mo	Ni	Cu
G95Cr18	0.90～1.00	≤0.80	≤0.80	≤0.35	≤0.20	17.0～19.0	—	≤0.25	≤0.25
G102Cr18Mo	0.95～1.10	≤0.80	≤0.80	≤0.35	≤0.20	16.0～18.0	0.40～0.70	≤0.25	≤0.25
G65Cr14Mo	0.60～0.70	≤0.80	≤0.80	≤0.35	≤0.20	13.0～15.0	0.50～0.80	≤0.25	≤0.25

注:直径大于 16mm 的钢材退火状态的布氏硬度应为 197～255HBW,直径不大于 16mm 的钢材退火状态的抗拉强度应为 590～835MPa。

G95Cr18 钢属于莱氏体钢,锻造温度为 1120～1140℃,因钢的淬透性好,故锻后冷却速率要慢。该钢正常的锻造组织由细晶粒的奥氏体、马氏体和一、二次碳化物组成,不允许有过热、孪晶,以及因停锻温度过高、冷却缓慢而产生的粗大网状碳化物。这些组织在退火工序中无法消除,影响钢的性能。在锻造组织中有孪晶存在,则在退火后会出现孪晶状碳化物,使钢的性能变坏[42]。以退火状态交货的钢的组织应为均匀分布的粒状珠光体,允许存在分散的一次碳化物,不允许有孪晶状碳化物存在,如图 7.31 所示。

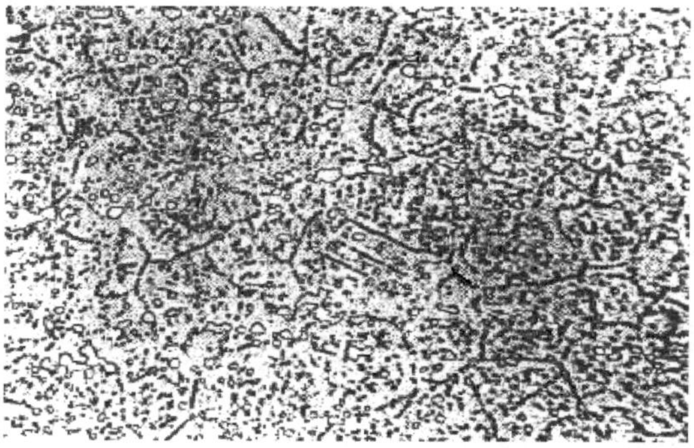

图 7.31　退火组织中的孪晶状碳化物　500×

GB/T 3086—2019 图 B.1

对这类莱氏体钢,应检验钢材共晶碳化物不均匀度,并按 GB/T 14979—94《钢的共晶碳化物不均匀度评定法》第五评级图评定。该标准第五评级图适用于热轧、锻制高碳铬不锈轴承钢钢材,对于共晶碳化物呈网状形态的,主要考虑网的变形、完整程度及碳化物堆积程度;对于共晶碳化物呈条带形态的,主要考虑条带宽度及带内碳化物堆积程度,从低到高,分为八级。合格级别如表 7.46 所示。图 7.32 为第 4 级共晶碳化物(纵截面)。

表 7.46　钢材共晶碳化物不均匀度合格级别(GB/T 3086—2019)

直径/mm	合格级别(不大于)
≤12	2.0
>12～40	3.0
>40～60	4.0
>60～80	5.0
>80～120	6.0
>120	双方协议

对这类钢的低倍组织、非金属夹杂物等均有严格的要求。

轴承零件锻后应进行热处理，我国制定了机械行业标准 JB/T 1460—2011《滚动轴承　高碳铬不锈钢轴承零件　热处理技术条件》（代替 JB/T 1460—2002）。不锈轴承钢锻后要经过球化退火，退火温度为 850～870℃，炉冷时控制冷却速率在 25～100℃/h，退火后硬度范围在 197～255HBW，退火后的显微组织应为均匀分布的细粒状珠光体，允许存在分散的一次碳化物，不允许孪晶状碳化物出现，按 GB/T 3086—2019 图 B.1 评定（图 7.31）。轴承零件退火后的脱碳层深度不得超过淬火前每边最小加工留量的 2/3。

图 7.32　高碳铬不锈钢的共晶碳化物　100×
GB/T 14979—1994 第五级别图，第 4 级

G95Cr18 钢的正常淬火温度为 1050～1100℃，在加热时经 800～850℃预热后再升温至淬火加热温度，一般采用油冷，淬火组织为含高铬的合金马氏体加 30%～40%残余奥氏体，并有大量未溶的碳化物 Cr_7C_3。

为使轴承具有高的尺寸稳定性，应在淬火后进行冷处理。一般零件应在淬火后立即进行－70℃×(1～3h)的冷处理，随后立即进行(150～170℃)×(2～3h)回火。如果轴承零件工作温度为－253～100℃，冷处理应在－196℃（液氮）下停留 1～1.5h，随后立即进行(150～160℃)×(3～4h)回火。

为了消除轴承零件的磨削应力，进一步稳定组织，提高其尺寸稳定性，必须对磨削后的零件进行(120～140℃)×(3～4h)的附加回火。对于精密轴承零件可进行两次附加回火。

轴承套圈和滚动体淬火-回火后的硬度应不低于 58HRC。轴承零件淬火-回火后同一零件的硬度均匀性：外径不大于 100mm 的套圈的硬度差最大不得超过 1HRC，外径大于 100mm 的套圈的硬度差最大不超过 2HRC；有效直径不大于 22mm 的滚动体的硬度差最大不得超过 1HRC，有效直径大于 22mm 的滚动体的硬度差最大不得超过 2HRC。

轴承零件需经更高温度回火时，其硬度值应符合以下规定：200℃回火时的最小硬度值为 56HRC，250℃回火时的最小硬度值为 54HRC，300℃回火时的最小硬度值为 53HRC。

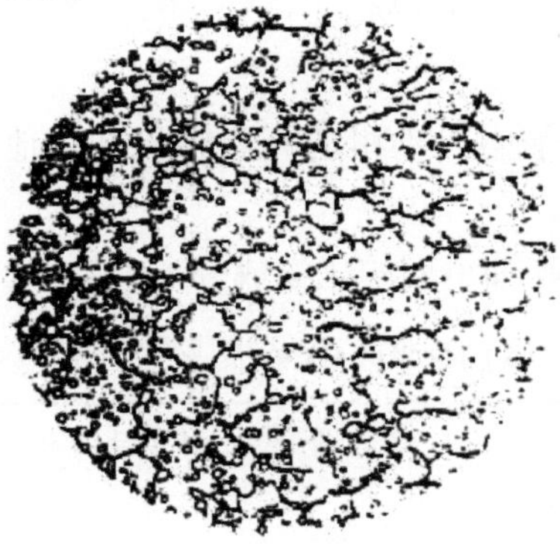

图 7.33　淬回火组织　500×
JB/T 1460—2011 第二级别图，第 5 级

轴承零件淬火-回火后的显微组织应由马氏体、一次碳化物、二次碳化物和残余奥氏体组成，并主要按二次碳化物溶解程度进行评定，一次碳化物不作为淬火-回火组织的评定依据，不允许有严重欠热组织和过热组织。淬火-回火组织按 JB/T 1460—2011 第二级别图评定，分为六级，第 2～5 为合格组织；如硬度符合规定，允许有第 1 级欠热组织存在，不允许有第 6 级的孪晶状碳化物组织存在 。图 7.33 是这类钢淬回火组织的第 5 级别图。

G102Cr18Mo 钢的性能与 9Cr18 钢大抵相同，较之

9Cr18 钢具有更高的硬度和抗回火稳定性，这两种钢的使用温度均不超过 250℃。这类钢还可以制造高质量的刀具，如医用手术刀等。

我国生产不锈轴承的材料主要是 G95Cr18、G102Cr18Mo 钢，这两种钢含有较高的碳和铬，凝固时产生粗大共晶碳化物，无法通过以后的加工和热处理消除。粗大的碳化物易造成高的应力集中，引起剥落，可降低马氏体基体的铬含量，导致热处理后硬度不均匀，其存在还影响轴承表面的粗糙度，增加轴承噪声。

我国不锈轴承钢的生产采用电弧炉或感应炉冶炼，并经电渣重熔。采用电弧炉冶炼时钢中的氧含量较高，碳化物颗粒比较粗大。采用电渣冶炼工艺时，钢的碳化物得到明显改善，其氧化物夹杂比较细小，但氧化物含量还是比较高，影响轴承的使用寿命和轴承的表面光洁度，引起表面粗糙度恶化。采用双真空冶炼工艺可生产出高纯不锈轴承钢 H9Cr18。对经双真空冶炼的 H9Cr18 钢与经电渣重熔的 G95Cr18 进行对比，氧含量分别为 6ppm 和 36ppm，氮含量分别为 76ppm 和 126ppm，氧化物的平均直径分别为 2.13μm 和 3.18μm，而氧化物的最大直径分别为 4.98μm 和 11.74μm，共晶碳化物的不均匀性亦有所改善，额定接触疲劳寿命分别为 11.22×10^6 次和 7.76×10^6 次[60]。

国内外为改善 G95Cr18 钢的碳化物进行了许多研究，其中采取降碳、降铬的方法比较成熟，表 7.45 列入的 G65Cr14Mo 为我国研制的这类钢。G65Cr14Mo 钢中的共晶碳化物含量比 9Cr18 钢明显减少，淬火-回火后的硬度与 G95Cr18 钢相当，而接触疲劳优于 G95Cr18 钢，其在人工海水中的耐蚀能力与 G95Cr18 钢相当，但耐稀硝酸的能力不如 G95Cr18 钢[61]。

7.2.9　中温、高温、高温不锈和高温渗碳轴承钢

随着燃气轮机、航空及导弹工业发展，轴承的工作温度已超过 300℃，对所用轴承的材料要求有足够的高温硬度、高温强度、耐磨性、抗氧化性和低腐蚀性、良好的尺寸稳定性和高温下的长寿命。GCr15 轴承钢最高工作温度不超过 180℃，否则将发生硬度降低，尺寸稳定性降低问题。含抗回火稳定性元素，如硅、钨、钒的低合金轴承钢 GCrSiWV (GCr15SiWV)钢，其实际工作温度可达 250℃，这种轴承钢称为中温轴承钢。

在更高温度下工作的轴承钢是具有高抗回火稳定性的高合金的高温轴承钢。高温轴承钢目前应用的有三类：第一类是高速钢，如 W18Cr4V 和 W6Mo5Cr4V2；第二类是 Cr4Mo4V 钢；第三类是 Cr14Mo4 钢。

还有一种在高温下使用的渗碳低碳合金钢，用于制作航空发动机的高温轴承和其他行业使用的耐高温、耐冲击轴承。

表 7.47 为我国使用的中温、高温、高温不锈和高温渗碳轴承钢的化学成分。

表 7.47　我国使用的中温、高温、高温不锈和高温渗碳轴承钢的化学成分(单位：%)

牌号	C	Mn	Si	Cr	Mo	W	V	P	S	Ni	Cu	Co
中温轴承钢[34]												
GCrSiWV	0.95～1.05	0.40～0.60	0.70～0.90	1.30～1.60	—	1.10～1.40	0.25～0.35	≤0.027	≤0.020	≤0.030	≤0.030	—

续表

牌号	C	Mn	Si	Cr	Mo	W	V	P	S	Ni	Cu	Co
高温轴承钢(GB/T 38886—2020,YB 4105—2000)												
GW9Cr4V2Mo	0.70～0.80	≤0.40	≤0.40	3.80～4.40	0.20～0.80	8.50～10.00	1.30～1.70	≤0.025	≤0.015	≤0.25	≤0.20	—
GW18Cr5V	0.70～0.80	≤0.40	0.15～0.35	4.00～5.00	≤0.80	17.50～19.00	1.00～1.50	≤0.025	≤0.015	≤0.25	≤0.20	—
GCr4Mo4	0.75～0.85	≤0.35	≤0.35	3.75～4.25	4.00～4.50	≤0.025	0.90～1.10	≤0.025	≤0.015	≤0.25	≤0.20	≤0.25
GW6Mo5Cr42	0.80～0.90	0.15～0.40	≤0.45	3.75～4.40	4.50～5.50	5.50～6.75	1.75～2.20	≤0.025	≤0.015	≤0.25	≤0.20	—
GW2Mo9Cr4VCo8	1.05～1.15	0.15～0.40	≤0.65	3.50～4.25	9.00～10.00	1.15～1.85	0.95～1.35	≤0.025	≤0.015	≤0.25	≤0.20	7.75～8.75
高温不锈轴承钢(YB 1205—80)												
Cr14Mo4V	0.95～1.10	≤0.80	≤0.80	13.0～16.0	3.80～4.30	—	≤0.20	≤0.25	≤0.20	≤0.30	Cu+Ni≤0.50	—
航空发动机用高温渗碳轴承钢(YB 4106—2000)												
G13Cr4Mo4Ni4	0.11～0.13	0.10～0.25	0.15～0.35	4.00～4.25	4.00～4.50	≤0.15	1.13～1.33	≤0.15	≤0.10	≤0.20	≤0.25	—

1）中温轴承钢 GCrSiWV

GCrSiWV 是我国研发的中温轴承钢，用电弧炉加电渣重熔或真空自耗重熔法冶炼。这种钢有较高的淬透性，锻后的退火工艺与 GCr15 钢相同，退火的硬度可达 229HB；其切削加工性稍差，但一般的机械加工没有困难。GCrSiWV 钢的淬火温度为(880±10)℃，油冷，300℃回火 2h，空冷，硬度为 60～62HRC。

GCrSiWV 钢适用于制造工作温度在 250℃左右使用的轴承零件。该钢具有硬度高、耐磨性好、尺寸稳定性好及接触疲劳寿命长等优点。该钢还可以用做柴油机油泵的油嘴偶件等中温耐磨材料[5,34]。

2）高温轴承钢

到目前为止，在 540℃高温下硬度最高的材料是高速钢。用做高温轴承的 W18Cr4V 和 W6Mo5Cr4V2 钢的热处理工艺见第 8 章工模具钢的高速钢部分，它们的最高使用温度不超过 480℃，可以长期在 427℃下工作(此时的高温硬度大于 57HRC)。高速钢的主要问题是加工性不好，因为轴承零件加工工艺较复杂，对加工工艺性要求比较高，而高速钢的磨削性比较差。

目前国内外使用较多的高温轴承钢是 Cr4Mo4V 钢(相当于美国 M50)，属于莱氏体钢。该钢在热处理工艺和性能上具有高速钢的特点，但含合金元素较少，故其高温硬度不如高速钢，锻造和加工性较差。该钢采用电弧炉加电渣重熔方法冶炼。我国制定了 YB 688—76《高温轴承钢 Cr4Mo4V　技术条件(试行)》和 JB/T 2850—2007《滚动轴承　Cr4Mo4V 高温轴承零件　热处理技术条件》及 YB 4105—2000《航空发动机用高温轴承钢》。

Cr4Mo4V 钢的始锻温度一般为 1070～1150℃，终锻温度不低于 900℃。由于钢的淬透性好，锻后应缓冷并及时回火。锻造后的退火可采用连续退火或等温退火工艺。等温退火时，加热至 840～860℃，保温 4～6h，炉冷至 720～740℃，保持 3～5h，再以 20～30℃/h 速率冷缓冷至 550℃出炉，硬度为 197～241HB。退火组织为点状、细粒状碳化物组成的珠光体和少量一次碳化物[62]。退火状态有五种类型的碳化物：MC、M_2C、M_7C_3、M_6C、$M_{23}C_6$ 存在，淬火后残存碳化物 MC、M_2C[62,63]。

Cr4Mo4V 钢的淬火加热温度为 1100～1120℃，在油中淬火。在比较高的温度加热时，钢中的碳化物大部分溶于奥氏体，1120℃淬火后碳化物减少至约 1.2%，残余奥氏体量约为 28%，残存的碳化物类型为 MC、M_2C。淬火后得到合金和碳比较高的马氏体，因而具有高的抗回火稳定性。淬火后的晶粒度 8～10 级，硬度不低于 63HRC[62]。

Cr4Mo4V 钢淬火后经过(540～550℃)×2h 三次回火，每次回火后空冷，通过回火可使残余奥氏体分解并使马氏体中能析出高度分散的碳化物质点 MC 和 M_2C，因而具有高的硬度（60～64HRC），室温断裂韧度为 17.26MPa·$m^{1/2}$，200℃时的断裂韧度为 24.16MPa·$m^{1/2}$。

根据 JB/T 2850—2007，套圈和滚动体淬火后硬度一般不应低于 63HRC。回火后硬度：套圈为 60～65HRC，滚动体为 61～66HRC。

Cr4Mo4V 钢可在 430℃工作(此时的高温硬度大于 54HRC)或在 316℃下长期工作(此时的高温硬度大于 57HRC)。

Cr4Mo4V 钢是目前航空发动机上最常使用的高温轴承钢。为进一步提高寿命和可靠性，我国开发出双真空 Cr4Mo4V 钢，并制定了行业标准 YB 4105—2000《航空发动机用高温轴承钢》。该标准与 YB 688—76 不同之处是加严了有害元素的控制范围，规定了氧含量的指标：$w_O \leqslant 10$ppm，且加严了钢的质量控制，牌号更名为 8Cr4Mo4V。该钢的氧含量为 2.7～9.0ppm，夹杂物总量是电渣钢的 33%；氧化物颗粒的最大直径为 5μm，而电渣钢为 11.95μm；未溶粗大碳化物比电渣钢细小分散；常温接触疲劳寿命 L_{10} 比电渣钢高 41%，200℃高温接触疲劳寿命 L_{10} 比电渣钢高 34%[43]。

3）高温不锈轴承钢[64]

Cr14Mo4 钢含有比较高的铬，又含有钼，因而具有较高的耐蚀性、高温强度及耐磨性，是一种不锈高温轴承钢。我国于 1980 年制定了 YB 1205—80《高温不锈轴承钢 Cr14Mo4 技术条件》，规定该钢采用电渣重熔、真空感应炉加电渣重熔方法冶炼。

Cr14Mo4 钢适合的球化退火温度为 890℃，以 15～30℃/h 的速率冷却到 600℃以下出炉，硬度值为 207～255HB。钢中碳化物类型主要是 M_2C、M_7C_3 和 $M_{23}C_6$。

Cr14Mo4 钢淬火加热时，随淬火温度的上升，淬火后残余奥氏体的含量增加，碳化物含量减少，自 1050℃升至 1125℃时，碳化物迅速减少，如图 7.34 所示。在 1120℃淬火时，硬度出现峰值 61HRC。随着奥氏体化温度的升高，得到最大硬度的回火温度也提高，在奥氏体化温度高于 1100℃时，回火时出现二次硬化现象(图 7.35)。

Cr14Mo4 钢淬火后含有相当量的残余奥氏体，有较高的稳定性，必须通过冷处理或多次回火才能消除，否则在使用过程中，残余奥氏体将发生向马氏体的转变，影响轴承的尺寸稳定性。

Cr14Mo4 钢合适的淬火-回火工艺为：1100～1120℃ 油淬，－76℃ 冷处理，

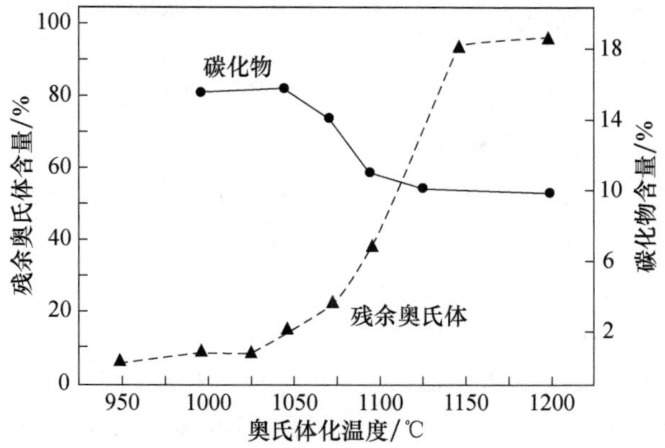

图 7.34　Cr14Mo4 钢淬火奥氏体化温度对钢中残余奥氏体和碳化物含量的影响[64]

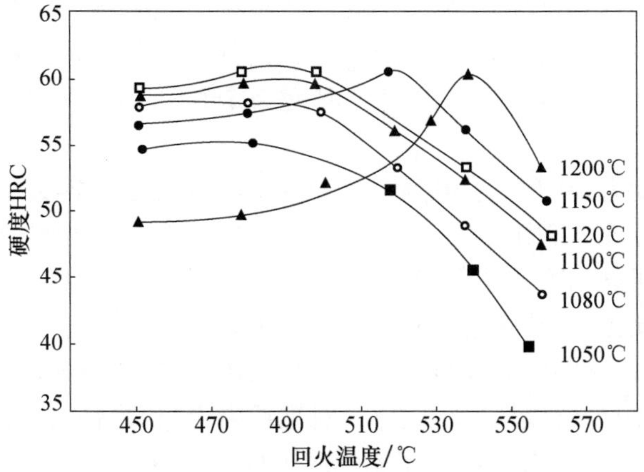

图 7.35　回火温度对不同淬火温度后 Cr14Mo4 钢硬度的影响[64]

(500～525℃)×2h 回火 4 次，空冷。钢的组织由细针状回火马氏体、残余奥氏体和碳化物组成，可得到的硬度为 61～62HRC，断裂韧度 K_{IC} 为 31.5～32.2MPa · $m^{1/2}$，300℃的高温硬度值为 58.5HRC。

4）高温渗碳轴承钢[5,33,65]

G13Cr4Mo4Ni4V 是在高温下使用的低碳渗碳合金钢，经渗碳、淬火、回火后，具有高的接触疲劳强度、冲击韧度和断裂韧度，特别适合用于高 *DN* 值(*D* 为轴承内径，mm；*N* 为主轴速率，r/min)时使用的耐冲击轴承，用做航空发动机的高温轴承或其他行业使用的耐高温耐冲击轴承。Cr14Mo4 钢制成的高温轴承，在 *DN* 值达到 3.0×10^6 时，材料的断裂韧度不足，出现套圈断裂故障。研究工作表明，Cr14Mo4 钢的使用 *DN* 值极限为 2.4×10^6。美国在 20 世纪 70 年代末开始研究 M50 改型的高断裂韧性材料，在 M50 钢基础上降低碳含量，加入 4%Ni，形成 M50NiL，其使用 *DN* 值可达 3.0×10^6[5]。目前国外著名轴承品牌在高速性能方面，*DN* 值已达 4.0×10^6[66]。

我国从 20 世纪 90 年代对高温渗碳轴承钢进行了全面研究，牌号定为 G13Cr4Mo4Ni4V(曾用 H10Cr4Mo4Ni4V)，并制定出标准 YB 4106—2000《航空发动机用高温渗碳轴承钢》,规定该钢应采用双真空方法冶炼,成分如表 7.47 所示,并规定钢中氧含量应不大于 15ppm,在实际生产中还应控制钢中的钛及钙含量。热轧退火后的硬度应不大于 255HBW,在淬硬性方面规定热处理后的硬度应不小于 35HRC。在低倍组织和非金属夹杂物方面有严格的合格级别规定。

渗碳在井式渗碳炉或可控气氛的多用炉中进行。淬火-回火推荐在真空炉中进行,也可在盐炉中进行。

渗碳时,要求表面碳含量为 0.8%～1.05%,心部硬度应不小于 35HRC,淬火-回火后成品硬度应为 58～63HRC。G13Cr4Mo4Ni4V 中含有 Cr、Mo 等强碳化物形成元素,降低碳的扩散速率,宜选用较高的渗碳温度(945±5)℃,并需较长的渗碳时间。当要求渗层深度为 1.9～2.2mm(成品 0.9～1.2mm)时,渗碳时间需 30h,渗碳后油冷。

由于渗碳时间较长,渗碳层易形成网状碳化物,有时需要两次淬火以消除表层网状碳化物和细化心部晶粒。由于该钢淬透性高,渗碳后空冷也可淬硬,所以在两次淬火之间增加一道高温回火工序,使表层硬度降到 30HRC 左右,以改善切削加工性能,并使渗碳层组织转变为索氏体或细小均匀的球化组织,为最终热处理提供良好的原始组织。一次淬火的加热温度为 1110℃,油冷。高温回火温度为 750℃,时间为 5～10h,炉冷至 550℃出炉。

二次淬火的温度为 1090℃,硬度为 33～35HRC,这是由于淬火后钢中存在大量的残余奥氏体。淬火后经 550℃回火 2～3h,再进行－50～－80℃的冷处理,共进行 3 次回火及冷处理。经多次回火和冷处理后,残余奥氏体向马氏体转变,同时各类碳化物析出,发生二次淬火和二次硬化,使硬度逐渐升高达到使用要求。

经最终热处理后,渗碳层显微组织为隐晶马氏体,均匀细小分布的残余碳化物及少量残余奥氏体,心部组织为低碳板条马氏体。对轴承内套圈的测试表明,内套圈滚道表面存在较高的压应力,约为 350MPa,提高了套圈的耐疲劳能力。

G13Cr4Mo4Ni4V 钢经渗碳热处理后,既保持了 Cr4Mo4V 的各种高温性能,又提高了断裂韧性,心部的断裂韧度 $K_{IC}>60MPa \cdot m^{1/2}$,硬度为 43～45HRC,有效地阻止裂纹的扩展,消除套圈断裂失效的危险。

G13Cr4Mo4Ni4V(M50NiL)钢可在 350℃以下长期使用,表层和心部均可保持高的硬度且韧性良好,因此也可用于制作高性能齿轮。在航空发动机、直升机等高技术领域,随着传递能量的增加,转速、温度和寿命的提高,轴承、齿轮钢已进入超高强度行列。由于对轴承和齿轮钢有着相似的性能要求和生产工艺,两者逐渐合并成为轴承齿轮钢[67,68]。

美国国家航空航天局(NASA)曾进行过高性传动轴承齿轮硬度与承载能力的关系的基础性研究,结果表明,构件承载能力随表层硬度增高而提高,航空传动齿轮使用温度下的表面硬度应不低于 58HRC,其接触疲劳寿命 L 随表面硬度升高以指数增加:$L_2/L_1 = A \cdot e^{0.1(HRC_2 - HRC_1)}$。根据上式计算,当轴承齿轮钢的表面硬度从 60～62HRC 提高至 68HRC 以上时,其额定接触疲劳寿命可提高约 28 倍[69]。

在 20 世纪末,美国 Qust Tak 公司基于计算的材料设计技术,研发出系列高性能高温渗碳轴承齿轮钢:C61、C64、C69,其化学成分见表 7.48。该钢采用二次硬化机理设计成分,经渗碳及淬火-回火后,具有高的表层硬度和心部硬度。这类钢具有以下共同特点:均采用双真空方法冶炼,具有高的纯净度;心部具有高的强度,硬度为 40～50HRC,远高于一般齿轮钢，因而可以减轻部件的重量；具有高的表层硬度，因而具有高的耐磨性、高的表面疲劳强度（接触疲劳和弯曲疲劳）和疲劳寿命；具有高的淬透性，可采用高温真空渗碳及气冷，不需二次淬火，变形很小；采用比较高的回火温度，在480～510℃，因而具有高的热稳定性，可以在比较高的温度下使用[70]。

表7.48 国外一些高温及高温不锈渗碳轴承齿轮钢的化学成分[70～72]

牌号	化学成分/%									
	C	Cr	Ni	Mo	W	Co	V	Nb	Si	Mn
Ferrium C61	0.15	3.5	9.5	1.1	—	18	0.06	—	—	—
Ferrium C64	0.11	3.5	7.5	1.75	0.2	16.3	0.02	—	—	—
Ferrium C69	0.10	5.0	3.0	2.50	—	28	0.02	—	—	—
Pyrowear 675	0.07	13.00	2.60	1.80	—	5.50	0.60		0.40	0.65
CSS-42L	0.12	14.0	2.00	4.75	—	12	0.60	0.02	≤0.3	≤0.3

注：Ferrium C61、Ferrium C64、Ferrium C69简称C61、C64、C69，由美国Carpenter Technology公司生产。Pyrowear 675由Carpenter Technology公司开发。CSS-42L由美国Latrobe特殊钢公司开发。

这类钢中加入铬、钼元素可以保证渗碳层中能形成细小的合金碳化物，提高表面的硬度和耐磨性，表面不存在能降低疲劳寿命的一次碳化物。淬火后溶于基体的铬、钼在回火时析出起强化作用的纳米级M_2C型碳化物。镍提高钢的韧性，而钴可以延迟板条马氏体基体的再结晶，提高钢的回火抗力。少量钒可以阻止高温渗碳时晶粒的长大。表7.49为C61、C64、C69钢渗碳及淬火-回火后的心部性能和表面硬度。

表7.49 C61、C64、C69钢的心部性能和表面硬度[70]

牌号	σ_s /MPa	σ_b /MPa	心部硬度 HRC	δ/%	ψ/%	K_{IC} /(MPa·$m^{1/2}$)	回火温度 /℃	表面硬度 HRC
Ferrium C61	1550	1654	48～50	18	70	143	482	60～62
Ferrium C64	1371	1578	48～50	18	75	94	496	62～64
Ferrium C69	1343	1619	48～50	19	65	44	496	65～67

注：各钢采用高温真空渗碳（1000℃）和气冷淬火工艺，不需二次淬火。淬火后可进行深冷处理。

C61钢用于制造直升机的传动部件，越野赛车的传动轴、小齿轮等，C64钢用于旋翼飞机的齿轮传动系统等，C69钢用于制作要求高的接触疲劳寿命的齿轮组、凸轮轴、轴承等。

5）高温不锈表面硬化型轴承齿轮钢

Pyrowear 675、CSS-42L钢系国外开发的高温不锈表面硬化型轴承齿轮钢，其化学成分见表7.48，均采用双真空方法冶炼，具有高的纯净度。为提高轴承、齿轮承载能力，表面硬化是关键技术，现在齿轮用渗碳层深度通常为0.5～1.2mm，深层渗碳可达2.5mm，渗氮层通常在0.1～0.4mm，深者可达0.8mm[67]。

Pyrowear 675钢的特点是渗碳后的表面硬度在60HRC以上，直至315℃仍可保持58HRC，心部有高的韧性。经过渗碳后，其耐蚀性能与440C钢（108Cr17，见表9.3）相似，心部的耐蚀性与410（12Cr13，见表9.3）钢相似，略高于440C钢。该钢有较高的热稳定性,其接触疲劳寿命为440C钢的3倍和M50NiL钢的2.5倍[68]。该钢具有高的淬透性,其转变温度Ac_1为600℃、Ac_3为816℃。按典型工艺处理后,钢的心部力学性能和渗碳及热处理后的表层热硬度如表7.50所示。

表7.50　Pyrowear 675钢的典型心部力学性能和表层热硬度[71]

回火温度/℃	心部硬度HRC	方向	σ_s/MPa	σ_b/MPa	δ/%	ψ/%	K_Q/(MPa·$m^{1/2}$)	A_{kV}/J	表层热硬度HRC		
									100℃	200℃	300℃
316	40	纵	986	1276	20	73	165	~170	62	61	58.5
		横	986	1276	19	70	154	—			
510	39	纵	1062	1276	20	75	138	~190	(63.5)	(61.5)	(60)
		横	1062	1276	18.5	70	86	—			

注:括号内数字表示回火温度为500℃时的表层热硬度。

Pyrowear 675钢的退火工艺为650℃,12h,空冷,退火后的硬度不小于280HB。该钢的渗碳工艺如下:先进行预氧化,将表面清洁的部件在温度为900～1038℃的空气炉中加热不少于1h,空冷,炉温偏低时效果较好;渗碳温度为870～900℃,渗碳时间视需要的渗碳深度而定,渗碳24h可使0.51mm层深经热处理后的硬度不小于60HRC。表面碳浓度以0.65%～1.0%为宜。尺寸大于25mm的部件渗碳后油冷,尺寸小的部件可以油冷或空冷。部件冷至室温后应进行消除应力的退火,温度为620～650℃,时间不少于4h。

Pyrowear 675钢淬火加热时,应注意防止脱碳,奥氏体化温度为1040℃,30min,油冷至室温后立即冷处理,冷至−73℃,1h后,置于空气中,这样可以得到最大的表层硬度。冷处理后立即回火,回火时应避开脆化温度区(370～480℃)。当部件的工作温度低于200℃时,回火温度取200～370℃。当部件的工作温度高于200℃时,回火温度取500～520℃。

Pyrowear 675钢用于制作高温耐蚀的各类轴承、精密滚珠丝杠、行星齿轮箱等[71]。

CSS-42L钢1995年在美国取得专利,其化学成分见表7.48。该钢适合于制作长期在427℃以下工作的航空发动机上的高性能滚动轴承、齿轮、轴、紧固件等,该钢经渗碳和热处理后可使表层在1mm层深内的硬度大于58HRC,并具有高的抗腐蚀性能。其渗碳层的热硬度优于其他同类钢,可在427℃时达到60HRC以上,心部有高的强度,心部的断裂韧性和冲击吸收功优于M50-NiL钢。该钢的耐腐蚀性能与440C钢(108Cr17)相当[71]。

CSS-42L钢的高性能源于奥氏体形成元素镍、钴与碳化物形成元素的合理匹配。适量合金元素的加入可以使这种钢的性能满足航空发动机用轴承和齿轮对防腐和耐一定高温的需要。

CSS-42L钢在渗碳前应在954℃预氧化,渗碳温度为954℃,渗碳时间的长短视要求的渗碳深度而定,渗碳后缓冷至(200±30)℃,再加热至593℃,保温4h。渗碳后应重新加热淬火,淬火加热在真空炉进行时,先经788℃预热,再加热至1093～1121℃,45min。吹氮气冷却至66℃,空气中冷至室温。在真空渗碳时,渗碳温度为954℃,渗碳结束后,升温至奥氏体化温度1093～1120℃,然后油中冷却。淬火冷却至室温后应立即冷处理(−79℃)2h,496℃回火2h;深低温处理(−196℃)不少于1h,496℃回火2h。

CSS-42L 钢渗碳和 1120℃奥氏体化淬火后，沿渗碳层的显微组织和硬度的分布如下：表层组织主要是马氏体基体，在其上分布着大量细小、球形的 M_2X 相，具有很高的硬度，可达 68HRC 以上。表层下的过渡层的组织几乎全部是稳定的高合金奥氏体，硬度低至 30HRC，心部组织基本上是低碳马氏体，硬度约为 50HRC。因此渗碳后必须进行两次冷处理和回火。回火温度对渗碳层硬度的影响如图 7.36 所示。

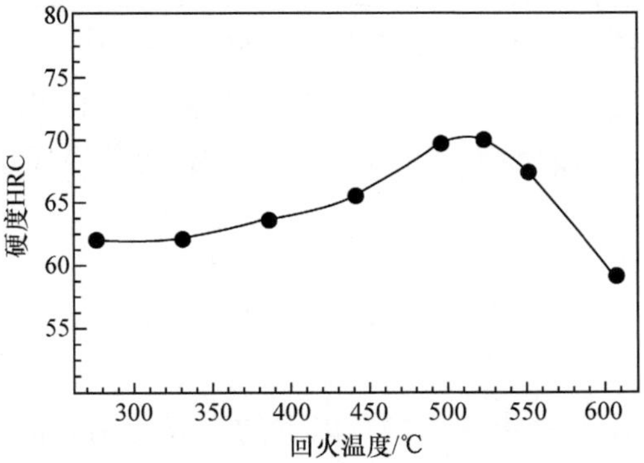

图 7.36　CSS-42L 钢渗碳层淬火后硬度随回火温度的变化[72]
奥氏体化温度：1121℃

CSS-42L 钢渗碳和热处理后，表层硬度具有优异的热稳定性，其热稳定性优于已知的其他渗碳轴承钢。CSS-42L 钢渗碳层室温时的硬度为 68HRC，而在 427℃长时间加热之后，其热硬度仅降至 62HRC，直到 535℃仍可保持在 58HRC 以上。图 7.37 为 CSS-42L 钢渗碳层热硬度与其他同类钢的对比。

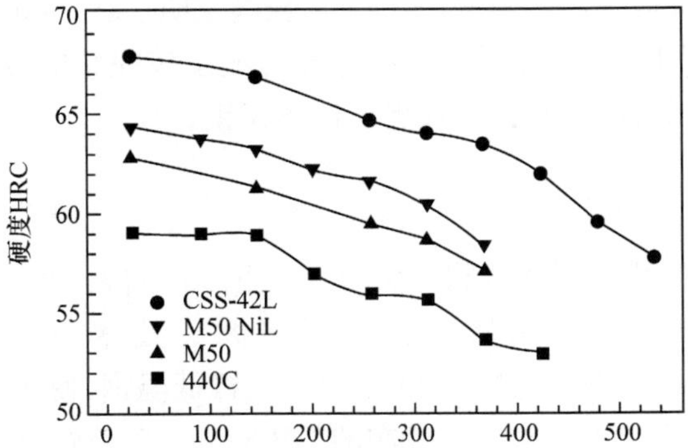

图 7.37　CSS-42L 钢渗碳层热硬度与其他同类钢的对比[72]

表 7.51 为 CSS-42L 钢的心部力学性能。钢中含有较多的碳化物形成元素，在回火时由于析出大量细小的沉淀相而出现二次硬化现象，析出峰值温度约为 550℃，此时出现冲击功的低谷。对与其类似成分的钢的研究表明，沉淀相为 M_2X（拉弗斯相 Fe_2Mo 和 M_2C）时，在形成初期与带有高位错密度的回火马氏体基体保持共格，尺寸为纳米级；570℃回火时，Fe_2Mo 和 M_2C 相颗粒粗化，硬度降低[73]。

表 7.51　CSS-42L 钢的心部力学性能[72]

回火温度 /℃	心部硬度 HRC	方向	σ_s /MPa	σ_b /MPa	δ /%	ψ /%	K_Q /(MPa·$m^{1/2}$)	A_{kV}/J
496	49	纵	1336	1760	18.5	56.2	50	70
524	50	纵	1340	1840	16.0	54.6	—	40

注:拉伸试样先经 1052℃伪渗碳,再经 1038℃加热淬火。冲击试样先经 1121℃加热淬火。

滚动接触疲劳寿命表明,按 L_{10} 计算,CSS-42L 钢的试验时间为 86h,而 M50 钢只有 3.5h。CSS-42L 钢心部的耐蚀性远高于 440C 不锈钢,而其渗碳层的耐蚀性略低于 440C 不锈钢。

7.3　低　温　钢

低温钢(cryogenic steel)是指在－10℃以下的低温使用并能保证具有足够缺口韧性的钢。通常在－10～－196℃的低温下使用的钢称为低温钢,在－196℃以下使用的钢称为超低温钢。低温钢主要用于生产、储存和输送各类液化气体的容器、管道和设备。GB 150—1998《钢制压力容器》对低温压力容器的定义是低于或等于－20℃。该标准已为 GB 150.1—2011《压力容器　第一部分:通用要求》部分代替。在 GB 150.1—2011 中规定,低温容器为设计温度低于－20℃的碳素钢、低合金钢、双向不锈钢和铁素体不锈钢容器,以及设计温度低于－196℃的奥氏体不锈钢制容器。我国 HG 20225—95《化工金属管道工程施工及验收规范》将设计温度低于－29℃定为低温。

低温钢的发展已有近百年的历史。1932 年美国发明了在－46℃低温下使用的 2.5% Ni 钢,经过许多国家长时间的研制和应用,逐渐形成了较完整的低温用钢系列。目前低温钢大致可分为三类:低合金钢、镍钢和奥氏体不锈钢。

7.3.1　低合金低温钢

20 世纪 60 年代末,我国开始研制－40℃及以下工作的无镍低温用钢,1983 年发布了 GB 3531—83《低温压力容器用低合金钢厚钢板　技术条件》,规定了 16MnDR、09MnTiCuREDR、09Mn2VDR、06MnNbDR 四种无镍低温钢,使用温度为－30～－90℃,1996 年对该标准进行了修订。2008 年发布的 GB 3531—2008《低温压力容器用低合金钢钢板》纳入三个牌号:16MnDR、15MnNiDR、09MnNiDR。后两者还有少量的镍,分别用于制造－40℃、－45℃和－70℃的低温压力容器。

2014 年 GB 3531—2008 更改为 GB 3531—2014《低温压力容器用钢板》,包括四个低合金钢牌号和两个镍系低温钢牌号,其化学成分见表 7.52,其力学性能和工艺性能见表 7.53。与 GB 3531—2008(表 5.47)相比,新的标准除名称更改外,还增加了三个牌号,其中两个为镍系低温钢,对磷、硫有更加严格的控制,还提高了各牌号的低温冲击吸收功。

表 7.52　低温压力容器用钢板的化学成分(GB 3531—2014)

牌号	化学成分/%									
	C	Si	Mn	Ni	Mo	V	Nb	Alt	P	S
16MnDR	≤0.20	0.15～0.50	1.20～1.60	≤0.40	—	—	—	≥0.020	≤0.020	≤0.010
15MnNiDR	≤0.18	0.15～0.50	1.20～1.60	0.20～0.60	—	—	—	≥0.020	≤0.020	≤0.008
15MnNiNbDR	≤0.18	0.15～0.50	1.20～1.60	0.30～0.70	—	—	0.015～0.040	—	≤0.020	≤0.008
09MnNiDR	≤0.12	0.15～0.50	1.20～1.60	0.30～0.80	—	—	≤0.040	≥0.020	≤0.020	≤0.008
08Ni3DR	≤0.10	0.15～0.35	0.30～0.80	3.25～3.70	≤0.12	≤0.05	—	—	≤0.015	≤0.005
06Ni9DR	≤0.08	0.15～0.35	0.30～0.80	8.50～10.00	≤0.10	≤0.01	—	—	≤0.008	≤0.004

注:为改善钢的性能,钢中可添加 Nb、V、Ti 等元素,Nb+V+Ti 总含量不大于 0.12%。当钢中 Nb+V+Ti 总含量不大于 0.015%时,Al 含量不作验收要求。作为残余元素,Cr、Cu 含量应各不大于 0.25%,Ni 应不大于 0.40%,Mo 应不大于 0.08%。Alt 指全铝含量。

表 7.53　低温压力容器用钢板的力学性能和工艺性能(GB 3531—2014)

牌号	交货状态	厚度/mm	R_m/MPa	R_{eL}/MPa ≥	A/%	KV_2/J(纵向)≥		180°弯曲试验($b=2a$)
16MnDR	正火或正火+回火	6～16	490～620	315	21	−40	≥47	$D=2a$
		>16～36	470～600	295				$D=3a$
		>36～60	460～590	285				
		>60～100	450～580	275		−30	≥34	
		>100～120	440～570	265				
15MnNiDR	正火或正火+回火	6～16	490～620	325	20	−45	≥60	$D=3a$
		>16～36	480～610	315				
		>36～60	470～600	305				
15MnNiNbDR	正火或正火+回火	6～16	530～630	370	20	−50	≥60	$D=3a$
		>16～36	530～630	360				
		>36～60	520～620	350				
09MnNiDR	正火或正火+回火	6～16	440～570	300	23	−70	≥60	$D=2a$
		>16～36	430～560	280				
		>36～60	430～560	270				
		>60～120	420～550	260				

续表

牌号	交货状态	厚度/mm	R_m/MPa	R_{eL}/MPa ≥	A/%	KV_2/J(纵向) ≥		180°弯曲试验($b=2a$)
08Ni3DR	正火或 正火+回火或 淬火+回火	6～60 >60～100	490～620 480～610	320 300	21	−100	60	$D=3a$
06Ni9DR	淬火+回火	5～30 >30～50	680～820	560 550	18	−196	100	$D=3a$

注:a 为试样厚度,D 为弯曲压头直径。

表 7.52 中的 15MnNiNbDR 钢是新增加的钢号。GB 3531—2008 列入的三种低温压力容器用低合金钢的强度偏低,导致我国低温压力容器壁厚较大,增加了设备的制作难度,因此我国开发了强度比较高的 15MnNiNbDR 钢。该钢有良好的低温韧性和焊接性能,可用于制作−50℃低温 2000m^3 乙烯大型球罐等压力容器。该钢在正火或正火+回火状态下使用,组织为等轴铁素体+珠光体。

GB 19189—2011《压力容器用调质高强度钢板》中的 07MnNiVDR 钢和 07MnNiMoDR 钢比 GB 3531—2008 列入的几种低合金钢有更高的强度,适于制作−40℃和−50℃工作的大型压力容器(见上册 5.3.3 节)。

2003 年我国发布了 GB/T 18984—2003《低温管道用无缝钢管》,列入了五个牌号[74]。随后又发布了 GB/T 18984—2016《低温管道用无缝钢管》,取代了 GB/T 18984—2003。GB/T 18984—2016 增加了 06Ni9DG 牌号,加严了磷、硫含量及低倍检验和非金属夹杂物检测的要求。表 7.54 为低温管道用无缝钢管用钢的牌号、化学成分,钢管的纵向力学性能应符合表 7.55 的规定。

表 7.54　低温管道用无缝钢管用钢的牌号、化学成分(GB/T 18984—2016)　　(单位:%)

牌号	C	Si	Mn	P	S	Ni	Mo	V
16MnDG	0.12～0.20	0.20～0.55	1.20～1.60	≤0.020	≤0.010	—	—	
10MnDG	≤0.13	0.17～0.37	≤1.35	≤0.020	≤0.010	—	—	≤0.07
09DG	≤0.12	0.17～0.37	≤0.95	≤0.020	≤0.010	—	—	≤0.07
09Mn2VDG	≤0.12	0.17～0.37	≤1.85	≤0.020	≤0.010	—	—	≤0.07
06Ni3MoDG	≤0.08	0.17～0.37	≤0.85	≤0.020	≤0.010	2.50～3.70	0.15～0.30	≤0.05
06Ni9DG	≤0.10	0.10～0.35	≤0.90	≤0.020	≤0.010	8.50～9.50	—	—

注:牌号中的 G 字表示管道。为改善钢的性能,16MnDG、10MnDG、09DG 钢可加入 0.01%～0.05% Ti,09Mn2VDG 钢可加入 0.01%～0.10%Ti 或 0.015%～0.060%Nb。钢中的残余元素含量规定如下:Cr 含量不大于 0.25%、Cu 含量不大于 0.20%、Ni 含量不大于 0.40%、Mo 含量不大于 0.08%。除 06Ni9DG 钢管以正火状态交货外,钢管应以在正火、正火加回火或淬火加回火状态交货。

表 7.55　低温管道用无缝钢管用钢的纵向力学性能(GB/T 18984—2016)

牌号	R_m /MPa	R_{eL}/MPa		A/%			KV_2/J
		t≤16mm	t>16mm	1号试样	2号试样	3号试样	纵向
16MnDG	490～665	≥325	≥315	≥30	≥23	−45	试样高度与宽度为 10mm×10mm 时,一组 3 个的平均值应≥21(40),至少 2 个的单个值应≥21(40),1 个的最低值应≥15(28)。括号中的数值为 06Ni9DG 的冲击吸收功
10MnDG	≥400	≥240	≥35		≥29	−45	
09DG	≥385	≥210	≥35		≥29	−45	
09Mn2VDG	≥450	≥300	≥30		≥23	−70	
06Ni3MoDG	≥455	≥250	≥30		≥23	−100	
06Ni9DG	≥690	≥250	≥22		≥18	−196	

注:t 表示钢板厚度。外径小于 20mm 的钢管,本表规定的 A 值不适用,其 A 值由供需双方协商。壁厚小于 8mm 的钢管,用 2 号试样拉伸时,壁厚每减少 1mm,其 A 的最小值应从本表规定的 A 的最小值中减去 1.5%,并取整数值。1 号试样横截面为管材截面,2 号试样为条状,截面为弧形,3 号试样截面为圆形,具体要求见 GB/T 18984—2016。试样高度×宽度为 10mm×7.5 mm、10mm×5mm、10mm×2.5mm 时,冲击吸收能量的规定见 GB/T 18984—2016。

用钢锭直接轧制的钢管应进行低倍检验。低温管道用无缝钢管应进行非金属夹杂物检验,按 GB/T 10561—2005 中的 A 类评级,A、B、C、D 各类夹杂物(粗系和细系)级别应不大于 2.5 级,A、B、C、D 各类夹杂物的细系级别总数和粗系级别总数各不大于 6.5 级,DS 类夹杂物应不大于 2.5 级。现 GB/T 10561—2005 已为 GB/T 10561—2023 代替。

7.3.2　镍系低温钢

当设计温度低于−70℃时,国际上一般都采用镍系钢。镍是提高钢的低温韧性最有效的合金元素,随着钢中镍含量增加,钢的低温韧性提高,韧脆转变温度降低,从而降低了使用温度(图 4.59)。根据使用温度的不同,确定了不同的镍含量,形成了 1.5%Ni、2.5%Ni、3.5%Ni、5%Ni、9%Ni(简称 1.5Ni、2.5Ni、3.5Ni、5Ni、9Ni)等不同镍含量的镍系低温钢。表 7.56 为德国 DIN 标准镍系低温钢钢号及化学成分,表 7.57 为这些钢的热加工、热处理及力学性能。

表 7.56　德国 DIN 标准镍系低温钢钢号及化学成分[75]　　(单位:%)

钢号	C	Si	Mn	P	S	Cr	Mo	Ni	其他
14Ni6	≤0.18	0.10～0.35	0.30～0.60	≤0.035	≤0.035	—	—	1.30～1.60	—
24Ni8	0.20～0.28	0.15～0.35	0.60～0.80	≤0.035	≤0.035	≤0.30	—	1.90～2.20	—
12Ni14	≤0.15	≤0.35	0.30～0.80	≤0.020	≤0.010	—	—	3.25～3.75	≤0.05V
12Ni19	≤0.15	≤0.35	0.30～0.80	≤0.020	≤0.010	—	—	4.75～5.25	≤0.05V
X8Ni9	≤0.10	≤0.35	0.30～0.80	≤0.020	≤0.010	—	≤0.10	8.50～10.0	≤0.05V

表 7.57　德国 DIN 标准镍系低温钢的热加工、热处理和力学性能[75]

牌号	热加工温度/℃	热处理温度/℃			常温及低温力学性能					
		正火	淬火	回火	状态	σ_b/MPa	σ_s/MPa	δ_5/%	ψ/%	A_{kDVM}/J
14Ni6	1100～850	850～890	850～880 水、油或空淬	600～670	室温	490～640	275	20	60	103
					−20℃	520	295	22	—	96
					−50℃	540	315	22	—	82
					−80℃	570	375	22	—	65
					−120℃	610	410	22	—	27
24Ni8	1100～850	850～880	830～850 水或油	500～650	室温	590～740	410	20	60	96
					−20℃	640	440	17	—	82
					−50℃	670	470	16	—	69
					−80℃	720	510	15	—	55
					−120℃	780	540	14	—	34
12Ni14	1100～850	830～880	820～850 水、油或空淬	580～630	室温	470～640	345	20	55	96
					−20℃	460	365	21	—	82
					−50℃	490	380	20	—	69
					−80℃	520	410	19	—	55
					−120℃	580	450	18	—	34
12Ni19	1100～850	800～850	800～850 水、油或空淬	580～630	室温	510～710	380	19	50	89
					−20℃	610	470	18	—	89
					−50℃	630	490	18	—	82
					−80℃	660	530	17	—	76
					−120℃	710	590	17	—	62
					−170℃	800	705	16	—	31
X8Ni9	1050～850	880～920	780～820 水、油或空淬	560～590	室温	640～840	480	18	50	76
					−20℃	640	490	17	—	76
					−50℃	670	500	16	—	76
					−80℃	720	520	16	—	72
					−120℃	780	550	15	—	62
					−170℃	940	630	15	—	48
					−190℃	1000	695	14	—	41

注：A_{kDVM} 试样为德国标准试样，见表 6.69 注。

我国在 20 世纪 80 年代中期开始对镍系低温钢进行系统的研究与开发，首先是 1.5Ni 和 3.5Ni 钢，并进行了工业试制，可满足−60℃和−101℃低温设备及容器使用，之后对 5Ni 和 9Ni 钢进行了研究与开发。表 7.58 和表 7.59 分别为一些国产镍系低温钢的化学成分和性能。

表 7.58　国产镍系低温钢化学成分[76]　　（单位：%）

钢种	C	Si	Mn	P	S	Ni	Mo	Nb
1.5Ni	0.10	0.15～0.35	1.10～1.50	0.025	0.020	1.30～1.70	—	0.025～0.050
3.5Ni	0.10	0.15～0.30	0.80	0.035	0.035	3.25～3.75	0.10～0.20	—
5Ni	0.05～0.10	0.15～0.35	0.40～0.70	0.015	0.015	4.80～5.20	0.10～0.25	—
9Ni	0.03～0.06	0.15～0.35	0.40～0.70	0.015	0.003	8.50～9.50	—	—

表 7.59　国产镍系低温钢的性能[76]

钢种	规格/mm	σ_s/MPa	σ_b/MPa	δ_5/%	冲击功/J	180°冷弯，$d=2a$
1.5Ni	6～30	≥345	490～660	≥22	−80℃纵向 27	不裂
	31～50	≥335	490～660	≥21	−80℃纵向 27	
	管材	≥290	450～640	≥22	−80℃纵向 27	
3.5Ni	3～30	≥275	450～600	≥23	−101℃纵向 27	不裂
	31～50	≥265	450～600	≥22	−101℃纵向 27	
5Ni	—	≥421	540～685	≥19	−110℃纵向 27	不裂
9Ni	10～30	≥550	750～900	≥19	−196℃纵向 70	不裂
	31～50	≥485	690～840	≥18	−196℃纵向 39	

注：d 为弯心直径，a 为钢板厚度。

1.5Ni 钢是在 C-Mn 钢的基础上添加镍和微合金化元素而发展成的钢种，可用于制作在−60～−80℃工作的低压容器。

3.5Ni 钢是各国使用较多的一种低温钢，可用于制作在−100℃工作的低温容器。3.5Ni 钢一般采用热轧＋正火＋高温回火的生产工艺。试验研究表明[77]，使用控轧控冷＋高温回火的生产工艺可以获得优异的低温冲击性能，最佳回火温度在 620℃左右；控轧控冷后的组织为铁素体基体和分布其中的马氏体岛组成，后者的体积分数在 6%～10%。3.5Ni 钢具有高的回火稳定性，620℃回火后，其光学显微组织形貌无大变化，回火转变均发生在基体和马氏体的亚结构层次，只有回火温度超过 620℃之后，屈服强度才有明显的降低。

对 3.5Ni 钢进行 Nb、Ti、Mo 微合金化处理后，通过适当的工艺控制，可以析出较多的均匀、细小的 Nb(C,N)、(Nb,Ti)(C,N)球形颗粒和 TiN 方形颗粒，产生析出强化效果，并能钉扎奥氏体晶界，阻止晶粒长大，产生细晶强化效果，最终使 3.5Ni 钢的屈服强度达到 410～430MPa[78]。

9Ni 钢在−196℃时仍具高的冲击功(表 7.59)，是在−196℃深冷环境中使用的最适宜的材料。9Ni 钢具有优良的低温韧性，可能有以下三个原因：①镍固溶于铁素体，能增加层错能，促进低温下位错的交叉滑移，减少应力集中；②热处理导致晶粒细化；③回火时逆转变奥氏体 γ'相(或称回转奥氏体)的析出。

相变过程的研究表明[79]，9Ni 钢的淬火态是板条马氏体组织，即使在比较高的温度下淬火，晶粒仍然较小。9Ni 钢的回火过程与低碳钢相似，存在残余奥氏体转变、马氏体分解、碳化物的析出、奥氏体的开始形成和完成等阶段，但在通常的加热速率下，9Ni 钢在奥氏体转变开始之前存在逆转变奥氏体 γ'相的析出阶段，温度范围是 540～620℃。γ'相中镍含量高于基体的平均镍含量，因此 γ'相比较稳定，低温下仍然保持而不转变为马氏体。γ'相分布在原奥氏体晶界、马氏体板条束间及马氏体板条间，但在板条间分布较多，γ'相的长大是扩散型的。γ'相的数量与回火温度关系曲线存在极值，这是由于回火温度增加时 γ'相增加。但回火温度进一步提高，碳、镍元素扩散能力增加，在 γ'相中的含量趋于平均浓度，较高温度下析出的γ'相的稳定性有所下降，冷却后部分 γ'相转变为马氏体，因此冷却后测得的γ' 相含量与回火温度关系上存在极大值。在 γ'相析出之前有渗碳体析出,主要分布在马氏体板条之间,原奥氏体晶界和马氏体板条束之间也有析出,回火温度增加,γ'相析出增多,渗碳体量减少以至消失。

图 3.53 为 9Ni 钢的过冷奥氏体的 CCT 曲线,$Ac_1 \approx 640$℃,$Ac_3 \approx 720$℃,$M_s \approx 360$℃,在 790℃奥氏体化时不出现珠光体转变区域。

现有 9Ni 钢的热处理有三种基本规范,即正火+正火+回火(NNT)、淬火+回火(QT)、淬火+亚温淬火+回火(IHT)。三种热处理工艺中,NNT 处理的低温韧度要差一些,QT 处理的较好,IHT 处理的最好[80]。

9Ni 钢 NNT 热处理工艺的第一次正火为 900℃空冷,保温时间大约是 2.4min/mm,但必须保证保温时间大于 15min,其目的是细化晶粒。第二次正火温度稍低,是在 790℃左右空冷,保温时间与第一次正火要求相同,其目的是使其发生相转变,获得板条状马氏体组织。回火是在 550～580℃空冷或水冷,保温时间与正火处理一样。回火是为了获得少量的逆转变奥氏体 γ'相。

9Ni 钢的 QT 热处理工艺即调质处理。淬火温度为 900～900℃,同时保证足够的时间使其完全奥氏体化。回火温度为 565～635℃,回火时间按 1.2min/mm 计算,但至少大于 15min。得到的组织是回火马氏体及部分 γ'相。

9Ni 钢的 IHT 热处理工艺是在调质处理的淬火后和回火前进行 $\alpha+\gamma$ 双相区处理。9Ni 钢经 $\alpha+\gamma$ 双相区处理后,组织分布更加弥散,析出的稳定性高的 γ'相均匀而弥散地分布在原始奥氏体晶界、马氏体板条束间及马氏体板条间,使晶界和晶内普遍韧化,其−196℃冲击韧度比调质处理的提高 0.5～1 倍,甚至优于 1Cr18Ni9Ti 不锈钢,强度是 1Cr18Ni9Ti 不锈钢的两倍,抗回火脆化能力也大大提高。调质处理后,γ'相析出部位集中,主要在原始奥氏体晶界和马氏体束界上析出,这是 IHT 热处理工艺优于 QT 处理工艺的原因。

不同热处理工艺参数对 9Ni 钢的低温韧度有不同的影响,其中回火温度的影响最大。图 7.38 为回火温度与 9Ni 钢冲击韧度的关系,可以看出,在回火温度为 580℃左右时,低温韧度达到极值,回火温度继续升高,低温韧度迅速下降,经过 IHT 处理的 9Ni 钢的低温韧度要高于经 QT 处理的。

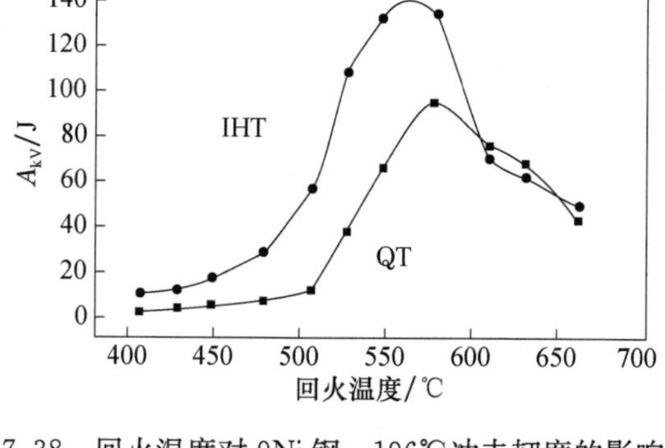

图 7.38　回火温度对 9Ni 钢−196℃冲击韧度的影响[80]

对 9Ni 钢双相区淬火工艺的研究表明[81],在双相区内选择不同淬火温度对 9Ni 钢低温组织和性能有重要影响。试验使用轧制成的厚 40mm 的钢板,进行第一次淬火,即加

热至 Ac_3 以上保温至完全奥氏体化后水淬。再将淬火试样切成 120mm×120mm×40mm 的 3 块试样，分别在双相区内的 650℃、670℃、690℃保温 2h 后水淬，然后进行 600℃×2h 空冷回火。图 7.39(a)为第一次淬火组织，为马氏体和少量贝氏体的混合组织。经过双相区处理后，组织发生明显变化，随着双相区淬火温度的提高，细小的岛状马氏体在铁素体基体上形成，随淬火温度的升高，基体中马氏体含量逐渐增加，图 7.39(b)为 670℃淬火后的组织。经回火后得到均匀细化的组织如图 7.39(c)所示，并生成了显著提高低温韧性的逆转变马氏体。逆转变马氏体在光学显微镜下无法辨认。

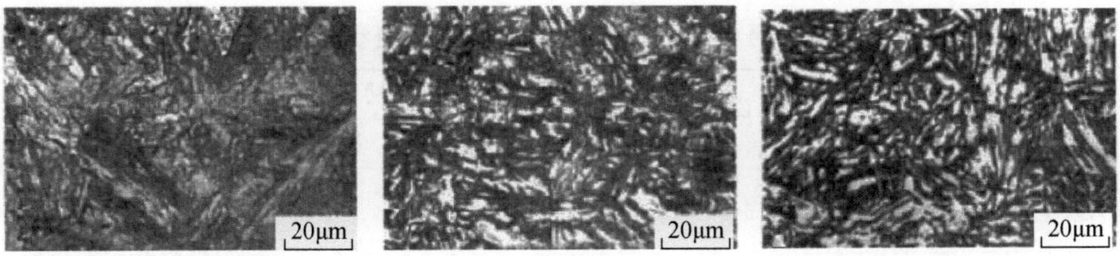

(a)　(b)　(c)

图 7.39　9Ni 钢经过一次淬火(a)、再经双相区淬火(b)、再经回火(c)后的组织[81]

表 7.60 为双相区内不同淬火温度对 9Ni 钢力学性能的影响，随双相区淬火温度的提高，经 600℃×2h 回火后，屈服强度逐渐提高，而－196℃的冲击值呈下降趋势。

表 7.60　不同双相区淬火温度对 9Ni 钢力学性能的影响[81]

热处理工艺	σ_b/MPa	$\sigma_{0.2}$/MPa	δ_5/%	ψ/%	A_{kV}/J(−196℃)
一次淬火	725	673	26.2	78.5	55.0
一次淬火+650℃×2h+600℃×2h	745	485	27.5	79.5	255
一次淬火+670℃×2h+600℃×2h	725	550	30.0	80.0	202
一次淬火+690℃×2h+600℃×2h	708	613	28.0	81.0	144

注：9Ni 钢的化学成分：0.03%C、0.2%Si、0.57%Mn、8.5%～9.5%Ni。一次淬火工艺为在 Ac_3 以上温度保温至完全奥氏体化后水淬。

对表 7.60 中经不同热处理工艺处理的 9Ni 钢的逆转变奥氏体量进行测定，结果见表 7.61。回火过程中形成的逆转变马氏体极大地提高了 9Ni 钢的低温韧性。

表 7.61　9Ni 钢双相区处理后的逆转变奥氏体量[81]

淬火温度	650℃		670℃		690℃	
逆转变奥氏体量/%	回火前	回火后	回火前	回火后	回火前	回火后
	3.32	10.99	2.87	12.24	0	8.05

我国于 2009 年制定出国家标准 GB/T 24510—2009《低温压力容器用 9%Ni 钢板》，标准规定的 9%Ni 钢的化学成分和力学性能见表 7.62 和表 7.63。该标准适用于制造液化天然气(LNG)储罐、液化天然气船舶等低温压力容器用厚度不大于 50mm 的钢板。

表 7.62 低温压力容器用 9%Ni 钢板的化学成分(GB/T 24510—2009)(单位:%)

牌号	C	Si	Mn	P	S	Ni	Cr	Cu	V	Mo
9Ni490				≤0.015	≤0.010				≤0.05	
9Ni590A	≤0.10	≤0.35	0.30~0.80	≤0.015	≤0.010	8.50~10.0	≤0.25	≤0.5	≤0.05	≤0.10
9Ni590B				≤0.010	≤0.005				≤0.01	

注:当钢中含有 Al(Als 含量不小于 0.015%)或其他固氮元素时,氮含量不小于 0.012%,否则不小于 0.009%。Cr+Cu+Mo 总含量不大于 0.50%。为改善钢的性能,可添加其他微合金元素。钢由氧气转炉或电炉冶炼,并应进行炉外精炼。

表 7.63 低温压力容器用 9%Ni 钢板的类型、性能和交货状态(GB/T 24510—2009)

牌号	钢板厚度 t/mm	R_{eL}/MPa	R_m/MPa	A/%	冲击吸收功 A_{kV}/J		交货状态
					试验温度/℃	横向试样	
9Ni490	t≤30	≥490	640~830	≥18	−196	≥40	两次正火+回火(NNT)
	30<t≤50	≥480					
9Ni590A	t≤30	≥590	680~820	≥18	−196	≥50	淬火+回火或两次淬火+回火(QT、QLT),厚度不大于 15mm 的钢板可采用两次正火+回火(NNT)
	30<t≤50	≥575					
9Ni590B	t≤30	≥590	680~820	≥18	−196	≥80	
	30<t≤50	≥575					

我国在 2017 年修改了 GB/T 24510—2009,发布了 GB/T 24510—2017《低温压力容器用镍合金钢板》,该标准更改了名称,增加了 1.5Ni、3.5Ni、5Ni 钢牌号及其化学成分、力学性能等要求。至此,我国有了完整的镍系低温钢体系。该标准加严了钢中残余元素 P、S 的含量,提高了钢板的冲击吸收能量的要求。表 7.64 为低温压力容器用镍合金钢板的牌号和化学成分。钢由氧气转炉或电炉冶炼并应进行炉外精炼。

表 7.64 低温压力容器用镍合金钢板的牌号和化学成分(GB/T 24510—2017) (单位:%)

牌号	C	Si	Mn	Ni	P	S	Cr	Gu	Mo	V	Nb	Als
	不大于				不大于							不小于
1.5Ni	0.14	0.10~0.35	0.80~1.50	1.30~1.70	0.020	0008	0.25	0.35	0.08	0.05	0.08	0.015
3.5Ni	0.12		0.30~0.80	3.25~3.75	0.015	0.005	0.25	0.35	0.12	0.05	0.08	0.015
5Ni	0.12		0.30~0.90	4.75~5.25	0.015	0.005	0.25	0.35	0.08	0.05	0.08	0.015
9Ni	0.10		0.30~0.80	8.50~9.50	0.010	0.003	0.25	0.35	0.08	0.01	0.08	0.015

注:N 含量不大于 0.012%,Cr+Mo+Cu 含量不大于 0.50%。

低温压力容器用镍合金钢板一般以调质状态交货,经需方同意,厚度不大于 12mm 的 9Ni 钢板可以采用正火+回火+回火状态交货;1.5Ni、3.5Ni、5Ni 钢板可以采用正火、正火+回火状态交货。

钢板的力学性能和工艺性能应符合表 7.65 的规定。

表 7.65　低温压力容器用镍合金钢板的力学性能和工艺性能(GB/T 24510—2017)

牌号	R_{eH}/MPa				R_m /MPa	A/% 不小于	冲击吸收能量		弯曲试验	
	钢板厚度/mm								180°,$b=2a$	
	≤30	>30～50	>50～100	>100～150			℃	KV_2/J	钢板厚度/mm	
	不小于								≤19	>19
1.5Ni	355	345	335	—	490～640	22	−65	80	—	—
3.5Ni	355	345	335	325	490～640	22	−100	80	—	—
5Ni	390	380	—	—	530～710	20	−120	80	—	—
9Ni	585	575	—	—	680～820	18	−196	80	$D=2a$	$D=3a$

注:b 为试样宽度;a 为钢板厚度;D 为弯曲压头直径。拉伸、冲击和弯曲试验取横向试样。厚度小于 12mm 钢板的冲击试验应采用辅助试样,具体规定见该标准。

7.3.3　超低温奥氏体钢

这类钢可分为两个系列,即铬镍奥氏体不锈钢和高锰奥氏体钢,它们都具有稳定的奥氏体单相组织、面心立方点阵结构,没有韧脆转变现象,在−196℃的低温下韧性几乎没有损失。

这类钢主要是在超低温(−196℃)以下使用,在液化天然气、液氧、液氢、液氦的储藏、运输,制造液氧、液氮等的低温设备等方面获得了广泛的应用。此外,超导电机、核聚变装置、加速器等设备上都需要选用超低温奥氏体钢。

1) 铬镍奥氏体不锈钢[5]

此类钢应用最广泛的是美国的 300 系列奥氏体不锈钢(表 7.66)。在奥氏体中加入氮可以显著提高其在超低温下的屈服强度,如 304N 钢在 77K 的屈服强度为 304 钢的 3 倍。

表 7.66　一些超低温奥氏体钢的化学成分[5,82]　　(单位:%)

钢号或生产厂	C	Si	Mn	P	S	Cr	Ni	Mo	其他
304N(ASTM)	≤0.08	≤1.00	≤2.00	≤0.045	≤0.03	18.0～20.0	8.0～10.5	—	0.10～0.16N
304LN(ASTM)	≤0.03	≤1.00	≤2.00	≤0.045	≤0.03	18.0～20.0	8.0～12.0	—	0.10～0.16N
316N(ASTM)	≤0.08	≤1.00	≤2.00	≤0.045	≤0.03	16.0～18.0	10.0～14.0	2.0～3.0	0.10～0.16N
347(ASTM)	≤0.08	≤1.00	≤2.00	≤0.045	≤0.03	17.0～19.0	9.0～13.0	—	Nb≥10C
日本制钢所	0.14	—	32	—	—	7	—	—	0.15N
川崎制铁	0.20	—	28	—	—	7	1	1.0V	0.15N
新日铁	0.15	—	25	—	—	5	1	0.04Nb	0.04～0.08N
神户制钢	0.05	—	22	—	—	12	5	—	0.20N

2) 高锰奥氏体钢[82]

核聚变用超导磁体对超低温钢的要求相当严格,例如,高的强度 σ_s>1075MPa,良好的韧性 K_{IC}>200MPa · m$^{1/2}$,不低于 316 型不锈钢的抗疲劳性能,良好的加工性能和焊接性能。铬镍奥氏体钢已不能满足这些要求。304 型不锈钢在 4K 低温下的组织不稳定,会发生 A→M 非扩散型相变,增大了比容,并使钢具有磁性。

高锰奥氏体钢组织稳定,即使在 77K 低温下进行冷变形,也不诱导形变马氏体,其组织仍为全奥氏体。

这类高锰奥氏体钢的强化一般是用合金化的途径,即添加氮、铬,既可强化,又能增加奥氏体的稳定性,但不宜提高碳含量。表 7.66 中列入了某些高锰奥氏体钢的化学成分。

0.14C-32Mn-7Cr-0.15N 钢的低温力学性能优良,在 4K 低温下,σ_s=1075MPa,$A_{kV}\approx$150J,切削加工性能适宜。该钢的奥氏体组织稳定,在 4K 冷变形后,只有约 1%的 ε 马氏体。

0.2C-28Mn-7Cr-1Ni-0.15N-1V 钢有良好的低温性能,在 4.2K 时,σ_s=2000MPa,$A_{kV}\approx$100J。

0.15C-25Mn-5Cr-1Ni-0.04Nb-0.08N 钢在 4K 超低温下,K_{IC}=240MPa · m$^{1/2}$,σ_s=894MPa,σ_b=1525MPa,δ=35%,$A_{kV}\approx$100J,其焊缝金属的 K_{IC}=158MPa · m$^{1/2}$,σ_s=962MPa,σ_b=188MPa,δ=35%。

超低温高锰奥氏体钢在原子能及其他超低温工程中获得广泛的应用。

参考文献

[1] 项程云.合金结构钢[M].北京:冶金工业出版社,1999.
[2] 马鸣图.先进汽车用钢[M].北京:化学工业出版社,2008.
[3] 苏德达.弹簧(材料)应力松弛及预防[M].天津:天津大学出版社,2002.
[4] 祖荣祥.弹簧钢的弹性减退抗力及试验方法[J].物理测试,1986,(3):29.
[5] 干勇,田志凌,董瀚,等.中国材料工程大典第 3 卷钢铁材料工程(下)[M].北京:化学工业出版社,2006.
[6] 祖荣祥.弹簧钢的合金化研究[J].钢铁研究学报,1997,9(1):50.
[7] Tata H J, Driscoll E R,Kary J J. Steels for automotive coil springs with improved resistance to relaxation[R]. SAE Technology Paper,800480,1980.
[8] 聂义宏,惠卫军,董瀚,等.硼对高强度弹簧钢力学性能的影响[J].钢铁,2004,39(5):51.
[9] 张建军.汽车悬架弹簧用钢的弹性衰减抗力[J].特殊钢,1997,18(3):1.
[10] 我国弹簧钢生产现状及发展展望[OL].百度文库.[2015-10-01].
[11] 祖荣祥.低碳含量弹簧钢的研究[J].钢铁研究学报,1989,1(3):27.
[12] 张亚信,安树均.制造汽车板簧的新型弹簧钢 28 锰硅硼钢[P]:中国,CN85100775A.1986-08-02.
[13] 黎秀球,李文卿,张亚信.新型弹簧钢 28MnSiB 的组织与性能[J].物理测试,1989,(4):5.
[14] 韩晖,高文生,李得胜,等.高强韧性高淬透性弹簧钢 38SiMnVBE 的特性和应用[J].特殊钢,2005,26(3):54.
[15] 牟正明,韩建中.高韧性、高淬透性 38SiMnVBE 新合金钢现状与发展[J].轻型汽车技术,2006,(3):24.
[16] 马鸣图,李志刚.钒对弹簧钢 35SiMnB 淬透性和等温转变曲线的影响[J].特殊钢,2001,22(6):13.

[17] 李绪宝，赵培田，吴玉峰. 德标 38Si7 调质弹簧钢的生产[J]. 山东冶金，2000，22(2)：20.
[18] Попов А А，Попова Л Е. Изотермические и Термокинетические Диаграммы Распада Переохлажденного Аустенита[M]. Издательство：Металлургия，1965.
[19] 陈复民，李国俊，苏德达. 弹性合金[M]. 上海：上海科学技术出版社，1986.
[20] 高惠菊. 合金弹簧钢 60Si2CrVA 的等温转变及连续冷却转变[J]. 特殊钢，2003，4(6)：23.
[21] 张扬，宫心勇，赵宏敏. 60Si2CrVA 钢热处理工艺及性能研究[J]. 天津理工学院学报，2003，19(1)：69.
[22] Справочник по Машиностроительным Материалам，Том 1[M]. Машгиз，1959.
[23] 惠卫军，董瀚，翁宇庆. 汽车螺旋悬挂弹簧用钢的发展动向[J]. 钢铁研究学报，2001，13(2)：67.
[24] 徐德祥，尹钟大. 高强度弹簧钢的发展现状和趋势[J]. 钢铁，2004，39(1)：67.
[25] 高惠菊，刘攀，艾家和，等. 新一代高性能合金弹簧钢的开发与应用[J]. 钢铁，2004，39(10)：68.
[26] 冶金部特殊钢信息网. 国外特殊钢生产技术[M]. 北京：冶金工业出版社，1995.
[27] 刘丽华，肖同友，霍松波，等. 用 UHP-LF/VD-CC 工艺流程生产弹簧钢的质量控制[J]. 炼钢，2003，19(6)：10.
[28] 苏德达. 第 5 章弹簧的热处理[M]//中国机械工程学会热处理专业分会《热处理手册》编委会. 热处理手册第 2 卷. 3 版. 北京：机械工业出版社，2001.
[29] 高峰，海超，叶振华. 轻型汽车扭杆弹簧用钢 45CrNiMoVA 研制[J]. 特殊钢，2001，22(5)：32.
[30] 徐效谦，阴绍芬. 特殊钢钢丝[M]. 北京：冶金工业出版社，2005.
[31] 杨振涛，顾金其. 油淬火-回火弹簧钢丝生产技术现状及发展方向[J]. 宝钢技术，2005，22(5)：2.
[32] 中国大百科全书总编辑委员会. 中国大百科全书机械工程 Ⅰ[M]. 北京：中国大百科全书出版社，1987.
[33] 贾刚，王中玉. 第 4 章滚动轴承零件的热处理[M]//中国机械工程学会热处理专业分会《热处理手册》编委会. 热处理手册第 2 卷. 3 版. 北京：机械工业出版社，2001.
[34] 钟顺思，王昌生. 轴承钢[M]. 北京：冶金工业出版社，2000.
[35] 符云龙，张旭，魏秀军. 轴承钢发展现状及发展趋势[J]. 山西冶金，2023，(11)：80.
[36] 国家自然科学基金委员会. 我国学者在低氧稀土钢研究领域取得进展[J/OL]. 稀土信息，2022，(10).
[37] Li D Z，Wang P，Chen X Q，et al. Low-oxygen rare earth steels[J]. Nature Materials，2022，21：1137～1143.
[38] Спектор А Г，Зельбет Б М，Киселева С А. Структура и свойства подшипниковых сталей[M]. Издательство：Металлургия，1980；轴承钢的组织与性能[M]. 本溪钢铁公司一钢厂，抚顺钢厂译. 上海：上海科学技术文献出版社，1983.
[39] Kiessling R，Lange N. Non-metallic inclusions in steel[M]. London：The Metals Society，1978.
[40] Rudnik S. JISI[J]. 1966，204：376.
[41] Cogne J Y，Heritier B，Monnot J. Cleanness and fatigue life of bearing steel[C]//Clean Steel 3，Balatonfurred. Hungary：The Institute of Metals，June 2～4，1986：26.
[42] 洛阳轴承研究所. 滚动轴承热处理(上下册)[M]. 内部发行，1974.
[43] 范崇惠. 我国轴承用钢技术的进展[J]. 材料开发与应用，1999，14(5)：41.
[44] 魏果能，陈焕忠，陈顺德，等. 高纯 HGCr15 轴承钢的组织与性能研究[J]. 金属热处理，1999，(10)：3.
[45] Геллер Ю А. Инструментальные Стали[M]. Москва：Металлургия，1983.
[46] 冶金工业部《合金钢钢种手册》编写组. 第二册 弹簧钢 易切削钢 滚动轴承钢[M]. 北京：冶金工业出版社，1983.

[47] Шмыков А А. Справочник Термиста[M]. Машгиз,1961.
[48] 上海材料研究所,上海工具厂. 工具钢金相图谱[M]. 上海:材料研究所情报室,1967.
[49] 张增歧,刘耀中,樊志强. 贝氏体等温淬火及其在轴承上的应用[J]. 材料热处理学报,2002,23(1):57.
[50] 张增歧,常保良. GCr18Mo 钢热处理工艺[J]. 轴承,1991,(2):14.
[51] 江涛,梅亚莉,雷建中,等. 高碳铬轴承钢贝氏体淬火工艺的应用[J]. 轴承,1998,(3):15.
[52] 翁维山. G8Cr15 和 GCr15 轴承套圈的热处理工艺及其性能的试验研究[J]. 轴承,1986,(2):23.
[53] 杨继华. G8Cr15 钢热处理工艺试验[J]. 轴承,1989,(4):16.
[54] 范崇愚. 限制淬透性轴承钢 GCr4 的研究[J]. 热处理,2010,25(1):38.
[55] 扈林庄,余醒言,雷建中,等. 限制淬透性轴承钢在大型滚子制造中的应用[J]. 轴承,2006,(11):19.
[56] 杨晓蔚. 高铁轴承钢的技术质量特性识别及重点研究方向[J]. 轴承,2024,(4):1~6.
[57] 李光瀛. 汽车构件与零部件新材料及其热处理新技术的发展与应用[J]. 金属热处理,2010,35(12):1.
[58] 刘耀中,王中玉,张增歧. 热处理工艺对 55SiMoV 钢组织和性能的影响[J]. 金属热处理,1996,(2):10.
[59] 杨洪林,从善海,李星,等. 20Ni4Mo 钢与 55SiMoV 钢摩擦副磨损性能的研究[J]. 矿山机械,2010,38(18):50.
[60] 魏果能,许达,俞峰,等. 高纯 H9Cr18 不锈轴承钢的组织和性能[J]. 钢铁研究学报,2004,16(6):37.
[61] 俞峰,魏果能,许达. 不锈轴承材料研究的进展[J]. 钢铁研究学报,2005,17(1):6.
[62] 杨培基,吴运榜. Cr4MoV 高温轴承钢的研究[J]. 轴承,1981,(1):31.
[63] Decaudin B,Djega-Mariadassou C,Cizeron G. Structural study of M50 carbides[J]. Journal of Alloys and Compounds,1995,226:208.
[64] 魏果能,许达,俞峰. 高温不锈轴承钢 Cr14Mo4 的热处理、组织和性能[J]. 特殊钢,2007,28(6):7.
[65] 李长生,赵灵蓉,斑君,等. SG13Cr4Mo4Ni4V 轴承钢渗碳及热处理研究[J]. 哈尔滨轴承,2004,25(3):29.
[66] 王煜,闫柯,张进华. 我国高性能滚动轴承基础研究进展[J]. 中国基础科学,2015,6(17):10.
[67] 赵振业,李春志,李志,等. 探索新机理,创新超高强度轴承齿轮钢[C]. 中国工程院化工、冶金与材料工程学部第五届学术会议论文集,博鳌,2005:517.
[68] 赵振业. 航空高性能齿轮钢的研究和发展[J]. 航空材料学报,2000,20(3):149.
[69] Zaretsky E V,Anderson W J. Rolling—Element Bearing Life from 400℉ to 600℉[R]. NASA TN D-5002, 1969.
[70] Wright J A,Sebastian J T,Kern C P,et al. Design, development and application of new, high-performance gear steels[J]. Gear Technology, 2010, (Jan/Feb):46.
[71] Pyrowear 675 Stainless[OL] . Carpenter Technology Corporation. [2009-09-25].
[72] Burrier H I,Tomasello C M,Balliett S A ,et al. Development of CSS-42L,a high performance carburizing stainless steel for high temperature aerospace applications[C]. Symposium on Bearing Steels Into the 21st Century, 1998:374.
[73] 赵振业,李春志,李志,等. 一种超高强度不锈齿轮钢亲和性强化相研究[J]. 航空材料学报,2003,23(1):1.
[74] 邱正华,张桂红,吴忠宪. 低温钢及其应用[J]. 石油化工技术设备,2004,2(2):43.
[75] 林慧国,林钢,马跃华. 世界钢号手册[M]. 北京:机械工业出版社,1998.

[76] 范存淦,钱百年,李冬法. 石油化工低温用钢[J]. 石油化工腐蚀与防护,1999,16(2):31.
[77] 刘国权,王贵,史长深,等. 3.5%Ni 低温用钢板控制轧制控制冷却的研究[J]. 钢铁,1992,27(7):30.
[78] 李建华,方芳,刁天辉,等. 微合金化 3.5Ni 钢的强化机理[J]. 材料工程,2010,(5):1.
[79] 程诒萱,陈继勤,卜万龙,等. 9%Ni 低温钢的回火相变[J]. 浙江大学学报(工学版),1980,(S1):29.
[80] 刘彦明,石凯,周勇,等. 9Ni 钢的热处理及低温韧度[J]. 热加工工艺,2007,36(16):77.
[81] 杨才定,唐文军,张汉谦,等. 两相区热处理对 9Ni 低温钢组织和性能的影响[J]. 热加工工艺,2008,37(2):73.
[82] 胡德昌,胡滨. 新型材料特性及其应用[M]. 广州:广东科学技术出版社,1996.

第 8 章　工模具钢

工具钢是指用于制作刃具、模具、量具等各种工具用的钢。在各类钢铁材料中，工具钢最早得到开发和应用。人们在古埃及金字塔中发现了约 5000 年前可能由陨石铁制成的铁制工具残片。之后印度的乌兹钢、叙利亚的大马士革钢都是历史上著名的工具用钢。用近代炼钢技术最早生产的合金工具钢是 1868 年发明的马希特(Mushet)钢，是一种高钨自淬工具钢。截至 1920 年，主要类别的工具钢大都已生产出来(见上册的第 0 章)[1]。

模具钢是工具钢的一种。由于用模具生产零件具有材料利用率高、制品尺寸精度高等优点，能极大地提高生产率，在工具钢中，模具钢产量的比例日益增加。因此，在修订国家标准 GB/T 1299—2000《合金工具钢》时，将其更改为 GB/T 1299—2014《工模具钢》。本章亦命名为工模具钢。

8.1　工具钢的分类和工具钢的基本性能

工具钢按化学成分分为非合金工具钢和合金工具钢两大类，非合金工具钢即碳素工具钢。合金工具钢中，高速工具钢(以下也称高速钢)因成分复杂、性能独特、用量较大，而另立一类。

工具钢常按用途分为以下几类：

(1) 刃具模具用非合金工具钢(碳素工具钢)。这类钢的碳含量范围为 0.65%～1.35%，其性能主要取决于碳含量。这类钢经热处理后具有较高的硬度和耐磨性及适当的韧性，但淬透性低，制成的工具受热温度不能超过 200℃。为了提高淬透性，有的钢中加入了 0.40%～0.60%的锰。这类钢用于制作低切削速率加工硬度和强度不高的材料用的工具，以及形状简单、精度要求较低的模具、量具。

(2) 量具刃具用合金工具钢。这类钢要求有高的硬度、耐磨性和强度及适当的韧性。在切削金属时，其硬度一般为 60～65HRC，只是在加工木材等软的材料时硬度要求低一些，为 40～55HRC。为了得到高的硬度，这类钢碳含量在 0.75%～1.45%范围内，合金元素含量在 3%～4%以下，常称之为低合金工具钢，多属于过共析钢。这类钢制作的工具受热温度不能超过 200～300℃。

(3) 高速钢。这类钢具有高的硬度、强度及耐磨性，但与碳素钢及一般合金钢不同的是，这些性能可以保持到 550～650℃，即具有高的热定稳性(红硬性)，因此适于高速切削的条件。高速钢都含有较多的碳化物生成元素(10%～25%)，属于莱氏体钢。

(4) 冷作模具钢。这类钢大多具有与碳素钢及合金刃具钢同样的性能要求，但由于工作条件的不同，有些冷模具尺寸大或者形状复杂，要求有高的淬透性和极微量的变形，有些冷模具工作时受到较大的冲击，要求有较高的韧性。

(5) 热作模具钢。这类钢要求在工作温度下具有高的强度、韧性和耐磨性，有一些热模具尺寸很大(大锻模)，要求高的淬透性。热作模具常常不断地受到加热和冷却，因此要求具有抗热疲劳的能力，热作模具钢碳含量一般为0.3%～0.6%。

(6) 塑料模具钢。塑料制品绝大部分采用模压成形，塑料模具用钢已发展成为一类专用钢系列，其要求也是各式各样。

(7) 其他类型工具用钢，如冷轧辊用钢、耐冲击工具用钢、特殊用途模具用钢等。

实际使用时，有时同一种钢既可做刃具，又可做模具或量具。

除此之外，工具钢还应当具有良好的工艺性，如易于热加工和切削加工，热处理时不易脱碳、变形和开裂，易于研磨等。

根据以上所述，工具钢的性能应包括工作性能和工艺性能，主要的工作性能有强度、韧性、耐磨性、硬度、热稳定性，主要的工艺性能有切削加工性、变形与开裂倾向、淬透性、脱碳敏感性及磨削性等，其中有些性能互有联系。下面分别论述工具钢的基本性能及试验方法。

(1) 强度及塑性。在工具钢中，强度的重要性日益引起重视，因为许多工具，特别是细长形工具的损坏常常不是由于磨损而是由于断裂造成的。对于工具钢的强度试验，一般不采用拉伸试验(除了含碳不高时)，因为大部分工具钢含碳较高，在淬火和低温回火后其正断抗力较低，拉伸时产生脆性断裂。为了较易显示各种因素对工具钢的强度和塑性的影响，常采用软性系数较高的试验方法，如静弯曲或扭转试验。这些试验产生的应力状态接近多数工具的实际工作情况，不过目前尚无统一的工具钢力学性能的试验方法。在弯曲试验时，常以破断时的强度极限 σ_{bb} 和挠度 f 表示钢的强度和塑性。扭转试验时常记录其破断前的应力(扭矩)和应变(扭转角)曲线，然后计算破断时的扭转强度，并以扭转角表明塑性。这些试验可以较明显地反映热处理、化学成分及组织变化引起的影响。目前国内多进行抗弯试验以测定钢的抗弯强度。由于试样尺寸和试验方式无统一的标准，不同研究工作所得的结果难以比较，现常采用的试样尺寸有两种，一种尺寸为 ϕ5mm×70mm(计算长度为50mm)，另一种尺寸为10mm×10mm×130mm(计算长度为100mm)。由于尺寸因素的影响，小尺寸试样测得的弯曲强度值高于大尺寸试样测得的弯曲强度值。

(2) 韧性。韧性对于工具钢，尤其是承受冲击负荷者是一个较重要的性能指标。工作硬度低于50～55HRC的钢，韧性较高，此时可使用适于结构钢的缺口冲击试样。当硬度较高时，由于钢的脆性比较大，不能使用缺口冲击试样，一般采用无缺口冲击试样，但此时不能反映钢对缺口的敏感度。对于许多工具用钢，断裂韧度也是衡量其韧性的重要指标。

(3) 硬度和耐磨性。工具受到磨损是由于其工作时部分金属因摩擦而损失掉了，也可能是由于接触表面在高的负荷应力下发生变形而失去尺寸精度。硬度在一定程度上可以表示对塑性变形的抗力。高的硬度是保持高的耐磨性的必要条件，试验证明，在钢的硬度相同时，成分对刃具耐磨性的影响是次要的。非合金工具钢和高速钢做的刃具，如果硬度相同，切削时受热很轻，则切削性能差异不大。但过高的硬度会带来脆性和增加缺口敏感性，因此应视工具的用途规定适宜的硬度值。一般非合金及合金工具钢制作的刃具、量具要求的硬度为62～64HRC，高速钢要求的硬度为63～65HRC或更高些(70HRC)，大部分冷作模具要求的硬度为58～63HRC，热作模具钢要求的硬度较低，一般为35～55HRC。

增加钢中的碳化物量可以增加耐磨性，但与碳化物在钢中的分布有关，也和碳化物本身的硬度有关。大量细小均匀分布的坚硬碳化物可以提高钢的耐磨性，粗大不均匀分布的碳化物容易剥落，增加磨损。少量的残余奥氏体(10%～15%)对硬度和耐磨性影响不大，过多时对耐磨性不利，在过高负荷下容易变形。

钢的耐磨性还与其力学性能有关，增加强度与塑性可以使碳化物不易剥落，增加耐磨性。由图 8.1 可以看出，低温回火后虽然硬度稍有下降(62～63HRC)，但其耐磨性较淬火态(64～65HRC)稍高。

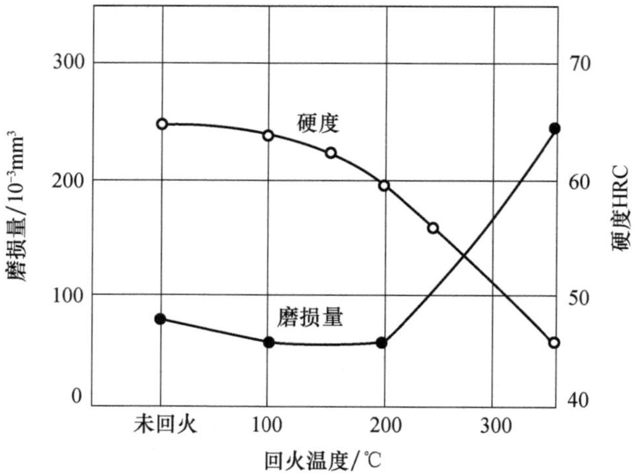

图 8.1　Cr2 钢的磨损量与硬度的关系[2]

成分：0.95%～1.10%C、1.30%～1.65%Cr，845℃油淬

对于工具钢的耐磨性尚无统一的试验方式，常将处理好的试样与一标准试样(或相同材料试样)处于相同滚动或滑动状态，在一定压力下，经过一定转数后测其失重(或单位面积失重)。此外，在实际工作条件下测其耐磨性则更行之有效。

热磨损是热作模具失效的主要形式之一，国内外均提出了一些模拟热磨损的试验方法[3]。

(4) 热稳定性。工具钢的热稳定性是指其工作部分在受热时保持其组织与性能不发生变化的能力，常常用加热时能保持一定硬度值的最高温度来表示。在切削速率比较高或重负荷条件下，工具有时受热到比较高的温度，此时决定其耐磨性的主要是热稳定性。对于高速钢，常使用“红硬性”一词说明其热稳定性，即将正常淬火和回火的高速钢加热到 600℃、625℃和 650℃(必要时至 700℃)，重复加热四次，每次 1h，以能保持 60HRC 时的温度作为评定其红硬性的标准。

对于热模具钢，有时直接测量在热状态下的硬度值以说明其热稳定性，这种试验要采用高温硬度计，不像测室温硬度那样简单易行，故有时就采用淬火-回火到 45～46HRC 的钢，在 640～680℃温度范围内软化到 40HRC 的速率(时间)作为评定指标。

(5) 热疲劳。一些热作模具，特别是压铸模和热压模之类，工作表面不断受热和冷却，则会在表面生成网状裂纹(龟裂)，这种现象称之为热疲劳。图 8.2 为热挤压轴承圈冲头的热疲劳磨损和龟裂。

热作模具的表面经过一定次数的冷热循环引起的热应力可使之发生疲劳裂纹，因此

图 8.2 热作模具钢制轴承套圈热挤压上冲头的热疲劳磨损、龟裂[4]

钢的热膨胀系数对其有重要的影响;局部可能因受热而发生相变,也会增加应力,因此钢的相变温度高较有利。钢材本身的强度,特别是高温强度越高,抗热疲劳裂纹生成的能力越强。但目前尚无测定热疲劳抗力的统一的方法,常采用多次重复加热至一定温度和用一定介质冷却的试验方法,并以出现裂纹时的次数表示其热疲劳抗力。

瑞典 Uddeholm 公司于 1977 年提出了一种热疲劳试验方法和评级图:将试验材料制成直径 10mm、高 20mm 的圆柱试样,在圆柱的对称位置磨出相距 8mm 的两个平面,试样均预先热处理至热作模具工作时常使用的硬度,用高频感应通过感应圈加热试样表面,未加热的心部对表面的热应变起约束作用。试样表面循环加热和冷却,根据模具的实际工况确定上(700℃或 750℃)、下限温度和冷却介质(水、压缩空气等)。冷却循环次数一般取 1000 次。试样经热疲劳试验后,在体视显微镜下观察表面龟裂形貌,并根据 Uddeholm 的评级图评级。该评级图根据裂纹形状分为两类:A 类为网状裂纹,从网状的完整程度、密度及裂纹大小综合考虑评级,共分为 10 级,级别越高,热疲劳越严重;B 类为主裂纹,按其尺寸、数量综合考虑评级,也分为 10 级,级别越高,热疲劳越严重。材料热疲劳的级别为 A+B。图 8.3 为 Uddeholm 热疲劳裂纹评级图,试验表明,试样的实际热疲劳裂纹形貌与标准图存在差异[1,5,6]。

我国科技工作者提出了多种研究热作模具钢热磨损和热疲劳的试验方法,并于 1987 年召开过“全国模具材料特种性能评定研讨会”,并出版了专辑。

(6) 淬透性。在选择和使用工具钢时,淬透性是一个重要因素。有些工具要求有较低的淬透性,如果工具整个淬透或者淬硬层太深,会使工具容易产生脆性破坏,另外一些工具,特别是大尺寸者却要求有高的淬透性(如果淬透层太薄,在高的应力下,容易磨掉,甚至压陷下去)。高的淬透性允许采用较缓和的冷却方式,有利于减少变形和内应力。高碳工具钢淬透性的测量和计算与一般结构钢不同,合金元素的作用程度也与在中碳结构钢中不同。影响高碳工具钢淬透性的因素有钢的化学成分、原始组织、奥氏体化时的晶粒尺寸和未溶质点的作用等,但起主要作用的是钢的化学成分。

非合金工具钢(包括一部分低合金工具钢)的淬透性很低,使用普通端淬方法不容易测定,在检查钢材的淬透性时,采用断口法。我国曾制定了 GB/T 227—91《工具钢淬透

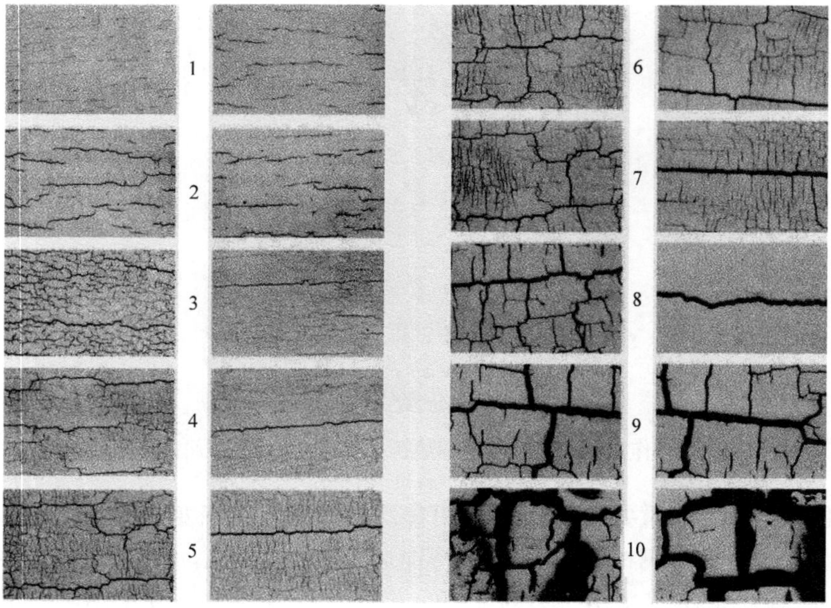

图 8.3　Uddeholm 热疲劳裂纹评级图[1,5,6]　20×

分为 10 级，表示级别数字的左边图显示网状裂纹(A)，右边图显示最大主裂纹(B)

性　试验方法》，后纳入 GB/T 1298—2008《碳素工具钢》中作为其附录 B，现并入 GB/T 1299—2014《工模具钢》中，仍作为其附录 B。在做淬透性试验时，先将直径为 25mm 的样坯按产品推荐工艺进行正火或退火，或进行调质处理，调质处理的淬火温度为 870℃，保温后淬入油中，然后在 625～650℃保温 1h 空冷。样坯加工成试样的尺寸：直径 20mm、长度 75mm。将试样进行加热淬火，加热时应防止试样表面脱碳及氧化。淬火加热时的保温时间根据炉型确定，应保证加热均匀，一般为 10～30min，淬火介质为 10%NaCl 水溶液，温度为(20±10)℃，保证淬火均匀，直至完全冷却。在试样长度的中间开槽，槽深 1.5～2mm。在槽口的背面通过弯曲或冲撞将试样折断，断口经磨制或抛光再经热腐蚀后，根据抛光面腐蚀后的黑色区域的深度确定钢的淬透性深度。沿两个对称于槽口成直角的直径进行测量(见图 8.4)，读数精确到 0.25mm，取四个读数的平均值。淬透深度结果表示单位为毫米，精确到 0.5mm。对于不同淬火温度下的试验，其结果表示要将温度填在括号中，例如，3.5(780℃)表示淬火温度为 780℃，淬透深度为 3.5mm。

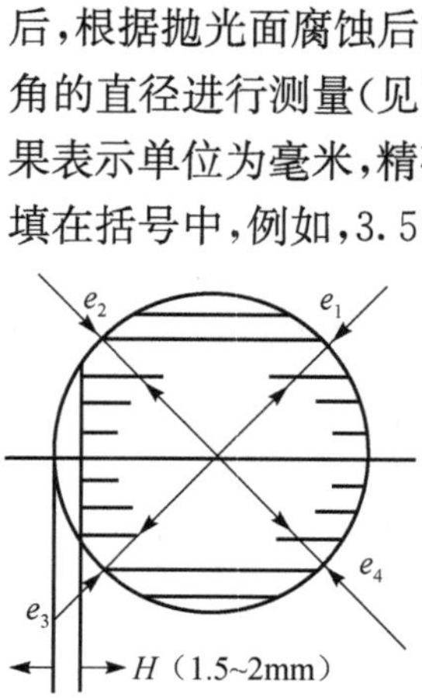

图 8.4　测量淬透深度 e

$e=(e_1+e_2+e_3+e_4)/4$

对于一般中合金工具钢，可以使用端淬方法测定淬透性，但对于过共析钢，计算方法应有所不同，因为：①淬火时钢中有过剩碳化物存在，马氏体中的碳含量与钢中的总碳含量不一致，并随淬火条件而异；②半马氏体的硬度不能根据钢中的碳含量来确定，而且钢中的残余奥氏体量也影响半马氏体的硬度。过共析钢端淬曲线的明显转折处的硬度为 60HRC，此值接近对一些过共析工具钢的硬度要求，因此可以按照端淬曲线上硬度为 60HRC 处距冷却端的距离表示钢的淬透性。然后根据图 8.5 找出这种钢在某种介质中冷却时的淬透层深度。图 8.5 适用于在正常淬火温度条件下(最多不超过 50℃),尺寸不超过 80mm 的试样,图中 0.9*R*、0.75*R* 等分别指在半径(*R*)不同距离处能得到所要求的硬度(此硬度可以为 60HRC,也可以是其他硬度值)。例如,某钢的端淬曲线上硬度为 60HRC 处距淬火端为 10mm,心部淬硬(60HRC)时的最大直径为 30mm,距表面为 0.9*R* 处淬硬(60HRC)时的最大直径应为 60mm。

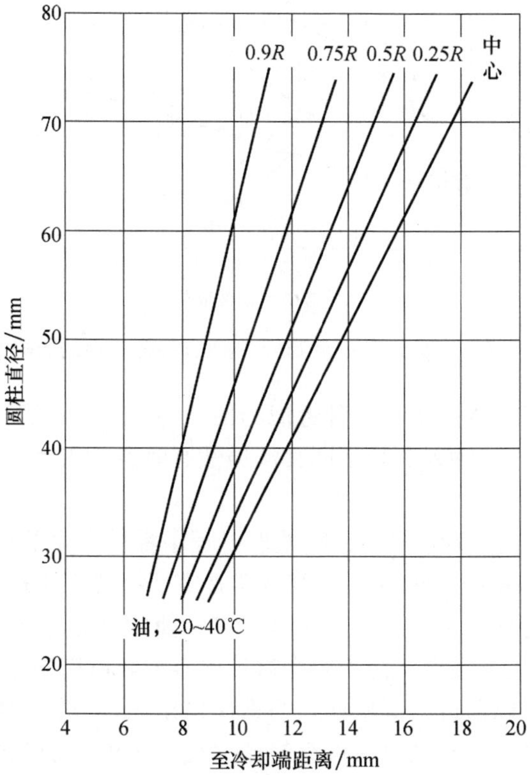

图 8.5　中合金过共析钢根据端淬曲线计算圆柱形试样的淬透性图标[2]

此外,对于合金工具钢,亦可以采用与合金结构钢相似的通过淬透性因子的计算方法来确定其淬透性,但这方面的研究结果不多,故此种方法较少使用。表 8.1 列出了一些合金元素对含 1%C 的钢的珠光体淬透性的影响。由表 8.1 可以看出,钨、钒在一般淬火的条件下均降低淬透性,这是由于钢中加入少量的钨或钒时,在淬火温度(790℃)下,部分溶于奥氏体中,部分与碳结合成未溶的碳化物,在冷却时有促进形核的作用。

表 8.1　合金元素对含 1%C 的钢的珠光体淬透性的影响[7]

钢的成分	淬透性深度/mm	淬透性因子	晶粒度	钢的成分	淬透性深度/mm	淬透性因子	晶粒度
基体(1%C)	2.2	—	9	1%Ni	4.0	1.17	9.25
1%Si	7.2	1.48	9	1%Mo	8.8	2.05	9.25
1%Mn	6.4	1.46	8.25	1%W	1.8	0.86	9.25
1%Cr	6.4	1.22	10	1%V	2.2	0.92	9.25

注:钢的基础的成分为:1.00%C、0.25%Mn、0.25%Si、0.05%Cr、0.03%Ni、0.02%Mo。热处理:870℃×40min,油冷;790℃×12min,在剧烈循环的盐水中冷却。试样直径 32mm。

在合金元素对高碳工具钢的贝氏体淬透性的影响方面研究得更少。图 8.6 为一些合金元素对含1%C的钢的贝氏体淬透性的影响,可以看出,硅的影响最大,钼和锰的作用次之。图中还表明,碳含量增加时由于增加了淬火时未溶碳化合物质点的核心作用,故降低贝氏体及珠光体淬透性。

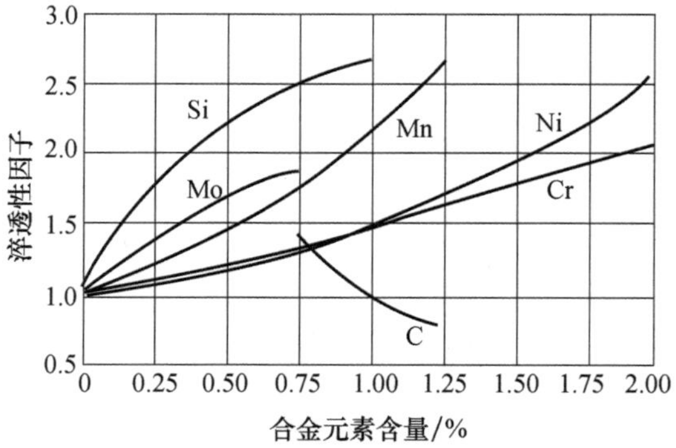

图8.6　合金元素对含1%C钢贝氏体淬透性的影响[8]

根据化学成分计算淬透性也是一种近似的估计,由于合金元素的相互作用,冶炼条件的变化也有影响,故同一种钢因炉号不同其淬透性有时波动很大。因此,只有通过实际的测定才能准确地评定其淬透性。

(7) 变形与开裂倾向。变形是指在热处理过程中零件发生的体积和形状变化。对于工具而言,特别是一些精度要求较高者,变形经常是需要特别注意的问题。

淬火后体积的变化是由于马氏体的比容比淬火前的原始组织要大,工具钢的碳含量高,淬火后的体积变化尤为突出。为了减少这种比容差异可以采用以下的方法:①将毛坯在粗加工以后和精加工以前进行调质处理的索氏体组织,它的比容比珠光体组织更接近马氏体。②减少马氏体量。提高过共析钢的淬火温度可以增加残余奥氏体量,奥氏体的比容最小,因此在回火以后可以使回火马氏体和残余奥氏体的体积之和与原始组织相近,但提高淬火温度会使晶粒粗大,增加马氏体的碳含量后会使淬火应力增加,故有时不希望采用这种方法。③使用等温淬火的方法得到部分贝氏体(贝氏体淬火)也可以增加残余奥氏体量,减少淬火后体积变化。

影响淬火时工具形状变化的主要因素是热应力和组织应力,这些应力引起了塑性变形,这种过程是不可逆的,因而使零件不能恢复到原来的形状。为了使这些应力减到最小,可以采取以下措施:①采用分级加热、分级或等温淬火、淬火前预冷,以及使用冷却速率缓慢的介质。②减少碳化物的偏析。在一些莱氏体钢中,带状碳化物引起变形的各向异性比较明显,碳化物与基体的膨胀系数不一,淬火冷却时,沿纵向分布的膨胀系数较小的碳化物阻碍基体收缩,因此淬火后钢沿带状方向伸长,沿垂直方向收缩。只有碳化物分布得比较均匀时,变形的各向异性才可能减小。③淬火前,因机械加工引起的应力也会增加工具热处理后的变形。在精加工之前预先进行一次(600～700℃)×(1～3h)高温回火,消除加工应力,亦可减少淬火后的变形。

工具钢淬火后在室温停留时随时间的增长,尺寸仍会发生变化。这是因为即使在室温下,马氏体仍会进行缓慢的分解,而残余奥氏体亦会以缓慢的速率转变。为了使其尺寸稳定,应及时回火。低温回火以后,残余奥氏体虽然稳定化了,但在长时间后,仍然会因转变引起尺寸的变化，影响一些精密工具的尺寸，故应尽量使残余奥氏体量减到最小（如采用冷处理）。

研究各种因素对变形倾向的影响可采用试样进行。常使用的试样：一种是圆柱形，直径一般为 10～15mm，长度为 50～90mm（图 8.7），测量热处理后直径和长度方向上的相对和绝对变化；另一种是有缺口的偏心圆环试样（图 8.8），测量热处理后 A、B、C、D、E 处尺寸的变化。有时采用模拟实物形状的试样[1]。

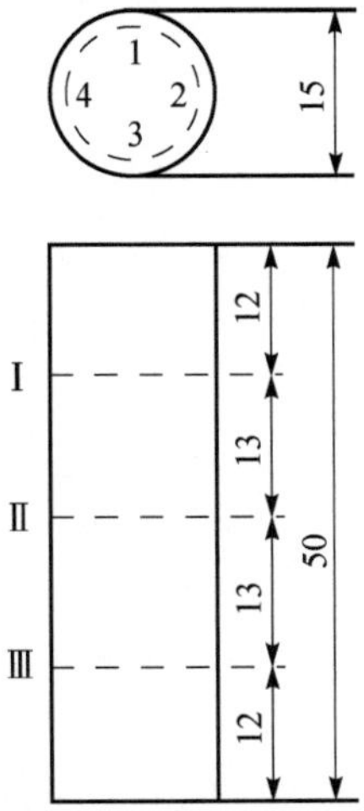

（单位：mm）

图 8.7　测量变形的圆柱试样

1、2、3、4—距边缘 5mm 处测高度；Ⅰ、Ⅱ、Ⅲ—测量直径（在两个垂直方向）

淬火时引起的应力超过断裂抗力时将导致开裂。过热会引起晶粒粗大和强度降低，淬火时工具容易开裂。低淬透性的工具钢淬火时采用急剧的冷却介质，会在薄的淬透层下存在很高的拉应力，容易导致开裂。如果钢的淬透性较高，使整个截面淬透也会引起很高的内应力。有时工具钢淬火后并无裂纹，但在室温下停留一定时间（几分钟或几小时）后会发生开裂现象。引起淬火工具钢室温停留时产生开裂的一个重要原因是室温残余奥氏体向马氏体的等温转变引起了附加应力。因此，工具钢（尤其是高碳工具钢）淬火后必须立即回火。

(8) 脱碳敏感性。工具钢表面稍微脱碳都会对其性能有不良影响。首先是使其表面硬度降低，耐磨性降低（图 8.9），即使硬度降低很少，如过共析钢表面碳含量降至 0.6%～0.8%，也会由于过剩碳化物的减少，使淬火加热时晶粒易于长大，使强度降低。表面脱碳也会引起工具钢淬火时的开裂。

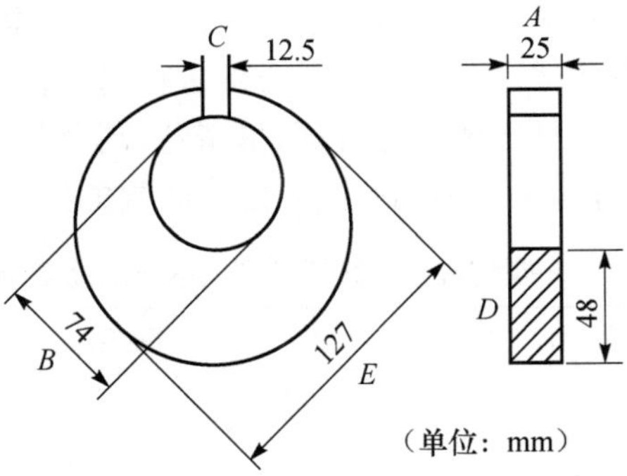

（单位：mm）

图 8.8　测量变形用缺口偏心圆环试样[1]

工具钢的脱碳敏感性和钢的化学成分、加热温度和加热介质有关。在合金元素中，硅和钼含量超过 1%时会加重脱碳敏感性。

为了避免脱碳（包括氧化），退火时应使用保护气氛炉。小批量生产时常采用装箱退火的方式，在 830℃以上加热，箱内可以放铸铁屑（无锈蚀过的新鲜铁屑与用过者各半）保护，在 820℃以下加热，可使用已用过 2～3 次的固体渗碳剂。淬火加热，多使用盐浴炉，使用盐浴炉时应注意脱氧。高速钢工具在真空炉中进行热处理，畸变小，表面光洁，无氧化脱碳，工作环境好，采用微机处理控制可减少手工操作，工艺重复性好。高压气淬真空炉在国外正在取代盐浴炉，逐步成为高速钢热处理的主要设备，但其一次投资大，需要高纯氮源。

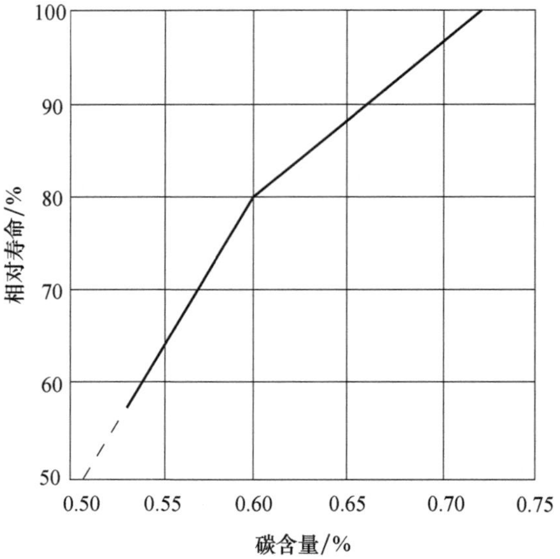

图 8.9　W18Cr4V 钢车刀的相对寿命与碳含量的关系[2]

对脱碳层的检验，显微分析方法只适用于亚共析工具钢。对于高合金钢，可以利用不同碳含量过冷奥氏体的马氏体点不同的特点来测定脱碳层。测定脱碳层时，试样先在已脱氧之浴炉中加热到淬火温度上限保持约 2～3min，然后送入第二个浴炉中，其温度较 M_s 点稍高，此时心部为奥氏体，而表面脱碳层的马氏体点升高，发生部分马氏体转变；停留 5～10min 后取出，不使之冷却而立即送入第三个浴炉中，其温度为 580～600℃，相当于在过冷奥氏体的稳定区保持 10min，此时脱碳层中的马氏体得到回火；以后自 580～600℃浴炉中取出在空气中冷却，冷却过程中，心部进行马氏体转变。用 2%～4%硝酸酒精溶液浸蚀时，脱碳层的回火马氏体浸蚀较深，呈暗色，其余部分为未经回火之马氏体，呈光亮色。表 8.2 为一些高合金工具钢用此法测定脱碳层的处理规范。

表 8.2　一些高合金工具钢测定脱碳层的处理规范[2]

钢号	温度/℃		
	高温加热	冷却浴炉	第三个浴炉
W18Cr4V	1280～1290	180～195	580～600
W9Cr4V2	1230～1240	165～180	580～600
W18Cr4V2Co5	1050～1290	140～150	580～600
Cr12MoV	1050～1080	160～170	530～540
Cr6WV	1090～1100	100～170	530～540

注：已淬火和回火的钢，高温加热的温度降低 30～40℃。

对于一些过共析合金钢，可以利用不同碳含量的奥氏体中温转变时间不同的特点来测定脱碳层。过冷奥氏体进行贝氏体转变时首先在低碳区(脱碳层)进行，保温一段时间后，在心部尚未发生转变时迅速冷却。表面脱碳层由于分解为两相组织易浸蚀呈黑色，而心部马氏体不易浸蚀呈白色。在测定脱碳层时，试样加热至正常淬火温度以上 20～30℃，以增加珠光体的稳定性，试样尺寸不超过 10mm×10mm，这样在放入等温浴炉时，能迅速达到等温温度。表 8.3 列出一些过共析合金钢测定脱碳层的处理规范。

表 8.3　一些过共析合金钢测定脱碳层的处理规范[2]

钢号	在脱氧的浴炉中的加热温度/℃	等温浴炉的温度/℃	等温时间/s
Cr2	860～870	370～390	80～90
9SiCr	890～900	370～390	90～110
CrWMn	850～860	370～390	80～90

除上述方法以外，还可以采用剥层化学分析、X 射线方法（测马氏体正方度）及光谱分析等方法。

(9) 磨削性。许多工具经过淬火和回火以后，还需要磨削加工。磨削性是指磨削时磨料的损耗、磨削后的表面质量和磨削时表面生成裂纹的倾向。

钢中含有大量硬度很高的碳化物（如 VC）时，特别容易使磨料的损耗增加。磨削时欲得到良好的表面质量，碳化物颗粒应细小而均匀地分布，碳化物分布不均匀时，一些颗粒大的碳化物容易剥落。

磨削时最容易出现的缺陷是生成磨削裂纹。磨削裂纹是一种很细浅的表面裂纹，多与磨削方向垂直，亦有时呈网状（图 8.10），其深度一般为 0.03～0.4mm，使用 5%硝酸酒精溶液或用磁粉可以将其检查出来。在淬火和回火后，工具钢中存在残余应力，磨削过程又会引起附加应力，当总的拉应力超过钢的断裂抗力时，便会引起裂纹。在磨削过程中产生的热量还可能对磨削的工具表面产生影响，引起组织的变化。一种情况是使表面层的硬度下降，如高速钢的硬度可降至 55～58HRC，非合金及合金工具钢可降至 40～50HRC，原因是表面受热而进一步分解（回火马氏体的进一步分解和残余奥氏体的转变）。用 10%的硝酸水溶液浸蚀进行显微及粗视分析时，此层易腐蚀而呈黑色。在磨削不当而产生剧热的情况下，还可能在表面层产生二次淬火，表面薄层在磨削时可在瞬时间达到 700～900℃甚至 1000～1200℃，加热速率达每秒几千摄氏度。此温度保持十分之几秒后，热量即为下层冷的金属层传走，冷却速率可达 1000℃/s。表面层由于二次淬火的结果而得到残余奥氏体及马氏体组织，显微分析时表面为光亮色，不易浸蚀，下面的过渡层则易被浸蚀而呈黑色。在碳素及合金工具钢中易出现这些缺陷，在磨削剧烈时，表面光亮层可达 0.1mm，黑色层可达 1～2mm。在高速钢和含 4%～12%Cr 的钢中，这些层的

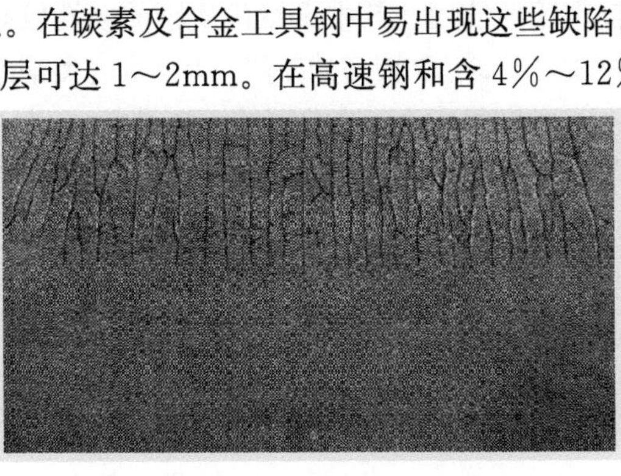

图 8.10　Cr2 钢表面生成的磨削裂纹[9]

未磨削部分的硬度为 57～58HRC，磨削部分硬度为 45～50HRC

厚度较小,分别为 0.03～0.05mm 和 0.2mm 左右。这种组织的变化也会在表面层引起相当大的应力和裂纹。

引起磨削裂纹的因素很多,主要有以下几方面[1,2,10]:①磨削前的淬火和回火规范。淬火温度过高或热处理时引起残余奥氏体量增加,在磨削时残余奥氏体因受热而发生转变,引起附加应力,会促使产生磨削裂纹。回火不足,残余应力较大,也极易产生裂纹,故淬火后应充分回火。②钢的表面应力状态。表面处于拉应力状态时容易产生磨削裂纹,压应力时较不易产生。合金工具钢淬透性高,表面一般呈拉应力,故磨裂倾向较碳素工具钢为大。③磨削规范。吃刀量过大,在磨削过程中产生的热量可能使被磨削工具表面发生组织变化,回火马氏体的进一步分解会使表面层的硬度下降。在磨削不当而产生剧热的情况下,还可能在表面层产生二次淬火,这种组织的变化也会在表面层引起相当大的应力和裂纹。④磨削时的冷却条件。使用冷却液时,工件表面受热处于不均匀状态,易出现裂纹,而且冷却液使磨落的金属粉易于黏附在砂轮上,相对增加了砂轮的钝度。不加冷却液(干磨),表面温度较均匀,磨裂倾向小。⑤砂轮的性能。锐利砂轮磨削容易、轻快,减小附加应力,用钝砂轮时,砂轮对工件压力增大,使表面拉应力增加,易磨裂。选用粒度大而软的砂轮,磨削裂纹生成的危险也小。这在磨削合金工具钢时尤为重要。

(10) 工具钢的切削加工性。在工具钢中,过共析钢及莱氏体钢由于过剩碳化物存在,其切削加工性较亚共析钢低。为了得到好的加工性,工具钢一般均经过球化退火以得到粒状珠光体组织,其硬度较低。如果碳化物聚集过甚,硬度很低(160～180HB)时,加工性能虽好,但表面光洁度差。有时为了提高加工后的表面光洁度,在粗加工后进行调质处理。

8.2 刃具用非合金及合金工具钢

8.2.1 非合金工具钢

非合金工具钢碳含量范围在 0.65%～1.35%。非合金工具钢生产成本较低,原材料容易得到,易于冷热加工,在热处理后仍有相当高的硬度,在工作时受热不高的情况下耐磨性也较好,所以得到较广泛的使用。其中高级优质钢的韧性较高,在磨削时获得的光洁度较好,适宜于制造形状较复杂、精度较高的工具。但是,这类钢的红硬性差,工作温度超过 250℃以后,硬度和耐磨性迅速下降。这类钢的淬透性低,工具断面边长(或直径)大于 15mm,水淬后只有表面层得到高的硬度,不能做大尺寸的工具,淬火时易于开裂和产生软点。非合金工具钢的淬火温度范围窄,淬火时变形及开裂倾向大。

8.2.1.1 非合金工具钢的成分、特点及用途

我国最早的碳素工具钢标准为重 6—52,后来被 YB 5—59 代替,1977 年改为国家标准 GB 1298—77《碳素工具钢技术条件》,1986 年进行了修订,2008 年修改为 GB/T 1298—2008《碳素工具钢》,列入 8 个钢号,按冶金质量分为优质钢和高级优质钢。2014 年该标准并入 GB/T 1299—2014《工模具钢》中,并根据 GB/T 13304—2008《钢分类》,将碳素工具钢更名为非合金工具钢。表 8.4 为非合金工具钢的化学成分及退火、淬火后钢

的硬度要求。该标准对钢中的残余元素有新的规定，具体要求见表 8.5。

表 8.4 非合金工具钢的化学成分及退火、淬火后钢的硬度(GB/T 1299—2014)

<table>
<tr><th rowspan="2">牌号</th><th colspan="3">化学成分/%</th><th colspan="2">交货状态，硬度 HBW</th><th colspan="2">试样淬火</th></tr>
<tr><th>C</th><th>Mn</th><th>Si</th><th>退火</th><th>退火后冷拉</th><th>淬火温度，冷却剂</th><th>HRC</th></tr>
<tr><td>T7</td><td>0.65～0.74</td><td rowspan="2">≤0.40</td><td rowspan="8">≤0.35</td><td rowspan="3">≤187</td><td rowspan="8">≤241</td><td>800～820℃，水</td><td rowspan="8">≥62</td></tr>
<tr><td>T8</td><td>0.75～0.84</td><td rowspan="2">780～800℃，水</td></tr>
<tr><td>T8Mn</td><td>0.80～0.90</td><td>0.40～0.60</td></tr>
<tr><td>T9</td><td>0.85～0.94</td><td rowspan="5">≤0.40</td><td>≤192</td><td rowspan="5">760～780℃，水</td></tr>
<tr><td>T10</td><td>0.95～1.04</td><td>≤197</td></tr>
<tr><td>T11</td><td>1.05～1.14</td><td rowspan="2">≤207</td></tr>
<tr><td>T12</td><td>1.15～1.24</td></tr>
<tr><td>T13</td><td>1.25～1.35</td><td>≤217</td></tr>
</table>

注：高级优质钢在牌号后加“A”。

表 8.5 非合金工具钢中硫、磷含量及残余元素含量的规定(GB/T 1299—2014)

<table>
<tr><th>冶炼方法</th><th>钢类</th><th>P 含量/%</th><th>S 含量/%</th><th>Cu 含量/%</th><th>Cr 含量/%</th><th>Ni 含量/%</th></tr>
<tr><td rowspan="2">电弧炉</td><td>优质钢</td><td>≤0.030</td><td>≤0.030</td><td rowspan="3">≤0.25</td><td rowspan="3">≤0.25</td><td rowspan="3">≤0.25</td></tr>
<tr><td>高级优质钢</td><td>≤0.030</td><td>≤0.020</td></tr>
<tr><td>电弧炉＋真空脱气</td><td>高级优质钢</td><td>≤0.030</td><td>≤0.020</td></tr>
</table>

注：供制造铅浴淬火钢丝时，钢中残余 Cr 含量不大于 0.10%、Ni 含量不大于 0.12%、Cu 含量不大于 0.20%，三者之和不大于 0.40%。

钢材应进行低倍组织和显微组织(珠光体组织、网状碳化物、脱碳层)检验。

对截面尺寸不大于 60mm 的退火钢材珠光体组织，应按 GB/T 1299—2014 附录中的图 A.4 评级图评定。该级别图将珠光体组织分为 6 级，T7、T8、T8Mn、T9 钢的合格级别为 1～5 级，T10、T11、T12、T13 钢的合格级别为 2～4 级。

网状碳化物按该标准附录中的 A.6 评级图评定，网状碳化物级别分为 4 级。钢材尺寸不超过 60mm 时，合格级别应不大于 2 级；＞60～100mm 时，合格级别应不大于 3 级；大于 100mm 时，双方协议合格级别。T7、T8 非合金工具钢和热压力加工用钢不检验网状碳化物。

钢材的总脱碳层深度应符合表 8.6 的规定。

表 8.6 非合金工具钢总脱碳层规定(GB/T 1299—2014)

<table>
<tr><th rowspan="2">品种</th><th rowspan="2">钢材直径和边长/mm</th><th colspan="2">总脱碳层深度/mm(不大于)</th></tr>
<tr><th>Ⅰ组</th><th>Ⅱ组</th></tr>
<tr><td rowspan="2">热轧、热锻钢材</td><td>5～150</td><td>0.25＋1%D</td><td>0.25＋2%D</td></tr>
<tr><td>＞150</td><td colspan="2">双方协议</td></tr>
<tr><td rowspan="3">冷拉</td><td>≤16</td><td colspan="2">1.5%D</td></tr>
<tr><td>＞16</td><td colspan="2">1.3%D</td></tr>
<tr><td>高频淬火</td><td colspan="2">1.0%D</td></tr>
</table>

注：D 为钢材截面尺寸。扁钢的脱碳层由供需双方协商确定。

碳含量在 0.6%以上的非合金工具钢，淬火后的硬度变化不大，但碳含量的改变对于经过淬火及低温回火的钢的强度、塑性和韧性有影响，如图 8.11 所示。碳含量越低，韧性和塑性越好。亚共析钢的强度随碳含量的增加而增加,碳含量为 0.60%~0.75%时强度达到最大值,随后则降低,至接近共析成分时最低。以后随碳含量的增加,强度又增加,耐磨性也提高,但碳含量大于 1.15%后,由于碳化物分布不均匀,强度又下降。

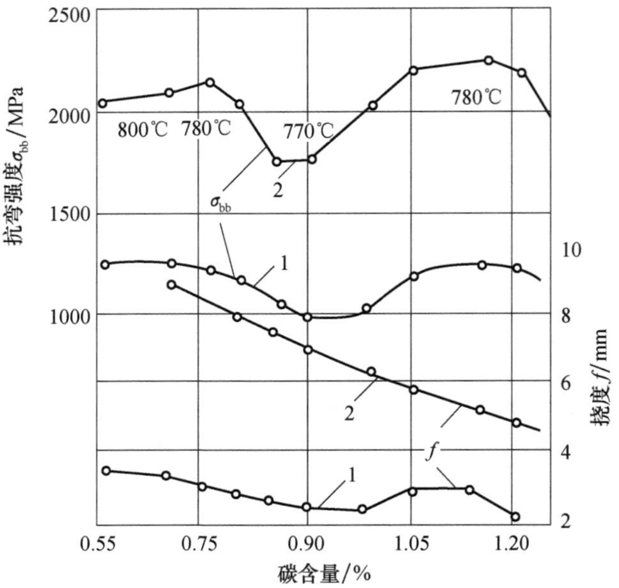

图 8.11　碳含量对非合金工具钢的强度和塑性的影响[2]

图中所示温度为淬火温度

1—淬火后;2—淬火及 150℃回火 1h

亚共析成分的 T7、T7A 钢具有较好的韧性、塑性和强度,适于制作受冲击负荷的工具,如凿子、木工用锯条、石钻(钻软岩石用)等。共析成分的钢,如 T8、T8A、T9、T9A,淬火加热时容易过热,由于残余奥氏体量少,淬火后变形也大。这些钢强度及塑性较低,不宜做承受冲击的工具,可用于制造形状简单的切削软金属的刀具和木工工具。T8Mn、T8MnA 钢的性能和用途与 T8、T8A 钢相似,但淬透性较高,可用于制造断面较大的木土工具。过共析成分的钢,如碳含量在 1.0%~1.15%的 T10、T10A、T11、T11A 钢应用较广,耐磨性好,有一定的韧性,强度比较高,适于制造耐磨性要求较高的工具,如丝锥、铰刀、车刀、刨刀、板牙、手锯条、凿石工具等。T12、T12A、T13、T13A 等钢,淬火后有较多的过剩碳化物,耐磨性和硬度高,但韧性低,不宜于制造承受冲击的工具,适于制造车刀、铣刀、钻头、丝锥及锉刀等工具。T13、T13A 钢适于做切削高硬度材料的刀具,如锉刀、刻刀、剃刀和加工坚硬岩石的工具。

非合金工具钢除用做刃具外,还用于制作冲头、拉丝模等形状简单的冷作模具,精密度不高的各种量规、卡规、样板等量具,以及一些要求硬度较高的耐磨零部件。

8.2.1.2　非合金工具钢的热加工和退火

在对非合金工具钢进行热加工(锻、轧)时,要保证在加工以后钢中的网状碳化物大部分被破碎。因此,锻、轧非合金工具钢时,需要适当的压缩比,使钢中的碳化物细化并使之分布均匀。终锻、终轧温度希望在 A_{cm} 以下,一般 800℃比较适宜。终锻温度过高,在锻后易生成碳化物网，终锻温度过低，钢的塑性变坏，易生成小裂纹，加工后应迅速冷至 600～700℃，然后缓冷，以免析出粗大或网状碳化物。

非合金工具钢在热加工后具有片状珠光体组织，硬度较高，难于进行机械加工，也不符合淬火对组织的要求，因此需进行球化退火。对于共析钢和过共析钢球化后所获得的组织，不但易于加工，而且在淬火时不易过热，变形较小，碳化物分布均匀，使刃具切削能力较好。球化退火的方式可以采取普通退火、等温退火或循环退火等方式。退火加热温度稍高于 Ac_1，使钢中能保存较多的未溶碳化物质点，冷却时成为结晶核心，以获得粒状珠光体。在制定退火工艺时，加热及等温保温时间根据钢材尺寸、装炉量、设备类型及加热情况而有所不同，并根据金相检查确定之。表 8.7 为非合金工具钢的退火规范。

表 8.7　非合金工具钢退火规范[11]

钢号	加热规范		冷却规范		
	温度/℃	保温时间/h	缓冷	等温/℃	保温
T7,T8,T9	740～750	2～4	以小于 30℃/h 的速率炉冷到 500～600℃出炉	650～680	4～6h 等温后炉冷到 500～600℃出炉
T10,T11	750～760			680～700	
T12,T13	760～770			680～700	

退火钢材的硬度应符合表 8.4 的规定，脱碳层应符合表 8.6 的规定，并按 GB/T 1298—2008 附录 A 中的第一和第二级别图检查珠光体组织和网状碳化物。

退火钢材中不允许有连续的网状碳化物存在。为了消除钢中出现的网状碳化物，可采用正火处理，钢材加热至 A_{cm} 稍高。T10 钢的正火温度为 830～850℃，T12 钢为 850～870℃，加热时间比一般正火处理稍长。非合金工具钢退火后硬度过低时，为了提高切削加工时的表面光洁度，可以进行调质处理，T10、T11、T12 钢的淬火温度为 800～820℃，并在 660～700℃回火 2～3h。

非合金工具钢退火后有时会发现有自由石墨出现，石墨可以是大块或者均匀细小地分布着，这种现象叫石墨化现象。由于石墨的析出，特别是当石墨沿原奥氏体晶粒间界沉淀时，钢材脆化，断面呈暗灰色，称之为黑脆。退火后钢中有石墨时，硬度很低（120～150HB）且分布不均匀。较大的石墨在一般淬火加热时还不能溶解。含 1.1%C 以上的钢中较易出现石墨化现象。引起石墨化的原因如下[2]：①硅含量趋于上限时易出现石墨化；②脱氧时用铝量超过 250g/t 时，石墨化速率急剧地增加；③热加工结束温度太高或太低而以后冷却缓慢时促使石墨化，热加工终止温度在 830～870℃时石墨化倾向最小；④在 700～720℃时退火时间过长或自 720～740℃冷至 600℃时冷却很慢（10℃/h）时易石墨化；⑤预先经过淬火或进行较大的冷变形，在以后退火时也促使石墨化。非合金工具钢中出现石墨化常常是几种因素同时作用的结果。钢中含铬超过 0.3%时，可以完全阻止石墨化现象发生。

8.2.1.3　非合金工具钢的淬火和回火

非合金工具钢正常淬火加热温度为 Ac_1 +（30～50℃），属于不完全淬火。非合金工具钢淬火后力学性能与淬火温度的关系如图 8.12 所示。在淬火温度升高时，最初，强度和塑性有些增加，但当淬火温度超过一定限度后，强度及塑性都迅速下降。淬火时，过热引起强度及塑性剧烈下降的主要原因是晶粒的长大使正断抗力降低。过共析钢过热时，奥氏体中溶入过多的碳化物，在冷却过程中极易沿晶界析出，也会使强度及塑性降低。淬火温度自 780℃增至 850℃时，晶粒度自 7～8 级增大至 4～5 级，T7A 钢的强度下降约 25%，而过共析钢 T12A 降低约 50%。因此，对于工具钢，过热是非常有害的。

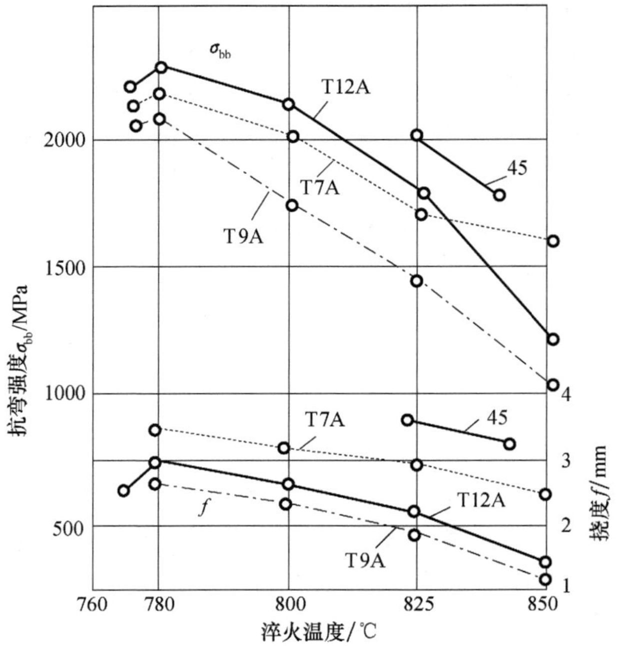

图 8.12　非合金工具钢的力学性能与淬火温度的关系[2]

180℃回火后

非合金工具钢淬火温度的选择除考虑钢材本身的成分、组织外，应考虑工件尺寸、变形要求及冷却介质与方式等条件。选择加热温度的原则是：工件尺寸大的、冷却介质缓和的或者工件不易变形的，用上限温度；工件尺寸小的、冷却介质激烈的或者工件容易变形的，用下限温度。表 8.8 为非合金工具钢的淬火加热温度，在油或盐浴中冷却时要采用较高的淬火温度以得到较高饱和程度的固溶体，因为在比较缓慢冷却的条件下，会有部分碳自奥氏体中析出。

表 8.8　非合金工具钢的淬火加热温度[2,11]

钢号	淬火温度/℃		硬度 HRC	
	在水溶液中冷却(或碱浴)	在油或盐浴中冷却①	在水溶液中冷却	在油或盐浴中冷却
T7A	780～800	800～820	62～64	59～61
T8A，T9A	760～770	780～790	63～65	60～62
T10A，T12A	770～790	790～810	63～65	61～62
T10A，T12A(工具直径或厚度大于 25mm 时)	800～820	—	62～64	—

续表

钢号	淬火温度/℃		硬度 HRC	
	在水溶液中冷却（或碱浴）	在油或盐浴中冷却①	在水溶液中冷却	在油或盐浴中冷却
T13A	770～790	790～810	63～65	62～64

注：① 用于小尺寸工具，油温 20～60℃，用于 ϕ5mm 以下；盐浴温度 150～180℃，用于 ϕ15mm 以下。

非合金工具钢的加热时间可参考表 8.9，较大尺寸工具的加热时间取下限（或更短些），直径在 3mm 以下的工具在盐浴炉的加热时间为 45～75s/mm。工具钢淬火加热时，如果每批放入炉中的工件不多，则炉温下降很少。计算时为了简便，加热时间包括了升温与保温时间。如果投入的件数较多，炉温下降很大，保温时间就以炉温达到加热温度时算起。

表 8.9 试件直径或厚度在 3～30mm 时的加热时间（淬火温度范围 750～900℃）[2]

加热介质	加热时间/(s/mm)	
	非合金工具钢	合金工具钢
盐浴	20～25	25～30
电炉	50～80	70～90
铅浴	6～9	8～10

淬火加热温度的高低和保温时间的长短不同，淬火后钢材马氏体的长短也不同。加热温度越高，保温时间越长，马氏体的针也越粗大。粗大的马氏体表明钢材过热，力学性能变坏。

非合金工具钢的正常淬火组织为均匀分布的碳化物＋隐针或细针马氏体＋残余奥氏体。T7、T8 钢淬火组织中残余碳化物少，或者完全没有，因此其耐磨性也较差。

我国在 1987 年制定了专业标准 ZB J36 003—87《工具热处理金相检查标准》，后修改为行业标准 JB/T 9986—1999，《工具热处理金相检验》修改为 JB/T 9986—2013。在该标准的第十六级别图“碳素工具钢（非合金工具钢）淬火马氏体级别图”中，把淬火马氏体依其针长分为 6 个级别（在放大 500 倍下评定）：1 级≤1.5mm、2 级＞1.5～2.5mm、3 级＞2.5～4mm、4 级＞4～6mm、5 级＞6～8mm、6 级＞8～12mm。1 级、2 级属于细针马氏体，5 级、6 级属于粗针马氏体。小型工模具，马氏体小于 2 级为好，一般工模具可以放宽到 3～4 级为合格级别。

非合金工具钢的过冷奥氏体稳定性较差（图 3.50）。可以看出，奥氏体不稳定区域孕育期只有 1s 左右，因此在淬火冷却时必须保证在奥氏体不稳定区快速冷却，避免发生珠光体转变，在 C 曲线的鼻部以下的冷却可稍缓慢些。一般非合金钢工具的淬火经常采用水-油双液淬火或盐水-油双液淬火。对于小截面工具则可以适当提高淬火温度而进行分级或等温冷却。例如，T12A 钢所制小于等于 M12 的手用丝锥，为了提高力学性能及控制丝锥的变形，一般采用等温淬火。经 600～650℃ 预热后，再加热至 780℃，在 210～220℃ 等温冷却 30～45min。对于大于 M12 的丝锥则不得不采用先在碱浴中分级，后在硝盐中等温的工艺。

非合金工具钢淬火以后内应力很大，马氏体中碳含量较高，而使正断抗力降低，因此强度较低,容易开裂。为此,非合金工具钢在淬火后应立即进行回火,回火时的力学性能变化见图 8.13。低温回火后,强度提高很多,超过一定温度后,由于碳化物的聚集,强度又下降。T10 钢淬火后回火时的硬度变化见图 8.14。

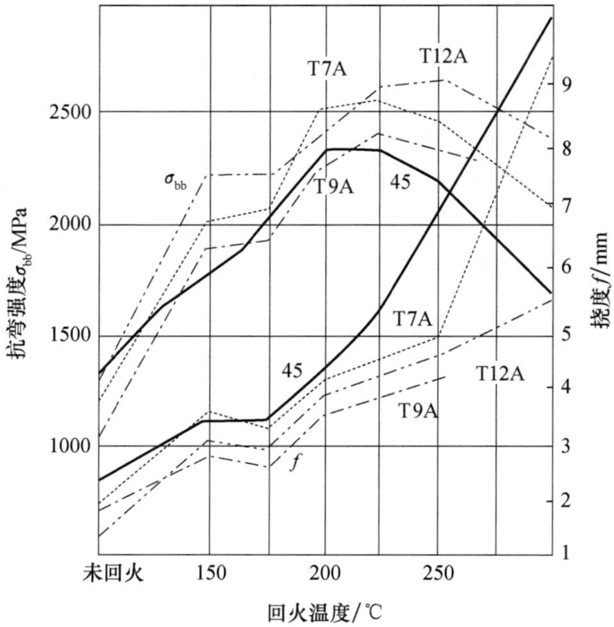

图 8.13 非合金工具钢的力学性能与回火温度的关系[2]

自最佳温度淬火,水冷,回火 1h

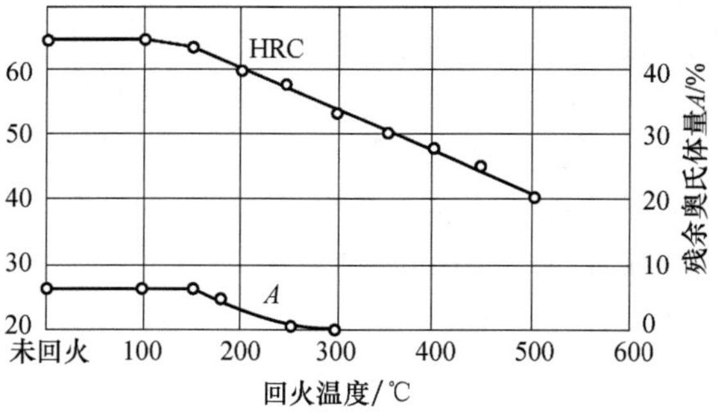

图 8.14 T10 钢的硬度、残余奥氏体量与回火温度的关系[12]

780℃淬火,水冷,回火 1h

采用扭转冲击试验时可以发现,非合金工具钢在 200～300℃回火,韧性会降低(图 3.79),这种现象与不可逆回火脆性有关。采用这种试验方法对钢中细微组织变化比较敏感,才能察觉,如使用一般无缺口冲击试验则观察不出来。因此非合金工具钢一般应避免在脆性区域内回火。非合金工具钢的回火温度视硬度要求而定,一般在 150～200℃。T10、T11、T12 钢要求硬度为 62～63HRC 时,采用 150～160℃回火,要求硬度为 61～62HRC 时,采用 175～185℃回火。回火时间一般为 1～2h,若回火时间过短则淬火应力不足以消除,往往在随后磨削时易产生龟裂裂纹。

8.2.2　合金工具钢

非合金工具钢存在着淬透性低、回火稳定性差、耐磨性不高等弱点，在制造工具时其选用受到一定的局限性。对于重负荷、大截面、形状复杂、变形要求严格的工具，选用非合金工具钢是不合适的，必须选用合金工具钢制造。

8.2.2.1　合金工具钢的成分

我国最早的合金工具钢标准为重 8—55，后来被 YB 7—59 代替。1977 年在原来钢种的基础上，吸收我国研究开发的成果，制定了第一个合金工具钢国家标准 GB 1299—77《合金工具钢技术条件》，1985 年进行了修订。2000 年修改为 GB/T 1299—2000《合金工具钢》。2014 年将 GB/T 1299—2000《合金工具钢》与 GB/T 1298—2008《碳素工具钢》合并为 GB/T 1299—2014《工模具钢》。在新的标准中，将合金工具钢分为量具刃具用钢、耐冲击工具用钢、冷作模具用钢、轧辊用钢、热作模具用钢、塑料模具用钢和特殊用途模具用钢。表 8.10 为量具刃具用合金工具钢的化学成分与退火、淬火后的硬度。这些钢含合金元素不多，常称之为低合金工具钢。

表 8.10　量具刃具用合金工具钢的化学成分与退火、淬火后的硬度(GB/T 1299—2014)

牌号	化学成分/%					交货状态 HBW10/3000	试样淬火		
	C	Si	Mn	Cr	W		淬火温度/℃	冷却剂	HRC
9SiCr	0.85～0.95	1.20～1.60	0.30～0.60	0.95～1.25	—	241～197	820～860	油	≥62
8MnSi	0.75～0.85	0.30～0.60	0.80～1.10	—	—	≤229	800～820	油	≥60
Cr06	1.30～1.45	≤0.40	≤0.40	0.50～0.70	—	241～187	780～810	水	≥64
Cr2	0.95～1.10	≤0.40	≤0.40	1.30～1.65	—	229～179	830～860	油	≥62
9Cr2	0.80～0.95	≤0.40	≤0.40	1.30～1.70	—	217～179	820～850	油	≥62
W	1.05～1.25	≤0.40	≤0.40	0.10～0.30	0.80～1.20	229～187	800～830	水	≥62

注：各钢中硫、磷含量的规定与冶炼方法有关：电弧炉钢的硫、磷含量不大于 0.030%；电弧炉＋真空脱气钢的硫、磷含量不大于 0.025%；残余元素铜、铬、镍的含量均不大于 0.25%。

合金工具钢中加入硅、铬、钼、钨、钒等元素均缩小 Fe-C 相图上的 γ 相区，降低共晶组织中奥氏体的碳含量，使钢在较低的碳含量时就有可能出现共晶组织；此外，钢锭在凝固过程中，固相 γ 固溶体的平均碳浓度往往低于相图上所指示的 γ 相中的碳浓度，因而使液相中的碳浓度增高。因此，合金工具钢虽属于过共析钢，但钢锭组织中易于出现莱氏体共晶组织，这种碳化物液析将引起工具钢中碳化物分布的不均匀、尺寸大小的不均匀，降低钢在热处理后的强度，增大钢的脆性。在冶金生产工艺上，应尽可能减弱合金工具钢铸锭时的碳化物液析，避免产生莱氏体共晶组织。

常加入的合金元素一般都使钢的共析成分的碳含量降低(图 2.32)，碳含量一定时，将增加过剩碳化物的含量。上节中已谈到，在非合金工具钢中最适宜的碳含量为 1.1%～1.2%，在合金工具钢中，如果加入的合金元素量为 1%～2%，最适宜的碳含量一般为 1.0%～1.1%，而合金元素含量为 3%～4%时，此值为 0.9%～1.0%。此时，碳化物分布比较均匀，强度较好。碳含量增加时，耐磨性增加，但碳化物分布将变得不均匀，易于出现带状组织和碳化物液析。

下面分别叙述各合金元素的作用。

铬 大部分工具钢中都含有铬。在平衡状态下，铬在各相中的分布见图2.27，在含1%C条件下，铬含量不超过3%时，只形成合金渗碳体$(Fe,Cr)_3C$，部分溶于铁素体中。因而铬既阻止了渗碳体型碳化物的聚集，又提高了马氏体的分解温度，从而提高了钢的抗回火稳定性。铬提高了渗碳体的稳定性，使其在加热时溶解较慢，铬又提高了临界点，使淬火温度增高。例如，在含1%C的钢中，加入0.65%Cr，油中淬火能获得最高硬度的淬火温度为800～810℃，加入1.5%Cr时为840～850℃，加入3%Cr时为870～890℃。铬能提高钢的淬透性，但影响不如硅和锰。铬还使M_s点降低，因而增加残余奥氏体量。此外，铬和锰一样，还能防止含碳大于0.7%的硅钢对石墨化的敏感性，通常加入0.6%～1.0%Cr(或Mn)就可达到目的。由于铬元素在钢中具有良好的作用，曾经被认为是低合金工具钢中必不可少的元素。但是应当指出，当用硅和锰或锰和钒合金化时，可以不用铬，因而在我国发展了不含铬的硅锰和锰钒钢，从而节约了铬。一般在低合金工具钢中，铬含量在1.6%以下，铬含量更高时，将增加碳化物分布的不均匀性。

硅 硅是促使高碳钢中出现石墨化倾向的元素，故不单独加入，而应和其他元素一起使用。硅在钢中不生成碳化物，只溶于固溶体中，能显著提高过冷奥氏体在珠光体和中温转变区的稳定性，因而能有效提高钢的淬透性。硅因能阻碍马氏体第二阶段的分解和渗碳体的聚集，故可以增加回火稳定性。硅在含量为0.6%～0.8%时已显示出其作用，含量进一步提高到1.2%～1.6%时，回火稳定性增加已不多。因此，含硅钢制造的切削工具的允许切削速率可以提高。硅不降低M_s点，故不增加残余奥氏体量。加入硅使工具钢的某些工艺性能变坏，原因是硅强化铁素体较显著，使退火钢的硬度增加，增加切削加工的困难。硅提高钢的临界点，使淬火加热温度提高，例如，含1%Cr的钢中加入1.2%～1.6%Si时使淬火温度提高30～40℃。硅含量增加使脱碳层厚度增加，敏感性加强(表8.11)。在过共析钢中适宜的硅含量不超过0.6%～1.0%，而在亚共析钢中，硅含量可以高些。

表8.11 加热条件相同时，硅含量对含1%C和1%Cr钢脱碳层厚度的影响

(在未脱氧的盐浴炉中)[2]

硅含量/%	脱碳层厚度/mm	
	850℃加热	900℃加热
0.25	0.27	0.53
0.77	0.38	0.69
1.50	0.46	0.80

锰 在工具钢中，锰大部分溶于基体，部分溶于渗碳体。锰溶于渗碳体后能促使其在加热时溶解。含锰的工具钢加热时晶粒容易长大，因此很少使用单独加入锰的工具钢，一般加入0.5%～0.8%Cr或0.1%～0.2%V以消除锰钢的不良倾向。锰可以增加钢的淬透性。锰还使钢的临界点降低，因此淬火温度较低，如成分为0.9%C、2%Mn的钢，油淬温度为780～800℃，而含1%C、2%Cr的钢的淬火温度为860～870℃。锰使残余奥氏体量增加，相应地减少应力和变形，但残余奥氏体量过多时将减小塑性变形抗力，使淬火后硬度降低。刃具用合金工具钢中锰加入量一般为0.8%～1.2%。

钨 钨是较强的生成碳化物的合金元素，很少溶于铁素体，在渗碳体中的溶解度也很小(<2%)。在含1%C钢中，当钨含量超过1%时，开始形成特殊碳化物 $M_{23}C_6$，而钨含量超过5%后将出现碳化物 M_6C。这些碳化物具有高的硬度，在淬火加热时不易溶解，能使钢的奥氏体晶粒保持细小，不增加残余奥氏体量，增加淬火后的硬度，提高钢的耐磨性。钢中含1%C时，加入1%～2%W，硬度可提高到66HRC，含1.4%～1.5%C时，加入3%～3.5%W，硬度可提高到68HRC，故此类钢可以用于加工极硬的材料。钨单独加入钢中并不增加钢的淬透性，因此，为了使工具表面获得均匀的高硬度，应在水中淬火。还应指出，含钨超过1.2%～1.5%的工具钢，经长期退火后，会使以后淬火时的最高硬度降低，这种现象称之为"损坏"，含钨越多，这种现象越显著(图8.15)，钢中同时含有铬和钒可以减弱和阻止这种现象。产生这种现象的原因还不很清楚，很多人认为这是由于在长期退火中，钨的碳化物会转变成为稳定的碳化物WC的缘故。稳定的碳化物WC在以后淬火加热时完全不溶解，因而影响钢的淬硬性。

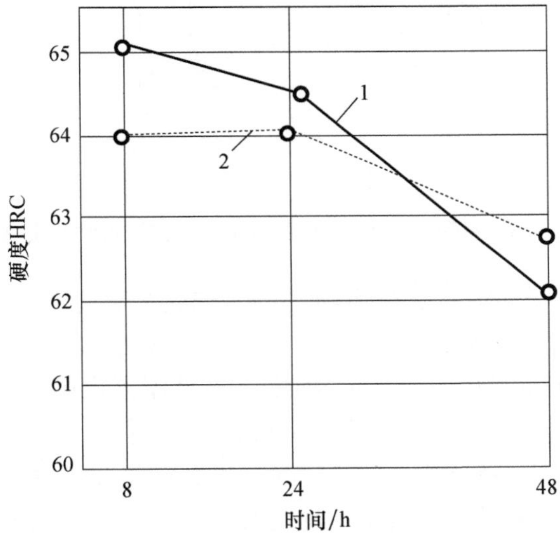

图8.15 钨对含1.1%～1.3%C的钢经长期退火后(800℃)淬火能力的影响[2]

850℃，油淬，1—5%W、0.25%Cr；2—1.5%W、1%Cr、1%Mo

钼 钼在钢中的情况很多与钨相似，含钼超过0.5%～1.0%开始生成钼的复杂碳化物。钼、钨的复杂碳化物的性能很相近，但钼的复杂碳化物密度较小，在钢中的分布较均匀，在奥氏体中的溶解较易，溶解量较多。钼加入量不多(0.2%～0.4%)时便可以细化碳化物，阻止晶粒长大。钼比较有效地增加钢的淬透性。钼使钢的脱碳敏感性增加，尤其在钢中含有硅时。

钒 钢中含有0.1%～0.2%V时，可以生成VC，在加热至1000～1100℃时VC溶解很少，故钒比其他元素更能有效地阻止奥氏体晶粒长大，降低过热敏感性。钒还能降低残余奥氏体的量。此外，钒在过共析钢中钢不易生成渗碳体网。但钒降低钢的淬透性和淬硬性，且钢中含碳越低，降低越强烈。一般钢中钒含量为0.15%～0.40%。

综上所述，合金元素在合金工具钢中的主要作用可以归结如下：

(1) 提高过冷奥氏体稳定性，增加钢的淬透性。大多数合金元素增加高碳钢的淬透性(表 8.1),只有钨和钒略使之降低。不过,单个合金元素对提高淬透性的作用不很强烈,而如果加入过多(>1.0%~1.5%),可能使碳化物分布不均匀(如铬),或者使淬火温度提高,增加脱碳敏感性(如硅),或者使残余奥氏体量增加(如锰)。采用“少量多元”的方法可以有效地提高淬透性,而且在含有铬、锰、硅的条件下,钢中加入钨、钒还可以提高淬透性(图 8.16)。

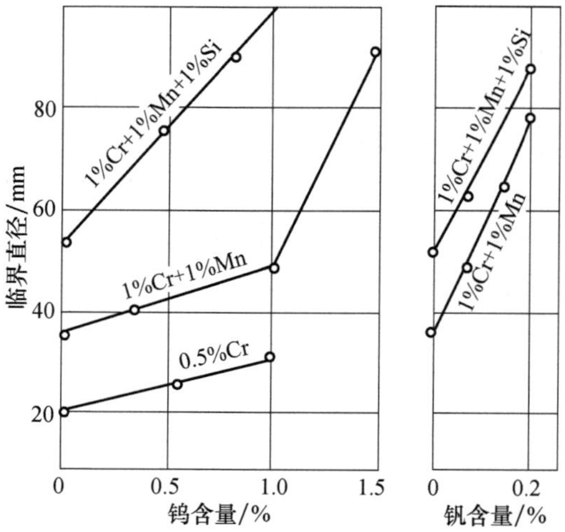

图 8.16　钨和钒对含 1%C 的合金工具钢淬透性的影响[2]

(2) 形成合金渗碳体或特殊碳化物,细化和改善钢中碳化物的分布,从而提高钢的耐磨性和力学性能。在含有 1%左右的铬、锰、钨、硅等元素的过共析钢中,退火后能获得细小、均匀分布的碳化物,这是由于合金元素阻碍渗碳体型碳化物的聚集。其中铬的作用最显著,因为铬既能溶于 α 和 γ 相中,又能较多地溶于渗碳体中。

(3) 细化奥氏体晶粒,降低淬火加热时的过热敏感性(锰除外)。在淬火加热保证能获得最高硬度时,其晶粒一般比非合金工具钢低 0.5~1.0 级。由于碳化物分布较均匀,晶粒较细小,一般合金工具钢的强度比非合金工具钢高 5%~15%。

(4) 提高马氏体第二阶段分解温度,并阻止渗碳体型碳化物的聚集,从而提高钢的抗低温回火的稳定性。铬、硅的作用较大,而钨、钒的作用较小。

(5) 降低马氏体转变点,增加残余奥氏体量。一般来说,这对使用性能是不利的,因为会使钢的硬度降低。但另一方面,可利用此点来减小淬火时的应力和减少淬火后的体积变形。以锰的作用最为显著,因它的碳化物不稳定,加热时大量溶入奥氏体,故强烈降低钢的 M_s 点,增加残余奥氏体量。铬的作用次之。

8.2.2.2　合金工具钢的退火

合金工具钢的热加工要求与非合金工具钢相同。含碳较高和碳化物较多的工具钢(Cr06、CrWMn 等),碳化物分布不均匀,尤其是大规格的钢材,有时须采用镦粗拔长的方法进行锻造。终锻温度要在 A_{cm} 以下,一般不低于 800℃。大部分合金工具钢锻后应缓冷,以免形成裂纹,但对于一些易生成网状碳化物的含碳较高的钢,锻后应快冷至 500~600℃,然后缓冷。

钢材在热加工后均须进行球化退火，可以采用普通退火或者等温退火。表8.12为一些合金工具钢的球化退火温度。退火温度一般稍高于Ac_1。为了消除网状碳化物，退火温度可以提高10～20℃，此时氧化和脱碳增加。退火温度低，则碳化物过细，退火后硬度太高，网状碳化物不易消除。等温退火一般可以缩短退火时间，并且退火组织比较均匀一致。退火加热和等温的时间和炉子类型、毛坯尺寸及装炉量有关。退火加热时间为2～4h，自退火温度冷至等温温度的冷却速率为40～50℃/h或更慢一些，等温保温时间为4～6h，以后炉冷至550～660℃出炉。退火后的球化组织、网状碳化物应按GB/T 1299—2014规定的级别图评定，并根据工具的用途决定合格的级别。试样磨面取横截面，经浸蚀后在放大500倍下选择最差的视场进行评定。

表8.12　一些合金工具钢的球化退火温度[2]

钢号	加热温度/℃	等温温度/℃
9SiCr	770～800	670～720
Cr06	760～790	620～660
Cr2	770～790	680～700
W	780～800	650～680

注：8MnSi的退火温度为730～750℃[13]。

根据GB/T 1299—2014，球化退火后珠光体组织评级图（附录中的A.3评级图）分为6级：1级和2级以细片状珠光体数量为分级的依据；3级和4级球化完全，并以球粒大小为分级依据；5级和6级则以粗片状珠光体数量作为分级的依据[14]。9SiCr、Cr06、Cr2、9Cr2、W和CrWMn钢的合格级别为1～5级，但制造螺纹刃具用的9SiCr退火钢材，其珠光体组织合格级别为2～4级。热压力加工钢不检查珠光体组织。图8.17为合金工具钢珠光体组织评级图示例。

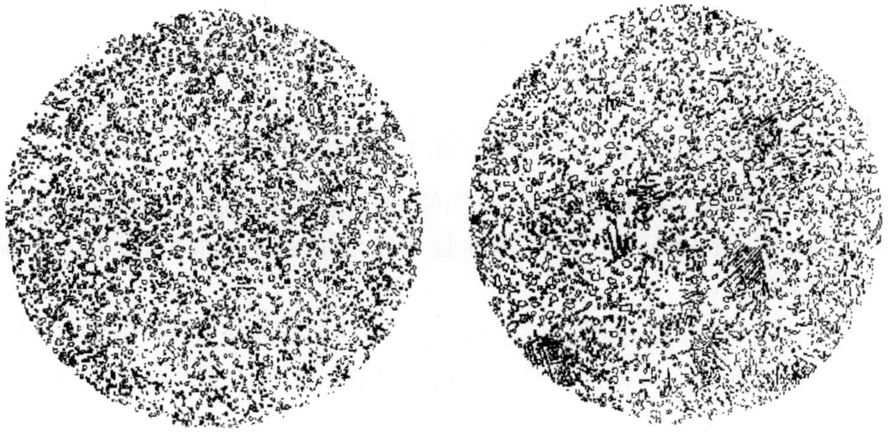

3级　　5级

图8.17　合金工具钢珠光体组织评级图（GB/T 1299—2014）　500×

退火状态交货的9SiCr、Cr2、Cr06和CrWMn钢应检查网状碳化物，碳化物网状级别图分为4级（GB/T 1299—2014附录中的A.5评级图）。截面尺寸不大于60mm的钢材合格级别为不大于3级，其中制造螺纹刃具用的9SiCr钢材合格级别不大于2级。

如果由于热加工质量不高,钢材中存在严重网状碳化物时,等温退火处理不能完全球化。为了消除碳化物网,可以先进行正火,然后进行退火。正火温度要高于 A_{cm}。9SiCr 和 Cr2 钢的正火温度分别为 900～920℃和 930～950℃,CrWMn 钢的正火温度为 970～990℃。也可以在正火以后进行高温回火,温度一般在 700℃左右,保温时间为 4～6h 或更长。如果退火后球化太细,硬度较高,可在临界温度 Ac_1 点稍下进行回火(保温 8～10h)来改善它。例如,9SiCr、CrWMn 钢,原来球化级别为 1～2 级,用此法改善后为 3～4 级,硬度为 207～240HB。

8.2.2.3 合金工具钢的淬火和回火

刃具用合金工具钢最终热处理的基本原则与非合金工具钢相同,但由于合金元素的加入,改变了钢的临界点,增加了淬透性,降低了过热敏感性,以及提高了抗回火稳定性等,具体热处理规范与非合金工具钢应有所不同。例如,淬火温度往往要比非合金钢工具钢高,加热范围稍宽,获得同样硬度的回火温度也相应升高,而淬火时的冷却往往可用油或熔盐等介质。应当指出,这类钢中有一部分的淬透性比较低,如 Cr06 和 W 钢,常采用水淬。常用刃具用合金工具钢的热处理及其用途列于表 8.13。

表 8.13 常用低合金工具钢的热处理及其用途

钢号	淬火				回火		用途
	加热温度/℃		硬度 HRC		温度/℃	硬度 HRC	
	油冷	熔盐中冷却①	油冷	熔盐中冷却			
9SiCr	865～875	870～880	63～64	62～64	160～180	61～63	板牙、丝锥、钻头、铰刀、齿轮铣刀、冷冲模、冷轧辊
Cr06	830～850	820～840(水冷)	63～65	65～67(水冷)	180～200	64～65	木工工具、结构简单的冲孔模、冷压膜等
Cr2	830～850	840～860	62～65	61～63	150～170	60～62	切削工具:车刀、插刀等;测量工具:样板;冷轧辊等

注:① 对于 9SiCr、Cr06 钢的介质温度为 160～200℃,对于 Cr2 钢为 150～170℃。

为了保证合金碳化物能充分地溶入奥氏体,低合金工具钢淬火加热保温的时间应比非合金工具钢的时间适当延长,合金元素含量越多,加热时间也越长(表 8.9)。预热时间为加热时间的两倍。

在 JB/T 9986—2013《工具热处理金相检验》中的第十四级别图“合金工具钢淬火马氏体级别图”中,把合金工具钢淬火马氏体依其针长分为 6 个级别(在放大 500 倍下评定):1 级≤1.5mm、2 级>1.5～2.5mm、3 级>2.5～4mm、4 级>4～6mm、5 级>6～8mm、6 级>8～12mm。1 级、2 级属于细针马氏体,5 级、6 级属于粗针马氏体。小型工模具用钢马氏体小于 2 级为好,一般工模具可以放宽到 3～4 级为合格级别。以 9SiCr 钢为例,制作成的板牙、丝锥、搓丝板和铰刀的淬火(回火)马氏体级别应≤3.5 级。

下面分别论述一些刃具用合金工具钢的特点及其用途。

W 钢淬火后的硬度和耐磨性均较非合金工具钢为好,过热敏感性比碳钢低,韧性也较好,热处理时变形较小,水中淬火不易生产裂纹。W 钢的硬度与回火温度的关系见图

8.18。这种钢的淬透性较低，通常只用于厚度为10～15mm 的工具，常用于制造小型麻花钻头，也可以用来制造丝锥、板牙等工作时温度不高、切削速率不大的一些工具，W 钢也可以用于制造锯金属用的锯条。用 W 钢制造的锯条寿命比用 T10、T12 钢制造的要高很多[15]。这些钢的回火温度在 150～200℃，用来制作板牙时，回火温度为 220～240℃。

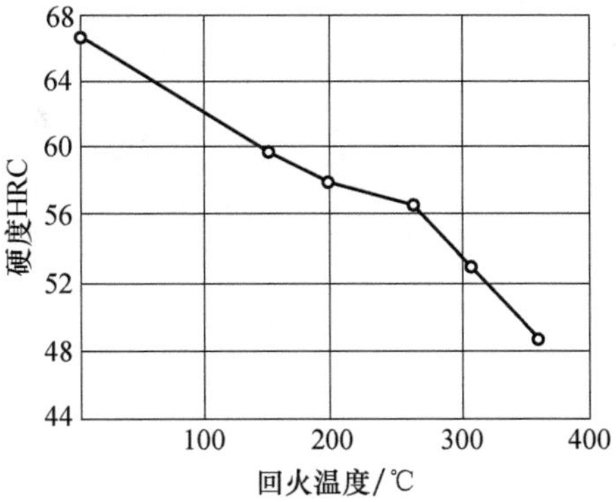

图 8.18 W 钢硬度随回火温度的变化[15]
800～820℃淬火

8MnSi 钢是一种经济的钢种，可以用于制造木工用凿子、锯条和其他工具，淬火温度为 790～820℃，可以在油中淬火，100～200℃回火后的硬度为 60～64HRC，400～450℃回火后硬度为 40～46HRC。

Cr06 属于铬钢，碳含量比较高（1.30%～1.45%），淬火后硬度及耐磨性比较高，虽然钢中的碳化物比较多，但冷轧成薄钢带后，碳化物分布均匀，适于制作剃刀和刀片。Cr06 钢中含有少量的 Cr，不仅可以使碳化物较细小均匀，而且使钢在尺寸不大时，能在油中淬火而不致在表面生成软点。Cr 还使高碳钢不致出现石墨化现象。Cr06 钢通常用于制造低负荷操作的要求锋利刃口的刀具，如外科手术刀具、刮脸刀片、雕刻刀、刮刀和羊毛剪刀片等手动和机动刀具。

Cr2 钢的成分与滚动轴承钢 GCr15 相近，但前者的冶金质量要求比后者差。这些钢均用于做各种切削工具和量具。

9SiCr 钢是在铬钢的基础上发展起来的，由于硅的加入使钢的淬透性进一步提高，回火稳定性有所增加，并增加碳化物的分散度，热处理时变形小。硅还能强化铁素体，提高钢的硬度和强度。铬、硅的共同作用，使它们的良好作用得到充分的发挥，但由于硅的加入，在热加工和热处理时脱碳倾向较大，退火后，钢的硬度较高（≤241HB），不利于切削加工。

9SiCr 钢适宜的淬火加热温度为 860～870℃，从图 8.19 可以看出，经上述温度淬火后，不仅有高的硬度（64HRC 左右），而且弯曲强度和挠度可以获得最佳的配合。淬火加热温度过高（大于 880℃）会使奥氏体晶粒显著长大，淬火后获得粗大的马氏体，并使残余奥氏体量增加。这会使工具的硬度、强度及耐磨性下降，同时还会使工具在使用过程中由于残余奥氏体的逐渐变化而引起不允许的尺寸改变。加热温度过低（小于 850℃）则合金渗碳体不能充分溶入奥氏体，不能充分发挥合金元素的作用，导致淬透性及各项力学性能的降低。此外还可以看到，9SiCr 钢的淬火温度比相应碳含量的 T9 钢大大提高，这是由于加入铬、硅以后使珠光体转变温度（Ac_1）和碳化物在奥氏体中溶解温度升高，同时使晶粒长大温度上移，从而提高了淬火加热温度。

9SiCr 钢具有较高的淬透性，直径不超过 40mm 时在热介质中冷却仍可以得到高的硬度，图 8.20 为这种钢的过冷奥氏体等温转变曲线。

9SiCr 钢适于分级淬火或等温淬火，热处理变形较小，宜于制作形状复杂、变形要小、耐磨性高、低速切削的工具，如板牙、丝锥、钻头、铰刀、齿轮铣刀等。

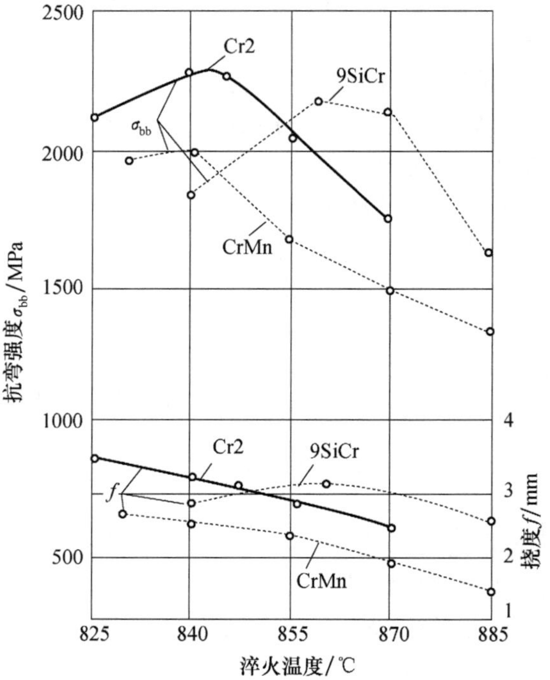

图 8.19　几种合金工具钢的抗弯强度和挠度与淬火温度的关系[16]

经 150℃1h 回火

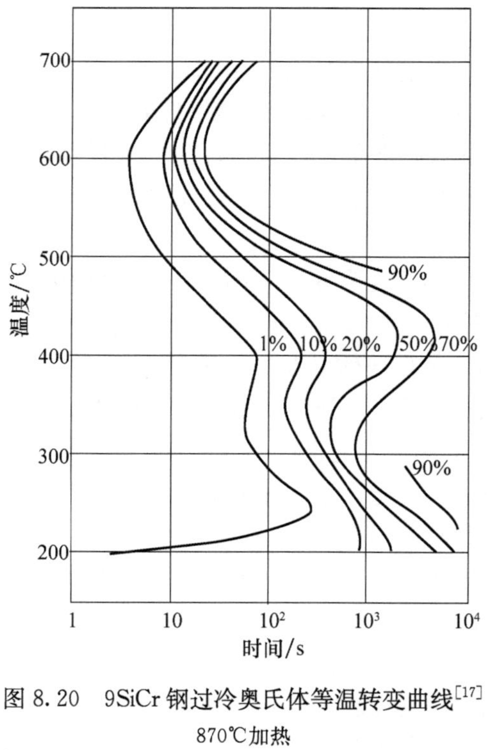

图 8.20　9SiCr 钢过冷奥氏体等温转变曲线[17]

870℃加热

9SiCr 钢在热浴中的分级温度为 180℃左右，停留时间视工件大小而定(一般为 2～5min)。分级淬火减小了钢的淬火应力，故可减小变形和提高力学性能。

工具钢的等温淬火有贝氏体等温淬火和马氏体等温淬火两种，9SiCr 钢通常采用 180～220℃或 160℃(M_s 点以下)左右等温，时间为 30～40min。从图 8.21 可知，9SiCr 钢在 M_s 点附近等温 30～60min，强度、塑性均有较大的提高，硬度仍能保持在 60HRC 以上，而变形减至最小。这与内应力的降低及马氏体的分解有关。

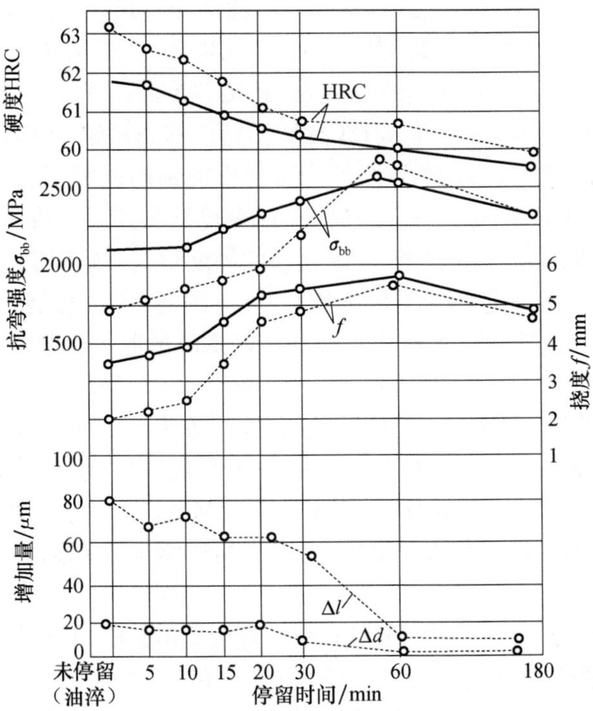

图 8.21 9SiCr 钢力学性能和变形量与等温时间的关系[2]

试样长度 l=50mm，直径 d=15mm，870℃淬火，160℃等温；┈┈表示淬火后，━━表示经 180℃回火后

亦有采用先进行马氏体等温淬火，然后立即进行贝氏体等温淬火的"复合淬火"工艺(图 8.22)。例如，将丝锥先放入温度为 150～160℃的盐浴中停留 1～3min 后立即投入第二盐浴(220℃)，停留 30min，冷却后再在 150～160℃回火 90min，处理后的变形更小，但硬度在低限范围(61～61.5HRC)。另外一种"复合淬火"工艺是先淬火至 M_s 点以下，再升至较高温度进行较短时间的停留，先生成的一部分马氏体能促进以后等温时的奥氏体稳定化，使钢中能有较多的残余奥氏体，使变形减至极小。

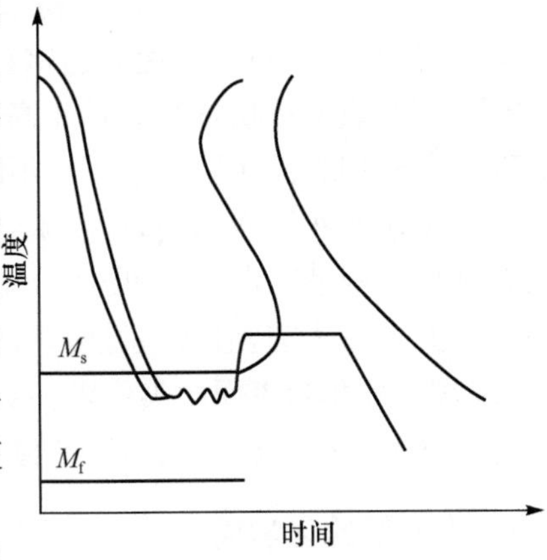

图 8.22 复合淬火工艺

9SiCr 钢的回火温度应在保证硬度要求的前提下，获得更好的力学性能。实验表明，在 175～200℃回火，硬度下降很少，由于淬火马氏体转变为回火马氏体，消除了大部分淬火应力，

从而提高了力学性能。通常情况下低合金工具钢的回火温度总比非合金工具钢偏高一点,回火时间一般取 90min。9SiCr 钢也可以用来做冲模、打印模和搓丝板等。

8.3 高速钢

在高速连续切削或加工强度高、韧性好的材料时,刀具刃部的温度有时可达 500℃以上,此时一般非合金工具钢和合金工具钢已不能胜任,因为它们的红硬性较低。高速钢主要用于制造生产率及耐磨性均高的、在比较高的温度下(600℃左右)能保持其切削性能和耐磨性的工具。因此,高速钢在机械制造工业中被广泛地采用。

高速钢问世于 1900 年,成分与 W18Cr4V 钢相似的高速钢于 1910 年确立,并沿用至今,其基本成分变化不大。1912 年开始了高速钢中加钴的研究工作,认为钴能增加高速钢的红硬性。在 20 世纪 30 年代,高碳高钒高速钢已获得应用。在高碳高钒高速钢中提高了钒含量,并相应地提高了碳含量,因碳化钒的硬度很高,故能切削难加工材料。

W-Mo 系和 Mo 系高速钢从 1930 年以来得到迅速的发展,其代表钢号为 M2(W6Mo5Cr4V2)和 M1(W2Mo9Cr4V2)。由于 W、Mo 的原子半径相似,在高速钢中生成的碳化物相似,而 Mo 的原子量约为 W 的一半,故以 1.0%Mo 代替 1.6%~2.0%W 时,钢的组织与性能很相似。随着热处理工艺与设备的进步,W-Mo 系高速钢淬火温度范围狭窄、脱碳敏感性大等问题都得到较好的克服。20 世纪 50~60 年代,这类高速钢已逐渐取代 W 系高速钢。与此同时,发明了以 M42(W2Mo9Cr4Co8)为代表的超硬高速钢系列,其硬度可达 70HRC,并有高的红硬性,克服了高速钢加工超高强度钢、高温合金等方面的难题。

我国使用最广的是 W 系的 W18Cr4V 钢。直至 20 世纪 80 年代,W-Mo 系高速钢才得到迅速应用,并逐渐占据高速钢生产的主导地位。80 年代,为节约用钼量及改进 W18Cr4V 和 W6Mo5Cr4V2 钢各自存在的缺点,我国自行开发了 W9Mo3Cr4V 钢,并迅速得到推广和应用[18]。各国还根据各自资源条件开展了节约贵重合金元素的钢种研究,如低合金高速钢、无钴高速钢。

20 世纪 70 年代前后,发明了粉末高速钢,解决了常规熔铸方法生产的高速钢中碳化物严重偏析的固有缺陷,并使高速钢在合金化方面有了新的突破。80 年代,物理气相沉积(PVD)TiN 表面涂层成功地用于高速钢刀具的表面改性,提高了刀具的切削速率和生产效率。高速钢表面涂层技术还在不断发展。

在高速钢不断发展的同时,硬质合金、金属陶瓷、立方氮化硼和聚晶金刚石等性能更高的刀具材料相继问世,其中硬质合金发展较快,用量最多。这些新型刀具材料在一些加工领域代替了高速钢,但这些材料在韧性、可成形性能、可磨削性能等方面均不如高速钢,在制造精密、复杂和表面质量要求很高的刀具方面,高速钢仍然是无法取代的。现在全世界用高速钢制造的金属切削刀具产值约占全部金属切削刀具产值的一半[18]。

8.3.1 高速钢的化学成分

我国最早的高速工具钢标准为重 22—52,后来被 YB 12—59 代替,系借鉴苏联相关标准,共列入 6 个含 9%~18%W 的 W 系高速钢,其中一个为高钒高速钢。之后陆续制定了 YB 12—77《高速工具钢技术条件》、YB(T) 2—80《高速工具钢》和 YJG 84《高速工具钢临时供货协议》。在 YB 12—77 中列入了 10 个钢号,其中 3 个 W 系高速钢(包括一个高钒高速钢),2 个国际通用的 W-Mo 系高速钢和 5 个超硬高速钢。其中 5 个超硬高速钢中除 M42 外均为我国自行开发的不含 Co 的超硬高速钢。1988 年制定了国家标准 GB 9943—88《高速工具钢棒技术条件》,标准中列入了 14 个钢号。2008 年根据多年来国内外高速钢发展的情况和国内的使用经验,制定了 GB/T 9943—2008《高速工具钢》,取代了原有的标准,表 8.14 为 GB/T 9943—2008 中列入的高速钢的化学成分。该标准删除了 2 个高 W 含 Co 钢号 W18Cr4VCo5 和 W18Cr4V2Co8,增加了 7 个钢号,共有 19 钢号,还对部分原有钢号的成分进行了修改。其中 W18Cr4V 和 W12Cr4V5Co5 为 W 系高速钢,其他牌号为 W-Mo 系高速钢。在 W 系高速钢中 Mo 含量允许到 1.0%。W、Mo 二者之间的关系是:Mo 含量超过 0.30%时,W 含量要减少,在 Mo 含量超过 0.30%部分,每 1%Mo 代替 1.8%W,在这种情况下,在牌号后面加上“Mo”。高速钢应采用电炉或电渣重熔方法冶炼。高速钢退火状态交货硬度及试样淬火-回火硬度应符合表 8.15 的规定。

表 8.14 GB/T 9943—2008 中列入的高速钢的化学成分 (单位:%)

牌号	C	Mn	Si	Cr	V	W	Mo	Co
W3Mo3Cr4V2	0.95~1.03	≤0.40	≤0.45	3.80~4.50	2.20~2.50	2.70~3.00	2.50~2.90	—
W4Mo3Cr4VSi	0.83~0.93	0.20~0.40	0.70~1.00	3.80~4.40	1.20~1.80	3.50~4.50	2.50~3.50	—
W18Cr4V	0.73~0.83	0.10~0.40	0.20~0.40	3.80~4.50	1.00~1.20	17.20~18.70	—	—
W2Mo8Cr4V	0.77~0.87	≤0.40	≤0.70	3.80~4.50	1.00~1.40	1.40~2.00	8.00~9.00	—
W2Mo9Cr4V2	0.95~1.05	0.15~0.40	≤0.70	3.80~4.50	1.75~2.20	1.50~2.10	8.20~9.20	—
W6Mo5Cr4V2	0.80~0.90	0.15~0.40	0.20~0.45	3.80~4.40	1.75~2.20	5.50~6.75	4.50~5.50	—
CW6Mo5Cr4V2	0.86~0.94	0.15~0.40	0.20~0.45	3.80~4.40	1.75~2.20	5.90~6.70	4.70~5.20	—
W6Mo6Cr4V2	1.00~1.10	≤0.40	≤0.45	3.80~4.50	2.30~2.60	5.90~6.70	5.50~6.50	—
W9Mo3Cr4V	0.77~0.87	0.20~0.40	0.20~0.40	3.80~4.40	1.30~1.70	8.50~9.50	2.70~3.30	—
W6Mo5Cr4V3	1.15~1.25	0.15~0.40	0.20~0.45	3.80~4.50	2.70~3.20	5.90~6.70	4.70~5.20	—
CW6Mo5Cr4V3	1.25~1.32	0.15~0.40	≤0.70	3.75~4.50	2.70~3.20	5.90~6.70	4.70~5.20	—
W6Mo5Cr4V4	1.25~1.40	≤0.40	≤0.45	3.80~4.50	3.70~4.20	5.20~6.00	4.20~5.00	—
W6Mo6Cr4V2Al	1.05~1.15	0.15~0.40	0.20~0.60	3.80~4.40	1.75~2.20	5.50~6.75	4.50~5.50	加入 Al

续表

牌号	C	Mn	Si	Cr	V	W	Mo	Co
W12Cr4V5Co5	1.50～1.60	0.15～0.40	0.15～0.40	3.75～5.00	4.50～5.25	11.75～13.00	—	4.75～5.25
W6Mo5Cr4V2Co5	0.87～0.95	0.15～0.40	0.20～0.45	3.80～4.50	1.70～2.10	5.90～6.70	4.70～5.20	4.50～5.00
W6Mo5Cr4V3Co8	1.23～1.33	≤0.40	≤0.70	3.80～4.50	2.70～3.20	5.90～6.70	4.70～5.30	8.00～8.80
W7Mo4Cr4V2Co5	1.05～1.15	0.20～0.60	0.15～0.50	3.75～4.50	1.75～2.25	6.25～7.00	3.25～4.25	4.75～5.75
W2Mo9Cr4VCo8	1.05～1.15	0.15～0.40	0.15～0.65	3.50～4.25	0.95～1.35	1.15～1.85	9.00～10.00	7.75～8.75
W10Mo4Cr4V3Co10	1.20～1.35	≤0.40	≤0.45	3.80～4.50	3.00～3.50	9.00～10.00	3.20～3.90	9.50～10.50

注:各钢中的S含量不大于0.030%、P含量不大于0.030%,电渣钢的Si含量下限不限。为改善钢的切削性能,S含量可规定为0.06%～0.15%。W6Mo6Cr4V2Al钢中含0.80%～1.20%Al。钢中残余Cu含量不大于0.25%、残余Ni含量不大于0.30%。

表8.15　高速钢退火状态交货硬度及试样淬火-回火硬度的规定(GB/T 9943—2008)

牌号	退火态交货硬度HBW	试样热处理制度及淬回火制度			
		淬火温度/℃		回火温度/℃	硬度HRC
		盐浴炉	箱式炉		
W3Mo3Cr4V2	≤255	1180～1200	1180～1200	540～560	≥63
W4Mo3Cr4VSi	≤255	1170～1190	1170～1190	540～560	≥63
W18Cr4V	≤255	1250～1270	1260～1280	550～570	≥63
W2Mo8Cr4V	≤255	1180～1200	1180～1200	550～570	≥63
W2Mo9Cr4V2	≤255	1190～1210	1200～1220	540～560	≥64
W6Mo5Cr4V2	≤255	1200～1220	1210～1230	540～560	≥64
CW6Mo5Cr4V2	≤255	1190～1210	1200～1220	540～560	≥64
W6Mo6Cr4V2	≤262	1190～1210	1190～1210	550～570	≥64
W9Mo3Cr4V	≤255	1200～1220	1220～1240	540～560	≥64
W6Mo5Cr4V3	≤262	1190～1210	1200～1220	540～560	≥64
CW6Mo5Cr4V3	≤262	1180～1200	1190～1210	540～560	≥64
W6Mo5Cr4V4	≤269	1200～1220	1200～1220	550～570	≥64
W6Mo6Cr4V2Al	≤269	1200～1220	1230～1240	550～570	≥65
W12Cr4V5Co5	≤277	1220～1240	1230～1250	540～560	≥65
W6Mo5Cr4V2Co5	≤269	1190～1210	1200～1220	540～560	≥64
W6Mo5Cr4V3Co8	≤285	1170～1190	1170～1190	550～570	≥65
W7Mo4Cr4V2Co5	≤269	1180～1200	1190～1210	540～560	≥66
W2Mo9Cr4VCo8	≤269	1170～1190	1180～1200	540～560	≥66
W10Mo4Cr4V3Co10	≤285	1220～1240	1220～1240	550～570	≥66

注:退火+冷拉态的硬度允许比退火态增加50HBW。淬火前的预热温度为800～900℃。淬火介质为油或盐浴。回火温度为550～570℃时,回火2次×1h;回火温度为540～560℃时,回火2次×2h。

虽然高速钢在成分上有很多差异，但主要的合金元素是 W、Mo、Cr、V 和 Co。在文献中，高速钢常以主要合金元素的百分数表示，如 W18Cr4V 以 18-4-1 或 18-0-4-1 表示，W6Mo5Cr4V2 以 6-5-4-2 表示，W6Mo5Cr4V2Co5 以 6-5-4-2-5 表示。表 8.16～表 8.19 分别为苏联、美国、日本和瑞典的高速钢钢号的主要化学成分。

表 8.16　苏联 ГОСТ 标准高速工具钢钢号的化学成分(ГОСТ19265(1973))[2,19]

(单位：%)

钢号	C	Cr	Mo	W	V	Co	Si	Mn	P	S
P18	0.70～0.80	3.8～4.4	≤1.00	17.0～18.5	1.0～1.4	≤0.50	0.20～0.50	0.20～0.50	≤0.03	≤0.030
P12	0.80～0.90	3.1～3.6	≤1.00	12.0～13.0	1.5～1.9	≤0.50	0.20～0.50	0.20～0.50	≤0.03	≤0.030
P9	0.85～0.95	3.8～4.4	≤1.00	8.5～10.0	2.0～2.6	≤0.50	0.20～0.50	0.20～0.50	≤0.03	≤0.030
P12Φ3	0.94～1.04	3.5～4.0	≤1.00	12.0～13.5	2.5～2.9	≤0.50	0.20～0.50	0.20～0.50	≤0.03	≤0.030
P18Φ2K5	0.85～0.95	3.8～4.4	≤1.00	17.0～18.5	1.8～2.4	5.0～6.0	0.20～0.50	0.20～0.50	≤0.03	≤0.030
P6M5	0.80～0.88	3.8～4.4	5.0～5.5	5.5～6.5	1.7～2.1	≤0.50	0.20～0.50	0.20～0.50	≤0.03	≤0.030
P6M5K5	0.80～0.88	3.8～4.3	4.8～5.8	6.0～7.0	1.7～2.2	4.8～5.3	0.20～0.50	0.20～0.50	≤0.03	≤0.030
P9M4K8Φ	1.0～1.1	3.0～3.6	3.8～4.3	8.5～9.6	2.1～2.5	7.5～8.5	0.20～0.50	0.20～0.50	≤0.03	≤0.030

注：P12Φ3 钢非 ГОСТ 标准高速工具钢，其化学成分来自技术条件(ТУ)。

表 8.17　美国 ASTM 标准高速工具钢部分钢号的化学成分(ASMT A600,2004)[19]

(单位：%)

钢号	C	Cr	Mo	W	V	Co	Si	Mn	P	S
T1	0.65～0.80	3.75～4.50	—	17.25～18.75	0.90～1.30	—	0.20～0.40	0.10～0.40	≤0.030	≤0.030
T2	0.80～0.90	3.75～4.50	≤1.00	17.5～19.0	1.80～2.40	—	0.20～0.40	0.20～0.40	≤0.030	≤0.030
T4	0.70～0.80	3.75～4.50	0.40～1.00	17.50～19.00	0.80～1.20	4.25～5.75	0.20～0.40	0.20～0.40	≤0.030	≤0.030
T5	0.75～0.85	3.75～5.00	0.50～1.25	17.5～19.0	1.80～2.40	—	0.20～0.40	0.20～0.40	≤0.030	≤0.030
T6	0.75～0.85	4.00～4.75	0.40～1.00	18.5～21.0	1.50～2.10	11.0～13.0	0.20～0.40	0.20～0.40	≤0.030	≤0.030
T15	1.50～1.60	3.75～5.00	≤1.00	11.75～13.0	4.50～5.25	4.75～5.25	0.15～0.40	0.15～0.40	≤0.030	≤0.030
M1	0.78～0.88	3.50～4.00	8.20～9.20	1.40～2.10	1.00～1.35	—	0.20～0.50	0.15～0.40	≤0.030	≤0.030

续表

钢号	C	Cr	Mo	W	V	Co	Si	Mn	P	S
M2	0.78～0.88	3.75～4.50	4.50～5.50	5.50～6.75	1.75～2.20	—	0.20～0.45	0.15～0.40	≤0.030	≤0.030
M2(高C)	0.95～1.05	3.75～4.50	4.50～5.50	5.50～6.75	1.75～2.20	—	0.20～0.45	0.15～0.40	≤0.030	≤0.030
M3-1级	1.00～1.10	3.75～4.50	4.50～6.50	5.00～6.75	2.25～2.75	—	0.20～0.45	0.15～0.40	≤0.030	≤0.030
M3-2级	1.15～1.25	3.75～4.50	4.50～6.50	5.00～6.75	2.75～3.25	—	0.20～0.45	0.15～0.40	≤0.030	≤0.030
M4	1.25～1.40	3.75～4.75	4.25～5.50	5.25～6.50	3.75～4.50	—	0.20～0.45	0.15～0.40	≤0.030	≤0.030
M10	0.84～0.94	3.75～4.50	7.75～8.50	—	1.80～2.20	—	0.20～0.45	0.10～0.40	≤0.030	≤0.030
M35	0.80～0.85	3.90～4.40	4.75～5.25	6.15～6.65	1.75～2.15	4.75～5.25	0.20～0.40	0.20～0.40	≤0.030	≤0.030
M36	0.80～0.90	3.75～4.50	4.50～5.50	5.50～6.50	1.75～2.25	7.75～8.75	0.20～0.45	0.15～0.40	≤0.030	≤0.030
M41	1.05～1.15	3.75～4.50	3.25～4.25	6.25～7.00	1.75～2.25	4.75～5.75	0.15～0.50	0.20～0.60	≤0.030	≤0.030
M42	1.05～1.15	3.50～4.25	9.00～10.0	1.15～1.85	0.95～1.35	7.75～8.75	0.15～0.65	0.15～0.40	≤0.030	≤0.030
M46	1.22～1.30	3.70～4.20	8.00～8.50	1.90～2.20	3.00～3.30	7.80～8.80	0.40～0.65	0.20～0.40	≤0.030	≤0.030
M48	1.42～1.52	3.50～4.00	4.75～5.50	9.50～10.50	2.75～3.25	8.00～10.0	0.15～0.40	0.15～0.40	≤0.030	≤0.030
M50	0.78～0.88	3.75～4.50	3.90～4.75	—	0.80～1.25	8.00～10.0	0.15～0.40	0.15～0.40	≤0.030	≤0.030

注:M35钢的化学成分来自美国AISI、SAE高速钢标准。

表 8.18　日本JIS标准高速工具钢部分钢号的化学成分(JIS G44032006)[19]

(单位:%)

钢号	C	Cr	Mo	W	V	Co	Si	Mn	P	S
SKH2	0.73～0.83	3.80～4.50	—	17.20～18.70	1.00～1.20	—	≤0.45	≤0.45	≤0.03	≤0.030
SKH3	0.73～0.83	3.80～4.50	—	17.00～19.00	0.80～1.20	4.50～5.50	≤0.45	≤0.45	≤0.03	≤0.030
SKH4	0.73～0.83	3.80～4.50	—	17.00～19.00	1.00～1.50	9.00～11.00	≤0.45	≤0.45	≤0.03	≤0.030
SKH10	1.45～1.60	3.80～4.50	—	11.50～13.50	4.20～5.20	4.20～5.20	≤0.45	≤0.45	≤0.03	≤0.030
SKH50	0.77～0.87	3.50～4.50	8.00～9.00	1.40～2.00	1.00～1.40	—	≤0.70	≤0.45	≤0.03	≤0.030

续表

钢号	C	Cr	Mo	W	V	Co	Si	Mn	P	S
SKH51	0.80～0.88	3.80～4.50	4.70～5.20	5.90～6.70	1.70～2.10	—	≤0.45	≤0.40	≤0.03	≤0.030
SKH52	1.00～1.10	3.80～4.50	5.50～6.50	5.90～6.70	2.30～2.60	—	≤0.45	≤0.40	≤0.03	≤0.030
SKH53	1.15～1.25	3.80～4.50	4.70～5.20	5.90～6.70	2.70～3.20	—	≤0.45	≤0.40	≤0.03	≤0.030
SKH54	1.25～1.40	3.80～4.50	4.20～5.00	5.20～6.00	3.70～4.20	—	≤0.45	≤0.40	≤0.03	≤0.030
SKH56	0.85～0.95	3.80～4.50	4.70～5.20	5.90～6.70	1.70～2.10	7.00～9.00	≤0.45	≤0.40	≤0.03	≤0.030
SKH59	1.05～1.15	3.50～4.50	9.00～10.00	1.20～1.90	0.90～1.30	7.50～8.50	≤0.70	≤0.40	≤0.03	≤0.030

表 8.19　瑞典联合钢公司(ASSAB)高速工具钢化学成分[19]　　(单位:%)

钢号	C	Cr	Mo	W	V	Co	P	S	瑞典 SS 标准近似钢号
HSP-6	0.80	4.50	1.20	18.50	1.60	5.50	≤0.030	≤0.030	2754
HSP-11	0.70	4.50	0.30	18.50	1.20	0.50	—	—	2750
HSP-15	1.25	4.10	3.20	9.00	3.10	9.50	≤0.030	≤0.030	2736
HSP-16	1.20	4.80	3.20	7.30	3.30	5.30	—	—	—
HSP-17	1.40	4.20	3.50	9.00	3.90	12.50	—	—	—
HSP-41	0.85	4.00	5.00	6.50	2.00	—	≤0.030	≤0.030	2722
HSP-42	0.90	4.00	3.00	6.10	1.90	—	≤0.030	≤0.030	2724

注:表中主要元素含量为平均值。ASSAB—Associated Swedish Steel AB。

8.3.2　高速钢的组织

高速钢属于高合金莱氏体钢,其各类钢的组织很相似,现通过图 8.23 分析高速钢的组织。图 8.23 为含 18%W 及 4%Cr 时 Fe-W-Cr-C 系统的伪二元状态图。在此图中未考虑到 V 的影响,V 在 18-4-1 钢中对其组织没有重大影响,但 V 是扩大铁素体区域的元素,能生成比较稳定的碳化物 VC 而结合了一部分碳,因而使高温 δ 相的范围扩大,h、i、j 点向右移。

在碳含量接近高速钢的情况下开始凝固,首先析出树枝状的 $\delta(\alpha)$ 相,温度继续降低时将发生三相包晶反应 $L+\delta \longrightarrow \gamma$。温度降至 hj 线以下,将进行四相包晶反应 $L+\delta \longrightarrow \gamma+C$(C 指碳化物)。根据相律,这一反应将在一定温度范围内进行,但此温度范围很窄。由于 L 和 δ 相被包晶反应生成的 γ 相隔开,四相包晶反应是通过原子在 γ 相中的扩散进行的,故速率很慢。只有冷却过程以极缓慢的速率进行时,才接近平衡条件。四相包晶反应的结果将有两种情况出现:

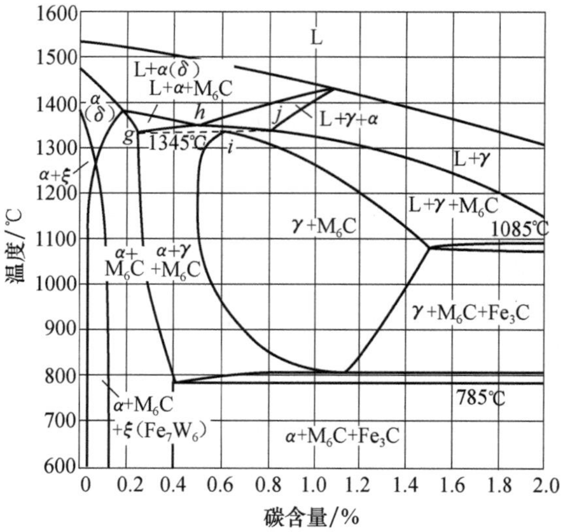

图 8.23　含 18%W 及 4%Cr 时 Fe-W-Cr-C 系统的伪二元状态图

上部 i 点附近的虚线为最初的曲线[20]，实线为校正后的曲线[21]

(1) 含碳较少时(i 点的左边)，四相包晶反应结束时，液相消失，过剩相为固相 δ。继续缓慢冷却时，固相 δ 将发生反应 $\delta \longrightarrow \gamma + C$，生成物称为 δ 共析体，在显微镜下，此组织似细片状珠光体。不同之处是，细小片状的碳化物分布在 γ 基体中。δ 共析体是 $\gamma+C$ 的两相组织，弥散度很大，经硝酸酒精腐蚀后呈黑色，因此又常称为黑色组织。δ 共析体的生成机理设想如下：δ 相中比较贫碳，但溶有能扩大铁素体区域的元素 W 比较多。温度降低时，在 δ 相中碳的溶解度降低。由于碳的扩散速率很快，首先在 γ 和 δ 的边界析出富有 W 的碳化物 M_6C。由于 W 的扩散速率很慢，碳化物的长大迅速停止，其邻近区域的 δ 相由于促进铁素体化的钨含量的减少而转变为 γ。这样又会促使相邻的 δ 相区富有 W 并析出新的碳化物，反应继续进行。生成 δ 共析体的过程受到 W 原子在 δ 相中扩散速率的影响。如果冷却速率比较慢，δ 相可以全部转变为 δ 共析体，如果冷却速率比较快，这种转变将不完全。图 8.24(a)系含 0.67%C 的 W18Cr4V 钢自 1350℃在油中冷却时的组织，δ 相只有一部分沿晶界转变成 δ 共析体；图 8.24(b)为空冷时的情况，此时，δ 相全部转变 δ 共析体。

在实际生产条件下，冷却速率不是这样缓慢的，尤其是钢锭的外层或钢锭尺寸不大时，包晶反应一般总是进行得不完全。因此，凝固以后的组织一般由共晶体、δ 相和 γ 相组成。共晶体和 δ 相被 γ 相隔开。

(2) 含碳较高时(i 点的右边)，包晶反应的结果是：δ 相消失，过剩的 L 相在冷却过程中发生共晶反应 $L \longrightarrow \gamma + C$，生成莱氏体。

钢液凝固后继续冷却，由奥氏体(γ 相)内析出 M_6C 型碳化物(二次)，它常常析出在附近的共晶碳化物上，在 $\gamma + M_6C$ 区内，随着温度的降低，二次碳化物的量不断增加。这一过程一直进行到包共析反应区($\gamma + M_6C \longrightarrow \alpha + Fe_3C$)，$\gamma$ 相消失。

必须指出，图 8.23 只是近似的，多数研究者并未发现钢中有 Fe_3C 存在，但图 8.23 的高温区域部分对于分析高速钢的组织还是有益的。

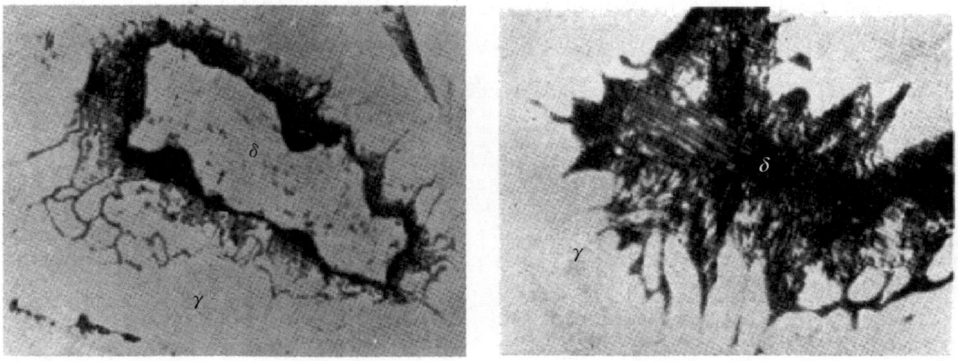

(a) (b)

图 8.24 含 0.67%C 的 W18Cr4V 钢自 1350℃冷却生成的 δ 共析体[21] 2000×

钢的成分:18.3%W、3.90%Cr、1.35%V

(a) 油冷;(b) 空冷

上述转变过程与冷却速率关系极大。含 0.73%C 的 W18Cr4V 钢的试样自 1350℃在水中冷却时,在试样的内部生成一定数量的 γ 相,但没有二次碳化物的析出(图 8.25(a))。同样的试样在油中冷却以后,先生成的 γ 相中将析出二次碳化物,部分 δ 相转变为 γ 相(图 8.25(b))。

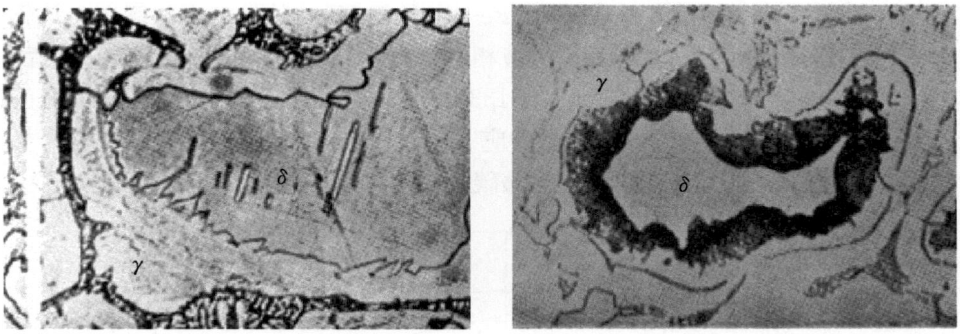

(a) (b)

图 8.25 含 0.73%C 的 W18Cr4V 钢自 1350℃冷却后试样心部组织[21] 1200×

钢的成分:18.1%W、4.22%Cr、1.51%V

(a) 水冷;(b) 油冷

至于 δ 相,则随冷却条件的不同,或保留下来,或转变为 γ 相,或转变为 δ 共析体。γ 相还可以分解为珠光体或者贝氏体,如果冷却速率比较快,奥氏体也可以转为马氏体和残余奥氏体。这两种组织经硝酸酒精溶液浸蚀后观察时呈白亮色,一般为“白色组织”。因此,高速钢的铸态组织很复杂,其中可能有 δ 相、δ 共析体(黑色组织)、莱氏体(鱼骨状组织)、珠光状、贝氏体、马氏体和残余奥氏体(白色组织)及碳化物,在显微镜下不易完全区分。

图 8.26(a)为 W18Cr4V 钢浇铸后在冷却速率较快的条件下形成的铸态组织。由于冷却速率较快,形成的共晶莱氏体较小。图中,黑色区域的心部系 δ 共析体,为细与极细珠光体的混合组织,外缘是由含碳较高的 γ 相分解而得,弥散度较 δ 共析体大,所以更易

受腐蚀。这部分黑色区域有时统称为黑色组织。在共晶莱氏体附近的白色区域是残余奥氏体及隐针马氏体。图 8.26(b)为 W18Cr4V 钢浇铸后在冷却速率较慢的条件下形成的铸态组织。由于冷却速率较慢,形成的共晶莱氏体较为粗大,黑色区域组织也较大,而马氏体及残余奥氏体区域显著缩小。

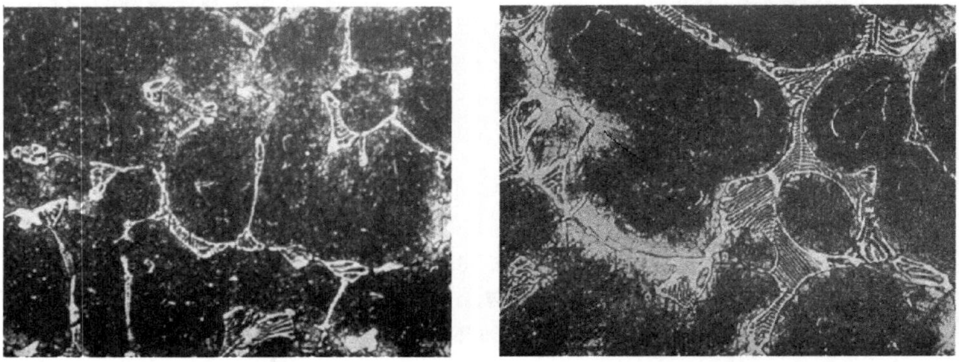

(a)　　(b)

图 8.26　W18Cr4V 钢的铸态组织[14]　500×

ϕ75mm 的铸造钻头

由于 W6Mo5Cr4V2 钢得到了广泛的应用,许多学者对其凝固过程进行了研究。图 8.27 为含 6%W、5%Mo、4%Cr、2%V 时 Fe-W-Mo-Cr-V-C 的伪二元状态图。该钢的凝固过程首先是[18] $L \longrightarrow \delta(\alpha)$,$\delta$ 铁素体从液相中析出,反应开始温度为 1435℃;然后,δ 铁素体与钢液发生包晶反应 $L+\delta \longrightarrow \gamma$,自 1330℃开始生产奥氏体;残留在枝晶之间碳与合金元素含量较高的剩余钢液发生共晶反应 $L \longrightarrow \gamma + M_6C$,生成莱氏体,反应开始温度约为 1240℃。但在此之前已有 MC 先共晶碳化物的析出,其开始析出温度为 1260℃。

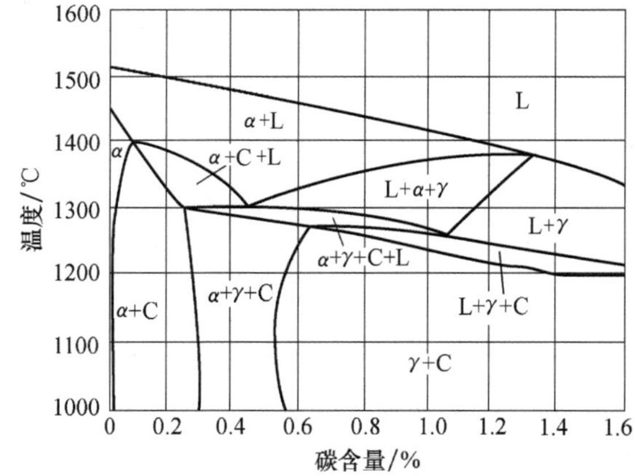

图 8.27　含 6%W、5%Mo、4%Cr、2%V 时 Fe-W-Mo-Cr-V-C 的伪二元状态图[1]

C 为碳化物

通常包晶反应进行不完全,枝晶内部仍保留有 δ 铁素体,外层是奥氏体,最后这些初生的晶粒被共晶反应生成的莱氏体网包围。在以较快的速率冷却时,晶粒心部的 δ 铁素体发生共析反应 $\delta \longrightarrow \gamma + M_6C$,在比较高的温度下,这一反应进行得较快。

上述δ相和δ共析体不仅在高速钢铸造组织中可以出现，高速钢的锻材或轧材在热处理过烧时也可能出现，在钢中碳含量较低或者表面有脱碳现象时更容易出现。

冷却速率的快慢还会影响 W-Mo 系高速钢的共晶碳化物的类型。在冷却速率较快时，共晶碳化物将由近平衡态的 M_6C 变为亚稳态的 M_2C。对于 M2 钢，随冷却速率的加快，共晶碳化物将由 M_6C 同时变为 M_6C 和 M_2C，最后全部变为 M_2C。亚稳定的碳化物 M_2C 在以后的高温加热时会发生分解 $M_2C+\gamma \longrightarrow M_6C+MC$[22]。

大量莱氏体的存在是铸态高速钢组织的重要特征，对钢的质量和性能有很大的影响。它们的类型、含量和形貌等主要受钢的成分和钢水凝固时冷却速率的控制。莱氏体通常用共晶碳化物的类型来命名，如 M_6C 莱氏体、M_2C 莱氏体和 MC 莱氏体，其特点如下[18]：

(1) M_6C 莱氏体。M_6C 莱氏体由 M_6C 共晶碳化物和奥氏体组成，在金相显微镜和扫描电子显微镜下观察，其形貌像鱼骨，中间有一条主脊骨，常称为“鱼骨状共晶碳化物”(图 8.28)。这种莱氏体主要存在于 W 系和钨含量较高的 W-Mo 系钢中，钨含量越高，越倾向于 M_6C 莱氏体的形成，M_6C 中的钨含量也越高，它是 W18Cr4V 钢中的主要莱氏体，W9Mo3Cr4V 钢中也有相当含量存在。钢水凝固冷却速率越慢，越有利于 M_6C 莱氏体的形成，长得也越粗大。

(2) M_2C 莱氏体。M_2C 莱氏体由 M_2C 共晶碳化物和奥氏体组成，存在于 Mo 系和 W-Mo 系高速钢中。M_2C 莱氏体的形貌与 M_6C 莱氏体的显著差异是没有中间的脊骨，厚度较薄，多呈片层状，与奥氏体相间排列组成了各种形态的 M_2C 共晶体。

W-Mo 系钢中 M_2C 共晶碳化物比较平直，其 M_2C 莱氏体的形态呈片层状、羽毛状、扇状。钢中的钼含量高，钨含量低，有利于 M_2C 的生成。碳和钒也能促进 M_2C 生成。在 M2 钢中主要共晶碳化物是 M_2C，仅在钢锭心部才能找到 M_6C。钢液凝固速率快时有利于 M_2C 生成，慢时则有利于 M_6C 的生成。图 8.29 为 W7Mo4Cr4V 钢中 M_2C 莱氏体。

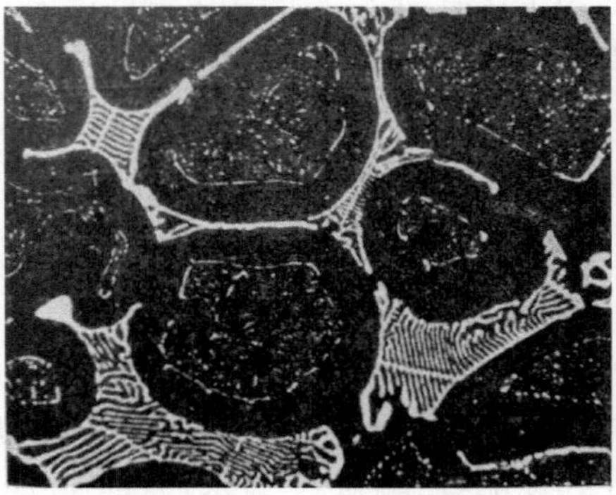

图 8.28 W18Cr4V 钢的铸造组织[14] 500×
经淬火-回火后鱼骨状莱氏体未能消除

图 8.29 W7Mo4Cr4V 钢中的 M_2C 莱氏体(SEM)[18] 200×

Mo 系高速钢中，M_2C 共晶碳化物的形态与 W-Mo 系钢有所不同。M42 钢中的 M_2C 型碳化物不太平直，稍有弯曲，有的片很短小，还有呈点状和块状的，它们与奥氏体组成的共晶莱氏体形态有羽毛状、菊花状等，还有片层状和迷宫状等。图 8.30 为 M42 (W2Mo9Cr4VCo8)钢的 M_2C 莱氏体。

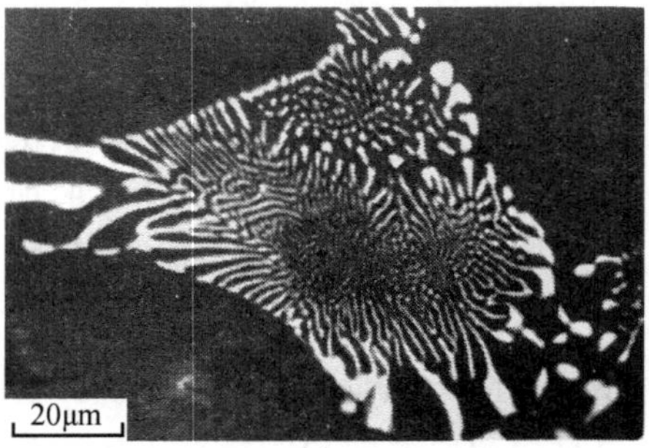

图 8.30　W2Mo9Cr4VCo8 钢中的 M_2C 莱氏体(SEM)[18]

(3) MC 莱氏体。在高钒钢中还可能存在 MC 莱氏体，不过凝固时产生的 MC 更多的是先共晶碳化物，于共晶反应前从液相中单独析出。有时在过烧的淬火组织中偶尔能见到 MC 莱氏体。

由于高速钢铸态组织中有粗大的、很脆的莱氏体组织存在，因而力学性能比经过压力加工的要低。例如，铸造高速钢在淬火-回火后其强度为 1200～1800MPa，而当经过压力加工，莱氏体被打碎且碳化物分布均匀时，其强度可提高到 2700～3200MPa。因此，生产上直接用铸造高速钢制造工具是比较少见的。但铸造高速钢制造工具也有其优点：可以利用高速钢切屑和废料进行生产；它的制造过程较简单，只需要小量的表面光整工作；与采用锻坯或轧材经切削工成形的方法相比，可降低材料消耗达 30%～50%；在钢的组织中存在共晶体网，可以提高钢的耐磨性，在主要需要耐磨性和切削量不大的情况下，铸造工具的寿命可以超过锻造制成的工具，但在重切削条件下，铸造的工具强度低，不如锻造的工具。在铸造时，通过提高冷却速率、加入变质剂以细化莱氏体网或通过适当的热处理，如高温扩散处理(又称消除莱氏体淬火)以破碎莱氏体网等可以达到提高铸造工具力学性能的效果。

铸态共晶碳化物在高温加热时其形态和性能会发生变化。

M_6C 共晶碳化物是稳定的碳化物，在高温受热时不发生分解，但原始碳化物表面积大，将聚集长大，以减少表面能。加热温度越高，保温时间越长，碳化物就会长得越大，接近熔点加热时会导致粗大碳化物的角状化(图 8.31)。W18Cr4V 钢铸态碳化物经 1260℃×1h 或 1300℃×15min 加热，部分 M_6C 便粗化成大块角状碳化物。合金元素会影响 M_6C 铸态共晶碳化物的变化，如钢中加入钼，则 M_6C 中也含有钼，会使其长大倾向增大。由图 8.32 可以看出，随温度的升高和时间的延长，角状碳化物的含量增加。

亚稳态的 M_2C 合金碳化物在高温加热时不稳定，会发生分解：$M_2C+\gamma \longrightarrow M_6C+MC$，生成的产物是稳定的。这种分解使碳化物细化成颗粒状，分布均匀，有利于性能的改善。

M_2C 分解时，M_6C 在 M_2C 和 γ 相的界面上成核，M_6C 中含有较多的钨、钼和铁，其中的钨、钼主要来自 M_2C，铁来自 γ 相。随着 M_6C 的生长，M_2C 中的钒和碳含量上升，促使 MC 析出。MC 较细小，往往被 M_6C 包围，形成 M_6C+MC 的复合碳化物。如果 M_2C 分解不完全，就会出现 $M_6C+MC+M_2C$ 三种碳化物的复合颗粒。复合颗粒尺寸较大，形状不规则，很脆，易裂。如果加热温度过高，铸态 M_2C 共晶碳化物不仅迅速分解，而且随即粗化，如 M2 钢于 1200℃加热 2h 后，M_2C 就会变成粗块状的 M_6C 型碳化物，使钢的质量严重变差。

铸态高速钢中这种大块的和角状的碳化物在以后热加工时没有什么变化，在以后淬火加热时也不溶解。它的存在使淬火加热时碳化物溶解不足，钢的红硬性降低，加热时容易过热，淬火时容易引起工具开裂，力学性能降低。在高速钢中，角状碳化物不仅在铸态及以后的退火状态下可能出现，而且也可能在淬火加热时形成。

图 8.31　P18 钢中的角状碳化物[7]　450×

锻坯尺寸 ϕ170mm，自正常温度淬火

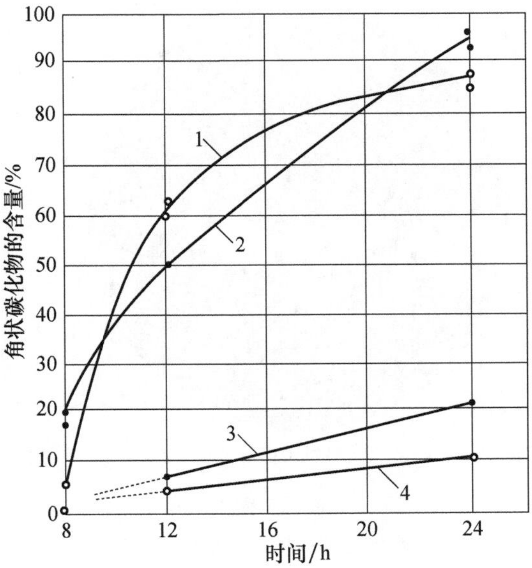

图 8.32　高速钢中角状碳化物形成的含量与加热温度和时间的关系[23]

1—18-4-1(1320℃)；2—6-5-4-2(1230℃)；3—6-5-4-2(1150℃)；4—18-4-1(1230℃)

大块和角状碳化物容易在大钢锭中出现，因为钢水从液相线到固相线之间，冷却速率过慢，碳化物聚集成大块时形成了角状碳化物。为了避免在钢材中出现多角形碳化物，冶炼时可采用较小的钢锭(250～300kg)或扁锭。此外，应使在浇铸后能较快地冷却至1000～900℃。

在 GB/T 9943—2008《高速工具钢》中将 GB 4462—84《高速工具钢大块碳化物评级图》作为该标准的附录 A，并规定：根据需方要求可对供货状态的产品进行大块角状碳化物的检查。该评级图将大块角状碳化物和大颗粒碳化物统称为大块碳化物，并分为 W 系和 W-Mo 系两类评级图。

W 系高速工具钢大块角状碳化物评级图分为 A 列(分散系列)和 B 列(集中系列)，各分为 4 个级别，各级别的大块角状碳化物最大尺寸应符合表 8.20 的规定。钨-钼系高速工具钢是在均匀细小的碳化物基体上分散分布着大颗粒碳化物，分为 6 个级别，各级别大颗粒碳化物的最大尺寸应符合表 8.20 的规定。

表 8.20　高速工具钢大块角状碳化物最大尺寸(GB/T 9943—2008)　(单位：μm)

级别	1	2	3	4	5	6
W 系高速工具钢 A 列(分散系列)	18	21	23	25	—	—
W 系高速工具钢 B 列(集中系列)	16	18	21	23	—	—
W-Mo 系高速工具钢	—	6.1	8.3	12.5	15.6	22.1

图 8.33 为 W 系高速钢大块角状碳化物的 B 列 3 级，图 8.34 为 W-Mo 系高速钢大颗粒碳化物的 4 级。

B列3级

图 8.33　W 系高速钢大块角状碳化物评级图　500×

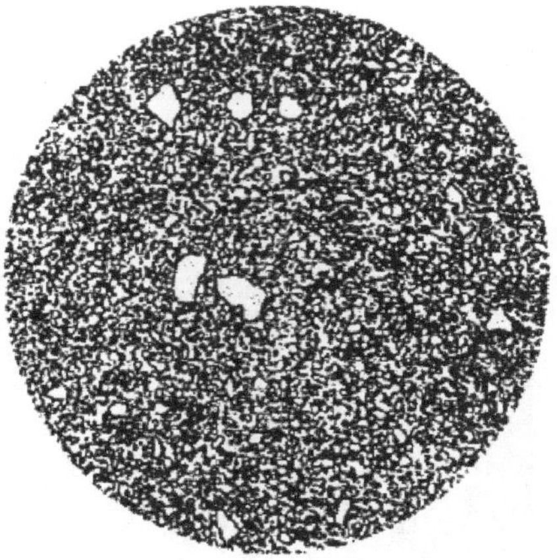

4级

图 8.34　W-Mo 系高速钢大颗粒碳化物评级图　500×

8.3.3　碳及合金元素对高速钢组织和性能的影响

高速钢能得到良好的性能取决于碳与合金元素的恰当配合。

碳　高速钢的碳含量变动范围为 0.7%～1.60%，加入碳的目的是能保证与加入的合金元素生成碳化物，这些碳化物在淬火加热时能部分溶解，从而使淬火后的马氏体得到必需的硬度。如果钢中的碳含量偏低，会使淬火后马氏体的碳含量不足，并使在淬火加热时出现 δ 相，因为所有碳化物生成元素都是扩大铁素体区域的元素，这样在淬火后达不到要求的硬度。图 8.35 所示 18-4-1 钢的碳含量在 0.52%～0.78%内变动时，对淬火和回火后硬度的影响。18-4-1 钢的碳含量以 0.7%～0.8%为宜。

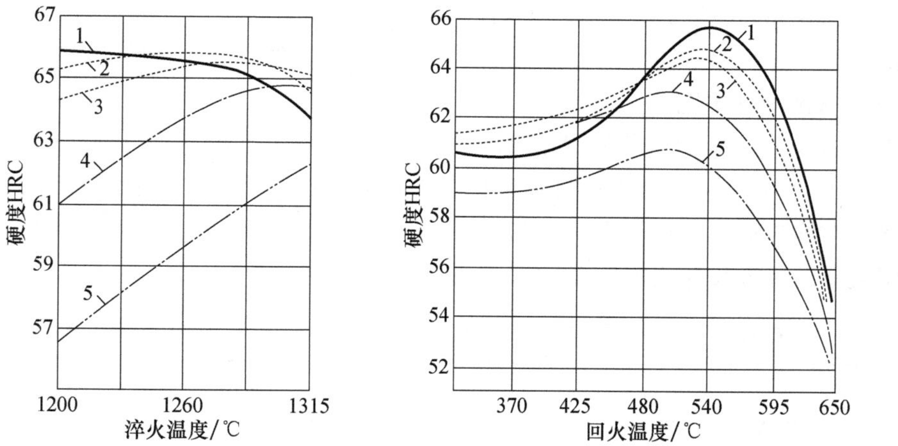

图 8.35　淬火温度及回火温度(1290℃淬火)对不同碳含量的 18-4-1 钢硬度的影响[1]

1—0.78%C；2—0.72%C；3—0.67%C；4—0.52%C；5—0.52%C

20 世纪 30 年代开发高钒高速钢时，已注意到，在提高钒含量时，必须相应地增加碳含量。之后不少学者探讨高速钢中碳化物形成元素加入量与钢中碳含量之间的匹配关系[24]。M41钢的研制者之一 Steven 在前人工作的基础上，通过62个试验成分的验证后，于1964年发表了对钢中全部碳化物形成元素进行配碳计算的方法，并称之为“平衡碳计算法”[25]，即为了得到最佳的二次硬度，碳与碳化物形成元素存在的比例关系均按回火时形成的碳化物进行计算，如表8.21所示。平衡碳量以 C_p 表示，可按下式计算：

$$C_p(\%) = 0.033w_W + 0.063w_{Mo} + 0.06w_{Cr} + 0.20w_V \tag{8.1}$$

式中，w 代表合金元素的质量分数(%)。

表8.21　合金碳化物中合金元素与碳的定比关系[25]

合金元素	碳化物形式	1%合金元素所需的碳量/%
V	VC(按 V_4C_3 计算)	0.200
W	Fe_4W_2C	0.033
Mo	Fe_4Mo_2C	0.063
Cr	$Cr_{23}C_6$	0.060
Cr	Cr_7C_3	0.099

式(8.1)的理论解释是：如果钢中马氏体回火二次硬化时析出相为 V_4C_3、W_2C、Mo_2C，而退火态碳化物为 V_4C_3、Fe_4W_2C、Fe_4Mo_2C，则对于V、W、Mo而言，开始态和终了态合金碳化物的原子比相同。在通用高速钢中，Cr在退火态以 $Cr_{23}C_6$ 存在，故平衡碳应以 $Cr_{23}C_6$ 化学式计算。

按平衡碳量计算，发现当时常用高速钢的标准碳含量均低于其平衡碳量。在20世纪70年代国外正式使用高碳M2(CM2)钢时，将M2钢的碳含量从0.85%提高到1.10%，二次硬度可达到67～68HRC。M41、M42等超硬高速钢的成分都基本符合 C_p 公式。可以说，平衡碳计算公式是超硬高速钢诞生的基础。

平衡碳计算公式在我国高速钢的研制和生产中得到广泛的应用，我国的科技工作者在该公式的基础上又提出了平衡碳差值 ΔC[26]和碳饱和度 A[27]两个概念。

ΔC 是平衡碳值 C_p 和实际碳含量 C_s 之间的差值，即

$$\Delta C = C_p - C_s \tag{8.2}$$

A 是实际碳含量 C_s 与平衡碳 C_p 之间的比值，即

$$A = C_s / C_p \tag{8.3}$$

对于超硬高速钢，$\Delta C \approx 0$，$A \approx 1$，可获得最高的二次硬度。对于通用高速钢，不仅要考虑钢的硬度，还要考虑钢的韧性和塑性。对于W6Mo5Cr4V2钢，ΔC 控制约为0.25%，A 约为0.75，钢的综合性能较好。

按平衡碳量提高高速钢的碳含量，可以增加碳化物数量，提高淬火马氏体的碳含量，从而提高原高速钢的室温硬度、红硬性与切削性能。但是，由于铸造成分的偏析，热处理时富碳区易过烧，因此必须控制热处理温度。由于熔点降低，锻造时也增加了过热的危险性；另外，提高碳含量还导致晶粒粗化，碳化物量增加，因而增加钢中碳化物不均匀性，使钢的强度、韧性及塑性有些下降。

提高碳含量还增加淬火态残余奥氏体量及其稳定性。为使促使残余奥氏体转变以得到二次硬度，对高碳的钢必须采用更高的回火温度，这与马氏体的二次硬化最佳温度不一

定相同,因而会降低回火可以达到的最高温度。

高速钢(包括高合金二次硬化钢)的固相线温度 T_s(℃)可根据化学成分通过 Steven 等[25]提出的经验公式计算:

$$T_s = 1265 - 111w_C + 22w_V + 4.5w_W + 3w_{Mo} \tag{8.4}$$

式中,T_s 是固相线温度;w 为各元素的质量分数(%)。当化学成分在以下范围内时:0.7%~1.3%C,3.5%~4.5%Cr,1.0%~5.0%V,0%~18%W,0%~9%Mo,0%~15%Co,可以得出可靠的数据,误差在±7℃范围内。

Fischmeister 等结合大量实验数据,对式(8.4)进行修正并引入铌的系数,给出了如下高速钢固相线计算的经验公式[26]:

$$T_s = 1266 - 110w_C - 3w_{Si} + 4w_W + 2w_{Mo} + 10w_V + 15w_{Nb} \tag{8.5}$$

由式(8.4)和式(8.5)可以看出,碳含量对熔点的影响最大。不同炉号的钢的开始熔化温度的区别是不容忽视的,但上面公式与一般认为的钴能提高高速钢熔点的看法不一致。

钨　在钨系高速钢中,钨是主要的合金元素。钨在钢中的作用是能生成大量的 M_6C 型碳化物,有效地阻止加热时晶粒的长大,含钨越多,生成的碳化物越多,这种作用也越大(图 8.36),从而使允许的淬火加热温度提高,增加奥氏体的合金化程度,在 18-4-1 钢中奥氏体钨含量可以达到 7%~8%。同时剩余的未溶入的碳化物能增加钢的耐磨性。此外,在回火时大量的钨溶于马氏体中能阻止马氏体的分解,使加热至 600~650℃时马氏体中尚保留有一部分碳,更重要的是能在 500~600℃时大量地析出 M_2C 相引起二次硬化,而且 M_2C 相不易聚集,使高速钢能有高的红硬性。但如果钢中不含钒,虽然钨含量很高,也不能达到显著的二次硬化的效果(图 8.37),所以在高速钢中,虽然钨(或钼)含量可以很高,但加入的钒含量不应低于 1%。

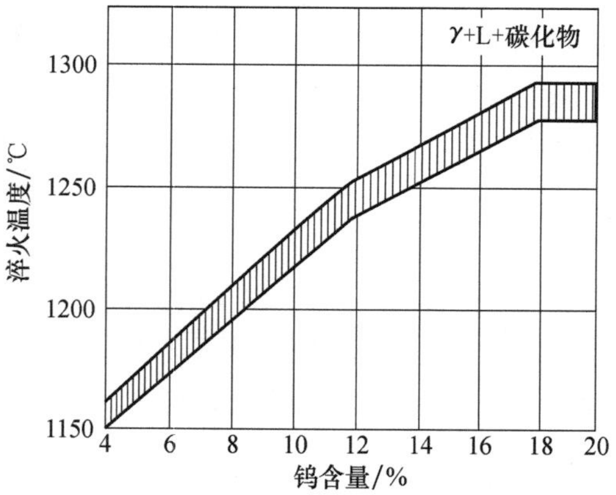

图 8.36　钨含量对含 4%Cr 和 1%~1.5% V 的钢晶粒开始长大温度(到 10 级)的影响[2]

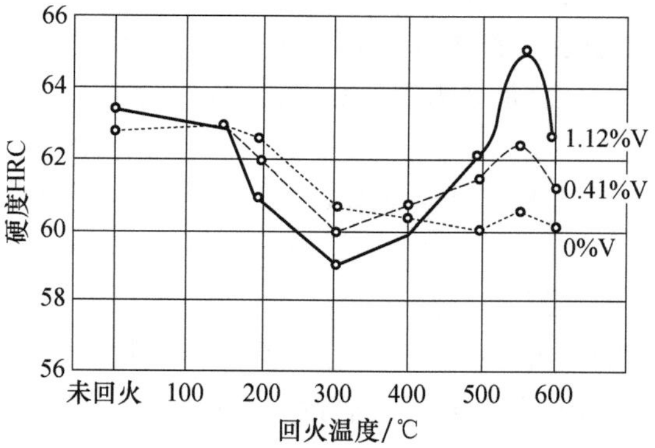

图 8.37　含 0.7%C、18%W 和 4%Cr 的高速钢的硬度与钒含量和回火温度的关系[2]

1280℃油淬

在钒含量为 1.0%~1.8%的高速钢中,有以下几种不同的钨含量:

(1) 为了适应高速金属切削的需要,钨含量应在 7%~8%,此时,加热至 1200~1210℃,尚可保持细小的晶粒,二次硬度可以达到 61~62HRC。这类钢的红硬性比较低

(580～600℃)，但碳化物不均匀性小，可以做轻切削条件的工具。如果加入 0.1%～0.2%Ti 或 N，可以减少过热倾向，淬火温度可以提高至 1220℃。我国 YB 12—59 标准中的 W9Cr4V 钢属此类。但多数厂认为，W9Cr4V 钢的性能较差，热处理易过热，未再列入标准。

(2) 当钨含量增至 12%～13%时，因碳化物 M_6C 的增加，晶粒长大倾向开始显著减慢，加热至 1260℃晶粒度还可以保持 10 级。含 12%～13%W 的高速钢的碳化物 M_6C 中能溶解较多的钒(含钨更多时，M_6C 中钨原子比例增加，钒溶解量又减少)，因此有助于提高钢的红硬性，改善磨削性能。这类钢的碳化物不均匀性较小，如果铬含量降至 3%左右，则碳化物不均匀性更小。表 8.16 中的 P12 钢的碳化物不均匀性较 W18Cr4V 钢低 2 级左右，钢的强度、韧性都提高，高温塑性也好，而切削性能及红硬性和 W18Cr4V 钢相近。P12 钢适于制造热加工成形的刀具(热轧钻头、热模锻铣刀)和大型工具，可以一般地代替 W18Cr4V 钢，而且比较经济。

(3) 最高的钨含量以 17%～19%为宜，W18Cr4V 钢即属此类。钨含量的增加，进一步增加碳化物量，提高淬火温度(1280～1300℃)和钢的红硬性及切削加工性。钨含量更高时，由于使强度剧烈下降，碳化物不均匀性更为严重，故不使用。W18Cr4V 钢由于红硬性和切削性能良好，热处理温度范围很宽(1250～1300℃)，可以适用于各种用途，故长期以来得到广泛的应用。生产和使用这种钢的主要问题是当钢材尺寸比较大时，碳化物不均匀性较高。

适当提高钢中的钒含量(2.0%～2.6%)时，可以减少钢中的钨含量而保持其切削性能，这种钢在淬火后能在基体中溶入较多的钒，有助于提高二次硬化的能力。在钢中含钨少于 11%时，增加钒含量使钢中生成较多的 VC，可以阻止晶粒长大。W9Cr4V2 钢(苏联的 P9 钢)中含有 8.5%～10%W 和 2.0%～2.6%V，其红硬性和切削性能与 W18Cr4V 钢相近。在加工铸铁及硬度在 200～220HB 以下、强度在 600～750MPa 以下的结构钢时，W9Cr4V2 钢具有与 W18Cr4V 钢几乎相同的切削性能，但在加工强度较高(σ_b＝750～1000MPa)或韧性较高的钢，以及过共析钢时，W18Cr4V 钢具有较好的性能。我国 YB 12—59 标准中曾列入 W9Cr4V2 钢，该钢在热处理后过剩碳化物 VC 较多，使磨削性变坏，故以后修订的标准中不再列入。

钼 在高速钢中以 1.0%Mo 代替 1.6%～2.0%W 时，钢的组织与性能很相似。文献中常称 W＋2Mo 为钨当量或[W]。因此，一些缺钨的国家很自然地考虑到在高速钢中以钼部分地或全部代替钨，从而发展了含钼(钨-钼和钼系)高速钢。在钨-钼系中使用最广泛的是 6-5-4-2 钢(M2)，在钼系中使用最广泛的是 1.5-8-4-1(M1)和 0-8-4-2(M10)钢。

在高速钢中以钼部分地或全部代替钨后，虽然其组织和性能相似，但与钨系高速钢比较有如下的优点：

(1) 在同样条件下，含钼高速钢的碳化物比较细小，分布较均匀(较钨-钼系约低 1 级，钼系约低 2 级)。

(2) 钼在高速钢中的溶解量比较大，在不致引起晶粒长大的温度(1230℃)淬火时，在固溶体中可溶解 5.2%～5.4%，从而增加马氏体的合金化程度。试验表明，含钼高速钢的切削性能不低于甚至优于钨系高速钢，如 M2 钢制的齿轮铣刀，在同等切削条件下，刀具磨损量比 W18Cr4V 钢低 30%，制成小钻头后切削寿命提高 40%。

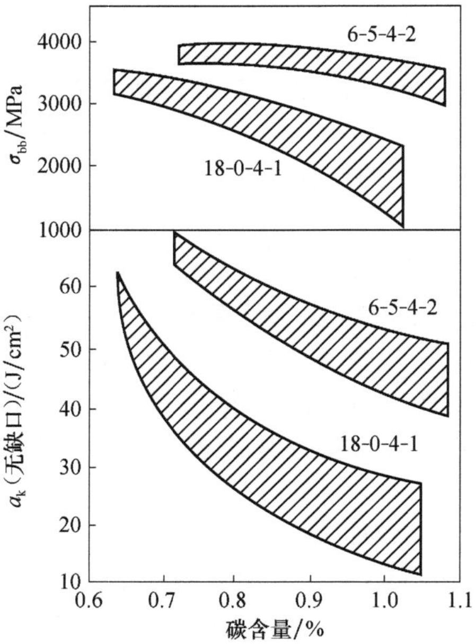

图 8.38　不同碳含量的 18-0-4-1 高速钢和 6-5-4-2 高速钢抗弯强度和冲击韧度的比较[2]

(3) 含钼高速钢的高温塑性非常良好,因此特别适于以高温塑性变形方法制造钻头及其他刀具,变形时不易开裂。冶金工厂也因这类钢易于热加工,使成材率提高。含钼高速钢的韧性也比较高(图 8.38)。

(4) 含钼高速钢的淬火适宜温度比钨系高速钢低 60～70℃,有利于改善工人劳动条件,延长热处理设备寿命。此外,含钼高速钢对长期退火引起的“损坏”现象不敏感。含钼高速钢的密度低,T1 钢为 8.67g/cm^3,M2 钢为 8.17g/cm^3,M1 钢为 7.89g/cm^3。M2 钢的密度比 W18Cr4V 钢低 6%左右,使用相同质量的钢材可多出 6%的产品。含钼高速钢的价格也便宜。

(5) 通用型 6-5-4-2 钢的韧性显著高于 18-0-4-1 钢。图 8.38 为碳含量对这两种钢抗弯强度和冲击韧度的影响,表明 W6Mo5 类的 W-Mo 系钢中碳含量超过常规时,其强韧性的下降明显小于 W18 类的 W 系钢。由于增碳对 W-Mo 系和 Mo 系钢在韧性方面的负面影响较小,W-Mo 系和 Mo 系钢较适宜采用较高的碳含量,可以在获得高的二次硬化能力的同时,不降低或少降低其强韧性。

W-Mo 系和 Mo 系高速钢莱氏体碳化物在非平衡冷却情况下转变的深入研究,揭示了 Mo 与 W 在高速钢中的不同作用。片状的、扇形分布的 M_2C 共晶体在凝固后冷却及锻造加热、保温时分解为细小颗粒状的 M_6C+MC,并使其易于分布均匀,如图 8.39 所示。这对钢的塑性有利,成材率也得到提高,细小的 M_6C 颗粒和富钒的 MC 颗粒淬火时易于溶入基体,对二次硬化有利。但是如果 M_2C 共晶碳化物分解不完全时,钢中会残留有 M_2C 及 M_6C+MC+M_2C 等复合碳化物,对钢的性能不利。

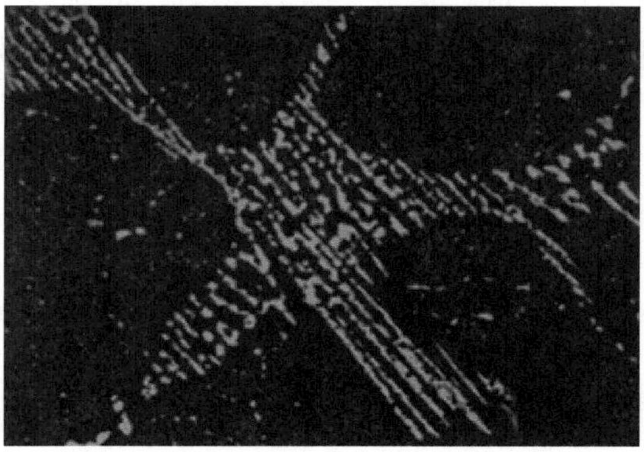

图 8.39　W7Mo4Cr4V 钢中铸态共晶碳化物 1160℃×2h 加热后的形态(SEM)[18]　800×

M_2C在共晶碳化物中占有的比例(体积分数)及其稳定性与Mo、W含量配比有关。在含16%～18%W、4%Cr、0%～4%V的钢中,研究了2Mo/(W+2Mo)对铸态共晶碳化物中M_6C及M_2C体积分数的影响,结果见图8.40和图8.41[28]。W6Mo5类相当于2Mo/(W+2Mo)为0.625,在含2%V时,钢中的M_6C含量(体积分数)降至4%以下,M_2C显著增多,含量超过4%。经过热加工和退火后,钢中的共晶碳化物M_6C主要由M_2C转变而来,对钢的性能有良好作用。

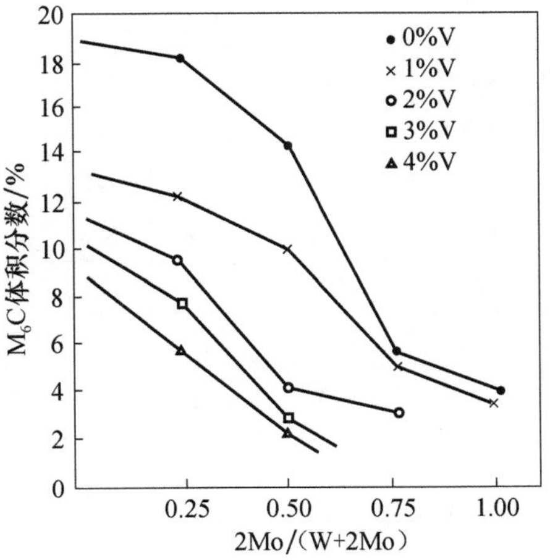

图8.40 2Mo/(W+2Mo)对成分:16%～18%W、4%Cr、0%～4%V钢中共晶碳化物M_6C体积分数的影响[28]

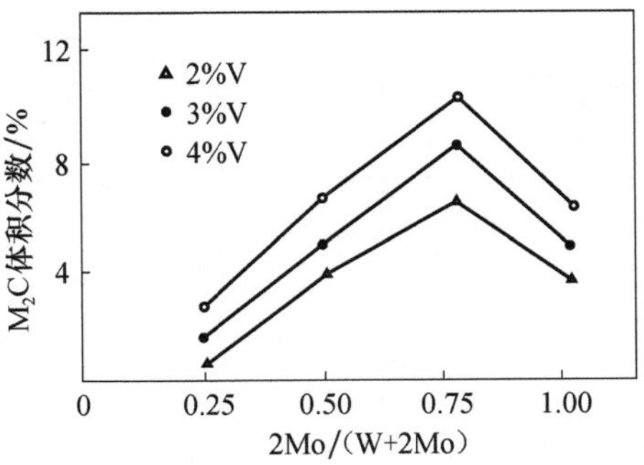

图8.41 2Mo/(W+2Mo)对成分:16%～18%W、4%Cr、0%～4%V钢中共晶碳化物M_2C体积分数的影响[28]

含钼高速钢的主要缺点是表面脱碳倾向较大。钼含量超过4%时,高速钢的脱碳敏感性显著增加。Mo系和W-Mo系高速钢曾因这一缺点而难以使用。高温盐浴脱氧技术的进步缓解了工具淬火的困难,现代真空和保护气氛技术已从根本上解决了含钼高速钢退火及淬火的氧化、脱碳问题。

钒 高速钢中的钒含量一般为1%～3%。钢中钒含量不高时,钒在钢中主要是溶于MC型碳化物中,例如,在18-4-1钢中,生成的MC型碳化物不多,淬火加热时,钒随这些碳化物的溶解而溶入奥氏体中,淬火后在回火时能加强二次硬化的效果。高速钢中钒含量不应低于1%,加入钒不仅可以在回火时析出高度弥散的MC相,而且使M_2C型碳化物不易析出和聚集(Cr也有些作用),从而使高速钢具有高的红硬性。

钢中钒含量增加时,可以生成越来越多的MC型碳化物(图8.42),淬火加热时能溶入奥氏体中的钒增加,从而加强二次硬化的效果,但溶入奥氏体中的钒的比例则降低(表8.22),大部分MC相以过剩相存在于钢中,因其具有极高的硬

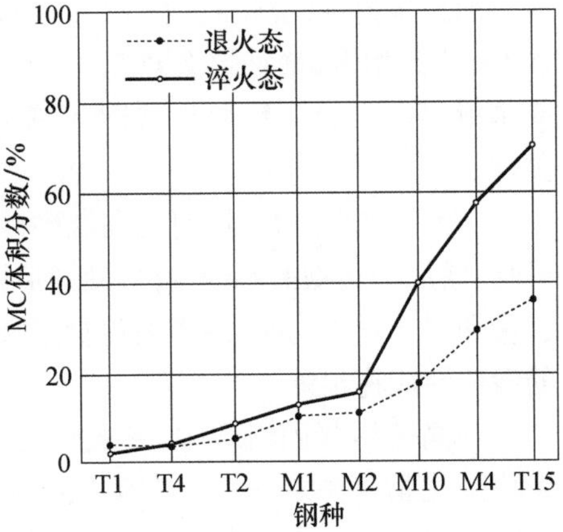

图8.42 八种高速钢在退火和淬火状态下MC型碳化物在全部碳化物中所占的体积分数[1]

度而提高钢的耐磨性,但使钢的磨削性变坏。在钨含量低于11%时,钢中的MC有阻止晶粒长大的作用。图8.42所示为八种高速钢在退火和淬火状态下MC型碳化物在全部碳化物中的体积分数。

表8.22　不同钒含量钢的碳化物量和固溶体成分[2]

钢号	化学成分/%				热处理	碳化物量/%	固溶体成分/%		
	C	W	Cr	V			W	Cr	V
W18Cr4V	0.72	18.3	4.12	1.27	退火	27.7	1.4	1.9	0.16
					淬火(1290℃)	15.3	7.5	3.6	0.83
					回火(560℃,3次)	18.3	6.4	2.7	0.47
W18Cr4V2	0.84	18.0	4.16	1.92	退火	29.8	1.5	1.8	0.37
					淬火(1290℃)	17.6	7.2	3.3	1.17
					回火(560℃,3次)	21.2	5.3	2.3	0.5
W9Cr4V2	0.91	9.0	4.6	2.49	退火	19.7	1.5	1.7	0.20
					淬火(1240℃)	7.8	5.6	3.5	1.21
					回火(560℃,3次)	11.9	3.3	2.7	0.48
W9Cr4V4	1.32	9.88	4.32	3.72	退火	22.2	1.4	1.6	0.31
					淬火(1270℃)	9.7	5.9	3.6	1.38
					回火(560℃,3次)	14.0	3.5	2.2	0.59

在高速钢中,钒和碳应有一恰当比例。有的资料专门研究了在含6%W、5%Mo、4%Cr的钢中,不同碳含量与钒含量对钢的组织的影响。当含1%V时,钢中适当的碳含量是0.55%,含2%V时碳含量为0.8%,每增加1%V,应大约增加碳含量0.25%。在钨系高速钢中,每增加1%V,增加碳含量0.15%~0.20%。如果碳含量很不足,由于钒是强烈扩大铁素体区域的元素,会使钢中出现铁素体而不能淬硬。

在高速钢中增加钒含量可以有两种结果:

(1) 节约钨(或钼)。含22%~24%W和0.5%V钢的切削性能与含18%W和1%~1.2%V钢相近,增加钒含量至1.4%~2.6%,降低钨含量至9%~10%,而切削性能相近或稍逊,W9Cr4V2钢便是这样,但钢的工艺性变差,加热时晶粒长大倾向较大,磨削性能欠佳。

(2) 增加耐磨性,同时提高红硬性。在含18%W的钢中,提高钒含量(相应地增加碳含量)会增加碳化物的不均匀性,使锻造困难,强度降低,此时钒含量以不超过2.5%为宜。钒含量和碳含量更高时,钢中的钨含量宜降低。高速钢中钒含量最高不宜超过5%,过高时钢的锻造性能将很差。

在高速钢凝固组织中,一次碳化物主要是富钒的MC型碳化物,粒度较大,是高速钢大块碳化物来源之一。一次碳化物MC一般呈离散分布,具有块状形态。共晶型MC碳化物的量不大。在M2中,MC的析出温度为1262℃,共晶反应产物是M_2C型碳化物,其共晶反应温度为1242℃[29]。一次碳化物的析出温度与共晶反应温度间隔ΔT对MC的粒度有很大影响。在一定的冷速下,ΔT越大MC的颗粒越大。

变化高速钢中的C、Mo、W、V等含量都会影响ΔT的大小,从而影响MC的颗粒尺寸。在 M2 钢中，碳含量增加时，一次碳化物 MC 的析出温度平缓下降，ΔT 稍有增加，虽增加碳化物的数量和偏析，但很少影响 MC 的粒度。在 M2 钢中，钒含量增加至 4%时，MC 从钢液中的析出温度显著上升，ΔT 达 120℃，MC 的粒度增大。在 M2 钢中，减少钨含量，ΔT 显著增大，此时虽然共晶反应温度降低了 50℃，M_2C、M_6C 型碳化物颗粒显著细化，但却存在为数不多的粒度较大的 MC 型碳化物。M2 钢中增加钼或以钼代钨时，一次碳化物析出温度和共晶反应温度同时下降，ΔT 保持不变，因此对 MC 的粒度没有明显的影响，但以钼代钨时钢的铸态组织中 MC 的数量却明显增多，在退火和淬火钢中 MC 的量也随着以钼代钨而增加(图 8.41)。这是由于钼不能像钨那样强烈地与钒争夺碳。这也说明为何高钒高速钢多出现在 W 系和 W-Mo 系中，而不宜出现在 Mo 系高速钢中[30]。

高钒高速钢适宜于快速切削和精加工，尤其是在加工调质钢(硬度为 280～330HB)、奥氏体钢、耐热合金等时。高钒高速钢的主要缺点是磨削性能差。在粉末高速钢诞生之后，由于细化了 MC 的尺寸，使高钒高速钢的可磨削性能大为改善。

铬　在高速钢中一般含有 3.0%～5.0%的铬，以 4.0%为宜。

铬在高速钢中提高淬硬性和淬透性。加入铬后，钢中生成 $M_{23}C_6$ 型碳化物，在加热时能在较低温度下溶解，使基体中有必要的碳含量，从而保证马氏体有高的硬度。在淬火加热时，铬几乎全部溶入奥氏体，使高速钢具有很高的淬透性。钢中的铬有一部分溶于复杂碳化物 M_6C 中，使其稳定性降低，因而在淬火加热时，促使 M_6C 易于溶解，提高奥氏体的合金化程度。铬还能阻止 M_6C 转变成稳定碳化物 MC。铬可以降低马氏体点，增加淬火后钢中的残余奥氏体量，从而减小应力与变形。如果残余奥氏体量为 20%～25%，这种影响是有益的，加入 3.5%～5.0%Cr 时可以做到这一点。铬在高速钢中的一个重要作用，就是在高速钢回火时，能延缓 M_2C 型碳化物的析出，从而加强二次硬化的效果(图 8.43)。铬还可以提高在切削温度下工具的抗氧化性。

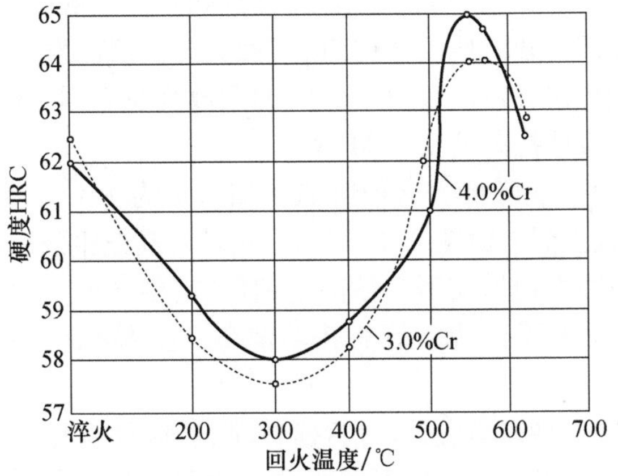

图 8.43　铬对高速钢回火时硬度的影响[2]

成分：0.85%C、12%W、1.6%V，自保证晶粒度 10 级的温度淬火

铬在高速钢中的含量超过 2.0%时，会显著增加碳化物的不均匀性。由于铬的原子量比较小，在这方面，1.0%Cr 的作用相当于 4.0%W。铬含量过高，由于增加了残余奥氏体量和其回火稳定性，须增加回火次数。高速钢中的铬含量的上限不超过 5.0%。在个

别情况下,为了减少碳化物不均匀性,降低钨含量的同时应稍降低铬含量(2.8%~3.3%),如P12钢。

钴　钴在高速钢中的主要作用是加强二次硬化的效果,提高红硬性。含钴越多,这种效果越显著。在18-4-1钢中,560℃回火后,含5%Co时硬度达到65~66HRC,含10%Co时为67~68HRC,600℃回火后达65~66HRC。钴对18-4-1钢自1290~1295℃淬火后红硬性的影响如表8.23所示。因此,含钴高速钢具有高的切削性能。

表8.23　钴对18-4-1钢红硬性的影响[2]

钴含量/%	0	3	5	10	15
温度/℃	600~615	620	630	650	670

钴是不生成碳化物的元素。在高速钢中,钴绝大部分溶于基体中。例如,在18-4-1-5(T4)钢中,退火状态下88%的钴存在于铁素体中,奥氏体化以后则增至95%。少部分钴溶于M_6C型碳化物中,代替部分铁原子。钴不影响其他合金元素在各相间的分配,不影响碳化物的结构和数量以及晶粒开始长大的温度。钴稍降低高速钢过冷奥氏体的稳定性。因此,含钴高速钢与不含钴高速钢在淬火状态下的组织没有什么区别。

钴提高高速钢的红硬性和加强二次硬化效果的原因,可能是钴加强了基体的原子键力,能延缓回火时析出M_2C型碳化物的过程,特别是能阻止这些碳化物的聚集。在含钴达到5%~6%之后,钴可以明显地提高$\alpha \rightarrow \gamma$转变温度。钴可以减少钨和钼在马氏体中的溶解度,促使其碳化物能在回火时更多地析出[2]。含钴高速钢在淬火时还允许加热至更高的温度而不致过热,这样可以使更多的碳化物溶入基体中。采用淬火温度上限时更可以显示出钴提高切削性能的良好作用。

钴提高高速钢的热导率,尤其在600~700℃,这有利于降低切削刀刃的温度。在相同条件下,含钴钢刀具切削刃温度比不含钴的低30~75℃[31]。

钴在18-4-1钢中能增加淬火后钢中残余奥氏体的量,降低硬度1~2HRC,但降低其在回火时的稳定性,大部分残余奥氏体在560℃回火一次后已发生转变,实际上不影响回火规范[2]。但也有报道,在BT42钢(9-3-4-3-10)中改变钴含量,超过5%时,即可减少淬火态残余奥氏体量,相应地提高硬度0.5HRC[31]。

钴使高速钢强度和韧性降低。这种影响在加入量为5%~6%时还不显著,但增至10%以上时就表现得很强烈。由图8.44可以看出钴对高速钢强度的影响。由图8.45可以看出,含钴高速钢的冲击功均较不含钴高速钢低,其中20-4-2-12钢为最低。图中,18-4-2-8钢由于晶粒比正常者要细,故所示冲击功偏高。含钴高速钢的韧性与硬度高低关系不大。

钴高速钢另一个缺点是容易脱碳,含钴越高,脱碳倾向越大(无论退火或淬火加热),同时含钴和钼的高速钢则更甚,这些钢需要有大的留磨量。高速钢中钴含量一般不超过12%。

为了得到高的切削性能,钴高速钢中的钨(或钼)含量一般都比较高,美国常使用在18-4-1(或18-4-2)钢中加入5%、8%或12%Co(T4、T5、T6),也可以在6-5-4-2钢中加入8%或12%Co(M36、M6)。钴高速钢又常常含有较一般高速钢多的钒,因为钒可以提高耐磨性。钴是比较贵重的元素,增加钒含量可以使钴高速钢的效果尽可能好一些,节约钴

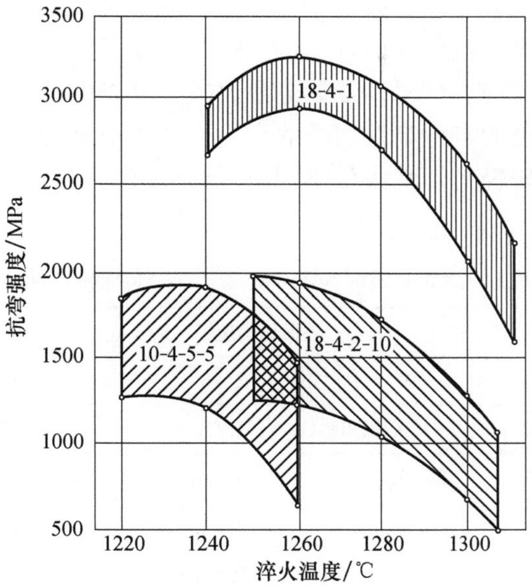

图 8.44　钴对高速钢强度的影响[2]

碳化物不均匀性为 2 级

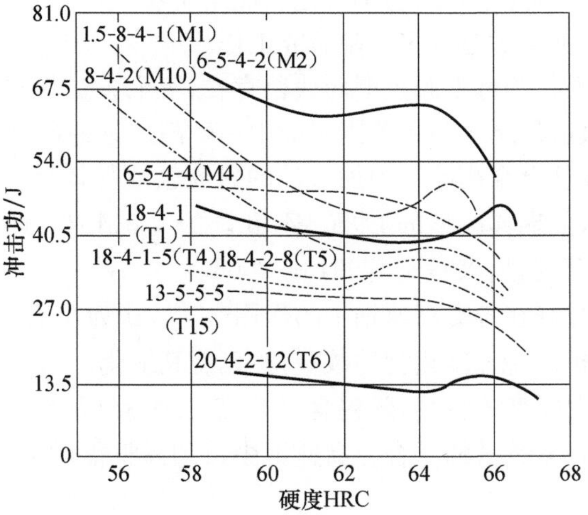

图 8.45　几种高速钢的无缺口试样(艾氏冲击试验)的冲击功与硬度的关系[1]

淬火温度:18-4-1 为 1315℃;13-5-5-5 为 1250℃;18-4-1-5 为 1290℃;

18-4-2-8 为 1290℃;20-4-2-12 为 1290℃;其余为 1220℃

的使用量。

钴高速钢适宜于制造在重负荷条件下工作的工具,如加工导热性差的奥氏体钢、耐热合金及强度较高的调质钢($\sigma_b>1000$MPa)和粗加工,总之,使用在需要高红硬性的条件下。如果加工强度不很高的调质钢($\sigma_b<1000$MPa)或者做精加工用,则不能充分显示钴高速钢的优越性。有时为了适用特别繁重的工作条件,特别是加工高强度的奥氏体钢和耐热合金时,使用高钒含钴高速钢,使之具有很高的红硬性(650～660℃)和耐磨性。这类钢有W12Cr4V5Co5(T15)、W10Mo4Cr4V3Co10 等。

M41 和 M42 钢是国外创造的接近平衡碳量的两种高碳钴高速钢,具有优异的切削性能,经过适宜的热处理规范处理后,硬度可达 69～70HRC。表 8.24 为 M41 和高钒含钴高速钢(T15)和高钒高速钢(M3)刀具寿命比较。可以看出,切削条件因增加切削速率、切削深度或采用较硬的本身难以切削的合金而变得更恶劣时,M41 钢的刀具寿命比其他高速钢优越,而在较轻的切削条件下,其切削性能的优越性受到限制。M42 钢的情况亦相似。

表 8.24 M41、T15、M3 在切削 SAE4340(40CrNiMo)钢时刀具寿命的比较[25]

钢号	表面切削速率/(ft/min)				
	100	60	75	20	25
	试棒硬度 21HRC	试棒硬度 41～45HRC		试棒硬度 52～55HRC	
M41	26.5min	35.0min	10.0min	116min	17.0min
T15	26.5min	33.0min	7.5min	34.5min	4.0min
M3	13.6min	11.3min	2.2min	2.0min	—

注:连续车削直径为 101.6～152.4mm 的试棒,热处理到所示硬度范围(退火态为 22HRC,其余经过调质)。切削条件:切削深度 1.59mm,每转一周进刀 0.254mm,无冷却剂。

其他元素 上面几种元素是高速钢的主要使用元素。对其他一些元素在高速钢中的使用问题,国内外学者亦曾做过许多试验研究工作。

硅在高速钢中一般作为炼钢脱氧剂而残留存在,人们曾试探过在高速钢中用硅替代部分贵重元素的可能性,但迄今为止各国标准中一般高速钢的硅含量均保持在 0.20%～0.40%未变。然而,在低合金高速钢中加入硅的研究已取得效果。一些含硅的低合金高速钢已获得生产应用,如瑞典改型的 D950 钢,我国的 W3Mo2Cr4VSi、W4Mo3Cr4VSi 钢等,其中 W4Mo3Cr4VSi 已列入 GB/T 9943—2008。

国内通过系统研究硅在各类高速钢中的作用[32～34],认为在低合金高速钢中加入一定数量的硅能增加回火析出特殊碳化物的数量,并且使其细化。图 8.46 显示在高速钢中加入约 1.0%Si 对其二次硬度的影响,随钨含量升高,1.0%Si 从增加其二次硬度逐渐过渡到减少其二次硬度。在含钨低的低合金高速钢中,1.0%Si 能明显增加二次硬化,增幅可

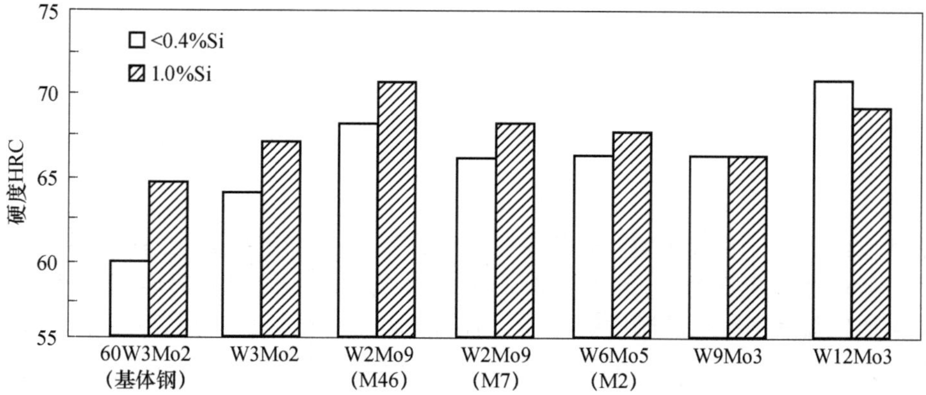

图 8.46 1.0%Si 对不同类型高速钢二次硬度的影响[32]

达3～4HRC,并增加钢的抗弯强度和耐磨性。在钨含量超过9%以上时,硅不但对二次硬化无益,由于能促进粗大的一次碳化物MC的形成,对钢的韧性也不利。硅的其他负面影响还有:增加钢的脱碳敏感性,略降低二次硬化峰值的温度,促进非共格M_6C在高温回火时的析出,对600℃以上红硬性不利。硅是强化铁素体元素,含量超过1.2%之后对退火和回火态钢的韧性明显不利。

锰在高速钢中会促进晶粒长大,增加残余奥氏体量及其回火稳定性,但不能增加红硬性,并降低高温硬度,对韧性亦有不利影响。一般锰在高速钢中的使用量不超过0.40%,但能强烈提高钢的热塑性,加入量为0.35%～0.55%已有良好效果。W14Cr4VMnRE钢中就是在含14%W、1.6%V的高速钢中添加了0.5%左右的锰和0.07%～0.1%的混合稀土,热塑性能得到改善。

镍和铜在高速钢中不作为合金元素,而视为残存元素加以限制。

Ti、Zr和Ta都是强碳化物生成元素,它们形成的碳化物在高速钢淬火加热时几乎不溶解,因此不能提高其红硬性。只有在低钨(或钼)高速钢中加入0.1%～0.2%Ti,生成的碳化物才可以阻止晶粒长大,从而提高淬火温度,使红硬性得到改善,如苏联的低合金高速钢P7T,其成分为0.75%～0.85%C、7.2%～8.2%W、2.7%～3.2%Cr、1.2%～1.5%V、0.3%～0.7%Ni、0.1%～0.2%Ti。

Nb也是一种强碳化物形成元素。20世纪70年代以后,人们加强了Nb在高速钢中作用的研究。在常用的高速钢中,Nb的加入可以提高MC相的析出温度。但其析出依然是以共晶形式进行,在Nb含量更高(3%)时,富Nb的MC相直接从液相析出,但尺寸也趋于粗大[35]。在M7(2-9-4-2)钢中,Nb含量的提高增加凝固组织中MC含量,降低M_2C的含量,并有利于M_6C的形成。Nb含量达到1%时,凝固组织中出现了M_6C,表明Nb有利于共晶碳化物M_6C的形成[35]。一些研究还证明,适量Nb的加入能有效细化凝固组织并改善共晶碳化物团的尺寸,有利于破碎网状共晶碳化物。在M2钢中用Nb全部取代钒,不会产生足够的二次硬化,必须加入不少于1.1%的钒,此时Nb可以溶入MC中,在奥氏体化时,通过MC的溶解,部分Nb溶入奥氏体,在回火时Nb可以推迟MC碳化物的析出和聚集,提高钢的抗回火稳定性,而未溶入奥氏体的含Nb的MC碳化物可以提高钢的耐磨性[36]。目前,在粉末冶金高速钢和喷射成形高速钢中已出现一些含Nb的钢种,Nb含量不超过1%。

在高速钢中加入硫可以得到易切削高速钢,一般采用加硫量为0.08%～0.15%(不能超过0.20%,否则热锻有问题)。这种高速钢的主要优点是改善了退火状态的切削加工性和表面光洁度,在制作铣刀、滚刀等大量切削工具方面很受欢迎。热扭转试验表明,这种钢的塑性较低,但随着锰含量的增加可得到改善,硫不影响高速钢的切削性能。

磷是高速钢中主要的有害杂质,能显著降低钢的强度和韧性,各国标准中磷含量不超过0.030%。图8.47显示微量磷对W18Cr4V钢强度的影响,可见钢中的磷含量越低越好。如果能采取措施将磷含量降至0.01%以下,对高速钢韧性改善会有很大好处。

铝通常作为高速钢冶炼的终脱氧剂,钢中的残余量在0.1%以下。20世纪70年代,我国的科技工作者以高碳(1.1%C)M2钢为基础加入1%Al,研制出M2Al无钴超硬高速钢,即W6Mo5Cr4V2Al钢,回火硬度可达68HRC,较之高碳M2钢具有较高的综合力学性能和切削性能,价格便宜,在某些场合可代替M42钢使用[37]。该钢已列入国家标准并得到较广泛的应用。

高碳含铝高速钢具有高的二次硬度和高温硬度。碳含量的提高增加奥氏体化时固溶体的碳含量,强化了回火时的二次硬化效应,使二次硬化峰值硬度明显升高,铝的加入并不增加奥氏体的碳含量,所以峰值没有进一步升高,而是抑制高温回火时碳化物的聚集、长大和钢的软化(图 8.48)。这是由于铝降低碳及合金元素在 α-Fe 中的扩散系数,并阻碍位错在基体中的移动[38]。

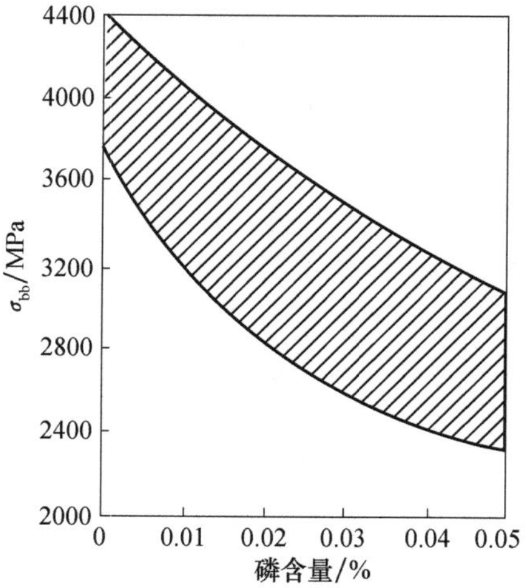

图 8.47　磷含量对 W18Cr4V 钢抗弯强度影响[2]

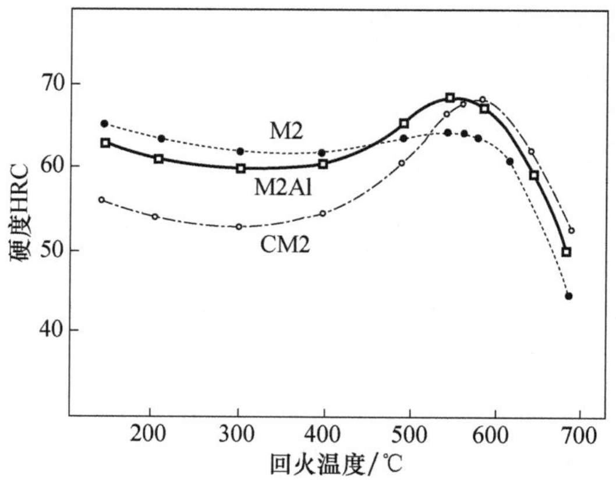

图 8.48　铝高速钢(M2Al)、高碳 M2(CM2)和 M2 钢的硬度与回火温度的关系[37]

M2Al 含 1.10%C、0.93%Al,CM2 含 1.10%C

铝加入高速钢也带来一些不利的影响,主要是:含铝钢的氧化脱碳现象较严重;含铝钢的可磨性较差;铝使相变点 Ac_1 提高很多,若含铝高速钢在 850℃退火则为不完全退火,易产生混晶,因此必须在淬火之前进行 900℃以上的完全退火方可消除淬火混晶现象。

高速钢中的氮含量一般在 0.02%以下。虽然 20 世纪 50 年代已有氮在高速钢中作用的研究,但氮作为合金元素在高速钢中应用不多。氮在高速钢中的作用既有有利的一面,也有不利的一面。通常冶炼时可通过加入含氮铬铁的方法,使钢中的氮含量达到 0.05%~0.08%。

氮在钢中是间隙固溶元素,很多性能与碳相似。氮在钢中能与 Al、Ti、V 等形成稳定的氮化物,同时也能溶解于 $M_{23}C_6$、M_6C 或 MC 中,在淬火加热时会有少量的氮通过以上碳化物的溶解而进入钢的基体中。

少量氮可细化高速钢的铸态组织中的共晶碳化物网,细化一次 M_6C 型碳化物,因而可细化淬火奥氏体晶粒度,允许稍提高淬火温度(10~20℃),因而略微增加二次硬度和热稳定性,以及硬度与韧性的综合性能水平,有利于改善钢的切削性能。国内研究的无钴超硬高速钢 W12Mo3V3N(V3N)中加入 0.04%~0.10%N,试验认为氮可代替高碳钢中的部分碳,因而既可以保持高的二次硬度效果,又可避免碳含量近于平衡值而引起的脆性[39]。但含氮的高钒高速钢中的一次碳化物 MC 较粗大,这是由于氮使高速钢凝固时析出的先共晶 MC 的温度升高,与共晶反应之间的温度差增大,从而增大先共晶 MC 碳化物的尺寸，这不利于磨削性能。

氧化物夹杂的尺寸比一次碳化物小得多，数量也少，因此高速钢的质量检验中不检查氧化物或氧含量。但高速钢终炼脱氧都是用铝，少量脆性氧化物夹杂会残留钢中，若其尺寸较大或形成一连串，对钢的韧性是不利的，后者还易形成发纹或淬火裂纹。所以电弧炉冶炼及精炼时，采取措施获得低含氧、高纯净度的钢是必要的。对高性能特殊用途高速钢，如带锯条用的齿材，明确要求钢中氧含量低于 20ppm。

稀土元素加入到高速钢中能清除偏聚在晶界上的硫、磷等杂质元素，净化晶界，还有强化晶界的作用，因此能大幅度提高钢的热塑性。试验表明，当高速钢中稀土元素残留量为 0.012%～0.084%，用热扭转法测得的热塑性可提高 10%～60%，即使钢中只有微量的硫(0.002%)，加入稀土仍能显著提高钢的热塑性。

稀土元素化学性质非常活泼，加入不当或量太大时会增加钢中的非金属夹杂物，引起针孔等低倍组织缺陷

8.3.4 高速钢的生产和热加工

绝大多数生产厂采用碱性电弧炉冶炼高速钢，一些先进的企业都已配以炉外精炼，应用 AOD 装备的较多，或采用 LF/VD(见上册 1.1.5 节)。目前，高速钢仍以模铸为主，但连续浇铸已开始应用。

模铸用锭型的大小主要取决于加工能力和成材尺寸规格。锭型大小应与成材规格匹配。国内外高速钢模铸钢锭单锭质量最大为 1.0～1.2t，成材最大规格 ϕ150mm，甚至 ϕ100mm，再大规格需用电渣重熔生产。生产小规格的钢材可选用 300kg 的小锭。对于高碳、高合金含钴超硬型高速钢，国内外生产厂均以小锭型生产为主。我国高速钢主要生产厂以 500～800kg 的锭型为主，常采用扁锭生产高速钢，并已有丰富的经验，可以改善高速钢的凝固质量，减轻钢材碳化物偏析和低倍质量，提高成材的合格率。目前，许多高速钢生产厂采用快锻机、精锻机开坯，锭型已趋于多样化，如八角锭、方锭等。

高速钢材最大断面达 ϕ350mm。对于 ϕ100mm 以上尺寸高速钢材的生产，电渣重熔是首选的技术[18]，这是由于电渣重熔有明显的技术优势。电渣重熔首先是能有效地去除钢中的有害元素，去除效果达 20%～50%。电渣重熔还可以去除钢中的非金属夹杂物，并使残余的非金属夹杂物细化并弥散分布。电渣重熔改善钢的低倍组织，使宏观组织致密均匀、无缩孔、无皮下气泡及大颗粒夹杂。电渣重熔对高速钢碳化物质量的改善效果明显。若成材尺寸相同，电渣重熔钢比电弧炉钢所用的锻压比减小一半，其碳化物不均匀度要小 3～4 级。由于以上的效果，电渣重熔钢的热塑性得到改善，从而使成材率大为提高。有资料报道，对于 T1 钢的 10mm×10mm 无缺口艾氏试样，在相同硬度水平下，电渣重熔钢较电弧炉钢冲击韧度提高 20%～30%，疲劳强度提高 35%，强度的各向异性得到改善。电渣重熔钢制成的形状复杂的大拉刀、大铣刀，尺寸稳定、精度提高。电渣重熔的缺点是耗能高、生产效率低，产品质量常因工艺控制不当而出现点状偏析低倍缺陷。

高速钢的铸态组织很不均匀，必须经过热加工(锻、轧)以便破碎粗大的共晶碳化物和二次碳化物，使之在钢中能较均匀地分布。高速钢是高合金钢，含有大量的碳化物，塑性差，热加工应小心地进行。钨系高速钢的始锻温度为 1140～1180℃，终锻温度为 900℃左右。钼系和钨-钼系高速钢的始锻温度要低一些，为了减少氧化和脱碳可以降低至

1000℃,终锻温度为 850～875℃。终锻温度太低会引起锻造开裂,而终锻温度太高(大于 1000℃)会造成晶粒不正常长大,出现萘状断口。

钢锭开锻时应先“轻锤快锻”,然后再用重锤的方法。高速钢导热性差,热加工前的加热过程中,在 850～900℃以下应缓慢进行。在热加工后,钢坯应缓慢冷却,以防止产生高的应力和裂纹。

模铸高速钢锭的开坯在过去主要使用锻锤,现已逐渐被快锻机所代替。快锻机压力大、加载速率可以控制,变形的效果更能渗透到材料的心部。ϕ100mm 以下的中小型材则用轧机生产。

精锻机更适于高牌号超硬型难变形的钢号,可使成坯率大幅度提高。众多高速钢的使用厂,在对高速钢进行改锻时,大都使用锻锤。

在热加工过程中,随变形程度的提高,高速钢中的共晶碳化物逐渐被破碎并沿压延方向排列成带状,只有在变形程度很高时,带状才不明显,碳化物分布也比较均匀。图 8.49 表示锻压比对 W18Cr4V 钢碳化物不均匀性的影响。可见,锻压比在 20 以下对减小碳化物比较有效,故一般锻造比为 10 左右。

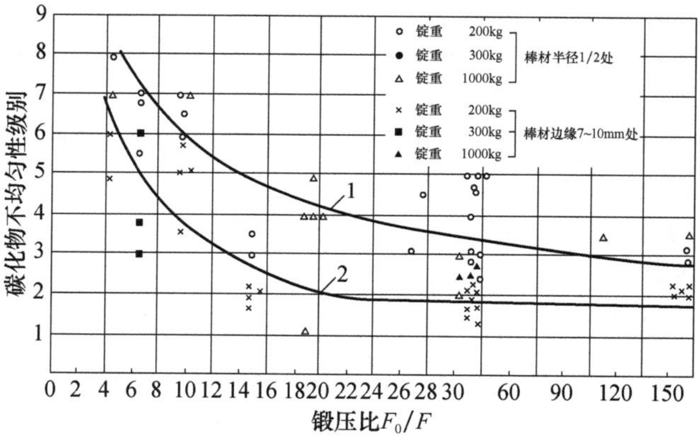

图 8.49　W18Cr4V 钢碳化物不均匀性级别与锻压比的关系[9]

1—棒材半径 1/2 处;2—棒材边缘 7～10mm 处

高速钢钢棒应进行低倍组织检验并评级。在钢棒横向酸浸低倍试片上不允许有目视可见的缩孔、气泡、翻皮、内裂和夹杂;中心疏松、一般疏松和锭形偏析的合格级别应符合表 8.25 的规定。

表 8.25　高速钢低倍组织的合格级别(GB/T 9943—2008)

截面尺寸(直径、边长、厚度或对边距离)/mm	中心疏松		一般疏松		锭形偏析	
	电弧炉	电渣重熔	电弧炉	电渣重熔	电弧炉	电渣重熔
	合格级别/级(不大于)					
≤120	1	1	1	1	1	1
>120～150	1.5	1	1.5	1	1.5	1
>150～200	双方协商	1.5	双方协商	1.5	1.5	1.5
>200～250	双方协商	2	双方协商	2	2	2

高速钢的共晶碳化物不均匀度是高速钢质量的重要检验项目。由于评定高速钢中共晶碳化物已有专门的国家标准 GB/T 14979—94《钢的共晶碳化物不均匀度评定法》，GB/T 9943—2008 中删去旧标准原有的两个评级图，并规定：

(1) 直径、边长或厚度不大于 120mm 的热轧、锻制及冷拉钨系高速钢钢棒、钢板按 GB/T 14979—94 第一级别图(A1)评级，钨-钼系牌号的按 GB/T 14979—94 第二级别图(A2)评级，其合格级别应符合表 8.26 的规定，且不应有不变形或少变形的共晶碳化物存在。

表 8.26 高速钢共晶碳化物不均匀度合格级别(GB/T 9943—2008)

截面尺寸(直径、边长、厚度或对边距离)/mm	共晶碳化物不均匀度合格级别/级(不大于)	截面尺寸(直径、边长、厚度或对边距离)/mm	共晶碳化物不均匀度合格级别/级(不大于)
≤40	3	>100～120	7
>40～60	4	>120～160	6A、5B
>60～80	5	>160～200	7A、6B
>80～100	6	>200～250	8A、7B

(2) 尺寸大于 120mm 的钢棒，W6Mo5Cr4V2 和 W9Mo3Cr4V 钢按 GB/T 14979—94 第三级别图(A3)评级，合格级别应符合表 8.26 的规定，其他牌号钢棒的共晶碳化物不均匀度由供需双方协商确定。

根据 GB/T 14979—94，在第一级别图和第二级别图中，碳化物不均匀度都采用八级两组评级方法。一组主要反映碳化物分布为不同变形程度的网状，以网的变形、完整程度及网上碳化物的堆积程度为评级原则。另一组主要反映碳化物分布为不同严重程度的带状，以视场中最宽的碳化物带的宽度及带内碳化物的密集程度为评级原则。第三级别图适于直径大于等于 120mm 的高速钢锻材。该级别图的 6 级适用于截面尺寸为>100～160mm，7 级适用于截面尺寸为>160～200mm，8 级适用于截面尺寸为>200～250mm。每一级内按碳化物偏析程度由轻到重设 A、B、C 三个级别。

钢锭心部组织比较粗大，而热加工时外层部分受变形作用较内层要大，因此，热加工后碳化物不均匀度在表面部分和心部有较大差异。评级时，按钢材横向取厚度为 10～12mm 的试样，在圆试样的直径和方、扁试样的对角线的四分之一处，做纵向的碳化物不均匀度检验。这样规定的原因是绝大多数工具的工作部分处于钢材外缘到直径的四分之一的部位内。试样经正常淬火温度下加热淬火，再加热至 680～700℃保温 1h 进行回火，沿压延方向磨制、腐蚀，在显微镜下放大 100 倍进行观察和评级。图 8.50～图 8.52 分别为高速钢共晶碳化物不均匀性第一、第二和第三评级图示例。

高速钢碳化物的不均匀性在一个较小级别范围内的变化，对一系列工艺性能和刀具质量都有影响。其主要影响如下：

(1) 碳化物不均匀性对钢材力学性能的影响。碳化物的不均匀分布，如带状、网状、大颗粒、大块堆积，使钢材的力学性能呈各向异性，降低了钢材的强度和塑性。表 8.27 为 W18Cr4V 钢碳化物不均匀性与抗弯强度的关系。

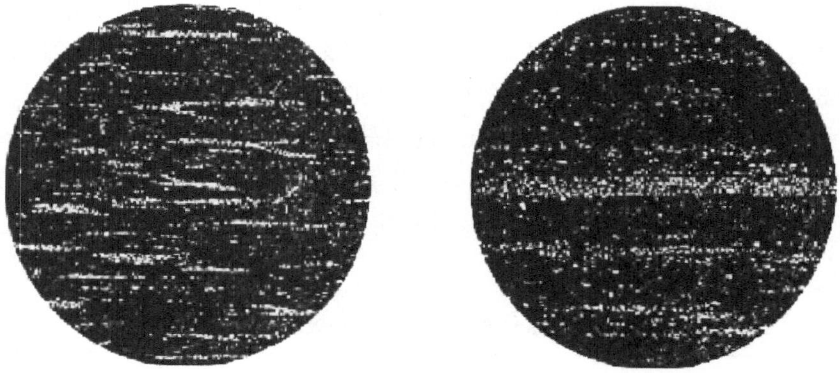

A1 4级(网状)　　A1 4级(带状)

图 8.50　高速钢共晶碳化物不均匀性第一评级图示例(GB/T 14979—94)　100×

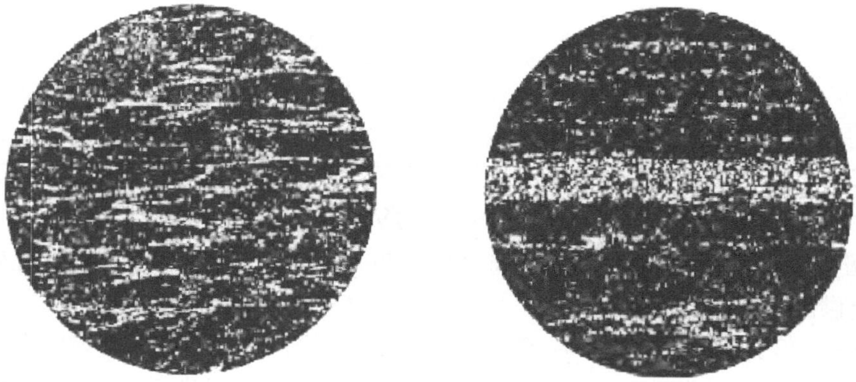

A2 6级(网状)　　A2 6级(带状)

图 8.51　高速钢共晶碳化物不均匀性第二评级图示例(GB/T 14979—94)　100×

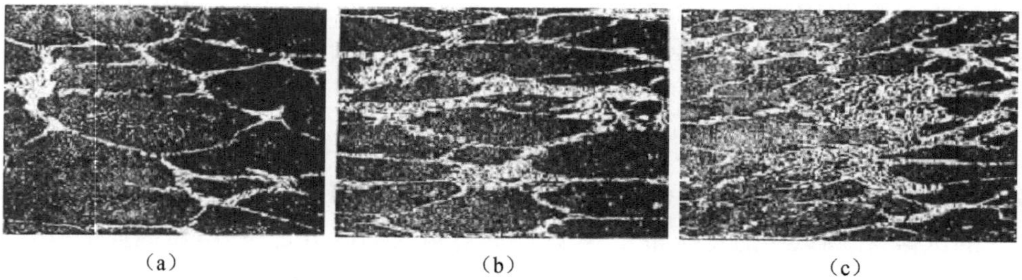

(a)　　(b)　　(c)

图 8.52　高速钢共晶碳化物不均匀性第三评级图 8 级,截面尺寸>200～250mm (GB/T 14979—94)　100×

表 8.27　W18Cr4V 钢碳化物不均匀性与抗弯强度的关系[2]

碳化物不均匀性级别	碳化物分布特征	试棒直径/mm	抗弯强度/MPa	
			纵向	横向
1	细带状组织	10～15	3300～3400	—
2	由大量带组成带状	15～25	3000～3200	—

续表

碳化物不均匀性级别	碳化物分布特征	试棒直径/mm	抗弯强度/MPa	
			纵向	横向
3	带状更明显	25～40	2800～3000	—
4	轻微的破碎网格	40～60	2400～2700	—
5	明显的破碎网格	60～75	2300～2500	1800～2000
6	破碎的网格和大量碳化物聚集	70～90	1800～1900	1500～1600
7	同上，某些部位碳化物聚集	80～100	1600～1700	—
8	少量变形的网格和碳化物聚集	90～110	1200～1400	—

(2) 碳化物不均匀性对热压力加工(热塑性变形)的影响。在锻造过程中，如果碳化物不均匀性比较严重，则在碳化物集中处，碳和合金元素大量集中，材料的塑性很差，再加上应力集中，便容易引起开裂。若碳化物级别过高，要通过锻造来大幅度地下降是不可能的，一般是最多只能改善 1.5～2 级。

(3) 碳化物不均匀性对热处理性能的影响。在同样的加热条件下，碳化物集中处容易过热，严重者甚至开裂，这是碳和合金元素大量集中，降低材料熔点所致。在碳化物集中处，有大量未溶入固溶体的碳化物起了机械阻碍作用而使晶粒细小。而在大颗粒碳化物和邻近碳化物集中处，由于机械阻力减小，晶粒就较大。这种现象的存在使工具的力学性能下降。碳化物的带状分布还引起热处理变形的各向异性。

碳化物不均匀性严重时，由于碳和合金元素在奥氏体中的溶解程度降低(与碳化物分布均匀的钢相比)，降低了刀具的硬度和热硬性；而在碳化物堆积处，经三次回火后，由于碳和合金元素的大量富集，使 M_s 点下降而保留有较多的比较稳定的残余奥氏体，回火组织中存在不易受浸蚀的灰白色区域(图 8.53)，这就是回火不足现象。这种现象的存在使刀具组织不稳定，内应力集中，容易引起刀具变形，甚至产生脆性开裂。

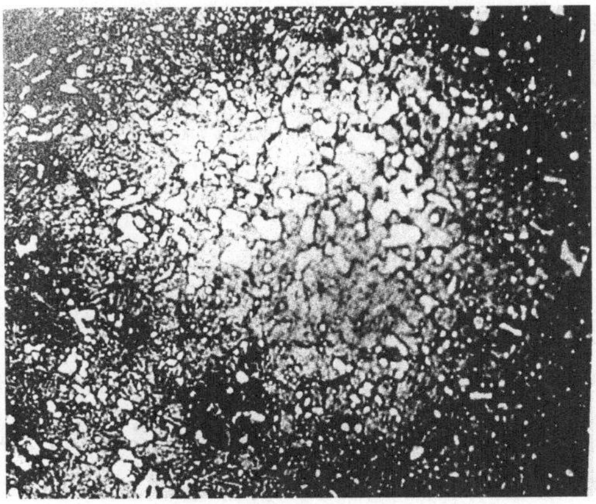

图 8.53　W18Cr4V 钢 1280℃加热淬火，560℃回火三次后的组织[40]　500×
碳化物聚集处呈浅色，仍显回火不足 4%硝酸酒精浸蚀 2min

(4) 碳化物不均匀性对切削寿命的影响。碳化物的不均匀性影响碳和合金元素在奥氏体中的溶解程度，影响钢的强度、硬度和热硬性，因此最终降低了刀具的切削性能，使刀具容易崩刃和磨损。某厂对插齿刀使用寿命的试验结果说明了这一点,碳化物不均匀度5～6级的比3～4级的在同样磨损0.2mm时,平均耐用度下降10%,而7～8级的则降低29%。

为了解决高速钢原材料中碳化物不均匀性的问题,多年以来,冶金工厂做了大量的试验研究工作。主要采取的措施有:

(1) 使用电渣重熔,可以细化钢的铸态组织,减轻共晶碳化物堆积程度,使较大尺寸钢材的碳化物分布较为均匀。

(2) 浇铸时,在钢水、钢包和锭模中加入孕育剂可以细化晶粒,均匀铸造组织,减少枝晶偏析。实际生产中大量使用的通用型高速钢常规生产工艺已可满足质量要求。对于大断面材,为改善其碳化物不均匀度使用孕育剂是有益的,甚至电渣重熔过程中也使用孕育剂[18]。

(3) 正确地设计锭型,如采用扁锭或者短粗钢锭。我国工厂实践证明,使用扁锭效果较短粗钢锭要好,使用大扁锭冷却快,加工变形量大,使碳化物不均匀性级别降低一级左右。一般说来,在保证充分的锻造比条件下,钢锭小些为好。

(4) 在热变形时一般都采用大的变形度。例如十字轧制法,即先沿钢锭纵向锻成或轧制成扁坯,然后横向切割成分块,再沿原横向轧制,可得到碳化物分布良好的钢材。对于大直径钢材(ϕ150～250mm)可采用液压机顶锻开坯,再加热重复镦拔,可显著破坏铸态组织中的网状碳化物。一般对开坯轧制的,加热和退火均采用低温度且时间不过长的工艺,低温形变有利于碳化物破碎,分布均匀。

(5) 用粉末冶金方法制造无偏析高速钢。此外,高速钢的成分对碳化物分布也有显著的影响,钼系及钨-钼系高速钢碳化物颗粒较细小,其碳化物分布比钨系高速钢要均匀一些。

对高速钢碳化物的不均匀性,使用工厂还可以通过锻造来改善,一般采用镦粗-拔长反复多次,而不是一次成形。例如,某工厂对某些精密刀具采用镦粗6次,拔长5次,两火锻成。为了操作方便,选材应符合$2.5d<l<3d$的要求(d为直径,l为长度)。不同刀具对碳化物不均匀度的级别有不同的要求,各工具厂都制定有标准。

各种高速钢热加工时的加热温度、始锻温度、终锻温度可查阅有关手册及资料[11,41]。高速钢的塑性和导热性较低,空冷时可以得到淬火组织,因此,锻后工件应放在砂中缓冷。

锻造中的缺陷主要是锻造裂纹。除原材料因素外,锻打时停锻温度过低、冷速过快、加热不足及加热不均匀都能引起开裂。这种裂纹可能在中心,也可能在表面。如果锻造中不及时发现裂纹,在热处理时就可能把裂纹进一步扩大,导致刀具报废。锻造中另一缺陷是由于停锻温度过高(>1000℃)而造成晶粒的不正常长大,出现萘状断口。

高速钢在热加工后均应退火以降低硬度、改善组织。对于各种类型的高速钢,退火加热温度范围都在830～880℃,对于W18Cr4V钢采用850～880℃,对于钼系高速钢则采用较低温度(830～870℃),而对于含钴高速钢可采用较高温度(870～900℃)。退火加热时间不宜过长,以免形成稳定的碳化物。在加热至退火温度后,保温一定时间(不超过12h)后可以缓慢冷却(20℃/h)至550℃,或者采用等温退火,即较快地冷却至720～760℃停留足够的时间(4～6h),再以40～50℃/h速率冷至600～650℃,然后空冷。图8.54是

18-4-1 高速钢 900℃奥氏体化后的等温转变图的高温部分，可以作为确定等温退火规程时的参考。高速钢退火后的硬度范围一般在 255～207HB，但高钒高速钢及含钴高速钢退火后的硬度要高些。高速钢退火后的组织为较大的初生和二次碳化物，较为均匀地分布在索氏体的基体上(图 8.55)。

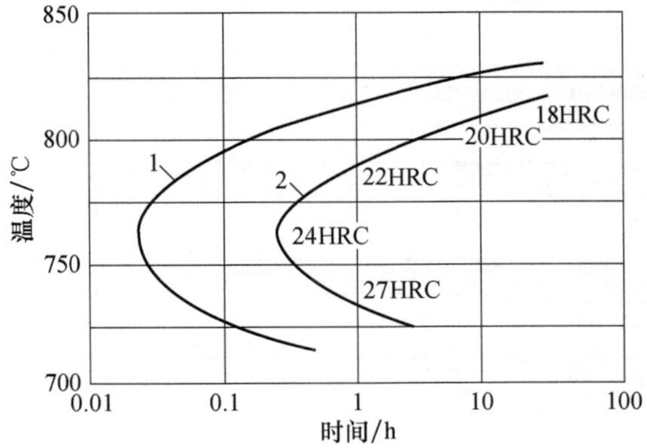

图 8.54 18-4-1 高速钢在 900℃奥氏体化后的过冷奥氏体等温转变曲线的高温部分[2]

1—转变开始；2—转变终了

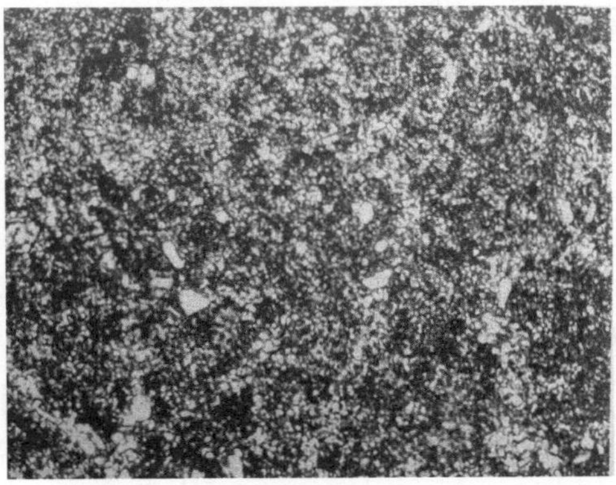

图 8.55 W18Cr4V 钢的热轧退火组织[14] 500×

在退火状态下，高速钢铁素体基体中一般溶入的元素 W 低于 1.5%，Mo 低于 1.0%，V 低于 0.4%，Cr 将近一半可以溶入铁素体中，如果钢中含有 Co，则大部分溶于铁素体中。碳及合金元素主要富集在碳化物相中。碳化物相有三种，即 M_6C、$M_{23}C_3$ 和 MC。M_6C 为富 W 或 Mo 的碳化物 Fe_3W_3C 或 Fe_3Mo_3C，其中 W、Mo 可以互换，碳化物中还可以溶入一部分 Cr、V 和 Co。$M_{23}C_6$ 为富 Cr 的碳化物 $Cr_{23}C_6$，可以溶入一部分 Fe、W、Mo 和 V。MC 为富 V 的碳化物 VC，其中可以溶入少量 Mo、W、Cr 和 Fe。试验证明，在同一高速钢中同类型的碳化物的成分也是有差异的，因而稳定性也不同。在含 W、Mo 比较低的高速钢中还存在少量 Cr_7C_3，这种碳化物在淬火加热过程中最先溶解。在 18-4-1 钢中间亦出现 Cr_7C_3。高速钢表面脱碳时，在钨系高速钢中还会在表面出现 Fe_7W_6 相，在钼系高速钢中出现 Fe_3Mo_2 或者 Fe_7Mo_6 相。一些高速钢在退火状态和在常用淬火温度淬火后，各种类型碳化物量见图 8.56。

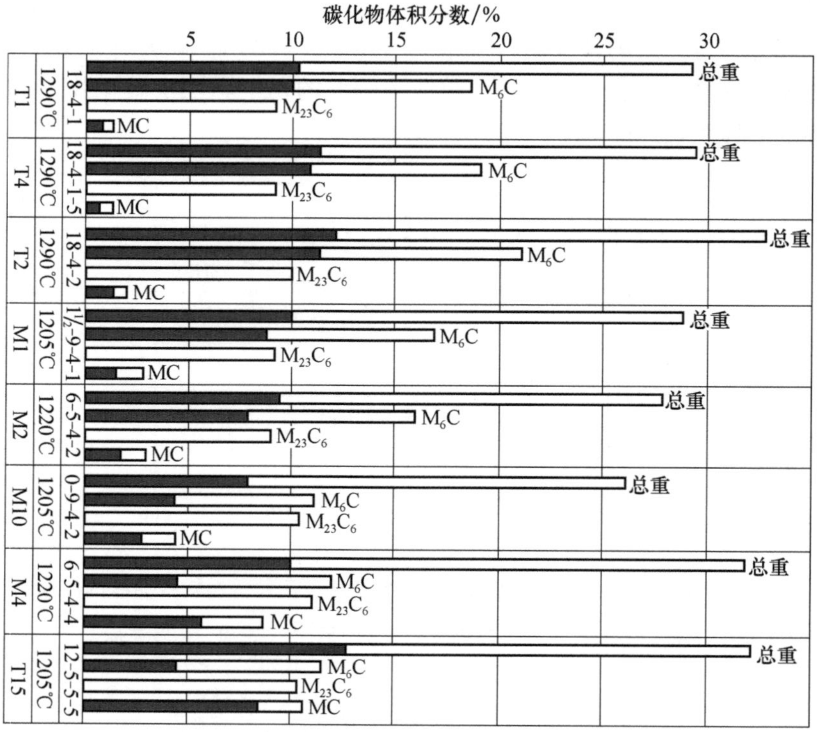

图 8.56 几种高速钢中碳化物量[42]

空白柱表示退火态,实柱表示淬火态,淬火温度已在图中注明

近年来,全世界高速钢年产量约 20 万 t,我国高速钢锭年产量约 10 万 t,高速钢材约 8 万 t。在高速钢的品种中,锻轧材占 70%~80%,其余为冷拉材和钢丝,少部分制成热轧薄板(钢带)。高速钢小型材多为冷拉钢,由于小型材轧机的高速化,小规格材大都以轧制盘卷(ϕ8~ϕ16mm)后再开卷切断成直条交货,同时在开卷过程中轻拉变形(减面率 10%以下),进一步提高了尺寸精度和质量,对生产和使用都有利。高速钢钢丝(ϕ1~ϕ9mm)是用热轧盘卷经拉丝机隧道拉拔而成的。钢丝主要用于制造钻头,20 世纪 70 年代后,国内工具行业推广高频加热四辊扭轧钻头代替铣制工艺,开始大量使用高速钢钢丝生产 ϕ3~ϕ13mm 钻头,要求钢丝具有良好热塑性。高速钢热轧薄板用于制作片铣刀、锯片、锯条等。这些品种高速钢的生产工艺见有关文献[18,43]。

8.3.5 高速钢的淬火加热

高速钢加热至 800℃左右时,珠光体转变为奥氏体,对于含 14%~18%W 的高速钢,此温度范围为 780~820℃。此时,奥氏体中含碳不超过 0.1%~0.2%,合金元素含量也不多。自 800~850℃淬火后,硬度很低,为 45~50HRC。

温度升高时,碳化物溶解的数量增加,溶解速率逐渐加快。由图 8.57 可以看出,W18Cr4V 钢在 1000℃时,经过 10~15min,奥氏体趋于饱和,1100℃时经过 1~2min,温度更高时只要几十秒钟就可以了。在奥氏体中较细小的碳化物首先趋向溶解,因此,在一定淬火条件下,当存在粗大碳化物时,碳化物的总溶解量比具有均匀分布的细小碳化物要少。不同类型的碳化物在奥氏体中的溶解情况不同。图 8.58 表示淬火温度对 W6Mo5Cr4V2 钢中各类碳化物溶入奥氏体的影响。$M_{23}C_6$ 最容易溶解，在高于 900℃时，这种碳化物的量很快地减少，达到 1100℃时几乎完全溶解，与此同时，奥氏体中铬含量迅速提高(图 8.59)。碳化物 M_6C 在较低温度下溶解量很小，而 MC 则完全不溶解，此时，V、Mo 和 W 在奥氏体中的含量有些增加，是由于 $M_{23}C_6$ 中溶有这些元素的结果。M_6C 的溶解是在较宽的温度范围内进行(950℃至熔化开始)的，但只是在高于 1160℃时溶解速率才开始加大。此时奥氏体中的 W、Mo 增加，同时 Cr 和 V 也增加，因为它们存在于 M_6C 中。VC 在 1050℃以上才开始溶解，而在 1150℃以上才开始加快。图 8.60 为 W18Cr4V 和 W9Cr4V2 钢中固溶体的化学成分及过剩碳化物含量与淬火温度的关系曲线。由图 8.56 还可以看出，各种类型的高速钢在正常淬火温度下剩余碳化物类型只有 M_6C 和 MC，过剩碳化物含量为 7%～12.5%(体积分数)。在过剩碳化物中，M_6C 和 MC 的比例见表 8.28。

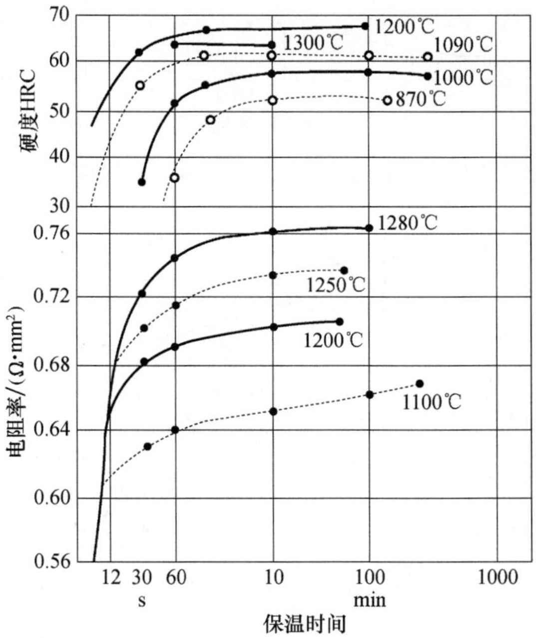

图 8.57　W18Cr4V 钢在盐浴中加热淬火后的硬度与电阻率(试样厚度 5mm)的关系[2]

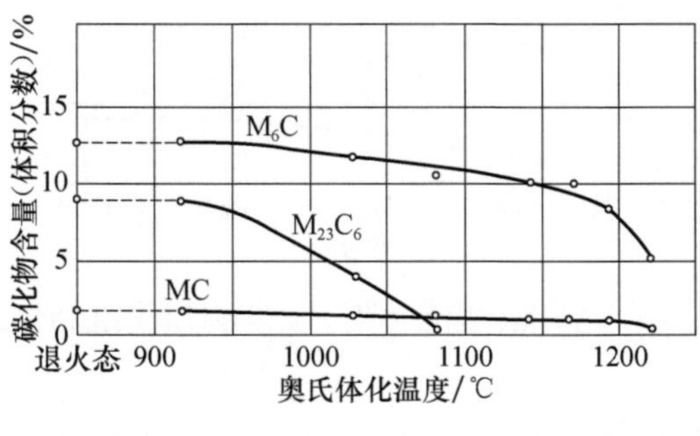

图 8.58　淬火温度对 W6Mo5Cr4V2 钢中各种碳化物含量的影响[44]

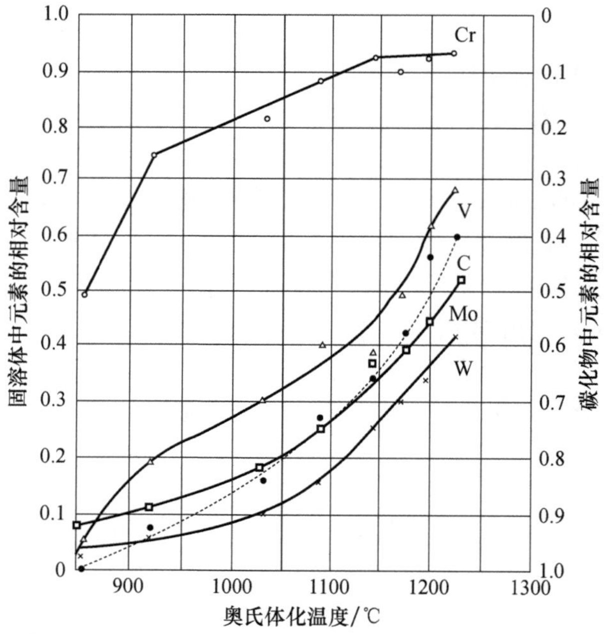

图 8.59　奥氏体化温度对 W6Mo5Cr4V2 钢中元素在碳化物和固溶体之间分布的影响[44]

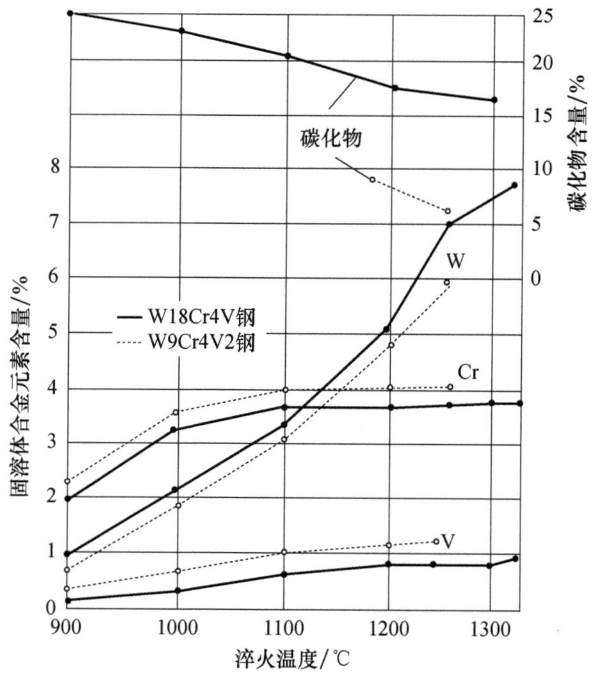

图 8.60　W18Cr4V 和 W9Cr4V2 钢中固溶体化学成分和过剩碳化物含量与淬火温度的关系[2]

表 8.28　不同热处理状态下的过剩碳化物含量[1,42]

高速钢类型	奥氏体化温度/℃	退火态过剩碳化物/%		淬火态过剩碳化物/%		淬火后碳化物含量(体积分数)/%	
		质量分数	体积分数	质量分数	体积分数	M_6C	MC
18-4-1(T1)	1290	28.1	29.2	14.8	10.2	97	3
18-4-1-5(T4)	1290	28.6	29.5	15.6	11.2	96	4
18-4-2(T2)	1290	28.5	33.0	15.9	12.0	92	8
1.5-9-4-1(M1)	1205	21.1	28.0	9.8	9.8	87	13
6-5-4-2(M2)	1220	20.8	28.0	11.8	9.2	85	15
9-4-2(M10)	1205	16.5	26.0	5.1	6.8	61	39
6-5-4-4(M4)	1220	20.9	31.9	8.0	9.8	44	56
12-5-5-5(T15)	1250	23.5	32.2	12.4	12.4	34	66

VC 的硬度比 M_6C 要高出 8～10HRC(表 8.29)，因此高碳高钒高速钢的耐磨性要高些。这些高速钢在正常淬火温度条件下，不同类型的碳化物溶入量大体相似(7%～10% M_6C、9%～11%$M_{23}C_6$ 和 1%～3%MC)，因此基体成分也很相近(除含钴高速钢外)，相分析方法可以确定图 8.56 所列出的这些高速钢基体的成分范围大体为 0.4%～0.6%C、3.9%～5.1%Cr、0.9%～1.9%V，钨系高速钢中含 7.3%～8.6%W，钼系高速钢中含 4%～4.5%Mo 当量(即 Mo+1/2W)，这里指的是基体成分的百分数，不是指整个钢的成分百分数(表 8.30)。因这些高速钢淬火加热后的基体成分很相近(含钼高速钢除外)，故在以后冷却和回火时的行为也很相似。

表 8.29　高速钢淬火基体与碳化物的硬度[45]

材料	硬度 HRC(根据 HV 换算)	显微硬度(HV,25g)
淬火金属基体	65～67	1043～1141
M_6C	73.5～77	1495～1812
VC	83.5～85	2700～2990
WC(硬质合金中)	82.5	2470

表 8.30　几种高速钢在退火状态和淬火状态下碳化物及基体的成分[42]

钢类	钢的化学成分/%						碳化物成分/%							基体成分/%						
	C	W	Mo	Cr	V	Co	C	Fe	W	Mo	Cr	V	Co	C	Fe	W	Mo	Cr	V	Co
T1	0.72	18.16	0.40	4.13	1.04	—	2.5	25.4	60.7	1.3	7.1	3.2	—	0	95.3	1.5	0.1	3.0	0.2	—
							2.1	19.4	73.2	1.4	2.5	1.4	—	0.5	85.3	8.6	0.2	4.4	1.0	—
T2	0.82	17.92	0.40	4.23	2.02	—	2.9	22.8	58.5	1.3	8.3	3.3	—	0	95.4	1.8	0.1	2.6	0.3	—
							2.8	18.9	70.2	1.3	3.3	3.6	—	0.5	85.3	8.0	0.2	4.4	1.7	—
T4	0.73	17.92	0.78	4.25	1.12	4.95	2.6	23.4	59.9	2.6	6.3	3.3	2.0	0	89.0	1.1	0.1	3.4	0.3	6.2
							2.6	20.2	70.0	2.5	1.6	1.4	1.6	0.4	79.5	8.3	0.5	4.7	1.1	5.6
T15	1.49	12.13	0.32	4.79	4.90	4.95	6.3	15.7	47.2	1.2	7.2	21.2	1.2	0	91.4	1.5	0.1	4.2	0.1	2.9
							9.1	8.7	47.2	1.4	2.9	29.8	1.0	0.4	81.2	7.3	0.2	5.1	1.4	4.3

续表

钢类	钢的化学成分/%						碳化物成分/%							基体成分/%						
	C	W	Mo	Cr	V	Co	C	Fe	W	Mo	Cr	V	Co	C	Fe	W	Mo	Cr	V	Co
M10	0.88	—	8.21	4.26	2.00	—	5.5	28.2	—	44.5	11.3	10.5	—	0	95.5	—	1.0	2.9	0.4	—
							8.0	7.3	—	60.5	5.9	18.3	—	0.5	88.8	—	5.4	4.2	1.1	—
M1	0.80	1.75	8.61	3.80	1.23	—	3.9	34.9	7.6	39.9	8.7	5.0	—	0	96.9	0.2	0.3	2.5	0.2	—
							3.5	34.5	9.8	45.0	3.0	4.3	—	0.6	89.1	0.9	4.7	3.9	0.9	—
M2	0.83	6.38	5.25	4.22	1.92	—	4.0	27.9	29.4	22.5	7.7	8.5	—	0	95.5	0.3	0.7	3.3	0.2	—
							3.7	23.6	39.7	22.3	2.0	8.8	—	0.5	89.0	2.0	3.0	4.6	1.0	—
M4	1.27	5.48	4.54	4.52	4.13	—	6.4	21.5	22.3	20.3	9.3	20.2	—	0	95.3	1.0	0.4	3.3	0	—
							8.7	11.2	27.5	20.4	3.0	29.1	—	0.5	86.1	3.5	3.2	4.7	1.9	—

高速钢的一个重要特点是在加热到相当高的温度时，晶粒还可以保持细小，这是因为在高速钢中有大量难以溶解的碳化物能阻碍晶粒的长大，只有在碳化物大量溶解之后，晶粒才较快地长大。晶粒开始长大的温度主要和钢的成分有关。同一钢号的高速钢，如果碳化物不均匀性不超过 5 级，加热到同一温度时，晶粒大小大致相同，而晶粒开始长大的温度一般相差不大。含碳化物较多的钢，特别是富钨的碳化物比较多时，晶粒开始长大的温度比较高。

淬火加热和保温过程中，在二次碳化物溶解的同时，还发生未溶碳化物的聚集长大。尺寸最小的未溶相发生溶解，溶质被输送到邻近尺寸较大的颗粒附近，供其生长。聚集的结果是未溶碳化物的平均尺寸随保温时间的延长而增加。

18-4-1 高速钢加热至 1240～1260℃时晶粒度为 11～12 级，加热至 1270～1290℃后长大到 9～10 级，加热到 1300～1310℃时晶粒迅速长大到 7～8 级。由于奥氏体中溶入的碳化物比较多，在以后冷却至较低温度(1200～900℃)范围(此时扩散仍可以较快地进行)，奥氏体过饱和程度很大，即使冷却速率很大，也会在晶界上重新析出碳化物，形成细的碳化物网。加热到 1320～1330℃，有时到 1310℃，在钢中首先在晶界开始出现液相，生成莱氏体，在有些钢中(含碳较低时)则出现 δ 共析体，或者同时出现莱氏体和 δ 共析体。6-5-4-2 高速钢加热至 1220～1240℃时晶粒度为 9～10 级，加热到 1260℃时迅速长大到 7～8 级。生产实践中还发现，W6Mo5Cr4V2 和 W12Cr4V4Mo 钢晶粒度在 9 级以上就有过热倾向，M42 钢加热温度超过 1210℃晶粒度就显著长大，1230℃淬火出现过热现象。因此，钼系和钨-钼系高速钢的淬火加热温度较钨系高速钢低。

淬火晶粒度大小是衡量淬火加热温度高低及刀具热处理质量的重要标志。国内许多工具厂都采用观察晶粒度大小来控制合适的淬火温度。晶粒度的测定应在淬火后回火前进行。为使晶界明显，可用 30%硝酸酒精溶液浸蚀，放大 500 倍，与高速钢奥氏体晶粒度参考图对比评定，可参阅 JB/T 9986—2013《工具热处理金相检验》。图 8.61 为钨-钼系高速钢奥氏体晶粒度为 10 级的金相图片。一般钨系产品应为 9～10 级，钨-钼系产品为 9.5～10.5 级，要求红硬性耐磨性的刀具，如车刀，可控制在 8.0～8.5 级，要求韧性高的刀具，如拉刀，可控制在 10～11 级[46]。

碳化物溶解度也是高速钢淬火质量的衡量标志，国内一些用户有时将其列为受检项目。在一颗晶粒中,碳化物少于 8 颗为良好,8～12 颗为一般,大于 12 颗为较差[46]。

高速钢刀具在淬火加热时应防止过热,过热时,晶粒边界的碳化物部分熔化,冷却时沿晶界析出,增加钢的脆性,容易产生崩刃。高速钢过热程度根据碳化物沿晶界的伸长、拖尾及呈网状程度的不同可分为 5 级。对于形状较为简单的刀具,过热程度可至小于等于 2 级,其他刀具过热程度控制在小于等于 1 级。图 8.62 为高速钢过热示例。淬火过热于刀具淬火-回火后观察,用 4%硝酸酒精浸蚀,放大 500 倍观察。

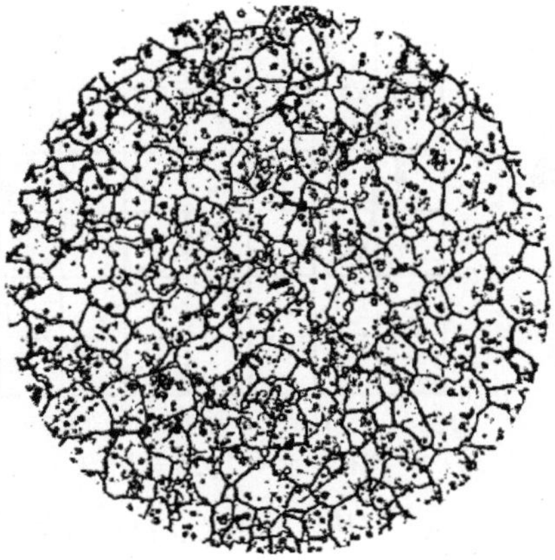

图 8.61　高速钢奥氏体晶粒度　500×
钨-钼系 10 级
JB/T 9986—2013 附录 B 中 B.12

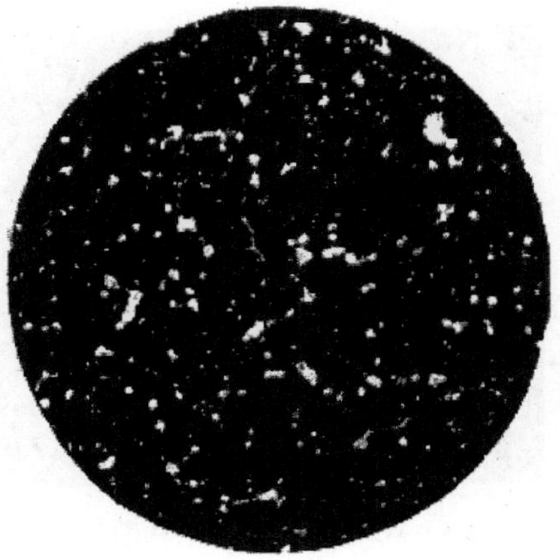

图 8.62　高速钢过热级别图　500×
钨-钼系 2 级
JB/T 9986—2013 附录 B 中 B.18

如果钢中碳化物不均匀性比较大(6 级和 6 级以上),则晶粒大小不均匀,在碳化物稀少的区域晶粒开始长大的温度要低 10～15℃。在正常淬火温度下延长保温时间会引起晶粒度的增大,但影响不显著,在更高温度时则影响较大。在开始出现液相的温度附近,长期加热会出现角状碳化物。

已淬火的钢,在不经过中间退火而重复淬火时会出现晶粒剧烈长大,在断口上有个别粗大的结晶,闪烁着像萘晶体一样的光泽,称为萘状断口(图 8.63),此时钢变得很脆。出现萘状断口的必要条件是在第一次淬火后钢中存在马氏体或贝氏体针状组织。再次加热时,在加热过程中有碳化物沿针状组织边界析出,成为它们长大的阻碍。但这些碳化物是亚稳定的,比较容易溶解,所以达到一定温度时,一部分碳化物开始溶解,因而使某些晶粒能迅速长大,造成晶粒大小显著差异,这种情况更有利于少数粗大晶粒迅速吞并较小晶粒而剧烈长大。图 8.64 表示在某些高速钢中,第二次加热时晶粒开始剧烈长大的温度与第一次淬火温度的关系。第一次淬火温度较低时,钢中尚有大量未溶的细小碳化物,在第二次加热时能有效地阻止晶粒长大,故须加热到更高的温度才出现晶粒突然的增大。第一次淬火温度升高时,钢中剩余的碳化物不多,因此,第二次加热时,在较低的温度晶粒即开始长大。但在更高的温度下进行第一次淬火时,溶入的碳化物多,在第二次加热时会有较多的碳化物析出,因此又使晶粒突然长大的温度提高。为了避免出现萘状断口,在两次淬火之间,必须进行一次退火。在发生萘状断口之后,经过多次反复退火可部分地予以消除,只有重新热加工才可以完全消除。

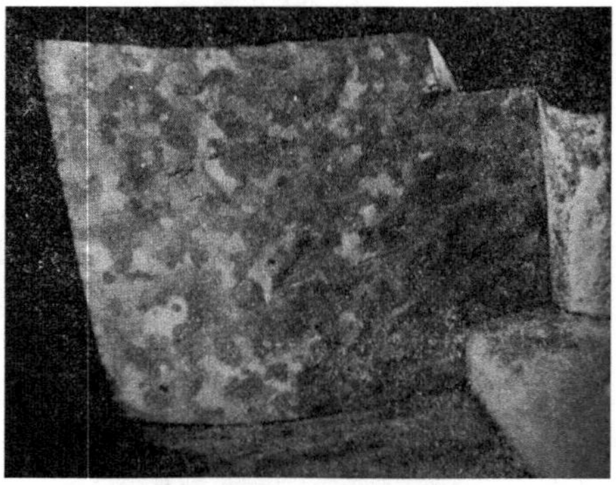

图 8.63　W18Cr4V 钢的萘状断口[47]　1×
二次淬火中间未退火

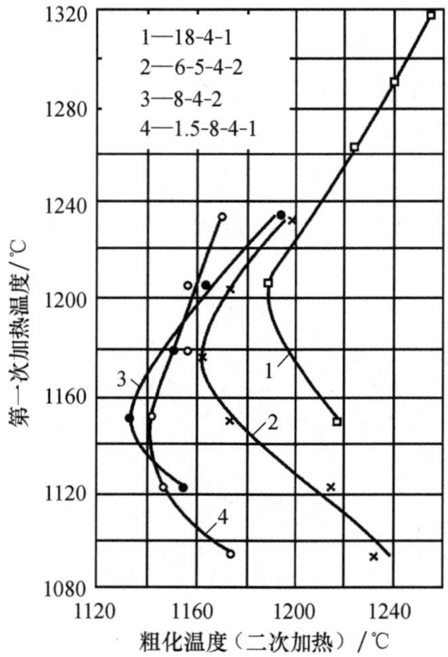

图 8.64　开始生成粗大晶粒与预先加热温度的关系[1]

在淬火温度升高时,由于钢中残余奥氏体的增加高速钢的硬度达到最高值以后又开始下降。图 8.65 表示 18-4-1 和 6-5-4-2 钢的硬度及残余奥氏体量随淬火温度的变化。但高速钢的热稳定性(红硬性)只与固溶体的合金化程度有关,淬火温度越高,红硬性也越高。图 8.66 表明淬火温度对 W18Cr4V 钢热稳定性的影响。

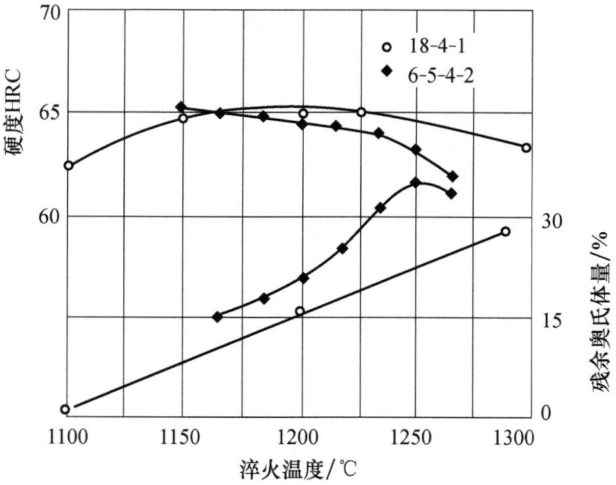

图 8.65　淬火温度对 18-4-1 和 6-5-4-2 钢淬火后硬度和残余奥氏体量的影响[2,18]

高速钢的强度主要与晶粒度和碳化物的分布状况有关。淬火温度升高时,在晶粒度尚未增大,只是将一些细小的、包括存在于晶界上的一些碳化物溶入的时候,强度增加。但当温度增高使钢的晶粒增加到 10 级时,强度有些下降,当加热到晶粒增大至 8～9 级

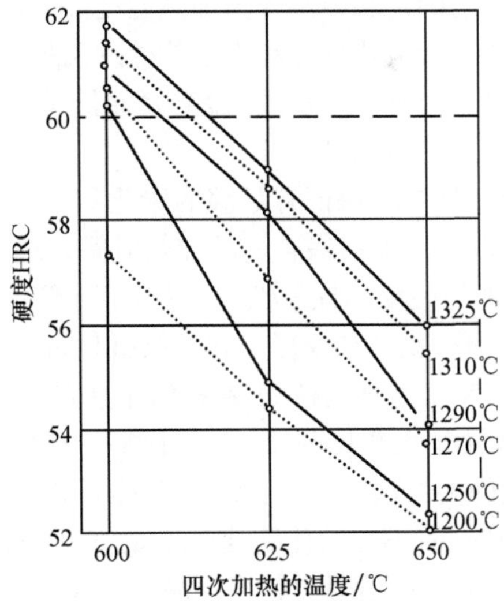

图 8.66 淬火温度对 W18Cr4V 钢热稳定性的影响[2]

时,会在冷却过程中沿晶粒析出碳化物网,因而使强度急剧下降。

高速钢的淬火均在较缓和的冷却介质中进行,马氏体中的碳含量较低,淬火后变形比较小。随淬火温度的升高,高速钢的比容最初增加,以后因残余奥氏体量的增加又开始减小。至于纵向和横向尺寸变化的不同方向则主要是由于碳化物的带状分布引起的。当碳化物不均匀级别增加时,同一温度淬火时,变形的绝对量也随之增加,高速钢和其他莱氏体钢都有这样的特点。

根据以上分析可以看出,为保证获得最高红硬性的淬火温度与获得最高强度的淬火温度并不一致。因此,在确定高速钢淬火加热温度时,不同尺寸、不同形状、不同使用性能的工具,必须加以分析,然后对淬火加热温度作出最正确的选择。在选择淬火加热温度时应考虑下面几个主要方面。

(1) 不同的刀具,由于工作条件不同,所需要的性能也有所不同,因此淬火加热温度也应有所区别。例如车刀,在切削过程中决定其寿命的主要性能是高硬度和高红硬性,而对韧性要求不高,故应采用高的淬火加热温度,对于 W18Cr4V 钢可采用 1290～1300℃;麻花钻头工作时受扭力,则要求较高的强度和韧性,因此淬火加热温度相对于车刀来说要选择得较低一些,一般为 1275～1285℃。如果要求刀具的硬度和韧性得到较好的配合,则采用适中的加热温度。

(2) 尺寸很小的工具,其破坏常由于强度不足而引起,因此,淬火时要求达到最高的强度,淬火温度宜低些。尺寸很大的工具,因碳化物分布不均匀,容易局部过热,淬火温度不能太高。

(3) 形状简单的工具可采用高的淬火温度,易变形的薄片形和细长刀具(如锯片、铣刀、细长拉刀、绞刀等)及工件厚薄相差大、有尖角易开裂的刀具(如指形铣刀、三面刃铣刀等)宜采用较低的淬火温度。

在生产上还经常遇到一些不正常材料,如有角状碳化物、大块碳化物堆积,某些炉号的钢过热敏感性特大等,这些需要通过试验,再行选择适当的淬火温度。生产实际中通常采用淬火钢奥氏体晶粒度作为确定和控制淬火加热温度高低的主要依据。

高速钢刀具热处理主要有盐浴热处理和真空热处理两种。大型复杂刀具、细长刀具、接柄刀具等特殊刀具真空淬火尚有一定难度,盐浴处理仍是目前适用的热处理方法。高温盐浴以 BaCl 为主,添加一些其他成分。

高速钢淬火加热的保温时间,应保证有足够的碳化物溶入奥氏体中而不致引起晶粒过分长大。在一定的加热温度下,有一最合适的加热时间。过长的加热时间,不但不再增加奥氏体的合金度,而提高钢的硬度和红硬性,反而由于晶粒长大,使钢的力学性能降低。此外,还易引起刀具表面的氧化、脱碳和变形。如果保温时间太短,则奥氏体合金化程度不足,又会降低刀具的红硬性。对于普通高速钢,在盐浴中加热的加热系数为 8～15s/mm,而对高钒高速钢,加热时间应延长,可按 15～18s/mm 计算。在生产实际中影响加热时间的因素很多,如淬火加热温度的高低、装炉量的多少、刀具的形状和尺寸等,尺寸很小的工具(1～3mm)应适当延长加热时间,不然碳化物溶解不足。尺寸过大,按此标准计算的时间又太长,虽然可以使心部加热充分,但会引起表面晶粒长大。故最合理地确定加热时间的方法是通过试验,根据淬火后金相组织中碳化物的溶解情况来判断加热时间是否适当。

高速钢系高合金钢,导热较慢,并且在高温加热时容易脱碳,因此经常采用预热使温度分级上升,以减小热应力和减少高温加热时间,使工件在很短时间里内外达到高温加热温度,而且冷工件直接放入高温介质中会使其温度下降甚多,温度不易准确控制。

形状简单而且尺寸不大的工具可采用一次预热,温度一般为 800～850℃(略高于 Ac_1 的温度),使其在较低温度下发生索氏体向奥氏体的组织转变,从而减小组织应力。预热时间为高温加热时间的两倍,一般按每 25～30s/mm 计算。凡直径大于 30mm 和形状复杂的工具均采用二次预热,第一次预热温度为 500～600℃,然后二次预热,温度为 800～850℃。低温预热的时间没有严格的要求,可以采用中温预热的两倍。

8.3.6 高速钢的淬火冷却

高速钢从淬火加热温度冷却时,由于奥氏体中的碳及合金元素溶解度的减少,有自奥氏体中析出碳化物的趋势。如果冷却速率比较快的话,不会有明显的碳化物析出。但很早以前已有学者指出,即使 M2 钢在正常淬火冷却条件下,仍存在只有在电子显微镜下才能观察到的极细微的 VC 沿晶界析出,淬火高速钢的金相试样易于显现原始奥氏体晶粒边界即是由于在此种冷却条件下碳化物沿晶粒边界析出所致。在正常淬火加热时,晶界碳浓度趋于饱和,在刚开始冷却时,不易溶解的碳化物 VC 首先析出[48,49]。一般高速钢如果淬火温度低于 1180℃,晶界将腐蚀不出来。

高速钢加热到淬火温度时,奥氏体的合金化程度很高,因此在冷却时有很高的稳定性。各种不同类型的高速钢的过冷奥氏体等温转变曲线比较相似,图 8.67 为 18-4-1 高速钢在 1290℃奥氏体化之后的过冷奥氏体等温转变曲线。淬火加热后冷却时,在 760℃以上的范围内停留,或者比较缓慢地冷却到 760℃,会自奥氏体中析出金相显微镜下可以观察到的二次碳化物,在 760℃左右的温度时,析出作用特别强烈,在 760℃以下时,析出碳化物的速率急剧下降。对尺寸稍大些的工具,在空气中冷却或者在盐浴中分级冷却时,冷却速率较慢,会因碳化物的析出而使奥氏体的合金化程度降低,从而影响高速钢的红硬性。从工艺上来看,对某些在第一次分级前作空气预冷或在 800～820℃作短时停留的刀具，应特别注意控制预冷的时间，不宜停留过久。

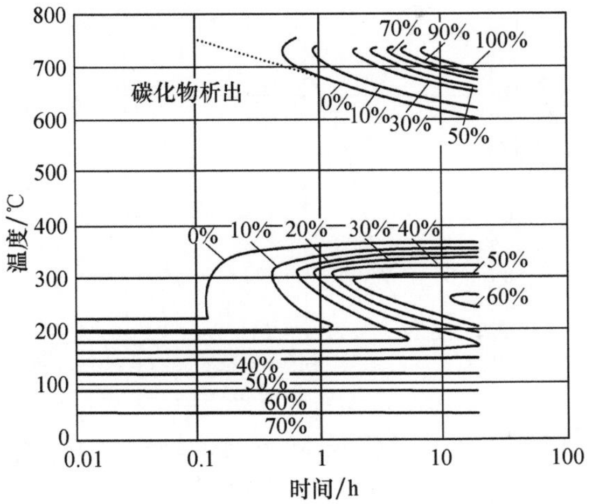

图 8.67　18-4-1 高速钢在 1290℃奥氏体化后的过冷奥氏体等温转变曲线[50]

温度范围 625～800℃为珠光体转变区域，在此区域内生成很细的珠光体组织。温度高于 710℃时，在珠光体开始转变之前先析出二次碳化物。这些碳化物首先沿晶界析出，在温度稍低时，这两个过程同时进行。

在温度范围 625～400℃停留很长的时间，过冷奥氏体还没有转变，但在这个区域的上限 600～625℃的温度下，仍有碳化物的析出。试验表明，在 625℃进行 10min 的停留就会降低红硬性，在这样的温度下有含钨和钒的复合碳化物析出，因而使奥氏体合金化程度随之下降。高速钢淬火时为了防止开裂和减少变形，可在这一温度范围内进行等温停留。试验表明，分级淬火在此温度区域的较低范围（550～450℃）内停留比在高温范围更为合适。在较低温度范围内等温，不致引起碳化物的析出和过冷奥氏体的合金化程度降低，淬火后可以获得与油淬相同的组织和性能。我国工具厂分级冷却通常用三元氯化盐（50% $BaCl_2$＋30%KCl＋20%NaCl），该盐于 550℃左右熔化，工作温度控制在 580～620℃，其停留时间应严加控制，在操作中一般不超过 15min。若选用 550～450℃作为分级温度，则要采用硝盐炉，这为生产上带来一定的困难。由于工件温度太高，入硝盐炉易使硝盐燃烧，导致工件氧化。近年来国内分级温度有降低的趋势，有些工具厂引进国外盐浴，分级温度改为 500～550℃，盐浴配方未公开[51]。

温度范围 400～200℃是贝氏体转变区域。经过孕育期之后，钢便开始了贝氏体转变，开始转变较慢，以后转变较快，但经过一定时间之后又重新变慢，最后趋于停止而不能进行完全。图 8.68 所示为 18-4-1 钢在 315℃温度下的贝氏体等温转变动力学曲线，在 260℃下等温 12h 左右可以形成最多的贝氏体（60%）。不论是 18-4-1 钢还是 6-5-4-2 钢，贝氏体的最大转变量为 55%～60%。贝氏体为细针状组织，与经淬火-回火后所得的回火马氏体相近。在硬度和红硬性方面，贝氏体淬火后的钢与淬火-回火钢无多大差别。贝氏体淬火后的主要影响是由于奥氏体稳定化，降低了马氏体转变温度 M_s 点，增加了淬火后的残余奥氏体量（表 8.31），并使淬火硬度有下降。

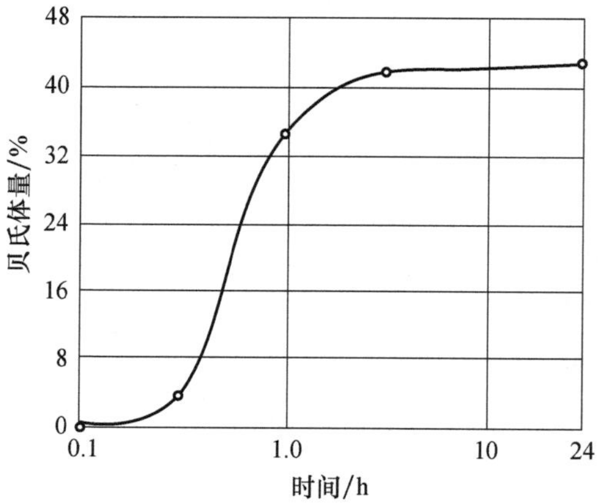

图 8.68　18-4-1 钢贝氏体的等温转变动力学曲线[50]

1290℃加热空冷至 315℃

表 8.31　在 260℃ 下等温时间对 W18Cr4V 钢组织和硬度的影响[52]

等温时间/h	随后冷却时的 M_s 点/℃	自 260℃冷至室温时的组织成分/%				硬度 HRC		
		碳化物	贝氏体	马氏体	奥氏体	自 260℃空冷后	560℃回火 2h	560℃回火 2h+2h
油淬	210	5	0	75	20	65.5	65.1	64.8
1	160	5	25	45	25	65.5	64.5	64.1
2	70	5	40	20	35	61.2	64.5	64.2
4	<0	5	50	0	45	57.8	64.8	64.5
8	<0	5	55	0	40	57.4	64.5	64.2
12	<0	5	60	—	35	57.2	64.4	64.1

等温停留还能提高残余奥氏体在随后回火时的稳定性。在 450～600℃分级淬火或经油淬的钢，在 560℃回火 2、3 次，残余奥氏体几乎完全转化，而对于在贝氏体转变区经 20～30min 等温淬火的钢，需经过 3、4 次回火以后才能使残余奥氏体较好地转变。如果等温停留时间很长(3～6h)，则要经过 5 次回火才能使残余奥氏体完全转变。

等温淬火后的力学性能比分级或油冷淬火高，在 280～300℃下等温停留 3h，或在 250～260℃等温 5～6h，强度提高了 30%，塑性提高 60%。随后回火时，由于残余奥氏体向马氏体转变，使等温淬火后钢的强度和塑性与分级、油淬回火后相当。

等温淬火能使刀具的淬火变形大大减小。如图 8.69 所示，在 200～240℃等温停留时间增长到 60min，可以使尺寸变形量比分级淬火时减小一半，而在 280～300℃下进行 60min 的等温，几乎没有变形。如果等温停留时间延长到 180min，则变形量又重新增大，这是残余奥氏体量过多的缘故。

高速钢的马氏体转变点(M_s 和 M_f)和钢的成分、奥氏体化温度和时间及冷却条件有关。图 8.70 表示奥氏体化温度对含 0.74%C、18.2%W、4.00%Cr 和 0.58%V 的高速钢连续冷却时的马氏体点的影响，图中马氏体点的数据比一般资料中介绍的偏低，而残余奥氏体量偏高，但仍可显示出变化的规律。多数高速钢在正常温度下淬火时的 M_s 点约在

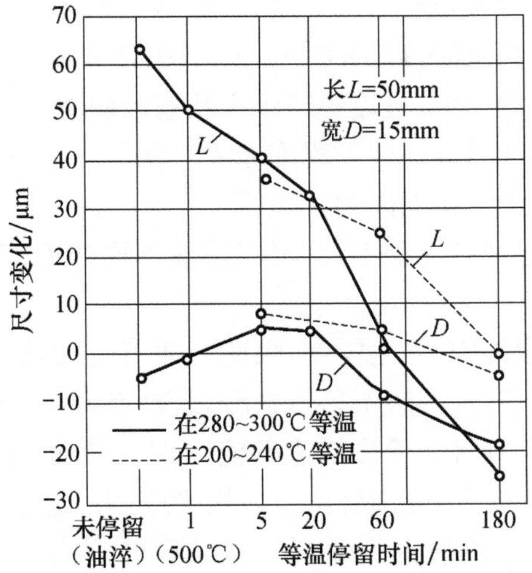

图 8.69　W18Cr4V 钢试样自 1280℃加热后，贝氏体转变区等温停留时间与尺寸变化的关系[2]

200℃。W18Cr4V 钢油淬后的残余奥氏体量为 20%～25%。在 625℃以上缓慢冷却或保温由于会析出碳化物而使马氏体点提高。在 625～450℃停留不影响马氏体点。在 450～400℃下缓冷或保温则降低 M_s 点。如果在马氏体转变区（M_s 点～室温）中止冷却，奥氏体向马氏体的转变也随即停止，当再恢复冷却时，转变不立即继续进行，只有再降低一定温度之后，转变才可以进行，或者由于冷却缓慢而使残余奥氏体量增加。这两种现象的本质相同，称为奥氏体的稳定化。高速钢对奥氏体稳定化很敏感，在室温（20℃）停留 15～20min，已有显著的稳定化（图 8.71）。

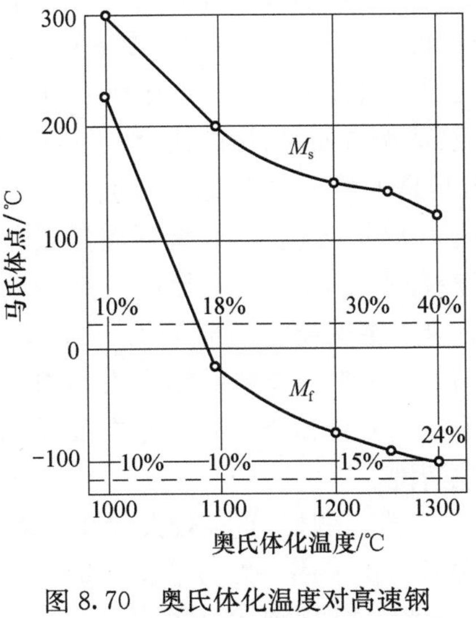

图 8.70　奥氏体化温度对高速钢马氏体点的影响[1]

图中数字为室温和－120℃时残余奥氏体量，用磁性法测量

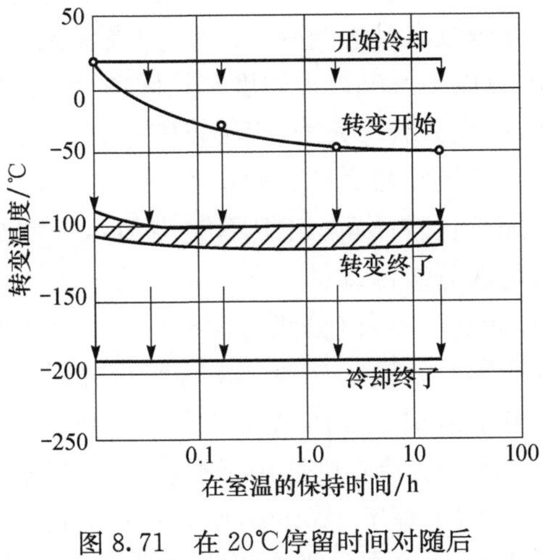

图 8.71　在 20℃停留时间对随后冷却到－190℃的 18-4-1 钢中残余奥氏体的转变温度范围的影响[53]

高速钢连续冷却至 0℃以下，过冷奥氏体继续转变为马氏体，在冷至－70～

－80℃时，转变较多。进一步冷至－100℃时，转变量已不多，只有1%左右。再进一步冷却将不会有影响。W18Cr4V经过冷处理后残余奥氏体有7%～8%，重复冷却不再有影响。由于冷处理使马氏体量增多，可以提高淬火状态的硬度，同时也使钢在淬火状态下的应力高于油淬的钢，力学性能较低，变形程度亦大。在回火状态下，经冷处理的钢与分级、等温或油冷淬火的钢具有大致相同的力学性能。

在生产实践中，对于各种高速钢工具，可以采取不同的冷却方式，淬火冷却工艺大致可分为下列几种：

(1) 油中冷却。高速钢的淬透性较大，因此一般刀具加热后即使在空气中冷却亦可获得很高的硬度，但高速钢刀具一般不采用空冷，这是因为空冷时工件表面容易由于氧化腐蚀而产生麻点。此外，空冷时由于冷却速率较慢，在高温区域停留时间较长，容易析出二次碳化物，降低淬火钢的硬度和红硬性，所以极少应用。对形状简单(车刀、钻头)、尺寸在30～40mm的刀具可以采用油中冷却(30～100℃)。为了避免开裂，在油中的时间不宜太长，最好保持到当工件在油中取出时，附在上面的油闪耀发火，可以保证工件的温度在500℃以上，这样以后在空气中冷却时可以减少开裂。高速钢油中冷却的工艺采用亦不很多，这是因为油冷比分级的淬火容易变形开裂，并且油烟逸散污染环境，但是这种工艺对细长易变形的工具(细拉刀)仍有采用，工具从油中取出后的空冷过程中，在表面油迹将烧尽前，趁热校直(平常称为淬火校直)比较方便。

(2) 分级淬火。高速钢工具最常采用的冷却方式是分级淬火，可按照刀具形状特点、变形和开裂倾向分别选用一次或多次分级淬火方法。

对于车刀、立铣刀、直柄钻头、锥柄钻头等，淬火后变形和开裂倾向不严重的一般刀具均采用在580～620℃保温(大致与加热时间相似)的一次分级冷却，因为在580～620℃温度范围内可采用中性盐浴冷却，减少刀具的氧化腐蚀；这样的分级淬火使刀具内外温度均匀，随后在空气中缓慢冷却，显著地减少截面温差和应力，可以减少刀具变形和开裂；这样的温度分级有足够的冷却速率，只要保温时间不过长，可以抑制在高温区域中析出二次碳化物，所以不影响淬火硬度和热硬性；中性盐分级，清洗方便，操作简便，易于实现机械化。因此，一次分级淬火法，应用较广，几乎80%的刀具是采用一次分级淬火的。

刀具尺寸较大(有效厚度大致在40mm以上)，形状比较复杂，钢材质量较差(如碳化物偏析比较严重，组织不够均匀)，一次分级冷却不足以防止变形和开裂倾向时，可采用两次分级冷却的工艺。即先在580～620℃盐浴中保持一段时间后，再转入350～400℃硝盐中冷却(分级保温时间与加热时间相似)，以进一步降低热应力和组织应力，减少变形和开裂。一般二次分级冷却后，在静止空气中缓冷至150℃左右及时回火，回火前可不清洗。如用箱式炉回火，则回火前应先清洗。

多次分级冷却则适用于形状特殊，极易变形的工具。例如，直径较大的圆形薄片刀具(如直径大于等于120mm，厚6～10mm的锯片铣刀)，在采用一般方法淬火时，容易淬成“盆形”，采用多次分级冷却后，再在回火时用夹具压紧，这样变形能符合技术要求；细长易变形的刀具(如直径4～8mm的长柄麻花钻头)，采用多次分级，在回火前进行校直，亦能使变形符合要求。多次分级冷却工艺是将高温加热后的工具，先在800～820℃盐浴中停留十几秒钟(因为在800～820℃较长时间停留容易析出二次碳化物，使红硬性受影响，所以必须控制停留时间不超过15s)。然后在580～620℃、350～400℃、240～280℃中顺次停留一段时间，再空冷。这种工艺由于需要较多设备，工艺复杂，应用不广，不得已时才用。

(3) 等温淬火。高速钢的等温淬火采用得比较多的是形成贝氏体组织的贝氏体淬火。高速钢淬火时在235～315℃温度范围内长期停留可以得到大量的一次贝氏体，冷却后的组织为贝氏体及残余奥氏体(及碳化物)(表8.31)。对于多数高速钢，生成一次贝氏体最合适的温度为260℃，等温时间以4～6h为宜。保温4h可以得到大约50%贝氏体，室温硬度为57～58HRC。这种淬火方式可称为一次贝氏体淬火。然后进行的二次(每次2h)或四次回火(每次1h)将残余奥氏体转变为回火马氏体。这种处理有两方面的应用：中心钻、切线平板牙、滚丝模及各类冲压模具、小型刀具和仪表刀具等在使用中经常发生断头、崩刃、折断等现象，采用一次贝氏体淬火可提高工具的强度、韧性和切削性能，有效地克服上述损坏现象；对于组合丝锥、梯形丝锥、搓丝板滚模、剃齿刀和尺寸在60mm以上的成形刀具，采用一次贝氏体淬火基本上防止了剃齿刀和大铣刀的内孔开裂和胀缩，减小了丝锥等刀具的螺距伸长等。

正常淬火的高速钢，如果在560℃回火2～4h，残余奥氏体受到催化作用，然后冷却至235～315℃保温，贝氏体将继续形成，得到二次贝氏体，这种处理方式称为二次贝氏体淬火，然后再补充二次正常的回火。在260℃等温保温1h可使50%残余奥氏体进行等温转变，保温4h可以完成75%的转变。一般采用在260℃等温4～6h。如果在一次贝氏体淬火后继续进行二次贝氏体淬火(可称为完全贝氏体淬火)，可以得到在整个组织中占有80%的一次贝氏体与二次贝氏体的混合物。图8.72为某厂生产剃齿刀用W18Cr4V钢完全贝氏体淬火工艺方案。试验表明，钢中同时存在一次和二次贝氏体时，在连续和间断切削时都可提高工具的寿命。完全贝氏体淬火工艺适用于形状极其复杂的特大型刀具，如$M>15$的铣刀、滚刀和有效厚度大于100mm的有孔刀具等，对防止变形、开裂有较好的效果。但这种工艺比较复杂，需要占用较多的设备和增加劳动量，所以非特殊情况下是很少采用的。

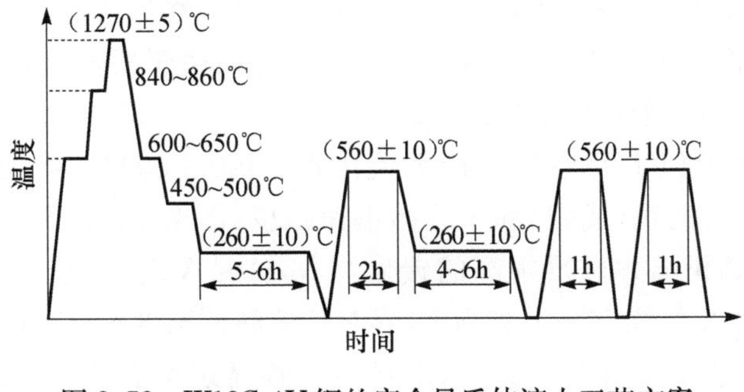

图8.72　W18Cr4V钢的完全贝氏体淬火工艺方案

为缩短等温淬火的保温时间，可采用马氏体促变工艺，即是将W18Cr4V钢1280℃奥氏体化后，先淬入160℃热油，使之先形成少量马氏体，再将工件转到260℃等温槽内等温1h空冷后的组织中，下贝氏体转变量比常规等温转变2h的转变量还多。下贝氏体的转变量已接近40%左右[54]。

我国工具行业成功地解决了小钻头的校直问题，已使等温淬火成为小钻头的常规热处理工艺。当钢中残余奥氏体量接近50%时，即使在冷态也有良好的校直性能。过去采用回火热压校直、回火后用手工敲击校直,现在改为在淬火冷却状态施行机械化的多辊校直,大大提高了生产率和产品的平直度[18]。等温淬火在高速钢冷作模具中已得到广泛应用。

为了防止大型刀具的开裂,回火过程中应特别小心,要求低于500℃入炉,缓慢升温,随后缓冷。

此外,对于形状复杂的大型工具还可以采用马氏体等温冷却,等温淬火温度在 M_s 点(200℃左右)附近或稍低一些,一般使用的停留时间为5~60min。等温淬火的产物以马氏体为主,可以增加奥氏体的稳定性,硬度下降不多,经过2、3次回火就可以了。

(4) 冷处理。高速钢淬火之后可以采用冷处理(-70~-80℃),采用冷处理的好处是可以减少以后的回火次数,冷处理后进行一次回火就可以了。为了避免残余奥氏体的稳定化,淬火后和冷处理前在室温停留的时间应当尽可能地缩短,一般不超过30~60min。冷处理会引起附加应力,不宜用于复杂的成形工具和淬火温度偏高的情况下,以免引起开裂。

高速工具钢无论采用什么方法冷却,通常都要冷到室温。冷却终止温度过高会使残余奥氏体量过多,增加以后回火的困难。回火前的室温停留时间应当尽量缩短,以免残余奥氏体的过分稳定化和引起开裂的危险。

高速钢在正常淬火温度下加热经过油淬或分级淬火后的组织一般包含有马氏体、碳化物和残余奥氏体。在一般浸蚀条件下,马氏体不容易显示出来,因此难以将马氏体及残余奥氏体区别开来,而碳化物及晶粒边界则可以清晰地显示出来(图8.61)。淬火钢中的残余奥氏体量一般用磁性方法或者X射线的方法测量,而后者比较准确。在正常淬火条件下淬火后,高速钢中的残余奥氏体量为15%~30%,视钢的成分及淬火加热情况而异。

8.3.7 高速钢的回火

正常淬火后的高速钢回火时,在低温阶段(400℃以下),马氏体的变化与碳钢及一般合金钢相同。室温至270℃首先自马氏体中析出ε相,在温度增至400℃,ε相转变为 Fe_3C 并进行聚集,相应地淬火高速钢的硬度有些下降;由于析出的渗碳体的聚集和大部分淬火应力的消除,强度和塑性增加(图8.73)。

回火温度在400℃以上开始生成特殊碳化物。400~500℃,主要析出铬的碳化物。500~600℃,马氏体中的钨(或钼)和钒开始迅速减少(图8.74),部分渗碳体重新溶解而自回火马氏体中开始析出弥散度很高的碳化物 M_2C 和VC。由于开始析出的这些碳化物的弥散度很高,用X射线方法无法确定,只有到更高的温度(高于650℃)使碳化物颗粒聚集到一定程度后才可以测出。表8.32列出一些高速钢在不同温度下回火1h以及700℃退火500h后的一些碳化物相。表中还列入了淬火后钢中的过剩相。特殊碳化物 M_2C 和VC的析出是高速钢中出现二次硬度的主要原因,钢的强度增加而塑性则降低。在560℃回火后在基体(回火马氏体)中的碳含量为0.20%~0.25%。大部分钨和少部分铬和钒尚存在于基体中,使基体有很高的硬度。这些碳化物聚集速率很慢,因而使高速钢有高的红硬性。在回火温度超过675℃以后,钢的硬度迅速下降,在 M_2C 型碳化物重新溶解和渗碳体最后溶解的同时,自钢中析出 M_6C 和 Cr_7C_3,而 Cr_7C_3 最后转变为 $Cr_{23}C_6$,这些碳化物随温度的增高和时间的延长而迅速聚集长大。

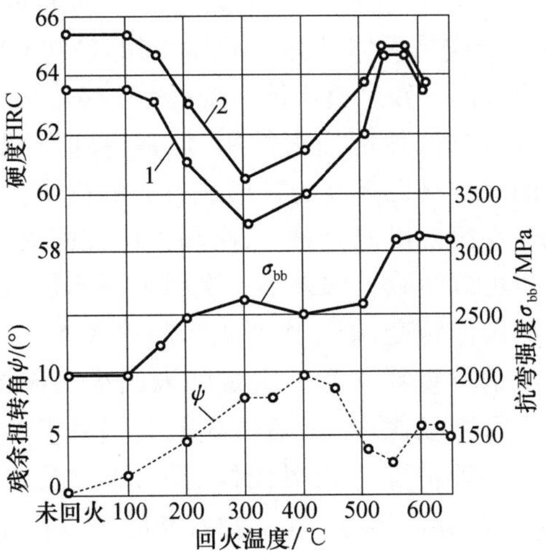

图 8.73 回火温度对 18-4-1 钢(1280℃淬火)硬度、强度和塑性的影响[2]

1—油淬、一次回火;2—淬火后冷至－196℃

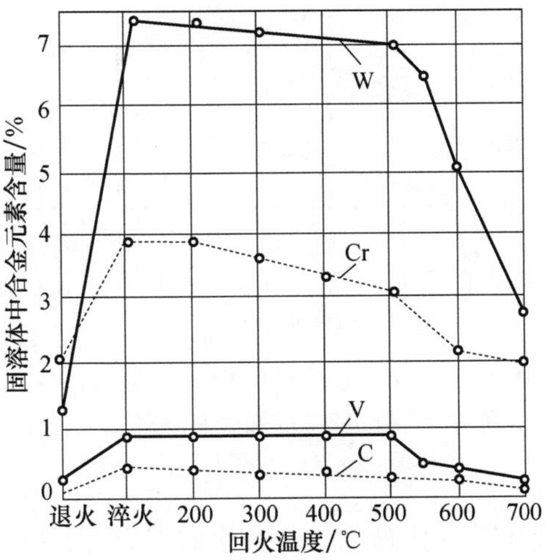

图 8.74 18-4-1 钢的合金元素含量与回火温度的关系[2]

钢的成分:0.72%C、18.3%W、4.12%Cr、1.27%V,1280℃淬油

表 8.32 一些高速钢在回火时析出的碳化物相(用 X 射线方法测定)[55]

类型	化学成分/%						回火温度(1h)/℃					700℃退火500h
	C	W	Cr	V	Co	Mo	500	675	700	750	800	
18-4-1	0.78	18.4	4.32	1.22	—	—	M_6C①	W_2C	W_2C	W_2C	无 W_2C	$M_6C+Cr_7C_3$
18-4-1-5	0.80	18.2	4.42	1.50	5.12	—	M_6C①	W_2C	W_2C	W_2C	VC	$M_6C+VC+M_{23}C_6$
18-4-2-10	0.86	18.8	4.10	1.83	9.87	—	M_6C+VC①	W_2C	W_2C	W_2C	$M_{23}C$	$M_6C+VC+M_{23}C_6$
1-9-4-2	0.84	1.0	2.70	1.90	—	9.3	M_6C+VC①	W_2C②	W_2C②	W_2C②$+M_{23}C_6$	$M_{23}C$	$M_6C+VC+M_{23}C_6$
6-5-4-2	0.80	7.0	4.20	2.16	—	4.9	M_6C+VC①	W_2C②	W_2C②	W_2C②$+M_{23}C_6$	$M_{23}C$	$M_6C+VC+M_{23}C_6+Cr_7C_3$
8-2-4-2	0.93	7.9	4.12	2.03	—	2.0	M_6C+VC①	W_2C②	W_2C②	W_2C②$+Cr_7C_3$	Cr_7C_3	$M_6C+VC+Cr_7C_3$
12-0-4-2	0.81	12.6	4.25	2.61	—	—	M_6C+VC①	W_2C	W_2C	$W_2C+Cr_7C_3$	Cr_7C	$M_6C+VC+Cr_7C_3$

注:①这些碳化物是淬火时的过剩相,在回火后的组织中总是存在的,故不再列入;②以 W_2C 或 Mo_2C 为基的固溶体。

淬火高速钢中的残余奥氏体在回火温度不超过 500℃时,无论在加热还是冷却到室温的过程中,都不发生转变。当回火温度升至 500～600℃时,高速钢中的残余奥氏体发生催化作用的结果是大部分残余奥氏体在冷却到室温的过程中转变为马氏体,这种现象称为二次淬火。残余奥氏体的马氏体开始转变点可用 M_s'表示,在 500～600℃回火,温度越高,时间越久,M_s'越高(图 8.75)。关于高速钢回火时残余奥氏体的催化,可以认为是由于自奥氏体中析出了碳化物使之贫化,从而提高了残余奥氏体的马氏体点。也有人认为,在生成马氏体时使残余奥氏体中产生了相的加工硬化,引起了奥氏体的稳定化,回火时残余奥氏体的催化过程是由于加工硬化的去除而引起的。回火时残余奥氏体的转变可以稍增加高速钢的硬度,但不是产生二次硬化的主要原因。由图 8.73 可以看出,经过冷处理后,残余奥氏体量已不多,但回火至 550～570℃时,同样产生二次硬度。

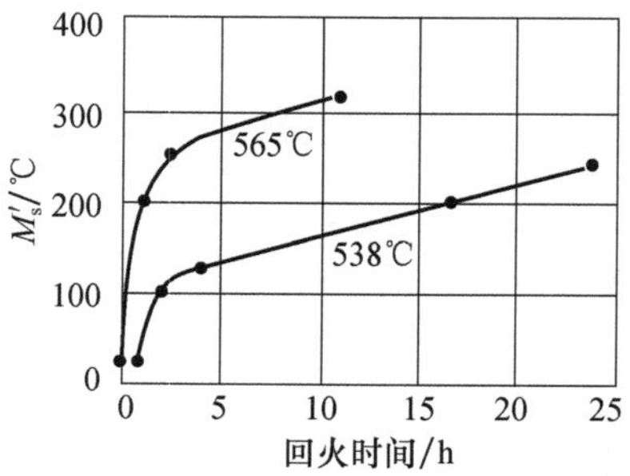

图 8.75　18-4-1 钢自 1290℃油淬后在 565℃和 538℃的回火时间对冷却时 M_s' 的影响[1]

在 520～575℃进行一次回火不能使所有的残余奥氏体转变成马氏体，回火等温时间的最初 60～80min 能使大部分残余奥氏体转变(图 8.76)。一次回火只对淬火马氏体起回火作用，但在冷却过程中低温形成的二次马氏体及与其形成有关的内应力则尚未消除。在第二次回火时，二次马氏体被回火，工具的脆性也可以消除。如果第一次回火还不足以使全部残余奥氏体转变，则二次回火将起很大作用，这样在室温下钢将重新含有一定量的未回火马氏体，因此还要进行第三次，甚至第四次回火。由于多次回火可以完全地消除残余奥氏体(图 8.77)及残余奥氏体转变为马氏体时产生的应力，因而使高速钢的强度提高(图 8.73)，并改善导热性。

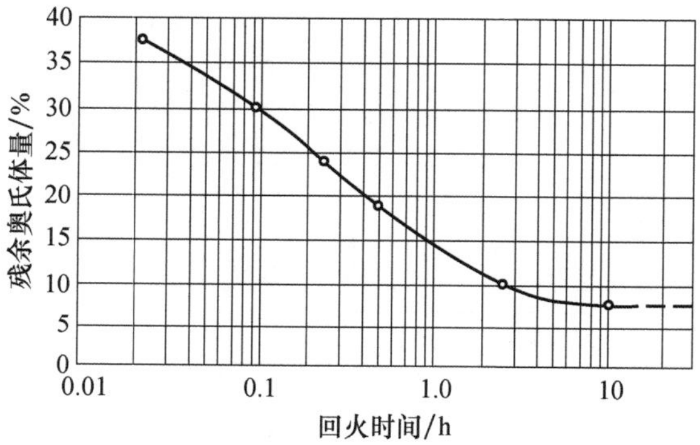

图 8.76　6-5-4-2 钢自 1215℃淬火冷至 105℃，立即在 565℃回火时，回火时间对残余奥氏体量的影响[56]

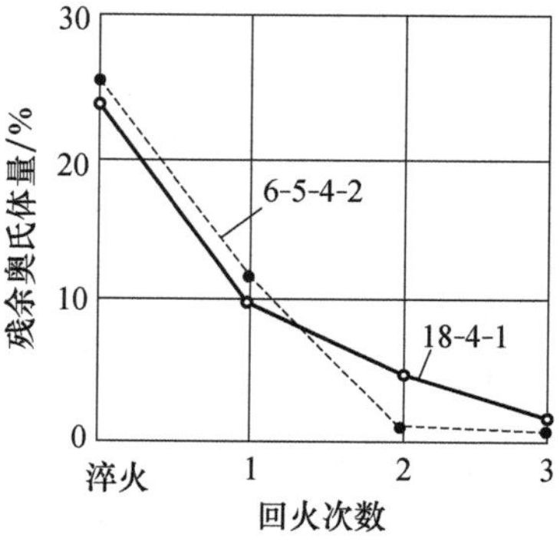

图 8.77　18-4-1 钢 1290℃油淬，6-5-4-2 钢 1240℃空淬后，560℃回火(每次 1h)对残余奥氏体量的影响[2]

在回火冷却过程中，如果在 250～200℃停留或缓慢冷却，会因稳定化的作用使冷却后的残余奥氏体量增加。例如，6-5-4-2 钢的淬火试样，回火后在水或油中冷却的残余奥氏体量为 7%，在空气或炉中冷却相应为 12%或 22%。一般回火后采用在空气中冷却，因此，工具尺寸大小会影响残余奥氏体的转变程度。

需要指出的是，高速钢每次回火后，必须冷至室温才能进行下一次回火。否则钢中残余奥氏体趋于稳定，不易转变，产生回火不足现象，使精密工具在以后使用中发生尺寸变化。对于大型复杂刀具，为避免回火过程中发生变形和开裂，有时还需要采取预热和低温入炉、缓慢升温等措施。

普通高速钢(18-4-1、6-5-4-2、9-4-2 等)的回火温度一般都在 560℃左右，经多次回火后，使钢中的残余奥氏体量低于 5%。在生产实践中一般采用三次回火，在硝盐炉中每次回火的时间为 60～75min，在空气炉中回火须在热透后保温 60min。回火后钢的硬度一般为 63～65HRC。提高回火温度至 580～600℃时，硬度和耐磨性降低，强度没有什么提高，而冲击韧性略有提高。回火温度低于 550℃则回火不充分。一些钼高速钢的回火温度可以低一些(550℃)。

一些特殊用途高速钢的回火，可以在更高的温度（570～580℃）下进行，使回火充分，硬度达到65～66HRC。M42钢自1210℃淬火后520℃回火（每次1h），硬度可达69HRC。

生产工厂中常用高速钢淬火-回火后的显微组织来检查其热处理质量。通常在室温为18～25℃，用4%硝酸酒精溶液浸蚀2.5min后，如果基体全部为灰黑色，其上分布有少量发亮的碳化物，则认为回火充分（图8.78），回火不充分者基体为白灰色（图8.53），过回火者基体为深黑色。JB/T 9986—2013将高速钢工具钢刃具淬火后的回火程度分为3级，其合格级别为≤2级。

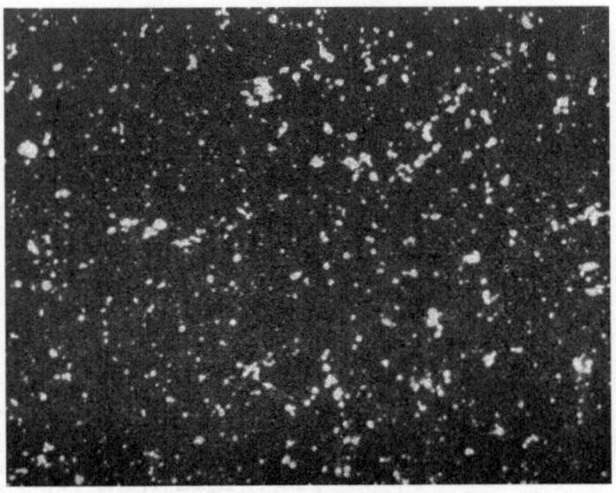

图8.78　W6Mo5Cr4V2的淬火-回火组织[14]　500×

1240℃加热，560℃回火，回火充分

8.3.8　各类高速钢的应用

根据GB/T 9943—2008，我国高速工具钢按其基本要求，可分为普通高速钢（HSS）、低合金高速钢（HSS-L）和高性能高速钢（HSS-E）。表8.33为不同系列高速钢的基本要求。

表8.33　不同系列高速钢的基本要求（GB/T 9943—2008）

系列	主要合金元素含量/%					按表8.15淬火-回火后硬度HRC
	C	W+1.8Mo	Cr	V	Co	
低合金高速钢HSS-L	≥0.70	≥6.50	≥3.25	≥0.80	<4.50	≥61
普通高速钢HSS	≥0.65	≥11.75	≥3.50	0.80～2.50	<4.50	≥63
高性能高速钢HSS-E	≥0.85	≥11.75	≥3.50	>2.50V或≥4.50Co或0.80～1.20Al		≥64

8.3.8.1　普通高速钢

普通高速钢亦称通用高速钢。这类高速钢的通用性很强，产量约占高速钢总产量的80%。在淬火-回火后，其硬度能达到63～66HRC，适用于一般钢铁材料25～40m/min的切削速率，当刀尖温度达550～600℃时，仍能保持55～60HRC的硬度。这类钢适于制作各类刀具、模具、轧辊和耐磨机械零件等。

表8.34为主要普通高速钢热加工工艺制度。表8.35为我国使用最多的三种普通高速钢的基本参数和退火（供货）态、淬火-回火态的相组成。表8.36为几种普通高速钢的力学性能对比。

表8.34　主要普通高速钢热加工工艺制度[18]

牌号	开锻温度/℃	停锻温度/℃	退火温度/℃	退火硬度HB	淬火温度/℃	回火温度/℃	二次硬度HRC
W18Cr4V(T1)	1065～1175	≥955	870～900	217～255	1260～1300	540～595	60～65
W6Mo5Cr4V2(M2)	1050～1150	≥925	870～900	212～241	1190～1230	540～595	60～65

续表

牌号	开锻温度/℃	停锻温度/℃	退火温度/℃	退火硬度HB	淬火温度/℃	回火温度/℃	二次硬度HRC
W9Mo3Cr4V	1050～1150	≥925	845～870	219～241	1210～1240	540～595	61～66
W2Mo8Cr4V(M1)	1045～1150	≥925	815～870	207～235	1177～1219	540～595	60～65
W2Mo9Cr4V2(M7)	1040～1150	≥925	815～870	217～255	1177～1219	540～595	60～65
Mo8Cr4V2(M10)	1040～1150	≥925	815～870	207～235	1177～1219	540～595	60～65

注:M10 未列入 GB/T 9943—2008。

表 8.35 三种普通高速钢的基本参数和退火(供货)态、淬火-回火态的相组成[18]

牌号	临界点/℃			退火态相组成/%		淬火-回火态相组成/%			
	Ac_{1s}	Ac_{1f}	M_s	碳化物	铁素体	淬火温度/℃	剩余碳化物	A′	回火马氏体
W18Cr4V	810～830	850～870	150～200	25.2	余量	1270	11	<3	余量
W6Mo5Cr4V2	780～840	840～890	131	19.7	余量	1230	9	<3	余量
W9Mo3Cr4V	830	875	195	20.6	余量	1240	9	<3	余量

注:A′表示残余奥氏体。

表 8.36 几种普通高速钢的力学性能对比[40]

牌号	硬度 HRC	热处理	抗弯强度 σ_{bb}/MPa	冲击韧度 a_k /(J/cm²)	抗压强度 σ_c (纵向)/MPa
W18Cr4V	63～66	1270～1300℃淬火、560℃回火	2500～3500	30～35	3000～3400
W6Mo5Cr4V2	63～66	1210～1230℃淬火、560℃回火	3500～4500	40～50	—
W9Mo3Cr4V	63～66	1220～1240℃淬火、560℃回火	3500～4500	35～40	—
W2Mo8Cr4V	60～65	1180～1210℃淬火、540～560℃回火	3000～4000	40～50	—
W2Mo9Cr4V2	64.5～66.5	1160～1200℃淬火、540～560℃回火	3500～4500	35～45	—

(1) W18Cr4V 钢。该钢是钨系普通高速钢,我国常称之为 18-4-1、P18 或 T1,其平衡碳差值较大,约为 0.35%,钢的氧化和脱碳敏感性相对较低。其钒含量较低,可磨削性较好。

W18Cr4V 钢中碳化物分布的均匀性较差,并易产生粗大角状碳化物颗粒,钢的韧性和塑性也较差。该钢不适用于生产大断面钢材,也不宜进行冷轧或冷拔加工。

W18Cr4V 钢制刀具的淬火温度通常选择在 1270～1300℃,回火温度在 560℃左右。

(2) W6Mo5Cr4V2 钢。该钢是 W-Mo 系普通高速钢,常称之为 6-5-4-2 或 M2,其碳平衡差值在 0.25%～0.30%,是国际上用量最大的高速钢种。该钢中的碳化物分布均匀性显著好于 W18Cr4V 钢,碳化物颗粒多为球形和椭球形,钢的综合性能比较好,特别是韧性和塑性明显优于 W18Cr4V 钢(图 8.45、表 8.36)。图 8.79 为 W6Mo5Cr4V2 钢淬火和回火温度与硬度的关系曲线,二次硬化峰出现在 520～560℃。

W6Mo5Cr4V2 钢的淬火温度范围较窄,过热敏感性和氧化脱碳倾向比 W18Cr4V 钢高,但比钼系钢低。因钢中钒含量为 2%左右,其可磨性能差于 W18Cr4V 钢。该钢适宜生产大规格钢材和冷加工钢材。

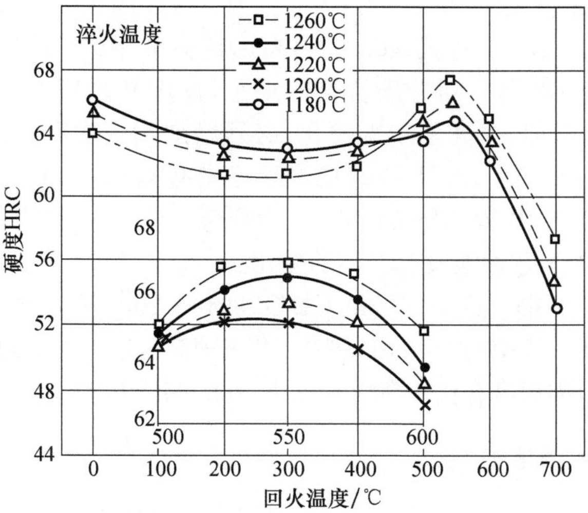

图 8.79 W6Mo5Cr4V2 钢淬火和回火温度与硬度的关系[40]

W6Mo5Cr4V2 钢通用性强，用于制作各类刀具，包括大型和热塑性成形刀具，以及模具和机械零件等。

(3) W9Mo3Cr4V 钢。该钢是我国在 20 世纪 70 年代末研制成的一种 W-Mo 系普通高速钢，简称 W9 钢，其钨当量约为 15%，平衡碳差值为 0.22%左右，成本低于 M2 钢。该钢的成分介于 W18Cr4V 和 W6Mo5Cr4V2 钢之间，碳化物分布的均匀性和颗粒度优于 W18Cr4V，性能与 W6Mo5Cr4V2 相当，但脱碳和过热敏感性优于 W6Mo5Cr4V2，可磨削性较好。该钢中存在一些与 W18Cr4V 钢相似的大块角状碳化物，但数量较少。该钢在我国的用量仅次于 M2 钢，可用于制作各种刀具，亦可用于制作模具和机械零件。

(4) W2Mo8Cr4V(M1)钢。该钢是第二次世界大战期间因缺钨最先在美国研制成功的钢种。该钢的热加工和淬火范围窄，易过热，脱碳、氧化倾向大，其韧性不如 M2 钢(图 8.45)，高温硬度基本上与 M2 钢相当，但耐磨性稍差，而可磨削性较好。该钢适宜制作有细薄刃部、短屑切削的精密刀具，如丝锥、板牙及其他小尺寸刀具。

(5) W2Mo9Cr4V2(M7)钢。该钢是在 M1 钢成分基础上适当地增加碳和钒的含量，因此提高了二次硬度和耐磨性，使钢具有较好的综合性能和使用性能，但也具有钼系钢所具有的工艺缺点。该钢的碳化物分布不均匀性和碳化物颗粒度均优于 T1 钢，钢中有时有较多的棒条状等尺寸较大的 M_2C 碳化物颗粒。

(6) CW6Mo5Cr4V2 钢。这个钢号是 GB/T 9943—2008 中新增加的，引自 ISO 标准高速工具钢钢号(ISO 4957-1999)中的 HS6-5-2C，属于高碳的 M2 钢系列。

许多国家都对高速钢中适宜的碳含量进行过研究，发现在普通高速钢中碳含量接近平衡碳含量时，高速钢的性能可以得到更充分的发挥。

我国于 1966～1967 年研究过在 W18Cr4V 钢中将碳含量自当时标准中规定的 0.7%～0.8%提高至 0.9%～1.0%(95W18Cr4V)，其室温硬度可自 65HRC 增至 67～68HRC，625℃红硬性也提高 3HRC，切削性能有显著提高，但抗弯强度却自 3200MPa 降至 2500～2800MPa；淬火温度稍有降低，一般约为 1270℃，回火温度稍有提高，约为 580℃。

M2 钢的碳平衡差值较大,在 0.25%～0.30%。许多国家都开发出高碳 M2 钢,如美国高速钢标准中(表 8.17)的高碳 M2,德国高速钢标准中的 HS6-5-2C,其碳含量均为 0.95%～1.05%。在 M2 钢中随着碳含量的增加,硬度和耐磨性提高,但韧性下降(图 8.38);随着碳含量的增加,提高了二次硬化,必须增加回火次数。CW6Mo5Cr4V2 钢中的碳含量为 0.86%～0.94%,比 W6Mo5Cr4V2 钢稍有提高,其 W、Mo、V 含量的控制范围稍窄,适宜的淬火温度比 W6Mo5Cr4V2 钢约降低 10℃。这种钢较 M2 钢可适当提高其切削性能,其热加工工艺性能没有多大的变化。

(7) W6Mo6Cr4V2 钢。这个钢号是 GB/T 9943—2008 中新增加的,引自 ISO 标准高速工具钢钢号(ISO 4957-1999)中的 HS6-6-2 和美国高速钢标准中的 M3(1 级),在普通高速钢中其钒含量最高,因而具有比较高的耐磨性,但其磨削性能稍差。

8.3.8.2　高性能高速钢

当切削速率超过 40m/min 或加工难切削材料时,通用高速钢切削能力明显不足,必须使用硬度、耐热性和耐磨性更高的高性能高速钢刀具。

高性能高速钢或特种高速钢,其硬度、红硬性及耐磨性比通用高速钢高,但韧性通常要低于通用高速钢,主要用于制作切削速率更高的刀具或切削难加工材料用刀具。难切削加工材料主要有高强度和超高强度钢、奥氏体不锈钢和耐热钢、高温合金、钛合金。

高性能高速钢主要有高钒高速钢、含钴高速钢、超硬高速钢等。

(1) 高钒高速钢。在 GB/T 9943—2008 中列入了四个高钒高速钢钢号,分别为 W6Mo5Cr4V3、CW6Mo5Cr4V3、W6Mo5Cr4V4 和一个含钴高钒高速钢 W12Cr4V5Co5。W6Mo5Cr4V3 即美国的 M3(2 级)和 ISO 4957-1999 中的 HS6-5-3 钢,CW6Mo5Cr4V3 为 ISO 4957-1999 中的 HS6-5-3C 钢,W6Mo5Cr4V4 为美国的 M4 钢和 ISO 4957-1999 中的 HS6-5-4 钢,W12Cr4V5Co5 即美国的 T15 钢。

这类钢多是在普通高速钢成分的基础上,提高钢的钒含量和碳含量,钒含量的最低值高于 2.5%,最高值达到 5%。钢中会有较多的 MC 型碳化物,二次硬化可以达到 66～67HRC 甚至以上,显著提高了刀具的耐磨性和耐用度。高钒钢的主要缺点是可磨削性差,制作精密复杂刀具很困难,多用做形状简单的刀具和模具。

W6Mo5Cr4V3(M3-2 级)钢比 W6Mo6Cr4V2 钢(M3-1 级)的碳含量和钒含量分别高出约 0.15%和 0.5%～1.0%,在淬火-回火后的峰值硬度高出约 1HRC,其耐磨性也更高。CW6Mo5Cr4V3 钢是在 W6Mo5Cr4V3 钢的基础上将碳含量自 1.15%～1.25%提高至 1.25%～1.32%,使之符合平衡碳量,因而具有更高的耐磨性。

W6Mo5Cr4V4(M4)钢钒含量为 4%,其淬火-回火后的峰值硬度并不比 W6Mo5Cr4V3(M3-2 级)钢高,耐磨性要更好些,但可磨削性更差。该钢多用做模具。

W12Cr4V5Co5(T15)钢的钒含量为铸锻钢维持可加工性的极限 5%,同时含有 5% Co 和 1.5%C,热处理硬度能达到 68HRC,其高温硬度和红硬性都较高。在 20 世纪 50 年代以前,其硬度和耐磨性为高速钢之最。该钢的韧性较差(图 8.45),可磨削性及锻轧加工性也差。该钢用于制作加工难切削材料的镶刀片,加工淬硬高强度钢(55HRC)和耐热合金(45HRC)等。在粉末冶金高速钢问世后,该钢多转由粉末冶金工艺生产。

(2) 含钴高速钢。这类钢是在普通高速钢的基础上加入 5%～13%Co,钒含量为

1%～2%,称为“一般含钴”或“含钴”高速钢。

我国高速钢标准中只列入了 W6Mo5Cr4V2Co5 一个钢号,相当于 ISO 4957-1999 中的 HS6-5-2-5 钢,近似于美国高速钢标准中的 M35 钢,是在 M2 钢的基础上加入 5%Co。钴的加入对 M_s 点影响不大,但马氏体量随温度的下降增长较多,冷至室温后的马氏体量增多,残余奥氏体量减少。M2 钢淬火态(25～30℃)的残余奥氏体量为 25%～30%,而 M35 钢淬火后的残余奥氏体量可降至 10%以下。这一特性对钢在回火时的二次硬化有利。含钴钢高出 1%～2%HRC。由于钴能延缓淬火过热组织的形成,可以采用稍高的淬火温度,其适宜的淬火温度为 1220～1248℃,但钴的加入会影响钢的韧性。

这种钢可用于制作加工硬度 35～45HRC 调质钢的铣刀、滚刀。

(3) 超硬高速钢。这种钢经过热处理后硬度可达 68～70HRC。最早问世的超硬高速钢是美国的 M41 钢(1958 年,当时的企业牌号为 Rex49),1960 年首次公开[46],随后出现 M42 钢,很快地于 20 世纪 60 年代形成了完整的 M40 钢系列。

我国高速钢标准中列入的 W7Mo4Cr4V3Co5 和 W2Mo9Cr4VCo8 钢相当于 M41 和 M42 钢。这两种钢的碳饱和度 A 达到 1.00 左右,这是这两种钢拥有超硬性的基础。

试验表明,在切削较难切削的中碳调质钢和一般奥氏体不锈钢时,M41、M42 钢刀具切削寿命为普通高速钢 M1、M2、T1 的两倍左右;切削淬硬钢(50HRC 左右)及高强不锈钢时,普通高速钢已很困难,M41、M42 钢的切削寿命达到它们的 20 倍。在上述两项切削试验中,M42 钢刀具寿命皆超过了 T15 钢。在切削难度更大的镍基耐热合金时,普通高速钢已完全不适用,M42 钢可用于铣、钻,但寿命不及 T15 钢。T15 等高钒钢的可磨削性差,无法加工成精密、多刃、复杂刀具,因此镍基耐热合金之类的难加工材料的相应刀具几乎都选用 M42 钢[18]。

M42 钢的铸态组织中,共晶碳化物是片状和条状的 M_2C,基本没有 M_6C。M_2C 共晶碳化物在加热时分解速率较慢。在 1150℃×2h 加热后,细片状的 M_2C 可分解完,但较粗的 M_2C 颗粒心部仍有未分解的 M_2C 碳化物,残留的脆性 M_2C 越多,对钢的韧性和磨削性能越不利。在 M42 钢中加入少量硅(0.4%～0.6%)会促使 M_2C 尽早分解成细小的 M_6C 和 MC,硅的加入会影响钢的韧性,加入量不超过 0.65%。

M42 钢过冷奥氏体在珠光体转变最快温度(约 700℃)的开始时间为 2min 左右,远低于 T1 钢(733℃,48min)和 M2 钢(750℃,20min)。因此 M42 钢淬火后在 600℃以上温度区域的冷却速率不能过慢,以免有过多的碳化物析出,从而降低二次硬化能力和强韧性。淬火时,一般采用盐浴分级冷却。M42 钢经 1170～1190℃淬火,硬度可达 67HRC 以上,回火峰值硬度可达 70HRC,而且峰值硬度范围较宽。钢的红硬性和高温硬度都较高,在硬度为 67～69HRC 时仍有较高的韧性[18]。

对于要求高硬度且形状简单的刀具,可采用 1190～1200℃淬火,(510～530℃)×(3～4 次)×2h 回火,硬度可达 68～69HRC。若用于铣刀、丝锥等刀具,宜用 1160～1175℃淬火,(520～560℃)×(3～4 次)×2h 回火,硬度仍有 67.5HRC,具有较细的晶粒与高的韧性。

M42 钢的重要优点是在具有高硬度的同时,仍具有良好的可磨削性,其磨削性能十分接近 M2 钢。这是 M42 钢获得广泛应用的一个重要原因。

使用 M42 钢时,应注意高温加热时其组织对温度的敏感性,加热温度绝不可超过

1205℃，其可锻温度也较窄。

我国高速钢标准中列入的 W6Mo5Cr4V3Co8 和 W10Mo4Cr4V3Co10 钢引自 ISO 标准高速工具钢钢号(ISO 4957-1999)中的 HS6-5-3-8 和 HS10-4-3-10 钢。

W10Mo4Cr4V3Co10 是欧洲最先发展的超硬高速钢，目前许多国家都生产此钢，如德国的 S10-4-3-10、日本的 SKH57、瑞典的 HSP-15。

SHK57 钢保持 10 级细晶粒的最高淬火温度为 1240℃，经 520～540℃ 回火，硬度为 68HRC 左右，抗弯强度 2000MPa 左右。采用 1180～1220℃ 淬火、520～540℃ 回火时，抗弯强度范围在 2000～3000MPa，略高于 M42 钢。该钢有较宽的热处理工艺参数范围，并有较好的强韧性，在耐磨性方面也有优势，具有较广泛的适应性，但在磨削时，必须使用高性能、高质量的砂轮，并在精磨时使用立方氮化硼砂轮方可磨出高质量刀具。

(4) 我国开发的高性能高速钢。20 世纪 60 年代以来，随着机械工业及军工生产对高性能高速钢的需求日益突出，我国在开发新型高性能高速钢方面做了大量的研究开发工作。根据我国的资源条件，所采取的技术措施是：增加碳含量，增加钒含量，加入铝、硅、氮，无钴或少用钴。表 8.37 为我国开发的部分高性能高速钢的化学成分[18,40,57]。

表 8.37　我国开发的部分高性能高速钢的化学成分[18,40,57]

类型	钢号(代号)	主要成分/%					
		C	W	Mo	Cr	V	其他
无钴超硬	W6Mo5Cr4V2Al(M2Al,501)	1.05～1.15	5.50～6.75	4.50～5.50	3.80～4.40	1.75～2.20	0.80～1.20Al
	W10Mo4Cr4V3Al(5F-6)	1.30～1.45	9.00～10.50	3.50～4.50	3.80～4.50	2.70～3.20	0.70～1.20Al
	W6Mo5Cr4V5SiNbAl (B201)	1.55～1.65	5.50～6.75	5.00～6.00	3.80～4.40	4.40～5.20	1.00～1.40Si 0.2～0.5Nb 0.3～0.7Al
	W12Mo3Cr4V3N(V3N)	1.15～1.25	11.00～12.50	2.70～3.20	3.50～4.10	2.50～3.10	0.04～0.10N
低钴超硬	W12Mo3Cr4VCo3N(W12Co3N)	0.97～1.10	11.00～12.50	2.50～3.50	3.60～4.20	1.10～1.60	2.80～3.50Co 0.40～0.80N
	W12Mo3Cr4V3Co5Si(Co5Si)	1.30～1.40	11.50～13.50	2.80～3.40	3.80～4.40	2.80～3.40	1.00～1.40Si 4.70～5.10Co
	W12Mo3Cr4V3Co5(Co5)	1.30～1.40	11.50～13.50	2.80～3.40	3.80～4.40	2.80～3.40	4.70～5.10Co
W9 系列高性能	CW9Mo3Cr4VN(CW9)	0.90～1.00	8.50～9.50	2.70～3.30	3.80～4.40	1.30～1.70	≤0.06N
	W9Mo3Cr4V3(W9V3)	0.90～1.00	8.50～9.50	2.70～3.30	3.80～4.40	2.60～3.20	—
	W9Mo3Cr4VAl(W9Al)	1.20～1.30	8.50～9.50	2.70～3.30	3.80～4.40	1.30～1.70	0.70～1.10Al ≤0.06N
	W9Mo3Cr4VCo(W9Co5)	0.90～1.00	8.50～9.50	2.70～3.30	3.80～4.40	1.30～1.70	4.50～5.50Co ≤0.06N

W6Mo5Cr4V2Al(简称 M2Al)钢是一种含铝无钴超硬高速钢，已列入 GB/T 9943—2008。M2Al 钢是在 M2 钢的基础上增加碳含量并加入 1%Al，其二次硬度可达 68HRC 左右。

M2Al 钢的相变点较高，Ac_{1s} 为 845～855℃，Ac_{1f} 为 920～930℃，成品的钢材退火温度必须在 Ac_{1f} 以上进行完全退火，以避免在高温淬火之后产生混晶或萘状断口。M2Al 钢的淬火温度为 1200～1240℃，回火温度为 520～560℃，硬度为 66～68HRC，淬火后的回火曲线见图 8.48。钢的抗弯强度 σ_{bb} 为 2000～2500MPa，冲击韧度 a_k 为 15～30J/cm^2。

用 M2Al 钢制作的车刀、钻头、丝锥、立铣刀等工具在加工难加工材料方面取得了良好的效果，已得到国内外用户的广泛应用。

W10Mo4Cr4V3Al(5F-6) 和 W6Mo5Cr4V5SiNbAl(B201) 两种含铝高速钢在淬火-回火后的最高硬度都在 68HRC 以上，用于加工难加工材料时都具有较好的效果，但其可磨削性差，不宜制作精密复杂刀具。

W12Mo3Cr4V3N(V3N) 是一种含氮高钒型无钴超硬高速钢，该钢用少量氮代替相应的碳，以避免太高的碳含量对韧性的不良影响；采用 3%V 与相应的高碳含量，使钢具有良好的耐磨性和一定的可磨削性[39]。

V3N 钢的适宜淬火温度为 1230～1250℃。1250℃奥氏体化后，马氏体点 M_s 为 125℃，残余奥氏体量约为 40%，经 560℃×1h×4 次回火。V3N 钢的抗回火软化性良好。经正常淬火-回火后，该钢有较好的硬度与强韧性配合，在硬度为 67～69HRC 时，其抗弯强度 σ_{bb} 为 2000～2800MPa，冲击韧度 a_k 为 20～30J/cm^2。

V3N 钢主要用于车、刨等单刃刀具，在采用适当的磨料和磨削工艺的条件下，亦可用于铣削、钻削刀具，可加工淬硬结构钢(50HRC)。

高速钢中适当地加入铝和氮可以实现钢的超硬性，但它们还不具有或不完全具有类似钴促进马氏体二次硬化的过程的那种作用，因此，开发低钴超硬高速钢是我国研制开发的重点。

W12Mo3Cr4VCo3N(W12Co3N) 是一种含氮的低钴超硬高速钢，该钢的钒含量低于 2%，加入约 3%Co，其碳含量接近平衡碳含量，使钢具有超硬性能。该钢的适宜淬火温度为 1200～1230℃，适宜的回火温度为 530～560℃，硬度为 66～69.5HRC。该钢的钒含量为 1.5%左右，可保持与 M42 钢相当的磨削性能。该钢可用于制作各类刀具，加工高强度钢或其他难加工材料。

W12Mo3Cr4V3Co5Si(Co5Si) 是一种高碳高钒含钴并加入 1.00%～1.40%Si 的超硬高速钢，碳含量接近其平衡碳含量(约 1.4%)。该钢的钒含量为一般砂轮可磨削用钢的上限，加入 1%Si 以取代 2%Co。该钢适宜的淬火温度为 1220～1240℃，适宜的回火温度为 530～580℃，回火后的硬度达到 68～70HRC，抗弯强度 σ_{bb} 为 2000～3000MPa，冲击韧度 a_k 为 10～20J/cm^2。该钢的切削性能相当于 M42 和 HSP-15 钢[58]。

将 Co5Si 钢中的硅去掉，即为 W12Mo3Cr4V3Co5(Co5 钢)。试验表明，Co5 钢的性能大部分优于 Co5Si 钢，因此 Si 在 Co5Si 钢中作用尚需进一步研究[57]。

20 世纪 80 年代，在普通高速钢 W9Mo3Cr4V(W9) 钢研制成功后，在其基础上相继开发出 W9 系列高性能高速钢[18,40]，其化学成分如表 8.37 所示。其中的 CW9Mo3Cr4VN(CW9) 钢为介于普通与超硬之间的高硬度高速钢，其余三种属于超硬高速钢。90 年代后逐步得到推广。表 8.38 为 W9 系列钢淬火-回火后的主要力学性能。

表 8.38 W9 系列钢淬火-回火后的主要力学性能[40]

牌号	淬火温度/℃	回火温度/℃	硬度 HRC	600℃高温硬度 HV	600℃红硬性 HRC	抗弯强度 σ_{bb}/MPa	冲击韧度 a_k/(J/cm²)
CW9	1220～1240	540～560	67～68	580～610	64～65	2940～3920	25～35
W9V3	1220～1240	540～560	67～68	520～550	64～65	2940～3920	25～29
W9Al	1220～1240	540～560	66.5～68	530～550	64～65	2940～3920	20～25
W9Co5	1180～1230	540～560	68～69	650～680	66～66.5	2460～4400	13～22

W9 系列钢中的 W、Mo、Cr 含量和 V 含量(W9V3 除外)的规格范围与 W9Mo3Cr4V 钢相同,其目的是能保持 W9 钢的良好工艺性能及其他综合性能。

CW9 钢成本较低,价格便宜,很容易处理到 66～67HRC 的硬度,最适于制作车刀,用于加工软材料(45 钢)、较硬材料(调质的 GCr15,34HRC)和较黏的不锈钢等材料,其耐磨性优于常用的普通高速钢。

W9V3 钢的硬度、强度与韧性配合较好,适于制作粗加工刀具,进行连续切削或冲击载荷不大的切削加工,刀具的寿命较高。

W9Al 钢的硬度高,其强度和韧性也比较高,适宜于制作铣刀、拉刀等刀具,性能相当于 M2Al 钢。

W9Co5 钢具有高硬度和一定的韧性,耐热性能较好,可用于制作铣刀、拉刀等多种刀具,用于加工高强度钢、高温合金、钛合金等难切削材料,效果较好。

8.3.8.3 低合金高速钢

开发低合金钢的目的是节约贵重的钨、钼等合金元素,降低钢的成本,满足某些类别切削工具的要求。最先投入使用的低合金高速钢是二战期间,德国因钨资源短缺而研制的 ABCⅢ钢(3%W、3%Mo、3%V)。因其可磨削性差,之后降低了钒含量,称为 S3-3-2 钢,并列入 DIN 标准,保留至今。以后许多国家开展了这方面的研究工作,表 8.39 列出了国内外一些主要的低合金高速钢钢种的化学成分。

表 8.39 国内外一些主要的低合金高速钢钢种的化学成分[18] (单位:%)

钢号	C	W	Mo	V	Cr	Si	N	ΔC	A
S3-3-2(德国)	0.95～1.03	2.70～3.00	2.50～2.80	2.20～2.50	3.80～4.50	≤0.45	—	−0.01	1.01
D950(瑞典)	0.95	1.70	5.00	1.20	4.00	0.30	—	−0.01	1.12
M50(美国)	0.81	—	4.25	1.00	4.00	0.20	—	−0.11	1.14
M52(美国)	0.88	1.10	4.50	1.85	4.10	0.30	—	0.06	0.94
Vasco Dyne(美国)	1.00	1.60	4.00	1.95	3.75	0.85	—	−0.08	1.09
W3Mo2Cr4VSi(中国)	0.90～1.05	2.70～3.70	1.70～2.70	1.20～1.80	3.80～4.40	0.70～1.30	<0.10	−0.18	1.24
W4Mo3Cr4VSi(中国)	0.85～1.05	3.00～5.00	2.50～3.50	1.20～1.80	3.50～5.00	0.70～1.20	0.02～0.08	−0.09	1.12
W3Mo3Cr4V2(中国)	0.95～1.03	2.70～3.00	2.50～2.90	2.20～2.50	3.80～4.50	≤0.45	—	−0.01	1.01

注:W3Mo3Cr4V2 与 W4Mo3Cr4VSi 钢均已列入 GB/T 9943—2008,见表 8.14 和表 8.15。W3Mo3Cr4V2 钢成分与 S3-3-2 钢基本上同,W4Mo3Cr4VSi 钢纳入标准时,缩小了 C、W、Cr、Si 的成分控制范围。$\Delta C=C_p-C_s$、$A=C_s/C_p$(见式(8.2)、式(8.3))。

D950 钢是 20 世纪 70 年代瑞典开发的低合金高速钢，因其综合性能接近 M2 钢而引起世人注意。我国于 80 年代中期引入此钢。D950 钢的钨当量约为 11%，其 V/C 为 0.79，高的 V/C 有利于形成淬火易溶的碳化物，提高二次硬化能力，若 V/C 降至 0.71，会对二次硬化和丝锥的切削性能带来明显不利影响。钢的碳含量接近平衡碳值。精确控制硅和氮加入量的 D950 钢的共晶碳化物是条状的 M_2C，并易于在热加工中分解成细小的 M_6C+MC[18]。

根据我国的试验研究，D950 钢用做刀具时适宜的淬火温度为 1160～1190℃，低于 1160℃淬火，回火硬度偏低。D950 钢淬火加热时晶粒易于长大，在 1170℃淬火时的晶粒度为 9 级左右，但其韧性仍可保持与 M2 钢相当的水平。这可能与其未溶碳化物颗粒细小有关。表 8.40 为 D950 钢与 M2 钢碳化物特性对比，可以看出，D950 钢碳化物的平均尺寸和最大颗粒尺寸均小于 M2 钢。由于 D950 钢中的钨、钼含量减少，在钒含量较低的条件下，其退火态和淬火态的 MC 型碳化物皆多于 M2 钢，这对钢的耐磨性是有利的。

表 8.40 D950 钢与 M2 钢碳化物特性对比[18]

碳化物特性	D950		M2	
	退火	1170℃淬火	退火	1220℃淬火
碳化物总量(体积分数)/%	24.0	9.0	28.0	10.0
MC 碳化物量(体积分数)/%	4.0	3.0	3.0	2.0
碳化物平均尺寸/μm	0.6	0.4	1.0	0.6
最大碳化物尺寸/μm	7.0	7.0	10.0	10.0

D950 钢经 1160～1190℃淬火、(540～560℃)×3 次回火后的硬度为 65～66.5HRC，抗弯强度 σ_{bb} 为 2100～2400MPa，冲击韧度 a_k 为 25～42J/cm^2，在 600℃时的红硬性为 61～63.6HRC。该钢的氧化倾向较大，与 M2 钢相近。该钢可用做钻头、丝锥、立铣刀、车刀等，其钻头钻削能力优于 M2 钢。

Vasco Dyne 是美国于 20 世纪 80 年代研制出的一种性能好、成本较低，可替代 M1、M10 钢使用的低合金高速钢。与 D950 钢对比，该钢降低了钼含量，提高了钒含量，并加入了 0.85%Si，其耐磨性、韧性和高温硬度优于 M1、M7 等多种高速钢。该钢的适宜淬火温度为 1150～1205℃，回火温度为 525～620℃，3 次。试验表明，该钢的耐磨性高于 D950 钢，更优于 M2 钢[59]。

Vasco Dyne 钢曾用于制作多种刀具，如钻头、立铣刀、拉刀、滚刀等，使用效果良好。

W3Mo2Cr4VSi 是我国于 20 世纪 80 年代最先研制成的低合金高速钢。该钢的合金度较低，比 M2 钢低 30%，其碳饱和度 A 达到 1.24，并加入 0.70%～1.30%Si 及＜0.10%N。

W3Mo2Cr4VSi 钢热处理范围较宽，在 1100～1220℃可根据不同的目的选择淬火温度。该钢在 1120～1240℃淬火，540℃回火 3 次，其力学性能见图 8.80。由图可见，随淬火温度的升高，钢的抗弯强度和挠度都明显下降，但回火后的硬度上升。对于刀具，可采用 1180～1220℃范围内油淬，晶粒度 10.5～8.5 级，可得到高的硬度(约 66HRC)和适中的强度(≥3GPa)。在图 8.80 中也显示了 M2 钢的淬火温度及硬度与淬火温度的关系，可见在各自的适宜淬火范围内，W3Mo2Cr4VSi 钢的性能与 M2 钢相近，其在 600℃以下的红硬性、高温硬度都和 M2 钢相当。经 1180～1200℃淬火后，随着回火温度的进一步提高，抗弯强度继续提高，硬度略有下降，回火至 580℃后，抗弯强度的变化趋于平稳，此时硬度可保持在 64～65HRC，抗弯强度高于 4.4GPa[60]。

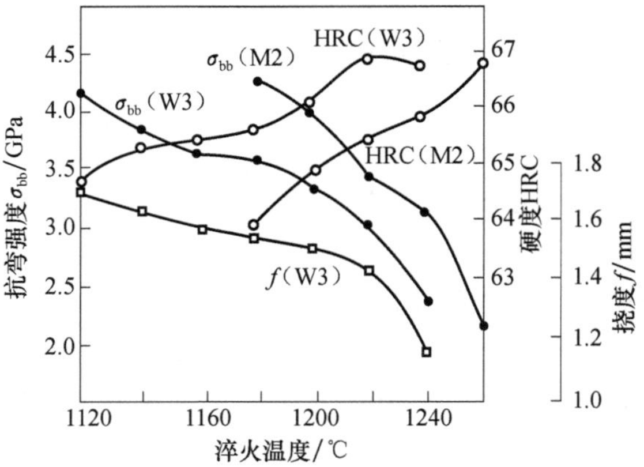

图 8.80 淬火温度对 W3Mo2Cr4VSi 钢(W3，540℃回火)力学性能的影响，并与 M2 钢(560℃回火)对比[60]

钢的退火组织是在索氏体基体上分布着少量较粗大的块状 MC。经淬火和 560℃回火后，析出的特殊碳化物为盘状的 MC，并有少量的合金渗碳体沿孪晶界沉淀，呈颗粒状成串排列，长时间回火后，一部分 M_3C 向 MC、M_7C_3 转变，另一部分聚集粗化。钢中加入 1.1%Si 与不加硅相比，MC 沉淀量增加，并显著细化，M_3C 析出量减少。这是硅加剧特殊碳化物的析出，抑制合金渗碳体的形成并加速其溶解所致[60]。

W3Mo2Cr4VSi 钢主要用于手工和机用锯条、钻头、丝锥等。用 W3Mo2Cr4VSi 钢及 M2 钢制作的钻头和丝锥，经过 TiN 涂层处理后，其切削寿命或磨损量大致处于同一水平。

W4Mo3Cr4VSi 是我国研制的一种低合金高速钢，其综合性能与普通高速钢相当，可节约合金元素，其碳饱和度 A 达到 1.12[61]。W4Mo3Cr4VSi 钢的铸态碳化物为 MC 加羽毛状的 M_2C。经分析，M_2C 中的铬含量高于普通高速钢铸态 M_2C 中的铬含量，这与钢中强碳化物形成元素少有关，并在硅、氮的作用下，M_2C 在 1160℃左右加热 1h 已基本上分解成小颗粒状的 MC+M_6C，改善了钢的热塑性。由于该钢的碳化物形成元素较少，钢中的碳化物量，尤其是一次碳化物量明显少于普通高速钢。

热处理试验表明，W4Mo3Cr4VSi 钢制作刀具时，其适宜淬火温度为 1160～1200℃，晶粒度为 8.5～9.5 级，适宜的回火温度为 540～560℃，3 次，每次 1h，硬度为 65～66.5HRC，600℃的红硬性可达 63HRC。图 8.81 为 W4Mo3Cr4VSi 钢淬火温度与晶粒度、抗弯强度及冲击韧度之间的关系。由于低合金高速钢的未溶碳化物较少，在适宜淬火温度下的晶粒度较普通高速钢略粗，因此允许其淬火晶粒度较普通高速钢放宽 0.5～1 级。W4Mo3Cr4VSi 钢的抗氧化脱碳能力较强[61]。

W4Mo3Cr4VSi 钢在干滑动磨损条件下的耐磨性优于 M2、D950 和 Vasco Dyne 等钢[59]。

刀具对比试验表明，W4Mo3Cr4VSi 钢可以替代普通高速钢制作机用锯条、钻头、木工刨刀，也用于制作立铣刀和机用丝锥，有相近的切削寿命。W4Mo3Cr4VSi 钢制立铣刀经过 TiN 涂层后，切削寿命已接近 M42 涂层立铣刀水平[18]。

JB/T 9986—2013《工具热处理金相检验》对低合金高速钢刃具产品的淬火晶粒度、过热合格级别和回火合格级别做出了规定。以 W4Mo3Cr4VSi 为例，刃具尺寸≤3mm，淬火晶粒度应为 9.5～10.5 级，过热合格级别及回火合格级别均应≤1 级；刃具尺寸＞3mm 但≤20mm，淬火晶粒度应为 9～10.5 级，过热合格级别及回火合格级别均应≤2 级。

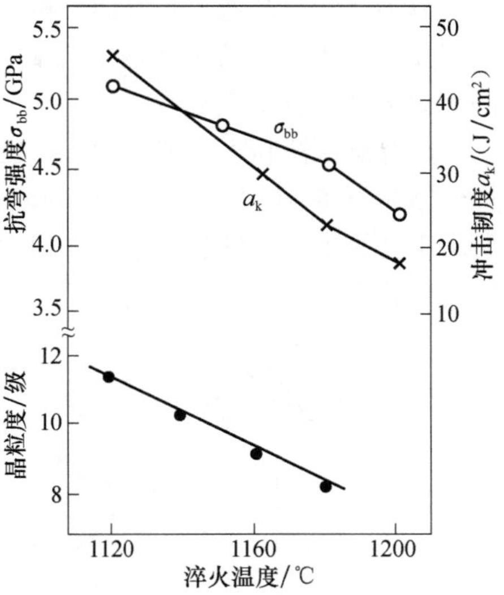

图 8.81　W4Mo3Cr4VSi 钢淬火温度与晶粒度、抗弯强度及冲击韧度的关系[18,59]

回火：560℃×1h×3 次

虽然各国高速钢标准所列钢种众多，但实际应用集中在不多的品种上，如美国 2006 年普通高速钢消耗量约占其高速钢产量的 50%，主要集中在 M2、M1、M10、T1 这四个钢号，高性能高速钢约占 30%，低合金高速钢约占 5%，粉末高速钢约占 15%。我国 2009 年普通高速钢消耗量约占高速钢产量的 66.5%，其中 M2 钢占 42.3%，W9 钢占 17.6%，W18 钢占 1.3%，其他占 5.3%；高性能高速钢占 11.2%，主要是 M42、M2Al 钢；低合金高速钢占 22%；粉末高速钢仅占 0.3%[62]。近年来粉末高速钢在国内已得到较广泛的应用。

8.3.9　粉末冶金高速钢

8.3.9.1　粉末冶金高速钢的生产

传统熔铸方法生成的高速钢存在碳化物偏析的问题难以克服。20 世纪 60 年代以来，粉末冶金领域雾化法制取高质量预合金粉末取得了迅速发展，加上冷等静压机、热等静压机(HIP)的问世和应用，使得采用粉末冶金工艺生产高速钢成为可能。70 年代初，工业化生产的粉末冶金高速钢(PM HSS)由美国的 Crucible 钢厂和瑞典的 Söderfors 厂(现属法国 Erasteel 公司)相继投产。

Crucible 钢厂生产的粉末冶金高速钢均冠以 CPM，雾化的粉末经筛分后装套，进行热等静压。热等静压后视最终尺寸要求进行锻、轧加工。图 8.82 为瑞典 Söderfors 厂粉末冶金高速钢生产工艺流程，年产量可达 4000t，热等静压锭单体重 1.5～1.6t，后续锻、轧、退火等工序与普通铸锭高速钢相同，其产品牌号均冠以 ASP(ASEA-STORA process)。熔炼时用 2t 中频感应炉将化学成分合格的钢液经 1～2t 的中间包，倒入雾化塔顶的漏包中，经喷嘴被高压氮气雾化。高速钢液被雾化成细小的液滴后，因表面张力形成颗粒，使粉末松装密度加大。用装料机将粉末均匀地装入厚 2～2.5mm 钢板焊成的 ϕ500mm×1600mm 圆筒状包套中，包套与振动器相连，摇实密度可达 70%。把包套抽真空脱气密封后进行冷等静压，最高压力为 400MPa。将冷等静压后的包套先进行预热，再将高温预热的包套送入热等静压机,以缩短热等静压机的工作周期。热等静压后车去包套。ASP 工艺的热等静压温度为 1100℃,压力为 100MPa。热等静压后粉末冶金高速钢的相对密度接近 100%[18]。

热等静压法粉末高速钢的生产已有 50 年的历史,其生产技术不断改进,主要体现在雾化制粉设备、中间钢水包结构的改进,目的是能精确控制钢水温度和纯净度。图 8.82 所示工艺为第一代的粉末冶金高速钢制造工艺,之后出现第二代、第三代粉末冶金高速钢制造工艺[63]。

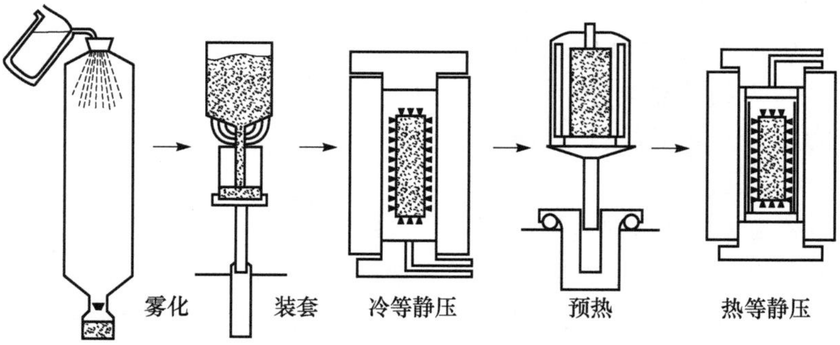

图 8.82　瑞典 Söderfors 厂生产粉末高速钢工艺流程[18]

1991 年法国 Erasteel 公司对其瑞典厂的制备气雾化前钢液的熔炼工艺作了改进,称为电渣加热(electro-slag-heating,ESH)。其中间包容量为 7t,带有电渣加热和吹氩系统,两个石墨电极浸入碱性电渣内,电流通过钢水表面的活性渣产生热量,保证在雾化过程中温度稳定,又可使钢水脱硫、脱氧。自钢包底部吹氩搅拌,使中间包钢水温度均匀,同时促进钢水净化反应。该公司粉末冶金高速钢第二代产品改称为 ASP 2000 系列(如 ASP 2030,以前第一代产品称 ASP 30),非金属夹杂物含量可减少 90%,淬火-回火后钢的韧性可提高 20%。

奥地利 Böhler 钢厂 1992 年与瑞典 Uddeholm 钢厂合并组成 B-U 集团,该集团于 2002 年开始采用当时最先进的粉末冶金设备及新工艺,采用 8t 中间钢包及电渣加热技术,用电磁搅拌替代吹自炉底的微弱氩气流进行钢水搅拌。气雾喷粉装置的喷嘴位置由紧接钢包渗孔的喷雾室顶部改至喷雾室顶侧面,可进一步细化雾化后钢粉颗粒的尺寸。雾化的钢粉直接装入包套,以防被污染。包套的钢粉无须预热便可在热等静压机的高压容器中被同时加热(1150～1180℃)及加压(大于 100MPa)制成钢锭。该集团还推出了附以"Microclean"为商标的第三代粉末冶金高速钢,如 S 390 Microclean。与第二代的 S 390 Isomatrix 粉末冶金高速钢相比,其非金属夹杂物含量更少,减少 90%。在第三代粉末冶金高速钢的技术条件中对夹杂物的限制要严得多,而韧性和强度约可提高 20%。法国 Erasteel 公司也于 2004 年推出冠以 Dvalin 为商标的第三代粉末冶金高速钢,如 Dvalin ASP 2030,已代替第二代的 ASP 2030[63,64]。

在制备粉末冶金高速钢时,成功地利用了快速凝固技术。雾化了的高速钢液滴的冷却速率,在同样散热条件下取决于它的尺寸,直径小于 6mm 时冷却速率达 $10^3 \sim 10^4$K/s,小于 0.05mm 时冷却速率可达 10^5K/s。传统的第一代和第二代粉末冶金高速钢粉末颗粒有一个相对宽广的尺寸分布,直径 10～1000μm,其过筛率累计百分数为 50%,所对应的平均颗粒尺寸为 140μm，最大尺寸可达 1mm。第三代粉末冶金高速钢工艺——Microclean 由于优化了喷粉雾化工艺，其过筛累计百分数为 50%，所对应的平均颗粒尺寸为 60μm，最大钢粉尺寸为 500μm，并有一个较均匀的尺寸分布(图 8.83)。由于钢液滴的快速凝固，使每一钢液滴成为一个微型钢锭，其二次枝晶臂距仅为 1μm。Böhler 钢厂的较细微粉使热等静压后的粉末冶金高速钢锭具有较高的强度，可不经锻造直接供用户使用。

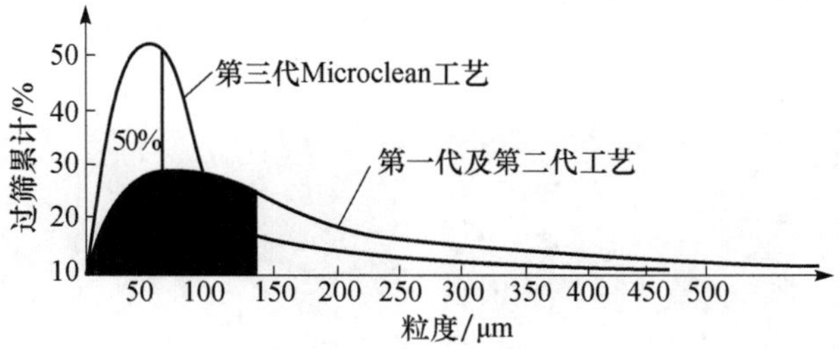

图 8.83 不同雾化制粉工艺所得的钢粉颗粒尺寸分布[63]

普通熔铸高速钢淬火-回火后基体中的残余碳化物数量远大于非金属夹杂物数量，钨-钼系高速钢的大颗粒碳化物的尺寸可达 12.5μm 或更大(表 8.20)，所以工厂历来重视碳化物分布形态和质量，而不提出非金属夹杂物的检验要求。在粉末高速钢中，在整个断面上碳化物细小(1～3μm)且均匀分布，最大的也不超过 6μm，钢的强度转而取决于尺寸比碳化物大得多的非金属夹杂物的尺寸和数量，因而消除大的非金属夹杂物是提高粉末冶金高速钢钢材强度的重要途径。

粉末高速钢制作过程中，感应炉熔炼可使钢水氧含量达到一般高速钢的 50ppm 水平。钢水出炉雾化过程中，表面会受到氧化而使氧含量增加，严重者可逾 1000ppm，只有氧含量降至 200ppm 以下，颗粒表面才无氧化物膜层。过高的氧含量会降低钢的致密化程度，损害钢的热加工性能，降低力学性能，特别是韧性。通常惰性气雾化粉末的氧含量应小于 100ppm，目前的技术已可将其降低到无害水平。第三代 Microclean 工艺在 $1cm^2$ 钢试样面积上的非金属夹杂物尺寸远比第一代和第二代工艺的相应值要好得多，其 6μm 尺寸的夹杂物已可减少到极微量。

除了上述用热等静压技术生产粉末冶金高速钢外，还可以用传统的冷压烧结法生产粉末高速钢。这种方法采用水雾化高速钢粉末，经还原退火，用冷模压制成形，然后在保护气氛或真空条件下烧结致密化，生产出近终形粉末冶金高速钢预形坯。用这种方法制成的产品的氧含量偏高，达 600ppm 以上，产品单件为 0.001～10kg，其品种还仅限于一些标准钢号。英国、德国的有关公司仍用此法生产粉末高速钢，并占据一定的市场。

8.3.9.2 粉末冶金高速钢的质量特性

热等静压法生产的粉末冶金高速钢较其他方法生产的粉末冶金高速钢在质量上占有优势，但因设备投资大，故成本比较高。因此，热等静压法一般用于生产其他方法难以生产或无法生产的高合金高速钢或者特殊规格的高速钢。热等静压法生产的粉末冶金高速钢的主要质量特点如下。

1) 组织结构

气雾化法热等静压高速钢显微组织的最大特点是碳化物颗粒细小，且分布十分均匀，消除了共晶碳化物的不均匀性。图 8.84 为普通铸锻高速钢与气雾化热等静压粉末冶金高速钢显微组织对比。由于没有碳化物的宏观偏析，钢的性能是各向同性的，不受热加工方向和截面尺寸的影响。图 8.85 是两种工艺生产的 T15 钢的碳化物尺寸，CPM 工艺产品的碳化物最小尺寸不到 1μm，最大尺寸小于 4μm，而铸锻工艺产品则相差甚远。气雾化法热等静压工艺使高速钢的质量得到了根本的改善。

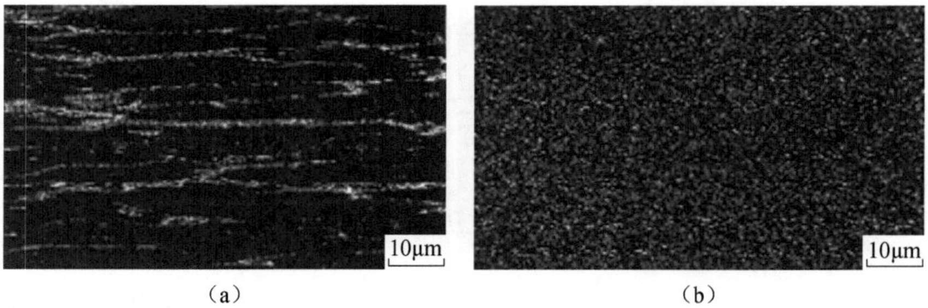

图 8.84　普通铸锻高速钢(a)与气雾化热等静压粉末冶金高速钢(b)显微组织对比[65]

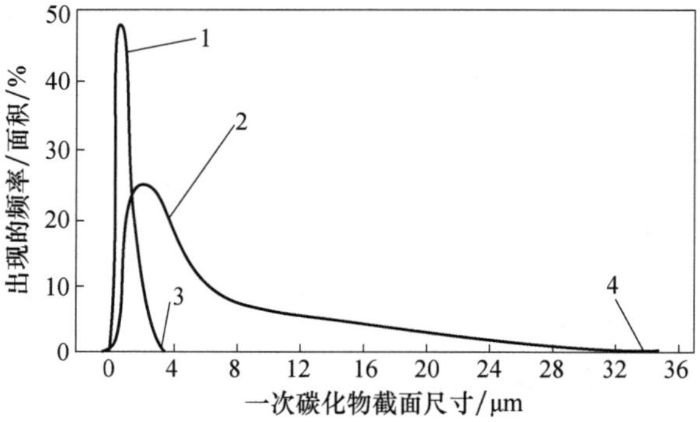

图 8.85　粉末冶金与铸锻 T15 高速钢中的碳化物尺寸[66]

1—粉末冶金；2—铸锻；3—最大尺寸 3.5μm；4—最大尺寸 34μm

2) 工艺性能

由于粉末冶金高速钢的碳化物细小均匀分布，没有方向性，使热处理淬火变形变小，热加工及冷加工性能也良好，钢的收得率也高。

高速钢工具淬火时希望将奥氏体化时间限制在较短的时间内，以防止晶粒长大和工具表面的氧化、脱碳。粉末冶金高速钢具有奥氏体化时间短和快速淬硬的特点，使用盐浴炉处理时，要比铸锻钢缩短奥氏体化时间 1/3 以上；二次硬度沿截面径向分布均匀，并能比同牌号的铸锻钢提高 1HRC，因此在达到相同硬度时可将淬火温度降低 5～8℃。

高速钢的磨削性能与钢的钒含量有直接关系，一般铸锻高速钢钒含量为 3%时，其磨削性能已较差，超过 5%则很难磨，甚至不能磨，但是钒含量为 5%的 T15 钢仍有较好的可磨削性。以磨削比(金属磨除体积/砂轮磨损体积)衡量高速钢的可磨削性能，则粉末冶金 T15 钢为 2.2，铸锻 T15 钢为 0.6。因此，粉末冶金高速钢中的钒含量还可以大幅度增加，以进一步提高钢的耐磨性。由于采用 ESH 法处理后，粉末冶金高速钢中的夹杂物含量大大降低，极小的氧化物和硫化物颗粒不易从表面上被抛光剥落，提高了钢的可抛光能力。

3）力学性能

铸锻高速钢中的碳化物偏析会降低钢的抗弯强度。在 ϕ100mm 材料上测定横向抗弯强度，第一代粉末冶金高速钢 ASP30 比相同成分的普通铸锻高速钢(6-5-4-3-8)提高约 1 倍，为 3.0GPa。碳化物细化和分布均匀性得到改善之后，钢强度的提高转而取决于非金属夹杂物的尺寸和数量，因此，第二代粉末冶金高速钢 ASP2030 的抗弯强度达到 3.5GPa，比第一代提高约 20%，第三代粉末冶金高速钢 Dvalin ASP2030 的抗弯强度为 4.2GPa，比第二代又提高了 20%[67]。

高速钢的韧性与钢的化学成分、热处理制度、碳化物的大小与分布，以及钢的纯净度有关。粉末冶金 M2 钢(64.5HRC)的韧性比同牌号的铸锻钢高出约 20%，粉末冶金 W6Mo5Cr4V3Co10 高速钢(67.5HRC)的韧性比同种铸锻钢提高 80%[18]。

由于第三代粉末高速钢极大地改善了钢的纯净度，其疲劳强度也得到了很大的改善。

4）超合金化

采用传统铸锻工艺生成的高速钢，随着合金含量的增加，钢的铸态组织趋于恶化，热加工性能和可磨削性等工艺性能急剧变坏，以致难以生产出合格产品。粉末冶金工艺开辟了发展特种高速钢的新途径，可以生产出超高含量 C、V、Co 和 N 的钢，获得超高耐磨性和其他高性能的高速钢。由于气雾化热等静压粉末冶金技术的进步，在 20 世纪 90 年代前后在开发出第二代粉末冶金高速钢的同时，还开发出粉末冶金工具钢，包括一般铸锻工艺无法生产的高碳高钒高耐磨冷作模具钢。

8.3.9.3　粉末冶金高速钢的应用

粉末冶金高速钢生产工艺复杂，目前只有美国、瑞典、法国、奥地利、日本等少数几个国家生产。表 8.41 中列出了法国(Erasteel)、奥地利(Böhler)、美国(Crucible)、瑞典(Uddeholm Tooling)一些工厂生产的粉末冶金高速钢和工具钢的牌号及其化学成分。

表 8.41　法国、奥地利、美国、瑞典一些工厂生产的粉末冶金高速钢和工具钢的牌号及其化学成分[65]

Erasteel-Dvalin	Böhler-Microclean	Crucible	Uddeholm Tooling	化学成分/%							淬回火硬度 HRC
				C	W	Mo	Cr	V	Co	其他	
高速钢											
ASP2023			Vanadis 23	1.3	6.5	5	4	3	—	—	65
ASP2004	S690	CPM M4		1.3	6	5	4	4	—	—	65
ASP2030		CPM Rex45	Vanadis 30	1.3	6.5	5	4	3	8.5	—	67
ASP2060	S590		Vanadis 60	2.3	6.5	7	4	6.5	10.5	—	69
ASP2017				0.8	3	3	4	1	8	1Nb	65
ASP2052	S390			1.6	10.5	2	5	5	8	—	67
	S290			2	14	2	3.7	5	11	—	70
ASP2053				2.5	4	3	4	8	—	—	67

续表

Erasteel-Dvalin	Böhler-Microclean	Crucible	Uddeholm Tooling	化学成分/%							淬回火硬度 HRC
				C	W	Mo	Cr	V	Co	其他	
高速钢											
ASP2015		CPM T15		1.6	12	—	4	5	5	—	66
ASP2080				2.45	11	5	4	6.3	16	0.6Si	69
		CPM Rex 20		1.3	6	10.5	3.7	2	—	—	68
工具钢											
			Elmax	1.7	—	1	18	3	—	—	—
	M390			2	1	1	20	4	—	—	65
ASP2012				0.6	2	2	4	1.5	—	—	—
	K190			2.3	—	1.1	12.5	4	—	—	65
	K390			2.5	1	4	4	9	2	—	64
	K890			1	2.5	3	4.5	2	4.5	—	—
			Vanadis 4 Extra	1.4	—	3.5	4.7	3.7	—	—	—
			Vanadis 6	2.1	—	1.5	6.8	5.4	—	—	—
			Vanadis 10	2.9	—	1.5	8	9.8	—	—	—
		CPM 10V		2.5	—	1.3	5	9.8	—	—	—
		CPM 9V		1.8	—	1.3	5.3	9	—	—	—
			Vancron 40	1.1	3.7	3.2	4.5	8.5	—	1.8N	—

注:表中淬回火硬度值和 ASP2080、K190 的数据取自文献[63]。

法国 Erasteel 公司的粉末冶金高速钢和工具钢为其在瑞典的 Söderfors 分厂的产品。表 8.41 中所列 ASP 系列粉末冶金高速钢适于制作各种刀具,主要是精密、复杂刀具。这些刀具要求钢材不但具有很高的使用性能,还要求有很好的可磨削性。ASP 系列粉末高速钢大都具有较高的钒含量,钢的硬度、耐磨性和红硬性高,韧性好,而且冷加工性能和可磨削性能也很好。表 8.42 列出了 ASP 系列粉末冶金高速钢适于制作的刀具。有些钢还可用于制作冷变形工具,我国有关工厂引进的不锈钢特宽板冷轧机使用的工作辊材料为 ASP2023,轧辊毛坯尺寸为 ϕ210mm×3000mm,单重约 850kg,使用硬度为 63.5HRC。

表 8.42　ASP 系列粉末冶金高速钢适于制作的刀具[40]

钢种	ASP2015	ASP2017	ASP2023	ASP2030	ASP2052	ASP2060
适于制作刀具名称	加工高温合金用的拉刀	丝锥、粗加工用立铣刀	剃齿刀、拉刀	齿轮滚刀、插齿刀	齿轮滚刀、立铣刀	铰刀、精加工立铣刀、拉刀

Böhler 钢厂生产的几种粉末冶金高速钢和工具钢的化学成分见表 8.41。这几种钢都有相应的易切削高硫钢种,硫含量为 0.20%,同时把锰含量增加到 0.5%～0.7%。S390 钢退火后的硬度为 270HB,推荐的淬火温度为 1150～1240℃,500℃回火,碳化物 M_6C 和 MC 的最大尺寸为 3μm。钢的淬火温度范围宽,在 1250℃淬火后,碳化物和奥氏体晶粒未见长大。S390 钢的二次硬度范围为 66～68.5HRC,其抗弯强度高达 4～5GPa。该钢

可用于制造齿轮刀具、立铣刀、钻头等工具，加工高强度钢、高温合金等难切削材料，也适合于制作冲头、冷挤压模具[18]。

表 8.41 列入了美国 Crucible 钢厂生产的部分粉末冶金高速钢和工具钢的品种及其化学成分。各钢号一般含硫 0.06%，以改善其可切削加工性，如 CPM M4 硫含量为 0.06%。有的钢号有更高的硫含量(0.22%)，此时钢号后缀以 HS，如 CPM T15 HS。硫含量的提高可以进一步改善可磨削性能。高硫钢中 MnS 尺寸约为 2μm，均匀分布。硫含量的提高对抗弯强度影响很小，对冲击韧性有一定影响，但对可磨削性能有很大的改善，并提高了耐磨性，而对刀具的切削性能未产生副作用。

CPM T15 钢与常规生产的 T15 钢相比，其组织结构和热加工性能有显著改善，成材率大为提高，抗弯强度提高 1 倍左右，刀具使用寿命也有所改善，特别是其磨削性能大为提高。

CPM Rex 20 的成分设计旨在设法取代 M42 钢中 8%的高钴含量，其性能靠增加钨当量及增加碳、钒含量来保持。表 8.43 为 CPM Rex 20、CPM 42 和 M42 三种钢的性能对比。

表 8.43　CPM Rex 20、CPM 42 和 M42 三种钢的性能对比[68]

钢号	淬回火后 硬度 HRC	抗弯强度 /MPa	夏氏 C 型 缺口冲击值/J	磨削比 G	耐磨性 /(N/m²)
M42(普通)	68	2600	5.8	1.8	52
CPM M42	68	4066	12.0	5.0	59
CPM Rex 20	67.5	4066	16.3	3.5	145

注：夏氏 C 型缺口试样我国较少使用，缺口深 2mm，其半径 R=12.7mm(1/2in)。磨削比=金属磨除体积/砂轮磨损体积。耐磨性单位为：压力(N)/磨损面积(m^2)。

Crucible 钢厂还开发了钒含量为 3%～15%的系列粉末冶金耐磨工具钢，这类钢退火后可以机加工，淬硬态可用氧化铝砂轮磨削，能制成形状复杂的零件，可用来代替硬质合金。CPW 10V 是其中最典型的牌号，其显微组织是由强韧性好的空冷硬化合金钢基体和均匀分布于其上的细小球状碳化物组成。CPW 10V 钢已成功地用做粉末冶金压模及其他要求高耐磨的模具，以替代硬质合金。表 8.44 为 CPM 10V 钢与常用耐磨冷作模具钢 Cr12MoV 的性能对比，其耐磨性是 Cr12MoV 钢的 23 倍。CPM 9V 是 CPW 10V 钢的改进品种，提高了韧性、抗热震和热裂的能力。

表 8.44　CPM 10V 与 Cr12MoV 钢的性能对比[68]

钢号	淬回火后 硬度 HRC	抗弯强度 /MPa	夏氏 C 型 缺口冲击值/J	磨削比 G	耐磨性 /(N/m²)
CPM 10V	63	4300	23	3.0	620
Cr12MoV	62	—	23	3.4	27

注：见表 8.43 的注。CPM 10V 钢的成分为 2.45% C、0.5% Mn、1.3% Mo、5.25% Cr、9.75% V、0.9% Si、≤0.09%S。

日本生产热等静压粉末高速钢的有日立金属、大同制钢和神户制钢等厂家。

全世界每年用热等静压方法生产的粉末冶金高速钢和粉末冶金高合金工具钢约为 2.2 万 t，其中粉末冶金高速钢约占 3/4。热等静压方法生产的粉末冶金高速钢钢坯和近终形成品部件的质量为 20～2000kg。虽然十多年来，粉末冶金高速钢和工具钢的产量增长缓慢，但由于其制作的切削刀具、冷作模具等的工作寿命显著提高，这类钢已稳定地应用于某些高要求的领域，有些已达到很高的比例(表 8.45)。

表 8.45　一些工业发达国家不同刀具品种粉末冶金高速钢和物理气相涂层(PVD)应用比例[68]

刀具品种	粉末冶金高速钢应用比例/%	PVD 应用比例/%
齿轮刀具	70	90
拉刀	50	40
立铣刀	20	45
丝锥	10	50
麻花钻	1	45

热等静压粉末冶金高速钢的制作成本和价格高，但其质量和性能优越，加之第三代产品的颗粒细，使热等静压后的钢锭可不经锻造直接供用户使用，有利于降低材料成本。还可以不经锻轧，经热等静压直接制成大直径、中空及异型孔的坯料，特别适于制作大直径拉刀，其外径可达 250mm 以上，内孔直径不小于 65mm，长度达 1.7mm 以上，十分有利于热处理。

河冶科技股份有限公司(简称河冶公司)是我国高速钢生产企业，目前具备年产 2000t 粉末冶金高速钢生产能力，已生产出 HOP 系列粉末冶金高速钢：HOPM3、HOPM4、HOPT15、HOPT15M、HOP2030。这类钢与传统铸锻高速钢相比，横向抗弯强度与韧性高出 50%～100%。HOP 系列粉末冶金高速工具钢的化学成分见表 8.46。

表 8.46　河冶公司 HOP 系列粉末冶金高速工具钢的化学成分[69,70]　(单位：%)

牌号	C	Cr	W	Mo	V	Co	相对应的国外牌号
HOPM3	1.3	4	6.2	5	3	—	ASP2023
HOPM4	1.35	4.2	5.5	4.7	4	—	CPMM4
HOPT15	1.6	4.0	12.0	—	5.0	5.0	ASP2015、CPMT15
HOPT15M	1.6	4.7	10.0	2.2	4.8	8.0	ASP2052、S390
HOP2030	1.3	4.2	6.4	4.2	3.0	8.4	ASP2030、Vanadis30

HOPM3、HOPM4 两种钢的化学成分与表 8.14 中的 CW6Mo5Cr4V3 和 W6Mo5Cr4V4 钢相同，其热处理工艺亦相同，但粉末冶金制品具有更高的力学性能、磨削性能和更好的耐磨性。

HOPT15(CPMT15)钢的锻制温度为 1095～1150℃。推荐热处理工艺如下：退火温度 870℃，保温 2h，以≤15℃/h 的速率冷至 540℃，然后炉冷或空冷；去应力退火温度为 595～705℃，保温 2h 后炉冷或空冷至室温；淬火加热温度为 1160～1235℃，为达到淬回火后的硬度为 66～68HRC，推荐淬火温度为 1220～1235℃；回火温度最低为 540℃，回火 3 次，每次 2h。该钢用于制作拉刀、端铣刀、成形刀具、耐磨及精密冲压模具等[70]。

HOPT15M 钢的推荐热处理工艺如下：退火温度 770～840℃，保温 4h 后炉温缓冷至 740℃，保温 2h 炉冷；去应力退火温度 600～650℃，保温 2h 后炉冷；要求高硬度时采用 1200～1220℃淬火，要求高韧性时采用较低温度淬火，淬火后立即回火，推荐的回火温度为 560℃,2、3 次,每次回火时间至少 2h。该钢用于制作加工特硬或难切削材料用的刀具[69]。

HOP2030 钢的推荐热处理工艺如下:退火温度 850～900℃,保温 2～4h 后以 10℃/h 的速率缓冷到 500℃出炉;去应力退火温度 600～700℃,保温 2h 后缓冷到 500℃出炉。推荐的淬火温度:切削刀具用 1150～1180℃,硬度为 65～68HRC;冷作模具钢用 1020～1120℃,硬度为 62～64HRC。建议 560℃回火 3 次,每次 1h。该钢具有优异的耐磨性及良好的红硬性,并提升断续切削能力,用于制作高性能丝锥、带锯条、高温轴承等[69]。

由于粉末冶金高速钢刀具的使用已逐渐增多,在 JB/T 9986—2013《工具热处理金相检验》中已制定出粉末冶金高速钢工具过热程度的金相检验评级标准。粉末冶金高速钢淬火晶粒度应小于或等于 10 级,过热程度的级别分为 5 级,其合格级别应小于或等于 1 级。过热级别评定的依据:碳化物有粘连倾向为 1 级;碳化物粘连为 2 级;碳化物拖尾为 3 级;碳化物产生网角为 4 级;碳化物形成半网状为 5 级。

表 8.41 中列出的 CMP 10V 是一种耐磨性很高的粉末冶金耐磨工具钢,在我国也逐渐得到推广应用,对 CMP 10V 钢的热处理工艺、组织和性能亦进行了研究。在淬火温度为 1010～1180℃的范围内,该钢的硬度、抗弯强度均随淬火温度的升高而增加(油中淬火后均经 550℃回火处理)。由于淬火温度升高时,较大颗粒的碳化物不断溶解,使得碳化物颗粒与基体界面间产生裂纹的概率减少,因此抗弯强度得到提高。在淬火温度一定时(1120℃),随回火温度的升高,硬度逐渐降低,但抗弯强度在回火温度为 550℃时出现峰值,达到 4250MPa,经过 2、3 次回火后,抗弯强度变化不大,硬度约为 64～62HRC。淬火-回火后钢的组织为回火马氏体和大量细小均匀分布的 MC 型碳化物(以 VC 为主)及少量残余奥氏体[71]。该钢主要用于制作精密冲压模具、粉末压实成形模具、硅钢片冲切模、耐磨损部件[70]。

8.3.10　喷射成形高速钢

喷射成形(spray forming),又称喷射沉积(spray deposition),是在传统快速凝固和粉末冶金工艺基础上发展起来的一种材料制备、成形技术。喷射成形的概念是 1968 年英国学者 Singer 首先提出的,并于 1972 年获得专利。1974 年英国的 Osprey 金属公司成功地将喷射成形应用于锻造毛坯的生产,发明了 Osprey 工艺,取得专利权。经过多年的发展,20 世纪 80 年代已在高技术新材料领域广泛应用,实现了工业化生产,可用于制造平板件、管状制件、棒材、锻坯等,用于生产铝合金、高速钢、高合金工具钢、不锈钢、高温合金等[72]。

我国于 1987 年开始了铝合金的喷射成形的研究,中国科学院金属研究所和北京有色研究院先后开展了铝合金的喷射成形的研究,并在 20 世纪末建成了大型喷射成形设备,可制备大型管、棒、板等铝合金材。许多高校、研究机构在喷射成形凝固理论、新材料制备工艺等方面,开展了大量的工作[72,73]。2008 年成立的江苏豪然喷射成形合金有限公司可规模化生产铝合金、硅铝电子封装材料等,河冶公司可规模化生产喷射成形高速钢、喷射成形高钒合金工具钢等。

8.3.10.1　喷射成形工艺

喷射成形工艺主要包括雾化和沉积两个过程,即先将熔化的液态金属用由喷嘴喷出的惰性气体雾化成不同尺寸的熔滴颗粒，并被快速流动的雾化气体带向沉积基板。通常采用亚音速雾化，采用较低的气压(0.6～1.8MPa)，气体出口速度为 0.3～0.6M(1M=340m/s)。雾化熔滴的尺寸分布较宽(1μm～0.5mm)，在雾化液滴尚未完全凝固时(液态约占 30%～50%)沉积在具有一定形状的基板上，完成凝固结晶过程，形成比较致密的坯件，见图 8.86(a)。通过沉积基板相对于喷嘴的运动，可以制成不同形状的坯件，如棒坯、板坯、管坯等，见图 8.86(b)；还可以将金属熔滴喷射并沉积在高速旋转的圆盘表面，形成环状坯件[74]。雾化器和喷嘴的设计是获得理想沉积坯件的关键，由于雾化过程比较复杂，坯件的外形和尺寸也是各种各样，所以雾化器和喷嘴的设计方案也有很大差别。

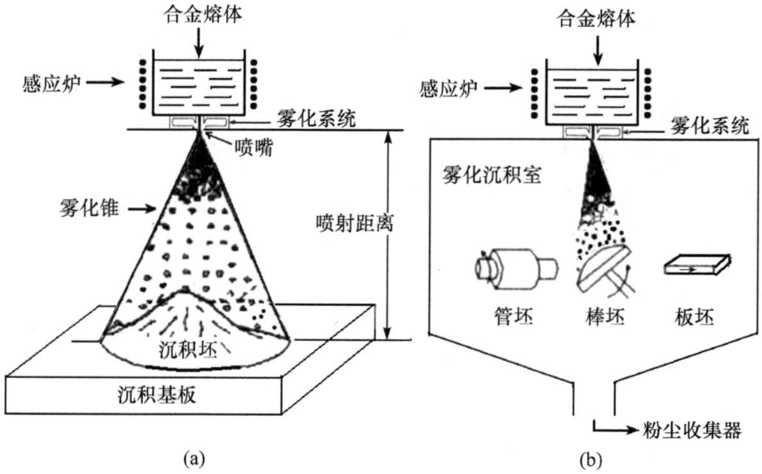

图 8.86　喷射成形技术原理(a)及不同形状坯料的制备工艺(b)[74]

喷嘴大体沿着固定式单喷嘴、扫描型喷嘴、双喷嘴、扫描型双喷嘴的方向发展。最初喷射成形工艺采用单雾化喷嘴装置，限制了产品的尺寸及规模化生产。用单喷嘴生产，雾化能力有限，雾化沉积坯料表层组织与心部组织最优条件不一样，随坯料直径的增加，这种差异更为明显。扫描型喷嘴和倾斜布局能使雾化锥的熔滴质量分布更趋均匀，降低坯件的疏松，改善表面质量，可使沉积材料收得率提高 10%。双喷嘴在喷射大尺寸坯件时，可使一条合金流生成坯料表层部分，另一条合金流生成其心部，使坯件温度场分布更为合理。扫描型双喷嘴系统可制备更大直径(直径达 600mm)的沉积坯，同时也能达到整体致密，表面质量改善，坯件尺寸精度提高，沉积收得率可达 90%。

与粉末冶金和铸造两种工艺比较，喷射成形工艺具有以下的主要特点[74]：

(1) 工艺流程最短，成本比较低，与粉末冶金工艺相比大大减少了产品工序。

(2) 沉积坯的孔隙度在 1%～15%范围内，无集中缩孔与疏松，成分均匀，无宏观偏析。如果工艺控制合理，致密度可达到 99%以上，经冷加工或热加工后很容易达到完全致密。

(3) 喷射沉积过程在惰性气体下一次完成，沉积过程的时间很短(约 10^{-3}s)，避免了过多工序带来的氧化，氧含量较低，一般为 0.01%～0.02%。

(4) 喷射过程中，液滴的冷却速率大于 10^3K/s，属于快速凝固范畴，在较大的过冷度下，大量细小晶核瞬时形成，短时间内来不及长大，最后得到细小均匀的凝固组织。

(5) 具有广泛的适应性,可以生产多种合金,如钢铁、铝合金、铜合金、钛合金、高温合金等;可以生产盘、环、管、棒、板、双金属等不同形状和规格的近成形坯件。向雾化锥中引入增强颗粒,还可以制备增强颗粒分布均匀、界面良好的金属基复合材料。

喷射成形工艺在具备诸多优点的同时,也存在一些不足之处,如收得率较低、制品形状与尺寸难于精确控制,特别是致密度不够高,存在一定大小和形状各异的孔洞。孔洞的来源主要是:凝固颗粒或沉积层之间的间隙、气体被卷入和凝固收缩。孔洞的存在会引起应力集中并减小有效承载面积,影响材料的使用性能,需要采用适当的后续热加工工艺,提高材料的致密度和力学性能。

喷射成形雾化时采用的惰性气体有氮气、氩气等,氮气较经济,使用较多。但对于含有铬、钒、铝等合金元素的高合金钢,雾化气体的选择十分重要,氮气雾化会给喷射成形高合金钢的后续加工带来一定困难。这是由于熔化的合金中溶解的氮气在含 δ 相的包晶在凝固时会析出大量气孔,钢中的铬、钒等元素易与氮发生反应,析出氮化物或碳氮化物,这些析出物会对合金的韧性产生负面影响。采用氮/氩混合气体保护熔体的办法可以控制合金中的氮含量。使用氩气不仅可以保护熔体,而且可以有效减少包晶凝固时气孔的形成和避免氮化物的形成[74]。

喷射沉积坯的后续致密化工艺主要有以下几种方法[74]:

(1) 轧制。对于板材、带材等可采用喷射轧制工艺,将沉积在轧辊上的坯料直接轧制成板材、带材等,但尺寸精度不易控制。

(2) 锻压。1974 年 Singer 发明的 Osprey 工艺即是将雾化熔体直接喷射在模子内,或直接喷射到扁平的收集器上随后实施锻造,并制备出多种合金钢和高温合金锻件。

(3) 热挤压。该方法可以生产管、棒、型线材等,具有比轧制、锻压更为强烈的三向压应力状态,可以加工出用轧制或锻压等方法难于加工的低塑性金属材料。选择合适的热挤压工艺参数,可以有效细化沉积坯中的微观组织,使金属材料接近全致密。但坯料内部存在一定的气孔,挤压过程中不易排出,残留在挤压件中,会影响材料的力学性能。

(4) 热等静压。热等静压制品的形状不受限制。由于是在三向等压应力的状况下致密的,致密化速度快,晶粒不易长大,可以得到细小的等轴晶,已用此工艺生产出大尺寸的高温合金环形坯。

喷射成形技术在不断发展,并已获得比较广泛的应用。大型钢管制造厂的生产能力已达到一次处理 4.5t 钢水,管材最大直径可达 800mm,沉积速率达到 200kg/min。该工艺是一种原则上适合开发任何合金系列的近净成形技术,在开发和生产高性能合金方面具有强的竞争力。

8.3.10.2　喷射成形高速钢和工具钢的发展

20 世纪 70 年代,英国 Osprey 金属公司首先利用喷射成形技术成功制造出 M2 高速钢和含 12%Cr 的不锈钢,利用 300kg 容量的设备生产出 200mm 直径的钢坯,可以提供喷射成形的高速钢、合金钢的小型件[75]。80 年代,英国的 Aurora 钢铁公司利用喷射成形技术,一次可雾化沉积 2t 工具钢,包括高速钢。90 年代末,英国 Osprey 金属公司、丹麦 Dan Spray 公司等 4 家企业用 4 年时间共同研究用喷射成形技术工业规模生成合金钢材的可行性,分别制备了 8 种合金,大量研究工作集中于高铬冷作模具钢 D2。研究结果认为,喷射成形工艺可以生产几乎完全致密的沉积钢坯,获得基本无宏观偏析的组织,晶粒细小且分布均匀,具有可与粉末冶金产品性能相当的潜力,坯料有良好的可锻性,易于加工成产品。随着喷射成形技术的进一步发展,研究钢种的范围进一步扩大。21 世纪初,Osprey 金属公司已可生产直径 250mm、325mm、400mm,长 1.2m 左右高速钢工件,经过热挤压后,可以得到完全致密的和性能类似于粉末冶金的合金。

目前世界上将喷射成形工艺应用于制造高合金工具钢较为成功的是丹麦的 Dan Spray 公司。该公司用 4t 熔炼炉,采用双喷嘴可以生产直径 500mm、长 2.4m、重 2800kg 的工具钢棒坯,收得率提高到 90%,年生产能力达到 2000t,生产的高速钢的性能远高于传统铸造工艺生产的同类产品[76]。

日本住友重工公司和英国的谢菲尔德铸锻公司在 20 世纪 90 年代率先采用喷射成形工艺生产高速钢、高铬铸铁轧辊和复合大轧辊。谢菲尔德铸锻公司的喷射成形工艺,采用多喷嘴技术,将轧辊合金包覆在事先预热的直径达 400mm、长 1m 的辊轴上,用于做冷轧辊和热轧辊,并取得成功。喷射成形轧辊的晶粒组织细小,碳化物的形状和分布得到极大的改善,抗拉强度、抗弯强度、冲击值均成倍提高,热加工性能及耐磨性有较大幅度的改善,轧辊的寿命提高了 2～3 倍[77]。

国外已有众多研究单位和学者对多种喷射成形高速钢和工模具钢的喷射成形工艺、喷射成形钢的组织和性能进行了研究。主要研究的高速钢和工模具钢有:M2、M3、M3:2(CW6Mo5Cr4V3)、T15、6-5-4-3-8、4-3-9-4 等高速钢,H13 等热作模具钢,D2、D3 等冷作模具钢,3%Cr、5%Cr 等冷轧辊用钢等[76]。3%Cr、5%Cr 冷轧辊用钢的化学成分见表 8.76。

我国近年亦开展了喷射成形高速钢和工模具钢的研究。

在文献[78]中,作者利用自制的 5kg 级喷射成形装置制备了 3 种高合金工具钢:LD 冷作模具钢(表 8.63)、V4(Cr8Mo2V4Si)耐磨工具钢和 CPM M4 高速钢,并分别与同成分的真空熔铸钢和粉末冶金钢进行了对比。喷射成形的 LD 冷作模具钢的铸态组织呈等轴晶特征、晶粒细小、碳化物分布均匀,显著优于真空熔铸方法得到的。喷射成形的 V4 和 CPM M4 工模具钢,经过后续热加工和球化退火热处理,可以得到与进口的同成分的粉末冶金钢相似的球化组织和硬度。

在文献[79]中,作者利用北京航空材料研究院 300kg 双喷嘴雾化沉积装备制备喷射成形 SFT15 和 SFT15M 两种高速钢。两种钢的母合金系中频感应炉熔炼,沉积坯为圆柱状,直径约 300mm,高度为 280～320mm,锭坯表面光洁,可直接锻造。由于采用的雾化气体是氮气,沉积坯的氮含量增多,分别为 0.042%和 0.038%,但氧含量低,分别为 0.0020%和 0.0018%,并具有很低的氢含量,分别为 0.0001%和 0.0002%。沉积坯为等轴晶,无明显的宏观偏析,晶粒较细小,约为 18μm 左右。沉积坯中的碳化物有两种,含 W 较高的 M_6C 型碳化物主要分布在晶界上,呈细的断续网状,晶内也有非常细小的 M_6C 析出,主要是含 V 的 MC 型碳化物相对均匀弥散地分布在基体上,尺寸基本小于 3μm。经过变形后,网状碳化物变为弥散分布的颗粒状,MC 型碳化物长大到 7～8μm。SFT15 钢经过 1210℃ 淬火和 540℃ 回火处理后抗弯强度达到 4800MPa(SFT15M 钢为 3800 MPa),比其沉积态的抗弯强度 2350MPa 有大幅提高。SFT15 和 SFT15M 两种高速钢经 1170～1250℃淬火、540℃回火后,其硬度都随淬火温度的提高而上升,SFT15 钢的硬度都在 66HRC 以上，SFT15M 钢的硬度都在 68HRC 以上，这是由于 SFT15M 钢含有 8% 的 Co，提高了二次硬度，但同时也使钢的韧性降低。

在文献[80]中，作者用与上面相同的方法研究了 2060 高速钢。2060 高速钢母合金系中频感应加电渣重熔制备的，沉积坯的相对密度在 99.5%以上。2060 高速钢沉积坯的锻造温度为 1150℃，经过锻造后，钢的相对密度可达 100%。2060 高速钢沉积坯和锻后的组织与上面所述两种钢相似。图 8.87 为 2060 高速钢母合金、喷射成形沉积坯和沉积坯热锻后的金相显微组织，图中白色碳化物为含 W 较高的 M_6C 型碳化物，灰色的碳化物为含 V、W、Mo 较高的碳化物。可以看出，喷射成形工艺大大改善了高合金的 2060 高速钢的碳化物形貌、尺寸和分布，碳化物颗粒的最大尺寸为 5～6μm。喷射成形高速钢和粉末冶金高速钢一样，由于碳化物尺寸显著细化，夹杂物含量和尺寸的影响就显得重要。经过检验，所制备的喷射成形 2060 高速钢中仅发现存在 0.5 级的细系列的氧化物，钢的纯洁度高。喷射成形 2060 高速钢的抗弯强度随淬火温度的升高而降低，淬火温度应低于 1210℃，经 1170～1190℃ 淬火，540℃×1h 冷却，3 次回火后获得抗弯强度不小于 3000MPa、硬度不小于 70HRC 的良好综合性能。

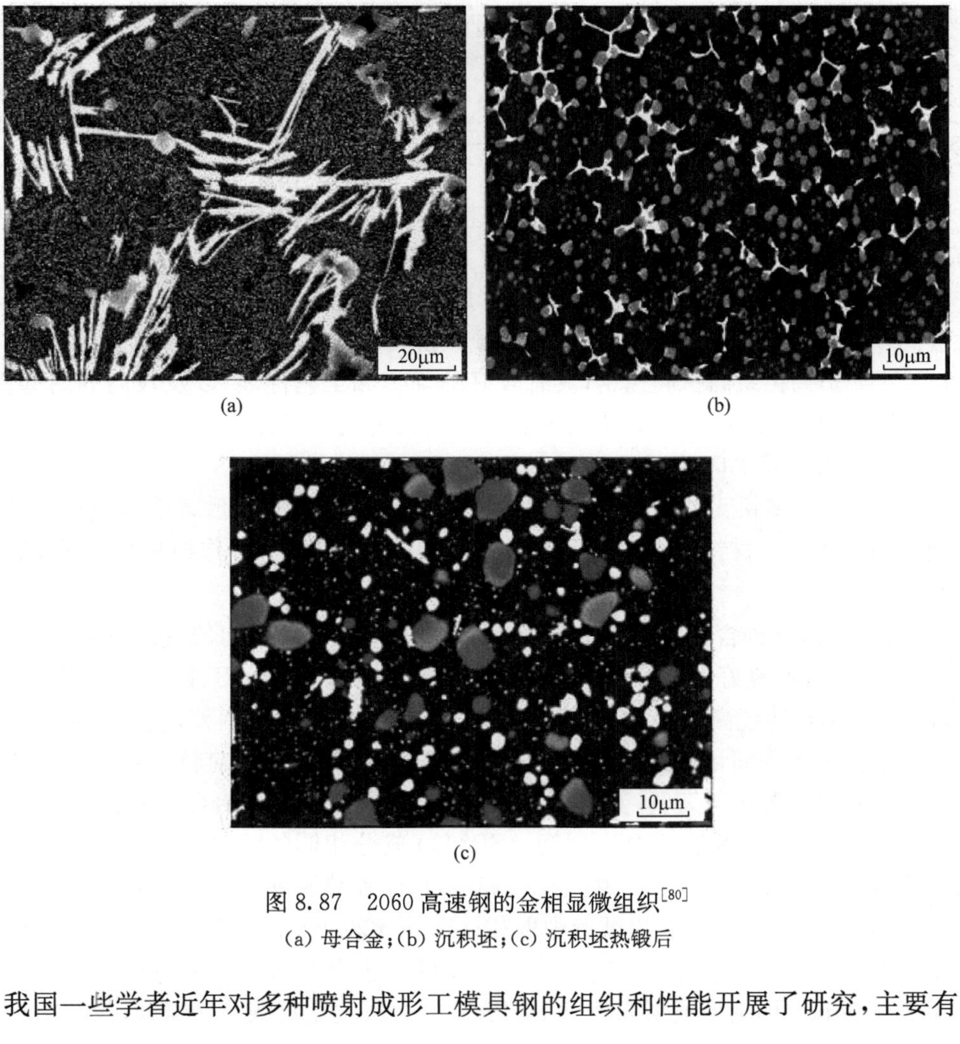

图 8.87　2060 高速钢的金相显微组织[80]

(a) 母合金；(b) 沉积坯；(c) 沉积坯热锻后

我国一些学者近年对多种喷射成形工模具钢的组织和性能开展了研究，主要有：9V

高碳高钒高速钢，M3、M3：2＋Nb、M42 等高速钢和 H13 等热作模具钢。

河冶公司等企业已可生产喷射成形高速钢和高合金工具钢(4t 级)，可提供扁钢、直径不大于 300mm 的圆钢等。表 8.47 为河冶公司生产的 HSF 系列喷射成形高速钢和模具钢的化学成分。

表 8.47　HSF 系列喷射成形高速钢和模具钢的化学成分[81]　　(单位：%)

牌号	C	Cr	W	Mo	V	Co	其他	退火后硬度 HB	成分相似的钢种
喷射成形高速钢									
HSF620	0.90	4.40	5.80	5.30	2.10	—	—	≤255	M2、S600
HSF630	1.3	4	6.2	5	3	—	—		M3：2、ASP2023
HSF640	1.35	4.40	5.50	5.00	4.10	—	—	≤269	M4、S690
HSF680	2.80	4.20	4.20	3.20	8.00	—	—	≤300	ASP2053
HSF825K	1.18	4.50	5.80	5.30	2.10	5.00	Nb≤1.00	≤280	—
HSF835	1.30	4.8	5.6	4.4	3.0	4.8	—	≤280	—
HSF838	1.30	4.40	5.80	5.35	3.10	8.35	—	≤280	S590、ASP2030
HSF8610	2.30	4.20	6.50	7.00	6.50	10.5	—	≤340	ASP2060
喷射成形模具钢									
HSF110	0.4	5	—	1.2	1	—	1Si	—	H13
HSF210	1.55	12	—	1	1	—	—	—	D2

表 8.47 中所列各种牌号的喷射成形高速钢的热处理工艺与传统工艺(电渣＋热锻)没有多少区别。

HSF620 钢成分类似于传统工艺生产的 M2 钢，其抗拉强度比 M2 钢提高 25%，冲击韧性提高 70%～100%，目前较成熟的应用领域为大截面拉刀。

HSF640 是钨钼系高钒高速钢，具有较好的加工和工艺性能，以及较高的耐磨性，适于加工中高强度钢、高温合金等难切削材料，成功地解决了传统工艺制备的 M4 钢不适于制作高精度复杂刀具的问题。

HSF680 属于高钒无钴高速钢，V 含量高达 8%，具有极好的耐磨性，红硬性一般，是一种制造切削非金属材料用刀具的理想材料，用于制作切纸刀、冷作模具和要求较高耐磨性的制品。

HSF825K 是一种含铌含钴高性能高速钢，其显微组织细小均匀，接近相同成分的粉末冶金高速钢，具有良好的综合力学性能，用于制作齿轮刀具、拉刀、铣刀、铰刀等。

HSF835 是在传统高速钢 M35 的基础上自主设计研发的新钢种，是一种高钒含钴高速钢。该钢作为大截面切削刀具拥有极好的耐磨性和强韧性，目前较成熟的应用领域有拉刀、滚刀、剃齿刀等齿轮刀具，其使用寿命接近相近成分的粉末冶金高速钢的水平。

HSF838 是一种与粉末冶金高速钢 ASP2030 成分相同的喷射成形高速钢。该钢作为切削刀具用途时具有很好的耐磨性与强韧性，用于制作钻头、拉刀、插齿刀、立铣刀、滚刀等。图 8.88 为直径 85mm 的试棒中取相同部位比较 HOP2030 与 HSF838 两种高速钢的碳化物颗粒度。粉末冶金高速钢碳化物颗粒尺寸为 1～3μm，喷射钢碳化物颗粒度尺寸为 1～10μm。因喷射成形高速钢 HSP838 中大小碳化物颗粒的组合，使其在相同硬度时的耐磨性比粉末冶金高速钢 HOP2030 提高 30%～50%。

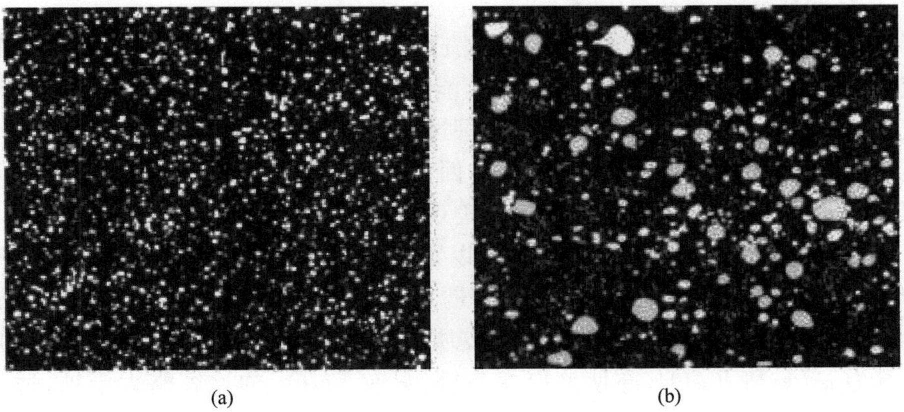

图 8.88　粉末冶金高速钢 HOP2030 碳化物颗粒(a) 与喷射成形高速钢 HSF838 碳化物颗粒(b) 的对比[81]　500×

HSF8610 是一种高钒高钴的高速钢，具有高硬度、超耐磨性和良好的红硬性，是一种用于高速切削或切削特硬材料用的刀具材料。该钢用做刀具时的淬火温度为 1150～1180℃，经 560℃，3 次回火，其硬度可达 68～69HRC。

M3：2 是一种耐磨性较好的高速钢。文献[82]研究了喷射成形 SFM3：2 钢和 SFM3：2＋0.5Nb 钢的组织和性能对比。喷射成形中的快速凝固可以细化原始组织中的 M_2C 共晶体和 MC 型碳化物，铌的加入进一步细化了 M_2C 和 MC，也细化了奥氏体晶粒。铌还加速了 M_2C 的分解，并提高了钢的热稳定性。铌提高了钢在淬火-回火后的硬度和抗弯强度，但是韧性略有降低。在相同硬度下制成铰刀，SFM3：2＋0.5Nb 钢的寿命为 SFM3：2 钢的 1.3 倍，为铸锻 M2 钢的 3 倍。

目前关于粉末冶金高速钢和喷射成形高速钢的性能和使用寿命对比的资料还比较少。

8.3.11　高速钢的表面处理

高速钢刀具经过淬火、回火，得到了所需要的力学性能，保证了刀具的使用性能。表面强化处理可以进一步解决刀具切削过程中的表面磨损、表面锈蚀等问题，从而进一步提高刀具的耐用度和使用寿命，一直是高速钢热处理的十分活跃的领域。

高速钢表面强化的方法很多，大致可分为四大类：

(1) 形成化学转化膜法。通过钢中的某些元素，通常是铁，与介质中的某些元素的化学作用形成化合物膜覆盖在表面上。

(2) 渗入法。异类原子通过介质输送至工件表面被吸收，渗入原子在铁基中有一定的溶解度，而在表面与内部建立了浓度梯度，形成扩散通道，逐步形成一个浓度连续变化的过渡层。

(3) 涂镀法。用真空蒸镀、离子镀、喷涂等方法在表面涂上一层高性能物质层。现在用得最多的是 TiN、TiC 离子镀膜和金刚石镀膜法。

(4) 表面浅层硬化法。主要是激光热处理、金属离子注入等。

下面简要介绍目前高速钢表面强化应用较多的几种方法[18,40]。

1) 蒸汽处理

蒸汽处理是一种表面氧化处理,高速钢工具在 540～560℃温度下与蒸汽接触,表面生成蓝色的 Fe_3O_4 薄膜,其结构致密、多孔,能储油,增加润滑性能,减少工具在切削过程中与被加工金属间的黏附现象。在蒸汽处理过程中还可以消除磨加工后产生的应力和可能产生的残余奥氏体,能代替高速钢刀具的回火处理。蒸汽处理的氧化膜上油以后有极强的抗蚀能力,外表呈均匀的蓝黑色,十分美观。

从图 8.89 所示的 Fe-O 平衡相图上可以看出,在大气气氛中,在 570℃以上生成的氧化皮分为三层,紧贴表面的是 FeO,中间层是 Fe_3O_4,外层是 Fe_2O_3,后者的比容最大,因而在形成过程中产生周期性破碎,使氧化皮质地疏松,不起保护作用。FeO 层在冷却过程中分解为 α-Fe 和 Fe_3O_4,亦使该层变疏松,只有 Fe_3O_4 的比容略大于铁,适于做覆盖层。

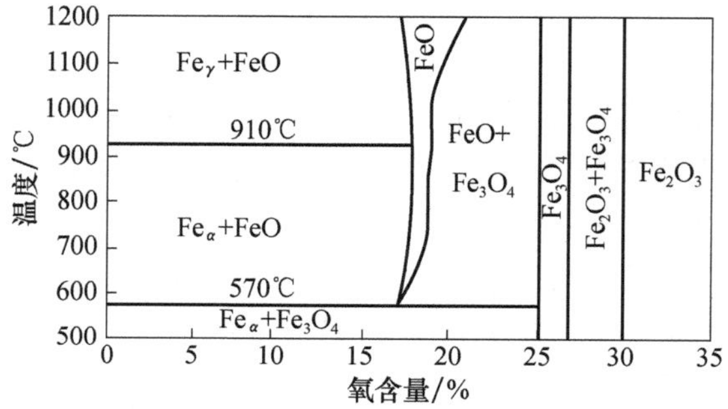

图 8.89　Fe-O 平衡相图[83]

当温度小于 570℃时,Fe 首先与 O 形成 Fe_3O_4。因此,蒸汽处理的温度选择在略低于 570℃。在蒸汽与 Fe 的作用下,发生以下反应:

$$3Fe + 4H_2O \longrightarrow Fe_3O_4 + 4H_2\uparrow \tag{8.6}$$

在连续通蒸汽的情况下,蒸汽的浓度保持大于氢气的浓度,因此它的反应总是向 Fe_3O_4 方向进行的。它首先由蒸汽与热铁接触而分解出活性氧原子,然后活性氧原子与金属铁反应生成 Fe_3O_4 核心,长大后沉积在工件的表面,反应式如下:

$$H_2O \longrightarrow [O] + H_2\uparrow \tag{8.7}$$

$$3Fe + 4[O] \longrightarrow Fe_4O_4 \tag{8.8}$$

蒸汽处理工艺过程包括清洗去油、蒸汽氧化处理、上油等。在处理之前,工件必须进行严格的清洗和脱脂,不然会影响蒸汽处理的质量。蒸汽处理要在温度均匀密封性好的炉内进行。

入炉加盖后,在加热阶段必须加大通气量,快速清除炉内空气。氧化过程中炉内要保持一定的压力(3～4)×10^4Pa,在 540～560℃保温 1～2h,可以获得厚度为 2～4μm 的氧化层。

高速钢刀具经蒸汽处理能提高切削寿命 30%～50%。这种处理工艺操作简单、成本低,适宜于大量生产。目前,蒸汽处理的主要对象是锥柄钻头、直柄钻头等,也适用于成形刀具,如小模数滚刀、小模数铣刀、成形铣刀、仪表刀具等。

2) 渗氮

(1) 气体渗氮。高速钢含有的V、Mo、W、Cr都是强氮化物形成元素，将500～560℃的低温氮化作为刃磨成形后的最终表面硬化处理，可以在保证工具精度的变化不超出要求的范围的条件下，获得高达900～1450HV的表层硬度。

渗氮时应控制氨分解气氛的氮势，以避免生成脆性的ε白亮层和扩散层中出现网状碳化物，选择在560℃(与回火温度一致)，短时间(15～40min)的渗氮工艺，扩散层深度为0.02～0.05mm。普通高速钢刀具经渗氮处理后，其工作寿命可提高一倍以上。

针对气体渗氮时间较长、渗层薄、硬度梯度变化急剧，切削时可能出现脆性表层脱落等问题，自20世纪50年代以来国内外科技工作者提出了许多以渗氮为主的低温化学热处理方法应用于高速钢刀具，其中有盐浴渗氮、液体低温碳氮共渗(液体软氮化)、气体低温碳氮共渗(气体软氮化)等，都具有提高刀具切削性能的效果，先后都得到一定程度的推广和应用[18,57]。有些工艺可以改善渗层质量，加快渗入速率，降低渗层脆性，允许使用较厚的渗层，而被称为"软氮化"，但各种盐浴都加入一些有毒性的氰盐。气体软氮化可以采用氨和吸热或放热气氛的混合气，或采用向通入氨气的炉中滴入乙醇、通入液化石油气(丙烷)，均可形成气体C-N共渗的条件；但上述各法在炉气相反应中，也产生一定数量的氰化物。向密闭井式炉中滴入含N、C的有机化合物液体或溶液，如甲酰胺和三乙醇氨，液滴进入炉温区即迅速分解，产生活性C、N原子。由于反应过程中有HCN形成，炉气的排放必须充分消毒。上述方法都会对环境产生一定的影响，因此不宜继续应用[18,84]。

(2) 离子渗氮。离子渗氮是将工件置于稀薄的氨分解气或N_2-H_2混合气体中，在周围建立一个强的直流电场，阴极为工件，阳极一般为炉壁。在气压为13.3～133Pa、直流电压为500V左右时，可将气体电离，形成等离子体，N^+、H^+、NH_3^+等正离子冲向阴极，在工件表面激发出几个毫米厚的辉光，均匀地包覆在需要做渗氮处理的工件表面。温度460℃以上就可以发生明显的渗入作用，高速钢工件渗氮温度一般为450～500℃。离子轰击作用时的吸收和渗入均在较低温度下进行，这是不形成ε白亮层和渗层硬度较高的主要原因。离子渗氮工件变形小，工件表面光洁度高。

离子渗氮的渗层质量好，高速钢渗件可以通过气体成分、压力、电离电压的调节，稳定地获得无ε白亮层的渗层。W18Cr4V钢经不到1h的处理，硬度900HV以上的渗层的深度已达0.03mm，最高硬度达1200HV，接近氨分解气渗氮的硬度值。离子渗氮的渗剂消耗量少，对环境的污染大大低于其他所有渗氮法。经离子渗氮的高速钢工具，其切削性能都有不同程度的提高，有的可提高数倍。

(3) 氧氮共渗。蒸汽氧化与渗氮或氮碳共渗相结合成为氧氮共渗。20世纪70年代开始进行氧化与渗氮或氮碳共渗相结合试验。试验表明，这种工艺简便，能兼顾性能提高和商品化色泽两方面的要求。

有多种实现氧化、渗氮同时进行的方法，如蒸气与氨气分别通入的混合气共渗、氨水滴注、甲酰胺水溶液滴注等。甲酰胺水溶液滴注法存在HCN污染环境问题，不宜采用。

氧氮共渗后的变质层分为两部分：外层为完整的氧化物层，厚2～3μm；内层为渗氮层。氧氮共渗所形成的渗氮层基本不存在ε白亮层，甚至少有ε相存在。紧贴氧化物层的是氮扩散层。氧化过程的加入减小了最表层的硬度，并使渗氮层内硬度梯度减小，这对刀具的切削性能是有利的。处理时间为60～120min，待工件冷至350℃左右浸油。

这种工艺的参数可控制、质量稳定性好、无污染、有防锈功能、成本较低,经氧氮处理的刀具寿命高于蒸气处理的刀具,所以氧氮共渗工艺迅速地在工具行业得到推广应用,尤其是用于 $\phi3\sim\phi30$mm 的麻花钻、中心钻等大批量生产的刀具。

(4) 离子硫氮共渗。在离子渗氮装置上,向真空室通入的活性气体中除 N 以外再加上 H_2S,一般 $NH_3/H_2S=10/1$,即可在离子渗氮的同时完成表面硫化层的形成。表面生产的 FeS 保护层为六方晶系,具有类似石墨的鳞片状结构,硬度在 100HV 以下,柔韧而具有良好的润滑性,因而 FeS 层可以起抗咬合、降低摩擦系数的减磨作用。硫在 α-Fe 中溶解度极小,不会在 FeS 层下形成含硫的扩散层。离子硫氮共渗的速率远高于气体和液体硫氮共渗,不存在气体和液体硫氮共渗工艺引起的环境污染问题。离子硫氮共渗在 550℃温度下,15～30mim,渗层厚度为 0.051～0.067mm。

3) 渗碳

在较早的文献中已指出,用高速钢制作的一些工具对耐磨性要求很高时,对其进行渗碳是有益的,但对于钻头、铰刀之类的切削刀具不推荐采用渗碳,因为提高其表面碳含量会使刃部变脆。渗碳可以在 980～1095℃进行。淬火前在温度为 1065℃时保持 10～30min 即可。渗碳后将工件从渗碳介质中取出进行淬火[1]。

T1 钢经 930℃×8h 渗碳后,表层碳含量达到 2.6%,高于 1.0%的渗层为 0.75mm 左右。高速钢中含有大量碳化物形成元素,在渗碳过程中,碳不仅以固溶于奥氏体中的形式存在,也可以同时析出碳化物,碳化物为颗粒状,渗碳层碳化物总量(体积分数)有时可以达到 50%以上。

高速钢渗碳时,应考虑渗碳层与心部的淬火、回火与二次硬化特性的不同。如加热到心部合适的温度淬火,则对经过渗碳的表面将发生过热、过烧。反之,如以发挥渗碳层正常淬火的二次硬化性能为目的,则心部将处于淬火欠热状态。为缓和这一矛盾,高速钢的渗碳一般分为两个阶段:渗入与扩散。在扩散阶段,炉气碳势保持在较低水平,但温度可稍提高一些,可选在正常淬火温度的下限附近,如 W6M5Cr4V2 钢可选 1150～1180℃,经过扩散后直接淬火。这样处理后,可以获得高硬度、高耐磨的表层和具有一定红硬性、良好韧性的心部,使某些刀具和模具可得到内、外性能的较好配合。

真空渗碳炉的使用为高速钢的渗碳提供了便利。M2 钢的碳含量比平衡碳量低 0.25%～0.30%,如通过真空渗碳使其碳含量达到平衡碳量,有可能将其热处理的表面硬度和红硬性提高到超硬高速钢的水平,而心部仍有比较好的力学性能。真空渗碳法能精确控制表面碳含量,完全避免了内氧化。曾对 M2 钢制的齿轮滚刀进行真空渗碳处理,加热至 1040℃,通入丙酮裂解气进行渗碳,时间为 6min,将炉内渗碳气氛抽去,在 1040℃保持 24min 进行扩散,在 8min 内将炉温升至 1200℃,保持几分钟后淬油,在 580℃进行 3 次回火。表面碳含量为 1.17%,硬度达到 69HRC,这个高硬度的外层深度在 0.5mm 以上,心部保持在 63～64HRC。M2 钢真空渗碳滚刀的使用寿命与 M42 钢滚刀相当[85]。

为了解决铸锻高速钢中碳化物的不均匀性,我国学者提出了开发渗碳高合金工具钢的设想:通过降低传统高速钢中的碳含量以减少或消除莱氏体,在工模具成形后进行渗碳以提高表面碳含量[86],并据此开发出了一些少无莱氏体高合金工具钢,部分这类钢的化学成分见表 8.48。

表 8.48 一些少无莱氏体高合金工具钢的化学成分[86]

钢号	化学成分/%									淬火温度/℃
	C	Si	Mn	W	Mo	Cr	V	Co	Nb	
DM2	0.55～0.75	≤0.4	≤0.4	6	5	4	2	—	—	1220
DM2Si	0.55～0.75	1	≤0.4	6	5	4	2	—	—	1220
DM9	0.55～0.75	≤0.4	≤0.4	9	3	4	1	—	—	1240
DW18	0.55～0.75	≤0.4	≤0.4	18	—	4	1	—	—	1260
DW42	0.65～0.90	≤0.4	≤0.4	1.5	9.5	3.75	1.5	8	—	1180
D2-3-4-6	1.2～1.6	≤0.4	≤0.4	2	3	4	6	—	—	1220
DCr10	0.5～0.8	≤0.6	≤0.66	—	1	10	1	—	0.2	1030
DV4	0.9～1.3	0.85	≤0.4	—	1.5	8	4	—	0.2	1020

注：D代表低碳。DCr10、DV4为高合金冷作模具钢，其余为高速钢。

这类钢的特点是：①减少或消除了钢中的莱氏体，显著改善了钢中的碳化物偏析和热加工性能，提高了钢的成材率。②渗碳层中没有粗大的碳化物，原有的少量较粗大的碳化物在渗碳过程中发生溶解，通过形核长大的新碳化物分布均匀、颗粒细小、韧性良好。③由于高速钢渗碳层没有粗大的碳化物，允许提高渗层碳含量，达到甚至略高于平衡碳量，使其淬火-回火后的硬度达到超硬高速钢的水平。④钢的心部碳含量低、韧性好，可根据工具对心部硬度的要求确定其碳含量[86]。

这类钢中含有较多易产生内氧化的元素，渗碳时不宜采用气体渗碳，应采用固体渗碳或真空渗碳。渗碳后面层的碳含量偏高，碳梯度太大，应通过扩散退火（固体渗碳时）或渗碳后增加扩散阶段（真空渗碳时），可以增加渗层厚度，减缓碳梯度的变化。渗碳温度范围较宽，一般在930℃渗碳也可以得到满意的结果。在渗碳过程中，发生碳化物转变，原有的少量含碳低的较粗大的碳化物将溶解，含碳高的碳化物将通过形核长大而重新形成。因此，渗碳层碳化物较原始碳化物还细[86]。

对碳含量为1.11%的D2-3-4-6钢的试样进行930℃固体渗碳和气体渗碳，其总渗层深度为1.20mm，硬度大于66HRC的硬化层深度分别为0.75mm和0.70mm。在1200℃淬火时，渗层最大碳化物尺寸在6.5μm以下，渗层碳化物较心部为细。在1160～1220℃淬火，经560℃×1h×5次回火后，所有硬度均在70HRC以上，如再经600℃×1h×4次回火，淬火温度为1200℃和1220℃时的红硬性在67HRC以上。这种钢的钒含量高，较为难磨，但由于VC细小，可磨削性得到改善[87]。

用一些少无莱氏体高速钢制作车刀、镗刀、铰刀、丝锥等刀具代替原用M2钢，刀具寿命有成倍提高[86]。

4）气相沉积

采用化学气相沉积（CVD）法或物理气相沉积（PVD）法在工具表面上镀上TiC或TiN等硬质材料膜，可以显著地提高其耐磨性和使用寿命，是当前广泛应用的表面强化方法。表8.49为硬质涂层材料的物理性能。

表 8.49 硬质涂层材料的物理特性[88]

种类	硬度 HV	熔点/℃	密度/(g/cm^3)	膨胀系数/$℃^{-1}$	适宜涂层厚度/μm
TiC	3300～4000	3160	4.92	7.8×10^{-6}	3～8
(CrFe)C	1900～2200	1780	6.68	10.3×10^{-6}	7～12
TiN	1900～2400	2950	5.43	8.3×10^{-6}	5～8
TiCN	2600～3200	3055	5.81	8.1×10^{-6}	4～8
Al_2O_3	2200～2600	2040	3.98	7.7×10^{-6}	2～3

(1) 化学气相沉积法。CVD 法沉积 TiC 技术开发于 20 世纪 50 年代,1965 年成功用于硬质合金刀具后,迅速发展成为此类刀具最重要的表面强化技术。这种工艺投资不大,设备不复杂。

CVD 法的主要化学反应式如表 8.50 所示。各种涂层材料相比,TiC 硬度最高,TiN 的耐蚀性、Al_2O_3 的抗氧化性及(CrFe)C 的耐热性相对较好。CVD 法主要工艺参数为工件的加热温度,气体的温度、种类、浓度、混合比及气体流量等。CVD 反应温度一般为 900～1500K,低于高速钢常规淬火温度,但又高于其常规回火温度。因此,CVD 工艺应用于高速钢远少于硬质合金[18]。

表 8.50 CVD 法的主要化学反应式[89]

生成化合物	化学反应式
TiC	$TiCl_4+CH_4 \longrightarrow TiC+4HCl$
(CrFe)C	$CrCl_2+H_2+(Fe\text{-}C) \longrightarrow (CrFe)C+2HCl$
TiN	$2TiCl_4+N_2+H_2 \longrightarrow 2TiN+8HCl$
TiCN	$2TiCl_4+N_2+3H_2+CH_4 \longrightarrow 2TiCN+8HCl+H_2$
Al_2O_3	$2AlCl_3+3CO_2+3H_2 \longrightarrow Al_2O_3+3CO+6HCl$

(2) 物理气相沉积法[18,40,84]。物理气相沉积技术兴起于 20 世纪 60 年代,到 90 年代已发展成为制造业中最重要的表面装饰、防腐、耐磨、抗咬合及硬化的涂层技术。该工艺的处理温度低于高速钢的回火温度,不影响刀具的强度,几乎不产生畸变,非常适合于高速钢刀具,主要有辉光放电离子镀、弧光放电离子镀、阴极溅射沉积法等,镀层材料多选用 TiC 及 TiN 两种。

辉光放电离子镀的原理如下(以镀 TiN 为例):采用电子枪发射的电子束将固体源材(金属 Ti)蒸发成单原子态,在低压放电等离子体中发生化学反应,生成物沉积在工件表面。整个装置分为上、下两室,上室抽真空后通入压力约 1.33Pa 的 Ar 和参与反应的 N_2,工件为阴极,它与炉壁间施以 1～5kV 负高压时,Ar 和 N_2 均被电离,Ar^+ 和 N^+ 撞向工件,在工件表面产生辉光。工件的温升可以控制。下室的真空度保持在 0.0133Pa,下室中的电子枪发射的电子束由磁场导向进入上室聚焦于置于坩埚中的金属源材 Ti 锭,将表面微小区域的 Ti 原子蒸发。Ti 原子进入等离子体中,受到 Ar^+、N^+ 和电子的撞击,发生电离。Ti^+ 在电场中向阴极(工件)迁移,和 N^+ 一样都达到工件表面,发生反应形成 TiN,其沉积速率较快。采取一种称为活性反应蒸镀(ARE)法可以加速 TiN 的沉积速率。ARE 法是在蒸发源上方适当位置放置一个带正电压的活化电极,加速电子的运动,促使离子化率增加。

改变靶材和反应气体的成分,可获得不同的镀层,如欲镀 TiC,则反应气体为 C_2H_2;

如欲镀 Al_2O_3，则靶材为 Al，反应气体为 O_2。

高速钢工具辉光放电离子镀时，加热温度为 400～500℃。使用 ARE 法，在大批装炉、旋转涂镀的条件下，15min 的辉光放电离子镀，TiN 层可达 10μm 左右。

弧光放电离子镀(热弧)改变源材内的蒸发方法，不使用电子束轰击，只有一个工作室，将处于等离子体中的蒸发源材置于真空室底部，与顶部的热灯丝(阴极)之间构成正-负极，热电子在向蒸发源表面的高速运动中引发低压弧光放电，使置于坩埚中的源材熔化，大量蒸发，提高了蒸发源材的蒸发速率和蒸发总量，加快大批量工件的镀层增长速率。上述方法称为热阴极等离子弧源离子镀(单弧)。

多弧(冷弧)离子镀是将源极设为阴极，炉体设为阳极，控制弧光放电时的电压和气压，并采用适当的引弧方法，可以在源极表面获得闪烁的弧斑，每次闪光点在闪光时激发大量单原子金属，源极却不被加热至熔化，保持"冷"态，故称为冷弧。冷阴极电弧靶可在真空室内放置多个，可以放在任何位置，故又称为"多弧"。这样可以在整个真空室内获得大量的、均匀的单原子金属，对离子镀过程的速率和均匀性皆极为有利。

目前高速钢 PVD 涂层仍以离子镀 TiN 为主，镀层厚度 2～6μm，呈均匀的金黄色。镀层过薄或过厚皆影响色泽效果，且对刀具的寿命不利。表面粗糙度与镀前的原工件相同。色泽与粗糙度方面的优势是商品刀具选 TiN 而不用 TiC 镀层的主要原因，虽然后者的硬度和抗咬合性比前者好。PVD 涂层的界面与一般电镀或真空蒸镀不同，其结合牢固性显著高于后两者，这与在开始沉积之前工件表面接受 Ar 和 N 离子轰击有关。轰击不但形成洁净和活性表面，而且在基材表面微区内形成一个空位缺陷密集的地带。在沉积过程开始时，Ti 和 N 离子皆可打进这一微薄地带，形成一个离子镀层特有的微薄过渡区，因此这种镀层方法又被称为"离子渗镀"。

TiN 离子镀层内，晶粒组织细小、质地致密，硬度达 2500～3000HV，耐磨性很高，在一般情况下可使高速钢刀具的切削寿命提高 1～5 倍，切削效率提高约 30%。PVD TiN 涂层特别适合于齿轮滚刀和插齿刀等精密复杂刀具，这些刀具在重磨之后，还可以再进行 PVD 镀层处理，仍能保持原来的良好性能。TiN 涂层对各种高速钢都很有效，相比之下低合金高速钢工具在涂层之后切削性能的提高幅度更大一些。

除了 TiN 涂层之外，TiCN、TiAlN 等涂层也都已投入使用。涂层技术发展迅速，新的涂层技术不断问世。

8.4 冷作模具钢

冷作模具钢是指使金属在冷状态下变形的模具用钢，包括制造冲裁用的模具(落料冲孔模、修边模、冲头、剪刀)、冷挤压用模，以及压弯模、拉伸模、螺纹滚模、拉丝模等。冷轧辊用钢也可以看做是一种特殊的冷作模具钢。在机械制造、冶金、电机电器制造及无线电、电工仪表等行业中的零件制造中，冷作模具占有很重要的地位，使用极广泛。

8.4.1 冷作模具钢对性能的要求

冷作模具钢在工作时，由于被加工材料的变形抗力比较大，模具的工作部分，特别是刃口受到强烈的摩擦和挤压，因此模具应有高的硬度、强度和耐磨性。另外，模具在工作过程中受到冲击力的作用,故要求模具有较好的韧性。

试验表明,高的硬度是保持高的耐磨性的必要条件;此外,硬度与抗压屈服极限 $\sigma_{0.2}$ 之间有直线关系(图 8.90)。测定抗压屈服极限通常使用直径 10mm,长度 15mm 的试样。残余奥氏体增加,尤其超过 5%以上时会显著降低抗压屈服极限。淬火应力的存在也降低抗压屈服极限。这对于为了保持冷作模具工作部分的尺寸精确,要求在受到高负荷的条件下不致发生微小的塑性变形的模具很重要,尤其是对于冷挤压冲头(凸模)更加重要。有时由于工艺或使用条件的要求,需要在较高的温度下保持较高的硬度,这时就需要有热稳定性。

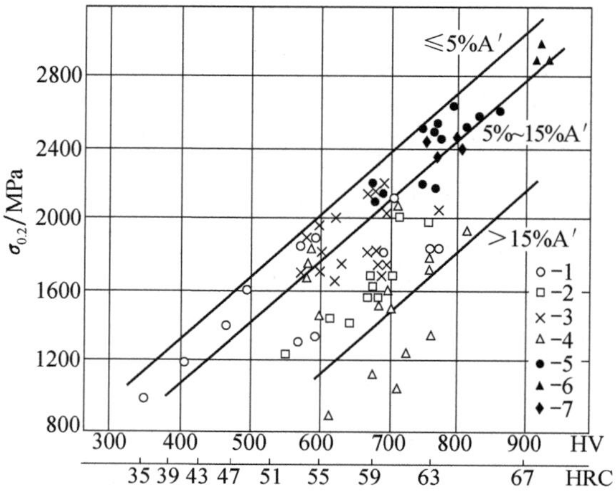

图 8.90 硬度和残余奥氏体 A′含量对压缩屈服强度的影响[2]

1—5CrNiMo;2—7CrMn2WMo;3—Cr6WV;4—Cr12V;5—W18Cr4V;

6—W18Mo3Co6Si;7—W14Mo7Co23

一些冷作模具还要求有高的强度和满意的韧性,这对于防止由于冲击、重载荷、偏心弯曲载荷、应力集中引起的破裂和折断是十分重要的。影响强度的因素很多,主要是钢中碳和合金元素的含量及其分布、晶粒的大小、碳化物的颗粒大小及分布的均匀性,以及内应力的存在。晶粒的长大和由于过高的碳含量和碳化物生成元素而引起的碳化物不均匀分布会严重降低模具钢的断裂强度。为了得到高的强度,必须正确地进行热压力加工和热处理工艺。由于冷作模具钢碳含量较高,脆性较大,测定其强度和塑性可采用抗弯或扭转强度试验。

对韧性的要求应根据工作条件来考虑。工作时受冲击负荷较大(冷镦模、剪刀),易受偏心弯曲载荷(细长冲头)或有应力集中时需要较高的韧性。冷作模具钢的冲击韧性一般采用无缺口的标准冲击试样来测定。为了提高韧性可以采取以下措施:①控制碳含量。②淬透性适当时,可以使工作表面在得到所需厚度的淬硬层的同时,其余未淬硬部分保持较好的韧性。③适当降低淬火温度可以得到极细的晶粒,但硬度会有些降低,还要注意回火应避免在不可逆回火脆性的温度范围内进行。④对某些模具还可以采用低碳钢渗碳的方法。应当指出,不可逆回火脆性区是通过扭转冲击试验测出的,实际模具中大都承受弯曲和拉、压载荷,回火时一般不受表 8.51 所示温度范围的限制。

表 8.51　几种常用冷模具钢的回火脆性区

牌号	9Mn2V	GCr15	9SiCr	CrMn	C12MoV	非合金工具钢
不可逆回火脆性区/℃	190～230	200～240	210～250	250～300	290～330	200～300

影响耐磨性的因素很复杂，对于一定条件下工作的冷作模具钢来说，为了得到高的耐磨性，需要在硬度高的基体上均匀分布大量细小坚硬的碳化物。采用表面强化的方法可以显著提高模具的耐磨性，延长其使用寿命。利用磨损试验机可以测出不同钢种、不同工艺处理后的相对耐磨性能，也可以用模具实物进行比较。

从制造工艺的角度出发，还要求模具材料具有良好的冷加工性能(如切削容易、光洁度高等)和热加工性能(如锻造性能好、淬透性适宜、热处理变形小等)。

模具的工作寿命与磨损情况还与模具设计和操作等因素有关。忽视这一点，即使选用优质的材料制作模具，钢材的性能也不能得到充分的发挥。

我国合金工具钢标准 GB/T 1299—2014 中列入的冷作模具钢如表 8.52 所示，其交货状态硬度值和试样淬火状态硬度值见表 8.53。

表 8.52　冷作模具钢的化学成分(GB/T 1299—2014)　　(单位：%)

牌号	C	Si	Mn	Cr	W	Mo	V	其他
9Mn2V	0.85～0.95	≤0.40	1.70～2.00	—	—	—	0.10～0.25	—
9CrWMn	0.85～0.95	≤0.40	0.90～1.20	0.50～0.80	0.50～0.80	—	—	—
CrWMn	0.90～1.05	≤0.40	0.80～1.10	0.90～1.20	1.20～1.60	—	—	—
MnCrWV*	0.90～1.05	0.10～0.40	1.05～1.35	0.50～0.70	0.50～0.70	—	0.05～0.15	—
7CrMn2Mo*	0.65～0.75	0.10～0.50	1.80～2.50	0.90～1.20	—	0.90～1.40	—	—
5Cr8MoVSi*	0.48～0.53	0.75～1.05	0.35～0.50	8.00～9.00	—	1.25～1.70	0.30～0.55	—
7CrSiMnMoV	0.65～0.75	0.85～1.15	0.65～1.05	0.90～1.20	—	0.20～0.50	0.15～0.30	—
Cr8Mo2SiV*	0.95～1.03	0.80～1.20	0.20～0.50	7.80～8.30	—	2.00～2.80	0.25～0.40	
Cr4W2MoV	1.12～1.25	0.40～0.70	≤0.40	3.50～4.00	1.90～2.60	0.80～1.20	0.80～1.10	—
6Cr4W3Mo2VNb	0.60～0.70	≤0.40	≤0.40	3.80～4.40	2.50～3.50	1.80～2.50	0.80～1.20	0.20～0.35Nb
6W6Mo5Cr4V	0.55～0.65	≤0.40	≤0.60	3.70～4.30	6.00～7.00	4.50～5.50	0.70～1.10	—

续表

牌号	C	Si	Mn	Cr	W	Mo	V	其他
W6Mo5Cr4V2*	0.80～0.90	0.15～0.40	0.20～0.45	3.80～4.40	5.50～6.75	4.50～5.50	1.75～2.20	—
Cr8*	1.60～1.90	0.20～0.60	0.20～0.60	7.50～8.50	—	—	—	—
Cr12	2.00～2.30	≤0.40	≤0.40	11.50～13.00	—	—	—	—
Cr12W*	2.00～2.30	0.10～0.40	0.30～0.60	11.00～13.00	0.60～0.80	—	—	—
7Cr7Mo2V2Si*	0.68～0.78	0.70～1.20	≤0.40	6.50～7.50	—	1.90～2.30	1.80～2.20	—
Cr5Mo1V	0.95～1.05	≤0.50	≤1.00	4.75～5.50	—	0.90～1.40	0.15～0.50	—
C12MoV	1.45～1.70	≤0.40	≤0.40	11.00～12.50	—	0.40～0.60	0.15～0.30	—
Cr12Mo1V1	1.40～1.60	≤0.60	≤0.60	11.00～13.00	—	0.70～1.20	0.5～1.10	≤1.00Co

注:带*符号的为新增加的牌号,共8个。各牌号的残余元素Cu、Cr、Ni含量均不大于0.25%。5Cr8MoVSi钢中的P含量不大于0.030%、S含量不大于0.015%,其余各钢冶炼方法为电弧炉时P含量不大于0.030%、S含量不大于0.030%。冶炼方法为电弧炉+真空脱气时P含量不大于0.030%、S含量不大于0.020%。冶炼方法为电弧炉+电渣重熔或真空电弧重熔时P含量不大于0.025%、S含量不大于0.010%。

表8.53 冷作模具钢交货状态硬度值和试样淬火状态硬度值(GB/T 1299—2014)

牌号	交货状态硬度 HBW10/3000	试样淬火		
		淬火温度/℃	冷却剂	硬度 HRC
9Mn2V	≤229	780～810	油	≥62
9CrWMn	197～241	800～830	油	≥62
CrWMn	207～255	800～830	油	≥62
MnCrWV*	≤255	790～820	油	≥62
7CrMn2Mo*	≤235	820～870	空气	≥61
5Cr8MoVSi*	≤229	1000～1050	油	≥59
7CrSiMnMoV	≤235	淬火:870～900 回火:150±10	油冷或空冷 空冷	≥60
Cr8Mo2SiV*	≤255	1020～1040	油或空气	≥62
Cr4W2MoV	≤269	960～980或1020～1040	油	≥60
6Cr4W3Mo2VNb	≤255	1100～1160	油	≥60
6W6Mo5Cr42V	≤269	1180～1200	油	≥60

续表

牌号	交货状态硬度 HBW10/3000	试样淬火		
		淬火温度/℃	冷却剂	硬度 HRC
W6Mo5Cr4V2*	≤255	720～840℃预热，1210～1230℃加热（盐浴加热保温 5min，控制气氛加热保温 5～15min）油冷，540～560℃回火两次（盐浴或控制气氛），每次 2h		≥64（盐浴） ≥63（炉控气氛）
Cr8*	≤255	920～980	油	≥63
Cr12	217～269	950～1000	油	≥60
Cr12W*	≤255	950～980	油	≥60
7Cr7Mo2V2Si*	≤255	1100～1150	油或空气	≥60
Cr5Mo1V	≤255	(790±15)℃预热，(940±6)℃加热（盐浴加热保温 5min）或(950±6)℃加热（炉控气氛加热保温 5～15min）油冷，(200±6)℃回火一次，2h		≥60
C12MoV	207～255	950～1000	油	≥58
Cr12Mo1V1	≤255	(820±15)℃预热，(1000±6)℃加热（盐浴加热保温 10min）或(1010±6)℃加热（炉控气氛加热保温 10～20min）空冷，(200±6)℃回火一次，2h		≥59

注：带 * 符号的为新增加的牌号，共 8 个。保温时间指试样达到加热温度后保持的时间。

GB/T 1299—2014 中列入的一些非合金工具钢和量具刃具用钢和 GB/T 9943—2008 中的一些高速钢也可用于制作冷作模具。

冷作模具使用的钢材可以分为以下几类：①非合金工具钢；②低合金工具钢；③高铬及中铬工具钢；④含锰较高的空冷微变形钢；⑤高速钢；⑥基体钢；⑦钢结硬质合金。近年，粉末冶金工具钢和喷射成形工具钢逐渐得到应用。

8.4.2 非合金工具钢

用做冷作模具的非合金工具钢主要有 T7A、T10A、T11A 几种，其中又以 T10A 钢应用得最为普遍。

冷作模具较少采用 T8 钢，主要有两方面的原因：一是 T8 钢淬火加热过热敏感性大，甚至在加热温度比较低（780～790℃）的条件下，T8 钢的晶粒也容易长大，韧性较差；二是 T8 钢淬火后组织中没有过剩的碳化物，因而耐磨性差。

过共析钢 T10A 和 T11A 在加热时能获得比较小的晶粒，淬火时过热敏感性小，经适当热处理可得到较高的强度和一定的韧性。另外，T10A、T11A 钢在淬火后组织中还保留一些剩余的碳化物（二次渗碳体），提高了模具的耐磨性，这就是 T10A 钢应用比较普遍的原因。

碳含量超过 1.1%的过共析钢 T12A，过剩的碳化物很多，并且颗粒也会增大，碳化物在组织中的分布也不均匀，容易形成网状或断续网状，使钢的力学性能变坏。但是，对于韧性要求不高，只要求高硬度和耐磨性的切边模和剪刀，T12A 钢还是可以采用的。

亚共析钢 T7、T7A 的耐磨性不及 T10A 钢，但 T7、T7A 钢有较好的韧性，所以在制作要求较高韧性的模具时,可采用 T7 或 T7A 钢。

非合金工具钢的最大缺点是淬透性差,制作模具的淬硬层只有 1.5～5mm,模具热处理时变形大、耐磨性差、寿命低,不适于制作大中型和复杂的模具。但是,非合金工具钢生产成本较低,原材料容易得到,易于冷热加工,在热处理后仍有相当高的硬度。所以,对于形状简单、尺寸小、受轻负荷的模具,如小冲头、剪刀、冷冲模等仍广泛采用非合金工具钢制造。特别需要指出的是,非合金工具钢最适于做冷镦模。根据冷镦模的工件条件,模具材料除了应具备足够的强度,其工作表面和型腔要有足够的硬度和硬化层外,还需要有足够的韧性,故这类模具热处理后要求内孔有一定的淬硬层而外部不能淬硬,从而保持有较高的韧性。如果淬透层过深,会因工作上承受大的冲击而迅速开裂。但尺寸较大、负荷较重的冷镦模也会因淬透层薄的基体太软而压陷。

非合金工具钢制冷作模具如采用水(或盐水)淬火会引起较大的变形。碱浴分级淬火是解决非合金工具钢冷作模具热处理变形的有效措施,基本上消除了开裂现象,并大大减少了热处理变形。采用 160～180℃碱浴分级淬火,虽然可以获得很高的表面硬度(56～62HRC),但淬硬层仍较薄,所以非合金工具钢的碱浴分级淬火特别适合于不需要磨刃的成形模具,或只要求表面硬度、中心有一定强度、高韧性的塑料压模、冷镦模等,或小型的刃口模具(如冲头、落料模等)。

当要求有较深的淬透层时,为了弥补碳素钢淬透性不足的弱点,一般将淬火温度提高 20～40℃,适当加长保温时间。另一种办法是先在 150～170℃碱浴中分级淬火,再在 200～220℃硝盐中等温停留一段时间,或先用盐水冷却一段时间再提出,于硝盐中等温,目的都是为了增加淬透层深度。

8.4.3 低合金工具钢

尺寸较大、负荷较重的模具可采用淬透性比较高的低合金工具钢制造。尺寸不很大,但形状复杂的冷冲模为减少变形也使用低合金工具钢制造,这些钢一般在油中淬火。GB/T 1299—2014 中列入的可制作冷模具的钢有 9SiCr、Cr2、CrWMn、9CrWMn、MnCrWV、9Mn2V、7CrSiMnMoV,其化学成分分别列入表 8.10 和表 8.52。

GB/T 1299—2014 规定:退火状态交货的 9SiCr、Cr2、CrWMn、9CrWMn 钢需检查珠光体组织和网状组织。珠光体按该标准的图 A.3 评定,合格级别为 1～5 级。网状组织按该标准图 A.5 评定,截面尺寸不大于 60mm 的钢材,合格级别不大于 3 级。热压力加工用钢不检查珠光体组织和网状碳化物。

9SiCr 和 Cr2(相当于 GCr15)钢具有高的碳含量和含有提高淬透性、淬硬性并细化晶粒的合金元素,能够通过适当的热处理基本满足冷作模具钢的性能要求,适用于制造形状复杂、要求变形小的中小型冷冲模。9SiCr 钢的碳化物分布均匀、热处理变形又小,适用于做螺纹滚压模具。9SiCr 钢中含硅较高,回火稳定性较高,在 250℃回火时,硬度不低于 60HRC,但含硅高却带来了退火后硬度较高和加热过程中易脱碳等缺点。

CrWMn 钢同时含有铬和锰,因此具有高的淬透性,但其淬透性随炉次不同会有比较大的差异。图 8.91 为具有较低淬透性的 CrWMn 钢的过冷奥氏体等温转变曲线,而具有较高淬透性的 CrWMn 钢的过冷奥氏体等温转变曲线中的贝氏体转变最短孕育期达 100s[2,17]。

CrWMn 钢淬火后保留较多的残余奥氏体，淬火后变形小，适用于制造淬火时要求变形很小、形状复杂的中小型模具，如冷冲、冷挤压凹模、落料冲孔模等。钢中的钨、铬是碳化物形成元素，在淬火及低温回火状态下钢中含有较多的碳化物（与 9Mn2V、9SiCr 钢相比），因而具有较高的硬度和耐磨性。钨还能细化晶粒，使钢获得较好的韧性并减小过热敏感性。

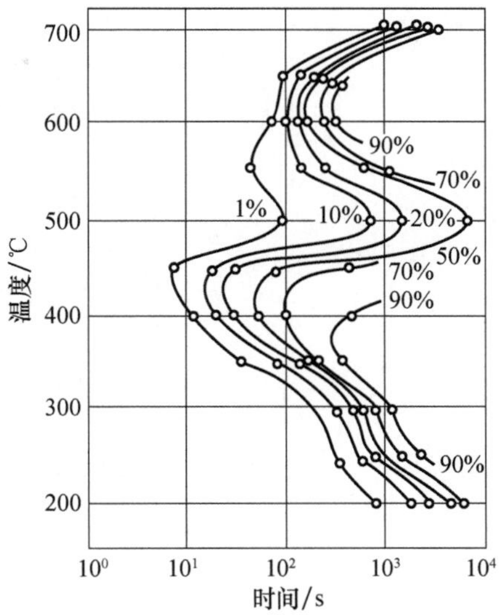

图 8.91　CrWMn 钢的过冷奥氏体等温转变曲线[17]

840℃加热

CrWMn 钢对形成碳化物网比较敏感，这种网状碳化物的存在使钢的韧性变坏，模具的薄弱部分易于崩落，从而降低模具的使用寿命，所以应严格控制热加工工艺。CrWMn 钢的始锻温度为 1100～1140℃，终锻温度为 800～850℃，锻后要空冷到 650～700℃再缓冷，否则易形成网状碳化物。如原材料网状碳化物比较严重，就应进行反复锻造（十字锻造），以破坏网状碳化物，在锻后尽可能快冷至 650～700℃，防止再形成网状碳化物，然后缓冷。如未能完全防止网状碳化物，在球化退火前应先进行一次正火，正火温度为 930～950℃。

CrWMn 钢的退火工艺为：加热温度 760～790℃，等温温度 670～720℃。退火后的硬度为 207～255HBW。CrWMn 钢的淬火工艺见表 8.53。该钢主要用做轻载冲裁模（料厚度小于 2mm）、轻载拉伸模及弯曲翻边模等。

9CrWMn 钢的用途与 CrWMn 钢相似，淬透性要低些，但碳化物分布较均匀，常用做允许变形小的、形状复杂的冷冲模和冷剪金属的长刀片。9CrWMn 钢的退火加热温度为 780～800℃，淬火加热温度为 800～830℃，油中冷却时硬度为 62～64HRC，经 170～230℃回火后硬度为 60～63HRC，经 230～275℃回火后硬度为 56～60HRC。

MnCrWV 钢是国际上广泛采用的高碳低合金油淬钢，GB/T 1299—2014 已将该钢纳入。MnCrWV 钢采用了“少量多元”金金化原则，与 CrWMn 钢比较，其碳化物分布较均匀，生成网状碳化物的倾向比较小。图 8.92 和图 8.93 为淬火温度、回火温度对 MnCrWV 和 CrWMn 钢的硬度和残余奥氏体量的影响。这种钢的淬火温度不高，淬火温度范围为 800～840℃，硬度为 64～65.4HRC，金相组织为细粒状碳化物加细针状马氏体。在 900℃以上淬火，马氏体针有较明显的长大。MnCrWV 钢的回火稳定性比 CrWMn 钢稍低，但在 250℃回火时硬度仍可达到 58～60HRC。

MnCrWV 钢的淬透性也比较高（图 8.94）。MnCrWV 钢的变形倾向很小，在 150～200℃回火时，变形最小，超过 200℃时由于残余奥氏体的分解，变形量有些增加，250℃回火变形量很大，以后逐渐减小。MnCrWV 钢淬火加热时晶粒不易长大，韧性较好。由上述可以看出，MnCrWV 钢含合金元素量少而性能良好，是一种值得推广的低合金冷模具钢。

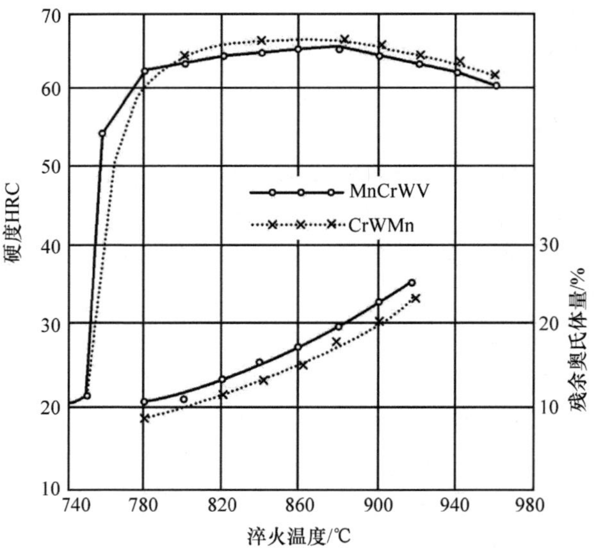

图 8.92　淬火温度对 MnCrWV 和 CrWMn 钢的硬度及残余奥氏体量的影响[90]

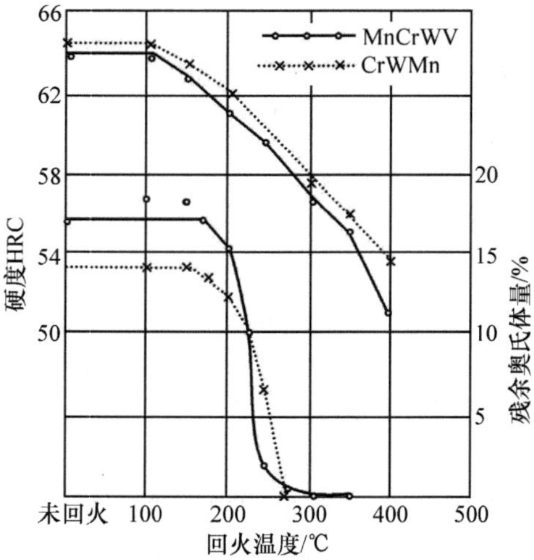

图 8.93　回火温度对 MnCrWV 和 CrWMn 钢的硬度及残余奥氏体量的影响(淬火温度 800℃油淬)[90]

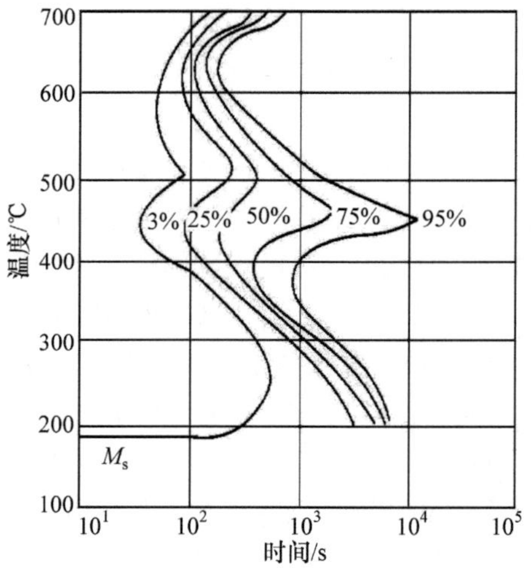

图 8.94　MnCrWV 钢的过冷奥氏体等温转变曲线(830℃加热 5min)[90]

MnCrWV 钢适宜制作钢板冲裁模、剪切刀、落料模、量具和热固性塑料成形模。

9Mn2V 钢具有较好的淬透性,与 CrWMn 和 9SiCr 钢相近,图 8.95 为 9Mn2V 钢的 TTT 曲线。可以看出,锰提高了过冷奥氏体的稳定性,钒的影响表现为 C 曲线出现两个鼻部。

9Mn2V 钢的淬硬性较 CrWMn 钢稍低,锰含量不超过 2%。锰含量过高会使钢的过热敏感性和形成淬火裂纹的倾向增大,并使残余奥氏体增加。钒能显著细化晶粒,减小钢的过热敏感性,从而改善锰在钢中的不良影响。许多工厂使用结果证明,9Mn2V 钢在模具制造上不仅可以代替非合金工具钢的碱浴淬火,并且可以提高模具性能;还可以代替一些含铬低的合金钢，如 GCr15、CrWMn、9SiCr 等制造各类胶木模、冲 4mm 以下薄板冷冲模、踏弯模等。

用 9Mn2V 钢制作的模具，厚度不超过 30mm，采用油淬可以淬透。在实际生产中并不要求模具整体淬硬，所以尺寸还可以放宽到 60mm 左右。对于有效厚度不超过 40mm 的模具，采用 170℃ 硝盐分级淬火，表面硬度仍然可以达到 60HRC。

少量钒能有效地阻止锰钢的过热倾向，因此 9Mn2V 钢在比较宽的一段淬火温度范围（780～840℃）内组织情况都比较理想。高于 840℃ 淬火可能淬裂，同时残余奥氏体量增加，会降低淬火后的硬度。9Mn2V 钢在淬火后有比较多的残余奥氏体，因而变形较小。9Mn2V 钢淬火温度为 800℃ 时强度最高。

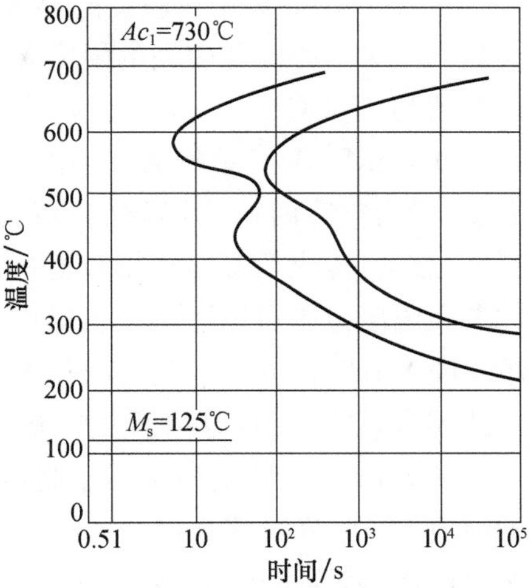

图 8.95　9Mn2V 钢的 TTT 曲线[15]

成分：0.98%C、0.26%Si、1.68%Mn、0.19%V，奥氏体化温度：800℃

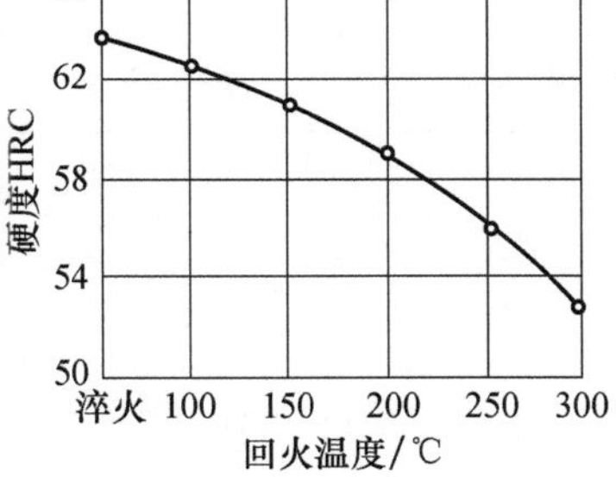

图 8.96　回火温度对 9Mn2V 钢硬度的影响[15]

800℃淬油后

图 8.96 为淬火后回火温度对 9Mn2V 钢硬度的影响，可以看出，9Mn2V 钢的回火稳定性低，要达到一般模具所要求的硬度，回火温度不超过 180℃，回火温度最好采用 160～180℃。9Mn2V 钢在 160～180℃ 温度下回火，钢的强度和韧性较好。200℃ 回火时，力学性能（强度、塑性、韧性）出现最低值，200～300℃ 是该钢的第一类回火脆性区。

耐磨性试验证明，9Mn2V 钢的耐磨性优于 T10A 钢，若以非合金工具钢的抗磨能力为 1，则 9Mn2V 钢为 6.5，CrWMn 钢为 7.9。

7CrSiMnMoV 是一种火焰淬火钢。20 世纪 70 年代后期，国外主要是日本在汽车等生产线上对部分模具采用火焰表面淬火工艺，并研制出一些主要供火焰表面淬火用的冷作模具钢，表 8.54 是国内外开发的一些火焰淬火钢的化学成分。7CrSiMnMoV 钢在我国已有较多的应用。

表 8.54　一些火焰淬火钢的化学成分[91,92]　（单位：%）

钢号	C	Si	Mn	Cr	Mo	V
7CrSiMnMoV(简称 CH-1)	0.65～0.75	0.85～1.15	0.65～1.05	0.90～1.20	0.20～0.50	0.15～0.3
SX105(爱知制钢)	0.70	1.00	0.80	1.00	≤0.50	≤0.30
GO5(大同特殊钢)	0.70	1.00	1.00	2.00	—	0.1
HMD-1(日立金属)	1.00～1.10	0.90～1.10	0.90～1.10	3.00～4.00	0.40～0.70	0.10～0.20
HMD-5(日立金属)	0.65～0.65	0.70～1.20	0.70～1.20	0.90～1.40	≤0.50	≤0.50
ASSAB635(瑞典)	0.60	0.35	0.80	4.50	0.50	0.20

7CrSiMnMoV 钢有较高的淬透性，ϕ80mm 钢材淬油时距表面 30mm 处的硬度还能达到 60HRC，心部与表面的硬度差值为 3HRC。空冷时的硬度略低，其心部与表面硬度的差值为 4HRC。

7CrSiMnMoV 钢作为火焰淬火钢，可用于模具刃口部位，经氧-乙炔火焰加热到淬火温度，然后空冷即达到淬硬的目的，变形小，无须再经其他加工。淬火温度可在 100～150℃波动，淬火后都能获得较好的综合性能和表面硬度，表面硬度在 60HRC 以上。宽的淬火温度范围可以适应人工操作火焰喷嘴引起的温度偏差，淬硬层可达 2～3mm(使用单头喷嘴)或 5～6mm(使用双头喷嘴)。淬火后在淬火层一般形成有益的残余压应力，可不经回火直接使用，但对于大型镶嵌模和大型载荷冲模，仍需进行适当回火处理。

7CrSiMnMoV 钢亦常用于制作整体淬火的模具，其适宜的淬火温度为 900～920℃，油冷或 220℃分级淬火(M_s＝211℃)，淬火组织为细针状马氏体＋部分板条马氏体＋残余奥氏体，残余奥氏体量约为 12%，硬度为 58～62HRC。回火温度为 150～200℃，1～3h，此时具有较高的硬度、强度和韧性。7CrSiMnMoV 钢具有高于 T10A、CrWMn、9Mn2V 钢的强韧性，主要用于要求强韧性较高的落料模、冲孔模、弯曲模、拉伸模等冷作模具，代替上述模具钢，可使模具寿命提高 1～3 倍[91～93]。

表 8.55 列出了国外应用的及我国开发的一些性能较好的低合金冷作模具钢的化学成分。

表 8.55　国内外一些低合金冷作模具钢的化学成分　　(单位：%)

钢号	C	Si	Mn	Cr	Mo	W	V	Ni
O1	0.85～1.00	0.10～0.50	1.00～1.40	0.40～0.60	—	0.40～0.60	≤0.30	—
SKS3[94]	0.90～1.00	≤0.35	0.90～1.20	0.50～1.00	—	0.50～1.00	—	—
ДИ56[95]	0.67～0.74	0.20～0.40	1.40～1.80	1.20～1.50	0.50～0.80	—	0.10～0.20	0.80～1.20
GD[96]	0.64～0.74	0.55～0.85	0.70～1.00	1.00～1.30	0.40～0.60	—	0.10～0.20	0.70～1.00

注：O1 根据 ASTM A681(2004 再确认)[19]。

表 8.55 中的 O1 钢是美国应用最广泛的油淬低合金冷作模具钢，在其他国家的工具钢标准中也有类似的钢号。与 CrWMn 钢比较，O1 钢中的碳化物分布较均匀，生成网状碳化物的倾向较小。O1 钢适宜的淬火温度为 790～815℃，此时绝大部分碳化物已溶解，只存在少量未溶碳化物，残余奥氏体含量为 10%～13%，硬度在 65HRC 左右。适宜的回火温度为 180～230℃，此时的残余奥氏体量为 6%～9%，硬度为 60～62HRC。O1 钢有较好的强韧性，热处理后的变形甚微，因而得到广泛的应用[49]。

SKS3 钢是日本常用的低合冷作模具钢，其成分与 9CrWMn 相近。ДИ56 是苏联研制的一种低合金冷作模具钢，其成分特点是降低了碳含量并加入 1%Ni，因而在提高强度的同时，又具有良好的韧性[95]。

6CrNiMnSiMoV(GD)钢是我国研制的一种高强韧性低合金冷作模具钢。该钢参考ДИ56、SX105 等钢的特点，采取适当降低碳含量，加入少量的 Si、Ni，优化合金元素的配比而设计的。

由于合金元素的综合作用，GD 钢有较高的淬透性和淬硬性，在 840～960℃加热，油淬或空冷后的硬度超过 64HRC，晶粒度在 10～12 级。ϕ60mm×120mm 试棒，经 880℃加热油淬后，整个截面硬度为 64～65HRC，空淬后的硬度在 61HRC 以上。图 8.97 为 GD 钢的过冷奥氏体等温转变曲线。

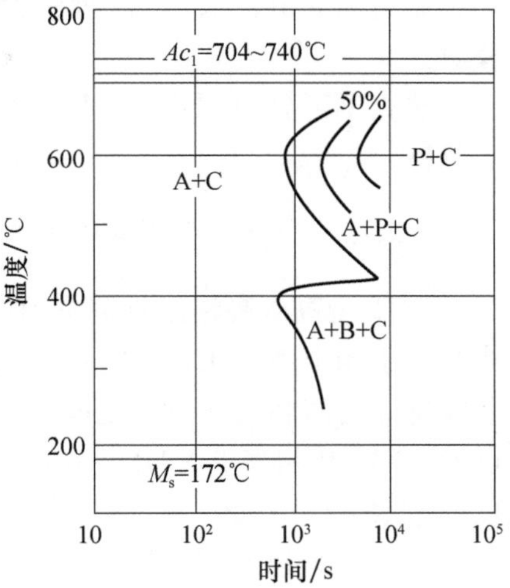

图 8.97　GD 钢过冷奥氏体等温转变曲线[96]

奥氏体化：900℃×10min

GD 钢的热塑性好，锻造温度区间宽，由于淬透性好，锻后应缓冷并及时退火。适宜的退火工艺为(760～780℃)×2h 加热，30℃/h 的速率降温，680℃×6h 保温，炉冷至 550℃出炉，硬度为 230～240HB。

GD 钢的最佳热处理工艺：淬火温度为 870～930℃，油淬或空淬硬度为 64～65HRC，回火工艺为(170～260℃)×2h，其硬度为 58～62HRC，热处理后的变形量小于 CrWMn 钢。GD 钢的淬火温度区间宽，可用火焰加热淬火。

GD 钢经 900℃油淬、200℃回火，其力学性能见表 8.56，并与 CrWMn 钢和 Cr12MoV 钢进行对比。微观分析表明，由于 GD 钢的碳含量为 0.7%，淬火后其马氏体中的 80%(体积分数)为高密度缠结位错的板条马氏体，并在板条间存在残余奥氏体薄膜，低温回火后仍具有 10%左右的稳定的残余奥氏体；奥氏体晶粒细，大量未溶的 VC 对晶粒长大起阻碍作用，因而具有高的强韧性[97]。GD 钢还可以进行下贝氏体等温淬火，可以获得更高的韧性[98]。

表 8.56　GD 钢与 CrWMn 钢和 Cr12MoV 钢力学性能对比[54]

钢号	热处理工艺	硬度 HRC	抗弯强度 σ_{bb}/MPa	挠度 f/mm	抗压屈服强度 σ_{sc}/MPa	C 型缺口冲击韧度 a_k /(J/cm^2)	多冲周次 N	K_{IC} /(MPa · m$^{1/2}$)
GD	900℃加热，油冷淬火，200℃回火	61	4388	3.06	2674	149	8895	25.6
CrWMn	840℃加热，油冷淬火，200℃回火	61	3777	2.90	2668	77	6413	—
Cr12MoV	1020℃加热，油冷淬火，200℃回火	61	2580	2.30	2667	44	4105	24.1

注：C 型缺口试样尺寸为 10mm×10mm×55mm，C 型缺口深 2mm，R=12.7mm。多冲能级 2.15J。K_{IC} 数据取自文献[92]。

GD 钢强韧性高、工艺性能好，用于代替 CrWMn、9SiCr、C12 型等钢制作易崩刃、易断裂的冷冲模、冷挤压模、中厚板冷剪刀等可以显著提高模具寿命。

8.4.4　高铬及中铬工具钢

这类钢具有淬火变形小、淬透性好、耐磨性高等特点，其铬含量在 4%以上，被广泛地用来制造承受负荷大、生产批量大、耐磨性要求高、热处理变形量要求小、形状复杂的模具。

这类钢可分为:①Cr12 型高碳高铬工具钢;②高碳中铬工具钢;③韧性较高的耐磨铬工具钢。

8.4.4.1　Cr12 型高碳高铬工具钢

Cr12 型高碳高铬工具钢是国内外应用最广泛的冷作模具钢。在 GB/T 1299—2014 中列入了四个牌号:Cr12、Cr12W、Cr12MoV 和 Cr12Mo1V1,其化学成分见表 8.52,其交货状态硬度值和试样淬火硬度值见表 8.53。Cr12 相当于国外 D3(美)、SKD1(日)、X12(俄),Cr12W 相当于 X210CrW12(德),Cr12MoV 相当于 X12M(俄),Cr12Mo1V1 相当于 D2(美)、SKD11(日)。

这类钢含铬约 12%,含碳 1.2%～2.3%,钢中存在大量的$(Cr、Fe)_7C_3$,其硬度在 1800HV 以上,较渗碳体和 M_6C 型碳化物高,因此具有高的耐磨性。这类钢按成分属于莱氏体钢。自液态开始结晶时先析出含碳和铬较钢的成分少的奥氏体相,以后剩余的液体在奥氏体晶粒周围生成共晶体,随后冷却时自奥氏体中析出二次碳化物(图 8.98)。

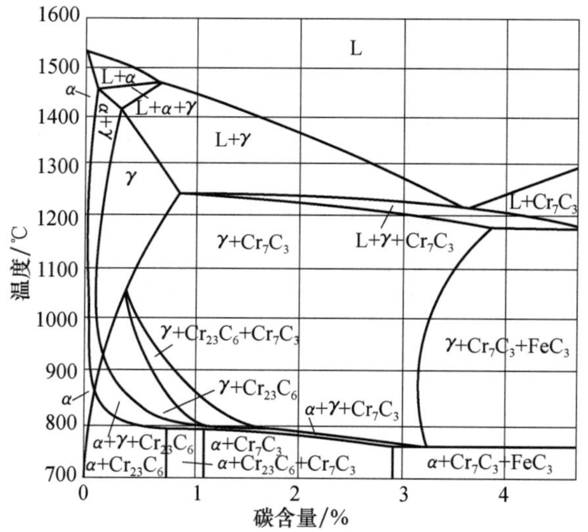

图 8.98　含 13%Cr 的 Fe-Cr-C 三元状态图的垂直截面[99]

热加工将 Cr12 型钢的共晶体破坏,同时使碳化物形成带状沿金属流动方向分布。GB/T 1299—2014 规定退火状态交货的 Cr12 型钢应检查其共晶碳化物不均匀度,并按 GB/T 14979—94《钢的共晶碳化物不均匀度评定法》第四评级图评定。该级别图将碳化物分布的不均匀性分为 8 级,从钢材横向取 10～12mm 厚试样,在圆试样直径上或方试样对角线上 1/4 处,检验纵向的碳化物不均匀度,放大 100 倍。8 个级别中的 6、5、4 三个级别均有两个评级图,分别考虑碳化物主要呈网状形态还是呈条带形态。8 级中碳化物网基本没有变形,有非常严重的碳化物堆积,保留完整的铸态组织。7 级中有粗大完整的网状碳化物,碳化物堆积严重,基本上保留了共晶组织特征,只是为碳化物网所包围的奥氏体晶粒稍有变形。6、5 级中保留有沿延伸方向拉长,但仍连续、封闭的碳化物网,网壁较薄，有少量碳化物堆积，或出现保留部分共晶特征的碳化物带。4级一般为碳化物呈较宽的带状，碳化物颗粒粗大，有明显的交叉和粗大半网出现；或者碳化物呈细网状分布，网细小而壁薄，没有明显的碳化物堆积。3级至1级碳化物带分布逐渐均匀。3级呈较宽带状，带宽约20mm，还留有网状分叉形式。2级呈带状分布，带宽约10mm。1级的碳化物颗粒细小，呈带状均匀分布。图8.99为Cr12型合金工具钢共晶碳化物不均匀性评级图示例。

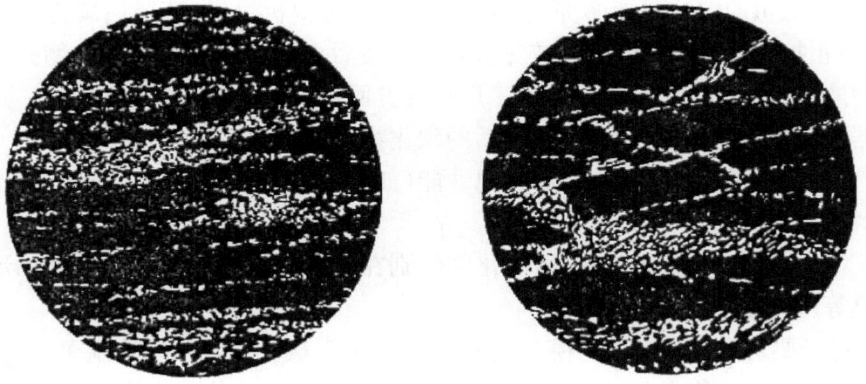

3级　　5级（网状）

图8.99　Cr12型合金工具钢共晶碳化物不均匀度评级图示例
GB/T 14979—94第四评级图

碳化物的不均匀分布降低强度，使强度和变形呈各向异性。碳化物不均匀性很大时，钢的强度横向比纵向低30%～40%，生产厂常常采用特殊的锻造方法来改善碳化物不均匀性。GB/T 1299—2014对Cr12型合金工具钢共晶碳化物不均匀度的合格级别作出规定(表8.57)，在需方要求时，可按1组供货。

表8.57　Cr12型合金工具钢共晶碳化物不均匀度合格级别(GB/T 1299—2014)

钢材直径或边长/mm	共晶碳化物不均匀度合格级别/级≤	
	1组	2组
≤50	3	4
>50～70	4	5
>70～120	5	6
>120～400	6	协议
>400	协议	协议

注：退火状态交货的Cr12、Cr12W、Cr12MoV和Cr12Mo1V1钢，以及Cr8Mo2SiV、6Cr4W3Mo2VNb、6W6Mo5Cr42V、W6Mo5Cr42V2等钢应按GB/T 14979—94标准中第四评级图评定，其合格级别应符合本表中2组规定。根据需方要求，可按1组供应。扁钢的合格级别由供需双方协商确定。

Cr12型高碳高铬工具钢制模具在使用过程中，常会因碳化物分布不均匀而发生崩刃现象，按表8.57的要求提供的锻坯，其碳化物不均匀度常常不能满足使用厂的要求，需通过改锻来改变原材料的碳化物分布状况。

高碳高铬钢，由于碳含量高、熔点较低，锻造温度要低一些。改锻工艺：Cr12钢的始锻温度为1060～1100℃，终锻温度为850～900℃；Cr12W钢的始锻温度为1010～

1050℃，终锻温度为 850～900℃；Cr12MoV、C12Mo1V1 钢的始锻温度为 1080～1120℃，终锻温度为 850～900℃。锻造前的加热温度不能超过始锻温度上限值 30～50℃，并事先在 750～850℃预热[100]。

坯料的长度和直径应满足 $L=(2.5\sim3)d$，在满足上述关系的条件下，尽量选用小规格的钢材。锻造时要求从三个方向上改变工件(毛坯)形状而使每个方向都要进行拉伸镦粗，至于拉伸镦粗的次数可参考原材料的原始碳化物偏析等级，若原始碳化物偏析等级高，要多镦粗拉伸几次(二次、三次或三次以上)，最后成形的锻坯要求碳化物排列方向垂直于工件的工作面(平面)。我国一些工厂在这方面积累了很多经验。

根据不同模具的使用条件，对改锻后的碳化物偏析一般要求如下：

(1) 要求具有高的耐磨性，而对其他性能(如冲击韧性等)及淬火变形要求不高的模具，碳化物偏析控制在 5 级以下。

(2) 对一般形状较简单的冲模，碳化物级别在 4 级以下；对于精密冲模(如形状复杂的冲裁模等)，应在 3 级以下。

(3) 对于要求具有高韧性的模具及细小的凸模等，碳化物偏析应控制在 3 级以下。

(4) 要求具有高负荷、高强度的模具(如冷挤压模具等)，其碳化物偏析应在 2～3 级以下。

经过合理的锻造后，碳化物不均匀度的级别可以得到改善，小型工件最高可以改善 2 级，大型工件可以改善 1 级左右。

共晶碳化物的大小对工模具使用寿命也有很大的影响。机械行业标准 JB/T 7713—2007《高碳高合金钢制冷作模具显微组织检验》中，对高碳高合金钢制冷作模具经淬火-回火后钢中大块共晶碳化物的块度制定了评定方法。试样取自模具上有代表性的部位，也可采用同一熔炼炉号、有效尺寸相同、经相同热加工历史的试样。Cr12 型试样磨制和抛光后用三氯化铁(5g)＋盐酸(15mL)＋乙醇(100mL)浸蚀，放大 500 倍在显微镜下检查。Cr12 型钢大块碳化物级别按颗粒大小、数量分为 5 级，各级别的最大尺寸见表 8.58。大块碳化物均以金相比较法评定，取检测面上碳化物最严重处与碳化物级别图对照评定。最大碳化物尺寸 d 的测量按下式计算：$d=(a+b)/2$，式中，a 为碳化物最大长度(mm)；b 为垂直于最大长度的碳化物最大尺寸(mm)。图 8.100 为 Cr12 型钢大块碳化物级别图示例。通常工模具钢中碳化物级别不得大于 3 级。

表 8.58　Cr12 型钢大块碳化物各级别最大尺寸(JB/T 7713—2007)

级别	1	2	3	4	5
大块碳化物最大尺寸/mm	0.009	0.013	0.017	0.021	0.025

由于这类钢的淬透性好，空冷会淬硬，锻后应缓冷(沙冷或石灰冷)，最好能及时退火。通常采用的退火工艺参数见表 8.59。其组织为细粒状珠光体和碳化物，硬度可保证在 255HB 以下。如果希望进一步降低硬度，可以补充一次高温回火，在 760～790℃保温 2～3h。

对于精密模具，为了消除机械加工应力、稳定尺寸、减小淬火时的变形，在粗加工后进行一次去应力退火，即高温回火。处理方法是在有保护的条件下将工件加热到 600～650℃，保温 2～4h 后空冷或炉冷。

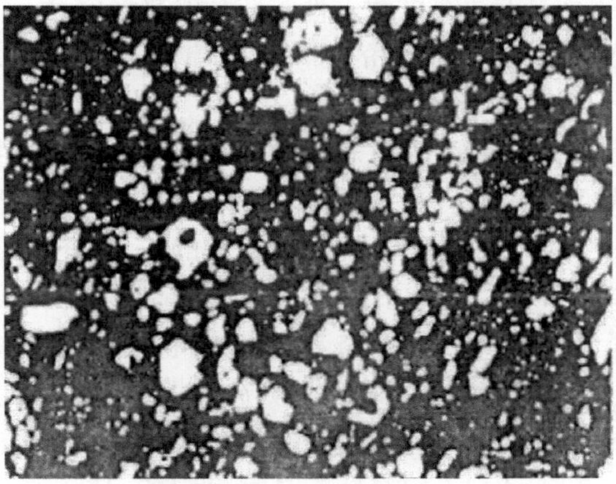

图 8.100　Cr12 型钢大块碳化物级别图示例　500×
JB/T 7713—2007,3 级

表 8.59　高碳高铬冷作模具钢常用退火工艺参数[18,40]

级别	临界点 Ac_1/℃	退火温度/℃	等温退火		退火硬度 HB
			温度/℃	保温时间/h	
Cr12	～810	830～850	720～740	3～4	267～217
Cr12W	～810	800～840	720～740	3～4	≤255
Cr12MoV	～810	850～870	720～740	3～4	255～207
Cr12Mo1V1	～810	850～870	740～760	4～6	≤255

对于十分精密的模具,变形又要求严格的,可以粗加工后进行调质处理,以获得碳化物分布均匀、碳化物颗粒较均一的细粒珠光体,可以减少最终热处理后的体积膨胀量和线尺寸膨胀量 30%～50%,可以减小工模具的淬火变形。一般调质处理硬度以 26～30HRC 为好。图 8.101 为采用的 Cr12MoV 钢的调质工艺。

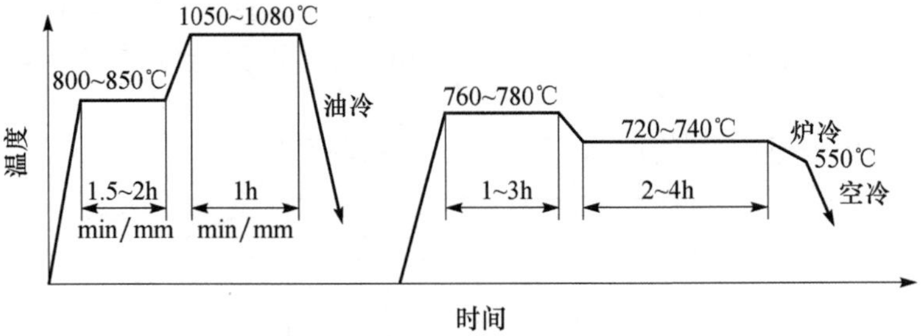

图 8.101　Cr12MoV 钢的调质处理工艺(某厂)

Cr12 型合金工具钢中的铬含量不超过 13%,更高时碳化物不均匀性更大,对提高钢的热稳定性和其他性能没有更多的好处。碳含量不应低于 1.2%,不然硬度及耐磨性都会降低(图 8.102)。

Cr12 钢中含有很高的碳(2%～2.3%),钢中除有 $(Cr,Fe)_7C_3$ 外,还存在渗碳体 $(Fe,Cr)_3C$,碳含量越高,渗碳体越多。这种钢的耐磨性很高,但由于碳化物量多,分布不均匀性大、强度低,只用于做主要要求耐磨的一些冷冲模。

Cr12W 钢因添加钨而具有更高的耐磨性和较高的热稳定性,该钢适宜制作要求较高强度和高耐磨性,且受热在 300～400℃的工模具,如钢板深拉伸模、拉丝模、螺纹搓丝板、冷冲模、剪切刀等。

使用比较广泛的是 Cr12MoV 钢,它较 Cr12 钢碳含量低,碳化物分布比较均匀些,强度高,韧性也较好,而耐磨性也相当高。在高碳高铬钢中加入 Mo、V(不超过 1%)可以阻止加热时晶粒的长大,还可以提高淬透性,而 V 在比较多时可以提高耐磨性。Cr12MoV 钢主要用于制造断面大、形状复杂、经受较大负荷的各种模具及工具,如冷冲模、复杂模具上的镶块、螺纹滚压模具等。Cr12Mo1V1(D2)钢是国外广泛应用的高碳高铬工具钢,我国自 1981 年开始引进生产,并逐步得到推广应用,于 1985 年列入国家标准。Cr12Mo1V1 钢中的碳含量略低于 Cr12MoV 钢,而 Mo、V 含量高于 Cr12MoV 钢,其铸态的莱氏体量略少于 Cr12MoV 钢,莱氏体的形貌也有改善。两种钢在各种热处理状态下的硬度和回火二次硬化形貌基本相同,在相同工艺条件下,Cr12Mo1V1 钢的抗弯强度和塑韧性略高于 Cr12MoV 钢,退火后的硬度也稍高些。生产实践表明,用 Cr12Mo1V1 钢制作的冷冲模、冷挤模等使用寿命较之 Cr12MoV 钢均有不同程度的提高[101]。

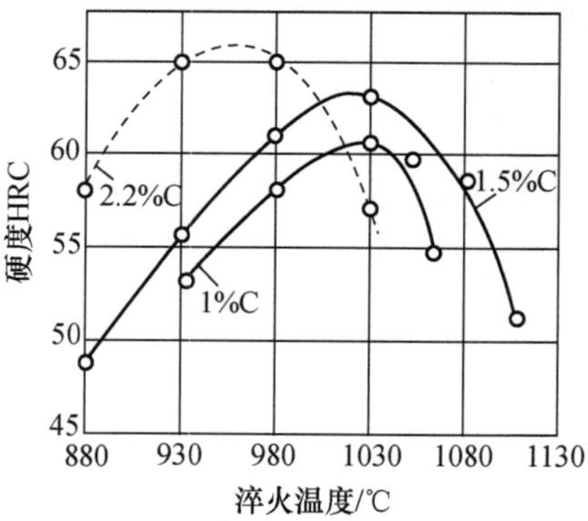

图 8.102　Cr12 型钢的硬度与碳含量和淬火温度的关系[2]

高碳高铬钢的一个重要特点是,淬火加热温度的变化对钢的组织和性能有很大的影响,因为这类钢中的碳化物随加热温度的升高不断迅速溶解,奥氏体中的碳和铬的浓度显著增多,淬火加热至 980～1000℃时,奥氏体中已可以溶入 4%～5%Cr,因而使钢具有高的淬透性,如果钢中加入 Mo 时淬透性更高。Cr12 钢和 Cr12MoV 钢的过冷奥氏体等温转变曲线分别见图 3.56(b)和图 8.103,可见后者的过冷奥氏体有更高的稳定性。Cr12MoV 钢在截面(或直径)不超过 300～400mm 时可以完全淬透,在 70～80mm 时可

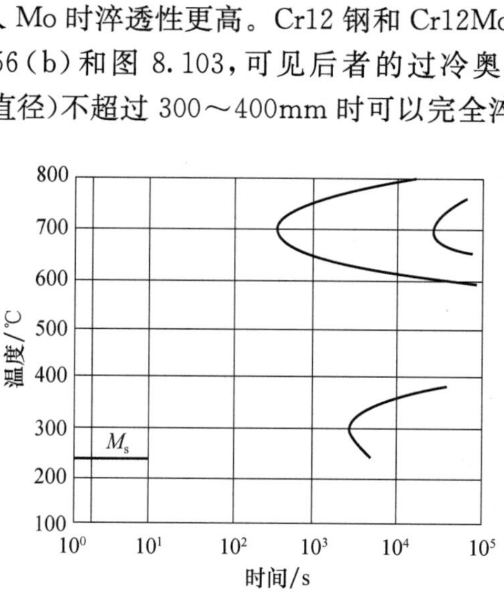

图 8.103　Cr12MoV 钢过冷奥氏体等温转变图[102]

成分:1.55%C、0.27%Mn、0.45%Si、11.34%Cr、0.53%Mo、0.24%V,980℃奥氏体化 1h

以在空气中淬火。Cr12Mo1V1 钢的过冷奥氏体等温转变曲线的形状与 Cr12MoV 钢很相近。

随着淬火温度的升高，淬火后的硬度不断增高。与此同时，由于马氏体转变开始温度 M_s 和终止温度 M_f 的迅速下降，淬火后钢中将保留更多的残余奥氏体，因而进一步提高淬火温度将使硬度降低。图 8.104 为淬火温度对 Cr12MoV 钢硬度和残余奥氏体量的影响。

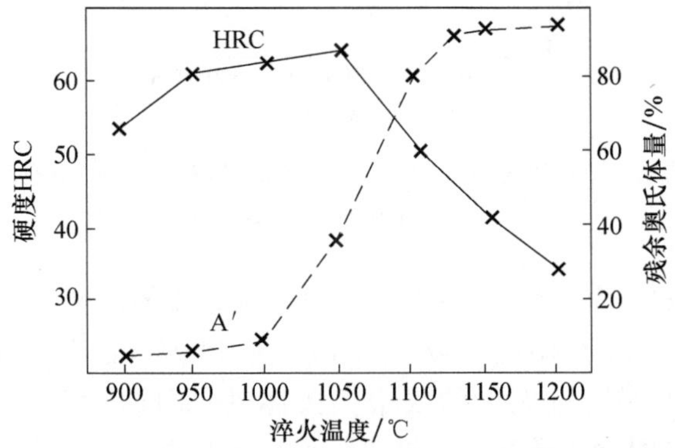

图 8.104　淬火温度对 Cr12MoV 钢硬度和残余奥氏体量的影响[15]

高碳高铬钢有两种热处理工艺：

(1) 得到一次硬度的热处理工艺。这种方式是采用较低的淬火温度和低温回火。淬火温度较低时晶粒长大缓慢，此时的强度和韧性都较好，随着加热温度的提高，由于碳化物的强烈溶解，晶粒长大速率增加，强度和韧性也急速下降。采用这种工艺处理后，残余奥氏体量在 20%左右。再采用 200℃回火，硬度可保持在 60HRC 以上，其回火稳定性亦可以满足一定要求。通常 Cr12MoV 钢淬火加热温度选用 980～1020℃，Cr12Mo1V1 钢的淬火加热温度选用 980～1040℃，其晶粒度可保持在 11.5～10.5 级。如果要得到淬火和回火后的较高硬度，淬火加热温度应取上限。对 Cr12 钢的淬火加热温度选用 950～980℃，其晶粒度可保持在 12.5 级。回火温度升高时，硬度降低，但强度和韧性提高，但应注意避开 275～375℃的回火脆性区。

凡符合下述条件之一的模具均可采用一次硬度处理：硬度要求 62～64HRC；力学性能(强度、韧性、塑性)要求高；工作负荷重，承受冲击力大；截面尺寸小，几何形状复杂，变形要求小。大多数冷冲模具、螺纹滚压模等采用这种处理方式。

(2) 得到二次硬度的热处理工艺。这种热处理工艺要求选用高的淬火加热温度，然后进行多次回火以得到二次硬度(图 8.105)。这样一方面可以获得高的回火稳定性，另一方面保持较高的耐磨性。

由于淬火加热时晶粒的长大使强度和韧性下降，加热温度为 1100℃时，晶粒度为 8.5 级左右，变形也大，需要多次回火。

这种热处理工艺适用于下列条件之一的模具：工作时受热温度较高(400～500℃)，受负荷不大，而且具有高耐磨性；硬度要求在 62HRC 以下；淬火后表面需要氮化；截面尺寸比较大(直径在 40mm 以上)，几何形状较难控制。

由于 Cr12 型钢是高碳高合金钢，导热性差，在淬火加热时应注意缓慢加热，一般采用

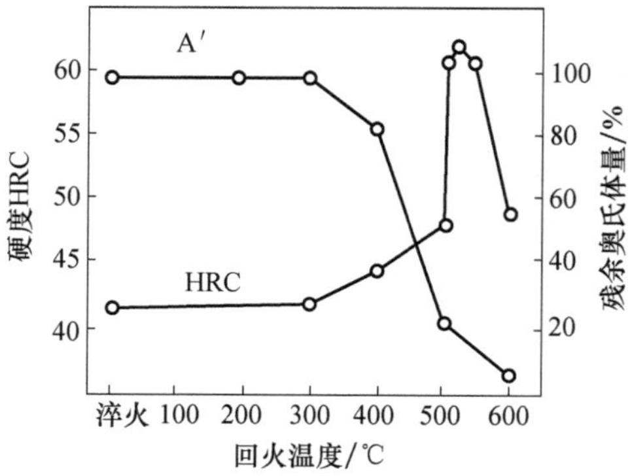

图 8.105　回火温度对 Cr12MoV 钢(1130℃淬火)的硬度和残余奥氏体量的影响[15]

两次预热,第一预热段的温度为 550～600℃,第二预热段的温度为 840～860℃。

Cr12MoV 钢的淬火加热温度一般采用 1050～1080℃,也有采用 1120℃的。由于淬火温度高,淬火后钢中保留有大量的残余奥氏体,因而硬度很低。回火温度一般采用 490～520℃,经过多次回火后硬度可以提高到 60～62HRC,硬度的提高主要是由于残余奥氏体在回火时受到催化,在冷却过程中转变为马氏体。有人对 Cr12Mo1V1 钢的回火转变进行研究发现,经超低温处理后,残余奥氏体量接近于零,在回火过程中仍出现二次硬化现象,并证实是由于马氏体分解析出 VC 和 Mo_2C 所致[18]。为了减少回火次数,尺寸不大和形状简单的模具可以进行冷处理(－78℃)。高碳高铬钢在 20℃停留 30～60min 以后残余奥氏体迅速稳定化,因此淬火后应立即进行冷处理。以后只需进行 490～520℃一次回火,硬度可提高至 60～61HRC,如果第一次回火后再处理一次,并进行第二次回火,硬度可提高至 61～62HRC。这种方式的热处理工艺较复杂。

高铬工具钢在盐浴中加热容易在表面因电化学腐蚀作用而产生麻点,因而其预热和加热常在箱式炉中进行。加热时间采用 0.8～1.0min/mm。

因 Cr12MoV 和 Cr12Mo1V1 钢有高的淬透性,故可以采用多种方式进行冷却。为了减少变形可以采用预冷和一次或两次分级冷却,然后空冷。有效厚度在 40mm 以下的 Cr12MoV 钢制模具可以在空气中冷却,工件变形小,但空气中冷却后的硬度比油冷稍低,且易氧化,因为空冷时钢中有较多的碳化物析出而使基体硬度降低。对于截面尺寸较大或孔型较大的模具,为了保证淬火得到足够的硬度及孔型不致胀大而采用冷油做淬火介质,也有采用热油冷却。目前工厂中多采用分级淬火,分级的温度范围很宽,可在 200～550℃。有的工厂为减少变形,盐浴加热后采用二次分级,先在 820～840℃稍停(1.5min),再在 520～560℃分级(0.3min/mm),然后空冷。Cr12 钢可采用油冷或分级冷却。

高碳高铬钢在热处理后可以得到比一般低合金工具钢及高速钢要小的变形量,但必须严格控制淬火和回火规范。必须指出,这种钢要能得到微变形,原材料中的碳化物分布要较均匀,如果碳化物分布很不均匀,热处理后其变形量会大于一般合金工具钢,甚至大于非合金工具钢。

机械行业标准 JB/T 7713—2007 对 Cr12 型钢淬火-回火后的马氏体和晶粒度制定出评定方法及其级别,要求这类钢制作的模具晶粒度应小于或等于 9 级。马氏体按其形貌特征分为5级，各级别马氏体针最大长度见表8.60，试样取制方法与评定大块碳化物时相同(表8.58)，均以金相比较法评定，在检测面上检查视场应不少于三个，取其最劣视场在放大500倍的显微镜下，对照淬火-回火马氏体级别图评定。试样磨制和抛光后使用三氯化铁(5g)＋盐酸(15mL)＋乙醇(100mL)浸蚀。图8.106为Cr12型钢淬火-回火马氏体级别图(2级)。

表8.60　Cr12型钢马氏体级别(JB/T 7713—2007)

马氏体级别	显微组织特征	马氏体针最大长度/mm
1	隐针马氏体＋残余奥氏体＋碳化物	0.003
2	细针马氏体＋残余奥氏体＋碳化物	0.006
3	针状马氏体＋残余奥氏体＋碳化物	0.01
4	较大粗针状马氏体＋残余奥氏体＋碳化物	0.014
5	粗大针状马氏体＋残余奥氏体＋碳化物	0.018

图8.106　Cr12型钢淬火-回火马氏体级别图　500×
2级，JB/T 7713—2007

许多试验结果证明，等温淬火工艺可以有效地提高Cr12钢的韧性，延长工模具使用寿命。Cr12钢工件淬火加热至1000℃后，在250～280℃的硝盐槽中等温停留一定时间后空冷，可以获得下贝氏体＋马氏体＋残余奥氏体＋碳化物的混合组织。1h等温可得到体积分数为10%～15%的下贝氏体，2h等温可得到体积分数大约为50%的下贝氏体，大型模具还需要更长的等温时间，然后再经适当温度回火。为缩短等温时间可采用先形成少量马氏体以促进下贝氏体转变的预淬工艺，即是将加热后的工件先在M_s点以下，如150～180℃作短时停留(3～15min，视工件大小而定)，使之先形成少量马氏体，可以分割母相奥氏体，并对下贝氏体的形成起催化激发和细化作用，空冷时形成的马氏体又进一步被细化。这种经过细化了的复合组织具有更高的硬度和耐磨性，还具有一定的韧性。控制工艺使钢中保存有体积分数为20%左右的残余奥氏体时，可使钢具有高的强韧性，能显著提高模具寿命[54]。

很多用Cr12钢制作的模具还进行表面处理以增加表面硬度，或改善金属与金属接触面的摩擦特性，从而提高耐磨性。工业生产中应用的有氮化、碳化物覆层处理等表面强化工艺。

8.4.4.2　高碳中铬工具钢

这类钢含有1%C和4%~7%Cr,属于过共析钢,但由于偏析的原因,在铸态下亦存在莱氏体共晶。钢中还加入不多的钼(或钨)和钒,合金元素的作用与在高碳高铬工具钢中者相同。在GB/T 1299—2014中列入的Cr5Mo1V和Cr4W2MoV属于这类钢,其化学成分和交货状态硬度值和试样淬火硬度值分别见表8.52和表8.53。

Cr5Mo1V钢是国内外较广泛应用的一种高碳中铬冷作模具钢,相当于美国的空淬工具钢A2,具有空冷硬化性能,其合金含量介于油淬钢CrWMn和高碳高铬型冷作模具钢之间。由于具有空冷硬化性能,淬火-回火后的变形远小于油淬钢,这对于形状复杂的模具是极为有益的,其耐磨性介于上述两类钢之间。图8.107为Cr5Mo1V钢的过冷奥氏体等温转变曲线。Cr5Mo1V钢的淬透性优于或相当于Cr12MoV钢,这是因为Cr5Mo1V钢中含钼较多的缘故。

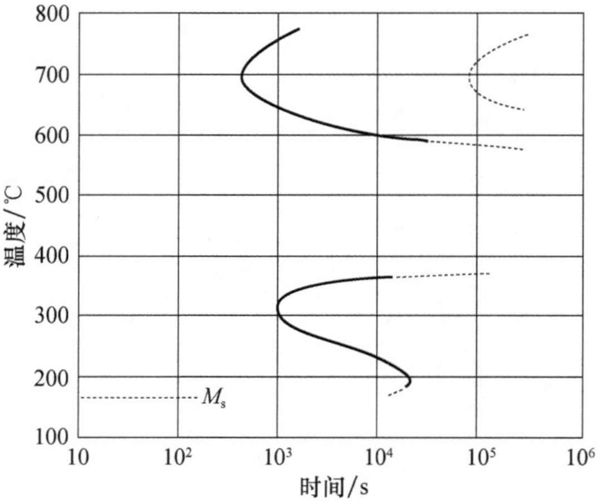

图8.107　Cr5Mo1V钢过冷奥氏体等温转变曲线[102]

钢的成分:0.97%C、0.48%Mn、0.40%Si、4.58%Cr、1.04%Mo、0.25%V,1010℃奥氏体化1h

Cr5Mo1V钢坯改锻时,加热温度为1130~1100℃,开锻温度为1050~1100℃,终锻温度为850~900℃。由于钢的空冷淬透性好,锻后应注意缓冷。退火温度为840~860℃,等温温度为740~760℃,退火后的硬度为202~229HB。Cr5Mo1V钢在退火状态的组织为铁素体和大约15%的碳化物,其中M_7C_3和$M_{23}C_6$各占一半,其分布较为均匀[49]。这种钢铸态的共晶碳化物很少,经过热加工后,不需要检查其共晶碳化物不均匀度。

图8.108为Cr5Mo1V钢不同温度空冷淬火后,回火温度与硬度的关系曲线。在淬火加热时,温度超过925℃之后,合金碳化物才开始较快地溶解。淬火加热温度为970℃时,奥氏体中已溶入比较多的C、Cr、Mo、V等元素,保证了钢的淬透性,此时约有5%的剩余碳化物,主要是M_7C_3,还有少量的$M_{23}C_6$。自970℃油淬后钢中大约有20%残余奥氏体,冷却速率越慢,残余奥氏体量越多。

推荐的Cr5Mo1V钢的淬火工艺为:第一次预热温度为300~400℃,第二预热温度为800~850℃;加热温度可以有两种工艺,即(950±10)℃或980~1010℃,淬火后的硬度均可达到62~65HRC。

当处理截面尺寸超过100mm的较大工件时，空冷淬火后硬度可能达不到其使用的要求，这是由于在980～650℃的缓慢冷却会导致碳化物的析出。另一个原因是有贝氏体出现，并促进了奥氏体的稳定化，导致淬火冷却后残余奥氏体量的增加。淬火后的硬度可能低于60HRC，甚至只有56HRC，因此应注意加快在400～200℃的冷却，可以将工件先在盐浴或油中冷却至540℃以下或更低一些，然后空冷至室温。只要能保证工件在240℃至室温的缓慢冷却，就不会引起变形的增加[49]。

推荐的Cr5Mo1V钢的回火工艺为：(950±10)℃淬火时，回火温度为180～200℃，1次，硬度为60～64HRC，此时残余奥氏体尚未转变；980～1010℃淬火时，回火温度为510～540℃，2次，硬度为57～60HRC，此时主要由于残余奥氏体的转变而获得二次硬度。

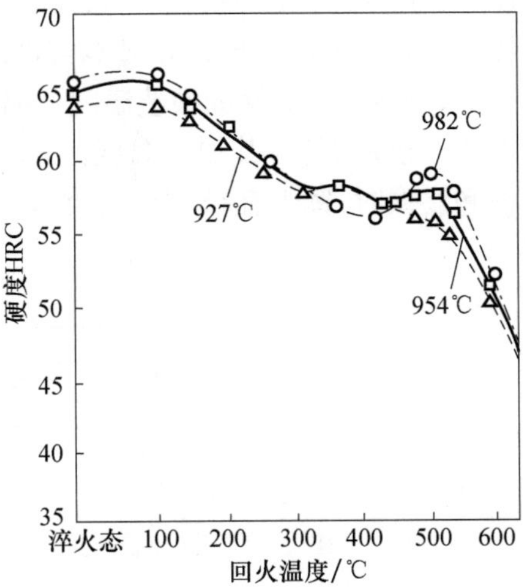

图8.108 Cr5Mo1V钢不同温度空冷淬火后，回火温度与硬度的关系曲线[1]

钢的成分：1.00%C、0.60%Mn、5.25%Cr、1.1%Mo、0.25%V

高碳中铬钢可以在广泛的范围内代替高铬钢制造冷镦模、圆滚模、搓丝板、冷冲模等。用于制造承受较大冲击力的高硬度、高耐磨的板料冲模比Cr12型钢优越。用于制造力学性能要求比较高的冷挤压模、压印模等效果有时也比Cr12型钢为好，对主要要求耐磨性的硅钢片冲模，这类钢的寿命要低于高碳高铬钢。

属于高碳中铬钢的还有Cr6WV钢，其化学成分为：1.00%～1.15%C、5.50%～7.00%Cr、1.10%～1.50%W、0.50%～0.70%V。该钢曾列入GB 1299—77，引自苏联使用的X6BФ。经过一些工厂的生产和使用表明，该钢的碳化物不均匀性较Cr5MoV钢大，淬透性低于Cr5Mo1V钢，其工艺性亦不如Cr5Mo1V钢，在1985年修订标准时未再列入。

Cr4W2MoV钢是为代替Cr12型钢而研制的高碳中铬钢[103]。该钢成分设计的目标是希望能具有不低于Cr12MoV钢的耐磨性，但能避免生成过多的共晶碳化物，在热处理工艺上能与Cr12MoV钢相近。

铬的加入是为了使钢能获得比较高的淬透性，一部分铬还可以生成铬的碳化物，有利于提高耐磨性。碳含量的确定是考虑到能生成足够数量的碳化物以得到高的耐磨性，但又不致形成过多共晶碳化物而使钢的性能变坏。加入一定数量的W、Mo、V有利于提高热稳定性和产生二次硬化，加入量过多会增加碳化物的不均匀性。加入约1%V可以生成一部分在淬火加热时尚未溶解的VC以提高耐磨性，加入V过多将使钢的磨削性能变坏。稍增加钢中的硅是为了能提高回火稳定性。

Cr4W2MoV的生产和使用的情况表明，由于含有较低的碳和铬，其共晶碳化物不均匀性得到很大的改善，ϕ50mm为1级，ϕ100mm为1.5级，ϕ150mm为4级，在GB/T 1299—2000中不要求对该钢检验共晶碳化物不均匀度。

Cr4W2MoV钢的过冷奥氏体等温转变曲线图见图8.109，与Cr12Mo1V钢的过冷奥氏体转变曲线图很相似，但更稳定。可见，Cr4W2MoV钢具有高的淬透性，尺寸为

ϕ150mm×150mm 的棒料经 1025℃加热，冷油淬火后，表面至心部的硬度均在 60HRC 以上；ϕ60mm×120mm 的棒料经 920℃加热，淬油后，整个截面硬度在 62HRC 以上。

Cr4W2MoV 钢的锻造温度范围较窄，与 Cr12 型钢相当，而变形抗力比 Cr12 型钢为小。对改锻而言，其加热温度为 1100℃，始锻温度为 1050℃，终锻温度不小于 880℃，始锻和终锻时，锤击宜轻，中间温度范围可以用力锤击，锻造能顺利进行，锻后应缓冷。

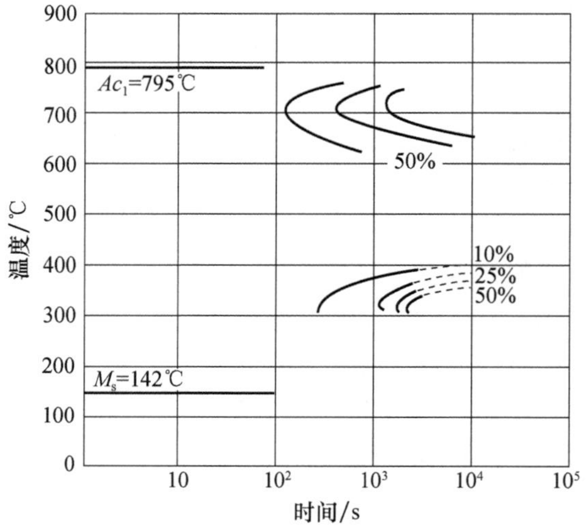

图 8.109　Cr4W2MoV 钢的过冷奥氏体等温转变曲线[15]

加热温度 960℃，30min

锻件退火工艺：采用 860℃加热 3h，760℃等温 4～6h 的等温退火，硬度为 245～253HB。为进一步降低硬度，可将加热温度提高至 900℃，加热 3h，然后缓冷至 760℃，等温 6h，退火后的硬度小于 241HB。较高的加热温度可使细小碳化物大部分溶解，在以后冷却和等温析出时附着在较大的碳化物上，因而使碳化物粗化。

图 8.110 为 Cr4W2MoV 钢淬火温度和硬度及晶粒度的关系曲线。图 8.111 为 Cr4W2MoV 钢淬火温度和残余奥氏体量的关系曲线。表 8.61 为 Cr4W2MoV 钢在退火

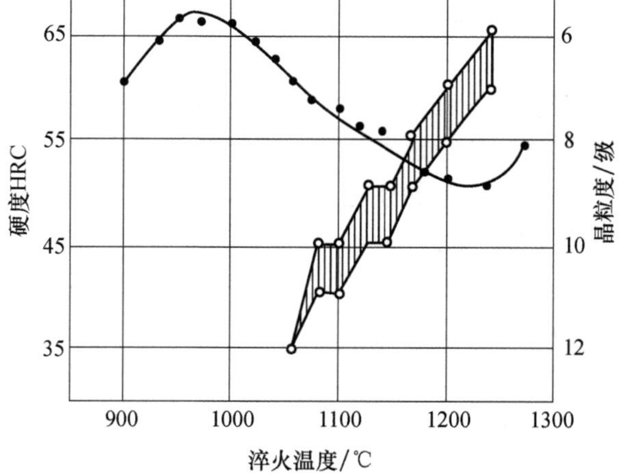

图 8.110　淬火温度(油淬)对 Cr4W2MoV 钢硬度和晶粒度的影响[103]

状态和不同温度淬火后钢中所含碳化物的种类、质量分数、基体碳含量和残余奥氏体量，同时列出 Cr12MoV 钢的有关数据。

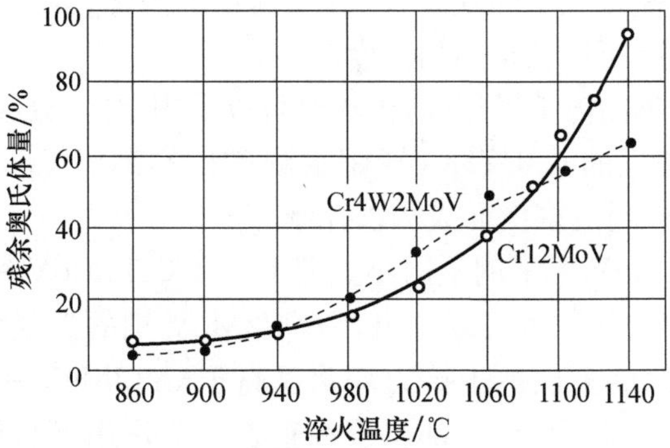

图 8.111 Cr4W2MoV 钢淬火温度对钢中残余奥氏体量的影响[103]
与 Cr12MoV 钢对比

表 8.61 Cr4W2MoV 和 Cr12MoV 钢在不同状态下所含碳化物的种类、质量分数、基体碳含量和残余奥氏体量[104]

钢号	状态	碳化物		基体碳含量/%	残余奥氏体量(体积分数)/%
		种类	质量分数/%		
Cr4W2MoV	退火	$M_3C+M_{23}C_6+M_7C_3+M_6C+MC$	21.7	—	—
	920 淬火	$M_{23}C_6+M_7C_3+M_6C+MC$	12.6	0.50	15
	980℃淬火	$M_{23}C_6+M_7C_3+M_6C+MC$	8.73	0.65	19
Cr12MoV	退火	$M_{23}C_6$(少量)$+M_7C_3$	—	—	—
	1000℃淬火	M_7C_3	16	0.50	20

Cr4W2MoV 钢随着奥氏体化加热温度的提高，钢中的碳化物逐渐溶解，残余奥氏体量逐渐增加，由于钢中含有 M_3C 型碳化物，易于溶解，所以在加热开始阶段，其碳化物溶解速率较 Cr12MoV 钢快，残余奥氏体量的增加亦较快。但加热至更高温度时，Cr4W2MoV 钢中的尚未溶解的碳化物富有 W、Mo、V，溶解变缓，其残余奥氏体量的增加亦趋缓，而 Cr12MoV 钢中的 M_7C_3 大量溶解，其残余奥氏体量增加较快。

Cr4W2MoV 钢加热至 980℃后油淬火，硬度为 65HRC，钢中有 20%残余奥氏体，然后在不同温度回火，时间为 1h，回火温度至 200℃时，硬度下降至约 61HRC，继续回火至 500℃，硬度保持不变，回火温度超过 500℃，硬度迅速下降，钢中不出现二次硬度。

提高淬火温度至 1020℃时，在回火时将出现二次硬度，硬度峰值温度为 500℃，随淬火温度的进一步提高，二次硬化峰值逐渐移至 540℃。

Cr4W2MoV 钢淬火和回火温度范围较宽，可以采用以下几种热处理工艺：

(1) 得到一次硬度的热处理工艺。在要求具有高的硬度和力学性能时，采用 960～980℃加热淬火，经 260～320℃回火 2 次，每次 1～2h。

(2) 得到二次硬度的热处理工艺。对要求耐磨性好、红硬性好以及需要进行化学热处理者，则采用 1020～1050℃加热淬火，500～540℃回火 3 次，每次 1～2h。回火后可以进行工艺温度不超过回火温度的表面强化工艺。

(3) 低温淬火和低温回火工艺。采用900～920℃加热淬火,此时奥氏体中的碳含量为0.50%,淬火后可以获得较多的板条马氏体,韧化了基体,并可获得更为细小的晶粒,回火温度为170～230℃,可以获得高的硬度。

由于Cr4W2MoV钢的淬透性很高,淬火时可以采用空冷、分级等多种方式。

不同热处理工艺处理的Cr4W2MoV钢的耐磨性均高于Cr12MoV钢,Cr4W2MoV钢热处理的变形小,可以通过多次回火加以控制。

表8.62为Cr4W2MoV钢采用不同热处理工艺和Cr12MoV钢采用低温淬火后的各项力学性能数据。从表中的数据可以看出,Cr4W2MoV钢的强度性能与Cr12MoV钢相近,但其不同工艺处理后的多次冲击抗力均明显高于Cr12MoV钢。许多冷变形模具与多次冲击试样具有相似的断裂过程,都属于在重复载荷作用下裂纹萌生和扩展的过程。因此,用多次冲击抗力来评定冷模具钢的韧性更为合理。Cr4W2MoV钢的碳化物颗粒较细小,分布也较均匀,能推迟裂纹的萌生并阻碍其扩展。

表8.62　Cr4W2MoV钢采用不同热处理工艺和Cr12MoV钢采用低温淬火后的力学性能[104]

钢号	热处理工艺	硬度HRC	抗弯强度 σ_{bb}/MPa	σ_{sc}/MPa	冲击韧度 a_k/(J/cm^2)	多冲周次 N	K_{IC}/(MPa·m$^{1/2}$)
Cr4W2MoV	900℃加热,油淬,200℃回火2h,1次	61.5	3080	2690	43.1	11.2×10^3	14.4
	920℃加热,油淬,200℃回火2h,1次	62.5	3080	2610	45.1	10.8×10^3	13.4
	960℃加热,油淬,200℃回火1h,2次	61.0	3000	2640	44.1	9.1×10^3	14.0
	1030℃加热,油淬,520℃回火1h,3次	62.0	2850	2540	36.3	10.6×10^3	13.7
Cr12MoV	970℃加热,油淬,200℃回火2h,1次	58.5	3110	2520	49.0	4.2×10^3	20.1

注:σ_{sc}为抗压屈服强度。采用无缺口冲击试样。多冲试验采用光滑试样,冲击能量为5.64J。

Cr4W2MoV钢可用于制作冷冲模、冷镦模、落料模、冷挤凹模及搓丝板等工模具,其使用寿命较之Cr12MoV和Cr12钢有不同程度的提高。

8.4.4.3　韧性较高的耐磨铬工具钢

为了改善Cr12型冷作模具钢的碳化物偏析,提高其韧性,并进一步增加钢的耐磨性,国内外开发了不少韧性较高的耐磨铬工具钢,表8.63列出了这些钢的化学成分。

表8.63　国内外一些韧性较高的高耐磨铬工具钢的化学成分[92,93,105,106]　(单位:%)

钢号	C	Cr	W	Mo	V	Si	其他
7Cr7Mo2V2Si(LD)[93]	0.68～0.78	6.5～7.5	—	1.9～2.5	1.7～2.2	0.7～1.2	—

续表

钢号	C	Cr	W	Mo	V	Si	其他
9Cr6W3Mo2V2(GM)[92]	0.86～0.94	5.60～6.40	2.80～3.20	2.00～2.50	1.70～2.20	—	—
Cr8MoWV2Si(ER5)[93]	0.95～1.10	7.0～8.0	0.8～1.2	1.4～1.8	2.2～2.7	0.90～1.20	—
DC53[105]	1.00	8.00	—	2.00	0.28	0.91	—
QCM8[106]	0.8	8.5	—	1.9	0.6	0.9	—
Vasco DIE	0.82	7.95	—	1.50	2.50	1.00	—
GS821	1.10	8.25	—	2.15	0.30	0.90	—
K340	1.10	8.70	—	2.10	1.20	0.90	1.0Al、0.13Nb
ASSAB88	0.9	7.80	—	2.50	0.50	0.90	—

这些钢的化学成分有如下特点：适当地降低铬含量和碳含量，以改善碳化物偏析，一般铬含量为 6%～8%，碳含量在 1.10%以下；为了使其比 Cr12 型钢有更高的耐磨性，增加了 W、Mo、V 含量；为了能得到二次硬度，大都采用较高的淬火温度（1040～1160℃）和 1～3 次高温回火（520～560℃）。与 Cr12 型钢比较，这类钢的碳化物偏析均有明显的改善，有更高的韧性和更好的耐磨性，更适合于高速冲床和多工位冲床的使用。

在 GB/T 1299—2014 中列入了 4 个 Cr8 型钢的牌号：Cr8、7Cr7Mo2VSi、Cr8Mo2SiV 和 5Cr8MoSiV。

新列入 GB/T 1299—2014 的 Cr8 钢是在高碳高铬 Cr12 钢的基础上开发研制出的新型冷作模具钢。与传统 Cr12 钢相比，该钢的铬含量有所降低，成本相应降低，碳含量适当降低，故改善了钢的韧性和热加工性能，但仍具有高的硬度和耐磨性，适当增加硅、锰的含量可提高淬透性。该钢较之 Cr12 钢更具有市场竞争力[107]。

采用合适的退火工艺，钢材退火硬度均匀，硬度为 220～240HB，组织为碳化物＋粒状珠光体。该钢的共晶碳化物不均匀性级别优于 Cr12 钢。该钢可以部分替代 Cr12 和 Cr12MoV 钢。

表 8.63 中的 7Cr7Mo2V2Si 钢已列入 GB/T 1299—2014。7Cr7Mo2V2Si 钢的代号为 LD，其碳含量约为 Cr12MoV 钢的一半左右，其共晶碳化物量比 Cr12MoV 钢少得多，ϕ80mm 钢材的碳化物不均匀度为 3～4.5 级，小直径钢材的碳化物不均匀度一般在 3 级以下。铬在钢中主要以 $M_{23}C_6$ 型碳化物存在，加热至 1100℃以上，$M_{23}C_6$ 型碳化物大量溶入奥氏体中，使钢具有高的淬透性。钼主要以 M_6C 型碳化物形式存在，既可提高淬透性，也可以强化回火时二次硬化的效果。钒在钢中主要生成 MC 型碳化物，既可细化晶粒，又可强烈引起二次硬化效果，并增加钢的耐磨性。加入约 1%的硅是为了强化基体，提高回火稳定性。

LD 钢锻造工艺与 Cr12MoV 钢相同，锻后缓冷，并立即进行球化退火。退火工艺：860℃加热，保温 3～4h，冷却至 740℃左右，等温保持 4～6h，炉冷至 500℃出炉，退火后的硬度为 187～206HBS。退火后的组织为点状和小球状珠光体和共晶碳化物。

LD 钢的正常淬火加热温度为 1100～1150℃，热油淬火或分级冷却，淬火后的硬度均在63HRC以上。LD钢经下限温度1100℃淬火后的组织为细针马氏体+残余奥氏体+剩余碳化物。马氏体针长为1～2级，晶粒度为10.5级，残余奥氏体量为33%，淬火硬度为64HRC。LD钢经上限温度1150℃加热淬火后，马氏体针长为3级左右，晶粒度为9.5级，淬火硬度为63.5HRC。回火时的二次硬化峰值温度为500～530℃，而韧性最佳的回火温度约为560℃。因此，适宜的回火温度为530～560℃，3次，每次1h，硬度为61～64HRC，此时的组织为回火马氏体+剩余碳化物。在硬度为61HRC时的力学性能：抗弯强度σ_{bb}为5080～5590MPa，C型缺口试样的冲击韧度a_k为94～123J/cm^2。

LD钢适用于制作冷挤压模、冷镦模、冲模、切边模等，使用寿命比原用C12MoV等钢有成倍提高。

9Cr6W3Mo2V2钢，代号为GM，是一种莱氏体钢，其韧性及耐磨性均显著高于Cr12型钢。GM钢中的钨、钼、铬、钒与碳的配比符合平衡碳量的关系，具有高的二次硬化能力。GM钢中的碳及铬含量只有Cr12MoV钢的一半左右，大大改善了共晶碳化物分布的不均匀性，而更多钨、钼、钒的加入所形成碳化物可以弥补和超过因铬碳化物减少对耐磨性的影响。

GM钢的锻造工艺与Cr12MoV钢相同，锻造后共晶碳化物呈带状分布，但较Cr12型钢和高速钢要轻微得多。锻造后应缓冷并及时退火。GM钢的等温退火工艺为：加热至(860±10)℃，保温3～4h，炉冷至(740±10)℃，等温5～6h，炉冷至500℃出炉。退火后的硬度约为227HBS，球化组织为点状和小球状珠光体，并有少量呈带状分布的共晶碳化物。该钢易于机械加工，磨削加工也没有什么困难。GM钢在退火过程中较Cr12MoV钢易于氧化脱碳，应注意采取保护措施。

GM钢有比较高的淬透性，图8.112是其过冷奥氏体等温转变曲线。GM钢在淬火加热时可以在比较宽的奥氏体化温度范围内保持较细的晶粒，直至1180℃，其晶粒度仍然小于11级。加热温度超过1180℃，晶粒开始长大。GM钢淬火后的残余奥氏体量明显少于Cr12MoV和Cr12Mo1V1钢，推荐的淬火加热温度为1100～1160℃，加热前先在800～850℃预热，油淬或分级淬火，淬火后的残余奥氏体量为20%～45%。

图8.113为GM钢经不同温度淬火后，回火温度对其硬度的影响。GM钢的二次硬化能力显著高于Cr12型钢，接近于高速钢的水平，而且GM钢硬化峰值的回火温度范围较宽，具有比较高的回火稳定性。因此，可以通过调整淬火、回火温度来调节强度、韧性和耐磨性的配合，以满足不同模具的实际使用要求。淬火加热温度提高至1160℃时，二次硬化的峰值提高到66HRC。

表8.64为热处理后GM钢的力学性能，并与几种常用工模具钢进行对比。可以看出，GM钢在保持高硬度的同时，较之对比钢具有更高的抗弯强度和韧性。耐磨性的试验证明，GM钢的耐磨性也高于Cr12型钢，这是由于GM钢的基体强度高、韧性配合较好，以及钢中MC型碳化物量多、细小且分布均匀[108,109]。

GM钢已可在制作冷轧钢带冲模、多工位级进模、切边模、滚丝轮等模具上取代Cr12MoV钢，模具使用寿命有大幅度提高。GM钢特别适用于制作12.9级高强度螺栓的滚丝模，滚轧调质硬度为42HRC(最高达44～45HRC)的42CrMo钢制螺栓，使用寿命超过Cr12MoV钢10倍以上[109]。

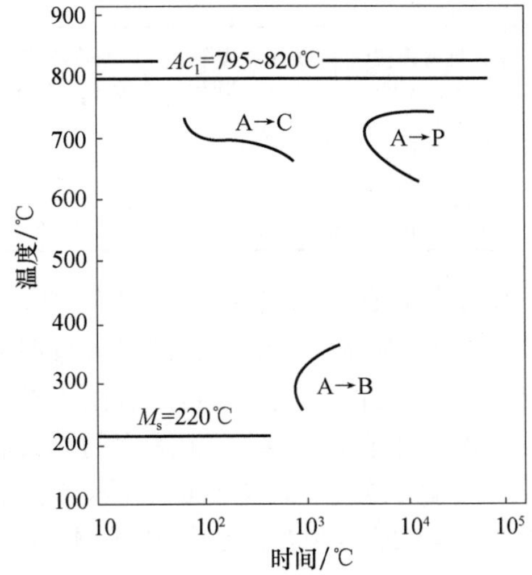

图 8.112　GM 钢的过冷奥氏体等温转变曲线[108]

奥氏体化：1120℃×3min

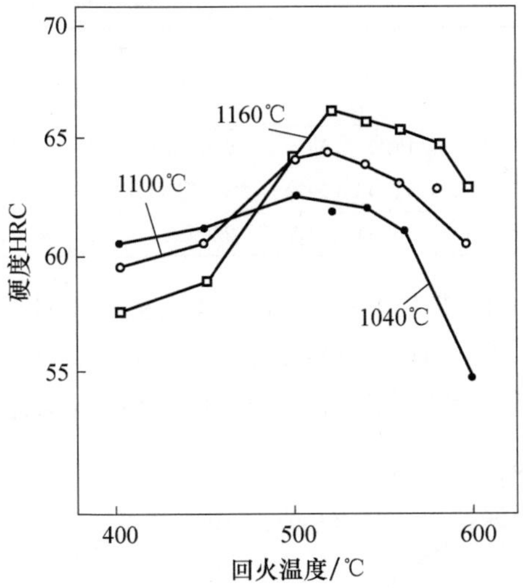

图 8.113　淬火温度对 GM 钢回火硬度的影响[108]

表 8.64　GM 钢的力学性能，并与几种常用工模具钢进行对比[108]

钢号	热处理工艺	硬度 HRC	抗弯强度 σ_{bb}/MPa	挠度 f/mm	C 型缺口冲击韧度 a_k/(J/cm^2)	K_{IC}/(MPa·m$^{1/2}$)
GM	1080℃加热，油淬，540℃回火 1h，2 次	65.5	4308	4.80	23.0	20.2
	1120℃加热，油淬，540℃回火 1h，2 次	66.0	3396	3.50	22.1	15.5
W18Cr4V	1260℃加热，油淬，560℃回火 1h，3 次	65.5	2880	1.80	—	15.1
W6Mo5Cr4V2	1190℃加热，油淬，560℃回火 1h，3 次	62.0	3210	2.14	19.6	—
Cr12MoV	1040℃加热，油淬，200℃回火 1h，1 次	62.5	2750	3.30	27.4	14.1
	1080℃加热，油淬，500℃回火 1h，2 次	63.0	2821	3.20	15.4	19.3
Cr12Mo1V1	1040℃加热，油淬，200℃回火 1h，1 次	62.5	2104	1.70	24.0	23.5
	1080℃加热，油淬，500℃回火 1h，2 次	63.5	1800	2.80	17.9	17.7

对 GM 钢还可以采用 1070℃淬火，150℃两次回火的低温淬火、低温回火的工艺，硬度为 62～63HRC。由于晶粒非常细小，钢中显微组织中有约 20%的残余奥氏体，进一步提高了钢的强韧性和耐磨性[110]。

Cr8MoWV2Si 钢，代号 ER5，是一种高耐磨冷作模具钢。该钢经 1120℃淬火和 530℃回火 3 次后，有最佳的二次硬化效果，二次硬化主要靠纳米级尺寸 VC 粒子的均匀析出[111,112]。该钢推荐的热处理工艺为：对耐磨性能要求高时，应采用 1150℃淬火，520～530℃回火 3 次；对重载服役条件下的模具，采用 1120～1130℃淬火，550℃回火 3 次。ER5 钢的强度、韧性和抗冲击磨损的能力均优于 Cr12MoV 钢(表 8.65)。ER5 钢适于制作精密、重载和高速冷作模具[93]。

表 8.65 ER5 钢的力学性能[93]

钢号	淬火温度	回火温度	硬度 HRC	抗弯强度 σ_{bb}/MPa	抗压屈服强度 σ_{sc}/MPa	C 型缺口冲击韧度 a_k/(J/cm^2)
ER5	1120℃,油淬	510℃,3 次	64	3555	3255	45.4
	1120℃,油淬	530℃,3 次	65	3898	3297	38.4
Cr12MoV	1020℃,油淬	220℃,2 次	59.5	2740	2352	16.2

GB/T 1299—2014 新列入的 Cr8Mo2SiV 钢的化学成分与表 8.63 中的 DC53 钢相同。DC53 钢与 SKD11 钢(1.5%C、12%Cr、1%Mo、0.3%V)比较,钢中碳与铬含量明显减低,因而其碳化物不均匀性明显改善,碳化物较为细小。由于提高了钼含量,使钢具有较强的二次硬化能力。DC53 钢适宜的淬火温度为 1030～1040℃,可以空冷或油冷,淬火后的硬度在 64HRC 左右,残余奥氏体量约为 25%。淬火后回火时的二次硬化峰在 510～520℃,见图 8.114。适宜的回火温度为 510～540℃,2 次回火,硬度为 62～63HRC。DC53 钢的韧性高于 SKD11 钢。在高温回火后 DC53 钢的耐磨性优于 SKD11 钢,而低温回火后,两者相同,这是由于高温回火后的硬度更高、组织更稳定。

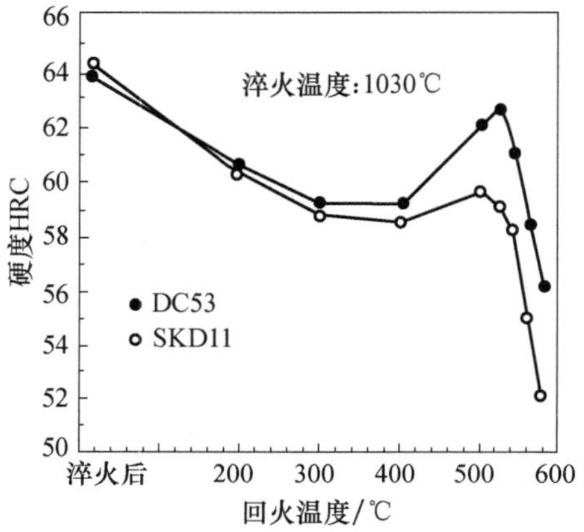

图 8.114 回火温度对回火后硬度的影响[105]

DC53 钢用于制作冷作模具时,其使用寿命较 SKD11 钢有显著提高。

开发 QCM8 钢的目的是要求获得较 SKD11 钢(Cr12Mo1V1)更高的耐磨性,并具有高的韧性(大于高速钢的基体钢)。在退火状态,钢中含有 15%以上的 M_7C_3 型共晶碳化物。QCM8 钢适宜的淬火温度为 1030℃,回火温度为 500～520℃时出现二次硬化峰,硬度达到 61～62HRC,淬火-回火后的显微组织表明,钢的碳化物较为细小且分布均匀,韧性约为 SKD11 钢的四倍,耐磨性优于 SKD11 钢[106]。

GB/T 1299—2014 新纳入的 5Cr8MoVSi 钢是一种耐冲击和耐磨性高的 Cr8 型冷模具钢,该钢在美国空冷模具钢 A8 的基础上改制而成。根据美国合金工具钢标准 ASTM A681 (2004 再确认),A8 的化学成分为:0.50%～0.60%C、0.75%～1.10%Si、0.20%～0.50% Mn、4.75%～5.25%Cr、1.15%～1.65%Mo、1.00%～1.50%W。

5Cr8MoVSi 钢经 840℃退火后的硬度为 218HB,退火组织为球状及点状珠光体分布在铁素体基体上,碳化物以 $M_{23}C_6$ 型为主,还有 M_7C_3 和 MC 型碳化物。5Cr8MoVSi 钢的适宜淬火温度为 1000～1050℃,淬火后的硬度可达到 60HRC。淬火组织由马氏体、碳化物和残余奥氏体组成,淬火温度较低时,以针状马氏体为主,随淬火温度的升高,过渡到以板条马氏体为主,残余奥氏体量为 10.7%～12.3%。图 8.115 为 5Cr8MoVSi 钢经 1000℃淬火后回火温度-硬度曲线。在 480～500℃回火,有明显的二次硬化现象,485℃回火最高硬度为 58HRC,二次硬度主要是由于 MC 的沉淀硬化。485℃回火一次后,残余奥氏体转变量不大,因此,应进行二次或三次回火。经三次回火后,残余奥氏体量降低到 6%左右[1]。

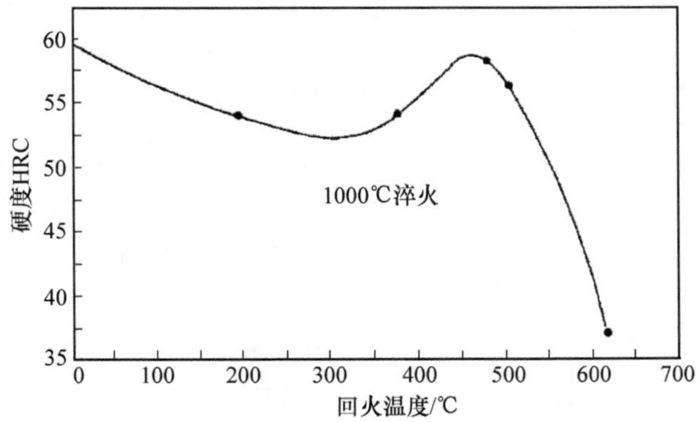

图 8.115　5Cr8MoVSi 的回火温度-硬度曲线[113]

5Cr8MoVSi 钢具有良好的淬透性,热处理变形小,适宜制作硬度为 55～60HRC 的冲头和冷锻模具,也用于制作加工非金属材料的刀具。

8.4.5　含锰较高的空冷微变形钢

这类钢由高碳中铬钢 Cr5Mo1V(A2)变化而来,即用锰代替大部分铬。这类钢最初在美国使用,属于空淬工具钢系列,主要牌号有 A4、A5、A6,其化学成分见表 8.66。GB/T 1299—2014 新纳入的 7CrMn2Mo 钢属于这类钢,该钢的化学成分与 A6 钢相同。

表 8.66　一些含锰较高的空冷微变形钢的化学成分　　(单位:%)

钢号	C	Mn	Si	Cr	W	Mo	V
A4(美)[19]	0.95～1.05	1.80～2.20	0.50	0.90～1.20	—	0.90～1.40	—
A5(美)[19]	0.95～1.05	2.80～3.20	0.10～0.50	0.90～1.20	—	0.90～1.40	—
A6(美)[19]	0.65～0.75	1.80～2.50	0.50	0.90～1.20	—	0.90～1.40	—
BA6(英)[19]	0.65～0.75	1.80～2.10	≤0.40	0.85～1.15	—	1.20～1.60	—
PDAH-1(日)[94]	0.80～0.90	1.80～2.20	<0.35	0.90～1.10	—	1.20～1.50	0.1～0.3
7ХГ2ВФМ(俄)[19]	0.68～0.76	1.80～2.30	0.1～0.4	1.50～1.80	0.5～0.9	0.50～0.80	0.1～0.25
Cr2Mn2SiWMoV(中)	0.95～1.05	1.80～2.30	0.60～0.90	2.30～2.60	0.70～1.10	0.50～0.80	0.10～0.25

注:Cr2Mn2SiWMoV 钢的数据来源于 GB 1299—77。

这类钢较高的锰含量及其他元素的作用,使其具有高的淬透性。在含 2%Mn、1%Cr 和 1%Mo 的钢(A6)中,当碳含量为 0.6%～0.7%时,淬透性最高(图 8.116),当碳含量为 1.0%时,淬透性要降低很多。A6 钢的韧性高,但耐磨性要差些。

由于含锰和铬的关系,淬火后可以得到适当的残余奥氏体量,使变形很小。

试验表明,在钢中含 0.9%～1.0%C 时,加入 1%Mn 可使马氏体点 M_s 降低 45℃,加入 1%Cr 可使 M_s 点降低 35℃。因此,锰在增加残余奥氏体量、减少变形方面的作用比铬要大些。

这类钢中锰含量较高,临界点较低,退火不易得到低的硬度,采用退火温度为 740～760℃,以 10～15℃/h 的速率冷却至 540℃,必要时加热至 730℃,重复退火一次,可以使

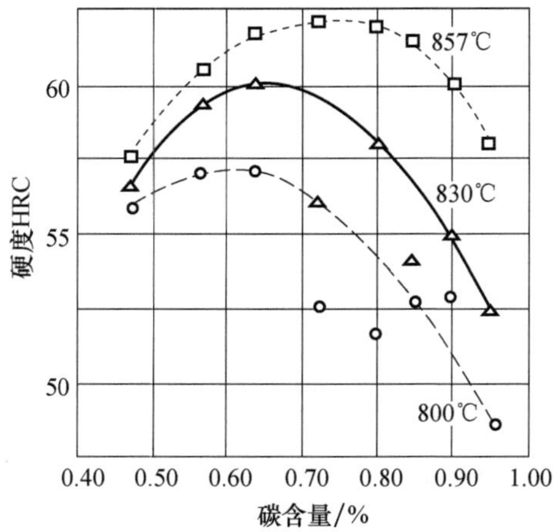

图 8.116　碳含量和奥氏体化温度对直径为 100mm 试样心部硬度的影响[114]
钢的成分:2%Mn、1%Cr、1%Mo,空冷
图中温度即奥氏体化温度

硬度进一步降低。A4 钢的硬度范围为 200～241HB,A5 钢为 228～255HB,A6 钢为 217～248HB。这类钢的碳化物偏析程度小。

这类钢的淬火温度比较低,在 815～845℃,空冷淬火,淬火后的变形很小,淬火后的硬度为 60～63HRC,残余奥氏体含量为 15%～20%。

这类钢的回火稳定性不高,回火温度范围为 150～400℃,回火后的硬度为 60～54HRC,视使用要求确定回火温度。

在要求淬火温度低和变形很小时,各种冷模具都可使用这类钢制作。A6 钢可以制作截面大于 100mm 的大型模具,A4 钢适宜制作小于或等于 ϕ76mm×76mm 尺寸的模具。

英国工具钢标准中的钢号 BA6 的化学成分与 A6 大致相同。

7CrMn2Mo(A6)钢的锻造温度为 1040～1120℃,锻坯的硬度约为 500HB。退火温度采用 730～745℃,退火后的硬度 217～248HB。适宜淬火温度为 830～870℃,空冷淬火硬度 60～62HRC,815℃淬火后钢中的残余奥氏体量为 13%,870℃淬火后钢中的残余奥氏体量为 22%。图 8.117 为 7CrMn2Mo 钢 845℃空淬后的回火温度-硬度曲线。7CrMn2Mo 钢经 845℃空淬,再经 205℃回火后的变形量达到 0.0002mm/mm[1]。7CrMn2Mo 钢通过适宜控制淬火-回火温度,可以调节钢中的残余奥氏体量,使热处理后工具的变形量极小。该钢适宜制作需要接近尺寸公差的工具,如修边模、塑料模、压弯工具、冲切模、精压模等。

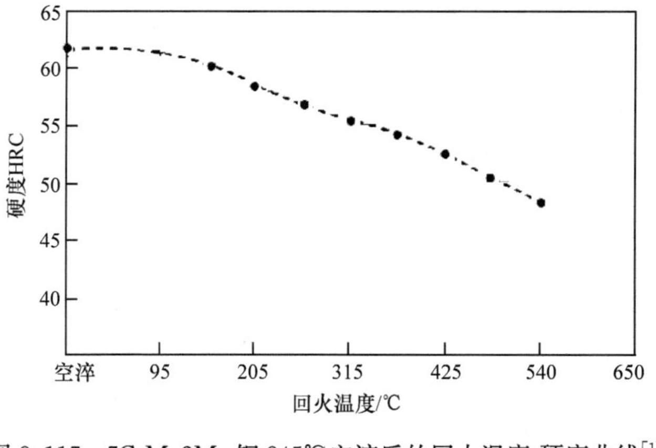

图 8.117　7CrMn2Mo 钢 845℃空淬后的回火温度-硬度曲线[1]

日本这类钢的牌号为 PDAH-1,其成分介于 A4 和 A6 之间,并加入少量的钒。图 8.118 是 PDAH-1 钢的过冷奥氏体等温转变曲线,可见,该钢的淬透性很高,ϕ100mm 的圆棒在油中淬火后,其心部的硬度也可以达到 64HRC。

PDAH-1 钢可以空冷淬火，850℃空冷淬火后再经 150～200℃回火，硬度约在 60HRC。

苏联亦研究过这类钢，推荐了两种成分，即 7XГ2BФM 与 XГ3CBФM。前者韧性好，但耐磨性差，后者则相反。7XГ2BФM 钢的淬火适宜温度为 850～860℃，回火温度为 150～200℃，硬度为 58～61HRC。

20 世纪 60 年代，我国对这类空冷微变形钢也进行了不少试验研究，提出了一些钢号，在生产上亦得到一定的应用，曾将其中 Cr2Mn2SiWMoV 钢列入 GB 1299—77 中。该钢具有高的淬透性，热处理变形小，耐磨性好，锻造、淬火、回火工艺较简单，模具使用寿命在有些情况下能达到或超过 Cr12 型钢，特别适宜于制造形状复杂、高精度冷冲模具、精密量具及要求变形量极小、耐磨性高的细小杆状零件[115]。由于 Cr2Mn2SiWMoV 钢中锰、硅元素含量较高，退火软化比较困难，脱碳敏感性较高，难以扩大使用，在 1985 年重新修订标准时该钢未再列入。

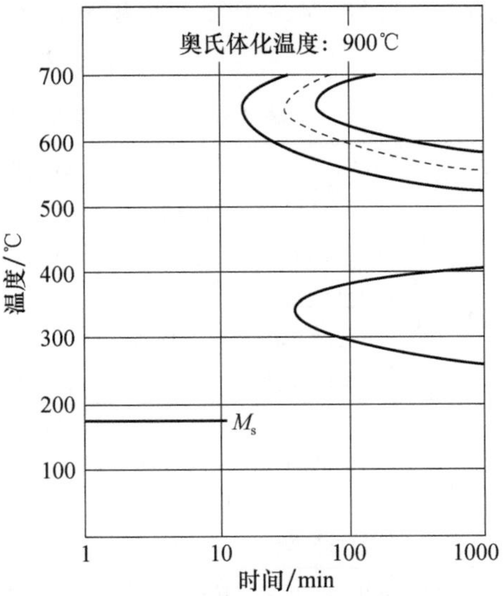

图 8.118　PDAH-1 钢的过冷奥氏体等温转变曲线[94]

成分：0.83%C、1.88%Mn、1.08%Cr、1.22%Mo、0.1%V

8.4.6　高速钢

8.4.6.1　高速钢的低温淬火

随着冷挤压技术的发展，对模具的强度、韧性和耐磨性提出越来越高的要求，尤其是黑色金属冷挤压凸模，模具受力剧烈，工作条件十分严峻，对模具材料的要求比较高。这时 Cr12 型等高碳工具钢已不能满足使用要求。我国黑色金属冷挤压的模具，凹模主要采用 CrWMn 或 Cr12MoV 钢，凸模主要采用高速钢 W18Cr4V，对要求更高的凸模则采用 W6Mo5Cr4V2 钢制作。W6Mo5Cr4V2 钢的碳化物颗粒细小，分布较均匀，强度与韧性都较 W18Cr4V 钢为好。这两种钢热处理后有高的硬度和抗压强度及良好的耐磨性，能满足一般的冷挤压工作条件。但其碳化物不均匀性级别高低及其热处理工艺是否合理对凸模寿命有很大的影响。为了保证黑色金属冷挤压凸模的质量要求，生产中采用如下具体措施：①通过原材料金相检验，选用碳化物不均匀性在 3 级以下的高速钢制造凸模；②模具设计时，应考虑尽可能用较小规格的钢材制造凸模，这是因为高速钢碳化物不均匀性与钢材尺寸有关；③在有条件的工厂，可经过锻造改善碳化物分布。

高速钢的各项性能和热处理工艺有着密切的联系。冷挤压模的工作条件和刀具不一样，凸模对红硬性并无很高的要求，却必须具有更高的强度和韧性。高速钢经一般热处理后的主要缺点是韧性不足，为了改善韧性可对高速钢进行低温淬火。有的资料介绍了 18-4-1 和 6-5-4-2 钢在不同温度淬火时的碳化物量和种类以及基体中的合金元素含量(表 8.67)。可以看出，低温淬火时钢中未溶碳化物量较一般淬火为多，因此基体中的碳含量要少。此外,基体中合金元素 W、Mo、V 的含量亦相应的低些,这对提高高速钢的韧性是有益的。

表 8.67 18-4-1 和 6-5-4-2 钢退火和淬火状态的碳化物和基体成分

钢号	热处理	碳化物		基体中的合金元素/%				
		质量分数/%	种类	Cr	W	Mo	Cr	V
18-4-1	退火	27.0	$M_6C+M_{23}C_6+MC$	—	2.1	—	3.1	0.10
	1100℃油淬	21.2	M_6C	0.34	5.2	—	4.5	0.35
	1200℃油淬	18.9	M_6C	0.45	6.6	—	4.5	0.65
	1300℃油淬	15.9	M_6C	0.57	8.7	—	4.5	1.0
6-5-4-2	退火	21.4	$M_6C+M_{23}C_6+MC$	—	0.9	1.5	2.2	0.2
	1050℃油淬	16.5	M_6C+MC	0.33	0.9	1.5	4.3	1.1
	1150℃油淬	15.0	M_6C+MC	0.42	1.3	1.8	4.3	1.5
	1250℃油淬	13.5	M_6C+MC	0.53	2.1	2.4	4.4	1.8

注:试验用钢的化学成分为,18-4-1:0.73%C、4.17%Cr、18.58%W、1.00%V;6-5-4-2:0.89%C、4.49%Cr、6.72%W、4.73%Mo、2.51%V。

图 8.119 和图 8.120 分别为 6-5-4-2 钢在不同温度油淬后的硬度、冲击韧性与回火温度间的关系曲线。淬火温度越低,固溶碳量越少,回火时析出的合金碳化物量也少,因此二次硬化效应小些,而冲击值则越高。不论淬火温度高低,在二次硬化峰的 550℃左右,冲击值都具有极小值。

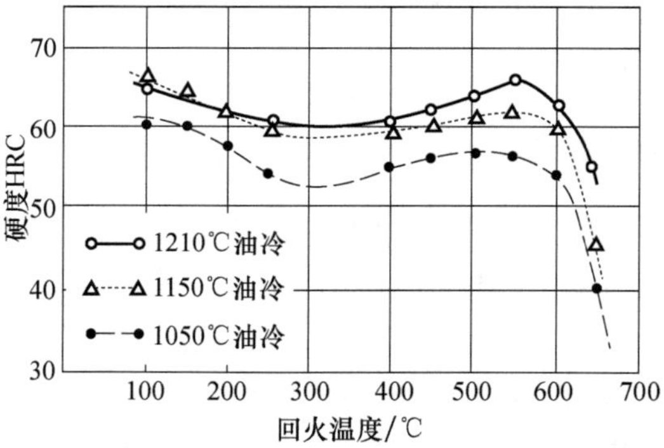

图 8.119 6-5-4-2 钢在不同温度油淬后硬度与回火温度间的关系[57]

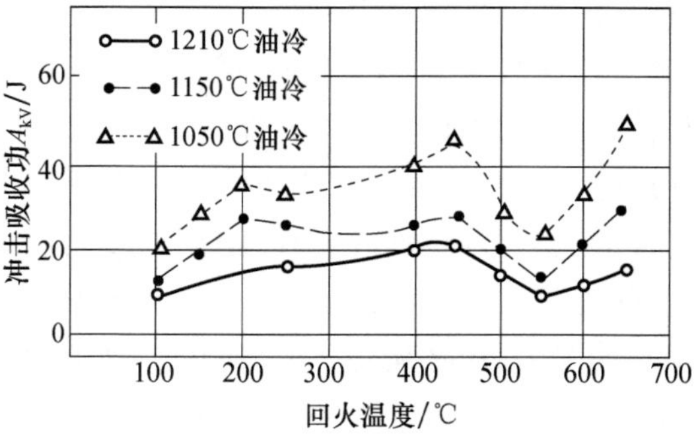

图 8.120 6-5-4-2 钢的冲击值与回火温度间的关系[57]

C 型缺口深 2mm,R=12.7mm

表8.68为高速钢经不同工艺处理后的力学性能,并与其他钢进行对比。

表8.68　几种钢的力学性能对比[84,116]

钢号	热处理工艺	硬度HRC	抗弯强度 σ_{bb}/MPa	挠度 f/mm	冲击韧度 a_k/(J/cm^2)
W18Cr4V	1280℃淬油,560℃,1h,3次	65.0	1970	1.83	11
	1250℃淬油,540℃,1h,3次	63.6	2010	2.0	14
	1220℃淬油,560℃,1h,3次	62.7	1970	1.88	15
	1250℃淬油,600℃,1h,3次	62.9	2220	2.0	26
W6Mo5Cr4V2	1230℃淬油,560℃,1h,3次	65.0	2190	2.08	15
	1190℃淬油,560℃,1h,3次	63.0	2420	2.55	22
	1150℃淬油,560℃,1h,3次	61.8	2800	3.11	62
W6Mo5Cr4V2Al	1210℃淬油,560℃,1h,3次	67.6	2060	2.11	14.2
65Cr4W3Mo2VNb	1120℃淬油,540℃,1h,2次	62.0	2930	3.44	61

注:抗弯试样尺寸为10mm×10mm×130mm,计算跨度为100mm,无缺口冲击试样尺寸为10mm×10mm×55mm。

多年的生产实践表明,大多数高速钢冷挤压凸模可以采用略低于高速钢小刀具的淬火温度进行淬火(W18Cr4V钢采用1240～1250℃;W6Mo5Cr4V2钢采用1180～1200℃),然后在560℃四次回火。如果高速钢的碳化物不均匀性在3级以下,经上述规范处理后,高速钢的韧性已能满足黑色金属冷挤压凸模的需要。对于一些细长或壁薄的凸模,要求具有很高的韧性,则可进一步降低淬火温度,提高其使用寿命。高速钢的低温淬火也有一定的局限性。首先,低温淬火后,高速钢的抗压屈服强度降低,不能用于单位挤压力接近2500MPa的高负荷凸模。其次,降低淬火温度会使高速钢的耐磨性下降,若耐磨性不足就容易黏模,可能导致脱模时将凸模折断。因此,低温淬火法并不是对大多数冷挤压凸模都适合。

8.4.6.2　低碳高速钢

改善高速钢韧性的另一个途径就是降低高速钢的碳含量,即低碳高速钢。我国研制了一种低碳高速钢6W6Mo5Cr4V作为黑色金属冷挤压用的模具钢,已列入GB/T 1299—2014,化学成分见表8.52,其特点是在6-5-4-2钢的基础上适当降低了碳和钒的含量。

6W6Mo5Cr4V钢仍属于莱氏体钢,其碳化物偏析程度与同规格的一般高速钢相比,可以降低一级左右。由于钢中仍含有大量的一次碳化物,锻造时应注意进一步改善碳化物的分布。钢材的开锻温度为1050～1100℃,终锻温度为850～900℃,锻后应注意缓冷。为了改善碳化物的分布,最好采用反复镦拔工艺。由于钢材的纵向力学性能较横向为高,为了更有效地发挥材料的潜力,提高模具的使用寿命,应控制锻件的金属流线。

6W6Mo5Cr4V钢的退火工艺为:加热温度850～860℃,2～4h,炉冷至740～750℃等温4～6h,炉冷至550℃出炉,硬度为197～229HB。

图 8.121 为 6W6Mo5Cr4V 钢的过冷奥氏体等温转变曲线，可以看出，这种钢有较高的淬透性。

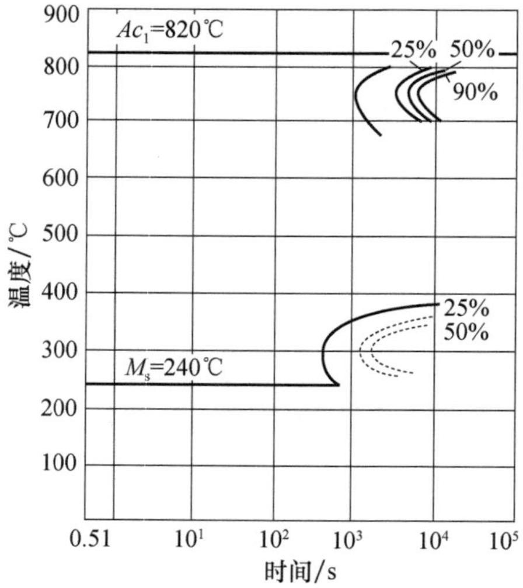

图 8.121　6W6Mo5Cr4V 钢的过冷奥氏体等温转变曲线[91]

1200℃加热，奥氏体化 5min，成分：0.59%C、4.08%Cr、6.25%Cr、5.10%Mo、0.94%V

6W6Mo5Cr4V 钢在淬火时的预热温度为 830～850℃，适宜的加热温度为 1180～1200℃，可以油冷、空冷或分级淬火，淬火后的硬度为 58HRC 左右。图 8.122 为 6W6Mo5Cr4V 钢经 1200℃淬火后，其力学性能与回火温度的关系曲线。可以看出，经 550～580℃回火后，硬度、抗弯强度达到最大值，而冲击韧性为最低值。降低淬火温度可以显著改善钢的韧性，适当升高淬火温度可以提高硬度和耐磨性，但韧性将下降。推荐的回火温度为 560～580℃，回火 3 次，1h，硬度为 58～63HRC。6W6Mo5Cr4V 钢由于降低了碳化物的含量，改善了碳化物的分布，其抗弯强度与塑韧性等较之 6-5-4-2 钢都有显著提高，但回火后硬度要低 2～3HRC，可以通过氮化等表面强化工艺进一步提高其耐磨性。该钢通常用于制造冷挤压模具、拉伸模具等，有较高的使用寿命。

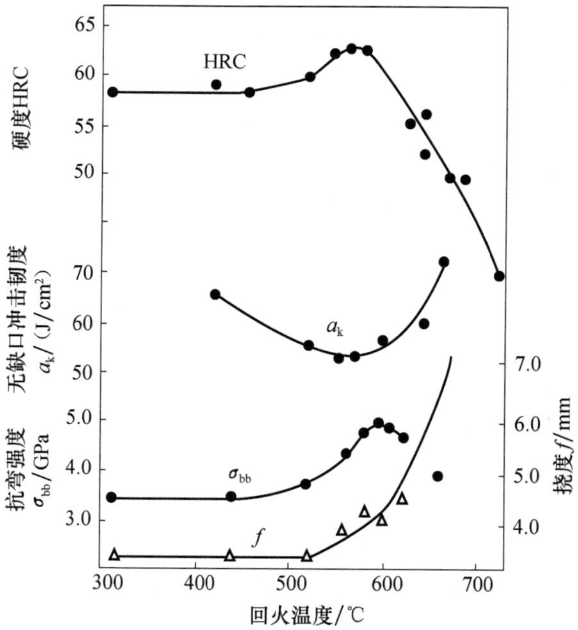

图 8.122　6W6Mo5Cr4V 钢力学性能与回火温度关系[93]

1200℃淬火，回火 3 次×1h

8.4.7 基体钢

1970 年在美国最先提出基体钢的概念，其化学成分为在高速工具钢的淬火组织中去除残余碳化物后基体的化学成分。这种钢可以既具有高速钢的高强度、高硬度，又不致因含有大量碳化物使韧性和疲劳强度降低，可望作为高强度高韧性的工具钢使用。曾对两种基体钢的性能进行了研究，其化学成分见表 8.69[117]，其中 MACVM 钢相当于 M2 钢的基体成分，后一种钢相当于 M34 钢(0.90%C、4.0%Cr、8.0%Mo、2.0%W、2.0%V、8.0%Co)的基体成分。为了使淬火后的残余碳化物保持在 5%左右，淬火温度控制在 1100～1120℃。以后其他一些国家也相继开展了基体钢的研究。在高速钢基体成分上添加少量其他元素，适当增减碳含量以改善钢的性能，适应某些用途的钢种，目前都称为基体钢。我国在基体钢的研究方面进行了较多的试验研究，其中一些综合性能优良的基体钢已在生产中获得应用。表 8.70 列出了一些基体钢的化学成分。

表 8.69　两种基体钢的成分及热处理条件[117]

牌号	化学成分/%						热处理工艺/℃			硬度 HRC
	C	Cr	Mo	W	V	Co	预热	淬火	回火	
MACVM	0.5	4.5	2.75	2.0	1.0	—	816～871	1100～1120	510～620	50～60
Matrix Ⅱ CVM	0.55	4.0	5.0	1.0	1.0	8.0	816～871	1100～1120	510～620	50～64

表 8.70　一些基体钢的化学成分[54,92]　　(单位：%)

牌号	C	Si	Mn	Cr	W	Mo	V	其他
6Cr4W3Mo2VNb	0.60～0.70	≤0.40	≤0.40	3.80～4.40	2.50～3.50	1.80～2.50	0.80～1.20	0.20～0.35Nb
6Cr4W8VTi	0.60～0.70	≤0.40	≤0.40	4.20～4.80	7.50～8.50	—	0.80～1.20	0.10～0.30Ti
6Cr5Mo3W2VSiTi	0.60～0.70	0.80～1.20	≤0.40	4.50～5.20	1.60～2.30	2.80～3.40	1.00～1.40	0.10～0.30Ti
5Cr4Mo3SiMnVAl	0.47～0.57	0.80～1.10	0.80～1.10	3.80～4.30	2.80～3.40	2.80～3.40	0.80～1.20	0.30～0.70Al
5Cr4W5Mo2V	0.40～0.50	≤0.40	0.20～0.60	3.80～4.50	4.50～5.30	1.70～2.30	0.80～1.20	—
6Cr4Mo3Ni2WV	0.55～0.64	≤0.40	≤0.40	3.80～4.30	0.90～1.30	2.80～3.30	0.90～1.30	1.80～2.20Ni
MH85(日本大同)	0.55	—	—	4.2	2.0	4.0	1.0	—
YXR33(日本日立)	0.5	—	—	4.2	1.6	2.1	1.2V、0.15Nb、0.7Co	

注：6Cr4W3Mo2VNb、5Cr4Mo3SiMnVAl、5Cr4W5Mo2V 钢均已列入 GB/T 1299—2014，6Cr4W3Mo2VNb 钢为冷作模具钢，后两者为热作模具钢。

基体钢一般具有高的强度和韧性，适于制作要求高强韧性的冷作模具，又由于基体钢具有较好的高温硬度，也可以作为高性能的热作模具钢来使用。表 8.70 中列出的钢号，除 MH85、YXR33 外，均为我国开发的基体钢，其中 6Cr4W3Mo2VNb(代号 65Nb)、

6Cr4W8VTi(代号 LM1)和 6Cr5Mo3W2VSiTi(代号 LM2)主要用做冷作模具钢，5Cr4Mo3SiMnVAl(代号 012Al)、5Cr4W5Mo2V(代号 RM2)和 6Cr4Mo3Ni2WV(代号 CG-2)主要用做热作模具钢。

6Cr4W3Mo2VNb 钢是以 M2 高速钢的基体成分为基础，适当提高钢中的碳含量至 0.65%，以增加淬火后剩余碳化物的数量，提高其耐磨性，钢中 Cr、W、Mo、V 等元素的作用与在高速钢中相似。Cr 在钢中主要生成 $M_{23}C_6$ 和 M_7C_3 型碳化物，在较低温度加热时，就能溶入奥氏体，从而保证了钢的高淬透性和淬硬性；一部分 Cr 还溶入 M_6C 型碳化物，使其稳定性降低，淬火加热时易于溶解，进一步提高奥氏体的合金化程度。W、Mo、V 在钢中主要生成 M_6C、MC 等碳化物，它们在淬火加热时大部分溶解，在回火时以 M_2C、MC 的形式析出，引起较强烈的二次硬化效果。约 1%V 能使钢有好的耐磨性而不致影响磨削性能。在退火状态，钢中的碳化物含量约为 16%[118,119]。

加入 0.2%～0.3%Nb 能起到细化晶粒和提高韧性的作用。Nb 在钢中形成细小稳定的 NbC，加热至 1180℃时，基体中才溶解 0.022%～0.08%Nb。Nb 同时又能溶入其他碳化物中，提高其稳定性，故能有效地阻止晶粒的长大，并使基体碳含量降低而获得较多的板条马氏体，从而改善钢的热加工性能和热处理工艺性能，并能提高钢的综合力学性能。含 Nb 钢的淬火温度比不含 Nb 的钢可提高 40～50℃，使淬火温度范围变宽，抗弯强度提高了 25%，冲击韧度提高一倍以上，断裂韧度提高 20%[118]。

由于 65Nb 钢中的碳及合金元素含量较高速钢和高铬工具钢低，其碳化物不均匀性比同规格的高速钢要低 1～2 级以上。GB/T 1299—2014 规定退火状态交货的 65Nb 钢应按 GB/T 14979—94 第四评级图评定，但当供方保证满足表 8.57 的要求时，可不做检验。生产经验表明，ϕ80mm 的 65Nb 钢材的共晶碳化物略呈带状分布，并有堆积现象；ϕ130mm 钢材中的共晶碳化物堆积程度则比较严重。因此，对于 ϕ80mm 以上规格的钢材，最好经反复镦拔后使用。

65Nb 钢的锻造性能很好，钢材加热温度为 1120～1150℃，始锻温度为 1100～1150℃，终锻温度为 850～900℃，钢材锻后应缓冷。锻坯的退火工艺：860℃×3h，炉冷，740℃等温 6h，硬度为 217HB 左右。

65Nb 钢具有较高的淬透性，图 8.123 为 65Cr4W3M2VNb 钢的过冷奥氏体等温转变曲线。ϕ50mm 以下的试样，经 1160℃奥氏体化后，可以在空气或油中淬透，ϕ80mm 的试样则可以在油中淬透。

65Nb 钢在淬火加热温度不超过 1160℃时，奥氏体仍能保持细小的晶粒 10～9 级，加热温度至 1180℃以上时，由于稳定碳化物 NbC 等的溶解，晶粒开始不均匀长大。65Nb 钢经 1100～1160℃加热淬火后的硬度为 65～66HRC，残余奥氏体量为 11%～14%。

经不同温度淬火后的 65Nb 钢在回火过程中均出现二次硬化，硬化峰在 520～540℃出现，并随淬火温度的升高而增强。试验表明，出现二次硬化峰主要是由于纳米尺寸(<10nm)的 M_2C 和 V_4C_3 的共格析出。M_2C 和 V_4C_3 既可以自基体独立析出，也可以由回火时析出的 M_3C 原位转变生成[119]。钢中的残余奥氏体在回火温度超过 500℃时迅速发生转变，经 540℃两次回火，残余奥氏体已转变完毕，因此 65Nb 钢只需二次回火。

表 8.71 为 65Nb 钢不同温度淬火及回火后的力学性能。最大抗弯强度出现在 520～540℃二次硬化峰处。

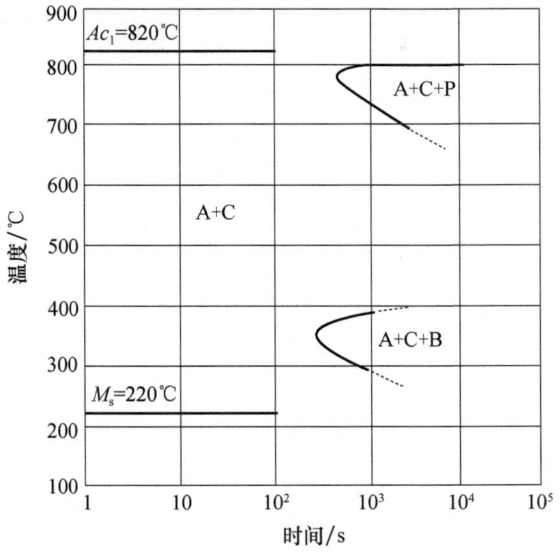

图 8.123　65Cr4W3Mo2VNb 钢的过冷奥氏体等温转变曲线[116]

钢的成分：0.66%C、4.08%Cr、3.02%W、1.97%Mo、1.10%V、0.26%Nb，

奥氏体化温度 1160℃，3min，晶粒度 10～11 级

65Nb 钢具有高的抗弯强度和优异的韧性。随淬火温度的升高，65Nb 钢的抗弯强度逐渐上升，挠度下降，淬火温度超过 1160℃后，抗弯强度开始下降。回火时的二次硬化峰随淬火温度的升高而向高温回火方向推移。

65Cr4W3Mo2VNb 钢的断裂韧度显著高于 W18Cr4V 钢，降低淬火温度还可以进一步提高。

表 8.71　65Nb 钢不同温度淬火和回火后的力学性能[118,120]

淬火温度/℃	力学性能	回火温度										
		220℃	300℃	350℃	400℃	450℃	500℃	520℃	540℃	560℃	580℃	600℃
1080	HRC	61.2	58.7	58.3	58.3	59.4	60.1	60.1	60.2	58.5	58.3	55.5
	σ_{sc}/MPa	2721	—	—	2474	—	—	—	2636	—	—	—
	σ_{bb}/MPa	740	2730	—	3120	—	4120	4560	4490	4250	—	—
	f/mm	1.28	4.29	—	3.70	—	7.52	8.6	8.6	9.92	—	—
	a_k/(J/cm²)	53.2	60.9	—	65.8	—	56.9	81.8	82.6	—	—	—
	K_{IC}/(MPa·m$^{1/2}$)	—	—	—	—	—	—	—	25.6	—	—	—
1120	HRC	60.8	59.3	59.3	59.0	59.9	61.4	62.3	62.2	60.4	60.5	58
	σ_{sc}/MPa	2755	2398	—	2390	—	2338	2577	2670	2695	2815	2338
	σ_{bb}/MPa	780	1760	2570	3550	3330	3940	4740	4510	4310	4150	4000
	f/mm	0.8	1.68	2.82	5.65	4.25	4.90	7.86	7.97	9.31	7.88	10.25
	a_k/(J/cm²)	66	50.3	75	70.9	70.7	74.5	87.8	100.7	99	116.5	123.7
	K_{IC}/(MPa·m$^{1/2}$)	—	—	—	—	—	—	—	19.8	—	20.1	—

续表

淬火温度/℃	力学性能	回火温度										
		220℃	300℃	350℃	400℃	450℃	500℃	520℃	540℃	560℃	580℃	600℃
1160	HRC	61.7	59.6	59.6	59.6	60.3	61.8	62.5	62.5	61.5	60.5	59.1
	σ_{sc}/MPa	2764	—	—	2423	—	—	—	2679	—	—	—
	σ_{bb}/MPa	700	1490	1763	2653	3133	3900	4787	4915	4880	4645	4400
	f/mm	0.75	1.36	1.50	2.76	3.37	4.74	5.83	6.04	9.28	13.14	10.08
	a_k/(J/cm^2)	27.8	—	—	65.0	91.3	45.9	45.4	51.6	79.2	93.8	72.5
	K_{IC}/(MPa·m$^{1/2}$)	—	—	—	—	—	—	—	17.3	—	—	—

注:抗压屈服强度 σ_{sc} 试样尺寸为 ϕ5mm×10mm,冲击韧度 a_k 试样为C型缺口,缺口深度2mm,R=12.7mm。

65Nb钢具有良好的热处理工艺性能,淬火加热温度范围较宽,为1080～1160℃,对不同用途的模具,淬火温度有所差异,加热时间按15～20s/mm计算。对变形量大、单位挤压力大的反挤凸模,淬火温度可采用(1160±10)℃。对单位挤压力小、要求韧性更高的凸模可采用1080～1140℃淬火。尺寸小、形状比较简单而不易变形的模具,加热后在油中冷至200～300℃后取出空冷。对形状复杂、容易变形开裂的模具,可采用分级淬火,最好用400℃或200℃分级,若要在550～600℃分级,则停留时间较短为好,否则会降低淬火硬度及淬透深度。回火工艺通常采用540℃保温1h,回火2次。要求硬度较高的凸模,第二次回火最好用530℃。在要求模具具有高的韧性时,可采用1120℃淬火,580℃回火。

生产实践表明,在一些容易碎裂、折断的模具中,以65Nb钢代替高速钢、高碳高铬工具钢,可以明显地看出它的优越性,能显著提高模具寿命。65Nb钢用于制作形状复杂的有色金属挤压模、单位挤压力为2500MPa左右的黑色金属挤压模,以及轴承、标准件行业的冷镦模,使用寿命较Cr12MoV及高速钢有显著提高。65Nb钢具有一定的高温强度,可用于制作黑色金属的温挤压模具,但这种钢的耐磨性不如高速钢。通过采用气体氮化等表面强化工艺可以弥补其不足,使模具得到稳定的高寿命。

对65Nb钢还可以采用超细化处理,即在最终热处理前,先进行1200℃左右的固溶处理,再进行700℃左右的高温回火,可以基本消除碳化物偏析带,剩余碳化物均匀细小,共晶碳化物数量也较少,而且比较细小和圆整。经最终热处理,其冲击韧度可提高约80%,断裂韧度可提高约40%[54]。

马氏体-贝氏体复相($B_下$/M)热处理是一种提高钢的强韧性的重要工艺手段。试验指出,65Nb钢1160℃淬火加热后,于270℃等温28min可生成体积分数为20%左右的下贝氏体,强韧性最好;也可在 M_s 点以下,于180℃等温60min。此时,先形成少量马氏体促进下贝氏体的形成,亦可获得良好的强韧性。

表8.72列出65Nb钢常规热处理、$B_下$/M复相热处理和其他高强度模具用钢的性能对比[54]。

表 8.72 不同钢种不同热处理工艺后的性能对比[54]

钢号	热处理工艺	σ_{bb}/MPa	f/mm	a_k/(J/cm²)（C 型缺口）	HRC
6Cr4W3Mo2VNb	1160℃加热，270℃等温，28min	5050	10	92	>60
	1160℃加热，180℃等温，60min	5000	9.5	95	>60
	1160℃加热，油淬，540℃，2 次，1h	4915	6.04	51.6	62.5
	1120℃加热，油淬，540℃，2 次，1h	4710	7.97	100.7	62
W6Mo5Cr4V2	1190℃加热，油淬，560℃，3 次，1h	3210	2.14	20	66.5
	1200℃加热，油淬，560℃，2 次，2h	5000	3.47	28.0（无缺口）	65.5
C12MoV	970℃加热，油淬，200℃，2 次，2h	3110	—	—	58.5
	1020℃加热，油淬，200℃，2 次，2h	3500	2.4	—	61

6Cr4W8VTi（代号 LM1）和 6Cr5Mo3W2VSiTi（代号 LM2）是两种含钛的基体钢。由于 Ti 的加入形成稳定的 TiC，能在一定的加热温度和保温时间下抑制和减缓晶粒的长大作用。由于 TiC 在淬火加热时未溶于奥氏体中，相对减少了基体中的碳含量，有利于板条马氏体的形成，从而提高了钢的强韧性。两种钢的过冷奥氏体等温转变曲线的形状与 65Nb 钢（图 8.123）相近，但其 Ac_1 点较高，约为 860℃。

LM1 钢的适宜淬火温度为 1190～1210℃，油淬后的硬度为 62～64HRC；回火温度为 540～580℃，回火 3 次×1.5h，回火后的硬度为 58～64HRC。LM2 钢的适宜淬火温度为 1170～1190℃，油淬后的硬度为 61～63HRC；回火温度为 530～560℃，回火 2 次×(1～2)h，回火后硬度为 60～62HRC[121]。

LM1 钢有较高的硬度、强度和高温性能及抗回火稳定性，多用于冷冲切边模具等，也可用于某些热挤压模具。LM2 钢则相对有较好的强韧性，多用于承受冲击载荷较大的冷冲冷挤模具，但由于钢中钛的加入，给浇注带来一些麻烦，使钢的扩大应用受到限制[91]。

8.4.8 钢结硬质合金

20 世纪 50 年代，美国最先试制成功一种新型的工具材料——钢结硬质合金。它是以碳化钛为硬质相，以合金工具钢为黏结相，用粉末冶金的方法制成，其性能介于高合金工具钢与硬质合金之间。它经热处理后（退火）可进行一般的机械切削加工，也可以焊接和锻造，经淬火后具有相当于硬质合金的高硬度和良好的耐磨性，所以迅速地得到了推广和使用。

到目前为止，针对不同的用途，已发展了多种钢结硬质合金牌号。这些牌号适合于制作一般模具的材料，具有耐腐蚀、抗氧化特性的材料，高温下使用的模具或耐磨零件的材料，作为刃具使用的材料，凿岩工具材料等。钢结合金的硬质相一般为难熔金属的碳化物，如 TiC、WC、VC、ZrC、Cr_2C_3 等，黏结相则是钢基体，可以是碳素钢、合金钢、高速钢、不锈钢、高锰钢等。硬质相赋予材料以高硬度和高耐磨性能，钢基体则赋予材料以可加工性和可热处理性。

我国一些研究单位和生产厂也先后对钢结硬质合金材料开展了研制工作，已研制成多种牌号，其中大部分是适合制作各种冷作模具及耐磨零件的材料。除国际上常用的以

TiC 为硬质相的钢结硬质合金外，还开发出以 WC 为基的钢结硬质合金材料。生产实践表明，WC 钢结硬质合金与 TiC 钢结硬质合金，其力学性能和使用情况均相似。表 8.73 为我国用于制作工模具的钢结硬质合金主要类型、牌号和化学成分。

表 8.73　我国用于制作工模具的钢结硬质合金的主要类型、牌号和化学成分[54,122]

类型	牌号	钢基体	化学成分/%					
			硬质相	C	Cr	Mo	W	V
WC	TLMW35	合金钢	35WC	0.55	0.81～1.25	0.81～1.25	—	—
	TLMW50	合金钢	50WC	0.45	0.6～1.25	0.6～1.25	—	—
	GW50	合金钢	50WC	<0.6	0.55	0.15	—	—
	GJW50	合金钢	50WC	0.25～0.5	0.50～1.0	0.25～0.5	—	—
TiC	GT35	合金钢	35TiC	0.5	2.0	2.0	—	—
	R5	中、高铬合金钢	30～40TiC	0.6～0.8	6.0～13.0	0.5～3.0		0.1～0.5
	D1	钨高速钢	25～40TiC	0.4～0.8	2.0～4.0	—	10～15	0.5～1.0
	T1	钨钼高速钢	25～40TiC	0.4～0.8	2.0～5.0	2.0～5.0	3～6	1.0～2.0

在钢结硬质合金中，硬质相的数量及颗粒的大小、分布、形态均影响其韧性。碳化物相越少，韧性越好，但其总量不应少于 30%，否则会降低合金的耐磨性。碳化物越细，分布越均匀，材料的韧性越好。

钢结硬质合金的生产方法通常采用液相烧结法，使多孔的机械结合的粉末压块变成致密的冶金结合的合金，从而形成所需的物理力学性能[122]。烧结后的毛坯首先经过外观检查，合格的毛坯要检查其密度。实践表明，虽然钢结硬质合金密度合格，但其内部却时有小空洞、砂眼、杂质、石墨、污垢之类的缺陷存在，因此，还应对产品进行超声波检查。检验合格的产品即可进行退火处理，退火后硬度合格者即可供用户使用。

钢结硬质合金具有可锻性。钢结硬质合金的锻造不仅仅是利用它的塑性特点，使坯料在压力加工下成为具有一定形状的工件，而更重要的是通过锻造加工，提高合金的密度，使碳化物分布较前均匀，可改善硬度的均匀性及力学性能。实践表明，锻造后模具寿命比未经锻造的模具有明显的提高。

我国在 1983 年制定了国家标准 GB 3879—83《钢结硬质合金材料毛坯》，2008 年修改为 GB/T 3879—2008。该标准规定钢结硬质合金毛坯的形状和规格，毛坯形状分为圆柱、圆环、板材三种类型。材质加工状态分为烧结态、锻态和加工态。制品的化学成分及其物理力学性能、组织结构均不作规定，而由供需双方协商确定。钢结硬质合金的物理化学性能和组织结构的分析按 GB/T 5242—2006《硬质合金制品检验规则与试验方法》执行。

钢结硬质合金中碳化物含量较高，导热性差，因此锻造性能较一般模具钢差。在锻造过程中，首先要注意确定合适的加热速率，以使坯料不产生内部热裂纹，一般要经过两次预热。此外，还必须正确地选取锻造温度范围和加热时间。锻造温度范围上限应低于固相线 160～220℃，始锻温度一般在 1150～1200℃，采用轻-重-轻的打法，终锻温度控制在 900～950℃。过高的终锻温度，在锻件冷却过程中晶粒会继续长大，因而降低了力学性能，尤其是冲击韧性。过低的终锻温度，不能保证再结晶的完善，就会产生残余应力，甚至出现裂纹，锻后应缓冷。锻造可使坯料的孔隙度从锻前的体积分数为0.5%～1.4%降低到0.4%～1.0%，同时碳化物也得到一定程度的细化和均匀化。TiC系钢结硬质合金比WC系的锻造性能要差些。

为了使钢结硬质合金的钢基体获得球状珠光体组织，降低其硬度，以利机械加工，应对合金进行退火处理。退火通常在各种箱式电炉或井式电炉用石墨颗粒和铸铁屑做保护介质覆盖进行。对GT35合金，退火时加热到860～880℃，保温2～4h后以20℃/h的降温速率降至720～740℃，再等温3～4h后随炉冷却，可达到39～46HRC。TLMW50合金采用上述工艺退火后的硬度为35～40HRC。退火后的组织为硬质相加小球状珠光体。目前，钢结硬质合金中的硬质相还达不到均匀分布的最佳状态，一般都有一定程度的网状堆积。

钢结硬质合金经退火软化以后，能承受切削加工(车、铣、刨、钻等)。合金中虽含有很多非常坚硬的TiC或WC颗粒，然而，这些硬质颗粒是孤立、分散地分布在球状珠光体组织的钢黏结体中，在切削过程中，刀刃主要是切在钢的部分上，而硬质颗粒是随着车屑一起被撕裂而剥落下来，故不能进行高速加工。与切削加工比较，钢结硬质合金的磨削加工更困难一些。

合金元素在钢结硬质合金中的作用与在钢中的作用相同，但钢结硬质合金在烧结和淬火加热时，硬质相，特别是碳化钨，与基体有强的相互作用，有相当多的碳和钨溶入钢的基体，而钢基体中的钼和铁也大量进入硬质相，改变了硬质相和钢基体的原始化学成分。钢基体中碳和钨的增加可使钢基体原为亚共析成分的合金钢变为共析或过共析成分，新形成的M_6C型碳化物较之合金渗碳体更稳定，再加上硬质相本身也有阻止奥氏体长大的作用，因此钢结硬质合金的奥氏体化温度比原钢基体要高得多，加热时间也可以更长些，否则将达不到预期的性能指标。所以钢结硬质合金淬火加热时的过热敏感性较小，淬火温度范围较宽。

在烧结过程中，由于温度高，硬质相与钢基体相互作用较强，经常会出现桥接相，即将硬质相晶粒连接起来的合金碳化物。桥接相硬而脆，在热处理过程中难以消除，最好利用锻打方法将其打碎，在R5合金中的桥接相为$(Cr,Fe)_7C_3$。另一种是在高温固态烧结，或退火加热温度较高，在随后的缓慢冷却时析出桥接相，这种桥接相可以利用提高淬火温度的方法予以消除。它类似于二次碳化物网络，把硬质相连接在一起。提高淬火温度还可以使尖角硬质相变成球粒状，使合金的韧性提高。

钢结硬质合金所制模具如采用盐浴加热，则保温时间以0.5～1min/mm计算，在箱式电炉中加热保温时间加倍，而且应在石墨粉、铸铁屑中保护以防止氧化和脱碳。淬火加热后，可以直接淬入热油或分级、等温淬火。

钢结硬质合金的热处理工艺和热处理后的硬度值见表8.74。钢基体为合金钢的钢结硬质合金一般在150～250℃低温回火，经较高温度加热淬火后也可在500～650℃高温回火，应避开300～350℃回火脆性区。当采用较高温度加热淬火时，WC型钢结硬质合金的基体中溶入了较多的钨，因此回火稳定性有所提高，在450～550℃回火时，由于有合金碳化物的弥散析出和残余奥氏体的转变，会有二次硬度出现。钢基体为高速钢的钢结硬质合金应进行高温回火。

表 8.74　一些常用钢结硬质合金的热处理工艺及热处理后的硬度值[54]

牌号	淬火加热温度/℃	淬火硬度 HRC	回火温度/℃	回火硬度 HRC
TLMW35	1020～1050	68	180～200	64～66
TLMW50	1020～1050	68～70	200 500	66～68 63～64
GW50	1050～1100	68～72	180～200	68～70
GJW50	1020	70	180～200	67
DT	1000～1020	67～68	200	62～65
GT35	960～980	69～72	180～200 400～500	67～71 61～64
R5	1000～1050	70～73	200 450～500	68～69 67～70
D1	1220～1240	69～73	500℃×3×1h	66～69
T1	1240	68～72	500℃×3×1h	70～72

TLMW35 钢结硬质合金的淬火温度为 1020～1050℃，采用下限温度加热淬火时，钢中的白色块状组织为 WC，基体为细的马氏体组织，大部分是板条马氏体。采用上限温度加热淬火时，由于加热温度较高，WC 颗粒溶解较多，颗粒变小，钢基体中由于碳和合金元素的溶入，淬火后钢基体中出现粗片状马氏体和大量残余奥氏体。TLMW35 钢结硬质合金 1050℃加热油淬，200℃回火 1.5h 后，回火马氏体呈黑色，残余奥氏体没有转变，经 450℃回火后，灰色基体是回火屈氏体＋回火马氏体组织，仍可看到明显的针状，残余奥氏体已大部分转变。

DT 钢结硬质合金是我国在 20 世纪 80 年代初继 TLMW50 和 GJW50 之后开发成功的[123]。DT 钢结硬质合金含有约 25%体积分数的 WC(质量分数约 40%)，其余为中碳铬钼镍钢组成。某一 DT 钢黏结相的化学成分经化验为：0.61%C、0.83%Cr、1.76Mo、1.74%Ni、0.52%Mn[124]。

DT 钢结硬质合金的特点是在保持足够高硬度的基础上，较大幅度地提高材质的强度和韧性，在使用中不易出现早期崩刃和碎裂，能充分发挥其耐磨性高的作用，使用效果好。

DT 钢结硬质合金的可锻性优于其他钢结硬质合金，锻造温度较宽，热塑性较好。锻造工艺为：预热温度 700～800℃，始锻温度 1150～1200℃，终端温度 880～900℃。前几次锻打时需反复交替进行镦粗和拔长，要轻拍慢打，每次锻打的变形量控制在 5%左右，改锻时变形量控制在 10%～15%。

DT 合金的退火加热温度为 860～880℃，保温 3h 后缓冷至 700～720℃，保温 6h，再以 16～20℃/h 的速率降温，退火后的硬度为 32～34HRC。DT 合金经 850℃预热、1000～1020℃加热油淬，硬度可达到 67～68HRC。经 200℃低温回火后，硬度为 62～65HRC。DT 合金也可以采用 260～280℃等温淬火 1.5h 的工艺，硬度为 56～62HRC。DT 合金多用于硅钢片剪切、冲裁、不锈钢制品拉伸及大直径的冲、拉伸等模具[124]。

表 8.75 为一些常用钢结硬质合金的物理、力学性能。

表 8.75　一些常用钢结硬质合金的物理、力学性能[54,123]

牌号	密度 /(g/cm³)	线膨胀系数 $a_l/(10^{-6}/℃)$		硬度 HRC			抗弯强度 σ_{bb}/MPa	冲击韧度 $a_k/(J/cm^2)$ (无缺口)
		20～100℃	20～600℃	退火态	淬火态	回火态		
TLMW50	10.21～10.37	6.72	10.15	35～40	66～70	66～68	1960	7.8
GW50	10.20～10.40	8.90	9.70	38～43	68～72	68～70	1666～2250	11.8
GJW50	10.20～10.30	—	—	35～38	68～70	67	1490～2156	7.0
DT	≥9.7	8.54	—	32～34	67～68	62～65	2500～3600	15～20
				等温淬火态	56～62	3200～3800	18～25	
GT35	6.40～6.60	6.09	11.51	39～46	68～72	67～71	1370～1570	5.9
R5	6.35～6.45	8.34	10.82	44～48	70～73	68～69	1176～1370	2.90
D1	6.90～7.10	—	—	40～48	69～73	66～69	1370～1570	—
T1	6.60～6.80	4.37	11.25	44～48	68～72	70～72	1270～1470	2.90～5.0

钢结硬质合金兼有钢和硬质合金的特性，已作为模具材料应用于各种冷作模具，如冷冲模具、冷镦模具、冷挤压模具、拉伸模具、剪裁模具、压印模具、滚压工具等；也可用于部分热作模具，如热挤压模具、热冲模具等。当选用适当时，其使用寿命可比模具钢提高几倍到几十倍，甚至可以接近普通硬质合金制作的模具。但钢结硬质合金在承受较大冲击载荷时，韧性尚显不足，因此可在模具结构上采取相应的措施。一般多采用镶套结构，采用高强度钢制作外套，甚至采用双套或多套结构，过盈装配，有时采用拼块结构，以承受或抵消冲击载荷的作用，可以充分发挥钢结硬质合金高耐磨性的特性，达到稳定提高模具寿命的目的[122]。

高速钢结硬质合金的淬火-回火工艺与高速钢相似，最后加热温度为1240～1280℃，在油中淬火，560℃回火三次，每次1～1.5h，淬火-回火后的硬度达69～73HRC。这种合金适宜制作各种复杂形状刀具，如麻花钻头、铣刀等，也可以制作在较高温度下工作的模具和耐磨零件，用做模具时的淬火温度可以适当降低。

目前，钢结硬质合金的应用范围仍在不断扩大，新的工艺技术不断涌现[125,126]。制备工艺除传统的粉末冶金方法以外，还有原位合成法、自蔓延燃烧合成法、热等静压法、电渣重熔法等。钢结硬质合金的黏结相强化越来越受到重视。以富铁的Fe-Co-Ni作为黏结相的钢结硬质合金，其性能甚至优于WC-Co硬质合金。一些研究表明，加入适量的稀土元素(0.4%～0.8%)，可以改善合金的性能。在硬质相方面，除了TiC、WC以外，出现了更多新型硬质相，如TiN、TiB_2、NbC等，复合型硬质相也受到重视，如Ti(C,N)、(Ti,W)C等。

8.4.9　冷轧辊用钢

轧辊是金属轧制设备上的最主要零件，用于使金属变形，一般属于大截面用钢。冷轧辊按工作性质可分为冷轧工作辊和大型支承辊两大类。冷轧工作辊是轧辊类产品中质量要求最高的一类。

8.4.9.1 冷轧辊用钢的化学成分

冷轧工作辊用钢的化学成分、性能要求与一些冷作模具钢相近。冷轧工作辊应满足下列主要性能上要求:①有较大的淬透性,淬火后能得到高而均匀的表面硬度,辊身表面硬度应保证不小于90HSD的高硬度;②大的工作稳定性,即轧辊在工作过程中不容易产生剥落和裂纹等缺陷;③较高的冲击韧性,能承受冷轧时产生的冲击力;④硬度均匀,材质纯净。实际使用过程表明,高硬冷轧辊的使用寿命正比于其表面硬度。因此,高的表面硬度和深的有效淬火层深度是评价其质量的主要指标。

冷轧工作辊的硬度测定采用肖氏(Shore)试验,符合GB/T 4341.1—2014《金属材料 肖氏硬度试验 第1部分:试验方法》的规定。该方法的原理是将规定形状的金刚石冲头从固定高度 h_0 落在试样表面上,冲头弹起一定高度 h,用 h 与 h_0 的比值计算肖氏硬度值。采用D型(指示型)肖氏硬度计时,硬度值以HSD表示

$$HSD = 140 \times (h/h_0) \tag{8.9}$$

85HSD相当于62.1HRC,90HSD相当于64.8HRC,97HSD相当于68.0HRC。

冷轧工作辊用钢的化学成分最初是基于GCr15型轴承钢,经过不断的发展,各国的主要冷轧工作辊制造厂各自开发了自己的冷轧工作辊用钢系列,成分不尽相同,但主要元素的应用原理有许多共同之处。

我国早期使用的冷轧工作辊材料均为高碳铬合金钢,这些钢均已列入我国于1991年制定的国家标准GB/T 13314—91《锻钢冷轧工作辊通用技术条件》。该标准中共列入7个钢号:9Cr2、8CrMoV、85Cr2MoV、9Cr2Mo、9Cr2W、9Cr2MoV和9Cr3Mo。2008年将该标准修订为GB/T 13314—2008,取消了不常用的材料8CrMoV、9Cr2W,增加了8Cr3MoV、8Cr5MoV两个钢号。GB/T 13314—2008中列入钢号的化学成分见表8.76,该标准适用于整体锻造合金钢冷轧工作辊及中间辊。新修订的GB/T 1299—2014中纳入了5个轧辊用钢的钢号,部分钢号与GB/T 13314—2008中列入钢号重复,见表8.76。

表8.76 冷轧辊用钢及其化学成分(GB/T 13314—2008) (单位:%)

牌号	C	Si	Mn	Cr	Mo	V	Ni	Cu	S,P
9Cr2	0.80~0.95	≤0.40	≤0.40	1.30~1.70	—	—	—	—	≤0.030
9Cr2V	0.85~0.95	0.20~0.45	0.20~0.45	1.30~1.70	—	0.10~0.25	—	—	≤0.030
8Cr2MoV	0.80~0.90	0.15~0.40	0.30~0.50	1.80~2.40	0.20~0.40	0.05~0.15	≤0.25	≤0.25	≤0.025
9Cr2Mo	0.85~0.95	0.25~0.45	0.20~0.35	1.70~2.10	0.20~0.40	—	≤0.25	≤0.25	≤0.025
9Cr2MoV	0.85~0.95	0.25~0.45	0.20~0.35	1.70~2.10	0.20~0.30	0.10~0.20	≤0.25	≤0.25	≤0.025
9Cr3Mo	0.85~0.95	0.25~0.45	0.20~0.35	2.50~3.50	0.20~0.40	—	≤0.25	≤0.25	≤0.025

续表

牌号	C	Si	Mn	Cr	Mo	V	Ni	Cu	S,P
8Cr3MoV	0.78～1.10	0.40～1.10	0.20～0.50	2.80～3.20	0.20～0.50	0.05～0.15	≤0.80	≤0.25	≤0.025
8Cr5MoV	0.78～0.90	0.40～1.10	0.20～0.50	4.80～5.50	0.20～0.60	0.10～0.20	≤0.80	≤0.25	≤0.020

注：9Cr2V 是 GB/T 1299—2014 中列入的轧辊用钢牌号，而 GB/T 13314—2008 未列入的牌号。其余均为 GB/T 13314—2008 中列入的牌号。9Cr2MoV、9Cr2Mo、8Cr3MoV 和 8Cr5MoV 是 GB/T 1299—2014 中的轧辊用钢和 GB/T 13314—2008 共同列入的牌号，但成分范围略有差异。

冷轧辊用钢的冶炼方法宜采用炉外精炼、电渣重熔等二次精炼方法。冷轧辊锻件采用钢锭锻造时，辊身锻比一般应不小于 3，采用钢坯锻造时，辊身锻比不小于 1.5，采用电渣重熔锭锻造时，辊身锻比不小于 2。冷轧辊试样的低倍组织不允许有白点、内裂、缩孔和目视可见的非金属夹杂物等冶金缺陷，其锻件切片的显微组织网状碳化物不应大于 2.5 级(按 GB/T 1299—2014 附录 A3 第三级别图)。冷轧辊应根据使用情况由供需双方协商选择超声波探伤的质量等级，锻钢冷轧工作辊超声波方法及探伤结果质量分级见 GB/T 13314—2008 的附录 A。

合金元素铬对冷轧工作辊的淬透性、碳化物类型及耐磨性等方面起着举足轻重的作用，冷轧工作辊材质的发展是以铬含量的不断提高为基本特征的[127]。

普通冷轧工作辊最初使用的是 2%Cr 型钢。我国常用的 9Cr2、9Cr2V、9Cr2Mo、9Cr2MoV 等钢都是典型的 2%Cr 型钢，其碳含量为 0.85%～0.95%，具有较高的淬硬性。钒能细化钢的晶粒，降低过热敏感性，提高钢的韧性，能够通过适当的热处理基本上满足高硬冷轧辊的性能要求。锰和镍含量不应过高，否则将使淬火后钢内的残余奥氏体量增加。

2%Cr 型冷轧工作辊用钢由于合金含量低，淬透性不是很高，淬硬层深度 $\delta=12\sim16$mm，一般不进行冷处理。若经工频感应淬火，淬硬层深可达 20mm。这类钢组织中的碳化物为 M_3C 型合金渗碳体，淬火后剩余碳化物量较少，属于以高碳量强化基体为主的冷轧工作辊钢。

3%Cr 型深淬硬层冷轧工作辊用钢是 20 世纪 70 年代末到 80 年代开发出的。ϕ550～ϕ630mm 冷连轧机工作辊的使用半径多在 25～35mm，用普通冷轧工作辊时，淬硬层消耗之后，还要进行 1～2 次重新淬火才能使用到报废尺寸。开发出来的这类深淬硬层和超深淬硬层冷轧工作辊的淬硬层深度 δ 可达到 20～30mm，甚至不小于 30mm。

3%Cr 型钢中的铬含量提高到 3%左右水平，并可加入镍进行复合合金化，可进一步提高钢的淬透性。钢中的铬含量达 2.5%～3%以上时，将会出现 M_3C 和 M_7C_3 型两种碳化物，随铬含量的提高，M_7C_3 型碳化物量增多。淬火加热时，在奥氏体区，M_3C 型碳化物迅速溶解，M_7C_3 型碳化物较稳定，溶解缓慢，有一部分未溶解，淬火后作为剩余碳化物存在于钢的基体中，M_7C_3 型碳化物的硬度较高，自身硬度 1300～1800HV，有助于提高耐磨性。

3%Cr 型钢由于合金元素含量增加，感应加热后固溶于基体中的铬等元素也较高，可以显著提高淬透性，但淬火后残余奥氏体量也较高，必须进行冷处理。经冷处理后的冷轧工作辊淬硬层深可达 30mm 以上。

由于对薄规格的冷轧带钢的需求增加,所用冷连轧机工作辊直径减小,一般为 ϕ350～ϕ550mm,可用半径多在 20～25mm,摩擦和轧制负荷加剧,对工作辊的耐磨性和抗接触疲劳性能的要求很高。国外开发了 5%Cr 型冷轧工作辊用钢,其基本成分为:0.8%～1.0%C、4.5%～5.5%Cr、0%～1.2%Ni、0.25%～0.6%Mo、<0.10%V,并添加 0.10% Ti 的钢。这种钢中 M_7C_3 型碳化物的体积分数较大,钢的耐磨性和接触疲劳强度显著提高,但锻造性能和磨削加工性有所恶化。此外还出现含碳 1%～2%、含铬 10%,并添加 Mo、V 的高碳高铬冷作模具钢及半高速钢等用于制作冷轧工作辊。

冷轧工作辊为高碳过共析钢,淬火-回火后的要求不低于 90HSD 的高硬度,马氏体基体中的固溶碳量必须达到 0.5%～0.6%,还需要保留 3%～9%的未溶碳化物相,因此钢中的碳总量不应低于 0.75%。碳含量过高会降低马氏体点 M_s,增加残余奥氏体量,反而损失淬硬性和淬透性,增加淬硬层的脆性。冷轧工作辊的碳含量以 0.75%～0.95% 为宜。

镍在冷轧工作辊的含量为 0%～1%,为增加钢的淬透性,含量为 0.5%时效果已比较显著。镍还可以改善韧性,镍含量大于 1%时会增加残余奥氏体量。

钼是碳化物形成元素,部分钼可溶入基体,其推迟珠光体转变的能力比铬强,推迟贝氏体转变的能力弱于铬。钼还有细化晶粒的作用,并可提高回火稳定性,抑制回火脆性。一般冷轧工作辊中均含有 0.2%～0.6%Mo。

钒在钢中主要以 VC 微细质点存在,起细化晶粒的作用,可以降低感应淬火的过热敏感性,并使淬火硬度有所提高。钒含量一般为 0.05%～0.20%,过高时会增加脆性,降低锻造工艺性。

硅在钢中可以显著提高组织的低温回火稳定性,提高冷轧工作辊的抗热冲击性能,最高可加入 1.2%,而不会明显带来脆性。硅还提高钢的变形抗力和冲击疲劳抗力,但使钢的可锻性及切削性变差,脱碳倾向增大。

冷轧工作辊辊身表面硬度根据其用途由供需双方参照表 8.77 商定,辊颈表面硬度一般为 35～50HSD,冷轧辊辊身硬度均匀度应不大于 3HSD。冷轧辊辊身淬硬层深度参照表 8.78 的规定由供需双方商定。

表 8.77　冷轧辊辊身表面硬度(GB/T 13314—2008)

辊身表面硬度 HSD	推荐用途
≥95	平整机和精整机工作辊
90～98	金属板、带材的冷轧工作辊
75～90	金属、带材的初(粗)轧工作辊, 金属板、带材的冷轧中间辊

冷轧辊辊身表面两边缘允许有低于硬度要求的软带区域存在。软带宽度指从辊身圆柱面边部开始沿母线测量至硬度达到图样要求处的距离。允许软带宽度见表 8.79。对冷轧辊辊身表面硬度要求 95HSD 及以上的软带宽度允许比表 8.79 中数值增加 20%。

表 8.78　冷轧辊辊身淬硬层深度(GB/T 13314—2008)

辊身直径/mm	辊身表面硬度范围 HSD	淬硬层深度(不小于)/mm		
		2%Cr 材料	3%Cr 材料	5%Cr 材料
≤300	≥95	6	15	15
	90～96	8	20	20
	75～90	10	—	—
301～500	≥95	7	20	25
	90～96	12	25	30
	75～90	14	—	—
>500	≥95	8	20	25
	90～96	13	25	35
	75～90	15	—	—

表 8.79　冷轧辊辊身两边缘允许软带宽度(GB/T 13314—2008)

辊身长度/mm	≤300	301～600	601～1000	1001～2000	≥2001
允许软带宽度不大于/mm	25	45	50	55	65

1993 年以后开始试用高速钢复合轧辊,在改善钢板表面质量、降低轧辊消耗方面取得效果,但存在碳化物较粗大及磨削较困难的问题。近年金属喷射成形技术发展迅速,是一种很有前途的轧辊制造技术。国外已有企业可以大批量生产高合金钢复合冷轧辊。

8.4.9.2　冷轧辊用钢的热处理

冷轧工作辊组织性能要求很高,热处理工艺也是很复杂的,需进行锻后热处理,经粗加工后进行调质处理,然后进行最终热处理。

1) 锻后热处理

锻后热处理的任务是消除应力软化组织,得到球化组织,降低钢中的氢含量,防止白点发生,消除网状碳化物。

图 8.124 为冷轧工作辊锻后热处理工艺曲线,其工艺由正火＋球化退火＋扩氢三个部分组成。

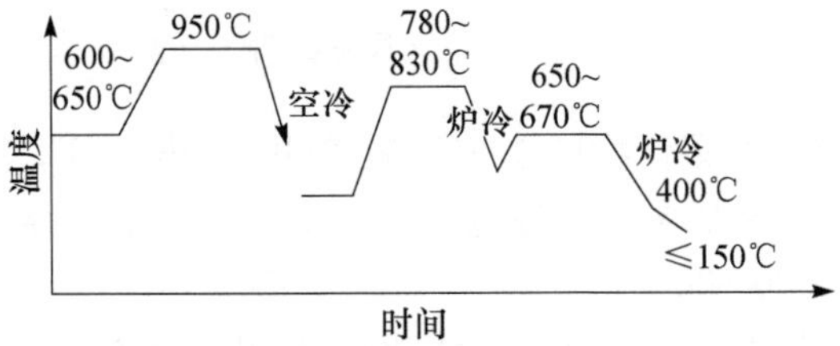

图 8.124　冷轧工作辊锻后热处理工艺[127]

冷轧工作辊均为高碳含铬的过共析钢,锻造前加热至 1200～1250℃,碳和铬等元素已完全固溶于奥氏体中,锻后缓慢冷却时沿晶大量析出先共析碳化物,出现网状碳化物,随后进行珠光体转变生成片层状珠光体。

冷轧工作辊锻后空冷到 600～650℃入炉,进行锻后热处理。930～960℃的高温加热可以把粗大的网状碳化物溶解，随后空冷可以抑制碳化物沿晶界呈网状析出，并得到细化的片层状珠光体。要彻底消除网状碳化物并得到球状珠光体组织，必须进行球化退火。

球化退火的温度选在790～830℃，保温时间的长短与辊身大小有关，随炉冷却至500～550℃，然后再在650～670℃保温较长时间，此时间与轧辊尺寸及合金元素含量有关。等温停留后以较低的冷速冷至400℃，再以更低的冷速冷至150℃，因为400℃以下钢的塑性降低，而白点是在低温时产生的。

2) 调质热处理

经过锻后热处理的冷轧工作辊毛坯进行粗加工和超声波无损探伤检验后，要进行整体的调质热处理。调质热处理时要为调质后进行精加工留出加工余量。

调质热处理的主要作用是为后续的感应淬火进行组织准备，同时提高大型冷轧工作辊的综合力学性能，特别是塑性和韧性，使其能经受以后加热和激烈淬火时产生的应力，并满足使用方面对工作辊辊颈的强韧性要求。

冷轧工作辊的最终热处理形式通常是感应加热淬火。感应加热淬火时，加热速率快，达到2～2.5℃/s，奥氏体化时间较短，3～15min，对淬火组织要求很高。

大多数冷轧辊制造者采用调质热处理，以回火索氏体作为预备组织，在感应加热的短时奥氏体化条件下，回火索氏体可以迅速转变为均匀的奥氏体。同时细颗粒状的碳化物在加热时有一定的稳定性，能保留部分未溶碳化物，提高耐磨性，这种组织的综合力学性能也十分优良。

图8.125为冷轧工作辊调质热处理工艺曲线。调质热处理的淬火冷却方式不能太强，因为高碳合金钢淬裂倾向大，又是整体淬火，热应力大，不能采用水淬，但可以进行喷雾淬火，多数采用油淬方式，按每100mm截面20min计算油冷时间，辊面终冷温度达到200～250℃，然后立即入炉回火。

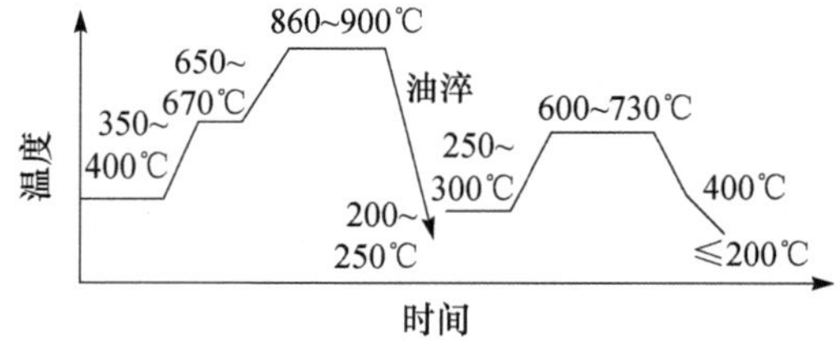

图8.125　冷轧工作辊调质热处理工艺曲线[127]

回火温度达到650℃时，碳化物的析出比较充分，强度下降，塑韧性上升。回火温度的确定还要考虑辊颈硬度的要求，如辊颈要求35～45HSD，回火温度可选640～660℃，如要求40～50HSD，则选620～650℃。

调质后的组织为回火索氏体＋颗粒状碳化物，碳化物的粒度为0.5～1.5μm。

3) 最终热处理

冷轧工作辊的最终热处理是指辊身的表面淬火，热处理质量要求非常高。

(1) 良好的组织状态。淬硬层组织为隐晶或细针马氏体＋少量残余奥氏体＋颗粒状碳化物。残余奥氏体应控制在10%以下，最多不超过15%，过多的残余奥氏体在接触应力下会转变为新的马氏体引起辊面脆性脱落。为获得良好的耐磨性，组织中应保留6%～10%的未溶碳化物，碳化物以小于1μm均匀分布的颗粒状为佳，网状碳化物应小于

2 级。

(2) 足够的表面硬度。高硬度是耐磨性的保证，应根据轧机的使用条件合理地选择硬度水平，可参考表 8.77。

(3) 合理的硬度分布曲线，应保证有效淬硬层深度要求。对于轧制失效较少的冷连轧机使用深淬硬层辊可以减少重淬消耗。淬硬层以下要有平稳的过渡层，以对高硬度的工作层提供支持。

(4) 合理的残余应力分布状态。适当的表面压应力对冷轧工作辊接触疲劳寿命是有利的。与之相平衡，轧辊心部必然存在残余拉应力，制定工艺要考虑控制拉应力峰值不能过高。

用井式炉对冷轧工作辊进行整体快速加热表面淬火是 20 世纪 50 年代前采用的热处理工艺，称为传统淬火法。快速加热要采用两台井式炉联合作业，一台将轧辊预热至 550～570℃，另一台提前升至 940～960℃高温空烧以增加蓄热量用于快速加热。预热以热透为准，经预热的轧辊转入高温炉，当辊面温度升至淬火温度 850～860℃时，将炉温降至淬火温度保温。冷轧工作辊从高温炉吊出后立即在循环水槽中整体淬火，水槽中对应辊身部位设急冷圈，强喷辊身外表面。同时，用高压水管强冷中心通孔，以减少内外温差，降低淬火应力。终冷温度控制在 50～90℃。快速加热整体淬火应力大，须借助加工中心通孔并进行强制冷却的方法方能解决。在淬火加热时需对辊颈绝热保护[128]。

上述热处理工艺操作复杂，淬硬层较浅，整个工艺方法生产效益低，已被感应加热工艺所取代。

20 世纪 60 年代初期开始，世界各国的冷轧辊厂陆续采用感应淬火工艺方法来生产冷轧工作辊，并迅速取代了传统的整体淬火工艺。感应淬火工艺有多种类型并不断发展和完善。下面简要介绍 80 年代发展起来的一种最有影响并具有典型意义的比利时 O. S. B. 公司 50Hz-250Hz 双频连续感应淬火工艺。图 8.126 为 50Hz-250Hz 双频连续感应淬火工艺示意图[127]，该工艺和装备如下：

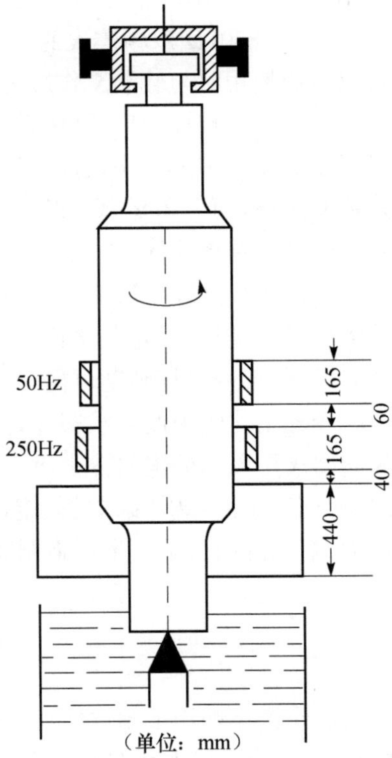

图 8.126　50Hz-250Hz 双频连续感应淬火工艺示意图[127]

首先轧辊要在加热炉中整体预热，心部要热透，预热至 220℃。整体预热后将轧辊装卡到淬火机床上进行感应淬火。

淬火机床结构为下拉式，即感应器和喷水器固定不动，轧辊垂直装卡在活动框架上，可以上下移动同时自转。淬火时轧辊自上向下以规定的速率连续拉动，辊身顺序经过 50Hz 和 250Hz 两个感应器进行感应加热，然后经过喷水圈喷水冷却，最后进入机床下部水池中浸水冷却。

喷水器高度为 440mm，共 30 排喷水孔，喷水冷却时间可达 8min，喷水压力 0.03～0.1MPa，喷水流量最高可达 480m³/h，冷却水经冷却塔冷却后循环使用。

感应淬火电源由两套独立的主回路构成,一路为 50Hz 工频电源,一路为 250Hz 中频电源,可以分别调节淬火功率。50Hz 感应器与 250Hz 感应器相距 60～90mm 布置,感应器下缘与喷水器相距 30～40mm。50Hz 感应器和 250Hz 感应器与轧辊间隙分别为 12mm 和 25mm 左右。

以涡流透入深度较大的工频感应器为主感应器,实现深透加热,在感应器出口处表面,温度达到淬火温度。在两个感应器之间的一段距离,表面层热量向内层传导,使表面向里温度梯度趋缓,同时部分热量由辊面向外辐射散失,表面温度降低。为延长奥氏体化时间,配以中频感应器作为辅助加热器补充加热,其涡流透入深度较浅,可使表面重新加热到所要求的奥氏体化温度,使表面感应加热层温度分布有一定深度的等温层,然后缓慢降温,从而保证淬硬层内加热条件和淬火组织均匀一致,获得高的淬火质量。

典型的 50Hz-250Hz 双频淬火工艺整体预热温度为 220℃,如果奥氏体化温度为 900℃,移动速率为 0.7～0.5mm/s,实测大于 800℃的加热层深度为 35～40mm,奥氏体化时间为 8～10min。生产深淬硬层轧辊时,须将预热温度提高到 350～500℃。

感应加热完成后,为减少淬火应力,进行适当的预冷是必要的。在下感应器和喷水器之间有 40mm 的空隙,辊面空冷降温到 850℃左右,不会影响淬火硬度。辊身下拉进入喷水器位置后,低压大水量连续喷射冷却 7～10min,使淬硬层深度范围内的冷却速率超过贝氏体临界冷却速率冷却到马氏体点以下,再进行浸水冷却。浸水冷却时间按辊身直径每 100mm 冷却 15min 计算,保证辊身淬透,终冷温度不大于 50℃。

50Hz-250Hz 双频淬火的残余拉应力峰值较小,位置在表面下 125mm 处比较理想,可以避免使用时与轧制工作应力叠加,减少内部疲劳剥落现象。

冷轧工作辊淬火后,钢中存在少量残余奥氏体不会有大的害处,如果含量大于 15%以上则明显损害其抗失效性。2%Cr 型钢可以通过控制感应淬火温度等避免产生过多的残余奥氏体,而含 2.5%Cr 以上的钢仅仅控制淬火温度是不够的,必须进行冷处理才能有效地降低残余奥氏体量。

常用的冷处理温度为－70～－150℃,制冷剂为固态 CO_2 和液态氮。冷处理必须在淬火后马上进行,以避免奥氏体的稳定化。冷处理后,淬硬层内残余奥氏体量可降低到 10%以下,辊身平均硬度可提高 3～4HSD。

冷轧工作辊硬度要求很高,淬火后只能进行 100～180℃的低温回火,在此温度下长时间回火可以部分消除淬火应力,避免开裂,同时调整辊身硬度达到技术要求的范围并使组织稳定。同样硬度要求的轧辊,经冷处理后回火温度可提高 10～15℃。传统的回火炉是油炉,新型的回火炉是带有强制循环系统的电阻炉。

8.5 热作模具钢

热作模具钢用来制造使加热到再结晶温度以上的金属或液态金属获得所需要形状的模具,主要有锻锤和大型机械压力机用锻压模具、热挤压模具、热镦锻及精锻模具、压铸模具等。

8.5.1　热作模具钢对性能的要求

热作模具是在反复受热和冷却的条件下进行工作的，变形加工完成得越慢，模具的受热时间就越长，受热程度就越严重。因此要求在模具服役温度下具有良好的热稳定性，能保持一定的强度和硬度，防止模具产生变形。

热作模具在周期性温度急剧变化的服役条件下，表面产生交变应力。为了防止模具表面产生热疲劳裂纹，要求模具钢具有良好的抗热疲劳能力。

在较高温度下工作的模具和空气、液态金属或其他介质接触，因此要求模具钢具有在工作温度下的抗氧化性能或抗液态金属的冲蚀性能。

热作模具钢还应具有较好的工艺性能，即良好的可锻性、可加工性、可磨削性等。

我国的合金工具钢标准(GB/T 1299—2014)中列入的热作模具钢牌号及其化学成分如表 8.80 所示，其交货状态的硬度值和试样淬火状态硬度值见表 8.81。

表 8.80　热作模具钢的化学成分(GB/T 1299—2014)　　(单位：%)

牌号	C	Si	Mn	Cr	W	Mo	V	其他
5CrMnMo	0.50～0.60	0.25～0.60	1.20～1.60	0.60～0.90	—	0.15～0.30	—	—
5CrNiMo	0.50～0.60	≤0.40	0.50～0.80	0.50～0.80	—	0.15～0.30	—	1.40～1.80Ni
4CrNi4Mo*	0.40～0.50	0.10～0.40	0.20～0.50	1.20～1.50	—	0.15～0.35	—	3.80～4.30Ni
4Cr2NiMoV*	0.35～0.45	≤0.40	≤0.40	1.80～2.20	—	0.45～0.60	0.10～0.30	1.10～1.50Ni
5CrNi2MoV*	0.50～0.60	0.10～0.40	0.60～0.90	0.80～1.20	—	0.35～0.55	0.05～0.15	1.50～1.80Ni
5Cr2NiMoVSi*	0.46～0.54	0.60～0.90	0.40～0.60	1.50～2.00	—	0.80～1.20	0.30～0.50	0.80～1.20Ni
8Cr3	0.75～0.85	≤0.40	≤0.40	3.20～3.80	—	—	—	—
4Cr5W2VSi	0.32～0.42	0.80～1.20	≤0.40	4.50～5.50	1.60～2.40	—	0.60～1.00	—
3Cr2W8V	0.30～0.40	≤0.40	≤0.40	2.20～2.70	7.50～9.00	—	0.20～0.50	—
4Cr5MoSiV	0.33～0.43	0.80～1.20	0.20～0.50	4.75～5.50	—	1.10～1.60	0.30～0.60	—
4Cr5MoSiV1	0.32～0.45	0.80～1.20	0.20～0.50	4.75～5.50	—	1.10～1.75	0.80～1.20	—
4Cr3Mo3SiV	0.35～0.45	0.80～1.20	0.25～0.70	3.00～3.75	—	2.00～3.00	0.23～0.75	—
5Cr4Mo3SiMnVAl	0.47～0.57	0.80～1.10	0.80～1.10	3.80～4.30	—	2.80～3.40	0.80～1.20	0.30～0.70Al

续表

牌号	C	Si	Mn	Cr	W	Mo	V	其他
4CrMnSiMoV	0.35～0.45	0.80～1.10	0.80～1.10	1.30～1.50	—	0.40～0.60	0.20～0.40	—
5Cr5WMoSi*	0.50～0.60	0.75～1.10	0.20～0.50	4.75～5.50	1.00～1.50	1.15～1.65	—	—
4Cr5MoWVSi*	0.32～0.40	0.80～1.20	0.20～0.50	4.75～5.50	1.10～1.50	1.25～1.60	0.20～0.50	—
3Cr3Mo3W2V	0.32～0.42	0.60～0.90	≤0.65	2.80～3.30	1.20～1.80	2.50～3.00	0.80～1.20	—
5Cr4W5Mo2V	0.40～0.50	≤0.40	≤0.40	3.40～4.40	4.50～5.30	1.50～2.10	0.70～1.10	—
4Cr5Mo2V*	0.35～0.42	0.25～0.50	0.40～0.60	5.00～5.50	—	2.30～260	0.60～0.80	—
3Cr3Mo3V*	0.28～0.35	0.10～0.40	0.15～0.45	2.70～3.20	—	2.50 ～3.00	0.40～0.70	—
4Cr5Mo3V*	0.35～0.40	0.30～0.50	0.30～0.50	4.80～5.20	—	2.70～3.20	0.40～0.60	—
3Cr3Mo3VCo3*	0.28～0.35	0.10～0.40	0.15～0.60	2.70～3.20	—	2.60～3.00	0.40～0.70	2.50～3.00Co

注：带 * 符号的为新增加的牌号，共10个。钢中的P、S及残余元素含量按表8.5的规定，但4Cr5Mo2V钢中P含量不大于0.020%、S含量不大于0.008%，3Cr3Mo3V、4Cr5Mo3V、3Cr3Mo3VCo3三种钢中P含量不大于0.030%、S含量不大于0.020%。经供需双方同意，5CrNiMo钢中允许V含量小于0.20%。

表 8.81　热作模具钢交货状态硬度值和试样淬火状态硬度值(GB/T 1299—2014)

牌号	交货状态硬度 HBW	试样淬火	
		淬火硬度/℃	冷却剂
5CrMnMo	197～241	820～850	油
5CrNiMo	197～241	830～860	油
4CrNi4Mo*	≤285	840～870	油或空气
4Cr2NiMoV*	≤220	910～960	油
5CrNi2MoV*	≤255	850～880	油
5Cr2NiMoVSi*	≤255	960～1010	油
8Cr3	207～255	850～880	油
4Cr5W2VSi	≤229	1030～1050	油或空气
3Cr2W8V	≤255	1075～1125	油
4Cr5MoSiV	≤229	(790±15)℃预热，1010℃(盐浴)或1020℃(炉控气氛)±6℃加热，保温5～15min油冷，(550±6)℃回火两次，每次2h	
4Cr5MoSiV1	≤229	(790±15)℃预热，1000℃(盐浴)或1010℃(炉控气氛)±6℃加热，保温5～15min油冷，(550±6)℃回火两次，每次2h	
4Cr3Mo3SiV	≤229	(790±15)℃预热，1010℃(盐浴)或1020℃(炉控气氛)±6℃加热，保温5～15min油冷，(550±6)℃回火两次，每次2h	

续表

牌号	交货状态硬度 HBW	试样淬火	
		淬火硬度/℃	冷却剂
5Cr4Mo3SiMnVAl	≤255	1090～1120	油
4CrMnSiMoV	≤255	870～930	油
5Cr5WMoSi*	≤248	990～1020	油
4Cr5MoWVSi*	≤235	1000～1030	油或空气
3Cr3Mo3W2V	≤255	1060～1130	油
5Cr4W5Mo2V	≤269	1100～1150	油
4Cr5Mo2V*	≤220	1000～1030	油
3Cr3Mo3V*	≤229	1010～1050	油
4Cr5Mo3V*	≤229	1000～1030	油或空气
3Cr3Mo3VCo3*	≤229	1000～1050	油

注:热作模具钢不检验试样淬火硬度。根据需方要求,可提供实测值。试样在盐浴中保持时间为 5min,在控制气氛中保持时间为 5～15min,保持时间指试样达到加热温度后保持的时间。

热作模具钢的分类:

(1) 按用途分为锤锻模具用钢、机锻模具用钢、热挤压用模具钢、压铸模具用钢、热冲裁模具用钢等。

(2) 按性能分为低耐热高韧性钢、中耐热韧性钢、高耐热性钢和特殊用途模具钢等。

(3) 按所含合金元素分为低合金热作模具钢、钨系热作模具钢、铬系热作模具钢、铬-钼系热作模具钢。

上述分类方法不是很严格。

8.5.2 热锻模具钢

锤锻模是在高温下通过冲击加压强迫金属成形的工具。它在工作过程中受到比较高的单位压力和冲击负荷,以及炽热金属对锻模型腔的摩擦作用。锤锻模的型腔表面经常和 1100～1200℃的金属接触而被加热达 400～450℃或更高。

热锻模按模具高度分为三类:小于 250mm 的为小型,在 250～375mm 的为中型,大于 375mm 的为大型。锻模的截面一般比较大而型腔形状复杂,因此锻模用钢需要在高温下保持高的强度和良好的冲击韧性,以及高的耐磨性和一定的强度;良好的耐热疲劳性;高的淬透性,保证整个锻模截面得到均匀的力学性能;良好的导热性,以便把锻模型腔表面热量尽快传出,避免型腔表面温度过高而降低力学性能;良好的工艺性和抗氧化性。

表 8.80 中列入的 5CrMnMo、5CrNiMo、4CrMnSiMoV、4CrNi4Mo、4Cr2NiMoV、5CrNi2MoV 和 5Cr2NiMoVSi 共 7 个牌号均属于热锻模具钢,后面 4 个牌号是新纳入的。这类钢的合金化原理与调质合金结构钢相似。锻模既要求有一定的硬度,又要求有高的冲击韧性,因此含碳不宜过高,一般为 0.45%～0.6%。铬可以提高钢的强度,含量在 1%左右,能较明显地提高钢的冲击韧性,同时增加钢的淬透性和回火稳定性。镍提高钢的强度和韧性,对于同时含有铬、钼的钢来说,镍能大大提高钢的淬透性。锰代替镍也能显著地提高钢的淬透性,但锰增加钢的过热敏感性。硅能增加钢的淬透性,提高钢的强度、回火稳定性和耐热疲劳性,但硅含量较高(>1.0%)时,会增加钢的回火脆性,降低冲击韧

性。钼和钒都能细化晶粒,减少过热倾向,提高钢的回火稳定性,钼还能抑制回火脆性。

表 8.82 为我国开发的一些热锻模具钢的化学成分,其中 4Cr2MoVNi(即 4Cr2NiMoV)、5CrNiMoV 和 5Cr2NiMoVSi 已纳入 GB/T 1299—2014 中。

表 8.82　我国开发的一些热锻模具钢的化学成分　　(单位:%)

牌号	C	Si	Mn	Cr	W	Mo	V	Ni
4SiMnMoV	0.40～0.50	0.80～1.10	1.50～1.80	—	—	0.40～0.60	0.20～0.40	—
4Cr2MoVNi	0.35～0.45	≤0.40	≤0.40	1.80～2.20	—	0.45～0.60	0.10～0.30	1.10～1.50
5CrNiMoV	0.50～0.60	≤0.35	0.50～0.80	0.80～1.10	—	0.35～0.50	0.10～0.30	1.40～1.80
5Cr2NiMoVSi	0.46～0.54	0.60～0.90	0.40～0.60	1.54～2.00	—	0.80～1.20	0.30～0.50	0.80～1.20
45Cr2NiMoVSi	0.40～0.47	0.50～0.80	0.40～0.60	1.54～2.00	—	0.80～1.20	0.30～0.50	0.80～1.20
3Cr2MoWVNi	0.26～0.35	≤0.40	≤0.40	2.20～2.60	0.50～0.80	1.20～1.60	0.40～0.65	1.00～1.40

注:钢中的 P、S 含量均不大于 0.03%。4SiMnMoV、4Cr2MoVNi、5CrNiMoV、5Cr2NiMoVSi 四种钢曾列入 GB 11880—89《模锤锻和大型机械锻压机模块　技术条件》中,后两种作为推荐钢号。45Cr2NiMoVSi 和 3Cr2MoWVNi 钢的化学成分见文献[76]。5Cr2NiMoVSi 亦称为 5Cr2NiMoV。

表 8.83 列出了国外使用的一些热锻模具钢的化学成分。表中的 SKT6(即 4CrNi4Mo)已列入 GB/T 1299—2014。

表 8.83　国外一些热锻模具钢的化学成分[1,19]　　(单位:%)

牌号	C	Si	Mn	Cr	Ni	Mo	V
5XГM	0.50～0.60	0.25～0.60	1.20～1.60	0.60～0.90	—	0.15～0.30	—
5XHM	0.50～0.60	0.15～0.35	0.50～0.80	0.50～0.80	1.40～1.80	0.15～0.30	—
5X2MHФ (ДИ-32)	0.46～0.53	0.20～0.40	0.40～0.70	1.50～2.00	1.20～1.60	0.80～1.20	0.30～0.50
3X2MHФ	0.26～0.34	0.15～0.40	0.30～0.60	2.00～2.50	1.20～1.60	0.40～0.60	0.25～0.40
241(美)	0.55	0.25	0.50	0.90	1.40	0.30	
242(美)	0.55	0.80	0.55	1.00	1.60	0.75	0.15
45NiCrMo16(德)	0.40～0.50	0.10～0.40	0.20～0.50	1.20～1.50	3.80～4.30	0.15～0.35	—
55CrNiMoV7(德)	0.50～0.60	0.10～0.40	0.60～0.90	0.80～1.20	1.50～1.80	0.35～0.55	0.05～0.15
55NiCrMoV6(德)	0.50～0.60	0.10～0.40	0.65～0.95	0.60～0.80	1.50～1.80	0.25～0.35	0.07～0.12
SKT3(日)	0.50～0.60	≤0.35	≤0.60	0.90～1.20	0.25～0.60	0.30～0.50	≤0.20
SKT4(日)	0.50～0.60	0.10～0.40	0.60～0.90	0.80～1.20	1.50～1.80	0.35～0.55	0.05～0.15
SKT6(日)	0.40～0.50	0.10～0.40	0.20～0.50	1.20～1.50	3.80～4.30	0.15～0.35	—

注:前面四个为苏联使用的钢号[95]。

对于热锻用模块用钢应尽量采用炉外精炼钢。用钢锭制造模块,镦粗比应不小于 2,

锻造比不小于 3，电渣锭要求锻造比不小于 2。这类钢的白点敏感性较强，应采取措施防止白点的出现。对于大型钢材或模块，应采取锻后去氢退火或缓慢冷却，以防止白点的产生。这类钢的化学成分属于亚共析钢或接近共析钢。退火后呈粒状或片状珠光体组织，钢中有少量的铁素体和少量的碳化物相，$M_{23}C_6$、M_6C、MC 等，视钢的成分而定。表 8.84 为一些热锻模具钢的临界温度、退火温度、退火后的硬度、淬火温度和淬火后的硬度。

表 8.84　一些热锻模具钢的临界温度、退火温度、退火后的硬度、淬火温度和淬火后的硬度[91]

钢号	Ac_1/℃	Ac_3/℃	M_s/℃	退火温度/℃	退火硬度 HB	淬火温度/℃	淬火介质	淬火硬度 HRC
5CrNiMo	730	780	210	760～800	197～241	830～860	油	52～58
5CrMnMo	710	760	220	760～780	197～241	820～850	油	53～58
4CrMnSiMoV	790	855	330	840～860	207～241	830～880	油	53～60
5Х2МНФ(ДИ-32)	740	815	—	760～820	217～255	960～1000	油	55～60

这类钢要求淬火后钢的晶粒度能保持细小均匀，最好能在 10 级以上，淬火的组织中应有尽量多的板条马氏体组织，以得到所需的良好的韧性。

具有良好韧性和淬透性的 5CrNiMo 钢用于制作大型锻模，而中小型锻模一般采用 5CrMnMo 钢制造。图 8.127 和图 8.128 分别为 5CrNiMo 和 5CrMnMo 钢的过冷奥氏体等温转变曲线。

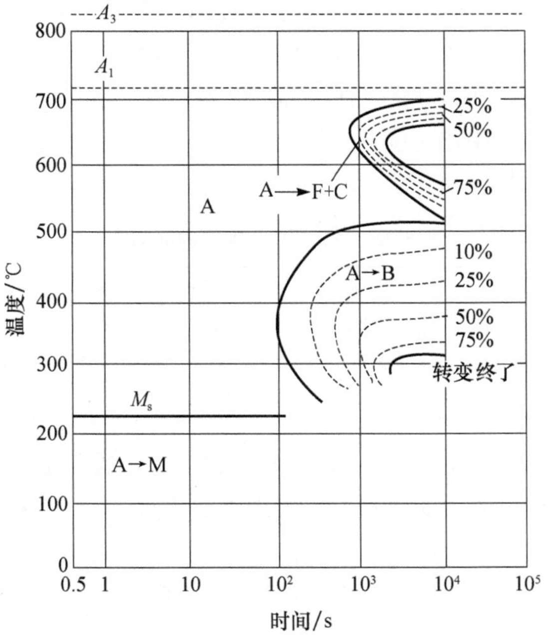

图 8.127　5CrNiMo 钢的过冷奥氏体等温转变曲线[129]

成分：0.55%C、0.87%Cr、1.18%Ni、0.77%Mn、0.23%Mo、0.30%Si，880℃加热

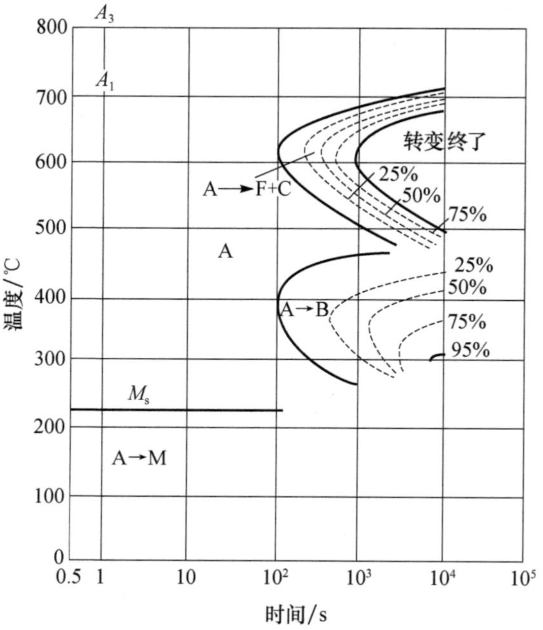

图 8.128　5CrMnMo 钢的过冷奥氏体等温转变曲线[129]

成分：0.59%C、0.85%Cr、0.10%Ni、1.42%Mn、0.16%Mo、0.41%Si，870℃加热

5CrNiMo 钢具有比较高的淬透性，截面 300mm×300mm×400mm 的锻模热处理后，其截面各处的硬度相当均匀，心部的硬度比表面仅低 1～2HRC[2]。

为了减少大型复杂模具淬火时的应力，避免淬火缺陷的产生，模具从加热炉中取出后，先在空气中预冷到 750～800℃，然后再淬入 30～80℃的油中。直至模具温度降至比 M_s 点稍低的温度时，从油中取出模具空冷，然后移入回火炉中进行回火。模块的预冷和在油中保持的时间可参照表 8.85。

表 8.85　模块淬火冷却的时间[91]

冷却时间	模块最小边长					
	300mm	350mm	400mm	500mm	600mm	700mm
空气中预冷时间/min	5	6	7	9	12	24
油冷时间/min	40	50	60	80	100	120

在模具的淬火加热过程中，应注意防止型腔和工作面的氧化和脱碳，宜采用可控气氛炉或真空热处理炉加热淬火。如果采用空气炉加热淬火，应对型腔和工作面使用铸铁屑、木炭或用过的固体渗碳剂进行保护。

模具淬火后应立即回火，以得到所要求的性能。模具燕尾部分由于集中承受载荷，要求比模具本体部分有更高的韧性，一般要求在整体回火后，单独对燕尾部分用专用的燕尾回火炉进行高温回火。也可以采用燕尾自行回火方法，节省燕尾回火工序，即整个锻模在油中冷却 3～5min 后，把模尾提出油面，停留一段时间，使温度回升，然后再入油中，再提出，反复 3～5 次，以达到要求。

锻模回火时，将其装入炉温为 250～300℃的回火炉内进行保温，时间按高度计算为

0.5～0.6min/mm，然后将炉温升至回火温度，升温时间按高度计算为 0.5～0.7min/mm。回火温度下的保温时间为 1min/mm。为了减弱回火脆性，回火后最好油冷。

5CrNiMo 和 5CrMnMo 钢无论是淬火还是回火，都不能在油中冷到室温，否则容易开裂。

在模具的淬火组织中，可能保留一定数量的残余奥氏体，为了使第一次回火冷却过程中转变产生的马氏体更好地回火，对于要求高的锻压模具，一般采用二次回火。第二次回火温度比第一次回火温度要低 20℃左右，保温时间可缩短 30%。

不同尺寸模具的回火温度和回火后的硬度见表 8.86。

表 8.86　不同尺寸模具的回火温度和回火后的硬度[91]

模具最小边长/mm	回火温度/℃				硬度 HRC
	5CrNiMo	5CrMnMo	5CrNiMoV	5Х2МНФ(ДИ-32)	
≤300	480～520	490～530	500～540	510～550	40～45
>300～400	530～560	520～560	580～600	590～610	38～42
>400～500	540～580	530～580	590～620	620～640	35～40
>500	550～600	540～600	600～630	630～650	32～37

模具燕尾局部回火温度和要求的硬度见表 8.87。

表 8.87　模具燕尾局部回火温度和回火后的硬度[91]

模具最小边长/mm	回火温度/℃				硬度HRC
	5CrNiMo	5CrMnMo	5CrNiMoV	5Х2МНФ(ДИ-32)	
≤300	580～610	600～620	620～640	640～660	34～47
>300～400	600～630	—	630～650	630～670	33～35
>400～500	620～650	—	640～660	640～680	30～33
>500	640～660	—	650～680	660～690	25～30

表 8.88 为几种锻模模块用钢热处理后不同温度下的力学性能。

表 8.88　几种锻模模块用钢热处理后不同温度下的力学性能[91,95]

钢号	淬火温度/℃	回火温度/℃	硬度 HRC	试验温度/℃	σ_b/MPa	σ_s/MPa	δ/%	ψ/%	a_k/(J/cm^2)
5CrNiMo	860	500	43～44	20	1040～1520	800～1410	9～10	41～42	32～40
				300	1000～1290	790～1150	10～14	40～60	70～120
				600	520～560	360～490	21～32	49～92	160～200
5CrMnMo	850	500	41～44	20	1300～1500	—	6～7	30～32	30～32
				300	1000～1200	—	12～13	—	60～70
				600	450～500	—	20～25	—	30～40
5CrNiMoV	870	550	43	20	1200	1000	—	—	—
				300	1000	750	—	—	—
				600	600	480	—	—	—

续表

钢号	淬火温度/℃	回火温度/℃	硬度HRC	试验温度/℃	σ_b/MPa	σ_s/MPa	δ/%	ψ/%	a_k/(J/cm^2)
5X2MHФ (ДИ-32)	980	620	42~43	20	1450~1480	1290~1380	12~13	35~43	60~64
				300	1270~1320	1110~1140	13~14	48~55	65
				600	820~880	700~710	17~21	68~70	65~68

5CrNiMo 钢具有良好的综合力学性能,加热至 500℃时仍能保持高的抗拉强度和屈服极限,但在 500~550℃以上时,塑性变形抗力急剧下降。5CrNiMo 钢用于制造形状复杂的、冲击负荷较重的大中型锻模。

当使用 5CrNiMo 钢制作尺寸大于 300mm 的模具时,钢的淬透性显得不足,心部淬火组织会出现上贝氏体组织,在回火过程中沿铁素体晶粒边界析出的碳化物会迅速聚集长大,导致硬度显著下降。5CrNiMo 钢没有二次硬化的能力,使钢的强度和热稳定性较快地降低。因此,5CrNiMo 钢不宜于制作大型(截面尺寸大于 300mm)、复杂和工作温度较高的重载荷模具。

5CrMnMo 钢的淬透性比 5CrNiMo 钢的淬透性要低些,过热敏感性稍大,在常温及较高温度下的塑性和韧性均低于 5CrNiMo 钢,适于制造中小型锻模。

在上面两种钢中均含有钼,钼不仅可以提高淬透性、回火稳定性,而且可以削弱回火脆性,锤锻模的尺寸比较大,回火时间比较长,回火后不可能很快地冷却。

常规热处理工艺处理的模具常因热疲劳或热强性不足而早期失效。研究工作表明,适当提高淬火温度至 900℃可使 5CrNiMo 和 5CrMnMo 钢的强度、韧性、塑性和热稳定性都处于最佳状态,可使模具寿命有不同程度的提高[54]。

5CrNiMoV 钢(表 8.82)的化学成分与 55NiCrMoV6 钢(表 8.83)相近。与 5CrNiMo 钢比较,这两种钢的 Cr、Mo 含量均较高,并加入少量的 V,其淬透性有显著改善。截面为 400mm×400mm 的模块淬火后表面与心部的硬度都能保持在 56~60HRC,而同一截面的 5CrNiMo 钢模块的心部硬度仅为 32~41HRC;5CrNiMoV 钢淬火模块经 600℃回火后,硬度可以保持在 41.5~44HRC,而 5CrNiMo 钢模块经 500℃×2h 回火后,硬度已下降至 32~35HRC[91]。当温度为 500℃时,5CrNiMoV 钢的高温强度较 5CrNiMo 钢高出 100~150MPa,其抗回火稳定性比 5CrNiMo 钢高 50℃左右(表 8.86)。由于 5CrNiMoV 钢中钒的作用,使钢的晶粒细化,在相同硬度条件下,较 5CrNiMo 钢有更高的韧性。

我国一些单位在 20 世纪 80 年代对 5CrNiMoV 钢进行过生产试验研究,认为 5CrNiMoV 钢制作的模具寿命可以比 5CrNiMo 钢提高 50%以上,该钢适于制作大型、复杂的重载荷的锤锻模和压力机锻模。在表 8.80 的附注中标明经供需双方同意,5CrNiMo 钢中允许 V 含量小于 0.20%。

4CrNi4Mo 钢的化学成分与表 8.83 中的 45NiCrMo16(德)和 SKT6(日)相同,具有良好的淬透性和韧性,以及良好的抛光性,在尺寸较大时,仍可以空冷硬化。该钢的热加工温度为 1050~850℃,淬火温度 840~870℃,油或空冷,回火温度视工作条件而定。该钢适宜制作承受高应力的成形模具、大型高韧性压印模、塑料模具,也可制作大型冷作模具[130]。

4Cr2NiMoV是我国开发的一种热作模具钢，是5CrNiMo钢的改良型，由于降低了碳含量而提高了韧性，采用多元合金化，提高了淬透性和热强性，适合制作工作温度比较高的大型热锻模具。表8.89为5CrNiMo钢和4Cr2NiMoV钢的力学性能对比。

表8.89 5CrNiMo钢和4Cr2NiMoV钢的力学性能对比[131]

钢号	温℃	σ_b/MPa	$\sigma_{0.2}$/MPa	δ_5/%	ψ/%	a_k/(J/cm^2)	硬度HRC
5CrNiMo	室温	1390	1320	11	38	37	42.7
	600	425	320	—	93	—	—
	650	250	160	—	97	364	—
4Cr2NiMoV	室温	1440	1350	15	59	110	45
	600	775	680	—	82	—	—
	650	535	495	—	89	235	—

4Cr2NiMoV钢高温加热时脱碳倾向较大，锻造加热时在800℃以下宜缓慢加热，然后快速加热至1100℃，高温停留时间不宜过长，炉气最好为中性或还原性气氛。锻造温度为1100～850℃，锻造时须采用多次镦-拔工艺，锻造比不小于3，以减少力学性能的各向异性。锻造退火温度为810℃，随炉冷却至400℃出炉。淬火加热时先经650℃预热，在加热至900～920℃，油淬后的硬度为55.4HRC，经580～600℃回火2次，每次3h，硬度为42HRC左右。由于该钢具有较高的韧性和热稳定性，抗热疲劳的性能良好，制成的锻模寿命一般较5CrNiMo钢高出一倍左右[130～132]。

5CrNi2MoV钢的Cr、Mo含量略高于5CrNiMo钢，并加入少量的V，因而淬透性、热稳定性均高于5CrNiMo，适宜制作大型锻压模具。该钢的化学成分与表8.83中的55CrNiMoV7(德)和SKT4(日)相同。5CrNi2MoV钢的适宜锻造温度为1050～850℃，退火温度760～810℃缓冷。该钢的淬火温度为850～900℃，回火温度视工作要求而定。

4CrMnSiMoV钢是原冶金部标准中推荐使用的5CrMnSiMoV钢的改型，将碳含量降低了约0.1%，其目的是能在保持原有强度水平的基础上提高钢的韧性。4CrMnSiMoV钢与5CrNiMo钢比较是不含镍，降低了碳含量，而加入了较多的Mo、V，提高了Si含量。4CrMnSiMoV钢淬火后的硬度略低于5CrNiMo钢，但经最佳温度淬火，并在不同温度回火后，其硬度和强度均高于5CrNiMo钢。4CrMnSiMoV钢的高温性能、抗回火稳定性、热疲劳抗力均优于5CrNiMo钢，其冲击韧度与5CrNiMo钢相近或稍低。

4CrMnSiMoV钢适于制作大、中型锻模，也可用于中、小型锻模。大型锻模淬火温度为870～900℃，回火温度为620～660℃，硬度为38～42HRC；中、小型锻模的淬火温度为900～930℃，回火温度为470～610℃，硬度为44～49HRC；模具使用寿命高于5CrNiMo钢。

大型热模锻机械压力机具有生产效率高、操作简单、噪声和振动小等优点，在汽车、拖拉机等制造行业中应用日趋广泛。在锻锤上，锤头下落速率随工件质量的增加而增高，工件变形抗力增加，使温度的作用变得激烈；在压力机上工件的变形速率较小，变形抗力的加速系数不随锻件尺寸的增大而增大，但锻件与模具的接触时间长。大型热模锻机械压力机用模块要求有高的淬透性、较高的高温强度和耐磨性、高的抗热疲劳性能和抗回火稳定性。

为适应大截面机械压力机用模块用钢的和大截面锤锻模块用钢的需要，我国于20世纪80年代开发出5Cr2NiMoVSi和45Cr2NiMoVSi钢，其化学成分见表8.80。前者适用于大截面机械压力机用模块，后者的碳含量较前者减少约0.05%，硅含量取下限，更适用于大截面锤锻用模块[133,134]。

苏联于20世纪70年代开发出适用于热锻用的大截面模具钢 ДИ-32(5Cr2NiMoV)，可用于制作截面尺寸为500mm的大截面模具，具有高的热强性、热稳定性和耐磨性，主要用于3t以上的锻锤和4000t以上的压力机，可以锻造合金钢及难变形材料，其使用寿命比5XHM钢高1.5～2.5倍[95]。

5Cr2NiMoVSi钢与ДИ-32钢在成分上的差异主要是前者比后者的硅含量高出0.45%，相应的镍含量比后者低0.40%。试验研究表明，5Cr2NiMoVSi钢具有高的淬透性，图8.129为其过冷奥氏体连续冷却转变曲线[134]。根据5CrNiMo钢的过冷奥氏体连续冷却转变曲线[95]，可以计算出抑制其贝氏体转变的临界冷却速率约为3000℃/h，而5Cr2NiMoVSi钢抑制贝氏体转变的临界冷却速率约为1000℃/h。

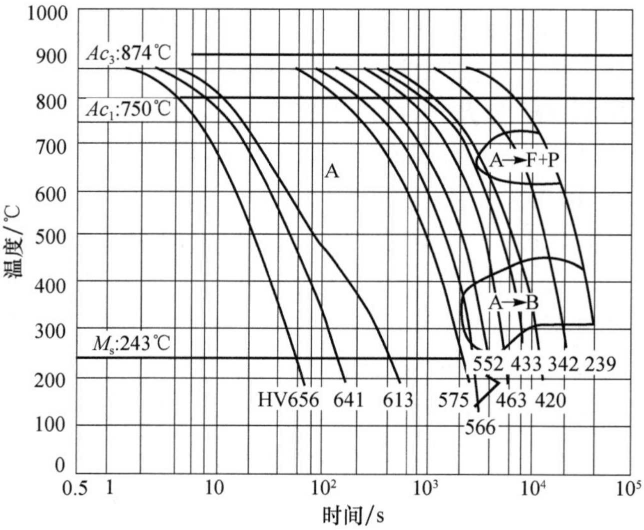

图8.129　5Cr2NiMoVSi钢的过冷奥氏体连续冷却转变曲线[134]

奥氏体化：985℃，20min；钢的成分：0.45%C、1.87%Cr、0.90%Ni、0.99%Mo、0.37%V、0.79%Si；晶粒度：9～10级

5Cr2NiMoVSi钢中碳含量是综合考虑其对强度和韧性的影响确定的，其含量较5CrNiMo钢略低，为0.50%，用做锤锻模的45Cr2NiMoVSi钢的碳含量为0.45%。加入适量的镍可以提高淬透性和韧性。硅可以强化铁素体，提高钢的热稳定性和抗氧化性能，加入少量的硅可以抑制渗碳体从过冷奥氏体中沉淀，能抑制上贝氏体中渗碳体的形成，并增加淬态组织中残余奥氏体的形成。硅含量过高，会降低钢的韧性。确定硅含量为0.5%～0.9%，压力机和锤锻模具钢分别取上、下限。钢中含有较多的Cr、Mo、V碳化物形成元素，在淬火加热温度下，大部分溶入奥氏体可提高其淬透性，回火时促进二次硬化效应，未溶的碳化物有助于提高耐磨性。Mo还可以抑制回火脆性。

5Cr2NiMoVSi 和 45Cr2NiMoVSi 钢的始锻温度为 1200℃，终锻温度为 900℃，钢的加热温度范围较宽，锻造性能较好；退火加热温度为 800℃，时间按 0.8～1h/100mm 计算，等温温度为 720℃，保温时间 2～3h/100mm，炉冷至 500℃，退火硬度 220～230HBS；退火组织为粒状珠光体加少量未溶碳化物。

5Cr2NiMoVSi 钢推荐的淬火温度范围为 960～1010℃，一般选用 985℃，晶粒度为 9～10 级。表 8.90 给出了 5Cr2NiMoVSi 钢淬火加热油淬后三种截面 10mm×10mm、300mm×300mm、500mm×500mm 心部的未溶碳化物含量和类型、残余奥氏体量和钢的组织。为便于分析大截面模块的心部组织和性能，试验时采用小试样在可控冷速的真空高温炉中模拟不同截面心部冷速[135]。

表 8.90　5Cr2NiMoVSi 钢不同截面模块 985℃ 淬火加热油淬后心部的组织[134]

状态	退火态	淬火态		
		10mm×10mm	300mm×300mm	500mm×500mm
碳化物含量/%	6.79	1.80	2.42	2.56
碳化物类型	M_3C，$M_{23}C_6$，M_6C，MC	M_6C，MC	M_3C，$M_{23}C_6$，M_6C，MC	M_3C，$M_{23}C_6$，M_6C，MC
残余奥氏体量/%	—	8.5	24.0	29.6
残余奥氏体碳含量/%	—	0.80	1.19	1.13
钢中碳含量/%	—	0.47	0.47	0.47
残余奥氏体占钢中碳含量/%	—	0.07	0.28	0.34
基体显微组织	—	板条马氏体(为主)及片状马氏体	无碳化物贝氏体(为主)、$B_{Ⅲ}$ 型贝氏体及一定量残余奥氏体和马氏体	

由表 8.90 可知，5Cr2NiMoVSi 钢经 985℃淬火加热后，M_3C、$M_{23}C_6$ 型碳化物几乎全部溶入奥氏体，也会有少量 M_6C、MC 型碳化物的溶入，而留下的 M_6C、MC 型碳化物可以抑制奥氏体晶粒的长大。截面尺寸增大后，淬火后碳化物量增多是由于冷却速率变缓会有 M_3C 和 $M_{23}C_6$ 型碳化物析出，以及贝氏体转变时也可能有 M_3C 型碳化物析出的缘故。值得注意的是，随着截面的增大，由于奥氏体转变产物发生变化，残余奥氏体量有较大幅度的增加，其平均碳含量可以达到 1.19%～1.13%，这可能是由于钢中含有一定量的硅，抑制了渗碳体的析出，使残余奥氏体富集了较多的碳，并导致残余奥氏体的稳定化。

不同截面的 5Cr2NiMoVSi 钢经油淬后的心部再经不同温度回火后的硬度值如图 8.130 所示。该钢在回火温度范围 500～600℃出现二次硬化峰值 51～52HRC。截面越大，即冷速越小，二次硬化效果越明显。在回火温度高于 550℃时，回火贝氏体的硬度(图 8.130 中的曲线 2、3)逐渐逼近回火马氏体的硬度(曲线 1)。这表明，5Cr2NiMoVSi 钢模块尺寸为 500mm×500mm 时，经过油淬，虽然不同深度的淬火层的显微组织不同，但经高温回火后，其整个截面的硬度趋于一致，回火温度为 650℃时，不论冷速的快慢，均仍能保持约 44HRC 的水平。5CrNiMo 钢没有二次硬化效应，在回火温度约为 450℃时，其硬度约为 45HRC。

5Cr2NiMoVSi 钢具有二次硬化的原因，一方面是 M_2C 等碳化物的弥散析出，另一方面是大量残余奥氏体的转变，从 400～450℃开始，随回火温度的升高，残余奥氏体的转变量增加。残余奥氏体一部分开始分解为铁素体和薄片状渗碳体，一部分未分解的残余奥

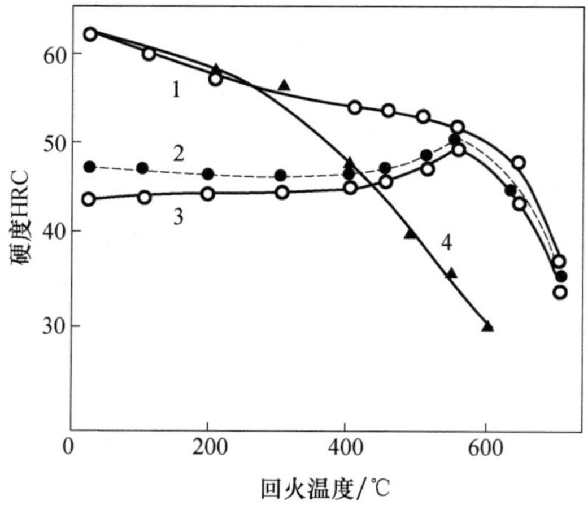

图 8.130　回火温度对不同尺寸截面模块心部硬度的影响[134]
5Cr2NiMoVSi 钢 985℃淬油：1—10mm×10mm，2—300mm×300mm，
3—500mm×500mm；5CrNiMo 钢 880℃油淬：4—10mm×10mm

氏体在冷却时转变为高碳的孪晶马氏体。在 550℃以上回火，残余奥氏体主要分解为铁素体和碳化物。

图 8.131 为回火温度对 5Cr2NiMoVSi 钢不同尺寸截面模块心部的残余奥氏体量和冲击功的影响。截面为 300mm×300mm 和 500mm×500mm 的模块心部组织主要是以贝氏体为主的混合组织。图 8.131 显示，450℃以下回火，主要是马氏体组织的冲击功低于混合组织，在 450℃以上回火则相反，出现脆性区域，透射电镜观察到残余奥氏体分解时生成的粗大链状或短杆状渗碳体，与此同时消除了能阻止裂纹扩展的残余奥氏体，导致冲击功下降。因此大截面模块宜在 650℃以上回火态应用。

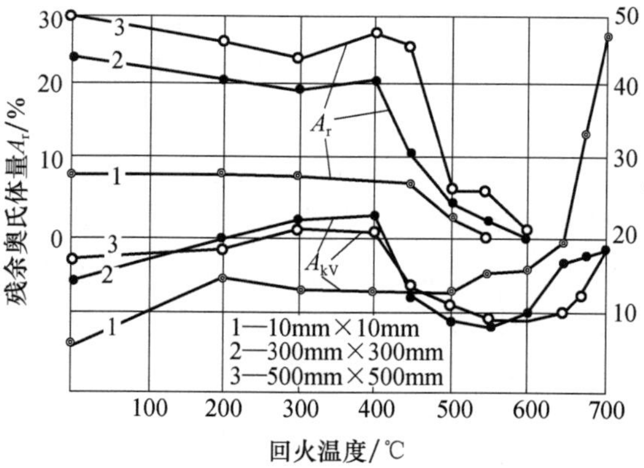

图 8.131　回火温度对 5Cr2NiMoVSi 钢不同尺寸截面模块心部的
残余奥氏体量和冲击功的影响[133]

表 8.91 为 5Cr2NiMoVSi、45Cr2NiMoVSi 和 5CrNiMo 几种钢的高温力学性能对比。可见，5Cr2NiMoVSi、45Cr2NiMoVSi 钢的热稳定性比 5CrNiMo 钢提高 100～150℃，在 550℃下的高温强度提高 50%，其高温韧性也优于 5CrNiMo 钢。5Cr2NiMoVSi 和 45Cr2NiMoVSi 钢制成的 500mm × 500mm 模块油中淬火后心部的硬度较之

300mm×300mm 的 5CrNiMo 钢高出 4HRC。

表 8.91 5Cr2NiMoVSi、45Cr2NiMoVSi 和 5CrNiMo 钢的高温力学性能对比[133]

钢号	淬火温度/℃	回火温度/℃	回火后硬度 HRC	试验温度/℃	σ_b/MPa	ψ/%	a_{kV}/(J/cm^2)
5Cr2NiMoVSi	985	680	40	550	594	80	45
45Cr2NiMoVSi	1000	675	36.3	550	635	85	70
5CrNiMo	860	510	39.5	550	386	82	33

注：5Cr2NiMoVSi 钢为电弧炉冶炼，数据为 300mm×300mm 截面模块油淬后心部性能。45Cr2NiMoVSi 钢为真空精炼，数据为 ϕ400mm 模块油淬后心部性能。5CrNiMo 钢为电弧炉冶炼，数据为 10mm×10mm 试样油淬后的性能。

推荐的 5Cr2NiMoVSi、45Cr2NiMoVSi 钢锻模热处理工艺见表 8.92。

表 8.92 推荐的 5Cr2NiMoVSi、45Cr2NiMoVSi 钢锻模热处理工艺[133]

钢号	淬火			回火	
	预热温度/℃	淬火温度/℃	淬火介质	加热温度/℃	硬度 HRC
5Cr2NiMoVSi（压力机锻模）	650～670	970～1000	油	640～660 660～680	41～45 37～41
45Cr2NiMoVSi（锤锻模）	650～670	960～980	油	630～650 640～660 650～670	39～44 37～42 35～39

注：第二次回火温度比第一次回火温度低 25～30℃。

5Cr2NiMoVSi 钢广泛用于制作各类压力机热锻模具，包括 12000t 压力机，使用寿命较之 5CrNiMo 钢提高 0.5～1.5 倍，也高于 55NiCrMoV6 钢。45Cr2NiMoVSi 钢已用于各类锤锻模具，尤其适用于型腔深而复杂的大型锤锻模具，包括 10t 锻锤，其使用寿命较之 5CrNiMo 钢提高 0.5～1 倍，亦高于 55CrNiMoV6 钢。

3Cr2MoWVNi 钢是我国自行开发的一种压力机热锻模具，其碳含量较低，淬火后最高硬度为 52HRC。该钢由于含有较多的 Mo 和一定数量的 W、V，具有二次硬化效应，经 600℃回火后仍能保持 45～50HRC 的硬度，在回火温度高于 600℃后硬度才急剧下降，其热稳定性明显高于 5CrNiMo 钢。

3Cr2MoWVNi 钢的等温退火加热温度为 820℃，等温温度为 700～720℃，适宜淬火温度为 980～1020℃，回火温度为 610～660℃，回火后的硬度为 41～43HRC。表 8.93 为 3Cr2MoWVNi 钢的室温及高温力学性能。

表 8.93 3Cr2MoWVNi 钢室温和高温力学性能[93]

热处理工艺	测试温度/℃	硬度 HRC	a_{kV}/(J/cm^2)	σ_b/MPa	σ_s/MPa	ψ/%
1000℃淬火后于 600℃回火 2h	室温	46	80	1560	1450	65
1000℃淬火后于 650℃回火 2h	室温	40～42	105	1390	1290	65
1000℃淬火后回火到 41～43HRC	650	—	250	700	610	81

3Cr2MoWVNi 钢用于制作一些机锻模具，使用寿命比 5CrNiMo 钢提高一倍以上[93]。

20 世纪 70 年代日本研制了一些可用于制作大截面压力机锻模的析出硬化钢，较成熟的有 YHD3 钢[136]。析出硬化热作模具钢的特点是制作的模具在淬火和低温回火状态下进行机械加工，此时模具的硬度约为 40HRC，加工后直接使用，不存在热处理畸变和表面氧化脱碳问题。在使用中模具表层受热产生碳化物的弥散析出，导致二次硬化，硬度可达 48HRC，而心部未发生组织转变，此时模具可以同时具有表层所需要的高温强度和心部的高韧性。该钢的化学成分见表 8.94。YHD3 钢可用于制作 300mm×400mm 截面的压力机模具，钢经淬火和低温回火后的硬度仍较高，不易加工，另外还含有约 1%的稀缺元素 Co。

表 8.94　一些析出硬化热锻模具钢的化学成分[137,138]　　(单位：%)

牌号	C	Si	Mn	Cr	Ni	Mo	W	V	Co
YHD3(日立金属)	0.2	—	—	2.80	0.80	1.80	0.70	0.40	1.00
PH(大冶特钢)	0.16～0.22	0.60～0.90	0.40～0.70	2.54～3.00	0.80～1.20	1.80～2.20	—	0.30～0.50	其他

注：PH 钢中可加入稀土、0.05%～0.12%Zr 或其他微量元素。

我国研制了一种无钴析出硬化热作模具钢 2Cr3Mo2NiVSi(简称 PH)，其化学成分见表 8.94。该钢经 1010℃淬火和 370～400℃回火 1 次，硬度为 45HRC，使用时的析出硬化量可达 3～4HRC，其热磨损抗力优于 H13 钢。在 PH 钢中加入微合金元素之后，夹杂物变质成球状或纺锤状，改善了被切削性能，其被切削性能优于 YHD3[138]。

PH 钢适用于在 500～600℃使用的热锻模具。在汽车厂、农机厂制作连杆模、齿轮模等热作模具，经长时间反复锻打后硬度不降低，其使用寿命比 5CrNiMo 钢高 1.5 倍，比 H11(4Cr5MoSiV)钢提高 1 倍[137]。

8.5.3 高热强性热作模具钢

许多热挤压模、热镦锻模、精锻模及高速锤上的模具是在繁重的条件下工作的。这些模具在工作时需长时间与被变形加工的金属接触，其受热的温度往往比锤锻模要高，尤其用于加工黑色金属及难熔金属时，这些模具还承受较高的应力。挤压比大时使用的模具和细长的芯棒承受的应力更高。这类模具的尺寸一般不是很大，比锤锻模要小。对这类钢的主要要求：①高的热稳定性和比较高的高温强度；②较好的韧性；③良好的耐热疲劳性；④高的耐磨性。此外，用于铝、铜合金的压铸模常因热疲劳应力和熔蚀的交互作用而失效，对压铸模用钢还应具有抗熔化金属的热熔损能力。

这类热作模具钢可按其成分特点分为：钨系热作模具钢、铬系热作模具钢和铬-钼及铬-钨-钼系热作模具钢。

GB/T 1299—2014 中列入了 14 个高热强性热作模具钢的化学成分(表 8.80)，其中 3Cr2W8V 属于钨系热作模具钢，4Cr5MoSiV(H11)、4Cr5MoSiV1(H13)和 4Cr5W2VS(ЭИ958)属于铬系热作模具钢，其他属于铬-钼及铬-钨-钼系热作模具钢，如 4Cr3Mo3SiV(H10)、4Cr5Mo2V、3Cr3Mo3V、4Cr5Mo3V、3Cr3Mo3VCo3、3Cr3Mo3W2V(代号 HM1)、5Cr5WMoSi、4Cr5MoWVSi、5Cr4W5Mo2V(代号 RM2)、5Cr4Mo3SiMnVAl(代号 012Al)。

我国许多单位在 20 世纪 70 年代中期至 80 年代，为适应热成形新工艺、新装备的需要，开发出具有良好性能的高热强性热作模具钢，部分牌号已列入 GB/T 1299—2014，如 012Al、HM1、RM2，其他一些未列入 GB/T 1299—2014 中的高热强性热作模具钢的化学成分见表 8.95。

表 8.95　一些高热强性热作模具钢的化学成分[91,93]　(单位：%)

牌号	C	Si	Mn	Cr	W	Mo	V	其他
25Cr3Mo3VNb	0.20～0.28	≤0.6	≤0.35	2.7～3.2	—	2.6～3.2	0.6～0.8	0.06～0.15Nb
3Cr3Mo3VNb[113]	0.24～0.33	≤0.6	≤0.35	2.6～3.2	—	2.7～3.2	0.6～0.8	0.06～0.15Nb
Y10	0.36～0.42	1.0～1.5	0.7～1.5	4.5～5.5	—	1.8～2.2	0.8～1.2	<0.05Al
Y4	0.36～042	0.25～0.50	0.9～1.3	2.2～2.7	—	2.0～2.5	0.9～1.3	0.04～0.10Nb
TM	0.35～0.44	0.20～0.40	0.90～1.20	2.40～2.80	1.0～1.3	1.80～2.20	1.0～1.3	—
CG-2	0.55～0.64	≤0.4	≤0.4	3.8～4.3	0.9～1.3	2.8～3.3	0.9～1.3	1.8～2.2Ni
5Cr4Mo2W2SiV	0.45～0.55	0.80～1.10	≤0.50	3.70～4.30	1.80～2.20	1.80～2.20	1.20～1.30	—
HD[75]	0.35～0.45	≤0.35	≤0.40	2.50～3.00	—	1.80～2.20	1.0～1.4	1.0Ni、0.15Nb

注：Y4 钢中加入 0.002%～0.006%B；HD 钢中可加入 0.0005%～0.0035%B。

部分国外使用的高热强性热作模具钢的化学成分见表 8.96。

表 8.96　部分国外使用的高热强性热作模具钢的化学成分　(单位：%)

钢号	C	Si	Mn	Cr	W	Mo	V	其他
H10(美)	0.35～0.45	0.80～1.20	0.25～0.70	3.00～3.75	—	2.00～3.00	0.25～0.75	—
H11(美)	0.33～0.43	0.80～1.20	0.20～0.50	4.75～5.50	—	1.10～1.60	0.30～0.60	—
H12(美)	0.30～0.40	0.80～1.20	0.20～0.50	4.75～5.50	1.00～1.70	1.25～1.75	0.20～0.50	—
H13(美)	0.32～0.45	0.80～1.20	0.20～0.50	4.75～5.50	—	1.10～1.75	0.80～1.20	—
H19(美)	0.32～0.45	0.20～0.50	0.20～0.50	4.00～4.75	3.75～4.50	0.30～0.55	1.75～2.20	4.00～4.50Co
H21(美)	0.26～0.36	0.15～0.50	0.15～0.40	3.00～3.75	8.50～10.0	—	0.30～0.60	—
H26(美)	0.45～0.55	0.15～0.40	0.15～0.40	3.75～4.50	17.25～19.0	—	0.75～1.25	—

续表

钢号	C	Si	Mn	Cr	W	Mo	V	其他
H42(美)	0.55~0.70	0.20~0.40	0.15~0.40	3.75~4.50	5.50~6.75	4.50~5.50	1.75~2.20	—
4X2B5MФ(俄)	0.30~0.40	0.10~0.40	0.10~0.45	2.20~3.00	4.50~5.50	0.60~0.90	0.60~0.90	—
5X3B3MФC(ДИ-23)(俄)	0.45~0.52	0.50~0.80	0.20~0.50	2.50~3.20	3.00~3.60	0.80~1.10	1.50~1.80	0.05~0.15Nb
SKD5(日)	0.25~0.35	0.10~0.40	0.15~0.45	2.50~3.20	8.50~9.50	—	0.30~0.50	—
SKD6(日)	0.32~0.42	0.80~1.20	≤0.50	4.50~5.50	—	1.00~1.50	0.30~0.50	—
SKD61(日)	0.35~0.42	0.80~1.20	0.25~0.50	4.80~5.50	—	1.00~1.50	0.80~1.15	—
SKD62(日)	0.32~0.42	0.80~1.20	0.20~0.50	4.75~5.50	1.00~1.60	1.00~1.60	0.20~0.50	—
SKD7(日)	0.28~0.35	0.10~0.40	0.15~0.45	2.70~3.20	—	2.50~3.00	0.40~0.70	—
X32CrMoV3-3(德)	0.28~0.35	0.10~0.40	0.15~0.45	2.70~3.20	—	2.50~3.00	0.40~0.70	—
X38CrMoV5-3(德)	0.35~0.40	0.30~0.50	0.30~0.50	4.80~5.20	—	2.70~3.20	0.40~0.70	—
X32CrMoCoV5-3-3(德)	0.28~0.35	0.10~0.40	0.15~0.45	2.70~3.20	—	2.60~3.00	0.40~0.70	2.50~2.30Co
QRO80M(瑞典)	0.40	0.30	0.75	2.6	—	2.0	1.2	0.005B
QRO90M(瑞典)	0.38	0.30	0.75	2.6	—	2.25	0.9	—
DIEVAR(瑞典)	0.35	0.2	0.5	5.0		2.3	0.6	
HOTVAR(瑞典)	0.55	1.0	0.75	2.6	—	2.25	0.85	—

注:美国钢号根据 ASTM A6821(2004 再确认),俄罗斯钢号根据 ГОСТ 5950(2000),日本钢号根据 JIS G4404(2006),德国钢号根据 DIN EN ISO 4957(2001),瑞典钢号为 ASSAB 钢厂和 Uddeholm 钢厂牌号。

高钨热作模具钢于 20 世纪 20 年代即开始用于生产,是最早用于制造模具的热作模具钢。30 年代中期,随着铝合金压铸工艺的迅速发展,需要一种有较好耐热性、抗热疲劳性能和抵抗液态铝合金冲蚀的新型模具钢。美国开发出了系列中合金铬系热作模具钢,如 H13、H11、H12。第二次世界大战期间,钨资源紧张,随之出现了一系列以钼代钨的钼系和钨-钼系热作模具钢。

8.5.3.1 钨系热作模具钢

含钨较高的钢的主要特点是具有高的热稳定性。3Cr2W8V 是应用最早的一种热作模具钢。我国在 GB/T 1299—2014 中列入的钨系热作模具钢只有 3Cr2W8V 一个钢号。

在 3Cr2W8V 钢中，铬的加入是为了获得足够的淬透性，使模具有较好的抗氧化和抗蚀性，提高淬火钢的硬度和增加耐磨性。铬含量大于 4%会使回火稳定性下降。

在含 0.3%C 和 3%Cr 钢中添加钨可以显著地提高淬火钢的回火稳定性，使二次硬化峰值移至更高温度，并能提高模具的耐磨性，但钨含量从 8%提高到 12%，对改善钢在 640～620℃时的热稳定性和耐磨性作用不大，却增加了碳化物析出量，使韧性与抗热疲劳的能力降低，裂纹敏感性增大，只能用于不受动载荷，不受急剧冷却的镶块模具，所以钨含量在 8%左右是适当的。

碳含量降低，易出现高温铁素体，不能保证必要的强度，选择 0.3%～0.4%C 和 8%～10%W 的配合是较为适当的，进一步提高碳含量将使钢的韧性和塑性剧烈下降。

钒的加入(0.2%～0.5%)能改善钢的耐磨性，提高钢的热稳定性，但含量接近 1%时效果不显著，所以一般控制在 0.50%左右。

在 3Cr2W8V 钢的基础上添加钴，可使钢的高温硬度提高、导热性改善和在 20～700℃区间的热膨胀系数减小，并使钢的高温强度、韧性和抗热疲劳性能大大提高，同时减少热处理淬火变形，提高模具的使用寿命。

这类钢中含钨最高者达 18%，如 H26 实际上是一种低碳的高速钢。为了避免在高温加热时会出现铁素体相，碳含量也要相应地提高。这类钢耐磨性好，但韧性差。如果在这类钢中以钼代钨，如同在高速钢中，可以得到一系列含钼较高的钢，如 H42，不过由于含钼较高的钢易脱碳，晶粒长大倾向较大，故使用较少。

3Cr2W8V 钢中合金元素的含量均为 W18Cr4V 钢的一半，只是碳含量较低，在某些性能上与高速钢有相似之处。和高速钢一样，由于热传导系数低，锻造时必须进行较长时间的均匀加热。由于碳含量比高速钢低，锻造性能比高速钢要好。3Cr2W8V 钢的始锻温度为 1080～1120℃，终锻温度为 900～850℃，锻后先在空气中较快地冷却到 Ac_1 以下(约 700℃)，随后缓冷(砂或炉冷)。

3Cr2W8V 钢的退火工艺为 830～850℃保温 3～4h 后，以不大于 40℃/h 的速率炉冷至不大于 400℃出炉空冷，也可以采用 700～720℃等温退火，保温 3～4h，退火后的硬度不大于 241HB。退火状态的组织为铁素体基体上分布着 M_6C、$M_{23}C_6$ 型碳化物。钒含量为 0.16%时，未发现独立的 VC，钒可能溶于 M_6C 型碳化物中[21]。3Cr2W8V 钢为过共析钢，由于成分的偏析，会出现少量共晶碳化物。3Cr2W8V 钢在退火状态含有 9%～12%的碳化物，铬碳化物的含量约在 3%以下。相分析表明，在退火状态下铁素体的钨含量近 2%，铬含量约为 2.3%，几乎有 88%的铬固溶于 α-Fe 中。

停锻温度过高或锻后冷却缓慢，二次碳化物会从奥氏体中析出形成网络。球化退火前须先正火以消除网状碳化物，然后再进行球化退火。球化温度偏高，也会出现二次碳化物网。模坯长时间在 870～880℃保温，钢中的 M_6C 型碳化物会转变为 WC 而稳定化，在以后加热时不溶于奥氏体，损害钢的性能。

对 3Cr2W8V 钢的原材料和改锻退火后的毛坯不要求检查共晶碳化物不均匀性，但应检查其碳化物的分布。碳化物网不得大于 2 级，不应出现严重的碳化物链，即碳化物呈链状分布。

3Cr2W8V 钢的淬透性比较高，截面尺寸在 25mm 以下时可以空冷。图 8.132、图 8.133 分别为 3Cr2W8V 钢的过冷奥氏体等温转变曲线和连续冷却转变曲线。由图可知，

3Cr2W8V 钢的奥氏体在珠光体区域的稳定性比在贝氏体区域为高,在 500～600℃时过冷奥氏体相当稳定,有利于采用分级淬火以减少模具变形。从奥氏体连续冷却转变曲线可以看出,截面较大的模具空气冷却时,先析出过共析碳化物(图 8.133 未示出),然后在贝氏体区域内进行部分转变,最后发生马氏体转变。由于中温转变将残留较多的残余奥氏体,淬火状态的硬度稍低,在随后回火时,由于残余奥氏体转变,硬度将显著增高。此外,在缓慢冷却时,有碳化物沿晶界析出,从而降低了钢的韧性。因此,对于一些在重载荷

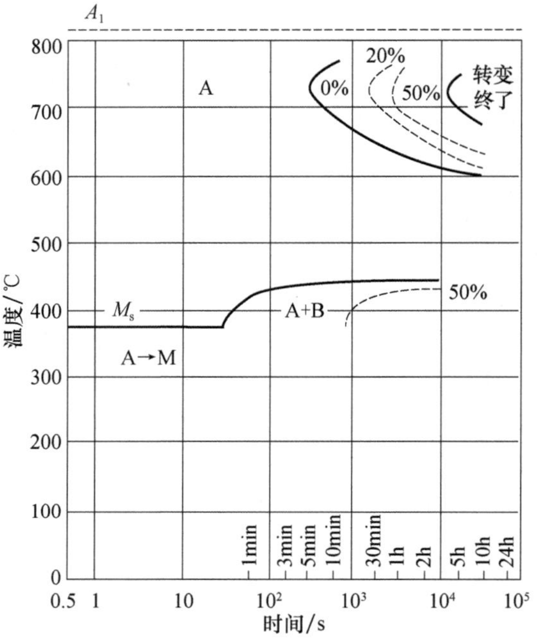

图 8.132　3Cr2W8V 钢的过冷奥氏体等温转变曲线[129]

成分:0.30%C、2.3%Cr、8.78%W、0.34%V,奥氏体化:1120℃

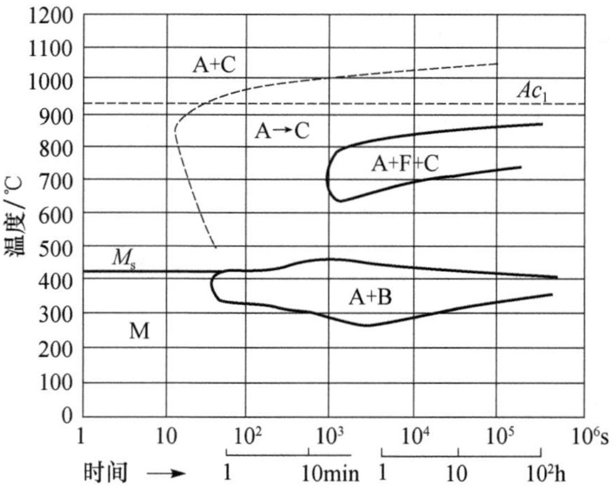

图 8.133　3Cr2W8V 钢的连续冷却转变曲线[129]

成分:0.28%C、2.57%Cr、8.88%W、0.35V,奥氏体化:1120℃

条件下工作的，变形要求不太严格的大截面淬火模具，热处理时不适宜于空冷，而宜于采用油冷。一般尺寸的模具油淬时，其组织为马氏体和过剩碳化物。

3Cr2W8V 钢加热时，随着加热温度的升高，M_6C 及 $M_{23}C_6$ 型碳化物陆续溶入奥氏体，当加热至 1200℃以上淬火时基本上全部溶解。加热过程中奥氏体合金成分的变化见图 8.134。加热时随着碳化物的溶解，奥氏体晶粒逐渐长大。由于 3Cr2W8V 钢钨、钒含量的出厂允许范围比较宽(7.5%～9.0%W，0.2%～0.5%V)，以致在淬火加热时，其晶粒长大和降低韧性的敏感性也不同，因此可以提高一些钨含量接近上限(8%～9%)时的淬火温度。在低于 1150℃温度淬火，晶粒长大不严重，当淬火温度高于 1175℃时，出现粗大的马氏体针状组织。奥氏体化温度越高，抗回火稳定性越好。如图 8.135 所示，3Cr2W8V 钢经 1100℃和 1150℃淬火后，于 600℃回火 2h，其硬度分别为 51.5HRC 和 52.3HRC(使其原始硬度处于同一个水平上)，再于 600℃进行长时间回火，高温淬火的硬度比低温淬火的高。在回火 25h 以后，硬度值的差距变大，这说明高温淬火后的回火抗力比低温淬火为好。

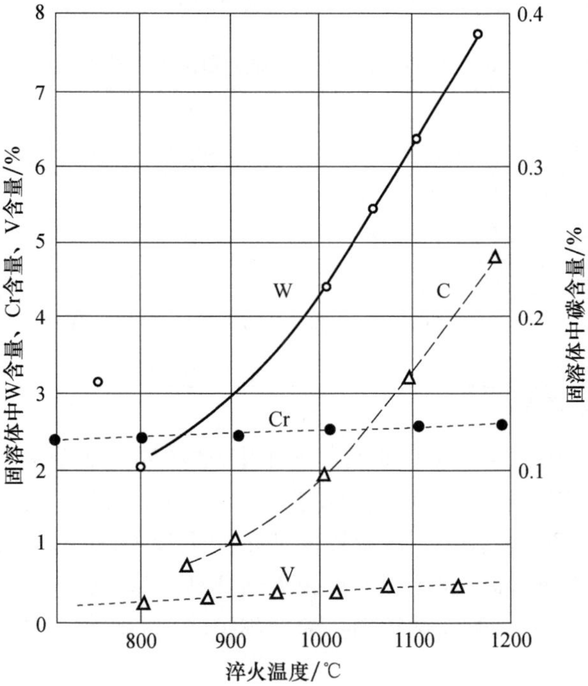

图 8.134　3Cr2W8V 钢淬火加热过程中奥氏体的合金成分变化

3Cr2W8V 钢不同温度淬火和不同温度回火后的硬度值见表 8.97。可以看出，3Cr2W8V 钢在 550℃左右回火，由于马氏体中析出弥散的合金碳化物 W_2C、VC，引起析出硬化。回火温度提高到 650℃之后，加快了析出过程，引起马氏体的急剧分解和已析出碳化物的聚集长大，使硬度很快下降。回火温度达到 700℃以上，W_2C 转变为 M_6C 型碳化物。

3Cr2W8V 钢淬火加热温度通常选择两个温度区域：常规淬火和高温淬火。

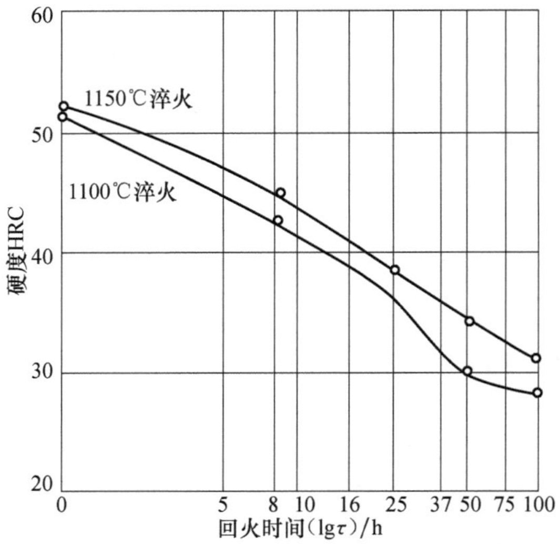

图 8.135　3Cr2W8V 钢在不同淬火温度下的抗回火稳定性(600℃)[15]

表 8.97　3Cr2W8V 钢不同温度淬火和回火后的硬度[139,140]

淬火温度/℃	淬火后硬度 HRC	回火后硬度 HRC					
		500℃	550℃	600℃	625℃	650℃	700℃
1050	49	46	47	43	40	36	27
1075	50	47	48	44	41	37	30
1100	52	48	49	45	42	40	32
1150	53	49	53	50	47	45	34
1250	57	—	54	52	—	49	40

注:钢中含 8.6%W、0.44%V。

常规淬火一般在 1050～1100℃加热奥氏体化,油冷淬火或分级淬火。温度接近下限时,晶粒度为 10～11 级,油冷淬火后的组织为隐针和细针马氏体、残余奥氏体及未溶碳化物,未溶碳化物较多,颗粒也较大。此时钢的冲击韧度较高,热强性较差。采用上限温度加热,晶粒度为 9～10 级,油冷淬火后的组织为细针马氏体、残余奥氏体及未溶碳化物,未溶碳化物较细,数量仍较多,钢的韧性和热强性都较好。一般大型模具及锻模宜采用此温区加热淬火。

高温淬火常取 1140～1150℃加热奥氏体化,油冷淬火后的硬度可达 55HRC,组织为针状马氏体、残余奥氏体及未溶碳化物,残余奥氏体的体积分数为 7.6%～9.5%。淬火加热温度的提高,使马氏体合金化程度也增加,钢的热强性高,但韧性较差。这种工艺一般用于铜合金和铝合金挤压模、压铸模等受冲击力不太大而要求高热强性的模具。模具的工作温度越高,采用高温淬火的效果越明显。如果钢中的钨和钒含量接近上限时,淬火加热温度可以提高到 1180℃。选用高温淬火工艺时应注意防止冷却过程中碳化物的析出,采用 450～540℃盐浴分级冷却,可以防止大中型模具中心部位析出二次碳化物而导致的脆化。

3Cr2W8V 钢不同温度淬火-回火后的强度和硬度以同一规律变化,但 3Cr2W8V 钢在回火过程中在 650℃处出现冲击韧度的谷值，如图 8.136 所示，其塑性指标 ψ 也出现谷值[140]。

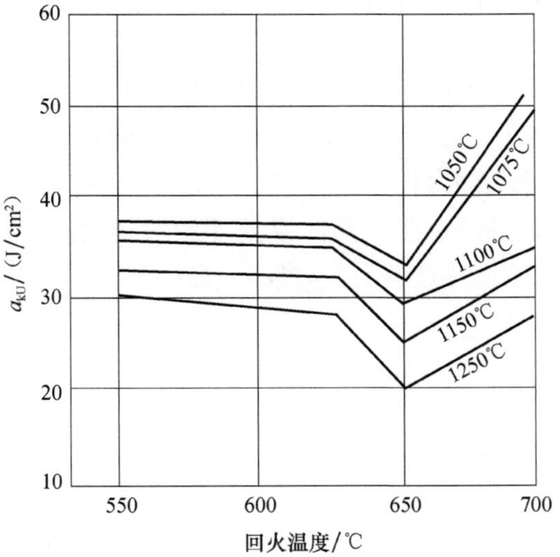

图 8.136　3Cr2W8V 钢淬火-回火后的冲击韧度值[140]

如果不是根据相同的回火温度，而是根据相同的硬度来比较冲击韧度，更为合理。表 8.98 为 3Cr2W8V 钢回火后硬度为 45HRC 时，淬火温度对钢的性能的影响。当淬火温度提高到 1100℃时，对冲击韧性降低的影响很小。此时，奥氏体晶粒保持在 9～11 级(随钨含量变化)。当淬火加热温度提高到 1150℃以后，奥氏体晶粒开始剧烈长大，冲击韧度显著地降低，塑性变差，但 σ_s/σ_b 比值仍能维持较高数值，受晶粒度的影响较小，即在单位压力很大时，仍能很好地保持模具的形状，但经受不起较大的冲击载荷。上述试验结果表明，对于承受动载荷较小的模具，钨含量接近上限的钢，淬火温度提高到 1140～1150℃是适当的。而对于大型模具和尺寸较小但在动载荷下工作的模具，淬火温度可以选择在 1100℃左右。

表 8.98　3Cr2W8V 钢回火后硬度为 45HRC 时，淬火温度对钢的性能的影响[140]

淬火温度/℃	回火温度/℃	a_{kU}/(J/cm²)	ψ/%	δ/%	σ_s/σ_b
1050	570	38	33	3.3	0.95
1075	590	36	26	3.1	0.96
1100	600	35	17	3.0	0.97
1150	650	25	5	2.8	0.95
1250	670	23	5	1.8	—

抗热疲劳能力是这类模具钢的一个重要性能。模具的抗热疲劳性能与淬火加热温度之间存在着矛盾的影响因素。随着淬火温度的提高，奥氏体晶粒长大，相应地降低了钢的冲击韧性，使钢的抗热疲劳性能降低。另外，随着淬火温度的提高，合金碳化物的进一步溶解，奥氏体的钨含量增加，提高了淬火钢的红硬性，使钢在高温时组织稳定性和力学性能改善，这又能使热疲劳性能得到提高。

含钨高的这类钢导热性差,抗急冷急热的能力不如含铬较高的钢。

断裂韧性是考虑到材料中有裂纹存在的状况下进行试验的。断裂韧度 K_{IC} 的大小反映了材料在低应力条件下脆断时对裂纹的敏感性,这可能与模具中的开裂和冷热疲劳性能有一定的联系。

经不同温度淬火后,3Cr2W8V 钢的断裂韧度与回火温度的关系见图 8.137,断裂韧度在 640℃附近也出现谷值。图 8.138 为 3Cr2W8V 钢的断裂韧度与回火后硬度的关系,可以看出,K_{IC} 对硬度是很敏感的。硬度值在 40HRC 以下,K_{IC} 值迅速升高。根据生产试验报道,3Cr2W8V 钢制轴承套圈成形凹模处理后的硬度高于 40HRC 时,容易发生早期脆断,如低于 40HRC,则以热疲劳为主,模具寿命提高了 2 倍[141]。

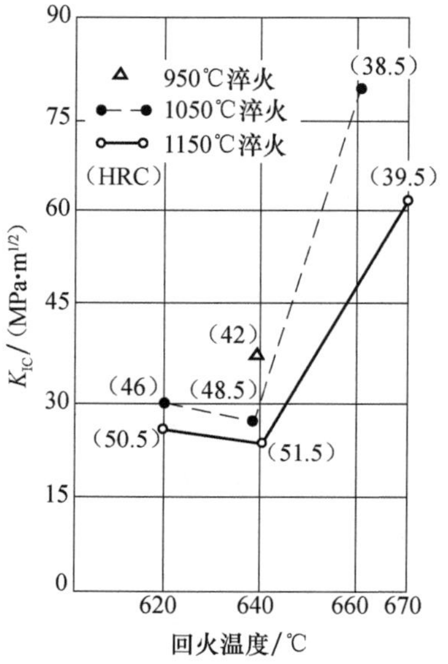

图 8.137　3Cr2W8V 钢不同温度淬火后断裂韧度与回火温度的关系[141]

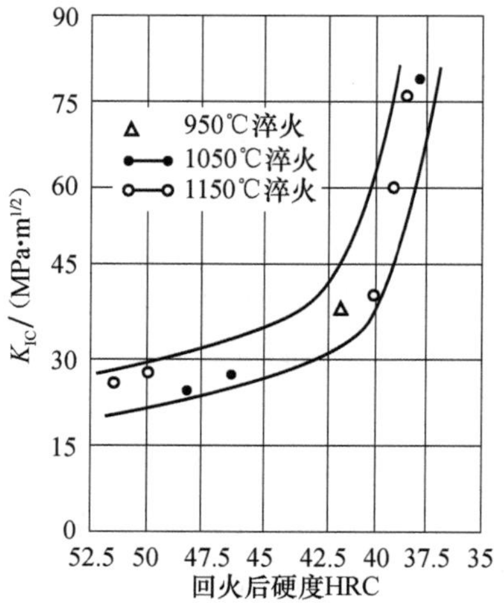

图 8.138　3Cr2W8V 钢断裂韧度与回火后硬度的关系[141]

3Cr2W8V 钢回火温度选择时,应在不影响模具抗脆断能力及抗热疲劳能力的前提下,尽可能提高模具的硬度,这需要根据模具的具体失效形式来确定具体的回火温度,回火次数以两次为宜。虽然 3Cr2W8V 钢在 640～650℃附近出现冲击韧度和断裂韧度下降的现象,但这种现象是否对模具的断裂抗力产生实际的影响,须由实践来说明,不应以此认为在此温度区间回火是不合理的。

3Cr2W8V 钢有比较高的热稳定性,其工作温度可达到 650℃,20 世纪 70 年代以前曾是我国主要使用的高热强性热作模具钢。但该钢合金度高,塑韧性较差,其截面尺寸对钢的韧性影响甚大,直径从 70mm 增大到约 150mm 时,韧性要下降 50%。3Cr2W8V 钢的铬含量较低,高温抗氧化和抗熔融金属的冲蚀性能要比铬系热作模具钢低 1/2 左右。由于上述原因,3Cr2W8V 钢在世界上已很少应用。我国自 20 世纪 60 年代开始使用铬系热作模具钢,1977 年将 4Cr5MoSiV1(H13)列入 GB/T 1299—77 之后,一些原来采用 3Cr2W8V 钢的模具,当型腔温度不高于 600℃时,已逐步被 4Cr5MoSiV1(H13)钢取代,而型腔温度高于 600℃时,则用铬-钼系热作模具钢代替。

8.5.3.2　铬系热作模具钢

这类钢含大约 5%Cr，并加入数量不多的其他元素(Mo、W、Si、V)。GB/T 1299—2014 中列入了 4Cr5MoSiV(H11)、4Cr5MoSiV1(H13)、4Cr5W2SiV(ЭИ958)，这三种钢均属铬系热作模具钢，其中 H11、H13 是美国标准中的钢号，ЭИ958 是苏联使用的钢号。这类钢含铬较高，因而有较高的淬透性，加入 1%Mo 时，淬透性更高，故尺寸很大的模具淬火时也可以空淬。图 8.139 为 4Cr5MoSiV1(H13)钢的过冷奥氏体等温转变曲线。图 8.140 为 4Cr5MoSiV1(H13)钢的过冷奥氏体连续转变曲线，图中显示了 50mm、100mm、200mm 直径圆棒油淬时中心部位的冷却曲线。

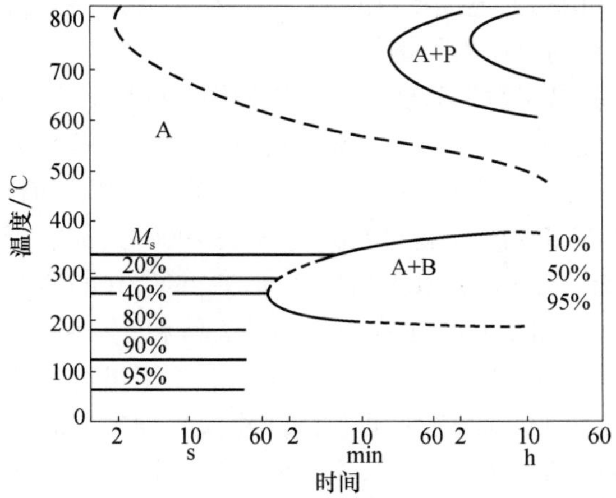

图 8.139　4Cr5MoSiV1 钢的过冷奥氏体等温转变曲线[1]

钢的成分：0.40%C、1.05%Si、5.0%Cr、1.35%Mo、1.10%V，奥氏体化温度：1010℃

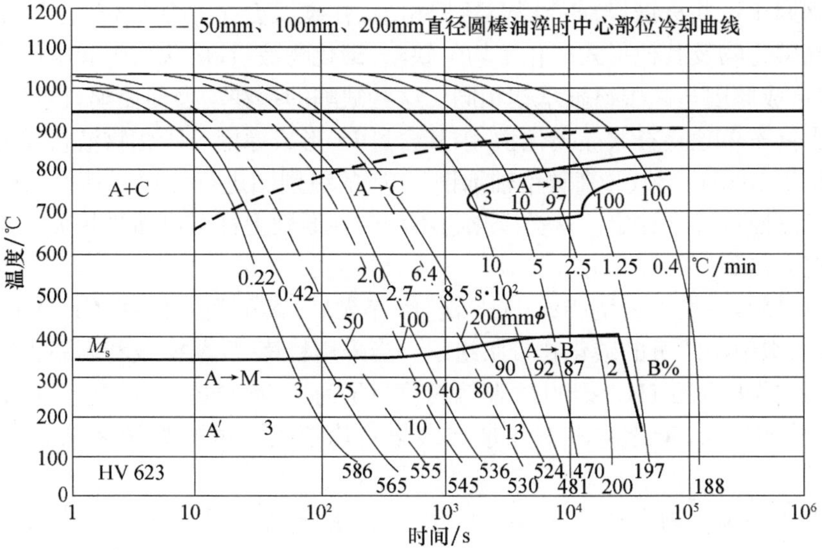

图 8.140　H13(4Cr5MoSiV1)钢的过冷奥氏体连续转变曲线[142]

Thyssen 钢厂资料，钢的化学成分：0.40%C、5.30%Cr、1.40%Mo、1.00%Si、1.00%V，奥氏体化：1020℃×15min；A′为残余奥氏体量

这类钢的特点是:

(1) 具有良好的综合力学性能。这类钢从室温到600℃都能保持较高的强度和韧性,不但是性能良好的热作模具钢,也是很好的超高强度钢和热强钢。

(2) 抗热疲劳性能良好,适合于制作温度频繁急剧变化的热作模具,如压铸模和用水冷却的热挤压模具。

(3) 比较好的高温性能,其热稳定性、高温硬度虽略逊于钨系热作模具钢,但其高温韧性则优于钨-钼系热作模具钢。

(4) 在中温下具有良好的抗氧化性和耐液态金属冲蚀性能,可以满足铝合金压铸模具的要求。

由于铬系热作模具钢的上述优点,加之生产成本较低,工艺性较好,其应用范围不断扩大,现已成为我国主要的热作模具钢钢种。

这类钢碳含量不高,易于锻造和轧制。含钼的钢脱碳敏感性较强,应尽量缩短在高温下停留的时间,预热温度为700~800℃,始锻温度为1070~1150℃,终锻温度为900~850℃。由于这类钢的淬透性好,锻后应注意缓冷,并及时退火。4Cr5MoSiV1、4Cr5MoSiV、4Cr5W2SiV钢的退火温度分别为880~900℃、860~890℃、850~880℃,退火温度下的保温时间为25mm/h,退火后以不大于25℃/h的冷却速率冷至500℃后空冷,退火后的硬度为207~229HBS,退火组织为珠光体和6%~12%的合金碳化物。为了减少模具的淬火变形,模具粗加工后建议在650~750℃下进行消除应力退火。

根据GB/T 1299—2014,对生产厂提供的热作模具钢未将非金属夹杂物及其显微组织作为规定的检验项目。根据生产实践,这类模具钢的非金属夹杂物含量和分布、球化组织质量、碳化物偏析和二次碳化物网等均对钢的性能和使用寿命有很大的影响。

生产实践表明,提高H13钢的纯净度是增加模具使用寿命的有效措施,所以国外优质H13钢的硫含量控制在0.005%~0.008%。电渣重熔钢可以达到这一水平。

这类钢属于过共析钢,与3Cr2W8V钢相似,在碳及合金元素的偏析严重时,也会出现少量共晶碳化物及其他形式碳化不均匀缺陷:碳化物液析、碳化物带状组织和碳化物网状组织,其形成原因与高碳铬轴承钢相同。这些缺陷的存在均会促使模具早期失效。

对这类钢不单独检查共晶碳化物,因其含量低,形成原因与碳化物液析相似,评定时,宜按照GB/T 18254—2016《高碳铬轴承钢》相应的级别图进行评定。其他的碳化物不均匀缺陷均可参照该标准评定。这类碳化物不均匀性原则上都可以通过热加工措施和高温长期扩散退火消除。

有资料显示,一般工艺生产的H13钢,经淬火后,其微观偏析度:Cr为1.28、Mo为1.80,显微组织中呈严重的碳化物带状组织。当采用精炼、反复镦拔和高温扩散退火等综合措施后,经淬火后的H13钢的微观偏析度:Cr为1.08、Mo为1.19。在其显微组织中,碳化物分布均匀,碳化物液析和带状碳化物均消失。钢的力学性能的方向性也显著改善。

H13钢中的碳化物大部分是$M_{23}C_6$型碳化物,还有少量的M_6C和MC型碳化物。加热至1050~1080℃时,$M_{23}C_6$型碳化物急剧溶解,加热到1100℃时,基本溶解完毕,从1070℃加热开始,奥氏体晶粒将明显长大。几种铬系热作模具钢的常用淬火加热温度和淬火硬度见表8.99。

表 8.99 几种铬系热作模具钢的常用淬火温度及淬火硬度[40,95]

钢号	Ac_1/℃	Ac_3/℃	淬火温度/℃	淬火介质	淬火硬度 HRC	M_s/℃
4Cr5MoSiV1	860	915	1020～1050	空气、油	56～58	340
4Cr5MoSiV	853	912	1000～1030	空气、油	53～55	310
4Cr5W2VSi	800	875	1030～1050	空气、油	53～56	265

注：小尺寸模具采用淬火温度下限，大型模具采用淬火温度上限，盐浴加热采用下限温度。

这类钢淬火加热时为防止模具表面的氧化脱碳，最好采用可控气氛加热炉、真空热处理炉或盐浴炉。在盐浴炉加热时，为减少变形，应在盐浴中进行一次(850℃)或两次(650℃、850℃)预热。在淬火温度下应进行较长时间的保温，以使合金碳化物溶入奥氏体组织中。由于钢的淬透性好，一般采用空冷或油冷淬火。

对于较大截面的锻件，当停锻温度过高而锻后的冷速又较慢时，可能沿奥氏体晶界析出大量的链状碳化物，用一般的退火和淬火工艺无法消除。对出现这种组织的模具，在淬火之前应在高于淬火温度 50℃左右加热和随后快速冷却，以消除链状碳化物，然后再进行淬火处理。

这类钢中都含有一定数量的钒，不易过热，按正常温度淬火后，可得到细晶粒组织，一般为 8～10 级，其组织为细针马氏体、未溶碳化物和残余奥氏体。对于要求以热硬性为主的模具，可以采用较表 8.99 所列更高的温度淬火，如 H13 钢可采用 1050～1080℃加热，此时晶粒度可达到 7～8 级。

用这类钢制作的模具在淬火时应尽快地冷却到 450～500℃，以避免从过冷奥氏体中析出碳化物，并在此温度保温，使整个截面温度一致后在油中冷却，可以得到较高的冲击韧性。

要求高韧性而需经高温回火的模具，应先淬火尽量得到马氏体组织。如果在淬火组织中存在贝氏体，主要是上贝氏体，在高温回火时，将沿着条状 α 相晶界析出碳化物，并聚集长大成串，而 α 相内较细小的碳化物不断溶解，使钢的强度迅速下降，冲击韧性降低，出现贝氏体脆性。为了避免出现贝氏体脆性，应将淬火组织中的贝氏体量限制在 15%以下[95]。

由图 8.140 可见，4Cr5MoSiV1 钢经 1020℃加热，保温 15min，然后在 2～3min 冷却到室温，即可出现 25%贝氏体。如果在 1070℃保温 20min，在 20min 冷却到室温，不会出现贝氏体，如果以较慢的速率冷却到室温，可出现 30%贝氏体(图 8.141)。

以上数据表明，若采用 1020℃保温 15min 油淬的热处理规范，仅直径小于 50mm 的模具才能保证不出现贝氏体，若采用 1070℃保温 20min 油淬的热处理规范，则直径在 200mm 以内的模具可保证不出现贝氏体。

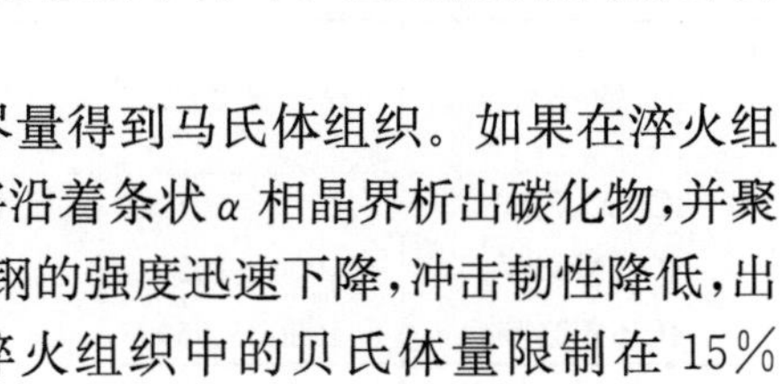

图 8.141 4Cr5MoSiV1 钢的淬火冷却规范及贝氏体数量[100]
1070℃加热 20min

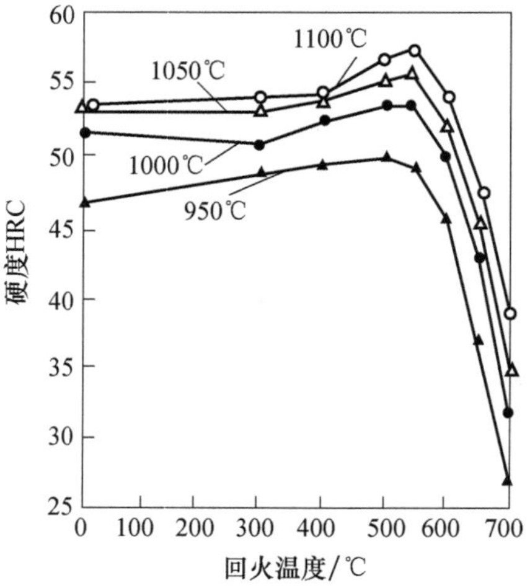

图 8.142　4Cr5MoSiV1 钢不同温度淬火后回火温度与硬度的关系[91]
钢的成分：0.40%C、5.10%Cr、1.40%Mo、0.80%V，油中淬火
图中温度为淬火温度

这类钢在回火时均有 M_2C、MC 型碳化物的析出，产生二次硬化，二次硬化峰范围在 500～550℃，回火时残余奥氏体的转变对二次硬化也有一定的贡献。

铬系热作模具钢根据模具的工作条件一般要求硬度为 40～50HRC。制造冲击载荷较重的模具时，为了提高其冲击韧性和断裂韧性，常采用的下限硬度值 40～42HRC。对于磨损较严重的重载模具，则采用上限硬度值 48～52HRC。为了使一次回火过程中残余奥氏体转变产生的马氏体充分回火，一般采用二次或三次回火。

4Cr5MoSiV1(H13)钢在不同温度淬火后，回火温度与硬度的关系见图 8.142。随着淬火温度的升高，二次硬化现象更为显著，回火温度进一步提高。随着碳化物的聚集长大，硬度迅速下降。

表 8.100 为三种铬系热作模具钢的回火温度与回火硬度的关系及其热稳定性对比。4Cr5MoSiV1 钢在三种铬系热作模具钢中抗回火稳定性最高，4Cr5W2SiV 钢与其相近，4Cr5MoSiV 钢较差，这是由于 4Cr5MoSiV1 钢的钒含量较高，回火时会析出更多的 MC 型碳化物，增强了钢的二次硬化程度。

表 8.100　三种铬系热作模具钢的回火温度与回火硬度的关系对比[95]

钢号	淬火温度/℃	油淬后硬度 HRC	达到下列硬度的回火温度/℃		达到 40HRC 的热稳定性/℃
			48～50HRC	44～46HRC	
4Cr5MoSiV1	1020～1040	53～55	560～580	610～620	630
4Cr5MoSiV	1000～1020	50～52	540～560	580～590	600
4Cr5W2VSi	1030～1050	53～56	560～580	600～620	630

注：钢的热稳定性表示该钢经热处理后在该温度下保持 4h 后，仍能保持 40HRC 的硬度。

图 8.143 和图 8.144 分别为 4Cr5MoSiV1 钢淬火后其冲击韧度和断裂韧度与回火温

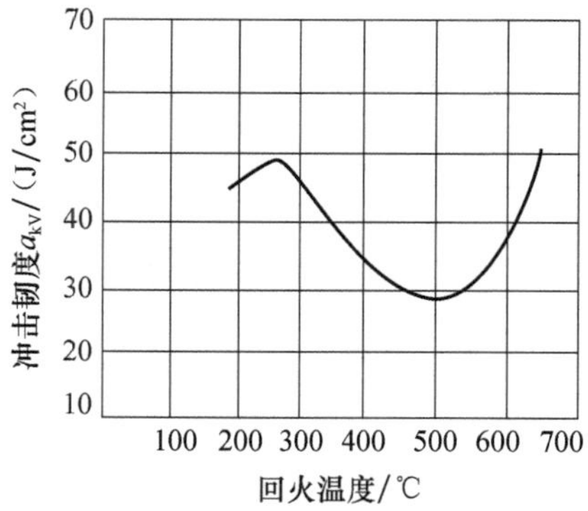

图 8.143　4Cr5MoSiV1 钢的冲击韧度[100]
奥氏体化温度：1020℃

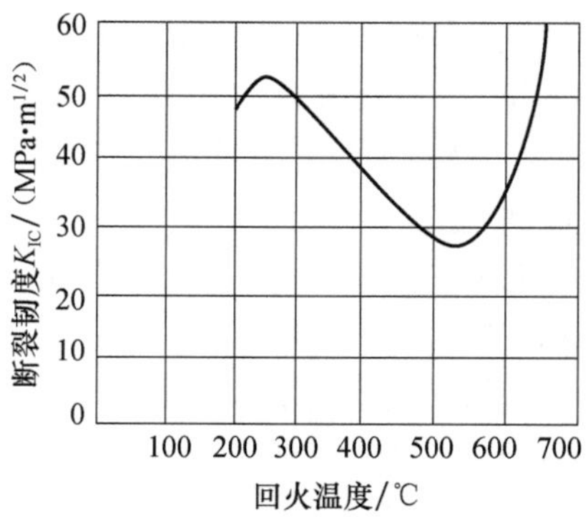

图 8.144　4Cr5MoSiV1 钢的断裂韧度[100]
奥氏体化温度：1020℃

度的关系，铬系热作模具钢总的来说有较高的冲击韧性。铬系热作模具钢的冲击韧度值随回火温度的变化有很大的波动。4Cr5MoSiV1 钢的冲击韧度随回火温度的升高，冲击韧度迅速上升，至 250℃时可超过 $40J/cm^2$，继续升高温度，其值显著下降，直到二次硬化峰出现的温度。这可能与大量碳化物的析出和残余奥氏体的转变有关，再提高回火温度，随着钢的硬度迅速下降，冲击韧度急剧升高。断裂韧度随回火温度的变化与冲击韧度相同。铬系热作模具钢一般均采用高于二次硬化峰的温度回火。

表 8.101 为三种铬系热作模具钢热处理后的室温力学性能。三种钢均具有良好的综合力学性能，其中 4Cr5MoSiV 钢的塑性韧性稍高，而 4Cr5MoSiV1 钢和 4Cr5W2VSi 钢的强度和硬度略高。

表 8.101　铬系热作模具钢热处理后的室温力学性能[91]

钢号	热处理工艺	HRC	σ_b/MPa	σ_s/MPa	δ/%	ψ/%	a_{kV}/(J/cm^2)
4Cr5MoSiV1	1000～1040 油淬，580～600℃回火	48～50	1600～1800	1400～1500	9～12	45～50	40～50
4Cr5MoSiV	980～1030 油淬，580～600℃回火	48～50	1600～1800	1400～1500	12～14	50～52	58～62
4Cr5W2VSi	1060～1080 油淬，580～620℃回火	48～52	1700～1900	1600～1700	12～15	40～50	45～55

铬系热作模具钢在 600℃以下，具有较高的高温硬度、高温强度和高的冲击韧性。这些钢在 600℃温度下的高温力学性能见表 8.102。

表 8.102　铬系热作模具钢在 600℃时的高温力学性能[91]

钢号	σ_b/MPa	δ/%	ψ/%	a_{kV}/(J/cm^2)
4Cr5MoSiV1	1100～1200	12	48～50	55～65
4Cr5MoSiV	950～1050	12	50～53	60～70
4Cr5W2VSi	1050～1100	11	42～45	50～60

铬系热作模具钢由于具有良好的综合力学性能、比较高的热稳定性和抗热疲劳性能，以及较好的抗熔蚀金属冲蚀性能，已成为应用广泛的热作模具钢，其中的 4Cr5MoSiV1(H13)钢应用量最大。这类钢可用于中小型热锻模、铝及铜合金的压铸模、铜及钢的热挤压模、高速锤锻模及冲头等，有比较高的使用寿命。

铬系热作模具钢的化学成分范围在 20 世纪 30 年代即基本定型，但多年来生产企业仍持续在工艺技术和质量控制上进行深入的研究和改进，使钢的性能不断提高，以满足不同类型模具日益提高的各种要求。

为了进一步提高模具的耐磨性能，可对这类钢制作的模具进行氮化、硫氮共渗等表面强化工艺，能有效地改善模具表面的耐磨性和减磨性能，提高模具的使用寿命[93,143]。

H13 钢广泛应用于铝、锌、镁等有色金属的压铸模、挤压模等，特别是当压铸模形状较复杂，形式个性化，结构上有浇注系统、冷却系统等时。用增材制造技术实现模具整体构件成形能最大程度地解决传统模具生产过程的工序冗繁、周期过长、生产成本高的弊端。对 H13 钢增材制造的研究比较多，不同的制造方法由于成型热源不同，其增材工艺、微观组织和力学性能也存在一些差异。

一般轧制态 H13 钢的硬度约为 540HV,退火态的平均硬度为 250HV,采用 SLM 工艺制备的 H13 钢增材体的平均硬度可达 680HV。随着热输入的增大,增材体的硬度降低。H13 钢母材经 1038℃淬火和 482℃回火后,其抗拉强度平均值为 1900MPa,屈服强度平均值为 1500MPa,而 SLM 增材制造的 H13 钢的抗拉强度为 1712MPa,屈服强度为 1236MPa,同时发现对粉床进行预热能够提高抗拉强度并降低屈服强度。以上结果表明,H13 钢增材体的抗拉强度和屈服强度都低于淬火和回火后的母材,因此,增材体的后续热处理显得十分重要。增材体经过回火后,其强度可以与母材相当,但是伸长率还是明显降低,这主要是由其内部孔洞等缺陷造成的[144]。后续的研究应该多关注制作工艺,降低缺陷的出现,提高材料的塑性、韧性和疲劳性能。

8.5.3.3　铬-钼系和铬-钨-钼系热作模具钢

4Cr3Mo3SiV 钢在 1985 年已列入我国国家标准,这种钢是在国外应用较早的一种铬-钼系热作模具钢。例如,美国的 H10 钢,其性能介于钨系和铬系之间,其韧性低于铬系而高于钨系,抗回火稳定性及热稳定性高于铬系而低于钨系。

4Cr3Mo3SiV 钢有比较高的淬透性,其过冷奥氏体转变曲线与 4Cr5MoSiV1 钢相似,热加工性能良好,锻后应注意缓冷。

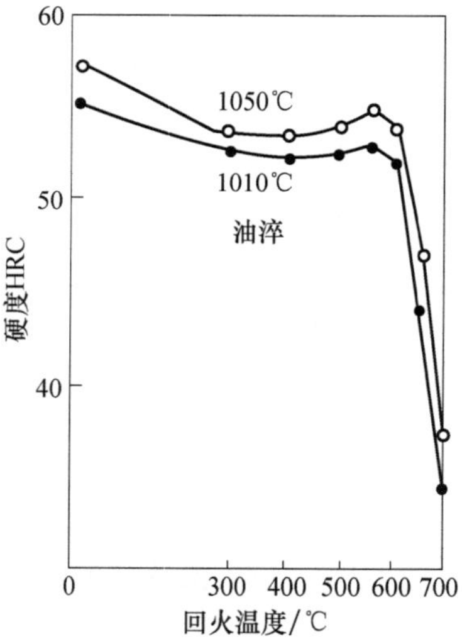

图 8.145　4Cr3Mo3SiV 钢的回火硬度关系曲线[91]

钢的成分:0.35%C、3.00%Cr、3.00%Mo、0.50%V

4Cr3Mo3SiV 钢适宜的淬火温度为 1010～1050℃,可在油或空气中淬火,淬火后的硬度为 52～56HRC。图 8.145 为 4Cr3Mo3SiV 钢淬火后的回火硬度关系曲线,回火温度为 540～650℃或更高,视要求的硬度而定。

4Cr3Mo3SiV 钢有较高的韧性和抗热疲劳性能,适于制造工作温度较高且受冲击载荷的模具和在工作过程中不断采用水冷降温的模具,如高速精锻机模具、热镦锻模具、热挤压模、热挤压机的芯棒等,较 3Cr2W8V 钢制模具寿命有显著提高。

4Cr3Mo3SiV 钢可用于制作铜合金压铸模,有较好的使用效果。铜合金液通常温度为 880～960℃。铜合金熔点高,导热性好,型腔工作时升温快,温度高,可达 700℃以上,然后又很快降温,热疲劳裂纹、金属熔蚀、热变形、塌陷等是模具的主要失效形式。4Cr3Mo3SiV 钢用于铜合金压铸模时,为了改善热稳定性,模具处理后的硬度为 30～40HRC。这类钢用于压铸模具时,为了防止表面黏附被压铸的金属,并改善其耐冲蚀性能,常采用表面氮化等处理工艺。

铬系热作模具钢在模具工作温度不高于 600℃情况下可取代钨系热作模具钢,而钨系的 3Cr2W8V 钢可在工作温度不高于 650℃下保持 40HRC 的硬度。由于热成形工艺的不断发展和生产效率不断提高,对热作模具钢的性能也提出了更高的要求。例如,热镦锻向更高速度发展,热挤压工艺应用的范围不断扩大,不但要挤压铝、铜、钢等,还要挤压叶片、高温合金、难熔金属等，采用精锻等工艺。随着这些新工艺的发展，热作模具钢的工作温度不断提高，作用力不断增大，工作时受到的冲击磨损日益严重，这就要求所用的热作模具钢有更高的高温强度和热稳定性，以及良好的冲击韧性、耐热疲劳性、耐磨性和抗氧化能力。常用的钨系和铬系热作模具钢及 4Cr3Mo3SiV 钢已不能满足这些要求，国内外都开发出一些具有更高性能的热作模具钢。这些模具钢大体可分为以下几类：

(1) 以 4Cr3Mo3SiV 钢为基础，适当调整其所含元素含量，属于这类钢的牌号有 4Cr5Mo2V、3Cr3Mo3V、4Cr5Mo3V、3Cr3Mo3VCo3（这四个牌号钢已列入 GB/T 1299—2014）或加入少量 Nb、Al，如 25Cr3Mo3VNb（HM3）、3Cr3Mo3VNb、4Cr5Mo2SiMnVAl（Y10）、4Cr2Mo2MnVNb（Y4）等钢。

(2) 在铬系热作模具钢的基础上，通过复合加入钼、钨等元素，如 4Cr5MoWVSi（H12）、5Cr5WMoSi（A8）、3Cr3Mo3W2V（HM1）、4Х2В5МФ、5Х3В3МФС（ДИ23）、4Cr3Mo2WVMn（TM）等钢。

(3) 低碳高速钢或在高速钢基体的基础上添加一些合金元素，前者如 H26、H42 等钢，后者如 5Cr4W5Mo2V（RM2）、5Cr4Mo3SiMnVAl（012Al）、6Cr4Mo3Ni2WV（CG-2）、5Cr4Mo2W2SiV 等钢，后者有时称之为基体钢。

(4) 通过优化合金元素配比，在合金元素总量不高的情况下，使钢具有比较高的高温性能和冷热疲劳性能，如 QRO80M、4Cr3Mo2VMn（QRO90M）、4Cr3Mo2NiVNb（HD）等钢。

4Cr5Mo2V 钢的化学成分与瑞典近年开发的一种 DIEVAR 钢相近，是 4Cr5MoSiV1 的改进型钢，具有良好的淬透性、韧性、热强性和抗热疲劳性能和热处理变形小等特点，适宜制作铝、铜合金的压铸模、穿孔用的工具、芯棒[145,146]。该钢锻后采用 880℃奥氏体化等温退火，以≤30℃/h 的冷却速率冷至 500℃后出炉空冷，硬度为 200HB。4Cr5Mo2V 钢适宜的淬火温度为 1030℃，宜采用真空炉或可控气氛炉加热，在油中淬火后的硬度 57.7HRC，在同样条件下 H13 钢淬火后的硬度为 58.1HRC，两者相近。为了避免一次回火过程中残余奥氏体转变为马氏体引起的脆性，一般采用两次回火。图 8.146 为 4Cr5Mo2V 钢和 H13 钢 1030℃淬火后，在不同温度下回火两次（每次 1.5h）对钢的硬度

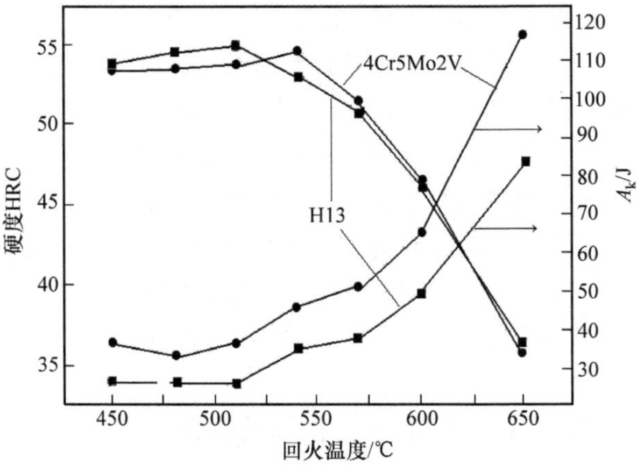

图 8.146　不同回火温度下两次回火（每次 1.5h）对 4Cr5Mo2V 钢和 H13 钢的硬度和冲击吸收功的影响[145,146]

和冲击吸收功的影响。经 600℃回火两次后，硬度均为 47HRC，但 4Cr5Mo2V 钢的冲击功吸收功比 H13 高出 33%。

H13、H11 钢在国际上曾是制作铝合金压铸模使用最多的钢种，其最主要的失效形式是热疲劳磨损和龟裂。因此，压铸模用钢的开发也着重于提高其耐热疲劳性和韧性，进行不断改良。图 8.147 是 H13 钢在淬火加回火后硬度为 47HRC 时，合金元素对其热疲劳性能(抗龟裂性)的影响。试验方法如下：将尺寸为 ϕ15mm×5mm 的圆板状小试样高频加热至 700℃后水冷，并如此反复加热进行 1000 次后，在 1/2 厚度的断面上测量所有裂纹的深度和条数，然后计算出平均裂纹深度而得出的结果。可以看出，Si 和 Mn 的含量越低及 Mo 的含量越高，其热疲劳裂纹深度越浅，即抗热疲劳性能越好。适当调整 Cr 和 V 的含量也有助于改善钢的抗热疲劳性能。在此基础上，开发出一些 Cr-Mo 系的具有良好抗热疲劳性能和高韧性的热作模具钢。

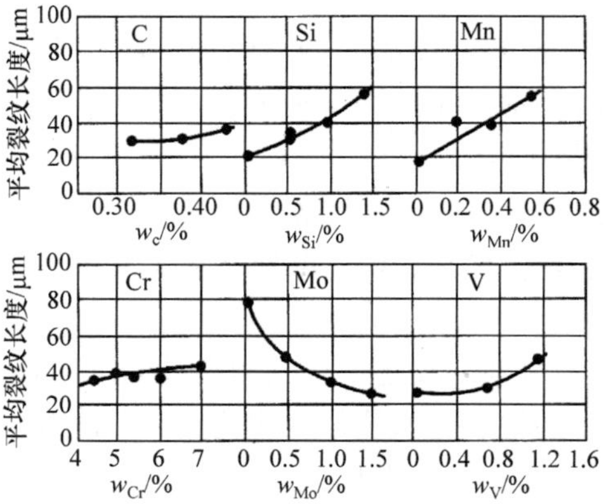

图 8.147　合金元素对 H13(SKD61)抗龟裂性的影响[147,148]

3Cr3Mo3V 钢是国际上广泛应用的一种热作模具钢，具有较高的热强性和韧性，良好的抗回火稳定性和抗热疲劳性能，适宜制作压铸模、热挤压模和镦锻模。3Cr3Mo3V 钢的退火温度 820～870℃，缓冷，硬度≤235HB；淬火温度 1000～1050℃，空冷，经 600℃和 650℃回火后的硬度分别为 47HRC 和 42HRC。

4Cr5Mo3V 钢较 3Cr3Mo3V 钢有更高的淬透性，与 H13 钢相比，在硬度相同的条件下，其抗热疲劳的性能要好得多。4Cr5Mo3V 钢适于制作热挤压模、温锻模和压铸模等。4Cr5Mo3V 钢的退火温度 800～840℃，缓冷，硬度不大于 229HB；淬火温度 1030～1050℃，空冷，经 600℃和 650℃回火后的硬度分别为 52HRC 和 46HRC。

3Cr3Mo3VCo3 钢加入了 Co，因而具有更高的高温强度和回火稳定性，以及更好的抗热疲劳性能，适宜制作对性能要求更高的热挤压模、温锻模和压铸模具。3Cr3Mo3VCo3 钢的退火温度 820～870℃，缓冷，硬度不大于 235HB；淬火温度 1000～1050℃，空冷或油冷，回火温度为 530～650℃。

25Cr3Mo3VNb 钢参照 H10 钢的成分，在降低碳含量的基础上加入少量铌，使钢具有更高的抗回火稳定性、热强性和韧性。该钢的适宜淬火温度 1080℃，淬火后的硬度为 50HRC 左右，晶粒度 10 级；回火温度为 560～630℃，2 次，具体视对模具硬度的要求而定，在 560℃回火 2 次后的硬度为 50HRC。HM3 钢的高温强度高，在高于 600℃时，其强度高于 4Cr5W2VSi 钢。HM3 钢用于热锻成形凹模、连杆辊锻模、小型机锻模都有良好应用,使用寿命高于 3Cr2W8V 和 4Cr5W2VSi 钢[93]。

3Cr3Mo3VNb 钢是我国航空工业在 20 世纪 70 年代,为适应航空喷气发动机需要大量难变形合金钢、高温合金锻件及精密锻件而开发的。这种钢的热加工工艺性能良好。3Cr3Mo3VNb 钢的淬火加热温度为 1060~1090℃,冷却可采用直接油冷、盐浴分级或盐浴等温后再油冷或空冷;淬火后均经两次回火,回火温度由所需硬度决定;当需要硬度为 47~52HRC 时,采用 570~600℃回火;当需要硬度为 42~47HRC 时,采用 600~630℃回火。第二次回火温度较第一次回火温度低 30℃,以保持第一次回火后所得的硬度,两次回火均采用油冷。

表 8.103 为 3Cr3Mo3VNb 和 4Cr5W2VSi 钢的室温和高温力学性能对比,可见,当工作温度在 600℃以上时,3Cr3Mo3VNb 钢的强度优于 4Cr5W2VSi 钢。3Cr3Mo3VNb 钢的抗冷热疲劳性能也优于 4Cr5W2VSi 钢。表 8.104 为两种钢经最终热处理后,在 650℃箱式电炉内保持不同时间后空冷后的硬度,可见,3Cr3Mo3VNb 钢的抗 650℃回火稳定性较 4Cr5W2VSi 钢要好。

3Cr3Mo3VNb 钢制成的模具在不同类型锻压设备上对合金结构钢、不锈耐热钢和高温合金进行锻造,模具寿命较 4Cr5W2VSi 钢制作的模具平均寿命可提高一倍多[139]。

表 8.103 3Cr3Mo3VNb 和 4Cr5W2VSi 钢的室温和高温力学性能[149]

钢号	热处理工艺	HRC	试验温度/℃	σ_b/MPa	$\sigma_{0.2}$/MPa	δ/%	ψ/%
3Cr3Mo3VNb	1060℃油淬,610℃、580℃×1.5h 油冷,回火 2 次	46.2~47.0	20	1548	1418	6.9	61.4
			600	1042	811	8.2	64.9
			700	565	372	10.2	73.0
4Cr5W2VSi	1070℃油淬,590℃、550℃×1.5h 空冷,回火 2 次	52.0~52.2	20	1894	—	6.0	—
			600	1109	721	7.9	19.5
			700	365	192	19.3	—

表 8.104 3Cr3Mo3VNb 和 4Cr5W2VSi 钢的 650℃的热稳定性[149]

钢号	试样最终热处理制度	650℃保持不同时间后的硬度值 HRC					
		0min	20min	50min	2h10min	5h40min	9h10min
3Cr3Mo3VNb	1060℃油淬,600℃、570℃,2 次回火各 3h,油冷	49.6	49.2	47.3	44	39.3	36.8
4Cr5W2VSi	1070℃油淬,600℃、550℃,2 次回火各 1h,空冷	51.2	48.1	44	39	36.2	33.5

4Cr5Mo2MnSiV(Y10)钢是针对铝合金压铸模的特点而设计的,是在 H13 钢的基础上适当提高了锰、钼含量,并提高了硅含量的上限。铝合金压铸模的主要失效方式是热疲劳裂纹和铝液熔蚀。铝合金液的温度一般在 650~700℃。

Y10 钢中的铬含量较高,因而具有很好的淬透性。Y10 钢中的钼和钒分别以 M_6C 和 MC 型碳化物存在,对细化晶粒、提高热强性和回火稳定性有较大的作用。提高硅、锰含量可以提高基体强度。该钢制作的模具可以在低于 600℃的工作条件下长期使用。

Y10 钢的热加工性能良好，含有 5%Cr，因而与 H13 钢相似，在其显微组织中存在因偏析而出现的少量亚稳定的共晶碳化物和各种碳化物分布不均匀现象。Y10 钢的适宜淬火温度为 950～1050℃，一般取 1020℃，回火温度为 550～620℃，采用上限温度回火后的硬度为 42～45HRC，采用下限温度回火后的硬度为 50～51HRC。Y10 钢经上述热处理后的力学性能见表 8.105。Y10 钢热疲劳抗力和抗铝合金熔蚀性能亦优于 3Cr2W8V 钢。

Y10 钢已用于制作一些铝合金的压铸模，其使用寿命相比 3Cr2W8V 钢有较大的提高。

4Cr2Mo2MnVNb(Y4)钢是针对铜合金压铸模而设计的一种压铸模钢。与 Y10 钢相比，Y4 钢中的铬、硅含量较低，可以改善碳化物的不均匀性，硼的加入是希望能补偿因铬和硅的减少而降低的淬透性和高温强度。少量铌的加入可形成难溶于奥氏体的 NbC，部分铌溶入 M_6C 和 MC 中，可增加其稳定性，因此能细化晶粒，降低过热敏感性和提高钢的热强性及热稳定性。

表 8.105　Y10 钢热处理后的力学性能[54]

试验温度/℃	σ_b/MPa	σ_s/MPa	δ/%	ψ/%	a_{kU}/(J/cm^2)	K_{IC}/(MPa·m$^{1/2}$)
室温	1724	1563	5.4	20.9	15.6	58.4
300	1319	1122	10.8	48.2	31.3	—
600	803	716	27.7	78.3	48.7	—
650	527	470	26.8	87.3	52.1	—
700	274	224	41	95	60.5	—

注：试样经 1020℃加热淬火，595℃回火 2h。

Y4 钢的热加工性能良好，因铬含量较低，钢中很少出现亚稳定的共晶碳化物，退火球化组织为点状的珠光体。Y4 钢的淬透性优于 3Cr2W8V 钢，其适宜的淬火温度为 1050～1100℃，晶粒度为 10～10.5 级，淬火组织为马氏体、残余奥氏体和点状未溶碳化物。马氏体大部分是板条马氏体，板条间有少量残余奥氏体，局部有孪晶马氏体。Y4 钢的回火温度范围为 600～680℃，回火硬度为 49～52HRC。表 8.106 为 Y4 钢经上述热处理后的力学性能，与 Y10 钢相比，其热强性明显较优，但其高温韧性及塑性则较低。

表 8.106　Y4 钢热处理后的力学性能[54]

试验温度/℃	σ_b/MPa	σ_s/MPa	δ/%	ψ/%	a_{kU}/(J/cm^2)	K_{IC}/(MPa·m$^{1/2}$)
室温	1455	1292	12.5	42.2	5.9	43.5
300	1494	1328	7.8	19	12.2	—
600	978	861	10	15.4	27.3	—
650	815	719	5.6	7.8	17.5	—
700	605	534	4.3	11.6	27.5	—

注：试样经 1100℃加热，油冷淬火，640℃回火 2h。

Y4 钢的热稳定性比较好，表 8.107 为 Y4 钢与其他一些热作模具钢在 700℃的热稳定性对比。Y4 钢的抗热疲劳性能也比 3Cr2W8V 钢好。

表 8.107　Y4 和其他一些热作模具钢 700℃ 的热稳定性[54]

钢种	700℃时的保持不同时间(h)后的硬度值 HRC							
	0	0.5	1	1.5	2	2.5	3	3.5
Y4(高温淬火)	50.5	47.3	44.1	42.2	40.9	39.7	38.7	38.3
Y4(低温淬火)	50	44.5	41.7	40.1	38.1	36.8	35.6	34.8
3Cr2W8V	50.5	44	40.5	38.8	37.2	36.4	34.5	34
HM1	48	42.5	39.9	38	37	36.2	34.8	34.2
012Al	48.5	43	40.5	38.3	37	36.5	36	35.5

Y4 钢已在锰黄铜、铝黄铜、铅黄铜的压铸模和热挤压模上得到应用，其使用性能优于 3Cr2W8V 钢。

新列入 GB/T 1299—2014 的 4Cr5MoWVSi 钢的化学成分与 H12 钢相同，是在 4Cr5MoSVi(H11)钢的基础上加入 1.25%～1.60%W，因而具有更高的热强性和回火稳定性。该钢的过冷奥氏体等温转变曲线与 H11 钢相似，但更为稳定。该钢可以空冷硬化，热处理变形小，具有更好地抵抗熔融铝冲蚀的作用，适宜制作铝合金压铸模、锻压模、热挤压模和穿孔芯棒等。

4Cr5MoWVSi(H12)钢的热处理工艺与 H11 相似，适宜的淬火温度为 995～1025℃，可以空冷淬火。图 8.148 为 H12 等四种钢奥氏体化温度对淬火后硬度的影响[1]。图 8.149 为 H12 钢经 1010℃淬火后，不同温度回火对钢的硬度的影响。

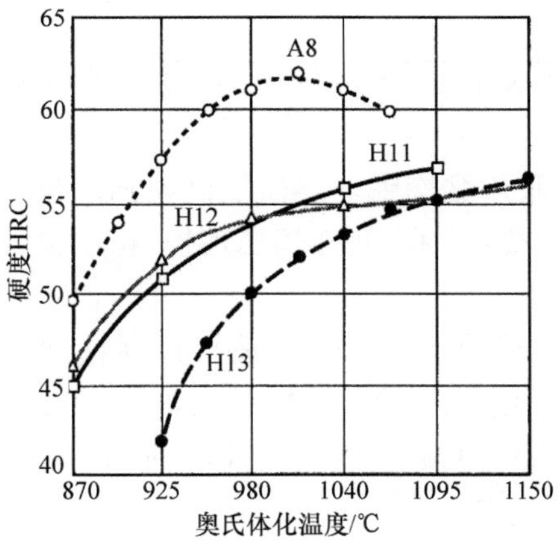

图 8.148　奥氏体化温度对 H12 等钢淬火后硬度的影响[1]

试样：ϕ25mm×75mm

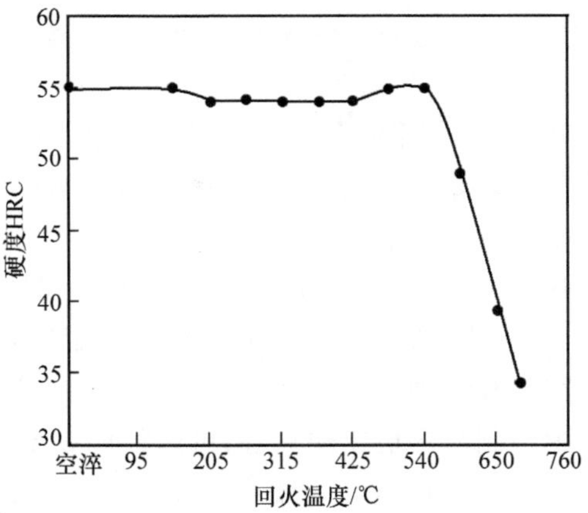

图 8.149　H12 钢淬火温度为 1010℃时，回火温度对硬度的影响[1]

5Cr5WMoSi 也是新列入 GB/T 1299—2014 的牌号，成分与美国的 A8 钢相同，是一种空冷硬化钢，主要用于制作耐冲击的冷作模具，将放在后面耐冲击工具用钢中介绍。

3Cr3Mo3W2V(HM1)钢是列入 GB/T 1299—2014 的钢号，该钢是在对比国外 3Cr3Mo3V 和 3Cr3Mo3Co3V 钢性能特点的基础上开发的无钴高强韧性热作模具钢。该钢也可以视为 3Cr2W8V 钢的改进，即以钼代替部分钨并提高钢中的硅、钒含量。

HM1 钢的热加工性能良好，但在某些生产条件下，也会出现链状分布的碳化物，这在大截面钢材(ϕ100mm 以上)中更为明显。这种碳化物分布不均匀状态如不同程度地保留在模具的使用状态中，会加剧模具的热裂倾向，降低模具使用寿命。HM1 钢中的碳化物形成元素较多，在正常淬火-回火组织中的碳化物为 $M_{23}C_6$、M_6C 和 MC 型碳化物。试验研究表明，锻后组织中出现的链状碳化物是在终锻后冷却速率缓慢时，由过饱和奥氏体晶粒边界析出的碳化物不断沿晶界聚集长大而呈条链状分布，碳化物为 M_6C 型。随着终锻后温度的降低和冷却速率的减慢，产生链状碳化物倾向不断增加。如果锻坯中出现较明显的链状碳化物，应采用正火处理，最佳正火工艺为(1130～1160℃)×1min/mm，使链状碳化物相 M_6C 充分溶解，然后以大于 15℃/min 的冷速空冷，可以得到较均匀的碳化物分布，再经过球化退火，为淬火组织做好准备[150]。其退火加热温度 870℃，等温温度 730℃，炉冷到 550℃以下出炉空冷，退火后硬度 207～225HBS。

HM1 钢在 1030～1120℃淬火，可以获得 52～55HRC 的硬度，其晶粒度仍能保持在 10 级以上，回火温度在 580～620℃，回火 2 次，每次 2h。HM1 钢的力学性能见表 8.108，可见，HM1 钢在使用温度为 650℃时，仍能保持比 3Cr2W8V 钢高的强度，其热稳定性优于 3Cr2W8V 钢(表 8.107)。

表 8.108　HM1 钢的热稳定性[93]

试验温度/℃	σ_b/MPa	σ_s/MPa	δ/%	ψ/%	a_{kU}/(J/cm^2)	K_{IC}/(MPa·m$^{1/2}$)
20	1610	—	7.3	43.5	40	24
300	1396	1200	8.0	46.5	—	—
600	935	725	12.5	59.5	58	—
650	745	580	18.0	78.3	54	—
700	478	400	16.5	11.6	90	—

注：K_{IC} 的数据获得的条件为 1030℃淬火，回火温度 600℃×2 次，硬度为 48HRC[83]。试样经 1050℃加热，油冷淬火，600℃回火 1.5h×2 次。

3Cr3Mo3W2V(HM1)钢综合性能良好，用做轴承套圈毛坯热挤压凸模和凹模、辊锻模均取得显著效果，其使用寿命较 3Cr2W8V 钢可成倍提高，制作铝压铸模、挤压模、小型机锻模均有良好效果。

4Cr3Mo2WVMn(TM)钢是在 H10 钢成分的基础上，加入钨，适当提高锰、钒的含量，较 3Cr2W8V 钢有更高的回火稳定性和高温强度。TM 钢的淬火温度为 1050～1100℃，油冷，硬度不小于 50HRC；回火温度为 570～650℃，硬度为 45～50HRC。该钢主要用于制造热挤压模具等，可以替代 3Cr2W8V 钢[151]。

5Cr4W5Mo2V（RM2）、5Cr4Mo3SiMnVA（012Al）、6Cr4Mo3Ni2WV（CG-2）、5Cr4Mo2W2SiV 等钢都可以视为高速钢的基体钢，前两者已列入 GB/T 1299—2014，这类钢中的碳含量均较高(≥0.5%)，并含有 4%Cr。

5Cr4W5Mo2V 钢具有较高的碳含量，合金元素含量为 12%，具有较高的硬度、耐磨性及热稳定性。

5Cr4W5Mo2V 钢的碳化物含量较高，锻造时应采取措施以改善碳化物分布的不均匀性，锻造加热温度为 1170～1190℃，始锻温度为 1120～1150℃，终锻温度不低于 850℃，锻后在 850～600℃区间应快冷，以避免形成网状碳化物，在 600℃以下缓冷；退火加热温度为 870℃，等温温度为 730℃，炉冷到 500℃以下出炉空冷，退火后的硬度一般不高于 255HB。

5Cr4W5Mo2V 钢的适宜淬火温度为 1100～1140℃，可在油或空气中淬火，淬火后的硬度为 59～61HRC。5Cr4W5Mo2V 钢回火温度工艺为(600～630℃)×2h×2 次,回火后的硬度为 50～56HRC。5Cr4W5Mo2V 钢 1130℃淬火后,经 650℃回火,硬度为 47HRC,经 700℃回火,硬度为 40.5HRC。表 8.109 为 5Cr4W5Mo2V 钢热处理后的力学性能。

表 8.109　5Cr4W5Mo2V 钢热处理后的力学性能[93]

性能	试验温度									
	20℃	300℃	350℃	400℃	450℃	500℃	550℃	600℃	650℃	700℃
σ_b/MPa	—	1700	1650	1620	1600	1500	1350	1150	900	—
a_{kU}/(J/cm^2)	15	22.6	—	20.5	—	21.9	22.5	25.9	23.6	43.3
硬度 HV	540	520	—	480	—	450	—	340	250	—

注:1130℃淬火,630℃回火 2 次。

5Cr4W5Mo2V 钢具有比 3Cr2W8V 钢更高的热强性、耐磨性和热稳定性,用于制作小型精锻模、平锻模、热挤压凸模、热切边模等模具,使用寿命普遍提高 2～3 倍。

5Cr4Mo3SiMnVAl(012Al)钢是一种冷热兼备的基体钢,加入适量的锰和硅,通过固溶强化,提高基体的强度,同时增加钢的淬透性。该钢还加入一定数量的铝以提高钢的冲击韧性及热加工塑性,但如果冶炼不当,会在钢中留下大量的铝的夹杂物,影响钢的冶金质量。

图 8.150 为 012Al 钢的过冷奥氏体等温转变曲线。该钢在不超过 1120℃温度下淬火,硬度可以达到 62HRC,晶粒度小于 9 级。

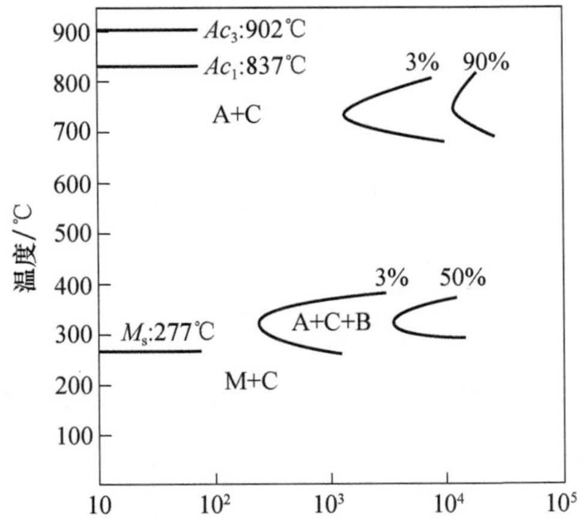

图 8.150　012Al 钢的过冷奥氏体等温转变曲线[54]

钢的成分:0.54%C、4.18%Cr、3.09%Mo、0.79%Si、0.86%Mn、1.14%V、0.4%Al,奥氏体化:1100℃×15min,晶粒度 8～9

012Al 钢的最终热处理工艺要根据模具的服役条件选择,淬火加热温度为 1090～1120℃,冷作模具选择下限温度加热,热作模具选择上限温度加热;冷却方式可以采用油冷,也可以采用分级冷却。

012Al 钢淬火-回火后的硬度及残余奥氏体量见表 8.110。由表可见,012Al 钢的二次硬化峰为 510℃,硬度可达 61HRC,600℃以上硬度明显下降。冷作模具的回火温度在

510℃左右，回火两次，每次2h，回火后的硬度为60～62HRC。热作模具可在580～600℃回火两次，每次2h，回火后的硬度为52～54HRC。

表8.110　012Al钢淬火-回火后的硬度与残余奥氏体量[152]

回火温度/℃		0	200	350	450	510	540	580	620	650
1090℃淬火	硬度HRC	61	57.5	58	60	61	58.5	54	49.5	41
	残余奥氏体量/%	20.8	20	14	9	<2	<2	<2	<2	<2
1120℃淬火	硬度HRC	62	58	58	60	61.5	61	57	53	44.5
	残余奥氏体量/%	28	—	—	—	<2	<2	<2	<2	<2

由表8.111可以看出，012Al钢的抗弯强度及挠度均高于W18Cr4V钢，用该钢代替W18Cr4V钢制作模具时很少发生折断现象。

表8.112所示为012Al钢的热稳定性，并列入了3Cr2W8V钢的热稳定性数据。由表可见，012Al钢具有比较高的红硬性。一些试验表明，012Al钢热疲劳性能也比3Cr2W8V优越得多。

012Al钢在轴承套圈热挤压凸模及凹模、轴承穿孔凸模、军品壳体热挤压凸模等方面的应用寿命均可比3Cr2W8V钢提高数倍。

表8.111　012Al钢与W18Cr4V钢的力学性能对比[152]

钢号	热处理工艺		抗弯强度 σ_{bb}/MPa	挠度 f/mm	冲击韧度 a_k/(J/cm^2)	抗压强度 σ_{bc}/MPa
	淬火温度/℃	回火工艺				
012Al	1090	510℃,2h,2次	4750	3.7	13	—
		580℃,2h,2次	5180	11.5	31	2745
		620℃,2h,2次	4880	20.0	34	2013
		650℃,2h,2次	3580	22.0	30	—
W18Cr4V	1180	200℃,2h,2次	2900	2.4	—	—
	1270	560℃,1.5h,4次	3100	2.4	—	—

注：抗弯强度试样尺寸为ϕ10mm×100mm，跨距80mm。

表8.112　012Al钢与3Cr2W8V钢的热稳定性对比[152]

钢号	热处理工艺		硬度HRC	在下列温度保温，降到40HRC所需时间/h		
	淬火温度/℃	回火工艺		640℃	660℃	680℃
012Al	1090	580℃,2h,2次	53	9	9	3
		620℃,2h,2次	48	7	6	3
	1120	560℃,2h,2次	57	>11	10	3.5
		620℃,2h,2次	50	10	9	4.5
3Cr2W8V	1130	640℃,2h,2次	45～46	6	3.5	1.5

6Cr4Mo3Ni2WV(CG-2)钢是在M2高速钢基体的基础上提高碳含量，适当增加Mo和降低W含量，并加入2%Ni而研制的一种热作模具钢。2%Ni的加入可提高基体的强度和韧性，但也使冷热加工性能变差。

CG-2钢的热变形抗力较大，热加工较困难，应控制好锻造工艺，适宜的锻造加热温度为1160～1120℃，开锻温度为1100～1050℃，终锻温度不小于950℃。CG-2钢中有一定数量的共晶碳化物，锻造时要求将锻坯反复镦拔三次以上，以保证碳化物均匀分布，锻后注意缓冷并及时退火。

由于2%Ni的加入，使过冷奥氏体珠光体转变区进一步推迟，分解时间较长，临界点Ac_1下降至737℃，球化退火较为困难，要严格控制退火工艺，退火时采用等温退火工艺，加热温度为810℃，等温温度为670℃，炉冷到400℃以下出炉，退火硬度220～240HBS。

CG-2钢的适宜淬火温度为1100～1130℃，油冷；回火温度630℃，回火2次，每次2h，回火硬度51～53HRC。CG-2钢亦可用做冷模具，回火温度为540℃，回火2次，硬度59～62HRC。

表8.113为CG-2钢与3Cr2W8V钢的室温及高温力学性能对比。

CG-2钢用于制作轴承套圈凸模及凹模，硬度50～53HRC，使用寿命相比3Cr2W8V钢有比较大的提高，用于制作标准件及轴承滚子冷镦模等，相比Cr12MoV钢模具的使用寿命也有明显提高。

表8.113　CG-2钢与3Cr2W8V钢的力学性能对比[153]

钢号	热处理工艺	室温硬度HRC	试验温度/℃	σ_b/MPa	δ/%	ψ/%	a_k /(J/cm²)	高温硬度HV
CG-2	1120℃油淬，630℃回火，2h，2次	51～53	20	2000	3.0～7.5	13.5～22.5	21～32	—
			550	1400～1560	5～8	10～15	19	401～429
			600	1150～1350	11	34	20	279～317
			650	900～1120	9.5～12	22～32	25	187～230
			700	660～720	9～10	30～32	75	101～102
3Cr2W8V	1140℃油淬，620℃回火，2h，2次	49	20	1410	8.0	37.5	24.5	—
			550	1245	10.5	41.5	41.5	302
			600	1010	11.5	59.0	43.0	249
			650	910	16.0	54.0	58.5	154
			700	540	21.0	76.0	120.0	82

注：CG-2钢的室温断裂韧度K_{IC}为40.30MPa·$m^{1/2}$。

5Cr4W2Mo2SiV钢是在M2基体钢基础上，减少1%Mo，加入1%Si，并略提高V含量。该钢的热加工性能较好，加工温度范围较宽；退火加热温度880℃，保温3～4h，以不大于30℃/h的冷却速率冷至500℃以下，出炉空冷；等温退火时的温度为750～780℃，保温一定时间，炉冷至500℃以下，出炉空冷，退火后的硬度为197～241HB。

5Cr4W2Mo2SiV钢有较高淬透性，其过冷奥氏体等温转变曲线与H13钢相似(图8.139)。

5Cr4W2Mo2SiV钢的适宜淬火温度为1080～1120℃，油冷到150～200℃空冷。为防止模具开裂，可采用分级淬火，介质温度一般在540～580℃，保持20min后空冷，硬度为61～63HRC；回火温度在500℃时出现二次硬化峰。该钢油淬后在500℃和650℃两个温度区回火时，钢的冲击韧度出现低谷，回火温度一般取600～640℃，回火2次，回火后空冷，硬度为53～56HRC。

5Cr4W2Mo2SiV 钢有较好的综合力学性能，适于制作热挤压模、精密锻模等，使用寿命高于 3Cr2W8V 钢。

高速钢具有高的高温硬度和耐磨性，但其韧性和抗热疲劳性能较低，只能用于少数不受冲击载荷，不采用强制冷却的模具。为了能满足一些高载荷和在更高温度下工作的模具要求，国外发展了一些适应热作模具要求的低碳高速钢，如 H26、H42(表 8.96)等，可以制造热挤压模、铜合金压铸模、切边模、热剪刀刀刃等。这类钢的合金含量高、价格贵，限制了其应用范围。

QRO 80M(4Cr3Mo2MnV1)钢是瑞典在 20 世纪 80 年代初研制成的一种热作模具钢，通过优化合金元素的配比，在合金元素总量不高的情况下，使钢具有比较高的高温性能和冷热疲劳性能[154]。不久又提出了 QRO 80M 的改进钢号 QRO 90 Supreme，后者的性能更优异，成本更低。近期开发的 HOTHAR，据称具有优良的抗高温磨损能力。

研制 QRO 80M 和 QRO 90 Supreme 钢的依据是认为 H13 钢中的铬含量太高，淬火后回火时，铬和碳可形成高铬的碳化物，阻碍具有更高抗回火软化能力的碳化钒形成，从而降低 H13 钢的高温热强性。在有较低铬含量并增加钼含量的 QRO 80M 和 QRO 90 Supreme 钢中，碳能充分地和钒、钼结合，使其回火时能析出更多稳定、细小弥散分布的 MC 和 M_2C 型碳化物，比 H13 钢具有更高的热强性，甚至略高于钨系的 3Cr2W8V 钢。当钢加热到(1050±10)℃时，新钢中的未溶碳化物较 H13 钢多，阻碍奥氏体晶粒的长大。钢中加入的微量硼易于聚集在晶界处，阻碍碳化物在晶界处析出，并使晶界原子扩散减慢，因而具有更细的晶粒度。新钢种具有很好热强性、韧性和热疲劳性，特别适合于制作既要耐高温，又需高韧性、高热疲劳性的热挤压模、热锻模、压铸模等[155,156]。

QRO 80M 和 QRO 90 Supreme 钢可以与 H13 钢实施同样的热处理工艺，甚至同样的奥氏体化温度，因此用于改进 H13 钢的各种热处理新工艺也可以用于 QRO 80M 和 QRO 90 Supreme 钢。

表 8.114 为 QRO 90 Supreme 与 H13 的性能对比，可以认为，QRO 90 Supreme 钢与电渣重熔 H13 钢的常温力学性能相近，但高温强度高于 H13 钢。

表 8.114　QRO 90 Supreme 钢与 H13 钢的力学性能对比[155]

钢号	热处理工艺	试验温度	硬度 HV	σ_b/MPa	$\sigma_{0.2}$/MPa	δ/%	ψ/%
QRO 90 Supreme	1050℃油淬，580℃×2h，回火 2 次	常温	576	1878	1604	7.3	43
H13		常温	560	1808	1549	8.2	45.9
QRO 90 Supreme	1050℃油淬，580℃×2h 回火，630℃×2h 回火	常温	526	1726	1564	4.3	39.1
		620℃	—	1076	940	9.0	58.3
H13		常温	512	1603	—	6.3	41.5
QRO 90 Supreme	1050℃油淬，580℃×2h 回火，680℃×2h 回火	常温	430	1296	1143	6.1	36.8
		620℃	—	733	647	10.6	68.9
H13		常温	366	1081	905	7.7	43.3

注：QRO 90 Supreme 由上钢五厂钢研所用真空感应炉冶炼，H13 为电渣重熔钢。

将三种热作模具钢 QRO 80M、H13 和 BH10A(3Cr3Mo3Co3V)按 Uddeholm 公司的试验方法和评级图，进行热疲劳试验和评定。试验结果表明，QRO 80M 钢热疲劳性能优于 BH10A 钢，而 BH10A 钢又优于 H13 钢[5]。

我国研制的 4Cr3Mo2NiVNb(HD)钢也表明，恰当的合金元素配比对改善钢的性能是十分重要的。HD 钢是在 QRO 80M 和 QRO 90 Supreme 成分的基础上加入了 1%Ni 和 0.15%Nb[157,158]。

HD 钢中的铬含量为 2.50%～3.00%，主要作用是提高淬透性和抗氧化性能。进一步提高铬含量时，将形成较多的 M_7C_3 型碳化物，容易造成碳化物的偏析，基体中高的铬含量不能提高其热强性，铬还会过多地置换 M_2C 型碳化物中的钼，降低其热稳定性。

HD 钢中的钼含量为 2%时，经淬火和高温回火后，基体中保留一定量的钼，这有利于提高基体的再结晶温度和保持较高的高温强度。钢中加入 1.2%V 是适宜的，钒含量增加至 2%时，在正常淬火温度下，发现钢中未溶的 MC 型碳化物体积分数增加，颗粒比较粗大，淬火时难于溶入奥氏体，从而减少回火时析出的碳化物数量。

HD 钢在退火状态的碳化物有 MC、$M_{23}C_6$、M_6C、M_3C、M_2C，总量为 4.29%。加热至 1130℃淬火后，仅剩 MC、M_6C 两种，而以 MC 为主，未溶碳化物量为 1.44%。回火温度超过 560℃以后，析出 Mo_2C 和 VC。在析出前期，Mo_2C 对强度的贡献较大，但长大速率较快，560℃回火时，丝状 Mo_2C 的长度为 10nm，700℃回火后其长度已达 200～300nm。在较高温度回火时，VC 贡献较大，650℃回火后片状的 VC 析出物直径为 15nm 左右，700℃时其直径长大到约 20nm。在 700℃回火后，发现有 $M_{23}C_6$，700℃回火后的碳化物量为 3.72%。

HD 钢中加入了 1%Ni。镍能细化奥氏体的晶粒，这是由于镍提高了钢的晶粒长大激活能。加入 1%Ni 可以提高钢的室温、高温塑性及室温的断裂韧性。镍在钢中推迟珠光体开始转变时间，强烈降低珠光体的转变速率，含镍超过 1%后，将明显影响钢的退火软化工艺。

在 HD 钢中加入 1.5%Mn，使退火软化困难，并降低钢的塑性、断裂韧性和热疲劳性能[159]。

铌在钢中可形成稳定的碳化物 NbC，对奥氏体晶粒的长大有明显的阻碍作用，在一定范围内加入量越多，作用越明显。铌含量越高，未溶 NbC 越多，平均颗粒越大。因此，铌的加入量不宜超过 0.25%，保持在 0.08%～0.15%为宜。

在 HD 钢的正常淬火温度范围内，加入 0.0005%～0.0035%B，对奥氏体晶粒长大略有促进作用。硼较显著地推迟珠光体转变，但能加速贝氏体的转变。硼略增加 HD 钢的热稳定性。硼能提高 HD 钢的室温强度和高温强度，而对其室温韧性和断裂韧性没有很大的影响。因此，在 HD 钢中加入微量硼是有益的。

HD 钢的热加工性能良好，退火工艺为加热至 850℃保温 3h，缓冷至 720℃保温 5h。退火组织为粒状珠光体，硬度为 197～217HB。

HD 钢具有高的淬透性，其过冷奥氏体等温转变曲线如图 8.151 所示。HD 钢的适宜淬火温度为 1130～1160℃，适宜的回火温度为 620～670℃，回火 2 次，具体温度的选择视工作条件的要求而定。表 8.115 为 HD 钢淬火-回火(2 次)后的硬度，并与 3Cr2W8V 钢对比。可见，HD 钢回火稳定性高于 3Cr2W8V 钢。

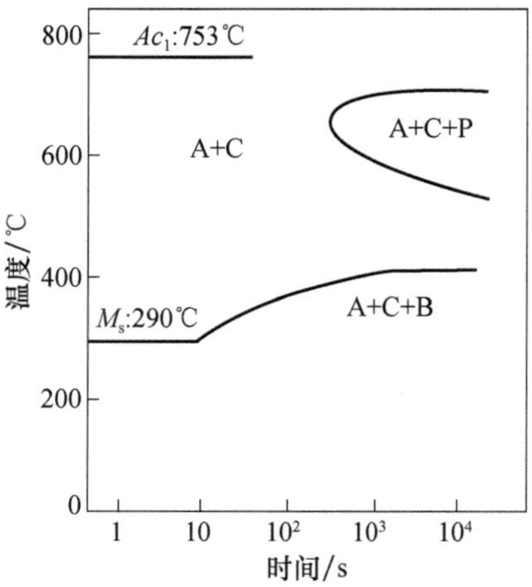

图 8.151　HD 钢过冷奥氏体等温转变曲线[158]

钢的成分:0.41%C、2.64%Cr、2.21%Mo、1.02%Ni、1.28%V、0.26%Nb,奥氏体化:1130℃×3min

表 8.115　HD 钢淬火-回火后的硬度[158]

钢号	淬火温度/℃	回火温度							
		100℃	400℃	530℃	560℃	590℃	620℃	650℃	700℃
HD	1130(晶粒度 10 级)	54.5	52.0	53.5	54.0	53.8	51.2	47.0	41.0
	1160(晶粒度 8～9 级)	55.5	51.4	53.4	54.3	54.3	51.3	48.2	41.3
3Cr2W8V	1130	52.0	51.0	52.3	51.5	51.8	50.0	46.0	34.0

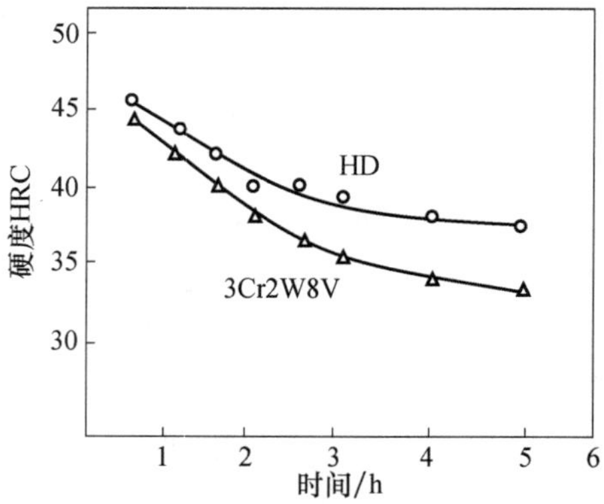

图 8.152　HD 钢和 3Cr2W8V 钢 700℃保持时间与硬度的关系[158]

HD 钢与 3Cr2W8V 钢经 1130℃ 油淬后,590℃回火 2 次,再在 700℃下保持不同的时间,冷至室温后测硬度,结果如图 8.152 所示。可见,HD 钢的热稳定性明显优于 3Cr2W8V 钢,随着时间的延长,硬度的差值增大。HD 钢具有较 3Cr2W8V 钢更高的稳定性,是由于回火时析出大量稳定的 MC 型碳化物,铌的加入可以延缓其聚集。HD 钢在高温回火时基体中含有一定数量的钼,延缓了基体的再结晶过程。

表 8.116 为 HD 钢与 3Cr2W8V 钢的室温力学性能对比,700℃回火后 HD 钢的屈服强度比 3Cr2W8V 钢高出 22%,冲击韧度高出 24%。

表 8.116　HD 钢和 3Cr2W8V 钢室温力学性能对比[157]

钢号	回火温度/℃	HRC	σ_b/MPa	$\sigma_{0.2}$/MPa	δ/%	ψ/%	a_{kU}/(J/cm^2)	K_{IC}/(MPa·m$^{1/2}$)
HD	590	53.8	1926	1796	7.0	36.0	32.7	30.7
3Cr2W8V		51.8	1900	1787	10.5	41.2	31.8	—

续表

钢号	回火温度/℃	HRC	σ_b/MPa	$\sigma_{0.2}$/MPa	δ/%	ψ/%	a_{kU}/(J/cm^2)	K_{IC}/(MPa · m$^{1/2}$)
HD	650	47.0	1727	1600	8.54	32.5	38.0	45.5
3Cr2W8V		46.0	1568	1434	10.5	41.9	31.9	—
HD	700	41.0	1340	1141	12.2	45.7	47.0	—
3Cr2W8V		34.0	1125	933	13.7	42.0	38.0	—

表 8.117 列出了 HD 钢和 3Cr2W8V 钢的高温力学性能，可以看出，HD 钢在所有试验温度下的高温强度和塑韧性均优于 3Cr2W8V 钢。热疲劳试验与热磨损试验亦显示 HD 钢优于 3Cr2W8V 钢[158]。

表 8.117　HD 钢和 3Cr2W8V 钢的高温力学性能对比[160]

钢号	热处理工艺	试验温度/℃	硬度	σ_b/MPa	σ_s/MPa	δ/%	ψ/%	A_{kV}/J	K_{IC}/(MPa · m$^{1/2}$)
3Cr2W8V	1130℃油淬，650℃×2h，655℃×2h	室温	42～43HRC	1347	1172	10.13	27.9	11.3	42
		300	390HV	1198	1009	10.4	22.5	21.0	—
		600	332HV	696	616	12.5	21.4	28.4	—
		650	304HV	533	471	11.0	17.1	27.5	—
		700	268HV	356	293	36.7	83.9	27.5	—
HD	1130℃油淬，670℃×2h，670℃×2h	室温	42～44HRC	1408	1228	12.8	47.6	14.7	54
		300	401HV	1265	1093	18	49.6	26.9	—
		600	337HV	868	806	14.6	48.2	29.1	—
		650	325HV	650	578	14.4	43	31.0	—
		700	306HV	556	494	16.4	48.2	31.0	—

注：两种钢均为电弧炉冶炼。HD 钢中加入了 0.0022%B。

HD 钢是一种可在 700℃工作的热作模具钢，具有优良的综合性能。HD 钢用于制作铜合金的热挤压模、铜管的穿孔针、高强度螺栓镦锻模、轴承套圈的精锻模等，代替原用的 3Cr2W8V 钢，模具寿命有成倍的提高。

8.5.4　奥氏体型热作模具钢

前述的三类热作模具钢都是马氏体型钢，其使用温度不超过 700℃，但是有些热作模具，如耐热合金、高温合金等高热强性材料的热挤压成形模具，以及钛合金在 800～900℃下进行超塑性蠕变成形使用的模具，其工作温度往往达到 700℃或更高，黑色金属压铸模型腔温度可高达 1000℃。因此要求模具在高温下不仅有高的强度、硬度和耐磨性，而且要有较高的抗氧化和抗腐蚀性能。为适应这些需要，国内外采用铬镍奥氏体耐热钢、镍基高温合金、钼基和钨基合金等[95,100]，这些材料价格均比较昂贵。国内外还开发出一些 Cr-Mn 或 Cr-Mn-Ni 系奥氏体型热作模具钢，这些奥氏体型热作模具钢除应尽量满足使用要求外，还应考虑其工艺性和经济性。

这类 Cr-Mn 或 Cr-Mn-Ni 系奥氏体型热作模具钢中均含有一定数量的碳、锰、镍、氮等奥氏体形成元素，使钢能形成稳定的奥氏体组织。加入适当数量的钒，经固溶处理后在时效过程中析出大量弥散分布的 MC 型碳化物，可以显著提高钢的强度和硬度。加入一定数量的铬以改善钢的抗氧化和抗腐蚀能力。加入钨、钼等元素可以提高钢的高温强度和热稳定性。这类钢可在模具工作温度范围为 700～800℃时保持较好的工作性能，在一定条件下使用时，取得了良好的使用效果。

表 8.118 列出了 5Mn15Cr8Ni5Mo3V2(5Mn15)、7Mn10Cr8Ni10Mo3V2(7Mn10)、6Mn13Cr8Mo2V2(6Mn13)和 5Mn8Cr8Ni10W2Mo2V2Nb(5Mn8Nb)四种 Cr-Mn 和 Cr-Mn-Ni 系奥氏体型热作模具钢的化学成分。

表 8.118 四种奥氏体型热作模具钢的化学成分[91,161～163] (单位:%)

牌号	C	Si	Mn	Cr	Ni	W	Mo	V
5Mn15Cr8Ni5Mo3V2	0.45～0.55	≤1.00	14.5～16.0	7.5～8.5	4.5～5.5	—	2.5～3.0	1.5～2.0
7Mn10Cr8Ni10Mo3V2	0.65～0.75	≤0.80	9.0～11.0	7.5～8.5	9.0～11.0	—	2.5～3.0	1.5～2.0
6Mn13Cr8Mo2V2	0.40～0.70	≤1.10	10.0～15.0	5.0～10.0	—	—	1.0～3.0	1.0～2.0
5Mn8Cr8Ni10W2Mo2V2Nb	0.50～0.58	≤0.40	8.0～9.0	7.5～8.5	9.5～10.5	1.5～2.5	1.5～2.5	1.8～2.2

注:6Mn13Cr8Mo2V2 钢中加入微量元素，5Mn8Cr8Ni10W2Mo2V2Nb 钢中加入 0.2%～0.3%Nb。

这类钢中的碳、锰含量都比较高，切削加工时加工硬化现象严重。为改善其切削加工性能，可采用高温退火处理，通过在 860～880℃保温 4～8h，炉冷，退火后钢的硬度保持在 30HRC 左右，可以显著改善其切削加工性能。这是由于在该温度下长时间保温，使钢中固溶的碳大量析出，形成合金碳化物，并随保温时间的延长，不断聚集长大而使硬度降低。而大量沿晶析出的碳化物也使钢的韧性下降，从而改善了钢的切削加工性能。钢中存在 MC 和 $M_{23}C_6$ 两种碳化物。

这种钢的最终热处理是固溶处理和时效。表 8.119 为四种奥氏体型热作模具钢的热处理工艺及其力学性能，并与 3Cr2W8V 钢进行对比。

表 8.119 四种奥氏体型热作模具钢和 3Cr2W8V 钢的室温力学性能对比[157]

钢号	热处理工艺	HRC	σ_b/MPa	δ/%	ψ/%	a_{kU}/(J/cm^2)
5Mn15	1180℃固溶+700℃×4h，时效	45.6	1384	15.3	32.8	35
7Mn10	1150℃固溶+700℃×6h，时效	44.5	1310	8.8	27.1	20
6Mn13Cr8Mo2V2	1150℃固溶+700℃×6h，时效	45	1447	11.0	25.0	38
5Mn8Nb	1150℃固溶+700℃×6h，时效	44	1250	9	30	24
3Cr2W8V	1100℃固溶+580℃×4h，时效	49	1650	9	37.0	28

奥氏体型热作模具钢采用高温固溶处理，温度一般为 1050～1200℃，保温 30～60min，然后快速冷却，固溶处理后的硬度一般为 20HRC。通过固溶处理可以把大部分合金碳化物固溶到奥氏体基体中，固溶温度越高，保温时间越长，碳化物溶解得越多，固溶处理后的硬度越低。固溶处理后的组织为奥氏体和残留的碳化物，主要是 MC 型碳化物。

Cr-Mn 和 Cr-Mn-Ni 系奥氏体型热作模具钢经高温固溶处理后，于 700℃左右进行时效处理。时效处理后，在奥氏体基体上析出大量弥散度高的合金碳化物，主要是 MC 型碳化物，从而显著提高了钢的硬度、强度和耐磨性。这类钢具有高的抗回火稳定性，经过 800℃时效处理，5Mn15 钢的硬度仍能保持在 42HRC 左右。图 8.153 为 5Mn15 和 7Mn10 钢与 3Cr2W8V 钢的高温强度比较。图 8.154 为 5Mn8Nb 钢的高温力学性能。这类钢在 800℃时的高温抗拉强度在 500MPa 以上，远高于 3Cr2W8V 钢。

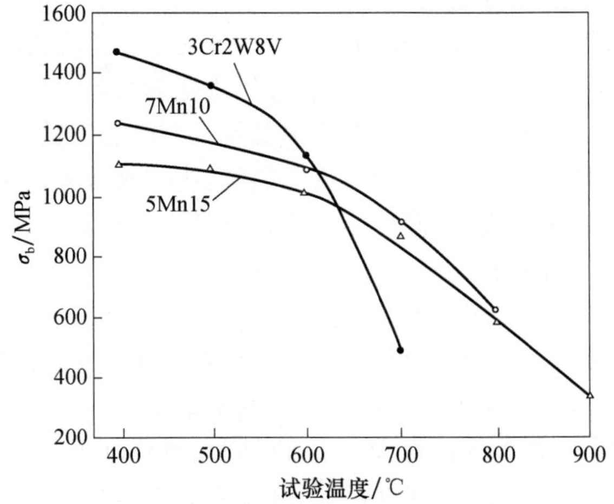

图 8.153　两种 Cr-Mn-Ni 奥氏体钢与 3Cr2W8V 钢的高温强度比较[91]

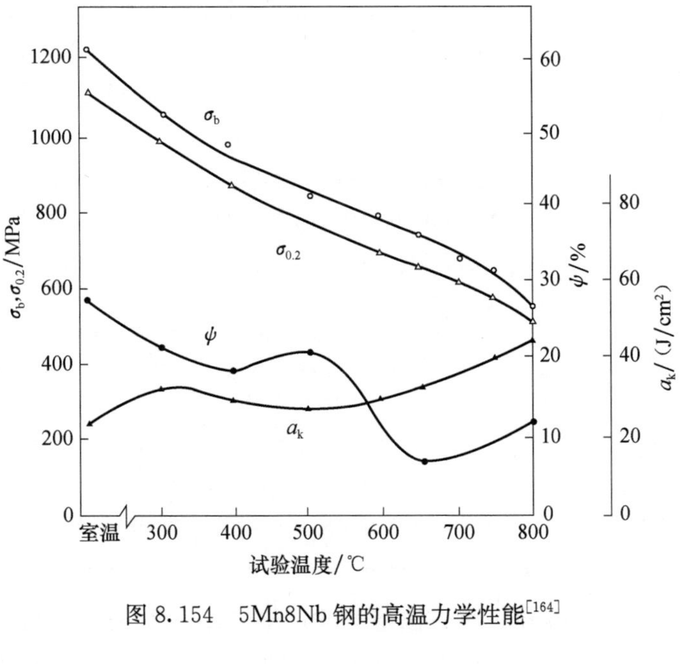

图 8.154　5Mn8Nb 钢的高温力学性能[164]

有学者研究了 5Mn8Nb 钢 Mn/Ni 配比对热处理后钢的性能的影响后发现，当 Mn/Ni 增加时，抗拉强度升高，塑性和韧性下降，Mn/Ni 为 14/8 时，强度高达 1340MPa，但塑韧性太低。这是由于 Mn 含量增加时，促进沿晶析出 $M_{23}C_6$ 型碳化物，使钢易于沿晶断裂。

在 5Mn8Nb 中加入了 0.25%Nb，提高了加热时晶粒迅速长大的温度。Nb 与碳的亲和力大于 V。MC 型碳化物的稳定性将随其中 Nb 含量的增加而升高，其体积分数也随钢中 Nb 含量的增加而提高，因此含 Nb 钢在相同条件下，晶界上有较多未溶碳化物阻碍晶粒长大，加入适量的 Nb 可以明显提高钢的高温塑性。Nb 含量过高，会使颗粒大的 MC 型碳化物增多，降低钢的强塑性。

Cr-Mn 和 Cr-Mn-Ni 系奥氏体型热作模具钢适于制造工作温度达 700～800℃的高温高载荷热作模具，如不锈钢、高温合金、铜镍合金等难变形材料的热挤压模等，寿命比马氏体型热作模具钢有很大的提高。但这类热作模具钢存在膨胀系数大、热导率低等问题，钢的抗热疲劳性较差，急冷急热时，易产生热疲劳裂纹，固溶时效处理后，常会沿晶界析出大量碳化物，促使裂纹的产生和发展，限制了其应用范围。因此，这类钢适宜制作在高温工作时不承受温度急剧变化的模具。

许多高合金 Cr-Ni 奥氏体耐热钢和高温合金具有比较高的高温塑性和韧性，可以克服上述 Cr-Mn 和 Cr-Mn-Ni 奥氏体钢的抗热疲劳性能较差的缺点，是一类优质的热成形模具材料。在 GB/T 1299—2014 中列入了三个可用做热作模具钢的牌号，即 Cr-Ni 奥氏体耐热钢 2Cr25Ni20Si2、铁基高温合金 Ni25Cr15Ti2MoMn(GH2132)和镍基高温合金 Ni53Cr19Mo3TiNb(In718 合金)。此外，铁基高温合金 GH2135 也是一种使用效果比较好的热模具材料。这些牌号的化学成分列入表 8.120 中。

表 8.120　Cr-Ni 系奥氏体型热作模具钢和镍基合金模具材料的化学成分　(单位:%)

牌号	C	Si	Mn	Cr	Ni	Mo	V	Al	其他
2Cr25Ni20Si2 (16Cr25Ni20Si2)	≤ 0.25	1.50～ 2.50	≤ 1.50	24.00～ 27.00	18.00～ 21.00	—	—	—	P、S 含量见表 8.5
Ni25Cr15Ti2MoMn (GH2132)	≤ 0.08	≤ 1.00	≤ 2.00	13.50～ 17.00	22.00～ 26.00	1.00～ 1.50	0.10～ 0.50	≤ 0.40	1.80～2.50Ti 0.001～0.010B ≤0.030P、≤0.020S
Ni53Cr19Mo3TiNb (GH4169 或 In718 合金)	≤ 0.08	≤ 0.35	≤ 0.35	17.00～ 21.00	50.00～ 55.00	2.80～ 3.30	1.0～ 2.0	0.20～ 0.80	4.75～5.50(Ta+Nb) 0.65～1.15Ti ≤1.00Co、≤0.006B ≤0.015P、≤0.015S
GH2135	≤ 0.06	≤ 0.50	≤ 0.4	14.00～ 16.00	33.00～ 36.00	1.70～ 2.20	1.7～ 2.2W	2.0～ 2.8	2.1～2.5Ti ≤0.015B、≤0.03Ce ≤0.02P、≤0.02S

2Cr5Ni20Si2，按新的牌号表示方法应为 16Cr25Ni20Si2，是一种高铬镍奥氏体耐热钢，含有 2%的 Si 和高的铬含量，因此具有优异的抗高温氧化能力，连续使用的最高温度为 1150℃，间歇使用的最高温为 1050～1100℃。2Cr5Ni20Si2 钢典型的热处理制度与力学性能见表 10.38，其高温力学性能见表 10.41。2Cr5Ni20Si2 钢适宜用于制造玻璃模具[93]。

Ni25Cr15Ti2MoMn(GH2132)是一种沉淀硬化型铁基高温合金。该合金的标准热处理制度和组织见表 10.68 和表 10.69。该合金的特点是高温耐磨性好、高温抗变形能力强、高温抗氧化能力优良、无缺口敏感性、热疲劳性能优良，适宜制作 650℃以下长期工作的高温承力部件和热作模具，如热挤压模、内筒等。

Ni53Cr19Mo3TiNb(GH4169)是一种沉淀硬化型镍基高温合金。该合金的标准热处理制度为 980～1000℃固溶，水或空冷，720℃＋620℃时效，空冷，其组织见表 10.74。该合金的长期工作温度为 650℃，适宜制作 600℃以上使用的热锻模、冲头、热挤压模、压铸模等。

GH2135 也是一种沉淀硬化型铁基高温合金，未列入 GB/T 1299—2014，该合金用于制作热成形模具取得良好的效果。GH2135 合金的室温抗拉强度低于常用的热作模具钢，如 3Cr2W8V、5CrNiMo 等，但试验温度约在 200℃以上，GH2135 合金的抗拉强度便超过 5CrNiMo 钢，约在 530℃以上超过了 3Cr2W8V 钢，而且温度越高，它们之间的差别越悬殊。GH2135 合金的屈服强度随温度的升高反而升高，直至 700℃以上才降低，这一特点，在高温合金中是少有的。GH2135 合金与 3Cr2W8V 和 5CrNiMo 钢高温拉伸性能和高温硬度的对比分别见图 8.155 和图 8.156[165]。GH2135 合金在 850℃以下硬度保持在同一水平，850℃以后才开始缓慢降低。

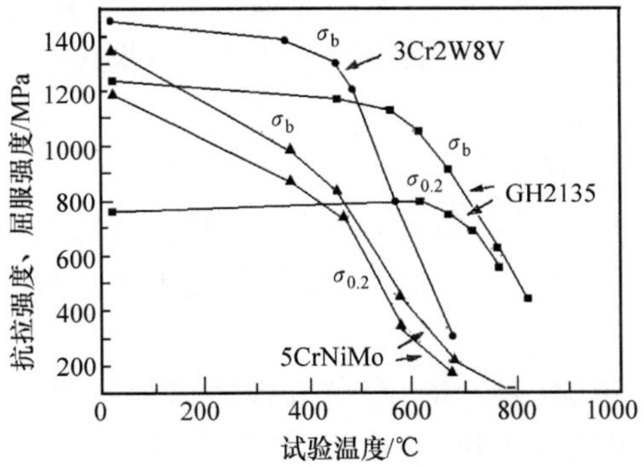

图 8.155　GH2135 合金与 3Cr2W8V 和 5CrNiMo 钢高温拉伸性能的对比[165]

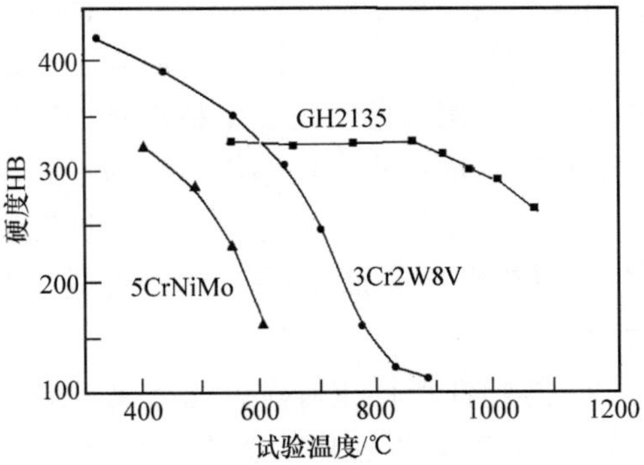

图 8.156　GH2135 合金与 3Cr2W8V 和 5CrNiMo 钢高温硬度的比较[165]

GH2135 合金热处理工艺如下：先进行固溶处理(1080℃，8h，空冷)获得过饱和固溶体，再经 830℃，8h(空冷)中间时效，在晶界沉淀出链状碳化钛，强化晶界，消除缺口敏感性，同时在晶内析出较粗大的 γ' 相［Ni3(Al，Ti)］。最后在 650℃或 700℃(16h)最终时效，在晶内普遍析出细小而弥散的 γ' 相，使合金得到最大强化。

图 8.157 为 GH2135 合金与 3Cr2W8V 和 5CrNiMo 钢在不同温度下冲击韧度的对比。可以看出，GH2135 合金从室温至 850℃冲击韧度都保持在较高水平，而 3Cr2W8V 和 5CrNiMo 钢在 600℃以上高温，虽然其冲击韧度高，但其强度已降至不能应用的程度。

GH2135 合金在较高温度下具有高的强度和韧性及良好的抗氧化性能，因而其抗冷热疲劳性能良好，其使用温度可达 700℃。该合金用于热挤压钢壳的冲头，使用寿命比 3Cr2W8V 钢高 10 倍以上，还可以提高产品质量[165]。

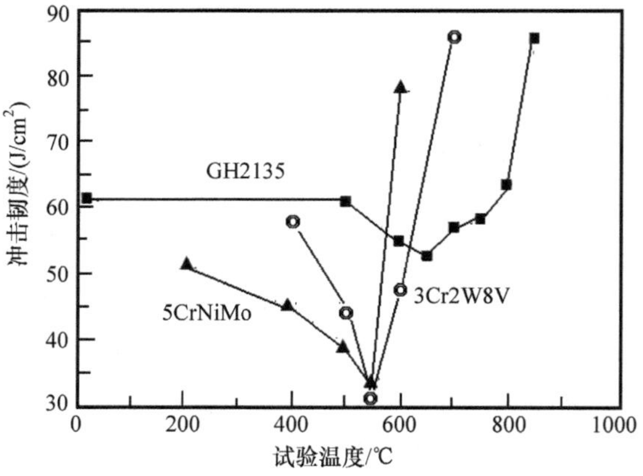

图 8.157　GH2135 合金与 3Cr2W8V 和 5CrNiMo 钢高温冲击韧度的对比[165]

8.6　塑料模具钢

塑料成形用模具的需求自 20 世纪 80 年代以来迅速增加，目前其产值已超过冷作模具和热作模具。由于塑料制品品种日益增多、用途不断扩大，制品向精密化、大型化、复杂化发展，成形生产向高速化发展，模具工作条件也趋于复杂，因而对模具用钢提出了很高的要求。有些国家已制定了塑料模具钢专用标准。

塑料制品成型模具按塑料品种的不同，可分为两大类：

(1) 热固性塑料压模(胶木模)。此类模具用于压制各种胶木粉，一般含大量固体填充剂，多以粉末直接放入压模，热压成型。工作温度一般为 200～250℃，受力大，易磨损、易侵蚀。

(2) 热塑性塑料注射模。此类模具用于聚甲醛、聚乙烯、尼龙等各种热塑性塑料，通常不含固体填料，以软化状态注入型腔。模具工作时受热、受磨损，但不严重。部分品种含有氯及氟，在压制时放出腐蚀性气体，侵蚀型腔表面。当含有玻璃纤维填料时，对型腔的磨损加剧。

塑料模具因工作条件和使用的模具材料不同，其失效形式也有很大的差异。塑料模具主要的失效形式有：模具型腔表面粗糙度的恶化；模具型腔因磨损而尺寸超差；由于塑料中存在氯、氟等元素，受热分解析出 HCl、HF 等强侵蚀性气体而侵蚀模具表面，加剧模具的磨损失效；因受力过大，或模具型腔的硬化层过薄，发生局部的塑性变形，严重时会发生断裂。

8.6.1　塑料模具钢的性能要求和分类

对于模具用钢的性能要求也因模具的使用要求不同而有不同的要求，其主要要求如下(通常应满足其中的若干条要求)：

(1) 切削加工性能。除极少数模具采用压制成形外，一般均系切削加工成形，模具钢应具有好的切削加工性。对大型、复杂和精密模具，切削加工性能更为重要，因为在模具成本构成中，占比例最大的是切削加工、抛光等工序。热塑性注射模用钢一般均由供应厂提供预硬模块，一般硬度控制在30～35HRC，用一般工具尚可加工，加工后不再热处理。为改善其加工性能，可在钢中加入易切削元素。

(2) 抛光性能或镜面加工性能。压制透明塑料的模具，要求产品表面光滑，其抛光性特别重要。模具的粗糙度要求要比塑料制品的粗糙度细一些，一般为R_a0.8～0.025μm。对要求很高透明度的塑料制品，其模具成型面应具有镜面般的光泽，镜面粗糙度在R_a0.1μm以下。影响模具镜面加工性能的因素主要是钢的冶金质量、硬度、显微组织和镜面加工技术。钢中的夹杂物，特别是易脱落的氧化物，以及气泡是镜面抛光和研磨时形成针眼和孔洞的主要原因。过高的硬度对镜面抛光有好的影响。显微组织的不均匀性也影响钢的抛光性能。

(3) 力学性能应满足使用要求。模具应有足够的强度以防压陷；应有一定的韧性，使薄边、尖角等应力集中处在频繁受到机械冲击和热冲击时不出现裂纹；热处理后的硬度和组织要有足够的耐磨性；要有一定的热稳定性，在使用温度下，模具的硬度不降低。

(4) 良好的热处理工艺性能。模具热处理工艺应简便易行，淬透性应满足模具尺寸要求，热处理变形要小。

(5) 在加工的塑料有强烈腐蚀性时，模具材料应具有耐蚀性能，或者在型腔表面采用涂层技术。

(6) 花纹图案光蚀性能。有些塑料制品为了美化表面而增添花纹图案，要求模具用钢具有良好的图案光蚀性能，其对材质的要求与镜面加工性能对材质的要求相似。

此外，塑料模具钢还要求有良好的焊补性能，当型腔受损时，可通过局部堆焊来补救。

塑料模具钢的加工制作成本高，占总成本的75%左右，其他如材料费占10%左右，热处理费占10%左右，装配费占5%左右。因此，在制作模具时应优先选用性能优良和加工工艺性能好的钢种[83]。

常用的塑料模具用钢大致可分为以下几类：①非合金型塑料模具钢；②渗碳型塑料模具钢；③整体淬硬型塑料模具钢；④预硬型塑料模具钢；⑤易切削预硬型塑料模具钢；⑥时效硬化型塑料模具钢；⑦耐腐蚀型塑料模具钢；⑧冷压加工成型用塑料模具钢。

我国过去没有专用的塑料模具钢，在GB 1299—85中引入了3Cr2Mo(相当于P20)，后来在GB/T 1299—2000中又引入了3Cr2MnNiMo(相当于718)。后来制定的GB/T 1299—2014中将塑料模具用钢的牌号扩充至21个，其中非合金型3个、预硬型3个、易切削预硬型3个、时效硬化型4个、耐腐蚀型8个，已趋于完备。

GB/T 1299—2014中列入了3个非合金型塑料模具钢SM45、SM50和SM55，钢号的前缀“SM”为“塑膜”汉语拼音的第一个字母的大写，两位阿拉伯数字表示碳含量，以万分之几计。钢中Si含量0.17%～0.37%、Mn含量0.50%～0.80%，S、P及残余元素含量见表8.5。

这类钢属于中碳钢，价格便宜、加工性能好，调质处理后具有较好的综合力学性能，常用于制作形状简单的小型塑料膜或精度要求不高、使用寿命不需要很长的塑料模具。推荐的热处理制度为(850±10)℃油淬，根据硬度要求和模具尺寸，选择回火温度和时间，硬度一般控制在25～36HRC。

对于形状简单的小型热固性塑料模具，由于要求较高的耐磨性，一般采用T7～T12等非合金工具钢制造。

采用渗碳钢制作的模具经表面渗碳后，其表面具有高的耐磨性，而心部保持高的韧性，不会发生早期磨损和脆断失效，其不足之处是热处理工艺较复杂。我国采用的渗碳型塑料模具钢主要有 10、20、20Cr、12CrNi3、20CrMnTi、20Cr2Ni4 等钢。钢种的选用主要根据对其淬透性的要求和力学性能的要求。对这类钢的渗碳工艺要求：压制含有矿物填料的塑料时，渗碳层厚度为 1.3～1.5mm，压制软性塑料取 0.8～1.2mm，有些模具有尖齿、薄边，则取 0.2～0.6mm。

用于压制热固性塑料、复合强化塑料，如尼龙强化或玻璃纤维强化塑料之类产品所用模具，以及生产批量很大，要求模具使用寿命很长的塑料模具，一般选用高淬透性，可以整体淬硬的冷作模具钢和热作模具钢制造。这些钢通过最终热处理，可保证模具在使用状态具有高硬度、高耐磨性和长的使用寿命。国内外使用的模具钢号大体相近。我国常用的冷作模具钢为 9Mn2V、CrWMn、9CrWMn、Cr12、Cr12MoV 等，热作模具钢为 5CrMnMo、5CrNiMo、4Cr5MoSiV、4Cr5MoSiV1 等。冷作模具钢的淬硬层深、抗压强度高，但韧性较低。热作模具钢的韧性较好、回火稳定性高，还可以进行渗氮，进一步提高了模具表面的耐磨性，更适合于制造要求高温固化的塑料成型模具。当模具截面尺寸小于 150mm 时，空冷淬火即可以获得较高的硬度，变形小，适宜制作复杂、精密塑料模具。

上述各类模具用钢的化学成分、热处理工艺、组织及性能见以前有关章节和有关著作[91,140]。

8.6.2 预硬型塑料模具钢

预硬型塑料模具钢一般含碳 0.3%～0.5%，并加入适量的 Cr、Mn、Ni、Mo、V 等元素。这类钢一般在钢厂经过充分锻打后制成模块，预先热处理至要求的硬度后，供使用单位制模。模具成型后，不需要再进行最终热处理就可以直接使用，避免由于热处理引起的模具变形和裂纹问题，这种钢材也称为预硬钢。预硬钢最适于制作大、中型精密塑料模具，预硬化处理通常是调质处理，调质后要求在整个截面上硬度保持均匀一致。

在 1950 年以前，美国已有专用于制作塑料模具的专用钢 P20，其成分为：0.30%C、0.30%Si、0.30%Mn、0.75%Cr、0.25%Mo。这种钢由电炉冶炼，在预硬态下使用，预硬硬度为 220～300HB。之后为适应制作大截面模具的需要，不断提高钢中的碳及合金元素的含量，使钢的淬透性和预硬硬度进一步提高至 265～325HB。为改善切削加工性，还可在钢中加入 0.1%S(P20+S)，这类钢属于中等淬透性的钢。为了制作更大截面的塑料模具，开发出加镍的预硬型塑料模具钢，镍的加入还提高了钢的抗回火稳定性和强韧性。以后世界许多国家仿制和研制这类预硬型塑料模具钢，开发出相应的牌号，并不断提高钢的冶金质量，采用炉外精炼和真空处理等技术生产塑料模具专用钢，如瑞典的 718 钢(P20+Ni)等。

GB/T 1299—2014 中列入了 3 个预硬型塑料模具钢和 3 个易切削预硬型塑料模具钢，表 8.121 列出了部分国内外开发和使用的预硬型和易切削预硬型塑料模具钢的化学成分。

表 8.121　部分国内外开发和使用的预硬型和易切削预硬型塑料模具钢的化学成分[91,92]

（单位：%）

钢号	C	Si	Mn	Cr	Mo	Ni	V	其他
3Cr2Mo	0.28～0.40	0.20～0.80	0.60～1.00	1.40～2.00	0.30～0.55	—	—	P、S 含量见表 8.5
3Cr2MnNiMo	0.32～0.40	0.20～0.40	1.10～1.50	1.70～2.00	0.25～0.40	0.85～1.15		P、S 含量见表 8.5
2CrNiMoMnV	0.20～0.30	≤0.30	1.40～1.60	1.25～1.45	0.45～0.60	0.80～1.20	0.10～0.20	≤0.025P ≤0.015S
4Cr2Mn1MoS	0.35～0.45	0.30～0.50	1.40～1.60	1.80～2.00	0.15～0.25	—	—	≤0.030P 0.05～0.10S
5NiSCa[166]	0.50～0.60	<0.45	0.80～1.20	0.80～1.20	0.30～0.60	0.80～1.20	0.15～0.30	≤0.030P 0.06～0.15S 0.002～0.008Ca
8Cr2S[167]	0.75～0.85	≤0.40	1.30～1.70	2.30～2.60	0.50～0.80	0.70～1.10W	0.10～0.25	≤0.030P 0.08～0.15S
P20BSCa	0.40	0.50	1.40	1.40	0.20	—	0.10	≤0.030P 0.06～0.15S 0.002～0.008Ca 0.002B
P20(美)	0.28～0.40	0.20～0.80	0.60～1.00	1.40～2.00	0.30～0.55	—	—	—
6F5(美)	0.50～0.60	≤0.35	0.70～1.00	1.00～1.40	0.25～0.50	1.70～2.00	0.10～0.30	—
718(瑞典)	0.38	0.3	1.4	2.0	0.2	1.0	—	—
618T	0.26	0.1	1.45	1.25	0.6	1.05	0.12	0.002S
HOLDAX(瑞典)	0.33	0.40	1.50	1.90	0.20	—	—	0.07S
SCM440(日)	0.37～0.44	0.15～0.35	0.55～0.90	0.85～1.25	0.15～0.35	≤0.25	—	—
PDS3（日）	0.45	—	—	1.1	0.25	—	—	—
40CrMnMo7(德)(2311)	0.35～0.45	0.15～0.35	1.10～1.50	1.70～2.00	0.15～0.25	—	—	—
55NiCrMoV6(德)(2713)	0.50～0.60	0.15～0.35	0.50～0.70	0.60～0.80	0.20～0.30	1.45～1.75	0.07～0.12	—
40CrMnNiMo8-6-4(德)(2738)	0.35～0.45	0.20～0.40	1.30～1.60	1.80～2.10	0.15～0.25	0.90～1.20	—	—
40CrMnMo7+Ca(德)	0.40	0.30	1.50	1.90	0.20	—	—	0.002Ca

续表

钢号	C	Si	Mn	Cr	Mo	Ni	V	其他
40CrMnMoS8-6(德) (2312)	0.35～ 0.45	0.30～ 0.50	1.40～ 1.60	1.80～ 2.00	0.15～ 0.25	—	—	≤0.030P 0.05～0.10S
XPM(德)	0.23～ 0.29	≤0.40	1.40～ 1.70	1.20～ 1.80	0.30～ 0.70	0.90～ 1.20	添加其 他元素	≤0.015P ≤0.020S

注:前面 6 个为列入 GB/T 1299—2014 的牌号。

8.6.2.1　预硬型塑料模具钢的预硬处理

3Cr2Mo 钢与美国 AISI 钢号 P20 相当,是一种要求纯洁度比较高的合金结构钢,在国际上得到广泛的使用。钢液经炉外精炼或电渣重熔,可使 P、S 含量不大于 0.01%,要求钢中的 $Al_2O_3 \cdot SiO_2$ 类型的硬质点夹杂很少,切削时阻力小,可以调质到较高的硬度,仍能保持良好的机械加工性能,抛光后可获得较低的表面粗糙度。

淬透性是预硬钢的一个重要的性能指标。图 8.158 为 3Cr2Mo 钢的过冷奥氏体连续冷却曲线。预硬钢模坯在机械加工前进行调质处理。3Cr2Mo 钢的淬火加热温度为 840～860℃,油冷淬火后的硬度为 50～54HRC,组织与一般合金结构钢的淬火组织相同,为板条马氏体和片状马氏体的混合物,残余奥氏体量很少。回火温度为 600～650℃,回火后的硬度为 28～36HRC,组织为回火索氏体。3Cr2Mo 钢调质到 30HRC 以上硬度,再进行机械加工,然后进行抛磨,可达到粗糙度 R_a0.05～0.10μm 的镜面光亮度的要求。3Cr2Mo 钢经渗氮后再抛光,表面粗糙度 R_a 可以降低到 0.03μm 左右。3Cr2Mo 钢适合制造中型和较大型精密塑料模具。

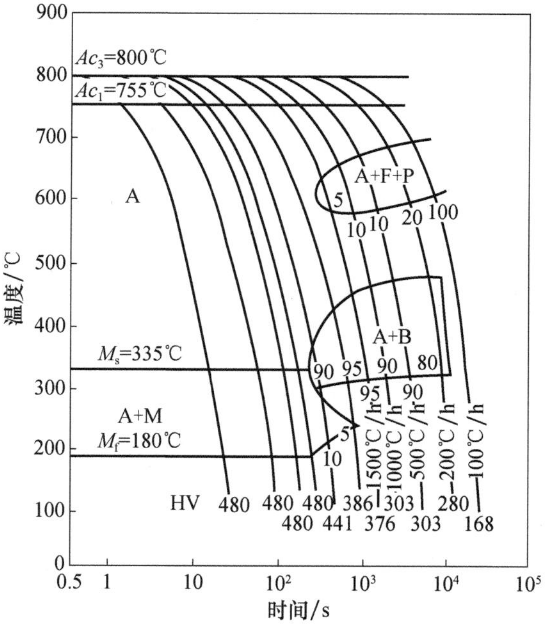

图 8.158　3Cr2Mo 钢的过冷奥氏体连续冷却曲线[91]

成分:0.35%C、0.49%Si、0.81%Mn、1.75%Cr、0.41%Mo,奥氏体化:850℃×5min

随着塑料制品日益向大型、复杂、精密发展，大型塑料模具的最大尺寸已超过600mm。3Cr2MnNiMo(P20+Ni)钢是在3Cr2Mo钢的基础上加入镍并提高锰含量，因而具有更高的淬透性，可满足大型、特大型塑料模具的需要。图8.159为3Cr2MnNiMo钢的过冷奥氏体等温转变曲线。由于钢的成分范围较宽及试验条件的不同，文献中关于3Cr2MnNiMo钢的Ac_1和Ac_3的温度与图8.159所示有较大的差异。

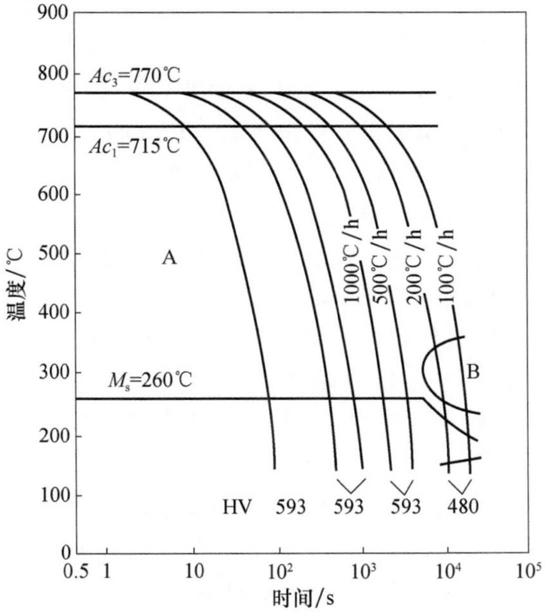

图8.159　3Cr2MnNiMo钢的奥氏体连续冷却曲线[40]

钢的成分：0.39%C、0.56%Si、1.32%Mn、1.94%Cr、1.00%Ni、0.35%Mo，奥氏体化：880℃×5min

3Cr2MnNiMo钢在纯洁度方面有高的要求，生产均采用炉外精炼和真空除气技术。3Cr2MnNiMo钢锻后采用等温或连续退火处理，奥氏体化温度一般为(840±10)℃，等温温度选择(700±10)℃。该钢易出现白点，有时需在680℃进行去氢退火。

3Cr2MnNiMo钢的适宜淬火温度为850～880℃，可采用油冷或空冷，淬火后的硬度不小于50HRC，大模块的淬火组织一般在表层为马氏体及少量残余奥氏体，心部主要是贝氏体。常用的回火温度为580～650℃，回火后的硬度为28～36HRC，组织为回火索氏体。

对大截面预硬塑料模具钢性能的一个重要要求是预硬后整个截面上硬度均匀一致。国外一些品质高的大截面预硬塑料模具钢要求同一截面的硬度差值不大于3HRC。对于大型模块采用油作为淬火介质很难达到上述要求，因为油的冷却能力有限且污染环境，而采用水作为淬火介质，则容易产生淬火裂纹。

我国学者借助计算机数值模拟，对不同尺寸718(3Cr2MnNiMo)钢大型模块采用水淬工艺的可能性进行了探讨，提出了两种淬火工艺，可避免一般油淬或水淬引起的问题[168]。

第一种淬火工艺方案：预冷-水淬-自回火-水淬工艺。模块在淬入水中之前先在空气中预冷，然后淬入水中一段时间，从水中取出，在空气中自回火处理，再次淬入水中一段时间，最后出水，空冷至室温。在 2450mm×1300mm×430mm 尺寸的模块上进行生产试验，淬火处理后，整个大模块从表面到心部的组织为马氏体和贝氏体，淬火过程中不发生影响硬度分布的铁素体和珠光体相变。预冷处理大大降低了整个模块的蓄热，自回火大大减小了所生成的马氏体的脆性，避免了出现淬火裂纹的可能。

第二种淬火工艺方案：将奥氏体化温度提高到较高的温度，如 880～930℃，然后直接在空气中冷却至室温。模拟结果表明，在整个淬火过程中，模块表面与心部的温差很小。在 2450mm×1300mm×430mm 尺寸的模块上进行生产试验，淬火过程中模块表面与心部都得到 100%贝氏体组织，硬度均匀。由于空冷速率缓慢，可避免产生淬火裂纹。

我国生产厂对尺寸为 810mm×1320mm×2540mm 的 718 钢大模块进行了水冷复合淬火试验，即先利用风冷对大模块进行预冷，然后喷水冷却，以很快的冷却速率使表面降到 M_s 点以下，然后利用风冷和雾冷慢速冷却。当表面温度回升至 500℃左右时，表面已形成的马氏体得到自回火。重复这一过程，直至心部冷却到贝氏体点以下。根据这种钢的连续冷却曲线(图 8.159)，淬火马氏体的硬度比贝氏体高 100HV 以上，但经 600℃高温回火，两者的硬度趋于一致，其组织均为粒状碳化物分布于铁素体基体，只是两者的铁素体基体宽窄不同，在同一截面上的硬度范围为 33.4～36.6HRC，硬度差不大于 3.2HRC[169]。为便于实现以水为介质的大模块复合冷却技术，已设计出对应的生产设备及控制工艺，已成功地应用于工业生产[170]。

为了提高的模具的耐磨损性能和抗变形能力，预硬模块的硬度可以提高至 340～380HB(36.3～40.3HRC)，如瑞典的 718HH 钢。高的模具硬度可以提高模具寿命，还可以改善模具的抛光性能，但模具材质必须有良好的组织均匀性和高的纯净度。

P20 和 718 钢是国内外应用最广泛的预硬型塑料模具钢。此外，一些热作模具钢，如 4Cr5MoSiV1(H13)、5CrNiMo 等也可用做预硬型塑料模具钢。

2CrNiMoMnV 是新纳入 GB/T 1299—2014 的一种预硬型塑料模具钢，是 3Cr2MnNiMo 钢的改进型，其淬透性高、硬度均匀，并具有良好的抛光性能、电火花加工性能和图案蚀刻性能。该钢的适宜淬火温度为 850～930℃，油冷或空冷，淬火后的硬度应不小于 48HRC，回火温度视要求的预硬硬度而定，预硬硬度为 30～38HRC。该钢适用于渗氮处理。2CrNiMoMnV 钢用于制造大中型镜面塑料模具。

718 钢是瑞典 ASSAB 钢厂开发的预硬型塑料模具钢，可用于制作大型塑料模具，预硬硬度为 290～330HB(31～35HRC)。近年塑料模具钢对预硬硬度的要求进一步提高，为适应这种要求，该钢厂可提供预硬硬度为 340～380HB(36～41HRC)的 718HH 预硬模块。

618T 是近年 ASSAB 钢厂开发的用于制作大型模块(截面尺寸超过 1000mm)的预硬型塑料模具钢，具有很高的淬透性和高的纯洁度。该钢的预硬硬度为 310～355HB(33～38HRC)。在截面尺寸为 1150mm、表面硬度为 35HRC 的模块 1/2 半径处取样测试力学性能：$R_{p0.2}$=920MPa、R_m=1100MPa、A_5=12%、Z=30%、KV=20J。该钢适用于制造高表面质量要求的非常大型的模具。

XPM 是德国 Groditz 钢厂的产品，一般经电弧炉+精炼+真空脱气制成，也可提供经电渣重熔的产品(XPM ESR)，后者有更高的纯洁度。合金成分的合理配置(表 8.121)使该钢具有高的淬透性、韧性、焊接性能和机械加工性能。

XPM 钢的锻造温度为 1050～800℃，软化退火的等温温度为 710～740℃。图 8.160 为 XPM 钢的过冷奥氏体连续冷却转变曲线，适宜的淬火温度为 870～920℃，油淬。该钢供货的厚度可达 1000mm，组织主要是细小的贝氏体组织，在整个截面上可保持均匀的硬度，适合做大截面塑料模具。回火温度范围为 540～650℃，视要求的硬度确定回火温度，预硬硬度可以是 32～36HRC 或者是 38～42HRC。图 8.161 为 XPM 钢经 880℃油淬火后的回火温度与硬度的关系曲线。该钢可施以氮化，适合表面镀铬处理。

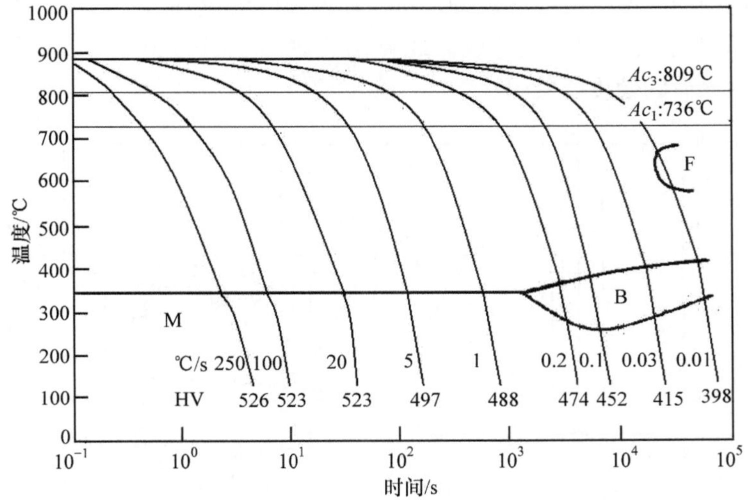

图 8.160　XPM 钢的过冷奥氏体连续冷却转变曲线[171]

奥氏体化温度 880℃，5min

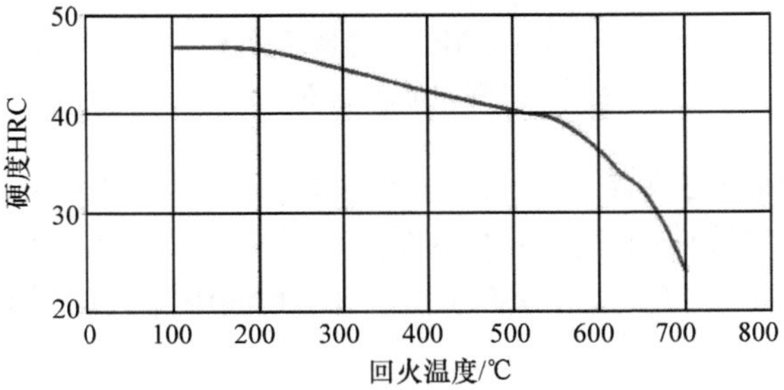

图 8.161　XPM 钢 880℃油淬后硬度与回火温度的关系曲线[171]

试样尺寸：直径 25mm、长度 50mm

XPM 钢适于制作对模具表面有高的或极高要求的塑料模具，如车头大灯、汽车前保险杠和汽车仪表盘模具等大型部件、电视机及复印机外壳等[171]。

8.6.2.2　易切削预硬型塑料模具钢

预硬钢的使用硬度范围在 30～42HRC，尤其在高硬度区间（36～42HRC），可切削性能较差。为了减少机加工工时，降低模具生产成本，国内外都发展了一些易切削预硬型塑料模具钢，主要是加入硫[172]，如德国的 40CrMnMoS8-6（表 8.121）。硫系易切削钢在低、中速切削条件下具有良好的切削加工性，但热变形后沿变形方向伸长的 MnS 增加了钢的各向异性，显著降低了钢的横向塑性和韧性。在截面增大时，硫化物的偏析也比较严重，因此德国开发了经钙处理的塑料模具钢，即在热作模具钢 40CrMnMo7 中加入 0.002% Ca(表 8.121)，其力学性能、表面质量及各向同性方面优于含硫钢，但其切削加工性不如含硫钢[173]。我国于 20 世纪 80 年代开发出一些硫系和硫-钙复合系等易切削塑料模具钢(表 8.121)。

在 GB/T 1299—2014 中新纳入的 4Cr2Mn1MoS 钢是一种硫系易切削预硬型塑料模具钢，成分与德国的 40CrMnMoS8-6 钢相同，有较高的淬透性，图 8.162 为 4CrMnMoS8-6 钢的过冷奥氏体连续冷却转变曲线。此类钢的热加工温为 1050～850℃，退火温度为 710～730℃，退火后的硬度≤230HB。

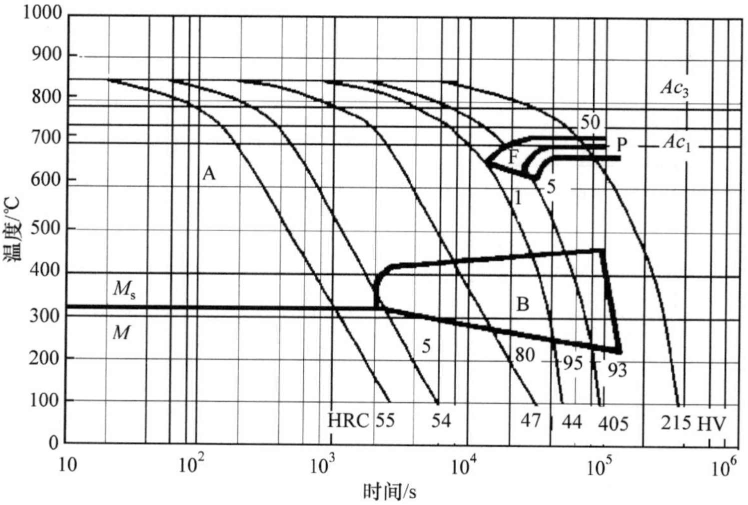

图 8.162　4CrMnMoS8-6 钢的过冷奥氏体连续冷却转变曲线[174]
奥氏体化温度 880℃

4CrMnMoS8-6 钢的适宜淬火温度为 870～890℃，淬火介质为油、盐浴或真空，淬火后的组织主要为细的贝氏体组织。回火温度为 580～680℃，预硬硬度为 30～36HRC 或按用户要求。图 8.163 为 4CrMnMoS8-6 钢经 880℃油中淬火后，钢的硬度与回火温度的

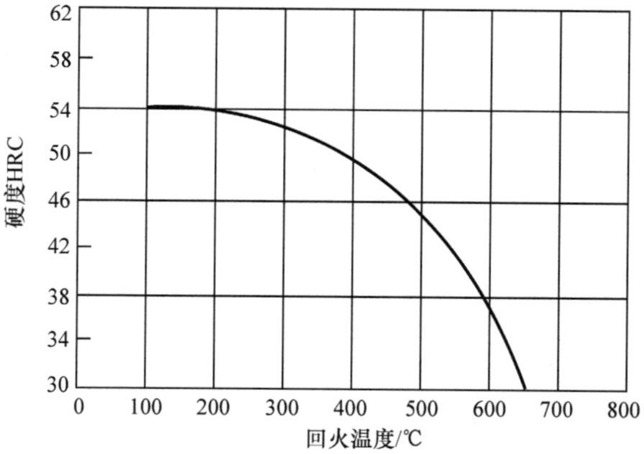

图 8.163　4CrMnMoS8-6 钢 880℃油淬后硬度随回火温度的变化[174]

关系。4CrMnMoS8-6 钢可以直接加工，具有良好的机加工性能和抛光性能，用做厚度不大于 400mm 的塑胶注塑模、吹塑模具、热塑性塑胶的挤压模具等[174]。

瑞典 ASSAB 开发的 HOLDAX 也是这一类型的钢，只是碳含量稍低，预硬硬度 290～330HB，具有良好的加工性能。

8Cr2MnWMoVS(简称 8Cr2S)钢是适应制作精密塑料模和薄板无间隙精密冲裁模的需要而研制的。该钢既能用做预硬钢制作精密塑料注塑模、压胶模、吹塑模等，可在硬度为 40～45HRC 时顺利地进行各种切削加工，又具有空冷淬硬、硬度高(HRC>60)、强度高、热处理变形小等特点，可做薄板精密件的冲裁模使用。8Cr2S 钢的成分设计是以具有空冷淬透、微变形、易切削等性能为依据，采用少量多元合金化的原则[167]。该钢已纳入 GB/T 1299—2014。

8Cr2S 钢碳含量为 0.75%～0.85%，保证在正常温度淬火后，基体碳含量不低于 0.5%，淬火后的硬度在 60HRC 以上。铬、锰的加入可以得到比较高的淬透性和淬火后的微变形，铬的加入量可以提高 Ac_1 点，有利于钢的退火软化。适量强碳化物元素钨、钼、钒的加入可以细化晶粒，淬火时未溶的碳化物增加钢的耐磨性。钨、钼可以抑制回火脆性。硫作为易切削元素的加入量为 0.08%～0.15%。

8Cr2S 钢中不含有一次共晶碳化物，合金碳化物颗粒细小，分布均匀，热变形抗力小，热加工性能较好，锻造加热温度为 1100～1150℃，始锻温度为 1060℃，终锻温度不低于 900℃，锻后必须缓冷。等温球化工艺为 790～810℃保温 2h，炉冷至(700±10)℃保温 6～8h，炉冷至 550℃出炉空冷，硬度为 207～229HB。退火组织为细粒状珠光体，碳化物分布细小均匀。切削加工时可比一般工具钢缩短加工工时 1/3 以上。

8Cr2S 钢具有比较高的淬透性，图 8.164 为 8Cr2S 钢的过冷奥氏体等温转变曲线。ϕ100mm 的 8Cr2S 钢经 880℃加热后空冷，整个截面的硬度达到 61.5～62HRC。

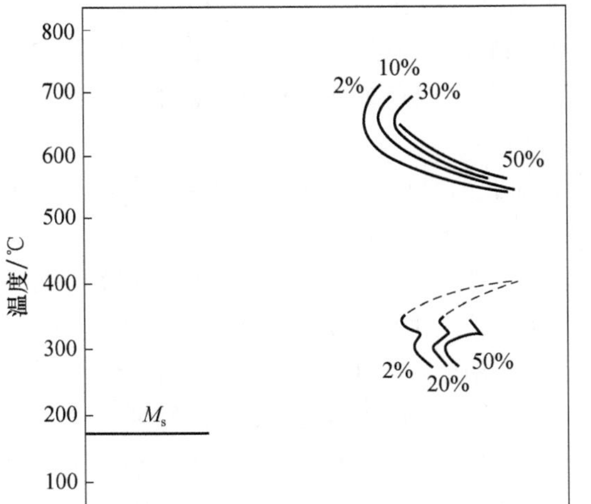

图 8.164　8Cr2S 钢的过冷奥氏体等温转变曲线[167]

钢的成分：0.79%C、2.35%Cr、1.39%Mn、0.75%W、0.66%Mo、0.21%V、0.098%S，

奥氏体化：870℃×15min

8Cr2S 钢热处理工艺简便。根据模具的需要可以采用两种工艺[167]：

(1) 当作为预硬钢使用时，加热温度为 860～880℃，按 2min/mm 保温，空冷淬火，550～620℃回火 2h，硬度为 39～50HRC。该钢在硬度为 40～46HRC 时，可用高速钢或硬质合金加工，其加工性能相当于调质硬度 30HRC 的碳钢或退火硬度为 200HB 的 T10A 钢。该钢镜面抛光性好，最高表面粗糙度为 R_a 0.1μm。为提高预硬钢的耐磨性，可进行氮化，氮化层 0.20～0.30mm，表面硬度可达 1000～1100HV，也可以进行气体软氮化[175]。

(2) 要求高硬度、高强度，用做薄板精密冲裁模时，加热温度一般选用 880～900℃加热，空冷淬火，回火温度为 200～250℃，硬度为 58～62HRC，热处理后变形较小，热处理后的变形量比 Cr12MoV 钢小得多。

8Cr2S 热处理工艺简单，表 8.122 为 8Cr2S 钢热处理后的力学性能。该钢以 MnS 作为易切削相，在锻轧后具有较大的方向性，在使用该钢时，应尽可能使模具的最大受力方向与钢材的纵向吻合。

表 8.122　8Cr2S 钢 880℃ 空冷淬火、不同温度回火后的力学性能[167]

性能	回火温度										
	室温	200℃	250℃	300℃	400℃	500℃	550℃	600℃	620℃	630℃	650℃
硬度 HRC	63.2	60.4	58.5	57.5	55.0	53.7	51.1	47.1	46.6	44.2	36.7
抗弯强度 σ_{bb}/MPa	—	3130	—	—	—	—	3000	2850	2900	2475	—
挠度 f/mm	—	4.0	—	—	—	—	9.5	13.8	15.5	13.3	—
冲击韧度 a_k(纵向)/(J/cm^2)	—	38	37	42.7	—	49.2	62.0	69.8	75	—	—

注：冲击韧度采用 C 型缺口试样。

8Cr2S 钢做预硬钢使用时可以在预硬至 46～48HRC 进行精加工，还可以氮化进一步提高模具的耐磨性，用于制作塑料模、胶木模、陶瓷模，代替 9Mn2V、12CrNi3 钢，取得良好的效果。该钢用于制作印刷线路板冲裁模，硬度为 40～42HRC，有上千个细孔，可以保证模具的高精度和高寿命。

8Cr2S 钢经空冷淬火和低温回火后，硬度为 58～61HRC，可用于制作精密冲裁模，使用寿命较 CrWMn、C12MoV 钢有成倍提高。

我国还开发了一种 S-Ca 复合易切削系预硬型塑料模具钢 5CrNiMnMoVSCa(简称 5NiSCa)，其化学成分见表 8.121，已纳入 GB/T 1299—2014。这种模具钢实际上是在大截面热锻模具钢 5CrNiMnMoV 的基础上采用 S-Ca 复合易切削系而研制成的，以 5CrNiMnMoV 钢为基础可以保证高的淬透性，预硬(调质)后具有良好的综合力学性能，采用 S-Ca 复合系可以克服单一硫系的等向性能差、切削加工性能不够理想等不足之处。关于 S-Ca 易切削系的易切削机理在上册 4.9.4 节已进行了阐述，S、Ca 适宜的加入量分别为 0.06%～0.15% S、0.002%～0.008%Ca，为获得较好的变性效果，Ca/S 控制在 0.07～0.16 为宜[176]。

由于微量钙对硫化物的变性作用，硫化物的形态从条状变成纺锤状，对改善钢的等向性能起到了明显的作用。微量钙对氧化物的变性作用使原来高硬、高熔点的氧化物 Al_2O_3 和 SiO_2 等变为 $2CaO \cdot Al_2O_3 \cdot SiO_2$ 复合共晶低熔点氧化物，使硬度从原来的 1800HV 降到 900HV 左右，减轻了对刀具的磨粒磨损，这种复合共晶氧化物在切削过程中，是一种易切削相，可在后刀面形成保护膜，有利于提高刀具寿命。表 8.123 为加入 S、S-Ca 对 5CrNiMnMoV 钢等向性能和切削性能的影响。可见，微量钙对硫化物的变性作用对改善钢等向性能十分明显，微量钙对硫化物和氧化物的综合作用使 5NiSCa 钢在不同切削速率条件下的切削性能均优于单一硫系的钢。5NiSCa 钢有良好的磨抛性能，在硬度为 39HRC 时，易抛光，抛光后的表面粗糙度为 R_a0.049μm，可达镜面，在使用中保持光洁度的能力强。

表 8.123　5CrNiMnMoV 钢中加入 S 和 S-Ca 对等向性能和切削性能的影响[166]

钢号	a_{kU}(纵向)/(J/cm^2)	a_{kU}(横向)/(J/cm^2)	a_{kU}(横向)/a_{kU}(纵向)	第一次端车		第二次端车	
				r/min	相对磨损	r/min	相对磨损
5CrNiMnMoV	80.4	43.1	0.54	—	—	—	—
5CrNiMnMoVS	65.7	6.9	0.11	160	100	315	100
5CrNiMoMoViSCa	70.3	29.3	0.42	160	71	315	44

注：等向性能试验时，预硬硬度为 35HRC，5CrNiMnMoVSCa 钢中含 0.0057%Ca 和 0.075%S，Ca/S=0.076；切削试验时，预硬硬度为 40HRC，刀具材料 YT15，干切削，试样尺寸 ϕ200mm。

5NiSCa 钢用电炉冶炼，硫通过高硫铁矿石加入，喷入适量 Ca-Si 粉，采用中性渣系稳定硫、钙含量，并使其在大截面上分布均匀。5NiSCa 的热加工性能良好，锻造加热温度为 1100℃，始锻温度为 1070～1100℃，终锻温度为 850℃，锻后缓冷。5NiSCa 钢球化退火时的加热温度为 770℃，保温 3h，等温温度为 660℃，保温 6h，炉冷至 550℃出炉空冷。退火后的硬度不大于 241HRC，退火组织为铁素体基体和总量约为 9.1%的颗粒状的碳化物，碳化物类型为 $M_{23}C_6$、M_3C 和 MC。

5NiSCa 钢具有比较良好的淬透性，图 8.165 和图 8.166 分别为 5NiSCa 钢的过冷奥氏体的等温和连续转变曲线，试验用钢的化学成分：0.57%C、0.88%Cr、1.24%Ni、

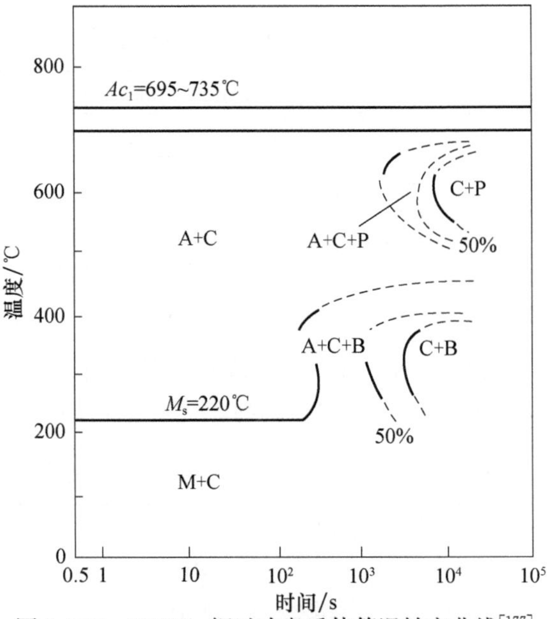

图 8.165　5NiSCa 钢过冷奥氏体等温转变曲线[177]

奥氏体化：880℃×10min，晶粒度 11 级

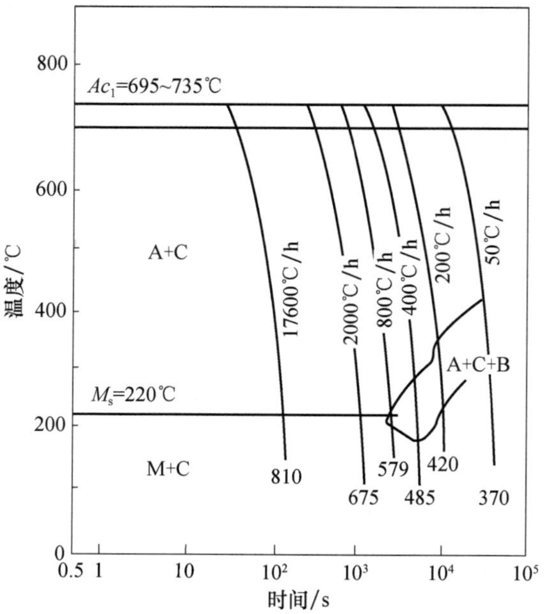

图 8.166　5NiSCa 钢过冷奥氏体连续冷却转变曲线[177]

奥氏体化：880℃×10min，晶粒度 11 级

1.20%Mn、0.59%Mo、0.28%V、0.075%S、0.0053%Ca。

用全自动相变仪模拟不同截面模具心部油冷的冷却速率，结果如表 8.124 所示。上述结果表明，5NiSCa 钢即使模具尺寸达到 ϕ500mm，心部的硬度仍达到 47.5HRC。在截面不大于 ϕ300mm 时，整个截面均为板条马氏体和孪晶马氏体的混合组织、少量未溶碳化物及残余奥氏体。5NiSCa 钢的淬透性可以满足大、中、小型精密模具的要求。

表 8.124　5NiSCa 钢的淬透性结果[177]

淬透性	模具尺寸/mm					
	ϕ50	ϕ100	ϕ200	ϕ300	ϕ400	ϕ500
心部硬度 HRC	62.5	61.5	57.5	55.0	51.0	47.7
组织	M+C	M+C	M+C	M+C	M+C+$B_下$	M+C+$B_下$

注：M—马氏体，C—碳化物，$B_下$—下贝氏体。淬火组织中有少量残余奥氏体。880℃加热，油冷。

5NiSCa 钢适宜淬火温度为 880～900℃，可在 575～650℃回火，淬火-回火后的力学性能见表 8.125。该钢具有良好的综合力学性能，其韧性比较高。5NiSCa 钢除具有优异的切削性能和良好的磨抛性能外，其图案蚀刻性能优于 P20 钢，焊补性能也比较好[166]。

表 8.125　5NiSCa 钢淬火-回火后的力学性能[177]

淬火温度/℃	回火温度/℃	硬度 HRC	σ_b/MPa	$\sigma_{0.2}$/MPa	δ/%	ψ/%	a_{kU}/(J/cm^2)
880 (油冷)	575	45.5	1391	1324	8.1	37.0	37.2
	525	39	1274	1241	8.8	42.1	46.1
	650	36	1046	1008	9.0	45.3	56.8

续表

淬火温度/℃	回火温度/℃	硬度 HRC	σ_b/MPa	$\sigma_{0.2}$/MPa	δ/%	ψ/%	a_{kU}/(J/cm^2)
900（油冷）	575	47	1431	1364	7.9	39.6	42.1
	525	41.5	1292	1252	8.3	41.7	49
	650	37	1085	1061	10.5	47.0	66.6

注：冲击韧度为纵向值。

5NiSCa 钢应用范围较宽，可用于大、中、小型各类注塑模、橡胶模、胶木模、印刷线路板凸凹模、精密成型模等，可提高模具的精度和使用寿命[166,178,179]。

为了能降低大型注塑模模具钢的价格，节约制造成本，国内曾研制过 P20BSCa 钢，即在 P20 钢成分的基础上加入微量硼以提高其淬透性，加入少量钒，并采用 S-Ca 复合易切削系。

P20BSCa 钢中的碳含量取 P20 钢碳含量的上限，铬、锰含量与之相当，少量钼的加入是为了减少回火脆性，微量硼的加入主要是提高淬透性，少量钒的加入可以生成 VC 阻止加热时晶粒的长大。在有铬、锰的条件下，部分 VC 在加热时易于溶入奥氏体，可以增加淬透性。淬透性模拟试验的结果见表 8.126。检查模拟 ϕ600mm 模块的心部组织，其马氏体组织含量在 50%以上，表明直径为 ϕ600mm 的模块是可以淬透的。经高温回火的硬度可以满足一般预硬塑料模具用钢的要求。P20BSCa 具有优良的可切削性。

表 8.126 P20BSCa 钢不同直径模块模拟淬火(油冷)-回火后心部的硬度(HRC)[180]

淬火-回火工艺	模拟直径				
	200mm	300mm	400mm	500mm	600mm
880℃淬火	41.5	40.0	38.5	38.0	40.0
650℃回火	35.0	35.5	36.5	36.0	33.5

将工业生产的 P20BSCa 和 718 钢锻成试件，进行力学性能和切削性能（车削）对比。试件经 860℃淬火处理，调整回火温度使其硬度均为 30HRC。试验用钢的性能见表 8.127。切削试验表明，在相同预硬硬度条件下，P20BSCa 钢具有较小的切削阻力，刀具升温低，切屑短，磨损较小。即使 P20BSCa 钢的预硬硬度为 35HRC，切削时的刀具磨损量仍小于 718 钢预硬硬度为 30HRC 时的磨损量。

表 8.127 P20BSCa 和 718 钢在预硬硬度为 30HRC 时的力学性能[181]

牌号	σ_b/MPa	σ_s/MPa	δ/%	ψ/%	a_{kU}/(J/cm^2)
P20BSCa	918	886	15.4	55.9	53.3
718	868	785	21.9	63.6	176.0

8.6.2.3 非调质预硬塑料模具钢

国内广泛使用的预硬型塑料模具钢，其预硬处理均采用调质工艺。对于大型模具，其调质工艺，特别是淬火工序，复杂费时且消耗大量能源。为了节约能源、降低成本、缩短生产周期，国内开展了非调质预硬型塑料模具钢的研究与开发。表 8.128 为国内外研制的一些非调质预硬型塑料模具钢的化学成分。

表 8.128　国内外研制的一些非调质预硬型塑料模具钢的化学成分　(单位:%)

钢号	C	Si	Mn	Cr	Mo	V	Nb	其他
FT	0.18～0.24	<0.30	1.80～2.20	0.90～1.20	0.02～0.06Ti	0.08～0.12	—	0.06～0.10S、0.005～0.01Ca
B20	0.20～0.28	0.10～0.60	2.1～2.5	—	0.20～0.50	0.05～0.20	—	0.01～0.025S、0.0005～0.01Ca
B30M	0.05～0.19	0.10～0.60	1.0～1.65	1.0～1.70	0.15～0.50	0.04～0.20	—	0.10～0.50Ni、0.0005～0.0050B
SWFT	0.14～0.28	0.2～0.8	1.5～2.5	0.8～1.2	0.20～0.50	0.04～0.20	—	≤0.0050B
SDP1	0.30	0.24	1.94	1.43	0.39	—	0.032	0.011P 0.003S
Nimax(瑞典)	0.1	0.3	2.5	3.0	0.3	—	—	1.0Ni

注:FT 钢中含 0.02%～0.08%RE。B20 钢中含 0.0005%～0.0050%B、0.008%～0.02%N、Ti/N=3～4(中国,99127011.8[P])。B30M 钢中含≤0.01%S、≤0.02%P、≤0.01%N、0.005%～0.025%Ti(专利公开号:CN1727512,2006)。

20 世纪 90 年代初,我国研制出一种 Mn-Si-B 系空冷易切削贝氏体塑料模具钢,牌号为 Y82。该钢采用中碳(0.3%～0.45%)成分,以 Mn、Si、B 合金化,空冷后可以在较大截面上获得贝氏体和马氏体的复相组织。ϕ120mm 的圆棒加热至 870℃空冷后,沿整个截面的硬度均在 52HRC 以上,并具有良好的综合力学性能。Y82 钢需经回火后使用。该钢采用 S-Ca 复合易切削系,在回火至 40HRC 作为预硬状态时,仍具有良好的切削性能和表面抛光性能。Y82 钢已用于电器、轻工等行业塑料、橡胶等制品的模具,有良好的使用效果[182]。

FT 钢是一种非调质预硬型塑料模具钢。该钢轧制成 ϕ100mm 的棒材在空冷的条件下具有贝氏体和铁素体的复相组织,其上弥散分布有(Ti,V)(C,N),硬度可达到 33～38HRC。采用复合加入 Ca-RE,可显著改善因添加硫产生的各向异性,提高横向冲击韧性。该钢无须回火就能具有良好的综合力学性能:σ_b>1000MPa,a_{kU}(纵向)>45J/cm^2。该钢具有良好的切削加工性能和磨抛性能[183,184]。

宝钢于 20 世纪 90 年代末开发出系列非调质塑料模具钢[185],其中,B20、B20H 钢应用于模架,属于铁素体-珠光体型非调质钢,硬度分别为 20～23HRC 和 24～27HRC,适用于厚度不大于 500mm 的截面;而 B30M、B30H 钢,应用于型腔,属于贝氏体非调质钢,硬度分别为 28～32HRC 和 33～37HRC,适用于厚度不大于 500mm 的截面,硬度沿截面分布均匀,用于代替 P20 钢,这类钢均具有比较好的切削性能和焊补性能。

上述钢中的碳含量均较低,可以减少火焰气割敏感性,但不能太低,否则不利于贝氏体组织的获得,钢的硬度将得不到保证。锰、钼、硼的加入有利于在相当大的截面上获得贝氏体组织。适量的钒有利于在锻轧后从铁素体中析出碳氮化物,以提高钢的强度和硬度,钒含量大于 0.20%时将严重降低钢的塑性和韧性。钛的加入用于固定氮,以保证能充分发挥硼的有效作用,同时形成的 TiN,可以阻碍均热过程中奥氏体晶粒的长大。钢中有适量的硫和磷可以改善切削性能，但含量不宜超过 0.05%，否则会产生严重偏析，影响钢的均质性，因此硫、磷含量均不大于 0.05%。钙的加入使钢中的氧化物和硫化物同时变性，有利于改善钢的切削加工性能。

合理的合金化可以保证 B30 钢在冷速范围为 0.02～1.0℃/s 均可以得到粒状贝氏体组织，冷却速率 0.02℃/s 相当于厚度 500mm 大模块心部的冷却速率，0.5℃/s 相当于其表面的冷却速率。这表明，厚度为 500mm 的模块从表面到心部都可以得到均匀分布的贝氏体，硬度分布也均匀，这已在工业生产中得到证实。

SWFT 钢是一种大截面非调质预硬型塑料模具钢，其成分设计的目标是可以应用在厚度 400mm 以上的模块，用于代替 P20＋Ni 之类的钢，预硬硬度范围在 36～42HRC。

图 8.167 为 SWFT 钢的过冷奥氏体连续冷却转变曲线，可以看出，该钢的先共析铁素体相变与 718 钢相似，显著被推迟。由于硼、钼对贝氏体转变的影响较小，SWFT 钢中不含能推迟贝氏体相变的镍，能推迟贝氏体相变的碳元素的含量也少于 718 钢，因而 SWFT 钢有很宽阔的贝氏体相变区域，具有良好的贝氏体淬透性，在 0.015～0.3/s 的冷却速率范围内贝氏体开始转变温度几乎相同，显示出该温度范围内的转变曲线具有平坦的顶部。当冷却速率大于 0.5℃/s 时，贝氏体开始转变温度下降。对比 718 钢的贝氏体转变曲线，其贝氏体转变区域显著右移。当冷却速率大于 0.05℃/s 时，出现马氏体和贝氏体的混合组织。冷却速率在 0.4℃/s 以上时，组织全部为马氏体。

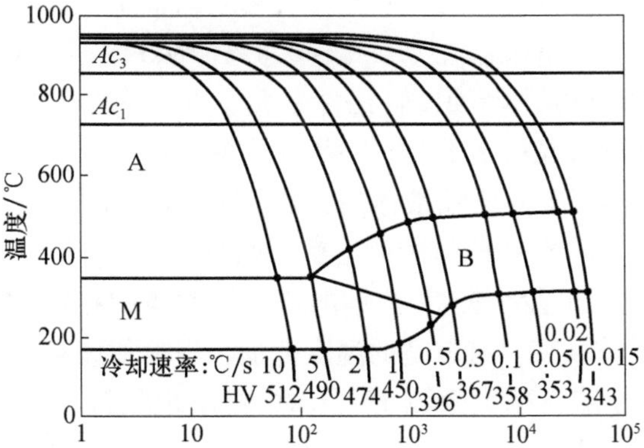

图 8.167　SWFT 钢的过冷奥氏体连续冷却转变曲线[186]

成分：0.24%C、0.31%Si、1.04%Cr、1.95%Mn、0.41%Mo、0.11%V、0.0022%B，奥氏体化：950℃×5min

SWFT 钢所含各种元素的匹配，保证能获得宽而平坦的贝氏体转变区间，钢中不含易切削元素。

检查 SWFT 钢厚度为 300mm 和 600mm 的模块锻后空冷条件下的组织，其表面和心部所获得的组织主要为板条状的贝氏体铁素体和少量 M/A 岛，贝氏体铁素体板条间有残余奥氏体或碳化物。表层的贝氏体铁素体板条较窄，M/A 岛也较小，预硬化范围为 36～42HRC，硬度波动范围在±1.5HRC 内，残余奥氏体量为 10%～12%。

在随后进行回火时，回火温度升至 500℃，SWFT 钢的硬度几乎不变，其屈服强度随回火温度的升高而不断提高，约在 350℃时达到峰值，然后缓慢下降。SWFT 钢的冲击韧性随回火温度的升高而提高，350℃附近达到峰值，回火温度在 400～500℃时出现冲击韧性的谷值,450℃为最低,随后又开始升高。这些变化主要由残余奥氏体转变所导致。因此,SWFT 钢在空冷后应进行 350℃回火。

切削试验表明,采用硬质合金刀具,在相同切削条件下,SWFT 钢比 718 钢显示出较好的切削加工性能。主要原因是 SWFT 钢不含镍,而 718 钢中含有约 1%Ni,提高钢的韧性,降低导热系数,使切削加工时变形功较大,车屑不易剥落,切削热不易散发,使得硬质合金刀具温升较快,车屑较多地缠绕在试棒上,最终降低了试棒表面的光洁度。SWFT 钢的力学性能、磨抛性能、焊补性能均能达到调质预硬型塑料模具钢的要求[186,187]。

当 SWFT 钢中的 Mn 含量处于低限时,其先共析铁素体析出的冷却速率为 0.05℃/s。当冷却速率小于 0.05℃/s 时,将有块状先共析铁素体析出,然后进行贝氏体转变,生成粒状贝氏体。块状铁素体的出现,加大了表面与心部的硬度差,不利于截面硬度的均匀性。对于直径大于 600mm 的坯料,心部避免铁素体析出的临界冷却速率应不小于 0.03℃/s,因此 SWFT 钢的淬透性尚不能满足截面尺寸大于 600mm 模块的需求[188]。

为了能满足汽车工业用于前、后保险杠和仪表盘等大型部件制造需要大截面(截面尺寸大于 700mm)注塑模模块的需求,在 SWFT 钢的基础上,相继开发出非调质贝氏体模具钢 SDP1,其化学成分见表 8.128,其性能可以满足使用要求[188]。

在 SDP1 钢中保持较低的 C 含量和较高的 Mn、Cr 含量,有利于锻件冷却时生成贝氏体组织。Si 可以提高过冷奥氏体在中温转变区的稳定性,因此,适当降低 Si 含量有助于在更大冷却速率范围内获得贝氏体组织,减小大模块截面上的硬度梯度,使整个大截面能获得较为均匀的硬度,Si 含量限制在 0.1%~0.3%。Mo 固溶于基体可以推迟铁素体和珠光体转变,有利于获得贝氏体组织,但其含量大于 0.5%时会形成碳化物,影响其作用的发挥。Nb 在钢中可以形成稳定的 NbC,提高晶粒粗化的温度,当 Nb 溶入奥氏体中时可以提高钢的淬透性,推迟先共析铁素体的析出,并可提高钢的回火稳定性,钢中较高的 Mn、Cr 含量可以促进 NbC 在奥氏体中的溶解,故钢中加入 0.02%~0.04%Nb。

测出的 SDP1 钢的 CCT 曲线表明,该钢的块状铁素体的相变被强烈推迟,其临界冷却速率为 0.015℃/s,贝氏体转变具有较宽的温度范围。当冷却速率介于 0.015~0.1℃/s 时,均可以得到贝氏体,当冷却速率大于 0.1℃/s 时,将出现马氏体。截面尺寸为 860mm×1300mm 的模块锻后采用风冷+空冷的方式冷却至 60~80℃,然后经 500~550℃回火处理,炉冷至 250℃左右出炉空冷至室温。该模块从表层到心部的组织均为贝氏体,心部的组织较粗大。各部位硬度范围为 33.5~38.2HRC,同一截面上的硬度波动在±1.5HRC 之内。大模块的力学性能表面要优于心部,从表面到心部逐渐下降,抗拉强度的变化范围:纵向为 1035~988MPa,横向为 1007~963MPa;伸长率的变化范围:纵向为 4.8%~3.8%,横向为 3.7%~3.0%;断面收缩率的变化范围:纵向为 6.3%~5.0%,横向为 4.7%~4.0%;冲击功 A_{kU} 的变化范围为 19.7~11.6J,横向为 16.3~9.0J。钢中仍存在 2%~7%的残余奥氏体[189,190]。

Nimax 是瑞典 ASSAB 公司近年开发的一种非调质预硬型塑料模具钢,其化学成分见表 8.128,其碳含量是这类钢中最低的[191,192]。Nimax 钢锭经锻造成 523mm×263mm 坯料后由 1000~800℃冷却至室温,其表面至心部的硬度均匀一致,达到 39HRC,同一横截面的硬度差值不超过 2HRC,不需淬火和回火。

Nimax 钢锻坯心部存在较为粗大的原始奥氏体晶粒,导致最终的显微组织粗大。经测试，Nimax 钢的 M_s 和 B_s 温度分别约为 380℃和 400℃。锻坯空冷后，表层和心部的组织主要是贝氏体，心部组织较表层为粗。贝氏体包括上贝氏体、下贝氏体，其间还分布着粒状贝氏体，特别是心部。经过扫描图像分析，在贝氏体组织中还分布着一些自回火马氏体，表层自回火马氏体量约为 10%，心部约为 5%。在贝氏体和自回火马氏体中存在细小的 M_3C 型渗碳体。在显微组织中还存在约 7%的残余奥氏体，Nimax 钢碳含量低，因而具有良好的加工性能和良好的抛光性能，以及优异的焊接性能，不需预热及后续处理。Nimax 钢还具有好的综合力学性能，试样取自 596mm×296mm 板料的中心部位，硬度为 370HB(40HRC)，横截面取样，其力学性能如下：$R_{p0.2}=785$MPa、$R_m=1265$MPa、$A_5=11\%$、$Z=47\%$、$KV=20$J(20℃)。当 Nimax 钢受高温环境的影响导致硬度降低时，可加热至 850℃，保持一定时间，在循环空气中冷却，可以恢复原始状态。图 8.168 为回火温度对 Nimax 钢硬度的影响。Nimax 钢可在预硬状态下施加离子氮化以提高表面硬度，增加耐磨性，步骤如下：粗加工→450～480℃消除应力退火→磨削→480℃离子氮化(10h)。

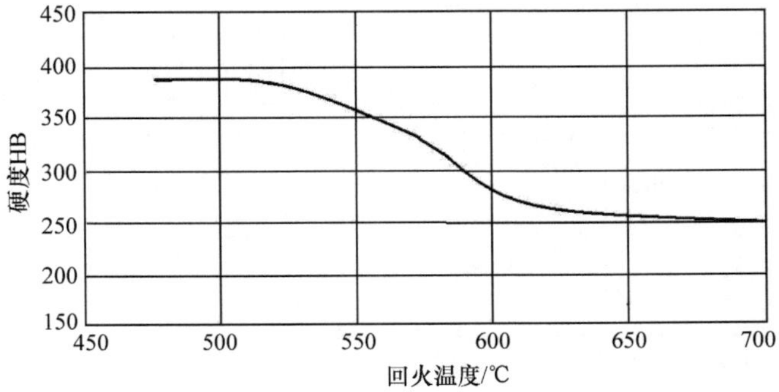

图 8.168　回火温度对 Nimax 钢硬度的影响[192]
回火时间 2h

Nimax 钢用于制作不同类型的塑料模具，如不同类型的容器、汽车用的大型内部零件、反射镜等。

8.6.3　时效硬化型塑料模具钢

时效硬化型塑料模具钢是在固溶处理后变软的，硬度一般为 28～34HRC，可进行切削加工，待机加工后再进行时效处理，可获得高的综合力学性能，而时效处理后的变形极小，时效后还可进行表面氮化，适于制造复杂、精密、高寿命的塑料模具。这类钢一般具有好的焊接性能。

时效硬化钢分为两种类型：马氏体时效钢和低镍时效钢。马氏体时效钢的成分性能已在上册 6.7.5 节论述过。马氏体时效钢价格昂贵，我国极少用于制作模具，也由于这个原因，国外很早就发展了低镍时效钢。表 8.129 为国内外开发和使用的一些时效硬化型塑料模具钢的化学成分。表中所列钢号除 00Ni18Co8Mo5TiAl 属于马氏体时效钢外，其他钢号均为低镍时效钢。

表 8.129 部分国内外使用的时效硬化型塑料模具钢的化学成分[91,93] (单位:%)

钢号	C	Si	Mn	Cr	Ni	Mo	Al	P	S	其他
2CrNi3MoAl (25CrNi3MoAl)	0.20~0.30	0.20~0.50	0.50~0.80	1.20~1.80	3.00~4.00	0.20~0.40	1.0~1.6	见表 8.5	见表 8.5	—
1Ni3MnCuMoAl (10Ni3MnCuAl)	0.10~0.20	≤0.45	1.40~2.00	—	2.90~3.40	0.20~0.50	0.70~1.20	≤0.030	≤0.015	0.80~1.20Cu
06Ni6CrMoVTiAl (06Ni)	≤0.06	≤0.50	≤0.5	1.3~1.6	5.50~6.50	0.90~1.20	0.50~0.90	见表 8.5	见表 8.5	0.90~1.30Ti 0.08~0.16V
00Ni18Co8Mo5TiAl	≤0.03	≤0.10	≤0.15	≤0.60	17.5~18.5	4.50~5.00	0.05~0.15	≤0.010	≤0.010	8.50~10.0Co 0.80~1.10Ti
P21(美)	0.18~0.22	0.20~0.40	0.20~0.40	≤0.50	3.90~4.25	—	1.05~1.25	—	—	0.15~0.25V
N3M(日)	0.24~0.28	0.20~0.40	0.50~0.80	1.20~1.60	3.25~3.75	0.25	1.10~1.40	—	—	—
NAK55(日)	0.10~0.20	≤0.30	1.55	—	3.25	0.20~0.40	0.90~1.20	—	0.1%	0.90~1.10Cu
NAK80(日)	0.11	≤0.30	1.5~1.60	—	3.00	0.35	0.95	—	—	1.0Cu
HPM1(日)	0.10~0.20	≤0.30	1.0	0.90~1.20	2.5~3.5	—	—	—	0.10~0.15	1.7~2.0Cu 0.006Se

注:前面 4 个是新列入 GB/T 1299—2014 的钢号。

P21 钢是美国在 20 世纪 60 年代已开始使用的一种低镍时效硬化型塑料模具钢,并沿用至今。P21 钢的主要合金化元素是镍和铝,这种钢的热处理工艺过程如图 8.169 所示。该钢经 870~900℃奥氏体化(固溶处理),淬火硬化,然后经 680℃的高温回火(亦称二次固溶处理),硬度降低到适于切削加工的程度(30HRC),精加工后进行时效处理。由于一种镍-铝金属间化合物的析出硬化作用,时效钢的硬度增至工作硬度(46HRC)。P21 钢可以在时效时进行氮化,可获得 0.15~0.20mm 的氮化层,硬度接近 70HRC[1]。P21 钢硬度处理到 36~39HRC 时,其力学性能:σ_b=1230MPa、$\sigma_{0.2}$=1134MPa、δ_5=16%、ψ=40%。

2CrNi3MoAl(25CrNi3MoAl)钢是一种时效硬化钢,其成分与 N3M 相似,专用于制作精密塑料模具[193,194]。该钢的合金元素含量可以保证具有比较高的淬透性,适用于较大的截面,加入适量的钼可以抑制长时间时效时的回火脆性。2CrNi3MoAl 钢已列入 GB/T 1299—2014。

2CrNi3MoAl 钢的热处理工艺路线与图 8.169 所示相同,经高温加热固溶淬火后可得到板条马氏体组织。淬火温度超过 920℃后,淬火硬度下降,这主要是由马氏体板条间残余奥氏体增多所致,但经高温回火和时效处理后,残余奥氏体已不存在。所以时效后的强度与硬度主要取决于时效工艺,和淬火工艺关系不大。淬火温度的升高使马氏体晶粒和马氏体板条粗化,导致塑韧性下降。淬火温度以 880~920℃为宜,空冷或水冷淬火,淬

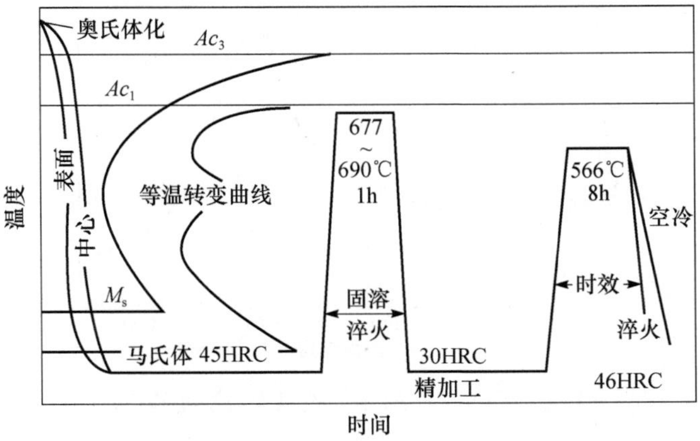

图 8.169　P21 镍-铝时效硬化钢的热处理工艺曲线[1]

火后的硬度为 48～50HRC。

2CrNi3MoAl 钢高温回火的目的是得到 26HRC 以下的硬度，以利于切削加工，同时得到综合性能良好的基体组织。由于钢中含 3.5%Ni，回火时板条马氏体组织稳定性高，只有在 680℃左右较长时间回火，回火马氏体的再结晶才能基本上完成，碳化物 M_3C 才能充分析出。680℃回火 2h 后，硬度降至 30HRC，回火 6h 后，硬度降至 23HRC，有利于钢的切削加工。高温回火后硬度的降低对以后的时效硬化几乎没有影响，但显著提高钢的韧塑性。

时效处理是 2CrNi3MoAl 钢的最终热处理工序。图 8.170 为 2CrNi3MoAl 钢在不同温度时效 2h 的硬度变化。硬度曲线的变化表明，该钢的时效温度范围为 400～630℃，540℃左右为硬化峰。在 520～540℃的时效速率最快，时效 6h 可达峰值 40HRC 左右。该钢在 520～540℃时效 60h 后，硬度仍保持峰值不变。图 8.171 为 2CrNi3MoAl 钢经淬火和高温回火，再经时效(8h)后，时效温度与力学性能的关系。

通过 TEM 观察，2CrNi3MoAl 钢的时效脱溶相为超细球状粒子，晶界处脱溶相的粒度为 7～9nm，晶内脱溶相的粒度为 4～6nm。脱溶相为超点阵有序相 NiAl，与基体 α-Fe 有相同的点阵结构，两者的位向关系为

$$\{100\}_{\alpha} \mathbin{/\!/} \{100\}_{\mathrm{NiAl}},\quad \langle 100\rangle_{\alpha} \mathbin{/\!/} \langle 100\rangle_{\mathrm{NiAl}}$$

经精确测定，α 基体的点阵常数 $a_{\alpha}=2.871\text{Å}$，与已知的有序相 NiAl(β')的点阵常数 $a_{\mathrm{NiAl}}=2.887\text{Å}$ 相近，两者之间的错配度仅为 0.56%。这也表明，NiAl 相将以共格形式脱溶。图 8.171 所示的时效硬化温度范围亦即 NiAl 相的脱溶温度范围，硬化效应最佳温度为 540℃，亦即 NiAl 相脱溶速率最快、数量最多的温度。随温度上升，硬度下降，但其原因不是脱溶相的聚合长大，而是温度上升，NiAl 相重新回溶到基体中。如将试样继续加热至 650～680℃，使其软化，重新在 540℃时效，可以反复多次，每次时效都能恢复到第一次的时效硬度，这可以说明 NiAl 的回溶现象。时效后的组织为索氏体基体上分布着高度弥散的 NiAl 相粒子。

可以计算出因时效脱溶引起的变形率在万分之几的数量级。实测亦表明，时效处理引起的变形率在 0.05%以下。对于高精度塑料模具，高温回火后对模具进行粗加工或半精加工，再经 650℃保温 1h，消除加工后的残留内应力，然后再进行精加工，此后再时效。

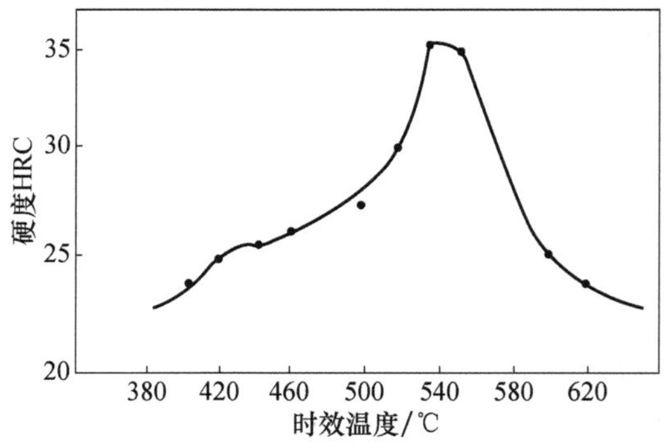

图 8.170　2CrNi3MoAl 钢时效温度与硬度的关系[193]
时效时间 2h

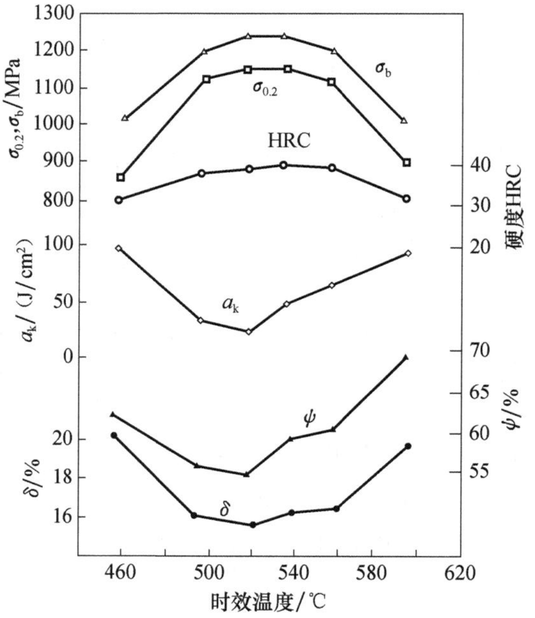

图 8.171　2CrNi3MoAl 钢时效温度与力学性能的关系[193]

经此处理后时效引起的变形率可以控制在 0.02%以下。

2CrNi3MoAl 钢的最佳热处理工艺为:(880～920℃)×1h,空冷或水冷淬火,680℃×6h 回火(水冷或空冷),(540±10)℃×(6～8h)时效(空冷)。钢的力学性能:σ_b=1260～1280MPa、$\sigma_{0.2}$=1150～1170MPa、ψ=58%～59%、δ=16.5%～17.0%、a_k=52～55J/cm^2、HRC=38～42。

2CrNi3MoAl 钢也是一种很好的氮化钢,氮化温度与其最佳时效温度范围相当,故可实现时效与氮化联合进行的工艺。

2CrNi3MoAl 钢制作精密塑料模具可达高精密级,镜面研磨性好,表面粗糙度达 R_a0.025μm,表面光刻浸蚀性好,花纹清晰均匀。

2CrNi3MoAl 钢已用于制作各类高精密塑料模具,取得良好的效果。

表 8.129 中的 NAK55 和 NAK80 钢是日本大同制钢开发的产品。其中，NAK55 钢是一种含硫易切削析出硬化钢，除时效时析出镍-铝相强化外，还加入 1%Cu 作为析出强化相。该钢加热至 850℃以上进行固溶处理冷却至室温，然后进行时效处理至 40HRC，即可作为预硬钢供货。该钢加入 0.1%S 作为易切削元素，其被切削性能好于硬度为 30HRC 的 42CrMo 钢。模具厂可以直接切削加工和磨抛制成模具，不需要再作热处理。该钢适用于生产精密、透明产品的塑胶模具。

NAK80 与 NAK55 钢不同之处是不加入硫，降低了碳含量，预硬后的硬度为 36～45HRC。该钢用做高级透明塑料专用的析出硬化型预硬型模具钢。这类钢为获得高的冶金质量一般采用真空冶炼或电炉冶炼后再经电渣重熔。我国有一些生产厂生产成分与 NAK80 相近似的钢[195]。

1Ni3MnCuMoAl(10Ni3MnCuAl)钢，简称 PMS，是我国生产的一种沉淀硬化型模具钢[196]，其化学成分与 NAK55 钢相近，该钢已纳入 GB/T 1299—2014。该钢的碳含量仅为 0.1%，以镍、铝和铜作为产生沉淀硬化的元素加入，为确保有较高的淬透性和可以获得低碳板条马氏体的基体组织，添加了适量的锰、钼，为改善钢的切削加工性能，可加入 0.1%S[93]。

PMS 钢先经 870℃×1h 固溶处理，再经不同温度时效处理后，其屈服强度和伸长率的变化如图 8.172 所示。可以看出，该钢的屈服强度随时效温度的升高而明显增大，490～510℃达到峰值，时效温度继续升高，强度下降。时效处理后的显微组织为板条马氏体及沉淀析出的细小强化相，析出相为 Al_3Ni 型金属化合物[196]和 ε-Cu 相。650℃过时效时的析出相金属间化合物颗粒尺寸增大到 25～30nm，导致过时效状态的屈服强度下降[196]。

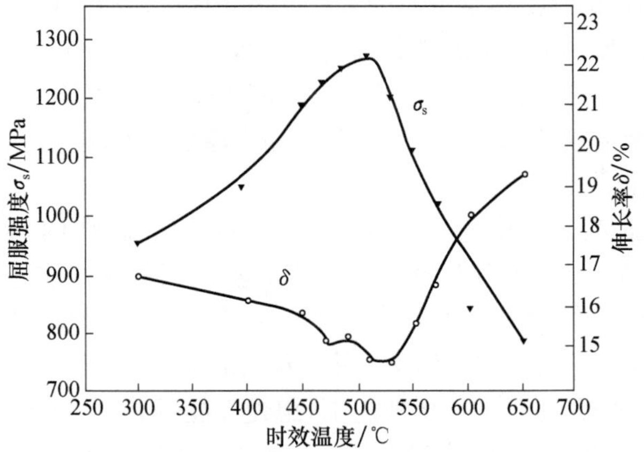

图 8.172　时效温度对 1Ni3MnCuMoAl 钢力学性能的影响[196]

PMS 钢在 870℃固溶空冷的条件下，ϕ150mm 圆钢心部可以淬硬，得到均匀一致的板条状马氏体基体组织，条间有残余奥氏体，硬度为 30～32HRC。固溶温度和冷却方式对组织有影响，固溶温度过低，如 820℃，淬火后会出现未溶铁素体，但 870℃固溶，在冷却缓慢时，也会出现板条马氏体与粒状贝氏体的混合组织。粒状贝氏体的硬度为 33HRC 左右。该钢在不含硫时，固溶处理后进行机械加工。

时效处理后得到弥散分布的析出相。经 490～510℃时效，时效时间一般为 4h。马氏体和粒状贝氏体时效后的硬度都在 40～43HRC,且不随时效时间的延长而变化。

PMS 钢经 840～850℃加热保温空冷固溶处理,再经 510℃及 530℃时效处理后的力学性能见表 8.130[93]。PMS 钢是含铝钢,适宜于氮化。

表 8.130　PMS 钢经固溶处理及不同温度回火后的力学性能[93]

钢种	时效温度/℃	硬度 HRC	σ_b/MPa	σ_s/MPa	δ_5/%	ψ/%	a_k/(J/cm²)
PMS(含S)	510	42.5	1304	1189	16	49.2	14.7～17.0
	530	41.4	1293	1195	15	52.7	20.6
PMS(低S)	510	42.7	1332	1265	14.7	47.8	21.6
	530	41.8	1253	1192	14.6	55.7	21.6

注:含硫钢中的硫含量为 0.04%～0.15%,低硫钢中的硫含量不大于 0.01%。

PMS 钢抛光后,模具表面粗糙度达到 R_a0.050～0.057μm,有良好的镜面性能[196],加入适当硫元素时可使钢的切削性能明显提高,可在时效后进行切削加工。该钢适于制作高精度塑料模具、透明塑料用模具等。

PMS 钢可进行高温回火软化。由于 PMS 钢含有较多的 Mn、Ni,临界点 Ac_1 点较低,为 675℃(低硫时),高温回火软化温度为 650℃,硬度下降为 25HRC 左右,适于高精度型腔的冷挤压成形。再经时效处理仍可获得较高的强度和硬度,接近 40HRC,即具有可逆回火时效特性。

06Ni6CrMoVTiAl(简称 06Ni)钢是我国研制的一种低镍马氏体时效钢,该钢碳含量低,固溶淬火后得到低碳马氏体,时效时通过来自低碳马氏体基体中析出金属间化合物而产生硬化。该钢已纳入 GB/T 1299—2014。

06Ni 钢在机械加工前必须经固溶处理,以降低硬度便于加工。固溶温度为 800～850℃,在箱式炉中加热及保温,保温时间 2～2.5min/mm,然后在油、水或空气中冷却到室温。固溶处理后的冷却方式对时效处理后的硬度有一定的影响。820℃固溶后空冷的硬度为 26～28HRC,油冷后为 24～25HRC,水冷后为 22～23HRC。固溶后冷却速率越快,硬度越低,但时效后硬度却会越高。这是因为固溶后快速冷却,硬化相来不及析出,只能在时效处理时析出。

模具经机械加工后,再进行时效处理,达到所需要的性能。时效温度为(520±10)℃,保温 6～8h。时效处理一般在有保护气氛的箱式炉中进行。时效过程中由于析出 NiAl 或 NiTi 等而得到强化,其后的硬度为 42～45HRC[100]。

06Ni 钢的突出优点是热处理变形小,其处理后的变形量为 0.01%～0.03%。固溶处理后的硬度为 20～28HRC,可进行切削加工,抛光性能好。固溶处理和时效处理后有良好的综合力学性能(室温):σ_b=1478MPa、$\sigma_{0.2}$=1422MPa、ψ=37.2%、δ=9.3%、a_{kU}=34J/cm²、HRC=42～45[93]。

06Ni 钢在仪表、电器、轻工、航空航天等工业部门制作高精度塑料模具,收到很好的效果。

00Ni18Co8Mo5TiAl 是新纳入 GB/T 1299—2014 的一种 18Ni 马氏体时效钢。这类钢的特性在上册 6.7.5 节中已有介绍。虽然马氏体时效钢价格高昂,但由于其性价比高,而日益广泛地引入模具钢制造。模具行业与宇航工业不同,对冶金质量的要求可以适当降低,这也有利于该类钢的扩大应用。

00Ni18Co8Mo5TiAl 是我国研制的一种马氏体时效钢，牌号为 TM210A（表 6.63）。该钢的均质化处理温度：1200～1220℃，保温时间为 8～15h，视钢锭尺寸而定，细化晶粒热处理制度：950℃×1h，水冷+900℃×1h。

00Ni18Co8Mo5TiAl 钢的临界点温度如下：Ac_1=620℃、Ac_3=745℃、M_s=245℃、M_f=80℃。固溶处理：820～860℃×1h，空冷，时效处理：510℃×3h，空冷。固溶处理后的硬度约为 30HRC，便于加工。时效后的硬度为 57～60HRC。该钢经热处理后的性能见表 6.63。该钢具有高的强韧性、低硬化指数、良好的成形性和焊接性能，适宜制作长寿命的精密塑料模具及铝合金压铸模等。

8.6.4　耐蚀塑料模具钢

在生产以化学性腐蚀塑料（如聚氯乙烯、氟塑料、阻燃塑料等）为原料的塑料制品时，这类塑料在熔融状态下，会分解出氯化氢、氟化氢、二氧化硫等气体，模具必须具有防腐蚀性能，虽可采用镀铬或镀镍的方法防腐，但沟槽很难得到均匀的镀层，容易开裂或剥落。另外，由于不能始终保持尖锐棱角的完全闭合，成型的塑料部件往往会形成较厚的毛边。因此，这类模具大都采用含铬 13%或更高的耐蚀钢制造。耐蚀型塑料模具钢还要求一定的硬度、强度和耐磨性，以及较好的工艺性能。

国内外使用最多的是中碳或高碳的高铬马氏体不锈钢。我国在制定 GB/T 1299—2014 时，纳入了 8 个牌号。表 8.131 为国内外使用的一些耐蚀塑料模具钢的化学成分。

表 8.131　国内外使用的一些耐蚀塑料模具钢的化学成分　（单位：%）

钢号	C	Si	Mn	P	S	Cr	Mo	Ni	V
4Cr13	0.35～0.45	≤0.60	≤0.80	见表 8.5	见表 8.5	12.00～14.00	—	≤0.60	—
2Cr13	0.16～0.25	≤1.00	≤1.00	见表 8.5	见表 8.5	12.00～14.00	—	≤0.60	—
4Cr13NiVSi	0.35～0.45	0.90～1.20	0.40～0.70	≤0.010	≤0.003	13.00～14.00		0.15～0.30	0.25～0.35
2Cr17Ni2	0.12～0.22	≤1.00	≤1.50	见表 8.5	见表 8.5	15.00～17.00	—	1.50～2.50	—
3Cr17Mo	0.33～0.45	≤1.00	≤1.50	见表 8.5	见表 8.5	15.50～17.50	0.80～1.30	≤1.00	—
3Cr17NiMoV	0.32～0.40	0.30～0.60	0.60～0.80	≤0.025	≤0.005	16.00～18.00	1.00～1.30	0.60～1.00	0.15～0.35
9Cr18	0.90～1.00	≤0.80	≤0.80	见表 8.5	见表 8.5	17.00～19.00	—	≤0.60	—
9Cr18MoV	0.85～0.95	≤0.80	≤0.80	见表 8.5	见表 8.5	17.00～19.00	1.00～1.30	≤0.60	0.07～0.12
Stavax(S-136)（瑞典）	0.38	0.9	0.5	—	≤0.003	13.6	—	—	0.3

续表

钢号	C	Si	Mn	P	S	Cr	Mo	Ni	V
Mirrax40(瑞典)	0.21	0.9	0.45	—	≤0.003	13.5	0.2	0.6	0.25 +N
Polmax(瑞典)	0.38	0.9	0.5	—	—	13.6	—	—	0.3
Royalloy(瑞典)	0.05	0.4	1.2	—	—	12.6	—	0.12	+易切削元素
Corrax(瑞典)	0.03	0.3	0.3	—	—	12.0	1.4	9.2	1.2Al
420FSe(美)	0.30～0.40	≤1.00	≤1.25	≤0.06	≤0.06	12.00～14.00	—	—	Se≥0.15
431(美)	≤0.20	≤1.00	≤1.00	≤0.040	≤0.040	15.0～17.00	—	1.25～2.50	—
X36CrMo16 2316(德)	0.33～0.45	≤1.00	≤1.50	0.030	0.030	15.50～17.50	0.80～1.30	≤1.00	—
X89CrMoV18-1 3549(德)	0.85～0.95	≤1.00	≤1.00	0.040	0.015	17.00～19.00	0.90～1.30	—	0.07～0.12
M300(奥地利)	0.33～0.43	≤1.00	≤1.00	—	—	15.0～17.0	1.00～1.30	≤1.00	—
M310(奥地利)	0.38	0.76	0.36	0.026	0.002	14.20	0.60	0.25	0.19

注:前面 8 个是新列入 GB/T 1299—2014 的钢号。M300 和 M310 是奥地利百禄(Böhler)钢厂的产品。

4Cr13(根据 GB/T 20878—2007《不锈钢和耐热钢　牌号及化学成分》中的不锈钢牌号表示方法,应为 40Cr13,本节中仍以 4Cr13 表示)属于中碳高铬型耐蚀钢,国际上广泛应用,在热处理后能获得较高的硬度和强度,可用于制造有一定耐蚀性能的塑料模具,如加工有腐蚀性的 PVC、乙酸盐类等注塑原料的塑料模具,或必须在潮湿环境下工作及存放的模具。

4Cr13 为过共析钢,临界点 Ac_1≈820℃,可采用温度范围 750～800℃进行高温回火 2～6h,亦称为退火,处理后的硬度为 170～200HB,退火后的组织由富铬铁素体加 $(Fe,Cr)_{23}C_6$ 组成。

应注意,4Cr13 钢在退火组织中不应存在呈网状分布的碳化物,碳化物网在淬火加热时难以完全溶解,使钢的冲击韧性下降。应从原材料方面进行控制,即在锻轧后的组织中不得存在网状碳化物。

4Cr13 钢经过粗加工后必须进行去应力退火,加热至 650℃均热 2h,缓冷至 500℃,然后出炉空冷。

由于 4Cr13 钢为中碳并含有较高的铬,因而具有较高的淬透性,可用于制作尺寸较大的模具。对于小型塑料模具可以空冷淬火,尺寸较大的模具多采用油淬。4Cr13 钢退火组织中碳化物含量较多,即使在 1060～1100℃奥氏体化,碳化物也不能完全溶解,一般采用较高的淬火温度,以提高马氏体的硬度和耐蚀性能。该钢适宜的淬火温度为 1050℃,

在获得较高硬度的同时，具有较高的冲击韧性。淬火温度高于1100℃时，由于钢中存在较多的残余奥氏体，硬度反而下降。

4Cr13钢通常在两种状态下使用：当要求高硬度和高耐蚀性能时，可在温度范围200～350℃回火；要求强度、塑性和冲击韧性有最佳配合而耐蚀性又较高时，则采用650～750℃回火，一般不采用在400～600℃回火。图8.173为4Cr13钢在不同温度回火后的耐蚀率与回火温度的关系。低温回火时钢中仅析出少量碳化物，并消除了部分内应力，大量铬仍保留在固溶体中，钢的耐蚀性高。在中温区域回火时，由于析出大量的$(Fe,Cr)_3C$和$(Cr,Fe)_7C_3$，在碳化物周围存在贫铬区，在腐蚀介质中形成许多微电池，富铬碳化物为阴极，其周围的贫铬固溶体为阳极，因而引起电化学腐蚀，使钢的耐蚀性能显著降低，同时钢的冲击韧性也降低。在更高温度回火时，碳化物转变为$(Cr,Fe)_{23}C_6$，由于铬的扩散，贫铬区消失，钢的耐蚀性能又有所提高。

4Cr13钢淬火加热至1000～1050℃后油淬时的硬度为52～55HRC，回火温度为200～300℃时，回火后硬度为50～53HRC。4Cr13钢加热至1050℃空冷，650℃×3h回火后的室温力学性能：$\sigma_b=1125MPa$、$\sigma_{0.2}=905MPa$、$\psi=32\%$、$\delta=11\%$、$a_{kU}=10J/cm^2$、HRC=28[121]。

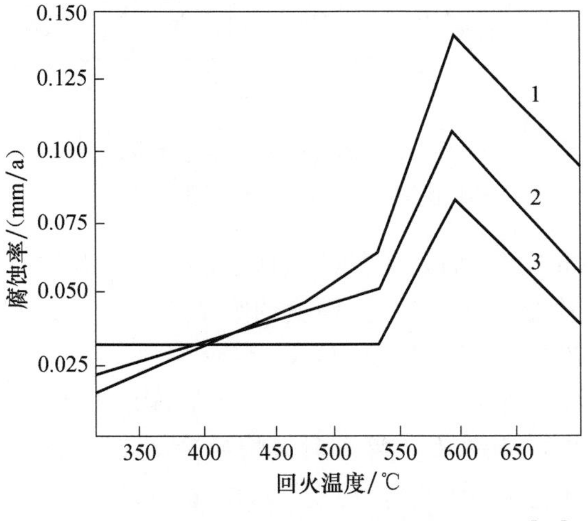

图8.173　回火温度对4Cr13钢腐蚀率的影响[197]

成分：0.37%C、14.5%Cr，海水喷雾500h，22℃

1—1149℃油淬；2—1038℃油淬；3—927℃油淬

2Cr13（根据GB/T 20878—2007中的不锈钢牌号表示方法，应为20Cr13，本节中仍以2Cr13表示）钢为亚共析钢，具有较高的韧性和冷变形性能，机械加工性能良好，具有优良的耐腐蚀性能，但耐磨性不如4Cr13钢。2Cr13钢加热淬火温度为1000～1050℃，油冷或水冷，硬度为45～47HRC，200～300℃回火后的硬度下降1～2HRC。回火温度为660～670℃，空冷后的硬度为20～23HRC。

4Cr13NiVSi是国内外常用的一种马氏体不锈钢，有的文献称为4Cr13V，用做耐蚀预硬型钢[198]。该钢退火后的硬度应不大于235HBW，适宜的淬火温度为1000～1030℃，油淬，硬度应不小于50HRC，该钢的预硬硬度为30～36HRC。4Cr13NiVSi钢经电渣重熔冶炼，因此钢的洁净度高，退火组织主要为铁素体＋颗粒状的碳化物$M_{23}C_6$，淬火回火组织为回火马氏体+碳化物。

S-136(Stavax)钢的化学成分中未标明镍含量,实物分析表明含有不大于 0.30%的镍[199,200],所以实际上 S-136 的化学成分与 4Cr13NiVSi 相同。S-136 钢经过电渣重熔冶炼,保持了成分的均匀性和高的洁净度,具有良好的抛光性能和图案蚀刻性能。

图 8.174 为 S-136 钢的过冷奥氏体连续冷却转变曲线。S-136 钢是一种过共析钢,含碳化物形成元素量高,凝固过程中容易形成大尺寸网状或共晶碳化物,特别是在心部,应在热加工时充分破碎,否则在成形后的模块中可能出现链状碳化物。

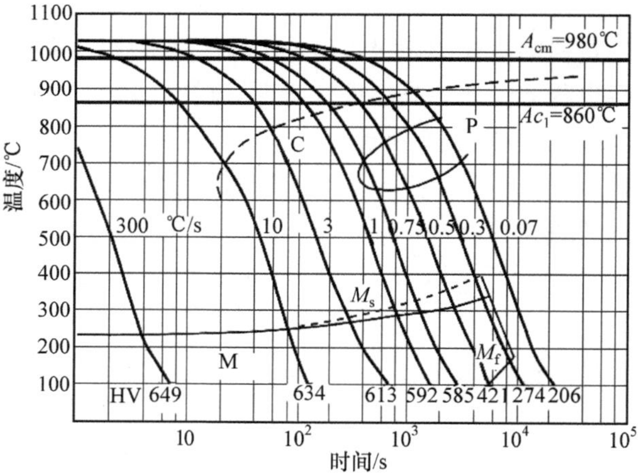

图 8.174　S-136 钢的过冷奥氏体连续冷却曲线[199]

奥氏体化温度:1030℃,保温时间:30min

S-136 钢的退火软化工艺:加热至 890℃,保温,以 20℃/h 的冷却速率冷至 850℃,再以 10℃/h 的冷却速率冷至 700℃,空冷,硬度约为 200HB。经过粗加工后应进行去应力退火,工艺为:加热至 600℃,2h,炉冷至 500℃,空冷。

S-136 钢的淬火时,先经 600～650℃预热,淬火温度范围为 1000～1050℃,晶粒度可保持 9 级,一般采用 1020～1030℃。淬火时应快速冷却,但应避免引起过高的应力和变形,可采用 80℃热油、真空压力淬火等,冷至 50℃左右时,应立即回火。图 8.175 为 S-136

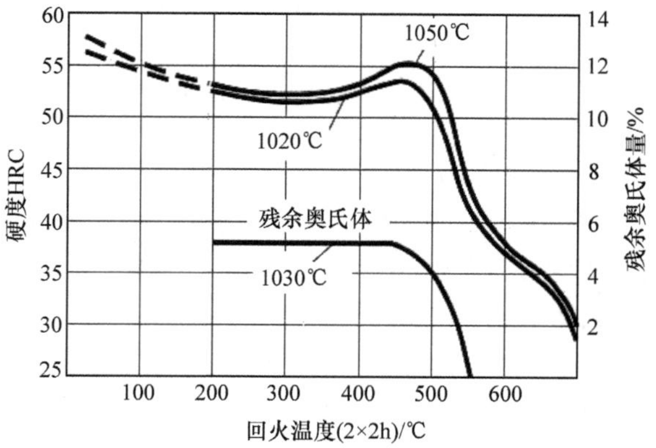

图 8.175　S-136 钢不同温度(见图中数字)淬火后,

回火温度对钢的硬度和残余奥氏体量的影响[199]

钢不同淬火温度后，回火温度对钢的硬度和残余奥氏体量的影响。回火至少两次，适宜的回火温度为250℃，此时钢的韧性、硬度与耐蚀性得到最佳的配合。考虑到淬火和回火时模具尺寸的伸缩，在加工时应留有充足的余量。该钢作为预硬钢使用时，又名S136H，出厂硬度为30～36HRC，可直接供用户使用。预硬化热处理工艺为1030℃淬火＋580℃回火两次，此时的碳化物量少，大量的铬仍保持在固溶体中，钢的耐蚀性仍比较高。

S-136钢由于耐腐蚀，适用于使用PVC等带腐蚀性塑料或必须在潮湿环境工作的模具；由于耐磨性好，适用于磨耗较大的或要求模具有较长工作时间的模具；由于高抛光性，适合生产光学产品，如照相机、太阳眼镜、化学仪器等所用的塑胶制品等。

Mirrax40是2Cr13的改进型，是一种经过电渣重熔的预硬型耐蚀塑料模具钢，供货时的预硬硬度为40HRC，钢的洁净度高，具有高的抛光性能和良好的机械加工性能。综合合金化的结果，使该钢具有比较高的淬透性，在大截面上可获得均匀的硬度，还具有好的塑性和韧性[199]。

Mirrax40钢模块尺寸为508×306mm、预硬硬度为360HB(39HRC)时，其力学性能如下：$R_{p0.2}$＝1020MPa、R_m＝1150MPa、A_5＝13％、Z＝35％、$R_{c0.2}$＝1100MPa。

Mirrax40钢以预硬状态供货，当要求有更高的硬度时可以重新处理。首先进行软化处理，在有保护的情况下，加热至780℃，保温直至热透，以10℃/h速率冷至600℃，空冷。经过粗加工后，加热至550℃，热透后保温2h，空冷。重新淬火：预热至500～600℃，加热至1020℃，热透后保温30min，然后淬火冷却(真空加热炉中高压气淬、80℃热油、高速气冷)，冷至50～70℃后立即回火，回火温度视要求的硬度而定，至少应回火两次，保温2h，最低回火温度为250℃。图8.176为Mirrax40钢1020℃淬火后回火温度与钢的硬度的关系曲线。

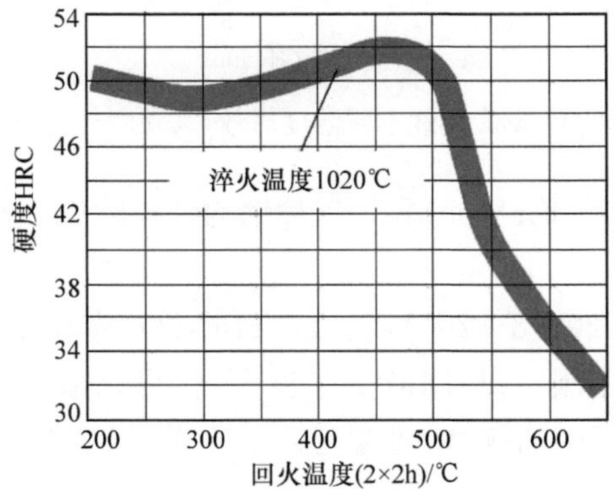

图8.176 Mirrax40钢回火温度与钢的硬度的关系曲线[199]

Mirrax40钢适合用于制作表面光洁度要求很高的和透明塑料用的模具，以及有腐蚀性塑料用的模具，模具使用寿命长，维修费用低。

Polmax钢的化学成分与S-136和4Cr13NiVSi等钢相似，并无特别之处，其热处理工艺亦相似。该钢主要特点是采用双真空冶炼(ESR＋VAR)，其成分偏析和夹杂物含量降至极低，保证具有极好的微观组织的均匀性和特别优良的抛光性能。该钢用于对表面光洁度要求极高的塑料模具，如镜片用模具、生成CD和DVD的模具、医用制品用模具等[199]。

Royalloy 是一种低碳的 Cr13 型易切削耐蚀预硬型塑料模具钢，预硬硬度 290～330HB (31～36HRC)。该钢加入了易切削元素，具有良好的切削加工性能，可用于制作型腔比较复杂的耐蚀模具，以及对抛光性不是很高的模具[199]。我国亦有类似的牌号，如 Y12Cr13(表 9.2)，有类似的用途。美国的 420FSe 亦是类似的一种 Cr13 型易切削耐蚀预硬型塑料模具钢，只是碳含量稍高。

Corrax 是列于表 8.131 中唯一的沉淀硬化型耐蚀塑料模具钢，其化学成分与我国 04Cr13Ni8Mo2Al 钢(表 9.16)和美国的 PH13-8Mo 钢(表 9.55)相近(略有差异)。该钢固溶处理的温度为 850℃，热透后保持 30min，空冷，硬度约为 34HRC，并以固溶状态供货。Corrax 钢不能进行去应力退火，因为在退火温度范围会发生时效强化。如果要求产品具有更高的硬度，可以进行时效处理。

图 8.177 为 Corrax 钢固溶处理后时效温度和时间对钢的硬度的影响，时效结束后空冷至室温。时效至相同硬度时，高温时效较低温时效有更好的韧性。当模具的工作温度超过 200℃时，该钢不宜在固溶状态下使用。该钢具有良好的耐蚀性，可在大的截面上获得均匀一致的性能，可用于制作各类注塑模、挤压模等。

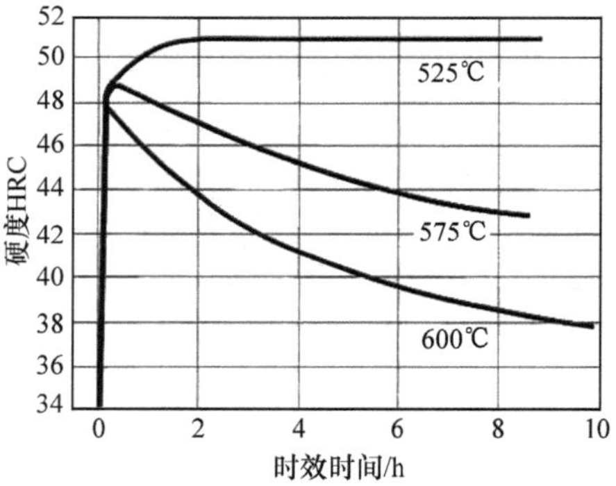

图 8.177　固溶处理的 Corrax 钢经不同温度时效，其硬度与时效时间的关系曲线[199]

2Cr17Ni2、3Cr17Mo 和 3Cr17NiMoV 三种钢均含有约 17%的 Cr，可以提高钢氧化性介质中的耐蚀性。

2Cr17Ni2(按 GB/T 20878—2007，为 17Cr16Ni2)钢与过去常用的 1Cr17Ni2(或 14Cr17Ni2)钢相比，增加了碳含量，略减少了铬含量，可以减少钢中的铁素体含量，改善了钢的热加工性能，提高了钢的韧性，可参考 9.3.3 节。2Cr17Ni2 钢的化学成分与美国的 431 型不锈钢相近。

2Cr17Ni2 钢的淬火温度为 1000～1050℃，油冷，硬度不小于 40HRC。该钢不采用 350～550℃温度区间(脆性区)回火。该钢可在 275～350℃回火，基体的组织是回火马氏体，具有高的硬度；550～700℃高温回火后的组织是索氏体，有较好的强韧性配合，耐蚀性也高，用做预硬钢时，根据需要的硬度确定回火温度。该钢常用的预硬化硬度为 28～32HRC(270～300HB)。该钢适宜制作耐腐蚀塑料模具，用做玻璃模具时具有良好的抗氧化性能。

3Cr17Mo 钢(或 3Cr17NiMo)是一种马氏体不锈钢，其化学成分与德国的 X36CrMo162316 钢和奥地利的 M300 钢相同。3Cr17Mo 钢适宜的淬火温度为 1000～

1040℃,油淬后的硬度不低于46HRC。淬火组织主要是马氏体,还有少量的铁素体和未溶碳化物,铁素体为多边形,含量约10%,碳化物呈颗粒状,以 $M_{23}C_6$ 型为主。从综合性能考虑,回火温度以550～650℃为宜。3Cr17Mo钢可按预硬状态供货,预硬化硬度为33～38HRC。3Cr17Mo钢具有优良的强韧性和耐蚀性,适于制作要求高精度、高耐磨,要求耐蚀的塑料模具和压制透明的塑料制品模具[201,202]。

3Cr17NiMoV也是一种Cr17型耐腐蚀预硬化型塑料模具钢,预硬硬度为33～38HRC,用途与3Cr17Mo钢相同。3Cr17NiMoV钢在淬火温度不高于1020℃时,大量碳化物未完全溶于基体中,晶粒较细,为10.5级,组织为马氏体+少量的多边形铁素体,其上分布着颗粒状的碳化物 $M_{23}C_6$,马氏体呈板条状,局部有马氏体孪晶。淬火温度超过1060℃时,晶粒开始长大。推荐的淬火温度为1000～1040℃,油中淬火,硬度不小50HRC。

图8.178为3Cr17NiMoV钢经1040℃加热,保温15min,油淬后经不同温度回火后的硬度,经260～300℃回火时,钢的强韧性配合比较好,有高的强度和硬度和良好的耐蚀性,组织为回火马氏体+少量铁素体及残留的一次碳化物;还可在550～600℃进行高温回火,组织是回火索氏体,并有二次碳化物析出,钢的强度及硬度下降,但塑性和韧性得到改善,耐蚀性较好,此时可作为预硬化钢[203]。

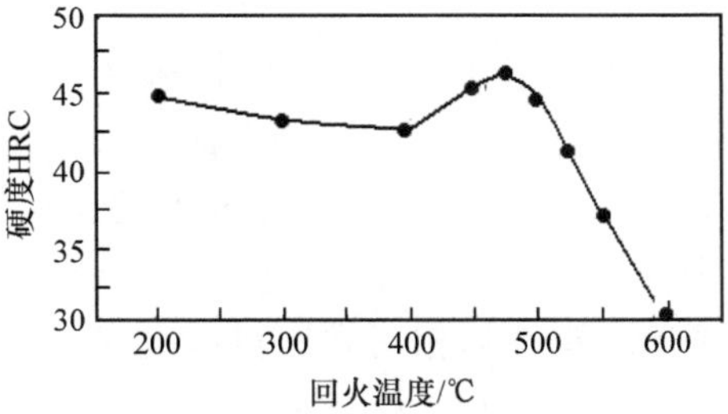

图8.178 3Cr17NiMoV钢经1040℃加热,保温15min,油淬淬火后不同温度回火后的硬度[203]

9Cr18和9Cr18MoV都是高碳Cr18型的耐磨耐蚀不锈钢,属于马氏体不锈钢。9Cr18钢在大气、水及某些酸类和盐类的水溶液中有优良的不锈耐蚀性,适于制作要求耐蚀、高强度和耐磨损的零部件,如轴、杆类、弹簧、紧固件等。9Cr18MoV钢的基本性能和用途与9Cr18钢相近,但热强性和抗回火稳定性更好,适宜制作承受摩擦并在腐蚀介质中工作的零件。

9Cr18钢的化学成分与高碳铬不锈轴承钢G95Cr18(旧牌号9Cr18,见表7.45)相同,可参考7.2.8节。

9Cr18MoV钢的化学成分与高碳铬不锈轴承钢G102Cr18Mo(旧牌号9Cr18Mo,见表7.45)略有差异,与德国的X89CrMoV18-1(3549)钢相同。该钢的热加工温度为1100～800℃,退火温度为820～860℃,退火后的硬度不大于269HB;淬火温度为1050～1075℃,油冷,淬火后的硬度大小于55HRC;回火温度为100～200℃,硬度为59～58HRC。

耐蚀塑料模具的应用日益广泛,冷却系统是其核心。冷却阶段在整个成形周期中占比最高,可高达70%以上。在注塑工艺中,一个有效的冷却系统会极大地提高生产率。此外熔融的塑料材料会冲蚀型腔,特别是注塑温度在200～400℃,一些塑料在比较高的温度下会产生酸性物质,模具会受到比较高的温度下的磨损和腐蚀。随形冷却水道是改善模具冷却系统的前瞻性技术,但是传统的钻孔、电火花技术无法加工。SLM 技术可以直接利用 3 维 CAD 模型,通过高能量的光纤激光器,直接制造出高致密且结构复杂的金属构件,在制造随形冷却水道模具时显示出非常强大的潜力。目前用于 SLM 成形随形冷却水道模具的材料有 AISI420、S136 等耐腐蚀塑料模具钢。

AISI420 是美国的马氏体不锈钢的牌号,其化学成分接近于我国的 30Cr13(见表 9.2),下面介绍 AISI 420 钢应用 SLM 技术制作耐蚀塑料模具的实例[204]。

AISI420 钢的实验采用气雾化的 420 不锈钢粉末,粉末从湖南长沙骅骝冶金粉末公司订制。不锈钢粉末颗粒为球形或近球形,尺寸主要分布在 8～38μm,且呈正态分布,平均粒径为 20μm。粉末颗粒凝固组织为枝状晶和胞状晶的混合组织。SLM 成形新材料时需要确定合适的成形工艺,主要优化的成形工艺参数有激光扫描速度、激光功率、扫描间距和扫描层厚等。经过实验,在扫描速度为 500～600mm/s,激光功率固定在 140W 时,熔池宽度约为 105μm。当扫描间距适中(0.07～0.08mm),功率为 150W 时,搭接率达 30%～40%,表面基本没有不平整现象,相邻扫描线之间高度基本一致。扫描间距是重要的 SLM 成形工艺参数之一。实验还表明,不锈钢材料的 SLM 成形必须在保护气氛下进行,气氛中含氧较高时,不锈钢材料会形成致密的氧化膜,恶化道与道、层与层之间的润湿效果,大大降低成形质量。

在获得了上述优化的 SLM 成形工艺参数之后,采用 16 种组合,取粉末平均粒径 0.02mm 作为层厚,进一步进行块体成形实验,制作成 8mm×8mm×8mm 的试样,然后将成形试样从基板上切下后进行清理,测量试样密度。能够获得最大相对致密度(99.05%)的工艺参数为:激光功率 140W,扫描速度 550mm/s,扫描间距 0.08mm,层厚 0.02mm。实验还发现了试样线能量随相对致密度变化的规律,即有一个最大值(约为 0.255J/mm),搭接率也有一个适中值(约为 25.8%)。通过上述优化工艺参数制造出具有复杂随形冷却水道的模具镶块构件,构件成形后加工量少,使用效果达到要求。

8.6.5 冷挤压成型用塑料模具钢

冷挤压成型是将一个淬硬钢的挤压原模(它是制品的精确复制品)压入软的模具坯料,使之成形为模具的型腔。这种制模方法具有生产效率高、模具精度高、表面光洁度好等优点,尤其是对要求重复制造的、型腔复杂的模具,优点更明显。由于这种成型方法的特点,它仅适用于一些形状特殊的塑料模具。挤压成型用的原模要求有高的抗压强度,能保持良好的光洁度,可以根据需要选择某些淬硬工具钢制造。

对冷挤压成型用塑料模具钢的要求是:

(1) 退火状态的塑性高,变形抗力低。一般要求 HB≤150,δ≥35%。复杂型腔较深,要求 HB≤130,δ≥45%。

(2) 淬火后的变形抗力高。在这类钢中可加入能提高淬透性而固溶强化效果又小的合金元素,铬是比较理想的,硅含量应尽量低。这类钢在挤压成型后均进行渗碳,然后淬火和回火,表面硬度达到 58～62HRC。

我国常用工业纯铁、20、20Cr、12CrNi3 等钢制作冷挤压成型模具,其冷挤压性能见表 8.132。工业纯铁或低碳钢的硬度比较低,虽能满足冷挤压成型时的低变形抗力要求,成型后经渗碳、淬火-回火也能形成高硬度的表层,但因淬透性差,模具心部性能无法改善，强度低，从心部至表面缺乏合适的硬度过渡层，模具使用时高硬度的表面易于塌陷或剥落。

表 8.132　冷挤压成型塑料模具钢[100]

钢号	冷挤压性能		淬硬能力	硬化后变形能力	说明
	软化退火后硬度 HB	性能评价			
工业纯铁	82～100	优	低	低	冷挤压性能好、心部强度低，适用于小型或复杂型腔模具
20	≤131	高	低	低	适用于冷挤压简单型腔模具
20Cr	≤140	高	中	中	适用于型腔复杂模具
12CrNi3A	≤163	中	中	高	适用于浅型腔复杂模具
40Cr	≤163	中	中	高	心部强度优于 20Cr
Cr2(GCr15)	≤179	低	优	优	适用于浅型腔、工作比压高的塑料模

注：工业纯铁碳含量不超过 0.04%。

有些国家有冷挤压成型塑料模具钢系列或专用钢号，我国也研制了冷挤压成型塑料模具专用钢 LJ，这类钢的化学成分及软化退火后的硬度见表 8.133。

表 8.133　冷挤压成型专用塑料模具钢的化学成分及软化退火后硬度[19,205]

钢号	化学成分/%							退火后硬度 HB
	C	Si	Mn	Cr	Ni	Mo	V	
P1(美国)	≤0.10	0.10～0.40	0.10～0.30	—	—	—	0.10	81～100
P2(美国)	≤0.10	0.10～0.40	0.10～0.40	0.75～1.25	0.10～0.50	0.15～0.40	—	103～123
P3(美国)	≤0.10	≤0.40	0.20～0.60	0.40～0.75	1.00～1.50	—	—	109～137
P4(美国)	0.12	0.10～0.40	0.20～0.60	4.00～5.25	—	0.40～1.00	—	116～128
P5(美国)	0.06～0.10	0.10～0.40	0.20～0.60	5.00～2.50	≤0.35	—	—	105～110
P6(美国)	0.05～0.15	0.10～0.40	0.35～0.70	1.25～1.75	3.25～3.75	—	—	207
8616(瑞典)	0.05	0.15	0.10	3.90	—	0.50	—	95～110
LJ(中国)	≤0.08	<0.3	<0.2	3.6～4.2	0.3～0.7	0.2～0.6	0.08～0.15	87～105

LJ 钢经常规退火后，硬度可降至 100HB 左右，具有很好的冷挤压成型能力。该钢的临界点：Ac_1=780℃，Ac_3=850℃。

采用 925℃×6h 固体渗碳后的渗碳层碳浓度分布曲线如图 8.179 所示。

LJ 钢中有较多的碳化物形成元素，在渗碳温度下形成了大量的合金碳化物，因而使碳浓度降低，促使更多的活性碳原子被钢表面吸收，又使表面碳浓度增加，实现了高浓度渗碳，表面碳浓度可达 1.5%以上。这加大了渗层的碳浓度梯度，提高了渗碳速率。LJ 钢经 925℃×6h 固体渗碳，渗层达 1.6mm。

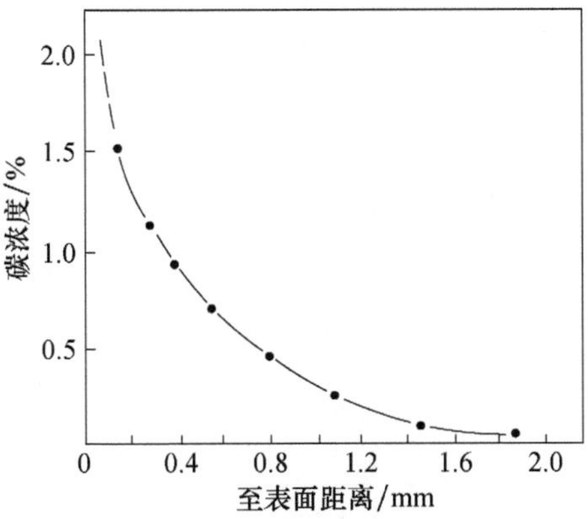

图 8.179　渗碳层碳浓度分布(925℃×6h)[205]

渗碳后再经 850℃加热油冷淬火和 200℃×2h 回火,可获得高的强度和硬度,硬度为 61～62HRC,抗弯强度 σ_{bb} 约为 1120MPa。淬火温度选择 850℃是为了兼顾高碳渗层和低碳心部两方面强化的要求而确定的。

LJ 钢渗碳、淬火和低温回火后的表层组织为大量的碳化物分布在高硬度的回火马氏体和残余奥氏体的基体上,碳化物的形态为粒状或短棒状,具有高的耐磨性。过渡层为板条马氏体和贝氏体的混合组织,增加了模具渗层的承载能力和表层与心部的结合强度,使模具在使用过程中不易塌陷和剥落。ϕ28mm 试棒的心部硬度高于 28HRC。

生产应用表明,使用 LJ 钢制作精密复杂塑料零件的冷挤压成型模具,耐磨性好,使用寿命高。

8.6.6　我国塑料模具钢的行业标准

生产模具的厂家众多,需要模具钢的品种和规格也多,如圆钢、扁钢、厚板、模块等,常常需要精加工过的或预硬过的制品,用户只需进行最后加工,可以缩短制模周期,显著减少模具材料的消耗。我国较长时间无塑料模具用钢专用标准,在 GB/T 1299—2000《合金工具钢》只纳入了 3Cr2Mo、3Cr2MnNiMo 两个钢号。为适应模具行业生产发展的需要,我国于 1997 年制定了模具钢生产的行业标准:YB/T 094—1997《塑料模具用扁钢》,YB/T 107—1997《塑料模具用热轧厚钢板》,YB/T 129—1997《塑料模具钢模块技术条件》。在这些标准中,牌号中均冠以的“SM”代表塑料模具中“塑模”两字汉语拼音首位字母。

YB/T 107—1997《塑料模具用热轧厚钢板》现已为 YB/T 107—2013《塑料模具用热轧钢板》代替,该标准将产品厚度由 20～240mm 扩大到 5～400mm,增加了牌号表示方法,增加了四个牌号,加严了 P、S 含量的要求,修改了硬度要求。这些钢的化学成分应符合表 8.134 的规定。

表 8.134　塑料模具用热轧钢板的化学成分(YB/T 107—2013)　　(单位:%)

牌号	C	Si	Mn	P	S	Cr	Mo	Ni	Cu
SM35	0.32～0.38	0.17～0.37	0.50～0.80	≤0.025	≤0.025	≤0.20	—	≤0.20	≤0.20
SM45	0.42～0.48								
SM48	0.45～0.51								
SM50	0.47～0.53								
SM53	0.50～0.56								
SM55	0.52～0.58								

续表

<table>
<tr><th>牌号</th><th>C</th><th>Si</th><th>Mn</th><th>P</th><th>S</th><th>Cr</th><th>Mo</th><th>Ni</th><th>Cu</th></tr>
<tr><td>SM3Cr2Mo</td><td>0.28～0.40</td><td>0.20～0.80</td><td>0.60～1.00</td><td>≤0.025</td><td>≤0.025</td><td>1.40～2.00</td><td>0.35～0.55</td><td>≤0.25</td><td>≤0.25</td></tr>
<tr><td>SM3Cr2MnNiMo</td><td>0.32～0.40</td><td>0.20～0.40</td><td>1.10～1.50</td><td>≤0.025</td><td>≤0.025</td><td>1.70～2.00</td><td>0.25～0.40</td><td>0.85～1.15</td><td>≤0.25</td></tr>
<tr><td>SM4Cr2Mn</td><td>0.35～0.45</td><td>0.20～0.40</td><td>1.30～1.60</td><td>≤0.025</td><td>≤0.025</td><td>1.80～2.10</td><td>0.15～0.25</td><td>—</td><td>—</td></tr>
<tr><td>SM4Cr2MnS</td><td>0.35～0.45</td><td>0.30～0.50</td><td>1.40～1.60</td><td>≤0.025</td><td>0.05～0.10</td><td>1.80～2.10</td><td>0.15～0.25</td><td>—</td><td>—</td></tr>
<tr><td>SM4Cr2MnNi</td><td>0.35～0.45</td><td>0.20～0.40</td><td>1.30～1.60</td><td>≤0.025</td><td>≤0.025</td><td>1.80～2.00</td><td>0.15～0.25</td><td>0.90～1.20</td><td>—</td></tr>
<tr><td>SM4Cr</td><td>0.37～0.44</td><td>0.17～0.37</td><td>0.50～0.80</td><td>≤0.025</td><td>≤0.025</td><td>0.80～1.10</td><td>—</td><td>—</td><td>≤0.25</td></tr>
<tr><td>SM1Ni3Mn2CuAl</td><td>0.10～0.15</td><td>≤0.35</td><td>1.40～2.00</td><td>≤0.025</td><td rowspan="4">≤0.025</td><td>—</td><td>0.35～0.55</td><td>2.90～3.40</td><td>0.80～1.20</td></tr>
<tr><td>SM2Cr13</td><td>0.15～0.25</td><td>≤1.00</td><td>≤1.00</td><td>≤0.025</td><td>1.10～1.50</td><td>—</td><td>≤0.60</td><td>—</td></tr>
<tr><td>SM3Cr17Mo</td><td>0.28～0.35</td><td>≤0.60</td><td>≤1.00</td><td>≤0.025</td><td>1.10～1.50</td><td>0.35～0.55</td><td>≤0.60</td><td>—</td></tr>
<tr><td>SM4Cr13</td><td>0.35～0.45</td><td>≤0.60</td><td>≤0.80</td><td>≤0.025</td><td>1.10～1.50</td><td>—</td><td>≤0.0</td><td>—</td></tr>
</table>

注：SM35～SM55 钢中残余元素 Ni+Cr 含量不大于 0.35%。牌号顺序中自 SM3Cr2MnNiMo 至 SM4Cr2MnNi 中的 Mn 含量经协商可提高到 1.80%。SM1Ni3Mn2CuAl 中的 Al 含量应为 0.70%～1.10%。

这类钢由转炉或电炉冶炼，并经炉外精炼。钢板交货状态以热轧、退火、淬火、淬火+回火、正火、正火+回火或回火状态交货。钢板以退火、淬火+回火、正火+回火状态交货时的硬度应符合表 8.135 的规定。

表 8.135　塑料模具用热轧钢板的硬度要求（YB/T 107—2013）

牌号	退火硬度 HBW	淬火+回火、正火+回火硬度
SM35	150～205	—
SM45	155～210	—
SM48	160～215	—
SM50	165～222	—
SM53	170～225	—
SM55	175 ～230	—
SM3Cr2Mo	—	28～34HRC

续表

牌号	退火硬度 HBW	淬火+回火、正火+回火硬度
SM3Cr2MnNiMo	—	29～34HRC
		290～340HBW
SM4Cr2Mn	—	28～34HRC
SM4Cr2MnS	—	29～34HRC
SM4Cr2MnNi	—	30～37HRC
		320～370HBW
SM4Cr	—	—
SM1Ni3Mn2CuAl	≤235	35～43HRC
SM2Cr13	≤235	30～36HRC
SM3Cr17Mo	≤235	30～35HRC
SM4Cr13	≤235	30～35HRC

钢板表面不允许存在裂纹、气泡、结疤、折叠和夹杂等缺陷,钢不应有分层。如有上述缺陷,允许清理,清理深度从钢板实际尺寸算起,应不超过钢板厚度公差之半,并应保证钢板的最小厚度。缺陷清理处应平滑无棱角。

对钢板应进行低倍检验。在酸浸低倍组织的横截面上不应有目视可见的缩孔、夹杂、分层、裂纹、气泡和白点。中心疏松和钢锭偏析应按 GB/T 1299—2014 的附录 A 第一级别图低倍组织评定,检验结果应符合表 8.136 的规定。

表 8.136　塑料模具用热轧钢板低倍组织合格级别(GB/T 107—2013)

低倍组织	厚度					
	≤50mm	>50～75mm	>75～100mm	>100～125mm	>125～155mm	>155mm
中心疏松/级	≤3	≤3.5	≤4	≤4.5	≤5	供需双方协议
锭形偏析/级	≤3.5	≤4	≤4.5	≤5	≤5.5	

根据需方要求,可对钢板进行力学性能检验,其检验结果应符合表 8.137 的规定。

表 8.137　塑料模具用热轧钢板的力学性能(GB/T 107—2013)

牌号	试样推荐热处理制度	上屈服强度 R_{eH}/MPa	抗拉强度 R_m/MPa	断后伸长率 A/%	纵向冲击吸收能量 KV_2/J 室温(23℃±5℃)
SM35	850℃油冷+560℃回火	≥345	≥590	≥16	≥35
SM45		≥355	≥600	≥16	
SM48		≥365	≥610	≥14	
SM50		≥375	≥630	≥14	
SM53		≥380	≥640	≥13	
SM55	850℃油冷+560℃回火	≥385	≥645	≥13	≥45
SM3Cr2Mo		≥660	≥960	≥15	
SM3Cr2MnNiMo		≥680	≥980	≥15	

续表

<table>
<tr><th>牌号</th><th>试样推荐
热处理制度</th><th>上屈服强度
R_{eH}/MPa</th><th>抗拉强度
R_m/MPa</th><th>断后伸长率
A/%</th><th>纵向冲击吸收能量 KV_2/J
室温(23℃±5℃)</th></tr>
<tr><td>SM4Cr2Mn</td><td rowspan="8">由供需双方
协商确定</td><td colspan="4" rowspan="8">由供需双方协商确定</td></tr>
<tr><td>SM4Cr2MnS</td></tr>
<tr><td>SM4Cr2MnNi</td></tr>
<tr><td>SM4Cr</td></tr>
<tr><td>SM1Ni3Mn2CuAl</td></tr>
<tr><td>SM2Cr13</td></tr>
<tr><td>SM3Cr17Mo</td></tr>
<tr><td>SM4Cr13</td></tr>
</table>

注:当屈服现象不明显时,应以 $R_{p0.2}$ 代替 R_{eH}。

我国原制定的 YB/T 129—1997《塑料模具钢模块技术条件》已为 YB/T 129—2017《塑料模具钢模块》代替。新标准适用于长度不小于 500mm,宽度 40～1500mm,厚度 20～1000mm 的模具钢模块。新标准扩大了模块的适用范围,增加了模块的牌号,修改了模块牌号的表示方法,加严了部分元素化学成分要求,修改了低倍组织和非金属夹杂物的技术要求。模块的牌号和化学成分见表 8.138。

表 8.138　塑料模具钢模块的化学成分(YB/T 129—2017)　　(单位:%)

<table>
<tr><th>牌号</th><th>C</th><th>Si</th><th>Mn</th><th>P</th><th>S</th><th>Cr</th><th>Mo</th><th>Ni</th><th>Cu</th></tr>
<tr><td>SM45</td><td>0.42～0.48</td><td rowspan="3">0.17～0.37</td><td rowspan="3">0.50～0.80</td><td rowspan="6">≤0.025</td><td rowspan="6">≤0.025</td><td rowspan="3">≤0.25</td><td rowspan="3">—</td><td rowspan="4">≤0.25</td><td rowspan="6">≤0.20</td></tr>
<tr><td>SM50</td><td>0.47～0.53</td></tr>
<tr><td>SM55</td><td>0.52～0.58</td></tr>
<tr><td>3Cr2Mo</td><td>0.28～0.40</td><td rowspan="2">0.20～0.80</td><td>0.60～1.00</td><td rowspan="2">1.40～2.00</td><td rowspan="2">0.35～0.55</td></tr>
<tr><td>3Cr2Ni1Mo</td><td>0.32～0.42</td><td>1.00～1.50</td><td>0.80～1.20</td></tr>
<tr><td>4Cr13</td><td>0.35～0.45</td><td>≤0.60</td><td>≤0.80</td><td>12.00～14.00</td><td>—</td><td>≤0.60</td></tr>
</table>

注:4Cr13 系新增加的牌号。

YB/T 129—2017 规定钢应采用电炉、转炉、电炉加真空脱气、转炉加真空脱气生产,生产的模块锻造比不应小于 4,也可采用电渣重熔方法冶炼。模块应以退火或预硬化状态交货,交货状态应在合同中注明。退火状态交货的模块,布氏硬度不大于 241HBW。预硬化状态交货的模块硬度由供需双方协商确定。模块还应进行低倍组织和非金属夹杂物的检验,其具体要求见该标准。

8.7　其他工模具用钢

8.7.1　量具用钢

1) 对量具用钢的要求

量具的任务是计量尺寸，因而要求有精确而稳定的尺寸。机械制造业中，大量使用卡尺、千分尺、块规、塞规、样板等，统称为量具。量具用钢一般须具备下列条件：

(1) 高的耐磨性。量具不能因使用时的磨损而发生尺寸的改变，因此，量具应具有高的表面硬度(58～64HRC)，块规和许多过共析钢制的量规要求的硬度范围为63～65HRC。

(2) 高的表面光洁度。对于块规，为了彼此能很好地紧密接触和附着，要求有高的硬度，钢材纯洁而且组织致密。表面存在发纹、孔隙和大块非金属夹杂物时，在研磨和抛光加工后都会成为锈蚀的起点，妨碍块规的紧密接触。对于重要的量具，应使用真空熔炼的量具钢来制造。

(3) 尺寸要稳定。量具热处理后因自然时效而发生的尺寸变化要小。这种变化随室温停留时间的增加和室温的波动会在很长的时间内进行。热处理后引起时效的原因是：马氏体的继续分解，引起其正方性的降低，使体积缩小；残余奥氏体逐渐转变为马氏体，使尺寸增大；残余应力通过塑性变形进行重新分布也会引起尺寸的改变。对于精密的量具，尺寸的稳定性是很重要的。

此外，还要求量具用钢的热膨胀系数要适当，具有一定的淬透性，淬火时变形要小；有时还要求有较高的耐腐蚀性。

2) 量具常用钢种

国内外使用的量具用钢大致相同，可以分为以下几类：

(1) 非合金及低合金工具钢。用于制作一般等级的量具，使用的非合金工具钢有T8A、T10A、T12A等。非合金工具钢淬透性低，当直径或厚度稍大时须水淬，引起的变形大，故仅适用于尺寸小、形状简单、精度较低的样板、塞规等容易精加工的量具。

最常使用的是一些低合金工具钢，GB 1299—2014规定的量具、刃具用合金工具钢的化学成分，以及退火、淬火后的硬度见表8.10，使用较多的有Cr2、9SiCr、9Mn2V等钢，以及高碳铬轴承钢GCr15、GCr15SiMn。这些钢由于加入合金元素后提高了淬透性，淬火时可以采用较缓和的冷却方式，淬火后残余奥氏体稍多，因此变形较小。加入合金元素也提高了耐磨性。铬、锰等元素能使残余奥氏体稳定，所以自然时效引起的变形也小。GCr15钢的化学成分和Cr2钢相似，但GCr15钢在非金属夹杂和碳化物偏析的控制上比较严格，所以GCr15钢的碳化物不均匀性较Cr2钢为低。此外，这种钢退火时获得的球状珠光体组织较好，正确热处理后，耐磨性和尺寸稳定性好。因此，我国精度要求高、尺寸要求稳定的量具，如块规、螺纹塞头、千分尺螺杆及其他量具的测头等多用GCr15钢制作，GCr15SiMn钢则用于尺寸较大的量具。9Mn2V钢的特点是热处理后的变形较小。

(2) 氮化用钢。用38CrMoAlA钢制造花键环规类形状复杂的量具，调质之后可以进行精加工以消除变形，氮化之后只需进行研磨。这样处理的量具尺寸稳定性很好、耐磨性高,并且在潮湿空气中可以防腐蚀。

(3) 不锈钢。为了使量具有好的抗腐蚀能力,可以使用不锈钢 4Cr13 和 9Cr18。4Cr13 钢 1000～1050℃淬火后的硬度为 55～58HRC,低温回火(150～175℃)后的硬度为 54～56HRC,故耐磨性较差。9Cr18 钢 1050～1075℃淬火后可以得到 60HRC 的硬度,150～200℃回火后硬度为 57～59HRC,淬火后进行冷处理时的硬度可达 60～62HRC。

(4) 高合金工具钢。高铬钢 Cr12MoV、Cr12 的耐磨性高,适用于做使用频繁的量具或块规等基准量具。这类钢的淬透性很高,热处理变形小,量具尺寸大时也能得到均匀的淬火硬度,可用于制造形状复杂和尺寸大的量具(直径大于 100mm)。这类钢的主要缺点是尺寸大时碳化物分布不均匀,抛光操作不易。由于残余奥氏体量大,为了减少自然时效引起的尺寸变化,须施以略微复杂的热处理。

(5) 使用低碳钢(15、20、15Cr、20Cr)渗碳和中碳钢(55、65)高频表面淬火。渗碳钢多用于制造形状简单的自用量具,如卡板、卡规、光滑基规等。渗碳层深度根据量具的厚度一般在 0.3～1.0mm 的范围内。量具厚度在 3～5mm 时,渗碳层深度大致为 0.3～0.5mm,量具厚度在 5～10mm 时为 0.5～0.8mm,量具厚度在 10～15mm 时为 0.6～0.9mm,量具厚度在 15mm 以上时为 0.8～1.0mm。

20 及 20Cr 钢渗碳后在 790～800℃淬火,并在 150～160℃回火 2～3h,因淬火层薄,这样的时间已足够。中碳钢 45 等钢先进行调质,再进行高频表面淬火,其热处理变形较整体淬火为小,制作中硬度量具零件。

3) 量具用钢的热处理

非合金及低合金工具钢的热加工、退火工艺与一般过共析低合金工具钢相同(表 8.12)。如果退火组织中有网状碳化物,应采取消除网状碳化物的处理。

为改善机加工粗糙度、消除机加工应力、减少热处理变形并得到均匀而稍高的硬度,可用调质作为预备热处理。

在淬火加热时要防止脱碳,应在盐浴、真空炉、可控气氛炉中加热。淬火温度和冷却条件的变化都会影响自然时效对尺寸变化的影响。在量具的淬火中,其淬火加热温度以取下限为宜,即在保证淬火硬度的前提下,尽量降低淬火加热温度,以减少时效因素。淬火冷却一般采用油冷、水溶性淬火介质,温度以保持在室温为宜。一般不采用分级或等温淬火,避免因残余奥氏体增多对尺寸稳定性有不利影响。

量具在淬火后要进行冷处理。冷处理的好处是:①对于含碳不很高的钢(1.0%～1.1%C),冷处理后可提高硬度 0.5～1.5HRC;②可以削弱处理工艺不稳定的影响;③减少残余奥氏体量和由此引起的尺寸不稳定因素。淬火后应不迟于 15～20min 即进行冷处理。冷处理的温度采用－70～－80℃已满足要求。

不进行冷处理的量具淬火后应立即进行回火。回火以在热浴(硝盐或热油)中进行为宜,热浴回火保温时间应不少于 1h,截面尺寸在 50mm 以上者需 2～4h,有时将回火与稳定化合并进行则需更长时间。

表 8.139 为一些量具用钢的调质处理、淬火-回火工艺及淬火-回火后的硬度。

表 8.139 量具用钢的调质处理、淬火-回火工艺及淬火-回火后的硬度[206]

钢号	调质处理			淬火			回火	
	淬火温度/℃	冷却	回火温度/℃	温度/℃	常用冷却介质	HRC	温度/℃	HRC
GCr15	840～870	油	700～720	830～860	油、硝盐、碱浴	62～66	130～170	62～65
GCr15SiMn	830～860	油	700～720	820～850	油、硝盐、碱浴	62～66	130～170	62～65
CrWMn	830～860	油	700～720	820～850	油、硝盐、碱浴	62～66	130～170	62～65
9Mn2V	—	—	—	780～810	油、硝盐、碱浴	≥62	130～170	≥60
T8A	—	—	—	750～780	水、硝盐、碱浴	62～65	130～150	≥62
T10A	780～810	油或水	690～710	760～790	水、硝盐、碱浴	62～65	130～160	≥62
T12A	790～820	油或水	690～710	760～790	水、硝盐、碱浴	62～65	130～160	≥62
9Cr18MoV	—	—	—	1050～1070	油	>55	200～300 550～580	53～58 43～46

注:调质处理回火后炉冷至不大于500℃出炉。

对精度要求特别高的量具,在淬火-回火后尚需进行时效处理。因为量具钢在淬火和低温回火后,钢中残余应力、马氏体中碳含量和残余奥氏体量依然存在,在以后使用过程中仍会引起尺寸变化。例如,在 $l=100$mm、$d=10$mm 的 GCr15 钢圆柱体试样中,1%残余奥氏体转变为马氏体,长度增加 3.5μm,超过了高精度量具所允许的范围。时效温度一般为 120～130℃,温度过低,残余应力不易消除,马氏体和残余奥氏体的稳定化不足;温度过高,钢的硬度下降,影响使用性能。时效时间则根据量具的精度要求而定,变化在几小时至几十小时。

8.7.2 耐冲击工具用钢

在工作中受振动较大的工具如风铲、风凿、加工较厚钢板的剪切工具及一些冷模具(如切边用模、冲孔模等),要求有较高的韧性,这些钢的碳含量大都在 0.7%以下,一般在 0.4%～0.6%。

在非合金工具钢中用做这种用途的主要是 T7(T7A)和 T8(T8A)。例如,风动工具(凿子、冲子)、一些钳工工具(錾、型锤、穿孔器等)常用 T7、T8 钢,钣金工用剪刀、小锤常用 T7 钢制造,在热处理时要保证工作部分有足够的硬度而敲击部分硬度要低,以便有足够高的韧性。

在 GB/T 1299—2014 中列入了 6 种耐冲击用合金工具钢,其中 6CrW2SiV 是新列入的钢号,我国还开发了一些新的耐冲击用工具钢,这些钢的化学成分见表 8.140。

表 8.140 耐冲击合金工具钢的化学成分(GB/T 1299—2014)

钢号	C	Si	Mn	Cr	W	Mo	V	Ni
4CrW2Si	0.35～0.45	0.80～1.10	≤0.40	1.00～1.30	2.00～2.50	—	—	—
5CrW2Si	0.45～0.55	0.50～0.80	≤0.40	1.00～1.30	2.00～2.50	—	—	—
6CrW2Si	0.55～0.65	0.50～0.80	≤0.40	1.00～1.30	2.20～2.50	—	—	—

续表

钢号	C	Si	Mn	Cr	W	Mo	V	Ni
6CrMnSi2Mo1V	0.50～0.65	1.75～2.25	0.60～1.00	0.10～0.50	—	0.20～1.35	0.15～0.35	—
5Cr3Mn1SiMo1V	0.45～0.55	0.20～1.00	0.20～0.90	3.00～3.50	—	1.30～1.80	≤0.35	—
6CrW2SiV	0.55～0.65	0.70～1.00	0.15～0.45	0.90～1.20	1.70～2.20	—	0.10～0.20	
DS	0.59	0.65	0.85	1.15	0.50	0.1～0.4	0.1～0.3	0.85

注：6CrMnSi2Mo1V 和 5Cir3Mn1SiMo1V 这两种钢与美国标准 ASTM A681(2004 再确认)中的 S5 和 S7 钢相同。DS(6CrMnSiWMoNiV)钢不是标准中的钢号[207]。

耐冲击工具钢中最常使用的合金元素是硅和铬，因为这些元素能提高回火稳定性，并推迟第一种回火脆性，特别是硅。因此，可以把回火温度提高至 280℃或更高，从而得到较高的韧性。这些元素还较显著地提高了钢的强度并增加耐磨性。钨、钼可以阻止晶粒长大，进一步增加耐磨性，这些元素都能增加淬透性。钨、钼还削弱第二种回火脆性，淬火后可以在 430～470℃温度区间回火，以得到更高的韧性。钢中加入少量的钒是为了细化晶粒、提高韧性，硅、铬、钼等元素都有助于提高钢的淬透性。这些钢在组织上属于亚共析或者共析钢。

表 8.141 为耐冲击合金工具钢交货状态硬度和试样淬火硬度。

表 8.141　耐冲击合金工具钢交货状态硬度和试样淬火硬度(GB/T 1299—2014)

钢号	交货状态硬度 HBW10/3000	试样淬火		
		淬火工艺	冷却剂	HRC
4CrW2Si	179～217	860～900℃	油	≥53
5CrW2Si	207～255	860～900℃	油	≥55
6CrW2Si	229～285	860～900℃	油	≥57
6CrMnSi2Mo1V	≤229	(667±15)℃预热，885℃(盐浴)或(900±6)℃(炉控气氛)加热，保温 5～15min 油冷，204℃回火		≥58
5Cr3Mn1SiMo1V	≤223	(667±15)℃预热，941℃(盐浴)或(900±6)℃(炉控气氛)加热，保温 5～15min 油冷，204℃回火		≥56
6CrW2SiV	≤225	870～910℃	油	≥58

注：保温时间指试样达到加热温度后保持的时间。6CrMnSi2Mo1V 和 5Cir3Mn1SiMo1V 这两种钢的试样在盐浴中保持时间为 5min，在炉控气氛中保持时间为 5～15min。

这类钢硅含量较高，有的还含有一定数量的钼，因此在淬火加热时应注意防止脱碳和氧化。

铬钨硅钢 4CrW2Si、5CrW2Si、6CrW2Si 几乎各国都广泛使用，具有强韧性高、耐磨性优良、对等温淬火适应性好等优点。国外对此类钢大都加入了 0.2%V，以降低过热敏感性。

这类钢的可锻性良好，其适宜的淬火温度见表 8.141。这三种钢的推荐的回火工艺：①200～250℃，加热介质为油或熔融硝盐，空冷，硬度为 53～58HRC；②430～470℃，加热

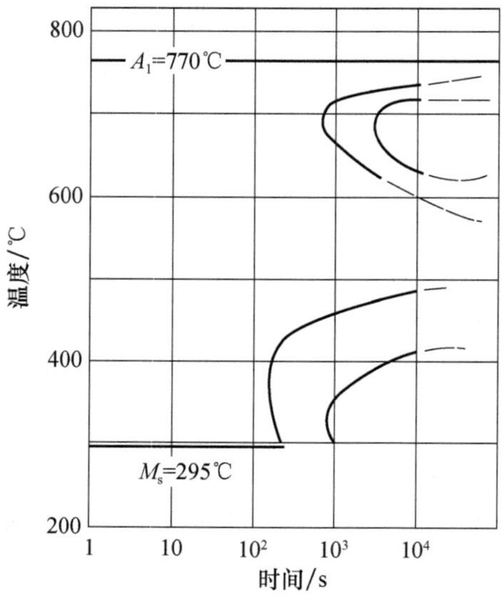

图 8.180　5CrW2Si 钢的过冷奥氏体等温转变曲线[15]

成分：0.52%C、0.80%Si、0.33%Mn、1.17%Cr、0.16%Ni、2.25%W，奥氏体化温度：900℃

介质为空气炉或硝盐，空冷，硬度为 45～50HRC，此时可做热作工具使用。315～425℃为回火脆性区间。

图 8.180 为 5CrW2Si 钢的过冷奥氏体等温转变曲线，4CrW2Si 及 6CrW2Si 钢的过冷奥氏体等温转变曲线与之相似，但其稳定性稍低于 5CrW2Si 钢。

碳含量处于上限的 6CrW2Si 钢，淬硬性、耐磨性、抗压性能均居于前列，但韧性较差，大、中截面钢材有出现带状碳化物偏析倾向。4CrW2Si 钢碳含量低、强韧性高、淬硬性较差。5CrW2Si 钢的综合力学性能较好，应用最为广泛。

4CrW2Si 钢可做风动工具，也可以做一些受热不很高的热镦锻模。5CrW2Si、6CrW2Si 钢可做剪刀片、风动工具、冲头，还可以做冷冲模及一些木工工具。我国目前剪切钢板或型材的冷、热剪大都采用 5CrW2Si 钢。至于做大尺寸热钢坯的剪刀片，5CrW2Si 钢显得高温强度不够。

6CrMnSi2Mo1V(S5)钢具有高屈服强度、高疲劳极限和优良的塑性，用来制造冲击工具、模具等。

5Cr3Mn1SiMo1V(S7)钢有比较高的淬透性，还有好的耐冲击性能，图 8.181 为该钢的过冷奥氏体等温转变曲线。

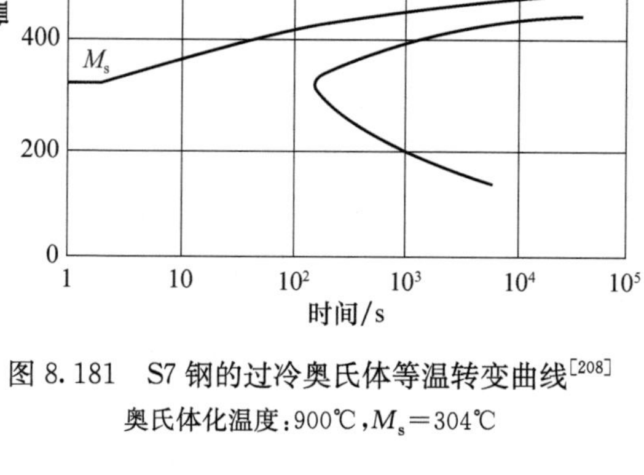

图 8.181　S7 钢的过冷奥氏体等温转变曲线[208]

奥氏体化温度：900℃，M_s=304℃

S7 钢的热轧、热锻性能很好，是一种空冷淬硬钢，锻轧后需缓冷。S7 钢锻后退火工艺为加热至 810℃保温，760℃等温退火，硬度为 198HB，退火组织为均匀粒状珠光体。

根据耐冲击用钢的使用性能要求，适宜推荐的热处理工艺为[209]：

(1) 调质处理。淬火加热温度为 930～950℃，空冷淬火，500～580℃回火，空冷，硬度(51±3)HRC。

(2) 淬火低温回火。淬火加热温度 930～950℃，空冷淬火，(200±20)℃回火，空冷，硬度(59±2)HRC。

在 300℃附近区域回火时有第一类回火脆性，应注意避开。

S7 钢适合于制作剪刀、凿子、冲头、镦锻模、铆接和风动工具等。

新纳入 GB/T 1299—2014 的 6CrW2SiV 钢引自 ISO 4957-1999《冷作合金工具钢》中的 60WCrV8 钢。6CrW2SiV 钢与 6CrW2Si 钢比较，W 含量略有减少，加入了约 0.15% V，可以细化晶粒，加热至 955℃，仍可保持细的晶粒，从而改善钢的工艺性能和组织的均匀性。6CrW2SiV 钢具有良好的耐冲击和耐磨损的性能，同时具有良好的抗疲劳性能和尺寸稳定性，适宜于制作刀片、冷成型工具、精密冲裁模及热冲孔工具等。

6CrW2SiV 钢适宜淬火温度为 870～910℃，油淬，淬火后的硬度不低于 58HRC。常用的回火温度为 180～300℃，200℃回火后的硬度为 58HRC，300℃回火后的硬度为 56HRC。

6CrMnSiWMoNiV(DS)是我国开发的一种高韧性、耐冲击的冷作模具钢。DS 钢的碳含量为 0.60%，采用多元少量合金化方案。以钼代替部分钨，使该钢钨当量减少约 1%，从而减少了碳化物总量和碳化物分布的不均匀性。为韧化基体，该钢加入了少量的镍和钒，有助于提高耐磨性和阻止加热时晶粒的长大。该钢加入少量的锰，可以提高耐磨性，铬、硅的含量与 6CrW2Si 钢相同[207]。

DS 钢的热加工性能良好，始锻温度为 1060～1080℃，终锻温度不超过 840℃，锻后应缓冷或立即退火，以防止产生裂纹，因为该钢有较高的空淬硬化能力。图 8.182 为 DS 钢

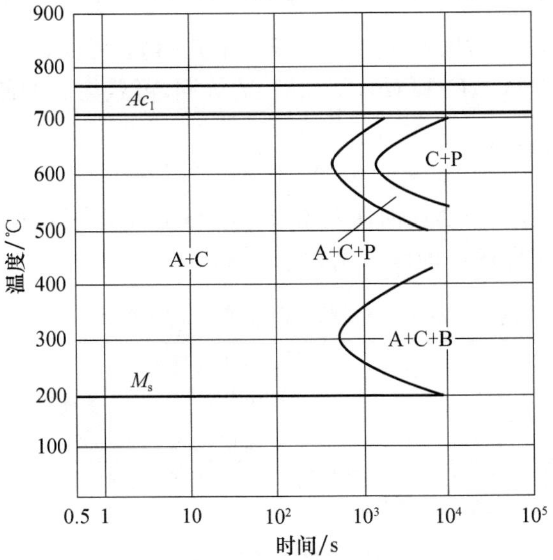

图 8.182 DS 钢的过冷奥氏体等温转变曲线[210]

奥氏体化：880℃×15min，晶粒度：11 级

的过冷奥氏体等温转变曲线。

DS 钢锻后退火工艺为(760～780℃)×2h 加热,以 30℃/h 的速率降温,(660～680℃)×(4～6h)等温,炉冷至 550℃出炉空冷,硬度为 220～240HB,可获得良好的球化组织。

DS 钢有比较高的淬透性,ϕ80mm×60mm 试棒在 900℃加热油淬后,整个截面硬度可达 61～62HRC,空淬后截面的硬度在 60HRC 以上。DS 钢 900℃加热淬火组织为板条马氏体和针状马氏体的混合组织,其中板条马氏体较多,隐针马氏体较少,板条间有残余奥氏体,有利于韧化基体。淬火温度范围在 870～930℃时,残余奥氏体量为 7.5%～8.0%,晶粒度可以保持在 10～11 级。油淬后的硬度为 63～65HRC。DS 钢的最佳淬火温度范围为 870～930℃。

DS 钢的回火工艺可根据模具的技术要求,选择如下两种:200℃左右×2h,其硬度为 58～60HRC,韧度和耐磨性较为理想;350℃左右×2h,其硬度为 54～56HRC,韧度更高。但用中温回火时,最后补充一次 200℃低温回火效果更好[210]。

表 8.142 为 DS 钢与几种冷作模具钢的力学性能对比。

表 8.142 DS 钢与几种冷作模具钢的力学性能对比[207]

牌号	推荐的热处理制度	HRC	σ_{bb}/MPa	K_{IC}/(MPa · $m^{1/2}$)	$\sigma_{0.2c}$/MPa	a_k/(J/cm^2)
DS	900℃淬火+200℃回火	59.5	4502	24.1	2430	209
	900℃淬火+230℃回火	59	4694	20.5	2358	273
	900℃淬火+350℃回火	55.5	4449	24.8	2331	224
	900℃淬火+400℃回火	54.5	4367	29.3	2030	190
6CrW2Si	900℃淬火+200℃回火	58.5	4466	19.1	2526	125
CrWMn		61.0	3777	—	2668	77
C12MoV		61.0	2580	—	2687	44

注:抗弯试样尺寸 ϕ10mm×120mm,抗压试样尺寸 ϕ5mm×10mm,冲击韧度试样为 C 型缺口。

DS 钢用于制作剪刃、冲压、冷挤、冷镦、冲孔等高韧度、耐冲击冷作模具,代替 6CrW2Si、5CrMnMo、9SiCr、CrWMn、Cr12MoV 等钢,可获得高的使用寿命。

8.7.3 高耐磨热作模具钢

8Cr3 钢很早即作为热作模具钢列入国家标准 GB 1299—77,使用至今。8Cr3 钢的化学成分及交货状态和试样淬火硬度值见表 8.143。

表 8.143 8Cr3 钢的化学成分、交货状态硬度值和试样淬火工艺(GB/T 1299—2014)

化学成分/%				交货状态硬度	试样淬火		
C	Si	Mn	Cr	HBW10/3000	温度/℃	冷却剂	HRC
0.75～0.85	≤0.40	≤0.40	3.20～3.80	207～255	850～880	油	不检查

注:钢中 S、P 含量的规定与冶炼方法有关:电弧炉钢的 P、S 含量不大于 0.030%;电弧炉+真空脱气钢的 P、S 含量不大于 0.025%;残余元素 Cu、Ni 的含量均不大于 0.25%。

8Cr3 钢是在非合金工具钢 T8 中添加一定量的铬(3.20%～3.80%)。由于铬的存在,此钢有较好的淬透性和一定的室温、高温强度,且能形成细小均匀分布的碳化物。

8Cr3 钢的始锻温度为 1180℃,终锻温度为 820℃,锻后在 700℃以上快冷,以避免析出网状碳化物,在 700℃以下缓冷,以避免产生过大的内应力而开裂。

8Cr3 钢的退火加热温度为 790～810℃,保持 2～6h,以不大于 30℃/h 速率冷至 600℃以下空冷,退火组织为珠光体+碳化物。该钢适宜的淬火温度为 850～880℃,油中淬火,硬度大于或等于 55HRC;推荐的回火温度为 480～520℃,回火后的硬度为 41～46HRC[15]。

8Cr3 钢主要用于制作工作温度不太高,但要求高耐磨性的切边、弯曲、平锻等热作模具。

8.7.4 无磁模具钢

在 GB/T 1299—2014 中列入了一种无磁模具钢 7Mn15Cr2Al3V2WMo,其化学成分及试样淬火工艺见表 8.144。

表 8.144 7Mn15Cr2Al3V2WMo 钢的化学成分和试样淬火工艺(GB/T 1299—2014)

化学成分/%								试样淬火		
C	Si	Mn	Cr	W	Mo	V	Al	温度/℃	冷却剂	HRC
0.65～0.75	≤0.80	14.50～16.50	2.00～2.50	0.50～0.80	0.50～0.80	1.50～2.00	2.30～3.30	1170～1190 固溶,650～700 时效	水,空	≥45

注:钢中 S、P 含量的规定与冶炼方法有关:电弧炉钢的 P、S 含量不大于 0.030%;电弧炉+真空脱气钢的 P、S 含量不大于 0.025%;残余元素 Cu、Ni 的含量均不大于 0.25%。

随着电子工业和通信技术的迅速发展,铁氧体磁性元件的需求量日益增加,因而生产磁性元件所用的无磁模具的消耗量也不断增加。无磁模具用钢要求在强磁场中不被磁化,便于脱模,因此应具有稳定的奥氏体组织,其磁导率 μ 值小于 1.01,并具有较高的硬度和耐磨性。国内外曾采用奥氏体不锈钢、铸造高锰钢等制造,性能欠佳,不能满足生产的需要。

7Mn15Cr2Al3V2WMo 钢是国内开发的一种无磁模具钢,是一种高锰-钒系无磁钢,钢中的锰可以提高奥氏体组织的稳定性。碳既能提高奥氏体组织的稳定性,又能强化组织,在时效处理过程中与钒结合成高硬度的弥散 MC 型碳化物,有效地提高钢的硬度和耐磨性。加入铝是为了提高无磁钢的切削加工性能[91,211]。

7Mn15Cr2Al3V2WMo 钢是一种高合金奥氏体钢,导热性差,锻造时应缓慢加热,加热温度为 1150～1170℃,终锻温度大于或等于 900℃,锻后空冷,锻态硬度为 35HRC 左右。

为便于切削加工,推荐采用过时效高温退火处理,即在 880℃左右保温 3～6h,炉冷,使碳化物在奥氏体中析出聚集长大,退火后的硬度为 28～30HRC。

无磁钢 7Mn15Cr2Al3V2WMo 的固溶处理温度为 1170～1180℃,固溶处理后的组织为奥氏体组织+少量未完全固溶的合金碳化物,固溶处理时应注意防止氧化脱碳现象。该钢固溶处理后的硬度为 20～22HRC,其他力学性能指标:σ_b=720～820MPa、δ=60%～61%、ψ=61.5%～62.5%、a_{kU}=230～240J/cm^2。

固溶处理后需要时效处理,时效处理后钢的硬度、强度、耐磨性急剧提高,时效温度一般为 650～700℃,达到时效硬化峰值的时间随时效温度而变化。700℃时效时保温 2h 即可达到时效硬化的峰值,650℃时效时,则需要保温 10h 左右,时效后的硬度一般可达到

48HRC左右。这种硬度保证了模具的高耐磨性,使用寿命显著提高。经1170℃固溶、650℃时效15h后该钢力学性能:$\sigma_b=1470MPa$、$\sigma_s=1225MPa$、$\delta=10\%\sim12\%$、$\psi=30\%\sim31\%$、$a_{kU}=39J/cm^2$[91,211]。

8.7.5 钎具用钢

钎具用钢或称钎钢(rock drill steel)是指专门制造钎具用的钢材,它主要包括四大类:钎杆(drill rod)、钎头或称钻头(bit)、连接套筒(coupling)与钎尾(shank adopter)。

钎具的主要用途是与凿岩机械配套,在岩石或岩土钻爆法施工中钻凿爆破炮孔。在工作时钎具要传输凿岩机械输出的冲击功率,承受凿岩机2600~3000次/min的高频冲击和扭转力矩,以冲击应力波形式传递85~750J以上的冲击能量;同时,在钻凿炮孔过程中,凿岩钎具内水孔要输送压力为0.3~0.4MPa的矿水以保证除尘和排出岩粉;钎具外表面还要和岩石面产生强烈磨蚀。

钎具中用量最大的是钎杆,钎杆用于连接钎头和凿岩的机具。在我国钎具生产用钢中,钎杆用钢量约占80%以上。钎杆可分为实心钎杆和空心钎杆,现代使用的钎杆基本上全为中空钎杆,常称之为中空钢(hollow drill steel)。矿山井巷工程一般使用的钎杆为六角形中空钢和圆形中空钢。国内外的中空钢基本上是以正六角形和圆形两种截面为主。

我国制定了GB 1301—87《凿岩钎杆用中空钢》,1994年进行了修改,现已被GB/T 1301—2008代替。该标准规定了凿岩机用中空钢分类、规格和代号。中空钢按外形分为六角形(H)和圆形(R)(在GB/T 1301—94中,六角形以B表示,圆形以D表示)。六角形中空钢的规格以对边距离(mm)表示,有6种:H19、H22、H25、H28、H32、H35;圆形中空钢以直径(mm)表示,有4种:R32、R39、R46、R52,其中R39和R46各有两种不同的芯孔直径。中空钢的供货长度为6~7m。H22和H25两种六角钎杆(俗称小钎杆)使用量最大。

钎杆质量的好坏取决于钢种的选择、热处理、制钎工艺、钎杆的结构设计等。经过多年实践,我国已形成了有特色的钎杆用钢系列。表8.145为GB/T 1301—2008《凿岩钎杆用中空钢》列入的凿岩钎杆用中空钢的牌号及其化学成分。钎杆一般在热轧状态下使用,以热轧状态交货的中空钢的硬度亦列入表8.145。在GB/T 1301—94中列入了3个牌号:ZKT8、ZK55SiMMo和ZK35SiMnMoV。在制定GB/T 1301—2008时,删除了ZKT8(成分相当于非合金工具钢的T8),保留了ZK55SiMnMo和ZK35SiMnMoV两个牌号,但加严了对杂质元素P和S的控制,增加了4个牌号。

表8.145 凿岩钎杆用中空钢的牌号、化学成分及钢材热轧后的硬度(GB/T 1301—2008)

牌号	化学成分/%									热轧后的硬度HRC
	C	Si	Mn	Cr	Mo	Ni	V	P	S	
ZK95CrMo	0.90~1.00	0.15~0.40	0.15~0.40	0.80~1.20	0.15~0.30	—	—	≤0.025	≤0.025	34~44
ZK55SiMnMo	0.50~0.60	1.10~1.40	0.60~0.90	—	0.40~0.55	—	—	≤0.025	≤0.025	26~44

续表

牌号	化学成分/%									热轧后的硬度 HRC
	C	Si	Mn	Cr	Mo	Ni	V	P	S	
ZK40SiMniCrNiMo	0.36～0.45	1.30～1.60	0.60～1.20	0.60～0.90	0.20～0.40	0.40～0.70	—	≤0.025	≤0.025	26～44
ZK35SiMnMoV	0.29～0.41	0.60～0.90	1.30～1.60	—	0.40～0.60	—	0.07～0.15	≤0.025	≤0.025	26～44
ZG23CrNi3Mo	0.19～0.27	0.15～0.40	0.50～0.80	1.15～1.45	0.15～0.40	2.70～3.10	—	≤0.025	≤0.025	26～44
ZK22SiMnCrNi2Mo	0.18～0.26	1.30～1.70	1.20～1.50	0.15～0.40	0.20～0.45	1.65～2.00	—	≤0.025	≤0.025	26～44

注：ZK 表示凿岩钎杆用中空钢。各钢中的 Cu 含量均不大于 0.25%。

对凿岩钎杆用中空钢的脱碳层有比较严格的要求，需方如有要求，可进行低倍组织检验，评定级别由供需双方协商确定。

中空钢的使用已有近百年的历史，其生产工艺方法不断发展。现在制造量最大的是钻孔法、铸管法和热穿孔-热轧法[213]。

钻孔法的坯料可采用连铸坯，根据轧制规格的不同，选用不同的坯料规格进行钻孔，芯孔尺寸根据轧制规格的大小而定，然后装入高锰钢芯。钢坯加热后经过粗轧进入连轧机组轧制成不同规格的中空钢，中空钢轧后的冷却控制十分重要，冷却速率要适当和均匀，使硬度均匀并达到控制的范围(30～44HRC)，减轻弯曲程度，避免校直而造成内部组织损伤，抽出高锰钢芯，然后剪切和校直。

钻孔法中使用的高锰钢在空冷状态下必须是单相组织。它具有高的强度、好的塑性、大的热膨胀系数，冷却过程中芯材和外皮自然分离，拉拔时，全长均匀伸延，不产生颈缩，易于从本体钢中抽出。用过的高锰芯材钢可返回冶炼，重复使用。

铸管法是将壁厚为 3.0～4.5mm 的合金钢管在铸锭前牢固地放在钢锭模中央铸成中空钢锭，然后插入高锰钢芯棒，加热轧制，抽出芯棒，校直精整，得到中空钢。铸管法在我国使用较多，常使用 40MnMoV 合金钢管做内衬管，可以强化中空钢的内壁。铸管法生产效率高，但钢锭细长、截面小，易出现冶金缺陷。

热穿孔-热轧法是把中空钎钢看做一种外径比内径大 3～3.6 倍的厚壁无缝钢管，采用类似无缝钢管的制造方法生产中空钢。这种生产工艺可以采用实心钢锭，解决了铸管法不易解决的缩孔、非金属夹杂物及钢锭表面质量问题。钢材几何形状规整、芯孔圆正，其缺点是在穿孔和减径过程中易产生内裂或折叠，对其使用极为不利。

钢钎有成品钢钎和锻制钢钎，成品钢钎是按一定的长度锻制好后直安装上钎头凿眼；锻制钢钎是根据需要将六角形中空钢剪切，再用锻钎机锻制钎尾、钎肩和钎锥，然后装上钎头凿眼。

就钎杆与钎头的连接方式而言，可分为锥体连接钎杆和螺纹连接钎杆。此外，硬质合金整体钎杆也日益获得应用。

锥体连接钎杆的整体结构包括钎尾、钎柄、钎肩、钎体和钎锥。图 8.183 为锥体连接钎杆与钎头组成的钎具。钎尾是指钎柄尾部 30mm 左右的端部。该端部在凿岩过程中，其端面与凿岩机活塞端面相接触，承受凿岩机活塞的冲击，将凿岩机冲击功传递给钎杆，要求该部位强韧耐磨，端面平整，具有高的疲劳强度。钎柄长度为 108mm 或 159mm，在凿岩过程中直接与凿岩机六方套筒连接配合。钎肩在凿岩过程中将钎杆固定在凿岩机上。钎体是指钎肩前 50mm 至钎锥后 50mm 的部位，该部位在制钎过程中未做加工处理。钎锥用于与钎头的锥孔结构连接。在锥体连接钎杆的制造过程中，要经过以下的工艺：钎尾、钎柄感应加热后的扩孔定径，感应加热后锻造钎肩，钎锥的成型加工(锻造或机加工)，钎尾的端部淬火和回火，钎杆整体表面抛丸强化处理和整体防腐处理。

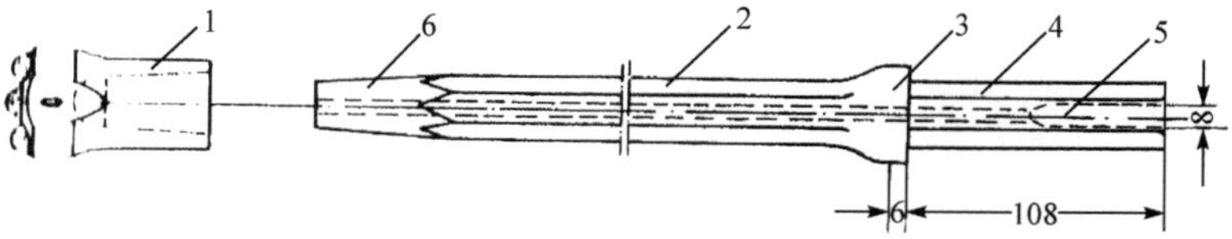

图 8.183　锥体连接钎杆与钎头组成的钎具(单位：mm)[213]

1—钎头；2—钎杆；3—钎肩；4—钎柄；5—钎尾水孔；6—钎锥

钎尾的端部淬火和回火：钎柄尾部 30mm 左右的端部要淬硬，回火后的硬度为 50～55HRC。硬度太低，端面在工作时会因塑性变形而出现堆顶，硬度太高，会发生钎尾端面破裂(炸顶)。

螺纹连接钎杆是一端或两端带有连接螺纹的中空圆形或中空六角形杆件。螺纹连接钎杆一端通过连接套筒与钎尾和凿岩机进行连接，另一端采用螺纹或者锥体结构形式与钎头进行连接。图 8.184 为螺纹连接钎杆与钎头和钎尾组成的钎具。螺纹连接钎杆可以单支与钎尾、钎头连接凿岩，也可以多支通过连接套筒相连再通过连接套筒与钎尾、钎头连接凿岩。由于螺纹配套钎具有适用范围广、钻进速率快、冲击能量传递损失小、凿岩效率高等优点，易于实现机械化凿岩等优越性，其在整个钎具产品制造和使用中所占比例已越来越大。

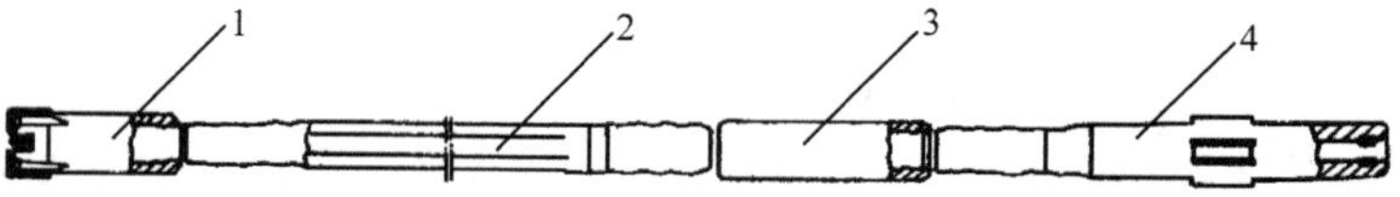

图 8.184　螺纹连接钎杆与钎头和钎尾组成的钎具[213]

1—钎头；2—螺纹连接钎杆；3—连接套筒；4—钎尾

螺纹连接钎杆的主要失效形式是螺纹部位的疲劳断裂，其螺纹失效机理是微动磨损和冲击磨损。因此，要求螺纹表面有高的耐磨性和韧性，有高的疲劳强度和低的缺口敏感性；在高的冲击频率下，阴阳螺纹之间往往产生高温，螺纹部位应有一定的抗高温软化的能力。为满足上述要求，在选择螺纹连接钎杆用钢时，还要考虑其热处理和强化工艺。螺纹钎杆用钢可分为 3 类：渗碳热处理类(20CrNi3Mo、25CrNi3Mo、22SiMnCrNi2Mo 等)、感应热处理类(38CrNi3Mo、40SiMnCrMoV 等)和常规热处理类(35SiMnMoV 等)。国外大部分使用前两类，而且渗碳热处理类比例大、质量高、寿命长，感应热处理类比例小。常规热处理类工艺简单，质量和寿命较低，国外很少采用。

螺纹连接钎杆的有多种用途、多种结构，品种和规格甚多。在螺纹连接钎杆的制造过程中，要经过以下的工艺：螺纹部加热，锻造镦粗，镦粗部软化退火，螺纹加工，对螺纹和杆体部位进行热处理，表面强化处理和防腐处理。

钎尾是钎杆的一部分，也可制成独立的钎尾或尾杆，便于装卸。钎尾亦有多种形式的结构。独立的钎尾通过连接套筒与螺纹连接钎杆连接。钎尾硬度要适当，过软钎尾寿命短，过硬则活塞易受伤，一般钎尾硬度应略低于活塞硬度，淬火硬度以 38～45HRC 为宜。独立的钎尾主要用 35SiMnMoV 或 22SiMnCrNi2Mo 两种钢制造，后者的使用寿命有明显提高。

钎头是直接破碎岩体的部位，用于在各种坚固性岩石中，通过刃、齿的冲击转动破碎岩石，形成不同直径的岩孔。钎头与岩石直接接触，必须承受高转速与压力的冲击，很容易在高强度的工作中失效，钎头磨损变形是常见的情况，其中也包括了合金脱落或者塑性变形、断裂等。钎头必须从结构和材质上配合，适应不同工况的需求，最大限度地延长钎头应用寿命与凿岩效果。

钎头采用强韧性好的合金钢制作钎头壳体，并将高耐磨性的硬质合金刀片或球齿通过热嵌、钎焊、冷压等方式固定在钎头壳体上。这种硬质合金钎头可分为片状系列和球齿系列，前者又可按钎刃数目与排列方式不同，细分为一字型、三刃型、十字型和 X 型。片状钎头一般都是用钎焊的方法将硬质合金固定在钎头壳体上。国内外常采用的壳体用钢为 35SiMnMoV、40MnMoV、24SiMnCrNi2Mo、45CrNiMoV、Q45NiCr1Mo1V、30Cr2Ni4Mo 等。

一字型钎头适用于轻型凿岩机钻凿硬度不高的岩层，便于修磨。十字型、X 型钎头适用具有较大冲击功凿岩机的条件下，钻凿裂缝性岩层和磨蚀性强的岩层，抗径向磨蚀能力强。球齿型钎头在具有较大冲击功凿岩机的条件下，比片状镶块钎头适用性强，凿岩速率和寿命高，凿出的孔型较圆。

连接套筒在螺纹连接钎杆中用于连接钎尾与钎杆，或连接钎杆与钎杆，保证凿岩机功率传递到钎头进行钻凿岩面。它通过内螺纹将钎尾与钎杆的外螺纹紧固相接，保证凿岩机功率的有效传递。对连接套筒的性能要求是：高的强度与韧性的良好配合，保证连接套筒的紧固性且不易胀裂；高的耐磨性；高的疲劳强度、低的缺口敏感性与裂纹扩展速率；良好的加工性能。连接套筒是磨损件，从经济性和便于更换出发，往往使连接套筒的综合性能指标略低于钎尾和钎杆的综合性能指标或与之相匹配。根据国内外的生产和使用情况，连接套筒用钢也分为 3 类：渗碳热处理类、感应热处理类和常规热处理类。国外使用前两类钢种多，国内使用后一类钢种多。渗碳热处理类用钢有：20CrNi3Mo、30CrNi4Mo、22SiMnCrNi2Mo 等。感应热处理类用钢有：30CrNi4Mo、25Cr3Mo、38SiCrV 等，采用内表面淬火工艺。常规热处理类用钢有：40Cr、35CrMo、30SiMnMoV、40SiMnCrNiMo 等。采用淬火后，进行中高温回火工艺或等温淬火工艺[212]。

20 世纪 40 年代，硬质合金进入钻爆工程，由于其耐磨性高，制成小直径（$R \leqslant 50$mm）钎杆的头部，寿命大大高于钎杆杆体的寿命。于是，分体式硬质合金活钎头和钎杆逐步取代了碳素中空钢整体钎杆。随着中空钢钢种、冶炼和制钎工艺技术的进步，钎杆凿岩寿命普遍提高，已可与钎头寿命平衡。而且，硬质合金整体钎杆制造成本低、作业条件好、使用寿命长，于是小直径硬质合金整体钎杆越来越多地获得应用，并在许多场合取代了小直径活钎头钎杆。

表 8.146 为国内外制作钎具常用钢种的化学成分。

表 8.146　国内外钎具常用钢种的化学成分[40,212]

牌号	相当于我国牌号	化学成分/%									主要用途
		C	Si	Mn	Cr	Mo	Ni	V	P	S	
19HS20（瑞典）	95CrMo	0.90～1.05	0.25～0.45	0.20～0.45	0.80～1.20	0.15～0.30	—	—	≤0.035	≤0.035	锥体连接钎杆、整体钎杆
CY3（日本）		0.90～1.10	0.15～0.35	0.25～0.45	1.20～1.50	0.20～0.30	≤0.20	—	≤0.03	≤0.03	锥体连接钎杆、整体钎杆
LWS2（德国）		1.10	0.20	0.30	1.20	0.30	—	—	≤0.025	≤0.025	锥体连接钎杆、整体钎杆
Z708（瑞典）	40SiMn-CrNiMo	0.41	1.50	0.87	0.70	0.20	0.45	—	≤0.025	≤0.025	锥体连接钎杆、整体纤杆
LWS1（德国）	38CrSiV	0.38	1.50	0.40	1.50	—	—	0.10	≤0.025	≤0.025	小钎杆
55Si2（苏联）	55Si2Mn	0.58	1.66	0.73	0.10	0.12	—	—	0.032	0.009	锥体连接钎杆、整体钎杆
4HSL64（瑞典）	20Cr-Ni3Mo	0.15～0.25	0.15～0.35	0.25～0.35	1.15～1.45	0.20～0.30	2.45～2.95		≤0.035	≤0.035	螺纹连接钎杆
5XHSL23（瑞典）	25Cr3Mo	0.25	0.27	0.50	3.20	0.50	—	—	≤0.025	≤0.025	螺纹连接钎杆
SKC31（日本）	18MnCr-Ni3Mo	0.12～0.25	0.15～0.35	0.60～1.20	1.20～1.80	0.40～0.70	2.80～3.20	—	≤0.03	≤0.03	小钎杆、螺纹连接钎杆
SKC24（日本）	38Cr-Ni3Mo	0.33～0.43	0.15～0.35	0.30～1.0	0.30～0.70	0.15～0.40	2.50～3.50	—	≤0.03	≤0.03	螺纹连接钎杆
24SiMnNi2-CrMo（FF710系列，瑞典）	22SiMn-CrNi2Mo	0.21～0.26	1.30～1.70	1.20～1.50	0.25～0.30	0.30～0.40	1.65～2.00	—	≤0.025	≤0.025	钎头壳体
27SiMnNi2-CrMo（FF710系列，瑞典）	—	0.24～0.30	1.30～1.70	1.20～1.50	0.25～0.30	0.30～0.40	1.65～2.00	—	≤0.025	≤0.025	钎头壳体
40MnMoV（中国）	—	0.35～0.44	0.50～0.80	1.40～1.80	—	0.40～0.60	—	0.07～0.15	≤0.030	≤0.030	内衬管、钎头壳体
35CrMoV（中国）	—	0.30～0.37	0.17～0.37	0.40～0.70	1.0～1.3	0.20～0.30	—	0.10～0.20	≤0.035	≤0.035	钎头壳体
45CrNiMoV（中国）	—	0.42～0.49	0.17～0.37	0.50～0.80	0.80～1.10	0.20～0.30	1.30～1.90	0.10～0.20	≤0.030	≤0.030	钎头壳体
Q45NiCr1-Mo1V（中国）	—	0.42～0.48	0.15～0.30	0.60～0.90	0.90～1.20	0.90～1.10	0.40～0.70	0.05～0.15	≤0.025	≤0.025	钎头壳体

注：表 8.145 已列入的我国中空钢牌号，本表未再列入。

95CrMo中空钢在世界各国广泛应用。该钢的化学成分相当于在高碳铬轴承钢GCr15中加入0.15%～0.30%Mo。在轧制状态或经850～870℃正火后，该钢的组织为索氏体-屈氏体，具有良好的综合力学性能，可获得适合于钎杆凿岩所要求的硬度。试验钢的成分为0.95%C、0.24%Mn、0.24%Si、1.24%Cr、0.27%Mo，其热轧状态下的力学性能：R_m=1323MPa、A=9%、Z=25.5%、A_k=7.04J、σ_{-1}=353MPa、HRC=36～48。用95CrMo钢制造钎杆可采用热轧后空冷或简单易行的正火热处理工艺。

95CrMo钢的缺点是锻造性能较差，在锻造时应严格控制加热温度。此外，该钢的缺口敏感性较大，如钎杆表面存在折叠、凹坑等缺陷，易引起早期破断。因此，在整个制钎过程中须精心操作。该钢主要用做锥体连接钎杆和硬质合金整体钎杆[40]。

55SiMnMo是我国在20世纪70年代开发的一种用做钎杆的贝氏体钢。这种贝氏体钢的特点是强度和韧性配合较好，有高的疲劳强度和较低的缺口敏感度。这类钢还具有较强的消振性能。根据文献，贝氏体钢的消振性为22%，而珠光体钢仅为9%左右。消振能力强，有利于降低钻凿过程中钎杆载荷谱上高值应力频率，从而延长钎杆的凿岩寿命[212]。

55SiMnMo钢的成分与弹簧钢相似，合金元素的作用亦相同。Mo的加入，可以抑制奥氏体向珠光体转变，有利于在较宽的冷却速率范围内获得贝氏体组织，部分Mo固溶于基体可以提高钢的回火稳定性。该钢的过冷奥氏体等温转变曲线如图8.185所示。

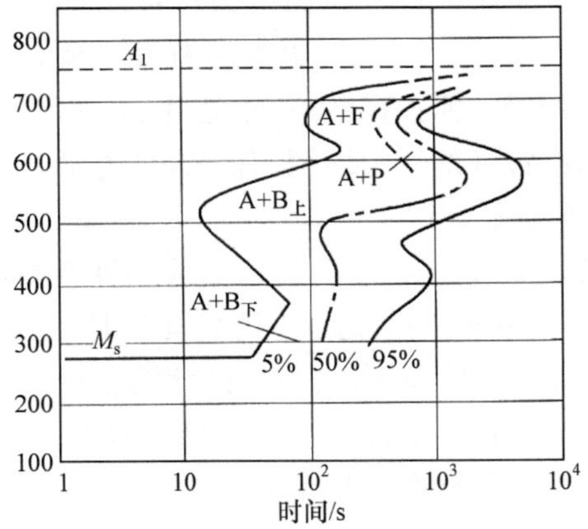

图8.185 55SiMnMo钢的过冷奥氏体等温转变曲线[213]

成分：0.58%C、1.30%Si、0.71%Mn、0.50%Mo，奥氏体化温度：870℃

55SiMnMo钢的锻造温度范围为1100～850℃，锻后空冷或风冷。55SiMnMo钢热轧后的力学性能：R_m=1235MPa、$R_{p0.2}$=634MPa、A_5=17.5%、Z=20%，870℃正火后a_k=37J/cm^2。

为便于切削加工，55SiMnMo钢的软化退火温度为680℃，空冷，硬度不大于25HRC。该钢的正火温度为840～880℃，空冷或风冷，硬度为30～40HRC。该钢的淬火温度为860～880℃，油冷，硬度不小于55HRC，回火温度为320～340℃时，回火后的硬度为50～54HRC。

55SiMnMo钢制作的钎杆在热轧空冷的情况下得到的组织较为复杂，过去认为是由粒状或板条状贝氏体为主和富碳残余奥氏体组成。进一步的研究表明，55SiMnMo钢热轧空冷后的组织由两部分组织混合组成,一部分属于无碳化物上贝氏体,在铁素体条之间有大量的富碳奥氏体,形貌为板条状和粒状,另一部分是块状复合结构,以马氏体为主,其次是下贝氏体,或者只有马氏体。前者是在 550～300℃范围内形成,后者在更低的温度形成。前者的硬度在 26HRC 左右,韧性有余,而强度不足;块状复合结构的硬度在 50HRC 左右,强度比较高,而韧性不足。当控制两者之间的比例为 3∶1,硬度达到 35～36HRC 时,55SiMnMo 钢制成的小钎杆在使用时可以获得高的寿命。我国学者的研究表明,富碳奥氏体的存在,无论是条状或块状,对疲劳裂纹的扩展都有良好的抑制作用[214]。

在轧后或正火后连续空冷所获得混合组织中,块状复合结构所占比例是可以控制的,最主要是控制冷却速率,其次是奥氏体化温度和时间。空冷速率大,块状复合结构比例大;随着奥氏体化温度的增加或保温时间的增加,钢的成分均匀化,块状复合结构量减少[214]。

用 55SiMnMo 钢制作的六角形中空小钎杆的凿岩寿命达到国外先进水平,在我国已获得广泛的使用。

35SiMnMoV 也属于贝氏体钢,强度和韧性配合较好,有较强的消振性能和较低的缺口敏感性。35SiMnMoV 钢的过冷奥氏体等温转变曲线与 55SiMnMo 钢的过冷奥氏体等温转变曲线比较,整体略向左移,M_s 点较高(385℃),主要是碳含量较低,但仍有较高的淬透性。尺寸为 ϕ40mm×70mm 的圆棒,经 900℃保温 1h 正火后,测截面硬度,几乎可以完全淬透,在正火状态下能保证钎杆径向的力学性能均匀一致。35SiMnMoV 钢适宜的正火温度为 880～900℃。35SiMnMoV 钢可用做六角形中空小钎杆,经正火处理,有较好的凿岩效果。35SiMnMoV 钢适宜的淬火温度为 860～880℃,回火稳定性良好。35SiMnMoV 钢一直用做小钎杆的钎头用钢,有很高的寿命。35SiMnMoV 钢还用于制作独立的钎尾,此时应进行渗碳处理[40]。

40SiMnCrNiMo 是 20 世纪 60 年代瑞典开发的一种空冷硬化钢,牌号为 Z708,已列入 GB/T 1301—2008。该钢在热轧状态下,具有马氏体或贝氏体组织,平均硬度值为 44～45HRC,具有很好的韧性和抗冲击能力。该钢的正火温度为 880～900℃,经 860℃油中淬火和 200℃回火后,钢的力学性能:R_m=1875MPa、$R_{p0.2}$=1520MPa、A_5=13%、Z=30%、a_{kV}=38J/cm^2,是一种低合金超高强度钢[40]。

40SiMniCrNiMo 钢适合于制作 H28 以下锥体连接钎杆或螺纹连接钎杆、硬质合金整体钎杆等。40SiMniCrNiMo 钢也是一种很好的钎头壳体用钢,在将钎头壳体与硬质合金钎焊时,采用感应加热至 860℃左右后空冷,壳体硬度不低于 40～42HRC。配合熔点 670～680℃的银基焊料,可以很好地降低焊接应力,使钎头壳体具有良好的刚度、韧性和耐磨性[212]。

55Si2Mn 钢的强度、弹性极限均比较高,苏联曾大量用于制作小钎杆用钢。该钢轧制较困难,脱碳倾向较大。

40MnMoV 是我国研制出的一种钎杆用钢,属于贝氏体超高强度钢。该钢用做钎杆时凿岩寿命不十分理想,以后主要用做铸管法生产 55SiMnMo 中空钢的内衬管。该钢的淬透性高于 55SiMnMo 钢,在连续空冷时,内层的硬度比外层还要高,可起到内壁强化的作用,减少内疲劳的发生。40MnMoV 钢经 880℃正火和 200℃回火 1h 后的力学性能:R_m=1929MPa、$R_{p0.2}$=1573MPa、A=9.5%、Z=40%、a_k=60.8J/cm^2、HRC=53.3。

40MnMoV 钢还用做钎头壳体，在感应加热钎焊后，空冷或控制风冷，可得到下贝氏体和马氏体为主的复合组织，硬度在 35～55HRC 内调节，具有良好的强度和韧性配合。40MnMoV 钢是一种适合于感应钎焊固片、固齿工艺的较好钎头用钢。

23CrNi3Mo 钢广泛用于制作钎头和钎尾。该钢经热处理后有比较高的强度和韧性，可以满足使用要求。该钢通过完全退火或 680℃高温回火，可以获得不大于 25HRC 的硬度，便于加工。该钢的淬火温度范围较宽，可以在 820～920℃选择，回火温度为 180～200℃。

表 8.146 中列出的 24SiMnNi2CrMo 钢与 ZK22SiMnCrNi2Mo 钢的化学成分基本一致，是一种低合金超高强度钢。该钢经 920℃ × 30min 正火后的力学性能：R_m = 1700MPa、$R_{p0.2}$ = 1305MPa、A_5 = 13%、Z = 41.6%、a_{kV} = 32.5J/cm^2、HRC = 48、K_{IC} = 110MPa · m$^{1/2}$。该钢具有低的缺口敏感性。

24SiMnNi2CrMo 是钎头壳体专用钢种，有很好的淬透性，正火后可以得到硬而韧的低碳马氏体，硬度为 45～48HRC。这种钢的正火温度与所用银基焊料的焊接温度相配合，可以得到坚韧的壳体和良好的焊缝。

该钢也适合于尺寸在 35mm 以下热轧圆形或六角形中空钢材，适合于空冷硬化及气体渗碳。该钢还用做热过盈固齿钎头、钎尾杆等。

24SiMnNi2CrMo 与 27SiMnCrNi2Mo 是瑞典 FF710 系列钢种，后者的碳含量为 0.24%～0.30%。

38CrNi3Mo 钢是日本用于小钎杆和高频淬火的螺纹连接钎杆的钢种。该钢有高的强韧性和很高的空冷淬硬性，为保证小钎杆的杆体硬度为 400HB 和钎尾硬度为 50HRC，将碳含量提高到 0.33%～0.43%。该钢有回火脆性倾向。

38CrNi3Mo 钢的退火温度为 810～830℃，退火后的硬度不大于 279HB，淬火温度为 820～840℃，油冷后硬度不小于 56HRC，回火温度为 500～600℃，视需要而定。该钢直径为 25mm 的试样经(820～840℃)×60min 油淬，500～530℃回火水冷后的力学性能：R_m = 1080MPa、$R_{p0.2}$ = 990MPa、A_5 = 16%、Z = 67.3%、a_k = 150.9J/cm^2[40]。

35CrMoV 钢是一种合金结构钢，有比较高的强度，可用于制作长期在 500～520℃工作的汽轮机叶轮等重要部件(表 10.27)。该钢亦可用来制作焊片小钎头壳体，配以合理的焊接工艺，使用效果比较好。

45CrNiMoV 是一种高性能的合金结构钢，调质后的力学性能见表 6.32，其性能和应用见上册 6.4.4 节。该钢可用于制作使用热嵌固齿工艺的钎头壳体，瑞典将该钢称作钎头 1 号。

Q45NiCr1Mo1V 钢与 45CrNiMoV 钢的成分对比，增加了铬，特别是钼的含量，减少了镍含量，因而提高了钢的奥氏体化温度，提高了抗回火稳定性，降低了钢的回火脆性。Q45NiCr1Mo1V 钢有较好的淬透性，截面在 25mm 以下的部件加热至 880℃以上，在静止的空气中冷却，即可淬硬。该钢的正火温度为 900～920℃，淬火温度为 880℃，油中冷却，经高温回火后，有很好的强韧性配合，获得的索氏体组织具有良好的抗硫化氢、二氧化碳、氯离子等的应力腐蚀疲劳性能。

Q45NiCr1Mo1V 钢主要用于制造凿岩用钎头壳体，具有二次硬化效应，在 600℃温度以下中温区回火，硬度约为 47HRC，具有相当高的强度与韧性的配合，钎头壳体耐磨、保径好。该钢适合于制作钎头壳体与硬质合金柱齿热过盈固齿，也适用于钎头过盈固齿工艺及钎头焊片工艺[40]。

参考文献

[1] Roberts G A, Hamaker J C, Johnson A R. Tool Steels[M]. 3rd Ed. Russell: American Society for Metals, 1962; Roberts G A, Krauss G, Kennedy R. Tool Steels[M]. 5th ed. Russell: American Society for Metals, 1998.

[2] Геллер Ю А. Инструментальные Стали[M]. Москва: Металлургия, 1961, 1983.

[3] 施占华,肖钟义,姜小波,等. 热作模具钢的模拟热磨损试验方法的探讨[C]. 安徽工学院学报:全国模具材料特种性能评定研究专辑,1988,7(2):119.

[4] 贵阳轴承厂技术科,贵州工学院金相教研组. 轴承环热挤压模具及其损坏实物照片集[R]. 1976 年 11 月.

[5] Norstrom L A, Svensson M, Ohrberg N. Thermal-fatigue behaviour of hot-work tool steels[J]. Metals Technology, 1981, 8(10): 376.

[6] 李熙章,施占华,汤继跃,等. 评定模具钢热疲劳性能的 Uddeholm 法[C]. 安徽工学院学报:全国模具材料特种性能评定研究专辑,1988,7(2):101.

[7] Меськин В С. Основы Легирования Стали[M]. Москва: Металлургиздат, 1959.

[8] Whittenberger E J, Burt R R, Carney D J. Hardenability factors for hypereutectoid low-alloy steel [J]. Journal of Metals, 1956, 8(8): 1008.

[9] Малинкина Е И. Дефекты стали, обраруживаемые в процессе изговления инструмента [C]// Методика и Практика Металлографческого Исследования Инструмен-тальной Стали. Сборник, Машгиз, 1961, 79: 224.

[10] 上海市仪表电讯工业局热处理专业组. 淬火工件磨削裂纹之探讨[R]. 1964.

[11] 李惠友. 第 8 章 工具的热处理[M]//中国机械工程学会热处理专业分会《热处理手册》编委会. 热处理手册第 2 卷. 3 版. 北京:机械工业出版社,2001.

[12] 钢铁研究院,机械科学院. 合金钢手册(下册)[M]. 1964(内部资料).

[13] 薄鑫涛,郭海祥,袁凤松. 实用热处理手册[M]. 上海:上海科学技术出版社,2009.

[14] 第一机械工业部上海材料所,上海工具厂. 工具钢金相图谱[M]. 北京:机械工业出版社,1979.

[15] 冶金部《合金钢钢种手册》编写组. 合金钢钢种手册 第三册 合金工具钢 高速工具钢[M]. 北京:冶金工业出版社,1983.

[16] Геллер Ю А. Металловедение и Термическая Обраротка[M]. Сборник: Машгиз, 1955.

[17] Черный Ю О, Ковако В С, Доценко Г А. МиТОМ[J]. 1976, (5): 22.

[18] 邓玉昆,陈景榕,王世章. 高速工具钢[M]. 北京:冶金工业出版社,2002.

[19] 林慧国,瞿志豪,茅益明. 袖珍世界钢号手册[M]. 4 版. 北京:机械工业出版社,2009.

[20] Murakami T, Hatta A. Sci Rep. Tohoku Univ[R]. Honda Anniversary Volume, 1936: 882.

[21] Kuo K. Journal of the Iron and Steel Institute[J]. 1954, 176: 433; 1955, 181(2): 128; 1955, 181(3): 218.

[22] Fredriksson H, Hillert M, Nica M. The decomposition of the M_2C carbide in high speed steel[J]. Scandinavian Journal of Metallurgy, 1979, 8(3): 115.

[23] McHargue C J, Hammond J P, Crouse C S. Transactions of ASM[J]. 1954, 26: 716.

[24] 罗迪,邢国华,李文成,等. M2 高速钢中的 M_2C 碳化物[J]. 材料科学进展,1990,4(3):232.

[25] Steven G, Nehrenberg A E, Philip V. High-performance high-speed steels by design[J]. Transactions of ASM, 1964, 57: 925.

[26] Fischmeister H F, Reidl R, Karagoz S. Solidification of high speed tool steels[J]. Metallurgical Transactions A, 1989, 20A(10): 2133.

[27] 钢铁研究总院，河北省冶金研究所，大连钢厂，等. 平衡碳差值对高质量通用高速钢 W9Mo3Cr4V 组织和性能的影响[M]. 特钢文集(高速钢专辑四)，1981，(3)：48.

[28] 陈景榕. 超硬高速钢的平衡碳问题[J]. 北京钢铁学院学报，1981，(1)：40.

[29] 石功奇，周守则，丁培道. 高速钢铸态碳化物的研究[J]. 兵器材料与工程，1991，(3)：1.

[30] Barkalow R H, Kraft R W, Goldetein J I. Solidification of M2 high speed steel[J]. Metallurgical and Materials Transactions B, 1972, 3: 919.

[31] 丁培道，周守则. 高速钢中 MC 型初生碳化物评述[J]. 重庆大学学报，1984，(4)：131.

[32] Hoyle G. High Speed Steels[M]. London: Butterworth, 1987.

[33] 潘复生，周守则，丁培道. 硅在高速钢中的使用原则及含硅高速钢的发展[J]. 钢铁，1996，31(9)：75.

[34] 潘复生，周守则，丁培道，等. 硅对高速钢力学性能的影响[J]. 钢铁，1990，25(5)：38.

[35] Kheirandish S. Effect of Ti and Nb on the formation of carbides and the mechanical properties in as-cast AISI-M7 high-speed steel[J]. ISIJ International, 2001, 41(12): 1502.

[36] Keown S R, Kudlelka E, Heisterkamp F. Replacement of vanadium by niobium in S6-5-2 high speed tool steels[J]. Metals Technology, 1980, 7(1): 50.

[37] 成都工具研究所，上海交通大学. 含铝超硬高速钢[J]. 机械工程材料，1977，1(2)：1.

[38] 徐祖耀. 铝在高速钢中的作用[J]. 机械工程材料，1993，17(2)：4.

[39] 陈景榕，马世才. 超硬高速钢 W12Mo3Cr4V3N 的组织和性能[J]. 北京钢铁学院学报，1982，(增刊2)：1.

[40] 杨桂应，石德珂，王秀芩，等. 金相图谱[M]. 西安：陕西科学技术出版社，1988.

[41] 干勇，田志凌，董瀚，等. 中国材料工程大典 第3卷 钢铁材料工程(下)[M]. 北京：化学工业出版社，2006.

[42] Kayser F, Cohen M. Carbides in high speed steel—their nature and quantity[J]. Metal Progress, 1952, 61(6): 79.

[43] 徐效谦，阴绍芬. 特殊钢钢丝[M]. 北京：冶金工业出版社，2005.

[44] Blickwede D J, Cohen M. Isolation of carbides from high speed steels[J]. Journal of Metals, 1949, 1: 578.

[45] Leckie-Ewing P. A study of the microhardness the major carbides in some high-speed steels[J]. Transactions of ASM, 1952, 44: 348.

[46] 赵步青. 高速钢刀具淬火后的金相检验[J]. 金属热处理，2010，35(6)：122.

[47] 金属材料缺陷金相图谱[M]. 上海：上海人民出版社，1975.

[48] Rose A, Rademacher J, van Wyk M. Effect of austenitizing conditions on the transformation characteristics of high speed steels[J]. Stahl und Eisen, 1959, 79: 1243.

[49] Payson P. The Metallurgy of Tool Steels[M]. New York: John Wiley & Sons, 1962.

[50] Gorden M P, Cohen M, Rose R S. The kinetics of austenite decomposition in high speed steel[J]. Transactions of ASM, 1943, 31: 161.

[51] 赵步青. 国内外高速钢刀具盐浴热处理工艺[J]. 金属热处理，2011，36(3)：125.

[52] Baek C K, Nehrenberg A E. Iron Age[J]. 1947, 4: 18.

[53] Gordon M P, Cohen M. Transformation of retained austenite in high speed steel at subatmospheric temperature[J]. Transactions of ASM, 1952, 30: 579.

[54] 蔡美良，丁惠麟，孟沪龙. 新编工模具钢金相热处理[M]. 北京：机械工业出版社，1998.

[55] Kuo K(郭可信). Carbide precipitation, secondary hardening, and red hardness of high speed steel [J]. Journal of the Iron and Steel Institute, 1953, 174:223.

[56] Gorden M P, Cohen M, Rose R S. Effect of the quenching bath temperature on the tempering of high speed steel[J]. Transactions of ASM, 1944, 33:411.

[57] 郭耕三. 高速钢及其热处理[M]. 北京:机械工业出版社,1985.

[58] 大连钢厂,北京钢铁研究总院. 特殊用途超硬型高速钢 W12Mo3Cr4V3Co5Si[R]. 1973.

[59] 赵燕,周友恒,王世章. 低合金高性能高速钢的耐磨性[J]. 钢铁研究学报,1992,4(4):43.

[60] 潘复生,周守则,丁培道. 低合金高速钢 W3Mo2Cr4VSi 的组织和性能[J]. 材料科学进展,1990,4(4):297.

[61] 赵燕,戴建明,王瑞,等. 一种新型的低合金高性能高速钢[J]. 钢铁,1994,29(7):65.

[62] 吴立志. 我国高速钢的发展和几点建议(上篇)[R]. 河北冶金科技股份有限公司,2010.

[63] 吴元昌. 粉末冶金高速钢生产工艺的发展[J]. 粉末冶金工业,2007,17(2):30.

[64] 吴元昌. 近年国外粉末冶金工具钢的发展[J]. 粉末冶金工业,2004,14(4):24.

[65] Grinder O. The HIP way to make cleaner, better steels[J]. Metal Powder Report, 2007, 62(9):16.

[66] Bratt R W. Recent developments in crucible partical metallurgy tool steels[J]. Metal Powder Report, 1983, 38(9):475.

[67] 王丽仙,葛昌纯,郭双全,等. 粉末冶金高速钢的发展[J]. 材料导报,2010,24(专辑 15):459.

[68] 吴元昌. Crucible 公司的粉末冶金工具钢[J]. 工具技术,1995,29(1):33.

[69] 河冶科技股份有限公司. 粉末冶金高速钢-产品概述[OL]. http://www.hss-cn.com/detail.php?id=5.[2017-09-01].

[70] 深圳市兆恒特钢有限公司. 美国 CPM 粉末高速钢中国代理商产品[OL]. http://simonmao.51pla.com.[2017-09-13].

[71] 历鑫洋,车红艳,林同伟,等. 热处理对粉末冶金高速钢组织和性能的影响[J]. 金属热处理,2016,41(6):147.

[72] 李荣德,刘敬福. 喷射成形技术国内外发展与应用概况[J]. 铸造,2009,58(8):797.

[73] 张济山,熊柏青,崔华. 喷射成形快速凝固技术:原理与应用[M]. 北京:科学出版社,2008.

[74] 陈志刚,陈振华,陈鼎. 喷射沉积及其制品的后续致密化研究[J]. 材料导报,2009,22(5):92.

[75] 汪杰,魏宽,徐铁,等. 喷射成型技术在高速钢中的应用[J]. 热加工工艺,2015,44(10):48.

[76] 崔成松,章靖国. 喷射成形快速凝固技术制备高性能钢铁材料的研究进展(二):喷射成形钢铁材料研究进展[J]. 上海金属,2012,34(3):39.

[77] 颜飞,徐洲,史海生,等. 喷射成型技术在钢铁材料中的应用[J]. 材料导报,2007,21(3):90.

[78] 史海生,颜飞,樊俊飞,等. 喷射成型技术在高合金工模具钢中的应用[J]. 粉末冶金材料科学与工程,2008,13(3):165.

[79] 袁华,李周,许文勇,等. 喷射成型高速钢的组织和性能 [J]. 工具技术,2012,46(9):34.

[80] 袁华,李周,许文勇,等. 喷射成型 2060 高速钢的组织和性能[J]. 粉末冶金材料科学与工程,2015,20(5):771.

[81] 河冶科技股份有限公司. 喷射成形高速钢-产品概述[OL]. http://www.hss-cn.com/detail.php?id=9.[2017-12-10].

[82] Lu L, Hou L G, Zhang J X, et al. Improved the microstructures and properties of M3∶2 high-speed steel by spray forming and niobium alloying[J]. Materials Characterization, 2016, 117:1.

[83] 上海工具厂. 刀具热处理[M]. 上海:上海人民出版社,1971.

[84] 潘健生,胡明娟. 热处理工艺学[M]. 北京:高等教育出版社,2009.

[85] 程绍涌,刘世华. 真空渗碳齿轮滚刀[J]. 机械工程师,1995,(2):31.

[86]　戚正凤，王传雅. 少无莱氏体高合金工具钢[J]. 材料热处理学报，2001，22(1)：31.

[87]　戚正凤，王传雅，孙明仁. 无莱氏体高速钢 2W-3Mo-4Cr-6V[J]. 特殊钢，1996，17(3)：11.

[88]　赤松胜也. 金型の蒸着处理－CVDとPVD[J]. 热处理(日)，1987，(4)：96.

[89]　吹野晋策. 表面热处理、特殊热处理[J]. 特殊钢(日)，1985：(12)：21.

[90]　华中工学院金相教研组. 合金钢及其热处理中册[M]. 武汉：华中工学院，1976

[91]　徐进，姜先畬，陈再枝，等. 模具钢[J]. 北京：冶金工业出版社，1998.

[92]　崔崑. 国内外模具用钢发展概况[J]. 金属热处理，2007，32(1)：1.

[93]　王家瑛. 模具材料与使用寿命[M]. 北京：机械工业出版社，2000.

[94]　佐藤忠熊，相沢力. 模具材料及其热处理(日)[M]. 叶心得，译. 北京：机械工业出版社，1982.

[95]　Позняк Л А，Скрынченко Ю М，Тишаев С И. Штамповые Стали[M]. Москва：Металлур-гия，1980.

[96]　孙培桢，潘小泉，赵建生，等. 新型高强韧性低合金冷作模具钢 6CrNiMnSiMoV 的研制及应用[J]. 钢铁，1990，25(11)：47.

[97]　黄光辉，曹念荪，孙培桢，等. 高强韧低合金冷作模具钢 6CrNiMnSiMoV 的强韧化特性[J]. 材料研究学报，1994，8(1)：29.

[98]　文翠娥，孙培桢，谢长生，等. 残余奥氏体对 GD 钢等温处理强韧性的影响[J]. 热加工工艺，1992，(3)：16.

[99]　Bungardt K，Kunze E，Horn E. Investigation of the structure of the iron-chhromium-carbon system[J]. Archiv fur das Eisenhwn，1958，29：193.

[100]　冯晓曾，李士玮，武维扬，等. 模具用钢和热处理[M]. 北京：机械工业出版社，1982.

[101]　方钟惠. 逐步进入我国模具钢市场的 D2 钢[J]. 特殊钢，1993，14(5)：41.

[102]　Payson P，Klein J. The hardening of tool steels[J]. Transactions of ASM，1943，31：218.

[103]　华中工学院工模具钢科研组. 高耐磨冷模具钢 120Cr4W2MoV 的试验小结//提高模具寿命经验汇编[M]. 北京：机械工业出版社，1974：54.

[104]　华中工学院工模具钢科研组. 冷模具钢的低温淬火[J]. 湖北机械，1982，(2)：15.

[105]　Matsuda Y，Sakanato Y，Namiki K，等. 冷作模具钢的高韧性及高硬度钢的开发[C]//许珞萍，Norström L Å. 第五届环太平洋国际模具钢会议论文集. 上海，PRICTS，1998：21.

[106]　阿部源隆，等. 高硬度、高韧性冷作工具钢 QCM8 的开发[J]. 日本金属学会会报，1989，25(5)：438(译文见：国外低合金钢、合金钢 2，1986，冶金部钢铁研究总院：135).

[107]　孙秀华，汝亚彬，刘宝石. 新型冷作模具钢 Cr8 的开发[J]. 机械工程材料，2008，32(增刊 1)：42.

[108]　胡镇华，张同俊，陈敏，等. 新型 GM 耐磨冷作模具钢的特性与应用[J]. 金属热处理，1991，(1)：17.

[109]　李国安，胡镇华，余应福. GM 钢在高强度螺栓滚丝轮上的应用[J]. 模具工业，1993，(10)：60.

[110]　胡寒光. 重载滚丝轮的使用寿命研究和改进措施[D]. 武汉：华中理工大学，2000.

[111]　孙祖予，张嘉立，金志坚，等. 耐磨冷变形工模具钢 Cr8Mo2WV3Si 的二次硬化组织及其耐磨性的研究[J]. 金属热处理学报，1989，10(2)：32.

[112]　张嘉立. 高耐磨冷作模具钢 ER5 的特性及应用效果[J]. 钢铁，1999，34(增刊)：1086.

[113]　戴玉梅，马永庆，张占平，等. 热处理对工模具钢 5Cr8MoVSi 钢组织和硬度的影响[J]. 特殊钢，2003，24(6)：25.

[114]　Post C B. Air-hardening tool and die steels[J]. Iron Age，1947，(Nov 24)：63.

[115]　华中工学院工模具钢科研组. 空冷微变形冷模具钢[J]. 华工科技，1974，(4)：40.

[116]　华中工学院工模具钢科研组. 冷挤压模具钢 65Cr4W3Mo2VNb 的试验研究[J]. 华中工学院学报，1975，3(2)：34.

[117]　Mayer A M. Matrix grades offer strength and toughness[J]. Metal Progress，1970，97(4)：86.

[118] 崔崑,胡镇华,赵菊华. 高强韧性 65Cr4W3Mo2VNb 基体钢[J]. 华中工学院学报,1980,8(1):137.

[119] Huang G H,Cao N S,Cui K. A TEM study on the nature of strengthening and toughening in a matrix steel 65Cr4W3Mo2VNb[C]. Proceedings of ICM-5,Beijing,1987:365.

[120] Cui K,Hu Z H,Zhao J H. Microstructure,mechanical properties and heattreatment of new matrix steel 65Cr4W3Mo2VNb with high strength and high toughness[J]. Journal of Heat Treating,1980,1(4):37.

[121] 赵昌盛. 模具材料及热处理手册[M]. 北京:机械工业出版社,2008.

[122] 株洲硬质合金厂. 钢结硬质合金[M]. 北京:冶金工业出版社,1982.

[123] 赵凤霞. DT 钢结硬质合金冷作工模 T 具的技术开发与应用[C]. 中国电子学会北京热处理学组模具新材料应用推广研讨会论文,1992:104.

[124] 杨瑞成. 模具材料 DT-40 钢结硬质合金的工艺与性能[J]. 甘肃工业大学学报,1995,21(2):28.

[125] 范兴平,范维. 钢结硬质合金研究现状与发展趋势[J]. 铸造技术,2017,38(30):507.

[126] 周书助,兰登飞,鄢玲利,等. 钢结硬质合金的研究进展 [J]. 粉末冶金材料科学与工程,2015,20(5):661.

[127] 康大韬,叶国斌. 大型锻件材料及热处理[M]. 北京:龙门书局,1998.

[128] 项程云. 高硬冷轧辊的热处理[M]. 北京:机械工业出版社,1958.

[129] Попов А А, Попова Л Е. Изотермические и Термокинетические Диаграммы Распада Переохлажденного Аустенита[M]. Издательство:Металлургия,1965.

[130] 姚向军,侯英玮,薛国义,等. 4Cr2MoVNi 钢在车轴锻模上的应用[J]. 锻压机械,1998,(3):48.

[131] 潘艳春. 锤锻模 5CrNiMo 和 4Cr2MoVNi 综合性能研究[J]. 汽车工艺与材料,1999,(4):24.

[132] 许光华. 4Cr2MoVNi 钢在前盖、后挡镶块锻模上的应用[J]. 机车车辆工艺,2001,(4):18.

[133] 华中工学院,第二汽车制造厂锻造厂,陕西重型机器厂,等. 高强韧性大截面热锻模具钢研究(综合科技攻关报告)[R]. 鉴定会资料,1986.

[134] 林颜盛,黄正安,许玉贤,等. 高强韧性大截面锤锻模具钢 45Cr2NiMoVSi 的研究[R];高强韧性大截面热锻模具钢 5Cr2NiMoVSi 的组织与性能[R]. 鉴定会资料,1986.

[135] 刘树德,林颜盛,黄正安,等. 评定热锻模钢力学性能的模拟冷却技术[C]. 安徽工学院学报:全国模具材料特种性能评定研究专辑,1988,7(2):235.

[136] 奥利利夫. 0. 2-3Cr-W-Mo-V-Co 析出硬化型热间工具钢[J]. 铁と钢,1982,68(10):160.

[137] 陈敏,邱德卿,杜光华,等. 析出硬化型热作模具钢(PH)的研制[J]. 机械工程材料,1994,(3):29.

[138] 叶卫平,林颜盛,黄正安,等. 淬火冷却速度对 0. 2C-3Cr-2Mo-V 析出硬化型热作模具钢强韧性的影响[J]. 兵器材料科学与工程,1987,(7):12.

[139] 刘润农,李玉花,白富真. 3Cr3Mo3VNb 钢的性能及热作模具钢的性能与模具寿命的关系[J]. 模具技术,1985,(5):60.

[140] Геллер Ю А,Голубина Е С. Кузнечно-штамповочное производство[J]. 1962,(8):1.

[141] 冯晓曾,王应楠. 3Cr2W8V 压力机凹模的强韧化处理[J]. 哈尔滨工业大学学报,1978,(2):197.

[142] 本溪钢铁公司第一炼钢厂,清华大学机械系金属材料教研组. 钢的过冷奥氏体转变曲线:第一图册[R]. 1978.

[143] 冯晓曾,王家瑛,何世禹. 提高模具寿命指南:选材及热处理[M]. 北京:机械工业出版社,1994.

[144] 杜学芸,杨帆,董仕营. H13 热作模具钢的强化处理及增材制造研究[J]. 金属加工(热加工),2021,(8):24.

[145] 周健,马党参,陈再枝,等. 4Cr5Mo2V 热作模具钢组织和性能的研究[J]. 特钢技术,2008,14

(3):12.

[146] ASSAB. Uddeholm Dievar Technical Data Sheet[OL]. http://www. assab. com/en/welcome-to-assab. php. [2015-06-01].

[147] 须藤興一. 电気制钢[R]. 1989,60:367.

[148] 並亚邦夫. 模具材料性能与应用[R]. 2006.

[149] 熊国锋. 新型热作模具钢 3Cr3Mo3VNb[J]. 热加工工艺,1988,(3):36.

[150] 贾萍. 用锻后正火法改善 35Cr3Mo3W2V 模具钢的链状碳化物[J]. 金属热处理,1981,(2):33.

[151] 叶为德. 介绍一种高性能的新型热作模具钢[J]. 机械科学与技术,1986,(4):22.

[152] 贵阳钢铁厂. 新模具钢 012Al 研制工作总结[R]. 1980.

[153] 上海钢铁研究所. 基体钢专辑[R]. 上海钢研,1977.

[154] Norström L Å, Öhrberg N. Development of hot-work steel for high temperature application[J]. Metal Technology,1981,(1):22.

[155] 施雯,刘以宽. QRO 90 Supreme 热作模具钢的性能[J]. 金属热处理,1997,(1):25.

[156] 黄春峰. 国外新型热作模具钢及其热处理工艺[J]. 航空精密制造技术,2004,40(3):16.

[157] 崔崑,何向山,罗学心. 高性能热作模具钢[C]. 第一届国际模具技术会议,北京,2000:1.

[158] 何向山,罗学心,张翼飞,等. 热作模具钢 4Cr3Mo2NiVNb 的组织性能[C]. 中国机械工程学会材料学会第二届年会论文集,1990:297.

[159] 梁宏达,崔崑,何向山,等. Mn 对热作模具钢 4Cr3Mo2NiVNb 热疲劳性能的影响[J]. 金属热处理学报,1994,15(4):22.

[160] 陈蕴博. 热作模具钢的选择与应用[M]. 北京:国防工业出版社,1993.

[161] 张震亚,荣俊奎. 奥氏体热作模具钢的研究[J]. 钢铁研究总院学报,1985,5(1):47.

[162] 谢长生. 奥氏体热作工具钢的合金化及力学行为[D]. 武汉:华中工学院,1985.

[163] 何向山,谢长生,崔崑. 新型奥氏体热作模具钢[J]. 华中工学院学报,1985,13(1):145.

[164] 何向山. 奥氏体热作模具钢的性能与应用[J]. 兵器材料科学与工程,1985,(12):1.

[165] 郭建亭. 高温合金材料学(下册):高温合金材料与工程应用[M]. 北京:科学出版社, 2010.

[166] 孙培桢,杜光华,乔学亮,等. 新型 S-Ca 复合系预硬型塑胶模具钢的研制及应用[J]. 钢铁,1992,27(7):47.

[167] 叶月华,陈幼聪,孙培桢. 易切削精密模具钢 8Cr2MnWMoVS 的研制[J]. 金属热处理,1985,(2):3.

[168] 宋冬利,顾剑锋,胡明娟. 718 钢大模块淬火过程的数值模拟[J]. 材料科学与工艺,2005,13(4):394.

[169] 王勇围,郭强,康爱军. 718 预硬化塑料模具钢大型模块的组织和硬度分析[J]. 金属热处理,2010,35(8):88.

[170] 徐骏,张伟民,陈乃录,等. 塑料模具钢大模块的水冷复合间隙淬火技术[J]. 金属热处理,2006,31(10):76.

[171] 德国 Groditz 模具钢,XPM VICTORY ESR 热处理工艺性能参数[OL]. http://www. sh-jiebao. com/www. sh-jiebao. com/00600039. [2012-05-01].

[172] 徐进. 日本模具钢生产技术发展概况[J]. 特殊钢,1997,18(6):10.

[173] Becker H J, Haberling E, Otter P. Eigenschaften calcium behandelter kunststoff formen staehle [J]. Thyssen Edelstahl Techn Ber,1989,15 (2): 95.

[174] 百度文库. 1. 2312　40CrMnMoS8-6[OL]. https://wenku. baidu. com. [2011-03-01].

[175] 王荣滨. 8Cr2MnWMoVS 精密塑料模具钢的复合强化处理研究[J]. 模具制造,2001,(1):48.

[176] 孙培桢,乔学亮,江来珠,等. 微量元素钙在预硬型塑料模具钢中的行为及作用[J]. 华中理工大

学学报,1992,20(增刊):21.
[177] 江来珠.硫钙复合系易切削塑料模具钢的研究[D].武汉:华中工学院,1987.
[178] 陈登云.易切削高韧性塑料模具钢的研制和应用[J].宇航材料工艺,1986,(3):7.
[179] 蔡明珍.易切削高韧性塑料模具钢 5NiSCa 在橡胶模上的应用[J].汽车科技,1988,(4):4.
[180] 赵建生,乔学亮,孙培桢,等.P20BSCa 大截面塑料模具钢淬透性的研究[J].金属热处理,1994,(7):3.
[181] 赵建生,乔学亮,孙培桢,等.预硬型塑料模具钢 P20BSCa 的切削性能[J].机械工程材料,1996,20(1):36.
[182] 陈秀云,姜忠良,方鸿生.预硬型贝氏体钢中合金元素的应用[J].清华大学学报(自然科学版),1999,39(10):8.
[183] 吴晓春,张杰,崔崑.非调塑料模具钢的组织与性能[J].华中科技大学学报,1995,23(12):1.
[184] 吴晓春,崔崑.非调塑料模具钢的机械加工性能[J].华中科技大学学报,1995,23(1):7.
[185] 江来珠,王习顺,王建会.非调质贝氏体型大截面塑料模具钢的研究与开发[J].宝钢技术,1999,(6):22.
[186] 罗毅.非调质塑料模具钢的设计与研究[D].上海:上海大学,2009.
[187] 罗毅,吴晓春,张洪奎.大截面非调质预硬型塑料模具钢的组织与性能[J].金属热处理,2008,33(3):28.
[188] 周荃,张铮,吴晓春,等.大截面尺寸 SDP1 贝氏体塑料模具钢的研制[J].机械工程材料,2011,35(增刊 1):91.
[189] 左鹏鹏.贝氏体预硬型塑料模具钢组织控制研究[D].上海:上海大学.2012.
[190] 左鹏鹏,张铮,季文龙,等.贝氏体预硬型塑料模具钢大模块硬度与组织分析[J].上海金属,2012,34(5):25.
[191] Hoseiny H, Kiement U, Sotskovszki P, et al. Comparaition of the microstructures in continuous-cooled and quench-tempered pre-hardened mould steels[J]. Materials and Design, 2011, 32:21.
[192] ASSAB. Tool Steels. Data sheet1 [OL]. http://www.assab.com/en/welcome-to-assab.php. [2017-08-01].
[193] 叶月华,俞建伟,汪彤桂,等.25CrNi3MoAl 钢的热处理工艺、组织与性能研究[C].中国机械工程学会热处理学会第四届年会论文集,1987:717.
[194] 俞建伟.25CrNi3MoAl 钢的组织与性能[D].武汉:华中工学院,1986.
[195] 彭声通,陈晋阳.NAK80(或 10Ni3MnCuAl)厚板工艺研究[J].四川冶金,2004,(6):10.
[196] 李明,戎咏华.沉淀硬化模具钢的研制及其发展[J].热处理,2000,(1):6.
[197] 肖纪美.金属材料的腐蚀问题[M].北京:中国工业出版社,1962.
[198] 相黎阳,迟宏宵,马党参,等.大截面 4Cr13V 耐蚀模具钢的组织和性能[J].钢铁,2015,50(7):93.
[199] ASSAB. Tool Steels. Data sheet2 [OL]. http://www.assab.com/en/welcome-to-assab.php. [2017-08-30].
[200] 张先鸣.国外耐腐蚀性塑料模具钢实物质量分析及探讨[J].模具制造,2016,(2):84.
[201] 刘健华,赵亮,马党参,等.碳含量对 Cr17Mo 型耐蚀塑料模具钢组织和性能的影响[J].特殊钢,2006,27(4):22.
[202] 张蜀红.新型模具材料 3Cr17NiMo 热处理性能研究[J].铸造技术,2009,30(8):1047.
[203] 赵亮,马党参,刘健华,等.淬回火工艺对马氏体不锈钢 3Cr17Mo(实为 3Cr17NiMoV)组织和性能的影响[J].特殊钢,2006,27(2):58.
[204] 史玉升,等.增材制造技术[M].北京:清华大学出版社,2022.

[205] 罗学心,何向山,崔崑. LJ 钢塑料模具强化工艺的研究[J]. 金属热处理,1991,(5):6.
[206] 雷仲眉. 第 4 章　量具的热处理[M]//中国机械工程学会热处理专业分会《热处理手册》编委会. 热处理手册第 2 卷. 4 版. 北京:机械工业出版社,2008.
[207] 陈钰秋,潘小泉,孙培桢. 高韧性冷作模具钢(DS 钢)的研究及应用[J]. 特殊钢,2000,21(4):28.
[208] 谢玉松. 耐冲击工具钢——S7[J]. 国外金属材料,1994,15(5):7.
[209] 陈建礼,王素霞,高维明. 耐冲击扁钢 S7 的工艺及性能研究[J]. 钢铁,2002,37(增刊):480.
[210] 吴一平,陈钰秋,何建宏,等. 高韧度耐冲击冷模具钢(DS 钢)的合金化及热处理[J]. 热加工工艺,1993,(2):39.
[211] 张震亚,魏果能,朱泉川,等. 无磁模具钢 7Mn15Cr2Al3V2WMo 的研究[J]. 钢铁研究总院学报,1982,2(1):55.
[212] 洪达灵,顾太和,徐曙光,等. 钎钢与钎具[M]. 北京:冶金工业出版社,2000.
[213] 黎炳雄,赵长有,肖上工,等. 钎具用钢手册[M]. 贵阳:贵阳钎钢研究所情报室,2000.
[214] 刘正义. 55SiMnMo 钎钢金属学原理[M]. 北京:冶金工业出版社,2017.

第9章 不 锈 钢

不锈钢是不锈钢和耐酸钢的总称。通常将在无污染大气、水蒸气和淡水等腐蚀性较弱的介质中不锈和耐腐蚀的钢种称为不锈钢;将在酸、碱、盐等腐蚀性强烈的环境中具有耐蚀性的钢种称为耐酸钢。因此,不锈钢不一定耐酸,而耐酸钢却同时又是不锈钢。

大量试验表明,钢在各种腐蚀介质中的耐蚀性随钢中铬含量的提高而增加,当铬含量达到某一数值后,钢的耐蚀性发生突变,而引起耐蚀性发生突变的铬含量则因腐蚀环境和钢中其他元素的不同而有所不同。工业用不锈钢的最低铬含量为11%~12%[1,2]。GB/T 20878—2007《不锈钢和耐热钢 牌号及化学成分》中定义不锈钢为"以不锈、耐蚀为主要特性,且铬含量至少为10.5%,碳含量最大不超过1.2%的钢"。

最早的工业用马氏体不锈钢1913年在英国开发成功,至1946年,不锈钢的主要钢类已基本齐全(见上册绪论)。目前,不锈钢广泛用于化工、石油、航天、航空、核工业、交通运输、轻工、电子、建筑等工业部门,也大量用于日常生活,还可用做耐热材料、低温材料、无磁材料等。2022年世界不锈钢粗钢产量为5525.5万t,我国(不包括港澳台地区)不锈钢粗钢产量为3197.5万t,已占世界不锈钢产量的57.9%。

目前,不锈钢的冶炼大部分采用电弧炉(转炉)加炉外精炼(AOD或VOD)的两步法生产,其中AOD法的生产量约占不锈钢生产总量的70%。VOD法主要用于生产要求C、N含量极低的不锈钢,其生产量约占不锈钢生产总量的15%。对于高纯、高均匀性的不锈钢品种,还广泛采用真空冶炼加电渣或真空自耗等工艺进行生产。为生产高氮不锈钢,已使用高压电渣炉。除特殊厚度和宽度的板材生产外,不锈钢已基本上实现了连铸方式生产。一些技术先进企业已能提供宽度2m的冷轧板、宽度达3m的宽幅热轧中板、300mm以上厚板、外径0.1~2000mm的无缝钢管、厚度大于0.02mm且宽度可达600mm的不锈钢箔、直径小于0.02mm的超细钢丝等各类冶金产品,其中板带材约占70%,棒、线、管等长型材约占30%[3]。

9.1 不锈钢的性能要求和腐蚀类型

9.1.1 不锈钢的性能要求

对不锈钢的主要性能要求是在腐蚀性介质中的耐蚀性。除此之外,还必须对其力学性能和工艺性能提出要求。

力学性能是对金属材料的一般要求,不锈钢亦不例外。在一定的韧性配合下,钢材的强度越高,越能减轻结构的重量,从而节约成本,并延长使用寿命。由于不锈钢一般都含有较多的贵重合金元素,因而力学性能显得十分重要。

大量的不锈钢用做焊接部件,因而要求其具有良好的焊接性能,即要求焊接以后力学性能不应降低,不允许晶粒长大或某些化合物由固溶体中析出而变脆,以及焊缝区域的耐蚀性应无显著变化。

不锈钢在使用前往往需要进行扩径、弯曲、卷边、冲压等加工工序使其成形，因此冷加工变形性也是某些不锈钢的一个重要工艺性能指标。

在上册 5.5.2 节已对电化学腐蚀过程和原理作了分析。根据电化学腐蚀原理，腐蚀过程中产生的电流大小可以代表腐蚀速率。由于阳极极化和阴极极化使腐蚀电池电位减小，从而降低腐蚀速率。产生阳极极化的主要原因是在腐蚀过程中，当溶液中有氧化剂时，在阳极表面产生了保护性的氧化膜，使金属钝化。其电位正移可达 0.2～2V，可使腐蚀速率降低几个数量级。

工业上广泛应用的铁、铬、镍、钛及其合金的活化-钝化曲线具有特殊的形式，它们的活化-钝化转变的阳极极化曲线如图 9.1 所示。图中有三个不同电化学行为区域：活化区 A、钝化区 P 和过钝化区 T。由于极化的作用，随着腐蚀电流强度的增加，阳极电位 E_a 升高，当阳极极化曲线达到最大值，相应电极电位为 E_P，电流强度为 I_P 时，产生了阳极钝化，阳极过程受到极大障碍，此时电流强度突然下降到最小值 $I_{最小}$，E_P 称为初始钝化电位，I_P 称为临界电流强度。在很宽的阳极电位范围内极化时，一直保持 $I_{最小}$ 的腐蚀电流强度，此时腐蚀速率大大降低，阳极处于钝化区 P。

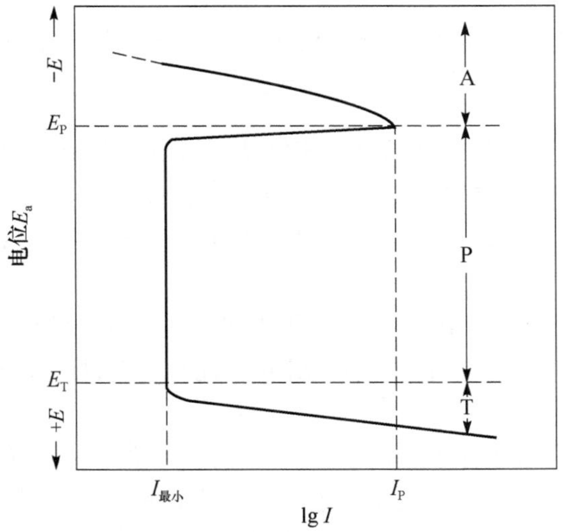

图 9.1 具有活化-钝化转变的金属的阳极极化曲线[4,5]

I 为电流强度

阳极电位超过 E_T 后，腐蚀电流又增加，这种现象称为过钝化。E_T 称为过钝化电位，阳极处于过钝化区 T，此时金属的腐蚀速率又增加。

根据具有活化-钝化转变的金属或合金的阳极极化曲线和阴极极化曲线的相对位置，可以分析该金属和合金钝化状态的稳定性。

由图 9.2 可以看出在不同条件下电化学腐蚀的四种状态：

第一种状态(图 9.2①)是阳极电位 E_a 和阴极电位 E_c 仅有一个交点 A，即仅有一个稳定态 E_a 不超过初始钝化电位 E_P，此时金属处于活化状态，腐蚀电流强度较大，因而腐蚀速率较大。铁在稀硫酸中的腐蚀是一个典型的例子。

第二种状态(图 9.2②)是 E_a 和 E_c 有三个交点 B、C、D，C 点是不稳定的，B 点和 D

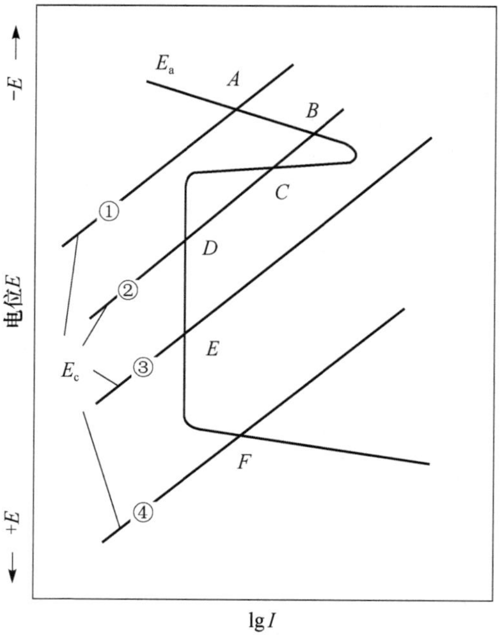

图 9.2　不同条件下具有活化-钝化转变的金属与合金钝化状态稳定性示意图[4,5]

点的状态是相对稳定的，即金属可以处于钝化状态，也可以处于活化状态，这种钝化状态可以因为其他偶然因素而被破坏，从而使金属或合金处于活化状态，出现活化-钝化频繁交替的震荡现象。18Cr-8Ni 奥氏体不锈钢(简称 18-8 不锈钢)在含氧化剂的硫酸介质中即属于这种情况。

第三种状态(图 9.2③)是 E_a 和 E_c 交于 E 点，只有一个钝化稳定电位，这表明金属或合金只在钝化状态是稳定的，它能够自动钝化，此时的腐蚀速率很小。不锈钢在硝酸中便是这种情况。

第四种状态(图 9.2④)是 E_a 和 E_c 交于 F，处于过钝化区，E_F 超过了过钝化电位 E_T，金属处于过钝化状态，有较高的腐蚀速率。铬不锈钢在浓缩硝酸中就会产生过钝化。

不锈钢只有在第三种状态，即处于钝化状态，才是耐腐蚀的。

为了提高钢的抗腐蚀能力，可采取以下措施：

(1) 使钢的表面形成稳定的钝化膜。钝化是由于金属与介质的作用而生成一层很薄的保护膜，保护膜的存在阻碍了阳极过程的进行，因而提高了金属的化学稳定性。在钢中含有铬后，钝化膜中也含有铬。钢中铬含量越高，膜中的铬含量也越高，这将会增加膜的稳定性，其厚度在 1nm 以上。因此不锈钢的耐蚀性主要是由于厚度约 1nm 以上的富铬的氧化物薄膜引起的。介质的类型及钢中的其他元素都会影响钝化膜的稳定性。

(2) 使钢得到单一的固溶体组织。例如，18Cr-8Ni 奥氏体不锈钢只有经过固溶处理获得单一均匀的奥氏体组织，才具有高的耐腐蚀性能。

(3) 提高固溶体的电极电位。金属的耐蚀性与介质的种类、浓度、温度、压力等条件都有密切的关系，而介质的氧化能力影响最大。

对大气、水蒸气、水和其他弱腐蚀介质，只要固溶体中的铬含量在 10%～12%就可以保证不锈钢的耐蚀性，如水压机阀门、汽轮机叶片、水蒸气管子零件等都可用 Cr13 型不锈钢。

在氧化性酸中，如硝酸（NO_3^- 具有氧化性），由于有足够的氧，可使钢在短期内达到钝化状态。但是由于酸中含有的 H^+ 为阴极去极化剂，如果 H^+ 含量高，阴极去极化作用加强。铬含量刚超过 12%还不能保证有稳定的钝化状态，所以在沸腾硝酸中，1Cr13 钢是不耐蚀的，而铬含量为 17%～30%的 Cr17～Cr30 钢在 0%～65%浓度范围内是耐蚀的（图 9.3）。这是因为随着钢中铬含量的提高，在氧化膜中 Cr/Fe 升高，含高铬的氧化膜在硝酸中具有很好的稳定性。在生产硝酸和硝酸铵工业中，硝酸的浓度为 10%～50%，温度约 60℃，含铬约 17%的 Cr17、1Cr18Ni9Ti 等钢都能满足耐蚀性的要求。

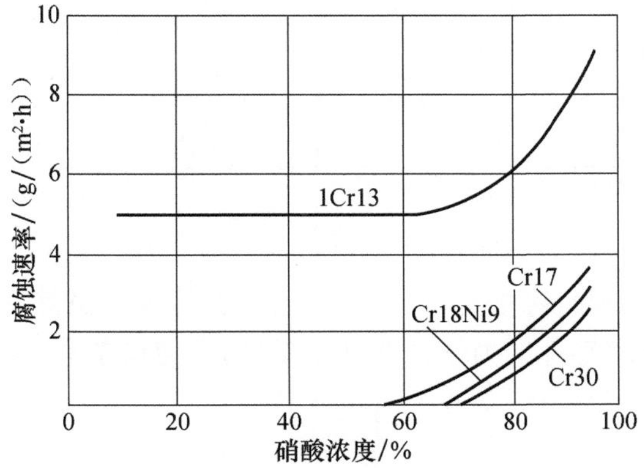

图 9.3 1Cr13、Cr17、Cr30、Cr18Ni9 钢在沸腾硝酸中的腐蚀速率[6]

在稀硫酸等非氧化性酸中，由于 SO_4^{2-} 不是氧化剂，而溶于介质中的氧含量较低，基本上没有使钢钝化的能力。一般的铬不锈钢或铬镍不锈钢在稀硫酸中是不耐蚀的。为了提高不锈钢的耐蚀性，可以增加镍和加入钼、铜等元素，增加铬则是有害的。钼、铜、镍这几种元素在该介质中的腐蚀速率很小，加少量这类元素于不锈钢中后，这些活性阴极元素可以促进钝化。一些在硫酸中耐蚀性很高的钢种也含较高的钼和铜。

在强有机酸中，一般铬不锈钢和 Cr18-Ni8 奥氏体不锈钢均不耐蚀。在这种情况下，选择 Cr-Mn 型不锈钢比选择 Cr-Ni 型不锈钢更有优越性。在此基础上再加入 2%～3% Mo、1%～2%Cu，使钢容易达到钝化状态。

在含有 Cl^- 的介质中，由于 Cl^- 能破坏铬不锈钢表面的钝化膜，将钢表面暴露出来形成微阳极，而未被破坏的地方成为微阴极，组成了微电池，于是加速了局部区域的腐蚀，形成点蚀。

到目前为止，还没有一种不锈钢能抵抗所有介质的腐蚀，因此必须根据钢种的特点，结合各种影响因素全面考虑，否则不锈钢便不能产生应有的耐蚀效果。

9.1.2 不锈钢的腐蚀类型

常见不锈钢的腐蚀类型有以下几种。

1）一般腐蚀

一般腐蚀（或称连续腐蚀）一般是均匀地分布在整个金属内外表面上的。腐蚀的结果是使零件受力的有效截面不断减小而破坏。这种形式的腐蚀破坏着大量的金属材料，但从技术观点来看其危险性不大，采取适当的保护措施即可减轻。通常用腐蚀速率，即单位金属面积在单位时间内的失重($g/(m^2 \cdot h)$)或腐蚀率，即每年腐蚀掉的金属深度(mm/a)来表示腐蚀程度。均匀腐蚀的试验方法可参考 JB/T 7901—1999《金属材料实验室均匀腐蚀全浸试验方法》。

测出金属的腐蚀速率后，可参考表 9.1 的均匀腐蚀 10 级标准评定其耐蚀性。

表 9.1　均匀腐蚀的 10 级标准[7]

耐蚀性评定	耐蚀性等级	腐蚀深度/(mm/a)	耐蚀性评定	耐蚀性等级	腐蚀深度/(mm/a)
Ⅰ完全耐蚀	1	<0.001	Ⅳ尚耐蚀	6	0.1～0.5
Ⅱ很耐蚀	2	0.001～0.005		7	0.5～1.0
	3	0.005～0.01	Ⅴ欠耐蚀	8	1.0～5.0
Ⅲ耐蚀	4	0.01～0.05		9	5.0～10.0
	5	0.05～0.1	Ⅵ不耐蚀	10	>10.0

注：此标准源于苏联标准 ГОСТ 5272-50。

2) 晶间腐蚀

这种腐蚀沿金属晶粒边缘进行(图 9.4)，危险性最大。虽然它通常不引起金属外形的任何变化，却使结构和零件的力学性能急剧降低，致使设备突然破坏。

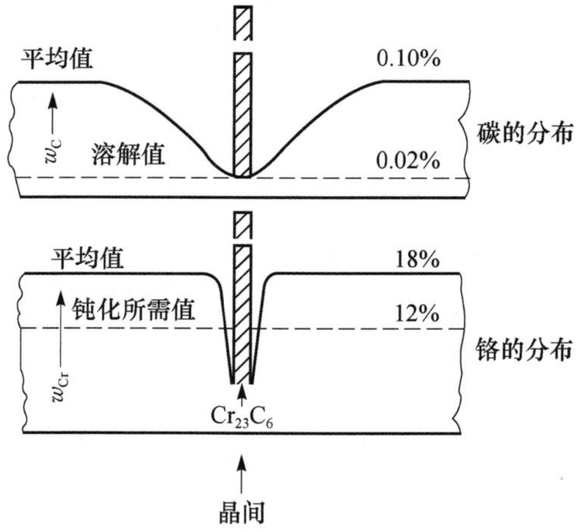

图 9.4　晶间腐蚀时晶界贫铬的示意图[8]

晶间腐蚀在铬镍奥氏体不锈钢与高铬铁素体不锈钢中均可见到，但出现这种腐蚀的条件及避免这种腐蚀的热处理恰好相反。

含碳 0.03%～0.12%的奥氏体不锈钢经过 1050～1100℃固溶处理后，碳化物溶解于奥氏体中，淬火后碳保留在奥氏体中处于过饱和状态。若在 400～800℃区间加热，碳自过饱和的奥氏体中以碳化铬($Cr_{23}C_6$)的形式沿晶界析出，使晶界附近的奥氏体的铬含量降至不锈钢耐腐蚀需要的最低含量以下，从而使腐蚀集中在晶界的贫铬区，成为微阳极，$Cr_{23}C_6$ 和其余奥氏体区为微阴极(图 9.4)。这种贫铬区的存在已为一些实验结果所证实。

铁素体不锈钢的晶间腐蚀则发生在自 925℃以上急速冷却(如水淬)后，这种易受晶间腐蚀的状态经过700～800℃短时回火便可消除。一般认为，铁素体不锈钢晶间腐蚀也是由于晶界析出 $Cr_{23}C_6$ 引起贫铬区的出现，C和N在铁素体中的固溶度远小于在 γ 中的固溶度，而C和N在晶界吸附趋势大，因而 $Cr_{23}C_6$ 在晶界的析出很快，一般的冷淬无法抑制晶界析出。由于Cr在铁素体中扩散较在奥氏体中快，因而退火处理可以较快地消除贫铬现象。

在生产中检验不锈钢晶间腐蚀的方法是试样经过在晶间腐蚀敏感的温度范围进行晶间腐蚀灵敏化处理，即敏化处理，然后将试样置于加速晶间腐蚀剂中。试验完毕后，可将试样用弯曲法、声音法、电阻法、失重法等检验其晶间腐蚀倾向的大小。如发生晶间腐蚀，则用弯曲法将试样弯曲成90°可看出弯曲部位有裂纹，严重者发生断裂。用试样从1.5m高度落在水泥地上听声音可听到丧失金属声。电阻法可测定由于晶间腐蚀使试样有效截面减少而引起的电阻增加。失重法可发现腐蚀量随试验时间增长而增加。有关不锈钢晶间腐蚀试验方法的具体规定，可参阅GB/T 4334—2008《金属和合金的腐蚀　不锈钢晶间腐蚀试验方法》。

3）缝隙腐蚀

缝隙腐蚀是指在介质中，由于金属与金属或金属与非金属之间形成很小的缝隙，使缝内介质处于滞流状态，从而引起缝内金属的加速腐蚀。

许多金属构件由于设计不合理或者由于加工缺陷等均会造成缝隙，如法兰连接面、螺母压紧面、锈层等都可能存在缝隙，泥沙、积垢、杂屑等沉积于金属表面，也可能形成缝隙。能引起缝隙腐蚀的缝宽一般为0.025～0.1mm。宽度大于0.1mm的缝隙内的介质不会形成滞流，缝隙过窄，介质进不去，在这种情况下，都不会形成缝隙腐蚀。

下面以碳钢为例讨论在有氯离子和无氯离子介质中缝隙腐蚀的机理。

腐蚀刚开始时，氧的去极化腐蚀在缝内外均匀进行。因滞流关系，氧只能以扩散方式向缝内迁移，使缝内的氧消耗后难以得到补充，氧的还原反应很快便终止，而缝外的氧可以连续地得到补充，于是缝内金属表面和缝外金属表面之间组成了氧浓差电池，缝内是阳极，缝外是阴极。由于阳极的面积相对于阴极要小得多，结果缝内金属发生强烈的溶解，在缝口处腐蚀产物逐步沉积，使缝隙发展为闭塞电池。

缝内 Fe^{2+} 不断增多，在有氯离子的情况下，缝外 Cl^- 在电场作用下移向缝内，它与 Fe^{2+} 生成的 $FeCl_2$ 将水解：

$$FeCl_2 + 2H_2O \longrightarrow Fe(OH)_2 + 2HCl \tag{9.1}$$

生成腐蚀性很强的HCl。

缝内积累的 Fe^{2+} 会发生水解：

$$3Fe^{2+} + 4H_2O \longrightarrow Fe_3O_4 + 8H^+ + 2e \tag{9.2}$$

使缝内酸度增加，加速腐蚀。

在无氯离子的情况下，上述氧的浓差电池和缝内铁离子的水解会使缝内碳钢加速腐蚀。

为防止缝隙腐蚀，在结构设计时，应避免形成缝隙和易积液的死角，可用焊接代替螺栓连接，在缝隙中间加固体填料等方法。

4）点蚀

点蚀以腐蚀破坏形貌为点状的凹窝而命名，亦称点腐蚀、孔蚀。点蚀集中在金属表面不大的区域内,并且迅速地向深处发展,最后穿透金属。点蚀是不锈钢常见的腐蚀破坏类型之一。

点蚀的诱发不是由于浓差电池,而主要是由于金属表面的缺陷,如非金属夹杂物、晶界等。当金属表面形成钝化膜、保护膜时,这些缺陷造成的内应力会诱发表面膜产生各种缺陷。介质中的活性阴离子,往往是 Cl^-,能优先吸附于这些缺陷处,或者挤掉吸附的 OH^- 等离子,或者穿过膜的孔隙直接与金属接触后发生作用,形成可溶性化合物,引起金属表面的微区溶解生成蚀孔而形成微阳极,成为点蚀核心,其他区域为阴极,组成了微电池。孔内介质呈滞流状态,其中的金属离子(Fe^{2+}、Cr^{3+}、Ni^{2+})浓度将会上升,在电场力的作用下,半径小的 Cl^- 不断迁入孔内,以维持孔内介质的电中性,使孔内形成金属氯化物,如 $FeCl_3$ 等的浓溶液,并发生如式(9.1)所示的水解,使孔内的氢离子浓度,即酸度增加,并使蚀孔的腐蚀速率加快,形成了不锈钢的点蚀。

增加不锈钢抗点蚀能力最有效的元素是 Cr、Mo,其次是 N。

点蚀的蚀孔有大有小,多为小孔,其直径尺寸等于或小于它的深度尺寸。其直径只有几十微米,蚀孔的形状不规则,分布也往往不均匀。

点蚀也是一种危害性很大的腐蚀破坏,尤其对于各种容器是极不利的。点蚀不能按腐蚀后的质量损失来评定,因为在很多情况下单位面积上的质量损失很小,而腐蚀坑的深度却很大,例如,厚度为 6mm 的 18Cr-8Ni 奥氏体不锈钢钢板在流动海水中试验 438 天,质量损失仅 0.7mg/(dm^2 · 24h),但点蚀已使之蚀穿。所以一般是用单位面积上的腐蚀坑数量及最大深度来评定不锈钢的点蚀倾向大小。

5) 应力腐蚀破裂

应力腐蚀破裂(stress corrosion cracking,SCC)是静拉应力与腐蚀共同作用下导致的一种损坏,表现为断裂,断口呈脆性断裂的形态。腐蚀对断裂的影响可以是通过对裂纹前端的阳极溶解,也可以是通过氢原子的作用使裂纹前端变脆。

不锈钢在拉应力状态下,在某些介质中经过一段不长时间,就会发生破裂,随着拉应力的加大,发生破裂的时间缩短。当取消拉应力时,钢的腐蚀量很小,并且不发生破裂。应力的来源通常是由于金属经过不正确的热处理或焊接和冷加工过程产生的残余应力,也可能是外加负荷,或者二者同时存在。

应力腐蚀破坏的特征是裂缝和拉应力方向垂直,断口呈脆性破坏,显微分析可在断口附近发现许多裂纹,它们多沿晶界分布,也有穿晶分布,或晶界与穿晶混合分布。

应力腐蚀破裂时,腐蚀介质是特定的,只有某些金属-介质的组合才产生应力腐蚀破裂,如奥氏体不锈钢的氯脆、高强度钢的氢脆等。

一般认为,产生奥氏体不锈钢应力腐蚀是应力和电化学腐蚀共同作用的结果。奥氏体不锈钢在介质中形成钝化膜,在应力的作用下出现滑移台阶导致表面膜破裂,膜的局部破坏造成裸露金属成为小阳极,小阳极的溶解逐步形成裂纹,在应力与环境的共同作用下,破裂过程加速发展。应力腐蚀的另一种机制是氢脆机制,认为蚀坑或裂纹内形成闭塞电池,使裂纹尖端或蚀坑底的介质具有低的 pH,满足了阴极析氢的条件,氢原子吸附于金属表面引起氢脆,而导致应力腐蚀。

在介质的影响下,裂纹可以在低于 K_{IC} 时扩展而导致断裂,如图 9.5 所示。人们定义裂纹"长"时间或给定时间不扩展的应力场强度因子 K_I 值为 K_{ISCC},K_{ISCC} 也是一种韧性参量，它与 K_{IC} 的差异便是介质的影响[2]。K_{ISCC}/K_{IC} 则是衡量材料应力腐蚀敏感性的指标。

当应力腐蚀裂纹前端的 $K_I > K_{ISCC}$ 时，裂纹会随时间而长大，裂纹扩展速率以 da/dt 表示。应力腐蚀的发展通常分为三个阶段：第一阶段包括孕育期、表面膜的蚀穿、裂纹的形核；第二阶段为裂纹相对稳定扩展阶段；第三阶段为裂纹快速扩展和断裂阶段。实践中，第一阶段往往最长，成为整个过程的控制阶段。

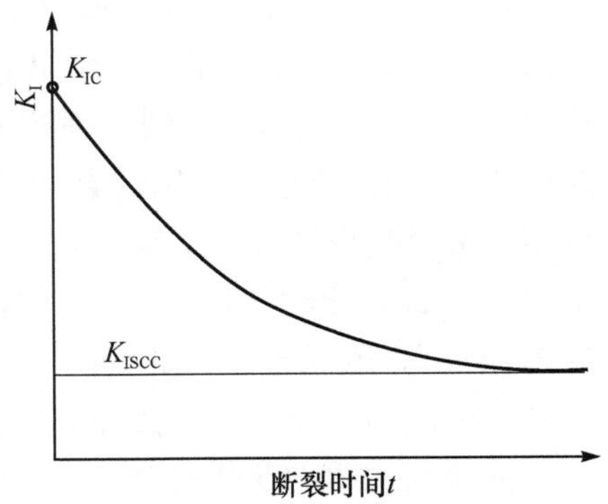

图 9.5 K_{ISCC} 与 K_{IC} 的关系[2]

18Cr-8Ni 奥氏体不锈钢对氯脆的敏感性很大。镍含量高于 8%时，镍含量越高，抗氯脆能力越大。镍含量低于 8%时，镍含量越低，抗氯脆能力越大。这是由于生成的复相钢和铁素体不锈钢的氯脆趋势较小。用锰氮代替镍的铬锰氮奥氏体不锈钢有较好的抗氯脆性能。

在 18Cr-8Ni 奥氏体不锈钢中加入 1%～2%Mo 将增加氯脆趋势。钛和铌都增加铬镍奥氏体不锈钢对氯脆的敏感性。

无论在奥氏体钢或复相钢中加入 1.5%以上的硅均能显著改善钢的抗应力腐蚀断裂性能。硅能显著缩小 γ 区，因此含硅较高的钢会含有 δ 相，形成复相钢。

有关奥氏体不锈钢氯脆各种影响因素的深入分析及其机理的研究可参阅有关文献[2]。

测量 K_{ISCC} 比较简单，最常用的是悬臂梁弯曲试验，试样采用和测 K_{IC} 的标准三点弯曲试样相同，但要长一些。样品一端固定于立柱上，另一端与一个力臂相连，力臂的另一端加上载荷。在样品的预裂纹周围配置所研究的环境，还可以同时测出 da/dt-K_I 曲线[9]。我国于 1995 年开始，制定了国家推荐标准 GB/T 15970—1995《金属和合金的腐蚀 应力腐蚀试验》，直至 2007 年先后发布了第 1～第 9 共 9 个部分。

6）腐蚀疲劳

腐蚀疲劳是在交变应力作用下钢在腐蚀介质中的腐蚀破坏。汽轮机叶片、水泵零件、船舶螺旋桨轴及在腐蚀介质中工作的弹簧等，均可因腐蚀疲劳而破坏。腐蚀疲劳破坏的过程是，先在零件表面因介质作用形成腐蚀坑，然后在介质与交变应力作用下发展疲劳裂纹，逐渐扩张至零件疲劳断裂。因此，断口保留疲劳破坏的特征。在显微分析时裂纹多以穿晶的形式发展。

腐蚀疲劳不同于机械疲劳，它没有一定的疲劳极限，因为在腐蚀与疲劳破坏共同影响下，随着循环次数增加，疲劳强度一直是降低的，所以比较材料的腐蚀疲劳强度，只有在一定的循环次数下才有可能。

9.2 不锈钢的组织和分类

9.2.1 不锈钢的组织

广泛使用的不锈钢仍然是高铬钢，因此首先分析 Fe-Cr 二元平衡图，然后讨论碳对 Fe-Cr 相图的影响。

图 2.12 为 Fe-Cr 二元平衡图。Fe 和 Cr 的原子半径尺寸相近(表 2.1),Cr 加入 Fe 中后可以与 α-Fe 无限互溶。约在 12%Cr 和 1000℃时封闭 γ 区,以后是 $\alpha+\gamma$ 两相区,当铬含量超过 14%后,将得到 α 固溶体。需要指出,γ 区和 $\alpha+\gamma$ 区边界的测定结果与所用原料的纯度有关,早期使用的原料不可能很纯,所含碳及氮较高。图 2.12 的 γ 区和 $\alpha+\gamma$ 双相区边界数据来自于文献[10]。

由图 2.27 Fe-Cr-C 在 700℃时的平衡图可以看出,随 Cr/C 的增加,钢中先后生成 $(Fe,Cr)_3C$、$(Fe,Cr)_7C_3$ 和 $(Fe,Cr)_{23}C_6$。铬是缩小 Fe-C 合金 γ 相区的元素,图 2.34 可以显示铬缩小 γ 相区的趋势,当铬含量为 20%时,γ 相区缩小为一点。

碳能扩大 Fe-Cr 平衡图的 γ 相区,但其溶解度极限却随铬含量的提高而减少。图 9.6 表明,在碳含量为 0.6%的 Fe-Cr-C 合金中,铬含量达 18%时高温下仍为单一的 γ 相;铬含量范围在 18%～27%时,钢在高温时的组织为 $\alpha+\gamma$ 相;铬含量高于 27%时,钢的组织将成为单一的 α 相,不可能产生马氏体相变。碳含量为 0.6%和铬含量为 18%时,单一的 γ 相区最宽,如果继续提高碳含量,将生成碳化物相。

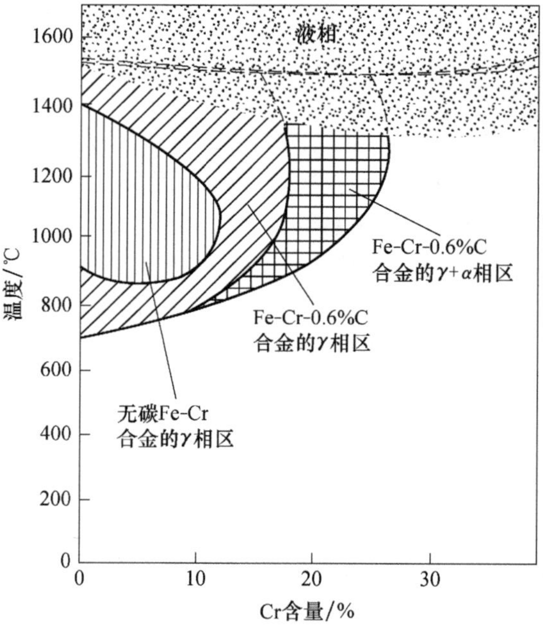

图 9.6　碳含量对 Fe-Cr 合金组织的影响[8]

虚线为无碳 Fe-Cr 合金的液相线和固相线

不锈钢的铬含量一般在 12%以上,在 Fe-Cr-C 合金中,马氏体钢铬含量为 12%～18%,铁素体钢铬含量为 15%～30%,这两类钢的铬含量有重复的区域(15%～18%),至于属于哪一类,取决于其碳含量。

含铬的奥氏体(γ 相)不稳定,只存在于高温区,缓冷时转变为铁素体(α 相),急冷时可以转变为马氏体;加入碳之后,可以扩大 γ 相区;速冷后,可以获得部分残余奥氏体,但高碳的奥氏体在冷却过程中易于析出碳化铬而降低基体中的铬含量,降低了钢的耐蚀性。

为了能在室温获得稳定的奥氏体,可在 Fe-C 中加入镍和锰,两者都是扩大 γ 相区的元素。图 2.5、图 2.7 分别为 Fe-Mn 和 Fe-Ni 的平衡图,Fe-Mn 和 Fe-Ni 均可生成无限互

溶的 γ 相区。

图 9.7 为 Fe-Cr-Ni 三元系在高温的相图，可以看出，由于镍的存在，在 1100℃下，γ 相区扩展到较高的铬含量，这种高温稳定的 γ 相急冷到室温，形成如图 9.8 所示的室温下的各种亚稳相及稳定相。

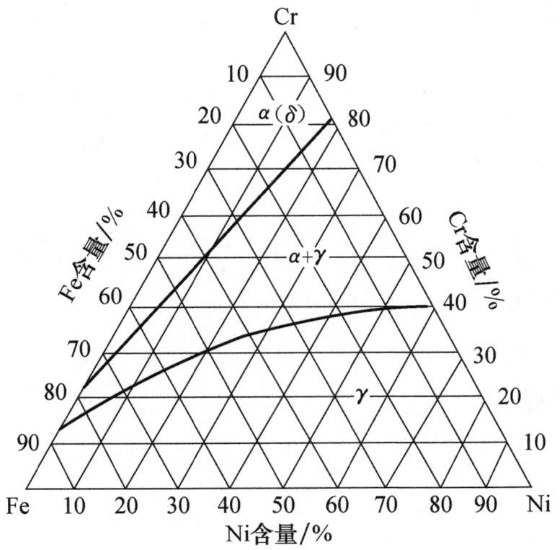

图 9.7　Fe-Cr-Ni 三元系 1100℃等温截面相图[4]

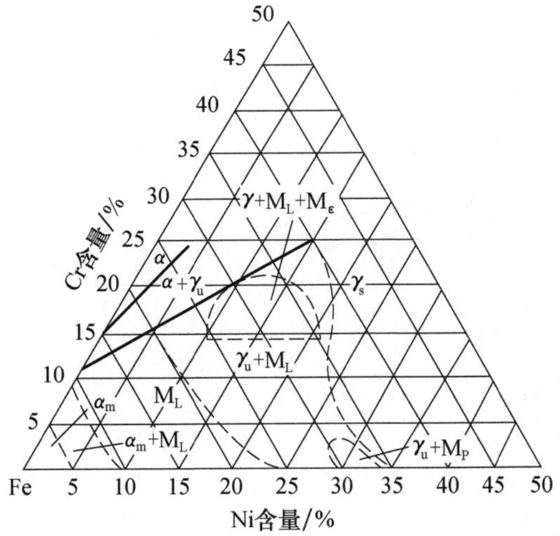

图 9.8　Fe-Cr-Ni 三元系的室温组织(1100℃淬火)[4]

α_m—由 $\gamma\rightarrow\alpha$ 转变形成的铁素体；M_L—小板条的马氏体；M_P—大的板形马氏体；

M_ε—密排六方的 ε 马氏体；γ_u—亚稳奥氏体；γ_s—稳定奥氏体

虽然锰和镍一样可以扩展和稳定 γ 相，但在奥氏体不锈钢中用锰完全代替镍是有困难的。根据 Fe-Cr-Mn 三元相图(图 9.9 及图 9.10)，当铬含量大于 15%时，锰含量的增加并不能避免 α 相的出现。为了节约镍，在 18Cr-8Ni 奥氏体不锈钢中，可以用 8%Mn 代替其中的 4%Ni。图 9.11 为 Fe-Cr-Ni-Mn 相图，可以看出，在 Cr-Mn 钢中加入少量的氮可使获得奥氏体组织所需的镍含量大大减少。图 9.12 也表明，在含 18.5%Cr 的钢中，加入少量的氮可以显著减少为获得奥氏体所需的镍含量。

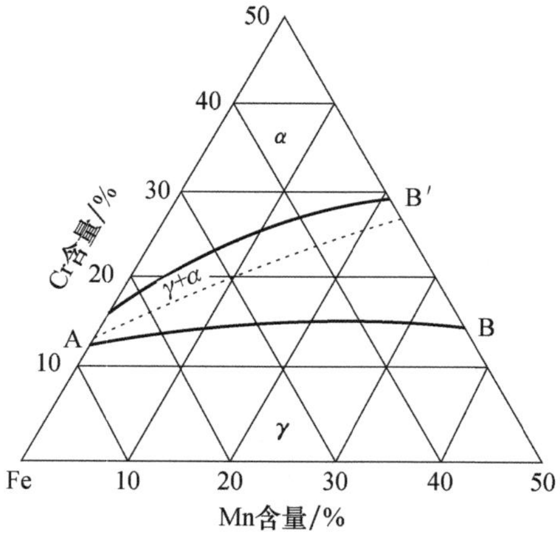

图 9.9　Fe-Cr-Mn 三元系(0.1%C)
在 1000℃的等温截面[11]
虚线为 Fe-Cr-Ni 系 $\gamma/\gamma+\alpha$ 分界线

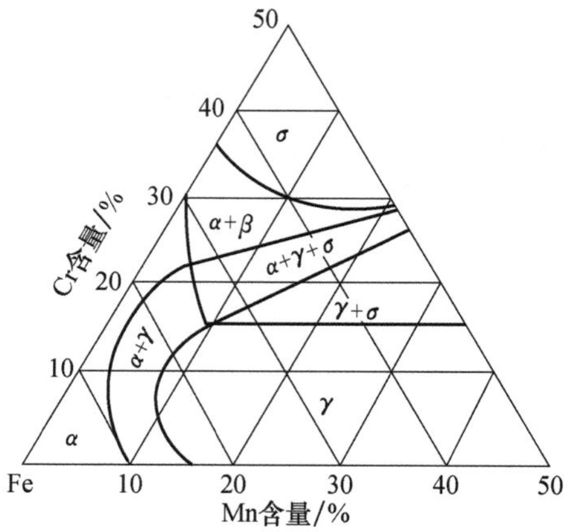

图 9.10　Fe-Cr-Mn 系(0.1%C)
在 650℃时的相区分布[11]

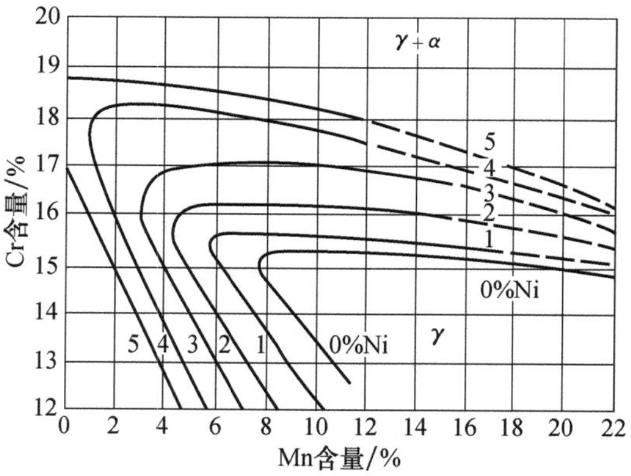

图 9.11　含 0.12%～0.15%C 及 0.08%～
0.15%N 的 Fe-Cr-Ni-Mn 合金从 1075℃
冷却后的组织[12]

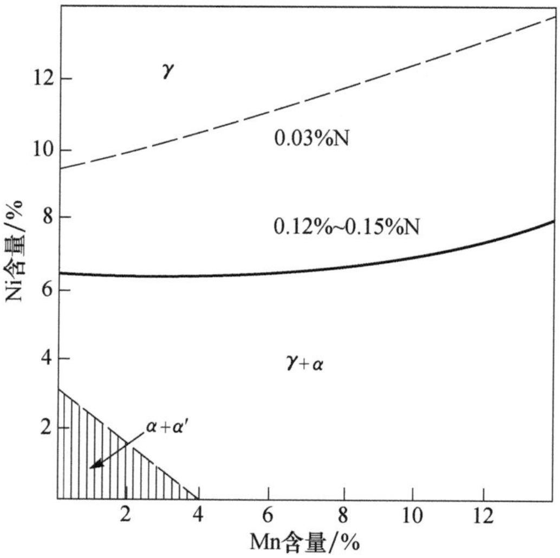

图 9.12　Ni、Mn、N 对含 18.5%Cr 合金
(含 0.05%～0.08%C)从 1075℃冷却后
组织的影响[12]

合金元素对不锈钢组织的影响基本上可以分为两大类:一类是扩大奥氏体区或稳定奥氏体的元素,它们是碳、氮、镍、锰、铜等;另一类是封闭或缩小奥氏体区形成铁素体的元素,它们是铬、硅、钛、铌、钼等。当这两类作用不同的元素同时存在于不锈钢中时,不锈钢的组织就取决于它们互相作用的结果。如形成铁素体的元素在钢中占优势,钢的基体组织就是铁素体;如稳定奥氏体的元素在钢中占优势,钢的基体组织则为奥氏体;如稳定奥氏体的元素的作用程度还不足以使钢的马氏体转变点(M_s)降至室温以下,自高温冷却的奥氏体在高于室温即转变为马氏体,这样钢的基体组织就是马氏体。为了简便起见,可把铁素体形成元素折合成铬的作用,把奥氏体形成元素折合成镍的作用,而制成铬当量

$[Cr]_{eq}$ 和镍当量 $[Ni]_{eq}$ 图，以表明钢的实际成分和所得到的组织状态，见图 9.13。该图适用于从高温快速冷却的 Cr-Ni 系不锈钢，因而可以用来确定焊缝冷却后的组织。其中：

$$[Ni]_{eq} = w_{Ni} + 0.5w_{Mn} + 30w_{C} \tag{9.3}$$

$$[Cr]_{eq} = w_{Cr} + w_{Mo} + 1.5w_{Si} + 0.5w_{Nb} \tag{9.4}$$

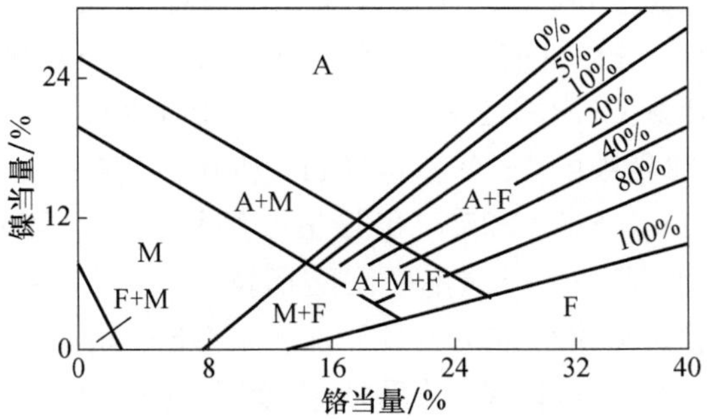

图 9.13　不锈钢组织图(Schaeffler 图)[13]

图 9.13 虽不能十分确切地确定不锈钢中的组织，但仍可以帮助了解稳定奥氏体元素和铁素体形成元素对不锈钢中组织的相对影响，粗略地分析一些具有复杂化学成分的不锈钢组织。

图 9.14 是从大量 Cr-Ni 奥氏体不锈钢的试验数据中整理得到的，适用于 1150℃热加工后冷却状态的不锈钢组织。该图考虑了元素间的交互作用：

$$w_{Cr'} = w_{Cr} + 3w_{Si} + 10w_{Ti'} + w_{Mo} + 4w_{Nb'} \tag{9.5}$$

$$w_{Ni'} = w_{Ni} + 0.5w_{Mn} + 21w_{C} + 11.5w_{N} \tag{9.6}$$

式中，$w_{Ti'}$、$w_{Nb'}$ 分别表示这些元素的有效含量(%)：

$$w_{Ti'} = w_{Ti} - 4[(w_{C} - 0.03) + w_{N}]$$

$$w_{Nb'} = w_{Nb} - 8[(w_{C} - 0.03) + w_{N}]$$

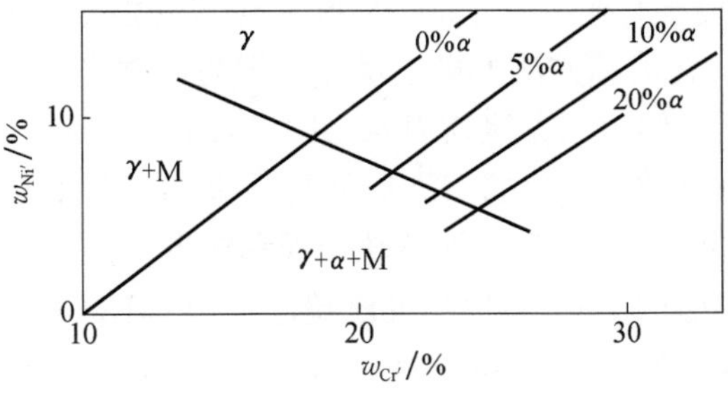

图 9.14　1150℃热加工空冷后不锈钢组织[14]

9.2.2　不锈钢的分类

不锈钢钢种多，性能各异，常见的分类方法有：按钢的组织结构分类、按钢的性能特点和用途分类、按钢的功能特点分类、按钢中的主要化学元素或一些特征元素分类等。目前已被广泛接受和使用的是以钢的组织结构为主要依据的分类方法，将不锈钢分为：①马氏体不锈钢(也称马氏体型不锈钢)；②铁素体不锈钢(也称铁素体型不锈钢)；③奥氏体不锈钢(也称奥氏体型不锈钢);④奥氏体-铁素体双相不锈钢(也称奥氏体-铁素体型不锈钢);⑤沉淀硬化不锈钢(也称沉淀硬化型不锈钢)。前四类按钢的最终组织结构确定,第五类以使用的热处理方式命名。

我国不锈钢的标准最早见于重 20—52 和重 21—52,两者基本上是苏联标准的翻版。重 20—52 是牌号标准,所列的不锈耐酸钢有 18 个牌号:Cr13、2Cr13、3Cr13、4Cr13、Cr14、Cr17、Cr18、Cr25、Cr28、Cr17Ni2、0Cr18Ni9、1Cr18Ni9、2Cr18Ni9、1Cr18Ni9Ti、Cr18Ni11Ti、Cr13Ni4Mn9、Cr18Ni12Mo2Ti、Cr18Ni12Mo3Ti。重 21—52 是产品技术条件,所列牌号包括上列牌号中的 16 个牌号(Cr14 和 0Cr18Ni9 除外)外,还有 Cr23Ni13、Cr23Ni18、Cr25Ti、Cr20Ni14Si2、Cr25Ni20Si2 五个牌号。1959 年对重 20—52 和重 21—52 进行修订,合并制定了 YB 10—59《不锈耐酸钢技术条件》,共 36 个牌号,按所含合金元素分类。1975 年批准为国家标准的 GB 1220—75《不锈耐酸钢技术条件》,包括了 45 个牌号,并按组织类型分为铁素体型、马氏体型、奥氏体型、奥氏体-铁素体型、沉淀硬化型。这种分类方法沿用至今。在此期间还制定了不锈钢棒、钢板、钢管、钢丝等一系列专用标准。

20 世纪 80 年代,参考了国际标准和国外先进标准,并结合我国实际情况修改和制定了一系列不锈钢标准。

1984 年制定的 GB 1220—84《不锈钢棒》列入了 55 个牌号,大多数牌号能与 JIS 或 ASTM 标准牌号对应。1992 年又修改为 GB 1220—92《不锈钢棒》,列入了 64 个钢号,大多数牌号具有世界的通用性和先进性,同时也充分考虑了我国的实际使用要求和资源情况。2007 年发布的 GB/T 1220—2007《不锈钢棒》中仍列入 64 个钢号,与 GB 1220—92 比较有了较大的修改:取消了 1Cr18Mn10Ni5Mo3N、0Cr18Ni12Mo2Ti、0Cr25Ni5Mo2、1Cr18Ni12Mo2Ti、1Cr18Ni12Mo3Ti 和 1Cr18Ni9Ti,后面三种不锈钢在 GB 1220—92 中已列为在一般情况下不推荐使用的牌号;增加了 6 个牌号,其中奥氏体-铁素体型 4 个:022Cr22Ni5Mo3N、022Cr23Ni5Mo3N、022Cr25Ni6Mo2N、03Cr25Ni6Mo3Cu2N,马氏体型 1 个:17Cr16Ni2,沉淀硬化型 1 个:05Cr15Ni5Cu4Nb;根据国际通用牌号成分调整了 21 个钢号的化学成分。在冶炼方法上提出优先采用初炼钢水加炉外精炼工艺,修改了一些牌号的性能指标。钢号的表示方法均遵照 GB/T 221—2008。

除 GB/T 1220—2007 外,重要的不锈钢标准还有 GB/T 4237—2007《不锈钢热轧钢板和钢带》和 GB/T 3280—2007《不锈钢冷轧钢板和钢带》等。

我国已制定出的有关不锈钢的国家标准已超过 60 个,还有一些行业不锈钢标准。

由于不锈钢的标准和牌号甚多,我国在 1984 年制定了一项基础性标准,2007 年进行了修改,即 GB/T 20878—2007《不锈钢和耐热钢　牌号及化学成分》。该标准建立了我国不锈钢和耐热钢牌号标准系列,供制定各个不锈钢标准时使用,以避免混乱。许多牌号既是不锈钢又是耐热钢,因此该标准包括了这两大类。该标准列有 143 个牌号,其中奥氏体型 66 个、奥氏体-铁素体型 11 个、铁素体型 18 个、马氏体型 38 个、沉淀硬化型 10 个,新纳入国际通用的牌号 37 个,删除了现行标准中落后的牌号 21 个(如 1Cr18Ni9Ti),对现行标准中的 22 个牌号中的化学成分进行了调整。

GB/T 4237—2007 和 GB/T 3280—2007 这两个标准最近又修改为 GB/T 4237—2015《不锈钢热轧钢板和钢带》和 GB/T 3280—2015《不锈钢冷轧钢板和钢带》。在这两个标准中均增加了 23 个牌号及相关技术要求，调整了 5 个牌号的化学成分，调整了 13 个牌号的力学性能，将原牌号 022Cr18NbTi 修改为 022Cr18Nb。这两个标准中列入的牌号相同，均为 95 个，化学成分相同，其中奥氏体型 39 个、奥氏体-铁素体型 17 个、铁素体型 23 个、马氏体型 10 个、沉淀硬化型 6 个。

下面介绍 GB/T 20878—2007 中所列各类不锈钢和 GB/T 4237—2015 及 GB/T 3280—2015 中新增加的不锈钢的化学成分和性能要求。

1）马氏体型不锈钢

马氏体型不锈钢在正常淬火温度下是纯奥氏体组织，淬火后的基体组织为马氏体。如果钢中含有较高的碳，在奥氏体化时仍保留部分未溶碳化物，淬火后的组织为马氏体＋碳化物及少量残余奥氏体。表 9.2 为 GB/T 20878—2007 中列入的 21 个马氏体型不锈钢的钢号与化学成分。表 9.3 为我国马氏体型不锈钢新旧牌号和相应美国、日本和国际标准牌号的对照。表 9.4 为我国马氏体型不锈钢钢棒和试样热处理后的力学性能。表 9.5 为马氏体型不锈钢热轧钢板和钢带及冷轧钢板和钢带的化学成分。

2）铁素体型不锈钢

铁素体型不锈钢在加热、冷却时都没有 $\alpha \leftrightarrow \gamma$ 转变，始终保持铁素体组织。含铬大于 14％的低碳铬不锈钢，含铬 27％以上的任何碳含量的铬不锈钢，以及在高铬不锈钢的基础上再添加钼、钛、铌等元素的不锈钢，形成铁素体的元素占绝对优势，因此均属铁素体型不锈钢。

GB/T 20878—2007 列入了 15 个铁素体型不锈钢的钢号。由于近年国内外加速了现代铁素体型不锈钢的研究和发展，在新修订的 GB/T 4237—2015 及 GB/T 3280—2015 中列入的铁素体型不锈钢的钢号有 23 个，有 9 个是新加入的，去掉了 GB/T 20878—2007 中的 Y10Cr17。表 9.6 为 GB/T 20878—2007、GB/T 4237—2015 及 GB/T 3280—2015 中列入的铁素体型不锈钢的钢号及其化学成分。表 9.7 为我国铁素体型不锈钢新旧牌号和相应美国、日本和国际标准牌号的对照。表 9.8 为我国铁素体型不锈钢热处理后的力学性能。

3）奥氏体型不锈钢

奥氏体型不锈钢是不锈钢中最重要的钢类，其生产量和使用量约占不锈钢总产量的 80％，钢号也最多。

奥氏体型不锈钢的基体应为奥氏体组织（γ 相）。按照获得奥氏体基体的合金化方式，奥氏体型不锈钢可分为铬镍不锈钢和铬锰不锈钢。前者以镍为主要奥氏体化元素，是奥氏体型不锈钢的主要部分。后者的奥氏体化元素除锰之外，还有氮，并常常含有适量的镍，这一系列多被称为铬锰氮或铬锰镍氮不锈钢。

在 GB/T 20878—2007 中列入了 42 个奥氏体型不锈钢的牌号。在新修订的 GB/T 4237—2015 及 GB/T 3280—2015 中列入的奥氏体型不锈钢的牌号有 39 个，有 7 个是新加入的，其中 5 个是 GB/T 20878—2007 中未列入的。表 9.9 为 GB/T 20878—2007、GB/T 4237—2015 及 GB/T 3280—2015 中列入的我国奥氏体型不锈钢的钢号及其化学成分。表 9.10 为我国奥氏体型不锈钢新旧牌号和相应美国、日本和国际标准牌号的对照。表 9.11 为奥氏体型不锈钢钢棒的热处理与力学性能。表 9.12 为奥氏体型不锈钢钢板和钢带热处理后的力学性能。

表 9.2　我国马氏体型不锈钢的钢号与化学成分(GB/T 20878—2007)　　(单位:%)

钢号	C	Si	Mn	P	S	Cr	Ni	Mo	其他
12Cr12	0.15	0.50	1.00	0.040	0.030	11.50～13.00	(0.60)	—	—
06Cr13	0.08	1.00	1.00	0.040	0.030	11.50～13.00	(0.60)	—	—
12Cr13	0.08～0.15	1.00	1.00	0.040	0.030	11.50～13.00	(0.60)	—	—
04Cr13Ni5Mo	0.05	0.60	0.50～1.00	0.030	0.030	11.50～14.00	3.5～5.5	0.50～1.00	—
Y12Cr13	0.15	1.00	1.25	0.060	≥0.15	12.00～14.00	(0.60)	(0.60)	—
20Cr13	0.16～0.25	1.00	1.00	0.040	0.030	12.00～14.00	(0.60)	—	—
30Cr13	0.26～0.35	1.00	1.00	0.040	0.030	12.00～14.00	(0.60)	—	—
Y30Cr13	0.26～0.35	1.00	1.25	0.060	≥0.15	12.00～14.00	(0.60)	—	—
40Cr13	0.36～0.45	0.60	0.80	0.040	0.030	12.00～14.00	(0.60)	—	—
Y25Cr13Ni2	0.20～0.30	0.50	0.80～1.20	0.06～0.12	0.15～0.25	12.00～14.00	1.50～2.00	(0.60)	—
14Cr17Ni2	0.11～0.17	0.80	0.80	0.040	0.030	16.00～18.00	1.50～2.50	—	—
17Cr16Ni2	0.12～0.22	1.00	1.50	0.040	0.030	15.00～17.00	1.50～2.50	—	—
68Cr17	0.60～0.75	1.00	1.00	0.040	0.030	16.00～18.00	(0.60)	(0.75)	—
85Cr17	0.75～0.95	1.00	1.00	0.040	0.030	16.00～18.00	(0.60)	(0.75)	—
108Cr17	0.95～1.20	1.00	1.00	0.040	0.030	16.00～18.00	(0.60)	(0.75)	—
Y108Cr17	0.95～1.20	1.00	1.25	0.040	≥0.15	16.00～18.00	(0.60)	(0.75)	—
95Cr18	0.90～1.00	0.80	0.80	0.040	0.030	17.00～19.00	—	—	—
13Cr13Mo	0.08～0.18	0.60	1.00	0.040	0.030	11.50～14.00	(0.60)	0.30～0.60	—
32Cr13Mo	0.28～0.35	0.80	1.00	0.040	0.030	12.00～14.00	(0.60)	0.50～1.00	—
102Cr17Mo	0.95～1.10	0.80	0.80	0.040	0.030	16.00～18.00	—	0.40～0.70	—
90Cr18MoV	0.85～0.95	0.80	0.80	0.040	0.030	17.00～19.00	—	1.00～1.30	0.07～0.12V

注:表中所列化学成分,除表明范围或最小值外,其余均为最大值。括号内数值为合金元素允许添加的最大值。

表 9.3 我国马氏体型不锈钢新旧牌号和美国、日本和国际标准牌号对照

新牌号（GB/T 20878—2007）	旧牌号	GB/T 4237—2015，GB/T 3280—2015	美国 ASTM A959-04	日本 JIS G4303-1998，JIS G4311-1991 等	国际 ISO 15510，ISO 4955
12Cr12	1Cr12	12Cr12	403	SUS 403	—
06Cr13	0Cr13	06Cr13	410S	SUS 410S	X6Cr13
12Cr13	1Cr13	12Cr13	410	SUS 410	X12Cr13
04Cr13Ni5Mo	—	04Cr13Ni5Mo	—	SUS F6NM	X3CrNiMo13-4
Y12Cr13	Y1Cr13	—	416	SUS 416	XCrS13
20Cr13	2Cr13	20Cr13	420	SUS 420J1	X20Cr13
30Cr13	3Cr13	30Cr13	420	SUS 420J2	X30Cr13
Y30Cr13	Y3Cr13	—	420F	SUS 420F	X29CrS13
40Cr13	4Cr13	40Cr13	—	—	X39Cr13
Y25Cr13Ni2	Y2Cr13Ni2	—	—	—	—
14Cr17Ni2	1Cr17Ni2		—	—	—
17Cr16Ni2	—	17Cr16Ni2	431	SUS 431	X17CrNi16-2
—	—	50Cr15MoV	—	—	X50CrMoV15
68Cr17	7Cr17	68Cr17	440A	SUS 440A	—
85Cr17	8Cr17	—	440B	SUS 440B	—
108Cr17	11Cr17	—	440C	SUS 440C	X105CrMo17
Y108Cr17	Y11Cr17	—	440F	SUS 440F	—
95Cr18	9Cr18	—	—	—	—
13Cr13Mo	1Cr13Mo	—	—	SUS 410J1	—
32Cr13Mo	3Cr13Mo	—	—	—	—
102Cr17Mo	9Cr18Mo	—	S44001,440C	SUS440C	X105CrMo17
90Cr18MoV	9Cr18MoV	—	S44003,440B	SUS 440B	—
50Cr15MoV	—	—	—	—	X50CrMoV15

表 9.4 我国马氏体型不锈钢钢棒和试样热处理后的力学性能(GB/T 1220—2007)

钢号	退火工艺及退火后钢棒硬度 HBW		淬火-回火工艺及淬回火后试样力学性能(不小于)							
	工艺	硬度	淬火工艺	回火工艺	$\sigma_{p0.2}$/MPa	σ_b/MPa	δ/%	ψ/%	A_k/J	硬度
12Cr12	800～900℃缓冷或约 750℃快冷	≤200	950～1000℃油冷	700～750℃快冷	390	590	25	55	118	170HBW
06Cr13	800～900℃缓冷或约 750℃快冷	≤183	950～1000℃油冷	700～750℃快冷	345	490	24	60	—	—
12Cr13	800～900℃缓冷或约 750℃快冷	≤200	950～1000℃油冷	700～750℃快冷	345	540	25	55	78	159HBW
04Cr13Ni5Mo	—	≤302	退火处理		620	795	15	—	—	—
Y12Cr13	800～900℃缓冷或约 750℃快冷	≤200	950～1000℃油冷	700～750℃快冷	345	540	25	55	78	159HBW
20Cr13	800～900℃缓冷或约 750℃快冷	≤223	920～980℃油冷	650～750℃快冷	540	640	20	50	63	192HBW
30Cr13	800～900℃缓冷或约 750℃快冷	≤235	920～980℃油冷	650～750℃快冷 200～300℃空冷	540	735	12	40	24	217HBW
Y30Cr13	800～900℃缓冷或约 750℃快冷	≤235	920～980℃油冷	650～750℃快冷 200～300℃空冷	—	735	12	40	24	217HBW
40Cr13	800～900℃缓冷或约 750℃快冷	≤235	1050～1100℃油冷	200～300℃空冷	—	—	—	—	—	50HRC
Y2Cr13Ni2	—	—	供应状态		—	685～980				207～285HB
14Cr17Ni2	680～700℃高温回火空冷	≤285	950～1050℃油冷	275～350℃空冷	—	1080	10	—	39	—

续表

钢号	退火工艺及退火后钢棒硬度 HBW		淬火-回火工艺及淬回火后试样力学性能(不小于)							
	工艺	硬度	淬火工艺	回火工艺	$\sigma_{p0.2}$/MPa	σ_b/MPa	δ/%	ψ/%	A_k/J	硬度
17Cr16Ni2	680～800℃炉冷或空冷	≤285	950～1050℃油冷或空冷	600～650℃空冷	700	900～1050	12	45	—	—
				750～800℃＋650～700℃空冷	600	850～950	14	45	—	—
68Cr17	820～920℃缓冷	≤255	1010～1070℃油冷	100～180℃快冷	—	—	—	—	—	54HRC
85Cr17	820～920℃缓冷	≤255	1010～1070℃油冷	100～180℃快冷	—	—	—	—	—	56HRC
108Cr17	820～920℃缓冷	≤269	1010～1070℃油冷	100～180℃快冷	—	—	—	—	—	58HRC
Y108Cr17	820～920℃缓冷	≤269	1010～1070℃油冷	100～180℃快冷	—	—	—	—	—	58HRC
95Cr18	820～920℃缓冷	≤255	1010～1050℃油冷	200～300℃油、空冷	—	—	—	—	—	55HRC
13Cr13Mo	820～920℃缓冷或约 750℃快冷	≤200	970～1020℃油冷	650～750℃快冷	490	690	20	60	78	192HBW
32Cr13Mo	820～920℃缓冷或约 750℃快冷	≤207	1025～1075℃油冷	200～300℃油、空冷	—	—	—	—	—	50HRC
102Cr17Mo	820～920℃缓冷	≤269	1000～1050℃油冷	200～300℃空冷	—	—	—	—	—	55HRC
90Cr18MoV	820～920℃缓冷	≤269	1050～1075℃油冷	100～200℃空冷	—	—	—	—	—	55HRC

注：04Cr13Ni5Mo 的数据来自 GB/T 3280—2007。Y2Cr13Ni2 的数据来自 GJB 2294—95，适于尺寸不大于 250mm 锻制、轧制和冷拉的钢棒。其余钢号适用于直径、边长、厚度或对边距离不大于 75mm 的钢棒。本表的 ψ 值对扁钢不适用。不锈钢热轧钢板和钢带与冷轧钢板和钢带的退火和淬火-回火后的力学性能数据分别见 GB/T 4237—2015 和 GB/T 3280—2015。

表 9.5　我国马氏体型不锈钢热轧及冷轧钢板及钢带的钢号与化学成分

(GB/T 4237—2015、GB/T 3280—2015)　(单位:%)

钢号	C	Si	Mn	P	S	Cr	Ni	Mo	V
06Cr13	0.08	1.00	1.00	0.040	0.030	11.50～13.50	0.60	—	—
12Cr13	0.15	1.00	1.00	0.040	0.030	11.50～13.50	0.60	—	—
40Cr13	0.36～0.45	0.80	0.80	0.040	0.030	12.00～14.00	0.60	—	—
17Cr16Ni2	0.12～0.20	1.00	1.00	0.025	0.015	15.00～18.00	2.00～3.00	—	—
50Cr15MoV	0.45～0.55	1.00	1.00	0.040	0.015	14.00～15.00	—	0.50～0.80	0.10～0.20

注:在 GB/T 4237—2015、GB/T 3280—2015 中各列入相同的 10 个钢号,其中 12Cr2、04Cr13Ni5Mo、20Cr13、30Cr13 和 68Cr17 的化学成分与表 9.2 列入的相同,本表不再列出,本表列出的 50Cr15MoV 为新增加的,其余 4 个为调整了成分的。表中所列化学成分,除表明范围或最小值外,其余均为最大值。

4) 奥氏体-铁素体(双相)型不锈钢

当钢中稳定奥氏体的元素作用不足以使钢在常温下获得纯奥氏体组织时,不锈钢的基体组织就可能是奥氏体-铁素体双相状态。其中较少相的含量一般大于 15%。

在 GB/T 20878—2007 中列入了 11 个奥氏体-铁素体型不锈钢的牌号,表 9.13 为这些奥氏体-铁素体型不锈钢和 GB/T 4237—2015 及 GB/T 3280—2015 中列入的奥氏体-铁素体型不锈钢的钢号与化学成分。表 9.14 为我国奥氏体-铁素体型不锈钢新旧牌号和相应美国、日本和国际标准牌号的对照。表 9.15 为奥氏体-铁素体型不锈钢的热处理与力学性能。

5) 沉淀硬化型不锈钢

沉淀硬化型不锈钢的基体为奥氏体或马氏体组织,并能通过沉淀硬化处理使其强化。这类钢大都属于高强度和超高强度不锈钢。

表 9.16 为 GB/T 20878—2007 列入的 10 个沉淀硬化型不锈钢的钢号与化学成分。表 9.17 为我国沉淀硬化型不锈钢新旧牌号和相应美国、日本和国际标准牌号的对照。表 9.18 为沉淀硬化型不锈钢棒的热处理与力学性能(GB/T 1220—2007)。表 9.19 和表 9.20 分别为沉淀硬化型不锈钢冷轧钢板和钢带固溶处理后和沉淀硬化处理后的力学性能(GB/T 3280—2015)。

一些不锈钢冷轧钢板和钢带可以不同冷作硬化状态供货,以低冷作硬化状态供货的用 H1/4 表示,以半冷作硬化状态供货的用 H1/2 表示,以 3/4 冷作硬化状态供货的用 H3/4 表示,以冷作硬化状态供货的以 H 表示,以特别冷作硬化状态供货的以 2H 表示。

我国 2016 年不锈钢粗钢产量为 2494 万 t,其中 Cr-Ni 钢(300 系)1269.10 万 t,所占份额为 50.89%;Cr-Mn 钢(200 系)731.69 万 t,所占份额为 29.34%;Cr 钢(400 系)484.56 万 t,所占份额为 19.43%;双相不锈钢 8.33 万 t,所占份额为 0.34%,为历史新高。

表 9.6 我国铁素体型不锈钢的钢号与化学成分(GB/T 20878—2007、GB/T 4237—2015 及 GB/T 3280—2015) (单位:%)

GB/T 4237—2015 及 GB/T 3280—2015 列入的钢号	GB/T 20878—2007 列入的钢号	C	Si	Mn	P	S	Cr	Ni	Mo	其他
06Cr13Al	06Cr13Al	0.08	1.00	1.00	0.040	0.030	11.50～14.50	0.60	—	0.10～0.30Al
022Cr11Ti	022Cr11Ti	0.030	1.00	1.00	0.040	0.020	10.50～11.70	0.60	0.030N	Ti≥8(C+N), 0.15～0.50Ti, 0.10Nb
022Cr11NbTi	022Cr11NbTi	0.030	1.00	1.00	0.040	0.020	10.50～11.70	0.60	0.030N	Ti+Nb:8(C+N)+ 0.08～0.75
022Cr12Ni	022Cr12Ni	0.030	1.00	1.50	0.040	0.015	10.50～12.50	0.30～1.00	0.030N	—
022Cr12	022Cr12	0.030	1.00	1.00	0.040	0.030	11.00～13.50	0.60	—	—
10Cr15	022Cr12	0.12	1.00	1.00	0.040	0.030	14.00～16.00	0.60	—	—
022Cr15NbTi	—	0.030	1.20	1.20	0.040	0.030	14.00～16.00	0.60	0.50	0.030N, Ti+Nb:0.30～0.80
10Cr17	10Cr17	0.12	1.00	1.00	0.040	0.030	16.00～18.00	0.75	—	—
022Cr17NbTi	—	0.030	0.75	1.00	0.035	0.030	16.00～19.00	—	—	Ti+Nb: 0.10～1.00
—	Y10Cr17	0.12	1.00	1.25	0.060	≥0.15	16.00～18.00	0.60	0.60	—
022Cr18Ti	022Cr18Ti	0.030	1.00	1.00	0.040	0.030	16.00～18.00	0.50	—	Ti:[0.20+4(C+N)]～1.10, 0.15Al
022Cr18Nb	—	0.030	1.00	1.00	0.040	0.015	17.50～18.50	—	—	0.10～0.60Ti, Nb≥0.30+3C
10Cr17Mo	10Cr17Mo	0.12	1.00	1.00	0.040	0.030	16.00～18.00	—	0.75～1.25	—

续表

GB/T 4237—2015 及 GB/T 3280—2015 列入的钢号	GB/T 20878—2007 列入的钢号	C	Si	Mn	P	S	Cr	Ni	Mo	其他
019Cr18MoTi	019Cr18MoTi	0.025	1.00	1.00	0.040	0.030	16.00～19.00	—	0.75～1.50	0.025N，Ti、Nb、Zr 或其组合：8(C+N)～0.80
022Cr18NbTi	022Cr18NbTi	0.030	1.00	1.00	0.040	0.015	17.50～19.00	0.50	—	0.10～0.60Ti，Nb≥0.30+3C
019Cr18CuNb	—	0.025	1.00	1.00	0.040	0.030	16.00～20.00	0.60	0.30～0.80Cu	0.025N，Nb：8×(C+N)～0.8
019Cr19Mo2NbTi	019Cr19Mo2NbTi	0.025	1.00	1.00	0.040	0.030	17.50～19.50	1.00	1.75～2.50	0.035N，Ti+Nb：[0.20+4(C+N)]～0.80
019Cr21CuTi	—	0.025	1.00	1.00	0.030	0.030	20.50～23.00	—	0.30～0.80Cu	0.025N，Ti、Nb、Zr 或其组合：8(C+N)～0.80
019Cr23Mo2Ti	—	0.025	1.00	1.00	0.040	0.030	21.00～24.00	—	1.50～2.50	0.025N，0.60Cu Ti、Nb、Zr 或其组合：8(C+N)～0.80
019Cr23MoTi	—	0.025	1.00	1.00	0.040	0.030	21.00～24.00	—	0.70～1.50	0.025N，0.60Cu，Ti、Nb、Zr 或其组合：8(C+N)～0.80

续表

GB/T 4237—2015 及 GB/T 3280—2015 列入的钢号	GB/T 20878—2007 列入的钢号	C	Si	Mn	P	S	Cr	Ni	Mo	其他
022Cr27Ni2Mo4NbTi	—	0.030	1.00	1.00	0.040	0.030	25.00～28.00	1.00～3.50	3.00～4.00	0.040N，Ti+Nb：0.20～1.00 且 Ti+Nb≥6(C+N)
008Cr27Mo	008Cr27Mo	0.010	0.40	0.40	0.030	0.020	25.00～27.50	—	0.75～1.50	0.015N，Ni+Cu≤0.50
022Cr29Mo4NbTi	—	0.030	1.00	1.00	0.040	0.030	28.00～30.00	1.00	3.60～4.20	0.045N，Ti+Nb：0.20～1.00 且 Ti+Nb≥6(C+N)
008Cr30Mo2	008Cr30Mo2	0.010	0.40	0.40	0.030	0.020	28.50～32.00	0.50	1.50～2.50	0.015N，Ni+Cu≤0.50

注：表中所列化学成分均为 GB/T 4237—2015 及 GB/T 3280—2015 中所列的(Y10Cr17 除外)，除表明范围或最小值外，其余均为最大值。从本表可以看出，GB/T 4237—2015 及 GB/T 3280—2015 中新列入的钢号有 9 个，另有 6 个钢号相对于 GB/T 20878—2007 调整了化学成分。

表 9.7　我国铁素体型不锈钢新旧牌号和美国、日本和国际标准牌号对照(GB/T 20878—2007、GB/T 4237—2015 及 GB/T 3280—2015)

GB/T 20878—2007 牌号	旧牌号	GB/T 4237—2015，GB/T 3280—2015	美国 ASTM A959-04	日本 JIS G4303-1998，JIS G4311-1991 等	国际 ISO 15510，ISO 4955
06Cr13Al	0Cr13Al	06Cr13Al	S40500,405	SUS405	X6CrAl13
022Cr11Ti	—	022Cr11Ti	S40900	(SUN409L)	X2CrTi12
022Cr11NbTi	—	022Cr11NbTi	S40930	—	—
022Cr12Ni	—	022Cr12Ni	S40977	—	X2CrNi12
022Cr12	00Cr12	022Cr12	—	SUS410L	—
10Cr15	1Cr15	10Cr15	S42900,429	SUS429	—
—	—	022Cr15NbTi	—	—	—
10Cr17	1Cr17	10Cr17	S43000,430	SUS430	X6Cr17
—	00Cr17	022Cr17NbTi	S43035,439	SUS430LX	X3CrTi17
Y10Cr17	Y1Cr17	—	S43020,430F	SUS430F	X
022Cr18Ti	00Cr17	022Cr18Ti	S43035,439	SUS430LX	X3CrTi17
—	—	022Cr18Nb	S43940	—	X2CrTiNb18
10Cr17Mo	1Cr17Mo	10Cr17Mo	S43400,434	SUS434	X6CrMo17-1
019Cr18MoTi	—	019Cr18MoTi	—	SUS436L	—
022Cr18NbTi	—	022Cr18NbTi	S43932	—	—
—	—	019Cr18CuNb	—	SUS430J1L	—
019Cr19Mo2NbTi	00Cr18Mo2	019Cr19Mo2NbTi	S41400,444	SUS444	X2CrMoTi18-2
—	—	019Cr21CuTi	—	SUS443J1	—
—	—	019Cr23Mo2Ti	—	SUS445J2	—
—	—	019Cr23MoTi	—	SUS445J1	—
—	—	022Cr27Ni2Mo4NbTi	S44660	—	—
008Cr27Mo	00Cr27Mo	008Cr27Mo	S44627,XM-27	SUSXM27	—
—		022Cr29Mo4NbTi	S44735		—
008Cr30Mo2	00Cr30Mo2	008Cr30Mo2	—	SUS447J1	—

表 9.8 我国铁素体型不锈钢热处理后的力学性能(GB/T 1220—2007、GB/T 4237—2015 及 GB/T 3280—2015)

钢号 (钢棒)	钢号(冷轧及热轧 钢板、钢带)	退火处理温度 及冷却方式	力学性能(不小于)				硬度(不大于)
			$R_{p0.2}$/MPa	R_m/MPa	A/%	Z/%	HBW
06Cr13Al	06Cr13Al	780～830℃快冷或缓冷	175 (170)	410 (415)	20 (20)	60 —	183 (179)
—	022Cr11Ti	800～900℃快冷或缓冷	(170)	(380)	(20)	—	(179)
—	022Cr11NbTi	800～900℃快冷或缓冷	(170)	(380)	(20)	—	(179)
—	022Cr12Ni	700～820℃快冷或缓冷	(280)	(450)	(18)	—	(180)
022Cr12	022Cr12	700～820℃空冷或缓冷	195 (195)	360 (360)	22 (22)	60 —	183 (183)
—	10Cr15	780～850℃快冷或缓冷	(205)	(450)	(22)	—	(183)
—	022Cr15NbTi	780～1050℃快冷或缓冷	(205)	(450)	(22)	—	(183)
10Cr17	10Cr17	780～800℃空冷	205 (205)	450 (450)	22 (22)	50 —	183 (183)
—	022Cr17NbTi	780～950℃快冷或缓冷	(175)	(360)	(22)	—	(183)
Y10Cr17	—	680～820℃空冷或缓冷	205	450	22	50	183
—	022Cr18Ti	780～950℃快冷或缓冷	(205)	(415)	(22)	—	(183)
—	022Cr18Nb	800～1050℃快冷或缓冷	(250)	(430)	(18)	—	(180)
10Cr17Mo	10Cr17Mo	780～850℃快冷或缓冷	175 (240)	410 (450)	20 (22)	60 —	183 (183)
—	019Cr18MoTi	800～1050℃快冷	(245)	(410)	(20)	—	(217)

续表

钢号 (钢棒)	钢号(冷轧及热轧 钢板、钢带)	退火处理温度 及冷却方式	力学性能(不小于)				硬度(不大于)
			$R_{p0.2}$/MPa	R_m/MPa	A/%	Z/%	HBW
—	022Cr18NbTi	780～950℃快冷或缓冷	(205)	(415)	(22)	—	(185)
—	019Cr18CuNb	800～1050℃快冷	(205)	(390)	(22)	—	(192)
—	019Cr19Mo2NbTi	800～1050℃快冷	(275)	(415)	(20)	—	(217)
—	019Cr21CuTi	800～1050℃快冷	(205)	(390)	(22)	—	(192)
—	019Cr23Mo2Ti	850～1050℃快冷	(245)	(410)	(20)	—	(217)
—	019Cr23MoTi	850～1050℃快冷	(245)	(410)	(20)	—	(217)
—	022Cr27Ni2Mo4NbTi	950～1150℃快冷	(450)	(585)	(18)	—	(241)
008Cr27Mo	008Cr27Mo	900～1050℃快冷	245 (275)	410 (450)	20 (22)	45 —	219 (187)
—	022Cr29Mo4NbTi	950～1150℃快冷	(415)	(550)	(18)	—	(255)
008Cr30Mo2	008Cr30Mo2	800～1050℃快冷	295 (295)	450 (450)	20 (22)	45 —	228 (207)

注:钢棒适用范围:直径、边长、厚度或对边距离不大于 75mm。力学性能为钢棒的力学性能,括号内的数字为冷轧钢板和钢带的力学性能。本表的 Z 值对冷轧钢板和钢带不适用。各钢经 180°弯曲试验时,弯曲压头直径 $D=2a$,a 为弯曲试样厚度。

表 9.9 我国奥氏体型不锈钢的钢号与化学成分(GB/T 20878—2007、GB/T 4237—2015 及 GB/T 3280—2015) (单位:%)

GB/T 4237—2015 及 GB/T 3280—2015 列入的钢号	GB/T 20878—2007 列入的钢号	C	Si	Mn	P	S	Cr	Ni	Mo	其他
—	12Cr17Mn6Ni5N	0.15	1.00	5.50~7.50	0.050	0.030	16.00~18.00	3.50~5.50	—	0.05~0.25N
—	12Cr18Mn8Ni5N	0.15	1.00	7.50~10.0	0.050	0.030	17.00~19.00	4.00~6.00	—	0.05~0.25N
12Cr17Ni7	12Cr17Ni7	0.15	1.00	2.00	0.045	0.030	16.00~18.00	6.00~8.00	—	0.10N
022Cr17Ni7	022Cr17Ni7	0.030	1.00	2.00	0.045	0.030	16.00~18.00	6.00~8.00	—	0.20N
022Cr17Ni7N	022Cr17Ni7N	0.030	1.00	2.00	0.045	0.030	16.00~18.00	6.00~8.00	—	0.07~0.20N
12Cr18Ni9	12Cr18Ni9	0.15	0.75	2.00	0.045	0.030	17.00~19.00	8.00~10.00	—	0.10N
12Cr18Ni9Si3	12Cr18Ni9Si3	0.15	2.00~3.00	2.00	0.045	0.030	17.00~19.00	8.00~10.00	—	0.10N
—	Y12Cr18Ni9	0.15	1.00	2.00	0.20	≥0.15	17.00~19.00	8.00~10.00	—	—
—	Y12Cr18Ni9Se	0.15	1.00	2.00	0.20	0.06	17.00~19.00	8.00~10.00	—	≥0.15Se
06Cr19Ni10	06Cr19Ni10	0.07	0.75	2.00	0.045	0.030	17. 5~19.50	8.00~10.50	—	—
022Cr19Ni10	022Cr19Ni10	0.030	0.75	2.00	0.045	0.030	17.50~19.50	8.00~12.00	—	—
07Cr19Ni10	07Cr19Ni10	0.04~0.10	0.75	2.00	0.45	0.030	18.00~20.00	8.00~10.50	—	—
05Cr19Ni10Si2CeN	05Cr19Ni10Si2CeN	0.04~0.06	1.00~2.00	0.80	0.45	0.030	18.00~19.00	9.00~10.00	—	0.12~0.18N, 0.03~0.08Ce
022Cr19Ni10N	022Cr19Ni10N	0.030	0.75	2.00	0.045	0.030	18.00~20.00	8.00~12.00	—	0.10~0.16N
—	06Cr18Ni9Cu3	0.08	1.00	2.00	0.045	0.030	17.00~19.00	8.50~10.50	—	3.00~4.00Cu
06Cr19Ni10N	06Cr19Ni10N	0.08	0.75	2.00	0.045	0.030	18.00~20.00	8.00~10.50	—	0.10~0.16N
06Cr19Ni9NbN	06Cr19Ni9NbN	0.08	1.00	2.50	0.045	0.030	18.00~20.00	7.50~10.50	0.15Nb	0.15~0.30N

续表

GB/T 4237—2015 及 GB/T 3280—2015 列入的钢号	GB/T 20878—2007 列入的钢号	C	Si	Mn	P	S	Cr	Ni	Mo	其他
10Cr18Ni12	10Cr18Ni12	0. 12	0. 75	2. 00	0. 045	0. 030	17. 00～19. 00	10. 50～13. 00	—	—
08Cr21Ni11Si2CeN*	—	0. 05～0. 10	1. 40～2. 00	0. 80	0. 040	0. 030	20. 00～22. 00	10. 00～12. 00		0. 14～0. 20N，0. 03～0. 08Ce
06Cr23Ni13	06Cr23Ni13	0. 08	0. 075	2. 00	0. 045	0. 030	22. 00～24. 00	12. 00～15. 00	—	—
06Cr25Ni20	06Cr25Ni20	0. 08	1. 50	2. 00	0. 045	0. 030	24. 00～26. 00	19. 00～22. 00	—	—
022Cr25Ni22Mo2N	022Cr25Ni22Mo2N	0. 020	0. 50	2. 00	0. 030	0. 010	24. 00～26. 00	20. 50～23. 50	1. 60～2. 60	0. 09～0. 15N
015Cr20Ni18Mo6CuN*	—	0. 020	0. 80	1. 00	0. 030	0. 010	19. 50～20. 50	17. 50～18. 50	6. 00～6. 50	0. 50～1. 00Cu，0. 18～0. 25N
06Cr17Ni12Mo2	06Cr17Ni12Mo2	0. 08	0. 75	2. 00	0. 045	0. 030	16. 00～18. 00	10. 00～14. 00	2. 00～3. 00	0. 10N
022Cr17Ni12Mo2	022Cr17Ni12Mo2	0. 030	0. 75	2. 00	0. 045	0. 030	16. 00～18. 00	10. 00～14. 00	2. 00～3. 00	0. 10N
07Cr17Ni12Mo2*	07Cr17Ni12Mo2	0. 04～0. 10	0. 75	2. 00	0. 045	0. 030	16. 00～18. 00	10. 00～14. 00	2. 00～3. 00	—
06Cr17Ni12Mo2Ti	06Cr17Ni12Mo2Ti	0. 08	0. 75	2. 00	0. 045	0. 030	16. 00～18. 00	10. 00～14. 00	2. 00～3. 00	≥(5C)Ti
06Cr17Ni12Mo2Nb	06Cr17Ni12Mo2Nb	0. 08	0. 75	2. 00	0. 045	0. 030	16. 00～18. 00	10. 00～14. 00	2. 00～3. 00	0. 10N，Nb：10C～1. 10
06Cr17Ni12Mo2N	06Cr17Ni12Mo2N	0. 08	0. 75	2. 00	0. 045	0. 030	16. 00～18. 00	10. 00～13. 00	2. 00～3. 00	0. 10～0. 16N
022Cr17Ni12Mo2N	022Cr17Ni12Mo2N	0. 030	075	2. 00	0. 045	0. 030	16. 00～18. 00	10. 00～14. 00	2. 00～3. 00	0. 10～0. 16N
06C18Ni12Mo2Cu2	06C18Ni12Mo2Cu2	0. 08	1. 00	2. 00	0. 045	0. 030	17. 00～19. 00	10. 00～14. 00	1. 20～2. 75	1. 00～2. 50Cu
—	022Cr18Ni14Mo2Cu2	0. 030	1. 00	2. 00	0. 045	0. 030	17. 00～19. 00	12. 00～16. 00	1. 20～2. 75	1. 00～2. 50Cu
015Cr21Ni26Mo5Cu2	015Cr21Ni26Mo5Cu2	0. 020	1. 00	2. 00	0. 045	0. 035	19. 00～23. 00	23. 00～28. 00	4. 00～5. 00	1. 00～2. 00Cu，0. 10N
06Cr19Ni13Mo3	06Cr19Ni13Mo3	0. 08	0. 75	2. 00	0. 045	0. 030	18. 0～20. 00	11. 00～15. 00	3. 00～4. 00	—

续表

GB/T 4237—2015 及 GB/T 3280—2015 列入的钢号	GB/T 20878—2007 列入的钢号	C	Si	Mn	P	S	Cr	Ni	Mo	其他
022Cr19Ni13Mo3	022Cr19Ni13Mo3	0.030	0.75	2.00	0.045	0.030	18.0～20.00	11.00～15.00	3.00～4.00	0.10N
—	03Cr18Ni16Mo5	0.04	1.00	2.50	0.045	0.030	16.0～19.00	15.00～17.00	4.00～6.00	—
022Cr19Ni16Mo5N	022Cr19Ni16Mo5N	0.030	1.00	2.00	0.45	0.030	17.00～20.00	13.50～17.50	4.00～5.00	0.10～0.20N
022Cr19Ni13Mo4N	022Cr19Ni13Mo4N	0.030	1.00	2.00	0.45	0.030	18.00～20.00	11.00～15.00	3.00～4.00	0.10～0.22N
06Cr18Ni11Ti	06Cr18Ni11Ti	0.08	1.00	2.00	0.045	0.030	17.0～19.00	9.00～12.00	—	5C～0.70Ti
07Cr19Ni11Ti*	07Cr19Ni11Ti	0.04～0.10	0.75	2.00	0.045	0.030	17.0～19.00	9.00～12.00	—	Ti:4(C+N)～0.70
015Cr24Ni22Mo8-Mn3CuN	015Cr24Ni22Mo8-Mn3CuN	0.020	0.50	2.00～4.00	0.030	0.005	24.00～25.00	21.00～23.00	7.00～8.00	0.30～0.60Cu, 0.45～0.55N
022Cr24Ni17Mo5-Mn6NbN	022Cr24Ni17Mo5-Mn6NbN	0.030	1.00	5.00～7.00	0.030	0.010	23.00～25.00	16.00～18.00	4.00～5.00	0.40～0.60N, 0.10Nb
06Cr18Ni11Nb	06Cr18Ni11Nb	0.08	0.75	2.00	0.045	0.030	17.0～19.00	9.00～13.00	—	Nb:10C～1.10
—	06Cr18Ni13Si4	0.08	3.00～5.00	2.00	0.045	0.030	15.0～20.00	11.50～15.00	—	—
07Cr18Ni11Nb*	—	0.04～0.10	0.75	2.00	0.45	0.030	17.0～19.00	9.00～13.00	—	Nb:8C～1.00
022Cr21Ni25Mo7N*	—	0.030	1.00	2.00	0.40	0.030	20.00～22.00	23.50～25.50	6.00～7.00	0.75Cu, 0.18～0.25N
015Cr20Ni25Mo7CuN*	—	0.020	1.00	2.00	0.30	0.010	19.00～21.00	24.00～26.00	6.00～7.00	0.50～1.50Cu, 0.15～0.25N

注：表中所列化学成分均为 GB/T 4237—2015 及 GB/T 3280—2015 中所列的，除表明范围或最小值外，其余均为最大值。GB/T 4237—2015 及 GB/T 3280—2015 中新列入的钢号有 7 个(标以 *)，另有 25 个钢号相对于 GB/T 20878—2007 调整了化学成分。

表 9.10　我国奥氏体型不锈钢新旧牌号和美国、日本和国际标准牌号对照

新牌号 (GB/T 20878—2007)	旧牌号	GB/T 4237—2015, GB/T 3280—2015	美国 ASTM A959-04	日本 JIS4303-1998, JIS G4311-1991	国际 ISO 15510 ISO 4955
12Cr17Mn6Ni5N	1Cr17Mn6Ni5N	—	S20100,201	SUS 201	—
12Cr18Mn8Ni5N	1Cr18Mn8Ni5N	—	S20200,202	SUS 202	—
12Cr17Ni7	1Cr17Ni7	12Cr17Ni7	S30100,301	SUS 301	X5CrNi17-7
022Cr17Ni7	—	022Cr17Ni7	S30103,301L	SUS301L	—
022Cr17Ni7N	—	022Cr17Ni7N	S30153,301LN	—	X2CrNi18-7
12Cr18Ni9	1Cr18Ni9	12Cr18Ni9	S30200,302	SUS 302	X10CrNi18-8
12Cr18Ni9Si3	1Cr18Ni9Si3	12Cr18Ni9Si3	S30215,302B	SUS 302B	X12CrNiSi18-9-3
Y12Cr18Ni9	Y1Cr18Ni9	—	S30300,303	SUS 303	—
Y12Cr18Ni9Se	Y11Cr18Ni9Se	—	S30323,303Se	SUS 303Se	—
06Cr19Ni10	0Cr18Ni9	06Cr19Ni10	S30400,304	SUS 304	X5CrNi18-10
022Cr19Ni10	00Cr19Ni10	022Cr19Ni10	S30403,304L	SUS304L	X2CrNi18-9
07Cr19Ni10	—	07Cr19Ni10	S30409,304H	SUS 304H	X7CrNi18-9
05Cr19Ni10Si2CeN	—	05Cr19Ni10Si2CeN	S30415	—	X6CrNiSiNCe19-10
06Cr18Ni9Cu3	0Cr18Ni9Cu3	—	—	SUS XM7	—
06Cr19Ni10N	0Cr19Ni9N	06Cr19Ni10N	S30451,304N	SUS 304N1	X5CrNiN19-9
06Cr19Ni9NbN	0Cr19Ni10NbN	06Cr19Ni9NbN	S30452,XM-21	SUS 304N2	—
022Cr19Ni10N	00Cr18Ni10N	022Cr19Ni10N	S30453,304LN	SUS 304LN	X2CrNiN18-9
10Cr18Ni12	1Cr18Ni12	10Cr18Ni12	S30500,305	SUS 305	X6CrNi18-12
06Cr23Ni13	0Cr23Ni13	06Cr23Ni13	S30908,309S	SUS 309S	X12CrNi23-13
06Cr25Ni20	0Cr25Ni20	06Cr25Ni20	S31008,310S	SUS 310S	X12CrNi23-13
022Cr25Ni22Mo2N	—	022Cr25Ni22Mo2N	S31050,310MoLN	—	—
—	—	015Cr20Ni18Mo6CuN	S31254	SUS312L	X1CrNiMoN20-18-7
06Cr17Ni12Mo2	0Cr17Ni12Mo2	06Cr17Ni12Mo2	S31600,316	SUS 316	X5CrNiNMo17-12-2
022Cr17Ni12Mo2	00Cr17Ni12Mo2	022Cr17Ni12Mo2	S31603,316L	SUS316L	X2CrNiNMo17-12-2

续表

新牌号（GB/T 20878—2007）	旧牌号	GB/T 4237—2015，GB/T 3280—2015	美国 ASTM A959-04	日本 JIS4303-1998，JIS G4311-1991	国际 ISO 15510 ISO 4955
07Cr17Ni12Mo2	1Cr17Ni12Mo2	07Cr17Ni12Mo2	S31609,316H	—	—
06Cr17Ni12Mo2Ti	0Cr18Ni12Mo2Ti	06Cr17Ni12Mo2Ti	S31635,316Ti	SUS 316Ti	X6CrNiNMoTi17-12-2
06Cr17Ni12Mo2Nb	—	06Cr17Ni12Mo2Nb	S31640,316Nb	—	X6CrNiNMoNb-17-12-2
06Cr17Ni12Mo2N	0Cr17Ni12Mo2N	06Cr17Ni12Mo2N	S31651,316N	SUS 316N	—
022Cr17Ni12Mo2N	022Cr17Ni12Mo2N	022Cr17Ni12Mo2N	S31653,316LN	SUS 316LN	X2CrNiNMoN-17-12-3
06C18Ni12Mo2Cu2	0Cr18Ni12Mo2Cu2	—	—	SUS 316J1	—
022Cr18Ni14Mo2Cu2	00Cr18Ni14Mo2Cu2	—	—	SUS 316J1L	
015Cr21Ni26Mo5Cu2	—	015Cr21Ni26Mo5Cu2	N08904,904L	SUS890L	X1NiCrMoCu25-20-5
06Cr19Ni13Mo3	0Cr19Ni13Mo3	06Cr19Ni13Mo3	S31700,317	SUS 317	—
022Cr19Ni13Mo3	00Cr19Ni13Mo3	022Cr19Ni13Mo3	S31703,317L	SUS317L	X2CrNiNMo-19-14-4
03Cr18Ni16Mo5	0Cr18Ni16Mo5	—	—	SUS 317J1	—
022Cr19Ni16Mo5N	—	022Cr19Ni16Mo5N	S31726,317LMN	—	X2CrNiMoN-18-15-5
022Cr19Ni13Mo4N	—	022Cr19Ni13Mo4N	S31753,317LN	SUS317LN	X2CrNiMoN-18-12-4
06Cr18Ni11Ti	0Cr18Ni11Ti	06Cr18Ni11Ti	S32100,321	SUS 321	X6CrNiTi18-10
07Cr19Ni11Ti	1Cr19Ni11Ti	07Cr19Ni11Ti	S32109,321H	SUN321H	X7CrNiTi18-10
015Cr24Ni22Mo8Mn3CuN	—	015Cr24Ni22Mo8Mn3CuN	S32654	—	X1CrNiMoCuN-24-22-8
022Cr24Ni17Mo5Mn6NbN	—	022Cr24Ni17Mo5Mn6NbN	S34565	—	X2CrNiMnMoN-25-18-5
06Cr18Ni11Nb	0Cr18Ni11Nb	06Cr18Ni11Nb	S34700,	SUS 347	X6CrNiNb18-10
—	—	07Cr18Ni11Nb	S34709,321	SUS 347H	X7CrNiNb18-10
06Cr18Ni13Si4	0Cr18Ni13Si4	—	—	SUS XM15J1	—
—	—	08Cr21Ni11Si2CeN	S30815	—	—
—	—	015Cr20Ni25Mo7CuN	N08926	—	—
—	—	022Cr21Ni25Mo7N	N8367	—	—

表 9.11　奥氏体型不锈钢钢棒的热处理与力学性能(GB/T 1220—2007)

钢号(钢棒)(GB/T 1220—2007)	热处理温度，冷却方式为快冷(GB/T 1220—2007)	力学性能(不小于)				硬度(不小于)		
		$\sigma_{p0.2}$/MPa	σ_b/MPa	δ/%	ψ/%	HBW	HRB	HV
12Cr17Mn6Ni5N	固溶 1010～1120℃	275	520	40	45	241	100	253
12Cr18Mn8Ni5N	固溶 1010～1120℃	275	520	40	45	207	95	218
12Cr17Ni7	固溶 1010～1150℃	205	520	40	60	187	90	200
12Cr18Ni9	固溶 1010～1150℃	205	520	40	60	187	90	200
Y12Cr18Ni9	固溶 1010～1150℃	205	520	40	50	187	90	200
Y12Cr18Ni9Se	固溶 1010～1150℃	205	520	40	50	187	90	200
06Cr19Ni10	固溶 1010～1150℃	205	520	40	60	187	90	200
022Cr19Ni10	固溶 1010～1150℃	175	480	40	60	187	90	200
06Cr18Ni9Cu3	固溶 1010～1150℃	175	480	40	60	187	90	200
06Cr19Ni10N	固溶 1010～1150℃	275	550	35	50	217	95	220
06Cr19Ni10NbN	固溶 1010～1150℃	345	685	35	50	250	100	260
022Cr19Ni10N	固溶 1010～1150℃	245	550	40	50	217	95	220
10Cr18Ni12	固溶 1010～1150℃	175	520	35	60	187	90	200
06Cr23Ni13	固溶 1030～1150℃	205	520	40	60	187	90	200
06Cr25Ni20	固溶 1030～1180℃	205	520	40	50	187	90	200
06Cr17Ni12Mo2	固溶 1010～1150℃	205	520	40	60	187	90	200
022Cr17Ni12Mo2	固溶 1010～1150℃	175	480	40	60	187	90	200
06Cr17Ni12Mo2Ti*	固溶 1010～1100℃	205	530	40	55	187	90	200

续表

钢号(钢棒)(GB/T 1220—2007)	热处理温度，冷却方式为快冷(GB/T 1220—2007)	力学性能(不小于)				硬度(不小于)		
		$\sigma_{p0.2}$/MPa	σ_b/MPa	δ/%	ψ/%	HBW	HRB	HV
06Cr17Ni12Mo2N	固溶 1010～1150℃	275	550	35	50	217	95	220
022Cr17Ni12Mo2N	固溶 1010～1150℃	245	550	40	50	217	95	220
06C18Ni12Mo2Cu2	固溶 1010～1150℃	205	520	40	60	217	90	200
022Cr18Ni14Mo2Cu2	固溶 1010～1150℃	175	480	40	60	217	90	200
06Cr19Ni13Mo3	固溶 1010～1150℃	205	520	40	60	217	90	200
022Cr19Ni13Mo3	固溶 1010～1150℃	175	480	40	60	217	90	200
03Cr18Ni16Mo5	固溶 1030～1180℃	175	480	40	60	217	90	200
06Cr18Ni11Ti*	固溶 920～1150℃	205	520	40	60	217	90	200
06Cr18Ni11Nb*	固溶 980～1150℃	205	520	40	60	217	90	200
06Cr18Ni13Si4	固溶 1010～1150℃	205	520	40	60	207	95	218

注：钢棒对应的热处理方式、力学性能和硬度适用于直径、边长、厚度或对边距离不大于 180mm 的钢棒。带 * 表示此钢号在需方有要求时，可进行稳定化处理，处理温度为 850～930℃。

表 9.12　奥氏体型不锈钢钢板和钢带热处理器后的力学性能

钢板和钢带（GB/T 4237—2015 GB/T 3280—2015）	热处理温度及冷却方式	力学性能（不小于）			硬度（不大于）		
		$R_{p0.2}$/MPa	R_m/MPa	A/%	HBW	HRB	HV
022Cr17Ni7	≥1040℃水冷或其他快冷	220	550	45	241	100	242
12Cr17Ni7	≥1040℃水冷或其他快冷	205	515	40	217	95	220
022Cr17Ni7N	≥1040℃水冷或其他快冷	240	550	45	241	100	242
12Cr18Ni9	≥1040℃水冷或其他快冷	205	515	40	201	92	210
12Cr18Ni9Si3	≥1040℃水冷或其他快冷	205	515	40	217	95	220
022Cr19Ni10	≥1040℃水冷或其他快冷	180	485	40	201	92	210
06Cr19Ni10	≥1040℃水冷或其他快冷	205	515	40	201	92	210
07Cr19Ni10	≥1040℃水冷或其他快冷	205	515	40	201	92	210
05Cr19Ni10Si2CeN	≥1040℃水冷或其他快冷	290	600	40	217	95	220
022Cr19Ni10N	≥1040℃水冷或其他快冷	205	515	40	217	95	220
06Cr19Ni10N	≥1040℃水冷或其他快冷	240	550	30	217	95	220
06Cr19Ni9NbN	≥1040℃水冷或其他快冷	275	585	30	241	100	242
10Cr18Ni12	≥1040℃水冷或其他快冷	170	485	40	183	88	200
08Cr21Ni11Si2CeN	≥1040℃水冷或其他快冷	310	600	40	217	95	220
06Cr23Ni13	≥1040℃水冷或其他快冷	205	515	40	217	95	220
06Cr25Ni20	≥1040℃水冷或其他快冷	205	515	40	217	95	220
022Cr25Ni22Mo2N	≥1040℃水冷或其他快冷	270	580	25	217	95	220
015Cr20Ni18Mo6CuN	≥1150℃水冷或其他快冷	310	655	35	223	96	225
022Cr17Ni12Mo2	≥1040℃水冷或其他快冷	180	485	40	217	95	220

续表

钢板和钢带（GB/T 4237—2015 GB/T 3280—2015）	热处理温度及冷却方式	力学性能（不小于）			硬度（不大于）		
		$R_{p0.2}$/MPa	R_m/MPa	A/%	HBW	HRB	HV
06Cr17Ni12Mo2	≥1040℃水冷或其他快冷	205	515	40	217	95	220
07Cr17Ni12Mo2	≥1040℃水冷或其他快冷	205	515	40	217	95	220
022Cr17Ni12Mo2N	≥1040℃水冷或其他快冷	205	515	40	217	95	220
06Cr17Ni12Mo2N	≥1040℃水冷或其他快冷	240	550	35	217	95	220
06Cr17Ni12Mo2Ti	≥1040℃水冷或其他快冷	205	515	40	217	95	220
06Cr17Ni12Mo2Nb	≥1040℃水冷或其他快冷	205	515	30	217	95	220
06Cr18Ni12Mo2Cu2	1010～1150℃水冷或其他快冷	205	520	40	187	90	200
022Cr19Ni13Mo3	≥1040℃水冷或其他快冷	205	515	40	217	95	220
06Cr19Ni13Mo3	≥1040℃水冷或其他快冷	205	515	35	217	95	220
022Cr19Ni16Mo5N	≥1040℃水冷或其他快冷	240	550	40	223	96	225
022Cr19Ni13Mo4N	≥1040℃水冷或其他快冷	240	550	40	217	95	220
015Cr21Ni26Mo5Cu2	1030～1180℃水冷或其他快冷	220	490	35	—	90	200
06Cr18Ni11Ti	≥1040℃水冷或其他快冷	205	515	40	217	95	220
07Cr19Ni11Ti	≥1095℃水冷或其他快冷	205	515	40	217	95	220
015Cr24Ni22Mo8Mn3CuN	≥1150℃水冷或其他快冷	430	750	40	250	—	252
022Cr24Ni17Mo5Mn6NbN	1120～1170℃水冷或其他快冷	415	795	35	241	100	242
06Cr18Ni11Nb	≥1040℃水冷或其他快冷	205	515	40	201	92	210
07Cr18Ni11Nb	≥1095℃水冷或其他快冷	205	515	40	201	92	210
022Cr21Ni25Mo7N	≥1040℃水冷或其他快冷	310	655	30	241	—	—
015Cr20Ni25Mo7CuN	≥1100℃水冷或其他快冷	295	650	35	—	—	—

表 9.13 我国奥氏体-铁素体型不锈钢的钢号与化学成分(GB/T 20878—2007、GB/T 4237—2015 及 GB/T 3280—2015) (单位:%)

GB/T 4237—2015 及 GB/T 3280—2015 列入的钢号	GB/T 20878—2007 列入的钢号	C	Si	Mn	P	S	Cr	Ni	Mo	其他
14Cr18Ni11Si4AlTi	14Cr18Ni11Si4AlTi	0.10～0.18	3.40～4.00	0.80	0.035	0.030	17.50～19.50	10.00～12.00	—	0.40～0.70Ti, 0.10～0.30Al
022Cr19Ni5Mo3Si2N	022Cr19Ni5Mo3Si2N	0.030	1.30～2.00	1.00～2.00	0.035	0.030	18.00～19.50	4.50～5.50	2.50～3.00	0.05～0.12N
022Cr23Ni5Mo3N	022Cr23Ni5Mo3N	0.030	1.00	2.00	0.030	0.020	22.00～23.00	4.50～6.50	3.00～3.50	0.14～0.20N
022Cr21Mn5Ni2N*	—	0.030	1.00	4.00～6.00	0.040	0.030	19.50～21.50	1.00～3.00	0.60	1.00Cu, 0.05～0.17N
022Cr21Ni3Mo2N*	—	0.030	1.00	2.00	0.030	0.020	19.50～22.50	3.00～4.00	1.50～2.00	0.14～0.20N
12Cr21Ni5Ti	12Cr21Ni5Ti	0.09～0.14	0.80	0.80	0.035	0.030	20.00～22.00	4.80～5.80	—	Ti:5(C—0.02)～ 0.80
022Cr21Mn3Ni3Mo2N*	—	0.030	1.00	2.00～4.00	0.040	0.030	19.00～22.00	2.00～4.00	1.00～2.00	0.14～0.20N
022Cr22Mn3Ni2MoN*	—	0.030	1.00	2.00～3.00	0.040	0.020	20.50～23.50	1.00～2.00	0.10～1.00	0.50Cu, 0.15～0.27N
022Cr22Ni5Mo3N	022Cr22Ni5Mo3N	0.030	1.00	2.00	0.030	0.020	21.00～23.00	4.50～6.50	2.50～3.50	0.08～0.20N
03Cr22Mn5Ni2MoCuN*	—	0.04	1.00	4.00～6.00	0.040	0.030	21.00～22.00	1.35～1.70	0.10～0.80	0.10～0.80Cu, 0.20～0.25N
022Cr23Ni2N*	—	0.030	1.00	2.00	0.040	0.010	21.50～24.00	1.00～2.80	0.45	0.18～0.26N
022Cr24Ni4Mn3Mo2CuN*	—	0.030	0.70	2.50～4.00	0.035	0.005	23.00～25.00	3.00～4.50	1.00～2.00	0.10～0.80Cu, 0.20～0.30N
022Cr23Ni4MoCuN	022Cr23Ni4MoCuN	0.030	1.00	2.50	0.040	0.030	21.50～24.50	3.00～5.50	0.05～0.60	0.05～0.60Cu, 0.05～0.20N
022Cr25Ni6Mo2N	022Cr25Ni6Mo2N	0.030	1.00	2.00	0.030	0.030	24.00～26.00	5.50～6.50	1.20～2.50	0.10～0.20N

续表

GB/T 4237—2015 及 GB/T 3280—2015 列入的钢号	GB/T 20878—2007 列入的钢号	C	Si	Mn	P	S	Cr	Ni	Mo	其他
—	022Cr25Ni7Mo3WCuN	0.030	1.00	0.75	0.030	0.030	24.00～26.00	5.50～7.50	2.50～3.50	0.20～0.80Cu，0.10～0.30N，0.10～0.50W
03Cr25Ni6Mo3Cu2N	03Cr25Ni6Mo3Cu2N	0.04	1.00	1.50	0.040	0.030	24.00～27.00	4.50～6.50	2.90～3.90	1.50～2.50Cu，0.10～0.25N
022Cr25Ni7Mo4N	022Cr25Ni7Mo4N	0.030	0.80	1.20	0.035	0.020	24.00～26.00	6.00～8.00	3.00～5.00	0.50Cu，0.24～0.32N
022Cr25Ni7Mo4WCuN	022Cr25Ni7Mo4WCuN	0.030	1.00	1.00	0.030	0.010	24.00～26.00	6.00～8.00	3.00～4.00	0.50～1.00Cu，0.20～0.30N，0.50～1.00W

注：表中所列为 GB/T 4237—2015 及 GB/T 3280—2015 各牌号的化学成分(022Cr25Ni7Mo3WCuN 除外)，除表明范围或最小值外，其余均为最大值。GB/T 4237—2015 及 GB/T 3280—2015 中新列入的钢号有 7 个(标以 *)，另有 4 个钢号相对于 GB/T 20878—2007 调整了化学成分。

表 9.14 我国奥氏体-铁素体型不锈钢新旧牌号和美国、日本和国际标准牌号对照

(GB/T 20878—2007、GB/T 4237—2015 和 GB/T 3280—2015)

新牌号 (GB/T 20878—2007)	旧牌号	GB/T 4237—2015, GB/T 3280—2015	美国 ASTM A959-04	日本 JIS G4303—1998, JIS G4311—1991 等	国际 ISO 15510, ISO 4955
14Cr18Ni11Si4AlTi	1Cr18Ni11Si4AlTi	14Cr18Ni11Si4AlTi	—	—	—
022Cr19Ni5Mo3Si2N	00Cr19Ni5Mo3Si2N	022Cr19Ni5Mo3Si2N	S31500	—	—
12Cr21Ni5Ti	1Cr21Ni5Ti	12Cr21Ni5Ti	—	—	—
022Cr22Ni5Mo3N	—	022Cr22Ni5Mo3N	S31803	SUS329J3L	—
022Cr23Ni5Mo3N	—	022Cr23Ni5Mo3N	S32205,2205	—	—
022Cr23Ni4MoCuN	—	022Cr23Ni4MoCuN	S32304,2304	—	—
022Cr25Ni6Mo2N	—	022Cr25Ni6Mo2N	S31200	—	—
022Cr25Ni7Mo3WCuN	—		S31260	SUS329J2L	—
03Cr25Ni6Mo3Cu2N	—	03Cr25Ni6Mo3Cu2N	S32550,255	SUS329J4L	—
022Cr25Ni7Mo4N	—	022Cr25Ni7Mo4N	S32750,2507	—	—
022Cr25Ni7Mo4WCuN	—	022Cr25Ni7Mo4WCuN	S32760	—	—
—	—	022Cr21Ni3Mo2N	S32003	—	—
—	—	03Cr22Mn5Ni2MoCuN	S32101	—	X2CrMnNiN21-5-1
—	—	022Cr21Mn5NiN	S32001	—	—
—	—	022Cr21Mn3Ni3Mo2N	S81932	—	—
—	—	022Cr22Mn3Ni2MoN	S82011	—	X2CrMnNiN21-3-1
—	—	022Cr23Ni2N	S32202	—	—
—	—	022Cr24Ni4Mn3Mo2CuN	S82441	—	—

表 9.15 奥氏体-铁素体型不锈钢的热处理与力学性能

钢号	产品类型	热处理温度及冷却方式	力学性能(不小于)				硬度(不大于)		
			$R_{p0.2}$/MPa	R_m/MPa	A/%	Z/%	HBW	HRB	HV
14Cr18Ni11Si4AlTi	钢棒 (GB/T 3280—2007)	固溶 930~1050℃,快冷	440	715	25	40	—	—	—
	热轧、冷轧钢板和钢带	1000~1050℃,水冷或其他冷却方式	—	715	25	—	—	—	—
022Cr19Ni5Mo3Si2N	钢棒 (GB/T 3280—2007)	固溶 920~1150℃,快冷	390	590	25	40	—	30	300
	热轧、冷轧钢板和钢带	950~1050℃,水冷	440	630	25		290	31	
12Cr21Ni5Ti	热轧、冷轧钢板和钢带	950~1050℃,水冷或其他冷却方式	—	635	25	—	293	31	—
022Cr22Ni5Mo3N	钢棒 (GB/T 3280—2007)	固溶 950~1200℃,快冷	450	620	25	—	290	—	—
	热轧、冷轧钢板和钢带	1040~1100℃,水冷或其他冷却方式	450	620	25	—	293	31	—
022Cr23Ni5Mo3N	钢棒(GB/T 3280—2007)	固溶 950~1200℃,快冷	450	655	25	—	290	—	—
	热轧、冷轧钢板和钢带	1040~1100℃,水冷	450	655	25		293	31	
022Cr23Ni4MoCuN	热轧、冷轧钢板和钢带	950~1050℃,水冷或其他冷却方式	400	600	25	—	290	31	—
022Cr25Ni6Mo2N	钢棒(GB/T 3280—2007)	固溶 950~1200℃	450	620	20	—	260	—	—
	热轧、冷轧钢板和钢带	1025~1125℃,水冷或其他冷却方式	450	640	25	—	295	31	—
03Cr25Ni6Mo3Cu2N	钢棒(GB/T 3280—2007)	固溶 1000~1200℃	550	750	25	—	290	—	—
	热轧、冷轧钢板和钢带	1050~1100℃,水冷或其他冷却方式	550	760	15	—	302	32	—
022Cr25Ni7Mo4N	热轧、冷轧钢板和钢带	1050~1100℃,水冷	550	795	15	—	310	—	—

续表

钢号	产品类型	热处理温度及冷却方式	力学性能(不小于)				硬度(不大于)		
			$R_{p0.2}$/MPa	R_m/MPa	A/%	Z/%	HBW	HRB	HV
022Cr25Ni7Mo4WCuN	热轧、冷轧钢板和钢带	1050～1125℃,水冷或其他冷却方式	550	750	25	—	270	—	—
022Cr21Mn5Ni2N	热轧、冷轧钢板和钢带	≥1040℃,水冷或其他冷却方式	450	620	25	—	—	25	—
022Cr21Ni3Mo2N	热轧、冷轧钢板和钢带	≥1040℃,水冷或其他冷却方式	450	655	25	—	293	31	—
022Cr21Mn3Ni3Mo2N	热轧、冷轧钢板和钢带	≥1040℃,水冷或其他冷却方式	450	620	25	—	293	31	—
022Cr22Mn3Ni2MoN	热轧、冷轧钢板和钢带	≥1040℃,水冷或其他冷却方式	450	655	30	—	293	31	—
03Cr22Mn5Ni2MoCuN	热轧、冷轧钢板和钢带	≥1040℃,水冷或其他冷却方式	450	650	30	—	290	—	—
022Cr23NI2N	热轧、冷轧钢板和钢带	≥1040℃,水冷或其他冷却方式	450	650	30	—	290	—	—
022Cr24Ni4Mn3Mo2CuN	热轧、冷轧钢板和钢带	≥1040℃,水冷或其他冷却方式	540	740	25	—	290	—	—

注:钢棒对应的热处理方式、力学性能和硬度适用于直径、边长、厚度或对边距离不大于 180mm 的钢棒,Z 值对扁钢不适用(GB/T 3280—2007)。各钢号均为列入了 GB/T 4237—2015 和 GB/T 3280—2015 的钢号。

表 9.16 我国沉淀硬化型不锈钢的钢号与化学成分(GB/T 20878—2007) (单位:%)

钢号	C	Si	Mn	P	S	Cr	Ni	Mo、Nb	其 他
04Cr13Ni8Mo2Al	0.05	0.10	0.20	0.010	0.008	12.30~13.20	7.50~8.50	2.00~3.00Mo	0.01N, 0.90~1.35Al
022Cr12Ni9Cu2NbTi	0.03	0.50	0.50	0.040	0.030	11.00~12.50	7.50~9.50	0.50Mo, 0.10~0.50Nb	1.50~2.50Cu, 0.80~1.40Ti
05Cr15Ni5Cu4Nb	0.07	1.00	1.00	0.040	0.030	14.00~15.50	3.50~5.50	0.15~0.45Nb	2.50~4.50Cu
05Cr17Ni4Cu4Nb	0.07	1.00	1.00	0.040	0.030	15.00~17.50	3.00~5.00	0.15~0.45Nb	3.00~5.00Cu
07Cr17Ni7Al	0.09	1.00	1.00	0.040	0.030	16.00~18.00	6.50~7.75	—	0.75~1.50Al
07Cr15Ni7Mo2Al	0.09	1.00	1.00	0.040	0.030	14.00~16.00	6.50~7.75	2.00~3.00Mo	0.75~1.50Al
07Cr12Ni4Mn5Mo3Al	0.09	0.80	4.40~5.30	0.030	0.025	11.00~12.00	4.00~5.00	2.70~3.30Mo	0.50~1.00Al
09Cr17Ni5Mo3N	0.07~0.11	0.50	0.50~1.25	0.040	0.030	16.00~17.00	4.00~5.00	2.50~3.20Mo	0.07~0.13N
06Cr17Ni7AlTi	0.08	1.00	1.00	0.040	0.030	16.00~17.50	6.00~7.50	—	0.40Al, 0.40~1.20Ti
06Cr15Ni25Ti2MoAlVB	0.08	1.00	2.00	0.040	0.030	13.50~16.00	24.00~27.00	1.00~1.50Mo	0.35Al, 1.90~2.35Ti, 0.001~0.010B, 0.10~0.50V

注:表中所列化学成分,除表明范围或最小值外,其余均为最大值。GB/T 4237—2015 和 GB/T 3280—2015 中对几种钢的成分略有调整:04Cr13Ni8Mo2Al 钢中的 Cr 含量由 12.30%~12.20% 改为 12.30%~12.25%,022Cr12Ni9Cu2NbTi 钢中的微量元素含量由 0.80%~1.20%Ti 改为(Nb+Ti):0.10%~0.50%。

表 9.17 我国沉淀硬化型不锈钢新旧牌号和美国、日本和国际标准牌号对照(GB/T 20878—2007)

新牌号(GB/T 20878—2007)	旧牌号	美国 ASTM A959-04	日本 JIS G4303-1998,JIS G4311-1991	国际 ISO 15510,ISO 4955
04Cr13Ni8Mo2Al	—	S13800, XM-13	—	—
022Cr12Ni9Cu2NbTi	—	S45500, XM-16	—	—
05Cr15Ni5Cu4Nb	—	S15500, XM-12	—	—

续表

新牌号(GB/T 20878—2007)	旧牌号	美国 ASTM A959-04	日本 JIS G4303-1998,JIS G4311-1991	国际 ISO 15510,ISO 4955
05Cr17Ni4Cu4Nb	0Cr17Ni4Cu4Nb	S17400，630	SUS630	X5CriNiCuNb16-6
07Cr17Ni7Al	0Cr17Ni7Al	S17700，631	SUS631	X7CriNi17-7
07Cr15Ni7Mo2Al	0Cr15Ni7Mo2Al	S15700，632	—	X8CriNiMoAl15-7-2
07Cr12Ni4Mn5Mo3Al	0Cr12Ni4Mn5Mo3Al	—	—	—
09Cr17Ni5Mo3N	—	S35000，633	—	—
06Cr17Ni7AlTi	—	S17600，635	—	—
06Cr15Ni25Ti2MoAlVB	0Cr15Ni25Ti2MoAlVB	S66286，660	SUH660	—

表 9.18　沉淀硬化型不锈钢棒的热处理与力学性能(GB/T 1220—2007)

钢号	热处理制度		力学性能(不小于)				硬度	
	固溶处理	时效	$\sigma_{p0.2}$/MPa	σ_b/MPa	δ/%	ψ/%	HBW	HRC
05Cr15Ni5Cu4Nb	1020～1060℃快冷	—	—	—	—	—	≤363	≤38
	1020～1060℃快冷	470～490℃空冷	1180	1310	10	35	≥375	≥40
		540～560℃空冷	1000	1070	12	45	≥331	≥35
		570～590℃空冷	850	1000	13	45	≥302	≥31
		610～630℃空冷	725	930	16	50	≥277	≥28
05Cr17Ni4Cu4Nb	1020～1060℃快冷	—	—	—	—	—	≤363	≤38
	1020～1060℃快冷	470～490℃空冷	1180	1310	10	35	≥375	≥40
		540～560℃空冷	1000	1070	12	45	≥331	≥35
		570～590℃空冷	860	1000	13	45	≥302	≥31
		610～630℃空冷	725	930	16	50	≥277	≥28

续表

钢号	热处理制度		力学性能(不小于)				硬度	
	固溶处理	时效	$\sigma_{p0.2}$/MPa	σ_b/MPa	δ/%	ψ/%	HBW	HRC
07Cr17Ni7Al	1000～1100℃快冷	—	380	1030	20	—	≤229	—
	1000～1100℃快冷	(955±10)℃,10min,空冷到室温,24h 内冷至(−73±6)℃,8h,再加热到(510±10)℃,1h,空冷	1030	1230	4	10	≥388	—
		(760±10)℃,90min,在 1h 内冷至 15℃以下,保持 30min,再加热到(565±10)℃,90min,空冷	960	1140	5	25	≥363	—
07Cr15Ni7Mo2Al	1000～1100℃快冷	—	—	—	—	—	≤269	—
	1000～1100℃快冷	(955±10)℃,10min,空冷到室温,24h 内冷至(−73±6)℃,8h,再加热到(510±10)℃,1h,空冷	1210	1320	6	20	≥388	—
		(760±10)℃,90min,在 1h 内冷至 15℃以下,保持 30min,再加热到(565±10)℃,90min,空冷	1100	1210	7	25	≥375	—

注:本表适用于直径、边长、厚度或对边距离不大于 75mm 的钢棒。

表 9.19　沉淀硬化型不锈钢冷轧钢板和钢带固溶处理后试样的力学性能(GB/T 3280—2015)

钢号	固溶处理	钢材厚度/mm	$\sigma_{p0.2}$/MPa(不大于)	σ_b/MPa(不大于)	δ/%(不小于)	硬度(不大于)	
						HRC	HBW
04Cr13Ni8Mo2Al	(927±15)℃,按要求冷却至60℃以下	≥0.10～<8.0	—	—	—	38	363
022Cr12Ni9Cu2NbTi	(829±15)℃水冷	≥0.30～≤8.0	1105	1205	3	36	331
07Cr17Ni7Al	(1065±15)℃水冷	≥0.10～<0.30 ≥0.30～≤8.0	450 380	1035 1035	— 20	— 92(HRB)	— —
07Cr15Ni7Mo2Al	(1040±15)℃水冷	≥0.10～<0.30	450	1035	25	100(HRB)	—
09Cr17Ni5Mo3N	(930±15)℃水冷,在−75℃以下保持 3h	≥0.10～<0.30 ≥0.30～≤8.0	585 585	1380 1380	8 12	30 30	— —
06Cr17Ni7AlTi	(1038±15)℃空冷	≥0.10～<1.50 ≥1.50～≤8.0	515 515	825 825	4 5	32 32	— —

注：GB/T 3280—2015 替代了 GB/T 3280—2007，钢的化学成分略有调整。04Cr13Ni8Mo2Al 钢中的 Mo 含量由 2.00%～3.00%调整为 2.00%～2.50%。022Cr12Ni9Cu2NbTi 钢中 C 含量由 0.03%调整为 0.05%。

表 9.20　沉淀硬化型不锈钢冷轧钢板和钢带沉淀硬化处理后试样的力学性能(GB/T 3280—2015)

钢号	钢材厚度/mm	处理温度	力学性能(不小于)			硬度 HRC(不大于)
			$\sigma_{p0.2}$/MPa	σ_b/MPa	δ/%	
04Cr13Ni8Mo2Al	≥0.10～≤8.0	(510±6)℃,4h,空冷	1410	1515	6～10	45
		(538±6)℃,4h,空冷	1310	1380	6～10	43
022Cr12Ni9Cu2NbTi	≥0.10～≤8.0	(510±6)℃,4h,空冷或(480±6)℃,4h,空冷	1410	1525	3～4	44

续表

钢号	钢材厚度/mm	处理温度	力学性能(不小于)			硬度 HRC(不大于)
			$\sigma_{p0.2}$/MPa	σ_b/MPa	δ/%	
07Cr17Ni7Al	≥0.10～≤8.0	(760±15)℃,90min,1h内冷至(15±3)℃,30min,再加热至(566±6)℃,90min空冷	965～1035	1170～1240	3～7	38～43
	≥0.10～≤8.0	(954±8)℃,10h,快冷至室温,24h内冷至(−73±6)℃,8h,空气中升至室温,再加热到(510±5)℃,1h后空冷	1310～1240	1450～1380	1～6	44～43
07Cr15Ni7Mo2Al	≥0.10～≤8.0	(760±15)℃,90min,1h内冷至(15±3)℃,30min,再加热至(566±6)℃,90min空冷	1170	1310	3～5	40
	≥0.10～≤8.0	(954±8)℃,10h,快冷至室温,24h内冷至(−73±6)℃,8h,空气中升至室温,再加热到(510±5)℃,1h后空冷	1380	1550	2～4	46～45
	≥0.10～≤1.2	冷轧	1205	1380	1	41
	≥0.10～≤1.2	冷轧,(482±6)℃,4h,空冷	1580	1655	1	46
09Cr17Ni5Mo3N	≥0.10～<5.0	(455±8)℃,3h,空冷	1035	1275	6～8	42
	≥0.30～≤5.0	(540±8)℃,3h,空冷	1000	1140	6～8	36
06Cr17Ni7AlTi	≥0.10～≤8.0	(510±8)℃,30min,空冷	1170	1310	3～5	39
		(538±8)℃,30min,空冷	1105	1240	3～5	37
		(566±8)℃,30min,空冷	1035	1170	3～5	35

注:各钢号的固溶处理工艺见表9.19。断后伸长率δ适用于沿宽度方向的试验,垂直于轧制方向且平行于钢板表面。

9.3　马氏体不锈钢

9.3.1　碳及合金元素对马氏体不锈钢组织和性能的影响

从图 9.15 和表 9.2 可看出,马氏体不锈钢为铬含量为 11.5%～19.0%的低、中、高碳钢。马氏体不锈钢钢种可以分为三类:①低碳及中碳的 Cr13 型;②低碳含镍的 Cr17Ni2 型;③高碳的 Cr18 型。

马氏体不锈钢所含主要元素是铬、铁和碳,其相对含量决定了钢的组织类别,如图 9.15 所示。

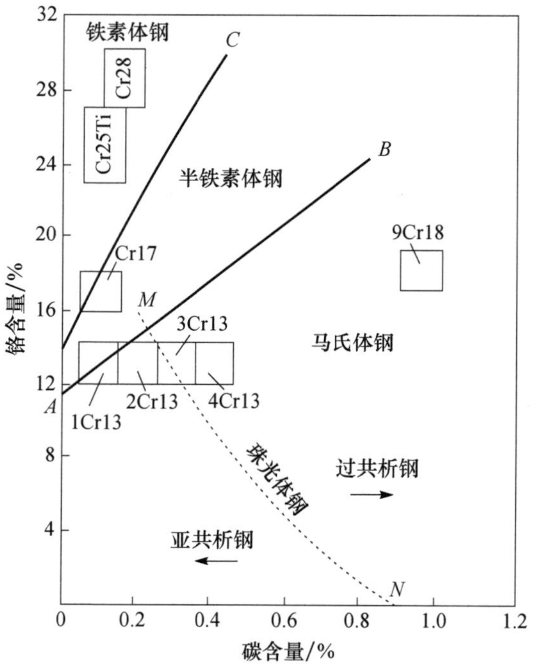

图 9.15　Fe-Cr-C 合金的组织[15]

铬是铁素体形成元素,为了得到可淬火的马氏体铬不锈钢,铬的调整是受限制的。不锈钢要求具有良好不锈性的最低铬含量约为 12%,为了能得到稳定的奥氏体相区,必须向 Fe-Cr 二元合金中加入奥氏体形成元素,碳和氮是价廉且有效的元素。在 Fe-Cr-C 三元系中,铬含量超过 20%时,无论碳含量如何均不能得到单一的奥氏体组织(图 2.34),因此马氏体不锈钢中的铬含量均低于 20%。

铬提高 Fe-C 合金的淬透性,使其过冷奥氏体转变曲线右移,具有空冷淬硬的能力。图 9.16 为 Cr13 型不锈钢的过冷奥氏体等温转变曲线。碳含量增加时,稳定性进一步提高。形状复杂的零件可分散地在空气中冷却或鼓风冷却,此时淬火温度取上限,尺寸较大的零件可采用油冷淬火。

铬的最重要作用是使钢具有耐蚀性和不锈性。随着钢中铬含量的增加,其耐大气腐蚀性能也提高,引起耐蚀性突变的铬含量约为 12%,如图 9.17 所示。在高温 H_2S 中,铬

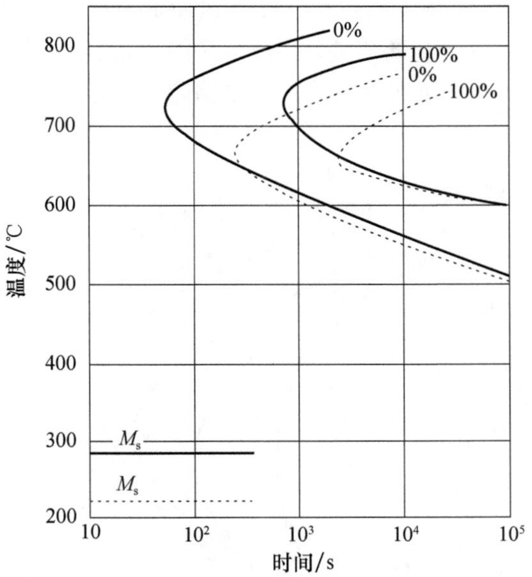

图 9.16 Cr13 型不锈钢的过冷奥氏体等温转变曲线[7,16]

实线表示含量:0.16%C、13.2%Cr;虚线表示含量:0.39%C、14%Cr

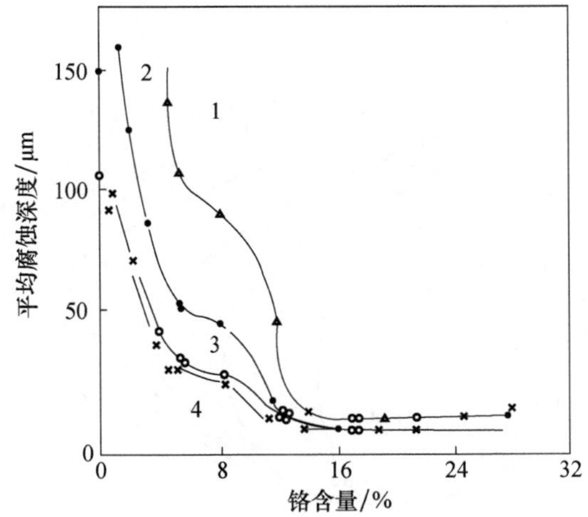

图 9.17 铬含量对 Fe-Cr 合金耐大气腐蚀性能的影响(8 年试验结果)[1]

1—海洋大气(A 区);2—海洋大气(B 区);3——般大气;4—工业大气

的影响也遵循这一规律。

在酸性水溶液中,铬对钢的耐蚀性与介质性质有关。在氧化性介质中,随铬含量的提高,钢的耐蚀性增加,这与铬能促使生成一层铬的氧化物保护膜有关。在稀硝酸中,铬含量为 17%~18%时,能得到满意的耐蚀性。在还原性介质中,随铬含量的提高,钢的耐蚀性下降。

在马氏体铬不锈钢中,碳是除铬外的另一重要元素,其奥氏体形成能力为镍的 30 倍,微量的氮也有相似的作用。在马氏体不锈钢中,碳含量一般在 0.1%~1.0%变动,视钢中的铬含量而定。图 9.18 为碳对 Fe-Cr 合金相图$(\alpha+\gamma)/\alpha$ 相界的影响。图 9.19 为氮对 Fe-Cr 合金相图($\alpha+\gamma$)/α 相界的影响。碳和氮使 Fe-Cr 合金的 γ/($\alpha+\gamma$)相界向右移动,使铬含量不小于 12%的合金既具有不锈性,又能通过淬火进行强化。在给定的碳含量情况下,合金中的铬含量是受到限制的。如果铬超过一定的含量,将形成单相的铁素体组织而不能进行淬火。

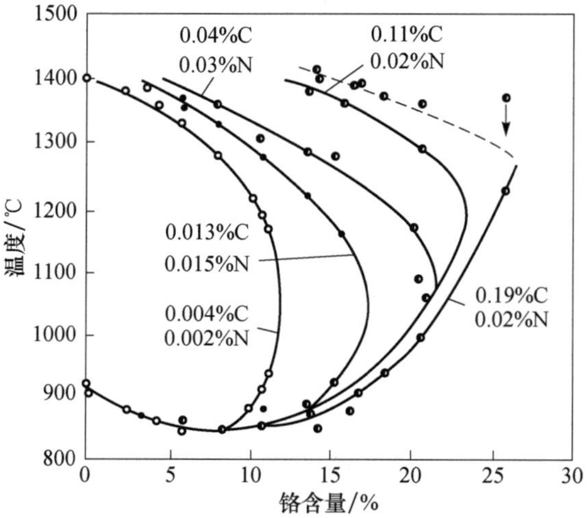

图 9.18 碳对 Fe-Cr 合金相图($\alpha+\gamma$)/α 相界的影响[17]

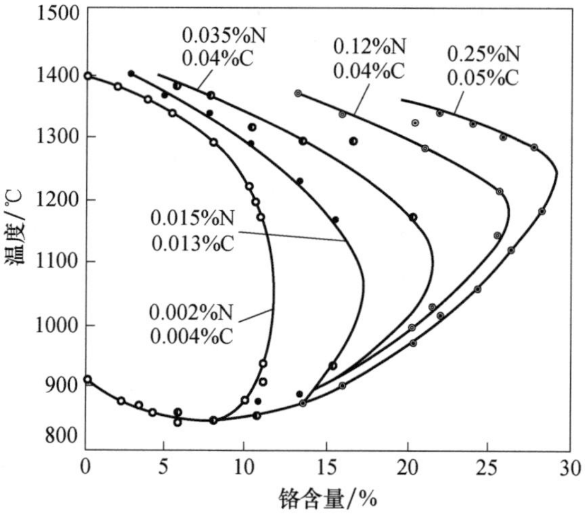

图 9.19 氮对 Fe-Cr 合金相图($\alpha+\gamma$)/α 相界的影响[17]

图 9.20 和图 9.21 为不同铬含量时的 Fe-Cr-C 三元系垂直截面图。随铬含量的增加,共析点 S 左移,共析转变的温度区间升高,转变区间变宽。

根据图 9.21,当铬含量为 18%,碳含量低于 0.08%时,加热直至熔点,不出现 $\alpha\rightarrow\gamma$ 和 $\gamma\rightarrow\delta$ 转变,属于铁素体钢;在碳含量为 0.08%~0.22%时,加热后只有部分铁素体可以转变为奥氏体,淬火后可得到铁素体+马氏体的组织,属于半铁素体钢;在碳含量大于 0.22%时,加热后可以得到奥氏体组织或奥氏体+未溶碳化物,淬火后可以得到马氏体组织或马氏体+未溶碳化物,属于马氏体钢,加热时含铬的碳化物溶解缓慢。

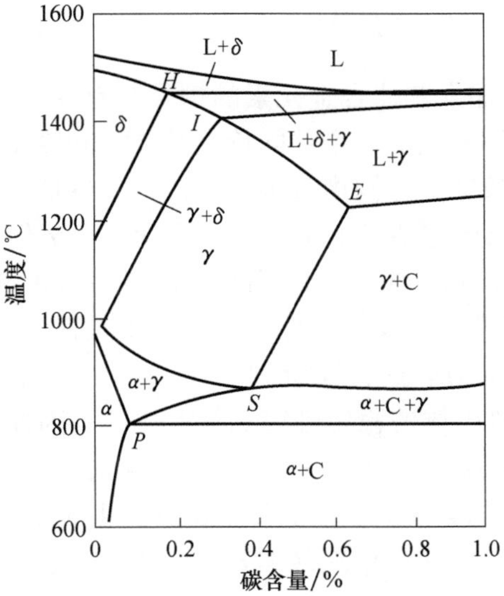

图 9.20 含 12%Cr 时的 Fe-Cr-C 三元系垂直截面图[8]

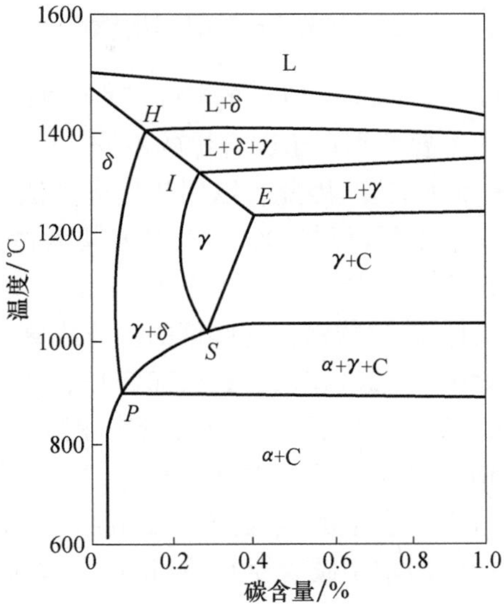

图 9.21 含 18%Cr 时的 Fe-Cr-C 三元系垂直截面图[8]

为改善马氏体铬不锈钢的综合性能，可以添加镍，镍是扩大 γ 相区的元素。在含 16%～18%Cr 的条件下，加入 2%Ni 对扩大 γ 相区有明显效果(图 9.22)，即使碳含量很低，单一的铁素体组织也将消失，加热时出现混合的 α＋γ 组织，使合金具有部分淬火能力。含碳 0.2%时，加热可以完全转变为奥氏体，淬火后得到完全的马氏体组织，从而改善钢的力学性能。

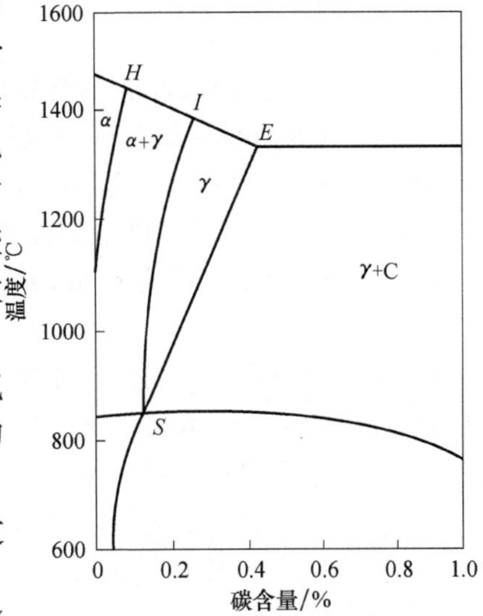

图 9.22 2%Ni 对 Fe-Cr-C 三元系相图的影响(含 18%Cr)[8]

镍能明显地改善 Cr13 型马氏体不锈钢的耐气蚀性能，含 2%Ni 的钢的耐气蚀性能较含 1%Ni 的钢约提高 3 倍。

锰在这类钢中(易切削钢除外)含量不超过 1%，对钢的性能没有影响。

硅在这类钢中的含量不超过 1%，每增加 1% Si 可使 Ac_1 提高 45～50℃。硅是缩小 γ 相区的元素，提高硅含量将促进铁素体的形成，影响钢的淬硬能力。

钼是铁素体形成元素，在马氏体不锈钢中的加入量一般不超过 1%。钼可改善这类钢的耐蚀性，可增强钢的二次硬化能力，溶于基体的一部分钼可提高钢的高温强度。

硫作为易切削元素加入钢中，可以改善钢的切削性能，但降低钢的冲击韧性。硫的加入还降低这类钢在硝酸等介质中耐蚀性。有时用硒代替硫，可减轻钢的点蚀倾向，在加入 0.25%～0.60%Mo 之后，可以完全消除点蚀倾向。

9.3.2 低碳及中碳 Cr13 型不锈钢

GB/T 1220—2007 的 Cr13 型不锈钢中不加入其他合金元素的钢号共有 6 个,它们之间的主要差别在于碳含量的不同。Cr13 型不锈钢的一个共同特点是加热和冷却时具有 $\alpha \leftrightarrow \gamma$ 的转变,因此可以用热处理方法在比较宽的范围内改善它们的力学性能。从显微组织来划分,可把 06Cr13 列为铁素体钢(碳含量在上限时,进行少量 $\alpha \leftrightarrow \gamma$ 转变),12Cr13 列为马氏体-铁素体钢(半铁素体钢),20Cr13 和 30Cr13 列为马氏体钢,40Cr13 列为马氏体-碳化物钢。这些钢的主要成分、热处理工艺及力学性能见表 9.2 和表 9.4。生产实际中以 12Cr13、20Cr13、30Cr13、40Cr13 四个钢号应用较多。

Cr13 型不锈钢因含有大量铬元素,过冷奥氏体的稳定性较高(图 9.16),因此这类不锈钢高温加热后在空气中冷却即可以获得马氏体组织。锻后如冷却较快(在空气中冷却),由于变形的残余应力及组织转变的共同影响,常会使锻件表面产生裂纹,这种开裂倾向因钢中碳含量增高而增大,因此对这类钢锻后应缓慢冷却,并及时地进行软化处理。

Cr13 型不锈钢的软化处理可以两种方式进行:

(1) 高温回火。将锻件加热至 700～800℃保温 2～6h 后空冷,对形状简单的锻件基本上可避免锻造裂纹。12Cr13 钢高温回火后的硬度为 170～200HB,20Cr13、30Cr13、40Cr13 钢为 200～230HB。

(2) 完全退火。将锻件加热至 840～900℃(较常用的为 860℃)保温 2～4h 以后,以不大于 25℃/h 的速率冷却至 600℃后空冷,12Cr13 与 20Cr13 钢的硬度可降至 170HB 以下,30Cr13 与 40Cr13 钢可降至 217HB 以下。退火后的 Cr13 型不锈钢的耐蚀性能比较低,尤其是碳含量较高的钢更是如此(图 9.23)。这是因为退火的钢中存在大量的碳化铬,不仅使固溶体中的铬含量降低,并且这些碳化铬颗粒与基体构成许多微电池,加速了钢的腐蚀。

为了保证这类钢有高的耐腐蚀性,Cr13 型不锈钢都是经过淬火-回火以后才使用的。这类钢热处理的可能性取决于 $\gamma \leftrightarrow \alpha$ 相变的存在与否。含碳 0.01%的 06Cr13 钢由于不存在 $\gamma \leftrightarrow \alpha$ 相变,不能通过淬火强化,而含碳 0.35%的 40Cr13 钢,高于 800℃加热(钢的 Ac_1=800℃)淬火后得到马氏体组织,可以显著地得到强化。含碳在这两者之间的钢,由于 $\gamma \leftrightarrow \alpha$ 相变不完全,淬火强化效果则较小一些。

这类钢在淬火加热时,随加热温度的升高,碳化物逐渐溶解,淬火后硬度升高,见图 9.24。30Cr13 与 40Cr13 两种钢的碳含量较高,淬火温度也应高些,可保证碳化物充分溶解而得到高硬度。但如将温度提得过高(超过 1050℃),回火时碳化物的析出过程强烈,使钢的耐腐蚀性能降低(图 8.173)。30Cr13 与 40Cr13 钢淬火后的硬度一般为 51～56HRC,组织为马氏体及碳化物。应该指出的是,Cr13 型不锈钢导热性低,淬火时应缓慢加热或经过预热再加热至淬火温度。对于含碳较高的 30Cr13 与 40Cr13 钢,加热时应该注意防止表面脱碳,因为脱碳的结果可使表面层出现铁素体及粗晶粒组织,使淬火后硬度降低。

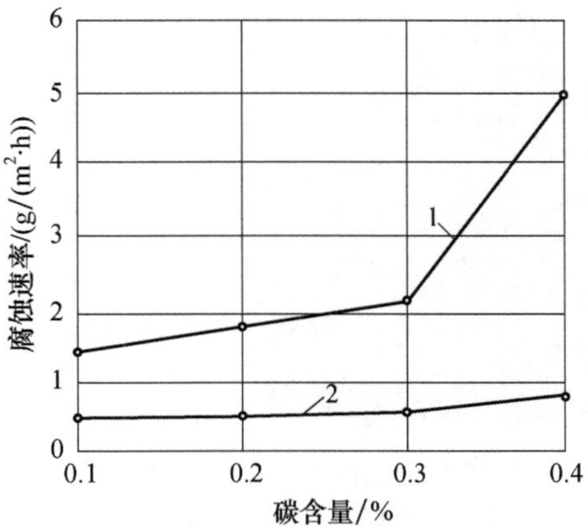

图 9.23　Cr13 型不锈钢在 10%硝酸中的腐蚀速率[18]

1—退火状态；2—淬火状态

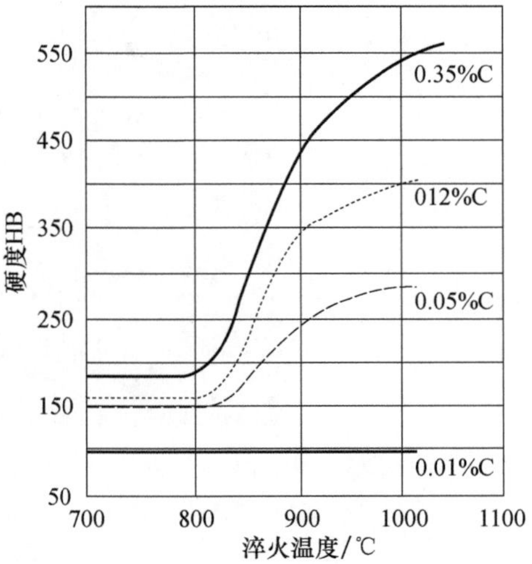

图 9.24　淬火温度对不同碳含量 Cr13 型不锈钢硬度的影响[16]

淬火状态的 Cr13 型不锈钢，由于基体组织是马氏体，大量的铬与碳均被保持在马氏体中，所以淬火状态的钢不仅硬度高，耐腐蚀性能也高。但淬火钢中具有较大的应力，必须及时进行回火，否则会引起开裂。对于尺寸较大及形状复杂的 Cr13 型不锈钢零件，淬火至回火的间隔时间最好不要超过 8h，在特殊情况下不能立即进行回火时，应将先淬火完的零件放在低温炉中等温，待全部淬火结束后再升温至规定的回火温度进行回火。

Cr13 型不锈钢的回火方式有两种：

(1) 当要求最大的硬度时，采用 200～250℃低温回火，得到回火马氏体组织，此时大量的铬元素仍保持在固溶体中，因此在保证较高硬度的同时，耐腐蚀性能也比较高。30Cr13 与 40Cr13 钢多采用低温回火。

(2) 第二种回火是在 650～750℃进行，此时淬火马氏体完全分解为回火索氏体，可以获得较好的强度与韧性配合，并且由于回火温度高，合金元素的扩散比较容易进行，使固溶体分解析出碳化铬附近的贫铬区重新获得铬浓度的平衡，保证了钢的耐腐蚀性能。这种回火多用于做结构零件使用的 06Cr13 至 20Cr13 钢。

在 400～600℃回火，由于析出弥散度很高的碳化物，不仅耐腐蚀性能降低(图 8.153)，而且冲击韧性也比较低，因此一般不采用这个温度区间回火。

Cr13 型不锈钢因为含有大量的铬，抗回火稳定性比较高，为了获得比较稳定的回火状态，回火时间应比一般钢长一些。通常低温回火更应比高温回火长一些，一般为保温 2～4h，视具体情况而定。

由于 Cr13 型不锈钢的合金化程度比较高，淬火以后即使进行高温回火，基体组织也不会完全再结晶，因此所得的回火组织仍保留马氏体的位向。这种组织常见于 12Cr13 与 20Cr13 钢中，习惯上我们称其为保留马氏体位向的回火索氏体(图 9.25、图 9.26)。图 9.26 显示采用第二次 840℃温度加热淬火，因温度不够高，未能消除第一次淬火所形成的粗大组织。

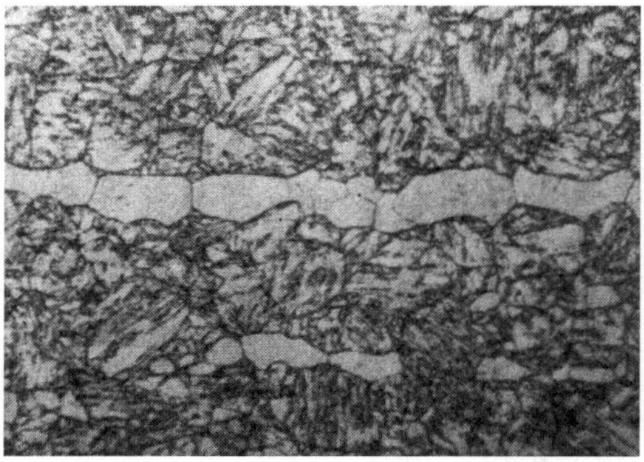

图 9.25　12Cr13 钢 1020℃加热后油淬,650℃回火处理后的组织[19]　500×

组织为保持马氏体针位向分布的铁素体和呈带状分布的铁素体,
硬度 21～23HRC

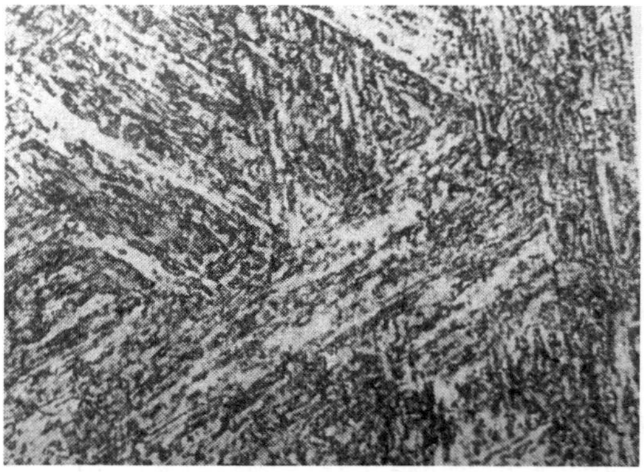

图 9.26　20Cr13 钢经 1040℃加热 1h 后油淬,然后 840℃加热 1h 后油淬,
620℃加热 3h 回火后空冷的组织[19]　500×

组织为保持原来板条马氏体位向的索氏体

Cr13 型不锈钢具有回火脆性倾向,但不如一般合金结构钢明显。在生产实践中,06Cr13、12Cr13 钢未发现明显的回火脆性,而 20Cr13 钢调质后则常因回火脆性而影响冲击韧性。表 9.21 为 20Cr13 钢经 980℃油淬,670℃回火后空冷与油冷后的力学性能比较,表明快冷可以抑制回火脆性的发展,获得较高的冲击韧度。当零件加工后的精度要求较高时,为了不致因回火快冷的内应力影响零件加工后的尺寸稳定性,可在回火油冷后再进行一次 400℃左右的除应力回火。

表 9.21　20Cr13 钢经 980℃油淬,670℃回火后空气冷却与油冷却后的力学性能[18]

回火后冷却介质	σ_b/MPa	σ_s/MPa	δ_5/%	ψ/%	HB	a_{kU}/(J/cm^2)
空气	826	662	20.4	59.0	230	42～47
油	796	644	21.0	71.5	233	196～206

Cr13 型不锈钢是最价廉的不锈钢,由于铬含量相同而碳含量不同,其耐腐蚀性能也不完全相同,但总的说来,它们的耐腐蚀性能属于同一数量级,都能抵抗大气及水蒸气的

腐蚀。

12Cr12 钢在一定温度下能承受较高的应力，在淡水、蒸汽条件下可耐腐蚀，用做汽轮机叶片及较高应力下工作的部件等。

06Cr13 钢的耐腐蚀性、耐锈蚀性及焊接性能优于 12Cr13 至 40Cr13 钢，还具有较高韧性、塑性和冷变形性能，用做受水蒸气、碳酸氢氨母液、热态含硫石油等腐蚀设备的衬里，也用做要求较高韧性及受冲击载荷的零件。

12Cr13 钢属于半马氏体型钢，经淬火和高温回火后具有较高的强度、韧性，良好的耐腐蚀性和机加工性能，主要用于要求较高韧性、一定的不锈性并承受冲击载荷的零部件，如工作温度不超过 480℃的汽轮机叶片、紧固件、水压机阀、热裂解抗硫腐蚀设备等，也可制作在常温条件下耐弱腐蚀介质的设备和部件。

20Cr13 钢的主要性能与 12Cr13 钢相近，其强度和硬度稍高，而韧性和耐蚀性略低，主要用于制作承受高应力载荷的零件，如工作温度不超过 450℃的汽轮机叶片、热油泵轴和轴套、叶轮、水压机阀片等，也用于造纸工业和医用器械、家庭用具、餐具等。

虽然 20Cr13 钢因碳含量高，在室温下的冲击韧度低于 12Cr13 钢，但在低温下的冲击韧度却高于 12Cr13 钢，这是因为 12Cr13 钢中存在铁素体，使其冷脆倾向较大，因此要求在低温下具有较高冲击韧度的零件宜采用 20Cr13 钢[17]。

30Cr13 钢淬火后比 12Cr13 和 20Cr13 钢具有更高的强度、硬度和淬透性，在室温下对稀硝酸和弱有机酸有一定的耐蚀性，但不及 12Cr13 和 20Cr13 钢。30Cr13 钢主要用于高强度部件，以及在承受高应力载荷并在一定腐蚀介质中工作的磨损件，如在 300℃下工作的刀具、弹簧，以及 400℃以下工作的轴、螺栓、阀门、轴承等，也用做测量器械、医用工具。

40Cr13 钢的强度、硬度比 30Cr13 钢高，而韧性和耐蚀性略低，焊接性较差，其他性能与 30Cr13 钢相近。40Cr13 钢主要用做较高硬度及高耐磨性的部件，如外科医疗器械、轴承、阀门、阀片、弹簧等，以及制作要求耐蚀的塑料模具。

GB/T 1220—2007 中列入了两个易切削型 Cr13 不锈钢钢号：Y12Cr13 和 Y30Cr13，其热处理工艺与不含硫的相应钢号相同。

Y12Cr13 是不锈钢中切削性能最好的钢种，适用于自动车床加工的零件和标准件，如螺栓、螺母等。

Y30Cr13 是改善 30Cr13 钢切削加工性能的钢种，适用于自动车床加工的零件和标准件。

在 GB/T 1220—2007 中还列入了两个含钼的 Cr13 型不锈钢：13Cr13Mo 和 32Cr13Mo。

13Cr13Mo 钢是在 12Cr13 钢的基础上加 Mo，其耐蚀性和强度均比 12Cr13 好，用于制造要求韧性较高并承受冲击载荷的零件，如汽轮机叶片、水压机部件及耐高温的零部件等。

32Cr13Mo 钢是在 30Cr13 钢基础上加入 Mo，改善了强度和硬度，并增强了二次硬化效应，提高了耐蚀性。32Cr13Mo 钢用于要求较高硬度及高耐磨性的热油泵轴、阀片、阀门轴承、医疗器械、弹簧等零件。

014Cr13Ni5Mo 钢是一种超低碳马氏体不锈钢，具有良好的强度、韧性、可焊性及耐磨性能。钢中加入了 3.5%～5.5%Ni,可以明显改善 Cr13 型马氏体不锈钢的耐气蚀性能。图 9.27 为镍对 Cr13 型不锈钢耐气蚀性能的影响,可以看出,镍的加入提高了钢在流动的含泥沙水中的耐磨蚀性能。该钢在自来水中也具有良好的疲劳性能[1]。表 9.22 为该钢的室温力学性能。

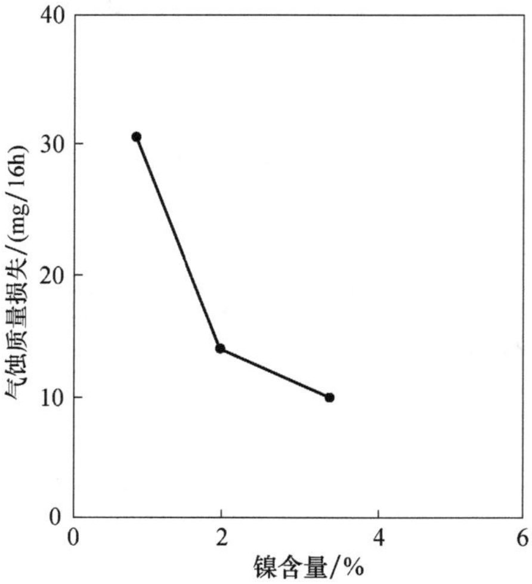

图 9.27　镍对 Cr13 型不锈钢耐气蚀性能的影响[1]

试验用钢:0.05%～0.08%C、14%Cr

表 9.22　014Cr13Ni5Mo 钢特厚钢板的室温力学性能[1]

取样部位	σ_b/MPa	σ_s/MPa	δ_5/%	ψ/%	a_k/(J/cm^2)
常规	865	730～740	19～21	58.5	120～130
S,T	865～870	740	20～21	60～63	200～250
C,T	865	740	19.8～21.1	58.5	120
S,L	865	730～740	21.2～22	67.9～69.3	200～250
C,L	855	710～725	21.2～21.8	65.6～65.7	200
Z 向	820～830	595～615	8.5～11.2	16.1～16.9	110～120

注:电炉+VOD 冶炼,锭重 13.1t,板厚 120mm。固溶处理(1080℃×2h 空冷)+回火(600℃×4h)。S—表面;C—心部;T—横向;L—纵向。

014Cr13Ni5Mo 钢通过适当的热处理可具有低碳板条状马氏体与逆转变奥氏体的复相组织,从而既具有高的强度水平,又具有良好的韧性和可焊性,适用于厚截面尺寸且要求良好可焊性的使用条件,如大型水电站转轮和转轮下环等。该钢在含泥沙水中的磨蚀性能优于奥氏体不锈钢和一般马氏体不锈钢。

014Cr13Ni5Mo 钢具有良好的热加工和热弯成形性能,其热加工的加热温度可参照 18Cr-8Ni 奥氏体不锈钢,特厚板的热弯成形宜在 700～1000℃进行。该钢具有良好的焊接性能,其热影响区仍具有良好的综合性能。

在新制订的 GB/T 4237—2015 和 GB/T 3280—2015 中增加了一个中碳 Cr15 型马氏体不锈钢 50Cr15MoV。50Cr15MoV 是国外常用的一种马氏体不锈钢(美国 AISI425、德国 DIN X50CrMoV15),经常用于制造高档刀具,可以满足高利度的要求。

50Cr15MoV 钢具有比较高的淬透性,锻后或热轧后应缓慢冷却,适宜的退火工艺为

770～830℃加热，缓冷。该钢退火后的力学性能如下：$R_m \leqslant 850$MPa、$A > 12\%$、HBW $\leqslant 280$，退火后的组织为铁素体＋颗粒状碳化物，碳化物主要是 $M_{23}C_6$ 型。

50Cr15MoV 钢在奥氏体化温度为 1000℃时，淬火后的硬度为 55～56HRC，奥氏体化温度为 1050～1080℃时，淬火后的硬度达到峰值，约为 60HRC，奥氏体化温度继续升高，淬火后的硬度开始下降，这是由于淬火后残余奥氏体的增加。回火温度应选择在 170～200℃，此时的硬度约为 56HRC。回火温度升高，硬度下降，但在 500℃左右回火时，出现二次硬化现象，硬度可以达到 57HRC 左右，但防锈性能下降[20]。

9.3.3　低碳含镍的 Cr17Ni2 型不锈钢

GB/T 1220—2007 中列入了两个低碳含镍的 Cr17Ni2 型钢：14Cr17Ni2 和 17Cr16Ni2。

14Cr17Ni2 钢是在 Cr17 钢的基础上加入了 2%Ni。由于镍能使 γ 区扩大，使 Cr17 钢的纯铁素体组织过渡到在高温时为 $\alpha+\gamma$ 的两相状态，使钢能够淬火成马氏体而部分地接受强化。因此，14Cr17Ni2 钢既具有相当于 Cr13 型不锈钢（12Cr13、20Cr13）的力学性能，又保持了 Cr17 型不锈钢的耐腐蚀性能，特别是在海水中与铜合金（青铜）接触时具有很高的电化学稳定性。所以，14Cr17Ni2 钢被广泛应用于化工机械、造船工业及航空工业等方面。

由于 14Cr17Ni2 钢中的碳、铬、镍三个主要元素含量的上、下限较宽，并且含有锰、硅等元素，一般炼钢方法不可避免的氮也存在于钢中，这样钢中既有稳定奥氏体的元素碳、镍、锰、氮，又有形成铁素体的元素铬、硅，就使钢的组织变得复杂，但在大多数情况下都具有两相组织（图 9.22）。由图 9.22 可知，14Cr17Ni2 钢自高温快冷以后的组织是奥氏体、马氏体和铁素体。14Cr17Ni2 钢化学成分的不大变化（在规定的范围内），即可引起铁素体含量的很大差别。如表 9.23 所示的两种成分的 14Cr17Ni2 钢，前者含有 20%的铁素体，后者由于成分中少了 1.35%Cr，多了 0.4%Ni 和 0.04%N，组织中没有了铁素体。可见 14Cr17Ni2 钢的碳、锰、镍偏上限，铬和硅偏下限时，铁素体含量减少，反之则增多。氮虽然不是规定的元素，但微量的氮却起着很大的作用（图 9.19）。

表 9.23　两种成分的 14Cr17Ni2 钢的铁素体含量比较[18]

化学成分/%						铁素体含量/%
C	Mn	Si	Cr	Ni	N	
0.16	0.60	0.30	16.95	1.90	0.03	20
0.16	0.60	0.30	15.60	2.30	0.07	0

与 12Cr13 钢一样，14Cr17Ni2 钢中出现大量的铁素体时，使力学性能降低，主要表现在冲击韧度方面（表 9.24），对强度的影响较小。14Cr17Ni2 钢的冲击韧度还与铁素体的分布有关，铁素体呈断续网状分布的 a_k 值最低，而呈明显带状分布的 a_k 值比前者可高出 3 倍左右。14Cr17Ni2 钢存在的大量铁素体还会使热塑性降低，锻造时形成裂纹的倾向增大。根据生产实践经验，将 14Cr17Ni2 钢的成分控制在下列范围内：C 含量为 0.13%～0.17%，Si 含量不大于 0.37%，Mn 含量不大于 0.6%，Cr 含量为 16.5%～17.5%，Ni 含量为 2.2%～2.5%，可使 δ 铁素体含量为 10%～15%，保证一般力学性能

的要求。也有人主张将钢中的三个主要元素调整在下列范围内:C 含量为 0.15%～0.25%,Cr 含量为 16%～16.8%,Ni 含量为 2%～2.5%,这样可使 δ 铁素体含量限制在 3%～5%,保证要求的力学性能,但会带来下述两个问题:一是增加碳和降低铬以后会损及钢的耐腐蚀性能;二是由于碳及镍的提高导致钢中残余奥氏体含量增多。

表 9.24　铁素体含量不同的 14Cr17Ni2 钢锻件切向力学性能的比较[18]

化学成分/%					热处理	σ_b/MPa	σ_s/MPa	δ_5/%	ψ/%	硬度HB	a_{kU}/(J/cm²)	铁素体含量/%
C	Cr	Ni	Mn	Si								
0.15	17.04	2.24	0.46	0.10	1000℃油淬,650～680℃回火	846	662	17.5	51.1	255	64～72	<10
0.15	16.76	2.40	0.55	0.29		853	672	15.0	43.7	265	42～45	～15
0.16	16.77	1.70	0.41	0.53		814	662	15.5	41.9	233	16～22	～30
0.41	18.71	2.30	0.68	0.70		745	594	15.8	29.8	220	15～19	～50

注:铁素体含量用金相法测定。

14Cr17Ni2 钢的锻造加热规范是:始锻温度 1150℃,终锻温度 800～900℃。锻造加热温度不能过高,在高温下停留的时间也不要过久,以免析出大量的铁素体,影响热处理以后的力学性能。图 9.28 为 14Cr17Ni2 钢(成分:0.18%C、0.41%Si、16.10%Cr、1.90%Ni、0.70%Mn)于不同温度和时间加热后的铁素体数量的变化。可以看出,加热温度较之加热时间更能影响钢中的铁素体含量,而且在加热至 1000℃以上才显著增多,因此过热易发生于锻造加热不当时。淬火加热温度过高及保温时间过久也会使铁素体含量增多,但不及锻造过热显著。

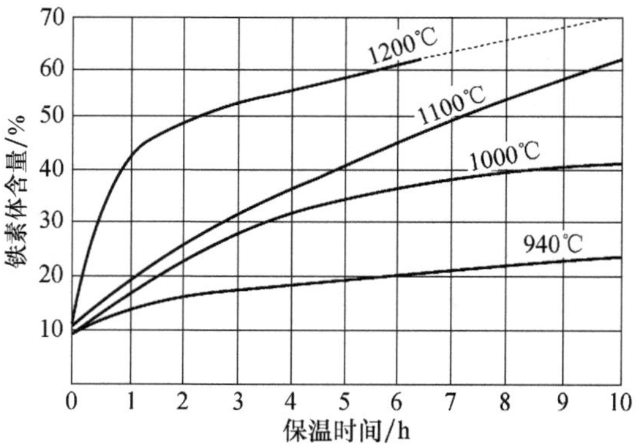

图 9.28　加热温度和时间对 14Cr17Ni2 钢铁素体含量的影响[18]

锻造时还应注意要有足够的锻造比,合理地分配每次加热的变形量,以使铁素体晶粒破碎,获得有利于韧性的分布状态,以及防止因变形不均匀而在两相的界面上产生裂纹。

14Cr17Ni2 钢的软化处理与 Cr13 型不锈钢一样,也是采用高温回火或完全退火。前者是加热至 650℃左右保温后于空气中冷却;后者是加热至 850～880℃保温后炉冷至 750℃后空冷。需要特别指出的是,14Cr17Ni2 钢是不锈钢中对白点很敏感的钢,用以生产大型锻件,锻后应进行去白点退火,否则锻件有产生白点的可能。

14Cr17Ni2 钢的淬火温度以 950～980℃比较适宜,温度超过 1000℃时由于组织中铁素体增加及出现残余奥氏体,使淬火后的硬度降低(图 9.29)。淬火加热温度过高,一方面使奥氏体中溶解大量的碳及合金元素,稳定性增高;另一方面,当高温时析出 δ 铁素体以后，使奥氏体中的合金元素，特别是起稳定奥氏体作用的合金元素相对增多，使马氏体转变点降低，残余奥氏体含量增多。由图 9.29 可以看出，稍许成分的差异也会使淬火后的硬度相差甚大。14Cr17Ni2 钢的组织中出现大量残余奥氏体时，会出现晶间腐蚀。在正常淬火情况下，14Cr17Ni2 钢没有晶间腐蚀倾向。

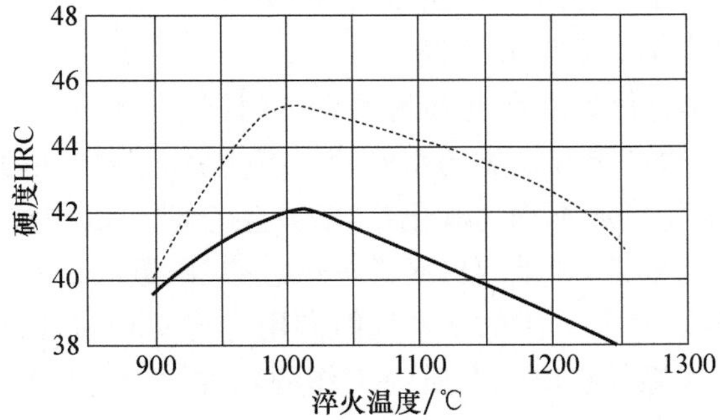

图 9.29 淬火温度对 14Cr17Ni2 钢硬度的影响[8]

------ 0.075%C、17.65%Cr、2.12%Ni；

——0.090%C、16.80%Cr、1.65%Ni

14Cr17Ni2 钢的淬火一般采用油冷，淬火后的组织为马氏体、铁素体及少量的残余奥氏体。

14Cr17Ni2 钢通常采用在 275～350℃与 550℃以上回火。275～350℃低温回火后的基体组织为回火马氏体，具有高的硬度(350～402HB)与耐腐蚀性能，适用于要求高硬度及耐腐蚀的零件。550～700℃高温回火后的基体组织为回火索氏体，强度与韧性配合较好，耐蚀性也高。这两种状态的显微组织虽然不同，但都具有较高的耐腐蚀性能，没有明显的差别，在浓度为 50%的冷态或沸腾的 5%硝酸中，均具有 10 级标准中的第 3 级(表 9.1)。高温回火工艺主要用于要求强度和韧性配合较好和耐腐蚀的结构零件。

与 Cr13 型不锈钢一样，14Cr17Ni2 钢一般不采用 350～550℃回火，在这一温度区间回火的 14Cr17Ni2 钢的耐蚀性能与冲击韧性均低，这与它具有回火脆性和“475℃脆性”有关。14Cr17Ni2 钢在 550℃左右回火后，油冷后的冲击值比空冷后约高出一倍。14Cr17Ni2 钢在 450℃重复加热时，随加热时间的延长，冲击值显著降低，与冷却条件无关，这表明该钢还具有高铬钢固有的 475℃脆性(见 9.4 节)。

当淬火的 14Cr17Ni2 钢中存在残余奥氏体时，在高温回火过程中它们不可能完全等温分解，而是析出一部分碳化物后残余奥氏体的稳定性降低，于回火过程中转变为马氏体，结果使调质后钢的强度升高，而塑性与韧性降低。在这种情况下，可在原来的回火温度再进行一次回火，使新生成的马氏体分解为回火索氏体，从而使强度降低，而塑性与韧性提高[18]。

14Cr17Ni2 钢热处理后具有较高的强度和硬度，对氧化酸类及有机盐类的水溶液有良好的耐蚀性，一般用于既要求高力学性能的可淬硬性，又要求较高的耐硝酸及有机酸腐蚀的零件、容器和设备，如轴类、活塞杆、泵、阀等的部件，以及弹簧和紧固件等。

17Cr16Ni2 是新列入 GB/T 1220—2007 中的钢号。与 14Cr17Ni2 钢相比，17Cr16Ni2 钢适当增加了碳含量，略减少铬含量，从而明显改善了钢的加工性能。该钢适于制作要求较高强度、韧性和良好耐蚀性的零部件,以及在潮湿介质中承受应力的部件。

9.3.4 高碳 Cr18 型不锈钢

在 GB/T 1220—2007 中列入了 7 个高碳 Cr18 型不锈钢,其中的 95Cr18 和 102Cr17Mo 钢的化学成分与高碳铬不锈轴承钢 G95Cr18 和 G102Cr18Mo 基本相同,对其组织、成分与工艺已在 7.2.8 节介绍过。

95Cr18 钢淬火后具有很高的硬度和耐磨性,并且较 Cr17 型马氏体钢的耐蚀性能有所改善,在大气、水及某些酸类和盐类的水溶液中有优良的耐蚀性,其他性能与 Cr17 型不锈钢类似。由于钢中极易形成不均匀碳化物,需在生产时予以注意。该钢主要用做要求耐蚀、高强度和耐磨损的部件,如轴、泵、阀件、杆类、弹簧、紧固件等。

102Cr17Mo 和 90Cr18MoV 钢的基本性能和用途与 95Cr18 钢相近,但热强性和抗回火性能更好,用做承受摩擦并在腐蚀介质中工作的零件,如量具、塑料模具、轴承、医用手术刀具等。

68Cr17、85Cr17、108Cr17 等钢均为高碳马氏体不锈钢,在淬火和低温回火状态下使用,具有高的强度和硬度,这几种钢淬火-回火后的硬度随钢中碳含量的增加而增加,但韧性相应降低。

68Cr17 钢一般用做要求有不锈性和耐稀氧化性酸、有机酸和盐类腐蚀的零部件,如刀具、量具、轴类、杆类、阀门、钩件等。

85Cr17 钢在硬化状态下,比 68Cr17 钢硬度高,而比 108Cr17 钢韧性好,其他性能与用途类似于 68Cr17 钢,用做刀具、阀门、阀座等。

108Cr17 钢是目前所有不锈钢和耐热钢中硬度最高的钢种,性能与用途类似于 68Cr17 钢,主要用于制造喷嘴、轴承等。

Y108Cr17 钢是在 108Cr17 钢基础上改善切削性能的钢种,适用于自动车床加工标准件。

9.4 铁素体不锈钢

铁素体不锈钢可根据钢中铬含量的不同分为低铬(11%～15%)、中铬(16%～20%)和高铬(21%～32%)三类。

铁素体不锈钢除具有一般的耐蚀性能外,耐氯化物应力腐蚀、耐点蚀、耐缝隙腐蚀性能是其耐蚀性能方面的主要特点。铁素体不锈钢的强度高,冷加工硬化倾向较低,导热系数为奥氏体不锈钢的 1.3～1.5 倍,线膨胀系数为奥氏体不锈钢的 60%～70%。虽然铁素体不锈钢有这些优点,但其用途还是有限的。其主要原因是这类不锈钢,特别是铬含量大于 16%的铁素体不锈钢存在一些突出的问题:室温及低温韧性差、缺口敏感性高、对晶间腐蚀比较敏感,而且这些缺点随钢截面尺寸的增加、冷却速率的变慢而更加强烈地显示出来。由于冶炼技术的进步,已可生产出超高纯铁素体不锈钢,可使铁素体不锈钢上述缺点得到一定程度的克服,通过适当的合金化,出现了“超级铁素体不锈钢”,使其在苛刻介质中的耐腐蚀、耐氯化物的点蚀和缝隙腐蚀等的应用方面取得了新的进展[1]。我国的高铬铁素体不锈钢产量份额(包括高铬马氏体不锈钢)在 20 世纪 80

年代仅占我国不锈钢产量的10%，近年已接近20%。

9.4.1 铁素体不锈钢的组织和脆性

高铬铁素不锈钢主要缺点是脆性大。引起脆性的原因主要有以下几个方面：

(1) 粗大的原始晶粒。这类钢在冷却与加热时不发生相变，故铸态组织粗大。粗大的组织只能通过压力加工碎化，无法用热处理方法来改变它。工作温度超过再结晶温度后，晶粒长大倾向很大，加热至900℃以上，晶粒即显著粗化。由于晶粒粗大，这类钢的冷脆性高，韧脆转变温度高，室温的冲击韧性很低。图9.30为退火状态铁素体不锈钢的显微组织。

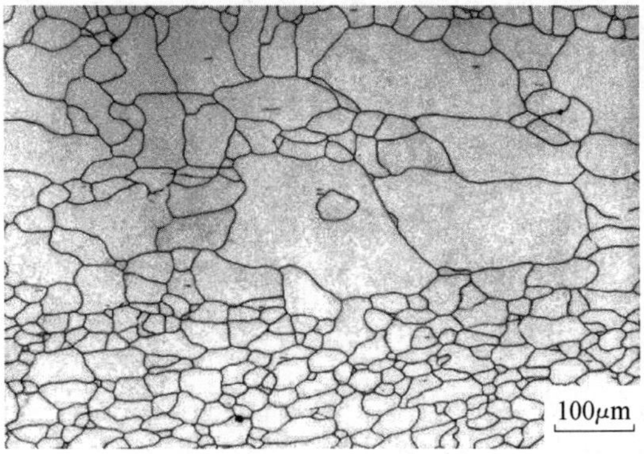

图9.30 退火状态铁素体不锈钢(26%Cr、1%Mo)的显微组织[21]

对这类钢正确地控制热变形的开始温度和终止温度是十分重要的，如对Cr25和Cr28钢，锻造和轧制应在750℃或较低的温度结束。此外，向钢中加入少量的钛，可使晶粒粗化的倾向略微降低。

(2) 475℃脆性。含铬超过15%时，在400～550℃停留较长时间后，钢在室温时变得很脆，其冲击韧度和塑性接近于零，并使钢的强度和硬度显著提高(图9.31)，最高脆化温度接近于475℃，故文献中把这种脆化现象称为475℃脆性。

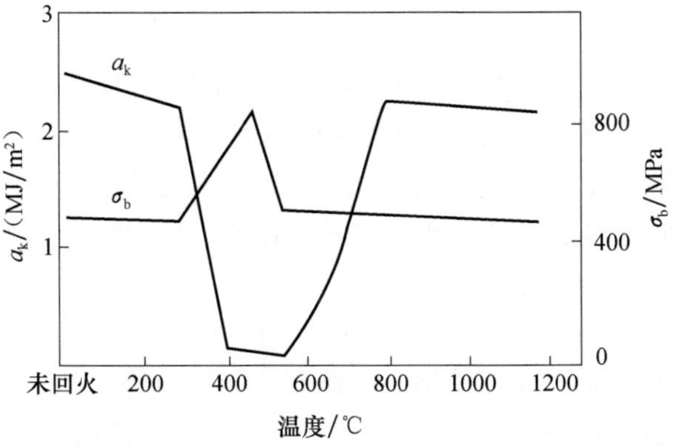

图9.31 加热温度对Cr28铁素体不锈钢强度和韧性的影响[8]

300～1200℃加热100h

导致475℃脆性的原因是在该温度区间，自 α 相中析出富铬的 α' 相，铬含量高达61%～83%，具有体心立方点阵，点阵常数为0.2877nm。这种高度弥散的亚稳定析出物与基体保持共格关系，长大速率极缓慢，在475℃保温2h后具有20nm直径，而34000h后只长到500nm。由于 α' 相的点阵常数大于铁素体的点阵常数，析出时产生共格应力，使钢的强度和硬度升高，韧性下降。475℃脆性具有还原性，可以通过加热至600～650℃保温1h后快冷予以消除。

图9.32为Fe-Cr二元相图的中间部分。可以看出，α' 相的产生是由于520℃以下 $\sigma \rightarrow \alpha + \alpha'$(调幅分解)反应的结果。$\alpha'$ 相的析出缓慢，从较高温度下的单相 α 区空冷至溶解度线以下，不会有 α' 相析出，只有随后在520℃时效，才会有 α' 相沉淀而引起钢的脆化。当重新加热至550℃以上时，由于 α' 相的溶解，钢的塑性、韧性又得到恢复。α' 相还使钢在硝酸中的耐蚀性下降。

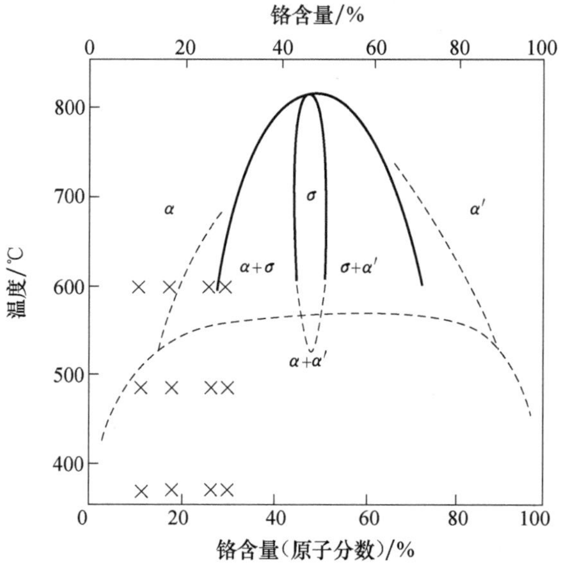

图9.32　Fe-Cr二元相图中间部分[21,22]

虚线为Williams提出的修改

(3) σ 相的析出。由图2.12可以看出，在铁铬合金中，低于820℃时，当成分约相当于45%Cr时，出现 σ 相(FeCr)。随温度的降低，σ 相存在的范围逐渐扩大，即 σ 相可以溶解相当数量的铁或铬。在 σ 相和 α 相之间还存在比较宽的两相区。σ 相的形成需要在600～800℃长时间加热，更低的温度因原子扩散困难，故不能生成，如果自高温以较快的速率冷却，亦可以抑制 σ 相的生成。

σ 相是一种具有复杂正方点阵(单位晶胞中有30个原子)的金属间化合物。在铬钢中，杂质及大多数合金元素Mo、Si、Mn、Ni等(C、N除外)都促使 σ 相的生成范围移至较低的铬含量并加速其形成，因此工业用的含17%Cr的铁素体钢，在600～700℃长期加热便可能形成 σ 相。σ 相不仅见于高铬铁素体钢，也见于其他奥氏体-铁素体钢，以至于奥氏体钢中，不过 σ 相在铁素体中形成较容易。

σ 相具有高的硬度(大于68HRC)和脆性，析出时伴有大的体积变化，故引起很大脆性。由于 σ 相富铬，其析出会引起基体中铬分布的变化，而使钢的耐蚀性下降，连续呈网状的 σ 相较岛状者更为有害。

除 σ 相外，在含钼的高铬铁素体不锈钢中还发现有 χ 相存在。χ 相同样是一种脆性相，可以显著降低钢的缺口韧性。χ 相中富集 Mo、Cr 的程度高于 σ 相且析出速率较 σ 相快。

铁素体不锈钢中出现 σ 相和 χ 相后，可以采用加热到它们的形成温度以上保温后急冷的方法予以消除。

在铁素体不锈钢中还会存在其他影响钢性能的相，主要是碳化物、氮化物和少量的马氏体。

碳和氮在铁素体中的溶解度很低，如含铬 26％的铁素体不锈钢在 1093℃时，碳在钢中的溶解度为 0.04％，在 927℃时仅为 0.004％，温度再降低，其溶解度要降到 0.004％以下；927℃以上时，氮在铁素体中的溶解度为 0.023％，而在 593℃时仅为 0.006％。因此，铁素体不锈钢在高温加热和在随后的冷却过程中，即使急冷，也难以防止碳化物和氮化物的析出，析出的碳化物主要是 $(Cr,Fe)_{23}C_6$ 和 $(Cr,Fe)_7C_3$，析出的氮化物主要是 CrN 和 Cr_2N。

析出的碳化物和氮化物对铁素体不锈钢的性能是有害的，主要表现在对耐蚀性、韧性、缺口敏感性的影响上。

在含约 17％Cr 的铁素体不锈钢中，如果 C＋N 含量不大于 0.03％时可以得到纯铁素体组织，当 C＋N 含量大于 0.03％后，高温下会生成 $\alpha+\gamma$ 双相结构。在随后的冷却过程中，γ 相转变为马氏体，使钢的组织具有 $\alpha+M$ 双相结构，从而使钢的组织细化，韧脆转变温度下移。当钢中马氏体含量在 9％以上时，其耐腐蚀性良好且不受钢中碳、氮含量的影响。

9.4.2 合金元素对铁素体不锈钢组织和性能的影响

铬是使铁素体不锈钢具有铁素体组织和良好耐蚀性的主要元素。在铁素体钢中，铬含量的增加加速了 α'相和 σ 相的形成和析出，并使铁素体晶粒更加粗大，增大了钢的脆化倾向。当铬含量超过 15％以后，韧性的下降更加明显，韧脆转变温度显著上移。α'相和 σ 相的析出对铁素体不锈钢的耐蚀性也有不利影响。

在铁素体不锈钢中，随铬含量的增加，钢的强度下降，当铬含量高于约 25％后，随铬含量的增加，钢的强度稍有提高。这是因为在铬含量小于约 25％时，铬含量的增加抑制了在纯铁素体组织中马氏体的形成。铬含量约大于 25％后，随铬含量的增加，因铬的固溶强化作用而使钢的强度提高。

铁素体不锈钢在氧化性介质中，铬能使钢的表面上迅速生成致密稳定的富铬的钝化膜，即使被破坏也能迅速修复。不同铬含量的 Fe-Cr 合金在 10％H_2SO_4 介质中的阳极极化曲线如图 9.33 所示。随铬含量的增加，合金的腐蚀电位和临界（初始）钝化电位 E_p 均逐渐向负电位方向移动，合金的临界电流强度（活性溶解时的最大电流密度）逐渐减小，钝化后腐蚀电流 $I_{最小}$ 也随之降低，即铬含量越高越易钝化。铬含量低时只有在较高的阳极电位下钝化才稳定，钝化所需要的时间要增长。当铬含量高至 12％～18％时，则在比较低的阳极电位下就能达到稳定的钝化状态。

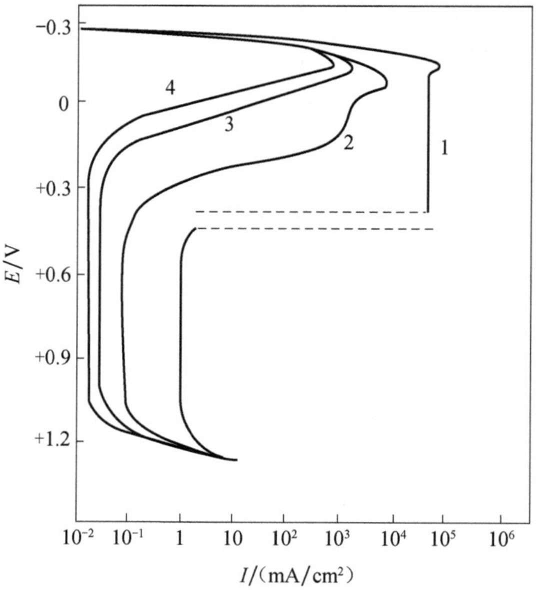

图 9.33　Fe-Cr 合金不同铬含量对阳极极化曲线的影响(10%H_2SO_4)[1,5]

1—2.8%Cr;2—9.5%Cr;3—14%Cr;4—18%Cr

钢中铬含量低于 10%时,钝化膜中不存在铬的氧化物,当铬含量超过 10%后,钝化膜中富集了铬的氧化物。这种富铬的氧化物具有尖晶石结构,在许多介质中有很高的稳定性。

在铁素体不锈钢中,随铬含量的提高,钢的晶间腐蚀敏感性降低。

铁素体不锈钢随钼含量的提高更易于获得纯铁素体组织,并促进 α'相、σ 相,特别是 χ 相的析出。

钼含量的增加可以通过固溶强化使铁素体不锈钢的硬度、强度提高,但使塑性、韧性下降,并进一步提高铁素体不锈钢的韧脆转变温度。图 9.34 为钼对含铬 25%的高纯铁素体不锈钢(C+N 含量不大于 0.019%)韧脆转变温度的影响。钼含量在约 2%以下时,对钢的韧脆转变温度无显著影响(图 9.34),钼含量进一步提高,对提高韧脆转变温度的影响才比较显著。钼对含铬 25%的非高纯钢(C+N 含量约 0.08%)的影响也是如此。

钼在铁素体不锈钢中最重要的作用是提高钢的耐蚀性,特别是耐点蚀、耐缝隙腐蚀等性能[1]。在铁素体不锈钢中加入钼时,随钼含量的提高,钢的耐点蚀性能提高,当钼含量大于或等于 2%后便显示出明显的效果。虽然在有些环境中铁素体不锈钢不含钼,即使钢中的铬含量高也很难获得满意的耐点蚀性,但是钼在铁素体不锈钢中具有良好耐点蚀作用的前提是钢中必须含有足够量的铬。在一般情况下,钢中的铬含量越高,钼提高钢的耐点蚀的效果越明显(图 9.35)。研究表明,钼在铁素体不锈钢中的耐点蚀能力大约相当于铬的三倍,因此常用铁素体不锈钢中 Cr+3Mo 的含量来表征该钢的耐点蚀当量,此值越高,铁素体不锈钢的耐点蚀能力越强。钼同样显著提高铁素体不锈钢的耐缝隙腐蚀性能。

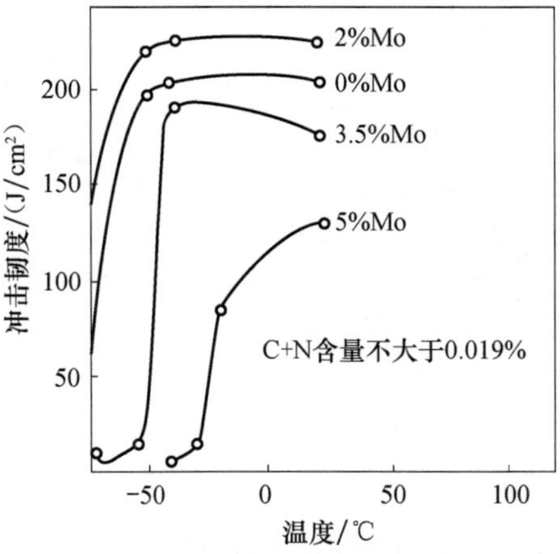

图 9.34 钼对含 25%Cr 高纯铁素体不锈钢韧脆转变温度的影响[1]

980℃×1h,水冷处理;试样为 V 型缺口 1/4 尺寸冲击试样

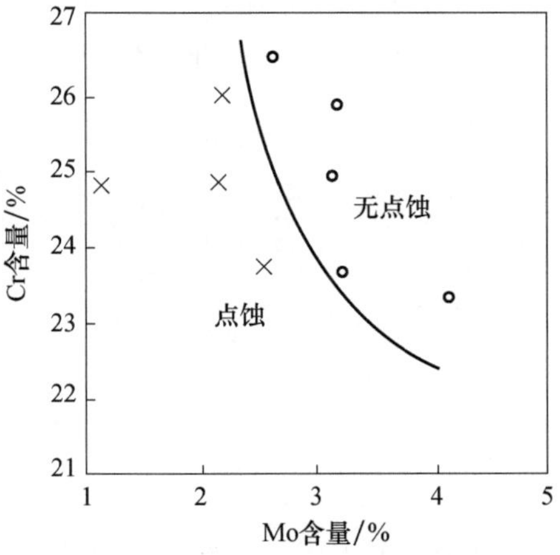

图 9.35 Cr、Mo 对高纯铁素体不锈钢耐点蚀性能的影响[1]

钼对铁素体不锈钢应力腐蚀的影响,随钢的化学成分和试验条件的不同而异。含钼铁素体不锈钢一般较不含钼或低钼钢具有更好的耐应力腐蚀能力。

碳和氮在铁素体不锈钢中是不受欢迎的,因为它们除了能使钢强化外,对钢的其他各种性能都是不利的,如升高韧脆转变温度、增大缺口敏感性、降低焊后耐蚀性等。由于冶金技术的进步,目前工业规模上已可生产出超低碳、氮的高纯(C+N 含量不大于 0.015%)铁素体不锈钢,使铁素体不锈钢的一些不足得到了很大程度的克服。

碳和氮都是扩大 Fe-Cr 合金中 γ 相区的元素,使 $\alpha+\gamma$ 两相区向更高铬含量方向移动(图 9.18 和图 9.19),因而使碳、氮含量较高的铁素体不锈钢中可能出现铁素体+马氏体的双相结构。

由于碳、氮在铁素体中的溶解度很低,铁素体不锈钢在高温加热后的随后冷却过程中会有碳、氮化物析出,它们对铁素体不锈钢的性能产生重要的影响。

碳、氮含量的增加将使铁素体不锈钢的冲击韧性下降,特别是钢中铬含量高达 15%~18%时更为明显,同时使钢的韧脆转变温度明显上移,增加钢的缺口敏感性。

铁素体不锈钢中碳、氮含量的增加也加强了钢的冷却速率效应和尺寸效应。前者指随冷却速率的不同,钢的韧性有很大的不同,后者是指随截面尺寸的变化,钢的韧性有很大的不同。

除碳、氮外,铁素体不锈钢中的氧含量对其韧性也有类似的影响。

碳、氮在铁素体不锈钢中存在的另一重要影响是使其具有很高的晶间腐蚀敏感性,其敏感程度随钢中 C+N 含量的增加而增加,其敏感程度远高于一般 18Cr-8Ni 奥氏体不锈钢。图 9.36 为含 0.05%C 的 Cr17 钢与 18Cr-8Ni 奥氏体不锈钢碳化物沉淀与晶间腐蚀的温度-时间曲线,图中阴影部分为晶间腐蚀敏感区。

碳、氮在铁素体中的溶解度低,而碳、铬在 α 相中的扩散速率比在 γ 相中快得多,因此铁素体不锈钢在高温加热后的冷却过程中,包括快速冷却,极易析出碳化物和氮化物。其

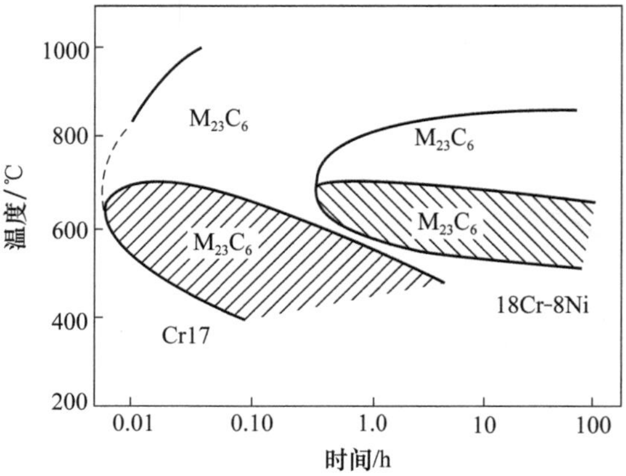

图 9.36　含 0.05%C 的 Cr17 钢与 18Cr-8Ni 奥氏体不锈钢碳化物沉淀与晶间腐蚀的温度-时间曲线[1]

敏化行为与奥氏体不锈钢不同，除了如图 9.36 所示，在 400～600℃区间，因析出 $Cr_{23}C_6$ 而出现敏化区外，在 1100℃以上的高温区域也可以出现敏化区，这是由于从高温冷却过程中经过 400～600℃生成 $Cr_{23}C_6$ 所致。在两个敏化区之间的 700～850℃生成 $Cr_{23}C_6$ 时，由于铬的再扩散而补充了因形成 $Cr_{23}C_6$ 所需要的 Cr，因而不产生贫铬区，敏化现象消失。

一些研究结果还指出，碳、氮在铁素体不锈钢中对耐一般腐蚀、耐点蚀、耐缝隙腐蚀、耐应力腐蚀等都是有害的。

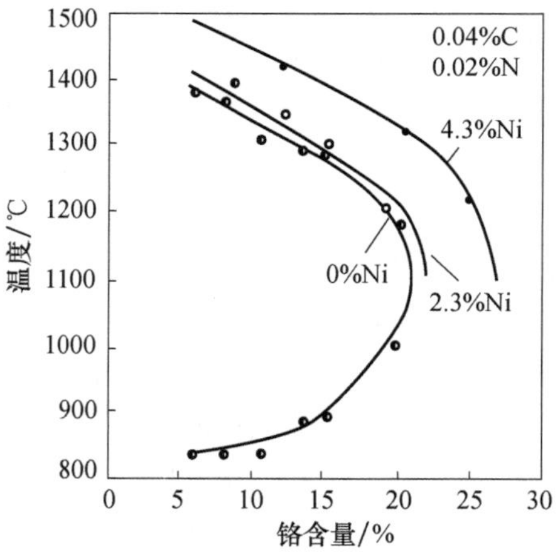

图 9.37　镍对 Fe-Cr 二元相图 γ 相区的影响[17]

镍是扩大 Fe-C 合金 γ 相区的元素，使 $\alpha+\gamma$ 两相区向更高铬浓度方向移动(图 9.37)。为了使含镍铁素体不锈钢具有单一的纯铁素体组织，随镍含量的增加，不仅需要提高钢中铬含量，有时还要加入 Mo、Ti、Nb 等铁素体形成元素。

镍提高铁素体不锈钢的 475℃脆性，这是由于镍促进了 α' 相的析出。镍对 σ 相的析出影响并不显著。

镍可以提高铁素体不锈钢的室温强度和韧性，并使钢的韧脆转变温度下移。表 9.25 为镍对几种高铬铁素体不锈钢室温力学性能的影响。由于镍的良好作用，目前常用的一些高铬含钼铁素体不锈钢中，在控制 C＋N 总量的同时，还加入 2%～4%Ni。

表 9.25　镍对几种高铬铁素体不锈钢室温力学性能的影响[1]

材料	σ_b/MPa	σ_s/MPa	δ/%	ψ/%	HRB
高纯 Cr25Mo3	590～610	450～480	24～34	72～81	—
高纯 Cr25Mo3Ni3	670～790	590～600	26～28	74～75	—

续表

材料	σ_b/MPa	σ_s/MPa	δ/%	ψ/%	HRB
高纯 Cr28Mo	550	390	29	—	—
高纯 Cr28MoNi4	647	567	26	70	83～94
高纯 Cr29Mo4	620	515	25	95	94
高纯 Cr29Mo4Ni2	715	585	22	97	95

铁素体不锈钢中加入镍，在某些介质中可进一步提高钢的耐一般腐蚀、耐点蚀和耐缝隙腐蚀性能，但对于铁素体不锈钢耐氯化物应力腐蚀，镍的加入是有害的。随镍含量的增加，Cr18 型钢在 42%沸腾 $MgCl_2$ 中的耐应力腐蚀性能下降，且敏化态（1050℃水冷）较退火态具有更高的破裂倾向。一般认为，镍对铁素体不锈钢的滑移、膜破裂和再钝化行为均有影响，镍提高钢的膜破裂倾向，延缓再钝化速率并显著增加钢的氢脆敏感性[1]。

目前已可在工业条件下生产 C+N 含量不大于 0.015%的铁素体不锈钢，但仍未能防止一些铁素体不锈钢的晶间腐蚀问题。例如，为了防止 Cr26Mo1 铁素体不锈钢的晶间腐蚀，应使钢中的 C+N 含量在 0.005%～0.007%，这在工业生产条件下是难以做到的。人们考虑在铁素体不锈钢中加入能与 C、N 结合成稳定碳化物的 Ti 或 Nb 以抑制铬的碳、氮化物的形成，从而提高铁素体不锈钢的耐晶间腐蚀性能。

向铁素体不锈钢中加入 Ti 或 Nb 的量应视钢中的 C+N 含量的不同而异，要控制好 w_{Nb+Ti}/w_{C+N}。例如，19Cr-2Mo 钢，按下式计算加入量，即能抑制敏化[23]：

$$w_{Nb+Ti} \geqslant 16w_{C+N}, w_{C+N} \geqslant 0.07 \tag{9.7}$$

$$w_{Nb+Ti} \geqslant 8w_{C+N}, w_{C+N} < 0.07 \tag{9.8}$$

由于 Nb 的价格高于 Ti 甚多，工业应用的铁素体不锈钢大多采用 Ti 或 Ti+Nb 作为稳定化元素。

Nb 在改善铁素体不锈钢的高温强度方面（含 19%Cr），较其他元素显示出最佳效果。进一步的研究表明，Nb-Ti 双稳定化较单纯加 Nb 有更好的强化效果，其原因是 NbC 在先析出的 TiN 上附着而抑制了 Fe_3Nb_3V 的粗大化，减少了沉淀析出的 Nb，从而使固溶体中的 Nb 保持在相对高的水平，增加了 Nb 的固溶效果。因此，Nb 在一些高温服役的铁素体不锈钢中得到广泛应用[24]。

Ti 和 Nb 的加入给铁素体不锈钢带来一些其他问题，主要是铁素体不锈钢的韧性有所下降，韧脆转变温度升高。这是由于 Ti 和 Nb 的析出物在变形过程中强烈地阻碍位错运动，造成位错塞积，产生了应力集中，导致解理裂纹在析出物附近形核，而后沿解理面扩展直至断裂[1]。

向铁素体不锈钢中加入 Ti、Nb，由于其细化钢晶粒的作用，对提高非高纯铁素体不锈钢焊后的塑性有着有益的影响。

研究过 Ti 和 Nb 加入 Cr18 型铁素体不锈钢中对耐点蚀的影响，结果表明，它们可升高钢的点蚀电位，提高钢的耐点蚀性[1]。

锰、硅在铁素体不锈钢中的含量不大于 1.0%，多作为脱氧元素加入，即便如此，对铁素体不锈钢的韧脆转变温度也有明显不利影响。铝作为脱氧剂加入量适宜，钢的韧脆转变温度降低，铝含量不小于 0.05%时，钢的韧脆转变温度升高。在铁素体不锈钢中为了提高抗氧化和硫化的能力，可加入较高的硅和铝。

在铁素体不锈钢中,加入适量的铜可提高钢的耐蚀性和冷成形性能。在一些超级铁素体不锈钢中可延缓金属间相的析出并降低韧脆转变温度,但对钢的热加工性能将产生不利影响。

铁素体不锈钢薄板已得到较多的应用,改善它们的冷冲压成型性是十分重要的。衡量铁素体不锈钢的成型性可用平均塑性应变比 r 和平均加工硬化指数 n,也常用极限拉伸比(LDR)予以判定,一般希望这些参数越高越好。一些典型的铁素体不锈钢的 r 值为 1.4~1.5,n 为 0.20~0.21,LDR 值为 2.15~2.20。铁素体钢的 LDR 值与普通碳钢接近,远优于奥氏体不锈钢。为了生产出高 r 值的薄板(带),要求板坯的加热温度适宜,低的终轧温度、高的退火温度和适宜配比的二次冷轧压下量[1]。铁素体不锈钢的胀形成形性不如奥氏体不锈钢,在选择用于胀形成形材料时,应予以考虑。

起皱或皱褶是铁素体不锈钢在成形过程中应变较大时易产生的一种表面缺陷,发生在平行于变形的方向上,表现为具有波峰和波谷的一束平行条纹。这种缺陷严重影响其外观和使用性能,导致大量零件降级或报废[24]。

国内外学者对铁素体不锈钢表面产生皱褶的机理和控制技术进行了大量的研究,普遍认为其产生原因与微观取向分布有关,具有相同取向的晶粒聚集在一起而形成的晶粒簇(grain colony)使得微观取向不均匀,当取向晶粒簇与基体之间的塑性应变不均匀性产生差别时,将导致铁素体不锈钢在成形过程中表面产生皱褶[25]。

对于含 Ti 的铁素体不锈钢应尽可能降低钢中的碳含量并保持适当的氮含量水平,w_{C+N} 应不大于 0.02%。微合金化元素 Ti 对抗皱褶的作用优于 Nb,这是由于 Ti 与 N 的化学亲和力强于 Nb,在连铸阶段生成少量较粗大的 TiN 沉淀,细化了凝固组织,热轧过程中易于出现再结晶。

提高铁素体不锈钢铸坯凝固组织的等轴晶的比例可以明显改善薄板的抗皱性能。等轴晶凝固组织的成品板具有较少的〈001〉//ND(厚度方向)不利织构组分和较多的〈111〉//ND,而且各种织构在整个纵截面呈随机弥散分布。柱状晶凝固组织的成品板则与之相反,〈001〉//ND 不利织构组分多分布在板材的中心层,且呈聚集状态,形成了明显的晶粒簇,在拉伸过程中引起金属的各向异性流动而导致表面起皱。因此,提高凝固组织等轴晶的比例可以明显地改善薄板的抗皱性能。

热轧工艺对铁素体不锈钢成品板表面起皱也有重要影响。粗轧时应精确控制终轧温度、延长粗轧道次间隔时间、提高道次变形量,促进铁素体的静态再结晶,使晶粒取向更加弥散化,可以降低成品板的表面起皱。控制精轧的终轧温度也很重要,低温轧制可使冷轧退火钢板明显细化、晶粒尺寸更为均匀,有利的〈111〉//ND γ 纤维取向晶粒明显增多,提高了成品板的抗皱性能。

当铁素体不锈钢的显微组织中形成奥氏体或马氏体第二相时,在高温双相区($\alpha+\gamma$)进行退火,可以促进再结晶并打破取向晶粒簇,冷轧退火后呈等轴 α 相单相组织,对提高成品板抗表面起皱有重要作用。

依据上述工艺因素对铁素体不锈钢成形性和抗皱褶性的研究结果应用于工业生产中,可使铁素体不锈钢的成形性能和抗皱褶性能稳定在比较理想的水平,促进了铁素体不锈钢板在工业部门的广泛应用[24,25]。

9.4.3 常用铁素体不锈钢的钢号、性能和应用

高铬铁素体不锈钢多在退火软化状态使用。

传统的铁素体不锈钢，如 10Cr17，碳氮含量较高，热轧过程中存在一定数量的奥氏体，热轧后钢板中存在相应数量的马氏体相，碳化物常呈带状分布，影响加工性能和耐蚀性能。因此，需要进行罩式炉退火，使马氏体分解为铁素体和碳化物，并使碳化物在铁素体中均匀弥散分布，达到软化钢材、提升耐蚀性的目的。退火温度通常为 750～850℃[25]。

新型超纯铁素体不锈钢，具有很低的碳氮含量，在高温下不存在奥氏体相。因此这类铁素体不锈钢通常采用连续退火的方式，使热轧变形组织发生再结晶，以提高组织的均匀性和成形性，其退火温度在 1000℃左右[25]。

热轧退火后的铁素体不锈钢板(带)中大部分须经冷轧制成冷轧铁素体不锈钢板(带)，热轧钢板在冷轧前必须经过酸洗，以去除热轧和退火过程中钢板表面形成的氧化铁皮。不锈钢冷轧时发生加工硬化，将加工硬化的钢材加热至 600℃以下，可消除变形应力；加热至 600℃以上，冷轧变形组织将发生再结晶，钢材显著软化。冷轧钢板(带)的退火包括中间退火和最终退火，目的都是为了使加工硬化的组织发生再结晶，降低强度，提高塑性和韧性。铁素体不锈钢一般在 700℃以上发生再结晶，其冷轧退火温度通常在 800～900℃。退火温度超过 900℃后，会引起晶粒长大而使其变脆。退火时间不得过长，温度达到均匀即可，退火保温时间为 1～2h，或按厚度计算(1.5min/mm)。铁素体不锈钢在退火后应快速冷却(水冷或空冷)，一定要缩短在 370～550℃温度范围的停留时间，特别是高铬铁素体不锈钢，以防 475℃脆性，即硬度增高，伸长率大幅度下降，其耐蚀性也将降低[23]。

铁素体钢经过退火以后，$(Fe,Cr)_7C_3$ 比较均匀地析出，以后转变为稳定的 $Cr_{23}C_6$，固溶体的浓度比较一致，此时钢的耐蚀性最好。

下面分别对一些铁素体不锈钢的性能和应用进行简要介绍[1,3,26]。

9.4.3.1 低铬铁素体不锈钢

1) 06Cr13Al

06Cr13Al 是一种低铬的铁素体不锈钢，由于碳含量低且加入铝，从而抑制了高温的 $\alpha \leftrightarrow \gamma$ 转变。

06Cr13Al 钢的始锻温度为 1040～1150℃，终加工温度不大于 760℃，应控制热加工工艺以得到比较细的晶粒组织，以便通过随后的处理获得所要求的塑性和韧性。06Cr13Al 钢的退火温度为 780～830℃，空冷或缓冷。经退火后钢板的力学性能见表 9.26。

表 9.26 低铬铁素体不锈钢钢板(带)退火后的力学性能(GB/T 4237—2015、GB/T 3280—2015)

牌号	R_m/MPa	$R_{p0.2}$/MPa	A/%	冷弯 180°(d—弯芯直径，a—钢板厚度)	HBW
	不小于				不大于
06Cr13Al	415	170	20	$d=2a$	179
022Cr11Ti	380	170	20	$d=2a$	197

续表

牌号	R_m/MPa	$R_{p0.2}$/MPa	A/%	冷弯 180°(d—弯芯直径,a—钢板厚度)	HBW
	不小于				不大于
022Cr11NbTi	380	170	20	$d=2a$	179
022Cr12Ni	450	280	18	—	180
022Cr12	360	195	22	$d=2a$	183

注:可参阅表 9.8。

06Cr13Al 钢的耐锈性优于含碳高的 12Cr13、20Cr13、30Cr13、40Cr13 等马氏体不锈钢,其抗氧化使用温度、断续加热温度不大于 760℃,连续加热温度不大于 677℃。06Cr13Al 钢具有良好的塑性、韧性和冷成形性,优于铬含量更高的其他铁素体不锈钢,可采用一般不锈钢所采用的方法进行焊接。06Cr13Al 钢在 475℃ 长时间加热,不呈现 475℃脆性。06Cr13Al 钢主要用于石油精炼塔槽衬里和各种部件、蒸气透平叶片等。

2) 022Cr11Ti

022Cr11Ti 钢是一种超低碳的铁素体不锈钢,具有良好的成形性、经济性、耐蚀性、抗氧化性等综合性能,断续高温使用温度为 815℃,连续使用温度为 675℃。

022Cr11Ti 钢的开始热加工温度为 1100～1150℃,卷取温度约 600℃,热轧带坯在罩式炉内退火工艺为(830～870℃)×8h,冷轧带的退火温度控制在(860±10)℃。退火后的力学性能见表 9.26。

022Cr11Ti 钢由于低的碳、氮含量又加入钛,钢板平行面{111}较发达,因此 r 值较高,深拉伸性能较好,当钛的加入量为 C+N 的 10 倍以上时可得到高的 r 值。022Cr11Ti 钢还具有较好的胀形性。胀形性是以形变强化指数 n 为指标的(式(4.68)),置换式固溶元素和间隙式固溶元素对 n 值均有不利影响(表 4.14)。022Cr11Ti 钢中的铬元素和碳、氮的含量均低并加入微量的钛,因此具有良好的胀形性。表 9.27 为 022Cr12 和 022Cr11Ti 铁素体不锈钢的成形性对比[3]。

表 9.27　022Cr12 和 022Cr11Ti 铁素体不锈钢的成形性

钢种	板厚/mm	n 值	r 值	E_r/mm	CCV 值	扩孔率	弯曲性
022Cr12 (410L)	0.8 0.15	0.22 0.22	1.1 0.8	10.1 11.3	39.1 62.0	1.1 1.1	良好 良好
022Cr11Ti (409L)	0.8 0.15	0.24 0.24	1.7 1.2	11.2 11.9	38.0 61.1	1.4 1.5	良好 良好

注:n 值的计算根据式(4.68);r 值的计算根据式(4.65);E_r 为 Erichsen 杯突试验的 IE 值(图 4.95);CCV 值为杯锥试验的锥杯值(GB/T 15825.6—2008);扩孔率的计算见式(5.24);弯曲性是沿轧制方向弯曲,弯曲角为 0°。

022Cr11Ti 钢有良好的焊接性,可采用各种方法焊接,焊接时输入的热量应该小些,避免晶粒过分长大。

022Cr11Ti 钢广泛用于汽车排气系统中,如消音器、尾气管、触媒转换器壳体等。煤气燃烧喷嘴等需深拉伸成形部件也大量采用 022Cr11Ti 钢。

3) 022Cr11NbTi

022Cr11NbTi 钢中含有钛和铌，可以细化晶粒并提高钢的耐晶间腐蚀性，改善焊后塑性。022Cr11NbTi 钢的性能比 022Cr11Ti 钢更好。该钢的退火温度为 780～950℃，快冷或缓冷，退火后的力学性能见表 9.26。

022Cr11NbTi 钢的用途与 022Cr11Ti 钢相同，多用于制造汽车排气处理装置。

4）022Cr12

022Cr12 钢是一种超低碳铁素体不锈钢，其焊接焊缝部位的弯曲性能、加工性能和耐高温氧化性能均良好。022Cr12 钢退火温度为 700～820℃，快冷或缓冷，退火后的力学性能见表 9.26。该钢用于汽车排气处理装置、锅炉燃烧室、喷嘴等，以及集装箱行业。

5）022Cr12Ni

022Cr12Ni 钢是在 022Cr12 钢中加入 0.60%～1.00%Ni，其基本性能与 022Cr12 钢相同，可用于制作压力容器，主要用于运输、交通、结构、石油和采矿等行业。

9.4.3.2 中铬铁素体不锈钢

1）10Cr15

10Cr15 是一种中铬铁素体不锈钢，有良好的耐蚀性和较好的焊接性。该钢的始锻温度为 1040～1120℃，终锻温度为 705～790℃，锻后空冷，退火温度为 780～850℃，快冷或缓冷，退火后的力学性能见表 9.28。

表 9.28 中铬铁素体不锈钢钢板(带)退火后的力学性能(GB/T 4237—2015、GB/T 3280—2015)

牌号	R_m/MPa	$R_{p0.2}$/MPa	A/%	冷弯 180°(d—弯芯直径，a—钢板厚度)	HBW
	不小于				不大于
10Cr15	450	205	22	$d=2a$	183
022Cr15NbTi	450	205	22	$d=2a$	183
10Cr17	420	205	22	$d=2a$	183
022Cr17NbTi	360	175	22	$d=2a$	183
10Cr17Mo	450	240	22	$d=2a$	183
019Cr18MoTi	410	245	20	$d=2a$	217
022Cr18Ti	415	205	22	$d=2a$	183
022Cr18Nb	430	250	18	—	180
022Cr18NbTi	415	205	22	$d=2a$	183
019Cr18CuNb	390	205	22	$d=2a$	192
019Cr19Mo2NbTi	415	275	20	$d=2a$	217

注：可参阅表 9.8。

10Cr15 钢用于建筑内装饰、重油燃烧室部件、家庭用具、家用电器部件。该钢的韧脆转变温度在室温以上，对缺口敏感，不适于做室温以下的承载零件。

2）10Cr17

10Cr17 钢是一种耐蚀性良好的通用钢。该钢易于热加工，适合的热变形温度为 1050～1150℃，为了获得细的晶粒和较好的塑性，热变形终止温度应小于 800℃并尽量低，同时在此温度下应有足够的变形量。该钢退火温度为 780～800℃，空冷，其退火后的力学性能见表 9.28。

10Cr17 钢可以焊接,在碳含量较高而铬含量较低时,其组织结构为铁素体+少量珠光体或铁素体+碳化物。由于它的韧脆转变温度在室温以上,且对缺口敏感,不适宜制作室温以下承受载荷的设备和部件,通常使用的钢材截面尺寸不允许超过 4mm。

10Cr17 钢有晶间腐蚀倾向,其敏化温度范围在 400～600℃,在 700～850℃进行稳定化处理,敏化消失。在 10Cr17 钢中加入 $5w_C$～0.80%的 Ti 可以抑制其晶间腐蚀倾向。

10Cr17 钢在大气、水蒸气等介质中具有不锈性,当介质中含有较多氯离子时,则耐锈性不足,在氧化性类溶液中有良好的耐蚀性,尤其在稀硝酸中。该钢主要用于生产硝酸、氨酸的化工设备,也可用于制造食品和酿酒的设备、管道,薄板广泛用于建筑内装修、日用办公设备、厨房器具、汽车装修、气体燃烧器等。

3) 022Cr18Ti

022Cr18Ti 钢的耐蚀性优于 10Cr17 钢,钢中单独加入钛或铌,焊接性和冷成形性有所改善,抗晶间腐蚀性较好,其塑性、韧性也有所改善。该钢存在 475℃脆性问题,其使用温度应低于 300℃。

022Cr18Ti 钢的开始热加工温度为 1050～1150℃,终止温度为 705～790℃,空冷。该钢热轧带在罩式炉内退火,退火温度为 825～875℃,时间不小于 8h;冷轧带在连续退火炉中退火,温度控制在 850～860℃,退火后的力学性能见表 9.28。

022Cr18Ti 钢适于制造生产硝酸、氨酸等要求耐氧化酸的容器和管道设备,可以部分代替 18Cr-8Ni 奥氏体不锈钢,也可用于建筑内外装饰、车辆部件、厨房用具、餐具等。

4) 022Cr15NbTi

022Cr15NbTi 是一种超低 C、N 的铁素体不锈钢,由于复合加入了 Nb、Ti,高温性能优于 00Cr18Ti 钢,用于车辆部件等。

5) 10Cr17Mo

10Cr17Mo 钢是在 10Cr17 钢中加入了 0.75%～1.25%Mo,从而提高了钢的耐点蚀和耐缝隙腐蚀性和钢的强度。10Cr17Mo 钢比 10Cr17 钢耐盐溶液腐蚀性强。

10Cr17Mo 钢的热加工制度和退火制度与 10Cr15 钢相同,其退火后的力学性能见表 9.28。

10Cr17Mo 钢主要用于制造汽车外装材料、轮毂、紧固件及室外装饰材料。

6) 022Cr17NbTi

与 10Cr17Mo 钢相比,022Cr17NbTi 钢降低了 C 和 N 含量,单独或复合加入 Ti、Nb 或 Zr,改善了加工性和焊接性,用于建筑内外装饰、车辆部件。

7) 022Cr18Nb

022Cr18Nb 是加入 Nb 的一种中铬超低碳铁素体不锈钢,Nb 可以稳定钢中的 C、N,提高钢的耐蚀性,还可以提高钢的高温强度。钢中加入了不少于 0.3% 的 Nb 和 0.1%～0.6%的 Ti,降低了碳含量,改善了钢的高温力学性能、成形性、抗皱性及焊接性能。该钢主要用于汽车排气系统的热端歧管、中心加热管、柴油机粒子过滤器、摩托车排气管、燃烧器、太阳能热水器、太阳能电池板等[24]。

8) 019Cr18MoTi

019Cr18MoTi 钢是一种超低碳铁素体不锈钢,钢中允许少量氮存在,适当加入钛、铌和锆,使钢的加工性和焊接性有所改善。由于铬、钼的复合作用,对弱还原性酸(醋酸、果酸等)的耐全面腐蚀能力较 022Cr18Ti 钢为优。该钢的开始热加工温度为 1100～1140℃,终止温度为 710～790℃,空冷,退火温度为 780～850℃,空冷或缓冷,退火后的力学性能见表 9.28。

019Cr18MoTi 钢可用于制造与有机酸相接触的设备及人造纤维、造纸、食品工业用的耐蚀设备,还可用于建筑内外装饰、车辆部件、厨房用具、餐具等。该钢不适合在氧化酸(如硝酸)中使用。

9) 022Cr18NbTi

022Cr18NbTi 钢降低了 10Cr17 中的 C,复合加入 Nb、Ti,其高温性能优于 022Cr11Ti 钢,用于车辆部件、厨房设备、建筑内外装饰等。

10) 019Cr19Mo2NbTi

019Cr19Mo2NbTi 钢是一种超低碳铁素体不锈钢,由于加入了 1.75%～2.50%Mo,耐蚀性得到提高,耐应力腐蚀性好。该钢的热加工工艺为始锻温度 1100～1140℃,终锻温度 705～790℃,空冷,退火温度为 800～1050℃,快冷,退火后的力学性能见表 9.28。

019Cr19Mo2NbTi 钢用于制造汽车排气系统、储水槽、太阳能热水器、换热器、食品机械、印染机械和耐应力腐蚀设备。

11) 019Cr18CuNb

019Cr18CuNb 钢是一种超纯中铬铁素体不锈钢,由于添加了 Nb、Cu,其耐蚀性能相当于 06Cr19Ni10(0Cr18Ni9)钢,同时冷成形性能也显著提高,Nb 的加入既起到稳定化作用,又改善了钢的高温性能,如抗氧化性能和高温强度,其抗氧化温度可达 950℃,可满足汽车排气系统歧管的需求。该钢还用于建筑的外装饰部件、家电等[24]。

9.4.3.3 高铬铁素体不锈钢

1) 019Cr21CuTi[24]

019Cr21CuTi 钢源于日本 JFE 公司 2005 年研发的 443CT 钢。443CT 钢典型化学成分:0.01% C、≤ 0.04% P、≤ 0.01% S、21% Cr、0.4% Cu、0.3% Ti、0.01% N。019Cr21CuTi 钢与 SUS 305(18Cr-8Ni)钢有同等的耐蚀性,不含 Ni 和 Mo,并且具有较好的成形性,是在许多领域可取代 06Cr18Ni10(0Cr18Ni9)的廉价不锈钢,已广泛用于厨房用品、电器设备、建筑用材、汽车等领域。

019Cr21CuTi 钢的特点是加入了稳定化元素 Ti 以固定间隙原子 C 和 N,形成了无害化的 Ti(C,N),使该钢具有良好的成形性和耐晶间腐蚀性能。钢中的高 Cr 含量及加入 Cu 的复合作用,在于它们提高了钝化膜中的 Cr 含量,强化了几个纳米厚的钝化膜抵抗 Cl^- 击穿的能力和快速修复钝化膜的作用,使钢的耐腐蚀作用显著提高。

2) 019Cr23MoTi,019Cr23Mo2Ti[24]

这两种钢都属于高铬超纯铁素体不锈钢,它们的耐蚀性均优于 019Cr21CuTi 钢,可用于太阳能热水器内胆、水箱、洗碗机、油烟机、建筑屋顶、外墙等。

019Cr23Mo2Ti 钢的 Mo 含量高于 019Cr23MoTi 钢,耐蚀性高于后者,可作为 022Cr17Ni12Mo2 的替代钢种用于管式换热器。

表 9.29 为几种高铬铁素体不锈钢钢板(带)退火处理后的力学性能。

表 9.29　高铬铁素体不锈钢钢板(带)退火处理后的力学性能(GB/T 4237—2015、GB/T 3280—2015)

牌号	R_m/MPa	$R_{p0.2}$/MPa	A/%	冷弯 180°(d—弯芯直径,a—钢板厚度)	HBW
	不小于				不大于
019Cr21CuTi	390	205	22	$d=2a$	192
019Cr23Mo2Ti	410	245	20	$d=2a$	217
019Cr23MoTi	410	245	20	$d=2a$	217

注:可参阅表 9.8。

由于冷轧不锈钢板应用于建筑行业日益增多,我国最近制定了 GB/T 34200—2017《建筑屋面和幕墙用冷轧不锈钢钢板和钢带》,共列入了 7 个牌号,其化学成分见表 9.30,这些牌号都是已列入 GB/T 3280—2015 的牌号,但 GB/T 34200—2017 中对其化学成分有更为严格的要求,其中有 3 个牌号为铁素体不锈钢。

表 9.30 中各牌号推荐使用的地区:019Cr23MoTi、06Cr19Ni10、022Cr19Ni10 推荐用于中西部地区及农村地区;019Cr23MoTi 推荐用于沿海地区;019Cr23Mo2Ti、022Cr17Ni12Mo2 推荐用于沿海地区及重污染城市;022Cr23Ni5Mo3N 推荐用于海洋岛屿及沿海地区。

表 9.30　我国建筑屋面和幕墙用冷轧不锈钢钢板和钢带的牌号与化学成分(GB/T 34200—2017)

(单位:%)

牌号	C	Si	Mn	P	S	Cr	Ni	Mo	Cu	N	其他
铁素体不锈钢											
019Cr21CuTi	0.015	0.50	0.50	0.040	0.005	20.50～23.00	—	—	0.30～0.80	0.020	Nb+ Ti≥16(C+N)
019Cr23MoTi	0.015	0.50	0.50	0.040	0.005	21.00～24.00	—	0.70～1.50	—	—	Nb+ Ti≥16(C+N)
019Cr23Mo2Ti	0.015	0.50	0.50	0.040	0.005	22.00～24.00	—	1.50～2.50	—	—	Nb+ Ti≥16(C+N)
奥氏体不锈钢											
06Cr19Ni10	0.070	0.075	2.00	0.045	0.005	18.00～20.00	8.00～10.50	—	—	0.10	—
022Cr19Ni10	0.030	0.075	2.00	0.045	0.005	18.00～20.00	8.00～12.00	—	—	0.10	—
022Cr17Ni12Mo2	0.030	0.075	2.00	0.045	0.005	10.00～14.00	8.00～10.50	2.00～3.00	—	0.10	—
奥氏体-铁素体(不锈钢)											
022Cr23Ni5Mo3N	0.030	1.00	2.00	0.030	0.010	22.00～23.00	4.50～6.50	3.00～3.50	—	0.14～0.20	—

注:表中所列成分除标明范围,其余均为最大值。各牌号相对于 GB/T 3082—2015 调整了化学成分。3 个铁素体不锈钢的碳含量减少了,但牌号未变,因此碳表示方法与 GB/T 221—2008 的规定不一致。各牌号的力学性能见 GB/T 3082—2015,但 180°弯曲试验的要求为 $D=1a$,试样弯曲后不许有目视可见的裂纹。

9.4.3.4 超级铁素体不锈钢

超级铁素体不锈钢产生于20世纪70～80年代，当时工业发展急需能适应各种水质条件的换热器材料，尤其是以海水为冷却介质的电厂表面冷凝器。为此，许多国家开发了高铬钼的超级铁素体不锈钢，即 $w_{Cr}>25\%$、$w_{Mo}>2\%$，其耐点蚀和耐缝隙腐蚀的性能远优于常规铁素体不锈钢，相当于超级奥氏体不锈钢，其耐点蚀指数 PREN($w_{C}+3.3\ w_{Mo}$)$\geqslant 35$，最高可达40以上[27]。表9.31为已商业化的超级铁素体不锈钢的化学成分。

超级铁素体不锈钢按碳、氮含量的不同，可区分为高纯和一般纯度两类。前者 $w_{C}\leqslant 0.01\%$、$w_{N}\leqslant 0.015\%$、$w_{C+N}\leqslant 0.01\%$；后者采用加入Ti、Nb稳定化措施以防止敏化后耐蚀性降低。高纯超级铁素体不锈钢性能好，但生产成本偏高，除在特殊情况下一般不被采用；一般纯度并加入稳定化元素一类，可采用通用不锈钢装备进行生产，其性能亦可达到高纯度类的水平，因此采用较多[27]。GB/T 4237—2015 和 GB/T 3080—2015 纳入了4个超级铁素体不锈钢(见表9.6)。

表9.31 国内外一些已商业化的超级铁素体不锈钢的化学成分[24,27] (单位：%)

名称	C	Si	Mn	P	S	Cr	Ni	Mo	Cu	N	Ti或Ti+Nb
25Cr-4Mo, Monit(瑞典)	0.025	0.75	1.00	0.040	0.030	24.50～26.00	3.50～4.50	3.50～4.50	—	0.035	0.20+ $4\times w_{C+N}$～0.80
Sea-Cure, S44660(美国)	0.03	1.0	1.0	0.040	0.030	25.00～28.00	1.00～3.80	3.00～4.00	—	0.04	$6\times w_{C+N}$～1.0
X1CrNiMoNb28-4-2, DIN 1.4575(德国)	0.015	1.00	1.00	0.025	0.015	26.00～30.00	3.00～4.50	1.80～2.50	—	0.035	$w_{Nb}\geqslant 12\times w_{C}\leqslant 1.20$ $w_{C+N}\leqslant 0.04$
29Cr-4Mo, S44700(美国)	0.01	0.2	0.3	0.025	0.02	28.00～30.00	0.15	3.50～4.20	0.15	0.02	
AL29-4C, S44735(美国)	0.03	1.00	1.00	0.04	0.03	28.00～30.00	1.00	3.60～4.20	—	0.045	$6\times w_{C+N}$～1.0
AL29-4-2, S44800(美国)	0.01	0.2	0.30	0.025	0.02	28.00～30.00	2.00～2.50	3.50～4.20	0.15	0.02	
AL29-4-2C, S44736(美国)	0.03	1.00	1.00	0.04	0.03	28.00～30.00	2.00～2.50	3.50～4.20	—	0.045	$6\times w_{C+N}$～1.0
SUS 447J1 (日本)	0.01	0.4	0.4	0.025	0.02	28.5～32.0	—	1.50～2.50	—	0.015	加Nb
00Cr27Mo4Ni2NbTi (中国)	002	1.00	1.00	0.025	0.02	27～28.00	1.5～2.5	3.5～4.0	—	0.02	$10\times w_{C+N}$～0.5

注：表中所列各牌号的化学成分除表明范围外，其余均为最大值。AL为美国Allegheny Ludlan公司的缩写。

由于电力行业使用铁素体不锈钢制作热交换器和冷凝器焊接钢管日益增多，以替代铜材、钛合金，我国制定了GB/T 30066—2013《热交换器和冷凝器用铁素体不锈钢焊接钢管》，共列入了23个牌号，其中低铬类5个、中铬类6个、高铬类4个，其余8个为超级铁素体不锈钢，超级铁素体不锈钢用于氯离子浓度高的海水等介质。外径不大于60mm、壁厚不大于2.7mm时，钢管应以冷轧钢带为原料，采用不添加填充金属的自动焊接方法制造。

GB/T 30066—2013 中列入的8个超级铁素体不锈钢牌号为008Cr27Mo、

022Cr27Ni2Mo4NbTi、022Cr29Mo4NbTi、008Cr30Mo2、019Cr25Mo4Ni4NbTi、008Cr29Mo4、008Cr29Mo4Ni2、012Cr28Ni4Mo2Nb。前面4个牌号亦列入了GB/T 3280—2015,其化学成分见表9.6,但略有差异,主要是对S、P的要求更为严格。其余的4个牌号:019Cr25Mo4Ni4NbTi 即瑞典的25Cr-4Mo(Monit)钢,008Cr29Mo4 即美国的29Cr-4Mo(S44700)钢,008Cr29Mo4Ni2 即美国的AL29-4-2(S44800)钢,012Cr28Ni4Mo2Nb 即德国的X1CrNiMoNb28-4-2钢,这些钢的化学成分见表9.31。

Cr、Mo复合合金化是超级铁素体不锈钢的合金化特点,Strecher于1974年公布的Cr、Mo含量与钢的耐点蚀、耐缝隙腐蚀、耐应力腐蚀之间的关系曲线,是超级铁素体不锈钢发展的基础[27]。为了能满足所规定的3种腐蚀条件,铁素体不锈钢中的Cr、Mo含量需恰当配比,当w_{Cr}在25%~32%范围内,随Cr含量的提高,为满足对耐蚀性的要求,所需加入的Mo含量随之下降。此外,还应考虑Cr、Mo对脆性和韧脆转变温度的影响,过高的Cr、Mo含量将加剧脆性相的析出和升高韧脆转变温度。因此,超级铁素体不锈钢中的Cr、Mo均限制在一定范围之内,形成了25Cr-4Mo、27Cr-4Mo、28Cr-2Mo、29Cr-4Mo、30Cr-2Mo等类型的铁素体不锈钢。

这类钢铬、钼含量高,在600~950℃加热和停留,极易析出σ、χ、Laves等相,严重恶化钢的性能。因此,在高温加热进行热处理时,保温后需急冷,焊后也要求快速冷却。

铁素体不锈钢的韧脆转变温度过高是影响其应用的一个重要因素,可以通过控制C、N含量,热处理时采用快速冷却和减小截面尺寸予以解决。

1) 008Cr27Mo

008Cr27Mo钢是一种高铬的铁素体不锈钢,钢中的碳、氮含量降至极低。该钢具有耐点蚀和抗应力腐蚀的能力,并具有软磁性。

008Cr27Mo钢的开始热加工温度为1040~1120℃,终止温度为705~790℃,快冷,退火温度为900~1050℃,退火后的力学性能见表9.32。

表9.32 超级铁素体不锈钢钢板(带)退火后的力学性能(GB/T 4237—2015、GB/T 3280—2015)

牌号	R_m/MPa	$R_{p0.2}$/MPa	A/%	冷弯180°(d—弯芯直径,a—钢板厚度)	HBW
	不小于				不大于
008Cr27Mo	450	275	22	$d=2a$	187
022Cr27Ni2Mo4NbTi	585	450	18	$d=2a$	241
022Cr29Mo4NbTi	550	415	18	$d=2a$	255
008Cr30Mo2	450	295	22	$d=2a$	207

注:可参阅表9.8。

008Cr27Mo钢与Cr-Ni奥氏体钢相比,屈服强度较高,伸长率较低。008Cr27Mo钢加入了0.75%~1.25%Mo,基体组织没有明显的变化,只是由于加钼后会出现碳化物MoC、Mo_2C等,淬火加热时这些化合物溶解在铁素体中,经过时效(回火)后以弥散的细粒状析出,从而使钢获得强化,如图9.38所示。该钢仍存在475℃脆性,长期使用的最高温度不得超过300℃。

图9.39显示高纯的008Cr27Mo钢有较高的冲击韧性和低的韧脆转变温度,但其韧脆转变温度仍受材料尺寸和冷却速率的影响,这是由于铁素体不锈钢中碳、氮溶解度极低,

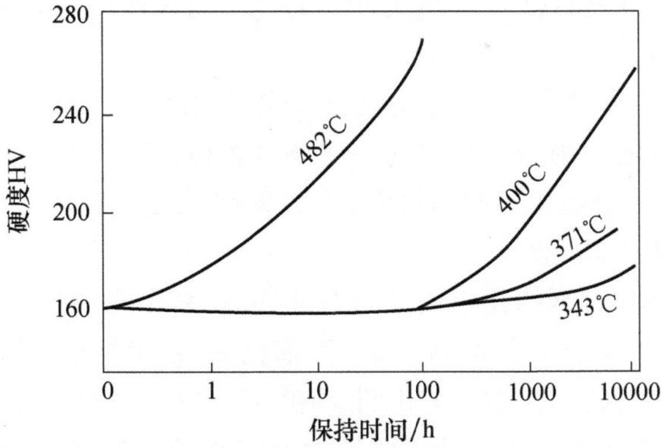

图 9.38 343～482℃时效对高纯 008Cr27Mo 钢硬度的影响[3]

极易析出所致。图 9.40 为不同厚度板材的韧脆转变温度曲线。008Cr27Mo 钢在工程上的应用，板厚以不超过 6mm 为宜。008Cr27Mo 钢的板材冷成形性与 022Cr12 钢相近，可以焊接。

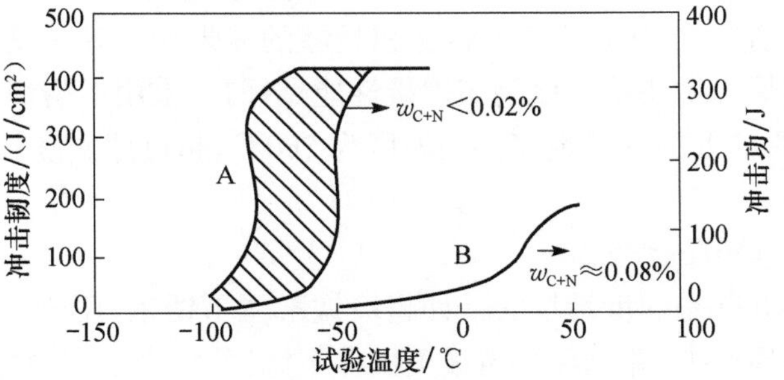

图 9.39 高纯 008Cr27Mo 钢的韧脆转变曲线[4]

A—电子束熔炼，夏比 V 型缺口冲击试样；B—大气熔炼，1/4 尺寸 V 型缺口冲击试样

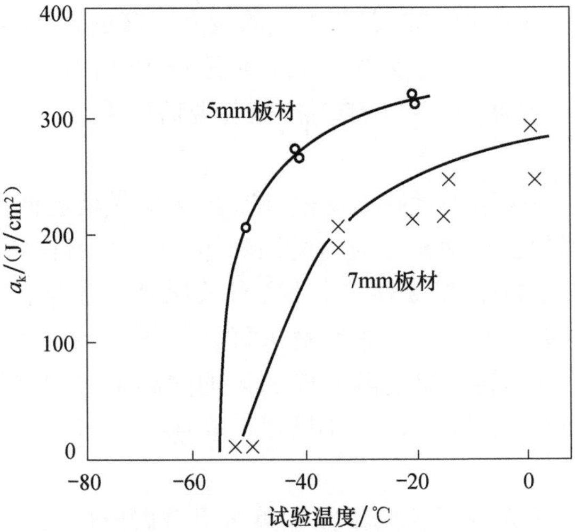

图 9.40 高纯 008Cr27Mo 钢不同厚度钢板韧性随试验温度的变化[3]

高纯的008Cr27Mo钢有优异的应力腐蚀断裂性能，特别是在氯化物和含氧化剂的NaOH溶液中更为突出。

008Cr27Mo钢耐点蚀和耐缝隙腐蚀的能力优于022Cr17Ni12Mo2奥氏体不锈钢，但由于钼含量较低，不适用于耐海水腐蚀的一些场合。该钢还具有优异的耐晶间腐蚀性能。

008Cr27Mo钢用于制造与乙酸、乳酸等有机酸有关的设备，以及制造苛性碱设备等。

2) 022Cr27Ni2Mo4NbTi[27]

022Cr27Ni2Mo4NbTi钢的化学成分与Sea-Cure钢相同。Sea-Cure钢自20世纪70年代开始得到应用以来合金成分不断优化，目前已是应用量最大的超级铁素体不锈钢。为确保最佳耐蚀性，022Cr27Ni2Mo4NbTi钢的Cr、Mo含量均按上限控制，即$w_{Cr} \geqslant 27\%$、$w_{Mo} \geqslant 3.5\%$。该钢的主要应用领域是动力工业用冷凝器薄壁焊管，在海水换热器中使用，能代替价格贵的Ti合金，在苛刻的酸介质中，其耐蚀性能显著优于304和306铬镍不锈钢。该钢的PREN值达到37，具有良好的耐氯化物耐点蚀和缝隙腐蚀的性能。该钢虽含有镍，但在实际含氯化物，如NaCl、$CaCl_2$等的水介质(包括海水)对应力腐蚀断裂是“免疫”的。该钢的耐磨蚀性能也很好。

022Cr27Ni2Mo4NbTi钢的冷、热加工性和成型性优良，为了获得热加工后良好的塑、韧性，需要控制适宜的热加工终止温度和足够的变形量。该钢适宜的热处理温度为950～1100℃，加热保温后快冷。该钢的焊接性能良好，可采用不锈钢通用的焊接方法。

022Cr27Ni2Mo4NbTi钢的最高使用温度为260℃，超过此温度长期使用会因析出脆化相而脆化。

3) 022Cr29Mo4NbTi[27]

022Cr29Mo4NbTi是问世最早的一种超级铁素体不锈钢，用于发电厂海水冷凝器和海水淡化厂等介质环境中，并可代替超级奥氏体不锈钢、钛合金和铜合金。该钢较之钛合金和铜合金有更高的强点，但伸长率几乎相同。

022Cr29Mo4NbTi钢中Cr、Mo含量高，在中温时效时(热成型、焊接)会有脆性相析出，影响其塑、韧性和耐蚀性，在生产和焊接过程时需采取措施防止。022Cr29Mo4NbTi钢的PREN达到42，有高的耐点蚀、缝隙腐蚀的能力。该钢无晶间腐蚀倾向，耐氯化物应力腐蚀性能极佳。该钢的冷热加工性能与其他铁素体不锈钢比较，没有显著区别，焊接性能良好。该钢热处理工艺为950～1100℃加热，保温后快冷。

4) 008Cr30Mo2

008Cr30Mo2是一种高铬铁素体不锈钢，碳、氮含量降至极低，加入了1.5%～2.5% Mo。该钢有较高的耐蚀性，耐卤离子应力腐蚀破坏性好，具有良好的韧性，韧脆转变温度低，具有优良的加工成形性和焊接性，同时具有软磁性。该钢的热加工和退火工艺与008Cr27Mo钢相同，退火后的力学性能见表9.32。

008Cr30Mo2钢的韧脆转变温度随板厚的增加向高温方向移动，因此要求韧性的焊接构件厚度应不大于6mm。图9.41为不同厚度高纯008Cr30Mo2钢板材的韧脆转变温度曲线。

高纯的008Cr30Mo2钢在氯化物溶液中具有极好的耐应力腐蚀性能，并具有优异的耐点蚀、耐缝隙腐蚀性能。该钢难于析出碳化物和氮化物，不容易形成贫碳层，具有特别优异的耐晶间腐蚀性能。

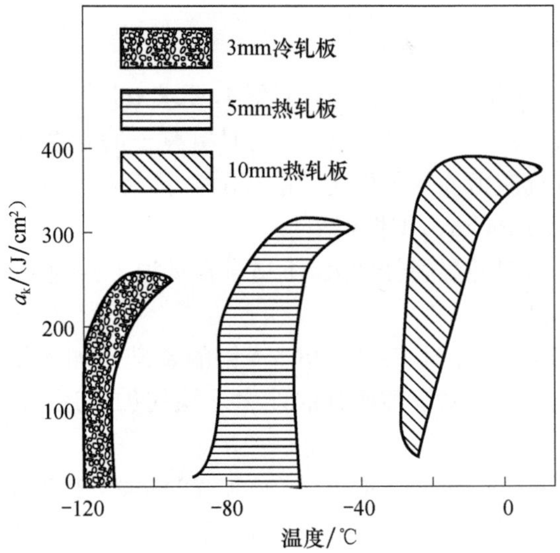

图 9.41　不同厚度的高纯 008Cr30Mo2 钢板材的韧脆转变温度曲线[3]

008Cr30Mo2 钢的主要用途：制作乙酸、乳酸等有机酸的制造设备；制作苛性钠生产浓缩工序的设备；制作火力发电厂冷凝器；制作石油精炼设备；制作要求耐蚀性和磁性的部件，如电磁阀芯材料和钟、表等。

铬含量为 12%～30%的铁素体钢有时亦做不起皮钢使用，或做承受负荷不大的构件。为了获得更高的抗氧化性能，通常还向钢中加入硅和铝，其成分、性能、使用范围见第 10 章。

5) 019Cr25Mo4Ni4NbTi[27]

019Cr25Mo4Ni4Nb，简称 25-4-4，是 1974 年瑞典开发的一种超级铁素体不锈钢，并经过不断的改进而成。由于 $w_{C+N} \leqslant 0.025\%$，并加入了 Nb+Ti，防止了晶间腐蚀倾向，并且具有低的韧脆转变温度和较高的室温韧性。该钢的耐点蚀和耐缝隙腐蚀的性能优良。当温度不大于 100℃，水中 Cl^- 浓度不大于 30%时，该钢不产生氯化物应力腐蚀。

019Cr25Mo4Ni4Nb 钢的冷、热加工性能良好。由于该钢的屈服强度高，为奥氏体不锈钢的 2～3 倍，故在冷成形的最初阶段需要较大的能量，而随后又由于该钢的冷作硬化倾向低，一般不需要进行中间退火。该钢不适宜拉伸成形。表 9.33 为几种超级铁素体不锈钢的热处理制度及其力学性能。

表 9.33　几种超级铁素体不锈钢热处理后的力学性能(GB/T 30066—2013)

牌号	热处理制度及冷却方式	力学性能(不小于)			硬度(不大于)	
		$R_{p0.2}$/MPa	R_m/MPa	A/%	HBW	HV
019Cr25Mo4Ni4NbTi	≥1000℃快冷	620	515	20	270	279
008Cr29Mo4	950～1100℃快冷	550	415	20	241	251
008Cr29Mo4Ni2	950～1050℃快冷	550	415	20	241	251
012Cr28Ni4Mo2Nb	950～1050℃快冷	600	500	16	240	251

注：断后伸长率不适用于壁厚小于 0.4mm 的钢管。

019Cr25Mo4Ni4Nb 钢有良好的可焊性，焊前不需预热，焊后不需热处理，焊接接头无晶间腐蚀倾向。

6) 008Cr29Mo4[27]

008Cr29Mo4 是一种高纯超级铁素体不锈钢,要求 w_{C+N}≤0.025%,通常采用 AOD、VOD、VIM 冶炼,再经 ESR、VAR 重熔。该钢耐氯离子的点蚀和缝隙腐蚀的能力强,没有晶间腐蚀倾向,具有抗应力腐蚀的能力,用做沿海、高污染区域的高耐蚀性用不锈钢,比 022Cr27Ni2Mo4NbTi(Sea-Cure)钢性能更好。

该钢的强度比较高,但低温脆性较大,不适合在低温下强应力场合(如船壳)使用。

7) 008Cr29Mo4Ni2[27]

008Cr29Mo4Ni2 钢是在上述 008Cr29Mo4 钢的基础上加入了 2%Ni,因此具有更加优良的耐全面腐蚀和耐点蚀、耐缝隙腐蚀的能力。镍的加入还使该钢有更高的韧性和更低的韧脆转变温度。

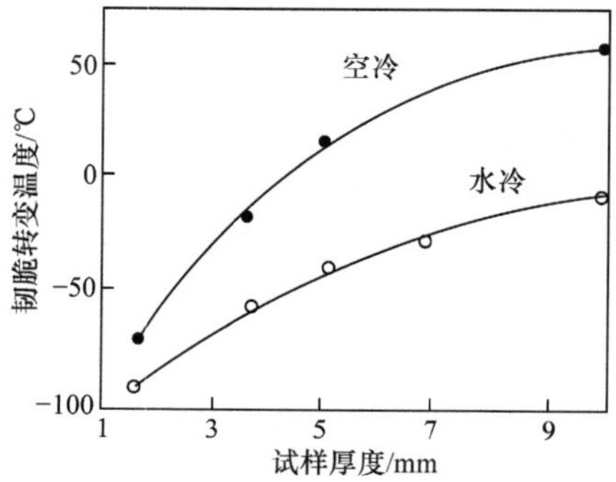

图 9.42 试样尺寸和热处理后冷却速率对 008Cr29Mo4Ni2 韧脆转变温度的影响[27]

008Cr29Mo4Ni2 钢的力学性能见表 9.33,图 9.42 为该钢的韧脆转变温度与钢的截面尺寸和热处理后的冷却速率之间的关系曲线。在同样条件下,该钢的韧脆转变温度低于其他超级铁素体不锈钢。该钢在含 NaCl 的溶液中不会产生应力腐蚀。

008Cr29Mo4Ni2 钢热加工性能好,冷加工塑性好,冷加工硬化倾向较小,冷成形性较好。该钢冷轧变形 20%以上,伸长率有明显下降,此时需中间软化退火。该钢具有良好的焊后性能,但需保持其高度清洁,焊前需对保护气体、填充金属、母材等进行细致准备,焊后要及时清理焊头所受到的污染。

008Cr29Mo4Ni2 钢可用于以海水和含 Cl^- 水作为冷却介质的热交换设备,也可用于硫酸、甲酸、乙酸、草酸等酸性介质中。

8) 012Cr28Ni4Mo2Nb[27]

012Cr28Ni4Mo2Nb 钢的特点是控制 C+N 含量(≤0.03%)并加入约 4%的 Ni 以改善钢的韧性,特别是降低钢的韧脆转变温度;用 Nb 稳定化,既可以防止由于加入 Ti 形成 TiN 所导致的韧性下降,又可以借 Nb 具有更强的固定碳的能力降低钢的晶间腐蚀的敏感性,同时 Nb 对钢的韧脆转变温度的不利影响要比 Ti 为弱并可以细化晶粒[27]。图 9.43 显示了 012Cr28Ni4Mo2Nb(28-4-2)钢由于在中温区(约 800℃)σ 相的析出和 475℃脆性区 α' 相的析出对韧性的影响。图中还显示,由于 Cr29Mo4Ni2(29-4-2)钢的 Cr、Mo 含量高而 Ni 含量低,σ 相的析出倾向更为敏感[3]。012Cr28Ni4Mo2Nb 钢的力学性能见表 9.33。

012Cr28Ni4Mo2Nb 钢在许多酸介质优于 304 和 316 奥氏体不锈钢,在含 F^-、Cl^- 的 H_3PO_4 中具有极佳的耐蚀性,在高温(约 150℃)高浓度(>95%)H_2SO_4 中的耐蚀性优异,因而已成功用于硫酸厂的热回收系统和生产系统中。012Cr28Ni4Mo2Nb 钢耐点蚀和缝隙腐蚀的能力也优于 304 和 316 钢。

012Cr28Ni4Mo2Nb 钢的热加工性能良好,高温变形抗力小,塑性高,较易热加工和热成型,其适宜的热加工温度为 900~1150℃。该钢的冷加工硬化倾向低于 18Cr-8Ni 奥

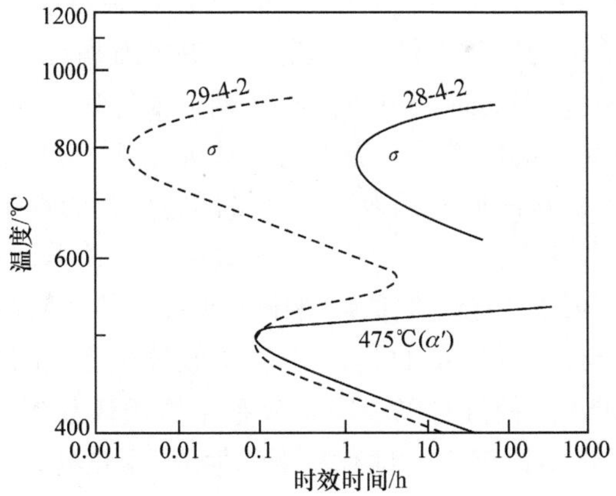

图 9.43　时效对 012Cr28Ni4Mo2Nb 钢析出相的影响[27]

图中 σ 相和 475℃脆化区的冲击功均低于 50J(钢中 w_{C+N}=0.015%)

氏体不锈钢，少量冷变形不需中间退火，但大变形量后应进行消除应力处理。该钢的钢板、管材的冷成型无特殊困难。这类高铬钼超级铁素体不锈钢，由于对碳、氮敏感且易吸氢，应采用惰性气体保护焊，目前已可焊接约 12mm 厚的板材。

由于 012Cr28Ni4Mo2Nb 钢耐氯化物介质的点蚀和缝隙腐蚀及应力腐蚀的良好性能，主要用于常规电厂和核电厂用海水和含 Cl^- 水的冷却系统中的设备，也可用于海水淡化厂的有关装置。该钢在磷肥和硫酸生产厂中也可用做生产、储存和运输的设备和管线。

9.5　奥氏体不锈钢

奥氏体不锈钢除了具有良好的耐腐蚀性能以外，还有许多优点，如具有高的塑性，易于加工变形成各种形状的钢材(薄板、管材等)；加热时没有 $\alpha \leftrightarrow \gamma$ 相变，焊接性能良好；韧性和低温韧性好，没有冷脆倾向；不具有磁性。由于奥氏体比铁素体再结晶温度高，故这类钢还可用做 550℃以上工作的热强钢等。但奥氏体钢一般都含有大量的合金元素，价格较贵，容易加工硬化，使切削加工较难进行。此外，奥氏体钢线膨胀系数高，导热性差，在加热及冷却时应予以注意。

9.5.1　奥氏体不锈钢的组织

奥氏体不锈钢的绝大部分是以 Fe-Cr-Ni 三元合金为基体，并在其基体上加入其他元素，在室温下仍保持奥氏体基体。有时为了节镍，加入适量的锰和氮，同时将镍含量降低以至完全取消，也能保持其基体在室温下完全呈奥氏体组织。随着钢中元素含量的变化，以及受热处理或冷变形的影响，在奥氏体基体上还会出现其他相，主要有 $\alpha(\delta)$相(铁素体)、α'相(体心立方马氏体)、ε 相(密集六方马氏体)、碳化物和氮化物，以及一些金属间化合物。

1) 铁素体

铬在钢中是铁素体形成元素。从图 9.7 可以看出，在 1100℃的 Fe-Cr-Ni 三元系等温截面图中，随着镍含量的减少和铬含量的增加，合金从单一的 γ 相区将过渡到 $\alpha+\gamma$ 双相区,合金中将出现铁素体相。图 9.8 为 Fe-Cr-Ni 三元合金自 1100℃快冷至室温后的组织,一些常用奥氏体不锈钢的成分正处于该图中 γ 相区内靠近 $\alpha+\gamma$ 双相区下部边界线的地方,有的已跨入双相区,因而这些奥氏体不锈钢中很容易出现少量铁素体。

在奥氏体不锈钢中为了某种需要而加入的一些元素中,有的和镍一样是奥氏体形成元素,有的则和铬一样是铁素体形成元素。在大量试验研究的基础上,一些研究者提出了铬当量和镍当量的概念和计算公式,如式(9.3)~式(9.6),并据此提出了一些不锈钢的组织图(图 9.13、图 9.14),可以用于近似估计钢中可能形成的铁素体含量。图 9.44 为室温下不锈钢变形材的组织与铬、镍当量的关系[28]。一般情况下,常用奥氏体不锈钢的铁素体含量不过百分之几,在含量较低时以小块状分布于奥氏体晶界处,若含量稍高,会拉成长条状(图 9.45)。奥氏体不锈钢中一旦有铁素体生成,用热处理或再加工等方法均无法消除。

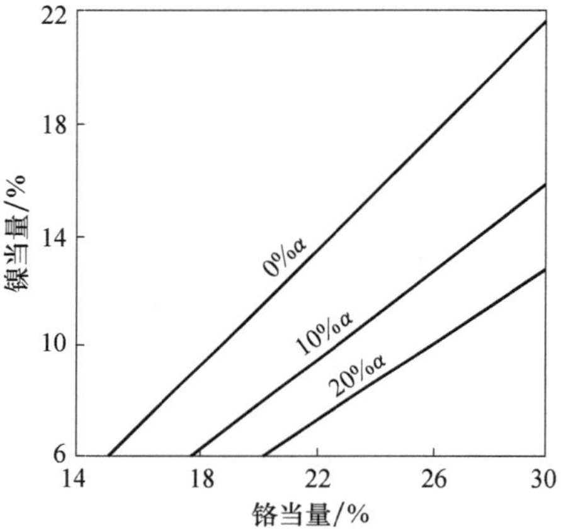

图 9.44　不锈钢室温组织图[28]

铬当量 $=w_{Cr}+1.5w_{Si}+w_{Mo}$;

镍当量 $=w_{Ni}+30w_C+30w_N+0.5w_{Mn}$

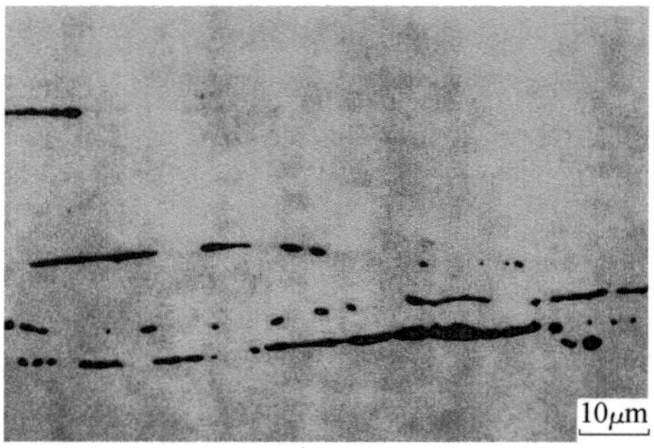

图 9.45　304L(022Cr19Ni10)不锈钢板材中的铁素体[21]

由于铁素体与奥氏体基体之间的化学成分、力学性能、热稳定性等方面的差异,铁素体的出现对奥氏体不锈钢的性能带来一些不利的影响:使热加工产生裂纹的倾向增加,在斜轧穿孔制管生产加工中的危害性尤为显著;导致在很多腐蚀环境中的耐蚀性恶化;在高温下较长时间保持时,铁素体会转变为 σ 相使钢变脆等。在通常情况下应尽量避免铁素体相的形成,但在不锈钢焊缝金属中有少量铁素体的存在会降低焊缝热裂纹倾向,因此用于焊接材料的不锈钢都含有一定量的铁素体。奥氏体不锈钢中 α 相面积的测定方法和评级标准见 GB/T 13305—2008《不锈钢中 α-相面积含量测定方法》。

为了防止奥氏体不锈钢中生成铁素体,根本的方法是提高钢中的奥氏体形成元素的含量。首先是镍,但从经济角度考虑,氮和锰也受到重视。氮抑制铁素体的能力为镍的 30 倍,氮又有改善耐蚀性和提高强度的作用,因而用氮合金化的奥氏体不锈钢的数量和氮合金化的程度与日俱增。

2) 马氏体

大部分常用镍铬系奥氏体不锈钢自高温奥氏体状态冷至室温获得的奥氏体基体组织

都是亚稳定的，当继续冷却到室温以下更低的温度，或者经受冷变形，其中的一部分或大部分奥氏体会发生马氏体转变，变成马氏体组织。不锈钢中马氏体有两种形态：体心立方的α'马氏体，呈铁磁性；六方结构的ε马氏体，为非铁磁性。由于ε马氏体总是与α'马氏体伴随而出现，有人认为ε马氏体是$\gamma\rightarrow\alpha'$过程中的一种过渡相，也有人认为ε马氏体是一种独立相[4]。

马氏体转变受钢的化学成分、温度、冷变形量及变形速率的影响。

曾对不同成分的Fe-Mn-Cr-Ni合金的马氏体相变进行过研究（含0.03%C、0.01%～0.03%Si、0.006%～0.019%N、0.012%～0.10%Al）[29]：含20%Mn的Fe-Mn合金自1050℃水冷至室温，发生$\gamma\rightarrow\varepsilon$转变，$\varepsilon$相约为40%，再冷却至－196℃，$\gamma$相几乎全部转变为$\varepsilon$相，只生成少量的$\alpha'$相。成分为Fe-5%Mn-15%Cr-9%Ni合金自1050℃水冷至室温，10min后冷至－196℃，不发生马氏体相变，仍为100%的γ相；冷至室温，再在20℃下施以40%冷变形，将发生$\gamma\rightarrow\varepsilon+\alpha'$的转变，转变量约为20%，其中约2/3为$\varepsilon$相，1/3为$\alpha'$相；如果自1050℃水冷至室温后，再在－196℃下施以40%的冷变形，发生$\gamma\rightarrow\varepsilon+\alpha'$的转变，转变量近90%，其中约1/4为$\varepsilon$相，3/4为$\alpha'$相。成分为Fe-20%Cr-12%Ni的合金自1050℃水冷，10min后冷至－196℃，不发生马氏体相变，冷至室温在20℃下施以40%的冷变形，仅发生$\gamma\rightarrow\varepsilon$转变，$\varepsilon$相约为10%；如果冷至室温后再在－196℃下施以40%的冷变形，将发生$\gamma\rightarrow\varepsilon+\alpha'$转变，转变量约为55%，15%为$\varepsilon$相，40%为$\alpha'$相。

对于奥氏体不锈钢的马氏体转变的临界温度M_s，已建立起若干M_s点(α')与合金成分关系的经验公式[4]，下面是其中的一个表达式[30]：

$$M_s(\alpha') = 1305 - 41.7w_{Cr} - 61.1w_{Ni} - 177w_{C+N} - 3.3w_{Mn} - 27.8w_{Si} \quad (9.9)$$

式中，$M_s(\alpha')$的单位是℃；w表示各元素质量分数(%)。各元素的适用范围如下：10%～18%Cr、6%～12%Ni、0.004%～0.12%C、0.3%～2.6%Si、0.6%～5%Mn、0.01%～0.06%N。这种忽略元素间交互作用的近似线形公式，只能作粗略的估计。许多试验表明，各种元素，除钴外，均降低M_s点。此外，还建立了冷变形诱导马氏体转变最高温度$M_d(\alpha')$与合金成分的关系式[31]：

$$M_d(\alpha')(30/50) = 413 - 9.5w_{Ni} - 13.7w_{Cr} - 8.1w_{Mn} - 9.2w_{Si} - 18.5w_{Mo} - 462w_{C+N} \quad (9.10)$$

式中，$M_d(\alpha')(30/50)$是指真应变量30%的冷变形后生成50%α'马氏体的温度(℃)；w表示各元素质量分数(%)。

上面两个公式说明，奥氏体不锈钢中合金元素含量越高，马氏体点就越低，马氏体转变就越不容易发生。

在18Cr-8Ni奥氏体不锈钢中，α'马氏体形成量随冷变形量加大和变形温度降低而增多，如图9.46和图9.47所示[31]。可以看出，在每一变形温度下，α'马氏体含量随冷变形量加大而增长到一定数值后将趋于饱和。随变形温度的降低，在同样变形量的条件下，α'马氏体的生成量增加，其增加也有一个饱和值，亦即无论采取什么措施，不可能完全转变为马氏体。这种奥氏体稳定化受多种因素影响，除合金成分和晶粒度等内在因素外，还有奥氏体化温度、冷却速率等外界因素[1]。

变形速率对马氏体转变的影响主要是变形发热导致材料温度上升的作用，即变形速率越高，材料温度也越高，因而α'马氏体的生成量也越少[32]。

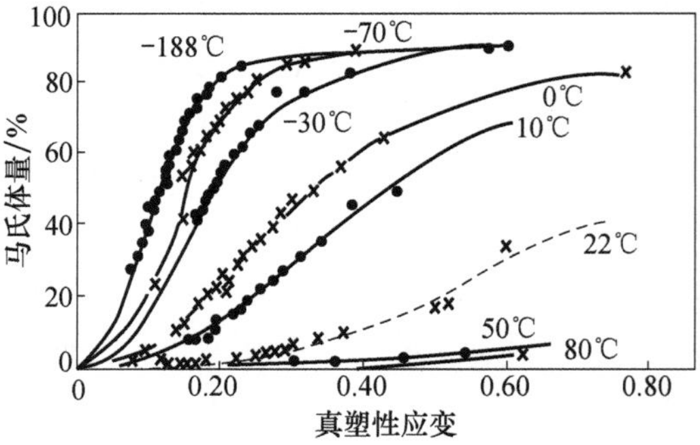

图 9.46　冷变形对 18Cr-8Ni 奥氏体不锈钢 α′马氏体转变的影响[31]

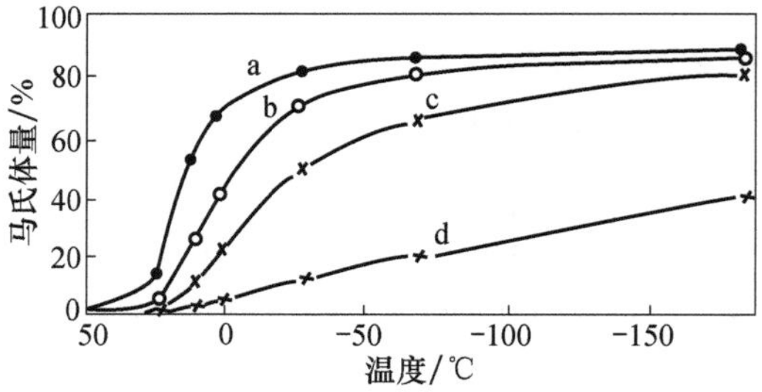

图 9.47　马氏体生成与变形温度的关系[31]

真塑性应变量：a—0.50；b—0.30；c—0.20；d—0.10

3）碳化物和氮化物

碳在 Fe-Cr-Ni 系奥氏体不锈钢基体 γ 相中的溶解度是比较大的，常用奥氏体中的碳含量最高可达 0.15%。图 9.48 为 18Cr-8Ni 奥氏体不锈钢的 Fe-C 垂直截面图，图中显示出奥氏体中碳的固溶度曲线[4]。在高温下（1000℃以上），碳全部固溶于奥氏体中，在迅速冷却至室温时，碳会以过饱和的形式固溶于奥氏体中。若再加热至溶解度曲线以下适当温度（时效），过饱和的碳将以碳化物形式沉淀出来，并对钢的性能产生重大影响。

在奥氏体不锈钢中最常见的碳化物是 $M_{23}C_6$ 型，其次有 MC、M_6C 型，M_7C_3 型及其他型较为少见。

$M_{23}C_6$ 型碳化物在不含钛、铌等强碳化物形成元素的奥氏体不锈钢中是最主要的碳化物，常记做 $Cr_{23}C_6$。由于铁、钼等元素常部分置换其中的铬，也可记做 $(Cr,Fe)_{23}C_6$ 或 $(Cr,Fe,Mo)_{23}C_6$。随时效温度的提高或时间的延长，$M_{23}C_6$ 型碳化物中的铬含量逐渐增加。

$M_{23}C_6$ 型碳化物的沉淀温度范围为 400～950℃，其沉淀动力学取决于钢的化学成分和先后的加工经历。钢的组织中出现 $M_{23}C_6$ 型碳化物沉淀是有一定顺序的，以 06Cr19Ni10 钢为例（图 9.49[33]），随着时效时间的延长，最先出现 $M_{23}C_6$ 型碳化物的部位是 α/γ 相界，依次是晶界、非共格孪晶界及非金属夹杂物边界、共格孪晶界，最后是晶内。$M_{23}C_6$ 型碳化物的沉淀时间受奥氏体化温度和时效前冷变形的影响，提高奥氏体化温度，增大了晶格中空穴密度，使晶粒长大并加剧溶质偏析，从而促进 $M_{23}C_6$ 型碳化物的沉淀。时效前的冷变形对 $M_{23}C_6$ 型碳化物的沉淀也有加速作用。

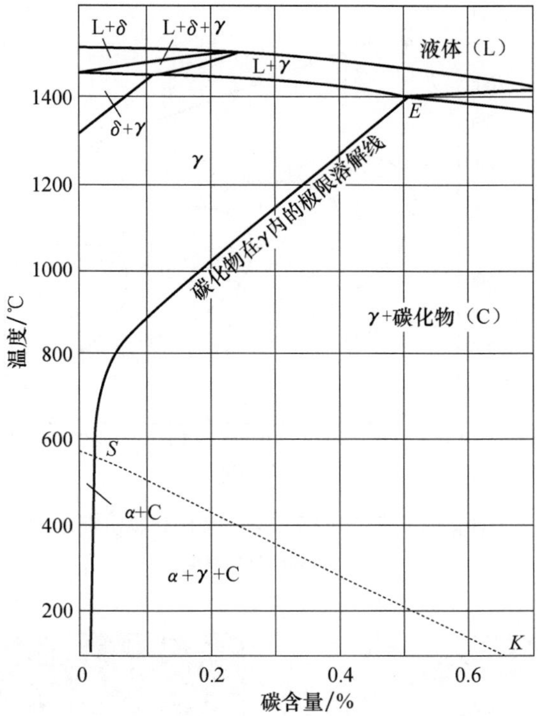

图 9.48 碳对 18Cr-8Ni 奥氏体不锈钢组织的影响[4]

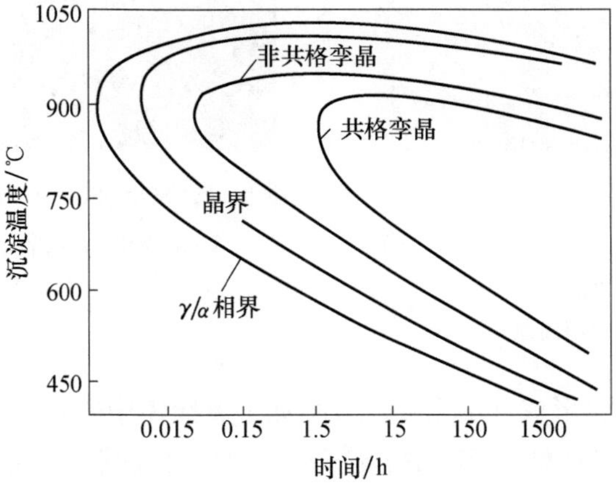

图 9.49 06Cr19Ni10 钢中 $M_{23}C_6$ 型碳化物的沉淀动力学[33]

0.038%C,1260℃淬火,晶粒度 1 级

钢的成分对 $M_{23}C_6$ 型碳化物沉淀有明显的影响,影响最大的是碳。碳含量降低将推迟 $M_{23}C_6$ 的沉淀,并使碳化物沉淀的温度区间向低温方向移动,图 9.50 为碳含量对 Cr18Ni9 钢 $M_{23}C_6$ 型碳化物沉淀的影响[34]。

图 9.51 为 304(06Cr19Ni10)不锈钢 750℃敏化 144h 后光学显微镜下 $M_{23}C_6$ 型碳化物的析出形貌[35]。图 9.52 为 304 不锈钢中 $M_{23}C_6$ 型碳化物沿晶界析出的 SEM 形貌[21]。

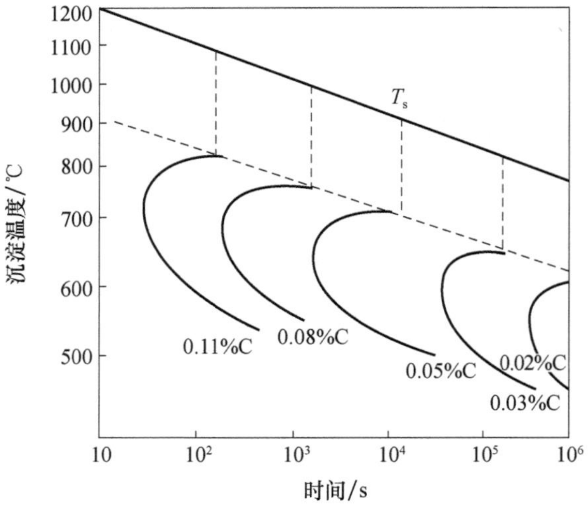

图 9.50　碳含量对 Cr18Ni9 钢 $M_{23}C_6$ 型碳化物沉淀动力学影响[34]

T_s 为固溶处理温度

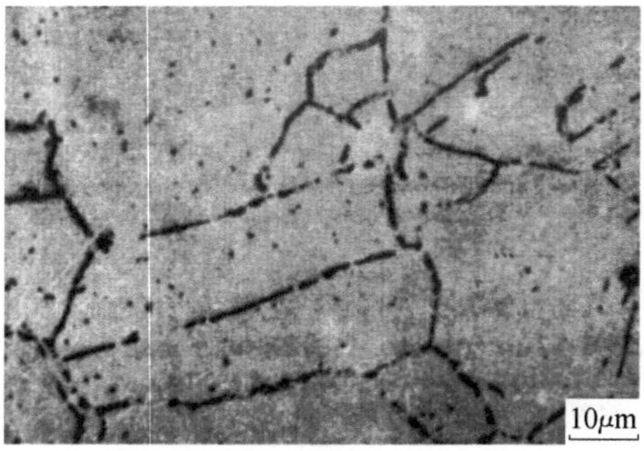

图 9.51　含 0.065%C 的 304(06Cr19Ni10)不锈钢 750℃敏化 144h 后 $M_{23}C_6$ 型碳化物的析出形貌[35]

10%草酸溶液电解浸蚀

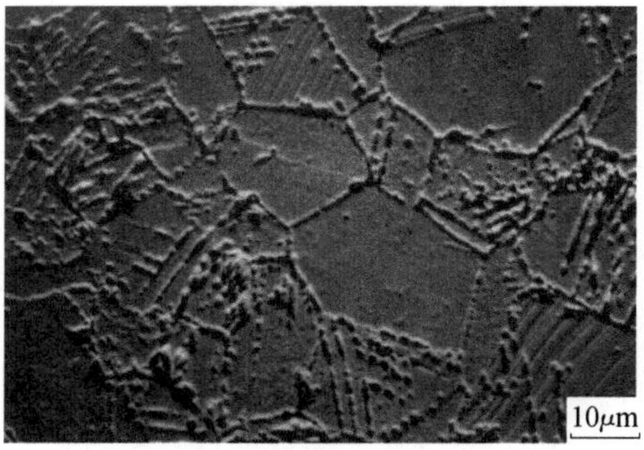

图 9.52　304(06Cr19Ni10)不锈钢中 $M_{23}C_6$ 型碳化物沿晶界析出的 SEM 形貌[21]

草酸浸蚀

由于钛和铌的加入，形成 TiC 和 NbC，降低了奥氏体中碳含量，实际上起到降低钢中碳含量的作用，抑制了 $M_{23}C_6$ 型碳化物的沉淀。奥氏体稳定化元素镍、锰、钴含量的提高会增加碳的活度和扩散能力，因而加速 $M_{23}C_6$ 型碳化物的沉淀。铬的作用则相反。氮的加入抑制 $M_{23}C_6$ 型碳化物的沉淀，在含钼的钢中氮含量的增加明显使 $M_{23}C_6$ 型碳化物的沉淀向更长时间方向移动，少量硼的加入也延缓 $M_{23}C_6$ 型碳化物的沉淀，磷则加速 $M_{23}C_6$ 型碳化物的沉淀[4]。

MC 型碳化物主要出现在用钛或铌稳定化的奥氏体不锈钢中，如 06Cr18Ni-11Ti、06Cr18Ni11Nb 和一些合金化程度更高的其他含钛或铌的奥氏体钢中，MC 型碳化物为 TiC 或 NbC。奥氏体不锈钢中不可避免地都含有一定数量的氮，氮和钛、铌的亲和力也非常强，因此在含钛和铌的钢中还会形成 TiN 或 NbN。MC 和 MN 的点阵类型相同，点阵常数相近，其中的碳、氮原子可以互相取代。实际上在钢中存在的是 M(C,N)或 M(N,

C)，其中以 M(C,N)最为常见。

图 9.53 示出了 18Cr-8Ni 奥氏体不锈钢中 TiC 的溶解度曲线，图中同时列入了 $Cr_{23}C_6$ 的溶解度曲线。可以看出，TiC 的溶解度比 $Cr_{23}C_6$ 的溶解度小得多。在钢经过奥氏体化后的冷却过程中，TiC 会首先沉淀出来，随之奥氏体基体中的碳含量大大降低，因而减少并推迟了 $Cr_{23}C_6$ 的沉淀，从而提高了钢的抗敏化能力。为了充分发挥 MC 型碳化物固定碳的稳定化作用，对于稳定化钢种须进行稳定化处理。

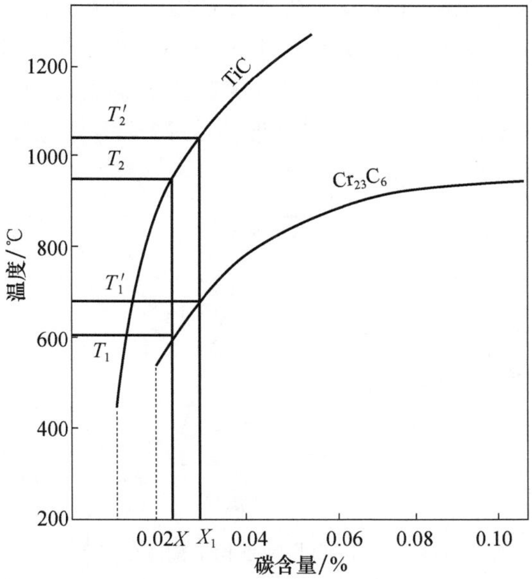

图 9.53　18Cr-8Ni 奥氏体不锈钢中 TiC 和 $Cr_{23}C_6$ 溶解度曲线及稳定化温度选择示意图[18]

稳定化处理的温度和时间应合理地选择才能得到最佳的稳定效果。确定稳定化处理的一般原则是：高于 $Cr_{23}C$ 的溶解温度而低于 TiC 的溶解温度(图 9.53)，如零件在 T_1 温度使用，则稳定化的温度应不高于 T_2；若在 T_2'温度处理，然后在 T_1 温度下使用，则会有 (X_1-X)%的碳仍会在工作温度下于晶界析出 $Cr_{23}C_6$；当工作介质为强腐蚀性时，仍会引起微弱的晶间腐蚀。具体的稳定化处理工艺，通常采用 850～900℃保温 2～4h，生成的 TiC 或 NbC，呈颗粒状在晶内均匀分布，不像 $Cr_{23}C_6$ 主要集中在晶界。

M_6C 型碳化物出现在含钼或铌以及钼＋铌的奥氏体不锈钢中，而且是在其主要沉淀相处生成，其出现和消失常与主要沉淀相有关[4]。

316(06Cr17Ni12Mo2)钢在 650℃长期时效(1500h)，$M_{23}C_6$ 型碳化物可以转变为 M_6C 型碳化物[36]：

$$M_{23}C_6 \xrightarrow{+Mo} (Fe,Cr)_{21}Mo_2C_6 \xrightarrow{+Mo} M_6C \tag{9.11}$$

在含有大量 Mo 或 Nb 或 Mo＋Nb 时，可在较高温度下短时间形成 M_6C 型碳化物。

18Cr-9Ni-0.09C-1Nb 钢在 550～950℃时效，长达 500h，未发现有 M_6C 型碳化物，主要碳化物为 NbC，有时会出现一些 $M_{23}C_6$ 相。当铌含量增至 2%时，则在所有的沉淀过程中，均生成 M_6C 型碳化物，而不出现 $M_{23}C_6$ 型碳化物，还出现了拉弗斯相(η)，M_6C 型碳化物的具体表达式为 Fe_3Nb_3C。低温沉淀的 M_6C 型碳化物中有铬的溶入，其具体表达式为$(Fe,Cr)_3Nb_3C$[37]。

研究了20Cr-33Ni-2.3Mo-3.25Cu-0.04C-0.8Nb合金的沉淀过程，发现在950℃附近，M_6C相迅速沉淀，在低于此温度时，则不会沉淀。在镍含量为28%时，M_6C型碳化物的沉淀量要少得多。M_6C型碳化物在1050℃以上又重新溶入，其具体表达式为$(Mo,Nb)_3(Fe,Ni,Cr)_3C$[38]。

图9.54为Fe-18Cr-Ni-N系在900℃的相平衡图。该图适用于含钛、铌、钒及铝等强氮化物形成元素甚少的不锈钢，在不以上述诸元素为合金元素的大部分奥氏体不锈钢中的氮含量均小于0.20%，氮可以全部溶于奥氏体中，在18Cr-10Ni钢中，氮含量超过0.25%时才出现Cr_2N。由图9.54可见，镍减少氮的溶解度，锰和铬则增加氮的溶解度。如果钢中含有钛、铌、钒及铝等元素时，则可能生成MN型氮化物。在$M_{23}C_6$、MC、M_6C等碳化物中的部分碳原子也会被氮原子取代。

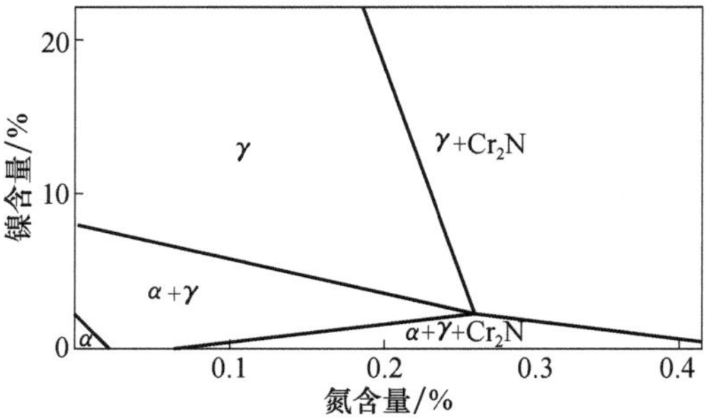

图9.54　Fe-18Cr-Ni-N系相平衡图(900℃)[39]

4) 金属间化合物

在常用奥氏体不锈钢中出现的主要金属间化合物有σ相、χ相、η相(拉弗斯相)等。

FeCr是最早发现的σ相，分子式可写为A_xB_y，其成分在一定范围内变化，从B_4A到BA_4[4]。A类元素主要是Cr，其次是Mo、Ti、Nb；B类原子则有Fe、Ni、Mn。

Cr-Ni奥氏体钢，如17Cr-7Ni、18Cr-8Ni型，只析出$M_{23}C_6$型碳化物；高铬镍型的牌号，如25Cr-20Ni(310)，长期时效可形成σ相。

Cr-Ni-Ti奥氏体钢321(06Cr18Ni11Ti)在固溶状态下含有未溶的TiC、TiN及$Ti_4O_2S_2$，短期时效，有$M_{23}C_6$、TiC沉淀；长期时效(>200h)则出现χ相(图9.55)[40]。有人还发现了σ相。

对Cr-Ni-Mo钢，如316(06Cr17Ni12Mo2)或316L(022Cr17Ni12Mo2)的固溶和时效过程研究得较多。图9.56为316钢经1260℃固溶处理后沉淀动力学曲线，间隙原子碳扩散快，$M_{23}C_6$型碳化物易于形核和长大，在其首先沉淀长时间后，置换型原子能扩散足够的距离，含金属原子多的M_6C型碳化物及稳定性更高的金属间化合物逐渐析出[36]。

在0.06C-16Cr-16Ni-0.6Nb钢中加入6%Mo，将抑制$M_{23}C_6$型碳化物的析出，而在650℃促使χ相，在850℃促使η相沉淀。在上述合金中，镍含量为25%时，在850℃下η相的析出被抑制，析出的是M_6C型碳化物，在650℃下，析出相为$M_{23}C_6$型碳化物。

综上所述，Cr、Mo、Ti、Nb等A类元素促使金属间化合物σ、χ及η相的析出，B类原

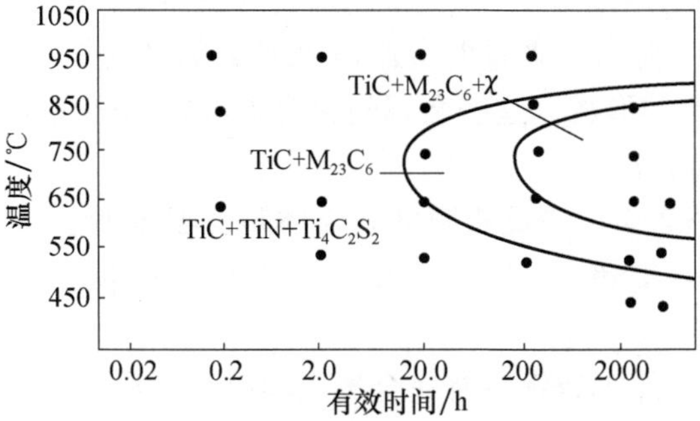

图 9.55　321 不锈钢(0.06C-18Cr-10Ni-0.5Ti)沉淀动力学曲线[40]

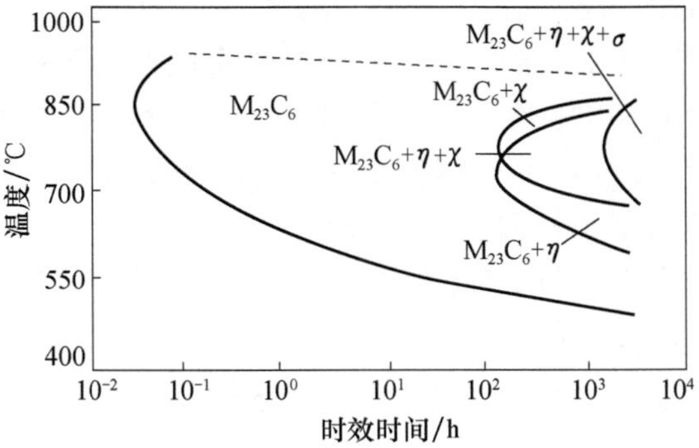

图 9.56　316 不锈钢(0.066C-17.4Cr-12.3Ni-2.05Mo-1.57Mn-0.21Si)沉淀动力学曲线[36]

子 Ni 及碳促使 $M_{23}C_6$ 相的沉淀，而 Mo、Nb 则促使 $M_{23}C_6$ 型碳化物转变为 M_6C 型碳化物。

奥氏体不锈钢中的 χ 及 η 相和 σ 相一样，导致腐蚀性下降和塑性、韧性的降低，但是这些相的沉淀温度与碳化物及 σ 相的沉淀温度大体上相重合，其对不锈钢耐蚀性和力学性能的影响常被碳化物及 σ 相的作用所掩盖。

9.5.2　一些元素对奥氏体不锈钢组织和性能的影响

碳　碳在奥氏体不锈钢中是强烈稳定奥氏体且扩大奥氏体区的元素。碳间隙固溶于奥氏体中，通过固溶强化可显著提高奥氏体的强度(图 4.19)，但是碳在奥氏体中常被视为有害元素，这主要是由于在一些使用或加工过程中，如经 450～850℃加热或焊接，碳会与钢中的铬形成高铬的 $Cr_{23}C_6$，导致局部铬的贫化，使钢的耐蚀性能，特别是耐晶间腐蚀性能下降。碳还增大铬镍奥氏体不锈钢的点蚀倾向。20 世纪 60 年代以来不断开发出的新型奥氏体不锈钢多是碳含量小于 0.03%或 0.02%的超低碳不锈钢。随着碳含量的降低，钢的晶间腐蚀敏感性降低，当碳含量小于 0.02%时才具有十分明显的效果。

铬　铬是奥氏体不锈钢中最主要的合金元素，在介质的作用下，铬能促进钢的钝化使之具有不锈性和耐蚀性。

早期的研究工作表明，在铬镍奥氏体不锈钢中，碳含量为 0.1%，铬含量为 18%时，自 1100℃速冷，能在室温获得单一亚稳定奥氏体组织所需的镍含量最低值约为 8%。因此，常用的18Cr-8Ni奥氏体不锈钢是铬、镍配比最为适宜的一种钢。

在奥氏体不锈钢中，随着铬含量的增加，σ 相形成的倾向加大，当钢中含有钼时，铬含量的增加还会促进 χ 相的形成。这些金属间化合物的析出显著降低钢的塑性和韧性，而且在一些条件下还降低钢的耐蚀性。

奥氏体不锈钢中铬含量的提高将降低马氏体转变温度 M_s(式(9.9))，从而提高奥氏体的稳定性。因此，铬含量超过20%的高铬奥氏体不锈钢即使经过冷加工和低温处理也很难出现马氏体组织。

一般而言，只要奥氏体不锈钢保持完全奥氏体组织而没有铁素体的生成，仅提高铬含量不会对钢的力学性能有明显的影响。

铬对奥氏体不锈钢性能影响最大的是其耐蚀性：提高钢的抗氧化性介质和耐酸性氯化物介质的性能；在镍、钼、铜的复合作用下，铬提高耐一些还原性介质、有机酸、尿素和碱介质的性能；铬还提高钢耐晶间腐蚀、耐点蚀、耐缝隙腐蚀及耐某些条件下应力腐蚀的性能。

图9.57为铬对Fe-Cr-10Ni奥氏体不锈钢在氧化性介质中耐蚀性的影响。在65%沸腾的硝酸中，随铬含量的提高，Cr-Ni钢的耐蚀性急剧增加的临界铬含量约为12%，而具有最低稳定的腐蚀速率的最佳铬含量应为18%。

对于含Mo、Cu的Cr-Ni奥氏体不锈钢在一些含 Cl^- 和 F^- 的酸性氯化物中，铬含量必须大于25%才更有效(图9.58)。

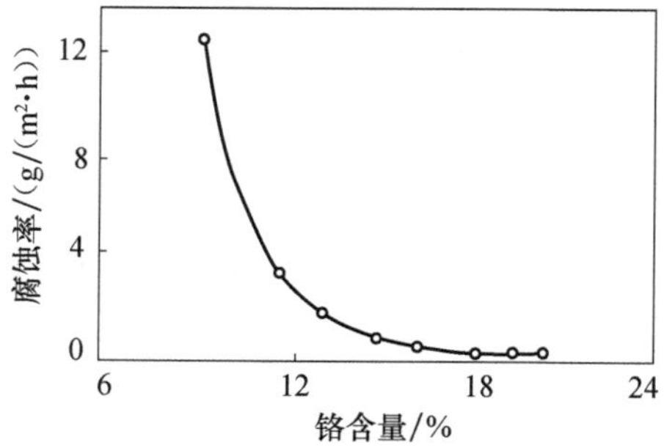

图9.57　铬对Fe-Cr-10Ni奥氏体不锈钢耐蚀性的影响[1]
介质：65% HNO_3，沸腾

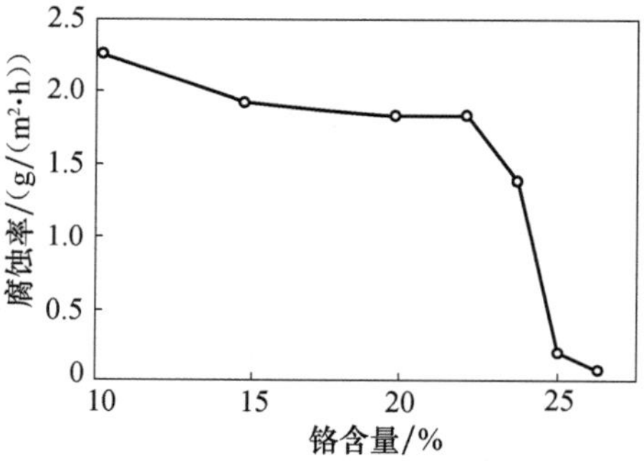

图9.58　铬对Fe-Cr-35Ni-3Mo-Cu钢在含 Cl^-、F^- 溶液中耐蚀性的影响[1]
10～20g/L　Cl^-，0.3～1.09g/L　F^-，18～33g/L　Fe^{3+}；温度：85～90℃，370h

在奥氏体不锈钢中，铬能增大碳的溶解度而降低铬的贫化度，因而提高铬含量对奥氏体不锈钢的耐晶间腐蚀是有益的。

铬非常有效地改善奥氏体不锈钢的耐点蚀和缝隙腐蚀性能[1]。当钢中同时有钼和氮的存在时，铬的这种作用大大加强。虽然根据研究，钼的耐点蚀及耐缝隙腐蚀的能力为铬的3倍左右，氮为铬的30倍，但当钢中铬含量不足时将难以发挥钼、氮的有效性。

铬对奥氏体不锈钢耐应力腐蚀的影响视介质条件和使用环境而异。在 $MgCl_2$ 沸腾溶液中，铬的作用通常是有害的，但是在含 Cl^- 和氧的水介质、高温高压水及以点蚀为起源的应力腐蚀环境中，提高钢中铬含量对其耐应力腐蚀性能是有益的。铬和镍对奥氏体不锈钢耐苛性(NaOH)应力腐蚀也是有益的。

镍　镍在奥氏体不锈钢中的主要作用是形成并稳定奥氏体以获得完全的奥氏体组织，从而使钢具有良好的强度与塑性、韧性的配合和一系列优良的工艺性能。

镍是强烈形成并稳定奥氏体且扩大奥氏体相区的元素，奥氏体不锈钢中随着镍含量的增加，残余铁素体可以完全消除，并显著降低 σ 相形成的倾向(图 9.59)。镍明显降低 M_s 点，甚至可不出现 $\gamma \rightarrow M$ 相变。

镍对奥氏体不锈钢力学性能的影响主要取决于镍对奥氏体稳定性的影响。在钢中能发生马氏体转变的镍含量范围内，随镍含量的增加，由于马氏体含量的减少，钢的强度降低而塑性提高。

具有稳定奥氏体组织的铬镍奥氏体不锈钢具有非常优良的韧性，包括极低温韧性，因而可做低温钢使用。

对于具有稳定奥氏体组织的铬锰氮奥氏体不锈钢，镍的加入可以进一步改善其低温韧性，如图 9.60 所示。

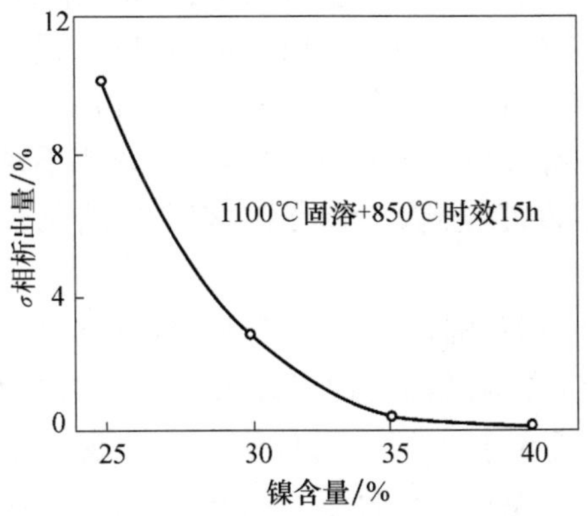

图 9.59　镍对 022Cr25Ni25Si2V2Nb 钢 σ 相析出量的影响[41]

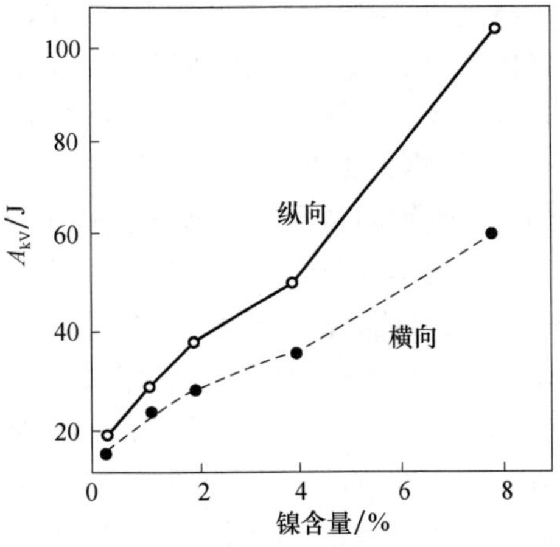

图 9.60　镍含量对 18Cr-15Mn-0.4N 钢低温(−196℃)冲击功的影响[1]

镍可显著降低奥氏体不锈钢的冷加工硬化倾向。这主要是由于镍增大了奥氏体的稳定性，减少以至消除了冷加工过程中的马氏体转变，而镍对奥氏体本身的冷加工硬化作用不明显。

镍提高奥氏体不锈钢的钝化倾向和热力学稳定性，因而提高合金的耐均匀腐蚀性能和耐氧化性介质的性能；随着镍含量的增加，耐还原性介质的性能进一步得到改善。

在奥氏体不锈钢中，镍是提高其在一些介质中耐穿晶型应力腐蚀的唯一重要元素。

镍含量的增加能降低碳在奥氏体钢中的溶解度，使碳化物的析出倾向增强，其产生晶间腐蚀的临界碳含量降低，即晶间腐蚀的敏感性增加。为获得良好的耐晶间腐蚀性能，须将钢中碳含量降至更低水平。图 9.61 为铬镍奥氏体不锈钢产生晶间腐蚀的铬、镍含量与临界碳含量的关系，该图证实了铬的有益作用和镍的有害作用。至于对奥氏体不锈钢耐点蚀和缝隙腐蚀的性能，镍的作用不显著[1]。

在奥氏体不锈钢中，镍降低其抗高温硫化性能，镍含量越高，其危害程度越严重，这是在晶界处形成低熔点的硫化镍所致[3]。

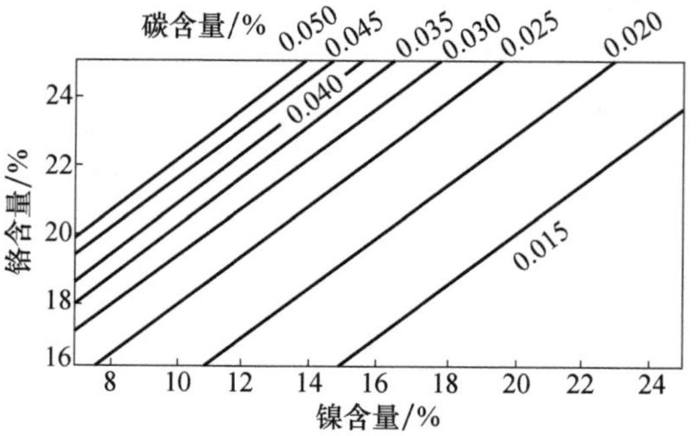

图 9.61　铬镍奥氏体不锈钢产生晶间腐蚀的铬、镍含量与临界碳含量的关系[2,42]

H_2SO_4-$CuSO_4$ 试验,试样经 650℃×1h 的敏化

钼　钼形成铁素体的能力与铬相当。钼还促进不锈钢中金属间化合物 σ 相、χ 相、η 相等的沉淀,对钢的耐蚀性和力学性能都会产生不利影响。为使奥氏体不锈钢能保持单一的奥氏体组织,随钢中钼含量的增加,需相应提高镍、氮及锰等奥氏体形成元素的含量。

钼在奥氏体不锈钢中有明显的固溶强化效果(图 4.19)。随钼含量的增加,钢的高温持久强度、抗蠕变性能均有较大的提高,因此含钼不锈钢也常在较高温度下使用。

加入钼使钢的高温变形抗力增大,而钢中常存在少量的 δ 铁素体,因而含钼不锈钢的热加工性能比不含钼的差。钼含量越高,热加工性能越差。如果钢中有金属间化合物沉淀,将会显著恶化钢的塑性和韧性。

钼在奥氏体不锈钢中的主要作用是扩大其使用范围,提高钢在还原介质中的耐蚀性,如 H_2SO_4、H_3PO_4,以及一些有机酸和尿素环境,并提高钢的耐点蚀及耐缝隙腐蚀性能。但在氧化性介质中,钼的作用是有害的,在钼含量大于 3.5%后,HNO_3 中的腐蚀速率急剧增加。因此,含钼的奥氏体不锈钢不用于耐硝酸腐蚀的条件下。图 9.62 为钼对铬镍奥氏体不锈钢(18%Cr-10%～15%Ni)在海洋大气挂片条件下点蚀的影响,显示出钼的良好

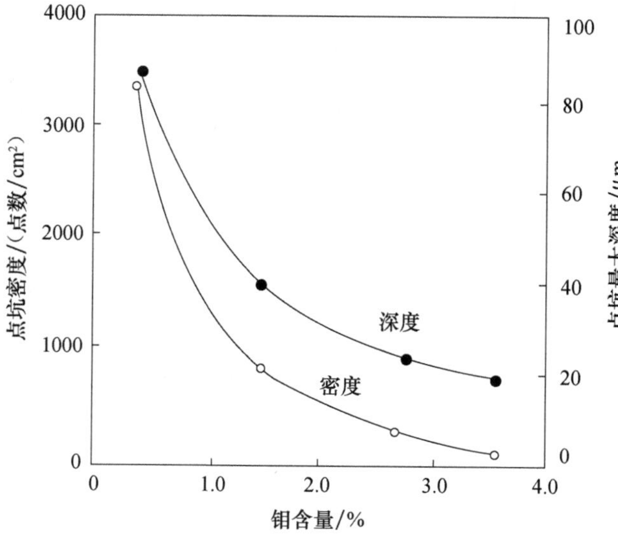

图 9.62　钼对 18%Cr-10%～15%Ni 钢在海洋大气挂片条件下点蚀的影响[3]

作用。一些研究工作表明,在不锈钢中,Mo 是以 MoO_4^{2-} 的形式溶解在溶液中,在 Cl^- 存在的条件下,钝化膜破裂后生成金属活性面。由于 MoO_4^{2-} 的吸附,抑制了金属的再溶解。大量实验已证明,钼的作用仅在钢中含有较高的铬含量时才有效[1]。

钼对奥氏体不锈钢的耐应力腐蚀有害。在高浓度氯化物应力腐蚀条件下,钼含量在3%以下时,随钼含量的增加,耐应力腐蚀性能下降;在钼含量大于3%时,随钼含量的增加,耐应力腐蚀性能随之提高。在含微量氯化物及饱和氧的水溶液中,应力腐蚀多以点蚀为起源,在这种情况下,钼对奥氏体不锈钢的耐应力腐蚀性能有利[3]。

铜　铜在奥氏体不锈钢的作用是显著降低其冷作硬化倾向,提高冷加工成形性能。铜与钼配合可以进一步提高奥氏体不锈钢在还原性介质中的耐蚀性。在奥氏体中,铜的加入量在1%～4%时对钢的组织没有明显影响。

奥氏体不锈钢中,在一定铜含量范围内,随铜含量的增加,钢的强度随之下降,塑性提高,应变强化指数 n 值下降。在铜含量达到3%～4%时,n 值达到一个最低的稳定值。

图 9.63 为铜含量对铬镍奥氏体不锈钢($w_C \leqslant 0.08\%$)室温力学性能与加工硬化指数的影响。固溶铜的增加使钢的强度下降而塑性提高的原因是:铜能显著地增加铬镍奥氏体不锈钢的层错能[43]并能稳定奥氏体组织,层错能的增加阻碍了不全位错的形成,有利于位错的交叉滑移,防止了位错的堆积,提高了材料的塑性。铜含量的增加还抑制拉伸试验过程中形变诱导 α' 相的形成和应变强化[44]。

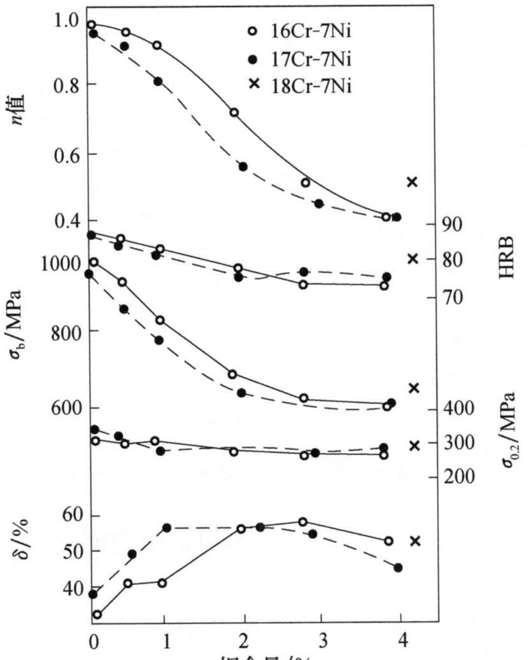

图 9.63　铜含量对铬镍奥氏体不锈钢($w_C \leqslant 0.08\%$)室温力学性能与加工硬化指数的影响[1]

一般来说,奥氏体不锈钢 n 值较大,这是由于在加工过程中形变诱导 α' 相形成。铜的加入抑制了形变诱导 α' 相的形成,从而降低 n 值。

有些奥氏体不锈钢(303、304 等钢)存在冷加工压缩开裂倾向,铜的加入可以改善其冷成形性。

铜显著降低钢的热加工性,在奥氏体不锈钢中镍含量较低时更为明显,因而在钢中铜含量较高时,镍含量也应相应提高。

铜能显著提高奥氏体不锈钢对硫酸、磷酸等还原性介质的耐蚀性,当用铜和钼复合合金化时,效果更为突出。国内研究铜的作用机制的结果表明,铜的加入加速了不锈钢中钼的溶解,形成 MoO_4^{2-},强烈促使不锈钢中铬的钝化及铬向表面膜中富集,导致钢的耐蚀性提高[1]。

在诸如硝酸等氧化性介质中,铜的加入并不降低钢的耐蚀性,但会降低铬镍奥氏体不锈钢的耐点蚀和应力腐蚀的性能。

锰 在铬镍奥氏体不锈钢中,锰含量一般不超过 2%,生产中多控制在 1.5%左右。在之后发展的节镍不锈钢中,锰成为重要的合金元素,其主要作用是与氮和一定数量的镍形成稳定的奥氏体。一些 Cr-Mn-Ni-N 型奥氏体不锈钢已被许多国家列入各自的不锈钢标准中。无镍的 Cr-Mn-N 不锈钢只在一定范围内使用。近期出现的高氮奥氏体不锈钢,为了提高氮的溶解度,已出现高锰含量(5%~10%)的铬镍奥氏体不锈钢。图 9.64 为铬、锰含量对氮在含 14%Ni 奥氏体钢中溶解度的影响。

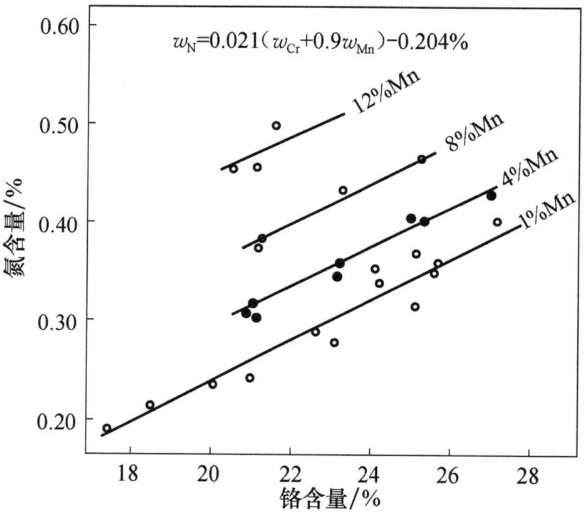

图 9.64 铬、锰含量对氮在含 14%Ni 奥氏体钢中溶解度的影响[3]

锰含量小于 2%时,其含量的变化对常用铬镍不锈钢的组织,包括奥氏体的稳定性,没有明显的影响。

铬镍奥氏体不锈钢的强度随锰含量的增加而提高。无镍的 Cr-Mn-N 奥氏体不锈钢在低温时会出现韧脆转变温度,如图 9.65 所示,这与铬镍奥氏体钢有显著差别,而 Cr-Mn-N 钢有镍存在时,其低温韧性有明显改善(图 9.60)。这表明,仅有锰和氮而无镍无法获得铬镍奥氏体不锈钢所具有的优良低温韧性。

锰可以改善铬镍奥氏体不锈钢的热塑性,锰含量为 1.5%时已有明显的效果。锰与硫有较强的亲和力,形成 MnS,有利于消除钢中的残余硫的有害作用,但 MnS 的形成常导致铬镍奥氏体不锈钢耐氯化物点蚀和缝隙腐蚀能力的下降。钢中的硫降低到一定程度，锰的不利影响基本可以消除。

硅　硅在奥氏体不锈钢中的含量一般都在0.8%～1.0%。硅作为合金元素，视其用途不同，含量在2%～7%。

硅是强烈形成铁素体的元素，在奥氏体不锈钢中，随硅含量的提高，δ 铁素体将增加，金属间化合物 σ 相的形成也会加速和增多，从而影响钢的性能。图9.66为硅含量对022Cr18Ni15Si不锈钢析出相的影响，图中 π 相是一种具有 β-Mn结构（立方）的氮化物，Cr_3Si 是一种拓扑密堆相。为保持奥氏体不锈钢的单一奥氏体组织，随着硅含量的提高，镍和氮的含量也要相应提高。

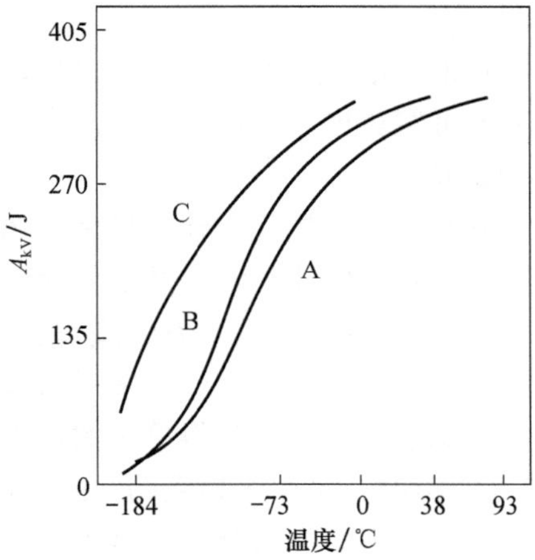

图9.65　Cr18Mn15N不锈钢的低温韧性[2,45]

A—0.09%C、0.54%N；B—0.12%C、0.38%N；C—0.12%C、0.38%N

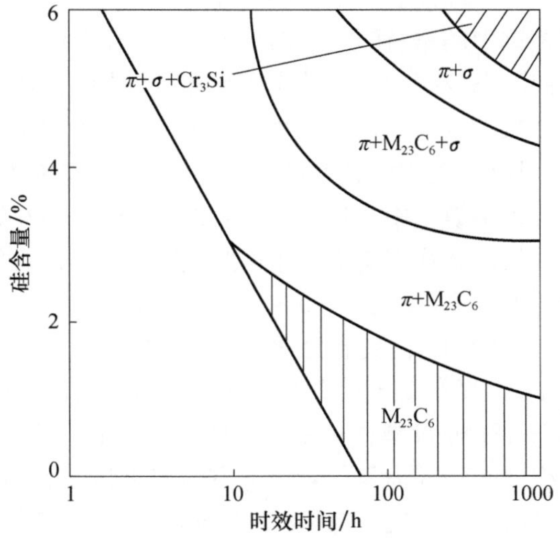

图9.66　硅含量对022Cr18Ni15Si不锈钢析出相的影响[1]

1100℃固溶，600℃时效

在通常硅含量的范围内（1.0%以下），随钢中硅含量的降低，将提高18%Cr-10%Ni超低碳奥氏体不锈钢在硝酸介质中的耐蚀性。目前硝酸级不锈钢，除具有极低的碳含量（0.015%）外，还应尽量控制低的硅含量（<0.1%）。

铬镍奥氏体不锈钢中的硅含量在1.0%以上时，虽然使钢的耐稀硝酸性能下降，但却提高其在高浓硝酸和含 Cr^{6+} 的硝酸及高温浓硫酸中的耐蚀性。硅提高奥氏体不锈钢在强氧化性介质中耐蚀性的主要机制是能在不锈钢表面上形成 SiO_2 膜和抑制磷的有害作用。在实际工业中，高硅奥氏体不锈钢已成功地应用于高温硫酸工程[1,3]。

不少工作证明，在奥氏体不锈钢中加入硅可以显著地提高抗氯脆的能力[2]。因此，为了抗氯脆设计的不锈钢，除了采取高镍（约25%）的奥氏体钢或超低碳的铁素体钢外，一般是加入1.5%以上的硅，形成复相钢或基本上是奥氏体钢。

氮　氮作为合金元素早期用于Cr-Mn-N和Cr-Mn-Ni-N奥氏体不锈钢中，以节约镍。除节镍效果外，氮通过固溶强化可显著提高奥氏体不锈钢的强度，而不显著损害其塑性和韧性，同时氮还可以提高钢的耐均匀腐蚀、耐点蚀、耐缝隙腐蚀和耐晶间腐蚀的性能。

由于氮的良好作用,用氮合金化的奥氏体不锈钢不断取得进展并获得应用。目前应用的含氮奥氏体不锈钢可以分为三种类型[1,3]:

(1) 控氮型。此类钢是在超低碳(0.02%～0.03%)铬镍奥氏体不锈钢中加入 0.05%～0.12%N,用以提高钢的强度,使其达到含稳定化元素钛或普通低碳(≤0.08%)奥氏体不锈钢的水平。

(2) 中氮型。此类钢含有 0.12%～0.40%N,是在正常大气压力条件下冶炼和浇铸所得到的氮合金化奥氏体不锈钢。此类钢以耐腐蚀为主要目的,同时具有较高的强度。

(3) 高氮型。此类钢氮含量在 0.40%以上。此类钢在加压条件下冶炼和浇铸,或者调整钢中的铬、锰含量在常规条件下冶炼和浇铸,将氮加入到足够高的水平。此类钢主要在固溶态或半冷加工状态下使用,既具有高强度,又耐腐蚀。

氮形成奥氏体的能力与碳相当,约为镍的 30 倍。氮在奥氏体不锈钢中可代替部分镍,可降低钢中的铁素体含量,并使奥氏体更稳定,甚至可避免出现马氏体转变。在铬镍奥氏体不锈钢中,氮含量的增加可形成氮化物 Cr_2N(图 9.54)。

氮显著提高奥氏体钢的强度(图 4.19),每加入 0.010%N,可提高铬镍奥氏体不锈钢的室温强度($\sigma_{0.2}$、σ_b)60～100MPa,其塑性仍保持足够高的水平。图 9.67 显示氮含量对 022Cr19Ni10 钢室温力学性能的影响。在高氮奥氏体钢中,氮亦可以提高其强度,氮含量为 1.2%的低碳 Cr-Ni-Mn-N 奥氏体不锈钢的屈服强度可达 800～900MPa。曾对低碳的 18Cr-18Mn-N 奥氏体不锈钢的力学性能进行过研究,经固溶处理后可获得单一的奥氏体组织,图 9.68 为氮含量对其室温屈服强度和断裂韧度的影响。研究结果表明,在氮固溶于奥氏体的情况下,其含量高至 0.74%时,断裂韧度不降低,而其屈服强度显著提高。通过冷加工变形,可以进一步提高其屈服强度。在固溶氮含量为 0.58%时,经过 40%的冷变形,钢的屈服强度可达 1400～1500MPa,其断裂韧度将由很高的 500MPa · $m^{1/2}$ 降至依然不错的 200MPa · $m^{1/2}$[46]。

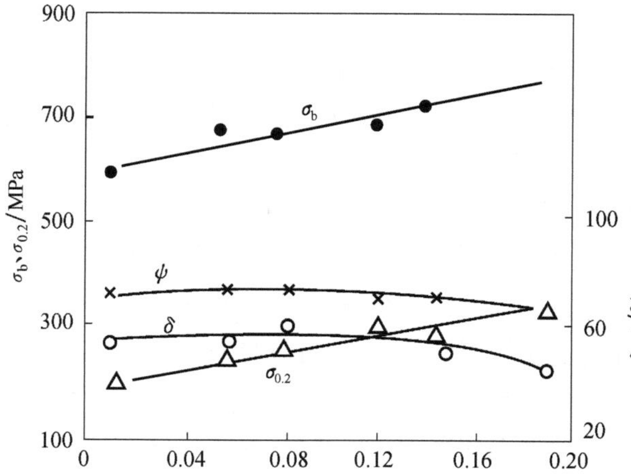

图 9.67 氮含量对 022Cr19Ni10 钢室温力学性能的影响[3]

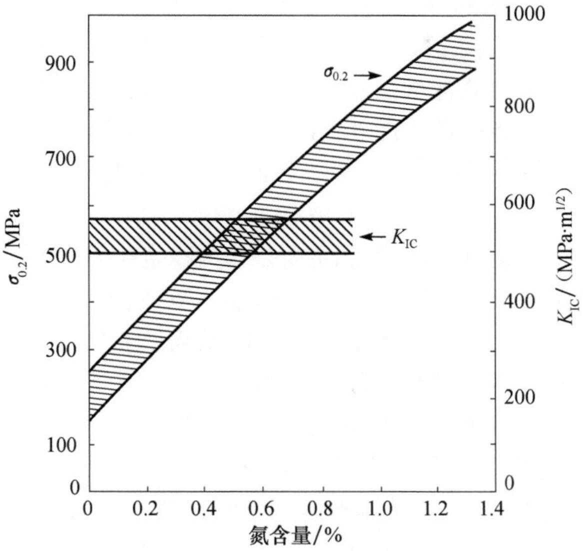

图 9.68 氮含量对 18Cr-18Mn-N 奥氏体不锈钢室温屈服强度和断裂韧度的影响[46]

在氮含量小于 0.67%时，铬镍奥氏体不锈钢仍有低的韧脆转变温度，在−200℃的低温下仍有足够高的冲击性能，但当氮含量达到 0.84%时，其韧脆转变温度较高，−200℃的冲击韧性已显得过低[3]。

在一些酸性介质中，氮提高奥氏体不锈钢耐一般腐蚀性能。适量的氮还提高奥氏体不锈钢敏化态的耐晶间腐蚀性能，这是由于氮作为活性元素优先沿晶界聚集，氮降低碳原子和铬原子的扩散能力，从而抑制 $M_{23}C_6$ 型碳化物的析出和延缓 σ 相、χ 相的形成。图 9.69 为氮对 17Cr-13Ni-4.5Mo 钢中 $M_{23}C_6$ 型碳化物析出行为的影响[47]。适量的氮还可以显著改善敏化状态的耐晶间应力腐蚀开裂。

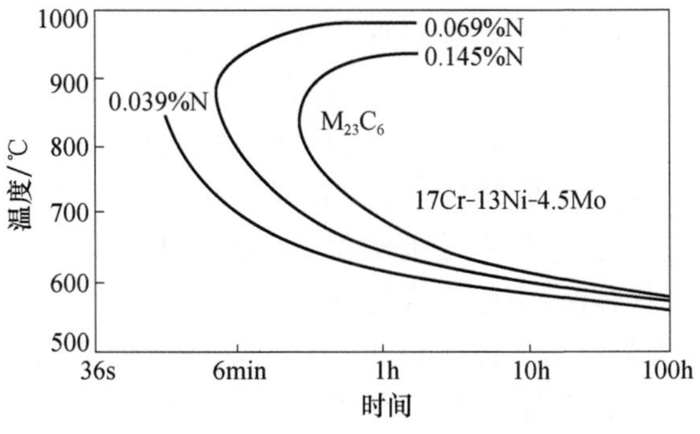

图 9.69 氮对 17Cr-13Ni-4.5Mo 钢中 $M_{23}C_6$ 型碳化物析出行为的影响[47]

氮还提高铬镍钼奥氏体不锈钢耐稀硝酸腐蚀的性能。

在氯化物环境中，氮显著提高奥氏体不锈钢耐点蚀和缝隙腐蚀的性能。研究表明，氮仅是强化铬、钼元素在奥氏体中的耐蚀作用，铬、钼的存在是氮改善奥氏体不锈钢耐蚀作用的前提。氮耐点蚀和耐缝隙腐蚀的能力约相当于铬的 30 倍。

氮提高不锈钢耐点蚀和耐缝隙腐蚀的机理尚有不同的观点[3,48]：氮在表面膜中富集，同时使表面膜中富铬,从而提高钢的钝化能力和钝态稳定性;氮与闭塞区的溶液反应形成 NH_4^-,消耗 H^-,使初始蚀坑内 pH 升高,氮亦可产生 NO_3^-,均有利于钢的钝化。

铬镍奥氏体不锈钢中的氮含量在 0.12%~0.15%时,钢的热、冷加工性及冷成形性等将有所下降。热加工性能的降低是由于钢中氮化物和碳氮化物的析出影响了钢的热塑性,而氮的固溶强化又减缓钢的回复过程。冷加工性和冷成形性的降低主要是氮固溶强化所致[1]。

钛和铌　在奥氏体不锈钢中,钛和铌主要是作为稳定化元素加入的,以防止敏化态晶间腐蚀的发生。钛和铌与碳的亲和力远大于铬,加入到奥氏体不锈钢中优先与碳结合成 TiC 或 NbC,防止或减少 $M_{23}C_6$ 型碳化物的形成,从而防止敏化态晶间腐蚀的发生。以加钛或铌的方法防止奥氏体不锈钢的晶间腐蚀,必须使钢中全部碳都能与之结合成碳化物,可以计算出所需的钛、铌含量分别为碳含量的 3.99 或 7.78 倍。此外,还应考虑钛或铌与其他元素的作用,它们与氧和氮的亲和力也很大,实际应用中必须将这些因素考虑进去。目前标准中规定,18Cr-8Ni 奥氏体不锈钢中的钛加入量为 $5(w_C-0.02)\%\sim0.8\%$ 或 $5w_C\sim0.7$,铌的加入量应不少于 $10w_C$,式中 0.02%是指室温下奥氏体中最大溶解的碳含量。生产中通常采用控制 w_{Ti}/w_C 的方法以保证 18Cr-8Ni 奥氏体不锈钢耐晶间腐蚀的性能,控制 $w_{Ti}/w_C\geqslant5.0\sim5.5$ 便可得到满意的结果。为了充分发挥钛和铌在奥氏体不锈钢中稳定碳的效果,要求在固溶处理之后,进行稳定化处理(图 9.53)。

向一些铬镍奥氏体不锈钢中加入钛,给钢的生产、加工、性能和应用带来一些困难和问题,主要是[1]:钛的加入使钢的黏度增加,流动性降低,给钢的连续浇铸带来困难;模铸时使钢锭、钢坯表面质量变坏,大大增加冶金厂的修磨量,显著降低钢的成材率,提高了钢的生产成本;钛加入后,由于 TiN 等非金属夹杂物的形成,降低了钢的纯洁度,使钢的抛光性能变差,这些夹杂常成为点蚀源而降低钢的耐蚀性;含钛的不锈钢焊后在介质的作用下,沿焊缝熔合线易出现"刀状腐蚀",引起焊接结构设备的腐蚀破坏。

刀状腐蚀是指含钛、铌的铬镍奥氏体不锈钢焊接后,在焊缝与母材交界处很窄的区域内产生的一种严重腐蚀,而母材和焊缝本身则腐蚀轻微。冶金厂生产的含钛或铌的铬镍奥氏体不锈钢在出厂前一般经过 920(980)~1150℃的固溶处理,此时钢中的钛或铌大都以 TiC 或 NbC 的形式存在,但经焊接后,与焊缝相邻的高温(≥1150℃)狭窄区域内的 TiC 或 NbC 就会分解而溶入奥氏体基体中。在随后的冷却过程中,焊缝相邻的高温区通过 850~450℃这一敏化温度范围时,会有大量 $Cr_{23}C_6$ 沿晶析出,导致晶界铬的贫化,在介质的作用下便会出现刀状腐蚀,亦称刀线腐蚀。

自从 AOD、VOD 等炉外精炼技术的出现和普及,生产免于或降低敏化态晶间腐蚀倾向的低碳和超低碳奥氏体不锈钢已没有任何困难。自 20 世纪 60 年代末到 70 年代初,工业发达国家铬镍奥氏体不锈钢的生产和应用已经完成了由以含钛铬镍奥氏体不锈钢为主向以低碳和超低碳为主的转变,含钛钢在其产量中的比重仅为 1%~2%。我国含钛铬镍奥氏体不锈钢的产量在较长时间内占铬镍奥氏体不锈钢的 90%以上,近年这种状况已有很大变化,在 2007 年制定的不锈钢标准中已取消了 1Cr18Ni9Ti 等一些含钛的铬镍奥氏体不锈钢。

其他元素　硫在奥氏体不锈钢中被视为有害杂质,其含量被限制在 0.03%~0.035%。硫的有害作用主要是:降低奥氏体不锈钢的热塑性,影响钢的热加工性,这是由于在高温下 MnS 或(Fe,Mn)S 沿晶界析出有关;硫还降低奥氏体不锈钢的耐蚀性,MnS 易溶于酸性氯化物溶液,常成为腐蚀源导致耐点蚀和耐缝隙腐蚀性能的显著降低。

硫的加入可提高奥氏体不锈钢的切削加工性能,因而在易切削奥氏体不锈钢中,硫被视为合金元素。

磷在奥氏体不锈钢中一般被视为有害杂质,标准中规定磷含量不大于 0.035%～0.045%,在 Cr-Mn-N 和 Cr-Mn-Ni-N 奥氏体不锈钢中,磷含量可以放宽到 0.06%。磷的有害作用主要是:显著降低铬镍奥氏体不锈钢在固溶态和敏化态下耐各种浓度硝酸腐蚀的性能;明显增强铬镍奥氏体不锈钢在浓硝酸和含 Cr^{6+} 的硝酸中固溶态晶间腐蚀的敏感性,降低在这些使用条件下的耐蚀性。磷的这种有害作用多用磷的晶界偏聚来解释。在某些条件下,铬镍奥氏体不锈钢中的磷含量应控制在 0.01%以下,有的用途甚至要低于 0.005%。

9.5.3 奥氏体不锈钢的热处理和冷变形强化

奥氏体不锈钢在加热和冷却时不发生 $\alpha \leftrightarrow \gamma$ 相变,不能通过热处理的方式达到强化的目的,只能通过冷变形来提高其强度。

奥氏体不锈钢的热处理有以下几种方式。

1) 去应力退火

去应力退火的目的是去除冷加工后的内应力,使钢在伸长率无显著变化的情况下,屈服强度和疲劳强度有很大的提高。这种去应力退火温度一般采用 250～425℃,常用的工艺是 300～350℃保温 1～2h,空冷。

去应力退火的另一个用途是消除焊接应力。消除焊接应力的处理一般要在 800℃以上。对于不含稳定碳化物元素的钢,加热后应快速冷却,使之迅速通过析出碳化铬的温度区间,防止晶间腐蚀,推荐的工艺为 950℃加热后水冷至 540℃再空气冷却。含有稳定碳化物元素的钢,这一处理常和稳定化处理合并进行,推荐的工艺为 950℃加热,空气中冷却。

用来消除冷作硬化的退火,其温度为 750～850℃,1～3h,快速冷却。

2) 固溶处理

固溶处理是将奥氏体不锈钢加热至较高的温度,使其中的碳化物 $Cr_{23}C_6$ 及可能存在的 σ 相等能充分溶入奥氏体,然后快速冷却以获得均一的奥氏体组织。处理后的组织为过饱和的 γ-Fe 固溶体。固溶处理的目的是提高奥氏体不锈钢的耐蚀性,也可消除冷作硬化。固溶处理的温度较高,一般为 1000～1100℃,碳含量高时取上限温度,碳含量低时取下限温度。固溶加热温度不足时,$Cr_{23}C_6$ 溶解不充分,不能充分发挥铬在钢中提高耐蚀性的作用,加热温度过高,晶粒粗化。粗大的晶粒虽对钢的力学性能没有多大影响,但不能以热处理的方法细化,粗晶粒的 18Cr-8Ni 奥氏体不锈钢板在冲压时,表面易形成皱皮,磨削困难。图 9.70 为 302(12Cr18Ni9)钢 985℃固溶处理及快速冷却后的显微组织。因加热不足,钢的组织由奥氏体和许多无序分布的 $Cr_{23}C_6$ 颗粒,奥氏体基体中有大量的孪晶。图 9.71 为 18Cr-8Ni 奥氏体不锈钢 1100℃固溶处理及快速冷却后的组织,组织为多边形的奥氏体晶粒,快速冷却引起的应力导致大量孪晶的出现。

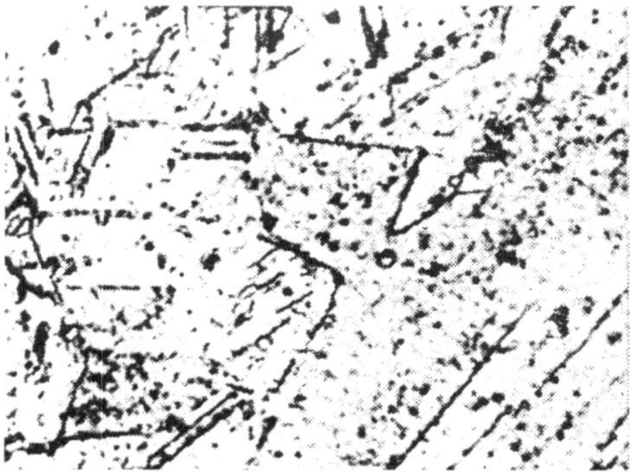

图 9.70　302(12Cr18Ni9)钢 985℃固溶处理及快速冷却后的显微组织[49]　1000×

图 9.71　18Cr-8Ni 奥氏体不锈钢 1100℃固溶处理及快速冷却后的组织[50]　100×

奥氏体不锈钢应在中性或弱氧化气氛加热,常以空气炉为加热设备并以氨分解气等作为加热介质,有条件时,最好采用真空加热。在奥氏体不锈钢加热时,既要阻止钢的表面氧化,也要防止钢的表面增碳,因为增碳将使钢的晶间腐蚀倾向增大。奥氏体钢在低温时的热导率较低,在低温加热时的加热速率要缓慢,断面较大的奥氏体不锈钢零件预热到 700～800℃时需等温到一定时间,再快速升温。在固溶温度的保温时间不宜太长,一般按有效厚度计算,为 1min/mm。加热保温后应在水中快速冷却,以防碳化物从奥氏体中析出,对于厚度不大的工件,为防止变形,可以空冷。

3) 稳定化处理

对于含钛、铌的稳定性奥氏体不锈钢,应采用稳定化处理,以提高钢在 450～900℃范围内,并在强烈腐蚀介质中工作的耐蚀性。稳定化处理是在固溶处理后进行的,是将钢加热到 850～900℃,保温 2～4h,然后在水中或空气中冷却。

奥氏体不锈钢经固溶处理后的硬度最低,是最大程度的软化处理。经固溶处理后的各种牌号的奥氏体不锈钢的力学性能见表 9.11。由表 9.11 可见,奥氏体不锈钢的屈服强度较低,抗拉强度也不高,但具有高的塑性,抗拉强度与屈服强度的比值高,因此通过冷变形方式可以有效地提高其强度。图 9.72 为冷变形对 302(12Cr17Ni7)钢力学性能的影响,经过冷加工硬化,强度明显提高,塑性相应降低,应用时要合理选择材料供货态的冷加工变形量。12Cr17Ni7 钢是一种亚稳定奥氏体钢,冷变形后强度的增加较为显著[4]。

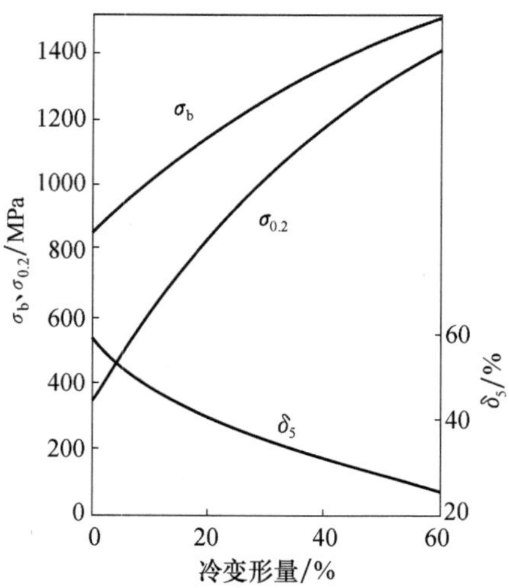

图 9.72　冷变形对 302(12Cr17Ni7)钢力学性能的影响[4]

GB/T 3280—2015《不锈钢冷轧钢板和钢带》中将不锈钢的加工硬化状态分为五类:1/4 冷作硬化状态(H1/4)、1/2 冷作硬化状态(H1/2)、3/4 冷作硬化状态(H3/4)、冷作硬化状态(H)和特别冷作硬化状态(H2)。

表 9.34～表 9.38 分别为 GB/T 3280—

2015 规定的一些奥氏体钢冷轧钢板和钢带以 H1/4、H1/2、H3/4、H 和 H2 加工硬化状态交货时应符合的力学性能。

表 9.34 奥氏体不锈钢冷轧钢板和钢带以 H1/4 状态交货时的力学性能(GB/T 3280—2015)

牌号	$R_{p0.2}$/MPa	R_m/MPa	不同厚度时的伸长率 A/%		
			<0.4mm	≥0.4~0.8mm	≥0.8mm
	不小于				
022Cr17Ni7	515	825	25	25	25
12Cr17Ni7	515	860	25	25	25
022Cr17Ni7N	515	825	25	25	25
12Cr18Ni9	515	860	10	10	12
022Cr19Ni10	515	860	8	8	10
06Cr19Ni10	515	860	10	10	12
022Cr19Ni10N	515	860	10	10	12
06Cr19Ni10N	515	860	12	12	12
022Cr17Ni12Mo2	515	860	8	8	8
06Cr17Ni12Mo2	515	860	10	10	10
06Cr17Ni12Mo2N	515	860	12	12	12

表 9.35 奥氏体不锈钢冷轧钢板和钢带以 H1/2 状态交货时的力学性能(GB/T 3280—2015)

牌号	$R_{p0.2}$/MPa	R_m/MPa	不同厚度时的伸长率 A/%		
			<0.4mm	≥0.4~0.8mm	≥0.8mm
	不小于				
022Cr17Ni7	690	930	20	20	20
12Cr17Ni7	760	1035	15	18	20
022Cr17Ni7N	690	930	20	20	20
12Cr18Ni9	760	1035	9	10	10
022Cr19Ni10	760	1035	5	6	6
06Cr19Ni10	760	1035	6	7	7
022Cr19Ni10N	760	1035	6	7	7
06Cr19Ni10N	760	1035	6	8	8
022Cr17Ni12Mo2	760	1035	5	6	6
06Cr17Ni12Mo2	760	1035	6	7	7
06Cr17Ni12Mo2N	760	1035	6	8	8

表 9.36　奥氏体不锈钢冷轧钢板和钢带以 H3/4 状态交货时的力学性能(GB/T 3280—2015)

牌号	$R_{p0.2}$/MPa	R_m/MPa	不同厚度时的伸长率 A/%		
			<0.4mm	≥0.4mm～0.8mm	≥0.8mm
	不小于				
12Cr17Ni7	930	1205	10	12	12
12Cr18Ni9	930	1205	5	6	6

表 9.37　奥氏体不锈钢冷轧钢板和钢带以 H 状态交货时的力学性能(GB/T 3280—2015)

牌号	$R_{p0.2}$/MPa	R_m/MPa	不同厚度时的伸长率 A/%		
			<0.4mm	≥0.4～0.8mm	≥0.8mm
	不小于				
12Cr17Ni7	965	1275	8	9	9
12Cr18Ni9	965	1275	3	4	4

表 9.38　奥氏体不锈钢冷轧钢板和钢带以 H2 状态交货时的力学性能(GB/T 3280—2015)

牌号	$R_{p0.2}$/MPa	R_m/MPa	不同厚度时的伸长率 A/%		
			<0.4mm	≥0.4～0.8mm	≥0.8mm
	不小于				
12Cr17Ni7	1790	1860	—	—	—

上面各表中未列入的牌号以冷作硬化状态供货时的力学性能及硬度由供需双方协商确定。

9.5.4　常用奥氏体不锈钢的钢号、性能和应用[1,3,26]

9.5.4.1　普通奥氏体不锈钢

1) 12Cr17Ni7,022Cr17Ni7,022Cr17Ni7N

12Cr17Ni7 钢是一种亚稳奥氏体不锈钢,在固溶状态具有完全的奥氏体组织,易于冷变形强化。在冷变形过程中,会有一部分转变为马氏体,转变量的大小取决于变形量的大小,从而显著提高钢的强度,塑性相应降低(图 9.72)。该钢固溶态及不同程度冷变形后的力学性能见表 9.12 及表 9.34～表 9.38。

12Cr17Ni7 钢具有良好的工艺性能,轧锻热加工温度范围为 1150～850℃,用不锈钢的常规生产手段能顺利生产出常用规格的棒、板、带和丝材。进行冷加工变形时,由于钢的冷作硬化倾向强,要增加中间软化退火的次数。适宜的固溶处理和中间软化退火的温度为 1050～1100℃。该钢的冷变形性能好,可进行弯曲、卷边、折叠等,并具有良好的深冲性能。该钢在固溶状态下可以焊接,但冷轧材焊接后会在焊缝附近形成低强度区而影响使用,因而不推荐在焊接状态下应用。

12Cr17Ni7 钢在工业大气、城市大气条件下抗锈性良好,在中性和氧化性环境中有较好的耐蚀性,但在海洋大气条件下、还原性环境中及化工过程中常见的酸、碱、盐介质中的耐蚀性较差。该钢用于制造在冷状态下承载较高载荷,又能减轻设备重量和不生锈的零件和设备，如铁道车辆及零部件、装饰板、传送带、紧固件等。

022Cr17Ni7 钢是一种超低碳奥氏体不锈钢。由于碳含量低，该钢耐晶界腐蚀性好，焊后可不进行热处理。该钢用于制造焊接后可不进行热处理的零部件。

022Cr17Ni7N 钢是一种含氮超低碳奥氏不锈钢，碳含量低，耐晶间腐蚀性好，加入氮后，其强度较 022Cr17Ni7 钢高，并增强了其耐点蚀和耐缝隙腐蚀的能力。该钢的焊接性能好，焊后不需进行热处理。该钢用于制造既要求耐腐蚀，又要求具有一定强度的结构件。

2）12Cr18Ni9，06Cr19Ni10，17Cr18Ni9，Y12Cr18Ni9，Y12Cr18Ni9Se，022Cr19Ni10，07Cr19Ni10，06Cr18Ni9Cu3

12Cr18Ni9 钢是历史最悠久的奥氏体不锈钢，在固溶态具有良好的塑性、韧性和冷加工性能，但其硬化效果不如 1Cr17Ni7 钢，如图 9.73 所示。这是由于镍含量的增加使奥氏体趋于稳定，冷变形时转变为马氏体的量趋于减少之故。该钢固溶态及不同程度冷变形后的力学性能见表 9.12 及表 9.34～表 9.37。

12Cr18Ni9 钢的热加工性能良好，在固溶状态具有良好的冷加工性能和冷成形性能，可顺利进行冷轧、冷拔操作加工，以及冷冲压和冷弯等冷成形作业。

12Cr18Ni9 钢耐晶间腐蚀性能不良，敏化态不能通过晶间腐蚀检验，固溶态则可通过，因此在焊接状态下，不宜在产生晶间腐蚀的介质中使用。该钢的焊接性能良好，可采用各种方法焊接，为确保钢的耐晶间腐蚀检验，焊后应进行固溶处理。

12Cr18Ni9 钢主要用于制造中等温度下耐腐蚀而强度要求不高的部件及低温使用。在要求耐蚀及无磁的环境中，该钢可以制作弹簧、管道、紧固件、容器、换热器等零部件。

06Cr19Ni10 钢是不锈钢的主要钢种，其产量约占不锈钢产量的 30％以上。该钢可以通过冷变形的方式提高强度，固溶态及冷变形 H1/4 和 H1/2 状态的力学性能见表 9.12、表 9.34 及表 9.35。由图 9.74 可以看出冷变形对 06Cr19Ni10 钢力学性能的影响。表 9.39 为 06Cr19Ni10 钢的低温力学性能。

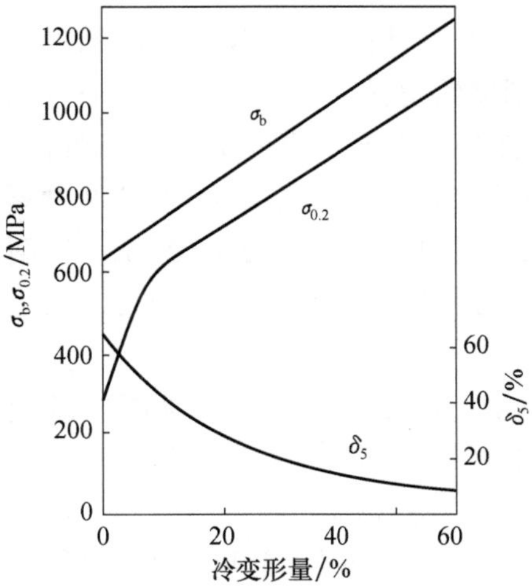

图 9.73 12Cr18Ni9 钢的冷作硬化性能[4]

化学成分：0.09％C、1.39％Mn、0.43％Si、17.56％Cr、9.69％Ni

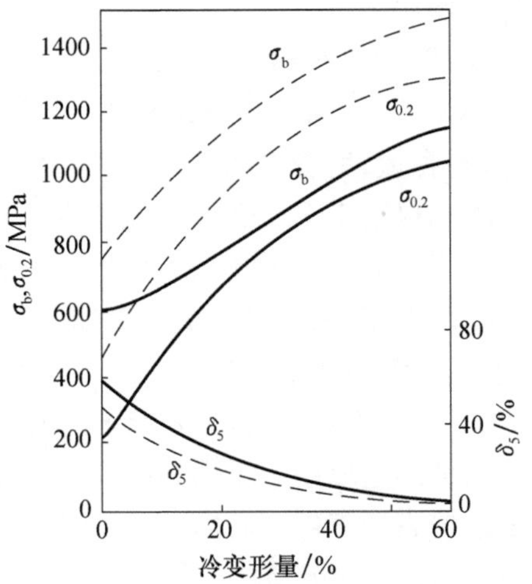

图 9.74 冷变形对 06Cr19Ni10 和 06Cr19Ni10N 钢的冷作硬化性能[1,4]

化学成分：0.056％C、0.87％Mn、0.43％Si、18.60％Cr、10.25％Ni

—— 06Cr19Ni10 — — — 06Cr19Ni10N

表 9.39　06Cr19Ni10 钢的低温力学性能[3]

试验温度/℃	$\sigma_{0.2}$/MPa	σ_b/MPa	δ/%	ψ/%	A_{kU}/J
0	274	903	65	75	208
−20	245	996	56	67	198
−50	241	1123	50	71	198
−100	227	1307	43	69	172
−140	252	1395	41	68	164
−196	236	1641	38	67	172

06Cr19Ni10 钢具有良好的冷、热加工性能，以及无磁性和好的低温性能。该钢小截面尺寸的焊接件具有足够的耐晶间腐蚀性能，在氧化性酸(HNO_3)中具有优良的耐蚀性，在碱溶液和大部分有机酸中及大气、水、蒸汽中均有比较好的耐蚀性。该钢适于制造深冲成形的部件及输送腐蚀介质的管道、容器、结构件等，以及无磁、低温设备和部件。

17Cr18Ni9 钢为列入 GJB 2294A—2014《航空用不锈钢及耐热钢棒规范》(代替 GJB 2294—1995)的牌号，其化学成分为：0.13%～0.21%C、17.00%～19.00%Cr、8.00%～10.0%Ni、≤0.80%Si、≤2.00%Mn、≤0.035%P、≤0.020%S、≤0.50%Ti、≤0.30%Mo。经 1100～1150℃固溶处理和水冷后的力学性能如下：σ_b≥590MPa、$\sigma_{0.2}$≥215MPa、δ_5≥40%、ψ≥55%、A_{kU}≥98J。17Cr18Ni9 钢在固溶态有较高的强度、塑性，韧性和冷加工性均良好，在氧化性酸、大气、水、蒸汽等介质中有较好的耐蚀性。该钢有晶间腐蚀倾向，在有晶间腐蚀产生的条件下，不适于用做焊接结构材料。17Cr18Ni9 钢主要用于具有强度要求的结构件，如设备的外壳、紧固件等，但应避免在产生应力腐蚀、孔蚀和缝隙腐蚀的条件下使用。

17Cr18Ni9、12Cr18Ni9、06Cr19Ni10 三种钢比较，耐蚀性依次变好，强度依次降低。

Y12Cr18Ni9 和 Y12Cr18Ni9Se 是两种易切削铬镍奥氏体不锈钢。前者通过调整钢中的硫、磷含量，后者除调整钢的硫、磷含量外还加入硒，以改善钢的切削加工性能，钢的其他性能仍保留 12Cr18Ni9 钢的特点。在干燥和大多数中等腐蚀环境中，这两种钢的耐蚀性相当于 12Cr18Ni9 钢，在严苛腐蚀介质中，其耐蚀性不如 12Cr18Ni9 钢。这两种钢同 12Cr18Ni9 钢一样，不耐敏化态晶间腐蚀。这两种钢的冷成形性能不如 12Cr18Ni9 钢，一般不推荐冷成形操作。

Y12Cr18Ni9 和 Y12Cr18Ni9Se 钢的切削性能优于 12Cr18Ni9 钢，易断削且表面光洁。这两种钢主要用于干燥和中等腐蚀环境下，对耐蚀性要求不高，无磁，但对切削加工性能要求较高的部件，如办公器械复印机的滚子、导辊、轴类等。

022Cr19Ni10 钢是在 06Cr19Ni10 钢的基础上，通过降低碳含量和稍许提高镍含量而开发出的超低碳奥氏体不锈钢，可以有效地解决 06Cr18Ni10 钢在一些条件下严重的晶间腐蚀倾向。在 AOD 和 VOD 工艺成功地应用于生产后，这种钢开始得到广泛的应用。022Cr19Ni10 钢与 06Cr19Ni10 钢比较，其强度稍低，但其敏化态耐晶间腐蚀能力显著优于 06Cr19Ni10 钢，其他性能与之相同。该钢固溶态及冷变形 H1/4 和 H1/2 状态的力学性能见表 9.12、表 9.34 及表 9.35。冷加工变形使 06Cr19Ni10 钢的强度明显提高，但其提高幅度不如 12Cr17Ni7 钢。表 9.40 为 022Cr19Ni10 钢在不同温度下的力学性能。

表 9.40　022Cr19Ni10 钢的高温和低温的力学性能[26]

试验温度/℃	σ_b/MPa	$\sigma_{0.2}$/MPa	δ/%	ψ/%	A_{kU}/J
538	353	82	45	67	—
426	392	96	48	68	—
200	412	118	52	75	—
0	903	274	65	75	208
−20	996	245	56	67	198
−100	1307	227	43	69	172
−196	1641	236	38	67	172

注：热处理工艺为 1050℃水冷。

022Cr19Ni10 钢常用于制造耐酸介质腐蚀的各种设备、容器、管道和构件，主要用于需焊接而焊接后又不能进行固溶处理的耐蚀设备和部件。

07Cr19Ni10 钢和与前面所述 06Cr19Ni10 钢的力学性能、工艺性能和耐蚀性基本相同。

06Cr18Ni9Cu3 钢是在 06Cr19Ni10 钢基础上，为改进其冷成形性能而发展的不锈钢。铜的加入使钢的冷作硬化倾向小，冷作硬化率降低，可以在较小的成形力下获得最大的冷变形，主要用于制作冷镦紧固件、深拉深件等冷成形的部件。

06Cr18Ni9Cu3 钢的耐蚀性与 06Cr19Ni10 钢相近，在湿气、盐雾及海洋大气中抗锈性均很好；在酸性介质中，耐氧化性酸的腐蚀，在还原性酸中耐蚀性不良，但优于 06Cr19Ni10 钢。

3) 10Cr18Ni12，06Cr23Ni13，06Cr25Ni20

10Cr18Ni12 钢是在 12Cr18Ni9 钢的基础上，提高其镍含量而发展起来的钢种，由于镍含量的提高，奥氏体更加稳定，其 M_{d30} 降到远低于室温。该钢在经受较大冷变形后，不会或基本不发生马氏体转变，所以加工硬化倾向较小，材料的透磁率变化很小。该钢固溶态的力学性能见表 9.12。图 9.75 为该钢经不同冷变形后的力学性能。该钢的冷成形性能优良，加工硬化速率低，可实施成形条件比较苛刻、形状复杂的产品的冷成形操作，适用于冷镦、深冲、旋压等冷成形加工，可以减少中间软化退火的次数。

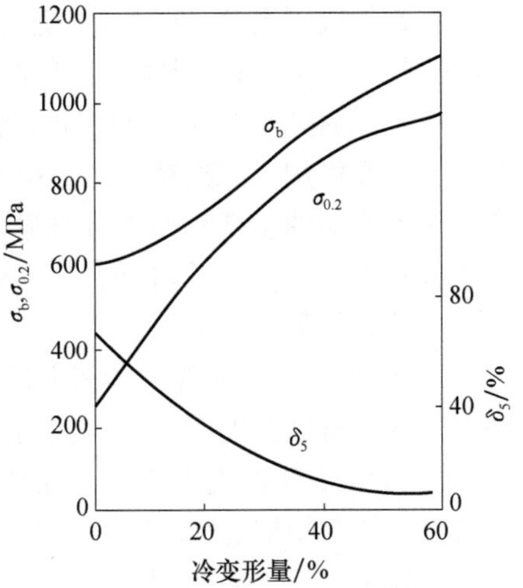

图 9.75　10Cr18Ni12 钢的冷作硬化性能[4]

化学成分：0.069%C、0.94%Mn、0.52%Si、17.19%Cr、11.65%Ni

10Cr18Ni12 钢的焊接性能优良。由于钢的碳含量较高，不耐敏化态的晶间腐蚀，为提高其耐晶间腐蚀性能，焊后应进行固溶处理。该钢的耐均匀腐蚀性能与 12Cr18Ni9 钢相当。

10Cr18Ni12 钢主要用于弱腐蚀环境中的紧固件和深冲件等，亦可用于冷成形后要求无磁或低磁部件。

06Cr23Ni13 钢是高铬镍奥氏体钢，其耐蚀性、耐热性均优于 06Cr19Ni10 钢，可用做耐蚀部件，但大多做耐热钢使用。由于钢中铬含量高，具有在 900～1000℃温度下的抗氧化能力。该钢在室温下的力学性能与 18Cr-8Ni 奥氏体不锈钢相近(表 9.10)。在温度区间 550～750℃长时间保温会发生 $\gamma \to \alpha \to \sigma$ 的转变而变脆[16]。

06Cr25Ni20 钢是一种高铬镍奥氏体钢，在氧化性介质中具有良好的高温性能，抗氧化性能比 06Cr23Ni13 钢好。该钢耐点蚀和耐应力腐蚀性能优于 18Cr-8Ni 奥氏体不锈钢，适用于浓硝酸中耐蚀部件，但大多做耐热钢使用。

4) 06Cr19Ni10N，022Cr19Ni10N，06Cr18Ni11Ti，07Cr19Ni11Ti，06Cr18Ni11Nb，07Cr18Ni11Nb,06Cr19Ni9NbN

06Cr19Ni10N 和 022Cr19Ni10N 钢均是在其各自不含氮的钢的基础上发展起来的，保留了各自相应不含氮钢种的耐蚀性能特点。氮的加入提高了强度和加工硬化倾向，而塑韧性仍维持在高的水平。氮的加入还改善了某些方面的耐蚀性，特别是耐点蚀、缝隙腐蚀和晶间腐蚀性能。

06Cr19Ni10N 和 022Cr19Ni10N 钢固溶态及冷变形 H1/4 和 H1/2 状态的力学性能见表 9.12、表 9.34 及表 9.35。图 9.74 所示为冷变形对 06Cr19Ni10N 钢力学性能的影响，并与不含氮的 06Cr19Ni10 钢进行对比。适宜的固溶处理温度为 1010～1120℃，水冷，细、薄件可以空冷，焊接性能与相应的不含氮钢一样良好。022Cr19Ni10N 钢焊后无须热处理。06Cr19Ni10N 钢由于碳含量较高，在经过焊接或在 450～900℃加热后，会出现铬碳化物沿晶界的沉淀，其耐蚀性特别是耐晶间腐蚀性能将明显下降。因此，对于经受敏化的材料应再经固溶处理以恢复其耐蚀性。对于焊接设备和构件，推荐采用超低碳的 022Cr19Ni10N 钢。

06Cr19Ni10N 和 022Cr19Ni10N 钢的热加工性良好，与不含氮钢相比，变形抗力稍大；各种冷成形加工容易进行，与不含氮钢基本相同，只是变形抗力稍大。以冷加工态供应产品的消除应力退火工艺为 250～450℃加热，保温 2～4h。这类含氮钢可应用于各相应不含氮钢的应用场合，同时可承受更重的负荷，因此可减少材料消耗。

06Cr18Ni11Ti 钢是用钛稳定化的奥氏体不锈钢。在不锈钢工业应用初期，为解决 18Cr-8Ni 奥氏体不锈钢的晶间腐蚀问题，发展了钛稳定化奥氏体不锈钢，并在工业应用上发挥了重要作用。二次精炼工艺引入不锈钢后，超低碳不锈钢的生产已变得容易，因而钛稳定化不锈钢的生产和使用日益缩减。06Cr18Ni11Ti 钢具有良好的高温性能，加之对该钢已有长期的使用经验，目前，在高温和在一些特定的环境中(抗氢腐蚀)及在需要稳定化热处理的条件下仍在使用。

06Cr18Ni11Ti 钢在各种状态下都能保持稳定的奥氏体组织，冷热加工性能和焊接性良好。该钢具有良好的耐蚀性和较高的抗晶间腐蚀能力。

06Cr18Ni11Ti 钢用于化工、石油化工和核工业的耐腐蚀部件和高温焊接构件，如反应器、管道、热交换器、大型锅炉过热器、再热器蒸汽管道等。

06Cr18Ni11Nb 钢含有稳定化元素铌，其耐晶间腐蚀和耐连多硫酸这类强酸的晶间应力腐蚀性能良好，在酸、碱、盐等腐蚀介质中的耐蚀性能基本与 06Cr18Ni11Ti 钢相同。06Cr18Ni11Nb 钢广泛用于石油化工、合成纤维、食品、造纸等工业，还可作为热强钢使用。由于铌较钛不易烧损，该钢多用做焊接铬镍奥氏体不锈钢的焊芯。

07Cr19Ni11Ti 和 07Cr18Ni11Nb 钢与 06Cr18Ni11Ti 和 06Cr18Ni11Nb 钢相比，其碳含量由不大于 0.08%调整为 0.04%～0.10%。这两种钢有良好耐高温性能，可用于锅炉行业，见 10.2.1.3 节和表 10.23。

06Cr19Ni9NbN 钢是在 06Cr18Ni11Nb 钢的基础上添加氮而发展成的钢种，添加了氮可显著提高钢的强度，减小使用材料的厚度，减轻零部件重量，可用于制造要求高强度且耐晶间腐蚀的焊接设备和结构件。

5） 06Cr17Ni12Mo2（316），022Cr17Ni12Mo2（316L），07Cr17Ni12Mo2（316H），06Cr19Ni13Mo3，022Cr19Ni13Mo3

06Cr17Ni12Mo2 和 022Cr17Ni12Mo2 是常用的奥氏体不锈钢，具有良好的强度、塑性、韧性和冷成形性能及良好的低温性能。这两种钢的固溶态及冷变形 H1/4 和 H1/2 状态的力学性能见表 9.12、表 9.34 及表 9.35。图 9.76 为 06Cr17Ni1Mo2 钢的冷作硬化性能。

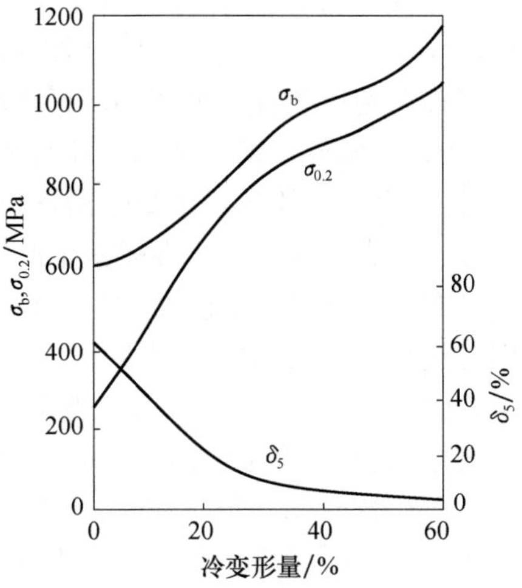

图 9.76　06Cr17Ni1Mo2 钢的冷作硬化性能[4]

化学成分：0.051%C、1.65%Mn、17.33%Cr、13.79%Ni、2.02%Mo

06Cr17Ni12Mo2 和 022Cr17Ni12Mo2 钢是在 18Cr-8Ni 奥氏体不锈钢的基础上加入了 2%Mo，获得了良好的耐还原性介质腐蚀和耐点蚀的能力，在各种有机酸、无机酸、碱、盐类（如亚硫酸、硫酸、磷酸、甲酸、卤素盐等），以及海水中均具有适宜的耐蚀性。这两种钢在还原性酸性介质中的耐蚀性远优于 06Cr19Ni10 钢和 022Cr19Ni10 钢。

06Cr17Ni12Mo2 和 022Cr17Ni12Mo2 钢是制造合成纤维、石油化工、纺织、化肥、造纸、印染及原子能等工业用设备的重要耐蚀材料。这两种钢均具有良好的热加工性能，钢的热塑性良好，过热敏感性低。由于钢中钼含量较高，其变形抗力较 18Cr-8Ni 奥氏体不锈钢明显提高。这两种钢的冷加工性能亦良好，可进行冷轧、冷拔、深冲、弯曲等冷加工和成形工艺，焊接性能良好。为保持良好的耐晶间腐蚀性能，焊后应进行固溶处理，若不允许热处理，应选用超低碳的 022Cr17Ni12Mo2 钢。

07Cr17Ni12Mo2 与 06Cr17Ni12Mo2 钢相比，其碳含量由不大于 0.08%调整为 0.04%～0.10%。该钢耐高温性能良好，见表 10.24。07Cr17Ni12Mo2 钢用于制作加热釜、锅炉、硬质合金传送带等。

06Cr19Ni13Mo3 和 022Cr19Ni13Mo3 两种钢的钼含量分别较上述 06Cr17-Ni12Mo2 和 022Cr17Ni12Mo2 钢提高约 1%。因此它们在稀硫酸、磷酸、乙酸、甲酸中的耐蚀性得到提高，在氯化物中的耐点蚀性能亦得到改善。022Cr19Ni13Mo3 钢是超低碳型奥氏体不锈钢，耐晶间腐蚀性能优异，适于制作焊接部件。

06Cr19Ni13Mo3 和 022Cr19Ni13Mo3 钢经固溶处理后的力学性能见表 9.11 和表 9.12。这些钢的冷加工性能良好，适于常规冷轧、冷拔及冷成形操作。

6）06Cr17Ni12Mo2N，022Cr17Ni12Mo2N，022Cr25Ni22Mo2N，06Cr17Ni12Mo2Ti，

06Cr17Ni12Mo2Nb

06Cr17Ni12Mo2N 和 022Cr17Ni12Mo2N 钢分别是在 06Cr17Ni12Mo2 和 022Cr17Ni12Mo2 钢的基础上加氮而开发的,钢中加入氮可提高强度又不降低塑性,可使所用材料的厚度减薄,减轻部件重量。这两种钢保留了原来各相应不含氮钢的耐蚀性特点,并进一步改善了在某些方面的耐蚀性,特别是耐点蚀性、耐缝隙腐蚀和耐晶间腐蚀性能,可应用在各相应不含氮钢的应用场合。这两种钢经固溶处理后的力学性能见表 9.12,氮的加入可提高强度和加工硬化能力。

06Cr17Ni12Mo2N 和 022Cr17Ni12Mo2N 钢的热加工性能良好,只是热变形抗力稍大。各种冷加工也容易进行,除变形抗力稍大外,冷加工性能与不含氮钢基本相同,焊接性能与相应的不含氮钢一样良好,022Cr17Ni12Mo2N 钢焊后不需进行热处理。对于在强腐蚀环境下使用的焊接件,不推荐采用 06Cr17Ni12Mo2N 钢。

022Cr25Ni22Mo2N 钢是针对尿素生产过程中的腐蚀问题而开发出的耐蚀结构材料,是完全奥氏体超低碳型不锈钢,具有良好的组织稳定性和良好的耐均匀腐蚀性、耐点蚀和耐应力腐蚀性能。在尿素生产中的实际腐蚀介质中,该钢的耐蚀性远优于其他钢种,现已在二氧化碳气提法尿素生产高压设备中普遍使用,还可用于制造乙酸、硫酸生产中使用的热交换器、容器、管道等。

生产 022Cr25Ni22Mo2N 钢时,要控制好各元素的含量,以获得铁素体含量极低的纯奥氏体组织,要严格控制钢中 Si、S、P 等杂质含量,以获得优良的工艺性和耐蚀性。

022Cr25Ni22Mo2N 钢的热加工性能良好,但较常规奥氏体不锈钢困难,其冷加工的性能良好,可进行冷轧、拔及其他冷成形工艺加工,固溶处理温度为 1060～1150℃,水冷。该钢冷轧钢板、钢带经固溶处理后的力学性能见表 9.12。该钢在尿素汽提塔中的使用温度约为 200℃。

022Cr25Ni22Mo2N 钢最重要的耐蚀特性是具有远较常用的 022Cr17Ni12Mo2 钢高的钝化能力,在处于苛刻的还原条件下(当氨基甲酸铵溶液中需要维持钢在钝态的氧含量很低时),其钝化膜依然存在,保证了钢的良好耐蚀性。该钢可通过常用的晶间腐蚀标准试验方法进行检验。该钢焊接时热裂倾向较大,应选择适宜的焊接材料,可达到圆满的焊接效果。

06Cr17Ni12Mo2Ti 钢是为解决 06Cr17Ni12Mo2 钢的晶间腐蚀而发展起来的钢种。钛的添加提高了该钢的耐晶间腐蚀性能,其他性能与 06Cr17Ni12Mo2 钢相近,适于制造焊接部件。该钢经固溶处理和冷变形 H1/4 和 H1/2 状态的力学性能见表 9.12,以及表 9.34 及表 9.35 中的 06Cr17Ni12Mo2。该钢固溶处理后的冷却方式多采用水冷,小截面尺寸可采用空冷。该钢易于热加工,冷加工性能良好,工艺特点与相应不含钛的钢相同。

06Cr17Ni12Mo2Ti 钢的应用领域与 06Cr17Ni12Mo2 钢相同,已成功地应用于接触还原性介质的化工设备、管线、泵阀门等。

06Cr17Ni12Mo2Nb 钢是在 06Cr17Ni12Mo2 钢的基础上加入适量的铌而发展起来的钢种,从而具有良好的耐晶间腐蚀性,可用于制造化工设备的焊接部件。该钢经固溶处理后的力学性能见表 9.12。该钢的焊接性能良好,焊后不需热处理,在酸、碱、盐等溶液中有良好的耐蚀性。

7) 03Cr18Ni16Mo5,022Cr19Ni16Mo5N,022Cr19Ni13Mo4N

03Cr18Ni16Mo5 钢是一种高钼的铬镍奥氏体不锈钢,其耐蚀性优于 022Cr17-Ni12Mo2、06Cr17Ni12Mo2Ti 等钢,在硫酸、甲酸、磷酸、乙酸和一些有机酸及海水介质中要比一般含 2%～4%Mo 的铬镍奥氏体不锈钢更好。该钢主要用于处理含氯离子溶液的换热器、乙酸设备、磷酸设备、漂白装置等。

022Cr19Ni16Mo5N 和 022Cr19Ni13Mo4N 钢均为超低碳含氮的高钼铬镍奥氏体不锈钢。由于氮的加入,这两种钢的耐点蚀性能进一步提高。这两种钢经固溶处理后的力学性能见表 9.12。

8) 06Cr18Ni12Mo2Cu2,022Cr18Ni14Mo2Cu2,015Cr21Ni26Mo5Cu2

铜在奥氏体不锈钢中的作用在 9.5.2 节中已有论述。

06Cr18Ni12Mo2Cu2 钢在 06Cr17Ni12Mo2 钢中加入了 2%Cu,可提高其对稀酸,特别是稀硫酸的抗蚀能力,其耐蚀性、耐点蚀性好。该钢主要用于制造耐稀硫酸、磷酸等腐蚀的设备和零部件。

06Cr18Ni12Mo2Cu2 钢经固溶处理后的力学性能见表 9.12。该钢的焊接性能良好,可用做焊接结构件和管道、容器等。

022Cr18Ni14Mo2Cu2 钢是一种超低碳奥氏体不锈钢,其耐晶间腐蚀的性能优于 06Cr18Ni12Mo2Cu2 钢,在硫酸、磷酸及有机酸等介质中有良好的耐蚀性和耐晶间腐蚀性,尤其在稀、中等浓度的硫酸介质中有较高的耐蚀性,是制造化工、化肥、化纤设备的重要耐蚀材料,可用做焊接结构件和管道、容器等。

015Cr21Ni26Mo5Cu2 钢是一种含碳极低的高钼加铜高铬镍奥氏体不锈钢。该钢全面耐硫酸、磷酸、乙酸等腐蚀,又可解决氯化物点蚀、缝隙腐蚀和应力腐蚀问题。该钢主要用于石油、化工、化肥,以及海洋开发的塔、槽、管、换热器等。该钢经固溶处理后的力学性能见表 9.12。

9) 12Cr17Mn6Ni5N,12Cr18Mn8Ni5N

这两种钢均属于节镍奥氏体不锈钢。12Cr17Mn6Ni5N 钢是用锰和氮代替 12Cr17Ni7 钢中的部分镍而形成的一种新的牌号。该钢的许多性能都与 12Cr17Ni7 钢相近,在多种场合可以替代 12Cr17Ni7 钢使用。该钢在固溶态无磁性,冷加工后有轻微的磁性,在固溶态时其屈服强度高于 12Cr17Ni7 钢,但在冷加工后具有与 12Cr17Ni7 钢相似的形变硬化率,可以通过适度的冷加工获得高的强度,同时又具有良好的塑性,包括低温塑性。该钢可用轧制、拉拔、弯曲等方式加工,不同程度冷变形后的力学性能与 12Cr17Ni7 钢相近,其焊接性能不如 06Cr19Ni10 钢。该钢在绝大多数介质中可替代 12Cr17Ni7 钢,主要用于制造铁道车辆及零部件、旅馆设备、水池等。

12Cr18Mn8Ni5N 钢以锰和氮代替 12Cr18Ni9 钢中的部分镍,是典型的 Cr-Mn-Ni-N 型奥氏体不锈钢。该钢具有良好的力学性能和耐蚀性,其室温屈服强度高于 12Cr18Ni9 钢,在 800℃温度下具有很好的抗氧化性,且保持了较高的强度。该钢冷作硬化倾向与 12Cr18Ni9 钢相近,冷冲压性能不如 12Cr18Ni9 钢。该钢可用来制作较低温度下稀硝酸中工作的化工设备,如稀硝酸地下储槽、硝铵真空蒸发器等。该钢的可焊性良好,但有晶间腐蚀倾向,在腐蚀环境中用做焊接部件要注意有无晶间腐蚀发生。

10) 12Cr18Ni9Si3,05Cr19Ni10Si2CeN,06Cr18Ni13Si4

这三种钢硅含量均比较高,硅在奥氏体不锈钢中的作用在 9.5.2 节中已有论述。我国在 20 世纪 60 年代末,开始发展耐浓硝酸腐蚀用的高硅奥氏体不锈钢,已得到广泛的推广应用。

12Cr18Ni9Si3 钢的耐蚀性同 12Cr18Ni9 钢,具有更好的抗氧化性能,在 900℃以下与 06Cr25Ni20 钢具有相同的耐氧化性和强度,可用于汽车排气净化装置等高温装置。

05Cr19Ni10Si2CeN 钢是在 07Cr19Ni10 钢的基础上添加氮、硅和微量稀土元素铈而研制成的。该钢的强度和加工硬化倾向有所提高,但塑性不降低,同时还改善了钢的耐点蚀、耐晶间腐蚀性能,可承受更重的载荷,用于制造具有较高强度要求又有耐蚀要求的结构件和零部件。

06Cr18Ni13Si4 钢是在 06Cr18Ni9 钢的基础上增加镍,添加硅而研制成的,可提高钢的耐应力腐蚀断裂性能。该钢耐浓硝酸、耐高浓度氯化物腐蚀性能好,具有与 06Cr25Ni20 钢相当的抗氧化性,应用于含氯离子环境的设备,如汽车排气净化装置。

上述三种钢的固溶处理温度均为 1010～1150℃,快冷。12Cr18Ni9Si3 和 05Cr19Ni10Si2CeN 钢经固溶处理后的力学性能见表 9.12。

9.5.4.2 超级奥氏体不锈钢

超级奥氏体不锈钢的出现主要是为了解决普通(通用)不锈钢的耐蚀性,特别是耐点蚀、耐缝隙腐蚀和耐应力腐蚀以及强度等偏低,无法满足客观需求而问世的。超级奥氏体不锈钢是指根据经验公式,钢的耐点蚀性指数 PREN($w_{C}+3.3w_{Mo}+16w_{N}$)≥40 的那些牌号。

对 1962～1997 年间不锈钢大量腐蚀破坏形态的统计,表明全面腐蚀和晶间腐蚀已大量减少,应力腐蚀、点蚀、缝隙腐蚀和腐蚀疲劳等局部腐蚀在腐蚀破坏中仍占有相当高的比例。通过研究,人们了解到提高奥氏体不锈钢中的 Ni 含量可以显著提高钢的耐应力腐蚀的性能;提高 Cr、Mo 含量可以显著提高耐点蚀和耐缝隙腐蚀的性能,而钢的应力腐蚀和腐蚀疲劳又常以点蚀和缝隙腐蚀为起源。1997 年起,N 作为重要合金元素在不锈钢中的广泛应用为超级奥氏体不锈钢的出现创造了条件。表 9.41 为国外开发的几种重要的超级奥氏体不锈钢的牌号及其化学成分。

表 9.41 国外一些超级奥氏体型不锈钢的牌号和化学成分 (单位:%)

商品牌号	相应国内牌号	C	Si	Mn	P	S	Cr	Ni	Mo	其他
254 SMO	015Cr20Ni18-Mo6CuN	0.02	0.80	1.00	0.03	0.01	19.50～20.50	17.50～18.50	6～7	0.5～1.0Cu 0.15～0.25N
AL-6XN	022Cr21-Ni25Mo7N	0.03	1.0	1.0	0.04	0.03	20～22	23.5～25.5	6～7	0.75Cu 0.18～0.25N
Cronifer-1925hMo, 25-6Mo	015Cr20Ni25-Mo6CuN	0.02	0.5	2.0	0.03	0.01	19～21	24～26	6～7	0.5～1.5Cu 0.15～0.25N
NIROSTA	022Cr24Ni17Mo5-Mn6NbN	0.03	1.0	3.5～6.5	0.03	0.01	23～25	16～18	3.5～5.5	0.4～0.6N 0.10Nb

续表

商品牌号	相应国内牌号	C	Si	Mn	P	S	Cr	Ni	Mo	其他
654 SMO	015Cr24Ni22Mo8-Mn3CuN	0.02	0.50	2～4	0.03	0.005	24～25	21～23	7～8	0.45～0.55Cu 0.45～0.55N
Incoloy27-7Mo	—	0.02	0.5	3.0	0.03	0.01	20.5～23	26～28	6.5～8.0	0.5～1.5Cu 0.3～0.4N
UR B66	—	0.02	—	2～4	—	—	23～25	21～24	5.2～6.2	1.0～2.5Cu 0.35～0.60N 1.5～2.5W
UR SB8	—	0.02	—	—	—	—	24～26	24～26	4.7～5.7	1.6～2.0Cu 0.17～0.25N

注：表中所列化学成分除表明范围，其余均为最大值。前面的 5 个牌号已列入 GB/T 3280—2015，见表 9.9，个别牌号的化学成分稍有差异。

1) 015Cr20Ni18Mo6CuN(254 SMO)[27]

254 SMO 钢系 1976 年瑞典开发的一种超级奥氏体不锈钢，该钢被纳入 GB/T 3280—2015，牌号为 015Cr20Ni18Mo6CuN。015Cr20Ni18Mo6CuN 钢不仅在还原性介质中具有良好的耐全面腐蚀性能，而且在含氯化物介质中也有优良的耐点蚀、耐缝隙腐蚀的性能，在一些含氯离子的溶液中具有耐应力腐蚀性能。该钢的 $PREN_{16}=43$。由于氮的强化作用，也使该钢的强度高于一般的铬镍奥氏体不锈钢，因而得到比较广泛的应用。该钢经固溶处理后的室温力学性能：$R_m \geqslant 650$MPa、$R_{p0.2} \geqslant 300$MPa、$A \geqslant 35\%$、HB≤210、$a_k \geqslant 120$ J/cm^2。

015Cr20Ni18Mo6CuN 钢在固溶态为单一的奥氏体组织，但受热履历的影响，由于钢中的碳含量很低，在冷却过程中会析出金属间化合物(σ 相、χ 相等)和 Cr_2N，其最敏感的析出温度为 800～900℃，敏感度较高，因此在该钢热加工、热成形和焊接时要采取适当措施防止金属间化合物的沉淀。

015Cr20Ni18Mo6CuN 钢的冷热加工性能较好，适宜的热加工温度为 1000～1150℃。该钢的冷作硬化倾向较强，但不影响其冷加工性和冷成形性，变形量大时需及时进行中间软化处理。该钢的焊接性能良好，不需焊前预热和焊后热处理。

015Cr20Ni18Mo6CuN 钢主要用于耐海水腐蚀的设备和构件、纸浆和造纸工业中的漂白装置、烟气脱硫的结构件、处理和输送含卤化物介质的容器和管线及炼油装置等。

2) 022Cr21Ni25Mo7N(AL-6XN)[27]

AL-6XN 是美国 AL 公司开发的一种超级奥氏体不锈钢，该钢被纳入 GB/T 3280—2015，牌号为 022Cr21Ni25Mo7N。

022Cr21Ni25Mo7N 钢的在固溶态具有单一的奥氏体组织，但若温度高于 540℃，则会有碳、氮化合物和 σ 相等相的析出，若 Cr、Mo 含量处于化学成分的上限，会对析出更为敏感。该钢的室温强度较 015Cr20Ni18Mo6CuN 钢稍高(表 9.12)，其高温力学性能在同类钢中也是比较高的。该钢允许的最高使用温度为 427℃，在稍高于此温度时效 100 年以后其冲击功仍可达到不小于 150J 的标准要求。

022Cr21Ni25Mo7N 钢的冷、热加工性能良好，焊接性能也比较好，常用做热交换器用管。

022Cr21Ni25Mo7N 钢在许多酸性介质中具有良好的耐全面腐蚀性能，在许多种含氯离子的介质中耐点蚀、缝隙腐蚀和抗应力腐蚀的性能也很好。该钢的 $PREN_{16}=41$。自 20 世纪 70 年代以来，该钢已大量用于海水冷凝器中低的薄壁管，使用性能良好。该钢还可用于造纸和热电厂，以及海上采油平台耐氯化物局部腐蚀的重要设备、管线。该钢在化工、石油工业中可用于耐腐蚀的工作温度不大于 425℃的压力容器设备。

美国 AL 公司还开发了一种 AL-6XN plus 钢，即将 AL-6XN 钢的碳含量控制在不大于 0.02%，将 Cr、Ni、Mo 及 N 含量控制在上限，因此一般不认为 AL-6XN plus 是一种新牌号。

3) 015Cr20Ni25Mo6CuN(Cronifer-1925hMo)[27]

015Cr20Ni25Mo6CuN 钢具有高强度和高耐蚀性的特点，特别是既耐氧化性酸又耐还原性酸的全面腐蚀，在含氯化物介质中还耐点蚀、缝隙腐蚀和应力腐蚀等局部腐蚀。该钢的组织稳定性较高，冷热加工性和焊接性亦优良，文献中也常称之为 926 合金。

015Cr20Ni25Mo6CuN 钢在固溶态为单一的奥氏体组织，但若热加工、热处理和焊接等工艺掌握不适当时，在 950～850℃停留会有 χ 相等析出，但未见有碳化物和氮化物的存在。该钢的适宜的热处理温度为 1150～1200℃，固溶后急冷(当截面尺寸大于 1.5mm 时)，这是获得高耐蚀性的最基本要求。当截面尺寸小于 1.5mm 时可采用空冷。

015Cr20Ni25Mo6CuN 钢主要用于化工、纸浆造纸的漂白厂、海洋采油平台、海水淡化、海水冷凝器、动力厂的补给水加热器等。

4) 022Cr24Ni17Mo5Mn6NbN(NIROSTA)[27]

022Cr24Ni17Mo5Mn6NbN 钢较早列入我国国家标准 GB/T 20878—2007。该钢有较高的 Mn 含量，可以提高氮在钢中的溶解度，以获得高达 0.4%～0.6%的氮含量。该钢在固溶态具有单一的奥氏体组织。该钢的高氮含量可显著推迟时效(敏化)态钢中金属间相的沉淀，即使经过 900℃×1h 的时效，冲击功仍可高达 100J，因此在该钢生产和使用工艺适当时，不会对其塑性、韧性和耐蚀性等产生不利的影响。

022Cr24Ni17Mo5Mn6NbN 是一种高强度且耐腐蚀的超级奥氏体不锈钢，经过固溶处理后，其力学性能为：$R_m \geqslant 800$MPa、$R_{p0.2} \geqslant 420$MPa、$A \geqslant 30\%$。该钢的 PREN≥50，因而耐点蚀、耐缝隙腐蚀的性能优良。

022Cr24Ni17Mo5Mn6NbN 钢氮含量高，热加工难度较大，一般锻造开坯温度为不高于 1250℃，变形量要合理控制，冷加工无困难，但变形量大时，需要中间热处理，钢的焊接性能良好。

该钢主要用于化工和造纸工业中，特别适合于烟气脱硫装置、海水淡化装置，以及陆上和海上油、气生产和输送装置和管线中使用。

5) 015Cr24Ni22Mo8Mn3CuN(654 SMO)[27]

654 SMO 是瑞典开发的一种超级奥氏体不锈钢，较早列入我国国家标准 GB/T 20878—2007，即 015Cr24Ni22Mo8Mn3CuN 钢。015Cr24Ni22Mo8Mn3CuN 钢通过提高 Mn 含量以提高钢中的氮含量，并与高的 Cr、Ni、Mo 含量相结合使钢的 PREN 达到约 55，高于其他超级不锈钢，因此，具有高的耐蚀性，特别是耐点蚀和耐缝隙腐蚀性能。该钢硫含量要求不高于 0.005%，其目的是防止影响耐蚀性 MnS 夹杂物的形成。该钢固溶态具有单一的奥氏体组织，由于钢中的 Cr、Ni、Mo 的含量都很高，当热加工、热成形、热处理和焊接等工艺不当时，更易于有金属间相和 Cr2N 的析出，损害钢的各种性能。该钢在固溶态有比较高的力学性能（表 9.12），韧性高，室温时冲击功大于 250J，－196℃时仍大于 125J。

015Cr24Ni22Mo8Mn3CuN 钢在许多酸性介质中具有很好的耐全面腐蚀的性能。该钢的耐点蚀和耐缝隙腐蚀的能力也优于其他超级不锈钢，还优于一些耐蚀合金。该钢还具有高的耐应力腐蚀的能力。

015Cr24Ni22Mo8Mn3CuN 钢是超级奥氏体不锈钢中含合金元素最高的牌号之一，因此，钢的高温强度高、热塑性较低、热加工性能相对较差，易出现热裂纹。该钢易于冷加工硬化，一次冷变形量不宜太大，以不大于 15%为宜。该钢焊接性能尚好。

015Cr24Ni22Mo8Mn3CuN 钢多用于化工、海水、造纸工业和烟气脱硫等烟气净化环境中所使用的设备、构件、容器、热交换器和管线等。

6）Incoloy27-7Mo[27]

Incoloy27-7Mo 是美国在 2000 年问世的一种超级奥氏体不锈钢，钢中的镍和氮使之具有稳定的奥氏体结构。由于钢中有高的 Cr、Mo、N 含量使其具有优良的耐点蚀和耐缝隙腐蚀等的优良性能。相比 6%钼超级奥氏体不锈钢，该钢在大多数环境下有更好的抗腐蚀性。在很多环境中，其抗腐蚀性接近甚至超过很多的超合金材料。镍、氮和钼提供了抗还原性环境的能力，同时高的铬含量提供了抗氧化性介质的能力，在混合酸中，尤其是那些含氧化性和还原性酸的介质中表现出很好的性能。该钢中的镍和氮提高了其抗应力腐蚀开裂和抗碱性介质侵蚀的能力，在海水和盐水中具有优异的耐蚀性，在所有浓度（即使到饱和）、沸腾的氯化钠中也能抗应力腐蚀开裂，在控制空气污染系统中可抵御诸如高硫燃烧煤发电站中烟气脱硫设备中所遭遇的腐蚀性介质。

Incoloy27-7Mo 钢以经济的价格提供了独特综合的腐蚀抗力、高强度及易加工性能。该钢的热加工的温度范围为 980～1150℃，固溶处理温度为 1120～ 1175℃。

Incoloy27-7Mo 钢的应用领域包括环保、电力、海洋、化工、纸浆和造纸及油气工业。

7）UR B66[27]

UR B66 于 1994 年问世，是一种高铬、钼、氮含量并含钨、铜的超级奥氏体不锈钢，其 PREN 按化学成分上限和下限控制时，分别约为 59 和 48。由于该钢的化学成分的合理匹配，其力学性能、耐蚀性能和焊接性能及钢的组织稳定性等均处于 6%Mo 型超级奥氏体不锈钢中的较高水平。

UR B66 钢经 1150℃固溶处理后基体为单一的奥氏体组织且无金属间相和碳、氮化合物存在。该钢的组织稳定性可满足厚截面锻件的需要，即使其心部有少量金属间相和碳、氮化合物的析出，其力学性能仍能满足要求。该钢的厚板（12mm）和大尺寸棒材（ϕ235mm）心部的力学性能：$R_m \geqslant 810$MPa、$R_{p0.2} \geqslant 420$MPa、$A \geqslant 80\%$、$KV_2 \geqslant 100$J，冲击韧性对温度的影响也不敏感。该钢大锻件的表层与心部及纵向、切向和径向的力学性能的均匀性也很好，这与该钢采用正确的冶金工艺所获得的高纯净度和组织的高均匀性等有关。

UR B66 钢在氯化物的水溶液，特别是在海水和烟气脱硫的含氯离子介质中均有优异的耐点蚀、耐缝隙腐蚀等性能，可用于这些介质环境中的装置、管线及各种结构件。

9.6　奥氏体-铁素体不锈钢

奥氏体-铁素体不锈钢亦称为双相不锈钢,钢中既含有奥氏体,又含有铁素体,两者要独立存在,且含量较大。一般较少相的含量至少也要达到30%[47]。

双相不锈钢的发展和应用始于20世纪30年代,人们发现含有铁素体和奥氏体的不锈钢,比单一组织的奥氏体钢具有更好的耐晶间腐蚀性能,但由于受当时冶金生产水平的限制,无法解决双相不锈钢两相比例控制和可焊性、热塑性等工艺性能较差等问题,一段时期双相不锈钢的发展缓慢。直到70年代以后,随着冶金技术的进步,双相钢的研究与生产得到了迅速的发展。80年代后期已开发出称之为超级双相不锈钢的钢种,其特点是碳含量很低(0.01%~0.02%)、高钼(约4%)、高氮(约0.3%),铁素体含量40%~50%,具有优良的耐蚀性能。

我国在20世纪70年代中期开始发展双相不锈钢,在GB 1220—84和GB 1220—92中列入了3个钢号。在制定GB/T 20878—2007时,吸收了国内外已开发出的一些性能良好的双相钢不锈钢,共列入了11个钢号。2015年修订的GB/T 4237—2015及GB/T 3280—2015中列入的奥氏体-铁素体不锈钢牌号有17个,其中10个是已列入GB/T 20878—2007的牌号,新添加的有7个,其化学成分及其固溶处理后的力学性能分别见表9.13和表9.15。

9.6.1　双相不锈钢的组织

双相钢中的两相具有适宜的比例时,在性能上具有一系列优点,目前得到广泛应用的$\alpha+\gamma$双相不锈钢,大都含有体积分数约50%的α相和50%的γ相,即两者的比例近于1的钢种居多。因此Cr-Ni或Cr-Ni-Mn双相不锈钢的成分特点是较高的铬含量和较低的镍含量。除碳元素外,其他成分范围为17.5%~28%Cr、3%~12%Ni、0.5%~4%Si、0.5%~6%Mn、0.5%~2.0%Cu、0~0.4%N。还有一些无镍的Cr-Mn-N系双相不锈钢因其冷热加工性能较差已少使用。

双相不锈钢的主要组织特点如下:

1) α相和γ相含量的控制

在双相钢中,α相和γ相含量的控制十分重要,图9.77为不同铁含量的Fe-Cr-Ni合金的变温截面图。随铁含量的增加,α相区和γ相区的形状发生变化,$\alpha/\alpha+\gamma$和$\alpha+\gamma/\gamma$相界变弯,在高温时的α相区逐渐缩小。在低温时$\sigma+\gamma$双相区逐渐扩大。在铁含量为90%时,由于γ相区的扩大,使高温铁素体区与低温铁素体区分割开来。铁含量为70%左右时,由于$\alpha+\gamma/\gamma$相界发生弯曲,在1000℃时,靠近$\alpha+\gamma/\gamma$相界附近的纯奥氏体钢将出现某些铁素体,随着Cr/Ni比例的调整,便可以获得$\alpha+\gamma$双相不锈钢,钢中所含的铬、镍总量使这类钢具有良好的耐蚀性。

$\alpha+\gamma$双相不锈钢与通常的纯铁素体钢和纯奥氏体钢不同,在其加热和冷却过程中,除了α、γ两相含量的变化外,还会产生组织转变,出现二次奥氏体γ_2。在常用的双相不锈钢中,随着成分的变化还会出现碳化物、氮化物及一些金属间化合物。

双相不锈钢的性能,特别是耐应力腐蚀破裂的性能,与其主要的相组成α相和γ相的

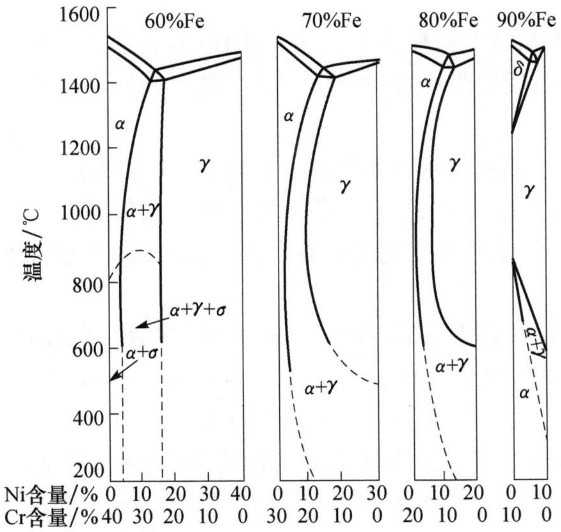

图 9.77 Fe 含量不同的 Fe-Cr-Ni 合金三元状态截面图[4]

平衡比例有着密切的关系，而平衡比例取决于钢的成分和加热温度。双相不锈钢的相平衡一般是根据 Schaeffler 图(图 9.13)或以后的一些改进的组织图确定的。此外，还找出了一些以化学成分和固溶温度为依据计算出奥氏体含量的关系式[51]。

$\alpha+\gamma$ 双相不锈钢中的组织转变有两个特点[51]：一是合金元素在铁素体中的扩散速率远大于其在奥氏体中的扩散速率，如在 700℃附近，铬在铁素体中的扩散速率比在奥氏体中约大 100 倍。二是元素在 α、γ 两相中的分配也有很大的差异。α 相中富集了铁素体形成元素，而 γ 相中富集了奥氏体形成元素，元素在两相中含量的比值称为分配系数。元素在两相间的分配系数示于图 9.78，该分配系数对在固溶状态(1040～1090℃)的大多数双相不锈钢是适用的。但是，分配系数不是恒定的，而是随加热温度的变化而改变。随着固溶温度的升高，元素在两相间的分配逐渐趋于均匀，α 相中的铬、钼、硅含量逐渐降低，镍、铜含量逐渐增高。高温下两相成分相近，说明钢的焊接接头近缝区具有均匀一致的力学性能和具有较好热塑性的原因。与此同时，也必然造成 α 相自身的不稳定，在时效

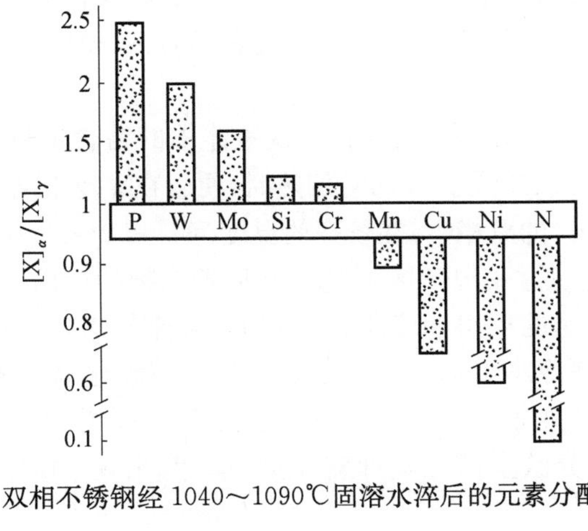

图 9.78 双相不锈钢经 1040～1090℃固溶水淬后的元素分配系数[51,52]

过程中易于分解转变。

由于上述原因,组织转变往往发生在铁素体相中,在奥氏体相中则没有多少变化,而且在铁素体相中的析出反应要比纯奥氏体钢或纯铁素体钢快得多。

2) 二次奥氏体

双相钢中 α 与 γ 两相的比例随加热温度的升高,铁素体含量增加,奥氏体含量减少,加热温度在 1300℃以上时,将出现晶粒粗大的单相铁素体组织,它是不稳定的。在随后快速冷却过程中,铁素体晶界将出现仿晶界型奥氏体,而在空冷时将出现呈魏氏组织形貌的板条状奥氏体。

有时将钢中呈现单一铁素体后,在低于出现单一铁素体的温度下进行时效的过程中重新析出的奥氏体称为二次奥氏体(secondary austenite),可以 γ_2[1]、γ'[53]或 γ_s[54]表示。

二次奥氏体的形成速率与等温保温的温度有关,在 950～1000℃范围内加热数分钟,$\delta\rightarrow\gamma_2$ 转变即可完成,达到平衡状态继续延长时间,转变量不再增加;800℃时需要数十分钟,而在 700℃则需数小时才能完成[53]。

二次奥氏体的形成机制随形成温度的不同而不同[51]:

(1) 25Cr-5Ni 双相不锈钢经 1300℃淬火后,在 1200～650℃时效时,γ_2 以较快的速率析出,优先在位错上形核和长大,在长大阶段 γ_2 与母体 α 相遵循 K-S 关系。在高温下形成的 γ_2 相与周围的 α 相相比有较高的镍含量和较低的铬含量,这种转变属于扩散型转变。

(2) 在低温 300～650℃等温时效时形成的 γ_2 极为细小,具有一些马氏体转变的特征。这种马氏体反应是等温的,自 1300℃高温水淬是得不到的,其成分与 α 相没有什么区别,这种转变属于非扩散型转变,遵循 Nishyama-Wasserman 取向关系:$(110)_\alpha /\!/ (111)_{\gamma_2}$,$[001]_\alpha /\!/ [\bar{1}01]_{\gamma_2}$,$[\bar{1}10]_\alpha /\!/ [\bar{1}2\bar{1}]_{\gamma_2}$[54]。

(3) 在 600～800℃温度范围还可能发生共析反应 $\alpha\rightarrow\sigma+\gamma_2$。反应的初始阶段是在某些 γ/α 相界的 γ 界面析出 $M_{23}C_6$ 型碳化物,并与 γ 相维持一定的取向关系。$M_{23}C_6$ 型碳化物的析出导致其附近的 α 相内铬的损失,促进转变为 γ_2。这一新的 γ_2/α 相界被 $M_{23}C_6$ 型碳化物所钉扎,使相界发生褶皱。在褶皱的结点上,由于 γ_2 相的长大,释放出多余的铬给附近的 α 相为 σ 相的形核创造了条件。因此,$M_{23}C_6$ 型碳化物在 γ_2/α 相界析出对 σ 相的形成很关键。σ 相一旦析出,α 相内的铬被吸收,镍被释放至邻近区,促进了 σ 相附近的贫铬富镍区形成 γ_2 相。这一转变机制可表述为:$\alpha\rightarrow M_{23}C_6+\gamma_2$,$\alpha\rightarrow\sigma+\gamma_2$。

3) 碳化物和氮化物

在双相钢中,奥氏体中的碳含量较高,而铁素体中的铬含量较高,晶界是碳化物析出的有利位置,当双相不锈钢在低于 1050℃加热时,便会在 α/γ 相界上形成碳化物。

含碳较高(≥0.03%)的双相钢,在较高的温度范围 950～1050℃,沿 α/γ 相界可析出 M_7C_3 型碳化物,快冷通过这一温度区可避免这种碳化物的析出。低于 950℃时,则析出 $M_{23}C_6$ 型碳化物。碳化物的析出速率很快,有的双相钢在 800℃时仅需 1min 即可析出 $M_{23}C_6$ 型碳化物,通过快冷难以抑制其析出。$M_{23}C_6$ 型碳化物首先在 α/γ 相界析出,在 α/α 和 γ/γ 晶界也有,而在 α 和 γ 相的内部很少发现。$M_{23}C_6$ 型碳化物长大时需要消耗相邻 α 相区的铬,这部分铁素体区随即转变为 γ_2 相,出现 $M_{23}C_6$ 型碳化物和 γ_2 的聚集区。

在双相不锈钢中出现碳化物沿晶界的析出不像在奥氏体中那样会带来大的危害，尤其是对耐晶间腐蚀性能。含0.03%C的超低碳双相钢中，碳化物的析出量很少，甚至不能分布在所有的晶界上，而超级双相不锈钢的碳含量一般在0.01%～0.02%的范围内，甚至没有任何类型的碳化物析出，可以不必担心碳化物析出带来的危害[1]。

由于现代含氮超级双相不锈钢的发展，对双相不锈钢中氮化物析出的研究显得十分必要[51]。在含氮双相不锈钢中，Cr_2N是氮化物的主要析出形式，其晶体结构为密排六方(表2.7)。022Cr25Ni5Mo3N钢(0.014%C)高温固溶后水淬时，由于铁素体中氮的溶解度低，呈过饱和状态，快速冷却时，Cr_2N在铁素体的晶界和晶内析出。固溶温度升高，析出量增多。

较高温度700～900℃时效时，在α/α和α/γ相界和铁素体晶内都有Cr_2N析出。晶内析出的Cr_2N与基体α相保持一定的取向关系：$\langle 0001\rangle_{Cr_2N}//\langle 011\rangle_\alpha$。$Cr_2N$的成分中还有铁和钼，实际为$M_2N$型氮化物。晶界析出的$Cr_2N$更多的是等轴形貌。氮化物周围的贫铬促进了$\gamma_2$相的形成，$\gamma_2$相贫铬，其铬含量比奥氏体低3%左右，故$\gamma_2$相耐点蚀性能较差。

较低温度400～600℃长时间时效时，在α相内发现成行排列的短片状析出物，惯析面为$(110)_\alpha$，组成为M_2N。

在022Cr22Ni5Mo3N钢的焊接接头的热影响区中还发现有CrN的析出，对钢的韧性和耐蚀性无显著影响。

4) 金属间化合物

双相不锈钢中形成的金属间化合物主要有σ相、χ相、α'相、R相、$Fe_3Cr_3Mo_2Si_2$相和π相等，这些相都是脆性相，对钢的力学性能和耐腐蚀性能都有不利影响，应尽量避免它们的析出。

σ相是双相不锈钢中危害性最大的一种析出相，它硬而脆，可显著降低钢的塑性和韧性；它又富铬，在其周围出现贫铬区，以及它自身的溶解而降低钢的耐蚀性。与高铬铁素体不锈钢不同，在双相不锈钢中由于钼和镍的存在，特别是钼，扩大了σ相的形成温度并缩短了形成时间，σ相可能在高于950℃时存在并可在数分钟内析出。为避免σ相的析出，双相不锈钢，特别是高铬钼的超级双相不锈钢，在固溶处理后要求快冷[51]。

对022Cr25Ni7Mo4N超级双相不锈钢的研究表明，在1060℃固溶处理和850℃×10min时效后，σ相优先在$\alpha/\alpha/\gamma$的交点处形核，然后沿α/α晶界长大，在最后阶段也可沿α/γ相界析出。σ相还可以通过铁素体以共析分解的方式($\alpha\rightarrow\sigma+\gamma_2$)形成。

χ相在双相不锈钢中一般在700～900℃范围内首先沿α/α晶界及α/γ相界析出，析出量比σ相少得多。与σ相相比，它在较低的温度和较窄的温度范围存在。χ相也同样对钢的塑韧性和耐蚀性能有不良影响。χ相常与σ相共存，但所占比例较少。对022Cr19Ni5Mo3Si2N钢的研究表明，经1100℃×1h水淬后，在750～950℃温度范围内发生$\alpha\rightarrow\gamma_2+\sigma(\chi)$转变，$\sigma$和$\chi$相富集铬、钼等元素。转变过程中短时间时效时，$\chi$相为主相，而二者的含量随时效时间的延长而增加，但一定时间时效后χ相含量递减而σ相递增，σ相逐渐成主相。据此，可将χ相视为σ相的亚稳相[51]。

在9.4.1节中述及Fe-Cr合金在铬含量超过15%时，会出现475℃脆性，其原因在于

富铬的 α'相的析出。在双相不锈钢中也同样存在这一现象,但它仅发生在 α 相内,而 α' 相是通过调幅分解产生的,其中的铬含量可在 61%~83%范围内波动。

最早在某些双相不锈钢中观察到的 R 相,是一种高钼的金属间化合物,分子式为 Fe_2Mo。以后在 00Cr18Ni5Mo3Si2 钢中也发现了这种相,分子式为 $Fe_{2.4}Cr_{1.3}MoSi$,其析出温度范围为 550~750℃,在 550℃×10h 时效后,在金属薄膜中可观察到尺寸为长 50nm、宽 15nm、厚小于 5nm 的小片状沉淀相,析出于铁素体晶内,50h 后长大成不规则的颗粒,650℃为其析出峰,此时的析出量最多[55]。R 相也是一个脆性相,对钢的韧性和耐点蚀性能都是有害的[31]。

$Fe_3Cr_3Mo_2Si_2$ 相是在 00Cr18Ni5Mo3Si2 钢中发现的,是一种片状的金属间化合物。00Cr18Ni5Mo3Si2 钢经 980℃固溶处理后,该相的析出温度范围为 450~750℃,往往在 α/γ 相界及 α/α 晶界、亚晶界上析出,有时也会以细针状向晶内衍生,并常与铁素体晶内析出的该相共存,600℃为其析出峰。该相不易长大,其析出会引起钢的脆性[55]。

π 相是一种氮化物,首先在 22Cr-8Ni-3Mo 双相不锈钢的焊缝金属中发现,600℃时效时在 α 相晶内析出 π 相,同时还析出 R 相。π 相的分子式为 $Fe_7Mo_{13}N_4$,并与 α 相保持一定的位向关系。π 相和 R 相的析出引起钢的脆性,富钼的 π 相和 R 相的析出还导致其邻近的 α 相贫钼,降低其耐点蚀的性能[56]。

双相不锈钢中的组织转变主要发生在铁素体相中,其转变动力学可用 TTT 曲线或 CCT、CCP 曲线(连续冷却析出曲线)来阐明这一过程。图 9.79 为 022Cr21-Ni7Mo2.5Cu1.5(法国 Uranus 50)钢的 TTT 曲线。图 9.80 为 022Cr21Ni7Mo4WCuN(英国 Zeron 100)和 022Cr25Ni6.5Mo3.5CuN(法国 UR52N$^+$)两种超级双相不锈钢的 CCT 曲线。可以看出,较高氮含量(约 0.3%N)的超级不锈钢 σ 等相的析出速率要比一般双相不锈钢(含量 0.15%N)显著减缓,远低于 20mm 钢板水淬的速率 10^5℃/h,UR52N$^+$ 钢水淬钢板的极限厚度达 100mm[51]。

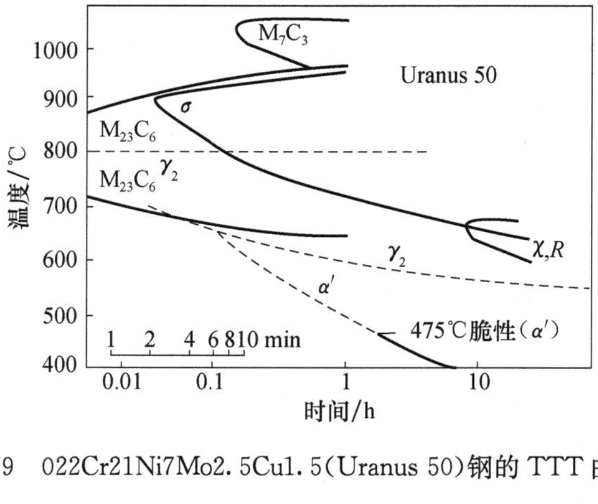

图 9.79　022Cr21Ni7Mo2.5Cu1.5(Uranus 50)钢的 TTT 曲线[1]

9.6.2　双相不锈钢的性能特点

9.6.2.1　力学性能

双相不锈钢是由一定比例的铁素体相和奥氏体相组成的,因此兼有铁素体不锈钢和

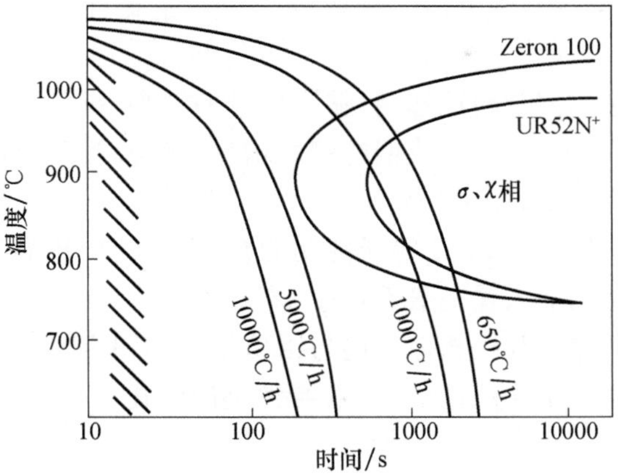

图 9.80 022Cr21Ni7Mo4WCuN(Zeron 100)和 022Cr25Ni6.5Mo3.5CuN(UR52N$^+$)超级双相不锈钢 CCT 曲线[57]

阴影区域为典型 HAZ 的冷却速率

奥氏体不锈钢的力学性能的特征:既有比较高的强度,又有良好的韧性。表 9.42 为三种双相不锈钢力学性能和高铬铁素体不锈钢、奥氏体不锈钢力学性能对比[1,51]。

表 9.42 三种双相不锈钢力学性能和高铬铁素体不锈钢、奥氏体不锈钢力学性能对比[51]

钢种	相当于我国牌号	σ_b/MPa(最小值)	$\sigma_{0.2}$/MPa	δ/%(最小值)	A_k/J
AISI304	06Cr19Ni10	515～690	210	45	>300
AISI430	10Cr17	450	205	20	—
高纯 Cr28MoNi4[1]	—	647	576	26	—
23Cr-4Ni(SAF 2304)	022Cr23Ni4N	600～820	400	25	300
22Cr-5Ni-3Mo(SAF 2205)	022Cr22ni5Mo3N	680～880	450	25	250
25Cr-7Ni-4Mo(SAF 2507)	022Cr25Ni7Mo4N	800～1000	550	25	230

注:SAF 为瑞典商业牌号,SAF 2304 含 0.10%N,SAF 2205 含 0.18%N,SAF 2507 含 0.30%N。

双相不锈钢是通过多种途径得到强化的。两相共存可以阻止晶粒长大,同尺寸钢材的双相不锈钢晶粒只相当于奥氏体不锈钢晶粒的一半,双相不锈钢在获得细晶强化的同时,韧性也增加,因此应控制好热加工工艺以获得晶粒较细的原始组织。铬、镍、钼等元素溶入两相中可以固溶强化,但在两相中的强化程度不同。氮原子以间隙固溶方式主要集中在奥氏体相中,其强化作用较置换方式明显。双相不锈钢还可以通过冷变形方式得到强化。

双相不锈钢具有较好的韧性主要是奥氏体相的贡献。奥氏体能抑制铁素体相中已产生的裂纹继续扩展。碳、氮等间隙元素在奥氏体中的溶解度高,自高温冷却时不易析出碳氮化物,可以抑制晶界脆化。奥氏体可以阻止高温加热时铁素体晶粒的长大。由于铁素体相在双相不锈钢中占有 50%～65%的比例,铁素体钢所固有的各种脆化倾向也都会在双相不锈钢中反映出来。

镍在双相不锈钢中是主要控制相平衡的元素,镍含量过高将使钢中奥氏体含量超过 50%,此时铁素体相中更多地富集铬、钼等促进出现脆性的 σ 相转变的元素,降低钢的韧性。而镍含量过低，又会导致铁素体含量高，同样使钢的韧性下降。双相不锈钢中的镍含量一般控制在4.5%～7.5%。

铬在双相不锈钢中主要起耐蚀作用，随铬含量的提高，钢的耐蚀性提高，但铬含量的提高能加速α'、σ等脆性相的析出，使钢的脆性增加，韧脆转变温度明显升高。在双相不锈钢中铬含量一般控制在18%～28%。

钼在双相不锈钢中促进α'、σ、χ等脆性相的析出，并使析出温度上移，加大钢的脆化倾向和缺口敏感性。钼的加入量一般不超过4%。

钨在双相不锈钢的作用与钼相似。钨与钼相比，能延缓脆性相的析出，降低钢的脆化倾向，但钨含量达4%时，会因析出拉弗斯相导致钢的脆化。双相不锈钢中的钨含量不超过2%。

9.6.2.2 加工性能

1）热加工性能

双相不锈钢的热塑性较差，这是在热加工时奥氏体相和铁素体相的变形行为不同的缘故。在热加工过程中，铁素体晶粒的回复和再结晶过程远较奥氏体中迅速，铁素体的软化过程先于奥氏体相。两相的软化过程不同引起两相间出现不均匀的应力和应变分布，导致相界的裂纹成核和扩展。

图9.81为双相不锈钢的相比例与其高温热塑性关系的示意图[51,53]。图中显示，当α相或γ相的含量超过约20%时，钢的塑性降低，热变形时容易出现裂纹等缺陷。为了保证双相不锈钢在热轧或热锻时有足够的塑性，热加工时的加热温度需保证组织中的奥氏体相含量为8%～10%，在热变形终止温度时奥氏体的含量为25%～30%。

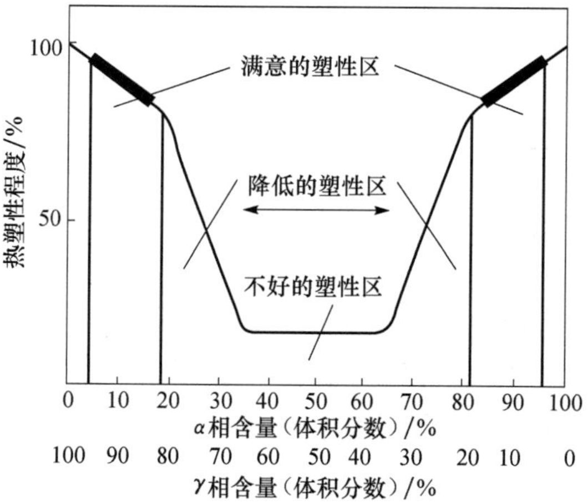

图9.81 α和γ相比例对双相不锈钢高温热塑性的影响示意图[51,53]

我国学者曾以022Cr25Ni6Mo3N双相不锈钢为基础，将钢中镍、氮含量分别在0%～10%和0.08%～0.23%范围内进行调整，研究了α、γ两相比例对钢热塑性的影响[58]。研究结果表明，在低温(900℃)、低α相区和高温、中α相区的热塑性明显低于其他区。因此，对α相含量低的钢(α相含量小于30%)的热加工温度宜选择高一些，热加工终止温度应控制在1000℃以上，而对于α相含量大于40%的钢的热加工温度，宜选择低一些，热加工终止温度范围应控制在900～1000℃。

最近关于SAF 2205(022Cr22Ni5Mo3N)钢高温热变形过程的研究表明，该钢在1100～1200℃进行热加工，加热温度下奥氏体相含量可以控制在10%左右，变形终止时奥氏体相含量可以控制在30%左右，呈现出良好的热塑性，热加工性能较好[59]。

降低双相不锈钢中的硫、氧含量，加入适量的稀土元素、钙等单元素或复合加入可以有效地改善钢的热加工性能[51]。

2) 冷加工性能

两相组织的冷变形较为复杂，第二相的存在造成组织的局部不均匀度，影响变形行为。表9.43为022Cr18Ni5Mo3Si2双相不锈钢与其他不锈钢的冷成形性能对比，可见双相不锈钢的冷成形性较奥氏体不锈钢和铁素体不锈钢要差些。

表9.43 022Cr18Ni5Mo3Si2双相不锈钢与其他不锈钢的冷成形性能对比[51]

钢种	n 值			n 值	r 值			r 值	Δr
	0°	45°	90°		0°	45°	90°		
022Cr18Ni5Mo3Si2	0.162	0.161	0.157	0.160	0.348	0.863	0.419	0.543	−0.479
06Cr19Ni10	0.320	0.330	0.303	0.318	0.953	0.932	0.949	0.945	0.019
019Cr19Mo2NbTi	0.185	0.184	0.179	0.183	1.255	1.235	1.865	1.452	0.325

注：试验钢的C+N含量为0.04%。试样为板条状。n 值的计算根据式(4.68)；r 值的计算根据式(4.65)。

双相不锈钢的屈服强度较高，初始变形时抗力较大，要施以较大的外力才能使其变形。双相不锈钢的横向弯曲性能较差，需要较大的弯心直径(d)，至少 d 不小于 $2a$(a 为板厚)才能通过弯曲试验，这与其较大的各向异性有关。

通过 r 和 Δr 试验说明，双相钢的各向异性显著，轧板组织中 α 与 γ 相呈带状层状组织。双相不锈钢的 r 值比奥氏体钢和铁素体钢低很多，故其冷成形性较差。

9.6.2.3 耐腐蚀性能

经过对双相不锈钢的深入研究之后已认识到，Cr-Ni双相不锈钢在解决奥氏体不锈钢所遇到的局部腐蚀问题方面具有无可比拟的优越性，从而促进了双相不锈钢的快速发展。

1) 点蚀

影响点蚀的因素有材料因素和环境因素，其中以合金元素的影响最为重要。

铬是提高钢的耐蚀性的主要元素，铬含量增至25%时，点蚀电位明显增高，点蚀速率明显下降。但在含氮双相不锈钢中，铬含量增至30%时，耐点蚀能力反而下降，这是由于较多的氮溶于奥氏体，提高了奥氏体的点蚀抗力，致使铁素体相优先溶解。提高铬含量还会加速 $\alpha\rightarrow\sigma+\gamma_2$ 的分解，增加脆化倾向，因此双相不锈钢中的铬含量一般控制在25%以下。

在强氧化性酸和一些还原性介质中，只靠铬的钝化作用尚不足以维持其耐蚀性，还需要添加抑制阳极溶解的元素，如镍、钼、硅等，尤其是钼。在中性氯化物的溶液中，铬与钼的配合能显著提高钢的耐点蚀性能。

钼显著提高双相不锈钢的耐点蚀性能。钼富集在靠近基体的钝化膜中，提高了钝化膜的稳定性，但钼促进一些脆性相 σ、χ 等的析出，尤其当钢中的钼含量在3.5%以上时，影响更为严重。在新一代超级双相不锈钢中含 3%~4%Mo,但由于含有较高的氮及较好的相平衡,延缓了脆性相的析出。

镍在双相不锈钢中的主要作用是控制好组织,选择适当的镍含量,使 α 和 γ 相各占 50%左右。镍含量高于最佳值,γ 相含量大于 50%,α 相中显著富铬,易在 700~950℃转变成 σ 相等,钢的塑韧性下降;如果镍含量低于最佳值,α 相含量高,也会得到低的韧性,固态结晶时 δ 相立即形成,对钢的焊接性不利。

氮在双相不锈钢中的作用日益受到重视,在新一代超级双相不锈钢中都加入氮作为合金元素。许多学者都致力于研究氮的作用机制,并提出了一些通过氮合金化而改善耐点蚀性能的机理,主要有氨形成理论、表面富集理论等[48,51]。

氨形成理论认为,从不锈钢中分解的氮消耗小孔或缝隙溶液中的 H^+,形成 NH_4^+,使初始小孔的 pH 升高,促进小孔再钝化,并检测到钝化膜中存在 NH_4^+ 或者 NH_3。也有学者认为,氮与钼、铬之间存在协同作用,如氮和钼产生游离的 NH_4^+ 和 MoO_4^{2-} 吸附在钝化表面,NH_4^+ 的缓蚀有助于 MoO_4^{2-} 的稳定,并与靠近氧化物和金属界面的镍共同使双相不锈钢的钝化膜保持均一性。

表面富集理论认为,氮会在长时间的钝化期间内,于钝化膜下大量富集,这种富集能阻止或者降低钝化膜破损后基底层的溶解速率。这些富集的氮能与钼或铬发生化学相互作用,防止表面形成高密度电流,避免发生点蚀。

氮对双相不锈钢耐点蚀的影响与其影响合金元素在两相之间的分配有关,氮可使铬、钼元素从铁素体相向奥氏体中转移,钢中的氮含量越高,两相中合金元素之差越小[51]。同时氮在奥氏体中的溶解度远高于在铁素体中,上述原因使奥氏体相的点蚀电位提高,从而提高了整体点蚀电位

锰对双相不锈钢的耐点蚀性能不利,这是由于锰主要与硫结合,形成硫化锰,大多沿晶界分布,成为点蚀敏感点。

铜在双相不锈钢中对点蚀的影响尚有争议。在双相不锈钢锻件中,铜加入量不超过 2%,在铸件中最高不超过 3%,主要是从钢的热塑性和可焊性方面来考虑的。

研究者研究了铜在 Ferralium 255(见 9.6.2.4 节)中的作用,认为铜与溶液中的 Cl^- 反应形成的 $CuCl_2$ 沉积在钝化膜表面 MnS 夹杂处,防止了点蚀的形成[60]。

碳对双相不锈钢的耐点蚀性能是有害的,但随钢中氮含量的增加,碳的不利作用减弱。

综上所述,在氯化物环境中影响点蚀的主要合金元素是铬、钼和氮。研究者为便于描述合金元素与耐点蚀性能之间的关系,建立了数学关系式,提出了点蚀抗力当量值或称耐点蚀指数 PREN(pitting resistance equivalent number),其中最常用的关系式:

$$PREN_{16} = w_{Cr} + 3.3w_{Mo} + 16w_N \tag{9.12}$$

$$PREN_{30} = w_{Cr} + 3.3w_{Mo} + 30w_N \tag{9.13}$$

常使用 16 作为氮的系数,还建立了引入其他元素的数学关系式[51,54]。这些关系式给出了一个快捷的评定点蚀抗力的方法,但是它只考虑铬、钼、氮的作用,而没有考虑组织的不均一性和析出相的影响。有决定性的铬、钼、氮等元素在两相之间的分配并不平衡,这些元素的贫化区必然是抗点蚀的最弱区,易优先遭到腐蚀。因此,应分别计算每一相的 PREN,钢的实际点蚀抗力取决于 PREN 低的相。通过选择合适的固溶温度,使两相获得

相当的 PREN,会使钢具有最佳的耐点蚀性能。高氮的双相不锈钢通过适宜的固溶温度可以使两相的 PREN 相当。例如,022Cr25Ni7Mo4N(SAF 2507)超级双相不锈钢经1075℃固溶处理可取得两相都相近的 PREN,如表 9.44 所示。氮主要集中于奥氏体相中,改善了它的点蚀抗力,同时也提高了整体钢的耐点蚀性能。

表 9.44　022Cr25Ni7Mo4N(SAF 2507)钢中两相的化学成分和耐点蚀指数[51]

相	化学成分/%				$PREN_{16}$
	Cr	Ni	Mo	N	
铁素体	26.5	5.8	4.5	0.06	42.5
奥氏体	23.5	8.2	3.5	0.48	42.5

金属间化合物中以 σ 相对钢的点蚀性能影响最大,少量析出的 σ 相即可恶化钢的耐点蚀性能。非金属夹杂物的组成及其分布对点蚀也有重大影响。关于钢中硫化物夹杂影响的研究指出,FeS、MnS 等一类简单硫化物,在 $FeCl_3$ 溶液中只是自身的化学溶解,溶解后反应即终止,对基体不会带来影响。还有一类是以硫化物为外壳包围着的氧化物,或在氧化物中分布有极微小硫化物质点的复合夹杂物。这些氧化物主要是铝、钙、镁的复合氧化物,硫化物主要是$(Ca,Mn)_xS$或$(Fe,Mn)_xS$。这种复合夹杂物在 $FeCl_3$ 溶液中浸泡很短时间就会在夹杂和基体间产生极窄的缝隙或微小孔洞,继之腐蚀从缝隙处开始向基体金属蔓延,形成稍大的蚀坑,并迅速扩大,在金属表面留下大小不等、肉眼可见的蚀坑。为提高钢的点蚀性能,宜用硅钙取代铝以及降低钢中硫、锰量都是有效办法。

另外,在评价不锈钢耐点蚀性能时,常采用测定其在特定溶液体系(如含侵蚀性 Cl^-)中的临界点蚀温度(critical pitting temperature,CPT)的方法。

2) 缝隙腐蚀

影响缝隙腐蚀的因素除结构设计的合理与否外,主要是环境和材料因素。环境因素,如溶解氧量、介质的流速、温度、pH、破坏钝化膜的 Cl^- 等,都对缝隙腐蚀有影响。材料因素的影响与对点蚀的影响是一致的。

铬、钼对双相不锈钢耐缝隙腐蚀有良好作用,尤其是钼,能显著延缓缝隙腐蚀的引发时间,而铬、镍的影响较小。钨对双相不锈钢耐缝隙腐蚀有良好作用,已开发出含 2%W 的超级双相不锈钢,一般认为钨的有效作用与钼相似。

氮对双相不锈钢耐缝隙腐蚀的良好作用及其机制与对点蚀的影响是一致的。可用 PREN 作为缝隙腐蚀指数,建议采用 30 作为氮的系数(式(9.13))。

碳化物、氮化物和金属间化合物的析出对钢的耐缝隙腐都是有害的。

3) 应力腐蚀

在 9.1.2 节中已简要述及应力腐蚀的机理,这对于双相钢也是适用的,但这些机理都是基于单相材料的试验研究,对于双相不锈钢而言,还有其特性的一面。

图 9.82 为 022Cr21Ni8Mo2.5Cu1.5(Uranus 50)双相不锈钢和与其组织相对应成分的铁素体、奥氏体钢的耐应力腐蚀性能。这三种钢在 44% $MgCl_2$、153℃溶液中恒载荷试验的结果表明,由于某种协同效应使双相不锈钢具有比铁素体和奥氏体不锈钢更好的应力腐蚀抗力,同时观察到奥氏体比铁素体的电位高约 10mV,铁素体对奥氏体起阴极保护作用,而在高应力下铁素体将失去这种防护作用,奥氏体因阳极溶解而出现裂纹[62]。

基于国内外的一些研究,双相不锈钢具有优良的耐氯化物应力腐蚀性能的原因,可简

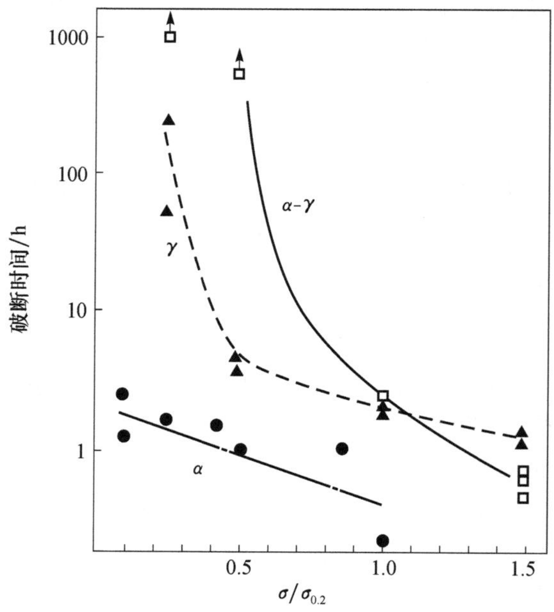

图 9.82　022Cr21Ni8Mo2.5Cu1.5 双相不锈钢和与其组织相对应成分的铁素体、奥氏体钢的耐应力腐蚀性能[51,61]
44%$MgCl_2$,153℃恒载荷试验

单地归结为[63]：

(1) 双相不锈钢的屈服强度较 18Cr-8Ni 奥氏体不锈钢高,在相同应力作用下,较难产生粗大的滑移,表面膜不易破裂,应力腐蚀裂纹难以形成。

(2) 在中性含 Cl^- 介质中,18Cr-8Ni 奥氏体不锈钢的应力断裂多以点蚀为起点,而双相不锈钢由于其成分和组织的特点,耐点蚀性能优于 18Cr-8Ni 奥氏体不锈钢,点蚀不易形成,而一旦形成,由于第二相(α 或 γ)的屏障作用,不易扩展成为应力集中系数较大的尖角形蚀坑。

(3) 双相不锈钢中的第二相(α 或 γ)的存在,对应力腐蚀裂纹的扩展起机械屏障作用,可以阻止裂纹向前发展,或使扩展中的裂纹改变方向,显著延长应力腐蚀裂纹的扩展期。

(4) 双相不锈钢中存在一定数量的铁素体,在介质的作用下,铁素体(阳极)对奥氏体(阴极)起电化学保护作用。在实际事故中观察到 α 相的优先溶解。

此外,双相不锈钢具有较高的耐应力腐蚀性能还有以下原因[64]：

(1) α 相和 γ 相的变形行为不同。在应力作用下,α 相为高应力区,γ 相为低应力区,因而使 γ 相区的应力腐蚀敏感性降低。

(2) 两相的残余应力不同。由于两相的膨胀系数不同,在固溶处理后膨胀系数大的 γ 相收缩量大,因而在 α/γ 相界附近的 γ 相中产生拉应力,而在 α 相产生压应力。一般说来,在残余压应力的情况下,对应力腐蚀有抑制作用。

(3) 当裂纹扩展到 γ 相时,裂纹尖端应力场使 γ 相中的位错排列发生变化,或者使其转变为马氏体,从而使 γ 相的应力耐腐蚀敏感性降低。

双相钢的优良耐应力腐蚀性能受多种因素的影响，如成分、组织、热处理、冷加工以及介质的条件等。了解这些条件如何影响双相不锈钢的耐应力腐蚀性能，对于正确使用双相不锈钢是十分重要的。

(1) 成分。碳的作用是有害的，应尽量控制其含量，在新一代超级双相不锈钢中的碳含量不大于 0.02%。氮在新一代双相不锈钢中已是主要的合金元素，它能提高钢的耐应力腐蚀性能，尤其在以点蚀为起源的氯化物介质中，由于氮能提高钢的耐点蚀性能，其作用更为明显。氮还可改善钢的钝化能力，钼又增强了这一作用，使裂纹源不易形成。含氮 0.09%以上的双相不锈钢较难变形，不易形成较大的滑移台阶，表面膜不易破裂，这都有助于改善其耐应力腐蚀性能[51]。

镍的主要作用是调节钢中两相的比例。

钼能显著提高双相不锈钢在氯化物介质中耐点蚀性能，在以点蚀为起源的应力腐蚀条件下，钢中加入钼是有益的。

(2) 组织，包括相比例的影响、晶粒尺寸、金属间化合物等。为了研究双相不锈钢中两相比例的影响，采用了 21%～23%Cr 的基本成分，加入 1%～10%Ni，以获得不同比例的 α 相和 γ 相，在恒载荷下和 42% $MgCl_2$ 溶液中，进行应力腐蚀性能试验，结果如图 9.83 所示。当钢中 α 相含量为 40%，γ 相含量为 60%时，钢的耐应力腐蚀性能最佳[65]。

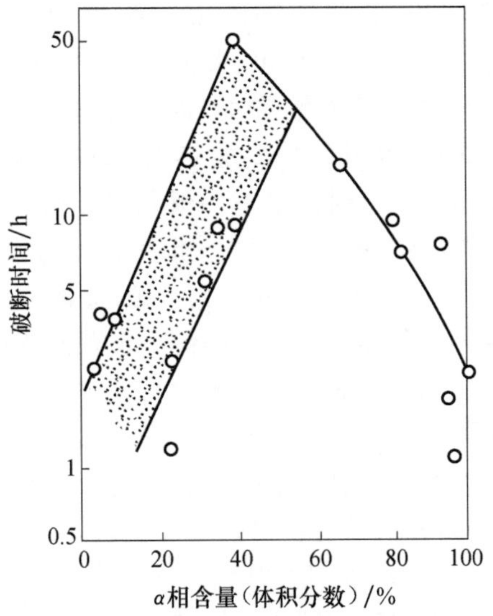

图 9.83 21%～23%Cr-1%～10%Ni 双相不锈钢在 42% $MgCl_2$ 溶液中的腐蚀性能[65]

σ=240MPa

在 600～900℃中温加热，σ 相或 χ 相的析出将增加双相不锈钢对应力腐蚀的敏感性。

随固溶温度的上升，双相不锈钢中的 α 相含量增加，γ 相含量减少，合金元素在两相之间的分配渐趋于均匀。与此同时，晶粒尺寸也会长大。试验表明，随着晶粒尺寸的长大，钢的应力腐蚀敏感性也随之增加。

(3) 介质。双相不锈钢在 $MgCl_2$、25% NaCl 溶液中具有比 18Cr-8Ni 奥氏体不锈钢高得多的耐应力腐蚀临界应力。在高温水条件下，双相不锈钢也具有优良的耐应力腐蚀性能，但不宜在 300℃以上的高温水介质中使用，这是由于长期使用在 300℃以上就有可能出现 475℃脆性，从而恶化钢的耐应力腐蚀性能。一般认为，双相不锈钢在连多硫酸条件下不易产生应力腐蚀。

4) 晶间腐蚀

铁素体相的存在使双相不锈钢具有比单相奥氏体钢低的晶间腐蚀倾向，其原因主要有[53]：

(1) 双相钢有较细的晶粒组织，因而晶界长度增大，降低了晶界上析出的碳化物浓度。

(2) 沿 α/γ 相界析出 $M_{23}C_6$ 型碳化物时，由于 α 相中的铬含量较高，其在 α 相中的扩

散速率较之在 γ 相中要快得多，有利于晶界附近化学成分的平衡，使铬的浓度不至于降到允许的水平以下。

(3) 在焊接时的高温加热过程中，发生各合金元素在各相之间的重新分配，使较多的碳进入 α/γ 相界的奥氏体内。

有学者曾对 308(06Cr20Ni10)双相不锈钢固溶处理和时效后的晶间腐蚀敏感性进行了研究，结果表明，钢中碳化物首先沿 α/γ 晶界析出，碳化物中的铬主要来自 α 相，由于碳在铁素体中的活度系数高，初析出的碳化物先耗尽 α 相中的碳，然后取自 γ 相中的碳使自身长大，造成 γ 相的贫碳，使其降至溶解度的极限值，避免了碳化物沿奥氏体晶界的析出。还发现在给定的碳含量下，该钢有一个 α/γ 相界含量和分布的临界值，高于此值，钢是免疫的，低于此值，则对晶间腐蚀敏感[66]。

022Cr22Ni5Mo3N 钢经 1050℃固溶后，再在 300～1000℃进行 20min 的敏化加热，采用 65％HNO_3 法试验，发现在 600～700℃出现腐蚀速率的峰值。对应的是 Cr_2N、$M_{23}C_6$ 和 χ 相的析出，将钼含量提高至 5％，峰值移至 700℃，对应的是拉弗斯相 Fe_2Mo 的析出，这些相的析出是钢的晶间腐蚀的原因[51,67]。

双相不锈钢在焊接和高温加热后有一定的晶间腐蚀敏感性。将双相不锈钢 022Cr18Ni5Mo3Si2 加热至 1200℃以上，α 相晶粒急剧长大，γ 相数量迅速减少，至 1300℃以上时已是单一粗大的 α 相，水冷后保留下来。1400℃保温 6s 水冷后，铁素体晶界析出物的电子衍射分析表明，在 α 相晶界析出的是长约 150nm、厚约 30nm 的 $M_{23}C_6$ 型碳化物，其附近缺铬。经 1200℃保温 30min，再经水冷后测出 $M_{23}C_6$ 型碳化物附近 α/γ 相界两侧和 α/α 晶界两侧一定距离内的铬含量，以铬含量不大于 12％为贫铬判据。发现在 γ 相一侧和 α 相一侧分别产生了 100nm 和 80nm 的贫铬区，贫铬区的出现是由于富铬的 $M_{23}C_6$(含 58.5％Cr)型碳化物析出的结果，这说明该钢有一定程度的晶间腐蚀倾向。高温敏化加热后空冷，虽有 $M_{23}C_6$ 型碳化物和 γ_2 沿 α 晶粒析出呈网状，但无晶间腐蚀倾向，晶界附近无贫铬区[68]。

5) 均匀腐蚀[51]

双相不锈钢由于两相成分的差异，在腐蚀介质中会引起“电偶效应”，这将影响双相不锈钢在某些介质中的应用。实际上这种情况只存在于很特殊的腐蚀环境下。在酸性还原性介质，如 H_2SO_4 和 HCl 中，双相不锈钢会发生选择性腐蚀，优先腐蚀的可能是铁素体相，也可能是奥氏体相，主要取决于腐蚀环境和两相成分。

双相不锈钢主要用于耐局部腐蚀的一些介质中，但在化工、石油化工等领域的大量应用也涉及钢的均匀腐蚀抗力。

双相不锈钢在弱的还原酸，如稀硫酸、含氯离子的稀硫酸等中，具有较强的均匀腐蚀抗力。在强还原酸中，其抗力受到限制，但在低浓度时仍可应用。

在浓硝酸等强氧化酸中，不同牌号的双相不锈钢有着完全不同的腐蚀行为。钼元素在硝酸中有副作用，含钼高的双相不锈钢有高的腐蚀速率，不含钼的 022Cr23Ni4N 钢才有与奥氏体不锈钢 022Cr19Ni10(304L)相近的腐蚀速率。

有机酸在当代化工和石化工业中是常遇到的介质，属于弱还原性，但酸中常含有卤素离子，或是以混酸形式存在，加重了介质的腐蚀性。双相不锈钢，尤其是超级双相不锈钢，在纯的或含有杂质的有机酸中具有良好的钝化能力。双相不锈钢在乙酸中是耐蚀的，而超级双相不锈钢在乙酸的混酸中是很耐蚀的。

双相不锈钢在低浓度(<30%)的碱溶液中是耐蚀的。

6) 腐蚀疲劳

不锈钢的腐蚀疲劳极限一般界定为在指定的循环次数的强度。腐蚀疲劳的断口也由三部分组成:疲劳源、疲劳裂纹扩展区和瞬时断裂区。在疲劳裂纹扩展区往往覆盖有腐蚀产物,瞬时断裂区与一般疲劳断口相同。

腐蚀疲劳可划分为四种形式[51]:

(1) 在腐蚀全过程中,金属处于活化状态。腐蚀疲劳裂纹往往产生于蚀孔的底部,断口粗糙,裂纹上覆盖有腐蚀产物。

(2) 在破裂过程中,金属处于钝化状态,没有蚀孔,只有少数裂纹,这种腐蚀疲劳难以与通常的疲劳相区别。

(3) 腐蚀疲劳处于不稳定的钝化状态,开始时金属处于钝化状态,经一定循环周次后,由于位错移动产生的挤出型滑移台阶使金属变为活化状态。

(4) 腐蚀疲劳处于受干扰的钝化状态,如腐蚀疲劳与应力腐蚀破裂、点蚀或晶间腐蚀叠加发生。

许多双相不锈钢具有良好的抗局部腐蚀性能,因此也有高的腐蚀疲劳抗力。

不锈钢腐蚀疲劳裂纹源的形成机制有多种模型[69]:

(1) 点蚀形成裂纹机制。点蚀坑成为应力集中的地方,在循环应力的作用下,蚀坑处出现滑移台阶,然后滑移台阶优先溶解,形成裂纹源。

(2) 吸附理论。介质中活性离子被金属表面吸附,在微观缝隙处产生楔子作用,应力集中,并降低金属结合力,成为疲劳源。

(3) 滑移溶解机制。在循环应力下,滑移过程出现滑移台阶,破坏了表面的钝化膜而暴露出新鲜金属表面,新鲜金属表面被溶解。在反向滑移时,被溶解的表面不能重新闭合。这样在循环应力下,滑移台阶不断被溶解,促进了裂纹的萌生。

(4) 表面膜破裂机制。在循环应力作用下,表面膜破裂,破裂处成为微阳极,周围膜成为大阴极,在介质和应力共同作用下,膜破裂处较快地溶解成为疲劳裂纹核心。

腐蚀疲劳裂纹的扩展主要有两种机制:阳极溶解和氢脆。阳极溶解和制认为,机械破裂造成的新鲜表面在腐蚀环境中遭到阳极溶解,从而增大裂纹扩展速率。氢脆机制认为,当氢进入金属裂缝尖端,弱化了金属键,在下一循环载荷时增大了裂纹的扩展。近年的一些看法认为,这是两个相互关联的过程。阳极溶解使局部裂纹尖端环境中的 pH 降低(式(9.1)、式(9.2)),从而增加氢进入金属裂纹尖端的概率。

7) 磨损腐蚀

磨损腐蚀(erosion corrosion)即冲蚀磨损,是由于腐蚀介质与金属表面间的相对运动引起的金属加速破坏和腐蚀。金属材料的磨损腐蚀涉及材料学、腐蚀电化学、流体力学和传递过程等多学科交叉的一个研究领域。

金属在流动的含有固体粒子的流体中做相对运动时,其磨损腐蚀的总失重增大是由于电化学腐蚀与机械磨耗之间的协同效应所致。

影响磨损腐蚀的因素主要是材料因素和环境因素。

首先,材料应具有好的加工硬化能力。双相不锈钢要注意其加入元素的合理分配,以获得尽可能低的层错能。层错能是影响钢变形行为的重要指标,低的层错能意味着材料变形时不易产生交叉滑移,提高了加工硬化能力,从而增强其耐磨能力。降低奥氏体层错能的合金元素,如硅、锰、氮、钴等能提高其耐磨损腐蚀能力,而镍、钼是增加奥氏体层错能的元素,钢中过高的镍不利于钢的耐磨损腐蚀[51, 54]。已开发出含钴、硅的耐磨损腐蚀的双相不锈钢,但钴是贵重元素,影响其实际应用。将奥氏体钢 06Cr19Ni10、铁素体钢 Cr30(0.08%C、29%Cr、1%Si、1%Mn)和双相钢(0.06%C、26%Cr、5%Ni、2%Mo、3%Cu、1%Si、1%Mn)在某些介质中和不同载荷下进行磨蚀性对比,低镍的双相不锈钢具有比较高的耐磨蚀能力[70]。

可以依靠材料析出硬度高的第二相,使其在磨蚀过程中起承受载荷、防止黏着和阻挡犁削的作用,有利于提高其抗磨蚀性能。但这种第二相应是阴极性弱的导体,如一些金属间化合物,对材料的耐蚀性影响不大[71]。例如,在 U50(022Cr21Ni7Mo2CuN)钢中,高温固溶水冷后在 600~700℃时效,发生 $\alpha \to \gamma_2$ 转变,可在保持高强度和高硬度的同时提高钢的塑韧性;也可以利用 U50 钢在高温阶段析出的 α' 相进行强化,高温短时析出的 α' 相与低温(350~500℃)析出的 α' 相(475℃脆性)不同,其强化和脆化作用远不及 475℃脆性明显,可在强度增加的同时仍保持较高的韧性,这符合耐磨损腐蚀的需要[51]。

环境因素主要是流速、温度、流型、流体对金属表面的剪切应力、表面钝化膜的性质等[51]。一般而言,随流速增大,腐蚀速率也增大,温度升高,磨损腐蚀加重。流体的流型分为层流和湍流。湍流使金属表面液体搅动程度要比层流剧烈,腐蚀破坏更为严重。流体对金属表面的剪切应力是一个重要参数,能使表面膜破坏造成磨损腐蚀。当钝化膜被表面剪切应力破坏后,其磨损腐蚀能力主要取决于再钝化的能力。

9.6.2.4 焊接性能

双相不锈钢问世以来,其焊接问题始终是一个重要课题。早期开发的双相不锈钢 06Cr25Ni5Mo1.5 等,有较高的碳含量(0.08%~0.10%)和较高的铁素体含量(约 70%),焊接热影响区(HAZ)几乎是单相铁素体组织,必然使其力学性能和耐腐蚀性能变差,从而限制了双相不锈钢作为焊接结构件的使用。之后发展了超低碳、含氮的一些双相不锈钢 022Cr22Ni5Mo3N、022Cr25Ni7Mo3WCuN 等,具有 α 相、γ 相各占一半最佳两相比例,并提高了填充材料的镍含量,使焊缝和焊接 HAZ 保持有足够的奥氏体含量,改善了焊接接头的塑性和耐蚀性,使焊接结构件的应用有了很大的发展。

1) 焊接 HAZ 的组织转变

双相不锈钢焊接的最大特点是焊接热循环对焊接接头组织的影响,无论焊缝金属或是焊接 HAZ 都会有重要的相变发生。问题的关键是要使焊缝金属或是焊接 HAZ 均能保持适量的 α 相和 γ 相的组织。

图 9.84 是美国焊接研究会采用的 Fe-Cr-Ni 伪三元截面相图,图中标明了几种双相不锈钢所处的位置。实际上所有的双相不锈钢从液相凝固后都是完全的铁素体组织,一直保留到铁素体溶解度曲线的温度,只在冷至更低的温度,部分铁素体才转变为奥氏体,形成 $\alpha+\gamma$ 的双相组织。

图 9.84 还可用于大致说明成分对焊接 HAZ 的组织的影响。当$[Cr]_{eq}/[Ni]_{eq}$ 大于 2.0 时,随其比值的增加,铁素体溶解度曲线温度急剧下降,铁素体相的范围相应扩大。

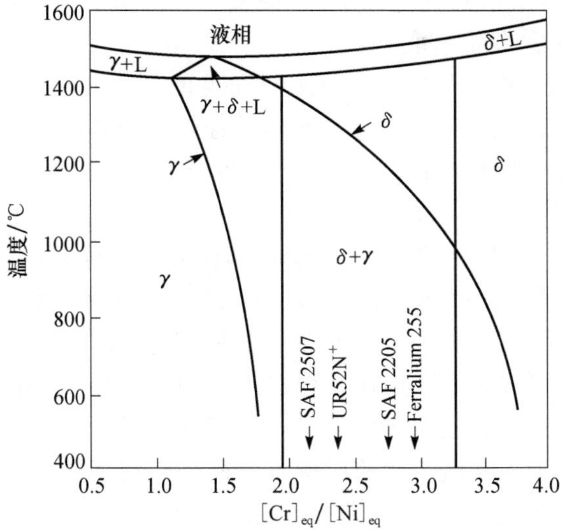

图 9.84 Fe-Cr-Ni 伪三元截面相图[72]

SAF 2507—022Cr25Ni7Mo4N；UR52N$^+$—022Cr25Ni6.5Mo3.5CuN；

SAF 2205—022Cr22Ni5Mo3N；Ferralium 255—06Cr25Ni6Mo3CuN

从图上几种双相不锈钢比较可以预见，SAF 2205 和 Ferralium 255 双相不锈钢焊缝熔合线附近焊接 HAZ 全部转变为铁素体的区域要比 SAF 2507 和 UR52N$^+$ 超级双相不锈钢宽。

双相不锈钢的焊接 HAZ 按承受焊接热循环峰值温度的高低可分为高温区(HTHAZ)和低温区(LTHAZ)。前者位于铁素体溶解度曲线至固相线这一温度范围(一般为 1250℃至熔点)，几乎都是单相组织，后者基本处于两相平衡区。双相不锈钢焊接时 HAZ 所受的峰值温度从焊缝熔合线的固溶温度到室温是连续变化的，焊接 HAZ 的组织也是由随之渐变的显微组织梯度组成。常采用一次焊接热模拟试验再现单道焊接的焊接 HAZ 组织，采用二次焊接热模拟试验再现多层焊接的焊接 HAZ 组织。这种模拟试验的结果与焊接的实际结果是一致的[51]。

除利用相图分析和判定双相不锈钢焊接 HAZ 和焊缝金属的组织特性外，还可以利用各种线性关系式[73,74]：

$$B=[\mathrm{Cr}]_{\mathrm{eq}}-[\mathrm{Ni}]_{\mathrm{eq}}-11.6 \tag{9.14}$$

其中

$$[\mathrm{Cr}]_{\mathrm{eq}}=w_{\mathrm{Cr}}+w_{\mathrm{Mo}}+1.5w_{\mathrm{Si}}$$

$$[\mathrm{Ni}]_{\mathrm{eq}}=w_{\mathrm{Ni}}+0.5w_{\mathrm{Mn}}+30w_{\mathrm{C+N}}$$

$$P=(w_{\mathrm{Cr}}+w_{\mathrm{Mo}}+3w_{\mathrm{Si}})/(w_{\mathrm{Ni}}+15w_{\mathrm{C}}+10w_{\mathrm{N}}+0.7w_{\mathrm{Mn}}) \tag{9.15}$$

钢中的 P 值越大，焊接 HAZ 的 α 相含量越高。$B<7$ 时，焊接 HAZ 为理想的 $\alpha+\gamma$ 两相组织。但进一步的研究表明[75]，模拟单道焊接时，$B<7$ 尚不足以使 HTHAZ 形成健全的两相组织，γ 相仅在部分 α 相晶界析出，还在晶界、晶内析出大量的氮化物，对钢的塑韧性和耐蚀性能影响较大。根据几种含 25%Cr 双相不锈钢的研究结果，单道焊时，只有 $B\leqslant 4$ 才能保证 HTHAZ 获得良好的 $\alpha+\gamma$ 两相组织，只在模拟多层焊接时，$B<7$ 才是有效的。二次热循环的峰值温度经实测大致为 900～1200℃，可使第一次热模拟的

HTHAZ 组织在此承受二次热循环的加热，促使 γ 相的进一步析出，这对进一步细化晶粒、减少碳氮析出物都是非常有利的。

焊接 HAZ 的组织与性能与母材的相比例直接有关[76]。在 HAZ 中有适当数量的 γ 相，可使碳氮化物的析出大为减少，塑韧性和耐蚀性得到改善。当母材的 $\alpha/\gamma=65/35$ 时，焊接 HAZ 内奥氏体含量少且有纯铁素体晶界，铁素体晶内还会析出较多的氮化物，特别在 HTHAZ 内，这都导致焊接 HAZ 的韧性和耐蚀性下降。当母材 $\alpha/\gamma\approx 50/50$ 时，焊接 HAZ 组织为理想的双相组织，母材和焊接 HAZ 性能优良，可满足焊接结构用材的要求。当母材 γ 相含量大于 60%时，不仅钢的耐蚀性能下降，而且钢的热加工性能也将下降。因此，生产焊接用双相不锈钢时，应对相比例进行控制。

含氮双相不锈钢相比例失调时，在其焊接 HAZ 中出现纯 α 相或 γ 相极少。由于氮几乎不溶于 α 相中，故有大量氮化物析出，其性能显著下降。

综上所述，控制双相不锈钢两相的比例可以通过控制钢 B 值来实现，同时针对各炉次的具体成分选择固溶温度对相比例进行微调也是可行的[51]。

双相不锈钢的焊接 HAZ 的组织还受焊接参数的影响。为了保持理想的两相组织和满意的性能，双相不锈钢在焊接时要求遵守规定的焊接工艺过程，选择合理的工艺参数。过高的 α 相含量会增加焊件的脆性，而过低的 α 相含量又会引起应力腐蚀破裂。应控制好焊后的冷却速率，而冷却速率与焊接线能量有关。低的线能量时冷却速率快，钢中有过高的 α 相含量。过高的线能量，冷却速率过慢，γ 相转变充分，但会导致 HAZ 粗晶和金属间化合物的析出。常用 1200～800℃(Δt_{12-8})或 800～500℃(Δt_{8-5})温度区间的冷却时间来表示冷却速率，前者接近于 γ 相形成的温度范围。通常选用的 Δt_{8-5} 时间范围为 8～30s，相对 Δt_{12-8} 时间范围为 4～15s，冷却速率的范围 20～50℃/s[47]。线能量范围一般控制在 0.5～2.0kJ/mm。

超级双相不锈钢与普通双相不锈钢的区别在于含有较低的碳、较高的钼和氮。两类钢焊接 HAZ 组织转变的主要差别为[51]：

(1) 根据图 9.84 中几种双相不锈钢所处的位置可以看出，超级双相不锈钢 SAF 2507 的 α 溶解度曲线与凝固线的距离较普通双相不锈钢 SAF 2205 窄，超级双相不锈钢单相 α 区的 HTHAZ 也要比普通双相不锈钢窄，产生单相 α 区的峰值温度也要高。在热循环加热阶段的数秒时间内，高温区的 γ 相仍可完全溶入 α 相中。但在冷却阶段，高温区 $\alpha\rightarrow\gamma$ 转变却是不平衡的，γ 相大幅减少。

(2) 由于超级双相不锈钢的 α 相溶解度曲线的温度比普通双相不锈钢高，在较高温度即发生 $\alpha\rightarrow\gamma$ 转变，冷却速率对其相平衡影响远小于对普通双相不锈钢的影响。

(3) 超级双相不锈钢 HTHAZ 的 γ 相减少是不可避免的，但仍会析出一部分 γ 相。如果 γ 相的量能布满 α 相晶界，消除了 α/α 晶界，而形成 α/γ 相界时，这种组织的焊接接头性能是良好的。相比例达到 50/50 的双相不锈钢的 HTHAZ 的组织中虽然发生 γ 相含量的下降，但仍有 15%～30%的 γ 相析出，其两相组织是"健全"的，不出现 α/α 晶界。一些含氮双相不锈钢和超级双相不锈钢都具备了这样的条件。

(4) 在线能量相同时，超级双相不锈钢比普通双相不锈钢的晶粒长大倾向小。在常用的冷却速率下，超级双相不锈钢一般不会有金属间化合物析出(图 9.80)。

2）焊缝金属组织

双相不锈钢的焊缝金属为铸态组织，一次凝固相为单相铁素体。高温下铁素体相中元素的高扩散速率使其快速均匀化，易于消除凝固偏析。焊缝金属从熔点冷却至室温，其高温区的转变与 HAZ 一样，部分 α 相转变为 γ 相，两相的平衡数量和 α/γ 的大小对焊缝的抗裂纹能力、焊缝的力学性能和耐蚀性都有重要影响。表 9.45 列出了几种双相不锈钢自熔焊时焊缝金属的 P、B 值和奥氏体含量，可以看出，B 值越大，奥氏体含量越小[77]。

表 9.45　双相不锈钢自熔焊时焊缝的 P、B 值及 γ 相的含量（体积分数）[77]

钢种	$[Cr]_{eq}$	$[Ni]_{eq}$	P	B	γ 相含量/%	备注
022Cr18Ni5Mo3Si2	23.62	7.21	3.31	4.90	约 1	中板
022Cr22Ni5Mo3N	25.77	10.74	2.40	3.43	约 30	薄板
022Cr25Ni7Mo3WCuN	28.61	13.04	2.19	3.94	约 30	薄板

在焊接线能量低时，焊缝金属除间隙原子氮集中在 γ 相中外，其他几种元素在 α 相和 γ 相中的含量比值均接近于 1。但在焊接线能量高时，由于铬、钼、镍等元素有足够的时间进行扩散，两相中的合金元素含量有着明显的差别。这表明随焊接线能量的不同，两相的成分和耐蚀性也相对变化，一般含氮的 γ 相的耐腐蚀性略高[51]。

焊接线能量还影响焊缝金属中两相的比例。焊接采用高线能量时，凝固组织中 α 相容易长大，但其低的冷却速率却可以促使较多 γ 相的生成。采用低线能量焊接，其高的冷却速率使 γ 相的生成量减少。

双相不锈钢焊接时，可能发生三种类型的析出：铬的氮化物 Cr_2N、CrN 的析出；二次奥氏体 γ_2 相的析出；金属间化合物 σ 相的析出。

当焊缝金属中 α 相含量过高或为纯铁素体时，很容易有氮化物的析出，尤其在靠近焊缝表面的部位，由于氮的损失，α 相含量增加，氮化物更容易析出，有损焊缝金属的耐蚀性。焊缝金属若是健全的两相组织，氮化物的析出量很少。因此，在填充金属中提高镍、氮元素的含量是增加焊缝金属 γ 相含量的有效方法。另外，在对厚壁件进行焊接时，应避免采用过低的线能量，以防纯铁素体晶粒区的生成而引起氮化物的析出。

在氮含量高的超级双相不锈钢多层焊接时会出现 γ_2 相的析出，特别在先采用低的线能量，后续焊道又采用高的线能量时，部分 α 相会转变成细小分散的 γ_2 相。这种 γ_2 相形成的温度较低，约在 800℃，其成分与一次奥氏体不同，其中的铬、钼、氮含量都低于一次奥氏体，尤其氮含量低很多。这种 γ_2 相和氮化物一样会降低焊缝的耐腐蚀性。为抑制 γ_2 相的析出，可通过增加填充金属的 γ 相含量控制焊缝金属的 α 相含量，同时需注意线能量的控制，使其在第一焊道后即可得到最大的 γ 相转变量和相对平衡的元素分配。

焊接时采用较高的线能量和较低的冷却速率有利于 γ 相的转变，减少焊缝的 α 相含量，一般不常发现有 σ 相的析出。但是线能量过高和冷却速率过慢则有可能带来金属间化合物的析出。一般线能量范围控制在 0.5～2.0kJ/mm，γ 相含量范围控制在 60%～70%。

目前，双相不锈钢焊接时采用的填充材料一般都是在提高镍(2%～4%)的基础上，再加入与母材含量相当的氮，控制焊缝金属的 γ 相含量为 60%～70%。为防止焊缝表面区域因扩散而损失氮，常在氩气保护气体中加入 2%N[51]。

9.6.3 常用双相不锈钢的钢号、性能和应用

我国常用双相不锈钢的钢号及其力学性能见表 9.13 和表 9.15。

奥氏体和铁素体不锈钢在加热过程中,基体组织 α 相和 γ 相不发生相变,不能通过热处理使之强化。双相不锈钢与之不同,在热处理过程中会发生 α 相和 γ 相之间的相互转变,改变两相之间的比例,从而影响钢的性能。双相不锈钢的热处理方式有固溶处理和时效处理两种[26]。

(1) 固溶处理。双相不锈钢的固溶处理的温度一般为 950～1150℃。双相不锈钢加热到一定温度时会发生 $\gamma\rightarrow\alpha$ 转变,可以控制两相的比例以得到适宜的相比例。

(2) 时效处理。经固溶处理的 α 相是亚稳定相,在低于一定温度加热和保温一定时间会发生分解,析出二次奥氏体、碳化物、氮化物和 σ 相等。析出的碳化物主要是 $M_{23}C_6$ 型碳化物,分布在 α/γ 晶界上。如果双相不锈钢碳含量较低,析出的碳化物很少,不能构成网状,对钢的性能影响不大,时效时析出的 σ 相等金属间化合物硬而脆,对钢的耐蚀性和塑韧性是有害的。

9.6.3.1 Cr18 型双相不锈钢

1) 022Cr19Ni5Mo3Si2N[1,51]

022Cr19Ni5Mo3Si2N 钢系引自瑞典的 3RE60+N。3RE60 是 20 世纪 60 年代初瑞典开发的牌号,是最早应用的 Cr18 型双相不锈钢,钢的氮含量不大于 0.06%。为了调整相比例和提高耐孔蚀性能,氮含量增加至 0.12%,牌号为 3RE60+N。

该钢的热塑性较好,热加工范围较宽,在 900～1200℃ 均能变形,其冷成形性和冷加工性较奥氏体钢差,与超低碳的铁素体钢相近,其 r 值、n 值、Δr 可参考表 9.43。

该钢的正常固溶温度为 980～1050℃,可获得适宜的相比例和良好的综合力学性能,消除应力和软化处理亦可选用此工艺。该钢在 300～950℃ 加热,有 σ、χ 等脆性相的析出,降低钢的韧性和耐腐蚀性。该钢还有良好的可焊性。

该钢的耐点蚀性能优于 06Cr19Ni10(304)和 022Cr17Ni12Mo2(316L)钢,是一种耐应力腐蚀的专用不锈钢,但在高浓度的 $MgCl_2$ 溶液中却有较高的应力腐蚀破裂敏感性,但仍好于 18Cr-8Ni 奥氏体不锈钢的耐应力腐蚀性能。

该钢主要用于造纸、炼油、化肥、化工和石油等工业领域,大多数用于制作热交换器、冷凝冷却器等,在许多情况下可代替 06Cr19Ni10 和 022Cr17Ni12Mo2 钢用于发生应力腐蚀破裂的环境,也可利用其高的腐蚀疲劳强度制作造纸压力滚筒机、甲铵泵泵体等。

2) 14Cr18Ni11Si4AlTi[53]

14Cr18Ni11Si4AlTi 钢的特点是兼具良好的力学性能和耐蚀性。该钢含有 3.4%～4.0%Si,既可强化铁素体,又可强化奥氏体,加之奥氏体中存在的碳化物,因而使钢具有高的强度,并提高其耐浓硝酸腐蚀性。该钢具有优良的耐高浓氯化物应力腐蚀性能,应用制作抗高温浓硝酸介质的零件和设备。该钢在苏联使用的钢号为 15Х18Н12С4ТЮ(ЭИ654)。

表 9.15 列出了该钢 930～1050℃ 固溶处理后的力学性能。实际上经固溶处理后,该钢的屈服强度范围一般为 510～630MPa。进一步提高固溶温度对钢的力学性能没

有什么影响，这是因为碳化物的溶解所产生的软化与$\alpha(\delta)$相增加所造成的强化相互抵消了。

在600～850℃时效时，钢的强化与脆化是由于σ相的析出，硅的合金化加速钢中σ相的形成过程，固溶处理后在800℃保温5min即可使钢的塑性显著降低。在450～550℃时效时的强化和脆化则是由高铬的α'相的弥散硬化引起的。

14Cr18Ni11Si4AlTi钢中的奥氏体是亚稳定的，在零下温度变形时发生强烈的$\gamma\rightarrow\alpha'$转变，所形成的马氏体α'相含量及其抗拉强度与压下量和冷变形温度成正比。冷变形后在450℃时效，该钢具有高的强度和硬度，此时的σ_b=2220MPa、HV=650、δ=4%。进一步提高时效温度，钢的强度下降，这是由于发生了$\alpha'\rightarrow\gamma$的逆转变和析出粒子的聚集长大。该钢在高强度时效状态下的耐蚀性与未强化的钢处于同一水平，因此可成功地用于制作重要部件。

9.6.3.2 Cr22型双相不锈钢

1) 12Cr21Ni5Ti[51,53]

12Cr21Ni5Ti钢是在苏联开发的一种双相不锈钢10X21H5T的基础上，经我国研制后，于1975年纳入标准的。该钢是为了节约镍，代替1Cr18Ni9Ti钢(旧牌号)而设计的，比后者有更高的强度。该钢有良好的工艺性能，可以制成薄板、厚板、型材、钢管、钢丝等。

该钢的冷、热加工性能均良好，热加工温度范围为1050～800℃，有好的热塑性。由于钢的屈服强度较高，其深冲性能较奥氏体钢稍差。

该钢的固溶处理温度为1000～1080℃，水冷或空冷。经950～1050℃固溶处理后，钢中的α相含量为55%～70%，提高淬火温度使α相增多。当钢中的γ相含量不低于20%～25%时仍为细晶组织，只有当γ相消失后，晶粒才会粗化。

在400～500℃长期保温时效会因高铬铁素体的分解而导致脆化；600～750℃短时时效后的塑性下降则是由于碳化物的析出而使奥氏体发生马氏体转变的结果；650～700℃长期时效(100～1000h)出现的脆化是σ相的形成所致。

12Cr21Ni5Ti钢中的γ相是亚稳定的，即使小的冷变形量也会发生$\gamma\rightarrow\alpha'$转变，但是加热到150℃即可抑制这种转变，因此采用温轧工艺可以提高轧制变形量。变形温度和变形量对12Cr21Ni5Ti钢的力学性能的影响见表9.46，可以看出，150℃的温轧可以抑制马氏体的转变，降低因冷作硬化而提高了的钢的强度，从而可以提高每一道次的压下量。

表9.46 变形温度和变形量对12Cr21Ni5Ti钢力学性能的影响

钢材状态	压下量/%	轧制道次	σ_b/MPa	$\sigma_{0.2}$/MPa	δ/%
热轧态	0	—	720	550	26.0
150℃温轧后	33	3	880	750	15.8
冷轧后	27	5	1070	1020	10.5

12Cr21Ni5Ti钢在氧化性酸和有机酸中有很好的耐蚀性，可以代替1Cr18Ni9Ti钢使用，因为钢中含有稳定化元素钛，无晶间腐蚀倾向。12Cr21Ni5Ti钢的焊接性能良好。

12Cr21Ni5Ti 钢可用做焊接结构件使用，可用于化工、食品及其他工业领域中不超过350℃的条件下，具有很好的抗晶间腐蚀和应力腐蚀性能。该钢还用来制造既耐氧化性酸腐蚀，又要求有较高强度的设备和部件，在航空工业上用于制造航空发动机壳体和火箭发动机燃烧室外壁。

2) 022Cr22Ni5Mo3N[13,51]

瑞典继开发出 3RE60 双相不锈钢后，针对酸性油井井管及管线用材开发出 SAF 2205 钢，之后各国相继开发出类似的钢种，并纳入标准。SAF 2205 钢自 20 世纪 80 年代开始用于油、气井生产，是最早在这方面使用的双相不锈钢。我国在 80 年代初开始研制相当于 SAF 2205 钢的 022Cr22Ni5Mo3N 双相不锈钢，该钢在中性氯化物溶液和 H_2S 中的耐应力腐蚀性能优于 022Cr19Ni10(304L)、022Cr17Ni12Mo2(316L)奥氏体不锈钢。由于含氮，022Cr22Ni5Mo3N 钢的耐点蚀性能好，还有良好的综合力学性能，可进行冷、热加工成形，焊接性能良好，适用于做结构材料，是一种应用广泛的双相不锈钢。

022Cr22Ni5Mo3N 钢中加入了适量的氮(0.08%～0.20%)，可以改善钢的耐点蚀和耐应力腐蚀性能。由于奥氏体含量的提高，有利于稳定两相组织，在高温加热或焊接 HAZ 能确保一定含量的 γ 相存在，从而提高了焊接 HAZ 的耐蚀性和力学性能。

022Cr22Ni5Mo3N 钢的热加工性能较前述 022Cr19Ni5Mo3Si2N 钢稍差，其合适的热加工温度为 1100～1150℃，变形过程中仍保持两相组织，终止热加工温度不小于 900～950℃。图 9.85 为 022Cr22Ni5Mo3N 钢热轧板坯不同取向的显微组织。图中深色的为 α 相，浅色的 γ 相呈条状分布于 α 相中，α 相与 γ 相的比例为 58∶42。

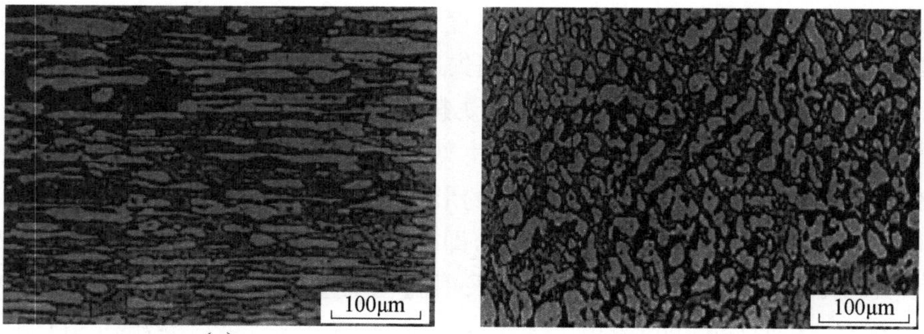

(a) (b)

图 9.85 022Cr22Ni5Mo3N 钢热轧板坯不同取向的显微组织[59]

(a) 纵向；(b) 横向

022Cr22Ni5Mo3N 钢在固溶状态(1020～1100℃水冷)下的 α 相含量为 40%～50%。随温度的升高，α 相含量逐渐增加，并且晶粒呈等轴状，直至 1300℃仍保留一定量的 γ 相。该钢在 350～975℃加热后有 Cr_2N、σ、χ 和 α' 相的析出。该钢的使用温度不宜高于 300℃。

022Cr22Ni5Mo3N 钢在 1000～1100℃区间固溶处理后强度和韧性均较好，至 1150℃固溶处理后，强度增高，塑性下降。表 9.47 为 022Cr22Ni5Mo3N 钢固溶处理后的室温及高温力学性能。

表 9.47 022Cr22Ni5Mo3N 钢(ϕ20mm 棒材)固溶处理后的室温和高温力学性能[51]

温度/℃	σ_b/MPa	$\sigma_{0.2}$/MPa	δ/%	A_k/J	硬度 HRC
室温	≥680	≥450	≥25	≥150	～20
100	710	470	37	—	—
200	680	393	32	—	—
300	650	380	30	—	—

022Cr22Ni5Mo3N 钢有高的屈服强度,其冷加工及冷成形性能不如奥氏体钢,一般冷变形超过 10%,需要固溶退火处理。该钢的焊接性能良好,热裂纹倾向低,脆化倾向小。

022Cr22Ni5Mo3N 钢在含氯环境中的耐点蚀性能良好,其耐缝隙腐蚀的性能与 022Cr20Ni25Mo4.5Cu 高合金奥氏体钢相当,但低于 Cr25 型同样钼含量的双相不锈钢。022Cr22Ni5Mo3N 钢有很好的耐应力腐蚀性能和耐晶间腐蚀性能。在大多数介质中,该钢的耐均匀腐蚀性能均优于 304L 和 316L 钢。该钢高的力学性能和耐腐蚀性能的结合使其具有高的腐蚀疲劳强度。

022Cr22Ni5Mo3N 钢是世界各国在双相不锈钢中应用最普遍的钢种,应用范围广泛,主要用于酸性油、气井生产,以及运输、炼油、化工、化肥、石油化工等领域,大多数用于制造热交换器、冷凝冷却器等易产生点蚀和应力腐蚀的受压设备,多用于代替 304L、316L 奥氏体不锈钢。

3) 022Cr23Ni5Mo3N

022Cr23Ni5Mo3N 钢是从 022Cr22Ni5Mo3N 钢派生出的钢,化学成分中的铬、钼、氮具有更窄的区间,接近其成分的上限,具有更为稳定和较高的性能,其加工工艺与用途同 022Cr22Ni5Mo3N 钢。

4) 022Cr23Ni4MoCuN[26]

022Cr23Ni4MoCuN 钢具有优异的耐应力腐蚀和其他形式腐蚀的性能,并具有良好的焊接性,适宜于制造储罐和容器。

该钢的始锻温度为 1100～1150℃,终锻温度不小于 950℃,锻后空冷,固溶处理温度为 950～1100℃,快冷,硬度不大于 290HBW。

5) 00Cr23Ni4N(SAF 2304)[51]

00Cr23Ni4N 是瑞典最先开发的一种合金元素含量较低的双相不锈钢,不含钼,铬和镍的含量也较低,其化学成分为:≤0.03%C、≤0.5%Si、≤1.2%Mn、≤0.04%S、≤0.04%P、23%Cr、4.5%Ni、0.1%N,牌号为 SAF 2304。不少国家已将该钢列入标准,但该钢未纳入我国国家标准。

SAF 2304 钢的成分平衡较好,固溶处理温度为 1000℃左右,处理后钢中组织中有 40%～50%的 α 相和 50%～60%的 γ 相。γ 相稳定,焊接后在 HAZ 能再形成奥氏体,可保证具有与母材相当的力学性能和耐腐蚀性能。

表 9.48 为 SAF 2304 钢的室温和高温的力学性能。该钢晶粒较细,两相组织有利于阻碍晶粒长大,使其具有较高的屈服强度和较高的韧性。该钢的固溶处理温度在 950～1100℃变化对钢的冲击韧性没有多大的影响,1050℃固溶处理后钢的韧脆转变温度接近 −50℃。由于 SAF 2304 钢仍有铁素体不锈钢的一些特征,会产生 475℃脆性,不宜在

300℃以上长时间加热,消除应力的退火温度为550～600℃。

表9.48　SAF 2304双相不锈钢板的室温和高温力学性能[51]

温度/℃	σ_b/MPa	$\sigma_{0.2}$/MPa	δ/%	A_k/J
室温	≥600	≥370	≥25	≥100
50	600	370	—	—
100	570	330	—	—
200	530	290	—	—
300	500	260	—	—

SAF 2304钢的耐点蚀指数$PREN_{16}=25$,与316L钢相当($PREN_{16}=24$),而高于304L钢。$PREN_{16}$一般用于预测钢在氯化物环境中的抗点蚀能力(式(9.12))。

在中性氯化物溶液中,温度高于60℃,304L和316L钢即有应力腐蚀倾向。SAF 2304钢产生应力腐蚀破裂的临界温度几乎比304L和316L钢高100℃。

SAF 2304钢的碳含量很低,耐晶间腐蚀性能好。该钢含有较高的铬,在酸性介质中有很好的耐均匀腐蚀性能。

SAF 2304钢的热成形温度为1100～950℃,成形后淬火处理。该钢的冷成形方法与奥氏体钢相同,但由于屈服强度较高,开始变形困难,达到屈服极限后,变形与奥氏体钢相同。该钢有好的焊接性,焊前不需预热,焊后不需热处理。

SAF 2304钢可以代替304、304L、316、316L等奥氏体不锈钢使用。该钢用于胺回收设备、碳氢化合物的发酵设备、制造工业的热交换器、纸浆和造纸工业的蒸煮锅预热器,以及海岸钻井架的设施等。

6) 022Cr21Mn5Ni2N

022Cr21Mn5Ni2N钢的Ni、Mo含量大幅降低,并有较高的N含量,具有比较高的强度(表9.15)、良好的耐蚀性能、焊接性能及较低的成本。该钢具有与022Cr19Ni10钢相当的耐蚀性能,在一定范围内可替代06Cr19Ni10、022Cr19Ni10等钢,用于建筑、交通、石化等领域。

7) 03Cr22Mn5Ni2MoCuN

03Cr22Mn5Ni2MoCuN钢的Ni含量低,N含量较高,具有比较高的强度(表9.15)、良好的耐蚀性能和焊接性能,同时可以大幅度降低成本。该钢具有比022Cr19Ni10钢更好,与022Cr17Ni12Mo2钢相当的耐蚀性,是06Cr19Ni10、022Cr19Ni10钢的理想替代品,用于石化、造船、造纸、核电、海水淡化、建筑等领域。

8) 022Cr21Ni3Mo2N

022Cr21Ni3Mo2N钢含有1.5%～2%Mo,与所含的Cr、N配合,可提高耐蚀性能,其耐蚀性优于022Cr17Ni12Mo2钢,与022Cr19Ni13Mo3钢接近,是022Cr17Ni12Mo2钢的理想替代品。该钢还具有较高的强度(表9.15),可用于化学储罐、纸浆造纸、建筑屋顶、桥梁等领域。

9) 022Cr21Mn3Ni3Mo2N

022Cr21Mn3Ni3Mo2N钢有1%～2%的Mo含量和较高的N含量,具有良好的耐蚀性能、焊接性能,由于以Mn和N代Ni,降低了钢的成本。该钢具有与022Cr17Ni12Mo2

钢相当甚至更好的耐点蚀及耐均匀腐蚀性能，其耐应力腐蚀的性能也显著提高，是022Cr17Ni12Mo2 钢的理想替代品，用于建筑、储罐、造纸、石化等领域。

10）022Cr22Mn3Ni2MoN

022Cr22Mn3Ni2MoN 钢有较高的 Cr 和 N 含量，其耐点蚀和抗均匀腐蚀的性能高于022Cr19Ni10 钢，与 022Cr17Ni12Mo2 钢相当，其耐应力腐蚀的性能也显著提高，并具有良好的焊接性能，可替代 022Cr19Ni10、022Cr17Ni12Mo2 钢，用于建筑、储罐、石油、能源等领域。

11）022Cr22Mn3Ni2MoN

022Cr22Mn3Ni2MoN 钢以约 0.22%N 代替部分 Ni，Mo 含量较低，可显著降低成本。该钢有较高的 Cr 含量，其耐点蚀和抗均匀腐蚀的能力与 022Cr17Ni12Mo2 钢相当甚至更高，耐应力腐蚀的能力也显著提高，焊接性能优良，可代替 022Cr17Ni12Mo2 钢。该钢用于建筑、储罐、石油等领域。

12）022Cr24Ni4Mn3Mo2CuN

022Cr24Ni4Mn3Mo2CuN 钢以约 0.25%N 和一定量的 Mn 代替 Ni，从而降低了成本。该钢还含有约 24%Cr、1.5%Mo 及少量的 Cu，其耐点蚀和抗均匀腐蚀的能力高于022Cr17Ni12Mo2 钢，接近 022Cr19Ni13Mo3 钢，耐应力腐蚀的能力显著提高，可替代022Cr17Ni12Mo2 和 022Cr19Ni13Mo3 钢。该钢用于石化、造纸、建筑、储罐等领域。

9.6.3.3 Cr25 型双相不锈钢

这类含铬高达 25%的双相不锈钢出现较早，之后被一些含 1%～3%Mo 的高铬含钼双相不锈钢所取代，并得到较广泛的使用。但因焊后近焊缝区的铁素体含量增多，甚至可能成为单相组织，恶化了钢的性能而影响其使用。20 世纪 70 年代以后发展了两相比例更适宜的超低碳含氮双相不锈钢，解决了上述问题，如日本的 NTKR-4。除钼以外，有的牌号还加入了铜、钨等进一步提高了钢的耐蚀性，如日本的 DP3。

1）022Cr25Ni6Mo2N[51]

许多国家都开发出类似的钢号，我国针对尿素用钢的要求发展了类似 NTKR-4 的022Cr25Ni6Mo2N 钢。

022Cr25Ni6Mo2N 钢的固溶处理温度为 1000～1100℃，急冷。冷却速率影响钢的韧性和耐腐蚀性，薄板采用空冷，厚板需用水冷。该钢的组织为 $\alpha+\gamma$ 两相组织，随加热温度的升高，α 相含量增多。

该钢具有良好的综合力学性能，即强度高和韧性好，见表 9.49。该钢的韧脆转变温度在－100℃以下，有良好的室温和低温韧性。

表 9.49 022Cr25Ni6Mo2N 钢(锻态)的室温和高温力学性能[51]

温度/℃	σ_b/MPa	$\sigma_{0.2}$/MPa	δ/%	ψ/%	A_k/J	硬度 HRC
室温	≥640	≥490	≥25	≥45	≥100	～20
100	800	675	22	72	—	—
200	740	600	20	71	—	—
300	730	590	19	65	—	—

含 25%Cr 的高铬双相不锈钢具有与高铬铁素体不锈钢相同的特点，即对 475℃脆性、σ 脆性等敏感。022Cr25Ni6Mo2N 钢在 650～950℃等温时效，将由 α 相转变为 σ 相，σ 相析出速率最快的温度约为 800℃，孕育期超过 1h。钼显著加快 σ 相的析出速率，该钢的钼含量增至 3%后，σ 相析出孕育期大约为 3min。800～900℃是脆性最敏感的温度区间。该钢消除应力的热处理不宜在 650～800℃加热，可在 900℃以上加热后空冷。

该钢在含氯的环境中的耐点蚀性能优于 316L、317L(022Cr19Ni13Mo3)等奥氏体不锈钢，其耐点蚀指数 $PREN_{16}$ 分别为 34、25.3 和 30.6。在流动海水中该钢的耐缝隙腐蚀性能优于 316 钢。在氯化物溶液中，该钢在低应力时产生应力腐蚀破裂的下限应力远高于奥氏体钢，但在高应力时具有与奥氏体不锈钢相同的敏感性。该钢有较好的耐晶间腐蚀性能，其耐腐蚀疲劳性能远高于 316L 钢。

022Cr25Ni6Mo2N 钢的焊接性能同 18Cr-8Ni 奥氏体不锈钢，焊前不需预热，焊后一般不需热处理，只有在苛刻条件下使用时，焊后需进行固溶处理。

022Cr25Ni6Mo2N 钢的热塑性良好，在冷加工时需考虑其屈服强度，其弯曲和冲压性能相当于 06Cr13Al 铁素体不锈钢，较 18Cr-8Ni 奥氏体不锈钢差。

022Cr25Ni6Mo2N 钢主要应用于化工、化肥、石油化工等工业领域，多用于制造热交换器、蒸发器等，还用在制造尿素装置，制造有耐腐蚀疲劳要求的甲铵泵泵体、阀门等部件。

2）022Cr25Ni7Mo3WCuN

022Cr25Ni7Mo3WCuN 钢是 20 世纪 70 年代日本开发的一种超低碳含氮双相不锈钢，牌号为 DP3。该钢的特点是添加钨、铜元素，以提高其耐缝隙腐蚀性能，适用于热海水、盐卤水等介质条件，有好的耐应力腐蚀性能，是一个耐中性氯化物局部腐蚀的钢种。我国在 80 年代初发展了 022Cr25Ni7Mo3WCuN 钢，并成功地用于海水热交换器和盐卤水轴流泵等部件上。

022Cr25Ni7Mo3WCuN 钢适宜的固溶温度为 1050～1100℃，固溶处理后的力学性能见表 9.50。随温度的升高，γ 相含量逐渐减少，至 1300℃，仍有 20%的 γ 相存在。该钢在 700～1000℃短时间时效即有 Cr_2N、$M_{23}C_6$ 析出，σ 相析出最敏感的温度为 800～900℃，其中 850℃最显著。该钢的低温韧性较好，韧脆转变温度在－100℃以下。

表 9.50　022Cr25Ni7Mo3WCuN 钢固溶处理后的室温和高温力学性能[51]

温度/℃	σ_b/MPa	$\sigma_{0.2}$/MPa	δ/%	ψ/%	A_k/J	硬度 HRC
室温	≥650	≥450	≥25	≥45	≥150	～20
100	727	518	32	78	—	—
200	690	446	31	75	—	—
300	645	426	29	69	—	—

022Cr25Ni7Mo3WCuN 钢的耐点蚀性能优于 316L 钢及 022Cr25Ni6Mo2N 钢，耐缝隙腐蚀的情况也是如此。该钢的应力腐蚀破裂临界应力(≥343MPa)比 316 钢(≥147MPa)高很多。该钢无晶间腐蚀倾向并有良好的耐均匀腐蚀性能。

在 9.5.2 节已述及铜在 Cr-Ni 奥氏体钢中的作用，认为铜的作用是可以与钼配合提高其在还原性介质中的耐蚀性及冷加工成形性。在双相不锈钢中，当有足够的铬含量时，铜与钼复合加入有利于其耐 H_2SO_4 的腐蚀性。一些试验还指出，在含 H_2S 的海水中并有高流速的气蚀侵蚀的条件下，双相不锈钢中加入铜是有益的；铜含量不小于 0.5%时可提高双相不锈钢的耐缝隙腐蚀的性能[1]。

022Cr25Ni7Mo3WCuN 钢有较好的焊接性，热裂纹倾向低，一般不需焊前预热和焊后热处理。该钢的热成形温度应控制在 1000℃以上，终锻温度不得低于 950℃，以免因 σ 相的析出使锻坯产生裂纹。该钢有较好的塑性和韧性，可以进行冷成形，只是抗力较大，不易屈服。

3) 03Cr25Ni6Mo3Cu2N[1,51]

03Cr25Ni6Mo3Cu2N 钢是英国 20 世纪 70 年代开发的产品，牌号为 Ferralium 255（255 合金）。我国于 80 年代研究了这一钢种。该钢含有 1.50%～2.50%Cu，铜的加入对于较低 pH 的环境，如酸性油井、污染的海水等，特别在高速流下产生的磨损腐蚀和气蚀侵蚀是有利的。

03Cr25Ni6Mo3Cu2N 钢具有较好的力学和耐蚀的综合性能，以及优异的耐局部腐蚀性能，如在海水介质中有很好的耐点蚀和耐缝隙腐蚀的能力，在许多环境中耐均匀腐蚀的性能也较好，是一个在多种介质中适应性强、应用范围很宽的钢种。

255 合金最早用于铸钢，经成分调整后已大量用于变形材，铜加入量在用于铸钢时不大于 3%，用于变形材不大于 2.5%。

03Cr25Ni6Mo3Cu2N 钢通过成分控制可以获得 α 相和 γ 相含量接近的组织，两相的比例对温度的敏感性较小，加热至 1200℃时，仍保留 37%的 γ 相。该钢铬、钼含量较高，因而易于在 700～900℃区间高温时效时析出 σ 相，最敏感的析出温度在 800～850℃，5min 时效后即在 α/γ 相界及个别 α/α 相界上发现由 α 相分解转变的 σ 相，随时效时间的延长，σ 相含量增多。该钢在 450℃较长时间时效后，将出现 475℃脆性区，在 3h 时效后，A_k 值降至 68J，至 50h 时效后已降至 8J。该钢长时间使用温度不允许超过 260℃。

03Cr25Ni6Mo3Cu2N 钢经 1050℃固溶处理和水冷后和随后进行的 500℃时效后，其高温力学性能见表 9.51。500℃时效的强化是铜的析出强化所致。固溶处理后再经 500℃时效处理适用于要求耐磨蚀的用途。

表 9.51 03Cr25Ni6Mo3Cu2N 钢的室温和高温力学性能[51]

状态	温度/℃	σ_b/MPa	$\sigma_{0.2}$/MPa	δ/%	A_k/J	硬度 HRC
1050℃，水冷	室温	≥750	≥500	≥25	≥120	～20
1050℃+500℃时效	室温	≥850	≥550	≥18	≥70	～24
固溶处理	100	740	505	33	—	—
固溶处理	200	710	460	30	—	—
固溶处理	300	700	450	30	—	—

03Cr25Ni6Mo3Cu2N 的耐点蚀指数 $PREN_{16}$=37.8，远高于 316L 钢的 25.9，其耐缝隙腐蚀的性能显著优于一般 18Cr-8Ni 奥氏体不锈钢，以及一些 Cr-Ni-Mo 不锈钢，耐腐蚀疲劳性能亦优于常用 Cr-Ni 奥氏体不锈钢。由于该钢优良的耐蚀性和时效后的高硬度及双相结构，其耐磨蚀性能也比较高。该钢的冷热加工性能良好，但由于含铜，其热加工性能较不含铜者稍差。该钢的焊接性能与一般双相不锈钢没有明显的差别。

03Cr25Ni6Mo3Cu2N 钢的应用范围很宽,适用于制作多种工业上的设备和部件,是海上环境中的理想用材,适于制作舰船上的螺旋推进器、轴、方向舵、潜艇密封件等,以及其他海洋工业零部件。该钢还用于化工、石油化工、石油和天然气、纸浆和造纸、湿法磷酸等工业领域,多用于制作洗涤器、干燥器、旋风分离器、搅拌器、离心机、泵、阀、紧固件等。

9.6.3.4 超级双相不锈钢

这类钢是指点蚀指数大于 40,含 25%Cr 和高 Mo(大于 3.5%)、高 N(0.22%~0.30%)的钢,主要牌号 $UR52N^+$、SAF 2507 和 Zeron 100 分别为法国、瑞典和英国有关公司开发出的,其变形材约在 1990 年和 1991 年先后问世。三种钢的成分相近,区别在于镍、钨和铜含量的差别,$UR52N^+$ 钢含镍、铜、氮,不含钨(与过去生产的 UR52N 钢的区别在于氮含量较高),另外两种钢已列入我国国家标准。这三种钢列入美国标准后的牌号分别为 S32550、S32750 和 S32760。

瑞典近年还开发出 SAF 2707 HD、SAF 2906、SAF 3209 HD 三种超级双相不锈钢,$UR52N^+$ 和上述三种钢的化学成分见表 9.52。

表 9.52 国外一些超级双相不锈钢的牌号和化学成分[27,78] (单位:%)

商品牌号	相应国内牌号	C	Si	Mn	P	S	Cr	Ni	Mo	其他
$UR52N^+$	022Cr25Ni6.5Mo3.5CuN	≤0.03	≤0.80	≤1.50	≤0.035	≤0.02	24~26	5.6~8.0	3.0~4.0	0.5~2.0Cu 0.20~0.35N
SAF 2707 HD	022Cr27Ni7Mo5N	≤0.03	≤1.0	≤1.5	≤0.035	≤0.02	26~29	5.5~9.5	4~5	1.0Cu 0.3~0.5N
SAF 2906	022Cr29Ni6Mo2CuN	≤0.03	≤0.3	≤1.0	≤0.030	≤0.015	29	7	2.3	≤0.8Cu 0.35N
SAF 3209 HD	022Cr32Ni17Mo4N	≤0.03	≤1.0	≤1.5	≤0.035	≤0.01	29~33	6~9	3.5	0.5N

注:SAF 为瑞典 Sandvik 材料技术公司的产品牌号。

1) 022Cr25Ni7Mo4N[51]

022Cr25Ni7Mo4N 钢即瑞典的 SAF 2507 钢,主要用于苛刻的介质中,尤其是含氯的环境,如海水等。

022Cr25Ni7Mo4N 钢经固溶处理后,钢中的 γ 相呈岛状分布于 α 相的基体上,α/γ 约为 50/50,固溶温度在 1050℃以上时,两相的比例逐渐改变。由图 9.86 可以看出,氮元素更能有效地稳定两相组织,含高氮的钢的 α 相随温度的升高增长很缓慢,这对焊接 HAZ 有重要意义。

022Cr25Ni7Mo4N 钢时效时有两个脆性区:600~900℃区间,由于 σ、χ、Cr_2N、R 等相存在而脆化;低于 500℃的 475℃脆化区。根据 SAF 2507 钢的 CCT 曲线,在 1060℃固溶后析出 1%的 σ 相的临界冷却速率为 0.4℃/s。

022Cr25Ni7Mo4N 钢的耐点蚀指数 $PREN_{16}=42.5$,而 $UR52N^+$ 钢的 $PREN_{16}=39.7$,因而该钢是双相钢中耐点蚀和耐缝隙腐蚀最好的钢。在高压釜含氧约 8ppm 氯化物溶液中,该钢具有比高钼的 904L(015Cr21Ni26Mo5Cu2)奥氏体不锈钢更高的应力腐蚀抗力。

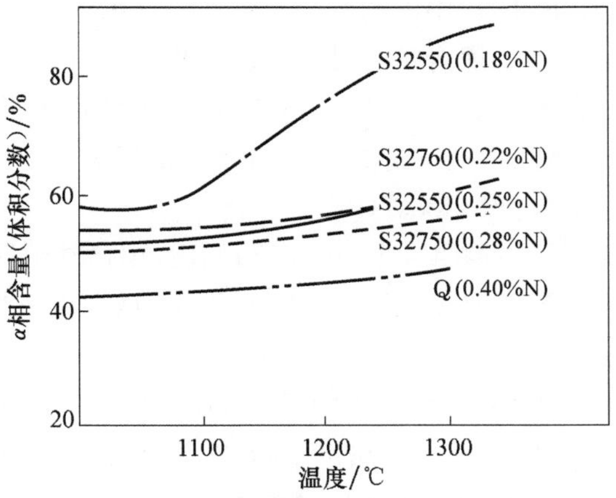

图 9.86　不同氮含量的 Cr25 型双相不锈钢的 α 相含量与加热温度的关系[57]
S32550 等系美国超级不锈钢钢号，Q 为试验钢号

该钢的碳含量低，一般控制在 0.015%时，组织中未发现有碳化物的析出，敏化问题可以忽略。该钢在一些有机酸和无机酸中具有良好的耐均匀腐蚀性。该钢固溶处理后有较高的硬度(≤310HBW，表 9.15)，较高硬度和高耐腐蚀性的良好结合使该钢在带有高磨损性固体颗粒的流动性介质或者是在高流速的介质中，有良好的耐磨损腐蚀性能。

该钢可焊性好，可用多种方法焊接，可冷成形后焊接，如冷弯，一般变形量不超过 20%，不需要进行随后的热处理，但在苛刻的介质中或冷变形量较大时，还是要进行 1050～1120℃加热，随后空冷或水冷处理。

该钢用于含氯化物的苛刻介质，如炼油厂的海水热交换器、海底输送管道、船用螺旋推进器等要求高载荷又耐海水腐蚀或其他含氯介质腐蚀的部件。

2) 022Cr25Ni7Mo4WCuN[51]

022Cr25Ni7Mo4WCuN 钢的牌号是 Zeron 100，英国开发此钢的目标是解决海底油田苛刻介质(含有氯化物、CO_2、H_2S 等)用材。目前该钢已在不少领域中应用，主要是利用其高强度和耐氯化物局部腐蚀及耐应力腐蚀的性能。

022Cr25Ni7Mo4WCuN 钢在固溶温度高于 1050℃时，α 相含量仍近 50%(图 9.86 中 S32760)。该钢的 CCT 曲线见图 9.80，由于钢中含较高的铬、钼和钨，金属间化合物更易在短时间内析出，而这些相的再溶解也由于钨的作用需要加热至更高的温度，可在 1100℃短时间加热，但避免加热至 1120℃以上，这样可限制铁素体中的氮含量，降低氮化物的析出，以改善钢的耐蚀性。该钢在 400℃以上加热时，铜和钨的加入加速了钢的硬化，而不显著恶化钢的耐蚀性，并可保持一定的韧性，因此该钢可用做耐磨损腐蚀材料。该钢有比较高的屈服强度(≥550MPa)，较之 316L 钢的屈服极限(≥170MPa)要大两倍，这有利于减少管道和容器的壁厚。该钢有较好的焊接性能，可采用不同方法焊接。

022Cr25Ni7Mo4WCuN 钢的耐点蚀指数 $PREN_{16}=40.6$，在含氯化物、CO_2、H_2S 的介质中直至 80℃都有较高的点蚀抗力，在热海水中有很好的耐缝隙腐蚀的能力，在海水冷却系统中出口温度能提高到 60℃。

022Cr25Ni7Mo4WCuN 钢在 3%NaCl 溶液中产生应力腐蚀破裂的温度可达 250℃，而 316L 钢只有 60℃。该钢还具有良好的耐晶间腐蚀性能。由于钢中含有铜和钨，能提高该钢在 HCl、H_2SO_4 和 H_3PO_4 中的耐均匀腐蚀性。在燃气脱硫石灰浆液介质中，该钢的磨损腐蚀失重不随 pH 变化，适合于做燃气脱硫泥浆泵材料。

目前使用的双相不锈钢中大都含有较高的镍，为了节约资源紧张的镍，近年国内外一些学者和企业开展了节镍型双相不锈钢的研究并不断取得进展[79]。

3) UR52N$^+$(022Cr25Ni6.5Mo3.5CuN)[27]

UR52N$^+$钢与 022Cr25Ni7Mo4N(SAF 2507)相比，钼含量稍低，但加入了约 1.5%的 Cu，使其耐还原性介质，如耐硫酸腐蚀等的性能有明显增加，在一些环境中，耐点蚀、耐缝隙腐蚀的性能也有改善。UR52N$^+$的 PREN≥40。

UR52N$^+$钢经适宜的固溶处理后的组织具有 α/γ 近于 1 的双相结构，从该钢的 CCT 曲线(图 9.80)可以看出，当冷却速率不超过 1000℃/h，会有 σ、χ 等金属间相析出。由于该钢中不含钨，故其金属间相析出的敏感性要低于 Zeron 100。该钢经固溶处理后的室温力学性能：R_m=840MPa、$R_{p0.2}$=650MPa、A=30%、HRC=25、KV_2=120J。

UR52N$^+$钢的耐全面腐蚀性能优于 SAF 2507 和 Zeron 100 等超级双相不锈钢，在工业磷酸中优于超级奥氏体不锈钢 UR B66，其耐点蚀和耐缝隙腐蚀的性能高于含氮较低的 UR52N 钢。UR52N$^+$钢耐应力腐蚀性能比奥氏体不锈钢 316L 要好得多。

UR52N$^+$钢的热加工性能较不含铜的这类钢稍差，热加工温度不宜太高，以 1000～1150℃为宜，热成形后一般需再经热处理。该钢的热处理工艺为 1100℃加热，保温后急冷。对于该钢厚度为 35mm 和 150mm 的中、厚板，中部的冷却速率要不低于 5000℃/h 才能获得−50℃时不低于 50J 的冲击功，且没有金属中间相的析出。

该钢主要用于石油化工、化肥、造纸及湿法冶金中，制造塔、槽、管线、容器、热交换器等，解决硫酸、磷酸、含氯化物介质的点蚀、缝隙腐蚀、磨蚀等问题。

4) SAF 2707 HD(022Cr27Ni7Mo5N,S32707)[27,78]

SAF 2707 HD 是一种特超级双相不锈钢，是为了解决超级双相不锈钢耐热氯化物局部腐蚀性能和强度的不足，于 2000 年以后问世的，其 PREN 可达 49。该钢的高氮、铬、钼含量和双相组织使其管材的 R_m=1000MPa、$R_{p0.2}$=800MPa，而且塑韧性也保持在工程应用所需要的较高水平上。该钢的问世拓宽了双相不锈钢的应用范围，提高了与超级奥氏体不锈钢和高镍耐蚀合金的竞争力。

一般双相钢的屈服强度为通用奥氏体钢的两倍，其使用可以大幅减薄材料厚度，降低设备重量，降低成本。SAF 2707 HD 钢的强度又较一般双相钢和超级双相钢高，更具有节约材料和降低成本的优势。双相钢的使用温度一般在−50～250℃(或 300℃，视使用寿命长短而异)，使用温度的限制是由于 475℃脆性的限制。SAF 2707 HD 钢的强度随温度的升高而缓慢下降，在 300℃时 R_m 约为 880MPa、$R_{p0.2}$ 约为 600MPa。SAF 2707 HD 钢的韧性较高，但仍存在韧性的各向异性，其纵横向韧脆转变温度均在−50℃以下，−50℃时的纵向 KV_2 不低于 200J，横向的 KV_2 不低于 100J。SAF 2707 HD 钢的冷热加工性能与 SAF 2507 钢相近，其可焊性良好。

SAF 2707 HD 钢在氯化物环境中具有优异的耐点蚀、耐缝隙腐蚀和耐应力腐蚀的性能，特别适于制造以海水和含 Cl^- 为工作介质和冷却介质的热交换器设备，还可用于耐一些有机酸和无机酸的用途中。

5) SAF 2906(022Cr29Ni6Mo2CuN,S32906)[27,78]

SAF 2906钢是对SAF 2507钢的进一步改进，与之相比，钼含量有所降低，其耐点蚀的PREN略低，典型成分的PREN仍可达41，但成分更加平稳。该钢在固溶态具有α/γ近于1的比例，但经过各种高温处理后，在冷却过程中会有金属间化合物和氮化物的沉淀，但与SAF 2507钢比较，由于钼含量低、氮含量高，减缓了σ等相的形成，热稳定性有所改善。

SAF 2906钢的强度约为普通铬镍奥氏体不锈钢的3倍，表9.53为SAF 2906钢的室温和高温力学性能。SAF 2906钢有良好的冲击韧性，其韧脆转变温度约在－100℃，在－50℃时的冲击功仍可达到120J。

表9.53　SAF 2906(022Cr29Ni6Mo2CuN)**钢的室温和高温的力学性能**[27]

温度/℃	管材厚度/mm	R_m/MPa	$R_{p0.2}$/MPa	A/%
室温	<10	≥800	≥650	≥25
	≥10	≥750	≥550	≥25
100	<10	≥750	≥550	≥25
	≥10	≥730	≥500	≥25
200	<10	≥720	≥470	≥25
	≥10	≥700	≥430	≥25
300	<10	≥710	≥450	≥25
	≥10	≥790	≥410	≥25

SAF 2906钢的铬含量高，因此在苛性介质中有优良的耐蚀性能，该钢还具有良好的耐氯化物应力腐蚀的性能，并具有良好的耐点蚀和耐缝隙腐蚀的性能。该钢的强度高，冷成形需要更大的外力。该钢的焊接性能良好，由于焊接热影响区有γ'相形成，故焊缝有良好的韧性、强度和耐蚀性。SAF 2906钢的固溶处理温度为1040～1080℃，保温后快冷，根据截面尺寸可水冷或空冷。

SAF 2906钢的主要用于苛性钠生产中包括蒸发器用管在内的管线系统用管，氧化铝生产中热交换器管和氧化锆厂中一些装置中的管路，以及对点蚀和缝隙腐蚀有高耐蚀需求的设备和构件。

6) SAF 3207 HD(022Cr32Ni7Mo4N,S33207)[27,78]

SAF 3207 HD也是一种特超级双相不锈钢。该钢是为解决深海管道缆的苛刻需求而开发的。由于该钢中Cr、N含量的提高，使其具有更高的强度以承受更高的外加载荷，又具有更加优异的耐蚀性以适应更加苛刻的腐蚀介质的需求。该钢的化学成分保证了其组织结构的稳定性。该钢的正常显微组织中奥氏体和铁素体含量各占约50%，其固溶态的纵向和横向的显微组织与图9.85相似。

SAF 3207 HD钢的强度在双相不锈钢中是最高的。表9.54为SAF 3207 HD钢固溶处理后的室温和高温力学性能。温度升高时，随屈服强度的下降，钢的伸长率变化不大，这是由于该钢具有两相的微观结构所致。SAF 3207 HD钢还具有良好的冲击韧性，其韧脆转变温度低于－50℃，在－50℃时，钢的冲击功达到80J。由于该钢具有高的强度和良好的塑性，可使构件壁厚减薄，重量减轻，从而使设备总成本下降。

表 9.54　SAF 3207 HD(022Cr32Ni7Mo4N)钢固溶处理后的室温和高温的力学性能[78]

温度/℃	管材厚度/mm	R_m/MPa	$R_{p0.2}$/MPa	A/%	硬度 HRC
室温	<4	≥950	≥770	≥25	≤36
	≥4	≥850	≥700	≥25	≤36
50	—	≥923	≥696	—	—
100	—	≥850	≥657	—	—
150	—	≥811	≥609	—	—
200	—	≥784	≥585	—	—
250	—	≥785	≥582	—	—
300	—	≥791	≥572	—	—

注:伸长率 A 是基于 $L_0=5.96\sqrt{S_0}$ 的,其中 L_0 是试样的原始测量长度,S_0 是试样原始横截面积。

SAF 3207 HD 钢的 PREN 可达 50 以上,较超级双相不锈钢具有更加优良的耐点蚀和耐缝隙腐蚀性能。该钢用做深海管道缆能承受低周和高周疲劳。在低应变区,由于钢的疲劳寿命主要受强度控制,高强度的 SAF 3207 HD 钢的寿命高于 SAF 2507 钢,而在高应变区,钢的疲劳寿命主要受钢的塑性控制,与 SAF 2507 钢相比,该钢未显示出优越性,原因是两者的塑性相近。该钢在人工海水中的腐蚀疲劳寿命要低于在空气中的疲劳寿命,但相差不大,这是由于该钢具有高的耐海水腐蚀的性能。

SAF 3207 HD 钢的管件一般以热处理状态供货,其固溶处理温度为 1040～1140℃,保温一定时间后在空气、保护气氛或水中快冷。该钢具有良好的焊接性能。

SAF 3207 HD 钢的高强度和高腐蚀疲劳性能,以及优异的耐腐蚀性能,使其可以满足水深近 2500m,压力高于 15000psi(1psi≈6.89×10^3Pa)的油田管道缆的需求(制造长度已达 2500m),并使其在海水和含 Cl^- 介质中的应用范围进一步扩大。

9.7　沉淀硬化不锈钢

沉淀硬化不锈钢最早是为满足军事需要而开发的,此类钢要求具有高的强度、足够的韧性和适宜的耐蚀性。1946 年发展了第一个马氏体沉淀硬化不锈钢 Stainless W,1948 年开发出第一个半奥氏体沉淀硬化不锈钢 17-7PH,20 世纪 50 年代初奥氏体沉淀硬化不锈钢 A286 等问世[80]。经过不断的发展,沉淀硬化不锈钢已形成一个体系和众多牌号的钢类,分为马氏体、半奥氏体和奥氏体三种类型。根据 6.7 节超高强度钢的定义:$\sigma_b>1470$MPa 或 $\sigma_{0.2}>1350$MPa,则此类钢中的许多钢种可称为超高强度沉淀硬化不锈钢。

9.7.1　马氏体沉淀硬化不锈钢

马氏体沉淀硬化不锈钢的 M_f 恰好在室温以上,采取适宜的固溶处理温度进行空冷可完全转变为马氏体,然后在 480～620℃进行单一时效即可达硬化的目的。对于有些不能完全转变成马氏体的钢种,可增加冷处理工序,然后再时效。这种钢有时称为马氏体时效不锈钢[4]。

表 9.55 为国外开发出的一些马氏体沉淀硬化不锈钢的化学成分,表 9.56 为这些钢

经固溶处理和时效后的力学性能。根据各钢可能达到的抗拉强度，将其分为较高强度（<1379MPa）和高强度（>1379MPa）[4]。Stainless W 和 17-4PH 是早期开发的钢种，固溶处理后钢中可能有不到10%的α(δ)相，呈串状残存于马氏体基体中，经时效处理到不同强度水平后，均显示其对大截面钢材横向性能的不利影响。表9.55中所列其他钢种固溶处理后均为全马氏体组织[4]。

表9.55　一些马氏体沉淀硬化不锈钢的化学成分[4]　　（单位：%）

牌号	C	Mn	Si	Cr	Ni	Mo	Al	Cu	Ti	Nb
Stainless W	0.06	0.50	0.50	16.75	6.25	—	0.2	—	0.8	—
17-4PH	0.04	0.30	0.60	16.0	4.2	—	—	3.4	—	0.25
15-5PH	0.04	0.30	0.40	15.0	4.5	—	—	3.4	—	0.25
Costom 450	0.03	0.25	0.25	15.0	6.0	0.8	—	1.5	—	0.3
PH13-8Mo	0.04	0.30	0.03	12.7	8.2	2.2	1.1	—	—	—
Costom 455	0.03	0.25	0.25	11.75	8.5	—	—	2.5	1.2	0.3

注：Stainless W 为美国钢公司牌号，17-4PH、15-5PH 和 PH13-8Mo 为 Armco 钢公司牌号，Costom 450 和 Costom 455 为 Carpenter 技术公司牌号。

表9.56　一些马氏体沉淀硬化不锈钢棒材的力学性能[4]

牌号	时效工艺	σ_b/MPa	σ_s/MPa	δ_4/%	ψ/%	硬度 HRC
Stainless W	(510±8)℃，4h，空冷	1345	1241	14	—	42
17-4PH	(496±8)℃，4h，空冷	1310	1207	14	54	42
15-5PH	(496±8)℃，4h，空冷	1310	1207	14	54	42
Costom 450	(482±8)℃，1h，空冷	1351	1269	14	60	42
PH13-8Mo	(510±8)℃，4h，空冷	1551	1448	12	50	47
Costom 455	(482±8)℃，1h，空冷	1689	1620	10	45	49

我国列入 GB/T 20878—2007 的马氏体沉淀硬化不锈钢的牌号有四个，分别是 05Cr17Ni4Cu4Nb、05Cr15Ni5Cu4Nb、022Cr12Ni9Cu2NbTi、04Cr13Ni8Mo2Al，其化学成分、热处理制度和力学性能分别见表9.16、表9.18、表9.19和表9.20。这四种钢的化学成分基本上与表9.55中的17-4PH、15-5PH、Costom 455、PH13-8Mo 钢相当。

17-4PH(05Cr17Ni4Cu4Nb)钢中含有较高的铬，使其具有较一般 Cr13 型马氏体不锈钢更高的耐蚀性和抗氧化性能，采用超低的碳含量而获得的淬火板条马氏体可保证钢的塑韧性、加工成形性和焊接性能。添加较高含量的铜在时效时可析出与基体共格沉淀的富铜相使钢强化，少量的铌形成稳定的 NbC，基本不参与强化而阻止晶粒长大。镍用以平衡δ铁素体组织，但由于添加量不足，如前面所述，在淬火组织尚存在不足10%的δ相。17-4PH 钢具有良好的综合力学性能，其不足之处是因少量δ相的存在，影响大截面锻材的横向力学性能[80]。17-4PH 钢的固溶温度为1020～1060℃，空冷或油冷，硬度为340HB左右，时效温度范围为470～630℃，在480℃时效1h可以得到最高的强化效果，硬度达到420HB。时效温度的选择则视所要求的性能而定。

固溶处理后17-4PH钢的机械加工性能不够好，为了改善其机械加工性能，需经650℃的过时效处理以得到最大程度的软化，此时的硬度约为300HB。

15-5PH(05Cr15Ni5Cu4Nb)钢较之17-4PH钢有略低的铬含量和略高的镍含量，可以克服其不足之处,可以消除钢中的 δ 相,在淬火后可以获得全马氏体组织。该钢的热处理制度与 17-4PH 钢相同,热处理后所获得的力学性能也相同,但 15-5PH 钢大截面钢材的纵横向塑性的差别很小。15-5PH 钢经真空重熔后的大截面钢材可获得从表面到心部及纵向与横向之间更为均匀一致的力学性能。

PH13-8Mo(04Cr13Ni8Mo2Al)是一种高强度的马氏体沉淀硬化不锈钢,可用于制作大截面的构件。该钢含 13%Cr,可以使其具有良好的抗一般腐蚀性能,较高的镍含量可以平衡 δ 相;钼用以固溶强化,在较高温度时效时还可形成 Ni_3Mo 或 Ni_4Mo 提高抗软化能力;铝是主要的强化元素,时效时在低碳马氏体基体上析出均匀共格细小的 NiAl(β')质点。

这种钢的热处理工艺较简单,即固溶处理加时效。固溶处理温度为(927±15)℃,随后冷却至 60℃以下,可以得到全马氏体组织。时效时由于析出共格的 NiAl 相引起强化。NiAl 相是一种超点阵有序相,在基体上均匀分布着球形质点,其点阵常数与基体相近,错配度约为 0.002,因而共格很稳定,即使在 525℃长期时效仍保持与基体共格。625℃×4h 时效后 NiAl 相长大至 7nm,具有高的抗过时效能力。

625℃×4h 时效后还出现大块逆转变奥氏体(γ')和沿板条界面等处分布的细小的 Ni_3Mo 或 Ni_4Mo 相。γ'相在 525℃时效后已发现,在 625℃×4h 时效后,γ'相体积分数已达 15%。由于 γ'相中富集碳、镍等元素,稳定性高,时效后冷却至室温也不转变为马氏体,也可起强化作用。

PH13-8Mo 钢经不同温度时效后的力学性能见表 9.57,可以看出,该钢具有比较高的强度、塑性和韧性及良好的低温性能。经过 H950～H1100 状态的时效处理后,随时效温度的增加,试样尺寸的收缩量增大,自 0.0004m/m 增至 0.0012m/m。

表 9.57　PH13-8Mo 沉淀硬化不锈钢棒材(直径 25.4～76.2mm)的力学性能[4,81]

状态	处理工艺	σ_b/MPa	$\sigma_{0.2}$/MPa	δ_4/%	ψ/%	HRC	A_{kV}/J	K_{IC}/(MPa · $m^{1/2}$)
A	固溶处理(927±8)℃,15min	1103	827	17	65		81.4	—
RH950	−73℃冷处理,≥2h,空气中升至室温,(510±6)℃×4h,空冷	1620	1482	12	45	48	27	—
H950	(510±6)℃×4h,空冷	1551	1448	12	40	47	27	82.4
H1000	(538±6)℃×4h,空冷	1482	1413	13	50	45	40.7	110
H1050	(565±6)℃×4h,空冷	1310	1241	15	55	43	67.8	165
H1100	(593±6)℃×4h,空冷	1102	1034	18	60	35	81.4	—
H1150	(620±6)℃×4h,空冷	1000	724	20	63	33	108.5	—
H1150M	(760±6)℃×2h,空冷 (621±6)℃×4h,空冷	896	586	22	70	32	162.7	—
H1100(−79℃试验)	(593±6)℃×4h,空冷	1655	1586	—	—	—	—	54.9

注:RH950～H1150M 状态在处理前均经固溶处理(A),这些状态中的数字,如 950,均指华氏度(°F)。

表 9.58 列出大截面 PH13-8Mo 钢的力学性能，可以看出，该钢的纵向、横向及短横向的强度、塑性差别很小。

表 9.58　PH13-8Mo 沉淀硬化不锈钢大截面钢材的力学性能[80]

截面尺寸	处理工艺	方向和部位	σ_b/MPa	$\sigma_{0.2}$/MPa	δ_4/%	ψ/%	A_{kV}/J
300mm×300mm	990℃×1/2h，空冷，510℃×1h，空冷	纵向，1/2 半径	1530	1390	14	37	—
		横向，1/2 半径	1540	1410	13	31	—
		横向，中心	1490	1330	14	33	—
76mm×200mm	990℃×1/2h，空冷，510℃×1h，空冷	纵向，1/2 半径	1490	1300	16	66	24
		长横向，中心	1540	1380	14	63	—
		短横向，中心	1530	1350	14	53	—

PH13-8Mo 钢在 H-950 状态于 5%的盐雾中的抗蚀能力与 06Cr19Ni10 钢相似，其在强氧化性和还原性酸以及大气中的耐均匀腐蚀性能亦与 06Cr19Ni10 钢相似。该钢在固溶状态下的耐均匀腐蚀性能优于经过固溶处理加时效的状态，而且随时效温度的增加，其耐蚀性逐渐减弱。在海水中的试验表明，该钢无论是锻造还是焊接后，均具有高的耐应力腐蚀性能，经过固溶处理和 538℃时效后的耐应力腐蚀性能最佳[81]。

Costom 455(022Cr12Ni9Cu2NbTi)是一种超低碳的沉淀硬化马氏体不锈钢，具有高的强度和耐大气腐蚀性[82]。

Costom 455 钢在温度区间 900～1260℃极易锻造，适宜的锻造加热和均热温度为 1040～1150℃，终锻温度应控制在 815～925℃，可获得较细的晶粒尺寸，锻后空冷。锻后应进行固溶处理，固溶温度为 816～843℃，随后快冷，若截面较小可以水淬，组织为全马氏体组织，硬度为 30～35HRC。生产企业一般均以固溶状态的产品供货，用户加工后只需进行时效处理以获得最后的性能。时效温度可在 480～560℃选择，保温 4h，空冷，时效后的尺寸变化仅为 −0.001mm/mm。固溶和时效处理后钢的力学性能见表 9.19 和表 9.20。

Costom 455 钢在固溶处理后可以立即进行冷作加工。对于深冲或胀形工艺，由于变形是局部的，加工后须进行二次固溶处理(退火)。其他冷加工，如冷拉、冷轧，因为在固溶状态的加工硬化率低，可进行较大变形量的冷加工，获得较高的强度，而不需二次固溶处理。最后进行时效处理。

Costom 455 钢可焊性优良，可采用同成分的焊接材料进行焊接，一般不需焊前预热和焊后热处理。

Costom 455 钢在通常的大气环境和淡水中有良好的抗蚀能力，在 35℃食盐水喷溅和室温下 5%$FeCl_3$ 水溶液中的耐点蚀性能良好。Costom 455 钢在包括海洋大气等多种腐蚀环境下的应力腐蚀性能是良好的，并随时效温度的提高而进一步得到改善。

继上述一些马氏体沉淀硬化不锈钢之后，一些研究者发现钴和钼同时加入 Cr13 型不锈钢中可以使马氏体的沉淀硬化效应特别强烈[83]，从而开发出一些 Cr-Mo-Co 系马氏体沉淀硬化不锈钢，其化学成分见表 9.59。

表 9.59　一些 Cr-Mo-Co 系马氏体沉淀硬化不锈钢的化学成分[84]　(单位:%)

牌号	C	Cr	Ni	Co	Mo	Ti	V	Si	Mn
AFC-77	0.15	14.5	0.2	13.5	5	—	0.5	0.15	0.20
NASMA-164	0.025	12.5	4.5	12.5	5	—	—	0.15	0.10
Pyrometx-15	0.03	15	0.2	20	2.9	—	—	0.1	0.1
AM367	0.03	14	3.5	15.5	2.0	0.5	—	—	<0.10

从图 9.87 可看出,在 12%Cr 基础上加入钼和钴,随着它们含量的增加,经淬火后在 550～600℃时效时,沉淀硬化峰值强烈升高。钼的作用尤其显著,当钼含量超过 4%时,600℃时效后硬度值可超过 500HV,但当钼含量到 8%时,由于出现不能高温固溶的 χ 相而出现脆性。因此,Cr-Mo-Co 系马氏体沉淀硬化不锈钢中钼含量必须控制在一定范围内。钢中的钴含量对沉淀硬化效应也有很大影响,随钴含量增加,时效后的硬度显著增高(图 9.88)。钴在沉淀相中的含量很低,钴的加入增强沉淀硬化效应可能有两方面的作用,它除了本身增强了沉淀强化效应外,还可以减少钼在基体中的溶解度,使沉淀相增多[84]。钴还可以平衡因钼的增加导致的 δ 铁素体形成倾向。钴含量从 0%增至 8%时是升高 M_s 点的,钴含量再增高将逐渐降低 M_s 点,这类钢中钴含量一般控制在 10%～20%[84]。钒形成稳定的 VC,对钢的晶粒长大起抑制作用。

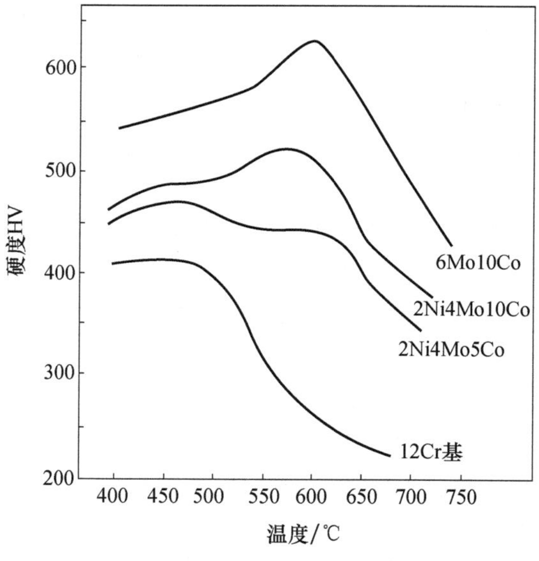

图 9.87　钼和钴对 12%Cr 马氏体不锈钢在时效时产生沉淀强化的影响[85]

目前应用的 Cr-Mo-Co 系马氏体沉淀硬化不锈钢有两种基本成分:一种是以 13%Cr-5%Mo-13%Co 为基的较高钼含量的钢;另一种是以 13%Cr-(2%～3%)Mo-(15%～20%)Co 为基的低钼高钴含量的钢,如表 9.59 所示。

由图 9.89、图 9.90 可见,5%Mo 和 13%Co 配合可以得到最好的室温和高温强度及韧性的配合。钼含量再增高,虽然短时强度有所增高,但持久强度反而降低。从组织上看,当钼含量超过 6%就出现 δ 铁素体。钼含量在 0%～5%时,随着钼含量增高,钢的室温强度、高温强度和持久寿命都增加。在 5%Mo 的基础上,钴含量若超过 14%,则室温

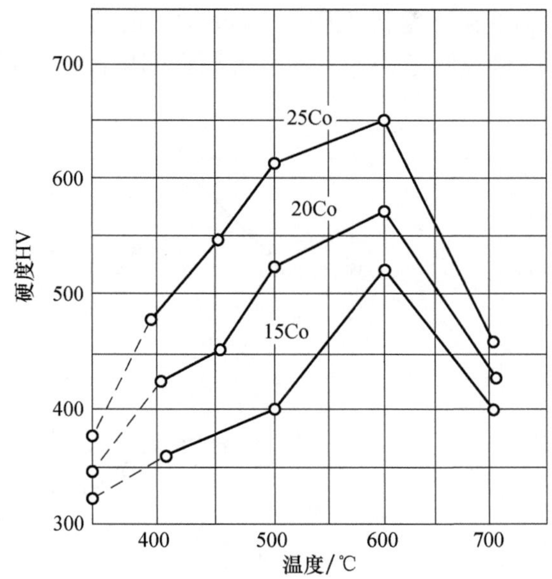

图 9.88　钴对 13%Cr-5%Mo-Co 钢在不同温度时效 0.5h 后的室温硬度[83]

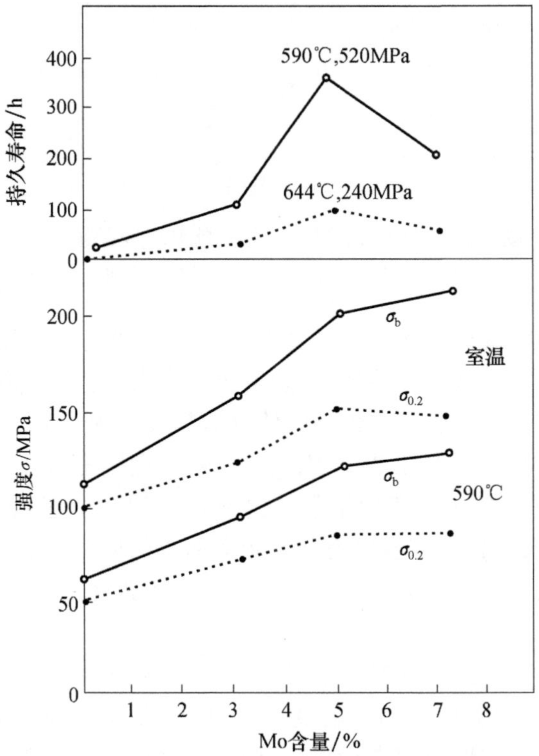

图 9.89　钼对 Cr-Mo-Co 钢性能的影响[83]

成分：0.15%C、14%Cr、0.4%V、13%Co；1093℃油淬，−73℃冷处理 0.5h，590℃时效，2 次，每次 2h

强度和高温强度均降低,这是由于大量钴降低 M_s 点因而得到大量残余奥氏体所致。当钴含量由零增加到 13%,室温强度和高温强度都增加。由图 9.90 还可以看出,随着钴含量增加,钢中 δ 铁素体含量降低,到 13%Co 可得到全部奥氏体,消除了 δ 铁素体的有害作用。

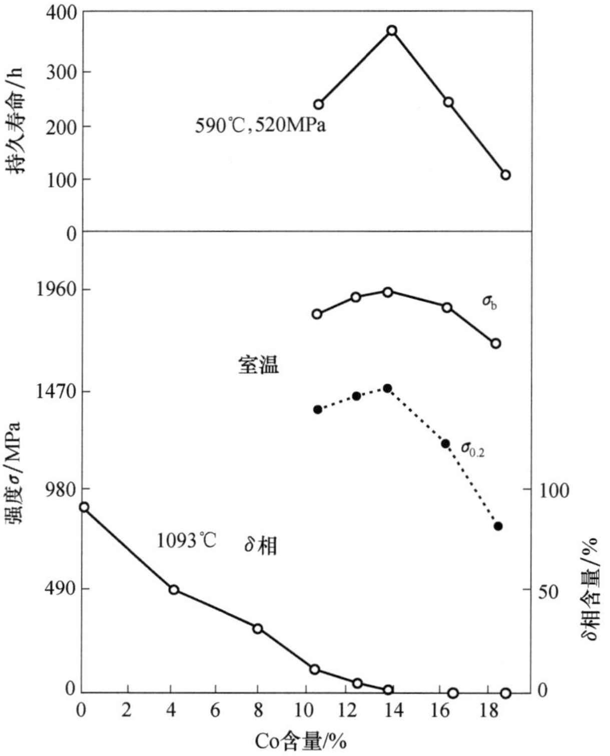

图 9.90　钴对 Cr-Mo-Co 钢性能和组织的影响[83]

成分:0.15%C、14%Cr、0.4%V、5%Mo;1093℃油淬,－73℃冷处理 0.5h,590℃时效,2 次,每次 2h

Cr-Mo-Co 马氏体沉淀硬化不锈钢经固溶处理冷却到室温,组织中除马氏体外,还有大量残余奥氏体,经－73℃冷处理,可使残余奥氏体大大减少。无碳的 Cr-Mo-Co 钢经冷处理后转变为无碳的合金马氏体,这种马氏体具有较低的硬度,以及较高的塑性和韧性,有较小的加工硬化倾向,其硬度在 30HRC 左右,可以直接进行冷变形,冷变形后的板材可直接进行时效处理,只有在高变形量下才需要中间退火。对碳含量在 0.15%左右的 Cr-Mo-Co 钢,由于加入了起沉淀强化的合金元素和碳的固溶强化双重强化作用,其马氏体具有较高的硬度,如 AFC-77(12Cr14Co13Mo5V)钢硬度达 50HRC 左右,不能进行冷变形。

Cr-Mo-Co 钢的马氏体组织在时效加热过程中首先发生回复,同时还发生由马氏体用扩散方式形成铁素体加奥氏体的逆转变,所生成的奥氏体很稳定,冷却到室温也不转变。在一般时效温度下,这种转变进行得很缓慢,在较高温度下则较迅速,如 AFC-77 钢在 700℃以上加热,这种逆转变就容易发生。钼含量增高促使这种反应的发生,而钴的影响较小,故 AFC-77 钢容易发生这种反应,而采用低钼高钴的钢则可以降低这种倾向。

AFC-77 钢含有 0.15%C,有扩大 γ 相区的作用,使在高温下得到单一奥氏体,同时在时效过程中析出碳化物，有一定强化作用。这样的碳含量对韧性和可焊性没有很大的影响。加入 0.5%V 是因为钒对持久强度有有利作用。硅、锰、硫、磷的降低是为了进一步增加钢的韧性，减少钢的脆化倾向。

AFC-77 钢经 1093℃固溶处理后，油淬到室温得到马氏体和残余奥氏体组织，残余奥氏体含量约占 50%，经过−73℃冷处理后，残余奥氏体含量减少。它在高温时可转变成贝氏体或铁素体和碳化物，也可能因析出碳化物而提高 M_s 点，在随后冷却时转变成马氏体。比较图 9.91 中不同碳含量和钼含量对钢性能的影响可以看出，无碳的 AFC-77 钢在 400℃以上时效，随时效温度升高，硬度增加，到 565℃出现沉淀硬化高峰，硬度达 45HRC，在温度范围 500～600℃能保持高硬度，这主要是 Fe_2Mo 和 χ 相产生的。无钼钢时效在 480℃达到高峰，这主要是碳化物析出所产生的。AFC-77 钢时效在 565℃硬度达最高峰，超过 50HRC。由此看来，AFC-77 钢的沉淀强化主要是 Fe_2Mo 和 χ 相产生的。相分析证明，AFC-77 钢在时效过程中有 $Cr_{23}C_6$ 出现，它对沉淀强化作用较小，在 760℃以上时效时将出现 M_6C 型碳化物。

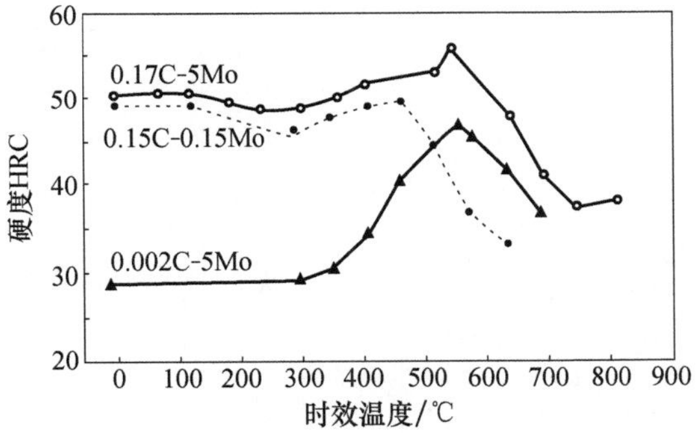

图 9.91 碳含量和钼含量对 AFC-77 钢沉淀硬化的影响[83]

1093℃油淬，−73℃冷处理 0.5h，590℃时效，2 次，每次 2h

AFC-77 钢在温度范围 480～650℃时效后有较高的强度，在 500℃时效，钢的强化主要与钢中碳的作用有关，在 550℃以上时效主要是金属间化合物的沉淀强化作用，但这种钢的缺点是在 425～590℃时效后会引起韧性的降低。实践证明，若固溶处理温度升高，碳化物和金属间化合物进一步溶解，提高了奥氏体的合金度，淬火后得到较多的残余奥氏体，则时效后的韧性有所提高，但固溶温度超过 1150℃后，将出现 δ 铁素体，且呈块状分布，伤害钢的力学性能，但可通过采用双级奥氏体化处理工艺以得到良好的综合力学性能[86]。

双级奥氏体化处理工艺为 1200℃奥氏体化，再在 850～1150℃等温保持一定时间，使 δ 铁素体转变为奥氏体，然后冷却。这种工艺不仅可以消除块状的 δ 铁素体，而且细化了晶粒。这种工艺较之 1100℃奥氏体化，可以得到强度和韧性更好的配合[86]。经 1040～1100℃固溶处理及时效后和 1200℃＋1040℃双级奥氏体化及热处理后的强度与韧性的关系见图 9.92。

近年国内外为适应航空、航天、海洋等高科技领域一些装置的承力、耐蚀、耐高温部件用材的需要，研究和开发出一些新的具有高性能的马氏体沉淀硬化不锈钢，表 9.60 为国内外研制开发的一些高性能马氏体沉淀硬化不锈钢的化学成分。

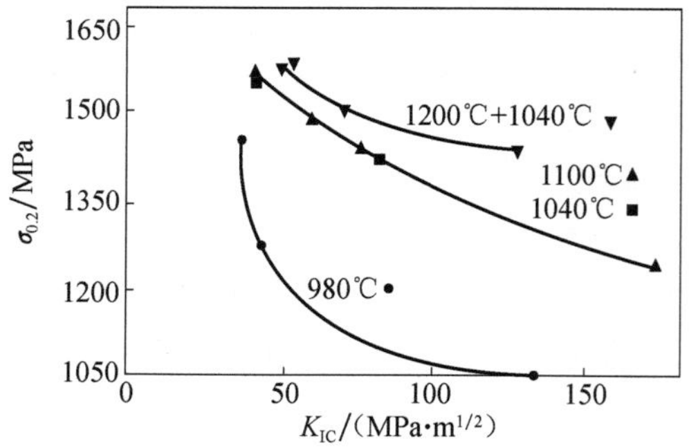

图 9.92　AFC-77 钢奥氏体化工艺与强度-韧性关系[86]

图中所示温度为奥氏体化温度,时效温度 370～595℃

表 9.60　一些高性能马氏体沉淀硬化不锈钢的化学成分　　(单位:%)

牌号	C	Cr	Ni	Co	Mo	Ti	Nb	Al	Si	Mn	S	P
Custom 465[87]	≤0.02	11.00～12.50	10.75～11.25	—	0.75～1.25	1.50～1.80	—	—	≤0.25	≤0.25	≤0.01	≤0.015
0.1C-14Cr-12Co-4.5Mo-0.1Nb[88]	0.10	14	—	12	4.5	—	0.1	—	—	—	—	—
022Cr13Ni5Co15-Mo6Ti[89]	0.02～0.05	11.0～14.0	4.0～5.0	14.0～16.0	5.0～6.0	0.4～0.5	—	≤0.2	≤0.1	≤0.1	≤0.01	≤0.01
16Cr14Co12Mo5[90]	0.10～0.20	13.6～14.4	1.8～2.3	11.5～12.4	4.5～5.4	—	—	—	—	—	≤0.002	≤0.008
Ferrium S53[91]	0.21	10	5.5	14	2	1W	0.3V	—	—	—	—	—

Costom 465 是一种无钴的马氏体沉淀硬化不锈钢,其时效峰值后的抗拉强度可达到 1800MPa。Costom 465 钢具有优异的缺口拉伸强度和断裂韧性,应力腐蚀抗力也比较好,其性能优于 Costom 455 和 PH13-8Mo 钢。该钢于 1997 年取得专利[92],已用于军用机的多个重要部件。

Costom 465 钢适宜的锻造温度区间为 1010～1093℃,锻后空冷,经固溶处理可以进行机械加工。推荐的 Costom 465 钢的固溶温度为(982±8)℃,保温一定时间,然后快冷,截面尺寸在 300mm 以下时可在适当的液体介质中冷却,更大尺寸时宜在空气中快冷。固处理后应在 24h 内进行－73℃冷处理,保持 8h,然后升至室温。

为获得最佳的切削加工性能,经上述处理后再加热至(760±8)℃保温 2h,空冷,再加热至(620±8)℃保温 4h,空冷,此工艺被称为 H1150M 状态。加工后的部件应重新在 982℃进行固溶处理和－73℃冷处理。该钢的焊接性能良好。

Costom 465 钢经上述处理后应进行时效,可在 480～620℃进行,保温 4～8h,然后空冷或在适当的介质中冷却。该钢经 480℃时效后可以得到最高的强度,但韧性较低,适宜的时效温度应选择在 510℃以上,可以得到良好的综合力学性能。表 9.61 为 Costom 465 钢棒材经固溶处理和时效后的纵向力学性能。

表 9.61 Costom 465 钢棒材(直径 108mm)经固溶处理和时效后的纵向力学性能[87]

状态	时效温度/℃	试验温度/℃	σ_b/MPa	$\sigma_{0.2}$/MPa	δ_4/%	ψ/%	σ_{bN}/MPa	NSR	HRC	A_{kV}/J	K_{IC}/(MPa·$m^{1/2}$)
A	—	室温	951	683	20	80	—	—	28	—	—
H950	510	23	1765	1669	13	62	2565	1.5	49.5	30	105
		−54	1875	1779	12	53	1655	0.9	—	8	58
H975	524	23	1703	1620	13	61	2565	1.5	48.0	37	120
		−54	1800	1717	14	58	2103	1.2	—	11	81
H1000	538	23	1593	1510	15	63	2461	1.5	47.5	56	142
		−54	1689	1606	15	63	2503	1.5	—	20	96
H1050	565	23	1482	1366	17	66	2275	1.5	45.5	71	153
		−54	1593	1448	18	63	2365	1.5	—	38	121

注:A 为固溶处理和冷处理后,H950 状态下的数字单位为华氏度(°F),缺口强度比 NSR=σ_{bN}/σ_b,缺口应力集中系数 K_t=10。

将 Costom 465 钢经 980℃固溶处理和在−73℃冷处理 8h 后,再进行不同温度下保温 4h 的时效处理,研究其组织的变化和性能的关系[93]。当时效温度高于 300℃时,Costom 465 钢强度随温度的升高而迅速提高,495℃时达到峰值强度,时效温度超过 495℃后,发生过时效。Costom 465 钢在时效过程中,其塑性和冲击韧性的谷值出现在 450℃时效时,时效温度超过 450℃后,钢的塑性和韧性迅速提高。

Costom 465 钢在温度范围 200~300℃时效,钢中的少量残余奥氏体(约 5%)未发生变化,时效温度在 400℃左右时,钢中开始出现逆转变奥氏体。在 400~590℃时效,钢中奥氏体含量呈上升趋势,时效温度为 510℃时,钢中的奥氏体含量为 10%左右。时效温度在 590℃时,钢中已形成的逆转变奥氏体已不稳定,时效后降至室温时,部分逆转变奥氏体又转变成马氏体。Costom 465 钢在时效过程中出现硬化峰则与析出相的特性有关。研究表明,基体的析出相为针状的具有六方晶体结构 Ni_3Ti 相,析出时与母相马氏体存在共格或半共格关系,使钢得到有效的强化。在高于 510℃时效时,析出相逐渐聚集,540℃时效时析出相直径小于 20nm,而 590℃时效时已长大到约 70nm。

综上所述,510℃时效后,可以获得高的强度,而同时逆转变奥氏体的形成可使钢具有比较高的韧性[94]。

Costom 465 钢经固溶处理后,其强度较低,可以直接进行冷变形,冷变形量可达 70%,然后进行时效处理,可以得到高的强度(表 9.62)。

表 9.62 Costom 465 钢棒材(直径 12.7~31.8mm)冷变形和时效后的纵向力学性能[87]

状态	时效温度/℃	冷变形量/%	σ_b/MPa	$\sigma_{0.2}$/MPa	δ_4/%	ψ/%	HRC	A_{kV}/J
A	—	—	951	683	20	80	28	—
H950	510	0	1841	1779	11.5	63.5	—	—
		60	1944	1902	11.5	61.5	—	—
		70	2020	1972	11.0	58.5	—	—
H975	524	0	1641	1572	13.5	67.0	—	—
		60	1772	1717	13.0	64.0	—	—
		70	1872	1765	12.5	61.0	—	—

续表

状态	时效温度/℃	冷变形量/%	σ_b/MPa	$\sigma_{0.2}$/MPa	δ_4/%	ψ/%	HRC	A_{kV}/J
H1000	538	0	1606	1517	15.0	68.5	—	54
		60	1703	1627	14.5	64.5	—	71
		70	1765	1675	14.0	61.5	—	75
H1050	565	0	1517	1407	15.5	68.5	—	—
		60	1627	1524	15.0	65.0	—	—
		70	1661	1544	14.5	62.5	—	—

注:A 为固溶处理和冷处理后,H950 状态下的数字单位为华氏度(°F)。

0.1C-14Cr-12Co-4.5Mo-0.1Nb 是一种用于制作齿轮的超高强度马氏体沉淀硬化不锈钢。该钢经 1000～1100℃淬火后硬度值较低,回火温度为 540℃时,出现硬度峰值。在经 1050℃淬火和 540℃回火后测得的钢的力学性能为:σ_b=1868MPa、$\sigma_{0.2}$=1422MPa、δ_5=15.2%、ψ=67.0%、K_{IC}=120～140MPa·m$^{1/2}$、A_{kU}=87J。观察了该钢经 1050℃淬火和 540℃、570℃、600℃回火 4h 后的 TEM 组织,其淬火组织为细的板条马氏体,以及少量孪晶马氏体、板条界上的残余奥氏体和粗大的未溶 NbC 质点。在 540℃回火后,在马氏体板条内和界面上有均匀分布的、细小弥散的沉淀相,570℃回火后,沉淀相有所长大,其中有细小球状颗粒相和针状相,细小球状颗粒相为拉弗斯相 Fe_2Mo,针状相为 M_2C 型碳化物。该钢在 540℃附近回火时出现的硬度峰是这两种相在马氏体基体的共格沉淀造成的[88]。

022Cr13Ni5Co15Mo6Ti 是一种超低碳的 Cr-Mo-Co 系马氏体沉淀不锈钢,该钢采用双真空冶炼(真空感应炉＋真空自耗炉)。经试验确定,该钢的适宜的固溶温度为 1050℃,保温 60min,再进行－73℃保温 8h 的冷处理。经 535℃×4h 时效后,钢的强度达到峰值。试制的 ϕ200mm 棒材经上述工艺处理后的力学性能为:σ_b=1940MPa、$\delta_5\approx$12%、ψ=58%、K_{IC}=104MPa·m$^{1/2}$、A_{kU2}=55J[89]。

16Cr14Co12Mo5 是一种新研制的耐热耐蚀轴承钢,采用低碳马氏体相变强化和沉淀强化相叠加方式获得高的强度和良好的综合力学性能。该钢采用双真空冶炼,处理工艺为:1050℃×1h 固溶处理,经－84℃×2h 冷处理,进行 500℃×2h 时效,再重复进行－84℃×2h 的冷处理加 500℃×2h 时效。该钢的抗拉强度可达 1900MPa,屈服强度可达 1400MPa[90]。

Ferrium S53 是 20 世纪末由美国 Qust Tak 公司基于计算的材料设计技术研发出的一种马氏体沉淀硬化不锈钢,Carpenter 技术公司提供产品,用以满足美国航母舰载机用的高强、高韧且在海洋大气环境下使用的超高强度不锈钢[95]。航母舰载机关键结构件常用 300M、Aermet 100 等超高强度钢制作,但这类钢很容易受腐蚀,都必须采用严重危害环境且费用昂贵的氰化镀镉工艺,还需长期维修,而 Ferrium S53 的力学性能等于或优于传统的超高强度钢,如 300M 和 SISI4340(表 9.63),且耐蚀性能显著高于 300M 和 SISI4340。

表 9.63 Ferrium S53 和一些超高强度钢的力学性能对比[91]

牌号	σ_s/MPa	σ_b/MPa	δ/%	ψ/%	K_{IC}/(MPa · $m^{1/2}$)	K_{ISCC}/(MPa · $m^{1/2}$)	回火温度/℃	耐蚀性
Ferrium S53	1551	1985	15	57	72	20～44	482	高
300M	1688	1878	11	57	55	17	300	低
SISI4340	1516	1902	11	35	55	11	204	低
C250	1723	1827	12	35	101	50	482	低

Ferrium S53 钢采用双真空冶炼，以保持高的纯洁度。该钢一般使用精锻机开坯，部件则使用模锻成形。

Ferrium S53 钢的热处理工艺采用真空淬火和真空回火以防止表面脱碳，推荐的淬火加热温度为(1085±15)℃，保温时间为 1h，在油中淬火，冷至室温后进行－73℃或更低温度的冷处理，时间为 1～3h，冷处理后在空气中回温至室温，目的是使马氏体尽可能转变完全。实际上经过上述处理后，钢中仍存在少量残余奥氏体，然后回火 2 次。

Ferrium S53 钢的二次强化主要依靠回火时析出与基体共格的纳米级 M_2C 型碳化物，这主要依靠钼、钨、钒含量的合理设计；钴和镍的含量可以控制 M_s 点的温度，使钢在淬火后获得尽可能多的高位错密度的板条马氏体组织。

第一次的回火温度为 500℃(3h)，油中冷却，再在－73℃或更低温度进行冷处理，时间为 1～3h，冷处理后在空气中回温至室温。回火过程中在 430℃以上开始析出强化相 M_2C 型碳化物，强度和硬度在回火温度为 490℃左右达到峰值。在回火过程中残余奥氏体逐渐分解和减少并转化为细小的薄膜状，在 490℃以上开始，逆转变奥氏体薄膜在马氏体板条间形成，更高温度回火时将出现 $M_{23}C_6$ 型碳化物，钢的强度下降。第二次回火的目的是使组织稳定，回火温度为 482℃(12h)，在空气中冷却。

Ferrium S53 钢不但有高的强度和韧性，其疲劳性能和缺口疲劳性能也优于 300M 钢。该钢的成分设计可使其在腐蚀环境下生成结构为尖晶石的钝态氧化膜中富集尽可能多的铬，析出的 M_2C 型碳化物的尺寸应小于钝化膜的厚度。Ferrium S53 钢在海水和海洋大气中具有高的耐蚀性和耐应力腐蚀性能，其耐蚀性能相当于 15-5PH H900 钢。

Ferrium S53 钢已用于包括飞机起落架在内的多种重要部件。

9.7.2 半奥氏体沉淀硬化不锈钢

半奥氏体沉淀硬化不锈钢亦称奥氏体-马氏体沉淀硬化不锈钢、控制相变沉淀硬化不锈钢或过渡型不锈钢。这种钢是由于航空工业的需要而发展起来的。高速飞机表面要求能在 200℃以上工作的高强钢，要求具有良好的加工性能和焊接性能，并在焊接条件下使用的温度高到 400℃时能保持抗拉强度不低于 1100MPa；还要求这种钢的板材比较软并具有良好的延性，在加工后能均匀地硬化。这种钢在成分和组织设计时应能满足上述要求。

自最早开发的半奥氏体沉淀硬化不锈钢 17-7PH 问世后，国外已发展了多种牌号[96]，并广泛用于高速飞机蒙皮、火箭壳体、发动机压气机转子、紧固螺栓、轴、弹簧，以及各种民用机械零件。表 9.64 为国外开发出的一些半奥氏体沉淀硬化不锈钢的化学成分。

表 9.64　国外开发出的一些半奥氏体沉淀硬化不锈钢的化学成分[4,96]　(单位:%)

牌号	C	Cr	Ni	Mo	Si	Mn	Al	N
17-7PH	0.07	17.0	7.1	—	0.30	0.50	1.2	0.04
PH15-7Mo	0.07	15.2	7.1	2.2	0.30	0.50	1.2	0.04
PH14-8Mo	0.04	15.1	8.2	2.2	0.02	0.02	1.2	0.005
AM-350	0.10	16.5	4.25	2.75	0.35	0.75	—	0.10
AM-357	0.21～0.26	13.5～14.5	4.0～5.0	2.5～3.25	≤0.5	0.5～1.2	—	0.07～0.13

注:17-7PH、PH15-7Mo、PH14-8Mo 系 Armco 钢公司开发,AM 系列系 Allegheny Ludlum 钢公司开发。

为了保证在室温下有较好的塑性和压力加工性,要求这类钢在固溶处理和空冷后在室温下为奥氏体组织,其 M_s 点应在室温以下,低的相变温度可使其在加工时不致发生较大程度的马氏体相变,但 M_s 点也不能过低,否则用一般的处理方法不能得到足够的马氏体组织。为了保证可焊性,碳含量一般应控制在比较低的水平。

为能在固溶温度至室温获得单相的奥氏体组织,应平衡奥氏体形成元素和铁素体形成元素的含量。前者主要有镍、锰、钴、铜,后者主要有铬、铝、钛、铌等。在平衡两类元素的含量时,可使室温下的单相奥氏体组织易于冷加工和焊接,而在随后的冷处理时还要尽可能多地转变成马氏体,所以这种奥氏体组织应该是不稳定的,所以降低 M_s 点最强烈的元素碳和氮的含量必须很低。这种不稳定的奥氏体组织可以 Cr17Ni4 钢作为半奥氏体钢的基础钢来分析,表 9.65 列出一些元素对 Cr17Ni4 钢 M_s 点的影响。

表 9.65　加入 1%元素对 Cr17Ni4 中 δ 铁素体含量和 M_s 的影响[85]

参数	合金元素											
	C	N	Ni	Co	Cu	Mn	W	Mo	Si	Cr	V	Al
δ 铁素体含量变化/%	−180	−200	−10	−6	−3	−1	+8	+11	+8	+15	+19	+38
M_s 点的变化/℃	−450	−450	−20	+10	−35	−30	−36	−45	−50	−20	−46	−53

Cr18Ni9 钢中的碳含量自 0.10%降至 0.01%后,其 M_s 点从 −195℃ 以下升高至 10℃左右,这使人们可以利用碳化物的析出控制奥氏体中的实际溶解碳量以调节钢的 M_s 点。

Cr17Ni4 钢加热至 1050℃空冷后可得到 5%的 δ 铁素体和 95%的奥氏体组织。半奥氏体钢在室温的奥氏体中有 5%～20%的 δ 铁素体是有益的,可以有良好的冷变形能力和可焊性,并有利于用碳化物的析出来调节 M_s 点控制奥氏体的转变。实验证明,纯奥氏体组织在 600～800℃碳化物析出缓慢,而奥氏体加少量 δ 铁素体这种复相组织在 600～800℃加热时,$Cr_{23}C_6$ 比较快地在 δ/γ 相界面优先析出,然后在 γ/γ 晶界析出(图 9.49)。δ 铁素体含量如超过 30%将不利于热加工和钢的强化。表 9.65 列出一些元素对 Cr17Ni4 钢中 δ 铁素体含量的影响。

半奥氏体沉淀硬化不锈钢和马氏体时效钢一样,为了提高钢的强度,必须发生马氏体相变,而这种马氏体为保证其可焊性,不能用碳来强化,只能用在马氏体的基体上产生沉淀硬化的方法来提高强度。这种低碳的经过时效的马氏体,可以保持高的塑性和韧性,同时又具有较高的强度。

半奥氏体沉淀硬化不锈钢的一个重要特征是多种多样的处理状态，通过这些处理方式可以调整各种相变过程以达到预期的性能[4,80,85]。

1）固溶处理

固溶处理后称为A状态(austenization)，通常加热至1050℃，使碳及合金元素全部溶入奥氏体中以充分发挥它们的作用，冷至室温后的组织为奥氏体加少量δ铁素体。固溶处理有时称为退火处理。固溶处理后钢的强度最低，可进行成形加工，是这类钢的一种主要供货状态。固溶处理温度直接影响钢的$M_s \sim M_f$范围的位置，降低固溶温度使$M_s \sim M_f$位置升高。调整固溶处理温度可以做到精确调整$M_s \sim M_f$位置。

2）冷处理

半奥氏体沉淀硬化不锈钢在成分设计时将$M_s \sim M_f$位置控制在略低于零度的温度，冷却至−70℃以下(−73℃)便可完成奥氏体向马氏体的转变。成分一定时，可通过改变固溶温度调整$M_s \sim M_f$位置。冷处理也称为R处理(refrigeration)。

3）奥氏体调整处理

半奥氏体沉淀硬化不锈钢处于A状态后可通过调整处理(conditioning)使自奥氏体中析出碳化物等，降低奥氏体中的碳及合金元素含量，升高$M_s \sim M_f$位置，使之在冷至室温或经冷处理后得到完全马氏体转变。调整处理可分为较低温度调整处理(或称一次回火处理)和高温调整处理。调整处理又称T状态处理。

较低温度调整处理采用加热A状态的钢降至较低的温度来调节M_s点，使钢在室温下获得必要的马氏体含量，然后通过时效进一步强化。图9.93为调整处理温度对这类钢M_s点的影响示例。在700～800℃温度范围内，碳化物析出孕育期很短，析出速率和析出量最大，冷却时M_s点升高最有效。经调整处理后，17-7PH和PH15-7Mo钢的M_s点从低于−100℃增高至70℃以上，冷至室温得到$M+\gamma+\delta$组织，钢中的残余奥氏体在随后加热到500℃以上时效才完全分解。这种工艺较简单，但在较低温调整处理时，沿晶碳化物的析出降低了钢的塑韧性。为弥补这一缺点，一般采用较高的时效温度。

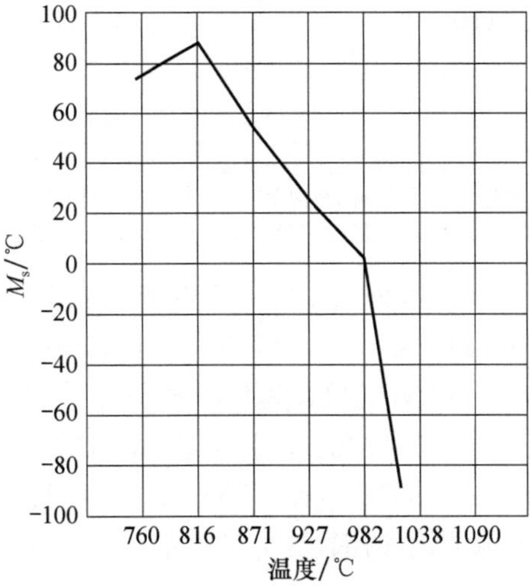

图9.93 调整处理温度对半奥氏体沉淀硬化不锈钢M_s点的影响[4]

应指出，自较低温度调整处理后冷至室温的过程应在1h内连续冷却完成，缓慢冷却或途中保温都会导致奥氏体的稳定化和最终马氏体相变不完全。

高温调整处理的温度选择应使钢的M_s点在室温附近，而以略低于室温为宜。例如17-7PH钢，经1065℃固溶处理后，M_s点约低于室温，M_f点低于−120℃，由于M_s和M_f点过低，只有经过−130℃甚至更低温度的冷处理才能得到足够含量的马氏体。经固溶处理后采取950℃高温调整处理，此时有一定数量的碳化物析出，$M_s \sim M_f$范围升高，M_s点约为60℃，M_f点约−80℃，冷到室温时得到部分马氏体，不影响零件的冲压加工，然后进一步冷却到−73℃就可以得到主要是马氏体的组织。这种方法处理后，由于晶界上只有少量碳化物析出，时效后仍能保证良好的塑性和较高的强度。此外，由于调整处理的加热温度较高，奥氏体(以后的马氏体)中的碳及合金元素含量增加，也增加了钢的强度。

4) 冷变形

冷变形明显提高 M_s 点，促进马氏体的转变。通常 10%～25%冷轧变形可使 M_s 点升至室温以上，高变形量还可以使钢的强度达到超高强度钢的水平。冷变形起到调整处理的作用，随后无须再进行冷处理而直接进行时效处理。冷变形也称为 C 状态(cold work)，这种方法适用于板材生产。

5) 时效处理

时效处理也称为 H 状态(hardening)，是最后一道热处理工序，并由此获得预期的力学性能。当钢发生马氏体相变，时效温度高于 400℃后，视钢中添加合金元素的不同而析出各种强化相，大多在 400～500℃达到时效硬化峰值，继续提高回火温度将产生过时效。

上述各种状态的组合可使这类钢获得所要求的力学性能和使用性能。表 9.66 为一些半奥氏体沉淀硬化不锈钢的力学性能。

表 9.66 一些半奥氏体沉淀硬化不锈钢板材的力学性能[4]

牌号	处理状态	时效温度/℃	σ_b/MPa	σ_s/MPa	δ_4/%	硬度 HRC
17-7PH	TH1050	565±5	1397	1276	9	43
PH15-7Mo	RH950	510±5	1655	1551	6	48
PH15-7Mo	CH900	482±5	1827	1793	2	49
PH14-8Mo	SRH950	510±5	1586	1482	6	48
AM-350	SCT850	455±5	1420	1207	12	46

注：各钢均先进行固溶处理。TH1050 为先经 750℃调整处理，再进行 1050°F 时效处理。RH950 为先经 950℃调整处理和 R 处理，再时效。CH900 为冷轧变形 60%，再时效。SRH950 为固溶(930℃)＋冷处理(－78℃)＋时效。SCT850 为固溶(930℃)＋冷处理(subzero cooling)＋回火。

我国列入 GB/T 20878—2007 的半奥氏体沉淀硬化不锈钢的牌号有五个，分别是 07Cr17Ni7Al、07Cr15Ni7Mo2Al、07Cr12Ni4Mn5Mo3Al、09Cr17Ni5Mo3N 和 06Cr17Ni7AlTi，其化学成分见表 9.16。表 9.16 中的 07Cr17Ni7Al、07Cr15Ni7Mo2Al、09Cr17Ni5Mo3N 等钢与表 9.64 中的 17-7PH、PH15-7Mo、AM350 等钢相当。

17-7PH(07Cr17Ni7Al)与 PH15-7Mo(07Cr15Ni7Mo2Al)系最先开发的半奥氏体沉淀硬化不锈钢，其力学性能见表 9.18～表 9.20。这两种钢有三种热处理工艺[4]：

(1) 固溶处理(1063±15)℃＋较低温调整处理(760℃)＋时效。时效温度为 510℃，若需要较高的塑性和韧性，时效温度可提高至 565℃。

(2) 固溶处理(1063±15)℃＋高温调整处理(955℃)＋时效(510℃)。必须指出，当 M_s 点高于室温时，热处理过程中应注意室温停留对奥氏体稳定化的影响，调整处理后不得在室温停留过长时间才进行冷处理，应使马氏体转变开始与结束的时间不超过 1h，否则在随后的时效处理时得不到应有的力学性能。

(3) 固溶处理(1063±15)℃＋冷变形＋时效(482℃)。

第(2)种热处理制度可以获得良好的综合力学性能，并且有较高的高温持久强度，这是因为采用了较高的调整温度和控制了较低的时效温度。第(1)种热处理制度采用较高的时效温度，有较高的塑性和韧性。采用第(3)种热处理制度由于综合应用了马氏体相变强化、冷作硬化和沉淀强化，可得到最高的室温和高温短时强度，但塑性和韧性较低，由于冷变形组织稳定性较低，高温下持久强度下降较迅速。PH15-7Mo 钢由于含有钼，在高温下持久强度比 17-7PH 钢高。

17-7PH 和 PH15-7Mo 钢具有高的强度并得到较广泛的应用，但它们存在明显的缺点，即在 σ_b 超过 1380MPa 时，钢的缺口敏感性增加，经热处理后在 315～425℃长期使用时产生脆化倾向。表 9.67 为三种半奥氏体沉淀硬化不锈钢的抗拉强度与缺口敏感性，这三种钢经 510℃时效后的抗拉强度相近，但其缺口敏感性却大不相同，17-7PH 和 PH15-7Mo 这两种钢的缺口敏感性远高于 PH14-8Mo 钢。当三种钢处理成具有相同的缺口敏感性时，PH15-7Mo 钢可以利用的强度水平高于 17-7PH 钢 117MPa 钢，远低于 PH14-8Mo 钢。缺口敏感性这一指标可以直接反映这些钢在海洋大气环境条件下的抗应力腐蚀性。

表 9.67 三种半奥氏体沉淀硬化不锈钢的抗拉强度(横向)与缺口敏感性[4]

牌号	冶炼方法	处理状态	时效温度/℃	σ_b/MPa	σ_{bN}/MPa	NSR
17-7PH	电弧炉，大气	RH950	510	1627	827	0.51
PH15-7Mo	电弧炉，大气	RH950	510	1703	756	0.44
PH14-8Mo	真空感应	SRH950	510	1655	1551	0.94
17-7PH	电弧炉，大气	RH1100	593	1207	1083	0.90
PH15-7Mo	电弧炉，大气	RH1100	593	1324	1200	0.91

注：缺口强度比 NSR=σ_{bN}/σ_b，缺口试样根部半径为 0.018mm。RH 固溶处理为先经 950℃调整处理和 R 处理，再时效。SRH 为固溶(925℃×1h，实为高温调整处理)＋冷处理＋时效。

试验研究证明，17-7PH 和 PH15-7Mo 钢在时效或加热时，相界和晶界上有碳化物或其他杂质元素的析出物，引起钢的塑性降低，导致缺口敏感性增高。PH15-7Mo 钢虽加入 2.25%Mo，但并未完全改善在 315～425℃的回火脆性倾向，在这个温度范围长时间保温仍然会产生缺口敏感性。

为克服 17-7PH 和 PH15-7Mo 钢的上述缺点，发展了高强度和高韧性的 PH14-8Mo 钢，可以在保持高比强度的条件下，兼有优良的韧性和中温下的稳定性。

PH14-8Mo 钢保持了与 PH15-7Mo 钢相同的 Mo 和 Al 含量。Mo 可以保持钢的回火抗力和热稳定性，Al 是主要的时效硬化元素，用以获得高的强度。获得高韧性的基本方法，一是降低碳含量，减少晶间网状碳化物的析出，二是降低硫、磷杂质含量(S 含量不大于 0.01%、P 含量不大于 0.015%)。由于成分上严格控制，在 PH14-8Mo 钢中相界和晶界不存在碳化物的析出或杂质元素的富集。这样钢的缺口敏感性和断裂韧性大大改善。PH14-8Mo 钢还略降低 Cr 含量，略增加 Ni 含量。PH14-8Mo 钢抗应力腐蚀的能力比 PH15-7Mo 及其他一些半奥氏体沉淀硬化不锈钢优越很多。

PH14-8Mo 钢的固溶(退火)工艺为加热至 975～1000℃，空冷。固溶状态的力学性能为：σ_b＝870MPa、$\sigma_{0.2}$＝380MPa、δ_4＝25%。在固溶状态下，钢的强度，特别是屈服强度低，有利于成形和加工。

钢的硬化工艺(SRH)为：固溶处理(930℃×1h 空冷)＋冷处理(－78℃×8h)＋时效(500℃×1h 空冷)。该钢固溶处理状态下，组织中有 92%的 γ 相和 8%的 δ 相，经－78℃冷处理和时效后的组织为 80%回火马氏体＋8%δ 相＋12%γ 相，沉淀相为 NiAl 相，晶界和相界上基本上不存在碳化物和其他沉淀相。该钢在硬化状态下,具有与 PH15-7Mo 钢相当的高强度和更好的韧性,在 350℃×1000h 保持后,韧性降低很少或不降低,而 PH15-7Mo 钢却显著降低。该钢在−78～340℃区间,具有较高的强度和缺口强度性能[80]。

AM350(09Cr17Ni5Mo3N)钢是在 PH15-7Mo 钢的基础上调整成分而研制成的。该钢与 PH15-7Mo 钢相比,碳含量提高,添加氮,以增加间隙固溶的效果,增加碳化物和氮化物的析出和提高形变硬化效果,稍提高钼含量以适应碳含量的增加,形成碳化物,提高铬含量以适应碳含量的增加保持抗腐蚀性能。

AM350 钢的热处理工艺为:固溶处理 1065℃,空冷,速冷。经固溶处理后 AM350 钢中含有 5%～20%δ 相,其余为 γ 相。该钢冷处理后的组织由 70%～90%马氏体、5%～20%δ 相及 5%～15%γ 相组成。该钢经回火(时效)后的沉淀相为 $M_{23}C_6$ 和 M_2X 相。该钢各种工艺处理后的力学性能见表 9.68。

表 9.68　AM350 钢不同处理状态下的力学性能

处理状态	处理工艺	σ_b/MPa	σ_s/MPa	δ_4/%	硬度 HRC
固溶处理 A[97]	1065℃,快冷	1035	480	30	20
SCT(450)[97]	A,932℃×2h,−73℃×3h,454℃×3h	1520	1380	9	46
DA[97]	A,745℃×3h,454℃×3h	1310	1100	10	42
CR30[96]	A,30%冷加工	1564	1372	15	—
CR50[96]	A,50%冷加工	1882	1715	13	—
CR70[96]	A,70%冷加工	2421	2209	11	—
CRT30[96]	CR30+454℃×3h	1557	1468	18	—
CRT50[96]	CR50+454℃×3h	1866	1771	12	—
CRT70[96]	CR70+454℃×3h	2298	2209	11	—

注:DA 表示双重时效。

AM350 钢在大多数介质中的抗蚀性与 316 钢相似,其耐蚀性优于其他沉淀硬化不锈钢。该钢在惰性气体保护下有较好的焊接性[97]。

07Cr12Ni4Mn5Mo3Al(亦称 69111)是我国在 20 世纪 70 年代为满足宇航工业的需要而开发出的一种节镍型半奥氏体沉淀硬化不锈钢,钢中加入 5%的锰代替部分镍。该钢的高温塑性良好,可在 850～1120℃温度区间进行加工[98]。

07Cr12Ni4Mn5Mo3Al 钢适宜的固溶温度为 1050℃,固溶状态中的 δ 相为 5%～10%,M_s 点约为−10℃。表 9.69 为 07Cr12Ni4Mn5Mo3Al 钢不同处理状态下的力学性能。

表 9.69　07Cr12Ni4Mn5Mo3Al 钢不同处理状态下的力学性能[80]

处理工艺	σ_b/MPa	σ_s/MPa	δ_4/%	ψ/%	a_{kU}/(J/cm²)	硬度
1065℃,30min,空冷(A)	1155	—	24.0	63	>180	88HRB
A+−78℃×4h	1425	1050	15.7	56.3	117	44.5HRC

续表

处理工艺	σ_b/MPa	σ_s/MPa	δ_4/%	ψ/%	a_{kU}/(J/cm^2)	硬度
A+−78℃×4h+520℃×2h	1635	1440	15.7	62.7	860	50.5HRC
A+900℃×60min 空冷+ −78℃×4h+530℃×2h	1670	—	14.0	54.5	19.5	48.7HRC
A+750℃×2h+560℃×2h	1360	1097	13.2	45.5	57	40.5HRC
A+14%变形量	1230	525	14.9	—	—	—
A+24%变形量	1340	995	9.9	—	—	—
A+71%变形量	1610	1540	—	—	—	—

07Cr12Ni4Mn5Mo3Al 钢经 1050℃固溶，−70℃冷处理后的组织为马氏体、δ 相和残余奥氏体。该钢 400～600℃时效 2h，在马氏体中析出点状和片状沉淀物，而在 δ 相中析出的片状沉淀物要比马氏体中沉淀物尺寸粗大。TEM 分析证明，片状相为 J 相，点状相为(Ni，Mn)Al 化合物，530℃时效出现硬度峰值。时效反应是在马氏体和 δ 相中进行的，530℃时效 6h，组织中出现逆转变奥氏体[80]。J 相是由纯 Fe 层和纯 Cr 层交替组成的一种新相[50]。7Cr12Ni4Mn5Mo3Al 钢在固溶状态下具有良好的加工成形性能和焊接性能。经过适量的冷变形、冷处理和时效处理后，可获得超高强度，适合于制造 350℃以下工作的飞行器构件、弹性元件等[99]。

06Cr17Ni7AlTi 是在 07Cr17Ni7Al 基础上适当降低铝含量并添加钛而开发出的钢种，加入钛可以防止钢的晶间腐蚀。该钢的热处理工艺和力学性能见表 9.19 和表 9.20。

半奥氏体沉淀硬化不锈钢的组织和性能对于钢的化学成分的波动很敏感，因此对冶炼工艺的要求十分严格。钢中要求含有 5%～20%δ 铁素体，用于控制奥氏体的 M_s 点。如果铸锭偏析严重，在板材上会出现 δ 铁素体分布极不均匀的现象，影响调整处理后各处的 M_s 点，因而马氏体含量的差别，会造成板材性能的波动。因此，冶炼时必须控制好奥氏体形成元素和铁素体形成元素含量之间的平衡，控制好 δ 铁素体的含量。从性能上考虑，δ 铁素体的含量宜控制在下限。在冶炼方法上采用电渣重熔和真空自耗等方法有利于改善铸锭的质量。

9.7.3 奥氏体沉淀硬化不锈钢[100]

A-286 钢是最早开发出的奥氏体沉淀硬化不锈钢，该钢的基体为非常稳定的奥氏体，即使使用大的冷变形、冷处理也不会发生转变。我国列入 GB/T 20878—2007 的奥氏体沉淀硬化不锈钢的牌号有一个，即 06Cr15Ni25Ti2MoAlV(表 9.16)，其化学成分与 A-286 钢相同。

A-286 钢经固溶处理和时效后，有高的强度和韧性，同时具有良好的抗氧化性能和耐蚀性，使用温度可达 700℃，属于铁基高温合金，常以锻件和铸件用于航空发动机的受力件，如叶片、导向叶片、轴、框架等。该钢在低温时也有良好的韧性和抗蚀性。

A-286 钢一般采用两种固溶温度：980℃和 900℃，采用油冷或水冷，以避免冷却过程中发生析出。980℃固溶时得到大的晶粒，可以得到良好的抗蠕变性能；900℃固溶处理得到细晶粒,可获得瞬时强度和塑韧性均好的综合力学性能。该钢在热处理过程中产生的尺寸变化小。

A-286 钢的时效温度为 650～760℃,时效时在基体均匀析出的 γ'-$Ni_3(Ti,Al)$相是主要的强化相,具有面心立方点阵。γ'相的溶解温度为 860℃,因此时效温度均在 860℃以下。A-286 钢长期时效或高温长期使用会发生 $\gamma' \rightarrow \eta$-Ni_3Ti(六方点阵)转变,η 相的强化效果差,并减低钢的韧性。

A-286 钢的室温强度不如其他一些沉淀硬化不锈钢,但其高温强度高,在经 980℃×1h 油冷＋720℃×16h 处理后,在 20℃、540℃、650℃和 760℃下的 σ_b 分别为 1007MPa、903MPa、718MPa 和 441MPa。A-286 钢的主要缺点是焊接性能差,易产生焊接裂纹。

奥氏体沉淀硬化不锈钢的钢种少,应用不广泛,已逐渐被以后不断发展的 Fe-Ni 基高温合金所代替。

9.8　其他不锈钢

9.8.1　高氮不锈钢

9.8.1.1　高氮不锈钢的生产

近年来,氮用做合金元素日益受到重视,特别是对于不锈钢加氮问题,已进行了大量研究。氮对不锈钢基体组织的影响和作用,主要是在对其组织、力学性能和耐蚀性方面,其有益作用在本章前面部分已有阐述。目前控氮型和中氮型不锈钢在常压冶炼技术条件下就可以完成,成本优势显著。主要方法是:①在熔炼过程中将 FeCrN、CrN、MnN 或 Si_3N_4 等中间合金加入到熔池中,以调整合金成分;②向 AOD 熔池底吹氮。

20 世纪 80 年代以来,随着冶金技术的进步及人们深入研究了 Cr、Mn 等主要元素对氮溶解度的影响规律之后,才逐渐开发出各种高氮奥氏体不锈钢。近年来,超导技术的发展对低温无磁材料需求的升温,以及作为化工和能源开发材料用高强度不锈钢需求量的不断增长,进一步促进了高氮高强度不锈钢的研制和发展。虽然人们对高氮钢(包含高氮不锈钢,以下同)已有大量研究,但"高氮钢"的定义尚无统一认识。许多学者认为,奥氏体基体的氮含量大于 0.4%或铁素体基体中的氮含量大于 0.08%的钢是高氮钢[46]。

制备高氮钢的主要技术问题是如何使熔体中得到高质量分数的氮,以及如何防止其在凝固过程中的逸出问题。

目前,制备高氮钢大体分为氮气加压熔炼法、粉末冶金法和表面渗氮法。氮气加压熔炼法经过多年发展,现已成功开发出的高氮钢加压技术,主要有加压感应熔炼法(PIM)、加压电渣重熔法(PESR)、加压等离子熔炼法(PARP)、加压电弧渣重熔(ASRP)等[101,102]。

加压感应熔炼法是把真空感应炉变成高压感应熔炼设备,一般熔化时压力达到大约 1MPa,这对于分批生产 100kg 金属是合适的。

加压电渣重熔法是目前商业生产高氮钢的有效方法。1980 年德国 Krupp 公司建成世界第一台 16t 高压电渣炉。1988 年德国 VSG 公司又建成 20t 高压电渣炉,如图 9.94 所示,熔炼室运行压力可达 4.2MPa,生产铸锭的直径为 430～1000mm[103]。炉子有密封滑动导电系统，固定圆柱铜模位于下部，氮以氮化物粒子形式与脱氧剂连续加入。该炉已成功生产了用做发电机转子护环的 P900N 钢。

乌克兰、俄罗斯、德国等国家的一些研究所及公司开发了工业化的加压等离子电弧重熔技术。在等离子弧中，氮被分离成原子供给液态金属，提高了金属的吸氮率。研究表明，在含氮气氛中进行等离子弧重熔是冶炼高氮钢时用氮合金化的一种有效的方法，已稳定地生产出锭重达 3.4t 的高氮奥氏体不锈钢锭[104,105]。

国内外采用粉末冶金法生产高氮不锈钢的主要方式：①先制取高氮不锈钢粉末，然后采用模压烧结、粉末轧制、热等静压等粉末冶金成形方式制备高氮不锈钢制品；②将一般不锈钢粉通过模压成形、注射成形等方式加工成生坯后，在烧结过程中进行渗氮处理[106]。

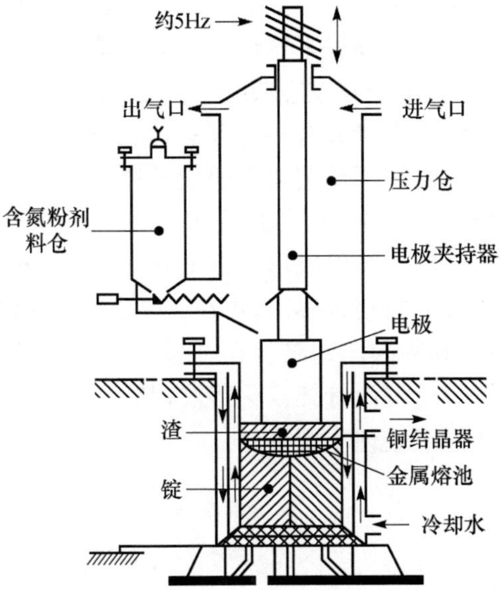

图 9.94 生产 20t 锭的 PESR 炉[103]

在 0.101MPa(1atm)下，氮在 α-Fe、δ-Fe、γ-Fe 及液态铁中的溶解度如图 9.95 所示。氮在 α-Fe、δ-Fe 中的溶解度远低于在 γ-Fe 中的溶解度。在 1873K 时，氮在液态铁中的溶解度只有 0.045%。根据 Sievert 规律，钢液中的氮含量与氮气压力的平方根成正比，钢液中氮的溶解度随氮气压力的增加而增加。因此，商业用高氮不锈钢粉末首先在氮气气氛中进行高压熔炼，以提高钢液中的氮含量。在纯铁、Fe-Cr 合金、Fe-Mn-Cr 合金凝固期间会形成 δ-Fe，在其形成范围内，氮的溶解度降低到低于液态的平衡溶解度，成为钢锭产生缩孔的原因。增加压力，有可能避免 Fe-Mn-Cr 合金中形成 δ-Fe 相区，可以保证钢中的氮含量且不会出现缩孔。在一般 Cr-Ni 不锈钢中没有 δ-Fe 相区，采用氮合金化没有缩孔问题，凝固期间也不需要压力。

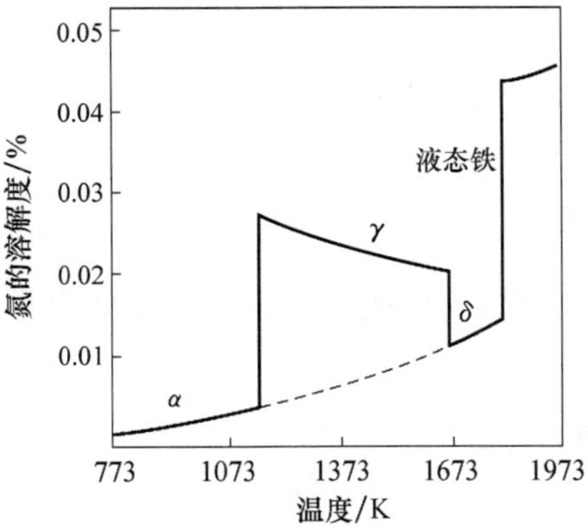

图 9.95 0.101MPa(1atm)下，氮在 α-Fe、δ-Fe、γ-Fe 及液态铁中的溶解度[107]

根据不同合金元素对氮在钢液中溶解度的研究表明，Ti、Zr、V、Nb、Cr、Mn、Mo 等元素（按由强到弱顺序）可以用来增加不锈钢中氮的溶解度。Ti、Zr、V、Nb 等元素有很强的形成氮化物的趋势，Cr 也能显著提高氮在不锈钢中的溶解度，其形成氮化物的趋势较小。Mn 在许多不锈钢中用来增加氮的溶解度，且价格较低。Cu、Ni、Si、B 等元素则降低氮在钢液中的溶解度[108]。

用高压氮气作为雾化气将熔体破碎成粉末，通过快速凝固使熔融金属液中的氮不致析出，最终获得高氮钢粉，采用此技术可制备氮含量达 1.0%的不锈钢粉末[106]。利用热等静压(HIP)技术可将高氮奥氏体钢粉末制成高氮奥氏体耐蚀不锈钢制品，可以达到 99%～100%的相对密度，具有良好的力学性能和耐蚀性能。用此方法已生产出北海油田海下及海面平台上的部件，如法兰盘、接头、阀体等，有的阀体重达 2t。目前，HIP 技术在粉末冶金高氮不锈钢中的应用是非常广泛和有效的[106]。由于铁素体不锈钢中的氮溶解度低，用 HIP 方法生产高氮铁素体不锈钢需要更高的压力。

固态渗氮有多种方法，如机械合金化、烧结渗氮等[106]。

高氮不锈钢粉末的成形技术除了上述热等静压技术外，还可以采用粉末注射成形、烧结-自由锻造、爆炸成形等[106,108]。

粉末注射成形(metal injection moulding，MIM)工艺是把金属粉与有机黏结剂混合，把混合物喷入模中，再在 110℃酸性含氮气氛中进行电解分离去除黏结剂。去除黏结剂后，粉粒很弱地结合在一起，在合金中保留开放的空隙通道。在烧结氮化处理期间，烧结进行得慢而骨架氮化很快，其工艺如图 9.96 所示[109]。最后将产品进行固溶处理。该工艺适于处理小型零件。

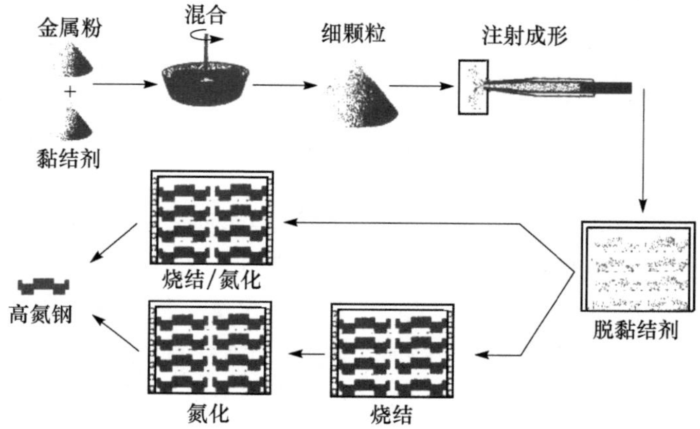

图 9.96　应用于高氮钢生产的粉末注射成形工艺[109]

9.8.1.2　高氮奥氏体不锈钢的化学成分与性能

表 9.70 和表 9.71 分别列出了一些典型高氮奥氏体不锈钢的化学成分及其力学性能。

表 9.70　一些高氮奥氏体不锈钢的化学成分　　(单位：%)

牌号	生产厂	C	Cr	Mn	Mo	N	Ni	其他
AL4565 (URANUS B46)	Allegheny Ludlum(美)	0.01	24.0	6	4.5	0.45	17	—
URANUS B66	Creusot-Loire(法)	<0.025	24.0	3.0	6.0	≥0.40	22.0	1.50Cu、2.0W
Cromanite	Columbus Stainless(南非)	≤0.08	18.0～20.0	9.50～11.00	—	0.4～0.6	≤1.00	≤1.00Si，≤0.045P，≤0.015S
Amagnit 600	Thyssen Krupp Materials France (法)	≤0.05	16.5～19.5	18～22	≤1.0	0.45～0.60	≤0.20	—
Dataalloy 2	ATI Allvac(美)	0.03	15.3	15.1	2.1	0.4	2.3	0.30Si

续表

牌号	生产厂	C	Cr	Mn	Mo	N	Ni	其他
Staballoy AG17	ATI Allvac(美)	0.03	17.0	20.0	0.05	0.50	—	0.30Si
NMS 140	Jorgensen Forge Corporation(美)	0.02	18.75	19.50	1.00	0.62	1.75	0.35Si, 0.035P, 0.005S
P900	Krupp-VSG(德)	<0.12	18.50	18.50	—	0.50	—	1.00Si
P900N	Krupp-VSG(德)	<0.12	18.50	18.50	—	1.00	<1.00	1.00Si
P2000	Energietechnik Essen(德)	≤0.15	16.00～20.00	12.00～16.00	2.50～4.20	0.75～1.00	≤0.30	≤1.00Si, ≤0.05P, ≤0.10Al, ≤0.20V, ≤0.25Nb

注:各钢的化学成分均来自各生产厂提供的技术资料及参考文献[110]。

表 9.71　一些高氮奥氏体不锈钢的力学性能

牌号	状态	σ_b/MPa	$\sigma_{0.2}$/MPa	δ_5/%	ψ/%	硬度	A_{kV}/J
AL4565 (URANUS B46)	固溶处理	903	469	47	—	180HB	—
URANUS B66	固溶处理	≥750	≥420	≥50	—	220～260HV	≥100
Cromanite	固溶处理	850	550	50	—	250HB	250
Amagnit 600	加工态	1031	893～961	20	50	300HB	
Dataalloy 2	固溶处理,直径≤240mm	756	689	20	50	300HB	150
	加工态,直径≤240mm	1068	965	20	50	250HB	140
Staballoy AG17	固溶处理,钻杆外径<174mm	824	755	18	60	277HB	—
NMS 140	加工态,直径≤254mm	1113	1017	22	60	341HB	136
P900	固溶处理	820	500	60	75	—	300
	固溶处理+20%冷变形	1040	940	36	68		228
	固溶处理+40%冷变形	1250	1225	23	64		188
P900N	固溶处理	890	600	48	72	—	280
	固溶处理+20%冷变形	1170	1065	22	58		128
	固溶处理+40%冷变形	1410	1380	16	50		82
P2000	固溶处理	930	615	56	78	—	>300
	固溶处理+20%冷变形	1290	1070	25	69		175
	固溶处理+30%冷变形	1570	1220	16	56		77
	固溶处理+40%冷变形	1800	1440	10	56		33

注:各钢的力学性能数据均来自各生产厂提供的技术资料及参考文献[110]。

在固溶处理或退火状态下,高氮奥氏体不锈钢的屈服强度和抗拉强度超出传统钢200%～300%。氮增加强度的原因有固溶强化、对层错能的影响、沉淀析出强化、有序强化等[108,111]。

高氮钢晶体结构一个主要特点是自由电子浓度的增加,提高了原子间金属键键合,使电子在晶体结构中的分布更均匀。因此,位错滑移时并不减弱或者破坏原子间结合,使材料具有高的强度和高的断裂韧性,但氮含量高于 0.5%时,因原子间金属键键合下降而不利于韧性。

在奥氏体钢中,氮原子与位错的结合能高于碳原子与位错的结合能,而且这种结合能随氮含量的增加而增加,因此氮原子比碳原子更能有效地阻塞位错。

实验证明,氮与碳不同,其在晶界的偏析倾向不明显,氮和晶界的亲和力很弱。这可以解释高氮钢为何具有良好的耐晶间腐蚀性能和高温力学性能。

在铁基固溶体中,氮原子与邻近置换型合金元素倾向于金属键结合,有助于短程有序,这有利于合金元素更均匀地分布,增加了奥氏体的稳定性,抑制了沉淀析出和发生腐蚀。

大多数试验结果认为,奥氏体钢中添加氮会降低层错能。在含氮奥氏体不锈钢的形变过程中,氮促进平面滑移,这是由于层错能低,能阻止位错攀移出滑移面。

添加氮之后,会对奥氏体不锈钢的沉淀析出行为产生很大的影响。通常,氮使 $M_{23}C_6$ 型碳化物析出的时间变得更长,因为氮在这类碳化物中通常是不可溶的,从而推迟碳化物的形核,降低其形成速率。氮也降低碳原子和铬原子的扩散能力,推迟碳化物的过时效,但钢中的氮含量太高会导致氮化物 Cr_2N 的沉淀析出。

含碳的奥氏体不锈钢在温度降至−269℃时,其屈服强度升高不多,而高氮钢的屈服强度则随温度的降低而显著提高。如果在 23℃时含氮钢的屈服强度较含碳钢高出 23%,则在−269℃时含氮钢的屈服强度则较含碳钢高出 300%。因此,高氮奥氏体不锈钢可用于制作超导磁体的外壳,但应注意,高氮奥氏体不锈钢在低温时会出现韧脆转变温度,如果高氮奥氏体不锈钢中加入适量的 Mo 和 Ni 则可以改善低温时钢的韧性,同时降低钢的屈服强度[112]。

冷变形是提高奥氏体不锈钢强度的有效手段,其效果远高于固溶强化。冷变形对于高氮奥氏体不锈钢的强化效果尤为显著。例如,在 Fe-18Cr-(7～18)Mn-N 合金中,在含氮 1.07%和冷变形量为 50%时,可使钢的屈服强度超过 2000MPa。氮还增加钢的形变强化率,但对钢的形变强化指数 n 的影响较小。

在奥氏体不锈钢中加入氮可以显著地提高奥氏体的稳定性,有效地抑制在变形过程中 α' 和 ε(hcp)马氏体的形成,甚至在低温时也不会出现 α' 马氏体。

在高氮奥氏体不锈钢中的固溶氮含量可以高达约 1%,当加热温度达到 600～1050℃时,钢变得不稳定而析出氮化物。如果钢中不含强氮化物形成元素 Ti、Nb、V 时,主要析出的是 Cr_2N,有时还析出其他金属间化合物。图 9.97 为一种高氮奥氏体不锈钢的 TTP 曲线。

当全部氮原子间隙固溶于奥氏体中时,钢显示出良好的强度和韧性,但当有氮化物析出时,将导致钢的脆性出现,特别是在晶界和亚晶界析出的氮化物对钢的冲击韧性和动态应变的塑性十分有害,但对钢的屈服强度和抗拉强度的影响较小[112]。

关于氮元素对不锈钢耐蚀性能的影响在 9.5.2、9.6.2.3 等节中已有论述,但高氮奥氏体不锈钢中氮对耐蚀性能的影响报道较少[112]。

下面介绍表 9.70 中各钢的性能和应用。

AL4565(URANUS B46)是一种高氮超级奥氏体不锈钢,在多种含氯化物的环境中

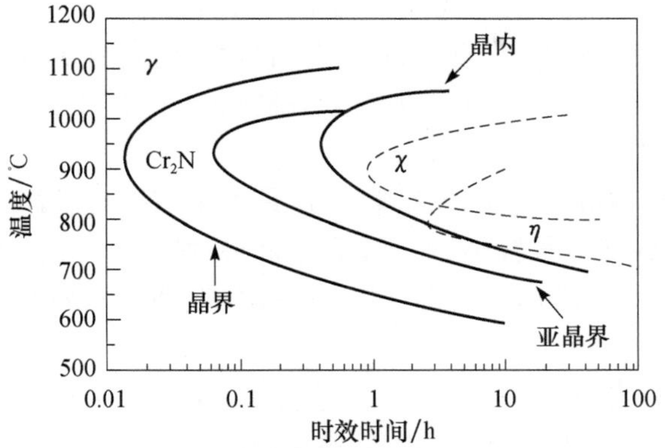

图 9.97　固溶状态高氮奥氏体不锈钢(Fe-19Cr-5Mn-5Ni-3Mo-0.024C-0.69N)的氮化物(晶界、亚晶界、晶内)和金属间化合物的 TTP 曲线[112]

具有高的耐蚀性,如洗涤塔、海上油气装备、海水淡化设备等。

AL4565 钢具有很高的耐点蚀和耐缝隙腐蚀的能力,在多种介质中具有出色的腐蚀抗力。表 9.72 为 AL4565 钢与其他奥氏体不锈钢的点蚀指数对比。

表 9.72　高氮奥氏体钢 AL4565 钢与其他奥氏体不锈钢的点蚀指数对比

不锈钢的类型	$PREN_{16}$	CPT/℃
316 型	24.2	15
317 型	29.7	19
含 6%Mo 类	43.2	60
AL4565	46.1	>90

注:数据来源于 Alleghehy Ludlum 公司的资料。CPT 是指 ASTM G48A(6%$FeCl_3$,72h)测定的。

AL4565 钢经固溶处理后有高的力学性能,适宜的固溶处理温度为 1120～1170℃,加热时间为 1～2min/mm,快冷或水冷。该钢有较高的高温力学性能,焊接性能也良好。

高氮奥氏体不锈钢 URANUS B66 的特点是用钨代替部分钼,并加入一定量的铜。这种钢具有较好的力学性能和很高的耐蚀性能,其 $PREN_{16}$≥54。由于钢中含有较高的镍和氮,组织稳定,不易析出金属间化合物。该钢在海水和用氯处理过的海水中较一般含 6%Mo 的奥氏体不锈钢有更高的耐蚀性,可在腐蚀环境非常恶劣的情况下使用。

URANUS B66 钢的固溶温度为 1150℃,水冷。该钢可在 400℃的温度下进行温加工,适宜的变形量为 30%,可以显著提高强度,并保持适宜的塑性(表 9.73)[113]。

表 9.73　高氮奥氏体钢 URANUS B66 温加工后的力学性能[113]

状态	σ_b/MPa	$\sigma_{0.2}$/MPa	δ/%	ψ/%	硬度 HV30
固溶处理(1150℃,水冷)	924	490	65	80	210
固溶处理+30%温轧(400℃)	1160	1050	16	50	370
固溶处理+60%温轧(400℃)	1500	1300	9	50	445
固溶处理+85%温轧(400℃)	1680	1590	6	27	470

Cromanite 是一种高强度的奥氏体不锈钢。该钢含有比较高的铬和锰，可在大气熔炼的条件下生产，并获得高的氮含量。由于用氮替代了绝大部分的镍，并获得稳定的奥氏体组织，可得到高的强度、很高的韧性，并有较好的耐蚀性，且在价格上具有优势。该钢热轧并经固溶处理后的力学性能见表 9.71。

Cromanite 钢具有很好的加工硬化能力，这是由于该钢有较高的锰含量和氮含量且具有较低的层错能的缘故。该钢经过变形量为 50%的冷变形，σ_b 可达 1720MPa，$\sigma_{0.2}$ 可达 1700MPa，δ 为 10%。该钢在冲击载荷下具有类似 Hadfield 高锰钢的加工硬化能力[114]。

Cromanite 钢具有高的强韧性和良好的耐蚀性，使其适用于在湿的滑动磨蚀和很高的冲击磨损条件下工作。例如，金矿中的溜槽和传送带的衬板，煤清洗槽，糖厂的切碎机、甘蔗切刀和杵锤，机车保险杠等。

Cromanite 钢在某些应用情况下，需进行焊接，焊接时应保证氮能保留在钢中，并且不致过多而损害钢的力学性能[114]。

Amagnit 600 钢具有较高的强度，用于制作无磁性的油井钻杆，具有抗应力腐蚀、抗点蚀和抗擦伤的良好性能。

Dataalloy 2 是一种无磁性 Cr-Mn-N 奥氏体不锈钢，采用电渣重熔方法生产。该钢具有高的耐一般腐蚀和较好的耐点蚀的能力($PREN_{16}$=37～30)，适用于要求无磁性钻具的部件和耐压钻井钢管等。

Dataalloy 2 钢具有高的组织稳定性，组织均匀，偏析小，纯洁度高，其最大的磁导率为 1.005H/m。该钢有较高的抗应力腐蚀能力和抗擦伤的能力。

Staballoy AG17 和 Dataalloy 2 钢是同一生产厂的产品。Staballoy AG17 钢具有高的屈服强度和疲劳抗力，通过冷变形可以获得高的力学性能(表 9.71)。Staballoy AG17 还具有高的组织稳定性，其磁导率低于 1.005H/m。

Staballoy AG17 钢特别适用于恶劣钻井的条件。该钢在极具侵蚀性的钻井条件下具有出色的抗氯化物引起的应力腐蚀能力，在高的扭转载荷下具有优异的抗擦伤的能力，是一种适用于制作要求无磁性的钻具部件和耐压钻井钢管等的高强度不锈钢。

NMS 140 是一种高强度奥氏体不锈钢，用于制作无磁性钻杆材料，有良好的抗点蚀能力，其 $PREN_{16}$=32。如有需要，通过冷变形，可使直径为 175mm 的钢材的屈服强度达到 1100MPa。当温度为 150℃时，该钢的屈服强度约降低 20%。

P900、P900N 系德国 Krupp-VSG 公司陆续开发出的发电机组使用的护环用钢。护环热装在转子本体端部，用于防止线圈在离心作用下脱离本体，而热装能防止护环转动和轴向窜动。护环是发电机组强度要求最高的部件，所承受的应力值约为 $\sigma_{0.2}$ 的 2/3，做超速检测时，其所承受的应力值为 $\sigma_{0.2}$ 的 80%。较大容量机组(300MW 以上)护环的屈服强度要求在 1000MPa 以上。因此，护环材料应满足的要求为：高的 σ_b，足够的加工成形性能，一定的热膨胀系数，高的抗腐蚀能力特别是抗应力腐蚀能力，低的导磁性能以避免涡流导致的能量损耗，130℃工作条件下稳定运行性能。护环的尺寸取决于发电机组的尺寸、容量及设计要求，其尺寸范围为：直径范围在 500～2000mm，壁厚范围在 40～120mm，长度达 1250mm[115]。Krupp-VSG 公司在 1975 年成功地利用加压电渣重熔炉生产出高氮无磁性 P900 护环用钢，1981 年又开发出含氮更高的 P900N 护环用钢。P900、

P900N 钢已为许多国家采用。

P900、P900N 钢制造工艺如下：经加压电渣重熔的钢，先进行热锻，再进行热冲孔，对锻后的毛坯进行粗加工，固溶处理，在 6000t 的压力机上进行冷扩以达到要求的冷变形量，进行消除应力的热处理，精加工。P900、P900N 钢经上述工艺处理后的力学性能见表 9.71。P900、P900N 钢在潮湿的条件下工作可以避免应力腐蚀开裂。

P2000 钢是 Essen 公司于 1996 年推出的高氮 Cr-Mn-N 奥氏体不锈钢，用加压电渣重熔炉生产。该钢具有高的强度和韧性、高的应变强化能力、优异的腐蚀抗力、低的磁导率及生物相容性[116]。

P2000 钢的热成形温度为 1220～1020℃，具有较一般奥氏体不锈钢高的变形抗力，可以空冷或水冷，固溶处理温度为 1120～1150℃，在惰性气体中加热，水冷。该钢固溶处理后及固溶处理后经不同程度冷变形后的室温力学性能见表 9.71。该钢的疲劳强度 σ_{-1} 约为 320MPa，经过冷变形后的磁导率为 1.0018H/m。

我国于 1993 年制定出 JB/T 7029—1993《50MW 以下汽轮发电机无磁性护环锻件技术条件》、JB/T 1268—1993《50～200MW 汽轮发电机无磁性护环锻件技术条件》和 JB/T 7030—1993《300～600MW 汽轮发电机无磁性护环锻件技术条件》系列标准。JB/T 7029—1993 纳入 3 个钢号 50Mn18Cr5、50Mn18Cr5N、50Mn18Cr4WN，各钢号的锻件按其强度要求，分为 3 个级别。JB/T 1268—1993 纳入 4 个钢号，除上述 3 个钢号外还纳入了 1Mn18Cr18N 钢，各钢号的锻件按其强度要求分为 5 个级别。JB/T 7030—1993 只纳入 1 个钢号 1Mn18Cr18N，其锻件按强度要求分为 3 个级别。

2004 年和 2002 年对上述 3 个标准分别进行了修订，成分和强度要求略有调整。2014 年将上述 3 个标准重新组合，将前 2 个标准中共有的 3 个钢号 50Mn18Cr5、50Mn18Cr5N、50Mn18Cr4WN 纳入 JB/T 1268—2014《汽轮发电机 Mn18Cr5 系无磁性护环锻件　技术条件》，而将后 2 个标准中共有的 1Mn18Cr18N 钢更名为 Mn18Cr18N，颁布了 JB/T 7030—2014《汽轮发电机 Mn18Cr18N 无磁性护环锻件　技术条件》。Mn18Cr18N 钢的化学成分是参考 P900 钢制定的。

表 9.74 为无磁性护环用 Mn18Cr5 系锻件用钢的牌号和化学成分。表 9.75 为 Mn18Cr5 系锻件用钢的强度级别。

表 9.76 和表 9.77 分别为 Mn18Cr18N 钢的化学成分和力学性能。

表 9.74　无磁性 Mn18Cr5 系护环锻件用钢的牌号和化学成分(JB/T 1268—2014)

(单位：%)

牌号	C	Mn	Si	P	S	Cr	N	W
50Mn18Cr5	0.40～0.60	17.00～19.00	0.30～0.80	0.060	0.025	3.50～6.00	—	—
50Mn18Cr5N	0.40～0.60	17.00～19.00	0.30～0.80	0.060	0.025	3.50～6.00	0.08	—
50Mn18Cr4WN	0.40～0.60	17.00～19.00	0.30～0.80	0.060	0.025	3.00～5.00	0.08	0.70～1.20

表 9.75　Mn18Cr5 系护环锻件用钢的力学性能(JB/T 1268—2014)

锻件强度级别	R_m/MPa	$R_{p0.2}$/MPa	A/%	Z/%	推荐材料
Ⅰ	≥735	≥585	≥25	≥35	50Mn18Cr5 50Mn18Cr5N
Ⅱ	≥785	≥640	≥20	≥35	

续表

锻件强度级别	R_m/MPa	$R_{p0.2}$/MPa	A/%	Z/%	推荐材料
Ⅲ	≥835	≥735	≥18	≥30	—
Ⅳ	≥885	≥785	≥16	≥30	
Ⅴ	≥895	≥760	≥25	≥35	50Mn18Cr4WN
Ⅵ	≥965	≥825	≥20	≥30	
Ⅶ	≥1035	≥900	≥20	≥30	

注:试验的温度为 20～27℃,同一试环上,$R_{p0.2}$ 测得的结果波动值均不应超过 $R_{p0.2}$ 标准要求的 10%。

表 9.76　Mn18Cr18N 锻件用钢的化学成分(JB/T 7030—2014)　(单位:%)

C	Mn	Si	P	S	Cr	Al	N	B
≤0.12	17.50～20.00	≤0.80	≤0.050	≤0.015	17.5～20.00	≤0.030	≥0.047	≤0.001

注:Ni、Mo、V、W、As、Bi、Sn、Pb、Sb、Cu、Ti 的分析只作参考。

表 9.77　Mn18Cr18N 锻件用钢的力学性能(JB/T 7030—2014)

锻件强度级别	切向力学性能				
	R_m/MPa	$R_{p0.2}$/MPa	A/%	Z/%	KV_2/J
1	≥830	≥760	≥25	≥60	≥95
2	≥860	≥830	≥23	≥58	≥88
3	≥930	≥930	≥19	≥56	≥81
4	≥965	≥965	≥17	≥55	≥79
5	≥1000	≥1000	≥15	≥54	≥75
6	≥1030	≥1030	≥14	≥53	≥72
7	≥1070	≥1070	≥13	≥52	≥68
8	≥1140	≥1140	≥10	≥51	≥54
9	≥1170	≥1170	≥10	≥50	≥47

注:拉伸和冲击试样均取自同一护环上。拉伸试验的温度为 95～105℃,测冲击功的试验温度为 20～27℃,表中 KV_2 值为同组试样的最低值。同一试环上,R_m 和 $R_{p0.2}$ 测得的结果波动值均不应超过 100MPa。

JB/T 1268—2014 规定,锻件用钢应采用电炉加炉外精炼方法冶炼。锻件应在热成形后和变形强化前进行固溶处理。变形强化后锻件应以不超过 40℃/h 的速率加热到 320～350℃保温 10～12h,然后以不超过 40℃/h 的速率缓冷至 100℃以下出炉,以消除残余应力。锻件的残余应力值不得超过规定的 $R_{p0.2}$ 下限的 10%。锻件在制造过程中不得焊接。锻件的晶粒度应为 GB/T 6394—2017《金属平均晶粒度测定方法》规定的 2 级或更细。在磁场强度为 100Oe(1Oe=79.58A/m)时,锻件的相对磁导率 μ_r 应不大于 1.05。

这类钢国内外主要用于制作汽轮发电机无磁性护环锻件,还可用于制作电子工业中的无磁模具、在 700～800℃工作的热作模具、无磁的冷作模具等。20 世纪 70 年代后期以来,世界各地相继出现这类材料制作的护环发生应力腐蚀开裂的事故,这是由于这类材料对潮湿空气非常敏感,其抗腐蚀的能力较差。在 20 世纪 70 年代后期,德国和美国开发出 Mn18Cr18N 钢,极大地提高了抗应力腐蚀的能力,现已为各国普遍采用[117]。

JB/T 7030—2014 规定 Mn18Cr18N 锻件用钢应用电炉加电渣重熔炉冶炼。锻件应在热成形后和变形强化前进行固溶处理，固溶处理温度为1050～1060℃，采用水冷以防碳化物析出[118]。固溶处理后进行粗加工。锻件的晶粒度应为GB/T 6394—2017规定的2级或更细。变形强化应在室温或稍高于室温下采用适当的强化方法，如楔块扩孔、液压胀形方法等。

变形强化后应进行消除应力处理。消除应力的退火工艺应以不大于40℃/h的速率加热到340～360℃，在此温度保持10～12h，然后以不大于40℃/h的速率冷却，以保证尺寸的稳定性。锻件残余应力不应超过表9.77规定的屈服强度下限的10%。在磁场强度为100Oe时，锻件的相对磁导率μ_r应不大于1.05。

9.8.1.3 高氮马氏体不锈钢

马氏体不锈钢一般含有11.5%～19%Cr和低于1.20%的碳，有时加入一定量的强碳化物形成元素Mo、V等，以进一步提高强度和高温性能。如果钢中加入氮元素代替碳或部分碳，将会影响马氏体的形态，形成碳氮化物及氮化物，从而影响钢的性能。氮在α-Fe中，590℃时的最大溶解度为0.1%；在γ-Fe中，650℃时的最大溶解度为2.8%(图2.11)。

含氮马氏体M_s点随氮含量的增高而减低，但氮降低M_s点的作用小于碳，实际上氮稳定奥氏体的作用较碳为高。Fe-N马氏体的正方度c/a较Fe-C马氏体的正方度要高。当含氮马氏体中的氮含量与含碳马氏体中的碳含量相同时，氮马氏体的c大于碳马氏体，a亦然，但碳马氏体的a降低幅度更高。因此，氮马氏体的c/a值要高些。这可能与氮合金化引起的高浓度自由电子和短程有序有关[102]。

低氮和高氮马氏体形态与碳马氏体相似。以下分述各类Fe-N马氏体的形态特点[119]：

(1) 块状马氏体。含0.08%～0.17%N马氏体呈现等轴状、边界光滑的块状形态，少数区域显示不规则的锯齿状边界，其中氮含量较高的近似于四边形。这类马氏体形态称为块状马氏体，是切变型马氏体的转变产物。

(2) 条状马氏体。含0.2%～0.7%N的马氏体呈条状，具有高密度位错的亚结构，多个条平列而集结为束，条宽度范围为0.3～3μm，平均宽度约为1μm，条间以小位向差边界相隔。

(3) 片状马氏体。氮含量提高到0.7%～2.4%的Fe-N马氏体形态呈现凸透镜状的片型位错或孪晶亚结构，随着氮含量的增高，孪晶量增高，它带有中脊，在光学显微镜下呈现在残余奥氏体的基体上多向分布的针状组织。

(4) 薄板马氏体。在Fe-(2.6%～2.7%)N马氏体组织中观察到一种薄板马氏体，这种薄板马氏体为全$(211)_{\alpha'}$孪晶，无中脊。

在Fe-N马氏体组织中残存着较Fe-C马氏体组织更多的残余奥氏体。残余奥氏体的体积分数影响回火转变程序和回火组织的硬度值。

含氮马氏体(α')时效和回火转变过程如下[119]：

(1) 在时效阶段，含氮马氏体产生调幅分解的氮原子局部聚集和有序化，构成在α'基体上共格α''-$Fe_{16}N_2$薄片。

(2) 第一回火阶段，共格α''-$Fe_{16}N_2$继续长大，含氮马氏体转变为α'基体上分布着层片状半共格或非共格的α''-$Fe_{16}N_2$组织。

(3) 第二回火阶段,淬火组织中的残余奥氏体 γ_R 转变为 $\alpha+\gamma'$-Fe_4N,构成在 α 基体上分布着的 γ' 薄片组织。

(4) 第三回火阶段,过渡氮化物 α''-$Fe_{16}N_2$ 转化为 α 基本上分布着的稳定氮化物 γ'-Fe_4N。

Fe-N 马氏体 α' 经过时效和回火阶段转变后形成在 α 基本上分布着的 γ'-Fe_4N 片组织。

低温回火含碳马氏体产生复杂结构共格的 ε 及 χ 碳化物,产生较大的应力,与含量相同的含氮马氏体比较,其硬度较高[102]。

在淬火条件下,含碳马氏体硬度随回火温度升高而单调降低,不出现二次硬化,而含氮马氏体在淬火态硬度较低,但随回火温度的提高,硬度一直在提高,450℃时达最大值。当碳和氮同时存在时,回火温度为 100℃时有一次硬化,然后降低直至 300℃,随后升高,在 450℃出现最大的二次硬化。此时,钢中形成很细小均匀的氮化物 γ'-Fe_4N 和渗碳体[102]。

回火含氮马氏体位错具有较高的迁移性,因此回火含氮马氏体的韧性高于回火含碳马氏体[102]。

含氮马氏体不锈钢在 100℃以下回火不改变马氏体的结构;200℃回火,会形成很细的密排六方结构的 ε-$(Fe,Cr)_2N$ 及 ε-$(Fe,Cr)_2C$;300℃时,细小的 ε-$(Fe,Cr)_2N$ 含量提高并转变成 ξ-$(Fe,Cr)_2N$;之后在 500℃之前 ξ-$(Fe,Cr)_2N$ 氮化物粗化。含氮马氏体在 600～650℃回火,会形成片状的 $(Fe,Cr)_2N$ 及一些球状 $(Cr,Fe)_2N$。对于含碳马氏体,在 600～650℃回火,ε 碳化物粗化成渗碳体。含碳马氏体 600～650℃回火还有 $(Fe,Cr)_7C_3$ 析出,长时间回火则转变为 $(Cr,Fe)_{23}C_6$[102]。

在马氏体不锈钢中,除 Cr 元素外,常加入 Nb、V 等强碳化物形成元素。在含氮马氏体不锈钢中,氮化物与碳化物相比细小而分布均匀,因此回火后改善了氮合金化马氏体钢的力学性能。在 600～700℃回火,氮与 Nb、V 形成 (Nb,V)X 型氮化物及 Cr_2N,因此二次硬度提高至更高水平。在某些情况下,500℃回火时会析出 (Nb,V)(C,N) 及纳米尺寸的 (Fe,Cr,V)(C,N),从而提高了强度。氮合金化钢使残余奥氏体更加稳定而且保留了固溶的铬以提高耐蚀性,延迟了 $M_{23}C_6$ 及 M_6C 型碳化物的析出。

表 9.78 为国外生产的一些高氮马氏体不锈钢的成分、性能和应用。

表 9.78 国外生产的一些高氮马氏体不锈钢的成分、性能和应用[102]

主要成分/%	生产技术	微观结构和性能	应用
0.30C,0.40N,15Cr,1.0Mo,≤1.00Si,≤1.00Mn,≤0.50Ni (CRONIDUR 30)	加压电渣重熔	有好的加工工艺性能,有高的硬度和良好的冲击韧性,有良好的耐蚀性	工具,食品和塑料工艺机械
0.17C,0.34N,16Cr,1Mo	粉末冶金	—	轴承寿命提高
0.15C,0.38N,15Cr,1Mo	—	能在液态 H_2、O_2 下使用,抗 SCC 性能好	往复回转轴承
0.30C,0.33N,15Cr,1Mo	—	在 300℃的流动空气中保持完好	飞机引擎轴承

续表

主要成分/%	生产技术	微观结构和性能	应用
0.8N,15Cr,1Mo	气化氮化物粉末	2.3%(体积分数)0.35μm 尺寸的氮化物,淬火硬度 543HV30,回火硬度 671HV30	好的耐磨性
1.6N,15Cr,1Mo,5Nb,0.7V	气化氮化物粉末	15%(体积分数)1μm 尺寸的氮化物,淬火硬度 608HV30,回火硬度 70	非常好的耐磨性
3.2N,15Cr,1Mo,6.5V	混合粉末+热等静压工艺	22%(体积分数)1μm 尺寸的氮化物,淬火硬度 648HV30,回火硬度 698HV30	好的耐磨性

注:含 1.6%N,15%Cr,1%Mo,5%Nb,0.7%V 钢的回火硬度原译文为 70。

商业牌号为 CRONIDUR 30 的钢系 Essen 公司的产品[120],采用加压电渣重熔炉生产,热加工温度为 1200～1000℃。该钢具有高的淬透性,其 TTT 曲线与图 9.16 所示的 13Cr 钢相似,但更稳定,最短孕育期约为 10^3s(720℃),临界点:Ac_1=829～866℃、M_s=66℃。热处理时为保持钢中氮含量的稳定,应控制炉内的气氛,保持一定的氮分压。

CRONIDUR 30 钢的退火温度为 780～820℃,6～8h,炉冷或空冷,退火后的硬度为 200～240HB。该钢的淬火加热温度为 1000～1030℃,油冷或空冷;淬火温度超过 1000℃后,残余奥氏体含量迅速增加;淬火温度超过 1010℃时,其后应进行－80～－196℃的冷处理,以消除残余奥氏体;1000℃淬火后,回火温度应选择发生二次硬化的温度 475℃,保温 2h;回火后的硬度为 58～60HRC,冲击功为 62J。

CRONIDUR 30 钢在淬火和消除应力退火(2×(150～220℃))后可以显著改善其抗腐蚀性能,或者淬火后经不高于 500℃的回火后亦可具有良好的耐蚀性能。

CRONIDUR 30 钢可用于制作轴承、切削刀具、滚动螺旋齿轮轴、钻具、塑料挤压机零件、紧固件等。

9.8.2 生物医用不锈钢

生物医学材料(biomedical material)指的是一类具有特殊性能、特种功能,用于人工器官、外科修复、理疗康复、诊断、治疗疾患,而对人体组织不会产生不良影响的材料。

生物医用不锈钢是最先开发应用的生物医用合金之一,因其价格较低廉且易于加工,而得到较广泛的应用,其中应用最多的是超低碳奥氏体不锈钢[121]。

我国在 1984 年即制定了外科植入用不锈钢的国家标准,1994 年经过修改,2003 年又重新修改为 GB 4234—2003《外科植入物用不锈钢》。该标准列入了两个钢号,其化学成分见表 9.79。

表 9.79 外科植入物用不锈钢的化学成分(GB 4234—2003) (单位:%)

牌号	C	Si	Mn	P	S	N	Cr	Mo	Ni	Cu
00Cr18Ni14Mo3	≤0.030	≤1.00	≤2.00	≤0.025	≤0.010	≤0.10	17.00~19.00	2.25~3.50	13.00~15.00	≤0.50
00Cr18Ni15Mo3N	≤0.030	≤1.00	≤2.00	≤0.025	≤0.010	0.10~0.20	17.00~19.00	2.35~4.20	14.00~16.00	≤0.50

注:按 GB/T 20878—2007,00Cr18Ni14Mo3 钢应标为 022Cr18Ni14Mo3,00Cr18Ni15Mo3N 钢应标为 022Cr18Ni15Mo3N。Cr 含量和 Mo 含量按下式计算出 C 值:$C=3w_{Mo}+w_{Cr}$,C 值应不小于 26。

表 9.79 中所列钢号的钢棒的力学性能应符合表 9.80 的规定,这些牌号的钢丝、钢板和钢带的力学性能规定见 GB 4234—2003《外科植入物用不锈钢》。

表 9.80 外科植入物用不锈钢棒的力学性能(GB 4234—2003)

交货状态	牌号	公称直径 d/mm	R_m/MPa	$R_{p0.2}$/MPa	A_5/%
固溶	00Cr18Ni14Mo3	全部	490~690	≥150	≥40
	00Cr18Ni15Mo3N		590~800	≥285	≥40
冷拉	00Cr18Ni14Mo3	<19	860~1100	≥690	≥12
	00Cr18Ni15Mo3N				

2017 年我国制定了 GB 4234—2017《外科植入物 金属材料》,该标准力求与国际标准保持一致。该标准预计分为 14 个部分,其中第 1 部分为锻造不锈钢,第 9 部分为锻造高氮不锈钢,其余为其他类金属材料。目前只发布了 GB 4234.1—2017《外科植入物 金属材料 第 1 部分:锻造不锈钢》,代替了 GB 4234—2003。

在 GB 4234.1—2017 中保留了 GB 4234—2003 列入的 00Cr18Ni14Mo3,其化学成分除 Mo 含量调整为 2.25%~3.0%以外,其他均与表 9.79 中所列相同。对该钢的显微组织的要求:固溶处理后钢中不得有残余 δ 铁素体、χ 相和 σ 相存在;热轧处理后的钢材中非金属夹杂物的细系均不得大于 1.5 级,粗系不得大于 1.0 级;检查最终热处理后及最终冷变形前的晶粒度级别不应粗于 5 级。

00Cr18Ni14Mo3 钢的棒材、丝材、板材和带材的力学性能应符合表 9.81 的规定。

表 9.81 外科植入物用锻造不锈钢 00Cr18Ni14Mo3 的力学性能(GB 4234.1—2017)

	状态	公称直径 d/mm	R_m/MPa	$R_{p0.2}$/MPa	A_5/%
棒材	退火	全部	$490\leqslant R_m\leqslant 690$	≥190	≥40
	冷加工	≤22	$860\leqslant R_m\leqslant 1100$	≥690	≥12
	超硬	≤8	≥1400	—	—
丝材	退火(固溶处理)	$0.025\leqslant d\leqslant 0.13$	≥1000	—	≥30
		$0.13\leqslant d\leqslant 0.23$	≥930	—	≥30
		$0.23\leqslant d\leqslant 0.38$	≥890	—	≥35
		$0.38\leqslant d\leqslant 0.5$	≥860	—	≥40
		$0.5\leqslant d\leqslant 0.65$	≥820	—	≥40
		$d>0.65$	≥800	—	≥40

续表

	状态	公称直径 d/mm	R_m/MPa	$R_{p0.2}$/MPa	A_5/%
丝材	冷拉	$0.2<d\leqslant0.7$	$1600\leqslant R_m\leqslant1850$	—	—
		$0.7<d\leqslant1$	$1500\leqslant R_m\leqslant1750$	—	—
		$1<d\leqslant1.5$	$1400\leqslant R_m\leqslant1650$	—	—
		$1.5<d\leqslant2$	$1350\leqslant R_m\leqslant1600$	—	—
板材和带材	退火(固溶处理)	—	$490\leqslant R_m\leqslant690$	≥190	≥40
	冷加工	—	$860\leqslant R_m\leqslant1100$	≥690	≥10

不锈钢中的铬可形成钝化膜改善钢的抗腐蚀能力,镍起到稳定奥氏体组织的作用,降低 Si、Mn 等杂质元素和非金属夹杂物,可进一步提高钢的抗腐蚀能力。

材料的制造和加工工艺也在比较宽的范围内影响材料的力学性能和耐蚀性能。对于低纯度医用不锈钢,一般采用真空或非真空熔炼工艺生产,而高纯度的医用不锈钢应采用双真空冶炼工艺力求钢的高纯净。临床应用较多的是高纯度医用不锈钢。冷加工后采用机械抛光或电解抛光可提高器件表面光洁度,可增加植入器件的使用寿命。医用不锈钢在骨外科和齿科中应用较广泛,在其他方面也有不少应用[121]。

医用不锈钢的生物相容性与其在肌体内的腐蚀行为及其所造成的腐蚀产物所引起的组织反应有关。其腐蚀行为涉及均匀腐蚀、点蚀、缝隙腐蚀、磨蚀和疲劳腐蚀。常见的是点蚀是由于钼含量不足及外力擦伤、划伤所致。缝隙腐蚀、磨蚀也是常见的腐蚀,常因设计不合理导致应力及磨损。由于腐蚀会造成金属离子或其他化合物进入周围组织和整个肌体,引起某些不良组织学反应,在多数情况下,人体只能容忍微量浓度的金属腐蚀物存在。医用不锈钢的腐蚀造成其长期植入的稳定性差,其密度和弹性模量与人体硬组织相距较大,导致力学相容性差,本身无生物活性,难以和生物组织形成牢固的结合,溶出的镍离子有可能诱发肿瘤的形成。上述原因造成医用不锈钢应用比例呈下降趋势[121]。

2007 年我国制定的医药行业标准 YY 0605.9—2007《外科植入物　金属材料　第 9 部分:锻造高氮不锈钢》中引进的一种高氮不锈钢,在长期临床应用中表明,如果应用适当,其预期的生物学反应水平是可以接受的。现该标准已为 YY 0605.9—2015 代替。表 9.82 为该钢的化学成分。YY 0605.9—2015 规定该钢的力学性能:直径或厚度小于 80mm 的钢棒经退火(固溶处理)后为 $R_m\geqslant740$MPa、$R_{p0.2}\geqslant430$MPa、$\delta_5\geqslant35\%$,还规定了在中等硬化或硬化状态的直径不大于 20m 的钢棒、钢丝、冷拉棒、钢板和钢带的力学性能要求。该钢有较高的力学性能,特别是有高的屈服强度。这种钢的熔炼方式建议采用真空熔炼或电渣熔炼。

表 9.82　外科植入物用锻造高氮不锈钢的化学成分(YY 0605.9—2007)　(单位:%)

C	Si	Mn	Ni	Cr	Mo	Nb	S	P	Cu	N	其他元素
≤0.08	≤0.75	2~4.25	9~11	19.5~22	2~3	0.25~0.8	≤0.01	≤0.025	≤0.25	0.25~0.5	单个≤0.1 总和≤0.4

注:其他元素由供需双方共同确定后进行检验。

对这种锻造高氮不锈钢的显微组织的要求(YY 0605.9—2015):奥氏体晶粒度不粗

于4级;钢的组织中应没有残余δ铁素体存在;对非金属夹杂物的要求是A型的细系应不大于1.5级,B型和C型的细系应不大于2级,D型细系应不大于2.5级,各类非夹杂物的粗系均不得大于1.5级。该钢经675℃加热1h并空冷,应能通过规定的晶间腐蚀试验。

世界上有些人因为与金属的接触而导致过敏,一旦发生过敏,即可引起接触周围的皮肤红肿、瘙痒、湿疹、接触性皮炎等表现。最常见的致敏金属是镍。在日常生活合金制品中,很多都包含了镍,如硬币、各种合金制品、电镀物件、眼镜架、金属制的手表带、皮带扣、人造首饰、内衣扣等,直接和皮肤接触都会让镍过敏的人出现过敏现象,这是镍离子的释放带来的不良反应[122]。据报道,在欧洲有超过20%的青年男性和超过6%的青年女性对镍过敏,且有上升趋势[109]。近年我国发现镍过敏已占成人过敏的第一位。因此,很需要开发出一类植入人体或与人接触的无镍不锈钢或具有高耐蚀性的不锈钢,以尽量减少镍释放引起的过敏。

瑞士苏黎世联邦高等工业大学(ETH)开发出一种无镍高氮无磁性高耐蚀性的奥氏体不锈钢,牌号为PANACEA,对于植入人体或制作与人体接触的物品不会引起过敏,钢的化学成分和力学性能见表9.83。

表9.83 PANACEA钢和316L钢的化学成分及固溶处理后的力学性能对比[109]

牌号	主要化学成分/%						力学性能						
	Cr	Mo	Ni	Mn	N	C	HV10	$R_{p0.2}$/MPa	R_m/MPa	A_5/%	Z/%	A/J	R_{mf}/MPa
PANACEA	17.3	3.2	<0.05	12	0.9	—	280~310	610~720	980~1120	55~65	65~75	220~280	480
316L	17	2.5	12	≤2.00	—	≤0.03	130~160	220~260	500~540	55~65	65~75	>300	240

注:PANACEA的含义为protection against nickel allergy,corrosion erosion and abrasion。R_{mf}表示疲劳强度,试验条件:$R=-1$,$N_f=10^7$,23℃,空气。

PANACEA钢在成分设计时,参照图9.13,应使钢处于奥氏体区域,使钢无铁磁性,铬当量应尽量取高值以保证高的耐蚀性,镍当量选取适当值,使其具有良好的韧性。

图9.98为17Cr-10Mn-3Mo铁基合金与氮的伪二元状态图,可以看出,含氮0.9%的合金有很宽的γ相区(1050~1300℃),加热至此温度范围,通过快速冷却可以得到单一的奥氏体组织。如果固溶温度过低或冷却速率较慢,将会析出Cr_2N型的氮化物(图9.99)。Cr_2N首先沿晶析出,然后在晶内析出,晶界析出的氮化物将严重损坏钢的韧性和耐蚀性。对于一些小型部件,如医用、牙科用、珠宝用及制表工业用的半成品,在技术上是没有什么问题的,甚至某些大的锻件也可以做到,但其焊接则不如含镍奥氏体不锈钢那样容易。

这种可以得到完全奥氏体的无镍奥氏体不锈钢(PANACEA)具有良好的力学性能,见表9.83,其屈服强度是常用316L钢的2~3倍,进一步的冷变形可使其强度超过2000MPa,同时可以保持单一的奥氏体组织和没有铁磁性,其磁导率低于1.001H/m。

在6%$FeCl_3$溶液中进行耐缝隙腐蚀试验,以$w_{Cr}+3.3w_{Mo}+20w_N+20w_C$作为缝隙腐蚀当量,则PANACEA钢的耐缝隙腐蚀临界温度T_{ccc}(critical crevice corrosion temperature)远高于常用的316L、304等奥氏体不锈钢。因此该钢用做外科植入材料时具有

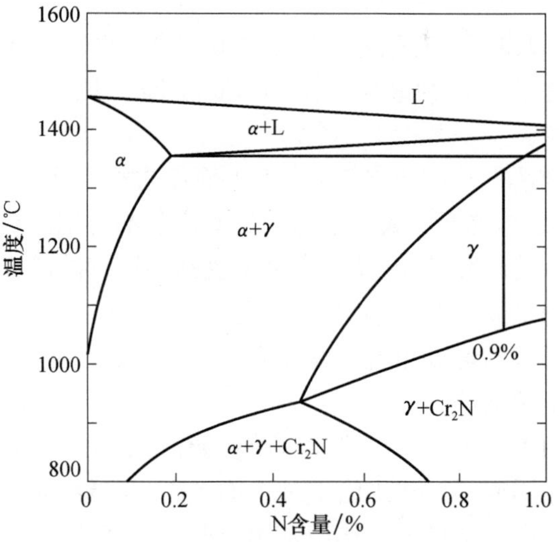

图 9.98 计算机模拟绘制的 17Cr-10Mn-3Mo 铁基合金与氮的伪二元状态图[109]

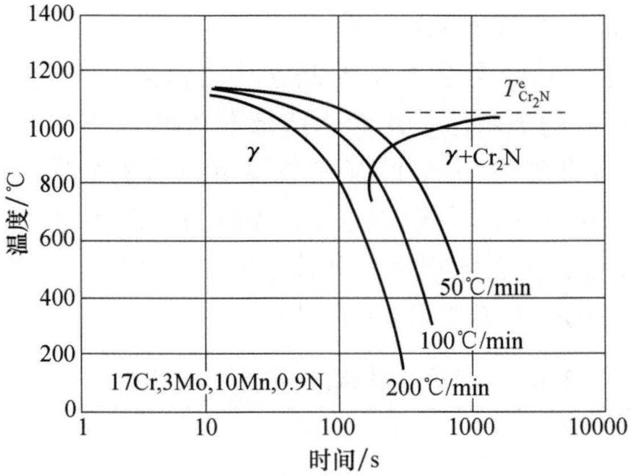

图 9.99 冷却速率对 PANACEA 钢 Cr_2N 析出的影响[109]

为避免 PANACEA 钢中 Cr_2N 的析出，固溶处理后应采用足够的冷却速率

较常用的骨科生物材料好得多的耐蚀性，在用于与人类皮肤接触的珠宝或手表时也具有较常用的不锈钢优越得多的耐蚀性。PANACEA 钢具有良好的生物相容性，已通过标准的细胞毒性试验[109]。

PANACEA 钢可以使用加压电渣重熔炉生产，也可以采用粉末注射成形(MIM)生产(图 9.96)，其致密度可以达到 96%～97%，其力学性能与熔炼方法制取的钢基本相同(表 9.83)。

9.8.3 抗菌不锈钢

有害细菌的传播与蔓延严重威胁着人类的健康，因而抗菌材料越来越受到人们的重视。不锈钢在食品工业、餐饮业和家庭生活中的应用越来越广泛，人们希望不锈钢器皿和餐具除具有不锈、光洁的特点外，最好还具有防霉变、抗菌和杀菌的功能，从而促使人们发展抗菌不锈钢。

研究表明,一些金属离子具有强弱不同的抗菌效果,此外,还应考虑其安全性。就安全性和抗菌性综合考虑,以 Ag 为最佳,其次是 Cu 和 Zn。抗菌不锈钢就是利用加入这些元素实现其抗菌性能的。

抗菌不锈钢按其制造方法的不同,可分为表面涂层抗菌不锈钢、表面改性抗菌不锈钢、复合抗菌不锈钢及添加抗菌金属元素的合金型抗菌不锈钢。对上述各种抗菌不锈钢,国内外均开展了比较多的研究工作,其中合金型抗菌不锈钢的研究和应用最广泛[123,124]。

合金型抗菌不锈钢是通过在炼钢时添加抗菌金属元素,再经过特殊的热处理加工,使抗菌不锈钢表面到内部都均匀分布着抗菌元素的析出相。按照加入抗菌元素的不同可以分为含铜或含银抗菌不锈钢等。

抗菌不锈钢大多利用抗菌金属离子的杀菌功能,其机理主要有以下几种假说:①直接进入细菌体内杀菌。金属离子穿透细胞壁进入细胞内,与蛋白质发生作用,使细胞丧失分裂增殖能力而死亡。②通过电场吸附作用杀菌。金属离子带有正电荷,而细菌的细胞壁带有负电荷,由于异性电荷相吸,约束了细菌的活动,使其生存环境紊乱而死亡。③通过催化作用杀菌。有些金属离子,如银和钛的离子能起到催化活动中心的作用,使细菌无法进行能量代谢,从而抑制其繁殖而死亡[123]。

含铜抗菌不锈钢是在 1998 年由日本新制钢公司首先开发的,其化学成分如表 9.84 所示。这些钢均具有很好的抗菌性。铁素体抗菌不锈钢 NSSAM1 对各种细菌都有很好的抗菌性,特别是黄色葡萄球菌、大肠杆菌和绿膜菌的杀菌率高达 99%～100%,并且经过研磨后仍具有优秀的抗菌性。马氏体抗菌不锈钢 NSSAM2 经研磨后的杀菌率依然达到了 99.999%,具有良好的抗菌稳定性。奥氏体抗菌不锈钢 NSSAM3 对黄色葡萄球菌、大肠杆菌的杀菌率为 100%,具有稳定的抗菌性。

表 9.84　各种含铜抗菌不锈钢的化学成分[125]　　(单位:%)

钢种	C	Si	Mn	Ni	Cr	Cu	N
铁素体系 NSSAM1	0.01	0.30	0.20	—	17.0	1.50	0.01
马氏体系 NSSAM2	0.30	0.50	0.50	—	13.0	3.00	0.02
奥氏体系 NSSAM3	0.04	0.50	1.80	9.0	18.0	3.80	0.03

含铜抗菌不锈钢需要经过抗菌热处理,这是由于铜在不锈钢中的溶解度较高,多以原子形式固溶于基体中,不锈钢表面容易形成连续的钝化膜,固溶的铜原子较难穿透钝化膜,因此基本上表现不出抗菌功能。经过抗菌热处理后,大部分铜原子会从基体中析出,形成富铜的较大尺寸的析出相,富铜相从表面到内部呈均匀分布。较大尺寸的富铜相析出于钢的表面,造成钝化膜不连续,能与外界接触,在潮湿的环境中析出铜离子,起到杀菌作用。

我国制定了黑色冶金行业标准 YB/T 4171—2008《含铜抗菌不锈钢》,现已为 YB/T 4171—2020《含铜抗菌不锈钢》代替。该标准适用于具有抗菌功能的不锈钢冷轧钢板(带)和热轧钢板(带)。表 9.85 为我国含铜抗菌不锈钢的化学成分。这类钢一般采用初炼钢水加炉外精炼等工艺。这类钢的钢板和钢带一般以抗菌热处理状态交货,根据需方要求,并在合同中注明,也可按照固溶或退火状态交货,推荐的热处理制度见表 9.86。

表 9.85 含铜抗菌不锈钢的化学成分(YB/T 4171—2020) (单位:%)

类型	牌号	C	Si	Mn	P	S	Ni	Cr	Cu	N
奥氏体	022CrNi7Cu3	≤0.030	≤1.00	≤2.00	≤0.045	≤0.030	6.00~8.00	16.00~18.00	3.00~4.00	≤0.20
	022CrNi10Cu3	≤0.030	≤0.75	≤2.00	≤0.045	≤0.030	8.00~12.00	17.50~19.50	2.50~4.00	≤0.10
	06Cr19Ni10Cu3	≤0.070	≤0.75	≤2.00	≤0.045	≤0.030	8.00~10.50	17.50~19.50	2.50~4.00	≤0.10
铁素体	06Cr17Cu2	≤0.080	≤0.75	≤1.00	≤0.040	≤0.030	≤0.60	16.00~18.00	1.00~2.50	—
	022Cr12Cu2	≤0.030	≤0.75	≤1.00	≤0.040	≤0.030	≤0.60	11.00~13.50	1.00~2.50	—

表 9.86 含铜抗菌不锈钢板和钢带的热处理制度和抗菌热处理制度(YB/T 4171—2020)

类型	牌号	推荐的热处理温度及冷却方式	推荐的抗菌热处理温度及冷却方式
奥氏体	022CrNi7Cu3	固溶处理:≥1040℃水冷或其他方式冷却	550~900℃快冷或缓冷
	022CrNi10Cu3	固溶处理:≥1040℃水冷或其他方式冷却	550~900℃快冷或缓冷
	06Cr19Ni10Cu3	固溶处理:≥1040℃水冷或其他方式冷却	550~900℃快冷或缓冷
铁素体	06Cr17Cu2	退火处理 750~800℃快冷或缓冷	550~800℃快冷或缓冷
	022Cr12Cu2		

众多的研究均表明,含铜抗菌不锈钢只有在经过抗菌热处理以后才能具有明显的抗菌特性。未经抗菌热处理的抗菌不锈钢,或仅做了固溶处理和时效的样品,都没有明显的抗菌性能。抗菌热处理的条件对析出相的数量、形貌都有明显的影响,从而影响杀菌率[126]。经过抗菌热处理的钢板和钢带抗菌率应符合下列要求:对大肠杆菌抗菌率不小于 90%;对金黄色葡萄球菌抗菌率不小于 90%。

含铜不锈钢板和钢带的拉伸性能及硬度应符合表 9.87 的规定。

表 9.87 含铜不锈钢板和钢带的拉伸性能及硬度(YB/T 4171—2020)

类型	牌号	拉伸强度,不小于			硬度,不大于		
		$R_{p0.2}$/MPa	R_m/MPa	A/%	HWB	HRB	HV
奥氏体	022CrNi7Cu3	180	485	45	201	92	210
	022CrNi10Cu3	180	485	40	201	92	210
	06Cr19Ni10Cu3	205	515	40	201	92	210
铁素体	06Cr17Cu2	205	420	22	183	89	200
	022Cr12Cu2	195	360	22	183	88	200

注:根据钢板和钢带的尺寸和状态任选一种硬度试验方法检验。

含铜奥氏体抗菌不锈钢在抗菌热处理时,最初析出的 ε-Cu 相在晶界成核,随着抗菌热处理过程的进行,析出相向晶内生长成长度约为 30nm 的棒状,其生长方向是沿着钢材加工方向的。脱溶析出的ε-Cu相为含Cr、Ni、Fe的Cu固溶体，其结构为面心立方，随着脱溶过程的进行，富Cu相中的Cu含量增加，其他元素的含量减少，ε-Cu相中的Cu含量最高可达约90%[127]。许多文献指出，较佳的抗菌热处理工艺为750℃左右保温3h以上。奥氏体抗菌不锈钢的生产工艺流程一般为：冶炼→热轧→退火→冷轧→固溶处理→抗菌热处理。该工艺流程不足之处是：在750℃时效3h，相当于对奥氏体钢进行了敏化处理，会降低其耐蚀性，而为了保证不锈钢高的表面质量，最后的抗菌热处理必须在真空下进行，这在生产上难以实现，亦不适应现在的不锈钢生产线。为此，一些研究者尝试在热轧后先进行抗菌热处理，冷轧后再固溶热处理的工艺，为了保持抗菌性能，对2mm厚的钢板的固溶时效时间控制在2min。试验结果表明，采用热轧→抗菌热处理→冷轧→固溶处理，仍具有良好的抗菌效果。钢中的铜含量自1.54%增至3.64%时，随铜含量的增加，抗菌效果逐步提高，当铜含量达到3.5%时，杀菌率达到99%。随铜含量的增加，钢的耐点蚀性也有所提高。含铜抗菌不锈钢随铜含量的增加，其强度先减后增，而塑性则先增后减，但变化幅度不大[128]。

对含铜铁素体抗菌不锈钢中抗菌相析出行为的研究表明，在750℃时效1h后，抗菌相为面心立方结构，与基体存在位向关系，但其取向关系存在多样性。抗菌相的成分接近单质铜，临界析出温度达到900℃，抗菌相的最佳时效温度范围为750～800℃，在铜含量为1.56%时的析出量在0.6%以上，抗菌相呈杆状，且温度越高，其长度方向的平均尺寸越大[129]。抗菌不锈钢的杀菌率和其与细菌作用时间有关，铁素体抗菌不锈钢与大肠杆菌作用150min左右后，杀菌率才会达到99.9%以上[130]。

对含铜马氏体时效钢的研究发现，在500～600℃时效处理时，大量细小的富铜原子团析出，对不锈钢起到沉淀强化作用，但杀菌率不高；在经过700℃时效1～4h后，表现出优秀的抗菌性能[131]。含铜不锈钢经固溶和时效后的析出相ε-Cu相呈棒状，长度约100nm，析出相中铜含量达到91.9%。试验发现，抗菌马氏体不锈钢与对比钢3Cr13比较，其耐点蚀性能下降，这是由ε-Cu相与钝化膜形成电偶腐蚀造成的[132]。比较奥氏体抗菌不锈钢和马氏体抗菌不锈钢，前者的抗菌性能优于后者，这是由于奥氏体抗菌不锈钢的析出相细小，分布弥散，比面积大，与细菌接触的概率大[133]。在YB/T 4171—2020中已将旧标准中的两种含铜马氏体不锈钢牌号删去。

根据研究和工业生产经验，合金型抗菌不锈钢产品有如下优点[123,126]：①抗菌性广谱，对多种常见病菌均具有良好的杀菌效果；②抗菌功效具有长效性，不会因表面磨损或长期浸泡而丧失；③抗菌不锈钢对人体是安全的，在与菌液接触时，铜离子溶出量很小，抗菌的作用主要通过与细菌的直接接触来实现；④不锈钢的基本性能，如力学性能、耐腐蚀性、冷热加工性、焊接性能与原钢种基本相当；⑤成本增加有限，含铜抗菌不锈钢的成本增加10%～20%，含银抗菌不锈钢的成本增加20%～40%。

日本川崎制铁公司于1998年开发出含银抗菌不锈钢，其典型成分如表9.88所示。Ag不能固溶于不锈钢的组元中，很容易在晶界析出，影响钢的成形。该公司通过控制浇注速率来控制Ag粒子、Ag氧化物和Ag硫化物在不锈钢基体中的分布，以获得均匀弥散分布的具有抗菌作用的抗菌相。经过试验，Ag离子的抗大肠杆菌的能力是Cu离子的100倍[123,134]。含银抗菌不锈钢不需要特殊的抗菌热处理就能保持其抗菌性。Ag的加入不影响钢的耐蚀性。该钢已工业生产，应用于洗涤槽、西餐餐具和厨房用具等[132]。我国对含银抗菌不锈钢已进行了不少研究，并通过添加银铜二元中间合金的方法有效解决了含银抗菌不锈钢冶炼问题[134]。

表 9.88　含 Ag 抗菌不锈钢的典型成分[131]　　　　　　　　（单位：%）

钢种	C	Si	Mn	P	Cr	Ni	Ag
AgSUS304	0.05	0.30	1.00	0.03	18.2	8.1	0.042
AgSUS430	0.06	0.25	0.65	0.03	16.2	—	0.039
AgSUS430LX	0.01	0.25	0.45	003	17.7	—	0.040

目前我国已有多家钢铁企业可以生产合金型抗菌不锈钢。合金型抗菌不锈钢可用于制造医疗器械、医药容器、制药机械、医院设施、食品加工设备、厨房设备、餐具、家电、建材，以及公共场所用品等众多产品，应用范围广泛，市场空间大。我国合金型抗菌不锈钢的应用领域在不断扩张，但由于其价格较普通不锈钢高，现阶段其市场规模在我国不锈钢整体市场中的占比还比较小。

9.8.4　不锈钢精密箔材

不锈钢精密带的厚度一般在 0.01～0.5mm，0.05mm 以下的称为不锈精密钢箔。不锈精密钢箔可用于国防科技、医疗器械、精密仪器、石油化工、航空航天、储能电池、传感器、折叠显示屏等领域中。过去只有少数国家可以生产，且宽度不足 400mm。厚度只有 0.02mm 的不锈钢箔，因为很薄，用手容易撕破，俗称“手撕钢”。不锈精密钢箔的技术要求很高，如厚度精度不能超过 0.001mm，宽度精度要求在 0.1mm 范围内，表面粗糙度要求很高，晶粒度也有很高的要求，如厚度小于 0.025mm 的箔材，晶粒度要求为 7～9 级，因为它对抗拉强度、韧性、塑性等力学性能有决定性的影响。不锈精密钢箔一般采用二十辊轧机生产。

我国在 1998 年建成精密带钢生产线，但长时间内无法生产出合格的不锈精密钢箔，只能进口国外的产品，而国外对我国还进行技术封锁。进口的 0.02mm 的不锈精密钢箔的价格是白银的 1.5 倍。我国太钢精带公司的科技团队进行科技攻关，历时 3 年，克服重重困难，于 2018 年自主突破了钢质纯净度、产线工艺、控制水平、高等级表面精度、产品性能等一系列核心工艺技术，开发出厚度 0.02mm、宽度 640mm 的不锈精密钢箔，并形成量产，取得了多项专利。2020 年 8 月，太钢又将不锈精密钢箔轧制至 0.015mm 厚度，创造了世界纪录，实现了从依赖进口到世界领先的跨越，目前可能已达到 0.012mm。这种看似细微的差别在工业生产上会产生很大的差异。以电池为例，同样体积的电池，使用 0.015mm 材料制造，较之使用 0.02mm 的材料，其电池容量能够增加 17%[135]。

最近太钢主持起草的国家标准 GB/T 41608—2022《不锈钢精密箔材》已于 2023 年 2 月 1 日正式实施，这类钢目前国际上还没有通用标准，我国制定的标准已经达到甚至超越了很多国家的标准。

GB/T 41608—2022《不锈钢精密箔材》适用于厚度不大于 0.050mm、宽度不大于 1250mm 的不锈钢精密箔材，包括卷和片两种交货方式。

不锈钢精密箔材的牌号和化学成分应符合表 9.89～表 9.91 的规定。

表 9.89　奥氏体型不锈钢精密箔材的牌号和化学成分(GB/T 41608—2022)

(单位:%)

牌号	C	Si	Mn	P	S	Ni	Cr	Mo	N	其他
12Cr17Ni7	0.15	1.00	2.00	0.045	0.030	6.00～8.00	16.00～18.00	—	0.10	—
12Cr17Ni7Si	0.15	1.00～1.80	2.00	0.045	0.030	6.00～8.00	16.00～18.00	—	0.10	—
022Cr17Ni7	0.030	1.00	2.00	0.045	0.030	6.00～8.00	16.00～18.00	—	0.20	—
06Cr19Ni10	0.07	0.75	2.00	0.045	0.030	8.00～10.50	17.50～19.50	—	0.10	—
022Cr19Ni10	0.030	0.75	2.00	0.045	0.030	8.00～12.00	17.50～19.50	—	0.10	—
10Cr18Ni12	0.12	0.75	2.00	0.045	0.030	10.00～13.00	17.00～19.00	—	—	—
06Cr17Ni12Mo2	0.08	0.75	2.00	0.045	0.030	10.00～14.00	16.00～18.00	2.00～3.00	0.10	—
022Cr17Ni12Mo2	0.030	0.75	2.00	0.045	0.030	10.00～14.00	16.00～18.00	2.00～3.00	0.10	—
06Cr19Ni13Mo3	0.08	0.75	2.00	0.045	0.030	11.00～15.00	18.00～20.00	3.00～4.00	0.10	—
022Cr19Ni13Mo3	0.030	0.75	2.00	0.045	0.030	11.00～15.00	18.00～20.00	3.00～4.00	0.10	—
06Cr18Ni11Ti	0.08	0.75	2.00	0.045	0.030	9.00～12.00	17.00～19.00	—	0.10	$w_{Ti} \geqslant 5 \times w_C$
06Cr18Ni11Nb	0.08	0.75	2.00	0.045	0.030	9.00～12.00	17.00～19.00	—	—	w_{Nb}:$10w_C$～1.00

注:表中所列成分除标明范围或最小值,其余均为最大值。

表 9.90　铁素体型不锈钢精密箔材的牌号和化学成分(GB/T 41608—2022)

(单位:%)

牌号	C	Si	Mn	P	S	Ni	Cr	Mo	Cu	N	其他
10Cr17	0.12	1.00	1.00	0.040	0.030	0.75	16.00～18.00	—	—	—	—
022Cr17NbTi	0.030	0.75	1.00	0.035	0.030	—	16.00～19.00	—	—	—	w_{Ti+Nb}:0.10～1.00
019Cr18MoTi	0.025	1.00	1.00	0.040	0.030	—	16.00～19.00	0.75～1.50	—	0.025	Ti,Nb,Zr 或其组合:$8w_{C+N}$～0.80

续表

牌号	C	Si	Mn	P	S	Ni	Cr	Mo	Cu	N	其他
022Cr18Nb	0.030	1.00	1.00	0.040	0.015	—	17.50～18.50	—	—	—	w_{Ti}：0.10～0.60 w_{Nb}：≥0.30+3w_C
019Cr18CuNb	0.025	1.00	1.00	0.040	0.030	0.60	16.00～20.00	—	0.30～0.80	0.025	w_{Nb}：8w_{C+N}～0.80
019Cr18Mo2NbTi	0.025	1.00	1.00	0.040	0.030	1.00	17.50～19.50	1.75～2.50	—	0.035	w_{Ti+Nb}：[0.20+4w_{C+N}]～0.80

注：表中所列成分除标明范围或最小值，其余均为最大值。

表 9.91 沉淀硬化型不锈钢精密箔材的牌号和化学成分(GB/T 41608—2022)

(单位：%)

牌号	C	Si	Mn	P	S	Ni	Cr	Mo	N	其他
07Cr17Ni7Al	0.09	1.00	1.00	0.040	0.030	6.50～7.75	16.00～18.00	—	—	w_{Al}：0.75～1.50
07Cr15Ni7Mo2Al	0.09	1.00	1.00	0.040	0.030	6.50～7.75	14.00～16.00	2.00～3.00	—	w_{Al}：0.75～1.50
09Cr17Ni5Mo3N	0.07～0.11	0.50	0.50～1.25	0.040	0.030	4.00～5.00	16.00～17.00	2.50～3.25	0.07～0.13	—
06Cr17Ni7AlTi	0.08	1.00	1.00	0.040	0.030	6.00～7.50	16.00～17.50	—	—	w_{Al}：0.40 w_{Ti}：0.40～1.20

注：表中所列成分除标明范围或最小值，其余均为最大值。

经热处理的不锈钢精密箔材的硬度值应符合表 9.92 的规定，根据需方要求，经供需双方协商，可进行拉伸试验，拉伸性能应符合表 9.92 的规定。

表 9.92 不锈钢精密箔材冷作硬化对硬度和力学性能的要求(GB/T 41608—2022)

牌号	冷作硬化状态	硬度 HV，不小于	冷作硬化力学性能要求，不小于		
			$R_{p0.2}$/MPa	R_m/MPa	A_{50mm}
12Cr17Ni7	H1/2	310	510	930	10
	H3/4	370	745	1130	5
	H	430	1030	1320	—
	H2	490	1275	1570	—
	H3	530	1450	1740	—
12Cr17Ni7Si	H	430	1030	1320	—
	H2	510	1350	1670	—
	H3	560	1500	1850	—

续表

牌号	冷作硬化状态	硬度 HV,不小于	冷作硬化力学性能要求,不小于		
			$R_{p0.2}$/MPa	R_m/MPa	A_{50mm}
06Cr19Ni10	H1/2	250	470	780	6
	H3/4	310	665	930	3
	H	370	880	1130	—
022Cr17Ni12Mo2	H1/2	250	470	780	6
	H3/4	310	665	930	3
	H	370	880	1130	—

不锈钢精密箔材表面加工类型见表 9.93,需方应根据需要指定加工类型,经供需双方协商,并在合同中注明。

表 9.93 不锈钢精密箔材表面加工类型(GB/T 41608—2022)

简称	加工类型	表面状态	备注
BA 表面	冷轧、光亮退火	表面平滑、光亮、反光	冷轧后在可控气氛炉内进行光亮退火。通常采用全氢或氢与氮混合气氛,以防止退火过程中的氧化现象,也是后工序再加工常用的表面加工。该表面包括 BAA、BAB
BAA 表面	冷轧、光亮退火	表面平滑、光亮、反光	水接触角不大于 30°,后续箔材表面要进行粘接覆膜加工
BAB 表面	冷轧、光亮退火	表面平滑、光亮、反光	水接触角不大于 60°,后续箔材表面要进行蒸镀或其他方式涂覆材料
TR 表面	冷作硬化处理	随材质、冷作量大小而变化	对退火除鳞或光亮退火的钢板进行足够的冷作硬化处理,大幅度提高强度水平

注:测量不锈钢精密箔材表面润湿张力水接触角测量方法见 GB/T 41608—2022《不锈钢精密箔材》附录 C。

GB/T 41608—2022《不锈钢精密箔材》还规定了不锈钢精密箔材的尺寸、外形及允许偏差、技术要求、试验方法、检验规则、包装、标志和质量证明书等详细技术内容。

参考文献

[1] 陆世英,张廷凯,康喜范,等. 不锈钢[M]. 北京:原子能出版社,1995.
[2] 肖纪美. 不锈钢的金属学问题[M]. 2 版. 北京:冶金工业出版社,2006.
[3] 干勇,田志凌,董瀚,等. 中国材料工程大典 第 3 卷:钢铁材料工程(下)[M]. 北京:化学工业出版社,2006.
[4] Peckner D,Bernstein I M. Handbook of Stainless Steels[M]. New York:McGraw-Hill Book Company,1977.
[5] 章守华,吴承建. 钢铁材料学[M]. 北京:冶金工业出版社,1992.
[6] Бабаков А А. Нержавеющие Стали[M]. Москва:Госхимиздат,1956.
[7] 黄淑菊. 金属腐蚀与防护[M]. 西安:西安交通大学出版社,1988.
[8] Colombier L,Hoghmann J. Aciers inoxydables,Aciers rèfractaires[R]. 1955;俄译本,Нержавеющие и жаропрочные стали. 1958.

[9] 褚武扬,林实,王枨,等. 断裂韧性测试[M]. 北京:科学出版社,1979.
[10] Lin J C, Chuang Y Y, Hsieh K C, et al. A thermodynamic description and phase relationships of the Fe-Cr system: Part II the liquid phase and the fcc phase[J]. Calphad, 1987, 11(1): 73.
[11] Monypemy J H G. Stainless Iron and Steel[M]. London: Chapman & Hall Ltd, 1951.
[12] Binder W O, Franks R, Thompson J. Austenitic chromium-manganese-nickel steels containing nitrogen[J]. Transactions of ASM, 1955, 47: 231.
[13] Schaeffler A L. Constitution diagram for stainless steel weld metal[J]. Metal Progress, 1969, 56: 680.
[14] Pryce L, Andrews K W. Practical estimation of composition, balance and ferrite content in stainless steels[J]. Journal of the Iron and Steel Institute, 1960, 195: 145.
[15] Гольдштейн М И, Грачер С В, Векслер Ю Г. Специальные Стали[M]. Москва: Металлугия, 1985.
[16] Химушин Ф Ф. Нержавеющие Стали[M]. Москва: Металлугия, 1967.
[17] Baerlecken E, Fischer W A, Lorenz K. Investigations concerning the transformation behavior, the notched impact toughness and the susceptibility to intercrystalline corrosion of iron-chromium alloys with chromium contents to 30%[J]. Stahl und Eisen, 1961, 81(12): 768.
[18] 陈德和. 不锈钢的性能与组织[J]. 北京:机械工业出版社,1977.
[19] 李炯辉,施友方,高汉文. 钢铁材料金相图谱[M]. 上海:上海科学技术出版社,1981.
[20] 金永华. 5Cr15MoV 马氏体不锈钢的热处理[J]. 五金科技,2005,(4):31.
[21] Krauss G. Steels: Processing, Structure, and Performance[M]. Russell: ASM International, 2005.
[22] Williams R O. Further studies of the iron-chromium steels[J]. Transactions of ASME, 1958, 212: 497.
[23] 孟繁茂,付俊岩. 现代含铌不锈钢[M]. 北京:冶金工业出版社,2004.
[24] 康喜范. 铁素体不锈钢[M]. 北京:冶金工业出版社,2012.
[25] 刘振宇,江来珠. 铁素体不锈钢的物理冶金学原理及生产技术[M]. 北京:冶金工业出版社,2014.
[26] 赵昌盛,孙桂良,闵令平,等. 不锈钢的应用及热处理[M]. 北京:机械工业出版社,2010.
[27] 陆世英. 超级不锈钢和高镍耐蚀合金[M]. 北京:化学工业出版社,2012.
[28] Hammond C M. ASTM Spec. Tech[R]. 1965, 369: 48.
[29] Schumann H. Arch Eisenhuettenwes[R]. 1970, 12: 1170.
[30] Eichelmann G J, Hull F C. The effect of composition of spontaneous transformation of austenite to martensite in 18-8-type stainless steel[J]. Transactions of ASM, 1953, 45: 77.
[31] Angel T. Formation of martensite in austenitic stainless steel[J]. Journal of the Iron and Steel Institute, 1954, 177: 165.
[32] Bressanelli J P, Moscowitz A. Effect of strain rate, temperature and composition on tensile properties of metastable austenitic stainless steels[J]. Transactions of ASM, 1966, 59: 23.
[33] Stickler R, Vinckier A. Morphology of grain-boundary carbides and its influence on intergranular corrosion of 304 stainless steel[J]. Transactions of ASM, 1961, 54: 362.
[34] Cihal V. Prot. Met. (USSR)[R]. 1968, 4(6): 564.
[35] ASTM Committee A-10, Subcommittee Ⅵ. American Society for Testing Materials Proceedings[C]. 1939, 39: 203.
[36] Weiss B, Stickler R. Phase instabilities during high temperature exposure of 316 austenitic stainless steel[J]. Metallurgical Transactions, 1972, 3: 851.
[37] Cihal V, Jezek J. Some observations on the nature of precipitating phases in 18/9/Nb steels[J]. Journal of the Iron and Steel Institute, 1964, 202: 124.

[38] Scharfstein L R, Maniar G N. The effect of increased nickel content on the intergranular corrosion of alloy 20Cb[J]. British Corrosion Journal, 1965, 1(1): 36.

[39] Masumoto T, Imai Y. Structural diagrams and tensile properties of the 18Cr-Fe-N quaternary system alloys[J]. Journal of Japan Institute of Metals, 1969, 33: 1364.

[40] Grot A S, Spruiell J E. Microstructural stability of titanium-modified type 316 and type 321 stainless steel[J]. Metallurgical and Materials Transactions A, 1975, 6: 2023.

[41] Spaeder C E, Brickner K G. Paper presented at Pet. Mech Eng Pressure Vessels Piping Conf[R]. Denver, September, 1970.

[42] Henthorne M. Localized Corrosion[R]. ASTM STP 516, 1972: 66.

[43] Dulieu D, Nutting J. Metallurgical Developments in High Alloy Steels[R]. Iron Steel Ins, London, Spec. Rept. 86, 1966, 204: 623.

[44] Hong I T, Koo C H. Antibacterial properties, corrosion resistance and mechanical properties of Cu-modified SUS 304 stainless steel[J]. Material Science and Engineering A, 2005, 393: 213.

[45] Defilippi J D, Brickner E M, Gilbert E M. Ductile-to-brittle transition in austenitic chromium-manganese-nitrogen stainless steels[J]. Transactions of the Metallurgical Society of AIME, 1969, 245: 2141.

[46] Speidel M O. Properties and applications of high nitrogen steels[C]//Fost J, Hendry A. High Nichogen Steels, HNS 88. London: Institute of Metals, 1989.

[47] Thier H, Baumel A, Schmidtmann E. Einfluss von stickstoff auf das ausscheidungsverhalten des stahles X5CrNiMo 1713[J]. Archiv fuer das Eisenhuettenwesen, 1969, 40(4): 333.

[48] Kamachi M U, Ningshen S. 含氮不锈钢的腐蚀性能[M]//Kamachi M U, Baldev R. 高氮钢和不锈钢:生产、性能和应用. 李晶,黄运华译. 北京:化学工业出版社, 2006: 100.

[49] Brick R M, Gordon R B, Phillips A. Structure and Properties of Alloys[M]. 3rd ed. New York: McGraw-Hill Book Company, 1964.

[50] Habraken L, et Brouwer J L. de Ferri Metallographia Ⅰ[M]. Bruxelles: Pesses Académiques Europènnes S. C., 1966.

[51] 吴玖,等. 双相不锈钢[M]. 北京:冶金工业出版社, 2000.

[52] Charles J. Duplex 94 Stainless Steels[C]. Proceeding of Conference, 1994: KI.

[53] Сокол И Я. Двухфазные Стали. Москва, 1974[M]. 李丕钟,王欣增译. 北京:原子能出版社, 1979.

[54] Lo K H, Shek C H, Lai J K L. Recent development in stainless steels[J]. Material Science and Engineering R, 2009, 65: 39.

[55] 吴玖,陈荣仙,李雪缘,等. 00Cr18Ni5Mo3Si2 双相不锈钢组织稳定性及其对脆性影响的研究[J]. 金属学报, 1982, 18(1): 95.

[56] Nilsson J O, Liu P. Aging at 400-600℃ of submerged arc welds of 22Cr-3Mo-8Ni duplex stainless steel and its effect on toughness and microstructure[J]. Materials Science and Technology, 1991, 7(9): 853.

[57] Charles J. Super duplex stainless steels: structure and properties[C]//Proceeding of Conference Duplex Stainless Steels, Beaune, France, 1991, 1: 151.

[58] 姜世振,吴玖,韩俊媛,等. 双相不锈钢热塑性的研究[J]. 钢铁, 1995, 30(7): 55.

[59] 赵科巍. 2205 双相不锈钢的高温变形过程及其机理的研究[D]. 兰州:兰州理工大学, 2010.

[60] Clivt Tuck. Stainless Steel World[R]. 2006, (9): 63.

[61] Hochnann J, et al. Stress corrosion cracking and hydrogen embrittlement of iron base alloys[R]. NACE, Houston, 1977: 987.

[62] Cihal V. On the resistance of duplex steel to stress corrosion cracking[J]. Werkstoffe und Korrosion, 1992, 43(11): 532.

[63] 陆世英，王欣增，李丕钟，等. 不锈钢应力腐蚀事故分析与耐应力腐蚀不锈钢[M]. 北京：原子能出版社，1985.

[64] 小若正伦. 防蚀技术[J]. 1981, 30: 218.

[65] 铃木隆志，等. 日本金属学会志[J]. 1968, 32: 1171.

[66] Devine T M J. Influence of carbon content and ferrite morphology on the sensitization of duplex stainless steel[J]. Metallurgical and Materials Transactions A, 1980, 11(5): 791.

[67] Herbsleb G, Schwaab P. Duplex stainless steels[C]//Lula R A. Conference Proceedings of ASM, St Louis, 1982: 15.

[68] 童德清，吴玖. 00Cr18Ni5Mo3Si2 双相不锈钢晶间腐蚀性能的研究[J]. 钢铁研究学报，1991, 3(增刊): 1.

[69] 邓增杰，周敬恩. 工程材料的断裂与疲劳[M]. 北京：机械工业出版社，1995.

[70] 路新春，姜晓霞，李诗卓，等. 双相不锈钢腐蚀磨损机理探讨[J]. 中国腐蚀与防护学报，1994, 14(3): 201.

[71] 李诗卓，姜晓霞. 耐磨蚀合金设计原则的探讨[J]. 腐蚀科学与防护技术，1995, 7(2): 122.

[72] Lippold, J C, Lin W, Brandi S, et al. Heat-affected zone microstructure and properties in commercial duplex stainless steels[C]//International Conference, DSS'94, Glasgow, Scotland, November, 1994, (2): 116.

[73] 长野博夫，小若正伦. 430ステンス钢の凝固组织微细化[J]. 铁と钢，1980, 66(8): 96.

[74] Honeycombe J, Gooch T G. The Welding Institute Research Report[R]. 1985: 286.

[75] 刘廷材. 铁素体-奥氏体双相不锈钢的焊接性[J]. 焊接学报，1988, 9(4): 213.

[76] 刘廷材，田立娟，韦克林. 00Cr25Ni7Mo3WCuN 双相不锈钢的焊接性及焊接材料的研究[J]. 钢铁，1988, 23(6): 38.

[77] Kivineva E I, Hannerz N E. The properties of Gleeble simulated heat affected zone of SAF 2205 and SAF 2507 Duplex stainless steels[C]//International Conference, DSS'94, Glasgow, Scotland, November, 1994: 7.

[78] Sandvik material datasheet, SAF2707 HD、SAF 2906、SAF 3209 HD[R]. 2017.

[79] 杜春峰，詹风，杨银辉，等. 节镍型双相不锈钢的研究进展[J]. 金属功能材料，2010, 17(5): 63.

[80] 赵振业. 合金钢设计[M]. 北京：国防工业出版社，1999.

[81] Carpenter Technology Corporation. Carpenter 13-8 Stainless, Technical Datasheet[OL]. https://www.carpentertechnology.com. [2004-05-12].

[82] Carpenter Technology Corporation. Costom 455 Stainless, Technical Datasheet[OL]. https://www.carpentertechnology.com. [2006-06-14].

[83] Kasak A, Chandhok V K, Dulis E J. Development of precipitation hardening Cr-Mo-Co stainless steels[J]. Transactions of ASM, 1963, 56: 455.

[84] 章守华. 合金钢[M]. 北京：冶金工业出版社，1981.

[85] Pickering F B. Physical Metallurgy and Design of Steels[M]. London: Applied Science Publishers Ltd, 1978.

[86] Webster D. Optimization of strength and toughness in two high-strength stainless steels[J]. Metallurgical and Materials Transactions B, 1971, 2(6): 1857.

[87] Carpenter Technology Corporation. Costom 465 Stainless, Technical Datasheet[OL]. https://www.carpentertechnology.com. [2008-12-01].

[88] 赵振业,李春志,李志,等. 一种超高强度不锈齿轮钢强化相的研究[J]. 航空材料学报,2003,23(1):1.

[89] 刘振宝,杨志勇,雍岐龙,等. 1900MPa 级超高强度不锈钢的研制[J]. 机械工程材料,2008,32(3):48.

[90] 王康,杨卯生,樊刚,等. 16Cr14Co12Mo5 耐热耐蚀轴承钢强韧化机制的研究[J]. 钢铁,2011,46(10):75.

[91] Carpenter Technology Corporation. Ferrium S53 Carpenter Data Sheet[OL]. https://www. carpentertechnology. com. [2015-04-10].

[92] Martin J W,Dahl J M. High strength stainless alloy resists stress corrosion cracking[J]. Advanced Materials and Processes,1998,(3):37.

[93] 陈嘉砚,杨卓越,宋维顺,等. 时效温度对 Costom 465 钢力学性能的影响[J]. 钢铁研究学报,2008,20(12):31.

[94] 李楠,陈嘉砚,龙晋明. Costom 465 马氏体时效不锈钢的强韧化特征及工艺优化[J]. 物理测试,2005,23(6):4.

[95] 张晓蕾. 二次硬化型超高强度钢 Ferrium S53 组织和力学性能研究[D]. 昆明:昆明理工大学,2010.

[96] 魏振宇. 某些沉淀硬化不锈钢的金属学问题[J]. 钢铁,1980,15(1):59;1880,15(2):45.

[97] Allegheny Ludlum. Stainless Steel AM 350TM Alloy Precipitation Hardening Alloy. Technical Data Blue Shee[OL]. http://www. alleghenytechnologies. com. [2006-08-21].

[98] 69111 专题组. Cr12Mn5Ni4Mo3Al 半奥氏体沉淀硬化不锈钢[J]. 上海钢研,1975,(21):1.

[99] 李志,贺自强,金建军,等. 航空超高强度钢的发展[M]. 北京:国防工业出版社,2012.

[100] 臧鑫士. 沉淀硬化不锈钢的组织与性能[J]. 材料工程,1992,(2):51.

[101] 李花兵,姜周华,申明辉,等. 氮气加压熔炼高氮钢技术的研究进展[J]. 中国冶金,2006,16(10):9.

[102] Balach G. 高氮不锈钢生产的发展[M]//Kamachi M U,Baldev R. 高氮钢和不锈钢:生产、性能和应用. 李晶,黄运华译. 北京:化学工业出版社,2006:33.

[103] Stein G,Menzel J,Dŏrr H. Industrial manufacture of massively nitrogen-alloyed steels[C]. //Proceedings of the International Conference on High Nitrogen Steels HNS 88 London:The Institute of metals,1989:32.

[104] Rashev T V. 高氮钢和高氮不锈钢生产[M]//Kamachi M U,Baldev R. 高氮钢和不锈钢:生产、性能和应用. 李晶,黄运华译. 北京:化学工业出版社,2006:9.

[105] 余蓉. 高氮不锈钢的开发进展[J]. 世界钢铁,2010,(1):37.

[106] 钟海林,况春江,况星,等. 粉末冶金高氮不锈钢的研究与发展现状[J]. 粉末冶金工业,2007,17(3):44.

[107] Fast J D. Interaction of Metals and Gases. Vol. 1[R]. Philips Technical Library,1965.

[108] Tschiptschin A P. 高氮钢在粉末冶金方面的发展[M]//Kamachi M U,Baldev R. 高氮钢和不锈钢:生产、性能和应用. 李晶,黄运华译. 北京:化学工业出版社,2006:74.

[109] Speidel M O,Uggowitzer P J. Biocompatible nickel-free steels to avoid nickel-allergy. Materials in Medicine[M]//Speidel M O,Uggowitzer P J. Department of Materials ETH Zürich,1998.

[110] 刘海定,王东哲,魏捍东,等. 高氮奥氏体不锈钢的研究进展[J]. 特殊钢,2009,30(4):45.

[111] Mathew M D,Srinivasan V S. 含氮钢的力学性能. 高氮钢和不锈钢:生产、性能和应用[M]//Kamachi M U,Baldev R. 高氮钢和不锈钢:生产、性能和应用. 李晶,黄运华译. 北京:化学工业出版社,2006:141.

[112] Simmons J W. Overview:high-nitrogen alloying of stainless steels[J]. Materials Science and Engineering A,1996,207:159.

[113] Frèchard S,Redjaïmia,Lach E,et al. Mechanical behaviour of nitrogen-alloyed austenitic atainless steel hardened by warm rolling[J]. Materials Science and Engineering A,2006,415:219.

[114] du Toit M. The microstructure and mechanical properties of Cromanite welds[J]. Journal of the South African Institute of Mining and Metallurgy,1999:333.

[115] 周维志,孙晓洁,李子凌,等. 奥氏体护环钢的发展历程[J]. 大型铸锻件,1999,(4):43.

[116] Essen能源技术有限公司. P2000钢材料数据[OL]. https://www.essen.de/aktuell/PortalAktuell_E.en.jsp. [2003-09-01].

[117] 周维智,孙晓洁,徐国涛. Mn18Cr18N钢护环生产工艺研究概况[J]. 大型铸锻件,2001,(1):32.

[118] 杨兵,曲东方,郭宝强,等. 600MW 1Mn18Cr18N护环的制造[J]. 大型铸锻件,2010,(6):31.

[119] 俞德刚. 铁基马氏体时效:回火转变理论及其强韧性[M]. 上海:上海交通大学出版社,2008.

[120] Essen能源技术有限公司. CRONDUR® 30钢材料数据[OL]. https://www.essen.de/aktuell/PortalAktuell_E.en.jsp. [2003-10-01].

[121] 李世普. 生物医用材料导论[M]. 武汉:武汉工业大学出版社,2000.

[122] 李娜,巩江,高昂,等. 金属过敏研究进展[J]. 宁夏农林科技,2011,52(4):63.

[123] 林钢,沈继程,王如萌. 抗菌不锈钢的发展与应用[J]. 腐蚀与防护,2011,32(3):210.

[124] 易蓉,叶峰,张果戈,等. 抗菌不锈钢的研究现状[J]. 电镀与涂饰,2015,34(11):635.

[125] 大久保直人. 抗菌ステソレス"NSSZAMスシリース"の抗菌性能と材料特性[N]. 日新制钢技报,1998:77.

[126] 杨柯,陈四红,董家胜,等. 铁素体抗菌不锈钢的抗菌特性[J]. 金属功能材料,2005,12(6):6.

[127] 李恒武,张体宝,张体勇. 含Cu奥氏体抗菌不锈钢中ε-Cu相的观察分析[J]. 金属学报,2008,44(1):39.

[128] 邱文军,林钢,江来珠,等. 铜对奥氏体抗菌不锈钢性能的影响[J]. 钢铁,2009,44(3):81.

[129] 张志霞,林钢,徐州. 含铜铁素体抗菌不锈钢中抗菌相的析出行为[J]. 材料热处理学报,2008,29(5):93.

[130] 南黎,刘永前,杨伟超,等. 含铜抗菌不锈钢的抗菌特性研究[J]. 金属学报,2007,43(10):1065.

[131] 于杰,陈敬超,杜晔平,等. 抗菌不锈钢的研究进展[J]. 材料导报,2008,22(12):48.

[132] 刘永前,南黎,陈德敏,等. 含铜马氏体抗菌不锈钢的研究[J]. 稀有金属材料与工程,2008,37(8):1380.

[133] 张安峰,乔继英,张斯玮. 两种含铜抗菌不锈钢的显微组织及抗菌性能[J]. 机械工程材料,2010,34(2):39.

[134] 王志广,张伟,李宁,等. 金属离子型抗菌不锈钢组织及其抗菌性能的研究[J]. 铸造技术,2006,27(5):499.

[135] 周顺. 薄如蝉翼、论克计价,太钢"手撕钢"铸就世界不锈钢最薄纪录[OL]. 上海澎湃政务,2023-11-22.

第 10 章　耐热钢与高温合金

耐热钢与高温合金是为制造 550～1100℃甚至更高温度环境中工作的结构件而开发的一类高温金属材料，它广泛用于动力、石化、航天、航空、核工业、交通运输、冶金等工业部门。

耐热钢是指在高温下具有较高强度和良好化学稳定性的合金钢。耐热钢最初用于蒸汽锅炉及蒸汽轮机，后来由于燃气轮机、航空技术及宇航事业的发展，以及化工、石油等工业部门中高温高压技术的发展，对耐热钢提出了越来越高的要求。

耐热钢可以有多种分类方法，这些分类方法都是根据钢的某一特点而划分的，因而可以相互交叉。下面是耐热钢的一些主要的分类方法[1]：

耐热钢按特性可分为：①抗氧化钢（或称耐热不起皮钢），通常指在高温下长期工作不会因介质侵蚀而破坏的钢；②热强钢，即在高温下仍具有足够强度而不会大量变形或破断的钢。

耐热钢按组织状态可分为：①珠光体（型）耐热钢；②马氏体（型）耐热钢；③铁素体（型）耐热钢；④奥氏体（型）耐热钢；⑤沉淀硬化（型）耐热钢。

耐热钢按主要用途可分为：①锅炉和汽轮机用耐热钢，主要用于制造锅炉管、汽轮机叶片、叶轮、紧固件、主轴和转子等；②航空涡轮发动机用耐热钢，主要用于制造压气机盘、叶片、阀门、涡轮盘等；③燃气轮机用耐热钢，主要用于制造整体锻造转子和涡轮盘、紧固件，叶片等；④内燃机用耐热钢，主要用于制造汽车、拖拉机等用的在高温和燃气腐蚀条件下工作的气阀，特别是工作条件更加恶劣的排气阀；⑤火箭发动机用耐热钢，主要用于制造燃烧室的外壁材料，以及涡轮盘、轴、燃烧室隔板、涡流进气导管等；⑥工业炉用耐热钢，在冶金、机械、建材等工业中广泛用于制造热交换器、加热炉管等的耐热部件。耐热钢还常用于制造耐热钢铸件，如冶金厂的各种退火炉罩、炉底辊、辐射管、马弗罐等。除上述用途外，还有其他一些重要用途。

在耐热钢不能满足更高温度下工作的零件性能要求时则需要使用高温合金。高温合金是指能够在 600℃以上高温承受较大复杂应力，并具有表面稳定性的高合金化铁基、镍基或钴基奥氏体金属材料。高温、较大应力、表面稳定和高合金化是铁基、镍基或钴基奥氏体高温合金不可缺少的四大要素，缺少其中任何一个要素的金属材料都不属于高温合金[2]。最常用的高温合金是镍基合金，它是在 Cr20Ni80 合金的基础上加入强化元素而发展起来的，可以在 650～1150℃使用。随着我国科研能力的增强，近十余年来还开发出高温钛合金、高温金属间化合物、超高温钨基复合材料等自成体系的高温材料[3]。

本章首先从耐热钢与高温合金的抗氧化性能、高温力学性能等方面来了解对耐热钢与高温合金的要求，然后从热处理工艺特点、组织变化与性能特点、典型应用举例及最新发展动态等方面对热强钢、抗氧化钢、阀门钢及高温合金等进行介绍。

10.1　对耐热钢与高温合金的要求

高温强度和高温化学稳定性是耐热钢和高温合金应具有的两大性能。对高温下使用的耐热钢和高温合金的最基本性能要求有两条：一是能满足高温使用条件下对力学性能的要求；二是具有高温化学稳定性。此外，它们还应具有良好的铸造、热加工等工艺性能。

10.1.1　耐热钢与高温合金的抗氧化性能

10.1.1.1　金属的氧化过程

耐热钢与高温合金均为金属材料，而金属材料在高温下发生的气体腐蚀主要是氧化，因此耐热钢与高温合金的氧化过程实际上就是它们与氧化性介质反应生成氧化物的过程。

氧化是一种典型的化学腐蚀，它具有介质与金属直接接触而发生化学反应、反应产物可附着在金属表面、反应过程没有电流产生等化学腐蚀的特点。在高温工况条件下，当 O_2、CO_2、H_2O 及 H_2 等气体与纯净的金属表面接触时，介质分子就吸附于金属表面并分解成介质原子，然后介质原子与金属原子之间发生化合作用。化合作用的结果首先使钢脱碳（针对耐热钢），随后使金属氧化（针对耐热钢和高温合金），其反应可用下式表示：

$$\mathrm{Me} + \mathrm{X} \rightleftharpoons \mathrm{MeX} \tag{10.1}$$

式中，Me 代表金属原子；X 代表介质原子。

如果腐蚀产物 MeX 是可挥发气体或以不完整的膜覆盖在金属表面，则介质可以继续与金属表面接触，并按吸附、分解、化合的过程使金属继续氧化。反之，如果腐蚀产物 MeX 能完整地覆盖在金属表面上，要使氧化过程能够进一步发展，则必须使金属原子或金属离子与氧原子或氧离子的相互迎面扩散，然后相遇并化合成 MeX 而使氧化膜继续长大。

图 10.1 是金属氧化时金属原子或金属离子与氧原子或氧离子穿过氧化膜扩散生长的示意图，至于氧化膜的生成区靠近氧化膜的哪一边，则取决于金属原子或金属离子与氧原子或氧离子两者的扩散速率。

金属原子或金属离子与氧原子或氧离子两者的扩散速率又取决于它们的粒子半径。

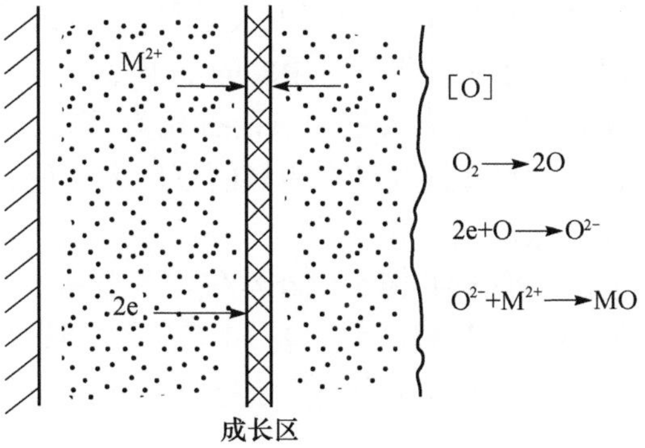

图 10.1　金属原子或金属离子与氧原子或氧离子穿过氧化膜扩散生长的示意图[4]

表 10.1 给出了部分常见金属与非金属的原子半径和离子半径。

表 10.1　部分常见金属与非金属的原子半径和离子半径[4]

原子符号	原子半径/Å	离子符号	离子半径/Å	原子符号	原子半径/Å	离子符号	离子半径/Å
Be	1.12	Be^{2+}	0.31	Cu	1.28	Cu^{2+}	0.96
Al	1.43	Al^{3+}	0.50	Nb	1.47	Nb^{3+}	0.70
Si	1.18	Si^{4+}	0.41	Mo	1.39	Mo^{6+}	0.62
Ti	1.49	Ti^{4+}	0.68	O	0.60	O^{2-}	1.40
Cr	1.25	Cr^{3+}	0.65	S	1.04	S^{2-}	1.84
Mn	1.29	Mn^{2+}	0.80	Cl	1.07	Cl^{-}	1.81
Fe	1.26	Fe^{2+}	0.75	H	0.79	H^{+}	1.27
Fe	1.25	Fe^{3+}	0.67	C	0.77	C^{4+}	0.15
Ni	1.25	Ni^{2+}	0.78	C	0.77	C^{-}	2.60

由表 10.1 可见，金属的离子半径比相应金属的原子半径小，氧化剂的阴离子半径比相应氧化剂的原子半径大。因此，在一般情况下可以推测，从氧化膜内侧向外侧运动的主要是金属离子与电子(而不是原子)，而从氧化膜表面向内部扩散的则是氧化剂的阴离子。此时，氧化剂是在氧化膜的外表面依靠穿过氧化膜传运出来的电子而实现离子化。由表 10.1 还可以看到，金属离子的半径显著地小于氧离子的半径，这说明在相互迎面扩散过程中金属离子的迁移速率较大，因而氧化膜主要在其成长区的外表面上生长。自然，在化学腐蚀过程中离子扩散的假设并不排斥还有原子平行地进行扩散的可能性。

随着氧化膜的增厚，金属离子与氧离子的扩散越来越困难，这时候形成的氧化膜具有抑制金属继续发生氧化的作用。我们把这种具有抑制金属继续发生氧化的氧化膜称为保护膜。金属氧化到一定程度后是否会继续氧化，则取决于氧化膜的性质。

由上可见，氧化膜的形成是化学反应过程，氧化膜的增厚则是扩散和化学反应的综合过程，金属本身是否具有抗氧化性则取决于氧化膜的性质。

从前面的金属氧化反应式可以看出，当反应向右进行时金属产生氧化，当反应向左进行时金属不能产生氧化。反应向左或向右进行取决于空气中氧的分压力和氧化物的分解压力：①如果氧化物的分解压力小于外界气氛中氧的分压力，则反应向右而使金属发生氧化；②如果氧化物的分解压力大于外界气氛中氧的分压力，则反应向左而金属不会被氧化；③如果人为地制造一种条件来降低气氛中的氧的分压力并使它小于金属氧化物的分解压力，那么金属也不会被氧化。

上述情况②对铁来说是不可能的，因为氧在空气中的分压力为 0.2atm，而铁在各种温度下发生 $2FeO \longrightarrow 2Fe+O_2$ 的分解压力如表 10.2 所示。从表 10.2 的这些数据可以看出，铁的氧化物在各种温度下的分解压力都低于空气中氧的分压力，因此 Fe 在高温下是不抗氧化的。

表 10.2 FeO 在各种温度下的分解压力[4]

温度	600K(327℃)	800K(527℃)	1000K(727℃)	1400K(1127℃)	1800K(1527℃)
分解压力/atm	5.1×10^{-42}	9.1×10^{-30}	2.0×10^{-22}	5.9×10^{-14}	3.3×10^{-9}

上述情况③则是可以做到的，如生产中的真空热处理、惰性气体或控制气氛中加热等，都是利用这一原理来防止氧化的。

上面的压力分析只介绍了金属氧化的可能性，而没有解决氧化速率的问题。因此，我们可以设想，虽然金属发生氧化，但如果其氧化速率能减小到某种允许的程度，这种金属也可以在工业生产中应用。

当氧化介质一定、合金成分相同时，金属的氧化速率在一般情况下主要与温度及时间有关。

图 10.2 与图 10.3 分别给出了金属铁的氧化速率与温度和时间的关系曲线。从图 10.2 可以看到，铁的氧化速率随着温度升高而明显增大，这是由两方面的原因造成的，一方面是温度升高使氧化反应加快，另一方面是温度升高使扩散加快。而从图 10.3 却可以看到另一方面的情况，即在 252℃或 305℃空气中，随着时间的增加，铁的氧化速率增长缓慢，这是由于随着氧化膜的增厚、扩散阻力加大的缘故，但铁的这种效果只能持续到 575℃左右。图 10.4 给出了铁在空气中氧化速率的另一个转变点：850～880℃。在该温度范围内，铁的氧化速率随着温度的上升而缓慢增大，这是铁素体转变为奥氏体而造成，但此温度范围内铁的氧化速率仍然比 575℃以下要大得多。

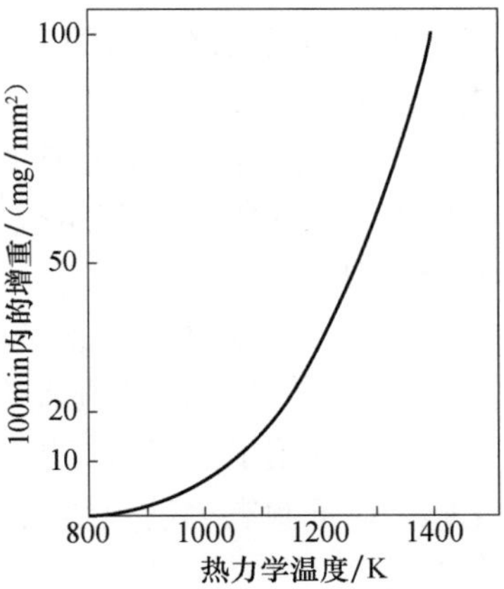

图 10.2 空气中铁的氧化速率与热力学温度的关系[4]

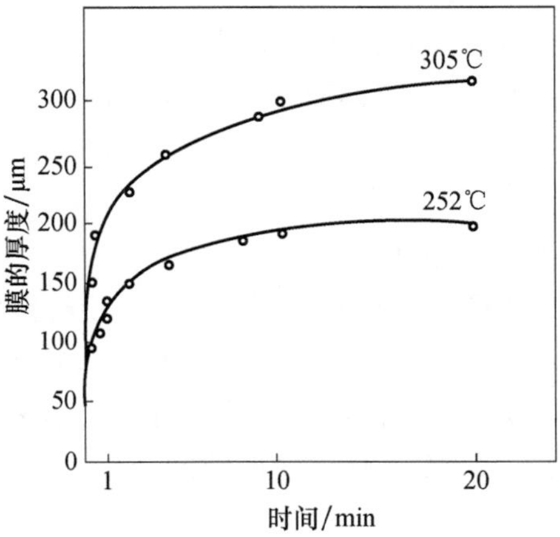

图 10.3 较低温度下铁在空气中的氧化速率与时间的关系[4]

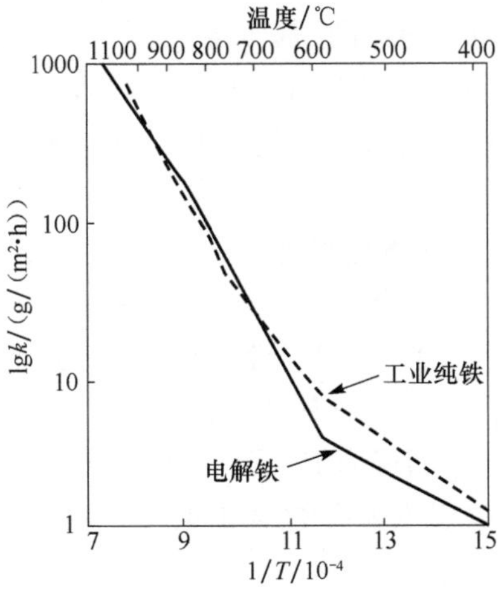

图 10.4 铁在空气中的氧化速率的对数与 $1/T$ 之间的关系[4]

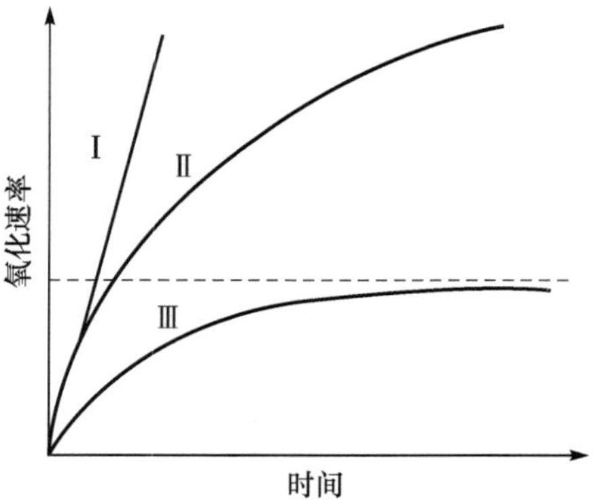

图 10.5 氧化速率与时间的关系

至于氧化速率与时间的关系,则大致可分为如图 10.5 中直线Ⅰ、曲线Ⅱ与曲线Ⅲ所示的三种情况:

(1) 不生成完整的连续氧化膜,如 K、Na、Ca、Ba、Mg 等。它们的氧化速率是恒定的,这时氧化速率与时间之间的关系有图 10.5 中曲线Ⅰ所示的直线关系,且可用方程 $dy/dt=K$ 或 $y=Kt+A$ 来表示,式中 y 为氧化膜厚度,t 为时间,A、K 为常数。

(2) 可以生成完整的氧化膜但它不阻碍扩散,这类金属有 Fe、Cu、Ni、Mn、Zr、Ti 等。这时氧化速率与时间之间的关系遵循图 10.5 中曲线Ⅱ所示的抛物线规律,即 $dy/dt=K/y$ 或 $y^2=Kt+A$。

(3) 不但可以生成完整的氧化膜,而且它还可以阻碍扩散,如 Cr、Si、Al 等。这时氧化速率与时间之间的关系遵循图 10.5 中曲线Ⅲ所示的对数规律(或渐近线规律),即 $dy/dt=K/e^y$ 或 $y=\ln Kt$。

此外,人们还在一些金属和合金中发现了氧化速率与时间之间的立方规律,在高温合金的涂层上还发现有氧化速率与时间之间的四次方和五次方规律。

上面介绍了金属的氧化过程及压力、温度、时间对氧化过程的影响,那么什么样的氧化膜可以抑制氧化过程继续进行,即具有抗氧化性呢?这就需要从分析氧化膜的特性着手。

10.1.1.2 氧化膜的特性

耐热钢可以是低碳钢、低合金钢或高合金钢,因此其抗氧化性能与铁的氧化膜特性密切相关,而高温合金是以 Fe、Ni 或 Co 为基的合金。在实际应用中,Fe 基合金的基体实际为 Fe-Ni-Cr 基,Co 基合金大多为 Co-Ni-Cr 基,而 Ni 基合金实际为 Ni-Cr 或 Ni-Cr-Co 基,然后在此基础上进一步合金化,因此耐热钢的抗氧化性主要与基体元素 Fe、合金元素 Cr 和 Al 等构成的氧化膜的特性有紧密联系。据此,以下将重点介绍 Fe、Cr、Al 的氧化膜特性。

1) 铁的氧化膜特性[4]

图 10.6 给出了 Fe-O 状态图和氧化膜中氧化物的类型及分布。

从图 10.6 可以看到,Fe 与 O 可以生成三种稳定的氧化物:FeO(Wüstite,维氏体)、Fe_3O_4(magnetite,磁铁矿)及 Fe_2O_3(hematite,赤铁矿)。它们的分布如下:靠近基体一侧为 FeO,中间层为 Fe_3O_4,最外层为 Fe_2O_3。各层氧化物的厚度或者三种氧化物是否同时存在取决于铁表面的氧化条件。随着温度的升高,各层氧化物的含量(质量分数)如表 10.3 所示。

另外,在铁基体与 FeO 之间有一部分由氧和铁所形成的固溶体,在 FeO 与 Fe_3O_4 之间、Fe_3O_4 与 Fe_2O_3 之间还各有一个中间层,这些中间层中含有相邻氧化物的混合物或固溶体。它们的各层结构如图 10.7 所示[6]。

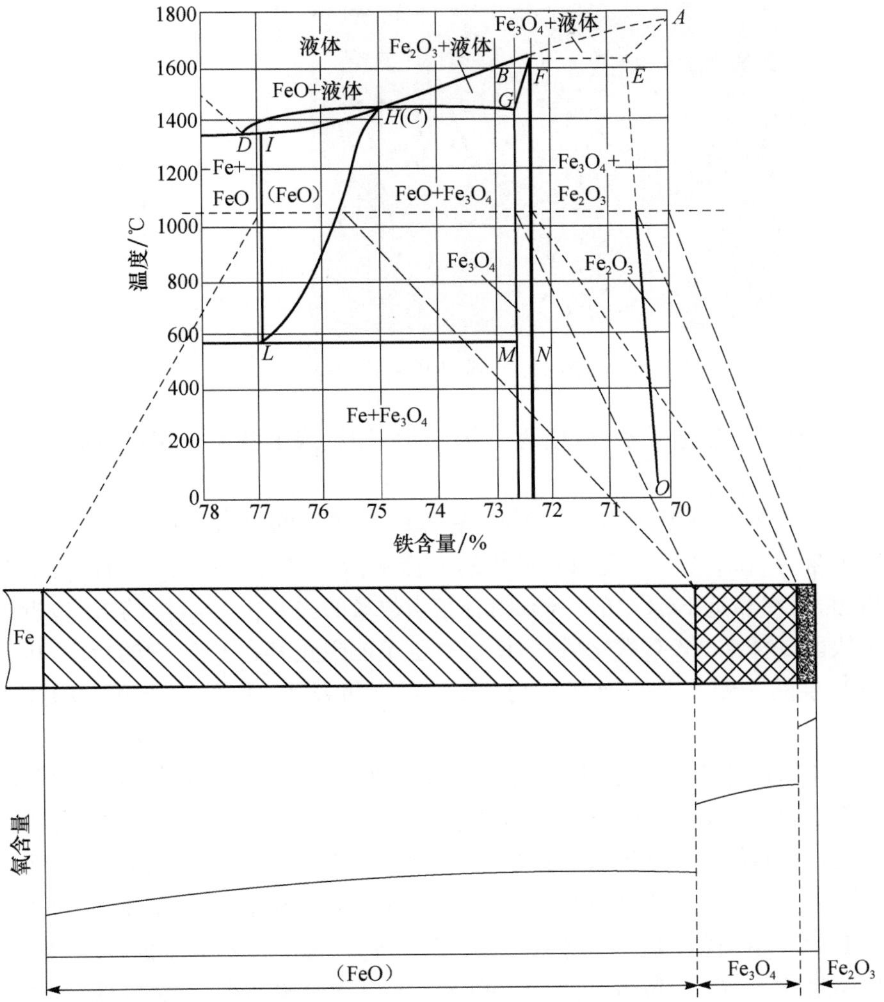

图 10.6　Fe-O 状态图和氧化膜中氧化物的类型及分布[4]

表 10.3　Fe 在空气中不同温度下各氧化层的含量[5]　　　　（单位：%）

氧化物	以下温度下各氧化层含量			
	700℃	800℃	900℃	950℃
Fe_2O_3	1.0	0.75	0.66	0.78
Fe_3O_4	5.0	4.1	4.3	4.4
FeO	余量			

氧化亚铁 FeO 具有 NaCl 型的立方晶格，晶体学名称叫维氏体。由图 10.6 可知，维氏体在高于 570～575℃时形成，而当它自高温冷下来时会发生 $4FeO \longrightarrow Fe + Fe_3O_4$ 转变。维氏体中氧含量(原子分数)大于 50%，过剩的氧在 FeO 中能够夺取部分铁的阳离子的电子(使 $Fe^{2+} \rightarrow Fe^{3+}$)，过剩氧本身则以离子状态占据着阴离子结点，这样晶格中就有一部未占据的阳离子结点形成空位，维氏体的这种性质为 Fe^{2+} 沿着空位移动、电子的转移

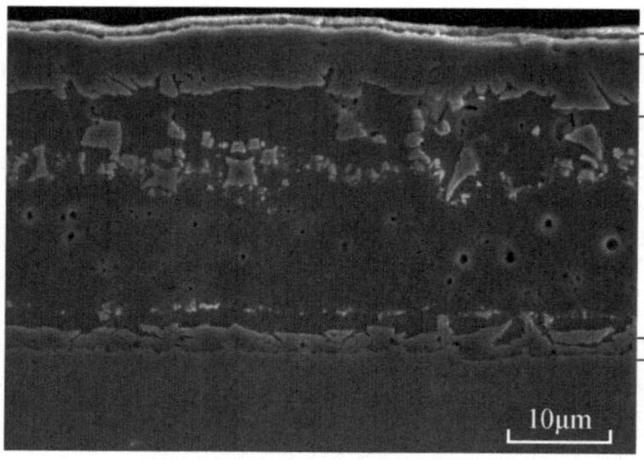

图 10.7 氧化铁皮的结构[6]

($Fe^{2+}-e\longrightarrow Fe^{3+}$)创造了条件,这两个方面的原因造成了铁在约 600℃时开始强烈氧化的条件。

FeO 能存在的最高温度为 1424℃。在 FeO 存在区间有很宽的氧浓度的变化,当它自高温冷下来时,在共析点靠近 Fe 基体的一侧氧浓度变化很小,几乎看不到先共析 Fe 粒子的析出,而在靠近 Fe_3O_4 的一侧,则有相当数量的先共析 Fe_3O_4 的析出,析出物的析出速率很快。试样在 980℃氧化后,即使水冷也不能阻止其在 FeO 中的析出,析出主要在靠近 Fe_3O_4 层的一侧。FeO 冷却至约 570℃以下将发生 $4FeO\longrightarrow Fe+Fe_3O_4$ 的共析转变。

室温氧化铁皮的组织结构,随自高温开始冷却的温度和速率的不同而有很大的差异。冷却速率很快,高温形成的 FeO 将保留至室温,其中分布着一些 Fe_3O_4 析出物。如果冷却速率很慢,FeO 将分解为 Fe_3O_4 和金属 Fe 的混合物。在一定的冷却的条件下,570℃以上,先共析 Fe_3O_4 首先析出并继续长大,而在 570℃以下将在 Fe 基体和 FeO 的界面上形成新的 Fe_3O_4 析出物,称之为 Fe_3O_4 层(图 10.7)。随着冷却速率的减缓,最后 FeO 将分解为片层状的 Fe_3O_4+Fe 的共析体,残余的 FeO 也越来越少。Fe_3O_4 层生成的机制尚有不同的解释。加快冷却速率可抑制 Fe_3O_4 层的生成[6]。

Fe_3O_4 具有磁性,它有"尖晶石"型的立方晶格(尖晶石为具有 $MeO\cdot Me_2O_3$ 型分子式和类似立方晶格的矿石,二价的金属 Me^{2+} 可以是 Mg、Fe、Mn 与 Zn,三价的金属 Me^{3+} 可以是 Fe、Cr、Al 等)。磁性 Fe_3O_4 从室温至熔点 1597℃都是稳定的,在具有氧化性的介质中加热时有 $4Fe_3O_4+O_2\longrightarrow 6Fe_2O_3$ 的转变发生,在 200℃时形成具有磁性的过渡性结构——γ-Fe_2O_3,此时只有成分的变化而没有晶体结构的变化,待加热到 400～500℃时才失去磁性而转变成稳定性结构的α-Fe_2O_3。由于 Fe_3O_4 和 γ-Fe_2O_3 堆砌得比较紧密,而且有各个结点之间距离比较小的尖晶石型结构,能够强烈地阻止扩散,故具有一定的抗氧化性,这就是温度小于 575℃时或蒸汽处理都会使钢有一定的抗氧化性的原因。

α-Fe_2O_3 具有斜方六面体晶系的结构,在高于 1100℃时它将部分地分解,因为此时 Fe_2O_3 的分解压力接近于大气中氧的分压。在铁的熔点时,Fe_2O_3 将完全分解。

由上可知,当铁在空气中缓慢加热时,其氧化过程如下:在 200℃以下加热时,氧化膜 γ-Fe_2O_3(或 Fe_3O_4)的成长过程很缓慢,遵循氧化的对数规律,在氧化膜达到比较小的厚度时,氧化过程就几乎停止;在加热到 250～275℃时,氧化膜的外层发生 γ-Fe_2O_3(或

Fe_3O_4)向 α-Fe_2O_3 的转变，氧化膜继续增厚；在加热到高于 575℃时，已经生成三层氧化物——FeO-Fe_3O_4-α-Fe_2O_3，氧化过程大大加速，此时遵循抛物线规律[4,6]。

2）铬的氧化膜特性

合金元素 Cr 与 O 可以生成四种氧化物：CrO、Cr_2O_3、CrO_2 及 CrO_3。对耐热钢和高温合金而言，其中存在于低温下并具有立方结构的 CrO 与 CrO_2 并不重要，而重要的是 Cr_2O_3 与 CrO_3。

CrO_3 为熔点较低的暗红色晶体，热稳定性较差，加热到 435℃时会通过反应式 $4CrO_3 \longrightarrow 2Cr_2O_3 + 3O_2\uparrow$ 发生分解，因此它在耐热钢与高温合金中也是不能稳定存在的。

Cr_2O_3 属于六方晶系，熔点 2024℃，是 Cr 的氧化物中唯一能够稳定存在的化合物。在耐热钢与高温合金中，由于合金元素 Cr 转变为 Cr_2O_3 的生成自由能较低而容易使 Cr 被选择性氧化，导致合金表层 Cr 的浓度降低而形成由表及里的浓度梯度。当合金内部 Cr 的扩散供给不能弥补由于 Cr_2O_3 氧化膜生成所消耗的 Cr 量时，Cr_2O_3 层出现贫铬区而造成 Cr_2O_3 氧化膜减薄，最终导致 Cr_2O_3 氧化膜破损而失去保护作用。Wagner 合金高温氧化理论给出了保护性 Cr_2O_3 氧化膜的再生条件，只有合金表层的 Cr 浓度大于形成连续 Cr_2O_3 氧化膜所需的 Cr 浓度临界值(1000℃以下 Fe-Cr 合金的临界值约为 14%)时，才能保证 Cr_2O_3 氧化膜具有良好的抗氧化性，但是 Cr_2O_3 氧化膜在高温下会进一步氧化，通过反应式 $2Cr_2O_3 + 3O_2 \longrightarrow 4CrO_3(g)$生成挥发性的 CrO_3。这一反应在 950℃以上就十分快速，因此 Cr_2O_3 氧化膜的使用温度不适于超过 1000℃。

3）铝的氧化膜特性

铝的氧化物只有一种，即 Al_2O_3，它有四种同素异形体，即 α-Al_2O_3、β-Al_2O_3、γ-Al_2O_3 和 δ-Al_2O_3，其中最主要的是 α-Al_2O_3 和 γ-Al_2O_3。在含有水分的氧化性气氛中，将最终生成具有保护作用的 α-Al_2O_3 氧化膜[7]。α-Al_2O_3 的晶体结构与 Cr_2O_3 相似，同属六方晶系，熔点 2040℃，热稳定性非常高，它不会随温度的升高而产生挥发性的组分，加之其氧化膜致密，因而在高温下 Al_2O_3 氧化膜的抗氧化能力比 Cr_2O_3 氧化膜强，但一般认为 Al_2O_3 氧化膜与基体的结合力比 Cr_2O_3 氧化膜稍差。由于 Al_2O_3 氧化膜的生成自由能比 Cr_2O_3 氧化膜的生成自由能低，因而 Al_2O_3 氧化膜的形成比 Cr_2O_3 氧化膜的形成更为容易，当 Al 和 Cr 共存时，只要动力学条件满足，Al_2O_3 氧化膜将优先形成。含有适当量 Al 的耐热钢和高温合金在高温下具有优良的抗氧化性。

耐热钢与高温合金在高温下同样会发生氧化，但怎样的氧化速率才能在工业上使用就涉及金属的抗氧化性标准。

10.1.1.3　抗氧化性的评定方法

通常用来评定金属材料抗氧化性的方法主要是重量法。所谓重量法，就是用单位时间、单位面积上氧化后重量增加或减少的数值来表示金属抗氧化性的大小的一种方法。重量法又分减重法和增重法两种。用重量法评定金属抗氧化性的试验方法见 GB/T 13303—91《钢的抗氧化性能测定方法》。下面介绍各种重量法的特点。

减重法常用于碳钢、低合金钢或氧化物容易剥落的材料。这种方法的准确性取决于氧化物去除干净而又不伤及金属表面的操作。使用这种方法测量抗氧化性时可用下式算

出氧化速率 K(g/(m^2·h)):

$$K=\frac{m_0-m_t}{S_0t} \tag{10.2}$$

式中,m_0、m_t 分别为金属腐蚀前、后的重量(g);S_0 为金属腐蚀前的表面积(m^2);t 为腐蚀时间(h)。

增重法常用于冷却后氧化物仍然紧密附着在金属表面上的材料,如高合金钢。应用这种方法测量时,应采取措施保留和称重全部腐蚀产物。其氧化速率 K 计算如下:

$$K=\frac{m_t-m_0}{S_0t} \tag{10.3}$$

根据金属的氧化速率,GB/T 13303—91 规定了如表 10.4 所示的抗氧化性级别。

表 10.4 钢的抗氧化性级别(GB/T 13303—91)

级别	氧化速率/(g/(m^2·h))	抗氧化性分类
1	≤0.1	完全抗氧化
2	>0.1~1.0	抗氧化
3	>1.0~3.0	次抗氧化
4	>3.0~10.0	弱抗氧化
5	>10.0	不抗氧化

用减重法计算出的氧化速率在实验室使用较多,但对工程设计则应用单位时间内的腐蚀深度。为了将氧化速率换算成以深度指标表示的腐蚀速率(mm/a),可将按腐蚀速率稳定时计算得到的氧化速率代入下式进行换算:

$$R=\frac{24\times365}{1000}\times\frac{K}{\rho}=8.76\frac{K}{\rho} \tag{10.4}$$

式中,R 为以深度指标表示的腐蚀速率(mm/a);K 为按腐蚀速率稳定时计算的氧化速率(g/(m^2·h));ρ 为金属密度(g/cm^3)。

用增重法计算得到的气体腐蚀速率或氧化速率,在将它换算为单位时间内的腐蚀深度时,首先要分析氧化产物的化学成分,然后根据氧化物中的金属含量,方能计算出年腐蚀深度。但氧化物的成分常随钢种、氧化气体成分、温度压力及氧化腐蚀时间等发生变化,其内外层的成分大多也不相同,计算上颇为麻烦,结果也不易准确。因此,用增重法做试验时,一般只计算其稳定氧化腐蚀的增重速率,以每平方米每小时所增加重量的克数为单位,而不再换算为年腐蚀深度。

10.1.1.4 合金元素对抗氧化性的影响

1) 合金元素对耐热钢抗氧化性的影响

提高钢在高温下抗氧化性的基本方法是合金化。在钢中加入的合金元素,能在钢的表面生成一层稳定的合金氧化膜,进而提高钢的抗氧化性。因此,合金元素的离子应比基体金属铁的离子小,且合金元素比基体金属更容易氧化。只有这样才能优先生成合金氧化物。另外,合金元素的离子小,生成氧化物的晶格常数也小,使扩散困难。合金元素 Cr、Al、Si 都可满足上述条件(表 10.1)。

由铁的氧化膜结构分析可以看出,铁的氧化速率的降低与 Fe_3O_4 及 γ-Fe_2O_3 等的尖晶石型结构有关,如果加入的合金元素能生成尖晶石型或复杂的尖晶石型($FeO \cdot Me_2O_3$ 或 $Fe_2O_3 \cdot MeO$)结构,那么铁的氧化速率就可以降低。此外,合金氧化膜应当致密、与基体金属结合紧密,而不易剥落。为此,两者的点阵类型应当相似,点阵常数相等或成整倍数,从而使氧化膜与基体金属间形成较小的内应力。基体金属与氧化物点阵相适应性见表 10.5。

表 10.5　基体金属及其氧化物点阵相适应性[8]

基体金属	金属		尖晶石氧化物(立方晶系)		金属及氧化物点阵中平行面	相应几何尺寸偏差/%
	点阵类型	点阵常数/Å	化学式	点阵常数/Å		
α-Fe	体心立方	2.86	γ-Fe_2O_3	8.32	$(111)_M//(210)_O$ $(001)_M//(001)_O$	2.5
Fe-Cr	同上	2.86～2.87	γ-Cr_2O_3 $FeO \cdot Cr_2O_3$	8.10 8.35	同上	0～3
Fe-Al (<10%)	同上	2.86～2.87	$FeO \cdot Al_2O_3$ γ-Al_2O_3	8.12 7.90	同上	0～2
Fe-Cr-Al	同上	<2.87	$FeO \cdot Cr_2O_3$ $FeO \cdot Al_2O_3$	8.35～8.12 8.35～8.12	同上	0～3

由表 10.5 可见,Cr_2O_3 或 Al_2O_3 与基体金属铁之间具有良好的点阵相适应性。因此当钢中 Cr、Al 含量较高时,表面能形成致密的 Cr_2O_3 或 Al_2O_3 氧化膜,从而具有良好的保护作用。例如,Cr 含量为 15%、Si 含量为 0.5%的铁合金,在 950℃氧化 8h 就可以在钢表面形成如图 10.8 所示的连续致密 Cr_2O_3 氧化膜[7]。通常含量时,表面形成的 $FeO \cdot Cr_2O_3$ 或 $FeO \cdot Al_2O_3$ 氧化物也是致密结构且具有良好的保护性。含有 Cr、Al 的铁合金氧化时则可以生成两种尖晶石结构组成的固溶体型 $m(FeO \cdot Cr_2O_3)+n(FeO \cdot Al_2O_3)$ 氧化膜。在含 Si 的钢中,生成的氧化膜 Fe_2SiO_4 也有良好的保护性。

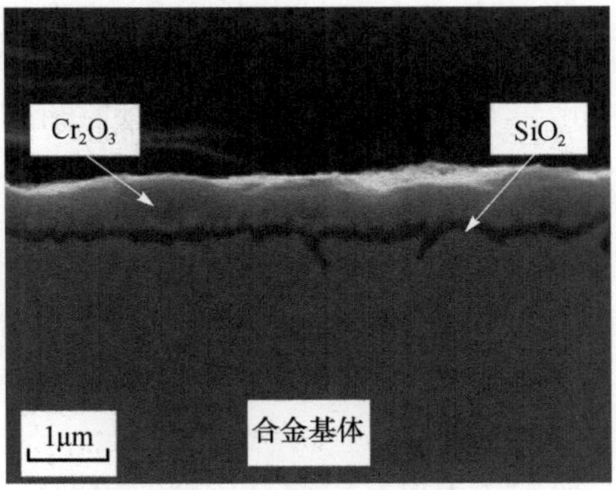

图 10.8　钢中铬含量较高时在表面形成的致密 Cr_2O_3 氧化膜[7]

在钢中加入的合金元素,还应能避免钢在氧化时生成维氏体结构的化合物 FeO。根据实验,发现离子半径比铁小的合金元素可使维氏体形成区缩小,反之则扩大,如表 10.6 所示。

表 10.6 合金元素 Cr、Al、Si 等对维氏体形成区域的影响[4]

合金成分	纯铁	+1.03%Cr	+1.5%Cr	+1.14%Si	+1.0%Co	+10.0%Co	+0.4%Si +1.1%Al	+0.5%Si +2.2%Al
氧化铁皮出现 FeO 的温度下限/℃	575	600	650	750	650	700	800	850

这些数据表明,离子半径比 Fe 小的 Cr、Si,特别是 Al,使维氏体出现的温度显著提高,当 Cr、Al、Si 含量较高时,钢和合金在 800~1200℃都不出现 FeO。而离子半径比 Fe 大的 Mn、Cu 等元素的存在则使 FeO 出现的温度降低。在耐热钢中,工作温度在 575℃以上时,就必须考虑抗氧化的问题。

铬是目前提高钢抗氧化性能的主要元素。铬对钢的抗氧化性的影响如图 10.9 所示。实践证明,在 600~650℃需要钢中含有 5%Cr 才能保证其具有足够的抗氧化性,而 800℃需要用含有 12%Cr 的钢,950℃需要用含 20%Cr 的钢,1100℃需要用含 28%Cr 的钢方能满足要求。

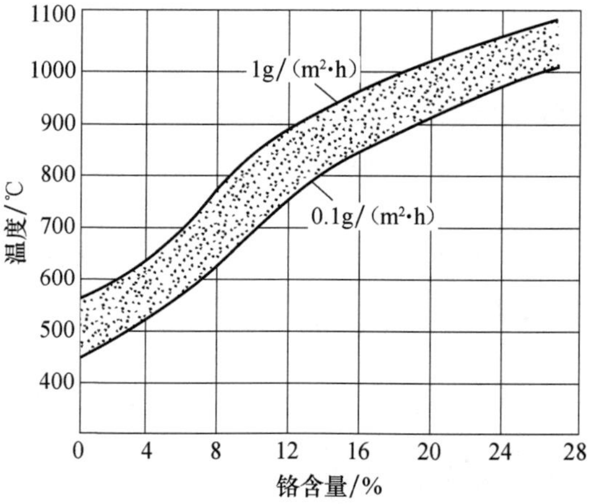

图 10.9 钢中铬含量对其抗氧化性能的影响[9]
100h 增重试验

铬虽能提高钢的抗氧化性,但单独加入铬没有同时加入铬硅、铬铝或铬铝硅的效果好。因为在同时加入铬硅、铬铝或铬铝硅时,一方面可降低达到同样抗氧化水平所需的铬含量,另一方面还可以提高钢的热强性。因此,在抗氧化钢中一般不单独用铬进行合金化。

硅将增加钢的脆性,一般常作为提高钢抗氧化性的辅助元素加入到 Cr-Fe 或 Cr-Ni-Fe 合金中。在铬钢中加入硅,可以提高抗氧化性的作用如图 10.10 所示。硅的加入量一般为 2%~3%,加入量较少时抗氧化作用不显著,加入量较多时不仅增加脆性而且工艺性能也变差。铬硅和铬镍硅钢广泛用做抗氧化钢。含硅的抗氧化钢不仅在氧化性介质中稳定,而且在含硫的气氛中抗腐蚀性也很好,用做渗碳罐时抗渗碳性也很好。还原性介质对含硅钢影响不显著,当在含有水蒸气或含有较多水蒸气的气氛中,硅铬钢比纯铬钢或铬镍钢受损坏的程度要严重些。

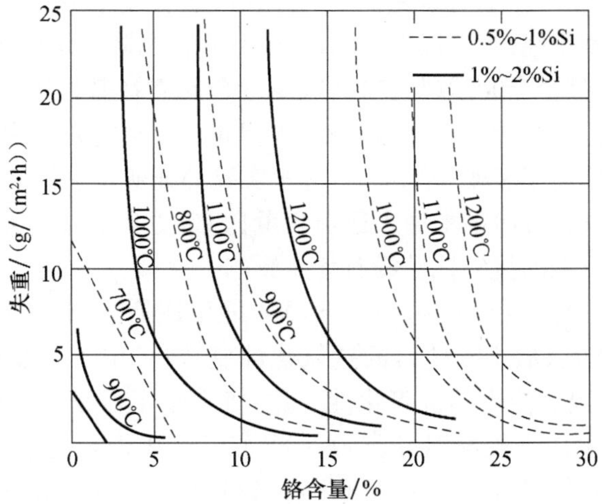

图 10.10　硅对不同铬含量钢的抗氧化性的影响[10]

不少实验都指出，Al 具有优良的抗氧化性。Al 对钢的抗氧化性的影响如图 10.11 所示。在 1000℃时，钢中含有 6%Al 几乎就能达到含有 18%Cr 的抗氧化水平，但很少用单独加入铝的钢作为抗氧化钢，因为此时钢的强度差、脆性大、难于压力加工、氧化膜易剥落。铝通常加入到含铬或锰的钢中，Fe-Cr-Al 及 Fe-Al-Mn 是两种抗氧化钢。钢中同时加入 Al 和 Si 对提高抗氧化性的作用比单独加入 Al 或 Si 时更大。Fe-Cr-Al 合金中能生成更为复杂的两种尖晶石氧化物的固溶体 $m(FeO \cdot Cr_2O_3)+n(FeO \cdot Al_2O_3)$ 氧化膜，因而有很高的抗氧化性。

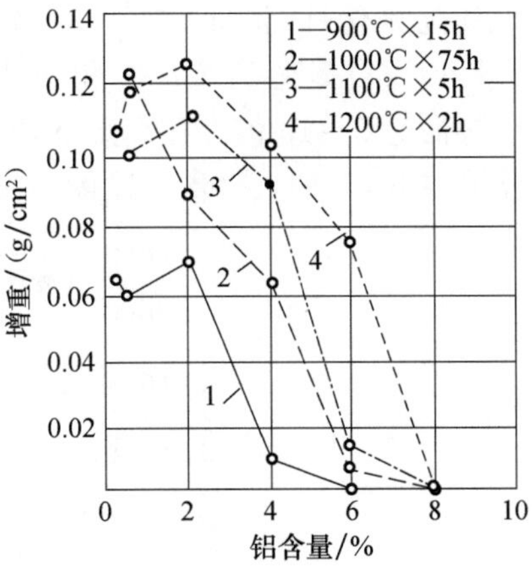

图 10.11　铝对钢的抗氧化性的影响[5]

Ni 对钢的抗氧化性的影响很弱，一般不单独加入 Ni 来做抗氧化钢。在铬钢中，只有加入较大含量的合金元素 Ni 时才能形成 $NiO \cdot Cr_2O_3$，从而对抗氧化性产生好的影响。由于 Ni 是稀缺金属，应尽量不在抗氧化钢中使用，只有为了形成奥氏体以改善抗氧化钢的工艺性能、提高抗氧化钢的热强性时才在钢中加入 Ni。将高镍钢置于含有硫化物，特别是 H_2S 的高温气体介质中，硫化物将沿晶界渗入而与 Ni 作用形成 Ni_3S_2，Ni_3S_2 又将与 Ni 形成熔点只有 645℃的共晶产物，晶界区出现 Ni-Ni_3S_2 共晶将使钢和合金发生严重破坏。含有 15%～30%Ni 的钢和合金对含硫气氛很敏感，因此，在还原性的含硫介质中，不能应用含镍高的钢和合金。钢中铬含量为 15%～20%和铝含量大于 7%时可明显增加钢的抗硫能力，Cr18Ni9 型不锈钢和 Cr22Al10 钢在含硫介质中具有较高的抗腐蚀性。

Mn 对钢的抗氧化性具有轻微的不良影响，因为 Mn 的离子半径比 Fe 稍大且能扩大 FeO 相的生成区，使 FeO 相在较低温度出现。在 Cr 钢和 Cr-Ni 钢中，Mn 都会稍微降低其抗氧化性，尤其当 Mn 含量超过 10%以后。在 Fe-Al-Mn 耐热钢中，加入大量的 Mn 主要是为了获得奥氏体组织。

碳对钢的抗氧化性的影响与碳在钢中的存在形式有关。当碳溶于基体中形成固溶体时,基本上不影响抗氧化性;当碳以碳化物形式存在时,则降低钢的抗氧化性,这主要是由于碳化物能结合一部分合金元素(如铬)而减少合金元素在基体中的含量,另外碳化物的存在还造成组织上的不均匀性。氮的影响与碳相同。由于抗氧化钢长期工作于高温环境中,碳化物或氮化物总会或多或少地析出,许多实验都证明了它们的有害作用。为了减轻碳和氮的这种不良影响,可向钢中加入适当含量比 Cr 更具活性的元素如 Ti 等。此外,P 和 S 在含量不大时,对钢的抗氧化性没有什么影响。

Mo、V、W 对钢的抗氧化性的影响如下:Mo 能生成低熔点(795℃)的氧化物 MoO_3,而且这种氧化物易挥发,故 Mo 使钢的抗氧化性变差;V 由于其氧化物 V_2O_5 的熔点低(658℃),加入到钢中也会使钢的抗氧化性变差,钒含量不小于 1%时产生的影响已很显著,含 V 较高的钢如果用于较高温度(750～900℃)下,表面须通过镀镍或渗铝等加以保护;W 的影响与 Mo 相似,但由于 W 的氧化物 WO_3 熔点和升华温度较高,故只在较高温度下才产生影响。

在耐热钢和合金中加入极少量的稀土金属(Ce、La 等)、碱土金属(Ca、Th)可显著提高其抗氧化性(图 10.12[11]),特别是在高于 1000℃时极为有效。加入量在 0.05%～0.2%时,可提高 Fe-Cr-Al 和 Ni-Cr 钢和合金的抗氧化寿命数倍,如在 1050℃可提高抗氧化寿命达 5～10 倍。在高温下,Fe-Cr-Al 和 Ni-Cr 钢和合金的破坏主要是由晶界优先氧化造成的,而加入少量上述稀土或碱土金属后,高温下晶界优先氧化的现象几乎消失。

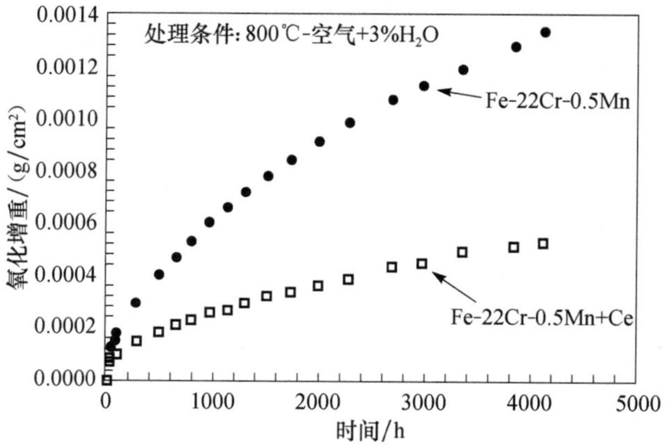

图 10.12 稀土元素 Ce 对钢抗氧化性的影响[11]

钢的抗氧化性能与基体的点阵结构之间关系不大,上述合金元素的影响对于铁素体或奥氏体均适用。

为了提高钢的抗氧化性,除了采用加入合金元素外,目前还采用渗金属,如渗铝、渗硅等。利用渗金属的方法,可以在钢铁构件的表面形成稳定的氧化膜层,还可以在普通钢表面上进行合金化以代替一些含稀缺元素的高合金钢。

2) 合金元素对高温合金抗氧化性的影响

一般情况下,铁基高温合金含有较多的合金元素,而合金成分的变化又将导致合金表面氧化膜组成发生两方面的变化:氧化膜变为多层的复相组织;合金中不同相所含合金元素的不均匀氧化使得氧化膜组织不均匀且缺陷较多。当合金中 Cr 含量超过 15%，氧化膜中以 Cr_2O_3 为主，从而使合金具有优异的抗氧化性能。此外，氧化膜中还有 $(Cr,Fe)_2O_3$、TiO_2、$NiCr_2O_4$、$FeCr_2O_4$ 等相，但它们不均匀的机械混合将导致热应力作用下的易剥落。当温度超过 1000℃以后，这类合金的晶界氧化倾向明显增加，而且 Cr_2O_3 氧化膜氧化成具有易挥发性的 CrO_3。此外，在 Cr 含量超过 15%以后，铁基高温合金的抗氧化能力随着 Al 含量的增高而增大。例如，化学成分如表 10.7 所示的四种含不同 Al 含量的试样（以 HP40 合金为基础），它们在 1200℃下就有如图 10.13 所示的氧化动力学曲线[12]。

表 10.7　以 HP40 合金为基的实验合金试样的主要化学成分[12]　　（单位：%）

合金编号	Fe	Ni	Cr	Al	C
1	38.8	35	25	0	0.42
2	38.8	30	25	5	0.42
3	38.8	27.5	25	7.5	0.42
4	38.8	25	25	10	0.42

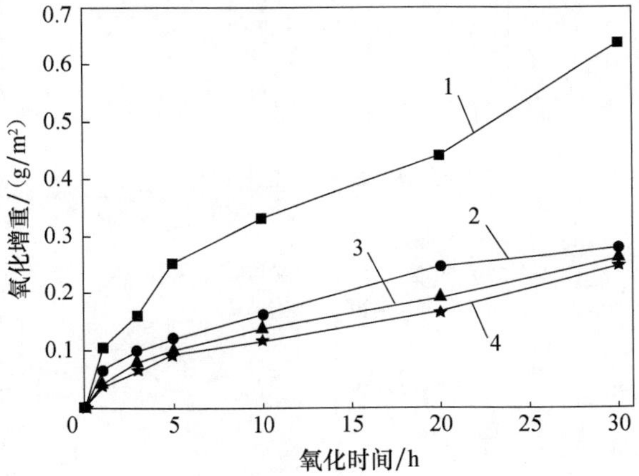

图 10.13　表 10.7 中所示的实验合金在 1200℃下氧化动力学曲线[12]

以 Ni-Cr 为基或 Ni-Cr-Co 为基的高温合金，凡是 Al 含量较低（一般在 5%以下）的合金都形成以 Cr_2O_3 为主的内层氧化膜，在 900℃以下能够起到保护膜的作用。外层氧化物有 Cr_2O_3、TiO_2、$NiCr_2O_4$、Al_2O_3，含 Fe 的镍基合金还有 $FeCr_2O_4$，Nb 含量较高的还有 Nb_2O_5 等组成的混合氧化物层，它们比较疏松且容易剥落。在 Cr_2O_3 氧化膜下面是由含有 Al_2O_3 为主的内氧化颗粒组成的过渡层。如果以 Ni-Cr 或 Ni-Cr-Co 为基的高温合金中铝含量在 5%以上，则常常形成以 Al_2O_3 为主的内层氧化膜，它在 1000℃以上高温具有良好的防护作用，中间层往往是以 $NiCr_2O_4$ 为主的氧化层，而最外层则是由 NiO 等组成的疏松、无任何防护作用的混合氧化层[2]。

对 Co 基高温合金而言，目前国外大多以 Co-Cr、Co-Cr-Ni 或 Co-Cr-Ni-W 为合金基体。Co-Cr 基高温合金在温度低于 900℃时，Co 氧化生成内层为面心立方结构的 CoO，外层为尖晶石结构的 Co_3O_4。在 Co-Cr 二元合金的基础上加入第三合金元素，可以促进 Cr_2O_3 氧化膜的形成，Co 基合金中通常都加入有 20%以上的 Cr，因此 Co 基高温合金形

成以 Cr_2O_3 为主的氧化膜,以保证合金具有良好的抗氧化性能,外层为 CoO、Cr_2O_3 和 $CoCr_2O_4$ 尖晶石的混合物。由于合金元素不同,可能还有一些其他氧化物[2]。

高温合金氧化层的结构不仅与所加的合金有关,也与高温氧化环境有关。例如,成分如表 10.8 所示的两种镍基高温合金,它们在 900℃的两种不同氧化性气氛中氧化 1000h 后的氧化膜结构如图 10.14 所示[13]。

表 10.8 镍基高温合金 Inconel 617 与 Haynes 230 的化学成分[13] (单位:%)

合金	Ni	Cr	Co	Mo	W	Fe	Al	Mn	Si	Ti	C
Inconel 617	余量	21.6	11.8	8.92	—	1.14	1.5	0.05	0.5	0.35	0.1
Haynes 230	余量	21.5	0.36	1.09	13.8	2.94	0.29	0.46	0.38	—	0.1

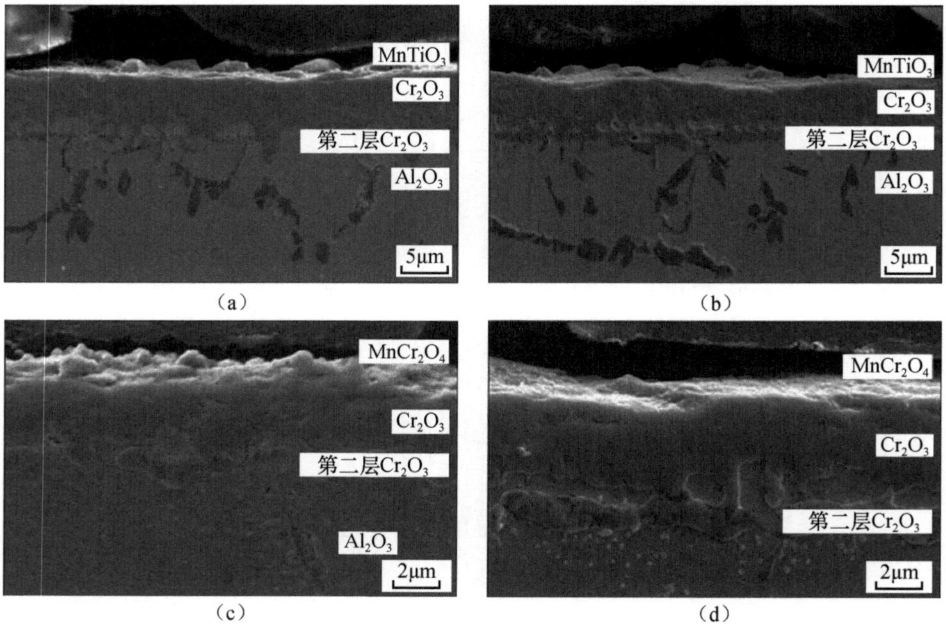

图 10.14 在 900℃下 Inconel 617 在水蒸气中(a)、Inconel 617 在水蒸气+20%氢气中(b)、Haynes 230 在水蒸气中(c)、Haynes 230 在水蒸气+20%氢气中(d)分别氧化 1000h 后的氧化膜结构[13]

高温合金除了加入铬和铝之外,也有个别合金加入硅,此时硅的作用是在内层形成如图 10.8 所示的 SiO_2 氧化膜层,它可以改善合金的循环氧化抗力。

钛只能稍微增加 Al_2O_3 氧化膜在 β-NiAl 上的长大速率,但不能促进 Al_2O_3 氧化膜在 γ 基体上的形成,也不能促进强化相 γ'-Ni_3Al 的产生,因此 Ti 对镍基高温合金是有害的。

难熔金属在镍基和钴基合金中可能有三种作用。第一种作用是有益的,它们可以看做是一种氧的获得者,从而有利于 Al_2O_3 和 Cr_2O_3 愈合层的形成;第二种作用是有害的,它们降低铝、铬和硅在合金中的扩散速率,因而不利于氧化膜愈合层的形成;第三种作用也是有害的,难熔金属的氧化物往往具有低熔点、高蒸气压、高扩散系数等特点,因此难熔金属的氧化物通常不具备防护功能而不希望把它们作为外层氧化物的组成部分。难熔金属的有害影响超过有益影响。钨、钼和钒三者的影响类似，但钨的有害影响更大。铌的氧化物也不具备防护作用。在某些高温合金中还含有铼，它在某种程度上也有类似的不良影响[2]。

具有氧活性的稀土元素、铪、锆等，它们的微量(通常小于 1%)加入，可以明显降低高温合金的氧化速率，增加氧化膜与高温合金基体的黏附性，从而明显改善高温合金的抗氧化性能[2]。

10.1.2　耐热钢与高温合金的高温力学性能

10.1.2.1　金属的力学性能和温度的关系

高温强度是金属在高温下对机械载荷的抗力。室温力学性能与高温力学性能的主要差别在于后者又增加了温度、时间和组织变化三个因素的影响。

1) 温度对力学性能的影响(不考虑时间)

温度对力学性能的影响如图 10.15 所示。随着温度的升高，强度逐渐下降而塑性增加。其中 250℃附近发生的强度增加而塑性降低这一异常现象被称为“蓝脆”，因为这时钢的表面上出现蓝色氧化膜。金属性能的改变实际上是应变时效的表现。时效在变形过程(拉伸)中进行，因形变在较高温度下进行而加快了时效的过程，可称为动态应变时效。

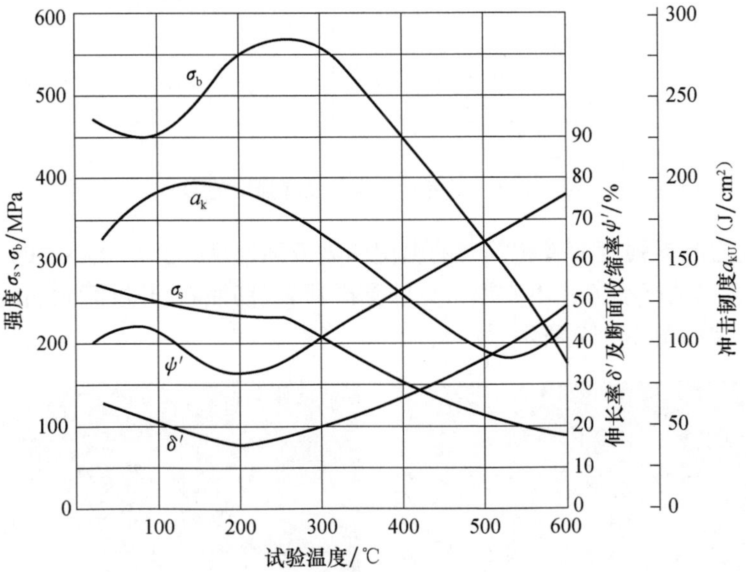

图 10.15　20 钢在高温时的力学性能

900℃退火

2) 载荷时间对力学性能的影响(温度恒定)

如表 10.9 所示，在常温时，材料的强度特性几乎与时间无关，但随着温度升高，原子间结合力下降，导致强度随时间的增加而不断下降，且温度越高，这种影响越大。

在高温下对金属进行拉断试验时，拉断试样的时间越长，金属的塑性越低，且比一般短时拉断试验要低很多。如一般碳钢在 450～500℃温度下长期工作后，破坏时所伴随的塑性变形率只有 4%～6%，而常温下变形率达 20%～30%。

表 10.9　40 钢退火状态下的抗拉强度　　(单位:MPa)

温度	拉断试样的时间					
	1min	5min	10min	20min	300min	600min
20℃	700	700	700	700	700	700
200℃	750	750	750	750	750	750
500℃	400	350	320	300	390	285
600℃	300	250	210	180	170	160

3) 温度、时间对断裂形式的影响

温度升高时由于原子间结合力下降,导致晶粒强度和晶界强度皆下降,如图 10.16 所示。虽然晶粒强度和晶界强度均下降,但是晶界强度下降得更快,这是因为晶界处原子排列不规则,扩散易通过晶界进行。

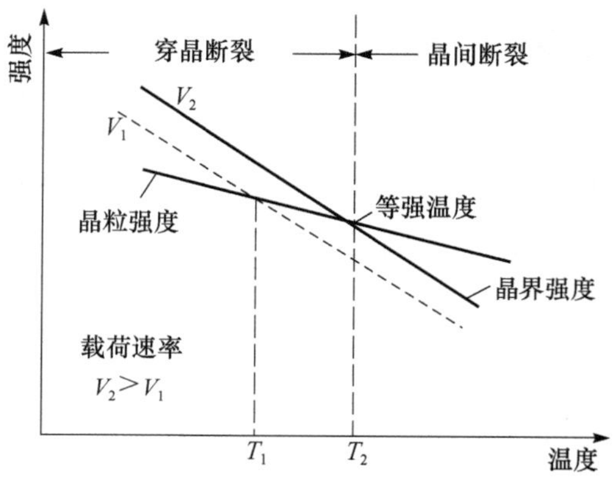

图 10.16　温度对晶粒与晶界强度的影响

晶粒强度与晶界强度两者相等时的温度叫做等强温度。当承载零件的工作温度超过等强温度后,金属的断裂方式由常温常见的穿晶断裂(韧性断裂)过渡到晶间断裂(脆性断裂),其断口形貌如图 10.17 所示[14]

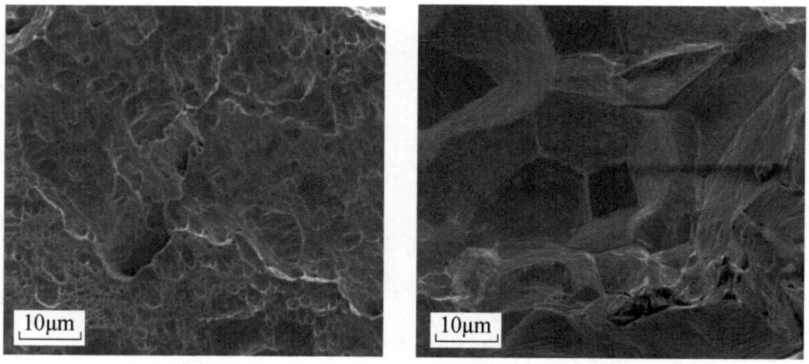

(a)　　(b)

图 10.17　金属高温断裂的断口形貌[14]

(a) 穿晶断裂;(b) 晶间断裂

当载荷时间很长时,如图 10.16 中虚线所示,等强温度也下降。与其他性能一样，化学成分也对断裂形式有影响，如表 10.10 所示。如 Cr-Mo(1.25%Cr+0.5%Mo)钢与 15 钢两者虽然同样是在 540℃下进行试验，但 Cr-Mo 钢在时间延长至 6150h 后仍然保持常温的穿晶断裂。由于高温长期工作的零件性能发生了以上一系列变化，高温下工作的零件不能再以常温力学性能指标作为设计的依据。这里所讲的高温是指零件的工作温度超过该材料的再结晶温度，通常工程上的再结晶温度是指对于一定变形程度的金属加热保温 60min 内完成再结晶的最低温度。

表 10.10　温度及时间对断裂形式的影响[9]

钢类	试验温度/℃	载荷/MPa	时间/h	断裂形式
15 钢	20	350	短时	穿晶
15 钢	540	175	短时	穿晶
15 钢	540	84	1552	晶间
1.25%Cr+0.5%Mo	540	172	6150	穿晶

试验方法：①观察断口有无颈缩；②观察断口附近硬度变化，若硬度大则有加工硬化。

金属高温力学性能的这些变化是高温时金属内部组织结构变化的结果。随着温度的升高，金属原子间的结合力下降，同时合金的强化状态（细化了的亚晶、点阵畸变、弥散相等）要转为热力学上的稳定状态（亚晶合并、畸变的恢复和再结晶、弥散相的聚集和长大等），这些变化都伴随着强度的下降。

此外，高温时还会出现新的形变机构。在常温下金属受载时产生变形的主要方式是滑移，但高温下金属受载时还会出现扩散形变及晶粒移动等新的形变机构。温度升高，金属内原子的热振动加剧，从而增加了可移动原子的数目。在不受外力的情况下，这种移动是没有方向的，所以宏观上不发生形变；而当有外力作用时，这种移动会变得更加容易且有方向性，这样就会引起塑性变形，这种变形机构和扩散在物理本质上是相似的，故又称扩散形变。这种机构包括了溶解、沉淀、再结晶等一系列原子移动过程。这些过程的发生也就导致性能的变化。

温度升高，在外力作用下的晶界也会发生滑动与迁移，如图 10.18 所示。这两种晶界移动的过程往往交替进行，温度越高，载荷作用时间越长，这种变形方式也越显著。

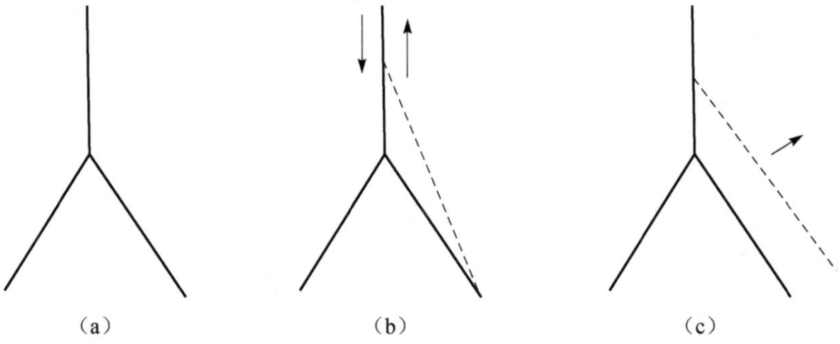

图 10.18　晶界的滑动与迁移示意图
(a) 晶界；(b) 晶界滑动；(c) 晶界迁移

相对于常温下的滑移，高温下晶粒间移动所占变形的比例甚大，晶界变形使金属产生脆性断裂。可见,在高温下强度出现一系列特点的根本原因在于高温下出现了新的形变机构。提高原子结合力和获得最有利组织是提高高温强度的两大途径,也是合金化及热处理的依据。

10.1.2.2 金属的高温力学性能(热强性)评价指标

热强性通常是指耐热钢及高温合金在高温外力作用下抵抗塑性变形和破坏的能力。耐热钢及高温合金零件常处于高温且比较复杂的工作条件下,根据温度、应力作用情况,可用下面一些指标来衡量其热强性,如蠕变极限、高温持久强度、应力松弛、高温疲劳强度、热疲劳等。这些指标间可相互补充,并有一定程度的联系。因此,热强性是评价高温材料的一个广义的术语。

1) 金属的蠕变

金属在某一温度下受应力作用时逐渐产生变形的现象叫做蠕变。蠕变现象对长期高温工作的机械如锅炉、燃气轮机和喷气发动机等具有很大的意义。若材料选择和设计不当,蠕变量超过一定允许量时,完全可以使机械零件失效或损坏。例如,高温高压下长期工作的钢管,蠕变会使管径越来越大而管壁越来越薄,最终会导致钢管破裂。因此,研究金属的蠕变,确定相应的抗力指标,对于选择、评定和研制高温材料,以及对其进行失效分析,都具有重要的工程意义。当使用温度超过该材料的再结晶温度时,就必须考虑蠕变的影响。

蠕变试验是人们研究蠕变规律的方法。在蠕变过程中,伸长率随时间变化的特点取决于加载的应力、试验温度及承受试验材料的性质,因而我们可以将试验的金属制成一定尺寸及形状的试样放在恒定的高温炉中并施加一定的静拉伸载荷来观察蠕变伸长率与时间的对应关系,从而绘制蠕变曲线。金属的典型蠕变曲线如图 10.19 所示。

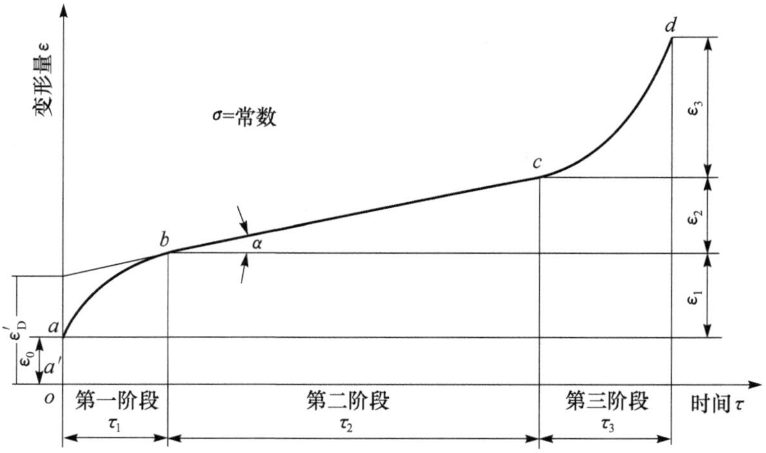

图 10.19 典型的蠕变曲线

金属的典型蠕变曲线可分四个部分,蠕变本身可分三个阶段。

第一部分 oa,是金属加上负荷后所引起的瞬时弹性变形,如果应力超过金属在该温度下的弹性极限,则瞬时变形由弹性变形 oa' 和塑性变形 $a'a$ 组成,这种变形还不标志蠕变现象的发生,而是由外加负荷所引起的一般变形过程。

第二部分 ab(蠕变第一阶段),是蠕变的不稳定阶段,或称蠕变的减速阶段。此阶段金属以逐渐减小的变形速率进行变形,即蠕变速率随时间增加而减小。

第三部分 bc(蠕变第二阶段),也叫蠕变的稳定阶段或等速阶段,这时金属以恒定的变形速率进行变形。此阶段的蠕变速率可用倾角 α 的正切来表示。

第四部分 cd(蠕变第三阶段),是蠕变的最后阶段,也叫加速阶段。在此阶段,蠕变是加速进行的,直至 d 点,金属发生断裂为止。

当改变应力或温度时,蠕变三阶段的特点仍然保持着,不过各阶段的持续时间会有很大改变,如图 10.20 所示。

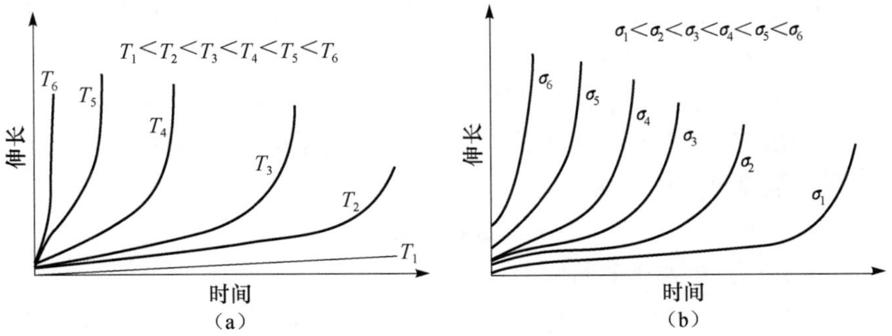

图 10.20　同一材料的蠕变曲线

(a) 应力一定而温度不同时;(b) 温度一定而应力不同时

一般规律是:当增加应力或升高温度时,蠕变第二阶段随之逐渐缩短甚至消失,这时可把蠕变曲线看做由第一阶段和第三阶段所组成;反之,当减少应力或降低温度时,蠕变第二阶段逐渐延长甚至在一般的试验条件下不发生破断。

在高温条件下承受应力作用的工件,往往由于蠕变而失去工作能力。对于这些工件,应以蠕变为基础进行强度计算,就像钢材在常温时的强度指标一样。下面介绍如何利用蠕变试验中绘出的蠕变曲线得到的蠕变极限,再利用此蠕变极限进行强度计算的方法。

图 10.21 中绘出了在某温度下对应于三个应力的三条蠕变曲线。在三条蠕变曲线中,应力 σ_3 较大,致使试样在试验过程中破裂。应力 σ_2 小于 σ_3,在 σ_2 作用下,试验过程中试样没有发生破坏,但引起了一定的蠕变速率 V_n(恒速期的)。应力 σ_1 又小于 σ_2,在 σ_1 作用下,试验过程中试样非但没有破坏,而且其恒速期间蠕变为零。

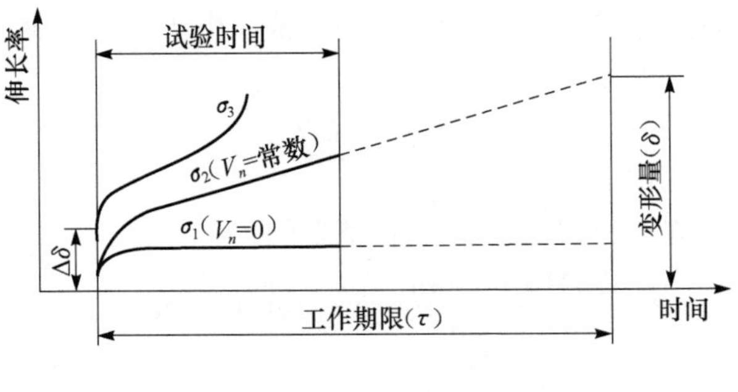

图 10.21　蠕变曲线

我国制定了 GB/T 2039—1997《金属拉伸蠕变及持久试验方法》，现已为 GB/T 2039—2012《金属材料　单轴拉伸蠕变试验方法》代替。蠕变极限的定义为：在规定温度下使试样在规定时间产生的蠕变伸长率(总伸长率或塑性伸长率)或稳态蠕变速率不超过规定值的最大应力，蠕变极限又称蠕变强度。当以伸长率测定蠕变极限时，用 $\sigma^t_{\varepsilon_t/\tau}$ 或 $\sigma^t_{\varepsilon_p/\tau}$ 表示；当以稳态蠕变速率测定蠕变极限时，用 σ^t_V 表示。表述符号中的 t 为试验温度(℃)，ε_t 为蠕变总伸长率(%)，τ 为试验时间(h)，ε_p 为蠕变塑性伸长率(%)，V 为稳态蠕变速率(%/h)。例如，12CrMoV 钢的蠕变极限为 $\sigma^{565}_{1/100000}=50\sim60$MPa，表示该钢在 565℃时工作 10^5h 产生的总伸长率为 1% 时的蠕变强度为 50～60MPa；又如，12MoVWBSiRE 钢的蠕变极限为 $\sigma^{580}_{1\times10^{-5}}=95$MPa，表示该钢在 580℃下，蠕变速率为 1×10^{-5}%/h 的蠕变极限为 95MPa。

由图 10.21 可知应力 σ_3 是不能用的，因为它将使零件在服役期间断裂。

若取 σ_1 作为蠕变极限，则由最大应力 σ_1 除以安全系数即可得到许用应力，工件中的应力 σ 在这样的强度计算中应满足以下条件：

$$\sigma \leqslant \sigma_{许用}=\sigma_1/n \tag{10.5}$$

式中，$\sigma_{许用}$为许用应力；n 为安全系数。

这样计算出的应力，可以保证工件在工作中不会出现蠕变现象，因而断面也不会由于蠕变而变小以致最终破坏。但是在高温条件下，这个不引起蠕变现象的应力是很小的，因而得出的许用应力也十分小。这样制作工件就需耗费大量金属，另外也不能认为工件尺寸越大就越安全。例如，在变化着的高温作用下，会出现附加的变动温度应力，其值是和管壁厚度成正比的。这种附加的温度应力如果很大，与工作应力配合起来也可能使得较厚的工件破坏。据此，显然不应该以不产生蠕变现象的应力作为确定工件尺寸的基础。

许多工件在服役中出现塑性变形是允许的，只要在整个工作期限内由于蠕变所积累的塑性变形不超过许可值即可。这个许可值($\delta_{许用}$)是根据工件的性质来决定的，如汽轮机汽缸 $\delta_{许用}=0.001$mm/mm 或 0.1%，锅炉所有承受内压力作用的部件 $\delta_{许用}=0.01$mm/mm 或 1%，而两者的工作期限一般都规定为 10^5h，即约 12 年。若用与工作期限一样的时间做蠕变试验，再判断哪个应力值所引起的总变形不超过前述的许可值是非常困难的。于是只好规定：试验 3000～10000h 后得出的蠕变曲线(已进入恒速期)，通过外延至 10^5h 的方法得出总变形值，如图 10.21 所示。只要这个总变形值不超过许可值，那么此应力即可作为强度计算的依据。

下面换算一下对应于此应力的稳定蠕变速率值。由于 $\Delta\delta$ 值(瞬时变形)相对很小而可忽略不计(图 10.21)，则有

$$V_{稳定}=\delta/\tau \tag{10.6}$$

式中，δ 为总变形；τ 为工作期限。

因此，锅炉零部件许可的蠕变速率(指恒速期的)为

$$V=\delta_{许用}/\tau=\frac{0.01\text{mm/mm}}{100000\text{h}}=10^{-7}\text{mm/(mm}\cdot\text{h)}=10^{-5}\%/\text{h}$$

对于汽轮机汽缸，许可的蠕变速率为

$$V=\delta_{许用}/\tau=\frac{0.001\text{mm/mm}}{100000\text{h}}=10^{-8}\text{mm/(mm}\cdot\text{h)}=10^{-6}\%/\text{h}$$

因此，对于锅炉零部件应使用能引起蠕变速率为 10^{-5} %/h 的应力作为强度计算的依据。

这两种表示方法有什么差别呢？从图 10.19 可见，蠕变的总变形量可按下式计算：

$$\varepsilon = \varepsilon'_D - \varepsilon_0 + V_n \cdot \tau \tag{10.7}$$

式中，ε'_D为蠕变在第一阶段结束时的切线在纵坐标轴上截得的长度（也可用蠕变第一阶段的变形量 ε_1 来代替，数值相差不大）；ε_0 为试样的弹性变形；V_n 为蠕变第二阶段的变形速率；τ 为工作期限。

如果忽略掉 $\varepsilon_1 - \varepsilon_0$ 值（其值相差甚小），上述两种蠕变极限的表示方法是完全一致的，变形速率恒定为 10^{-5} %/h，即相应在 10^5h 后的总变形量为 1%。

虽然这样算出的零部件，当工作 10^5h 后的总变形不会超过许可变形值，但为保证安全，很多应用部门都对重要零件在运行过程中仍利用蠕变测量设备进行监控，经 6000～7000h 运行后检查一次，对蠕变严重的零件必须拆换以防止事故发生[15]。

2)金属的持久强度极限或持久强度

金属的持久强度极限是指试样在规定温度下(t)达到规定的试验时间(τ)而不产生断裂的最大应力，用 σ_τ^t 表示。材料能支持的时间越久，则其抵抗断裂的能力越大。如 12Cr13 钢（即 1Cr13）在 1030℃油淬 750℃回火后的蠕变极限 $\sigma_{1/100000}^{500} = 57$MPa，而持久强度极限 $\sigma_{100000}^{500} = 190$MPa，前者表示在 500℃工作 10^5h 后产生 1%伸长的应力为 57MPa，后者表示在 500℃工作 10^5h 后产生断裂的应力为 190MPa。持久强度是以断裂为标准，而蠕变极限却以限制变形量为标准，因此同一合金的持久强度极限高于蠕变极限。

持久强度极限之所以必要，一方面是因为有些零件如锅炉设备中的某些高温部件，其蠕变极限是次要指标，而持久强度极限却是主要指标；另一方面是因为蠕变极限曲线仅仅反映蠕变第二阶段的变形速率或蠕变的总变形量，不能反映钢在高温断裂时的强度和塑性。

某些热动力设备通常以零件在高温下工作 10^5h 后断裂的应力作为持久强度极限。10^5h 是相当长的时间，对钢材进行高温持久试验时不可能进行到 10^5h，然后再来确定断裂应力。因此，要求通过较短的试验时间找出持久强度与时间的关系后，用外推的方法来确定 10^5h 的断裂应力。

持久试验时间的长短，最好是根据零件的工作条件来确定，一般认为数据外推一个数量级时（即外推到最长试验时间的十倍）得到的数据是可靠的。由于很难选择出刚好在规定时间内产生断裂的应力，很多试验都采用简便的方法，即先将试验温度及试验应力规定好，什么时间断裂便写多少时间。

大量试验表明，材料在持久试验时，断裂时间与断裂应力之间存在一定的关系。描述这样关系的公式很多，有些是根据断裂理论用弹性塑性力学的方法推导出来的，有些是根据实验数据归纳出来的。目前被广泛应用的有下列两种经验公式：

$$\tau = A\sigma^{-B} \tag{10.8}$$

$$\tau = C\mathrm{e}^{-D\sigma} \tag{10.9}$$

式中，A、B、C、D 是与试验温度和材料有关的常数。若将两公式分别取自然对数，则可以得到

$$\ln\tau = \ln A - B\ln\sigma \tag{10.10}$$

$$\ln\tau = \ln C - D\sigma \tag{10.11}$$

可以看出,断裂时间 τ 的对数值与应力 σ 的对数值呈线性关系(又称对数坐标关系)或与应力直接呈线性关系(又称半对数坐标关系),它们可用对数和半对数坐标表示出来。若以对数坐标表示,则得到如图 10.22 所示的直线关系。应力和断裂时间的这种关系受温度的影响,应力 σ、温度 T 和断裂时间 τ 三者的关系大致符合如下规律:

$$f(\sigma)=T(C+\ln\tau) \tag{10.12}$$

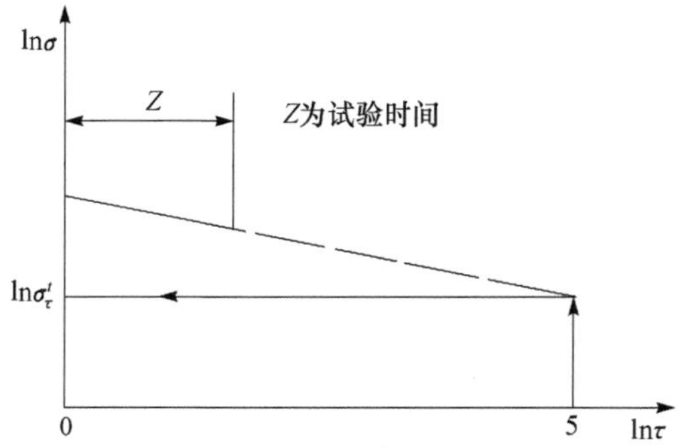

图 10.22　持久强度试验中应力 σ 与至破坏所需时间 τ 的对数关系示意图

取 $T(C+\ln\tau)$ 为横坐标轴,取应力 σ 为纵坐标轴来整理试验结果的方法就是拉森-米勒(Larson-Miller)法,其中,常数 C 一般取 20,但也可以是其他值。

应力越大,至破坏所需的时间越短。若欲使断裂时间延长,则必须降低应力,否则就得改换材料。将此直线延伸,可得到对应于 10^5h(工作期限)使材料破坏所需的应力值。

但要特别注意的是,当外推时间较长时,$\ln\tau$-$\ln\sigma$ 不总是保持直线关系,一般均有折点,如图 10.23 所示,因此导致推出的结果有偏高的危险。图 10.23 中折点的位置随着材料和温度的不同而不同。对同一种材料而言,折点发生的时间随着试验温度的升高而缩短。折点的产生是因为材料由穿晶断裂过渡到晶间断裂造成的,有时还不止出现一个折点,大约 30000h 的试验结果表明可能出现几个折点。折点的产生除上述因素以外还有相变等的影响,为了消除这种危险性,最好是测出折点后再根据时间和应力的对数值的线性关系进行外推,因此试验时间不可太短。有人认为,当试验时间为 3000～4000h,主要折点皆会出现。

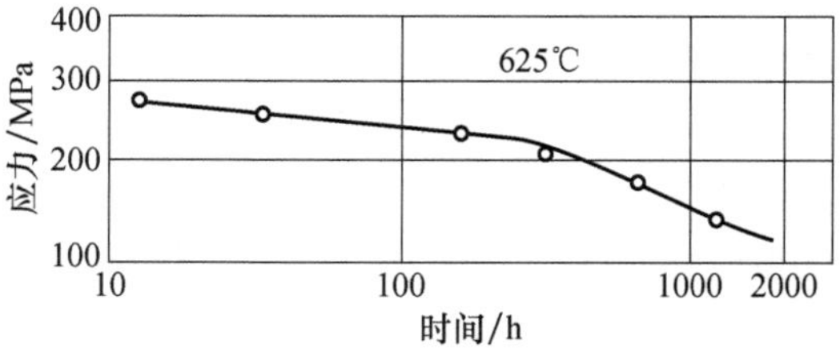

图 10.23　1Cr18Ni9Ti 钢的持久强度对数关系图

在锅炉零件强度计算中,壁温超过 420℃(碳钢)或 470℃(低合金钢)时就需要考虑持久强度极限的计算。计算时许用应力[σ]按下式确定:

$$[\sigma]=\sigma_\tau^t/n_D \tag{10.13}$$

式中,σ_τ^t 为工作温度下的持久强度极限;n_D 为安全系数。

在锅炉零件的强度计算中，安全系数按如下方式确定：由三个不同炉号试样确定持久强度时，安全系数 n_D＝1.65；由两个不同炉号试样确定持久强度时，安全系数 n_D＝1.85；由一个炉号试样确定持久强度时，安全系数 n_D＝2.0。正确规定和选择安全系数是个非常重要的问题，需在实践中不断充实和积累经验才行[15]。持久塑性也是一个重要性能指标，是指材料在一定温度及恒定试验力作用下的塑性变形，用蠕变断裂后试样的伸长率和断面收缩率表示。高温材料特别是发电厂使用的管材，应具有良好的持久塑性，希望不低于 3%～5%。过低的持久塑性，会使材料发生脆性破坏，降低其使用寿命。

有关金属拉伸蠕变及持久试验方法的具体要求可参阅 GB/T 2039—2012《金属拉伸单轴拉伸蠕变试验方法》和有关专著[16]。

关于蠕变和持久断裂的本质，这里只作简单的介绍。蠕变是金属同时受力及高温作用的一种现象，可以从加工硬化及回复再结晶现象方面去理解。在力的作用下，金属中存在塑性变形而使金属强化(强化后金属的再结晶温度降低)；在高温作用下，已强化的金属会产生再结晶现象而使金属的强化状态消失，即软化。“强化”与“软化”不断交替地发展下去，便构成金属在应力及高温作用下不断塑性变形的蠕变现象。蠕变过程中塑性形变的机制，不只是简单的滑移，还有扩散形变。在蠕变第一阶段，温度的影响尚不十分明显，此时加工硬化占主导地位。在蠕变第二阶段，温度的影响已经显现，由温度引起再结晶而导致的软化与加工硬化所导致的强化相互抵消，此时蠕变速率保持不变。在蠕变第三阶段，由于晶界相对位移的结果，在晶界产生裂纹，裂纹不断扩展，最后以晶间断裂的形式而破坏。图 10.24 为晶界相对滑动时晶界裂纹形成的各种形式[17]。

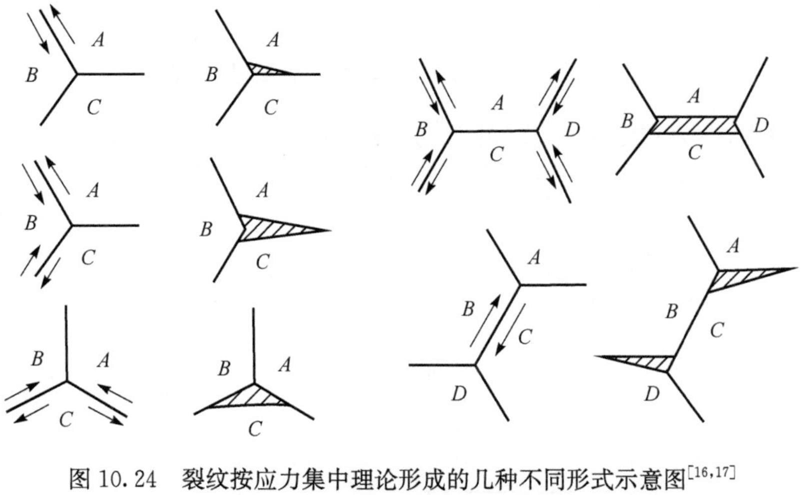

图 10.24　裂纹按应力集中理论形成的几种不同形式示意图[16,17]
箭头表示切变方向，阴影表示相应的裂纹

研究发现，晶界相对移动时在晶界产生的应力集中是产生晶界裂纹的重要原因。应该注意到，裂纹的扩展速率和晶粒的塑性形变能力有关，若以晶粒内的塑性形变来松弛因晶界滑动而产生的应力集中，则塑性较大的钢的晶界裂纹发展速率要小于塑性较小的钢。

另外，在蠕变过程中产生的空位在晶界积蓄也可以形成裂纹，在裂纹长轴垂直于外加应力的情况下，由于拉应力的作用，使空位进一步扩散到已经形成的裂纹处而使裂纹继续扩大。因此，晶界裂纹容易在垂直于外应力的晶界上产生并扩展。这种空位在晶界积累也是产生晶界裂纹并促使其扩展的重要原因。

为了增加耐热钢和合金的持久塑性,必须在考虑晶界强化的同时考虑晶粒塑性变形的能力,求得二者适当的配合,适当提高晶粒的塑性的同时也可以提高其持久塑性。

钢和合金在工作情况下,还应考虑其对缺口的敏感性,所以还要在接近实际服役条件下做缺口持久强度试验。实践证明,在蠕变条件下的缺口敏感性与塑性有关。高塑性合金对缺口不敏感,而持久塑性 $\delta<5\%$ 的低塑性合金的缺口敏感性就很高。在实际工作中,为了降低钢和合金的缺口敏感性,不得不牺牲一些强度来提高塑性。

3) 应力松弛

应力松弛发生在高温下工作的紧固件上,如紧固螺栓、销钉、紧压弹簧等,如图 10.25 所示。处于松弛条件下的紧固螺栓,为了压紧两个连接件,首先需转动螺帽使螺杆拉长,目的是使螺杆产生一些弹性变形,这样就可以产生压紧的力量。但是在高温下,一定的时间会使原来压紧的力量逐渐自行减少,原来不漏气的会产生漏气现象。这种在具有固定的总变形中,应力自动减少的现象叫做金属的应力松弛。除了螺栓以外,凡是互相连接着并有应力相互作用的工件都能产生应力松弛现象,如压配合的工件、弹簧等。

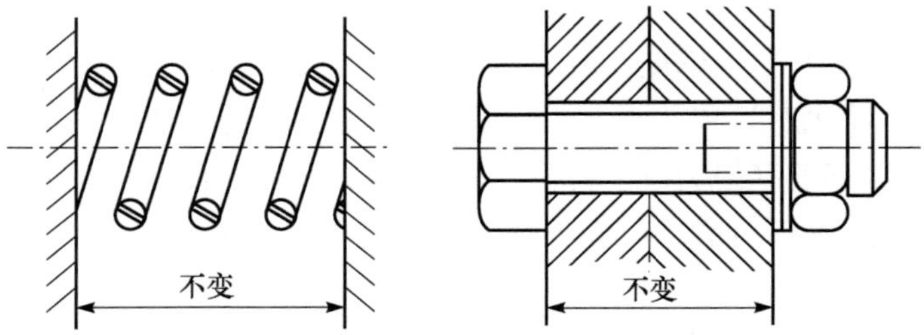

图 10.25　处于松弛条件下的紧压弹簧和紧固螺栓

松弛过程中,应力和变形(应变)的变化情况可用图 10.26 表示,为了对比松弛和蠕变的关系,图中同时列出了蠕变过程中应力与变形的变化。

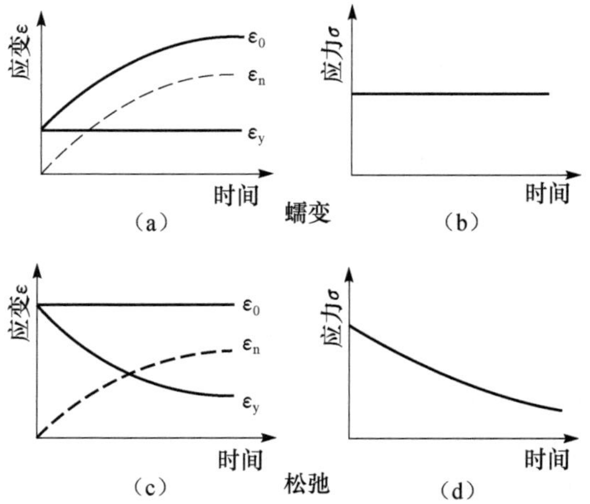

图 10.26　蠕变和松弛现象的对比

ε_0—总变形;ε_y—弹性变形,ε_n—塑性变形

由图可见，蠕变时，应力不变，塑性变形随时间的延长而增大，如图 10.26(a)与图 10.26(b)所示；松弛时，总变形不变，应力随着时间的延长伴随着部分弹性变形转变为塑性变形而逐渐减小，如图 10.26(c)与图 10.26(d)所示。

图 10.27 给出了典型的松弛曲线。由图可以看出，应力松弛过程可以分为两个阶段，第一阶段的特点是持续时间较短而应力却显著下降，第二阶段的持续时间长而应力下降速率很慢。锅炉与汽轮机中的紧固件是在高温下长期工作的，因此只有曲线的第二部分有实用意义。

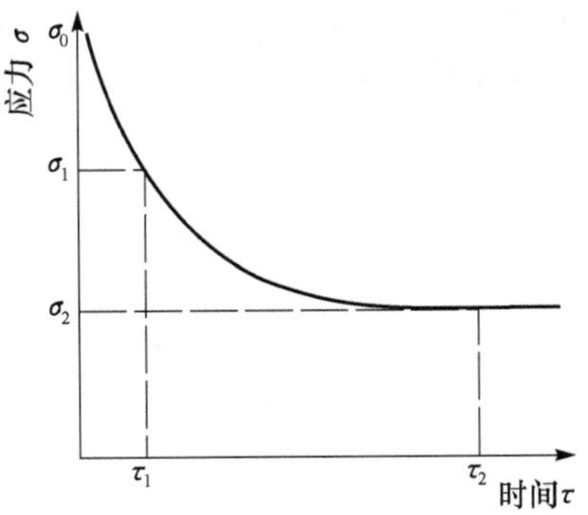

图 10.27　典型的松弛曲线

在生产实践中需要知道的是，零件在高温工作一段时间后还存在多少“残余应力”，会不会因紧固不足而发生漏气。曲线中的 σ_1、σ_2 分别表示经过 τ_1、τ_2 时间后在紧固件中的残余应力。在工程上，一般就是以在规定工作时间后的残余应力数值作为松弛的特性指标。关于引起应力松弛的原因，目前还没有一致的看法，一般认为应力下降的根源在于材料本身产生了蠕变。所以蠕变抗力高的材料必然具有高的抗松弛性能。有人认为，应力松弛并不是什么新的特性，它是对材料蠕变抗力要求的另一种形式而已。

4) 高温疲劳强度

在交变应力作用下的高温零件，往往不是产生蠕变断裂而是出现疲劳断裂。因为在对称交变应力作用下，在张应力期所产生的伸长在一定程度上被以后的压应力所产生的压缩所抵消。只有在不对称交变应力作用下，其不对称部分才会引起蠕变，当这一部分应力较大时才会产生蠕变断裂。因此，耐热钢与合金的高温疲劳强度是一个很重要的性能。

疲劳裂纹在较低温下是穿晶的，而在高温下是沿晶界发展的。疲劳裂纹发展类型的转变温度随应力、应力交变频率以及某些介质的作用等因素而改变：交变应力频率增加，转变温度增高；由于化学腐蚀介质的作用，转变温度将下降至很低。通过交变应力试验测得的转变温度，要高于通过静拉伸试验测出的穿晶断裂-晶界断裂的转变温度。

一般来说在高温下没有明显的疲劳极限。高温疲劳极限是指在一定温度下、在某一循环次数(10^7)内材料不发生断裂的最大交变应力，它与持久强度之间有很好的相关性。一般持久强度升高，高温疲劳极限也升高。

5) 热疲劳

当金属材料在工作中存在温度差时，会因各部分膨胀和收缩的互相约束而产生附加的温度应力(也称热应力)。如果这种温差值是周期性变动的，那么热应力也随之周期性变动。金属材料在经受多次周期性热应力的作用而遭到的破坏就称为热疲劳破坏。

热疲劳最早在航空工业中出现较多，如高速燃气轮机的叶片、喷管、燃烧室等零部件都是在高温和急变条件下工作的，它们的破坏形式主要就是热疲劳。随着温度和应力参数的提高，电站设备中的汽轮机和锅炉中的某些零部件也出现因热疲劳导致破坏的现象。

图 10.28 给出了金属管内汽水分层现象示意图。从图中可以看到，当通过汽水混合物的管子倾斜角度很小($\alpha<15°$)，而且汽水混合物的通过速率也较小时，由于重力的作用，汽和水分开，形成汽水“分层现象”，管子上部为蒸汽而下部为水。产生汽水分离后，

所出现的水面是周期性地上下波动着的(在 mn 范围内),当水面波动到 m 位置时,mn 段全为水,由于水的散热系数很大而使这段金属温度不会很高;当水面波动到 n 位置时,mn 段全为蒸气,蒸气的散热系数比水小得多而使这段金属的温度增高。水面在 mn 段周期性上下波动时,此段金属温度也随之产生周期性变化,同时也就出现了周期性变化的温度应力,当变化的次数达到一定值时,在这一段将出现疲劳裂纹。

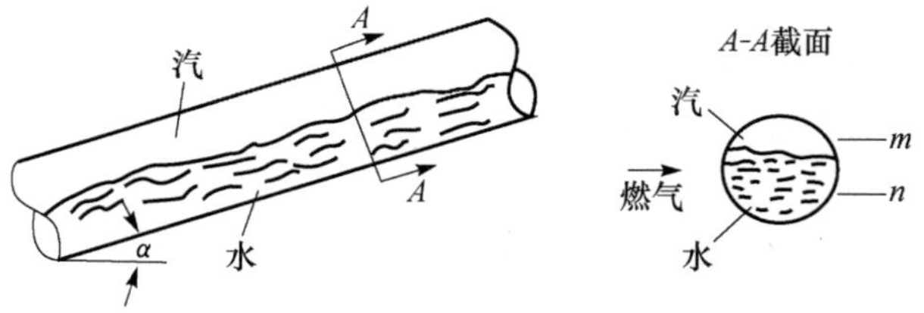

图 10.28 汽水分层现象示意图

热疲劳的测定方法是将金属材料在规定的最高和最低温度之间来回多次加热冷却,直到材料上产生 0.5mm 的裂纹为止。热疲劳以符号 $N_{0.5}^{T_1 \Leftrightarrow T_2}=n$ 表示,其中 T_1 为下限温度(℃),T_2 为上限温度(℃),n 为温度循环次数,0.5 为裂纹长度(mm)。例如,$N_{0.5}^{20 \Leftrightarrow 800}=100$ 表示试样在下限温度为 20℃、上限温度为 800℃条件下产生 0.5mm 裂纹时的热疲劳为 100 次。

试验表明,金属的热疲劳都带有晶粒内破坏的特点。图 10.29 给出了 GH230 合金在 700℃与 20℃之间循环 500 次之后主裂纹的尖端形貌[18]。从图中可明显看到由于热疲劳而引起的晶粒内破坏。

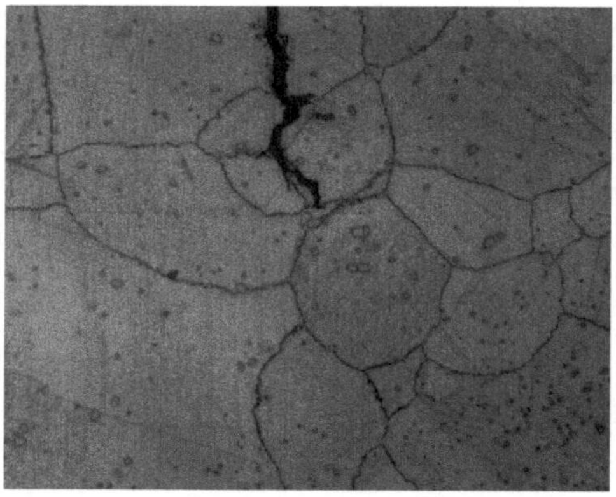

图 10.29 GH230 合金在 700℃与 20℃之间循环 500 次之后主裂纹的尖端形貌[18]

由此可推断,热疲劳破坏可能是由两个方面的因素造成的:一方面是附加的热应力与工作应力的联合作用使金属的塑性变形周期性地发展,当塑性变形积累到一定程度(晶粒的塑性变形主要以滑移的形式进行)就会在滑移线中出现裂纹,并逐渐在应力集中处(裂纹的端部)扩大;另一方面是高温下的周期性热应力作用会加速组织的不稳定性,合金元素和碳化物容易从固溶体中析出而降低晶粒强度,导致在较低应力作用下也会产生塑性变形,并进一步发展为裂纹。

此外,介质的振荡、燃烧的不稳定、锅炉的停炉与启动,都会造成温差的周期性变化而促进热疲劳的产生。

影响热疲劳的因素很多，其中最主要的是温度差。温度差越大，造成的热应力就越大，金属也越易因疲劳而破坏。另外，金属高温组织稳定性也对热疲劳产生重要影响，金属高温组织稳定性越差，抗热疲劳性也越差。同样，金属的线性膨胀系数越大、导热系数越小，势必造成温度差和温度应力越大，从而降低抗热疲劳性能，所以珠光体钢具有比奥氏体钢更高的抗热疲劳性能。此外，由于热疲劳主要是晶内破坏，细晶粒钢的抗热疲劳性能要比粗晶粒钢好。

热疲劳不仅出现在锅炉钢管上，同样在压铸模的表面、钢锭模的表皮、大炮管筒上都可以见到。试验证明，最大的周期应力出现在表面，距离表面越远，应力幅度越小。因而由热疲劳引起的疲劳裂纹往往发生于工件的表面，并且多以网状裂纹的形式出现。

图 10.30 给出了某电站利用 12Cr1MoV 钢所制备锅炉再热器的微量喷水减温器的连通管弯头内壁出现的网状裂纹[19]，如果观察其显微组织，则可以看到如图 10.29 所示的晶粒内裂纹。

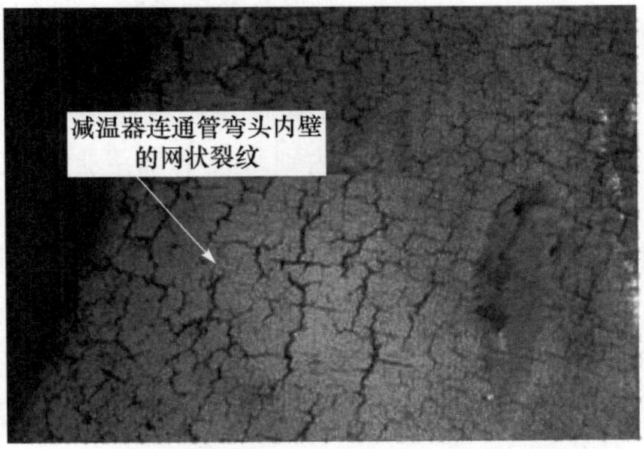

图 10.30　12Cr1MoV 钢所制备锅炉再热器的微量喷水减温器连通管弯头内壁出现的网状裂纹[19]

10.1.3　耐热钢与高温合金的强化

无论是耐热钢还是高温合金，它们的强化都离不开固溶强化、晶界强化和第二相的沉淀强化这三个基本的强化手段。此外，还可以通过热处理来改变使用组织的晶粒度及强化相在基体中的分布以提高耐热钢的高温强度。

10.1.3.1　固溶强化

耐热钢与高温合金的基体强度取决于原子间结合力的大小，原子间结合力越大则基体的强度越高。在高温时，γ-Fe 的原子排列较致密且原子间结合力较强，因此奥氏体钢的高温强度，即热强性一般比铁素体钢高，这也是在较高的温度下均使用奥氏体组织的原因。

一般情况下，耐热钢与高温合金均在基体金属中加入了一种或多种合金元素，这些合金元素可以固溶态、化合物或游离态等形式存在。当这些合金元素以固溶态形式存在时，将与基体金属形成间隙固溶体或置换固溶体等单相固溶体，而这些单相固溶体常常能使

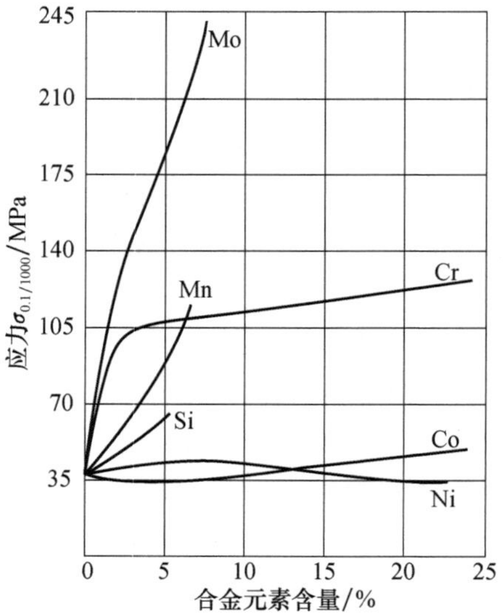

图 10.31　合金元素对纯铁在 427℃时蠕变极限的影响[20]

基体金属的原子间结合力增强,从而使耐热钢与高温合金的热强性明显提高(图 10.31)。

我们知道,强度是材料抵抗塑性变形的能力,而产生塑性变形的根本原因是位错的运动,因此不难理解材料产生固溶强化的本质。当溶质原子与溶剂原子形成固溶体时,它们在几何尺寸上的差异将导致基体金属溶剂原子的晶格产生畸变,进而在畸变晶格处产生应力场,这个应力场将阻碍位错的运动,进而使基体金属产生固溶强化。显然,溶质原子与溶剂原子的几何尺寸,即原子半径的差异越大,溶质原子的熔点越高,溶质元素对增强基体的热强性越有效。通常情况下,固溶强化引起的强化程度在合金元素加入量少时比较显著,随着合金元素加入量的继续增加,基体金属晶格畸变产生的应力场将由于距离太近而部分相互抵消,从而导致阻碍位错运动的能力下降而使强化程度逐渐减弱。试验表明,在一定温度下达到最佳的固溶强化效果通常有一个最佳的溶质原子浓度。

通过原子结合力的提高和晶格的畸变,使在固溶体中的滑移变形困难而强化,这在温度 $T \leqslant 0.6T_{熔}$(熔点温度)时是相当重要的。

在更高温度使用条件下($T \geqslant 0.6T_{熔}$)更为突出的是通过原子结合力的提高,降低固溶体中元素的扩散能力,提高再结晶温度,阻碍扩散式形变过程的进行,因为在高温蠕变时扩散形变机制起很大的作用[21]。

长期实践还得到一个经验,即加入少量多种合金元素比加入同总量的一种合金元素能更显著地提高固溶强化效果。现代一些性能优良的耐热钢与高温合金的基体都是多元合金化的固溶体。

10.1.3.2　晶界强化

无论耐热钢还是高温合金,它们一般情况下都是多晶材料,晶粒与晶粒之间必然存在晶粒边界,即晶界。在常温下,晶界对位错的运动构成强烈阻碍,从而提高材料的强度。晶粒越细,晶界越多,晶界面积越大,对位错的阻碍作用越显著,材料的强度就越高,即细晶强化。此外,多晶材料中每个晶粒的取向都各不相同,当在外力作用下发生塑性变形时,不同取向的晶粒不能各自独立变形而必须相互协调,由此需要更多的外力使晶粒发生转动,进而导致材料的塑性变形抗力增大。晶粒大小与材料强度之间满足霍尔-佩奇公式,即材料的强度与晶粒大小的平方根成反比。

然而在高温变形时,晶界却是最薄弱的环节,原因在于晶界处的原子排列不规则,并存在各种晶体缺陷。由于晶界区存在大量的晶体缺陷,在晶界处被塞积的位错容易与晶界缺陷发生交互作用而消失,进而导致晶界的强度较低。此外,由于晶界区存在大量的晶体缺陷,有利于原子的扩散,也有利于蠕变的进行,在高温蠕变时,晶界弱化并参与变形,有时晶界形变量可占总变形量的 50%。晶界形变量高，因此相较于细晶粒钢，粗晶粒钢的蠕变速率较低、断裂时间较长。因此，在高温下承受较大工作应力的构件，需要对其晶粒进行适当的控制，但也不宜过分粗化，否则会损害高温塑性及韧性等。

在耐热钢和高温合金中加入合金元素是提高其热强性的主要方式之一，加入的合金元素对晶界的强化作用主要表现在以下几个方面[21]：①纯化晶界。耐热钢与高温合金中的硫、磷及其他低熔点杂质，容易在晶界区聚集而且还常与基体金属形成易熔共晶，导致高温下承受较大应力时产生所谓的红脆性。因此在合金中应避免含有使晶界弱化的有害杂质元素，有些国家和生产厂家对各种有害杂质的含量及总含量有十分严格的规定。为了消除有害杂质和气体的不利作用以及进一步净化和强化晶界，有意识地加入某些微量元素，如硼、锆，碱土元素镁、钙、钡，以及稀土元素铈、镧等。它们与有害杂质元素在冶金过程中发生反应而生成稳定的难熔化合物。这些元素的加入都有一个最合适的量，过量地加入又会使热强性下降。②填充晶界空位。填充晶界空位的元素目前以硼为最好，硼原子尺寸比一般间隙元素(碳、氮)大而较一般置换式原子小，钢中加入微量的硼，无论处于置换或间隙状态，都能较稳定地填充晶界空位，使晶界上对扩散有利的空位大大减少，从而提高了蠕变抗力；硼还可以改善晶界碳化物以及金属间化合物的析出形貌。③晶界的沉淀强化。加入的合金元素在晶界上沉淀出不连续的强化相，这种骨架状的强化相不但可以提高材料的热强性，还可以阻碍裂纹沿着晶界的扩展。

10.1.3.3　沉淀强化

沉淀强化与固溶强化和晶界强化的实质一样，都是通过障碍物的形成阻碍位错的运动，只不过沉淀强化是从固溶体中析出的沉淀相(如耐热钢中析出的碳化物或氮化物等难熔化合物，铁基和镍基高温合金中析出的 γ'-Ni_3Al 相或 γ''-Ni_xNb 相，钴基合金中析出的 $M_{23}C_6$ 相等)来对位错的运动产生阻碍作用。

当加入的合金元素含量大于在工作温度下能够溶入基体金属的饱和浓度时，多余的溶质原子将从过饱和固溶体中沉淀出第二相(或更多相)。从过饱和固溶体中沉淀出第二相是提高热强性的最有效方法之一，许多耐热钢及高温合金都是通过这种方式来获得良好的热强性。

第二相的沉淀强化主要通过以下几种机制起作用[2]：①共格应变强化机制。析出的第二相与基体共格，由于沉淀相与基体之间晶格常数的差异而产生共格应变，从而在第二相周围产生一个高的弹性应力场，这个应力场对位错的运动产生阻碍作用而引起强化。共格畸变越大，强化效果越显著。②奥罗万(Orowan)绕过机制。当第二相颗粒比基体硬、强度比基体高时，如果第二相颗粒间距较大或者与基体无共格关系，位错不能切割这类弥散质点，而只能通过绕过方式越过这些障碍物，因此增大位错运动的阻力而使材料强度提高。③位错切割机制。当第二相颗粒比基体软、强度比基体低，且与基体共格并具有公共滑移面时，位错运动通过切割第二相的方式越过这些障碍物，位错切割第二相也必然增大位错运动的阻力而使材料强度提高。④位错攀移机制。在高体积分数沉淀相的耐热钢与高温合金中，位错切割第二相的临界应力小于奥罗万绕过应力，因此位错切割机制总是优先启动，只有在长期蠕变末期因第二相颗粒粗化才可能启动绕过机制，这两种位错运动机制均具有较高的应力指数。当施加的应力较小而不足以启动位错切割机制或奥罗万绕过机制时,蠕变变形只能借助于位错以热激活攀移方式越过强化第二相粒子。所有这几种强化机制的强化作用均与沉淀相的大小、形状、分布、稳定性有很大的关系。实践及研究工作都表明,沉淀相的大小和间距均有一个最佳值,此时形变的阻力最大;要保持高的热强性,沉淀相本身也应当具有高的高温强度及良好的高温稳定性。

若耐热钢与高温合金中存在低熔点或不稳定的第二相,会使高温材料的热强性降低,尤其是这类第二相分布在晶界上时影响更大。此外,若耐热钢与高温合金中沉淀出脆性的金属间化合物,一般也会对其热强性带来不利影响。

10.1.3.4 工艺强化[21]

工艺强化是耐热钢和高温合金的发展和强化的重要途径。

为了提高高温合金的纯洁度和减少夹杂,绝大部分高温合金采用真空感应熔炼母材以及真空自耗或电渣重熔的双联工艺。为了得到更纯净的合金还可以采用等离子熔炼或电子轰击炉。为了消除偏析,提高均匀性,可以采用粉末冶金法等。

高温合金采用铸造工艺制造,由于不受变形成型的约束,可以具有比变形合金更高的合金化程度,因而可获得更高的使用温度。为消除高温下晶界的弱化作用而发展了定向结晶法、单晶法;还可以与合金成分设计配合,采用定向共晶以强化合金,使其获得更高的使用温度。

耐热钢与高温合金通过热处理可以得到需要的晶粒度,同时可以改善强化相的分布状态,调整基体与强化相的成分。

耐热钢通过热处理常常可以有效地提高其热强性。在耐热钢零件的工作温度高、负荷较小和工作时间比较长的情况下,热处理应尽可能地使零件获得稳定的组织状态,以避免在工作过程中发生组织变化,加速蠕变过程,这样可以保证零件使用的可靠性。例如,对于珠光体钢常采用正火和高于使用温度100℃的回火,奥氏体钢常使用固溶处理,随后用高于工作温度60～100℃的时效处理,但是稳定状态一般都伴随着一定热强性的牺牲。

在工作温度较低、负荷较高和工作时间不很长时,为了获得高的热强性,可以通过热处理获得不稳定的组织,并在这种状态下使用。例如,一些珠光体钢可以在正火后,奥氏体钢可以在固溶处理后使用,而不经过回火,零件利用工作温度使强化过程在使用中进行,或在使用前进行部分回火或时效,适当提高起始的强度,而在使用过程中达到最高的强度。

10.2 热 强 钢

热强钢是指在高温既能承受相当的附加应力又要具有优异的耐高温气体腐蚀的钢种。例如,汽轮机、燃气轮机的转子和叶片,锅炉的过热器,高温下工作的螺栓和弹簧,内燃机的进排气阀等用钢均属此类。

根据热强性的基本原理,作为热强钢有两点是十分重要的:一是熔点要尽可能高;二是再结晶温度也应尽可能高。因此,两者之比值($T_{再结晶}/T_{熔点}$)就构成了热强性的准则之一。大量的研究和实践证明,多元合金化是提高热强钢热强性的有效途径,组织结构是决定热强钢的热性能的另一重要因素,而钢的合金化程度及随后的热处理是改变其组织结构的重要条件。因此,研究钢的组织结构与其耐热性能之间的关系一直是探讨热强钢高温性能的重要课题。

根据钢的组织状态,热强钢主要包括:珠光体(型)热强钢、铁素体(型)热强钢、马氏体(型)热强钢、奥氏体(型)热强钢和沉淀硬化(型)热强钢[1,22]。

本节主要结合电站高压锅炉用钢管和钢板、汽轮机叶片、汽轮机和燃气轮机的转子、叶轮和紧固件论述热强钢的成分、组织与性能及其研究进展。

10.2.1 动力机组锅炉用钢管

火电厂锅炉内的工质都是水,其临界压力是 22.115MPa,临界温度为 374.15℃。在这个压力和温度下,水和蒸汽的密度是相同的。炉内工质压力低于这个压力就叫亚临界锅炉,大于这个压力就是超临界锅炉,蒸汽温度不低于 593℃或蒸汽压力不低于 31MPa 被称为超超临界。目前国内及国际上一般只要主蒸汽温度达到或超过 600℃就认为是超超临界机组。锅炉蒸汽参数的提高可以提高机组的效率,而蒸汽参数的提高受到材料的严重制约。

国外超临界火力发电机组和超超临界机组是 20 世纪 50 年代末同时开发和交叉发展的。目前亚临界机组标准参数为 16.7MPa/538℃/538℃;超临界机组的蒸汽参数采用较多的是 24.2MPa/566℃/566℃,566℃/566℃中前者为新汽温度,后者为再热汽温度;超超临界机组的蒸汽参数可达 30.0MPa/600℃/620℃。一些国家已开发出相应可用于机组各部件的热强钢。

我国 20 世纪 80 年代以来已有发展大功率临界火电技术的经验和引进超临界机组的实践。2004 年和 2006 年,我国首台国产化超临界机组和首台超超临界机组分别投入运行。到 2018 年底,我国建设的 600℃超超临界燃煤电站已经超过 300 台,占世界同类电站的 90%以上。我国自行设计和建设的 623℃超超临界二次再热燃煤电站也于 2015 年投运,这标志着我国已经成为世界上燃煤发电技术最先进的国家。为进一步提升燃煤发电技术,世界首台 630℃超超临界燃煤示范电站在我国山东准备开工建设,我国也正在论证 650℃超超临界燃煤电站建设的可行性。并且,国家能源局成立了旨在研发 700℃超超临界燃煤发电技术的联合攻关团队。可见,我国已走在世界燃煤电站技术的前沿[23]。当机组蒸气温度为 600～625℃时,热效率为 45%,下一代 700℃超超临界机组热效率可达 50%。

我国已制定出 GB/T 5310—2017《高压锅炉用无缝钢管》标准,过去的版本为 GB 5310—85、GB 5310—1995、GB 5310—2008。GB/T 5310—2017 增加了 1 个钢号,并对一些技术条件进行了修改。GB/T 5310—2017 中列入的高压锅炉用无缝钢管用钢的化学成分见表 10.11(a)和表 10.11(b),主要用于制造高压蒸汽锅炉、管道用无缝钢管。

10.2.1.1 低碳珠光体热强钢

在表 10.11(a)中列入了三个优质碳素结构钢的牌号:20G、20MnG 和 25MnG。这类钢的使用温度不高,20G 钢用于壁温不大于 480℃的受热面管、不大于 450℃的联箱与蒸汽管;20MnG 钢用于壁温不大于 425℃的集箱和蒸汽管道;25MnG 钢可用于 300MW、600MW 的水冷壁、省煤器、过热器及再热器。

表 10.11(a) 我国高压锅炉优质碳素结构钢和合金结构钢无缝钢管用钢化学成分(GB/T 5310—2017) (单位:%)

牌号	C	Si	Mn	Cr	Mo	V	B	Ni	Alt	Cu	Nb	N	W
20G	0.17～0.23	0.17～0.37	0.35～0.65	—	—	—	—	—	≤0.015	—	—	—	—
20MnG	0.17～0.23	0.17～0.37	0.70～1.00	—	—	—	—	—	—	—	—	—	—
25MnG	0.22～0.27	0.17～0.37	0.70～1.00	—	—	—	—	—	—	—	—	—	—
15MoG	0.12～0.20	0.17～0.37	0.40～0.80	—	0.20～0.35	—	—	—	—	—	—	—	—
20MoG	0.15～0.25	0.17～0.37	0.40～0.80	—	0.44～0.65	—	—	—	—	—	—	—	—
12CrMoG	0.08～0.15	0.17～0.37	0.40～0.70	0.40～0.70	0.40～0.55	—	—	—	—	—	—	—	—
15CrMoG	0.12～0.18	0.17～0.37	0.40～0.70	0.80～1.10	0.40～0.55	—	—	—	—	—	—	—	—
12Cr2MoG	0.08～0.15	≤0.50	0.40～0.60	2.00～2.50	0.90～1.13		—	—	—	—	—	—	—
12Cr1MoVG	0.08～0.15	0.17～0.37	0.40～0.70	0.90～1.20	0.25～0.35	0.15～0.30		—	—	—	—	—	
12Cr2MoWVTiB	0.08～0.15	0.45～0.75	0.45～0.65	1.60～2.10	0.50～0.65	0.28～0.42	0.0020～0.0080				0.08～0.18Ti		0.30～0.55
07Cr2MoW2VNbB	0.04～0.10	≤0.50	0.10～0.60	1.90～2.60	0.05～0.30	0.20～0.30	0.0005～0.0060	—	≤0.030	—	0.02～0.08	≤0.030	1.45～1.75
12Cr3MoVSiTiB	0.09～0.15	0.60～0.90	0.50～0.80	2.50～3.00	1.00～1.20	0.25～0.35	0.0050～0.0110	—	—	—	0.22～0.38Ti	—	—
15Ni1MnMoNbCu	0.10～0.17	0.25～0.50	0.80～1.20	—	0.25～0.50	—	—	1.00～1.30	≤0.050	0.50～0.80	0.015～0.045	≤0.020	—
10Cr9Mo1VNbN	0.08～0.12	0.20～0.50	0.30～0.60	8.00～9.50	0.85～1.05	0.18～0.25	—	≤0.40	≤0.020	—	0.06～0.10	0.030～0.070	—
10Cr9MoW2VNbBN	0.07～0.13	≤0.50	0.30～0.60	8.50～9.50	0.30～0.60	0.15～0.25	0.0010～0.0060	≤0.40	≤0.020	—	0.04～0.09	0.030～0.070	1.50～2.00
10Cr11MoW2VNbCu1BN	0.07～0.14	≤0.50	≤0.70	10.00～11.50	0.25～0.60	0.15～0.30	0.0005～0.0050	≤0.50	≤0.020	0.30～1.70	0.04～0.10	0.040～0.100	1.50～2.50
11Cr9Mo1W1VNbBN	0.09～0.13	0.10～0.50	0.30～0.60	8.50～9.50	0.90～1.10	0.18～0.25	0.0003～0.0060	≤0.40	≤0.020	—	0.06～0.10	0.040～0.090	0.90～1.10

注:Alt 指全铝含量。20G 钢中的 Alt 不大于 0.015%,不作为交货要求。一些牌号的后缀"G",表示锅炉及锅炉钢管用钢。这类钢中,12Cr1MoVG 和 07Cr2MoW2VNbB 含≤0.025%P、≤0.010%S;10Cr9Mo1VNbN 钢及其后的 4 种钢中含≤0.020%P、≤0.010%S;其余各钢中含≤0.025%P、≤0.015%S。

表中各钢中的残余元素含量的规定见 GB/T 5310—2017。

表 10.11(b)　我国高压锅炉奥氏体耐热不锈钢无缝钢管用钢化学成分(GB/T 5310—2017)　(单位:%)

牌　号	C	Si	Mn	Cr	Ti	B	Ni	Alt	Cu	Nb	N	P	S
07Cr19Ni10	0.04～0.10	≤0.75	≤2.00	18.00～20.00	—	—	8.00～11.00	—	—	—	—	≤0.030	≤0.015
10Cr18Ni9NbCu3BN	0.07～0.13	≤0.30	≤1.00	17.00～19.00	—	0.0010～0.0100	7.50～10.50	0.003～0.030	2.50～3.50	0.30～0.60	0.050～0.120	≤0.030	≤0.010
07Cr25Ni21	0.04～0.10	≤0.75	≤2.00	24.00～26.00	—	—	19.00～22.00	—	—	—	—	0.030	0.015
07Cr25Ni21NbN	0.04～0.10	≤0.75	≤2.00	24.00～26.00	—	—	19.00～22.00	—	—	0.20～0.60	0.150～0.350	≤0.030	≤0.015
07Cr19Ni11Ti	0.04～0.10	≤0.75	≤2.00	17.00～20.00	4C～0.60	—	9.00～13.00	—	—	—	—	≤0.030	≤0.015
07Cr18Ni11Nb	0.04～0.10	≤0.75	≤2.00	17.00～19.00	—	—	9.00～13.00	—	—	8C～1.10	—	≤0.030	≤0.015
08Cr18Ni11NbFG	0.06～0.10	≤0.75	≤2.00	17.00～19.00	—	—	9.00～12.00	—	—	8C～1.10	—	≤0.030	≤0.015

注:Alt 指全铝含量。牌号 08Cr18Ni11NbFG 中的“FG”表示细晶粒。一些牌号的后缀“G”,表示锅炉及锅炉钢管用钢。各钢中的残余元素含量的规定见 GB/T 5310—2017。

高压锅炉用无缝钢管大量使用的是低碳珠光体热强钢(合金结构钢)。

1) 低碳珠光体热强钢的性能要求

低碳珠光体热强钢主要用于锅炉制造。根据锅炉各主要组件的工作条件,对这类钢提出如下的性能要求:

(1) 具有足够高的强度、塑性和韧性。钢材的室温抗拉强度、屈服极限在气包和管子的设计中是直接用做计算指标的。韧性可以作为判断钢材质量好坏的标准,而塑性则直接关系到钢材的工艺性能,如锅炉制造中进行卷板弯管、冲压、封头等操作时,钢材都要在冷态或热态下承受一定的塑性变形。此外,在锅炉组件中管孔很多,各种孔壁上的应力集中比较严重,钢材具有足够的塑性有利于改善应力集中处的应力分布,使之趋向均匀。

(2) 具有较高的蠕变极限和持久强度极限。锅炉钢的持久强度极限直接作为过热器管子、联箱、导管等受热面管子的高温强度的计算依据,而蠕变极限则作为校核依据。这些热强性指标对于保证组件在高温长时间应力作用下安全运行十分重要。

(3) 足够的抗氧化性能。锅炉组件大多在高温蒸气和烟气中工作,尤其是在燃烧室内工作的各种零件,工作温度高而无工质冷却,氧化和腐蚀十分严重,因此钢材需要有足够的抗氧化性和抗腐蚀性。通常要求其在工作温度下氧化速率不应超过 0.1～0.5mm/a,烟气的最大允许腐蚀速率也不应超过 0.1～0.15mm/a。

(4) 足够的组织稳定性和持久塑性(小的蠕变脆性)。钢材不能因高温下长时间工作所导致的组织变化而使其热强性及塑性、韧性大幅度下降。一般认为在高温长时间应力作用下,管子的冲击韧性不应低于 $20J/cm^2$,持久塑性不应小于 2%。

所有的珠光体热强钢在高温长期作用下,普遍地要出现片状珠光体球化和碳化物的聚集长大。珠光体球化后虽对常温冲击韧性没影响,而且还能略提高其塑性,但却会降低常温和高温强度,降低钢的高温持久强度。研究结果表明,12Cr1MoV 钢经完全球化后,持久强度降低 1/3。在电站运行中,管子出现珠光体严重球化会导致爆管,如某厂某号炉的高温过热器管(12CrlMoV)经 27777h 运行后发生了几起爆管事件,经金相检验表明珠光体球化是爆管的主要原因。运行时间(27777h)远远低于设计要求的 10^5h,说明过热器管在运行过程中发生了较严重的超温现象。

渗碳体球化及积聚的主要影响因素是温度、时间和化学成分。碳钢最容易球化,碳含量的增加会加速渗碳体球化过程,这是由于碳降低了原子间的结合力,加速了原子扩散所致。因此,碳含量越低,组织越稳定,在钢的成分中,凡能溶入固溶体并降低碳的扩散速率和增加碳化物中原子结合力的合金元素,均能阻碍或减缓球化及聚集过程。而合金元素锰、铝、钴会加速碳的扩散,对珠光体钢的热强性不利。一般珠光体钢的合金化应是既加入强碳化物元素 Nb、Zr、Ti、V 等增强碳化物中的原子结合力,也加入 Cr、Mo 等元素使其在固溶体中阻止碳的扩散。珠光体钢的一种比较危险的组织转变是石墨化。石墨化是指钢中的碳化物分解成游离碳,即石墨($Fe_3C \longrightarrow 3Fe+C$)的一种组织转变。必须指出,石墨化是随着渗碳体球化而产生的,若发现石墨化现象,则球化过程早已进行,但产生球化的钢不一定出现石墨化现象。

石墨本身既无强度又无塑性。当钢内游离石墨析出时,管子钢材性能变脆,强度和塑性显著下降,很快就会使耐热钢管发生爆破,这是十分危险的。某国曾用 0.5%Mo 的低合金钢做高压蒸汽管材料，在 565℃温度下工作五年半后管子发生脆性爆破。分析证明，其爆破原因主要是石墨沿晶界析出从而引起钢材的脆化所致。

合金元素对减少或防止石墨化有决定性的作用，总的规律是：强碳化物形成元素如 Cr、Ti、Nb 等，能形成稳定性很高的碳化物或使渗碳体的稳定性提高，从而阻碍钢的石墨化过程。Al 是强烈石墨化促进元素。

在高温长时间工作条件下，珠光体热强钢中固溶体基体和碳化物之间合金元素会重新分布。形成碳化物的元素（钼、铬等）向碳化物相中过渡，而铁和其他元素则被排挤到固溶体中去。合金元素的重新分布过程随温度的升高和时间的延长而加强。碳含量增高也会加速合金元素的重新分布过程。合金元素重新分布的结果，使强化固溶体的元素钼、钨等含量降低，从而使得钢的热强性降低（图 10.31）。例如，抽查在 540℃经 33500h 运行的 12Cr1MoV 钢管，发现碳化物中 Cr 含量增加 10%，Mo 含量增加 60%，V 含量增加 30%，这说明固溶体内含 Cr、V 含量特别是含 Mo 含量大大降低了。为了减小合金元素的重新分布趋势，热强钢的合金化方向应该是：采用固溶体复合合金化，有效地提高基体原子结合力并阻碍扩散；加入能强烈形成碳化物的元素以稳定碳化物相，减小强化固溶体的元素向碳化物相过渡的倾向。

珠光体钢在一定温度范围长时间工作后，室温冲击韧性严重下降，韧脆转变温度升高，这种现象称为热脆性，其本质与第二类回火脆性相同。

（5）良好的焊接性能及其他加工工艺性能。在锅炉制造和安装过程中，焊接是主要的工艺方法，所以保证锅炉钢材具有良好焊接性能是简化工艺、获得高质量产品的重要措施。所谓良好的焊接性是指使用工业上最常用的焊接方法也能保证获得高质量的焊接接头，力学性能不低于基体金属，焊前焊后的热处理工艺简单。2.25Cr-1Mo 钢单道焊缝附近形成的各种显微组织如图 10.32 所示[24]（参考图 4.103），正确的焊接工艺、合理的焊前焊后热处理，可调控焊缝附近形成的显微组织，进而控制其性能。

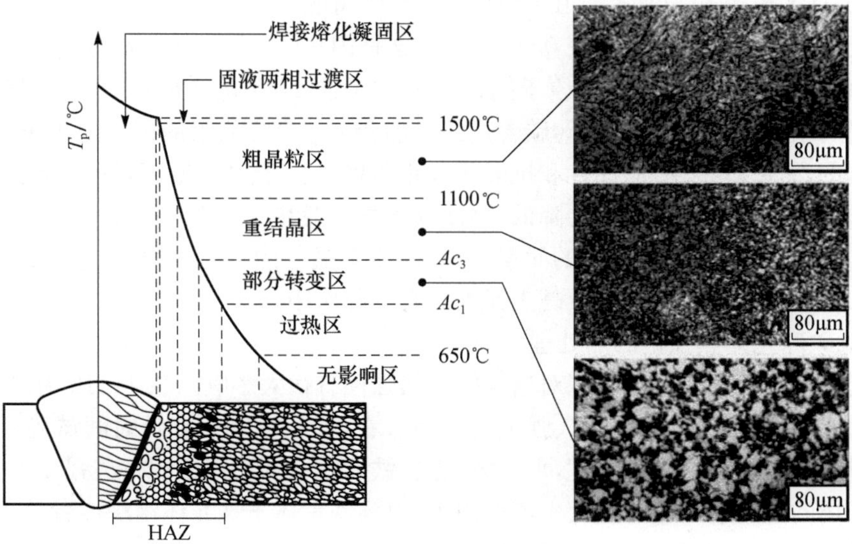

图 10.32　2.25Cr-1Mo 钢单道焊缝附近形成的各种显微组织示意图[24]

2) 低碳珠光体热强钢的合金化

为了满足上述对锅炉钢的要求，最根本的办法是通过在钢中加入合金元素。合金元素对锅炉钢高温强度起着决定性影响，合金元素也必然会改变钢的室温力学性能和工艺性能，这里着重分析合金元素对锅炉钢高温强度的影响。

根据热强性研究，第二相质点的数量、形状、大小在载荷大、时间短的条件下，对热强性的作用明显；在载荷小、时间长的环境中，固溶体对热强性的影响将增加。第二种情况正是锅炉钢的工作条件：高温低应力、长时间服役。因此它的合金化是以获得高强度的 α-Fe 固溶体为主，同时又要具有稳定的第二相。显然为达到这样的目的，需要考虑合金元素在第二相与 α-Fe 固溶体中的分布问题。

一般凡是能提高 $\alpha\rightarrow\gamma$ 相变温度，增加原子结合力及静畸变力的因素，都对α-Fe 固溶体热强性有良好的作用，满足这些条件的元素有 Cr、Mo、W、Nb、Ti 等。它们的共同特点是熔点高，与 α-Fe 有同样的点阵类型，点阵常数都比 α-Fe 大，溶入后使 α-Fe 固溶体点阵常数增大和引起静畸变；另一个特点是在周期表中都位于 Fe 左侧，外层电子均未被填满，从而与 Fe 交换电子倾向很大，提高 α-Fe 固溶体原子结合强度(但钒能减弱 α-Fe 的原子结合力)。

各种元素对铁素体热强度影响如图 10.31 所示。由图可知，Mo、Cr、Mn、Si 都可提高铁素体的热强度，其中以 Mo 最为显著，这就是大多数锅炉耐热钢管都用 Mo 合金化的原因。Cr 也可以提高铁素体的热强度，但在小于 1%时效果较显著，大于 1%影响减小。Mo 还可减小回火脆性，Mo、Cr 还可降低碳化物的聚集和石墨化。但是它们都是碳化物形成元素，因此要使它们溶入固溶体，必须同时向钢中加入强碳化物形成元素如 V、Ti、Nb，在生成 V、Ti、Nb 碳化物的同时，可把钢中 Cr、Mo、W 等强化固溶体的元素挤入固溶体。这些碳化物还有一定的沉淀强化作用，它们的加入量一般是以形成全部碳化物而没有多余量进入固溶体为宜，过少则会有部分 Mo、W 形成碳化物，而过多则可能形成金属间化合物。Cr 和 Si 可以提高钢在 600℃时抗气体腐蚀的能力。

珠光体热强钢管的碳含量在 0.2%以下，这是因为：①钢中碳含量越高，球化和聚集速率越快，因为碳是削弱钢基体原子间结合力的元素，碳含量增加，原子扩散速率加快；②碳含量的增加会加快石墨化；③碳含量的增加会加速合金元素的再分配；④碳含量的增加会使钢的塑性、焊接性、耐蚀性和抗氧化性都下降。由于以上原因，钢中碳含量越少越好，但不能过少，否则钢的强度会降低，因此碳含量一般在 0.1%～0.2%。

在这类钢中，硼是较为重要的元素，它可以改善晶界的性能，但加入量要适当。加入微量(0.03%～0.08%)的稀土及碱土元素均有良好作用。

3) 低碳珠光体热强钢的热处理

不同热处理工艺得到的组织对这类钢的热强性有很大影响。表 10.12 为热处理得到的不同组织对 12Cr1MoV 钢持久强度的影响。在 580℃和 600℃长时间试验证实，马氏体回火组织具有最高的持久强度，贝氏体次之，铁素体＋珠光体组织持久强度最低。现在生产上采用的热处理工艺为正火＋高温回火，得到铁素体＋珠光体组织或者贝氏体组织，这主要是因为热处理过程比较简便，易于控制，但希望冷却速率快些，以便得到贝氏体组织以提高 12Cr1MoV 钢的持久强度。

表 10.12 热处理得到的不同组织对 12Cr1MoV 钢持久强度的影响[8]

热处理制度	580℃		600℃	
	σ_{10000}/MPa	σ_{100000}/MPa	σ_{10000}/MPa	σ_{100000}/MPa
980℃水冷(>600℃/min,马氏体),740℃回火 5h	130	100	102	85
980℃空冷(200～250℃/min,贝氏体+少量铁素体及马氏体),740℃回火 5h	120	90	80	60
980℃炉冷(1～6℃/min,铁素体+珠光体)	80	50	48	30

过去一些实验认为,奥氏体的晶粒度对这类钢的热强性有影响,在高温下较粗大的晶粒具有较高的持久强度。因此,奥氏体化的目的,一方面是使碳化物溶解以获得高的合金化程度,另一方面是要获得合适大小的晶粒度。实验证明,以 12Cr1MoV 钢为例,钢的持久强度与奥氏体晶粒度并无必然的联系,起主要作用的是奥氏体的合金化程度。

从表 10.12 可以看出,通过热处理改变这类钢的组织结构是提高其热强性的主要途径。通过马氏体相变或贝氏体相变,细化了基体的组织结构,提高了强度,在之后的 740℃回火时,并未发生完全再结晶,强化效果还保存部分作用。这种强化效果的部分保存,很重要的原因是 VC 沉淀在位错上,以及 Cr 和 Mo 降低了原子扩散系数,提高了基体的再结晶温度。实验证明,12Cr1MoV 钢基体的再结晶温度范围在 700～800℃。在 740℃回火得到的强化组织在 600℃或低于 600℃温度使用时,有足够的组织稳定性,在长时间内能够保持高的持久强度。

研究结果表明,只有含 Mo、W、V、Ti、Nb 等合金元素的钢,得到马氏体回火组织和贝氏体回火组织的强化效果才显示出来,不含这些元素的碳钢、锰钢和镍钢基体的再结晶温度不高,渗碳体又容易聚集长大,马氏体或贝氏体相变引起的强化效果无法保持。

这类钢的正火温度一般都选择较高的温度,以促使碳化物较完全地溶解和较均匀地分布。选择回火温度时,要注意材料的使用温度,回火温度应高于使用温度 100～150℃以上,以提高在使用温度下的组织稳定性。回火温度过高会使强度降低,例如,12Cr1MoV 钢目前采用的正火温度为 980～1020℃(12Cr1MoV 的 Ac_3 为 882～914℃),保温时间按壁厚 1min/mm 计算,但不少于 20min,再经 720～760℃回火后 2～3h 空冷;12Cr2MoWVTiB 钢的 Ac_3 为 950～1000℃,为消除组织中的自由铁素体和增加奥氏体的合金度,正火温度选 1020～1060℃。正火的冷却速率应控制在 1000～700℃平均为 20℃/min,以阻止自由铁素体的析出,不致影响持久强度。回火温度高于 500℃时,析出特殊碳化物 MC、M_7C_3、M_6C,M_7C_3 逐渐转为 M_6C,其中 MC 即(V、Ti)C 是主要强化相,M_6C 即 Fe_3Mo_3C 也有一定沉淀强化效果。

表 10.13 为表 10.11 中列入的各牌号的钢管的热处理制度。经热处理后成品钢管的晶粒度应符合以下要求(GB/T 5310—2017):

(1) 优质碳素结构钢和除下面(2)所列的牌号外的合金结构钢的晶粒度应为 4～10 级,但两个试片上晶粒度最大级别与最小级别差不超过 3 级。

(2) 10Cr9Mo1VNbN、10Cr9MoW2VNbBN、10Cr11MoW2VNbCu1BN 和 11Cr9-Mo1W1VNbBN 几种钢的晶粒度级别应不小于 4 级,但两个试片上晶粒度最大级别与最小级别差不超过 3 级。

(3) 07Cr25Ni21、07Cr19Ni10、07Cr19Ni11Ti、07Cr18Ni11Nb 等钢的晶粒度应为 4～7 级,但两个试片上晶粒度最大级别与最小级别差不超过 3 级。

(4) 07Cr25Ni21NbN 钢的晶粒度应为 2～7 级,但两个试片上晶粒度最大级别与最小级别差不超过 3 级。

(5) 10Cr18Ni9NbCu3BN、08Cr8Ni11NbFG 等钢的晶粒度应为 7～10 级,但两个试片上晶粒度最大级别与最小级别差不超过 3 级。

表 10.13　我国高压锅炉用无缝钢管的热处理制度(GB/T 5310—2017)

牌号	热处理制度
20G	正火温度 880～940℃
20MnG	正火温度 880～940℃
25MnG	正火温度 880～940℃
15MoG	正火温度 890～950℃
20MoG	正火温度 890～950℃
12CrMoG	正火加回火:正火温度 900～960℃,回火温度 670～730℃
15CrMoG	$S\leqslant$30mm 的钢管正火加回火:正火温度 900～960℃,回火温度 680～730℃ $S>$30mm 的钢管淬火加回火或正火加回火:淬火温度不低于 900℃,回火温度 680～750℃; 正火温度 900～960℃,回火温度 680～730℃,但正火后应进行快速冷却
12Cr2MoG	$S\leqslant$30mm 的钢管正火加回火:正火温度 900～960℃,回火温度 700～750℃ $S>$30mm 的钢管淬火加回火或正火加回火:淬火温度不低于 900℃,回火温度 700～750℃;正火温度 900～960℃,回火温度 700～750℃,但正火后应进行快速冷却
12CrMoV	正火加回火:正火温度 970℃,回火温度 750℃
12Cr1MoVG	$S\leqslant$30mm 的钢管正火加回火:正火温度 980～1020℃,回火温度 720～760℃ $S>$30mm 的钢管淬火加回火或正火加回火:淬火温度 950～990℃,回火温度 720～760℃;正火温度 980～1020℃,回火温度 720～760℃,但正火后应进行快速冷却
12Cr2MoWVTiB	正火加回火:正火温度 1020～1060℃,回火温度 760～790℃
07Cr2MoW2VNbB	正火加回火:正火温度 1040～1080℃,回火温度 750～780℃
12Cr3MoVSiTiB	正火加回火:正火温度 1040～1090℃,回火温度 720～770℃
15Ni1MnMoNbCu	$S\leqslant$30mm 的钢管正火加回火:正火温度 880～980℃,回火温度 610～680℃ $S>$30mm 的钢管淬火加回火或正火加回火:淬火温度不低于 900℃,回火温度 610～680℃;正火温度 880～980℃,回火温度 610～680℃,但正火后应进行快速冷却
10Cr9Mo1VNbN	正火加回火:正火温度 1040～1080℃,回火温度 750～780℃ $S>$70mm 的钢管可淬火加回火:淬火温度不低于 1040℃,回火温度 750～780℃
10Cr9MoW2VNbBN	正火加回火:正火温度 1040～1080℃,回火温度 760～790℃ $S>$70mm 的钢管可淬火加回火:淬火温度不低于 1040℃,回火温度 760～790℃
10Cr11MoW2VNbCu1BN	正火加回火:正火温度 1040～1080℃,回火温度 760～790℃ $S>$70mm 的钢管可淬火加回火:淬火温度不低于 1040℃,回火温度 760～790℃

续表

牌号	热处理制度
11Cr9Mo1W1VNbBN	正火加回火：正火温度 1040～1080℃，回火温度 750～780℃ S>70mm 的钢管可淬火加回火：淬火温度不低于 1040℃，回火温度 750～780℃
07Cr19Ni10	固溶处理：固溶温度不低于 1040℃，急冷
10Cr18Ni9NbCu3BN	固溶处理：固溶温度不低于 1100℃，急冷
07Cr25Ni21	固溶处理：固溶温度不低于 1100℃，急冷
07Cr25Ni21NbN	固溶处理：固溶温度不低于 1100℃，急冷
07Cr19Ni11Ti	固溶处理：热轧（挤压、扩）钢管固溶温度不低于 1050℃，冷拔（轧）钢管固溶温度不低于 1100℃，急冷
07Cr18Ni11Nb	固溶处理：热轧（挤压、扩）钢管固溶温度不低于 1050℃，冷拔（轧）钢管固溶温度不低于 1100℃，急冷
08Cr18Ni11NbFG	冷加工之前软化热处理：软化热处理温度应至少比固溶处理温度高 50℃，最终冷加工之后固溶处理不低于 1180℃，急冷

注：S 为钢管壁厚。12CrMoV 钢的数据来源于 GB/T 3077—2015《合金结构钢》。

优质碳素结构钢和合金结构钢成品钢管的显微组织应符合以下规定：

(1) 优质弹碳素钢应为铁素体加珠光体。

(2) 15MoG、20MoG、12CrMoG 和 15CrMoG 钢应为铁素体加珠光体，允许存在粒状贝氏体，不允许存在相变临界温度在 Ac_1～Ac_3 之间的不完全相变产物。

(3) 12Cr2MoG 和 12Cr1MoVG 钢应为铁素体加粒状贝氏体，或铁素体加珠光体，或铁素体加粒状珠光体加珠光体，允许存在索氏体，不允许存在相变临界温度在 Ac_1～Ac_3 之间的不完全相变产物。

(4) 12Cr2MoWVTiB、12Cr3MoVSiTiB 和 07Cr2MoW2VNbB 钢应为回火贝氏体，允许存在索氏体或回火马氏体，不允许存在自由铁素体。

(5) 10Cr9Mo1VNbN、10Cr9MoW2VNbBN、10Cr11MoW2VNbCu1BN 和 11Cr9-Mo1W1VNbBN 钢应为回火马氏体或回火索氏体。

表 10.11 中列入的各牌号的钢管交货状态的室温力学性能应符合表 10.14 的规定。

4) 低碳珠光体热强钢的应用[15,22]

含 0.5%Mo 的低碳钢是最早研制成的珠光体热强钢，其热强性优于其他低碳钢，但抗氧化性与其他低碳钢类似。这类钢应用时在高温下长期工作后产生石墨化问题，在靠近焊缝区这种倾向尤为严重。15MoG 钢用做工作温度不超过 510℃的过热器、500℃的蒸气导管。20MoG 钢用于工作温度不超过 510℃的水冷壁、过热器和再热器等。

为了阻止石墨化过程和进一步提高热强性，Cr-Mo 钢应运而生。钢中添加 Cr 还能提高抗氧化性能。12CrMo 钢广泛用于制造蒸汽参数达 510℃的蒸汽管、管壁温度达 540℃的过热管及相应的锻件。15CrMo 钢用于管壁为 550℃的锅炉受热面管以及蒸汽参数为 510℃的高、中压蒸汽导管。这类钢的工艺性比较好。

表 10.14　我国高压锅炉无缝钢管用钢的力学性能(GB/T 5310—2017)

牌号	拉伸性能				冲击吸收功 A_{kV2}/J		硬度		
	R_m/MPa	R_{eL} 或 $R_{p0.2}$/MPa	A/%				HBW	HV	HRC 或 HRB
			纵向	横向	纵向	横向			
		不小于							
20G	410～550	245	24	22	40	27	120～160	120～160	—
20MnG	415～560	240	22	20	40	27	125～170	125～170	—
25MnG	485～640	275	20	18	40	27	130～180	130～180	—
15MoG	450～600	270	22	20	40	27	125～180	125～180	—
20MoG	415～665	220	22	20	40	27	125～180	125～180	—
12CrMoG	410～560	205	21	19	40	27	125～170	125～170	—
15CrMoG	440～640	295	21	19	40	27	125～170	125～170	—
12Cr2MoG	450～600	280	22	20	40	27	125～180	125～180	—
12CrMoV	≥440	225	22	—	78		—	—	≤241HRB
12Cr1MoVG	470～640	255	21	19	40	27	135～195	135～195	—
12Cr2MoWVTiB	540～735	345	18	—	40	—	160～220	160～230	85～97HRB
07Cr2MoW2VNbB	≥510	400	22	18	40	27	150～220	150～230	80～97HRB
12Cr3MoVSiTiB	610～805	440	16	—	40	—	180～250	180～265	≤25HRC
15Ni1MnMoNbCu	620～780	440	19	17	40	27	185～255	185～270	≤25HRC
10Cr9Mo1VNbN	≥585	415	20	16	40	27	185～250	185～265	≤25HRC
10Cr9MoW2VNbBN	≥620	440	20	16	40	27	185～250	185～265	≤25HRC
10Cr11MoW2VNbCu1BN	≥620	400	20	16	40	27	185～250	185～265	≤25HRC
11Cr9Mo1W1VNbBN	≥620	400	20	16	40	27	185～250	185～265	≤25HRC
07Cr19Ni10	≥515	205	35	—	—	—	140～192	150～200	75～90HRB
10Cr18Ni9NbCu3BN	≥590	235	35	—	—	—	150～219	160～230	80～95HRB
07Cr25Ni21	≥515	205	35	—	—	—	140～192	150～200	75～90HRB
07Cr25Ni21NbN	≥655	295	30	—	—	—	175～256	—	85～100HRB
07Cr19Ni11Ti	≥515	205	35	—	—	—	140～192	150～200	75～90HRB
07Cr18Ni11Nb	≥520	205	35	—	—	—	140～192	150～200	75～90HRB
08Cr18Ni11NbFG	≥550	205	35	—	—	—	140～192	150～200	75～90HRB

注:12CrMoV 钢的数据来自 GB/T 3077—2015,冲击吸收功为 A_{kU2}。

在 Cr-Mo 低合金钢中，12Cr2Mo 钢（美国类似牌号为 T22 或 P22，德国类似牌号为 10CrMo910，日本类似牌号为 STBA24 或 STPA24，常称之为 2.25Cr-1Mo 钢）是 20 世纪 50 年代为适应锅炉向高参数大容量发展而开发的一个重要的钢种，具有优良的加工工艺性能和焊接性能，对热处理不敏感，持久塑性好，性能稳定。该钢含有较多的铬，其抗高温氧化及抗高温腐蚀性能均优于一般低合金珠光体耐热钢。该钢用于不超过 565℃的联箱、主蒸汽管，不超过 580℃再热器与过热器。

为适应动力工业的不断发展，满足锅炉和蒸汽轮机高参数工作的要求，科技工作者相继开发出三元合金化的低合金耐热钢和多元复合合金化的低合金耐热钢。前者可以 12Cr1MoV 钢为代表，后者可以我国开发的 12Cr2MoWVTiB 钢（简称 102）和 12Cr3MoVSiTiB（简称 П11）钢为代表。

12CrMoV 钢是一种珠光体耐热钢，在高温长期使用时具有高的组织稳定性和较好的热强性，热处理时过热敏感性低，无回火脆性倾向；钢在冷变形时塑性高，可切削性尚好；焊接性一般，但壁厚零件需预热到 200～300℃，焊后需要进行除应力处理。这种钢通常在高温正火及高温回火状态下使用，正火温度为 970℃，回火温度为 750℃，回火后空冷。12CrMoV 钢主要在汽轮机中用做蒸汽参数达 540℃的主汽管道、转向导叶环、汽轮机隔板、隔板外环以及管壁温度不高于 570℃的各种过热器管、导管和相应的锻件。

12Cr1MoV 钢是国内外广泛使用的低合金珠光体钢，加入了少量的 V，可以阻止在高温下长期使用时 Mo 向碳化物的扩散，从而提高钢的组织稳定性和热强性；提高了 Cr 含量，使热强性和抗氧化性也有些提高。12Cr1MoV 钢用做高压和超高压锅炉、蒸汽参数为 500℃的导管和金属壁温小于 580℃的过热器管及锻件。

12Cr1MoV 钢有较好的热强性，生产工艺简单，加工工艺性良好，但在 580℃长期使用后，会产生珠光体球化现象，出现局部冲击值不均匀，但能满足高参数机组锅炉制造厂生产设计要求，因此获得广泛的应用。该钢在 580℃时的氧化速率小于 0.05mm/a，符合氧化速率小于 0.1mm/a 的设计要求。600℃时，12Cr1MoV 钢的氧化速率急剧增大到大于 0.13mm/a，故工作温度上限不能超过 580℃。

锅炉、汽轮机组若采用超高压和超临界参数（600～650℃、20～30MPa），可以进一步提高机组热效率、节约燃料，但此时耐热材料就须使用奥氏体高合金钢。这样虽然参数提高后节约了燃料，但耐热钢价格提高数倍，而且奥氏体钢的生产工艺要比珠光体钢复杂。因此，国外某些机组的蒸汽参数实际上稳定在 570℃、13～24MPa 的水平上，其主要原因是缺乏既耐高温又价格低廉的耐热钢。

长期以来，国内外均致力于进一步提高珠光体钢使用温度，使之超过 600℃，甚至达到 620℃，这样便可以在许多部门代替高合金的奥氏体钢。20 世纪 60～70 年代我国研制成的在 600～620℃工作的低合金珠光体钢 12Cr2MoWVTiB 和 12Cr3MoVSiTiB 具有良好的综合力学性能。

12Cr2MoWVTiB 钢是一种低碳贝氏体热强钢，Cr、Mo、W 主要起固溶强化的作用，W、Mo 的复合作用效果显著；V、Ti 主要起碳化物沉淀强化作用；B 可以增加晶界的强度；Cr 和 Si 能提高钢的抗氧化性。由于合金元素种类较多，该钢有较大的淬透性，奥氏体化后空冷可以得到贝氏体组织，是立足国内的较经济的超高压锅炉过热器材料，已大量用于大型机组不超过 600℃的高温再热器与高温过热器。12Cr3MoVSiTiB 钢可用于

600～620℃的再热器与过热器等。

15Ni1MnMoNbCu 钢是引自德国的一种低碳贝氏体热强钢，在德国的标准中称为 WB36 或 15NiCuMoNb5 钢，在美国的有关标准中称为 T36 或 P36 钢。该钢有比较高的强度，在超临界机组中广泛用做主给水管道。该钢在 270℃时的许用应力为 203MPa，在 450℃时的许用应力为 163MPa，可以显著减少钢管的壁厚和重量[25]。该钢还可以用做工作温度不超过 500℃的焊接结构受热部件，如锅炉汽包、汽水分离器等。

15Ni1MnMoNbCu 钢的实际工艺为：正火温度 940～950℃，可以采用空冷，壁厚大于 50mm 的工件应采用雾冷的方式以保证其性能，回火温度为 630～650℃，回火时间以 3min/mm 为宜，厚度在 25mm 以上时，其热处理后的组织为回火贝氏体和铁素体[26]。

10.2.1.2　贝氏体和马氏体型抗蠕变钢

为了填补 Cr-Mo、Cr-Mo-V 热强钢与 18-8 等奥氏体钢之间的空白，20 世纪 70 年代以后，国外一些研究者不断致力于开发新型锅炉钢管用贝氏体和马氏体类低铬热强钢和 9～12Cr 型热强钢(有些文献将低碳珠光体钢、贝氏体钢和马氏体钢统称为铁素体系热强钢，以区别于奥氏体钢[27])。

1) 高级贝氏体型抗蠕变钢

目前工作在 538～566℃蒸汽参数下的低合金低碳珠光体钢主要是 2.25Cr-1Mo(T22/P22)和 12Cr1MoV 钢，这些钢已成功地运行了超过 15×10^4h，最大不足之处是其高温蠕变断裂强度低，使得高温组件的壁厚增加，增加了成本和工艺复杂性，焊后需热处理。表 10.15 列出了部分新型低铬贝氏体耐热钢管用钢的化学成分。

表 10.15　一些电站锅炉低铬贝氏体耐热钢管用钢的化学成分　　(单位：%)

牌　号	C	Si	Mn	Ni	Cr	Mo	W	V	Nb	B	N	其他
T22/P22(12Cr2Mo)	0.12	0.30	0.45	—	2.25	1.0	—	—	—	—	—	—
HCM 2S(T23/P23)[28]	0.06	0.20	0.45	—	2.25	0.1	1.6	0.25	0.05	0.006	—	—
T24[29]	0.08	0.20	0.53	—	2.44	0.95	—	0.26	—	0.004	0.007	0.053Ti
Grade A[30,31]	0.10	0.27	0.35	≤0.25	3.0	0.75	1.5	0.25	—	<0.001	—	—
Grade B[30,31]	0.10	0.27	0.35	≤0.25	3.0	0.75	1.5	0.25	—	<0.001	—	0.1Ta

日本在 20 世纪 80 年代研制的 HCM 2S(2.25Cr-1.6WVNb，T23/P23)钢利用 W 的固溶强化和 V、Nb 的弥散强化提高了高温蠕变强度和持久强度，比较低的碳含量提高了可焊性，添加微量的硼主要用于提高钢的淬透性。该钢在 580℃下长期工作具有良好的持久强度和稳定的组织结构。在我国 GB/T 5310—2017 中列入的 07Cr2MoW2VNbB 钢的成分与该钢相同。图 10.33 为 HCM 2S(T23/P23)钢的过冷奥氏体连续转变曲线[32]。

HCM 2S(07Cr2MoW2VNbB)钢的推荐的热处理制度见表 10.13。该钢在正火＋回火状态下使用，正火温度为 1040～1080℃，使大多数沉淀物溶解，可在较宽的冷却速率范围内获得贝氏体组织。该钢回火温度为 750～780℃，使 $M_{23}C_6$ 型和 MX 型碳化物沉淀，改善了钢的持久强度和蠕变性能。该钢微观组织为回火贝氏体，在晶界和晶内分布着第二相；允许存在索氏体和回火马氏体，不允许存在自由铁素体；若冷却过快，会得到单一的马氏体组织。

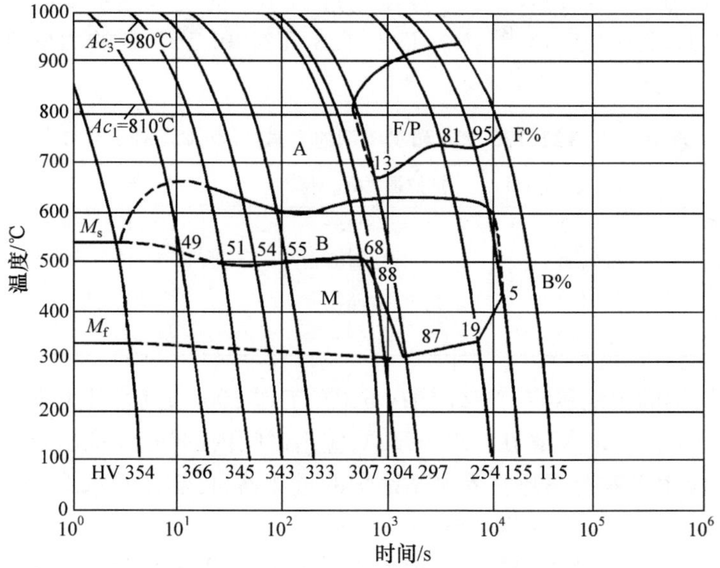

图 10.33　HCM 2S(T23/P23)钢的过冷奥氏体连续转变曲线[32]

钢的化学成分：0.07C%、0.28%Si、0.54%Mn、2.04%Cr、0.08%Mo、1.65%W、0.22V、0.002%B、0.026Nb、0.011%N，奥氏体化：1000℃×15min，晶粒度：6～7 级

HCM 2S 钢有较好的可焊性，在焊接过程不用预热也不会出现冷裂纹，但工程实际中发现，该钢有一定的冷裂纹倾向，在拘束应力较大的条件下，不预热易出现冷裂纹，焊后不热处理，接头的强度和塑性可满足相关标准，但热影响区硬度偏高，冲击韧度低，经 710～730℃回火，焊缝和热影响区的冲击韧度明显提高。因此，该钢目前工程上往往还是进行预热和焊后热处理[33]。2005 年国内一些新建机组锅炉再热器、过热器及水冷壁已使用该钢[32～35]。

表 10.16 是 HCM 2S 钢与 T22/P22 钢的主要性能参数比较。可以看出，在 550℃以上的蠕变区域，HCM 2S 钢的许用应力是 T22/P22 钢的两倍，而且在 550℃左右的许用应力几乎和改进型 9Cr-1Mo 钢相同。

表 10.16　HCM 2S 钢和 T22/P22 钢主要性能参数比较[28]

钢号	名义成分	金相组织	σ_b/MPa	σ_s/MPa	δ/%	许用应力(ASME)/MPa		
						550℃	600℃	625℃
T22/P22	2.25Cr-1Mo	珠光体+铁素体	480	275	30	47	24	15
HCM 2S	2.25Cr-1.6W-VNb	回火贝氏体	510	402	20	85	52	36

HCM 2S 钢具有和 T22/P22 钢相同的抗蒸汽氧化和热腐蚀的能力，因此 HCM 2S 钢可代替 T22/P22 钢用于制造过热器、再热器和水冷壁管。HCM 2S 钢更重要的性能优势是其优异的焊接工艺性能和热处理的不敏感性。该钢的焊接工艺性能也优于 102 钢，焊接接头的力学性能和冲击值(－40～20℃)对焊后不敏感。而 102 钢焊接接头则较为敏感，因此 102 钢不能用于生产大口径厚壁管[28]。

T24 钢是德国开发的一种 T22 钢的改型钢种，由于加入了钒、钛和硼，增加了钢的蠕变抗力；由于降低了碳含量，改善了钢的焊接性能，焊接时不需预热和焊后热处理。T24

钢的正火温度为(1000±10)℃,在管壁厚度超过 10mm 时应采用水冷以得到较高的力学性能,回火温度为(750±15)℃[27,33]。T22、T23、T24 和 T91 钢的力学性能如表 10.17 所示[36]。

表 10.17　T22、T23、T24 和 T91 钢的力学性能(ASTM A213)[36]

牌　号	屈服强度 R_e/MPa	抗拉强度 R_m/MPa	A_5/%	硬度 HB
T22	205	≥415	≥30	≤163
T23	400	≥510	≥20	≤220
T24	450	≥585	≥17	≤250
T91	415	≥585	≥20	≤250

T23 和 T24 钢的组织稳定。T24 钢在 550℃工作 50000h 后,其力学性能未见发生变化,与 T23 钢管相比,T24 钢管在 500～550℃应用区间内的强度、抗压及耐高温等方面性能更佳,可广泛应用于制造超超临界电站锅炉的过热器、再热器和水冷壁。我国已可生产用于超超临界锅炉的 T24 高压锅炉管。

美国近期开发了 3Cr-3W(Mo)V 的低 Cr 含量的贝氏体型抗蠕变钢[30,31],其蠕变强度优于 T22 钢和 T23 钢。图 10.34 给出几种钢的 10^5h 蠕变强度随温度的变化趋势,包括 T22、T23、T24 和无 Ta 的 Grade A(3Cr-1.5W-0.75Mo-0.25V)、含 0.1%Ta 的 Grade B(3Cr-1.5W-0.75Mo-0.25V-0.1Ta)钢,并与马氏体型抗蠕变钢 T91 进行对比。在整个试验温度范围内,含 0.1%Ta 的 Grade B 钢的蠕变强度高于 T23 和 T24 钢,并且在 650℃以下高于 T91 钢的蠕变强度。Grade B 钢的 Cr 含量为 3%,在更高的温度下(如超过 615℃),其抗氧化能力比 Cr 含量为 9%的 T91 钢差,其蠕变强度比 T91 钢低。在 600℃以下,无 Ta 的 Grade A 钢的蠕变强度比 T23 和 T91 钢高。Grade A 和 Grade B 两种钢的正火温度为 1100℃,回火温度为 730℃。

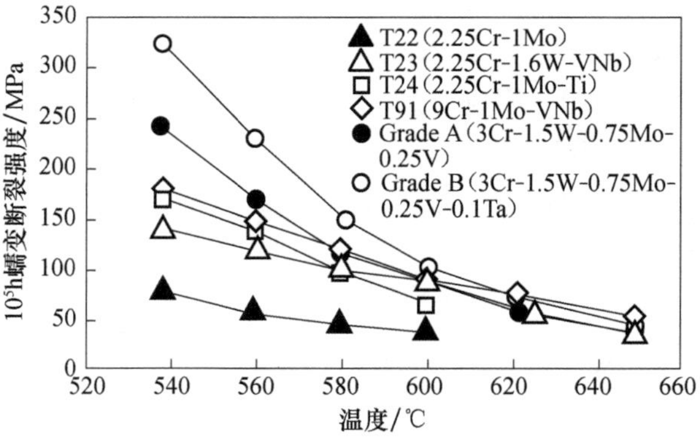

图 10.34　几种钢 10^5h 蠕变断裂强度与温度的关系曲线[30]

2) 9～12Cr 马氏体型抗蠕变钢

9Cr-1Mo 钢在 20 世纪 30 年代已获得应用,并列入一些国家有关标准中。该钢在作为优于 2.25Cr-1Mo 钢的材料使用时,发现其高温强度低,同时焊接性有问题[27]。之后许多国家致力于该钢的改进,使其在 600℃及更高温度下可用于制作锅炉过热器和再热器的管子,避免使用价格昂贵的奥氏体钢。

1964 年法国开始使用 EM12 钢制作温度为 600℃的过热器和再热器。美国于 1980 年开始将改进的 9Cr-1Mo 钢用于电力机组的过热器上(593℃),代替原用 TP321 不锈钢。1984 年美国材料与试验协会(ASTM)将改进的 9Cr1-Mo(T91)钢纳入标准,同时,美国机械工程师协会(ASME)也批准了 T91/P91 钢的应用。1986 年日本开始选用 T91 钢作为 600MW 电力机组的过热器材料。目前 T91/P91 钢已列入许多国家的标准,是使用量最大的电站锅炉钢管用钢[37]。我国于 1995 年已将该钢纳入国家标准,在 GB 5310—2008 中的牌号为 10Cr9Mo1VNbN(表 10.11(a))。

超超临界发电设备的锅炉和汽轮机零部件将在超过 600℃条件下服役,快中子增殖反应堆和核聚变反应堆中的一些关键结构件的使用温度达到 650℃。为了满足上述苛刻服役条件,一些研究工作者在 9～12Cr 型马氏体钢的基础上发展了一系列高级别钢种。表 10.18 为一些电站锅炉用 9～12Cr 型耐热钢管的化学成分。

表 10.18 一些电站锅炉用 9～12Cr 型耐热钢管的化学成分 (单位:%)

牌号	C	Si	Mn	Ni	Cr	Mo	W	V	Nb	B	N	其他
9Cr1-Mo(T91)[27]	0.10	0.50	0.40	—	9.0	1.0	—	—	—		0.02	—
改进 9Cr1-Mo(T91/P91)[27,28]	0.10	0.35	0.45	<0.2	9.0	1.0	—	0.21	0.08	—	0.05	—
EM12[28]	0.10	0.40	0.10	—	9.0	2.0	—	0.30	0.40	—	—	—
X20CrMoV12.1(X20)[28]	0.20	0.50	1.00	0.5	12.0	1.0	—	0.30	—	—	—	—
TB9[27]	0.08	0.05	0.50	0.1	9.0	0.5	1.8	0.20	0.05	—	0.05	—
TB12[27]	0.08	0.05	0.50	0.1	12.0	0.5	1.8	0.20	0.05	0.003	0.05	—
NF616(T92/P92)[28]	0.07	0.06	0.45	—	9.0	0.5	1.8	0.20	0.05	0.004	0.06	—
HCM 12A(P122/T122)[27]	0.10	0.05	0.64	0.32	12.0	0.4	2.0	0.21	0.05	—	0.06	0.8Cu
TAF(锻造材,参考)[27]	0.18	—	—	—	10.5	1.5	—	0.2	0.15	0.03	—	—
TAF650[30]	0.1	0.07	0.55	0.55	10.84	0.14	2.63	0.19	0.06	0.019	0.016	2.86Co

T91/P91 钢与奥氏体不锈钢 TP304H 比较,T91/P91 钢的弹性模数大、线膨胀系数小、热传导系数大,使用时可减少温度梯度产生的瞬时应力。该钢的力学性能见表 10.14(10Cr9Mo1VNbN)和表 10.19。该钢的冲击功和韧脆转变温度明显优于同类的 EM12 和 X20 钢[38]。

表 10.19 T91/P91 钢高温短时拉伸值及持久强度值[37] (单位:MPa)

参数值	温度/℃					
	540	560	580	600	620	650
σ_s	276	260	240	215	—	—
σ_b	340	315	285	255	—	—
$\sigma_b(10^5h)$	179	145	115	90	68	44

T91/P91 钢的蠕变和持久强度比较高,其许用应力也比较高。表 10.19 给出 T91/P91 钢在不同温度下的高温短时拉伸值及持久强度值。

表 10.20 给出了几种电站锅炉用耐热钢管在规定温度下的基本许用应力。

表 10.20 几种国外电站锅炉用耐热钢管在规定温度下的基本许用应力

(单位:MPa)

牌号	温度/℃												
	400	430	450	480	500	530	550	580	600	630	650	680	700
T22	123	122	116	95	81	61	48	32	—	—	—	—	—
T23	—	—	—	—	—	105	89	67	53	—	—	—	—
T91	188	182	177	168	161	124	105	92	74	42	30	—	—
TP304H	99	97	95	93	92	90	88	75	64	50	42	32	—
TP347H	118	117	116	115	115	113	112	104	91	67	54	39	32

注:基本许用应力的计算方法见 GB/T 9222—2008《水管锅炉受压元件强度计算》。

T91/P91 钢的热加工温度范围是 1100～950℃,热加工后可在空气中冷却。钢管冷弯时,外层纤维伸长率达到 5%～15%时,弯后应在(750±20)℃进行消除应力处理。T91/P91 钢的连续冷却转变曲线见图 10.35。T91/P91 钢的最终热处理工艺为:正火温度 1040～1060℃,回火温度 760～790℃,金相组织为回火马氏体,并分布有大量的 $M_{23}C_6$ 型和细小 MX 型碳化物。

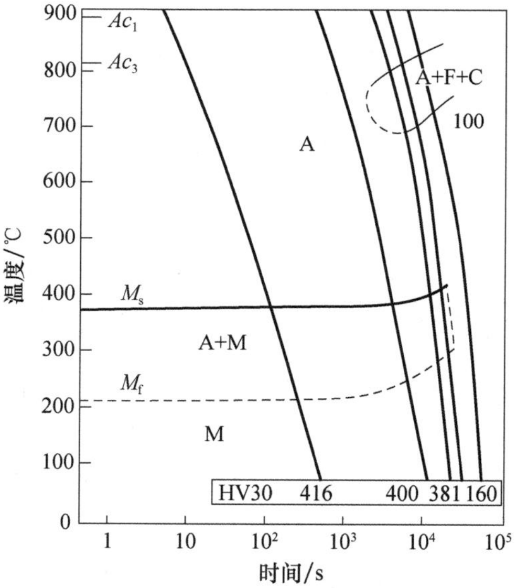

图 10.35 T91/P91 钢的连续冷却转变曲线[37]

化学成分:0.102%C、0.31%Si、0.44%Mn、0.23%Ni、8.63%Cr、0.95%Mo、0.03%N、0.214%V、0.090%Nb,奥氏体化:1080℃×30min

为了使 9～12Cr 型耐热钢能进一步提高使用温度,在开展了大量基础性研究工作的基础上,日本和欧洲国家合作,开发了一些铁素体热强钢。

一些研究工作表明,在 9Cr-Mo-W-VNb 钢中钨含量比钼含量高时,蠕变断裂强度显著提高,在 650℃下的强度比 18-8Mo、18-8Nb 钢都高。1986 年日本开发出含 0.5%Mo、1.8%W 的 TB9、TB12 等钢(表 10.18)。日本与欧洲国家合作开发出 T92/P92(9Cr-0.5Mo-1.8W-VNb)和 P122(11Cr-0.4Mo-2W-CuVNb)等性能优越的热强钢[30]。

T92/P92 钢是在 9Cr1Mo 钢基础上，添加 1.5%～2.0%W 以降低钢中 Mo 含量，采用 V、Nb 微合金化，并控制 N 和 B 含量的铁素体钢（或马氏体钢）。由于这些元素的添加，该钢可析出一系列强化相，如 $M_{23}C_6$、MX 型碳化物/氮化物，从而提高了材料的高温蠕变强度。W 和 Mo 的复合添加，使得该钢在早期高温蠕变过程中析出一种 Laves 强化相 $(Fe,Cr)_2(Mo,W)$。在持久强度和韧性这一点上，δ 铁素体是有害的，该钢几乎不含 δ 铁素体。另外，该钢降低了硅含量以提高韧性。该钢具有高的高温强度，一直到 650℃的过程中许用应力比 18-8 系不锈钢高，使得在设计过程中可尽量减少壁厚，有助于提高材料的热疲劳性能[39]。GB 5310—2017 中，该钢牌号为 10Cr9MoW2VNbBN。该钢的正火温度不小于 1040℃，回火温度不小于 730℃，热处理后其常温组织是回火马氏体。

T92 钢经 1060℃×20min 正火＋770℃×90min 回火，然后在 650℃长期时效，其组织上发生如下变化：位错密度下降、亚晶粒数量增加和析出相的演变；$M_{23}C_6$ 型碳化物的迅速粗化长大以及 Laves 相的析出与粗化，主要出现在 3000h 附近，在 3000～10000h 时效过程中，$M_{23}C_6$ 型碳化物的长大速率并不明显，形态较稳定，这与 Laves 相从基体析出并迅速粗化有关，MX 相的析出与长大程度不明显。经 10000h 时效后，T92 钢仍保持稳定的马氏体板条形态，其强度略有下降，冲击韧度下降较多，而塑性变化不大[39]。图 10.36 为四种 9～12Cr 型热强钢的 650℃持久强度试验和比较，可以看出，T92 钢显示了更高的持久强度。T92/P92 钢在 600℃的许用应力值比 T91/P91 钢提高约 35%，可用于 620℃以下的过热器、再热器、联箱和主蒸汽管道等锅炉厚壁部件。

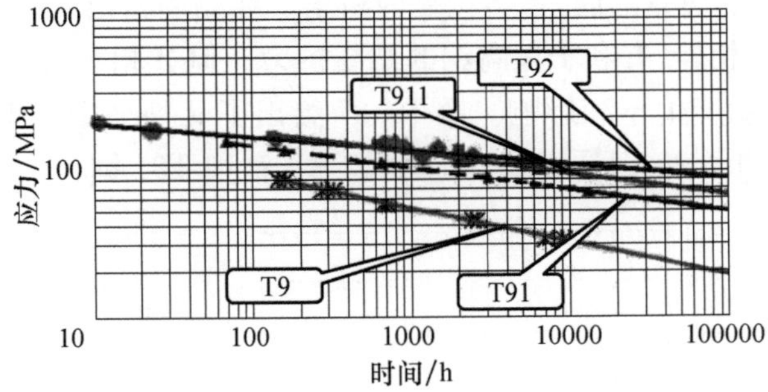

图 10.36　四种 9～12Cr 型热强钢的 650℃持久强度[40]

HCM 12A(T122/P122)钢是日本在 1991 年开发的。为防止含 12%Cr 的热强钢在焊接时的焊接部位因产生带状铁素体而使韧性降低，该钢加入了 1%Cu。实验结果表明，含 1%Cu 可防止 δ 铁素体的生成而且韧性提高，含 2%Cu 时，长时间蠕变强度也不下降。GB 5310—2008 中，该钢牌号为 10Cr11MoW2VNbCuBN。

T911/P911 是由欧洲煤炭钢铁协会研发的 9%Cr-1%Mo-1%W 钢。该钢通过钼含量和钨含量的优化选择及添加微量的硼来提高钢的蠕变强度。该钢的热处理工艺与热处理后的组织与 T92 钢相同。GB 5310—2008 中，该钢牌号为 11Cr9Mo1W1VNbBN。

T911、T92、T122 都是钨强化的热强钢，在金属温度 650℃及以下温度，这三种钢的许用应力均高于 TP304H 奥氏体钢，而 T92 和 T122 钢的许用应力接近或高于 TP347H 奥氏体钢。比起 T91 钢，这些钢更适合于在超临界或超超临界机组的过热器和再热器的设计上替代奥氏体钢。

3) 长时间条件下的蠕变强度损失和退化行为预测

为了能对在高温长期工作的零件的蠕变断裂时间进行预测，科技工作者已发展了一些蠕变断裂寿命预测方法，如拉森-米勒(参数外推)法(式(10.12))。

近年开发出的一些铁素体系热强钢的蠕变强度优于现有的 9～12Cr 型钢。同时，许多合金设计新概念正在形成，以便能应用于发展可在 650℃条件服役的高级别钢种。其中，对一些关键性能演化的内在机理研究备受关注。例如，9～12Cr 型钢在服役温度超过 550℃后，其蠕变强度将逐渐降低(即出现蠕变强度损失)，强度降低幅值随时间变化曲线呈倒 S 形状。

人们正在努力回答如下问题：如何正确预测强度降低幅值随时间变化曲线上的起始点？如何从显微组织失稳的机理上进行合理解释？随着这些问题的解决，人们可以准确预测热强钢长周期蠕变强度值的演变，并且建立防止蠕变强度损失的合金设计新概念。

9～12Cr 型钢的蠕变强度损失已经被广泛研究。蠕变强度损失的产生机理与钢在高温条件下显微组织的退化密切相关。显微组织的退化包括如下过程[29,41,42]：①尺寸细小的 M_2X、MX 碳氮化合物的溶解和新相的析出；②在原奥氏体晶界附近，显微组织的优先回复；③蠕变塑性的损失；④额外位错的消失。

Z 相、M_6X 碳氮化合物和 $Fe_2(W,Mo)$(Laves 相)的析出消耗了钢中起着强化作用的细小 M_2X、MX 碳氮化合物，因而是蠕变强度损失的主要原因。Z 相是一种复杂的氮化物，具有 Cr(Nb、V)N 的化学式和正方点阵。Z 相一般只在相对较高的温度下才会析出。Z 相通常在钢的晶界上快速形成，也会在晶内析出。在晶内析出时，Z 相一般为尺寸很小的弥散颗粒且与位错相连，有利于提高钢的蠕变抗力。但 Z 相富含 Cr 等元素，如大量析出，会对钢的耐蚀性能产生不利影响。图 10.37 给出了几种马氏体钢在 650℃条件下的应力-蠕变时间关系曲线，它们是 TAF 650 钢、TAF 钢和 T91 钢。

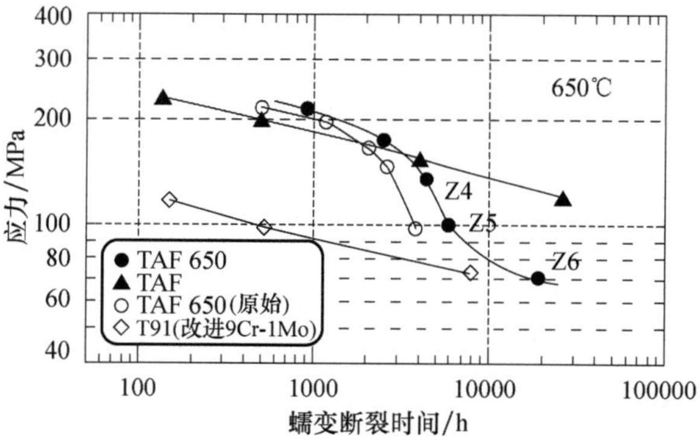

图 10.37　几种马氏体钢在 650℃条件下的应力-蠕变断裂时间关系曲线[30]

TAF 650 钢从日本在 1980 年左右使用的 TAF 钢衍变而来，部分 Mo 以 W 代替，另外加入 Co 和 Ni。这种钢在断裂时间较短时，具有高的蠕变断裂强度。图 10.37 中 TAF 650 钢试样的原始状态为：加热温度 1100℃，1h，油冷＋750℃，2h，空冷，试验温度为 650℃，Z4、Z5、Z6 为不同试样。试样 Z4 试验时的应力为 135MPa，断裂时间为 4379h，试样 Z5 的加载应力为 100MPa，断裂时间为 5888h。

试验分析表明，TAF 650 钢的原始组织是不均匀的。有些区域的马氏体板条内有明显的亚晶组织，有些区域的马氏体板条内完全没有亚晶，但存在起强化作用的少量第二相。在蠕变过程中有明显的 Laves 相 Fe_2W 的析出，实际上在原始组织的马氏体板条晶界上已存在片状的 Laves 相，常在 $M_{23}C_6$ 相的附近生成，甚至生成 $M_{23}C_6$ 相和 Laves 相的复合物。有的 Laves 相的尺寸达到 1μm。原始组织中的位错密度较低，在蠕变过程中减至原来的十分之一，这是由于组织中没有足够的细小粒子和 Laves 相的析出以阻止位错的运动。由于蠕变过程中 Laves 相的不断析出，引起固溶强化元素 W 在基体中的贫化，导致 TAF 650 钢蠕变强度的损失，蠕变试验后固溶钨量从 2.6%降至 0.9%[42]。

TAF 650 钢强度降低幅值随时间变化曲线呈倒 S 形状的原因可归结为 Laves 相 Fe_2W 析出导致固溶体中 W 的缺失和 Z 相析出的协同作用[30]。

T91 钢的蠕变强度损失是由于在原奥氏体晶界附近，显微组织出现了优先回复，如图 10.38(b)所示。优先回复使加速蠕变的起始点提前，进而使钢产生早期蠕变断裂。同时，MX 碳氮化合物的溶解和 Z 相的析出强化了优先回复。

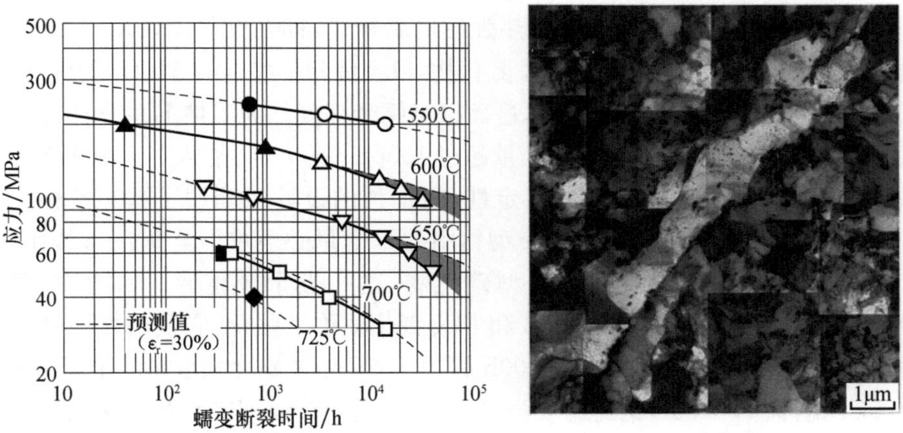

(a) (b)

图 10.38 T91(改进 9Cr-1Mo)钢的应力-蠕变断裂时间关系曲线(a)，以及在 600℃、100MPa 条件下蠕变试验 34141h 后的 TEM 微观组织照片(b)[30]

Kimura 等发现，许多钢(包括 T91)的拐点应力与相同温度条件下的屈服强度 $\sigma_{0.2}$ 的一半大致相等。当施加的应力低于屈服强度($\sigma_{0.2}$)的一半时，T91 钢的 10^5h 的蠕变强度可以用拉森-米勒公式估计[43]。

4) 高级马氏体型抗蠕变钢

几种 9～12Cr 型马氏体热强钢的蠕变性能曲线如图 10.39 所示。其中，在 9Cr-3W-3Co-0.2V-0.05Nb 钢的基础上添加不同含量的 C、N、B，形成了 9Cr-3W-3Co-0.2V-0.05Nb-0.05N-0.002C 钢(代号 0.002C)[44] 和 9Cr-3W-3Co-0.2V-0.05Nb-0.08C-0.0139B 钢(代号 0.0139B)[45]，这两种试验钢由日本国立材料研究所研制。NF12(12Cr-2.6W-2.5Co-0.5Ni-0.2V-0.05Ni)钢和 SAVE12(12Cr-3W-3Co-0.2V-0.05Nb-0.1Ta-0.1Nd-0.05N)钢是由日本钢铁公司研发的试验钢，分别是 P92 钢和 P122 钢的升级版本。氧化物分散强化 ODS-9Cr(0.13C-9Cr-2W-0.2Ti-0.35Y_2O_3)钢具有马氏体基体组织，它主要用于快中子增殖反应堆的覆层材料。

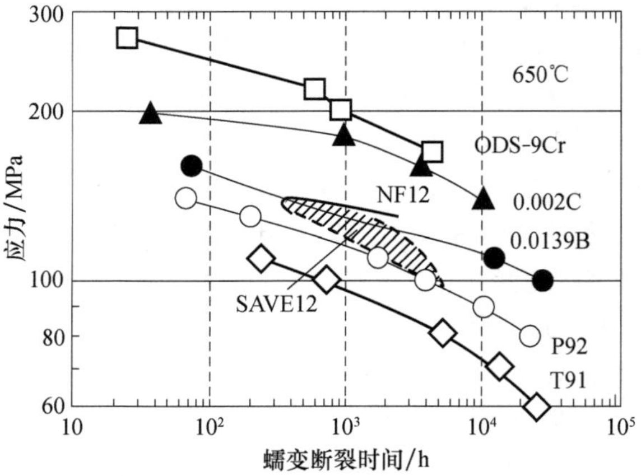

图 10.39　几种钢在 650℃条件下的应力-蠕变断裂时间关系曲线[30]

Abe 等提出了设计 9Cr 马氏体型热强钢的新概念,即在 9Cr-3W-3Co-0.2V-0.05Nb 的基础上,通过添加 B 和弥散析出 MX 氮化物,以及消除不稳定的 $M_{23}C_6$ 型碳化物,使在原奥氏体晶界附近马氏体组织稳定化,进而提高蠕变强度。为了使 B 的作用最大化及避免大尺寸硼氮化物的形成,当 B 的加入量超过 100ppm 时,不再加入 N。由于 MX 氮化物在高温和长时间条件下具有良好的稳定性,新钢种的设计中利用了这一特性。为了使 MX 氮化物在钢中单独、弥散析出,9Cr 型钢中的 C 含量必须减小至 50ppm 以下,因为过量的 C 会在 9Cr 型钢中形成 $M_{23}C_6$ 型碳化物,这一点十分重要。如图 10.39 所示,0.0139B 钢和 0.002C 钢分别采用了 B 和 MX 氮化物弥散强化,它们的蠕变强度均优于 T91 钢和 P92 钢。在试验时间超过 1000h 后,0.002C 钢的蠕变强度稍低于氧化物弥散强化 ODS-9Cr 钢,而 0.0139B 钢的蠕变强度与 NF12 钢和 SAVE12 钢的蠕变强度几乎相同。氧化物弥散强化颗粒是通过复杂的机械合金化方法制备的,因此大规模生产氧化物弥散强化 ODS-9Cr 钢在经济成本上不太可行。采用拉森-米勒(参数外推)法,对 0.0139B 钢和 0.002C 钢在 650℃、10^5h 条件下蠕变强度进行了估算,分别为 80MPa 和 100MPa。研究发现,通过添加 B 提高钢的蠕变强度的原因与 B 富集于原奥氏体晶界附近,进而增强了 $M_{23}C_6$ 型碳化物稳定性有关。欧洲 COST-522 计划研究结果发现 B 的类似作用。对于含 B 和 Co 的 11Cr(0.17C-11Cr-1.5Mo-3Co-0.2Ni-0.2V-0.07Nb-0.01B)钢,即 FB8 钢,其在 10^5h 条件下,试验温度为 600℃和 620℃时,蠕变强度分别为 120MPa 和 90MPa。FB8 钢是性能良好的汽轮机用钢。单独采用 MX 氮化物弥散析出强化的 0.002C 钢,在 650℃条件下仍具有优异的蠕变强度性能。

9Cr-3W-3Co 马氏体耐热钢高温持久强度衰减的主要原因之一是晶界附近的 $M_{23}C_6$ 快速粗化。我国钢铁研究总院研究人员的研究表明,在不合适的 B-N 配比情况下,将在钢中形成粗脆的 BN,成为早期失稳源之一,而在合适的 B-N 配比(如 B 140ppm、N 80ppm)情况下,B 进入 $M_{23}C_6$ 中形成 $M_{23}(C,B)_6$,能有效地阻止 $M_{23}C_6$ 的快速粗化,显著提高组织性能稳定性。此外,加入 1.0%Cu 可促进析出强化和提升抗蒸汽腐蚀性能。由此,他们发明了 G115 新型马氏体耐热钢,其成分控制范围如下:0.06%~0.12%C,0.10%~0.50%Si,0.30%~0.70%Mn,≤%0.020P,≤%0.005S,8.50%~9.50%Cr,2.50%~3.50%Co,

2.50%～3.50%W，0.15%～0.25%V，0.04%～0.09%Nb，≤0.01%N，0.005%～0.019%B，0.80%～1.20%Cu，≤0.30%Ni，≤0.01%Zr，≤0.020%Al，≤0.01%Ti，0.05%～0.15%Ce，余量 Fe。

钢铁研究总院和宝钢经 30 多轮次工业试制打通了真空感应（VIM）＋电渣重熔（ESR）和电炉（EAF）＋钢包精炼（LF）＋真空脱气（VD）冶炼 G115 大型钢锭＋均匀化＋制坯工艺流程，采用热穿管、6×10^3t 挤压机、3.6×10^4t 挤压机和 5×10^4t 挤压机分别制造了外径 38mm×壁厚 9mm 到外径 680mm×壁厚 140mm 各种尺寸规格锅炉管。G115 钢管经 1100℃正火＋760℃回火热处理后在 650℃时效 8000h 后的显微组织中的回火马氏体板条仍然保持完整，说明 G115 钢的基体非常稳定。图 10.40 为工业制造 G115 和 P92 钢大口径管试样在 650℃的持久性能曲线。在 600～650℃范围，G115 钢持久强度性能明显高于 P92 钢。

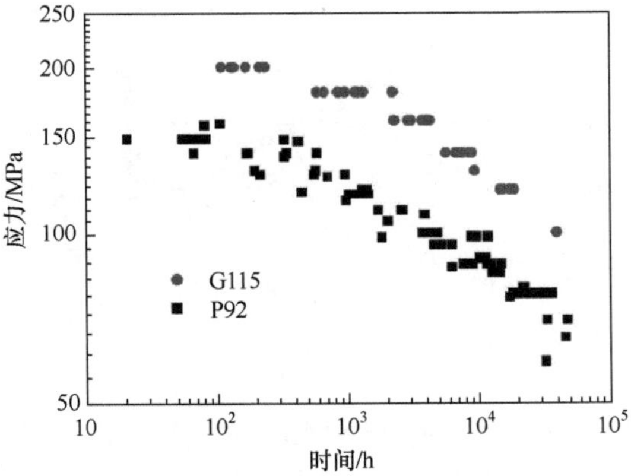

图 10.40　G115 和 P92 钢在 650℃的持久曲线[23]

研发者认为，G115 是迄今热强性能最好的马氏体耐热钢，其大口径厚壁管金属壁温可达 650℃，突破了现有马氏体耐热钢使用温度的上限。如果在金属壁温 600～650℃温度段用 G115 代替 P92 制造大口径锅炉管，则管的壁厚和重量均可减半，这在电站建设工程实践上具有重大意义。G115 可以用于超（超）临界锅炉的集箱、蒸汽管道、受热面管子等部件，以及类似工况的受压工件。集箱及管道钢管允许最高壁温 650℃，受热面管子允许最高壁温 660℃，必要时可采用适当的抗氧化措施。按照 ASME 规范计算，电站工程应用 G115 大口径厚壁管 650℃许用应力为 50MPa[23,46]。

早期研究的氧化物弥散强化（ODS）钢主要是具有铁素体基体的氧化物弥散强化钢。阻碍氧化物弥散强化铁素体钢实际应用的问题是其具有各向异性，例如，用其生产的管件的周向和轴向蠕变强度存在较大的差异。研究人员为改善各向异性问题做了大量工作，一个可能的方法是利用马氏体相变获得等轴晶结构，由此产生了氧化物弥散强化马氏体钢 ODS-9Cr，它的轴向蠕变强度比氧化物弥散强化铁素体钢低，但没有各向异性。透射电子显微镜观察发现，在回火马氏体基体上弥散分布着平均尺寸为 3nm 的细小氧化物颗粒，颗粒的平均间距为 40nm，回火马氏体板条宽度小于 1μm。ODS-9Cr 钢有希望应用于聚变反应堆，制作快速衰减辐射的构件[47]。

如图 10.41 所示，含 0.002%C 的钢最小蠕变速率远小于含 0.078%C 的钢（如 T91

和 P92 钢),在 650℃、140MPa 的试验条件下,前者的最小蠕变速率仅为后者的十分之一。因而,含 0.002%C 的钢具有更长的蠕变寿命。已有的理论表明,瞬态蠕变是由钢中额外位错的运动和湮灭引起的,并且亚晶界的迁移引起亚晶粒的粗化,这些过程与加速蠕变开始出现的时间密切相关。前述的两种钢在蠕变过渡范围,其蠕变速率的相互差别仅为三分之一。由于细小 MX 氮化物的弥散析出,对位错运动产生了强烈的钉扎作用,降低了蠕变速率,提高了马氏体基体的稳定性,从而使其蠕变过渡阶段更长。在 9Cr-3W 钢的基础上加入少量 B(即 0.0139B 钢),虽然对蠕变过渡阶段的蠕变速率少有影响,但显著延长了蠕变过渡阶段,进而使钢的最小蠕变速率减小。因此,稳定马氏体组织,特别是稳定原奥氏体晶界附近的组织,是减小最小蠕变速率进而提高 650℃蠕变强度的关键[30]。

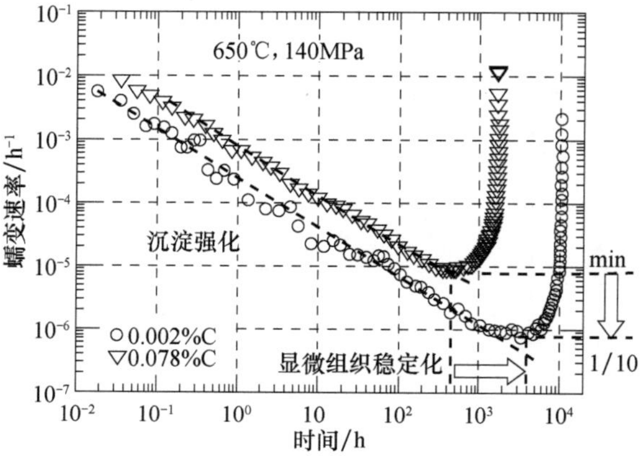

图 10.41　两种碳含量马氏体钢在 650℃、140MPa 条件下的蠕变速率-时间关系曲线比较[29]

10.2.1.3　奥氏体不锈耐热钢

593℃/593℃、593℃/649℃蒸汽温度下的锅炉过热器、再热器的最高金属壁温为 650℃/670℃和 650℃/725℃左右,因此工作在 593℃/593℃、593℃/649℃蒸汽温度下的锅炉过热器、再热器的高温段材料只能由奥氏体钢来承担。

我国高压锅炉用无缝钢管用钢标准 GB/T 5310—2017 中列入了 6 个奥氏体不锈耐热钢(其牌号和化学成分见表 10.11(b))。表 10.21 为这些钢号与国外其他相近牌号的对照表。

表 10.21　GB/T 5310—2017 列入的奥氏体不锈耐热钢牌号与其他标准相近的牌号对照表

GB/T 5310—2017 中的牌号	与其他标准相近的牌号			
	ISO	EN	ASME/ASTM	JIS
07Cr19Ni10	X7CrNi 18-9	X6CrNi 18-10	TP304H	SUS 304H TB
10Cr18Ni9NbCu3BN	—	—	(S30432)	—
07Cr25Ni21NbN	—	—	TP310HNbN	—
07Cr19Ni11Ti	X7CrNiTi 18-10	X6CrNiTi 18-10	TP321H	SUS 321H TB
07Cr18Ni11Nb	X7CrNiNb 18-10	X7CrNiNb 18-10	TP347H	SUS 347H TB
08Cr18Ni11NbFG	—	—	TP347HFG	—

除表 10.21 所列牌号外，表 10.22 列出一些国外使用的锅炉钢管用奥氏体不锈耐热钢牌号及其化学成分[28]。这些钢可分为 18Cr-8Ni 型、15Cr-10Ni 型和 20-25Cr 型。

表 10.22　一些国外使用的锅炉钢管用奥氏体不锈耐热钢牌号及其化学成分[28,35]

（单位：%）

牌号	C	Si	Mn	Cr	Ni	Mo	W	V	Nb	Ti	B	N	Cu
Super 304H	0.10	0.30	0.80	18.0	9.0	—	—	—	0.40	—	0.006	0.1	3.0
TempaloyA-1	0.12	0.60	1.60	18.0	10.0	—	—	—	0.10	0.08	—	—	—
TP316H	0.07	0.60	1.60	17.0	12.5	2.5	—	—	—	—	—	—	—
17-14CrMo	0.12	0.50	0.70	16.0	14.0	2.0	—	—	0.4	0.3	0.006	—	3.0
Esshete1250	0.12	0.50	6.00	15.0	10.0	1.0	—	0.20	1.0	—	0.006	—	—
SUS310STB	0.08	0.60	1.60	25.0	20.0	—	—	—	—	—	—	—	—
NF709	0.08	0.50	1.00	20.0	25.0	1.5	—	—	0.25	0.1	0.006	0.12	—
HR3C	0.06	0.40	1.20	25.0	20.0	—	—	—	0.45	—	—	0.2	—
NF707	0.08	0.50	1.00	22.0	35.0	1.5	—	—	0.20	0.1	0.006	—	—
Mod 800H	0.08	0.40	0.80	22.0	34.0	1.25	—	—	0.40	—	—	—	—
TempaloyA-3	0.05	0.40	1.50	22.0	15.0	—	—	—	0.70		0.20	—	—
Sanicro 25	0.07	0.20	0.30	22.5	25	—	3.0	1.5Co	0.45	—	0.005	0.23	2.8

注：Super 304H 的化学成分来源于文献[35]。

用于 593℃/593℃ 蒸汽温度的材料可选用 18Cr-8Ni 奥氏体不锈钢，如 TP347H、TP347HFG、TempaloyA-1、17-14CrMo、Super 304H；或在高温段采用部分 20-25Cr 奥氏体不锈钢，如 HR3C、NF707、TempaloyA-3 等。用于 593℃/649℃的材料只能是 20-25Cr 奥氏体不锈钢。

GB/T 5310—2017 中列入了 7 个奥氏体不锈耐热钢钢管的热处理制度及其室温力学性能，见表 10.13 和表 10.14。表 10.23 为这些钢管在不同温度下 10^5h 的持久强度推荐数据。

表 10.23　GB/T 5310—2017 列入的奥氏体不锈耐热钢钢管 10^5h 持久强度推荐数据

GB/T 5310—2017 中的牌号	10^5h 持久强度推荐数据/MPa(不小于)										
	650℃	660℃	670℃	680℃	690℃	700℃	710℃	720℃	730℃	740℃	750℃
07Cr19Ni10	63	57	52	47	44	40	37	34	31	28	26
10Cr18Ni9NbCu3BN	117	107	97	87	79	71	64	57	50	45	39
07Cr25Ni21	41	37	24	30	27	24	22	20	18	16	15
07Cr25Ni21NbN	103	94	85	76	69	62	56	51	46	42	37
07Cr19Ni11Ti	55	50	46	41	38	35	32	29	26	24	22
07Cr18Ni11Nb	82	74	66	60	54	48	43	38	34	31	28
08Cr18Ni11NbFG	99	90	81	73	66	59	53	48	43	37	33

07Cr19Ni10(TP304H)钢具有良好的弯管和焊接工艺性能、高的持久强度、良好的耐腐蚀性能和组织稳定性。当冷加工工序变形量很大时，建议进行中间固溶处理。对锅炉

钢管,冷成形后应进行(1066±28)℃,至少保温30min的固溶处理。该钢在固溶状态下使用。该钢的最高使用温度可达650℃,抗氧化温度最高可达850℃。该钢用于制作大型机组锅炉过热器、再热器、蒸汽管道等。用于锅炉管子允许的抗氧化温度为705℃。

10Cr18Ni9NbCu3BN(Super 304H)钢是在07Cr19Ni10(TP304H)钢的基础上,通过降低锰含量上限,加入约3%铜、约0.45%铌、一定量的氮和微量硼而研制成的。该钢在服役时产生细小弥散、沉淀于奥氏体内的富铜相,该富铜相与Nb(C,N)、NbCrN和$M_{23}C_6$等析出物一起产生强化作用。硼作为最大的间隙原子,占据了晶界,阻止了碳向晶界的扩散,抑制了$Cr_{23}C_6$在晶界上的析出,改善了钢的晶间腐蚀性。该钢已被列入ASTM A213M标准,代号为S30432。我国已将该钢列入GB/T 5310—2017。

为了确保制成的钢管具有优异的综合性能,国内生产厂普遍采用“高温软化处理+大变形冷加工+固溶处理+内壁喷丸”的特殊制管工艺[48]。

通常奥氏体型耐热不锈钢固溶温度越高,晶粒随固溶温度的升高而长大时,其高温持久性能越好,但晶粒的长大导致其抗蒸汽氧化性能变差。细小均匀的晶粒提供了较多的快速扩散通道,有利于选择性氧化,形成生长速率慢的富Cr氧化层内层和愈合层,有利于抗蒸汽氧化性能[49]。解决钢管既要具备较高的持久强度又要有良好的抗蒸汽氧化性能这一对矛盾的办法就是,在最终成形前进行一次高温软化处理。

高温软化处理后,晶粒非常粗大,一般可达3级甚至更粗,粗大的晶粒经过大变形冷加工,可以被彻底“打碎”,形成密集的晶界,在晶内产生大量的位错滑移线,聚集了大量的变形能。通过成品最终固溶处理,使基体重新形核,达到细化晶粒的目的,使成品钢管晶粒度细于7级,同时使析出的铌和铬的碳氮化合物更加弥散,有利于提高钢的持久强度。最终固溶处理的温度和时间决定了产品的性能[48]。

高温软化处理的温度要高出最终固溶温度70℃以上(高于1230℃),使钢中的Nb(C,N)能充分溶于奥氏体中,使之在650~700℃服役过程中能大量析出纳米级的MX相,提高钢的高温持久强度。在最终冷轧工艺中采用大变形量后,在1130~1150℃进行最终固溶处理是适宜的[50]。

为了进一步提高钢管内表面的抗蒸汽氧化性能,部分超临界机组或超超临界机组要求钢管内壁进行喷丸处理。喷丸时高速粒子的冲击作用使内壁表层的晶粒变形,造成位错堆积和亚晶界等缺陷增加,为铬原子的短程扩散提供了途径,使其在内壁表面快速形成致密牢固的Cr_2O_3保护层,阻止钢管内表面的进一步氧化。为防止铁素体污染,喷丸时宜采用奥氏体不锈钢钢珠[49]。

由于10Cr18Ni9NbCu3BN钢具有比较高的强度和良好的抗氧化性能,得到了国际上的普遍认可,并在超超临界机组中得到广泛应用。国产的钢已完全能满足技术条件的要求[50]。

07Cr25Ni21NbN是20世纪80年代日本住友金属在TP310(2Cr25Ni20)奥氏体不锈钢基础上,研发的具有良好热强性和抗腐蚀性的钢管,牌号为HR3C,以后纳入美国标准ASME SA-213,牌号为TP310HCbN,我国2008年将其纳入GB 5310—2008[51],该标准现为GB/T 5310—2017替代。

由于传统的18-8型奥氏体耐热钢抗蒸汽氧化性能和抗烟气腐蚀性能较低,而锅炉过热器和再热器的末级部件要求有良好的抗蒸汽和抗烟气氧化性能,因此开发出25-20型奥氏体耐热钢。这类钢中 Cr 含量达 25%，在长期服役过程中 Cr 又会向表面扩散，与氧结合形成致密氧化层，起到良好的抗氧化作用。但随 Cr 含量的提高，脆性 σ 相析出倾向更加明显，高的 Ni 含量可以稳定奥氏体组织，并抑制 σ 相的析出倾向。因此，25-20 型奥氏体耐热钢能适应蒸汽参数为 600℃超超临界压力锅炉过热器的恶劣工况条件。Cr 和 Ni 含量的提高不会改善蠕变断裂强度，因此 07Cr25Ni21NbN 钢通过限制碳含量和添加适量的 Nb 和 N 元素，利用析出弥散分布细小的 NbCrN 相、富 Nb 的碳氮化合物及 $M_{23}C_6$ 型碳化物进行强化。

经固溶处理后，07Cr25Ni21NbN 钢的显微组织为奥氏体，晶粒度为 5～7 级，在基体中的一次铌化物颗粒很少，几乎全部固溶到基体中。经 650℃长期时效后，抗拉强度有所增加，伸长率呈下降趋势，经 1000h 时效后冲击功降低较为明显，随后至 10000h 保持稳定。

研究人员曾对 1093℃固溶处理的 HR3C 钢经 750℃长期时效(500～3000h)后的析出相进行了研究。研究结果表明，固溶态试样中存在形貌为方形或圆形的颗粒状 NbCrN 氮化物(Z 相)，具有四方结构，尺寸为 0.2～0.5μm，在晶界没有明显的第二相存在。在 750℃时效 500h 后出现尺寸微细触须状 NbCrN 相，长度 200nm～1μm，宽度仅为 20nm 左右，且不随时效时间的增加而粗化，有高的稳定性。时效 2000h 后，少数晶界除了析出通常的 $M_{23}C_6$ 型碳化物外，还在其邻近存在细微的 NbCrN 相，而且 NbCrN 相与基体 γ 相存在一定的位向关系。微细弥散分布的 Z 相能在一定程度上提高 HR3C 钢的蠕变性能。$M_{23}C_6$ 相几乎在时效后所有的晶界上均有析出，并且生长到一定的尺寸，$M_{23}C_6$ 相与基体 γ 相亦存在一定的位向关系。沿晶界 $M_{23}C_6$ 相的析出增加钢的脆性，并引起晶间腐蚀。时效后在晶内会析出少量的 Nb(C,N)化合物。750℃×2000h 时效后晶内还发现有 Cr_3Ni_2SiC(M_6C)的析出，对其析出机理尚需进一步研究。HR3C 钢在 700～800℃长期时效后均出现 σ 相[52]。研究人员进行了 650℃、700℃、750℃持久强度试验，外推 10^5h 的持久强度分别为 106.4MPa、62.5MPa 和 33.6MPa，达到 GB/T 5310—2017 的要求[51]。

在模拟电厂实际运行条件(压力 25MPa、温度 650℃)的超临界水试验中，运行 1000h 后的实测结果：07Cr25Ni21NbN(HR3C)钢表现出优良的抗蒸汽氧化腐蚀性能，氧化增重为 Super304H 钢的 1/5。07Cr25Ni21NbN 钢用于锅炉受热面管时，烟气侧管子外壁温度不超过 730℃。

07Cr19Ni11Ti(TP321H)钢含有较多的镍，其奥氏体组织较为稳定，并具有较好的热强性和持久断裂塑性。该钢用于耐腐蚀部件和高温焊接构件，如大型锅炉过热器、再热器、蒸汽管道。用于锅炉管子允许的抗氧化温度为 705℃。

该钢一般在固溶状态使用。有些工厂规定冷拔锅炉钢管的固溶处理温度为(1177±14)℃，保温 15～30min；全部焊接和成形工序完成后应进行(1121±28)℃，至少保温 15min 的固溶处理。钢的稳定化处理温度为 850～900℃。

07Cr18Ni11Nb(TP347H)钢是使用铌稳定的铬镍奥氏体热强钢，具有比较高的热强性和抗晶间腐蚀性能。该钢还具有良好的弯管和焊接性能，好的组织稳定性。该钢用于制作大型机组锅炉过热器、再热器、蒸汽管道等，最高使用温度 650℃，允许用于锅炉管子的抗氧化温度为 705℃。该钢的冷变形能力非常好，可以进行冷轧、冷拔、弯曲、卷边和深冲等冷成形工艺。由于钢的冷作硬化能力很强，当冷加工变形量大时，建议插入中间固溶处理。对锅炉钢管,冷成形后应进行(1177±28)℃,至少保温 30min 的固溶处理。该钢一般在固溶状态使用。对于热轧管,固溶温度不低于 1050℃;对于冷拔管,固溶温度不低于 1095℃。全部焊接和成形工序完成后应进行(1177±28)℃,至少保温 30min 的固溶处理。该钢的稳定化处理温度为 850~900℃。

08Cr18Ni11NbFG(TP347FG)与 07Cr18Ni11Nb(TP347H)钢是同成分的奥氏体热强钢。20 世纪 80 年代日本住友金属通过改进 TP347 钢的热处理和热加工工艺,使得晶粒细化到 8 级以上而开发出 TP347FG 钢。该钢具有良好的抗蒸汽氧化性能,在 600~750℃的使用范围内,其许用应力比 TP347H 钢高 20%以上,并拥有更高的蠕变持久强度。在该钢的生产过程中,一方面要得到细的晶粒,同时也要保持晶粒的均匀性。该钢被广泛应用于超临界和超超临界机组锅炉高温受热面部件,如过热器和再热器等[53]。

07Cr17Ni12Mo2(TP316H)是各国通用的奥氏体耐热不锈钢,其高温持久强度见表 10.24。该钢含有 2%~3%Mo,对各种无机酸、有机酸、碱和盐类的耐腐蚀性和耐点蚀性显著提高。该钢在高温下具有良好的蠕变强度,还具有良好的冷变形和焊接性能。该钢用于大型锅炉过热器、再热器、蒸汽管道,石油化工的热交换器部件,高温耐蚀性螺栓、耐点蚀零件等。该钢在固溶状态下使用,固溶处理温度为 1010~1150℃。锅炉钢管要求焊接后进行(1093±28)℃,至少保温 15min 的固溶处理[54]。

表 10.24 TP316H 钢的持久强度极限[54]

试验温度/℃	持久强度极限/MPa		
	σ_{1000}	σ_{10000}	σ_{100000}(外推值)
600	241	192	149
650	161	115	82
700	104	73	51
800	48	30	20

NF709(20Cr-25NiMoNbTiN)钢是新日铁公司在 20 世纪 80 年代中期研制的,目标是在 700℃下 10^5h 的持久强度达 88MPa 以上,时效后的冲击吸收功在 40J 以上,对燃煤烟气具有高的抗腐蚀能力。NF709 钢是在低碳、低磷、低硫的 20Cr-25Ni 钢基础上添加 1.5%Mo、0.25%Nb、0.1%Ti 及微量的 B、N。添加 Mo 可增强钢的抗点蚀能力,强碳化物形成元素 Nb、Ti 可形成碳氮化物产生沉淀强化,并避免 $Cr_{23}C_6$ 在晶界上析出引起晶间腐蚀。微量 B 可以强化晶界,抑制晶界裂纹的生成。在 NF709 钢的基础上,新日铁进一步研发了低碳高铬的 NF709R(0.03C-22Cr-25Ni-MoNbTiN),具有更高的耐蚀性。

NF709 和 NF709R 钢的供货状态为固溶处理,NF709R 钢的最低固溶处理温度为 1150℃,经固溶处理后的金相组织为奥氏体+少量细小弥散的第二相。

在超超临界锅炉奥氏体耐热钢管应用温度范围 625~730℃, NF709 钢和 NF709R 钢的许用应力高于 Super 304H 钢和 HR3C 钢。

Sanicro 25 是瑞典 Sandivick 公司研发的新型 Cr-Ni 奥氏体耐热钢,是在低碳、低磷、低硫的 20Cr-25Ni 钢基础上添加了 3%W、1.50%Co、2.8%Cu 及微量的 Nb、B、N。W、Co 起固溶强化作用,适量的 Cu 使钢在热处理过程和服役条件下产生微细弥散的富铜的 ε 相,起沉淀强化作用,并可提高抗腐蚀性和抗蒸汽氧化性能。

Sanicro 25 钢的供货状态为固溶处理，固溶温度为 1180～1250℃，水冷或快速冷却，经固溶处理后的金相组织为奥氏体＋少量细小弥散的第二相，晶粒度为 7 级或更粗。Sanicro 25 钢在 650～700℃间的持久强度比 HR3C 钢高出 45%以上，也远高于 NF709 钢。Sanicro 25 钢的抗蒸汽氧化性能与 Super 304H 钢相当，但远优于 HR3C、NF709 和 TP347 钢。Sanicro 25 钢的抗腐蚀性能明显优于 NF709 钢。

10.2.1.4　高温合金

环保与节能要求提高火电机组锅炉蒸汽参数（温度和压力），以有效提高超超临界火电机组的热效率和降低排放。当蒸气温度提高到 700℃以上，机组的许多部件将只能采用高温合金。国际上 700℃超超临界燃煤发电机组研发计划主要有三个：欧洲 AD700 的 17 年计划（1998～2014 年）；日本的 A-USC 的 9 年计划（2008～2016 年）；美国的 A-USC 的 15 年计划（2001～2015 年）。

在 AD700 项目中的一个创新点是锅炉和汽轮机高温部件采用镍基合金，因其在高温下具有良好的持久强度，如 700℃/10^5h 的持久强度在 100MPa 左右，还具有蒸汽侧氧化和烟气侧腐蚀抗力。Inconel 617 镍基合金及其改进型合金组织稳定，性能优良，可作为新一代超超临界机组的候选材料[55]。

Inconel 740* 是美国 SMC（Special Metals Corporation）公司为 AD700 项目开发的一种新型镍基合金，其化学成分见表 10.25，2001 年申请了美国专利。Inconel 740 是在 Nimonic 263 合金基础上，增加 Cr 和降低 Mo 以增加抗氧化腐蚀性，添加 Nb 增强 γ'相的析出强化。Inconel 740 合金在 1150℃下固溶处理 30min，水淬，800℃时效 16h，空冷。Inconel 740 合金热处理后的组织为在 γ 基体上分布的 γ'、MC、$M_{23}C_6$ 和 G 相。主要强化相 γ'的尺寸约十几个纳米，均匀分布于基体上，其含量约为 10%～15%。MC 型碳化物随机分布在晶内，晶界处碳化物为 $M_{23}C_6$，晶界还有少量 G 相$(Nb,Ti)_6(Ni\ Co)_{16}Si_7$。

Inconel 740 合金在 725℃下长期时效稳定性高，其性能可满足作为 700℃超超临界电站锅炉过热管器材使用的基本要求，但在 750℃时效时，组织的不稳定性较明显，主要为 γ'相急剧长大，γ'相向 η 相转变和晶界形成大块 G 相，从而使合金软化和脆化。

北京科技大学与上海发电成套研究院 2000 年开始与 SMC 公司合作，提出了改进 Inconel 740 合金组织稳定性的研究，通过热力学计算对合金成分进行了优化调整，以保证强化相 γ'有足够含量，延缓 γ'相的长大速率以增加稳定性，抑制 γ'相向 η 相转变的趋势和晶界上 G 相的形成。他们提出了增加 Al 含量，适当降低 Nb 含量，降低 Ti 和 Si 的含量，增加微量 B，研发了新的改型合金 Inconel 740H，其化学成分见表 10.25。改型合金 Inconel 740H 于 2009 年申请了美国发明专利。

在标准态热处理后，Inconel 740H 的持久性能与 Inconel 740 无明显差异，但其高温组织稳定性得到明显改善，因此，其长时持久性能会优于 Inconel 740[56]。

为适应高参数舰船主锅炉过热器能长期使用的要求，我国于 20 世纪 70 年代研制成功一种新型铁基高温合金 GH2984，并生产用于主锅炉过热器管材，该钢在 650～750℃的持久强度非常良好。目前欧美联合开发和发展的蒸汽参数为 35MPa，700℃/720℃/

---

* Inconel 系列合金在有的文献中简写为“In”，如 In100、In718 等。

720℃的超超临界机组的热效率可达50%以上,使用了可用于700℃的Inconel 740镍基管材合金。GH2984合金的主要性能与美国的Inconel 740合金处于同一水平,而价格要便宜得多,因此GH2984合金可作为我国发展超超临界机组选材储备[2,57,58]。

高温合金是应用于第四代核反应堆内部构件和热交换器的关键材料,而617(即Inconel 617,以下同)合金与230(即Haynes 230,以下同)合金是制造第四代核反应堆构件的候选材料[59]。这些构件要在760～950℃环境温度中服役。第四代核反应堆(或称特高温度反应堆,the very high temperature reactor,VHTR)是一种高温气冷堆,其主要目标是能在950℃高温和7MPa压力条件下服役60年。第四代核电技术概念是1999年6月美国能源部首先提出的,并得到一些国家的支持。人们通常将20世纪50～60年代建造的验证性核电站称为第一代;70～80年代标准化、系列化、批量建设的核电站称为第二代;第三代是指20世纪90年代开发研究成熟的先进轻水堆;第四代核电技术是指正在开发的核电技术,其主要特征是防止核扩散,具有更好的经济性,安全性高和废物产生量少。特高温度反应堆(VHTR)产生的热量的90%用于发电,10%用于制氢气。

617合金与230合金主要用来制造热交换器和其他反应堆构件。制造VHTR构件的合金材料必须面对三方面的挑战,即高温环境、氦气作用和长时间核辐射对显微组织稳定性、力学性能、服役寿命影响。其他类型第四代核反应堆对合金材料性能有相同的要求。为了设计或选择合适的材料,必须积累相应材料性能的大量数据,发展描述各种力学行为的模型,进一步深入理解强化机理,建立准确评价和预测材料冶金质量和稳定性的方法。为此,有关国家还制定了相应标准,例如,美国机械工程师协会有关锅炉和压力容器标准(ASME B&PV Code)。

第四代核反应堆是十余个国际合作组织共同努力的结果,所用材料的设计和选择是重要的研发和决策过程,有多个国家和国际机构介入。重要的任务之一就是定期对候选材料按规定流程进行评价和筛选。

国内外高参数超超临界过热器管材用高温合金的化学成分见表10.25。这些合金具有良好的蠕变性能和抗氧化腐蚀性能。

GH2984是一种无钴的铁基高温合金。在研制过程中发现Al+Ti含量较高时虽可使时效析出的γ'-$Ni_3(Al,Ti)$相较多,强度增加,但使变形温度变窄。B虽可强化晶界,提高持久、蠕变强度,但降低变形温度范围内的上限温度,使加工性能恶化。因此钢中不加入B,并降低Al+Ti含量,这对热加工有利,因为高温合金穿管时变形阻力大,变形温度范围窄。该钢加入适量的Mo,并用Nb代替W,可同样固溶强化,又由于Nb进入γ'相,使其强化作用增强,补偿了由于Al+Ti含量的降低而减弱的γ'相的沉淀硬化效果。GH2984合金的标准热处理工艺为1100℃×1h,空冷+760℃×8h,50℃/h冷至650℃后16h空冷[2]。

GH2984合金的室温至高温的力学性能以及650～750℃持久强度良好。从表10.26可见,GH2984合金的室温及700℃拉伸强度明显高于常用高性能管材合金Inconel 625和Nimonic 263,但稍低于Inconel 740,而伸长率和断面收缩率保持在很高水平,完全符合设计要求。舰船用锅炉要求寿命长,3×10^4h是最低要求。设计部门提出700℃/3×10^4h下持久强度不应低于110MPa。从表10.26和图10.42可以看出,GH2984合金持久强度高于Nimonic 263,与Inconel 625相近,而与2002年美国正式公布的Inconel 740[58]处于同一水平,其10×10^4h的持久强度达到了超超临界电站的最低要求。

表 10.25　国内外超超临界过热器管材用高温合金的化学成分[2,23,59]

（单位：%）

牌号	C	Cr	Co	Mo	Nb	Ti	Al	Fe	Si	Mn	Ni	Cu	B	W	S、P
GH2984	0.04～0.08	18～20	—	1.8～2.2	0.9～1.2	0.9～1.2	0.2～0.5	32～34	≤0.5	≤0.5	其余	—	—	—	—
Inconel 740	0.03	25	20	0.5	2.0	1.8	0.9	0.7	0.5	0.30	其余	—	—	—	—
Inconel 740H	0.03	25	20	0.5	1.5	1.35	1.35	0.7	0.10	0.30	其余	—	0.001	—	—
Inconel 617	0.05～0.15	20～24	10～15	8～10	—	≤0.6	0.8～1.5	≤3.0	≤1.0	≤1.0	44.5	≤0.5	≤0.006	—	0.015S
Nimonic 263	0.04～0.08	19～21	19～21	5.6～6.1	—	1.9～2.4	≤0.60	≤0.70	≤0.4	≤0.6	其余	—	—	—	—
Haynes 230	0.05～0.15	20～24	≤5.0	1.0～3.0	—	—	0.2～0.5	≤3.0	0.25～0.75	0.3～1.0	其余	—	≤0.015	13～15	≤0.015S ≤0.030P
Inconel 625	≤0.10	20～23	≤1.0	8.0～10.0	3.15～4.15	≤0.40	≤0.40	≤5.0	≤0.5	≤0.5	其余	—	—	—	—
C-HRA-2	0.05～0.08	21.0～23.0	11.0～13.0	8.5～9.0	≤0.1	—	—	—	—	—	其余	≤0.10Zr	0.002～0.005	≤1.0	—
C-HRA-3	0.05～0.08	21.0～23.0	1.0～13.0	8.5～9.0	≤0.1	0.3～0.5	0.8～1.3	≤0.10V	—	—	其余	≤0.10Zr	0.002～0.005	≤1.0	—

注：Haynes 230 合金中含有 0.005%～0.05%La。

表 10.26　几种过热器管材用高温合金的力学性能[57]

牌号	室温				700℃				700℃持久强度极限	
	σ_b/MPa	$\sigma_{0.2}$/MPa	δ/%	ψ/%	σ_b/MPa	$\sigma_{0.2}$/MPa	δ/%	ψ/%	3×10^4h	10×10^4h
GH2984	1107	686	26.6	46.6	745	539	34.4	52.3	149	130
Inconel 740	1150	705	30.0	39.0	905	650	37.0	44.5	149	130
Inconel 625	960	515	48.0	—	651	398	40.0	—	162	—
Nimonic 263	960	580	43.0	46.0	740	490	26.0	34.0	120	100

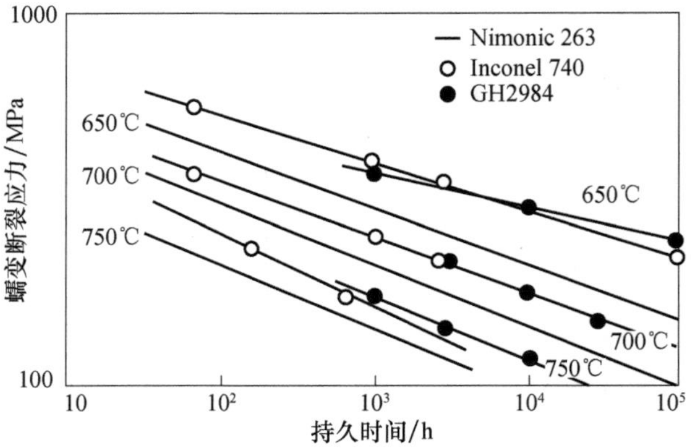

图 10.42　三种合金在不同温度下的持久性能[57]

作为舰船用和超临界锅炉用过热器管材，要承受高温氧化和燃气或蒸汽环境腐蚀作用，前者还要经受海水腐蚀作用。GH2984 合金特点之一是具有良好的耐腐蚀性，由于钢中的铬含量较高(18%～20%)，还含有少量的 Al，所以抗氧化性良好。试验表明，GH 2984 合金在不同的热处理条件或焊接后均没有发生晶间腐蚀，在含有 $FeCl_3$ 强氧化剂的海水中，点蚀的腐蚀率也很低，具有良好的抗热腐蚀性能[57]。

GH2984 合金具有较为稳定的显微组织。GH2984 合金经标准热处理后，奥氏体基体的晶粒度为 4～6 级，晶界析出相较少，γ'相呈球形，弥散均匀分布于 γ 基体，γ'相直径约 23nm，含量为 5.74%，是主要的强化相。此外，还有少量的 MC 相，包括 NbN、Ti(N，C)，是在凝固结晶过程析出的，分布于晶内和晶界，尺寸为 1～10μm，在合金中的含量为 0.52%[57]。

经 700℃不同时间长期时效后，γ'相颗粒半径随时间 $t^{1/3}$ 呈直线增加，γ'相的含量亦缓慢增加，可以补偿 γ'相长大对合金强度的影响。MC 相的含量则略有增加。在晶界上析出一些 $M_{23}C_6$ 和 σ 相，前者可以阻止晶界滑移有利于持久强度的提高，σ 相析出数量少，呈小块状或颗粒状，对钢的力学性能不会有明显的影响[57]。

617 合金与 230 合金的化学成分见表 10.25[59]。对于 617 合金而言，高的 Ni、Cr 含量保证其具有高的抗还原和抗氧化的能力。在合金中加入 Al，目的在于使其与 Cr 共同作用以增强合金的抗氧化能力，同时，Al 的加入在一定的温度范围可以形成 γ'相，它可以在由 Co 和 Mo 产生的固溶强化基础上叠加沉淀强化作用。Co 在化学元素周期表中紧邻于 Ni，两者原子半径差异较小，因此产生的固溶强化作用较弱。617 合金要在核辐射环境中使用，因此 Co 含量不高，这是因为 Co60 同位素是一种高能伽马射线发射源。在合金中，$M_{23}C_6$、M_6C、Ti(C，N)和其他沉淀相也能产生强化作用。$M_{23}C_6$ 和 M_6C 在富含 Cr 的合金中均存在。在 617 合金中，它们的沉淀析出和存在的温度区间范围的认识还存有争议。

230 合金相对 617 合金而言是一种新合金材料，与 617 合金有相同的应用领域，是其强有力的竞争者。230 合金有其他代号，如 UNS N06230，以及欧洲代号 W. Nr. 2.4733。230 合金的高 Ni、Cr 含量赋予其在各种环境中具有优异的高温腐蚀抗力。加入微量稀土元素镧(La)可以进一步增强氧化抗力。与 617 合金相比，230 合金含有较多的 W，元素

W、Mo 与合金中 C 的结合能大幅度提高合金的强度。在 Ni 基高温合金中，作为痕量元素加入的 B 能改善其热加工性能和蠕变性能。在 230 合金中加入了含量相对较高的 B，目的在于获得优化的塑性与蠕变抗力组合。通常，B 可作为电子施主影响晶界能，进而改善塑性。同时，B 能偏聚于晶界，可减缓晶界上的扩散过程，进而延缓了蠕变过程。另一方面，B 对热中子具有较大的捕获截面，因此 B 的加入量应谨慎控制。在核辐射条件下，B 有可能改变其他的特性，并引起材料性能的退化，例如，产生与 He 相关的晶界脆性和辐射辅助应力腐蚀开裂(irradiation assisted stress corrosion cracking，IASCC)，与 Li 相关的脆性等。

按照美国机械工程师协会有关锅炉和压力容器标准(ASME B&PV Code)，对 617 合金与 230 合金性能相关评价工作介绍如下：

(1) 安全(允许)应力强度值。617 合金与 230 合金必须在不同的温度条件下经过系列的力学性能测试(测试温度的上限要达到 1000℃)，按照规定程序对数据进行处理与分析，获得两个重要的参数：与时间相关的应力强度值 S_t 和与时间无关的应力强度值 S_m。为了获得 617 合金与 230 合金的这种应力强度值-温度-时间三者的关系曲线，必须在 425～1000℃进行系列的高温短时拉伸和高温蠕变试验，由此可获得安全(允许)应力强度值 S_{mt}。它取决于给定温度条件下的 S_t 和 S_m 两个数值中的较小者。试验数据必须按照图 10.43 所示方式，提供应力强度值-温度-时间三者的关系图。

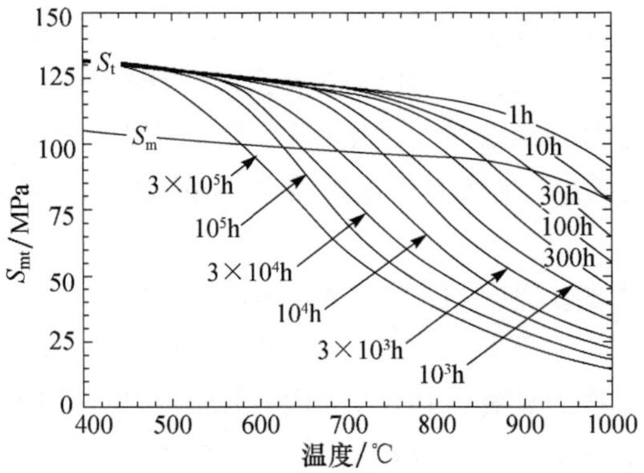

图 10.43　617 合金与 230 合金的安全(允许)应力强度值 S_{mt} 随温度变化的关系曲线模板[59]
美国机械工程师协会有关锅炉和压力容器标准

(2) 最小应力-蠕变关系。为了防止蠕变，必须提供 617 合金与 230 合金的最小应力-蠕变数据，并且给出它们随时间和温度的变化数据。第四代核反应堆的设计寿命是 60 年，因此，材料性能的评价时间要求达到 6×10^5h，试验温度范围为 425～1000℃(温度间隔为 25℃)。当然，试验时间为 6×10^5h 是不可能的。这时只有采用试验和模型化相结合的办法。但是，在高温和长时间条件下，材料性能往往会出现一些戏剧性变化，因而模型化的作用不仅仅是对数据进行拟合和外推，而是应该通过深入的研究，了解材料的时效行为和蠕变性能退化机理和速率，在此基础上建立相关模型，确定合适的试验时间。此外，模型化外推的方法仍然存在风险，因此用这些合金制造的构件应该设计成可替换的结构，以便限制它们的服役时间。617 合金与 230 合金的应力-最短蠕变断裂时间关系曲线模板如图 10.44 所示。

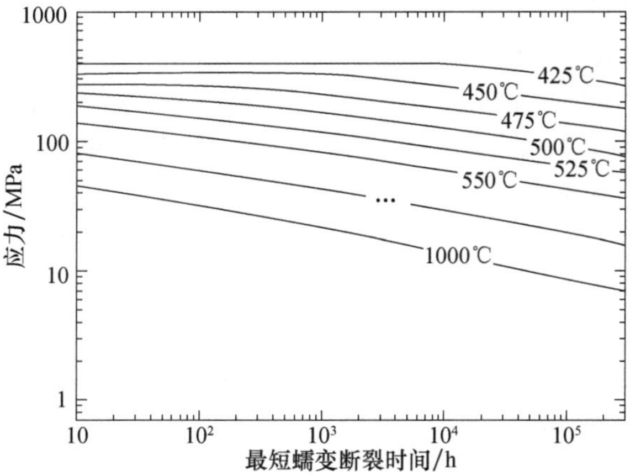

图 10.44　617 合金与 230 合金的应力-最短蠕变断裂时间关系曲线模板[59]

美国机械工程师协会有关锅炉和压力容器标准

按照美国机械工程师协会有关锅炉和压力容器标准(ASME B&PV Code),还有多项系统的评价指标需要获得,例如,冷成形极限(cold forming limits)、拉伸性能(tensile properties)、时效引起的拉伸性能减小因子(tensile reduction factors for aging)、焊接件的应力-蠕变因子(stress-rupture factors for weldment)、应变疲劳曲线(strain range fatigue curves)、蠕变-疲劳损伤极限数据(creep-fatigue damage envelope)等。

对美国特殊金属公司生产的 617 合金进行了 760℃时效温度下经 300h、1000h、3000h 的时效试验,原始合金为固溶状态[55]。固溶态合金基体组织为单相奥氏体,晶粒尺寸为 60～300μm,晶界析出物稀少,在晶内和沿孪晶界有弥散分布的 $M_{23}C_6$ 型碳化物和少量的 Ti(C,N)颗粒。

617 合金在 760℃时效过程中,Ti(C,N)基本稳定,时效 300h 后,晶界和晶内析出物明显增多,析出相有 $M_{23}C_6$ 型碳化物和 γ'-Ni_3(Al,Ti)相。γ'相分布于晶内,$M_{23}C_6$ 型碳化物分布于晶内和晶界,整个时效过程中,晶内 γ'相和 $M_{23}C_6$ 相稳定性好。γ'相颗粒与基体存在半共格关系,尺寸为 30nm,晶内 $M_{23}C_6$ 相颗粒长度为 80～200nm。晶界 $M_{23}C_6$ 相呈链状分布,长度为 150～200nm。合金时效 300h 后,其硬度和强度也明显增大,时效 1000h 后达到最大值,这是晶界、晶内协调强化的结果。此时晶内 γ'相颗粒大小约为 35nm,$M_{23}C_6$ 型碳化物长度为 100～120nm,而晶界 $M_{23}C_6$ 型碳化物长度为 80～250nm。时效 3000h 后,晶内 γ'相颗粒尺寸约为 35nm,晶内 $M_{23}C_6$ 型碳化物颗粒尺寸约为 140nm,晶界 $M_{23}C_6$ 型碳化物颗粒长度为 0.5～1μm,出现聚集长大,弱化了晶界强化和 Mo 的固溶强化作用,从而降低了强度和硬度。时效后室温吸收功和断后伸长率明显降低是由于晶界 $M_{23}C_6$ 型碳化物弱化了界面结合强度。

我国 GH230 合金的成分接近 Haynes 230 合金,是以 W、Mo 为主要强化元素的新型固溶强化型高温合金,拟用于工业燃气轮机的燃烧室、过渡导管、热交换器等热端零部件,对室温力学性能和高温力学性能,尤其是服役温度下的持久强度有很高的要求。钢中加入少量稀土元素 La 的主要目的是改善其抗氧化性能。试验表明,添加适量的 La 有利于提高合金表面氧化膜的剥落抗力,添加量应控制在 0.040%～0.060%;但当合金中 La 含量达到 0.087%时，会析出富 La 相，反而降低其氧化抗力[60]。GH230 合金不加入 La 时，经 1220℃固溶后空冷，其组织为 γ 基体和一次碳化物 M_6C 以及固溶处理后冷却过程中沿晶界析出的痕量 $M_{23}C_6$ 型碳化物，不含其他相。合金中 La 加入量对其一次碳化物 M_6C 含量、尺寸及合金晶粒尺寸没有明显的影响，但合金中 La 含量达到 0.048%后，将出现棒状或条状的富 La 相，该相主要元素为 Ni、La，不含 W、Mo，同时偏聚于晶界的 La 还改变晶界二次碳化物 $M_{23}C_6$ 的形态，从而影响钢的室温力学性能和持久寿命[61]。

我国目前已成功建立了 630～700℃超超临界燃煤锅炉管耐热材料体系，图 10.45 为钢铁研究总院推荐的 600-630-700℃超超临界燃煤锅炉管耐热材料体系示意图，相关单位完成了电站锅炉建设所需上述新型耐热材料全部尺寸规格锅炉管的工业制造，对上述产品按照 ASME 标准和 CSTM 标准有关规定进行了全面考核。结果表明，我国研究人员研制的 G115、C-HRA-3、C-HRA-2 和 C-HRA-1 合金的综合性能已能满足 630～700℃超超临界燃煤锅炉管设计和使用要求。其中，C-HRA-3 和 C-HRA-1 锅炉管已用于华能集团建设的我国第一个 700℃超超临界燃煤电站实验台架，该台架于 2015 年投入运行考核，而 G115 锅炉管在 2019 年已被设计选用为世界第一台 630℃超超临界燃煤示范电站支撑性主体材料，该示范工程在大唐电力集团公司山东郓城电厂建设中实施[23]。

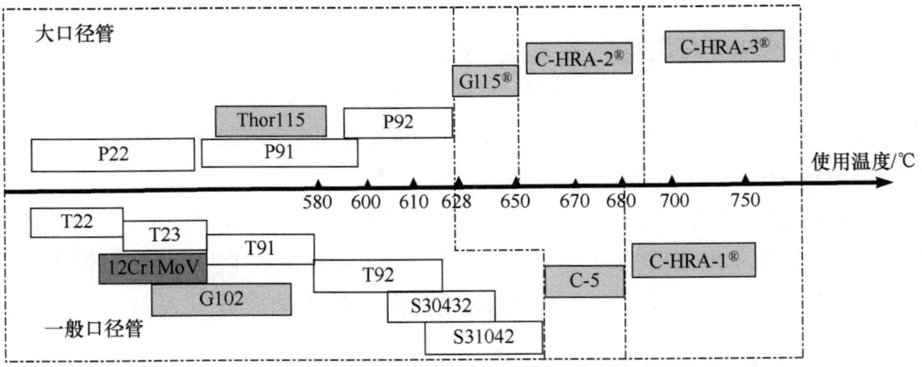

图 10.45　600-630-700℃超超临界燃煤锅炉管耐热材料体系示意图[23]

C-HRA-1 合金在 Inconel 740H 的基础上进行了如下改进：①为消除晶界胞状碳化物对持久寿命的灾难性影响，将材料中的 Ti/Al 比降低到 1 以下；②为代替部分 B 元素，添加 300ppm 以上 Zr 元素，可显著提高持久寿命和持久塑性，Zr 的添加还可以显著提高材料时效态的室温冲击韧性，解决了 Inconel 740H 大口径锅炉管冲击韧性低的问题；③结合晶界工程理论，可对小口径锅炉管的最后一道冷轧工艺采用小变形量的温轧工艺，并在 1100℃退火 20min，可显著提高重位点阵(CSL)晶界的比例，打破大角晶界的网络结构，有效地阻碍裂纹扩展。在 Inconel 617B 基础上，研发了综合性能更为优异的 C-HRA-3 耐热合金。C-HRA-2 耐热合金是在 C-HRA-3 合金基础上，通过去除 γ'相形成元素 Al 和 Ti，研发的纯固溶强化型镍基耐热合金，其应用温度范围为 650～680℃。C-HRA-2 耐热合金基体组织为奥氏体，无 γ'析出相，现场焊接时，可不进行焊后热处理或简单工艺下的焊后热处理，能节省电站建造成本。C-HRA-2、C-HRA-3 的化学成分见表 10.25。

10.2.2 电站机组叶轮、紧固件用钢

电站机组中的汽轮机和燃气轮机的转子、叶轮、许多紧固件等都是不需要焊接和冷弯的零件,大都由锻件或棒料加工成形。这些零件的工作温度比过热蒸汽管道要低,但是所受载荷较大。大型汽轮机转子用钢有已在上册 6.9.2.2 节作过介绍。

10.2.2.1 叶轮用钢

套装转子的叶轮分别加工后热套在阶梯形主轴上,与主轴之间采用过盈配合,以防止叶轮等因离心力及温差作用引起松动,并用键传递力矩。叶轮是汽轮机转子上的关键大锻件之一,如 200MW 汽轮机末级叶轮锻件毛坯直径约 1.4m,重约 4t。叶轮外缘周向槽或径向槽中装嵌若干叶片,一起随同转子高速旋转。受叶片及叶轮高速转动离心力及振动应力的综合作用,叶轮在工作状态下承受巨大的切向与径向应力。叶轮叶根槽及键槽的尖角处,还受到应力集中与湿蒸气环境腐蚀的双重作用。因此,叶轮要求有高的强度,良好的塑性、韧性和低的韧脆转变温度。叶轮失效主要出现在末几级叶轮,特别是末级叶轮叶根槽根部或槽键根部出现应力腐蚀裂纹,叶轮键槽裂纹达到一定深度后,将导致整个叶轮的飞裂。

为了杜绝大型机组叶轮的飞裂事故,也由于大锻件冶炼和制造技术的进步,对于 200MW 以上的大型汽轮机,目前国内外均采用叶轮与转子锻为一体的大直径整锻转子锻件,通过机械加工从转子上生产本体叶轮,不再另外进行叶轮的热套,仅 200MW 及以下的小型汽轮机上仍采用热套叶轮。

根据现行机械行业标准 JB/T 1266—2014《25MW～200MW 汽轮机轮盘及叶轮　技术条件》(代替 JB/T 1266—2002)及 JB/T 7028—2004《25MW 以下汽轮机轮盘及叶轮锻件　技术条件》(代替 JB/T 7028—93),叶轮主要钢种的化学成分见表 10.27。

表 10.27　叶轮用主要钢种的化学成分(JB/T 1266—2014)　　(单位:%)

牌号	C	Mn	Si	Cr	Ni	Mo	V	Cu
34CrMo1	0.30～0.38	0.40～0.70	0.17～0.37	0.70～1.20	≤0.40	0.40～0.55	—	≤0.20
35CrMoV	0.30～0.40	0.40～0.70	0.17～0.37	1.00～1.30	≤0.30	0.20～0.30	0.10～0.20	≤0.20
34CrNi3Mo	0.30～0.40	0.50～0.80	0.17～0.37	0.70～1.10	2.75～3.25	0.25～0.45	—	≤0.20
30Cr2Ni4MoV	≤0.35	0.20～0.40	0.17～0.37	1.50～2.00	3.25～3.75	0.30～0.60	0.07～0.15	≤0.20

注:采用真空碳脱氧时,硅含量应不大于 0.10%。各钢的 P、S 含量均不大于 0.020%。

一般叶轮采用 34CrMo1、35CrMoV、34CrNi3Mo 等钢制造,这些叶轮常用电炉加钢包炉精炼,在大气下浇铸钢锭。要求较高的叶轮或特大型叶轮采用 30Cr2Ni4MoV 钢制造,用电炉加钢包炉精炼,并采用真空浇铸钢锭,以求减少钢中气体含量。叶轮用钢的力学性能要求见表 10.28。

表 10.28　叶轮用钢锻件的力学性能要求 (JB/T 1266—2014)

项目	锻件强度级					
	490	540	590	690	730	760
$R_{p0.2}$/MPa	≥490	≥540	≥590	690～820	730～860	760～890
R_m/MPa	≥640	≥690	≥720	≥800	≥850	≥870
$A_{50mm}(d_0=12.5mm)$/%	≥17	≥16	≥16	≥14	≥13(≥17)	≥17
Z/%	≥40	≥40	≥40	≥35	≥34(≥45)	≥45
$KU_2(KV_8)$/J	≥39	≥39	≥39	≥39	≥39[KV_8≥61]	[KV_8≥61]
$FATT_{50}$/℃	≤40	≤40	≤40	≤20	≤20(≤−30)	≤−30
推荐用钢	35CrMoV 34CrMo1	34CrMo1 35CrMoV		34CrNi3Mo	34CrNi3Mo 30Cr2Ni4MoV	30Cr2- Ni4MoV

注：30Cr2Ni4MoV、34CrNi3Mo 锻件的 $FATT_{50}$ 为保证值，其余为参考值。30Cr2Ni4MoV 锻件按 730 强度级别订货时，其力学性能按括号内指标验收。30Cr2Ni4MoV 锻件的冲击功 KV_8 采用夏比 V 形缺口试样，按 ASTM A370 的规定进行。锻件的平均晶粒度应不小于 4 级。

采用的锻造方法应尽可能使整个锻件得到均匀的组织，锻造比要求大于 3。大型叶轮通常采用水压机自由锻造，钢锭材料的利用率仅 13%～15%。直径在 1300mm 以下、质量小于 2t 的中小叶轮可采用模锻生产，钢材利用率可提高到 36%。34CrMo1、35CrMoV 等叶轮用钢对白点较敏感，在锻造开坯后必须在 640～660℃进行除氢防止白点的热处理。34CrNi3Mo 钢叶轮毛坯应采用图 6.95(c)所示的锻后热处理工艺[62]。

性能要求高的 34CrMo1、35CrMoV、34CrNi3Mo 等钢的叶轮，调质前应将叶轮粗加工，预先加热至 900～910℃，然后空冷，进行正火处理，以改善锻件内部组织。

叶轮调质处理的冷却方式有油冷、水油冷和水冷等方式，应根据叶轮用钢的材质、尺寸和性能要来决定。锻件的残余应力不应大于表 10.28 规定的 $R_{p0.2}$ 要求值下限的 8%。

10.2.2.2　汽轮机紧固件用钢

汽轮机紧固件包括用于气缸、阀门、蒸汽连通管、转子联轴器、叶片等零部件上起紧固作用的螺栓、螺母、螺钉、铆钉等。其中最重要的是高、中压气缸法兰连接用大型螺栓与螺母。国产 300MW 汽轮机高压外缸大型双头螺栓的尺寸为 ϕ120mm×1500mm，而 600MW 及以上机组高压外缸双头螺栓的尺寸为 ϕ160mm×1800mm。

对紧固件用钢，除要求有足够高的高温持久强度和蠕变性能外，更重要的是要具有高的抗松弛性能，因为它们是在应力松弛条件下承受拉伸应力，有时还承受弯曲应力。因此，紧固件用钢应有高的抗松弛性能、足够的高温持久强度、低的缺口敏感性、小的蠕变脆化倾向和良好的抗高温氧化性能。一般螺栓的设计寿命为 20000h，螺母用材质可比螺栓寿命低一些，但使用不同牌号的钢种时，因其膨胀和收缩不同，应注意避免咬死[22]。

螺栓除了要求钢材具有高的持久强度(一般为 $\sigma_{10000}^{T}=180～200$MPa)及抗氧化性能外，还要求高的室温及工作温度下的屈服强度，尤其是 $\sigma_{0.2}^{T}$(一般要求大于 400MPa)，并要求高的松弛稳定性。

在工作温度不超过 400～420℃时，可以使用 35、40、40Cr、40CrV 等结构钢。如果工作温度为 350℃以上时，就要考虑其蠕变极限和持久强度等。当工作温度超过 400～

420℃时,常使用 Cr-Mo 和 Cr-Mo-V 钢,其中 Cr-Mo-V 钢具有更高的热强性。这些钢可按其工作温度范围进行选择。Cr-Mo 和 Cr-Mo-V 钢的化学成分沿用 GB/T 3077—2015《合金结构钢》。当工作温度高于 550℃时必须采用高铬(12%Cr)热强钢,该类钢在 570℃时使用,具有良好的抗松弛性能,持久强度高,对缺口不敏感。奥氏体钢由于屈服强度低,不宜用做紧固件。当温度更高时宜选用高温合金制作紧固件。对于所采用的复杂成分的合金热强钢、不锈钢及高温合金,我国一般由各汽轮机厂制定工厂标准。表 10.29 为汽轮机中高温紧固件用钢的主要成分、性能和适用温度。

表 10.29 汽轮机中高温紧固件用钢的主要成分、性能和适用温度[54,62]

牌号	主要化学成分/%									工作温度/℃	持久强度 σ_{100000}/MPa
	C	Cr	Mo	W	V	Nb	Ti	B	Ni		
35CrMo	0.32~0.40	0.80~1.10	0.15~0.25	—	—	—	—	—	—	≤480	475℃:167
25Cr2MoV	0.22~0.29	1.50~1.80	0.25~0.35	—	0.15~0.30	—	—	—	—	≤510	500℃:196
25Cr2Mo1V	0.22~0.29	2.10~2.50	0.90~1.10	—	0.30~0.50	—	—	—	—	≤550	550℃:165
20Cr1Mo1VNbTiB	0.17~0.23	0.90~1.30	0.75~1.00	—	0.50~0.70	0.11~0.25	0.05~0.14	加入量 0.005	—	≤560	560℃:220
2Cr12WMoVNbB	0.15~0.22	11.0~13.0	0.40~0.60	0.40~0.70	0.15~0.30	0.20~0.40	—	≤0.003	≤0.60	≤565	560℃:206
R26	≤0.08	16.0~20.0	2.50~3.35	1.50~1.90	0.14~0.20	18.0~22.0 (Co)	2.50~3.00	0.001~0.01	35.0~39.0	≤650	550℃:480

注:R26 中 Al 含量不大于 0.25%、Cu 含量不大于 0.5%,余量为 Fe。

过去在蒸汽初温为 535℃的一些汽轮机中,常用 25Cr2Mo1V 及 20Cr1Mo1V 钢,前者因在电厂发生脆断(蠕变脆性)问题,后者因大截面螺栓淬透性欠佳,均基本淘汰。从 1973 年起,我国汽轮机制造业广泛采用 20Cr1Mo1VNbTiB 取代上述钢种,先后用于 200MW 及 300MW 等多种机型,经长期安全运行考核,该钢制造的大型螺栓在电厂无漏气与脆断现象发生[54]。

低合金耐热钢的蠕变脆性是指在温度、应力和时间的联合作用下所产生的脆性倾向,表现为钢的持久塑性显著降低,持久缺口敏感性增加,在高温持久断裂时呈脆性破坏。蠕变脆性在奥氏体钢和耐热合金中也会出现,这种脆性破坏会使零件在未达到预定使用期限前,不是由于超应力,而是由于钢的持久塑性储备耗尽而发生过早的突然断裂,汽轮机中的螺栓断裂是其中一例。

试验表明,当低合金 Cr-Mo-V 钢 $w_V/w_C=4$ 时具有最低的持久塑性,此时晶粒内由于析出大量的 VC 而得到较大的强化,而晶界没有获得相应平衡,以致晶内强度大于晶界强度,造成裂纹沿晶界的低持久塑性破坏。25Cr2Mo1V 螺栓钢随试验时间的延长,持久塑性急剧降低,约在 3000h 持久塑性 δ 已降到 3%,并显示出较大的持久缺口敏感性。20Cr1Mo1VNbTiB 螺栓钢具有较高的持久塑性,570℃时不显示持久缺口敏感性,其原因是添加了少量的 Nb 和微量 Ti+B 元素,改善了晶界强度,从而提高了钢的持久塑性[15]。

钢出现最低持久塑性值的位置与试验温度有关。低合金耐热钢的金相组织对蠕变脆性有显著影响。在低合金 Cr-Mo 和 Cr-Mo-V 钢中，贝氏体组织有高的持久强度和松弛稳定性，但是有最低的持久塑性和较大的持久缺口敏感性。这类钢在热处理时若获得几乎完全的贝氏体组织，则会出现蠕变脆性破坏现象，因此不能片面追求高的持久强度而忽视了持久塑性。在热处理时必须控制贝氏体、珠光体和铁素体组织的含量，以获得良好的综合力学性能[15]。

表 10.30 列出了一些高温螺栓钢的热处理工艺及其力学性能要求。

表 10.30　汽轮机用高温螺栓钢的热处理工艺及力学性能要求

牌号	热处理工艺	力学性能(不小于)			
		$\sigma_{0.2}$/MPa	σ_b/MPa	δ/%	ψ/%
35CrMo[62]	调质：850～880℃油淬，560～620℃回火 正火：850～890℃空冷，560～650℃回火	588	765	14	40
25Cr2MoV[62]	调质：920～960℃油淬，640～680℃回火 正火：940～980℃空冷，560～650℃回火	686	785	15	50
20Cr1Mo1VNbTiB[62]	退火：750～800℃装炉，均热升温至 950℃保温后炉冷至 500℃出炉 调质：1020～1040℃油冷，690～730℃回火	670	725	15	60
2Cr12WMoVNbB[54]	1150℃×30min 油淬， (680～700℃)×2h 回火空冷	735	883	15	50
R26[62]	固溶处理：(1000～1050℃)×1h 油冷 时效：(800～830℃)×20h 炉冷至(710～750℃)×20h 空冷	550	1000	15	20

20Cr1Mo1VNbTiB 钢是我国自行研制的高温螺栓用钢，钢中除铬、钼起固溶强化作用的元素外，还加入细化晶粒的铌、钛等及强化晶界的硼。硼偏聚于晶界，填充了晶界结构上的空位，减缓了晶界的扩散过程，有效地阻止了晶界碳化物的聚集长大，抑制了晶界裂纹的形成和长大，强化了晶界。钢中 VC、NbC、TiC 等多种稳定的碳化物所起到的沉淀硬化作用比单一的碳化物更为有效，使组织更稳定，无时效脆化现象，无缺口敏感性。该钢有良好的综合力学性能和较好的淬透性。该钢比普通合金成分的耐热钢具有更高的持久强度、蠕变强度和抗松弛性能，特别适用于制作 560℃下大容量机组的大型紧固螺栓。

2Cr12WMoVNbB 钢是 Cr12 型钢的改良型钢种之一，适当添加 Nb 和 B 元素，可提高热强性，抗松弛性能也好。该钢相当于苏联 ЭИ993 钢。该钢适宜于制作 565℃以下的紧固件材料，亦可用于工作温度 590℃的叶片。

R26(Refractaloy-26)合金为美国钢号，属于镍铬钴铁基沉淀硬化型高温合金，具有高的持久强度和抗松弛性能。该钢用于大型汽轮机高温螺栓、汽封弹簧、叶片及其他高温零件，使用温度不超过 677℃[62,63]。

除上述钢种外，大型机组大截面中温螺栓用钢还有 40CrMoV、45Cr1MoV，高温大截面螺栓钢还有 20Cr1Mo1VTiB、GH145 等。

当高温螺栓材料做螺母使用时，其工作温度可以比螺栓工作温度高约 30℃，为了使螺栓和螺母在长期使用后不发生咬死现象，高温螺栓应配置比高温温度等级低一个档次的异种材料做螺母，如 20Cr1Mo1VNbTiB 钢通常使用 25Cr2MoV 钢制作螺母，而

25Cr2MoV 钢中压螺栓则使用 35CrMo 钢制作螺母，其他改型 Cr12 不锈钢采用 45Cr1MoV 钢制作螺母。

高温螺母工作时需多次装卸，因此螺母六角面应有高硬度，其硬化层应能耐高温，故螺母的六角面常需进行渗氮处理[62]。

10.2.3 汽轮机叶片用钢

叶片担负着将蒸汽的动能和热能转换成机械能的功能。叶片有动叶片和静叶片之分。动叶片安装在汽轮机转子的各级叶轮上，与转子一起转动。静叶片则安装在隔板上，以使蒸汽流改变方向。

叶片尺寸的长短、级数主要取决于汽轮机功率的大小。小功率汽轮机仅有一、二级叶片，其叶片长度只有几十毫米，而 300MW 大型汽轮机的高、中低压叶片则共有 28 级，其末级动叶片的长度达 1016mm[62]。

10.2.3.1 叶片的工作情况、性能要求及成分设计

汽轮机叶片安装在叶轮上，当蒸汽气体流过气道时，其动能将通过叶片传给转子，所以在工作时叶片受到气流力。不均匀的气流可以成为引起叶片振动的激振力。叶片还要求承受高速旋转产生的巨大离心力。以汽轮机末级叶片为例，1m 左右的叶片，单只叶片的质量约为 10kg，旋转时，它引起的离心力高达 100t 左右。将叶片视做悬臂梁时，由于承受蒸气气流的压力和反射作用，会使叶片相对于它们在转子或叶轮的固定处产生弯曲应力。叶片截面形心与弯曲中心不重合，离心力作用线不通过弯曲中心以及气流力作用线不通过弯曲中心都将引起扭转应力。最后当叶片受热不均匀存在温度差时，在叶片中会引起温度应力，这样可以将叶片所承受的应力归纳为：①离心力引起的拉伸应力；②离心力、气流力和叶片振动引起的弯曲应力；③离心力、气流力和叶片振动引起的扭转应力；④非均匀受热引起的温度应力。

高、中压段的高温叶片还要承受高温、高压的过热蒸气作用，其工作温度均在 400℃以上，亚临界机组叶片的工作温度最高可达 540℃，而超临界机组的叶片工作温度可达 560℃，甚至 650℃。高、中压段的静叶片工作时，主要承受高温、高压蒸汽的冲击。

低压段动叶片，随叶片尺寸的增大，其高速旋转的离心力和动应力不断增加。其中的末级、次末级或次次末级叶片则工作在干湿蒸汽环境中，蒸气中的微量氯离子等残留有害物质易沉积在叶片表面而产生腐蚀或应力腐蚀。低压静叶片工作时主要承受低压蒸汽的冲击及湿蒸汽的腐蚀。

动叶片工作时，扭转引起的切应力值甚微，可以忽略不计，对于非强制冷却的叶片温差应力也可以不考虑。长叶片以离心力引起的拉伸应力值为最大，这就要求材料应有好的高温强度(持久和蠕变)，但是对于大多数叶片破坏的直接原因是振动引起的交变弯曲应力，而不是离心力引起的静载荷。叶片破坏主要是由于疲劳引起的，这样的事实告诉我们，许用应力以疲劳极限为基础，但在离心力和振动的影响下，叶片受非对称循环交变载荷。非对称循环的平均应力与应力幅度有许多不同的组合，疲劳试验又需要在高温下进行，这些都增加了试验的复杂性和费用，因此一般分别对拉应力和弯曲应力进行校核。

在前几级叶片中，蒸汽的温度及压力较高，水分较少，因此主要受化学腐蚀；而在后几级叶片中，蒸汽的温度及压力已大大降低，蒸汽中已开始凝聚出水滴，这样后几级叶片就不但要受电化学腐蚀，还要受水滴冲刷的机械磨损。

根据叶片的工作条件，制造叶片的材料应满足以下要求：①在常温及高温下都应有高的强度，同时为预防在过载情况下工作，需要足够塑性和韧性；②有高的振动衰减能力；③高度的组织稳定性，保证在高温条件下使用时力学性能不发生变化；④具有良好的耐化学、电化学及冲蚀稳定性；⑤良好的工艺性能。

叶片基本上都使用 Cr13 型马氏体不锈钢和改型的 Cr13 型马氏体不锈钢及耐热钢制造。马氏体不锈钢加工性能好，成本低，吸振能力强（1Cr13、2Cr13 钢的衰减性能仅次于铸铁），并且可以加入适当的合金元素并通过锻造、热处理工艺等措施，使其强韧性满足叶片设计要求。

为了提高热强性，在 Cr13 型马氏体热强钢中加入强化元素 W、Mo、V 等，如 2Cr12MoV、1Cr12W1MoV 等，它们的抗氧化性和消振性能优于珠光体热强钢，广泛用于制造 600℃以下工作的汽轮机叶片、增压器叶片、阀门、主轴等。还有一类是含 Cr、Si 的马氏体热强钢，如 4Cr9Si2、4Cr10Si2Mo 等。加入 Cr 和 Si 能提高抗氧化性和抗燃烟气体（包括铅化物）腐蚀的性能，主要用来制造发动机排气阀门，也可制造 800℃以下受力较小的加热炉构件等。

多年来，研究者一直致力于 Cr 含量为 9%～12%的高 Cr 马氏体热强钢的研究开发。该类钢的化学成分有两个特点：

(1) 调整钢中 C 含量与 Cr 含量，可以使之产生多晶相变，这样可以通过热处理来改变相组成，从而改变钢的性能；

(2) 添加一些合金元素，通过固溶强化、强化晶界和热处理析出碳化物，达到提高热强性的目的。

由于 1Cr13、2Cr13 类马氏体耐热钢的组织稳定性差，只能用于制造低于 450℃下工作的蒸汽轮机叶片。为了解决这一问题，发展了一些新的低碳马氏体热强钢。

从成分设计来讲，这类钢必须通过热处理才能获得优良的室温和高温力学性能。这类钢的热处理一般由淬火和高温回火组成。研究表明，一般 Cr13 类钢的淬火温度为 950～1050℃，油冷，此时获得的组织为马氏体，也可采用空冷（正火）。该类钢铬含量较高，与铁素体钢类似也会产生 475℃脆性，因此它们的回火温度一般为 680～700℃。回火后钢的组织视钢种不同，其组织也有所不同。对 1Cr13、2Cr13 钢来说讲，一般是回火索氏体，对合金化的 1Cr12 钢来讲，是回火屈氏体＋回火索氏体。

1Cr13 钢中有两种碳化物：$Cr_{23}C_6$ 和 Cr_7C_3。$Cr_{23}C_6$ 有沉淀硬化效应，对钢的热强性有贡献，而 Cr_7C_3 无此效应，对钢的热强性作用不大。若钢中含 Mo、W 等合金元素，则钢中不出现 Cr_7C_3，而只有单一的 $(Cr、Mo、W、Fe)_{23}C_6$ 相。钢中含 V 时，由于 Cr 含量较高（当 Cr 含量大于 3%）就可以阻止形成 VC。为了使 Mo、W 等合金元素尽可能地保留在 α-Fe 固溶体中，实现固溶强化，必须尽量避免 $Cr_{23}C_6$ 的形成。为了在钢中能形成 MC 型碳化物，除在钢中加入 V 外，还必须在钢中加入碳化物形成能力更强的元素 Nb 和 Ti，以 V-Ti 或 V-Nb-Ti 综合加入最好。它们在钢中形成（V，Nb）C 或（V、Ti、Nb）C 复合碳化物，比 $Cr_{23}C_6$ 更稳定，而且（V，Nb）C 或（V、Nb、Ti）C 中钼和钨的溶解量比在 $Cr_{23}C_6$ 中为少,能使钼和钨主要存在于 α-Fe 固溶体中[22]。

1Cr13 和 2Cr13 马氏体耐热钢具有优良的疲劳性能,这对制造在高温下受冲击载荷的部件有很大的价值。表 10.31 列出了一些低碳高铬马氏体热强钢的疲劳性能。由表可见,在相应的热处理后,其疲劳极限差不多是其强度的一半,这对制造承受周期性载荷的部件是十分有利的。

表 10.31 一些低碳高铬马氏体热强钢的疲劳性能[22]

钢的主要成分/%		热处理规范	σ_b/MPa	σ_{-1}/MPa	σ_{-1}/σ_b
C	Cr				
0.08	17.8	980℃淬火,480℃回火	1161	510	0.45
0.08	17.8	980℃淬火,540℃回火	1147	537	0.47
0.08	17.8	980℃淬火,595℃回火	755	417	0.56
0.08	17.8	980℃淬火,705℃回火	570	310	0.54
0.11	12.71	980℃淬火,650℃回火	—	343	—
0.07	18.56	轧态	529	310	0.59

这类钢在腐蚀介质中的疲劳性能有所降低,但与其他钢种相比仍有相当好的抗疲劳性能,因此它们仍获得了广泛的应用。

10.2.3.2 叶片用马氏体热强钢

低碳高铬马氏体热强钢具有高的抗蚀性和抗氧化性,经热处理后可获得较高的硬度、强度、耐磨性及塑性,其工艺性能也能满足制造叶片的要求,更加可贵的是它有良好的减振性,因此国内外的汽轮机叶片广泛用 Cr12 型或改型 Cr12 马氏体热强钢。表 10.32 为我国汽轮机叶片用钢的化学成分。

图 9.20 为含 12%Cr 时的 Fe-Cr-C 系垂直截面图。在改型 Cr12 不锈钢中,加入的 Cr、Mo、W、V 是强碳化物形成元素,C、Mn、Ni、N 是奥氏体形成与稳定化元素。在这类钢中生成过多的 δ 铁素体会显著降低钢的强度、塑性及韧性,还会影响钢的疲劳强度和高温强度。因此在改型 Cr12 钢中应注意碳及合金元素的适当配比,严格控制金相组织中 δ 铁素体含量。在 GB/T 8732—2014《汽轮机叶片用钢》中规定对这类钢材应进行 δ 铁素体检验。2Cr13、1Cr12Mo、2Cr12MoV 的 δ 铁素体含量最严重视场不超过 5%,其他牌号的 δ 铁素体含量最严重视场不得超过 10%。δ 铁素体检验方法按 GB/T 13305—2008《不锈钢中 α-相面积含量金相测定法》进行,该标准是对 GB 6401—86《铁素体奥氏体型双相不锈钢中 α-相面积含量金相测定法》和 GB/T 13305—91《奥氏体不锈钢中 α-相面积含量金相测定法》两个标准的整合修订。GB/T 8732—2014 加严了对 δ 铁素体含量的要求。20Cr13、12Cr12Mo、21Cr12MoV 的 δ 铁素体含量最严重视场应不超过 3%,其他牌号的 δ 铁素体含量最严重视场应不超过 5%。

钢中 δ 铁素体含量=(10E_{Cr}−100%),其中 E_{Cr} 为铬当量,其计算式如下:

$$E_{Cr}=1w_{Cr}+2w_W+2.2w_{Mo}+4.5w_{Nb}+3.2w_{Si}+10w_V+7.2w_{Ti}+12w_{Al}+2.8w_{Ta}-45w_C-30w_N-1w_{Ni}-0.6w_{Mn}-1w_{Cu}-1w_{Co} \quad (10.14)$$

表 10.32　我国汽轮机叶片用钢的化学成分(GB/T 8732—2014、GB/T 1221—2007)　(单位:%)

牌号	C	Si	Mn	P	S	Cr	Ni	Mo	W	V	Cu	Al	N	Nb+Ta
12Cr13 (1Cr13)	0.10～ 0.15	≤ 0.60	≤ 0.60	≤ 0.030	≤ 0.020	11.50～ 13.50	≤ 0.60	—	—	—	≤ 0.30	—	—	—
20Cr13 (2Cr13)	0.16～ 0.24	≤ 0.60	≤ 0.60	≤ 0.030	≤ 0.020	12.00～ 14.00	≤ 0.60	—	—	—	≤ 0.30	—	—	—
12Cr12Mo (1Cr12Mo)	0.10～ 0.15	≤ 0.50	0.30～ 0.60	≤ 0.030	≤ 0.020	11.50～ 13.00	0.30～ 0.60	0.30～ 0.60	—	—	≤ 0.30	—	—	—
14Cr11MoV (1Cr11MoV)	0.11～ 0.18	≤ 0.50	≤ 0.60	≤ 0.030	≤ 0.020	10.00～ 11.50	≤ 0.60	0.50～ 0.70	—	0.25～ 0.40	≤ 0.30			
15Cr12WMoV (1Cr12W1MoV)	0.12～ 0.18	≤ 0.50	0.50～ 0.90	≤ 0.030	≤ 0.020	11.00～ 13.00	0.40～ 0.80	0.50～ 0.70	0.70～ 1.10	0.15～ 0.30	≤ 0.30	—	—	—
21Cr12MoV (2Cr12MoV)	0.18～ 0.24	0.10～ 0.50	0.30～ 0.80	≤ 0.030	≤ 0.020	11.00～ 12.50	0.30～ 0.80	0.80～ 1.20	—	0.25～ 0.35	≤ 0.30	—	—	—
18Cr11NiMoNbVN (2Cr11NiMoNbVN)	0.15～ 0.20	≤ 0.50	0.50～ 0.80	≤ 0.020	≤ 0.015	10.00～ 12.00	0.30～ 0.60	0.60～ 0.90	—	0.20～ 0.30	≤ 0.10	≤ 0.03	0.040～ 0.090	0.20～ 0.60Nb
22Cr12NiMoWV (2Cr12NiMo1W1V)	0.20～ 0.25	≤ 0.50	0.50～ 1.00	≤ 0.030	≤ 0.020	11.00～ 12.50	0.50～ 1.00	0.90～ 1.25	0.90～ 1.25	0.20～ 0.30	≤ 0.30	—	—	—
05Cr17Ni4Cu4Nb (0Cr17Ni4Cu4Nb)	≤ 0.055	≤ 1.00	≤ 0.50	≤ 0.030	≤ 0.020	15.00～ 16.00	3.80～ 4.50	—	—	—	3.00～ 3.70	≤ 0.050	≤ 0.050	0.15～ 0.35Nb ≤0.050Ti
14Cr12Ni2WMoV (1Cr12Ni2W1Mo1V)	0.11～ 0.16	0.10～ 0.35	0.40～ 0.80	≤ 0.025	≤ 0.020	10.50～ 12.50	2.20～ 2.50	1.00～ 1.40	1.00～ 1.40	0.15～ 0.35	—	≤ 0.05	—	—
14Cr12Ni3Mo2VN (1Cr12Ni3Mo2VN)	0.10～ 0.17	≤ 0.30	0.50～ 0.90	≤ 0.020	≤ 0.015	11.00～ 12.75	2.00～ 3.00	1.50～ 2.00	—	0.25～ 0.40	≤ 0.15	≤ 0.04	0.010～ 0.050	≤ 0.02Ti
14Cr11W2MoNiVNbN (1Cr11MoNiW2VNbN)	0.12～ 0.16	≤ 0.15	0.30～ 0.70	≤ 0.015	≤ 0.015	10.00～ 11.00	0.35～ 0.65	0.35～ 0.50	1.50～ 1.90	0.14～ 0.20	≤ 0.10	—	0.040～ 0.080	0.05～ 0.11

注:括号内为 GB/T 20878—2007 中的牌号表示方法。本标准与 GB/T 8732—2004 比较,取消了 3 个牌号:13Cr13Mo、18Cr12MoVNbN、13Cr11Ni2W2MoV,表中最后 3 个牌号是新增加的。本表中一部分牌号的化学成分与 GB/T 20878—2007 不同,主要是加严了对 S 含量的要求,修改了某些牌号的元素化学成分。

另一种铬当量 E_{Cr} 的计算式为

$$E_{Cr}=1w_{Cr}-40w_{C}-2w_{Mn}-4w_{Ni}+6w_{Si}+4w_{Mo}+11w_{V}-30w_{N}+1.5w_{W} \tag{10.15}$$

当 $E_{Cr}\leqslant 9$(目标 7)时,钢中一般不会存在 δ 铁素体[62]。

电炉冶炼的 Cr12 型马氏体耐热钢,一般含有较多的夹杂物,只能用于制造静叶片。动叶片用钢均需采用电渣重熔、真空感应熔炼或真空自耗重熔等二次精炼的方法制造,使叶片中的夹杂物含量大幅降低,合金元素的偏析得到改善。钢材横截面酸浸低倍组织的一般疏松、中心疏松和偏析均应小于或等于 2.0 级。应检查钢中非金属的夹杂物,其级别应符合标准规定。钢材应检查奥氏体晶粒度,平均晶粒度不粗于 4 级,并且不含有 1 级或更粗的晶粒。

这类钢材交货状态为退火或高温回火。经退火或高温回火的钢材的硬度应符合表 10.33 的规定。表 10.34 为叶片材料的热处理工艺和力学性能要求(GB/T 8732—2014)。

表 10.33　叶片材料的退火和高温回火工艺和硬度要求(GB/T 8732—2014)

牌号		推荐的热处理工艺		
新牌号	旧牌号	退火	高温回火	硬度 HBW
12Cr13	1Cr13	800～900℃缓冷	700～770℃快冷	≤200
20Cr13	2Cr13	800～900℃缓冷	700～770℃快冷	≤223
12Cr12Mo	1Cr12Mo	800～900℃缓冷	700～70℃快冷	≤255
14Cr11MoV	1Cr11MoV	800～900℃缓冷	700～770℃快冷	≤200
15Cr12WMoV	1Cr12WMoV	800～900℃缓冷	700～770℃快冷	≤223
21Cr12MoV	2Cr12MoV	880～930℃缓冷	750～770℃快冷	≤255
18Cr11NiMoNbVN	2Cr11NiMoNbVN	800～900℃缓冷	700～770℃快冷	≤255
22Cr12NiMoWV	2Cr12NiMoWV	860～930℃缓冷	750～770℃快冷	≤255
05Cr17Ni4Cu4Nb	0Cr17Ni4Cu4Nb	740～850℃缓冷	660～680℃快冷	≤361
14Cr12Ni2WMoV	1Cr12Ni2WMoV	860～930℃缓冷	650～750℃快冷	≤287
14Cr12Ni3Mo2VN	1Cr12Ni3Mo2VN	860～930℃缓冷	650～750℃快冷	≤287
14Cr11W2MoNiVNbN	1Cr11W2MoNiVNbN	860～930℃缓冷	650～750℃快冷	≤287

这类钢中的 12Cr13 钢的碳含量不高,其组织是半马氏体,也称半马氏体耐热钢,而 20Cr13 钢是马氏体钢。

12Cr13 钢有一定的热强性,特别是具有良好的减振性,主要用于制造汽轮机静叶片、低压叶片及其他耐腐蚀用部件。该钢具有较好的焊接性能,可用各种方法进行焊接,为防止焊接接头的冷裂纹,焊前应预热,预热到温度为 200～300℃,焊后应进行 700～750℃回火,焊接时可使用 1Cr18Ni11Nb 焊条。由于该类钢易于产生轴心裂纹,应当严格控制始锻和终锻温度,并采用较大的锻造比进行锻造,应避免过热、晶粒粗大和析出大量的 δ 铁素体,防止韧性降低。一般始锻温度为 1100～1150℃,终锻温度大于 850℃,热加工后堆冷或空冷。12Cr13 钢的抗氧化温度不超过 750℃。在 470～530℃加热 10000h 后,钢的抗拉强度与屈服强度几乎无变化,冲击韧度从 160J/cm^2 降到 100～120J/cm^2[22]。

表 10.34　叶片材料的热处理工艺和力学性能要求(GB/T 8732—2014)

牌号	组别	热处理制度		力学性能(不小于)					试样硬度 HBW
		淬火	回火	$R_{p0.2}$/MPa	R_m/MPa	A/%	Z/%	KV_2/J	
12Cr13	—	980～1040℃,油	660～770℃,空	440	620	20	60	35	192～241
20Cr13	Ⅰ	950～1020℃,空、油	660～720℃,油、气、水	490	665	16	50	27	212～262
	Ⅱ	980～1030℃,油	640～720℃,空	590	735	15	50	27	229～277
12 Cr12Mo	—	950～1000℃,油	650～710℃,空	550	685	18	60	78	217～255
14Cr11MoV	Ⅰ	1000～1050℃,空、油	700～750℃,空	490	685	16	56	27	212～262
	Ⅱ	1000～1030℃,油	660～700,空	590	735	15	50	27	229～277
15Cr12WMoV	Ⅰ	1000～1050℃,油	680～740℃,空	590	735	15	45	27	229～277
	Ⅱ	1000～1050℃,油	660～700℃,空	635	785	15	45	27	248～293
18Cr11NiMoNbVN	—	≥1090℃,油	≥640℃,空	760	930	12	32	20	277～331
22Cr12NiMoWV	—	980～1040℃,油	650～750℃,空	760	930	12	32	11	277～311
21Cr12MoV	Ⅰ	1020～1070℃,油	≥650℃,空	700	900～1050	13	35	20	265～310
	Ⅱ	1020～1050℃,油	700～750℃,空	590～735	930	15	50	27	241～285
14Cr12Ni2WMoV	—	1000～1050℃,油	≥640℃,空,二次	735	920	13	40	48	277～331
14Cr12Ni3Mo2VN	—	990～1030℃,油	≥560℃,空,二次	860	1100	13	40	54	331～363
14Cr11W2MoNiVNbN	—	≥1100℃,油	≥620℃,空	760	930	14	32	20	277～331
05Cr17Ni4Cu4Nb		固溶处理	中间处理 / 时效处理						
	Ⅰ	1025～1055℃,油、空冷(≥14℃/min冷却到室温)	中间处理:—;时效处理:645～655℃,4h,空冷	590～800	900	16	55	—	262～302
	Ⅱ		中间处理:810～820℃,0.5h空冷(≥14℃/min冷却到室温);时效处理:565～575℃,3h,空冷	890～980	950～1020	16	55	—	293～341
	Ⅲ		时效处理:600～610℃,3h,空冷	755～890	890～1030	16	55	—	277～321

注:20Cr13、14Cr11MoV 和 15Cr12WMoV 钢的力学性能按Ⅰ组规定,经供需双方协商也可按Ⅱ组的规定。21Cr12MoV 钢的订货组别应在合同中注明,未注明时,按Ⅰ组执行。05Cr17Ni4Cu4Nb 钢的热处理通常按Ⅲ组规定,需方如要求按Ⅰ组或Ⅱ组处理时,应在合同中注明。

20Cr13 钢的热强性与抗高温腐蚀性能均高于 12Cr13 钢,也具有消振性,热处理后可用于制造承受较高应力的部件。该钢可用于制造在 400～450℃的低温下长期使用的汽轮机长叶片,也可用于制作高压汽轮机零件、阀门等。

20Cr13 钢的淬火温度为 950～1050℃,空冷或油冷。一般淬火温度不宜过高以免晶粒长大而引起脆性,采用高温回火,温度为 650～700℃。该钢在 400～600℃回火时有脆性,因此在热处理时应避开这个温度区间。

20Cr13 钢在 500℃长时间加热后,其性能无显著变化;在 550℃下保温 10000h 后,钢的强度稍有下降;在 600℃下长期加热时,钢的强度显著降低。

20Cr13 钢可用各种方式焊接,但焊前需在 300℃下预热,焊后需进行高于 700℃的回火,常用奥氏体钢焊条焊接[22]。

单纯 Cr 合金化的 Cr13 型钢虽然有上述各种优点,但其热强性不高。由图 10.46 可知,Cr 在钼钨钒钢中最大的强化作用是在含 1%Cr 左右,继续升高 Cr 含量,由于出现了不稳定的容易聚集长大的 Cr_7C_3 而引起热强性下降,至 7%Cr 达到最低值。继续升高 Cr 含量到 13%,由于 Cr_7C_3 被有沉淀硬化效果的 $Cr_{23}C_6$ 代替而使热强性略有改善,但其水平还不及珠光体类钢,如 12Cr13 钢可在 450～475℃下使用,而 20Cr13 钢可在 400～450℃下使用[63]。

Cr13 型钢进一步强化使用的合金元素会在组织上产生大量 δ 铁素体,因为这些元素都是铁素体形成元素。δ 铁素体的生成会使钢的韧性下降,量多时对加工和热强度都会产生不良影响。就 Cr13 型钢来说,δ 铁素体含量可因成分和加工温度不同而异。

化学成分对 δ 铁素体含量的影响趋势为:当碳含量偏上限,铬含量在下限时,组织中 δ 铁素体很少,但相反的情况下组织中则可出现大量的 δ 铁素体,如图 10.47 所示。由图可知,C 和 Cr 含量的变动可使 δ 铁素体含量在百分之几到百分之几十范围变化。在旧标准 GB 8732—88 中规定 1Cr13 钢碳含量不大于 0.15%,没有规定下限,所以 1Cr13 钢碳含量有时很低,低的碳含量虽然对耐腐蚀有利,但对力学性能不利,生产上也常出现碳含量低而使冲击韧性不合格。GB/T 8732—2014 中规定 12Cr13 钢碳含量的下限为 0.10%,

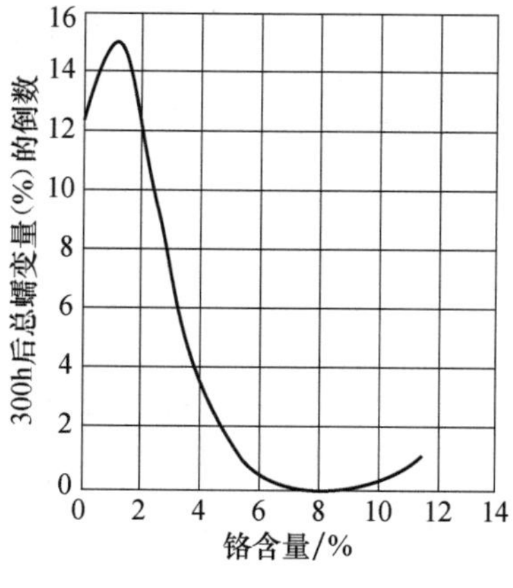

图 10.46　铬对钨钼钒钢蠕变抗力的影响[64]

成分:0.5%Mo、0.5%W、0.8%V,应力 123.5MPa,600℃

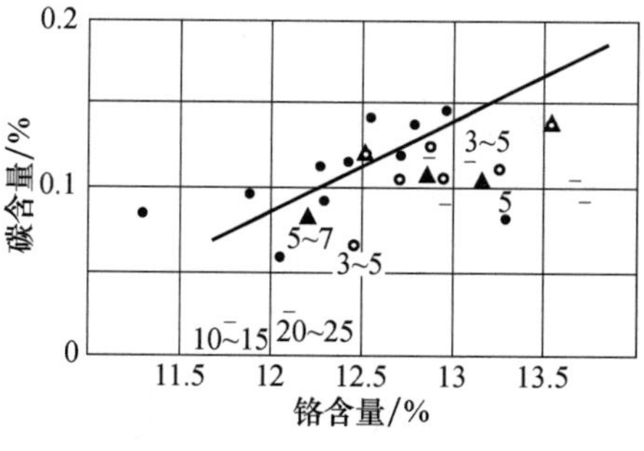

图 10.47　碳与铬对 1Cr13 钢中铁素体含量的影响(1175℃淬火)[65,66]

•无铁素体;▲ 5%铁素体;

∘ 5%～10%铁素体;- >10%铁素体

铁素体含量不超过 5%。

温度对铁素体含量的影响也很大，从 Fe-Cr-C 三元（12%Cr）状态图（图 9.20）可以看出，相当于 12Cr13 钢碳含量的钢，在高温时是处于奥氏体与铁素体的两相区，随着温度升高铁素体含量增大。应注意的是，导致铁素体大量增加的因素主要是锻造，因为热处理的淬火温度超过 1050℃的很少，而锻造温度要高得多（1100～1150℃）。曾有人试验含 0.11%C、13.2%Cr 的 12Cr13 钢，当在 1240℃加热 1h，空气冷却后的铁素体含量剧增至 50%以上，δ 相在冷却时不转变为 γ 相。我们知道，虽然在平衡条件下高温时 $\delta\leftrightarrow\gamma$ 的转变是可逆的，但生产实践表明，加热时奥氏体转变为铁素体较易进行，在冷却时铁素体转变为奥氏体则比较困难，锻造过热形成的大量铁素体即因此被保留在常温组织中，以后的热处理并不能使其在数量上减少。由此可知，当发现 12Cr13 钢中出现大量的铁素体时，如不是由钢中碳含量偏低，那就表明是过热了，这多半是由于锻造加热不当所致。

大量的铁素体使 12Cr13 钢冲击韧性降低，可以从两方面获得解释：一是它使钢的韧脆转变温度提高；二是铁素体破坏了基体金属的连续性，所以当铁素体呈网状分布时这种影响更大。

铁素体对高温塑性的影响可由图 9.81 看出。此图表示双相钢 $\gamma+\alpha$ 的高温塑性和 α（或 δ）相含量的关系，图中显示双相钢含 α 相小于 5%时塑性较好，α 相含量为 20%～25%时则加工性骤然变坏，α 相含量大于 30%时则相对难加工。高温塑性下降的原因：首先奥氏体和铁素体的硬度不同，变形阻力不同，特别是温度升高时铁素体随温度上升硬度下降较快，而奥氏体下降较慢；其次奥氏体和铁素体再结晶速率不一样，前者慢于后者，特别是加工温度低时可能产生不完全再结晶，锻造时会造成钢的开裂（这可用稍加停留使再结晶完善后再继续加工来改善）。

在一般的情况下，也就是说不含铁素体或含量在 10%～20%都对热强性没有什么影响，在铁素体含量大于 30%时会使热强性剧烈下降和组织稳定性变差。

12Cr12Mo（1Cr13Mo）钢的耐蚀性高于 12Cr13 钢，用于制作 450℃以下汽轮机叶片、压气机导向叶片，在我国 300MW、600MW 汽轮机中用做动、静叶片，还可用于高温高压蒸汽用机械部件和其他耐蚀性零件。

12Cr12Mo 钢的退火温度为 860～950℃，炉冷，淬火温度为 940～970℃，油冷，不低于 620℃回火，空冷。

要保持 Cr13 型钢的特点，同时又要提高热强性，需要进一步强化，这样强化的钢称之为改型 Cr13 钢或 Cr12 型钢。其强化方法和上述珠光体耐热钢强化基本相似，即一方面用 W、Mo 等合金元素来强化基体，另一方面加入强碳化物形成元素 V、Nb，生成稳定碳化物相，以 V-Ti、V-Nb-Ti 综合加入效果最好，此外还可加入 B 以提高淬透性和强化晶界。图 10.48 示出了用 Mo、V、Nb 强化 Cr13 钢的结果。由图可知，Cr13 钢中同时加入 Mo、V 或 Mo、V、Nb 效果最好，这是因为有 V、Nb 的存在使绝大部分 Mo 都

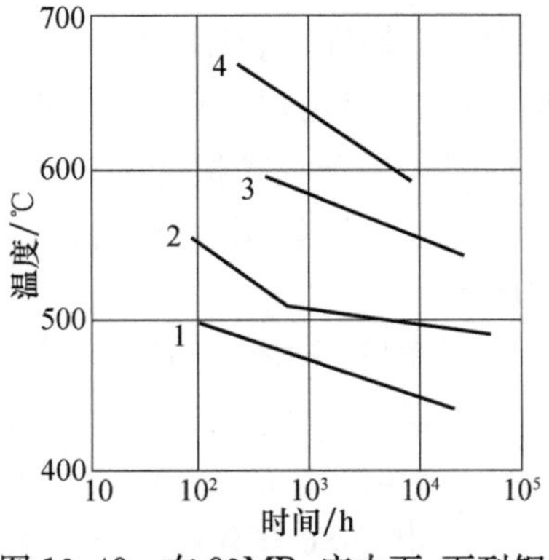

图 10.48 在 80MPa 应力下，下列钢变形 0.1%所需时间与温度的关系[65]

1—13%Cr；2—13%Cr-0.5%Mo；3—13%Cr-0.5%Mo-0.2%V；4—13%Cr-0.5%Mo-0.2%V-0.4%Nb

被挤进固溶体,从而提高了热强性,同时固溶体中保持了高浓度的 Cr,能保持高的抗氧化性,欲进一步强化,还可增加 Mo、W 或 B。

21Cr12MoV 钢常用于制作汽轮机低压末级叶片。该钢含有少量的镍,可以避免加热时钢中出现 δ 铁素体。该钢经调质处理后具有高的强度(表 10.34)和良好的耐蚀性。

国外自 20 世纪 50 年代以来在 Cr12 马氏体叶片钢的基础上,不断开发出新的汽轮机叶片用钢。部分这类钢的化学成分见表 10.35。

表 10.35　一些国外开发的马氏体(铁素体)叶片用钢的化学成分[62,67]　(单位:%)

牌　号	C	Si	Mn	Cr	Ni	Mo	W	Co	V	Nb	N	B
H46	0.15	0.40	0.60	11.50	—	0.60	—	—	0.30	0.25	0.075	
Fv448	0.10	0.46	0.86	10.7	0.65	0.60	—	—	0.14	0.26	0.050	
GE(Mod.)	0.14	0.03	0.60	10.0	0.70	1.0	1.0	—	0.18	0.045	0.040	—
AISI422	0.23	0.40	0.60	12.5	0.70	1.0	1.0	—	0.25	—	—	—
AL419	0.25	0.30	1.0	11.5	0.5	0.5	2.5	—	0.40	—	0.10	—
Lapelloy	0.30	0.25	1.0	12.0	0.30	2.75	—	—	0.25	—	—	—
TAF	0.16	0.50	0.80	11.50	—	1.00	—	—	0.20	0.20	0.015	0.04
TR1115(TMK2)	0.13	0.05	0.50	10.7	0.70	0.4	1.8	—	0.17	0.06	0.045	—
TR1200(FN5)	0.11	0.05	0.60	11.0	0.50	0.15	2.6	3.0	0.20	0.08	0.025	0.015
1Cr12Ni2Mo1W1V	0.12～0.16	0.10～0.35	0.40～0.80	10.50～12.50	2.20～2.60	1.00～1.40	1.00～1.40	—	0.15～0.35	—	—	—
12Cr-Ni-Mo-V (M152)	0.08～0.15	≤0.25	0.50～0.60	11.00～12.50	2.00～3.00	1.50～2.00	—	—	0.25～0.40	—	0.020～0.040	—
Ti-6Al-4V(钛合金)	≤0.10	≤0.15	Fe≤0.30		O≤0.15		Ti:余量		3.5～4.5	Al:5.5～6.8		—

注:H46 钢的成分与 2Cr11NiMoNbVN 钢相近,AISI422 钢的成分与 2Cr12NiMo1W1V 钢相近。

英国在 20 世纪 50 年代开发出在 Cr-Mo 钢中加入 Nb、N 的 H46、Fv448 等钢,具有良好的持久强度。美国 50～60 年代在 H46 钢的基础上减少 Nb 含量以降低固溶处理温度和保证韧性,同时减少 Cr 含量以抑制 δ 铁素体,得到 GE(10.5Cr1MoVNbN)及 GE 调整型钢,同时还在 12CrMoV 的基础上开发含 W 的 Cr12 型钢,如 AISI422、AL419、Lapelloy 等钢,用于汽轮机叶片。这些钢与 Cr12MoV 钢相比具有更好的性能。日本在 H46 钢基础上添加 B,开发了 TAF(10.5Cr1.5MoVNbB)钢,用于小型汽轮机转子,也用于制造叶片。

AISI422 钢成功地用于 550℃条件下,而在超超临界参数条件下无法满足叶片对蠕变强度的要求。日本 20 世纪 70 年代开发了 12Cr-MoVNb 系 593℃级别的 TOS101 钢,欧洲也开发出了 10.5Cr-MoVNbB(COST E)等转子用钢,这些钢亦适用于叶片。

20 世纪 80 年代以后进行的新一轮开发,主要是在 Nb-N 或 Ta-N 钢中添加 W 来提高固溶强化的作用,如日本的 TOS107 钢和欧洲开发的 X12CrMoVWNbN 钢,这些钢种把允许的运行温度提高到 593℃。进一步的改进是在 X12CrMoVWNbN 钢中不加钨而添加硼,可以得到高的蠕变强度,满足 620℃的要求;而将 W 含量由 1%提高到 1.8%,得到的 TR1150(TMK2)钢,也可以获得高的蠕变强度。再下一步的合金调整是将 W 含量增加到 2.7%，并添加 3%Co 和 0.01%B，产生了 TR1200(FN5)钢。该钢可望用于 650℃条件下，许用温度是基于断裂时间为 10^5h 下的持久强度为 125MPa 的。

目前电站材料的发展战略是尽可能将马氏体（铁素体）耐热钢的性能提高到极限，然后直接使用镍基合金，而避免使用奥氏体钢。种种迹象表明，电站铁素体钢的性能极限在 620～650℃，对材料的主要标准是 10^5h 蠕变断裂强度要大于 100MPa。

我国在制定 GB/T 8732—2004 及以后修订为 GB/T 8732—2014 时纳入了部分国外应用较广的牌号。

14Cr11MoV、15Cr12WMoV 均为马氏体耐热钢，含有元素 Mo、V 或 Mo、W、V，它们在一定温度下具有较好的热强性与组织稳定性，特别是具有良好的减振性及加工工艺性能。15Cr12WMoV 钢还有较好的持久塑性。

14Cr11MoV 钢用于制造在 540℃以下工作的汽轮机静叶片、燃气轮机叶片、增压器叶片等部件。14Cr11MoV 钢的热处理规范是 1050℃油淬，720～740℃回火（空或油冷），此时能获得最佳力学性能。

15Cr12WMoV 钢用来制造在 580℃以下工作的汽轮机叶片、围带、燃气轮机叶片等部件。15Cr12WMoV 钢的热处理工艺为 1000℃油淬，680～700℃回火（空或油冷），这类钢含有 $M_{23}C_6$ 型碳化物。强碳化物形成元素 Mo、W、V 溶入 $Cr_{23}C_6$ 中能显著提高其稳定性，当温度高于 650℃时，$M_{23}C_6$ 型碳化物才开始显著长大。这种钢具有较高的淬透性，空淬后可获得马氏体组织，但铁素体含量一般都较高。这是钢中 C、Ni 元素含量较低之故。该钢马氏体中合金元素含量较高，因此具有很高的抗回火稳定性，在 650～750℃回火后，钢的组织为回火屈氏体＋回火索氏体，在 400～600℃有足够的稳定性，可以制造 500～580℃工作的高、中压叶片及蒸汽涡轮转子等。

22Cr12NiMoWV(AISI422)钢的化学成分与 15Cr12WMoV 钢比较接近，但淬透性更高，空淬后可获得马氏体组织，铁素体在正常情况下不会超过 5%。该钢的合金元素配比比较合理，具有高的高温强度，良好的持久强度极限和持久塑性，无缺口敏感性，耐应力腐蚀。该钢不仅用于制作汽轮机高温部分叶片，还广泛用于汽轮机的紧固件、阀杆等其他零部件的制造。

18Cr11NiMoNbVN(H46)钢含适当量的 V 和 Nb，不出现 $Cr_{23}C_6$，而只有(Nb，V)C，因此该钢具有较高的沉淀硬化效应。为了增加沉淀强化效果，还加入 0.04%～0.09%N，因此，该钢具有较高抗蠕变性能，其高温持久强度极限比 22Cr12NiMoWV 钢略高，用于制作汽轮机高、中压叶片。

汽轮机末级叶片由于形状复杂，截面尺寸变化较大，为使各部位的组织性能均匀一致，并节约材料和减少机械加工量，其毛坯一般都采用模锻制造。目前世界各国制造的大功率汽轮机末级叶片大多选用改型 Cr12 不锈钢和沉淀硬化不锈钢，即 14Cr12Ni2WMoV、14Cr12Ni3Mo2VN（12Cr-Ni-Mo-V）和 05Cr17Ni4Cu4Nb（17-4PH）钢。

在 14Cr12Ni3Mo2VN 钢中，因碳含量较低，为了提高材料强度水平，同时改善钢的塑韧性，并提高其淬透性，使叶根的内外性能一致，钢中加入了 2.0%～3.0%Ni，可显著减少钢中的铁素体的含量；钢中加入少量的 N 元素，亦是为了提高钢的强度并减少钢中铁素体的含量；加入适量的 Mo 可以强化基体；为了有效减少钢中铁素体含量，应注意控制该钢的铬当量,一般应低于 9,目标值为 7。该钢在世界各国大量用于 1000MW 超临界机组蒸汽末级长叶片的制造。该材料要求 δ 铁素体含量(不大于 1%)、非金属夹杂物要求很严,对力学性能的要求也很高[68]。

14Cr12Ni3Mo2VN 钢的适宜淬火温度为 1010℃,保温时间在 0.5~1.0h,加热温度超过 1030℃,奥氏体晶粒显著长大。淬火应采用油冷,因为自淬火温度冷却时,在 820~660℃范围内将有 $M_{23}C_6$ 型碳化物的析出,冷却速率缓慢时,大量碳化物沿晶界析出,将削弱晶界的联系,增加钢的脆性。14Cr12Ni3Mo2VN 钢回火时,在 500℃硬度达到峰值,在 400~550℃区间有一个明显的回火脆性区,即 475℃脆性,应避免在此温度区间回火。适宜的回火温度和时间为 580℃×2h。更高温度回火时冲击值有略有下降,625℃之后又回升[69,70]。

14Cr12Ni3Mo2VN 钢主要用于制造超超临界火电机组汽轮机末级长叶片及紧固件,燃气轮机及航空发动机机匣部件,可在 500℃以下使用。

14Cr12Ni2WMoV (1Cr12Ni2Mo1W1V)钢在世界各国亦常选用于制造大功率汽轮机的末级叶片。该钢对力学性能的要求见表 10.34,钢中的 δ 铁素体含量不大于 5%,为达到上述要求,应控制好钢的成分,碳应控制在中上限,铬、钨控制在中下限,钼则控制在中限略高的程度,有利于二次硬化的效果及回火稳定性。淬火温度为 1000℃,油冷,650℃回火两次,可以达到规定的力学性能,δ 铁素体含量不大于 2%[71]。

14Cr11W2MoNiVNbN(1Cr11MoNiW2VNbN)钢用于制作超临界汽轮机组中的叶片和螺栓,其对力学性能的要求见表 10.34。试验研究表明,该钢适宜的淬火温度为 1050~1100℃,回火温度为 640~660℃,可以获得良好的综合力学性能[72]。

05Cr17Ni4Cu4Nb(17-4PH)是一种马氏体沉淀硬化不锈钢,在 9.7.1 节中已有论述。该钢用做叶片时的热处理工艺及力学性能的要求见表 10.34。

钛合金的密度只有钢的 60%,且衰减系数小于 Cr13 型钢,抗腐蚀性能优于钢,故广泛用于制作末级动叶片。国外已开发了 1500mm 的钛合金叶片,常用的钛合金为 Ti-6Al-4V(TC4)。Ti-6Al-4V 合金经 700~800℃退火后的力学性能要求为:$R_{0.2}\geqslant$ 827MPa,$R_m\geqslant$896MPa,$A\geqslant$10%,$Z\geqslant$25%。

Cr12 型热强不锈钢还广泛用于航空发动机上,用做压气机主要零部件,如转子叶片、盘、整流叶片等,使用如 H46、AISI422、AL-419、ЭИ961(13Cr11Ni2W2MoV)等钢。从这些钢的主要力学性能来看,在 550℃以下使用,以 ЭИ961 钢较好。ЭИ961 钢用于制作某型发动机的转子叶片、整流叶片和内外环等。该钢经 590℃回火后室温强度 $R_m\geqslant$1080MPa。

为了满足工作温度更高和 580℃回火后抗拉强度 $R_m\geqslant$1180MPa 的要求,同时塑性、冲击韧性、抗氧化能力和焊接能力与 ЭИ961 钢相当,我国开发出 1Cr12Ni2WMoVNb (14Cr12Ni2WMoVNb,GX-8)钢[1]。与 ЭИ961 钢相比,1Cr12Ni2-WMoVNb 钢的碳含量略有增加,可以提高强度而不致影响其焊接性和抗腐蚀性;Mo 含量有所增加,可以加强细小稳定的 M_2C 相的析出,从而增加回火后的强度,而溶于基体的 Mo 可以提高钢的抗蠕变性能。适当的 V 含量可以强化 M_2C 型碳化物的作用,提高钢的回火稳定性,Nb 也有类似的作用,Nb、V 与 Mo、W 同时添加可以增加钢的抗蠕变能力;V 加入量超过 1%时将产生 δ 铁素体,降低钢的强度[73]。

1Cr12Ni2WMoVNb 钢的化学成分范围是：0.11%～0.17%C、11.0%～12.0%Cr、1.80%～2.20% Ni、0.70%～1.00% W、0.80%～1.20% Mo、0.20%～0.30% V、0.15%～0.30%Nb、≤0.60%Si、0.60%Mn、≤0.025%S、≤0.030%P。该钢已列入 GJB 2294—95《航空用不锈钢及耐热钢棒规范》(该标准现由 GJB 2294A—2014 替代)。标准规定：1Cr12Ni2WMoVNb 钢经 1150℃固溶处理后油冷或空冷，经 570～600℃回火 2h 后的力学性能为 $R_{p0.2}$≥930MPa、R_m≥1080MPa、A≥13%、Z≥50%、KU_2≥55J。实际试验的典型力学性能为：经 1170℃固溶处理后油冷或空冷，经 580℃回火后的力学性能为 $R_{p0.2}$=1005MPa、R_m=1265MPa、A=17%、Z=66%、KU_2=91J。

1Cr12Ni2WMoVNb 钢适宜的固溶处理温度为 1150℃。该钢淬火后回火时，在 300℃回火后具有高的硬度和冲击韧性；在 450～500℃回火后，出现硬度高峰，而冲击韧性降至最低值，这与 475℃脆性有关；回火温度超过 500℃，硬度降低，而冲击韧性迅速回升，在 570℃附近达到最高值。因此在 550～600℃回火可以获得高的强度和韧性。回火温度继续升高，在硬度降低的同时，在 620～650℃再次出现最低值，因此应避免在这一温度区间回火。

1Cr12Ni2WMoVNb 钢已先后在多种飞机上使用，主要用于航空发动机的压气机转子叶片、盘、轴颈等转动零部件及其他 600℃以下潮湿环境中工作的承力构件。

10.2.3.3 叶片用钢的热处理

汽轮机叶片的生产工艺路线一般为：锻造(锻成方钢)→软化处理→锯断→调质处理→切削加工→装配。

锻后热处理的目的是改善组织、降低硬度和去除锻造应力，为随后的调质处理做好准备。锻后热处理根据不同材料采用不同的热处理工艺，通常采用高温退火或高温回火。

叶片用马氏体耐热不锈钢经调质处理后，组织为回火索氏体，其综合力学性能好，耐蚀性也比较好。叶片用钢推荐的热处理和对力学性能的要求见表 10.33 和表 10.34。

12Cr13 和 20Cr13 钢的回火温度范围为 600～750℃，回火温度的上限可根据对塑性和韧性的需要来控制。有试验证明，高铬马氏体钢，特别是复杂合金化的钢在 700℃以上回火比 700℃以下回火有较好的长期工作稳定性，如缺口持久强度、抗松弛性能都要高。图 10.49 为 12Cr13 钢淬火后回火温度对其力学性能的影响。

对于改型复杂合金化的 Cr13 型钢，钢中存在有 $M_{23}C_6$ 型碳化物，当钢中含有 Nb 和 V 时，还有 MC 型碳化物，这类钢淬火温度的选择一方面要考虑使碳化物溶解，另一方面要考虑防止因加热温度过高生成过量的 δ 铁素体。这类钢的适宜淬火温度一般控制在 950～1050℃，各钢的具体处理工艺见表 10.33 和表 10.34。

对于复杂合金化的 Cr12 型马氏体钢，在淬火后，其马氏体组织中固溶了碳及大量的合金元素，具有较大的内应力，为防止裂纹的产生，淬火后必须及时回火，淬火后放置的时间一般应在 8h 以内。这类钢的淬透性较高，小型零件空冷淬火即可，大型零件为使奥氏体能充分转变为马氏体，多采用油冷。

Cr12 型钢 200～350℃低温回火时，淬火马氏体中析出少量的 M_3C 型碳化物，并消除了部分内应力，转变为回火马氏体。此时钢仍保留高的强度和硬度，由于碳化物析出量少，大部分铬仍保留在固溶体中，钢的耐蚀性较好，但塑性和韧性较低。在 400～550℃中

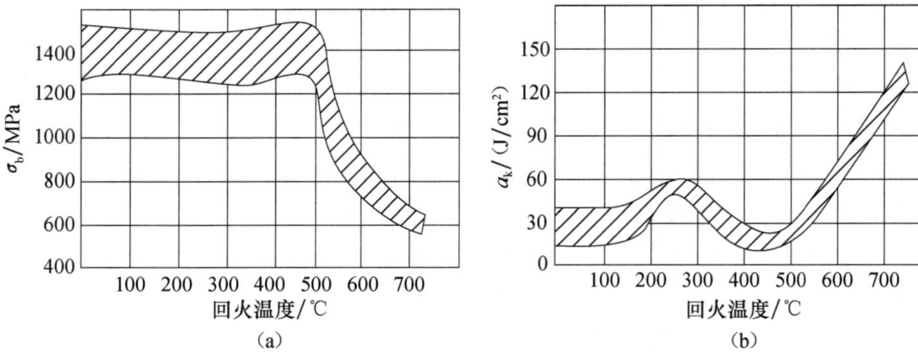

图 10.49 含 0.1%～0.15%C 和 12%～14%Cr 钢的力学性能与回火温度的关系[9]

1000℃淬火

温回火时,组织中析出弥散度高的 M_7C_3 型碳化物,使钢出现脆性,冲击韧性很低,钢的耐蚀性亦较差。600～750℃高温回火时,形成 $Cr_{23}C_6$,组织转变为回火索氏体,钢的综合性能良好,耐蚀性亦得到改善。如 1Cr11Ni2W2MoV 钢在 350～530℃回火时,冲击韧性严重下降,回火温度超过 530℃后,冲击韧性迅速增加。

Cr12 型不锈钢回火后一般采用空气冷却,原因是这类钢有回火脆性倾向,且随碳含量的增加敏感性增大。20Cr13 钢在某些情况下,如叶片尺寸较大时,为抑制回火脆性,使钢获得较高的冲击韧度,回火后可采用油冷,但是钢的内应力增大,使叶片在机械加工时产生变形,因此油冷后应增加一次除应力回火处理。

汽轮机的末级动叶片在运行时,叶片进气边靠叶顶附近受湿蒸气中水滴的冲蚀,使叶片表层金属产生塑性变形而最终脱落,造成叶片进气边产生水蚀。为防止叶片进气边的严重水蚀,一方面可改进机组的疏水结构,使静叶片上的水滴尽可能少,另一方面可在进气边叶顶部采取防水蚀措施,如镶焊或钎焊司太立合金、表面局部淬火(高频加热淬火、火焰加热淬火、激光加热淬火)[62]、激光熔覆钴基自熔合金[74]等。叶片表面局部淬火是使进气边叶顶局部区域转化为马氏体,淬火层的硬度可达 40HRC 以上,可以有效地减轻叶片的水蚀程度。激光熔覆钴基自熔合金是采用大功率激光器在汽轮机末级叶片进气边熔覆钴基合金,以提高其抗水蚀能力,已在生产上应用。某类型 125MW 汽轮机低压末级叶片采用 21Cr12MoV 钢,为防止水蚀,采用了高频淬火工艺。高频淬火温度为 950～1050℃,空冷,回火温度在 450℃以下,硬度为 46.5～50.0HRC,能满足叶片淬火硬度的要求,叶片局部淬硬,不会影响叶片的疲劳性能[75]。

虽然目前有大量热强性更好的奥氏体热强钢,但马氏体热强钢却一直被认为是汽轮机叶片最合适的材料,其原因是它不仅有较高的热强性,而且具有良好的消振性和抗腐蚀性,导热性好,热膨胀系数小,价格相对比较低。

10.2.4 奥氏体热强钢

奥氏体热强钢用于制造燃气轮机叶片、轮盘、发动机气阀和喷气发动机的“热机件”,主要工作温度在 600～750℃,有的可达 850℃左右。

奥氏体热强钢具备一系列基本性能,即高的热强性和抗氧化性、高的塑性和冲击韧性、良好的可焊性，但奥氏体钢的室温屈服强度低，压力加工和切削较困难，因高温变形抗力大，易产生变形不均和带状组织等缺陷。这类钢的导热性差，热膨胀系数大，温度变化时热应力大，抗热疲劳性差，热处理时加热速率小。由于这类钢没有相变重结晶，过热得到的粗晶粒组织不能用热处理消除。但奥氏体钢具有种种优点，特别是热强性高，因而不断得到发展。

10.2.4.1　奥氏体热强钢的合金化

奥氏体热强钢的合金化，从三方面考虑，即获得稳定的奥氏体组织、足够的热稳定性和高的热强性。

在 Fe-Cr-Ni 系合金中获得稳定的单相奥氏体的成分问题，已在第 9 章中讨论过了，这里不再重复。

足够的热稳定性问题已在本章开始时讨论过，这里要指出：随 Cr 含量的增加，虽可获得高的热稳定性，但是由于 W、Mo、Ti、Al 等元素的加入，Cr 含量往往不得不降低，否则会出现 σ 相而影响强度和塑性。因此有时为了保证热强性，只好牺牲一点热稳定性，然后通过表面处理解决抗氧化性问题。有的部件则根据使用要求，在强度上可放低一些，以保证热稳定性，如燃气轮机燃烧室用的板材。

提高热强性的问题应从以下三个方面考虑：

1）基体的固溶强化

这类钢中加入大量的 Cr、Ni 是为了获得稳定的奥氏体和足够的热稳定性，但对热强性也有一定的影响，显著提高其热强性的还是 Mo、W 等的固溶强化。但固溶强化效果只是在一定温度范围内较显著，合金元素的加入量不能过多，因为这些溶质元素会引起合金熔点和固相线的大幅度降低，在接近固相线的温度下，合金元素过多加入不但不能减慢合金中的扩散，相反会加速合金中的扩散，从而降低固溶体的高温强度。在低于基体金属熔点温度下，溶质原子能降低固溶体中原子扩散速率的温度，对一般固溶体而言为 0.5～0.6$T_{熔}$，$T_{熔}$ 为基体金属熔点温度。

2）第二相的沉淀强化

沉淀强化是最有效的提高钢和合金热强性的方法，沉淀强化相可以是碳化物或金属间化合物 γ' 相，即 Ni_3(Ti、Al)或 Ni_3(Al、Ti)。主要靠碳化物强化的典型钢种有阀门钢 4Cr14Ni14W2Mo(ЭИ69)及 4Cr13Ni8Mn8MoVNb(GH36、ЭИ481)等。在 GH36 钢中有三种碳化物 VC、NbC、$M_{23}C_6$，其中 VC 是钢中主要强化相，这种钢在 650～700℃使用。前面已指出，沉淀强化作用的大小与强化相的大小、形状、分布、共格畸变大小及其自身的稳定性有很大关系，特别是强化相的稳定性对热强性有极大的影响。为了提高碳化物相的稳定性，一方面可加入高熔点的合金元素，如 W、Mo、Nb 等，减缓基体中的扩散过程，另一方面可使碳化物的成分复杂化，增强其化学结合力，使之不易溶解和长大，如 V 和 Nb 同时加入，在钢中形成(VNb)C，其稳定性比 VC 或 NbC 更高。又如 $Cr_{23}C_6$ 中溶入强碳化物形成元素 W、Mo、V，形成复杂成分的$(Cr,Fe,W,Mo,V)_{23}C_6$，化学结合力增强，不容易聚集长大。但一般来说，碳化物沉淀强化的能力比金属间化合物 γ' 相弱，这类钢最高使用温度不超过 750℃。

主要靠金属间化合物强化的典型钢种有 1Cr15Ni26MoTi2AlVB(GH132、A-286)、

0Cr15Ni35W2Mo2Ti2Al3B(GH135、808)等,主要的强化相是γ'相。具有面心立方点阵的γ'-Ni_3Al相可以溶解大量的Ti,Ti原子可置换其中60%的Al而形成γ'-Ni_3(Ti、Al)相。γ'相与基体有相同的点阵类型和相近的点阵常数,析出时与γ固溶体形成共格,γ'相有很好的稳定性,聚集长大速率较小,是很好的沉淀强化相。为了获得稳定的奥氏体基体,钢中Ni含量不得低于15%。钢中以γ'-Ni_3(Ti、Al)为强化相,必须加入形成γ'相所需的Ni,因此这类钢中Ni含量高,甚至超过了Fe含量。这类以金属间化合物强化的奥氏体热强钢又称为Fe基高温合金,其使用温度可提高到850℃,甚至更高一些的温度。

试验证明,复杂成分的沉淀强化和复杂成分的固溶强化相配合,使沉淀强化作用可维持到高达$0.7T_{熔}$的温度。

3) 晶界强化

由于这类钢使用温度高,应该重视晶界强度问题,通常加入微量的B、Zr等以强化晶界,晶界上分布一些粒状的第二相,阻碍晶界的移动和裂纹沿晶界传播,也可以起强化晶界作用。稀土元素Ce可以除气去硫,对改善晶界强度有利,真空冶炼的有利作用也与减少气体和晶界上的低熔点杂质有关。

10.2.4.2 奥氏体耐热钢的成分、热处理与力学性能

我国制定了国家标准GB/T 1221—2007《耐热钢棒》(代替GB 1221—92)和GB/T 4238—2015《耐热钢钢板和钢带》(代替GB/T 4238—2007)。表10.36为上述标准列入的钢号的化学成分。表10.37为我国耐热钢新旧牌号对照表。表10.38为奥氏体耐热钢的热处理工艺与力学性能。

10.2.4.3 各类耐热钢的特点

1) 18-8型铬镍奥氏体耐热钢

表10.36中的所列的钢号很大一部分属于18-8型铬镍奥氏体耐热钢,其基体组织都是奥氏体基体加少量碳化物。

18-8型奥氏体耐热钢是成分最简单的奥氏体钢,是在该类不锈钢的基础上不断完善和发展起来的。这类钢的差别是C、Cr和Ni含量少量调整,含或不含Ti、Nb、Mo等元素。Cr含量的增加可以提高钢的抗高温氧化的稳定性,Ni含量的适当增加可以增加奥氏体的稳定性。

作为耐热钢,要求有一定的高温强度,因此碳含量不宜过低。耐热钢中有一定的碳含量,有助于获得较为稳定的奥氏体相区,在时效过程中又可析出一定的碳化物,从而提高其高温强度,如12Cr18Ni9钢;但主要用于抗高温氧化时,在服役期间又不承受过高载荷的条件下,碳含量可以低一些,如06Cr19Ni10钢。这类钢中的碳含量还与其Ti或Nb含量有关。

这类钢中加入Ti或Nb的作用与不锈钢相同,是为了避免晶间腐蚀,如0Cr18Ni11Ti、0Cr18Ni11Nb等钢,当在650~800℃敏化处理时,可增强钢的耐晶间腐蚀的能力,而作为耐热钢时也提高它们的高温强度及高温耐蚀性。当其中加入Mo后,不仅提高了钢的耐蚀性,其热强性也进一步增加。

表 10.36 我国奥氏体耐热钢棒、钢板和钢带的钢号与化学成分(GB/T 1221—2007、GB/T 4238—2015) (单位:%)

牌号	C	Si	Mn	P	S	Cr	Ni	Mo	其他
53Cr21Mn9Ni4N	0.48～0.58	0.35	8.00～10.00	0.040	0.030	20.00～22.00	3.25～4.50	—	0.35～0.50N
26Cr18Mn12Si2N	0.22～0.30	1.40～2.20	10.50～12.50	0.050	0.030	17.00～19.00	—	—	0.22～0.33N
22Cr20Mn10Ni2Si2N	0.17～0.26	1.80～2.70	8.50～11.00	0.050	0.030	18.00～21.00	2.00～3.00	—	0.20～0.30N
06Cr19Ni10	0.08	1.00	2.00	0.045	0.030	18.00～20.00	8.00～11.00	—	—
22Cr21Ni12N	0.15～0.28	0.75～1.25	1.00～1.60	0.040	0.030	20.00～22.00	10.50～12.50	—	0.15～0.30N
16Cr23Ni13*	0.20	1.00	2.00	0.040	0.030	22.00～24.00	12.00～15.00	—	—
06Cr23Ni13*	0.08	1.00	2.00	0.045	0.030	22.00～24.00	12.00～15.00	—	—
20Cr25Ni20*	0.25	1.50	2.00	0.040	0.030	24.00～26.00	19.00～22.00	—	—
06Cr25Ni20*	0.08	1.50	2.00	0.040	0.030	24.00～26.00	19.00～22.00	—	—
06Cr17Ni12Mo2*	0.08	1.00	2.00	0.045	0.030	16.00～18.00	10.00～14.00	2.00～3.00	—
06Cr19Ni13Mo3*	0.08	1.00	2.00	0.045	0.030	18.00～20.00	11.00～15.00	3.00～4.00	—
06Cr18Ni11Ti*	0.08	1.00	2.00	0.045	0.030	17.00～19.00	9.00～12.00	—	5C～0.70Ti
45Cr14Ni14W2Mo	0.40～0.50	0.80	0.70	0.040	0.030	13.00～15.00	13.00～15.00	—	2.00～2.75W
12Cr16Ni35*	0.15	1.50	2.00	0.040	0.030	14.00～17.00	33.00～37.00	—	—
06Cr18Ni11Nb*	0.08	1.00	2.00	0.045	0.030	17.00～19.00	9.00～12.00	—	10C～1.10Nb
06Cr18Ni13Si4	0.08	3.00～5.00	2.00	0.045	0.030	15.00～20.00	11.50～ 15.00	—	—
16Cr20Ni14Si2*	0.20	1.50～2.50	1.50	0.040	0.030	19.00～22.00	12.00～15.00	—	—
16Cr25Ni20Si2*	0.20	1.50～2.50	1.50	0.040	0.030	24.00～27.00	18.00～21.00	—	—
07Cr17Ni12Mo2*	0.04～0.10	0.75	2.00	0.045	0.030	16.00～18.00	10.00～14.00	2.00～3.00	
07Cr19Ni11Ti*	0.04～0.10	0.75	2.00	0.045	0.030	17.00～19.00	9.00～12.00		4(C+N)～0.70Ti
07Cr18Ni11Nb*	0.04～0.10	0.75	2.00	0.045	0.030	17.00～19.00	9.00～13.00		8×C～1.00Nb
12Cr18Ni9*	0.15	0.75	2.00	0.045	0.030	17.00～19.00	8.00～11.00	—	0.10N
12Cr18Ni9Si3*	0.15	2.00～3.00	2.00	0.045	0.030	17.00～19.00	8.00～10.00	—	0.10N

续表

牌号	C	Si	Mn	P	S	Cr	Ni	Mo	其他
06Cr19Ni10*	0.07	0.75	2.00	0.045	0.030	17.50～19.50	8.00～10.50	—	0.10N
07Cr19Ni10*	0.04～0.10	0.75	2.00	0.045	0.030	19.00～21.00	8.00～10.50	—	—
06Cr20Ni11*	0.08	0.75	2.00	0.045	0.030	19.00～21.00	10.00～12.00	—	—
05Cr19Ni10Si2CeN*	0.04～0.06	1.00～2.00	0.80	0.045	0.030	18.00～19.00	9.00～10.00	—	0.12～0.18N 0.03～0.08Ce
08Cr21Ni11Si2CeN*	0.05～0.10	1.40～2.00	0.80	0.045	0.030	20.00～22.00	10.00～12.00	—	0.14～0.20N 0.03～0.08Ce

注:表中所列化学成分,除表明范围外,其余均为最大值。本表中前面的 18 个牌号为 GB/T 1221—2007 中列入的,表中牌号后有符号 * 的 21 个牌号为 GB/T 4238—2015 中列入的。两个标准均列入的牌号有 11 个。06Cr19Ni10 和 06Cr19Ni10*(GB/T 4238—2007 中的牌号为 06Cr19Ni9)视作不同的牌号。部分牌号的化学成分相对于 GB/T 20878—2007 有所调整。一般应采用初炼钢水加炉外精炼等工艺。

表 10.37 我国奥氏体耐热钢棒、钢板、钢带新旧牌号和国外牌号的对照表(GB/T 1221—2007、GB/T 4238—2015)

新牌号	旧牌号	美国 ASTM A959	日本 JIS G4304、JIS G4312、JIS G4312 等	国际 ISO 15510、ISO 4955
53Cr21Mn9Ni4N	5Cr21Mn9Ni4N	—	—	—
26Cr18Mn12Si2N	3Cr18Mn12Si2N	—	—	—
22Cr20Mn10Ni2Si2N	2Cr20Mn10Ni2Si2N	—	—	—
06Cr19Ni10	0Cr18Ni10	S30400,304	SUS304	XCrNi18-10
22Cr21Ni12N	2Cr21Ni12N	—	—	—
16Cr23Ni13	2Cr23Ni13	S30900,309	SUN309	X10CrNi18-8
06Cr23Ni13	0Cr23Ni13	S30908,309S	SUS309S	X12CrNi23-13
20Cr25Ni20	2Cr25Ni20	S31000,310	SUH310	X15CrNi25-21
06Cr25Ni20	0Cr25Ni20	S31008,310S	SUS310S	X8CrNi25-21

续表

新牌号	旧牌号	美国 ASTM A959	日本 JIS G4304、JIS G4312、JIS G4312 等	国际 ISO 15510、ISO 4955
06Cr17Ni12Mo2	0Cr17Ni12Mo2	S31600,316	SUS316	X5CrNiMo17-12-2
06Cr19Ni13Mo3	0Cr19Ni13Mo3	S31700,317	SUS317	—
06Cr18Ni11Ti	0Cr18Ni11Ti	S32100,321	SUS321	X6CrNiTi18-10
45Cr14Ni14W2Mo	4Cr14Ni14W2Mo	—	—	—
12Cr16Ni35	1Cr16Ni35	N08330,330	SUH330	X12CrNiSi35-16
06Cr18Ni11Nb	0Cr18Ni11Nb	S34700,347	SUS347	X6CrNiNb18-10
06Cr18Ni13Si4	0Cr18Ni13Si4	—	—	—
16Cr20Ni14Si2	1Cr20Ni14Si2	—	—	X15CrNiSi20-12
16Cr25Ni20Si2	1Cr25Ni20Si2	—	—	X15CrNiSi25-12
07Cr17Ni12Mo2	1Cr17Ni12Mo2	S31609,316H	—	
07Cr19Ni11Ti	1Cr18Ni11TI	S32109,321H	SUH321H	X7CrNiTi18-10
07Cr18Ni11Nb	1Cr18Ni11Nb	S34709,347H	SUS347H	X7CrNiNb18-10
12Cr18Ni9	1Cr18Ni9	S30200,302	SUS302	X10CrNi18-8
12Cr18Ni9Si3	1Cr18Ni9Si3	S30215,302B	SUS302B	X12CrNiSi18-9-3
06Cr19Ni10	0Cr19Ni9	S30400,304	SUS304	X5CrNi18-10
07Cr19Ni10	—	S30409,304H	SUH304H	X7CrNi18-9
06Cr20Ni11	—	S30800,308	SUS308	—
05Cr19Ni10Si2CeN	—	—	—	—
08Cr21Ni11Si2CeN	—	S30815	—	—

表 10.38　我国奥氏体耐热钢棒、钢板和钢带的热处理与力学性能

钢号(钢棒)(GB/T 1221—2007)	钢号(钢板、钢带)(GB/T 4238—2015)	典型的热处理制度	力学性能(不小于)				硬度(不大于)		
			$R_{p0.2}$/MPa	R_m/MPa	A/%	Z/%	HBW	HRB	HV
53Cr21Mn9Ni4N	—	固溶 1100～1200℃,快冷 时效 730～780℃,空冷	560	885	8	—	≥302	—	—
26Cr18Mn12Si2N	—	固溶 1100～1150℃,快冷	390	685	35	45	248	—	—
22Cr20Mn10Ni2Si2N	—	固溶 1100～1150℃,快冷	390	635	35	45	248	—	—
06Cr19Ni10	—	固溶 1010～1150℃,快冷	205	520	40	60	187	—	—
—	06Cr19Ni10	≥1040℃,水冷或快冷	205	515	40		201	92	210
22Cr21Ni12N	—	固溶 1050～1150℃,快冷 时效 750～800℃,空冷	430	820	26	20	269	—	—
16Cr23Ni13	—	固溶 1030～1150℃,快冷	205	560	45	50	201	—	—
—	16Cr23Ni13	≥1040℃,水冷或快冷	205	515	40	—	217	95	220
06Cr23Ni13		固溶 1030～1150℃,快冷	205	520	40	60	187	—	—
—	06Cr23Ni13	≥1040℃,水冷或快冷	205	515	40	—	217	95	220
20Cr25Ni20	—	固溶 1030～1180℃,快冷	205	590	40	50	201	—	—
—	20Cr25Ni20	≥1040℃,水冷或快冷	205	515	40	—	217	95	220
06Cr25Ni20	—	固溶 1030～1180℃,快冷	205	520	40	50	187	—	—
—	06Cr25Ni20	≥1040℃,水冷或快冷	515	515	40	—	217	95	220
06Cr17Ni12Mo2	—	固溶 1010～1150℃,快冷	205	520	40	60	187	—	—
—	06Cr17Ni12Mo2	≥1040℃,水冷或快冷	205	515	40	—	217	95	220
06Cr19Ni13Mo3	—	固溶 1010～1150℃,快冷	205	520	40	60	187	—	—
—	06Cr19Ni13Mo3	≥1040℃,水冷或快冷	205	515	35	—	217	95	220
06Cr18Ni11Ti		固溶 920～1150℃,快冷	205	520	40	50	187	—	—

续表

钢号(钢棒)(GB/T 1221—2007)	钢号(钢板、钢带)(GB/T 4238—2015)	典型的热处理制度	力学性能(不小于)				硬度(不大于)		
			$R_{p0.2}$/MPa	R_m/MPa	A/%	Z/%	HBW	HRB	HV
—	06Cr18Ni11Ti	≥1095℃,水冷或快冷	205	515	40	—	217	95	220
45Cr14Ni14W2Mo	—	退火 820～850℃,快冷	315	705	20	35	248	—	—
12Cr16Ni35	—	固溶 1030～1180℃,快冷	205	560	40	50	201	—	—
—	12Cr16Ni35	1030～1180℃,快冷	205	560	—	—	201	95	210
06Cr18Ni11Nb	—	固溶 980～1150℃,快冷	205	520	40	50	187	—	—
—	06Cr18Ni11Nb	≥1040℃,水冷或快冷	205	515	40	—	201	92	210
06Cr18Ni13Si4	—	固溶 1010～1150℃,快冷	205	520	40	60	207	—	—
16Cr20Ni14Si2	—	固溶 1080～1130℃,快冷	295	590	35	50	185	—	—
—	16Cr20Ni14Si2	1060～1130℃,水冷或快冷	220	540	40	—	217	95	220
16Cr25Ni202Si2	—	固溶 1080～1130℃,快冷	295	590	35	50	185	—	—
—	16Cr25Ni20Si2	1060～1130℃,快冷	220	540	35	—	217	95	220
—	07Cr17Ni12Mo2	≥1040℃,水冷或快冷	205	515	40	—	217	95	220
—	07Cr19Ni11Ti	≥1040℃,水冷或快冷	205	515	40	—	217	95	220
—	07Cr18Ni11Nb	≥1040℃,水冷或快冷	205	515	40	—	201	92	210
—	12Cr18Ni9	≥1040℃,水冷或快冷	205	515	40	—	201	92	210
—	12Cr18Ni9Si3	≥1040℃,水冷或快冷	205	515	40	—	217	95	220
—	07Cr19Ni10	≥1040℃,水冷或快冷	205	515	40	—	201	92	210
—	06Cr20Ni11	≥1040℃,水冷或快冷	205	515	40	—	183	88	200
—	05Cr19Ni10Si2CeN	1050～1100℃,水冷或快冷	290	600	40	—	217	95	220
—	08Cr21Ni11Si2CeN	1050～1100℃,水冷或快冷	310	600	40	—	217	95	220

由于这类钢具有优良的抗氧化性能、良好的高温力学性能及优异的加工性能，在石化、核能、能源等工业中获得了广泛的应用。这种钢的焊接性及在淬火状态下的冷冲压性均较优异，故用做喷气发动机排气管及冷却良好的燃烧室中的部件。这些零件的特点是受热温度高，但受力不大，而且零件大多是由薄板冲压或焊接而成，要求材料有良好的工艺性，18-8 型耐热钢恰好能满足这些要求。表 10.39 为 12Cr18Ni9(1Cr18Ni9)钢的高温力学性能。表 10.40 为 12Cr18Ni9 钢的持久强度和蠕变极限。这类钢的使用温度不超过 600℃，但作为抗高温腐蚀的材料，其使用温度可以高些[22]。

表 10.39　12Cr18Ni9(1Cr18Ni9)**钢的高温力学性能**[54]

热处理制度	品种	温度/℃	σ_b/MPa	$\sigma_{0.2}$/MPa	$\sigma_{0.01}$/MPa	δ_5/%	ψ/%
1150℃，水冷	棒材	650	378	98	69	33	40
		760	211	98	59	17	18
		870	137	69	54	19	27
1080℃，水冷	带材	538	362	104	—	44	70
		648	294	75	—	37	44
		760	186	73	—	31	28
		871	118	—	—	31	36

表 10.40　12Cr18Ni9 钢的持久强度和蠕变极限[54]

热处理制度	品种	温度/℃	σ_{1000}/MPa	σ_{10000}/MPa	$\sigma_{1/1000}$/MPa	$\sigma_{1/10000}$/MPa
1050℃，空冷淬火	棒材(纵向试样)	600	150	100	155	100
		700	80	50	28	15
		800	30	15	8	5

06Cr23Ni13 钢有稍高的 Cr 和 Ni 含量，其耐腐蚀性比 06Cr19Ni10(0Cr18Ni9)钢好，可承受 980℃以下反复加热，适于做炉用材料，如加热炉部件、重油燃烧器等。

16Cr20Ni14Si2 钢中，除铬、镍含量较高外，还加入了 2%Si，具有良好的高温强度和抗氧化性能。该钢的最高的抗氧化温度可达 1050℃，其抗氧化腐蚀率在 900℃时为 0.1mm/a，1100℃时为 1.1mm/a。该钢对硫气氛较敏感，在 600～800℃时有析出 σ 相的脆化倾向。该钢用于制造含硫较低气氛中的耐高温构件；在锅炉上可用于制造受热面固定件、过热器吊挂等。

12Cr18Ni9Si3 钢的耐氧化性能优于 12Cr18Ni9 钢，在 900℃以下具有较好的抗氧化性能及强度，用于汽车排气装置、工业炉等高温装置部件。

06Cr18Ni13Si4 钢是在 06Cr19Ni10 中增加镍，添加硅，提高耐应力腐蚀断裂性能。该钢用于含氯离子环境，如汽车排气净化装置等。

22Cr12Ni12N 钢是一种 Cr-Ni-N 型不锈钢，用于制造以抗氧化为主的汽油及柴油机用排气阀。

2) 高铬镍奥氏体耐热钢

这类钢中有代表性的是 Cr25Ni20 型钢(06Cr25Ni20、20Cr25Ni20)，它们的 Cr、Ni 含量均显著高于 18-8 型奥氏体耐热钢，它们的热强性和耐高温腐蚀的能力亦显著高于 18-8 型奥氏体耐热钢。Cr25Ni20 型钢是一种优秀的抗高温氧化钢种，在纯氧化条件下其使用温度可高达 1000℃。

Cr25Ni20 型耐热钢的热处理是 1050～1150℃奥氏体化，随后空冷或水冷。在作为热强钢使用时，一般还在 800℃下时效 4h。奥氏体化钢的组织为奥氏体，时效后的组织为奥氏体和析出相，析出相一般为 $Cr_{23}C_6$。值得注意的是，该类钢在 650～980℃长期受热条件下，易于产生 σ 相，使钢脆化。

16Cr25Ni20Si2(1Cr25Ni20Si2)钢中含有约 2%Si，因此具有优异的抗高温氧化能力，抗氧化和抗渗碳性能优于 Cr25Ni20 型钢，也具有较好的抗一般腐蚀性能，韧性、可焊性较 Cr25Ni20 型钢稍降低，连续使用的最高温度为 1150℃，间歇使用的最高温度为 1050～1100℃。该钢主要用于制造加热炉的各种构件，如高温加热炉管、辐射管、加热炉滚筒及燃烧室构件等。

表 10.41 为 Cr25Ni20 型奥氏体耐热钢的力学性能。

表 10.41 Cr25Ni20 型奥氏体耐热钢的力学性能[22]

钢种	热处理制度	试验温度/℃	力学性能(不小于)					持久强度/MPa		蠕变极限/MPa	
			$\sigma_{0.2}$/MPa	σ_b/MPa	δ/%	ψ/%	a_k/(J/cm^2)	σ_{10000}	σ_{100000}	$\sigma_{1/10000}$	$\sigma_{1/100000}$
16Cr23Ni16(1Cr23Ni18)	1100～1150℃，水或空冷	20	245	539	35	50	250	—	—	—	—
		600	196	451	24	45	180	142	98	88	59
		650	196	392	22	46	180	108	69	54	49
		700	196	323	22	34	180	54	34	34	25
		800	167	196	23	34	180	29	13	13	9.8
16Cr25Ni20Si2(1Cr25Ni20Si2)	1040～1150℃，水或空冷	20	294	588	30	50	—	—	—	—	—
		600	—	—	—	—		178	78	98	94
		700	—	—	—	—		39.2	19.6	44	37
		800	—	—	—			18	7.8	19.6	12.8
		900	—	—	—	—		6.9	2.9	8.8	4.0
		1000	—	—	—	—		1.5	0.5	4.0	—

12Cr16Ni35 钢主要用于石油裂解装置，如乙烯裂解炉管，是在高温、氧化和渗碳介质中并承受各种应力条件下长期工作的。在炉管的各种损伤中，渗碳最常见，且危害最大。12Cr16Ni35 钢中的铬主要是有抗氧化的作用，但也是促进渗碳的元素；钢中镍主要作用是稳定奥氏体，但能略降低表面碳的浓度和渗碳速率。乙烯裂解炉管使用 Fe-Cr-Ni 合金在渗碳时，渗碳首先发生在晶界，碳与铬形成网状碳化物 $Cr_{23}C_6$，进而扩展到晶内，逐渐形成 M_7C_3 型碳化物。由于渗碳层与非渗碳层之间膨胀系数的差异，以及渗碳层的形成造成炉管力学性能的显著下降，在交变温度的作用下，炉管易产生裂纹，直至断裂[76]。

为了提高炉管的抗渗碳能力，一方面改进炉管材料，另一方面采用表面处理。通过对离心铸造 Fe-Cr-Ni 炉管抗渗碳性能的研究表明，当 Cr、Ni 含量增加时，材料的抗渗碳能力提高，且 Cr 的作用比 Ni 更大。钢中加入辅助元素 W、Mo、Nb、Si 均对 HP(Fe-0.5C-25Cr-35Ni-1Si-Mn)合金的渗碳性能有改善，而 W 和 Si 最为有效[76]。已开发出多种裂解管用的高温用钢和合金[22]。在表面处理方面,通过适当的渗铝和渗硅均可显著地提高 Fe-Cr-Ni 合金的抗渗碳性能[76]。

3) 碳化物沉淀硬化奥氏体热强钢

45Cr14Ni14W2Mo(4Cr14Ni14W2Mo)钢中含有较多的碳化物 $M_{23}C_6$,但在高温长期使用中,因组织变化,热强性下降,故这种钢用做 600℃以下短时工作的燃气轮机叶片、紧固螺栓和强力发动机的排气阀。45Cr14Ni14W2Mo 钢的组织与性能在后面阀门钢一节中还要进一步分析。

GH36(4Cr13Ni8Mn8MoVN,即 GH2036,见表 10.66)是一种奥氏体热强钢,由于用 Mn 代替部分 Ni,节约了 Ni,价钱便宜,性能也能满足要求,常用做某些喷气发动机的工作温度不超过 650℃的涡轮盘材料,亦可做高温的紧固件。在 GH36 钢中有三种碳化物:第一种,也是最主要的强化相是 VC,其中溶解有部分 Nb 和 Mo,在 660~700℃,VC 有最大的形成速率,析出量最大,此时可得到最高的硬度;第二种是 NbC,数量很少,固溶处理几乎不溶解(部分 Nb 存在于固溶体中有强化作用);第三种是 $M_{23}C_6$,最大形成速率在 900℃。

GH36 钢的固溶温度为 1140℃,保温 1.5~2h 后水冷。水冷的目的是防止在冷却过程中析出 VC 而造成大截面内外在时效时性能不均匀。固溶处理后进行两次时效,第一次在 670℃时效 12~14h,然后加热到 770~800℃进行第二次时效 10~12h。在第一次时效时由于温度很低,得到非常细小而均匀分布很密的 VC 析出相,此时强度很高,但钢的塑性和韧性很低,有缺口敏感性。然后在高于工作温度时效时,VC 颗粒适当长大,但仍分布均匀,这种组织在低于 750℃时有很好的稳定性,同时提高了塑性和韧性,改善了缺口敏感性。

其他一些以碳化物为强化相的奥氏体耐热钢种的化学成分及性能可参考有关文献[22]、[54]。

4) 金属间化合物强化的奥氏体热强钢

主要靠金属间化合物强化的典型钢种有 06Cr15Ni25MoTi2AlVB(A-286,GH132,即 GH2132,见 9.7.3 节)、0Cr15Ni35W2Mo2Ti2Al3B(GH135,即 GH2135,见表 10.66)等。

06Cr15Ni25MoTi2AlVB 是一种沉淀硬化型奥氏体不锈钢,其化学成分见表 9.16。该钢的成分与美国最早开发的沉淀硬化型奥氏体不锈钢 A-286 相同。该钢高温强度高,故亦列入 GB/T 1221—2015《耐热钢棒》和 GB/T 4238—2015《耐热钢板和钢带》中。

06Cr15Ni25MoTi2AlVB 钢推荐的热处理工艺如下:采用两种固溶处理温度,即 885~915℃或 965~995℃,快冷;时效温度为 700~760℃,16h,空冷或缓冷。固溶处理后采用油冷或水冷,可以避免冷却过程中发生析出。980℃固溶时得到大的晶粒,可获得良好的抗蠕变性能;900℃固溶处理得到细晶粒,可获得瞬时强度和塑韧性均好的力学性能。该钢时效时在基体均匀析出 γ'-Ni_3(Ti,Al)相。Al 和 Ti 加入钢中主要是形成 γ'-Ni_3(Ti,Al)金属间化合物,经过时效引起沉淀强化。在含 15%Cr 和 25%Ni 的情况下,Ti 含量必须超过 1.4%才能产生 γ'相沉淀,含 Al 很低或不含 Al 只含 Ti 时,析出的 γ'相不稳定,要逐步转变为六方点阵的η-Ni_3(Ti,Al)。η 相总是呈粗大的片状,与 γ'相相比,失去了均匀细散分布的第二相强化效果。但 Al 含量太高时,除 γ'相外,还出现了 Ni_2TiAl

相。Ni_2TiAl 相有较大的聚集长大速率，不能作为沉淀强化相，所以 Al 在 06Cr15Ni25MoTi2AlVB 钢中的作用是稳定 γ' 相的沉淀强化效果。Ti 含量增加时，沉淀强化作用也增加，在 700～760℃时效有最大的沉淀强化效果，但 Ti 含量不能太高，不然会增加高温缺口敏感性和降低持久塑性。Mo 起固溶强化作用，Mo 以及少量的 V 和微量的 B 都可以消除合金 Ti 含量高时引起的持久缺口敏感性。B 能强化晶界，增加持久强度和塑性。实验证明，不含 B 时，含 2.5%Ti 的钢经时效处理，在晶界形成连续网状沉淀相；加入 B 后，时效后在晶界得到断续的沉淀相，因而有较高的持久塑性。

06Cr15Ni25MoTi2AlVB 钢具有较好的热强性，在 650～700℃使用，对要求强度不高，主要做抗氧化的零件，可在 850℃下长期工作。该钢在航空工业上也得到应用，用于制作喷气发动机的涡轮盘材料和其他部件。此外，该钢还具有良好的热加工性能，可做成各种规格的板材、棒材、管材、丝材，以及各种挤压件及锻件，切削加工性能良好。因此，该钢亦列入一些高温合金的标准中，称为 GH132 合金。

GH132 合金的热处理为固溶处理和时效。固溶处理的目的是使 γ' 相重新溶解，为时效做准备。在 890℃以上，γ' 相可完全溶于奥氏体，低于此温度就会析出。固溶处理还可提高钢的塑性，消除锻轧的加工硬化。随着固溶温度升高，奥氏体晶粒长大，析出相溶解更充分，奥氏体成分更均匀，但固溶温度过高会引起奥氏体晶粒长大，塑性降低，缺口敏感性增加。通常采用的固溶处理温度为 980～1000℃，保温 2h，冷却时为防止零件心部 γ' 相的析出，必须油冷。时效一般采用 700～720℃，16h。此时，GH132 合金的持久强度为 $\sigma_{100}^{650}>400\text{MPa}$。

如果在 GH132 合金的基础上进一步增加 Mo、W、Nb 等强化元素，由于这些铁素体形成元素增加，使奥氏体基体不稳定，容易析出导致脆化的金属间化合物 σ 相、χ 相等。如果将 Ni 含量进一步提高到 35%左右，就可以得到稳定的奥氏体组织，不会出现脆性的金属间化合物。因此，以 15%Cr-35%Ni 为基础的铁基高温合金，可以提高 Mo、W、Ti、Al 含量，增大强化效果。Ni 含量的增加使合金的塑性及高温持久塑性也有提高。如 GH135 合金可做 700℃以下工作的涡轮叶片和 750℃以下工作涡轮盘等零件，做涡轮盘时热处理规范为：固溶处理 1140℃×4h，空冷，830℃时效 8h，空冷，650℃时效 16h，空冷。GH135 合金在 750～800℃时效时有最大的强化效果，但此时缺口敏感性大，故采用较高的时效温度。进行第二次补充时效时，由于消除应力和改善强化相的分布，能进一步提高屈服强度。

Cr15Ni36W3Ti(ЭИ612)钢是一种沉淀强化型奥氏体热强钢，曾列入 GB 1220—75《不锈钢耐酸技术条件》。该钢的化学成分为：≤0.12%C、≤0.80%Si、1.00%～2.00%Mn、14.0%～16.0%Cr、34.0%～38.0%Ni、2.80%～3.20%W、1.10%～1.40%Ti、S 和 P 均不大于 0.030%。该钢以金属间化合物 Ni_3Ti 为作强化相，钢中只有少量的碳化物。这种钢的适宜淬火温度为 1180℃，加热 2h 以上，时效宜采用二次。第一次时效的温度为 780～790℃，10h，第二次时效的温度为 730～750℃，25h。该钢适于制造在 650℃以下工作的叶片，工作温度为 650～680℃的紧固件以及叶轮锻件和焊接的转子。这种钢对缺口不敏感，有较好的热强性、塑性、抗松弛性能。

其他一些以金属间化合物为强化相的奥氏体耐热钢钢种的化学成分及性能可参考有关文献[22]、[54]。

5) Cr-Mn-N 系和 Cr-Mn-Ni-N 系耐热钢

表 10.36 中列入的 53Cr21Mn9Ni4N 钢为 Cr-Mn-Ni-N 系耐热钢,是一种奥氏体阀门钢,用于制作以高温强度为主的内燃机排气阀。26Cr18Mn12Si2N 和 22Cr20Mn10Ni2Si2N 两种钢均为 Cr-Mn-N 系抗氧化钢,它们的组织和性能特点将在后面有关部分论述。

10.3 抗氧化钢

在许多工厂,加热炉、热处理炉使用着大量的耐热钢构件,如炉底板、马弗罐、料盘、导轨,它们的工作条件和热强钢有些不同,工作时所受的负荷并不十分大,但要求能抵抗服役环境中存在的各种工作介质的化学腐蚀。工业炉用钢如果获得了面心立方的奥氏体组织(或含少量铁素体)就能满足高温强度的要求,但同时要求其具有尽可能好的抗氧化或者抗渗碳、氮化等介质的作用。钢的抗氧化性可通过减重法或增重法进行测定(GB/T 13303—91)。

抗氧化钢主要分铁素体(型)抗氧化钢、马氏体(型)抗氧化钢、奥氏体(型)抗氧化钢几类。

10.3.1 铁素体和马氏体抗氧化钢

表 10.42 列出我国使用的一些铁素体和马氏体抗氧化钢,这些钢的典型热处理制度及其力学性能见表 10.43。

06Cr13Al 钢冷加工硬化少,主要用于制作退火箱、淬火台架等。022Cr12 钢碳含量低,焊接部位弯曲性能、加工性能、耐高温氧化性能好,用做汽车排气装置、锅炉燃烧室、喷嘴等。10Cr17 钢用做 900℃以下的耐氧化部件、散热器、炉用部件、油喷嘴等。16Cr25N 钢耐高温腐蚀性强,1082℃以下不产生易剥落的氧化皮,常用于抗硫气氛,如燃烧室、退火箱、玻璃模具、阀、搅拌杆等。022Cr11NbTi 钢比 022Cr11Ti 钢具有更好的焊接性能,是汽车排气阀净化装置用材料。

德国已开发出一些综合性能优越的排气系统用铁素体不锈耐热钢种,例如,S43940 钢,其化学成分:0.017%C、0.60%Si、0.43%Mn、17.6%Cr、0.14%Ti、0.41%Nb,还有 X4CrNb16 钢是单铌(0.3%~0.9%)稳定化含铬 16%的铁素体耐热不锈钢。高 Nb 钢由于 Nb 在晶界偏析时形成沿晶界网状分布的高铌(18%)合金网在控制轧制时形成 Fe_2Nb_3,阻止晶界移动,抑制再结晶而细化了晶粒,提高了抗冷热疲劳能力,随后在温度低时于晶内形成 NbCN[77]。

12Cr5Mo 钢属于马氏体抗氧化钢,其热强性能不高,550℃条件下,在含硫的氧化性气氛中和热石油介质中,具有良好的耐热性和耐蚀性。该钢的冶炼及冷热加工性能良好,但焊接性能差,焊后应缓冷,并经 550℃高温回火,以改善焊缝性能。该钢用于制造工作温度不高于 650℃的锅炉吊挂等耐热材料[54]。

12Cr12 和 12Cr13 属于马氏体抗氧化钢。12Cr12 钢用做汽轮机叶片及高应力部件。12Cr13 钢用于制作 800℃以下的耐氧化部件。

表 10.42　我国铁素体和马氏体型抗氧化钢棒、钢板和钢带的钢号与化学成分(GB/T 1221—2007、GB/T 4238—2015)　(单位:%)

钢号	旧钢号	类型	C	Si	Mn	P	S	Cr	Ni	Mo	其他
06Cr13Al	0Cr13Al	棒、板、带	0.08	1.00	1.00	0.040	0.030	11.50～14.50	0.60	—	0.10～0.30Al
022Cr12	00Cr12	棒	0.030	1.00	1.00	0.040	0.030	11.00～13.50	—	—	—
10Cr17	1Cr17	棒、板、带	0.12	1.00	1.00	0.040	0.030	16.00～18.00	0.75	—	—
16Cr25N	2Cr25N	棒、板、带	0.20	1.00	1.50	0.040	0.030	23.00～27.00	0.75	—	0.25N
022Cr11Ti	—	板、带	0.030	1.00	1.00	0.040	0.030	10.50～11.70	0.60	—	0.03N 0.15～0.50Ti 且 Ti≥8×(C+N) 0.10Nb
022Cr11NbTi	—	板、带	0.030	1.00	1.00	0.040	0.020	10.50～11.70	0.60	—	0.030N (Ti +Nb)： [8(C+N)+0.08]～0.75
12Cr5Mo	1Cr5Mo	棒	0.15	0.50	0.60	0.040	0.030	4.00～6.00	0.60	0.40～0.60	0.25N
12Cr12	1Cr12	板、带	0.15	0.50	1.00	0.040	0.030	11.50～13.00	0.60	—	—
12Cr13	1Cr13	棒、板、带	0.08～0.15	1.00	1.00	0.040	0.030	11.50～13.50	0.75	—	—

注:表中所列化学成分,除表明范围或最小值外,其余均为最大值。12Cr5Mo、12Cr12 和 12Cr13 钢为马氏体型抗氧化钢,其余各钢为铁素体型抗氧化钢。

表 10.43 铁素体和马氏体型抗氧化钢棒、钢板和钢带的典型热处理工艺及力学性能

钢号(钢棒)(GB/T 1221—2007)	钢号(钢板、钢带)(GB/T 4238—2015)	典型的热处理制度	力学性能(不小于)					硬度(不大于)		
			$R_{p0.2}$/MPa	R_m/MPa	A/%	Z/%	KU_2/J	HBW	HRB	HV
06Cr13Al	—	780~830℃,空冷或缓冷	175	410	20	60	—	183	—	—
—	06Cr13Al	780~830℃,快冷或缓冷	170	415	20	—	—	179	88	200
022Cr12	—	700~820℃,空冷或缓冷	195	360	22	60	—	183	—	—
10Cr17	—	780~850℃,空冷或缓冷	205	450	22	50	—	183	—	—
—	10Cr17	780~850℃,快冷或缓冷	205	420	22	—	—	183	89	200
16Cr25N	—	780~880℃,快冷	275	510	20	40	—	201	—	—
—	16Cr25N	780~880℃,快冷	275	510	20	—	—	201	95	210
—	022Cr11Ti	800~900℃,快冷或缓冷	170	380	20		—	179	88	200
—	022Cr11NbTi	800~900℃,快冷或缓冷	170	380	20		—	179	88	200
12Cr5Mo	—	900~950℃,油冷 600~700℃,空冷	390	590	18	—	—	200	—	—
—	12Cr12	退火:约 750℃,快冷 或 800~900℃,缓冷	205	485	25	—	—	217	88	210
12Cr13	—	退火:800~900℃,缓冷 或约 750℃,快冷	—	—	—	—	—	200	—	—
		920~980℃,油冷 600~750℃,快冷	345	540	22	55	78	≥159	—	—
—	12Cr13	退火:约 750℃,快冷 或 800~900℃,缓冷	205	450	20	—	—	217	96	210

注:本表适用于尺寸小于或等于 75mm 的钢棒。

10.3.2　奥氏体抗氧化钢

奥氏体抗氧化钢按其成分特点可分为 Cr-Ni 系 Cr-Mn-N 系和 Fe-Al-Mn 系三类。部分这类钢的化学成分已列入表 10.36 中，其典型的热处理工艺及力学性能见表 10.38。

1) Cr-Ni 系

Cr-Ni 系奥氏体抗氧化用钢主要有 06Cr19Ni10、16Cr23Ni13、06Cr23Ni13、20Cr25Ni20、06Cr25Ni20 等钢。在这些钢中，Cr 含量越高，抗氧化的温度越高，Ni 的加入是为了形成奥氏体，提高工艺性和高温强度。

06Cr19Ni10 是通用抗氧化钢，可承受 870℃以下反复加热。16Cr23Ni13 钢可承受 980℃以下反复加热，用于制作加热炉部件、重油燃烧器。06Cr23Ni13 钢的耐蚀性比 06Cr19Ni10 钢好，可作为承受 980℃以下反复加热的炉用材料。

20Cr25Ni20 钢可以承受 1035℃以下反复加热，主要用做炉用部件、喷嘴、燃烧室等。06Cr25Ni20 钢的抗氧化性比 06Cr23Ni13 钢好，可以承受 1035℃以下反复加热，用于制作炉用部件、汽车排气净化装置等。

在上述 Cr-Ni 系钢中加入 2%～4%Si 可进一步提高抗氧化性。

06Cr18Ni13Si4 钢具有与 06Cr25Ni20(0Cr25Ni20)钢相当的抗氧化性，用于含氯离子环境，如汽车排气净化装置等。

16Cr20Ni14Si2 和 16Cr25Ni20Si2 等钢具有较高的高温强度及抗氧化性，用于制作承受应力的各种炉用构件。表 10.41 列出了 16Cr25Ni20Si2 钢的高温力学性能。该钢可以在 1050～1100℃固溶处理后空冷使用，也可不经热处理在热压力加工后直接应用，因为它是奥氏体钢，所以在室温能承受冲压与轧制。该钢主要用于制作加热炉的各种构件，如合成氨设备高温炉管、高温加热炉管、辐射管、加热炉辊筒及燃烧室构件等。该钢连续使用的最高温度为 1150℃，间歇使用的最高温度为 1050～1100℃，这种高镍的钢对于含硫的燃料产物不稳定，长期在 600～900℃加热会产生晶间腐蚀，同时因碳化物在加热时析出会引起时效脆性。该钢在 600～700℃易形成 σ 相，导致脆化，不宜使用。

05Cr19Ni10Si2CeN 和 08Cr21Ni11Si2CeN 两种钢是新列入 GB/T 4238—2015 中的牌号，由于加入了稀土元素 Ce 明显改善了钢的抗氧化性能(图 10.12)。08Cr21Ni11Si2CeN 钢在 850～1100℃具有较好的高温使用性能，抗氧化温度可达 1150℃。

20 世纪 80 年代我国开发出一种高铬节镍炉用高温耐热钢 3Cr24Ni7SiNRE，其化学成分如下：0.30%～0.40%C、1.3%～2.0%Si、≤2.0%Mn、23%～26%Cr、7.0%～8.5%Ni、0.20%～0.30%N、0.20%～0.30%RE(La 或 Ce)、≤0.030%S、≤0.035%P[78]。加入稀土后明显改善了钢在 1100～1200℃的抗氧化性能，提高了钢在铸态时的持久强度，改善了热加工性能，使该钢的主要性能都达到了 4Cr25Ni20Si2(HK40)钢的水平。该钢可代替 16Cr25Ni20Si2、4Cr25Ni20Si2(HK40)等钢和部分代替 Cr25Ni35、Cr28Ni48W5 等钢制作在 950～1200℃工作的各种耐热构件[54]。

3Cr24Ni7SiNRE 钢可以普通方法铸造或采用离心铸造，也可以热加工成锻材，加热温度为 1180～1220℃，始锻温度为 1150～1180℃，终锻温度大于 900℃，锻后空冷，固溶处理温度为 1160～1200℃，水冷。该钢的切削性能与高铬镍奥氏体钢相近，可焊性良好[54]。

2）高温合金

冶金工业生产过程中的不少冶金设备接触高温的部件,需使用高温合金才能满足使用要求,如温度超过 1050℃炉子的传送带、工作温度为 1100℃的辐射管、大型热处理炉大型锻件的特种托架、炉内温度高达 1250℃以上的步进梁式加热炉钢坯垫块、连续加热炉中的钢坯垫块等,均需使用镍基或钴基高温合金[22]。

3）Cr-Mn-N 系

我国科技工作者根据 Mn、N 可以代 Ni 的原理,研制了无 Ni 或节 Ni 的 Cr-Mn-N 系奥氏体抗氧化钢。26Cr18Mn12Si2N（3Cr18Mn12Si2N）和 22Cr20Mn10Ni2Si2N(2Cr20Mn9Ni2SiN)两个钢号已正式列入 GB 1221—92 和代替它的新的标准 GB/T 1221—2007 中。

在 Cr-Mn-N 系钢中,当 Cr 含量在 16％以下时,大约 2％Mn 可代替 1％Ni,而 0.1％N 约可代替 2％Ni,因此 C、N、Mn 适当配合可使钢基本上是奥氏体。Mn 的存在使抗氧化性略低于同级别的 Cr-Ni 钢,因此在两种 Cr-Mn-N 钢中都加入约 2％Si,使抗氧化性得到改善,同时它们抗含硫介质腐蚀的能力比 Cr-Ni 钢好。

26Cr18Mn12Si2N 钢的锻轧温度为 1150～900℃,锻轧后空冷。该钢的典型热处理工艺及力学性能见表 10.38。该钢有较高的高温强度和一定的抗氧化性,并且有较好的抗硫和抗渗碳性,其室温及高温力学性能高于 16Cr20Ni14Si2 钢,但抗氧化性能低于 16Cr20Ni14Si2 钢。该钢有时效脆化倾向,但时效后在高温下仍有较高的韧性。该钢焊接性能好,手工焊时焊前可不预热,焊后可不进行热处理。该钢用做中温箱式炉底板、链式加热炉的传送带、渗碳罐、料筐,以及工作温度小于 900℃的锅炉过热器及其他锅炉用耐热构件。

22Cr20Mn10Ni2Si2N 钢加入了 Ni,升高了 Cr、Si 含量,降低了 Mn 含量,使高温持久强度、抗氧化性、抗渗碳性都比无 Ni 的 Cr-Mn-N 系钢有所提高。无 Ni 时有 20％～40％的 δ 相,而加 Ni 后只有 8％～10％,因此塑性、韧性及加工性能得到改善。另外,含 Ni 钢奥氏体稳定,$\delta \to \sigma$ 相转变及析出碳化物有所抑制,故时效敏感性也降低。两种铬锰氮钢的性能对比如表 10.44 所示。

表 10.44　Cr-Mn-Ni-N 和 Cr-Mn-N 系钢的各种性能对比

钢种	碳含量/％	力学性能(不小于)			1000℃,500h 氧化增量/(g/(m^2·h))	1150℃水冷后在下列温度保温 10h*		
		σ_b/MPa	δ_5/％	ψ/％		800℃	900℃	1000℃
Cr-Mn-Ni-N	0.25	100	61.0	60.5	0.15	14/28**	38/27	16/26
	0.16	75	40.5	40		27/24	21/25**	34/22
Cr-Mn-N	0.25	70	36.5	39.5	0.3	9/28	6/30	8/26
	0.16	70	28.5	21.0		7/33.5	7/23	9/31

注:* 分子为 a_k 值(J/cm^2),分母为 HRC,余同;** 试样有裂纹后。

还可用 Cr、Si 含量来调节抗氧化性、热加工性及 a_k 值。当使用温度高,受冲击小,可使 Cr、Si 含量在上限,如渗碳罐。反之,对抗氧化要求不高、受冲击大时,如连续式加热炉的链钩,Cr、Si 含量就可控制在下限,Mn 含量控制在上限。

22Cr20Mn10Ni2Si2N 钢锻轧温度为 1180～900℃，锻轧后空冷。该钢的典型热处理工艺及力学性能见表 10.38。该钢的焊接性能较好。

这种钢可用做炉底板，还可浇铸成井式渗碳炉渗碳罐及其附属部件，如箱体、料筐、炉罐座、风扇、风板、料筐座等，在 920～960℃使用寿命都在一年以上，做盐浴（50%$BaCl_2$＋50%NaCl）坩埚在 900～950℃使用寿命可达到 16Cr25Ni20Si2 钢的水平。该钢还可用于制造工作温度不大于 1000℃的锅炉过热器吊挂、蛇形管支座、定位板及其他耐热构件。

4）Fe-Al-Mn 系

就 Fe-Cr 与 Fe-Al 二元合金来说，在 1000℃左右，6%Al 即相当于 18%Cr 的抗氧化水平，参见图 10.11。但是 Fe-Al 合金是铁素体钢，在高温下有晶粒长大引起脆性的倾向；此外，在加热状态时有热强性不足等问题。如果加入合金元素使这种合金获得奥氏体组织，则不但能克服脆性，而且可以提高钢的热强性。除 Ni 以外，形成奥氏体的元素还有 C、Mn、N，但 N 易生成 AlN，不宜加入，因此提出了开发含 C 的 Fe-Al-Mn 系抗氧化钢。

图 10.50 为 Fe-Al-Mn 系在 760℃的等温截面相图。这一相图描述了在 Fe-Al-Mn 系合金中，Mn、Al 含量与 γ 和 $\gamma+\alpha$ 的相界及 γ 和 $\gamma+\beta$ 相界的关系。在成分接近 10%Al 和 35%Mn 时会产生 β-Mn 使钢变脆。对不同温度下淬火合金的检验表明，随着温度增高，三相区稍向较高 Al 和 Mn 的方向变化，一般在工业 Fe-Al-Mn 合金中还有一定碳含量，因此综合碳的影响，测得 γ 和 $\gamma+\alpha$ 的相界线如图 10.51 所示。

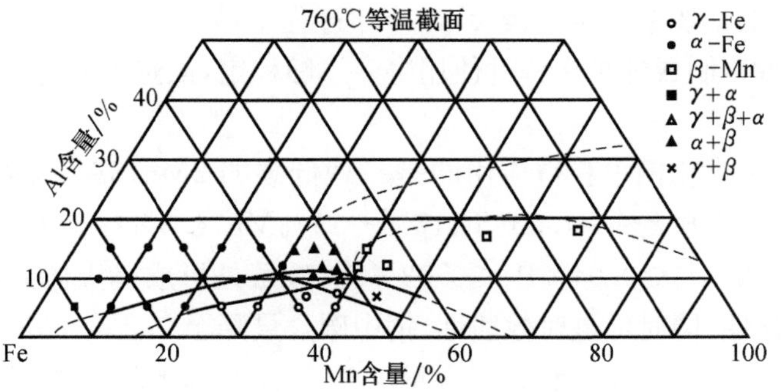

图 10.50　Fe-Al-Mn 系在 760℃的等温截面图[79]

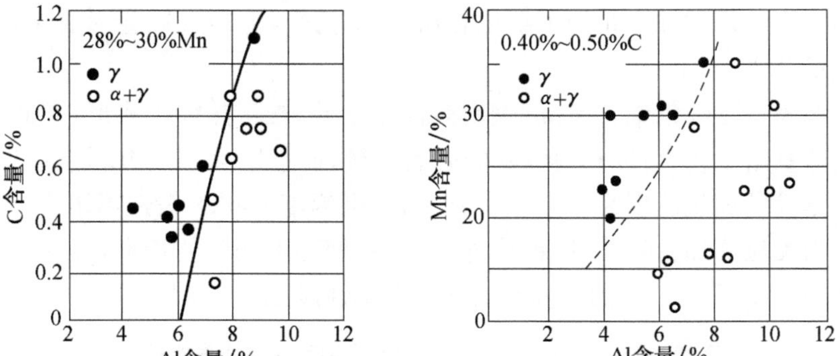

图 10.51　Fe-Al-Mn 系合金成分对 γ 和 $\alpha+\gamma$ 相区的影响[8]

工艺：1000～1050℃均匀化处理后炉冷

碳是可以扩大 γ 区的元素,在双相钢中,随碳含量增加,γ 相也增加,随之强度和塑性也提高,当 $\gamma=100\%$时为最大,但随碳含量增加,抗氧化性变坏。相同的组织,碳含量升高,强度上升,塑性下降。在含碳大于 0.85%后,奥氏体中因为有大量碳化物的沉淀而变脆。Fe-Al-Mn 系钢碳含量一般为 0.2%~0.6%,高碳用于铸钢,低碳用于可以热压力加工的锻钢。

Al 是钢中主要抗氧化元素,但它强烈形成铁素体,Al 含量高,为保证形成适量的奥氏体,Mn 含量也应提高,这样做不仅会降低抗氧化性能,而且使加工困难。研究表明,Al 含量大于 6%时抗氧化性提高缓慢(图 10.11)。

稀土元素的加入可以改善钢的工艺性和提高铸钢流动性,使铸件表面质量改善。不加稀土,铸件易开裂,特别是 Al 含量高时。稀土元素加入量不超过 0.1%还可提高抗氧化性。

基于生产实践,国内一些研究单位和生产厂家曾研制出可在 800~1100℃不同温度范围内工作的几种不同 Al 含量的 Fe-Al-Mn 系抗氧化钢,多为碳含量较高(0.65%~0.85%)的铸钢,Al 含量为 7%~10%,锰含量为 23%~30%,可加入少量的 Si。

实践证明,Fe-Al-Mn 系抗氧化钢的冶炼铸造质量对使用寿命影响很大。由于 Al 含量高,给冶炼带来一定的困难,应采取措施尽可能减少夹杂的含量。在浇铸过程中,Al 容易氧化,在铸件表面造成翻皮严重,所以一定要控制好浇注温度,保证钢液有良好的流动性。含 Mn、Al 高的钢线膨胀系数较大,在冷却过程中易产生铸造裂纹,这就要在结构设计上改进。用这种钢制成的炉用构件使用寿命不够稳定,虽然钢的生产成本较低,但未能得到推广应用。

Fe-Al-Mn 系抗氧化钢中获得应用的是一种低碳的 2Mn18Al5SiMoTi 钢,其化学成分为:0.2%~0.3%C、0.8%~1.3%Si、17%~19%Mn、4.3%~5.3%Al、0.6%~1.0%Mo、0.07%~0.17%Ti、≤0.04%P、≤0.03%S。碳虽是形成奥氏体元素,但碳含量过高会降低钢的抗氧化性,同时促进时效脆性,钢中碳含量降至 0.2%~0.3%,会在组织中出现部分铁素体,但对综合性能有利。铝含量大于 5%时,其抗氧化作用明显降低,其加工性能显著恶化,钢中加入约 5%的铝是合适的。硅的加入量大于 2.2%时,钢的热加工性差,650℃时效后钢很脆,故加入量为 0.8%~1.3%。加入钼主要是固溶强化,使钢具有一定的高温强度。钛的加入是为了细化晶粒,提高韧性,但加入钛会形成氮化钛夹杂物,影响冶金质量[80]。

2Mn18Al5SiMoTi 钢铝含量高,钢锭表面质量差,难于热加工成形,因此应采用电弧炉冶炼加电渣重熔工艺,可以获得良好的表面质量,而且结晶方向有利于热加工,还可以减少夹杂。钢锭的加热温度为 1160~1200℃,终锻温度 900℃,锻造不困难。该钢在热锻轧时的组织为奥氏体加铁素体,后者约占 25%,有变形不均匀的特点,锻轧后空冷。该钢的固溶温度为 1050℃。该钢的室温和高温的力学性能见表 10.45。

表 10.45　2Mn18Al5SiMoTi 钢的室温和高温力学性能[54]

材料状态或热处理制度	温度/℃	σ_b/MPa	σ_s/MPa	δ_5/%	ψ/%	a_k/(J/cm^2)	冷弯角度 ($d=4a$)/(°)
热轧	室温	774~931	603~848	16.0~40.0	—	10~70	11~180

续表

材料状态或热处理制度	温度/℃	σ_b/MPa	σ_s/MPa	δ_5/%	ψ/%	a_k/(J/cm²)	冷弯角度 $(d=4a)$/(°)
1050℃,40min,水冷	室温	617～843	383～676	30.0～42.6	54.0～68.0	—	—
1050℃,水冷(固溶处理)	500	365～365	605～625	28.2～29.0	69.5～70.5		—
	600	275～295	425～435	31.0～34.2	60.0～70.5		—
	700	—	261～269	63.0～71.7	62.7～64.0	301～315	—
	800	—	159～159	52.3～67.7	77.7	311～314	—
	900	—	85～86	111～112	—	185～220	—

2Mn18Al5SiMoTi 钢经 1050℃固溶处理，在 650～800℃时效后，在时效初始 100～200h 后冲击韧度下降急剧，硬度稍有增加，500h 后趋于稳定，在 800℃时效 3000h 后，钢的晶粒度，包括铁素体晶粒，没有明显长大，晶粒度仍为 6～7 级。该钢的组织为奥氏体、铁素体和少量弥散析出的碳化物[54]。

2Mn18Al5SiMoTi 钢在 750℃和 800℃的抗氧化性良好，能满足锅炉用耐热钢在使用温度下氧化腐蚀深度 0.1～0.15mm/a 的要求。该钢可用于制造 850℃以下且负荷不大的锅炉省煤器、再热管管状夹持器及其他耐热构件，可部分代替 16Cr20Ni14Si2 等高铬镍耐热钢。

10.4　阀　门　钢

阀门钢，又称气阀钢或气门钢。阀门是内燃机重要的工作零件和易损件，排气阀工作条件异常恶劣，要在 500～900℃高温、高压、汽油柴油等腐蚀性燃气中经受频繁往复的高速运动和摩擦，冲击负荷大。气阀工作的好坏直接影响到发动机的工作性能，故对制造气阀的材料——阀门钢的要求也极为苛刻。

排气阀常见的故障主要是盘部烧蚀、盘锥面腐蚀与磨损、杆部与颈部折断、杆部与杆端面的磨损与擦伤，其中盘锥面产生腐蚀麻坑较为普遍，而排气阀的烧蚀与折断是最严重的失效方式。因此对材料应有下列要求：①根据进气阀及排气阀的工作温度，要求材料具有足够高的高温强度；②在冷热交变的情况下，材料的组织应稳定及物理性能保持不变，如尺寸变化应小；③在工作温度下，有良好的抗氧化性及对燃烧气体腐蚀的稳定性；④良好的冷加工、热加工及焊接等工艺性能。

10.4.1　阀门钢的成分与性能

随着世界汽车工业的发展，阀门钢经历了多个发展阶段，已形成了专门的特殊钢品种[81～84]，其中包括低合金阀门钢、马氏体阀门钢、奥氏体阀门钢、阀门合金、阀门堆焊材料等，各类阀门钢的性能特点如表 10.46 所示[85]。气阀合金如 Inconel 751、Nimonic 80A、NiFe25Cr20NbTi、RS417、RS914、VMS-513、N-155、NCF2415C、NCF4015、TiAl 等[85～88]，大多是 Ti、Al、Nb 等沉淀硬化型合金，合金含量高、生产难度大、价格昂贵，因而应用受到限制。阀门堆焊材料，如 Stellite 6、Stellite F、P37S(粉)、Eatonite 6(粉)

等[89,90]，可提高气阀局部区域的抗腐蚀性和耐磨性，但因堆焊工艺复杂和堆焊质量难控制，应用受到较大影响。马氏体阀门钢以 Cr、Si 为主要合金元素，是一种低成本的阀门钢，该类钢高温性能较差，一般应用于较低负荷工况下。奥氏体阀门钢主要以 Cr-Ni、Cr-Mn-Ni-N 材料为主，其性价比高、使用范围较为广泛。

表 10.46　各类阀门钢的特点和适用范围[85]

材料	低合金阀门钢	马氏体阀门钢	奥氏体阀门钢	阀门合金	阀门堆焊材料
性能特点	强度低，高温性能差，加工性能良好	强度较高，高温性能较差，加工性能较好	高温性能较好，加工性能较差，成本适中	高温性能好，成本高	耐磨性、高温性能好，工艺复杂，成本高
适用范围	低负荷，进排气	阀杆：中低负荷，进排气阀	中高负荷，排气阀	中高负荷，排气阀	中高负荷，排气阀

早期，我国专业内燃机阀门钢生产执行两个国家标准，即 GB 1221—92《耐热钢棒》和 GB/T 12773—91《内燃机气阀钢钢棒技术条件》，其中包括 3 个马氏体钢号(4Cr9Si2、4Cr10Si2Mo、8Cr20Si2Ni)和 3 个奥氏体钢号(4Cr14Ni14W2Mo、5Cr21Mn9Ni4N、2Cr21Ni12N)。

目前，上述我国两个标准已经被 GB/T 1221—2007《耐热钢棒》和 GB/T 12773—2008《内燃机气阀用钢及合金棒材》代替，其中新增了 4 个马氏体钢号(45Cr9Si3、51Cr8Si2、85Cr18Mo2V、86Cr18W2VRE)和 4 个奥氏体钢号(33Cr23Ni8Mn3N、50Cr21Mn9Ni4Nb2WN、55Cr21Mn8Ni2N、61Cr21Mn10Mo1V1Nb1N)。在 GB/T 12773—2008 中共列入了 16 个牌号，其中 7 个为马氏体钢，7 个为奥氏体钢，2 个为高温合金。GB/T 12773—2008 现已为 GB/T 12773—2021《内燃机气阀用钢及合金棒材》代替，GB/T 12773—2021 列入了 16 个牌号，其中 6 个为马氏体型，10 个为奥氏体型(包括 3 个高温合金)。

我国汽车行业还制定了行业标准 QC/T 469—2002《汽车发动机气门技术条件》(代替 GB 10483—89)，最近又发布了 QC/T 469—2016，代替了 QC/T 469—2002。在 QC/T 469—2016 中列入了 2 个结构钢、6 个马氏体钢、7 个奥氏体钢、3 个高温合金和 2 个钛合金。

表 10.47 为 GB/T 12773—2021 和 QC/T 469—2016 中列入的我国内燃机气阀和汽车发动机气门用钢的化学成分。

对这类钢和合金应采用电弧炉加炉外精炼或真空感应炉加真空自耗方法冶炼，也可用电渣重熔法冶炼。

以热处理状态交货的棒材的硬度和用热处理毛坯制成试样在室温测定的棒材纵向力学性能和硬度应符合表 10.48 的规定。

棒材或坯料的酸浸低倍组织、一般疏松、中心疏松和锭形偏析均不大于 2 级。棒材应进行热顶锻，试样锻至原高度的三分之一，顶锻后试样上不得有裂口和裂纹。

棒材交货状态的实际晶粒度应符合表 10.49 的规定。棒材中的非金属夹杂物应按 GB/T 10561—2005 中的评级图评定，粗系和细系夹杂物应符合表 10.50 的规定。

表 10.47　我国内燃机气阀用钢及合金棒材的牌号及化学成分(GB/T 12773—2021)和汽车发动机气门材料的牌号及化学成分(QC/T 469—2016)　(单位:%)

牌号	C	Si	Mn	Ni	Cr	Mo	W	N	V	Nb	P	S
马氏体型												
40Cr10Si2Mo (40Cr10Si2Mo)	0.35～0.45	1.90～2.60	≤0.70	≤0.60	9.00～10.50	0.70～0.90	—	—	—	—	≤0.035	≤0.030
42Cr9Si2 (42Cr9Si2)	0.35～0.50	2.00～3.00	≤0.70	≤0.60	8.00～10.00	—	—	—	—		≤0.035	≤0.030
45Cr9Si3 (45Cr9Si3)	0.42～0.50 (0.40～0.50)	2.70～3.30	≤0.80	≤0.60 (—)	8.00～10.00	—	—	—	—	—	≤0.040	≤0.030
51Cr8Si2 (51Cr8Si2)	0.47～0.55 (0.45～0.55)	1.00～2.00	0.20～0.60 (≤0.60)	≤0.60	7.50～9.50	—	—	—	—	—	≤0.030	≤0.030
83Cr20Si2Ni (80Cr20Si2Ni)	0.75～0.90 (0.75～0.85)	1.75～2.50	≤0.80 (0.20～0.60)	1.15～1.70 (1.15～1.65)	19.00～20.50	—	—	—	—	—	≤0.030	≤0.030
85Cr18Mo2V (85Cr18Mo2V)	0.80～0.90	≤1.00	≤1.50	—	16.50～18.50	2.00～2.50	—	—	0.30～0.60	—	≤0.040	≤0.030
奥氏体型												
20Cr21Ni12N (20Cr21Ni12N)	0.15～0.25 (0.15～0.28)	0.75～1.25	1.00～1.60	10.50～12.50	20.50～22.50 (20.00～22.00)	—	—	0.15～0.30	—	—	≤0.035	≤0.030
33Cr23Ni8Mn3N (33Cr23Ni8Mn3N)	0.28～0.38	0.50～1.00	1.50～3.50	7.00～9.00	22.00～24.00	≤0.50	≤0.50	0.25～0.35	—	—	≤0.040	≤0.030
45Cr14Ni14W2Mo (45Cr14Ni14W2Mo)	0.40～0.50	≤0.80	≤0.70	13.00～15.00	13.00～15.00	0.25～0.40	2.00～2.75	—	—	—	≤0.035	≤0.030
50Cr21Mn9Ni4-Nb2WN (50Cr21Mn9Ni4-Nb2WN)	0.45～0.55	≤0.45	8.00～10.00	3.50～5.00	20.00～22.00	—	0.80～1.50	0.40～0.50 (0.40～0.60)	—	1.80～2.50	≤0.050	≤0.030

续表

牌号	C	Si	Mn	Ni	Cr	Mo	W	N	V	Nb	P	S
53Cr21Mn9Ni4N (53Cr21Mn9Ni4N)	0.48～0.58	≤0.35	8.00～10.00	3.25～4.50	20.00～22.00	—	—	0.35～0.50	—	—	≤0.040	≤0.030
55Cr21Mn8Ni2N (55Cr21Mn8Ni2N)	0.50～0.60	≤0.25	7.00～10.00	1.50～2.75	19.50～21.50	—	—	0.20～0.40	—	—	≤0.040	≤0.030
61Cr21Mn10Mo1-V1Nb1N (61Cr21Mn10Mo-VNbN)	0.57～0.65	≤0.25	9.50～11.50	≤1.50	20.00～22.00	0.75～1.25	—	0.40～0.60	0.75～1.00	1.00～1.20	≤0.050	≤0.030 (≤0.25)
高温合金												
GH4751 (GH4751)	0.03～0.10 (≤0.10)	≤0.50	≤0.50	余	14.00～17.00	0.90～1.50Al、2.00～2.60Ti、5.00～9.00Fe					≤0.015	≤0.015
GH4080A (Nimonic 80-A)	0.04～0.10	≤1.00	≤1.00	余	18.00～21.00	1.00～1.80Al、1.80～2.70Ti、≤3.00Fe、≤2.00Co、≤0.008B、≤0.20Cu					≤0.020	≤0.015
Ni30 (Ni30)	(≤0.08)	(≤0.50)	(≤0.50)	(29.50～33.50)	(13.50～15.50)	(0.40～1.00Mo、0.40～0.90Nb、≤0.010B、1.6～2.20Al、2.3～2.90Ti)					(≤0.015)	(≤0.015)

注:未加括号的牌号是 GB/T 12773—2021 中列入的,加括号的是 QC/T 469—2016 中列入的,未加括号的化学成分表示两个标准的成分相同,加括号的为 QC/T 469—2016 中牌号的化学成分。QC/T 469—2016 中还列入了 2 个结构钢的牌号:40Cr 和 45Mn2,其化学成分见 GB/T 3077—2015(表 6.10)。

GH4080A 中的 Cu 含量不大于 0.20%,其他牌号中的 Cu 含量不大于 0.30%。50Cr21Mn9Ni4Nb2WN 和 53Cr21Mn9Ni4N 两牌号中的 C+N 含量不小于 0.90%。

根据 GB/T 20878—2007 和 GB/T 1221—2007,83Cr20Si2Ni 钢号应表示为 80Cr20Si2Ni,其碳含量应为 0.75%～0.85%。在 GB/T 12773—2021 中,该钢号的表示方法亦不一致,除本表外,在表 10.48 和表 10.51 中均以 80Cr20Si2Ni 表示。本书正文均以 80Cr20Si2Ni 表示该钢号。

表 10.48　我国气阀用钢的交货硬度和热处理后的力学性能及硬度要求(GB/T 12773—2021、QC/T469—2016)

牌号	退火后硬度/HB	热处理工艺	室温力学性能(不小于)				硬度 HB
			$R_{p0.2}$/MPa	R_m/MPa	A/%	Z/%	
马氏体型(调质工艺)							
40Cr10Si2Mo (40Cr10Si2Mo)	≤269	1000～1050℃油冷＋700～780℃空冷 (1000～1050℃油冷＋720～760℃空冷或水冷)	680	880	10	35	266～325
42Cr9Si2 (42Cr9Si2)	≤269	1000～1050℃油冷＋700～780℃空冷	590	880	19	50	266～325
45Cr9Si3 (45Cr9Si3)	≤269	1000～1050℃油冷＋720～820℃空冷 (1000～1050℃油冷＋720～820℃空冷或水冷)	700	900	14	40	266～325
51Cr8Si2 (51Cr8Si2)	≤269	1000～1050℃油冷＋650～750℃空冷 (1000～1050℃油冷＋720～760℃空冷或水冷)	685	885 (900)	14	35 (40)	≥260 (266～325)
80Cr20Si2Ni (80Cr20Si2Ni)	≤321	1030～1080℃油冷＋700～800℃空冷 (1030～1080℃油冷＋700～800℃缓慢冷却)	680	880	10	15	≥295 (296～325)
85Cr18Mo2V (85Cr18Mo2V)	≤300	1050～1080℃油冷＋700～820℃空冷 (1050～1080℃油冷＋720～820℃缓慢冷却)	800	1000	7	12	290～325 (296～325)
奥氏体型(固溶处理和时效工艺)							
20Cr21Ni12N (20Cr21Ni12N)	≤300	1100～1200℃固溶,水冷＋700～800℃空冷 (1100～1200℃固溶,水冷＋700～800℃/6h 空冷)	430 (390)	820 (780)	26	20	—
33Cr23Ni8Mn3N (33Cr23Ni8Mn3N)	≤360	1150～1200℃固溶＋780～820℃空冷 (1150～1170℃固溶,水冷＋800～830℃/8h 空冷)	550	850	20	30	≥25 (≥22)

续表

牌号	退火后硬度/HB	热处理工艺	室温力学性能(不小于)				硬度 HB
			$R_{p0.2}$/MPa	R_m/MPa	A/%	Z/%	
45Cr14Ni14W2Mo (45Cr14Ni14W2Mo)	≤295	1100～1200℃固溶+720～800℃空冷 (1100～1200℃固溶,水冷+720～800℃/6h 水冷)	395 (315)	785 (690)	25	35	— (248HB)
50Cr21Mn9Ni4Nb2WN (50Cr21Mn9Ni4Nb2WN)	≤385	1160～1200℃固溶+760～850℃空冷 (1160～1200℃固溶,水冷+760～850℃/6h 空冷)	580	950	12	15	≥28
53Cr21Mn9Ni4N (53Cr21Mn9Ni4N)	≤380	1140～1200℃固溶+760～815℃空冷 (1140～1180℃固溶,水冷+760～815℃/4～8h 空冷)	580	950	8	10	≥28
55Cr21Mn8Ni2N (55Cr21Mn8Ni2N)	≤385	1140～1180℃固溶+760～815℃空冷 (1140～1180℃固溶,水冷+760～815℃/4～8h 空冷)	550	900	8	10	≥28
61Cr21Mn10Mo1V1Nb1N (61Cr21Mn10Mo1V1Nb1N)	≤385	1100～1200℃固溶+720～800℃空冷 (1160～1200℃固溶,水冷+760～850℃/6h 空冷)	800	1000	8	10	≥32 (≥32)
GH4751 (GH4751)	≤325	1100～1150℃固溶+840/24h 空冷+700℃/2h 空冷 (1100～1150℃固溶,水冷+840/24h 空冷+700℃/2h 空冷)	750	1100	12	20	≥32
GH4080A (Nimonic 80-A)	≤325	1000～1080℃固溶+690～710℃空冷/16h 空冷 (1000～1080℃固溶,水冷+690～710℃空冷/16h 空冷)	725	1100	15	25	≥32
Ni30 (Ni30)	—	900～1100℃固溶+700～800℃/6h 空冷 (1050 固溶,水冷+750/4h 空冷)	600 (655～670)	1000 (1000)	12 (34)	30 (54)	≥28 (≥31)

注:未加括号的力学性能、硬度是 GB/T 12773—2021 中列入的,加括号的是 QC/T 469—2016 中列入的。GB/T 12773—2008 中各牌号热处理用试样毛坯直径为 25mm;棒材直径小于 25mm 时,用原尺寸钢材热处理。本表所列力学性能适用于直径不大于 60mm 的棒材。直径大于 60～100mm 时,锻后伸长率和断面收缩率可分别降低 1 和 5 个单位。

表 10.49　内燃机气阀用钢及合金棒材交货状态的实际晶粒度(GB/T 12773—2021)

分类		公称直径		
		≤25mm	>25～60mm	>60～120mm
马氏体型		8 级或更细	7 级或更细	6 级或更细
奥氏体型	奥氏体钢	6 级或更细	5 级或更细	5 级或更细
	高温合金	5 级或更细	4 级或更细	

表 10.50　内燃机气阀用钢及合金棒材的非金属夹杂物的评定要求(GB/T 12773—2021)

分类	A类		B类		C类		D类		DS类
	细系	粗系	细系	粗系	细系	粗系	细系	粗系	
电渣钢	≤1.5	≤0.5	≤1.5	≤1.0	≤1.0	≤0.5	≤1.5	≤1.5	≤1.0
其他方法炼钢	≤2.0	≤1.5	≤2.5	≤1.5	≤1.5	≤1.5	≤2.0	≤2.0	≤1.5
高温合金	≤1.0	≤1.0	≤1.0	≤1.0	≤1.0	≤1.0	≤1.0	≤1.0	≤1.0

用热处理毛坯制成试样的内燃机气阀用钢及合金棒材的高温力学性能可参考表 10.51。

10.4.2　马氏体阀门钢

马氏体阀门钢是以 Cr、Si 为主要合金元素的，1920 年开始试制，1941 年英国正式将这类钢列入标准，许多国家都有类似的牌号。

42Cr9Si2(4Cr9Si2)和 40Cr10Si2Mo(4Cr10Si2Mo)两个牌号系 20 世纪 50 年代从苏联引进的钢号，在较长时间内是我国使用得最多的钢号。

铬和硅可以提高抗氧化能力和热疲劳抗力，同时 Si 可提高 Ac_1 和回火稳定性，因而提高了使用温度，Cr-Si 钢加 Mo 不仅提高热强性而且也减缓回火脆性。

针对这类钢在生产使用上存在一些问题，如 42Cr9Si2 的成分较宽，性能不够稳定，热处理工艺不当时，不易达到所规定的性能指标(主要是断面收缩率偏低)，使用寿命也较短，我国科技工作者对 42Cr9Si2 钢的成分和热处理工艺进行了系统的研究[91]。

我国 42Cr9Si2 钢的成分较宽，国外较窄，如碳含量，国外为 0.1%，我国为 0.15%；硅含量，国外为 0.5%～0.75%，我国为 1%；铬含量，国外大多为 1%～2%，我国为 2%。此外，在元素含量上，国外是碳、硅偏高，铬偏低，而我国是碳、硅偏低，铬偏高。

由图 10.52 可知，在不同铬含量的情况下，钢的强度都随着碳含量的增加而增高，而塑性则随着碳含量的增加而降低，当碳含量低于 0.42%时，强度增加较显著，塑性只有少量的降低，但碳含量高于 0.42%时，塑性开始了明显的下降。由此可见，在碳含量为 0.38%～0.43%时，可获得较好的综合力学性能。

铬对钢力学性能的影响与碳含量有密切的关系。由图 10.53 可以看出，高碳高铬的钢具有较高的强度和较低的塑性，中碳中铬、低碳低铬及低碳中铬的钢具有较好的综合力学性能。

表 10.51　我国内燃机气阀用钢及合金棒材的高温力学性能参考值(GB/T 12773—2021)

牌号	热处理状态	高温短时抗拉强度 R_m/MPa							高温短时屈服强度 $R_{p0.2}$/MPa						
		温度							温度						
		500℃	550℃	600℃	650℃	700℃	750℃	800℃	500℃	550℃	600℃	650℃	700℃	750℃	800℃
马氏体型															
40Cr10Si2Mo	淬火+回火	550	420	300	200	(130)	—	—	430	350	260	180	(100)	—	—
42Cr9Si2	淬火+回火	500	360	240	160	—	—	—	400	300	230	110	—	—	—
45Cr9Si3	淬火+回火	500	360	250	170	(110)	—	—	400	300	240	120	(80)	—	—
51Cr8Si2	淬火+回火	500	360	230	160	(105)	—	—	400	300	220	110	(75)		—
80Cr20Si2Ni	淬火+回火	550	400	300	230	180	—	—	500	370	280	170	120	—	—
85Cr18Mo2V	淬火+回火	550	400	300	230	180	(140)	—	500	370	280	170	120	(80)	—
奥氏体型															
20Cr21Ni12N	固溶+时效	600	550	500	440	370	300	240	250	230	210	200	180	160	130
33Cr23Ni8Mn3N	固溶+时效	600	570	530	470	400	340	280	270	250	220	210	190	180	170
45Cr14Ni14W2Mo	固溶+时效	600	550	500	410	350	270	180	250	230	210	190	170	140	100
50Cr21Mn9Ni4Nb2WN	固溶+时效	680	650	610	550	480	410	340	350	330	310	285	260	240	220
53Cr21Mn9Ni4N	固溶+时效	650	600	550	500	450	370	300	350	330	300	270	250	230	200
55Cr21Mn8Ni2N	固溶+时效	640	590	540	490	440	360	290	300	280	250	230	220	200	170
61Cr21Mn10Mo1V1Nb1N	固溶+时效	800	780	750	680	600	500	400	500	480	450	430	400	380	350
Ni30	固溶+时效	1030	1005	1000	950	900	650	640	640	640	640	670	680	565	—
GH4751	固溶+时效	1000	980	930	850	770	650	510	725	710	690	660	650	560	425
GH4080A	固溶+时效	1050	1030	1000	930	820	680	500	700	650	650	600	600	500	450

注:表中数值在括号中列出时,表示该材料不推荐在此温度条件下使用。

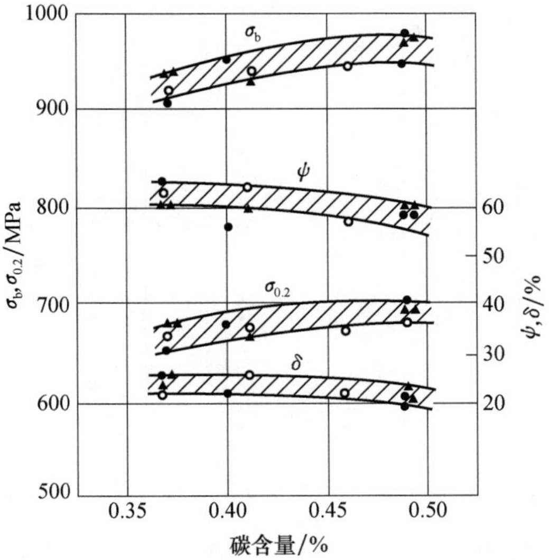

图 10.52 不同铬含量时碳对力学性能的影响[91]

▲ 7.9%～8.16%Cr,2.36%～2.5%Si;○ 8.73%～8.93%Cr,2.46%～2.55%Si;

● 9.3%～9.53%Cr,2.35%～2.52%Si

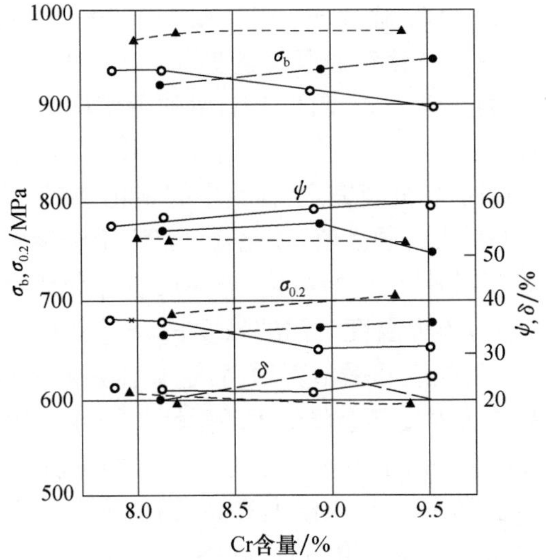

图 10.53 不同碳含量时铬对力学性能的影响[91]

▲ 0.37%C,2.38%～2.46%Si;○ 0.40%～0.41%C,2.36%～2.51%Si;

● 0.49%C,2.36%～2.52%Si

硅含量对 42Cr9Si2 钢力学性能的影响与碳有类似的情况，低于 2.5%时，硅含量增加能显著地提高钢的强度，但不显著地降低钢的塑性；当硅含量高于 2.5%时强度增加并不显著，但塑性却开始了明显的下降，尤以断面收缩率表现得较明显，如图 10.54 所示。另外，大量生产统计数据表明，硅对断面收缩率的这种影响是普遍存在的，如图 10.55 所示。此外，硅还显著提高钢的抗氧化性，在不显著降低钢塑性的情况下，提高其含量是有益的，因此硅宜选用中限，即 2.4%～2.8%。

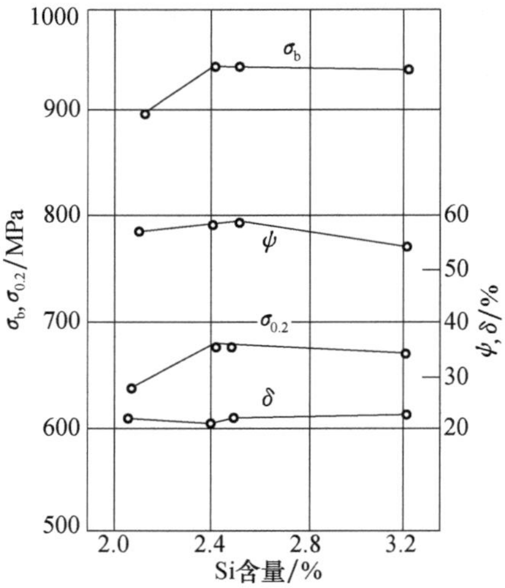

图 10.54　硅含量对 42Cr9Si2 钢力学性能的影响[91]

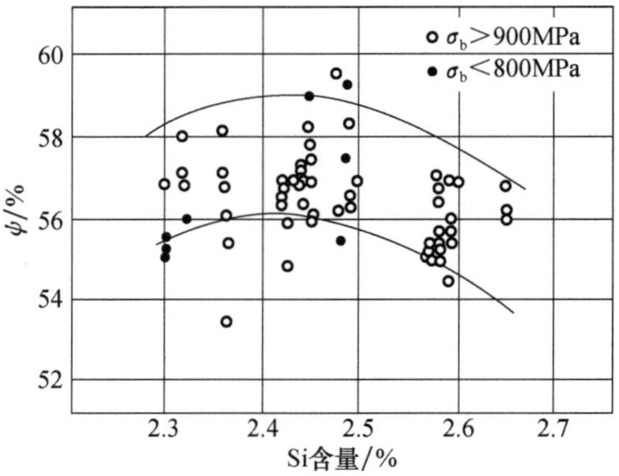

图 10.55　硅含量对 42Cr9Si2 钢断面收缩率的影响[91]

综合以上讨论可知，为了获得较好和较稳定的综合力学性能，42Cr9Si2 钢中碳、铬、硅的含量宜控制在下列范围：0.38%～0.43%C，2.4%～2.8%Si，8.5%～9.0%Cr。

在上述成分范围的 42Cr9Si2 临界点如下：Ac_1＝870～895℃，Ac_3＝950～970℃，Ar_3＝860～875℃，Ar_1＝820℃。该钢的退火温度为 920～940℃，炉冷至 750℃水冷。

由图 10.56 可以看出，随着淬火温度的提高，钢的硬度增加，在 950℃加热时，钢的硬化程度很低，由于加热温度处于 Ac_3 附近，大部分组织未发生转变，淬火后只有少量马氏体，到 1000℃淬火时，钢的组织转变较完全，但钢中的碳化物却没有充分地溶解。当淬火温度达 1050℃时，钢可获得最大的硬度值，碳化物已经大部分溶解，淬火后得到较为细小的马氏体组织。再提高温度，晶粒已开始粗化，淬火后有部分残余奥氏体，因此钢的硬度也降低了。由图 10.57 来看，淬火温度对钢的强度 σ_b、$\sigma_{0.2}$ 影响与硬度有类似的情况，但淬火温度在 1075℃以上，钢的强度几乎不再增高，这显然是和钢中碳化物的溶解与残余奥氏体的出现有关。提高淬火温度还会降低钢的塑性与韧性，当温度高于 1050℃时降低的趋向更明显，见图 10.58，这是由于 1050℃后晶粒明显粗化所致。

图 10.59 和图 10.60 表明，随着回火温度升高，钢的硬度和强度均降低，塑性与韧性则随回火温度的升高而增加。从显微组织看，硅铬马氏体钢淬火-回火后，希望得到索氏体组织，但由于钢具有较高的回火稳定性，在不太高的温度回火时常常得到像马氏体的针状组织。700℃回火后是细小索氏体组织，但仍明显地保持着马氏体针的痕迹。到 760℃组织为细小均匀的索氏体，同时钢具有较好的综合力学性能。高于 760℃则硬度、强度有较大的降低。

试验指出，回火时间超过 1h 时，回火时间对钢性能影响并不显著，回火后组织转变不完全，保留着明显的马氏体针的痕迹，2h 回火后是细小的索氏体，因此回火时间以 2～3h 为宜。

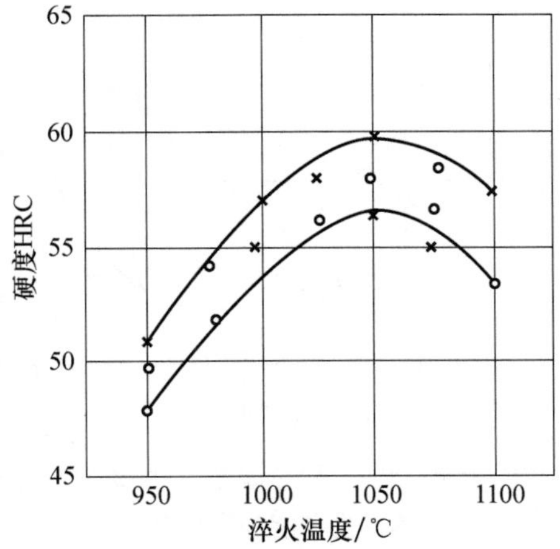

图 10.56　淬火温度对 42Cr9Si2 钢硬度的影响[91]

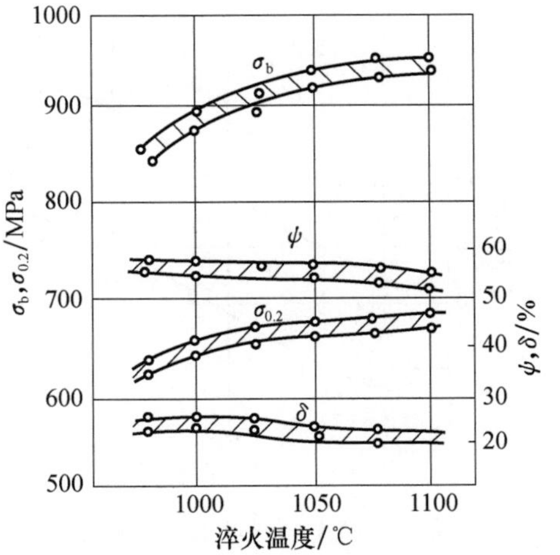

图 10.57　淬火温度对 42Cr9Si2 钢力学性能的影响[91]

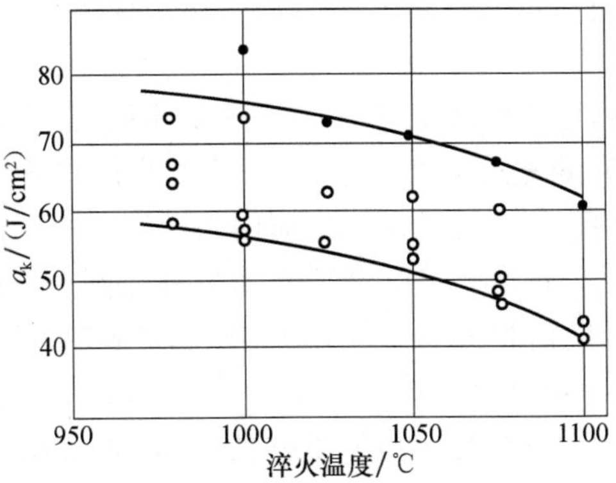

图 10.58　淬火温度对 42Cr9Si2 钢冲击韧度的影响[91]

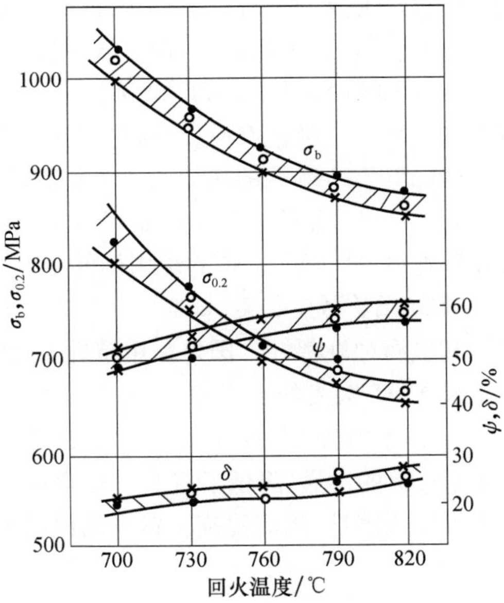

图 10.59　回火温度对 42Cr9Si2 钢力学性能的影响[91]

图 10.61 中回火后炉冷时的冲击值都低于油冷时的冲击值，这是回火脆性的表现，显然回火后快冷是必需的。

综上所述，可根据不同的使用要求，分别选择不同的回火温度。为达到标准规定的性能，宜选用(1050±10)℃油淬，(760±10)℃回火 2～3h，回火后油冷，淬火后的组织为马氏体＋碳化物，回火后的组织为回火索氏体＋碳化物。

42Cr9Si2 钢热加工的加热温度为 1150℃，热加工开始温度为 1120℃，终止温度为 850～950℃，锻轧后缓冷。该钢的可焊性较差，小截面零件经较高温度预热后可进行焊接，焊后需进行调质处理或退火。

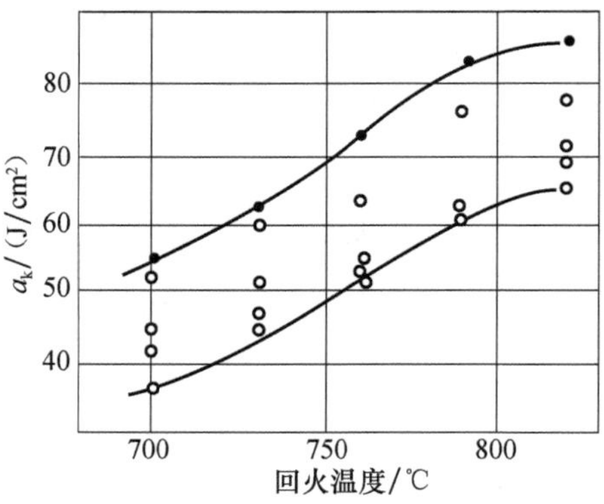

图 10.60 回火温度对 42Cr9Si2 钢冲击韧度的影响[91]

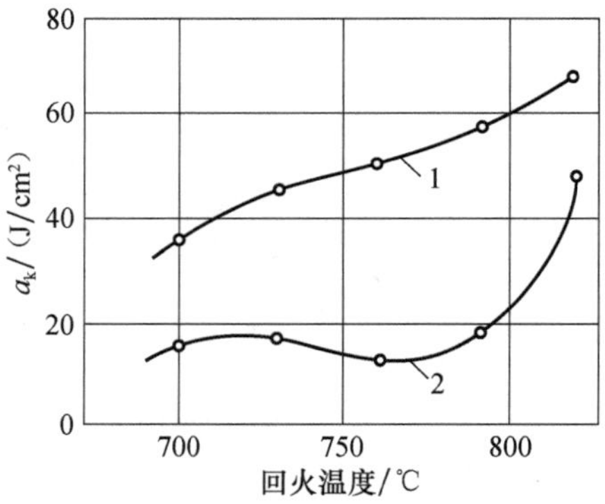

图 10.61 回火后冷却方式对 42Cr9Si2 钢冲击韧度的影响[91]

1—油冷(快);2—炉冷(慢)

42Cr9Si2 钢在 800℃以下有良好的抗氧化性,低于 650℃有高的热强性,其热处理后的力学性能见表 10.48。42Cr9Si2 钢主要用于制作内燃机的进气阀和工作温度低于 650℃的内燃机排气阀,也可用于制作低于 800℃下使用的抗氧化构件。

40Cr10Si2Mo 钢与 42Cr9Si2 钢相比,铬含量稍高并加入了 0.70%~0.90%Mo,因而其抗氧化性和热强性有所提高,并使其回火脆性的敏感性减弱。

40Cr10Si2Mo 钢的热加工工艺和焊接性能与 42Cr9Si2 钢相近,其热处理后的力学性能见表 10.49。40Cr10Si2Mo 钢可用于制造内燃机进气阀和 700℃以下工作的排气阀,也可以制造 850℃以下工作的炉用构件。

45Cr9Si3 钢在欧美、日本多年来作为标准钢号已大量使用,与 42Cr9Si2 钢相比,其淬硬性和抗腐蚀性都好。国外采用精轧-矫直-磨光的先进生产工艺,我国目前采用热轧-冷拉定径-矫直-磨光的生产工艺,因而成本比较高,影响其生产和推广应用[92]。

51Cr8Si2(即 SUH11、X50CrSi82)是日本标准中较早列入的钢号,其特点是成分中降低了 Cr、Si 的含量,降低了成本。Si 含量的降低使钢的热塑性和室温塑性都提高的同时,减小了回火脆性,因而提高了钢材的成材率,进一步降低了成本。由于碳含量较高,提高了淬硬性,使淬火后的硬度能够大于 58HRC,使这种钢更适于用做排气阀摩擦焊结构的阀杆[92]。

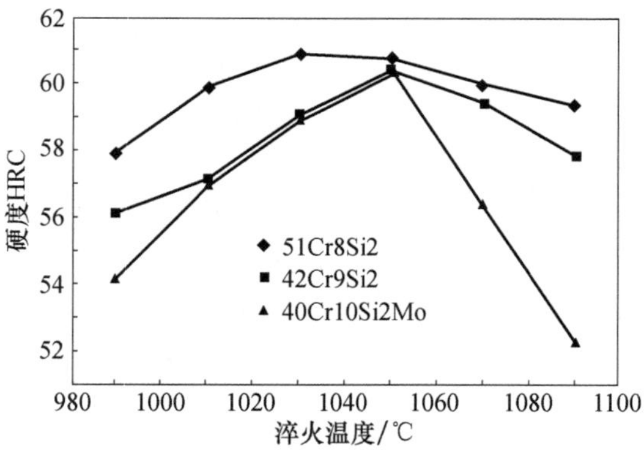

图 10.62 三种阀门钢淬火温度对硬度的影响[93]

保温 30min

图 10.62 为 51Cr8Si2、42Cr9Si2 与 40Cr10Si2Mo 三种阀门钢的淬火温度对硬度的影响。可见,51Cr8Si2 钢在相当宽的淬火温度范围内可以获得高的硬度,而 40Cr10Si2Mo 钢淬火硬度随淬火温度变化曲线呈较尖锐的峰状,即可淬硬区间较窄,而 42Cr9Si2 钢的淬火硬度随淬火温度变化曲线居于中间状态。这是由于在较低温度淬火时,42Cr9Si2 和 40Cr10Si2Mo

钢的组织中可能出现上贝氏体组织，而 51Cr8Si2 钢中则没有。

51Cr8Si2 钢的高温强度与 42Cr9Si2 钢相近，但明显低于 40Cr10Si2Mo 钢（表 10.51），三种钢的高温塑性（伸长率和断面收缩率）均随温度的升高而升高，在 600℃以下，42Cr9Si2 钢的断面收缩率最高，51Cr8Si2 钢居中；在 650℃以上，42Cr9Si2 钢与 40Cr10Si2Mo 钢基本相同，而 51Cr8Si2 钢较低。可见，在高温强度和塑性方面，40Cr10Si2Mo 钢具有明显的优势。高温抗氧化试验表明，在阀门使用温度下，三种钢的抗高温氧化性基本相同，相差不大[93]。

球化退火是阀门钢冷拔前的热处理制度，使之产生球化组织，降低强度，减少变形抗力。根据 51Cr8Si2 钢过冷奥氏体等温转变曲线和临界点，制定了适宜的等温球化退火工艺：加热至 920℃，缓冷至 780℃等温保持，水冷。此工艺亦适用于 42Cr9Si2、40Cr10Si2Mo 钢[93]。三种钢球化退火后的力学性能对比见表 10.52。由表 10.52 可以看出，经球化退火后，51Cr8Si2 钢的屈服强度比其他两种钢低很多，约低 100MPa，而 51Cr8Si2 钢的断面收缩率和冲击功明显大于其他两种钢。这说明 51Cr8Si2 钢有明显优良的加工性能，成材率也较高[93]。

表 10.52 三种阀门钢球化退火后的力学性能对比[93]

钢种	σ_b/MPa	$\sigma_{0.2}$/MPa	ψ/%	δ_5/%	A_k/J	HB
51Cr8Si2	685	345	65	32	29	187
	680	340	62	30	30	187
40Cr10Si2Mo	715	455	57	31	22	202
	715	455	57	31	21	202
42Cr9Si2	730	455	57	32	16	213
	725	450	54	30	16	207

80Cr20Si2Ni（83Cr20Si2Ni）钢是在 20 世纪 50 年代国外开发的钢号（简称 XB），主要用于制造高速柴油机的进气阀，可在 800℃的高温下连续工作而不氧化。该钢在高温下还具有高的强度、耐磨性和耐蚀性。

80Cr20Si2Ni 钢属于高碳高铬马氏体钢，其热处理特点是淬火加热温度允许的波动范围很窄，要求控制在±5℃之间，即使如此，处理后的零件硬度值也有大的差别。在±10℃之间处理时，硬度值差可达 3HRC 以上。生产实践证明，该钢的最佳淬火加热温度为(1080±5)℃，淬火后的硬度达 50～57HRC，可获得满意的力学性能。图 10.63 为淬火温度对 80Cr20Si2Ni 钢残余奥氏体含量的影响，此曲线说明加热温度对硬度值的影响是明显的，当加热温度高于最佳淬火温度 10℃时，残余奥氏体含量要增加 20%，而硬度值要下降 2HRC 以上，如高出 20℃时，残余奥氏体含量就增加到 60%，当淬火温度为 1150℃时，残余奥氏体含量可达到 100%，硬度显著下降。当淬火温度低于最佳淬火温度时，硬度值和强度也显著下降[95]。试验表明，在 1050℃加热空冷后，钢中存在块状和少量粒状碳化物，前者的尺寸常达 10μm 以

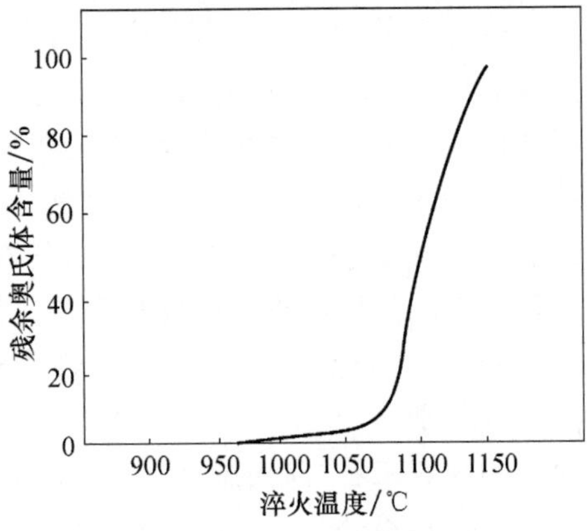

图 10.63 淬火温度对 80Cr20Si2Ni 钢残余奥氏体含量的影响[95]

上,块状和大颗粒的碳化物均为 $M_{23}C_6$ 型,此外还存在极少量的薄片状的 SiC 和精细颗粒 M_7C_3 型碳化物[96]。

80Cr20Si2Ni 钢的回火温度的选择范围也很窄,回火温度虽对硬度的影响不太明显,但对力学性能的影响比较显著。推荐 80Cr20Si2Ni 钢的回火温度为 700～720℃,超过某一定范围时,其强度值会急剧下降。回火时间的选择比回火温度的选择更为重要,在编制回火工艺时应特别注意[95]。

80Cr20Si2Ni 钢的退火工艺为 800～900℃缓冷。在高于 Ac_1 的 870℃加热时,部分大块碳化物开始溶解,长时间保温时,粒状 $M_{23}C_6$ 型碳化物含量增多,并有球化趋势,冷却时在较低温度下过饱和的 C、N 间隙原子在大厚块 $M_{23}C_6$ 型碳化物的周围与铁、铬结合生成一定含量的精细颗粒、小尺寸的薄片 M_7C_3 型碳化物,冷却速率越慢,薄片状 M_7C 型碳化物越大越多,越使钢脆化。因此,870℃×6h 水冷热处理是冷拉坯在冷拉前后的最佳软化工艺[96]。

80Cr20Si2Ni 钢中碳、铬、硅含量较高,变形抗力大,在冷变形过程中容易产生矫直脆性断裂等。80Cr20Si2Ni 钢的热处理工艺不易控制,塑性差、成材率低、价格高、淬硬性低,国外有的标准不再列入。

国内外标准列入的 85Cr18Mo2V(X85CrMoV182)钢可以克服 80Cr20Si2Ni 钢的上述缺点,在 20 世纪 80 年代已得到广泛应用。我国发明的 86Cr18W2VRE 钢在塑性和工艺性方面更好,成材率更高,成本更低[84]。

10.4.3 奥氏体阀门钢和阀门合金

10.4.3.1 Cr-Ni 系奥氏体阀门钢

奥氏体阀门钢最先使用的是 Cr-Ni 系,用得最广泛的是 45Cr14Ni14W2Mo 钢(简称 14-14 钢)。45Cr14Ni14W2Mo(ЭИ69)钢是 20 世纪 50 年代从苏联引进的,是一种碳化物强化奥氏体钢。

14-14 钢加热时组织的变化有二:碳化物的聚集溶解和晶粒长大,这二者的变化又是相互联系的,即当碳化物溶解时正是晶粒开始剧烈长大时。

碳化物的稳定性与其化学成分有关,14-14 钢的析出相是 $Cr_{23}C_6$,其中还溶入其他元素成为$(Cr、Fe、W、Mo)_{23}C_6$,总含量约为 10%。由图 10.64 可知,在 1000℃以下加热,固溶体的成分基本未发生变化,这说明碳化物还未溶解。但由图 10.65 可知,1000℃时碳化物已开始聚集,1000℃以上,碳化物开始溶解和晶粒开始长大,到 1300℃(图 10.64)固溶体的成分基本上和钢的成分一致,但在 1300℃时钢已经出现共晶。14-14 钢的晶粒开始剧烈长大的温度与钢的碳含量有关。如果 7～8 级是细晶粒,6 级是正常晶粒,4 级是粗晶粒,在同一种类型 14-14 钢中,随着碳含量不同:0.15%、0.25%和 0.45%,晶粒长大的临界温度分别为 1050～1100℃、1100～1150℃和 1150～1200℃。这也说明 14-14 钢从组织变化的观点来看,淬火温度在 1150～1200℃比较合适,此时的晶粒度为 6～4 级。

根据实验(图 10.66)可知,随固溶温度升高,奥氏体钢的室温强度降低而塑性上升,显然这些性能的变化与晶粒长大和碳化物聚集和溶解有关。

根据上面的分析,14-14 钢采用 1170～1200℃淬火是比较合适的。小零件可在空气

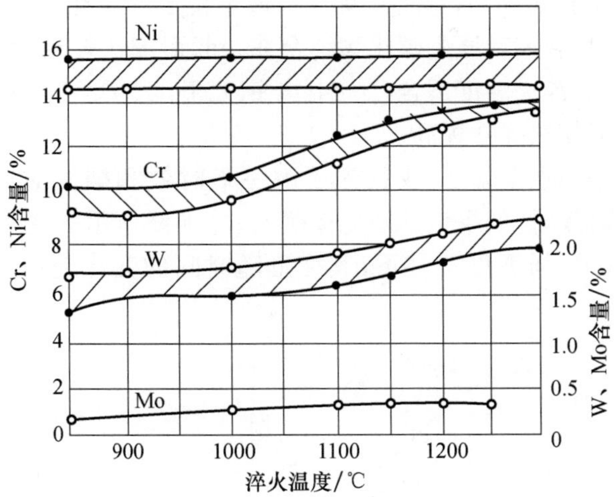

图 10.64　淬火温度与 14-14 钢固溶体成分改变的关系[97]

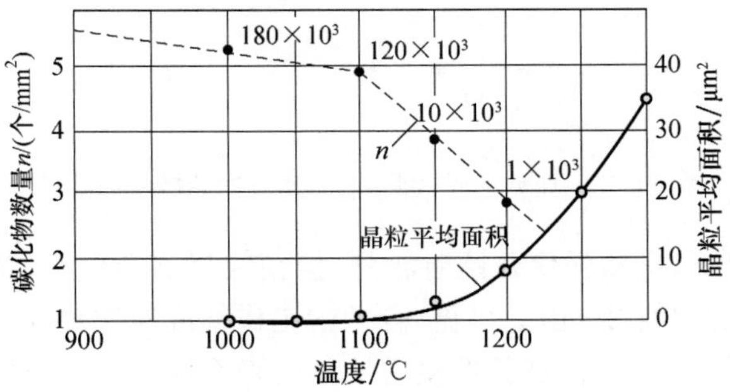

图 10.65　14-14 钢中温度与碳化物溶解及晶粒长大的关系[97]

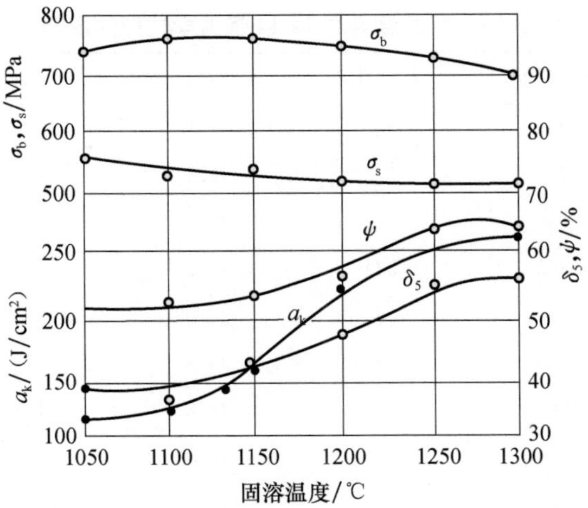

图 10.66　14-14 钢固溶温度与室温力学性能的关系[98]

中冷却，而大零件可在水中淬火。

淬火温度的选择决定沉淀强化的效果。淬火温度低于复杂碳化物的溶解温度（对

14-14 钢小于 1050℃,图 10.64),这时只有一些最不稳定的碳化物溶入固溶体,在 600~800℃时效重新析出时,它们和原先碳化物结合在一起形成比较粗大的碳化物,这样就达不到沉淀硬化的目的。淬火温度适合(对 14-14 钢大于 1150℃)时,时效时可以析出高度弥散的第二相,从而促使热强性提高。

为了能正确地选择时效温度,我们先了解一下时效和蠕变对比的一般规律,见图 10.67。在一定温度时效时,如果钢的硬化按照 t_1、t_2 曲线所示的变化趋势,逐渐强化(图 10.67(a)),相应地,在同样温度条件下,其变形随时间的变化趋势应如曲线 1 所示(图 10.67(b))。

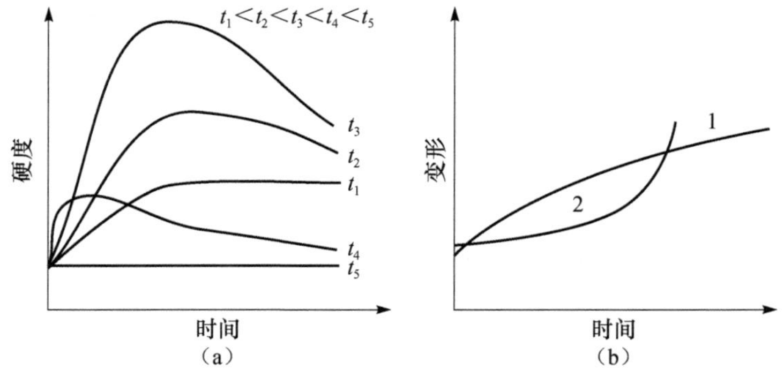

图 10.67　典型的时效曲线(a)和对比的蠕变曲线(b)

相反,在 t_4 情况下,虽然强化开始时激烈,但很快就逐渐变小,这时相对应的蠕变曲线为图 10.67(b)中的曲线 2。由此可见,合适的工作温度应选择在 t_1、t_2 之间,而低于碳化物出现显著聚集的 t_4。另外,从长期使用的角度来看,t_3 并不合适,因为开始虽然它有最大强化值,但下降的趋势很危险。

表 10.53 为 14-14 钢 1180℃固溶处理后,不同温度时效对其力学性能的影响。

表 10.53　时效温度对 14-14 钢力学性能的影响[98]

时效温度/℃	σ_b/MPa	σ_s/MPa	δ/%	ψ/%	a_k/(J/cm^2)
650	780	520	41.8	51.3	161
690	785	523	41.5	50.2	103
730	790	528	38.5	46.9	88
770	805	534	35.0	42.4	78
810	810	560	30.0	42.4	75
850	760	559	31.8	44.8	90
890	745	553	33.8	44.0	93
930	740	550	33.8	48.3	98
970	735	553	36.0	49.1	101

注:钢的化学成分:0.45%C、0.34%Si、0.54%Mn、13.95%Cr、13.82%Ni、2.53%W、0.33%Mo。1180℃固溶处理,20min 水冷,时效 5h,水冷。

14-14 钢的最高时效温度应不大于 750℃,最低不小于 650℃。随着时效温度的升高,a_k 值骤然下降,这是碳化物的大量析出所引起的。

我们已经知道，高温受载时如果钢的组织不稳定会因扩散形变而使蠕变抗力降低，因此实际的时效温度还应比工作温度高 60～100℃。

时效时间的增加与时效温度的提高作用相同。为了得到同样硬度，高温时效比低温时效所需的时间要短，因此对 14-14 钢热处理时效可用 750℃×5h 空冷。之所以用空冷是因为冷慢了会使固溶体产生补充析出，冷快了会使零件产生应力，这种处理后的室温硬度可达 241～248HB。这里应注意的是，最大的强度状态不仅会使塑性降低，而且还会由于缺口敏感性而使热强性下降。

14-14 钢在 700℃以下具有良好的热强性，在 800℃以下具有良好的抗氧化性，广泛用于制造 700℃以下工作的柴油发动机进、排气阀及航空发动机的排气阀和紧固件，用做进、排气阀时，阀面需堆焊钴基合金。

14-14 钢含镍较高，使用温度不很高时，在目前许多情况下已为低 Ni 的 Cr-Mn-Ni-N 奥氏体阀门钢所替代。

20Cr21Ni12N(21-12N)钢是含氮的铬镍奥氏体热强钢，具有良好的高温强度和高温抗氧化、抗热腐蚀性能。该钢主要用于制造低于 800℃工作的大型柴油机排气阀[54]。该钢在铁路“重载高速”的现代运输条件下，用做 16V240ZJ 和 16V280ZJ 型内燃机气阀，使用性能良好，克服了原用 14-14 钢腐蚀烧穿、掉块、掉头频繁出现的现象。

20Cr21Ni12N 钢的锻造加热温度为 1160～1200℃，始锻温度为 1150～1180℃，终锻温度为 980℃。

20Cr21Ni12N 钢的完全退火是在 1038℃加热约 60min，快冷，硬度不大于 241HB；消除应力退火是在 760℃保温 4～8h，空冷；固溶处理是在 1050～1150℃，保温后水冷；时效处理是在 750～800℃保温后空冷[54]。

20Cr21Ni12N 钢的析出强化相为 $M_{23}C_6$，在固溶温度低于 1080℃前，普遍存在晶界未溶碳化物，加热至 1180℃则未发现晶界未溶碳化物。晶界存在大块未溶碳化物对钢的强韧性不利，适当提高固溶温度，使合金元素溶解，促使其分布均匀化，减少晶界大块碳化物，对钢的强韧性是有利的。该钢的强韧性在时效温度为 760℃时变化不显著，超过 760℃以后由于碳化物的粗化使强韧性有所下降，特别是冲击值有明显的下降[99]。

10.4.3.2　Cr-Mn-Ni-N 和 Cr-Mn-N 系奥氏体阀门钢

美国在 1950 年左右研制成典型节镍 Cr-Mn-Ni-N 系阀门钢 53Cr21Mn9Ni4N(简称 21-4N)，用 Mn、N 代 Ni 并降低传统的高硅含量，不仅经济而且性能优越，是目前铁基排气阀耐热钢中应用最广的一种。

21-4N 钢的化学成分见表 10.47。这种钢的一个最明显特点是 Si 含量低。高硅是阀门钢中用得较普遍，很多钢种都含有 1%～3%Si，而 21-4N 钢中含 0.35%Si 即可。以前认为，Si 既可提高抗氧化能力又能提高抗燃烧物的腐蚀。现在试验指出，Si 只提高抗 V_2O_5 的腐蚀而对抗 PbO 腐蚀并不利。多年的试验结果证明，Cr 对氧、硫及其他化合物的腐蚀有很好的抗力，因此固定在约 20%的含量。为了使钢以奥氏体状态存在，需加入 Mn、C、N、Ni 等。

由图 9.9 和图 9.10 可见，Mn 虽可扩大 γ 区，但 Cr 含量在 13%～15%以上时添加 Mn 对扩大 γ 区就不再有效果，同时大量加 Mn 会使 σ 区向低 Cr 含量方向移动，使钢变脆,并引起抗氧化性能下降等一系列问题,故 21-4N 钢含 8%～10%Mn,既使 Mn 充分发挥作用,又可节约 Ni 而降低成本。加入 C、N 不仅是为了提高扩大 γ 区的能力,而且也增强沉淀硬化的效果。加 Ni 有两个意义,首先是提高一般抗腐蚀能力,其次是提高抗燃烧产物 PbO 的腐蚀。

21-4N 钢的热加工工艺为:加热温度 1150～1180℃,开始热加工温度为 1130～1150℃,终止温度为 900℃,空冷。21-4N 钢消除应力退火温度为 750～850℃,保温 0.5～1h,空冷[54]。

21-4N 钢碳、锰、氮含量较高,其变形抗力较高,室温下强度高、塑性低、脆性大,加工硬化效果明显,热变形范围窄,变形抗力大,生产过程中易出现裂纹。我国一些生产企业采用粗轧-热处理-冷拉的生产工艺,影响产品成品率。国外先进生产企业采用从锻造后一次精轧到所需尺寸精度和质量要求。

21-4N 钢在长期使用过程中由于晶界反应有大量的层状析出,影响抗腐蚀性能和高温强度。试验表明,21-4N 钢经 1200℃固溶后,只在晶内有少量未溶碳化物,以后的加热过程中,在加热温度为 1180℃的试样中,部分晶界附近开始形成"层状"组织,随加热温度的下降,层状组织增加,晶内碳化物含量明显增加,并开始出现定向排列的条状碳化物,晶内也开始出现类似晶界层状组织的碳化物团,形态似珠光体,欧美称这种组织为"类珠光体",日本称"晶界反应"。类珠光体的含量在 950℃左右出现峰值(图 10.68),随后逐渐降低。加热温度高时,层状组织中的碳化物呈粒状。随加热温度的降低,层状组织中出现含量和尺寸逐渐增大的条状碳化物,这些碳化物均为 $M_{23}C_6$ 型。钢中高的碳、氮含量特点决定了在一定条件下会有晶界层状组织和类珠光体的形成。较低温度下加热,晶界碳、氮原子的过饱和浓度大,有利于晶界层状组织的形成。层状组织中的片沿母相的{111}惯析面由晶界伸向晶内,形成碳化物与合金元素贫化的奥氏体相间的层状组织。在较高温度下碳化物易于球化以减少其界面能,因而层状组织中的球形碳化物较多[100]。

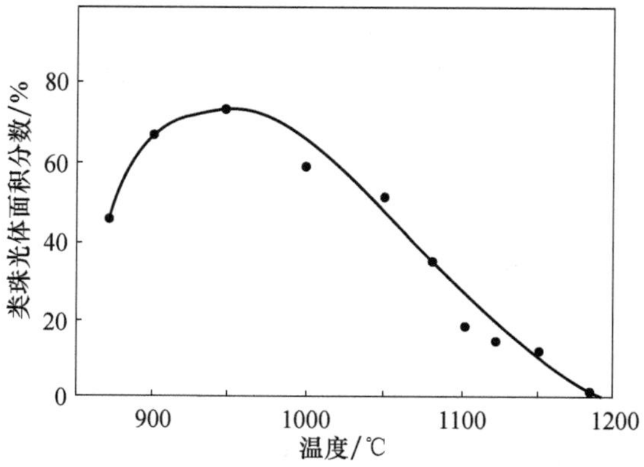

图 10.68　21-4N 钢试样中类珠光体面积分数与加热温度的关系[100]
试样的化学成分:0.55%C、9.06%Mn、0.24%Si、21.14%Cr、3.97%Ni、0.43%N;
试样在 1200℃加热 2h,冰水冷,再在不同温度加热 1h,冰水冷

试验研究还表明,21-4N 钢加热至 1210℃以上温度保温一定时间后在空冷过程中会在晶界析出 Cr_2N。在 1210～1250℃加热的试样缓慢冷却时,晶界上析出较大尺寸的

Cr_2N，薄片被小片状 $M_{23}C_6$ 或 M_7C_3 型碳化物所围绕，其沉淀和长大倾向随加热温度升高而增大。钢中硅含量的显著降低，有抑制 Cr_2N 等相析出的作用[101]。

由于层状组织析出导致晶界和基体贫铬，抗腐蚀性能下降，在排气阀的锥面和颈部形成腐蚀坑，通常称为“麻点”，可能成为裂纹源。

21-4N 钢是奥氏体沉淀硬化钢，它的热处理工艺是：1150～1180℃，保温 0.5～1h，水冷，时效温度为 730～780℃，保温 5～16h，空冷。如果时效温度太高（如 850℃），则会在晶界析出片层状碳化物，使钢的高温强度降低，冲击韧性和耐腐蚀性能下降。一般情况下时效后硬度为 34HRC。21-4N 钢经固溶处理及时效后的室温及高温力学性能见表 10.48 和表 10.51。

21-4N 钢的切削性能较差，为改善其切削加工性，可向钢中加入 0.04%～0.09%S。

21-4N 钢具有较好的高温性能及抗腐蚀能力，其高温强度比 Cr-Si 系最好的 XB（80Cr20Si2Ni）钢要强得多，对 PbO 的抗腐蚀能力更是卓越。21-4N 钢可用于制作 850℃左右工作的高速大功率发动机的排气阀。但 21-4N 钢的抗 V_2O_5 腐蚀能力差，根据试验，在 900℃熔融的 90%V_2O_5＋10%Na_2SO_4 混合液中，21-4N 钢腐蚀量是 40Cr10Si2Mo 钢的两倍，因此 21-4N 钢用做柴油机的排气阀是不适宜的。

55Cr21Mn8Ni2N(21-2N)钢在国内和许多国外的标准中均已列入，国际标准牌号为 X55CrMnNiN208。该钢的强度略低于 21-4N 钢，是在 21-4N 的基础上节省 2%Ni，降低 0.1%N，Cr 和 Mn 略有下降，碳含量略有上升，结果是强度稍有下降，而耐蚀性不变，但成本降低。该钢广泛用于中等功率的轿车上。该钢的适宜热处理制度及其室温和高温力学性能见表 10.48 和表 10.51。

33Cr23Ni8Mn3N（23-8N）钢用于制造大功率柴油机排气阀，用于替代 45Cr14Ni14W2Mo(14-14)钢。大功率柴油机的排气阀工作温度一般为 650～750℃，甚至高达 850℃。常用的钢种 14-14 一般在阀盘的锥面上堆焊斯太立合金，使其能承受 850℃高温燃气的冲刷和腐蚀。通过工艺性能对比试验，表 10.54 和表 10.55 分别列出了两种钢的力学性能和高温力学性能试验统计结果。

表 10.54 45Cr14Ni14W2Mo 和 33Cr23Ni8Mn3N 钢室温力学性能试验统计结果[102]

钢号	热处理	σ_b/MPa	σ_s/MPa	δ_5/%	ψ/%	硬度 HBS
45Cr14Ni14W2Mo	1170℃×45min 水冷；750℃×5h 空冷	858	431	27	35	255～266
33Cr23Ni8Mn3N	1170℃×25min 水冷；750℃×8h 空冷	960～980	620～660	35～36	—	280～290
	1150℃×45min 水冷；760℃×8h 空冷	900～990	670～710	29～30	—	300

表 10.55 45Cr14Ni14W2Mo 和 33Cr23Ni8Mn3N 钢高温（760℃）拉伸试验统计结果[102]

钢号	热处理	σ_b/MPa	σ_s/MPa	δ_5/%	ψ/%
45Cr14Ni14W2Mo	1180℃×24min 水冷；750×5h 空冷	350～370	235～245	24～28	27～38
33Cr23Ni8Mn3N	1150℃×25min 水冷；760×8h 空冷	420～455	285～330	18～34	27～39

33Cr23Ni8Mn3N 钢在 1100℃加热 10min 时的晶粒度为 10 级,组织为奥氏体加碳化物,在 1200℃加热 10min 时的晶粒度为 4～5 级,组织为奥氏体加碳化物。这说明该钢在 1100～1200℃固溶处理没有出现欠热和过热现象,这是由于该钢中合金元素的综合作用扩大了奥氏体相区,使固溶处理的温度范围变宽。在 1100～1200℃固溶处理温度下,33Cr23Ni8Mn3N 钢的奥氏体晶粒较细,时效析出的碳化物也相对细小,引起细晶强化和弥散强化,使该钢具有较高的室温和高温下的拉伸性能。这表明该钢可以用做大功率柴油机的进气阀。装机试验的结果表明其抗燃气腐蚀和抗高温氧化的性能亦高于 45Cr14Ni14W2Mo 钢,使用寿命不低于 45Cr14Ni14W2Mo 钢[102]。33Cr23Ni8Mn3N 钢的适宜热处理制度及其室温和高温力学性能见表 10.48 和表 10.51。

1980 年我国自当时的西德引进了大功率风冷柴油机专利。该柴油机最高排气温度可达 800℃,采用 50Cr21Mn9Ni4Nb2WN 钢为排气阀材料,我国称该钢为 21-4N＋WNb[103]。

50Cr21Mn9Ni4Nb2WN 钢的热加工工艺为:轧制温度 1160℃左右,终轧温度大于 900℃。终轧后存在未能再结晶的明显拉长的晶粒,即受到比较强烈的变形硬化,并且存在有碳氮化铌一次相的析出。此时该钢具有较高的强度、硬度及较低的塑性,不能直接冷拉、矫直,必须先予以软化处理。21-4N＋WNb 钢可采用两种软化方式:固溶处理和过时效[103]。

固溶处理时,加热至 1200℃左右,除初生的碳氮化铌一次相外,其余的析出相基本上全部溶入基体,此时钢的硬度较低、塑性好(23～25HRC,δ＝46％)。固溶温度较低时,有部分碳化物未溶,软化效果较差。由于铌的加入可使晶粒细化,提高了奥氏体晶粒长大的温度。

试验表明,在 850～1000℃加热均可使热轧状态组织的硬度降低,随着温度的升高或加热时间的延长,碳化物颗粒尺寸明显增大。采用 930℃×6h 的软化工艺(过时效),可使钢的硬度为 27～29HRC,其伸长率 δ＝24％～28％。

21-4N＋WNb 钢中碳、氮、钨、铌的作用如下:碳、氮是稳定奥氏体的元素并在钢中形成碳化物相和氮化物相,提高高温硬度和强度。在奥氏体耐热钢中,含有大约 0.9％的碳和氮时,氮含量的增加显著提高晶界反应并且抑制内部颗粒沉淀,碳含量的增加给予相反的影响。铌是一种强碳化物形成元素,主要以一次和二次碳氮化铌相存在于奥氏体钢中,保证了钢的热强性和耐蚀性。钨是提高热强性的元素。一些研究指出,仅添加 0.5％Nb 就能相当大地抑制晶界反应,同时提高晶内沉淀,沉淀物将引起基体中碳与氮超饱和状态的降低[103]。

表 10.56 为铌含量对 21-4N 钢 750℃长时效后层状析出量的影响。可以看出,加铌的试验钢在长时高温时效后,随 Nb 含量的增加,钢中层状析出量明显减少,充分显示 Nb 对层状析出的抑制作用。此外,随着 Nb 含量的增加,层状析出物的形态由大块状变成片层状和点状,分布由集中变成分散和弥散。在同样热处理制度下,Nb 的加入使钢的高温弯曲疲劳强度提高很多,这是由于纳米级相 Nb(C,N)的弥散析出使强度提高,并能阻止晶粒长大,从而提高了疲劳强度[104]。

由于 Nb 和 O 的亲和力小,加入 Nb 可提高钢在工作温度 700～800℃的抗氧化性,并获得良好的焊接性[103]。

表 10.56　21-4N 钢中加入不同 Nb 含量对 750℃长时效后层状析出量的影响[104]

（单位：%）

	时效时间/h		2	10	30	60	100	200
21-4N 钢	0%Nb	层状析出量	<5	~5	10~15	30~40	40~60	60~80
含铌钢	0.26%Nb		~1	~5	<10	20~30	<30	<40
	0.45%Nb		~1	<2	<5	<10	<20	<30
	0.65%Nb		~1	<2	<3	<10	<20	<20
	0.82%Nb		<1	<2	<3	<8	<10	<20
	1.06%Nb		<1	<2	<3	<5	<10	<10

21-4N+WNb 钢经固溶处理和时效后的室温及高温力学性能见表 10.48 和表 10.51。

61Cr21Mn10Mo1V1Nb1N(Resis TEL)钢是德国开发的一种无镍的 Cr-Mn-N 系奥氏体阀门钢，已列入德国国家标准。该钢通过合金元素 Mo、V、Nb 的严格配合，经固溶处理和时效后，可以获得高的高温强度，同时基体的塑性也得到有利的影响[105]。该钢在 800℃还有相当高的屈服强度和抗拉强度(表 10.51)，而其伸长率和断面收缩率仍高于 21-4N 钢[105]。Resis TEL 钢经 1200℃固溶处理 0.5h 水冷，在经 675℃不同时间时效后，组织稳定，完全没有类珠光体组织，这与其细的弥散析出物的较高稳定性有关[105]。

Resis TEL 钢虽然不含镍，但其抗 PbO 腐蚀性与 Cr-Mn-Ni-N 系钢有相同水平，而发动机长期装机使用也证明了其良好的抗腐蚀性。

10.4.3.3　阀门合金

GH4751 钢相当于美国的 Inconel 751 合金，是以 Al、Ti、Nb 强化的镍基合金。该合金热处理制度为：1100～1150℃固溶处理 1h，空冷＋840℃×24h，空冷＋700℃×2h，空冷。该工艺是在固溶处理和时效之间进行一次中间处理，可显著提高合金的持久寿命和塑性。合金化程度较低的 GH4751 合金，在晶界产生富铬的块状碳化物，由于晶界区域铬含量降低，提高了对 Al、Ti 的溶解度，使 γ'溶于基体，造成晶界的 γ'贫化区，适当宽度的 γ'贫化区有一定的塑性，在高温应力作用下能发生松弛，解除应力集中，延缓裂纹产生，提高持久寿命。

GH4751 合金的热塑成形工艺性能与铁基奥氏体阀门钢相当，而优于 GH4080 合金。GH4751 合金容易加工，该合金经热处理后的室温及高温力学性能见表 10.48 和表 10.51。表 10.57 为 GH4751 合金与奥氏体系列阀门钢蠕变强度的比较，可见该钢具有很好的高温蠕变强度。

表 10.57　GH4751 合金与奥氏体系列阀门钢的蠕变强度比较[106]

	试验温度/℃	合金代号			
		23-8N	21-2N	21-4N	GH4751
蠕变强度/MPa	732	176	120	140	330
	816	82	62	65	165
	871	55	20	22	95

采用在同等条件下测试各种材料质量损失方法进行了材料抗氧化性和抗硫化性试验,抗氧化性试验温度为 816℃,抗硫化性试验条件为 927℃,介质为 10%Na_2SO_4+10% NaCl,测试结果见表 10.58。

表 10.58　GH4751 合金与奥氏体系列阀门钢高温腐蚀性能比较[106]

合金代号	抗氧化性试验质量损失 /(g/(dm^2·h))	抗硫化性试验质量损失 /(g/(dm^2·h))
23-8N	0.189	0.185
21-12N	0.384	0.388
21-4N	0.381	0.545
GH4751	0.095	0.055

GH4751 合金制作的船用柴油机阀门的工作温度可达 870℃左右,可在气阀盘锥面不堆焊高温硬面合金情况下直接使用。

GH4080A 合金是以镍为基体,添加铝、钛形成 γ'相弥散强化的高温合金。该合金与英国的 Nimonic 80A 钢相近,其使用温度为 700~800℃,在 650~850℃有良好的抗蠕变性能和抗氧化性能,可用做内燃机排气阀[54]。

GH4080A 合金的冷、热加工性能良好,其热处理制度为:1000～1080℃ 固溶+(690~710)℃×16h,空冷。热处理后的室温及高温力学性能见表 10.48 和表 10.51。该合金可以焊接,固溶处理后具有良好的机加工性能。

GH4080A 合金按(1080±10)℃×8h,空冷进行处理时,基体中的 γ'相和一些 M_7C_3 及 $M_{23}C_6$ 型晶界碳化物溶入固溶体。在冷却过程中,M_7C_3 型碳化物大约在 1000℃以上沉淀出来,并在较低温度下转变为 $M_{23}C_6$ 型碳化物。$M_{23}C_6$ 型碳化物在 750~1000℃析出,也能独立形核,生成晶界碳化物。因此经固溶处理后,晶界上呈现不连续状态的 M_7C_3 和 $M_{23}C_6$ 型碳化物,晶内有 γ'相和 MC 型碳化物,固溶处理后再经 700℃×16h 时效,晶界上沉淀出较连续的 $M_{23}C_6$ 型碳化物,晶内的 γ'相也长大成球形质点[54]。

Ni30 是我国自行研发的一种高强度汽车发动机排气门用的铁基高温合金。当排气门受热温度超过 800℃以上时,需使用含镍 72%以上镍基合金,或采用 21-4N 钢并补充以密封锥面上堆焊 Co 基合金,材料成本比较高。开发出的 Ni30 合金,可以保持相近的高温强度,组织长期稳定。Ni30 合金的室温强度和高温硬度略低于 GH4751,但比 21-4N 钢高得多,还有良好的疲劳性能。在使用无铅汽油的条件下,Ni30 合金可以代替气门用镍基合金和 21-4N 钢堆焊的 Co 合金。

20 世纪 90 年代以后,钛合金用于制造汽车零部件有了较快的发展,主要有发动机连杆、发动机气门、弹簧、气门弹簧座等多种零部件。钛合金的优点是质量轻、比强度高、耐腐蚀等。限制其应用的主要问题是价格较高、成形性不够好等[107]。进气门可采用 TC4 合金,价格相对较便宜。排气门的材料以 TA19 合金为主,这两种钛合金的化学成分见表 10.59,其热处理工艺及力学性能见表 10.60。

表 10.59　我国钛合金气门材料的牌号及化学成分(QC/T 469—2016、GB/T 3620.1—2016)

(单位:%)

牌号	化学成分								
	Ti	Al	Sn	Mo	V	Zr	Si	Fe	C
TC4(Ti6-4) (QC/T 469—2016)	余量	5.27～6.75	—	—	3.35～4.65	—	—	0.80	0.10
TC4 (Ti-6Al-4V) (GB/T 3620.1—2016)	余量	5.50～6.75	—	—	3.50～4.50	—	—	0.30	0.08
TA19(Ti6-2-4-2) (QC/T 469—2016)	余量	5.50～6.50	1.80～2.20	1.80～2.20	—	3.60～4.40	≤0.20	0.25	0.05
TA19 (Ti-6Al-2Sn-4Zr-2Mo-0.08Si) (GB/T 3620.1—2016)	余量	5.50～6.50	1.80～2.20	1.80～2.20	—	3.60～4.40	0.06～0.10	0.25	0.05

注:化学成分中 Fe、C 视为杂质元素,其他杂质元素 N、H、O 等含量见有关标准。

表 10.60　钛合金气门材料的热处理制度及力学性能(QC/T 469—2016)

牌号	热处理/℃		力学性能(不小于)			
	固溶	时效	$R_{p0.2}$/MPa	R_m/MPa	A/%	Z/%
TC4(Ti6-4)	890～970℃,空冷或水冷	480～690℃,空冷	825	—	10	25
TA19(Ti6-2-4-2)	900～980℃,空冷或水冷	564～620℃,空冷	825	895	10	25

在钛合金中,TC4 是应用量最大的一种 $\alpha+\beta$ 型合金。合金中的铝对 α 相起固溶强化作用,含量小于 7%时不显著降低塑性。钒起固溶强化和稳定 β 相的作用。这种合金具有良好的综合力学性能和工艺性能,没有脆性的第二相,组织稳定性高。在退火状态,β 相含量约为 7%～10%。加热至两相区进行固溶处理,随加热温度的升高,$\alpha\rightarrow\beta$ 的转变量增加,空冷时 β 相转变为 $\alpha+\beta$,水冷时,β 相转变为亚稳定的 β 相,强度较高,但塑性降低较多。再经时效处理后,亚稳定的 β 相转变成稳定的弥散的 α 相和 β 相,合金的综合性能得到改善。TC4 合金可在低于 400℃的温度下长期工作,可用做汽车发动机的进气门[108]。

TA19 是 α 型合金,铝、锆、锡起固溶强化作用,可以得到较低的脆性和较高的强度,锡在 α 和 β 相中均有较大的溶解度,加入量在 5%以下,塑性基本上不下降,锡还显著提高合金的热强度。Mo 能提高合金的室温和高温强度。添加硅会引起某种硅化物弥散相的沉淀,改善高温蠕变强度。TA19 合金的退火组织是单相 α 固溶体。固溶处理时加热至 $\alpha+\beta$ 两相区的稍高温度后冷却可获得 α 相和亚稳定的 β 相,在时效处理时,亚稳定的 β 相析出弥散的层状的次生 α 相,得到强化。TA19 合金与 21-4N 钢比较,在 600℃以下的疲劳强度基本相同,TA19 合金的耐氧化温度可达 600℃,可用做汽车发动机的排气门。TA19 合金排气门可进行表面等离子渗碳处理,在表面形成以 TiC 为主的硬化层,厚度约为 50μm,硬度在 400HV 以上[109]。

10.4.4 发动机排气阀的技术条件

排气阀在高温下高速运动和复杂而多变的应力状态下工作,其盘端面暴露在燃烧室中,承受600~850℃高温、高压燃气的冲刷与腐蚀。典型的汽车排气阀危险区如图10.69所示[110]。

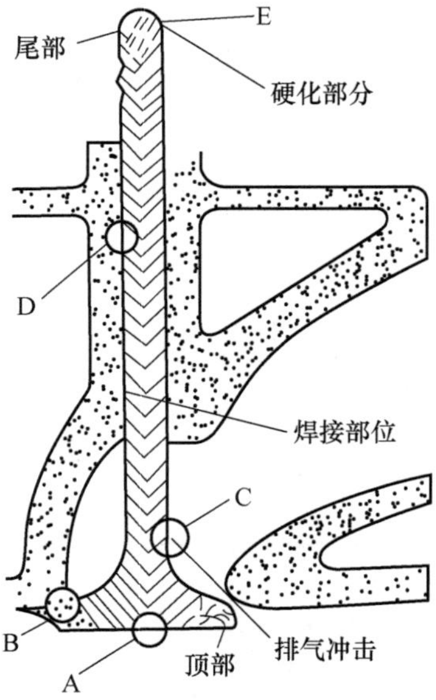

图10.69 典型汽车排气阀危险区[110]

排气阀的最高温度在盘部和颈部(A、C区),汽油发动机排气阀的最高温度在C区,柴油发动机排气阀的最高温度在A区,这些部位要求高的热强度和良好的耐腐蚀性。

与阀座接触的盘锥面(B区)是排气阀的又一危险区,该区要求抗热腐蚀、热疲劳、热磨损等综合性能。

排气阀的杆部和杆端部(D、E区)分别与导管、摇臂接触,均属磨损区,要求良好的减磨和耐磨性能。

为防止排气阀的失效,恰当的选材及适当的热处理是首要问题。内燃机气阀用钢及合金除国家标准GB/T 12773—2008外,汽车行业也制定了标准QC/T 469—2016(取代QC/T 469—2002),所列牌号大致相同,主要不同之处是后者还列入了常用进气阀用合金结构钢40Cr、45Mn2和阀门用堆焊合金。表10.61为常用阀门堆焊合金的化学成分。

表10.61 常用阀门堆焊合金的化学成分(QC/T 469—2016) (单位:%)

牌号	C	Si	Mn	P	S	Ni	Cr	Mo	W	Co	Fe	其他	用途
Stellite 6	0.90~1.40	1.60~2.00	≤0.50	≤0.030	≤0.030	≤3.00	26.00~32.00	≤1.00	3.50~5.50	余	≤3.00	—	盘锥面堆焊
Stellite F	1.50~2.00	0.90~1.30	≤0.50	≤0.030	≤0.030	20.50~23.50	24.00~27.00	≤1.00	11.50~13.00	余	≤1.35	—	盘锥面堆焊
P37S(粉)	1.50~1.75	0.90~1.30	≤0.30	≤0.030	0.02~0.03	21.00~24.00	27.5~29.00	≤0.60	—	余	—	$O_2+N_2\leqslant$600ppm	盘锥面堆焊
Eatonite(粉)	1.50~2.00	1.50~2.00	1.10~1.50	≤0.025	≤0.020	15.00~18.00	26.00~30.00	4.00~5.00	—	—	余	—	盘锥面堆焊
Ni102(粉)	0.72~0.84	3.50~4.20	—	—	—	余	13.00~16.00	—	—	—	—	3.0~3.8B	杆端面堆焊
Stellite F(粉)	1.50~2.00	0.90~1.30	≤0.50	≤0.030	≤0.030	21.00~24.00	24.00~27.00	≤0.60	11.50~13.00	余	≤3.00	≤0.05B	盘锥面堆焊

QC/T 469—2016规定排气阀的热处理及其他技术要求主要有:

(1) 合金结构钢和马氏体钢气阀需调质处理,处理后的心部硬度为28~45HRC。

(2) 气阀杆端面经淬火硬化后,其硬度应不低于48HRC,淬硬层深度不小于

0.6mm，热影响过渡区不得出现在锁夹槽内；对于杆端部及锁夹槽需表面淬火或淬透的气阀，其硬度分布或长度应符合图样规定。整体奥氏体气阀杆端硬度与杆部硬度一致。

(3) 气阀采用 21-4N 钢，仅时效处理后的硬度应大于 32HRC，固溶时效处理后的硬度应大于 28HRC。

(4) 气阀盘锥面经淬火后，其硬化层应不小于 1.5mm，其硬度应符合图样规定。

(5) 堆焊层与基体金属之间为冶金结合，堆焊深度及盘锥面堆焊层硬度应符合图样规定。杆端面堆焊层硬度应大于 50HRC，堆焊层表面不允许有裂纹。

(6) 对焊阀门焊缝的抗拉强度值要大于两种材质中较弱部分强度的 90%。

(7) 阀门经氮化处理后，表面硬度不小于 600HV0.2，渗层深度 0.01～0.06mm，渗氮层疏松及氮化物按 GB/T 11354—2005《钢铁零件　渗氮层深度测定和金相组织检验》中疏松及氮化物级别图进行评定，1～3 级为合格。

(8) 合金结构钢经调质处理后，显微组织为回火索氏体，其游离铁素体含量不得超过视场的 5%，奥氏体晶粒度按 GB/T 6394—2017《金属平均晶粒度测定方法》评定，应符合 6 级及以上要求。

(9) 马氏体耐热钢经调质处理后，显微组织应为回火索氏体＋细小碳化物颗粒，不允许有游离铁素体及连续网状碳化物，奥氏体晶粒度按 GB/T 6394—2017 评定，应符合 6 级及以上要求。

(10) 奥氏体耐热钢经固溶＋时效和仅时效处理后，显微组织应为奥氏体＋未溶一次碳化物＋析出碳氮化合物(晶内、晶界)，层状析出物的含量应符合产品图样和有关技术文件的规定。

如不处理或仅固溶，其显微组织为奥氏体＋未溶一次碳化物颗粒，奥氏体晶粒按 GB/T 6394—2017 评定，应符合 3 级及以上要求。

(11) 高温合金的显微组织为固溶体＋碳化物＋γ'相，晶粒度按 GB/T 6394—2017 评定，应符合产品图样规定。

(12) 阀门锻造金属流线应具有与外形一致的纤维方向，不得存在截断、折回等缺陷。

表 10.62 为常用排气阀用钢及其技术要求示例。

表 10.62　常用排气阀用钢及其技术要求示例[110]

牌号	硬度 HRC		杆端部硬化层深度/mm	备注
	杆部及盘部	杆端部		
42Cr9Si2	30～37	>50	>3	按不同型号发动机的要求提出
	30～40	>50	—	
	32～37	>50	>3	
40Cr10Si2Mo	30～40	>50	3～5	按不同型号发动机的要求提出
	32～37	>50	>3	
	30～35	>50	—	
45Cr14Ni14W2Mo	220～280HBW,22～30	≥53	2～3	—
	—	≥600HV	≥0.04	杆部渗氮
	—	≥750HV	0.05～0.10	离子渗氮

续表

牌号	硬度 HRC		杆端部硬化层深度/mm	备注
	杆部及盘部	杆端部		
53Cr21Mn9Ni4N	34～40	50～60	0.6～1.0	焊耐磨合金、电解液淬火或感应淬火
53Cr21Mn9Ni4N 与 42Cr9Si2 焊接	28～38	55～63	1.5～3	
53Cr21Mn9Ni4 与 45Mn2 焊接	28～38	55～63	1.5～3	

马氏体耐热钢排气阀的制造工艺路线为:马氏体耐热钢棒料→电镦→锻造成形→调质→矫直→机械加工→杆端部淬火→抛光→成品。

几种常用马氏体气阀钢调质工艺及其技术要求见表 10.48 和表 10.62。排气阀热处理后需经喷丸和矫直。为了消除内应力,可进行第二次回火(300℃,2h,空冷)。马氏体气阀钢排气阀一般都采用杆端局部淬火,以提高其耐磨性。气阀杆端部表面淬火后硬度应在 50HRC 以上,当杆端部长度大于 4mm 时,硬化层深应不小于 2mm。当杆端部长度小于或等于 4mm 时,硬化层不小于 1mm。杆端部表面淬火可采用感应加热、电解液加热及火焰淬火等方法[110]。

奥氏体耐热钢排气阀可按退火状态或固溶状态提供,可分为整体阀或焊接阀。不少奥氏体耐热钢排气阀的盘锥面采用等离子堆焊,杆端面采用氧乙炔堆焊硬质合金。奥氏体耐热钢排气阀的制造工艺路线可分为以下两种。

(1) 整体阀的制造工艺路线为:下料→电镦→顶锻→热处理→机械加工→盘锥面及杆端面堆焊合金→热处理→精加工→表面处理→成品。

(2) 焊接阀的制造工艺路线为:

盘部、颈部下料→电镦→顶锻→热处理→机械加工→盘锥面堆焊;

杆部、锁夹槽部、杆端部下料→热处理→机械加工;

以上两部分堆焊→矫直→去应力→退火→机械加工→杆端部感应加热淬火。

奥氏体耐热钢排气阀一般都经固溶处理和时效,常用的 53Cr21Mn9Ni4N 钢经不同工艺热处理后的组织和性能如表 10.63 所示。

表 10.63　53Cr21Mn9Ni4N 钢经不同热处理后的组织与性能[110]

组织与性能		热处理工艺		
		固溶热处理	不完全固溶热处理	退火
工艺规范		1150～1180℃, 0.5～1h 后水冷	1070～1120℃, 0.75～1h 后水冷	800～900℃加热 6h 后炉冷
显微组织		奥氏体基体+ 极少量碳化物	奥氏体基体+少量细小均布的碳化物	奥氏体基体+大量细小颗粒状的碳化物
晶粒度/级		2～5	5～9	9～10
电镦成品率/%		30～90	>95	90～98
切削加工性能		较难切削	较易切削	易切削
高温持久强度	750℃加热 100h	160MPa 1150℃加热,水冷, 750℃时效 4h,空冷	125MPa 1100℃加热 0.5h,水冷, 750℃时效 4h,空冷	60MPa 900℃加热 7h,缓冷
	800℃加热 100h	80MPa 1170℃加热 0.5h, 水冷,750℃时效 8h, 空冷	62MPa 1100℃加热 1.5h,水冷, 750℃时效 8h,空冷	37MPa 900℃加热 6h,缓冷

续表

组织与性能		热处理工艺		
		固溶热处理	不完全固溶热处理	退火
室温力学性能	σ_b/MPa	710～1150	1070～1275	1050～1128
	σ_s/MPa	570～875	760～895	758～765
	δ/%	3.4～36	11～30	12.4～33
	ψ/%	4～32.5	12～31	12.8～30
	硬度 HBS	≥302	280～330	295～310

根据表 10.63，原材料采用退火状态，具有良好的电镦和切削加工性能，经过加工后进行固溶处理，可获得良好的高温强度。原材料若已经过固溶处理，则制造厂不再进行固溶处理，只需进行时效处理，时效处理可以提高强度、硬度和韧性，但温度应严格控制[110]。

奥氏体钢整体排气阀应在磨削加工后进行镀铬或渗氮处理，以提高阀杆及杆端面的耐磨性。

焊接阀采用 42Cr9Si2 或 45Mn2 钢制造阀杆可以节约贵重的 53Cr21Mn9Ni4N 钢，改善导热性能。53Cr21Mn9Ni4N 与 42Cr9Si2 钢焊接排气阀在焊后应进行 370℃×1h 的去应力退火。焊接排气阀的杆端部应进行感应淬火或电解液淬火。

53Cr21Mn9Ni4N 钢排气阀的杆端面和盘锥面可根据设计要求堆焊钴基或镍基合金。

10.5　高温合金

高温合金按化学成分分类，一般分为铁基、镍基和钴基高温合金三大类，近十年又研发出钛基高温合金。铁基合金以 Fe-Ni-Cr 三元系为基体，镍基合金以 Ni-Cr 二元系为基体，钴基合金以 Co-Ni-Cr 三元系为基体，钛基合金以 Ti-Al 二元系为基体，并分别加入各种固溶强化、沉淀强化和晶界强韧化元素，使合金实现强化与韧化，保证合金在高温、应力和腐蚀环境条件的共同作用下具有优异的力学性能、物理性能和化学性能。铁基高温合金价格便宜且具有良好中温力学性能、热加工性能，广泛用于制作在 650～750℃温度范围内使用的不同类型航空发动机和燃气轮机的涡轮盘等零件。镍基高温合金由于高温力学性能良好，组织稳定性高，不易形成拓扑密堆（TCP）相，广泛用于制作 800℃以上高温使用的涡轮叶片等零件；钴基高温合金熔点高，抗氧化及耐腐蚀性能优异，持久曲线（Larson-Miller 曲线）平缓，抗热疲劳性能和焊接性能良好。尽管其价格昂贵，但至今仍广泛用做航空发动机和燃气轮机的涡轮导向叶片等零件。钛基合金具有良好的高温稳定性和抗氧化能力，且耐磨性能、弹性模量和抗蠕变性好，比强度高，其使用温度可望达到 900℃甚至更高，可用于制备超高速飞行器的机翼、壳体和发动机的涡轮叶片。

本节将分别介绍铁基、镍基、钴基、钛基高温合金，重点是它们的化学成分、显微结构、力学性能以及典型合金介绍。

我国从 1956 年开始生产高温合金，现已形成了自己的高温合金体系。1982 年制定了国家标准 GBn 175—82《高温合金牌号》，1994 年修改为 GB/T 14992—94，列入了 61

个牌号，2005 年发布了 GB/T 14992—2005《高温合金和金属间化合物高温材料的分类和牌号》，代替了 GB/T 14992—94，列入的牌号增加至 177 个。

我国高温合金牌号的命名考虑到合金成形方式、强化类型与基体组元，采用汉语拼音字母符号做前缀。变形高温合金以“高”、“合”汉语拼音的第一个字母“GH”表示，后接四位阿拉伯数字。第一位数字表示合金的分类号，即

1 和 2 表示铁或铁镍(镍含量小于 50%)为主要元素的合金；

3 和 4 表示镍为主要元素的合金；

5 和 6 表示钴为主要元素的合金。

上面数字的单数 1、3、5 为固溶强化型合金，双数 2、4、6 为时效强化型合金。GH 后面的第二、三、四位数字则表示合金的编号。不足三位数字的合金编号的第一个数字用“0”补齐。

等轴晶铸造高温合金采用“K”做前缀，后接三位阿拉伯数字，第一位数字表示分类号，其含义与变形高温合金相同，第二、三位(有时有第四位)数字表示合金编号。粉末高温合金牌号则以前缀“FGH”后采用阿拉伯数字表示，而焊接用高温合金丝的牌号表示则用前缀“HGH”后采用阿拉伯数字表示。近年来随着成形工艺的发展，出现很多新的高温合金，在技术文献中常常可见到“MGH”、“DZ”和“DD”等作为前缀的合金牌号，它们分别表示弥散强化高温合金、定向凝固高温合金和单晶铸造高温合金。金属间化合物高温材料采用“JG”做前缀[54,111]。

在 20 世纪 70 年代以前，我国高温合金牌号表示比现在简单，变形高温合金只有三位数字编号，铸造高温合金只有两位数字编号，即省略了前缀后表示基体类别和强化型类别的第一位数字，如“K17”即现在的“K417”，“GH36”即现在的“GH2036”等[111]。本章中有个别高温合金牌号仍沿用这种表示方法，这是因为当时它们尚未列入标准。

国外高温合金牌号按各开发生产厂家的注册商标命名，示例见表 10.64。

表 10.64　一些常见国外高温合金牌号和相应注册商家[54]

牌号	注册厂家	牌号	注册厂家
Discaloy	Westinghouse Corporation(西屋公司)	Monel	Inco Family of Companies(因科母公司)
Haynes	Haynes International, Inc(国际汉因斯公司)		
Hastelloy	Haynes International, Inc(国际汉因斯公司)	Nimonic	Mond Nickel Company(蒙特镍公司)
Incoloy	Inco Alloys International, Inc(国际因科公司)	Rene	General Electric Company(通用电器公司)
Inconel	Inco Alloys International, Inc(国际因科公司)	Udimet	Special Metal Inc(特殊金属公司)
		Udimar	Special Metal Inc(特殊金属公司)
MA	Inco Alloys International, Inc(国际因科公司)	Unitemp	Universal-Cyclops steel Corporation(UC 钢公司)
Mar-M	Martin Marietta Corporation(马丁·玛丽塔公司)	Waspaloy	Pratt & Whiteney Company(普特拉-惠特尼公司)

10.5.1 铁基高温合金

10.5.1.1 铁基高温合金的特点

铁基高温合金以 Fe 为基体,加入约 25%Ni 稳定奥氏体组织,同时加入约 15%Cr 保证合金具有足够的抗氧化和抗腐蚀性能,实质上是 Fe-Ni-Cr 三元系为基的合金。此外,Cr 还有固溶强化和形成碳化物强化的作用。铁基高温合金的基体通常有以下类型:Fe-15Cr-25Ni 型,如 GH2132、A286 和 V-57(即 GH2136)等;Fe-15Cr-35Ni 型,如 GH2135 和 GH2130 等;Fe-15Cr-45Ni 型,如 GH2901、GH2706、GH2761、GH2302、Incoloy 901 和 Inconel 706 等。

一般采用 Mo 或 Mo+W 元素对铁基高温合金进行固溶强化,同时采用 Ti、Al 或(和)Nb 对其进行沉淀强化。当沉淀强化高温合金中 Al 含量足够高时,γ'-Ni_3Al 相是稳定的。大多数铁基高温合金加入的 Ti 含量通常都高于 Al 含量,由于 Ti 可以代替 γ'-Ni_3Al 中的 Al,形成亚稳定性的 γ'-Ni_3(Ti,Al)相,亚稳相 γ' 可以转变为 η-Ni_3Ti。由于 Mo 和 W 原子的尺寸都大于 Fe 原子,加入后引起晶格畸变,阻碍位错运动。同时,也会对 γ 与 γ' 相晶格错配度产生影响,降低层错能,阻止高温下交滑移发生,提高蠕变强度,也有个别铁基高温合金中加入 Nb,形成以 Nb 为主要组成元素的 γ''-Ni_xNb 沉淀相。

铁基高温合金通常由 γ 奥氏体等轴晶构成,晶内弥散分布着细小的 γ' 相或(和)γ'' 相,有的还存在碳化物,晶界析出有 γ' 相或碳化物。与镍基高温合金中 65%以上 γ' 相相比,铁基高温合金沉淀强化相较少,通常都在 20%以下。我国研制的铁基高温合金 γ' 相的含量在 3%~20%。Ti/Al 高的铁基高温合金中的 γ' 相和 γ'' 相都属亚稳相,有向稳定相 η-Ni_3Ti 和 δ-Ni_3Nb 转变的趋向[2]。

铁基合金中的 γ'-Ni_3Al、γ''-Ni_xNb、η-Nb_3Ti 和 δ-Ni_3Nb 相都是 GCP 相,由于含有较多的 W、Mo 和 Cr 元素,铁基高温合金中 γ' 和 γ'' 沉淀相不稳定,在标准热处理状态或工作温度长期时效就可能演化成 σ 相、Laves 相或 μ 相等 TCP 相,我国生产的铁基高温合金几乎都有形成 TCP 相的倾向[112,113]。当少量沉淀相呈颗粒状分布于晶界和晶内时,对其力学性能影响不明显;如果呈片状大量析出时,会引起力学性能严重降低,特别是持久强度和塑性。Ti/Al 高的铁基高温合金由于 γ' 相或(和)γ'' 相属亚稳相,容易转变为 η 相和 δ 相,可以在热加工和热处理过程中利用这两个相,使它们分布于晶界,阻止晶粒长大,提高拉伸性能和持久塑性,改善疲劳性能。与镍基高温合金相比,在工艺过程中容易控制组织,这是铁基高温合金的一大特点。对于铁基高温合金 A286、W545、Incoloy 901、V57、GH2132、GH2136、GH2901 等都可以方便地利用相控制,获得细晶组织;对于 GH2706 和 Inconel 706 合金可以方便地利用 δ 相进行细晶锻造[2]。

采用第二相 γ' 或 $\gamma'+\gamma''$ 强化的铁基高温合金在中温以下具有良好的力学性能,其性能与同类镍基高温合金相当。因此,铁基高温合金 GH2132、A286、Incoloy 901、V-57、GH2136 和 GH2761 等都用来制作 750℃以下使用的不同类型发动机涡轮盘。另一方面,铁基高温合金以铁为主,占 20%~55%,铁元素的价格相比镍和钴等元素要低廉,因此其成本比镍基或钴基高温合金低。同时,铁基高温合金的热加工性能较镍基合金好,且随铁含量增多,可锻性越好。

10.5.1.2　铁基高温合金的化学成分

我国高温合金的生产从20世纪50年代仿制镍基高温合金开始，由于镍和铬属战略资源，价格昂贵，几个科研单位先后着手研发铁基高温合金，以代替当时大量使用的镍基高温合金。到60～70年代，我国材料科学工作者研制和生产出性能优异的铁基高温合金有30多种，其中具有自主知识产权的有18种[2]，成为我国高温合金系列的一大特色。铁基高温合金依据强韧化机制不同，分为固溶强化和沉淀强化铁基高温合金两种，它们添加合金元素的作用不同，导致化学成分有较大差异性。

国产几种固溶强化铁基高温合金的化学成分见表10.65。通常用25%～40%的Ni稳定γ奥氏体，用4%～10%的W和Mo或者W+Mo+Nb进行固溶强化，用微量稀土元素铈(Ce)和硼(B)强化晶界。在满足需求的前提下，有时为了节省成本，采用Mn、N代替部分Ni。由于固溶强化铁基高温合金通常用于制造火焰筒、加力筒体等零部件，燃气温度高达1200℃以上，筒壁承受的温度达900℃以上，对抗氧化性和抗腐蚀性能要求较高，所以Cr元素含量在20%～25%，有时还加入少量Al和Ti进行固溶强化，提高其高温强度[2]。

表10.65　国产固溶强化铁基高温合金的化学成分(GB/T 14992—2005)　(单位:%)

合金牌号	C	Cr	Ni	W	Mo	Mn	Si	其他
GH1015	≤0.08	19.00～22.00	34.00～39.00	4.80～5.80	2.50～3.20	≤1.50	≤0.60	1.10～1.60Nb、≤0.010B、≤0.05Ce、≤0.020P、≤0.015S、≤0.250Cu
GH1016	≤0.08	19.00～22.00	32.00～36.00	5.00～6.00	2.60～3.30	≤1.80	≤0.60	0.9～1.40Nb、0.010B、0.130～0.250N、≤0.05Ce、0.10～0.30V、≤0.020P、≤0.015S
GH1035	0.06～0.12	20.00～23.00	35.00～40.00	2.50～3.50	—	≤0.70	≤0.80	≤0.50Al、0.70～1.20Ti或1.45Nb、≤0.050Ce、≤0.030P、≤0.020S
GH1040	≤0.12	15.00～17.50	24.00～27.00	—	5.50～7.00	1.00～2.00	0.50～1.00	≤0.030P、≤0.020S、≤0.200Cu、0.150～0.300N
GH1131	≤0.10	19.00～22.00	25.00～30.00	4.8～6.00	2.80～3.50	≤1.20	≤0.08	0.70～1.30Nb、0.005B、0.150～0.300N、≤0.020P、≤0.020S
GH1139	≤0.12	23.00～26.00	15.00～18.00	—	—	5.00～7.00	≤1.00	≤0.010B、0.300～0.450N、≤0.035P、≤0.020S
GH1140	0.06～0.12	20.00～23.00	35.00～40.00	1.40～1.80	2.00～2.50	≤0.70	≤0.80	0.20～0.4Al、0.70～1.20Ti、≤0.05Ce、≤0.025P、≤0.015S

沉淀强化铁基高温合金的化学成分见表10.66，从表中可见一般合金中都含有不低于20%的Ni元素，用来形成稳定的γ奥氏体基体。为了降低成本，可用约9%的Mn替代部分Ni，稳定奥氏体；含有不低于11%的Cr，保证合金具有较好的抗氧化腐蚀性能；加入Mo、W或者W+Mo进行固溶强化；加入Ti、Al、Al+Ti或Al+Ti+Nb进行γ′相或γ″相沉淀强化；加入较多V等元素形成VC或$M_{23}C_6$、M_6C型碳化物强化；加入B、Mg、Zr、Ce或La进行晶界强化。所有上述强化方法的综合应用使沉淀强化铁基高温合金具有优异的力学性能和化学性能[2]。

表 10.66　国产沉淀强化铁基高温合金的化学成分(GB/T 14992—2005)　　(单位:%)

合金牌号	C	Cr	Ni	W	Mo	Al	Ti	B	Si	Mn	其他
GH2035A	0.05～0.11	20.00～23.00	35.00～40.00	2.50～3.50	—	0.20～0.70	0.80～1.30	0.010	≤0.80	≤0.70	≤0.050Ce、≤0.030P、≤0.020S
GH2036	0.34～0.40	11.50～13.50	7.00～9.00	—	1.10～1.40	—	≤0.12	—	0.30～0.80	7.70～9.50	0.25～0.50Nb、1.250～1.550V、≤0.035P、≤0.030S
GH2038	≤0.10	10.00～12.50	18.00～21.00	—	—	≤0.50	2.30～2.80	≤0.008	≤1.00	≤1.00	≤0.030P、≤0.020S
GH2130	≤0.08	12.00～16.00	35.00～40.00	1.40～2.20	—	—	2.40～3.20	0.020	≤0.60	≤0.50	0.020Ce、≤0.015P、≤0.015S
GH2132	≤0.08	13.50～16.00	24.00～27.00	—	1.00～1.50	≤0.40	1.75～2.35	0.001～0.010	≤1.00	1.00～2.00	0.10～0.50V、≤0.030P、≤0.020S
GH2135	≤0.08	14.00～16.00	33.00～36.00	1.70～2.20	1.70～2.20	2.00～2.80	2.10～2.50	≤0.015	≤0.50	≤0.40	≤0.030Ce、≤0.020P、≤0.020S
GH2150	≤0.08	14.00～16.00	45.00～50.00	2.50～3.50	4.50～6.00	0.80～1.30	1.80～2.40	≤0.010	≤0.40	≤0.40	0.90～1.40Nb、0.070Cu、≤0.050Zr、≤0.020Ce、≤0.015P 和 S
GH2302	≤0.08	12.00～16.00	38.00～42.00	3.50～4.50	1.50～2.50	1.80～2.30	2.30～2.80	≤0.010	≤0.60	≤0.60	≤0.050Zr、≤0.020Ce、≤0.020P、≤0.010S
GH2696	≤0.10	10.00～12.50	21.00～25.00	—	1.00～1.60	≤0.80	2.60～3.20	≤0.020	≤0.60	≤0.60	≤0.020P、≤0.010S

续表

合金牌号	C	Cr	Ni	W	Mo	Al	Ti	B	Si	Mn	其他
GH2706	≤0.06	14.50~17.50	39.00~44.00	—	—	≤0.40	1.50~2.00	≤0.006	≤0.35	≤0.35	2.50~3.50Nb、≤0.30Cu、≤0.020P,≤0.010S
GB2747	≤0.10	15.00~17.00	44.00~46.00	—	—	2.90~3.90	—	—	≤1.00	≤1.00	≤0.030Ce、≤0.025P,≤0.020S
GB2761	0.02~0.07	12.00~14.00	42.00~45.00	2.80~3.30	1.40~1.90	1.40~1.85	3.20~3.65	≤0.015	≤0.40	≤0.50	≤0.030Ce,≤0.20Cu、≤0.020P,≤0.008S
GB2901	0.02~0.06	11.00~14.00	40.00~45.00	—	5.00~6.50	≤0.30	2.80~3.10	0.010~0.020	≤0.40	≤0.50	≤0.200Cu、≤0.020P,≤0.008S
GB2984	≤0.08	18.00~20.00	40.00~45.00	2.00~2.40	0.90~1.30	0.20~0.50	0.90~1.30	—	≤0.50	≤0.50	≤0.010P,≤0.010S
K211	0.10~0.20	19.50~20.50	45.00~47.00	—	7.5~8.5	—	—	0.030~0.050	≤0.40	≤0.50	≤0.040P,≤0.040S
K213	<0.10	14.00~16.00	34.00~38.00	4.00~7.00	—	1.50~2.00	3.00~4.00	0.050~0.100	≤0.50	≤0.50	≤0.015P,≤0.015S
K214	≤0.10	11.00~13.00	40.00~45.00	6.50~8.00	—	1.80~2.40	4.20~5.00	0.100~0.150	≤0.50	≤0.50	≤0.015P,≤0.015S

10.5.1.3　铁基高温合金的显微组织与结构

在标准热处理状态，固溶强化铁基高温合金的显微组织由 γ 奥氏体相组成，γ 基体上还分布有少量 MC 或(和)M_6C 型碳化物，含氮合金还有一次 Z 相(CrNbN)。经 500～900℃长期时效，不同合金分别析出 γ'、$M_{23}C_6$、M_6C、M_3B_2、二次 Z 相和 Laves 相等。Z 相呈块状、点状和颗粒状均匀分布于 γ 奥氏体，Laves 相呈小棒状也分布在 γ 奥氏体中，而 M_6C 相分布于晶界。国产固溶强化铁基高温合金的标准热处理制度、组织与相组成见表 10.67。

表 10.67　国产固溶强化铁基高温合金的组织与相组成[2,112]

合金	标准热处理制度	标准热处理状态组织	长期时效后组织	使用温度/℃
GH1015	1140～1170℃，空冷	γ 奥氏体+0.3%NbC+0.17%M_6C	700～900℃，析出二次 M_6C+Laves 相	950
GH1016	1160℃，空冷	γ 奥氏体+2%Z 相(初生)	700～900℃，析出二次 Z 相+Laves 相+M_6C	950
GH1035	1100～1140℃，空冷	γ 奥氏体+少量 Nb(C,N) 或 Ti(C,N)	少量 γ'相和 $M_{23}C_6$ 相，σ 相	900
GH1131	1130～1170℃，空冷	γ 奥氏体+1.43%(一次 Z 相+NbC)	700～950℃，析出 Laves 相，少量 M_6C 相	900
GH1139	1180℃，空冷	γ 奥氏体+少量 TiC	810～820℃，13%γ'相，0.43% Laves 相，0.39%MC+M_3B_2 相	700
GH1140	1050～1090℃，空冷	γ 奥氏体+0.4%Ti(C,N)(一次)	550～800℃，少量 $Cr_{23}C_6$、γ'、σ 和 Laves 相	850

我国沉淀强化铁基变形高温合金的标准热处理制度见表 10.68，不同合金的热处理制度由固溶处理+中间处理+时效处理或者固溶处理+时效处理构成，其目的是获得均匀合适的 γ 奥氏体晶粒尺寸并在基体上均匀弥散分布着起强化作用的 γ'相、γ''相或碳化物相。我国沉淀强化铁基变形高温合金的组织见表 10.69。

表 10.68　国产沉淀强化铁基变形高温合金的标准热处理制度[2,112,113]

合金	标准热处理制度
GH2035A	1080℃，2h，水冷+480℃，16h，空冷
GH2036	1130℃或 1140℃，80min，水冷，650～670℃，14～16h，升温至 770～800℃，14～20h，空冷
GH2038	1170～1190℃，2h，空冷+750～770℃，16～25h，空冷
GH2130	1180℃，1.5h，空冷+1050℃，4h，空冷+800℃，16h，空冷
GH2132	980～1000℃，1～2h，油冷+700～720℃，12～16h，空冷
GH2135	1140℃，4h，空冷+830℃，8h，空冷+650℃，16h，空冷
GH2150	1040～1080℃，空冷+750℃，16h，空冷
GH2302	1180℃，2h，空冷+1050℃，4h，空冷+800℃，16h，空冷
GH2696	1100℃，1～2h，油冷，780℃，16h，炉冷至 650℃，16h，空冷

续表

合金	标准热处理制度
GH2706	980℃,1h,空冷+720℃,8h,以55℃/h的速率炉冷至620℃,8h,空冷
GH2761	1090℃,2h,水冷+850℃,4h,空冷+750℃,24h,空冷
GH2901	1090℃,2~3h,水冷或油冷+775℃,4h,空冷+700~720℃,24h,空冷

表 10.69 国产沉淀强化铁基变形高温合金的组织[2,112,113]

合金	标准热处理状态	长期时效状态
GH2035A	0.3%γ',0.4%~0.8%($M_{23}C_6$+ M_3B_2+TiC)	700~750℃,少量σ相颗粒,尺寸20μm左右
GH2036	1%VC,3%$M_{23}C_6$,0.3%(MC+M(C,N))	650℃,VC和$M_{23}C_6$颗粒长大
GH2038	γ',$Cr_{23}C_6$,少量Ti(C,N),晶界上有片状Laves相	—
GH2130	γ',MC,M_3B_2,少量Laves相	少量Laves相在晶内呈棒状析出
GH2132	2%~3%γ'-Ni_3(Ti,Al),0.25%TiC和TiN,晶界有M_3B_2、η和Laves相	550~650℃,析出σ相、η相
GH2135	14%~16%γ'相,M_3B_2,TiC	700~900℃,析出微量Fe_2W型Laves相
GH2150	13%γ'相,NbC,TiN,M_3B_2,微量η相	600~700℃,晶界析出少量η相,800℃,晶内和晶界析出较多片状和粒状η相
GH2302	16.3%γ'相,Ti(C,N),M_3B_2,0.22%晶界μ相	800℃,μ相达2.8%,少量Laves相
GH2696	10%γ'相,Ti(C,N),M_3B_2,η,Laves和Y相,微量相总量0.72%	700℃以上,γ'相向η相转变,晶内和晶界析出棒状Laves相
GH2706	γ',γ''和η,δ,MC	—
GH2761	20%γ'相,少量TiC,M_3B_2,Ti_2(C,S),微量相总量约0.4%	750℃,析出少量Laves相
GH2901	10%~12%γ'相,少量MC和M_3B_2,占0.27%~0.35%	550~700℃,析出少量Laves相

用金属间化合物γ'相强化的合金可分为两类:①当Ti/Al(原子比)大于2时,γ'-Ni_3(Ti,Al)亚稳相强化,这类合金占铁基高温合金的绝大多数,如GH2038、GH2132、GH2696、GH2984等合金,当温度、时间和应力合适时,γ'-Ni_3(Ti,Al)转变为η-Ni_3Ti相;②当Ti/Al小于2时,以γ'-Ni_3(Al,Ti)相强化,这类合金含量较少,如GH2302、GH2135等。

用金属间化合物γ''强化的铁基变形高温合金有GH2706、Inconel 706等合金。

GH2132和A286属γ'-Ni_3(Ti,Al)亚稳相强化合金。经标准热处理后,晶粒尺寸达6~7级,γ'-Ni_3(Ti,Al)相的含量为2%~3%,形状为球形,直径为30~50nm,晶界上存在MC型碳化物,同时在晶界上偶尔可观察到胞状η-Ni_3Ti相,见图10.70[2]。

以GH2036合金为代表的铁基高温合金以$M_{23}C_6$型碳化物为强化相,在γ奥氏体晶界和晶内析出。若V含量大于2%,除析出$M_{23}C_6$型碳化物外,还会生成VC和M_6C型碳化物。VC非常细小,尺寸约20nm,含量约1%,均匀弥散地分布在γ奥氏体基体中,而$M_{23}C_6$颗粒稍大,主要分布于晶界上,其含量约3%[112]。

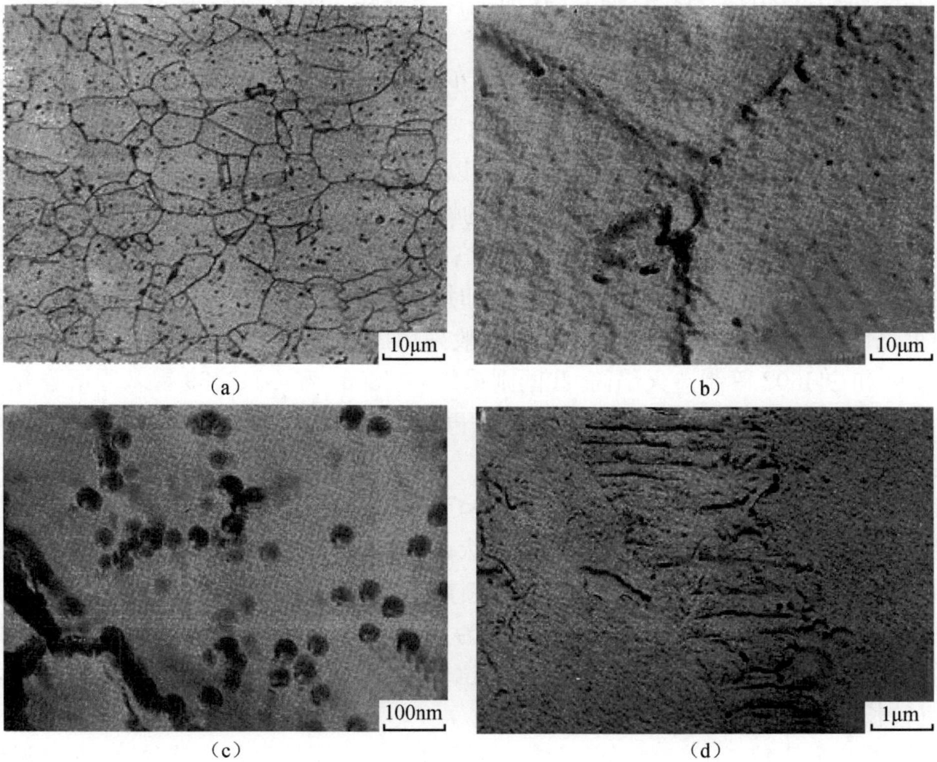

图 10.70　GH2132 合金标准热处理状态的典型微观组织[2]

(a) γ 奥氏体晶粒；(b) 晶界 TiC 颗粒；(c) γ'相形貌；(d) 晶界胞状 η-Ni_3Ti 相

γ'相沉淀强化铁基铸造高温合金的组织，除存在枝晶偏析外，与用 γ'相沉淀强化的铁基变形高温合金的组织类似[2]。

10.5.1.4　铁基高温合金的力学性能及其应用

国产固溶强化铁基高温合金在 800℃时 100h 持久强度为 70～140MPa，900℃抗拉强度为 120～220MPa。持久强度和抗拉强度最好的 GH1131 合金，分别为 132MPa 和 215MPa，主要用于制造 700～1000℃短时工作火箭发动机中的零部件，产品形式以管材为主，在多种运载火箭发动机上使用性能稳定，质量可靠，在航空发动机上制作加力燃烧室可调喷口壳体和调节片等零件，使用温度范围在 700～750℃。GH1139 合金用 Mn 和 N 代替部分 Ni，Ni 含量仅 16.5%，是一个便宜的固溶强化铁基高温合金，其持久强度和高温拉伸性能与镍基固溶强化合金 GH3030 相当，抗氧化性能良好，可用于制造航空发动机的各种燃烧室板材结构件和管接头等高温零部件[112]。

沉淀强化铁基高温合金含有 20%以下的 γ'相或 5%以下的碳化物，进行沉淀强化，在 700℃以下具有良好的高温持久强度和高温拉伸强度，同时其强化相含量与镍基合金比较要少得多，所以在 700℃以下塑性较好。中温强度和力学性能良好为沉淀强化铁基高温合金突出特点之一。铁基沉淀强化高温合金 GH2135、GH2706、GH2761、GH2901 等与镍基高温合金 GH4033 相比，在 700～750℃以下拉伸性能和持久强度总体上都明显优于镍基合金 GH4033,且价格便宜、热加工性能较好。因此,沉淀强化铁基高温合金用来批量制造航空发动机涡轮盘。

GH2036 合金是早期开始生产的使用碳化物强化的铁基变形高温合金,镍含量低,仍用于制造推重比小于 5 的涡轮喷气发动机的涡轮盘。

K213 铸造铁基高温合金在 700～750℃以下持久强度和拉伸性能优异,长期组织稳定性良好,适于制作工作温度在 750℃以下的燃气轮机的涡轮叶片和导向叶片。

在航空发动机和燃气轮机中,燃烧室火焰筒是一个关键的热端部件。火焰筒壁承受很高的非均匀分布工作温度,且工作中温度时常发生周期性变化,从而导致很大的热应力,使火焰筒产生裂纹和翘曲变形。国外一般采用固溶强化镍基合金如 Nimonic 75、Inconel 600 和 ЭИ602 等制造火焰筒,我国则采用 GH3030 和 GH3039 镍基固溶强化合金。从 20 世纪 60 年代初,我国航空材料研究所开始研究铁基固溶强化高温合金 GH1140,用以代替镍基合金制作火焰筒。

GH1140 合金主要用于制造低推重比(<5)和低功重比(<3.5)的航空发动机火焰筒,以代替镍基合金 GH3030 和 GH3039。火焰筒的寿命根据使用条件不同而有很大差别,如在涡轮喷气发动机上,由于启动次数频繁,工作制度经常变换,每次开车时间又较短,火焰筒使用后故障较多,寿命较短,一般为几百小时;而在涡轮螺桨发动机上,每次启动后使用时间较长,发动机工作制度的变换也较少,因此火焰筒使用后的故障较少,使用寿命也较长,一般为几千小时[2]。

与镍基合金比较,GH1140 合金存在某些不足,如高温抗氧化性能稍差,在高温(如高于 900℃)长期使用中容易出现烧伤故障;中温(500～600℃)疲劳强度稍低,对在中温下工作的一定结构形式的零件产生疲劳破坏的概率比镍基合金要大些;高温长期使用中的组织稳定性较差,容易引起材料性能的变化。

10.5.2 镍基高温合金

镍基高温合金使用最广泛,牌号最多,使用量最大,地位最重要。镍基高温合金通常加入 10%～25%的 Cr 元素以保证抗氧化腐蚀性,因而实际上是 Ni-Cr 二元系合金。同时,镍基高温合金需加入 Co、Mo 或 W 等固溶强化以及沉淀强化和晶界强化元素进行充分强化。镍基合金按强韧化类型可分为固溶强化和沉淀强化两类;按成形方法又可分为变形和铸造两类。以下将重点介绍镍基高温合金的特点、成分、组织和力学性能及其典型应用。

10.5.2.1 镍基高温合金的特点

镍具有面心立方结构,从室温到高温没有同素异形转变,是一种非常良好的基体金属。镍基合金的基体实际上为二元 Ni-Cr 固溶体,如 GH3030、Nimonic 75、Inconel 718 和 Inconel X750 等。与铁基合金类似,镍基合金采用大量 W、Mo 进行固溶强化;在 Ni-Cr 固溶体中加入有 15%～20%的 Co 元素,如 GH4090、Udimet 700、K477 等,其基体为 Ni-Cr-Co 三元系;加入约 15%的 Mo 元素,如 Hatelloy S,形成 Ni-Cr-Mo 三元系基体;加入约 11%的 W 元素,如 M-22 等,形成 Ni-Cr-W 三元系基体。另外,还采用 Ta、Hf、Re、V 等多种元素进行综合固溶强化,使 γ 固溶体对合金元素的溶解度增大,以获取最大固溶强化效果。例如，Ta、Ru 溶入 γ 奥氏体，可使 Cr、Co 和 Mo 的溶解度增大，使合金的组织稳定性增大，并改变 γ 与 γ' 相的晶格错配度，增加 γ' 相的强化效果[114]。有些元素，如 Re 等，还可能产生短程有序结构，进一步增加固溶强化效果[115]。

对镍基合金而言，还需加入 Al、Ti 合金元素进行沉淀强化。对性能高的合金，加入的 Al 与 Ti 之和大于 8%，最高可达 10%以上，以保证形成大量的 γ' 沉淀强化相，同时加入 C、B 和 Zr 或多种微合金化元素进行综合晶界强化。例如，抗热腐蚀涡轮叶片合金 K435，除含有微合金化元素 C、B 和 Zr 外，还加入有微量 Y(0.05%)、La(0.01%) 和 Mg(0.01%)[2]。

镍基高温合金中 γ' 相含量最高可达 65%以上，主要强化相 γ' 相的含量越高，合金的高温强度就越高。镍基合金中 γ' 相的晶格常数与 γ 基体相近，通常呈共格关系。当 γ/γ' 间错配度较小，为 0%～0.2%时，γ' 相为球形，镍基变形合金中 γ' 相大多为球形；当此错配度较大，达 0.5%～1.0%时，γ' 相变为立方形，铸造镍基合金大多属这一情况；当此错配度很大，超过 1.25%时，γ' 相变为长条形。镍基合金中由于 Al 含量较高，γ' 相是稳定相。镍基合金 γ' 相中分别含有较多的 Nb、Ta 和 Hf，对 γ' 相产生固溶强化，同时可以增加 γ' 相的含量，提高 γ' 相的溶解温度。Nb、Ta 和 Hf 可以作为一种 γ 基体的固溶强化元素，但它们主要进入 γ' 相，强化 γ' 相。

应该指出，含铁高的镍基高温合金，如 Inconel 718(和我国的 GH4169 成分相同)等，由于加入了较多的 Nb(5.13%)，合金时效时析出 γ'' 沉淀相。另一方面，镍在合金化时可以容纳更多的合金元素而不改变合金的稳定性，不析出 TCP 相，镍基合金的组织稳定性要远好于铁基合金。镍基合金中的 TCP 相多属 σ 相和 μ 相，而铁基高温合金的 TCP 相多为 σ 相和 Laves 相。在含有大量 W 和 Mo 的镍基合金中，往往形成 $M_{23}C_6$ 或(和)M_6C 型碳化物，而且主要分布在晶界。

镍基高温合金由于固溶强化元素种类多、含量大、沉淀强化元素 Al+Ti 含量高，以及多种微量元素综合强化的作用，其高温强度好于铁基高温合金，特别是 800℃以上。因此，铁基高温合金只适于制作 650～700℃以下使用的涡轮盘等零件，而镍基高温合金则主要用于制作 800℃以上使用的涡轮叶片等零件。

10.5.2.2　镍基高温合金的化学成分

国产固溶强化镍基高温合金的化学成分见表 10.70。此类合金广泛用来制造燃烧室火焰筒等结构件，工作温度高，要求具有良好抗氧化腐蚀性能，因而加入约 20%的 Cr 元素。在 Ni-Cr 固溶体基础上，此类合金还加入 W 和 Mo 进行固溶强化，其总量一般在 20%以下。同时，还加入少量的 Al、Ti 和 Nb 进行补充固溶强化。有些合金还加入有微量 B、Zr 和稀土元素 La、Ce 等进行晶界强化。此类合金都在固溶处理状态下使用。

国产沉淀强化变形与铸造镍基高温合金的化学成分见表 10.71。此类合金中通常加入 6%～20%的 Cr 元素，用以满足零件高温抗氧化和抗腐蚀的要求，同时加入较多的 Co、W、Mo、Nb、Ta、Hf、V 进行综合固溶强化，固溶强化元素之和最高可达 50%左右。与固溶强化合金不同，沉淀强化镍基合金需加入 3%～11%的 Al+Ti 形成 γ' 相强化，有些合金还加入有 Nb、Ta 和 Hf 进一步增加 γ' 相强化效果。此外，还加入有 C、B、Zr 及多种微量有益元素进行综合晶界强化。因此，镍基合金中所含的合金元素种类可达 12～20 种。

表 10.70 国产固溶强化镍基高温合金的化学成分(GB/T 14992—2005) (单位:%)

牌号	C	Cr	Ni	Co	W	Mo	Al	Ti	Fe	其他
GH3007	≤0.12	20.00～35.00	余	—	—	—	—	—	≤8.00	≤1.00Si、≤0.50Mn、≤0.040P、≤0.040S、0.500～2.000Cu
GH3030	≤0.12	19.00～22.00	余	—	—	—	≤0.15	0.15～0.35	≤1.50	≤0.80Si、≤0.70Mn、≤0.030P、≤0.020S、≤0.200Cu
GH3039	≤0.08	19.00～22.00	余	—	—	1.80～2.30	0.35～0.75	0.35～0.75	≤3.00	0.90～1.30Nb、≤0.80Si、≤0.40Mn、≤0.020P、≤0.012S
GH3044	≤0.10	23.50～26.50	余	—	13.00～16.00	≤1.50	≤0.50	0.30～0.70	≤4.00	≤0.80Si、≤0.50Mn、≤0.013P、≤0.013S、≤0.070Cu
GH3128	≤0.05	19.00～22.00	余	—	7.50～9.00	7.50～9.00	0.40～0.80	0.40～0.80	≤2.00	≤0.005B、≤0.060Zr、≤0.050Ce、≤0.80Si、≤0.50Mn、≤0.013P、≤0.013S
GH3170	≤0.06	18.00～22.00	余	15.00～22.00	17.00～21.00	—	≤0.50	—	—	≤0.100La、≤0.005B、0.100～0.200Zr、≤0.80Si、≤0.50Mn、≤0.013P、≤0.013S
GH3536	0.05～0.15	20.50～23.00	余	0.50～2.50	0.20～1.00	8.00～10.00	≤0.50	≤0.15	17.00～20.00	≤0.010B、≤1.00Si、≤1.00Mn、≤0.025P、≤0.015S、≤0.500Cu
GH3600	≤0.15	14.00～17.00	≤72.00	—	—	—	≤0.35	≤0.50	6.00～10.00	≤1.00Nb、≤0.50Si、≤1.00Mn、≤0.040P、≤0.015S、≤0.500Cu
GH3625	≤0.10	20.00～23.00	余	≤1.00	—	8.00～10.00	≤0.40	≤0.40	≤5.00	3.15～4.15Nb、≤0.50Si、≤0.50Mn、≤0.015P、≤0.015S、≤0.070Cu
GH3652	≤0.10	26.50～28.50	余	—	—	—	2.80～3.50	—	≤1.00	≤0.030Ce、≤0.80Si、≤0.30Mn、≤0.020P、≤0.020S

表 10.71　国产沉淀强化镍基高温合金的主要化学成分(GB/T 14992—2005)　(单位:%)

牌号	C	Cr	Ni	Co	W	Mo	Al	Ti	Fe	其他
GH4033	0.03～0.08	19.00～22.00	余	—	—	—	0.60～1.00	2.40～2.80	≤4.00	≤0.010B、≤0.020Ce
GH4037	0.03～0.10	13.00～16.00	余	—	5.00～7.00	2.00～4.00	1.70～2.30	1.80～2.30	≤5.00	0.100～0.500V、≤0.020B、≤0.020Ce
GH4049	0.04～0.10	9.50～11.00	余	14.00～16.00	5.00～6.00	4.50～5.50	3.70～4.40	1.40～1.90	≤1.50	0.200～0.500V、≤0.025B、≤0.020Ce
GB4080A	0.04～0.10	18.00～21.00	余	≤2.00	—	—	1.00～1.80	1.80～2.70	≤1.50	≤0.008B
GH4090	≤0.13	18.00～21.00	余	15.00～21.00	—	—	1.00～2.00	2.00～3.00	≤1.00	≤0.020B、≤0.150Zr
GH4093	≤0.13	18.00～21.00	余	15.00～21.00	—	—	1.00～2.00	2.00～3.00	≤1.50	≤0.020B
GH4098	≤0.10	17.50～19.50	余	5.00～8.00	5.50～7.00	3.50～5.00	2.50～3.00	1.00～1.50	≤3.00	≤1.50Nb、≤0.005B、≤0.020Ce
GH4099	≤0.08	17.00～20.00	余	5.00～8.00	5.00～7.00	3.50～4.50	1.70～2.40	1.00～1.50	≤2.00	≤0.010Mg、≤0.005B、≤0.020Ce
GH4105	0.12～0.17	14.00～15.70	余	18.00～22.00	—	4.50～5.50	4.50～4.90	1.18～1.50	≤1.00	0.003～0.010B、0.070～0.150Zr
GH4133	≤0.07	19.00～22.00	余	—	—	—	0.70～1.20	2.50～3.00	≤1.50	1.15～1.65Nb、≤0.010B、≤0.010Ce
GH4133B	≤0.06	19.00～22.00	余	—	—	—	0.75～1.15	2.50～3.00	≤1.50	1.30～1.70Nb、0.001～0.010Mg、≤0.010B、0.010～0.100Zr、≤0.010Ce

续表

牌号	C	Cr	Ni	Co	W	Mo	Al	Ti	Fe	其他
GB4141	0.06～0.12	18.00～20.00	余	10.00～12.00	—	9.00～10.50	1.40～1.80	3.00～3.50	≤5.00	0.003～0.010B、≤0.070Zr
GH4145	≤0.08	14.00～17.00	≥70.00	≤1.00	—	—	0.40～1.00	2.25～2.75	5.00～9.00	0.70～1.20Nb
GH4163	0.04～0.08	19.00～21.00	余	19.00～21.00	—	5.60～6.10	0.30～0.60	1.90～2.40	≤0.70	≤0.005B
GH4169	≤0.08	17.00～21.00	50.00～55.00	≤1.00	—	2.80～3.30	0.20～0.80	0.65～1.15	余	4.75～5.50Nb、≤0.010Mg、≤0.006B
GB4199	≤0.10	19.00～21.00	余	—	9.00～11.00	4.00～6.00	2.10～2.60	1.10～1.60	≤4.00	≤0.050Mg、≤0.008B
GH4202	≤0.08	17.00～20.00	余	—	4.00～5.00	4.00～5.00	1.00～1.50	2.20～2.80	≤4.00	≤0.010B、≤0.010Ce
GH4220	≤0.08	9.00～12.00	余	14.00～15.50	5.00～6.50	5.00～7.00	3.90～4.80	2.20～2.90	≤3.00	≤0.010Mg、0.250～0.800V、≤0.020B、≤0.020Ce
GH4413	0.04～0.10	13.00～16.00	余	—	5.00～7.00	2.50～4.00	2.40～2.90	1.70～2.20	≤5.00	≤0.005Mg、0.200～1.000V、0.020B、0.020Ce
GH4500	≤0.12	18.00～20.00	—	15.00～20.00	—	3.00～5.00	2.75～3.25	2.75～3.25	≤4.00	0.003～0.008B、≤0.060Zr
GH4586	≤0.08	18.00～20.00	余	10.00～12.00	2.00～4.00	7.00～9.00	1.50～1.70	3.20～3.50	≤5.00	≤0.015La、≤0.015Mg ≤0.005B
GH4648	≤0.10	32.00～35.00	余	—	4.30～5.30	2.30～3.30	0.50～1.10	0.50～1.10	≤4.00	0.50～1.10Nb、≤0.008B、≤0.030Ce
GH4698	≤0.08	13.00～16.00	余	—	—	2.80～3.20	1.30～1.70	2.35～2.75	≤2.00	1.80～2.20Nb、≤0.008Mg、≤0.005B、≤0.050Zr、≤0.005Ce
GH4708	0.05～0.10	17.50～20.00	余	≤0.50	5.50～7.50	4.00～6.00	1.90～2.30	1.00～1.40	≤4.00	≤0.008B、≤0.030Ce

续表

牌号	C	Cr	Ni	Co	W	Mo	Al	Ti	Fe	其他
GH4710	≤0.10	16.50～19.50	余	13.50～16.00	1.00～2.00	2.50～3.50	2.00～3.00	4.50～5.50	≤1.00	0.010～0.030B、≤0.060Zr、0.020Ce
GH4738	0.03～0.10	18.00～21.00	余	12.00～15.00	—	3.50～5.00	1.20～1.60	2.75～3.25	≤2.00	0.003～0.010B、0.020～0.080Zr
GH4742	0.04～0.08	13.00～15.00	余	9.00～11.00	—	4.50～5.50	2.40～2.80	2.40～2.80	≤1.00	2.40～2.80Nb、≤0.100La、≤0.010B、0.010Ce
K401	≤0.10	14.00～17.00	余	—	7.00～10.00	≤0.30	4.50～5.50	1.50～2.00	≤0.20	0.003～0.010B
K402	0.13～0.20	10.50～13.50	余	—	6.00～8.00	4.50～5.50	4.50～5.50	2.00～2.70	≤2.00	0.015B、0.015Ce
K403	0.11～0.18	10.00～12.00	余	4.50～6.00	4.80～5.50	3.80～4.50	5.30～5.90	2.30～2.90	≤2.00	0.012～0.022B、0.030～0.080Zr、0.010Ce
K405	0.10～0.18	9.50～11.00	余	9.50～10.50	4.50～5.20	3.50～4.20	5.00～5.80	2.00～2.90	≤0.50	0.015～0.026B、0.030～0.100Zr、0.010Ce
K406	0.10～0.20	14.00～17.00	余	—	—	4.50～6.00	3.25～4.00	2.00～3.00	≤1.00	0.050～0.100B、0.030～0.080Zr
K406C	0.03～0.08	18.00～19.00	余	—	—	4.50～6.00	3.25～4.00	2.00～3.00	≤1.00	0.050～0.100B、≤0.030Zr
K407	≤0.12	20.00～35.00	余	—	—	—	—	—	≤8.00	—
K408	0.10～0.20	14.90～17.00	余	—	—	4.50～6.00	2.50～3.50	1.80～2.50	8.00～12.50	0.060～0.080B、0.010Ce
K409	0.08～0.13	7.50～8.50	余	9.50～10.50	≤0.10	5.75～6.25	5.75～6.25	0.80～1.20	≤0.35	≤0.10Nb、4.00～4.50Ta、0.010～0.020B、0.050～0.100Zr
K412	0.11～0.16	14.00～18.00	余	—	4.50～6.50	3.00～4.50	1.60～2.20	1.60～2.30	≤8.00	≤0.300V、0.005～0.010B

续表

牌号	C	Cr	Ni	Co	W	Mo	Al	Ti	Fe	其他
K417	0.13～0.22	8.50～9.50	余	14.00～16.00	—	2.50～3.50	4.80～5.70	4.50～5.00	≤1.00	0.600～0.900V、0.012～0.022B、0.050～0.090Zr
K417G	0.13～0.22	8.50～9.50	余	9.00～11.00	—	2.50～3.50	4.80～5.70	4.50～5.00	≤1.00	0.600～0.900V、0.012～0.022B、0.050～0.090Zr
K417L	0.05～0.22	11.00～15.00	余	3.00～5.00	—	2.50～3.50	4.00～5.70	3.00～5.00	—	0.003～0.012B
K418	0.08～0.16	11.50～13.50	余	—	—	3.80～4.80	5.50～6.40	0.50～1.00	≤1.00	1.80～2.50Nb、0.008～0.020B、0.060～0.150Zr
K418B	0.03～0.07	11.00～13.50	余	≤1.00	—	3.80～5.20	5.50～6.50	0.40～1.00	≤0.50	1.50～2.50Nb、0.005～0.015B、0.050～0.150Zr
K419	0.09～0.14	5.50～6.50	余	11.00～13.00	9.50～10.50	1.70～2.30	5.20～5.70	1.00～1.50	≤0.50	2.50～3.30Nb、≤0.003Mg、≤0.100V、0.050～0.100B、0.030～0.080Zr
K419H	0.09～0.14	5.50～6.50	余	11.00～13.00	9.50～10.70	1.70～2.30	5.20～5.70	1.00～1.50	≤0.50	2.25～2.75Nb、1.200～1.600Hf、≤0.100V、0.050～0.100B、0.030～0.080Zr
K423	0.12～0.18	14.50～16.50	余	9.00～10.50	≤0.20	7.60～9.00	3.90～4.40	3.40～3.80	≤0.50	≤0.25Nb、≤0.250Hf、0.004～0.008B
K423A	0.12～0.18	14.00～15.50	余	8.20～9.50	≤0.20	6.80～8.30	3.90～4.40	3.40～3.80	≤0.50	≤0.25Nb、0.005～0.015B

续表

牌号	C	Cr	Ni	Co	W	Mo	Al	Ti	Fe	其他
K424	0.14～0.20	8.50～10.50	余	12.00～15.00	1.00～1.80	2.70～3.40	5.00～5.70	4.20～4.70	≤2.00	0.50～1.00Nb、0.500～1.000V、0.015B、0.020Zr、0.020Ce
K430	≤0.12	19.00～22.00	≥75.00	—	—	—	≤0.15	—	≤1.50	≤1.20Si
K438	0.10～0.20	15.70～16.30	余	8.00～9.00	2.40～2.80	1.50～2.00	3.20～3.70	3.00～3.50	≤0.50	0.60～1.10Nb、1.50～2.00Ta、0.005～0.015B、0.050～0.150Zr
K438G	0.13～0.20	15.30～16.30	余	8.00～9.00	2.30～2.90	1.40～2.00	3.50～4.50	3.20～4.00	≤0.20	0.40～1.00Nb、1.40～2.00Ta、0.005～0.015B
K441	0.02～0.10	15.00～17.00	余	—	12.00～15.00	1.50～3.00	3.10～4.00	—	—	0.001～0.010B、≤0.050Zr
K461	0.12～0.17	15.00～17.00	余	≤0.50	2.10～2.50	3.60～5.00	2.10～2.80	2.10～3.00	6.00～7.50	0.100～0.130B、1.20～2.00Si
K477	0.05～0.09	14.00～15.25	余	14.00～16.00	—	3.90～4.50	4.00～4.60	3.00～3.70	≤1.00	0.012～0.020B、≤0.040Zr、≤0.100Ce
K480	0.15～0.19	13.70～14.30	余	9.00～10.00	3.70～4.30	3.70～4.30	2.80～3.20	4.80～5.20	≤0.35	≤0.10Nb、≤0.10Ta、≤0.100Hf、≤0.010Mg、≤0.100V、0.010～0.020B、0.020～0.100Zr
K491	≤0.02	9.50～10.50	余	9.50～10.50	—	2.75～3.25	5.25～5.75	5.00～5.50	≤0.50	≤0.005Mg、0.080～0.120B、≤0.040Zr

注：以 K 为前缀的等轴晶铸造高温合金中，以数字表示的牌号后缀表示某种特定工艺或特定化学成分等的英文字母符号。本表中作为杂质元素的 Mn、Si、P、S、Cu 未标出，可参阅 GB/T 14992—2005。

镍基高温合金按照其对材料强韧化机制的影响大体上可分为四类，即固溶强化元素、沉淀强化元素、晶界强化元素和有害杂质元素[1,21]。

晶界强化元素亦称为有益的微合金化元素，这些元素通过净化合金及微合金化两个方面来改善合金。这些元素主要有稀土、钙、镁、钡、硼、锆、铪等。稀土和钙、钡、镁等碱土元素对气体元素、硫、磷、氧等有害杂质元素有很强的亲和力，生成密度小的难熔化合物，在冶炼时作为纯净剂加入，可以消除这些有害杂质的危害。另外一些有益元素，如硼、锆、镁、铪，可以偏析于晶界，改善晶界组织，起到强化晶界的微合金化作用。这两类元素都有益于提高合金的热强性和持久断裂塑性，但后一类元素更明显。微合金化的效果与其含量有关，含量太低，其作用发挥不足，含量过高，会恶化性能，必须控制在最佳含量范围，最佳含量因合金而异。

一般认为微合金化的作用机制是由于这类元素偏析于晶界后，改善了第二相的形态和分布以及晶界附近区域的组织(如贫 γ'区)，从而改善了合金的强度和塑性。

硼吸附于晶界，强烈地改变晶粒状态，部分硼在时效时以弥散颗粒状的硼化物析出于晶界，硼的偏析和晶界析出使胞状 $M_{23}C_6$ 型碳化物、大块 MC 型碳化物或 MC 薄膜不易在晶界析出。硼还推迟合金在蠕变应力作用下垂直应力方向上出现 γ'贫化区及蠕变裂纹，从而提高了蠕变强度。在铁、镍基高温合金中硼的加入量通常≤0.01%～0.02%，在铸造合金中可达 0.02%～0.03%的水平。

镁的加入量在 0.01%以下。适量的镁除了净化作用外，还吸附于晶界和相界，可以改善晶界碳化物的形态和分布。镁偏析于晶界位错核心处，增加原子间结合力，降低晶界裂纹扩展速率，使裂纹不易形成和长大，导致强度和塑性同时增加。镁还可能进入 γ'和碳化物相，致使位错切割 γ'相阻力增大和晶内强度进一步提高。

有害杂质元素溶解度都很小，许多是低熔点的，或与基体元素生成低熔点的化合物共晶体，使合金的热加工性和高温力学性能显著降低。因此，越是高级的高温合金，杂质的控制要求也越高。要严格控制 N、O、H 这些气体含量元素，高级的镍基高温合金的氧、氮含量必须控制在 10ppm 以下。高温合金的硫和磷的含量控制也很重要，通常高温合金中的硫含量控制在 0.015%以下，优质的高温合金控制在 0.005%～0.007%以下，如能将硫、磷含量降到 5ppm 的水平，可以明显地提高合金的性能。其他有害元素还有很多，1970 年美国宇航材料标准 ASM2280 对铋、碲、硒、铅、铊 5 个元素提出了严格控制，含量分别在 0.5～5ppm 以下；还对其他 15 种元素(Sb、As、Au、Na 等)提出了控制要求，含量分别在 50ppm 以下，总和不允许超过 400ppm；到了 1975 年又将严格控制的有害元素扩大到 39 种。实际上，先进厂商生产的优质镍基合金对有害杂质的控制要严于上述要求[112]。

10.5.2.3　镍基高温合金的热处理制度及其显微组织与结构

在标准热处理状态下，固溶强化镍基高温合金的组织为 γ 奥氏体基体上分布着少量以夹杂物形式存在的 MC、MN 或 M(CN)，或者在晶内及晶界上存在少量 $M_{23}C_6$、M_6C 和 M_7C_3 等碳化物(表 10.72)。

表 10.72　我国生产的固溶强化镍基高温合金的显微组织与相[2,113]

合金	标准热处理制度	标准热处理状态组织	长期时效后组织	使用温度/℃
GH3030	980～1020℃,空冷	γ,少量 TiC,Ti(C,N)	700～800℃长期时效,析出少量 $M_{23}C_6$	800
GH3039	1050～1090℃,空冷	γ,少量 TiC,NbC,$M_{23}C_6$	600～900℃长期时效,析出少量 $M_{23}C_6$	850
GH3044	1120～1160℃,空冷	γ,少量 MC,$M_{23}C_6$	700～900℃长期时效,析出α-W	900
GH3128	1140～1180℃,空冷	γ,少量 TiN,M_6C	900℃长期时效,析出 α-W	950
GH3170	1190～1240℃,空冷	γ,少量 M_6C,ZrN	900℃或 1000℃长期时效,析出 $M_{12}C$,μ 相	1000
GH3536	1130～1170℃,空冷	γ,少量 TiN,M_6C	700～900℃长期时效,析出 μ、Laves 相	900
GH3600	1010～1050℃,空冷	γ,少量 TiN,Cr_7C_3	800℃长期时效,Cr_7C_3 增多	700
GH3625	950～1030℃,空冷	γ,少量 TiN,TiC,M_6C	650～900℃长期时效,析出 γ''、δ、$M_{23}C_6$、M_6C	950

注:$M_{12}C$ 与 M_6C 一样也是一种三元化合物,其组成为 A_6B_6C,$M_{12}C$ 在高温合金中很少发现[2]。

沉淀强化镍基变形高温合金的热处理通常分为固溶处理、中间处理和时效处理。固溶处理是将合金加热到固溶温度进行保温,使 γ'相、碳化物等第二相溶入基体,为下一步时效做好准备,并获得一定晶粒度。固溶处理的温度选择要保证这些相充分固溶,同时还要考虑对合金晶粒尺寸的要求,固溶处理的温度越高,晶粒就越粗大。

一般而言,晶界碳化物对奥氏体晶粒长大起阻碍作用。固溶温度越高,碳化物溶解越充分,晶粒也越粗大。合金晶粒尺寸在时效过程中不能改变。合金晶粒尺寸的要求与工作条件有关。镍基高温合金的固溶温度一般在 1040～1230℃。如果材料要求蠕变、持久强度为主,应以大晶粒为好,晶粒度以 3～4 级为宜,选择固溶温度应较高。如果材料要求疲劳、瞬时强度为主,则以细小晶粒为好,固溶温度较低,但保温时间较长。中等晶粒(4～5 级)合金的中温(600～700℃)强度较好。合金晶粒大小与该温度下的保温时间有关,但其影响不如温度明显。

固溶处理后的冷却速率对以后时效析出相的颗粒大小也有影响。冷却速率快有利于生核而不利于长大;反之,有利于长大而不利于生核。由于冷却速率的不同,影响析出相的大小,从而影响合金的强度和塑性。大部分合金固溶处理后采用空冷冷却,少数合金采用水冷或者油冷。

中间处理是处于固溶处理和时效处理之间的热处理,其温度一般低于固溶温度而高于时效温度。中间处理的目的是使高温合金晶界析出一定量的各种碳化物相和硼化物相,如二次 MC、$M_{23}C_6$、M_6C 及 M_3B_2 等,同时使晶界及晶内析出较大颗粒的 γ'相。晶界析出的颗粒碳化物提高晶界强度,晶内大的 γ'相析出使晶界、晶内强度得到协调配合,提高合金持久和蠕变寿命及持久伸长率改善合金长期组织稳定性。

大多数合金都需要进行中间处理,合金化程度高的时效强化合金尤为如此,如 GH4037、GH4049 合金经 1050℃中间处理后,晶界上析出颗粒状的 $M_{23}C_6$、M_6C 型碳化物,提高了合金的持久强度和持久伸长率。经中间处理的 GH4049 合金,晶内析出方形的大 γ'相,在以后时效处理时又析出较小的圆形 γ'相。γ'相析出总量与未经中间处理的合金相同,但其 900℃、220MPa 条件下持久寿命提高了 50 多小时。高温合金中的不同碳化物的析出范围不同,因而中间处理的温度不同。相同碳化物在不同高温合金中的析出温度亦有差异。

高温合金时效处理是将经过固溶处理或固溶处理+中间处理后的合金重新加热至一定的温度,保持一定的时间,使在合金基体中均匀地析出一定量的强化相,如 γ' 相 γ'' 相等,以达到合金最大的强化效果。高温合金的时效温度一般随合金中合金元素含量的增加,尤其是铝、钛、铌、钨和钼含量的增加而升高,时效处理温度为 700～1000℃。合金时效温度下不应引起强化相的溶解和聚集长大。合金中 Al+Ti 含量大约为 3%,时效温度选择 700℃;Al+Ti 含量为 6%,时效温度为 850℃。对于高铝钛合金,由于 γ' 相析出温度高,固溶后空冷 γ' 相很快就可以析出,时效温度一般选择较工作温度稍高些为宜。有些合金,为了抑制 σ、μ 等有害相的析出,时效温度要有所改变。

有些高温合金,如 GH4710,时效处理分二级进行,其目的是调整强化相的大小,以获得强度和韧性的最佳配合。

时效处理对合金强度起决定作用。绝大部分合金以 γ' 相强化,强化程度取决于 γ' 相的含量和大小。表 10.73 列出一些合金时效后的 γ' 相析出量和析出峰值温度范围。

表 10.73　几种沉淀硬化镍基变形高温合金时效 γ' 相析出量和析出峰值温度[111]

合金	γ' 相析出量/%	γ' 相析出峰值温度/℃
GH4033	8～9	650～700
GH4037	20～22	800～850
GH4143	42～44	700 左右
GH4049	42～44	850～900
GH4151	55	850～900

沉淀硬化镍基变形高温合金在标准热处理状态的组织,主要由等轴晶 γ 奥氏体及弥散分布其中的 γ' 相构成,晶内分布有少量块状 MC、MN、M(C,N)等夹杂物相,晶界存在 $M_{23}C_6$ 或 M_6C 型碳化物。表 10.74 列出了有代表性沉淀硬化镍基变形高温合金的组织、使用温度和主要用途。

表 10.74　国产几种沉淀硬化镍基变形高温合金的组织、使用温度和主要用途[2,112]

合金	标准热处理状态组织	长期时效后组织	使用温度/℃	主要用途
GH4037	γ,20%γ',少量 MC、M_6C、$M_{23}C_6$	700～1000℃,Cr_7C_3 向 $M_{23}C_6$ 转变	850	涡轮工作叶片
GH4133B	γ,14%～15%γ',少量 MC,$M_{23}C_6$	750℃长期时效,γ'向 η-Ni_3Ti 转变	750	涡轮盘
GH4141	γ,γ',M_6C,$M_{23}C_6$,MC	长期时效析出 μ 相	870	燃烧室火焰筒
GH4163	γ,$M_{23}C_6$	800℃长期时效,γ'向 η 转变,并析出 M_6C	800	燃烧室火焰筒
GH4169	γ,γ',γ'',δ,NbC	长期时效,γ''向 δ 转变	650	涡轮盘
GH4220	γ,40%～50%γ',M_6C,$M_{23}C_6$,MC,M_3B_2	—	950	涡轮工作叶片
GH4413	γ,29%γ',$M_{23}C_6$,MC	长期时效,无 TCP 相析出	850	涡轮工作叶片
GB4710	γ,γ',MC,$M_{23}C_6$,M_3B_2	850℃长期时效,析出少量 σ 相	980	涡轮盘

Inconel 718 合金(相当于我国 GH4169 合金)是以 γ''和 γ'相复合强化的镍基变形高温合金，在铝含量低于 0.2%时，γ'相占优势，而当铝含量增加到 0.5%时，γ''相占优势。图 10.71 为 Inconel 718 经过固溶和时效处理后显微组织[116]。从图中可以看出，原始组织由约 25μm 的 γ 奥氏体晶粒组成，碳化物(如 NbC)沿晶界或晶内分布。经固溶处理后，γ 奥氏体晶粒变大，碳化物消失；时效处理后，片状 δ 相在晶界析出，且 δ 相含量随时效时间增加而增加。TEM 结构分析表明，晶界析出 δ 相为金属间化合物 Ni_3Nb；晶内析出细小的 γ'和 γ''强化相，γ'相为棒状，尺寸为纳米级，电子衍射表明，γ''相同样为 Ni_3Nb，见图 10.72[117~119]。

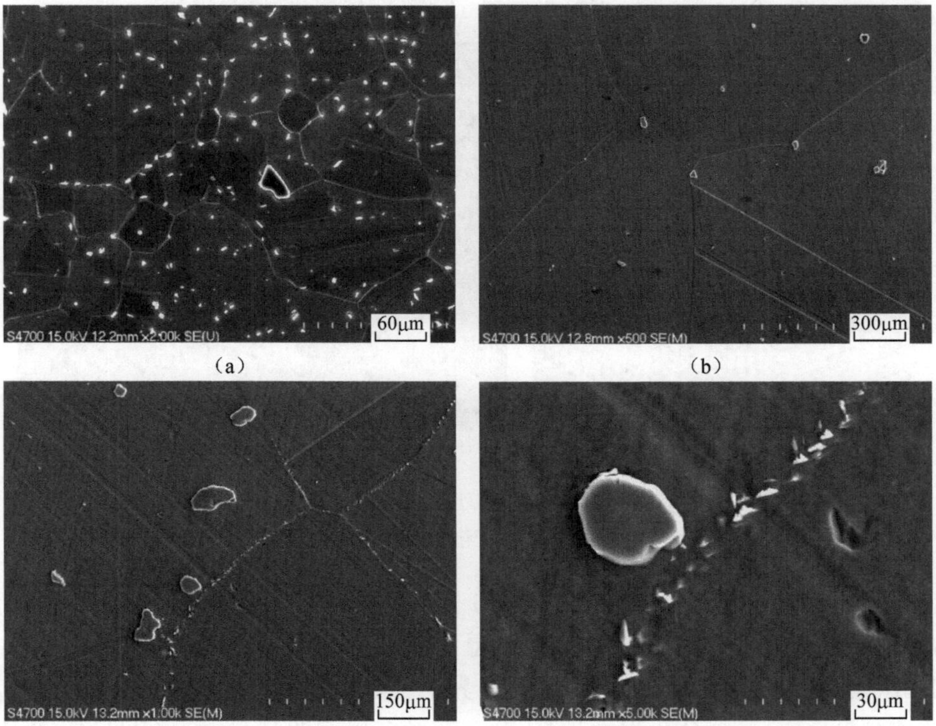

(a)　(b)

(c)　(d)

图 10.71　Inconel 718 SEM 照片[116]

(a) 原始显微组织；(b) 固溶处理组织(1095℃，1h)；(c)和(d) 时效处理组织(固溶处理后 955℃时效 3.5h)

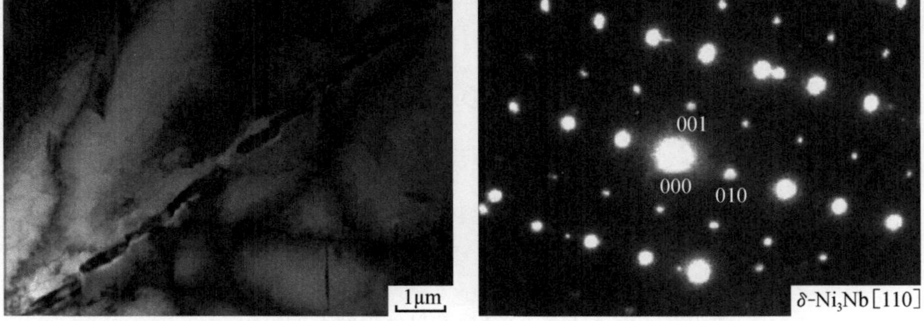

(a)　(b)

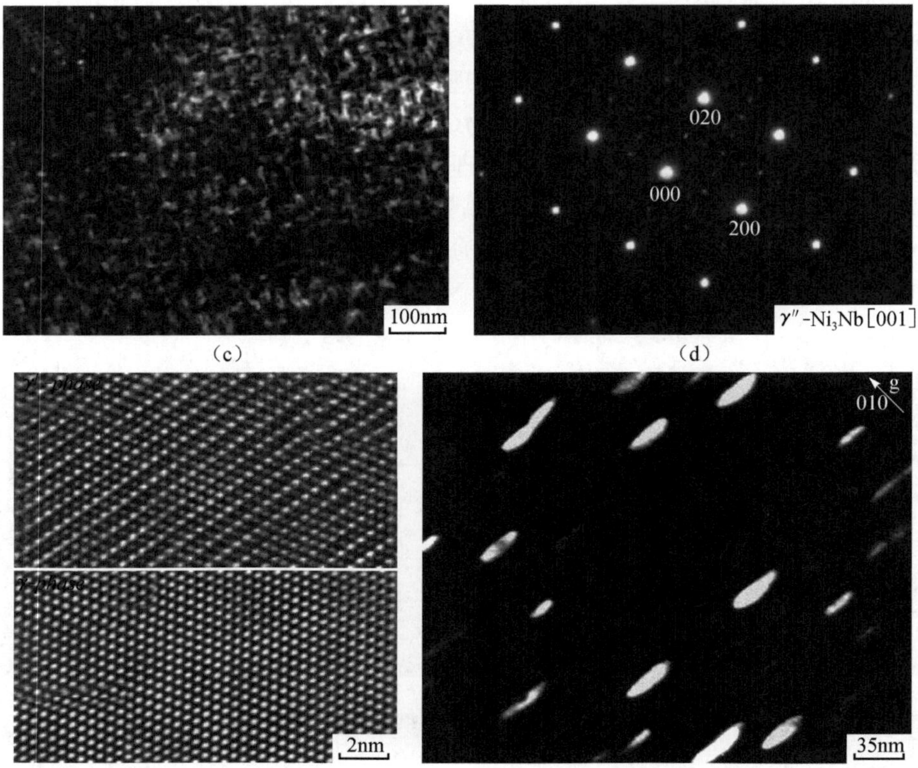

(c)　(d)

(e)　(f)

图 10.72　Inconel 718 TEM 照片[117~119]

(a) 晶界片状 δ 相;(c) γ''相;(b)、(d) 电子衍射花样;(e) γ/γ'界面;(f) 暗场 γ''和 γ'相

图 10.73 为标准热处理状态的 GH4145 合金的显微组织图[120]。图 10.73(a)为金相组织,可以看出,GH4145 合金基体为等轴晶 γ 奥氏体,晶内存在退火孪晶,γ'-Ni_3(Al,Ti)相和碳化物(MC,M_6C)析出在晶内和晶界上。晶界上析出的 γ'相和碳化物 M_6C 会引起弯曲晶界形成,且合金化程度越高,合金越倾向引起弯晶。由于 GH4145 合金在两种不同的时效温度下处理,晶内有弥散分布的两种不同粒径的 γ'相,大的尺寸为 80nm,

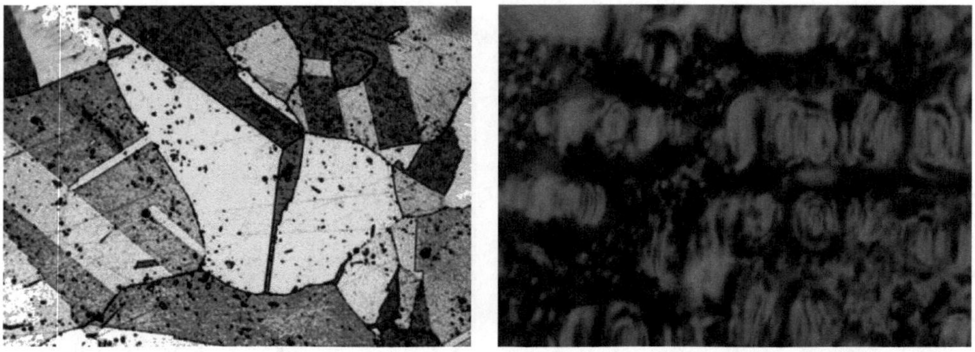

(a)　(b)

图 10.73　GH4145 合金标准热处理状态的组织[120]

(a) 金相照片;(b) γ'相的暗场 TEM 照片

小的尺寸为 20 nm,见图 10.73(b)暗场 TEM 照片。

普通热处理的合金晶界都是平直的,要想获得锯齿状的弯曲晶界需要进行特殊的热处理。弯曲晶界可以增加合金的抗蠕变和持久性能,并提高合金的持久塑性。

获得弯曲晶界的热处理工艺有三种[111]:①控制固溶后冷却速率的控冷处理;②固溶缓冷后析出相再次在较低温度下固溶处理;③固溶处理后空冷到某一温度下保温,然后再空冷的等温处理。最后进行时效处理。第一种方法是在固溶温度保持一定时间,以较空冷缓慢的冷却,使晶界上沉淀出粗大的第二相 γ′或碳化物 M_6C 等,使晶界迁移时形成弯晶。第二种方法可在第二次固溶时使粗大的第二相(一般为 γ′)大部分溶解,然后在空冷或时效时重新析出较弥散的第二相。这样既保留了弯曲晶界,提高了晶界的强度,又由于晶内细 γ′相的析出而提高了晶内强度,使晶内、晶界强度能有较好的配合。等温处理时,等温过程中在晶界上沉淀出第二相(主要是碳化物),与此同时因晶界的迁移形成弯晶。因形成弯曲晶界的温度较低,强化相细小,在随后的空冷中,γ′相迅速析出,尺寸较小且弥散分布。这样,强度和韧性得到了更好的配合。

形成弯曲晶界的基本原因是高温下晶界首先析出 γ′相或碳化物 M_6C 等第二相。因此在高温下发生晶界迁移时,第二相钉扎住部分晶界,而在第二相颗粒之间的晶界发生晶界迁移,从而造成锯齿形弯曲晶界。我国一些学者对镍基变形合金中弯曲晶界的形成机制和动力学过程进行了较深入的研究[121]。

表 10.74 列出了常用做燃烧室火焰筒结构材料、涡轮工作叶片和涡轮盘材料的沉淀强化镍基变形高温合金的显微组织与相结构,其高温强度主要取决于 γ′沉淀相的含量与分布。随着 γ′相含量增加,高温强度增加,使用温度显著提高。如 γ′沉淀相为 20%～30%的 GH4413 合金,使用温度为 850℃,当 γ′相含量进一步提高达约 45%的 GH4710 合金,使用温度高达 950～980℃。

γ′相含量的提高为合金提供良好的析出强化效果的同时,也对合金的变形过程和工艺提出了新的挑战。高 γ′相含量为高温合金带来高性能的同时,也对合金的加工制备带来了高难度,主要表现为变形抗力提高、热塑性下降和热加工温度窗口缩窄。有研究表明,高温合金的可锻性与 γ′相的含量直接相关,随着高温合金中 γ′相含量的提升,热加工温度窗口缩窄为几十摄氏度,如图 10.74 所示[122]。高 γ′相含量的变形高温合金在热变形过程中易发生开裂、组织失稳等问题,给涡轮盘的制备带来了困难。以往将 γ′相质量分数 50% 以上的高温合金定义为不可锻合金,在热变形过程中会发生开裂,热变形后的

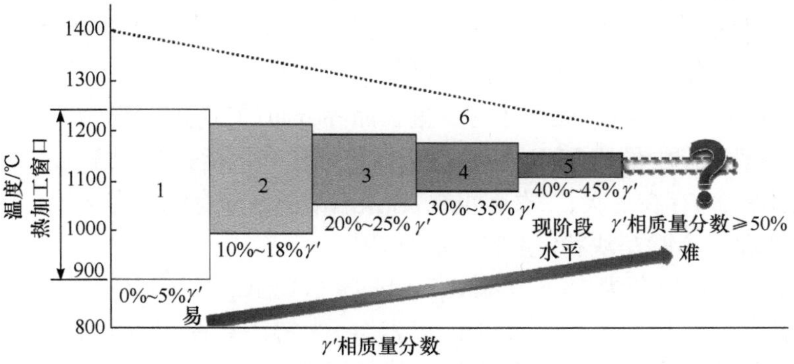

图 10.74　高温合金 γ′相数量与高温合金的可锻性温度范围的关系[122]

组织也难以控制。随着制造装备水平的提高和热变形机理的深入认知，近年来高温合金领域开展了一系列高 γ' 相含量变形高温合金的研究工作，使 GH4151、GH4175、GH4975 等一系列 γ' 相质量分数超过 50%的变形高温合金的锻造成形成为可能。但是该类高温合金的热加工问题依旧存在，工艺参数稍有不当就会在热变形过程中发生开裂、混晶、组织失稳等现象。热变形过程组织控制困难仍是高 γ' 相含量变形高温合金发展过程中的共性难题。

对于 γ' 相质量分数超过 50%的难变形高温合金而言，在多火次循环加热-变形过程中，很容易产生晶粒组织不均匀、异常组织、无 γ' 相析出区域、缺口敏感性等问题。挤压开坯是获得均质细晶高 γ' 相含量难变形高温合金的重要工艺技术途径。在高合金化程度、高 γ' 相含量难变形高温合金涡轮盘的制备过程中，俄罗斯采用了挤压开坯—超塑性等温模锻—热处理的技术路线。例如，采用挤压开坯获得的 ЭК151 合金(与我国 GH4151 合金成分相近，γ' 相质量分数高达 54%)细晶坯料锻出 ϕ400mm 的 КП-16 涡轮盘，并已进行批量生产。有研究表明，挤压开坯时的大变形量是获得超细晶和超塑性的前提条件。挤压开坯的优点在于在三向压应力下发生塑性变形，能够减小坯料发生开裂的风险，可提高单道次变形量，为解决难变形高温合金的开坯难题提供了一条有效的解决途径[122]。

从表 10.71 中可以看出，在镍基高温合金中铸造合金的数目最多，由于铸造合金不用热加工变形，容许加入更多的合金元素。因此，铸造镍基高温合金的使用温度比变形镍基合金的使用温度高出 100～150℃，达到 1050～1100℃。采用真空下精密铸造方法生产高温合金涡轮盘、叶片等部件，其工艺有如下特点：采用铸造可以在较大范围内增加合金元素含量；同样成分的合金采用铸造，比变形合金持久性能高；形状可以复杂，可以制成空心叶片并使用相应的冷却技术；生产工序简单，成本较低；可以采用定向凝固技术制成定向结晶、单晶、共晶合金叶片。

镍基铸造合金中往往钨、钼含量高。钨、钼进入 γ 基体，增加了 γ 基体的点阵常数，从而降低了 γ 和 γ' 相的共格应变，使在高温下工作时的 γ' 相更稳定。

这类合金中铝、钛含量高，合金中 γ' 相含量高，镍基铸造合金中加入钽、铌，主要是形成 γ' 相，起强化作用。这类合金中的钴、铬、钼用于固溶强化，但由于高铝、钛合金中 γ' 相的析出，γ' 相中的钴、铬、钼含量又低，这势必增加 γ 固溶体中钴、铬、钼的含量，以致合金有形成 σ 相的可能。因此，镍基合金中的铝、钛加入量要限制，Al＋Ti 含量越高，铬的加入量越低。镍基铸造合金中碳含量较高，这有利于提高合金的流动性。同时形成的碳化物起强化作用，但碳含量不能太高，否则形成过多的 TiC，变成夹杂物降低合金性能。

铸造镍基高温合金铸态组织的特点是存在明显的树枝晶组织，由 γ 奥氏体基体和大量弥散分布其中的 γ' 相构成，此外还有少量在晶界分布的 $M_{23}C_6$ 和(或)M_6C 相。由于加入有微量硼，一般还有少量的 M_3B_2 相。由于固溶强化和沉淀强化元素加入量较变形合金多，γ' 相含量比较多，存在一次、二次 γ' 组织，在最后凝固区域有时还有 $\gamma+\gamma'$ 共晶组织(三次 γ' 相)。时效处理后，MC 呈块状，起骨架强化作用。

图 10.75 是一种成分为 Ni-6.0%Al-7.0%Ta-6.0%Cr-4.0%W-4.0%Co-2.0%Re 的单晶镍基高温合金的显微组织[123]。图 10.75(a)为铸态单晶(110)面的枝晶组织形貌。不同尺寸和形貌的 γ' 相分布于枝晶干处和枝晶间隙处。细小的立方体状的 γ' 相分布于枝晶干处，较粗的近似球状的 γ' 相分布于标以“A”的枝晶间隙处，尺寸约为 2μm。

图 10.75(b)为上述合金经 1320℃加热 4h 空冷后，再在 1080℃时效 4h 后的显微组织。析出的 γ' 相成长为规则的立方体，尺寸为 350～450nm，γ' 相间的 γ 基体的通道宽度为 50nm，γ' 相的体积分数约为 70%。

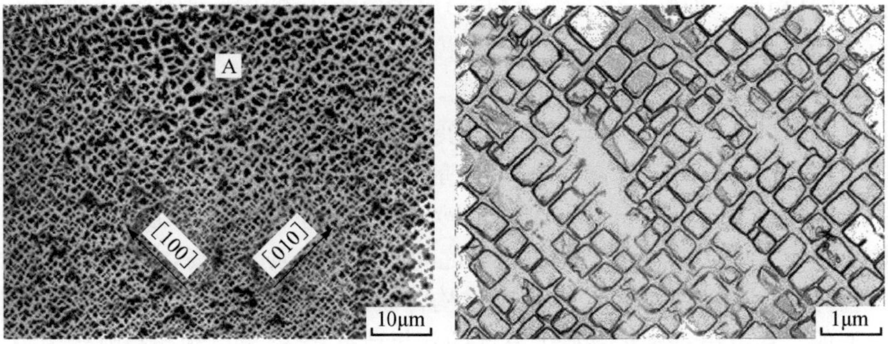

(a)　(b)

图 10.75　镍基铸造高温合金显微组织[123]

(a)枝晶组织(铸态)；(b)立方体状 γ' 相(固溶+时效)

图 10.76 为 K438 镍基铸造合金经标准热处理后的显微组织。标准热处理的规范为 1120℃固溶处理 2h，空冷+850℃×24h，空冷。合金经标准热处理后的组织基本上还保持原铸态组织特点，主要由 γ 基体、γ'、$\gamma+\gamma'$ 共晶、TiC 及微量的 M_3B_2 及 Y 相组成。由于 Ti 的严重树枝状偏析，在枝晶间富集有较多的 γ' 相，TiC 一般在枝晶间析出。$\gamma+\gamma'$ 共晶是最后凝固的，多处于枝晶间和晶界。$\gamma+\gamma'$ 共晶生长时需要吸收较多的 Al 和 Ti，因此在其前沿形成贫 Al、Ti 区，在该区富集较高的 Zr 和 S。Y 相一般以液态析出，但数量极少，其化学组成近似($Zr_{0.48}$，$Ti_{0.30}$，$Nb_{0.22}$)CS。

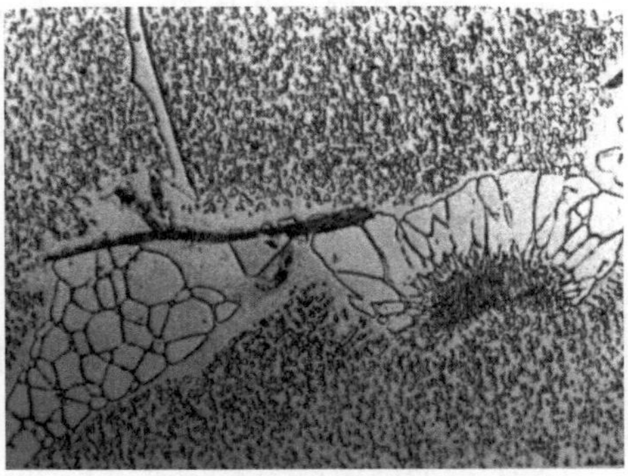

图 10.76　K438 镍基铸造合金经标准热处理后的显微组织[124]　630×

白色花瓣状为 $\gamma+\gamma'$ 共晶，灰色块状为 MC，灰色条状为 Y 相和弥散的 γ' 相

从表 10.75 可见，铸造高温合金的特征是 γ' 相含量高，随着 γ' 相含量从 30%增加到 65%，其使用温度从 850℃提高到 1000℃，明显拓展了其应用温度范围。

表 10.75　几种国产沉淀强化镍基铸造高温合金的组织和使用温度[2,112]

合金	标准热处理状态组织	长期时效后组织	使用温度/℃
K418	γ，55%γ'，2%($\gamma+\gamma'$)，1%MC，少量 M_3B_2	MC 分解析出 $M_{23}C_6$，有时析出少量 σ 相	900
K405	γ，57%～60%γ'，2%($\gamma+\gamma'$)，MC，M_3B_2	850℃长期时效，在叶片厚截面处有 σ 相	950
K465	γ，60%γ'，2%($\gamma+\gamma'$)，1.7%MC	长期时效或叶片厚截面处有条状相析出	950
K471	γ，67%γ'，其中 3%～5%($\gamma+\gamma'$)，2%TiC，少量 Y 相	700～1000℃长期时效，析出 $M_{23}C_6$，在叶片厚大部位析出 σ 相	950
K403	γ，58%～59%γ'，2%($\gamma+\gamma'$)，MC，M_6C	800℃长期时效，析出 $M_{23}C_6$，少量 σ 相	1000
K423	γ，40%～50%γ'，1.8%(TiC+M_3B_2)，σ	750～950℃长期时效，析出片状 σ 相	1000

从表 10.74 和表 10.75 中可以看出,长期时效后的镍基高温合金会析出 TCP 相,对其性能有较大影响,预测和控制镍基高温合金出现 TCP 相(主要是 σ 相)具有十分重要的意义。

依据 TCP 相是一种电子化合物,它的形成主要是受电子因素的控制,与合金的电子空位数有关,在此基础上建立了一种预测和控制合金出现 TCP 相(主要是 σ 相)的计算方法。由于计算比较复杂,一般都采用计算机。这种方法称为相计算(PHACOMP),是一种半理论半经验的方法。1964 年以来已发展了几种主要的相计算方法,并不断完善,应用于镍基变形高温合金和铁基高温合金,一般与实际符合得比较好。1984 年,一些学者发展了一种新相计算方法(NewPHACOMP)。这是基于高温合金主要固溶强化元素是具有自旋不成对 d 电子的过渡元素,d 电子之间的共价键强度越高,合金中过渡元素的结合能越大,因此研究高温合金中 d 电子的结构特征,对于理解合金强化机理和组织稳定性是十分必要的。在 d 电子理论基础上发展的新相计算方法,可以预测高温合金中 TCP 相的析出倾向和用于设计新合金。这方面的论述可参阅有关专著[2,21,111]。

10.5.2.4　定向凝固及单晶铸造

航空发动机涡轮叶片的运行经验证明,大多数裂纹都是沿着垂直于叶片主应力方向的晶粒间界,即横向晶界上产生和发展的。因此,消除横向晶界可以显著提高叶片抗裂纹生长能力。定向凝固就是对叶片铸件的凝固过程进行控制,以获得平行于叶片轴向的柱状晶粒组织,这就是定向凝固的柱晶叶片。如果采取措施,只允许一个晶粒成长成柱晶,从而消除一切晶界,这就是单晶叶片。

为达到定向凝固的目的,有两个基本条件必须同时满足[21,111]:

(1) 铸件在整个凝固过程中固-液相界面的热流应保持单一方向扩散,使成长晶体的凝固界面沿一个方向推进;

(2) 结晶前沿区域必须维持正向温度梯度,以阻止其他新晶核的形成。

定向凝固时金属注入壳型,首先与水冷铜板相遇,靠近板面的金属液迅速冷至结晶温度以下并开始结晶。此时形成的晶粒,其位向是混乱的,各方向都有。在随后的凝固进行过程中,由于热流是通过已结晶的固体合金有方向地向冷却板散热,结晶前沿是正向温度梯度,那些具有〈100〉方向的晶粒择优长大,排挤掉其他方向的晶粒。只要上述定向凝固条件保持不变,取向为〈100〉的柱状晶继续生长,直到整个叶片,如图 10.77 所示。定向凝固合金呈柱状组织,但晶柱并不严格平行,与主应力轴之间的偏离一般控制在 10°～15°。随着温度梯度和凝固速率的提高。树枝晶组织及 γ' 相尺寸变小,碳化物等偏析程度减轻,合金强度及塑性随之得到改善[111]。

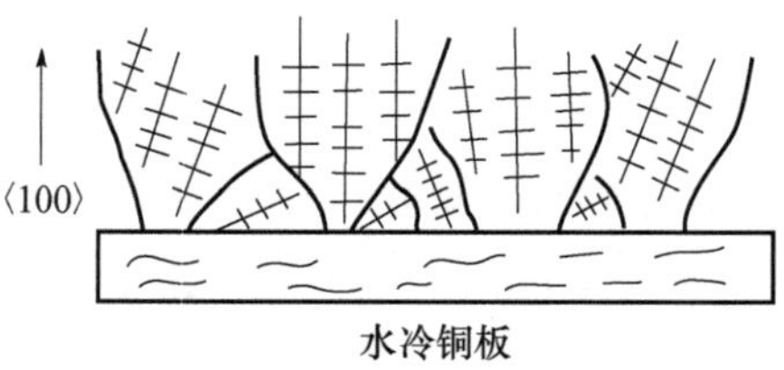

图 10.77　晶体定向成长示意图[111]

20 世纪 60 年代开始进行定向凝固的研究工作。定向凝固工艺有多种方法,目前高速定向凝固法(HRS 法)是耐高温合金精铸定向凝固技术中应用最广的一种方法,大量涡轮叶片都是采用这种工艺生产的。该方法是在水冷底盘下装有型壳抽出机构,型壳置于感应加热体内,感应加热体下部安装一隔热挡板。浇铸后型壳与冷却底盘逐渐下移。隔热挡板挡住了感应体的辐射热，使型壳内未凝固区处于热区的高温下，而型壳移出部分的凝固区处于冷区，热流则由水冷板通过传导移出，使合金凝固界面前沿保持高的温度梯度，凝固速率快，铸件质量和生产效率都显著提高[21,111,125]。

单晶叶片铸造工艺主要是在型壳设计上与定向凝固工艺不同，即增设了单晶选择通道，使一定数量的晶粒进入单晶选择通道底部，只有一个晶粒从选择通道顶部露出并充满整个型腔。单晶选择通道一般采用几个直角转弯或小直径向上角度的螺旋体（直径为 0.3～0.5cm）。凝固时在水冷铜板上首先形成许多任意取向的晶粒，然后〈100〉取向的晶粒择优生长，通常有 2～6 个〈100〉或〈110〉取向的晶粒进入单晶选择通道，最后只有一个〈100〉晶粒出现在型腔底部并生长，从而制得单晶叶片（图 10.78）[111]。

(a)　　(b)

图 10.78　单晶法示意图[111]

(a) 单晶叶片铸型设计；(b) 单晶叶片凝固过程

单晶叶片铸造时为了阻止型壳内各部分杂质形核的发生，单晶型壳的预热温度和熔融合金的过热度更高，典型的模温为 1500～1600℃，比定向凝固柱晶高出 25～100℃。

定向凝固及单晶技术已在许多重要高温合金上获得应用，获得了突出的经济效益。定向结晶涡轮叶片与普通精铸同类叶片比较，性能上有很大提高：疲劳寿命提高 8 倍，持久寿命提高 2 倍，持久塑性提高 4 倍。单晶叶片提高得更多，一级涡轮单晶叶片比精铸叶片持久寿命提高 4 倍，二级提高 5 倍[21]。现在一些生产厂已有专门生产线生产定向凝固和单晶叶片。

单晶叶片制造中常见缺陷包括[126]：条纹晶、小角度晶界、雀斑、表面型壳反应、次表面缩孔、再结晶等。缺陷的出现制约了成品率的提高，成为单晶叶片生产的关键问题。条纹晶是定向凝固过程中出现在单晶叶片表面的一种缺陷。多数研究者认为，条纹晶的出现是糊状区的枝晶变形所致，其诱因主要与凝固收缩应力有关。由于单晶叶片结构复杂及定向凝固过程中溶质场、温度场的不稳定，不同区域枝晶在分支生长过程中，受到热应力作用发生变形或绕生长方向[001]旋转，都会造成晶体取向的微小偏离。这种取向偏离逐渐累积，当枝晶再次汇聚时可能会形成小角度晶界。雀斑出现在单晶叶片表面，由取向随机的细碎等轴晶粒组成。雀斑产生与糊状区的熔体对流有关，且受到合金成分、凝固工艺、铸件形状等的影响。提高温度梯度以细化枝晶，以及控制局部冷却来降低固/液界面曲率，可以缓解或消除雀斑。表面型壳反应与次表面缩孔是影响单晶样品表面质量的缺陷。高温合金中的活性元素（C、Hf、Cr、Al、Ti 等）与化学稳定性不高的陶瓷型壳面层发生氧化还原反应，一方面生成稳定氧化物（表面夹杂的主要来源之一）破坏表面质量，另一方面合金元素（如 C）与型壳反应，还会产生气体并进入合金熔体中，在铸件表面形成气孔。再结晶是单晶叶片固溶热处理后的常见缺陷，定向凝固中的高温塑性变形是单晶铸件再结晶的关键诱因之一。

表 10.76 为我国定向凝固柱晶镍基高温合金的主要化学成分。表 10.77 为我国一些定向凝固柱晶镍基高温合金的热处理制度和使用温度。

表 10.76　我国定向凝固柱晶镍基高温合金的主要化学成分(GB/T 14992—2005)　(单位:%)

牌号	C	Cr	Co	W	Mo	Al	Ti	Fe	Nb	Ta	Hf	V	B	Zr
DZ404	0.10~0.16	9.00~10.00	5.50~6.50	5.10~5.80	3.50~4.20	5.60~6.40	1.60~2.20	≤1.00	—	—	—	—	0.012~0.025	≤0.020
DZ405	0.07~0.15	9.50~11.00	9.50~10.50	4.40~5.50	3.40~4.20	5.00~6.00	2.00~3.00	—	—	—	—	—	0.010~0.020	≤0.100
DZ417G	0.13~0.22	8.50~9.50	9.00~11.00	—	2.50~3.50	4.80~5.70	4.10~4.70	≤0.50	—	—	—	0.600~0.900	0.012~0.024	—
DZ422	0.12~0.16	8.00~10.00	9.00~11.00	11.50~12.50	—	4.75~5.25	1.75~2.25	≤0.20	0.75~1.25	—	1.40~1.80	—	0.010~0.020	≤0.050
DZ422B	0.12~0.14	8.00~10.00	9.00~11.00	11.50~12.50	—	4.75~5.25	1.75~2.25	≤0.25	0.75~1.25	—	0.80~1.10	—	0.010~0.020	≤0.050
DZ438G	0.08~0.14	15.50~16.40	8.00~9.00	2.40~2.80	1.50~2.00	3.50~4.30	3.50~4.30	≤0.30	0.40~1.00	1.50~2.00	—	—	0.005~0.015	—
DZ4002	0.13~0.17	8.00~10.00	9.00~11.00	9.00~11.00	≤0.50	5.25~5.75	1.25~1.75	≤0.50	—	2.25~2.75	1.30~1.70	≤0.100	0.010~0.020	0.030~0.080
DZ4125	0.07~0.12	8.40~9.40	9.50~10.50	6.50~7.50	1.50~2.50	4.80~5.40	0.70~1.20	≤0.30	—	3.50~4.10	1.20~1.80	—	0.010~0.020	≤0.080
DZ4125L	0.06~0.14	8.20~9.80	9.20~10.80	6.20~7.80	1.50~2.50	4.30~5.30	2.00~2.80	≤0.20	—	3.30~4.00	—	—	0.005~0.015	≤0.050

注:表中的牌号为新牌号。上述牌号中的杂质元素 Si、Mn、P、S、Pb、Sb、As、Sn、Bi、Ag、Hf 含量的上限规定见 GB/T 14992—2005。在 GB/T 14992—2005 中列入了 1 个定向凝固柱晶钴基高温合金牌号 DZ640M,其主要化学成分为:0.45%~0.55%C、24.5%~26.5%Cr、9.50%~11.50%Ni、7.00%~8.00%W、0.10%~0.50%Mo、0.70%~1.20%Al、0.05%~0.30%Ti、≤2.00%Fe、0.10%~0.50%Ta、0.008%~0.0018%B、0.100%~0.300%Zr。

表 10.77　我国一些定向凝固柱晶镍基高温合金的热处理制度和使用温度[2]

牌号	热处理制度	使用温度/℃
DZ404	(1220±10)℃×4h/空冷+(870±10)℃×32h/空冷	1000
DZ417G	(1220±10)℃×4h/空冷+(980±10)℃×16h/空冷	980
DZ422	(1205±10)℃×4h/空冷+(870±10)℃×32h/空冷	1000
DZ438G	1190℃×2h/空冷+1090℃×2h/空冷+850℃×2h/空冷	900
DZ4125	(1180±10)℃×2h+(1230±10)℃×3h/空冷+ (1100±10)℃×4h/空冷+(870±10)℃×20h/空冷	1000
DZ4125L	(1220±10)℃×2h/空冷+(1080±10)℃×4h/空冷+ (900±10)℃×16h/空冷	1000

从成分上看，定向凝固高温合金与普通精铸高温合金没有什么区别。20 世纪 70 年代中期，对加铪的 Mar-M200 合金的热处理研究发现，蠕变强度受细小 γ'相体积分数支配，而最大提高细小 γ'相体积分数的关键是提高合金初熔温度和固溶热处理温度。由于单晶没有晶界，不需要加入在常用高温合金中不可少的晶界强化元素 C、B、Zr、Hf 等，其初熔点温度可提高 90℃。初熔点高的合金可在较高的固溶温度下处理，使一次 γ'相完全溶解，在随后的时效处理中得到更多的二次细小 γ'相，同时又大大减轻树枝状偏析程度，其蠕变强度显著增加。此后单晶高温合金开始迅速发展和普及应用。

与普通高温合金的成分相比，单晶镍基高温合金含有较高的钽，某些单晶合金还添加铼。钽像钨一样提高合金的高温强度，能显著改善组织稳定性和抗腐蚀性，提高 γ'相的体积分数，扩大固溶处理温度，并且有很好的单晶可铸性。铼有固溶强化作用并能防止单晶合金中 γ'相的粗化。

定向凝固及单晶合金与普通铸造合金相比，其强度提高不多，但塑性有明显改善。定向凝固及单晶合金的弹性模量小，从而使其热疲劳性能成倍提高。定向凝固及单晶合金最显著的性能特点是蠕变强度及持久性能的成倍提高。

表 10.78 为我国单晶镍基高温合金的主要化学成分。

单晶合金没有晶界，因此理所当然地认为没有必要加入这些降低初熔温度的晶界强化元素 C、B、Zr、Hf。初期的单晶合金都完全去掉了这些元素，后来发现，单晶合金还需要这些元素，只是作用有所不同。在一些合金中加入微量(0.1%)Hf，可以明显地改善涂层与基体的兼容性和黏结性而提高涂层寿命和抗氧化、腐蚀性能。之后，其他的合金有的也加入微量 Hf。加入微量 Hf 对单晶合金的工艺性能和力学性能也有好处，同时，C 和 B 也再次引入单晶合金，但含量甚微。加入 C 是为了净化合金液，起脱氧剂作用，对抗腐蚀性能也有益；加 B 是为了强化单晶合金中不可避免的低角度晶界。当然，微量 Hf、C、B 的加入也会降低合金的初熔温度，但降低幅度很小[2]。

单晶高温合金含有难熔金属元素 W、Mo、Ta、Re 等，种类多，含量高。它们的原子半径都大于镍基固溶体，难于扩散。为了要消除树枝晶结构造成的元素偏析，并溶解初生 γ'相和 $\gamma+\gamma'$共晶，通常都采用较高的固溶处理温度，一般都在 1300℃以上。表 10.79 为我国研制的单晶镍基高温合金的热处理制度。

表 10.78　我国单晶镍基高温合金的主要化学成分(GB/T 14992—2005)　(单位:%)

牌号	C	Cr	Co	W	Mo	Al	Ti	Fe	Nb	Ta	Hf	Re	B	Zr
DD402	≤0.006	7.00～8.20	4.30～4.90	7.60～8.40	0.30～0.70	5.45～5.75	0.80～1.20	≤0.20	≤0.15	5.80～6.20	≤0.0075	—	≤0.003	≤0.0075
DD403	≤0.010	9.00～10.00	4.50～5.50	5.00～6.00	3.50～4.50	5.50～6.20	1.70～2.40	≤0.50	—	—	—	—	≤0.005	≤0.0075
DD404	≤0.01	8.50～9.50	7.00～8.00	5.50～6.50	1.40～2.00	3.40～4.00	3.90～4.70	≤0.50	0.35～0.70	3.50～4.80	—	—	≤0.010	≤0.050
DD406	0.001～0.04	3.80～4.80	8.50～9.50	7.00～9.00	1.50～2.50	5.20～6.20	≤0.10	≤0.30	≤1.20	6.00～8.50	0.050～0.150	1.600～2.400	≤0.020	≤0.100
DD408	<0.03	15.50～16.50	8.00～9.00	5.60～6.50	—	3.60～4.20	3.60～4.20	≤0.50	0.75～1.25	0.70～1.20	—	—	≤0.005	≤0.007

注:DD408 中铝加钛含量为 7.50%～7.90%。上述牌号中的杂质元素含量规定见 GB/T 14992—2005。

表 10.79　我国研制的单晶镍基高温合金的热处理制度[2]

牌号	热处理制度
DD402	1315℃×3h/空冷+1080℃×6h/空冷+870℃×20h/空冷
DD403	1250℃×4h/空冷+870℃×32h/空冷
DD404	1260℃×2h/风冷+1080℃×4h/空冷+900℃×16h/空冷
DD406	1290℃×1h,1300℃×2h+1315℃×4h/空冷+1120℃×4h/空冷+870℃×32h/空冷
DD408	1100℃×8h/空冷+1240℃×4h/空冷+1090℃×2h/空冷+850℃×24h/空冷

表 10.80 为我国研制的单晶镍基高温合金的组织。标准热处理状态单晶高温合金的典型组织为 γ 奥氏体基体上分布有大量 γ' 相,后者的体积分数通常在 65%左右,其形状为立方体,在长期时效后,γ' 相往往粗化成筏排组织,通常无 TCP 相析出。

表 10.80　我国研制的单晶镍基高温合金的组织[2]

合金	标准热处理状态组织	长期时效后组织
DD402	γ,68%γ',其形态为立方体,尺寸 0.4μm	850℃,无 TCP 相
DD403	γ,64%γ',极少 MC	850℃和 950℃未见 σ 相,950℃γ' 相粗化呈筏排组织
DD404	γ,γ' 呈立方体形,尺寸 0.15～0.3μm	850～950℃未发现 TPC 相
DD406	γ,γ' 呈立方体形	无 TPC 相
DD408	γ,65%γ' 呈立方体形	900℃和 1000℃有少量 $M_{23}C_6$ 和 M_6C 析出,无 TPC 相

单晶高温合金由于消除了晶界,有 60%以上 γ' 相沉淀强化和大量难熔金属的固溶强化,使其高温持久和蠕变强度大幅度提高,因而特别适宜于制作先进航空发动机和燃气轮机的涡轮叶片。通常把 140MPa 条件下 100h 或 1000h 的持久温度称为承温能力,或直称使用温度[2]。DD403 合金适于制作 1040℃以下工作的燃气涡轮转子叶片,叶片表面需涂 MCrAlY 涂层。DD406 是一种低 Re 单晶高温合金,在 1100℃、140MPa 条件下的持久寿命达到 132h,其承温能力较 DD403 合金提高约 40℃,使用温度为 1040～1070℃,具有优良的抗氧化性能和抗腐蚀性能。

表 10.81 为国外常用定向凝固和单晶镍基高温合金的主要化学成分。

表 10.81　国外常用定向凝固(A)和单晶(B)镍基高温合金的主要化学成分[2,111]

(单位:%)

牌号		C	Cr	Co	W	Mo	Nb	Ta	Hf	Zr	Al	Ti	B	Re	V	Ru	Y	Ni
Mar-M200	A	0.13	9.0	10.0	12.0	—	1.0	—	—	0.05	5.0	2.0	0.015	—	—	—	—	余
Mar-M002	A	0.15	9.0	10.0	10.0	—	—	2.5	1.5	0.05	5.5	1.5	0.015	—	—	—	—	余
In100	A	0.18	10.0	15.0	—	3.0	—	—	—	0.06	5.5	4.7	0.014	—	—	—	—	余
Rene80H	A	0.073	12.9	9.6	4.9	4.0	—	—	0.74	0.01	3.02	4.48	0.015	—	—	—	—	余
Rene125	A	0.11	9.0	10.0	7.0	2.0	—	3.8	1.5	—	4.8	2.5	—	—	—	—	—	余
Rene150	A	0.06	5.0	10.0	5.0	1.0	—	6.0	1.5	—	5.5	—	0.015	—	2.2	—	—	余
B-1900	A	0.10	8.0	10.0	—	6.0	—	4.0	—	0.10	6.0	1.0	0.015	—	—	—	—	余
ReneN6	B	0.05	4.2	12.4	6	1.4	—	7.2	0.15	—	5.75	—	0.004	5.4	—	—	0.01	余
TMS-138	B	—	3.2	5.8	5.9	2.8	—	5.6	0.1	—	5.9	—	—	5	—	2	—	余
TMS-138A	B	—	3.2	5.8	5.6	2.8	—	5.6	0.1	—	5.9	—	—	5.8	—	3.6	—	余
EPM-102	B	—	2	16.5	6	2	—	8.3	0.15	—	5.6	—	0.004	6	—	3	0.01	余
TMS-162	B	—	2.9	5.8	5.8	3.9	—	5.6	0.09	—	5.8	—	—	4.9	—	6	—	余
TMS-196	B	—	4.6	5.8	5	2.4	—	—	0.1	—	5.6	—	—	6.4	—	5	—	余

10.5.2.5　粉末高温合金

现代航空、航天事业的迅速发展,对高温合金的工作温度和性能提出了越来越高的要求。为满足这些新的要求,高温合金中强化元素含量不断增加,成分越来越复杂,以致很难进行热加工变形,只能在铸态下使用。由于铸态合金存在严重的偏析,导致显微组织的不均匀性和性能的不稳定。

20 世纪 60 年代初,人们开始研究用粉末冶金工艺制备高性能的高温合金。1972 年美国最先研制成 In100 和 Rene95 粉末高温合金,分别用于制作发动机上的部件。之后不断发展,其他国家如苏联、法国、英国亦研制出新的粉末冶金高温合金涡轮盘,应用在各种先进发动机上。表 10.82 为国外一些轮盘用粉末冶金镍基高温高温合金的主要化学成分。

表 10.82　国外一些涡轮盘用粉末冶金镍基高温合金的主要化学成分[2,111]

(单位:%)

牌号	C	Cr	Co	W	Mo	Al	Ti	Nb	V	Hf	Zr	Ta	B	Ni
In100	<0.10	10	14	—	3.5	5.5	4.5	—	1.0	—	0.05	—	0.01	余
Rene95	<0.10	14	8	3.5	3.5	3.5	2.5	5.5	—	—	0.05	—	0.01	余
MERL76	0.025	12.5	18.5	—	3.0	5.0	4.3	1.4	—	0.4	0.06	—	0.02	余
Rene88DT	0.03	16	13	4	4	2.1	3.7	0.7	—	—	0.03	—	0.015	余
ЭП741НП	0.05	9.0	16	5.3	3.7	5.0	1.8	2.6	—	0.25	≤0.015	—	<0.015	余
Rene104	0.03	13	18	1.9	3.8	3.5	3.5	1.4	—	—	0.5	2.7	0.03	余
Alloy10	0.04	11	15	5.7	2.5	3.8	1.8	1.8	—	—	0.1	0.9	0.03	余
RR1000	0.03	15	18.5	1	5.0	3.0	3.6	—	—	0.75	0.06	2.0	0.02	余

我国在 20 世纪 70 年代末开始研究粉末冶金高温合金,1984 年已可生产性能指标达到要求的 ϕ420mm 涡轮盘,并不断取得进展。表 10.83 为我国研制的一些粉末冶金镍基高温合金的主要化学成分。

表 10.83　我国一些粉末冶金镍基高温合金的化学成分(GB/T 14992—2005)

(单位:%)

牌号	C	Cr	Co	W	Mo	Al	Ti	Nb	Ta	Zr
FGH4095	0.04~0.09	12.00~14.00	7.00~9.00	3.30~3.70	3.30~3.70	3.30~3.70	2.30~2.70	3.30~3.70	≤0.020	0.030~0.070
FGH4096	0.02~0.05	15.00~16.50	12.50~13.50	3.80~4.20	3.80~4.20	2.00~2.40	3.50~3.90	0.60~1.00	≤0.020	0.025~0.050
FGH4097	0.02~0.06	8.00~10.00	15.00~16.50	4.80~5.90	3.50~4.20	4.85~5.25	1.60~2.00	2.40~2.80	—	0.010~0.015

注:FGH4096 合金含有 0.005%~0.010%Ce,FGH4097 合金含有 0.100%~0.400%Hf、0.002%~0.050%Mg、0.005%~0.010%Ce。

各合金含有:0.006%~0.015%B、≤0.50%Fe、≤0.20%Si、≤0.15%Mn、≤0.015%P、≤0.015%S (FGH4097 合金中含 0.009%S)。

FGH4095 合金的化学成分类似于 Rene95 合金,属高强合金,最高使用温度达 650℃;FGH4096 合金的化学成分与 Rene88DT 合金相似,具有高的抗裂纹扩展能力,最高使用温度可达 750℃;FGH4097 合金具有优异的高温持久强度和蠕变性能,其化学成分与 ЭП741НП 合金相同,最高使用温度也可达 750℃[2]。

氧化物弥散强化高温合金是另一类粉末高温合金,其突出特点是在高温(1000~1350℃)下仍具有比较高的强度。γ'相析出和碳(氮)化物强化是传统镍基高温合金及前述的粉末高温合金主要强化相手段之一，但在高温下这些强化相发生粗化和重新溶于基体而失去了强化作用。氧化物弥散强化高温合金是将细小的氧化物颗粒（一般选用 Y_2O_3）均匀地分散于高温合金基体中，通过阻碍位错运动而产生强化效果。Y_2O_3 具有很高的熔点（2417℃），不与基体发生反应，具有非常好的热稳定性和化学稳定性，其强化作用可以维持到接近合金的熔点温度。氧化物弥散强化高温合金的使用温度可以达到或超过 $0.9T_{熔}$。

人们研究氧化物弥散强化合金起步较早，当时采用传统的粉末冶金工艺，很难将超细的氧化物颗粒均匀地分散于合金基体中。直到 20 世纪 70 年代初，机械合金化工艺问世，才使氧化物弥散强化合金快速发展起来，并相继开发出一些牌号的氧化物弥散强化合金，并在航空发动机中得到应用[111]。表 10.84 为国外一些氧化物弥散强化高温合金的主要化学成分，其中，MA754 合金用于导向叶片、层板等，MA6000 合金用于工作叶片，MA956 合金用于燃烧室等。

表 10.84　国外一些氧化物弥散强化高温合金的主要化学成分[111]　（单位：%）

牌号	C	Cr	W	Mo	Al	Ti	Ta	B	Zr	Y_2O_3	Fe	Ni
MA6000	0.05	15	2	4	4.5	2.5	2	0.01	0.15	1.1	—	基
MA754	0.05	20	—	—	0.3	0.5	—	—	—	0.6	1.0	基
MA753	0.06	20	—	—	1.5	2.3	—	0.01	0.07	1.4	—	基
MA757	—	16	—	—	3.9	0.6	—	—	—	0.7	0.5	基
MA956	—	20	—	—	4.5	0.5	—	—	—	0.5	基	—
MA957	—	13.5	0.3	—	—	1	—	—	—	0.4	基	—

1985 年以来，我国先后研制成十余种牌号的氧化物弥散强化高温合金，其力学性能达到国外同类合金水平。表 10.85 为我国研制成的一些弥散强化铁基和镍基高温合金的化学成分。

表 10.85　我国氧化物弥散强化铁基和镍基高温合金的化学成分（GB/T 14992—2005）

（单位：%）

牌号	C	Cr	Ni	W	Mo	Al	Ti	Y_2O_3	Fe
MGH2756	≤0.10	18.50～21.50	<0.50	—	—	3.75～5.75	0.20～0.60	0.30～0.70	余
MGH2757	≤0.20	9.00～15.00	<1.00	1.00～3.00	0.20～1.50	—	0.30～2.50	0.20～1.00	余
MGH4754	≤0.05	18.50～21.50	余	—	—	0.25～0.55	0.40～0.70	0.50～0.70	<1.20
MGH2755	≤0.10	25.00～35.00	余	—	—	—	—	0.10～2.00	≤4.0
MGH2758	≤0.05	28.00～32.00	余	—	—	0.25～0.55	0.40～0.70	0.50～0.70	<1.20

注：MGH2757 合金中钨、钼元素可任选一种加入。MGH2758 合金中铜含量在 0.50%～1.50%。MGH4754 合金和 MGH2758 合金中含<0.50%[O]、<0.005%S。

粉末高温合金的性能与粉末的质量、粉末的成形工艺密切相关。高温合金粉末的制备方法有多种,常采用的有气体雾化法、旋转电极法和真空雾化法[111,125]。

由于粉末高温合金对粉末的质量要求十分严格,气体含量低,其中氧含量小于100ppm,氮含量小于50ppm,氢含量小于10ppm。粉末粒度控制在50～150μm,夹杂物含量小于20粒/kg粉,所以用各种工艺制备出的粉末必须经过系列的处理后才能使用。这些处理包括粉末的筛分和混料、夹杂物的去除及表面吸附气体的去除等。有关高温合金粉末形貌、组织、析出、尺寸及夹杂物控制等问题的深入分析可参阅文献[125]。

氧化物弥散强化高温合金粉末的制备方法亦有多种,其关键是将超细的氧化物质点均匀分散于合金粉末中,其中最常用也是最适合于生产使用的方法是机械合金化法。机械合金化是在高能球磨机内完成的,将合金成分所要求的各种金属元素粉末、中间合金粉末、超细氧化物粉末(一般小于50nm)装入球磨桶内,按照一定的球料比装入钢球,在惰性气体保护下进行长时间的干式球磨,使合金元素粉末完全固溶于基体粉末颗粒中,氧化物颗粒也均匀地分散在基体粉末颗粒内,最终得到含有均匀分布的氧化物质点,成分与合金成分完全相同的合金化粉末。机械合金化工艺除用于制备氧化物弥散强化高温合金外,还广泛用于制备非晶、纳米晶、过饱和固溶体、金属间化合物等[111]。

松散的高温合金粉末需经固实工艺处理,一方面可获得具有一定形状的部件或预成型坯,同时通过控制固实工艺参数得到所希望的组织。固实的主要方法有真空热压(HP)、热等静压(HIP)、热挤压和锻造。

真空热压一般适用于较小尺寸的坯件。热等静压工艺是通过高温高压对粉末坯体的作用,使其达到完全致密化的目的。在热等静压工艺中,通常用氩气作为压力的传递介质,粉末坯体在热等静压力的作用下发生收缩、烧结。现代热等静压设备的最高使用温度和压力达到2000℃和202MPa,炉膛有效直径达1250mm,可以一次制出几吨重的坯体合金[109]。用热等静压工艺固实粉末高温合金的一般步骤为:将处理好的高温合金粉末装入洁净的碳钢或不锈钢包套中,在500～600℃抽真空除去包套内的气体和颗粒表面吸附的气体,包套密封后进行热等静压处理。热等静压后的坯料可以继续进行热挤压或锻造,并配合适当的热处理,以改善合金的组织和性能。热挤压是用得较多的固实化工艺,热挤压后的材料可以继续进行锻造或轧制。

氧化物弥散强化高温合金的主要固实方法是热挤压,通过控制挤压温度、挤压比和挤压速率等工艺参数,可以达到固实的目的,又在合金内建立足够的储能,以便在随后的必须采取的再结晶退火工艺中得到粗大的柱状晶组织。一般要求采用尽量低的挤压温度、高的挤压比和高的挤压速率。挤压温度一般选择1000～1200℃,挤压比在10∶1到20∶1之间,挤压速率随挤压温度和挤压比而变。如MA753合金在1066℃以16∶1挤压比挤压,挤压速率为15.2cm/s,经再结晶处理后,晶粒完全长大成粗大的柱状晶,合金具有最高的高温持久性能。

粉末高温合金的组织特征之一是无偏析、均匀、晶粒细小,晶粒尺寸一般在7～12级范围内。夹杂物、原始颗粒边界、热诱导空洞等是粉末冶金工艺带来的另一组织特征。粉末冶金高温合金的组织与性能强烈地受制粉、固实化和热机械处理等工艺因素的影响。表10.86为制粉和固实化工艺对In100合金室温拉伸性能的影响。

表 10.86　制粉与固实化工艺对 In100 合金室温拉伸性能的影响[111]

压实工艺	制粉工艺	σ_s/MPa	σ_b/MPa	δ/%	ψ/%
热等静压	氩雾化	943.7	1123.1	8	10
挤压	氩雾化	1205.4	1680.7	20	16
挤压	旋转电极	1176	1633.7	21	17
铸态	—	936.9	984.9	4	8

粉末高温合金的中低温持久性能高于普通铸造或变形合金，但随着温度的提高，其持久性能下降较快。这是因为粉末高温合金的晶粒细小，在中低温度范围内，蠕变不起主要作用，因而具有较高的强度和抗疲劳性能，而高温时由于晶界的滑动使细晶对持久性能产生不利的影响。通过适当的热机械处理，使晶粒粗化，持久性能可以大大提高。

氧化物弥散强化高温合金的组织特点是：①超细氧化物颗粒直径一般为 15～50nm，均匀分布在基体中，间距为 100nm 左右，如此细小、弥散的氧化物颗粒不会影响合金的塑性；②粗大的柱状晶粒，其尺寸随合金成分和热机械工艺的不同而有所变化，长径比一般为 5～10 或更大；③有强烈的织构特征，其形成受热机械处理和弥散相的影响，但其机制尚不完全清楚。

氧化物弥散强化高温合金的组织特点决定了其性能的各向异性，沿平行于加工方向的纵向具有很高的强度和塑性，而垂直于加工方向的横向性能相对较低。这种合金的各向异性可加以利用，如 MA754 合金导向叶片的纵向平行于加工方向且具有[100]类型的织构，而面心立方金属的[100]方向的弹性模量小，在一定的热变形量下，产生较小的热应力，有利于合金的抗疲劳性能[111]。

目前得到较广泛应用的氧化物弥散强化高温合金主要有三类[2,111]：

(1) 含有 γ'强化相的合金，如 MA6000，其中 γ'相的体积分数为 50%～55%，保证合金在中温具有较高的强度。在高温下，虽然 γ'相的强化作用消失，但弥散相 Y_2O_3 的强化作用使其强度远远高于普通的铸造或变形高温合金。MA6000 合金高中温性能良好，抗腐蚀性能优良，适于制作涡轮动叶片，其工作温度可达 1150℃。

(2) 不含 γ'沉淀强化相的合金，如 MA754，是一种单相奥氏体合金，在 1000℃以上，其强度高于普通高温合金，可做发动机涡轮导向叶片，其工作温度可达 1100℃。

(3) 铁基氧化物弥散强化高温合金，如 MA956，其特点是熔点高，密度小，较高的高温强度，优良的抗氧化性、耐腐蚀性，其抗氧化温度可高达 1350℃，已制成高温燃烧室，在先进的燃气轮机上使用。

10.5.2.6　喷射成形高温合金

在 8.2.10 喷射成形高速钢一节中已简要论述了喷射成形技术的发展。喷射成形高温合金是随着喷射成形技术的应用而发展起来的，喷射成形制备高合金化高温合金可以克服常规铸锭冶金工艺和粉末冶金工艺制造高温合金存在的许多缺点，因而得到迅速的发展。目前实际形成大口径壁厚管、宇航环形件、航空发动机涡轮盘坯等三个主要应用方向[127]。

美国在 20 世纪 80 年代率先开始镍基高温合金的喷射成形试验。一些厂家联合成立了喷射成形国际公司，专门从事航空发动机环形坯生产，设备容量达 2.7t，沉积坯重达 2.2t，环件直径达 1.4m，壁厚 0.4m。美国通用电气公司在 1995 年建成 1t 级雾化沉积装置，以电渣重熔方式获得了纯洁的液体金属流，成功地制备了 Rene88DT 等高性能涡轮盘合金喷射成形高纯度沉积坯。其他一些国家也相继投入研究[127,128]。

我国自 1990 年起开展了喷射成形高温合金制备的科学问题、工艺技术及合金应用研究，2005 年建成代表当前喷射成形技术先进水平的装置，可制备高品质 ϕ400mm×600mm 柱形沉积坯、管坯及环形件，并制备了喷射成形的难变形涡轮盘合金(GH4742、GH4710 等)、环形件变形高温合金(GH4169、GH4141 等)、粉末高温合金(FGH4095、Rene88DT 等)、铸造高温合金(K403、K417 等)。研究工作表明，喷射成形高温合金成分均匀、无宏观偏析、晶粒细小、气体夹杂含量低、力学性能与粉末合金相当、高于变形合金、冷热加工性能明显改善，部分产品已交付使用。喷射成形的 GH4742 涡轮盘与常规铸锻涡轮盘相比，其抗拉强度与屈服强度均提高 10%以上，断面收缩率提高 50%以上[127]。表 10.87 为喷射成形与常规工艺生产的高温合金持久寿命对比，表 10.88 为喷射成形与常规工艺生产的高温合金的高温持久寿命对比。

表 10.87　喷射成形与常规工艺生产的高温合金持久寿命对比[127]

牌号	状态	试验温度/℃	力学性能			
			$R_{p0.2}$/MPa	R_m/MPa	A/%	Z/%
GH4742	喷射成形盘形件	20	1060	1449	18.9	41.2
	常规工艺盘形件	20	864	1329	17.7	—
	喷射成形盘形件	650	957	1326	—	—
	规定	650	686	1127	—	—
GH4169	喷射成形环形件	20	1228	1446	18.6	31.7
	规定	20	1035	1275	12	15
	喷射成形环形件	650	1039	1190	22.0	36.6
	常规工艺环形件	650	960	1142	19.3	21.8

表 10.88　喷射成形与常规工艺生产的高温合金高温持久寿命对比[127]

GH4742			GH4169	
状态	650℃/834MPa	750℃/539MPa	状态	650℃/690MPa
喷射成形钢坯	165h	90h	喷射成形环形件	146h
喷射成形盘形件	274h	63h	喷射成形轧制环形件	235h
常规铸锻成形	>50h	>50	常规铸锻成形	>25h

GH4738 合金的使用温度在 815℃以下，是国内外广泛使用的高温合金，用于制作航空发动机的涡轮盘、密封环件、叶片，以及石油、化工等设备中承受高温的旋转部件[129]。我国有关单位研究了喷射成形 GH4738 合金的组织特征和力学性能[125]。用氮气雾化喷射成形的合金坯各处的致密度基本在 99%以上，热轧成环形件，致密度提高至 100%，低倍显示组织细密，无宏观偏析和夹杂，热处理后未见晶粒异常长大。加热温度在 1000～1200℃范围内，保温 4h，晶粒尺寸在 25～33μm，具有较好的抗晶粒长大特性。喷射成形

高温合金由于晶粒细化等原因使其抗拉强度和塑性提高。表 10.89 为两种工艺生产的 GH4738 合金的高温拉伸和持久性能对比[125]。

表 10.89　喷射成形与常规工艺生产的 GH4738 合金的高温拉伸和持久性能对比[125]

合金	815℃拉伸性能				815℃/328MPa 持久性能	
	$R_{p0.2}$/MPa	R_m/MPa	A/%	Z/%	t/h	A/%
喷射成形 GH4738	654	689	38.5	39.5	31.50	17
常规工艺 GH4738	634	651	23	33	—	—

10.5.2.7　镍基高温合金的力学性能

Inconel 718(GH4169)合金在 20 世纪 60 年代开始获得应用，由于其具有优异的力学性能、良好的热处理工艺和焊接性能，在世界众多变形高温合金中占有一定的优势，广泛应用于航空、航天、石油、化工等各个领域。用于涡轮盘的最高使用温度为 650℃。GH4169 属于镍基高温合金，由于该合金含约 18.5%的 Fe，有时亦归之为镍铁基高温合金[116,130]。该合金在 650℃时瞬时拉伸试验时的 $\sigma_b=1164$MPa、$\sigma_{0.2}=1019$MPa、$\delta=26\%$，650℃、1000h 时的持久强度为 481MPa。但 Inconel 718 合金在高温服役条件下的组织的稳定性不如其他镍基合金，其 γ''沉淀强化相向 δ 相转变，且以片状形式在晶界上析出，导致性能恶化(图 10.71)。同时，δ 相含量与时间相关，使用时间越长，δ 相含量越高，性能越差。图 10.79 为 Inconel 718 合金组织转变前后蠕变应变性能比较[116]。图中曲线 1 表示的热处理工艺为经过 1095℃×1h 固溶处理，再经 720℃×8h 缓冷至 620℃×8h 时效，析出的强化相为均匀分布的 γ'相和 γ''相。曲线 2 和 3 表示的热处理工艺为固溶处理后增加一次 955℃的高温时效，时间分别为 1h 和 3.5h，此时将析出 δ 相，时间越长，δ 相析出越多。可见，出现 δ 相后合金的寿命减少，为无 δ 相析出合金寿命的一半，而蠕变断裂塑性由 5.6%缩减为 1%。图 10.80 为 Inconel 718 合金出现 δ 相前后的断口形貌。从图中可以看出，组织变化前为穿晶断裂，存在韧窝，属典型韧性断裂；而在晶界析出 δ 相后，产生沿晶断裂，基本没有韧窝，属脆性断裂。

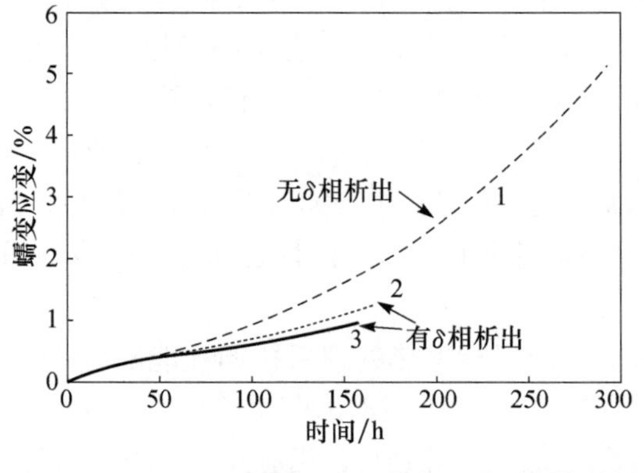

图 10.79　Inconel 718 合金组织转变前后蠕变应变性能比较[116]

650℃拉伸应力 625MPa

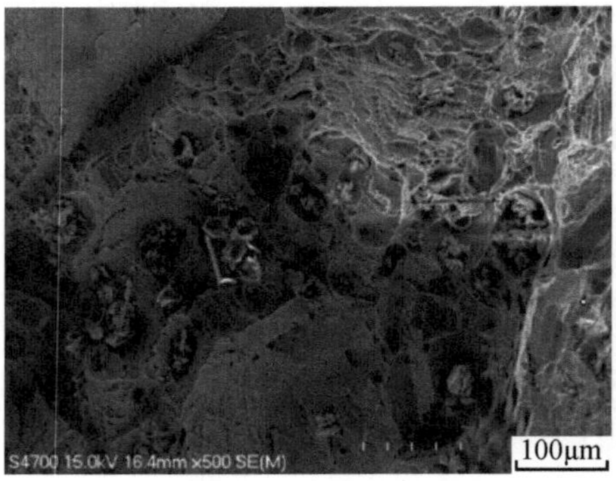

(a)

(b)

图 10.80 Inconel 718 合金断口形貌[116]

(a) 未出现 δ 相;(b) 出现 δ 相后

为了提高 GH4169 合金的使用温度,能在 680℃或者更高温度下稳定使用,一些学者对此进行了大量的研究,认为通过调整 Al、Ti、Nb 的含量和微合金元素 B、Mg 等的含量可以改善合金的高温组织稳定性,提高其使用温度[130]。

固溶强化镍基高温合金的高温强度随固溶强化元素 W、Mo、Co 和 Nb 等含量的增加不断提高。GH3030 为最简单的固溶强化镍基高温合金,它在 80Ni-20Cr 基础上,加入了少量的 Ti(0.25%),它的高温持久强度(800℃/1000h)只有 30MPa;合金中加入 2%Mo、1%Nb、0.55%Al 进行固溶强化,发展成 GH3039 合金,其持久强度提高到 32MPa;加入 14.5%W,研发出 GH3044 合金,其持久强度提高到 75MPa,是 GH3030 合金的 2~3 倍。随后采用微合金化技术,加入微量 B、Zr、Ce 进行晶界强化,形成 GH3128 和 GH3170 合金,其高温持久强度分别提高到 90MPa 和 120MPa,较 GH3044 合金提高了 50%以上[112]。由于 GH3170 合金的综合力学性能良好,可用于制作新型航空发动机燃烧室和加力燃烧室,以及其他高温承力件。

沉淀强化镍基变形高温合金通常加入有 3.5%以上的沉淀强化元素 Al、Ti、Nb 等,γ' 相含量在 15%以上,最高可达 45%左右。沉淀强化对合金高温强度的贡献最大,其拉伸强度和持久强度通常都远高于固溶强化镍基合金。随沉淀强化合金中 Al+Ti 含量或者 Al+Ti+Nb 含量的增加,也就是 γ' 或 $\gamma'+\gamma''$ 含量的增加,合金的持久强度和使用温度不断提高,如图 10.81 所示。Al+Ti 含量 7.0%,γ' 相含量 45%的 GH4220 合金,其 800℃/1000h 的持久强度可达 363MPa,远远优于 Al+Ti 含量仅为 3.4%的 GH4033 合金。前者使用温度可达 950℃,后者使用温度为 750℃,提高了 200℃。沉淀强化铸造镍基高温合金通常加入 6%以上的沉淀强化元素,γ' 相含量更高,最高可达 67%,使用温度为 900~1000℃。

图 10.82 为 GH4199 合金经标准热处理后拉伸性能随应变速率的变化曲线[131]。从图中可见,应变速率范围在 $3.3\times10^{-4}\sim3.3\times10^{2}s^{-1}$ 时,其弹性模量随应变速率的增加而升高,强度随应变速率的增加呈上升趋势。当应变速率小于 $3.3\times10^{2}s^{-1}$ 时,合金强度随应变速率的增加而升高,但升高幅度不大。当应变速率超过 $3.3\times10^{2}s^{-1}$ 时,合金强度迅速增大,从 1517MPa 增加到 2158MPa。应变速率在 $3.3\times10^{-4}\sim3.3\times10^{2}s^{-1}$ 时,合金延伸率随应变速率的增加呈下降趋势。

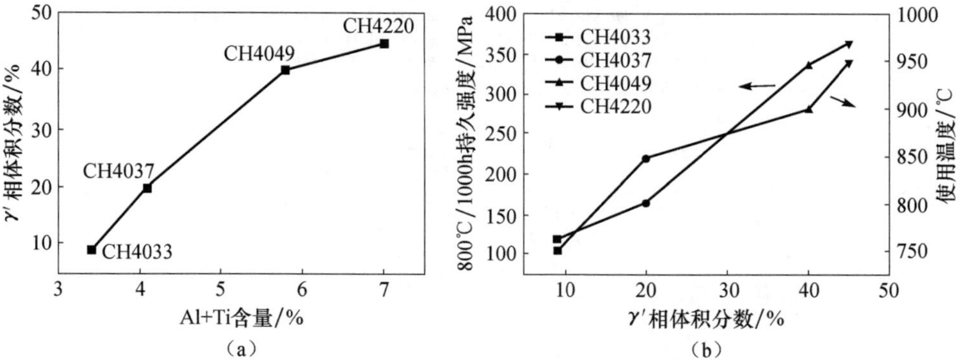

图 10.81 (a) Al+Ti 含量与 γ' 相体积分数关系；
(b) γ' 相体积分数与 800℃/1000h 持久强度、使用温度的变化曲线[112]

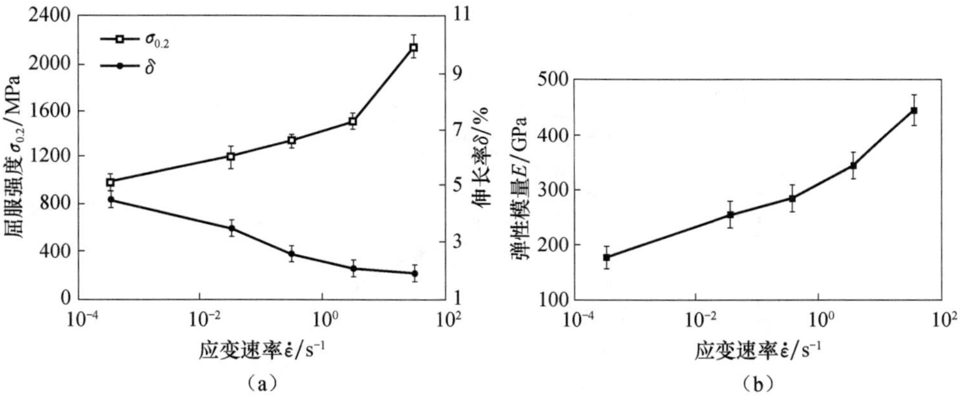

图 10.82 GH4199 合金拉伸性能随应变速率的变化曲线[131]

γ' 相含量对镍基高温合金的使用性能也有重要影响。最近，Heckl 等通过添加一定量的元素 Ru、Re 来稳定化 γ' 相，在系列镍基单晶高温合金中大范围调控 γ' 相的体积分数，研究 γ' 相的体积分数与高温力学性能之间的规律，以获得最佳 γ' 相体积分数。图 10.83 为镍基单晶高温合金蠕变断裂时间随 γ' 相体积分数和尺寸变化曲线[115]。该图综合了论文作者的研究结果和已有的文献数据。该图中的 TMS-75 和 TMS-82$^+$ 为日本的单晶镍基高温合金牌号，CMSX-4 为去掉 Hf 和 Ti 的美国单晶镍基高温合金牌号，Astral 系列为论文作者设计的含 Re 为 0%、3%、6%和含 Ru 为 0%、1.6%、3.2%的镍基单晶高温合金系列。从图中可以看出，无论何种镍基高温合金，随着 γ' 相体积分数的增加其蠕变断裂时间先增加，在 60%～70%时达到最大；继续增加 γ' 相体积分数，其蠕变断裂时间随之下降。蠕变断裂时间随 γ' 相粒径变化规律与 γ' 相体积分数的变化趋势类似。由此可见，镍基高温合金 γ' 相体积分数和粒径分别控制在 60%～70%和约 0.3μm 时性能最佳。

10.5.2.8　高温合金热腐蚀和涂层防护[2,111]

高温合金的热腐蚀是在高温燃气中含硫燃料和含盐环境中由于燃烧而沉积在表面的

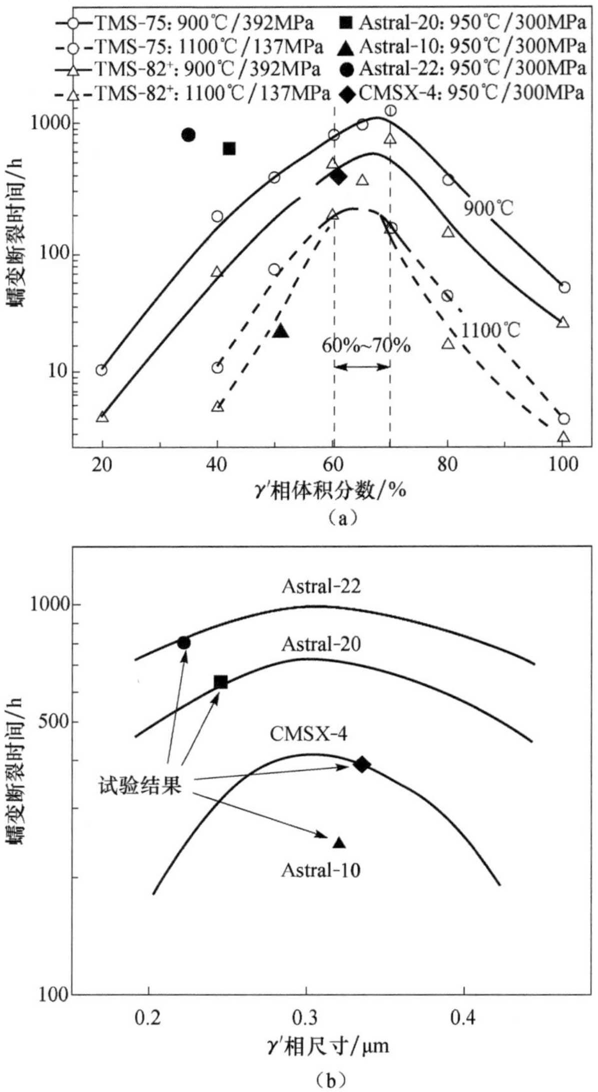

图 10.83　镍基单晶高温合金蠕变断裂时间变化曲线[115]

(a) 随 γ′相体积分数的变化曲线;(b) 随 γ′相尺寸的变化曲线

硫酸盐引起的加速氧化现象。热腐蚀对高温合金零件的破坏作用比单纯氧化要严重得多。

航空发动机或工业燃气轮机中的涡轮叶片和导向叶片,在高温环境中工作。由于燃气中含有硫、钠等杂质,在燃烧时生产 SO_2、SO_3 等气体,与空气中的氧和 NaCl,特别是沿海或海洋上空高含量的 NaCl 等反应:

$$2NaCl + SO_2 + 1/2O_2 + H_2O \longrightarrow Na_2SO_4 + 2HCl \tag{10.16}$$

$$2NaCl + SO_3 + H_2O \longrightarrow Na_2SO_4 + 2HCl \tag{10.17}$$

在零件表面沉积一层 Na_2SO_4 熔盐膜(纯 Na_2SO_4 的熔点为 884℃)。高温合金零件表面往往都有 Cr_2O_3、Al_2O_3 氧化保护膜,在开始的短时期内,腐蚀速率较慢,硫刚开始扩散。此后由于硫酸钠中的硫穿透氧化膜扩散到合金中形成硫化物,而氧化物溶解到盐中并在氧化膜中产生很大的生长应力而破坏氧化膜，使之变得疏松多孔，同时也使盐的成分更富于腐蚀性，因而引起高温合金零件的加速腐蚀。对于硫酸钠热腐蚀机理已提出了一些模型。

热腐蚀过程是一种在熔融盐膜下的高温加速氧化，因此，温度、盐膜成分、环境条件及高温合金成分等因素均对其产生影响。

温度对热腐蚀的影响有不同方式，在一般情况下随温度的增加，热腐蚀速率加快，而对某些合金热腐蚀速率在某一高温有一个最大值。

Na_2SO_4 是盐膜的主要成分，但纯 Na_2SO_4 的腐蚀性并不强，往往因其混有少量的 NaCl，腐蚀性才大为增强。因此，热腐蚀试验往往都要加入一定量的 NaCl 以模拟零件在高温的热腐蚀。其他杂质也有不同程度的影响。O_2 是参与氧化的主要物质，SO_2、SO_3 等杂质也参与反应过程，它们存在数量的多少或分压的大小对热腐蚀过程有很大影响。

合金元素中 Cr 是非常重要的抗热腐蚀元素。一般认为合金中的 Cr 含量至少要有 15%，含量越高，抗热腐蚀性越好。Cr 含量大于 15%，Al 含量小于 5%就可以在合金形成致密而黏附性好的 Cr_2O_3 保护膜。Ti 对抗热腐蚀性有利，合金中 Cr 含量越低，Ti 的加入量就应越多。Ta 通常没有有害影响，对有些高温合金的抗热腐蚀性能有良好影响。Co 对抗热腐蚀性能基本无影响。Al 是重要的抗高温氧化的元素，但 Al_2O_3 对液态 Na_2SO_4 不能起良好的防护作用。

微量稀土元素与氧的亲和力高，易在氧化膜与合金界面形成垂直于表面的条状稀土氧化物，起钉扎作用，从而改善合金的抗腐蚀性能。

高温合金在热腐蚀环境中经受严重腐蚀后，不仅承载截面减少，而且引起晶界热腐蚀，造成力学性能严重恶化，使持久强度和持久塑性显著降低。

为了消除或降低氧化和热腐蚀对高温合金热端零件的环境损伤的影响，需要采取防腐涂层措施。自 20 世纪 50 年代开始，高温防护涂层得到了迅速的发展。

20 世纪 50 年代开始使用简单的铝化物涂层，称为第一代涂层，目前仍在广泛使用。铸造镍基高温合金 K417、K419、K412、K403、DZ405、DZ422 和铁基高温合金 GH2135、GH2302、GH2130 等合金制作的涡轮叶片都采用固体渗铝。零件渗铝后表层主要成分为 NiAl、CoAl 或(Fe，Ni)Al，分别对应于镍基、钴基和铁基高温合金。这些铝化物在高温氧化时生成致密而牢固的 Al_2O_3 膜，有力地阻碍高温氧化继续进行。GH2135 合金表面渗铝层深度为 5μm 时在 750～1000℃的高温氧化速率明显降低。在 75%Na_2CrO_4＋25% NaCl 混合盐中的热腐蚀试验结果表明其腐蚀失重仅为不渗铝时的 1/8～1/4。但 NiAl 相涂层脆性大，易开裂，在高温 Al 原子向基体扩散快，寿命较短，其抗热腐蚀性能不够，因而发展了多元共渗铝化物涂层。

多元铝化物涂层为第二代涂层，如 Cr-Al 涂层、Si-Al 涂层、Pt-Al 涂层、RE-Al 涂层等。

Cr-Al 涂层主要用于改善简单铝化物涂层的抗热腐蚀性能，因为在 Na_2SO_4 中通过形成 Na_2CrO_4 溶去铬比形成 $NaAlO_2$ 溶去铝困难得多。铸造镍基 In738 合金涡轮叶片先镀 7μm 铂层后，再渗 Cr-Al 涂层，可使合金的抗热腐蚀性能提高一倍以上。

在镍基高温合金表面扩散渗 Si-Al，渗层外层由体心立方的 β-NiAl 为主相，还含有少量$(Cr,Ni)_3Si$或Cr_3Si，甚至富Si的M_6C和G相($A_6B_{13}Si_7$，复杂面心立方)等相构成，而内层由γ'-Ni_3Al构成，前者Si含量约8.2%，而后者Si含量约0.8%。Si抑制β相，促进γ'相生长，富硅的γ'相抗热腐蚀能力随硅含量增加而大幅度提高。我国使用Si-Al涂层成批生产定向凝固镍基高温合金DZ404涡轮叶片，其抗氧化和抗热腐蚀性能均获明显改善。DZ438G、DZ422、K403、K405、K409、K438等合金利用料浆法渗Si-Al。

Pt-Al涂层有向内生长的两相涂层$PtAl_2$+(Ni,Pt)Al和向外生长的单相涂层(Ni,Pt)Al两种。两相涂层在国外一些航空工业中大量使用，作为高压涡轮叶片和导向叶片的标准扩散涂层，其高温抗氧化能力比其他铝化合物涂层提高2～5倍。主要原因是$PtAl_2$相深入到氧化膜中增加Al_2O_3膜的附着力。之后发现两相涂层存在一些缺点，两相涂层是亚稳的，对热机械疲劳裂纹敏感，在循环氧化时涂层起皱，硬而脆易剥落。用向外生长的单相涂层(CVD法)可以克服这些缺点。我国发展的DD403合金单晶涡轮叶片表面渗Pt-Al涂层，在900℃经100h热腐蚀试验后的腐蚀失重由不涂层的5.95mg/cm^{2}降低至1.33mg/cm^2。

RE-Al涂层是通过稀土元素RE改善氧化膜的黏附性、增强抗高温腐蚀能力，并已获得应用。

此外，还有一些其他一些涂层工艺，如Pd-Al、Ti-Al、Ti-Si、Si-Cr等涂层。

第三代涂层即MCrAlY(M=Fe,Co,Ni,Co+Ni)包覆涂层。这类涂层是将一种抗氧化腐蚀的合金通过物理方法沉积到试样或零件表面上。MCrAlY中相组成主要为γ相+β-NiAl。高温下形成热生长氧化物Al_2O_3膜后，Al含量减少，β-NiAl转变为γ'强化相。当涂层中β相消失后，黏结层的抗氧化性降低。MCrAlY涂层中，Al的作用是形成Al_2O_3氧化膜。Al含量相对较高对提高涂层抗高温氧化性能是有益的，但Al含量不宜过高，不然会导致涂层脆性增大，Al含量常选择在5%～12%。添加Cr可降低形成完整Al_2O_3膜所需临界Al含量。涂层中的Cr含量对热腐蚀性能影响很大。航空发动机叶片主要发生高温氧化腐蚀，要求涂层中的Cr含量高于20%；而陆用及海用燃气轮机，低温热腐蚀是叶片的主要破坏形式，要求涂层中的Cr含量一般为30%～40%。研究表明，表面Ni+Cr的组合有利于涂层的综合抗热腐蚀和抗氧化性能。Co含量在20%～26%时，Ni+Co的组合具有最佳的韧性。在MCrAlY涂层中加入RE(Y、Ce、La等)是黏结层材料的重要进步。RE的加入主要是降低氧化物的生长速率以及改善氧化膜的黏附性。在实际应用中，主要采用Y、Ce和La等。RE的添加量一般为0.1%～1.0%，低于此量，起不到作用，而高于此量反而会加快氧化膜的剥落速率。还发现在NiCoCrAlYSi涂层中加入了Si之后，由于SiO_2本身抗氧化和热腐蚀，提高了涂层的抗氧化和热腐蚀性能[132]。

MCrAlY的抗氧化和腐蚀作用是基于在涂层表面形成致密的Al_2O_3或Cr_2O_3氧化膜，成为氧的障碍层而阻止基体进一步氧化或腐蚀。Al_2O_3或Cr_2O_3是否形成取决于这两种元素在涂层中的浓度。M的选择取决于涂层的工作环境[132]。NiCrAlY涂层抗氧化和腐蚀性很强，对镍基合金的内扩散行为很小，能承受980℃的高温，适用于燃气腐蚀环境不太恶劣的涡轮机构件。NiCoCrAlY涂层有极好的塑性，具有很强的抗氧化性和抗腐蚀性，适用于采用NiCrAlY涂层抗燃气腐蚀性不够的地方，可添加Si、Ta、Hf、Mo等，以改善其力学性能和抗腐蚀、抗氧化性能。CoCrAlY涂层的抗含硫燃气腐蚀性能好，抗氧化性能不如NiCrAlY涂层，最高只能承受900℃的温度。FeCrAlY涂层适用于含硫气体，同大多数高温合金存在较高的内扩散，能承受 700℃的高温。

第四代涂层称为热障涂层。热障涂层不仅有防氧化、抗腐蚀能力，还可以保证在高的环境温度下保持低的基体零件温度。这种涂层一般由金属连接层和陶瓷层组成。有代表性的热障涂层是 MCrAlY 连接层加氧化锆 ZrO_2（包括 Y_2O_3、MgO、CaO 全稳定或部分稳定）表面层，其中以含 6%～8%Y_2O_3 部分稳定 ZrO_2（YPZ）效果最佳，应用最多。热障涂层可用电子束物理气相沉积（EB-PVD）、溅射、热喷涂等方法制备。

热障涂层的隔热作用可使金属基体表面温度降低 200℃左右，这样用同样的涡轮叶片材料可相应提高使用温度，从而大大提高发动机的推力。在氧化物涂层和金属基体之间的 MCrAlY 结合层，可以提供足够的抗高温环境腐蚀能力，并使氧化层与合金基体的力学性能相匹配。1986 年美国已将热障涂层用于某型号燃气涡轮的导向叶片。这种技术具有设备简单、成分易控制、成本低等优点，是未来发动机热端部件高温防护涂层的发展方向。

10.5.2.9　镍基高温合金典型应用：涡轮叶片

涡轮及其叶片是燃气涡轮发动机关键零件，见图 10.84[133]，其工作条件十分苛刻，在高温、高转速、高应力、高速气流下工作，承受着高的离心负荷、热负荷、气动负荷、振动负荷和环境介质的腐蚀及氧化作用。飞机每次飞行还要经受起动、加速巡航、减速停车等循环的机械应力和温差引起的热应力的联合作用，各部位承受不同的交变负荷，其工作状况直接影响发动机的使用性能、可靠性、安全性和耐久性。

图 10.84　涡轮、导向器及涡轮叶片[133]

我国 K403 合金研制始于 20 世纪 60 年代初，1978 年开展应用研究。目前，K403 合金是国内使用最广泛的制造航空燃气涡轮发动机导向叶片用铸造镍基高温合金。K403 合金在铸态下的主要组成相是 γ 固溶体、γ'相、$\gamma+\gamma'$共晶、MC 型碳化物。γ'相是合金的主要强化相,占合金质量的 58%～59%。同时用微量 B、Zr、Ce 进行晶界强化。合金在 850℃长期时效过程中,MC 型碳化物分解,析出 $M_{23}C_6$ 型碳化物,γ'相聚集与长大。铸造高温合金的承温能力一般比变形高温合金高,作为其中涡轮及其叶片用材料,K403 合金的最高使用温度高达 1000℃,比 GH4033 合金高近 300℃。图 10.85 是 K403 和 GH4033 合金热强参数综合曲线(Larson-Miller 曲线)图[112]。从该图可以明显看出,K403 合金的高温强度比 GH4033 合金好,持久性能更优异。K403 合金在 900～1000℃温度下,100h 的氧化速率是 GH4033 合金的 1/3,800℃下的抗氧化性能较 GH4033 合金更好。

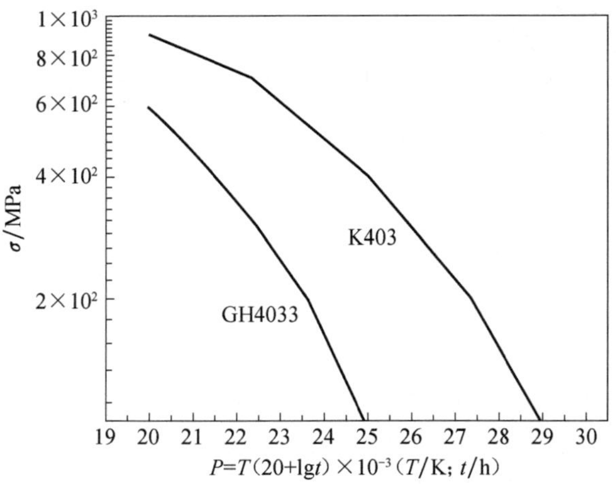

图 10.85　K403 和 GH4033 合金热强参数综合曲线(Larson-Miller 曲线)图[112]

更为重要的是,K403 合金铸造性能良好,可铸出形状复杂的精铸件,适于制作 1000℃以下工作的燃气涡轮导向叶片和 900℃以下工作的涡轮转子工作叶片及其他零件。K403 合金目前已在 WP-7 等十多种航空发动机上做导向叶片,在 WJ 等发动机上做涡轮工作叶片,并批量生产。

由于 K403 合金 Co 含量仅约 5%,且合金 Cr 含量较低,抗氧化和抗热腐蚀性能较差,需采用防护涂层。后续研发出含 Co 高(10%～15%),性能更加优异的镍基铸造合金 K418、K465 等,用于燃气涡轮叶片的制造。但是,由于铸锭凝固过程中产生的枝晶偏析无法消除,该类材料已难以满足高推重比/功重比航空发动机燃气涡轮叶片选材要求,粉末冶金高温合金(如 FGH4095)可以取代铸造高温合金,成为制造高性能燃气涡轮叶片的理想材料,是今后发展趋势之一。

10.5.3　钴基高温合金

钴基高温合金的发展始于 20 世纪 40 年代。钴基高温合金是指以 35%～70%Co 为基体,加入 5%～25%Ni 稳定 γ 奥氏体,并加入 20%～25%Cr 以改善抗氧化和抗腐蚀性能的高温合金,为 Co-Ni-Cr 三元系合金。一般以固溶强化和碳化物强化作为钴基高温合金的主要强化手段。该合金可以分为变形合金和铸造合金。该合金在化学成分、组织结构和物理性能、化学性能、力学性能和工艺性能等方面具有一系列特点,使其特别适合制作航空发动机和燃气轮机的导向叶片等高温静止构件。

10.5.3.1　钴基高温合金的特点

金属 Co 在 400℃以下具有密排六方结构，在高温要发生同素异形转变，转变为面心立方结构，而且这种转变具有非热特性，在温度循环过程中具有可逆性。为了使钴基合金具有稳定面心立方结构的 γ 奥氏体，必须加入适量 Ni，通常在 5%～25%，也可加部分 Fe，用以稳定 γ 奥氏体，但铁含量太高，有形成 σ 相的倾向。为了使其具有良好的抗氧化、腐蚀性能，通常在钴基合金中加入约 20%的 Cr，以便在合金表面形成致密的 Cr_2O_3 薄膜。同时，Cr 还是强碳化物形成元素，形成的碳化物起沉淀强化作用。

大多数钴基高温合金都以 W 为主要固溶强化元素，都含有 7%～15%的 W。难熔金属 W 原子以置换方式溶入钴基 γ 固溶体，在钴基合金中溶解度大，可以提高熔化温度。W 原子半径远大于 Co，产生晶格畸变，引起长程应力场，提高位错在晶格中运动阻力；同时，W 元素与钴基固溶体原子结合力大，降低其扩散系数，提高扩散激活能，从而有效改善蠕变强度。但难熔金属元素的加入量不能超过其在钴基 γ 奥氏体的溶解度，否则将析出 TCP 相。有些合金已用 Ta 或 Nb 取代部分 W 作为固溶元素，而且对抗氧化性有所改善。

C 元素在钴基合金中是不可缺少的关键元素，因为钴基合金的强化机制主要是固溶强化和碳化物沉淀强化，碳含量高形成不同的碳化物，产生沉淀强化。形成碳化物的金属元素除 Cr 外，还有 Nb、Ta、Ti 和 Zr 等。

钴基高温合金的微观组织主要由 γ 奥氏体基体和在其上或晶界处分布着不同类型的碳化物构成。图 10.86 为一种定向凝固钴基高温合金 DZ640M 的铸态组织[134]。在长期时效或长期使用过程中，钴基高温合金还可能析出 TCP 相。其最大特点是不同种类的碳化物以不同形态分布于 γ 奥氏体基体中，产生第二相沉淀强化，作为其主要强化机制。钴基合金中的碳化物可分为两大类：①M_3C_2、M_7C_3 和 $M_{23}C_6$ 型碳化物，以 Cr 为主要元素的碳化物，其中 Cr 可以部分地被 W、Mo 和 Co 等取代；②MC 和 M_6C 型碳化物，是以难熔金属元素为主的碳化物，是钴基合金的主要强化相。

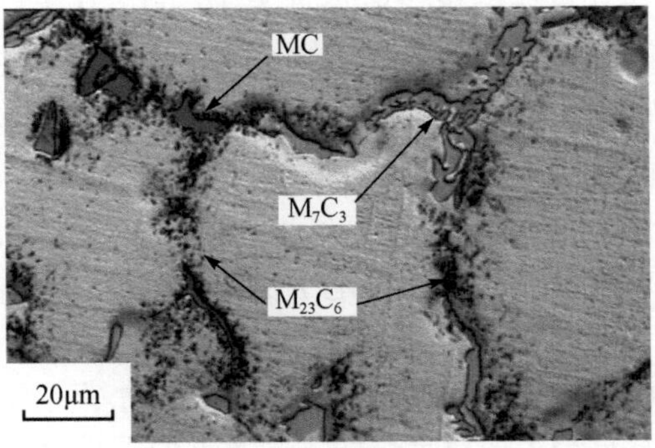

图 10.86　钴基合金 DZ640M 中的碳化物(光学照片)[134]

钴基合金中容易形成堆垛层错(staking fault，SF)。图 10.87 为一种钴镍基合金 AEREX350[135] 的试样经 1075℃固溶处理和 750℃×25h 和 900℃×4h 二次时效的 TEM 组织。该合金的成分为：25%Co、44.5%Ni、17%Cr、3%Mo、1%Al、2.2%Ti、1.2%Nb、4%Ta、2%W。堆垛层错沿 γ 奥氏体中密排方向排列，是堆垛顺序与 γ 基体不同的原子层。位错与层错交互作用,能够产生显著的强化效果。二次碳化物质点择优在位错和层错上形核。由于位错和层错具有较高能量,二次碳化物在其上形核可以降低反应激活能。这种层错上形成的二次碳化物强化效果更好。在钴基合金中,Cr、W、Mo 等元素都是降低层错能的元素,因此更容易形成层错。

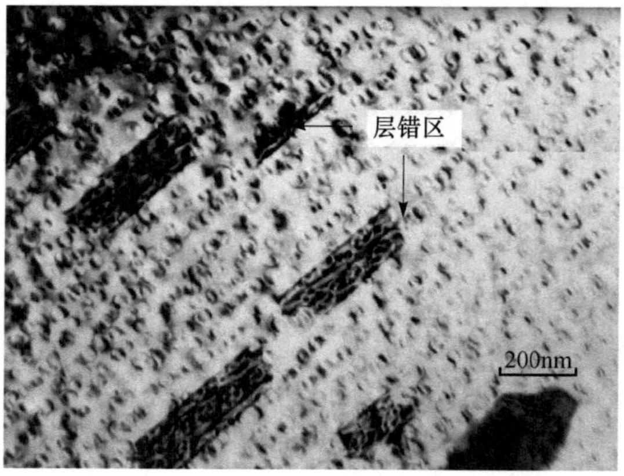

图 10.87 经 1075℃固溶处理后的钴基合金(AEREX350)中的层错(TEM)[135]

钴基合金的初熔温度都高于 1300℃,比镍基铸造高温合金的初熔温度(<1280℃)高。对于航空发动机和燃气轮机的导向叶片,常常由于初熔温度低,而出现烧伤、变形等故障。初熔温度高可以避免这类现象发生。同时,在高温下,钴基合金比镍基合金强度高,因为钴基合金的持久强度取决于碳含量及碳化物的体积分数。与镍基合金中的 γ' 相相比,碳化物 M_6C 和 MC 的稳定性要好得多。这就是为什么钴基合金更适宜制作温度较高、应力较低的导向叶片的重要原因。钴基合金含有较多的 Cr(>20%),抗氧化耐腐蚀性能良好。同时,其抗冷热疲劳性能良好,且焊接性能优于同水平镍基合金。

10.5.3.2 钴基高温合金的化学成分

我国钴基变形和铸造高温合金化学成分见表 10.90。从表中可以看出,钴基高温合金一般含有 10%~20%的 Ni,以稳定钴基 γ 奥氏体。除 GH6783 合金因膨胀系数需要,仅含有 3%的 Cr 外,其他合金均含有 20%~29%的 Cr,以保证其具有良好的抗氧化耐腐蚀性能,并形成碳化物导致第二相强化。同时,大多数合金均用 7%~15%的 W 进行固溶强化,GH6159 和 K610 合金分别采用 7%和 5%的 Mo 进行固溶强化。GH6159 和 GH6783 合金还同时用 9%~26%的 Fe 稳定 γ 奥氏体,并改善热加工性能。低膨胀高温合金 GH6783 中加入有 5.5%的 Al 以形成 γ' 和 β-NiAl 相,后者可提高合金的抗氧化能力。铸造钴基高温合金中碳含量在 0.2%~2%,较变形钴基高温合金≤0.03%~0.10%要高很多。前者碳含量高是为了形成大量的不同类型的碳化物进行第二相强化。钴基合金中加入 B 可以提高持久强度和持久塑性,其作用机理为偏聚于晶界,强化晶界,还能提高其高温抗氧化能力[136]。加入稀土元素 Y 和 La,可以改善钴基合金 Cr_2O_3 氧化膜的附着力,降低氧化增重。

表 10.90　我国钴基变形和铸造高温合金的化学成分(GB/T 14992—2005)　　(单位:%)

牌号	C	Cr	Ni	Co	W	Mo	Al	Ti	Fe	Nb	B	Si	Mn
GH5188	0.05～0.15	20.00～24.00	20.00～24.00	余	13.00～16.00	—	—	—	≤3.00	—	≤0.015	0.20～0.50	≤1.25
GH5605	0.05～0.15	19.00～21.00	9.00～11.00	余	14.00～16.00	—	—	—	≤3.00	—	—	≤0.40	1.00～2.00
GH5941	≤0.10	19.00～23.00	19.00～23.00	余	17.00～19.00	—	—	—	≤1.50	—	—	≤0.50	≤1.50
GH6159	≤0.04	18.00～21.00	余	34.00～38.00	—	6.00～8.00	0.10～0.30	2.50～3.25	8.00～10.00	0.25～0.75	≤0.030	≤0.20	≤0.20
GH6783	≤0.03	2.50～3.50	26.00～30.00	余	—	—	5.00～6.00	≤0.40	24.00～27.00	2.50～3.50	0.003～0.012	≤0.50	≤0.20
K605	≤0.40	19.00～21.00	9.00～11.00	余	14.00～16.00	—	—	—	≤3.00	—	≤0.030	≤0.40	1.00～2.00
K610	0.15～0.25	25.00～28.00	3.00～3.70	余	≤0.50	4.50～5.50			≤1.50	—	—	≤0.50	≤0.60
K612	1.70～1.95	27.00～31.00	≤1.50	余	8.00～10.00	≤2.50	1.00	—	≤2.50	—	—	≤1.50	≤1.60
K640	0.45～0.55	24.50～26.50	9.50～11.50	余	7.00～8.00	—	—	—	≤2.00	—	—	≤1.00	≤1.00
K640M	0.45～0.55	24.50～26.50	9.50～11.50	余	7.00～8.00	0.10～0.50	0.70～1.20	0.05～0.30	≤2.00	0.10～0.50Ta	0.008～0.040	≤1.00	≤1.00
K6188	0.15	20.00～24.00	20.00～24.00	余	13.00～16.00	—	—	—	3.00	—	≤0.015	0.20～0.50	≤1.50
DZ640M	0.45～0.55	24.50～26.50	9.50～11.50	余	7.00～8.00	0.10～0.50	0.70～1.20	0.05～0.30	≤2.00	0.10～0.50Ta	0.008～0.018	≤1.00	≤1.00

注:GH5188 合金中含有 0.03%～0.120%La,GH6783 合金中的 Ta 含量不大于 0.050%,K640 合金和定向凝固 DZ640M 合金中含有 0.100%～0.300%Zr。各合金中的杂质元素 S、P、Cu 含量的规定见 GB/T 14992—2005。未列入标准的 K640S 合金为 K640+0.005B%,B 提高持久性能,Si 和 Mn 作为合金元素,含量均为 0.75%[2]。

10.5.3.3　钴基高温合金的组织

变形钴基合金的组织基本上为单相奥氏体组织加少量碳化物，但在高温时效或长期使用过程中析出较多碳化物或金属间化合物。钴基变形高温合金 L605(成分相当于 GH5605)经 1225℃、30min 水冷处理的试样，经不同温度长期时效后的时间-温度-组织转变曲线见图 10.88[137]。由图可见，合金在 800℃时效时析出顺序为 M_7C_3、$M_{23}C_6$、M_6C、Laves-Co_2W 和 μ-Co_7W_6。700℃时效时析出顺序为 M_7C_3、$M_{23}C_6$、M_6C、α-Co_3W、β-Co_3W 和 Laves-Co_2W。在 800℃和更高温度时效时，时效硬化主要是由于析出 $M_{23}C_6$、M_6C、Laves-Co_2W 相。在 700℃或更低温度时效，主要析出碳化物和 β-Co_3W。α-Co_3W 为有序面心立方体结构，与基体共格，在长期时效后转变为有序密排六方的 β-Co_3W，使合金强化[112]。

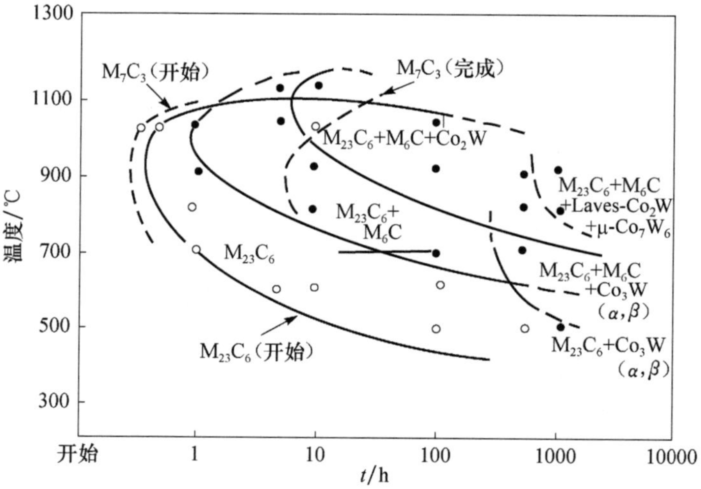

图 10.88　L605 合金的时间-温度-组织转变曲线[137]

铸造钴基合金的组织由 γ 奥氏体基体和分布其上及晶界的多种复杂碳化物组成，在高温使用过程中这些碳化物可能转变为其他类型的碳化物，以定向凝固钴基合金 DZ640M 为例加以说明[134,138]。DZ640M 合金铸态组织为 γ 奥氏体基体，以及基体上分布于枝晶间和晶界的片状 Cr_7C_3、$M_{23}C_6$ 相共晶组织。经压应力变形后，DZ640M 合金在 1040℃×90min 退火，其再结晶组织见图 10.89。在压应力的作用下，树枝晶组织发生明显变形，树枝晶心部发生不连续的再结晶(图 10.89(a))。在再结晶区域可以观察到退火孪晶(图 10.89(b))。偶尔发现在二次树枝晶轴上生成包含退火孪晶的细小晶粒，同时细小 $M_{23}C_6$ 型碳化物从附近滑移带上有序析出，排列成排(图 10.89(c))。在未变形区域，MC 和 Cr_7C_3 周围析出无序、细小的 $M_{23}C_6$(图 10.89(d))。

Cr_7C_3 为亚稳态相，在高温时效时转变为二次 $M_{23}C_6$。经长期时效后共晶周围形成的 $Cr_{23}C_6$ 二次沉淀颗粒，是 $Cr_{23}C_6$ 与 γ 相共晶及周围 Cr_7C_3 的分解产物。同时，在晶内普遍沉淀的 $Cr_{23}C_6$ 二次强化颗粒，是 γ 固溶体直接形成的。二次碳化物可以强化 K640S 合金[2]。

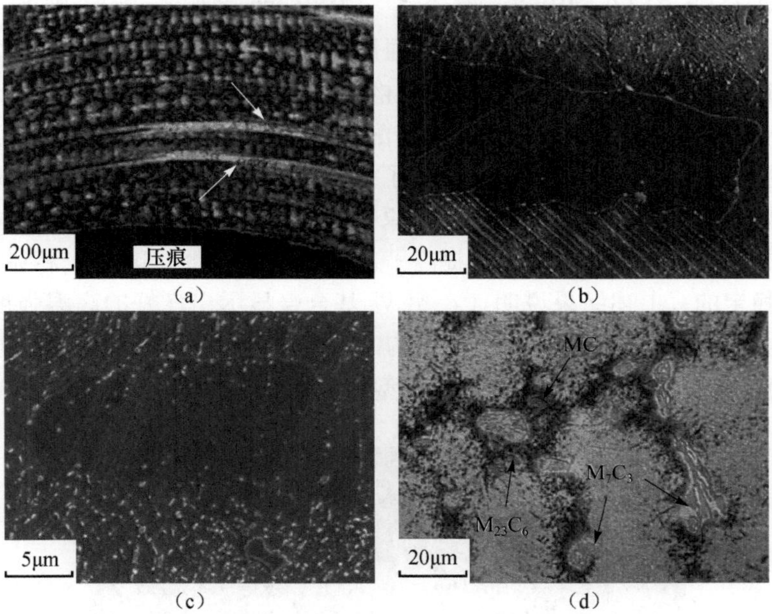

图 10.89　压应力变形后 DZ640M 合金 1040℃再结晶组织形貌[134,138]

(a) 弯曲的树枝晶轴上出现再结晶晶粒(箭头所示)；(b) 一次树枝晶轴上再结晶晶粒中的退火孪晶；(c) 二次树枝晶轴上的再结晶晶粒；(d) 未变形区域 $M_{23}C_6$ 在 MC 和 M_7C_3 周围析出

钴基合金主要靠碳化物进行第二相强化。共晶碳化物可以起骨架强化作用，增强枝晶间和晶界区的变形阻力，二次碳化物颗粒起沉淀强化作用，其形态及分布取决于合金化学成分、铸造工艺及热处理，对合金力学性能有十分重要的影响。晶界沉淀的碳化物可以阻止晶界滑动，提高晶界强度。

γ'相是镍基高温合金中非常有效的强化相，但在钴基合金中用 γ'相进行沉淀强化是不成功的。虽然研发出 γ'-$(Ni,Co)_3Ti$ 强化的钴基合金 J-1570 和 J-1650，在钴基合金中加入了大量镍(28%)，使 γ'相保持了稳定性，但超过 760℃，其转变为密排六方结构的 Ni_3Ti 相或 A_2B 型 Laves 相，都沿 γ 基体的{111}面或层错呈片状析出，使蠕变强度急剧降低。

日本学者 2006 年在测定 Co-Al-W 系三元相图 1173K 和 1273K 等温截面的基础上，发现了一个稳定的具有 $L1_2$ 结构(简单立方超结构)的三元化合物 $Co_3(Al,W)$[139]。Co-9Al-7.5W(原子分数)合金经 1573K×2h 固溶处理后，于 1173K 时效 72h，钴基 γ 奥氏体基体中均匀、弥散分布着立方 γ'相，与镍基合金类似。选区衍射分析表明，γ'相属 $L1_2$ 结构，沿[001]方向排列(图 10.90(a)和(b))。用能谱(EDS)分析立方 γ'相的化学成分为三元化合物 $Co_3(Al,W)$，其中 Al 和 W 含量几乎相等。在 Co-Al-W 三元系中，γ'-$Co_3(Al,W)$相的溶解温度为 1263K，如果加入 Ta，γ'相的溶解温度可达 1373K，高于 Waspalloy 合金 γ'相的溶解温度，加入 Nb 或 Ti 有类似结果(Waspalloy 是美国的一种变形镍基高温合金，成分为：0.08%C、58%Ni、19.5%Cr、13.5%Co、4.3%Mo、1.3%Al、3.0%Ti、0.06%Zr、0.006%B)。Co-Al-W 基合金的熔点达 1673K，比镍基合金高 50～100K。Co-9.2Al-9W 合金在 300～1300K 的高温硬度与 Waspalloy 合金是相近的，Co-

9.2Al-9W 和 Co-8.8Al-9.8W-2Ta 合金在 1143K 的屈服强度分别为 473MPa 和 674MPa,与 Waspalloy 合金在同一温度的屈服强度 520MPa 处于同一水平。Co-9.2Al-9W 合金在 1173K 热处理后,γ 和 γ' 相的晶格常数分别为 0.3580nm 和 0.3599nm,点阵错配度为 0.53%,与镍基合金类似。点阵错配度影响 γ' 相的形态,因为错配度是 γ' 相长大和聚集的驱动力。图 10.90(c)、(d)给出了 Co-8.8Al-9.8W 基合金在 1273K 时效后典型 $\gamma+\gamma'$ 结构的照片。合金中加入 2%Ta(原子分数)和 Mo,改变了 γ' 相的体积分数和形态。Ta 增加 γ' 相的体积分数,因为它提高了 γ' 相的溶解温度。球形 γ' 相说明 γ/γ' 相界面是共格而稳定的。上述结果说明,Co-Al-W 基合金显示出良好的高温强度,并且优于常规镍基合金。这种合金利用具有 $L1_2$ 结构的三元化合物 γ'-Co_3(Al,W)相进行沉淀强化,γ' 相是稳定的,并与 γ 相基体共格,为新型钴基合金研发拓展了一条新途径[139]。

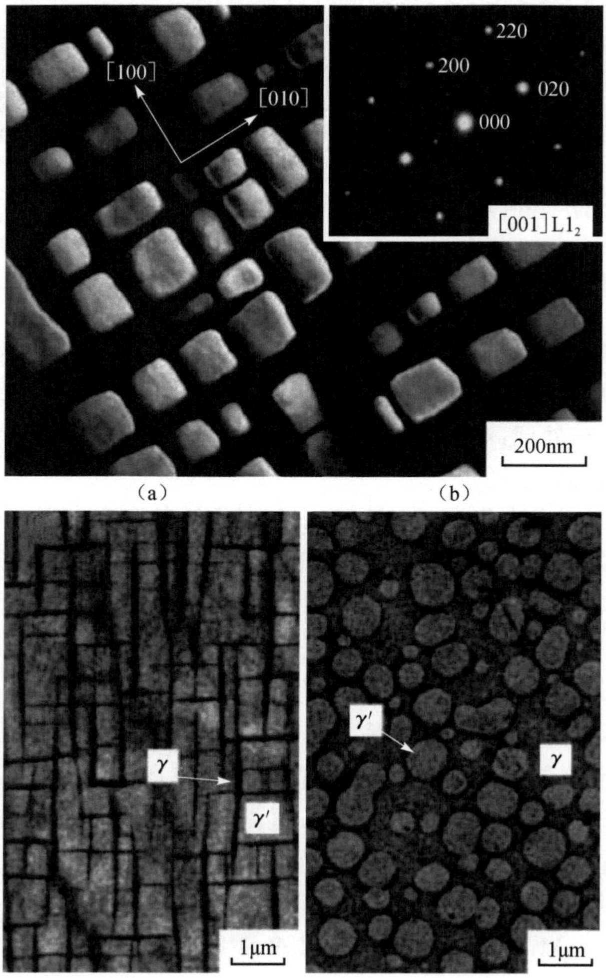

(a) (b)

(c) (d)

图 10.90 (a)Co-9Al-7.5W 合金的 TEM 暗场像及(b)选区电子衍射花样;(c) Co-8.8Al-9.8W-2Ta 和(d)Co-8.8Al-9.8W-2Mo 合金的场发射 SEM 像[139]

以 γ' 为强化相的钴基高温合金目前包括三种合金体系[140]：

1)Co-Al-W 合金体系

Co-Al-W 合金体系特点与性能如前所述，然而，Co-Al-W 基合金的发展初期面临诸多挑战，如 $\gamma+\gamma'$ 两相区较窄、组织稳定性较差、γ' 相溶解温度较低、高温抗氧化性能较差、合金密度较高等。在合金中加入 Ti 和 Ta 后，利用 Ti 和 Ta 的交互作用能够显著提高 Co-7Al-8W-1Ta-4Ti 单晶高温合金的蠕变性能，使合金在 982℃、248MPa 条件下的蠕变寿命介于第一代和第二代镍基单晶高温合金之间。

2)不含 W 的合金体系

典型的 Co-Al-W 三元合金中 W 原子分数为 9%～10%(质量分数约为 26%)，这导致合金密度较高，阻碍了其向实用型合金的发展。使用 Al、Ti、Mo、Nb 和 Cr 等替代 W 元素可有效降低合金密度，同时可保持一定的 γ' 相强化和固溶强化效果。因此，钴基高温合金中 W 含量有逐渐降低的趋势，并出现了一些不含 W 的合金体系，以获得更好的减重效果。其中，具有代表性的有 Co-Al-Mo、Co-Al-Ta、Co-Al-V、Co-Ti-V、Co-Ti-Cr、Co-Ni-Al-Ti 等合金体系。但是，这些合金的 γ' 相溶解温度普遍低于 1100℃，制约了合金的承温能力。因此，不含 W 的合金体系更适于在服役温度和部件密度要求较低的条件下应用。

3)CoNi 基合金体系

在 Co-Al-W 基合金中添加 Ni 能有效提高组织稳定性，并拓宽 $\gamma+\gamma'$ 两相区。目前，钴基高温合金的研究已向综合性能更好的多组元 CoNi 基合金发展。这些合金一般含有原子分数 25%～35%的 Ni 元素，还含有一定量的 Ti、Ta、Cr、Mo 和 Nb 等主要元素，其中，具有代表性的有六元单晶合金、具有优异抗氧化性能的六元多晶合金、CoW 系列变形合金和 ERBOCo 系列单晶合金、Co-Ni-Al-Mo-Nb-Ti-Ta-Cr 系列合金、不含 W 的多组元 CoNi 基变形合金等。北京科技大学的研究人员针对航空发动机涡轮叶片和涡轮盘两类部件用材料，分别发展了综合性能良好的多组元 CoNi 基单晶合金[141]和变形合金[142]。

10.5.3.4 钴基高温合金的力学性能

变形钴基合金以固溶强化为主，并有少量 M_6C 和(或)$M_{23}C_6$ 型碳化物进行沉淀强化。由于 GH5188 合金用约 20%Cr 和约 15%W 进行固溶强化和沉淀强化，加入微量元素 La 和 B 强化晶界，且 Ni 含量大于 10%，其在 1000℃高温下拉伸强度和持久强度(1000h)分别为 163MPa 和 25MPa，且具有良好塑性，其综合力学性能优于镍基固溶强化高温合金 GH3044。同时，GH5188 合金由于含有适量 La，与高含量的 Cr 相配合，抗氧化性能良好，而且还具有满意的成形性能和焊接性能。该合金适于制作航空发动机在 980℃以下要求高强度和 1100℃以下要求抗氧化的零部件[2]。

与钴基变形高温合金比较，钴基铸造高温合金碳含量较高，大多数钴基铸造合金碳含量在 0.4%～2.0%，导致其含有大量各类的碳化物，如 M_7C_3、$M_{23}C_6$、M_6C 型碳化物等，使在役条件长期使用，能分解转变成低碳含量的碳化物或 TCP 相。钴基铸造高温合金以固溶强化和碳化物强化共同作用，保持合金具有良好的高温强度(980℃时，$\sigma_b=200$～

275MPa)。国产典型钴基铸造高温合金为 K640 和 K640S。由于 K640S 合金把 Si 和 Mn 作为合金元素,并加入微量 B 强化晶界,具有良好的疲劳性能。在 700℃和 900℃条件下,K640S 合金的高温低周疲劳性能明显优于 K640(X-40)合金,适于作为发动机涡轮导向器叶片。但由于钴资源缺乏,价格昂贵,应限制使用。

10.5.3.5 钴基高温合金典型应用:超高强度紧固件

MP(multiphase alloy)系列合金是美国杜邦公司于 20 世纪 70 年代研制成功的 Co-Ni-Cr-Mo 四元多相合金,此类合金含有 10%Mo 和 20%Cr,如 MP35N(Co∶Ni=35∶35)、MP20N(Co∶Ni=50∶20)等。此类合金具有良好的综合性能(高强度、高塑性和优良的抗腐蚀性能与抗应力腐蚀性能),尤其是在 MP35N 合金基础上发展了一种使用温度更高,价格更便宜,不过分依赖冷加工强化的新合金 MP159 多相钴基合金,是一种具有超高强度、高塑性及良好的抗应力腐蚀的钴基合金,是航空紧固件的理想材料。

我国于 20 世纪 80 年代研制出成分类似于 MP159 的钴基高温合金 GH6159,其基本成分为:加入 25%Ni 和 9%Fe 稳定 γ 奥氏体,Fe 也改善热加工性能和降低合金的成本;加入 19%Cr 增强抗氧化耐腐蚀;加入 7%Mo 有效固溶强化;加入 Ti、Al 和 Nb 产生 Ni_3X 沉淀强化。GH6159 合金采用的低温形变热处理制度:1040~1055℃(4~8h),水冷+在室温进行 48%冷拔变形+时效处理 650~675℃(4~4.5h),空冷。GH6159 合金形变热处理状态的组织为 γ 基体上形成大量形变孪晶,并有少量片状 ε 相(密排六方结构)和 Ni_3X 相。此外还有时效时析出的二次 ε 相。经 650℃×1000h 长期时效,二次 ε 相增多,沿晶界和孪晶界析出块状 μ 相。

低温形变热处理后,GH6159 合金的特点是高温强度极高且具有良好塑性(705℃时,σ_b=1407MPa,$\sigma_{0.2}$=1282MPa,δ=46%)和高温抗应力松弛性能,主要是冷加工强化和 ε 相强化所致。该合金还具有极好的抗缝隙腐蚀和应力腐蚀开裂的能力:在典型的氯化铁实验中未发现缝隙腐蚀和点蚀;交替浸渍证明该合金具有良好的抗氢脆和应力腐蚀开裂的能力。因此,它不仅可以广泛用于航空发动机制作高温紧固件等零件,也可以用于应力腐蚀环境下服役的飞机用超高强度紧固件,如应用于我国推重比为 8 的航空发动机用 D 型头螺栓等零件[2,112]。

10.5.4 Ti-Al 系金属间化合物高温结构材料

在 Ti-Al 二元系中有三种金属间化合物的研究受到重视,即 Ti_3Al、TiAl 和 $TiAl_3$。以 Ti_3Al 为基的合金称为 Ti_3Al 基合金。以 TiAl 为基的合金称为 γ-TiAl 基合金或简称为 TiAl 基合金,均属于 Ti 基合金。以 $TiAl_3$ 为基的合金属于 Al 基合金,因其脆性问题尚未解决,故不作介绍。图 10.91 为新的 Ti-Al 二元相图(2000 年)[143]。

表 10.91 给出了 Ti 基合金、Ni 基高温合金与 Ti_3Al 基合金和 TiAl 基合金的性能对比部分数据。由此表可见,Ti_3Al 基合金与 TiAl 基合金具有与 Ti 基合金相近的密度和与 Ni 基合金相近的优良高温性能,20 世纪 90 年代重新引起材料界的广泛关注。

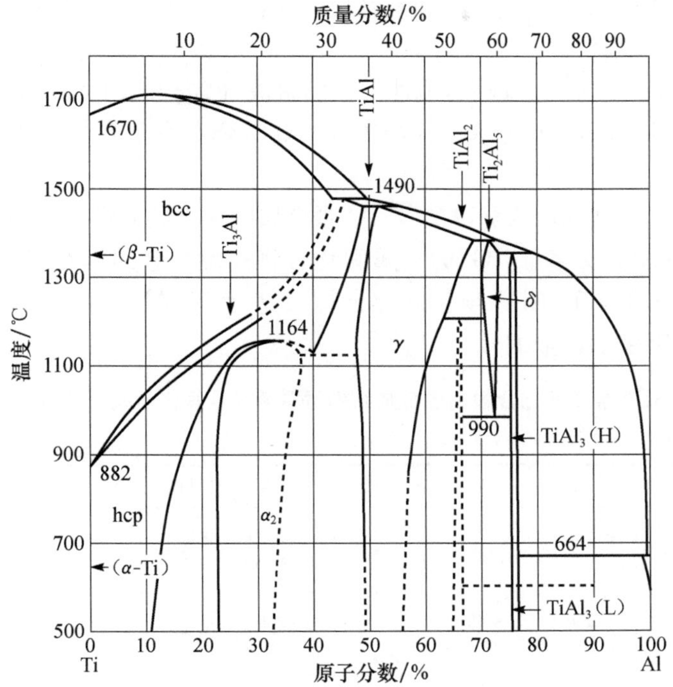

图 10.91　Ti-Al 二元相图[143]

表 10.91　Ti_3Al 基合金、TiAl 基合金与常规 Ti 基合金、Ni 基高温合金性能对比[144]

性能	Ti 基合金	Ti_3Al 基合金	TiAl 基合金	Ni 基高温合金
密度/(g/cm³)	4.5	4.1～4.7	3.7～4.3	7.9～9.1
模量/GPa	96～115	100～145	160～180	195～220
屈服强度/MPa	380～1150	700～990	400～800	250～1310
拉伸强度/MPa	480～1200	800～1140	450～1000	620～1620
蠕变极限温度/℃	600	760	1000	1090
氧化极限温度/℃	600	650	1000	1090
室温伸长率/%	10～25	2～10	1～4	3～50
高温伸长率/%	很高	10～20(660℃)	10～60(870℃)	20～80(870℃)
室温 K_{IC}/(MPa·m$^{1/2}$)	高	13～43	10～20	25

TiAl 基金属间化合物是该系列中前景最为广阔的一种。TiAl 基合金因具有优良的高温性能和较低的密度而成为目前研究最为热门的高温结构材料之一，其性能与显微组织密切相关。由于高温蠕变性能好和密度低，TiAl 基合金可在 900℃左右长期使用，在超音速及超高音速飞行器中具有很好的应用前景，也由于其在超耐热钛合金使用的温度范围内，显示出了高比强度和高比刚度，可望用做航空飞机发动机和机体材料，以及汽车阀摇杆等。然而，TiAl 基合金属于难加工材料，通常在 700℃以下范围内，其塑性极差，伸长率仅有 2%～3%，无法进行塑性加工。在 1100℃以上的高温下，虽然塑性有所改变，但变形抗力很大，其流动应力高达 200MPa，且要求变形时保持相当低的应变率($10^{-3}s^{-1}$)，因而很难对其进行塑性加工。室温塑性低、热塑性变形能力差和在 850℃以上抗氧化能力不足，这三大缺陷是 TiAl 基合金实用化的主要障碍。但是，因其应用领域宽广，不管是在

航空、航天,还是在军工、民用等,TiAl 基合金作为轻质耐热结构材料一直备受关注,目前已经进入实用化阶段。

Ti_3Al 基合金的研究已经成熟,脆性问题已解决,已进入工业应用。在 Ti_3Al 基合金基础上发展起来的 Ti_2AlNb 为基的合金比 Ti_3Al 基合金有更高的使用温度和更好的高温性能。

表 10.92 为已经列入国家标准的 Ti-Al 系金属间化合物高温合金结构材料牌号及其化学成分,牌号前缀英文字母“JG”为金属间化合物高温合金的拼音缩写,阿拉伯数字中第一位数字“1”表示为 Ti-Al 系金属间化合物,4 表示 Ni-Al 系金属间化合物高温合金。第二到第四位数字表示合金编号。

表 10.92 Ti-Al 系金属间化合物高温合金结构材料牌号及其化学成分(GB/T 14992—2005)

(单位:%)

牌号	原牌号	Cr	Ni	Mo	Al	Ti	Nb	Ta	V
JG1101	TAC-2	1.20～1.60	—	—	32.30～34.60	余	—	—	3.00～3.60
JG1102	TAC-2M	1.20～1.60	0.65～0.85	—	32.10～33.10	余	—	—	2.30～2.90
JG1201	TAC-3A	—	—	—	9.90～11.90	余	41.60～43.60	—	—
JG1202	TAC-3B	—	—	—	9.70～11.70	余	44.20～46.20	—	—
GJ1203	TAC-3C	—	—	—	9.20～11.20	余	37.50～39.50	9.00～9.60	—
JG1204	TAC-3D	—	—	—	8.60～10.60	余	29.20～31.20	20.10～21.10	—
JG1301	TAC-1	—	—	0.80～1.20	12.10～14.10	余	25.30～27.30	—	2.80～3.40
JG1302	TAC-1B	—	—	—	11.20～13.20	余	30.10～32.10	—	—

注:各牌号中含≤0.100%O、≤0.020%N、≤0.010%H。

10.5.4.1 TiAl 基合金的特点

TiAl 基合金的研究始于 20 世纪 50 年代,经过多年的研究,取得了大量的研究成果,现在已可以生产铸锭、锻件、挤压件和薄板材,是一种具有巨大应用潜力的轻质高温结构材料,有望用于制作旋转件或摆动零部件,如航空航天器发动机叶片[145]、车用发动机的排气阀[146,147]、增压器涡轮转子[148]等。TiAl 基合金的一般特性包括:密度低,仅为 4g/cm^3;刚度高,20℃时,弹性(杨氏)模量 E=175GPa;在 750℃下具有高的高温强度和优良的耐氧化性;低的线膨胀系数和高的热传导性。然而,常规的 TiAl 基合金尚不能满足在 760～800℃高温下的使用要求。TiAl 基合金的高温强度非常敏感于应变速率,其位错的滑动和攀移、孪晶的开动具有强烈的热激活特性，所以开发使用温度更高的新型超强金属间化合物已经成为金属间化合物的发展方向。

与一般钛合金相比，钛铝化合物为基的 $Ti_3Al(\alpha_2)$ 和 $TiAl(\gamma)$ 金属间化合物的最大优点是高温性能好（最高使用温度分别为 816℃和 982℃）、抗氧化能力强、抗蠕变性能好和质量轻（密度仅为镍基高温合金的 1/2），这些优点使其成为未来航空发动机及飞机结构件具有竞争力的材料。

$TiAl(\gamma)$ 为基的钛合金受关注的成分范围为 Ti-(46%～52%)Al-(1%～10%)M（原子分数），此处 M 为 V、Cr、Mn、Nb、Mn、Mo 和 W 中的至少一种元素。

TiAl 基合金具有密度低、弹性模量高、高温力学性能好和抗氧化等特点，当其作为导弹、飞船、超音速飞机和坦克等发动机的涡轮材料使用时，可大大提高发动机的工作性能和使用寿命。TiAl 基合金的室温延性低和难于加工成形的问题，已通过采用合金化和显微组织控制等手段得到了一定的改善。采用等温轧制技术已生产出 1.27mm×2440mm×3050mm 的 TiAl 基合金薄板，某些 TiAl 基合金已经用于 CF6-80C2 发动机的低压涡轮叶片和燃油发动机的翼面及压气机套筒上，而且 TiAl 基合金已列入美国国家航空航天局（NASA）高速飞机和启动推进器的材料计划中。

TiAl 化合物在室温下随 Al 含量的变化可以形成 $Ti_3Al(\alpha_2)$ 相、$TiAl(\gamma)$ 相或 $TiAl_3(\beta)$ 相（图 10.91）。作为高温合金使用的 Ti_3Al 和 TiAl 的结构分别为 DO_{19}（具有简单六方结构）和 $L1_0$（具有正方超结构）。由于它们具有密度小、弹性模量高、抗蠕变性能和氧化抗力好、高温强度保持能力强等优点，利用它们制造的发动机部件可在更高温度下工作，有利于提高效率、节省燃料和减轻发动机重量，对提高盘、轴类零件的刚度和支承构件的工作寿命也有好处，关键是要解决好室温延性低、断裂韧性差的问题。

TiAl 与 Ti_3Al 相比，在密度、弹性模量、蠕变性能、氧化抗力等方面显示出作为高温结构材料的潜力，其研发虽较晚，仍称得上是“后起之秀”，受到航天工业和汽车工业的青睐；目前已在 Ti-(45%～48%)Al（原子分数）基础上开发出了系列两相（$TiAl+Ti_3Al$）TiAl 基合金，在双相显微组织状态下，可以满足某些燃气涡轮发动机转动部件及汽车排气阀的性能要求（≤750℃）。

10.5.4.2　TiAl 基合金的显微组织

TiAl 基合金缓慢冷却接近平衡的组织随成分而异，Al 含量大于 50%（原子分数）的 TiAl 合金热处理时多处于单相 γ 区，冷却至室温得到单一的 γ 组织。Al 含量为 46%～50%（原子分数）的合金在 $\alpha+\gamma$ 两相区处理后缓冷至室温将得到两相组织，该组织由 γ 晶粒和板条晶粒组成，其中板条晶粒是由高温 α 相中析出的 α_2 和 γ 层片所构成，该类组织被称为双态组织。第三种组织是 Al 含量小于 46%（原子分数）的合金在单相 α 区处理后缓冷所得到的 $\alpha_2+\gamma$ 相的全片层组织，但冷却较快也会得到魏氏组织、羽毛状组织等。$\alpha_2+\gamma$ 相板条组织可以通过 α 相的共析反应 $\alpha\rightarrow\alpha_2+\gamma$ 生成，但通常是通过由 α 相或有序 α_2 相析出 γ 相形成。

目前具有工业应用前景的合金为含铝较低的 $\alpha_2+\gamma$ 两相的 TiAl 基合金。根据研究，α_2 相对氧具有很高的溶解度（约 2×10^{-3}），所以正常纯洁度（氧含量小于 9×10^{-4}）的两相 TiAl 基合金，其杂质氧主要被 α_2 相溶解，从而保证了 γ 相的低氧含量。试验证明，双

相 γ-TiAl 合金的强度和韧性都明显优于单相的 γ-TiAl 合金。

双相 γ-TiAl 合金的组织控制是影响其宏观力学性能的一个重要因素,应根据使用条件优选 TiAl 合金组织。

通常将铝含量为 46%～50%(原子分数)的铸态或热加工双相 TiAl 合金在不同温度区间进行热处理(HT)所获得的典型组织分为四种(图 10.92):等轴近 γ 组织(near gamma,NG)、双态组织(duplex,DP)、近层片组织(nearly lamellar,NL)和全层片组织(fully lamellar,FL)[52,144]。

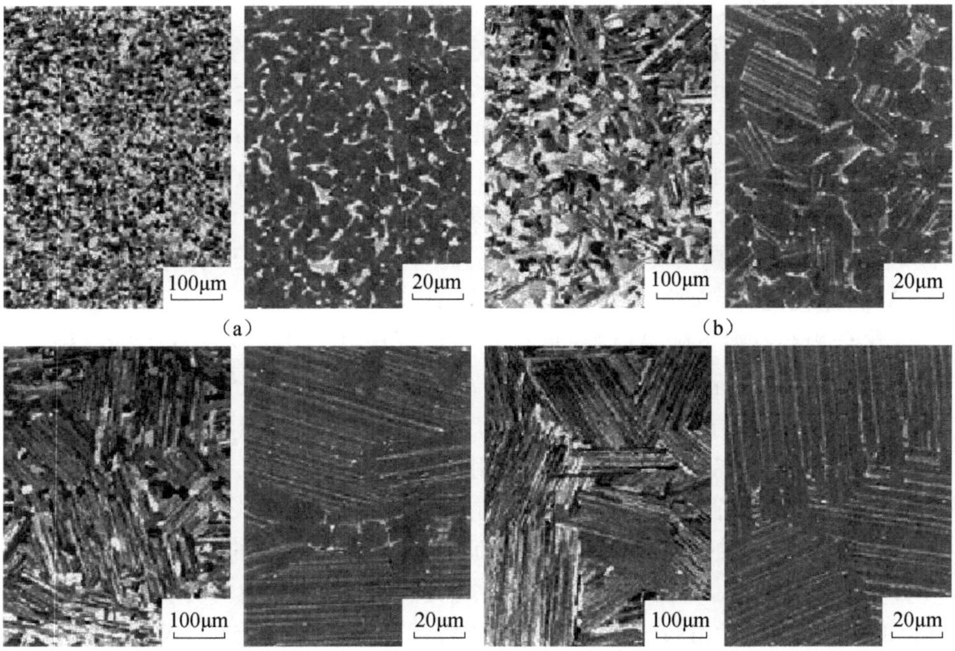

(a) (b) (c) (d)

图 10.92 TiAl 基合金的四种典型组织[149]

(a) NG;(b) DP;(c) NL;(d) FL

(1) 等轴近 γ 组织。在刚高于共析温度的 α+γ 两相区处热处理,得到近于完全由等轴 γ 晶粒所组成的组织,通常还含有少量的晶界细小的 α 相颗粒。这种组织晶粒度一般较小,调整处理温度可获得更细的晶粒。

(2) 双态组织。在 Ti-Al 相图上 α+γ 两相区内,在体积分数大致相等的温度(约为 $T_\alpha-60℃$)进行热处理可以获得 DP 组织。高温下是等轴的 α 和 γ 两相,此时高温是无序的,经空冷或炉冷则得到 γ/α_2 层片团(L 晶粒或 LG),最后得到等轴 γ 晶粒加 γ/α_2 层片团的双态组织。由于 α 和 γ 两相在处理温度保温时相互钉扎,双态组织的晶粒尺寸一般较小,为 10～50μm。

(3) 近层片组织。在刚低于 T_α 温度不多的 α+γ 两相区进行热处理,经空冷或炉冷均可得到由 γ/α_2 层片团和少量分布于层片团间的等轴 γ 晶粒组成的近全层片组织。由于 γ 相较少,对 α 相长大的钉扎作用减弱,故产生的层片团较大,为 200～500μm,γ 晶粒一般小于 20μm。

(4) 全层片组织。在刚高于 T_α 温度的 α 相区进行热处理，高温下的 α 单相经炉冷即可以得到完全由 γ/α_2 两相层片团构成的全层片组织。因处理温度较高，而且没有 γ 相的钉扎，α 晶粒长大速率快，所以全层片组织一般较粗大。铸态 FL 合金的晶粒尺寸多为 600～1000μm，合理选择热加工及处理工艺可将 FL 组织的晶粒控制在 100～300μm。

双态组织具有最高的延性、较高的强度和较低的断裂韧性；近片层组织具有最高的强度和较好的延性；而全片层状组织强度和延性都较低，但断裂韧性却最好。在全片层组织合金中，细化晶粒可以提高强度和延性，并获得较好的断裂韧性。然而，单靠普通热处理获取全片层组织，其晶粒度减小受到一定的限制。

由此可见，TiAl 基合金的性能与合金成分、显微组织都有着密切又复杂的关系，对显微组织形态的变化尤为敏感。例如，对 Ti-(43%～55%)Al(原子分数)成分的合金来说，在 Ti-51%Al 成分附近强度最低，而在两相成分 Ti-48%Al 的左右室温延性最好。找到一个室温延性好的成分范围对 γ 合金的开发是十分有意义的。现在一般认为，Ti-48%Al 具有最佳延性是因为合金中 α_2 相与 γ 相的体积比处于最佳数值范围 5%～15%(α_2/γ)，低于此值晶粒长大就会变得明显起来，对延性不利；高于此值脆性 α_2 相也会削弱微细组织的韧化效果，也不可能得到最佳的延性。在以 Ti-48%Al 为基的两相 γ-TiAl 合金中添加少量 V、Cr 或 Mn 可以改善延性，而对给定成分的两相合金来说，显微组织的变化则会直接影响合金的室温拉伸延性，其变化范围为 0.5%～4%(伸长率值)。同时，γ 合金中间隙杂质元素(如 O、C、N、B)的含量超过约 0.1%时会降低合金的延性；合金中的 α_2 相能清除 γ 相中的氧而提高纯度，因此可改善其延性。不仅如此，上述添加元素还会产生强化效应，Cr、V、Mn 的强化机制为置换固溶强化；添加少量 Nb、Mo、Ta 以及 Hf、Sn 则会产生更为显著的置换固溶强化效应。

对 γ 合金最有效的强化措施是在合金中引入第二相组分。例如，增加 γ 合金的 Ti 含量(只需降低含 Al 量)就可能引入 α_2 相，使强度水平显著超过单相材料的数值。另外，添加 W、B、C 和 N 则会十分有效地产生弥散强化效应或沉淀强化作用。目前对 γ 合金的强化行为及机制的了解还比较粗浅，显然，这方面的研究进展对现有合金成分的最优化及开发新的合金是至关重要的。

影响性能的组织参数包括：①α_2 相的体积分数；②L 晶粒(LG，即 $\gamma+\alpha_2$ 两相层状组织)的体积分数；③LG 和 γG(γ 晶粒)两者的细化程度；④LG 中两相的厚度及厚度比；⑤γ 相中有序畴的尺寸。主要方法是控制加热温度和保温时间、冷却速率等。鉴于一般组织控制方法难以得到细晶又细片的组织，发展了一些新的加工方法。下面是几种优化典型组织的加工工艺[144]：

(1) 热机械处理层状组织(TMTL)。热机械处理层状组织是将热变形 TiAl 基合金在单相 α 区保温较短时间缓冷而得到的组织，一般层片团尺寸为 100～300μm，有齿状界面。因 α 单相区保温时晶粒长大速率较快，合金中一般加入 0.05%～0.5%(原子分数)的 B，并以 TiB_2 弥散相钉扎在 α 晶界上，在冷却过程中 α 晶粒转变为层片组织。0.2%B(原子分数)可使晶粒细化至 100μm 以下，但 B 含量高会使层片间距粗化，降低合金的强度水平，可以采用较高冷速或降低 Al 含量以改善强度。

(2) 细晶层片组织(RFL)。细晶层片组织是在 $\alpha+\beta$ 相区处理以获得较细小的 α 晶粒并用较快的冷速(分段)冷却而获得，因而层片团尺寸较细，片间距较小，层片团尺寸为

300μm,片间距为 0.5μm。细晶层片合金一般是添加一定量的合金元素以获得较低的 T_α、较窄的 α 相区及较宽的 $\alpha+\beta$ 相区。其热处理的关键是保证有少量的 β 相钉扎在 α 相界抑制其生长。高温 β 相冷却时转变为细小的 γ 相。

(3) 热变形层片组织(TMPL)。热变形层片组织是指在高温热挤压而得到各种形态及晶粒尺寸的全层片组织。若热挤压温度稍低于 T_α,则可得到细晶、均匀分布有极少量 γ 晶粒的热变形层片组织。若挤压温度高于 T_α,则得到有一定取向的粗晶层片组织。热变形层片组织具有优异的高温强度。

表 10.93 中把锻轧合金的显微组织分为标准型组织和设计型组织两大类。标准型组织是指标准合金经锻轧后热处理得到的显微组织,而设计型组织是指通过热机械加工(TMP)、热机械处理(TMT)等得到的具有较好的特定性能或综合平衡性能的显微组织。γ-TiAl 的性能对显微组织形态十分敏感,因此对工艺处理的要求很高,要得到综合平衡性能尤其困难。例如,一般来说,标准型组织中的全层状组织是由大尺寸的层状晶粒组成的,其断裂韧性和蠕变性能相当好,但拉伸性能差,而由细小的 LG 和 γG 组成的两相复合组织则相反,前者差而后者好。另外,细化 LG 一方面对改善拉伸性能有利,另一方面却又不利于断裂韧性。研究设计型组织的目的,除了想得到较好的特定性能外,更重要的是争取获得综合平衡性能。

表 10.93 γ-TiAl 合金显微组织的分类和形态特点[150]

组织类型	组别	形态特点	备注
标准型	等轴近 γ 组织(NG)	γG+α_2-Pt	不均匀等轴晶
	双态组织(DP)	γG+α_2-Pl/Pt	锻轧合金晶粒尺寸为 10～40μm
		γG+LG	晶粒尺寸为 50～200μm(铸造合金)
	近层片组织(NL)	LG+γG	中等 LG+细小 GB-γG
			大尺寸 LG+中等 γG(铸造合金)
	全层片组织(FL)	LG+(GB-γG)	大尺寸(>400μm)LG+少数(GB-γG)
设计型(层状)	TMP	层团状	层状团尺寸 50～150μm/锯齿形 GB
	TMT	层团状	层状团尺寸 100～300μm/锯齿形 GB
	变形 NL(MNL)	LG+γG	带有不规则细小 γG 的 100～300μm LG
	细化(RFL)	仅 LG	100～400μm LG/细 L 间和 GB

注:TMP—热机械加工过的;TMT—热机械处理过的;G—晶粒;L—层状的;B—界面;GB—晶界;Pt—颗粒;Pl—片。

下面以 Ti-46.5%Al-2%Nb-2%Cr(原子分数)为例分析 NG 型与 NL 型的显微组织差异及其在不同温度和应变率下的力学行为和断裂特性[151]。对样品进行拉伸试验的具体方案为:从室温到 840℃,分别以 320s^{-1}、800s^{-1} 和 1350s^{-1} 的拉伸速率进行试验,而准静态拉伸试验则以 0.001s^{-1} 的速率在不同的温度下进行,具体的试验方法详见参考文献[152]、[153]。试验结果见图 10.93 和图 10.94。

NG 型 TiAl 在准静态加载中,脆性-韧性断裂转变温度(BDTT,其定义为塑性应变达到 7.5%时的温度)在 650～840℃,并且在 840℃下,很明显地看出断裂形式已经从韧性转变为脆性。然而,从实验数据看出,在动态加载的条件下,整个实验温度范围内,即从室温到 840℃,塑性应变的值都不到 4%。由此看出,动态加载条件下的 BDTT 要高于准静态加载条件下的 BDTT。

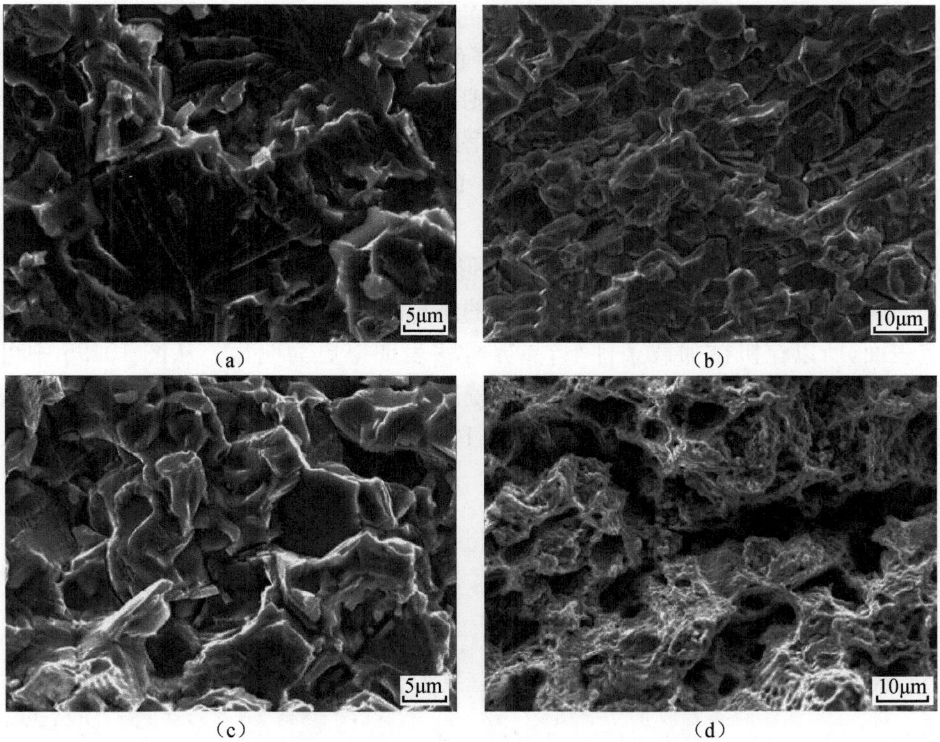

图 10.93 γ-TiAl(NG)的准静态拉伸断口形貌[151]

(a) 室温;(b) 650℃;(c) 840℃;(d) 950℃

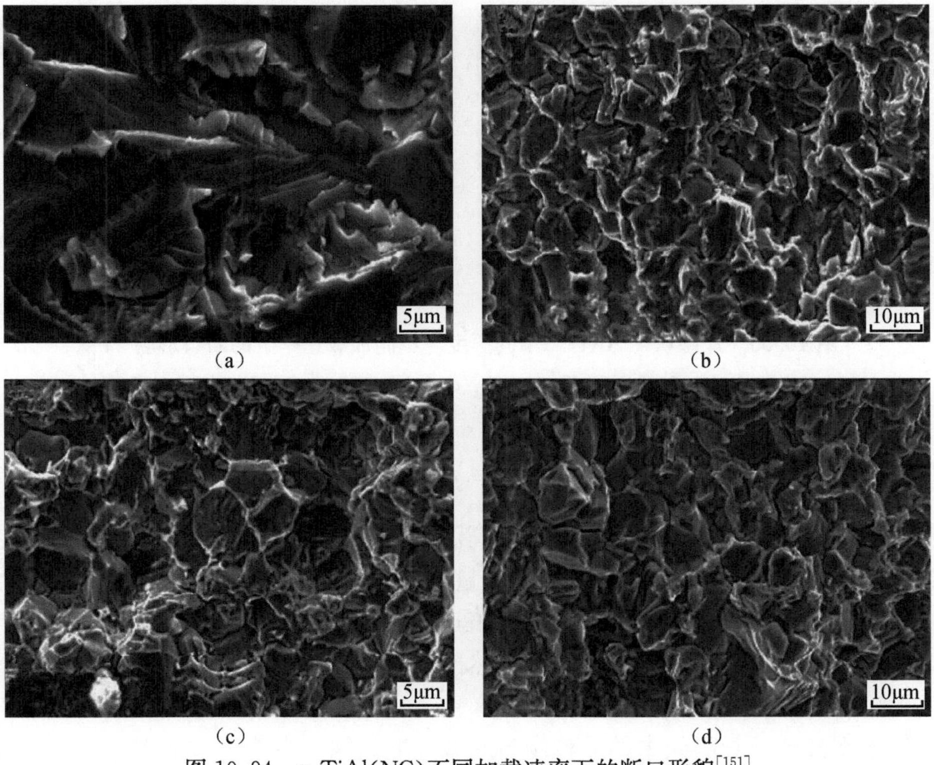

图 10.94 γ-TiAl(NG)不同加载速率下的断口形貌[151]

(a) 室温,$320s^{-1}$;(b) 350℃,$1350s^{-1}$;(c) 650℃,$800s^{-1}$;(d) 840℃,$1350s^{-1}$

通过扫描电子显微镜观察,可看到明显的断裂面,如图 10.93(a)和图 10.94(a)所示。随着温度的上升,晶粒之间出现裂缝,一些平面的晶界也开始出现。断裂的模式为穿晶断裂和晶间断裂的混合形式,如图 10.93(b)、图 10.94(b)和(c)所示。840℃下的准静态拉伸样,除了平面晶界以外,还有少量的韧窝(图 10.93(c))。在动态加载条件下,断裂的形式均为晶粒间断裂(图 10.94(d))。不过,在 950℃下,因为高于 BDTT,所以表现为韧性断裂,如图 10.93(d)所示,存在大量的韧窝。

如图 10.95 所示,NL 型 TiAl 的断裂形式与 NG 型比较相似,但是,相对 NG 型 TiAl,随着温度的上升,NL 型 TiAl 有更多的晶粒间断裂。因为 NL 型 TiAl 有更大面积的特定表面,所以在机械加载条件下,晶界滑移表现得更为明显。从图 10.95 中可以看出,断裂面几乎都在一个平面上,而且都比较平整。在 BDTT 以下,温度越高,出现平面晶界的同时,层与层之间分离得越明显。在 1050℃下,同样表现为韧性断裂,出现大量的韧窝(图 10.95(d))。

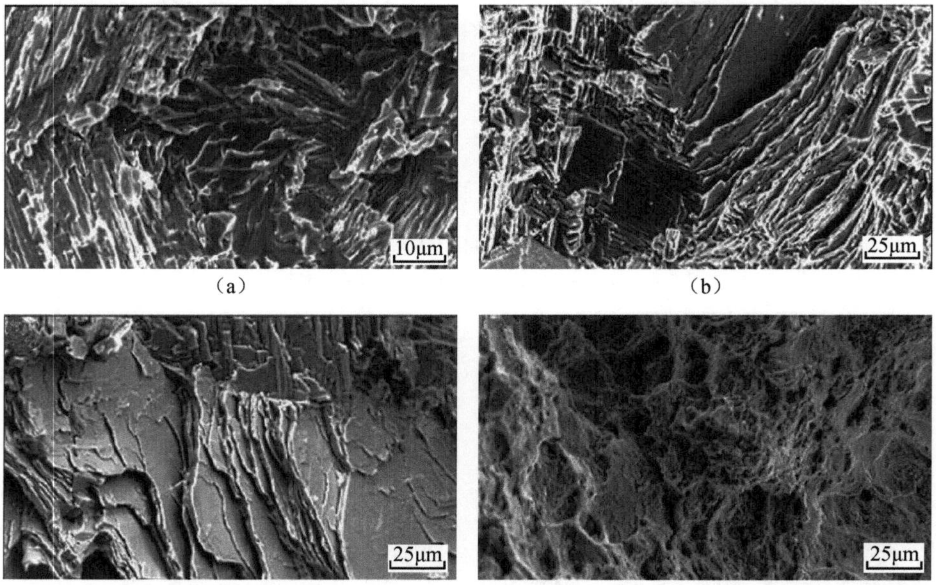

(a) (b) (c) (d)

图 10.95 片层状 TiAl(NL)不同温度与不同加载速率下的断口形貌[151]

(a) 室温,0.001s^{-1};(b) 700℃,320s^{-1};(c) 840℃,320s^{-1};(d) 1050℃,0.001s^{-1}

10.5.4.3 TiAl 基合金的力学性能

将 TiAl 基合金与常规的钛合金、镍基高温合金等作对比(表 10.91),即可发现 TiAl 基合金具有较低的密度、高的比强度和比模量,以及良好的抗高温蠕变和抗氧化等优良特性。从表中可以看出,TiAl 基合金的密度、蠕变极限温度和抗氧化极限温度等性能均优于常规钛合金,但延性相当差,力学性能虽然比镍基合金要差一些,不过密度只有其一半,这在航天工业方面是一项非常重要的指标。

近年来观察到,FL 组织中的晶粒度与屈服强度之间存在着反常的关系,霍尔-佩奇常数 K_y 达 5MPa 左右,而在细晶 DP 组织中,K_y 值仅为 1.0~1.2MPa。有人认为,这说明层状结构的强各向异性流变应力特性对 FL 材料具有反常高的 K_y 值起了重要作用。有人通过研究指出，由 γ 基体和少量 α_2 相组成的具有层状结构的 TiAl 基合金，其力学性能与组织中 α_2 相的变形方式密切相关。研究表明，在含有单一片层组织的 TiAl 晶体中添加 Nb 似乎可以抑制 α_2 相的塑性各向异性，从而使合金的延性得到改善。

定向凝固(DS)可形成一种柱型织构化片层组织，使 TiAl 合金的强度(也许还有延性)得到显著提高，因此这种工艺受到人们的重视。另外值得一提的是，对利用 DS 获得的单一取向的片层组织进行的力学试验表明，其力学性能与片层方向、应力轴向两者的夹角之间存在着强烈的依存关系。在软取向下(应力轴、片层走向两者夹角为 51°)，室温伸长率和轧制面缩率分别可达 20%和 50%。由于 TiAl 是片层组织中变形的主要承载者，上述结果说明 TiAl 的本质并不脆，这对有关材料科学工作者无疑是一种鼓舞。采用新的工艺技术研制成用 TiB_2 颗粒强化的 TiAl 基复合材料，蠕变性能提高了 4～5 倍之多[150]。

经过多年的研究和开发，TiAl 基合金已发展出第三代，见表 10.94。通过锻造变形，可以大幅度提高 TiAl 合金的塑性、强度和疲劳性能，而与铸造合金的工作温度相当。具有工程应用意义的部分 TiAl 基合金的力学性能见表 10.95。

表 10.94 TiAl 基合金的发展过程[54,144]

发展过程	合金成分(原子分数)/%	制备工艺	研究者
第一代	Ti-48Al-1V-0.3C	实验室研究	Blackburn
第二代	Ti-48Al-2(Cr,Mn)-2Nb	铸造合金	通用电气公司
	Ti-(45～47)Al-2Nb-2Mn-0.8(体积分数)TiB_2	铸造合金	Howmet 公司
	Ti-47Al-3.5(Nb,Cr,Mn)-0.8(Si,B)	铸造合金	GKSS 研究所
	Ti-47Al-2W-0.5Si	铸造合金	ABB 公司
	Ti-46.2Al-2Cr-3Nb-0.2W(K5)	锻造合金	Kim Y W
第三代	Ti-45Al-(8/10)Nb	锻造合金	—
	Ti-46.2Al-2Cr-3Nb-0.2W-0.2Si-0.1C(K5SC)	锻造合金	—
	Ti-47Al-5(Cr,Nb,Ta)	铸造合金	通用电气
	Ti-45Al-4Nb-4Ta	锻造合金	—
	Ti-(45～47)Al-(1～2)Cr-(1～5)Nb-0.2(W,Ta,Hf,Mo,Zr)-(0～0.2)B-(0.03～0.3)C-(0.03～0.2)Si-(0～0.05)N	锻造合金	Kim Y W

表 10.95 部分工程 TiAl 基合金的力学性能[54,144]

合金成分(原子分数)/%	处理和组织	温度/℃	σ_b/MPa	σ_s/MPa	ψ/%	K_{IC}/(MPa · $m^{1/2}$)	蠕变或持久强度
Ti-48Al-1V-0.3C	锻造＋HIP＋HT(DP)	室温	406	392	1.4	12.3	—
		760	470	320	10.8	—	
Ti-48Al-2Cr-2Nb	铸造＋HIP＋HT(DP)	室温	413	331	2.3	20～30	760℃，105MPa 下变形 0.5%，时间 800h
		760	430	310	—	—	
	挤压＋HT(DP/FL)	室温	—	480/454	3.1/0.5	—	
		760	460	350	2.5	—	
Ti-47Al-2W-0.5Si(ABB 合金)	铸造＋HT(DP)	室温	520	425	1.0	22	760℃，140MPa 下变形 0.5%，时间 650h
		760	460	350	2.5	—	

续表

合金成分(原子分数)/%	处理和组织	温度/℃	σ_b/MPa	σ_s/MPa	ψ/%	K_{IC} /(MPa • $m^{1/2}$)	蠕变或持久强度
Ti-47Al-2Mn-2Nb-0.8TiB_2(47XD)	铸造+HIP+HT (NL+TiB_2)	室温	482	402	1.5	15～16	—
		760	458	344	—	—	
Ti-46.5Al-2Cr-3Nb-0.2W(K5)	锻造+HIP(DP)	室温	579/557	462/473	2.8/1.2	11/20～22	—
		800	468/502	345/375	40/3.2	—	
Ti-46.5Al-2.5V-1Cr(TAC-2)	锻造+HIP(NL)	室温	598	513	3/5	21～29	$\sigma_{150h}^{800℃}$>200MPa
		800	593	464	4～8	—	

10.5.4.4　TiAl 基合金的典型应用[154]

国外对 TiAl 基合金的研究已经进行了很多年，截至目前，在航空发动机领域，国外已有十多例 TiAl 零部件完成地面装机试验的报道，试验结果非常理想，为 TiAl 合金在航空发动机上的应用奠定了技术基础。

由于 TiAl 合金具有高比模量、高蠕变抗力和抗燃烧的特点，其在航空发动机最佳的应用部位是高压压气机叶片和低压涡轮叶片(图 10.96)。采用 TiAl 基合金制造叶片可以通过降低叶片零件的质量来显著降低轮盘的载荷，从而实现系统的减负效果。通用电气公司为波音 787 客机研制的 GEnx 发动机低压涡轮第 6、7 级叶片采用了铸造 TiAl 基合金叶片，取代镍基高温合金，实现减少质量约 363kg。这是 TiAl 基合金首次应用于航空发动机，而且是最新型的民用航空发动机，证明了 TiAl 基合金在航空发动机上应用的良好前景。

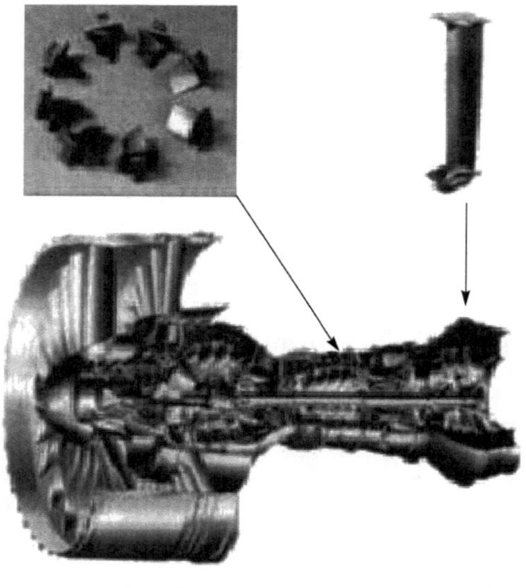

图 10.96　TiAl 基合金高压压气机叶片和低压涡轮叶片在航空发动机上的应用[154]

目前 TiAl 基合金低压涡轮叶片主要采用精密铸造工艺制备。从 2000 年开始，国外开始采用锻造工艺制造 TiAl 基合金高压压气机叶片。锻造 TiAl 基合金叶片性能比铸造叶片力学性能大幅提高，可靠性也显著提高，但成本昂贵。图 10.97 所示为劳斯莱斯(Rolls-Royce)公司研制的锻造 TiAl 基合金叶片。

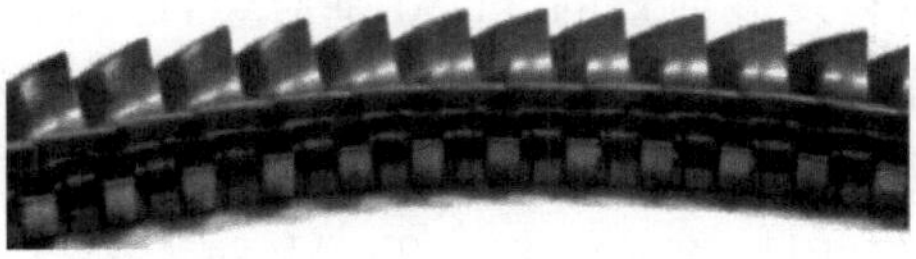

图 10.97　劳斯莱斯公司研制的锻造 TiAl 基合金高压压气机叶片[154]

近年来，美、日等发达国家都十分重视燃烧合成 TiAl 金属间化合物及其复合材料的开发，主要是看好它在航空、航天等领域的应用前景。可以预料，这种具有陶瓷与耐热合金中间性能的新型高温结构材料除上述航空工业中的应用以外，在其他领域也会得到应用。例如，就兵器行业而言，在装甲车辆发动机上使用 TiAl 基合金代替现用镍基耐热合金制造增压器叶轮等耐热部件，不仅可大大提高发动机的性能、减轻重量，而且可以节约 Cr、Ni 等战略物资并降低成本。再如，新研制大功率发动机用耐热钢顶活塞，其钢顶要靠特种焊接技术与活塞体焊合，若采用 TiAl 金属间化合物高温合金活塞顶则可在活塞压铸时一次完成，不仅会简化工艺、降低成本，而且大大减轻活塞重量，提高发动机输出功率。TiAl 金属间化合物还可用做弹箭耐热结构件，如重型导弹的喷管、舵片、尾翼等。由于其密度仅为耐热钢的一半，可大大减轻弹体自重，增加有效装药量，这对提高弹箭的战术性能，增加战斗部威力具有重要意义。另外，当前速射武器身管随着性能提高，烧蚀日益严重，而陶瓷衬管由于陶瓷性能与钢质身管差异较大，较难用于生产。因此，若采用 TiAl 基合金并涂镀难熔合金镀层或采用纤维增强复合 TiAl 基合金衬管，将有可能使速射武器身管寿命大幅度提高。所以，就兵器行业而言，随着金属间化合物性能的改善和制备技术的日趋成熟，这类材料有着广泛的应用前景。

总之，TiAl 基合金是一种具有广阔应用前景的高温结构材料，其力学性能与显微组织密切相关。对 TiAl 基合金的晶粒长大、层片结构的形成和全层状组织的演变方面已有深入的研究，但在利用 TiAl 基合金的组织演变实现控制其显微组织方面还缺乏深入研究。只有对此有更深入的认识时，才能通过调节合金成分和加工工艺，控制 TiAl 基合金的显微组织，从而改善 TiAl 基合金的力学性能，推进 TiAl 基合金的实用化进程。

10.5.4.5　Ti_3Al 和 Ti_2AlNb 基合金相组成及相转变

Ti_3Al 金属间化合物是 α-Ti 结构的有序结构，亦称 α_2 相，具有六方点阵结构，其室温塑性和韧性很差，不能用做工程材料。20 世纪 50 年代，已发现添加铌可以提高其室温塑性。随后的研究表明，和一般钛合金类似，与 β-Ti 有相同体心立方点阵的 Nb、Mo、V、Ta 等元素是 β 稳定元素，能对 Ti_3Al 中的高温 β 相起稳定作用。β 相在较低温度一般通过有序反应变成 B2 结构的 β_0 相。B2 结构为有序的体心立方，具有较好的塑性。自此，研究人员广泛开展了 Ti_3Al 基合金的系统研究，取得很大进展。20 世纪 90 年代以来发展了高 Nb 的 Ti_3Al 基合金。

Ti_3Al 合金中往往含有较多的 β 相稳定元素，这些元素除了扩大 β 相区，降低 $\beta \Leftrightarrow \alpha$ 相转变温度外，还促进 β 相有序化，完全有序时为 B2 相，有时是不完整的有序的 B2 相，无序β相高温淬火时有马氏体转变,高温B2相冷却时有析出α_2和ω或ω''相倾向,ω和ω''相是过渡相,正方点阵,点阵常数很接近。

Ti_3Al+Nb是目前最有发展前景的Ti_3Al基合金,已发表了许多Ti-Al-Nb三元相图,但由于相图很复杂,仍存在许多不一致的地方。研究已发现存在一个稳定的平衡相O相,分子式为Ti_2AlNb,具有正交结构。在较低温度下,O相分别与B2相、α_2相呈相平衡,并且存在O+B2+α_2三相区(图10.98)。Ti_3Al(24%~25%Al)合金中加入11%Nb(原子分数)后进入α_2+B2两相区,进一步增加Nb含量至12.5%~15%(原子分数)时进入O+B2+α_2三相区,Nb含量增至23.5%(原子分数)时进入B2+O两相区,O相区跨越很大的Nb成分范围。

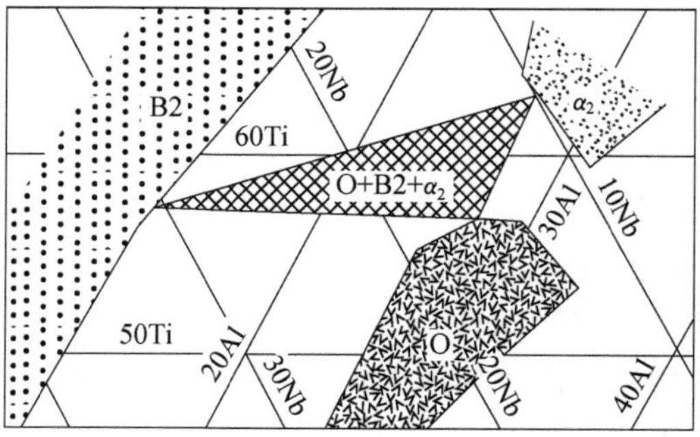

图10.98 Ti-Al-Nb系900℃等温截面图[144]

图10.99为Ti-22Al合金随Nb含量变化的垂直截面图,图中对应于27%Nb(原子分数)的竖线给出了一些学者的研究数据。由此图可见,当Nb含量小于约25%时,α_2+β/B2+O三相区较宽,在此温区内处理得到三相组织,而更高Nb含量则使合金具有很宽的β/B2+O两相区。

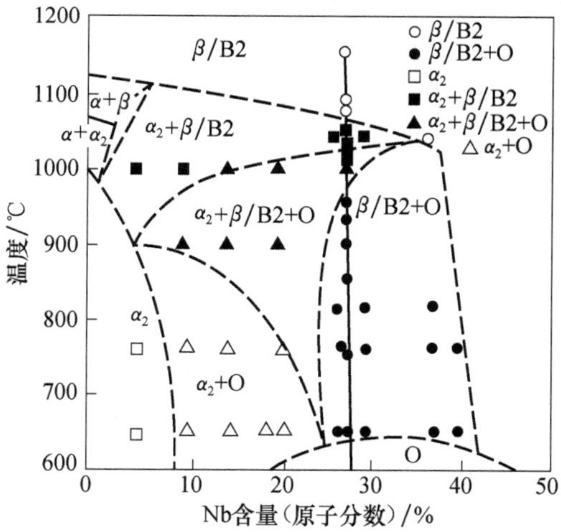

图10.99 Ti-22Al-xNb合金的垂直截面图[54]

关于合金元素对Ti-Al-Nb系相平衡的影响也有一些研究。Mo在O相中比在α_2相中有较大的固溶度,有强烈的稳定O相的作用,而Ta则有利于α_2相的稳定。气体元素氧含量的增多有利于 α_2 相的存在,氢元素则有利于 O 相的存在。

图 10.100 为 Ti-22Al-25Nb 合金的 TTT 曲线。高温 β 相在 1090℃经有序反应转变为 β_0(B2)相。在 β 转变温度以下固溶处理可以得到 $\alpha_2+\beta_0$ 两相。从 β_0 相区淬火(120K/s)可将 β_0 相保存到较低的温度(β_{OR})。空冷(9K/s)过程中则发生 β_0 相向过渡相 O′(具有 B19 结构,即简单正交结构)的转变。在 900℃以下时效,合金按以下顺序发生系列相变:$\beta_{OR}\rightarrow\beta_{OR}+O'\rightarrow O+\beta_0$。过渡相 O′经原子短程扩散而形成的 O 相也是亚稳定的,它将进一步分解为 $O+\beta_0$。这两相组织也是不稳定的,其中 β_0 相将通过分解反应 $\beta_0\rightarrow O+\beta$,又变成了无序的 β 相。这一无序转变一般在 875～700℃进行。图 10.97 还绘出了对应于 30%(体积分数,即 $f_\beta=0.3$)的 β 的曲线。

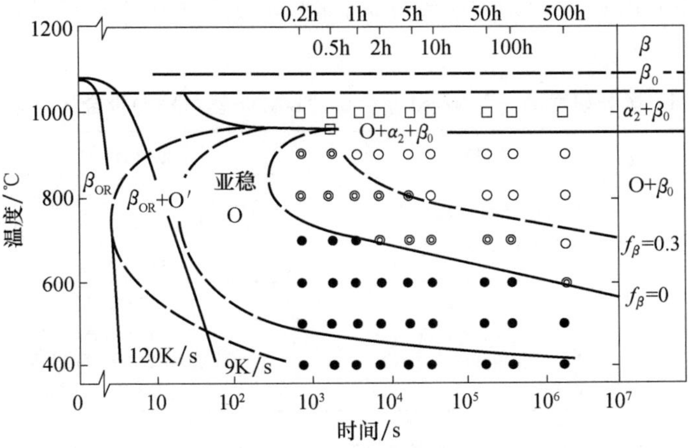

图 10.100　Ti-22Al-25Nb 合金的 TTT 曲线[155]

Ti_3Al-Nb 合金冷却过程中的相变相当复杂。O 相可以在不同温度与不同的相共存,它与 β(B2)和 α(α_2)相存在一定的位向关系。β 与 α 相之间也存在位向关系,因而 β 与 α 相变时易形成有一定惯析面的片状组织及魏氏组织。β 相在快速冷却时会出现成分不变的块状 α 转变。在含 12%Nb 合金中,O 相以极慢的速率从 α 相中析出,生成细小的特殊结构。在含 Nb 更高的合金中(接近 Ti_2AlNb),O 相可以在 β 相中大量形核、直接析出和均匀长大,其析出速率快。

从以上的分析可以看出 O 相 Ti-Al-Nb 基合金相变的复杂性,掌握这些相变规律是制定合理的热处理工艺的基础。

10.5.4.6　Ti_3Al 和 Ti_2AlNb 基合金的组织与性能特点

大量基于 Ti-Al-Nb 三元以及少量其他元素部分替代 Nb 的四元、五元成分的合金系,按其 β 稳定元素的含量,分为三类[54]。

第一类含有 10%～12%(原子分数)的 β 稳定元素,如 Ti-24Al-11Nb(美国 α_2 合金)、Ti-25Al-8Nb-2Mo-2Ta 等。这类合金的组织大多只含 α_2 和 B2/β 两相。

第二类含有 14%～18%(原子分数)的 β 稳定元素,主要有 Ti-24Al-(14～15Nb)、Ti-24Al-10Nb-3V-1Mo 和 Ti-24Al-17Nb 等。这类合金的显微组织取决于热处理工艺。固溶态的 α_2+B2 两相组织或稳态 α_2+B2+O 三相组织为其常见的使用状态。

第三类是具有高含量的β稳定元素，含量达20%～30%(原子分数)。这类合金的显微组织中，α_2相所占比例很少或完全消失，而是以Ti_2AlNb正交相(O相)为主体，另含一定数量的B2/β相，故称之为Ti_2AlNb基合金或简称为O相合金。

提高合金的Al含量有利于提高强度。在不同Al、Nb含量的Ti-Al-Nb基础合金中加入其他β稳定元素(V、Mo等)能进一步提高强度，不同元素复合强化效果更好。

表10.96为国外研发的一些Ti_3Al基合金、Ti_2AlNb基(O相)合金的化学成分。第一类合金因其室温塑性和韧性无法获得进一步改进，迄今未得到工程化应用。β稳定元素含量适中的第二类合金比第一类具有更高的强度和蠕变抗力。第三类合金比第二类合金具有更好的高温屈服强度、蠕变抗力和断裂韧性，故在航空航天领域的应用具有较明显的优势，成为近年来的研究重点，但其密度较第二类合金的密度稍高，加工难度也稍大一些。

表10.96 国外研发的一些Ti_3Al基合金、Ti_2AlNb基(O相)合金的化学成分[54]

牌　号	合金类别	合金成分(原子分数)/%
25-17 10-3-1 25-17-1	Ti_3Al基合金 (第二类)	Ti-25Al-17Nb Ti-25Al-10Nb-3V-1Mo(美国超α_2合金) Ti-25Al-17Nb-1Mo
25-24 22-27 22-23	Ti_2AlNb基合金 (第三类)	Ti-25Al-24Nb Ti-22Al-27Nb Ti-22Al-23Nb、Ti-22Al-20Nb-5V Ti-22Al-14Nb-4W

在美国已采用Ti_3Al基合金制成某型号发动机高压涡轮定子支撑环、高压压气机匣，还应用O相合金复合材料制成了航空发动机后面级压气机转子，既满足了压气机出口温度目标，又达到减重效果。

我国钢铁研究总院研制的TAC-1、TAC-1B以及北京航空材料研究院研制的TD2、TD3等Ti_3Al基合金均属于第二类Ti_3Al基合金。TAC-3系列合金则属第三类，即Ti_2AlNb基(O相)合金。表10.97示出这些合金的化学成分。

表10.97 我国主要研发的一些Ti_3Al基合金、Ti_2AlNb基(O相)合金的化学成分[54]

牌　号	合金类别	合金成分(原子分数)/%
TAC-1 TAC-1B TD2 TD3	Ti_3Al基合金 (第二类)	Ti-24Al-14Nb-3V-(0～0.5Mo) Ti-23Al-17Nb(JG1302) Ti-24.5Al-10Nb-3V-1Mo Ti-25Al-15Nb-1.5Mo
TAC-3A TAC-3B TAC-3C TAC-3D	Ti_2AlNb基合金 (第三类)	Ti-22Al-25Nb(JG1201) Ti-22Al-27Nb Ti-22Al-24Nb-3Ta Ti-22Al-20Nb-7Ta

控制组织是得到最佳综合性能的关键，下面以Ti-23Al-17Nb合金为例，分析不同热处理条件下所形成的微观组织特征及其对力学性能的影响[156]。该合金由真空自耗电弧炉三次熔炼而成，铸锭在B2相区温度进行约70%变形量的开坯锻造，随后在α_2+B2两

相区进行约 80％变形量的二次锻造并空冷至室温，其微观组织形态见图 10.101。该组织由 B2 相基体（白色）、颗粒和长棒状的 α_2 相（黑色）和板条状的 O 相（灰色）组成。三相因成分差异，在扫描电子显微镜的二次电子图像呈不同颜色。颗粒和长棒状的 α_2 相的形状和分布在一定程度上保持着热变形造成的方向性。O 相板条的尺寸不一，排列方向基本上为随机分布，表明 O 相板条是在变形后缓冷过程中通过 α_2＋O＋B2、O＋B2 和 O 相区时自 B2 相基体中析出的。

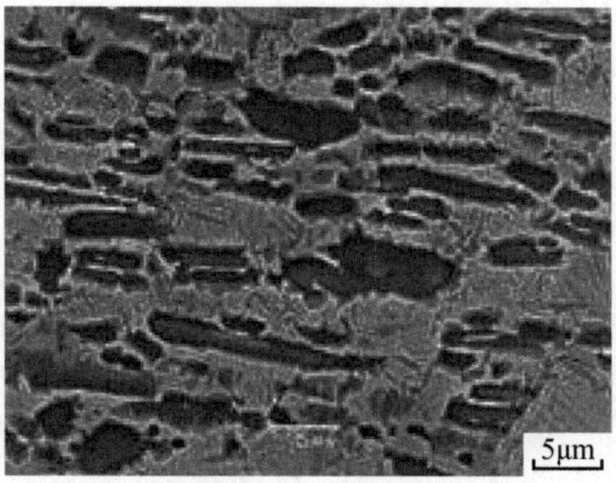

图 10.101　Ti-23Al-17Nb 合金在 α_2＋B2 两相区锻后空冷状态的微观组织[156]

图 10.102 中的(a)、(b)、(c)分别为 Ti-23Al-17Nb 合金经 1060℃×2h 固溶处理并油淬、空冷及炉冷后的微观组织，三种冷却方式在经 1060～600℃温度范围的平均速率分别为 10℃/s、1℃/s 和 0.1℃/s。

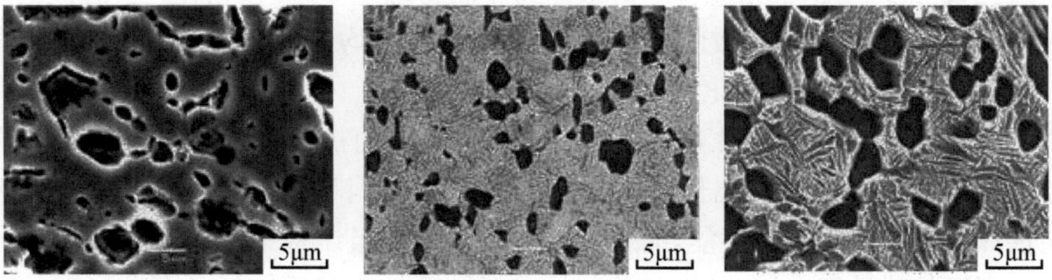

(a)　(b)　(c)

图 10.102　Ti-23Al-17Nb 合金 1060℃×2h 固溶处理后连续冷却后的微观组织[156]
(a) 油淬；(b) 空冷；(c) 炉冷

图 10.102(a)为 Ti-23Al-17Nb 合金固溶处理后经油淬得到的组织，为 α_2＋B2 两相组织，O 相板条的析出因油冷的快速冷却而被完全抑制。这种组织基本反映出合金在 1060℃×2h 固溶处理的效果，即初始状态中的 O 相板条完全溶解消失，B2 相基体发生再结晶而形成等轴晶粒，晶粒长大因 α_2 相的钉扎作用而受到限制，最终晶粒尺寸约与 α_2 相颗粒的间隙相当。较大的 α_2 相通过回复或再结晶演变成大小基本均等的等轴晶粒，均匀分布于 B2 相基体中，残留的一些较小的 α_2 相颗粒分布在 B2 相再结晶晶界，α_2 相总体积分数为 15％～20％。图 10.102(b)和(c)为该合金固溶处理后经空冷和炉冷得到的组织，因固溶处理后的冷却速率减缓而使 O 相板条从 B2 相基体中以魏氏体板条形态析出，形成双态组织，即具有等轴晶粒形态的 α_2 相，又具有魏氏体板条形态的 O 相。板条的尺寸

及含量随冷却速率的减缓而增大,空冷组织和炉冷组织中 O 相板条的平均尺寸约为 0.3μm×2μm 和 1μm×5μm,体积分数分别达到 30%和 60%左右。同时,炉冷组织中 α_2 相颗粒有较为明显的长大,其体积分数也有所增加。

图 10.103(a)和(b)为 Ti-23Al-17Nb 合金 1060℃固溶处理并油淬后在经 800℃×24h 空冷和 850℃×24h 空冷的两种时效组织。两种时效处理使固溶并油淬组织的 B2 相基体中析出均匀细小的 O 相板条,形成双态组织。板条尺寸随时效温度的提高而增大,850℃时效和 800℃时效的板条平均尺寸分别为 0.7μm×4μm 和 0.5μm×2μm。两种时效处理后的板条体积分数基本一致,达到 70%左右。

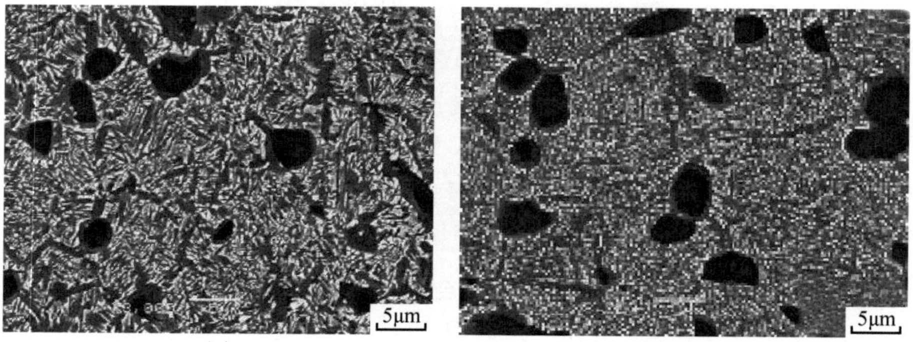

(a)　　(b)

图 10.103　Ti-23Al-17Nb 合金经 1060℃固溶处理并油淬,经时效空冷后的微观组织[156]
(a) 800℃×24h,空冷;(b) 850℃×24h,空冷

经过比较可以看出,固溶快冷+时效是易于获得理想双态组织的途径,时效处理过程中较大的过冷度可使 O 相生成的形核点增多,板条析出均匀,延长时间可使 O 相充分析出,降低时效温度可使板条细化。

表 10.98 为经不同热处理工艺获得不同双态组织的拉伸性能。过去的一些研究表明,Ti_3Al 基合金的塑性和高温长时性能存在着反常关系,即第二相为等轴组织时具有较好的塑性和较差的高温长时性能,而第二相为全魏氏体组织板条形态时具有较差的塑性和较好的高温长时性能。因此可以判断,具有等轴颗粒和魏氏体板条两种形态的双态组织有可能是实现长时与短时性能良好匹配的组织类型。上述研究表明,通过 1060℃固溶处理油淬+850℃时效处理获得的双态组织具有强度、塑性和高温长时性能的最好匹配。

表 10.98　Ti-23Al-17Nb 合金不同双态组织的拉伸性能[156]

热处理	室温力学性能				650℃力学性能				持久性能(650℃,320MPa)		
	σ_b/MPa	$\sigma_{0.2}$/MPa	δ_5/%	ψ/%	σ_b/MPa	$\sigma_{0.2}$/MPa	δ_5/%	ψ/%	寿命/(h:min)	δ_5/%	ψ/%
1060℃×2h,空冷	1095	910	13.0	15.5	815	645	32.0	63.0	56:20	14	17
1060℃×2h,炉冷	835	575	8.5	9.0	636	440	27.0	48.0	352:32	12	12

续表

热处理	室温力学性能				650℃力学性能				持久性能(650℃,320MPa)		
	σ_b/MPa	$\sigma_{0.2}$/MPa	δ_5/%	ψ/%	σ_b/MPa	$\sigma_{0.2}$/MPa	δ_5/%	ψ/%	寿命/(h:min)	δ_5/%	ψ/%
1060℃×2h,油淬+850℃×24h,空冷	1080	895	9.5	12.0	800	635	18.0	42.0	312:41	8	9
1060℃×2h,油淬+800℃×24h,空冷	1180	990	8.0	11.5	900	750	13.0	25.0	219:53	9	11

以 O 相为基础的 Ti_2AlNb 基合金具有比较高的高温强度,使用温度可以达到 800℃,有良好的综合性能,O+B2 两相合金更具有较大的应用前景,是 Ti_3Al 基合金的主要研究方向。但这类合金的初始蠕变值较大是限制其在高温下使用的重大障碍。而当 Nb 含量高达 27%(原子分数)后,以 Ta 元素代替其中的部分 Nb 有利于 Ti_2AlNb 基合金的组织结构细化,提高合金的室温和高温屈服强度[157]。

表 10.99 为 Ti-22Al-25Nb 合金的拉伸性能。该合金密度为 5.3g/cm^3,企业牌号为 TAC-3A,国标牌号为 JG1201。表 10.100 为该合金的其他力学性能,并与 Ti-23Al-17Nb 合金(企业牌号为 TAC-1B,国标牌号 JG1302)进行对比。由表 10.99 和表 10.100 可以看出,Ti-22Al-25Nb 合金在室温及高温条件下具有良好的塑性和韧性,室温断裂韧度达到 39MPa · m$^{1/2}$,在整个温度范围内,强度、抗疲劳和高温持久性能较 Ti_3Al 基合金均有明显提高,到 900℃时的抗拉强度仍能达到 370MPa。

表 10.99　Ti-22Al-25Nb 合金的拉伸性能[158]

温度/℃	室温力学性能		
	σ_b/MPa	$\sigma_{0.2}$/MPa	δ_5/%
室温	1150	1070	11.5
400	1010	900	20.0
500	1000	880	20.5
600	930	835	21.0
650	885	790	21.0
700	840	700	19.0
750	800	645	24.0
900	370	270	60.0

表 10.100　Ti-22Al-25Nb 合金与 Ti-23Al-17Nb 合金的其他力学性能[158]

合　金	K_{IC}/(MPa · m$^{1/2}$)(室温)	疲劳强度,10^7周次 σ_{-1}/MPa		持久断裂寿命/h			a_k/(J/cm^2)			超塑性 δ/%
		室温	650℃	600℃ 500MPa	650℃ 360MPa	650℃ 400MPa	室温	650℃	750℃	960℃
Ti-22Al-25Nb	39	549	600	103	281	148	11	56	77	700

续表

合金	K_{IC} /(MPa·$m^{1/2}$)(室温)	疲劳强度,10^7 周次 σ_{-1}/MPa		持久断裂寿命/h			a_k/(J/cm^2)			超塑性 δ/%
		室温	600℃	600℃ 360MPa	600℃ 400MPa	650℃ 320MPa	室温	−100℃	−196℃	960℃
Ti-23Al-17Nb	28	560	460	739	150	312	9.0	5.5	2.0	1150

Ti-22Al-25Nb 合金在 750℃暴露 100h 时,氧化质量增加小于 1mg/cm^2,达到完全抗氧化级别;在 850℃暴露 100h 时,氧化质量增加只有 2.6868mg/cm^2,达到抗氧化级别。

10.5.4.7　Ti_3Al 和 Ti_2AlNb 基合金的应用[158]

Ti_3Al 基合金作为航空发动机材料可在 650℃条件下长时工作,或作为航天发动机材料在 900℃条件下短时工作。Ti_2AlNb 基合金较之 Ti_3Al 基合金,尽管密度略大,但因其高温强度显著提高而显示出更高的高温比强度,因此受到材料工作者的关注。但作为金属间化合物材料,原子长程有序排列和金属键与共价键共存在带来优异高温强度的同时,也因可开动的滑移系数目有限、超结构位错伯格斯矢量大、位错交滑移困难,使合金的塑性和韧性偏低。

我国钢铁研究总院等单位近年通过系统的合金化研究和组织-性能关系研究,探索出使 Ti_3Al 和 Ti_2AlNb 基合金塑性、韧性及工艺性能显著改善的合金成分设计和组织设计,确立了具有工程意义的合金牌号,合金综合性能达到国际先进水平,见表 10.97。

在合金熔炼制备方面,采用真空自耗等熔炼方法和工艺过程控制,实现了合金锭成分的准确均匀及高纯净度,已可提供 3t 级 Ti_2AlNb 铸锭[159]。在热加工成型方面,依据铸锭均匀化热处理→B2 相区温度开坯→α_2+B2 或 α_2+B2+O 相区温度二次热变形的基本流程,对两种合金的变形行为及热成形棒、板、环及模锻件的具体工艺环节进行了系统的研究。对这两种合金均已研制出直径为 10～230mm 的棒材、宽幅达 800mm 的热轧板材和外径大于 700mm 的环形件,已探索出 Ti_3Al 和 Ti_2AlNb 基合金的薄板及箔材的冷轧成形技术。目前已研制出 Ti_3Al 基合金 0.08mm×100mm×500mm 的箔材,Ti_2AlNb 基合金 1.5mm×900mm×200mm 的冷轧板材和 0.15mm×300mm×500mm 的箔材。

为了解决 Ti_2AlNb 基合金热加工变形抗力大,材料利用率相对较低等问题,我国中国科学院金属研究所等单位近年开展了 Ti_2AlNb 基合金粉末冶金生产工艺方面的研究工作,可以避免传统铸锭冶炼过程中形成的偏析、夹杂等冶金缺陷,得到组织更为均匀、性能更加稳定的合金坯料或部件,材料利用率优于传统的铸锻工艺。采用氩气雾化和旋转电极工艺制成的合金粉末的粒度在 60～160μm。采用热等静压工艺制备的 Ti-22Al-24Nb-0.5Mo 合金与同成分的锻造合金对比,变形行为近似,变形抗力相当,表现出良好的强度和塑性水平。在此基础上,已制备出复杂形状的 Ti_2AlNb 基合金航空部件[159]。

为了适应某些部件的需要,我国材料工作者对这两种合金的焊接技术和钣金成形技术进行了探索。这两种合金已可实现合金自身之间及其与钛合金、铌合金等异种金属材料之间的电子束、激光、氩弧焊、钎焊工艺、固相扩散焊、摩擦焊等[160]。目前,两种合金的超塑性成形技术已得到实际应用。其他一些冷热成形工艺,如热旋压成形、冷冲压成形、热模压成形等,亦已应用于实际部件的研制。

Ti_3Al(Ti-23Al-17Nb)和 Ti_3AlNb(Ti-22Al-25Nb)基合金在我国航天及航空领域的

应用已取得多项成果，许多实际部件已得到应用。图 10.104 和图 10.105 为这两种合金钣金成形实验件。

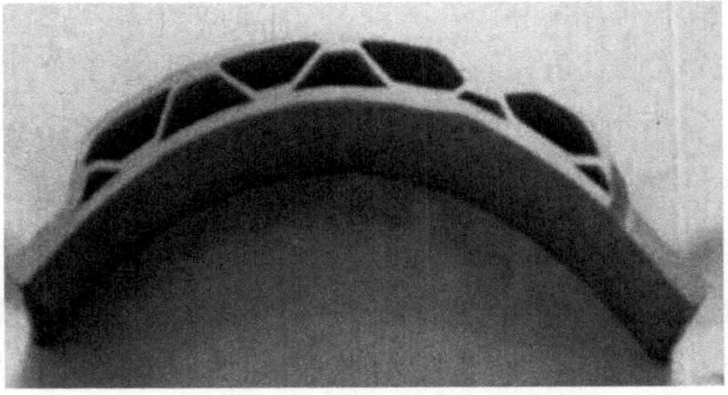

图 10.104　Ti_3Al 基合金钣金成形实验件[158]

应用轻质高温材料可实现推进系统的轻质化，促进飞行器性能的进一步提升，因此，随着我国航天航空事业的发展，Ti_3Al 和 Ti_2AlNb 基合金将会得到越来越多的重视，可望形成更广泛的应用。

图 10.105　Ti_2AlNb 基合金钣金成形实验件[158]

在各种具有高温结构应用前景的复合材料中，以金属间化合物为基，尤其以 Ti_3Al 和 Ti_2AlNb(O 相)为合金基体的复合材料被认为是最有吸引力也是最有希望成功的一种。在美国综合高性能涡轮发动机技术计划(Integrated High Performance Turbine Engine Technology，IHPTET，1987～2005 年)的推动下，美国许多部门和公司都对以 Ti_3Al 和 Ti_2AlNb 基合金 SiC 纤维增强复合材料的研究投入了很大的力量。20 世纪 90 年代末期，美国已利用高强高韧的 Ti_2AlNb 基(O 相)合金复合材料制成了航空发动机后面级压气机转子等部件，满足了压气机出口的温度目标，又达到了减重效果。我国亦开展了这方面的研究工作[159,160]。

10.5.4.8　近期发展

TiAl 合金的发展至今大致经历了三个阶段[161]：第一阶段的发展主要是以 20 世纪 70 年代普惠公司开发的 Ti-48Al-1V-0.1Cr 合金为代表，其服役温度不大于 650℃。20 世纪 80 年代，第二阶段合金发展的主要标志性特点是合金中 Al 含量的降低，一般将 Al 含量控制在原子分数 45%～48%，同时添加较少量第三组元元素，从而进一步提高 TiAl 合金的使用温度。在该阶段，美国通用电气公司研发了名义成分为 Ti-48Al-2Nb-2Cr 的 4822 合金(该合金目前已经作为 GEnx 发动机的尾级低压涡轮叶片材料稳定服役多年)，而美国洛克希德·马丁公司研发了添加 B 元素的名义成分(体积分数)为 Ti-45Al-2Mn-2Nb-0.8TiB_2的 45XD 合金。在 20 世纪 90 年代到 21 世纪初,第三阶段合金发展的主要特征是合金中第三组元元素含量的不断提升(5%～10%甚至更高),第三组元元素的添加可通过固溶强化显著提高合金的高温力学性能和抗蠕变性能。典型合金有:北京科技大学研发的高 Nb-TiAl 合金、国外的 TNB 合金(成分为 Ti-(45～48)Al-(5～10)Nb)、已经装机服役的变形 TNM 合金(成分为 Ti-43.5Al-4Nb-1Mo-0.1B),以及美国甘特克有限责任公司 Kim 团队所倡导的 β-γ-TiAl 合金等。高 Nb-TiAl 合金的特点是高温蠕变和抗氧化性能好,使用温度比普通 TiAl 合金高约 100℃,缺点是室温塑性更低。因此,高 Nb-TiAl 合金大多是由高温锻造、挤压等热机械变形的方法制备,之后再通过热处理优化组织提高其室温塑性。在对该系合金进行广泛研究的基础上,我国研究人员提出了辩证地利用和控制 B2 相,即高温下细化组织、提高热变形能力,同时在热变形过程中逐步减少和消除室温非平衡的脆性 B2 相。赋予变形高 Nb 合金 Ti-45Al-8.5Nb-(W, B, Y, C)细小近片层组织,其强度比国外强度最大的 TNB 和 TNM 合金的强度还高约 200～300MPa,其塑性也与 TNB 和 TNM 合金相当。经多次等温锻造变形,形成均匀细小的双态组织,室温伸长率超过 2%,900℃的强度为 490MPa[162]。

TNM 合金是目前较为理想的变形 TiAl 合金,该合金不仅具有优良的加工性能,并且兼顾强度、塑性、断裂韧性和抗蠕变性能等各个方面的性能目标。但是近年来其在普惠航空发动机(PW1100G)中发生故障的频率较高,导致美国联邦航空管理局发布了数个适航指令以及低压涡轮叶片导致飞机推力降低的报告,同时指出叶片承受异物撞击的能力有待提升。为了进一步提高 TNM 合金的性能,国内外开展了许多研究工作[163]:Wallgram 等制备的 TNM 合金室温下伸长率约为 1.25%,屈服强度达 950MPa,800℃屈服强度为 550MPa;Tetsui 开发的 Ti-42Al-5Mn 合金,其常温下由 $\alpha_2+\gamma$ 片层、β 相和 γ 相构成。Tetsui 通过低成本的 Mn 元素合金化,引入大量高温 β 相,实现了低成本自由锻,室温抗拉强度为 675MPa,但从 700℃开始,强度快速下降。我国研究人员系统研究了 Ti-42Al-5Mn 合金的固态相变、热加工、连续冷却相变行为,通过设计合适的热加工工艺获得了细小组织,室温抗拉强度达到 871 MPa,屈服强度为 711 MPa,伸长率为 1.5%,显著提高了力学性能。研究还发现,直接时效热处理 24h 会导致该合金片层间距和 γ 相尺寸显著增大,1300℃固溶处理+24h 时效热处理后,片层间距和 γ 相尺寸无明显变化,显著提高了 800℃高温组织的稳定性。

同时,采用定向凝固[164]、粉末冶金[165]、增材制造[166,167]等技术有望进一步提高 TiAl 合金的性能和应用范围。

10.5.5 高温结构材料的增材制造

增材制造从三维模型出发实现零件的直接近净成形制造。相比传统的减材制造,增材制造将多维制造变成简单的由下而上的二维叠加,降低了设计与制造的复杂程度。航空装备领域目前涉及激光增材制造、电子束增材制造和电弧增材制造三类增材制造技术,它们的工艺原理及特点见文献[168]～[170]。

应用于高温合金的增材制造技术主要有选区激光熔化(SLM)和激光沉积制造(LDM)[171]。SLM 技术是一种基于粉末床的增材制造技术,利用高能量激光束选择性地熔化预先铺覆好的金属粉末，再经冷却凝固成型。所得零部件表面粗糙度优良、成形致密度高(可达 99.9%)，且拉伸、持久等力学性能超过铸件，接近甚至略好于锻件水平，但是零部件尺寸受到铺粉基板尺寸的限制。LDM 技术的粉末输送方式与 SLM 不同，其采用与激光束能量同步输入粉末的方式，即同步送粉方式，可实现大尺寸零部件的制备，但该技术由于采用了粒度较大的合金粉末，表面粗糙度略差。

利用上述两种增材制造技术，国内外科研工作者系统研究了航空航天发动机和燃气轮机用高温合金构件增材制造成形，并取得了较好的研究进展[171]。2017 年，德国曼柴油机和透平公司将增材制造技术制备的复杂结构涡轮静叶装配在 MGT6100 燃气轮机中，在世界上首次实现复杂结构增材制造高温合金涡轮导向叶片的工程化应用。德国西门子公司旗下 Materials Solutions 公司为 SGT-400 工业燃气轮机增材制造了具有空心型腔结构的镍基高温合金涡轮叶片，已通过 13000r/min 和 1250℃以上条件下的试车考核，但是尚未投入批量生产。美国通用公司采用 SLM 技术对 LEAP 航空发动机的燃油喷嘴构件进行了重新优化设计，并用增材制造技术制备了这些零件，使得燃油喷嘴零件数由 20 个减少到 1 个，重量减轻 25%，寿命提高了 5 倍。在航天领域，美国金属技术公司(MTI)利用增材制造技术生产了一系列 Inconel 718 合金部件，如盘类、环类、轴类和壳体部件等，拟用于美国国家航空航天局(NASA)的下一代火箭发动机。美国太空探索技术公司(Space-X)也采用增材制造技术制备了火箭发动机上的关键部件：氧化剂阀体和主喷油嘴。其中携带氧化剂阀体的猎鹰 9 号火箭已经于 2017 年发射成功，而安装主喷油嘴的 AR1 发动机是一款正在开发中的 10^5kg 推力级液氧/煤油发动机[171]。

由于现有的高温合金均是针对变形、铸造和粉末冶金等制备工艺而开发的，在进行增材制造时，经常会出现裂纹、孔洞等冶金缺陷，特别是对于具有高强度、高合金化的高温合金，在激光增材制造过程中裂纹形成倾向极大，从而难以保证构件的组织完整性，严重制约了激光增材制造技术在高性能高温合金中的应用推广。

牛津大学的研究人员研究了镍基高温合金在激光粉末床增材制造过程中裂纹形成的敏感性[172]，发现了两种主要缺陷类型：凝固裂纹和固态裂纹，证明了合金成分和加工性能(开裂敏感性)之间的强烈相互依赖性。他们的研究涉及了 12 种不同的高温合金成分：5 种新成分和 7 种传统牌号，包括 γ'相含量适中的铸造/锻造合金 IN625、IN718 和 Waspaloy，以及广泛用于熔模铸造应用的 IN713、IN738LC、IN939 和 CM247LC(由于其高 γ'相含量，它们表现出优异的蠕变性能)。三种合金 ABD850AM、ABD900AM 和 AM-Dev 是专为增材制造工艺设计的牌号，旨在保持性能和可加工性的均衡。另外，还设计了 ExpAM 和 ABD850AM+CB，它们分别具有低碳、高碳和硼含量，旨在评估碳和硼，以及高 γ'相体积分数的影响。原料粉末通过氩气雾化生产，具体的合金成分见文献[172]。该研究表明，要实现无裂纹增材制造，所用镍基高温合金必须具有足够高的延展性和强度。图 10.106 对此进行了简明扼要的总结，所绘制合金的延展性与开裂严重程度的关系表明，当合金的延展性(800℃)小于 7%时，合金变得不可加工。一般来说，强度/延性的均衡特别重要，因为合金的宏观伸长率受晶粒内部塑性和晶界结合力平衡的控制。对于高强度合金(如 CM247LC 和 ExpAM)，断裂沿晶间进行，这意味着晶界强度(结合力)是合金可加工性的控制主因。而对于较低强度合金 IN718 和 IN625 等，断裂表面显示为穿晶粒特征，例如由微孔聚结引起的晶内断裂，这表明晶界具有足够高的结合力，使晶粒

(内)强度成为延展性(可加工性)限制因素。中等延展性 ABD 合金(如 ABD850AM 和 AM-Dev)的断裂表面介于两者之间:它们表现出晶间断裂和晶内断裂的混合特征。该项工作发现,晶界强度与晶粒强度的比值决定了断裂出现在晶间或晶内的程度,同时决定了增材制造用合金的可加工性和力学性能。显然,如果要进一步提高性能水平和可加工性,就需要在晶界工程领域开展进一步的研究。

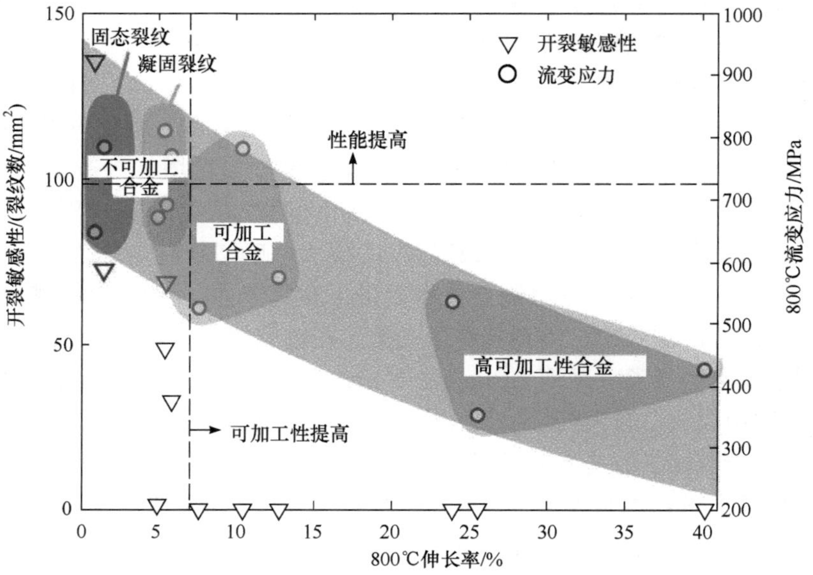

图 10.106 实测的开裂严重程度(左轴)和 800℃下的流变应力(右轴)与 800℃伸长率的关系,展示了四类合金的加工图[172]

文献[173]还研究了镍基高温合金的增材制造加工性与抗氧化性之间的关系,以及合金元素 Al、Nb、Ti、Cr 的作用。例如,Al 因通过增加固溶强化而降低合金的加工性能,但大大提高了其抗氧化性。只有通过系统研究,寻找到 Al 的合适加入量,才能获得加工性与抗氧化性之间的最佳平衡。

考虑到需要减少或避免凝固开裂和固态开裂形成的缺陷,研究者使用计算方法设计了用于增材制造工艺的新型 γ/γ' 镍基高温合金,结合微观结构表征、量热法和热拉伸测试等实验方法,评估了所采用的计算方法的合理性,证明了所设计的新合金具有良好的加工性能和机械性能[174,175]。

法国格勒诺布尔大学采用电子束选区熔化技术制备了 Ni-Co-Cr-Mo-Al-Ti-B 镍基高温合金,对该合金宏微观组织研究发现,柱状晶宽度随高度增加而增加,随高度变化晶内 γ' 沉淀相尺寸急剧增大;裂纹沿柱状晶晶界扩展,大角度晶界(>15°)对裂纹敏感,而小角度晶界未产生裂纹。德国埃尔朗根-纽伦堡大学针对 CMSX-4 合金研究发现,电子束选区熔化成形的枝晶臂间距为 6μm,得益于电子束选区熔化成形工艺的高凝固速度和温度梯度使其元素偏析程度是传统铸造工艺的约 1/100[169]。

在 Ti-Al 金属间化合物电子束选区熔化工艺研究方面,德国埃尔朗根-纽伦堡大学针对 Ti-48Al-2Cr-2Nb 研究了线能量和束流与 Al 元素烧损量的关系,认为控制 Al 元素烧损的可行方法之一是调整扫描策略,降低熔池过热,从而减小挥发损失。德国福特新材料研究院通过数值模拟与实验验证研究了 Ti-48Al-2Cr-2Nb 合金在电子束选区熔化过程中 Al 元素的分布，结果表明，在面能量输入 E_a 相同条件下，随着偏移量的增加，Al 元素烧损量急剧增加。随着扫描速度增加，面能量输入降低，Al 元素烧损量降低 50%。通过工艺实验获得了扫描策略(扫描速度和偏移量)相应的面能量输入与获得致密组织的关系曲线。通过增加能量输入，未熔合缺陷消失，致密度达到 99.5%。德国福特新材料研究院针对电子束选区熔化成形的 Ti-45Al-4Nb-C 高 Nb 合金热处理对组织性能影响的研究发现，随着片层组织含量增加，最小蠕变速率降低，全片层组织表现出最优的蠕变性能而塑性较低，空冷和炉冷对蠕变性能影响不明显。与铸造 Ti-45Al-4Nb-C 合金相比，沉积态蠕变速率高一个数量级，而经 1320℃处理获得片层组织后蠕变速率降低达到铸造水平。北京科技大学的研究人员针对 Ti-45Al-8Nb 高 Nb 合金，研究了电子束选区熔化预热工艺对微观组织的影响，结果表明，在高的预热束流下，形成了近片层组织，在低预热束流下，形成了近 γ 组织；随预热束流自 26mA 降低至 24mA，抗拉强度自 710MPa 降低至 670MPa，远高于铸造状态的强度(580MPa)。快速凝固和成形过程中循环退火形成的非常细小的片层组织是电子束选区熔化沉积态抗拉强度高的原因。意大利 Avio Aero 公司正在批量生产 GE9X 发动机 TiAl 低压涡轮叶片。增材制造的涡轮叶片质量约为传统镍合金涡轮叶片的一半。采用 Arcam A2X 电子束选区熔化设备每炉次可以生产 6 个叶片，而 Arcam Spectra H 设备可以在相同时间生产多达 10 个叶片。通用航空公司为波音新 777X 宽体喷气式飞机开发的 GE9X 发动机，与其前身 GE90 发动机相比，TiAl 低压涡轮叶片减少的质量可以使燃料消耗减少 10%[169]。

电子束增材制件内部缺陷主要有气孔、未熔合、裂纹等。缺陷将直接导致增材制件的报废或早期失效，因此控制缺陷是增材制造的关键技术。在已凝固金属强约束下，移动熔池的快速凝固收缩等是超常热物理和物理冶金现象，组织演化及交互作用过程产生极其复杂的热应力、相变组织应力和约束应力、强烈的非线性强耦合交互作用和应力集中，导致零件严重翘曲变形和开裂。因此，应力变形控制也是电子束增材制造的关键技术之一。

10.6　高温合金近期研究动态与展望

在能源与环境压力不断增加、国防问题重要性凸显的今天，如何研发出高性能高温合金，或开发出更加节能的高温合金加工和生产技术，仍是今后一段时间需要面对和认真解决的问题。显然，凝练各种新概念、新构思，发展新方法，深入认识材料微观组织演化规律，发展相应的工业化技术，实现对微观组织精细“裁剪”和对性能的准确控制，是解决上述问题的有效途径。鉴于高温合金研究领域的快速发展，拟对该领域近期的研究动态和进展作一个梳理，以便进一步明确问题、寻找解决方案。这种梳理基于三个方面：①社会发展的重大需求与亟待解决的关键科学问题；②高温合金材料的发展历程及技术难点；③近期研究动态与发展趋势。

高温合金材料在航空航天发动机、舰用发动机、工业燃机、超超临界发电机组、核电机组、汽车涡轮增压器等国民经济和国防建设领域有着不可替代的地位。高温合金研究的不断深入，不仅推动了航空航天发动机等国防尖端武器装备的技术进步，而且促进了交通运输、能源动力、石油化工、核工业等国民经济相关产业的技术发展。进入 21 世纪以来，世界各国在高性能高温合金材料研究方面的步伐明显加快。目前,也是我国高温合金材料发展的关键时期,加快发展高温合金材料,对于引领材料工业更新换代、支撑战略性新兴产业发展、保障国家重大工程建设、促进传统产业转型升级、构建国际竞争新优势具有重要的战略意义。

作为建设创新型国家的一个标志性工程,大型飞机的设计与制造已被列入《国家中长期科学和技术发展规划纲要(2006—2020年)》。发展大飞机,首要的问题就是研制高性能的航空发动机。提高涡轮进口温度是改进发动机性能的有效措施,而要提高涡轮进口温度,就必须采用能够承载更高温度且具有优异性能的高温合金材料。因此,高性能高温合金的研制是实现先进航空发动机设计与制造的关键。

与航空发动机相比,工业燃机使用寿命长(十万小时),工作环境更恶劣。工业燃机的核心热端部件主要采用高温合金材料制备,要求高温合金材料同时具有良好的抗热腐蚀性能、高的承温能力、良好的长期组织稳定性,以及可满足大型叶片和大尺寸涡轮盘制造所需要的良好工艺性能。因此,高性能高温合金材料是实现工业燃气轮机设计与制造的关键。为了摆脱对传统化石燃料的依赖,我国近年来大力发展核电技术。第四代高温气冷核反应堆对高温合金材料的需求量显著增加,而且对高温合金性能及安全可靠性的要求也明显提高。为满足我国核电技术发展需要,急需发展长寿命、高可靠性的高温合金管材和板材的制备与加工技术。此外,超超临界发电机组热交换器、汽车涡轮增压器、冶金加热炉衬板、内燃机排气阀座、乙烯裂解炉管、烟气脱硫装置等对于高温合金的需求将进一步增强,特别是耐高温耐腐蚀合金在石化和机械制造等行业的应用将不断扩大,用量会大幅度增加。

经过几十年的发展,航空发动机涡轮前进口温度从1160K提高到了1850～1950K,推重比从3提高到10以上。为了进一步提高航空发动机性能,并为推重比10以上发动机提供选材,需要开展先进高温合金材料及其制备工艺基础研究。同时,随着航天发动机部件的结构设计的集成化和复杂化,转动件多为整体结构设计,静止件也呈现出薄壁、复杂和集成化的特点,从而对高温合金材料设计、成型理论和安全寿命评价等方面提出了更为急切的需求。

然而,高温合金是一类复杂的多组元合金材料体系。在这种多组元体系中,合金的设计与制备方面目前仍存在着诸多尚未解决的关键科学问题,例如,多组元合金体系元素之间的交互作用、合金成分的设计与优化、冶金缺陷的成因与控制、高合金化复杂大尺寸构件的塑性变形理论、服役性能与寿命预测等。为了进一步发展高温合金材料,需要着眼于材料设计与制备过程中的关键基础科学问题,力争在合金成分设计、纯净化冶炼和缺陷控制、塑性变形加工、高温防护涂层、服役行为分析和先进制备技术等方面取得突破性进展,为高温合金材料的进一步发展提供理论基础和技术储备,发展和完善高温合金材料科学体系[176]。

10.6.1 发展历程及技术难点评述

高温合金是金属材料中一个重要分支,由于其使用在经济和科技的关键领域,一直受到各国政府的高度重视,往往成为优先发展领域而给予强力支持。金属材料领域中许多基础概念、新技术、新工艺都曾率先在高温合金研究领域中出现,如相预测和相计算、定向凝固与单晶技术等。但高温合金研究领域目前也面临不少难题，需要我们重视并寻求解决方案。下面拟作一简单评述。

10.6.1.1　发展历程[176]

高温合金最早源自 20 世纪 30 年代末的一种含 Ti 的镍基合金 Nimonic 75，后来通过在合金中添加 B、Zr、W、Mo 等元素，形成了 Nimonic 系列高温合金。英国的高温合金体系通常就是以 Nimonic 命名的合金系列。20 世纪 40 年代初，美国开始发展航空燃气涡轮发动机，有力地推进了高温合金的研究进程，先后研制出了 Hastelloy、Waspalloy、Udimet、Inconel、Mar-M 等高温合金系列。在此期间，苏联也在耐热钢的基础上发展出了一系列铁-镍基、镍基和钴基高温合金材料。国际高温合金学界公认的、具有相对独立高温合金体系的国家主要包括美国、苏联（俄罗斯）、英国和中国。随着材料设计及制备技术的不断发展，高温合金出现了变形、铸造及粉末冶金高温合金，制备工艺也从原来的普通冶炼发展到真空冶炼、多联超纯净冶炼，同时出现了等温铸造、定向凝固、粉末冶金、机械合金化、喷射成形等新技术。随着材料设计及制备技术的发展，高温合金的性能演化趋势如图 10.107 所示[177]。

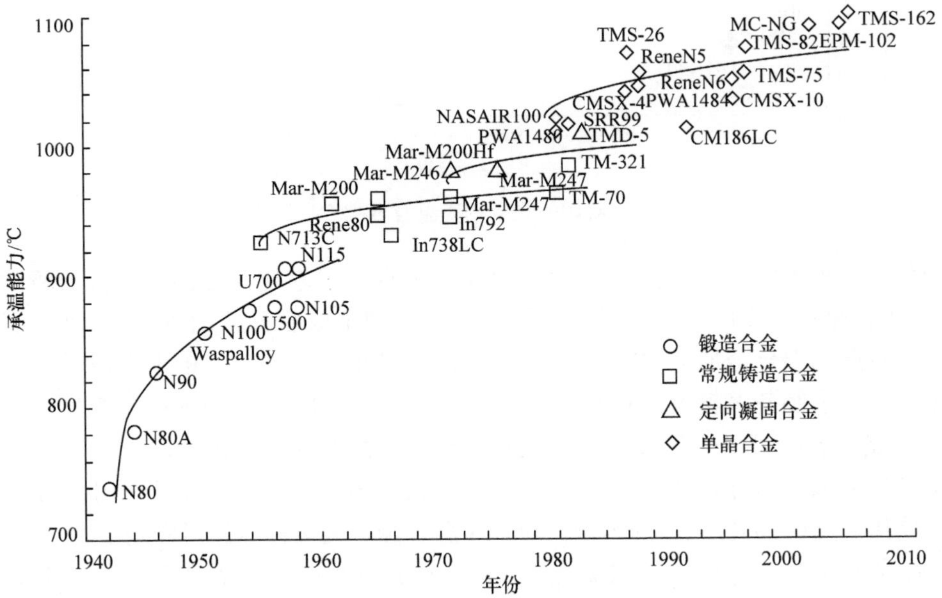

图 10.107　镍基高温合金承温能力随成分、组织和制备技术发展的进化史[177]

变形高温合金因其具有优异的综合性能，是制备航空发动机各种盘、环、轴、机匣、燃烧室、紧固件的关键材料。随着发动机性能的不断提高，变形高温合金的合金化程度不断上升，元素偏析倾向加剧，工艺难度显著增大。国外变形高温合金发展比较成熟，已形成以 In718、Waspaloy、U720Li、ЭП742 和 ЭK151 等为主的变形高温合金盘件材料系列，最高使用温度已达到 850℃，同时发展新的工艺使合金的性能明显提升以满足发动机不同部件的需求。变形高温合金总体上向耐高温、高可靠性和低成本方向发展。

我国发展的变形高温合金系列，具有力学性能优异、可锻性良好、可制备大锭型、成本相对低廉等优点,因而适合于制备重型燃机超大型涡轮盘锻件。例如,国内采用 VIM+SR+VAR 三联冶炼工艺,制备出重 10t、直径为 900mm 的 GH4706 合金重熔锭;然后,通过反复镦拔工艺实现自由锻造开坯,成功生产出直径为 700mm 的大规格棒材和直径 2000mm 的涡轮盘锻件。近 10 年来出现了具有高温高强同时注重合金的热稳定性、抗氧化性能和工艺性能的新合金,其典型代表就是 GH3230 合金。GH3230 合金是 Ni-Cr 基固溶强化变形高温合金,使用温度范围 700～1050℃,具有较高的强度和抗冷热疲劳性能,组织稳定。我国也开展了 GH3230 合金板材轧制工艺的研发,并已生产出宽度达 1100mm、厚度为 0.6mm 的高温强度高、氧化性能优异的合金板材。图 10.108 为我国燃烧室用高温合金的发展历程[178]。

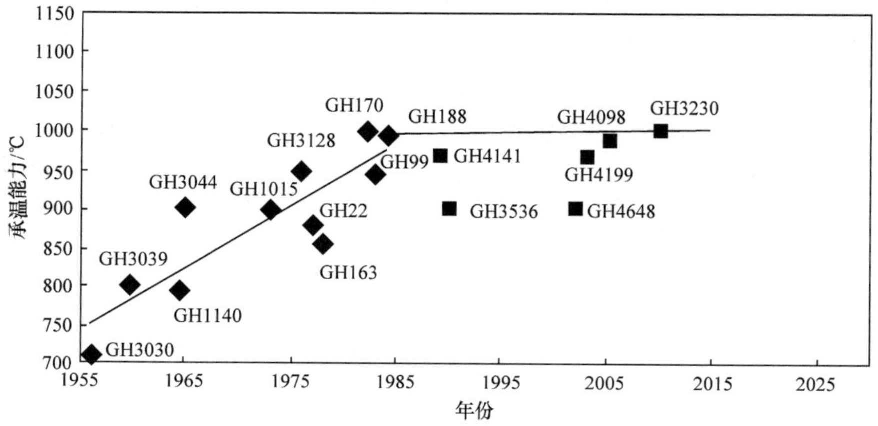

图 10.108　我国燃烧室用高温合金的发展历程[178]

现代高推重比发动机的发展,对高温合金材料性能要求越来越高。传统的铸锻高温合金,由于合金化程度的提高,铸锭偏析严重,压力加工成型日益困难,已经难以满足要求。为了克服高温合金加工和成形困难的问题,国外推重比 8 以上的航空发动机广泛应用粉末高温合金制备涡轮盘。粉末高温合金通常划分为四代:以 Rene95 为代表的第一代粉末高温合金;以 Rene88DT 为代表的第二代粉末高温合金;以 Rene104、Alloy10 为代表的第三代粉末高温合金,以及在第三代合金基础上,通过调整合金成分和生产工艺来获得更高使用温度(815℃左右)的第四代粉末高温合金。美国普惠公司率先于 1972 年研制成功粉末冶金 In100 高温合金,装配在 F-15 和 F-16 战斗机上。在随后的 30 多年,美国、法国、英国等西方国家研制了 MERL76、Rene95、Rene88DT、U720、N18、RR1000、Rene104 等多种牌号的粉末高温合金,应用于如 F-18、F-119、EJ2000 等先进战斗机,并广泛应用于波音、空客等民用飞机。苏联于 20 世纪 70 年代研制成功 ЭП741НП 合金,1981 年开始批量生产,并大量装配米格-29、米格-31、苏-27 等先进战机。除 ЭП741НП 合金外,目前,比较成熟的还有 ЭП962П 合金(相当于 Rene95 合金),同时还研制成功了 ЭП975П 合金(相当于美国的 AF115 合金),使用温度在 750℃以上。除军用飞机外,苏联的 ЭП741НП 粉末高温合金在其国内的民用飞机(如伊尔-76、图-204 等)也获得大量应用。

由于粉末高温合金的研制技术难度高、投资大、涉及的学科领域广,世界上能独立进行研制的国家只有美、俄、英和法等少数几个国家。对于第三代粉末高温合金，据报道仅有美国、法国和英国建立了属于自己牌号的合金，主要包括美国的 CH98、Alloy10、ME3 和 LSHR 等，法国的 NRx 系列合金，以及英国的 RR1000 合金等。目前，第四代粉末高温合金的设计目标是可满足推重比为 15～20 的航空发动机，该发动机工作时，其涡轮前端温度可达到 2000℃，高压涡轮盘的最高工作温度达到 810℃或者更高。即第四代粉末高温合金的发展目标是：在继承前几代粉末高温合金的高强度、高损伤容限的基础上，进一步提高其工作温度，以期获得一种高强度、高损伤容限及高工作温度的合金[179]。

随着高温合金构件结构复杂化和铸造技术的发展，铸造高温合金得到了广泛的应用，特别是定向凝固技术的出现，为单晶高温合金的发展创造了条件，在定向凝固合金基础上，发展了完全消除晶界的单晶高温合金。20 世纪 80 年代以来，单晶高温合金一直沿着其独特的道路发展，其承温能力得到不断提高，发展趋势如图 10.109 所示[177]。

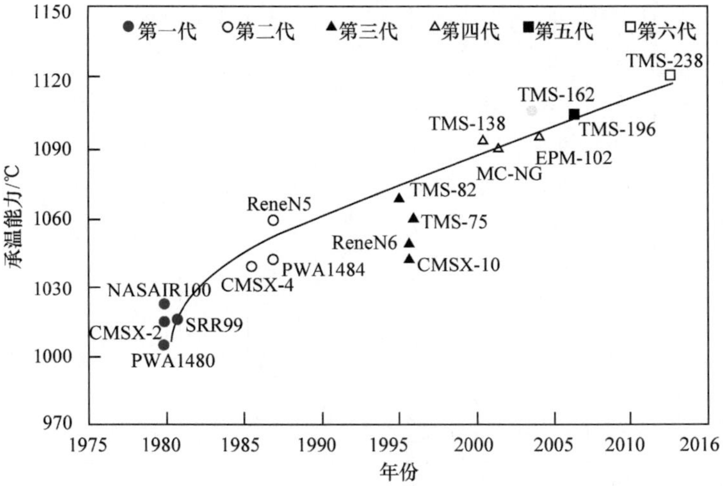

图 10.109　典型镍基单晶高温合金的承温能力及分类[177]

单晶高温合金消除了晶界，明显减少了降低熔点的晶界强化元素，使合金的初熔温度提高，能够在较高温度范围进行固溶处理，其强度比等轴晶和定向柱晶高温合金大幅度提高，因而得到了广泛应用。单晶高温合金的力学、化学性能与合金的化学组成密切相关，如果将在 137MPa 条件下 1000h 的持久温度(称为承温能力，或使用温度)作为分类标准进行分类，则可以将各种单晶高温合金归类为六代。自 20 世纪 80 年代开始，PWA1480、CMSX-2、CMSX-3、SRR99 等第一代单晶高温合金出现以来，单晶高温合金的研究取得了突破性进展。随着合金设计理论水平的提高和铸造工艺技术的进步，以及铼(Re)元素的添加，相继出现了以 PWA1484、CMSX-4、ReneN5 等为代表，承温能力比第一代单晶高温合金高约 30℃的第二代单晶高温合金，以及以 CMSX-10、ReneN6 等为代表，承温能力比第一代高约 60℃的第三代单晶高温合金。通过添加 Ru、Pt、Ir 等元素，又发展出以 MC-NG、TMS-138、TMS-162 等为代表的第四代和第五代单晶高温合金和 TMS-238 为代表的第六代单晶高温合金，其典型合金及成分如表 10.101 所示[177,180]。各代合金的化学成分的主要差别在于：相对第一代，第二代单晶高温合金主要添加了 Re，第三代单晶高温合金的 Re 含量增加至 3.0%～>5.0%，第四代单晶高温合金又在第三代的基础上引入了钌(Ru),第五代单晶高温合金则将 Ru 的添加量增加到 3.0%~>5.0%,第六代单晶高温合金则在第五代的基础上对合金的化学组成进行了较为精细的调整。其中,Re 是一种有效的强化元素,可以提高合金的承温能力。但是,过量的添加,一旦超过 Re 在合金中的固溶限后,将出现拓扑密排相(TCP)的析出,从而使合金的蠕变性能明显降低。因此,为了阻止 TCP 相的析出,在第四代单晶高温合金引入了 3%Ru。第五代和第六代单晶高温合金则对 Re、Ru 和其他组成元素的含量进行了更为合理的调配。

表 10.101　典型单晶高温合金的成分[177,180]

归类	牌号	Cr	Co	Mo	W	Ta	Re	Hf	Al	Ti	Ni	其他
第一代	PWA1480	10	5	—	4	12	—	—	5	1.5	余	—
	ReneN4	9	8	2	6	4	—	—	3.7	4.2	余	0.5Nb
	SRR99	8	5	—	10	3	—	—	5.5	2.2	余	—
	RR2000	10	15	3	—	—	—	—	5.5	4	余	1V
	AM1	8	6	2	6	9	—	—	5.2	1.2	余	—
	AM3	8	6	2	5	4	—	—	6	2	余	—
	CMX-2	8	5	0.6	8	6	—	—	5.6	1	余	—
	CMX-3	8	5	0.6	8	6	—	0.1	5.6	1	余	—
	CMX-6	10	5	3	—	2	—	0.1	4.8	4.7	余	—
	SC-16	16	—	2.8	—	3.5	—	—	3.5	3.5	余	—
	AF-56	12	8	2	4	5	—	—	3.4	4	余	—
	СИК7	14.8	8.8	0.4	6.9	—	—	—	4.1	3.9	余	0.08C,0.01B,0.02Ce
	DD403	9.5	5	3.8	5.2	—	—	—	5.9	2.1	余	—
	DD408	16	8.5	—	6	—	—	—	3.9	3.8	余	—
第二代	PWA1484	5	10	2	6	9	3	0.1	5.6	—	余	—
	ReneN5	7	8	2	5	7	3	0.2	6.2	—	余	0.05C, 0.004B,0.01Y
	CMSX-4	6.5	9	0.6	6	6.5	3	0.1	5.6	1	余	—
	SC180	5	10	2	5	8.5	3	0.1	5.2	1	余	—
	ЖС32	5	9	1.1	8.5	4	4	—	6	1.5	余	0.15C,1.6Nb,0.015B
	ЖС36	4.2	8.7	1	12	—	2	—	6	1.2	余	1Nb,RE
第三代	ReneN6	4.2	12	1.4	6	7.2	5.4	0.15	5.75	—	余	0.05C,0.004B,0.01Y
	CMSX-10	3.3	2.2	0.4	5.6	8.4	6.4	0.04	5.74	0.2	余	0.1Nb
第四代	TMS-138	3.2	5.8	2.8	5.9	5.6	5.0	0.1	5.9	—	余	2.0Ru
	MC-NG	4	—	4	5	6	3	0.1	5.8	—	余	4.0Ru
第五代	TMS-162	3.0	5.8	3.9	5.8	5.6	4.9	0.1	5.8	—	余	6.0Ru
	TMS-196	4.6	5.6	2.4	5.0	5.6	6.4	0.1	5.6	—	余	5.0Ru
第六代	TMS-238	4.6	6.5	1.1	4.0	7.6	6.4	0.1	5.9	—	余	5.0Ru

第四代单晶合金 RR3010 的承温能力达到 1180℃,用在英国劳斯莱斯公司最新的 Trent 系列发动机上。新的单晶合金成分中 Re 的加入以及 Hf、Y、La、Ru 等元素的合理

应用使合金的持久性能和抗环境损伤性能得到明显的提高。几乎所有先进航空发动机，如推重比为 10 的发动机 F-119、F-120、EJ200 和 P2000 以及设计目标推重比为 20 的发动机，都采用了单晶合金作为叶片材料，其在发动机中的装配位置如图 10.110 所示[181]。第三代单晶合金在国外已获得应用，第四代单晶高温合金已开展了装机试车工作。

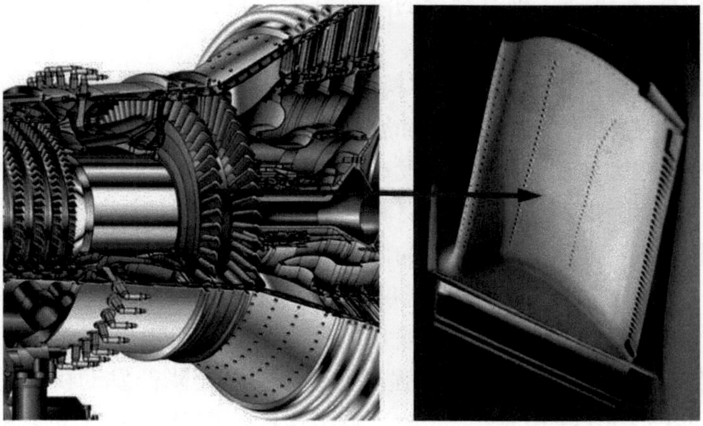

(a)　(b)

图 10.110　单晶高温合金叶片在高压涡轮发动机中装配(a)和单晶高温合金叶片(b)[181]

由于 Re 和 Ru 元素储量稀缺、价格昂贵，使得先进单晶合金的成本成倍地增加，制约了这些合金的推广应用。因此，采用储量稀缺和价格昂贵的 Re、Ru 等元素，提高单晶高温合金性能，并以 Re、Ru 元素含量高低进行“分代归类”的发展思路值得学界商榷。当前，单晶高温合金的发展重点之一是研发高性能低成本合金：通过优化合金成分，降低 Re 和 Ru 的含量，在保证性能的前提下，尽可能降低合金成本。例如，法国国家航空航天研究中心发展的无 Re 合金 MC2 已经达到了第二代单晶高温合金的性能水平。美国的通用电气公司、C-M 公司及美国航空航天局在发展低成本合金方面也取得了重要进展。2008 年，通用电气公司在 ReneN5 合金的基础上研制了 ReneN515(含 1.5% Re，质量分数) 和 ReneN500 (无 Re) 合金，并对 Rene N515 合金在一些航空发动机上进行了测试，计划将其应用到 GEnx 等发动机上。我国发展了 DD98 系列无 Re 高性能合金，其高温力学性能基本达到了第二代单晶高温合金性能水平[180]。

在高温合金发展历程中，关键技术和核心合金成分一直是各国竞争的热点，十分重视专利保护。Ni 基高温合金核心制备技术分别涉及熔煅、铸造、定向凝固、单晶等技术[182]。1966 年(专利公开年份)在铸造的基础上采用定向结晶凝固技术之后，出现了相对应的 10 余种典型合金型号(PWA1426、CM186LC 等)。20 世纪 70 年代在定向凝固技术的基础上发展出了单晶专利技术，1982 年有了第一代单晶合金，比较著名的产品是 PWA1480，目前 Ni 基单晶合金研发到了第六代，成熟应用已经到第四代[183]。值得注意的是，第六代单晶合金 TMS-238 是 2008 年研制的，距今已有 10 余年时间，学界和工业界没有出现新一代单晶合金。

单晶高温合金中最重要的强化相(γ'相)在 1150℃以上会迅速固溶，因此限制了单晶合金的高温强度。研究表明，由于 Pt 元素倾向于在 γ'相中偏聚，可以提高 γ'相的高温稳定性，Rame 等设计了含 2%Pt 的新型单晶合金 TROPEA，其 RE 含量控制在 1%，合金

950～1150℃的蠕变性能与第二代单晶合金相当,1200℃以上的蠕变性能与第三代单晶合金相当。但是,含 Pt 合金的成本与第三代单晶合金相比显著提高。除了添加新合金元素,近几年研究人员也通过不断优化合金成分,例如适当增加 Al、Ta 含量,提高 γ'相体积分数和溶解温度,通过调整 Co、Mo 等合金元素含量平衡第四代单晶高温合金的组织稳定性和持久性能等,来进一步提升合金的高温性能。可见上述成分调整方案仍然难以进一步提高单晶合金的高温强度[126,184]。

不断提升结构材料的使用温度是材料科学领域的发展方向。事实上,研制能够承受发动机内恶劣环境(高温、高应力、氧化和腐蚀)的新型高温结构材料,一直是控制航空涡轮发动机发展的关键因素。飞机/航空发动机设计部门总希望材料界能提供具有更高高温力学性能、更高氧化和腐蚀抗力的新材料。对新的超高温结构材料的追求,主要是因为在更高的温度下,航空和发电燃气轮机的效率能够得到提高。目前,由镍基单晶高温合金制成的涡轮叶片可以在接近 1150℃的温度环境中服役,即工作温度接近其熔点的 90%。通过使用复杂的冷却系统和热障涂层,镍基单晶高温合金可以在涡轮发动机最热的区域(温度接近 1500℃)工作。然而,涂层和强制空气冷却又会降低发动机在更高温度下工作所获得的效率,如图 10.111 所示[185]。为了克服这种效率损失,一个较好的解决办法就是研制能够在更高温度下工作的新的超高温结构材料(不需要冷却系统和热障涂层)。因此,要想制造出能在更高温度工作的高温发动机,必须研制和使用镍基单晶高温合金的替代材料[185]。

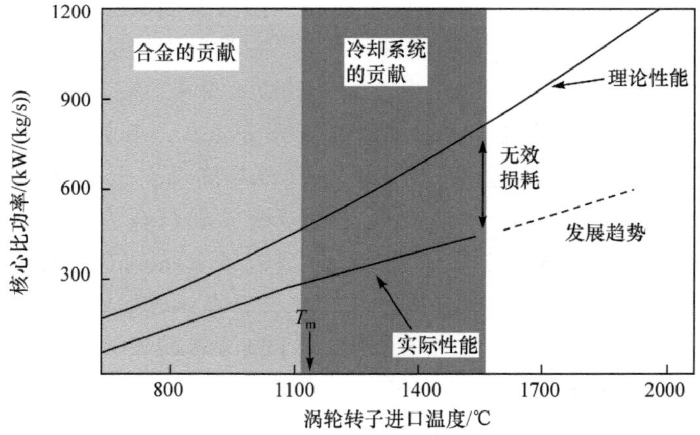

图 10.111　核心比功率(specific core power)与燃气涡轮发动机的涡轮转子进口温度的关系[185]

因此,研制具有更高承温能力的高温材料是发展新型高推比发动机的重要基础。近年来,以 Nb-Si 共晶体系为基础的新型 Nb 基超高温合金(难熔金属材料)引起了高温材料界的广泛关注,它依靠高韧性的 Nb 基固溶体来提高合金的室温韧性,而依靠金属间化合物相(如 Nb_3Si 或 Nb_5Si_3)来保证合金的高温强度。此外,通过加入 Ti、Hf、Cr、Al、B 和 Y 等元素进行多元合金化,可以显著改善其室温断裂韧性、高温蠕变强度,以及高温抗氧化能力等性能之间的匹配。同时,它的密度比第二代单晶高温合金约低 20%。因此,此类新型 Nb 基超高温合金可望应用于 1200～1450℃温度范围,作为超高温替代材料很有竞争力。国外 Nb-Si 系高温合金结构材料的研究主要集中在美国通用电气公司、德国宇航研究院、英国萨里大学及日本九州中心等研究机构。日本从 1996 年开始，以超高温材料研究所为中心，联合日本东北大学和东京工业大学等机构，进行新型 Nb 基超合金的开发。目前已开发的 Nb-16Si-5Mo-15W-5Hf-5C 合金在 1500℃/100h 下的蠕变断裂强度超过了 150MPa；Nb-16Si-10Mo-15W 合金在 1500℃下的高温强度为 800MPa。在众多研究机构中，通用电气公司的研究工作尤为突出。1998 年，通用电气公司在美国空军的资助下开始研究开发作为先进航空发动机应用的新型 Nb 基高温结构材料。目前该公司的 Nb-Si 基合金已经由二元 Nb-Si 基发展成为包含多种合金化元素在内的多元复杂体系。通用电气公司研发的 Nb-Si 基合金的室温断裂韧性可达 $35MPa \cdot m^{1/2}$，室温至 800℃的压缩屈服强度保持在 1700MPa 左右，而 1200℃时材料的抗压强度是同一温度下第二代镍基单晶高温合金的 2 倍，1350℃的压缩屈服强度为 310MPa[186]。

近期，北京航空航天大学研究人员系统研究了 Ta 和 W 对 Nb-Si 基合金相组成、显微组织和室温断裂韧性的影响。Nb-Si 基合金的名义成分(原子分数，%)为 Nb-15Si-24Ti-4Cr-2Al-2Hf(基体合金)、Nb-15Si-24Ti-4Al-2Hf-1Ta(1Ta 合金)和 Nb-15Si-24Ti-4Cr-2Al-2Hf-1W(1W 合金)。结果表明，基体合金、1Ta 合金和 1W 合金由 Nb 固溶体(Nb_{ss})、α-Nb_5Si_3 和少量 γ-Nb_5Si_3 相组成。元素 Ta 和 W 主要配方在 Nb 固溶体(Nb_{ss})中。添加 Ta 可使基体合金的断裂韧性从 $10.2MPa \cdot m^{1/2}$ 提高到 $12.2MPa \cdot m^{1/2}$，而 W 的加入使合金的断裂韧性降低到 $8.2MPa \cdot m^{1/2}$。三种合金中的 Nb_{ss} 相的断裂方式为解理断裂，在断面上有河流条纹，而 Nb_5Si_3 相表现出脆性断裂模式，其断口表面具有平坦和无特征状态。与基体合金和 1W 合金不同的是，1Ta 合金的断口显现有二次裂纹的发生和沿相界面的破裂。他们还讨论了在 Nb-Si 基合金添加 Ta 和 W 后的增韧机理[187]。

Nb 基超高温合金中各相之间的晶体学取向关系对材料的力学性能有重要的影响。近期，西北工业大学的研究人员对 Nb-Si 基超高温合金进行了相应的热处理，使 Nb 固溶体中析出了片状六方晶体结构的 γ-Nb_5Si_3 相。用高分辨透射电镜研究了 γ-Nb_5Si_3 析出相与 Nb 固溶体基体相之间的取向关系和界面结构。两相之间取向关系为具有近共格界面的晶体学关系：$[111]_{Nb}/[0001]_{\gamma}$ 和 $(101)_{Nb}/(1100)_{\gamma}$。界面结构可以用重位点阵/完全平移点阵(CSL/DSC)模型解释，在界面上形成了一系列相界位错(PBDS)[188]。为了更好地控制 Nb-Si 基超高温合金的热加工过程，必须深刻认识其在热变形过程中的组织演变和相应的软化机理。因此，他们还从变形组织和组成相(Nb_{ss} 和 Nb_5Si_3)的取向等方面，在不同应变条件下，研究了 Nb-Si 基超高温合金动态软化过程中的显微组织演变问题。通过对 Nb-Si 基超高温合金热压缩过程中流动特性和组织演变的研究，揭示了 Nb-Si 基超高温合金的软化机理。合金的软化主要以 Nb_{ss} 的连续动态再结晶为主，Nb_5Si_3 的连续动态再结晶的速率更慢[189]。

加工技术是实现 Nb-Si 基超高温合金实际应用的另一个需要关注的问题。目前，真空电弧熔炼技术已广泛应用于合金锭的制备。此外，定向凝固技术可以有效地改善 Nb-Si 基超高温合金的力学性能(包括高温强度和室温断裂韧性)；还可以利用感应熔炼法、热压烧结法和放电等离子烧结法制备 Nb-Si 基超高温合金，以控制其显微组织，从而改善其性能。

为了揭示准共晶 Nb-Si 基合金的共晶演化过程，研究人员采用定向凝固法对 Nb-xTi-ySi-4Cr-2Al-2Hf(22Ti-15Si，24Ti-15Si，22Ti-16.5Si，原子分数，%)合金进行定向凝固,提拉速率分别为 400μm/s 和 500μm/s。他们观察到三种典型的共晶形态:准规则共晶Ⅰ、准规则共晶Ⅱ和共晶枝晶团。Ti 含量的降低和提拉速率的增加提高了生长速率,从而导致由准规则共晶Ⅰ向准规则共晶Ⅱ的转变。Si 含量的增加和提拉速率的降低使生长速率减小,导致更大程度的偏析,最终促进共晶枝晶团的形成。准规则共晶Ⅰ和Ⅱ的尺寸随提拉速率的增加而减小,随 Ti 和 Si 含量的增加而增大。对于准规则共晶Ⅰ和Ⅱ,随着 Ti 含量的增加,γ-$(Nb,Ti)_5Si_3$ 相的体积分数会增加。与准规则共晶Ⅰ相比,由于 γ-$(Nb,Ti)_5Si_3$ 相生长模式的转变,在准规则共晶Ⅱ中存在更多的 γ-$(Nb,Ti)_5Si_3$ 相[190]。

目前,难熔金属材料,特别是难熔金属 Nb 具有较低密度($8.57g/cm^3$)、高熔点(2741K)、高强度、高塑性、低蒸气压等特性,且能同时固溶多种合金强化元素,作为超高温合金结构材料表现出优良的应用潜力,获得材料研究者和发动机设计人员的广泛关注。根据强化相及强化方式的不同,目前在研的 Nb 基超高温合金可以细分为 Nb-Si 基、Nb-Ti-Al 基和 Nb-W-Mo 基合金等[186]。

Nb-Si 基合金有潜力应用于 1200～1450℃高温,但其抗氧化性能较差。西北工业大学的研究人员开发了 Al、Y、Cr、B、Ce、Zr、Ge 等单元及多元联合改性的 $NbSi_2$ 基硅化物涂层体系,其中多种涂层体系经 1250～1350℃恒温氧化 100～200h 或 1250℃至室温循环氧化 100 次后仍对基体合金具有优异的保护能力[191]。哈尔滨工业大学的研究团队采用两步充填胶结法和微弧氧化法,在 Nb 基超高温合金表面制备了 Nb_2O_5-SiO_2/$NbSi_2$/Nb_5Si_3 多层膜,并比较研究了 Nb_2O_5-SiO_2/$NbSi_2$/Nb_5Si_3 多层膜和 $NbSi_2$/Nb_5Si_3 涂层在 1250℃的等温氧化性能。结果表明,当 Nb 合金表面有 $NbSi_2$/Nb_5Si_3 涂层时,其氧化动力学符合抛物线规律,其抛物线速率常数 k_p 为 $0.79mg^2/(cm^4 \cdot h)$。而有多层涂层的 Nb 合金具有更好的抗氧化性能,前 15h 的 k_p 仅为 $0.06mg^2/(cm^4 \cdot h)$;在随后的氧化阶段,与 $NbSi_2$/Nb_5Si_3 涂层合金的抗氧化性能相当。多层涂层成功地延缓了氧化过程,这是由于 Nb_2O_5-SiO_2-Al_2O_3 外层中形成了 Al_2O_3 和玻璃状 SiO_2[192]。

除了 Nb 基难熔金属材料外,还有 Mo 基难熔金属等材料有希望发展成为超高温合金结构材料。其中,Mo-Si-B 体系中的单相主要有 Mo 的固溶体(Mo_{ss})、Mo_3Si、Mo_5Si_3、$MoSi_2$ 和 Mo_5SiB_2 等,熔点都在 2000℃以上,均是高温结构材料的潜在选择。但是纯 Mo 在 500℃就被快速氧化成挥发性的 MoO_3,而且 Mo_{ss} 因固溶原子的存在,很容易阻碍位错运动而具有较大的脆性。在 Mo_3Si 相内曾观察到大量的位错,它对合金的韧性有贡献,但是其本征脆性和热膨胀各向异性限制了它的发展。$MoSi_2$ 及 Mo_5Si_3 的熔点都高于 2000℃,高温强度及高温蠕变性能都非常优异,但是同样具有本征脆性或热学各向异性,且在 400～900℃范围内存在的特殊的氧化现象限制了其在超高温结构材料领域的发展。有人曾发现,对 Mo_5Si_3 添加少量硼后,高温条件下可在基体上形成一层具有流动性的硼硅酸盐玻璃膜,从而阻止氧气的向内扩散,使其在 800～1300℃时的抗氧化能力可以与 $MoSi_2$ 相媲美,并且中温无特殊氧化效应,因而钼硼的硅化物成为研究的热点。其中,Mo_5SiB_2 具有高熔点、良好的抗高温氧化性能和蠕变抗力,非常有潜力成为下一代超高温结构材料。除了单相的 Mo_5SiB_2,在 Mo-Si-B 三元相图中富钼的 Mo_{ss}+Mo_3Si+T2 和 T1+T2+Mo_3Si 两个三相区(T2 为 Mo_5SiB_2,T1 为 Mo_5Si_3,Mo_{ss} 为 Si,B 在 α-Mo 中的固溶体)也是十分热门的研究方向。前者由于含韧性良好的 Mo_{ss} 比较多,而具有相对较好的室温韧性、一定的高温强度和高温蠕变抗力;与此相比,后者全部由金属间化合物组成，具有优异的高温抗氧化性能和高温蠕变抗力，但是室温脆性较大[193]。

日本东北大学的研究人员近期研究了 TiC 增强 Mo-Si-B 基合金在 1400～1600℃温度范围内的高温拉伸蠕变行为。在 100～300MPa 的应力范围内进行了 400h 的真空试验，并用 Larson-Miller 图和 Monkman-Grant 图对蠕变断裂数据进行了合理处理。有趣的是，在超高温范围内，Mo-Si-B-TiC 合金表现出良好的蠕变强度，蠕变性能优良：在 137MPa/1400℃条件下，断裂时间为 400h，应力指数(n)为 3，蠕变表观活化能(Q_{app})为 550kJ/mol。在蠕变试验中，随应力降低(70%以上)和适度的应变速率振荡，会增加的蠕变断裂应变。T2 相、(Ti，Mo)C 相与 Mo_{ss}(Mo 合金固溶体)相之间的相界滑动、Mo_{ss} 相中的动态回复和再结晶是造成合金蠕变的两种机制。该研究是第一次对 Mo-Si-B-TiC 合金在超高温范围内的蠕变进行的全面分析。结果表明，该材料在真空条件下具有良好的高温力学性能[194]。

在超高温下对超高温合金表面提供坚固的保护涂层是一个艰难的任务。为了在钼基合金上实现这一目标，Perepezko 利用反应扩散途径分析的基本概念，设计了一种具有相序结构的多层 Mo-Si-B 基涂层。该涂层具有结构和热力学兼容性，以及维持涂层完整性的扩散屏障。涂层设计概念具有普遍适用性。涂层结构在高温暴露过程中的演变有利于延长寿命且具有自修复能力。在温度不高于 1700℃的条件下，采用充填胶结法合成的硼硅化物涂层具有优良的抗环境氧化性能，也适用于其他难熔金属材料和陶瓷体系[195]。

目前，我国已经建成了多个高温合金研制和生产基地，这些基地有着较先进的生产设备，并具生产规模。在这些基地中有变形高温合金生产厂，还有锻件的热加工厂；也形成了一批研究单位，这些单位研究水平高，研究设备齐全；还有一些高校的实验室，也具有研发能力。以上这些单位形成了我国的多支专业技术队伍，其研发和生产相结合，技术水平较先进，自主创新能力也较强。现在，我国具备了对高温合金材料进行应用研究及评估的能力，也具备故障分析的能力，基本可自己独立解决航空、航天等部门遇到的各种高温合金问题[196]。

10.6.1.2　技术难点评述

金属材料(包括高温合金)是非理想(晶体)材料，其内部结构和化学组分呈非均匀分布。内部的多组元合金原子、各类晶体缺陷在多相区中及相界(或晶界)上呈现出不同的分布状态(微结构的几何构型与尺度、成分与缺陷的空间分布特征)。这种“空间分布特征”与合金的化学成分、加工技术与工艺过程密切相关。换言之，材料的化学成分与制备技术决定了材料的“空间分布特征”。由于影响因素众多，微结构的几何构型与尺度、成分与缺陷的空间分布特征又是常规分析方法难以企及的，所以，我们难以清晰地描述化学成分与制备技术是如何影响高温合金的微结构几何构型与尺度、成分与缺陷空间分布的，更遑论建立它们之间的定量规律。

同时，这种“空间分布特征”决定了高温合金的初始性能(如短时拉伸性能：断裂强度、屈服强度、延伸率等)，但这种“空间分布特征”是非稳定的，在各种外场(温度场、力场等)作用下会随时间发生变化，即产生微结构构型、成分与缺陷的空间分布特征随时间的变化。这种“空间分布特征随时间的变化”决定了金属材料(高温合金)的服役性能和构件的寿命。同样，我们期望能掌握它们之间的内在规律，建立定量关系。显然，这个命题的重要性和存在的巨大挑战是不言而喻的。

简言之,建立材料化学成分、制备技术与工艺、微结构、性能(包括服役性能)之间的内在联系(定量),并依据这种关系,按照人类需求(对材料性能的需求)设计材料化学成分、制造技术与工艺过程,是材料学界研究人员的终极目标。困难与挑战是明显的,我们只能迎难而上。如下,我们列举了应予以关注的几个难点。

1) 合金元素的作用、成分设计方法

高温合金性能提高的基本途径之一是不断提高合金化程度。目前先进的单晶高温合金中合金化元素多达十几种,总含量高达40%。近年来,单晶高温合金中强化相的体积分数基本保持在65%左右,但其中的固溶强化元素Co、Mo、W、Ta、Re、Ru等的含量却在不断增加,这使传统定向凝固工艺中单晶合金的凝固偏析越来越严重,有害相极易析出,因此在单晶合金成分优化的同时必须考虑发展先进的单晶制备技术,如高温度梯度液态金属冷却定向凝固技术。此外,尽管合金元素在高温合金中的强化机制已有大量报道,但迄今仍有部分元素的作用机制并不清楚,甚至存在较大争议。例如,一般认为Re可显著提高单晶合金的蠕变强度,但是最近发现Re的强化作用还与难熔元素总量及沉淀强化相的体积分数有关;此外,国外第三代典型单晶高温合金中Co含量分别为3%(CMSX-10)和12%(ReneN6),而第四代单晶EPM-102中则高达16.5%,显然Co对合金组织稳定性、与其他强化元素的交互作用及其对强化相体积分数的影响等均需深入研究[180]。

高温合金中微量元素(C、B、Zr、Hf等)对合金的强化作用最近也受到特别的关注:有关C和B的平衡或非平衡偏聚及其影响机制问题一直存在争议,目前仍是研究热点;Zr、Hf在多晶和定向凝固柱晶合金中一直是重要的晶界强化元素,但它们明显降低合金的初熔温度,影响合金的热处理工艺性能,因此在单晶合金发展初期属于完全去除元素。但近年来研究发现,单晶高温合金中加入Hf后,可以减少显微疏松等凝固缺陷的产生。当合金中同时加入C和Hf时,降低显微疏松的效果随C和Hf含量的不同而产生复杂变化,即C和Hf之间可能存在强烈的交互作用。过去一直认为P是高温合金中的有害元素,然而最近的研究发现,加入适量的P可以显著地提高某些高温合金的持久和蠕变性能,并且对其他性能不产生明显的影响[180]。

特别需要指出的是,至目前为止,高温合金的成分设计仍然采用传统的耗时费力的试错法(trial and error)来完成的。虽然,研究人员在试错的过程中积累了大量宝贵的经验,也涌现了不少成功的研发案例,但在很大程度上仍具有一定的偶然性和局限性,并不能形成一种材料设计研发的“范例”来推广。对于镍基高温合金来说,其合金成分及制造工艺过程都极其复杂,其研制周期也相对较长。以只针对优化镍基高温合金的一种服役性能,并且仅对其中7个主要合金元素的成分进行设计及优化为例,假设每种主要合金元素的最优含量的范围为0%~10%,采用传统试错法的方法,以每种合金元素的1%为增量水平来设计试验,那么就需要制备多达1×10^7种合金进行检测与分析。这个实验过程的工作量都非常巨大,显然超出了任何科研项目的能力和时间限制[197]。

相图能反映某种材料体系在一定的温度、压力、组成成分等条件下的相组成及相变信息,是合金设计中成分、相、组织、性能关系的基础。相图的建立通常有两种方法:实验测定和热力学计算。随着计算材料科学的发展,相图计算(calculation of phase diagrams, CALPHAD)方法逐渐成熟,已发展成为材料设计的有力工具,因而广泛地应用于科学研究和工程领域。相图计算的核心是用实验结果(主要是二元相图和三元平衡相关系或相图加上相关相的形成焓、混合焓、比热容、活度等)拟合、优化出各相在整个成分范围与从室温到超高温度范围内,其吉布斯自由能随成分、温度和压力变化的关系式,并据此形成热力学数据库。相图计算与多元合金热力学数据库相结合,可以实现多元合金中各相的相分数、相成分的热力学计算,从而指导合金成分设计及工艺优化。虽然,当前的镍基高温合金热力学数据库已经比较成熟,可以对合金体系中的基体 γ 相和最主要强化相 γ' 相的热力学稳定性进行很好的预测,但是对 TCP 相的预测能力则非常有限。因此,仍需要大量的实验测定与热力学优化工作,来进一步完善镍基高温合金热力学数据库,扩展数据库中所包含的元素,进而提高对 TCP 相的预测精度与可靠性。中南大学的研究人员采用高效测定二元、三元相图的扩散多元节方法(高通量测定方法),并结合相图计算方法,高通量地测定了 Cr-Ni-Ru 三元系相图等温截面;并且在此基础上,优化了 Cr-Ru 二元系和 Cr-Ni-Ru 三元系热力学数据。研究者可将这些数据集成到当前镍基高温合金热力学数据库中,提高对含 Ru 高温合金体系中的相平衡关系及 σ 相形成范围的预测能力[198],但要想发展成为一种高温合金成分设计的通用方法,还有很多难题需要克服。

现有的研究结果表明,合金元素即便是在单相(固溶体)中的分布也是不均匀的,更何况在多元、复相条件下由于存在更多、更复杂的各类缺陷,合金元素往往在它们附近形成或正或负的偏聚,合金元素的分布极不均匀。合金元素的这种分布状态又与材料的性能密切相关,因此,成分设计方法还应该具有预测或描述合金元素这种分布状态的能力。

然而,目前在合金元素的作用、成分设计方面仍然缺少具有普适的理论和方法。

2) 组织结构演化与精细调控方法

组织结构演化包括材料加工处理过程中组织结构形成与演化和服役(使用)过程中组织结构演化两方面。澄清材料在加工处理过程中组织结构形成与演化有助于指导材料的成分设计、制定合理的加工工艺流程和获取正确的参数,建立组织结构与性能的关系;揭示和掌握服役(使用)过程中组织结构演化规律有助于理解材料(或构件)在服役(使用)过程中的失效过程,制定相应的延寿方法。近年来,在这两方面的研究均有进展。

在变形合金领域,加工处理过程中组织结构演化的研究成效较为显著。国际上总的发展趋势是通过成分和工艺的优化,充分发掘现有成熟材料的潜力,推动一材多用,精简材料数量,将有限的资源集中于少数成熟材料的深入系统研究与考核上,同时探索和发展高性能新材料,稳定和优化制备工艺,从而有效保障变形合金体系的完备性、高可靠性和降低成本。为满足发动机向高性能、高可靠性、长寿命、大型化方向发展的需求,变形合金方面目前主要面对如下技术问题:①高合金化难变形合金的低偏析锭坯制备与可锻性;②超大尺寸锻件制备技术(重熔锭尺寸扩大与超大尺寸坯料锻压成型);③高温合金锻件的组织性能准确预报与有效控制;④变形高温合金制备支撑技术(热模锻造与等温锻造用新型耐高温模具材料、新型复合保温润滑材料开发等)。国外变形合金发展的另一个趋势是改进一些传统合金的关键性能,保持其综合性能好、容易加工、成本低等优点,发展一些改进型合金。其中以改进型 In718 合金的发展最具代表性,美国持续不断地在开展研究。在这方面,国内也开展了较多的工作。例如,P、B 复合强化 GH4169G 合金具有显著的长寿命特点,使用温度比 GH4169 合金提高 30℃,达到 680℃,并保持了 GH4169 合金综合性能好、加工性能优异、成本低的优点,具有良好的应用前景[176]。

塑性加工是调控组织结构演化的重要方法,也是提高合金性能、精确制备高温合金构件的有效手段,但高温合金的合金化程度不断提高,显著地加剧了元素偏析,增加了材料变形的不均匀性,使变形高温合金的塑性加工更加困难。一些先进的变形高温合金已经无法采用传统的热加工方法加工,必须引入新的塑性加工原理与工艺。据报道,U720Li和TMW等难变形合金既可以采用普通锻造开坯,也可以采用热挤压的方法开坯。之所以采用热挤压的方法开坯,主要是由于这一类高合金化程度合金的热塑性较低,热加工窗口较窄,热挤压变形有助于防止开坯过程中产生表面裂纹。国外对于高温合金热挤压变形研究的报道较少,而我国高温合金基本上没有采用热挤压变形工艺。由于先进变形高温合金的成分和组织复杂,热工艺窗口较窄,所以其模锻大都采用热模锻工艺,部分合金还在最佳工艺条件下采用超塑性成形等方法加工。目前有关的研究主要集中于合金的组织、工艺参数与热塑性之间的唯象关系方面,而对于塑性变形动力学过程的研究则相对较少。深入地认识塑性变形机理,研究合金微观组织演化和变形条件之间的关系,是控制合金组织性能的前提。目前,相关的研究和报道还缺乏系统性[176]。

粉末高温合金的发展已经进行了近40年,在生产工艺逐渐趋于成熟的条件下,得益于加工处理过程中组织结构演化研究,特别是对夹杂物、原始颗粒边界和热诱导孔洞,即粉末高温合金三大缺陷的成因和演化的研究,一系列性能更为优异的合金也将被相继开发出来,今后面对的问题为:①发展超纯净细粉制备技术、真空脱气和双韧化处理技术,以提高压实盘坯的致密度和改善材料的强度和塑性;②选择合适的淬火介质或者合理的冷却曲线降低淬裂概率;③粉末高温合金工艺设计的计算机模拟技术;④双性能盘的制备技术[199,200]。

镍基单晶高温合金通过加入大量的难熔元素,如Ta、Mo、W、Re等,能够有效提高合金的承温能力、改善高温力学特性。但难熔元素的添加,不仅极大地提高了材料成本、增加了合金密度,而且加重了元素的偏析、晶体缺陷及拓扑密堆相有害相的析出概率。因此,对于新型单晶高温合金而言,迫切需要优化成分设计,并发展新型的熔化和凝固工艺,以改善合金组织、降低偏析和缺陷的形成。另一方面,在航空发动机热端部件中使用环境最恶劣、结构最复杂、要求最严格的是涡轮叶片,目前均采用先进的单晶高温合金材料和复杂气冷结构。复杂单晶空心涡轮叶片已经成为当前高推重比发动机的核心技术。但是,由于叶片双层壁冷结构的复杂性,导致其制备工艺更为复杂,与工艺相关及铸件复杂结构相关的凝固缺陷率显著增加。单晶高温叶片的铸造缺陷(雀斑、杂晶、大小角度晶界、取向偏离等)和再结晶缺陷等成为影响其力学性能和产品合格率的关键因素。在我国由于缺陷引起的叶片报废率居高不下,这些问题在发达国家也未得到完全解决,而成为单晶叶片发展的瓶颈。这就需要我们深入研究典型凝固缺陷的形成机理,明确合金成分、铸件结构、工艺条件的影响规律,最终形成单晶高温合金叶片凝固缺陷的有效控制方法,同时也需要对生产过程进行严格管理和优化[201]。

3) 组织结构定量(精细)表征的新方法

显然,前述难点2)的解决,必须基于对高温合金材料组织结构的定量(精细)表征,而组织结构的定量(精细)表征也是目前研究人员面临的难点之一。

2014年12月4日,美国白宫公布了正式版本的《材料基因组计划战略规划》。该规划是美国国家层面的最高技术投资、发展规划,是继2001年美国《国家纳米技术战略规划》之后的首个国家级材料技术发展规划，对于促进美国国内材料研发转型，缩短美国新材料研发周期，满足高新技术产业发展和新一代军用装备发展具有重要意义。在这个规划中的“轻金属与结构材料”的研究目标条款中有如下设计：

(1) 确立和验证一种能力，能在一周内全面表征 $1cm^3$ 体积大小的复杂工程合金的微结构。

(2) 确立一种实验和模拟的集成方法，采用这种方法能无损地获取一张全面的三维残余张应力场分布图，这一分布图的分辨率要求达到 $10\mu m$(体积为 $10cm^3$)，并能深入到构件内部 1cm 的深度。上述工作需在一天内完成。

(3) 发展一种方法，能准确定义材料的“代表性体积单元”，以便用于大尺度材料实验、模拟和设计。

实现上述三个目标目前尚有困难，需要发展新方法，或者集成现有的方法。否则，我们难以准确回答如下问题(这仅仅是高温合金材料研究过程中经常遇见的问题之一)。

高温合金的变形主要是位错移动(滑移和攀移)造成的，特别是在高温条件下，用位错理论能解释其变形行为。近期的研究却表明，在三向应力作用下，即便是在 1050℃高温，高温合金也会通过微孪晶(microtwinning)产生变形。而我们对这种微孪晶知之甚少，存在不少疑问，例如：①这种微孪晶长度方向的生长控制因素是什么？如何用数学方法描述？②同样，微孪晶在厚度方向的生长与哪些因素有关？与合金成分的依存关系能否得到解释？③进一步，若增厚生长与合金原子扩散相关，那为什么扩散的拖拽力不是来自于溶剂镍原子，而是来自于其他置换合金原子？④微孪晶的生长机理是什么？⑤更为重要的是，由微孪晶产生的微尺度变形能解释实验观察到的、与时间相关的宏观变形响应吗？[202]

上述问题，涉及这样一些特征值：尺度(微孪晶的大小)、尺度变化(微孪晶的生长)、合金组元(微孪晶和周边区域)含量、合金组元(微孪晶和周边区域)含量的变化、微区应力分布。显然，要确定这些特征值，必须有相应的组织结构定量(精细)表征方法和工具。在确定这些特征值的基础上，借助于相关的理论分析，才有可能回答上述问题。

自 20 世纪 80 年代起，技术的革新和经济的发展越来越依赖新材料的进步。目前，从新材料的最初发现到最终工业化应用一般需要 10～20 年的时间。显然，新材料的研制步伐严重滞后于产品的设计。高温合金研究领域也面临同样的问题。当前，面对竞争激烈的制造业和快速的经济发展，材料科学家和工程师必须缩短新材料从发现到应用的研发周期，以期来解决 21 世纪的各种挑战。然而，当前的新材料研发主要依据研究者的科学直觉和大量重复的“试错法”实验。其实，有些实验是可以借助现有高效、准确的计算工具。然而，目前这种计算模拟的准确性依然很弱。制约材料研发周期的另一因素是从发现、发展、性能优化、系统设计与集成、产品论证及推广过程中涉及的研究团队间彼此独立，缺少合作和相互数据的共享，以及材料设计的技术有待大幅度提升。美国的材料基因组计划拟通过新材料研制周期内各个阶段的团队相互协作，加强“官产学研用”相结合，注重实验技术、计算技术和数据库之间的协作和共享，目标是把新材料研发周期减半，成本降低到现有的几分之一，以期加速其在清洁能源、国家安全、人类健康与福祉及下一代劳动力培养等方面的进步，加强国际竞争力。这样的思路值得我们在高温合金研究领域加以借鉴。同时，近年来，高温合金研究领域发展也较快，新概念、新方法、新成果不断涌现，现拟从合金元素的作用与成分设计方法，以及变形、强化与损伤研究诸方面加以介绍。

10.6.2 合金成分设计

10.6.2.1 合金元素的作用[177,180]

高温合金结构件(如叶片、涡轮盘等)的服役环境是高温(一定时间的近恒温、一定循环周期的冷热变温)、氧化和腐蚀气氛、承受较大复杂应力。因此，高温合金合金化主要原则为:添加合金元素使其①具有抵抗高温变形和断裂的能力(强化);②具有抗氧化和抗热腐蚀能力;③性能和微结构稳定。

镍基高温合金通常含有 Cr、Co、W、Mo、Re、Al、Ti、Nb、Ta、Hf、C、B、Zr 和 Y 等十余种合金元素。这些元素在合金中起着不同的作用，如固溶强化、第二相强化和晶界强化等。

Al、Ti、Ta 和 Nb　这些元素是 γ'相形成元素，决定着合金中强化相的数量。Al 是最主要的 γ'相形成元素，且在高温下能形成保护性的氧化膜，提高合金的抗氧化性能。Ti 可以改善合金的抗热腐蚀性能，但对合金的抗氧化性能和铸造性能不利，而且 Ti 含量的增加使共晶体难以溶解，增加固溶处理的难度。因此，第三代和第四代单晶高温合金中都将 Ti 含量控制得很低。Ta 偏聚于 γ'相，能提高 γ'相的固溶温度和强度，同时有效地改善合金的抗氧化和抗热腐蚀性能。Nb 提高 γ'相的热稳定性，延缓 γ'相的聚集长大过程，但对合金的抗氧化和抗热腐蚀性能不利。

Cr　镍基高温合金中 Cr 主要以固溶态存在于基体中，少量生成碳化物，其主要的作用是增加抗氧化和抗热腐蚀能力。由于单晶高温合金中加入了大量的 W、Mo、Nb、Ti、Al 和 Ta 等强化元素，Cr 含量过高会降低合金的组织稳定性，造成有害相析出而严重损害合金的强度及塑性。目前，先进单晶高温合金中 Cr 含量通常控制在 5%(质量分数)以下。

Co　镍基高温合金中通常含有 8%～20%的 Co 元素，其主要作用包括固溶强化、增加 γ'相含量、改善合金的塑性及热加工性能并提高组织稳定性。Co 在合金中主要分布于 γ 基体内，产生固溶强化效果，尤其是降低基体的层错能，显著提高合金的持久强度和蠕变抗力。

Mo 和 W　合金中加入 Mo 和 W 后可增强原子间结合力，提高扩散激活能，使扩散过程变慢，从而提高合金的热强性。Mo 偏聚于基体能使晶格错配度变得更小，促使界面位错网密度增大，有利于提高蠕变性能。在镍基铸造合金中，W 优先分布在树枝晶轴上，而 Mo 则集中于树枝晶界，因此 W 和 Mo 同时加入能起到综合强化效果。

Re　Re 是镍基单晶高温合金中最重要的强化元素，能显著提高合金的承温能力。分别加入了 3%和 6% Re 的第二代和第三代单晶高温合金，其使用温度较不含 Re 的第一代单晶合金分别提高了 30℃和 60℃。Re 在镍基高温合金中具有多种有益作用，如显著降低 γ'强化相的长大速率;偏聚于 γ 基体，使 γ/γ'错配度变得更负，有利于形成高密度的位错网;在基体中形成短程有序的原子团，阻碍位错运动，能获得比传统的固溶强化更明显的强化效果。但近期 Mottura 等通过三维原子探针、扩展 X 射线精细吸收结构和第一原理计算等方法并未检测到 Re 原子团的存在，且第一原理计算表明，Re 在 Ni 中的扩散激活能是所有元素中最大的，因而认为“Re 效应”的本质是 Re 极低的扩散系数抑制了合金中的扩散过程，从而提高了合金的高温强度。

Ru　镍基单晶高温合金中 Ru 的作用是降低 TCP 相的析出倾向和提高合金高温强度。Ru 通过反分配效应降低了 Re 等元素在基体中的偏聚程度，因而抑制了 TCP 相的析出。另有研究认为，Ru 不具有反分配效应，但能提高合金组织稳定性。关于 Ru 的作用机理还有待于进一步深入研究。

随着 Re 和 Ru 的添加，铸态组织中共晶含量显著增高。添加 Re 对液相线温度影响不大，但会降低固相线温度，从而扩大结晶温度间隔。Re 和 Ru 的加入还会明显降低合金的临界形核过冷度，使得杂晶的形成倾向加剧，使合金铸造性能降低。Re 也是偏析最为严重的元素之一[201,203]。

微量元素　C、B、Zr、Hf、Y、Ce 和 La 等微量元素中，C、B 和 Zr 是高温合金中最重要的晶界和树枝晶间强化元素。偏聚于晶界和树枝晶间的 C 和 B 除了作为间隙元素填充这些区域的间隙、减慢扩散，从而降低晶界和树枝晶间开裂倾向以外，还形成碳化物和硼化物，强化晶界和树枝晶间。Hf 在 γ' 相中的溶解度比在 γ 相中要大些，因而更能强化 γ' 相，同时又是很强的碳化物形成元素，能阻止 $M_{23}C_6$ 或 M_6C 型碳化物沿晶界大量析出。加入 Y、Ce 和 La 等元素主要用于改善单晶高温合金的抗氧化性能。稀土元素及其氧化物能细化氧化膜的晶粒，提高氧化膜的塑性和黏附力，明显改善合金的抗循环氧化性能。

10.6.2.2　合金成分设计方法

1）基于模型和实验数据库的合金成分设计（alloys-by-design）[197]

“合金成分设计”是一个由英国工程和自然科学研究委员会（Engineering and Physical Sciences Research Council，EPSRC）资助的研究项目，伯明翰大学 Reed 教授（现为牛津大学教授）为项目负责人。其研究目标是发展一种多尺度集成模型，应用这种集成模型进行合金成分设计，减少新型高温合金市场化的时间。“合金成分设计”项目的研究策略是首先发展一种多尺度集成模型，它组合了各种模型化技术，涉及的尺度从原子、微结构到宏观连续介质的超大范围。利用集成模型化技术可以将相关的涉及成分、微结构、性能的物理、化学规律（理论的、经验的）和重要实验数据（当不存在相关定量关系时）与合金设计的特征指标（如蠕变抗力、铸造工艺性能、密度和成本等）联系起来，用于新型高温合金的成分设计[204]。

Reed 等 2009 年发表论文，报道了他们的研究成果。他们基于蠕变抗力、微观结构稳定性、铸造性能、密度和成本因素的综合考虑，提出了一种单晶高温合金成分的设计方法，其中，微观结构稳定性包含 γ' 相体积分数、γ/γ' 错配度、TCP 相的稳定指数三个特征值。应用这一准则，可以在巨大的成分空间中筛选出少数几个理想的合金元素成分组合，而最佳的合金元素成分有可能就与这几个合金元素成分组合相近。Reed 认为这种方法打破了依赖研究人员的经验和试错的传统方法，增强了高温合金成分设计的有效性。其设计准则主要思路为，首先建立蠕变抗力、微观结构稳定性、铸造性能、密度和成本这五类性能特征值与合金成分的定量关系（模型），而后根据这些关系计算出海量的合金成分组合和相应性能（特征值），最后再根据具体的应用对象的性能要求，对这五类性能特征值进行平衡，筛选出少数几个理想的合金元素成分组合[197]。下面介绍各类性能特征值与合金成分的定量关系是如何建立的[205]。

(1) 蠕变抗力。目前,在高温合金蠕变过程中合金原子对蠕变速率控制过程的研究方面尚缺少可用的定量描述,因此至今没有可依据化学成分计算高温合金蠕变抗力的相关理论。Reed 通过总结现有的一些研究结果,提出了用来描述蠕变抗力的优值系数(merit index),记为 M_{creep}:

$$M_{creep}=\sum\frac{x_i}{D_i} \tag{10.18}$$

式中,x_i 是合金中溶质元素 i 的摩尔分数;D_i 是互扩散系数的近似值。在涡轮燃气轮机工程应用中,1%蠕变所需要的时间是一个很重要的量,而且越大越好。Reed 证实了实验用高温合金发生 1%蠕变所需要的时间与上述的优值系数呈线性关系。因此,M_{creep} 值越大的高温合金蠕变性能越好。

(2) 微观结构稳定性。微观结构稳定性包含 γ' 相体积分数、γ/γ' 错配度、TCP 相的稳定指数三个特征值。

① γ' 相体积分数。高温合金中并不是 γ' 相体积分数越大越好。Reed 没有建立 γ' 相体积分数与合金成分的直接关系,而引用了 TMS-75 和 TMS-82$^+$ 两种单晶高温合金,分别在 900℃和 1100℃条件下进行蠕变试验,结果见图 10.112。他们是如何提取 γ' 相体积分数对合金蠕变性能的影响及合金元素作用的定量值的,在论文中没有具体阐述,估计是采用了对实验结果的插值方法(建立了实验数据库),但这种方法比较粗糙。是否可以用相图计算方法建立 γ' 相体积分数与合金成分的关系?回答是肯定的,Reed 团队与他人合作,6 年后解决了这一问题(见后文)。

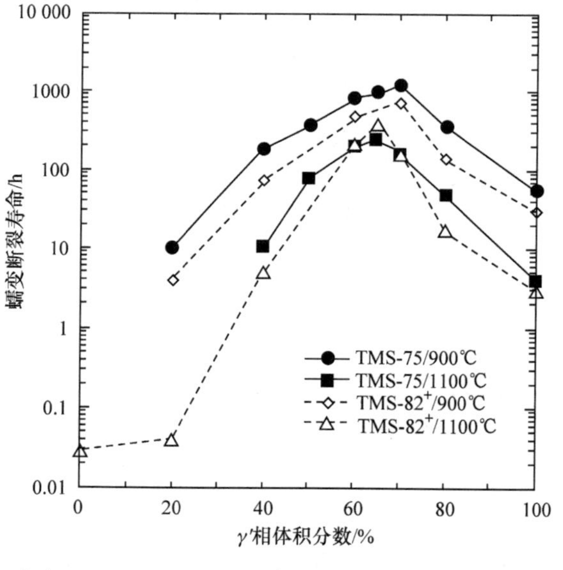

图 10.112 单晶超合金 TMS-75 和 TMS-82$^+$ 的蠕变断裂寿命随 γ' 相体积分数的变化[197]
测量是在相同成分条件下,变化 γ 相和 γ' 相体积分数获得的

② γ/γ' 错配度。随着温度的升高,γ 相和 γ' 相的点阵常数都增大,但是在高温下 γ 相的点阵常数比 γ' 相的点阵常数增大更快。因此,在高温下高温合金的点阵错配度小于零,而且随着温度的升高会变得越来越小。由以上分析可知,在设计高温合金时,要结合合金的工作条件和性能要求,调整部分合金元素,如 Re、Cr、Ta 等,以使高温合金的错配

度最低，且最好小于零。Reed 建立了如下 γ 相和 γ' 相点阵常数与合金成分的定量关系：

$$\alpha_{\gamma}=3.559257+0.0000198T+\sum_{i}\Gamma_{i}^{\gamma}\cdot x_{i} \tag{10.19}$$

$$\alpha_{\gamma'}=3.552743+0.0000552T+\sum_{i}\Gamma_{i}^{\gamma'}\cdot x_{i} \tag{10.20}$$

上式的单位为 Å，式中，x_i 是合金元素 i 的摩尔分数；Γ_i^{γ} 和 $\Gamma_i^{\gamma'}$ 是 γ 相和 γ' 相费伽德（Vegard）系数（表 10.102）。γ/γ' 错配度 δ 由如下公式表示：

$$\delta=\frac{2(a_{\gamma'}-a_{\gamma})}{a_{\gamma'}+a_{\gamma}} \tag{10.21}$$

表 10.102　合金元素在 γ 相和 γ' 相中的费伽德系数　　（单位：Å）

元素	γ 相	γ' 相
Cr	0.110	−0.004
Co	0.020	−0.004
Re	0.441	0.262
W	0.444	0.194
Al	0.179	0.000
Ta	0.700	0.500

③ TCP 相的稳定指数。Reed 采用 d 电子理论中，用有效值 $\overline{M_{\mathrm{d}}}$ 表示 TCP 相的析出倾向。$\overline{M_{\mathrm{d}}}$ 值越大，TCP 相越容易形成。进行合金设计时，要确保 $\overline{M_{\mathrm{d}}}$ 值小于某个临界值从而避免 TCP 相的析出。有研究表明，TCP 相的形成是由于加入了固溶强化元素，如 Re、W、Ta 等。为了抑制 TCP 相的析出，需控制这些元素的含量。合金的 $\overline{M_{\mathrm{d}}}$ 由下式计算：

$$\overline{M_{\mathrm{d}}}=\sum_{i}x_{i}M_{\mathrm{d}i} \tag{10.22}$$

式中，x_i 合金元素 i 的摩尔分数；$M_{\mathrm{d}i}$ 是元素 i 的 d 电子轨道能级（eV）。

（3）合金铸造性能。在这里，铸造性能简单定义为抵抗雀斑缺陷形成的能力。雀斑缺陷的形成与凝固过程中树枝晶间未凝固的液体变轻现象密切相关（因较重的元素在已凝固的树枝晶核严重偏聚）。Reed 等认为，合金的铸造性能可以看成抵制雀斑缺陷形成的一种控制能力。雀斑主要在糊状区由于密度反转形成，显然糊状区越小越有利于单晶生长，一般要求糊状区区间不大于 50℃。由于 Re 和 W 偏析到固相，Ta 偏析到液相，故而铸造性能可以表示为

$$M_{\mathrm{castability}}=w_{\mathrm{Ta}}/(1.2w_{\mathrm{Re}}+w_{\mathrm{W}}) \tag{10.23}$$

式中，w_{Ta}、w_{Re} 和 w_{W} 分别表示合金中 Ta、Re 和 W 的质量分数。$M_{\mathrm{castability}}$ 值越大，则合金的铸造性能越好。因此设计合金时，在保证合金性能和相稳定性的前提下，可以适当提高 Ta 元素的含量，降低 Re 和 W 元素的含量。

（4）密度和成本。随着单晶合金中难熔元素含量的增加，合金的初熔温度逐渐升高，但合金的密度也增加，这显然有悖于发动机叶片的设计要求。纯镍的密度为 8.907g/cm^3，但是单晶镍基高温合金由于含有 10 余种合金元素，其密度显然与这个值不同。Reed 依据图 10.113 所示的数据计算合金密度和成本（估计采用数据的插值方法，建立了实验数据库）。

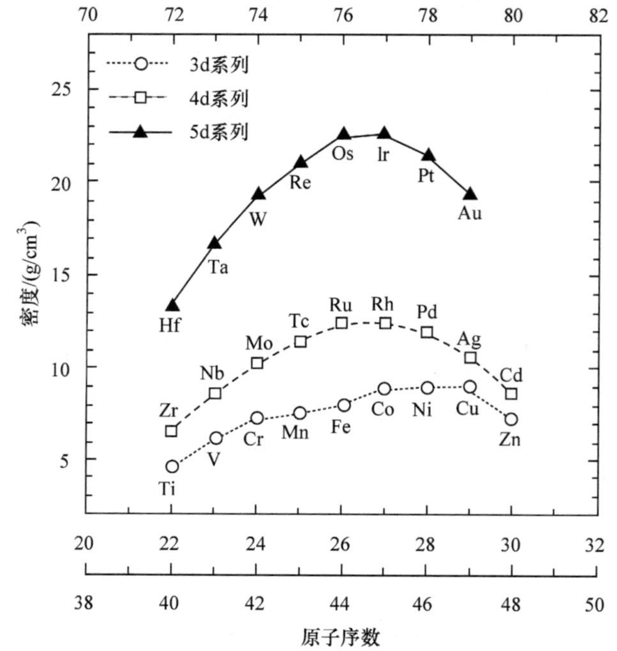

(a)

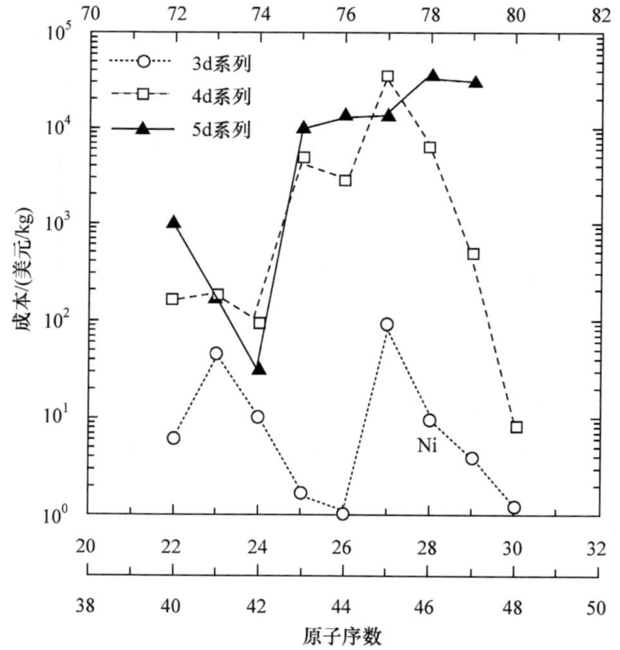

(b)

图 10.113 用于计算的各种数据[197]

(a) 相关合金元密度;(b) 相关合金元素的成本

至此,相关特征值(如蠕变抗力的优值系数、γ'相体积分数、γ/γ'错配度、TCP 相的稳定指数、密度和成本)与合金成分的定量关系得到确立(有些关系是间接的、经验的,还比较粗糙),可以根据它们进行计算设计。Reed 等利用这些关系,计算和预测了 10 万个高温合金成分组合及其性能，或者说他们建立了具有 10 万个高温合金的成分/性能数据库。可见，成分筛选范围之大和数量之多是传统实验研究无法企及的。现在可以利用这一高温合金的成分/性能数据库进行具体的合金成分设计了。设计过程就是根据具体设计指标（或约束条件），从数据库中筛选出满足设计指标的合金成分，实例如下。

用于喷气发动机合金体系的成分设计如下。

设计指标 1：γ'相体积分数在 60%～70%范围。在这一约束条件的作用下，满足条件的合金成分组合由 100000 个减少至 16700 个。

设计指标 2：合金的密度小于 8.5g/cm^3。

设计指标 3：错配度 δ。选择三种错配度，正错配度 $\delta_1=(+8\pm2.5)\times10^{-4}$，负错配度 $\delta_2=(-8\pm2.5)\times10^{-4}$，零错配度 $\delta_0=(0\pm2.5)\times10^{-4}$。

满足设计指标 2 和 3 的合金数量减少为：443（正错配度）、638（负错配度）和 992（零错配度）。

设计指标 4：$\overline{M_d}$ 有效值小于 0.9615。这样的数据优于现有合金 CMSX-4 和 CMSX-10。满足设计指标 4 的合金数量减少为：286（正错配度）、317（负错配度）和 317（零错配度）。

设计指标 5：蠕变抗力的优值系数 M_{creep}。寻优条件：在负错配度条件下蠕变抗力的优值系数最大。

满足上述 5 个设计指标的合金成分为：Ni-4Cr-10Co-3Re-3W-7Al-5Ta（质量分数，%）。当然，这一合金是否具有优良的性能还需实验验证。

2）单晶高温合金成分设计方法的进展[206]

时至今日，高温合金的成分设计仍然采用耗时费力的试错法来完成，其根本原因是缺少“成分-微结构-性能”定量关系，有了这种定量关系才能建立基于理论的计算模型，并用于合金成分设计和性能预测。在 2009 年工作的基础上，Reed 等于 2016 年发表了的后续研究成果[206]。与 2009 年的工作相比，在设计指标中增加了抗氧化优值系数。其设计思路仍然为：首先建立蠕变抗力、抗氧化能力、微观结构稳定性、铸造性能、密度和成本各类性能特征值与合金成分的定量关系（计算模型或实验数据库），而后根据这些关系计算出海量的合金成分组合和相应性能，最后再根据具体的应用对象的性能要求，对各类性能特征值进行平衡，筛选出少数几个理想的合金元素成分组合。他们能期望高效率地筛选出具有优良蠕变抗力和氧化抗力、密度小和成本低的单晶合金成分。

抗氧化优值系数的引入。经验表明，在表面形成 Al_2O_3 膜能显著增强单晶高温合金的抗氧化能力，因此在合金中要添加适量的 Al 元素。研究表明，Al_2O_3 膜按抛物线规律增厚，其指数 k_t 可由下式表示：

$$k_t \propto Val_t^{\mathrm{eff}} \cdot \Delta G_{\mathrm{f}} \tag{10.24}$$

式中，ΔG_{f} 为 Al_2O_3 膜的形成自由能；Val_t^{eff} 为有效化学价，它能考虑镍基多元合金中其他元素对 Al_2O_3 膜的形成的影响。ΔG_{f} 和 Val_t^{eff} 分别用下式表示：

$$\Delta G_{\mathrm{f}} = \Delta G_0 + RT\ln\left(\frac{1}{a_{\mathrm{Al}}^{4/3} \cdot P_{\mathrm{O_2}}}\right) \tag{10.25}$$

$$Val_t^{\mathrm{eff}} = \sum_i^n (z_i - z_{\mathrm{Al}})c_i^{\gamma} \tag{10.26}$$

式中，ΔG_0 为标准自由能；a_{Al} 为 Al 在高温合金中的活度；P_{O_2} 为氧分压；z_i 为元素 i 离子的有效价；z_{Al} 为 Al 离子的化学价($z_{\mathrm{Al}}=3$)；c_i^{γ} 为元素 i 在 γ 相中成分。

如果将高温合金的 ΔG_{f} 和 Val_t^{eff} 的数据作图，可以获得如图 10.114 所示的结果。一条虚线将图形分为左下和右上两部分，处于左下区域的合金(具有较大负值的 ΔG_{f} 和 Val_t^{eff})能够形成 Al_2O_3 膜，而右上区域的合金(具有较小负值的 ΔG_{f} 和 Val_t^{eff})不能够形成 Al_2O_3 有效的保护膜。现有的合金在图中的位置如图所示。这条虚线及对应的 ΔG_{f} 和 Val_t^{eff} 是形成 Al_2O_3 膜的门槛值。

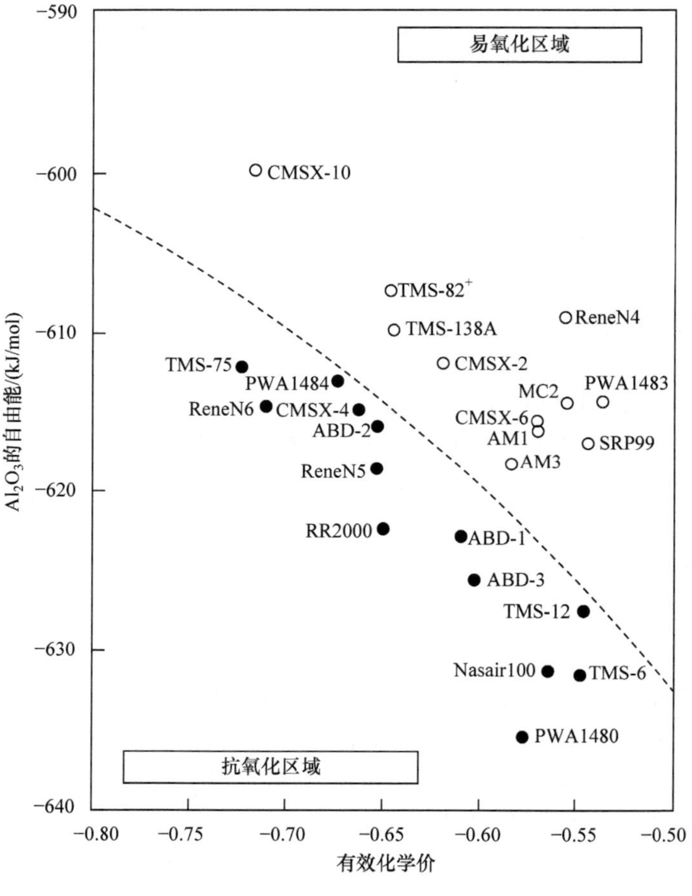

图 10.114　镍基单晶高温合金的氧化图[206]

给出了 Al_2O_3 形成的预测吉布斯自由能相随合金元素在 Al_2O_3 氧化膜中总有效价的变化。在虚线下方表示在合金中可以形成连续的 Al_2O_3 氧化膜

有了上述的结果，Reed 等定义了表示单晶高温合金抗氧化能力大小的指标：抗氧化优值系数 $M_{\mathrm{oxidation}}$，它的含义是所考察的合金成分(也就具有了特定的 ΔG_{f} 和 Val_t^{eff} 数值，或在图中具体的坐标)距虚线的距离。$M_{\mathrm{oxidation}}$ 取负值，表示所考察的合金处于右上区域，$M_{\mathrm{oxidation}}$ 取正值，则说明所考察的合金处于左下区域。若 $M_{\mathrm{oxidation}}$ 取最大的正值，则表示所考察的合金具有最优的抗氧化能力。

按照如上所述的思路，他们设计了如下三种 ABD 合金：

① 通用燃气轮机用高温合金设计。Reed 等利用相关性能特征值(如蠕变抗力的优值系数、抗氧化优值系数、γ'相体积分数、γ/γ'错配度、TCP 相的稳定指数、密度和成本)与合金成分的定量关系,计算和预测了 10 万个高温合金成分组合及其性能,或者说他们建立了具有 10 万个高温合金的成分/性能数据库,而后利用这一"高温合金的成分/性能数据库"进行具体的合金成分设计。设计过程就是根据具体设计指标(或约束条件),从数据库中筛选出满足设计指标的合金成分。

最后筛选出适合通用燃气轮机用高温合金成分为:Ni-8Cr-10Co-1.6Re-8.5W-5.8Al-8.5Ta(质量分数,%),其代号为 ABD-1。该合金具有低 Re 含量的特点,其蠕变抗力的计算值可与 CMSX-4(第二代单晶高温合金)媲美。

② 高性能喷气发动机用高温合金设计。筛选出适合高性能喷气发动机用高温合金成分为:Ni-4Cr-9Co-5.6Re-2.6Ru-7.4W-6.4Al-5.6Ta(质量分数,%),其代号为 ABD-2。计算数据表明,该合金具有良好的蠕变抗力、可接受的微观结构稳定性、良好的抗氧化能力、较低的密度和成本,计算数据与 TMS-138A(第四代单晶高温合金)相当。

③ 工业燃气轮机用高温合金设计。筛选出适合工业燃气轮机用高温合金成分为:Ni-13Cr-10Co-5W-5.4Al-7Ta(质量分数,%),其代号为 ABD-3。计算数据表明,该合金具有与现有合金 PWA1483、CMSX-4 相当的性能。

与 2009 年的工作相比,Reed 等还进行了实验验证,其实验结果大致如下:

① 在应力超过 400MPa 的条件下,ABD-1 的蠕变抗力与 CMSX-4 合金相当,但在低应力水平条件下,ABD-1 的蠕变抗力低于 CMSX-4 合金。

② 在高应力条件下,ABD-2 的蠕变抗力优于 TMS-138A 合金,同样,在低应力条件下,ABD-2 的蠕变抗力低于 TMS-138A 合金。原因是在低应力条件下的蠕变时间长,ABD-1 和 ABD-2 中形成了 TCP 相。这说明,设计方法在微观结构稳定性的预测能力方面尚有缺陷。

③ ABD-3 的蠕变抗力优于 STAL-15 合金(近期新研制的合金),但比 PWA1483 合金稍差。ABD-3 有希望成为实用合金应用于工业燃气轮机。

Reed 研究团队在单晶高温合金合金成分设计方法的研究方面,通过 10 多年的努力,取得了系统性进展。在合金成分设计的依据方面采用了物理模型与实验数据结合的办法,建立了蠕变抗力、抗氧化能力、微观结构稳定性、铸造性能、密度和成本各类性能特征值与合金成分的定量关系,并基于这些关系,利用计算机建立了包含海量的合金成分与性能关系数据库,然后再根据具体的应用对象的性能要求,对各类性能特征值进行平衡,筛选出少数几个理想的合金元素成分组合,期望能高效率地筛选出具有优良蠕变抗力和氧化抗力、密度小和成本低的单晶合金。这种方法是独树一帜的,值得我们借鉴。同时,这种方法在一些细节上处理尚显粗糙,根本原因仍然是缺少"成分-微结构-性能"定量关系。建立"成分-微结构-性能"定量关系的任务面临巨大挑战,任重道远。

金合金成分设计方法优点是明显的,被认为是开发下一代新型高温合金的重要方法[204],但学术界和工业界的反应不是十分积极,10 余多年过去了,用"alloys-by-design"作为主题词,在 Web of Science 上查询,只能查到少数几篇论文[204~209],甚为遗憾。以单晶高温合金为例,从 1980 年至 2008 年,在不足 30 年的时间内,发展了六代合金。如今 10 余年过去了,未见新一代合金出现,什么原因? 值得思考。研发成本太高?"合金成分设计”这一类方法能有效地降低研发成本，何不完善并采用？有一点是明确的，即发展这一类研究方法需要跨单位、跨学科、跨研究群体，需要有效地组织。

3) 基于“材料基因组工程”方法的成分设计

2014 年 12 月，美国白宫公布了正式版本的《材料基因组计划战略规划》，规划的目标包括：把现有的新材料研发的周期从 20～30 年缩短到 2～3 年，成本降低到现有的几分之一。其主要内容包括以下几个方面[210]。

(1)材料计算手段——跨尺度集成。目前，从电子到宏观层面都有各自的材料计算软件，但是还不能做到高效跨尺度计算以达到材料性能预测的目的。在这方面，未来的工作主要集中在以下几个方面：①建立准确的材料性能预测模型，并依据理论和经验数据修正模型预测；②建立开放的平台实现所有源代码共享；③开发的软件界面友好，以便进一步拓展到更多的用户团体。

(2) 实验手段——高通量筛选。①实验为弥补理论计算模型的不足和构架不同尺度计算间的联系；②补充非常基础的材料物理、化学和材料学的数据，涉及材料的电子、力学、光学等性能数据，构建材料性能相关的成分、组织和工艺之间内在联系，并建立庞大的数据库；③利用实验数据修正计算模型，加速新材料的筛选及高效确定。

(3) 数字化数据库建立——有效设计基础。①构建不同材料的基础数据库、数据的标准化及它们的共享系统；②拓展云计算技术在材料研发中的作用，包括远程数据存储与共享；③通过数字化数据库建设，联系科学家与工程师共同高效开发新材料。

可以预见，若能完成上述研究内容，按照材料的性能需求设计其成分、加工工艺和微结构组成的目标就可以实现。达到这样的目标，路还十分漫长，但千里之行始于足下，下面介绍基于材料基因组工程方法，设计新型高温合金的实例。

英国牛津大学 Reed 研究团队与瑞典相图研究人员合作，采用 CALPHAD 方法，构建了合金成分与微结构特征(如 γ' 相体积分数)的关系数据库，而后再采用前述的合金成分设计方法。该方法可以建立合金成分与特征性能(如蠕变抗力、密度和成本等)的关系，这样就建立了高温合金成分-微结构特征-性能的定量关系，有了这种关系就可以根据具体的特征性能要求进行合金成分设计[211]。可见，Reed 研究团队的材料基因组工程方法就是 CALPHAD 与合金成分设计的耦合[212,213]。

用蠕变抗力和氧化抗力作为约束条件(合金的设计指标)，Reed 研究团队利用这种方法，给出了蠕变抗力和氧化抗力最优组合的高温合金成分，如表 10.103 所示。该结果尚未进行实验验证。

表 10.103　具有蠕变抗力和氧化抗力最优组合的合金化学成分　(单位：%)

氧化限	Cr	Co	Re	W	Al	Ta	Ni
0.2	6.7	8.6	4.7	5.8	5.2	5.5	余
0.4	4.6	9.3	4.9	4.5	5.4	5.9	余
0.6	9.7	9.7	4.8	3.0	5.5	7.5	余
0.8	10.8	9.0	4.3	2.7	5.6	5.0	余
1.0	9.6	9.6	4.8	1.4	5.7	5.1	余

国内中南大学等单位也开展了基于材料基因组工程方法设计新型高温合金的研究。他们的研究工作包括高通量合金制备及其关键热力学和动力学数据的高通量采集、显微组织的多尺度和多维度表征、微型试样的力学性能检测[214]。

(1) 高通量合金制备及其关键热力学和动力学数据的高通量采集。扩散多元节方法是利用各元素在设定温度下的相互扩散,形成在一定成分范围内、具有连续成分变化的固溶体和化合物相,从而可一次性获得具有微观分辨率的成千上万种合金成分,是一种高通量的合金制备方法。结合微区检测技术,可以高通量地获得相应二元、三元及多元体系的关键热力学和动力学数据,包括等温相图截线和截面以及扩散系数等,为 CALPHAD 热力学和动力学计算和相应数据库的建立提供高效验证和持续发展的支撑,进而指导并提高多组元合金的成分及工艺设计能力。

(2) 显微组织的多尺度和多维度表征。由于镍基高温合金在显微组织上的非均匀性,传统的连续体有限元模型已经不能够准确地预测其性能。当前,耦合多尺度(multi-scale)的模拟方法和基于材料微观组织的性能计算方法有了很大发展。同时,显微组织的多尺度多维度组织结构检测表征工具和方法也有了长足的进步,可以表征材料各向异性和组织不均匀性等信息,为进一步发展显微组织与性能的相互关系奠定了基础。美国空军研究实验室在镍基单晶高温合金多尺度显微组织的表征上做了许多工作。他们利用机械切割或者聚焦离子束(focused ion beam,FIB)得到一层一层的切片,分析后得到每个切片的显微组织,通过算法自动识别出树枝晶干与共晶组织区域,然后再使用数字化处理得到三维组织与晶体取向分布信息。

(3) 微型试样的力学性能检测。研究表明,不同试样尺寸的蠕变寿命与蠕变速率各不相同。蠕变断裂的过程是一个裂纹萌生、延展和结合的过程,在蠕变断面周围会有许多细小裂纹,由于材料形状不同,这些裂纹所产生的应力集中状态也不相同,必定会导致各个部位蠕变寿命不同。曾有人对镍基单晶高温合金进行了微小样品的单轴压缩试验,发现在样品直径为 10μm 时,其压缩力学行为与大块样品无明显区别,但当样品直径为 5μm 甚至更小的 2μm 时,压缩力学性能会明显降低。因此,通过研究样品尺寸对材料性能影响的内在机理,从而量化其影响程度,对材料部件性能的预测和验证至关重要。

通过高通量合金制备及其关键热力学和动力学数据的高通量采集、显微组织的多尺度和多维度表征、微型试样的力学性能检测三方面的系统研究,可以建立高温合金成分-微结构特征-性能的定量关系,有了这种关系就可以根据具体的特征性能要求进行合金成分设计。目前,该研究工作尚处于方法和平台构建阶段,期待他们在高温合金设计方面的具体研究成果。

4)人工智能与机器学习方法[215]

在成分、组织和基础性能等数据库的支撑下,运用人工智能及机器学习等新方法对单晶高温合金进行成分设计、组织结构分析、服役评估和预测,可缩短实验周期,降低研发成本,是解决材料研发中复杂任务的有效科学工具。在合金设计方面,Liu 等[215]通过机器学习同时优化多组分钴基高温合金的多个目标性能,如组织稳定性、γ'相溶解温度、γ'相体积分数、密度、抗氧化性能等,在多性能筛选、全局优化算法和实验反馈的策略指导下,从约 2.1×10^4 个候选材料中筛选并实验,成功合成了 γ'相溶解温度超过 1260℃,且具有良好高温组织稳定性和抗氧化性能的七元新型钴基高温合金。在组织结构分析方面,研究人员利用机器学习的方法研究了单晶高温合金的 γ/γ' 微观结构、拓扑密堆(TCP)相等。Thome 等[216]基于上千个高清截面上枝晶结构的大数据累积，开发了一个自动化的程序，分析单晶高温合金的三维枝晶生长。在服役评估和预测方面，Liu 等[217]结合计算相图(CALPHAD)方法和材料的基础组织-性能关系，开发了一种自适应分治策略(divide and conquer self-adaptive，DCSA)，这种 DCSA 模型可以实现对单晶高温合金蠕变寿命较为准确、高效的预测(误差在 2.8%～5.8%)。Zou 等[142]、Lu 等[218]和 Zhuang 等[141]结合多组元扩散多元节与机器学习方法，建立了显微组织数据库及其预测模型，并基于多目标优化的策略进行了合金成分的快速筛选，针对航空发动机涡轮叶片和涡轮盘两类部件用材料，分别发展了性能优异的九元 CoNi 基单晶和变形高温合金。Yu 等[219]也利用机器学习辅助合金设计的方法获得了兼具较高 γ' 相溶解温度、γ' 相体积分数和较低密度的八元合金。

北京科技大学研究人员基于材料基因工程的理念，集成第一性原理计算、热力学计算与机器学习，设计了 800～850℃高屈服强度镍基高温合金[220]。他们利用特征选择和遗传算法的机器学习设计框架进行成分优化，分析影响镍基高温合金屈服强度的关键因素。通过随机森林与最大信息系数对固溶强化与沉淀强化两类镍基高温合金进行特征选择，关键特征为 Co、Al、Ti、Cr、Mo、W、C、B 时效温度和测试温度。建立随机森林模型，并且将 800℃设定为目标温度，通过遗传算法优化得到两种候选合金 Ni-16Cr-14Co-2Mo-8Al-4Ti (S1)和 Ni-6Cr-9Co-2Mo-1W-8Al-4Ti (S2)。热力学计算表明，S1 和 S2 合金均具有 $\gamma+\gamma'$ 的相组成，性能评价指标表明，S1 和 S2 合金均具有较高 γ' 相体积分数与反相畴界能的匹配，进而获得强的沉淀强化效应。S1 和 S2 合金的制备样品显示，γ' 相体积分数分别为 49%和 50%，密度分别为 8.061g/cm^3 和 8.102g/cm^3。S1 和 S2 合金的显微硬度分别为 401.5HV$_5$ 和 422.7HV$_5$，800℃屈服强度分别为 703MPa 和 737MPa，高于镍基高温合金 Udimet 500 和 Waspaloy。

5) 其他可用于合金成分设计的工具[221]

d 电子合金理论是基于 DV-Xα cluster 模型的分子轨道计算发展而来的合金设计方法，又称新相分析法，由 Morinaga 等提出。通过 DV-Xα cluster 的分子轨道计算，可以有效研究各种晶体结构内局部区域的电子状态，该理论采用两个重要的物理参量：键级 B_o 和金属元素 d 电子轨道能级 M_d。参数 B_o 表示原子之间电子云的重叠，是原子间共价键强度的度量；参数 M_d 为过渡族元素 M 的 d 电子轨道能级，与合金元素 M 的电负性和金属键半径有关，可用做相结构稳定性的表征参量。对于多元复杂合金，采用平均值 $\overline{B_o}$ 和 $\overline{M_d}$ 来描述合金化效应

$$\overline{M_d}=\sum_i x_i M_{di} \tag{10.27}$$

$$\overline{B_o}=\sum_i x_i B_{oi} \tag{10.28}$$

其中，x_i、B_{oi} 和 M_{di} 分别为合金元素 i 的原子分数、B_o 和 M_d 值。

该设计方法最先应用于设计高 Cr 抗热腐蚀 Ni 基高温合金。通过系列试验，确定了抑制该合金有害相析出的稳定临界条件，即 $\overline{M_{dt}}\leqslant 0.991$ 和 $\overline{M_{d\gamma}}\leqslant 0.93$，其中 $\overline{M_{dt}}$ 为消除 γ/γ' 共晶相析出的条件，$\overline{M_{d\gamma}}$ 为抑制有害脆性相 σ 相的析出条件。而且这两个临界电子

参数具有等价性。此后，该方法广泛应用于生物医用低弹性模量 β-Ti 合金和 Fe 基不锈钢合金中。

近期，伊朗金属研究中心的研究人员利用 d 电子合金理论，建立若干模型，可用于含 γ'形成元素 Al 和 Ta 高温合金的多种特征值的预测，包括 γ'的固溶线、γ/γ'的共晶温度、γ'的体积分数等[222]。

其他相关可用于合金成分设计的工具还有：电子浓度方法、固体与分子经验电子理论、当量法，以及各种计算机模拟计算方法等。尽管有些方法运用相关物理理论（如 d 电子、第一性原理等）计算和设计合金成分，但仍难以实现精确定量设计合金成分。

10.6.3　变形、强化与损伤研究

在过去几十年中，研究人员对高温合金的变形机理和组织结构演化进行过大量、系统的研究，成果丰硕。然而，近年来由于使用各种先进的微观分析方法和计算机模拟技术，对高温合金的变形、强化与损伤过程有更深入的观察和分析。我们拟从蠕变变形机理与微孪晶、强化机理、损伤的微观分析几个方面作一简介。

10.6.3.1　蠕变变形机理与微孪晶

单晶高温合金的变形按照是否与时间相关可以归为两类：蠕变变形（变形与时间相关）和非热激活变形（变形与时间无关）。蠕变变形往往出现在高温和低应变速率条件下，非热激活变形一般指室温和短时变形。单晶高温合金变形的微观机理与应力、温度和应变速率密切相关，如图 10.115 所示[223]。根据不同的应力、温度和应变速率，单晶高温合金变形涉及四种机理：①在较低温度下，单晶高温合金的变形通过位错滑移切割 γ'相，形成反相畴界（antiphase boundary，APB）的方式进行，称之为反相畴界剪切（APB shear-

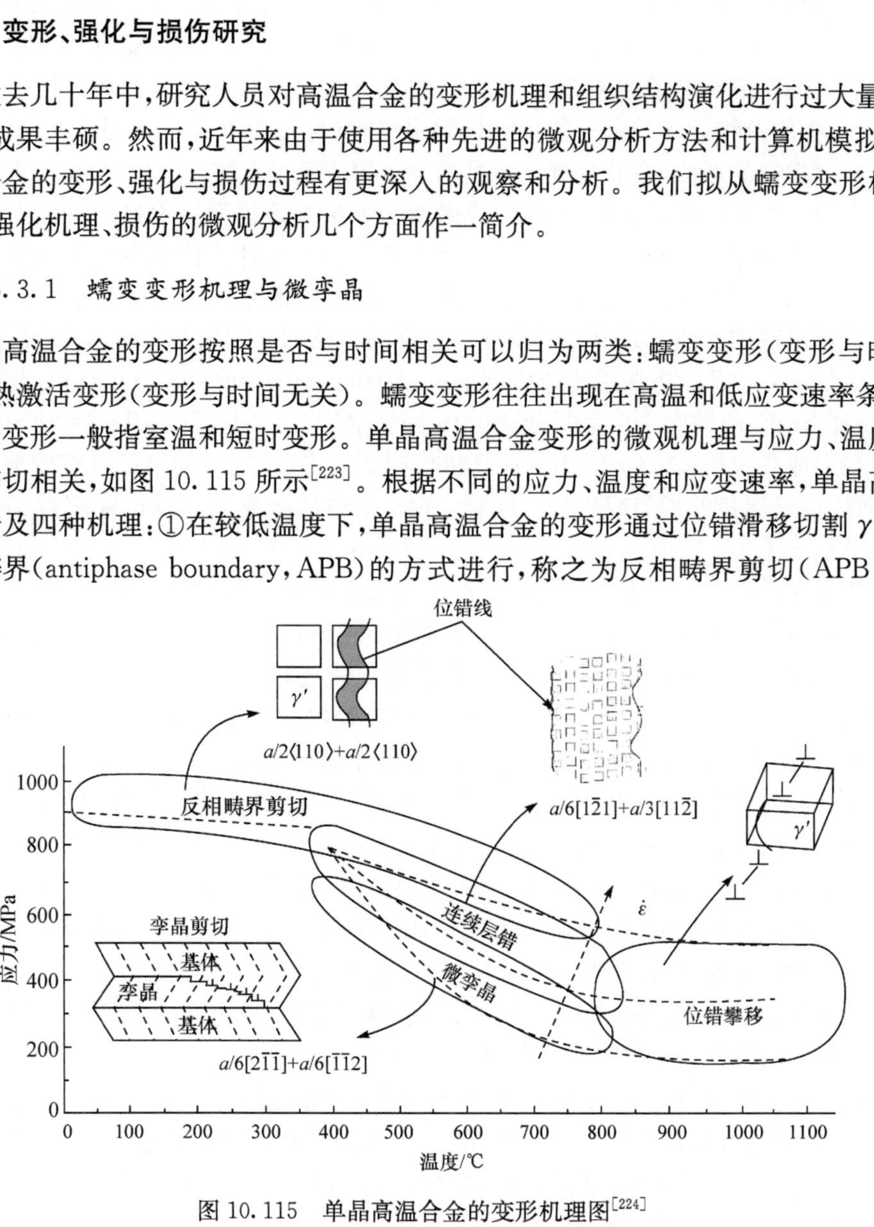

图 10.115　单晶高温合金的变形机理图[224]

说明应力、温度和应变率对变形机理的影响

ing)变形;②在中温和较低应力条件下,通过形成微孪晶的方式进行,称之为微孪晶变形;③随着应力和应变速率的增加,变形将以位错大面积切割 γ'相和 γ 相,形成连续层错的方式进行,称之为连续层错(continuous faults)变形,若进一步增加应力和应变速率,又会以形成反相畴界的方式进行变形;④在高温、较低应力和应变速率条件下,变形通过位错攀移绕过 γ'相的方式进行,称之为位错攀移(dislocation climb)变形。

Kear 于 1970 年在高温合金中引入了微孪晶变形机理,从那以后,不少研究人员在单晶和多晶高温合金中观察到微孪晶变形(在不同温度和应力条件下)。这些结果表明,微孪晶变形动力学与合金的化学组成、微结构特征(如沉淀相尺寸)、合金类型(单晶或单晶)等因素密切相关。起初,Kear 认为微孪晶的形成是由 γ'相中各个孤立的超点阵内禀层错(superlattice intrinsic stacking fault,SISF)在高应力作用下合并造成的。随后,Kolbe 等认为微孪晶的形成与原子的局部扩散有关,并建立模型来说明微孪晶的成因。其主要思路为:合金中的位错运动导致一种高能量层错结构(称之为复杂堆垛层错,complex stacking fault,CSF)的形成,在此基础上经过四个步骤的原子重排,使一局部区域的完整晶体相对于它的原始晶体转动了 60 °,即形成微孪晶。虽然该模型能通过原子的运动成功地解释微孪晶形成过程中晶体转动,但该模型尚不能说明为什么位错有能力克服一高能垒($300mJ/m^2$)后,形成高能量层错结构(CSF)。其次,该模型也未涉及在形成过程中微孪晶周围区域出现的合金元素分布的变化。近期的一系列研究结果表明,在蠕变条件下,重元素(Co、Cr、W 和 Ta)将在层错(SESF(superlattice extrinsic stacking fault,超级点阵外禀层错)和 SISF)周围产生重新配分;Smith 等观察到 Co、Nb、Ti 和 Ta 沿 SESF 偏聚,并在其尖端形成高密度 Co/Cr 气团。计算机模拟研究表明,这种偏聚可以有效地降低层错能,因而能促进层错的扩展或生长。同样,在 γ'相中的微孪晶周围也能观察到合金元素的偏聚[223]。

微孪晶在晶体学意义上与传统的变形孪晶完全相同,即有特定的孪晶晶面和切变位移。微孪晶与传统的变形孪晶不同之处是其在形成过程中呈现有扩散型相变的特征。例如,在形成过程中,需要原子在孪晶界面附近的扩散迁移。类似于有关合金中存在的扩散/切变耦合机理,Reed 等[206]建立了一个受扩散控制的微孪晶生长模型,以便回答如下问题:①这种微孪晶长度方向的生长控制因素是什么?②微孪晶在厚度方向的生长与哪些因素有关?与合金成分的依存关系能否得到解释?③进一步,若增厚生长与合金原子扩散相关,那为什么扩散的拖拽力不是来自于溶剂镍原子,而是来自于其他置换合金原子?④微孪晶的生长机理是什么?⑤更为重要的是,由微孪晶产生的微尺度变形能解释实验观察到的、与时间相关的宏观变形响应吗?Reed 等建立的这一模型基于位错理论,认为微孪晶的形成是孪晶部分位错沿⟨011⟩方向外力作用下的解耦(decorrelation)引起的。他们还用扩散/切变位移耦合相变理论,解释了温度、应力和合金元素对微孪晶生长动力学的影响,并较好地回答了上述问题。

有一个重要的研究值得大家关注,即早期的研究认为微孪晶一般在中温变形区间(600～800℃)产生,但近期的观察却表明,在三向应力作用下,即便是在 1050℃高温,高温合金也会通过微孪晶产生变形[224]。这对微孪晶变形在高温蠕变区间产生现象的研究具有十分重要的科学和实用价值。

单晶高温合金用于制作燃气轮机叶片,是过去 20 年中先进结构材料应用最为成功的范例。单晶高温合金叶片在燃气轮机高温区会发生蠕变变形。同时,由于叶片复杂的几何构型,以及因设计要求而加工的内部冷却通道,会在叶片的某些关键部位承受多向应力作用。因此,除了应力、温度,以及由复杂热/机械力作用下会形成微结构梯度变化,这种由冷却通道几何构型形成的应力集中(多向应力),如何产生对叶片蠕变行为的影响?如何造成对叶片的损伤?我们现在还知之不多。我们现在大致知道,高温合金的蠕变变形模式将会因合金的化学成分、蠕变温度、蠕变速率的变化而发生明显的变化。其中,强化相 γ' 出现塑性变形被认为是一种材料的损伤。一般认为,存在两个温度区间,在这两个区间内对应有两个不同的变形机理。这就是中低温区间($T<900$℃)和高温区间(900℃$\leqslant T \leqslant$1150℃)。在这两个区间中,有一点是相同的,即蠕变变形首先出现 γ 相中,以 1/2〈110〉位错平面滑移方式进行,位错在移动过程中可以切割 γ' 相并发生分解,在 γ' 相中形成超点阵内禀和外禀层错[224]。

当蠕变温度较低时,γ' 相的形貌是稳定的。但在高温条件下,γ' 相会出现"筏化"(rafting),进而对高温合金的蠕变变形机理、持久寿命产生重要的影响。镍基高温单晶合金在一定温度和载荷下,原始呈立方体较均匀分布在基体 γ 相中的强化相 γ' 在蠕变过程中可以发生沿某个方向上的择优长大,这种现象称为筏化,或称为定向粗化(directional coarsening)。例如,有人曾报道,在条件 930℃和 1040℃下,出现了筏化,由于剪切 γ' 相成为变形的主要方式,而使合金的拉伸屈服强度发生改变。这种现象会因更宽的 γ 相通道的形成而加剧。若应力水平足够高,塑性变形将不再局限在 γ 相。此时,位错就会切割 γ' 相颗粒,并形成超点阵内禀和外禀层错。这一过程导致合金蠕变的初期阶段。当然,这种变形机理只出现在基体相具有低层错能的合金,如含 Re 和 Ru 的合金,而在第一代单晶合金中则不会出现。

在较低温度、较高应变速率条件下,微孪晶或机械孪晶是一种典型的变形方式,但这种方式在面心立方结构合金中却比较少见。有几个研究曾报道过,在中低温区间和较高应力(800～850℃/>500MPa)水平条件下,在合金蠕变过程中有微孪晶产生;另有一个报道称在高温区间(1010℃/248MPa),并沿〈110〉方向施加载荷,能观察到微孪晶。另外,沿〈001〉方向施加载荷,合金在压缩条件下比拉伸条件下更易产生微孪晶。同时,研究还表明,在热/机械力交变作用条件下(此时,高温时会在合金试样上产生压应力;较低温度时,在合金试样上产生拉应力),微孪晶是合金的主要变形方式。

尽管有上述关于合金蠕变中形成微孪晶的相关研究,但微孪晶是否是 Ni 基高温合金的蠕变变形的一种方式(特别是在高温区间和多向应力作用下),还值得作进一步的研究。这有助于理解在工程叶片的冷却孔附近、叶片几何形状突变区(如台阶)附近产生的应力集中,并寻找适当的对策。近期,美国和法国研究人员系统地研究了 Ni 基高温合金在高温区间和多向应力作用下的蠕变变形,并对在这种条件下微孪晶的形成机理进行了分析[224]。他们的研究结果表明,在 Ni 基单晶高温合金的高温(1050℃)蠕变过程中,出现了微孪晶。其中,对〈001〉取向的合金试样施加多向载荷是产生微孪晶的必要条件。这是因为多向载荷促进了晶体点阵向[111]方向的转动。转向[111]晶向后,晶体的滑移系比[001]和[011]晶向的滑移系要少,因此容易产生应变集中、位错塞积、形成滑移带,最终形成孪晶。他们还建立了一个评价多向载荷应力复杂程度的指标:三向应力因子(triaxiality factor),用以评价应变的局域性。结果表明,应变的局域性越明显,微孪晶越容易产生;同时,越容易诱发微裂纹和微孔洞的形成。这与 Reed 等的研究结果相似,更为重要的是微孪晶会诱发微裂纹,微孪晶诱发微裂纹的过程如图 10.116 所示[224]。此外,在高温(1050℃)条件下,高的应变速率也促进微孪晶的产生。

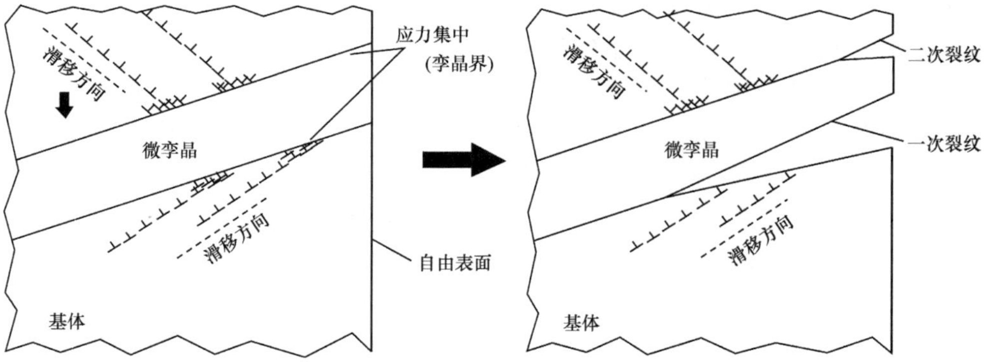

图 10.116 孪晶边界裂纹萌生和扩展的微观力学模型[224]

10.6.3.2 强化机理

镍基高温合金具有优异的高温力学性能,特别是蠕变和疲劳性能。最主要的原因是,其微观尺度上的形变受到了大体积分数 γ'-Ni_3(Al,Ti,Ta) 沉淀硬化相的限制。这种效应的产生不能用基体相和沉淀相的弹性模量差异来解释,因为它们并没有很大的差别。一般认为,伴随反相畴界和堆垛层错形成的层错能是强化效应的贡献者。层错能限制了变形过程中引入的位错对 γ'相的切割(位错切割 γ'相的难易程度与层错能的大小密切相关),从而限制了塑性流动。

层错能对镍基高温合金的物理冶金行为具有重要影响。合金的屈服强度随沉淀相尺寸、分布变化关系,可以用如下的理论表达式加以描述[225]:

$$\tau_y = \frac{\Delta E_{APB}}{2\boldsymbol{b}}\left[\left(\frac{6\Delta E_{APB} f r}{\pi T_L}\right)^{1/2}\right] - f \tag{10.29}$$

$$\tau_y = \sqrt{\frac{3}{2}}\left(\frac{G\boldsymbol{b}}{r}\right) f^{1/2}\ \frac{w}{\pi^{3/2}}\left(\frac{2\pi\Delta E_{APB}}{wG\boldsymbol{b}^2} - 1\right)^{1/2} \tag{10.30}$$

式中,τ_y 是剪切屈服应力;ΔE_{APB} 是 APB 能;$\boldsymbol{b}$ 是伯格斯矢量;r 是沉淀相平均半径;f 是 γ'沉淀相的体积分数;T_L 是线张力;G 是 γ 相的剪切模量;w 是考虑不定因素的无量纲常数。式(10.29)和式(10.30)分别对应于弱耦合位错和强耦合位错。可以看出,APB 能实质上控制了合金的变形性能。此外,合金化学成分对强度的影响是通过改变 APB 能来达到的,或者说屈服强度取决于 γ'相的化学组成(Ni_3(Al,Ti,Ta))。因此,如 Ti 和 Ta 等主要配分在 γ'相的元素,会升高 APB 能,从而会增加屈服应力。γ'相的化学计量也是十分重要的,但需要进行必要的计算,才能推断出这些定量关系的精确细节。

Crudden 等的工作以此为出发点,系统研究了多晶镍基高温合金的合金成分与力学性能之间的定量关系。研究重点放在 APB 能及其他在赋予材料强度方面的作用。首先考虑了 APB 能大小的实验和理论依据,然后利用计算热力学和电子结构计算的方法,量化了 APB 能变化对 γ'相化学组成的依赖关系。最后,建立了一个屈服应力模型,其中,

APB 能与化学成分直接相关。进而在合金的化学成分与强度之间建立了定量联系[226]。

具体工作涉及两大步骤：①建立 APB 能与化学成分的关系；②建立合金化学成分与强度之间的定量关系。

目前，获取 APB 能有三种具体方法：①透射电子显微镜测量；②依据强化模型推演；③理论计算。

透射电子显微镜测量 APB 能的原理是，用透射电子显微镜测量 γ' 相中超晶格部分位错对之间的距离，而后利用如下公式进行计算：

$$\Delta E_{\mathrm{APB}}=\frac{\alpha\mu\boldsymbol{b}^2}{2\pi d} \tag{10.31}$$

式中，α 是与位错类型相关的特征值；μ 是剪切模量；$\boldsymbol{b}$ 是伯格斯矢量。

利用基于强化理论的模型，也可以从拉伸试验结果中推导出 APB 能。有人曾用此方法测定的 APB 能，并与用透射电子显微镜测量的 APB 能进行了比较，观察到这两种技术之间的结果有很好的一致性。

也有人用计算模型计算过 Ni_3Al 的 APB 能，其方法包括：嵌入原子法、全势线性增广波、线性 muffin-tin 轨道法和密度泛函理论(density functional theory，DFT)。

为了设计未来的高强度镍基高温合金，更期望选择具有较高 APB 能的 γ' 相合金化学成分。但是，使用直接测量或从头计算方法来确定化学成分对 APB 能的影响时，仍然存在重大的挑战。这两种方法目前还有局限性，还需要做出重大努力加以完善。直接测量需要复杂的样品制备和显微技术，而 DFT 方法目前也仅限于对三元体系的研究。因此，Crudden 等发展了一种快速计算 APB 能的 CALPHAD 方法，并期望该方法能在未来高强度多晶镍基高温合金设计和优化中的得到应用[226]。

他们用 CALPHAD 方法计算了 Ni-Al-X 三元合金体系的 APB 能，其中，X＝Ti，Ta，Nb，Mo，W，Cr。同时，也采用 DFT 方法进行了计算，以便对结果进行对比。用 CALPHAD(650℃)和 DFT 计算得到 Ni_3Al 的 APB 能分别为 232mJ/m² 和 310mJ/m²。CALPHAD 和 DFT 方法的计算值均高于 APB 能的实验测量值。他们还用 CALPHAD 和 DFT 两种方法预测了第三元素对 APB 能的影响，其结果表明，用 CALPHAD 方法计算值与 Ni-Al-Ti 和 Ni-Al-Ta 合金的实测值符合得很好。根据 CALPHAD 方法的计算结果，Ti 对 APB 能的影响最大，在低合金化水平下，Ta 和 Nb(在原子分数小于 3%范围内)、Mo 和 W(在原子分数小于 5%范围内)，它们的含量变化对 APB 能的影响与 Ti 的作用相似，即随含量的增加，APB 能增加。添加 Ta、Nb、Mo 和 W 时，当原子分数为 5%时，APB 能达到最大值，这些元素的更高含量对 APB 能有负面影响。Cr 是唯一不会增加 APB 能的元素。同时，DFT 方法计算表明，Ta 对提高 APB 能的影响最大，其次是 Nb 和 Ti。采用 CALPHAD 和 DFT 方法，计算得到的 Ni-Al-Ti 和 Ni-Al-Cr 合金的 APB 能随含量的变化趋势非常相似。两种建模方法都预测了 Mo 和 W 的加入对 APB 能的相似变化，但这两种方法对 Ni-Al-Ta、Ni-Al-Nb 合金的计算结果明显不同。

有了不同化学成分的 APB 能计算值后，就可以根据合金化学成分与强度之间的定量关系，模拟设计合金屈服强度了。式(10.29)和式(10.30)给出了沉淀强化的表达式，若想利用它们来计算合金的屈服强度，还需有沉淀相大小和分布的详细数据。有人提出，沉淀相临界半径对应的最大析出强化强度，可以用式(10.30)的导数(相对于沉淀相颗粒半径

r)来求得。由此,合金的最大析出强化的强度可以用如下式近似表达:

$$\sigma_{y_{peak}} = M \cdot \frac{1}{2} \Delta E_{APB} f^{1/2} / \boldsymbol{b} \tag{10.32}$$

式中,M 是泰勒(Taylor)系数。Reppich 通过实验证实强化峰值出现在部分位错之间弱耦合和强耦合的转变点。这个简化的沉淀强化模型已用于合金设计,可使合金化学组分得到优化,以提高屈服强度。这里,他用 650℃的两相(γ-γ')平衡条件计算 γ'沉淀相的体积分数 f。

Crudden 等从文献中提取了 42 种不同的工业、实验多晶镍基高温合金在 650℃时的屈服强度;同时,依据式(10.32),用合金的平均化学成分计算出了每种合金的析出强化(屈服强度)。为了证明该模型的有效性,将屈服强度计算值与实验值进行了比较,结果见图 10.117,显示出沉淀强化实验数据与计算值之间的相关性,拟合直线的斜率等于 1,相关系数 R_2 为 0.52。这条直线 y 轴的截距为 307MPa,这说明理论模型的计算值比实测值偏高不少,或者说理论模型高估了合金的屈服强度。尽管如此,如果将该理论模型用于新型合金成分设计时的初步筛选时,这种相关性还是可以接受的[226]。

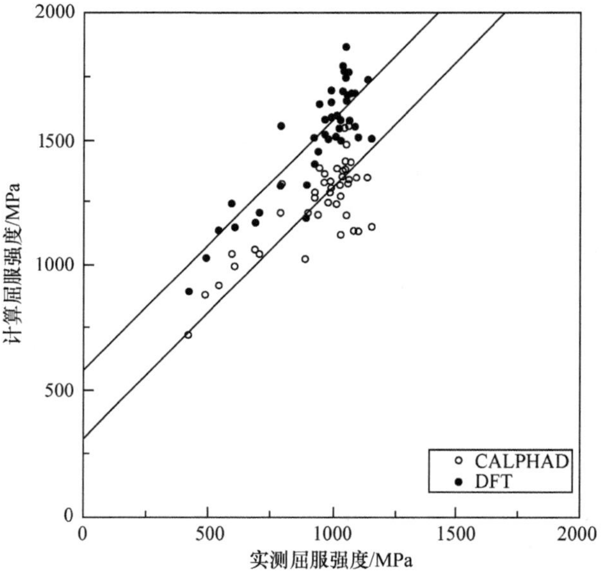

图 10.117　利用 CALPHAD 和 DFT 方法确定 APB 能量,并计算得到的屈服强度值与屈服强度实测值(实测温度 650℃)的比较[226]

由此可见,要在合金的化学成分与强度之间建立了定量关系,并用于新型高温合金的成分设计,还需要不懈努力。

近期,在高温合金强化机理研究方面还有不少优秀的工作。例如,Galindo-Nava 等提出了一种考虑 γ'相颗粒单峰和多峰尺寸分布的高温合金屈服应力的新模型[227]。他们在对 γ'相经典的剪切模型进行评述的基础上,在新模型中加入了以前没有考虑过的重要特征参数;通过加权 γ'相颗粒个体对总强度的贡献,将其推广到能说明颗粒尺寸多峰分布产生的强化效应,并将研究集中在粉末冶金合金上。学者预测了 8 种不同初始组织、成分和 700℃以下高温合金的屈服应力和 γ'相颗粒强化。通过理论分析表明,在 10～30nm

范围内，多峰 γ' 相合金的强度低于单峰 γ' 相合金。他们认为，这种基于无参数的物理模型能够预测具有复杂组织的高温合金的屈服应力，这突破了经典模型的局限性。这种方法还可以对影响多晶高温合金屈服强度的相关因素进行重要性评价。

Collins 等建立了一种基于析出弥散强化、晶粒长大和晶界硬化模型相结合的计算方法，该方法可以预测镍基高温合金在任意热循环下的微观组织和屈服强度[228]。应用该方法对先进的多晶镍基高温合金 RR1000 的锻后热处理进行了优化，提高了合金的弹性极限。他们利用热力学数据和温度相关的晶格参数(用原位同步 X 射线衍射测定)，得到了所需反相畴界能随温度变化的关系，预测了 600～700℃温度区间最佳的屈服强度。此时，析出相颗粒尺寸在 34～57nm 范围内。他们还利用沉淀模拟软件(PrecipiCalc)优化固溶和时效热处理工艺，使在期望的沉淀尺寸范围内，晶内析出 γ' 相颗粒的体积分数最大化，同时可使初始(一次) γ' 相的临界体积分数最小，以便使晶粒尺寸达到 7μm。他们预测的该材料获得最佳屈服强度的热处理工艺为：1105℃加热 4h，以 40℃/s 的速率冷却至常温，798℃时效 16h。650℃的拉伸试验表明，该工艺获得的屈服强度比具有常规显微组织的 RR1000 合金提高 125MPa。

10.6.3.3　损伤的微观分析

γ' 相强化多晶 Ni 基高温合金具有很高的强度，但在高温和含氧气氛环境中，其晶界由于与氧发生反应而成为弱化源头。尤其是当合金应用于动力发电机组或涡轮发动机的高温部件时，由于服役环境温度超过 700℃，需承受高应力，同时还存在氧化性和腐蚀性燃气流作用，晶界上存在这样的薄弱之处，实难让人放心。另一方面，随着追求更高的燃烧效率和减少排放，需要进一步提高工作温度。因此，因环境因素辅助裂纹(environmentally-assisted cracking)的生成对高温构件产生的损伤，成为 Ni 基高温合金在更高温度环境应用的障碍，得到了学界和工业界的高度关注。但对它的成因尚缺少统一的认识，需要进一步开展系统的试验研究和表征，以阐明内在起作用的物理和化学因素。

从文献报道看，环境因素辅助裂纹常常出现在低周疲劳和持久疲劳试验中。然而，用这样的试验来研究环境因素辅助裂纹却耗时耗材。Gabb 等建议用低应变速率拉伸试验来代替，获得的非弹性失效应变(拉伸断裂应变或延伸率)与驻留疲劳裂纹扩展速率有良好的对应关系。这种试验方法被认为是一种具有开创性意义的方法，能有效地加速对环境因素辅助裂纹成因研究的进程。Reed 等采用这种方法，并结合能谱仪、纳米二次离子质谱仪、高分辨电子背散射衍射技术，对一种 Ni 高温合金(U720Li)的环境因素辅助裂纹成因进行了系统研究，期望能回答如下问题[229]：

(1) 因环境因素引起晶界损害，进而导致裂纹沿晶扩展的本质是什么?

(2) 变形机理对环境因素引发损伤区域的最终失效进程有什么作用?

(3) 我们能否利用适当的热处理工艺，降低高温合金对环境因素辅助裂纹的敏感性?

据此，他们在不同环境气氛(空气和氩气)和不同温度(室温至 1000℃)条件下，对多晶 Ni 基高温合金(U720Li)进行了系列拉伸试验，获取不同条件下的拉伸断裂应变或伸长率，作为特征指标。研究表明，合金的拉伸断裂应变受环境因素的强烈影响，并在 700℃时取最小值，即存在明显的环境因素诱发脆性，如图 10.118 所示。脆性源于沿 γ 晶界的内氧化，特别是在一次 γ' 相与 γ 基体的非共格界面上的内氧化。此时，在外力作用下，由于位错在晶界上的积累而产生足够高的局部微应力，促使微裂纹沿晶界形成。当温度进一步升高至 850℃后，由于位错在晶界上的累积变少，拉伸断裂应变又开始增加。

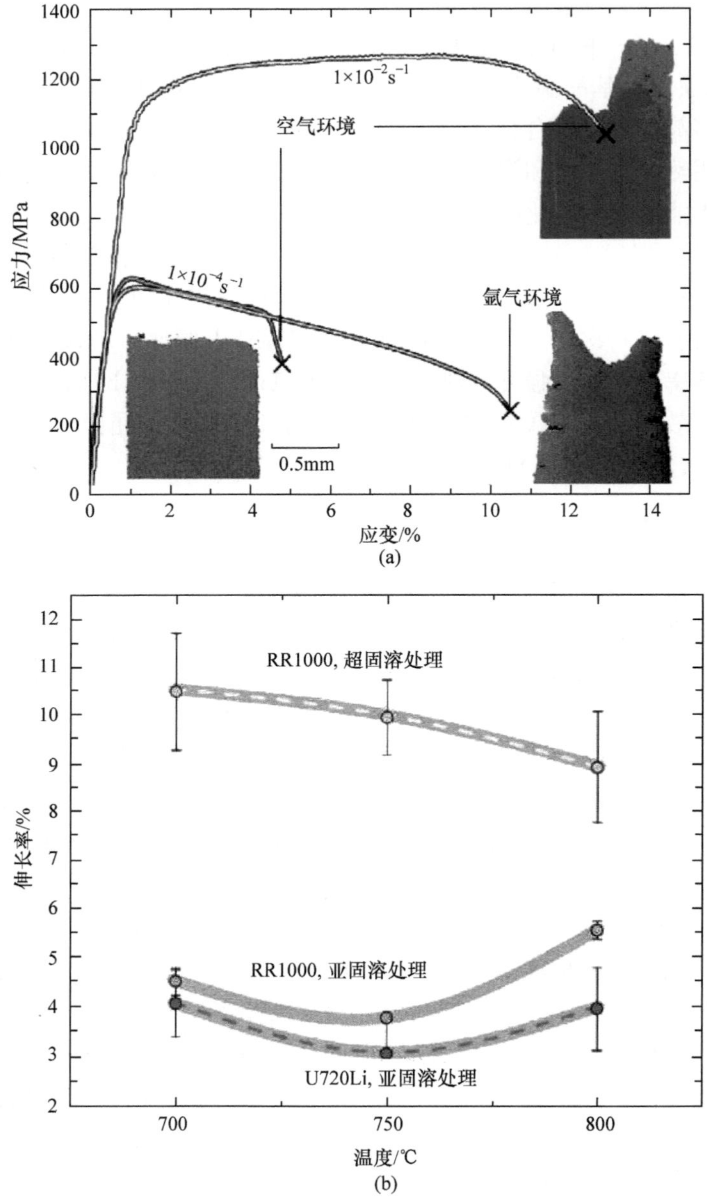

图 10.118　(a) U720Li 合金典型的应力-应变曲线，测试条件：800℃、空气和氩气、一个快应变速率和一个慢应变速率；(b) 对亚固溶热处理的 U720Li、RR1000 合金和超固溶热处理的 RR1000 合金进行慢应变速率拉伸试验时，拉伸断裂应变在 700～800℃的变化[229]

在 750℃条件下，试样拉伸断口表面存在明显的环境损伤特征。在有环境因素损伤的区域，其断面垂直于外力方向并沿晶断裂；而在无环境因素损伤的区域，其断面与拉伸轴成约 45°角，其上分布着韧窝和微孔洞，为穿晶断裂。在沿晶断裂区域与穿晶断裂区域之间存在一明显的过渡区域。在 800℃和 850℃，环境因素损伤严重，几乎完全以沿晶断裂的方式失效。与此相反，在 600℃以下温度和惰性气体中，不出现环境因素损伤情况，试样在均匀变形后以韧性断裂的方式失效。

根据镍基高温合金在平面、抛光表面上的氧化行为的研究，在低应变速率拉伸和氧化气氛条件下，在裂纹尖端可能会发生的氧化反应过程如图 10.119 所示。首先，我们设想裂纹沿 γ 相晶粒边界扩展。在裂纹尖端表面，首先形成 NiO 和 CoO 氧化物。在此基础上，形成的 $(Ni_{1-x}Co_x)O$ 复杂氧化物有可能填补裂纹缺口，而不是扩大缺口，但在其下面的基体中存在孔隙。由于极低的氧平衡分压，Al_2O_3 将在氧化区域最深内部出现，其向内生长的速率受 O^{2-} 迁移的控制。预计在 Al_2O_3 前面（与裂纹尖端反向）还存在一个 Cr_2O_3 的区域。有人提出了一个存在于裂纹尖端的三层氧化物结构，如图 10.119(b)所示，在 $(Ni_{1-x}Co_x)O$ 和 Cr_2O_3 之间也可能存在尖晶石层 $NiCr_2O_4$。另外，TiO_2 可以沿 Cr_2O_3 与 Al_2O_3 的边界析出。与抛光表面试样的氧化不同，在裂纹尖端不需要通过体扩散来实现离子的输运。这里的氧化物是平行于基体/氧化物界面方向生长的，因此界面可以作为短路扩散路径，导致氧化物沿晶界生长。

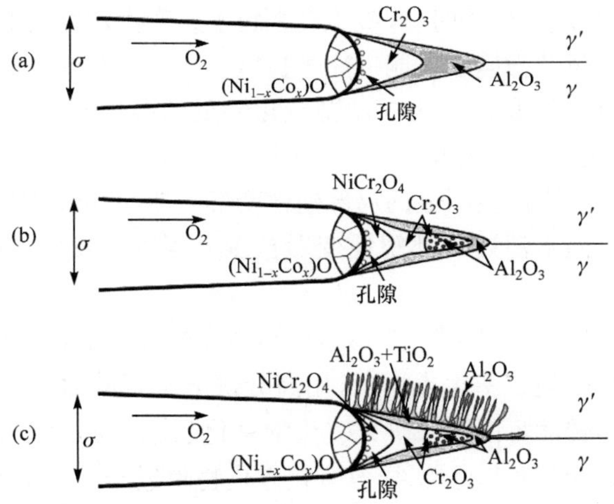

图 10.119　(a) 按热力学条件，在裂纹尖端形成的 $(Ni_{1-x}Co_x)O$、Cr_2O_3 和 Al_2O_3 层状氧化物示意图，(b)和(c)是在 γ 相晶界和与一次 γ' 相界面上观察到氧化物形态示意图(U720Li 合金)[229]

晶间氧化损伤解释了随着温度的升高，由于氧化过程的强化，拉伸断裂应变在 500～750℃下降的现象。然而，这不能解释在 750℃以上拉伸断裂应变增加的现象。有可能在中温条件下，滑移辅助晶界滑动(slip-assisted grain boundary sliding)对环境损伤晶界的准脆性破坏起着重要作用。随着温度的升高，由于晶界迁移率的增加，拉伸断裂应变恢复。此外，晶界滑动在中温区是活跃的，其发生与晶界附近位错胞结构的形成相有关。这些位错胞在滑移面上起着障碍物的作用，导致应力积聚在被损伤的 γ 晶界和 γ' 相界面上。由此产生的应力集中导致在裂纹尖端的晶间氧化物产生准脆性破坏。

总之，晶界的行为解释了在 750℃以上拉伸断裂应变增加的原因：随着温度的升高，增加了晶界迁移率，这是关键效应。图 10.120 显示了在低温、中温和高温三个温度区间，拉伸断裂应变随温度的变化关系，图中还给出了环境因素损伤示意图。

在 Ni 基高温合金中，MC 型碳化物也是应力集中地方，在高温疲劳条件下会成为裂

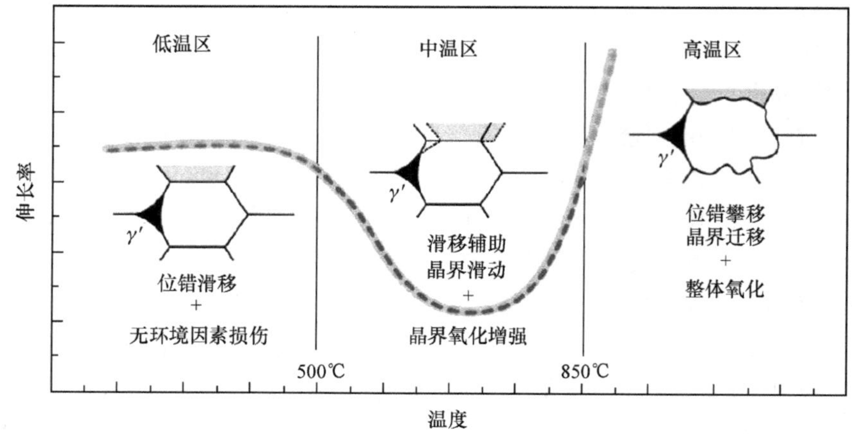

图 10.120 环境因素损伤和表观变形机制之间的相互作用示意图[229]
说明了 U720Li 合金的拉伸断裂应变随温度的变化

纹萌生中心。当受到高应力作用时,这些脆性颗粒不易产生塑性变形,而只能通过断裂失效。随后,源于这些部位的微裂纹可能进一步扩展。当在复杂的含氧环境、应力和温度循环下进行试验时,裂纹将从源自氧化 MC 型碳化物处的裂纹萌生中心开始向体内扩展,而不是从接近于自由表面的区域开始。MC 型碳化物氧化后,其氧化产物将导致其体积膨胀,并在附近的基体相中产生明显的局部塑性变形。然而,碳化物氧化引发裂纹的确切机理尚不清楚。例如,尚不清楚局部塑性变形在多大程度上发生,以及是否有可能改变 γ/γ'组织的组成。

近期,Kontis 等研究了在 750℃空气条件下,多晶高温合金表面附近的碳化物氧化行为,氧化碳化物是潜在的裂纹萌生点[230]。用高分辨电子背散射衍射测量了 γ/γ'晶粒中的晶格转动,这种晶格转动可以用来研究碳化物氧化引起的塑性变形。他们发现位错密度的增大加速了 γ'相的溶解动力学,导致氧化碳化物附近产生再结晶软化区。这一区域与原始的 γ/γ'组织相比有明显的化学组分变化。他们还讨论了这种有害的氧化碳化物和再结晶软化区对高温合金裂纹萌生周期的影响。

另外,镍基单晶高温合金消除了晶界这一高温下容易失效的薄弱环节,具有优良的高温力学性能,已经成为先进航空发动机涡轮叶片的主要材料。然而,单晶高温合金叶片在铸造和热处理过程中,易出现表面再结晶现象。研究表明,再结晶区域作为一种缺陷组织,会在单晶合金中重新引入横向晶界,破坏了单晶高温合金叶片的组织完整性,显著降低合金的高温拉伸、持久及疲劳性能,成为叶片服役过程中的重大隐患。

研究发现,镍基单晶高温合金中的碳化物随着 C 含量的增加而增加,合金表面再结晶深度受碳化物含量的影响先升高后降低。有人在 80Ni-20Cr 合金中添加 Al 时发现,随着 Al 含量升高,合金组织由单一的 γ 相转变成 γ/γ'相,再结晶温度迅速升高。由此可见,合金成分决定显微组织,从而影响合金的再结晶倾向。

随着航空发动机对叶片承温能力的要求不断提高,合金中大量添加难熔元素,先进单晶高温合金中 Re、W、Mo、Ta 等元素的总和已达到 20%,然而这些固溶强化元素如何影响单晶高温合金的再结晶却缺乏报道。近期,北京科技大学等单位的研究人员研究了这一问题[231]。研究结果表明，在单晶高温合金显微组织均匀的情况下，Re 和 W 能延长再结晶的孕育期，抑制再结晶晶粒长大。研究结果还表明，再结晶晶粒会在压痕表面（机械损伤处）形成，并沿枝晶干向内扩展，晶界迁移受到枝晶间粗大 γ' 相和 γ/γ' 共晶的阻碍。添加 Re 和 W 提高了铸态单晶高温合金的 γ' 相溶解温度和 γ/γ' 共晶含量，导致单晶高温合金的再结晶温度升高。随热处理温度升高，各单晶高温合金的再结晶面积随着枝晶间 γ' 相和共晶含量的减少而增大。相同热处理温度下，由于不同成分单晶高温合金枝晶间粗大 γ' 相和 γ/γ' 共晶的含量不同，不含难熔元素 Re 和 W 的单晶高温合金再结晶面积最大，含 Re 单晶高温合金的再结晶面积大于含 W 单晶高温合金，同时添加 Re 和 W 的单晶高温合金再结晶面积最小。这些研究有助于理解单晶高温合金再结晶的过程，并寻找到抑制再结晶发生的方法。

高温合金研究领域的相关理论和技术知识浩若烟海。尽管人们在该领域的认知在不断扩展，但关键科学问题和瓶颈问题仍会在很长时间内存在，并对我们的认知形成挑战。当然，还会有很多我们目前无法预知的问题，对此我们要有充分的准备。

参考文献

[1] 滕长岭. 钢铁材料手册 第 6 卷：耐热钢[M]. 2 版. 北京：中国标准出版社，2010.

[2] 郭建亭. 高温合金材料学（上册）：应用基础理论[M]. 北京：科学出版社，2008；高温合金材料学（中册）：制备工艺[M]. 北京：科学出版社，2008；高温合金材料学（下册）：高温合金材料与工程应用[M]. 北京：科学出版社，2010.

[3] 谢锡善. 我国高温材料的应用与发展[J]. 机械工程材料，2004，28(1)：2～11.

[4] 托马晓夫 H Д. 金属腐蚀及其保护的理论[M]. 华保定，余柏年，曹楚南，等译. 北京：中国工业出版社，1964.

[5] Меськин B C. Основы Легировния Стали[M]. Москва：Металлургиздат，1959.

[6] Chen R Y，Yuen W Y D. Review of the high-temperature oxidation of iron and carbon steels in air or oxygen[J]. Oxidation of Metals，2003，59(5-6)：433.

[7] Saunders S R J，Monteiro M，Rizzo F. The oxidation behaviour of metals and alloys at high temperatures in atmospheres containing water vapour：A review[J]. Progress in Materials Science，2008，53：775.

[8] 章守华. 合金钢[M]. 北京：冶金工业出版社，1981.

[9] Colombier L，Hoghmann J. Aciers Inoxydables [M]. 俄译本. Нержавеющие и жаропрочные стали，1958.

[10] Гудремон Э. Специальные Стали，Том 1[M]. Металлургиздат，1959(译自德文).

[11] Alman D E，Jablonski P D. Effect of minor elements and a Ce surface treatment on the oxidation behavior of a Fe-22Cr-0. 5Mn (Crofer 22APU) ferritic stainless steel[J]. International Journal of Hydrogen Energy，2007，32：3743.

[12] 曾丽，喇培清，刘致远，等. 铝对 HP40 合金高温抗氧化性能的影响[J]. 钢铁研究学报，2009，21(6)：53.

[13] Jang C H，Kim D J，Kim D H，et al. Oxidation behaviors of wrought nickel-based superalloys in various high temperature environments[J]. Transactions of Nonferrous Metals Society of China，2011，21：1524.

[14] Leonard K J，Busby J T，Zinkle S J. Influence of thermal and radiation effects on microstructural

and mechanical properties of Nb-1Zr[J]. Journal of Nuclear Materials, 2011, 414: 286.

[15] 周顺深. 低合金耐热钢[M]. 上海: 上海人民出版社, 1976.

[16] 杨宜科, 吴天禄, 江先美, 等. 金属高温强度及试验[M]. 上海: 上海科学技术出版社, 1986.

[17] Chang H C(张兴钤), Grant N T. Transactions of ASME[J]. 1956, 206: 545.

[18] 陈石富, 马惠萍, 鞠泉, 等. GH230 合金的热疲劳行为[J]. 钢铁研究学报, 2011, 23(3): 29.

[19] 龙会国, 陈红冬, 龙毅. 电站锅炉部件典型金属故障分析及防止措施[J]. 热力发电, 2011, 40(6): 97.

[20] Austin C R, St. John C R, Lindsey R W. American Institute of Mining and Metallurgical Engineers, Technical Publication[R]. No. 1834, Iron and Steel Divition Ⅷ, 1945, 384.

[21] 陈国良. 高温合金学[M]. 北京: 冶金工业出版社, 1988.

[22] 朱日彰, 卢亚轩. 耐热钢和高温合金[M]. 北京: 化学工业出版社, 1996.

[23] 刘正东, 陈正宗, 何西扣, 等. 630 ~700℃超超临界燃煤电站耐热管及其制造技术进展[J]. 金属学报, 2020, 56(4): 539.

[24] Francis J A, Bhadeshia H K D H, Withers P J. Welding residual stresses in ferritic power plant steels[J]. Materials Science and Technology, 2007, 23(9): 1009～1021.

[25] 张铭. P91 和 WB36 管件研制[J]. 辽宁工学院学报, 2002, 22(4): 46.

[26] 赵强, 王然, 彭先宽, 等. WB36 钢的热处理工艺及微观组织[J]. 热力发电, 2010, 39(1): 29.

[27] 太田定雄. 铁素体系耐热钢 [M]. 张善元, 张绍林译. 北京: 冶金工业出版社, 2003.

[28] 赵钦新, 顾海澄, 陆燕荪. 国外电站锅炉耐热钢的一些进展[J]. 动力工程, 1998, 18(1): 74.

[29] Aghajani A, Somsena C H, Pesickab J, et al. Microstructural evolution in T24, a modified 2(1/4) Cr-1Mo steel during creep after different heat treatments[J]. Materials Science and Engineering A, 2009, 510-511: 130.

[30] Abe F. Bainitic and martensitic creep-resistant steels[J]. Current Opinion in Solid State and Materials Science, 2004, 8: 305.

[31] Sikka V K, Jawad M H. Development of a New Class of Fe-3Cr-M(V) Ferritic Steels for Industrial Process Application[R]. Oak Ridge National Laboratory, 2005.

[32] 龙会国, 龙毅, 陈红冬. 高温再热器 T23/12Cr1MoV 异种钢焊缝失效机理[J]. 中国电力, 2011, 44(5): 70.

[33] 邓永清, 朱丽慧, 王起江, 等. 国产 T23 钢高温时效时组织和力学性能的研究[J]. 金属热处理, 2007, 32(9): 21.

[34] 季献武, 段鹏, 李驹, 等. T23 钢在超超临界 1000MW 机组的应用及现状[J]. 华东电力, 2009, 37(12): 2097.

[35] 李益民, 范长信, 杨百勋, 等. 大型火电机组用新型耐热钢[M]. 北京: 中国电力出版社, 2013.

[36] Lalik S, Niewielski G, Cebulski J. Mechanical properties of joints welted in creep-resistant low-alloy T24 steel[J]. Welding International, 2007, 21(5): 364.

[37] 陈家伦, 于秀清. 用于锅炉的耐高温铁素体管材 T91/P91 性能综述[J]. 锅炉制造, 1996, (1): 15.

[38] 赵钦新, 朱丽慧, 顾海澄, 等. 国产 T91/P91 的深化研究[J]. 锅炉技术, 1999, 30(8): 16.

[39] 王延峰, 郑开云, 吾之英, 等. T92 钢管长时高温组织稳定性及性能研究[J]. 动力工程学报, 2010, 30(4): 245.

[40] 王起江, 洪杰. 超超临界电站锅炉用新型管材的研制[J]. 宝钢技术, 2008, (5): 44.

[41] Masuyama F. History of power plants and progress in heat resistant steels[J]. ISIJ International, 2001, 41: 612.

[42] Svobaoda M, Dlouhý J, Podstranska I, et al. Microstructural changes in creep of TAF 650 steel at

650℃[C]. METAL 2000-Mezinárodní metalurgická konference/9/, Ostrava (CZ), 2000.

[43] Kirami K, Kushima H, Sawada K. Long-term creep strength prediction of high Cr ferritic creep resistanct steels based on degradation mechanisms[C]//Proceedings of the confenrence, Dublin, Ireland, 2003:444.

[44] Taneike M, Abe F, Sawada K. Creep-strengthening of steels at high temperatures using nano-sized carbonitride dispersions[J]. Nature, 2003, 424:294.

[45] Abe F, Horiuchi T, Taneike M K, et al. Stabilization of martensitic microstructure in advanced 9Cr steel during creep at high temperature[J]. Materials Science and Engineering A, 2004, 378:299.

[46] 何焕生,余黎明,刘晨曦,等. 新一代马氏体耐热钢 G115 的研究进展[J]. 金属学报, 2022, 58(3): 311.

[47] Ukai S, Fujiwara M. Perspective of ODS alloys application in nuclear environments[J]. Journal of Nuclear Materials, 2002, 307-311:749.

[48] 吾之英,崔正强. ASME CODE CASE 2328-1 钢管的国产化现状[J]. 机械工程材料, 2010, 34(10):59.

[49] 郭岩,唐丽英,周荣灿,等. 晶粒尺寸和表面状态对 S30432 钢蒸汽氧化行为的影响[J]. 动力工程学报, 2011, 31(8):644.

[50] 刘正东,程世长,杨刚,等. 中国超超临界火电机组用 S30432 钢管研制[J]. 钢铁, 2010, 45(6):1.

[51] 王起江,朱长春,洪杰. 07Cr25Ni21NbN 奥氏体耐热无缝钢管的研制[J]. 发电设备, 2011, 25(5):362.

[52] 方园园. 新型奥氏体耐热钢 HR3C 的析出相分析[D]. 大连:大连理工大学, 2010.

[53] 郭岩,贾建民,侯淑芳,等. 国产 TP347H FG 钢的水蒸气氧化行为的研究[J]. 腐蚀科学与防护技术, 2011, 23(6):505.

[54] 干勇,田志凌,董瀚,等. 中国材料工程大典 第 2 卷 钢铁材料工程(上)、第 3 卷 钢铁材料工程(下)[M]//中国机械工程学会,中国材料研究学会,中国材料工程大典编委会. 北京:化学工业出版社, 2006.

[55] 郭岩,周荣灿,侯淑芳,等. 617 合金时效组织结构及力学性能分析[J]. 中国电机工程学报, 2010, 30(26):86.

[56] 赵双群,谢锡善,董建新. 700℃超超临界燃煤电站用镍基高温合金 Inconel 740/740H 的组织与性能[C]. 第九届电站金属材料学术年会论文集(第二卷), 2011, 成都.

[57] 郭建亭,杜秀魁. 一种性能优异的过热器管材用高温合金 GH2984[J]. 金属学报, 2005, 41(11):1221.

[58] Smith G D, Sizek H W. Introduction of an abvanced super-heater alloy for coal boilers, Corrosion 2002[R]. Houston: NACE International, 2000, 00256:1.

[59] Ren W J, Swindeman R. A Review on current status of alloys 617 and 230 for Gen IV nuclear reactor internals and heat exchangers[J]. Journal of Pressure Vessel Technology, 2009, 131:044002.

[60] 陈石富,马惠萍,鞠泉,等. 稀土元素 La 对 GH230 合金 1000℃抗氧化性能的影响[J]. 钢铁研究学报, 2009, 21(11):45.

[61] 陈石富,马惠萍,鞠泉,等. La 含量对 GH230 合金组织和性能的影响[J]. 中国冶金, 2009, 19(10):13.

[62] 中国机械工程学会热处理专业分会《热处理手册》编委会. 热处理手册 第 2 卷(4 版). 林锦棠,石联峰. 第 15 章 发电设备零件的热处理[M]. 北京:机械工业出版社, 2008.

[63] 袁万彬,徐绍明. 燃气轮机用 R26 材料汽封圈毛坯锻造工艺研究[J]. 四川工程职业技术学院学报, 2011, 25(2):46.

[64] Михайлов-Михеев Л Б. Металл Газовых Трубин[M]. Москва:Машгиз,1958.
[65] 陈德和. 不锈钢的性能与组织[M]. 北京:机械工业出版社,1977.
[66] Clark L. High-Temperature Alloys[M]. New York:Pitman Publishing,1953.
[67] 杨钢,王立民,程世长,等. 蒸汽轮机用叶片钢的研究进展[J]. 特钢技术,2009,15(3):1.
[68] 廖洪军,姚长贵,王敏. 汽轮机叶片钢 1Cr12Ni3Mo2VN 热处理工业[J]. 宝钢技术,2009,(1):56.
[69] 谢学林,杨钢,陈敬超,等. 热处理工艺对 1Cr12Ni3Mo2VN 耐热钢力学性能的影响[J]. 热处理,2009, 24(5):35.
[70] 杨钢,刘新权,杨沐鑫,等. 1Cr12Ni3Mo2VN(M152)耐热钢的脆化机制[J]. 特钢技术, 2009,15(4):14.
[71] 李海生,任金桥. 浅析化学成分对 1Cr12Ni2W1Mo1V 机械性能的影响[J]. 热特钢技术,2008,14(1):34.
[72] 何刚,王海波,蔡伟,等. 超临界汽轮机用 1Cr11MoNiW1VNbN 不锈钢组织和性能的研究[J]. 热处理技术与装备,2007,28(5):45.
[73] 李志,贺自强,金建军,等. 航空超高强度钢的发展[M]. 北京:国防工业出版社,2012.
[74] 朱蓓蒂,张之栋,曾晓雁,等. 汽轮机末级叶片的激光熔覆研究[J]. 中国激光,1994,A21(6):526.
[75] 沈红卫,方顺发,宋帆,等. 2Cr12MoV 钢自锁式末叶片进汽边高频淬硬试验[J]. 热力透平,2005,34(1):51.
[76] 谢飞,李雄,张炳生,等. 乙烯裂解炉管的渗碳与抗渗碳[J]. 材料导报,2002,16(8):24.
[77] 马鸣图. 先进汽车用钢[M]. 北京:化学工业出版社,2008.
[78] 李邦熙. 炉用高温耐热材料 3Cr24Ni7SiNRE[J]. 工业加热,1983,(3):4.
[79] 冶金工业部钢铁研究院. 合金钢手册 第一分册[M]. 北京:中国工业出版社,1971.
[80] 上海锅炉厂,本溪钢铁公司第一炼钢厂. 2Mn18Al5SiMoTi 抗氧化钢的实验和应用[J]. 机械工程材料,1979,(04):35.
[81] DIN. DIN 17480-1984. Valve steels and alloys for internal combustion engines[S]. Berlin,1984.
[82] SAE. SAE J775 AUG93. Engine poppet valve information report. America[R]. 1993.
[83] AFNOR. NF A35-579(1991). Valve steels and alloys for internal combustion engines[S]. France, 1991.
[84] 程世长,刘正东,杨钢. 中国内燃机气阀钢的现状和建议[J]. 钢铁研究学报,2005,17(3):4～7.
[85] Cheng S,Lin Z. Development of valve steel for internal combustion engine in China[J]. Journal of Iron and Steel Research,International,1998,5(2):1～6.
[86] Jin C,Hak J,Hong J. A study of exhaust valve and seat insert wear depending on cycle numbers [J]. Wear,2007,263(1):1147.
[87] Su Y,Guo J,Wu S,et al. Modelling generation mechanism of defects during permanent mould centrifugal casting process of TiAl alloy exhaust valve[J]. Material Science and Technologe,2011,27(1):246.
[88] Yu Z,Xu X. Failure analysis and metallurgical investigation of diesel engine exhaust valves[J]. Engine Failure Analysis,2006,13(4):673.
[89] Cademas M,Cuetos J M,Fermandez J E,et al. Laser cladding of Stellite 6 on stainless steel diesel engine exhaust valves[J]. Revista de Metalurgia,2002,38(6):457.
[90] Zhu Y,Yin Z,Teng H. Plasma cladding of Stellite 6 powder on Ni76Cr19AlTi exhausting valve [J]. Transactions of Nonferrous Metals Society of China,2007,17(1):35～40.
[91] 周人俊,林肇樑,陶家驹. 化学成分及热处理对 4Cr9Si2 钢室温机械性能的影响[J]. 钢铁,1965,(4):14.
[92] 秦添艳. 内燃机气阀用钢的发展现状[J]. 上海金属,2011,33(2):50.

[93] 李广田，李立新，孙振岩，等. 新型阀门钢 5Cr8Si2 组织与性能[J]. 特殊钢，2001，22(1)：9.
[94] 刘光辉，叶长青，李立新，等. 新型节铬 5Cr8Si2 性能试验研究[J]. 黑龙江冶金，1999，(3)：7.
[95] 柯翼铭. 8Cr20Si2Ni 钢热处理工艺的选择[J]. 金属热处理，1987，(10)：38.
[96] 柳学胜，范植金，方炜，等. 热处理工艺对 8Cr20Si2Ni 阀门钢碳化物的影响[J]. 金属热处理，1999，(8)：23.
[97] Борздыка А М，Цейтлин В З. Термическая обработка жаропрочных стапей и сплавов[M]. Москва：Издательство，1964.
[98] 张祖贤，等. 兵器黑色金属材料手册 下册[M]. 北京：兵器工业出版社，1990(内部发行).
[99] 陈兴. 16V240ZJ 内燃机气阀强韧性研究[D]. 上海：上海交通大学，2006.
[100] 夏晓玲，李玉清. 5Cr21Mn9Ni4N 钢中碳化物层状析出与晶界沉淀[J]. 特殊钢，1993，14(6)：36.
[101] 李玉清，关云，夏晓玲. 5CrMn9Ni4N 奥氏体耐热钢中的晶界 Cr_2N[J]. 电子显微学报，1998，17(1)：33.
[102] 张保议. 3Cr23Ni8Mn3N 作为大功率柴油机排气阀用钢的可行性研究[J]. 热加工工艺，2001，(5)：49.
[103] 黄武. 高负荷风冷柴油机排气阀钢 5Cr21Mn9Ni4Nb2WN(21-4N＋WNb)[J]. 特殊钢，1985，(5)：38.
[104] 程世长，刘正东，杨刚，等. 铌对 21-4N 气阀钢性能影响的研究[R]. 钢铁研究总院，2005.
[105] 罗尔夫 · 米尔巴赫. Resis TEL 一种新的廉价耐热气门材料[J]. 程世长译. 内燃机配件，1990，(2)：53.
[106] 丁国娣. 船用柴油机气门钢 GH751 的性能分析[J]. 柴油机，2004，(4)：3.
[107] 王明建，夏申琳，李雪峰. 钛合金用于制造汽车零部件[J]. 现代零部件，2014，(4)：50.
[108] 王悔改，冷文才，李双晓，等. 热处理工艺对 TC4 钛合金组织和性能的影响[J]. 热加工工艺，2011，10(40)：181.
[109] 朱雪峰，余日成，黄艳华，等. 热处理对 TA19 钛合金组织和力学性能的影响[J]. 金属热处理，2015，2(40)：102.
[110] 程宗祥，朱蕴策，林峰. 第 11 章 汽车、拖拉机及柴油机零件的热处理[M]//中国机械工程学会热处理专业分会《热处理手册》编委会. 热处理手册第 2 卷. 4 版. 北京：机械工业出版社，2008.
[111] 黄干尧，李汉康，等. 高温合金[M]. 北京：冶金工业出版社，2002.
[112] 《中国航空材料手册》编委会. 中国航空材料手册(2 版)第 2 卷，变形高温合金铸造高温合金[M]. 北京：中国标准出版社，2002.
[113] 《中国航空材料手册》编委会. 中国航空材料手册 第 2 卷，变形高温合金铸造高温合金[M]. 北京：中国标准出版社，1989.
[114] Heckl A，Neumeier S，Cenanovic S，et al. Reasons for the enhanced phase stability of Ru-containing nickel-based superalloys[J]. Acta Materialia，2011，59：6563.
[115] Heckl A，Neumeier S，Göken M，et al. The effect of Re and Ru on γ/γ' microstructure，γ-solid solution strengthening and creep strength in nickel-base superalloys[J]. Materials Science and Engineering A，2011，528：3435～3444.
[116] Kuo C M，Yang Y T，Bor H Y，et al. Aging effects on the microstructure and creep behavior of Inconel 718 superalloy[J]. Materials Science and Engineering A，2009，510-511：289.
[117] Whitmorea L，Leitnera H，Povoden-Karadenizb E，et al. Transmission electron microscopy of single and double aged 718Plus superalloy[J]，Materials Science and Engineering A，2012，534：413.
[118] Xiao L，Chen D L，Chaturvedi M C. Shearing of γ'' precipitates and formation of planar slip bands in Inconel 718 during cyclic deformation[J]. Scripta Materialia，2005，52：603.

[119] Gao P, Zhang K F, Zhang B G, et al. Microstructures and high temperature mechanical properties of electron beam welded Inconel 718 superalloy thick plate[J]. Transactions of Nonferrous Metals Society of China, 2011, 21: 315.

[120] Ye D Y. Effect of cyclic straining at elevated-temperature on static mechanical properties, microstructures and fracture behavior of nickel-based superalloy GH4145/SQ[J]. International Journal of Fatigue, 2005, 27(9): 1102.

[121] 叶锐曾,徐志超,葛占英,等. 镍基变形高温合金中弯曲晶界形成的机制[J]. 金属学报,1985, 21: A131.

[122] 江河,董建新,张麦仓,等. 800℃以上服役涡轮盘用难变形镍基高温合金研究进展[J]. 航空制造技术,2021,64(1/2):62.

[123] Tian S G, Wang M G, Yu H C, et al. Influence of element Re on lattice misfits and stress rupture properties of single crystal nickel-based superalloys[J]. Materials Science and Engineering A, 2010, 527: 4458～4465.

[124] 高温合金金相图谱编写组. 高温合金金相图谱[M]. 北京:冶金工业出版社,1979.

[125] 李嘉荣,熊继春,唐定中. 先进高温结构材料与技术(上、下册)[M]. 北京:国防工业出版社,2012.

[126] 张健,王莉,王栋,等. 镍基单晶高温合金的研发进展[J]. 金属学报,2023,59(9):1109.

[127] 张国庆,李周,田世藩,等. 喷射成形高温合金及其制备技术[J]. 航空材料学报,2006,26(3):257.

[128] 罗光敏,樊俊飞,单爱党. 喷射成形高温合金的研究和应用[J]. 材料导报,2007,21(9):52.

[129] 中国金属学会高温材料分会. 中国高温和合金手册 上卷[M]. 北京:中国质检出版社,中国标准出版社,2012.

[130] 谢锡善,董建新,付书红,等. γ''和 γ'相强化的 Ni-Fe 基高温合金 GH4169 的研究与发展[J]. 金属学报,2010,46(11):1289.

[131] 刘杨,王磊,乔雪璎,等. 应变速率对电场处理 GH4199 合金拉伸变形行为的影响[J]. 稀有金属材料与工程,2008,37:66.

[132] 罗顺. 镍基单晶合金 MCrAlY 涂层防护性能研究[D]. 长沙:中南大学,2009.

[133] 孙瑞杰,闫晓军,聂景旭. 定向凝固涡轮叶片高温低周疲劳的破坏特点[J]. 航空学报,2011,32(2):337.

[134] Pu S, Zhang J, Shen Y F, et al. Recrystallization in a directionally solidified cobalt-base superalloy [J]. Materials Science and Engineering A, 2008, 480: 428.

[135] Kermajani M. Influence of double aging on microstructure and yield strength of AEREXTM 350 [J]. Materials Science and Engineering A, 2012, 534: 547.

[136] Klein L, Shen Y, Killian M S, et al. Effect of B and Cr on the high temperature oxidation behaviour of novel γ/γ'-strengthened Co-base superalloys[J]. Corrosion Science, 2011, 53: 2713～2720.

[137] Klopp W D. Aerospace Structural Metals Handbook[R]. Vol. 5, Code 4302, 1986.

[138] 濮晟. DZ40M 高温合金的再结晶及其对合金力学性能的影响[D]. 南京:南京航空航天大学,2007.

[139] Sato J, Omori T, Oikawa K, et al. Cobalt-base high-temperature alloys[J]. Science, 2006, 312: 90.

[140] 冯强,路松,李文道,等. γ'相强化钴基高温合金成分设计与蠕变机理研究进展[J]. 金属学报,2023,59(9): 1125.

[141] Zhuang X L, Antonov S, Li W D, et al. Alloying effects and effective alloy design of high-Cr CoNi-based superalloys via a highthroughput experiments and machine learning framework[J]. Acta Materialia, 2023, 243: 118525.

[142] Zou M, Li W D, Li L F, et al. Machine learning assisted design approach for developing γ'-strengthened Co-Ni-base superalloys[C]//Superalloys 2020. Cham: Springer, 2020: 937.

[143] 长崎诚三,平林真.二元合金状态图集[M].刘安生译.北京:冶金工业出版社,2004.

[144] 陈国良,林均品.有序金属间化合物结构材料物理金属学基础[M].北京:冶金工业出版社,2004.

[145] Fagarascanu D,Haubold T. Properties of forged γ-TiAl compressor blades[C]//Kim Y W,Dimiduk D M, Loretto M H. Gamma titanium aluminides, Warrendale, Pennsylvania, TMS, 1999:365.

[146] Maki K,Ehira A. Development of a high-performance TiAl exhaust valve[R]. SAE Paper,Warrendale,Pennsylvania,TMS,1996:117.

[147] Keller M M,Jones P E,Porter W J,et al. The development of low-cost TiAl automotive valve [J]. JOM,1997,49(5):42.

[148] Kawaura H,Nishino K,Saito T. New surface treatment using a fluidized bed furnace for improving oxidation resistance of TiAl-base alloys[C]//Nathal M V,Darolia R,Liu C T. Structural Intermetallic 1997,Warrendale,Pennsylvania,TMS,1997:377.

[149] Clements H,Appel F,Bartels A,et al. Processing and application of engineering γ-TiAl based alloys[C]. Proceeding of the 10th World Conference on Titanium,Hamburg,2003:2123.

[150] 陶正兴.钛铝间金属化合物研究开发现状[J].上海钢研,1997,(1):49.

[151] Zan X,Wang Y,Xia Y,et al. Dynamic behavior and fracture mode of TiAl intermetallic with different microstructure at elevated temperatures[J]. Transactions of Nonferrous Metals Society of China,2011,21:45.

[152] Huang W,Zan X,Nie X,et al. Experimental study on the dynamic tensile behavior of a poly-crystal pure titanium at elevated temperatures[J]. Materials Science and Engineering A,2007,443:33.

[153] Zan X,Chen X,Huang W,et al. Rapid-contact heating technique in tensile impacts at elevated temperatures[J]. Journal of Experimental Mechanics,2005,20:321～327.

[154] 黄旭,李臻熙,黄浩.高推重比航空发动机用新型高温钛合金研究进展[J].中国材料进展,2011,30(6):21.

[155] 张永刚,韩雅芳,陈国良,等.金属间化合物结构材料[M].北京:国防工业出版社,2001.

[156] 张建伟,张海深,张学成,等. Ti-23Al-17Nb 合金双态组织的控制及其对力学性能的影响[J].稀有金属材料与工程,2010,39(2):372.

[157] 彭继华,李世琼,毛勇,等. Ta 对 Ti_2AlNb 基合金微观组织和高温性能的影响[J].中国有色金属学报,2000,增刊 1(10):50.

[158] 张建伟,李世琼,梁晓波,等. Ti_3Al 和 Ti_2AlNb 基合金的研究与应用[J].中国有色金属学报,2010,20(专辑 1):s326.

[159] 杜刚,崔林林,雷强,等. O 相合金 Ti_2AlNb 的研究进展[J].中国材料进展,2018,37(10):68.

[160] 冯艾寒,李渤渤,沈军. Ti_2AlNb 基合金的研究进展[J].材料与冶金学报,2011,10(1):30.

[161] 油如月, 王强, 赵春玲,等. TNM 变形钛铝合金研究进展[J]. 中国材料进展, 2023, 42(8): 669.

[162] 宫声凯, 尚勇, 张继,等. 我国典型金属间化合物基高温结构材料的研究进展与应用[J]. 金属学报, 2019, 55(9): 1067.

[163] 王子特, 郑功, 祁志祥,等. TiAl 合金结构、组织、性能与应用[J]. 科学通报, 2023, 68(25): 3259.

[164] 王妍, 崔春娟, 张凯, 等. 定向凝固金属间化合物的研究进展[J]. 材料导报, 2022, 36(24): 20400245.

[165] 王雪,梁永锋,林均品. 元素粉末法制备 TiAl 金属间化合物的研究进展[J]. 精密成形工程, 2022, 14(11): 111.

[166] 王江,曹庭玮,陈超越,等. 激光增材制造钛铝系金属间化合物的研究现状[J]. 航空制造技术, 2022, 65(17): 14.

[167] 梁啸宇,张磊,林峰. 电子束粉末床熔融制备钛铝基金属间化合物研究进展[J]. 精密成形工程, 2022, 14(11): 81.

[168] 王天元,黄帅,周标,等. 航空装备激光增材制造技术发展及路线图[J]. 航空材料学报,2023,43(1):1.

[169] 张国栋,许乔郅,郑涛,等. 航空装备电子束增材制造技术发展及路线图[J]. 航空材料学报, 2023,43(1):28.

[170] 郑涛,郭绍庆,张国栋,等. 航空装备电弧熔丝增材制造技术发展及路线规划图[J]. 航空材料学报,2023,43(1):18.

[171] 孙晓峰,宋巍,梁静静,等. 激光增材制造高温合金材料与工艺研究进展[J]. 金属学报,2021,57(11):1471

[172] Ghoussoub J N, Tang Y T, Dick-Cleland W J B, et al. On the Influence of Alloy Composition on the Additive Manufacturability of Ni-Based Superalloys[J]. Metallurgical and Materials Transactions A- Physical Metallurgy and Materials Science, 2022, 53A(3): 962.

[173] Ghoussoub J N, Utada S, Pedraza F, et al. Alloy Design for Additive Manufacturing: Early-Stage Oxidation of Nickel-Based Superalloys[J]. Metallurgical and Materials Transactions A-Physical Metallurgy and Materials Science, 2023, 54A(5): 1721.

[174] Shinjo J, Kutsukake A, Arote A, et al. Physics-based thermal-chemical-fluid-microstructure modelling of in-situ alloying using additive manufacturing: Composition-microstructure control [J]. Additive Manufacturing,2023, 64: 103428.

[175] Tang Y T, Panwisawas C, Ghoussoub J N, et al. Alloys-by-design: Application to new superalloys for additive manufacturing[J]. Acta Materialia, 2021, 202: 417.

[176] 孙晓峰. 973 计划材料领域"十三五"战略规划 (高温合金部分)[R]. 2014 年 10 月.

[177] Long H B,Mao S C,Liu Y N,et al. Microstructural and compositional design of Ni-based single crystalline superalloys-A review[J]. Journal of Alloys and Compounds,2018,743:203.

[178] 杜金辉,赵光普,邓群,等. 中国变形高温合金研制进展[J]. 航空材料学报,2016,36(3):27.

[179] 郭茂文,刘春荣,郑雪萍,等. 粉末高温合金的研究现状[J]. 热加工工艺,2017,46(20):11.

[180] 孙晓峰,金涛,周亦胄,等. 镍基单晶高温合金研究进展[J]. 中国材料进展,2012,31(12):1.

[181] Dexin M A,Novel casting processes for single-crystal turbine blades of superalloys[J]. Frontiers of Mechanical Engineering,2018,13(1):3.

[182] 郑玉荣,吴新年,王晓民. 镍基高温合金核心技术发展[J]. 中国材料进展,2015,34(3):246.

[183] Sato A. Nickel-Based Single Crystal Superalloy for Turbine Blade Used for Aircraft Engine and Industrial Gas Turbine, Contains Composition Containing Cobalt, Niobium, Rhenium, Ruthenium, Remainder of Nickel and Unavoidable Impurities[P]: Ishikawajima Harima Heavy Ind: WO2008111585A1. 2008-09-18.

[184] 张龙飞,江亮,周科朝,等. 航空发动机用单晶高温合金成分设计研究进展[J]. 中国有色金属学报,2022, 32(3): 630.

[185] Lemberg J A,Ritchie R O. Mo-Si-B alloys for ultrahigh-temperature structural applications[J]. Advanced Materials, 2012,24:3445.

[186] 史志武,张洪宇,韦华,等. Nb-Ti-Al 基超高温合金研究进展[J]. 稀有金属,2016,40(2):172.

[187] Guo Y L,Jia L N,Kong B,et al. Microstructure and fracture toughness of Nb-Si based alloys with Ta and W additions[J]. Intermetallics,2018,92:1.

[188] Ma X,Guo X P,Fu M S. Precipitation of γNb_5Si_3 in Nb-Si based ultrahigh temperature alloys [J]. Intermetallics,2018,98:11.

[189] Tang Y, Guo X P. Flow softening behavior during hot compression of a Nb-Si based ultrahigh temperature alloy[J]. Journal of Alloys and Compounds, 2018, 731: 985.

[190] Wang N, Jia L N, Kong B, et al. Eutectic evolution of directionally solidified Nb-Si based ultrahigh temperature alloys[J]. International Journal of Refractory Metals & Hard Materials, 2018, 71: 273.

[191] 郭喜平. Nb-Si 基超高温合金制备技术及抗氧化硅化物渗层[J]. 中国材料进展, 2015, 34(2): 120.

[192] Ge Y L, Wang Y M, Chen J C, et al. An Nb_2O_5-SiO_2-Al_2O_3/$NbSi_2$/Nb_5Si_3 multilayer coating on Nb-Hf alloy to improve oxidation resistance[J]. Journal of Alloys and Compounds, 2018, 745: 271.

[193] 张来启, 黄永安, 林均品. Mo-Si-B 三元系金属间化合物超高温结构材料研究进展[J]. 南京航空航天大学学报, 2016, 48(1): 1.

[194] Kamata S Y, Kanekon D, Lu Y Y, et al. Ultrahigh-temperature tensile creep of TiC-reinforced Mo-Si-B based alloy[J]. Scientific Reports, 2018, 8: 10487.

[195] Perepezko J H. Surface Engineering of Mo-Base Alloys for Elevated-Temperature Environmental Resistance[J]. Annual Review of Materials Research, 2015, 45: 519.

[196] 王建国, 任朋立, 张周科, 等. 我国高温合金的发展及前景[J]. 热加工工艺, 2016, 45(4): 13.

[197] Reed R C, Tao T, Warnken N. Alloys-by-design: application to nickel-based single crystal superalloys[J]. Acta Materialia, 2009, 57: 5898.

[198] 朱礼龙, 戚海英, 江亮, 等. 镍基高温合金相关相图的高通量测定与热力学优化[J]. 中国有色金属学报, 2015, 25(11): 2953.

[199] 韩志宇, 曾光, 梁书锦, 等. 镍基高温合金粉末制备技术的发展现状[J]. 中国材料进展, 2014, 33(12): 748.

[200] 王梦雅, 纪箴, 张一帆, 等. 粉末高温合金中原始粉末颗粒边界研究进展[J]. 粉末冶金技术, 2017, 35(2): 142.

[201] 张军, 黄太文, 刘林, 等. 单晶高温合金凝固特性与典型凝固缺陷研究[J]. 金属学报, 2015, 51(10): 1163.

[202] Barb D, Alabort E, Pedrazzini S, et al. On the microtwinning mechanism in a single crystal superalloy[J]. Acta Materialia, 2017, 135: 314.

[203] 刘刚, 刘林, 张胜霞, 等. Re 和 Ru 对镍基单晶高温合金组织偏析的影响[J]. 金属学报, 2012, 48(7): 845.

[204] Rae C. Alloys by Design: modelling next generation superalloys[J]. Materials Science and Technology, 2009, 25(4): 479.

[205] 倪莉, 张军, 王博, 等. 镍基高温合金设计的研究进展[J]. 材料导报 A: 综述篇, 2014, 28(2): 1.

[206] Reed R C, Zhu Z, Sato A, et al. Isolation and testing of new single crystal super alloys using alloys-by-design method[J]. Materials Science & Engineering A, 2016, 667: 261.

[207] Lu Q, van der Zwaag S, Xu W. Charting the composition-strength space for novel austenitic, martensitic and ferritic creep resistant steels[J]. Journal of Materials Science & Technology, 2017, 33: 1577.

[208] Lu Q, Xu W, van der Zwaag S. The design of a compositionally robust martensitic creep-resistant steel with an optimized combination of precipitation hardening and solid-solution strengthening for high-temperature use[J]. Acta Materialia, 2014, 77: 310.

[209] Crudden D J, Raeisinia B, Warnken N, et al. Analysis of the chemistry of Ni-Base turbine disk superalloys using an alloys-by-design modeling approach[J]. Metallurgical and Materials Transactions A: Physical Metallurgy and Materials Science, 2013, 44A(5): 2418.

[210] Office of Science and Technology. Fact Sheet: The materials genome initiative-Three years of progress[R]. Washington D C: Office of Science and Technology Policy, 2014.

[211] Zhu Z, Hoglund L, Larsson H, et al. Isolation of optimal compositions of single crystal superalloys by mapping of a material's genome[J]. Acta Materialia, 2015, 90: 330-343

[212] Kaufman L, Agren J. CALPHAD, first and second generation-birth of the materials genome[J]. Scripta Materialia, 2014, 70: 3.

[213] Olson G B, Kuehmann C J. Materials genomics: from CALPHAD to flight[J]. Scripta Materialia, 2014, 70: 25.

[214] 王薪,朱礼龙,方姣,等.基于"材料基因组工程"的3种方法在镍基高温合金中的应用[J].科技导报,2015,33(10):79.

[215] Liu P, Huang H Y, Antonov S, et al. Machine learning assisted design of γ′-strengthened Co-base superalloys with multi-performance optimization[J]. npj Computational Materials, 2020, 6: 62.

[216] Thome P, Richter A, Scholz F, et al. 3D dendrite growth in Ni-base SXs analyzed using microstructure informatics[R]. Bamberg, Bavaria: DGM, 2022.

[217] Liu Y, Wu J M, Wang Z C, et al. Predicting creep rupture life of Ni-based single crystal superalloys using divide-and-conquer approach based machine learning[J]. Acta Materialia, 2020, 195: 454.

[218] Lu S, Zou M, Zhang X R, et al. Data-driven "cross-component" design and optimization of γ′-strengthened Co-based superalloys [J]. Advanced Engineering Materials, 2023, 25: 2201257.

[219] Yu J X, Wang C L, Chen Y C, et al. Accelerated design of $L1_2$-strengthened Co-base superalloys based on machine learning of experimental data [J]. Materials and Design, 2020, 195: 108996.

[220] 徐斌.基于机器学习的新型高强镍基高温合金设计与优化[D].北京:北京科技大学,2023.

[221] 姜贝贝,王清,董闯.基于固溶体短程序结构的团簇式合金成分设计方法[J].物理学报,2017,66:026102.

[222] Mostafaei M, Abbasi S M, Designing and characterization of Al-and Ta-bearing Ni-base superalloys based on d-electrons theory[J]. Materials and Design, 2017, 127: 67.

[223] Barba D, Alabort E, Pedrazzini S, et al. On the microtwinning mechanism in a single crystal superalloy[J]. Acta Materialia, 2017, 135: 314.

[224] Le Graverend J B, Pettinari-Sturmel F, Cormier J, et al. Mechanical twinning in Ni-based single crystal superalloys during multiaxial creep at 1050℃[J]. Materials Science and Engineering A, 2018, 722: 76.

[225] Reed R C. Superalloys: Fundamentals and Applications[M]. Cambridge: Cambridge University Press, 2006.

[226] Crudden D J, Mottura A, Warnken N, et al. Modelling of the influence of alloy composition on flow stress in high-strength nickel-based superalloys[J]. Acta Materialia, 2014, 75: 356.

[227] Galindo-Nava E I, Connor L D, Rae C M F. On the prediction of the yield stress of unimodal and multimodal γ′ nickel-base superalloys[J]. Acta Materialia, 2015, 98: 377.

[228] Collins D M, Stone H J, A modelling approach to yield strength optimisation in a nickel-base superalloy[J]. International Journal of Plasticity, 2014, 54: 96.

[229] Nemeth A A N, Crudden D J, Armstrong D E J, et al. Environmentally-assisted grain boundary attack as a mechanism of embrittlement in a nickel-based superalloy[J]. Acta Materialia, 2017, 126: 361.

[230] Kontis P, Collins D M, Wilkinson A J, et al. Microstructural degradation of polycrystalline superalloys from oxidized carbides and implications on crack initiation[J]. Scripta Materialia, 2018, 147: 59.

[231] 濮晟,谢光,王莉,等.Re和W对铸态镍基单晶高温合金再结晶的影响[J].金属学报,2016,52(5):538.

索　　引

（按汉语拼音顺序）

A

奥氏体不锈钢的热处理和冷变形强化　1251
　　去应力退火　1251
　　固溶处理　1251
　　稳定化处理　1252
奥氏体不锈钢的组织　1233
　　铁素体量对钢的性能的影响　1234
　　钢中马氏体转变的临界温度 $M_s(\alpha')$ 和 $M_s(\alpha')$(30/50)　1235
　　$M_{23}C_6$ 型碳化物的沉淀动力学　1237
　　MC 型碳化物　1238
　　奥氏体不锈钢的稳定化处理　1239
　　M_6C 碳化物的生成　1239
　　C_2N 与 MN 的生成　1239
　　金属间化合物的沉淀动力学　1240
奥氏体不锈钢中的元素对钢组织和性能的影响　1241
　　碳的影响和超低碳奥氏体不锈钢　1241
　　铬的影响　1241
　　镍的影响　1243
　　钼的影响　1244
　　铜的影响　1245
　　锰的影响　1246
　　硅的影响　1247
　　控氮型、中氮型和高氮型奥氏体不锈钢　1248
　　钛和铌的影响　1250
　　刀状腐蚀　1250
　　硫和磷的影响　1250
奥氏体沉淀硬化不锈钢　1296
奥氏体的形成　127
　　合金元素的影响　128
　　非平衡组织的影响　129
　　组织遗传性　130
奥氏体晶粒的长大　134
　　奥氏体晶粒度的评定　134
　　质点钉扎理论　135
　　溶质拖曳理论　136
　　晶界原子扩散机制　136
　　合金元素对晶粒长大的影响　137
奥氏体热强钢　1422
　　奥氏体热强钢的合金化　1423
　　奥氏体耐热钢的钢号和化学成分　1425
　　奥氏体耐热钢热处理与力学性能　1428
　　18-8 型铬镍奥氏体型耐热钢的特点和应用　1430
　　高铬镍奥氏体耐热钢的特点和应用　1430
　　碳化物沉淀硬化奥氏体耐热钢　1432
　　金属间化合物强化的奥氏体耐热钢　1432
奥氏体-铁素体型(双相)不锈钢　1266
　　奥氏体-铁素体型不锈钢的牌号与化学成分　1190
　　奥氏体-铁素体型不锈钢的力学性能　1193
奥氏体稳定化　153
　　热稳定化　153
　　力学(机械)稳定化　157
　　残余奥氏体的催化作用机制　157
奥氏体型不锈钢　1233
　　奥氏体型不锈钢的牌号与化学成分　1181
　　奥氏体型不锈钢热处理后的力学性能　1186,1188
奥氏体型抗氧化钢　1437
　　Cr-Ni 系奥氏体抗氧化钢的牌号、性能和应用　1437
　　高温合金　1438
　　Cr-Mn-N 系奥氏体抗氧化钢的牌号、性能和应用　1438
　　Fe-Cr-Al 系奥氏体抗氧化钢的成分控制、性能和应用　1439
奥氏体型热作模具钢和高温合金　1091

B

半奥氏体沉淀硬化不锈钢的处理状态　1307
　　固溶处理(A 状态)　1309

冷处理(R 状态)　1309
奥氏体调整处理(T 状态处理)　1309
冷变形(C 状态)　1310
时效处理(H 状态)　1310
不同处理状态下半马氏体沉淀硬化
不锈钢的力学性能　1310～1313
半奥氏体沉淀硬化不锈钢的化学成分　1308
包辛格(Bauschinger)效应　223
薄板坯连铸连轧　35
紧凑式带钢生产线(CSP)　35
贝氏体的力学性能　168
贝氏体的强度　169
贝氏体的韧性　169
贝氏体的组织形态　160
上贝氏体(UB)　161
下贝氏体(LB)　161
亚单元和超亚单元　162
无碳化物贝氏体　162
粒状贝氏体(GB)　163
贝氏体铁素体(BF)　163
针状铁素体(AF)　163
贝氏体转变　159
转变特点　159
贝氏体转变的切变机制　159
贝氏体转变的台阶机制　160
贝氏体转变动力学　166
影响贝氏体转变动力学的因素　166
贝氏体转变温度　167
不可逆回火脆性　192
不可逆回火脆性特点　192
不可逆回火脆性发展动力学　193
碳钢的不可逆回火脆性　193
不可逆回火脆性的理论　193
碳化物薄层的晶界沉淀理论　193
残余奥氏体薄膜分解理论　194
杂质元素晶界偏析理论　194
不同强化方式强化效果的叠加　243
不锈钢的钝化状态　1157
不锈钢的分类　1167
不锈钢的腐蚀类型　1159
一般腐蚀(连续腐蚀)　1159
晶间腐蚀　1160
奥氏体不锈钢的晶间腐蚀　1160
铁素体不锈钢的晶间腐蚀　1160
缝隙腐蚀　1161
点蚀(孔蚀)　1161
应力腐蚀破裂(SCC)　1162
腐蚀疲劳　1163
不锈钢的性能要求　1156
不锈钢的组织图、铬当量$[Cr]_{eq}$和镍当量
$[Ni]_{eq}$　1167
不锈钢精密箔材　1333
不锈钢冷轧钢板的冷作硬化状态:H1/4、
H1/2、H3/4、H、2H　1174
不锈轴承钢　871
高碳铬不锈轴承钢的化学成分　872
孪晶状碳化物　872
高碳铬不锈轴承钢的热处理　873

C

常用弹簧钢各牌号中合金元素的作用、
力学性能和应用　807
超低温奥氏体钢　891
铬镍奥氏体不锈钢　891
高锰奥氏体钢　892
超高强度钢　708
超高强度钢的分类　709
超高强度钢的性能要求　709
超高强度钢的增材制造　732
超级奥氏体不锈钢的性能和应用　1262～1265
超细晶钢(UFG)　305
形变诱导铁素体相变(DIFT)　305
弛豫-析出-控制相变(RPC)　306
沉淀硬化不锈钢　1296,1432
沉淀硬化不锈钢的牌号与化学成分　1195
沉淀硬化不锈钢的热处理与力学性能　1196
成形极限图(FLD)　314
冲击试验　245
冲击韧度　245
冲击吸收功　246
悬臂梁式(Izod)冲击试验　246
冲击试样的标准尺寸　246
夏比(Charpy)U 型缺口试样　247
夏比(Charpy)V 型缺口试样　247
船舶及海洋工程用结构钢　409
超高强度船舶及海洋工程用结构钢　410
船体用结构钢的化学成分和力学性能　413

纯净钢或洁净钢(clean steel) 5
纯铁的理论强度 234
淬火碳钢的回火过程 178
　双相分解 179
　残余奥氏体的分解 179
　碳化物的转变 180
　铁素体状态的变化 181
　回火屈氏体 181
　回火索氏体 181
　碳钢回火时三类内应力的变化 181
淬透性 289
　半马氏体组织 289
　临界硬度 289
　临界直径 D_c 289
　临界冷却速率 289
　理想临界直径 D_I 289
　冷却介质的冷却强度 H 289
　珠光体淬透性 290
　贝氏体淬透性 290
　无铁素体淬透性 290
　淬透性的测定(Jominy 法) 290
　淬透性带 290
　端淬曲线的应用 290
　合金元素对淬透性的影响 294
　淬透性因子 295
　淬透性的计算公式 295
　硼对淬透性的影响 297

D

大气腐蚀 508
　大气腐蚀的锈层结构 509
　耐候机制 509
大型低合金钢铸件 739
大型锻件的第二热处理 793
　正火及高温回火 793
　调质 793
　大型锻件的急冷、深冷淬火 794
　大型锻件水淬的碳当量 CE 判据 794
大型锻件的第一热处理(锻后热处理) 790
　等温冷却和起伏等温冷却 790
　正火和回火 791
　起伏等温退火 791
大型锻件的锻造 764
大型锻件的回火脆性 768
　脆性系数 J(J 系数) 768
　超纯净钢 768
大型锻件的晶粒细化 768
大型锻件的氢损伤 765
　氢在钢中存在的四种状态 765
　室温下高压氢造成的氢脆 766
　钢的高温氢腐蚀 767
　防止白点生产的门槛值 767
　防止白点生成的热处理 767
大型锻件的生产工艺特点 760
　无铁素体淬透性 760
大型锻件的冶炼 761
　真空碳脱氧(VCD) 762
　真空吹氩浇注(MSD+Ar 法) 762
　大型电渣重熔设备 762
　大型锻件用铸锭 763
　大型锻件用钢锭的偏析 764
大型锻件用钢 770
　不同截面碳素结构钢的力学性能 770
　锻件用合金结构钢的化学成分 772
　不同截面合金结构钢的力学性能 774
　汽轮发电机转子用钢及其对力学性能的要求 775～777
　汽轮发电机转子和汽轮机转子锻件用钢的化学成分 777
　汽轮机发电机转子锻件用钢对力学性能的要求 778
　汽轮机转子体和主轴锻件用钢对力学性能的要求 779,780
　大型电站用发动机和汽轮机低压转子的成分与组织特点 781～783
　一些超临界汽轮机高中压转子用钢的化学成分及持久强度 785
　Cr12 型超临界及超超临界汽轮机用高中压转子钢的化学成分、可用温度及其力学性能规定 785～789
　Cr 当量 786
单晶高温合金 1497
单晶高温合金成分设计方法的进展 1561
　抗氧化优值系数的引入 1561
低倍缺陷 45
　残余缩孔 46
　疏松 46

气泡 47
发纹 48
低倍夹杂 48
锭形偏析 48
斑点状偏析 48
中心偏析 49
白点 49
白点生成的原因 49
影响白点敏感程度的因素 50
防止白点生成的措施 50
连铸坯裂纹 51
第二相强化 240
位错切过机制 240
位错绕过机制 241
低焊接裂纹敏感性高强度钢 418
低合金超高强度钢 710
碳及合金元素在低合金超高强度钢中的作用 710
低合金超高强度钢的化学成分和力学性能 712,713
淬火-分配工艺(Q-P 工艺) 717
Q-P-T(淬火-分配-回火)工艺 717
淬火-碳分配-回火工艺(Q-P-T 工艺) 718
低合金低温钢 882
低合金钢的发展 355
低合金钢筋 545
钢筋的基本性能要求 546
钢筋混凝土用钢筋的发展 547
热轧光圆钢筋(HPB) 548
热轧带肋钢筋(HRB) 548
余热处理钢筋 548
抗震钢筋 549
细晶粒钢筋 549
钢筋混凝土用钢筋的牌号、化学成分和性能 549～551
预应力混凝土结构用钢筋 550
热处理钢筋(调质钢筋) 550
热处理钢筋的化学成分和力学性能 550
混凝土用钢棒(PC 钢棒)的力学性能 551
钢筋的冷加工 551
冷轧带肋钢筋的牌号、化学成分和力学性能 552
预应力混凝土用螺纹钢筋的牌号和力学性能 553
低合金钢筋的合金化 559
低合金高强度冲压钢 457
低合金高强度冲压钢板的性能要求 458
拉伸试验测定的基本成形参数 458
形变强化指数平均值 $\bar{n}$ 459
极限拉伸比 LDR 460
Swift 试验装置 460
球底锥形件拉伸试验 460
翻边性能试验与极限扩孔率 λ 461
回弹 461
压痕抗力(抗凹陷性) 461
抗碰撞性能 462
压溃吸能值 462
低合金高强度钢 355
钢的化学成分 356,359,361,363
钢的力学性能 357,360,362,366
钢的应用 358
钢的性能要求 367
钢的分类 369
合金元素的作用 369
低合金高强度钢的组织与性能 375
低碳铁素体-珠光体钢 375
低碳贝氏体钢 377
超低碳贝氏体钢(ULCB) 379
针状铁素体钢(AF) 380
低碳回火马氏体钢 381
双相钢(DF) 381
低合金高强度冷轧薄钢板 493
冲压用冷轧薄钢板的发展 494
深冲冷轧薄钢板及钢带的化学成分及力学性能 495
有利织构的控制 495
超低碳无间隙原子钢(IF 钢) 497
Ti-IF 钢 497
Nb-IF 钢 497
(Nb+Ti)-IF 钢 497
IF 钢的退火 498
冷轧低碳钢板及钢带的牌号、化学成分参考值及力学性能 499
冷连轧高强度含磷钢 500
含磷高强度铝镇静钢化学成分和力学性能 500

高强度 IF 钢(HSIF 钢) 500
汽车用冷连轧 HSIF 钢的化学成分及力学性能 501
冷连轧低合金高强度钢 501
冷连轧马氏体钢 501
冷连轧复相钢 502
冷轧各向同性钢(IS 钢) 503
生产 IS 钢的关键技术 503
汽车用高强度 IS 钢化学成分参考值及规定的力学性能 503
烘烤硬化钢(BH 钢) 504
烘烤硬化机制 504
烘烤硬化值的测定方法 504
烘烤硬化值 BH_2 505
汽车用高强度冷连轧 BH 钢的化学成分及力学性能 506
低合金高强度热轧冲压钢板 462
低碳奥氏体转变产物术语及符号 166
低碳钢的时效 208
低碳钢的淬火时效 209
低碳钢的应变时效 210
低碳高强度钢(HSLC) 382
钢的化学成分 382
钢的性能 383
纳米硫化物 383
纳米铁碳析出物 384
低温钢 882
低合金低温钢的化学成分和性能 882
镍系低温钢的化学成分、热处理性能及应用 885～888
9Ni 钢的相变过程 887
9Ni 钢的热处理工艺 887
低温管道用无缝钢管的化学成分和力学性能 884
低温压力容器用钢板的化学性能和力学性能 882,883
电弧炉炼钢 10
超高功率电炉(UHP) 11
偏心炉底出钢法 12
泡沫渣技术 12
电站机组用高温合金 1399
超超临界过热器管材用高温合金的化学成分和力学性能 1400
一些过热器管材用高温合金的热处理、组织和性能 1401～1405
定向凝固(DS)和单晶铸造(SC)镍基高温合金 1492
高速定向凝固法(HRS 法) 1492
单晶叶片铸造工艺 1492
定向凝固柱晶镍基高温合金的化学成分 1493
定向凝固柱晶镍基高温合金的热处理制度和使用温度 1495
单晶镍基高温合金的主要化学成分 1496
单晶镍基高温合金的热处理制度 1497
单晶镍基高温合金的组织 1497
动力机组锅炉用钢管 1373
高压锅炉用碳素和合金结构钢无缝钢管用钢的化学成分 1374
高压锅炉用奥氏体耐热不锈钢无缝钢管用钢的化学成分 1375
高压锅炉用无缝钢管的热处理制度 1380
高压锅炉用无缝钢管的力学性能 1382
动态回复和动态再结晶 138
Zener-Hollomon 参数(Z 参数) 139
动态撕裂试验 250
断裂力学 254
断裂韧度 254
平面应变断裂韧度 254
断裂韧度的测试 257
影响断裂韧度的因素 258
断裂韧度与其他性能的关系 259

E

二次硬化型高合金超高强度钢 722
HP9Ni-4Co 系列高合金超高强度钢化学成分、热处理和性能 722～724
高 Co-Ni 高合金超高强度钢的化学成分和力学性能 724～726
高 Co-Ni 二次硬化钢的热处理及应用 726～728
二次硬化型中合金超高强度钢 719
中碳中合金二次硬化超高强度钢的化学成分和力学性能 719
二元铁合金相图 86
Fe-Mn 平衡图 87
Fe-Ni 平衡图 87
Fe-Co 平衡图 88

Fe-Cu 平衡图 88
Fe-N 平衡图 89
Fe-Cr 平衡图 90
Fe-V 平衡图 90
Fe-W 平衡图 90
Fe-Mo 平衡图 91
Fe-Ti 平衡图 91
Fe-Al 平衡图 92
Fe-Si 平衡图 92
Fe-P 平衡图 93
Fe-Nb 平衡图 94
Fe-B(微量)平衡图 94,666
Fe-S 平衡图 94
Fe-RE 平衡图 95
合金元素影响 Fe 基二元相图的理论解释 96

F

发动机排气阀的技术条件 1464
阀门堆焊合金的化学成分 1464
阀门钢(气阀钢、气门钢) 1441
各类阀门钢的特点和适用范围 1442
阀门钢的化学成分 1443,1444
阀门钢热处理后的力学性能 1445
阀门钢及合金的高温力学性能参考值 1448
阀门合金 1461
镍基高温合金气门材料的应用 1461
铁基高温合金气门材料的应用 1462
我国钛合金气门材料的牌号和化学成分 1463
我国钛合金气门材料的热处理及力学性能 1463
非合金工具钢 906
非合金工具钢的化学成分和组织检测 906
碳含量对非合金工具钢强塑性的影响 908
非合金工具钢的热加工和退火工艺 908
非合金工具钢的淬火和回火工艺 909
非合金工具钢的不可逆回火脆性 912
非合金工具钢的冷作模具 1005
非机械弹簧用碳素弹簧钢丝 826
非马氏体组织对调质钢性能的影响 590
非调质机械结构钢 690
非调质机械结构钢的发展 690
非调质机械结构钢的牌号和化学成分 691
非调质机械结构钢的力学性能 692
非调质钢优异的技术经济特点 692
非调质钢的合金化 693
非调质钢的控制轧制(锻制)与控制冷却 696
铁素体-珠光体型非调质钢的设计 698
氧化物冶金和晶内铁素体(IGF) 699
贝氏体型非调质钢的设计 700
非调质机械结构钢的应用 702
高强度高韧性非调质钢的化学成分和力学性能 704
低碳贝氏体型非调质钢的化学成分和力学性能 705
低碳马氏体型非调质钢 706
低碳马氏体型非调质钢的化学成分和力学性能 706
裂解(或胀断)连杆用非调质钢 706
裂解连杆用非调质钢的化学成分和力学性能 707
粉末高温合金 1498
粉末冶金镍基高温合金的化学成分 1498
氧化物弥散强化(ODS)铁基和镍基高温合金 1499
粉末冶金高速钢 981
粉末冶金高速钢的生产 981
粉末冶金高速钢的质量特性 983
粉末冶金高速钢的应用 985
粉末冶金工具钢 985
覆盖膜 333
Fe-Cr-Mn(0.1%C)三元系等温截面图 1166
Fe-Cr-Ni 三元系 1100℃恒温截面图 1165

G

G115 新型马氏体耐热钢 1392
钙易切削系 333
感应炉炼钢 13
钢板桩用钢 428
热轧钢板桩 428
冷弯钢板桩 430
钢材落锤撕裂试验方法 252
钢的编号方法 67
中国 GB 标准钢号表示方法 68
美国标准钢号表示方法 73
俄罗斯 ГОСТ 标准钢号表示方法 75
日本 JIS 标准钢号表示方法 76
德国 DIN 标准钢号表示方法 77
国际标准化组织 ISO 钢号表示方法 81

钢的脆性 248
　冷脆(低温脆性) 248
　重结晶脆 248
　热脆 248
　红脆 248
　蓝脆 213,248
钢的断口检验 59
　断口检验法 59
　纤维状断口 60
　瓷状断口 60
　结晶状断口 60
　台状断口 60
　撕裂状断口 60
　层状断口 60
　石状断口 61
　萘状断口 61
　黑脆断口 61
钢的锻造 28
　锻锤 28
　液压机 29
　快锻液压机(快锻机) 30
　精锻机 30
　热加工工艺参数 30
　锻造比 32
　纤维组织(流线) 32
钢的分类 62
　按化学成分分类 62
　按主要质量等级、主要性能或使用特性分类 63
　按冶炼方法分类 66
　按组织分类 66
　按使用加工方法分类 67
　按用途分类 67
钢的力学性能和工艺性能 219
钢的特种冶炼 18
　真空感应熔炼(VIM) 18
　真空电弧重熔(VAR) 18
　电渣重熔(ESR) 19
钢的魏氏组织评定方法 52
钢的游离渗碳体评定方法 52
钢的增材制造 38
　增材制造(AM)原理 38
　激光选区熔化(SLM) 39
　激光近净成形(LENS) 39
　激光沉积制造(LDM) 39
　模具用 H13 钢的增材制造 1077
　耐蚀塑料模具的增材制造 1125
　增材制造的应用 42,1538
钢的轧制 26
　热轧基本工艺流程 27
钢的珠光体评定方法 140
钢轨钢 535
　钢轨钢的性能要求 535
　碳素、微合金和低合金钢轨钢的化学成分及其性能 536,537
　高速铁路用钢轨 537
　轨端热处理 539
　淬火加回火工艺(QT 工艺) 539
　欠速淬火工艺(SQ 工艺) 540
　离线热处理 540
　在线热处理 540
　我国目前铁路线路上使用的钢轨钢种 543
　空冷贝氏体钢轨 544
钢结构建筑用钢 420
　低屈强比焊接高强度钢的化学成分 421
　建筑结构用钢板的化学成分 422
　建筑结构用钢板的性能 424
　抗震结构用型钢 426
　建筑用低屈服强度钢板 427
　建筑用耐火钢、耐火耐候钢 427
钢结硬质合金 1039
　钢结硬质合金的类型、牌号和化学成分 1040
　钢结硬质合金的生产工艺 1040
　常用钢结硬质合金的热处理工艺和热处理后的硬度值 1042
　常用钢结硬质合金的物理、力学性能 1043
钢丝的热处理 557
　钢丝的退火 557
　钢丝的等温淬火(索氏体化、派登脱处理) 557,563
　钢丝的淬火-回火处理 558
　钢丝的回火处理 558
钢中的氮化物 107
　氮化物与碳化物的相互溶解 108
钢中的金属间化合物 108

几何密堆相(GCP 相) 109
拓扑密堆相(TCP 相) 109
σ 相、χ 相、μ 相 109
拉弗斯相(Laves 相、AB_2 相) 110
有序相(AB_3 相) 110
钢中的扩散 121
铁原子的自扩散 121
碳原子的扩散 122
合金元素的扩散 123
快速通道扩散 123
碳在铁中的热力学活度 124
上坡扩散 125
碳的相对活性系数 f_C 126
钢中的硼化物 108
钢中的碳化物 100
Hägg 规则 101
间隙相 101
复杂点阵的碳化物 101
M_6C 型碳化物 102
$M_{23}C_6$ 型碳化物 102
MC 型碳化物 102
Fe-Cr-C 三元系 700℃平衡图 103
Fe-W-C 三元系 700℃亚稳平衡图 104
Fe-V-C 三元系 20℃亚稳平衡图 105
高倍缺陷 52
钢中带状组织的评定 52
五大类非金属夹杂物 53
钢中非金属夹杂物含量的评定 54
评定非金属夹杂物标准图谱 54
带状组织 56
网状碳化物 57
带状碳化物 57
碳化物液析 58
碳化物不均匀度 58
石墨碳的测定 59
高氮奥氏体不锈钢中氮的化学成分和力学性能 1316
高氮奥氏体不锈钢的性能特点和应用 1317
高氮不锈钢的生产 1314
高氮马氏体不锈钢 1323
高氮马氏体的形态特点 1323
高氮马氏体的时效和回火转变 1324
高氮马氏体不锈钢的成分、性能和应用 1324
高钢级管线钢的成分控制 438
高铬及中铬工具钢用作冷模具 1011
Cr12 型高碳高铬工具钢的组织 1012
高碳高铬工具钢的碳化物不均匀性及其改锻 1014
高碳高铬工具钢的退火工艺 1015
高碳高铬工具钢得到一次硬度的热处理 1017
高碳高铬工具钢得到二次硬度的热处理 1017
高碳高铬工具钢淬火回火组织的评定 1019
高碳中铬工具钢的热处理工艺和性能 1020
韧性较高的耐磨铬工具钢的化学成分 1024
一些韧性较高的耐磨铬工具钢的成分特点、热处理工艺、性能和应用 1024～1029
高耐磨热作模具钢的化学成分、加工工艺、性能和用途 1138
高强度马氏体钢的延迟断裂 576
高强度悬挂弹簧钢的化学成分和设计应力 816
高热强性热作模具钢 1064
高热强性热作模具钢的性能要求 1064
高热强性热作模具钢的化学成分 1065,1066
高速钢 922
高速钢的发展过程 922
高速钢的化学成分 922～927
高速钢的表面处理 995
蒸汽处理 996
气体渗氮 997
离子渗氮 997
氧氮共渗 997
离子硫氮共渗 998
渗碳 998
化学气相沉积法 999
物理气相沉积法 1000
高速钢的淬火加热 954
淬火加热时高速钢的组织变化 954
淬火加热时高速钢晶粒度和碳化物溶解度的控制 958

高速钢的萘状断口　959
淬火温度对高速钢红硬性的影响　960
高速钢淬火温度和保温时间的选择　961
高速钢淬火加热时的预热　962
高速钢的淬火冷却　962
高速钢过冷奥氏体的转变　962
高速钢的分级淬火　963
高速钢的油中冷却　964
高速钢的等温淬火　964
高速钢的完全贝氏体淬火　967
高速钢的冷处理　968
高速钢的回火　968
淬火高速钢回火时的转变　968
淬火高速钢回火时的碳化物析出　968
淬火高速钢的多次回火　970
回火冷却时残余奥氏体的稳定化　970
高速钢的生产和热加工　947
高速钢的冶炼　947
高速钢的热加工工艺　947
高速钢的锻压比　948
高速钢碳化物不均匀度　949～952
高速钢的应用　971
普通高速钢的热加工工艺、性能和应用　971
高钒高速钢的性能特点和应用　974
含钴高速钢的性能特点和应用　974
超硬高速钢的性能特点和应用　975
我国开发的高性能高速钢的化学成分、性能特点和应用　976
低合金高速钢　978
低合金高速钢的化学成分、性能特点和应用　978～980
高速钢的组织　927
高速钢的共晶反应　927
δ 共析体　928
高速钢的铸造组织　930
M_6C 莱氏体　931
M_2C 莱氏体　931
MC 莱氏体　931
大块角状碳化物　932
高速钢的热轧退火组织　953
高速钢退火态和淬火态的碳化物量　954
高速钢的淬火-回火组织　971
高速钢中碳及合金元素的作用　934
碳在高速钢中的作用　934
平衡碳计算法、平衡碳差值、碳饱和度　935
高速钢的固相线温度　936
钨在高速钢中的作用　936
钼在高速钢中的作用　937
钨当量　937
钼高速钢与钨高速钢的比较　937
钒在高速钢中的作用　939
共晶反应温度间隔 ΔT 值　940
铬在高速钢中的作用　941
钴在高速钢中的作用　942
接近平衡碳量的高碳钴高速钢　944
硅在高速钢中的作用　944
铝在高速钢中的作用和高碳含铝高速钢　945
其他元素对高速钢性能的影响　945～947
高碳铬轴承钢　849
高碳铬轴承钢的化学成分　850
高碳铬轴承钢的冶金质量要求　851
超纯净轴承钢　852
高碳铬轴承钢大型锻制钢棒　852
高碳铬轴承钢中合金元素的作用、各牌号的性能和应用　853
滚动轴承高碳铬轴承钢零件热处理技术条件　853
高碳铬轴承钢的退火　855
高碳铬轴承钢的最后热处理　857
轴承零件马氏体淬火-回火后的硬度　857
淬火和回火温度对 GCr15 钢力学性能的影响　858
轴承零件马氏体淬火-回火后的组织　860
精密轴承的尺寸稳定处理　860
高碳铬轴承钢的贝氏体淬火处理　861
高铁轴承材料的热处理工艺　870
高温不锈轴承钢　876
高温结构材料的增材制造　1538
高温合金的变形、强化与损伤过程　1567
蠕变变形机理与微孪晶　1567
强化机理与屈服应力模型　1570
损伤的微观分析　1573
高温合金的分类和牌号表示方法　1467
高温合金的热腐蚀和涂层防护　1505
高温合金的热腐蚀　1505

合金元素对热腐蚀的影响 1507
第一代涂层——简单的铝化物涂层 1507
第二代涂层——多元铝化物涂层(Cr-Al、Si-Al、Pt-Al 等涂层) 1507
第三代涂层——MCrAlY 包覆涂层 1508
第四代涂层——热障涂层 1509
高温合金近期研究动态与展望 1541
高温合金发展历程 1542
以 Nb-Si 共晶体系为基础的新型 Nb 基超高温合金(Nb-Si 系合金) 1548
Nb-Si 基超高温合金的热加工过程和加工技术 1548
Nb-Si 基合金的共晶演化过程 1549
Nb-Si 基合金的涂层 1550
Nb-Si-B 基超高温合金和涂层 1550
高温合金的成分设计方法与合金元素的作用 1552,1556
组织结构演化与精细调控方法 1553
组织结构定量(精细)表征 1554
高温及高温不锈渗碳轴承齿轮钢 879,880
高温渗碳轴承钢 874
高效大线能量焊接技术 400
铬-锰-镍-氮和铬-锰-氮系奥氏体阀门钢 1457
Cr-Mn-Ni-N 和 Cr-Mn-N 系奥氏体阀门钢的性能和应用 1457～1461
21-4N 钢的层状组织(类珠光体) 1458
铬-钼系和铬-钨-钼系热作模具钢 1078
一些铬-钼系热作模具钢的特点、热处理工艺和应用 1078
一些铬-钼-钨系热作模具钢的特点、热处理工艺和应用 1079
用作热作模具的基体钢 1086
优化合金元素配比的高性能热作模具钢 1088
铬-镍系奥氏体阀门钢的成分控制、热处理工艺、性能和用途 1454
铬系热作模具钢 1073
铬系热作模具钢的特点 1074
铬系热作模具钢的热加工工艺 1074
铬系热作模具钢的淬火与回火 1075
贝氏体脆性 1075
铬系热作模具钢的室温和高温力学性能 1077
工程机械用低合金耐磨钢板 527
高硬度可焊接耐磨钢 527
工程机械用耐磨钢板的化学成分和力学性能 527
耐磨钢板的合金化和热处理工艺 529
低碳贝氏体耐磨钢板 532
工程机械用高强度耐磨钢板 529
工程机械用焊接高强度钢钢号举例 416
工程机械用焊接高强度钢力学性能 418
工具钢的变形测定 902
工具钢的淬透性 899
非合金工具钢淬透性测定——断口法 899
中合金工具钢用端淬方法测定淬透性 900
中合金过共析钢的淬透性计算 901
珠光体淬透性因子 901
贝氏体淬透性 902
工具钢的分类 896
工具钢的基本性能 897
工具钢的抗弯强度试验 897
工具钢的脱碳层测定 904
工具钢磨削裂纹的影响因素 906
钴基高温合金 1510
钴基高温合金的特点 1511
钴基变形和铸造高温合金的化学成分 1512
钴基高温合金的组织 1514
Co-Al-W 基高温合金 1515
不含 W 的合金体系 1517
CoNi 基合金体系 1517
钴基高温合金的力学性能 1517
钴基高温合金的典型应用:超高强度紧固件 1518
固溶处理 203
固溶强化 235
α-Fe 的间隙固溶强化 236
α-Fe 的置换固溶强化 236
奥氏体的固溶强化 237
管线钢的开发与应用 440
管线钢的化学成分和力学性能 440～443
管线钢的 CCT 曲线 443,444
管线钢的显微组织 445
管线钢中的碳氮化物 445
高铌管线钢的高温轧制工艺(HTP) 445
高抗变形性能管线钢 446
油气输送管线钢的包辛格效应 453
滚动轴承的工作条件 831

滚动轴承钢的性能要求 831
滚动轴承结构 832
滚动轴承渗碳热处理技术条件 865
锅炉钢管用奥氏体不锈耐热钢 1395
　一些国外使用的锅炉钢管用奥氏体不锈耐热钢 1395
　奥氏体不锈耐热钢的持久强度推荐数据 1395
　特殊制管工艺(高温软化退火＋大变形冷加工＋固溶处理＋内壁喷丸) 1396
　一些奥氏体不锈耐热钢的成分特点、性能和应用 1394～1399
锅炉钢管用贝氏体和马氏体型抗蠕变钢 1384
　低铬贝氏体耐热钢管用钢的化学成分和力学性能 1384
　9～12Cr 马氏体型耐热钢管的化学成分和力学性能 1386
　长时间条件下的蠕变强度损失和退化行为预测 1390
　Z 相的析出 1390
　高级马氏体型抗蠕变钢 1391
锅炉钢管用低碳珠光体热强钢 1373
　低碳珠光体热强钢的性能要求 1376
　珠光体钢中的渗碳体球化 1376
　珠光体钢中的渗碳体石墨化 1376
　低碳珠光体热强钢的合金化 1376,1378
　低碳珠光体钢单道焊缝的显微组织 1377
　低碳珠光体热强钢的热处理 1378
　低碳珠光体热强钢的应用 1381
锅炉和压力容器用钢 395
　钢的化学成分 396
　钢的力学性能和工艺性能 397
　中温抗氢钢 398
　各钢号的用途 399
　压力容器用调质高强度钢板的化学成分和力学性能 400
　低温压力容器用钢的化学成分和性能 402
国内外超超临界过热器管材用高温合金 1400
过共析渗碳体形态 145
　魏氏组织渗碳体 145
过冷奥氏体转变曲线 171
　碳的影响 171
　锰、镍、硅、铝的影响 171
　铬的影响 173
　钼、钨的影响 175
　TTT 曲线中的河湾区和溶质类拖曳效应 175
　钒、钛、锆、铌的影响 176
　硼的影响 177
　合金元素的综合作用 177

H

海绵铁或直接还原铁(DRI) 8
海上采油平台用钢的化学成分和力学性能 409～415
焊接方法 316
焊接裂纹试验方法 323
　斜 Y 坡口对接裂纹试验 323
　层状撕裂试验 324
焊接缺陷 316
　热裂纹 317
　冷裂纹 317
　再热裂纹 317
　层状撕裂 317
焊接热影响区(HAZ) 316,322
　低碳钢的 HAZ 组织变化 321
　峰值温度 T_p 321
　冷却速率 Δt_{8-5} 321
焊接性 315
　影响焊接性能的因素 317
　熔焊后钢的组织 320
　焊接性判据:碳当量 C_{eq} 322
　裂纹敏感性指数 P_c 323
　化学成分的冷裂纹敏感系数 P_{cm} 323
含锰较高的空冷微变形冷作模具钢 1029
含铜不锈钢 1331
航空航天用优质结构钢 625
合金工具钢 913
　合金工具钢的化学成分 913
　工具钢中合金元素的作用 914
　工具钢的退火工艺和退火组织 916
　工具钢的淬火和回火工艺 918
　常用工具钢的特性和用途 918
　工具钢的贝氏体等温淬火、马氏体等温淬火和复合淬火工艺 921
合金结构钢系列(牌号、合金元素的作用、热处理工艺、力学性能和应用) 632

锰系(锰钢、锰钒钢)　632
铬系(铬钢、铬硅钢、铬钒钢、铬钼钢)　634
铬锰系(铬锰钢、铬锰硅钢、铬锰钛钢、铬锰钼钢)　640
20CrMnTi 钢淬透性的分档　644
铬镍系(铬镍钢、铬镍钼钢、铬镍钨钢、铬镍锰钼钢、铬镍锰钒钢)　647
硅锰系(硅锰钢、硅锰钼钒钢)　659
渗氮钢和低铝、不含铝渗氮钢　661
含硼钢和含稀土元素的钢　665
硼脆　667
低淬透性钢　673
低碳马氏体钢　676
机械零件的钢材选用　680
合金元素对钢的共析成分的影响　111
合金元素对钢的力学性能的影响　276
对平衡条件下铁素体强塑性的影响　276
对平衡条件下铁素体韧性的影响　277
对淬火回火态铁素体强度的影响　281
对淬火回火态铁素体塑韧性的影响　281
对退火和正火结构钢力学性能的影响　283
对淬火和低温回火结构钢力学性能的影响　285
对淬火和高温回火结构钢力学性能的影响　287
合金元素对淬火钢回火转变的影响　178
合金元素对马氏体分解的影响　182
合金元素对残余奥氏体转变的影响　183
合金元素对铁素体组织的影响　184
合金元素对碳化物转变的影响　185
特殊碳化物的原位转变　185
特殊碳化物的独立形核　185
二次硬化　185
合金元素对回火稳定性的影响　189
主回火曲线　191
合金元素对钢临界点的影响　113
合金元素对铁同素异构转变的影响　85
合金元素在铁素体和渗碳体间的分配　105
回火结构钢力学性能的非相似性　593
回火结构钢力学性能的相似性　592
H 型钢和 T 型钢(H 型钢剖分)　516

J

基体钢用作冷模具　1035
基体钢的化学成分　1035
一些基体钢的成分特点、热处理工艺、性能和应用　1035～1039
基于模型和实验数据库的合金成分设计　1557
蠕变抗力　1558
微观结构稳定性　1558
密度和成本　1559
基于“材料基因组工程”方法的成分设计　1564
机械制造用合金结构钢　613
合金结构钢的发展　613
合金结构钢的牌号和化学成分　615
保证淬透性结构钢的牌号和化学成分　619
保证淬透性钢的订货方式　622
末端淬透性曲线硬度的计算方法　622
渗碳钢按淬透性高低分类　624
调质钢按淬透性高低分类　624
夹杂物的热变形性能　329
变形指数　329
剪切断面率(SFA)　249
较低碳含量的弹簧钢　812
金属杯突试验　314
金属材料准静态断裂韧度的统一试验方法　257
金属的电化学腐蚀　506
微电池　507
阳极极化　507
阴极极化　507
金属的氧化过程　1343
金属的氧化膜特性　1343
铁的氧化膜特性　1343
维氏体　1346
铬的氧化膜特性　1349
铝的氧化膜特性　1349
金属构筑成形方法　33
金属抗氧化性的评定方法　1349
金属氧化速率与时间的关系　1350
金属增材制造用粉末的制备　41
气雾化法—真空感应雾化法(VIGA)和电极感应熔炼气雾化法(EIGA)　41
等离子旋转电极法(PREP)　42
等离子雾化法(PA)　42
晶界的非平衡偏聚　117
晶界的平衡偏聚　116
静拉伸试验　220

应力-应变曲线　220
上屈服强度(上屈服点)　220
下屈服强度(下屈服点)　220
条件屈服强度(屈服强度)　221
比例极限　221
工程条件弹性极限　221
抗拉强度　221
断面收缩率　221
断后伸长率(伸长率)　221
真实应力-应变曲线　221
形变强化指数 n　222
新旧标准力学性能名称和符号对照　222
应力集中系数　225
缺口敏感度 NSR　225
缺口偏斜拉伸试验　225
J 积分　255

K

抗菌不锈钢　1329
抗菌不锈钢的抗菌机制　1329
含铜抗菌不锈钢的化学成分和力学性能　1330,1331
含铜抗菌不锈钢的热处理制度　1331
抗菌不锈钢产品的优点和应用　1332
含银抗菌不锈钢　1333
可焊接低合金高强度钢　386
一般焊接结构用钢　386
一般焊接结构用钢钢号举例　386
可逆回火脆性(回火脆性)　192
回火脆性的特点　192
回火脆性发展动力学　196
脆化度 ΔT_c　196
回火脆性的力学本质　198
化学成分对回火脆性的影响　198
可逆回火脆性的理论　200
析出理论　200
平衡偏析理论　201
非平衡偏析理论　202
科氏气团　115
可锻性　307
热扭转试验　308
锻造温度范围　308
控制轧制与控制冷却　299
控轧控冷技术或热机械控制工艺(TMCP) 299
奥氏体再结晶区域轧制　300
置换式溶质原子的拖曳效应　301
第二相粒子析出的钉扎机制　301
奥氏体未再结晶区域轧制　302
奥氏体-铁素体两相区轧制　302
控制冷却的温度范围　303
在线加速冷却　303
轧后直接淬火(DQ)　304
直接淬火的控制装置　304
冷却路径控制　305
快速渗碳轴承钢　868
矿山巷道支护用热轧型钢　523
矿用焊接圆环链用钢　524
矿山用低合金耐磨钢　522
U 型钢　522
矿山支护设备用低合金耐磨钢的化学成分和性能　522
轻轨钢　523
矿用高强度圆环链　523
矿用高强度圆环链用钢的化学成分和性能　524～526

L

拉深成形性　309
塑性应变比 r　310,458
平均塑性应变比 $\bar{r}$　310
制耳　310
平面各向异性度(Δr)　310
影响再结晶织构的控制因素　310
冷拔弹簧钢丝的工艺性能试验　824
冷成形高强度热轧钢板及钢带　462
冷镦钢丝　566
对冷镦钢丝的性能要求　566
冷镦钢丝的交货状态　568
非热处理型冷镦钢丝　568
非热处理型冷镦钢丝的牌号、化学成分和力学性能　568
表面硬化型冷锻和冷挤压用钢的牌号、化学成分和力学性能　570,571
调质型冷镦和冷挤压用钢的牌号、化学成分和力学性能　570,571
含硼调质型冷镦和冷挤压用钢牌号、化学成分和力学性能　571,572
冷镦钢丝的球化处理　572

冷作强化非调质冷镦钢丝的成分设计 572
冷作强化非调质冷镦钢的牌号、化学成分和力学性能 574
冷挤压成型用塑料模具钢 1126
冷挤压成型专用塑料模具钢的化学成分 1127
冷挤压成型专用塑料模具钢的热处理工艺和性能 1127
冷拉碳素弹簧钢丝的化学成分和抗拉强度 823
冷轧薄钢板和钢带 36
冷轧低碳钢板及钢带 498
冷轧辊用钢 1043
冷轧工作辊的性能要求 1044
冷轧辊用钢的化学成分 1044
冷轧辊辊身淬硬层硬度和深度 1047
冷轧辊用钢的热处理 1047
冷轧辊双频连续感应淬火工艺 1049
冷作模具钢 1001
冷作模具钢对性能的要求 1001
冷作模具钢的化学成分 1003
冷作模具钢的试样淬火硬度值 1004
粒状组织 163
联合强度理论 226
最大正应力 226
最大切应力 226
正断抗力 226
切断抗力 226
应力状态软性系数 226
连续油管用钢 455
主要性能要求 455
化学成分与力学性能 456
连续铸钢 23
弧形连铸机 23
中间包 23
结晶器 23
凝固过程 24
小钢锭结构 25
轻压下技术 25
连铸坯的宏观组织 25
量具用钢 1132
量具用钢的性能要求 1132
量具常用的钢种 1132
量具用钢的热处理工艺 1133
裂纹尖端张开位移(CTOD) 255
铃木(Suzuki)气团 115
硫-钙-稀土易切削系 332
硫-钙易切削系 331
钙的变性机制 331
纺锤度 331
硫化锰在钢锭中的形态 331
Ⅰ型 MnS 330
Ⅱ型 MnS 331
Ⅲ型 MnS 331
硫-稀土易切削系 333
炉外精炼 13
真空脱气法(VD) 14
循环真空脱气法(RH) 14
钢包喷粉法(IP) 14
喂线法(WF) 14
ASEA-SKF 精炼炉 14
真空电弧脱气法(VAD) 16
钢包炉(LF)精炼法 16
真空吹氧脱碳法(VOD) 16
氩氧脱碳法(AOD) 17
孪生诱发塑性钢(TWIP 钢) 482
TWIP 钢的特性 482
汽车用高强度冷连轧 TWIP 钢的化学成分及性能 483
落锤试验 250
落锤撕裂试验 252
吕德斯带(Lüder′s band) 211

M

马氏体不锈钢的组织与性能 1200
碳及合金元素对马氏体不锈钢组织和性能的影响 1200
低碳及中碳 Cr13 型不锈钢的热处理、组织与性能 1204
一些 Cr13 型不锈钢的性能和应用 1206
低碳含镍 Cr17Ni2 型不锈钢的成分特点、热处理工艺、性能和应用 1209
高碳 Cr18 型不锈钢的性能和应用 1212
马氏体沉淀硬化不锈钢 1296
马氏体沉淀硬化不锈钢的化学成分和力学性能 1296,1297
常用马氏体沉淀硬化不锈钢的成分特点、组织和性能 1297～1299
Cr-Mo-Co 系马氏体沉淀硬化不锈钢的

化学成分、成分设计及热处理工艺 1300～1304
一些高性能马氏体沉淀硬化不锈钢的化学成分和力学性能 1304～1307
马氏体的力学性能 157
马氏体的硬度 157
马氏体的强度 158
马氏体的韧性 159
马氏体的组织形态 152
板条状马氏体 152
片状马氏体 152
蝶状马氏体 153
薄板状马氏体 153
薄片状马氏体 153
碳及合金元素对马氏体形态的影响 153
马氏体阀门钢牌号的特点、性能和应用 1447
马氏体时效钢 728
马氏体时效钢系列的化学成分和力学性能 729
合金元素在马氏体时效钢中的作用 729
马氏体时效钢的热处理 730
无钴马氏体时效钢 730
一些无钴马氏体时效钢的化学成分和力学性能 731
马氏体型不锈钢 1169
马氏体型不锈钢的牌号与化学成分 1170
马氏体型不锈钢热处理后的力学性能 1172
马氏体转变 150
转变特点和机制 150
马氏体的正方度 151
碳及合金元素对马氏体转变点的影响 154
磨损 270
氧化磨损 271
磨料磨损 271
黏着磨损 272
接触疲劳 272
微动磨损 274
微动损伤 274
冲蚀磨损 274
气蚀 275
磨损试验方法 275
模铸钢锭 20
镇静钢钢锭结构 21
镇静钢钢锭偏析 21
沸腾钢钢锭结构 22
半镇静钢 22
M-A组织 163

N

耐冲击工具用钢 1134
耐冲击用钢的化学成分 1134
耐冲击用钢的热处理工艺和性能 1135
耐海水腐蚀钢 517
海洋工程结构的腐蚀状态 517
海洋工程结构用钢的性能要求 518
耐海水腐蚀钢的化学成分 519,521
一些耐海水腐蚀钢的性能和应用 520
耐候钢 506
合金元素对耐候性的影响 509
高耐候结构钢的化学成分和性能 511～514
焊接结构用耐候钢的化学成分和性能 514
耐候钢的使用方式 516
耐热钢与高温合金的分类 1342
耐热钢与高温合金的高温力学性能 1357
温度和载荷时间对力学性能的影响 1357
温度和载荷时间对断裂形式的影响 1358
等强温度 1358
高温下的形变机构 1359
典型的蠕变曲线 1360
蠕变极限 1361
持久强度 1363
拉森-米勒(Larson-Miller)法 1364
晶界相对滑动时晶界裂纹的形成 1365
应力松弛 1366
高温疲劳强度 1367
热疲劳 1367
耐热钢与高温合金的基本性能要求 1343
耐热钢与高温合金的抗氧化性能 1343
合金元素对耐热钢抗氧化性能的影响 1350
合金元素对高温合金抗氧化性能的影响 1354
耐热钢与高温合金的强化 1369
固溶强化 1369
晶界强化 1370
沉淀强化 1371
工艺强化 1372
耐蚀和耐热弹簧钢 817

耐蚀塑料模具钢 1119
耐蚀塑料模具钢的化学成分 1119
一些耐蚀塑料模具钢热处理工艺、性能和应用 1120
耐延迟断裂高强度螺栓钢的设计 576
耐延迟高强度螺栓钢的化学成分与力学性能 578,579
难变形高温镍基合金 1490
内燃机气阀用钢和汽车发动机气门材料 1442
能量加工技术 338
镍基高温合金的典型应用:涡轮叶片 1509
镍基高温合金的力学性能及影响因素 1503
镍基高温合金的热处理制度及其显微组织 1484
固溶强化镍基高温合金的标准热处理制度和显微组织 1484
沉淀强化镍基变形高温合金的热处理 1485
中间处理 1485
沉淀强化镍基变形高温合金的组织 1486
获得弯曲晶界的热处理 1489
形成弯曲晶界的基本原因 1489
铸造镍基高温合金铸态组织的特点 1490
沉淀强化镍基铸造高温合金的组织 1491
相计算(PHACOMP) 1492
镍基高温合金的特点 1476
固溶强化镍基高温合金的化学成分 1478
沉淀强化高温合金的化学成分 1479
晶界强化元素 1484
有害杂质元素 1484
扭转屈服强度 230
扭转试验方法 230
扭转试验 230
扭矩和扭角 230

P

喷射成形高速钢 989
喷射成形工艺 989
喷射成形工艺的特点 990
喷射成形坯的致密化 991
喷射成形高速钢和工具钢的发展 991
喷射成形高温合金的力学性能 1502
疲劳性能 261
疲劳极限 261
缺口试样疲劳极限 262
有效应力集中系数 262
低周疲劳 263
Coffin-Manson 方程 264
疲劳裂纹的萌生 264
驻留滑移带 264
侵入和挤出 264
疲劳裂纹的扩展 265
影响疲劳强度的因素 266
冲击疲劳 269
偏析 44
微观偏析 44
显微偏析度 44
宏观偏析 45
宏观偏析量、宏观偏析度 45
平整 34,212
普通铁水预处理 8
铁水预脱硅 9
铁水预脱硫 9
铁水预脱磷 9
普通质量非合金钢 345

Q

汽车大梁和车轮用热轧钢板和钢带 465
汽车大梁用热轧钢板和钢带的化学成分和性能 466,467
车轮用钢的化学成分和性能 467～469
汽车渗碳齿轮金相组织评级标准 609
汽车悬架系统用弹簧钢标准 818
汽车用高强度冷连轧淬火配分钢钢板及钢带的牌号、化学成分参考值及其力学性能 492
控制优良成形性的技术 464
汽车用热连轧高强度复相钢 471
汽车用热连轧高强度高扩孔率钢钢板及钢带 469
汽车用热连轧高强度马氏体钢板及钢带 470
汽车用热连轧高强度液压成形用钢板和钢带 470
汽车轴承用渗碳钢 867
汽轮发电机无磁性护环锻件技术条件 1321
汽轮机紧固件用钢 1407
汽轮机紧固件用钢的化学成分和高温性能 1408
汽轮机用高温螺栓钢的热处理工艺和力学性能 1409
一些高温螺栓用钢的成分特点和应用 1409

汽轮机叶片用钢 1410
　叶片的工作情况、性能要求及成分设计 1410
　马氏体型热强钢中 δ 铁素体量的控制和检验方法、铬当量 E_{Cr} 1412
　汽轮机叶片用钢的化学成分 1413
　动叶片用钢的热处理工艺和力学性能 1414,1415
　一些叶片用钢牌号的成分特点性能、和应用 1416～1422
　叶片用钢的热处理 1415
钎具用钢 1140
　钎具的用途和工作条件 1140
　钎杆、中空钢 1140
　中空钢的牌号、化学成分及钢材热轧后的硬度要求 1140
　锥体连接钎杆 1142
　螺纹连接钎杆 1142
　硬质合金整体钎杆 1143
　国内外钎具常用钢种及其性能特点 1146
铅系和铅复合易切削系 335
桥梁用钢 387
　钢的化学成分和性能 389～395
切削加工性及其评定标准 325
　刀具耐用度 326
氢损伤 576
　环境氢脆 576
　内部氢脆 576
氢陷阱 576
　高能陷阱 576
　低能陷阱 576
　氢致延迟断裂 577
　扩散氢 577
　非扩散氢 577

R

热锻模具钢 1053
　热锻模具钢的化学成分 1054,1055
　热锻模具钢的热处理工艺 1055
　热锻模具钢热处理后的力学性能 1057
　大截面热锻模具钢的开发与应用 1060
　析出硬化热作模具钢 1064
热疲劳 898
　Uddeholm 热疲劳裂纹评级图 899
热压块铁(HBI) 8
热作模具钢 1050
　热作模具钢对性能的要求 1051
　热作模具钢的化学成分 1051
韧脆转变温度 196,248
　能量准则 248
　无塑性温度(NDT) 248
　断口形貌转变温度($FATT_{50}$) 249
　侧膨胀值转变温度(LETT) 249
　经验准则 249
人工智能与机器学习方法 1565
溶质-空位复合体 118
溶质原子的偏聚 115

S

少无莱氏体高合金工具钢 999
　钢的特点及化学成分 999
　钢的渗碳工艺和应用 999
渗碳轴承钢的预备热处理 865
渗碳轴承钢的表面硬度及心部硬度 866
渗碳齿轮的主要失效形式 598
　齿面磨损和刮伤 598
　轮齿断裂 599
　轮齿的端部损坏 599
　疲劳麻点剥落 599
　表面压碎剥落 599
渗碳钢的淬透性 603
　合金元素对低碳钢淬透性的影响 603
　合金元素对高碳钢淬透性的影响 603
　贝氏体开始出现的距离(DFB) 604
渗碳钢的工艺性能 609
　合金元素对渗层碳浓度的影响 610
　合金元素对渗碳层深度的影响 610
　淬透性的稳定性 611
　内氧化 611
　高温真空渗碳 611
　渗碳钢硫含量的下限要求 612
　渗碳件预氧化工艺 612
渗碳钢的耐磨性 604
渗碳钢的显微组织 605
　减少渗碳合金钢渗层残余奥氏体量的措施 606
渗碳钢对力学性能的要求 600
渗碳零件的热处理方案选择 612

渗碳零件的渗碳层厚度 601
渗碳零件的心部碳含量 602
渗碳轴承钢的化学成分和力学性能 864
渗碳轴承钢渗碳层中的粗大碳化物 866
生物医用不锈钢 1325
　外科植入用不锈钢的化学成分和力学性能 1326,1327
　医用不锈钢的生物相容性 1327
　外科植入用锻造高氮不锈钢 1327
　镍过敏 1328
　抗镍过敏的高氮无镍奥氏体不锈钢 1328
石墨易切削系 336
时效硬化型塑料模具钢 1113
　低镍时效硬化型塑料模具钢的化学成分 1114
　低镍时效硬化型塑料模具钢的热处理工艺 1114
　低镍时效硬化型塑料模具钢的时效机制 1115
　一些低镍时效硬化型塑料模具钢的性能 1116
　马氏体时效钢 1118
石油天然气工业管线输送系统用钢管 447
　酸性条件下的 PSL2 钢管 451
　海上服役条件下的 PSL2 钢管 452
石油天然气输送管用热轧宽钢带 431
双低氧稀土钢 855
双相不锈钢的性能和应用 1266
　双相不锈钢的热处理 1284
　Cr18 型双相不锈钢的性能和应用 1284
　Cr22 型双相不锈钢的性能和应用 1285
　Cr25 型双相不锈钢的性能和应用 1289
　超级双相不锈钢的性能和应用 1292
双相不锈钢的焊接性能 1280
　双相不锈钢焊接 HAZ 组织转变 1280
　判定双相不锈钢焊缝金属组织的 P、B 值 1283
双相不锈钢的性能特点 1270
　强度与韧性的控制 1271
　热加工性能的控制 1272
　冷成型性较差的原因 1273
　影响双相不锈钢点蚀性能的材料因素和环境因素 1273
　点蚀指数(PREN) 1274
　临界点蚀温度(CPT) 1275
　缝隙腐蚀 1275
　影响双相不锈钢耐应力腐蚀性能的因素 1275
　耐晶间腐蚀性能 1277
　耐均匀腐蚀性能 1278
　抗腐蚀疲劳性能 1279
　影响双相钢磨损腐蚀的材料因素和环境因素 1279
　超级双相不锈钢焊接 HAZ 组织 1281
　双相不锈钢的焊缝金相组织 1283
双相不锈钢的组织 1266
　α 相和 γ 相含量的控制 1266
　二次奥氏体及其形成机制 1268
　碳化物和氮化物的生成 1268
　金属间化合物析出对钢的性能的影响及其沉淀动力学曲线 1269
双相钢(DP 钢) 381
　双相钢的成分与组织特征 382
　双相钢的性能 475
　可动位错模型 476
　残留应力模型 476
　热处理双相钢的生产工艺 477
　热处理双相钢的牌号、成分和性能 478
　热轧双相钢生产工艺 479
　汽车用高强度冷轧双相钢板及钢带的化学成分和性能 481
　汽车用高强度热轧双相钢板及钢带的化学成分和性能 482
塑料模具钢 1096
　塑料模具钢的性能要求 1096
　塑料模具钢的分类 1097
塑料模具钢模块 1128
塑料模具用扁钢、模块的行业标准 1128
塑料模具用热轧钢板 1128

T

钛铝系金属间化合物高温结构材料 1518
　钛铝系金属间化合物高温合金牌号及化学成分 1520
　TiAl 基合金的特点 1520
　TiAl 基合金的显微组织 1521
　等轴近 γ 组织(NG) 1522
　双态组织(DP) 1522

近层片组织(NL)　1522
全层片组织(FL)　1523
热机械处理层状组织(TMTL)　1523
细晶层片组织(RFL)　1523
热变形层片组织(TMPL)　1524
TiAl 基合金的力学性能　1526
TiAl 基合金的典型应用　1528
Ti_3Al 和 Ti_3AlNb(O 相)基合金的相组成及相转变　1529
Ti_3Al 和 Ti_3AlNb 基合金的组织和性能特点　1531
Ti_3Al 和 Ti_3AlNb 基合金的化学成分　1532
Ti_3Al 和 Ti_3AlNb 基合金的应用　1536
弹簧的立定处理　831
弹簧的喷丸强化处理　830
弹簧的热处理　819
热成形板簧的热处理　820
热成形压缩螺旋弹簧的热处理　821
软态钢丝冷成形螺旋弹簧的淬火和回火　821
冷拔弹簧钢丝所制弹簧的热处理(低温回火)　821
弹簧的预应力处理　831
弹簧钢的牌号、化学成分和力学性能　807～810
弹簧钢的生产　818
弹簧钢对性能的要求　803
弹性减退　804
弹簧钢热轧钢板和钢带　817
弹簧钢所含元素及其作用　805
弹性后效和弹性滞后　223
碳氮化物析出的 PTT 曲线　374
碳含量对 Fe-Cr 合金组织的影响　1164
碳化物和氮化物的固溶度积　133
碳素钢及低合金钢钢丝　555
钢丝的生产　556
延伸系数　556
减面率　556
碳素钢丝　559
一般用途碳素钢丝　559
优质碳素钢丝　559
化学成分对钢丝性能的影响　563
优质碳素钢丝的应用　564
预应力混凝土钢丝　564
子午线轮胎钢窗帘线盘条用钢的牌号和化学成分　565
子午线轮胎钢窗帘线用盘条用钢的组织和性能要求　565,566
碳素结构钢　345
钢的化学成分　346,347
钢的力学性能　346,347
碳含量对力学性能的影响　348
碳素结构钢中各元素的作用　348
各牌号的用途　349
特大型轴承的渗碳热处理工艺　867
特殊用途碳素弹簧钢丝　823
调质钢对基本性能的要求　589
调质钢切削加工性的影响因素　597
调质零件的生产工艺路线　597
铁基高温合金　1469
铁基高温合金的特点　1469
固溶强化铁基高温合金的化学成分　1470
固溶强化铁基高温合金的热处理制度和组织　1471,1472
沉淀强化铁基高温合金的化学成分　1473
沉淀强化铁基高温合金的热处理制度和组织　1473,1474
铁基高温合金的力学性能和应用　1475
铁基固溶体　97
置换固溶体　97
Hume-Rothery 经验规律　97
间隙固溶体　98
铁路用热轧钢轨　537
铁路用贝氏体钢轨　544
铁素体不锈钢的脆性　1213
粗大的原始晶粒　1213
475℃脆性　1213
σ 相的析出　1214
铁素体不锈钢的性能和应用　1221
铁素体不锈钢的软化退火　1221
低铬铁素体不锈钢的性能和应用　1221
中铬铁素体不锈钢的性能和应用　1223
高铬铁素体不锈钢的性能和应用　1225
超级铁素体不锈钢　1227
铁素体不锈钢中的元素对钢组织和性能的影响　1215
铬的影响　1215

钼的影响 1216
碳和氮的影响 1217
镍的影响 1218
钛和铌的影响 1219
锰、硅、铝、铜的影响 1219
铁素体不锈钢成形性和抗皱褶性 1220
铁素体和马氏体型抗氧化钢的化学成分、热处理工艺和力学性能 1435,1436
铁素体型不锈钢 1169
铁素体型不锈钢的钢号与化学成分 1175
铁素体型不锈钢热处理后的力学性能 1179
铁碳合金相图 84
脱溶过程 204
连续脱溶 204
不连续脱溶 205
调幅分解 206
脱溶相粒子的粗化(Ostwald 熟化) 207
Ti-Al 合金 1518

W

弯曲成形性 313
弯曲试验 229
抗弯强度 229
挠度 229
弯曲试验方法 229
微合金钢 355
伪共析组织 145
位错强化 237
流变应力和位错密度的关系 238
应变量与位错密度的关系 239
钨系热作模具钢 1066
合金元素在钨系热作模具钢中的作用 1067
钨系热作模具钢的热加工工艺 1067
钨系热作模具钢在加热和冷却过程中的组织变化 1069
钨系热作模具钢的常规淬火 1070
钨系热作模具钢的高温淬火 1070
钨系热作模具钢淬火回火后的冲击韧度值 1071
无磁模具钢的化学成分、加工工艺、性能和用途 1139

X

硒和碲易切削系 335
系泊链钢 533
系泊链钢的强度级别 533
系泊链钢的牌号、化学成分和力学性能 533
细晶强化 239
Hall-Petch 关系式 239
先共析铁素体的形态 143
仿晶界型铁素体 144
多边铁素体 144
魏氏组织铁素体 144
块状铁素体 144
限制淬透性轴承钢 862
相变诱导塑性钢(TRIP 钢) 482
高合金 TRIP 钢的成分与性能 483
低碳低合金 TRIP 钢的发展 484
强塑积 484
TRIP 钢的微观组织 484
TRIP 钢的生产工艺 485
影响 TRIP 性能的因素 485
TRIP 钢的应用 487
汽车用高强度冷连轧和热连轧 TRIP 钢板及钢带的牌号、化学成分和规定的力学性能 488
相间析出 148
低碳微合金钢中相间析出的立体模型 148

Y

压缩试验 227
压缩屈服极限 228
压缩强度 228
压缩试验方法 229
氧化物冶金 165
氧气转炉炼钢 9
氧气顶吹转炉(LD 转炉) 10
叶轮用钢的化学成分和力学性能要求 1406,1407
易切削机制 336
易切削结构钢 681
硫系易切削钢中的易切削相 682
硫系易切削钢的牌号、化学成分和力学性能 684
铅系、锡系易切削钢中的易切削相 685
铅系、锡系、钙系易切削钢的牌号、化学成分和力学性能 687
钙系、钙硫系及含稀土硫系易切削中的易切削相 688

钙硫系易切削钢的牌号、化学成分和力学性能 690
硬度试验 230
布氏硬度试验 231
洛氏硬度试验 231
洛氏硬度标尺 232
维氏硬度试验 232
努氏硬度试验 234
影响金属耐蚀性的因素 1158
影响珠光体转变的动力学因素 146
用作冷模具的高速钢 1031
高速钢的低温淬火 1032
低碳高速钢 1033
油淬火-回火弹簧钢丝 823
油淬火-回火弹簧钢丝的生产过程 823
油淬火-回火弹簧钢丝分类、代号及直径范围 827
油淬火-回火弹簧钢丝的化学成分和力学性能 827,829
油淬火-回火弹簧钢丝的工艺性能试验 829
油淬火-回火钢丝所制弹簧的去应力退火 830
油气输送管线用钢 430
直缝埋弧焊管(LSAW) 431
UOE 焊管 431
螺旋缝埋弧焊管(SSAW) 431
电阻焊直管(ERW) 431
油气输送管线用钢的性能要求 436
控制脆性断裂 436
防止韧性断裂扩展 436
一些输气工程管道的韧性指标 437
氢致开裂(HIC) 437
硫化物应力腐蚀开裂(SCC) 437
管线钢的碳当量 438
管线钢的焊接裂纹敏感系数 438
油气输送管用热轧宽钢带的化学成分和性能 431
有序固溶体 110
优质非合金钢 349
优质碳素结构钢的化学成分和力学性能 350
低碳钢的钢号、性能与用途 351
中碳钢的钢号、性能与用途 352
高碳钢的钢号、性能与用途 355
预硬型塑料模具钢 1098
预硬型塑料模具钢的化学成分 1099
预硬型塑料模具钢的预硬处理 1100
易切削预硬型塑料模具钢的预硬处理、特性和应用 1103
国内外研制的一些非调质预硬型塑料模具钢的化学成分、组织和性能特点 1109

Z

增强成形性双相钢 458,492
胀形成形性 311
制丝用非合金钢盘条 560
中碳轴承钢 870
中温、高温、高温不锈和高温渗碳轴承钢 874
重要用途碳素弹簧钢丝用钢的选用和工艺性能试验 825
轴承钢的热加工 848
轴承钢的冶金质量 835
微量元素对轴承钢性能的影响 836
轴承钢中的非金属夹杂物及其对轴承钢性能的影响 838
轴承钢中非金属夹杂物的评级 839
高碳铬轴承钢的退火组织 843
高碳铬轴承钢中的液析 844
高碳铬轴承钢中碳化物带状组织 845
高碳铬轴承钢中的网状组织 846
轴承钢冷拔材、钢丝和管材的生产 849
轴承钢零件马氏体淬火-回火后的硬度 857
轴承钢中合金元素的作用 833
珠光体转变 140
珠光体领域 140
珠光体片间距 140
球化处理 142
珠光体等温转变动力学曲线——C 曲线或 TTT 曲线 143
铸造超高锰钢 754
铸造超高锰钢的化学成分和力学性能 754
铸造低合金钢 737
一般工程与结构用低合金铸钢钢号、化学成分和力学性能 737～739
大型低合金钢铸件的钢号、化学成分和力学性能 739～741
微合金化铸钢的化学成分和力学

性能 742～744
铸造高锰钢 745
铸造结构钢 734
铸钢的铸造性能 734
流动性 734
收缩性 734
偏析 734
吸气性 734
铸件的正火、退火和调质 734
化学成分对铸造工艺性能的影响 735
铸钢的生产 735
铸造耐磨低合金钢 758
不同类型铸造耐磨低合金钢的化学成分 758
不同类型铸造耐磨低合金钢的力学性能和应用示例 759
铸造耐磨高锰钢 745
铸造耐磨高锰钢的牌号、化学成分 745
高锰钢的铸态组织 747
化学成分对高锰钢组织和性能的影响 748
高锰钢的生产工艺 751
高锰钢的水韧处理 752
细化晶粒的热处理 752
高锰钢的沉淀强化 752
高锰钢的加工硬化 752
高锰钢的加工硬化机制 753
铸造耐磨中铬钢 757
铸造耐磨中铬钢的化学成分和力学性能 757
铸造耐磨中锰钢 755
铸造耐磨中锰钢的化学成分和力学性能 755
铸造碳钢 736
铸造碳钢的化学成分和力学性能 736
铸造碳钢的应用 737
Z 向性能 325

www.sciencep.com
ISBN 978-7-03-079519-9
定价：999.00元（上下册）